한솔아카데미가 답이다!
건축기사 4주완성 **인터넷 강좌**

한솔과 함께라면 빠르게 합격 할 수 있습니다.

강의수강 중 학습관련 문의사항, 성심성의껏 답변드리겠습니다.

건축기사 4주완성 동영상 강의

구 분	과 목	담당강사	강의시간	동영상	교 재
필 기	건축계획	남재호	약 23시간		
	건축시공	이명철	약 19시간		
	건축구조	고길용	약 26시간		
	건축설비	남재호	약 34시간		
	건축관계법규	남재호	약 21시간		
	기사 과년도	과목별 교수님	약 43시간		

- 신청 후 필기강의 5개월 / 실기강의 4개월 동안 같은 강좌를 5회씩 반복수강
- 할인혜택 : 동일강좌 재수강시 **50% 할인**, 다른 강좌 수강시 **10% 할인**

JN406399

건축기사 4주완성
본 도서를 구매하신 분께 드리는 혜택

※ [도서구매 후 인증절차] 건축기사 4주완성 ①권 뒷표지에서 인증번호 확인

1. 건축기사 출제경향 분석

최근 출제문제를 중심으로 분석한 출제빈도와 중요내용 특강

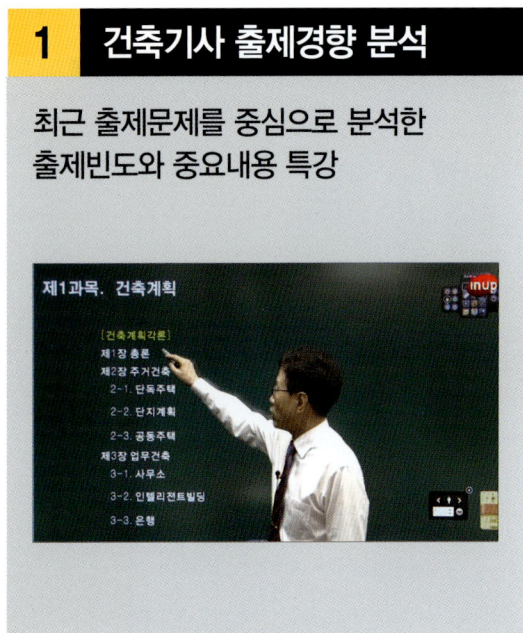

2. 기출문제 특강 (최근 3개년)

- 1강: 2025년 1회, 2회, 3회 기출문제
- 2강: 2024년 1회, 2회, 3회 기출문제
- 3강: 2023년 1회, 2회, 4회 기출문제

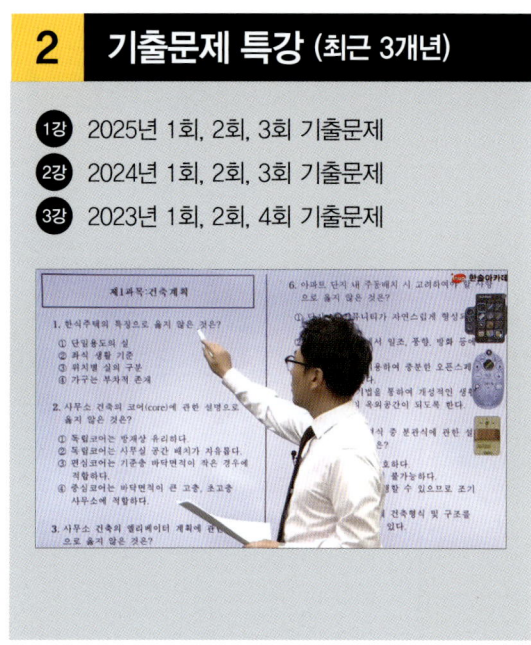

3. CBT 기출문제 및 실전모의고사

- 복원기출문제 CBT(컴퓨터 기반) 테스트
- CBT 실전 모의고사 응시

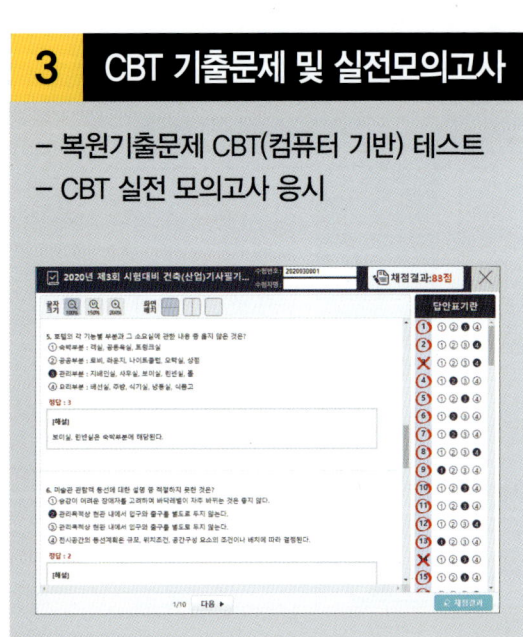

4. 동영상 할인혜택

정규 종합반 3만원 할인쿠폰

학습게시판

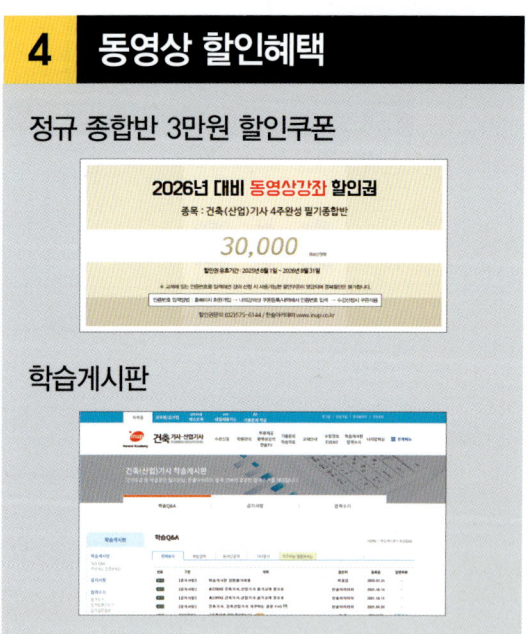

교재 인증번호 등록을 통한 학습관리 시스템

❶ 건축기사 출제경향 분석　　❷ 최근 3개년 기출문제 특강 무료제공
❸ 동영상 할인 및 학습게시판　❹ 복원 기출문제 CBT 실전 테스트

 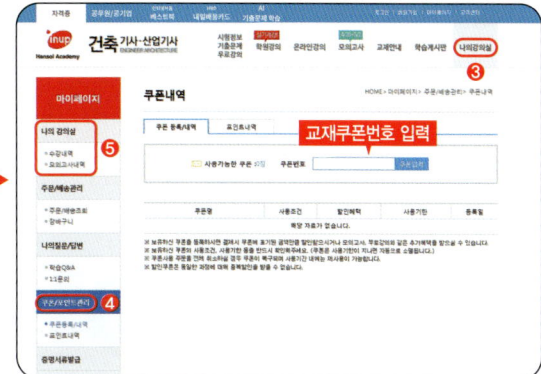

01 사이트 접속
인터넷 주소창에 **https://www.inup.co.kr** 을 입력하여 한솔아카데미 홈페이지에 접속합니다.

02 회원가입 로그인
홈페이지 우측 상단에 있는 **회원가입** 또는 아이디로 **로그인**을 한 후, [건축] 사이트로 접속을 합니다.

03 나의 강의실
나의강의실로 접속하여 왼쪽 메뉴에 있는 [쿠폰/포인트관리]-[쿠폰등록/내역]을 클릭합니다.

04 쿠폰 등록
도서에 기입된 **인증번호 12자리** 입력(-표시 제외)이 완료되면 [나의강의실]에서 학습가이드 관련 응시가 가능합니다.

■ 모바일 동영상 수강방법 안내

❶ QR코드 이미지를 모바일로 촬영합니다.
❷ 회원가입 및 로그인 후, 쿠폰 인증번호를 입력합니다.
❸ 인증번호 입력이 완료되면 [나의강의실]에서 강의 수강이 가능합니다.

※ 인증번호는 표지 ①권 뒷면에서 확인하시길 바랍니다.
※ QR코드를 찍을 수 있는 앱을 다운받으신 후 진행하시길 바랍니다.

최종 점검 모의고사

필기 온라인 전국모의고사 | 실기 자율모의고사 문제제공

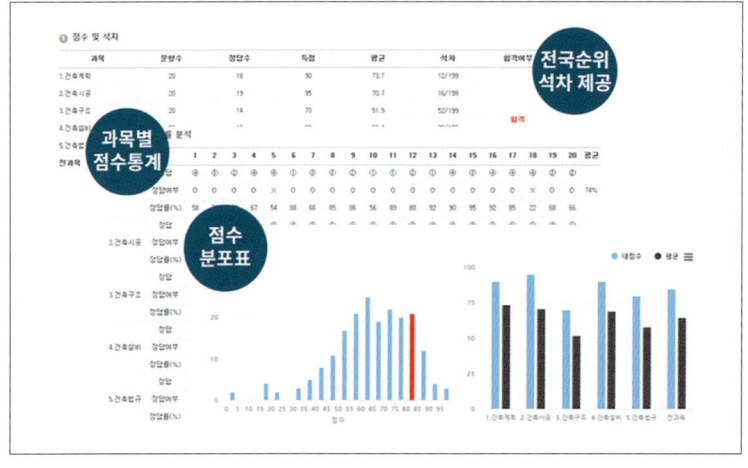

건축전담 강사님과의 학습 Q&A

365일 학습질의, 응답 답변

머리말

국제화·세계화의 시대적 흐름 속에서 우리 건축계에도 대외 개방 및 다양한 변화를 요구하고 있으며, 특히 건축기술자들에 대한 사회적 기대와 책무는 한층 더 크다고 할 수 있다.

이에 본서는 건축기사 시험과목인 건축계획, 건축시공, 건축구조, 건축설비, 건축관계법규 등의 광범위한 내용을 보다 체계적으로 정리하여 건축기사시험에 대비한 지침서로서 최대한 효과를 얻을 수 있도록 알차게 꾸미고자 노력하였다.

【이 책의 특징】

1. 최근 개정된 출제기준에 따라 핵심이론을 체계적으로 정리하였으며, 기출문제의 정확한 분석과 해설을 수록하였다.
2. 각 과목별 방대한 이론을 쉽게 이해할 수 있도록 간단명료하게 체계적으로 핵심이론 내용을 정리하고, 또한 그림과 도표 및 예제·개념정리·학습포인트를 통하여 기본이론을 알기 쉽게 이해할 수 있도록 하였다.
3. 각 과목 핵심사항에 따른 상세한 기출문제 해설로 많은 학습분량을 단기간에 쉽게 공부할 수 있도록 하였다.
4. 최근 20년간의 핵심기출문제를 각 단원별로 수록하여 출제경향을 쉽게 파악할 수 있도록 하였으며, 상세한 해설로 다양한 문제의 유형에도 쉽게 적응능력을 향상시킬 수 있도록 하였다.
5. 시중의 건축기사 교재는 건축기사와 건축산업기사 혼용형으로 구성하고 있으나 본 교재에서는 순수 기사 문제만으로 구성하여 필요 이상의 학습량을 줄일 수 있도록 배려하였다.

교재에 오류가 있다면 신속히 보완하여 더욱 좋은 책으로 거듭날 수 있도록 최선을 다하겠으며, 항상 조언을 부탁드립니다.

끝으로 본서를 통해서 건축기사 및 관련시험의 지침서로서 수험생 여러분의 학습에 도움이 되기를 기대하며, 아울러 출판에 도움을 주신 한솔아카데미 한병천 사장님, 이종권 전무님과 편집부 직원 여러분께 감사를 드린다.

저자 드림

출제기준

자격종목 : 건축기사 필기

| 직무분야 | 건설 | 자격종목 | 건축기사 | 적용기간 | 2025.01.01.~ 2029.12.31. |

• 직무내용 : 건축시공 및 구조에 관한 공학적 기술이론을 활용하여, 건축물 공사의 공정, 품질, 안전, 환경, 공무관리 등을 통해 건축 프로젝트를 전체적으로 관리하고 공종별 공사를 진행하며 시공에 필요한 기술적 지원을 하는 등의 업무를 수행하는 직무이다.

시험과목	출제 문제수	주요항목	세부항목	세세항목
건축계획	20	1. 건축계획원론	1. 건축계획일반	1. 건축계획의 정의와 영역 2. 건축계획과정
			2. 건축사	1. 한국건축사　2. 서양건축사
			3. 건축설계 이해	1. 건축도면의 이해 2. 건축도면의 표현
		2. 각종 건축물의 건축계획	1. 주거건축계획	1. 단독주택　　2. 공동주택 3. 단지계획
			2. 상업건축계획	1. 사무소　　2. 상점
			3. 공공문화건축계획	1. 극장　　　2. 미술관 3. 도서관
			4. 기타 건축물계획	1. 병원　　　2. 공장 3. 학교　　　4. 숙박시설 5. 장애인·노인·임산부 등의 편의시설계획 6. 기타건축물
건축시공	20	1. 건설경영	1. 건설업과 건설경영	1. 건설업과 건설경영 2. 건설생산조직 3. 건설사업관리
			2. 건설계약 및 공사관리	1. 건설계약 2. 건축공사 시공방식 3. 시공계획 4. 공사진행관리 5. 크레임관리
			3. 건축적산	1. 적산일반 2. 가설공사 3. 토공사 및 기초공사 4. 철근콘크리트공사 5. 철골공사 6. 조적공사 7. 목공사 8. 창호공사 9. 수장 및 마무리공사

시험과목	출제문제수	주요항목	세부항목	세세항목
건축시공	20	1. 건설경영	4. 안전관리	1. 건설공사의 안전 2. 건설재해 및 대책
			5. 공정관리 및 기타	1. 공정관리　　2. 원가관리 3. 품질관리　　4. 환경관리
		2. 건축시공기술 및 건축재료	1. 착공 및 기초공사	1. 착공계획수립 2. 지반조사 3. 가설공사 4. 토공사 및 기초공사
			2. 구조체공사 및 마감공사	1. 철근콘크리트공사 2. 철골공사 3. 조적공사 4. 목공사 5. 방수공사 6. 지붕공사 7. 창호 및 유리공사 8. 미장, 타일공사 9. 도장공사 10. 단열공사 11. 해체공사
			3. 건축재료	1. 철근 및 철강재 2. 목재 3. 석재 4. 시멘트 및 콘크리트 5. 점토질재료 6. 금속재 7. 합성수지 8. 도장재료 9. 창호 및 유리 10. 방수재료 및 미장재료 11. 접착제
건축구조	20	1. 건축구조의 일반사항	1. 건축구조의 개념	1. 건축구조의 개념 2. 건축구조의 분류
			2. 건축물 기초설계	1. 토질 2. 기초
			3. 내진·내풍설계	1. 내진·내풍설계의 개념 2. 내진·내풍설계의 원리
			4. 사용성 설계	1. 처짐·진동에 관한 구조제한 2. 소음에 관한 구조제한
		2. 구조역학	1. 구조역학의 일반사항	1. 힘과 모멘트 2. 구조물의 특성 3. 구조물의 판별

시험과목	출제문제수	주요항목	세부항목	세세항목
건축구조	20	2. 구조역학	2. 정정구조물의 해석	1. 보의 해석 2. 라멘의 해석 3. 트러스의 해석 4. 아치의 해석
			3. 탄성체의 성질	1. 응력도와 변형도 2. 단면의 성질
			4. 부재의 설계	1. 단면의 응력도 2. 부재단면의 설계
			5. 구조물의 변형	1. 구조물의 변형
			6. 부정정구조물의 해석	1. 부정정구조물의 개요 2. 변위일치법 3. 처짐각법 4. 모멘트분배법
		3. 철근콘크리트 구조	1. 철근콘크리트구조의 일반사항	1. 철근콘크리트구조의 개요 2. 철근콘크리트구조 설계방법
			2. 철근콘크리트 구조설계	1. 구조계획 2. 각부 구조의 설계 및 계산 3. 각부 구조설계기준 및 구조제한
			3. 철근의 이음·정착	1. 철근의 부착 2. 정착길이 3. 갈고리에 의한 정착 4. 철근의 이음
			4. 철근콘크리트구조의 사용성	1. 철근콘크리트구조의 처짐 2. 철근콘크리트구조의 내구성 3. 철근콘크리트구조의 균열
		4. 철골구조	1. 철골구조의 일반사항	1. 철골구조의 개요 2. 철골구조의 구조설계방법
			2. 철골구조설계	1. 철골구조계획 2. 각부 구조의 구조설계 및 계산 3. 각부 구조설계기준 및 구조제한
			3. 접합부설계	1. 접합의 종류 및 특징 2. 각부 접합부의 설계와 계산
			4. 제작 및 품질	1. 공장제작 정밀도 및 검사 2. 현장설치 정밀도 및 검사

시험과목	출제문제수	주요항목	세부항목	세세항목
건축설비	20	1. 환경계획원론	1. 건축과 환경	1. 건축과 풍토 2. 건축과 기후 3. 일조와 일사 4. 건축과 바람 5. 친환경건축 6. 신재생에너지
			2. 열환경	1. 전열이론 2. 단열 및 보온계획 3. 습기와 결로 4. 건물에너지 해석
			3. 공기환경	1. 공기의 오염인자 및 영향 2. 환기와 통풍 3. 필요환기량 산정
			4. 빛환경	1. 빛이론 2. 자연채광 3. 인공조명
			5. 음환경	1. 음향이론 2. 흡음과 차음 3. 실내음향 4. 소음과 진동
		2. 전기설비	1. 기초적인 사항	1. 전류와 전압 2. 직류와 교류 3. 전자력, 정전기
			2. 조명설비	1. 조명의 기초사항 2. 광원의 종류 3. 조명방식 및 특징
			3. 전원 및 배전, 배선설비	1. 수변전설비 및 예비전원 2. 전기방식 및 배선설비 3. 동력 및 콘센트설비
			4. 피뢰침설비	1. 피뢰설비 2. 항공장애등설비
			5. 통신 및 신호설비	1. 전화설비 2. 인터폰설비 3. TV공동수신설비 4. 표시설비 5. 정보화설비
			6. 방재설비	1. 방범설비 2. 자동화재탐지설비
		3. 위생설비	1. 기초적인 사항	1. 유체의 물리적 성질 2. 위생설비용 배관 재료 3. 관의 접합 및 용도 4. 펌프의 종류 및 용도

시험과목	출제문제수	주요항목	세부항목	세세항목
건축설비	20	3. 위생설비	2. 급수 및 급탕설비	1. 급수·급탕량 산정 2. 급수방식 및 특징 3. 급탕방식 및 특징
			3. 배수 및 통기설비	1. 위생기구의 종류 및 특징 2. 배수의 종류와 배수방식 3. 통기방식 4. 배수·통기관의 재료 및 특징 5. 우수배수
			4. 오수정화설비	1. 오수의 양과 질 2. 오수정화방식 및 특징
			5. 소방시설	1. 소화의 원리 2. 소화설비 3. 경보설비 4. 피난구조설비 5. 소화용수설비 6. 소화활동설비
			6. 가스설비	1. 도시가스 및 액화석유가스 2. 가스공급과 배관방식 3. 가스설비용기기
		4. 공기조화설비	1. 기초적인 사항	1. 공기의 기본 구성 2. 습공기의 성질 및 습공기 선도 3. 공기조화(냉·난방) 부하 4. 공기조화계산식과 공조프로세스
			2. 환기 및 배연설비	1. 오염물질의 종류 및 필요환기량 2. 환기설비의 종류 및 특징 3. 배연설비 기준
			3. 난방설비	1. 난방설비의 종류 및 특징 2. 난방설비의 구성요소 및 특징
			4. 공기조화용 기기	1. 중앙 및 개별 공기조화기 2. 덕트와 부속기구 3. 취출구·흡입구와 기류 분포 4. 열원기기 5. 전열교환기 6. 펌프와 송풍기 7. 공기조화배관

시험과목	출제문제수	주요항목	세부항목	세세항목
건축설비	20	4. 공기조화설비	5. 공기조화방식	1. 공기조화방식의 분류 2. 각종 공조방식 및 특징 3. 조닝계획과 에너지절약계획
		5. 승강설비	1. 엘리베이터설비	1. 엘리베이터의 종류 및 특징 2. 엘리베이터의 대수 산정 3. 엘리베이터의 배치 4. 엘리베이터 설치시 고려사항
			2. 에스컬레이터설비	1. 에스컬레이터의 구조 및 특징 2. 에스컬레이터의 대수 산정 3. 에스컬레이터의 배열
			3. 기타 수송설비	1. 덤웨이터 2. 이동보도 3. 컨베이어
건축관계법규	20	1. 건축법·시행령·시행규칙	1. 건축법	1. 총칙 2. 건축물의 건축 3. 건축물의 유지와 관리 4. 건축물의 대지 및 도로 5. 건축물의 구조 및 재료 등 6. 지역 및 지구의 건축물 7. 건축설비 8. 특별건축구역 등 9. 보칙
			2. 건축법시행령	1. 총칙 2. 건축물의 건축 3. 건축물의 유지와 관리 4. 건축물의 대지 및 도로 5. 건축물의 구조 및 재료 등 6. 지역 및 지구의 건축물 7. 건축물의 설비 등 8. 특별건축구역 9. 보칙

시험과목	출제 문제수	주요항목	세부항목	세세항목
건축관계 법규	20	1. 건축법·시행령· 시행규칙	3. 건축법시행규칙	1. 총칙 2. 건축물의 건축 3. 건축물의 유지와 관리 4. 건축물의 대지 및 도로 5. 건축물의 구조 및 재료 등 6. 지역 및 지구의 건축물 7. 건축설비 8. 특별건축구역 등 9. 보칙
			4. 건축물의 설비기준 등에 관한 규칙 및 건축물의 피난·방 화구조등의 기준에 관한 규칙	1. 건축물의 설비기준 등에 관한 규칙 2. 건축물의 피난·방화구조 등의 기준에 관한 규칙
		2. 주차장법·시행령 ·시행규칙	1. 주차장법	1. 총칙 2. 노상주차장 3. 노외주차장 4. 부설주차장 5. 기계식주차장 6. 보칙
			2. 주차장법시행령	1. 총칙 2. 노상주차장 3. 노외주차장 4. 부설주차장 5. 기계식주차장 6. 보칙
			3. 주차장법시행규칙	1. 총칙 2. 노상주차장 3. 노외주차장 4. 부설주차장 5. 기계식주차장 6. 보칙
		3. 국토의 계획 및 이용에 관한 법· 시행령·시행규칙	1. 국토의 계획 및 이용에 관한 법률	1. 총칙 2. 광역도시계획 3. 도시·군 기본계획 4. 도시·군 관리계획 5. 개발행위의 허가 등 6. 용도지역·용도지구 및 용도 구역에서의 행위제한 7. 도시·군 계획시설사업의 시행 8. 도시계획위원회

시험과목	출제문제수	주요항목	세부항목	세세항목
건축관계 법규	20	3. 국토의 계획 및 이용에 관한 법·시행령·시행규칙	2. 국토의 계획 및 이용에 관한 법률 시행령	1. 총칙 2. 광역도시계획 3. 도시·군 기본계획 4. 도시·군 관리계획 5. 개발행위의 허가 등 6. 용도지역·용도지구 및 용도구역에서의 행위제한 7. 도시·군 계획시설사업의 시행 8. 도시계획위원회
			3. 국토의 계획 및 이용에 관한 법률 시행규칙	1. 총칙 2. 광역도시계획 3. 도시·군 기본계획 4. 도시·군 관리계획 5. 개발행위의 허가 등 6. 용도지역·용도지구 및 용도구역에서의 행위제한 7. 도시·군 계획시설사업의 시행 8. 도시계획위원회

Contents

제 1 권

I Subject | 건축계획   1-1

01. 총론 ——————————————————————————— 1-2
   1. 건축계획 결정과정 ·· 1-2
   2. 건축물을 만드는 과정 ·· 1-2
   3. 치수(Scale) 계획 ··· 1-3
   4. 거주 후 평가(P.O.E : Post Occupancy Evaluation) ··············· 1-6
      ■ 핵심기출문제 ··· 1-7

02. 주거건축 ——————————————————————————— 1-11
   1. 단독주택 ··· 1-11
   2. 단지계획(site planning) ··· 1-19
   3. 공동주택 ··· 1-25
      ■ 핵심기출문제 ·· 1-35

03. 업무건축 ——————————————————————————— 1-48
   1. 사무소 ·· 1-48
   2. 인텔리전트 빌딩(I.B : Intelligent Building : 정보화 빌딩) ······· 1-58
   3. 은행 ·· 1-60
      ■ 핵심기출문제 ·· 1-65

04. 상업건축 ——————————————————————————— 1-73
   1. 상점 ·· 1-73
   2. 백화점 ·· 1-80
   3. 쇼핑센터(Shopping Center) ··· 1-85
      ■ 핵심기출문제 ·· 1-86

05. 교육시설 ——————————————————————————— 1-92
   1. 학교 ·· 1-92
   2. 도서관 ·· 1-101
      ■ 핵심기출문제 ·· 1-106

06. 산업건축 ——————————————————————— 1-113
1. 공장 ·· 1-113
2. 창고 ·· 1-118
   ■ 핵심기출문제 ··· 1-120

07. 병원건축 ——————————————————————— 1-124
1. 병원 ·· 1-124
2. 장애인·노인·임산부 등의 편의시설계획 ························· 1-132
   ■ 핵심기출문제 ··· 1-133

08. 숙박시설 ——————————————————————— 1-139
1. 호텔 ·· 1-139
   ■ 핵심기출문제 ··· 1-145

09. 문화시설 ——————————————————————— 1-148
1. 극장·영화관 ··· 1-148
2. 미술관 ·· 1-159
   ■ 핵심기출문제 ··· 1-164

10. 건축사 ——————————————————————— 1-172
1. 한국건축사 ·· 1-172
2. 서양건축사 ·· 1-174
3. 근·현대건축사 ·· 1-182
4. 건축가와 주요 작품 ·· 1-187
   ■ 핵심기출문제 ··· 1-191

Contents

II Subject | 건축시공　　2-1

01. 총론 ─────────────────────────── 2-2
　1. 총론 ·· 2-2
　　■ 핵심기출문제 ·· 2-10

02. 공정 및 품질관리 ─────────────── 2-20
　1. 공정관리 ··· 2-20
　2. 품질관리 ··· 2-22
　　■ 핵심기출문제 ·· 2-23

03. 가설공사·토공사 및 기초공사 ───── 2-27
　1. 가설공사 ··· 2-27
　2. 토공사 및 기초공사 ··· 2-30
　　■ 핵심기출문제 ·· 2-48

04. 철근콘크리트공사 ─────────────── 2-58
　1. 철근 공사 ··· 2-58
　2. 거푸집 공사 ·· 2-59
　3. 콘크리트 공사 ·· 2-63
　　■ 핵심기출문제 ·· 2-80

05. 철골공사 ─────────────────────── 2-97
　1. 공장가공 순서 ·· 2-97
　2. 가공단계별 주요 공정 ······································ 2-97
　3. 리벳접합 ··· 2-98
　4. 고력 볼트(HTB, High-tension Bolt) 접합 일반사항 ·· 2-100
　5. 철골세우기, 철골세우기용기계기구 ················ 2-100
　6. 철골 내화피복 공법의 종류 ···························· 2-101
　7. 적산사항[철골소요량] ····································· 2-102
　　■ 핵심기출문제 ·· 2-103

06. 조적공사 ——————————————————————— 2-107
1. 벽돌 공사 ………………………………………………………… 2-107
2. 블록 공사 ………………………………………………………… 2-111
3. 석공사 …………………………………………………………… 2-113
   ■ 핵심기출문제 …………………………………………………… 2-115

07. 목공사 ——————————————————————————— 2-123
1. 목재의 성질 ……………………………………………………… 2-123
2. 목재의 건조법 …………………………………………………… 2-125
3. 목재의 보존법 …………………………………………………… 2-125
4. 목재의 제품 ……………………………………………………… 2-126
5. 이음 및 맞춤 …………………………………………………… 2-127
6. 적산 ……………………………………………………………… 2-129
   ■ 핵심기출문제 …………………………………………………… 2-130

08. 기타공사 ————————————————————————— 2-133
1. 방수공사 ………………………………………………………… 2-133
2. 지붕 및 홈통공사 ……………………………………………… 2-137
3. 미장공사 및 타일공사 ………………………………………… 2-140
4. 도장공사 ………………………………………………………… 2-147
5. 합성수지공사 …………………………………………………… 2-150
6. 창호·유리·금속공사 …………………………………………… 2-153
7. 커튼월(curtain wall) 공사 …………………………………… 2-158
   ■ 핵심기출문제 …………………………………………………… 2-160

Contents

제 2 권

Ⅲ Subject | 건축구조　　3-1

01. 건축구조 일반 —————————————————— 3-2
　　1. 건축구조의 분류 ……………………………… 3-2
　　2. 지반 …………………………………………… 3-3
　　3. 기초 …………………………………………… 3-5
　　4. 내진 설계 ……………………………………… 3-7
　　　■ 핵심기출문제 ………………………………… 3-14

02. 힘과 구조물 ——————————————————— 3-20
　　1. 힘과 모멘트 …………………………………… 3-20
　　2. 구조물 ………………………………………… 3-23
　　3. 정정보의 해석 ………………………………… 3-31
　　4. 라멘(Rahmen) ………………………………… 3-39
　　5. 트러스 해석 …………………………………… 3-43
　　　■ 핵심기출문제 ………………………………… 3-48

03. 탄성체와 구조물 설계 ——————————————— 3-63
　　1. 단면의 성질 …………………………………… 3-63
　　2. 응력과 변형도 ………………………………… 3-70
　　3. 단면의 응력도 ………………………………… 3-74
　　4. 장주와 단주 …………………………………… 3-78
　　5. 기초 …………………………………………… 3-82
　　　■ 핵심기출문제 ………………………………… 3-84

04. 처짐과 부정정 구조물 ——————————————— 3-96
　　1. 처짐(Deflection) ……………………………… 3-96
　　2. 부정정 구조물 ………………………………… 3-99
　　　■ 핵심기출문제 ………………………………… 3-105

05. 철근콘크리트 일반사항 ─── 3-118
1. 개요 ─── 3-118
2. 콘크리트(Concrete) 특성 ─── 3-118
3. 철근의 특성 ─── 3-121
4. 설계법의 종류 ─── 3-122
5. 구조물의 사용성 ─── 3-124
   ■ 핵심기출문제 ─── 3-129

06. 철근콘크리트 구조설계 ─── 3-137
1. 휨 설계 ─── 3-137
2. 전단 설계 ─── 3-150
3. 슬래브(Slab) 설계 ─── 3-156
4. 압축재 설계 ─── 3-163
5. 기초 설계 ─── 3-165
6. 옹벽 설계 ─── 3-169
7. 내력벽 설계 ─── 3-170
8. 프리스트레스트 콘크리트 ─── 3-171
9. 죠인트 ─── 3-171
   ■ 핵심기출문제 ─── 3-172

07. 철근의 이음과 정착 ─── 3-187
1. 부착강도와 정착길이 ─── 3-187
2. 철근의 이음 ─── 3-189
   ■ 핵심기출문제 ─── 3-191

08. 강구조 개론 ─── 3-195
1. 강구조 일반 ─── 3-195
2. 강구조 설계법 ─── 3-199
3. 접합 ─── 3-202
4. 인장재 설계 ─── 3-210
5. 압축재 설계 ─── 3-212
6. 보 ─── 3-214
7. 트러스 구조 ─── 3-216
8. 강구조 기타 ─── 3-217
   ■ 핵심기출문제 ─── 3-219

Contents

Ⅳ Subject | 건축설비　　　4-1

01. 위생설비 — 4-2
　1. 물에 관한 일반적인 사항 — 4-2
　2. 급수설비 — 4-5
　3. 급탕설비 — 4-12
　4. 배수·통기설비 — 4-16
　5. 위생기구 및 배관재료 — 4-23
　6. 오수처리설비 — 4-27
　7. 소화설비 — 4-31
　8. 가스설비 — 4-37
　　■ 핵심기출문제 — 4-39

02. 공기조화설비 — 4-54
　1. 공기에 관한 일반사항 — 4-54
　2. 환기설비 — 4-60
　3. 공기조화부하 계산 — 4-62
　4. 난방설비 — 4-67
　5. 공기조화방식 — 4-84
　6. 공기조화기 — 4-93
　7. 냉동설비 — 4-99
　　■ 핵심기출문제 — 4-103

03. 전기설비 — 4-116
　1. 전기에 관한 일반적인 사항 — 4-116
　2. 강전설비 — 4-117
　3. 조명설비 — 4-124
　4. 약전설비 — 4-130
　5. 승강 및 운송설비 — 4-132
　　■ 핵심기출문제 — 4-135

V Subject | 건축관계법규 5-1

01. 총칙, 건축물의 건축, 건축물의 유지관리 — 5-2
1. 총칙 … 5-2
2. 건축물의 건축 … 5-18
3. 건축물의 유지관리 … 5-32
    - 핵심기출문제 … 5-33

02. 건축물의 대지 및 도로, 건축물의 구조 및 재료 — 5-42
1. 건축물의 대지 및 도로 … 5-42
2. 건축물의 구조 및 재료 … 5-48
    - 핵심기출문제 … 5-70

03. 지역 및 지구 안의 건축, 건축설비 — 5-80
1. 지역 및 지구 안의 건축 … 5-80
2. 건축설비 … 5-88
    - 핵심기출문제 … 5-96

04. 특별건축구역, 보칙 등 — 5-104
1. 특별건축구역 … 5-104
2. 보칙 등 … 5-106
    - 핵심기출문제 … 5-116

05. 주차장법 — 5-121
1. 총칙 … 5-121
2. 노상주차장 … 5-123
3. 노외주차장 … 5-124
4. 건축물 부설주차장 … 5-130
5. 기계식 주차장 … 5-134
    - 핵심기출문제 … 5-137

Contents

06. 국토의 계획 및 이용에 관한 법률 — 5-145
1. 용어의 정의 … 5-145
2. 광역도시계획 … 5-148
3. 도시·군 기본계획 … 5-149
4. 도시·군 관리계획 … 5-150
5. 용도지역·용도지구·용도구역 … 5-152
6. 지구단위계획 … 5-158
7. 입지규제최소구역 … 5-160
8. 용도지역·용도지구 및 용도구역 안에서의 행위제한 … 5-161
9. 도시계획위원회 … 5-163
   - 핵심기출문제 … 5-164

07. 건축관계법규 핵심요약정리 — 5-174
1. 계산문제 정리 및 요약 … 5-174
2. 면적별 기준정리 및 요약 … 5-176
3. 층별 기준정리 및 요약 … 5-180
4. 주차대수별 기준 정리 및 요약 … 5-181

제 3 권

Ⅵ Subject | 건축기사 과년도 출제문제   6-1

01. 2020년 과년도출제문제 ——————————— 6-2
02. 2021년 과년도출제문제 ——————————— 6-86
03. 2022년 과년도출제문제 ——————————— 6-174
04. 2023년 과년도출제문제 ——————————— 6-258
05. 2024년 과년도출제문제 ——————————— 6-339
06. 2025년 과년도출제문제 ——————————— 6-420

CBT 필기시험문제 실전테스트

홈페이지(www.inup.co.kr)에서 필기시험 문제를 CBT 모의 TEST로 체험하실 수 있습니다.
- CBT 필기시험문제 제1회(2023년 제1회 과년도)
- CBT 필기시험문제 제2회(2023년 제4회 과년도)
- CBT 필기시험문제 제3회(2024년 제1회 과년도)
- CBT 필기시험문제 제4회(2024년 제3회 과년도)
- CBT 필기시험문제 제5회(2025년 제1회 과년도)
- CBT 필기시험문제 제6회(2025년 제3회 과년도)

건축계획

01 Subject

01 총론
02 주거건축
03 업무건축
04 상업건축
05 교육시설
06 산업건축
07 병원건축
08 숙박시설
09 문화시설
10 건축사

01 총론

핵심 PLUS

- 건축의 3대 요소
  ① 구조 : 건물에 적당한 튼튼한 구조
  ② 기능 : 건물의 용도, 설비, 동선 등의 사용상의 편리
  ③ 미(美) : 건물의 미적 표현

- 동선의 3 요소
  속도, 빈도, 하중

- 미(美)의 3 요소
  통일성, 변화성, 균형성

1 건축계획 결정과정

1) 목표 설정 : 계획 결정의 제 1단계
2) 정보 및 자료 수집
   ① 정보 : 초기 정보, 기술 정보, 아이디어 정보, 평가 정보, 프로그램 정보
   ② 자료 수집 및 조사 분석 : 법규 조건, 풍토 조건, 지질 조건, 지리 조건, 공공시설의 조건
3) 조건의 설정 : 기능 설정, 규모 설정, 성능에 관한 내용, 성격, 주제에 관한 사항
4) 모델화 : 추상적 단계의 설계 조건을 기준으로 해서 건축공간을 구체화시키는 과정
5) 평가 : 비교법, 단계법, 점수법, 합의법, 직관법 등
6) 계획의 결정 : 선택과 수정의 단계, 항목별 평가 등을 거쳐 최종적인 계획안을 결정

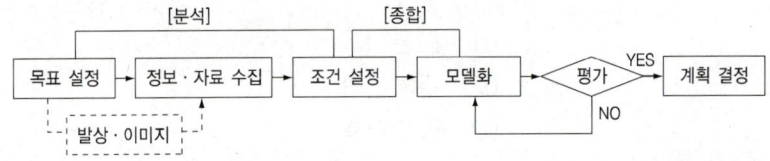

[그림] 계획 결정 프로세스의 흐름도

2 건축물을 만드는 과정

1) 기획

일반적으로 건축주(공사 발주자)가 직접 행하는 것으로 건설 목적, 건설 의도, 방향 설정, 운영 방법, 예산, 경영 방침, 설계에 대한 요구 사항, 제약 사항 등 건설의 전 과정을 예견하는 작업이다.

2) 설계

기획에 맞추어 건축주의 의도나 요구에 따라 건축에 관한 전문적 지식 및 기술을 이용하여 설계도나 시방서 등 관계 도서를 만드는 과정이다.

① 기본설계 : 기본설계도, 설계설명서, 공사비 계산서
② 실시설계 : 실시설계 도서, 계산서, 시방서, 공사비 예산서

3) 시공

건축주로부터 도급받은 시공자가 실시설계 도서에 표현된 내용을 실제의 건물로 만드는 건설공사의 과정으로 건축물을 현장에서 직접 생산해 내는 단계이다.

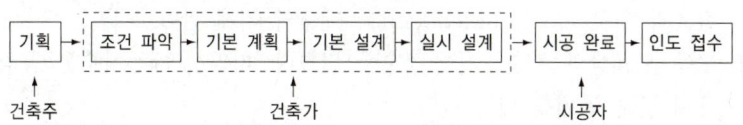

[그림] 건축물을 만드는 과정에서의 설계진행법

3 치수(Scale) 계획

1. 건축 공간과 치수

1) 물리적 공간과 그 치수 : 인체측정학(anthropometry)
  ① 최소치+α : 문이나 개구부의 높이, 천장 높이, 인동간격 등을 설정할 때 사용
  ② 최대치-α : 계단의 챌판 높이, 야구장 관중석의 난간 높이 등을 설정할 때 사용
  ③ 목표치±α : 출입문의 손잡이 위치와 크기 등을 설정할 때 사용

2) 심리적 공간과 그 치수 : 프로세믹스(proxemics)
  ① 개인공간 : 친근 거리, 개인 거리, 사회적 거리, 공적 거리 등
  ② 프라이버시 : 프라이버시의 적정화
  ③ 영역성 : 1차 영역, 2차 영역, 공적 영역 등
  ④ 과밀

3) 생리적 공간과 그 치수

실내 창문의 크기가 필요환기량으로 결정하는 경우

2. 모듈(Module)

1) 모듈(module)

구성재의 크기를 정하기 위한 치수의 조직으로서 건축의 계획상, 생산상, 사용상에 편리한 치수 측정 단위이다.

2) 종류
  ① 기본 모듈 : 기준 척도를 10cm로 하고 이것을 1M으로 표시하여 모든 치수의 기준으로 한다.

핵심 PLUS

01 다음의 설계과정 중에서 가장 선행되어야 할 사항은?
① 기본계획
② 조건파악
③ 기본설계
④ 실시설계

[해설] 조건 파악
· 자연적 조건 : 대지 및 주위 환경 분석
· 사회적 조건 : 관계 법규 저촉 여부

답 : ②

■ 건축공간의 적정규모 산정
① 수용인원(물품)의 결정
  · 수용하는 인원(또는 물품)의 예상수량을 결정하는 것
  · 건물 이용자의 충족도와 그 시설의 이용률의 2가지 점을 감안하여 결정
  · 영리시설이나 공공시설 간에는 각기 다른 적정 기준값을 적용
② 단위수량당 소요규모의 산정
  · ①의 예상인원(물품)의 단위수량당 소요규모를 아는 것
  · 1인당의 m²로 나타내거나, 단위면적당의 수용인원으로 표시
  · 사용자수와 소요규모와의 관계는 사례조사 방법과 치수 적용 방법을 통하여 예측

I. 건축계획 | 총론

핵심 PLUS

02 건축 모듈(Module)에 대한 설명으로 옳지 않은 것은? [08, 24 기]
① 양산의 목적과 공업화를 위해 사용된다.
② 모든 치수의 수직과 수평이 황금비를 이루도록 하는 것이다.
③ 복합 모듈은 기본 모듈의 배수로서 정한다.
④ 모듈 설정이 설계 작업이 단순화된다.

[해설] 모듈(Module)은 모든 치수의 수직과 수평이 정수비를 이루도록 하는 것이다.
답 : ②

■ 황금비
(golden section, 황금분할)
고대 그리스인들의 창안으로서 선이나 면적을 나누었을 때 작은 부분과 큰 부분의 비율이 큰 부분과 전체에 대한 비율과 동일하게 되는 기하학적 분할 방식으로 1 : 1.618의 비율을 갖는 가장 균형 잡힌 비례이다.

■ Le Corbusier
• 르 코르뷔지에의 모듈로(modulor)
 : 인체의 수직 치수를 기본으로 해서 황금비를 적용, 전개하고 여기서 등차적 배수를 더한 것으로서 인체 각 부위의 비례에 바탕을 둔 치수 계열
• modulor라는 설계 단위를 설정하고 실천(형태 비례에 대한 학설)
• Le Modulor를 적용한 첫 작품 : 마르세이유의 주택 단지
• 작품 : UN 본부 빌딩
(Le Modulor 실제적으로 적용한 건축), 론샹 교회당

※ 르 코르뷔지에의 신건축 5가지 특징
① 필로티(pilotis)
② 자유스러운 평면구성
③ 옥상 정원(roof garden)
④ 자유스러운 입면(free facade)
⑤ 연속된 창

② 복합 모듈 : 기본 모듈이 1M의 배수가 되는 모듈이다.
  ㉮ 20cm : 2M, 건물의 높이 방향의 기준
  ㉯ 30cm : 3M, 건물의 수평길이 방향의 기준

3) 모듈의 사용 방법
① 모든 치수는 1M(10cm)의 배수가 되게 한다.
② 건물의 높이는 2M(20cm)의 배수가 되게 한다.
③ 건물의 수평 치수는 3M(30cm)의 배수가 되게 한다.
④ 모든 모듈상의 치수 : 공칭치수를 말한다. 따라서 제품치수는 공칭치수에서 줄눈 두께를 빼야 한다.
⑤ 창호의 치수 : 문틀과 벽사이의 줄눈 중심선간의 치수가 모듈 치수이어야 하고 장막벽 등을 모듈 제품 사용이 가능해야 한다.
⑥ 조립식 건물 : 조립부재 줄눈 중심간 거리가 모듈 치수에 일치해야 한다.

> 참고
>
> 르 모듈로(Le modulor)
> ㉠ 휴먼 스케일을 디자인 원리로 사용한 르 꼬르뷔제(Le Corbusier)는 "Modulor" 라는 설계단위를 설정하고 Module을 인체척도(human scale)에 관련시켜 형태 비례에 대한 학설을 주장하고 실천하였다.
> ㉡ 인체의 수직 치수를 기본으로 해서 황금비를 적용, 전개하고 여기서 등차적 배수를 더한 것으로서 인체 각 부위의 비례에 바탕을 둔 치수 계열이다.
> ㉢ 모듈은 미적 비례이므로 황금척(黃金尺)이며 인간적 기능의 척도이며 생산성을 높이는 척도라 하는 것이다.
> ㉣ 인체를 황금비로 분석해서 생활에 적합한 건축과 고전적인 비례의 개념을 결부시켜 황금비를 단지 예술적인 문제 해결뿐 만아니라 공업생산이란 목적에도 결부시켰다. 이러한 모듈의 원칙은 마르세이유 아파트 계획에 처음으로 적용시켰다.

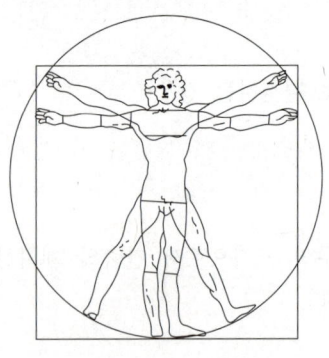
(a) 인간 신체의 이상적 자세

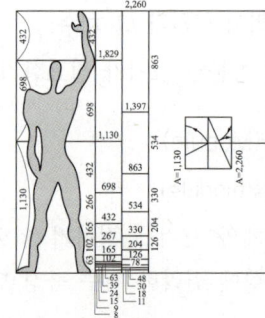
(b) 모듈로

[그림] 르 코르뷔지에의 모듈로

⑦ 고층 라멘 건물 : 층높이 및 기둥 중심거리가 모듈 치수이어야 하고, 장막벽 등은 모든 모듈 제품의 사용이 가능해야 한다.

4) 건축 척도의 조정(M.C, Modular Coordination)

모듈이란 구성재의 크기를 정하기 위한 치수의 조정을 말하며, 이 모듈을 사용하여 건축 전반에 사용되는 재료의 규격화하는데 이를 건축 척도의 조정이라 한다.

① 기본 사항 : M.C의 원리에 맞추어 설계하기 위해서는 건축 평면의 M.C화와 건축 단면의 M.C화로 분류해서 설정할 수 있다.
  ㉮ 우리나라 지역성을 최대한 고려한다.
  ㉯ 건물의 종류에 따라 그 성격에 맞추어 계획 모듈을 정한다.
  ㉰ 가능한 국제적 M.C의 합의 사항에 맞도록 한다.
  ㉱ M.C화 되더라도 설계의 자유도를 높이도록 한다.

② 장·단점
  ㉮ 장점
    ㉠ 설계 작업이 단순화되고 간편해진다.
    ㉡ 건축 구성재의 대량 생산이 용이해지고, 생산 비용이 낮아질 수 있다.
    ㉢ 건축 구성재의 수송이나 취급이 편리해진다.
    ㉣ 현장 작업이 단순하므로 공사 기간이 단축될 수 있다.
    ㉤ 시공의 균질성과 질의 향상을 도모한다.
    ㉥ 국제적인 M.C를 사용하면 건축 구성재의 국제 교역이 용이해진다.
  ㉯ 단점
    ㉠ 건축물 형태에 있어서 창조성 및 인간성의 상실 우려가 있다.
    ㉡ 동일한 형태가 집단을 이루는 경향이 있으므로 건물의 배치와 외관이 단순해지므로 배색에 신중을 기해야 한다.

5) 건축의 공장생산화(prefabrication)

건축의 각 부분을 공장 제품으로 대량생산하여 현장에서 조립함으로써 공기를 단축시켜 짧은 기간 동안에 건축물을 대량 생산하는 데 그 목적이 있다.

① 특징
  ㉮ 건축물의 품질이 향상된다.
  ㉯ 공기가 단축된다.
  ㉰ 단가가 저렴해진다.

핵심 PLUS

03 인체의 치수를 기본으로 해서 황금비를 적용, 전개하고 여기서 등차적 배수를 더한 모듈러(Modulor)라고 하는 설계단위를 설정한 근대 건축가는?
[05, 25 기]
① 오귀스트 페레
② P.베에렌스
③ 프랭크 로이드 라이트
④ 르 코르뷔지에

답 : ④

■ M.C(Modular Coordination : 건축 척도 조정)
· 건축 계획상, 생산상, 사용상의 편리한 치수의 통일
· 계획상 : 설계 작업의 단순화
· 생산상 : 대량생산 용이, 공업화 건축
· 사용상 : 현장작업의 단순화, 공기단축

■ module이 필요한 건축
· 집단주택 : 공동주택의 평면 및 각 부위의 치수(주택법의 주택건설기준)
· 사무소 : 기둥간격, 작업책상 단위
· 백화점 : 기둥간격
· 학교
· 도서관 : 서고 계획
· 병원 : 환자 침대 규격

04 건물의 계획시 모듈을 설정하여 척도를 조정함으로써 얻게 되는 이점과 가장 거리가 먼 것은?
[04, 09 산]
① 건축구성재의 생산비용이 낮아질 수 있다.
② 형태가 다양해진다.
③ 미적 질서를 가질 수 있다.
④ 공사기간이 단축될 수 있다.

답 : ②

4 거주 후 평가(P.O.E : Post Occupancy Evaluation)

1) 개념
거주 후 평가란 건축물이 완공된 후 사용 중인 건축물이 본래의 기능을 제대로 수행하고 있는지의 여부를 인터뷰, 현지답사, 관찰 및 기타 방법들을 이용하여 거주 후 사용자들의 반응을 진단·연구하는 과정을 말한다.

2) 목적
① 유사 건물의 건축계획에 직접적인 지침이 된다.
② 앞으로의 건축계획 및 평가에 필요한 정보를 제공한다.
③ 후에 건물을 개조할 때 좋은 지침이 된다.

3) 평가요소
① 환경장치
② 사용자
③ 주변 환경
④ 디자인 활동

핵심 PLUS

05 POE(Post-Occupancy Evaluation)의 의미로 가장 알맞은 것은? [19 기]
① 건축물 사용자를 찾는 것이다.
② 건축물을 사용해 본 후에 평가하는 것이다.
③ 건축물의 사용을 염두에 두고 계획하는 것이다.
④ 건축물 모형을 만들어 설계의 적정성을 평가하는 것이다.

답 : ②

핵심기출문제

I. 총론

1. 건축계획에서 말하는 미의 특성 중 변화 혹은 다양성을 얻는 방식과 가장 거리가 먼 것은? [18 ②]

① 억양(Accent)
② 대비(Contrast)
③ 균제(Proportion)
④ 대칭(Symmetry)

2. 대지분석에 관한 설명 중 옳지 않은 것은? [01 ②]

① 기후분석은 건축물의 외피계획을 위한 것이다.
② 축에 대한 분석은 건축물의 조형적 형태계획을 위한 것이다.
③ 교통분석은 차도계획 및 주거공간계획을 위한 것이다.
④ 주변상황분석은 그 건축의 규모 및 용도결정에 도움을 주기 위한 것이다.

3. 건축설계과정에 관한 기술 중 가장 적합하지 않은 것은? [05 ②]

① 건축설계 첫 단계에서 검토할 사항은 대지분석이다.
② 건축주의 의도를 충분히 이해한다.
③ 건축의 조형을 내부기능에 못지않게 중요시 한다.
④ 조경설계는 건축설계가 완성된 후에 한다.

4. 건축공간의 치수는 인간을 기준으로 볼 때 3가지로 나누어서 생각할 수 있다. 다음 중 이 3가지 분류에 포함되지 않는 것은? [08, 24 ②]

① 환경적 스케일
② 심리적 스케일
③ 생리적 스케일
④ 물리적 스케일

5. 건축공간의 치수계획에서 "압박감을 느끼지 않을 만큼의 천장 높이 결정"은 다음 중 어디에 해당 하는가? [17, 20, 23, 25 ②]

① 물리적 스케일
② 생리적 스케일
③ 심리적 스케일
④ 입면적 스케일

해 설

해설 1

미(美)의 3요소
㉠ 통일성 : 대칭성, 반복성, 균일성
㉡ 변화성 : 균제성, 억양성, 대비성
㉢ 균형성 : 동적균형, 정적균형

해설 2

주변상황분석은 대지의 성격이나 주변환경조건을 분석하고 그 대지에 적절한 건축계획안을 제시하기 위한 것이다.

해설 3

조경설계는 건축설계와 병행하여 이루어진다.

해설 4, 5

건축공간의 치수(scale)
㉠ 물리적 스케일 : 출입구의 크기가 인간이나 물체의 물리적 크기에 의해 결정되는 치수 → 인체측정학(anthropometry)
㉡ 심리적 스케일 : 압박감을 느끼지 않을 정도의 천장높이 등 → 프로세믹스(proxemics)
㉢ 생리적 스케일 : 실내의 창문 크기가 필요환기량으로 결정되는 경우

정답 1. ④ 2. ④ 3. ④ 4. ①
5. ③

핵심기출문제 — I. 총론

6. 다음의 치수규정 요인 중 구축적 조건에 직접 영향을 미치는 것은? [02②]

① 행동적 조건 ② 환경적 조건
③ 기술적 조건 ④ 사회, 경제적 조건

7. 건축계획시 적정규모의 산정방식 중 틀린 것은? [00, 02②]

① 영리시설과 공공시설 간에는 각기 다른 적정 기준값을 적용한다.
② 건물이용자의 측면에서 항상 여유 있는 규모를 확보한다.
③ 사용자수와 소요규모와의 관계는 사례조사 방법과 치수 적용방법을 통하여 예측한다.
④ 면적은 주로 1인당의 m² 로 나타내고 있으나 역으로 단위면적당의 수용인원으로 표시하기도 한다.

8. 모듈에 대한 설명 중 잘못된 것은?

① 건축치수의 표준을 말한다.
② 그 발생은 근대 건축에서 비롯되었다.
③ 국제어로서 사용한 것은 1960년 ISO 회의 이후이다.
④ 현대의 모듈은 건축이 공업생산화된다는 것을 가능하게 하기 위해 생각된 것이다.

9. 건축 모듈(Module)에 대한 기술 중에서 가장 잘못된 것은 어느 것인가? [03②]

① 양산의 목적과 공업화를 위해 쓰여진다.
② 모든 치수의 수직과 수평이 황금비를 이루도록 하는 것이다.
③ 복합 모듈은 기본 모듈의 배수로서 정한다.
④ 모든 모듈은 인간척도에 맞추어 채택된다.

10. 건축의 모듈러 코디네이션(modular coordination)에 관한 설명 중 틀린 것은? [00, 05②]

① 건축의 공업화를 위한 선행조건이 된다.
② 절단에 의한 재료의 낭비를 줄인다.
③ 다른 부품과의 호환성을 제공한다.
④ 건물의 내구성능을 높인다.

해설

[해설] 6
동작공간 치수를 규정하는 요인
㉠ 행동적 조건 : 건축물 사용 주체인 사람들의 물리적 생활 영위에 의해 형성되는 기능적 조건
㉡ 환경적 조건 : 자연적인 외적 환경 및 인공적인 설비에 의한 인공 환경, 인간의 생리적·심리적·사회적으로 필요로 하는 환경조건
㉢ 기술적 조건 : 구성재의 생산과 운반 및 조립 등의 구축적 조건
㉣ 사회, 경제적 조건 : 건축적 시설의 경영 및 관리, 건축비, 유지비 등의 조건

[해설] 7
건물 이용자의 요구사항이나 해당 시설에 대한 이용률 등을 고려하여 적정 규모를 산정한다.

[해설] 8
르 꼬르뷔제의 모듈
㉠ 건축치수의 표준
㉡ 1960년 ISO회의에서 모듈이란 말을 명명하였다.
㉢ 건축의 공업생산화에 큰 기여

[해설] 9
모듈(module)이란 구성재의 크기를 정하기 위한 치수의 조직으로서 건축의 계획상, 생산상, 사용상에 편리한 치수 측정 단위이다. 기준 척도를 10cm로 하고 이것을 1M으로 표시하여 모든 치수의 기준으로 한다.

[해설] 10
모듈러 코디네이션(M.C)와 건물의 내구성능과는 관련이 없다.

정답 6. ③ 7. ② 8. ② 9. ② 10. ④

11. 공간구성에 있어 모듈을 인체척도와 관련시킨 건축가는? [01, 08 ②]

① 프랭크 로이드 라이트(F. L. Wright)
② 미스 반데어 로에(Mies van der Rohe)
③ 월터 그로피우스(Walter Gropius)
④ 르 코르뷔지에(Le Corbusier)

12. 다음 중 모듈 시스템의 적용이 가장 부적절한 것은? [18 ②]

① 극장
② 학교
③ 도서관
④ 사무소

13. 르 코르뷔지에(Le Corbusier)가 주장한 건축 5대 원칙에 속하지 않는 것은? [16 ②]

① 필로티
② 모듈러
③ 옥상정원
④ 자유로운 평면

14. 건축계획단계에서의 조사수법에 대한 설명으로 옳지 않은 것은? [10, 21, 24 ②]

① 이용 상황이 명확하게 기록되어 있는 시설의 자료 등을 활용하는 것은 기존자료를 통한 조사에 해당된다.
② 직접 관찰을 통하여 생활과 공간간의 대응관계를 규명하는 것은 생활행동 행위의 관찰에 해당한다.
③ 건물의 이용자를 대상으로 설문을 작성하여 조사하는 방식은 생활과 공간의 대응관계 분석에 유효하다.
④ 주거단지에서 어린이들의 행동특성을 조사하기 위해서는 설문조사가 일반적으로 가장 적절한 방법이다.

해설 11
르 코르뷔지에(Le Corbusier ; 1887~1965)
㉠ 20세기 초 추상예술운동의 출발점인 입체파의 영향으로 순수 기하학을 추구하며, 20세기 중반에는 브루탈리즘 경향을 보였다. (노출콘크리트를 체계적으로 연구)
㉡ modular라는 설계 단위를 설정하고 실천(르 모듈러 - 형태 비례에 대한 학설)한 건축가
㉢ 근대건축 5원칙을 제안
㉣ 도미노 구조(domino system) 계획안
㉤ 주요작품 : 사보아 주택, 마르세이유 집단주택, UN 본부 빌딩, 롱샹교회당

해설 12
module이 필요한 건축
• 집단주택 : 공동주택의 평면 및 각 부위의 치수(주택법의 주택건설기준)
• 사무소 : 기둥 간격, 작업책상 단위
• 백화점 : 기둥 간격
• 학교
• 도서관 : 서고 계획
• 병원 : 환자 침대 규격

해설 13
르 코르뷔지에(Le Corbusier)의 근대건축 5원칙
㉠ 필로티(pilotis)
㉡ 자유스러운 평면구성
㉢ 옥상 정원(roof garden)
㉣ 자유스러운 입면(free facade)
㉤ 연속된 창 - 수평띠창(골조와 벽의 독립적 기능)
※ 르 코르뷔지에 : 롱샹 교회당, 국제 연맹 본부 계획안, 사보이 저택, 알지에의 도시계획, 마르세이유Apt, 브뤼쎌 필립관

해설 14
주거단지에서 어린이들의 행동특성을 조사하기 위해서는 의사능력이 부족한 어린이들에게 설문조사보다 관찰을 통한 조사가 가장 적절한 방법이다.

정답 11. ④ 12. ① 13. ② 14. ④

핵심기출문제 — I. 총론

15. 건축계획단계에서의 조사방법에 관한 설명으로 옳지 않은 것은? [12, 17 ㉮]

① 설문조사를 통하여 생활과 공간간의 대응관계를 규명하는 것은 생활동 행위의 관찰에 해당된다.
② 주거단지에서 어린이들의 행동특성을 조사하기 위해서는 생활행동 행위 관찰 방식이 일반적으로 적절하다.
③ 이용 상황이 명확하게 기록되어 있는 시설의 자료 등을 활용하는 것은 기존자료를 통한 조사에 해당된다.
④ 건물의 이용자를 대상으로 설문을 작성하여 조사하는 방식은 생활과 공간의 대응관계 분석에 유효하다.

해설 15
인간의 행태나 행위에 대해서는 면담이나 설문조사 기법보다 관찰법을 사용하는 것이 더욱 정확한 정보를 얻을 수 있다. 구두 표현 능력이 없는 아동을 대상으로 하는 경우에는 관찰이 유일한 수단이 된다.

16. 공업화 건축구조에 관한 기술 중 옳지 않은 것은? [00 ㉮]

① 접합부의 처리가 어렵다.
② 선행조건으로서 설계치의 모듈화가 이루어져야 한다.
③ 획일적이며 다양성의 문제가 제기된다.
④ 공급지역에 제한이 거의 없다.

해설 16
공급지역이 먼 경우에는 운반비용이 많이 들게 되므로 경제적 수송거리로 제한하는 것이 바람직하다.

17. 건축물의 방재계획 내용으로 옳지 않은 것은? [10 ㉮]

① 재난 발생시에 대비하여 일정시간 안전한 건축공간을 확보하여야 한다.
② 재난 시 안전히 피할 수 있는 통로와 설비를 확보하여야 한다.
③ 소화나 구출 활동이 신속히 펼쳐질 수 있는 설비를 확보하여야 한다.
④ 신속한 대피를 위하여 각 층에서 한 방향으로만의 피난통로를 확보하여야 한다.

해설 17
내부 대피에 중점을 두며, 2방향의 피난 경로를 확보하여야 한다.

정답 15. ① 16. ④ 17. ④

02 주거건축

핵심

I. 건축계획 | 주거건축

1 단독주택

1. 새로운 주거 계획의 기본 방향

1) 계획의 기본 목표
   ① 생활의 쾌적함을 증대 시킨다 : 인간 본래의 생활을 되찾는 방향의 요구
   ② 가사 노동을 경감하고 주거의 단순화를 꾀한다 : 주부의 가사 노동 경감의 방향 요구
      ㉮ 필요 이상의 주거를 지양하며, 청소 등의 노력을 절감할 것
      ㉯ 평면에서의 주부의 동선을 단축시킬 것
      ㉰ 능률이 좋은 부엌시설이나 가사실을 갖출 것
      ㉱ 주거설비를 현대화, 기계화 할 것
   ③ 가족 본위의 주거로 계획한다.(가장 중심에서 주부 중심으로 전환)
   ④ 개인 생활의 프라이버시를 확립한다.
   ⑤ 활동성의 증대를 위한 의자식 생활을 도입한다.(좌식·의자식을 혼용한다.)

2) 구조 기본 목표
   ① 내구성과 유동성을 고려한다.
   ② 건축의 양산화(prefabrication)를 도입하여 공기 단축 및 공사비 절감 등을 고려한다.
   ③ M.C(Modular Coordination) 생산 방식을 도입한다 : 모듈을 이용한 치수 조정을 함으로써 건축 부품의 공업화가 되기 쉽고 대량 생산이 가능하다.

2. 주생활 수준의 기준

주생활 수준의 기준은 1인당 주거면적으로 나타내며, 주거 면적은 주택 연면적에서 공용부분(현관, 복도, 부엌, 유틸리티, 욕실, 화장실 등)을 제외한 순수 거주면적으로 건축 연면적의 50~60% 정도를 차지한다.
   ① 1인당 최소 주거면적 : $10m^2$/인
   ② 숑바르 드 로브(chombard de lawve)의 기준(1950년)

핵심 PLUS

01 주택 설계의 방향에 관한 설명 중 틀린 것은? [05, 24 기]
① 가사 노동의 경감
② 가족 본위의 주거
③ 공간규모를 전체적으로 크게 구성
④ 개인 생활의 프라이버시 확보
답 : ③

02 주택에서 주부의 부담을 경감시키기 위한 방법 중 옳지 않은 것은? [07 산]
① 필요 이상의 넓은 주거공간을 지향할 것
② 주부의 동선을 단축시킬 것
③ 능률적인 부엌시설과 가사실을 갖출 것
④ 설비를 좋게 하고 되도록 기계화할 것
답 : ①

■ M.C의 특징
· 설계 작업이 단순화되고 간편하다.
· 대량 생산이 용이하고 공비(cost)가 절감된다.
· 현장 작업이 단순해지고 공기가 단축된다.
· 동일한 형태가 집단을 이루는 경향이 있으므로 단조로울 우려와 건축 배색에 신중을 기해야 한다.

I. 건축계획 | 주거건축

핵심 PLUS

03 숑바르 드 로브의 주거면적 기준으로 옳은 것은? [09, 15 기]
① 병리기준 : 6m², 한계기준 : 12m²
② 병리기준 : 8m², 한계기준 : 14m²
③ 병리기준 : 6m², 한계기준 : 14m²
④ 병리기준 : 8m², 한계기준 : 12m²

답 : ②

04 국제주거회의의 평균주거면적을 기준으로 할 때 5인 가족에 필요한 주거면적은? [08 기]
① 50m²
② 65m²
③ 70m²
④ 75m²

[해설] Frank Am Mein의 국제주거회의의 기준(1929년) : 15m²/인이므로
15m²×5인=75m²

답 : ④

05 한식주택과 양식주택의 차이점에 대한 설명 중 옳지 않은 것은? [10, 16, 25 기]
① 양식주택은 실의 위치별 분화이며, 한식주택은 실의 기능별 분화이다.
② 양식주택은 입식생활이며, 한식주택은 좌식생활이다.
③ 양식주택의 실은 단일용도이며, 한식주택의 실은 혼용도이다.
④ 양식주택의 가구는 주요한 내용물이며, 한식주택의 가구는 부차적 존재이다.

[해설] 양식주택은 실의 기능별 분화(분화, 개방적, 집중식)이며, 한식주택은 실의 위치별 분화(조합, 은폐적, 분산식)이다.

답 : ①

㉮ 병리 기준 : 8m²/인 이하이면 거주자의 신체적 및 정신적인 건강에 나쁜 영향을 준다.
㉯ 한계 기준 : 14m²/인 이하이면 개인 및 가족적인 거주의 융통성을 보장할 수 없다.
㉰ 표준 기준 : 16m²/인 정도이면 적당한 거주 면적이므로 이 기준을 적극 추천하고 있다.
③ Frank Am Mein의 국제주거회의의 기준(1929년) : 15m²/인
④ UIOP(세계가족단체협회)의 코르노의 기준 : 16m²/인

3. 생활양식에 의한 분류

■ 한식주택과 양식주택의 특징 비교

구 분	한 식	양 식
평면의 차이	① 방의 위치별 분화 ② 조합, 은폐적, 분산식 [예] 안방, 건넌방, 사랑방	① 방의 기능별 분화 ② 분화, 개방적, 집중식 [예] 거실, 식당, 침실 등
구조의 차이	① 목조 가구식(가연성 구조) ② 바닥이 높고, 개구부가 크다. (자연 환경의 영향)	① 벽돌 조적식(난연성 구조) ② 바닥이 낮고 창이 작다.
관습의 차이	좌식생활 : 온돌, 탈화	입식(의자식) 생활 : 침대, 착화
용도의 차이	방의 혼합용도(사용인에 따라 용도가 달라진다.)	방의 단일용도(침실, 공부방)
가구의 차이	가구는 부차적 존재(가구와 관계 없이 각 소요실의 크기와 설비가 결정)	가구는 주요한 내용물(가구의 종류와 형태에 따라 실의 크기와 폭의 비가 결정)
공간의 융통성	높음(실 기능의 혼재)	낮음(실 기능의 독립)
공간의 독립성	약함(문으로 공간구획)	강함(벽으로 공간구획)
난방 방식	바닥의 복사난방 (방마다 개별 설치)	대류 난방 (한 곳에서 집중관리)

※ 우리나라에서는 대부분 한식과 양식을 절충한 주택에서 생활하고 있다.

4. 대지의 선정 및 배치계획

1) 대지의 선정 조건
① 자연적 조건
㉮ 일조 및 통풍이 양호한 곳
㉯ 전망(view)이 좋고 공기가 신선한 곳
㉰ 재해의 염려가 없는 곳이어야 하고 지반이 견고한 곳

㉣ 습기가 적고 배수가 잘 되는 곳
㉤ 조용하고 양호한 환경이 유지될 수 있는 곳
㉥ 대지의 형태 : 정사각형이나 직사각형에 가까운 것이 좋다.
㉦ 대지의 면적 : 건축면적의 3~5배 정도
㉧ 경사지에서의 구배 : 1/10 정도까지는 무난하나, 북쪽으로 기울어진 부지는 불리하다.
㉨ 대지가 작을 때는 동서로 긴 것이 좋고, 큰 경우는 남북으로 긴 것이 좋다.

② 사회적 조건
㉮ 교통이 편리하고 통학, 통근, 가족의 사회적 활동이 편리한 곳
㉯ 교통이 번잡하지 않고 소음·공해가 없는 곳
㉰ 도시의 제반 시설이 이용이 편리한 곳(상·하수도, 전기, 전화, 도시가스 등)
㉱ 공공시설, 학교, 의료시설, 도서관, 공원, 구매시설 등의 이용이 편리한 곳
㉲ 기타 법규적 조건에 적합한 곳 : 일반주거지역, 준주거지역, 전용주거지역

2) 배치계획시 고려사항

① 남북간의 인동간격 : 일조 및 채광
㉮ 일조 : 동지 때를 기준으로 하여 최소 4시간 이상(6시간이 이상적)으로서 주택의 인동간격을 결정하는 중요 요소이다.
  • 일조 확보를 위해서 남쪽 공지가 필요하며, 전면 건물 높이의 2배 이상 띄워서 배치한다.
  • 남쪽으로 배치를 못할 경우에는 동쪽으로 18°, 서쪽으로 16° 이내에 배치한다.
㉯ 채광

② 동서간(측면)의 인동간격 : 방화 및 통풍
㉮ 통풍 : 대지에 대한 주풍향을 고려
㉯ 방화 : 연소방지상 최소 6m 이상

③ 정원과 건물과의 면적비의 균형
④ 옥외 가사 작업 공간(utility area)의 고려
⑤ 장래의 확장에 따른 증축 문제 고려
⑥ 현관과 대문의 관계 및 출입에 대한 고려
⑦ 차고와 현관과 도로와의 관계를 고려하며, 주차에 대한 검토가 필요
⑧ 기타 건축법규 사항(건폐율, 용적률, 인지경계선 등)을 고려

핵심 PLUS

06 평지 주택에 비해 경사지 주택이 갖는 유리한 특성으로 볼 수 없는 것은? [15 기]
① 통풍
② 조망
③ 접근성
④ 프라이버시

[해설] 경사지 주택 경우에는 남쪽으로 경사진 부지로 기울기 1/10 정도가 적당하며, 통풍, 조망, 프라이버시면에서 유리하다.
답 : ③

■ 건물별 방위에 따른 향의 배치
• 주택 : 남향(일조 및 채광)
• 학교의 생물교실 : 남면 1층
• 학교의 미술교실 : 북향(실내의 균일 조도)
• 미술관 : 인공조명과 자연채광(천창)
• 공장의 톱날지붕 : 균일한 실내 조도 확보
• 공장의 솟음지붕 : 채광 및 환기에 적합
• 호텔 : 중복도형(전망 고려)

■ 북향 : 균일한 실내 조도 확보
• 상점 : 귀금속점
• 학교의 미술교실
• 학교의 제도교실
• 병원
 – 안과, 치과, 이비인후과
 – 수술부, 검사부, 혈액은행
• 미술관 : 정광창 형식, 고측광창 형식
• 공장 : 톱날지붕
• 정밀기계공장, 방직공장
• 아틀리에

I. 건축계획 | 주거건축

핵심 PLUS

07 일반적인 단독주택의 설계에서 각 실의 면적비율로 적당하지 않은 것은? [03 산]
① 부엌 : 주택 연면적의 약 8~12%
② 거실 : 주택 연면적의 약 20%
③ 복도 : 주택 연면적의 약 10%
④ 현관(홀) : 주택 연면적의 약 7%
답 : ②

■ 주택의 동선계획
· 동선의 3요소 : 속도(speed), 빈도(frequency), 하중(load)
· 동선의 원칙
  ㉠ 동선은 가능한 한 굵고 짧게 한다.
  ㉡ 동선의 형은 가능한 한 단순하며 명쾌하게 한다.
  ㉢ 서로 다른 종류의 동선은 가능한 한 분리하고 필요 이상의 교차는 피한다.
  ㉣ 낮의 공간의 동선과 밤의 공간의 동선은 서로 분리한다.
  ㉤ 개인권, 노동권, 사회권은 서로 독립성을 유지하여야 한다.
  ㉥ 동선내 공간이 확보되어야 한다.

08 일반주택의 동선계획에 관한 설명 중 옳지 않은 것은? [01, 09, 17, 23 기]
① 동선이 가지는 요소는 속도, 빈도, 하중의 3가지가 있다.
② 동선에는 공간이 필요하고 가구를 둘 수 없다.
③ 하중이 큰 가사노동의 동선은 길게 나타난다.
④ 개인, 사회, 가사노동권의 3개 동선이 서로 분리되어야 바람직하다.
[해설] 하중이 큰 주부의 가사노동의 동선은 피로 경감을 위해 동선이 단축되도록 하며, 남쪽 또는 남동쪽에 오도록 배치한다.
답 : ③

5. 주요 평면 요소의 구성

1) 주택의 평면 요소 최소치

① 거실 : $3.3m^2$/인
② 현관 : 0.9m×1.2m
③ 화장실 : 0.9m×0.9m(양변기 설치 경우 : 0.8m×1.2m)
④ 욕실 : 1.7m×2.1m(세면기, 양변기 포함)

2) 주택의 평면 요소 구성비

① 거실 : 연면적의 33%(20평 이하 : 20~25%)
② 통로(복도) : 연면적의 10%($50m^2$ 이하에서는 비경제적)
③ 부엌 : 연면적의 8~12%(보통 10%)
④ 현관·hall : 연면적의 7%

> **참고**
>
> 코어(core)형 평면형식
> 건축에서 평면, 구조, 설비의 관점에서 건물의 일부분이 어떤 집약된 형태로 존재하는 것을 의미한다.
>
> ㉠ 평면적 코어 : 홀이나 계단 등을 건물의 중심적 위치에 집약하고 유효면적을 증대시키고자 하는 것
> ㉡ 구조적 코어 : 건물의 일부에 내진벽 등을 집약 배치하여 그 부분에서 건물 전체의 강도를 높이려는 것
> ㉢ 설비적 코어 : 부엌, 욕실, 화장실 등 설비 부분을 건물의 일부에 집약 배치시켜 설비관계 공사비를 감소시키려는 것

6. 각실의 공간계획

1) 현관·복도·계단

① 현관
  ㉮ 위치 : 현관의 위치는 주택평면의 공간구성에 많은 영향을 준다. 일반적으로 대지의 형태와 도로와의 관계에 의해 정해진다.
  ㉯ 크기 : 가족수와 방문객의 수에 따라 결정된다.
  ㉰ 폭 : 1.2m 이상, 깊이 : 0.9m 이상

② 복도
  ㉮ 소규모 주택($50m^2$ 이하)에서는 비경제적이다.
  ㉯ 폭 : 최소 90cm, 보통 105~120cm 정도
  ㉰ 면적 : 연면적의 10% 정도

③ 계단
　㉮ 계단의 위치는 현관이나 홀에 근접해서 식사실이나 욕실, 화장실과 가까이 둔다.
　㉯ 계단의 평면 길이는 일반적으로 270cm 정도가 좋으며, 폭은 90~140cm의 범위로서 복도의 폭과 연결시키기 좋은 105~120cm가 적당하다.
　㉰ 계단의 단높이는 16~17cm, 단너비는 25~29cm, 기울기는 29~35°가 적당하다.
　㉱ 계단의 난간 높이는 80~90cm 정도가 적당하다.

2) 거실

① 거실은 가족의 단란, 휴식, 접객 등이 이루어지는 곳이며, 취침 이외의 전 가족생활의 중심이 되는 다목적 공간으로 공용적 성격을 지니고 있는 공간이다.
② 거실의 위치는 남향으로, 햇빛과 통풍이 좋고, 주거 중 다른 방의 중심적 위치이며, 침실과는 대칭된 위치가 좋다.
④ 거실의 면적 : 건축 연면적의 30% 정도

3) 식사실

① 보통 100m² 내외의 주택에서는 거실과 겸하거나(LD) 부엌과 겸하는 것(DK)이 좋다. 소형일 경우는 부엌과 직렬하고, 대형은 부엌과 식사실 사이에 배선실(pantry)을 가운데 두고 해치(hatch)나 출입구를 통해 공급한다.
② 식사실의 생활 방식별 구분
　㉮ 거실이나 부엌과 완전히 독립된 식사실
　㉯ 리빙 키친(living kitchen, LK) : 거실, 식사실, 부엌을 겸용한 것으로 실을 효율적으로 이용할 수 있고 능률적인 형태이다.
　㉰ 다이닝 키친(dining kitchen, DK) : 부엌의 간단히 식탁을 꾸미는 것으로 주부의 동선을 단축하여 가사 노동력을 경감할 수 있다.
　㉱ 다이닝 알코브(dining alcove) : 거실의 일부에다 간단히 식탁을 꾸미는 것으로 보통 6~9m² 정도의 크기이다.

4) 부엌

① 부엌의 크기 : 배선실(pantry)이나 유틸리티(utility)를 포함치 않을 경우 주택 연면적의 8~12% 정도이다. 소규모 주택(50m² 이하)인 경우는 5m² 정도가 필요하며 주택의 규모가 큰 경우(100m² 이상)는 7% 이하도 가능하다.

핵심 PLUS

09 주택의 현관에 대한 설명 중 옳지 않은 것은? [07 기]
① 현관의 위치는 주택의 북측이 가장 좋으며 주택의 남측이나 중앙부분에는 위치하지 않도록 한다.
② 현관의 위치는 대지의 형태, 방위, 도로와의 관계에 영향을 받는다.
③ 현관의 크기는 주택의 규모와 가족의 수, 방문객의 예상수 등을 고려한 출입량에 중점을 두어 계획하는 것이 바람직하다.
④ 현관의 크기는 현관에서 간단한 접객의 용무를 겸하는 이외의 불필요한 공간을 두지 않는 것이 좋다.
답 : ①

10 다음 중 주택의 거실 규모 결정시 고려하여야 할 사항과 가장 관계가 먼 것은? [09 기]
① 가족수
② 전체 주택의 규모
③ 가족구성
④ 현관의 위치
답 : ④

■ living kitchen의 특징
· 주부의 가사 노동의 경감(주부의 동선단축)
· 통로가 절약되어 바닥 면적의 이용률이 높다.(소주택에 적당)
· 부엌의 통풍·채광이 우수하다. (위생적이다.)

11 거실, 식사실, 부엌을 한 공간에 꾸며 놓은 소위 리빙키친(living kitchen)에 관한 기술 중 틀린 것은? [06 기]
① 통로로 쓰이는 부분이 절약되어 다른 실의 면적이 넓어질 수 있다.
② 부엌부분의 통풍과 채광이 좋아진다.
③ 주부의 동선이 단축된다.
④ 중소형의 아파트나 주택에는 적합하지 않다.
답 : ④

핵심 PLUS

12 주택의 부엌 계획에 관한 설명으로 옳지 않은 것은? [12 기]
① 일사가 긴 서쪽은 음식물이 부패하기 쉬우므로 피하도록 한다.
② 작업 삼각형은 냉장고와 개수대 그리고 배선대를 잇는 삼각형이다.
③ 부엌가구의 배치유형 중 ㄱ자형은 부엌과 식당을 겸할 경우 많이 활용되는 형식이다.
④ 부엌가구의 배치유형 중 일렬형은 면적이 좁은 경우 이용에 효과적이므로 소규모 부엌에 주로 활용된다.

답 : ②

13 주택의 부엌에서 작업 순서에 따른 작업대 배열로 가장 알맞은 것은? [22, 24 기]
① 냉장고-싱크대-조리대-가열대-배선대
② 싱크대-조리대-가열대-냉장고-배선대
③ 냉장고-조리대-가열대-배선대-싱크대
④ 싱크대-냉장고-조리대-배선대-가열대

[해설] 부엌 작업대의 배치 순서
준비대 - 개수대(싱크대) - 조리대 - 가열대 - 배선대

답 : ①

14 부엌공간에서 배선실은 어떤 용도로 쓰이는가? [06 기]
① 세탁, 걸레빨기 및 잡품창고를 위한 공간
② 세탁, 다림질 및 재봉 등의 작업을 하는 공간
③ 연료 저장창고, 오물 처리시설 및 건조장 등의 옥외작업 공간
④ 식품, 식기 등을 저장하는 공간

[해설] 배선실(pantry, 팬트리)는 주방의 식품, 식기 등을 저장하는 공간이다.

답 : ④

---

② 부엌의 크기 결정 기준
  ㉮ 작업대의 면적
  ㉯ 작업인(주부)의 동작에 필요한 공간
  ㉰ 수납공간(식기, 식품, 조리용 기구)
  ㉱ 연료의 종류와 공급 방법
  ㉲ 주택의 연면적, 가족수, 평균 작업인 수, 경제 수준

③ 부엌의 작업 순서
  ㉮ 오른쪽 방향으로 이동하도록 배치한다.
  ㉯ 작업 순서

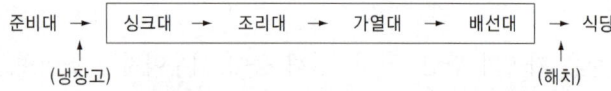

  ㉰ 작업 삼각형(work triangle)
  • 작업 삼각형(work triangle)의 길이는 주부의 피로도를 좌우하는 것으로 세변의 합이 짧을수록 유리하다.
  • 냉장고와 개수대 그리고 가열대를 잇는 작업 삼각형(work triangle)의 길이는 3.6~6.6m 범위로 하는 것이 능률적이다.
  • 냉장고와 개수대(싱크대), 개수대(싱크대)와 가열대(조리대) 사이는 동선이 짧아야 한다.
  ㉱ 개수대는 창에 면하는 것이 좋다.
  ㉲ 작업대(sink대)의 높이는 82~86cm 정도, 작업대(sink대)의 폭은 50~60cm 정도가 적당하다.

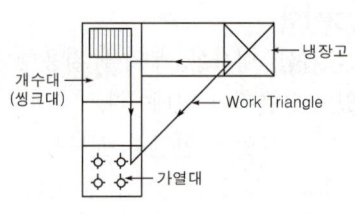

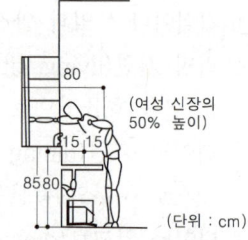

[그림] 부엌의 작업 삼각형   [그림] 작업대의 크기

④ 부속공간
  ㉮ 배선실(pantry) : 규모가 큰 주택에서 부엌과 식당 사이에 식품, 식기 등을 저장하기 위해 설치한 실이다.
  ㉯ 가사실(utility space) : 주부의 세탁, 다림질, 재봉 등의 작업을 하는 공간으로서 일반적으로 욕실 및 부엌, 서비스 관계의 여러 실과 접한 위치에 두고 서로 연락이 편리하게 한다.

㉰ 다용도실(multipurpose room) : 서비스 발코니와 부엌 사이의 공간으로 세탁, 세탁물 건조, 다림질, 바느질 등이 이루어지는 공간이다.

5) 침실

① 기능별 분류

㉮ 부부침실 : 단순한 침실 이외에 부부 생활을 위해 기밀성이 요구되며, 주부와 가장으로서의 독립성이 확보되어야 하고, 사적인 생활공간으로서 조용한 곳이어야 한다.

㉯ 아동침실 : 공부방과 유희실을 겸하는 것이 좋으며 야간에는 취침할 수 있는 침실 공간이 필요하다.

㉰ 노인침실 : 일조 및 통풍이 양호하고 전망 좋은 조용한 곳으로 한다. 아동실에 가까운 주거 중심부에서 좀 떨어진 위치가 좋으며 식당, 욕실 및 화장실 등에 근접시킨다.

② 침실의 사용 인원수에 따른 1인당 소요 바닥면적

㉮ 성인 1인당 필요로 하는 신선한 공기 요구량 : $50m^3/h$(아동은 성인의 1/2 정도)

㉯ 소요 공간의 크기 : 자연 환기회수를 2회/h로 가정하면 $50m^3/h \div 2회 = 25m^3$이다.

㉰ 1인당 소요 바닥면적 : 천장 높이(H)가 2.5m인 경우 $25m^3/h \div 2.5m = 10m^2$(아동은 1/2)

💡 예제

1. 환기량에 의한 실의 면적을 구할 경우, 성인 3인용 침실의 천장 높이 2.6m일 때 소요되는 실의 면적은?(단, 자연 환기횟수는 2회/hr)
   ▶ 성인 1인당 소요 공기량 : $50m^3$/hr(아동은 1/2)
   실내 자연 환기 횟수 : 2회/hr로 가정하면
   $$실용적(m^3) = \frac{환기량(m^3/h)}{환기횟수(회/h)} = \frac{50m^3 \times 3인}{2회} = 75m^3$$
   ∴ 침실의 면적 $75m^3 \div 2.6m = 28.846m^2 \rightarrow 30m^2$

2. 실내 재실자의 채취를 기준으로 할 때 성인 1인당 소요 공기량을 $18m^3$/hr로 본다면, 실내 환기횟수 3회/hr, 천장 높이 3m, 재실 인원 7인용 침실의 최소 바닥 넓이는 얼마인가?
   ▶ 성인 1인당 실용적 : $18m^3$/hr, 실내 자연환기 횟수 : 3회/hr
   $$실용적(m^3) = \frac{소요 공기량}{환기횟수} = \frac{18m^3/h}{3회/h} = 6m^3$$
   H=3m 이므로 1인당 소요바닥면적(m^2)=$6m^3 \div 3m = 2m^2$
   ∴ 침실의 바닥 넓이=$2m^2 \times 7 = 14m^2$

핵심 PLUS

15 다음 중 주택에서 옥내와 옥외를 연결시키는 완충적인 공간이 아닌 것은? [07 기]
① 테라스
② 서비스야드
③ 유틸리티
④ 다이닝 포오치

[해설] 가사실(utility space)은 부엌에 인접하게 배치하여 주부의 동선을 단축하게 한다.
답 : ③

■ 침실 크기의 결정 조건
• 침실의 최저 소요 기적
• 1인당 소요 바닥 면적
• 가구의 점유 면적
• 침대의 종류
• 실내에서 활동할 수 있는 적절한 면적

16 다음의 노인주거 계획에 관한 설명 중 옳지 않은 것은? [09 기]
① 계단 양쪽에 난간을 부착하도록 한다.
② 단차가 있는 바닥은 대비가 약한 색을 사용하는 것이 좋다.
③ 침실이나 욕실 바닥재는 미끄럼이 없고 청소하기 쉬운 재료를 사용한다.
④ 출입구에는 휠체어를 놓을 수 있는 공간을 확보하고 비를 맞지 않도록 계획한다.

[해설] 노인주거 계획시 바닥의 단차가 없도록 계획하여야 하며, 부득이 단차가 있는 바닥으로 해야 할 경우에는 대비가 강한 색으로 하여 단차의 구분이 되도록 하는 것이 좋다.
답 : ②

■ 환기량(Q)
=환기횟수(n)×실용적(V)

■ 실용적(m^3)
$$= \frac{환기량(m^3/h)}{환기횟수(회/h)}$$

I. 건축계획 1-17

핵심 PLUS

17 주택의 평면계획에 관한 기술 중 옳지 않은 것은? [05 기]
① 거실은 통로나 Hall로서 사용되는 방법의 평면배치는 적극적으로 피하도록 한다.
② 침실 출입문은 침대가 직접 보이지 않도록 안여닫이로 하는 것이 좋다.
③ 식당의 최소 면적은 식탁의 크기와 모양, 의자의 배치상태, 주변통로와의 여유공간 등에 의해 결정된다.
④ 침대 배치는 창가에 머리 쪽이 오도록 두는 것이 가장 바람직하다.

답 : ④

18 단독주택에서 다음과 같은 실을 각각 직상층 및 직하층에 배치할 경우 가장 바람직하지 않은 것은? [14, 20, 23 기]
① 상층: 침실, 하층: 침실
② 상층: 부엌, 하층: 욕실
③ 상층: 욕실, 하층: 침실
④ 상층: 욕실, 하층: 부엌

[해설] 침실은 독립성(privacy) 확보에 있어서 상층에 두는 것이 바람직하며, 출입문과 창문의 위치는 매우 중요하다.
① 상층: 침실, 하층: 침실 ← 침실은 정적공간으로 상하층에 동일하게 배치
② 상층: 부엌, 하층: 욕실 ← 설비적코어 측면에서 설비관계 부분의 집약(욕실, 부엌, 식당) 배치
③ 상층: 욕실, 하층: 침실 ← (×) 부적합한 배치
④ 상층: 욕실, 하층: 부엌 ← 설비적코어 측면에서 설비관계 부분의 집약(욕실, 부엌, 식당)

답 : ③

---

③ 침대의 배치 방법
㉮ 침대 머리 쪽에는 창이 없는 외벽에 면하게 한다.
㉯ 침대에 누운 채로 출입문이 보이도록 한다.
㉰ 침대 양쪽에 통로를 두고(싱글 베드는 예외), 한쪽을 75cm 이상 되게 한다.
㉱ 침실 내의 주요 통로 폭은 90cm 이상 되도록 한다.
㉲ 침대 아래 발치 쪽은 90cm 이상의 여유를 둔다.

6) 욕실, 화장실

① 설비적 코어 시스템(core system) : 욕실과 화장실은 가능한 한 부엌과 식사실 등의 배관과 인접시켜 급배수 배관을 하나의 블록으로 형성하도록 집중 배치함으로써 설비비가 절약되는데 이는 규모가 큰 경우에 적합하다.
② 욕실의 크기 : 1.6~1.8m×2.4~2.7m 정도가 알맞으며, 0.9×1.8m 및 1.8×1.8m가 최소 면적이다.
③ 화장실 : 최소 0.9×0.9m이며, 소변소는 0.8×0.9m가 보통이다. 양변기를 설치할 경우에는 최소한 0.8×1.2m가 표준이다.
④ 욕조, 세면기, 양변기를 함께 설치할 경우 : 최소 1.7×2.1m

7) 차고(garage)

① 크기 : 최소한 자동차의 폭과 길이보다 1.2m 정도 여유를 두며, 주택 전용차고일 경우 차고의 크기를 3.0m×5.5m로 하고 자동차와 한 측벽 사이는 최소 20~30cm 이상 여유를 두며, 다른 측벽 사이는 승하차를 위하여 최소 70cm 이상 여유를 둔다.
② 구조
㉮ 차고의 내부는 내화구조로 하고, 출입문이나 개구부에는 60+방화문 또는 60분방화문을 설치한다.
㉯ 바닥 : 내수재료를 사용하고, 바닥의 경사는 1/50 정도로 한다.
㉰ 벽 : 백색 타일을 2.0m까지 붙이는 것이 이상적이며, 1.5m 정도에 국부 조명을 설치하여 작업에 편리하도록 한다.
㉱ 천장 높이 : 2.1m 정도로 한다.
③ 환기 : 통풍을 고려해서 바닥면에서 위로 30cm 정도 높이에 하부 환기구를 설치하고 천장 부근에 상부 환기구를 설치한다.

2 단지계획(site planning)

1. 단지계획

단지계획이란 인간이 생활하는 데 불편함이 없도록 환경 설계 요소인 주거동(住居棟) 구성 및 형식, 인동간격, 프라이버시, 소음, 조망, 통풍 등을 고려할 뿐만 아니라 시설 배치를 계획하는 것을 말한다. 단지계획은 인간이 생활하는데 불편함이 없도록 외부의 물리적인 환경을 조성하는 기술로서 건축, 토목, 조경, 도시계획 등의 경계 영역에 속하며, 이러한 전문가 집단에 의해서 행해진다.

2. 주거 단지의 체계

1) 근린 생활권의 구성

① 인보구(20~40호, 0.5~2.5ha) : 어린이 놀이터가 중심이 되는 단위이며, 아파트의 경우는 3~4층 건물로서 1~2동이 여기에 해당한다.
② 근린분구(400~500호, 15~25ha) : 일상 소비생활에 필요한 공동시설이 운영 가능한 단위로서 소비 시설을 갖추며, 후생시설(목욕탕, 약국 등), 보육시설(아동공원 : 2,000m^2, 유치원, 탁아소)을 설치한다.
③ 근린주구(1,600~2,000호, 100ha) : 초등학교를 중심으로 한 단위이며 어린이 공원, 운동장, 우체국, 소방서, 동사무소 등이 설립된다. 근린주구는 도시 계획의 종합 계획의 최소 단위가 된다.

2) 광역 지역의 기본 구성

■ 주거 단지의 구성

단위 구분	면적	호수	인구 규모	해설	중심 시설
인보구	0.5 ~2.5ha	20 ~40호	100 ~200명	철근콘크리트 3~4층 아파트 1~2동	· 어린이놀이터 · 공동세탁장
근린 분구	15 ~25ha	400 ~500호	2,000 ~2,500명	일상 소비 생활에 필요한 공동 시설이 운영할 수 있는 체계	· 소비시설 : 잡화, 음식점, 쌀가게 · 보건위생시설 : 공중목욕탕, 약국, 이용소, 미용소, 진료소, 공중변소 · 공공시설 : 공회당, 파출소, 공중전화 · 보육시설 : 유치원, 탁아소, 아동공원 (2,000m^2)

핵심 PLUS

19 근린생활권의 주택단지의 단위 중 어린이 놀이터가 중심이 되는 것은? [12 기]
① 인보구
② 근린분구
③ 근린주구
④ 근린지구

답 : ①

20 근린생활권에 관한 설명으로 옳지 않은 것은? [18, 24 기]
① 인보구는 가장 작은 생활권 단위이다.
② 인보구 내에는 어린이놀이터 등이 포함된다.
③ 근린주구는 초등학교를 중심으로 한 단위이다.
④ 근린분구는 주간선도로 또는 국지도로에 의해 구분된다.

해설 근린분구는 주민간 면식이 가능한 최소 생활권으로 보조간선도로에 의해 구분된다.

답 : ④

핵심 PLUS

■ 어린이 관련시설 규모
- 인보구 : 어린이놀이터(3~8세의 유아 및 아동)-면적 200~300m² 정도
- 근린분구 : 아동공원(8세 이상의 아동)-면적 2,000m² 정도
- 근린주구 : 어린이공원-면적 16,000m² 정도

단위 구분	면적	호수	인구 규모	해설	중심 시설
근린 주구	100ha	1,600 ~2,000 호	8,000 ~10,000 명	초등학교를 중심으로 한 근린분구의 수개의 집합체	• 교육문화시설 : 초등학교, 도서관 • 행정시설 : 동사무소, 우체국, 소방서 • 의료시설 : 병원 • 공원시설 : 어린이공원, 운동장

21 근린분구에 대한 설명으로 옳은 것은? [04 기]
① 100ha, 2000호를 생활권으로 한다.
② 일상 소비생활에 필요한 공동시설이 운영 가능한 단위이다.
③ 아파트의 경우는 3~4층 건물로서 1~2동이 해당된다.
④ 중심시설로는 초등학교, 도서관, 우체국 등이 있다.

답 : ②

22 근린생활권의 주택지의 단위로서 초등학교를 중심으로 한 단위이며, 어린이공원, 운동장, 우체국, 소방서, 동사무소 등이 설립되는 것은 어느 것인가? [03 기]
① 인보구
② 근린분구
③ 근린주구
④ 커뮤니티

답 : ③

23 19세기 후반 전원도시(Garden City)이론으로 이후 도시계획 및 단지계획에 큰 영향을 미친 사람은? [03 기]
① 발터 그로피우스
② 안토니오 산텔리아
③ 토니 가르니에
④ 에베네저 하워드

답 : ④

3. 근린주구 이론

1) 하워드(Ebenzer Howard)

① 전원도시의 독창성(전원도시의 구상)
  ㉮ 도시와 농촌의 결합 : 중심에 400ha의 시가지와 주변에 2,000ha의 영구 농지
  ㉯ 인구 규모의 제안 : 시가지에 32,000명으로 인구 제한
  ㉰ 자족성 : 시청, 미술관, 병원 등을 중심부에 배치, 동심원상으로 상업지, 주택지, 공업지 등을 배치하여 자족성을 유지
  ㉱ 개발 이익의 사회 환원
② 「내일의 전원도시」(1898), 「레티워스 전원도시」(1903), 「월 윈 전원도시」(1920)

2) 페리(Clarence Arther Perry)

최초로 근린(Neighborhood)의 정의를 설정하여 근린주구의 이론을 주장하였다.

① 「뉴욕 및 그 주변 지역 계획」(1927) : 일조 문제와 인동간격의 이론적 고찰을 하여 근린주구 이론을 정리했다.
② C. A. Perry의 근린단위 방식
  ㉮ 규모(size) : 초등학교 하나를 필요로 하는 인구에 대응하는 규모
  ㉯ 경계(boundary) : 통과 교통이 내부를 관통하지 않고 용이하게 우회할 수 있는 충분한 넓이와 간선 도로에 의해 구획되어야 한다.
  ㉰ 공지(open space) : 소공원 및 레크레이션 공간의 체계가 적절히 통합하여야 한다. 근린공원 등 녹지면적을 전체 주구면적의 10% 이상으로 한다.
  ㉱ 공동 건축 용지(institution) : 학교나 공공 건축 용지는 중심 위치에 적절히 통합

㉮ 근린 점포(shopping district) : 주구 내 인구에 적합한 1~2개소 이상의 상업지구가 설치되고, 위치는 주구 주위 교통의 결절점이나 인접하는 지구의 점포에 인접해서 배치되어야 한다.

㉯ 지구내 가로체계(interior streets) : 폭은 좁고 구불구불한 Cul-De-Sacs한 길로 처리하고, 통과 교통에 상용되지 않도록 계획되어야 한다.

[그림] 페리에 의한 근린주구 모델

A : 쇼핑센터
B : 아파트촌
C : 학교
D : 공동정원

[그림] 레드번의 근린주구

3) 라이트(Henry Wright)와 스타인(Clarence S. Stein)(1928)

① 뉴저지(New Jersey)의 래드번(Radburn) 설계

  ㉮ 주된 특징은 보행자와 자동차 교통의 분리이다.

  ㉯ 슈퍼블록(大街區, super block : 간선도로에 의해 분할되지 않는 주구로 10~20ha로 구성)단위로 계획하여 주택들과 가구 안의 시설들, 학교·공원들까지도 보도에 의하여 연결된다.

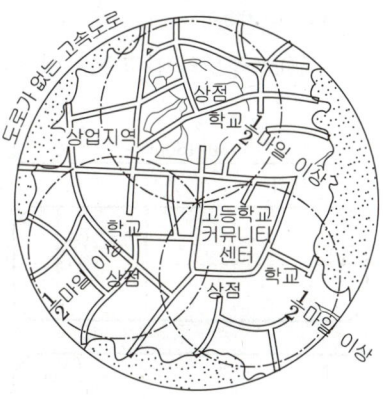

[그림] 스타인의 근린주구

핵심 PLUS

24 페리(C.A.Perry)는 근린주구론에서 6가지 항목에 대한 각각의 계획원칙을 제시하였는데, 다음 중 이에 해당하는 항목이 아닌 것은? [10 산]
① 규모(size)
② 경관(landmark)
③ 경계(boundary)
④ 오픈 스페이스(open space)

답 : ②

25 페리의 근린주구 이론의 내용과 가장 거리가 먼 것은?[11, 25 기]
① 내부 가로망은 단지 내의 교통량을 원활히 처리하고 통과교통에 사용되지 않도록 계획되어야 한다.
② 상업지구는 교통의 결절점에는 설치하지 않으며 주거지 외곽의 교통이 편리한 간선도로 부근에 설치하여야 한다.
③ 근린주구의 단위는 통과교통이 내부를 관통하지 않고 용이하게 우회할 수 있는 충분한 넓이의 간선도로에 의해 구획되어야 한다.
④ 근린주구는 하나의 초등학교가 필요하게 되는 인구에 대응하는 규모를 가져야 하고, 그 물리적 크기는 인구밀도에 의해 결정된다.

[해설] 주구 내 인구에 적합한 1~2개소 이상의 상업지구가 설치되고, 위치는 주구 주위 교통의 결절점이나 인접하는 지구의 점포에 인접해서 배치되어야 한다.

답 : ②

26 레드번(Radburn) 주택단지계획에 대한 설명으로 옳지 않은 것은? [10, 24 기]
① 주거구는 슈퍼블록 단위로 계획하였다.
② 주거지 내의 통과교통으로 간선도로를 계획하였다.
③ 보행자의 보도와 차도를 분리하여 계획하였다.
④ 중앙에는 대공원 설치를 계획하였다.

[해설] 레드번(Radburn) 주택단지계획의 주된 특징은 보행자와 자동차 교통의 분리이다.

답 : ②

핵심 PLUS

■ 근린주구 기타 이론

① 독시아디스(C. A. Doxiadis)의 Ekistics(에키스틱스) 요소
「인간 정주(定住)에 관한 사회 이론」
• 다섯 가지 요소 : 인간, 사회, 기능, 자연, shell(덮개)

② Le Corbusier의 「아테네 헌장」에서의 도시의 4가지 기능
• 현대 도시의 존재 방식에 대한 생각을 정리
㉠ 여가-즐긴다.
㉡ 주거-산다.
㉢ 근로-움직인다.
㉣ 교통-잇는다.

③ 케빈 린치(Kevin Lynch)
• 도시의 형태 및 시각적 환경의 지각을 형성하는 이미지 5요소
㉠ 통로(paths) : 가로, 보도, 운하, 철도 등
㉡ 접촉부(edges) : 관찰자가 길로서 느끼지 않는 두 지역사이의 경계와 선형 요소로서 해안선, 긴 벽, 언덕 등
㉢ 구역(districts) : 관찰자가 심리적으로 진입하듯 하면서 느낄 수 있는 어떤 공통적 특징을 갖는 구역
㉣ 중심(nodes) : 관찰자가 진입할 수 있는 하나의 결절점으로 교차로, 광장 등
㉤ 기준점(landmark, 기념물) : 관찰자가 그 속으로 진입할 수 없는 표지, 건물, 사인, 탑, 산 등

27 다음 중 캐빈 린치(Kevin Lynch)가 주장한 "도시이미지"의 구성요소가 아닌 것은? [10 기]
① Paths
② Edges
③ Linkages
④ Landmarks

답 : ③

4) 페더(G. Feder)(1932)

「새로운 도시」(die neue stadt)

① 일(日) 중심, 주(週) 중심, 월(月) 중심의 단계적 일상생활권 개념의 확립(독일 여러 도시의 상세한 통계적 분석)
② 인구 20,000명을 갖는 자급자족적인 소도시를 지구 단계 구성에 의해 만들어내는 연구 논문이다.

5) 아담스(Thomas Adams)(1934)

「주거지의 설계」(design of residential area), 「소주택의 근린지」
페리(C.A. Perry)의 근린주구와 거의 같은 규모로 1,300~2,050호를 제안하고 있으며, 중심시설은 공민관과 상업시설이다.

6) 루이스(H. M. Lewis)

「현대 도시의 계획」(planing the modern city)

4. 독립주택 단지

① 택지 : 평면적인 주택 집단으로서, 택지와 상가로 이루어진다.
  ㈎ 건물의 남쪽 : 5.5m
  ㈏ 동·서·북쪽 : 1.5m
  ㈐ 출입구가 있는 측면 : 1.8m
② 가구(街區) : 폭은 2택지분, 25m 정도, 길이는 80~160m 정도
③ 도로 : 면적은 부지면적의 13~17%(부지와 외주도로를 포함하지 않는다.)
  ㈎ 폭
   • 4m : 주택로
   • 6m : 가구(街區)를 연결한다.
   • 8m : 소방도로, 300m 정도의 간격으로 설계한다.

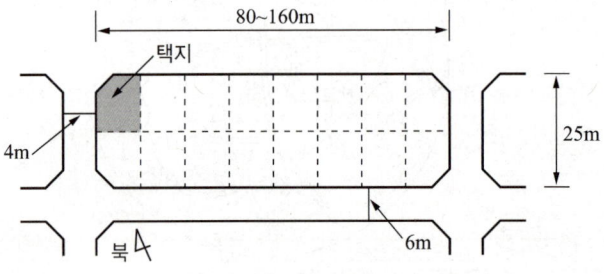

[그림] 독립주택단지

5. 도시주택 배치 및 주거밀도

1) 도시주택의 배치 방법

배치 방법	인구 밀도	배치 규모
중심부	500명/ha	· 철근콘크리트조의 고층 건물 – 대지를 효율적으로 활용 · 상업지역의 고층 아파트를 배치 · 주상 복합건축(저층부 : 상점·사무실, 고층부 : 공동주택)
중심부의 외주부	300~400명/ha	· 중층의 철근콘크리트조 아파트 · 콘크리트 블록조 집단주택
외주부	200명/ha	· 교외지구 · 벽돌조, 블록조 등의 단독 주거 건축

[주] ① 슬럼지구 : 600명/ha 이하
② 교외지구(50~100명/ha) : 전원주택, 저층주택
③ 1are=100m², 1ha=10,000m²

핵심 PLUS

28 A지역에 적당한 주거 형식은?

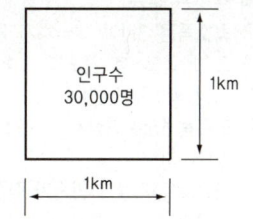

1ha=10,000m²
1km×1km=1,000m×1,000m
　　　　　=1,000,000m²
　　　　　=100ha
30,000명÷100ha=300명/ha
∴중심부의 외주부(인구 밀도 300~400/ha 정도)에 해당되며, 중층 철근콘크리트조 아파트가 적당하다.

2) 주거밀도(住居密度)

밀도란 토지의 집약적, 경제적 및 쾌적한 주거 환경을 조성하기 위하여 주로 토지와 건물, 토지와 인구와의 수량적 관계의 지표로서 대개 단위 면적당의 건물량, 인구량 즉, 인구밀도, 건축밀도로 나타낸다.

① 적정 주거밀도를 결정하기 위한 조건
　㉮ 주택 1인당 바닥면적 : 주택 규모가 결정된다.
　㉯ 건축 형식(독립주택, 연립, 아파트 : 저층, 중층, 고층) : 인동간격의 결정
　㉰ 건축 구조(목구조, 내화구조 : 블록, 벽돌, 철골, 철근 콘크리트) : 동서 방향의 인동간격 결정
　㉱ 일사, 지반의 경사 등(동지 때 기준 4시간) : 남북간의 인동간격 결정
　㉲ 토지 이용률 : 구역의 크기와 건축 형식에 따라 다르다.

② 주거밀도를 나타내는 방법
　㉮ 건폐율(%)=건축면적/대지면적 → 건물의 밀집도 표시
　㉯ 용적률(%)=건축 연면적/대지면적=건폐율×평균 층수 → 대지의 고도 집약 이용도 표시
　㉰ 호수밀도(호/ha)=주택 호수/대지면적 → 대지와 건물수와의 관계, 인구 밀도 산정의 기초
　㉱ 인구밀도(인/ha)=거주 인구/대지면적=호수 밀도×1호당 평균 세대 인원 → 대지와 인구와의 관계

29 공동주택단지의 주거밀도를 계획하는데 가장 기본이 되는 사항은? [03 기]
① 지반의 경사도와 토지이용률
② 건축의 구조와 주택형식
③ 호수밀도와 인구밀도
④ 주택의 규모와 건폐율

답 : ④

6. 주거단지 내 동선계획

1) 보행자

① 보행자동선

㉮ 목적 동선은 최단거리로 하고 오르내림이 없도록 한다.
㉯ 대지 주변부의 보행자 전용로와 연결한다.
㉰ 보행로의 폭은 어린이놀이터를 포함한 생활공간으로 고려하여 넓게 한다.
㉱ 생활편의시설을 집중 배치한다.
㉲ 어린이놀이터나 공원은 보행용 도로에 인접해서 설치한다.
㉳ 활동의 결절점은 커뮤니티의 어느 곳에서도 10분 정도의 보행거리 내에 위치하도록 하며, 오픈 스페이스를 둔다.

② 보행자 도로 조건

㉮ 최소 폭 : 2.4m 이상(3인이 부딪치지 않고 통과할 수 있는 폭)
㉯ 보도 폭 : 도로 폭 10m 이상시 보도가 필요하다.
  • 보조 간선도로 및 세로(細路) : 2m
  • 주간선도로 : 3m
  • 통학로 : 4m 이상

2) 차량

① 계획상 원칙

㉮ 주차장계획과 합리적으로 연결되게 한다.
㉯ 긴급 차량동선의 확보와 소음대책을 고려한다.
㉰ 차량동선계획과 함께 쓰레기 수집방식을 고려한다.
㉱ 횡단 물매, 종단 물매, 곡선 반경, 건축선 한계 등을 고려한다.

② 차량 도로 계획시 유의 사항

㉮ 지구내의 간선도로는 지선로에 의해 자주 끊기지 않도록 한다.
㉯ 간선도로에서 횡단보도는 300m 마다 설치한다.
㉰ 간선도로의 교차각은 최소 60° 이상이 되게 한다.
㉱ 간선도로의 교차는 T자형으로 하고 교차 지점간의 간격은 400m 이상으로 한다.
㉲ 간선도로가 30° 이상 우회할 때 우회 지점에 표지를 설치한다.
㉳ 진입로 1개소당 200세대까지 서비스할 수 있도록 한다.
㉴ 도로와 주택의 최적 거리는 60m 이다.
㉵ 주 진입로는 다른 교차로로부터 최소 60m 이상 떨어져 위치해야 한다.

핵심 PLUS

30 주거단지의 보행자 도로계획 시 잘못된 것은? [03 산]
① 최소폭은 3인이 부딪치지 않고 통과할 수 있도록 2.4m 이상 확보해야 한다.
② 도로폭 15m 이상시 보도가 필요하다
③ 대규모 건축물의 입구가 직접 면하지 않도록 한다.
④ 보도는 블록 내에서 단절되지 말아야 하며, 다른 시설들로부터 방해 받지 말아야 한다.

답 : ②

31 공동주택단지 내 보행자 동선계획시 가장 중점적으로 고려하여야 할 것은? [01 기]
① 접근의 편의성을 위해 차량동선과 밀접히 접하도록 한다.
② 놀이터나 공원 등이 인접하고 있는 것이 좋다.
③ 상점 등의 편의시설이 보행자 동선상에 분산 배치되도록 한다.
④ 목적동선이라도 최단거리의 원칙을 적용시킬 필요가 없다.

답 : ②

32 주거단지 계획 시 보행자를 위한 공간계획에 관한 설명 중 옳지 않은 것은? [11 기]
① 광장 등을 보행자 공간에 포함시켜 다양성을 높인다.
② 보행자가 차도를 걷거나 횡단하는 것이 용이하지 않도록 한다.
③ 커뮤니티의 중앙부에는 유보로(promenade)를 설치하지 않는다.
④ 보행로에 흥미를 부여하여 질감, 밀도, 조경 및 스케일에 변화를 준다.

[해설] 커뮤니티의 중심부에 유보로(游步路)를 설치한다. 또한 활동의 결절점은 커뮤니티의 어느 곳에서도 10분 정도의 보행거리 내에 위치하도록 하며, 오픈 스페이스를 둔다.

답 : ③

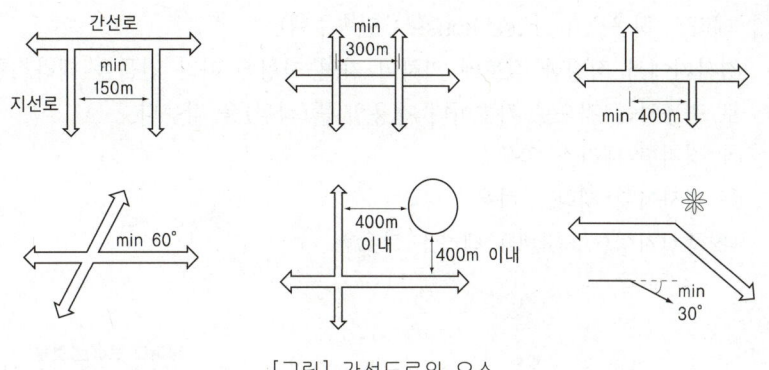

[그림] 간선도로의 요소

핵심 PLUS

33 주거단지의 주진입로 계획 중 틀린 항목은? [03 기]
① 기준도로와 직각 교차로 한다.
② 다른 교차로로부터 최소 60m 이상 떨어져 위치한다.
③ 운전자들의 시각에 방해물이 없어야 한다.
④ 진입로 1개소 당 100세대까지 서비스할 수 있도록 한다.

[해설] 진입로 1개소 당 200세대까지 서비스할 수 있도록 한다.
답 : ④

3 공동주택

1. 연립주택

1) 개념

최근 도심지의 경사지나 소규모 택지, 재개발 지역 등에 연립주택의 장점을 살린 저층 고밀도(low-rise, high density) 집합주택지가 타운 하우스 형식으로 건립되고 있는데, 이는 중·고층 집합주택에 비하여 전용의 뜰을 갖고 있어 자연과 연결된 인간적인 주거 환경을 형성할 수 있는 이점을 가지고 있다.

2) 연립주택의 특성

① 장점
  ㉮ 토지의 이용률을 높일 수 있다.
  ㉯ 테라스 하우스의 경우 각 세대마다 전용의 뜰을 갖는다.
  ㉰ 접지성과 집합 형식에 따라 풍요로운 옥외 공간을 조성할 수 있다.
  ㉱ 경사지, 소규모 택지의 이용이 가능하다.
  ㉲ 대지의 형태 및 지형에 조화시켜 계획함으로써 다양한 배치와 외관의 변화가 가능하다.

② 단점
  ㉮ 벽체의 공유로 인하여 일조, 채광, 통풍이 불리하고 평면계획에 제약을 받는다.
  ㉯ 프라이버시 유지에 불리하다.
  ㉰ 계획이 성실하지 못할 경우에는 단조로운 공간과 외관이 형성된다.

3) 연립주택의 형식

① 2호 연립주택(semi-detached house)
  2호의 주택이 옆 세대와 서로 벽체를 공유하는 형식의 연립주택이다.

핵심 PLUS

34 경사지를 적절히 이용할 수 있으며, 각호마다 전용의 정원을 갖는 주택형식은? [06, 09 산]
① 타운 하우스(town house)
② 로우 하우스(row house)
③ 테라스 하우스(terrace house)
④ 파티오 하우스(patio house)
답 : ③

35 테라스 하우스에 대한 설명 중 옳지 않은 것은? [08, 24 기]
① 시각적인 인공테라스형은 위층으로 갈수록 건물의 내부 면적이 작아지는 형태이다.
② 각 세대의 깊이는 7.5m 이상으로 하여야 한다.
③ 경사가 심할수록 밀도가 높아진다.
④ 평지보다 더 많은 인구를 수용할 수 있어 경제적이다.

[해설] 테라스 하우스(terrace house : 연속주택)는 각호마다 전용의 뜰(정원)을 갖는 형식이다. 시각적인 인공테라스형은 위층으로 갈수록 건물의 내부 면적이 작아지는 형태이므로 각 세대의 깊이는 7.5m 이상 되어서는 아니된다.
답 : ②

36 자연형 테라스 하우스에 관한 설명으로 옳지 않은 것은? [17 기]
① 각 세대마다 전용의 정원을 가질 수 있다.
② 하향식이나 상향식 모두 스플릿 레벨이 가능하다.
③ 하향의 경우 각 세대의 규모를 동일하게 할 수 없다.
④ 일반적으로 후면에 창을 설치할 수 없으므로 각 세대 깊이가 너무 깊지 않도록 한다.

[해설] 경사지일 경우 도로를 중심으로 상향식 주택과 하향식 주택으로 구분할 수 있다. 상향식이나 하향식 모두 스플릿 레벨(split level)이 가능하다. 거실과 연결된 층으로 진입한 후 반층 위에는 침실을 두고 반층을 내려가면 주방 또는 식당이 있다. 이러한 바닥높이의 변화는 건설비를 증가시키는 단점이 있다.
답 : ③

② 테라스 하우스(terrace house : 연속주택)
경사지에서 적절한 절토에 의하여 자연 지형에 따라 건물을 테라스형으로 축조하는 것으로 각호마다 전용의 뜰(정원)을 갖는다.
㉮ 평지형 테라스 하우스
㉯ 경사지형 테라스 하우스
㉰ 준접지형(準接地型) 테라스 하우스

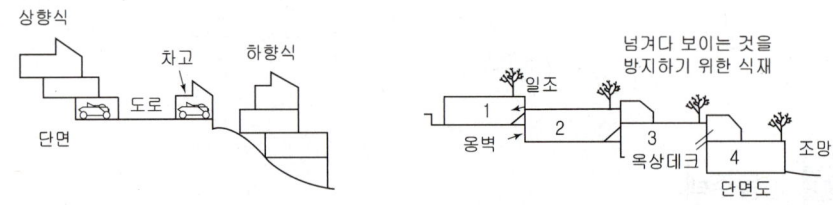

[그림] 테라스 하우스

③ 타운 하우스(town house)
테라스 하우스와 같이 각 호마다 전용의 뜰을 갖고 있으며 또한 공용의 뜰, 어린이 놀이터, 보도, 차도 주차장 등의 오픈 스페이스를 갖고 있는 형식의 연립주택이다.

④ 로 하우스(row house)
타운하우스와 마찬가지로 토지의 효율적인 이용, 건설비의 절약, 유지관리비의 절감을 고려한 형식으로 단독주택보다 높은 밀도를 유지할 수 있으며, 제반 공동시설도 단지 규모에 따라 적절히 배치할 수 있어 도시형 주택의 이상형이다.

⑤ 중정형 하우스(court-yard house, patio house)
각 호마다 전용의 중정을 갖고 있는 형식의 테라스 하우스로 1세대, 단층형의 주택이며, 거주 영역이 완전히 또는 부분적으로 중정을 에워싸고 있는 형태로 중정의 위치에 따라 L 타입, U 타입, D 타입, B 타입의 코트 야드 하우스 형식이 있다.

2. 아파트

1) 개요

① 아파트 성립의 요인
㉮ 도시 인구밀도의 증가 : 인구밀도의 증대, 도심지의 상업지역화, 지가 상승, 불량주택지 발생(slum화)으로 인한 재개발
㉯ 도시 생활자의 이동성 : 정착 관념 희박, 주택 소유 자본 부족
㉰ 세대 인원의 감소 : 종래의 대가족 제도에서 핵가족단위로 변화

㉣ 공동 설비에 대한 혜택과 대지비, 건축비, 설비비의 절약
㉤ 단독주택으로서는 해결할 수 없는 좋은 환경조건 조성

② 공동주택의 특성
  ㉮ 장점
    • 1호당 대지의 점유 면적이 절감되어 토지의 효율성을 높일 수 있다.
    • 공기 조화, 급탕, 정화조, 변전 등의 설비를 집중화하기 쉽다.
    • 어린이 놀이터 등 공동 광장의 확보 및 수준 향상이 용이하다.
    • 동일 면적의 독립 주택에 비하여 유지 관리비를 절감할 수 있다.
  ㉯ 단점
    • 자연과 격리되어 정서적 생활에 불편하다.
    • 프라이버시가 결핍될 수 있다.
    • 난방, 온수 등의 독자적인 조절이 어렵다.
    • 획일성에 따라 각 세대별 독자성이 결여된다.
    • 공동 사회의 소속감과 연대 의식이 결여된다.

2) 배치계획
 ① 배치 결정조건
  ㉮ 거실의 일조, 채광, 통풍, 소음 방지
  ㉯ 건물의 연소 방지
  ㉰ 정원의 옥외 통로용 공간 확보

 ② 인동간격
  ㉮ 남북간의 인동간격 결정조건
   • 일조(동지 때 최소 4시간 이상)
     $D = CH$ 에서
       D : 남북간 인동간격
       C : 인동 계수
       H : 건물의 높이

   • 평지 정남향 경우
     $D = 2H \left(C = \dfrac{방위각(\cos \alpha)}{태양 고도(\tan h°)} ≒ 2 \right)$

   • 남으로 $\beta°$ 만큼 경사진 경우
     $D = \dfrac{\cos \alpha}{\tan h° + \tan \beta°} \cdot \cos \alpha \cdot H$

핵심 PLUS

37 다음 중 아파트의 성립요소가 아닌 것은? [09 산]
① 도시생활자의 이동성
② 부지비, 건축비 등의 절약
③ 세대 인원의 증가
④ 도시 인구밀도의 증가

답 : ③

38 공동주택에 관한 설명 중 옳지 않은 것은? [07 산]
① 동일한 규모의 단독주택보다 대지비나 건축비가 적게 든다.
② 주거환경의 질을 높일 수 있다.
③ 단독주택보다 독립성이 크다.
④ 도시생활의 커뮤니티화가 가능하다.

[해설] 공동주택은 단독주택보다 독립성이 떨어진다.

답 : ③

I. 건축계획 | 주거건축

핵심 PLUS

■ 인동간격 결정요소
- 일조 : 가장 중요한 요소
- 통풍, 연소 방지 : 측면 인동간격의 고려 요소
- 시각적 개방감
- 시각적 간섭에의 안전
- 소음 전달 방지
- 쾌적한 옥외 공간 확보

■ 옥외공간계획 구성요소
- 영역성 : 친근감, 소속감을 갖도록 하기 위해 변화 있는 주동 배치를 지닌 공간 계획
- 접지성 : 단위 주거에 최소한의 open space 제공
- 공동체 의식 : 단지 내 주민들의 친교 증진
- 폐쇄성 : 건물, 수목에 의해 하나의 공간을 폐쇄(방어감), 안정감, privacy를 제공
- 접근성 : 주거 환경 각 부분에 대한 접근성
- 개별성
- 안전성
- 프라이버시
- 향

39 다음 중 대단위 아파트단지의 건물 배치계획에 있어서 남북간 인동간격의 결정요소와 가장 관계가 먼 것은? [09 산]
① 건축물의 방위각
② 대지의 경사도
③ 건축물의 동서길이
④ 일조시간

답 : ③

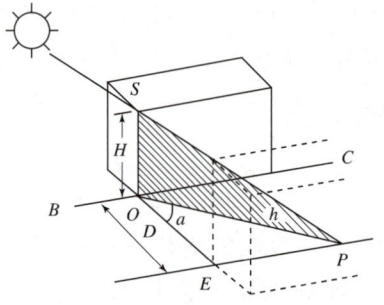

[그림] 건물과 태양고도 방위 관계

㉯ 동서간(측면)의 인동간격 결정조건
- 통풍
- 방화(연소방지)상
  1세대 건물 : $dx = bx$
  2세대 건물 : $dx = 1/2 bx$
  다세대 건물 : $dx = 1/5 bx$

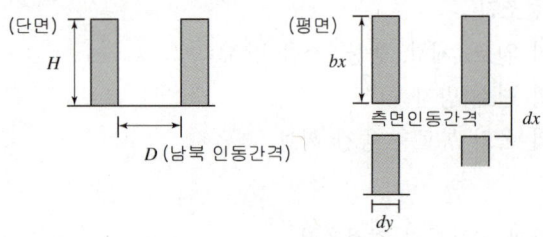

[그림] 건물의 인동간격

3) 아파트의 분류
(1) 평면 형식상의 분류
① 계단실형(hall 형) : 계단실이나 엘리베이터 홀로부터 직접 단위 주호로 들어가는 형식
  ㉮ 장점
   - 주호내의 주거성과 독립성(privacy)이 좋다.
   - 동선이 짧으므로 출입이 편하다.
   - 통행부의 면적이 적으므로 건물의 이용도가 높고, 전용면적비가 높아 경제적으로 유리하다.
   - 각 단위 주거가 자연 조건 등에 균등한 방향으로 배치되어 일조, 통풍 등이 유리하다.

㉯ 단점 : 고층 아파트일 경우 각 계단실마다 엘리베이터를 설치해야 하므로 시설비가 많이 들며, 엘리베이터의 이용률이 낮아 비경제적이다.

② 편(갓)복도형 : 계단 또는 엘리베이터로 각 층에 연결되고 연속된 긴 복도에 의해 각 주호로 출입하는 형식으로 일반적으로 동서를 축으로 하고 있다.
  ㉮ 장점
   • 복도 개방시 각 주호의 거주성이 좋다.
   • 고층·초고층 아파트에 적합하다.
   • 통풍, 채광이 양호하다.
   • 엘리베이터 1대당 이용률을 높일 수 있다.
  ㉯ 단점
   • 복도가 개방식으로 되어 통풍구, 채광구, 통로에 의해 각 주호의 프라이버시가 침해되기 쉽다.
   • 복도 개방시 외부에 대해 무방비 상태이므로 위험하다.
   • 복도 폐쇄시 통풍, 채광이 불리해진다.
   • 고층 아파트의 경우 난간을 높게 해야 한다.
   • 공용면적이 커진다.

③ 중(속)복도형 : 편복도형과 유사하나 복도 양측에 주호를 배치하는 형식으로 축은 남북으로 배치하며, 도심지 독신자 아파트 등에 적합하다.
  ㉮ 장점
   • 고층·초고층 아파트에 가장 유리하다.
   • 대지의 이용률이 높다.
   • 엘리베이터의 효율이 좋다.
  ㉯ 단점
   • 프라이버시가 나쁘고 시끄럽다.
   • 통풍, 채광상 불리하다.
   • 복도의 면적이 많다.
   • 개구부의 방향의 한정으로 인한 평면계획이 불리하다.

④ 집중형 : 엘리베이터, 계단 등을 중앙에 배치하고 그 주위에 각 주호를 집중시키는 형식
  ㉮ 장점
   • 대지의 이용률이 가장 높고, 많은 주호를 집중시킬 수 있다.
   • 가장 compact한 평면형으로 하기 쉬우므로 고층으로 할 때 구조, 공사비 면에서 유리하다.
   • 중앙에 core 또는 그 주위에 설비를 집중시킬 수 있다.
   • 세대별 규모 변화가 가능하다.

핵심 PLUS

40 다음 아파트의 형식 중 각 세대간 독립성이 가장 높은 것은? [06 기]
① 집중형
② 중복도형
③ 편복도형
④ 계단실형

답 : ④

41 중복도형 공동주택에 관한 설명으로 옳지 않은 것은? [14 기]
① 대지의 이용률이 높다.
② 채광 및 통풍이 불리하다.
③ 각 세대의 프라이버시 확보가 용이하다.
④ 도심지 내 독신자용 공동주택 유형에 사용된다.

답 : ③

42 공동주택의 평면형식에 관한 설명으로 옳지 않은 것은?[16 기]
① 집중형은 각 세대별 조망이 다르다.
② 중복도형은 독신자 아파트에 많이 이용된다.
③ 편복도형은 각호의 통풍 및 채광이 양호하다.
④ 계단실형은 통행부 면적이 커서 대지의 이용률이 높다.

답 : ④

43 아파트의 평면형식에 대한 설명 중 옳지 않은 것은? [10, 25 기]
① 홀형은 계단 또는 엘리베이터 홀로부터 직접 주거 단위로 들어가는 형식이다.
② 홀형은 통행부 면적이 작아서 건물의 이용도가 높다.
③ 집중형은 채광·통풍 조건이 좋아 기계적 환경조절이 필요하지 않다.
④ 중복도형은 대지에 대해서 건물 이용도가 높으나, 프라이버시가 좋지 않다.

답 : ③

I. 건축계획 | 주거건축

핵심 PLUS

■ 독신자 아파트
아파트먼트 호텔(apartment hotel) 중에서 호텔에 가까운 것이며, 아파트형으로는 복도식일 경우가 보통이다.

▼ 특징
• 단위 평면 자체의 면적은 극소로 제한되고, 공용의 사교적 부분이 충분히 제공되어 있다.
• 식사는 공용 식당에서 하게 된다.(단위 평면에는 보통 부엌이 없다.)
• 욕실은 공동으로 사용하는 경우가 많다.
• 각 주거 단위에서 거실이나 침실에 도어 베드(door bed)가 붙어 있는 정도이다.(15~20m² 입식인 경우)

44 독신자 아파트의 특징으로서 거리가 먼 것은?
① 단위플랜 자신의 면적이 극도로 절약되어 공용의 사교적 부분이 충분히 설치되어 있다.
② 단위플랜에 부엌을 설치한다.
③ 욕실은 공동으로 사용하는 것이 많다.
④ 단위플랜에 있어서는 거실 및 침실에 반침을 둔다.

답 : ②

㉯ 단점
• 프라이버시가 극히 나쁘며 통풍·채광상 극히 불리하다.
• 복도 부분의 환기 등의 문제점을 해결하기 위해 고도의 설비시설을 해야 한다.

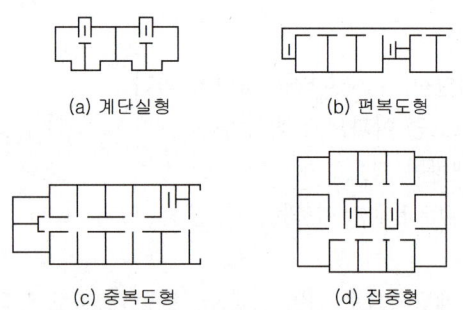

(a) 계단실형　　(b) 편복도형
(c) 중복도형　　(d) 집중형

[그림] 아파트의 평면 형식

■ 아파트의 평면 형식의 비교

평면 형식 \ 비교 내용	프라이버시	연면적에 대한 전용 면적비	환경 조건	대지의 이용률
계단실형	가장 좋다	가장 높다	가장 좋다	가장 낮다
편복도형	별로 좋지 않다	조금 낮다	양호하다	낮다
중복도형	나쁘다	낮다	나쁘다	높다
집 중 형	가장 나쁘다	가장 낮다	가장 나쁘다	가장 높다

(2) 단면 형식상의 분류
① 단층형(flat type) : 각 주호의 주어진 규모 가운데 각 실의 면적 배분이 1개 층에서 끝나는 형식
　㉮ 장점
　　• 평면 구성에 제약이 적다.
　　• 작은 면적에서도 설계가 가능하다.
　㉯ 단점
　　• 각 실에 인접하게 되어 프라이버시 유지가 어렵다.
　　• 공용부분에 면하는 부분이 많으므로 주호의 프라이버시 유지가 어렵다.
　　• 각 주호의 규모가 커지면 그에 따른 공용 복도가 길어져서 호당 공용부분의 면적이 커진다.

② 복층형(duplex type, maisonnette type)

작은 저택의 뜻을 지니고 있는 메조넷(maisonnette)은 하나의 주호가 2개 층 이상에 걸쳐 구성되는 형식으로 독립성이 좋고 전용 면적비가 크나 50m² 이하의 주거 형식에는 비경제적이다.

※ Le Corbusier의 마르세이유나 낭트(Nantes)의 아파트가 이 형식이다.

㉮ 장점
- 주야간의 생활공간이 층별로 구분되므로 프라이버시가 가장 좋다. 공용복도가 없는 층은 야간의 생활공간(침실 등)을 배치하고, 복도층에는 주간의 생활공간을 배치한다.
- 엘리베이터의 정지층수를 적게 할 수 있어 중직동선의 편리를 도모한다.
- 복도가 없는 층은 남북면이 트여 있으므로 좋은 평면 구성이 가능하다.
- 통로 면적이 감소하고 임대면적이 증가한다.

㉯ 단점
- 주호 내에 계단을 두어야 하므로 소규모 주택에서는 비경제적이다.
- 공용 복도가 없는 층은 화재 및 위험시 대피상 불리하다.
- 서로 다른 평면형이 상하층을 포개게 되므로 구조 및 설비 등이 복잡하고 설계가 어렵다.
- 공용 복도가 중복도형인 경우 복도의 소음 처리에 특별히 신경을 써야 한다.

③ 트리플렉스형(triplex type)
㉮ 하나의 주호가 3층으로 구성되어 있는 형식이다.
㉯ 프라이버시 확보와 통로 면적의 절약은 maisonette형보다 유리하나 주호의 면적이 크지 않으면 계획상의 융통성이 없어진다.

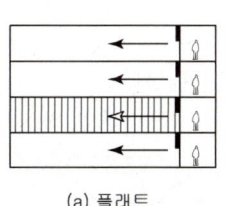 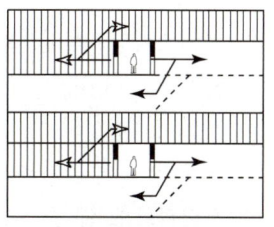

(a) 플래트   (b) 메조넷(갓복도)   (c) 메조네트(속복도)

[그림] 플랫과 메조네트의 기본형

핵심 PLUS

45 메조넷형(maisonette type) 공동주택에 관한 설명으로 옳지 않은 것은? [17, 24 기]
① 주택내의 공간의 변화가 있다.
② 거주성, 특히 프라이버시가 높다.
③ 소규모 단위평면에 적합한 유형이다.
④ 양면 개구에 의한 통풍 및 채광 확보가 양호하다.

답 : ③

46 공동주택의 단위주거 단면구성 형태에 관한 설명으로 옳지 않은 것은? [13, 23 기]
① 플랫형은 주거단위가 동일층에 한하여 구성되는 형식이다.
② 복층형(메조넷형)은 엘리베이터의 정지 층수를 적게 할 수 있다.
③ 트리플렉스형은 듀플렉스형보다 프라이버시의 확보율이 낮고 통로면적이 많이 필요하다.
④ 스킵 플로어형은 주거단위의 단면을 단층형과 복층형에서 동일층으로 하지 않고 반층씩 엇나게 하는 형식을 말한다.

[해설] 트리플렉스형(triplex type)은 하나의 주호가 3층으로 구성되어 있는 형식으로 프라이버시 확보와 통로 면적의 절약은 maisonette형보다 유리하나, 주호의 면적이 크지 않으면 계획상의 융통성이 없어진다.

답 : ③

47 복층형(Maisonette) 아파트에 관한 설명으로 옳지 않은 것은? [15 기]
① 주택 내의 공간의 변화가 있다.
② 거주성, 특히 프라이버시가 높다.
③ 통로면적이 늘어나므로 유효면적이 줄어든다.
④ 엘리베이터 정지 층수가 적어지므로 운행면에서 경제적이고 효율적이다.

답 : ③

핵심 PLUS

48 메조넷형 아파트에 관한 설명으로 옳지 않은 것은?
① 다양한 평면구성이 가능하다.
② 소규모 주택에서는 비경제적이다.
③ 통로면적이 감소되며 유효면적이 증대된다.
④ 복도와 엘리베이터홀은 각 층마다 계획된다.

답 : ④

💡 학습포인트

복층형의 변형
㉠ 스킵 플로어형(skip floor type) : 엘리베이터와 연결하는 복도가 2층 또는 3층마다 있고 2층에서 상하층의 계단을 설치하는 형식으로 주호당 전용 면적비를 크게 할 수 있으며 복도가 설치되지 않은 층은 남북면이 개방되어 다양한 평면형을 구성할 수 있다.
㉡ 코리도 플로어형(corridor floor type) : 스킵 플로어의 변형으로 엘리베이터가 정지하는 층에 공동시설을 집중 배치하여 생활의 편리를 도모한다.
㉢ 가위형(split type) : 건물의 한쪽에 거실이 있으면, 반대쪽 위쪽에 침실을 배치한 형식으로 프라이버시를 고려하여 마주보지 않게 배치한다.

(3) 블록 플랜(Block plan)의 결정 조건
① 형식 : I형, ㄱ형, ㄹ형, T자형, ㅁ자형, +자형, E자형
② 결정조건
　㉮ 각 단위 플랜이 2면 이상 외기에 면할 것
　㉯ 중요한 거실이 모퉁이에 배치되지 않도록 할 것
　㉰ 각 단위 플랜에서 중요한 실의 환경은 균등하게 할 것
　㉱ 현관이 계단에서 멀지 않을 것(계단실형의 경우 6m 이내)
　㉲ 모퉁이에서 다른 주호가 들여다보이지 않을 것
　㉳ 설비 공간의 배치가 어떤 규칙성에 준하는 것이 경제적이다.
　㉴ 모든 단위 거주가 균등하게 일사면에 노출되도록 유의할 것

4) 주택건설기준(주택법)
(1) 주택의 평면과 각 부위의 치수 및 기준척도
① 치수 및 기준척도는 안목치수를 원칙으로 할 것
② 거실 및 침실의 평면 각변의 길이는 5cm를 단위로 한 것을 기준척도로 할 것
③ 부엌·식당·욕실·화장실·복도·계단 및 계단참 등의 평면 각 변의 길이 또는 너비는 5cm를 단위로 한 것을 기준척도로 할 것
④ 거실 및 침실의 반자높이(반자를 설치하는 경우만 해당)는 2.2m 이상으로 하고 층높이는 2.4m 이상으로 하되, 각각 5cm를 단위로 한 것을 기준척도로 할 것
⑤ 창호설치용 개구부의 치수는 한국산업규격이 정하는 창호개구부 및 창호부품의 표준모듈호칭치수에 의할 것

(2) 주택단지 안의 건축물 또는 옥외에 설치하는 계단의 각 부위의 치수

(단위 : cm)

계단의 종류	유효폭	단높이	단너비
공동으로 사용하는 계단	120 이상	18 이하	26 이상
세대내 계단 또는 건축물의 옥외계단	90 이상(세대내 계단의 경우는 75 이상)	20 이하	24 이상

(3) 공동주택 단지 안의 도로(주택건설기준 등에 관한 규정 제26조)
① 공동주택을 건설하는 주택단지에는 폭 1.5m 이상의 보도를 포함한 폭 7m 이상의 도로(보행자전용도로, 자전거도로는 제외)를 설치하여야 한다.
② 주택단지 안의 도로는 유선형(流線型) 도로로 설계하거나 도로 노면의 요철(凹凸) 포장 또는 과속방지턱의 설치 등을 통하여 도로의 설계속도(도로설계의 기초가 되는 속도를 말한다)가 시속 20킬로미터 이하가 되도록 하여야 한다.
③ 500세대 이상의 공동주택을 건설하는 주택단지 안의 도로에는 어린이 통학버스의 정차가 가능하도록 국토교통부령으로 정하는 기준에 적합한 어린이 안전보호구역을 1개소 이상 설치하여야 한다.

(4) 기간도로와 접하는 폭 및 진입도로의 폭
공동주택을 건설하는 주택단지는 기간도로와 접하거나 기간도로로부터 당해 단지에 이르는 진입도로가 있어야 한다. 이 경우 기간도로와 접하는 폭 및 진입도로의 폭은 다음과 같다.

주택단지의 총세대수	기간도로와 접하는 폭 또는 진입도로의 폭
300세대 미만	6m 이상
300세대 이상 500세대 미만	8m 이상
500세대 이상 1000세대 미만	12m 이상
1000세대 이상 2000세대 미만	15m 이상
2000세대 이상	20m 이상

(5) 주택단지의 관리사무소 설치기준
50세대 이상의 공동주택을 건설하는 주택단지에는 10m²에 50세대를 넘는 매 세대마다 500cm²를 더한 면적 이상의 관리사무소를 설치하여야 한다. 다만, 그 면적의 합계가 100m²를 초과하는 경우에는 100m²로 할 수 있다.

핵심 PLUS

49 주택법상 주택단지의 복리시설에 속하지 않는 것은? [18 기]
① 경로당
② 관리사무소
③ 어린이놀이터
④ 주민운동시설

[해설] 주택법상의 부대시설과 복리시설
㉠ 부대시설 : 주차장, 관리사무소, 담장 및 건축물에 설치한 각종 설비를 말한다.
㉡ 복리시설 : 어린이 놀이터, 구매시설, 의료시설, 주민운동시설, 일반목욕장, 입주자 집회소 및 건설기준에 관한 규정에 의거된 거주자의 생활복리를 위하여 필요한 공동시설을 말한다.

답 : ②

핵심 PLUS

50 세대수가 250세대인 복도형 공동주택에 설치하여야 하는 승용승강기의 최소 대수는? (단, 승용승강기를 설치하여야 하는 공동주택이며, 6인승 승강기의 경우) [12 기]
① 2대
② 3대
③ 4대
④ 5대

[해설] 복도형인 공동주택에는 1대에 100세대를 넘는 80세대마다 1대를 더한 대수 이상을 설치한다.

$$\therefore 1 + \frac{250-100}{80} = 2.88$$
= 3대(소수점 이하는 올림)

<u>답 : ②</u>

---

(6) 10층 이상의 공동주택에 설치하는 화물용승강기 설치

① 적재하중이 0.9ton 이상이어야 한다.
② 계단실형인 공동주택의 경우에는 계단실마다 설치한다.
③ 승강기의 폭 또는 너비 중 한변은 1.35m 이상, 다른 한변은 1.6m 이상으로 한다.
④ 복도형인 공동주택의 경우에는 100세대까지 1대를 설치하되, 100세대를 넘는 경우에는 100세대마다 1대를 추가로 설치한다.

핵심기출문제

II. 주거건축

■■■ 1. 단독주택

1. 주택설계의 방향에 대한 설명 중 부적당한 것은? [06⑦]

① 생활의 쾌적함이 증대되도록 한다.
② 가사노동이 경감되도록 한다.
③ 집안의 가장이 중심이 되도록 한다.
④ 좌식과 의자식이 혼용되도록 한다.

2. 다음 중 주거공간계획의 결정요소와 가장 관계가 먼 것은? [07⑦]

① 미래의 주거생활 패턴 추구
② 신체적인 욕구
③ 전통성 재현
④ 사용자의 경제성 고려

3. 다음의 주택건축면적의 기준에 관한 설명 중 가장 부적절한 것은? [03, 24⑦]

① 숑바르 드 로브는 1인당 14m² 이상을 개인적 혹은 가족적인 융통성이 보장되는 기준으로 보았다.
② 숑바르 드 로브의 병리기준은 1인당 10m² 이하일 때 거주자의 심리적 건강에 나쁜 영향을 끼친다는 것이다.
③ 세계가족단체협회는 적어도 1인당 평균 16m²를 권장하고 있다.
④ 노엘은 주택의 거주성 및 평면의 분석연구를 통해 1인당 평균주택면적을 산출하였다.

4. 한식주택과 양식주택의 차이점에 대한 기술 중 잘못된 것은? [06⑦]

① 양식주택은 실의 위치별 분화이며, 한식주택은 실의 기능별 분화이다.
② 양식주택은 입식생활이며, 한식주택은 좌식생활이다.
③ 양식주택의 실은 단일용도이며, 한식주택의 실은 혼용도이다.
④ 양식주택의 가구는 주요한 내용물이며, 한식주택의 가구는 부차적 존재이다.

해 설

[해설] 1
새로운 주거계획의 기본방향
① 생활의 쾌적함을 증대 시킨다 : 인간 본래의 생활을 되찾는 방향의 요구
② 가사 노동을 경감하고 주거의 단순화를 꾀한다 : 주부의 가사 노동 경감의 방향 요구
③ 가족 본위의 주거로 계획한다.(가장 중심에서 주부 중심으로 전환)
④ 개인 생활의 프라이버시를 확립한다.
⑤ 활동성의 증대를 위한 의자식 생활을 도입한다.(좌식·의자식을 혼용한다.)

[해설] 2
전통성 재현은 주거공간계획의 결정요소와 관련이 적다.

[해설] 3
숑바르 드 로브의 주거면적 기준
① 병리 기준 : 8m²/인 이하이면 거주자의 신체적 및 정신적인 건강에 나쁜 영향을 준다.
② 한계 기준 : 14m²/인 이하이면 개인 및 가족적인 거주의 융통성을 보장할 수 없다.
③ 표준 기준 : 16m²/인 정도이면 적당한 거주 면적이므로 이 기준을 적극 추천하고 있다.

[해설] 4
양식주택은 방의 기능별로 분화되어 있으며 분화, 개방적, 집중식이다. 한식주택은 평면구성이 방의 위치별로 분화되어 있으며 조합, 은폐적, 분산식이다.

정답 1. ③ 2. ③ 3. ② 4. ①

핵심기출문제

Ⅱ. 주거건축

5. 단독주택계획에 대한 설명 중 옳지 않은 것은? [07②]
① 건물은 가능한 한 동서로 긴 형태가 좋다.
② 동지때 최소한 4시간 이상의 햇빛이 들어와야 한다.
③ 인접 대지에 기존 건물이 없더라도 개발 가능성을 고려하도록 한다.
④ 건물이 대지의 남측에 배치되도록 한다.

6. 다음 중 주거공간의 효율을 높이고, 데드 스페이스(dead space)를 줄이는 방법과 가장 거리가 먼 것은? [09, 16②]
① 기능과 목적에 따라 독립된 실로 계획한다.
② 유닛 가구를 활용한다.
③ 가구와 공간의 치수 체계를 통합한다.
④ 침대, 계단 밑 등을 수납공간으로 활용한다.

7. 주택의 평면계획시 공간의 조닝 방법으로 가장 적합하지 않은 것은? [03, 15②]
① 가족 전체와 개인에 의한 조닝
② 정적공간과 동적공간에 의한 조닝
③ 융통성에 의한 조닝
④ 주간과 야간의 사용시간에 의한 조닝

8. 건축계획의 다용도성을 설명한 내용 중 옳지 않은 것은? [00②]
① 두 가지 이용 형태가 전혀 관련이 없을 경우 유사한 스페이스를 겸용할 수 없다.
② 두 가지 이상의 기능이 상호 작용하거나 중첩될 경우 복합시켜 사용할 수 있다.
③ 목적은 다르더라도 목적을 달성하기 위한 수단이 유사할 때는 실을 겸용할 수 있다.
④ 예상되는 용도 중 공통의 성능이 요구될 때 같은 종류의 성능은 겸용할 수 있다.

해 설

해설 5
건물을 대지의 북측에 배치되도록 해야 남향의 일조 및 채광이 가능하다.

해설 6
기능과 목적에 따라 독립된 실로 계획하면 데드 스페이스(dead space)는 증가하게 된다.

해설 7
조닝(zoning) 계획
공간 내에서 이루어지는 다양한 행동의 목적, 공간, 사용시간, 입체 동작 상태 등에 따라 공간의 성격이 달라진다. 공간의 내용이나 성격에 따라서 구분되는 공간을 구역(zone)이라 하며, 이 구역을 구분하는 것을 조닝(zoning)이라 한다. 주거공간의 경우 생활공간, 사용시간별, 주행동, 행동반사에 의한 분류 등으로 구분할 수 있다.
※ 주거공간의 영역 구분(zoning)
① 사용자의 범위(생활공간)에 따른 구분-단란, 개인, 가사노동, 보건·위생
② 공간의 사용시간(사용시간별)에 따른 구분-주간, 야간, 주·야간
③ 행동의 목적(주행동)에 따른 구분-주부, 주인, 아동
④ 행동반사에 따른 구분-정적공간, 동적공간, 완충공간

해설 8
지대별 계획
① 구성원 본위가 유사한 것은 서로 접근시킨다.
② 시간적 요소가 같은 것끼리 서로 접근시킨다.
③ 유사한 요소는 서로 공용시킨다.
④ 상호간의 요소가 다른 것은 서로 격리시킨다.

정답 5. ④ 6. ① 7. ③ 8. ③

9. 다음 중 방위에 따른 주택의 실 배치가 가장 부적절한 것은? [08, 13②]
① 남 – 식당, 아동실, 가족거실
② 서 – 부엌, 화장실, 가사실
③ 북 – 냉장고, 저장실, 아틀리에
④ 동 – 침실, 식당

10. 다음 중 소규모 주택에서 1실 겸용으로 사용하기에 가장 부적당한 조항은? [06②]
① 침실과 식당
② 거실과 식당
③ 침실과 서재
④ 거실과 응접실

11. 주택의 현관에 대한 설명 중 옳지 않은 것은? [10, 16②]
① 현관의 위치는 대지의 형태, 방위, 도로와의 관계에 영향을 받는다.
② 현관의 크기는 현관에서 간단한 접객의 용무를 겸하는 이외의 불필요한 공간을 두지 않는 것이 좋다.
③ 현관의 위치는 주택의 북측이 가장 좋으며 주택의 남측이나 중앙부분에는 위치하지 않도록 한다.
④ 현관의 크기는 주택의 규모와 가족의 수, 방문객의 예상수 등을 고려한 출입량에 중점을 두어 계획하는 것이 바람직하다.

12. 다음의 주택계획에 관한 설명 중 틀린 것은? [08, 11, 24②]
① 부엌은 사용시간이 길고 부패하기 쉬운 물건을 많이 수장하는 곳이므로 서향은 피하는 것이 좋다.
② 50m² 이하의 소규모 주택에서는 복도를 두는 것이 공간활용상 경제적이다.
③ 주택의 규모가 비교적 적을 때에는 거실과 식사 부분을 동일공간으로 처리하여도 좋다.
④ 현관의 크기는 주택의 규모와 가족의 수, 그리고 방문객의 예상 수 등을 고려한 출입량에 중점을 두는 것이 타당하다.

13. 2층 단독주택에서 1층에 부모가, 2층에 자녀들이 거주할 경우에 가족의 단란에 가장 영향을 줄 수 있는 요소는? [10, 17②]
① 계단의 배치
② 침실의 방위
③ 건물의 층고
④ 식당과 부엌의 연결방법

해 설

[해설] 9
부엌의 배치시 일사가 긴 서쪽은 음식물이 부패하기 쉬우므로 반드시 피해야 하고, 남쪽 또는 남동쪽에 두는 것이 좋다.

[해설] 10
침실과 식당은 소규모 주택이라도 1실 겸용은 피한다.

[해설] 11
현관
① 위치 : 현관의 위치는 주택평면의 공간구성에 많은 영향을 준다. 일반적으로 대지의 형태와 도로의 위치와의 관계에 의해 정해진다.
② 크기 : 가족수와 방문객의 수에 따라 결정된다.
③ 폭 : 1.2m 이상, 깊이 : 0.9m 이상

[해설] 12
소규모 주택(50m² 이하)에서 복도는 비경제적이다.

[해설] 13
아동은 육체적, 정신적인 면에서 성장 속도가 매우 빠르므로 아동실은 그 성장에 대응할 수 있는 공간이어야 한다. 2층 단독주택에서 층별로 구분하여 부모와 자녀가 거주할 경우에 가족의 단란에 가장 영향을 줄 수 있는 요소는 계단이므로 계단의 배치에 유의를 해야 한다.

정답 9. ② 10. ① 11. ③
     12. ② 13. ①

핵심기출문제

II. 주거건축

14. 다음 중 주택 거실에서 가구배치의 결정요소와 거리가 먼 것은? [08⑦]

① 거실의 형태
② 개구부의 위치
③ 바닥재의 종류
④ 거주자의 취향

15. 주택의 식당계획에서 LDK형의 의미로 가장 알맞은 것은? [09산]

① 별도의 거실을 두고 부엌의 일부에 식당을 설치한 형태
② 별도의 부엌을 두고 거실과 식당을 겸용하는 형태
③ 거실, 식당, 부엌을 개방된 하나의 공간에 배치한 형태
④ 식당, 부엌, 다용도실을 개방된 하나의 공간에 배치한 형태

16. 다음 중 주택 부엌의 작업 삼각형(work triangle)의 길이로 가장 적당한 것은? [09, 14산]

① 2.5m
② 5.0m
③ 8.0m
④ 9.5m

17. 주택에서 부엌 작업대의 배치유형 중 ㄷ자형에 대한 설명으로 옳은 것은? [10, 14, 21⑦]

① 가장 간결하고 기본적인 설계형태로 길이가 4.5m 이상 되면 동선이 비효율적이다.
② 두 벽면을 따라 작업이 전개되는 전통적인 형태이다.
③ 평면계획상 외부로 통하는 출입구의 설치가 곤란하다.
④ 작업동선이 길고 조리면적은 좁지만 다수의 인원이 함께 작업할 수 있다.

18. 다음과 같은 특징을 갖는 부엌의 평면형은? [08, 18, 25⑦]

- 작업시 몸을 앞뒤로 바꾸어야 하는 불편이 있다.
- 식당과 부엌이 개방되지 않고 외부로 통하는 출입구가 필요한 경우에 많이 쓰인다.

① 일렬형
② ㄱ자형
③ 병렬형
④ ㄷ자형

해 설

[해설] 14
바닥재의 종류와 거실의 가구배치 결정요소와는 연관성이 없다.

[해설] 15
리빙 키친(living kitchen, LDK형) : 거실, 식사실, 부엌을 겸용한 것
※ living kitchen(LDK형)의 특징
① 주부의 가사 노동의 경감(주부의 동선단축)
② 통로가 절약되어 바닥 면적의 이용률이 높다.(소주택에 적당)
③ 부엌의 통풍·채광이 우수하다.(위생적이다.)

[해설] 16
부엌의 작업삼각형(work triangle)

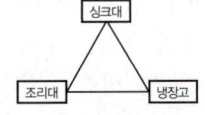

① 주부의 동선 절약이 목적이다.
② 작업 삼각형의 세변의 길이는 3.6~6.6m가 적당하다.
③ 개수대와 조리대의 길이는 1.2~1.8m가 적당하다.
④ 세변 중에서 개수대와 조리대의 길이를 가장 짧게 하는 것이 이상적이다.

[해설] 17
ㄷ(U)자형 : 양측벽면을 이용하므로 수납공간을 넓게 잡을 수 있으며, 이용하기에도 아주 편리하다. 작업동선이 짧고 부엌의 면적을 줄일 수 있는 이점이 있으나 평면계획상 외부로 통하는 출입구의 설치가 곤란하다.

[해설] 18
병렬형은 작업대가 마주보도록 배치하는 형태로 길고 좁은 부엌에 적당하며, 동선이 짧아 효과적이다.

정답
14. ③ 15. ③ 16. ②
17. ③ 18. ③

19. 주택의 각 실 계획에 대한 중 옳지 않은 것은? [06㉮]

① 부엌은 음식물의 부패관계로 남향을 피하고 서향으로 하여야 한다.
② 사용시간이 짧은 취미실 등은 향을 고려하지 않을 수도 있다.
③ 거실은 통로나 홀(hall)로서 사용되는 방법의 평면배치는 적극적으로 피하도록 한다.
④ 노인침실은 일조가 충분하고 전망 좋은 조용한 곳에 면하도록 한다.

20. 필요 공기량을 산정하여 침실의 규모를 산정하려고 한다. 성인 2인용 침실의 최소 바닥면적은? (단, 실내 자연환기 횟수 2회/hr, 천장고 2.5m) [08㉮]

① 10m² ② 15m²
③ 20m² ④ 25m²

21. 다음의 주거건축의 세부계획에 대한 설명 중 옳지 않은 것은? [08㉮]

① 부엌의 평면형 중 ㄱ자형은 작업동선이 효율적이지만 여유공간이 없어 식사실과 함께 구성할 수 없다.
② 현관의 크기는 주택의 규모와 가족의 수, 그리고 방문객의 예상수 등을 고려한 출입량에 중점을 두는 것이 타당하다.
③ 소규모 주택에서는 복도가 없는 홀 형식의 평면계획으로 최대한의 공간활용을 하는 것이 좋다.
④ 욕실계획은 제한된 작은 공간에서 편리하게 제기능을 수행하면서 되도록 넓게 사용하는 공간사용의 극대화 방안이 요구된다.

22. 우리나라 전통의 한식주택에서 문꼴부분의 면적이 큰 이유로 가장 적합한 것은? [03, 06, 09, 16, 22㉮]

① 출입하는데 편리하게 하기 위해서
② 하기의 고온다습을 견디기 위해서
③ 동기에 일조효과를 충분히 얻기 위해서
④ 겨울의 방한을 위해서

23. 다음 중 여름철 단층주택에서 서쪽창에 들어오는 일사를 방지하기 위한 방법으로 가장 적합하지 않은 것은? [06㉮]

① 처마 길이를 크게 한다. ② 창밖에 낙엽수를 심는다.
③ 창에 수직루버를 설치한다. ③ 처마 끝에 발을 매단다.

해 설

[해설] 19
부엌은 남쪽 또는 남동쪽에 배치하는데 서쪽은 음식물이 부패하기 쉬우므로 반드시 피해야 한다.

[해설] 20
① 성인 1인당 소요 공기량 : 50m³/hr(아동은 1/2)
② 실내 자연 환기횟수 : 2회/hr로 가정하면

$$\text{실용적}(m^3) = \frac{\text{환기량}(m^3/h)}{\text{환기횟수}(회/h)}$$

$$= \frac{50m^3 \times 2인}{2회} = 50m^3$$

∴ 침실의 면적 50m³÷2.5m=20m²

[해설] 21
부엌의 평면형 중 ㄱ자형은 작업동선이 효율적이고 여유공간이 있어서 식사실과 함께 구성할 수 있다.

[해설] 22
전통 한식주택에서 문꼴부분의 면적을 크게 하는 이유는 하기의 고온 다습을 견디고 통풍을 위해서이다.

[해설] 23
여름철 서쪽창에 들어오는 일사는 주택 내에 깊이 사입되므로 서측향을 피해야 하며, 처마길이를 길게 해도 큰 효과를 기대할 수 없다.

정답 19. ① 20. ③ 21. ①
22. ② 23. ①

핵심기출문제

Ⅱ. 주거건축

24. 전통 주거건축 중 부엌, 방, 대청, 방의 순으로 배열되는 일(一)자형 평면을 가진 민가형은? [10, 16㉮]

① 평안도 지방형
② 함경도 지방형
③ 남부 지방형
④ 개성 지방형

■■■ 2. 단지계획

25. 페리(C. A. Perry)의 근린주구에 관한 설명으로 옳지 않은 것은? [15, 21㉮]

① 경계 : 4면의 간선도로에 의해 구획
② 공공시설용지 : 지구에 분산하여 배치
③ 오픈 스페이스 : 주민의 일상생활 요구를 충족시키기 위한 소공원과 위락공간체계
④ 지구 내 가로체계 : 내부 가로망은 단지 내의 교통량을 원활히 처리하고 통과 교통을 방지

26. 주택단지 내 도로의 형태 중 쿨데삭(cul-de-sac) 형에 대한 설명으로 옳지 않은 것은? [09, 14㉮]

① 보차분리가 이루어진다.
② 보행로의 배치가 자유롭다.
③ 주거환경의 쾌적성 및 안전성 확보가 용이하다.
④ 대규모 주택단지에 주로 사용되며, 최대길이는 1km 이하로 한다.

27. 케빈 린치(K. Lynch)가 주장한 도시이미지를 결정하는 도시구성 요소에 해당하지 않는 것은? [07, 10, 12, 14㉮]

① Lines
② Nodes
③ Edges
④ Landmarks

28. 독립주택 단지계획에서 도로의 면적은 부지면적의 몇 % 정도가 적당한가? (단, 부지의 외주도로는 포함하지 않는다.)

① 5~10%
② 8~12%
③ 13~17%
④ 18~23%

해 설

[해설] 24
남부지방형
부엌, 방, 대청마루, 방이 일렬로 구성되기 때문에 "一자형"이라고도 한다. 서민주택 중 비교적 여유가 있는 집에서는 일자형 몸체 이외에 광, 헛간, 외양간, 측간 등으로 구성된 부속채가 별도로 세워진다.

[해설] 25
학교나 공공 건축용지는 중심 위치에 적절히 통합하여 배치한다.

[해설] 26
쿨데삭(cul-de-sac) 형
㉠ 적정길이는 120~300m이며, 300m 이상인 경우에는 회전구간을 설치한다.
㉡ 보차분리가 이루어진다.
㉢ 불필요한 통과 교통을 차단하여 보행로 배치가 자유롭다.
㉣ 부정형의 지형에 적용이 용이하다.
㉤ 주거환경의 쾌적성 및 안전성 확보가 용이하다.
㉥ 주택 배면에 보행자전용도로가 설치되어야 효과적이다.(자동차의 진입 방지)

[해설] 27
케빈 린치(Kevin Lynch)의 도시의 이미지 5요소
① 통로(paths)
② 접촉부(edges)
③ 구역(districts)
④ 중심(nodes)
⑤ 기준점(landmark, 기념물)

[해설] 28
독립주택 단지계획에서 도로의 면적은 부지면적의 13~17% 정도로 한다.(부지와 외주도로를 포함하지 않는다.)

정답 24. ③ 25. ② 26. ④
27. ① 28. ③

29. 주거단지의 보행자 동선계획에 대한 설명으로 옳지 않은 것은? [11㉮]
① 보행자 전용도로의 폭은 충분히 넓게 확보하도록 계획하는 것이 좋다.
② 필로티, 스트리트 퍼니쳐, 도로의 텍스츄어 등의 배려를 하는 것이 좋다.
③ 목적동선은 그 길이가 길어지더라도 쾌적한 분위기의 연출이 가장 중요하다.
④ 생활편의시설 및 놀이터나 공원 등의 커뮤니티 시설은 보행자 도로에 인접하여 설치하는 것이 좋다.

해설 29
주거단지 계획시 보행자 동선은 통행인의 습관, 형태에 맞추어 최단거리로 하며, 보행로에 흥미를 부여하고 질감, 밀도, 조경 및 스케일에 변화를 준다. 또한, 보행자가 차도를 걷거나 횡단하기 쉽지 않게 한다.

30. 주거단지의 교통계획에 관한 설명으로 옳지 않은 것은? [11, 24㉮]
① 근린주구 단위 내부로의 자동차 통과 진입을 극소화한다.
② 주요 차도와 보도의 입구는 명백히 특징지을 수 있어야 한다.
③ 단지 내의 통과교통량을 줄이기 위해 고밀도지역은 단지 중심부에 배치시킨다.
④ 2차 도로체계(sub-system)는 주도로와 연결되어 쿨데삭(Cul-de-sac)을 이루게 한다.

해설 30
단지 내의 교통량을 줄이기 위하여 고밀도지역은 진입구 주변에 배치시킨다.

31. 단지계획에 있어서 교통계획의 주요 착안사항 중 틀린 것은? [02, 16㉮]
① 통행량이 많은 고속도로는 근린주구 단위를 분리시킨다.
② 근린주구단위 내부로의 자동차 통과 진입을 극소화 한다.
③ 2차 도로체계는 주도로와 연결하고 통과도로를 이루게 한다.
④ 단지 내의 교통량을 줄이기 위하여 고밀도지역은 진입구 주변에 배치시킨다.

해설 31
2차 도로체계는 주도로와 연결되어 쿨데삭(cul-de-sac)을 이루도록 한다.

32. 주거단지의 교통계획시 각 도로에 대한 설명 중 틀린 것은? [04, 09, 14, 25㉮]
① 격자형 도로는 교통을 균등 분산시키고 넓은 지역을 서비스할 수 있다.
② 선형도로는 폭이 넓은 단지에 유리하고 한쪽 측면의 단지만을 서비스할 수 있다.
③ 쿨데삭(Cul-de-sac)은 차량의 흐름을 주변으로 한정하여 서로 연결하며 차량과 보행자를 분리할 수 있다.
④ 단지 순환로가 단지 주변에 분포하는 경우 최소한 4~5m 정도 완충지를 두고 식재하는 것이 좋다.

해설 32
선형도로는 폭이 좁은 단지에 유리하고 양측면 또는 한측면의 단지를 서비스할 수 있으며 보행자를 위한 공간의 확보가 가능하다.

정답 29. ③ 30. ③ 31. ③
32. ②

핵심기출문제

II. 주거건축

33. 주거단지의 도로형식에 대한 설명 중 옳지 않은 것은? [10, 17, 23㉮]
① 격자형은 가로망의 형태가 단순·명료하고, 가구 및 획지 구성상 택지의 이용효율이 높다.
② T자형은 도로의 교차방식을 주로 T자교차로 한 형태로 통행거리는 짧으나 보행자전용도로와의 병용이 불가능하다는 단점이 있다.
③ 쿨데삭(Cul-de-sac)형은 각 가구와 관계없는 자동차의 진입을 방지할 수 있다는 장점이 있다.
④ 루프(Loop)형은 우회도로가 없는 쿨데삭형의 결점을 개량하여 만든 패턴으로 도로율이 높아지는 단점이 있다.

해설 33
T자형은 격자형에 비해 교차점에서 통행이 안전하나, 차량의 주행속도가 낮다. 또한, T형 교차점이 많아 방향성이 불분명하다.

■■■ 3. 공동주택

34. 다음의 테라스 하우스에 대한 설명 중 옳지 않은 것은? [09㉯]
① 각 가구마다 정원을 확보할 수 있다.
② 모든 유형에서 각 가구마다 지하실을 설치할 수 있다.
③ 시각적인 인공테라스형은 일반적으로 위층으로 갈수록 건물의 내부가 작아진다.
④ 자연형 테라스 하우스는 경사지를 이용하여 지형에 따라 건물을 테라스형으로 축조한 것이다.

해설 34
테라스 하우스(terrace house : 연속주택)는 경사지에서 적절한 절토에 의하여 자연 지형에 따라 건물을 테라스형으로 축조하는 것으로 각호마다 전용의 뜰(정원)을 갖는다.

35. 다음의 공동주택에 관한 설명 중 옳지 않은 것은? [07㉯]
① 의도적으로 주택을 집합화 함으로써 토지이용의 효율을 높인 주거군을 말한다.
② 생활에 필요한 상수와 하수의 통합이 필요해진다.
③ 주택의 집적으로 주거 밀도가 높아짐에 따라 억제 기능이 필요하다.
④ 상업적·문화적 공동시설을 만들어 주거환경의 질을 높일 수 있다.

해설 35
생활에 필요한 상수(급수, 급탕)와 하수(배수 및 통기) 및 중수시스템의 체계는 구분하여 배치하는 것이 유리하다.

36. 다음 중 초고층 아파트 계획 시 특히 유의할 사항과 가장 거리가 먼 것은? [09㉮]
① 바람의 영향
② 피난계획
③ 구조적인 안전성
④ 자연채광

해설 36
초고층 아파트 계획 시 특히 유의할 사항
① 화재에 대비한 피난계획 및 안전
② 지진 및 바람에 의한 풍하중 등의 구조적인 안전
※ 피난안전구역의 설치(건축법)
초고층 건축물에는 피난층 또는 지상으로 통하는 직통계단과 직접 연결되는 피난안전구역(초고층 건축물의 피난·안전을 위하여 지상층으로부터 최대 30개 층마다 설치하는 대피공간을 말함)을 설치하여야 한다.

정답 33. ② 34. ② 35. ②
36. ④

37. 아파트의 평면형식에 관한 설명으로 옳지 않은 것은? [18 ㉮]
① 중복도형은 모든 세대의 향을 동일하게 할 수 없다.
② 편복도형은 각 세대의 거주성이 균일한 배치구성이 가능하다.
③ 홀형은 각 세대가 양쪽으로 개구부를 계획할 수 있는 관계로 일조와 통풍이 양호하다.
④ 집중형은 공용 부분이 오픈되어 있으므로, 공용부분에 별도의 기계적 설비계획이 필요 없다.

38. 아파트의 평면형식에 관한 설명으로 옳지 않은 것은? [19 ㉮]
① 중복도형은 부지의 이용률이 적다.
② 홀형(계단실형)은 독립성(privacy)이 우수하다.
③ 집중형은 복도부분의 자연환기, 채광이 극히 나쁘다.
④ 편복도형은 복도를 외기에 터놓으면 통풍, 채광이 중복도형보다 양호하다.

39. 탑상형 공동주택에 관한 설명으로 옳지 않은 것은? [16 ㉮]
① 각 세대에 시각적인 개방감을 준다.
② 각 세대의 거주 조건이나 환경이 균등하다.
③ 도심지 내의 랜드마크적인 역할이 가능하다.
④ 건축물 외면의 4개의 입면성을 강조한 유형이다.

40. 아파트의 각종 평면형식에 대한 설명 중 옳은 것은? [08 ㉮]
① 편복도형은 통풍 및 채광상 가장 불리한 형식이다.
② 중복도형은 공사비가 많이 들지만 각 세대마다 독립성과 통풍이 좋다.
③ 계단실형은 통행부 면적이 작아서 건물의 이용도가 높다.
④ 집중형은 모든 실을 남향으로 할 수 있어 채광상 유리하다.

41. 다음 중 아파트 단위주호 평면계획에서 공간의 융통성을 부여하는 방법과 가장 거리가 먼 것은? [07,12 ㉮]
① 식당과 거실을 동일실로 하고 부엌을 분리한다.
② 거실에 인접한 침실의 출입은 거실을 거치지 않도록 한다.
③ 발코니 면적을 가급적 크게 한다.
④ 침실은 서로 인접되지 않도록 하여 독립성을 유지한다.

해 설

해설 37
집중형은 엘리베이터, 계단 등을 중앙에 배치하고 그 주위에 각 주호를 집중시키는 형식으로 대지의 이용률이 가장 높고, 많은 주호를 집중시킬 수 있으며, 가장 compact한 평면형으로 하기 쉬우므로 고층으로 할 때 구조, 공사비 면에서 유리하다. 그러나, 프라이버시가 극히 나쁘며 통풍·채광상 극히 불리하며, 복도 부분의 환기 등의 문제점을 해결하기 위해 고도의 설비시설을 해야 한다.

해설 38
중복도형은 편복도형과 유사하나 복도 양측에 주호를 배치하는 형식으로 축은 남북으로 배치하며, 도심지 독신자 아파트 등에 적합하다. 대지의 이용률이 높으나, 프라이버시가 나쁘고 시끄럽다.

해설 39
탑상형은 주호가 중앙 홀을 중심으로 전면에 배치됨으로써 각 주호의 탑상 조건이 불균등해진다.

해설 40
① 집중형은 통풍 및 채광상 가장 불리한 형식이다.
② 중복도형은 각 세대의 독립성이 나쁘고 시끄러우며, 통풍·채광상 불리하다.
④ 집중형은 모든 실을 남향으로 할 수 없으며, 프라이버시가 극히 나쁘고 통풍·채광상 극히 불리하다.

해설 41
아파트 단위주호 평면계획에서 공간의 성격이 유사한 요소는 서로 인접시킨다.

정답: 37. ④ 38. ① 39. ②
40. ③ 41. ④

핵심기출문제

II. 주거건축

42. 아파트의 단면형식 중 메조넷 형식(maisonnette type)에 관한 설명으로 옳지 않은 것은? [22②]

① 하나의 주거단위가 복층 형식을 취한다.
② 양면 개구부에 의한 통풍 및 채광이 좋다.
③ 주택 내의 공간의 변화가 없으며 통로에 의해 유효면적이 감소한다.
④ 거주성, 특히 프라이버시는 높으나 소규모 주택에는 비경제적이다.

43. 공동주택의 단위주거 단면구성 형태에 대한 설명 중 틀린 것은? [04, 06②]

① 복층형(메조네트형)은 엘리베이터의 정지 층수를 적게 할 수 있다.
② 스킵 플로어형은 주거단위의 단면을 단층형과 복층형에서 동일 층으로 하지 않고 반 층씩 엇 나게 하는 형식을 말한다.
③ 트리플렉스형은 듀플레스형보다 프라이버시 확보율은 낮고 통로면적도 불리하다.
④ 플랫형은 주거단위가 동일 층에 한하여 구성되는 형식이다.

44. 공동주택의 세대별 주호의 생활공간계획에 대한 설명 중 옳지 않은 것은? [07②]

① 단위 평면의 깊이는 채광에 지장이 없는 한 가급적 깊게 함으로써 외측면을 줄이는 것이 에너지 절약에 유리하다.
② 욕실, 화장실, 부엌 등의 배관설비는 한 곳으로 집중시키는 것이 유지관리에 용이하다.
③ 규모가 작으면 면적을 절약하기 위해 거실, 침실, 식당 및 부엌은 분리하여 독립시키도록 한다.
④ 부엌은 유틸리티룸 및 식당과 직접 연결시키도록 한다.

45. 아파트 단지 내 어린이 놀이터 계획에 대한 설명 중 옳지 않은 것은? [03, 05, 10②]

① 어린이가 안전하게 접근할 수 있어야 한다.
② 어린이가 놀이에 열중할 수 있도록 외부로부터의 시선은 차단되어야 한다.
③ 차량통행이 빈번한 곳은 피하여 배치한다.
④ 이웃한 주거에 소음이 가지 않도록 한다.

해 설

해설 42
복층형(duplex type, maisonnette type)은 주야간의 생활공간이 층별로 구분되므로 프라이버시가 가장 좋으며, 복도가 없는 층은 남북면이 트여 있으므로 좋은 평면 구성이 가능하다. 또한 통로 면적이 감소하고 임대면적이 증가한다. 단점으로는 주호 내에 계단을 두어야 하므로 소규모 주택에서는 비경제적이고, 공용 복도가 없는 층은 화재 및 위험시 대피상 불리하다. 서로 다른 평면형이 상하층을 포개게 되므로 구조 및 설비 등이 복잡하고 설계가 어렵다.

해설 43
트리플렉스형(triplex type)
① 하나의 주호가 3층으로 구성되어 있는 형식이다.
② 프라이버시 확보와 통로 면적의 절약은 maisonnette형보다 유리하나 주호의 면적이 크지 않으면 계획상의 융통성이 없어진다.

해설 44
공동주택의 규모가 작으면 거실, 식사실, 부엌을 겸용한 리빙 키친(living kitchen, LDK형)이 적당하다.
※ 리빙키친(living kitchen, LDK형)의 특징
① 주부의 가사 노동의 경감(주부의 동선단축)
② 통로가 절약되어 바닥 면적의 이용률이 높다.(소주택에 적당)
③ 부엌의 통풍·채광이 우수하다.(위생적이다.)

해설 45
어린이 놀이터나 공원은 보행용 도로에 인접해서 설치하고, 부모가 지켜볼 수 있는 시선 범위 내에 두는 것이 바람직하다.

정답 42. ③ 43. ③ 44. ③
45. ②

46. 전통적인 주택의 골목길을 적층(積層) 주택인 아파트에 구현하고자 했던 설계어휘는? [17 ㉮]

① 진입광장
② 공중가로
③ eco-bridge
④ 데크식 주차장

47. 주택단지계획에서 보차분리의 형태 중 평면분리에 해당하지 않는 것은? [15, 20, 25 ㉮]

① T자형
② 루프(Loop)
③ 쿨드삭(Cul-de-Sac)
④ 오버브리지(Overbridge)

48. 주택의 평면과 각 부위의 치수 및 기준척도에 관한 설명으로 옳지 않은 것은? [17, 24 ㉮]

① 치수 및 기준척도는 안목치수를 원칙으로 한다.
② 거실 및 침실의 평면 각 변의 길이는 10cm를 단위로 한 것을 기준척도로 한다.
③ 거실 및 침실의 층높이는 2.4m 이상으로 하되, 5cm를 단위로 한 것을 기준척도로 한다.
④ 계단 및 계단참의 평면 각 변의 길이 또는 너비는 5cm를 단위로 한 것을 기준척도로 한다.

49. 주택단지 안의 건축물에 설치하는 계단의 유효 폭은 최소 얼마 이상이어야 하는가? (단, 공동으로 사용하는 계단의 경우) [14, 15 ㉮]

① 45cm
② 60cm
③ 120cm
④ 150cm

[해설] 주택단지안의 건축물 또는 옥외에 설치하는 계단의 각 부위의 치수
(단위 : cm)

계단의 종류	유효폭	단높이	단너비
공동으로 사용하는 계단	120 이상	18 이하	26 이상
세대내 계단 또는 건축물의 옥외계단	90 이상 (세대내 계단의 경우는 75 이상)	20 이하	24 이상

해 설

[해설] 46
공중가로(입체가로)
생활동선시스템으로서 전통적인 주택시가지에서 볼 수 있는 골목이라는 매개요소를 집합주택에서 입체적으로 재현하는 수법을 의미한다. 이러한 공중가로(입체가로)는 집합주택에서 복도나 계단 등의 공간이 단순한 연결동선으로 기능하는 것이 아니라 외부공간과 내부공간을 연결하는 매개공간인 장소로서 조성됨에 따라 가로공간의 활성화를 유도하는 설계수법이라고 할 수 있다.

※ eco-bridge(생태이동통로)
일반 야생동물이 도로나 댐 등의 건설로 인해서 서식지가 절단되는 것을 막기 위해, 야생동물이 지나는 길을 인공적으로 만든 것을 말한다.

※ 데크식 주차장
고저차가 있는 지반의 높은 곳을 인공지반으로 조성하게 되면 낮은 지반 부분에는 필로티 구조와 더불어 자연스럽게 지붕이 생겨나게 되는데 이 부분을 주차장으로 이용하는 주차방식을 말한다.

[해설] 47
주택단지계획의 보차(步車)분리 형태
㉠ 평면분리 : 쿨데삭(Cul-de-Sac), 루프(loop), T자형, 열쇠자형
㉡ 면적분리 : 보행자 안전참(pedestrian safecross), 보행자공간, 몰플라자(Mall Plaza)
㉢ 입체분리 : 오버브리지(overbridge), 언더패스(under path), 지상인공지반, 지하가, 다층구조지반
㉣ 시간분리 : 시간제 차량통행, 차 없는 날

[해설] 48
거실 및 침실의 평면 각변의 길이는 5cm를 단위로 한 것을 기준척도로 할 것

정답 46. ② 47. ④ 48. ②
      49. ③

핵심기출문제

Ⅱ. 주거건축

50. 공동주택의 2세대 이상이 공동으로 사용하는 복도의 유효폭은 최소 얼마 이상이어야 하는가? (단, 갓복도의 경우) [14 ㉮]

① 90cm
② 120cm
③ 150cm
④ 180cm

51. 공동주택 단지 안의 도로의 설계속도는 최대 얼마 이하가 되도록 하여야 하는가? [16 ㉮]

① 10km/h
② 15km/h
③ 20km/h
④ 30km/h

52. 공동주택을 건설하는 주택단지는 기간도로와 접하거나 기간도로로부터 당해 단지에 이르는 진입도로가 있어야 한다. 주택단지의 총세대수가 400세대인 경우 기간도로와 접하는 폭 또는 진입도로의 폭은 최소 얼마 이상이어야 하는가? (단, 진입도로가 1개이며, 원룸형 주택이 아닌 경우) [15, 19 ㉮]

① 4m
② 6m
③ 8m
④ 12m

53. 다음과 같은 조건에 있는 공동주택을 건설하는 주택단지에 설치하여야 하는 진입도로의 최소 폭은? [15 ㉮]

【조건】
• 주택단지의 총세대수 : 400세대
• 주택단지가 기간도로에 접하지 않아 기간도로로부터 당해 단지에 이르는 진입도로를 1개 설치하는 경우

① 6m
② 8m
③ 12m
④ 15m

해 설

해설 50
공동주택의 복도 폭(법규상)
㉠ 중복도 : 1.8m 이상(단, 당해 복도를 이용하는 세대수가 5세대 이하인 경우에는 1.5m 이상)
㉡ 편복도 : 1.2m 이상

해설 51
주택단지 안의 도로는 유선형(流線型) 도로로 설계하거나 도로 노면의 요철(凹凸) 포장 또는 과속방지턱의 설치 등을 통하여 도로의 설계속도(도로설계의 기초가 되는 속도를 말함)가 시속 20킬로미터 이하가 되도록 하여야 한다.

해설 52, 53
공동주택을 건설하는 주택단지는 기간도로와 접하거나 기간도로로부터 당해 단지에 이르는 진입도로가 있어야 한다. 이 경우 기간도로와 접하는 폭 및 진입도로의 폭은 다음과 같다.

주택단지의 총세대수	기간도로와 접하는 폭 또는 진입도로의 폭
300세대 미만	6m 이상
300세대 이상 500세대 미만	8m 이상
500세대 이상 1000세대 미만	12m 이상
1000세대 이상 2000세대 미만	15m 이상
2000세대 이상	20m 이상

정답 50. ② 51. ③ 52. ③ 53. ②

54. 다음은 주택단지의 관리사무소에 관한 설명이다. ( ) 안에 알맞은 것은? [14 ②]

> 50세대 이상의 공동주택을 건설하는 주택단지에는 10m²에 50세대를 넘는 매 세대마다 ( )를 더한 면적 이상의 관리사무소를 설치하여야 한다. 다만, 그 면적의 합계가 100m²를 초과하는 경우에는 100m²로 할 수 있다.

① 100cm²　　　　② 500cm²
③ 1,000cm²　　　④ 1,500cm²

[해설] 54
주택단지의 관리사무소 설치기준(주택법 주택건설기준)
50세대 이상의 공동주택을 건설하는 주택단지에는 10m²에 50세대를 넘는 매 세대마다 500cm²를 더한 면적 이상의 관리사무소를 설치하여야 한다. 다만, 그 면적의 합계가 100m²를 초과하는 경우에는 100m²로 할 수 있다.

55. 10층 이상의 공동주택에 설치하는 화물용승강기에 관한 설명으로 옳지 않은 것은? [14 ②]

① 적재하중이 0.9톤 이상이어야 한다.
② 계단실형인 공동주택의 경우에는 계단실마다 설치한다.
③ 승강기의 폭 또는 너비 중 한변은 1.35m 이상, 다른 한변은 1.6m 이상으로 한다.
④ 복도형인 공동주택의 경우에는 300세대까지 1대를 설치하되, 300세대를 넘는 경우에는 100세대마다 1대를 추가로 설치한다.

[해설] 55
10층 이상인 공동주택에 설치되는 화물용승강기 설치
복도형인 공동주택의 경우에는 100세대까지 1대를 설치하되, 100세대를 넘는 경우에는 100세대마다 1대를 추가로 설치할 것

56. 주거단지 내의 공동시설에 관한 설명으로 옳지 않은 것은? [13 ②]

① 중심을 형성할 수 있는 곳에 설치한다.
② 이용 빈도가 높은 건물은 이용거리를 길게 한다.
③ 확장 또는 증설을 위한 용지를 확보하는 것이 좋다.
④ 이용성, 기능상의 인접성, 토지이용의 효율성에 따라 인접하여 배치한다.

[해설] 56
이용 빈도가 높은 건물은 이용거리를 최단거리로 한다.

정답 54. ② 55. ④ 56. ②

03 업무건축

핵심 PLUS

01 사무소의 분류 중 세종로 정부종합청사와 같은 행정관청은 어느 분류에 속하는가? [06 산]
① 대여사무소
② 준대여사무소
③ 준전용사무소
④ 전용사무소

답 : ④

1 사무소

1. 개요

1) 사무소 건축의 분류

① 관리상 분류

㉮ 전용 사무소 : 개인 또는 한 회사의 완전한 자기 소유 사무소로서 기업의 이미지를 개성적으로 표현한다. 관청, 공공 사무소, 공장의 부속 사무소가 여기에 해당된다.

㉯ 준전용 사무소 : 몇 개의 회사가 모여서 부동산 회사를 설립하고 관리 운영과 소유를 공동으로 하는 사무소로 대규모 건물의 건설이 가능하다.

㉰ 대여 사무소 : 건물의 전부 또는 대부분을 대여하고 관리인만 두는 사무소

㉱ 준대여 사무소 : 건물의 주요 부분을 자기 전용으로 하고 나머지를 임대하는 사무소를 말하며, 이 경우 건물을 층별로 대여하는 방법과 층의 일부를 나누어 대여하는 경우로 나눌 수 있다.

2) 대지의 위치 및 조건

① 대지 위치

㉮ 도심의 상업 중심가 지역(CBD, Central Business District) 또는 큰 도로변에 접하며, 교통이 편리한 곳

㉯ 도시가 갖는 경제성, 성격, 규모 등에 따라 사무소의 규모를 고려한다.

㉰ 전용 사무소는 지가와 주차장 확보 등의 이유로 도심 외곽이 유리하다.

㉱ 임대 사무소는 도심지 내 상업지역이나 역세권에 위치해야 임대가 유리하다.

② 대지 조건

㉮ 소음 공해가 적고 일조 조건이 양호한 곳

㉯ 너비가 넓은 도로에 접하고 2면 이상 접하는 것이 이상적이다.

㉰ 대지의 형상은 직사각형에 가까우며 전면 도로에 길게 접한 대지가 바람직하다.

㉱ 고층 빌딩인 경우에는 전면도로 폭 20m 이상이 유리하다.

2. 일반계획

1) 수용인원 및 면적 계획

① 면적 구성비

㉮ 연면적은 크게 유효면적과 공용면적으로 나눌 수 있다.

㉯ 유효율(렌터블 비 : rentable ratio) : 연면적에 대한 대실면적의 비율

- 유효율 = $\frac{대실면적}{연면적} \times 100\%$

- 연면적에 대한 대실면적의 비율로 전체 건물에 대해서는 70~75% 정도이고, 기준층에서는 80% 정도이다.

- 사무소 건축 계획은 지가를 포함한 정밀한 채산성 등을 고려한 후 실행되므로 유효율은 임대 사무소 경우 수익에 직접 영향을 미치는 중요한 요소가 된다.

② 사무실의 크기 : 사무소 건축의 규모는 사무원 수에 따라 결정된다.

㉮ 대실면적당 : 6~8m²/인(최소 : 5m²/인)

㉯ 연면적당 : 8~11m²/인

③ 남녀 구성비 : 사무소의 성격, 크기, 위치에 따라 다르다.

■ 남녀 구성 비율

구분	남(%)	여(%)
일반 사무 관계	65~75	35~25
은행	60~70	40~30
점포	50~60	50~40

💡 **학습포인트**

수용인원 및 면적 산정

- 유효율(rentable 비)

$= \frac{대실면적}{연면적} \times 100\%$ $\begin{cases} 전체층 : 70 \sim 75\% \text{ 정도} \\ 기준층 : 80\% \text{ 정도} \end{cases}$

- 사무원 1인당 점유 바닥면적

$= \begin{cases} 연면적 : 8 \sim 11m^2/인 (10m^2/인 \text{ 정도}) \\ 대실면적 : 6 \sim 8m^2/인 (최소 5m^2/인) \end{cases}$

➡ 연면적 : 대실면적 = 1 : (0.7~0.75)

- 대실면적(r) = 사무원수(n) × 1인당 대실면적(k)

핵심 PLUS

02 사무소 건축에서 유효율(rentable ratio)이 의미하는 것은? [06, 10, 14 기]
① 건축면적에 대한 대실면적
② 연면적에 대한 대실면적
③ 기준층 면적에 대한 대실면적
④ 연면적에 대한 건축면적

답 : ②

03 다음 중 일반 임대사무소 건축에 있어서 임대면적과 연면적의 비(임대면적/연면적)로 가장 적절한 것은? [07 기]
① 10%
② 25%
③ 50%
④ 75%

답 : ④

04 렌터블(rentable)비가 높다라는 말을 설명한 것으로 가장 적절한 것은? [04, 15, 24 기]
① 서비스를 보다 좋게 할 수 있다.
② 임대료 수입이 더 증가할 수 있다.
③ 코어부분에 대한 면적을 보다 많이 확보할 수 있다.
④ 주차장 공간을 보다 많이 확보할 수 있다.

답 : ②

I. 건축계획 | 업무건축

핵심 PLUS

> **예제**
>
> 1. 임대면적(대실면적) 5,000m²인 사무소의 연면적은?
>   - 유효율 = $\dfrac{\text{대실면적}}{\text{연면적}} \times 100\% = 70 \sim 75\%$
>   - ∴ 연면적 = $\dfrac{5,000\text{m}^2}{70 \sim 75} \times 100 ≒ 7,000\text{m}^2$
>
> 2. 건축 연면적 2,000m²인 임대 사무소에 수용할 수 있는 적정 인원은?
>   - 임대 사무소에서는 수용인원 1인당 연면적 10m² 정도이므로
> $n = 2,000 \div 10 ≒ 200$명
>
> 3. 수용인원 1,000명의 사무소 건축의 대실면적 규모는?(단, 사무를 볼 수 있는 사무실 면적으로 함.)
>   - 대실면적(r) = 사무원수(n) × 1인당 대실면적(k)
>   대실면적(r) = 1,000명 × 6~8 = 6,000~8,000m²

05 사무소 건축의 실단위 계획에 대한 설명 중 옳지 않은 것은? [10, 17 기]
① 개실 시스템은 독립성과 쾌적감의 이점이 있다.
② 개실 시스템은 연속된 긴 복도로 인해 방 깊이에 변화를 주기가 용이하다.
③ 개방식 배치는 개실 시스템보다 공사비가 저렴하다.
④ 개방식 배치는 전면적을 유용하게 이용할 수 있다.

답 : ②

06 사무소 건축의 실단위 계획에 있어서 개방식 배치(Open Plan)에 관한 설명으로 옳지 않은 것은? [18 기]
① 독립성과 쾌적감 확보에 유리하다.
② 공사비가 개실시스템보다 저렴하다.
③ 방의 길이나 깊이에 변화를 줄 수 있다.
④ 전면적을 유효하게 이용할 수 있어 공간 절약상 유리하다.

답 : ①

07 사무소건축의 오피스 랜드스케이핑(Office Landscaping)에 관한 설명으로 옳지 않은 것은? [14, 22, 25 기]
① 의사전달, 작업흐름의 연결이 용이하다.
② 일정한 기하학적 패턴에서 탈피한 형식이다.
③ 작업단위에 의한 그룹(Group) 배치가 가능하다.
④ 개인적 공간으로의 분할로 독립성 확보가 쉽다.

답 : ④

3. 평면계획

1) 실단위에 의한 분류

방식	배치 방법	특징
개실 배치 (individual room system)	복도에 의해 각 층의 여러 부분으로 들어가는 방법으로 유럽에서 널리 쓰인다.	• 독립성과 쾌적성이 좋다. • 자연채광 조건이 좋다. • 공사비가 비교적 높다. • 방 길이에는 변화를 줄 수 있지만, 방 깊이에는 변화를 줄 수 없다.
개방식 배치 (open system)	개방된 큰 방으로 설계하고 중역들을 위해 작은 분리된 방을 두는 방법	• 전면적을 유용하게 이용할 수 있어 공간이 절약된다. • 칸막이벽이 없어서 개실 배치방법보다 공사비가 싸다. • 방의 길이나 깊이에 변화를 줄 수 있다. • 소음이 들리고 독립성이 떨어진다. • 자연채광에 인공조명이 필요하다.
오피스 랜드스케이핑 (office landscaping)	계급 서열에 의한 획일적 배치에 대한 반성으로 사무의 흐름이나 작업 내용의 성격을 중시하는 배치 방법	• 개방식 배치의 변형된 방식이므로 공간이 절약된다. • 공사비(칸막이벽, 공조설비, 소화설비, 조명설비 등)가 절약되므로 경제적이다. • 작업 패턴의 변화에 따른 컨트롤이 가능하며 융통성이 있으므로 새로운 요구사항에 맞도록 신속한 변경이 가능하다. • 소음이 발생하기 쉽다. • 독립성이 결여될 우려가 있다. • 사무실을 모듈에 의해 설계할 때 배치 방법에 제약을 받는다.

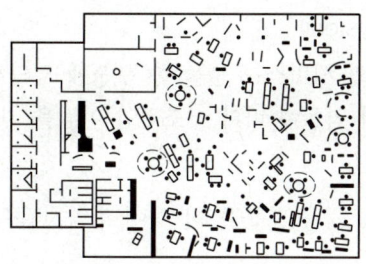

[그림] 오피스 랜드스케이핑

2) 기준층 계획

집무 부분과 core 부분으로 구성된 기준층은 면적이 클수록 임대율이 높아진다.

① 사무소 건축의 기준층 규모 산정시 고려사항
　㉮ 구조상 스팬(span)의 한계
　㉯ 중직거리의 한계(동선상의 거리)
　㉰ 임대면적 비율
　㉱ 피난시 최대 보행거리
　㉲ 각종 설비시스템의 한계(duct, 배관, 배선)
　㉳ 방화구획상 면적(법규상 방화구획, 배연계획 등)
　㉴ 자연광에 의한 조명 한계(실내상시보조인공조명을 고려)

💡 학습포인트

그리드 플래닝(grid planning, 격자식 계획)
　㉠ 고층 office building에서 균질 공간(均質空間)을 구성하기 위한 일반적인 계획수법(균형 잡힌 계획으로 정리하기 위한 시스템)
　㉡ 균질 공간이란 일정한 실내 환경설비를 갖춘 어느 크기의 space의 집합으로서 전체의 office space를 만드는 것을 의미한다.
　㉢ sprinkler와 설비 요소, 책상의 배치, 칸막이벽의 설치, 지하 주차장의 주차 등

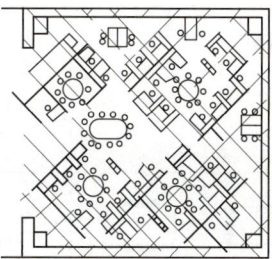

[그림] 그리드 플래닝

핵심 PLUS

08 사무소건축의 기준층 평면형태 결정요소에 대한 설명 중 가장 부적절한 것은? [03, 17, 24 기]
① 구조상 스팬의 한도
② 방화구획상 면적
③ 덕트, 배선, 배관 등 설비 시스템상의 한계
④ 대피상 최소 피난거리

답 : ④

09 사무소건축의 코어에 대한 설명으로 옳지 않은 것은? [04 기]
① 주내력벽 구조체로 내진벽 역할을 한다.
② 중심코어형은 바닥면적이 작은 경우에 적합하며 저층 건물에 주로 사용된다.
③ 설비시설을 집중할 수 있다.
④ 공용부분을 한 곳에 집약시킴으로서 사무소의 유효면적을 증대시키는 역할을 한다.

답 : ②

3) 코어 계획(core system)

각 층의 설비 계통의 서비스 부분을 한 부분에 집약시켜 신경 계통의 집중화와 외벽의 내진벽 역할에 따라 구조적인 이점을 기대하는 방식이다.

① 코어의 역할
  ㉮ 평면적 역할 : 공용 부분을 한 곳에 집약시킴으로써 사무소의 유효면적이 증대된다.
  ㉯ 구조적 역할 : 주내력적 구조체로 외곽이 내진벽 역할을 한다.
  ㉰ 설비적 역할 : 설비 시설 등을 집약시킴으로써 설비 계통의 순환이 좋아지며 각 층에서의 계통거리가 최단이 되므로 설비비를 절약할 수 있다.

② 코어 내의 공간
  ㉮ 실 : 계단실, 변소(세면소), 잡용실, 급탕실
  ㉯ 샤프트 : 엘리베이터, 파이프(급·배수, 전기, 통신), 덕트(공조·배연), 연돌, 더스트 슈트(반드시 core에 설치하는 것은 아니다.)
  ㉰ 통로 : 엘리베이터 홀, 복도, 특별피난계단

③ core의 종류

분류	코어형	특징
편단 코어형 (편심형)		· 기준층 바닥면적이 적은 경우에 적합 · 너무 고층인 경우는 구조상 좋지 않다. · 바닥면적이 커지면 코어 이외에 피난시설·설비 샤프트 등이 필요해진다.
중앙 코어형 (중심형)		· 바닥면적이 클 경우 적합하며 특히 고층, 초고층에 적합 · 유효율이 높다. · 대여 빌딩으로서 가장 경제적인 계획을 할 수 있다.
외코어형 (독립형)		· 자유로운 사무실 공간을 코어와 관계없이 마련 · 설비 덕트나 배관을 코어로부터 사무실 공간으로 끌어내는 데 제약이 있다. · 방재상 불리, 바닥면적이 커지면 피난시설을 포함한 서브 코어가 필요해진다.
양단 코어형		· 방재상 유리하다. (2방향 피난에는 이상적)

핵심 PLUS

10 사무소 건축의 코어 형식 중 편심코어에 대한 설명으로 옳지 않은 것은? [07 기]
① 바닥면적이 커지면 코어 이외에 피난시설 등이 필요해진다.
② 고층인 경우 구조상 불리할 수 있다.
③ 일반적으로 바닥면적이 별로 크지 않을 경우에 많이 사용된다.
④ 내진구조상 유리하며 구조코어로서 가장 바람직한 형식이다.
답 : ④

11 다음 설명에 알맞은 사무소 건축의 코어 유형은? [17, 20 기]

· 코어와 일체로 한 내진구조가 가능한 유형이다.
· 유효율이 높으며 임대 사무소로서 경제적인 계획이 가능하다.

① 편심형   ② 독립형
③ 분리형   ④ 중심형
답 : ④

12 사무소 건축의 코어(core) 형태에 관한 설명 중 옳지 않은 것은? [11 기]
① 외코어형은 사무실 공간과 간섭이 적다.
② 편심코어형은 일반적으로 소규모 사무소 건물에 많이 쓰인다.
③ 중앙코어형은 기준층 바닥면적이 대규모인 경우에 적합하다.
④ 양단코어형은 대여사무소에 주로 사용되며 방재 및 피난상 불리하다.

[해설] 양단 코어형(분리 코어형)은 한 개의 대공간을 필요로 하는 전용 사무실에 적합하다. 2방향 피난에 이상적이며 방재상 유리하다.
답 : ④

4. 단면계획

1) 층고계획

① 결정 요소 : 층고와 깊이는 사용 목적, 채광, 공사비에 의해서 결정되며 사무실의 깊이는 책상 배치, 채광량 등으로 결정되지만 층고에도 관계된다.

② 층고의 크기
- ㉮ 1층
  - 소규모 건물 : 4.0m 내외
  - 은행, 영업실, 넓은 상점인 경우 : 4.5~5.0m
  - 중 2층(mezzanine)인 경우 : 5.5~6.5m
- ㉯ 기준층 : 3.3~4.0m(3.3~3.5m) 정도(냉난방 duct를 천장에 매입시는 30cm 추가)
- ㉰ 최상층 : 기준층의 +30cm 정도, 옥상의 단열과 물매를 고려하여 천장을 설치한다.
- ㉱ 지하층
  - 중요한 실이 없는 경우 : 3.5~3.8m
  - 통상 난방 보일러실인 경우 소규모는 4~4.5m 정도가 필요하고, 대규모인 것에서는 냉방 기계실과 함께 5~6.5m 정도의 층높이가 요구된다.

③ 층고를 낮게 할 경우의 이점
- ㉮ 건축비를 절감할 수 있다.
- ㉯ 공조의 효과가 높다.(동력 소비량 절감)
- ㉰ 법규 제한 범위 내 많은 층수를 확보할 수 있다.

2) 기둥 간격

① 결정 요소
- ㉮ 책상 배치 단위
  - 4조 직렬 : 사무 능률 및 1인에 대한 책상 면적당 적합하여 일반 사무실에서 책상을 배치하는 표준이 된다.(4.15m²/인)
  - 3조 직렬 : 4조 직렬보다 기둥 간격이 작은 건물에서 많이 이용된다.(4.47m²/인)
  - 2조 직렬 : 특수한 경우에 사용된다.(5.28m²/인)
- ㉯ 채광상 층고에 의한 안 깊이(채광 유효 단위)
- ㉰ 주차 배치 단위
- ㉱ 일반 사무실의 개실 크기

핵심 PLUS

13 다음 중 고층 사무소 건물의 층고를 결정하는데 가장 영향이 큰 것은? [09 산]
① 천장 내 설비공간의 크기
② 엘리베이터의 대수
③ 기둥의 크기
④ 피난계단의 형태
답 : ①

14 다음 중 고층 사무소 건축에서 층고를 낮게 하는 이유와 가장 관계가 먼 것은? [09 산]
① 공사비를 낮춘다.
② 보다 넓은 설비공간을 얻는다.
③ 실내의 공기조화 효율을 높인다.
④ 제한된 건물 높이에서 가급적 많은 수의 층을 얻는다.
답 : ②

15 사무소건축에서 일반사무실의 책상배치 방법 중 배치의 표준이 되며, 1인당 차지하는 바닥 면적이 최소가 되는 것은?
① 4조 직렬배치
② 3조 직렬배치
③ 2조 직렬배치
④ 1조 직렬배치
답 : ①

16 다음 중 사무소 건축에서 기둥 간격(Span)의 결정 요소와 가장 관계가 먼 것은? [18, 24 기]
① 건물의 외관
② 주차배치의 단위
③ 책상배치의 단위
④ 채광상 층고에 의한 안깊이
답 : ①

핵심 PLUS

17 다음 중 고층 사무소건물의 기둥간격 결정의 가장 직접적인 요인이 되는 것은? [15 기]
① 공조방식
② 동선상의 거리
③ 자연광에 의한 조명한계
④ 지하주차장의 주차구획 크기
　　　　　　　답 : ④

■ span 6m 전후
① 구조상 적절(RC조 : 5~6m, SRC조 : 6~7m)
② 책상 배열상 적절
③ 지하 주차장 설치상 적절
　• 자동차의 최소 회전 반경
　• 1span 내에 2대 주차
　• 엘리베이터 2대 설치 가능

---

② 분류
　㉮ 검토 사항
　　• 건물 사용 목적에 맞는 치수
　　• 구조상으로 보아 적당한 치수
　　• 건축법상 검토
　　• 치수조정상 검토(modular coordination) : 인간행동 환경, 조명설비 치수, sprinkler, 감지기, 비상조명 간격, 공조설비의 치수, 주차배치의 치수
　　• 사무가구의 치수
　㉯ 내부 기둥 간격
　　• 철근콘크리트 구조 : 5.0~6.0m
　　• 철골 철근콘크리트 구조 : 6.0~7.0m
　　• 철골 구조 : 7.0~9.0m
　㉰ 창 방향 기둥 간격
　　• 기준층 평면 결정에 가장 기본적인 요소로 실제 경제적인 책상 배열에 따라 결정한다.
　　• 책상 배열에 따라 스팬 5.8m가 가장 적절한 기둥 간격이다.
　　• 지하 주차장의 기둥 간격 : 6.0m 전후(5.8~6.2m 정도)

5. 세부계획

1) 사무실
　① 사무실의 안 깊이(L)
　　㉮ 외측에 면하는 실내(L/H) : 2.0~2.4 (H : 층고)
　　㉯ 채광정 측에 면하는 실내(L/H) : 1.5~2.0

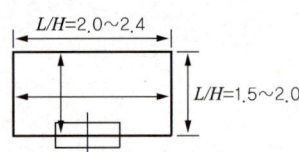

　② 채광 계획 : 자연채광과 인공조명을 고려한다.
　③ 출입구 : 밖여닫이가 원칙이나 복도 면적을 많이 차지하므로 안여닫이로 한다.
　④ 책상 배치의 기본 모듈(module)
　　㉮ 1.2m module : 특수한 layout에 적당하다. 일반적인 배치에는 조화를 이루지 못한다.
　　㉯ 1.5m module : 마주앉는 배치(double layout, 대면 배치)방식

- 책상 간격을 최저 3m, 보통 3.2m로 한다.
- 일방향으로 앉는 배치(single layout, 편향 배치)에서 책상 방향에 평행인 통로일 때
  ㉰ 1.8m module : 일방향으로 앉는 배치(single layout)에서 책상 방향에 직각인 통로일 때

2) 복도, 계단

① 복도폭 : 복도폭은 편복도인 경우 2.0m, 중복도인 경우 2.0~2.5m(4인이 교행하는 데 지장이 없는 폭)로 한다.
② 계단
  ㉮ 동선은 간단하고 명료하며 최단 위치에 오게 한다. 주요 계단은 1층 주출입구 근처에 배치한다.
  ㉯ 균등하게 배치하며, 엘리베이터 홀에 근접시킨다.
  ㉰ 방화구획 내에서는 1개소 이상의 계단을 배치하며, 2개소 이상의 계단을 가져야 한다.

3) 화장실

① 위치
  ㉮ 각 사무실에서 동선이 짧은 곳으로 계단 및 엘리베이터 홀에 근접시킬 것
  ㉯ 각층 공통 위치에 두고, 1개소 또는 2개소에 집중 배치할 것
  ㉰ 위생상 외기에 접하도록 계획하고 접하지 않을 경우 충분한 환기설비가 필요하다.
② 변기의 수 산정
  ㉮ $\begin{cases} 대실면적 : 120\sim160\mathrm{m}^2/개 \\ 인원 : 15\sim20인/개 \end{cases}$
  ㉯ $\begin{cases} 남자용 : 남자 내실자의 20\% \\ 여자용 : 여자 내실자의 10\% \end{cases}$

6. 엘리베이터 계획

1) 배치 계획

① 기본 사항
  ㉮ 주요 출입구의 홀에 직면 배치할 것(단, 사무실 출입문에 가까이 접근하는 것은 금지함)
  ㉯ 각 층의 위치는 되도록 동선이 짧고 간단할 것
  ㉰ 외래자에게 잘 알려질 수 있는 위치일 것
  ㉱ 가능한 한 엘리베이터는 1개소에 집중해서 배치한다.

핵심 PLUS

18 백화점의 엘리베이터 계획에 일반적으로 활용되는 승객 집중 시간은? [15, 25 기]
① 월요일 개점 직후
② 금요일 폐점 직전
③ 토요일 폐점 직전
④ 일요일 정오 전후

[해설] 건축물의 용도별 수직교통량 예측 중 피크타임(peak time)이 발생하는 시점
㉠ 공동주택 - 통학 및 통근시간
㉡ 사무소 - 아침 출근시 5분간
㉢ 백화점 - 일요일 정오 전후
㉣ 호텔 - 체크인(check-in)과 체크아웃(check-out) 시간
㉤ 병원 - 면회개시시간

답 : ④

핵심 PLUS

19 사무소 건축의 엘리베이터 설치 계획에 관한 설명으로 옳지 않은 것은? [15, 18, 23 기]
① 군 관리운전의 경우 동일 군 내의 서비스 층은 같게 한다.
② 승객의 층별 대기시간은 평균 운전간격 이상이 되게 한다.
③ 서비스를 균일하게 할 수 있도록 건축물 중심부에 설치하는 것이 좋다.
④ 건축물의 출입층이 2개 층이 되는 경우는 각각의 교통수요량 이상이 되도록 한다.

[해설] 승객의 층별 대기시간은 평균 운전간격 이하가 되게 한다.
답 : ②

20 사무소 건축에서 엘리베이터 대수 산정시 기준이 되는 것은? [10 기]
① 출근시간대의 수송인원
② 퇴근시간대의 수송인원
③ 점심시간 직전의 수송인원
④ 점심시간 직후의 수송인원
답 : ①

21 노크스의 계산식에 의한 사무소의 엘리베이터 대수산정의 가정 조건으로 부적당한 것은? [05 기]
① 2층 이상 거주자 전부의 30%를 15분간에 한쪽 방향으로 수송한다.
② 실제 주행속도는 정규속도의 80%로 본다.
③ 엘리베이터가 1층에서 손님을 태우기 위한 시간을 10초로 한다.
④ 엘리베이터는 정원의 90%가 타는 것으로 본다.
답 : ④

㉮ 엘리베이터 홀은 그 그룹 엘리베이터 정원의 50%를 홀에 모시는 인원으로 보고 1인당 0.5~0.8m²로 해서 산정하고 폭은 4m 정도로 한다.
㉯ 4대 이하는 직선으로 배치하고 5대 이상은 알코브 또는 대면 배치가 효과적이다.

② 계획시 고려사항
㉮ 수송력 향상을 위해 대수를 늘리고, 대당 정원을 늘리며, 왕복시간을 감축한다.
㉯ 대당 정원을 늘릴 경우 정원을 2배로 하더라도 대수를 절반으로 줄이지 않는다.
㉰ 엘리베이터는 정면 폭을 넓게 하고 정지횟수가 적은 급행을 설치하여 왕복시간을 단축한다.

2) 대수 산정

① 대수 산정의 기본 : 1일 중 이용자가 가장 많은 시간은 오후 0~1시 사이이다. 그러나 단시간의 이용도가 가장 많은 때는 아침 출근시 5분간으로 이때는 1일 전체 이용자의 1/3~1/10에 달한다. 따라서, 대수의 산정은 아침 출근시 5분간을 기준으로 한다.

② 산정의 기본 가정
㉮ 2층 이상 거주자(n')의 30%를 15분간 일방향으로 수송할 것
㉯ 1인이 승강하는 데 필요한 시간은 문 개폐 시간 포함하여 6초로 본다.
㉰ 엘리베이터의 한 층에서 대기 시간은 10초로 본다.
㉱ 엘리베이터 실제 주행 속도는 전속도(V)의 80%로 본다.
㉲ 정원(a_0)의 80%가 타는 것으로 한다.
㉳ 재주자가 차지하는 건물 내 면적은 그 건물 면적의 70%로 본다.

③ 대수 약산식
㉮ 대실면적(유효면적) 2,000m²에 1대 정도
㉯ 연면적 3,000m²에 1대 정도
㉰ 가정에서 추출된 식

$$S = \frac{5 \times 60초 \times a_0}{T}$$

$$N = \frac{5분간에\ 운반해야\ 할\ 인원(5분간\ 집중도)}{S}$$

S : 5분간에 1대가 운반해야 할 인원수, a_0 : 정원
T : 일주 시간[초], N : elevator의 대수

예제

1. 지상 12층인 사무소 건축물에서 아침 출근 시간에 엘리베이터 이용자의 6분간 최대 인수가 150인이고, 1대의 왕복 시간(1회)이 4분이라고 할 때 정원 19인승 엘리베이터의 필요 대수는?(단, 엘리베이터의 정원은 19인이나 여기서는 평균 수송인원을 18인으로 본다.)

   ▶ $S = \dfrac{5 \times 60 \times 18}{4 \times 60} = 22.5$인

   ∴ $N = \dfrac{5/6 \times 150}{22.5} = 5.5 \rightarrow 6$대

2. 기준층 1,000m²인 20층 임대사무소 건물에 왕복시간이 200초이고 정원수가 20인승인 승강기를 설치 시 몇 대가 필요한가?

   ▶ 1인당 연면적 : 10m²/인
   2층 이상 거주자수 : 100×(20-1)층=1,900명
   출근시 5분간 집중률 : 11~15%(약 12% 정도)
   출근시 5분간 집중 인원 : 1,900×0.12=228명
   1대당 5분간 수송 가능 인원 : S=5×60×정원수/왕복시간
   　　　　　　　　　　　　　　=5×60×20/200=30명
   ∴ 승강기 필요 대수 N=출근시 5분간 집중 인원/S
   　　　　　　　　　　=228/30=7.6 → 8대

3) 엘리베이터의 조닝(Zoning)

① 개념 : 엘리베이터의 정지 층수를 몇 층마다 분리시킨 것으로서 이용하는 데는 불편하지만 경제성과 엘리베이터의 이용률의 증가를 기할 수 있다.

② 목적
   ㉮ 경제성(설치 대수의 절약)
   ㉯ 수송시간의 단축(아침 출근시 유리)
   ㉰ 유효면적의 증가(임대면적상 유리)

③ 조닝 방식
   ㉮ 컨벤셔널 조닝 방식(conventional zoning system) : 건물을 몇 개의 zone으로 구분하고, 각 zone에 1뱅크(bank)의 직선배치는 4대 이하로 하고, 알코브형 배치는 4~6대, 대면배치는 4대 이상 8대 이하가 적당하다.
   ㉯ 더블 데크 방식(double deck system) : 2층식 엘리베이터를 사용하여 수송력을 높이고 또한 일반층의 효율을 높이는 방식이다.
   [예] chicago의 Time Building에서 최초로 채용

핵심 PLUS

22 지상 6층의 임대 사무소를 계획할 때 다음 사항에 대하여 일반적으로 적당한 크기는?(단, 평면형은 20×60m의 중복도형)
1) 2층 이상의 임대 사무소에 수용되는 인원은?
2) 엘리베이터 대수는?
3) 기준층의 변기 총수(대·소변기)는?
4) 건물의 높이는?

[해설]
1) 기준층 바닥면적이 1,200m² 이므로, 1,200×5개층=6,000m² 연면적에 대한 1인당 바닥면적은 8~11m² 이므로 수용인원수는 6,000m²÷10m²/인 =600명이다.
2) 연면적 3,000m²에 대해 엘리베이터 1대 정도이므로 7,200m² ÷3,000m²/대=2.4대 → 3대
3) 변기의 수는 대실 면적 120~160m²/개, 인원 15~20인/개 1,200÷(120~160) =10~7.5개(약 10개)
4) 건물의 높이는 1층의 높이 4~5m, 기준층 높이가 3.3~4m 이므로 약 24m 정도이다.

23 사무소건축에서의 엘리베이터 조닝에 대한 설명 중 부적당한 것은? [06, 11 기]
① 엘리베이터의 설비비를 절약할 수 있다.
② 일주시간이 단축되어 수송능력이 향상된다.
③ 건물 전체를 몇 개의 그룹으로 나누어 서비스하는 방식이다.
④ 내부교통의 편리성이 높아져 이용자에게 혼란을 줄 우려가 없다.

[해설] 조닝수가 많을 경우 대실의 규모가 현저히 적어지며 건물 내의 교통에 있어 편리성이 적어지고, 이용자가 혼란에 빠질 우려가 있다.

답 : ④

I. 건축계획 | 업무건축

> **핵심 PLUS**
>
> **24** 초고층 오피스 건물의 코어형식 선정시 일반 저층 건물과 비교하여 특별히 고려해야 할 사항은? [12 기]
> ① 횡하중
> ② 유효율
> ③ 건물의 입면
> ④ 업무공간의 융통성
>
> [해설] 초고층 빌딩은 건축계획시 강구조(rigid frame, 라멘구조)로 하여 풍횡압(風橫壓)에 대한 구조적인 고려가 필요하다.
>
> 답 : ①

㈐ 스카이 로비 방식(sky lobby system) : 100층 정도의 초고층 사무소 건축에 채용하는 방식으로서 큰 존을 설정하고 스카이 로비(sky lobby)와 출발층과의 사이에 대용량이며 초고속인 엘리베이터를 이용한 다음 스카이 로비에서 zoning된 승강기로 갈아타게 하는 시스템이다.

[예] 미국의 Word Trade Center(110층), John Hancock Center(100층), 한국의 대한생명 빌딩(63층)

2 인텔리전트 빌딩(I.B : Intelligent Building : 정보화 빌딩)

1. 개념과 목적

기존의 일반 빌딩 개념에서 벗어나 빌딩 자동제어 시스템(BA)에 의해 효율적으로 빌딩을 운영 및 관리하고 사무자동화 기능과 통신기능을 부가하여 통합시스템으로 구축한 최첨단 빌딩을 IBS(Intelligent Building System)라고 한다. 빌딩 인텔리전트화의 궁극적 목적은 사무실 내에서 일하는 사람들에게 쾌적한 오피스 환경을 제공함으로써 일을 보다 쉽고 편리하게 할 수 있게 사람들의 지적 생산성을 도모하는 것이다.

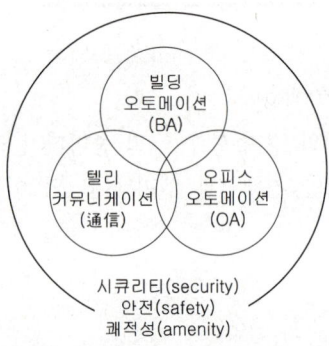

[그림] 인텔리전트 빌딩의 구성기능

2. 인텔리전트 빌딩의 구성요소

인텔리전트 빌딩의 기본적인 구성은 빌딩자동화(BA : Building Automation), 사무자동화(OA : office automation), 정보통신(TC : Tele-Communication), 건축환경(AE : Architectural Environment) 등 4개 요소로 분류된다.

1) 빌딩자동화(BA : Building Automation) 시스템
   ① 24시간 감시가 가능한 시스템
   ② 건물관리 시스템

③ 보안(security) 시스템
④ 에너지 절약 시스템

2) 사무자동화(OA : office automation) 시스템
① 전략정보 시스템
② 사무지원 시스템
③ 사무관리 시스템
④ 정보관리 시스템

3) 정보통신(TC : Tele-Communication) 시스템
① 디지털 PBX(Private Branch Exchange : 구내 교환기)
② 음성 시스템
③ 화상 시스템

4) 건축환경(AE : Architectural Environment) ; 쾌적환경
① Intelligent Building을 구축하는 계획, 구조, 설비기술의 업무개선과 보수하기에 용이한 시설을 구축
② 소음 및 조명 대책과 책상 배열, 휴식 공간 마련 등의 쾌적한 사무공간을 제공한다.
③ 공조 : 쾌적한 집무 환경을 위해 필요하다.

3. 인텔리전트 빌딩의 특징
1) 경제성(Economic)
2) 생산성(Productivity)
3) 유연성(Flexibility)
4) 쾌적성(Amenity)
5) 독창성(Originality)

4. 건축계획시 고려사항

1) 평면계획

대형의 정보화 처리장치나 통신장치가 설치되고 배치가 변경되는데 지장이 없도록 평면형상이나 기둥의 위치를 계획한다. 기둥간격은 10m 이상이 필요하다.

2) 공간분할계획

가능한 한 창을 외기에 면하도록 하며, 평면형상을 세장형, 다각형으로 하여 요철이 반복된 건물 형태를 도입한다.

핵심 PLUS

25 인텔리젠트 빌딩(Intelligent Building)의 구성요소가 아닌 것은? [01 기]
① 빌딩자동화 시스템(Building Automation System)
② 사무자동화 시스템(Office Automation System)
③ 시큐리티 시스템(Security System)
④ 환경의 쾌적성(Amenity)

답 : ③

26 사무소 건축물의 인텔리젠트화와 거리가 먼 것은? [02 기]
① 건축물 내 실내환경 관리의 자동화
② 건물의 대형화
③ 렌터블비의 증대
④ 사무공간의 쾌적성

[해설] 렌터블비(유효율)의 증대와는 무관하다.

답 : ③

3) 평면 레이아웃
대향식의 데스크 레이아웃에서 PV 어닝(awning : 공기가 순환되도록 하는 장치)방식의 채택이 증가된다.

4) 천장고 및 층고
OA 기기 배선공간을 확보하기 위해 천장고 2.6m 이상, 층고 4m 이상으로 한다.

5) 적재하중
OA 기기 및 전자기기의 증가로 1인당 점유면적이 확대되고, 적재하중이 증가된다. 적재하중은 일반사무실은 300kgf/m^2, 인텔리전트빌딩은 500~600kgf/m^2 정도이다.

6) 인간공학을 고려한 작업 공간 계획
시스템 가구 도입하고, 모든 워크스테이션(workstation)은 창 부근에 배치하여 개인 스스로 온도, 공기, 밝기를 제어하며, 아트리움 또는 광정을 통하여 쾌적한 공간을 구성한다.

7) 에너지 절약을 위한 건물 계획
자연형 냉·난방 디자인 방법의 사용

3 은행

1. 계획시 유의사항

1) 능률화
합리적인 업무 조직과 새로운 기기의 도입으로 사무 능률 향상

2) 쾌적성
업무 능률을 향상시키고 고객들에게 쾌적감을 제공

3) 신뢰감
은행의 생명은 신용이므로 의장적으로나 구조적으로 견고한 인상을 줄 것

4) 친근감
은행의 대중화를 위해 건물 자체를 주변과 조화될 수 있도록 계획하고, 지역 주민과의 유대관계를 고려

5) 통일성
은행은 건물 자체가 P. R의 매개체이므로 눈에 띄는 곳에 위치하고, 통일된 이미지를 부각

6) 안전성

금고 및 출납 부분의 도난, 화재 등에 대한 안전을 고려

2. 은행 규모의 산정

1) 시설 규모의 결정 요인

행원수, 내방 고객수, 고객 서비스를 위한 시설 규모, 장래의 예비 공간, 예상 면적 등을 고려한다.

2) 일반적인 지점의 시설 규모

연면적=행원수×16~26m^2=은행실 면적×1.5~3배

3) 은행실 면적 산정

① 영업실 면적=행원수×10m^2
② 고객용 로비 면적=1일 평균 고객수×0.13~0.2m^2
  ※ 기계화 추진 점포나 완만한 응대가 요구 되는 점포는 좀더 큰 규모로 되어야 한다.

4) 고객용 로비와 영업실 면적 비율

① 고객용 로비 : 영업실=1 : 0.8~1.5
② 객장과 영업장의 면적비는 소규모 지점이나 종래 일반적인 은행의 경우 30 : 70 이었으나 최근에는 50 : 50 정도로 하고 있으며, 고객을 위한 객장의 면적이 확대되고 있는 추세이다.

3. 세부계획

1) 은행실

① 주출입구(고객)
  ㉮ 일반적으로 출입문은 도난 방지상 안여닫이로 한다.
  ㉯ 전실(방풍실)을 둘 경우 바깥문은 바깥여닫이 또는 자재문으로 한다.
  ㉰ 특히 회전문 설치를 고려하는 것도 좋으나 어린이 출입이 많은 곳은 피한다.
② 객장
  ㉮ 모든 은행의 핵심 공간이며 조직상의 중심이 되는 곳이고, 규모가 큰 경우 객장과 출입구 사이에 작은 대기 홀을 두기도 한다.
  ㉯ 최소 폭은 3.2m 정도로 살롱같은 분위기를 조성한다.
  ㉰ 객장 내에는 기입이나 대기를 위한 충분한 여유가 있어야 한다.
  ㉱ 방풍실 문이나 회전문 근처에는 계단을 설치하지 않으며, 방풍실 문은 옥외측을 반투명 유리, 옥내측은 투명 유리로 한다.
  ㉲ 에스컬레이터는 출입구 입구에 위치함이 원칙이다.

핵심 PLUS

27 은행의 시설규모의 결정요인과 가장 거리가 먼 것은? [03 기]
① 이용 고객수
② 고객서비스를 위한 시설규모
③ 장래의 예비 스페이스
④ 고객의 이용시간
답 : ④

28 은행건축에 관한 기술 중 부적당한 것은? [04, 08, 13, 16, 24 기]
① 일반적으로 출입문은 안여닫이로 함이 타당하다.
② 은행실은 고객대기실과 영업실로 나누어지며 은행의 주체를 이루는 곳이다.
③ 영업실의 면적은 은행원 1인당 최소 20m^2 이상 되어야 한다.
④ 금고실은 고객대기실에서 떨어진 위치에 둔다.
답 : ③

29 은행의 건축계획에 관한 설명으로 옳지 않은 것은? [17, 25 기]
① 고객이 지나는 동선은 되도록 짧게 한다.
② 직원과 고객의 출입구는 따로 설치하는 것이 좋다.
③ 규모가 큰 건물에 은행을 계획하는 경우, 고객 출입구는 최소 2개소 이상 설치하여야 한다.
④ 일반적으로 출입문은 안여닫이로 하며, 전실을 둘 경우에 바깥문은 밖여닫이 또는 자재문으로 하기도 한다.

[해설] 대규모 은행일 경우 고객 출입구는 되도록 1개소로 하고 안여닫이로 한다.
답 : ③

I. 건축계획 | 업무건축

핵심 PLUS

30 은행건축 계획에 관한 설명 중 부적당한 것은? [06 기]
① 일반적으로 출입문은 도난방지상 안여닫이로 함이 타당하다.
② 어린이들의 출입이 많은 곳에서는 회전문을 설치하는 것이 좋다.
③ 고객이 지나는 동선은 되도록 짧게 한다.
④ 고객의 공간과 업무공간과의 사이에는 원칙적으로 구분이 없어야 한다.

[해설] 노약자 및 어린이들의 출입이 많은 곳에서 회전문을 설치하면 위험하다.
답 : ②

31 은행 건축계획에 관한 설명으로 옳지 않은 것은? [12 기]
① 영업대의 높이는 고객 대기실에서 최소 140cm 이상으로 계획한다.
② 주출입구에 전실을 둘 경우에 바깥문은 밖여닫이 또는 자재문으로 계획한다.
③ 은행실은 은행건축의 주체를 이루는 곳으로 기둥수가 적고 넓은 실이 요구된다.
④ 영업실은 고객을 직접 상대하는 업무 외에는 고객과의 직접적인 접촉을 피하도록 계획한다.

[해설] 고객실에서 영업 카운터의 높이는 100~110cm 정도로 하는 것이 좋다.
답 : ①

32 은행건축의 동선계획에 관한 설명으로 옳지 않은 것은? [14 기]
① 은행의 경우 고객의 출입구는 되도록 1개소로 한다.
② 고객동선은 고객의 목적과 관계없이 1개로 처리하는 것이 좋다.
③ 직원의 동선계획 시 업무의 흐름을 고객이 알지 못하도록 계획하는 것이 좋다.
④ 고객이 지나는 동선은 가능한 빠른 시간 내에 일을 처리할 수 있도록 짧게 계획하는 것이 좋다.
답 : ②

③ 영업 카운터
㉮ 카운터의 크기
  • 높이 : 100~110cm(영업장 측에서 90~95cm)
  • 너비 : 60~75cm
㉯ 창구 하나에 대한 길이 : 150~170cm
㉰ 영업장 면적 1m² 당 카운터 길이 : 10cm

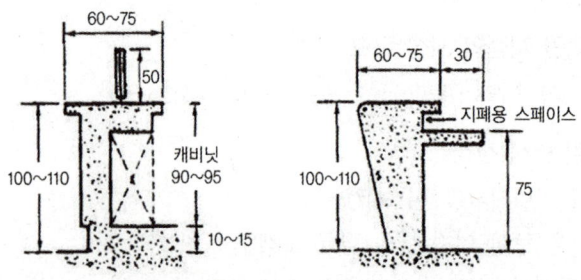

[그림] 영업 카운터(단위 : cm)

④ 영업장(행정 사무, 부기)
㉮ 면적 : 은행원 1인당 10m²
㉯ 천장 높이 : 5~7m(고층 빌딩 내는 3.5~4.0m를 표준)
㉰ 소요 조도 : 책상 위 300~400lux 표준
㉱ 설비 : 공조설비, 조명설비, 전화·방송의 배선용 floor duct, 비상경보장치 등

2) 동선계획
① 동선계획
㉮ 고객의 공간과 업무 공간과의 사이에는 원칙적으로 구분이 없어야 한다.
㉯ 고객이 지나는 동선은 되도록 짧아야 한다.
㉰ 작업의 흐름이 정체하지 않도록 하기 위해 고객 부문과 내부 객실과의 긴밀한 관계가 요구된다. 다만, 업무 내부의 일의 흐름은 되도록 고객에게 알기 어렵게 한다.
㉱ 고객 공간을 1층에 둘 수 없는 경우 카운터 홀에서 직접 통하는 특별 계단, 엘리베이터를 이용할 수 없도록 한다.
㉲ 큰 건물의 경우 고객 출입구는 되도록 1개소로 하고 안여닫이로 한다.
㉳ 직원 및 고객의 출입구는 따로 설치하여 영업시간에 관계없이 열어 둔다.
㉴ 특히 현금 반송 통로는 신중하게 설계하여야 하고, 관계자 외 출입을 금하며 감시가 쉬워야 한다.

3) 금고

① 위치

건물측벽, 뒤쪽 벽을 따라 위치하도록 하며 가능한 한 한쪽 구석을 이용하고, 또한 지하층이 설치된 건물이나 다층 건물인 경우는 가능한 저층에 위치시킨다.

② 구조
  ㉮ 철근 콘크리트 구조(벽, 바닥, 천장)
    • 두께 : 30~45cm(큰 규모인 경우 60cm 이상)
    • 지름 : 16~19mm 철근을 15cm 간격으로 이중 배근한다.
  ㉯ 금고문 및 맨홀 문은 문틀 문짝면 사이에 기밀성을 유지해야 한다.
  ㉰ 사고에 대비해서 전선케이블을 금고 벽체 안에 위치하게 하여 경보장치와 연결한다.
  ㉱ 비상 전화를 설치한다.
  ㉲ 비상 환기기 혹은 비상구가 별도로 필요한 경우에 한해 공기 출입이 용이한 장소에 비상 출입구를 설치한다.
  ㉳ 금고는 밀폐된 공간이기 때문에 환기 설비를 한다.

③ 금고의 종류
  ㉮ 현금고, 증권고 : 일반적으로 금고실이라 하며 칸막이 격자로 구분하여 사용한다.
  ㉯ 보호금고 : 고객으로부터 보관 물품을 받아 두고 보관 증서를 교부하는 보호 예치 업무를 위한 금고이다.
  ㉰ 대여금고(임대금고) : 금고실 내에 대·소 철제 상자를 설치해두고 고객에게 일정 금액으로 대여해주는 금고로서 전실, 비밀실, 대여금고실의 세 가지로 구성된다. 전실에는 비밀실(coupon booth : 넓이 3m² 정도)을 부수해서 설치한다. 대여금고 보관함 300개를 기준으로 한다.
  ㉱ 화재고 : 규모가 큰 은행에 설치되며 철제 선반을 금고 내에 두고 트렁크나 상자 등의 큰 귀중품을 보관하는 곳이다.
  ㉲ 야간 금고 : 은행이 폐점한 뒤 또는 휴일 등에 고객이 금전을 보관시킬 수 있는 설비이다.
  ㉳ 서고 : 장부를 격납하는 것과 법정 보전기간 서류를 보관하는 곳이다.

핵심 PLUS

33 은행의 건축계획에 대한 설명 중 옳지 않은 것은? [10 기]
① 고객이 지나는 동선은 되도록 짧게 한다.
② 큰 건물의 경우에도 고객출입구는 되도록 1개소로 한다.
③ 업무 내부의 일의 흐름은 되도록 고객이 알기 어렵게 한다.
④ 고객의 공간과 업무공간 사이에는 시선을 차단시키는 구조벽체나 기둥 등을 설치하여 원칙적으로 구분이 있도록 한다.

답 : ④

핵심 PLUS

34 드라이브 인 은행(Drive in Bank)의 계획시 참고사항 중 옳지 않은 것은?
① 주위에 충분한 주차시설을 두어야 한다.
② 너무 복잡한 중심부 도로가에 있으면 교통 혼잡 때문에 좋지 않다.
③ 쌍방 통화설비를 하여야 한다.
④ 모든 업무는 드라이브인 창구에서만 처리한다.

답 : ④

4. 드라이브 인 뱅크(Drive in Bank) 계획

1) 계획시 주의사항
① 창구에 자동차의 접근이 쉬워야 한다.
② 은행 창구에의 자동차 주차는 교차 또는 평행이 되도록 한다.
③ 창구는 운전석 쪽으로 한다.
④ 외부에 면할 경우는 비, 바람을 막기 위한 차양 시설을 요한다.
⑤ 은행 입구에는 차단물이 없어야 한다.

2) 평면형
① 외측 주변형 : 건물의 외부 1변, 또는 그 외의 벽면에 창구를 두는 형식
② 돌출형 : 기존 건물로부터 돌출, 또는 길게 증축을 하지 않게 창구를 두는 형식
③ 섬(island)형 : 건물로부터 별도로 출납 창구를 건축한 형식

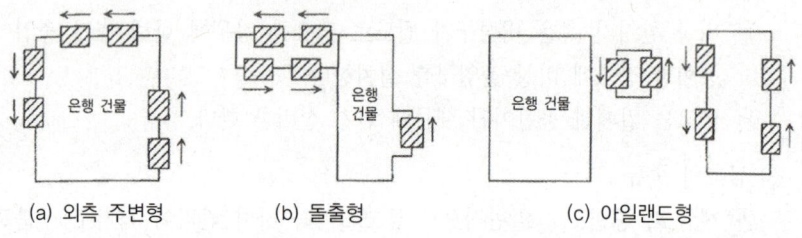

(a) 외측 주변형　　(b) 돌출형　　(c) 아일랜드형

[그림] 드라이브 인 뱅크 평면형

3) 배치계획

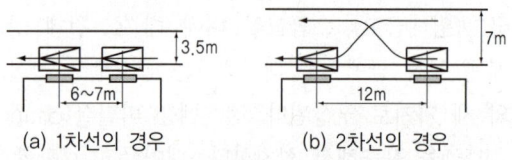

(a) 1차선의 경우　　(b) 2차선의 경우

[그림] 드라이브 인 뱅크의 배치 형식

4) 드라이브 인 창구 계획
① 모든 업무가 드라이브 인 창구 자체에서만 되는 것이 아니므로 별도 영업장과 긴밀한 연락을 취할 수 있는 시설이 필요하다.
② 자동차 1대의 소요 시간은 약 1분 정도로서 창구 계원 1인 1일의 취급량은 150~200건 정도로 계산할 것.
③ 자동식과 수동식을 겸비하여 서류 처리 설비를 갖출 것
④ 쌍방 통화 설비를 갖출 것
⑤ 한랭시 동결에 대비해 창구를 청결히 할 수 있는 보온 설비를 할 것
⑥ 방탄 설비를 할 것

핵심기출문제

III. 업무건축

■■■ 1. 사무소

1. 다음 중 일반 임대사무소의 임대면적과 연면적의 비로 가장 적절한 것은?
[07㉑]

① 45%   ② 60%
③ 75%   ④ 90%

2. 사무소 건축의 실단위 계획에 있어서 개방식 배치(Open Plan)에 관한 설명으로 옳지 않은 것은? [18, 24㉑]

① 독립성과 쾌적감 확보에 유리하다.
② 공사비가 개실시스템보다 저렴하다.
③ 방의 길이나 깊이에 변화를 줄 수 있다.
④ 전면적을 유효하게 이용할 수 있어 공간 절약상 유리하다.

3. 다음 중 오피스 랜드스케이프(office landscape)의 특징에 해당되지 않는 것은? [03, 09, 25㉑]

① 공간의 효율적 이용   ② 조경면적의 확대
③ 사무능률의 향상   ④ 시설비와 유지비 절감

[해설] 3, 4
오피스 랜드스케이프(office landscape, 완전개방형)는 새로운 사무 공간 설계 방법으로서 개방된 사무공간을 의미한다. 계급서열에 의한 획일적 배치에 대한 반성으로 사무의 흐름이나 작업내용의 성격을 중시하는 배치 방법으로서 사무원 각자의 업무를 분석하여, 서류의 흐름을 조사하고 사람과 물건(책상, 작업대, 서류장 등)의 긴밀도를 측정하여 가장 능률적으로 배치한다. 개방식 배치의 변형된 방식이므로 공간이 절약되고, 공사비가 절약되므로 경제적이며, 사무능률이 향상된다. 개방된 사무 공간 구성으로 시각적인 프라이버시 확보가 어렵고, 소음상의 문제가 발생할 수 있으며, 칸막이는 쉽게 움직일 수 있는 음향스크린을 사용한다.

4. 사무소건축계획 중 오피스 랜드스케이핑에 관한 설명으로 옳지 않은 것은?
[05, 08, 17, 23㉑]

① 작업장의 집단을 자유롭게 그루핑하여 불규칙한 평면을 유도한다.
② 개실시스템의 한 형식으로 배치를 의사전달과 작업흐름의 실제적 패턴에 기초를 둔다.
③ 변화하는 작업의 패턴에 따라 조절이 가능하며 신속하고 경제적으로 대처할 수 있다.
④ 대형가구 등 소리를 반향시키는 기재의 사용이 어렵다.

해설

[해설] 1
유효율(렌터블 비 : rentable ratio)
연면적에 대한 대실면적의 비율

① 유효율 = $\dfrac{\text{대실면적}}{\text{연면적}} \times 100\%$

② 연면적에 대한 대실면적의 비율로 전체 건물에 대해서는 70~75% 정도이고, 기준층에서는 80% 정도이다.

[해설] 2
개방식 배치(open system)
개방된 큰 방으로 설계하고 중역들을 위해 작은 분리된 방을 두는 방법
① 전면적을 유용하게 이용할 수 있어 공간이 절약된다.
② 칸막이벽이 없어서 개실 배치방법보다 공사비가 싸다.
③ 방의 길이나 깊이에 변화를 줄 수 있다.
④ 소음이 들리고 독립성이 떨어진다.
⑤ 자연 채광에 인공조명이 필요하다.
※ 개방식 배치의 사무공간은 업무의 성격이나 직급별로 책상을 배치하는 형태로서 이동형의 칸막이나 가구로 공간을 구획한다.

정답 1. ③ 2. ① 3. ② 4. ②

핵심기출문제

Ⅲ. 업무건축

5. 사무실 내의 책상배치의 유형 중 좌우대향형에 대한 설명으로 옳은 것은?
[10, 14㉮]

① 4개의 책상이 맞물려 십자를 이루도록 배치하는 형식으로 그룹작업을 요하는 업무에 적합하다.
② 대향형과 동향형의 양쪽 특성을 절충한 형태로 커뮤니케이션의 형성에 불리하다.
③ 낮은 칸막이로 한사람의 작업활동을 위한 공간이 주어지는 형태로 독립성을 요하는 전문직에 적합한 배치이다.
④ 책상이 서로 마주보도록 하는 배치로 면적효율은 좋으나 대면 시선에 의해 프라이버시가 침해당하기 쉽다.

6. 사무소건축의 평면계획에 대한 설명 중 옳지 않은 것은? [08㉮]

① 단일지역배치는 자연채광이 잘되고 경제성보다 건강, 분위기 등의 필요가 더 중요할 경우 적당하다.
② 단일, 2중 및 3중 지역배치는 여러 부분에 출입할 수 있는 복도를 갖는다.
③ 3중 지역배치는 수직교통시설이 사무소 지역에 위치하게 되므로써 생겨났다.
④ 2중 지역배치는 소규모 크기의 사무소 건물에 가장 적합한 방법이다.

7. 사무소건축에 있어서 3중 지역배치(triple zone layout)의 특징 중 잘못된 것은? [00, 01, 16㉮]

① 서비스 부분을 중심에 위치하도록 한다.
② 대여사무실 건물에 적합하다.
③ 고층사무소 건축에 전형적인 해결방식이다.
④ 부가적인 인공조명과 기계환기가 필요하다.

8. 다음 중 사무소 건축에서 기준층 평면형태의 결정요소와 가장 거리가 먼 것은? [22, 23 ㉮]

① 동선상의 거리
② 구조상 스팬의 한도
③ 사무실 내의 책상 배치 방법
④ 덕트, 배선, 배관 등 설비시스템상의 한계

해 설

[해설] 5
좌우대향형
① 대향형과 동향형의 양쪽 특성을 절충한 형태이다.
② 조직관리자면에서 조직의 융합을 꾀하기 쉽고 정보처리나 집무동작의 효율이 좋다.
③ 배치에 따른 면적 손실이 크며 커뮤니케이션의 형성에 불리하다.

[해설] 6
2중 지역 배치(중복도식)
① 중(中)정도 크기의 사무실에 적당하다.
② 방향을 동서로 사무실이 면하게 한다.
③ 주계단, 부계단을 두어 사용할 수 있고 유틸리티 코어의 설계에 주의를 요한다.

[해설] 7
3중 지역배치(triple zone layout)는 대여사무실을 포함하는 건물에는 부적당하다.

[해설] 8
사무소 건축의 기준층 규모 산정시 고려사항
① 구조상 스팬(span)의 한계
② 중직거리의 한계(동선상의 거리)
③ 임대면적 비율
④ 피난시 최대 보행거리
⑤ 각종 설비시스템의 한계(duct, 배관, 배선)
⑥ 방화구획상 면적(법규상 방화구획, 배연계획 등)
⑦ 자연광에 의한 조명 한계(실내상시보조인공조명을 고려)

정답 5. ② 6. ④ 7. ② 8. ③

9. 다음의 사무소 건축의 코어에 대한 설명 중 계획원론적인 입장에서 볼 때 가장 적절치 않은 것은? [06㉠]
① 계단과 엘리베이터, 화장실은 가능한 접근시킬 것
② 코어 내의 공간과 임대사무실 사이의 동선이 간단할 것
③ 코어 내의 각 공간이 각 층마다 공통의 위치에 있을 것
④ 피난용 특별계단 상호간은 법정거리 내에서 가급적 가까이 둘 것

10. 사무소 건축의 코어형식 중 구조코어로서 가장 바람직한 것은? [08,14㉠]
① 편코어형
② 외코어형
③ 양측코어형
④ 중심코어형

11. 사무소건축의 코어플랜에 관한 설명으로 옳지 않은 것은? [03, 05㉠]
① 코어의 위치는 사무소건축의 성격이나 평면형, 구조, 설비방식 등에 따라 결정한다.
② 중심코어형은 바닥면적이 큰 경우에 유리하며, 분리코어형은 2방향 피난에 유리하다.
③ 편심코어형은 기준층 바닥면적이 큰 경우에 유리하며 독립코어형은 내진구조상 유리하다.
④ 중심코어형은 외관이 획일적으로 되기 쉽지만, 구조 코어로서 가장 바람직한 형이다.

12. 사무소 건축의 코어 유형에 관한 설명으로 옳지 않은 것은? [13, 24㉠]
① 중심코어형은 구조코어로서 바람직한 형식이다.
② 편단코어형은 기준층 바닥이 작은 경우에 적합하다.
③ 양측코어형은 단일용도의 대규모 전용사무실에 적합하다.
④ 외코어형은 2방향 피난에 이상적인 관계로 방재상 유리한 형식이다.

13. 사무소 건축에서 코어 계획에 관한 설명으로 옳지 않은 것은? [16㉠]
① 코어부분에는 계단실도 포함시킨다.
② 코어 내의 각 공간은 각 층마다 공통의 위치에 두도록 한다.
③ 엘리베이터 홀이 출입구문에 바싹 접근해 있지 않도록 한다.
④ 코어 내에서 화장실은 외래자에게 잘 알려질 수 없는 곳에 위치시킨다.

해 설

해설 9
피난용 특별계단 상호간의 거리는 법정거리 내에서 가급적 멀리한다.

해설 10
중심 코어(중앙 코어)형은 바닥면적이 클 경우 적합하며 특히 고층, 초고층의 내진구조에 적합하다. 임대사무실로서 가장 경제적인 계획을 할 수 있다. 외관이 획일적으로 되기 쉽다.

해설 11
편심코어형은 기준층 바닥면적이 적은 경우에 유리하며, 독립코어형은 내진구조상 불리하다.

해설 12
양단코어형(분리코어형)은 한 개의 대공간을 필요로 하는 전용 사무실에 적합하며, 2방향 피난에 이상적이며 방재상 유리하다.

해설 13
화장실은 건물의 내부자 및 방문자(외래자)를 위한 것이므로, 외래자에게도 잘 알려질 수 있는 위치에 배치한다.

정답 9. ④ 10. ④ 11. ③
     12. ④ 13. ④

핵심기출문제

III. 업무건축

14. 사무소 건축에 대한 설명 중 옳지 않은 것은? [08⑦]
① 오피스 랜드스케이핑은 개방식 배치의 한 형식이다.
② 아트리움은 공간적으로는 중간영역으로서 매개와 결절점의 기능을 수용한다.
③ 수용인원수에 의한 면적 산출시 기준이 되는 1인당 소요바닥면적은 $8~11m^2$ 정도이다.
④ 층고는 기준층에서는 330~400cm 정도로 하고 최상층에서는 기준층보다 30cm 정도 작게 한다.

15. 사무소 기준층 층고의 결정 요인과 가장 관계가 먼 것은? [09④]
① 엘리베이터 크기
② 채광
③ 공기조화(Air Conditioning)
④ 사무실의 깊이

16. 사무소 건축의 기준층 계획에 관한 설명 중 옳지 않은 것은? [09④]
① 다른 평면계획에 우선하여 계획되어야 한다.
② 기준층의 높이는 3.3~3.5m 정도로 하여도 좋다.
③ 사무실을 중심으로 하는 집무공간을 기준층으로 한다.
④ 기준층을 코어시스템으로 하는 경우 복도면적이 증가하므로 렌터블비(rentable ratio)가 감소된다.

17. 사무소 건축의 엘리베이터 대수 계산을 위한 이용자수의 산정 기준은? [10⑦]
① 아침 출근시 5분간의 이용자수
② 정오의 이용 인원의 평균수
③ 오후 퇴근시 5분간의 이용자수
④ 하루 이용 총 인원의 1분간의 평균

18. 사무소 건축의 엘리베이터 계획에 관한 설명으로 옳지 않은 것은? [17, 25⑦]
① 대면배치에서 대면거리는 동일 군 관리의 경우는 3.5~4.5m로 한다.
② 여러 대의 엘리베이터를 설치하는 경우, 그룹별 배치와 군 관리 운전방식으로 한다.
③ 일렬 배치는 8대를 한도로 하고, 엘리베이터 중심 간 거리는 8m 이하가 되도록 한다.
④ 엘리베이터 홀은 엘리베이터 정원 합계의 50% 정도를 수용할 수 있어야 하며, 1인당 점유 면적은 $0.5~0.8m^2$로 계산한다.

해 설

해설 14
층고는 기준층에서는 330~400cm 정도로 하고, 최상층에서는 단열시공상 기준층보다 30cm 정도 높게 한다.

해설 15
사무소 기준층 층고 계획시 층고와 깊이는 사용 목적, 채광, 공사비에 의해서 결정되며 사무실의 깊이는 책상 배치, 채광량 등으로 결정되지만 층고에도 관계된다.

해설 16
코어 시스템(core system)은 각 층의 설비 계통의 서비스 부분을 한 부분에 집약시켜 신경 계통의 집중화와 외벽의 내진벽 역할에 따라 구조적인 이점을 기대하는 방식으로 공용 부분을 한 곳에 집약시킴으로써 사무소의 렌터블비(rentable ratio), 즉 유효면적(임대면적)이 증대된다.

해설 17
1일 중 엘리베이터이용자가 가장 많은 시간은 오후 0~1시 사이이다. 그러나 단시간의 이용도가 가장 많은 때는 아침 출근시 5분간으로 이 때는 1일 전체 이용자의 1/3~1/10에 달한다. 따라서, 대수의 산정은 아침 출근시 5분간을 기준으로 한다.

해설 18
사무소 건축의 엘리베이터는 가급적 건축물의 중앙에 집중시킨다. 엘리베이터의 직선배치는 4대 이하로 하고, 병렬로 배치하는 엘리베이터의 전면거리는 4m 내외로 한다.

정답 14. ④ 15. ① 16. ④
17. ① 18. ③

19. 지하 2층, 지상 10층의 임대사무소를 계획할 때 다음 사항들 중 일반적으로 가장 부적당한 것은?(단, 평면형은 25m×60m의 중복도형) [06㉠]

① 임대면적은 약 13,000m² 로 계산한다.
② 엘리베이터는 약 6대를 설치한다.
③ 건물의 높이는 40m 정도이다.
④ 2층 이상의 임대사무소에 수용되는 인원은 3,000~3,500명으로 본다.

20. 다음의 사무소 건축에 관한 설명 중 옳지 않은 것은? [09㉠]

① 유효율이란 연면적에 대한 대실면적의 비율을 말한다.
② 엘리베이터는 분산 배치하는 것이 수직교통을 원활하게 한다.
③ 실 단위계획에서 개실 형식은 프라이버시가 좋고 주위 환경조절이 용이하다.
④ 실 단위계획에서 오픈플랜 형식은 통로가 최소화되어 공간 낭비가 적다.

21. 고층 사무소 건축에 관한 기술 중 옳지 않은 것은? [10㉠]

① 층고를 낮게 할 경우, 건축비를 절감시킬 수 있다.
② 외장재는 경량재가 좋다.
③ 고층화할 경우, 토지이용률이 높아진다.
④ 승강기는 이용하기 편하도록 여러 곳에 분산하는 것이 좋다.

22. 고층건물의 스모크 타워(Smoke tower)에 대한 설명으로 옳은 것은? [08, 14㉠]

① 고층건물의 화재시 연기를 배출시키기 위하여 설치한다.
② 보일러실의 굴뚝의 보조설비이다.
③ 쿨링타워의 보조설비로서 옥상층에 둔다.
④ 주방조리대 상부에 설치하는 냄새, 연기, 수증기 등을 흡출하는 설비이다.

해 설

해설 19
① 연면적=25m×60m×12개층
   =18,000m²
   임대면적=연면적×(0.7~0.75)
   =18,000m²×(0.7~0.75)
   =12,600~13,500m²
② 연면적 3,000m²에 대해 엘리베이터 1대 정도이므로
   18,000m²÷3,000m²/대=6대
③ 건물의 높이는 1층의 높이 4~5m, 높이가 3.3~4m이므로 약 40m 정도이다.
④ 2층 이상의 면적
   =25m×60m×9개층=13,500m²
   연면적에 대한 1인당 바닥면적은 8~11m²이므로 수용 인원수는
   13,500m²÷10m²/인=1350명이다.

해설 20
엘리베이터는 가급적 중앙에 집중시킨다. 엘리베이터의 직선배치는 4대 이하로 하고, 병렬로 배치하는 엘리베이터의 전면 거리는 4m 내외로 한다.

해설 21
주요 출입구의 홀에 직면 배치(단, 사무실 출입문에 가까이 접근하는 것은 금지함)하고, 각 층의 위치는 되도록 동선이 짧고 간단하게 하며, 가능한 한 엘리베이터는 1개소에 집중해서 배치한다.

해설 22
스모크 타워(Smoke tower)
화재에 의해 침입한 연기를 배기하기 위해 비상계단의 전실에 설치한 샤프트를 통해 배기하는 시설이다. 화재시 계단실이 굴뚝 역할하는 것을 방지한다.

정답 19. ④ 20. ② 21. ④
22. ①

핵심기출문제 — Ⅲ. 업무건축

23. 고층 사무소 건축에 관한 설명으로 옳지 않은 것은? [15 ㉠]
① 토지이용 효율이 높아진다.
② 화재와 지진 등의 재난에 대한 대비가 필요하다.
③ 층고를 낮게 할 경우 건축비를 절감시킬 수 있다.
④ 고층일수록 설비비의 감소로 단위면적당 건축비가 절감된다.

[해설] 23
대규모 고층 사무소 건축의 경우 냉난방설비, 소화설비 등의 증가로 대규모 기계실을 고려하여야 하며 설비비의 증가로 단위면적당 건축비는 증가된다.

24. 다음 중 초고층 사무소건물의 저층부 활성화 방안과 관계가 가장 먼 것은? [03 ㉠]
① 대중의 손쉬운 접근을 유도한다.
② 사무소로서의 품위를 해치는 행위를 제한한다.
③ 장소적 이미지를 부각시킨다.
④ 다양한 조경적 요소를 도입한다.

[해설] 24
초고층 사무소건물의 저층부 활성화 방안에 은행, 판매시설 등이 배치되므로 사무소로서의 품위를 해치는 행위와는 무관하다.

25. 사무소 건축의 지하 주차장을 다음과 같이 계획하였을 때 적합하지 않은 것은?(단, 주차형식은 직각 주차임) [08 ㉠]
① 경사 램프의 구배는 $\frac{1}{8}$로 하였다.
② 차로의 너비를 6m로 하였다.
③ 차고의 기둥 간격은 4.5m×7m로 하였다.
④ 주차장 내의 동선은 일방통행을 원칙으로 하였다.

[해설] 25
사무소 건축의 지하 주차장의 기둥간격에서 가장 경제적인 기둥간격은 5.8~6.2m 정도이고 주차장 규격에 따라 적절한 module을 선택한다.

■■■ **2. 인텔리전트 빌딩**

26. 정보화 빌딩(Intelligent Building)의 기본 기능 중 가장 관계가 먼 것은? [99 ㉠]
① 정보통신시스템
② 사무자동화시스템
③ 빌딩자동화시스템
④ 건축기술시스템

[해설] 26, 27
인텔리전트 빌딩의 기본적인 기능 구성
① 빌딩자동화
　　(BA : Building Automation)
② 사무자동화
　　(OA : office automation)
③ 정보통신
　　(TC : Tele-Communication)
④ 건축환경
　　(AE : Architectural Environment)

정답 23. ④ 24. ② 25. ③
26. ④

27. 인텔리젠트 빌딩 정의의 개념과 거리가 먼 것은? [99②]

① B·A(Building Automation)
② O·A(Office Automation)
③ Tele-communication
④ Tele-worker

■■■ 3. 은행

28. 은행의 주출입구(방풍실부)로서 가장 적합한 것은? [10②]

① 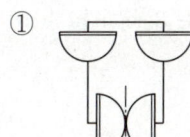 ②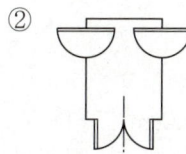

③ 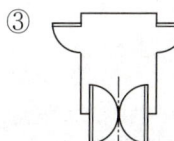 ④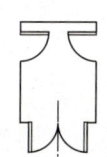

[해설] 28
주출입구(고객)
① 일반적으로 출입문은 도난 방지상 안여닫이로 한다.
② 전실(방풍실)을 둘 경우 바깥문은 바깥여닫이 또는 자재문으로 한다.
③ 특히 회전문 설치를 고려하는 것도 좋으나 어린이 출입이 많은 곳은 피한다.

29. 다음의 은행 건축에 대한 설명 중 옳지 않은 것은? [08②]

① 은행의 주체는 은행실(영업장+손님대기실)이므로, 전면도로의 보행인 동선을 고려하여 주현관의 위치를 결정한다.
② 각 실의 배치는 은행실을 중심으로 계획하고, 고객의 동선과 행원의 동선이 교차되지 않도록 유의한다.
③ 겨울철 기온이 낮은 우리나라에서는 열 보호를 위해 현관에 전실을 두지 않는 것이 좋다.
④ 일반적으로 현관 출입문은 도난방지상 안여닫이로 하는 것이 타당하다.

[해설] 29
겨울철 기온이 낮은 우리나라에서는 열 보호를 위해 은행의 현관에 전실을 두는 것이 좋다. 은행에 주출입구에 전실(방풍실)을 둘 경우에는 도난 방지상 안여닫이로 하고 바깥쪽은 밖여닫이 또는 자재문으로 한다.

정답 27. ④ 28. ③ 29. ③

핵심기출문제 — Ⅲ. 업무건축

30. 은행건축의 배치계획에 대한 설명 중 옳지 않은 것은? [07, 16②]
① 아이들이 많은 지역에서는 주출입구를 회전문으로 하지 않는 것이 좋다.
② 야간금고는 가능한 한 주출입구 근처에 위치하도록 하며 조명시설이 완비되도록 한다.
③ 고객이 지나는 동선은 되도록 짧게 한다.
④ 경비 및 관리의 능률상 은행 내 출입은 주출입구 하나로 집약시키고 별도의 출입구는 설치하지 않는다.

해설 30
경비 및 관리의 능률상 은행 내 출입은 주출입구 하나로 집약시키고 별도의 부출입구를 설치한다.

31. 은행건축의 세부계획 사항 중 옳지 않은 것은?
① 주출입구는 안여닫이문으로 한다.
② 객장의 최소 폭은 4.5m이다.
③ 영업용 카운터의 높이는 100~110cm, 폭은 60~80cm로 한다.
④ 영업장의 면적은 은행원 1인당 10m²이고, 천정고는 5~7m로 한다.

해설 31
객장의 최소 폭은 3.2m이다.

32. 다음의 은행건축에 관한 설명 중 틀린 것은? [07②]
① 드라이브 인 뱅크의 창구는 운전석 쪽으로 한다.
② 고객실에서 영업 카운터의 높이는 100~110cm 정도로 하는 것이 좋다.
③ 영업 카운터의 폭은 60~75cm 정도로 한다.
④ 주출입구는 도난방지상 안여닫이로 하지 않으며, 밖여닫이나 자재문으로 하는 것이 바람직하다.

해설 32
주출입구(고객)는 일반적으로 출입문은 도난 방지상 안여닫이로 한다. 전실(방풍실)을 둘 경우 바깥문은 밖여닫이 또는 자재문으로 한다.

33. 다음의 은행계획에 대한 설명 중 옳지 않은 것은? [06②]
① 고객이 지나는 동선은 되도록 짧게 한다.
② 업무 내부의 일의 효율은 되도록 고객이 알기 어렵게 한다.
③ 주출입구에 전실을 둘 경우에는 바깥문으로 밖여닫이 또는 자재문으로 할 수 있다.
④ 고객의 공간과 업무공간과의 사이에는 원칙적으로 구분이 있어야 한다.

해설 33
고객의 동선과 업무공간과의 사이에는 원칙적으로 구분이 없어야 한다. 또한 고객이 지나는 동선은 되도록 짧아야 한다.

정답 30. ④ 31. ② 32. ④ 33. ④

04 상업건축

1 상점

1. 개요

1) 상점의 광고요소

상점은 상업건축으로서 많은 통행객에게 상점 특유의 독자성을 표현하는 다섯 가지 광고요소(AIDMA 법칙)가 정면(facade) 구성에서 필요하다. 쇼 윈도우, 출입구 및 홀의 입구뿐만 아니라 간판, 광고판, 광고탑, 네온사인 등을 포함한 점포 전체의 얼굴로서 기업 및 상품에 대한 첫 인상을 주는 곳으로 강한 이미지를 줄 수 있도록 계획한다.

※ 파사드(facade) 구성에 요구되는 AIDMA 법칙(구매심리 5단계를 고려한 디자인)

① A(주의, attention) : 주목시킬 수 있는 배려
② I(흥미, interest) : 공감을 주는 호소력
③ D(욕망, desire) : 욕구를 일으키는 연상
④ M(기억, memory) : 인상적인 변화
⑤ A(행동, action) : 들어가기 쉬운 구성

2) 판매 방식

■ 대면판매와 측면판매의 특징

분류	특 징
대면판매	고객과 종업원이 진열장을 사이에 두고 상담하며 판매하는 형식 • 대상 : 시계, 귀금속, 카메라, 의약품, 화장품, 제과, 수예품 • 장점 : 설명하기 편하고, 판매원이 정위치를 잡기 용이하며 포장이 편리하다. • 단점 : 진열 면적이 감소되고 show-case가 많아지면 상점 분위기가 부드럽지 않다.
측면판매	진열 상품을 같은 방향으로 보며 판매하는 형식 • 대상 : 양장, 양복, 침구, 전기기구, 서적, 운동용품 • 장점 : 충동적 구매와 선택이 용이하며, 진열 면적이 커지고 상품에 친근감이 있다. • 단점 : 판매원은 위치를 잡기 어렵고 불안정하며, 상품 설명이나 포장 등이 불편하다.

핵심 PLUS

■ 소비자 구매심리 5단계-AIDCA 법칙
① A(주의, attention) : 주의를 끈다.
② I(흥미, interest) : 흥미를 준다.
③ D(욕망, desire) : 욕망을 느끼게 한다.
④ C(확신, confidence) : 확신을 심어 준다.
⑤ A(구매, action) : 구매한다.

■ VMD(Visual Merchandising)
상품과 고객 사이에서 치밀하게 계획된 정보 전달 수단으로 장식된 시각과 통신을 꾀고자 하는 디스플레이 기법으로 상품 계획, 상점 환경, 판촉 등을 시각화시켜 상점 이미지를 고객에게 인식시키는 판매 전략이다.

※ VMD의 요소(통일된 이미지를 위한 시각 설명의 요소)
• 쇼윈도(show window) : 통행인을 대상으로 함
• VP(Visual Presentation) : 점포의 주장을 강하게 표현함
• IP(Item Presentation) : 구매 시점 상에 상품 정보를 설명
• 매장의 상품 진열

01 상점 정면(Facade) 구성에 요구되는 5가지 광고요소(AIDMA 법칙)에 속하지 않는 것은?
　　　　　　　　　　[18, 22 기]
① Attention(주의)
② Identity(개성)
③ Desire(욕구)
④ Memory(기억)
　　　　　　　　　　답 : ②

2. 기본계획

1) 대지의 선정 조건

① 교통이 편리한 곳으로 일반적으로 일용품점의 경우 약 15~20분 전후 (1km 전후)의 왕복거리 정도를 고려한다.
② 사람의 통행이 많고 번화한 곳으로 눈에 잘 띄는 곳
③ 도로에 면한 곳으로 가급적 2면 이상 도로에 접할 것
④ 대지가 불규칙적이며 구석진 곳을 피할 것
⑤ 전면도로의 폭이 너무 넓으면 좋지 않다. (일반적으로 8~12m 정도)
⑥ 대지의 형은 전면 폭과 안 깊이가 1 : 2인 것이 유리하다.

2) 상점의 방위

① 부인용품점 : 오후에 그늘이 지지 않는 방향이 좋다.
② 식료품점 : 강한 석양은 상품을 변색시키므로 서측을 피한다.
③ 양복점, 가구점, 서점 : 가급적 도로의 남측이나 서측을 선택하여 일사에 의한 퇴색, 변형, 파손 등을 방지한다.
④ 음식점 : 도로의 남측 또는 좁은 길옆이 좋다.
⑤ 여름용품점 : 도로의 북측을 택하여 남측 광선을 취입하는 것이 효과적이다.(겨울용품은 이와 반대)
⑥ 귀금속품점 : 1일 중 태양 광선이 직사하지 않는 방향이 좋다. 북측 채광을 취한다.

■ 상점 종류에 의한 입지 조건

상점의 종류	개념	방위	도로 기준
부인용품점	밝고 깨끗한 위치	남서향	도로의 북동측
식료품점	부패 방지	서향을 피한다.	
양복점, 가구점, 서점	퇴색 변형 방지	북향, 동향	도로의 남측, 서측
음식점		북향	도로의 남측
여름용품점	따뜻한 위치	남향	도로의 북측
귀금속품점	균일한 조도	북향	도로의 남측

핵심 PLUS

02 상점의 판매방식에 관한 설명으로 옳지 않은 것은?
[15, 19, 25 기]
① 측면판매방식은 직원 동선의 이동성이 많다.
② 대면판매방식은 측면판매방식에 비해 상품 진열면적이 넓어진다.
③ 측면판매방식은 고객이 직접 진열된 상품을 접촉할 수 있는 관계로 선택이 용이하다.
④ 대면판매방식은 쇼케이스를 중심으로 판매원이 고정된 자리나 위치를 확보하는 것이 용이하다.
답 : ②

03 상점계획 중 그 방위가 가장 적절하지 못한 것은? [02 기]
① 식료품점 – 도로의 서측
② 음식점 – 도로의 북측
③ 여름용품점 – 도로의 북측
④ 양복점, 서점 – 도로의 남측
답 : ②

3. 평면계획

1) 동선계획

동선계획은 평면계획의 기본요소로 기능적으로 역할이 서로 다른 동선은 교차되거나 혼용되어서는 안 된다. 상점 내의 매장 계획에 있어서 동선을 원활하게 하는 것이 가장 중요하다. 고객, 종업원, 상품의 동선이 서로 교차되지 않게 판매장을 계획한다.

① 고객동선 : 고객동선은 길게 유도하여 매장의 진열효과를 높인다. 고객을 위한 통로폭은 최소 900mm 이상으로 한다.
② 종업원동선 : 종업원동선은 되도록 짧게 하여 보행거리를 적게 하여 작업의 효율성과 피로의 감소를 고려하며, 고객동선과 교차하지 않도록 계획한다. 종업원동선의 폭은 최소 750mm 이상으로 하는 것이 좋다.
③ 상품동선 : 반입, 보관, 포장, 발송과 같은 작업에 필요한 공간이다.

2) 평면배치의 기본형

■ 상점의 평면형식의 특징

평면 배치형	특 징
굴절배열형	• 진열 케이스의 배치와 고객 동선이 굴절 또는 곡선으로 구성된 것 • 대면판매와 측면판매의 조합으로 이루어진다. • 대상 : 양품점, 안경점, 모자점, 문방구점
직렬배열형	• 통로가 직선이며 고객의 흐름이 가장 빠르다. • 부분별로 상품 진열이 용이하고 대량판매 형식도 가능하다. • 대상 : 침구점, 양품점, 전기용품점, 서점, 식기점
환상배열형	• 중앙에 판매대 등을 직선 또는 곡선으로 환상 부분을 설치하고 이 안에 계산대, 포장대 등을 놓는 형식이다. • 중앙 환상의 대면판매 부분에서는 소형 상품과 고액인 상품을 놓고, 벽면에는 대형 상품 등을 진열한다. • 대상 : 민예품점, 수예품점
복합형	• 위의 것들을 적절히 조합시킨 형이다. • 후반부에 대면판매 또는 카운터의 접객부분이 된다. • 대상 : 서점, 피혁제품점, 부인복점

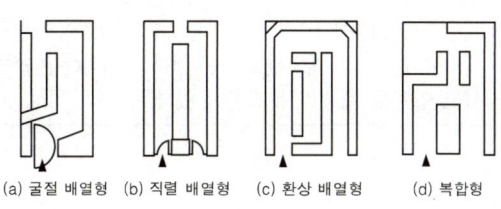

(a) 굴절 배열형　(b) 직렬 배열형　(c) 환상 배열형　(d) 복합형

[그림] 평면배치의 기본형

핵심 PLUS

■ 상점·백화점의 동선계획
• 고객 동선 : 길게 → 매장의 진열효과
• 종업원 동선 : 짧게 → 작업의 효율성과 피로의 경감

04 상점계획에 대한 설명 중 옳지 않은 것은? [06, 24 기]
① 고객의 동선은 일반적으로 짧을수록 좋다.
② 점원의 동선과 고객의 동선은 서로 교차 되지 않는 것이 바람직하다.
③ 대면판매형식은 일반적으로 시계, 귀금속, 의약품 상점 등에서 쓰여진다.
④ 진열케이스, 진열대, 진열장 등이 입구에서 안을 향하여 직선적으로 구성된 평면배치는 주로 침구코너, 식기코너, 서점 등에서 사용된다.

답 : ①

05 상점에서 고객의 흐름이 빠르며 동시에 부분별 상품진열이 용이하고 대량 판매형식도 가능한 형태로 주로서점 등에서 사용되는 판매배치의 기본형은?
[08 산]
① 굴절배열형
② 직렬배열형
③ 환상배열형
④ 복합형

답 : ②

3) 진열장 형태에 의한 분류

분류	특징
평형	• 점두의 외면에 출입구를 낸 가장 일반적인 형 • 채광이 좋고 점내를 넓게 사용할 수 있으며 채광에 유리하다.
돌출형	점내의 일부를 돌출시킨 형으로 특수 도매상에 쓰인다.
만입형	점두의 일부를 만입시킨 형으로 점내 면적과 자연채광이 감소된다.
홀형	만입부를 더욱 넓게 잡아 진열창을 둘러놓은 형식으로 특징은 대체로 만입형과 비슷하다.
다층형	2층 또는 그 이상의 층을 연속되게 취급한 형으로 가구점, 양복점에 유리하다.

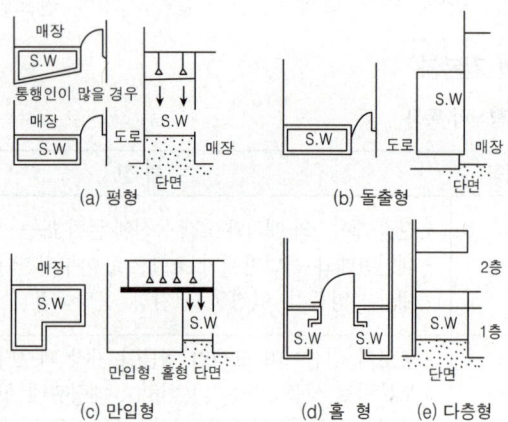

[그림] 진열장(show case)의 형태 분류

4) 숍 프런트(shop front)에 의한 분류

분류	특징
개방형	• 손님이 잠시 머무르는 곳이나 손님이 많은 곳에 적합하다. • 서점, 제과점, 철물점, 지물포
폐쇄형	• 손님이 비교적 오래 머무르는 곳이나 손님이 적은 곳에 사용된다. • 이발소, 미용원, 보석상, 카메라점, 귀금속상
혼용형	• 개방형과 폐쇄형을 겸한 형식으로 가장 많이 이용된다. • 개구부의 일부는 개방하고 다른 일부는 폐쇄한 혼합형과 길 쪽을 개방하고 안쪽을 폐쇄한 분리형이 있다.

핵심 PLUS

06 상점의 외관 형태에 관한 기술 중 부적당한 것은? [03 산]
① 홀형은 만입형의 만입부를 더욱 넓게 계획하고, 그 주위에 진열장을 설치함으로써 홀을 형성하는 형식으로 상점안의 면적이 작아진다.
② 돌출형은 종래에 많이 사용된 형식으로 특수 도매상 등에 쓰인다.
③ 평형은 가장 일반적인 형식으로 채광이 용이하고 상점 내부를 넓게 사용할 수 있다.
④ 만입형은 점두의 일부를 상점 안으로 후퇴시킨 것으로 자연채광에 효과적인 방법이다.

답 : ④

07 전면유리로 되어 있어 일반 상점가에 많이 사용되는 숍 프론트(shop front) 형식은? [09 산]
① 개방형
② 폐쇄형
③ 혼합형
④ 분리형

답 : ①

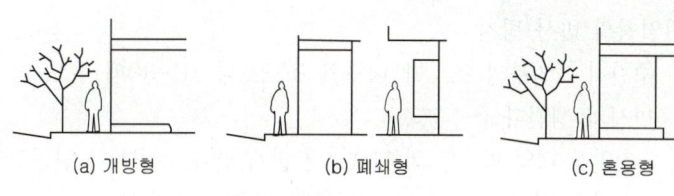

[그림] 진열창의 단면형식

4. 세부계획

1) 진열창(Show window)

① 계획 결정의 요소
  ㉮ 상점의 위치
  ㉯ 보도 폭과 교통량
  ㉰ 상점의 출입구
  ㉱ 상품의 종류와 정도 및 크기
  ㉲ 진열 방법 및 정돈 상태

② 진열창의 크기
  ㉮ 창대의 높이 : 0.3~1.2m 정도(보통 0.6~0.9m)
  ㉯ 유리의 크기 : 높이 2.0~2.5m 정도(그 이상은 비효과적)
  ㉰ 진열 높이 : 스포츠용품·양화점은 낮게, 시계·귀금속은 높게 한다.
  ㉱ 가장 눈을 끄는 상품은 선 사람의 눈높이보다 약간 낮게 한다.

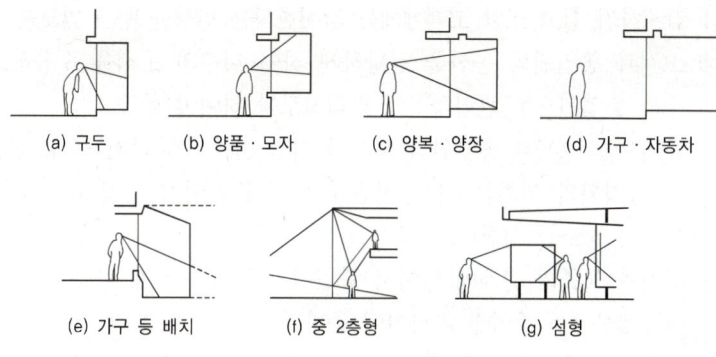

[그림] 진열창의 단면 형식

③ 진열창의 흐림 방지 : 진열창의 내부와 외부의 온도차가 생기면 유리면이 흐려서 내부의 진열 상품을 볼 수 없게 되므로 진열창에 외기가 통하도록 하고 창대 밑에 난방 장치를 하여 내외의 온도차를 적게 한다.

핵심 PLUS

08 쇼윈도 유리면의 반사방지법으로 가장 부적당한 것은? [04 기]
① 외부보다 쇼윈도 내부를 어둡게 한다.
② 곡면 유리를 사용한다.
③ 유리를 사면으로 설치한다.
④ 차양을 달아 외부에 그늘을 준다.
답 : ①

09 다음 중 상점 쇼윈도 유리면의 반사방지 방법과 가장 관계가 먼 것은? [07 기]
① 해가리개로 일사를 방지한다.
② 대향하는 건물을 밝은 벽면으로 한다.
③ 점내를 밝게 한다.
④ 곡면유리를 설치한다.
답 : ②

10 판매장의 조명방법에 대한 설명 중 틀린 것은? [04 기]
① 직접조명은 조명효율이 좋고 조도가 낮아서 쾌적감을 준다.
② 간접조명은 그림자를 만들지 않아 좋지만 단독으로 사용할 경우 상품을 강조하는데 효과적이지 못하다.
③ 반간접조명은 루버가 있는 형광등이 사용되며 광선의 부드러운 감이 좋다.
④ 국부조명은 상품전시를 대상으로 하여 스포트라이트가 사용된다.
답 : ①

■ 용도별에 따른 실의 조도(바닥으로부터 85cm 위의 조도)
· 사무실 : 300lx
· 상점 : 150~300lx
· 도서관(책상 위) : 600lx
· 은행(영업장) : 300~400lx
· 병원(수술실) : 700~1000lx

---

④ 진열창의 반사 방지
㉮ 주간시 : 외부의 조도가 내부의 조도보다 10~30배 정도 더 밝을 때 반사가 생긴다.
  · 진열창 내의 밝기를 외부보다 더 밝게 한다.(천공이나 인공조명 사용)
  · 차양을 달아 외부에 그늘을 준다.(만입형이 유리)
  · 유리면을 경사지게 하고 특수한 곡면 유리를 사용한다.
  · 건너편의 건물이 비치는 것을 방지하기 위해 가로수를 심는다.
㉯ 야간시 : 광원에 의해 반사가 생긴다.
  · 광원을 감춘다.
  · 눈에 입사하는 광속을 적게 한다.

⑤ 내부 조명
㉮ 상점 내부의 전반조명과 주력 상품을 돋보이게 하는 국부조명을 병용하는 것이 바람직하다.
㉯ 전반조명으로는 형광등, 국부조명으로는 불투명한 spot light가 적당하다.
㉰ 바닥면 상의 조도 : 최저 150lx가 표준이며 300lx 정도가 적당하다.
㉱ 주광색(晝光色)의 전구를 필요로 하는 상점 : 의류품점, 약국

2) 진열장(Show case)

① 배치시 고려사항
㉮ 고객 쪽에서 상품이 효과적으로 보이게 한다.
㉯ 감시하기 쉽고 또한 고객에게는 감시한다는 인상을 주지 않도록 한다.
㉰ 고객과 종업원의 동선을 원활하게 하여 다수의 고객을 수용하고 소수의 종업원으로 관리하기에 편리하도록 하여야 한다.
㉱ 들어오는 고객과 종업원의 시선이 직접 마주치지 않게 한다. 이를 위해 종업원의 위치는 상점 전면에서 직접 보이지 않게 하고, 슬며시 보이는 장소를 정한다.
㉲ 판매와 지불의 관계에 있어서 종업원의 동선은 짧게 한다. 또한 금전 자동계산기를 종업원 가까이에 둔다.

② 진열장의 크기 : 상점에 따라 각각 다르나 동일 상점의 것은 규격을 통일시키는 것이 좋으며, 이동식 구조로 한다.
㉮ 폭 : 0.5~0.6m
㉯ 길이 : 1.5~1.8m
㉰ 높이 : 0.9~1.1m(1m 정도)

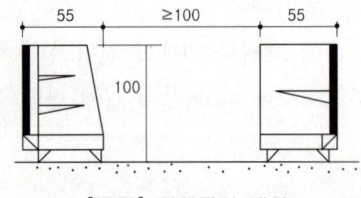

[그림] 진열장의 배치

3) 출입구

크기는 외여닫이인 경우 0.8~0.9m의 넓이 정도

4) 계단

① 일반 상점에 있어서 2층 이상을 판매장으로 사용하는 경우는 계단의 설치 위주와 주계단과 부계단의 관계, 계단의 경사도 등은 고객의 흡인력과 밀접한 관계가 있으며, 상점 내의 중요한 장식적 요소가 된다.
② 소규모 상점에 있어서 계단의 경사가 너무 낮을 경우에는 매장 면적을 감소시키게 되므로 규모에 알맞은 경사도를 선택해야 한다.
③ 상점의 깊이가 깊을 때에는 측벽에 따라 계단을 설치하고, 정방형에 가까운 평면일 경우에는 중앙에 설치하는 것이 좋다.

5. 슈퍼마켓(supermarket)

1) 기본계획

① 출입구의 설정에 따라 고객의 흐름이 유도된다.
② 상점 배열과 구성은 상품 전체를 충분히 돌아볼 수 있도록 한다.
③ 고객이 많은 쪽을 입구로 하고 항상 넓게, 출구는 좁게 한다.
④ 식료품과 비식료품일 경우 배치는 항상 입구 근처에는 생활필수품과 식료품을 진열하며, 고객을 많이 끌어들이도록 유의한다.
⑤ 동선은 카트(cart)를 넉넉히 밀고 다닐 수 있는 넓이, 즉 2대가 교차할 수 있도록 한다.

2) 평면계획

① 동선
  ㉮ 일방통행으로 계획하며 입구와 출구는 분리할 것
  ㉯ 통로의 폭은 1.5m 이상으로 할 것
  ㉰ 동선 배치는 대면 판매의 장소까지 직선으로 도입하고 거기서 각 코너로 분산시킬 것
② 시설물
  ㉮ 체크아웃 카운터 : 500~600인/대당(슈퍼스토어 : 400~500인/대당)
  ㉯ 바구니
    • 개점시 : 총 고객수의 1할×3(1할은 상점 앞, 2할은 stock에 둔다.)
    • 개점 이후 : 총 고객수의 1할 정도
  ㉰ 카트(cart, 손수레) : 매장면적 500m² 당 40대

핵심 PLUS

11 소규모 상점의 계단을 설계할 때 고려사항으로 부적절한 것은? [07 산]
① 계단의 경사도가 낮을수록 고객이 올라가기 쉬우므로 경사도를 낮게 계획한다.
② 상점에서 계단은 훌륭한 장식 요소가 되기 때문에 세심한 주의를 요한다.
③ 계단위치의 평면형식으로는 벽면위치의 계단, 중앙위치의 계단 등이 있다.
④ 계단의 뚫리는 부분은 매장의 면적과 관련시켜 고려한다.
답 : ①

12 슈퍼마켓(Super-market) 건축계획에 관한 기술 중 가장 올바른 것은? [05, 07 산]
① 매장바닥은 단차를 두면 단조로운 대공간에 변화감을 주어 효과적이다.
② 입구와 출구의 폭은 같게 하고 가급적 분리시키는 것이 좋다.
③ 체크 카운터의 대수는 1시간당 1대의 처리능력을 슈퍼마켓의 경우 100~200명으로 보고 결정한다.
④ 고객동선은 일방통행이 좋고 통로 폭은 1.5m 이상이 바람직하다.
답 : ④

2 백화점

1. 개요

1) 기능

■ 백화점의 기능

분류	기능
고객권	고객용 출입구, 통로, 계단, 휴게실, 식당 등의 서비스 시설 부분으로 대부분 판매권 등 매장에 결합되며 종업원권과 접하게 된다.
종업원권	종업원의 입구, 통로, 계단, 사무실, 식당 기타 부분으로 고객권과는 별개의 계통으로 독립되고 매장 내에 접하고 있어 매장 외에 상품권과 접하게 된다.
상품권	상품의 반입, 보관, 배달, 발송을 행하는 계층으로 판매권과 접하며 고객권과는 절대 분리시킨다.
판매권	• 백화점의 가장 중요한 부분인 매장이며 상품을 전시하여 영업하는 장소이다. • 고객의 구매욕을 환기시키고, 종업원에 대해서도 능률이 좋은 작업 환경이 조성되도록 한다.

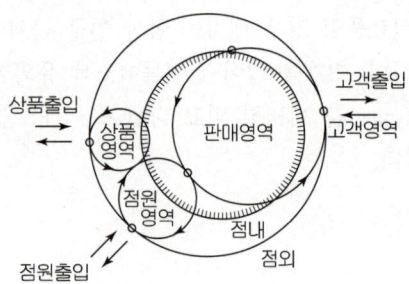

[그림] 백화점 기능도

2. 일반계획

1) 면적 구성

① 연면적은 건물을 영업 목적으로 사용하는 부분을 말하며, 판매부분과 이를 지원하는 부대관리부분으로 구성된다.
   ㉮ 접객부 : 매장을 중심으로 하여 부수되는 각실
   ㉯ 관리부 : 상품의 수·발송 기타 영업용 사무실

② 매장 면적비
   ㉮ 연면적에 대해 60~70% 정도(소규모 경우 : 80% 정도)
   ㉯ 순매장 면적은 연면적에 대해 50% 정도이며 다음과 같이 구성된다.
      • 가구 배치 소요 면적 : 매장 면적의 50~70% 정도
      • 순교통에 필요한 면적 : 매장 면적의 30~50% 정도

핵심 PLUS

13 백화점의 기능을 고객권, 종업원권, 상품권, 판매권으로 분류할 때 평면계획상 서로의 관계가 가장 적은 것은?
① 고객권과 종업원권
② 종업원권과 판매권
③ 상품권과 판매권
④ 상품권과 고객권

답 : ④

■ 매장 면적비
연면적의 60~70% 정도(매장 면적 중 통로로 사용되는 부분 : 30~50% 정도)

■ 종업원 수
매장 면적 $100m^2$ 당 4명 정도

■ 1일 필요 고객수(입장객)
매장 면적 $100m^2$ 당 180~200명 정도(이 인원을 흡수하려면 통행인이 10배 이상 있어야 한다.)

14 연면적 $10,000m^2$의 백화점에서 판매장 면적, 종업원수, 1일 필요 고객수(입장객수)는?
• 판매장 면적 : 연면적의 60~70% 정도(그 중 통로로 사용되는 부분 : 30~50% 정도)
∴ $10,000m^2 \times (0.6~0.7)$
 $= 6,500m^2$ 정도
• 종업원수 : 판매장 면적 $100m^2$ 당 4명 정도(매장 면적 $25m^2$/인)
∴ $(6,500m^2 \div 100) \times 4 = 260$명
• 1일 입장객수 : 판매장 면적 $100m^2$당 180~200명 정도
∴ $(6,500m^2 \div 100) \times 200$명
 $= 13,000$명

3. 세부계획

1) 기둥 간격

1) 기둥 간격의 결정요소
   - ㉮ 진열대 치수와 배치 방법(진열장 배치의 변경 고려시 : 장방형보다 정방형이 유리)
   - ㉯ 엘리베이터, 에스컬레이터의 배치(엘리베이터, 에스컬레이터 등의 크기, 개수, 설치 유무)
   - ㉰ 매장의 통로의 크기
   - ㉱ 지하주차장의 수용 능력(지하주차장의 주차방식과 주차폭)
   - ㉲ 건축물의 적용 구조체

2) 기둥 간격
   - ㉮ 일반적인 것 : 보통 6.0×6.0m 정도의 직교형
   - ㉯ 실용적인 것 : 7~8m 정도-최근 대형 백화점에서 적용, 엘리베이터 2대와 에스컬레이터 설치가 적절, 자유 유선형 판매대 설치 적절
   - ㉰ 이상적인 것 : 3대 주차 가능, 판매대 layout에 효율성을 가진다.
     - 9.15m×9.15m(K. C Urch의 안)
     - 10.6m×10.6m(L. Parnes의 안)

2) 층고

① 층고는 제한된 높이 가운데 매장별로 유효한 분할이 되어야 한다.
   - ㉮ 1층 : 보통 3.5~5.0m
   - ㉯ 2층 이상 : 3.3~4.0m
   - ㉰ 지하층 : 3.4~5.0m 정도

② 최상층은 식당 또는 연회장으로 사용되는 경우가 많으므로 층고를 높게 한다.

3) 출입구

도로에 면하여 30m에 1개소씩 설치하며, 점내의 엘리베이터 홀, 계단에의 통로, 주요 진열창의 통로를 향하여 출입구를 설치한다.

4) 매장계획

① 매장의 종류
   - ㉮ 일반 매장 : 넓게 자유 형식으로 여러 층에 같은 형식으로 구성되어 수평·수직적 관계를 갖는 조직적인 구성의 판매장이다.
   - ㉯ 특수 매장 : 일반 매장의 안에 배치된다.

핵심 PLUS

15 다음 중 백화점 기둥간격의 결정요소와 가장 거리가 먼 것은?
[09, 12, 24 기]
① 지하 주차장의 주차방법
② 진열대의 치수와 배열법
③ 엘리베이터의 배치 방법
④ 각 층별 매장의 상품구성

답 : ④

I. 건축계획 | 상업건축

핵심 PLUS

② 통로의 폭
  ㉮ 매대 앞에 손님이 서 있을 때 45~60cm, 1인 통행마다 60~70cm으로 가산한다.
  ㉯ 일반 고객 통로의 폭 : 1.8m 이상
  ㉰ 주통로의 폭 : 2.7~3m 이상

③ 진열대
  ㉮ 진열대의 크기 : 일반적으로 180cm×60~75cm(폭)×100cm(높이)
  ㉯ counter의 높이 : 75cm

④ 매장의 가구 배치

종류	배치의 특징
직각 배치	· 가장 간단한 배치 방법으로, 가구와 가구 사이를 직교하여 배치함으로써 직각의 통로가 나오게 하는 배치 방법이다. · 경제적이고 판매장 면적을 최대한 이용할 수 있다. · 단조로운 배치이고 고객 통행량에 따른 통로 폭의 변화가 어려워 국부적인 혼란을 가져오기 쉽다.
사행 배치	· 주통로를 직각 배치하고, 부통로를 주통로에 45° 경사지게 배치하는 방법이다. · 수직 동선에의 접근이 쉽고, 매장의 구석까지 가기 쉽다. · 진열장의 다양한 크기가 요구되며, 이형의 매대가 많이 필요하다.
자유 유선형 배치	· 고객의 유동 방향에 따라 자유로운 곡선을 통로를 배치하는 방법이다. · 전시에 변화를 주고 판매장의 특수성을 살릴 수 있다. · 판매대나 유리 케이스에 특수형을 필요하기 때문에 고가가 된다. · 매장의 변경 및 이동이 곤란하다.
방사형 배치	· 판매장의 통로를 방사형이 되도록 배치하는 방법이다. · 미국에서 실시한 예가 있으나 일반적으로 적용이 곤란한 특수한 경우이다.

16 백화점 진열장 배치에 대한 설명 중 옳지 않은 것은?
[10, 17, 23 기]
① 직각배치 방식은 판매장 면적이 최대한으로 이용되고 간단하다.
② 사행배치는 주통로 이외의 제2통로를 상하교통계를 향해서 45° 사선으로 배치한 것이다.
③ 사행배치는 많은 고객이 판매장 구석까지 가기 쉬운 이점이 있으나 이형의 진열장이 필요하다.
④ 자유유선 배치방식은 획일성을 탈피할 수 있으며, 변화와 개성을 추구할 수 있고 시설비가 적게 든다.
답 : ④

17 백화점 판매장의 진열장 배치 유형 중 직각형 배치에 관한 설명으로 옳지 않은 것은?
[11, 25 기]
① 진열장의 규격화가 가능하다.
② 매장 면적의 이용률이 다른 유형에 비해 낮다.
③ 고객의 통행량에 따라 통로 폭을 조절하기가 어렵다.
④ 획일적인 진열장 배치로 매장 공간이 지루해질 가능성이 높다.
답 : ②

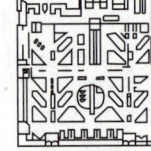  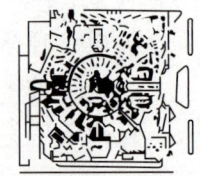

(a) 직각배치   (b) 사행배치   (c) 자유유선형배치   (d) 방사형배치

[그림] 매장 진열대 배치 방법

⑤ 무창 건축의 백화점 : 실내의 진열 면적을 늘리고 분위기 조성을 위해 백화점의 외벽을 창이 없게 처리하는 방법
  ㉮ 장점
    • 창의 역광으로 인한 내부 의장의 불리 요소를 제거할 수 있다.
    • 외부 벽면의 상품 전시 가능으로 매장 배치상 유리하다.
    • 매장 내의 냉·난방 효과가 증대된다.
  ㉯ 단점 : 화재나 정전시 고객들의 혼란에 빠질 우려가 있다.

4. 동선계획

1) 수직동선 계획
 ① 계단 : 백화점에서의 계단은 승강설비의 보조용이나 비상계단으로 계획한다.
 ② 엘리베이터
  ㉮ 에스컬레이터와 병용하는 경우 고객의 75~80%는 에스컬레이터를 이용하므로 최상층에의 급행용 이외에는 보조적 역할이 된다.
  ㉯ 크기 : 연면적 2,000~3,000m²에 대해서 15~20인승 1대꼴 정도로 한다.
  ㉰ 속도
    • 저층(4~5층) : 45~100m/min 정도
    • 중층(8층) : 110m/min 정도
  ㉱ 대수결정 일반 공식

  $$S = \frac{5 \times 60 \times P}{T} \qquad N = \frac{5분간에\ 운반하여야\ 되는\ 인원수}{S}$$

  여기서, S : 5분간에 1대가 운반하는 인원수
         P : 정원 N : 엘리베이터 대수
         T : 엘리베이터 평균 일부 시간(초)
  ㉲ 배치 : 가급적 집중 배치하며, 1대의 수용력을 크게 하고, 고객용, 화물용, 사무용으로 구분 배치한다.
  ㉳ 위치 : 출입구의 반대쪽
 ③ 에스컬레이터
  ㉮ 백화점에서 수직동선의 수송수단으로 가장 적합하며 방재계획에 불리하여 비상계단으로 사용할 수는 없다. 고객의 70~80%가 이용하게 되며, 엘리베이터의 10배 수송능력을 가진다. 특히, 1층, 지하층 등 층 높이의 차가 1층뿐인 경우에는 엘리베이터 45대 분에 해당된다.
  ㉯ 필요성 : 4대 이상의 엘리베이터를 필요로 할 때, 또는 2,000명/h 이상의 수송력을 필요로 할 때 설치한다.

핵심 PLUS

18 백화점 계획에서 매장부분의 외관을 무창으로 하는 이유로 옳지 않은 것은? [17 기]
① 실내의 조도를 일정하게 하기 위해서
② 벽면에 상품 전시공간을 확보하기 위해서
③ 인접건물의 화재시 백화점으로의 인화를 방지하기 위해서
④ 창으로부터의 역광이 없도록 하여 디스플레이(display)를 유리하게 하기 위해서
답 : ③

19 다음 중 계획 시 자연채광이 주요한 고려사항이 되지 않는 것은? [09, 12 기]
① 사무소 사무실
② 학교 교실
③ 병원 병실
④ 백화점 매장

[해설] 백화점의 경우 창의 역광으로 인한 내부 의장의 불리 요소를 제거할 수 있도록 무창 건축의 백화점으로 한다.
답 : ④

20 백화점 평면계획에 있어서 엘리베이터와 에스컬레이터의 위치는 어느 곳이 가장 좋은가? [05 산]
① 두 가지 모두 고객 출입구 근처에 있어야 좋다.
② 엘리베이터는 주 출입구에서 가장 가까운 곳에, 에스컬레이터는 먼 곳이 좋다.
③ 엘리베이터는 주 출입구에서 먼 곳에, 에스컬레이터는 그 중간이 좋다.
④ 두 가지 모두 주 출입구에서 가장 깊숙한 곳이 좋다.
답 : ③

I. 건축계획 | 상업건축

핵심 PLUS

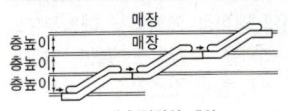
(a) 직렬식 배치

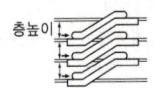
(b) 병렬 단속식 배치

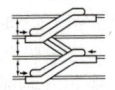
(c) 병렬 연속식 배치

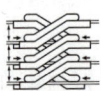
(d) 교차식 배치

㉰ 특징
- 장점
  - 수송력에 비해 점유 면적이 적다.(엘리베이터의 1/4~1/5 정도)
  - 종업원이 적어도 된다.
  - 고객으로 하여금 기다리지 않게 한다.
  - 매장을 바라보며 승강할 수 있다.
- 단점
  - 설비비가 고가이다.
  - 층고와 보의 간격에 제약을 받는다.

㉱ 위치 : 엘리베이터와 출입구의 중간 또는 매장의 중앙에 가까운 장소로서 고객이 알아보기 쉬운 곳

㉲ 수송 능력 : 60cm형은 4,000명/h, 90cm형은 6,000명/h, 120cm형은 8,000명/h 정도

㉳ 배치형식

■ 에스컬레이터의 배치형식

배치 형식	특 징
직렬식	점유면적이 크나, 승객의 시야가 넓어져 좋으며 시선이 한 방향으로 고정된다.
병렬 단속식	백화점 내를 내려다보기가 좋다.
병렬 연속식	승강·하강이 연속적이고 독립적이며 승강장 찾기가 용이하다.
교차식	• 점유면적이 다른 유형에 비해 가장 작으며, 연속적으로 승강이 가능 하다. • 매장의 전망이 나쁘다.

💡 학습포인트

엘리베이터, 에스컬레이터의 비교

구 분	수송 능력	배 치	법규 사항
엘리베이터	400~500명/h	• 집중 배치(8대까지) • 1대의 수용 능력을 크게	• 8인승-1대 • 16인승 이상-2대
에스컬레이터	4,000~8,000명/h	Ev 4대 이상 필요시 배치(2,000명/h 이상의 수송력 필요시)	• 구배 : 30° 이하 • 정격속도 : 30m/min 이하

㉠ 수송 능력 : Es가 Ev의 약 10배 수송 능력(특히, 총수의 차 1개층 경우 : Ev의 약 45대 분)
㉡ 위치 : 매장의 진열효과, 매상 효과의 극대화를 고려한 위치(➡ 고객동선을 길게 유도)

---

21 다음 중 일반적으로 백화점 건축에서 에스컬레이터를 이용하는 승객의 시야가 가장 좋은 배치법은? [06 산]
① 교차식 배치
② 직렬식 배치
③ 병렬단속식 배치
④ 병렬연속식 배치

답 : ②

22 백화점의 엘리베이터와 에스컬레이터에 관한 설명 중 적합하지 않은 것은? [04 기]
① 에스컬레이터를 설치하는 경우 층높이와 보의 간격에 유의한다.
② 에스컬레이터는 엘리베이터에 비해 수송량이 크다.
③ 에스컬레이터는 고객이 판매장을 여러 각도에서 보면서 오르내릴 수 있고 고객을 기다리게 하지 않는다는 이점이 있다.
④ 엘리베이터는 에스컬레이터에 비해 소요면적이 크고 설비비가 높다.

답 : ④

3 쇼핑센터(Shopping Center)

1) 공간 구성 요소

① 핵상점(核商店, magnet store, key tenant) : 핵상점은 쇼핑센터의 핵으로서 고객을 끌어들이는 기능을 갖고 있으며, 일반적으로 백화점이나 종합 슈퍼마켓이 이에 해당된다.

② 전문점(retail shops) : 전문점은 주로 단일 종류의 상품을 전문적으로 취급하는 상점과 음식점 등의 서비스점으로 구성되며, 전문점의 구성과 레이아웃은 그 쇼핑센터의 특색에 의해 결정된다.

③ 몰(mall) : 쇼핑센터 내의 주요 보행 동선으로 고객을 각 상점으로 고르게 유도하는 shopping street인 동시에 고객의 휴식처로서의 기능도 갖고 있다. 쇼핑센터의 가장 특징적인 요소이다.

  ㉮ 전문점과 핵상점들은 몰에 면하도록 한다.

  ㉯ mall은 open mall, enclosed mall로 계획할 수 있으며, 일반적으로 공기 조화에 의해 쾌적한 실내 기후로 유지할 수 있는 enclosed mall이 선호된다.

  ㉰ 몰의 폭은 6~12m가 일반적이며, 몰의 길이는 240m가 한계이다. 길이 20~30m마다 변화를 주어 단조로운 느낌이 들지 않도록 하는 것이 바람직하다.

  ㉱ mall은 pedestrian area의 일부이며, pedestrian 지대에는 몰, 코트, 분수, 연못, 조경이 있다.

④ 코트(court) : 고객이 머무를 수 있는 비교적 넓은 공간으로서 몰의 군데군데에 위치하여 고객의 휴식처가 되는 동시에 각종 행사의 장이 되기도 한다.

⑤ 주차장 : 차를 이용하는 고객의 편의와 고객 유치를 위해 필수적이다. 주차장의 위치와 규모는 다른 교통 수단 및 도로 상황과의 관계를 고려하여 결정한다.

2) 면적 구성

① 핵상점 : 전체 면적의 약 50%
② 전문점 : 전체 면적의 약 25%
③ 몰, 코트 등 공유 공간 : 전체 면적의 약 10% 정도
④ 관리 시설, 공용화물 처리장, 기계실 등의 후방부분 : 15%(나머지)

핵심 PLUS

23 쇼핑센터의 공간구성에서 페디스트리언 지대(Pedestrian area)의 일부로서 고객을 각 상점에 유도하는 주요 보행자 동선인 동시에 고객의 휴식처로서 기능을 갖고 있는 것은? [07, 10 기]
① 몰(Mall)
② 코트(Court)
③ 핵상점(Magnet store)
④ 허브(Hub)

답 : ①

24 쇼핑센터의 공간구성요소인 몰(Mall)계획에 관한 설명 중 옳지 않은 것은? [03, 10 기]
① 몰은 쇼핑센터내의 주요 보행동선으로 쇼핑거리인 동시에 고객의 휴식공간이다.
② 몰에는 층외로 개방된 Open Mall과 닫혀진 실내공간으로 된 Enclosed Mall이 있다.
③ 몰에는 코트(court)를 설치해 각종 연회, 이벤트 행사 등을 유치하기도 한다.
④ 몰의 활성화를 위해 전문점들과 중심상점의 주출입구는 몰과 면하지 않도록 거리를 두어야 한다.

[해설] 전문점과 핵상점들은 몰에 면하도록 한다.

답 : ④

25 쇼핑센터에서 전체면적에 대한 중심상점(핵상점)의 일반적인 면적비는? [12 기]
① 약 5%
② 약 25%
③ 약 50%
④ 약 75%

답 : ③

핵심기출문제

Ⅳ. 상업건축

1. 상점

1. 다음 중 상점 정면(Facade)구성에 요구되는 상점과 관련되는 5가지 광고요소(AIDMA법칙)에 속하지 않는 것은? [07, 11②]
① Attention(주의)   ② Interest(흥미)
③ Design(디자인)   ④ Memory(기억)

2. 다음의 각종 상점의 방위에 대한 설명 중 옳지 않은 것은? [10산]
① 음식점 : 도로의 남측에 위치하는 것이 좋다.
② 식료품점 : 강한 석양은 상품을 변색시키므로 서향을 피한다.
③ 서점 : 가급적 도로의 북측이나 동측을 선택한다.
④ 부인용품점 : 오후에 그늘이 지지 않는 방향으로 하는 것이 좋다.

3. 상점계획에 대한 설명 중 옳지 않은 것은? [04②]
① 고객의 동선은 일반적으로 짧을수록 좋다.
② 점원의 동선과 고객의 동선은 서로 교차되지 않는 것이 바람직하다.
③ 대면판매형식은 일반적으로 시계, 귀금속, 의약품 상점 등에서 쓰여진다.
④ 진열케이스, 진열대, 진열장 등이 입구에서 안을 향하여 직선적으로 구성된 평면배치는 주로 침구코서, 식기코너, 서점 등에서 사용된다.

4. 다음 중 상점내 진열장 배치계획에서 가장 우선적으로 고려되어야 할 사항은? [09산]
① 동선의 흐름   ② 진열장의 치수
③ 조명의 밝기   ④ 천장의 높이

5. 다음의 상점계획에 대한 설명 중 옳지 않은 것은? [08②]
① 고객의 동선은 가능한 짧게 하여 고객에게 편의를 준다.
② 종업원 동선은 고객의 동선과 교차되지 않도록 한다.
③ 내부 계단설계시 올라간다는 부담을 덜 들게 계획하는 것이 중요하다.
④ 소규모의 건물에서 계단의 경사가 너무 낮은 것은 매장 면적을 감소시킨다.

해 설

해설 1
파사드 구성에 요구되는 AIDMA법칙(구매 심리 5단계를 고려한 디자인)
① A(주의, attention) : 주목시킬 수 있는 배려
② I(흥미, interest) : 공감을 주는 호소력
③ D(욕망, desire) : 욕구를 일으키는 연상
④ M(기억, memory) : 인상적인 변화
⑤ A(행동, action) : 들어가기 쉬운 구성

해설 2
양복점, 가구점, 서점은 가급적 도로의 남측이나 서측을 선택하여 일사에 의한 퇴색, 변형, 파손 등을 방지한다.

해설 3
고객 동선은 길게 유도하여 매장의 진열효과를 높인다.

해설 4
상점의 동선계획은 평면계획의 기본요소로 기능적으로 역할이 서로 다른 동선은 교차되거나 혼용되어서는 안 된다. 상점 내의 매장 계획에 있어서 동선을 원활하게 하는 것이 가장 중요하다. 고객, 종업원, 상품의 동선이 서로 교차되지 않게 판매장을 계획한다.

해설 5
고객 동선은 길게 유도하여 매장의 진열효과를 높이고, 종업원의 동선은 되도록 짧게 하여 보행거리를 적게 하여 작업의 효율성과 피로의 감소를 고려한다.

정답 1. ③ 2. ③ 3. ① 4. ①
5. ①

Authorized Architect

6. 상점 매장의 가구배치에 따른 평면 유형에 관한 설명으로 옳지 않은 것은? [14, 25⑦]

① 직렬형은 부분별로 상품진열이 용이하다.
② 굴절형은 대면판매 방식만 가능한 유형이다.
③ 환상형은 대면판매와 측면판매 방식을 병행할 수 있다.
④ 복합형은 서점, 패션점, 악세사리점 등의 상점에 적용이 가능하다.

7. 상점 건축의 진열장 배치에 관한 설명 중 옳은 것은? [09, 15⑦]

① 도난을 방지하기 위하여 손님에게 감시한다는 인상을 주도록 계획한다.
② 들어오는 손님과 종업원의 시선이 정면으로 마주치도록 계획한다.
③ 동선이 원활하여 다수의 손님을 수용하고 다수의 종업원으로 관리하게 한다.
④ 손님 쪽에서 상품이 효과적으로 보이도록 계획한다.

8. 상점의 쇼윈도우에 대한 설명 중 옳지 않은 것은? [09, 15, 24⑦]

① 상점의 전면이 넓지 않을 경우 일반적으로 쇼윈도우와 출입구는 비대칭적으로 처리하는 것이 좋다.
② 평형은 일반적으로 많이 사용되는 기본형으로 상점내의 면적을 넓게 사용할 수 있다.
③ 곡면형은 곡면유리를 사용하여 쇼윈도우의 구성에 변화를 주어 일단 형태감에서 통행인의 시선을 자연스럽게 유도할 수 있다.
④ 경사형은 유리면을 경사지게 처리하여 단조로움이 적게 되지만 유리면의 눈부심이 크다.

9. 상점건축에 쇼윈도 유리면의 현휘를 방지하는 방법과 가장 관계가 먼 것은? [10⑭]

① 곡면유리를 사용한다.
② 쇼윈도의 유리를 경사지게 한다.
③ 쇼윈도 안의 조도를 어둡게 한다.
④ 차양을 붙인다.

해 설

해설 6
굴절배열형
㉠ 진열 케이스의 배치와 고객 동선이 굴절 또는 곡선으로 구성된 것
㉡ 대면 판매와 측면 판매의 조합으로 이루어진다.
㉢ 대상 : 양품점, 안경점, 모자점, 문방구점
※ 직렬배열형은 부분별로 상품진열이 용이하고 대량판매형식도 가능하다.

해설 7
① 감시하기 쉽고 또한 고객에게는 감시한다는 인상을 주지 않도록 한다.
② 들어오는 고객과 종업원의 시선이 직접 마주치지 않게 한다. 이를 위해 종업원의 위치는 상점 전면에서 직접 보이지 않게 하고, 슬며시 보이는 장소를 정한다.
③ 고객과 종업원의 동선을 원활하게 하여 다수의 고객을 수용하고 소수의 종업원으로 관리하기에 편리하도록 하여야 한다.

해설 8
상점의 쇼윈도우 유리면을 경사지게 처리하면 유리면의 눈부심이 작게 된다.

해설 9
진열창(쇼윈도우)의 현휘(눈부심) 현상 방지
① 주간시 : 외부의 조도가 내부의 조도보다 10~30배 정도 더 밝을 때 반사가 생긴다.
  ㉠ 진열창 내의 밝기를 외부보다 더 밝게 한다.(천공이나 인공조명 사용)
  ㉡ 차양을 달아 외부에 그늘을 준다. (만입형이 유리)
  ㉢ 유리면을 경사지게 하고 특수한 곡면 유리를 사용한다.
  ㉣ 건너편의 건물이 비치는 것을 방지하기 위해 가로수를 심는다.
② 야간시 : 광원에 의해 반사가 생긴다.
  ㉠ 광원을 감춘다.
  ㉡ 눈에 입사하는 광속을 적게 한다.

정답 6. ② 7. ④ 8. ④ 9. ③

핵심기출문제 — IV. 상업건축

10. 다음의 상점 바닥면 계획에 관한 설명 중 옳지 않은 것은? [08산]
① 미끄러지거나 요철이 없도록 한다.
② 외부에서 자연스럽게 유도될 수 있도록 한다.
③ 소음발생이 적은 바닥재를 사용한다.
④ 상품이나 진열설비와 무관하게 자극적인 색채로 한다.

11. 슈퍼마켓의 매장 계획에 관한 설명 중 옳지 않은 것은? [10산]
① 매장의 바닥에 고저차를 두는 것은 변화가 있어 효과적이다.
② 상품 배열 및 구성은 손님이 전 상품을 충분히 보고 다닐 수 있도록 한다.
③ 통로의 폭은 1.5m 이상이 바람직하다.
④ 매장의 벽면은 요철을 될 수 있는 한 피한다.

2. 백화점

12. 백화점 판매장계획에 관한 설명 중 가장 부적당한 것은? [05기]
① 특별매장과 일반매장은 각각 층별로 구분 배치하는 것이 이상적이다.
② 판매장 통행에 있어 직각배치는 판매장 면적을 최대한 이용할 수 있다.
③ 동일층에서 수평적으로 높이의 차이가 있는 것은 바람직하지 않다.
④ 판매장 안의 고객통로의 폭은 1.8m 이상이 요구된다.

13. 백화점의 매장면적 중 순수통로로 쓰이는 부분은 어느 정도인가?
① 10~20%   ② 20~30%
③ 30~50%   ④ 50~70%

14. 다음 중 백화점의 기둥간격 결정요소와 가장 거리가 먼 것은? [05, 07, 18 기]
① 화장실의 크기
② 에스컬레이터의 배치방법
③ 매장 진열장의 치수와 배치방법
④ 지하주차장의 주차방식과 주차폭

해 설

해설 10
상점 바닥면 계획시 단차이를 두지 않으며 미끄러지거나 요철이 없도록 한다. 또한 소음발생이 적은 바닥재를 사용하며, 상품이나 진열설비를 고려하고, 지나치게 자극적인 색채는 피하는 것이 좋다.

해설 11
슈퍼마켓의 매장 바닥은 고저차를 두게 되면 이용하는 고객층이 유아에서 노인까지 다양하기 때문에 다니기 불편할 뿐만 아니라 유모차나 작은 수레의 이용이 어렵게 된다.

해설 12
특별매장은 일반매장 내에 함께 배치하는 것이 이상적이다.

해설 13
매장면적비
① 연면적에 대해 60~70% 정도(소규모 경우 : 80% 정도)
② 순수통로에 필요한 면적 : 매장면적의 30~50% 정도

해설 14
백화점 스팬(Span)의 결정요인
① 진열대 치수와 배치 방법(진열장 배치의 변경 고려시 : 장방형보다 정방형이 유리)
② 엘리베이터, 에스컬레이터의 배치 (엘리베이터, 에스컬레이터 등의 크기, 개수, 설치 유무)
③ 매장의 통로의 크기
④ 지하주차장의 수용 능력(지하주차장의 주차방식과 주차폭)
⑤ 건축물의 적용 구조체

정답 10. ④ 11. ① 12. ①
      13. ③ 14. ①

15. 많은 고객이 판매장 구석까지 가기 쉬운 이점이 있으며 이형의 진열장이 많이 필요한 백화점의 진열장 배치방식은? [05㉒]
① 자유유선배치
② 직각배치
③ 방사배치
④ 사행배치

[해설] 15
사행배치는 주통로를 직각배치하고, 부통로를 주통로에 45° 경사지게 배치하는 방법으로 수직 동선에의 접근이 쉽고, 매장의 구석까지 가기 쉽다.

16. 엘리베이터의 설계시 고려사항으로 옳지 않은 것은? [14, 24㉒]
① 군 관리운전의 경우 동일 군내의 서비스 층은 같게 한다.
② 승객의 층별 대기시간은 평균 운전간격 이하가 되게 한다.
③ 건축물의 출입층이 2개 층이 되는 경우는 각각의 교통수요량 이상이 되도록 한다.
④ 백화점과 같은 대규모 매장에는 일반적으로 승객수송의 70~80%를 분담하도록 계획한다.

[해설] 16
백화점에서 에스컬레이터는 수직동선의 수송수단으로 가장 적합하며 방재계획에 불리하여 비상계단으로 사용할 수는 없다. 고객의 70~80%가 이용하게 되며, 엘리베이터의 10배 수송능력을 가진다. 특히, 1층, 지하층 등 층 높이의 차가 1층뿐인 경우에는 엘리베이터 45대 분에 해당된다.

17. 백화점건축의 기본계획에 관한 설명 중 옳지 않은 것은? [02㉒]
① 특수매장은 일반매장 내에 함께 배치하는 것이 이상적이다.
② 출입구는 모퉁이를 피하고 장내 주요통로의 직선적 위치에 설정한다.
③ 에스컬레이터의 배치는 직렬식으로 하는 것이 시야가 넓고 점유면적이 적게 든다.
④ 백화점의 판매장은 바닥면적을 13,000m²로 할 경우, 전체 건물면적은 20,000m²가 적당하다.

[해설] 17
에스컬레이터의 직렬식 배치는 승객의 시야가 넓어져 좋으나, 시선이 한 방향으로 고정되며, 점유면적이 크다.

18. 백화점 건축계획에 대한 설명 중 옳지 않은 것은? [10, 23, 25㉒]
① 일반적으로 기둥 간격이 클수록 매장배치가 용이하고 매장이 개방되어 보인다.
② 매장의 고객 동선은 너무 단순하거나 혼잡하지 않게 하여 고객을 분산시킨다.
③ 백화점의 색채계획은 중채도의 색을 위주로 한 배색으로 시각적인 혼란감을 억제하는 것이 좋다.
④ 엘리베이터, 에스컬레이터 등 수직동선 설비는 고객 출입구 부근에 집중시켜 동선의 원활한 연결이 가능하게 한다.

[해설] 18
엘리베이터는 주출입구의 반대편에 설치하여 고객동선을 길게 유도하고, 에스컬레이터는 매장의 중간에 설치하여 매장의 진열효과를 고려한다.

정답 15. ④ 16. ④ 17. ③
18. ④

핵심기출문제

Ⅳ. 상업건축

19. 백화점 건축의 세부 계획에 관한 다음 사항 중 가장 부적당한 것은? [08②]

① 매장 면적의 연면적에 대한 비율 : 60~70%
② 고객용 변기 수 : 매장 면적 2,000m² 마다 1개
③ 매장안의 고객통로의 폭 : 1.8m 이상
④ 종업원 수 : 연면적 18~22m² 에 대해서 1명

20. 백화점 계획에 대한 설명 중 옳지 않은 것은? [11②]

① 수평동선 계획시 백화점 내에 진입한 고객들을 매장 내부 구석까지 유도할 수 있도록 한다.
② 백화점의 속성상 각 상점이 외부의 채광으로부터 영향이 크므로 일조권 확보 계획을 우선시 한다.
③ 2면 도로의 경우 Main 도로측에 보행자 출입구, Sub 도로측에는 차량 및 종업원 출입구를 계획한다.
④ 통로계획시 고객을 분산시킬 수 있으며, 단조롭거나 상대적으로 혼잡하지 않은 세밀한 계획이 필요하다.

■■■ 3. 쇼핑센터(Shopping Center)

21. 쇼핑센터 계획에 대한 설명 중 옳지 않은 것은? [05, 08②]

① 전문점들과 중심상점의 주출입구는 몰에 면하지 않도록 한다.
② 페데스트리언 지대(Pedestrian area)의 구성을 통해 구매의욕을 도모하고 휴식공간을 마련한다.
③ 몰(Mall)에는 확실한 방향성과 식별성이 요구된다.
④ 2차적 고객유도를 위해 은행, 우체국, 미장원 등 소규모 편익시설을 포함시킨다.

22. 쇼핑센터의 몰(mall)의 계획에 대한 설명으로 옳지 않은 것은? [04, 18, 21②]

① 전문점들과 중심 상점의 주출입구는 몰에 면하도록 한다.
② 중심상점들 사이의 몰의 길이는 150m를 초과하지 않아야 하며, 길이 40~50m 마다 변화를 주는 것이 바람직하다.
③ 몰에는 자연광을 끌어들여 외부공간과 같은 성격을 갖게 한다.
④ 다층으로 계획할 경우, 다층 및 각층간의 시야의 개방감이 적극적으로 고려되어야 한다.

해 설

[해설] 19
변기수의 산정

고객용	남자용	대변기, 세수기	매장면적 1,000m²에 대해서 1개
		소변기	매장면적 700m²에 대해서 1개
	여자용	변기, 세수기	매장면적 500m²에 대해서 1개

[해설] 20
백화점의 경우 창의 역광으로 인한 내부 의장의 불리 요소를 제거할 수 있도록 무창 건축의 백화점으로 한다.
※ 무창 백화점 : 실내의 진열 면적을 늘리고 분위기 조성을 위해 백화점의 외벽을 창이 없게 처리하는 방법

[해설] 21
몰은 쇼핑센터내의 주요 보행동선으로 쇼핑거리인 동시에 고객의 휴식공간이다. 전문점과 핵상점들은 몰에 면하도록 한다.

[해설] 22, 23, 24
몰(mall)의 폭은 6~12m가 일반적이며, 몰의 길이는 240m가 한계이다. 길이 20~30m마다 변화를 주어 단조로운 느낌이 들지 않도록 하는 것이 바람직하다.

정답 19. ② 20. ② 21. ①
22. ②

23. 쇼핑센터의 몰(mall)에 관한 계획으로 틀린 것은? [01㉮]

① 몰은 쇼핑센터내의 주요 보행동선으로 쇼핑거리인 동시에 고객의 휴식공간이다.
② 몰에는 층외로 개방된 open mall과 실내공간으로 된 enclosed mall이 있다.
③ 몰에는 코트(court)를 설치해 각종 연회, 이벤트 행사 등을 유치하기도 한다.
④ 몰의 길이는 핵상점들간에 20~30m 마다 다양한 변화를 줌으로서 300m 이상도 가능하다.

24. 쇼핑센터의 몰(mall)에 대한 설명 중 틀린 것은? [00㉮]

① 전문점과 핵상점의 주출입구가 몰에 면하도록 한다.
② 폭 6~12m, 길이 240m 이내로 하며, 40~60m마다 변화를 준다.
③ 자연광을 유입하여 외부공간의 성격을 부여한다.
④ 각종 회합이나 연회를 베푸는 장소로 사용된다.

25. 쇼핑센터의 특징적인 요소인 페데스트리언 지대(Pedestrain Area)에 관한 설명으로 옳지 않은 것은? [01, 07, 22, 24㉮]

① 고객에게 변화감과 다채로움, 자극과 흥미를 제공한다.
② 바닥면의 고저차를 많이 두어 지루함을 주지 않도록 한다.
③ 바닥면에 사용하는 재료는 주위상황과 조화시켜 계획한다.
④ 사람들의 유동적 동선이 방해되지 않는 범위에서 나무나 관엽식물을 둔다.

26. 쇼핑센터의 몰(Mall)에 관한 설명으로 옳지 않은 것은? [11㉮]

① 확실한 방향성과 식별성이 요구된다.
② 전문점과 핵상점의 주출입구는 몰에 면하도록 한다.
③ 몰은 고객의 주보행동선으로써 중심상점과 각 전문점에서의 출입이 이루어지는 곳이다.
④ 일반적으로 공기조화에 의해 쾌적한 실내기후를 유지할 수 있는 오픈 몰(open mall)이 선호된다.

해 설

해설 25
상점 및 백화점, 쇼핑센터의 바닥면 계획시 단차를 두지 않으며 미끄러지거나 요철이 없도록 한다. 또한 소음발생이 적은 바닥재를 사용하며, 상품이나 진열설비를 고려하고, 지나치게 자극적인 색채는 피하는 것이 좋다.

해설 26
몰(mall)은 open mall, enclosed mall로 계획할 수 있으며, 일반적으로 공기 조화에 의해 쾌적한 실내 기후로 유지할 수 있는 enclosed mall이 선호된다.

정답 23. ④ 24. ② 25. ② 26. ④

05 교육시설

I. 건축계획 | 교육시설

핵심 PLUS

- 장래 확장(증축)계획 고려대상
주택, 학교, 도서관, 공장, 병원, 은행, 호텔, 미술관

- 도보권(1km 이내 이용권)
상점, 학교, 유치원, 도서관, 병원, 은행(지점)

01 학생수 1,000명을 수용하는 초등학교의 교지면적을 결정하는 데 필요한 1인당 기준 면적은?(단, 1학급 학생수는 40명으로 한다.)

해설
1,000명÷40명/학급=25학급
13학급 이상인 경우이므로 1인당 교지 점유 면적은 15m²/인이다.

02 학교 교사의 배치계획 중 폐쇄형에 대한 설명으로 옳지 않은 것은? [11 기]
① 화재 및 비상시에 불리하다.
② 일조·통풍 등 환경조건이 불균등하다.
③ 일종의 핑거 플랜으로 구조계획이 간단하다.
④ 교사 주변에 활용되지 않은 부분이 많은 결점이 있다.
답 : ③

1 학교

1. 기본 계획

1) 교지 계획

① 교지의 형태 : 정형에 가까운 직사각형이 유리하며, 일반적으로 장변과 단변의 비는 4 : 3 정도가 좋고 3 : 2 또는 5 : 4 정도도 양호하다.
② 교지의 면적 : 학교의 규모에 따른 학생 1인당 점유 면적은 표와 같다.

■ 학생 1인당 교지의 점유 면적

학교의 종류	규모별·학과별	학생 1인당 교지 점유 면적
초등학교	12학급 이하	20m²
	13학급 이상	15m²
중학교	학생수 480명 이하	30m²
	학생수 481명 이상	25m²
고등학교	인문계	70m²
	실업계	110m² (실습지 불포함)
대학(교)		60m²

2) 교사(校舍)계획

① 배치 계획의 유형

구 분	block형	특 징
폐쇄형	(숫자는 건설 순서)	운동장을 남쪽에 두고 북쪽에서부터 건축하기 시작하여 ㄴ형, ㅁ형으로 완결지어 가는 종래의 일반적인 형식이다. ① 장점 : 대지의 효율적인 이용이 가능하다. ② 단점 • 화재 및 비상시에 불리하다. • 운동장에서 교실로의 소음이 크다. • 교사 주변에 활용되지 않는 부분이 많다.

구 분	block형	특 징
분산병렬형		일종의 핑거 플랜(finger plan)이다. ① 장점 · 일조, 통풍 등 환경조건이 균등하다. · 구조 계획이 간단하고 규격형의 이용에 편리하다. · 각 건물 사이는 놀이터와 정원으로 이용이 가능하다. ② 단점 · 넓은 대지를 필요로 한다. · 편복도일 경우 복도 면적이 너무 크고 단조롭다. · 건물간의 유기적인 구성이 어렵다.
집합형 (compact형)		인구 증가에 따른 교육 시설의 지역 계획이 차츰 가능하게 되어, 교지의 한쪽에서 교사를 짓기 시작할 때부터 최대 규모를 전제로 하여 유기적인 구성으로 계획한다. · 교육 구조에 따른 유기적 구성이 가능하다. · 동선이 짧아 학생 이동에 유리하다. · 물리적 환경이 좋다. · 시설물을 지역 사회에서 이용할 수 있는 다목적 계획이 가능하다.
클러스터형		공용공간을 중앙에 위치시키고, 몇 개의 교실을 하나의 유닛(unit)으로 하여 분리시키는 형식이다. · 중앙에 학생들이 중심적으로 사용되는 부분을 집약하고 외곽에 특별교실, 학년별 교실동을 두어 동선의 원활을 기할 수 있다. · 건물동 사이의 놀이공간 구성이 용이하다.

핵심 PLUS

03 학교배치형별 특징을 설명한 것 중 틀린 것은? [03 기]
① 폐쇄형은 일조, 통풍 등 환경조건이 불균등하다.
② 분산병렬형은 넓은 부지를 필요로 한다.
③ 집합형은 물리적 환경이 나쁘다.
④ 분산병렬형은 구조계획이 간단하고 규격형의 이용도 편리하다.
　　　　　　　　답 : ③

04 학교 교사의 배치형식 중 분산병렬형에 관한 설명으로 옳지 않은 것은? [16, 25 기]
① 구조계획이 간단하다.
② 일종의 핑거 플랜(Finger Plan)이다.
③ 교실 환경조건을 균등하게 할 수 없다는 단점이 있다.
④ 각 교사 건축물 사이의 공간을 놀이터나 정원으로 이용할 수 있다.
　　　　　　　　답 : ③

② 교사(校舍)의 면적

㉮ 복도, 출입구, 계단 등의 통로 면적을 포함한 학생 1인당 점유 면적은 표와 같다.

■ 학생 1인당 교사의 점유 면적

학교의 종류	1인당 소요 면적
초등학교	$3.3 \sim 4.0 m^2$
중 학 교	$5.5 \sim 7.0 m^2$
고등학교	$7.0 \sim 8.0 m^2$
대 학 교	$16.0 m^2$ 이상

㉯ 교지 면적은 교사 면적의 2.0~2.5배가 필요하며 장래 교사 확장에 대한 여유를 가진다.
㉰ 통로 계통의 점유 면적은 교사 면적의 약 30% 정도이다.

예제

1. 학생이 1,000명인 고등학교를 건축할 경우 적정한 교사 면적의 규모는?
   ▶ 고등학교의 경우 1인당 교사의 소요 면적은 7~8m^2 이므로
   1,000명×(7~8m^2)=7,000~8,000m^2

2. 아동수 1,200명의 초등학교 교사면적(A)과 교지면적(B)의 규모는?
   ▶ 교사 면적 : 1,200명×(3.3~4m^2)=5,000m^2 정도
   교지 면적 : 5,000m^2×(2~2.5)=12,000m^2 정도

2. 평면 계획

1) 학교의 운영 방식

형	방법	장점	단점	비고
종합교실형 (A형=U형) (Activity type)	교실 수는 학급 수에 일치하고, 각 학급은 자기의 교실 내에서만 모든 교과를 행한다.	학생의 이동은 전혀 없다. 다른 학급에 관계없이 각 학급 마다 가정적 분위기를 만들 수 있다.	시설 정도가 낮을 경우에는 가장 빈약한 보기로 되고, 특히 초등학교 고학년 이상에는 무리가 있다.	초등학교 저학년에 대해서 가장 적당한 형이고, 외국에서는 이 교실에 1~2의 변소를 부속시키고 있는 것이 많다.
일반교실형 특별교실형 (U+V형) (Usual with Variation type)	일반교실이 각 학급에 하나씩 배당되고, 기타에 특별 교실을 가진다.	전용 학급 교실이 주어지기위해 홈룸 활동 및 학생의 소지품의 본거가 안정되고 있다.	특별교실을 확충 하면 일반 교실의 이용률이 낮다. 따라서, 시설의 정도를 높일수록 비경제적으로 된다.	우리나라 학교의 70%를 차지하고 있다. 결점도 있으나 대체로 권장할 만 하다.
교과교실형 (V형) (Department system)	모든 교실이 특정한 교과를 위해 만들어 지고 일반교실은 없다.	각 교과에 순수율이 높은 교실이 주어져 시설의 활용도가 높게 된다.	학생의 이동이 심하다. 순수율을 100%로 하는 한 이용률이 반드시 높다고 할 수 없다.	이동할 때에는 소지품을 두는 곳을 고려할 필요가 있다. 또 이동에 대한 동선에 주의 하지 않으면 안 된다.
U.V형과 V형의 중간 (E형)	일반교실의 수는 학급수보다 적고, 특별교실의 순수율 은 반드시 100% 유지되는 것은 아니다.	이용률을 상당히 높일 수 있으므로 경제적이다.	학생의 이동이 상당히 많다. 학생이 있는 곳이 안정되지 않는다. 대부분의 경우 혼란이 온다.	혼란이 일어나지 않게 하기 위해 소지품과 동선을 충분히 고려하면 장점을 살릴 수 있다.

핵심 PLUS

05 초등학교 저학년에 가장 권장되는 학교운영방식은? [15 기]
① 달톤형
② 플래툰형
③ 종합교실형
④ 교과교실형

답 : ③

06 다음 중 일반교실의 이용률이 가장 높은 것은? [07 기]
① U형(종합교실형)
② V형(교과교실형)
③ P형(플래툰형)
④ U+V형(일반교실+특별교실형)

[해설] 종합교실형(U형) 운영방식의 경우 교실수는 학급수에 일치하고, 각 학급은 자기의 교실 내에서만 모든 교과를 행하는 방식이므로 일반교실의 이용률이 가장 높다.

답 : ①

07 학교운영방식 중 교과교실형에 대한 설명으로 옳지 않은 것은? [08, 17 기]
① 교실의 순수율이 높다.
② 시간표 짜기와 담당교사 수를 맞추기가 용이하다.
③ 학생 소지품을 두는 곳을 별도로 만들 필요가 있다.
④ 학생들의 동선계획에 많은 고려가 필요하다.

답 : ②

08 학교운영 방식 중 전학급을 2분단으로 하고, 한 분단이 일반교실을 사용할 때 다른 분단은 특별교실을 사용하는 방식은? [04, 14 기]
① 종합교실형(U형)
② 일반교실·특별교실형(U·V형)
③ 플라툰형(P형)
④ 달톤형(D형)

답 : ③

형	방법	장점	단점	비고
플라톤형 (Platon type) (P형)	전학급을 2분단으로 나누고, 한편이 일반교실을 사용할 때 다른 한편은 특별교실을 이용한다. 일반교실에 있는 동안은 이동하지 않는다. 분단 교체는 점심시간을 이용하도록 시간을 짜는 것이 좋다.	E형 정도로 이용률을 높이면서도 이동을 정리할 수 있다. 교과 담임제와 학급 담임제를 병용할 수 있다.	교사의 수가 부족하거나 적당한 시설이 없으면 설치하지 못한다. 시간 배당을 하는 데 상당한 노력이 필요하다.	미국의 초등학교에서 과밀을 해결하기 위해 실시한 것. 발생적으로는 분단은 둘이지만 기타의 경우도 플라톤형이라고 부르는 경우도 있다.
돌턴형 (Dalton type) (D형)	학급·학년을 없애고 학생들은 각자의 능력에 따라서 교과를 골라 일정한 교과를 끝내면 졸업한다.	교육 방법에는 기본적 목적이 있으므로 시설면에서 장단점을 말할 수는 없다. 하나의 교과에 출석하는 학생 수는 일정하지 않으므로 같은 형의 학급 교실을 몇 개 설치하는 것은 부적당하고, 대소 여러 가지 크기의 교실을 설치하여야 된다.		우리나라에서는 사설 외국어 학원 또는 입시 학원에서 채용하고 있다.
개방학교 (open school)	학급 단위의 수업을 부정하고 개인의 능력·자질에 따라 편성하고 경우에 따라서는 무학년제로 하여 보다 변화무쌍한 학습활동을 할 수 있도록 한 그룹 지도하는 방식으로 팀·티칭(team teach-ing)이라고도 한다.	각자의 흥미·능력·자질 등에 의해 grouping되고 참여할 수 있기 때문에 잘 적응되면 가장 좋은 방법이라 할 수 있다.	변화무쌍한 커리큘럼에 충분히 대응할 수 있는 교원의 자질과 풍부한 교재, 때로는 teaching mach-ine의 활동 등이 전제되고 거기다 시설적으로도 공기조화가 요구되는 등 항상 일반적일 수는 없다.	최근 구미 일각에서 발달한 것이나 일반화 시키기는 너무 어렵다. 저학년이나 유치원 등에 적용시켜 보거나 혹은 전체 학급 중 일부분을 이러한 방식으로 채용해 볼 만하다.

핵심 PLUS

09 학교운영방식의 종류 중 학급, 학생 구분을 없애고 학생들은 각자의 능력에 맞게 교과를 선택하고 일정한 교과가 끝나면 졸업하는 방식은? [05 기]
① 플래툰형(platoon type)
② 달톤형(dalton type)
③ 교과교실형
(department system)
④ 종합교실형(usual type)

답 : ②

10 오픈플랜스쿨(Open Plan School)을 설명한 것으로 옳지 않은 것은? [01, 24 기]
① 자연채광과 자연통풍에 크게 의존한다.
② 칠판, 수납장 등의 가구는 이동식이 많다.
③ 바닥마감재는 흡음성 및 활동성을 고려하여 부드러운 것이 좋다.
④ 평면형은 가변식 벽구조(movable partition)로 하여 융통성을 갖도록 한다.

답 : ①

11 학교의 운영방식에 관한 설명 중 옳지 않은 것은? [07, 25 기]
① 교과교실형(V형)은 학생의 이동율이 심한 것이 단점이다.
② 플라툰형(P형)은 교사의 수와 적당한 시설이 없으면 실시가 곤란하다.
③ 달톤형(D형)은 우리나라에서는 입시학원이나 사설 외국어 학원에서 사용하고 있다.
④ 종합교실형(A형)은 초등학교 고학년에 가장 적합하다.

[해설] 종합교실형(A형)은 초등학교 저학년에 가장 적합하다.

답 : ④

💡 학습포인트

오픈 플랜 스쿨(open plan school)
㉠ 개념 : 종래의 학습방법에서 탈피하여 고정된 학습벽을 허물고 학년제로써 개방한다는 계획 방법
㉡ 운영 방식
  • 2~6학급까지 일괄해서 맡는 방식
  • 2인 이상 교사가 협력하여 팀 티칭(team teaching : 공동책임 학습제) 방식
㉢ 교실의 특성
  • 공간의 개방화·대형화·가변화
  • 칸막이, 칠판, 스크린, 자료장 등은 이동성이 있는 가변화를 추구
  • 바닥에 카펫을 설치한다. - 흡음효과, 좌식 생활공간의 연속감
  • 인공조명과 공기조화설비가 필요하다.
  • 전체 교사동의 크기는 500m² 정도가 적당하다.

I. 건축계획 | 교육시설

2) 이용률과 순수율

이용률과 순수율은 다음과 같은 방법으로 구할 수 있다.

① 이용률 = $\dfrac{\text{교실이 사용되고 있는 시간}}{\text{1주간의 평균 수업시간}} \times 100\%$

② 순수율 = $\dfrac{\text{일정한 교과를 위해 사용되는 시간}}{\text{그 교실이 사용되는 시간}} \times 100\%$

> **예제**
>
> 1. 어느 학교의 1주간의 평균수업시간은 50시간인데 설계제도에 사용되는 시간은 25시간이다. 설계제도실에 사용되는 시간 중 5시간은 구조 강의를 위해 사용된다면 설계제도실의 이용률과 순수율은? [90, 94 기]
>
>   ▶ ① 이용률 = $\dfrac{\text{교실이 사용되고 있는 시간}}{\text{1주간의 평균수업시간}} \times 100\%$
>
> $= \dfrac{25\text{시간}}{50\text{시간}} \times 100 = 50\%$
>
>   ② 순수율 = $\dfrac{\text{일정한 교과를 위해 사용되는 시간}}{\text{그 교실이 사용되는 시간}} \times 100\%$
>
> $= \dfrac{25\text{시간} - 5\text{시간}}{25\text{시간}} \times 100 = 80\%$
>
> 2. 음악실이 주당 28시간 사용되고 있는 중학교에서 1주간의 평균수업시간은? (단, 음악실의 이용률은 80%임) [99 기, 06, 08 산]
>
>   ▶ 이용률 = $\dfrac{\text{교실이 사용되고 있는 시간}}{\text{1주간의 평균 수업시간}} \times 100$
>
> $80 = \dfrac{28}{\text{1주간의 평균 수업시간}(x)} \times 100$
>
>   ∴ 1주간 평균 수업시간$(x) = 35$시간

3. 교실 계획

1) 교실의 Unit Plan

   ① 편복도형
   ② 중복도형
   ③ 특수한 배치 방식
   - ㉮ 엘보 액세스(elbow access)형 : 복도를 교실에서 떨어지게 배치하여 교실에 접근시 연결통로를 통하여 ㄱ자형으로 꺾어서 접근하는 방식
   - ㉯ 클러스터(cluster)형 : 여러 개의 교실을 소단위별로 그루핑(grouping)하여 배치하는 형식

핵심 PLUS

12 1주간의 평균 수업시간이 30시간인 어느 학교의 설계제도 교실이 사용되는 시간은 24시간이다. 그 중 6시간은 다른 과목을 위해 사용된다. 설계제도교실의 이용률과 순수율은 각각 얼마인가? [10, 14, 23 기]

① 이용률 80%, 순수율 25%
② 이용률 80%, 순수율 75%
③ 이용률 60%, 순수율 25%
④ 이용률 60%, 순수율 75%

[해설]

① 이용률
$= \dfrac{\text{교실이 사용되고 있는 시간}}{\text{1주간의 평균수업시간}} \times 100\%$
$= \dfrac{24\text{시간}}{30\text{시간}} \times 100 = 80\%$

② 순수율
$= \dfrac{\text{일정한교과를 위해 사용되는 시간}}{\text{그 교실이 사용되는 시간}} \times 100\%$
$= \dfrac{24\text{시간} - 6\text{시간}}{24\text{시간}} \times 100 = 75\%$

답 : ②

13 주당 평균 40시간을 수업하는 어느 학교에서 음악실에서의 수업이 총 20시간이며 이 중 15시간은 음악시간으로 나머지 5시간은 학급토론시간으로 사용되었다면, 이 교실의 이용률과 순수율은? [06, 09, 22 기]

① 이용률 37.5%, 순수율 75%
② 이용률 50%, 순수율 75%
③ 이용률 75%, 순수율 37.5%
④ 이용률 75%, 순수율 50%

[해설]

① 이용률
$= \dfrac{\text{교실이 사용되고 있는 시간}}{\text{1주간의 평균수업시간}} \times 100\%$
$= \dfrac{20\text{시간}}{40\text{시간}} \times 100 = 50\%$

② 순수율
$= \dfrac{\text{일정한교과를 위해 사용되는 시간}}{\text{그 교실이 사용되는 시간}} \times 100\%$
$= \dfrac{20\text{시간} - 5\text{시간}}{20\text{시간}} \times 100 = 75\%$

답 : ②

• 장점
  - 학습의 순수율이 높다.
  - 각 교실이 외부와 접하는 면적이 많다.
  - 교실간의 간섭 및 소음이 적다.
  - 학년 단위, 교실 단위의 독립성이 크다.
  - 마스터플랜의 융통성이 커서 시각적으로 보기가 좋다.
• 단점
  - 넓은 교지를 필요로 한다.
  - 관리부와의 동선이 길다.
  - 운영비가 많이 든다.
  - 교실 하나만의 증축이 불가능하다.

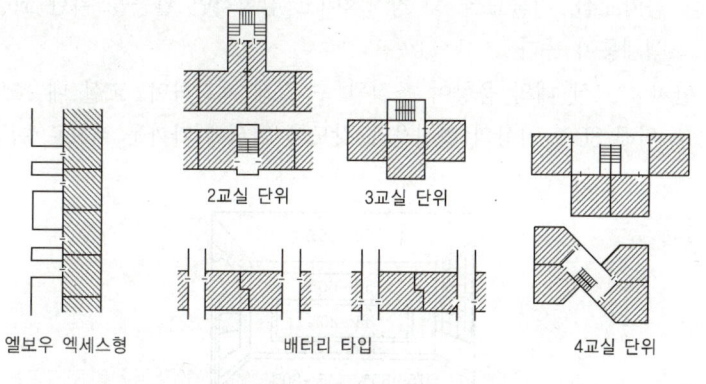

[그림] 교실의 Unit Plan

2) 교실의 배치계획시 주의사항
① 출입구 : 각 교실마다 2개소에 설치하며 여는 방향은 밖여닫이로 한다.
② 창대의 높이 : 초등학교 80cm, 중학교 85cm가 적당하고 단층교실에서는 이보다 낮게 한다.
③ 교실의 채광 및 조명
  ㉮ 자연채광일 때에는 일조 시간이 긴 방위를 택하고, 한 방향 채광일 때에는 실내 깊은 곳까지 고른 조도가 얻어지도록 해야 한다.
  ㉯ 채광창의 유리 면적은 교실 면적의 1/4이 적당하며, 최저 1/5 이하가 되지 않도록 한다.
  ㉰ 교실은 칠판을 향해 좌측 채광이 원칙이며 칠판의 현휘를 막기 위해서 정면의 벽에 접해 1m 정도의 측면 벽을 남긴다.
  ㉱ 조명은 실내에 음영이 생기지 않게 칠판의 조도가 책상면의 조도보다 높아야 한다.(최저 100 lux 이상)

핵심 PLUS

14 다음 중 학교건축에서 클러스터형에 대한 설명으로 가장 알맞은 것은? [05 산]
① 홀형식에 따라 접근하는 방식으로 교실을 소단위로 분할하여 배치하는 형
② 복도와 교실을 분리시키는 형
③ 남측에 교실, 북측에 복도를 두는 형
④ 복도를 따라 교실을 배치하는 형
답 : ①

15 교실의 배치형식 중에서 엘보우형(elbow access)에 관한 설명으로 적당하지 못한 것은? [04 산]
① 학습의 순수율이 높다.
② 일조, 통풍 등 실내환경이 균일하다.
③ 복도의 면적이 절약된다.
④ 분관별로 특색 있는 계획을 할 수 있다.
답 : ③

I. 건축계획 | 교육시설

ⓜ 종래에는 남쪽에 창을 내고 북쪽은 간접적으로 채광하는 것이 이상적이었다. 그러나 최근에는 적극적으로 교실 안을 균일하게 밝게 해서 모든 학습활동에 적용시키려는 생각이 중요시되고 있다.

※ 창부 설계시 직사광이 들어오지 않도록 하는 구체적인 대책
- 차양
- 확산 유리
- 간접 빛
- 루버(louver)
- 고측창(highside light) : 측면고창
- 천창(top light)
- 유리블록(glass block)

④ 교실의 색채
  ㉮ 저학년은 난색 계통이 좋고, 고학년은 남녀의 색감의 차이가 나지만 보통 사고력 증진을 위해 중성색이나 한색 계통을 많이 쓴다.
  ㉯ 음악교실, 미술교실 등 창작적이고 감성적인 활동을 위한 교실은 난색계통이 좋다.

⑤ 반자 : 교실 내의 음향이 조절될 수 있게 계획하며, 교실 내 조도 분포를 위해 80% 이상의 반사율을 갖도록 백색에 가까운 색으로 마감한다.

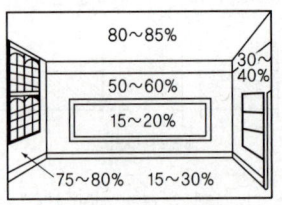

[그림] 실내의 반사율

3) 특별교실

① 자연과학교실 : 전기, 가스, 급배수의 시설이 필요하므로 가급적 아래층에 설치하여야 한다. 실험에 따르는 유독 가스나 산·알칼리의 연기 발생에 따른 영향을 주지 않도록 위치를 선정하여야 한다.
② 생물교실 : 남면 1층에 두고 사육장, 교재원과의 연락이 용이하도록 하고 직접 옥외에서 출입할 수 있도록 한다.
③ 지학교실 : 장기간의 기상 관측을 고려하여 교정 가까이에 둔다.
④ 음악교실 : 타 학과에 방해가 되지 않도록 하고 소음이 없는 위치로서 강당에 가까울수록 좋으며, 교실은 완전한 음향 설계가 필요하다. 적당한 잔향을 갖도록 하기 위해서 반사재와 흡음재를 적절히 사용한다. 강당과 연락이 좋은 위치가 좋다.

핵심 PLUS

- 음향 계획 대상 : 강당, 음악교실, 음악당, 교회, 극장, 영화관
- 전반부 : 반사성 마감-플라스터(plaster, 회반죽)
- 후반부 : 흡음성 마감-코르크, 텍스, 코펜하겐리브

16 학교의 음악교실계획에 대한 설명 중 옳지 않은 것은?
[07 산]
① 실은 밝게 하는 것이 음악적으로 좋은 분위기가 될 수 있다.
② 옥내운동장이나 공작실과 가까이 배치하여 유기적인 연결을 꾀한다.
③ 강당과 연락이 쉬운 위치가 좋다.
④ 적당한 잔향시간을 가질 수 있도록 한다.
답 : ②

17 학교건축의 특별교실 계획에 관한 설명으로 옳지 않은 것은?
[12, 25 기]
① 화학교실에는 실험에 따른 유독가스 처리를 위한 설비를 설치한다.
② 음악교실은 잔향시간이 길면 길수록 좋으므로 흡음재를 사용하지 않도록 한다.
③ 생물교실은 남측 방향의 1층에 배치하는 것이 좋으며, 직접 옥외로의 출입이 편리하도록 한다.
④ 가정생활에 관련된 교육을 실습하는 가정과 교실의 바닥은 내수적이고 위생적인 재료로 마감하는 것이 좋다.
답 : ②

⑤ 도서실 : 개가식으로 하며 학교의 모든 곳으로부터 편리한 위치로 정한다. 적어도 한 학급이 들어갈 수 있는 실과 동시에 개인 또는 그룹이 이용하는 작은 실이 필요하다.

■ 교실면적

교실의 종류		점유 바닥면적	교실의 종류		점유 바닥면적
보통(일반)교실		1.4m² 이상	특별교실	도서관	1.8m² 이상
특별교실	사회교실	1.6m² 이상		체육관	4.0m² 이상
	자연교실	2.4m² 이상		식당	0.7~1m² 이상
	음악교실	1.9m² 이상		강당 초	0.4m² 이상
	미술교실	1.9m² 이상		강당 중	0.5m² 이상
	공작교실	2.5m² 이상		강당 고	0.6m² 이상
	가사실	2.4m² 이상		강당 대	0.8m² 이상
	제봉실	2.1m² 이상			

4. 기타 계획

1) 도서관
① 전체 학생수이 10~15% 정도 이용하는 것으로 본다.
② 학교 학습의 중심이 되며, 전교생이 이용하기에 편리한 위치가 좋다.

2) 강당
① 집회의 빈도가 많지 않으므로 전용 집회용보다 평상시 소단위 교육 활동에 쓸 수 있도록 몇 개 공간으로 나눌 수 있는 가변성이 확보되는 것이 좋다.
② 필요시 구획하여 단위 활동다목적 공간으로 쓸 수 있도록 홀딩 문, 슬라이딩 문, 아코디언 벽 등의 설치로 방음벽 설계를 한다.
③ 강당의 학생 1인당 소요 면적

■ 강당의 소요 면적

구 분	1인당 소요 면적
초 등 학 교	0.4m²/인
중 학 교	0.5m²/인
고 등 학 교	0.6m²/인
대 학 교	0.8m²/인

핵심 PLUS

18 초등학교 건축의 교실환경계획에 관한 설명 중 적당하지 않은 것은? [04, 06 기]
① 교실의 색채는 저학년의 경우 난색계통, 고학년은 대체로 사고력의 증진을 위해 중성색이나 한색계통의 배색이 좋다.
② 채광창 유리의 면적은 교실면적의 1/4 정도가 적당 하다.
③ 교실 채광은 일조시간이 긴 방위를 택하고 1방향 채광일 때는 깊은 곳까지 고른 조도가 얻어질 수 있도록 한다.
④ 책상 면의 조도는 교실의 칠판 면의 조도보다 더 밝아야 한다.

해설 조명은 실내에 음영이 생기지 않게 칠판의 조도가 책상면의 조도보다 높아야 한다. (최저 100lx 이상)

답 : ④

④ 강당 소요 면적 산출시 이동 의자식이든 고정 의자식이든 면적 산정을 같이 본다.

3) 체육관
① 크기
㉮ 초등학교 : 리듬(rhythm) 운동을 할 수 있는 넓이
㉯ 중학교 : 농구 코트를 둘 수 있는 크기
- 리듬 운동 : 8인 1조의 원(직경 4m)을 7~8개 만들 수 있는 크기
- 농구 코트 : 최소 400m² (12.8m×22.5m), 보통 500m² (15.2×28.6m)

② 구조
㉮ 천장 높이 : 6m 이상
㉯ 바닥 마감 : 목재 2중 마루널 깔기
㉰ 징두리벽의 높이 : 각종 운동기구를 설치할 수 있도록 2.5~2.7m 높이로 한다.

③ 배치
㉮ 장축을 동서로 잡고 남북(실의 긴쪽)으로부터 채광을 한다.
㉯ 단변(동, 서)에 개구부를 둘 경우 농구, 배구 경기자의 눈부심을 고려한다.
㉰ 통풍에 의한 자연 환기를 고려한다.
㉱ 창은 실내 측에 철망을 붙이고 천장을 둔다.
㉲ 체육실의 부속 부분 – 남자용, 여자용, 갱의실, 샤워실, 변소, 운동기구실, 교사실을 둔다.
㉳ 샤워수 : 체육 학급 3~4를 1개로 표준으로 한다.

4) 강당 겸 체육관
① 체육관으로서 사용 빈도가 높으므로 체육관 위주로 계획한다. (초등학교, 중학교의 경우)
② 강당 겸 체육관인 경우 벽, 천장, 바닥, 마감 재료 등을 양자의 목적에 가능하도록 유의해야 한다.

5) 화장실 및 수세장
① 화장실
㉮ 원칙적으로 수세식으로 하며, 초등학교 저학년용은 교실에 인접시킨다.
㉯ 교실에서 분리되더라도 35m 거리 이내에 있어야 하며, 고학년이라도 50m 이상 떨어질 수 없다. 중·고등학교에서는 남자와 여자를 구분하여 설치한다.

핵심 PLUS

19 학교의 강당계획에 관한 사항 중 옳지 않은 것은? [03, 18 기]
① 강당 겸 체육관은 커뮤니티의 시설로서 자주 이용될 수 있도록 고려하여야 한다.
② 강당 및 체육관으로 겸용하게 될 경우 체육관 목적으로 치중하는 것이 좋다.
③ 체육관의 크기는 배구코트의 크기를 표준으로 한다.
④ 강당은 반드시 전교생을 수용할 수 있도록 크기를 결정하지는 않는다.
답 : ③

20 학교건축의 세부계획에 대한 설명 중 가장 부적당한 것은? [06, 23 기]
① 미술실은 반드시 북측 채광을 고집할 필요는 없고 고른 조도를 얻을 수 있으면 된다.
② 초등학교 강당의 학생 1인당 소요면적은 0.4m² 정도이다.
③ 시청각관계 제실은 일반교실, 특별교실 등에 가까운 것이 좋으며 관리부문과도 인접하여 배치한다.
④ 체육관은 배구코트를 둘 수 있는 크기가 필요하며, 그러기 위해서는 최소 300m²의 면적이 요구된다.

[해설] 체육관은 농구코트를 둘 수 있는 크기가 필요하며, 최소 400m²의 면적이 요구된다.
답 : ④

㈐ 변기의 개수(학생 100명당)

구 분	소변기	대변기
남자	4	2
여자	–	5

② 수세장 : 4학급당 1개소 정도로 분산하여 설치
③ 식수장 : 학생 75~100명당 수도꼭지 1개씩이 필요

6) 복도 및 계단

① 복도 : 단순한 통로의 기능 뿐 아니라 쉬는 시간에도 적극 활용되는 공간이 되어야 하며, 또한 전시공간으로 이용되기 때문에 약 3m 정도가 바람직하다. 통풍·채광상 중복도식보다 편복도로 하는 것이 좋다.

② 계단

㈎ 계단은 교실 8개마다 2개소, 8개 이상 일 때는 3개소 이상이 필요하다.

㈏ 계단 및 계단참의 치수

종 류	계단 및 계단참의 폭	단높이	단너비	계단참
초등학교	150cm 이상	16cm 이하	26cm 이상	계단의 높이가 3m를 초과할 때 3m 마다 계단참을 설치
중·고등학교	150cm 이상	18cm 이하	26cm 이상	

2 도서관

1. 일반 계획

1) 출납 시스템

형 식	개 요	적 용	특 징
자유개가식 (free open system)	· 열람자 자신이 서가에서 책을 꺼내어 책을 고르고 그대로 검열을 받지 않고 열람하는 형식 · 보통 1실형이고 10,000권 이하의 서적 보관과 열람에 적당	· 참고실 · 아동도서관 · 소규모 도서관	· 책의 내용 파악 및 선택이 자유롭고 용이 · 책의 목록이 없이 간편 · 책 선택시 대출 기록 제출이 없어 분위기가 좋다. · 서가의 정리가 잘 안되면 혼란스럽게 된다. · 책의 마모, 망실이 된다.

핵심 PLUS

21 초등학교 건축계획에 관한 사항 중 맞는 것은? [08 기]
① 고학년 교실은 종합교실형으로 계획하는 것이 가장 좋다.
② 계단의 단높이는 18cm 이하, 단너비는 25cm 이상으로 하는 것이 좋다.
③ 교지 부근의 소음이 120dB (A) 이하이여야 하며 이상일 경우 방지대책을 세워야 한다.
④ 교실에서 피난층 또는 지상으로 통하는 직통계단에 이르는 보행거리가 30m 이하가 되도록 한다.

[해설]
① 저학년 교실은 종합교실형으로 계획하는 것이 가장 좋다.
② 계단의 단높이는 16cm 이하, 단너비는 26cm 이상으로 하는 것이 좋다.
③ 교지 부근의 소음이 60dB(A) 이하이여야 하며 이상일 경우 방지대책을 세워야 한다.

답 : ④

22 도서관의 출납시스템 중 자유개가식에 관한 설명으로 옳지 않은 것은? [16 기]
① 책의 마모, 망실의 우려가 크다.
② 서가의 정리가 잘 안되면 혼란스럽게 된다.
③ 자유로이 책의 내용을 보고 필요한 책을 정확히 고를 수 있다.
④ 보통 2실형이고, 50,000권 이상의 서적보관과 열람에 적당하다.

답 : ④

23 도서관의 출납시스템 중 열람자는 직접 서가에 면하여 책의 체제나 표지 정도는 볼 수 있으나 내용을 보려면 관원에게 요구하여 대출 기록을 남긴 후 열람하는 형식은? [06, 16, 20 기]
① 폐가식
② 안전개가식
③ 자유개가식
④ 반개가식

답 : ④

I. 건축계획 1-101

핵심 PLUS

24 도서관의 출납시스템 중 폐가식에 대한 설명으로 틀린 것은? [06, 07, 15, 19 기]
① 서고와 열람실이 분리되어 있다.
② 규모가 큰 도서관의 독립된 서고의 경우에 많이 채용된다.
③ 도서의 유지 관리가 좋아 책의 망실이 적다.
④ 대출절차가 간단하여 관원의 작업량이 적다.
답 : ④

25 도서관 출납시스템에 관한 설명으로 옳지 않은 것은? [14 기]
① 폐가식은 대규모 도서관에 적합한 유형이다.
② 반개가식은 새로 출간된 신간 서적 안내에 채용된다.
③ 안전개가식은 서가 열람이 가능하여 도서를 직접 뽑을 수 있다.
④ 자유개가식은 이용자가 자유롭게 도서를 꺼낼 수 있으나 열람석으로 가기 전에 관원에게 체크를 받는 형식이다.
답 : ④

26 도서관설계에 채용되는 Modular Planning에 대한 설명으로 옳지 않은 것은? [02 기]
① 도서관의 모듈계획은 건물의 치수를 기둥간격의 배수가 되게 하는 방법이다.
② 계단, 승강기, 덕트, 파이프 등의 스페이스는 모듈을 이용하여 가능한 한 분산 배치시켜 증축이나 개조가 용이하도록 한다.
③ 모듈러 플랜을 적용할 경우는 열람실과 서고를 융합할 수가 있다.
④ 도서관의 천장높이는 서가의 호환성을 고려하여 일정하게 하는 것이 좋다.
답 : ②

형식	개요	적용	특징
안전개가식 (Safe guarded open access)	• 자유개가식과 반개가식의 장점을 취한 것 • 열람자가 책을 직접 서가에서 꺼내지만 관원의 검열을 받고 기록을 남긴 후 열람하는 형식	• 보통 1실 규모 15,000권 이하 • 소규모 도서관	• 출납 시스템이 필요치 않아 혼잡하지 않다. • 도서 열람의 체크 시설이 필요 • 서가 열람이 가능 • 책을 직접 뽑을 수 있다. • 감시가 필요하지 않다.
반개가식 (semi open access)	• 열람자는 직접 서가에 면하여 책의 체제나 표지 정도는 볼 수 있으나 내용을 보려면 관원에게 요구하여 대출 기록을 남긴 후 열람하는 형식	• 신간 서적 안내 • 다량의 도서에는 부적당	• 출납 시설이 필요 • 서가의 열람이나 감시가 불필요
폐가식 (closed access)	• 열람자는 책의 목록에 의해 책을 선택하여 관원에게 대출 기록을 제출한 후 대출받는 형식 • 서고와 열람실이 분리되어 있다.	• 대규모 도서관의 독립된 서고	• 도서의 유지관리가 양호 • 감시할 필요가 없다. • 희망한 내용이 아닐 수 있다. • 대출절차가 복잡, 관원이 작업량이 많다.

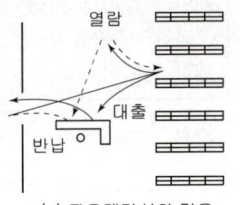
(a) 자유개가식의 경우

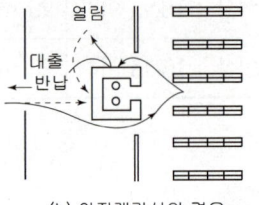
(b) 안전개가식의 경우

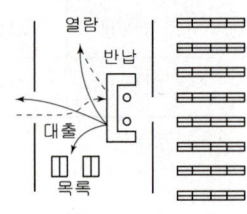
(c) 폐가식의 경우
실선 및 점선은 열람자의 동선

[그림] 서가와 카운터 주위

2) 확장 및 모듈 계획

① 확장 계획 : 일반적으로 도서는 20년에 약 2배로 장서수가 증가하므로 보존 서고를 갖는 경우에는 처음부터 수장부문의 확장을 예상한 평면계획을 세운다.

㉮ 도서관은 장서수와 열람자수가 자연히 증가하므로 계획시 규모와 성장에 대한 고려는 가장 중요한 과제이다.

㉯ 건축 초기부터 장래의 확장 계획을 고려하며, 특히 계획상 적어도 50% 이상의 확장, 변화에 순응할 수 있는 융통성 있는 평면계획이 되어야 한다.

㉰ 대지의 여유는 물론 서고와 열람실에 있어서도 여유를 가져야 한다. 일반적으로 서고의 65~70%가 찰 경우에는 기존 시설의 확충을 고려해야 한다.

② 모듈 계획(modular planning) : 도서관 건축의 모듈은 건물의 치수를 기둥 간격의 배수가 되도록 계획하는 방법이다.
㉮ 바닥면은 가변벽과 독립 서가에 의해 구획하고 필요 조건의 변화에 따른 공간의 구획 변경이 가능하며, 특히 독서실과 서고의 적절한 융합이 가능하다.
㉯ 기둥 간격에 의해 설정된 그리드(grid)마다 균질한 구조 계획과 설비 계획이 되도록 한다.

2. 세부계획

1) 열람실

① 일반 열람실
㉮ 일반인과 학생들의 이용률은 7 : 3 정도이고 일반인과 학생용열람실을 분리한다.
㉯ 성인 1인당 1.5~2.0m²의 면적이 필요하고, 통로를 포함했을 경우 2.5m²의 면적이 필요하다.

② 아동 열람실
㉮ 성인과 구별하여 열람실을 설치하며 1층에 두고 별도의 출입구를 설치한다.
㉯ 열람실은 자유롭게 열람할 수 있는 자유개가식으로 하고, 면적은 1.2~1.5m²/1석 정도로 한다.

③ 참고실(reference room) : 일반 열람실과 별도로 하여 목록이나 출납실 가까이에 두며, 실내에서는 참고 서적을 두고 안내석을 배치한다. 최근 도서관의 기능면에서 중요한 역할을 한다.

④ 캐럴(carrel) : 열람자가 도서 가까이에 있을 필요가 있을 때 서고 내부에 작은 연구실 형식을 취한 열람실이다. 1인당 바닥 면적은 2.7~3.7m² 정도로 한다.

⑤ 신문, 잡지 열람실 : 출입이 편리한 현관, 로비, 1층 출입구 부근에 설치하여, 일반열람실과는 떨어진 곳이 좋다. 크기는 1.1~1.4m²/석 정도로 한다.

핵심 PLUS

27 다음의 도서관건축 계획에 대한 설명 중 옳지 않은 것은?
[09, 11, 23, 24 기]
① 대지조건과 도서관의 내부기능의 관계를 검토하여 출입구의 배치 장소를 결정한다.
② 증축 예정지는 기능적 긴밀성의 유지를 위해 도서관의 평면구성보다는 단면구성을 고려하여 계획한다.
③ 도서관의 신축시에는 대지선정과 배치단계에서부터 장래의 성장에 따른 증축 가능한 공간을 확보할 필요가 있다.
④ 도서관의 각 구성요소의 조합에 따른 평면형식 중 서고식의 경우, 서고와 열람실은 제각기 독립된 방향의 확장을 고려한다.
답 : ②

28 도서관에 연구자가 일정기간 자료를 점유하여 이용하거나 연구하기 위해서는 독립적인 개실이 바람직한데, 이러한 독립적인 개실이나 객석을 일반적으로 무엇이라 하는가? [07 기]
① 캐럴(Carrel)
② 계원석(Information Desk)
③ 레퍼런스 서비스(Reference Service)
④ 북 모빌(Book Mobile)
답 : ①

29 도서관의 열람실 및 서고계획에 관한 내용 중 옳지 않은 것은?
[02, 21, 23, 25 기]
① 서고 안에 캐럴(Carrel)을 둘 수도 있다.
② 서고면적 1m² 당 보통 150~250권의 수장능력이 있다.
③ 서고실은 모듈러 플래닝(Modular Planning)이 가능하다.
④ 열람실은 성인 1인당 3.0~3.5m² 가 적당하다.
답 : ④

핵심 PLUS

■ 서고 계획
· 공기조화설비 필요
· 장래확장 고려
· 열람실과 별도로 층고 계획
· modular planning 도입

30 도서관 건축계획에 관한 설명으로 옳지 않은 것은? [08 기]
① 아동열람실은 폐가식이 적당하다.
② 서고는 증축할 여지를 남기도록 계획한다.
③ 서고는 대부분 자연채광 대신 인공조명을 사용한다.
④ 서고 내 서가의 배열은 평행 직선식으로 하는 것이 일반적이다.

답 : ①

31 공공도서관에 있어서 성인 100명 수용의 열람실과 장서 40,000권의 서고를 계획할 때 바닥면적은?

해설
· 열람실 : 1.5~2.0m²/인
100명×(1.5~2.0)
=150~200m² → 200m²
· 서고 : 150~200권/m²
40,000권÷(150~250)
=160~267m² → 200m²

32 다음 중 공공 도서관에서 능률적인 작업용량을 고려할 경우, 200,000권의 책을 수장하는 서고의 바닥면적으로 가장 적당한 것은? [10, 17 기]
① 1000m²
② 600m²
③ 500m²
④ 400m²

해설 서고 : 150~200권/m²,
200,000권÷(150~250)
≒1,000m²

답 : ①

2) 서고

① 서고 계획시 고려사항
㉮ 서고는 도서의 수장, 보존에 적합하고 방화, 방습, 유해 가스 제거에 중점을 두며 공조 설비를 갖춘다.
㉯ 도서 증가에 따른 장래의 확장을 고려한다.
㉰ 서고의 천장고는 2.3m 전후로 하며 열람실과 별도로 층고 계획을 세운다.
㉱ 서고실은 모듈러 플래닝(modular planning)에 의해서 위치를 고정하지 않도록 한다.

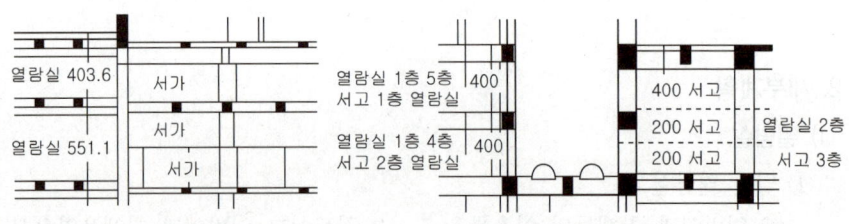

[그림] 열람·사무 블록과 서고 및 층고의 관계

② 서고의 위치
㉮ 건물 후부의 독립된 위치에 별도로 설치한다.
㉯ 건물의 후부, 중앙부, 지하실을 구획해서 놓는다.
㉰ 열람실의 내부에 놓는다.
㉱ 열람실의 주위에 놓는다.
㉲ 모듈러 시스템에 의하며, 위치를 고정하지 않는다.

③ 서고의 크기(수장능력)
㉮ 책 선반 1단 길이 : 1m당 20~30권(평균 25권)
㉯ 서고 면적 : 1m² 당 150~250권(평균 200권)-밀집서가의 경우 : 280~350권
㉰ 서고 공간 : 1m³ 당 약 66권
㉱ 마이크로필름 릴 : 1m² 당 평균 800릴
㉲ 마이크로카드 : 1m² 당 평균 20,000매

④ 도서 보관상 유의사항
㉮ 도서 보존을 위해 어두운 편이 좋고 인공조명과 기계환기로 방진, 방온, 방습과 함께 세균의 침입을 막는다.
㉯ 내화, 내진 등을 고려한 건물과 서가가 재해에 대해 안전해야 한다.
㉰ 서고 내 기후는 온도 15℃, 습도 63% 이하로 한다.

㉣ 자료 자체가 내구적(소독, 제본, 수리에 편리) 이어야 한다.
㉤ 기계 장치에 의한 밀집서가가 적당하다.
㉥ 자료의 micro 재생산이 필요하다.
㉦ 잘 쓰여지지 않는 책은 창고에 보관한다.
㉧ 서가가 65~70%는 찰 경우에는 기존 시설의 확충을 고려한다.

💡 학습포인트

열람실과 서고

① 열람실
  ㉠ 종류
   • 일반 열람실
   - 성인 열람실 : 1.5~2.0m²/인
   - 아동 열람실 1.1m²/인
   • 특별 열람실-캐럴 : 2.7~3.7m²/인
  ㉡ 천장고는 일반적으로 높게 하며, 서고와는 달리한다.(별도의 층고 계획)
  ㉢ 책상 위 조도 : 600lx

② 서고
  ㉠ 수장능력
   • 서고 1m 당 : 20~30권 정도(평균 25권)
   • 서고 1m² 당 : 150~250권(평균 200권/m²)
     밀집인 경우 : 280~350권/m²
   • 서고 공간 1m³ 당 : 약 66권 정도
  ㉡ 천장고는 2.3m 정도로 각층마다 같게 한다.(모듈러 플래닝)
  ㉢ 소요 조도 : 50~100lx(도서 보관상 조도를 낮춘다.)
  ㉣ 온도 15℃, 습도 63% 이하
  ㉤ 장래 확장 고려(서가가 65~70% 찰 경우)

■ 건물용도별 적정 온습도

구 분	도서관 (서고)	병원 (수술실)	은행 (사무기계실)	미술관 (전시실)
온도	15℃	26.6℃ 이상	18~25℃	20~23℃
습도	63% 이하	55% 이상	40~60%	60%

핵심 PLUS

33 다음 중 도서관의 기둥간격 결정과 가장 밀접한 관계가 있는 공간은? [12, 15, 23 기]
① 서고
② 캐럴
③ 출납실
④ 시청각자료실

[해설] 도서관의 서고와 열람실은 제각기 독립된 방향의 확장을 고려해야 하지만, 도서관 건축의 평면계획에 있어서 모듈러 플래닝(modular planning)은 스페이스 이용 변화가 가능한 점에 대해서 실로 획기적인 것이라 할 수 있다. 도서관 서고의 모듈은 건물의 치수를 기둥간격의 배수가 되도록 계획하는 방법이다.
답 : ①

34 다음 중 도서관에 있어 모듈 계획(Module Plan)을 고려한 서고 계획 시 결정 및 선행되어야 할 요소와 가장 거리가 먼 것은? [14, 24 기]
① 엘리베이터의 위치
② 서가 선반의 배열 깊이
③ 서고 내의 주요 통로 및 교차통로의 폭
④ 기둥의 크기와 방향에 따른 서가의 규모 및 배열 길이
답 : ①

핵심기출문제

V. 교육시설

■■■ 1. 학교

1. 학교 교사의 배치계획 중 폐쇄형에 대한 설명으로 옳지 않은 것은? [07, 11㉮]

① 화재 및 비상시에 불리하다.
② 일조·통풍 등 환경조건이 불균등하다.
③ 일종의 핑거 플랜으로 구조계획이 간단하다.
④ 교사 주변에 활용되지 않은 부분이 많은 결점이 있다.

2. 학교 건축의 배치계획 중 분산병렬형 배치 계획에 대한 설명으로 부적절한 것은? [03㉮]

① 일조·통풍 등 교실의 환경조건이 균등하다.
② 놀이터와 정원이 생긴다.
③ 부지를 최대한 효율적으로 사용할 수 있다
④ 구조계획이 간단하고 시공이 용이하다.

3. 학교 건축에서 단층교사에 대한 설명 중 옳지 않은 것은? [09, 20㉮]

① 재해 시 피난이 유리하다.
② 학습활동을 실외로 연장할 수 있다.
③ 개개의 교실에서 밖으로 직접 출입할 수 있으므로 복도가 혼잡하지 않다.
④ 부지의 이용률이 높으며 설비의 배선, 배관을 집약할 수 있다.

4. 학교건축 계획시 고려되는 융통성의 해결 수단과 가장 관계가 먼 것은? [07, 15㉮]

① 방 사이 벽(Partition)의 이동
② 각 교실의 특수화
③ 교실배치의 융통성
④ 공간의 다목적성

해 설

[해설] 1

폐쇄형은 운동장을 남쪽에 두고 북쪽에서부터 건축하기 시작하여 ㄴ형, ㅁ형으로 완결지어 가는 종래의 일반적인 형식으로 대지의 효율적인 이용이 가능하다. 그러나, 화재 및 비상시에 불리하고 운동장에서 교실로의 소음이 크며, 교사 주변에 활용되지 않는 부분이 많다.
※ ③ : 분산병렬형에 대한 설명이다.

[해설] 2

분산병렬형은 일종의 핑거 플랜(finger plan)이다. 장점으로 일조, 통풍 등 환경조건이 균등하고, 구조 계획이 간단하며, 규격형의 이용에 편리하다. 또한, 각 건물 사이는 놀이터와 정원으로 이용이 가능하다. 단점으로는 넓은 대지를 필요로 하며, 편복도일 경우 복도면적이 너무 크고 단조롭고, 건물간의 유기적인 구성이 어렵다.

[해설] 3

다층교사
① 전기, 급배수, 난방 등의 배선, 배관을 집약할 수 있다.
② 치밀한 평면 계획을 할 수 있다.
③ 대지의 이용률이 높다.

[해설] 4

융통성
융통성이 요구되는 원인과 해결 방법은 다음과 같다.

원인	해결 방법
확장에 대한 융통성	칸막이의 변경(건식 구조)
광범위한 교과 내용의 변화에 대응할 수 있는 융통성	융통성 있는 교실의 배치 : 배치상 특별교실군을 일단에 배치한다.
학교운영방식이 변화하는 데 대응할 수 있는 융통성	공간의 다목적성 : 평면계획상 교과내용의 변화에 대응하게 한다.

정답 1. ③ 2. ③ 3. ④ 4. ②

5. 다음 중 학교건축계획에 요구되는 융통성과 가장 거리가 먼 것은?
[08, 13, 18 ㉯]

① 지역사회의 이용에 의한 융통성
② 학교운영방식의 변화에 대응하는 융통성
③ 광범위한 교과내용의 변화에 대응하는 융통성
④ 한계 이상의 학생수의 증가에 대응하는 융통성

6. 학교운영방식에 관한 기술 중 옳지 않은 것은? [06, 10, 11, 21, 23 ㉯]

① 종합교실형(A)은 교실수와 학급수가 일치하며, 초등학교 고학년 이상에 적당한 방식이다.
② 교과교실형(V)은 모든 교실에 특정 교과 때문에 만들어지며, 일반교실은 없다.
③ 플라톤형(P)은 각 학급을 2분단(일반교실, 특별교실)으로 나누어 운영하는 방식으로, 충분한 교사수와 적당한 시설을 요구하고 있다.
④ 달톤형(D)은 학급과 학년을 없애고 학생들의 능력에 따라 교과목을 선택하는 방식이다.

7. 학교운영방식에 관한 설명으로 옳지 않은 것은? [13, 25 ㉯]

① 종합교실형의 경우 교실수는 학급수와 일치한다.
② 종합교실형은 초등학교 저학년에 가장 권장되는 형식이다.
③ 플래툰형은 교사의 수와 적당한 시설이 없으면 실시가 곤란하다.
④ 교과교실형은 일반교실 외에 특별교실을 갖는 형태로 우리나라에서 가장 많이 사용되는 형식이다.

8. 다음의 설명에 알맞은 학교 운영방식은? [05, 09, 22, 24 ㉯]

- 전학급을 2분단으로 하고, 한쪽이 일반교실을 사용할 때 다른 분단은 특별교실을 사용한다.
- 교사의 수와 적당한 시설이 없으면 실시가 곤란하다.

① 교과교실형(department system)
② 플래툰형(platoon type)
③ 달톤형(dalton type)
④ 개방학교(open school)

해 설

해설 5
④항은 확장성에 대한 내용이다.
학교교육시설을 지역사회와 종교, 문화, 집회, 체육시설로 동시 활용하는 것이 세계적인 추세이다. 이러한 관점에서 학교교육시설과 지역사회시설과의 연계의 융통성을 생각할 수 있다. 대표적인 예로 주민과 학생의 통합교육프로그램 및 지속적 교류 확대, 시설의 다목적·다기능화 등이 있다.

해설 6
종합교실형(U형) 운영방식의 경우 교실수는 학급수에 일치하고, 각 학급은 자기의 교실 내에서만 모든 교과를 행하는 방식으로 학생의 이동은 전혀 없다. 다른 학급에 관계없이 각 학급마다 가정적 분위기를 만들 수 있다. 시설 정도가 낮을 경우에는 가장 빈약한 보기로 되고, 특히 초등학교 고학년 이상에는 무리가 있다. 초등학교 저학년에 대해서 가장 적당한 형이다.

해설 7
교과교실형(V형)
모든 교실이 특정한 교과를 위해 만들어지고 일반교실은 없다. 각 교과에 순수율이 높은 교실이 주어져 시설의 활용도가 높게 되며, 학생의 이동이 심하고 순수율을 100%로 하는 한 이용률은 반드시 높다고 할 수 없다.
※ 이동할 때에는 소지품을 두는 곳을 고려할 필요가 있다. 또 이동에 대한 동선에 주의하지 않으면 안 된다.

해설 8
플래툰형(P형)
전학급을 2분단으로 나누고, 한편이 일반교실을 사용할 때 다른 한편은 특별교실을 이용한다. 일반교실에 있는 동안은 이동하지 않는다. 분단 교체는 점심시간을 이용하도록 시간을 짜는 것이 좋다.
① 장점 : E형 정도로 이용률을 높이면서도 이동을 정리할 수 있다. 교과 담임제와 학급 담임제를 병용할 수 있다.
② 단점 : 교사의 수가 부족하거나 적당한 시설이 없으면 설치하지 못한다. 시간 배당을 하는 데 상당한 노력이 필요하다.

정답 5. ④ 6. ① 7. ④ 8. ②

핵심기출문제

V. 교육시설

9. 다음의 학교 운영방식에 대한 설명 중 옳지 않은 것은? [09②]
① 초등학교 고학년에는 일반교실 및 특별교실형(U · V형)이 일반적이다.
② 일반교실 및 특별교실형(U · V형)은 학생의 이동이 없어 안정적이다.
③ 교과교실형(V형)은 모든 교실이 특정 교과 때문에 만들어진다.
④ 플래툰형(P형)은 교사의 수와 적당한 시설이 없으면 실시가 곤란하다.

10. 학교 건축계획에서 그림과 같은 평면 유형을 갖는 학교 운영방식은? [08, 18②]
① 달톤형
② 플래툰형
③ 교과교실형
④ 종합교실형

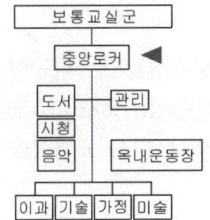

11. 학교 운영방식에 대한 설명 중 옳은 것은? [06, 21②]
① 종합교실형(U형)은 중학교 저학년에 적합하다.
② 일반교실 특별교실형(U+V형)은 교실의 수가 학급수와 일치한다.
③ 교과교실형(V형)은 각 학급에 일반교실이 하나씩 주어지며 그 외에 특별교실을 갖는다.
④ 플래툰형(P형)은 교사의 수가 부족하거나 적당한 시설이 없으면 실시가 곤란하다.

12. 학교건축의 유닛플랜 중 오픈플랜형의 환경적 특성 및 유의점으로서 옳지 않은 것은? [07산]
① 톱라이트를 설치하므로써 양호한 조도분포가 얻어진다.
② 인공조명과의 조화를 도모한다.
③ 교실의 면적이 크므로, 옆 창의 주광조명에만 의존하는 것은 불가능에 가깝다.
④ 가동칸막이를 사용하지 않으므로 차음성에 대한 고려가 필요하지 않다.

해설

해설 9
일반교실 및 특별교실형(U+V형)
일반교실이 각 학급에 하나씩 배당되고, 기타에 특별 교실을 가진다.
① 장점 : 전용 학급 교실이 주어지기 위해 홈룸 활동 및 학생의 소지품의 본거가 안정되고 있다.
② 단점 : 특별교실을 확충하면 일반교실의 이용률이 낮다. 따라서, 시설의 정도를 높일수록 비경제적으로 된다.

해설 10
플래툰형(P형)은 전학급을 2분단으로 나누고, 한편이 일반교실을 사용할 때 다른 한편은 특별교실을 이용한다. 일반교실에 있는 동안은 이동하지 않는다. 분단 교체는 점심시간을 이용하도록 시간을 짜는 것이 좋다.

해설 11
① 종합교실형(U형)은 초등학교 저학년에 적합하다.
② 일반교실 및 특별교실형(U+V형)은 일반교실이 각 학급에 하나씩 배당되고, 기타에 특별 교실을 가진다.
③ 교과교실형(V형)은 모든 교실이 특정한 교과를 위해 만들어지고 일반교실은 없다.

해설 12, 13
가동칸막이를 사용하므로 흡음성에 대한 고려가 필요하다.

오픈 플랜 스쿨(open plan school)의 특성
① 공간의 개방화 · 대형화 · 가변화
② 칸막이, 칠판, 스크린, 자료장 등은 이동성이 있는 가변화를 추구
③ 바닥에 카펫트를 설치한다. – 흡음효과, 좌식 생활공간의 연속감
④ 인공조명과 공기조화설비가 필요하다.
⑤ 전체 교사동의 크기는 500m² 정도가 적당하다.

정답
9. ② 10. ② 11. ④
12. ④

13. 오픈 플랜 스쿨(open plan school)에 대한 설명으로 거리가 가장 먼 것은? [02②]

① 오픈스쿨은 아동이나 학생을 학력 등의 정도에 따라서 몇 사람씩으로 하여 몇 개의 그룹으로 나누고, 각 그룹에 각기 몇 사람의 교원이 적절한 지도를 하는 개인별 또는 팀티칭이 전제된다.
② 자연채광과 자연통풍에 크게 의존한다.
③ 평면형은 가변식 벽구조(movable partition)로 하여 융통성을 갖도록 한다.
④ 바닥 마감재는 흡음성 및 활동성을 고려하여 부드러운 재료가 좋다.

14. 어느 학교의 1주간의 평균수업시간이 40시간인데 제도교실이 사용되는 시간은 20시간이다. 그중 4시간을 다른 과목을 위해 사용된다. 제도교실의 이용률과 순수율은 각각 얼마인가? [03, 15, 24②]

① 이용률 50%, 순수율 20%
② 이용률 50%, 순수율 80%
③ 이용률 20%, 순수율 50%
④ 이용률 80%, 순수율 50%

[해설] 14

① 이용률
$= \dfrac{\text{교실이 사용되고 있는 시간}}{\text{1주간의 평균수업시간}} \times 100\%$
$= \dfrac{20\text{시간}}{40\text{시간}} \times 100 = 50\%$

② 순수율
$= \dfrac{\text{일정한 교과를 위해 사용되는 시간}}{\text{그 교실이 사용되는 시간}} \times 100\%$
$= \dfrac{20\text{시간} - 4\text{시간}}{20\text{시간}} \times 100 = 80\%$

15. 초등학교 건축계획에 대한 설명 중 옳지 않은 것은? [05②]

① 동 학년의 학급은 될 수 있으면 동일한 층에 모으는 고려가 필요하다.
② 저학년은 될 수 있으면 1층에 있게 하며 교문에 근접시킨다.
③ 저학년의 배치형으로는 1열로서 있는 것보다 마당을 둘러싸는 형이 좋다.
④ 저학년에서는 교과교실형의 학교운영방식이 바람직하다.

[해설] 15
초등학교 저학년은 종합교실형(U형), 고학년은 일반교실 및 특별교실형(U·V형)이 일반적이다.

16. 학교의 특별교실 계획에 대한 설명 중 옳지 않은 것은? [09④]

① 음악교실은 적당한 잔향시간을 갖도록 계획한다.
② 자연과학교실은 실험에 따른 유독가스의 처리에 주의한다.
③ 미술교실은 균일한 조도를 얻을 수 있도록 남측채광을 사입한다.
④ 가사 실습실은 후드와 같은 장치를 설치하여, 배기시설에 유의한다.

[해설] 16
미술교실은 균일한 조도를 얻을 수 있도록 북측채광을 사입한다.

정답 13. ② 14. ② 15. ④ 16. ③

핵심기출문제   V. 교육시설

17. 초등학교 건축의 교실환경계획에 관한 설명 중 옳지 않은 것은? [10⑦]

① 교실의 색채는 저학년의 경우 난색계통, 고학년은 대체로 사고력의 증진을 위해 중성색이나 한색계통의 배색이 좋다.
② 일반적으로 교실채광은 칠판을 향해 좌측채광을 원칙으로 한다.
③ 교실 채광은 일조시간이 긴 방위를 택하고 1방향 채광일 때는 깊은 곳까지 고른 조도가 얻어질 수 있도록 한다.
④ 책상 면의 조도는 교실의 칠판 면의 조도보다 더 밝아야 한다.

[해설] 17
조명은 실내에 음영이 생기지 않게 칠판의 조도가 책상면의 조도보다 높아야 한다.(최저 100lx 이상)

18. 학교건축계획에 관한 설명 중 옳지 않은 것은? [10⑦]

① 강당의 위치는 외부와의 연락이 좋은 곳으로 한다.
② 교사의 배치형식 중 분산병렬형 배치는 동선이 길고 건물간의 연결을 필요로 한다.
③ 교사의 배치형식 중 폐쇄형은 일조·통풍 등 환경조건이 불균등하다는 단점이 있다.
④ 체육관은 배구코트를 둘 수 있는 크기가 필요하며 천장의 높이는 최소 4.5m 이상으로 한다.

[해설] 18
체육관은 농구코트를 둘 수 있는 크기가 필요하고, 천장의 높이는 최소 6.0m 이상으로 하며, 장축을 동서로 잡고 남북(실의 긴쪽)으로부터 채광을 한다.

19. 학교건축의 세부계획에 대한 설명 중 옳지 않은 것은? [09⑦]

① 미술실은 반드시 북측 채광을 고집할 필요는 없고 고른 조도를 얻을 수 있으면 된다.
② 초등학교 강당의 학생 1인당 소요면적은 0.4m² 정도이다.
③ 시청각관계 제실은 일반교실, 특별교실 등에 가까운 것이 좋으며 관리부문과도 인접하여 배치한다.
④ 체육관은 배구코트를 둘 수 있는 크기가 필요하며, 그러기 위해서는 최소 300m²의 면적이 요구된다.

[해설] 19
체육관은 농구코트를 둘 수 있는 크기가 필요하며, 그러기 위해서는 최소 400m²의 면적이 요구된다.

20. 학교건축계획에 관한 설명 중 옳지 않은 것은? [07⑦]

① 초등학교 교사는 고층화하지 않는 것이 좋다.
② 관리부분은 학생들의 동선을 피하고 중앙에 가까운 위치가 좋다.
③ 교장실은 관리자실의 위치와 별도로 운동장이 내다보이는 위치에 계획함이 바람직하다.
④ 체육관의 크기는 농구코트를 둘 수 있는 크기가 필요하며, 최대 350m² 이하로 한다.

[해설] 20
체육관의 크기는 농구코트를 둘 수 있는 크기가 필요하며, 최소 400m² 이상으로 한다.

정답 17. ④ 18. ④ 19. ④ 20. ④

2. 도서관

21. 다음은 도서관 건축계획의 주요한 사항들이다. 다른 종류의 건축계획과 비교하여 상대적으로 그 중요도가 가장 큰 내용은? [03, 05 ㉠]
① 관내시설과 인근의 유사시설과의 상호관계 검토
② 시설물의 운영 목적, 내용, 방법의 구체적 분석
③ 도서관의 내용의 성장에 따른 증축 고려
④ 건설기금과 경상비에 대한 검토

22. 도서관 출입구의 배치에 대한 설명 중 옳지 않은 것은? [07 ㉠]
① 출입구의 배치장소에 따라 건물 내부의 공간배치가 좌우된다.
② 이용자측과 직원, 자료의 출입구를 가능한 한 별도로 계획하는 것이 바람직하다.
③ 대지조건과 도서관의 내부기능의 관계를 충분히 검토하여 결정해야 한다.
④ 집회공간의 출입구는 이용자 출입구와 공용으로 하는 것이 바람직하다.

23. 도서관 출납시스템의 유형 중 열람자 자신이 서가에서 책을 꺼내어 책을 고르고 그대로 검열을 받지 않고 열람하는 형식은? [08, 16, 25 ㉠]
① 자유 개가식
② 안전 개가식
③ 반개가식
④ 폐가식

24. 도서관 출납 시스템(system)에 대한 설명 중 옳지 않은 것은? [09, 17, 24 ㉠]
① 자유개가식은 대출수속이 간편하며 책 내용 파악 및 선택이 자유롭다.
② 자유개가식은 서가의 정리가 잘 안되면 혼란스럽게 된다.
③ 폐가식은 규모가 큰 도서관의 독립된 서고의 경우에 채용한다.
④ 폐가식은 서가나 열람실에서 감시가 필요하나 대출절차가 간단하여 관원의 작업량이 적다.

해설

해설 21
도서관의 장서는 20년에 약 2배가 되므로 30~40년 장래에 대해 충분한 여지를 가질 수 있는 곳으로 장래의 증축을 반드시 고려하여야 한다. 건축 초기부터 장래의 확장 계획을 고려하며, 특히 계획상 적어도 50% 이상의 확장, 변화에 순응할 수 있는 융통성 있는 평면계획이 되어야 한다. 대지의 여유는 물론 서고와 열람실에 있어서도 여유를 가져야 한다.

해설 22
도서관의 집회공간의 출입구는 별도의 전용 출입구를 두는 것이 바람직하다.

해설 23
자유개가식은 열람자 자신이 서가에서 책을 꺼내어 책을 고르고 그대로 검열을 받지 않고 열람하는 형식으로 보통 1실형이고 10,000권 이하의 서적 보관과 열람에 적당하다.
책의 내용 파악 및 선택이 자유롭고 용이하고, 책의 목록이 없이 간편하며, 책 선택시 대출 기록의 제출이 없어 분위기가 좋다. 그러나, 서가의 정리가 잘 안되면 혼란스럽게 되고, 책의 마모, 망실이 된다. 참고실, 아동도서관, 소규모 도서관에서 채용하는 방식이다.

해설 24
폐가식은 서가나 열람실에서 감시가 불필요하나 대출절차가 복잡하여 관원의 작업량이 많다.

정답 21. ③ 22. ④ 23. ①
24. ④

핵심기출문제

V. 교육시설

25. 도서관 건축계획에 관한 기술 중 가장 부적당한 것은? [06②]
① 열람실의 바닥, 천장재는 흡음성이 높은 재료를 사용한다.
② 서고는 가급적 공기조화설비를 갖춤과 동시에 반드시 장래 증축을 고려한다.
③ 폐가식인 일반 열람실의 서고는 전문 분야별로 나누어 열람실 주변에 분산 배치하는 것이 관리상 편리하다.
④ 어린이용 열람실은 될 수 있는 대로 1층에 배치함과 동시에 출입구를 별도로 만든다.

26. 도서관 건축 계획에서 장래에 증축을 반드시 고려해야 할 부분은 다음 중 어느 것인가? [07②]
① 서고
② 대출실
③ 사무실
④ 휴게실

27. 다음 중 도서관에서 장서가 60만권일 경우 능률적인 작업용량으로서 가장 적정한 서고의 면적은? [18②]
① 3000m²
② 4500m²
③ 5000m²
④ 6000m²

28. 도서관의 세부 건축계획에 대한 설명 중 가장 부적당한 것은? [05②]
① 서고의 수장능력은 능률적인 작업용량으로서 서고면적 1m²당 350~450권, 평균 400권이다.
② 안전개가식 출납시스템에서는 도서열람의 체크시설이 필요하다.
③ 캐럴은 개인 연구용 열람실로서 서고의 내부에 설치하여도 무관하다.
④ 열람실의 서가는 도서의 선택 및 열람의 용이성에, 서고 내에 있는 서가는 정리, 수납에 중점을 둔다.

해 설

해설 25
서고의 형식은 평면 계획상 가장 중요한 요소로 폐가식과 개가식이 있는데 규모가 큰 도서관의 경우는 폐가식으로 하고, 규모가 작은 도서관의 경우는 개가식을 적용한다. 서고를 전문 분야별로 나누어 열람실 주변에 분산 배치하면 관리상 불편하며 비효율적이다.

해설 26
도서관의 장서는 20년에 약 2배가 되므로 30~40년 장래에 대해 충분한 여지를 가질 수 있는 곳으로 장래의 증축을 반드시 고려하여야 한다. 건축 초기부터 장래의 확장 계획을 고려하며, 특히 계획상 적어도 50% 이상의 확장, 변화에 순응할 수 있는 융통성 있는 평면계획이 되어야 한다. 대지의 여유는 물론 서고와 열람실에 있어서도 여유를 가져야 한다. 일반적으로 서고의 60~70%가 찰 경우에는 기존 시설의 확충을 고려해야 한다.

해설 27
서고 : 150~250권/m² (평균 200권/m²)
∴ 600,000권÷(150~250) ≒ 2,400~4,000m² → 3000m² 정도

해설 28
수장능력
① 서고 1m 당 : 20~30권 정도 (평균 25권)
② 서고 1m² 당 : 150~250권(평균 200권/m²), 밀집인 경우 : 280~350권/m²
③ 서고 공간 1m³ 당 : 약 66권 정도

정답 25. ③ 26. ① 27. ①
28. ①

06 산업건축

I. 건축계획 | 산업건축

1 공장

1. 기본계획

1) 배치계획 및 확장계획

① 작업장의 배치
  ㉮ 공장 작업장의 배치가 생산 능률에 주는 영향이 크므로 각 건물의 배치는 공장 작업 내용을 충분히 검토한 후 결정하는 것이 바람직하다.
  ㉯ 장래 계획, 확장 계획을 충분히 고려해서 배치 계획을 한다.
  ㉰ 이상적으로 대지 내의 전체 종합계획을 하고, 그 일부로서 현 계획을 한다.

② 작업장의 배치시 고려사항
  ㉮ 원료 및 제품을 운반하는 방법, 작업 동선을 고려한다.
  ㉯ 동력의 종류에 따라 배치하는 계통을 합리화한다.
  ㉰ 생산, 관리, 연구, 후생 등이 각 부분별 시설을 명쾌하게 나누고 유기적으로 결합시킨다.
  ㉱ 견학자 동선을 고려한다.
  ㉲ 대규모 공장에서 여러 종류의 작업이 포함하는 경우 가장 중요한 작업에 대하여 가장 유리한 위치에 배치한다.

③ 확장계획
  ㉮ 공장 설계시 전체 종합계획(master plan)을 수립할 것
  ㉯ 입체적 환경이 예측될 경우 구조물 설계에 미리 고려할 것
  ㉰ 부대설비의 용량(capacity)을 확장 계획에 반영하도록 고려할 것

2) 공장 건축의 형식

분관식(pavilion type)	집중식(block type)
• 건축 형식, 구조를 각기 다르게 할 수 있다. • 공장의 신설, 확장이 비교적 용이 • 배수, 물홈통 설치가 용이 • 통풍, 채광이 좋다. • 공장 건설을 병행할 수 있으므로 조기 완성이 가능 • 화학공장, 일반기계조립공장, 중층공장(重層工場)의 경우에 많다.	• 내부 배치 변경에 탄력성이 있다. • 공간의 효율이 좋다. • 운반이 용이하고 흐름이 단순하다. • 건축비가 저렴 • 일반기계조립공장, 단층 건물이 많으며, 평지붕 무창 공장에 적합하다.

핵심 PLUS

01 공장계획에 관한 기술 중 옳지 않은 것은? [03 산]
① 생산, 관리, 후생 등 각 부분의 시설을 한 곳에 집약시킨다.
② 가장 중요한 작업은 작업공정상 가장 유리한 곳에 위치시킨다.
③ 공장계획에서 동력계획이 우선 결정되어야 한다.
④ 장래의 확장성을 충분히 고려한다.

답 : ①

02 공장건축의 건축형식에 관한 설명으로 옳지 않은 것은? [12 기]
① 분관식은 추후에 확장계획에 따른 증축이 용이한 형식이다.
② 집중식은 내부상의 배치를 변경할 경우 융통성 및 탄력성이 없다.
③ 분관식은 대지의 형태가 부정형이거나 지형상의 고저차가 있을 때 유리하다.
④ 집중식은 유사한 기능의 공장을 근접하여 블록화하거나 단일 건축물로 배치한 형식이다.

[해설] 집중식(block type)은 내부 배치 변경에 탄력성이 있으며 공간의 효율이 좋다.

답 : ②

03 공장건축형식 중 파빌리온 타입(pavilion type)에 대한 설명으로 틀린 것은? [07, 11, 23 기]
① 통풍, 채광이 좋다.
② 공장의 신설과 확장이 용이하다.
③ 공간효율이 좋고 건축비가 저렴하다.
④ 공장건설을 병행할 수 있으므로 조기완성이 가능하다.

답 : ③

2. 평면계획

1) 공장 건축의 레이아웃(layout) 형식

① 레이아웃(layout)의 개념

㉮ 공장 생산에 있어서 그 공정의 합리화로 위해 중심이 되는 기계나 설비의 배치 방법을 결정하는 것

㉯ 공장 사이의 여러 부분, 작업장 내의 기계 설비, 작업자의 작업 구역, 자재나 제품을 두는 곳 등 상호 관계의 검토가 필요하다.

㉰ 넓은 뜻으로는 생산 작업뿐만 아니라 사무 업무, 복리 후생, 보건 위생, 문화 관리 등 광장의 전반적 시설을 따른다. 현대는 작업 과정의 유동화, 자동화와 더불어 레이아웃도 한층 복잡해지고 있다.

㉱ 레이아웃은 공장 생산성에 미치는 영향이 크고, 공장 배치계획, 평면계획은 레이아웃을 건축적으로 종합한 것이 되어야 한다.

㉲ 레이아웃은 장래 공장 규모의 변화에 대응한 융통성(flexibility)이 있어야 한다.

② 레이아웃 형식

형 식	특 징

제품 중심
(연속 작업식)의
레이아웃
	• 생산에 필요한 모든 공정, 기계 기구를 제품의 흐름에 따라 배치하는 방식
	• 장치 공업(석유, 시멘트), 가전제품 조립 공장 등
	• 특징
	  −대량 생산에 유리하고, 생산성이 높다.
	  −공정간의 시간적, 수량적 균형을 이룰 수 있고, 상품의 연속성이 유지된다.

공정 중심 (기계 설비 중심)의 레이아웃	• 동종의 공정, 동일한 기계, 기능이 유사한 것을 하나의 그룹으로 집합시키는 방식 • 다중 소량 생산으로 예상 생산이 불가능한 경우나 표준화가 행해지기 어려운 경우에 채용된다. • 특징 : 생산성이 낮으나 주문 생산 공장에 적합하다.
고정식 레이아웃	• 주가 되는 재료나 조립 부분품이 고정되고, 사람이나 기계가 이동해 가며 작업을 하는 방식 • 특징 : 선박, 건축 등과 같이 제품이 크고, 수량이 적은 경우에 적합하다.
혼성식 레이아웃	위의 방식이 혼성된 형식

핵심 PLUS

04 다음의 공장건축의 레이아웃(Lay out)에 관한 설명 중 옳지 않은 것은? [08, 22, 23 기]
① 레이아웃이란 공장건축의 평면요소간의 위치관계를 결정하는 것을 말한다.
② 고정식 레이아웃은 조선소와 같이 제품이 크고 수량이 적은 경우에 행해진다.
③ 중화학공업, 시멘트공업 등 장치공업 등은 시설의 융통성이 크기 때문에 신설시 장래성에 대한 고려가 필요 없다.
④ 제품중심의 레이아웃은 대량생산에 유리하며 생산성이 높다.

[해설] 중화학 공업 등 장치공업은 시설 규모가 크고, 작업 공정의 고정성으로 인해 배치, 변경 등의 융통성이 작다.

답 : ③

05 다음 설명에 알맞은 공장건축의 레이아웃(layout) 형식은? [10, 13, 21, 25 기]

• 생산에 필요한 모든 공정, 기계기구를 제품의 흐름에 따라 배치한다.
• 대량생산에 유리하며 생산성이 높다.

① 공정중심의 레이아웃
② 기계설비중심의 레이아웃
③ 고정식 레이아웃
④ 제품중심의 레이아웃

답 : ④

06 다음 중 소량생산으로 예상생산이 불가능한 경우 표준화가 곤란한 경우에 알맞은 공장건축의 레이아웃 방식은? [06 기]
① 제품중심 레이아웃
② 혼성식 레이아웃
③ 고정식 레이아웃
④ 공정중심 레이아웃

답 : ④

3. 구조계획

1) 공장의 형태

① 단층 공장 : 톱날모양의 지붕 및 천창이 있는 형태로 무거운 원료나 제품을 취급하는 공장에 적합하며 기계, 조선, 주물 공장 등에 적용된다.
② 중층 공장 : 층수가 많은 건물형태로 가벼운 원료나 제품을 취급하는 공장에 적합하며 제지, 제약, 제과, 제분, 방직 공장 등에 적용된다.
③ 단층·중층 병용 공장 : 단층공장과 중층공장을 병용한 건물형태로 양조, 방적 공장 등에 적용된다.
④ 특수 구조의 공장 : 제품에 따라 결정되는 경우로 제분, 시멘트 공장 등에 적용된다.

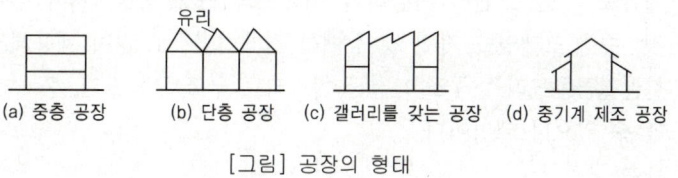

[그림] 공장의 형태

핵심 PLUS

07 공장건축형식에서 적합하지 않은 것은? [90, 92, 95 기]
① 제분공장 - 중층
② 제약공장 - 단층
③ 주물공장 - 단층
④ 제과공장 - 중층

답 : ②

08 공장건축의 지붕형에 대한 기술 중 옳지 않은 것은?
[04, 13, 18, 24 기]
① 뾰족지붕 - 직사광선을 어느 정도 허용하는 결점이 있다.
② 솟을지붕 - 채광, 환기에 적합한 방법이다.
③ 톱날지붕 - 북향의 채광창으로 하루종일 변함없는 조도를 유지할 수 있다.
④ 샤렌지붕 - 기둥이 많이 소요되는 단점이 있다.

답 : ④

09 다음 중 기계 공장의 지붕을 톱날형으로 하는 이유로 가장 적당한 것은? [06, 17, 24, 25 기]
① 빗물 처리가 용이하다.
② 모양이 좋다.
③ 소음이 줄어든다.
④ 균일한 조도를 얻을 수 있다.

답 : ④

2) 지붕 형식

형식	특징	형태
평지붕	• 중층식 건물의 최상층에 쓰인다.	
뾰족지붕	• 평지붕과 마찬가지의 동일면에 천장을 내는 방법 • 직사광선을 어느 정도 허용해야 하는 결점이 있다.	
솟을지붕	• 채광 및 환기에 적합하다. • 채광창의 경사에 따라 채광이 조절되며, 상부 창의 개폐에 의하여 환기량도 조절된다.	
톱날지붕	• 북향으로 하루종일 변함없는 조도를 가진 약광선을 수용하며, 기둥이 많이 필요하므로 바닥면적이 많아진다. • 기둥 때문에 기계 배치의 융통성 및 작업 능력의 감소를 초래한다.	
샤렌구조에 의한 지붕	• 기둥이 적게 소요되므로 상당한 이용 가치가 있다.	

3) 구조 형식

① 목조
  ㉮ 소규모 단층 공장(바닥 면적 1,000m² 이내) 또는 철골 사용시 녹이 생길 우려가 있을 때 사용된다.
  ㉯ 스팬 18m 이하, 천장 높이 6m 이내, 주행 크레인 2t 이하에 적합하다.
  ㉰ 내화, 내구에 난점이 있다.

② 철근 콘크리트 구조
  ㉮ 내풍, 내화, 내구적 구조로 중층 공장, 기밀형 공장에 적당하다.
  ㉯ 단층에서는 스팬 10m 이내가 경제적이고 스팬이 6~7m로 균등해야 한다.

③ 철골조 : 큰 스팬이 가능하여 대규모의 단층 공장, 처마 높이가 높은 것, 주행 크레인을 가진 것 등에는 경제적이므로 많이 채용되고 있다.

④ 철골철근콘크리트 구조 : 철근 콘크리트 구조보다 스팬, 층 높이를 크게 할 수 있으나 고가이다.

⑤ 특수 구조
  ㉮ P.S 콘크리트 구조 : 공기를 단축할 수 있으며, 스팬이 길다.(15m 정도)
  ㉯ 셸 구조 : 큰 스팬의 지붕이 가능하며, 증기 배출 공장에서는 증기가 결로하는 대책으로 사용하고 있다.

4. 세부계획

1) 후생시설
  ① 식당 : 식당, 부엌의 소요 면적은 각각 1.0m²/인, 0.4m²/인 정도이다.
  ② 위생시설
   ㉮ 욕실 및 갱의실
     • 이용자 수 : 전 근무자의 50~70%
     • 욕장 면적 : 1~2m²/인
     • 세면기수 : 15~20개/100인
     • 갱의실 : 0.5m²/인
   ㉯ 화장실
     • 변기수 산정
       −남자용 대변기 : 25~30인에 1대
       −남자용 소변기 : 20~25인에 1대
       −여자용 대변기 : 10~15인에 1대
     • 대규모 공장의 변소까지의 보행거리를 최대 50m 이내로 한다.

2) 무창공장

① 방적공장 또는 정밀기계공장에 적합하다.
② 특징
  ㉮ 외부로부터 자극이 적어 작업능률을 높이고, 제품의 품질이 향상된다.
  ㉯ 실내에서 발생하는 소음은 크다.
  ㉰ 공조시 냉난방 부하가 적게 걸리므로 온·습도 조정 유지비(동력비)가 절감된다.
  ㉱ 인공조명을 이용하므로 공장 내의 조도가 균일하다.
  ㉲ 배치계획에 있어서 방위를 고려할 필요가 없다.

5. 채광 및 조명계획

자연채광과 인공조명을 적절히 혼용하여 조절하며, 인공조명은 자연채광에 비해 피로감을 많이 주므로 될 수 있는 대로 자연광을 받는 것이 좋다.

1) 자연 채광

① 적정 조도, 조도 분포, 시간적 변동 유무, 현휘 유무 등을 체크한다.
② 건물의 폭이 클 경우는 측면창에 의한 채광만으로는 부족하므로 천창(top light)을 고려한다.
③ 기계류를 취급하므로 가능한 한 창을 크게 한다.
④ 톱날지붕의 채광방법을 이용하여 천창은 북향으로 하여 항상 일정한 광선을 얻도록 한다.
⑤ 입사되는 광선의 손실을 막기 위해 창유리는 빛을 확산시키는 유리(젖빛 유리, 프리즘 유리)를 사용한다.
⑥ 빛의 반사에 대한 벽 및 색채에 유의해야 한다.

2) 측면창에 의한 채광

① 개구부를 가능한 한 크게 한다.
② 창의 유효 면적을 크게 하기 위해서는 스틸 새시(steel sash)가 유리하다.
③ 창유리는 빛을 확산시켜 줄 수 있는 것을 사용한다.
④ 창의 설계는 가능한 한 동일 패턴의 창을 반복하는 것이 좋다.

3) 인공조명

공장 내에 인공조명을 이용하여 균일한 조도를 유지하면 눈의 피로감을 줄일 수 있다.
① 일반조명 : 실내를 균일하게 조명한다.
② 국부 일반조명 : 실내의 각 소요 부분을 균일하게 조명한다.

핵심 PLUS

10 무창 방적 공장에 관한 설명으로 옳지 않은 것은? [07 산]
① 방위에 무관하게 배치 계획할 수 있다.
② 실내 소음이 실외로 잘 배출되지 않는다.
③ 온도와 습도 조정에 비용에 적게 든다.
④ 외부 환경의 영향을 많이 받는다.
    답 : ④

■ 공장건축의 기계환기
공장에서의 배기가스는 일반적으로 공기보다 무겁기 때문에 배기구는 바닥면 가까이에 설치한다.

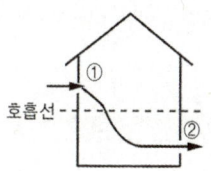

① 흡입구 : 호흡선 위-자연송풍
② 배기구 : 호흡선 아래-강제배풍
→ 제3종 환기법(자연송풍+강제배풍)

11 공장계획에 관한 사항 중 옳지 않은 것은? [02 기]
① 1시간에 6~7회 정도의 환기를 하도록 한다.
② 광선이 부드럽게 확산되는 반투명유리를 사용한다.
③ 톱날지붕의 천장은 남향으로 하여 항상 햇볕이 들도록 한다.
④ 창의 유효면적을 넓히기 위해 스틸 새시(steel sash)를 사용한다.
    답 : ③

핵심 PLUS

Ⅰ. 건축계획 | 산업건축

③ 국부조명 : 기계 또는 특수한 부분만을 채광하는 것이며, 정밀한 작업에는 꼭 필요하다. 이 경우 광원의 위치는 종업원의 왼쪽 62cm 이내에 두는 것이 좋다.

2 창고

1) 하역장 형식

형식	특징	평면 형식
외주 하역장식	• 외주 주위에 수·육운이 편리해야 한다. • 채광 조건이 좋은 장소에서 포장을 고칠 수 있다. • 해안 부두 등 대규모 창고에 적당하다.	
중앙 하역장식	• 각 창고가 모두 하역장까지의 거리가 평준화되므로 짐의 처리, 판매가 비교적 빠르다. • 일기에 관계없이 하역할 수 있으나 채광상 불리하다.	
분산 하역장식	비교적 소규모 창고에 적합하다.	
무인 하역장식	• 수용 면적이 가장 크고 직접 화물을 창고 내에 반입할 때 기계(호이스트, 크레인)의 수량도 비교적 많이 필요하다. • 일고 일기(一庫一基)가 고장일 때 가장 불편하다.	

* 1. 보관실, 2. 하역장, 3. 화물용 엘리베이터

2) 보관실

① 보관실의 적정 면적

구 분	적정 면적
대량화물	600m²
소량화물	150~300m²
고가품실	15~30m²

② 부대시설(계단, 엘리베이터, 사무실, 복도, 인부 대기실 등) 면적 : 창고 연면적의 20~25% 정도로 설정하며, 창고가 커질수록 이 비율은 낮아지는 것이 보통이다.

3) 기타

구 분	내 용
바닥 높이	• 습기 방지를 위해 지반면에서 20~30cm 이상 높게 한다. • 바닥면의 실의 중앙부는 주변보다 5~15cm 높여 바닥의 전체에 구배를 두어 배수가 용이하게 고려한다.
기둥 간격	5.5~7m 정도 간격의 철근콘크리트조로 하며, 기둥 배치는 정사각형이 유리하다.
천장 높이	• 주요 화물의 적하고에 하역작업에 필요한 여유 60~90cm를 더한다. • 단층 건물(중층 건물의 1층)은 3.6~9m 정도, 중층 건물의 기준층은 3~7m 정도, 최상층은 복사열 완화를 위해 기준층보다 0.3~0.6m 높게 한다.
지붕	채광·환기·통풍상 뾰족지붕이 적당하다.

핵심 PLUS

■ 창고 건축의 무량판식 구조(flat slab) : 기둥에 보 없이 하중을 전달하는 slab로서 slab 두께 15cm 이상으로 한다.

[특징]
• 실내의 이용률이 좋다.
• 층고의 공간이 유리하게 이용된다.
• 공사비가 저렴하다.

핵심기출문제

Ⅵ. 산업건축

■■■ 1. 공장

1. 다음 중 공장녹지계획의 효용성과 가장 관계가 먼 것은? [13 ㉮]

① 생산 및 노동 환경의 보전
② 공해 및 재해 파급의 완충
③ 상품 이미지의 향상과 선전
④ 원료 수급 및 저장의 원활

2. 공장계획에 관한 기술 중 옳지 않은 것은? [00 ㉮]

① 수운은 육운에 비하여 싸므로 충분히 고려하는 것이 좋다.
② 위치는 원료공급 및 노동력 조달이 가까운 곳이 좋다.
③ 큰 기계의 설치는 건물기초에 튼튼하게 연결시킨다.
④ 공장에는 대체로 작업환경상 습도공급이 가장 아쉽다.

3. 공장 형식 중 분관식(pavilion type)에 관한 설명으로 옳은 것은? [16 ㉮]

① 공간의 효율이 좋다.
② 공장의 신설, 확장이 용이하다.
③ 공장건설을 병행할 수 없으므로 시공기간이 길다.
④ 자재나 제품의 운반이 용이하고 흐름이 단순하다.

4. 공장 건축의 레이아웃 계획에 관한 설명 중 옳지 않은 것은? [05, 07, 18, 25 ㉮]

① 다품종 소량생산이나 주문생산 위주의 공장에는 공정중심의 레이아웃이 적합하다.
② 레이아웃 계획은 작업장 내의 기계설비 배치에 관한 것으로 공장규모변화에 따른 융통성은 고려대상이 아니다.
③ 고정식 레이아웃은 조선소와 같이 제품이 크고 수량이 적을 경우에 적용된다.
④ 플랜트 레이아웃은 공장건축의 기본설계와 병행하여 이루어진다.

해 설

[해설] 1

공장 녹지계획의 효용성
㉠ 생산과 노동환경의 보존 : 근로의욕 증대, 휴양과 운동, 노동환경의 안전성 확보
㉡ 공해 및 재해방지의 완화 : 방풍, 방화, 방설, 각종 공해 및 재해 파급의 완충 기능
㉢ 상품 이미지의 향상과 선전 : 청결하고 정비된 환경 조성, 상품에의 신뢰감 및 친근감
㉣ 조경이나 미화성 : 자연적·인공적 경관의 창조
㉤ 지역사회와의 조화성 : 지역사회의 환경개선 향상

[해설] 2

큰 기계의 설치시 기계 자체에 대한 하중을 고려하여 기초를 따로 설치하는 것이 바람직하다.

[해설] 3

분관식(pavilion type)은 건축 형식, 구조를 각기 다르게 할 수 있는 형식으로 공장의 신설, 확장이 비교적 용이하고, 통풍, 채광이 좋다. 또한 공장건설을 병행할 수 있으므로 조기 완성이 가능하다. 화학공장, 일반기계조립공장, 중층공장(重層工場)의 경우에 많다.

[해설] 4

공장건축의 평면계획에서 가장 중요한 사항은 생산 공정에 따른 레이아웃이다. 공장 생산성에 미치는 영향이 크고, 공장의 배치계획, 평면계획은 레이아웃을 건축적으로 종합한 것이 되어야 한다. 레이아웃은 장래 공장 규모의 변화에 대응한 융통성(flexibility)이 있어야 한다.

정답 1. ④ 2. ③ 3. ② 4. ②

5. 공장 건축 계획에 관한 설명 중 옳지 않은 것은? [08, 11 ㉮]

① 평면계획시 관리부분과 생산공정 부분을 구분하고 동선이 혼란되지 않게 한다.
② 공장건축의 형식에서 집중식(Block Type)은 건축비가 저렴하고, 공간 효율도 좋다.
③ 공정중심의 레이아웃은 소종다량생산(小種多量生産)이나 표준화가 쉬운 경우에 적합하다.
④ 공장 작업장의 지붕형식으로 균일한 조도를 얻기 위해 톱날지붕을 도입하는 경우가 있다.

6. 다음 설명에 알맞은 공장건축의 레이아웃 형식은? [14, 19, 24 ㉮]

- 동종의 공정, 동일한 기계설비 또는 기능이 유사한 것을 하나의 그룹으로 집합시키는 방식
- 다종의 소량생산의 경우, 예상생산이 불가능한 경우, 표준화가 이루어지기 어려운 경우에 채용

① 고정식 레이아웃　② 혼성식 레이아웃
③ 공정중심의 레이아웃　④ 제품중심의 레이아웃

7. 공장건축의 레이아웃에 관한 설명으로 옳지 않은 것은? [15, 23 ㉮]

① 장래 공장 규모의 변화에 대응한 융통성이 있어야 한다.
② 제품중심의 레이아웃은 생산에 필요한 모든 공정, 기계기구를 제품의 흐름에 따라 배치한다.
③ 이동식 레이아웃 방식은 사람이나 기계가 이동하여 작업하는 방식으로 제품이 크고, 수량이 적을 때 사용된다.
④ 레이아웃은 공장 생산성에 미치는 영향이 크므로 공장의 배치계획, 평면계획은 이것에 부합되는 건축계획이 되어야 한다.

8. 공장의 지붕으로서 채광 및 환기에 적합한 것은?

① 평지붕　② 뾰족지붕
③ 솟을지붕　④ 톱날지붕

해 설

해설 5, 6
공정 중심의 레이아웃(기계 설비 중심)
① 동종의 공정, 동일한 기계, 기능이 유사한 것을 하나의 그룹으로 집합시키는 방식
② 다종소량생산(多種小量生産)으로 예상 생산이 불가능한 경우나 표준화가 행해지기 어려운 경우에 채용된다.
③ 특징 : 생산성이 낮으나 주문 생산 공장에 적합하다.

해설 7
고정식 레이아웃
① 주가 되는 재료나 조립 부분품이 고정되고, 사람이나 기계가 이동해 가며 작업을 하는 방식
② 특징 : 선박, 건축 등과 같이 제품이 크고, 수량이 적은 경우에 적합하다.

해설 8
솟을지붕은 채광 및 환기에 적합하다. 채광창의 경사에 따라 채광이 조절되며, 상부 창의 개폐에 의하여 환기량도 조절된다.

정답　5. ③　6. ③　7. ③　8. ③

핵심기출문제

VI. 산업건축

9. 기계공장에서 지붕의 형식을 톱날지붕으로 하는 가장 주된 이유는? [05, 22㉮]
① 실내의 주광조도를 일정하게 하기 위하여
② 빗물의 배수를 충분히 하기 위하여
③ 소음을 적게 하기 위하여
④ 온도를 일정하게 유지하기 위하여

10. 공장 건축 중 중층공장에 이용되고 내화, 내풍, 내구의 구조로서 비교적 경제적인 구조체는 다음 중 어느 것인가? [96산]
① 철근콘크리트 구조
② PS콘크리트 구조
③ 셸구조
④ 철골구조

11. 공장건축 중 무창공장에 대한 설명으로 옳지 않은 것은? [09산]
① 온·습도의 조절이 유창공장에 비해 어렵다.
② 방적공장 등에서 무창공장형식이 사용된다.
③ 공장내 조도가 일정해진다.
④ 외부로부터 자극이 적으나 오히려 실내발생 소음은 커진다.

12. 공장건축의 환경계획 중 옳지 않은 것은? [03산]
① 실내의 조명은 자연광선보다는 인공조명을 될 수 있는대로 사용하도록 한다.
② 조명계획시 적정조도, 조도분포, 조도의 시간적 변동의 유무 등을 고려한다.
③ 채광형식은 공장의 형태를 결정하는 중요한 요소이면서 냉난방·환기계획과도 관련이 있다.
④ 환기방법은 공장의 종류, 작업조건 등에 따라 결정한다.

13. 공장건축에서 자연채광에 관한 유의사항 중 잘못된 것은?
① 기계류를 취급하므로 가능한 한 창을 크게 낼 것
② 톱날지붕의 채광방법을 이용하여 천창은 북향으로 해 항상 일정한 광선을 얻도록 할 것
③ 광선을 부드럽게 할 수 있는 젖빛 유리나 프리즘 유리를 사용하는 것은 생산조의 원칙에 적합치 않다.
④ 빛의 반사에 대한 벽 및 색채 고려가 필요하다.

해 설

해설 9
톱날지붕
북향으로 하루종일 변함없는 조도를 가진 약광선을 수용하며, 기둥이 많이 필요하므로 바닥면적이 많아진다. 기둥 때문에 기계 배치의 융통성 및 작업능력의 감소를 초래한다.

해설 10
철근 콘크리트 구조는 내풍, 내화, 내구적 구조로 중층 공장, 기밀형 공장에 적당하다. 단층에서는 스팬 10m 이내가 경제적이고 스팬이 6~7m로 균등해야 한다.

해설 11
무창공장은 공조시 냉난방 부하가 적게 걸리므로 온·습도 조정 유지비(동력비)가 절감된다.
인공조명을 이용하므로 공장 내의 조도가 균일하다. 방적공장 또는 정밀기계공장에 적합하다.

해설 12
자연채광과 인공조명을 적절히 혼용하여 조절하며, 인공조명은 자연채광에 비해 피로감을 많이 주므로 될 수 있는 대로 자연광을 받는 것이 좋다.

해설 13
입사되는 광선의 손실을 막기 위해 창유리는 빛을 확산시키는 유리(젖빛유리, 프리즘 유리)를 사용한다.

정답 9. ① 10. ① 11. ①
12. ① 13. ③

14. 공장건축에 관한 설명 중 옳은 것은? [10, 18㉮]
① 자연환기방식의 경우 환기방법은 채광형식과 관련하여 건물형태를 결정하는 매우 중요한 요소가 된다.
② 재료반입과 제품반출 동선은 동일하게 하고 물품동선과 사람동선은 별도로 하는 것이 바람직하다.
③ 외부인 동선과 작업원 동선은 동일하게 하고, 견학자는 생산과 교차하지 않는 동선을 확보하도록 한다.
④ 계획시부터 장래증축을 고려하는 것이 필요하며 평면형은 가능한 요철이 많은 것이 유리하다.

15. 공장건축에 관한 설명으로 옳은 것은? [14㉮]
① 계획시부터 장래증축을 고려하는 것이 필요하며 평면형은 가능한 요철이 많은 것이 유리하다.
② 재료반입과 제품반출 동선은 동일하게 하고, 물품동선과 사람동선은 별도로 하는 것이 바람직하다.
③ 외부인 동선과 작업원 동선은 동일하게 하고, 견학자는 생산과 교차하지 않는 동선을 확보하도록 한다.
④ 자연환기방식의 경우 환기방법은 채광형식과 관련하여 건물형태를 결정하는 매우 중요한 요소가 된다.

■■■ **2. 창고**

16. 창고의 평면형식에서 기후조건에 관계없이 하역할 수 있으나 채광에 난점을 가져오는 것은? [93㉯]
① 외주하역장식   ② 중앙하역장식
③ 분산하역장식   ④ 무인하역장식

17. 공장의 창고건축에 대한 설명 중 가장 옳지 않은 것은? [07㉯]
① 단층창고의 출입문은 보통 크게 내는 것이 좋으며, 통상적으로 기둥 사이의 전체길이를 문으로 한다.
② 다층창고에서 화물의 출입은 기계설비를 이용한다.
③ 단층창고의 경우 구조, 재료가 허용하는 한 스팬을 넓게 하는 것이 좋다.
④ 다층창고는 지가가 높고, 협소한 부지의 경우에는 적용할 수 없다.

해 설

해설 14
자연환기
① 측창, 천장, 환기통
  (풍력에 의한다.)
② 솟을지붕, 환기통
  (온도차에 의한다.)

해설 15
① 계획시부터 장래증축을 고려하는 것이 필요하며 평면형은 가능한 요철을 두지 않는 것이 유리하다.
② 재료반입과 제품반출 동선 및 물품동선과 사람동선은 별도로 하는 것이 바람직하다.
③ 외부인 동선과 작업원 동선은 별도로 하고, 견학자는 생산과 교차하지 않는 동선을 확보하도록 한다.

해설 16
중앙하역장식은 각 창고가 모두 하역장까지의 거리가 평균화되므로 짐의 처리, 판매가 비교적 빠르다. 일기에 관계없이 하역할 수 있으나 채광상 불리하다.

해설 17
다층창고는 지가가 높고, 협소한 부지의 경우에는 적용하는 것이 좋다

정답 14. ① 15. ④ 16. ② 17. ④

07 병원건축

핵심 PLUS

01 병원건축의 형식 중 분관식에 대한 설명으로 옳지 않은 것은?
[09, 13, 18, 23 기]
① 동선이 길어진다.
② 채광 및 통풍이 좋다.
③ 대지면적에 제약이 있는 경우에 주로 적용된다.
④ 환자는 주로 경사로를 이용한 보행 또는 들것으로 운반된다.
답 : ③

02 병원건축의 병동배치형식 중 집중식(Block type)에 대한 설명으로 옳지 않은 것은?
[05, 17, 24 기]
① 재난시 환자의 피난이 용이하다.
② 공조설비가 필요하게 되어 설비비가 높다.
③ 대지를 효과적으로 이용할 수 있다.
④ 병동에서의 조망을 확보할 수 있다.
답 : ①

03 병원건축의 병동배치에서 분관식(pavilion type)이 집중식(block type)보다 좋은 점은?
[03, 25 기]
① 각종 설비 시설의 배관길이가 짧아진다.
② 각 병실의 일조와 통풍이 유리하다.
③ 비교적 적은 대지에도 건축할 수 있다.
④ 이용자들의 동선이 짧아진다.
답 : ②

1 병원

1. 건축 형식

1) 분관식(pavilion type)

① 배치 형식 : 평면 분산식으로 각 건물은 3층 이하의 저층 건물이며 외래부, 부속 진료부, 병동을 각각 별동으로 하여 분산시키고 복도로 연결시키는 방법으로서 치료와 의사 본위의 병원 형식이다. 각 과별 전용시설, 진료 시설, 사무실 등이 확보되어야 한다.

② 특성
 ㉮ 각 병실을 남향으로 할 수 있어 일조, 통풍 조건이 좋아진다.
 ㉯ 넓은 대지가 필요하며 설비가 분산적이고 보행 거리가 멀어진다.
 ㉰ 내부 환자는 주로 경사로를 이용한 보행 또는 들것으로 운반한다.

2) 집중식(block type)

① 배치 형식 : 외래부, 부속 진료부, 병동을 합쳐서 한 건물로 하고, 특히 병동은 고층으로 하여 환자를 운송하는 방법이다. 현대 대병원 건축은 이 방식으로 건축된다.

② 특성
 ㉮ 고층화가 가능해서 도시 지역에 적합하다.
 ㉯ 관리가 편리하고 설비 등의 시설비가 적게 든다.
 ㉰ 의료, 간호, 급식, 등의 서비스가 원활하다.
 ㉱ 일조, 통풍 등의 조건이 불리해지며, 각 병실의 환경이 균일하지 못하다.

3) 다익형

최근 의료 수요 변화, 진료, 설비 기술의 진보 및 변화에 따라 병원각 부의 증·개축이 필요하게 되어 출현하게 되었다.

핵심 PLUS

■ 분관식과 집중식의 비교

구분	분관식	집중식
배치 형식	저층, 분산식(별동)	고층, 집약식
환경조건	양호(균등)	불량(불균등)
대지의 이용도	비경제적(넓은 대지)	경제적(좁은 대지)
설비시설	분산적	집중적
관리의 편의성	불편함	편리함
보행거리	멀다	짧다
적용대상	특수 병원	도심의 대규모 병원

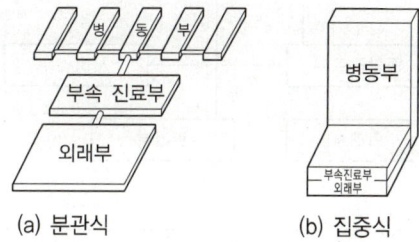

(a) 분관식　　(b) 집중식

2. 평면계획

1) 병원의 조직

① 병동부 : 환자를 입원시켜 진료와 간호를 행하는 곳으로 병원의 가장 중요한 부문이다. 병실, 숙직실, 의사실, 간호사 대기실, 면회실 등이 배치된다.

② 중앙진료부 : 입원 환자와 외래 환자를 다같이 취급하는 곳으로 약국, 수술부, 중앙소독재료부, 분만부, X선부, 물리요법부, 검사부, 혈액은행, 의료사회부, 구급부, 육아부 등이 배치된다.

③ 외래진료부 : 환자가 일정 기간동안 통원하면서 진찰을 받는 부문이다. 기능면이나 시설면에서도 병원의 외래진료부문이 중요한 위치를 차지한다. 내과, 소아과, 외과, 정형외과, 산부인과, 피부비뇨기과, 이비인후과, 안과, 치과 등이 배치된다.

④ 서비스부(공급부) : 위의 각 부문의 활동에 대하여 여러 가지 물품을 공급하는 부문이다.
　㉮ 급식관계제실 : 주방, 영양사실, 취사장, 냉동실, 조리실, 배선실, 특별조리실, 식기 세척, 식당, 쓰레기처리장, 화장실 등
　㉯ 세탁관계제실 : 세탁실, 건조실, 소독실, 아이론실, 피복창고 등

ⓓ 기계관계제실 : 보일러실, 기사실, 연료 창고, 전기실, 공기조화기계실 등
ⓔ 기타제실 : 장례식장, 창고시설, 정비작업장, 매점 등

⑤ 관리부 : 병원장을 중심으로 하는 병원 전체의 관리·운영·유지를 담당하는 부문이다.
㉮ 환자용 : 입구, 주차장, 로비, 대합실, 공중전화, 접수, 통보(교환기), 면회실, 특별 서비스실
㉯ 직원용 : 원장, 부원장실, 사무관리제실, 입퇴원 사무실, 간호부장실, 의사 기록실, 도서실 및 회의실, 의사 담화실, 연구실, 전화교환실

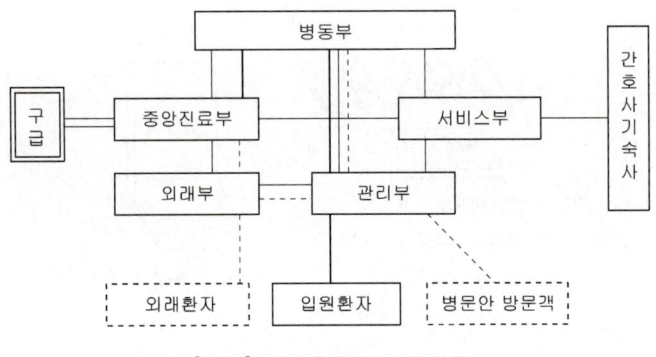

[그림] 병원의 주요부 구성도

2) 병원의 각부 면적비
① 전체 면적에서 병동부가 차지하는 면적
㉮ 종합병원 : 연면적의 1/3 정도
㉯ 결핵병원 : 연면적의 1/2 정도
㉰ 정신병원 : 연면적의 2/3 정도
② 각 부분별 면적비
㉮ 외래진료부·사무관리부 : 30~40%
㉯ 병동부 : 30~40%
㉰ 부속실 : 15%
㉱ 간호사 기숙사 : 10%
③ 1병상당 면적 표준 연면적
㉮ 전체 면적(외래 및 간호사 기숙사 포함) : 43~63m^2/bed
㉯ 병동 면적 : 20~27m^2/bed
㉰ 병실 면적 : 10~13m^2/bed
㉱ 간호사 기숙사 : 12m^2/인

핵심 PLUS

04 종합병원건축의 면적 배분에서 가장 많이 차지하는 부분은? [16 기]
① 외래부
② 병동부
③ 관리부
④ 중앙진료부

[해설] 병동부의 면적은 전체 면적의 30~40%가 적절하며, 종합병원에서 가장 많은 면적을 차지하는 부분이다.
답 : ②

05 병원건축의 시설규모를 결정하는 기준이 되는 것은? [12 기]
① 병실의 면적
② 근무자의 수
③ 진료실의 면적
④ 입원환자의 병상수

[해설] 병원건축의 시설 규모를 결정하는 기준은 입원환자의 병상수(bed수)가 된다.
답 : ④

06 병상수 300bed를 두는 종합병원의 연면적은?

[해설] 연면적 43~63m^2/bed 이므로
300bed × (43~63)
=12,900~19,800m^2

3. 세부계획

1) 병동부

① 병동부의 면적 구성비
  ㉮ 종합병원 : 연면적의 1/3 정도
  ㉯ 결핵병원 : 연면적의 1/2 정도
  ㉰ 정신병원 : 연면적의 2/3 정도

② 병실
  ㉮ 위치 : 병실은 둘 이상의 계단과 피난계단이 있는 경우를 제외하고는 지하 또는 3층 이하에 설치하지 않아야 한다.
  ㉯ 크기
   • 1인용실 : 6.3m² 이상
   • 2인용실 : 8.6m² 이상(1인에 대해 4.3m² 이상)
   • 아동실은 성인의 2/3 이상
  ㉰ 병상 1개에 대한 각 면적의 표준
   • 건물 연면적(외래 및 간호사 기숙사 포함) : 43~63m²/bed
   • 병동 면적 : 20~27m²/bed
   • 병실 면적 : 10~13m²/bed
  ㉱ 병실 계획시 유의사항
   • 병실의 천장은 환자의 시선이 늘 닿는 곳으로 조도가 높고 반사율이 큰 마감재료는 피한다.
   • 병실의 조명은 형광등이 반드시 좋은 것은 아니다.
   • 병실의 출입문은 안여닫이로 하고 문지방은 두지 않는다.
   • 병실의 출입구는 외여닫이로 하되, 폭 1.15m 이상으로 하여 침대가 통과할 수 있는 폭이어야 한다.
   • 창면적은 바닥면적의 1/3~1/4 정도로 하며, 창대의 높이는 90cm 이하로 하여 환자가 병상에서 외부를 전망할 수 있도록 한다.
   • 실중앙의 조명은 피하고 환자마다 머리 후면에 개별 조명시설을 하여 직사광선을 피할 수 있도록 실 중앙에 전등을 달지 않는다. 또한 bed마다 인터폰, 라이트, 테이블, 로커를 설치한다.
  ㉲ 구분 : 총실과 개실의 그룹별로 층 구성을 하며 병상수의 비율은 4 : 1 혹은 3 : 1로 한다.
    ※ 큐비클 시스템(cubicle system) : 천장에 닿지 않는 커튼이나 칸막이를 써서 총실을 몇 개의 큐비클로 나누어 bed를 배치하는 방식
    [특징]
     • 간호나 급식 서비스가 용이하다.
     • 개방감이 있고 북향 부분도 실의 환경이 균등하다.

핵심 PLUS

07 병원의 간호사 대기소에 관한 설명 중 ( )안에 가장 알맞은 내용은? [05, 07 기]

> 1개의 간호사 대기소에서 관리할 수 있는 병상수는 (㉠)개 이하로 하며 간호사의 보행거리는 (㉡)m 이내가 되도록 한다.

① ㉠ 10~20, ㉡ 40
② ㉠ 20~30, ㉡ 40
③ ㉠ 30~40, ㉡ 24
④ ㉠ 40~50, ㉡ 24

답 : ③

08 종합병원계획에 대한 설명 중 옳지 않은 것은? [08, 24 기]
① 전체적으로 바닥의 단차이를 가능한 줄이는 것이 좋다.
② 수술부는 타 부분의 통과교통이 없는 장소에 배치한다.
③ 일반적으로 병동부가 차지하는 면적은 병원 전체에서 25~35% 정도이다.
④ 외래진료부의 구성단위는 간호단위를 기본단위로 한다.

[해설] 병동부의 구성단위는 간호단위(nurse unit)를 기본단위로 한다.
① 간호단위 : 보통 30~40 베드 (병상수 25베드가 이상적)
② 간호사의 보행거리 : 24m 이내

답 : ④

I. 건축계획 | 병원건축

- 공간을 유용하게 사용할 수 있다.
- 독립성이 떨어진다.
- 면회자들로 인한 실내공기가 오염될 가능성이 크고 시끄럽다.

③ 간호단위(nursing unit)
  ㉮ 1간호단위 : 1조(8~10명)의 간호사가 간호하기에 적절한 병상수로 25베드가 이상적이며 보통 30~40 베드이다.
  ㉯ 간호사 대기실 : 각 간호단위 또는 층별, 동별로 설치하며 간호 작업에 편리한 계단, 엘리베이터에 근접시키며 외인의 출입도 감시할 수 있게 한다.
  ㉰ 간호사의 보행거리는 24m 이내로 환자를 돌보기 쉽도록 병실군의 중앙에 위치하게 한다.
  ㉱ P.P.C 계획
   - 병동은 환자의 거주성과 치료라는 2가지 주된 기능이 있으며, 이러한 기능은 환자에게 쾌적한 환경, 프라이버시 확보, 효과적인 환자의 관찰과 통제, 효율성 및 경제성의 4가지 요소를 만족시켜야 한다. 병을 단계적으로 치료한다는 의미로 병동을 환자의 증세에 따라 몇 개의 단위로 구분하는 방법이다.
   - 종류
     - I.C.U(Intensive Care Unit) : 중환자 병동으로 총 환자수의 약 10%를 차지한다.
     - I.D.C.U(Intermidate Care Unit) : 거동이 자유롭지 않아 self care unit에 수용할 수 없는 환자로 30~40%를 차지한다.
     - S.C.U(Self Care Unit) : 자가 간호 단위로 30~40%를 차지한다.
     - L.T.C.U(Long Term Care Unit) : 요양소와 같은 장기 병동으로 총 환자수의 20%를 차지한다.
     - C.C.U(Coronary care unit) : 심근, 협심증 환자를 대상으로 집중 치료를 하는 간호단위

④ 복도
  ㉮ 보통 2.1~2.4m가 필요하다.
  ㉯ 계단 및 계단참의 폭을 120cm 이상이 필요하다.
  ㉰ 계단까지의 보행거리는 주요구조부가 내화구조일 때 50m 이내, 그 이외는 30m 이내이다.

핵심 PLUS

09 다음의 종합병원계획에 관한 설명 중 가장 부적당한 것은? [06 기]
① 간호사 대기소는 간호사가 환자를 돌보기 쉽도록 병실군의 한쪽 끝에 위치시킨다.
② 병실의 천장은 반사율이 큰 마감재료는 피한다.
③ I.C.U에는 집중적인 간호력과 고도의 의료설비를 갖추도록 한다.
④ 결핵병동은 원칙적으로 종합병원에 포함시키지 않는다.

[해설] 간호사 대기소(Nurse station)은 각 간호단위 또는 층별, 동별로 설치하며 간호 작업에 편리한 계단, 엘리베이터에 근접시키며 외인의 출입도 감시할 수 있게 한다. 간호사의 보행거리는 24m 이내로 환자를 돌보기 쉽도록 병실군의 중앙에 위치하게 한다.
답 : ①

10 장애인 등의 통행이 가능한 접근로를 설치하는 경우 접근로의 유효폭은 최소 얼마 이상으로 하여야 하는가? [11 기]
① 0.6m
② 0.9m
③ 1.2m
④ 1.5m

[해설] 장애인 등의 통행이 가능한 접근로를 설치하는 경우 접근로의 유효폭은 휠체어 사용시 통행 1.2m 이상으로 하여야 한다.
답 : ③

2) 중앙진료부

① 특성
- ㉮ 병동부와 외래진료부의 관계를 충분히 고려하여 위치를 정한다.
- ㉯ 환자와 물건의 동선은 교차되지 않도록 한다.
- ㉰ 환자의 동선은 이동하기 쉬운 저층에 설치한다.
- ㉱ 중앙진료부는 외래진료부와 병동부의 중간 위치가 좋으며, 특히 수술실, 물리치료실, 분만실 등은 통과교통이 되지 않도록 한다.
- ㉲ 약국은 외래진료부, 현관과의 연락이 좋은 곳에 설치한다.
- ㉳ 병원 전체에서 중앙진료시설이 차지하는 면적은 15~20% 정도이다.

② 구성 : 약국, 주사실, 중앙소독재료부, X선부, 분만부, 검사부, 구급(응급)부 등으로 구성된다. 보통 오래 환자들이 이용하기 쉬운 장소로 출입구 부근이 좋다.

㉮ 수술실

■ 기능 및 위치
- 외래와 병동의 사이에 중앙진료부와 가까운 부분에 위치하여 쌍방이 모두 이용하게 한다.
- 타 부분과 통과 교통이 되지 않는 cul-de-sac 부분에 둔다.
- 중앙소독공급부(supply center)와 수직, 수평적으로 근접된 부분에 둔다.
- 관리가 편리하도록 대, 중, 소 여러 개의 수술실을 관계 부속설비와 같이 집중배치 한다.
- 병동 및 응급부에서 환자 수송이 용이한 곳에 둔다.

■ 계획상의 요점
- 규모 : 100병상에 대하여 대·소 수술실 각 1개씩 설치하고, 50병상 증가시 1실씩 증가한다.
- 수술실의 크기
  - 대수술실 : 6.0m×6.0m
  - 소수술실 : 4.5m×4.5m

  모든 설비는 수술대를 중심으로 배열하고 작업하는 데 충분한 넓이일 것
- 창 : 직사일광을 피하고, 밝기는 일정하게 방위와는 무관하게 한다.
- 조명 : 인공조명을 주로 이용하고 무영등을 사용한다.
- 출입구 : 양여닫이로 하며 1.5m 전후의 폭으로 하고, 손잡이는 팔꿈치 조작식으로 한다. 또는 자동문으로 하고 내부를 엿볼 수 있는 유리 낀 작은 구멍을 설치한다.

핵심 PLUS

11 일반 종합병원의 계획에 있어서 옳지 않은 것은? [02 기]
① 병동부는 면적상 전체면적의 약 1/3을 차지한다.
② 병실의 바닥면적은 1인용의 경우 6.3m² 이상으로 계획한다.
③ X-선부는 각 병동부에 가깝고 외래 진료부로부터 편리한 위치에 둔다.
④ 수술부는 사용빈도가 많으므로 다른 부분과 긴밀한 위치가 좋다.

답 : ④

12 병원의 수술부에 관한 설명 중 옳지 않은 것은? [08, 23 기]
① 수술부의 위치는 외래부와 관리부 중간에 위치하게 하는 것이 가장 바람직하다.
② 수술실의 실내벽체는 녹색계통으로 마감을 한다.
③ 수술실의 바닥마감은 전기도체성 마감을 사용하는 것이 좋다.
④ 수술실 출입문 손잡이는 팔꿈치 조작식 또는 자동문으로 하는 것이 좋다.

[해설] 외래부와 병동부의 사이에 중앙진료부와 가까운 부분에 위치하여 쌍방이 모두 이용하게 하며, 타 부분과 통과 교통이 되지 않는 cul-de-sac 부분에 둔다.

답 : ①

13 병원의 평면계획에 있어 구급 동선은 어디에 연결되어야 하는가? [03 기]
① 병동부
② 외래부
③ 중앙진료부
④ 서비스부

답 : ③

I. 건축계획 | 병원건축

핵심 PLUS

14 종합병원의 수술실계획에 관한 설명으로 옳지 않은 것은? [02 기]
① 실내의 온도 26.6℃, 습도 55% 이상으로 한다.
② 출입구는 110cm 이상으로 하고, 자동문으로 설치하는 것이 좋다.
③ 수술실에 대한 기계실을 별도로 고려해야 한다.
④ 수술실의 위치는 통과교통이 없는 독립된 곳에 설치한다.
답 : ②

15 다음 중 병원의 수술부와 직접 관계가 없는 실은? [08 기]
① 세척실
② 회복실
③ 갱의실
④ 처치실
해설 병원의 수술부의 부속실 : 소독실, 수세실, 세척실, 기계실, 마취실, 검사실, 갱의실
답 : ④

- 벽 : 실내벽 재료는 피의 보색인 녹색계 타일로 하여 적색의 식별이 용이하도록 한다.
- 바닥
  - 수세에 편리한 재료 사용-타일, 테라초 갈기, 카본계, 타일, 염화비닐계 타일 등
  - 폭발성 마취약 사용으로 전기 S/W 등 모든 전기기구를 스파크 방지 장치가 붙은 것을 사용하고, 바닥도 전기도체성 타일을 사용한다. 콘센트 위치는 1m 이상 위치에서 사용한다.
- 온·습도
  - 실내의 온도가 26.6℃ 이상의 고온이어야 하며, 습도가 55% 이상으로 한다.
  - 공기조화설비시 공기를 재순환 시키지 않는다.
- 안과 수술실에는 암막장치를 필요로 한다.

■ 부속실
소독실, 수세실, 세척실, 기계실, 마취실, 검사실, 갱의실

㉯ 중앙소독재료부 : 의료기계, 자제, 수술용 자재 등을 소독, 저장하여 요구에 의해 공급하는 곳으로 수술부 부근에 위치하며 또한 병동의 nurse station과도 인접된다.

㉰ 분만부 : 수술실과 같은 고려가 필요하며 산과 병상(20bed 이하당) 1실 이상이 필요하며, 10병상당 1실의 진통실이 필요하다.

㉱ 약국 : 외래환자 및 입원 각 환자에게 약제를 공급한다. 외래 출입구 부근에 설치하며 간호사실로부터도 이용이 편리해야 한다.

㉲ 방사선부 : 외래 환자에 편리한 위치에 설치한다. 벽, 바닥, 천장은 연판으로 피복한 후 콘크리트로 처리한다.

㉳ 물리요법부 : 외래 환자가 많고 치료 시간이 길다는 것을 유념하여야 하며 이용에 편리한 1층에 둔다.

㉴ 검사부·혈액은행 : 병동과 외래에서 가까운 위치가 좋고 북향을 취한다.

㉵ 의료사업부

㉶ 구급부(응급부)
- 병원의 출입구는 입원, 외래, 관리 이외에 구급부에 별도로 설치한다.
- 구급용 출입구는 입원 환자의 눈에 띄지 않으며, 구급차가 접하여 환자를 옮기는 데 충분한 넓이로 하고 처치실, X선부, 수술부와는 짧은 동선으로 이어지는 위치에 둔다.

㉷ 육아부 : 산과의 중앙에 배치하며 분만실과는 격리시킨다.

3) 외래진료부

① 외래진료부의 운영 방식
  ㉮ 오픈 시스템(open system) : 종합병원 근처의 일반 개업의사는 종합병원에 등록되어 있어서, 종합병원의 큰 시설을 이용할 수 있고, 자기 환자를 종합병원 진찰실에서 예약된 시간과 장소에서 행하며 입원시킬 수 있는 제도이다.
  ㉯ 클로즈드 시스템(closed system) : 대규모의 각종 과를 필요로 하며 대부분 우리나라의 종합병원의 외래진료 방식이다.

② 계획상의 요점
  ㉮ 환자가 이용하기 편리하도록 1층 또는 2층 이하에 둔다.
  ㉯ 부속진료시설을 인접하게 하여 이용상의 편리를 도모한다.
  ㉰ 임상검사, X선 촬영, 투시, 소수술, 주사, 등은 각과 공동으로 한다.
  ㉱ 중앙주사실, 회계, 약국 등은 정면 출입구 근처에 설치한다.
  ㉲ 내과 계통은 진료검사에 시간을 요하므로 소진료실을 다수 설치하도록 한다.
  ㉳ 외과 계통 각과는 1실에서 여러 환자를 볼 수 있도록 대실로 한다.
  ㉴ 실의 깊이는 이비인후과, 치과 등은 4.5m, 기타는 약 5.5m로 한다.
  ㉵ 창틀 높이 75~90cm, 창면적은 바닥 면적의 1/7~1/5, 천장 높이는 2.7m 내외로 한다.
  ㉶ 동선을 체계화하고 대기 공간을 통로 공간과 분리해서 대기실을 독립적으로 배치하면서 프라이버시를 확보하도록 한다.
  ㉷ 실내 환경에 대한 배려로서 환자의 심리 고통을 덜어줄 수 있는 환경심리적 요인을 반영시킨다.
  ㉸ 불확실한 미래의 요구에 대비하기 위해서는 확장, 용도 변경 등에 대응할 수 있는 기본적인 방향을 수립해야 한다.
  ㉹ 전체 병원에 대한 외래부의 면적 비율은 10~15% 정도로 한다.

③ 각과별 계획
  ㉮ 내과 : 소아과와 격리되고 임상검사실, 외래 X-ray실과 인접한다. 진료에 시간을 요하므로 소진료실을 여러 개 설치한다. 결핵 등 전염병 질환은 별도의 실을 준비한다. 환자는 탈의를 하므로 충분한 난방을 필요로 한다.
  ㉯ 소아과 : 전염성 질환 환자와 완전 격리하고 소음에 유의하며 남쪽에 배치한다. 부모가 동반하므로 충분한 넓이가 필요하고, 소란스러우므로 타 부분에 영향을 미치지 않도록 격리 배치한다.
  ㉰ 외과 : 진찰실과 처치실로 구분한다. 진찰실은 초진, 재진으로 구분한다. 외래 수술실에 인접하여 배치하며, 1층 또는 수술실 가까이에 둔다.

핵심 PLUS

16 종합병원 건축계획에 대한 설명 중 옳지 않은 것은?
[06, 08, 25 기]
① 우리 나라의 일반적인 외래 진료방식은 오픈 시스템이며 대규모의 각종 과를 필요로 한다.
② 1개의 간호사 대기소에서 관리할 수 있는 병상수는 30~40개 이하로 한다.
③ 병실의 창문은 환자가 병상에서 외부를 전망할 수 있게 하는 것이 좋다.
④ 수술실의 바닥마감은 전기도 체성 마감을 사용하는 것이 좋다.

[해설] 클로즈드 시스템(closed system) : 대규모의 각종 과를 필요로 하며 대부분 우리나라의 종합병원의 외래진료 방식이다.
답 : ①

17 클로즈드 시스템(Closed System)의 종합병원에서 외래진료부 계획에 대한 설명으로 옳지 않은 것은?
[16, 24 기]
① 환자의 이용이 편리하도록 2층 이하에 두도록 한다.
② 부속진료시설을 인접하게 하여 이용이 편리하게 한다.
③ 중앙주사실, 약국은 정면 출입구에서 멀리 떨어진 곳에 둔다.
④ 외과 계통 각 과는 1실에서 여러 환자를 볼 수 있도록 대실로 한다.
답 : ③

핵심 PLUS

18 종합병원의 건축계획에 대한 설명 중 옳지 않은 것은?
[10, 18 기]
① 부속진료부는 외래환자 및 입원환자 모두가 이용하는 곳이다.
② 집중식 병원건축에서 부속진료부와 외래부는 주로 건물의 저층부에 구성된다.
③ 간호사 대기소는 각 간호단위 또는 각층 및 동별로 설치한다.
④ 외래진료부의 운영방식에 있어서 미국의 경우는 대개 클로즈드 시스템인데 비하여, 우리나라는 오픈 시스템이다.

[해설] 외래진료부의 운영방식에 있어서 미국의 경우는 대개 오픈 시스템인데 비하여, 우리나라는 클로즈드 시스템이다.
답 : ④

19 종합병원의 외래진료부에 관한 설명 중 옳지 않은 것은?
[09, 11 기]
① 내과는 진료검사에 시간이 걸리므로 소진료실을 다수 설치한다.
② 정형외과는 보행이 편리한 곳에 두고 미끄러질 염려가 있는 바닥마무리와 경사로를 피한다.
③ 외과는 1실에서 여러 환자를 볼 수 있도록 대실로 한다.
④ 안과는 진료실, 기공실, 검사실, 암실을 설치하며, 검안을 위해 3m 정도 거리를 확보한다.

[해설] 안과는 북측이 좋고, 시력검사를 위해 진찰실의 한쪽 길이는 5m 정도의 거리를 확보한다.
답 : ④

㉣ 정형외과 : X-ray실과 인접하여 배치하며, 대합실 내 보호자의 부축 스페이스가 필요하므로 다른 진료실보다 넓은 면적이 필요하다. 보행에 부자유한 환자가 많으므로 되도록 최하층에 두고, 미끄러질 염려가 있는 리놀륨이나 경사로 등은 피한다.

㉤ 산부인과 : 임산부를 주로 돌보는 산과와 부인병을 주로 치료하는 부인과로 구분되며 실 전체를 다른 환자들로부터 완전 격리하고 회복실을 둔다.

㉥ 이비인후과 : 남쪽 광선을 차단하고 북측 채광을 하되 소수술 후 휴양하는 침대를 설치한다. 청력검사용 방음실을 둔다.

㉦ 피부비뇨기과 : 피부과와 비뇨기과로 구분되며, 진찰실과 처치실을 각각 설치한다. 비뇨기과에는 검뇨실과 인접하여 채뇨할 수 있도록 화장실과 인접시키고, 광선치료실·방광경실 등을 설치한다.

㉧ 안과 : 북측이 좋고, 시력검사를 위해 진찰실의 한쪽 길이는 5m 정도의 거리를 확보한다.

㉨ 치과 : 진료실, 기공실, 휴게실을 설치하되 X선 기계는 1m 각의 공간을 차지한다. 진료실은 북측이 좋으며, 1실에 여러 대의 진료의자를 설치할 때에는 상호간 간단한 칸막이를 설치하는 것도 좋다. 기공실은 별도 배기설비를 한다.

2 장애인·노인·임산부 등의 편의시설계획

※ 건축기사 시험의 출제범위에 해당하는 부분으로 종종 출제되고 있는 장애인·노인·임산부 등의 편의시설계획에 관련되는 문제는 핵심기출문제 편에서 학습하시기 바랍니다.

핵심기출문제

VII. 병원건축

■■■■ 1. 병원

1. 종합병원의 건축형식 중 분관식(pavilion type)에 대한 설명으로 옳지 않은 것은?   [10, 13, 20 ㉮]

① 평면 분산식이다.
② 채광 및 통풍 조건이 좋다.
③ 일반적으로 3층 이하의 저층 건물로 구성된다.
④ 재난시 환자의 피난이 어려우며 공사비가 높다.

2. 병원건축의 형식 중 분관식(pavilion type)에 관한 설명으로 옳은 것은?   [17 ㉮]

① 저층 분산형의 형태이다.
② 각 병실의 채광 및 통풍 조건이 불리하다.
③ 환자의 이동은 주로 에스컬레이터를 이용한다.
④ 외래부, 부속진료부는 저층부에, 병동은 고층부에 배치한다.

3. 다음 중 병원건축에 있어서 단일 고층건물형식의 유리한점이 아닌 것은?   [06, 08 ㉮]

① 각 병실을 남향으로 할 수 있어 일조, 통풍조건이 좋아진다.
② 업무의 효율화가 가능하다.
③ 낮은 건폐율로 주변 공지 확보에 유리하다.
④ 병동의 관리가 용이하다.

4. 병원 계획에 관한 설명으로 옳지 않은 것은?   [15, 25 ㉮]

① 입원환자와 외래환자의 출입구는 분리시킨다.
② 환자 병상수에 따라 병원의 시설규모가 결정된다.
③ 수술실 앞에는 홀이나 다른 통과교통이 없도록 한다.
④ 종합병원의 간호단위는 60병상 정도로 하는 것이 바람직하다.

해 설

[해설] 1, 2
분관식(pavilion type)
평면 분산식으로 각 건물은 3층 이하의 저층 건물이며 외래부, 부속 진료부, 병동을 각각 별동으로 하여 분산시키고 복도로 연결시키는 방법으로서 치료와 의사 본위의 병원 형식이다. 각 과별 전용 시설, 진료 시설, 사무실 등이 확보되어야 한다.
① 각 병을 남향으로 할 수 있어 일조, 통풍 조건이 좋아진다.
② 넓은 대지가 필요하며 설비가 분산적이고 보행 거리가 멀어진다.
③ 내부 환자는 주로 경사로를 이용한 보행 또는 들것으로 운반한다.

[해설] 3
일조, 통풍 등의 조건이 불리해지며, 각 병실의 환경이 균일하지 못하다.

[해설] 4
1개의 간호사 대기소에서 관리할 수 있는 병상수는 30~40개 이하로 하며 간호사의 보행거리는 24m 이내가 되도록 한다.

정답 1. ④   2. ①   3. ①   4. ④

핵심기출문제 Ⅶ. 병원건축

5. 다음의 병원건축계획에 관한 기술 중 가장 부적당한 것은? [07㉮]
① 1개의 간호사 대기소에서 관리할 수 있는 병상수는 30~40개 이하로 한다.
② 병실 출입구는 침대가 통과할 수 있는 폭이어야 한다.
③ 간호단위의 구성시 간호사의 보행거리는 24m 이내가 되도록 한다.
④ 병원의 환자용 계단에 대체하여 설치하는 경사로의 경사는 최대 1/6 이하로 한다.

6. 병원의 간호사 대기소에 관한 설명 중 옳지 않은 것은? [09, 14, 24㉮]
① 계단이나 엘리베이터홀 등에 가능한 한 인접시켜 외부인의 출입을 감시할 수 있도록 한다.
② 병실군의 한쪽 끝에 위치시켜 복도의 상황을 쉽게 알 수 있도록 한다.
③ 1개의 간호사 대기소에서 관리할 수 있는 병상수는 30~40개 이하로 한다.
④ 간호사 대기소에서 병실군까지 보행하는 거리를 24m 이내가 되도록 한다.

7. 다음 중 병원건축에서 간호단위의 병상수가 과다한 경우 나타나는 문제점과 가장 관계가 먼 것은? [09, 14㉮]
① 환자 보호자들에 의한 간호가 불가능해 진다.
② 전체 환자의 상태를 파악하기 어려워진다.
③ 간호사들의 동선이 길어진다.
④ 병실 간호능력이 저하된다.

8. 병원건축의 외과 수술실 계획에 관한 설명 중 옳지 않은 것은? [09㉮]
① 수술실 바닥은 전기도체성 마감으로 한다.
② 외래와 병동 중간 부분에 위치하도록 한다.
③ 사용이 편리하도록 통과 교통로에 인접시켜 설치한다.
④ 실내 벽재료는 녹색계통으로 마감을 한다.

해설

[해설] 5
병원의 환자용 계단에 대체하여 설치하는 경사로의 경사는 최대 1/20 이하로 한다.

[해설] 6
간호단위(nursing unit)
① 1간호단위 : 1조(8~10명)의 간호사가 간호하기에 적절한 병상수로 25베드가 이상적이며 보통 30~40 베드이다.
② 간호사 대기실 : 각 간호단위 또는 층별, 동별로 설치하며 간호 작업에 편리한 계단, 엘리베이터에 근접시키며 외인의 출입도 감시할 수 있게 한다.
③ 간호사의 보행거리는 24m 이내로 환자를 돌보기 쉽도록 병실군의 중앙에 위치하게 한다.

[해설] 7
간호단위(nurse unit)는 1조의 간호사들이 환자를 간호할 수 있는 병동부의 기본단위이다. 간호단위의 병상수가 과다한 경우 간호사들의 동선이 길어지고, 전체 환자의 상태를 파악하기 어려워지며, 병실의 간호능력이 저하된다.

[해설] 8
수술실은 타 부분과 통과 교통이 되지 않는 cul-de-sac 부분에 둔다.

정답 5. ④ 6. ② 7. ① 8. ③

9. 병원의 공조 설계 시 가장 중요도가 높은 곳은? [09㉮]

① 간호사 대기소　　　② 병실
③ 환자 식당　　　　　④ 수술실

10. 병원건축계획에 관한 설명 중 옳지 않은 것은? [07㉮]

① 수술부는 복도에 다른 통과교통이 없는 위치에 배치하는 것이 좋다.
② 1개의 간호사 대기소에서 관리할 수 있는 병상수는 30~40개 이하로 한다.
③ 수술실 실내의 벽은 녹색계통의 마감을 하여 적색의 식별이 용이하게 한다.
④ 응급부의 위치는 병원의 중앙출입구에 포함시켜 계획되어야 한다.

11. 다음 중 의사 및 간호사의 수술부에서의 동선으로 가장 적합한 것은? [07, 14㉮]

① 급한 환자일 경우 별도의 실을 경유하지 않고 수술실로 직접 간다.
② 세면실만을 거쳐 수술실로 간다.
③ 갱의실에서 세면실을 거쳐 수술실로 간다.
④ 갱의실, 세면실, 마취실을 차례로 거쳐 수술실로 간다.

12. 종합병원에서 클로즈드 시스템(closed system)의 외래진료부 계획에 대한 설명으로 부적당한 것은? [06, 14㉮]

① 환자의 이용이 편리하도록 2층 이하에 두도록 한다.
② 내과 계통은 소진료실을 다수 설치한다.
③ 중앙주사실, 약국은 정면 출입구에서 멀리 떨어진 곳에 둔다.
④ 실내환경에 대한 배려로서 환자의 심리고통을 덜 줄 수 있는 환경 심리적 요인을 반영시킨다.

13. 종합병원계획에 대한 설명 중 옳지 않은 것은? [10, 15, 19㉮]

① 수술부는 외래와 병동 중간에 위치시킨다.
② 수술실의 바닥은 전기도체성 마감을 사용하는 것이 좋다.
③ 간호사 대기실은 각 간호단위 또는 각층 및 동별로 설치한다.
④ 평면계획시 모듈을 적용하여 각 병실을 모두 동일한 크기로 하는 것이 좋다.

해 설

해설 9
수술실의 온·습도
① 실내의 온도가 26.6℃ 이상의 고온이어야 하며, 습도가 55% 이상으로 한다.
② 공기조화설비시 공기를 재순환 시키지 않는다.

해설 10
구급부(응급부) : 병원의 출입구는 입원, 외래, 관리 이외에 구급부를 별도로 설치한다. 구급용 출입구는 입원 환자의 눈에 띄지 않으며, 구급차가 접하여 환자를 옮기는 데 충분한 넓이로 하고 처리실, X선부, 수술부와는 짧은 동선으로 이어지는 위치에 둔다.

해설 11
의사 및 간호사의 수술부에서의 동선
① 의사 : 의사 갱의실 → 세면실 → 수술실
② 간호사 : 간호사 갱의실 → 세면실 → 수술실

해설 12
중앙주사실, 회계, 약국 등은 정면 출입구 근처에 설치한다.
※ 클로즈드 시스템(closed system) : 대규모의 각종 과를 필요로 하며 대부분 우리나라의 종합병원의 외래진료 방식이다.

해설 13
병실은 총실과 개실의 그룹별로 층 구성을 하고, 병상수의 비율은 4 : 1 혹은 3 : 1로 한다.
※ 큐비클 시스템(cubicle system) : 천장에 닿지 않는 커튼이나 칸막이를 써서 총실을 몇 개의 큐비클로 나누어 bed를 배치하는 방식
※ 특징
① 간호나 급식 서비스가 용이하다.
② 개방감이 있고 북향부분도 실의 환경이 균등하다.
③ 공간을 유용하게 사용할 수 있다.
④ 독립성이 떨어진다.
⑤ 면회자들로 인한 실내공기가 오염될 가능성이 크고 시끄럽다.

정답 9. ④　10. ④　11. ③
　　 12. ③　13. ④

핵심기출문제

VII. 병원건축

14. 종합병원의 건축계획에 관한 설명으로 옳지 않은 것은? [17②]

① 간호사의 보행거리는 24m 이내가 되도록 한다.
② 외래진료부는 환자의 이용이 편리하도록 1층 또는 2층 이하에 둔다.
③ 일반적으로 병원건축의 시설규모는 입원환자의 병상수에 의해 결정된다.
④ 병동배치방식 중 분관식(pavilion type)은 동선이 짧게 되는 이점이 있다.

해설 14
분관식(Pavilion type)은 일조, 통풍조건이 좋으나, 넓은 대지가 필요하며 설비가 분산적이고 보행거리가 멀어진다.

15. 종합병원의 병동각부 계획에 대한 설명 중 가장 부적당한 것은? [04②]

① 수술실은 밝기를 충분히 고려하여 남측에 채광창을 설치한다.
② 간호사 대기소에서 입원실 및 복도를 감시할 수 있도록 한다.
③ 병실의 창문 높이는 90cm 이하로 하여 환자가 병상에서 외부를 전망할 수 있게 하는 것이 좋다.
④ 클로즈드 시스템의 외래진료부는 환자의 이용이 편리하도록 1층 또는 2층 이하에 둔다.

해설 15
수술실은 직사광선을 피하고, 밝기는 일정하게 방위와는 무관하게 한다.

16. 병원건축계획에 관한 기술 중 가장 부적당한 것은? [04, 05, 09②]

① 도심부에 병원건축을 계획할 경우 블록타입(block type) 보다는 파빌리온 타입(pavilliontype)이 유리하다.
② 중앙진료부는 외래부와 병동부의 중간에 위치하는 편이 좋다.
③ 병동부의 전체면적에 대한 비율은 40% 정도가 적당하다.
④ 심근, 협심증환자를 대상으로 집중치료하는 간호단위를 C.C.U(Coronary Care Unit)라 한다.

해설 16
도심부에 병원건축을 계획할 경우 파빌리온 타입(pavilion type)보다는 블록타입(block type)이 유리하다.

17. 병원의 건축계획에 관한 설명 중 옳지 않은 것은? [02②]

① 분관식(Pavillion type)은 유럽에서 발달된 형태로 치료와 의사본위적 병원형식이다.
② 집합식(Block type)은 병원의 기능을 집약적으로 편성하므로 관리가 쉽고 기능이 양호하다.
③ 종합병원실의 큐비클시스템(Cubicle system)은 간호, 급식, 서비스 등이 용이하고 공간을 유용하게 사용할 수 있다.
④ 병실의 출입문은 환자의 독립성 보호를 위하여 안에서 잠글 수 있도록 하며, 폭은 90cm 이상 보통 110cm로 한다.

해설 17
병실의 출입문은 안여닫이로 하고 문지방은 두지 않으며, 응급 상황의 우려를 고려해 잠글 수 있는 구조로 하지 않는 것이 좋다. 병실의 출입구는 외여닫이로 하되, 폭 1.15m 이상으로 하여 침대가 통과할 수 있는 폭이어야 한다.

정답 14. ④ 15. ① 16. ①
17. ④

2. 장애인·노인·임산부 등의 편의시설계획

18. 장애인·노인·임산부 등을 위한 편의시설은 매개시설, 내부시설, 위생시설, 안내시설 등으로 구분 할 수 있다. 다음 중 매개시설에 속하는 것은? [16 ㉮]

① 점자블록
② 장애인전용주차구역
③ 장애인 등의 통행이 가능한 복도
④ 시각 및 청각장애인 경보·피난설비

19. 장애인 등의 편의시설 중 매개시설에 속하지 않는 것은? [15, 22 ㉮]

① 주출입구 접근로
② 유도 및 안내설비
③ 장애인전용주차구역
④ 주출입구 높이차이 제거

20. 아파트에 의무적으로 설치하여야 하는 장애인·노인·임산부 등의 편의시설에 속하지 않는 것은? [15, 19, 23, 24 ㉮]

① 점자블록
② 장애인전용주차구역
③ 높이 차이가 제거된 건축물 출입구
④ 장애인 등의 통행이 가능한 접근로

21. 장애인 등의 통행이 가능한 접근로를 설치하는 경우 접근로의 유효폭은 최소 얼마 이상으로 하여야 하는가? [11, 25 ㉮]

① 0.6m
② 0.9m
③ 1.2m
④ 1.5m

해 설

해설 18

장애인·노인·임산부 등을 위한 편의시설의 종류
㉠ 매개시설 : 주출입구 접근로, 주출입구 높이차이 제거, 장애인전용주차구역
㉡ 내부시설 : 출입구(문), 복도, 계단 또는 승강기
㉢ 위생시설 : 대변기, 소변기, 세면대, 욕실, 샤워실·탈의실
㉣ 안내시설 : 점자블록, 유도 및 안내설비, 경보 및 피난설비
㉤ 기타시설 : 임산부 등을 위한 휴게시설, 객실·침실, 관람석·열람석·접수대·작업대, 매표소·판매기·음료대

해설 19, 20

장애인 등의 편의시설
㉠ 장애인전용주차구역 : 주차장 관계 법령과 편의시설의 설치기준에 따라 대상시설에 장애인전용주차구역을 설치하여야 한다.
㉡ 장애인 등의 통행이 가능한 접근로 접근로의 유효폭은 휠체어 사용시 통행 1.2m 이상으로 하여야 한다.
㉢ 높이 차이가 제거된 건축물 출입구 사무소건축에서 장애인 등의 편의를 위해 건축물의 주출입구에 턱낮추기를 하는 경우, 주출입구와 통로의 높이 차이가 2cm 이하가 되도록 하여야 한다.
㉣ 장애인 등의 이용이 가능한 화장실
• 대변기 : 출입문 통과폭은 0.8m 이상
• 소변기 : 바닥부착형으로 할 수 있으며, 소변기 양옆에 수평 및 수직손잡이 설치

해설 21

장애인 등의 통행이 가능한 접근로를 설치하는 경우 접근로의 유효폭은 휠체어 사용시 통행 1.2m 이상으로 하여야 한다.

정답 18. ② 19. ② 20. ① 21. ③

핵심기출문제

VII. 병원건축

22. 제1종 근린생활시설 중 장애인전용 주차구역을 의무적으로 설치하여야 하는 대상에 속하지 않는 것은? [15 ㉠]

① 지구대
② 우체국
③ 슈퍼마켓
④ 지역자치센터

23. 장애인을 위한 시설계획의 설명으로 가장 부적당한 것은?

① 휠체어 사용자를 위한 실내 경사로의 물매는 1/12 이하로 한다.
② 변기의 높이는 약 45cm로 하고, 세면기의 높이는 약 72cm 정도로 한다.
③ 계단참은 수직거리 60~70cm마다 1.8m×1.8m의 크기로 1개소씩 설치한다.
④ 출입구의 문은 회전문으로 한다.

24. 장애인시설계획에서 가장 부적당한 것은?

① 휠체어 2대가 자유롭게 지나갈 수 있는 복도의 유효폭은 1.8m 이상이 필요하다.
② 복도에는 기둥 또는 소화전 등을 바닥이나 벽에서 돌출시키면 안된다.
③ 계단의 난간과 벽 사이는 5~6cm 정도 떨어져야 한다.
④ 화장실에는 반드시 비상벨을 설치하며 벨의 높이는 바닥에서 80~90cm가 적당하다.

해 설

[해설] 22

장애인전용주차구역
시설주 등은 주차장 관계 법령과 편의시설의 설치기준에 따라 다음 대상시설에 장애인전용주차구역을 설치하여야 한다.
㉠ 제1종 근린생활시설 중 지역자치센터, 파출소, 지구대, 우체국, 보건소, 공공도서관, 국민건강보험공단·국민연금공단·한국장애인고용공단·근로복지공단의 지사
㉡ 문화 및 집회시설 중 공연장(좌석수가 1,000석 이상인 시설만 해당) 및 전시장(바닥면적의 합계가 1,000m² 이상인 시설만 해당)
㉢ 의료시설 중 종합병원
㉣ 교육연구시설 중 학교 및 도서관
㉤ 노유자시설 중 장애인복지시설
㉥ 업무시설 중 국가 또는 지방자치단체의 청사(공중이 직접 이용하는 시설에 한함)
㉦ 업무시설 중 국민건강보험공단·국민연금공단·한국장애인고용공단·근로복지공단 및 그 지사

[해설] 23
휠체어 사용 및 보행의 장애를 고려하면 회전문의 계획은 부적절하다.

[해설] 24
어느 위치에서도 비상벨을 사용할 수 있도록 하며, 벨의 설치 높이는 바닥에서 50cm 정도가 적당하다.

정답 22. ③ 23. ④ 24. ④

08 숙박시설

1 호텔

1. 개요

1) 호텔의 종류와 입지 조건

① 시티호텔(city hotel) : 교통 및 상업의 중심지인 도시에 위치하여 일반 여행자의 단기간 체제를 대상으로 하거나 또는 도시의 사교적 집회 및 연회 등의 장소로 이용되는 호텔이다.

■ 시티 호텔의 종류와 특징 및 입지 조건

종류	특징	대지조건
커머셜 호텔 (commercial hotel)	주로 상업상, 사무상의 여행자용으로서, 비즈니스를 주체로 한 호텔로서 도심의 번화한 교통 중심지에 고층화된다.	① 환경이 좋고 조용할 것 ② 이용, 교통기관이 편리할 것 ③ 자동차 교통에 대한 어프로치가 좋고 주차 공간이 충분할 것 ④ 근처에 있는 호텔과 경영상의 경쟁 및 제휴를 고려할 것
레지던셜 호텔 (residential hotel)	상업상 여행자나 관광객 등이 단기 체재하는 호텔로서, 커머셜 호텔보다 규모가 작고 설비는 고급이며, 도심을 약간 피하여 조금 안정된 곳에 위치한다.	
아파트먼트 호텔 (apartment hotel)	장기간 체제하는데 적합한 호텔로서 부엌과 셀프 서비스시설을 갖추는 것이 일반적이다.	
터미널 호텔 (terminal hotel)	교통기관의 발착 지점에 위치한 호텔로서, 스테이션 호텔(station hotel), 하버호텔(habor hotel), 에어포트 호텔(airport hotel) 등이 있다.	

② 리조트 호텔(resort hotel) : 피서 및 휴양을 위주로 하여 관광객이나 휴양객이 많이 이용되는 호텔로서, 산, 바다, 호수, 강, 공원 등 도시에서 떨어진 관광지 등의 넓은 대지에 운동시설, 레크레이션 시설 등을 갖추고 그 특색을 충분히 살린 호텔이다.

핵심 PLUS

01 다음 중 시티 호텔에 속하지 않는 것은? [13, 23 기]
① 커머셜 호텔
② 터미널 호텔
③ 클럽 하우스
④ 레지던셜 호텔

답 : ③

02 교통 및 상업의 중심지인 도시에 위치하여 일반관광객 외에 상업, 사무 등 각종 비즈니스를 위한 여행자를 대상으로 하여, 일반적으로 호텔 경영 내용의 주체를 식료에 비중을 두고 있는 것은? [03, 24, 25 기]
① 커머셜호텔(commercial hotel)
② 레지던셜호텔(residential hotel)
③ 아파트먼트(arpartment hotel)
④ 터미널 호텔(terminal hotel)

답 : ②

03 다음의 호텔에 대한 설명 중 옳지 않은 것은? [05, 09, 15 기]
① 아파트먼트 호텔은 장기간 체제 하는데 적합한 호텔로서 각 객실에는 주방설비를 갖추고 있다.
② 커머셜 호텔은 스포츠 시설을 위주로 이용되는 숙박시설을 갖추고 있다.
③ 터미널 호텔은 교통기관의 발착지점에 위치한다.
④ 리조트 호텔은 조망 및 주변 경관의 조건이 좋은 곳에 위치하는 것이 좋다.

답 : ②

I. 건축계획 | 숙박시설

핵심 PLUS

04 다음 중 리조트 호텔에 속하지 않는 것은? [17기]
① 해변호텔(beach hotel)
② 부두호텔(harbor hotel)
③ 산장호텔(mountain hotel)
④ 클럽 하우스(club house)

답 : ②

05 호텔에 있어서 린넨실(linen room)의 용도에 대하여 옳게 설명한 것은? [01기]
① 화물 엘리베이터나 덤웨이터를 설치하여 이용하는 장소이다.
② 휴식 및 숙직용 베드를 설치하고 싱크를 설치하는 종업원 휴게실이다.
③ 객실의 예비 침구 및 숙박객의 세탁물을 수납하는 장소이다.
④ 숙박객의 도난방지를 위하여 설치해 놓은 장소이다.

답 : ③

06 호텔건축에서 린넨실(Linen Room)의 용도는? [12기]
① 주방의 식품고
② 종업원 대기실
③ 화물 엘리베이터 홀
④ 객실의 시트, 침구 등을 수납하는 실

[해설] 린넨실(linen room) : 객실의 예비 침구 및 숙박객의 세탁물을 수납하는 장소이다.

답 : ④

■ 리조트 호텔의 종류와 특징 및 입지 조건

종류	특징	대지조건
해변 호텔 (beach hotel)	각각의 위치와 성격에 따라 다양한 형태를 갖는다.	① 수량이 풍부하고 수질이 좋은 수원이 있을 것 ② 자연재해의 위험이 없고 계절풍에 대한 대비가 있을 것 ③ 식료품이나 린넨류의 구입이 쉬운 곳 ④ 조망 및 주변 경관이 좋은 곳 ⑤ 관광지 성격을 충분히 이용할 수 있는 곳
산장 호텔 (mountain hotel)		
온천 호텔 (hot spring hotel)		
스키 호텔 (ski hotel)	스포츠 시설을 위주로 이용되는 숙박시설을 갖추고 있다.	
스포츠 호텔 (sports hotel)		
클럽 하우스 (club house)		

③ 기타 호텔
  ㉮ 모텔(motel) : 모터리스트의 호텔(motorist hotel)이라는 뜻으로서 자동차 여행자를 위한 숙박시설로 자동차 도로변의 도시 근교에 많으며, 관광지에 있는 것은 로비나 라운지를 갖춘 대규모의 것도 있다. 일반적으로 객실은 10~20실 정도이며 객실, 식당, 관리실 등으로 간단하게 구성되어 있다. 우리나라는 고속도로의 휴게실에 위치한 경우가 많다.
  ㉯ 유스 호스텔(youth hostel) : 국적과 환경이 다른 청소년이 우호적인 분위기로 화합할 수 있는 장소로 저렴한 요금으로 주로 청소년을 숙박시키는 호텔로서 최근에는 각 업체에서 하계·동계·주말에 오리엔테이션시에 많이 이용하는 경향이 있다.

■ 특징 : 건축기준
  • 주요구조부는 내화구조 및 불연재료로 한다.
  • 4대 이상 8대 이하의 침대를 준비하고 침실은 총수의 반수 이상으로 하며, 1실 20대를 초과하지 않는다.
  • 침실은 입구에서 남녀로 구분한다.
  • 수용 인원에 대비한 로커를 설치한다.

2. 평면계획

1) 호텔 기능의 3요소

① 관리 부분(managing part) : 복잡한 경영과 서비스의 중추적 핵이 되며, 각 부문의 상황을 즉시 파악하고, 조절할 수 있어야 한다. 프런트 오피스(front office)는 컴퓨터화 된 시설이 요구된다.

② 공공 부분 또는 사교 부분(public or social part) : 현대적 호텔은 점차 공공부분 서비스의 질과 양을 높여가는 추세에 있으며, 호텔 전체의 매개 공간 역할을 하는 부분이다.

③ 숙박 부분(loding part) : 호텔의 가장 중요한 부분으로 이에 의해서 호텔의 형태가 거의 결정된다.

 ㉮ 시티 호텔 : 대지가 제약되므로 복도 면적을 적게 하고, 고층화에 적합한 평면형을 지향한다.

 ㉯ 리조트 호텔 : 복도 면적이 다소 많더라도 조망, 쾌적함 위주로 하며 장래 증축을 고려한다.

 ㉰ 아파트먼트 호텔 : 시티 호텔과 리조트 호텔의 중간적 배치 방법으로 거주성을 생각하여 통풍, 채광이 좋은 평면형이 요구된다.

2) 소요실 계획

■ 기능별 실의 배치

부분별	주요 각 실의 명칭
숙박 부분	객실 및 이에 부수되는 공동화장실, 공동욕실, 보이실, 메이드실, 린넨실, 트렁크(trunk)실, 복도, 계단 등
퍼블릭 스페이스 (public space)	현관, 홀, 로비, 라운지, 식당, 연회장, 오락실, 매점, 나이트 클럽, 스탠드 바, 볼룸, 커피숍, 그릴, 담화실, 독서실, 진열장, 흡연실(smoke room), 프런트 카운터(front coouter), 이용실, 미용실, 엘리베이터, 복도, 계단, 정원 등
관리 부분	프런트 오피스(front office), 클로크 룸(cloak room), 지배인실, 컴퓨터실, 사무실, 공작실, 창고, 전화 교환실, 종업원 관계 제실 및 이에 부수되는 화장실, 복도, 계단 등
요리관계 부분	배선실, 주방, 식기실, 냉장고, 식료품 창고 및 이에 부수되는 화장실, 복도, 계단 등
설비관계 부분	보일러실, 각종 기계실, 세탁실 및 이에 부수되는 창고, 복도, 계단 등
대실 부분	상점, 창고, 임대사무실, 클럽(club) 등

핵심 PLUS

07 호텔건축의 기능적 분류는 세 부분으로 나누어지며, 이들은 공간적으로 분명한 조닝체계에 의하여 계획되어야 한다. 다음 중 호텔건축의 기능적 분류의 세 부분에 속하지 않는 것은? [03 기]
① 관리부분
② 공공부분
③ 숙박부분
④ 설비부분

      답 : ④

08 호텔계획에 관한 설명으로 옳지 않은 것은? [12, 15, 23 기]
① 시티 호텔은 대부분 고밀도의 고층형이다.
② 호텔의 적정규모는 일반적으로 시장성을 따른다.
③ 리조트 호텔의 건축형식은 주변 조건에 따라 자유롭게 이루어진다.
④ 커머셜 호텔은 일반적으로 리조트 호텔에 비해 넓은 공공공간(public space)을 갖는다.

[해설] 리조트 호텔은 일반적으로 커머셜 호텔에 비해 넓은 공공공간(public space)을 갖는다.

      답 : ④

09 호텔의 각실에 대하여 가장 관계 있는 것끼리 바르게 연결된 것은? [05 기]

A. 트렁크실(Trunk room)
B. 클로크실(Cloak room)
C. 로비(Lobby)
D. 펜트리(Pantry)

㉠ 숙박관계부분
㉡ 퍼블릭스페이스
㉢ 관리관계부분
㉣ 요리관계부분

① A-㉠, B-㉣, C-㉡, D-㉢
② A-㉡, B-㉠, C-㉢, D-㉣
③ A-㉢, B-㉣, C-㉠, D-㉡
④ A-㉠, B-㉢, C-㉡, D-㉣

      답 : ④

핵심 PLUS

10 다음 중 호텔의 성격상 연면적에 대한 숙박면적의 비가 가장 큰 것은? [06, 09, 14, 20 기]
① 리조트 호텔
② 커머셜 호텔
③ 레지덴셜 호텔
④ 클럽 하우스

[해설] 시티호텔은 연면적에 대한 숙박면적의 비가 가장 크다.(연면적의 49~73% 정도)
※ 시티호텔 : 커머셜 호텔, 레지덴셜 호텔, 아파트먼트 호텔, 터미널 호텔

답 : ②

11 객실 200개 규모의 시가지 호텔의 연면적으로 가장 적절한 것은? [97 기]
① 8,000~10,000m²
② 11,000~13,000m²
③ 14,000~15,000m²
④ 16,000~18,000m²

[해설] 도심 호텔(커머셜 호텔, 터미널 호텔 등)은 1객실당 40~50m²의 연면적을 필요로 하므로
200×40~50m²
=8,000~10,000m² 정도가 좋다.

답 : ①

12 다음은 호텔의 계획 중 일반 객실의 단위 폭을 정하고자 하는 방침이다. 가장 적합한 조합은? (단, 2인용실 기준)
① 최소 욕실 폭+객실 입구 폭+반침 깊이=4.5m
② 최소 욕실 폭+침대의 폭+화장대 깊이=6.0m
③ 침대 길이+반침 깊이+응접세트 폭=3.0m
④ 침대의 폭+화장대 폭+반침 깊이=2.5m

답 : ①

3) 각 실의 면적 구성 비율

■ 각 실의 면적 구성 비율

분류 \ 종류	리조트 호텔	시티 호텔	아파트먼트 호텔
규모(객실 1에 대한 연면적)	40~91m²	28~50m²	70~100m²
숙박부 면적(연면적에 대한)	41~56%	49~73%	32~48%
퍼블릭 스페이스 면적비 (연면적에 대한)	22~38%	11~30%	35~58%
관리부 면적비(연면적에 대한)	6.5~9.3%		
설비부 면적비(연면적에 대한)	약 5.2%		
로비 면적(객실 1에 대한 면적)	3~6.2m²	1.9~3.2m²	5.3~8.5m²

4) 기준층 계획

① 기준층의 스팬을 정하는 방법으로는 2실을 연결한 것을 최소의 기둥 간격으로 보면 구조나 시공상의 어려움이 없다.
② 기준층의 객실수를 배치하는 방법은 기준층의 면적과 기둥간격의 구조에 따라 결정되며, 기준층의 스팬은 2개의 객실을 최소 기둥간격으로 보면 구조상이나 시공상 어려움은 없다. 즉, 스팬(span, 주간)은 실의 크기에 따라 달라질 수 있으나 일반적으로 다음과 같은 방법으로 구한다.
기둥간격(span)=(최소의 욕실 폭+각실 입구 통로 폭+반침 폭)×2배

3. 세부계획

1) 현관·로비·라운지

① 현관 : 호텔의 외부 접객장소로서 프런트 데스크와의 접속이 원활하여야 하며, 기능적으로 로비, 라운지와 연속된다.
② 로비(lobby)·라운지(lounge)
㉮ 로비(lobby) : 고객이 현관에 도착하여 퍼블릭 스페이스(public space)의 중심으로서 지나가는 장소이며, 다목적으로 사용되는 만큼 그 개방성과 다른 공간과의 연계성의 중요하게 된다.
㉯ 라운지(lounge) : 머무는 장소로서 휴식, 담화, 응접 등으로 사용하는 공간이다.

2) 프런트 오피스(front office)·지배인실·클로크 룸(cloak room)

① 프런트 오피스(front office) : 호텔 운영의 중심부이므로 외래객이 알기 쉬운 장소로 자유롭게 출입할 수 있고 고객의 실내 동향을 쉽게 관찰할 수 있어야 한다. 프런트 데스크를 중심으로 하여 현관과 엘리베이터의 삼각관계에서 고객의 동선이 원활하여야 하며, 프런트 데스크의 높이는 1.1m 정도로 한다.

② 지배인실 : 외래객이 알기 쉽고, 누구에게나 방해를 받지 않고 자유롭게 출입하고 대화할 수 있는 위치에 두며, 후문으로 통하게 한다.

③ 클로크 룸(cloak room)
  ㉮ 호텔, 극장, 식당, 카바레 등 외래객이 그 입구에서 일시 외투 등을 맡기는 방
  ㉯ 휴대품 보관소, front office 옆에 설치하는 외투 보관실(카운터 길이)
    – 일반식 : 1m/100명, 혼잡한 회의실 : 3m/100명, 연회장 : 5m/100명

3) 객실(guest room)

① 크기

(단위 : m)

층 높이	실 폭	실 깊이	층 높이	출입문 폭
1인용실	2.0~3.6	3.0~6.0	3.3~3.5	0.85~0.9
2인용실	4.5~6.0	5.0~6.5		

(단위 : m)

실 종류	싱글(single)	더블(double)	트윈(twin)	스위트(suite)
1실의 평균 면적	18.55	22.41	30.43	45.89

② 객실의 형 : 가로, 세로의 비, 욕실, 벽장의 위치에 의해서 침대의 배치를 검토하여 결정한다.
  ㉮ 일반적인 형
    $\dfrac{b}{a} = 0.8 \sim 1.6$

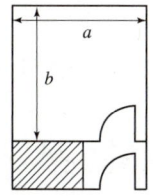

[그림] 객실의 형

  ㉯ 평면형의 결정 조건 : 침대의 위치, 욕실, 변소의 위치에 의해 결정한다.

핵심 PLUS

13 호텔계획에 관한 설명으로 옳지 않은 것은? [15 기]
① 로비(Lobby)는 라운지(Lounge)와 명확히 구별하여 계획한다.
② 일반적으로 호텔의 형태는 숙박부분의 계획에 의해 영향을 받는다.
③ 공공부분, 사교부분은 일반적으로 저층에 배치하는 것이 이용성이 좋다.
④ 로비(Lobby)는 퍼블릭 스페이스(Public Space)의 중심이 되도록 계획한다.

답 : ①

14 호텔 객실의 평면계획에서 침대 및 가구의 배치에 영향을 끼치는 요인과 가장 거리가 먼 것은? [13 기]
① 객실의 층수
② 반침의 위치
③ 욕실의 위치
④ 실폭과 실길이의 비

답 : ①

15 커머셜 호텔(commercial hotel)의 2인용 일반 객실 단위 면적으로서 실의 유효폭 a와 실깊이 b를 b/a 치수 관계 비율로서 나타낼 때 가장 표준적인 것은? [97 기]
① 0.4~0.8
② 0.8~1.6
③ 1.6~2.0
④ 2.5~3.0

답 : ②

I. 건축계획 | 숙박시설

4) 식당(main dining room)
① 커머셜 호텔은 리조트 호텔의 1/2 정도이다.
② 면적 구성비 : 식당과 주방의 관계에서 식당이 차지하는 면적은 70~80% 정도
  ㉮ 1석당 면적 : 1.1~1.5m^2/석 ㉯ 1평당 수용인원 : 2.0~2.5인/평

5) 주방(kitchen)
일반적으로 주방의 면적은 조리실 등의 주요 부분으로서 25~35%가 보통이나 최근 조리의 기계화로 면적이 절약되는 경향이 있다.

6) 연회장(ball room)
① 대·소규모의 연회 및 각종 쇼 또는 회의실로서도 활용되는 다목적 홀이다. 숙박부분과는 명확하게 구별하여 객실에 방해가 되지 않도록 출입구를 별도로 설치하는 것이 바람직하다.
② 1인당 소요 면적 : 수용인원과 가구배치의 유통성을 고려하여 다음과 같은 크기로 계획한다.
  ㉮ 대연회장 : 1.3m^2/인 ㉯ 중·소 연회장 : 1.5~2.5m^2/인
  ㉰ 회의실 : 1.8m^2/인

7) 종업원 관계 제실
① 종업원 수 : 객실수의 2.5배 정도의 인원으로 한다.
② 종업원의 숙박시설 : 종업원의 1/3 정도의 규모로 한다.
③ 보이실(boy room), 룸 서비스(room service)
  ㉮ 숙박시설이 있는 각층 코어에 인접하여 둔다.
  ㉯ 객실의 150베드(bed)당 리프트(lift) 1개를 매층에 설치하며, 25~30실당 1대씩 추가 설치한다.
  ㉰ 화물 및 손님의 트렁크 운반을 위하여 별도의 엘리베이터와 트렁크실을 둔다.
  ㉱ 린넨실의 규모에 따라 보이가 상주하는 보이실을 둔다.
④ 린넨실(linen room) : 객실 내부에서 사용하는 물건 등을 보관하는 실로 숙박객의 셔츠, 머플러 기타 의류 등의 세탁물도 수납, 보관한다.
⑤ 트렁크 룸(trunk room) : 숙박객의 짐을 보관하는 장소로 화물용 엘리베이터 필요하다.

8) 화장실
① 공용 부분의 층에서는 60m 이내마다 설치한다.
② 종업원의 화장실은 따로 설치하여 고객과의 혼용을 방지한다.
③ 공통용 변기수는 25인에 대해 1개의 비율로 설치한다.(대 : 소 : 여=2 : 4 : 2)

핵심 PLUS

16 호텔의 세부계획에 대한 설명 중 틀린 것은? [04 기]
① 보이실과 서비스실은 숙박시설이 있는 각층의 코어에 인접하여 둔다.
② 일반적으로 호텔의 부분별 면적 중 관리부분이 차지하는 비율은 30~40% 정도이다.
③ 퍼블릭 스페이스층에는 60m 이내 마다 공동화장실을 설치한다.
④ 지배인실은 자유롭게 출입할 수 있고 대화할 수 있는 위치에 두도록 한다.

답 : ②

핵심기출문제

VIII. 숙박시설

■■■ 1. 호텔

1. 다음 중 시티 호텔(city hotel)에 속하지 않는 것은? [08②]

① 커머셜 호텔(Commercial hotel)
② 터미널 호텔(Terminal hotel)
③ 클럽 하우스(Club house)
④ 아파트먼트 호텔(Apartment hotel)

2. 다음 중 시티 호텔(City Hotel) 계획에서 크게 고려하지 않아도 되는 것은? [07, 11②]

① 연회장
② 레스토랑
③ 발코니
④ 주차장

3. 다음의 호텔건축에 대한 설명 중 옳지 않은 것은? [08, 13, 23②]

① 호텔의 공공부분은 호텔 전체의 매개공간 역할을 한다.
② 호텔의 관리부분에 의해 호텔의 외형이 결정된다.
③ 호텔의 숙박부분은 호텔의 가장 중요한 부분으로 객실은 쾌적성과 개성을 필요로 한다.
④ 호텔의 공공부분 중 수익성 부분은 일반적으로 1층과 지하층에 두는 경우가 많다.

4. 호텔의 건축적 형식으로서 외관의 형태 결정요인으로 가장 크게 작용하는 부분은 다음 중 어느 것인가? [03, 04, 25②]

① 관리부분
② 공공부분
③ 숙박부분
④ 설비부분

5. 호텔의 각 기능별 부분과 그 소요실에 관한 내용 중 옳지 않은 것은? [03, 24②]

① 숙박부분 : 객실, 공동욕실, 트렁크실
② 공공부분 : 로비, 라운지, 나이트클럽, 오락실, 상점
③ 관리부분 : 지배인실, 사무실, 보이실, 린넨실, 홀
④ 요리부분 : 배선실, 주방, 식기실, 냉동실, 식품고

해 설

해설 1

호텔의 분류

시티 호텔 (city hotel)	커머셜 호텔(commercial hotel), 레지던셜 호텔(residential hotel), 아파트먼트 호텔(apartment hotel), 터미널 호텔(terminal hotel)
리조트 호텔 (resort hotel)	해변 호텔(beach hotel), 산장 호텔(mountain hotel), 온천 호텔(hot spring hotel), 스키 호텔(ski hotel), 스포츠 호텔(sports hotel), 클럽 하우스(club house)

해설 2

도심지의 시티 호텔(City Hotel)은 숙박부분의 비가 높으므로 발코니를 크게 고려하지 않지만, 리조트 호텔(Resort Hotel)에서는 주변의 전망을 볼 수 있도록 발코니를 고려한다.

해설 3

호텔의 숙박부분은 호텔의 가장 중요한 부분으로서 호텔의 형태가 거의 결정된다.-객실 및 이에 부수되는 공동변소, 공동욕실, 보이실, 메이드실, 린넨실, 트렁크실, 복도, 계단 등

해설 4

호텔건축의 기능적 분류는 관리부분, 공공부분, 숙박부분으로 크게 3부분으로 나누어지며, 이들은 공간적으로 분명한 조닝체계에 의하여 계획되어야 한다. 이 중 외관의 형태 결정요인으로 가장 크게 작용하는 부분은 숙박부분이다.

해설 5

관리부분 : 프런트 오피스(front office), 클로크 룸(cloak room), 지배인실, 컴퓨터실, 사무실, 공작실, 창고, 전화 교환실, 종업원 관계 제실 및 이에 부수되는 화장실, 복도, 계단 등
① 숙박부분 : 보이실, 린넨실
② 홀 : 퍼블릭 스페이스(public space)

정답 1. ③ 2. ③ 3. ② 4. ③
5. ③

I. 건축계획 1-145

핵심기출문제

VIII. 숙박시설

6. 다음 중 일반적으로 연면적에 대한 숙박 관계 부분의 비율이 가장 큰 호텔은? [18②]

① 해변 호텔
② 리조트 호텔
③ 커머셜 호텔
④ 레지덴셜 호텔

7. 호텔건축의 기준층 계획에 대한 설명 중 옳지 않은 것은? [10, 13②]

① 기준층은 호텔에서 객실이 있는 대표적인 층을 말한다.
② 동일 기준층에 필요한 것으로는 서비스실, 배선실 등이 있다.
③ 기준층의 객실수는 기준층의 면적이나 기둥간격의 구조적인 문제에 영향을 받는다.
④ H형 또는 ㅁ자형 평면은 거주성이 좋아 일반적으로 가장 많이 사용되는 형식이다.

8. 호텔의 퍼블릭 스페이스(public space) 계획에 대한 설명 중 옳지 않은 것은? [05, 09, 17②]

① 프런트 오피스는 기계화된 설비보다는 많은 사람을 고용함으로서 고객의 편의와 능률을 높여야 한다.
② 프런트 데스크 후방에 프런트 오피스를 연속시킨다.
③ 로비는 개방성과 다른 공간과의 연계성이 중요하다.
④ 주 식당은 외래객이 편리하게 이용할 수 있도록 출입구를 별도로 설치한다.

9. 호텔의 건축계획에 관한 설명 중 옳지 않은 것은? [05, 10, 16②]

① 주식당(main dining room)은 숙박객 및 외래객을 대상으로 하며 외래객이 편리하게 이용할 수 있도록 출입구를 별도로 설치한다.
② 기준층의 객실수는 기준층의 면적이나 기둥간격의 구조적인 문제에 영향을 받는다.
③ 로비는 퍼블릭 스페이스의 중심으로 휴식, 면회, 담화, 독서 등 다목적으로 사용되는 공간이다.
④ 객실의 크기는 대지나 건물의 형태에 영향을 받지 않는다.

해 설

해설 6
시티호텔은 연면적에 대한 숙박면적의 비가 크다.(연면적의 49~73% 정도)
※ 시티호텔 중에서 숙박 체류 목적의 커머셜 호텔이 연면적에 대한 숙박면적의 비가 가장 크다.
※ 시티호텔 : 커머셜 호텔, 레지던셜 호텔, 아파트먼트 호텔, 터미널 호텔
☞ 리조트 호텔(resort hotel)은 연면적에 대한 숙박면적의 비가 작다.

해설 7
H형 또는 ㅁ자형 평면은 예전에 호텔에서 자주 사용하던 타입이다. 거주성은 그다지 바람직하지 않는 형이나 한정된 체적 속에 외기접면을 최대로 할 수 있다.
※ 편복도를 갖는 ㅡ자형의 단순한 평면이 가장 많이 사용하는 형식이다. 중복도형의 단순한 평면형은 고층이 될 때 건물의 폭을 크게 하기 위해 사용하는 형식이다.

해설 8
프런트 오피스(front office)는 호텔 운영의 중심부이므로 외래객이 알기 쉬운 장소로 자유롭게 출입할 수 있고 고객의 실내 동향을 쉽게 관찰할 수 있어야 한다. 프런트 데스크를 중심으로 하여 현관과 엘리베이터의 삼각관계에서 고객의 동선이 원활하여야 하며, 프런트 데스크의 높이는 1.0m 정도로 한다.

해설 9
객실의 크기는 대지나 건물의 형태에 영향을 받는다. 객실은 쾌적성과 개성을 고려하며, 필요에 따라 변화를 주어 호텔의 특성을 살려야 한다. 객실의 용적은 경제성을 충분히 고려하여 결정되며, 대체로 규격화된 단위가 전체 평면의 모듈로 파악된다.

정답 6. ③ 7. ④ 8. ① 9. ④

10. 호텔계획에 대한 설명 중 옳은 것은? [10, 17, 24㉮]

① 호텔의 동선에서 물품동선과 고객동선은 교차시키는 것이 좋다.
② 프런트 오피스는 수평동선이 수직동선으로 전이되는 공간이다.
③ 현관은 퍼블릭 스페이스의 중심으로 로비, 라운지와 분리하지 않고 통합시킨다.
④ 주식당은 숙박객 및 외래객을 대상으로 하며, 외래객이 편리하게 이용할 수 있도록 출입구를 별도로 설치하는 것이 좋다.

11. 호텔의 동선계획에 대한 설명 중 옳지 않은 것은? [11㉮]

① 고객동선과 서비스동선이 교차되지 않도록 한다.
② 숙박고객과 연회고객의 출입구는 별도로 분리하지 않는 것이 좋다.
③ 숙박고객이 프런트를 통하지 않고 직접 주차장으로 가는 동선은 관리상 피하도록 한다.
④ 최상층에 레스토랑을 둘 것인가 하는 문제는 엘리베이터 계획에도 영향을 미치므로 기본계획시에 결정하는 것이 좋다.

12. 호텔 건축의 화장실 계획에 관한 기술 중 옳지 않은 것은? [97㉮]

① 공동용 화장실은 남녀를 구분하고 전실을 두어야 한다.
② 퍼블릭 스페이스(public space)층에는 30m 이내의 거리마다 공동용 화장실을 두어야 한다.
③ 객실층에는 공동용 화장실이 불필요하고, 서비스 스테이션이 있는 곳에는 전용 변소를 둔다.
④ 공동용 변기수는 1개당 25명에 해당하며, 대 : 소 : 여의 비는 2 : 4 : 2로 나눈다.

13. 셀프서비스(self service)가 주가 되는 형식의 음식점은 어느 것인가? [03㉮]

① 슈퍼스토어(superstore)
② 카페테리아(cafeteria)
③ 그릴(grill)
④ 레스토랑(restaurant)

해 설

해설 10
① 호텔의 물품동선과 고객동선은 교차하지 않도록 한다.
② 프런트 오피스(front office)는 호텔 운영의 중심부이므로 외래객이 알기 쉬운 장소로 자유롭게 출입할 수 있고 고객의 실내 동향을 쉽게 관찰할 수 있어야 한다.
③ 현관은 호텔의 외부 접객장소로서 프런트 데스크와의 접속이 원활하여야 하며, 기능적으로 로비, 라운지와 연속된다.

해설 11
연회장(ball room)은 대·소규모의 연회 및 각종 쇼 또는 회의실로서도 활용되는 다목적 홀이다. 숙박부분과는 명확하게 구별하여 객실에 방해가 되지 않도록 출입구를 별도로 설치하는 것이 바람직하다.

해설 12
퍼블릭 스페이스(public space)층에는 60m 이내의 거리마다 공동용 화장실을 두어야 한다.

해설 13
① 카페테리아(cafeteria) : 간단한 식사를 하려는 사람들의 요구에 따라 발전된 것으로 Self-service 형식이다.
② 그릴(grill) : 특징 있는 일품 요리를 파는 음식점으로 카운터 서비스가 주가 된다.

정답 10. ④ 11. ② 12. ② 13. ②

09 문화시설

핵심 PLUS

01 극장의 평면형 중 프로시니엄 형에 대한 설명으로 옳지 않은 것은? [10, 13 기]
① 강연, 콘서트, 독주, 연극공연 등에 적합하다.
② 연기자가 일정한 방향으로만 관객을 대하게 된다.
③ 무대의 배경을 만들지 않으므로 경제성이 있다.
④ Picture frame stage라고도 불린다.

[해설] ③는 관객이 연기자를 360° 둘러싸고 관람하는 형식인 애리너(arena) 형에 대한 설명이다.
답 : ③

02 극장의 평면형 중 프로시니엄 형에 관한 설명으로 옳은 것은? [15, 24 기]
① 무대의 배경을 만들지 않으므로 경제성이 있다.
② 센트럴 스테이지(central stage) 형이라고도 한다.
③ 연기자가 일정한 방향으로만 관객을 대하게 된다.
④ 가까운 거리에서 관람하면서 가장 많은 관객을 수용할 수 있다.

답 : ③

1 극장·영화관

1. 평면계획

1) 평면형식

① 프로세니움(proscenium)형 : 프로세니아(proscenia) 벽이 연기공간과 관객공간을 분리하여 프로세니움 아치의 개구부를 통해 무대를 보는 가장 일반적인 형식이다.

㉮ 강연, 콘서트, 독주, 연극 등에 가장 좋다.
㉯ 연기자가 일정한 방향으로만 관객을 대하게 된다.
㉰ 투시도법을 무대 공간에 응용함으로써 발생한 것으로, 연극의 내용을 한정된 고정액자 속에서 보는 듯한 하나의 구성화(構成畵)와 같은 느낌이 들게 한다.
㉱ 배경은 한 폭의 그림과 같은 느낌을 주게 되어 전체적인 통일의 효과를 얻는 데 가장 좋은 형태이다.
㉲ 연기자와 관객의 접촉면이 한정되어 있으므로 많은 관람석을 두려면 거리가 멀어져 객석 수용능력에 있어서 제한을 받는다.
㉳ 이러한 프로세니움형은 pictue frame stage라고도 불리운다.

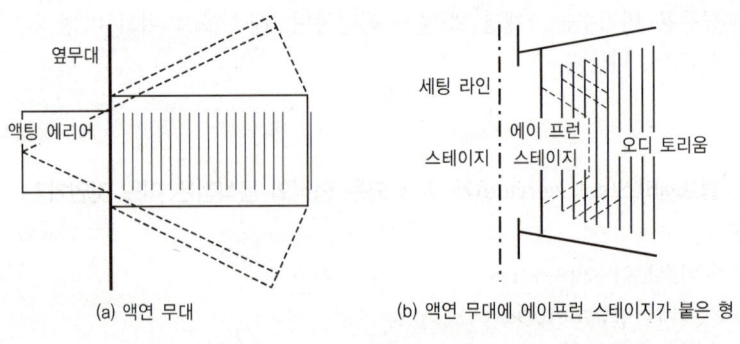

[그림] 픽쳐 프레임 스테이지

② 오픈 스테이지(open stage)형 : 관객이 부분적으로 연기자를 둘러싸고 관람하는 형으로 210°~220°, 180°, 90° 위요형 등이 있다.
　㉮ 관객이 연기자에 좀 더 근접하여 관람할 수 있다.
　㉯ 연기자는 혼란한 방향감 때문에 통일된 효과를 내는 것이 쉽지 않다.
　㉰ 애리너 형식과 마찬가지로 무대 장치를 꾸미는 데 어려움이 있다.

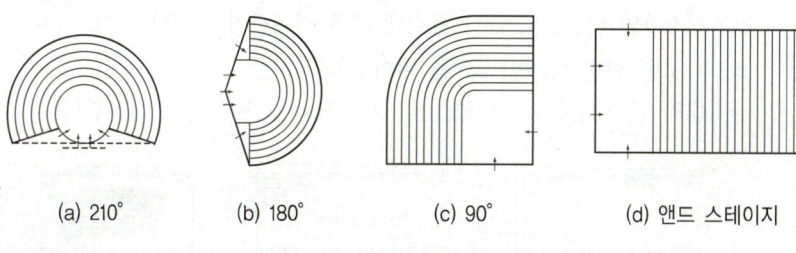

(a) 210°　　(b) 180°　　(c) 90°　　(d) 앤드 스테이지

[그림] 오픈 스테이지형

③ 애리너(arena)형 : 관객이 연기자를 360° 둘러싸고 관람하는 형식이다.
　㉮ 가까운 거리에서 관람하면서 가장 많은 관객을 수용할 수 있다.
　㉯ 객석과 무대가 하나의 공간에 있으므로 양자의 일체감을 높여 긴장감이 높은 연극 공간을 형성한다.
　㉰ 무대와 배경을 만들지 않으므로 경제성이 있다.
　㉱ 무대의 장치나 소품은 주로 낮은 기구들로 구성된다.
　㉲ 관객이 무대를 둘러앉기 때문에 시점(視點)이 현저하게 다르게 되고, 연기자가 전체적인 통일효과를 얻기 위한 극을 구성하기가 곤란하다.
　㉳ 관객이 무대 주위를 둘러싸기 때문에 연기자를 가리게 되는 단점이 있다.
　㉴ 애리너 형은 central stage형이라고도 한다.

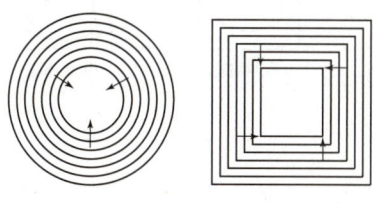

[그림] 애리너형

핵심 PLUS

03 보기의 설명에 맞는 극장의 평면형은 다음 중 어느 것인가?
　　　　　　　　　[02 기]

1. 관객이 부분적으로 연기자를 둘러싸고 있는 형태이다.
2. 배우는 관객석 사이나 무대 아래로부터 출입한다.
3. 관객이 연기자에 좀 더 근접하여 관람할 수 있다.

① 오픈 스테이지형
② 애리너형
③ 프로세니움형
④ 가변형

답 : ①

04 극장의 평면형식 중 애리나(arena)형에 관한 설명으로 옳지 않은 것은? [09, 13, 18 기]
① 무대의 배경을 만들지 않으므로 경제성이 있다.
② 무대의 장치나 소품은 주로 낮은 기구들로 구성한다.
③ 가까운 거리에서 관람하면서 많은 관객을 수용할 수 있다.
④ 연기자가 일정한 방향으로만 관객을 대하므로 강연, 콘서트, 독주, 연극 공연에 가장 좋은 형식이다.

[해설] 애리나(arena)형[central stage형]은 관객이 연기자를 360° 둘러싸고 관람하는 형식이다.
※ ④ : 프로세니움(proscenium)형
답 : ④

05 극장의 평면형 중 애리나(arena)형에 관한 설명으로 옳은 것은? [17, 23, 25 기]
① picture frame stage 라고도 불리운다.
② 무대의 배경을 만들지 않으므로 경제적이다.
③ 연기자가 한 쪽 방향으로만 관객을 대하게 된다.
④ 투시도법을 무대공간에 응용함으로써 하나의 구상화와 같은 느낌이 들게 한다.

답 : ②

I. 건축계획 | 문화시설

핵심 PLUS

06 극장의 평면형에 관한 설명으로 옳지 않은 것은? [11 기]
① 프로시니엄형은 강연, 콘서트, 독주 등에 적합하다.
② 애리나형에서 무대의 장치나 소품은 주로 낮은 기구들로 구성된다.
③ 애리나형은 가까운 거리에서 관람하면서 가장 많은 관객을 수용할 수 있다.
④ 오픈 스테이지형은 연기자와 관객의 접촉면이 1면으로 한정되어 있어 많은 관람석을 두려면 거리가 멀어져 객석 수용능력에 있어서 제한을 받는다.

답 : ④

④ 가변형 무대(adaptable stage) : 필요에 따라서 무대와 객석이 변화될 수 있는 형식이다.
㉮ 무대와 객석의 크기, 모양, 배열, 그리고 그 상호 관계를 한정하지 않고 필요에 따라서 변경할 수 있다.
㉯ 상연하는 작품의 성격에 따라서 연출에 가장 적합한 성격의 공간을 만들어 낼 수 있다.
㉰ 최소한의 비용으로 극장 표현에 대한 최대한이 선택가능성을 부여한다.
㉱ 다양한 변화 방법이 고려되어야 한다.
㉲ 대학 연구소 등의 실험적 요소가 있는 공간에 많이 이용된다.

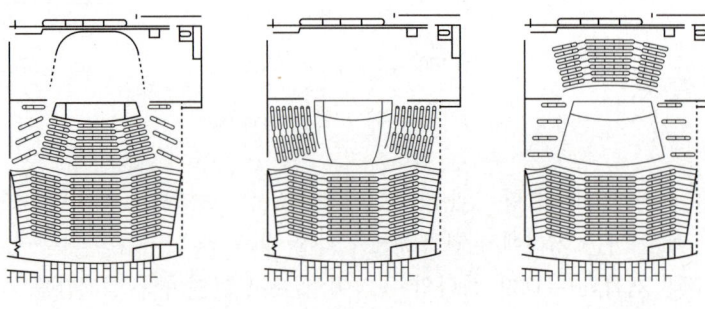

[그림] 가변형 무대

2. 세부계획

1) 관람석

① 평면형 : 부채형, 우절형(隅切型)이 많이 쓰여지고 있으며 시각적, 음향적으로 우수한 형이다.

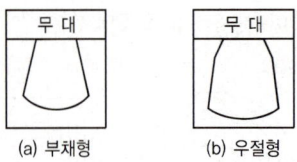

(a) 부채형　　(b) 우절형

07 극장 건축의 음향계획 수립상 옳지 않은 항목은? [03 기]
① 무대에 가까운 벽은 반사재로 하고 멀어짐에 따라서 흡음재의 벽을 배치하는 것이 원칙이다.
② 음향계획에 있어서 발코니의 계획은 될 수 있는 한 피하는 것이 좋다.
③ 오디토리움 양쪽의 벽은 무대의 음을 반사에 의해 객석 뒷부분까지 이르도록 보강해 주는 역할을 한다.
④ 음의 반복 반사 현상을 피하기 위해 가급적 원형에 가까운 평면형으로 계획한다.

[해설] 극장 관람석 평면형은 부채형, 우절형(隅切型)이 많이 쓰여지고 있으며 시각적, 음향적으로 우수한 형이다. 원형이나 타원형은 음의 집중이나 불균등한 음의 분포를 보여 에코 현상을 일으켜서 음향적으로 불리하다.

답 : ④

② 평면형의 한계
㉮ A 구역 : 배우의 표정이나 동작을 상세히 감상할 수 있는 사선 거리의 생리적 한도는 15m이다. 따라서 인형극이나 아동극은 이 한계 내에 있어야 한다.
㉯ B 구역 : 실제의 극장 건축에서는 될 수 있는 한 수용을 많이 하려는 생각에서 22m까지를 1차 허용한도로 정하며, 국악이나 신극, 실내악 등은 이 범위 내에 객석을 둘 수 있다.

㉰ C 구역 : 현대 연극, 그랜드 오페라, 발레, 뮤지컬은 배우의 일반적인 동작만 보이면 감상하는 데는 별 지장이 없으므로 이를 제2차 허용한도라 하고, 35m까지 둘 수 있다. 따라서 심포니오케스트라(symphony orchestra)와 같은 것은 이 이상의 시선 거리에서는 감상이 곤란해진다.

※무대 예술의 감상에 있어서, 배우 상호간, 배우와 배경과의 관계 때문에 수평 편각의 허용도는 중심선에서 60°의 범위로 한다.

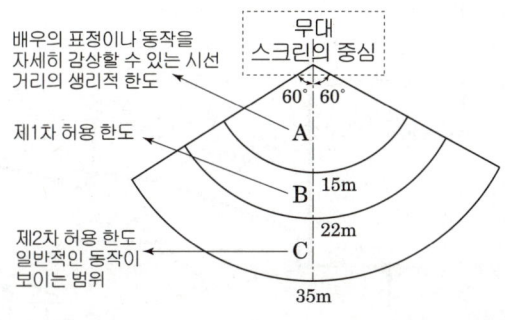

[그림] 관객석의 한계

③ 객석의 호감대 : 시거리와 수평시각의 양쪽의 제약에서 관객석의 평면적 한계 범위를 그리면 다음과 같다. 또 ABC의 각 면적을 계산함으로써 수용인원도 계산할 수 있다. 그러나 무대의 연극을 보기 위해서는 각 객석에서 무대 전면이 보여야 되므로 시각은 작을수록 이상적이다.

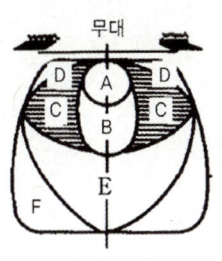 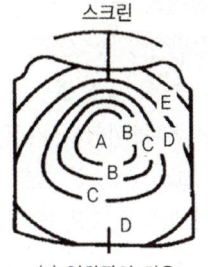

(a) 극장의 경우   (b) 영화관의 경우

위의 그림은 관객이 자유롭게 선택하여 앉는 경우의
그림으로서 ABC의 순으로 되어 있다.

[그림] 이상적인 객석의 위치

핵심 PLUS

08 연극을 감상하는 경우 배우의 표정이나 동작을 상세히 감상할 수 있는 시각 한계는?
[06, 15, 18 기]

① 3m
② 5m
③ 10m
④ 15m

답 : ④

09 극장 관객석에서 잘 보여야 되는 동시에 많은 관객을 수용해야 하는 요건의 만족에 큰 무리가 없다고 보는 1차 허용한도는?
[12 기]

① 15m
② 22m
③ 30m
④ 38m

답 : ②

10 다음의 객석의 가시거리에 대한 설명 중 ( )안에 알맞은 내용은? [06, 09, 23, 24 기]

연극 등을 감상하는 경우 연기자의 표정을 읽을 수 있는 가시한계는 (㉠) 정도이다. 그러나 실제적으로 극장에서는 잘 보여야 하는 동시에 많은 관객을 수용해야 하므로 (㉡)까지를 제1차 허용한도로 한다.

① ㉠ 10m, ㉡ 22m
② ㉠ 15m, ㉡ 22m
③ ㉠ 10m, ㉡ 25m
④ ㉠ 15m, ㉡ 25m

답 : ②

핵심 PLUS

11 극장의 객석 계획에 관한 설명 중 옳지 않은 것은?
　　　　　　　[03, 09, 16 기]
① 연극 등을 감상하는 경우 연기자의 표정을 읽을 수 있는 가시한계는 15m 정도이다.
② 객석의 세로통로는 무대를 중심으로 하는 방사선상이 좋다.
③ 좌석을 엇갈리게 배열(stagger seats) 하는 방법은 객석의 바닥구배가 완만할 경우에는 사용할 수 없으며 통로 폭이 좁아지는 단점이 있다.
④ 객석은 무대의 중심 또는 스크린의 중심을 중심으로 하는 원호의 배열이 이상적이다.

[해설] 극장의 객석 계획에서 좌석을 엇갈리게 배열(stagger seats) 하는 방법은 객석의 바닥구배가 완만할 경우에는 사용하여 무대 방향을 보기 쉽게 하고, 좌석 바로 앞줄에 앉은 사람의 머리가 오지 않도록 함으로써 관객의 시야가 방해받지 않도록 하는 방법이다.

답 : ③

12 다음의 극장계획에 관한 설명 중 옳지 않은 것은? [09 기]
① 연극 등을 감상하는 경우 연기자의 표정을 읽을 수 있는 가시한계는 15m 정도이다.
② 객석의 크기는 1인당 점유면적을 0.6m² 정도로 하여 산정할 수 있다.
③ 관객의 눈과 무대 위의 점을 연결하는 가시선이 쾌적한 상태로 이루어지도록 한다.
④ 객석의 의자의 폭은 최소 35cm 이상으로 한다.

[해설] 객석의 의자의 폭은 최소 45cm 이상으로 한다.

답 : ④

④ 가시선(sight line) 계획 : 가시선이란 전열의 관객의 머리로 인해 무대나, 스크린이 보이지 않으므로 뒤로 바닥을 높이게 되는데, 이때의 바닥 기울기를 말한다. 가시선 계획을 통해 무대 연기, 영상을 잘 보이도록 하는 것이며, 특히 프로세니움 무대형의 경우 전체 객석에서 무대의 액팅 에어리어(acting area) 전체를 볼 수 있게 하기 위함이다.

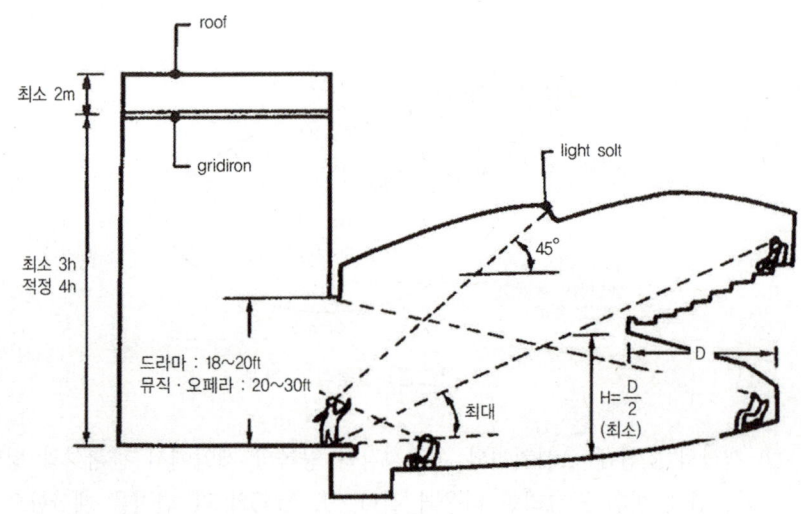

[그림] 단면상의 가시선

⑤ 좌석의 한도
　㉮ 최전열의 좌석이 스크린에 가까이 할 수 있는 한도
　　• 평면상 : A≦90°, B≦60°
　　• 단면상 : C≦30°, D≦15°
　㉯ 스크린과 객석의 거리
　　• 최소 : 스크린 폭의 1.2~1.5배
　　• 최대 : 스크린 폭의 4~6배(30m) 정도
　　• 뒷벽의 객석의 폭 : 스크린 폭의 2.5배~3.5배

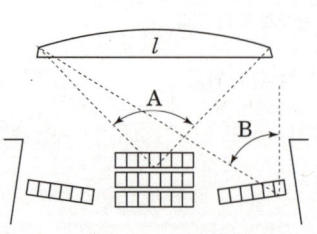 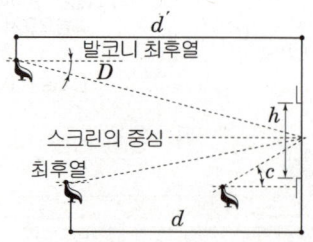

(a) 평면상 최전열 좌석의 한도　　(b) 단면상 최전열 좌석의 한도

[그림] 좌석의 한도

⑥ 객석 계획 및 설계 기준

㉮ 관람석의 크기
- 건축 연면적의 약 50% 정도
- 1인당 바닥면적 : 0.5~0.6m² 정도

㉯ 좌석의 배열
- 관람석 의자의 크기
  - 폭 : 45~50cm로 한다.
  - 전후의 간격
    횡렬 6석 이하 : 80cm 이상
    횡렬 7석 이하 : 85cm 이상
- 통로의 폭
- 통로의 설치 기준

객석 통로		객석 상호간의 객석수	
		의자 전후 간격 90cm 이상	의자 전후 간격 90cm 이하
세로 통로	중앙부	12석 이내	8석 이내
	편 측	6석 이내	4석 이내
가로통로		20석 이내	15석 이내

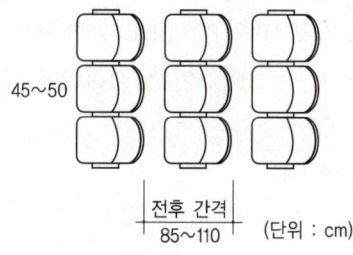

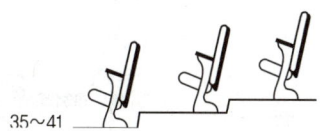

[그림] 극장 타입의 의자대

㉰ 바닥
- 바닥은 방습·배수에 대한 고려를 한다.
- 바닥면 경사는 1/10 이하로 한다.
- 무대 앞쪽 1/3을 수평, 뒷부분 2/3를 구배 1/12 정도로 경사진 바닥으로 하는 경우가 많다.

핵심 PLUS

13 공연장 객석 계획에 대한 설명 중 옳은 것은? [11 기]
① 객석과 객석의 전후간격은 60~80cm가 가장 이상적이다.
② 관객이 객석에서 무대를 볼 때 적당한 수평시각의 허용한도는 90°이다.
③ 객석의 가시거리의 한계에서 배우의 일반적인 동작만이 보이는 2차 허용거리는 22m 이다.
④ 관객의 눈과 무대 위의 점을 연결하는 가시선을 가리지 않도록 객석의 단면결정을 하여야 한다.

해설 ① 객석의 전후의 간격
- 횡렬 6석 이하 : 80cm 이상
- 횡렬 7석 이하 : 85cm 이상
② 무대 예술의 감상에 있어서, 배우 상호간, 배우와 배경과의 관계 때문에 수평 편각의 허용도는 중심선에서 60°의 범위로 한다.
③ 배우의 표정이나 동작을 상세히 감상할 수 있는 사선 거리의 생리적 한도는 15m이다. 따라서 인형극이나 아동극은 이 한계 내에 있어야 한다.

답 : ④

핵심 PLUS

14 극장의 무대계획에 관한 설명으로 옳지 않은 것은? [08 기]
① 에이프런 스테이지는 막을 경계로 하여 객석쪽으로 나온 부분의 무대이다.
② 사이클로라마의 높이는 프로시니엄 높이의 3배 정도로 한다.
③ 무대 상부공간(fly loft)의 높이는 프로시니엄 높이의 4배 이상으로 한다.
④ 무대의 깊이는 프로시니엄 아치 폭보다 작게 한다.

[해설]
① 무대 폭 : 프로세니움 아치 폭의 2배 이상
② 무대 깊이 : 프로세니움 아치 폭 정도 이상

답 : ④

15 극장의 무대계획에 대한 설명 중 옳지 않은 것은? [01 기]
① 무대의 폭은 적어도 프로세니움 아치 폭의 2배, 깊이는 아치 폭 이상이어야 한다.
② 무대 상부공간의 높이는 대체로 프로세니움 아치 높이의 3배이다.
③ 프로세니움 아치는 일반적으로 장방형이며, 종횡의 비율은 황금비가 많다.
④ 무대의 양쪽이 좁고 깊이가 깊은 경우에 좌우로 이동한 활주 이동무대를 택한다.

답 : ④

[해설]
활주 이동무대 : 무대 자체를 활주 이동시켜 무대를 전환시키는 것

2) 무대계획

① 무대의 구성

㉮ 프로세니움 아치(procenium arch)
- 무대와 객석의 경계를 이루는 것으로 관객은 이 procenium arch를 통해 무대의 연기를 보게 된다.
- procenium arch의 개구부는 일반적으로 직사각형으로 그 비례는 황금비로 구성되는 경우가 많다.
- procenium은 그림액자와 같이 관객이 눈을 무대에 쏠리게 하는 시각적 효과를 가지며 또한 관객의 시선이 무대가 아닌 조명기구나 막, 기타 장치를 놓은 후면무대(back stage)를 가리는 역할을 한다.

㉯ curtain line : procenium arch 바로 뒤 막이 쳐지는 막의 위치

㉰ 무대
- 앞 무대(apron stage) : 막을 경계로 객석 쪽으로 나온 부분
- 측면 무대(side stage) : 객석 측면벽을 따라 돌출한 무대
- 연기 부분 무대(acting area stage) : curtain line 안쪽 무대로 연기를 행하거나, 무대 배경 장치를 설치하기에 충분한 넓은 공간이 필요하다.
- 무대 폭 : 프로세니움 아치 폭의 2배 이상
- 무대 깊이 : 프로세니움 아치 폭 정도 이상
- 무대 단면 : 상부 공간(fly loft) 크기
  극장의 경우 $C_h ≒ 3P_h$ 이상, 적정높이 $C_h ≒ 4P_h$ 이상

$$\frac{P_h}{AB} = \frac{C_h}{AB + BB'}$$

P_h = proscenium의 높이
C_h = cyclorama의 높이

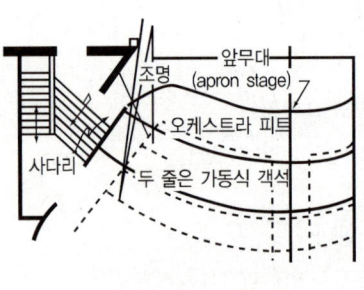

[그림] 앞무대의 예

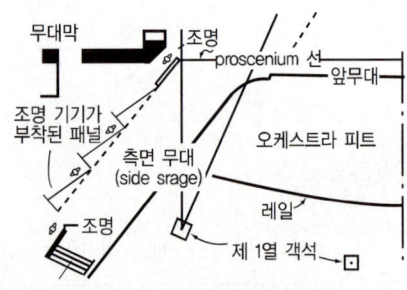

[그림] 측면무대의 예

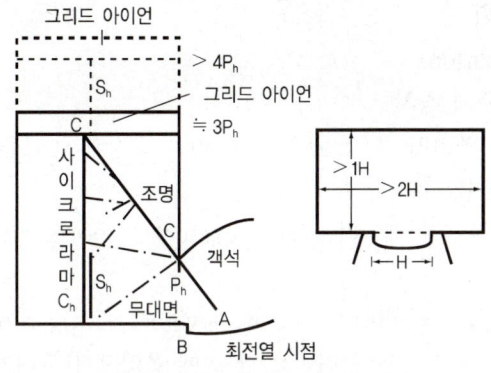

[그림] 무대의 단면

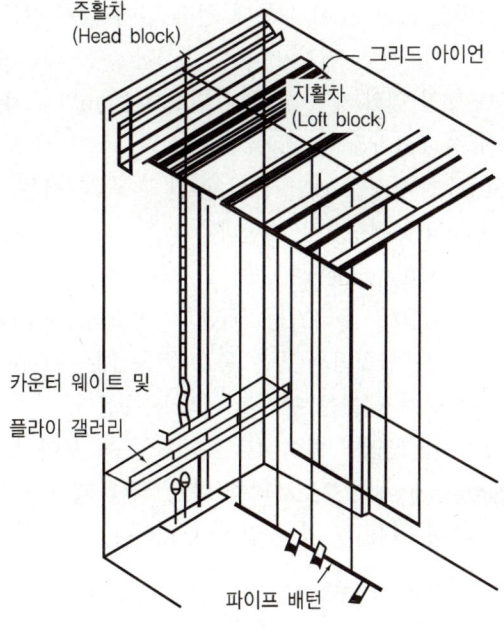

[그림] 무대의 단면

② 오케스트라 피트(orchestra pit, orchestra box)
  ㉮ 보통 객석의 제일 앞쪽 무대 바로 앞에 있고 apron stage 및 side stage와 나란히 해서 설치된다.
  ㉯ 크기는 악단수를 보통 80~100인으로 보고 점유 면적은 $1m^2$/인 정도 보며, 연주용 피아노는 $9m^2$ 정도, harp $2m^2$, 드럼 $4m^2$ 정도로 본다.
③ 무대 전환 장치
  ㉮ 수평 전환 장치
    • 활주 이동 무대(sliding stage)
    • 회전 무대(revolving stage)

핵심 PLUS

16 극장 무대 주위의 벽에 6~9m 높이로 설치되는 좁은 통로로, 그리드 아이언에 올라가는 계단과 연결되는 것은? [22 기]
① 록 레일
② 사이클로라마
③ 플라이 갤러리
④ 슬라이딩 스테이지

답 : ③

17 극장건축의 관련 제실에 대한 설명 중 옳지 않은 것은?
[08, 14, 20, 23, 25 기]
① 앤티룸(Anti room)은 출연자들이 출연 바로 직전에 기다리는 공간이다.
② 의상실은 실의 크기가 1인당 최소 $8~9m^2$이 필요하며, 그린룸이 있는 경우 무대와 동일한 층에 배치하여야 한다.
③ 배경제작실의 위치는 무대에 가까울수록 편리하며, 제작 중의 소음을 고려하여 차음 설비가 요구 된다.
④ 그린룸(Green room)은 출연자 대기실을 말하며 주로 무대가 가까운 곳에 배치한다.

[해설] 의상실은 실의 크기가 1인당 최소 $4~5m^2$이 필요하며, 그린룸이 있는 경우 무대와 동일한 층에 배치할 필요는 없다.

답 : ②

18 극장건축에서 플라이 로프트(fly loft)는 어느 것을 말하는가? [03, 24 기]
① 무대의 상부공간
② 무대배경을 오르내리게 하는 장치
③ 그리드 아이언(grid iron)의 구조
④ 무대의 일부바닥을 오르내리게 하는 장치

답 : ①

I. 건축계획 1-155

핵심 PLUS

19 극장 무대 주위의 벽에 6~9m 높이로 설치되는 좁은 통로로, 그리드 아이언에 올라가는 계단과 연결되는 것은? [18 기]
① 그린룸
② 록 레일
③ 플라이 갤러리
④ 슬라이딩 스테이지

답 : ③

20 극장건축의 관련 제실에 대한 설명 중 옳지 않은 것은? [08 기]
① 앤티룸(Anti room)은 출연자들이 출연 바로 직전에 기다리는 공간이다.
② 의상실은 실의 크기가 1인당 최소 8~9m²가 필요하며, 그린룸이 있는 경우 무대와 동일한 층에 배치하여야 한다.
③ 배경제작실의 위치는 무대에 가까울수록 편리하며, 제작 중의 소음을 고려하여 차음 설비가 요구 된다.
④ 그린룸(Green room)은 출연자 대기실을 말하며 주로 무대가 가까운 곳에 배치한다.

[해설] 의상실은 실의 크기가 1인당 최소 4~5m²가 필요하며, 그린룸이 있는 경우 무대와 동일한 층에 배치할 필요는 없다.

답 : ②

21 극장건축의 그리드 아이언(Grid iron)에 관한 설명으로 옳은 것은? [15 기]
① 무대 뒤편의 좁은 통로이다.
② 무대의 배경이 되는 벽면 시설이다.
③ 관객의 시선을 차단하는데 사용된다.
④ 조명기구, 배경 등을 매어다는 데 사용된다.

답 : ④

22 극장건축에서 무대의 제일 뒤에 설치되는 무대 배경용의 벽을 나타내는 용어는? [13, 17, 21 기]
① 프로시니엄
② 사이클로라마
③ 플라이 로프트
④ 그리드 아이언

답 : ②

㉯ 수직 전환 장치
 • 조물(batten)
 • 승강 무대 장치
  - 트랩 엘리베이터(trap elevator) : 승강과 높이를 자유로이 조절할 수 있다.
  - 테이블 엘리베이터(table elevator) : 콘서트, 코러스 등에 편리하다.
  - 플래토 엘리베이터(plateau elevator) : trap room에서 무대 배경의 전 세트를 올려놓고 한 번에 올라오거나 내려갈 수 있다.

④ 무대 천장 부분(fly loft) 기구
 ㉮ 그리드 아이언(grid iron) : 무대 천장 밑에 있는 철골 격자 발판으로 무대 배경, 조명 기구, 연기자, 음향 반사판 등을 매달 수 있게 한 장치이다. 무대 천장 밑의 제일 낮은 보 밑에서 1.8m의 위치에 바닥을 둔다.
 ㉯ loft block : grid iron에 설치된 활차
 ㉰ pipe batten : 배경을 매달기 위한 긴 철봉, 간격은 25~30cm 정도로 procenium에 평행으로 매단다.
 ㉱ 플라이 갤러리(fly gallery)
  • 그리드 아이언에 올라가는 계단과 연결되게 무대 주위의 벽에 6~9m 높이로 설치되는 좁은 통로(폭은 1.2~2.0m 정도)
  • 조명 또는 눈이 내리는 장면을 위해 사용한다.
 ㉲ 로크 레일(lock rail) : 와이어로프를 한 곳에 모아서 조정하는 장소
 ㉳ 잔교(light bridge) : 프로세니움 바로 뒤에 접하여 설치된 발판, 조명, 조작·비·눈 내리는 장면 위해 필요하다.

⑤ 기타 무대 관련설비
 ㉮ 사이클로라마(cyclorama or horizont)
  • 무대 제일 뒤쪽에 설치되는 무대 배경 곡면벽, 여기에 광선 투사, 구름, 무지개, 낮과 밤 등의 영상을 연출하는 장치이다.
  • 무대 뒤나, 양옆 부분을 보이지 않게 하는 masking 역할을 한다.
  • 크기는 조명 효과와 관객의 수직·수평 시선에 대한 masking 관계에 의해 결정된다.
 ㉯ 프롬프터 박스(prompter Box) : 무대중앙에 설치하여 prompter가 들어가는 곳으로 객석측을 둘러싸고 무대측만을 개방하여 이곳에서 대사를 불러주며, 기타연기의 주의 환기를 주지시키는 곳

⑥ 무대관련 제실
 ㉮ 출연 대기실(green room) : 출연자 대기실로 무대와 같은 층의 가까운 곳에 둔다. 크기는 30m² 이상, 무대 감독실은 green room과 인접시킨다.

㈏ 배경 제작실 : 위치는 무대 근처가 좋으며, 제작 중 소음을 고려하여 차음 설비가 필요하다. 크기는 보통 5×7m 내외, 천장 높이 6m 이상 잡기도 한다.

⑦ 스크린(screen)
㈎ 비례 : 크기는 초점거리 3m, 영사거리 35m의 경우 8m×20m 정도
㈏ 위치는 바닥으로부터 50~100cm 이상, 앞줄 객석으로부터 6m 이상 떨어져야 한다.
㈐ 영사각은 투사광이 중심이 수평선과 이루는 각도로서 작을수록 이상적이며, 시네마스코프의 경우 10° 이내, 표준인 경우 15° 이내가 되게 한다.

3. 환경 및 설비계획

1) 소음(Noise) 방지

객석 내의 소음은 30~35dB 이하로 하고 소음 방지를 위한 유의사항은 다음과 같다.
① 출입구는 밀폐하고 도로면을 피하며, 가능한 한 2중문으로 한다.
② 창은 이중으로 한다.
③ 지붕과 천장은 차음구조로 한다.
④ 영사실은 천장에 반드시 흡음재를 사용한다.
⑤ 공기의 난류에 의한 소음을 방지하기 위하여 덕트(duct)를 유선화 한다.

2) 음의 전달 계획

① 실용적과 객석수
 1,000석 내외 3.5m³/인, 1,500~2,000석일 경우 5m³/인 정도의 용적이 요구되며, 1,500석 이상 콘서트홀에서는 5.6m³/인 이상이 요구된다.

② 평면 형태
 무대 쪽으로 좁은 부채꼴형이 좋다. echo 현상을 일으키는 원형과 타원형은 별도로 음의 확산 설계가 필요하다.

③ 단면형에 있어서의 유의사항
㈎ 직접음과 1차 반사음 사이의 경로차(path difference)는 17m 이내
㈏ 천장은 음을 객석에 고루 분산시키는 형일 것
㈐ 발코니 길이는 1층 객석 길이의 1/3 이내일 것
㈑ 발코니 저면 및 후면은 흡음에 유의할 것

④ 잔향시간
㈎ 잔향시간을 조절할 것
㈏ 잔향시간은 실용적에 비례하고, 흡음력에 반비례한다. 적정치는 7~9m³/석 정도이다.

핵심 PLUS

23 극장의 음향계획에 관한 설명으로 옳지 않은 것은? [07 기]
① 잔향을 조절하기 위해 무대 앞, 전면부의 벽에는 흡음재를, 객석 및 뒷벽에는 반사재를 사용한다.
② 객석의 평면이 원형이나 타원형일 경우 잔향을 일으킬 우려가 있다.
③ 객석부 공간의 앞면 경사천장은 객석 뒤쪽에 도달하는 음을 보강하도록 계획한다.
④ 천장과 측벽은 음원으로부터의 음이 특히 멀리 앉은 관객에게 보강이 되어 잘 들리도록 경사면이 적절히 설계되어야 한다.

[해설] 극장, 음악당, 음악교실, 교회건축은 적당한 잔향을 갖도록 하기 위해서 반사재와 흡음재를 적절히 사용한다. 전면부에는 반사재, 후반부에는 흡음재를 사용한다.
답 : ①

24 극장 객석의 음향계획에 대한 설명 중 옳은 것은? [07, 23 기]
① 객석내 소음은 40~50dB 이하로 한다.
② 영사실 천장에는 반드시 방음재를 사용한다.
③ 발코니의 길이는 객석 길이의 최대 1/2 이내로 한다.
④ 객석부 공간의 앞면 경사천장은 객석 뒤쪽에 도달하는 음을 보강하도록 계획한다.

[해설]
① 객석내 소음은 30~35dB 이하로 한다.
② 영사실 천장에는 반드시 흡음재를 사용한다.
③ 발코니의 길이는 객석 길이의 최대 1/3 이내로 한다.
답 : ④

I. 건축계획 | 문화시설

핵심 PLUS

25 극장 객석의 음향계획에 관한 설명으로 옳은 것은? [12 기]
① 객석내 소음은 40~50dB 이하로 한다.
② 발코니 객석의 길이는 하부층 객석 길이의 최대 1/2 이내로 한다.
③ 객석부 공간의 앞면 경사천장은 객석 뒤쪽에 도달하는 음을 보강하도록 계획한다.
④ 무대에 가까운 벽은 흡음재로 하고 멀어짐에 따라서 반사재의 벽을 배치하는 것이 원칙이다.

[해설] ① 객석내의 소음은 30~35dB 이하로 한다.
② 발코니 객석길이는 1층 객석 길이의 최대 1/3 이내로 한다.
④ 적당한 잔향을 갖도록 하기 위해서 반사재와 흡음재를 적절히 사용한다. 무대쪽 벽은 반사재, 객석쪽 벽은 흡음재를 사용한다.

답 : ③

학습포인트

단면계획

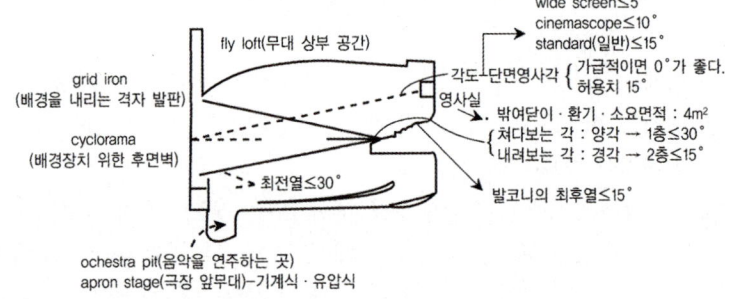

㉠ 출연자 대기실 : green room ≧ 30m²
㉡ 출연 직전대기실 : anti room
㉢ 대사 수정실 : prompter box
㉣ floor trap : 무대와 trap room 사이의 연결 부분으로 연기자의 등장과 퇴장이 임의의 장소에서 이루어지도록 한 시설(위치 : 무대의 뒤쪽)
㉤ 객석의 바닥 : 리놀륨
㉥ 의자 : 고정식으로 한다.
㉦ 의자 간격 : 40~60cm
㉧ 상영 중 조도 : 2.5lux(휴식 중 조도 : 50lx)
㉨ 의자에 앉은 관객의 눈높이 : 바닥으로부터 110cm
㉩ 관객의 눈과 머리 최고부와의 사이 간격 : 12cm 내외

음향계획

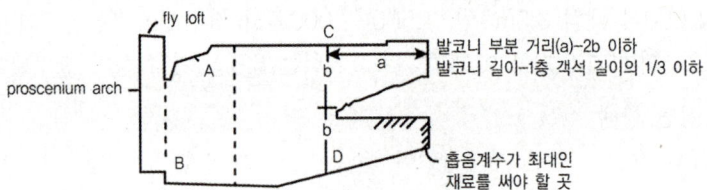

㉠ A, B부분
 • 무대 근처 : 반사성의 마감(반사재)
 • 회반죽(plaster)마감
㉡ C, D부분
 • 객석 후방 : 흡음성의 마감(흡음재)
 • 코펜하겐리브 · 텍스(tex) · 코르크판
㉢ 1층 객석의 1/3은 평면으로 하고, 그 뒷부분은 구배 1/12(8°)로 한다. 바닥 재료는 리놀륨을 쓴다.

2 미술관

1. 전시실의 순로(순회) 형식

1) 연속 순로(순회) 형식

구형(矩形) 또는 다각형의 각 전시실을 연속적으로 연결하는 형식이다.
① 단순하고 공간이 절약된다.
② 소규모의 전시실에 적합하다.
③ 전시 벽면을 많이 만들 수 있다.
④ 많은 실을 순서별로 통해야 하고 1실을 닫으면 전체 동선이 막히게 된다.

2) 갤러리(gallery) 및 코리더(corridor) 형식

연속된 전시실의 한쪽 복도에 의해서 각 실을 배치한 형식이며, 그 복도가 중정(中庭)을 포위하여 순로(巡路)를 구성하는 경우가 많다.
① 각 실에 직접 들어갈 수 있는 점이 유리하며, 필요시에 자유로이 독립적으로 폐쇄할 수가 있다.
② 복도 자체도 전시 공간으로 이용이 가능하다.
③ 르 코르뷔지에의 와상 동선(渦狀動線)을 발전시켰고 통일된 미술관 안(案)으로 '성장하는 미술관'을 계획하였다. 이는 전체를 와상동선으로 통일함에 따라 최소의 면적으로 최대의 전시 벽면을 얻으려는 동시에 천창 채광, 상하층 공간의 이용, 순로의 단축가능과 확장 가능성 등을 고려한 계획이다.
  (예) 르 코르뷔지에의 '성장하는 미술관', 동경의 국립 서양 미술관, 과천 국립 현대 미술관

3) 중앙 홀 형식

중심부에 하나의 큰 홀을 두고 그 주위에 각 전시실을 배치하여 자유로이 출입하는 형식이다.
① 과거에 많이 사용한 평면으로 중앙 홀에 높은 천장을 설치하여 고창(高窓)으로부터 채광하는 방식이 많았다.
② 대지의 이용률이 높은 지점에 건립할 수 있으며, 중앙 홀이 크면 동선의 혼란은 없으나 장래의 확장에 많은 무리가 따른다.
  (예) 뉴욕 근대 미술관, 프랭크 로이드 라이트의 구겐하임 미술관(뉴욕)

핵심 PLUS

26 전시실의 순회형식 중 많은 실을 순서별로 통하여야 하는 불편이 있어 대규모의 미술관 계획에 있어서 바람직하지 않은 것은? [07 기]
① 연속순로 형식
② 갤러리 형식
③ 중앙홀 형식
④ 복도 형식

[해설] 연속순로 형식은 단순하고 공간이 절약되나, 많은 실을 순서별로 통해야 하는 불편이 있고 1실을 닫으면 전체 동선이 막히게 된다. 소규모의 전시실에 적합하다.

답 : ①

27 미술관 전시공간의 순회형식 중 갤러리 및 코리더 형식에 관한 설명으로 옳은 것은? [16, 19 기]
① 복도의 일부를 전시장으로 사용할 수 있다.
② 전시실 중 하나의 실을 폐쇄하면 동선이 단절된다는 단점이 있다.
③ 중앙에 커다란 홀을 계획하고 그 홀에 접하여 전시실을 배치한 형식이다.
④ 이 형식을 채용한 대표적인 건축물로는 뉴욕 근대미술관과 프랭크 로이드 라이트의 구겐하임 미술관이 있다.

답 : ①

28 대규모의 미술관 평면계획에 있어서 전시실의 순회형식으로 가장 효과적인 것은? [02, 23 기]
① 연속순회 형식
② 중앙홀 형식
③ 갤러리 및 복도형식
④ 중앙홀 형식과 갤러리 형식의 혼합방식

답 : ②

29 미술관의 주체는 전시실의 순회 형식이다. 다음 중 부지의 이용률이 높은 지점에 건립할 수 있으나, 장래의 확장에 많은 무리를 가지고 있는 전시실 순회형식은? [03 기]
① 갤러리 및 코리더(복도)형식
② 연속순로 형식
③ 중앙홀 형식
④ 실 연속 순회형식

답 : ③

I. 건축계획 | 문화시설

핵심 PLUS

30 미술관 계획에 대한 설명으로 부적당한 것은? [06, 25 기]
① 연속 순회형식은 중심부에 하나의 큰 홀을 두고 그 주위에 각 전시실을 배치하여 자유로이 출입하는 형식으로 대규모의 전시실에 적합하다.
② 갤러리 형식은 복도에서 각 실에 직접 들어갈 수 있으며 필요시 독립적으로 폐쇄할 수 있다.
③ 이용자의 출입구는 직원 출입구와 구분한다.
④ 동선에는 이용자, 직원 등의 사람동선과 전시자료 등의 물건동선이 있다.

[해설] 연속 순로 형식은 단순하고 공간이 절약되나, 많은 실을 순서별로 통해야 하는 불편이 있고 1실을 닫으면 전체 동선이 막히게 된다. 소규모의 전시실에 적합하다.
답 : ①

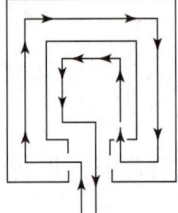 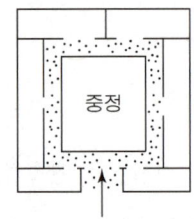 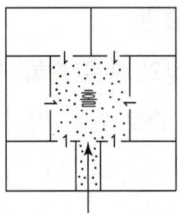

(a) 연속 순로 형식   (b) 갤러리 및 코리도 형식   (c) 중앙 홀 형식

[그림] 전시실의 순회 형식

2. 전시실의 크기

① 실 길이 : 폭의 1.5~2배 정도
  ㉮ 소형 : 1.8m 이상
  ㉯ 대형 : 6.0m 이상 떨어져 관람하는 것이 보통이다.
② 시각은 45° 이내, 최량 시각(最良視角)은 27~30°이다.
③ 실 폭은 5.5m가 최소, 큰 전시실에서는 최소 6.0m 이상(평균 8m), 다수의 관객이 통행할 때는 2.0m 이내의 통로 여유가 필요하다.

31 미술관 계획에 있어 회화의 명시조건 중 최량시각(最良視覺)은? [03, 05 기]
① 27°~30°
② 42°~45°
③ 47°~50°
④ 57°~60°
답 : ①

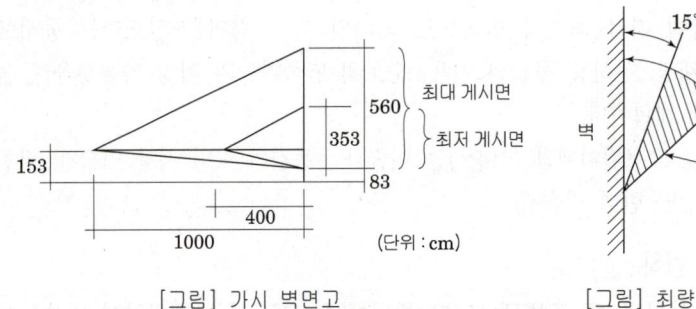 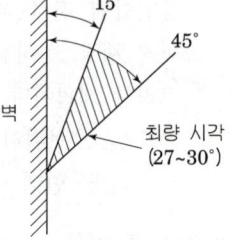

[그림] 가시 벽면고   [그림] 최량 시각

3. 특수 전시기법

1) 디오라마(diorama) 전시

디오라마 전시 기법은 '하나의 사실' 또는 '주제의 시간 상황을 고정' 시켜 연출하는 것으로 현장에 임한 듯한 느낌을 가지고 관찰할 수 있는 전시 기법이다.

32 현장감을 가장 실감나게 표현하는 방법으로 하나의 사실 또는 주제의 시간 상황을 고정시켜 연출하는 것으로 현장에 임한 느낌을 주는 특수전시기법은? [18 기]
① 디오라마 전시
② 파노라마 전시
③ 하모니카 전시
④ 아일랜드 전시
답 : ①

2) 파노라마(panorama) 전시

연속적인 주제를 선적(線的)으로 연계성을 표현하기 위한 전시로 벽면 전시와 입체물이 병행되는 것이 일반적인 유형으로 넓은 시야의 실경(實景)을 보는 듯한 감각을 주는 전시 기법이다.

3) 아일랜드(island) 전시

벽이나 천장을 직접 이용하지 않고 전시물 또는 전시장치를 배치함으로써 전시공간을 만들어 내는 기법으로 대형 전시물이나 소형 전시물인 경우에 유리하다.

4) 하모니카(harmonica) 전시

전시 평면이 하모니카 흡입구처럼 동일한 공간으로 연속되어 배치되는 전시기법으로 전시내용을 통일된 형식 속에서 규칙, 반복되어 나타나게 하는 방법으로 동일 종류의 전시물을 반복 전시할 때 유리하다.

5) 영상(映像) 전시

영상 매체는 크게 정지 화면인 슬라이드, OHP 등과 동적 화면인 영화, 비디오, 멀티비전 등으로 구분된다. 영상 매체는 현물을 직접 전시할 수 없는 경우나 오브제 전시만의 한계를 극복하기 위하여 사용한다.

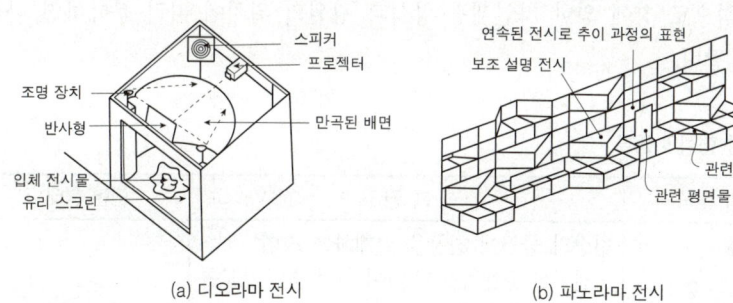

(a) 디오라마 전시   (b) 파노라마 전시

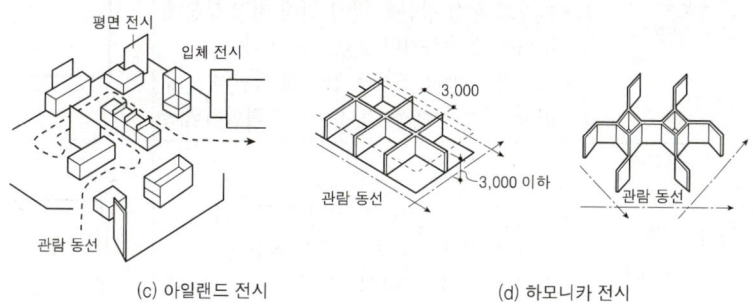

(c) 아일랜드 전시   (d) 하모니카 전시

[그림] 특수전시기법

핵심 PLUS

33 특수전시 기법에 관한 설명으로 옳지 않은 것은? [15, 22 기]
① 하모니카 전시는 전시내용을 통일된 형식 속에서 규칙적으로 반복시켜 표현하는 기법이다.
② 파노라마 전시는 연속적인 주제를 연관성 있게 표현하기 위해 선형의 파노라마로 연출하는 기법이다.
③ 디오라마 전시는 하나의 사실 또는 주제의 시간 상황을 고정시켜 연출하는 것으로 현장에 임한 느낌을 주는 기법이다.
④ 아일랜드 전시는 실물을 직접 전시할 수 없거나 오브제 전시만의 한계를 극복하기 위해 영상매체를 사용하여 전시하는 기법이다.

[해설] 아일랜드 전시 : 벽이나 천정을 직접 이용하지 않고 전시물 또는 장치를 배치함으로써 전시공간을 만들어내는 기법으로 대형전시물이나 소형전시물인 경우에 유리하다.

답 : ④

34 전시공간의 특수전시기법 중 현장감을 가장 실감나게 표현하는 방법으로 하나의 사실 또는 주제의 시간 상황을 고정시켜 연출하는 것으로 현장에 임한 느낌을 주는 것은? [10, 24 기]
① 파노라마 전시
② 디오라마 전시
③ 아일랜드 전시
④ 하모니카 전시

답 : ②

4. 채광·조명계획

1) 채광·조명계획

조명과 채광은 전시실의 질을 결정하는 가장 중요한 요인이 되고 있다. 합리적 조명으로서 인공조명이나 색 및 관람자의 기분을 고려한 자연광, 양자를 mixed light한 최적 효과를 다음과 같은 설계 조건으로 하는 것이 좋다.

① 광원이 현휘(眩輝)를 주지 않을 것
② 전시물이 항상 적당한 조도를 가지되 균등하게 조명되어 있을 것
③ 실내의 조도 및 휘도 분포가 적당할 것
④ 관람자의 그림자가 전시물상에 나타나지 않을 것
⑤ 화면 또는 케이스의 유리에 다른 영상을 나타내지 않을 것
⑥ 대상에 따라 필요한 점광원(spot light의 방향성)을 고려할 것
⑦ 광색이 적당해야 하며 변화가 없을 것

2) 계획상의 자연채광 형식

일반적으로 창에 의한 자연채광 방식과 광원의 위치에 따라 분류하면 다음 표와 같다.

■ 자연채광 형식의 종류

채광 형식	특 징	단면 형태
정광창 형식 (top light)	천장의 중앙에 천창을 설계하는 방법 • 전시실 중앙을 밝게 하여 전시 벽면 조도를 균등하게 한다. • 천창의 직접 광선을 막기 위해 천장 부분에 루버를 설치하거나 2중으로 한다. • 채광량이 많아 조각품 전시에 적합하고 유리창 내의 공예품 전시에는 부적합하다.	
측광창 형식 (side light)	측면 창에 광선을 들이는 방법 • 전시실 채광 방식 중 가장 불리하다. • 소규모 전시실 이외는 부적합하다. • 광선의 확산, 광량의 조절, 열전열설비를 병용하는 것이 좋다.	
고측광창 형식 (clerestory)	천장에 가까운 측면에서 채광하는 방법 측광창식, 정측광창식의 절충 방식	

핵심 PLUS

35 미술관 전시실의 조명 및 채광계획에 관한 설명으로 옳지 않은 것은? [07, 10 기]
① 인공조명을 주로 하고 자연채광은 전혀 고려하지 아니한다.
② 광원이 현휘를 주지 않도록 한다.
③ 관객의 그림자가 전시물상에 나타나지 않도록 한다.
④ 광색이 적당하고 변화가 없게 한다.

[해설] 전시실의 조명과 채광은 전시실의 질을 결정하는 가장 중요한 요인이 되고 있다. 합리적 조명으로서 인공조명이나 색 및 관람자의 기분을 고려한 자연광, 양자를 mixed light한 최적 효과를 고려한 조명 및 채광계획으로 하는 것이 좋다.
답 : ①

36 미술관의 전시장 계획에 관한 설명 중 옳은 것은? [07, 09 기]
① 조명의 광원은 감추고 눈부심이 생기지 않는 방법으로 투사하는 것이 좋다.
② 인공조명을 주로 하고 자연채광은 고려하지 않는다.
③ 광원의 위치는 수직벽면에 대해 10°~25°의 범위 내에서 상향조정이 좋다.
④ 회화를 감상하는 시점의 위치는 화면 대각선의 3배 거리가 가장 이상적이다.

[해설] ② 전시실의 조명과 채광은 합리적 조명으로서 인공조명이나 색 및 관람자의 기분을 고려한 자연광, 양자를 mixed light한 최적 효과를 고려한 조명 및 채광계획으로 하는 것이 좋다.
③ 광원의 위치는 수직벽면에 대해 15°~45°의 이내에 광원의 위치를 결정한다.
④ 회화를 감상하는 시점의 위치는 화면 대각선의 1~1.5배 거리가 가장 이상적이다.
답 : ①

채광 형식	특 징	단면 형태
정측광창 형식 (top side light monitor)	관람자가 서 있는 위치 상부에 천장을 불투명하게 하여 측벽에 가깝게 채광창을 설치하는 방법 • 관람자의 위치(중앙부)는 어둡고 전시 벽면의 조도가 밝은 이상적인 형식이다. • 천장이 높기 때문에 측광창의 광선이 약할 우려가 있다.	
특수채광 형식	천창은 상부에서 경사 방향으로 빛을 도입하여 벽면을 주로 비치게 하는 방법	

핵심 PLUS

37 미술관 전시실의 조명설계에 관한 설명 중 부적당한 것은?
[12 기]
① 광색이 부드럽고 밝기의 변화가 있어야 한다.
② 광원에 의한 현휘를 방지하도록 한다.
③ 대상에 따라서 스포트라이트도 고려되어야 한다.
④ 관람객의 그림자가 전시물 위에 생기지 않도록 한다.

[해설] 미술관 전시실의 조명은 광색이 적당해야 하며 변화가 없어야 한다.
답 : ①

38 미술관 자연채광법에서 정측광 형식에 관한 설명으로 옳은 것은? [08, 13, 24 기]
① 전시실의 중앙부를 가장 밝게 하여 전시벽면의 조도를 균등하게 한다.
② 전시실의 측면창에서 직접광선을 사입하는 방법으로 소규모 전시에 적합하다.
③ 관람자가 서 있는 위치의 상부에 천장을 불투명하게 하여 중앙부는 어둡게 하고 전시벽면에 조도를 충분하게 하는 방법이다.
④ 측광식과 정광식을 절충한 방법으로 천장 높이가 3m를 넘는 경우에는 적용할 수 없다.

[해설] ① 정광창 형식(top light)
② 측광창 형식(side light)
④ 고측광창 형식(clerestory)
답 : ③

39 대규모 미술관의 채광 방식으로 가장 적당치 않은 것은?
[04 기]
① 정측광창 방식(top side light monitor)
② 고측광창 방식(clerestory)
③ 정광창 방식(top light)
④ 측광창 방식(side light)
답 : ④

핵심기출문제

IX. 문화시설

■■■ 1. 극장·영화관

1. 극장의 평면형에 관한 설명 중 옳은 것은? [04, 08㉮]
① 프로시니엄형은 강연, 콘서트, 독주, 연극 공연 등에 적합하다.
② 오픈 스테이지형은 가까운 거리에서 관람하면서 가장 많은 관객을 수용할 수 있다.
③ 애리나형은 연기자와 관객의 접촉면이 한 면으로 한정되어 있다.
④ 가변형은 센트럴 스테이지형이라고도 하며, 극장표현에 대한 선택 가능성이 없다.

2. 극장건축의 평면형식 중 애리너(Arena)형의 특성으로 바르지 못한 것은? [03㉮]
① 가까운 거리에서 관람하면서 가장 많은 관객을 수용할 수 있다.
② 무대의 배경을 많이 만들어야 하므로 비경제적이다.
③ 무대의 장치나 소품은 주로 낮은 기구들로 구성된다.
④ 객석과 무대가 하나의 공간에 있으므로 양자의 일체감을 높여 긴장감이 높은 연극공간을 형성한다.

3. 극장의 평면형식 중 애리너(arena)형에 관한 설명으로 옳지 않은 것은? [20, 25㉮]
① 관객이 무대를 360°로 둘러싼 형식이다.
② 무대의 장치나 소품은 주로 낮은 기구들로 구성된다.
③ 픽처 프레임 스테이지(picture frame stage)형이라고도 한다.
④ 가까운 거리에서 관람하면서 많은 관객을 수용할 수 있다.

4. 극장의 평면형태 중 가까운 거리에서 관람하면서 가장 많은 관객을 수용할 수 있는 형으로 Central Stage형이라고도 불리우는 것은? [07㉮]
① 애리너(Arena)형
② 프로시니엄(Proscenium)형
③ 오픈스테이지(Open Stage)형
④ 가변형 무대(Adaptable Stage)

해 설

해설 1
② 애리너(arena)형은 가까운 거리에서 관람하면서 가장 많은 관객을 수용할 수 있다.
③ 프로세니움(proscenium)형은 연기자와 관객의 접촉면이 한 면으로 한정되어 있다.
④ 가변형(adaptable stage)은 필요에 따라서 무대와 객석이 변화될 수 있는 형식으로 최소한의 비용으로 극장 표현에 대한 최대한의 선택 가능성을 부여한다.

해설 2
애리너(arena)형[central stage형]은 관객이 연기자를 360° 둘러싸고 관람하는 형식으로 가까운 거리에서 관람하면서 가장 많은 관객을 수용할 수 있다. 무대의 배경을 만들지 않으므로 경제성이 있다.
※ ①, ②, ④ : 프로세니움(proscenium)형에 대한 설명이다.

해설 3
애리너(arena)형[central stage형]은 관객이 연기자를 360° 둘러싸고 관람하는 형식이다.
③은 프로세니움(proscenium)형에 대한 설명이다.

해설 4
애리너(arena)형[central stage형]은 관객이 연기자를 360° 둘러싸고 관람하면서 가장 많은 관객을 수용할 수 있으며, 객석과 무대가 하나의 공간에 있으므로 양자의 일체감을 높여 긴장감이 높은 연극 공간을 형성한다. 무대의 배경을 만들지 않으므로 경제성이 있고, 무대의 장치나 소품은 주로 낮은 가구들로 구성된다.

정답 1. ① 2. ② 3. ③ 4. ①

5. 극장의 각 평면형식을 설명한 내용에서 잘못된 것은? [02⑦]

① 프로세니움형 – 많은 관람석을 두려면 수용능력에 제한을 받는다.
② 오픈스테이지형 – 무대장치를 꾸미는데 어려움이 있다.
③ 애리너형 – 최소한의 비용으로 극장표현에 대한 최대한의 선택가능성을 부여한다.
④ 가변형 무대 – 무대와 객석의 크기 등을 필요에 따라서 변경할 수 있다.

해	설

해설 **5**
가변형 – 최소한의 비용으로 극장표현에 대한 최대한의 선택가능성을 부여한다.

6. 극장의 음향계획에 대한 설명 중 옳지 않은 것은? [06, 16 ⑦]

① 무대 근처에는 음의 반사재를 취한다.
② 불필요한 음은 적당히 감쇠시키고 필요한 음의 청취에 방해가 되지 않게 한다.
③ 반사율의 집중이 없도록 한다.
④ 천장계획에 있어서 돔형은 음원의 위치 여하를 막론하고 음을 확산시키므로 바람직하다.

해설 **6**
돔형, 원형, 타원형의 천장은 음의 집중 현상이 생기거나 불균등분포를 보여서 에코현상이 생기므로 음향적으로 불리하다.

7. 다음은 객석의 가시거리에 관한 설명이다. ( ) 안에 알맞은 것은? [15, 16, 23, 24 ⑦]

연극 등을 감상하는 경우 연기자의 표정을 읽을 수 있는 가시한계는 (㉠) 정도이다. 그러나 실제적으로 극장에서는 잘 보여야 하는 동시에 많은 관객을 수용해야 하므로 (㉡)까지를 제1차 허용한도로 한다.

① ㉠ 10m, ㉡ 22m
② ㉠ 15m, ㉡ 22m
③ ㉠ 10m, ㉡ 25m
④ ㉠ 15m, ㉡ 25m

해설 **7**
연극 등을 감상하는 경우 연기자의 표정을 읽을 수 있는 가시한계는 15m 정도이다. 그러나 실제적으로 극장에서는 잘 보여야 하는 동시에 많은 관객을 수용해야 하므로 22m까지를 제1차 허용한도로 한다.

8. 회중석의 수용인원이 1,000명 이상인 경우의 교회 평면 그림에서 좌석 중심각 A와 가청거리 B의 값으로 가장 적합한 것은? [03⑦]

① A : 110°~120°, B : 23m 이내
② A : 110°~120°, B : 25m 이내
③ A : 80°~90°, B : 25m 이내
④ A : 80°~90°, B : 23m 이내

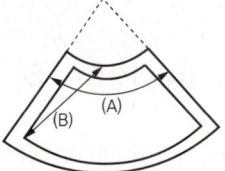

해설 **8**
부채꼴형은 회중석의 수용인원이 1,000명 이상인 경우의 교회 평면에 적당하다. 이때 중심각은 90° 이내로 하고, 가청거리를 23m 이내로 하는 것이 좋다.

정답 5. ③ 6. ④ 7. ② 8. ④

핵심기출문제 IX. 문화시설

9. 극장의 무대에 관한 기술 중 틀린 것은? [02②]
① 그리드 아이언(Grid iron)은 무대막을 받들기 위한 구조이다.
② 플라이 로프트(Fly loft)는 무대상부의 공간이다.
③ 플라이 갤러리(Fly gallery)는 무대장치를 보관하는 곳이다.
④ 그린 룸(Green room)은 연기자 대기실이다.

해설 9
플라이 갤러리(Fly gallery)
무대 후면에 벽주위 6~9m 높이에 설치되는 통로

10. 다음의 극장에 관한 용어의 설명 중 옳지 않은 것은? [06, 09②]
① 그린 룸(green room) – 배경제작실로 위치는 무대에 가까울수록 편리하다.
② 앤티 룸(anti room) – 출연자들이 출연 바로 직전에 대기하는 공간이다.
③ 플라이 갤러리(fly gallery) – 무대 주위의 벽에 6~9m 높이로 설치되는 좁은 통로이다.
④ 프롬프터 박스(prompter box) – 객석쪽에서 보이지 않게 설치된 대사를 불러 주는 곳이다.

해설 10
그린룸(green room)
극장 건축의 출연자대기실로 무대와 같은 층의 가까운 곳에 둔다. 크기는 30m² 이상으로 한다.
※ 앤티룸(anti room) : 극장 건축의 출연 직전 대기실

11. 극장에서 그린 룸(green room)이란 무엇을 뜻하는가? [05, 09, 14②]
① 온실 ② 출연대기실
③ 연주실 ④ 분장실

해설 11
그린룸(green room)
극장 건축의 출연자대기실로 무대와 같은 층의 가까운 곳에 둔다. 크기는 30m² 이상으로 한다.
※ 앤티룸(anti room) : 극장 건축의 출연 직전 대기실

12. 다음 중 극장건축과 관계가 없는 것은? [10②]
① 그린 룸(green room) ② 사이클로라마(cyclorama)
③ 플라이 갤러리(fly gallery) ④ 캐럴(carrel)

해설 12
캐럴(carrel)
도서관에서 열람자가 도서 가까이에 있을 필요가 있을 때 서고 내부에 작은 연구실 형식을 취한 열람실이다.

13. 음향설계적 측면을 고려한 관객석 계획 중 틀린 항목은? [03②]
① 미국의 누드슨(Knudsen)과 해리스(Harris)에 의하면, 2,000석의 수용인원을 갖는 극장에 1객석당 4.95m³의 용적이 필요하다.
② 객석의 형이 원형일 경우 확산작용을 하도록 계획하면 음향조건이 크게 개선된다.
③ 발코니 하부의 깊이를 개구부 높이의 2배 이상으로 하여 음을 흡수하도록 한다.
④ 천장이나 벽은 무대에서 멀리 떨어진 객석에 적당한 반사음을 보내는 역할을 하여야 한다.

해설 13
발코니 하부의 깊이를 개구부 높이의 2배 이상으로 하면 충분한 양의 음이 발코니 하부의 뒷면 객석까지 전달되지 못하므로 발코니 안쪽까지의 거리는 발코니 끝부분의 2배 이하가 되도록 하는 것이 좋다.

정답 9. ③ 10. ① 11. ②
12. ④ 13. ③

14. 다음 중 극장의 음향계획에서 극장 측면벽에 사용되는 재료에 대한 설명으로 가장 알맞은 것은? [08, 10, 23㉮]

① 무대쪽 벽은 반사재, 객석쪽 벽은 흡음재
② 무대쪽 벽은 흡음재, 객석쪽 벽은 반사재
③ 모두 반사재
④ 모두 흡음재

15. 다음 중 영화관의 영사실과 영사막의 관계에서 영사각으로 가장 알맞은 것은? [10㉮]

① 0° ② 17°
③ 22° ④ 90°

16. 다음 중 영화관의 관람석으로의 출입구의 수 및 배치를 결정하는 가장 중요한 조건은? [06㉮]

① 환기 ② 방음
③ 피난 ④ 관객 교대에 필요한 시간

17. 다음 중 서로 가장 관계가 깊은 것들의 연결이 옳게 조합되어 있는 것은? [08㉮]

㉠ 병원   ㉡ 사무소
㉢ 교실군 ㉣ 극장

A. 스모크 타워(Smoke tower)
B. 그린 룸(Green room)
C. ICU(Intensive care unit)
D. 클러스터 형식(Cluster system)

① ㉠ - A, ㉡ - D, ㉢ - B, ㉣ - C
② ㉠ - C, ㉡ - A, ㉢ - D, ㉣ - B
③ ㉠ - C, ㉡ - A, ㉢ - B, ㉣ - D
④ ㉠ - B, ㉡ - A, ㉢ - D, ㉣ - C

해설

해설 14
극장, 음악당, 음악교실, 교회건축은 적당한 잔향을 갖도록 하기 위해서 반사재와 흡음재를 적절히 사용한다. 무대쪽 벽은 반사재, 객석쪽 벽은 흡음재를 사용한다.

해설 15
영사각은 투사광이 중심이 수평선과 이루는 각도로서 작을수록 이상적이며, 0°에 어프로치 되는 것이 좋다. 시네마스코프의 경우 10° 이내, 표준인 경우 15° 이내가 되게 한다.

해설 16
극장, 영화관, 음악당, 공회당, 백화점 등의 다수인 수용건물은 많은 사람이 모이는 곳이므로 화재 및 기타 비상시에 있어서의 피난의 방법, 재해의 범위를 한정하는 방법 등을 고려한다.

해설 17
A. 스모크 타워(Smoke tower) : 사무소 건축의 특별피난계단의 전실에 설치하는 배연탑
B. 그린 룸(Green room) : 극장 건축의 출연자대기실
C. ICU(Intensive care unit) : 병원 건축의 P.P.C 계획에서 병동을 환자의 증세에 따라 몇 개의 단위로 구분하는 방법 중 중환자 병동으로 총환자수의 약 10%를 차지하는 집중간호단위
D. 클러스터 형식(Cluster system) : 학교건축에서 여러 개의 교실을 소단위별로 그루핑(grouping)하여 배치하는 형식

정답
14. ① 15. ① 16. ③
17. ②

2. 미술관

18. 미술관의 연속순로 형식에 대한 설명 중 옳은 것은? [10, 17, 22㉮]

① 많은 실을 순서별로 통하여야 하는 불편이 있으나 공간절약의 이점이 있다.
② 중심부에 하나의 큰 홀을 두고 그 주위에 각 전시실을 배치하여 자유로이 출입하는 형식이다.
③ 평면적인 형식으로 2, 3개 층의 입체적인 방법은 불가능하다.
④ 각 실을 필요시에는 자유로이 독립적으로 폐쇄할 수 있다.

19. 다음과 같은 특징을 갖는 미술관 전시실의 순회형식은? [08, 15, 25㉮]

- 각 전시실이 연속적으로 동선을 형성하고 있으며, 단순함과 공간절약의 의미에서 이점을 갖고 있다.
- 많은 실을 순서별로 통하여야 하는 불편이 있다.
- 1실을 폐문시켰을 때는 전체 동선이 막히게 된다.

① 연속순로 형식　② 갤러리 형식
③ 중앙홀 형식　④ 코리더 형식

20. 프랭크 로이드 라이트(F.L.Wright)가 설계한 구겐하임미술관(1959년)의 기본이 되는 전시실 순회형식은? [08㉮]

① 연속순회 형식
② 중앙홀 형식
③ 각층유닛 형식
④ 갤러리 및 코리더 형식

21. 미술관의 전시실 순회형식에 관한 설명으로 옳지 않은 것은? [21, 24㉮]

① 갤러리 및 코리더 형식에서는 복도 자체도 전시공간으로 이용이 가능하다.
② 중앙홀 형식에서 중앙홀이 크면 동선의 혼란은 많으나 장래의 확장에는 유리하다.
③ 연속순회 형식은 전시 중에 하나의 실을 폐쇄하면 동선이 단절된다는 단점이 있다.
④ 갤러리 및 코리더 형식은 복도에서 각 전시실에 직접 출입할 수 있으며 필요시에 자유로이 독립적으로 폐쇄할 수가 있다.

해설

해설 18, 19

연속순로 형식
구형(矩形) 또는 다각형의 각 전시실을 연속적으로 연결하는 형식이다.
① 단순하고 공간이 절약된다.
② 소규모의 전시실에 적합하다.
③ 전시 벽면을 많이 만들 수 있다.
④ 많은 실을 순서별로 통해야 하고 1실을 닫으면 전체 동선이 막히게 된다.

해설 20

중앙홀 형식
중심부에 하나의 큰 홀을 두고 그 주위에 각 전시실을 배치하여 자유로이 출입하는 형식이다.
① 과거에 많이 사용한 평면으로 중앙 홀에 높은 천창을 설치하여 고창(高窓)으로부터 채광하는 방식이 많았다.
② 대지의 이용률이 높은 지점에 건립할 수 있으며, 중앙 홀이 크면 동선의 혼란은 없으나 장래의 확장에 많은 무리가 따른다.
(예) 프랭크 로이드 라이트의 구겐하임 미술관(1959, 뉴욕)

해설 21
중앙홀 형식은 중앙 홀이 크면 동선의 혼란은 없으나 장래의 확장에 많은 무리가 따른다.

정답 18. ① 19. ① 20. ②
21. ②

22. 전시실의 순회형식 중 중앙홀 형식의 가장 큰 단점은? [09㉮]
① 출입동선 ② 자연채광
③ 장래확장 ④ 부지이용

23. 다음의 주요 사례에서 전시공간의 융통성을 가장 많이 부여하고 있는 것은? [01, 13, 17㉮]
① 과천 현대 미술관
② 파리 퐁피두 센터
③ 파리 루브르 박물관
④ 뉴욕 구겐하임 미술관

24. 다음의 미술관의 각종 평면형식에 대한 설명 중 옳지 않은 것은? [06, 11㉮]

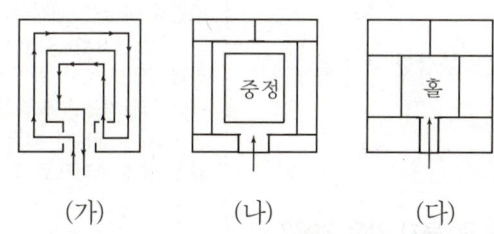

(가)　　　　(나)　　　　(다)

① '가'의 경우는 소규모의 전시실에 이용이 불가능하며 대규모의 전시실에 적합하다.
② '나'의 경우는 필요시 자유로이 각 실을 독립적으로 폐쇄할 수 있다.
③ '다'의 경우는 확장 및 전시실에 융통성 있는 선택적 사용이 가능하다.
④ '나', '다'의 경우는 각 실에 직접 들어갈 수 있는 점이 유리하다.

25. 미술관 관람객 동선에 대한 설명 중 적절하지 못한 것은? [08㉮]
① 승강이 어려운 장애자를 고려하여 바닥레벨이 자주 바뀌는 것은 좋지 않다.
② 관리목적상 현관 내에서 입구와 출구를 별도로 두지 않는다.
③ 일방통행으로 관람하는 것이 원칙이며 단조롭지 않도록 독립전시와 벽면전시를 병행하여 변화를 준다.
④ 전시공간의 동선계획은 규모, 위치조건, 공간구성요소의 조건이나 배치에 따라 결정된다.

해　설

해설 22
중앙 홀 형식
중심부에 하나의 큰 홀을 두고 그 주위에 각 전시실을 배치하여 자유로이 출입하는 형식이다.
① 과거에 많이 사용한 평면으로 중앙 홀에 높은 천창을 설치하여 고창(高窓)으로부터 채광하는 방식이 많았다.
② 대지의 이용률이 높은 지점에 건립할 수 있으며, 중앙 홀이 크면 동선의 혼란은 없으나 장래의 확장에 많은 무리가 따른다.
(예) 프랭크 로이드 라이트의 구겐하임 미술관(1959, 뉴욕)

해설 23
퐁피두 센터(프랑스 국립미술관)
기계미학의 가변성을 추구하였으며, 다양한 기능이 수용된 문화시설로서 '문화의 슈퍼마켓'이라 불리운다. 공업기술 위주의 하이테크(High-Tech) 건축 작품의 예이다.

해설 24
① 연속 순로 형식 : 단순하고 공간이 절약되나, 많은 실을 순서별로 통해야 하는 불편이 있고 1실을 닫으면 전체 동선이 막히게 된다. 소규모의 전시실에 적합하다.
③ 중앙 홀 형식 : 과거에 많이 사용한 평면으로 중앙 홀에 높은 천창을 설치하여 고창(高窓)으로부터 채광하는 방식이 많았다. 대지의 이용률이 높은 지점에 건립할 수 있으며, 중앙 홀이 크면 동선의 혼란은 없으나 장래의 확장에 많은 무리가 따른다.

해설 25
관리목적상 현관 내에서 입구와 출구를 별도로 사용하도록 한다.

정답　22. ③　23. ②　24. ①, ③
　　　25. ②

핵심기출문제 — IX. 문화시설

26. 미술관건축 계획에 대한 설명 중 옳은 것은? [09㉎]
① 하모니카 전시기법은 동일 종류의 전시물을 반복전시할 경우 유리하다.
② 대규모의 미술관은 각 전시실을 자유롭게 출입할 수 있는 연속순로 형식을 주로 채용한다.
③ 미술관의 채광 방식을 편측창 방식으로 할 경우 실 전체의 조도분포가 균일하여 별도의 조명 설비가 필요 없다.
④ 아일랜드 전시기법은 벽이나 천장을 직접 이용하여 전시물을 배치하는 기법으로 관람자의 시거리를 짧게 할 수 없다는 단점이 있다.

27. 미술관의 전시실 계획에 관한 설명 중 옳지 않은 것은? [10㉎]
① 채광 및 조명은 인공조명을 배제하고 자연채광을 위주로 계획한다.
② 관람객의 동선상 적당한 위치에 간단한 휴식이나 기분전환을 위한 장소를 설치하는 것이 좋다.
③ 전시실의 평면 형태 중 부채꼴형은 규모가 큰 경우 한 눈에 전체를 파악하는 것이 어렵다.
④ 전시실의 평면 형태 중 자유형은 미로와 같은 복잡한 공간을 피하기 위해 일부 강제적인 동선이 사용된다.

28. 미술관 전시실의 조명 및 채광계획에 대한 기술 중 옳지 않은 것은? [05㉎]
① 인공조명은 빛의 강도와 색분포 조절이 쉽다.
② 전시조명이란 건축에 부대하는 일반조명이나 비상조명을 제외한 전시자료나 전시장치에 대한 조명을 말한다.
③ 전시품의 보존 문제와 무관하게 자연조명의 채택은 꼭 필요하다.
④ 전시에서의 채광 및 조명계획은 이를 필요로 하는 실내공간의 디자인을 고려하여 건축과 일체화시켜 계획하여야 한다.

29. 전시실의 채광방식 중 천장에 가까운 측면에서 채광하는 방법으로 다음 그림과 같은 모습을 보이기도 하는 것은? [04㉎]
① 고측광창 형식(Clerestory)
② 정광창 형식(Top light)
③ 측광창 형식(Side light)
④ 정측광창 형식(Top side light)

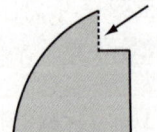

해설

해설 26
① 대규모의 미술관은 각 전시실을 자유롭게 출입할 수 있는 갤러리(gallery) 및 코리도(corridor) 형식을 주로 채용한다.
② 측광창 형식(side light)은 측면창에 광선을 들이는 방법으로 전시실 채광 방식 중 가장 불리하다. 소규모 전시실 이외는 부적합하다.
③ 아일랜드 전시기법은 벽이나 천정을 직접 이용하지 않고 전시물 또는 장치를 배치함으로써 전시공간을 만들어내는 기법으로 대형전시물이나 소형전시물인 경우에 유리하다.

해설 27, 28
전시실의 채광·조명 계획
조명과 채광은 전시실의 질을 결정하는 가장 중요한 요인이 되고 있다. 합리적 조명으로서 인공조명이나 색 및 관람자의 기분을 고려한 자연광, 양자를 mixed light한 최적 효과를 다음과 같은 설계 조건으로 하는 것이 좋다.

해설 29
고측광창 형식(Clerestory)은 천장에 가까운 측면에서 채광하는 방법으로 측광창식, 정측광창식의 절충 방식이다.

정답 26. ① 27. ① 28. ③ 29. ①

30. 미술관 계획에 관한 설명 중 부적당한 것은? [05㉮]
① 중앙홀 형식은 대지의 이용률은 높으나 장래의 확장에 다소 무리가 있다.
② 디오라마 전시는 현장성에 충실하도록 표현하기 위한 기법이다.
③ 동선체계의 가장 일반적인 방법은 일방통행에 의한 일반관람이 이루어지게 하는 것이다.
④ 정광창 채광방식은 채광량이 많아 유리 전시대(glass case) 내의 공예품 전시물에 적당하다.

해설 30
정광창 형식(top light)은 채광량이 많아 조각품 전시에 적합하고 유리창 내의 공예품 전시에는 부적합하다.

31. 미술관의 건축계획에 관한 설명 중 부적당한 것은? [02㉮]
① 대지는 도심 가까이 교통이 편리한 곳을 선정하되 매연, 소음, 방재에 안전한 장소를 선정한다.
② 진열실의 조명 및 채광은 항상 적당한 조도로서 균일하여야 하며, 방향성이 나타나는 점광원을 사용할 경우도 고려한다.
③ 회화를 감상할 위치는 화면 대각선의 1~1.5배의 거리가 이상적이다.
④ 특정의 진열실만을 보고 가는 관람자가 없도록 모든 진열실을 거쳐서 출구로 나가도록 한다.

해설 31
모든 진열실을 거쳐서 출구로 나가도록 하는 동선계획은 바람직하지 않다.

32. 미술관 건축계획에 관한 설명으로 옳지 않은 것은? [05, 16, 24㉮]
① 미술관은 이용하기에 편리한 도심지에 위치하는 것이 좋다.
② 미술관의 연속순회형식은 연속된 전시실의 한쪽 복도에 의해서 각 실을 배치한 형식이다.
③ 디오라마 전시란 전시물을 부각시켜 관람객에게 현장감을 부여하는 입체적인 수법을 말한다.
④ 2층 이상의 층은 일반적으로 전시실로는 부적당하나 뉴욕 근대미술관은 이러한 개념을 타파하였다.

해설 32
연속순로 형식은 단순하고 공간이 절약되나, 많은 실을 순서별로 통해야 하는 불편이 있고 1실을 닫으면 전체 동선이 막히게 된다. 소규모의 전시실에 적합하다.

33. 미술관 및 박물관 전시기법에 관한 설명으로 옳지 않은 것은? [14, 23, 25㉮]
① 하모니카 전시는 동선계획이 용이한 전시기법이다.
② 아일랜드 전시는 일정한 형태의 평면을 반복시켜 전시공간을 구획하는 방식으로 전시효율이 높다.
③ 파노라마 전시는 연속적인 주제를 연관성 있게 표현하기 위해 선형의 파노라마로 연출하는 전시기법이다.
④ 디오라마 전시는 하나의 사실 또는 주제의 시간 상황을 고정시켜 연출하는 것으로 현장에 임한 느낌을 주는 기법이다.

해설 33
아일랜드 전시 : 벽이나 천정을 직접 이용하지 않고 전시물 또는 장치를 배치함으로써 전시공간을 만들어내는 기법으로 대형전시물이나 소형전시물인 경우에 유리하다.

정답 30. ④ 31. ④ 32. ② 33. ②

핵심 10 건축사

I. 건축계획 | 건축사

핵심 PLUS

01 한국건축의 의장적 특징에 대한 설명 중 옳지 않은 것은? [12, 17 기]
① 대부분의 한국건축은 인간적 척도 개념을 나타내는 특징이 있다.
② 기둥의 안쏠림으로 건축의 외관에 시지각적인 안정감을 느끼게 하였다.
③ 한국건축은 서양건축과 달리 지붕면이 정면이 되고 박공면이 측면이 된다.
④ 한국건축은 공간의 위계성이 없어 각 공간의 관계가 주(主)와 종(從)의 관계를 갖지 않는다.

[해설] 한국건축은 공간의 위계성을 가지며 비대칭적 평면구성을 이룬다. 또한 공간의 폐쇄성(외적 폐쇄, 내적 개방)을 가지며, 공간의 연속성 및 상호 침투가 특성이다.
답 : ④

02 현존하는 우리나라 목조건축물 중 가장 오래된 것은?
[03, 07, 11, 18, 23, 25 기]
① 부석사 무량수전
② 봉정사 극락전
③ 법주사 팔상전
④ 화엄사 보광대전

[해설] 봉정사 극락전은 고려시대의 건축으로, 신라시대의 일반 목조건물 양식에 북송요의 주심포 형식을 가미한 공법으로 건축한 것으로 현존하는 목조 건축 중 가장 오래된 건축물이다.
답 : ②

03 주심포식 건물이 아닌 것은?
[06, 14 기]
① 강릉 객사문
② 수덕사 대웅전
③ 서울 남대문
④ 무위사 극락전

[해설] 서울 남대문은 조선시대 초기의 다포식이다.
답 : ③

1 한국건축사

1. 한국건축의 조형 의장상의 특징
① 기둥의 배흘림(entasis) - 착시현상 교정
② 기둥의 안쏠림(오금법) - 시각적으로 건물 전체에 안정감
③ 우주의 솟음 - 처마 곡선과 조화 - 자연과의 조화
④ 지붕의 처마 곡선미
⑤ 비대칭적 평면구성
⑥ 인간적 척도 - 친근감을 주는 척도

2. 한국 전통 목조건축에서 기둥의 의장 기법
① 배흘림(entasis) - 착시현상 교정
② 귀솟음 : 건물의 우주(隅柱)보다 높게 하는 일
③ 기둥의 안쏠림(오금법) - 시각적으로 건물 전체에 안정감을 준다.
※ 우주(隅柱) : 건물의 귀퉁이에 세워진 기둥(귀기둥)

3. 목조 건축 양식[공포(두공)의 형식]

1) 주심포식

주두와 첨차, 소로들로 구성되는 공포를 짜는 식
① 특징 : 쌍 S 자각, 배흘림 기둥, 굽면이 곡면인 주두
② 예 : 봉정사 극락전, 부석사 무량수전, 강릉 객사문

2) 다포식

평방을 놓고 그 위에 주두와 첨차, 소로들로 구성되는 공포를 짜는 식, 화려한 형태
① 특징 : 평방, 우물천장, 굽받침이 없다.
② 예 : 심원사 보광전(다포식으로 가장 오래된 것)

3) 익공식

기둥 위에만 공포가 있는 형식, 소규모 건축
• 예 : 서울 문묘 명륜당, 강릉 오죽헌, 경복궁 향원정, 수원 화서문

4) 절충식

주심포식과 다포식 수법이 혼용된 것

- 예 : 개심사 대웅전

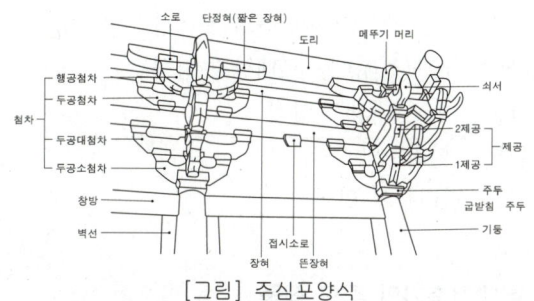

[그림] 주심포양식

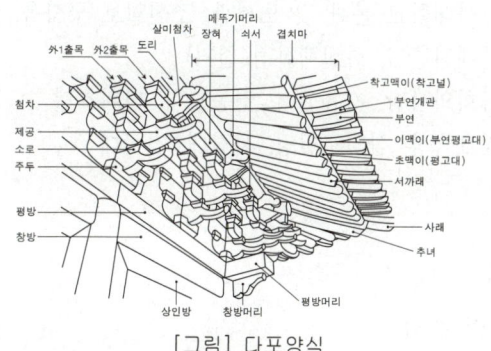

[그림] 다포양식

■ 주심포식과 다포식의 특징 비교

분류	주심포식	다포식
전례	남송에서 고려 중기에 전래	고려 말 원나라에서 전래
공포(栱包) 배치	기둥 위에 주두를 놓고 배치	기둥 위에 창방(昌枋)과 평방(平枋)을 놓고 그 위에 공포 배치
공포의 출목(出目)	2출목 이하	3출목 이상
첨차의 형태	하단의 곡선이 S자형으로 길게 하여 둘을 이어서 연결한 것 같은 형태	밋밋한 원호곡선으로 조각
소로 배치	비교적 자유스럽게 배치	상하로 동일 수직선상에 위치를 고정
내부 천장 구조	가구재의 개개 형태에 대한 장식화와 더불어 전체 구성에 미적인 효과를 노렸다. (연등천장)	가구재가 눈에 뜨이지 않으므로 구조상의 필요만 충족시켰다. (우물천장)
보의 단면 형태	위가 넓고 아래가 좁은 4각형을 접은 단면	춤이 높은 4각형으로 아랫모를 접은 단면
기타	· 마루대공 좌우에 소슬 사용 · 우미량 사용	

핵심 PLUS

04 고려시대 주심포 양식의 특징이 아닌 것은? [01, 07, 14, 23 기]
① 기둥 위에 창방과 평방을 놓고 그 위에 공포를 배치한다.
② 소로는 비교적 자유스럽게 배치된다.
③ 연등천장 구조로 되어 있다.
④ 우미량을 사용한다.

[해설] ① 다포계 양식 : 평방을 놓고 그 위에 주두와 첨차, 소로들로 구성되는 공포를 짜는 식
② 우미량은 주심포식에서만 사용되는 것으로 고저차가 있는 도리를 서로 연결하는 만곡형의 부재이다.
답 : ①

05 다음 중 다포식(多包式) 건축양식의 특징이 아닌 것은?
① 기둥 위에 평방이 있다.
② 기둥은 일반적으로 민흘림 기둥과 통기둥을 많이 사용한다.
③ 공포의 배치는 주심과 주간에 배치한다.
④ 공포의 출목은 2출목 이하로 한다.

[해설] 다포식(多包式)의 공포의 출목은 3출목 이상이다.
답 : ④

06 다음 중 다포식(多包式) 건물에 속하지 않는 것은? [22, 24 기]
① 서울 동대문
② 창덕궁 돈화문
③ 전등사 대웅전
④ 봉정사 극락전

[해설] ① 봉정사 대웅전 : 다포식
② 봉정사 극락전 : 주심포
답 : ④

07 다음 중 익공식(翼工式) 건물은? [08, 17 기]
① 강릉 오죽헌
② 서울 동대문
③ 봉정사 대웅전
④ 무위사 극락전

[해설] ② 서울 동대문 : 다포식
③ 봉정사 대웅전 : 다포식
④ 무위사 극락전 : 주심포식
답 : ①

I. 건축계획 | 건축사

핵심 PLUS

08 다음의 한국 근대건축 중 고딕양식을 취하고 있는 것은?
[08, 11, 18 기]
① 명동성당
② 덕수궁 정관헌
③ 서울 성공회성당
④ 한국은행
답 : ①

09 한국은행 본점 구관(舊館)은 어느 양식의 건물인가? [04 기]
① 비잔틴 양식
② 르네상스 양식
③ 로마네스크 양식
④ 고딕 양식
답 : ②

10 고려대학교 본관 건물은 누구의 작품인가? [05 기]
① 박동진
② 박길룡
③ 김수근
④ 김중업
답 : ①

11 우리나라의 현대건축가 김수근의 작품이 아닌 것은? [07 기]
① 삼일로빌딩
② 자유센터
③ 경동교회
④ 타워호텔
답 : ①

12 다음 중 서양건축의 변천과정으로 옳은 것은? [08, 24 기]
① 이집트 → 그리스 → 로마 → 비잔틴 → 로마네스크 → 고딕 → 르네상스 → 바로크
② 이집트 → 로마 → 그리스 → 로마네스크 → 비잔틴 → 고딕 → 르네상스 → 바로크
③ 이집트 → 그리스 → 비잔틴 → 로마 → 고딕 → 로마네스크 → 바로크 → 르네상스
④ 그리스 → 이집트 → 비잔틴 → 로마 → 로마네스크 → 고딕 → 르네상스 → 바로크
답 : ①

4. 우리나라 근대 건축물의 양식

① 성공회성당 - 로마네스크 양식
② 약현성당, 명동성당 - 고딕 양식
③ 서울역 - 르네상스 양식(비잔틴풍의 르네상스 양식)
④ 한국은행 본점 구관(舊館) - 르네상스 양식
⑤ 국립중앙박물관 - 르네상스 양식
⑥ 경성 부민관 - 합리주의 양식
⑦ 화신백화점 - 합리주의 양식

5. 우리나라의 현대건축가의 주요 작품

① 박동진 : 고려대학교 본관 및 도서관, 조선일보 구사옥, 영락교회
② 박길룡 : 문예진흥원, 화신백화점(철거)
③ 김수근 : 국회의사당, 자유센터, 경동교회, 타워호텔
④ 김중업 : 명보극장, 삼일로빌딩, 서강대, 건국대

2 서양건축사

※ **서양건축양식의 순서**

이집트-서아시아-그리스-로마-초기 기독교-비잔틴-로마네스크-고딕-르네상스-바로크-로코코-고전주의-낭만주의-절충주의

1. 이집트 건축

1) 특징
① 점토 및 석재를 주로 사용
② 분묘 및 신전 건축이 성행
③ 이집트의 특수한 장식 사용(와형문양, 연꽃과 파피루스 문양, 박육조각, 유익태양판 등)

2) 건축물의 예
마스터바, 피라미드, 암굴분묘, 암몬 대신전, 오벨리스크

2. 서아시아 건축

1) 특징
① 주재료는 주로 햇볕에 말린 점토, 흙벽돌, 아스팔트 등을 사용한 조적식 구법이 발달

② 아치(arch)구법과 궁륭(voult)구법이 발달
③ 궁전 및 천문대 건축이 성행
④ 장식에는 박육조각, 색기와, 기하학적인 모양 사용

2) 건축물의 예

바빌로니아 신전, 앗시리아의 사르곤 왕궁, 소로몬 신전, 지구랫

3. 그리스 건축

1) 특징

① 평면은 균형있는 형태로 전면, 측면, 후면에는 열주로 되어 있다.
② 극장, 경기장은 자연적 지형을 이용 관람석을 만듬.
③ 기둥에는 엔타시스(entasis)를 두어 착각교정을 하는 정도로 과학적이다.
④ 석재를 쌓을 때 모르타르를 쓰지 않고 철물을 사용
⑤ 장식은 사생적이다.
⑥ 그리스 건축의 3가지 오더(order)
  ㉮ 도릭(Doric)식 : 가장 단순하고 간단한 양식으로 직선적이고 장중하여 남성적인 느낌
  ㉯ 이오니아(Ionian)식 : 소용돌이 형상의 주두가 특징. 우아, 경쾌, 곡선적이며 여성적인 느낌
  ㉰ 코린트(Corinthian)식 : 주두를 아칸더스 나뭇잎 형상으로 장식. 가장 장식적이고 화려한 느낌

(a) 도리아식 주범의 주두   (b) 이오니아식 주범의 주두   (c) 코린트식 주범의 주두

[그림] 그리스 건축의 주범 양식

2) 건축물의 예

파르테논 신전(도리아식), 에렉테이온 신전(이오니아식), 포세이돈 신전, 헤라이온 신전, 에피다우로스 극장, 아테네의 스타디엄 올림피아의 팔레스트라

① 그리스 신전은 고대 그리스의 주된 형태로 엄격한 형식으로 구성되었다. 정면 현관이 보통 동쪽을 향하고 크게 원주(column), 엔타블레이처(entablature), 박공 3부분으로 구성되어 있다. 장방향의 평면으로 측면길이가 정면의 2배 이상이며, 3단의 기단 위에 전주랑실(pronaos), 내실, 후주랑실(opisthodomus)로 구성되어 있다.

핵심 PLUS

13 건축양식의 시대적 순서가 가장 올바르게 나열된 것은? [18, 25 기]

㉠ 로마네스크	㉡ 바로크
㉢ 고딕	㉣ 르네상스
㉤ 비잔틴	

① ㉠ → ㉢ → ㉣ → ㉡ → ㉤
② ㉠ → ㉢ → ㉣ → ㉤ → ㉡
③ ㉤ → ㉣ → ㉢ → ㉠ → ㉡
④ ㉤ → ㉠ → ㉢ → ㉣ → ㉡

답 : ④

14 그리스 건축의 오더 중 도릭 오더의 구성에 속하지 않는 것은? [16, 23 기]

① 볼류트(volute)
② 프리즈(frieze)
③ 아바쿠스(abacus)
④ 에키누스(echinus)

[해설] 이오니아 양식의 기둥은 도리아 양식과 달리 베이스가 있고 캐피탈에 소용돌이 모양의 장식이 있다. 이 소용돌이 모양을 볼류트(volute)라고 한다.

답 : ①

15 고대 그리스에서 사용되던 오더(order)로 가장 단순하고 장중한 느낌을 주며, 다른 오더와 달리 주초가 없는 것은? [09 기]

① 도릭 오더(Doric order)
② 이오닉 오더(Ionic order)
③ 코린티안 오더 (Corinthian order)
④ 터스칸 오더(Tuscan order)

답 : ①

16 그리스 건축의 착시교정기법이 아닌 것은? [04, 24 기]

① 기둥의 배흘림(Entasis)
② 긴 수평선을 위쪽으로 볼록하게 처리
③ 모서리쪽의 기둥간격을 좁게 처리
④ 모서리 기둥의 솟음

[해설] 귀솟음[건물의 우주(隅柱)보다 높게 하는 일]은 한국 전통 목조건축의 기둥에서 볼 수 있는 착시교정기법이다.

답 : ④

I. 건축계획 | 건축사

> **핵심 PLUS**
>
> **17** 그리스 신전 건축에 사용된 착시 현상의 보정 방법으로 옳지 않은 것은? [15 기]
> ① 모서리 쪽의 기둥 간격을 넓혔다.
> ② 기둥의 전체적인 윤곽을 중앙부에서 약간 부풀게 만들었다.
> ③ 기둥 같은 수직 부재들은 올라가면서 약간 안쪽으로 기울였다.
> ④ 기단, 아키트레이브, 코니스 등이 이루는 긴 수평선들을 약간 위로 불룩하게 만들었다.
> 답 : ①

② 엔타시스(Entasis : 배흘림)
  ㉮ 그리스 신전에 사용된 착시 교정 수법이다.
  ㉯ 기둥의 중간부분이 가늘어 보이는 착시현상을 교정하기 위해 기둥을 약간 배부르게 처리하여 시각적으로 안정감을 부여하는 수법
  ㉰ 모서리쪽의 기둥 간격을 보다 좁게 하였다.
  ㉱ 기단, 아키트레이브, 코니스에 의해 형성되는 긴 수평선을 위쪽으로 약간 불룩하게 하였다.

4. 로마 건축

1) 특징

① 여러나라 건축 양식을 통일 종합 하였다.
② 건축의 실용적인 면을 발달시켰다.
③ 기둥양식(order)을 발전 시켰다.
④ 건축의 규모가 웅대하다.
⑤ 장식을 많이 사용하였다.
⑥ 재료는 주로 석재와 화산재+석회석의 concrete 사용
⑦ 로마 건축의 5가지 오더(order)
  ㉮ 도릭(Doric)식 : 가장 단순하고 간단한 양식으로 직선적이고 장중하여 남성적인 느낌
  ㉯ 이오니아(Ionian)식 : 소용돌이 형상의 주두가 특징. 우아, 경쾌, 곡선적이며 여성적인 느낌
  ㉰ 코린트(Corinthian)식 : 주두를 아칸더스 나뭇잎 형상으로 장식. 가장 장식적이고 화려한 느낌
  ㉱ 터스칸(Tuscan)식 : 그리스 도릭(Doric)식을 단순화시킨 주범양식
  ㉲ 콤포지트(Composite)식 : 이오니아(Ionian)식과 코린트(Corinthian)식 주범을 복합시킨 주범 양식

> **18** 판테온(Pantheon)은 어느 시대 건축인가? [04 기]
> ① 그리스시대
> ② 로마시대
> ③ 르네상스시대
> ④ 고딕시대
>
> [해설] 로마의 판테온 신전은 사각형 평면과 원형 평면으로 이루어진 건물로 채광은 돔 정상에 천창채광(top light)으로 이루어져 있다.
> 답 : ②

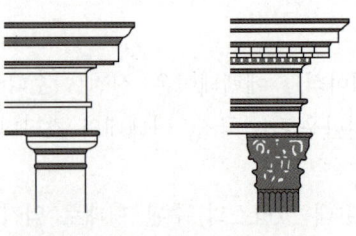

(a) 터스칸식   (b) 콤포지트식

[그림] 로마 건축의 기둥 양식

2) 건축물의 예

판테온 신전, 포름(forum), 바실리카, 카타킬라 욕장, 마루셀루스 극장, 콜로세움, 콘스탄틴 개선문

5. 초기 기독교 건축

1) 특징

① 종교적 건축만이 발달하고 다른 건축은 부진하게 됨.
② 장식 및 구조가 간단하며 양식의 완성을 보게 되었다.
③ 초기의 교회는 폐허와된 주택, 지하의 카타콤(catacomb)을 사용하기도 하였다.

2) 건축물의 예

바실리카식 교회당, 로마의 콘스탄식 세례장

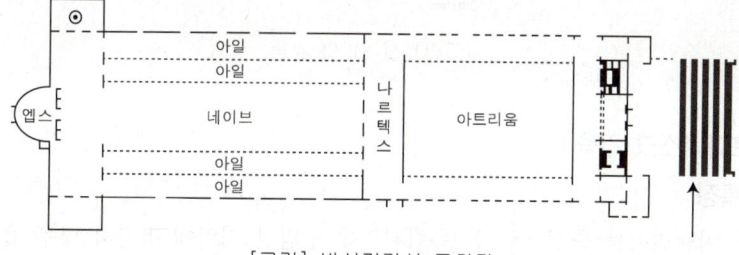

[그림] 바실리카식 교회당

6. 비잔틴 건축

1) 특징

① 사라센 문화의 영향을 받았다.
② 도움 및 펜덴티브(pendentive)도움 아아케이트 구법이 발달
③ 강렬한 색채의 평면장식을 주로 하고 조각, 모울딩 등의 입체적 장식은 적었다.

2) 건축물의 예

성 소피아 성당, 성 마르크 성당, 메트로플 성당

① 펜덴티브(pendentive) 돔은 정사각형의 평면에 돔을 올리는 구조법으로 비잔틴건축에서 주로 사용되었으며 대표적인 예로는 성 소피아 성당이 있다.
② 스테인드 글라스(stainede glass)는 비잔틴 건축에서 처음 사용하였고, 로마네스크 건축에서는 고측창에 착색유리를 장식용으로 사용하였고, 고딕건축에서 전성기를 이루게 되었다.

핵심 PLUS

19 초기 기독교 시기의 바실리카 양식의 본당의 평면도에서 회랑의 중앙부분을 나타내는 용어는? [09, 17, 23 기]
① 아일(Aisle)
② 페디먼트(Pediment)
③ 네이브(Nave)
④ 아트리움(Atrium)

[해설] 네이브(nave) : 초기 기독교 건축의 바실리카 교회당의 내부 중앙 부분(회중석)을 말한다. 네이브의 양측에는 아일이 있으며, 아일과 네이브의 구분은 열주로 구분하고, 네이브는 아일보다 지붕을 높게 하여 고측창으로 채광을 하였다.

답 : ③

20 초기 기독교 건축 양식의 기원이 된 건물의 형태는? [12 기]
① 카타콤
② 판테온
③ 마스타바
④ 바실리카

[해설] 바실리카
로마시대에 다양한 업무를 보는 많은 사람들을 수용하기 위해 설계된 건축물로서 법정과 상업교역소의 역할의 행정관청 등으로 사용되었으며, 평면형태는 장방형으로 길이는 너비의 2~2.5배 정도로 건축하였고 천장은 고측창(clearstory)을 설치하였다. 향후에는 초기 그리스도교 교회당 건축의 기준이 되었다.

답 : ④

21 다음의 건축양식과 해당 건축 양식의 특징적 요소의 연결이 옳지 않은 것은? [11, 23, 25 기]
① 로마네스크 건축 – 펜덴티브 돔(pendentive dome)
② 고딕 건축 – 플라잉 버트레스(flying buttress)
③ 고대 로마건축 – 컴포지트 오더(composite order)
④ 비잔틴 건축 – 도저렛(dosseret)

답 : ①

I. 건축계획 | 건축사

핵심 PLUS

22 다음과 같은 특징을 갖는 건축양식은? [10 기]

- 사라센 문화의 영향을 받았다.
- 도저렛(dosseret)과 펜던티브 돔(pendentive Dome)이 사용되었다.

① 그리스 건축
② 로마 건축
③ 로마네스크 건축
④ 비잔틴 건축

답 : ④

23 비잔틴 건축의 구성요소에 해당하지 않는 것은? [13 기]
① 아치(Arch)
② 부주두(Dosseret)
③ 펜덴티브(Pendentive)
④ 도릭 오더(Doric order)

답 : ④

24 다음 중 건축양식과 해당 양식의 대표적인 특징의 연결이 옳지 않은 것은? [08 기]
① 비잔틴 건축 – 펜덴티브 돔 (Pendentive dome)
② 로마네스크 건축 – 첨두 아치 (Pointed arch)
③ 고딕 건축 – 플라잉 버트레스(Flying buttress)
④ 사라센 건축 – 스퀸치(Squinch)

[해설] 첨두형 아치(Pointed Arch) : 여러 가지 변형이 있으며 출입구, 창 및 기타 개구부에 설치하는 끝이 뾰쪽한 아치로 고딕양식과 회교양식 건축의 특징이다.

답 : ②

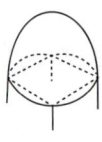 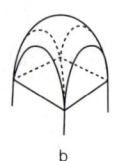 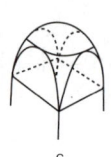 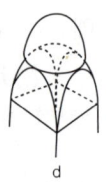
　　a　　　　b　　　　c　　　　d
[그림] 펜덴티브 돔의 구성 방법

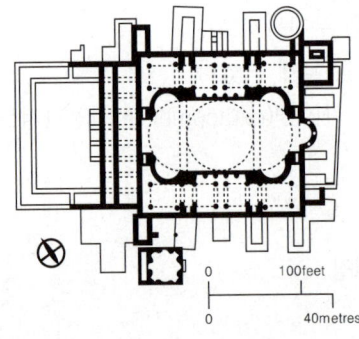 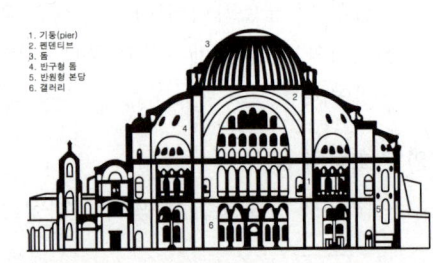

1. 기둥(pier)
2. 펜덴티브
3. 돔
4. 반구형 돔
5. 반원형 본당
6. 갤러리

[그림] 성소피아 성당

7. 로마네스크 건축

1) 특징

① 이탈리아를 중심으로 한 유럽지역에 광범한 지역에 펼쳐져 남부 유럽과 북부 유럽 사이에는 서로 다른 경향으로 전개된 과도기적 건축양식으로 로마보다 한단계 아래라는 뜻이다.
② 초기의 크리스트교 건축과 고딕 건축의 중간 양식이며, 크리스트교 건축이다.
③ 단위석재를 사용하여 아치, 볼트, 피어 등을 조적하여 교차 볼트기법이 발달했다.
④ 교회 건축은 창문이 적고 실내는 어둡고 채광창은 착색유리로 교회당 내부를 부드럽게 했다. 벽의 반원 아치 사용은 로마네스크의 가장 특징적인 요소이다.
⑤ 장식은 괴기한 모양이다.

2) 건축물의 예

피사 성당, 성 미카엘 성당

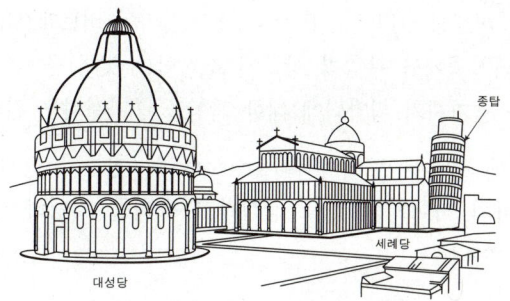
[그림] 피사의 대성당

※ 로마네스크 건축의 특징
- 주택에서는 홀(hall) 공간을 매우 중요시 하였다.
- ×자형 스툴이 일반적으로 사용되었다.
- 가구류는 신분을 나타내기도 하였다.(농민 의자, 바이킹 의자, 수납장 의자 등)
- 3차원적인 기둥간격의 단위로 구성되어졌다.
- 높은 천정고를 형성하기 위한 구조적 기초가 닦였다.
- 교차 볼트 기법을 볼 수 있다.
- 고측창은 착색유리로 장식되었다.

8. 고딕 건축

1) 특징
① 북부 유럽적인 양식으로 중세 교회건축을 완성함으로써 역사상 종교건축의 최고 절정기를 이룬다.
② 예배당 건축이 주가 되었으며, 구조적 문제를 역학적으로 해결하였다.
③ 첨두형 아치(Pointed Arch), 리브 볼트(Rib Vault), 플라잉 버트리스(Flying Buttress)가 발달하였다.
④ 스테인드 글라스(stainede glass) 등의 채광 양식이 더욱 발전되었다. 원형창이 특징이며, 고창을 넓게 형성하였다.

2) 건축물의 예
노틀담 성당, 밀라노 대성당, 쾰른 대성당, 아미앵 성당

① 고딕건축을 구성하는 구조적 요소
㉮ 첨두형 아치(Pointed Arch)와 첨두형 볼트(Point Arch) : 아치의 반지름을 자유로이 가감함으로써 아치의 정점의 위치가 자유로이 변화
㉯ 리브 볼트(Rib Vault) : 로마네스크 양식에서 사용되었던 교차 볼트(cross vault)에 첨두형 아치의 리브(rib)를 덧대어 구조적으로 보강한 것

핵심 PLUS

25 다음 중 고딕건축과 가장 관계가 먼 것은? [05, 07, 24 기]
① 첨두아치(Pointed Arch)
② 장미창(Rose Window)
③ 첨탑(Spire)
④ 펜덴티브(Pendentive)

[해설] 고딕건축 구성 요소
① 첨두형 아치(Pointed Arch)
② 리브 볼트(Rib Vault)
③ 플라잉 버트레스(Flying Buttress)
④ 장미창(Rose window)
※ 펜덴티브 돔(pendentive dome)은 정사각형의 평면에 돔을 올리는 구조법으로 비잔틴 건축에서 주로 사용되었으며 대표적인 예로는 성 소피아 성당이 있다.
답 : ④

26 고딕건축에 관한 기술 중 적합치 않은 것은? [03, 23 기]
① 횡축력에 대한 플라잉 버트레스(Flying Buttress)의 창안
② 신에 대한 희생, 봉사의 종교적 상징으로서 첨탑
③ 대형 석재의 일체식 구조법
④ 첨두아치의 발달

[해설] 고딕건축 – 대형 석재의 조적식 구조법
답 : ③

27 다음 중 고딕건축의 특징과 가장 관계가 깊은 것은? [11 기]
① 바실리카(Basilica)
② 터스칸 양식(Tuscan order)
③ 펜덴티브 돔(Pendentive dome)
④ 플라잉 버트레스(Flying buttress)
답 : ④

I. 건축계획 | 건축사

핵심 PLUS

28 다음의 건축물과 양식의 연결이 옳지 않은 것은? [17 기]
① 판테온 - 로마 양식
② 파르테논 신전 - 그리스 양식
③ 성 소피아 성당 - 비잔틴 양식
④ 노트르담 성당 - 로마네스크 양식

[해설] 노트르담 성당 – 고딕 양식
답 : ④

29 르네상스건축의 시점으로 보는 피렌체성당(플로렌스 성당)의 돔에 대한 설명으로 옳지 않은 것은? [02 기]
① 브루넬리스키가 현상설계에서 당선된 작품이다.
② 반원형 돔의 형태를 띠고 있다.
③ 안팎 2중 쉘(shell)로 되어 있다.
④ 8개의 메인리브와 16개의 마이너리브로 되어 있다.

[해설] 피렌체 성당의 돔은 8각형 형태로서 8개의 주축(메인리브)와 16개의 보조축(마이너리브)으로 이루어진 2중각구조로 되어 있다.
답 : ②

30 르네상스 시대의 건축가에 해당되지 않는 사람은? [02, 10 기]
① 비트루비우스
② 브루넬레스키
③ 미켈란젤로
④ 알베르티

[해설] 르네상스(Renaissance) 건축가들의 대표작
① 알베르티 – 루첼라이궁
② 브루넬레스키 – 플로렌스 성당의 돔
③ 브라만테 – 템피에토
④ 알베르티 – 만투아 성 안드레아 성당
⑤ 미켈로초 – 메디치 궁(플로렌스의 리카르디궁)
※ 비트루비우스 : 로마의 건축가. 카이사르와 아우구스투스 황제 시대인 BC 1세기에 활동했다. 그가 남긴 《건축서》(10권)은 르네상스 건축 연구에 중요한 자료가 되고 있다.
답 : ①

㉰ 플라잉 버트리스(Flying Buttress) : 플라잉 버트레스(flying buttress)는 고딕건축에서 부축벽 상부에 소첨탑(小尖塔)을 첨가하여 부축벽의 자중을 증가시켜 횡압력에 대한 저항을 증가시키는 건축기법이다.

② 고딕건축에 사용된 트레이서리(tracery)는 창문의 전체 첨두아치와 세부 첨두아치 사이의 공간을 장식하고 유리를 지탱하기 위하여 고안된 창살 장식이다.

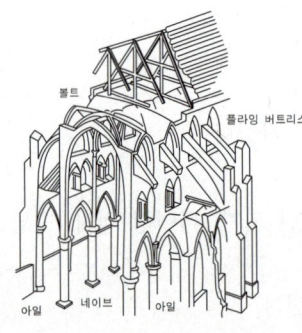
[그림] 고딕성당의 구조

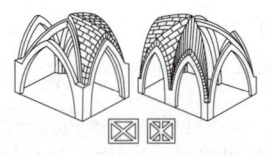 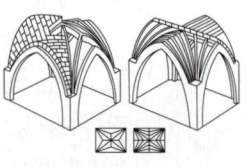
[그림] 고딕 리브 볼트

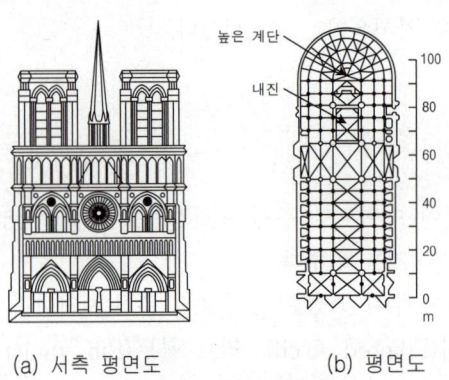
(a) 서측 평면도　　(b) 평면도
[그림] 파리의 노틀담 사원

9. 르네상스 건축

1) 특징

① 르네상스란 다시 태어난다는 의미로 건축분야에서는 로마 건축을 기본으로 한 건축으로 15세기초 이탈리아에서 발생되어 15, 16세기에 걸쳐 이탈리아를 중심으로 유럽에서 전개된 고전주의적 경향의 건축양식이다.
② 교회당 평면은 간단하고 장대하다. 탑은 그다지 사용되지 않았다.
③ 고딕건축의 수직적인 요소를 탈피하고 수평적인 요소를 강조하였다.

④ 르네상스(Renaissance) 건축은 주로 석재, 벽돌, 콘크리트 등을 주 재료로 이용하였고, 돔(dome)을 사용하여 골조 구조를 내외로 마감하는 이중구조로 시공 하였다.
⑤ 착색유리 대신에 프레스코화, 모자이크 등이 사용되었으며 금속장식도 사용하였다.
⑥ 지붕은 망사르드 지붕과 천장이 사용되었다.

2) 건축물의 예
① 대표적인 건축물 : 로마에 위치한 성 베드로대성당(미켈란젤로)
② 대표적인 궁(Palazzo) : 메디치 궁, 피티궁, 파르네제궁, 루첼라이궁
㉮ 브로넬레스키(Brunelleschi)는 15C 이탈리아의 르네상스 건축 양식의 창시자로 원근법(투시도법)을 창안하였으며 대표적인 건축물로 파치예배당과 플로렌스 대성당의 돔 등이 있다.
㉯ 미켈란젤로(Michelangelo Buonarroti, 1475~1564)는 이탈리아의 화가·조각가·건축가·시인으로 활동하였으며, 르네상스의 예술가로 바로크 건축의 아버지로 불리운다.

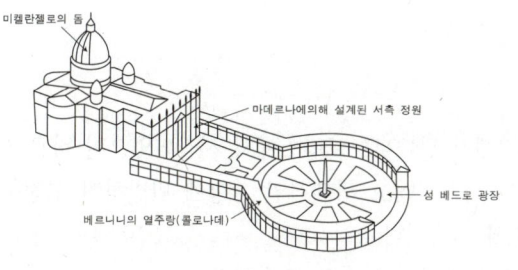
[그림] 성 베드로 성당

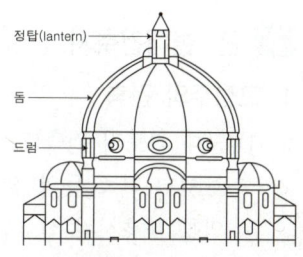
[그림] 플로렌스 대성당의 돔

10. 바로크 건축

1) 특징
① 17세기말 이탈리아를 중심으로 인간의 공적인 생활을 위주로 한 실내 장식에 중점을 둔 양식이다.
② 양식의 규모가 크고 전체와 부분의 취급이 양감적이며 감각적이다. 심한 요철이 생기는 벽면 장식을 사용하였다.
③ 베르사이유 궁전은 넓은 판유리 제작 기술을 이용하여 실내 중앙에 거대한 거울의 방(Galerie de Glasse)을 만들어 놓은 바로크 양식의 대표적 건축물이다.

2) 건축물의 예
베르사이유 궁전, 성 로렌조 성당

핵심 PLUS

31 서양건축사에 관련된 기술 중 옳지 않은 것은? [01 기]
① 고딕건축구조의 특징은 리브 볼트에 걸리는 하중을 플라잉 버트레스에 흡수시킴으로서 벽면에 커다란 개구부를 낼 수 있었다.
② 비잔틴건축의 과제는 장방형 공간에 어떻게 돔을 가설하느냐 하는 것인데 이를 펜덴티브로 해결했다.
③ 르네상스건축은 엄격한 비례를 통하여 조용하고 차분한 인상을 주며 수직성을 강조하고 유심적 구성을 보여준다.
④ 바로크건축은 조형적 활력과 공간적 풍요로움 속에 하부 단위들을 전체 속에 통합함으로서 역동성과 체계화라는 상이한 개념을 종합해 내고 있다.
해설 르네상스건축은 고딕건축의 수직적인 요소를 탈피하고 수평적인 요소를 강조하였다.
답 : ③

32 건축물과 양식의 연결이 옳지 않은 것은? [00, 02, 15, 24 기]
① 노트르담 성당 – 고딕 양식
② 샤르트르 성당 – 고딕 양식
③ 피사의 사탑 – 바로크 양식
④ 성 소피아 성당 – 비잔틴 양식
해설 피사의 성당 – 로마네스크 양식
답 : ③

11. 로코코 건축

1) 특징
① 18세기 프랑스를 중심으로 개인의 독립성을 위주로 한 양식이다.
② 장대한 것과 규칙성을 배제하고 소규모적이며 우아하고 섬세하며 개인적인 공간을 형성하였다.
③ 수평선과 직각을 피하고 곡선으로 공간성를 창조한 경쾌한 장식을 채용하였다.

2) 건축물의 예
팬턴 하우스, 조지안 하우스, 포츠담의 산스시 궁

※ 건축물과 양식과의 조합
- 그리이스 양식 - entasis(엔타시스) - 파르테논 신전
- 비쟌틴 양식 - Pendentive Dome(펜덴티브도움) - 성 소피아 성당
- 로마네스크 양식 - Rib Arch(리브아치) - 피사 대성당
- 고딕 양식 - Pointed Arch(첨두아치) - 노틀담 성당

3 근·현대건축사

1. 고전주의 건축
① 근대 과도기 건축(18~19세기 말)으로 프랑스에서 시작되었으며 바로코, 로코코 건축 등의 장식이 과잉적이고 퇴폐적인 경향에 반발하여 고전주의를 부흥시킨 신고전주의 건축이다.
② 그리스 건축과 로마 건축의 주범의 양식을 모방했다
③ 그리스 건축과 로마 건축에 대한 추억, 지성 및 아름다운 기품과 위대한 재현을 목표로 했다.
④ 대표 건축물 : 베를린 왕립극장, 베를린 고대 미술관, 성 쥬느비에 교회

2. 낭만주의 건축
① 고전주의에 대한 반발로 시작하여 중세의 고딕양식에 주목하였다.
② 구조와 재료의 정직한 표현이라는 진실성이 반영된 고딕건축의 양식과 방법을 그대로 유지하려고 시도하였다.
③ 영국의 낭만주의는 현대건축운동인 미술공예운동을 유발하였다.
④ 대표 건축물 : 영국 국회의사당, 보티브 성당

핵심 PLUS

33 18세기에서 19세기 초에 있었던 고전주의 건축양식의 경향은?   [99 기]
① 고딕건축의 정열적인 예술 창조운동의 경향
② 로마와 그리스건축의 우수성에 대한 모방
③ 각 시대의 건축양식의 자유로운 선택의 경향
④ 장대하고 허식적인 벽면 장식의 영향

답 : ②

3. 절충주의 건축

① 그리스, 로마 위주의 고전주의 건축과 고딕 위주의 낭만주의 건축을 통해 과거 건축형식의 복원에 의한 새로운 건축양식의 접근방법을 습득하였다.
② 고전주의 건축과 낭만주의 건축처럼 일정한 양식에 국한하지 않고 과거의 모든 양식을 이용하였다.
③ 일정한 기준이 없이 건축가의 주관에 의해 각종 양식을 선택하거나 종합하였다.
④ 대표 건축물 : 파리 오페라 하우스, 파리 국립 박물관, 로얄 파빌리온, 웨스트민스트 사원
  ※ 근대 건축재료 3 요소 : 철, 시멘트, 유리

4. 미술공예운동

① 윌리암 모리스는 19세기 후반~20세기 초 대량생산과 기계에 의한 저급제품 생산에 반기를 든 영국인으로 장식이 과다한 빅토리아 시대의 제품을 지양하고, 수공예에 의한 예술의 복귀, 민중을 위한 예술 등을 주장하고 간결한 선과 비례를 중요시 했다.
② 대표적 건축물 : 윌리암 모리스의 붉은 집(Red House)
※ 붉은집(Red House, 1859)
  · 필립 웨브(Pillp Webb)와 윌리엄 모리스(William Morris)에 의해 설계되었다.
  · 고딕 양식으로 디자인 하였다.
  · 자유롭고 비대칭형인 1층 평면, 쾌적하고 논리적인 관련을 갖고 있는 방, 교묘한 배치, 내부와 외부의 통일성, 성실한 재료의 사용, 그리고 과장되지 않는 정면에 정방형, 장방형, 원형, 포인티드 아치 등의 다양한 형태의 개구부가 나타나 있다.
  · 벽체의 입면에는 붉은 벽돌이 그대로 나타나 있다.
  · 이는 주택건축분야에서 새로운 양식을 창조하려는 최초의 시도였다.

[그림] 붉은 집(Red House)

핵심 PLUS

34 다음 근대건축의 작가와 작품 중 아르누보(Art Noubeau)의 영역 이외의 것은? [08 기]
① 윌리엄 모리스 – 붉은 집(Red House)
② 안토니오 가우디 – 스페인의 사그라다 파밀리아
③ 헥토르 기마르 – 파리의 지하철역 입구
④ 빅터 오르타 – 타셀 주택

[해설] 붉은집(Red House, 1859)은 필립 웨브(Pillp Webb)와 윌리엄 모리스(William Morris)에 의해 설계된 고딕 양식의 디자인이다. 주택건축분야에서 새로운 양식을 창조하려는 최초의 시도였다.

답 : ①

5. 아르누보(Art Nourveau) : 1890~1910년

① 영국의 수공예운동과 상징주의의 영향에 의해 벨기에의 브뤼셀에서 일어나 전 유럽에 확산된 낭만주의적 예술운동으로서 곡선적 형태로서 철의 조형적 가능성과 예술의 종합 및 과거 양식에서의 탈피를 모색하였다.
② 아르누보(Art Nouveau)건축은 19세기말 벨기에에서 발생되어 전 유럽에 퍼진 낭만주의적 예술운동으로 "예술에는 일정한 형식이 없다."라고 주장하면서 예술가의 주관성과 창작력에 의한 새로운 예술 양식의 창조를 주장하였다.
③ 벽돌과 거친 콘크리트의 노출 및 강철을 이용하였다.
④ 창시자는 시카고의 루이스 설리반과 브뤼셀의 빅토르 오르타이다.
⑤ 설리반의 장식 수법은 넓고 당당한 선으로 구성된 구조에 알맞은 유기적인 장식이나, 오르타는 구조체와는 관련 없이 그쳤음에도 불구하고 근대적 성격을 띤 운동으로 높이 평가되는 이유는 철을 사용한 데에 있다.
⑥ 안토니오 가우디는 건축물 전체를 아르누보 스타일로 디자인한 대표적인 작가이다.
⑦ 건축물의 예
   ㉮ 빅토르 오르타 : 타셀주택(튜린가 17번지 주택)
   ㉯ 반 데 벨테(van de velde) : 헤이그의 폴크방 미술관, 네덜란드 오테를로의 크뢸러밀러 미술관
   ㉰ 안토니오 가우디(Antonio Gaudi) : 카사밀라(Casa Mila), 성 가정 교회(Sagrade Familia)
   ㉱ 헥토르 기마르 : 파리 지하철 역사 출입문, 튜린가의 저택
   ㉲ 찰스 레니 맥킨토시(Charles R. Machintosh) : 영국 글래스고 미술학교

6. 세제션(빈 분리파) 건축

① 1897년 오스트리아 건축가 호프만에 의해 제창된 운동으로 일체의 과거 양식에서 분리, 해방을 지향하는 운동
② 빈 공방(1903년) : 직선을 주조로 한 수평과 수직에 의한 단순한 기하학적 구성의 인테리어와 가구의 디자인을 표시하여 제작 생산하였다.
③ 빈의 분리파 : 요셉 호프만, 오토 바그너
④ 대표적 건축물
   ㉮ 요셉 호프만 : 브뤼셀의 스코클레 저택
   ㉯ 오토 바그너 : 빈 우체국
   ㉰ 피터 베렌스 : 터빈 공장

7. 표현주의

① 이지적이고 비합리적인 건축이며, 주관적 개인주의 표현을 추구해 유토피아적이라고 할 수 있으며, 공간을 유기적 형태로 구성한 건축사조이다.
② 1919년 독일에서 세계 1차대전 후의 생활이 불안한 상태, 학대받은 인간상, 패전 국가의 혼란 등에 의해 억압된 불안한 생활에서 감정의 반발로 생긴 일시적 사조이다.
③ 불안정하고 동적인 느낌이 강조되며, 독일 사람들의 현실에 대한 반항과 새로운 사회에 대한 동경심에 영합하였다.
④ 대표적 건축물 : 한스 펠치히의 베를린 대극장, 에릭 멘델존의 아인슈타인 탑

8. 데 스틸(De Stijl) 건축

① 데 스틸 그룹은 1917년 네덜란드에서 정기간행물 『데 스틸(De Stijl)』지와 함께 창설되었다.
② 화가 몬드리안의 신조형주의 이론으로부터 유래된 데 스틸의 조형적, 미학적 기본원리로 하여 회화, 조각, 건축 등 조형예술 전반에 걸쳐 전개하였다.
③ 단순, 명쾌, 획일, 간결, 객관성을 미학적, 윤리적 기초로 삼은 근대운동이다.

9. 바우하우스(Bauhaus)

① 예술과 공업의 통합
② 표준화 공업화를 통한 공장생산과 대량생산 방식의 예술로의 도입
③ 건축을 중심으로 한 모든 예술의 통합
  ※ 대표적 건축가 : 월터 그로피우스, 미스 반 데어 로에

10. 구성주의

① 1차 세계대전 직후 모스크바에서 일어나 전 유럽으로 번졌다.
② 구조가 모든 면에서 최대한 강조되고 가장 효율적인 공간으로 조성된 형태에서 미를 추구했다.
③ 프랑스의 르 꼬르뷔제와 오장팡, 러시아의 랄레비치, 헝가리의 로올리나가, 네덜란드의 몬드리안과 도제부르크에 의해 주장되고 이들은 입체파를 합리화하는 시도에서 시작되었다.
④ 대표 건축가 : 르 꼬르뷔제 - Modular라는 설계단위를 설정하고 실천 (형태비례에 대한 학설)

핵심 PLUS

35 19세기말엽 미국 시카코에서 출현한 시카코학파(Chicago School)에 관한 설명으로 부적합한 것은?
① 미국의 마천루인 고층건물의 발전에 큰 공헌을 하였다.
② 하중을 받는 구조로서 강철 뼈대구조를 개발했다.
③ 시카코학파 건물로는 릴라이언스 건물이 있다.
④ 구조와 건축, 구조기술자와 건축가의 역할을 완전히 분리시켰다.

답 : ④

11. 시카고파

① 미국의 시카고에서 19세기말 시작했으며, 재래의 양식주의 건축과 달리 합리주의적, 기능주의적 사상을 주장했다.
② 건물에는 철골 구조를 사용하고 개구부를 폭넓은 유리창으로 하여 단순한 벽면을 구성했으며 근대적인 사무소 건축 발전에 이바지한 바가 크다.
③ 대표적 건축가와 건축물
  ㉮ 제니 - 호움보험회사의 빌딩
  ㉯ 홀라버드 - 타코마빌딩
  ㉰ 루이스 설리반 - 개런티 빌딩, 시카고 교통관
  ㉱ 프랭크 로이드 라이트 - 낙수장, 도쿄 제국 호텔, 존슨빌딩, 구겐하임 미술관

12. 국제 건축

① 1920년에서 1930년경 널리 유행하였으며 국제주의 건축이라는 용어를 제창자인 월터 그로피우스가 사용하므로서 민족적 지역간의 격차를 해소하였다.
② 실용적, 기능의 중시와 재료, 구조의 합리적 적용
③ 민족적, 지역적 격차를 없애고 세계 어느 곳에서도 적합한 형태의 건축 양식을 창조하는데 있다.
④ 대표적 건축가 : 월터 그로피우스, 미스 반 데어 로에, 르 코르뷔지에, 프랭크 로이드 라이트, 알바 알토
⑤ 대표적 건축가와 건축물
  ㉮ 르 꼬르뷔제, 오장팡 : 에스프리누보(신정신)잡지 발표
  ㉯ 미스 반 데어 로에 : 주로 대단위 면적 유리 사용
  ㉰ 몬드리안, 도제부르크, 오오도 : 잡지 "드 스틸" 발간

13. 신조형주의(neo platicism)

① 입체파에서 나타난 대상의 단순화, 순수화, 추상화의 개념을 발전시켜 완성한 몬드리안의 기하학적 추상이론이다.
② 수평면, 수직면의 순수 기하학적 구성에 의한 비대칭적 균형과 조화를 추구하고 추상주의를 표방하는 사조이다.
③ 기하학적 형태의 공간의 구성과 4차원적 공간 개념으로 20세기 합리주의 건축에 영향을 주었다.
④ 명쾌한 비례와 재료의 진실한 사용을 중시했다.

14. 포스트 모던(Post-Modern : 탈 현대주의)

① 대중적이고 유기적 장식을 한 상징적인 건축 양식의 한 사조로 건축의 구조, 기능의 합리적인 구현으로 장식을 배제한 매너리즘의 표현 개체의 가치 존중과 독창성 등이 있다.
② 매너리즘 건축은 매너리즘적인 디자인 수법의 포스트 모더니즘을 지칭한다.
③ 대표 건축가 : 로버트 벤투리, 로버트 스톤, 찰스 무어, 필립 존슨, 알도 로시, 랄프 어스킨
④ 포스트 모던(Post-Modern) 건축의 특성
  - 대중적
  - 복합성
  - 기호론적 형태
⑤ 포스트 모던(Post-Modern) 디자인의 특성
  - 매너리즘적인 디자인 수법
  - 토착적이고 대중적인 디자인 요소의 사용
  - 기념비적인 형상과 익살스런 형태의 구사

15. 레이트 모던(Late Modern, 후기 현대주의)

① 현대 건축의 구조, 기능, 기술 등의 합리적 해결 방식을 받아들여 현대 건축의 이념과 원리를 지속적으로 계승하고 발전시킴으로써 새로운 미학을 창조하려는 건축사조
② 레이트 모던(Late Modern) 디자인의 특성
  - 공업기술을 바탕으로 기술적 이미지를 과장
  - 반사유리, 금속판으로 피복
  - 현대건축의 이념 원리 계승
  - 기계미학 : 퐁피두 센터
③ 대표적 건축가 : 시저 펠리, 노만 포스터

4 건축가와 주요 작품

1. 조셉 팩스톤(Joseph Paxton)

수정궁(Crystal Palace : 1850~1851)은 조셉 팩스톤(Joseph Paxton)이 1851년 영국 박람회 때 영국관으로 설계한 건축물로 새로운 건축재료인 유리와 조립식 공법의 공업 기술에 의한 현대건축의 가능성을 예시한 현대건축의 효시적인 작품이다.

핵심 PLUS

36 탈 근대건축의 공통적 특징은?
① 건축의 언어성(커뮤니케이션)을 강조한다.
② 근대건축의 기능주의 개념을 발전시키려 한다.
③ 건축의 역사는 경시된다.
④ 절충주의 건축을 반대한다.
답 : ①

37 포스트모더니즘의 건축가로 건축의 복합성과 대립성(Complexity and Contradiction in Architecture)이라는 저서를 쓴 건축가는?
[05, 14, 23 기]
① 다니엘 번함
② 피터 아이젠만
③ 로버트 벤츄리
④ 조셉 팩스턴
답 : ③

I. 건축계획 | 건축사

핵심 PLUS

[그림] 수정궁-팩스톤

2. 윌리엄 모리스(William Morris)
① 미술공예운동을 전개하였다.
② 필립 웨브(Pillp Webb)와 함께 붉은집(Red House)을 설계하였다.

3. 루이스 설리번(Louis Sullivan)
① 프랭크 로이드 라이트의 스승으로 '형태는 기능에 따른다' 라는 유명한 말(기능주의 이론)을 남긴 시카고파의 대표적 건축가이다.
② 주요 작품 : 개런티 빌딩, 시카고 교통관

4. 월터 그로피우스(Walter Gropius : 1883~1967)
① 독일공작연맹, 바우하우스를 통하여 국제주의 양식을 확고한 교육자 겸 건축가
② 건축에 있어서 표준화, 대량생산 시스템과 합리적 기능주의를 추구하였다.
③ 월터 그로피우스, 미스 반 데어 로에, 르 코르뷔지에 3명의 현대건축의 거장은 피터 배흐랜(Peter Behrens)의 사무소에 근무하면서 그의 수업을 받았다.
④ 주요 작품 : 데사우 바우하우스, 하버드대학 대학원, 보스턴 백베이센터, 그랜드 센튜럴 빌딩
※ 현대건축의 4대 거장 : 월터 그로피우스, 미스 반 델 로에, 르 코르뷔지에, 프랭크 로이드 라이트

5. 미스 반 데어 로에(Mies Van der Rohe : 1886~1969)
① 현대건축의 대표적 재료인 철과 유리를 주재료로 하여 커튼월공법과 강철구조를 건축의 기본형식으로 이용하였다.
② "적을수록 풍부하다(Less is More)"라는 주장대로 철과 유리라는 단순하고 제한적인 재료에 의해 다양한 건축적 언어를 구사하였다.

---

38 다음 중 건축가와 작품의 연결이 옳지 않은 것은? [07 기]
① 월터 그로피우스(Walter Gropius)-아테네 미국대사관
② 프랭크 로이드 라이트(Frank Lloyd Wright)-구겐하임 미술관
③ 르 꼬르뷔지에(Le Corbusier)-론샹의 교회당
④ 미스 반 데르 로에(Miss Van Der Rohe)-M.I.T 공대기숙사

해설 알바 알토(Alvar Aalto)-M.I.T 공대기숙사

답 : ④

③ 특히 철골구조의 가능성을 추구한 건축가로 유니버셜 스페이스(Universal Space)의 개념을 주장한 건축가이다.
④ 대표작품 : 바르셀로나 박람회 독일관(1929), I.I.T공대 크라운 홀(1956), 시그램 빌딩(1958)

6. 르 꼬르뷔제(Le Corbusier ; 1887~1965)

① 20세기 초 추상예술운동의 출발점인 입체파의 영향으로 순수 기하학을 추구하며, 20세기 중반에는 브루탈리즘 경향을 보였다.(노출 콘크리트를 체계적으로 연구)
② 20C 중엽의 국제주의 건축의 건축가에 속한다.
③ modular라는 설계 단위를 설정하고 실천(르 모듈러-형태 비례에 대한 학설)한 건축가
④ 근대건축 5원칙을 제안
   ㉮ 필로티(pilotis)
   ㉯ 자유스러운 평면
   ㉰ 옥상 정원(roof garden)
   ㉱ 자유스러운 입면(free facade)
   ㉲ 연속된 창(수평띠창)
⑤ 조적구조에 의한 전통적 시공법을 부정하고 기둥, 바닥판(slab), 상하 연결 계단에 의한 도미노 구조(domino system)를 창안
   * 도미노 구조(domino system)계획안 : 6개의 기둥, 3개의 슬래브, 계단으로 구성된 2층의 철근콘크리트 구조체
⑥ 주요작품 : 사보아 주택, 마르세이유 집단주택, UN 본부 빌딩, 롱샹교회당, 브뤼쎌 필립관

7. 프랭크 로이드 라이트(Frank Lloyd Wright : 1869~1959)

① 유기주의, 자연주의적 건축구성 원리 - 낙수장
② 전원주택, 유소시안(Usosian) 주택을 창안하여 미국 건축의 발전에 계도적 역할을 하였다.
③ 주요작품 : 낙수장, 동경제국 Hotel, 존슨 왁스 Building, 구겐하임 미술관, 로비하우스
※ 프랭크 로이드 라이트의 스승은 '형태는 기능에 따른다' 라는 유명한 말(기능주의 이론)을 남긴 시카고파의 대표적 건축가인 루이스 설리번(Louis Sullivan)이다.

핵심 PLUS

39 르 꼬르뷔지에가 주장한 근대건축 5원칙에 속하지 않는 것은? [22, 25 기]
① 필로티
② 옥상정원
③ 유기적 공간
④ 자유로운 평면

답 : ③

40 다음 중 르 꼬르뷔제의 작품이 아닌 것은? [09 기]
① 빌라 로툰다
② 빌라 라 로슈
③ 빌라 사보아
④ 롱샹 성당

답 : ①

I. 건축계획 | 건축사

핵심 PLUS

8. 오장팡(A.Ozeafaut)

르 꼬르뷔지에(Le Corbusier)와 함께 에스프리누보(신정신)라는 잡지를 통하여 종합적인 큐비즘의 엄밀화라고 할 만한 작품을 발표하였고 오장팡 미술학교를 창설하였다.

9. 알바 알토(Alvar Aalto : 1898~1976)

① 핀란드 출생으로 핀란드의 아름다운 자연환경의 영향을 받아 자연적, 낭만적, 유기적, 민족적 건축으로 잘 표현한 건축가이다.
② 1929년부터 현대건축국제회의(C.I.A.M)에 참여 하였다.
③ 목재, 벽돌 등의 자연적 재료를 주로 사용하여 자연재료의 따뜻한 느낌을 표현하였다.
④ 주요작품 : 파이미오 요양소, 비이프리 시립도서관, 마이레아 주택, 핀란디아 홀, 헬싱키 문화회관, MIT 기숙사

10. 루이스 칸(Louis I. Kahn : 1901~1974)

① 재료의 표현과 광선의 추이를 면밀히 하여 완성한 공간의 철학적 사조이다.
② 건물의 기능, 구조, 설비를 외부적으로 솔직하게 표현함으로서 서비스 공간과 주체 공간을 명확히 표출하고 형태의 자율성을 강조하였다.
(브루탈리즘 건축)
③ 주요작품 : 킴벨 미술관, 리차드 의학연구소, 예일대 미술관 증축, 방글라데시 정부종합청사

💡 **학습포인트**

건축가와 설계이론
- 루이스 설리번-기능주의-'형태는 기능에 따른다'라는 유명한 말 (기능주의 이론)을 남긴 시카코파의 대표적 건축가
- 미스 반 데어 로에-보편적 공간, 유니버설 스페이스(Universal Space)- 시그램 빌딩
- 르 꼬르뷔제-르 모듈러-마르세이유의 주택단지
- 프랑크 로이드 라이트-유기주의, 자연주의적 건축구성원리-낙수장
- 로버트 벤츄리-대중주의 건축의 선구적 건축가-길드 하우스

---

41 다음의 건축 작품과 설계자의 연결이 옳지 않은 것은? [13 기]
① 낙수장 : 프랭크 로이드 라이트
② 사보이(Savoye) 주택 : 르 코르뷔지에
③ 킴벨(kimbel) 미술관 : 월터 그로피우스
④ 투켄하트(Tugendhat)주택 : 미스 반 데 로에

답 : ③

42 근대 건축가들의 주요 건축사상을 나타낸 것 중 바르게 짝지어진 것은? [00 기]
① 르 꼬르뷔제-근대건축의 5원칙
② 프랑크 로이드 라이트-유니버설 스페이스
③ 알바 알토-기능주의 건축
④ 미스 반데 로에-유기적 건축

답 : ①

핵심기출문제

X. 건축사

■■■ 1. 한국건축사

1. 한국 전통건축의 조형 의장상 특징으로 부적절한 것은?

① 지붕의 처마곡선 ② 개방적 공간
③ 기둥의 안쏠림 ④ 기둥의 배흘림

2. 다음 중 현존하는 한국 고대 석탑으로 가장 오래된 것은? [06②]

① 미륵사지 석탑 ② 경천사지 석탑
③ 원각사지 석탑 ④ 불국사 다보탑

3. 주심포계 건축양식의 일반적인 설명 중 틀린 것은? [03, 25②]

① 기둥 위 주두 위에만 공포를 둔다.
② 출목은 2출목 이하이고 대부분 연등천정이다.
③ 창방 위에 평방을 받아 구조적 안정을 가진다.
④ 대표적인 건물로는 봉정사 극락전, 관음사 원통전이 있다.

4. 다음의 건축물 중 주심포식 건축양식에 속하지 않는 것은? [16, 23②]

① 강릉 객사문 ② 석왕사 응진전
③ 봉정사 극락전 ④ 부석사 무량수전

5. 주심포 건물에서 사용되었으며, 단차가 있는 도리를 계단형식으로 상호 연결하는 부재는? [13②]

① 창방 ② 평방
③ 장혀 ④ 우미량

6. 공포를 기둥 위에만 배열한 것을 주심포 형식이라고 한다. 다음 중 주심포 형식의 건축물에 해당하는 것은? [14, 24②]

① 봉정사 극락전 ② 화암사 극락전
③ 봉정사 대웅전 ④ 창경궁 명정전

해 설

해설 1
한국 전통건축의 대부분 평면은 중간에 안뜰을 두고 ㄱ, ㄷ, ㅁ자 형으로 구성되므로 폐쇄적 공간에 속한다.

해설 2
미륵사지 석탑은 백제시대의 석탑으로 한국 고대 석탑으로 가장 오래된 것이다.
㉠ 미륵사지 석탑 : 백제 30대 무왕, 7세기 초
㉡ 경천사지 석탑 : 고려 충목왕, 1348년
㉢ 원각사지 석탑 : 조선 세조, 1467년
㉣ 불국사 다보탑 : 신라 경덕왕, 751년

해설 3
주심포계 양식
㉠ 고려시대 건물이 주류를 이룬다.
㉡ 기둥 상부에만 공포(주두, 첨차, 소로)를 배치한 것으로 소로는 비교적 자유스럽게 배치된다.
㉢ 연등천장 구조로 되어 있다.
㉣ 우리나라 공포양식 중 가장 오래된 것이다.

해설 4
석왕사 응진전, 성불사 응진전, 심원사 보광전은 원의 영향을 받은 다포식으로 중후하고 장엄한 건축물이다.

해설 5
우미량은 주심포식에서만 사용되는 것으로 고저차가 있는 도리를 서로 연결하는 만곡형의 부재이다.

해설 6
봉정사 극락전은 고려시대의 건축으로, 신라시대의 일반 목조건물 양식에 북송요의 주심포 형식을 가미한 공법으로 건축한 것으로 현존하는 목조건축 중 가장 오래된 건축물이다.

정답 1. ② 2. ① 3. ③
     4. ② 5. ④ 6. ①

핵심기출문제 X. 건축사

7. 다포식(多包式) 건축양식에 관한 설명으로 옳지 않은 것은? [18 ㉮]

① 기둥 상부에만 공포를 배열한 건축양식이다.
② 주로 궁궐이나 사찰 등의 주요 정전에 사용되었다.
③ 주심포형식에 비해서 지붕하중을 등분포로 전달할 수 있는 합리적 구조법이다.
④ 간포를 받치기 위해 창방 외에 평방이라는 부재가 추가되었으며 주로 팔작지붕이 많다.

8. 다음 중 다포식(多包式) 건축으로 가장 오래된 것은? [13, 21 ㉮]

① 창경궁 명정전   ② 전등사 대웅전
③ 불국사 극락전   ④ 심원사 보광전

9. 다음 중 다포양식의 건축물이 아닌 것은? [18 ㉮]

① 내소사 대웅전   ② 경복궁 근정전
③ 전등사 대웅전   ④ 무위사 극락전

10. 다음 한국목조건축양식에 관한 기술 중 옳은 것은? [05 ㉮]

① 다포식은 고려초기부터 시작되어 조선시대에 이르러 많이 사용되었다.
② 주심포식은 다포식에 비해 외형이 정비되고 장중한 외관을 갖는다.
③ 절충식은 다포식을 주로하고 주심포식의 세부수법을 절충한 형식이다.
④ 익공식은 고려시대에 형상이 체계화되어 조선시대의 대규모 건축물에 널리 사용되었다.

11. 한국 전통건축물의 양식을 나타낸 것 중에서 바르게 짝지어진 것은? [00, 15 ㉮]

① 남대문 – 다포양식
② 동대문 – 주심포양식
③ 부석사 무량수전 – 익공양식
④ 강릉 오죽헌 – 주심포 양식

해 설

[해설] 7
다포계 양식
㉠ 창방 위에 평방을 놓고 그 위에 주두와 첨차, 소로들로 구성되는 공포를 짜는 식
㉡ 고려 말에 나타나서 조선시대에 널리 사용되었으며, 화려한 형태이다.
㉢ 주로 궁궐이나 사찰 등의 정전에 사용되었다.
㉣ 특징 : 평방, 우물천장, 굽받침이 없다.
㉤ 예 : 심원사 보광전(다포식으로 가장 오래된 것)

[해설] 8
심원사 보광전은 다포식(多包式) 건축으로 가장 오래된 것이다.

[해설] 9
무위사 극락전은 주심포양식 건축물이다.

[해설] 10
① 다포식은 고려말기부터 시작되어 조선시대에 이르러 많이 사용되었다.
② 다포식은 주심포식에 비해 외형이 정비되고 장중한 외관을 갖는다.
④ 익공식은 조선시대에 형상이 체계화되어 조선시대의 소규모 건축물에 널리 사용되었다.

[해설] 11
② 동대문 – 다포식
③ 부석사 무량수전 – 주심포식
④ 강릉 오죽헌 – 익공식

정답 7. ①   8. ④   9. ④
10. ③   11. ①

12. 하앙식 공포가 사용된 건축물은?
① 무위사 극락전
② 봉정사 극락전
③ 화암사 극락전
④ 부석사 무량수전

[해설]
하앙식 구조란 공포 위에 하앙이 경사(傾斜)로 얹혀져 외부에서는 처마의 하중을 받고 내부에서는 지붕 하중으로 눌러주게 되어 있어 처마 하중이 공포에 주는 영향을 격감시키게 만든 건축 기법이다. 이 건축은 중국의 웅장한 규모의 건축 때문에 만들어진 기법으로, 백제 건축의 전형이었다. [예] 화암사 극락전
※ 공포 : 한국의 전통사찰 본당에서 내부공간 구성의 1차 인지요소로서 주두, 소로, 첨차 등으로 이루어져 있으며 심리적이고 극적인 효과를 유도하는 구성요소이다.

13. 한국건축의 가구법에 관련하여 칠량가에 속하지 않는 것은? [13 ㉮]
① 무위사 극락전
② 수덕사 대웅전
③ 금산사 대적광전
④ 지림사 대적광전

14. 한국건축의 평면형식에 관한 설명으로 옳지 않은 것은? [12, 16 ㉮]
① 쌍봉사 대웅전은 2칸 장방형 평면이다.
② 퇴 없이 측면이 단 칸인 평면은 평안도 살림집에서 많이 나타난다.
③ 중부지방 민가에서는 ㄱ자형 평면이 많은데 이를 곱은자집이라고도 한다.
④ 다각형 평면으로는 육각과 팔각이 많이 사용되었는데 대개 정자에서 나타난다.

15. 현존하는 한국 목조건축물 중 고려시대의 건축물은? [01, 25 ㉮]
① 송광사 국사당
② 강릉 객사문
③ 범어사 대웅전
④ 화엄사 각황전

16. 한국 전통건축의 지붕양식에 대한 설명으로 옳은 것은? [08 ㉮]
① 맞배지붕은 용마루와 추녀마루로만 구성된 지붕으로 주로 주심포 건물에 많이 사용되었다.
② 우진각지붕은 네 면에 모두 지붕면이 있으며 전후 지붕면은 사다리꼴이고 양측 지붕면은 삼각형이다.
③ 팔작지붕은 원초적인 지붕형태로 원시움집에서부터 사용되었다.
④ 모임지붕은 용마루와 내림마루가 있고 추녀마루만 없는 형태이다.

해 설

[해설] **13**
도리
㉮ 목조건축물의 골격을 이루는 가구재(架構材) 중에서는 가장 위에 놓이는 부재로서 그 위에 서까래를 받는 기다란 나무이다.
㉯ 도리는 놓이는 위치에 따라 그 명칭이 정하여지는데 주심도리(柱心道里)·중도리(中道里)·종도리(宗道里) 등이 있다.
㉰ 한국전통 건축물은 일반적으로 홀수의 도리를 가지고 있다. 도리가 몇 줄로 걸쳐졌는가에 따라 부르는 것으로 3량집, 5량집, 7량집, 9량집, 11량집 구조라고 한다.
㉱ 5량집은 일반 한옥에서 가장 많이 사용되는 형식이고, 7량집 이상은 사찰이나 궁궐 등의 큰 건축물에 주로 이용되었다.
[예] 부석사 무량수전과 수덕사 대웅전은 9량집 구조이다.
※ 도리수와 건축규모는 비례하지 않는다.

[해설] **14**
쌍봉사 대웅전은 조선 중기의 법당으로 평면이 정사각형인 3층 전각으로서 목조탑과 형식을 유지한 희귀한 건축이다.

[해설] **15**
① 송광사 국사당 – 주심포식, 조선 초기
③ 범어사 대웅전 – 다포식, 조선중기
④ 화엄사 각황전 – 다포식, 조선중기

[해설] **16**
① 맞배지붕은 용마루와 내림마루로만 구성된 지붕이다.
③ 팔작지붕은 한국전통건축에서 가장 화려하고 완성된 지붕양식이다.
④ 모임지붕은 하나의 정점으로 만나는 지붕이다.

정답 12. ③ 13. ② 14. ①
     15. ② 16. ②

핵심기출문제

X. 건축사

17. 조선시대에 건립된 경복궁에 대한 설명 중 틀린 것은? [05⑦]
① 평지에 조영된 궁궐로 일제 시대 때 건축규모가 많이 축소되었다.
② 경회루의 석주에는 적당한 민흘림이 있다.
③ 정전인 근정전을 중심으로 하는 중심건물은 남북 축선상에 좌우대칭으로 배치되어 있다.
④ 남쪽에는 광화문, 동쪽에는 영추문, 서쪽에는 건춘문, 북쪽에는 신무문이 있다.

해설 17
남쪽에는 광화문, 동쪽에는 건춘문, 서쪽에는 영추문, 북쪽에는 신무문이 있다.

18. 다음 중 조선후기의 대표적 건축물이 아닌 것은? [04⑦]
① 수원 팔달문
② 경복궁 근정전
③ 서울 동대문
④ 봉정사 대웅전

해설 18
봉정사 대웅전은 조선시대 초기의 건축물이다.

19. 다음의 각 사찰에 대한 설명 중 옳지 않은 것은? [10, 16, 20, 24⑦]
① 부석사의 가람배치는 누하진입 형식을 취하고 있다.
② 화엄사는 경사된 지형을 수단(數段)으로 나누어서 정지(整地)하여 건물을 적절히 배치하였다.
③ 통도사는 산지에 위치하나 산지가람처럼 건물들을 불규칙하게 배치하지 않고 직교식으로 배치하였다.
④ 봉정사 가람배치는 대지가 3단으로 나누어져 있으며 상단부분에 대웅전과 극락전 등 중요한 건물들이 배치되어 있다.

[해설]
통도사의 건물의 배치
통도사는 평지가람(平地伽藍) 배치로 동서 주축으로 자유식이라 할 수 있다. 이때 자유식은 탑이 자유롭게 배치된 형식을 나타낸다. 그리고 동서 주축이지만 이 주축에 직교하는 남북부축(南北副軸)이 있는 것이 통도사의 특징이다.
※ 사찰의 배치 : 일반적으로 평지에 있으면 평지가람(平地伽藍), 산지에 있으면 산지가람(山地伽藍), 산지도 평지도 아닌 곳에 있을 때는 구릉가람(丘陵伽藍)이라 한다. 이러한 구분은 사찰이 어느 곳에 있느냐에 따라 달리 부르는 경우이며 그 안에서 탑이나 금당 그리고 여러 건물들이 서로 어떤 관계를 갖고 자리 잡느냐에 따라 일탑일금당식(一塔一金堂式), 일탑삼금당식(一塔三金堂式), 쌍탑식(雙塔式), 무탑식(無塔式), 자유식(自由式) 등으로 구분한다. 또 다른 분류 방법은 건물들을 배치할 때 주축(主軸)이 동서방향인지 남북방향인지에 따라 동서 주축 배치, 남북 주축 배치(자오선축 배치) 등으로 구분한다.
① 평지가람 배치 : 송광사, 통도사
② 산지가람 배치 : 해인사, 쌍계사, 범어사, 개심사

정답 17. ④ 18. ④ 19. ③

Authorized Architect

20. 불사건축의 진입방법에서 누하진입방식을 취한 것은? [01, 09, 17①]
① 부석사
② 통도사
③ 화엄사
④ 범어사

21. 한국 전통건축에 관한 설명 중 옳지 않은 것은? [09①]
① 공포는 시각적으로 무거운 지붕의 압박감을 덜어주는 역할을 한다.
② 평방은 외부기둥의 기둥머리를 연결하는 부재로 주심포 양식의 건물에 주로 사용되었다.
③ 주심포 양식의 건축물로는 봉정사 극락전, 부석사 무량수전 등이 있다.
④ 익공 양식은 궁궐의 정전이나 사찰의 대웅전 등에 사용되었다.

22. 관학인 향교의 배치 방법 중 평지에 지어지고 대성전을 앞에 배치한 것은? [15①]
① 전조후침(前朝後寢)
② 전조후시(前朝後市)
③ 전묘후학(前廟後學)
④ 전학후묘(前學後廟)

23. 교학건축 건축물인 성균관의 구성에 속하지 않는 것은? [14, 20①]
① 동재
② 존경각
③ 천추전
④ 명륜당

24. 경복궁의 궁궐 배치는 전조공간과 후침공간으로 이루어져 있다. 다음 중 전조공간의 구성에 속하지 않는 것은? [15, 23①]
① 근정전
② 만춘전
③ 천추전
④ 강녕전

[해설]
경복궁의 궁궐 배치는 전조공간과 후침공간으로 이루어져 있다.
㉠ 전조공간 : 근정전, 사정전, 만춘전, 천추전
㉡ 후침공간 : 강녕전, 교태전
☞ 경복궁은 전조후침 및 삼문삼조의 기본배치 원리에 따라 치조, 내조, 외조의 구역으로 크게 나뉘어지며 각기 제기능에 따른 전각이 배치되었다. 치조 구역에는 경복궁의 정전인 근정전이 있고, 그 뒤로 사정전, 만춘전, 천추전이 자리 잡고 있다. 사정전은 왕이 평상시 거처하며 정사를 보살피던 곳으로 근정전에서 뒤편으로 사정문을 지나면 정면에 위치하며, 양측면에 만춘전, 천추전이 있다. 그 뒤로는 왕과 왕비의 침전인 강녕전과 교태전이 위치해 있다. 사정전은 만춘전, 천추전과 더불어 편전으로서 정사를 보았던 곳으로 사정전에는 온돌이 없고 만춘전과 천추전에는 온돌이 있어 겨울에는 만춘전과 천추전에서 정사를 보고 경연을 했을 것으로 추정된다.

해 설

[해설] 20
불사건축의 누하진입방식(樓下進入方式)은 경사진 지형에 조성된 사찰에서 많이 볼 수 있는데 공간의 위계(位階)를 구분함과 동시에 누각 아래를 통한 진입으로 전이공간(轉移空間) 역할을 하는 형태를 하고 있다. 대표적인 예로는 부석사, 구룡사 등이 있다.

[해설] 21
② 평방은 창방 위의 가로부재로 다포식 양식의 건물에만 사용되었다.
④ 익공 양식은 기둥위에만 공포가 있는 형식으로 유교건축에서는 사당, 향교, 서원 등의 주요 건물에 쓰이고 주택에서 가끔 쓰이는 경우가 있으며 주로 소규모 건축에 사용되었다.

[해설] 22
향교의 건물배치
㉠ 향교는 문묘(文廟)·명륜당(明倫堂)·재(齋)와 기타 부속건물로 구성되었다.
㉡ 교육공간으로서 강의실인 명륜당과 기숙사인 재가 있었으며, 배향공간으로 공자의 위패를 비롯한 4성(四聖)과 우리나라 18현(十八賢)의 위패를 배향하는 대성전(大成殿)으로 구획되었다.
㉢ 향교의 건물배치는 평지의 경우 전면이 배향공간이고 후면이 강학공간인 전묘후학(前廟後學), 구릉지의 경우에는 전학후묘(前學後廟)이거나 나란히 배치되기도 했다.
㉣ 군·현마다 학생 정원의 규모가 다르듯이 건물의 규모도 대소(大少)의 차이가 있었다.

[해설] 23
천추전(千秋殿)은 경복궁 사정전에 부속된 전각이며 임금이 집무를 보는 곳이었다.

정답 20. ① 21. ②, ④ 22. ③
23. ③ 24. ④

핵심기출문제

X. 건축사

25. 한국 근대건축 중 르네상스 양식을 취하고 있는 것은? [14②]
① 명동성당
② 한국은행
③ 덕수궁 정관헌
④ 서울 성공회성당

26. 다음의 한국 근대건축 중 로마네스크 양식을 취하고 있는 것은? [04②]
① 명동성당　　② 정관헌
③ 서울 성공회성당　　④ 정동교회

27. 해방 후 한국건축계는 일제강점기의 타율적 근대화의 시기에서 자립해야 하는 과제를 안게 되었다. 당시 다양한 사무소 중 다른 건축가들과는 달리 구조기술을 익힌 후에 건축설계를 수행한 구조사 건축기술연구소를 개소한 사람이 있었다. 이 건축가의 이름은? [05②]
① 김희춘　　② 정인국
③ 김정수　　④ 배기형

■■■ 2. 서양건축사

28. 서양 건축 양식의 시대 순서로 옳은 것은? [15②]
① 로마 → 로마네스크 → 고딕 → 르네상스 → 바로크
② 로마 → 로마네스크 → 고딕 → 바로크 → 르네상스
③ 로마네스크 → 로마 → 고딕 → 르네상스 → 바로크
④ 로마네스크 → 로마 → 고딕 → 바로크 → 르네상스

29. 서양 건축양식의 역사적인 순서로서 옳게 배열된 것은? [07②]
① 비잔틴 – 로마네스크 – 고딕 – 르네상스 – 바로크
② 비잔틴 – 고딕 – 로마네스크 – 르네상스 – 바로크
③ 비잔틴 – 로마네스크 – 고딕 – 바로크 – 르네상스
④ 비잔틴 – 고딕 – 로마네스크 – 바로크 – 르네상스

해　설

[해설] **25**
르네상스 양식
한국은행, 국립중앙박물관, 한국은행 본점 구관(舊館), 국립중앙박물관, 서울역(비잔틴풍의 르네상스 양식)

[해설] **26**
㉠ 성공회성당 – 로마네스크 양식
㉡ 양현성당, 명동성당 – 고딕 양식
㉢ 서울역 – 르네상스 양식(비잔틴풍의 르네상스 양식)
㉣ 한국은행 본점 구관(舊館) – 르네상스 양식
㉤ 국립중앙박물관 – 르네상스 양식
㉥ 경성 부민관 – 합리주의 양식
㉦ 화신백화점 – 합리주의 양식

[해설] **28, 29**
서양건축양식의 순서
이집트 – 서아시아 – 그리이스 – 로마 – 초기 기독교 – 비잔틴 – 로마네스크 – 고딕 – 르네상스 – 바로크 – 로코코 – 고전주의 – 낭만주의 – 절충주의

정답 25. ②　26. ③　27. ④
　　 28. ①　29. ①

30. 고대 그리이스에서 사용된 오더로 가장 단순하고 심중한 느낌을 주며, 다른 오더와 달리 주초가 없는 것은? [06②]
① 도릭 오더
② 이오닉 오더
③ 코린티안 오더
④ 터스칸 오더

31. 로마 시대의 것으로, 그리스의 아고라(Agora)와 유사한 기능을 갖는 로마시대 건축물은? [09, 19②]
① 도무스(Domus)
② 인슐라(Insula)
③ 포럼(Forum)
④ 판테온(Pantheon)

32. 고대 로마 건축에 대한 설명 중 옳지 않은 것은? [09, 18, 23②]
① 바실리카 울피아는 황제를 위한 신전으로 배럴 볼트가 사용되었다.
② 판테온은 거대한 돔을 얹은 로툰다와 대형 열주 현관이라는 두 주된 구성 요소로 이루어진다.
③ 콜로세움의 1층에는 도릭 오더가 사용되었다.
④ 인슐라(Insula)는 다층의 집합주거 건물이다.

33. 로마의 판테온에 관한 설명으로 옳지 않은 것은? [15, 20②]
① 로툰다 내부는 드럼(Drum)과 돔(Dome)의 두 부분으로 구성된다.
② 직사각형의 입구 공간은 외부와 내부 사이의 전이 공간으로 사용된다.
③ 드럼 하부는 깊은 니치와 독립한 컴포지트식 기둥들로 정적인 공간을 구현한다.
④ 거대한 돔을 얹은 로툰다와 대형 열주 현관이라는 두 주된 구성요소로 이루어진다.

34. 다음 건축물 중 천창채광(top light)으로 된 것은? [02②]
① 파리의 노틀담 성당
② 이스탄불의 성 소피아 성당
③ 아테네의 파르테논 성단
④ 로마의 판테온 신전

해 설

해설 30
그리스 건축의 3가지 오더(order)
건축 오더(order)란 기단, 기둥과 엔타블레이춰(entablature)의 조합을 말한다.
㉠ 도릭(Doric)식 : 가장 단순하고 간단한 양식으로 직선적이고 장중하여 남성적인 느낌
㉡ 이오니아(Ionian)식 : 소용돌이 형상의 주두가 특징. 우아, 경쾌, 곡선적이며 여성적인 느낌
㉢ 코린트(Corinthian)식 : 주두를 아칸더스 나뭇잎 형상으로 장식. 가장 장식적이고·화려한 느낌

해설 31
① 도무스(domus) : 부호들의 주택을 도무스(domus)라고 한다. 일반적으로 난방시설과 개인목욕탕이 설치되었다.
② 인슐라(Insula) : 다층의 집합주거 건물이다.
④ 판테온(Pantheon) : 거대한 돔을 얹은 로툰다와 대형 열주 현관이라는 두 주된 구성 요소로 이루어진다.

해설 32
바실리카 울피아는 트리야누스 황제 광장의 일부분으로 로마인이 발전시킨 가장 특징적인 건물 유형이다. 바실리카 울피아의 출입구는 커다란 중정에 면한 장변 쪽에 나있다.

해설 33
판테온은 거대한 돔을 얹은 로툰다와 대형 열주 현관이라는 두 주된 구성 요소로 이루어지며, 사각형 평면과 원형 평면으로 이루어진 건물로 채광은 돔 정상에 천창채광(top light)으로 이루어져 있다. 본당 내부에는 7개의 벽감(壁龕 : 신상을 안치한 작은 방)이 설치되어 지상신을 모시고 있다. 현관에는 8개의 코린티안 주범의 기둥이 있다.
※ 니치(Niche) : 벽면을 부분적으로 오목하게 파서 만든 감상의 장치이다. 서양 고전건축에서 실내 벽의 후퇴부로서 주로 조각상의 배치와 장식을 위해 구성된 요소이다.

해설 34
로마의 판테온 신전은 사각형 평면과 원형 평면으로 이루어진 건물로 채광은 돔 정상에 천창채광(top light)으로 이루어져 있다.

정답 30. ① 31. ③ 32. ① 33. ③ 34. ④

핵심기출문제

X. 건축사

35. 초기 기독교건축의 바실리카식 교회의 실내 공간구성에 속하지 않는 것은? [15②]

① 앱스(Apse) ② 아일(Aisle)
③ 네이브(Nave) ④ 아키트레이브(Architrave)

36. 다음 중 비잔틴 건축에 해당하는 것은? [09②]

① 성 소피아 성당 ② 피사 성당
③ 노트르담 성당 ④ 성 베드로 성당

37. 다음의 서양건축에 대한 설명 중 옳지 않은 것은? [10②]

① 로마 건축의 기둥에는 그리이스 건축의 오더 이외에 터스칸 오더, 콤포지트 오더가 사용되었다.
② 고딕 건축은 수직적인 요소가 특히 강조되었다.
③ 비잔틴 건축은 사라센 문화의 영향을 받았으며 동양적 요소가 가미되었다.
④ 로마네스크 건축은 내부보다는 외부의 장식에 치중하였으며, 바실리카에 비하면 단순하고 간소하다.

[해설]
로마네스크 건축은 8세기 말부터 고딕양식이 발생된 13세기 초까지 이탈리아를 중심으로 프랑스, 독일, 영국 등의 유럽에서 성당, 수도원 등의 종교건축에 집중되어 전개된 건축양식이다. 장축형 평면(라틴 십자가, Latin Cross)과 종탑이 첨가되었으며, 아치구조법의 발달로 교차볼트(intersection valut)가 사용되었다. 로마네스크 건축은 외부보다는 내부의 장식에 치중하였다. 대표 건축물에는 피사 대성당 등이 있다.

38. 다음 중 고딕건축의 특성을 표현하는 용어와 가장 관계가 먼 것은? [08②]

① 플라잉 버트레스(flying buttress) ② 리브 볼트(rib vault)
③ 첨두형 아치(pointed arch) ④ 미나렛(minaret)

[해설]
① 플라잉 버트레스(flying buttress) : 고딕건축에서 부축벽 상부에 소첨탑(小尖塔)을 첨가하여 부축벽의 자중을 증가시켜 횡압력에 대한 저항을 증가시키는 건축기법이다.
② 리브 볼트(rib vault) : 로마네스크 양식에서 사용되었던 교차 볼트(cross vault)에 첨두형 아치의 리브(rib)를 덧대어 구조적으로 보강한 것
③ 첨두형 아치(pointed arch) : 여러 가지 변형이 있으며 출입구, 창 및 기타 개구부에 설치하는 끝이 뾰족한 아치로 고딕양식과 회교양식 건축의 특징이다.
※ 미나렛(minaret) : 사라센건축의 첨탑

해 설

[해설] **35**
엔타블레이처(Entablature)
그리스 신전은 고대 그리스의 주된 형태로 엄격한 형식으로 구성되었다. 정면 현관이 보통 동쪽을 향하고 크게 원주(column), 엔타블레이처(entablature), 박공 3부분으로 구성되어 있다.
도릭 오더는 가장 오래된 기본적인 오더로서 초반 없이 기단 위에 조각하여 세로 홈과 엔타시스(entasis, 배흘림)가 있는 원주를 세우고 있다. 엔타블레이처(Entablature)는 기둥(columns) 위에 걸쳐 놓은 수평 부분으로서 위로부터 코니스(Cornice), 프리즈(Frieze), 아키트레이브(Architrave)의 3부분으로 구성된다.

[해설] **36**
비잔틴 건축
㉠ 사라센 문화의 영향을 받았다.
㉡ 비잔틴 건축의 교회의 평면에는 중앙의 대형 돔을 중심으로 좌우 대칭이 되는 집중형 또는 그리스 십자형(Greek Cross) 형태가 특징이다.
㉢ 펜덴티브 돔(pendentive dome)은 정사각형의 평면에 돔을 올리는 구조법으로 비잔틴 건축에서 주로 사용되었으며 대표적인 예로는 성 소피아 성당이 있다.

정답 35. ④ 36. ① 37. ④ 38. ④

39. 르네상스 교회 건축양식의 특징으로 옳은 것은? [06, 22, 24㉠]

① 수평을 강조하며 정사각형, 원 등을 사용하여 유심적 공간구성을 하였다.
② 직사각형의 평면구성으로 볼트구조의 지붕을 구성하며 종탑을 설치하였다.
③ 로마네스크 건축의 반원아치를 발전시킨 첨두형 아치를 주로 사용하였다.
④ 타원형 등 곡선평면을 사용하여 동적이고 극적인 공간 연출을 하였다.

해설 39
르네상스란 다시 태어난다는 의미로 건축분야에서는 로마 건축을 기본으로 한 건축사조로서 고딕건축의 수직적인 요소를 탈피하고 수평적인 요소를 강조하며 정사각형, 원, 정탑을 둔 돔을 사용하여 유심적 공간구성을 하였다. 르네상스(Renaissance) 건축은 주로 석재, 벽돌, 콘크리트 등을 주재료로 이용하였고, 돔(dome)을 사용하여 골조 구조를 내외로 마감하는 이중구조로 시공 하였다.

40. 다음의 르네상스 건축물에 대한 설명 중 옳지 않은 것은? [08, 23, 25㉠]

① 성 스피리토 성당의 형태는 인간중심적 세계관에서 신중심적 세계관으로 변화했음을 보인다.
② 루첼리아 궁전은 각 층마다 다른 오더를 사용하는 고대 로마방식을 채택하였다.
③ 브라만테가 설계한 성 베드로 성당의 주제는 중심성이다.
④ 메디치-리카르디 궁전의 1층은 러스티케이션 처리를 하여 강인한 면을 강조하였다.

해설 40
성 스피리토 성당의 형태는 비례와 미적 대칭 등을 중시하였으며, 신중심적세계관에서 인간중심적 세계관으로 변화했음을 보인다.

41. 바로크 시대의 건축적 특징과 가장 거리가 먼 것은? [12㉠]

① 풍부한 장식
② 공간의 해방
③ 고전건축의 복원
④ 유동하는 벽체

해설 41
바로크 건축양식
17세기말 이탈리아를 중심으로 인간의 공적인 생활을 위주로 한 실내장식에 중점을 둔 양식으로 곡면과 파동곡면을 사용하여 화려하고 동적이며 대조적인 효과를 도입한 양식이다. 회화, 조각, 공예가 건축과 융화되어 조화를 이루었으며, 심한 요철, 현란한 장식이 사용되었으며, 고전적 이상(비례, 균형, 조화)을 버리고 투시도법을 이용한 동적, 극적효과를 추구하였다.

정답 39. ① 40. ① 41. ③

핵심기출문제 X. 건축사

■■■ 3. 근·현대건축사

42. 다음 중 시기적으로 가장 최근인 것은? [09②]

① 아르누보(Art Nouveau)
② 세제션(Secession)
③ 포스트 모더니즘(Post Modernism)
④ 바우하우스(Bauhaus)

[해설] 포스트 모더니즘(Post Modernism ; 탈 현대주의)
① 대중적이고 유기적 장식을 한 상징적인 건축 양식의 한 사조로 건축의 구조, 기능의 합리적인구현으로 장식을 배제한 매너리즘의 표현 개체의 가치 존중과 독창성 등이 있다.(대표적 성향 : 상징성, 대중성, 복합성, 모호성, 전통성, 역사성, 장소성)
② 매너리즘 건축은 매너리즘적인 디자인 수법의 포스트 모더니즘을 지칭한다.
③ 대표 건축가 : 로버트 벤투리, 로버트 스톤, 찰스 무어, 필립 존슨, 알 도로시, 랄프 어스킨, 마이클 그레이브스

43. 다음의 주요 사례에서 전시공간의 융통성을 가장 많이 부여하고 있는 것은? [06②]

① 뉴욕 구겐하임 미술관
② 과천 현대 미술관
③ 파리 퐁피두 센터
④ 파리 루브르 박물관

44. 레이트 모던(Late Modern) 건축양식에 대한 설명 중 옳지 않은 것은? [09, 22②]

① 기호학적 분절을 추구하였다.
② 공업기술을 바탕으로 기술적 이미지를 과장하였다.
③ 대표적 건축가로는 시저 펠리, 노만 포스터 등이 있다.
④ 퐁피두 센터는 이 양식에 부합되는 건축물이다.

45. 다음 중 CIAM과 가장 밀접한 관계가 있는 것은? [07②]

① 아테네 헌장
② 브루탈리즘
③ 로버트 벤추리
④ 메탈볼리즘

해 설

[해설] 43
퐁피두 센터 – 프랑스 국립미술관
㉠ 작가 : 로저스(R. Rogers)와 피아노(R. Piano)
㉡ 내외부 공간에서 필요에 따라 조립과 해체가 가능하도록시설이 노출되어 있으며, 넓은 무주(無柱) 공간을 가지고 있다.

[해설] 44
후기 현대주의(late-modernism) 건축
현대 건축의 구조, 기능, 기술 등의 합리적 해결 방식을 받아들여 현대 건축의 이념과 원리를 지속적으로 계승하고 발전시킴으로써 새로운 미학을 창조하려는 건축사조

[해설] 45
현대건축국제회의(CIAM)
㉠ 1928년 스위스에서 그로피우스, 르 코르뷔지에, 기디온 등에 의해서 결성되었다.
㉡ La Sarraz 선언(1차 회의), Athenes 헌장(4차 회의), MARS 그룹 조직과 <신건축 10년> 발간(6차 회의)
㉢ 팀 텐을 비롯한 젊은 건축가들과 발터 그로피우스, 르 코르뷔지에, 기디온 등 원로 건축가들과의 대립이 심화되어 제10차 회의(1956년)을 마지막으로 C.I.A.M은 해체

정답 42. ③   43. ③   44. ①   45. ①

46. 론·헤론의 움직이는 도시의 계획안은 어느 건축운동과 관계가 깊은 것인가? [04㉮]
① CIAM
② ARCHIGRAM
③ POST-MODERNISM
④ BAUHAUS

47. 찰스 무어(Charles Moore)의 사조는 어느 것인가? [06㉮]
① 신합리주의
② 대중주의
③ 표현주의
④ 브루탈리즘

48. 건축가와 작품이 잘못 연결된 것은? [06, 19㉮]
① 르 꼬르뷔지에 – 사보이 주택
② 오스카 니마이어 – 브라질 국회의사당
③ 프랑크 로이드 라이트 – 뉴욕 구겐하임 미술관
④ 미스 반 데어 로에 – 레버 하우스

49. 다음 중 건축가와 그의 작품의 연결이 옳지 않은 것은? [07, 18㉮]
① Marcel Breuer – 파리 유네스코본부
② Le Corbusier – 동경 국립서양미술관
③ Antonio Gaudi – 시드니 오페라하우스
④ Frank Lloyd Wright – 구겐하임 미술관

50. 다음 조항 중 틀린 것은? [02㉮]
① 라이트(Wright) – 유기적 건축 – 낙수장
② 페레(Perret) – 철근콘크리트 구조의 선구자 – 롱샹교회
③ 그로피우스(Gropious) – 국제주의 건축 – 바우하우스
④ 설리반(Sullivan) – 기능주의 건축 – 고층건축

해 설

해설 46
론 헤론(R. Herron)은 거대한 동물 형태의 주거군이 삼각으로 움직인다는 개념의 Walking City(걷는 도시, 1964년)를 제안하였다.
※ ARCHIGRAM-피터 쿡, 론 헤론

해설 47
대중주의(Populism) 건축
㉠ 대중예술(pop art)처럼 건축도 맥락주의, 상징성, 장식, 은유 등을 통하여 대중을 건축에 포용하여야 한다는 건축사조이다.
㉡ 주요 건축가 : 로버트 벤투리(Robert Venturi), 로버트 스턴(Robert A.M.Sterm), 찰스 무어(Charles Moore)

해설 48
미스 반 데어 로에
바르셀로나 박람회 독일관(1929), I.I.T공대 크라운 홀(1956), 시그램 빌딩(1958)
※ 레버 하우스는 고든 번샤프트(Gordon Bunshaft)의 작품이다.

해설 49
요른 웃존(Jorn Utzon) – 시드니 오페라하우스 – 시드니의 가장 상징적인 세계적인 건축물이다.

해설 50
롱샹교회는 르 꼬르뷔제의 작품이다.

정답 46. ② 47. ② 48. ④
49. ③ 50. ②

핵심기출문제 — X. 건축사

51. 건축가와 작품의 연결이 옳지 않은 것은? [11②]
① 렌조 피아노 - 로마 오디토리엄
② 아이 엠 페이 - 파리 아랍 문화원
③ 루이스 칸 - 리차즈 의학연구소
④ 안토니오 가우디 - 카사 밀라

52. 오토 바그너(Otto Wagner)가 주창한 근대건축의 설계지침 내용으로 옳지 않은 것은? [16, 21 ②]
① 경제적인 구조
② 그리스 건축양식의 복원
③ 시공재료의 적당한 선택
④ 목적을 정확히 파악하고 완전히 충족시킬 것

53. 원합리주의로 분류되며 "장식은 죄악이다" 라는 표현을 남긴 근대 건축가는? [15 ②]
① 오토 바그너
② 아돌프 로스
③ 르 꼬르뷔지에
④ 미스 반 데어 로에

해설

[해설] 51
파리 아랍 문화원은 장 누벨(Jean Nouvel)의 작품이다. 아랍 특유의 문양으로 구성된 창이 독특하다. 이 창은 자동으로 햇빛을 조절하여 알맞은 양을 건물 안으로 비치게 하는 기능을 가지고 있다
※ 아이 엠 페이(I. M. Pei) : 중국계 미국인 건축가로 모더니즘 건축의 마지막 건축가로 돌, 콘크리트, 유리, 강철 등을 이용해 추상적인 형태를 즐겨 만들어낸다.
작품으로는 미국 국립대기연구센터, 인디애나 미술관, 홍콩 중국은행타워, 미국 로큰롤 명예의 전당 등이 있다.

[해설] 52
오토 바그너(Otto Wagner)의 근대건축의 설계지침
㉠ 목적을 정확히 파악하고 완전히 충족시킬 것
㉡ 시공재료의 적당한 선택
㉢ 간편하고 경제적인 구조
㉣ ㉠, ㉡, ㉢에 의해 자연스럽게 형성되는 건축형태가 필요 양식이라고 주장
※ 쎄제션 : 1897년 오스트리아 비인에서 오토 바그너의 영향 하에 조셉 호프만이 시작한 운동으로 과거양식에서 분리와 해방을 지향하는 건축운동

[해설] 53
아돌프 로스(Adolf Loos)
㉠ "장식은 죄악이다"라는 표현을 남긴 오스트리아 출신의 근대 건축가
㉡ 미국에서 기능주의 건축양식을 배운 후, 귀국하여 근대 합리주의에 입각한 건축물을 제작했다.
㉢ 작품 : 파리의 차라 저택, 프라하의 뮐러 저택

정답 51. ② 52. ② 53. ②

건축시공

02 Subject

PART 2

01 총론
02 공정 및 품질관리
03 가설공사·토공사 및 기초공사
04 철근콘크리트공사
05 철골공사
06 조적공사
07 목공사
08 기타공사

핵심 01 총론

Ⅱ. 건축시공 | 총론

핵심 PLUS

01 다음 중 시공의 근대화와 가장 관계가 없는 것은? [03 기]
① 관리의 체계화
② 건설의 공업화
③ 시공의 건식화
④ 시공의 기계화
답 : ①

02 다음 중 건축시공관리 중 시공의 5대 관리가 아닌 것은? [05 기]
① 노무관리 ② 품질관리
③ 원가관리 ④ 환경관리
답 : ①

03 대규모 공사에서 지역별로 공사를 분리하여 발주하며 중소업자에게 균등한 기회를 주는 발주방식은? [09 기]
① 전문공종별 분할도급
② 공정별 분할도급
③ 공구별 분할도급
④ 직종별, 공종별 분할도급
답 : ③

04 분할도급의 종류에 대한 설명 중 옳지 않은 것은? [03, 05 기]
① 전문공종별 분할도급은 기업주와 시공자와의 의사소통이 잘 되나 공사 전제관리가 곤란하다.
② 공정별 분할도급은 정지, 구체, 마무리 공사등 과정별로 나누어 도급을 주는 방식이다.
③ 공구별 분할도급은 설계완료 분만 발주하거나 예산 배정상 구분될 때 편리하다.
④ 직종별, 공종별 분할도급은 직영제도에 가까운 것으로서 총괄도급의 하도급에 많이 적용된다.
해설 ③ – 공정별 분할도급
답 : ③

1 총론

1. 건축시공의 개요

1) 건축산업의 개발 방향

① 건축부품의 단순화, 규격화, 전문화(3S System)
② 건축시공의 기계화(기계화 시공 및 시공기법의 연구 개발)
③ 건축재료의 건식화(습식공법의 지양)
④ 도급기술의 근대화(입찰방식의 개선)
⑤ 시공기술의 개발(신기술 및 과학적 품질관리 기법 도입)

2) 건축시공 관리(건축생산 관리목표)

① 3대 관리=원가관리+공정관리+품질관리
② 4대 관리=원가관리+공정관리+품질관리+안전관리
③ 5대 관리=원가관리+공정관리+품질관리+안전관리+환경관리

2. 공사 시공 방식

1) 도급계약방식

① 일식 도급 : 공사 전체를 한 도급자에게 맡겨 시공 업무 일체를 일괄하여 시행시키는 방식

장 점	단 점
・공사비가 확정되고 공사관리가 원할 ・계약, 감독이 간단하여 책임한계가 확실 ・가설재의 중복이 없다. ・전체 공사관리가 용이	・건축주의 의향이나 설계도서의 취지가 충분히 이행되지 못할 우려 ・도급자의 이윤 가산으로 인한 공사비 증대 우려 ・부실공사의 우려

② 분할 도급 : 공사를 유형별로 분류하여 각각 전문적인 업자에게 분할하는 도급방식

※ 종류
- ㉮ 전문공종별 : 설비공사를 주체공사와 분리시켜 도급 주는 것
- ㉯ 공정별 : 정지, 구조체, 마무리공사 등 과정별로 나누어 도급 주는 방식
- ㉰ 공구별 : 대규모 공사에서 지역별로 공사를 분리하여 발주하는 방식

장 점	단 점
・전문업자의 시공으로 우량공사 기대 ・업자간 경쟁으로 저액 시공 가능 ・건축주와 시공자와의 의사소통 원활 ・중소업자에게 공사기회가 확대됨	・건축공사관계에 대한 상호교섭이 번잡 ・감독상 업무 증대 ・가설, 장비 등의 중복 투자로 비용증대

③ 공동 도급(Joint Venture) : 2명 이상의 도급업자가 어느 특정공사에 관하여 협정을 체결하고 공동 기업체를 만들어 협동으로 공사를 도급하는 방식

장 점	단 점
・융자력과 신용도의 증대 ・위험성의 분산 ・시공의 확실성 ・상호기술의 확충 ・공사 도급 경쟁완화	・도급자간 이해 충돌 ・경영방식의 차이에서 오는 능률 저하 ・한 회사의 도급공사보다 공사비 증대 ・현장 및 사무관리의 혼란 우려 ・책임소재가 불분명

2) 도급금액결정방식

① 정액도급 : 공사비 총액을 확정하여 계약하는 방식

장 점	단 점
・공사관리업무 간단 ・공사비 절약 ・자금・공사계획 등의 수립이 명확	・이윤추구로 공사가 조잡해질 우려 ・공사변경에 따른 도급액 증감 곤란 ・장기공사나 전례없는 공사에는 부적당

② 단가도급 : 단가만을 확정하고 공사가 완료되면 실시 수량의 확정에 따라 정산하는 방식

장 점	단 점
・공사의 신속한 착공 ・설계변경에 의한 수량 증감의 계산이 용이	・총공사비 예측이 곤란 ・자재, 노무비 등의 절감노력이 결여 ・공사비 상승

핵심 PLUS

05 공동도급(Joint venture) 방식의 장점에 대한 설명으로 옳지 않은 것은? [07, 08, 15 기]
① 2명 이상의 업자가 공동으로 도급하므로 자금 부담이 경감된다.
② 대규모 공사를 단독으로 도급하는 것보다 적자 등 위험부담의 분산이 가능하다.
③ 공동도급 구성원 상호간의 이해충돌이 없고 현장관리가 용이하다.
④ 각 구성원이 공사에 대하여 연대책임을 지므로, 단독도급에 비해 발주자는 더 큰 안정성을 기대할 수 있다.
답 : ③

06 계약 방식의 종류 중 단가계약 제도에 관한 설명으로 잘못된 것은? [08, 23 기]
① 실시수량의 확정에 따라서 차후 정산하는 방식이다.
② 긴급공사시 또는 수량이 불명확할 때에 간단히 계약 할 수 있다.
③ 설계변경에 의한 수량의 증감이 용이하다.
④ 공사비를 절감할 수 있으며, 복잡한 공사에 적용하는 것이 좋다.
답 : ④

핵심 PLUS

07 주문받은 건설업자가 대상계획의 기업, 금융, 토지조달, 설계, 시공 기타 모든 요소를 포괄하여 발주하는 도급계약 방식은?
[22, 25 기]
① 실비청산 보수가산 도급
② 정액도급
③ 공동도급
④ 턴키도급

답 : ④

08 CM(Construction Management)의 주요업무가 아닌 것은?
[04, 18, 23 기]
① 설계부터 공사관리까지 전반적인 지도, 조언, 관리업무
② 입찰 및 계약 관리업무와 원가관리업무
③ 현장 조직관리업무와 공정관리업무
④ 자재조달업무와 시공도 작성업무

답 : ④

09 CM(Construction Management)에 대한 설명으로 옳은 것은?
[06, 14, 24 기]
① 설계단계에서 시공법까지는 결정하지 않고 요구 성능만을 시공자에게 제시하여 시공자가 자유로이 재료나 시공방법을 선택할 수 있는 방식이다.
② 시공주를 대신하여 전문가가 설계자 및 시공자를 관리하는 독립된 조직으로 시공주, 설계자, 시공자의 조정을 목적으로 한다.
③ 설계 및 시공을 동일회사에서 해결하는 방식을 말한다.
④ 2개 이상의 건설회사가 공동으로 공사를 도급하는 방식을 말한다.

[해설] ① 성능발주방식
③ 턴키(Turn-Key) 방식
④ 공동도급(Joint Venture)방식

답 : ②

---

③ 실비청산보수가산도급 : 공사의 실비를 건축주와 도급자가 확인 정산하고 건축주는 미리 정한 보수율에 따라 도급자에게 그 보수액을 지불하는 방법

장 점	단 점
· 가장 정확하고 양심적인 공사 가능 · 양질의 공사 기대	· 공사비 절감노력이 없어짐 · 공사기간의 연장 우려

3) 업무범위에 따른 계약방식

방 식	내 용
턴키 도급 (Turn Key)	· 건설업자가 대상 계획의 기업, 금융, 토지조달, 설계, 시공, 기계기구 설치, 시운전까지 주문자가 필요로 하는 모든 것을 조달하여 주문자에게 인도하는 도급계약 방식 · 장점 : 신공법의 연구 및 개발, 공사비 절감, 공기단축·전문화 촉진, 책임시공에 의한 신기술개발의 축적 가능, 사업수행의 효율성 향상 · 단점 : 설계의 우수성 및 건축주의 의도 반영 불가, 사업 내용의 불확실성, 발주절차의 복잡성, 과다경쟁 우려, 중소기업의 참여기회 제한
건설사업관리방식 (CM : Construction Management)	CM(건설사업관리)이라 함은 건설공사에 관한 기획, 타당성 조사, 분석, 설계, 조달, 계약, 시공관리, 감리, 평가, 사후관리 등에 관한 관리업무의 전부 또는 일부를 수행하는 행위
민간투자사업방식 (SOC)	사회간접시설에 대한 민간투자를 촉진하여 사회기반시설의 확충 및 운영을 도모해 국민경제발전에 이바지하기 위해 실시하는 방식 · BOT(Built Operate Transfer) : 민간이 자금조달과 시설준공을 한 후 일정기간 운영하여 투자비를 회수한 다음 발주자에게 소유권을 양도하는 방식 · BOO(Built Operate Own) : 민간이 자금조달과 시설준공을 한 후 시설물의 소유권을 갖고 운영하는 방식 · BTO(Built Transfer Operate) : 민간이 자금조달과 시설준공을 한 후 소유권을 발주자에게 이전 시킨 다음 민간이 일정기간을 운영해 투자비를 회수하는 방식
파트너링 (Partnering) 방식	· 발주자, 시공자 및 공사관련자들이 상호신뢰를 바탕으로 프로젝트를 대등한 입장에서 공동으로 집행·관리하는 방식 · 장점 : 업무능력 향상, 분쟁 축소, 공사기간 단축, 비용절감, V.E의 활성화 · 단점 : 발주자의 의도 전달 미흡, 원가 증액의 우려
성능발주방식	· 발주자는 설계에서 시공까지 건물의 요구 성능만을 제시하고, 시공자가 재료나 시공방법을 선택해 요구성능을 실현하는 방식 · 장점 : 창조적 시공 기대, 설계와 시공의 관계 개선, 시공자의 기술 향상 · 단점 : 건축물의 성능표현 및 성능확인 곤란, 시공자 기술력 필요, 공사비 증대 우려

3. 입찰방식 및 순서

1) 입찰 방식

① 공개경쟁입찰 : 입찰 참가를 공모하여 유자격자는 모두 참여시켜 입찰시키는 방식

장 점	단 점
・균등한 기회 부여 ・담합의 우려가 적음 ・공사비의 절감	・입찰사무 복잡 ・과다 경쟁 ・입찰자의 질 저하로 공사 조잡

② 지명경쟁입찰 : 건축주가 공사에 적격하다고 인정되는 3~7개의 회사를 선정하여 입찰시키는 방식

장 점	단 점
・원활한 공사 가능 ・부적격한 업자의 제외 ・적정공사 기대	・담합의 우려 ・일반시공업체 기회 박탈

③ 특명입찰(수의계약) : 건축주가 업자의 기술, 신용, 능력, 자산, 공사의 내용 등을 고려하여 가장 적격한 특정업자 1명을 선명하여 입찰시키는 방식

장 점	단 점
・입찰 수속이 가장 간단 ・양질의 공사 가능 ・공사의 기밀 유지	・공사비 증대의 우려 ・공사금액 결정이 불명확

※ PQ 제도((Pre-Qualification, 입찰참가자격 사전심사제도)
발주자가 요구하는 건축물 또는 구조물이나 서비스를 설계도서, 계약조건 및 발주지침 등에 의거해서 건설업자가 성공적으로 완전하게 생산할 수 있는지를 사전에 심사하는 절차나 방법을 말한다.

※ 부대입찰제
덤핑공사로 인한 부실공사가 우려되어 대책방안으로 채택된 방식이며, 불공정 하도급 거래를 예방하고 하도급 계열화를 촉진하기 위한 목적으로 시행하는 제도이다.

핵심 PLUS

10 일반 경쟁입찰의 장점이 아닌 것은? [02 산]
① 균등한 입찰참가의 기회 부여
② 공사의 시공정밀도 확보
③ 공정하고 자유로운 경쟁
④ 공사비 저렴
답 : ②

11 지명경쟁입찰을 택하는 이유 중 가장 중요한 것은? [15, 22 기]
① 양질의 시공 결과 기대
② 공사비의 절감
③ 준공기일의 단축
④ 공사감리의 편리
답 : ①

12 PQ제도에 관한 설명으로 옳지 않은 것은? [04 기]
① 업체간의 효과적 경쟁을 유발시킨다.
② 수주에서 관리까지 종합적 평가가 가능하다.
③ 평가의 공정성으로 신규업체 참여가 가능하다.
④ 매 프로젝트마다 공사규모, 특성에 맞는 심사기준을 정하여 입찰전에 응찰자에게 통보하여 실적을 제출하도록 한다.
답 : ③

13 발주자가 입찰자로 하여금 입찰내역서상에 동 입찰금액을 구성하는 공사중 하도급할 공종, 하도급금액, 하수급예정자 등 하도급에 관한 사항을 기재하여 입찰서와 함께 제출하도록 하는 제도는? [05 기]
① 부대입찰
② 대안입찰
③ 내역입찰
④ 사전자격심사(P.Q)
답 : ①

II. 건축시공 | 총론

핵심 PLUS

14 다음 중 건설공사의 입찰 순서로 옳은 것은? [08, 15 기]

┌─────────────────────┐
│ ㉠ 입찰통지   ㉡ 계약   │
│ ㉢ 입찰   ㉣ 현장설명 │
│ ㉤ 낙찰   ㉥ 개찰   │
└─────────────────────┘

① ㉠-㉣-㉢-㉡-㉤-㉥
② ㉠-㉡-㉣-㉥-㉢-㉤
③ ㉠-㉤-㉡-㉥-㉢-㉣
④ ㉠-㉣-㉢-㉥-㉤-㉡

답 : ④

2) 입찰 순서

입찰통지 → ┌ 설계도서 교부 → 입찰 → ┌ 개 찰 → 낙찰 → 계약
　　　　　├ 현장 설명　　　　　　　　├ 재입찰
　　　　　├ 질의 응답　　　　　　　　└ 수의계약
　　　　　└ 적산 및 견적

4. 도급계약서

1) 공사 도급계약시 첨부 서류

① 공사도급 계약서류 : 공사도급계약서 및 공사도급약관
② 설계도서 : 도면, 시방서, 구조계산서
③ 현장설명서, 내역서, 공정표, 질의응답서

2) 공사비 지불 순서

착공금 → 중간금 → 준공불 → 하자보증금

① 착공금(전도금) : 도급금액의 1/5~1/3, 70% 이내
② 중간불(기성불) : 월별 또는 공정 구분별, 기성고의 9/10까지 지급
③ 준공불(완공불) : 건물 인도 후 대금청산하고 계약을 해지
④ 하자보증금 : 준공검사 후 하자에 대한 보증금으로 부실공사 방지를 위한 담보액 1~3년 이하 동안 계약금의 2/100~5/100를 예치

15 건축 공사 감리자의 승인에 의하여 공사 기성금액의 90% 한도 내에서 지불하는 공사비 지급금의 명칭은? [03 기]
① 착공금
② 중간불
③ 준공불
④ 하자 보증금

답 : ②

5. 시방서

1) 시방서 종류

① 표준시방서 : 대한건축학회에서 발행된 공통시방서로 건축공사의 모든 재료, 시공법, 부위 등의 공통된 표준적인 것을 집대성한 것
② 특기시방서 : 표준시방서에 기재되지 않은 특수재료, 특수공법 등과 표준시방서의 적용이나 삭제 등이 표현

2) 시방서에 기재하는 사항

① 도면으로 표현하기 어려운 내용의 설계의도의 지시
② 성능의 규정 및 지시(성능시방)
③ 설계의도를 실현하기 위한 수단의 지시(공법시방)
④ 시험 및 검사에 관한 사항
⑤ 기타도면의 보충사항
⑥ 공사목적물의 명칭, 구조, 수량 등의 명시

16 시방서에 관한 설명으로 옳지 않은 것은? [08, 13, 17 기]
① 시방서는 계약서류에 포함되지 않는다.
② 시방서는 설계도서에 포함된다.
③ 시방서에는 공법의 일반사항, 유의사항 등이 기재된다.
④ 시방서에 재료 메이커를 지정하지 않아도 좋다.

[해설] 시방서는 주요한 설계도서에 해당되며, 계약서류에 포함된다.

답 : ①

※ 건축표준시방서의 내용
① 재료에 관한 사항(재료의 종류, 품질, 수량, 필요한 시험, 저장 방법 등)
② 시공 방법에 관한 사항(공법, 마무리 공사의 정도, 공정, 주의사항, 금지사항, 사용기계·기구
③ 필요한 사항
④ 특기사항

※ 시방서와 설계도서의 우선 순위
1) 시방서와 설계도면에 표시된 내용이 서로 달라서 시공상 부적당하다고 판단될 때 현장책임자는 공사감리자와 협의한다.(이 경우 즉시 알린다.)
2) 건축물의 설계도서 작성기준(국토교통부 고시 : 설계도서 해석의 우선순위)
① 특기시방서 ② 설계도면 ③ 전문시방서 ④ 표준시방서 ⑤ 산출내역서
⑥ 승인된 시공 상세도면 ⑦ 관계법령의 유권해석 ⑧ 감리자의 지시사항

6. 견적, 공사비 구성요소

1) 명세견적
완성된 설계도서·현장설명·질의응답 또는 계약조건 등에 의거하여 면밀히 적산·견적을 하여 공사비를 산출하는 것으로 상세견적, 최종견적, 입찰견적이라고 한다.

2) 개산견적
과거의 유사한 건물의 실적 통계 등을 참고하여 산출하며, 정밀 산출시간이 없을 경우나 설계도서가 불완전할 때 적용한다. 개념견적, 기본견적이라고 한다.

3) 직접공사비 항목
① 재료비   ② 노무비
③ 외주비   ④ 경비

4) 재료비 항목의 종류
① 직접재료비   ② 간접재료비
③ 운임·보험료·보관비   ④ 작업설(作業屑)부산물

5) 공사가격의 구성 요소
① 직접공사비= 재료비+노무비+외주비+경비
② 순공사비=직접공사비+간접공사비
③ 공사원가=순공사비+현장경비
④ 총원가=공사원가+일반관리비
⑤ 총공사비(견적가격)=총원가+부가이윤(15% 초과계상금지)

핵심 PLUS

17 건축표준시방서에 기재하는 사항으로 부적당한 것은? [06 산]
① 공법에 관한 사항
② 공정에 관한 사항
③ 재료에 관한 사항
④ 공사비에 관한 사항
답 : ④

18 건축공사에서 활용되는 견적 방법 중 가장 상세한 공사비의 산출이 가능한 견적방법은? [22, 23, 25 기]
① 개산견적
② 명세견적
③ 입찰견적
④ 실행견적
답 : ②

19 건축공사비의 원가구성 항목이 아닌 것은? [16, 24 기]
① 재료비
② 노무비
③ 경비
④ 도급공사비
답 : ④

20 다음 중 건설공사 경비에 포함되지 않는 것은? [16 기]
① 외주제작비
② 현장관리비
③ 교통비
④ 업무추진비
답 : ①

Ⅱ. 건축시공 2-7

핵심 PLUS

21 다음 중 건축공사의 직접공사비 원가로 바르게 구성된 것은?
[03, 05, 07 산, 07 기]
① 재료비, 노무비, 장비비, 간접비
② 재료비, 노무비, 장비비, 경비
③ 재료비, 노무비, 외주비, 경비
④ 재료비, 장비비, 외주비, 간접비

답 : ③

22 건축 공사비 구성요소의 하나인 재료비의 내용이 아닌 것은?
[03, 06 기]
① 직접재료비
② 간접재료비
③ 운임, 보관비 등의 부대비용
④ 일반관리비

답 : ④

23 건축 공사비에 대한 설명 중 옳지 않은 것은? [07, 24 기]
① 공사비는 직접공사비와 간접공사비로 구성된다.
② 직접공사비의 구성은 인건비, 자재비, 장비사용료 등이 이에 해당된다.
③ 공사속도를 빠르게 할수록 간접공사비는 감소한다.
④ 공사속도는 늦을수록 직접공사비는 증가한다.

[해설] 공사속도를 빠르게 할수록 직접비는 증가하고, 간접비는 감소한다.

답 : ④

24 착공을 위한 공사계획시 우선 고려하지 않아도 되는 것은?[13 기]
① 가설물의 설치계획 수립
② 현장 직원의 조직편성계획 수립
③ 예정 공정표의 작성
④ 시공도(Shop drawing)의 작성

[해설] Shop drawing : 공사 수급자, 하도급업자, 제조업자, 공급업자 등이 관련공사 부분을 설명하기 위해 작성하는 도면, 도표, 계획공정, Data 등을 말한다.

답 : ④

총공사비(견적가격) = 총원가 + 부가이윤
총원가 = 공사원가 + 일반관리비부담금
공사원가 = 순공사비 + 현장경비
순공사비 = 직접공사비 + 간접공사비(공통경비)
직접공사비 : 재료비, 노무비, 외주비, 경비

7. 공사계획

1) 공사계획의 사전조사 사항
① 설계도서 확인
② 계약조건 파악
③ 입지조건조사
④ 부지내 지반조사
⑤ 환경공해 조사
⑥ 기상, 기후분석
⑦ 법적 규제의 조사, 확인
⑧ 노무, 자재사정 조사

2) 공사계획의 원칙
① 작업량을 최소화 할 것
② 중요한 작업 또는 고가의 설비능력을 충분히 발휘하게 다른 소공사를 시간적으로 가감한다.
③ 설비의 공비시간(公費時間)을 적게 한다.
④ 계획은 사무소에서 수립하는 것으로 현장에서 노무자나 미숙한 자에 맡겨서는 안된다.

3) 공기(工期)를 지배하는 요소
① 1차적 지배요소 : 건축물의 구조, 규모, 용도, 대지의 정지상태, 주변 지장물
② 2차적 지배요소 : 시공자의 기술능력(수급자의 능력), 보유자원(자금능력), 기상, 기후
③ 3차적 지배요소 : 발주자의 요구, 설계의 적부, 관리감독의 능력, 지리적 입지조건

4) 일반적인 공사 진행의 순서

공사 착공준비 → 가설공사 → 토공사 → 지정 및 기초공사 → 구조체 공사 → 방수·방습공사 → 지붕 및 홈통공사 → 외벽 마무리공사 → 창호공사 → 내부 마무리공사

8. V.E(Value Engineering, 가치공학)
   ① 기능(Function)을 향상 또는 유지하면서 비용(Cost)을 최소화시켜 가치(Value)를 극대화시키는 것으로 최소의 비용으로 최대의 효과(기능)를 유도하는 공학
   ② 최저의 비용개념으로 설계, 시공, 유지관리비에 이르기까지 전 작업과정에서 원가절감을 위한 조직적인 노력이다. 즉, VE는 원가와 기능의 상관관계를 조절하는 기술이다.

   $$VE = \frac{F}{C}$$ 단, F(Funtion, 기능), C(Cost, 비용)

   ③ 적용대상선정
      ㉮ 원가절감효과가 큰 것
      ㉯ 수량은 많고, 반복효과가 큰 것
      ㉰ 장기간 사용으로 공사의 개선 효과가 큰 것
      ㉱ 하자가 빈번한 것

9. 생산관리기법
   1) EC(Engineering Construction)화 : 종합건설업화
      ① 건설산업의 업무기능 확대 및 영역확대를 도모하는 종합건설업화
      ② 신설사업의 일괄입찰 방식에 의한 건설생산 능력을 확보한다.

   2) CIC(Computer Integrated Construction) : 컴퓨터를 통한 건설통합 생산 시스템

      컴퓨터, 정보통신 및 자동화 조립기술을 토대로 건설생산에 기능, 인력들을 유기적으로 연계하여 각 건설업체의 업무를 각사의 특성에 맞게 최적화하는 개념

   3) CALS(Continuous Acquisition and Life Cycle Support) : 건설분야 통합정보시스템

      건설 생산 활동의 전과정에서 건설관련 주체가 초고속정보통신망이나 전자상거래 등 정보의 실시간 공유를 통해 공기단축, 원가절감 등을 도모하려는 건설분야 통합정보시스템을 말한다.

핵심 PLUS

25 다음 중 공사 진행의 일반적인 순서로 옳은 것은? [16, 20 기]
① 가설공사 → 공사 착공 준비 → 토공사 → 지정 및 기초공사 → 구조체 공사
② 공사 착공 준비 → 가설공사 → 토공사 → 지정 및 기초공사 → 구조체 공사
③ 공사 착공 준비 → 토공사 → 가설공사 → 구조체 공사 → 지정 및 기초공사
④ 공사 착공 준비 → 지정 및 기초공사 → 토공사 → 가설공사 → 구조체 공사

답 : ②

26 가치공학(Value Engineering) 수행계획 4단계로 옳은 것은? [21 기]
① 정보(Informative) – 제안(Proposal) – 고안(Speculative) – 분석(Analytical)
② 정보(Informative) – 고안(Speculative) – 분석(Analytical) – 제안(Proposal)
③ 분석(Analytical) – 정보(Informative) – 제안(Proposal) – 고안(Speculative)
④ 제안(Proposal) – 정보(Informative) – 고안(Speculative) – 분석(Analytical)

답 : ②

27 건설 프로세스의 효율적인 운영을 위해 형성된 개념으로 건설생산에 초점을 맞추고 이에 관련된 계획, 관리, 엔지니어링, 설계, 구매, 계약, 시공, 유지 및 보수 등의 요소들을 주요 대상으로 하는 것은? [10, 15, 23 기]
① CIC(Computer Intergrated Construction)
② MIS(Management Information System)
③ CIM(Computer Intergrated Manufacturing)
④ CAM(Computer Aided Manufacturing)

답 : ①

핵심기출문제

I. 총론

■■■ 1. 총론

1. 공사계약 방식에는 전통적인 계약방식과 업무범위에 따른 계약방식이 있는데 다음 중 업무범위에 따른 계약방식의 종류가 아닌 것은?
[04, 06 ㉮]

① 공동도급 계약방식(Joint Venture Contract)
② 턴키 계약방식(Trun-key Contract)
③ 공사관리 계약방식(Construction Management Contract)
④ 프로젝트관리 계약방식(Program Management or Project Management Contract)

2. 다음 중 공사수행방식에 따른 계약에 해당되지 않는 것은? [10 ㉮]

① 설계·시공 분리계약
② 단가도급계약
③ 설계·시공 일괄계약
④ 턴키계약

3. 공사금액의 결정방법에 따른 도급방식이 아닌 것은? [03, 09, 18 ㉮]

① 정액 도급
② 공종별 도급
③ 단가 도급
④ 실비청산 보수가산 도급

4. 공동도급방식(Joint Venture)에 대한 설명으로 옳은 것은? [03, 07, 18, 25 ㉮]

① 2명 이상의 수급자가 어느 특정공사에 대하여 협동으로 공사를 체결하는 방식이다.
② 발주자, 설계자, 공사관리자의 세 전문집단에 의하여 공사를 수행하는 방식이다.
③ 발주자와 수급자가 상호신뢰를 바탕으로 팀을 구성하여 공동으로 공사를 수행하는 방식이다.
④ 공사수행방식에 따라 설계/시공(D/B)방식과 설계/관리(D/M)방식으로 구분한다.

해 설

해설 **1, 2**
공사 시공방식
(1) 설계와 시공의 분리계약제도 : 전통적 방식
  ① 직영방식
  ② 도급방식
    ㉠ 도급계약방식 – 일식도급, 분할도급, 공동도급
    ㉡ 도급금액결정방식 – 정액도급, 단가도급, 실비청산보수가산도급
(2) 업무범위에 따른 계약방식
  ① 턴키 도급(Turn Key)
  ② 건설사업관리방식
    (CM : Construction Management)
  ③ 민간투자사업방식(SOC)
  ④ 파트너링(Partnering) 방식
  ⑤ 성능발주방식

해설 **3**
분할 도급
① 공사를 유형별로 구분하여 각 전문업자에게 분할 도급 주는 것
② 종류
  ㉠ 전문공종별 : 설비공사를 주체공사와 분리시켜 도급 주는 것
  ㉡ 공정별 : 정지, 구조체, 마무리공사 등 과정별로 나누어 도급 주는 방식
  ㉢ 공구별 : 대규모 공사에서 지역별로 공사를 분리하여 발주하는 방식

해설 **4**
공동도급(Joint venture contract)
① 사무방식의 불일치에서 오는 사무 혼란
② 현장관리의 혼란 및 경비증대
③ 업무한계 및 책임한계가 불명확
④ 구성원 상호간의 이해충돌

정답 1. ① 2. ② 3. ② 4. ①

5. 각종 도급방식의 설명 중 옳지 않은 것은? [06⑦]

① 정액도급제도는 총공사비만 결정한 후 경쟁 입찰 후 최저입찰자와 계약을 체결하는 제도이다.
② 실비정산식 시공계약제도는 건축주, 감독자, 시공자 3자가 입회하여 공사에 필요한 실비와 보수를 협의하여 정하고 시공자에게 지급하는 방법이다.
③ 턴키도급방식은 건설업자가 금융, 시공, 시운전까지 주문자가 필요로 하는 것을 인도하는 방법이나 건축주의 의도가 반영되지 못하는 단점이 있다.
④ 공동도급방식은 기술, 자본 그리고 위험을 분담시킬 수 있으며, 경비를 절감한다.

6. 공사관리방법 중 CM 계약방식에 대한 설명으로 옳지 않은 것은? [14⑦]

① 프로젝트의 성공여부는 발주자와 설계자의 능력에 크게 의존한다.
② 프로젝트의 전 과정에 걸쳐 공사비, 공기 및 시공성에 대한 종합적인 평가 및 설계변경에 대한 효율적인 평가가 가능하여 발주자의 의사결정에 도움이 된다.
③ 설계과정에서 설계가 시공에 미치는 영향을 예측할 수 있어 설계도서의 현실성을 향상시킬 수 있다.
④ 단계별 시공을 적용할 수 있어 설계 및 시공기간을 크게 단축시킬 수 있다.

7. 공사계약제도 중 공사관리방식(CM : Construction Management)의 단계별 업무내용 중 비용의 분석 및 VE기법의 도입 시 가장 효과적인 단계는?
[16, 20, 23⑦]

① Pre-Design단계(기획단계)
② Design단계(설계단계)
③ Pre-Construction단계(입찰·발주단계)
④ Construction단계(시공단계)

해 설

[해설] **5**
공동도급(Joint Venture)방식
융자력과 신용도의 증대, 위험성의 분산, 시공의 확실성 등의 장점이 있으나 도급자간 이해 충돌, 책임회피의 우려, 한 회사의 도급공사보다 공사비 증대, 책임소재가 불분명한 단점이 있다.

[해설] **6**
건설사업관리방식(CM : Construction Management) : CM(건설사업관리)이라 함은 건설공사에 관한 기획, 타당성 조사, 분석, 설계, 조달, 계약, 시공관리, 감리, 평가, 사후관리 등에 관한 관리업무의 전부 또는 일부를 수행하는 행위

[해설] **7**
공사관리방식(CM : Construction Management)의 단계별 주요 업무 순서
㉠ Pre-Design단계(기획단계) : 사업구상, 사업의 타당성 검토 및 사업수행의 구체적 계획 수립
㉡ Design단계(설계단계) : 비용의 분석 및 VE기법의 도입, 대안공법의 검토
㉢ Pre-Construction단계(입찰·발주단계)
㉣ Construction단계(시공단계) : 설계도면, 시방서에 따른 공사진행 검사 및 검토
㉤ Post-Construction단계(유지관리단계)

정답 5. ④ 6. ① 7. ②

핵심기출문제

I. 총론

8. 다음 공사계약방식 중 공사수행방식에 따른 분류에 해당하지 않는 것은? [15㉮]

① 실비정산보수가산계약
② 설계·시공분리계약
③ 설계·시공일괄계약
④ 턴키계약

9. 실비정산보수가산계약 제도의 특징이 아닌 것은? [17㉮]

① 설계와 시공의 중첩이 가능한 단계별 시공이 가능하다.
② 복잡한 변경이 예상되거나 긴급을 요하는 공사에 적합하다.
③ 계약체결 시 공사비용의 최대값을 정하는 최대보증한도 실비정산보수가산계약이 일반적으로 사용된다.
④ 공사금액을 구성하는 물량 또는 단위공사 부분에 대한 단가만을 확정하고 공사 완료 시 실시수량의 확정에 따라 정산하는 방식이다.

10. 입찰에 관한 설명 중 옳은 것은? [06, 07㉮]

① 일반공개입찰은 입찰자가 많으므로 담합의 우려가 많다.
② 지명공개입찰은 입찰자가 한정되므로 부적격자에게 낙찰될 우려가 많다.
③ 특명입찰은 수의계약이라고도 하며 공사비가 증가될 우려가 있다.
④ 현장설명은 보통 응찰과 동시에 이루어진다.

11. 대안입찰제도의 특징에 관한 설명으로 옳지 않은 것은? [20㉮]

① 공사비를 절감할 수 있다.
② 설계상 문제점의 보완이 가능하다.
③ 신기술의 개발 및 축적을 기대할 수 있다.
④ 입찰기간이 단축된다.

해 설

해설 8, 9
실비정산보수가산도급
공사의 실비를 건축주와 도급자가 확인 정산하고 건축주는 미리 정한 보수율에 따라 도급자에게 그 보수액을 지불하는 방법
㉠ 장점 : 가장 정확하고 양심적인 공사 가능, 양질의 공사 기대
㉡ 단점 : 공사비 절감노력이 없어지고, 공사기간의 연장 우려
☞ 도급금액결정방식 : 정액도급, 단가도급, 실비정산보수가산도급

해설 10
특명입찰(수의계약)
건축주가 업자의 기술, 신용, 능력, 자산, 공사의 내용 등을 고려하여 가장 적격한 특정업자 1명을 선명하여 입찰시키는 방식

장 점	단 점
· 입찰 수속이 가장 간단 · 양질의 공사 가능 · 공사의 기밀 유지	· 공사비 증대의 우려 · 공사금액 결정이 불명확

해설 11
대안입찰제도
성능발주방식의 일종으로 종래적인 설계도서에 의한 발주에서 도급자가 당초 설계의 기본 방침의 변경 없이 예정가격에 비하여 유리하고 공기단축 등이 가능한 공법 또는 대안을 제시하여 입찰하는 방식이다.
① 장점
  ㉠ 공사비 절감
  ㉡ 설계상 문제점의 보완이 가능
  ㉢ 시공자의 기술능력 제고로 부실공사 방지
  ㉣ 신기술 신공법의 개발
② 단점
  ㉠ 시공자가 상당한 기술력을 보유하여야 가능
  ㉡ 설계변경에 따른 제반 문제점 조정이 어려우며 설계비 부담
  ㉢ 대안 심의에 기술적 평가문제
  ㉣ 입찰기간의 장기화 우려성

정답 8. ① 9. ④ 10. ③ 11. ④

12. 입찰참가 사전자격심사(Pre-Qualification)에 관한 설명으로 옳지 않은 것은? [16②]
① 공사입찰 시 참가자의 기술능력, 관리 및 경영상태 등을 종합 평가한다.
② 공사입찰 시 입찰자로 하여금 산출내역서를 제출하도록 한 입찰제도이다.
③ 댐, 지하철, 고속도로 등의 토목 대형공사에 주로 적용된다.
④ 부실공사를 방지하기 위한 수단이다.

13. 발주자에 의한 현장관리로 볼 수 없는 것은? [16②]
① 착공신고
② 하도급계약
③ 현장회의 운영
④ 클레임 관리

14. 건설클레임과 분쟁에 관한 설명으로 옳지 않은 것은? [17②]
① 클레임의 예방대책으로는 프로젝트의 모든 단계에서 시공의 기술과 경험을 이용한 시공성 검토가 있다.
② 작업범위 관련 클레임은 주로 예상치 못했던 지하구조물의 출현이나 지반 형태로 인해 시공자가 작업 수행을 위해 입찰 시 책정된 예정 가격을 초과 부담해야 할 경우에 발생한다.
③ 분쟁은 발주자와 계약자의 상호 이견 발생 시 조정, 중재, 소송의 개념으로 진행되는 것이다.
④ 클레임의 접근절차는 사전평가단계, 근거자료확보단계, 자료분석단계, 문서작성단계, 청구금액산출단계, 문서제출단계 등으로 진행된다.

15. 도급자가 공사를 착공하기 전에 공사내용과 공기를 가장 효과적으로 달성하면서 집행 가능한 최소의 투자를 전제하여 시공계획과 손익의 목표를 합리적으로 표현한 금액적 계획서를 일반적으로 무엇이라고 하는가? [09, 11 ②]
① 목표예산
② 실행예산
③ 도급예산
④ 소요예산

해설

해설 12
PQ 제도(Pre-Qualification, 입찰참가자격 사전심사제도)
발주자가 요구하는 건축물 또는 구조물이나 서비스를 설계도서, 계약조건 및 발주지침 등에 의거해서 건설업자가 성공적으로 완전하게 생산할 수 있는지를 사전에 심사하는 절차나 방법을 말한다.

해설 13
하도급 : 도급공사를 부분적으로 분할하여 제3자에게 도급주어 시행하는 것
※ 재도급, 재하도급, 전면하도급은 건설산업기본법상으로 금지되어 있는 도급공사이다. 하도급만 허용된다.

해설 14
공기촉진 클레임
① 공기촉진 클레임은 공기지연이나 공사범위 클레임의 결과로서 발생하는 경우로 생산성측면의 클레임이다. 이는 시공자로 하여금 처음 계획된 공기보다 단축하여 작업을 하도록 요구하거나 생산체계를 촉진하기 위해 추가하거나 또는 다른 자원을 사용하도록 요구할 때 발생하게 된다.
② 공기촉진 클레임 원인
  ㉠ 초과 시간작업의 요구
  ㉡ 추가의 작업자 투입의 요구
  ㉢ 야간작업의 요구
  ㉣ 계획에 없는 장비사용의 요구
  ㉤ 발주자나 설계자에 의한 작업방법의 변경 요구

해설 15
실행예산
공사를 계약된 공기 내에 완성하기 위하여 공사 손익을 사전에 예상하고 이익계획을 명확히 하여 합리적이고 경제적인 현장운영 및 공사수행을 하도록 사전에 작성하는 예산을 말한다.

정답 12. ② 13. ② 14. ② 15. ②

핵심기출문제 I. 총론

16. 공사원가 구성요소의 하나인 직접공사비에 속하지 않는 것은? [10, 16, 23㉮]

① 자재비 ② 노무비
③ 경비   ④ 일반관리비

[해설] 공사비(견적가격)의 구성

총공사비 (견적가격)	총원가				
		부가이윤			
	공사원가	일반관리비 부담금			
		순공사비	현장경비		
			간접공사비 (공통경비)		
			직접공사비	재료비	
				노무비	
				외주비	
				경 비	

※ 직접공사비 = 재료비, 노무비, 외주비, 경비

17. 건축비의 예측을 위한 형태에 의한 단가의 분류로서 바르게 구성된 것은? [03, 04, 05, 25㉮]

① 재료단가, 노무단가, 복합단가, 공종단가
② 재료단가, 노무단가, 복합단가, 외주단가
③ 재료단가, 노무단가, 복합단가, 합성단가
④ 재료단가, 노무단가, 부위단가, 외주단가

18. 건축공사의 원가계산상 현장의 공사용수비는 어느 항목에 포함되는가? [06㉮]

① 재료비 ② 외주비
③ 공통가설비 ④ 콘크리트 공사비

19. 건축공사의 공사원가 계산방법으로 옳지 않은 것은? [17㉮]

① 재료비 = 재료량 × 단위당 가격
② 경비 = 소요(소비)량 × 단위당 가격
③ 고용보험료 = 재료비 × 고용보험요율(%)
④ 일반관리비 = 공사원가 × 일반관리비율(%)

해설

[해설] **17**
형태에 의한 단가의 분류
① 재료단가 : 재료비, 취급비, 운반비 등을 포함한 철근 1톤, 목재 1m³당 등의 단가
② 노무단가 : 건축인부 1명, 1일당의 노무임금
③ 복합단가 : 재료비, 노무비, 소모품비, 기구손료, 도급경비 등의 제 공합한 단가
④ 합성단가 : 건축 각 부분의 바탕에서 표면마무리까지를 포함한 부분별 견적 방식으로 채용되는 단가

[해설] **18**
가설공사비
① 공통가설비 : 간접적인 역할을 하는 공사비 → 가설건물, 가설울타리, 가설운반로, 공사용수, 공사용동력, 시험조사, 기계기구, 운반비 등
② 직접가설비 : 본건물 축조에 직접적인 역할을 하는 공사비 → 대지 측량과 정리, 규준틀, 비계, 건축물 보양, 보호막 설치, 낙하물 방지망, 건축물 현장정리 등

[해설] **19**
고용보험료 = 임금 × 고용보험요율(%)
※ 건축공사의 공사원가 계산방법
• 재료비 = 재료량 × 단위당 가격
• 노무비 = 노무량 × 단위당 가격
• 경비 = 소요(소비)량 × 단위당 가격
• 일반관리비 = 공사원가 × 일반관리비율(%) ※이윤은 15% 초과 계상금지
• 이윤 = (공사원가 + 일반관리비) × 이윤율(%)
• 고용보험료 = 임금 × 고용보험요율(%)

정답 16. ④ 17. ③ 18. ③ 19. ③

20. 수량산출 작업을 함에 있어 효율적인 적산방법이 아닌 것은? [15㉮]
① 수직방향에서 수평방향으로 적산한다.
② 시공순서대로 적산한다.
③ 내부에서 외부로 적산한다.
④ 큰 곳에서 작은 곳으로 적산한다.

21. 건축공사는 시공 전에 수립하는 시공계획이 공사의 성패를 좌우한다 할 수 있다. 다음 중 시공 계획의 원칙이라 할 수 없는 항목은? [06㉮]
① 작업량을 최소화 한다.
② 각 작업 또는 설비는 가능한 한 장기간 균일한 작업량을 할 수 있게 한다.
③ 기계설비에 다소 비용을 요해도 인건비를 절감하는 방안을 모색한다.
④ 설비의 공비시간(空費時間)을 크게 한다.

22. 건축공사에서 V.E(Value Engineering)의 사고방식으로 옳지 않은 것은? [03, 21㉮]
① 기능분석   ② 비용절감
③ 조직적 노력   ④ 제품위주의 사고

23. 가치공학(Value Engineering) 기법에서 어떤 개선 활동이나 계획을 세울 때 적용하는 것은? [05, 15㉮]
① 기능설계   ② 원가절감
③ 브레인 스토밍   ④ 공기단축기법

[해설] 브레인스토밍
브레인스토밍은 여러 사람이 둘러 앉아 자유로운 발상으로 아이디어를 생산하는 일종의 아이디어 창조기법 정상적인 사람으로는 생각해 내기 어려운 기발하고 독창적인 아이디어를 도출하는데 목적이 있다. 가치공학(Value Engineering) 기법에서 어떤 개선 활동이나 계획을 세울 때 적용한다.
※ 브레인스토밍(Brainstorming) 4원칙
㉠ 비판금지 : 다른 사람의 아이디어는 절대로 비판하지 않는다.
㉡ 자유분방 : 자유분방한 분위기에서 창의적인 아이디어를 환영하며, 시간제한을 둔다. 자유로운 발상으로 아이디어의 한계를 극복해 본다.
㉢ 질보다 양 : 아이디어의 수는 많을수록 좋다.
㉣ Idea에 편승 : 모든 아이디어를 참가자들이 볼 수 있도록 기록한다.

해 설

[해설] **20**
적산의 순서(수량산출 작업을 함에 있어 효율적인 적산방법)
적산 업무를 행함에 있어 다음 순서에 의하면 중복이나 누락을 방지할 수 있다.
① 수평방향에서 수직방향으로 적산한다.
② 시공 순서대로 적산한다.
③ 내부에서 외부로 적산한다.
④ 큰 곳에서 작은 곳으로 적산한다.
⑤ 단위세대에서 전체로 행한다.

[해설] **21**
설비의 공비시간(空費時間)을 작게 한다.

[해설] **22**
V.E(Value Engineering, 가치공학)
① 기능(Function)을 향상 또는 유지하면서 비용(Cost)을 최소화시켜 가치(Value)를 극대화시키는 것으로 최소의 비용으로 최대의 효과(기능)를 유도하는 공학
② 최저의 비용개념으로 설계, 시공, 유지관리비에 이르기까지 전 작업과정에서 원가절감을 위한 조직적인 노력이다. 즉, VE는 원가와 기능의 상관 관계를 조절하는 기술이다.
$$VE = \frac{F}{C}$$
단, F(Funtion, 기능)
　　C(Cost, 비용)

정답 20. ① 21. ④ 22. ④ 23. ③

핵심기출문제

I. 총론

24. 아래 공종 중 건설현장의 공사비 절감을 위해 집중분석해야하는 공종이 아닌 것은? [17②]

A. 공사비 금액이 큰 공종
B. 단가가 높은 공종
C. 시행실적이 많은 공종
D. 지하공사 등의 어려움이 많은 공종

① A
② B
③ C
④ D

25. 린건설(Lean Construction)에서의 관리방법으로 옳지 않은 것은? [18, 22, 24②]

① 변이관리
② 당김생산
③ 흐름생산
④ 대량생산

[해설] 린건설(Lean Construction)
㉠ 린 건설은 린(Lean)과 건설(Construction)의 합성어로서 낭비를 최소화하는 가장 효율적인 건설 생산 시스템을 의미하고자 만들어진 용어이다.
㉡ 낭비를 최소화 하는 가장 효율적인 건설 생산 체계를 말하며, 작업단계(운반, 대기, 처리, 검사) 중 가치창출 과정인 처리작업 이외에 비가치 창출 과정들을 최소화 하여 작업간 대기시간, 재고 등 낭비를 최소화하고, 생산의 효율성을 증진 시키는 건설 생산 방식이다.
㉢ 린 건설의 관리목표
  - 낭비의 최소화 및 생산의 효용성 증대
  - 최소비용, 최소기간, 무결점, 무사고 추구
  - 변이관리능력 향상
  - 비용절감효과
  - 공기 단축
㉣ 생산방식
  • 밀어내기식(push-type) 생산방식 : 각 작업에서의 생산량이 전체생산 시스템의 작업량을 최대로 할 수 있는 양으로 결정되고 최대량 생산이 목적
  • 당김식(pull-type) 생산방식 : 후속 작업의 상황을 고려하여 후속 작업에 필요한 품질수준에 맞추어 필요로 하는 양 만큼만 선작업 시행

해 설

[해설] **24**
공사비 금액이 큰 공종, 단가가 높은 공종, 지하공사 등의 어려움이 많은 공종은 건설현장의 공사비 절감을 위해 집중분석해야 하는 공종에 해당된다. 그러나 시행실적이 많은 것은 집중분석공정이 아니다. 다만, 반복효과가 큰 공사는 절감효과가 있다. 주의할 내용은 시행실적이 많다고 반복효과가 있는 것은 아니다.

정답 24. ③ 25. ④

26. 기술제안입찰제도의 특징에 관한 설명으로 옳지 않은 것은? [21㉮]
① 공사비 절감방안의 제안은 불가하다.
② 기술제안서 작성에 추가비용이 발생된다.
③ 제안된 기술의 지적재산권 인정이 미흡하다.
④ 원안 설계에 대한 공법, 품질 확보 등이 핵심 제안 요소이다.

27. 공기단축을 목적으로 공정에 따라 부분적으로 완성된 도면만을 가지고 각 분야별 전문가를 구성하여 패스트 트랙(Fast Track)공사를 진행하기에 가장 적합한 조직구조는? [17㉮]
① 기능별 조직(Functional Organization)
② 매트릭스 조직(Matrix Organization)
③ 태스크포스 조직(Task Force Organization)
④ 라인스탭 조직(Line-Staff Organization)

28. 공사계약제도 중 공사관리방식(CM)의 단계별 업무내용 중 비용의 분석 및 VE기법의 도입 시 가장 효과적인 단계는? [20㉮]
① Pre-Design 단계
② Design 단계
③ Pre-Construction 단계
④ Construction 단계

해설

해설 26
기술제안입찰제도(기술형입찰제도)
국가를 당사자로 하는 계약에 관한 법률에 근거를 두고 공사입찰시 낙찰자를 선정함에 있어 가격뿐만 아니라 건설기술, 공사기간, 가격 등 여러 가지를 고려하여 선정하는 입찰제도이다. 주로 상징성이 있거나 기념성, 예술성이 요구되는 시설물의 공사에 적용한다. 기존 입찰제도가 가장 저렴한 공사비로 입찰한 업체가 선정되는 최저가격입찰제도나 적격심사제도가 주를 이루었지만 2013년 국토교통부의 기술제안입찰제도 활성화 방안 마련으로 중소기업도 참여할 수 있는 기회가 다소 넓어지게 되었다.

해설 27
라인스탭 조직
(Line-Staff Organization)
㉠ 공기단축을 목적으로 공정에 따라 부분적으로 완성된 도면만을 가지고 각 분야별(전기, 기계, 건축, 토목 등) 전문가를 구성하여 패스트 트랙(Fast Track)공사를 진행하기에 가장 적합한 조직구조이다.
㉡ 특징 : CM 계약관리조직 등 전문분야의 생산성을 높이는 라인조직의 장점과 태스크포스 수준 이상의 전문관리자들의 지원을 받을 수 있다. 책임불명확에 따른 스텝의 무력화와 스텝의 월권행위 등이 문제점이다.

해설 28
공사관리방식(CM : Construction Management)의 단계별 주요 업무 순서
㉠ Pre-Design단계(기획단계) : 사업구상, 사업의 타당성 검토 및 사업수행의 구체적 계획 수립
㉡ Design단계(설계단계) : 비용의 분석 및 VE기법의 도입, 대안공법의 검토
㉢ Pre-Construction단계(입찰·발주단계)
㉣ Construction단계(시공단계) : 설계도면, 시방서에 따른 공사진행 검사 및 검토
㉤ Post-Construction단계(유지관리단계)

정답 26. ① 27. ④ 28. ②

핵심기출문제

29. 달성가치(Earned Value)를 기준으로 원가관리를 시행할 때, 실제투입 원가와 계획된 일정에 근거한 진행성과의 차이를 의미하는 용어는?

[21, 25㉎]

① CV(Cost Variance)
② SV(Schedule Variance)
③ CPI(Cost Performance Index)
④ SPI(Schedule Performance Index)

[해설] 적절한 핵심성과지표의 설정
핵심성과지표(KPI, key performance indicators)의 설정 없이는 프로젝트 예산을 효율적으로 관리할 수 없다. KPI를 설정함으로써 프로젝트에 어느 정도의 예산이 지출되었는지, 실제 소요된 예산이 계획과 어느 정도 차이 나는지 등을 확인할 수 있다. 효율적인 예산관리를 위해 필수적인 프로젝트 KPI는 다음과 같다.
㉠ 실비용(Actual cost, AC) : 실 투입 비용(ACWP, actual cost of work performed)이라고도 알려진 이 비용은 현재까지 프로젝트에 지출된 비용 규모를 지칭한다.
㉡ 원가 차이(Cost variance, CV) : 회사가 미리 계산한 예정 또는 표준제조 원가와 실제 원가의 차이를 의미한다.
㉢ 실적 가치(Earned value, EV) : 수행된 작업에 편성된 비용(BCWP, budgeted cost of work performed)이라고도 불리는 실적 가치는 특정 시점 이전까지 수행된 프로젝트 활동에 대해 승인된 예산을 나타낸다.
㉣ 계획 가치(Planned value, PV): 예정된 작업에 편성된 비용(BCWS, budgeted cost of work scheduled)이라고도 불리는 계획 가치는 제출일 당일 계획/예정된 프로젝트 활동에 대해 예정된 비용을 의미한다.
㉤ 투자수익률(Return on investment, ROI): 프로젝트의 수익성 및 편익이 비용을 능가하는가를 보여준다.
※ SV(Schedule Variance) : 스케줄 분산
※ CPI(Cost Performance Index) : 원가성과지수
※ SPI(Schedule Performance Index) : 일정성과지수

30. CIC(Computer Integrated Construction)의 설명으로 옳은 것은?

[03, 06㉎]

① 컴퓨터, 정보통신 및 자동화 생산, 조립기술 등을 토대로 건설행위를 수행하는데 필요한 기능들과 인력들을 유기적으로 연계하여 각 건설업체의 업무를 각사의 특성에 맞게 최적화 하는 것
② 재무, 인사관리 등의 요소들을 대상으로 건설업체의 업무수행을 전산화 처리하여 업무를 신속하게 수행토록 하는 것
③ 건축 시공시에 컴퓨터를 활용하여 시공량의 점검, 시공부위 확인 등을 수행토록 하는 것
④ 컴퓨터를 활용하여 건설의 입찰 및 계약업무를 전산화하여 업무를 신속하고, 정확하게 처리토록 하는 것

[해설] 30
CIC(Computer Integrated Construction) : 컴퓨터를 통한 건설통합 생산시스템
컴퓨터, 정보통신 및 자동화 조립기술을 토대로 건설생산에 기능, 인력들을 유기적으로 연계하여 각 건설업체의 업무를 각사의 특성에 맞게 최적화하는 개념

정답 29. ① 30. ①

31. 건설공사 기획부터 설계, 입찰 및 구매, 시공, 유지관리의 전 단계에 있어 업무절차의 전자화를 추구하는 종합건설정보망체계를 의미하는 것은?
[13, 17㉮]

① CALS ② BIM
③ SCM ④ B2B

32. 개념설계에서 유지관리 단계에 까지 건물의 전 수명주기 동안 다양한 분야에서 적용되는 모든 정보를 생산하고 관리하는 기술을 의미하는 용어는?
[21, 24㉮]

① ERP(Enterprise Resource Planning)
② SOA(Service Oriented Architecture)
③ BIM(Building Information Modeling)
④ CIC(Computer Integrated Construction)

[해설] BIM(Building Information Modeling, 건축정보모델, 빌딩정보모델)
3차원 정보모델을 기반으로 시설물의 생애주기에 걸쳐 발생하는 모든 정보를 통합하여 활용이 가능하도록 시설물의 형상, 속성 등을 정보로 표현한 디지털 모형을 뜻한다. BIM 기술의 활용으로 기존의 2차원 도면 환경에서는 달성이 어려웠던 기획, 설계, 시공, 유지관리 단계의 사업정보 통합관리를 통해, 설계 품질 및 생산성 향상, 시공오차 최소화, 체계적 유지관리 등이 이루어질 수 있다.
① 건물을 표현하는 하나의 정보 집합이다.
② 건물 생애 주기 동안의 정보처리 및 관리과정(process)이다.
③ 소프트웨어적인 관점에서 빌딩관리를 위한 도구로서 Building Information Modeler로 본다.
■ BIM의 근본적인 목적 :
㉠ 디자인 정보를 명확하게 하여 설계의도와 프로그램을 빠른 시간 내에 이해하고 평가함으로써 신속한 의사결정을 유도하도록 하는 것이다.
㉡ 현재 건축계획, 설계, 엔지니어링, 시공, 유지·관리, 에너지 등 건설 산업의 전 분야에 걸쳐 광범위하게 적용되어 가고 있다.
㉢ 기존의 2차원 기반의 도면정보 체계를 건물의 실제 형상과 정보를 가지는 3차원 파라메트릭 솔리드 모델링 기반의 정보체계로 건설산업의 패러다임을 변화시키고 있다.
※ CIC(Computer Integrated Construction) : 컴퓨터를 통한 건설통합 생산시스템
컴퓨터, 정보통신 및 자동화 조립기술을 토대로 건설생산에 기능, 인력들을 유기적으로 연계하여 각 건설업체의 업무를 각사의 특성에 맞게 최적화하는 개념

33. PMIS(프로젝트 관리 정보시스템)의 특징에 관한 설명으로 옳지 않은 것은?
[21㉮]

① 합리적인 의사결정을 위한 프로젝트용 정보관리시스템이다.
② 협업관리체계를 지원하며 정보의 공유와 축적을 지원한다.
③ 공정 진척도는 구체적으로 측정할 수 없으므로 별도 관리한다.
④ 조직 및 월간업무 현황 등을 등록하고 관리한다.

해 설

[해설] **31**
CALS(Continuous Acquisition and Life Cycle Support) : 건설분야 통합 정보시스템
건설 생산 활동의 전과정에서 건설관련 주체가 초고속정보통신망이나 전자상거래 등 정보의 실시간 공유를 통해 공기단축, 원가절감 등을 도모하려는 건설분야 통합정보시스템을 말한다.

[해설] **33**
PMIS(Project Management Information System, 프로젝트 관리 정보시스템)
㉠ 프로젝트의 모든 기술 및 행정업무를 전자 문서화하여 조직별, 담당자별 책임과 권한을 사전에 규정하는 것으로 합리적인 의사결정을 위한 프로젝트용 정보관리시스템이다.
㉡ 가장 큰 효율성은 실시간 정확하게 공사정보를 공유하고 의사결정을 전자문서로 신속하게 진행할 수 있어, 협업관리체계를 지원하며 정보의 공유와 축적을 지원한다.
㉢ 구성하는 핵심 설계도안은 RAM(업무분장)이며 이를 통해 프로젝트에 참여하는 모든 조직 및 월간업무 현황 등을 등록하고 관리한다.
㉣ 최근에는 소규모 프로젝트에도 PMIS를 도입해서 관리하려는 건축주 또는 시공자가 늘어나는 추세이다.

정답 31. ① 32. ③ 33. ③

02 공정 및 품질관리

핵심 PLUS

01 공정표를 작성할 때의 주의사항 중 틀린 것은? [07 기]
① 공정표에는 공사수량도 기입한다.
② 공정표에는 재료의 발주시기를 명기(明記)한다.
③ 한 공사가 완전히 끝난 며칠 후 다음 공사가 시작하도록 작성한다.
④ 기초공사는 공정의 변동가능성이 많으므로 충분한 여유를 둔다.

[해설] 공정표는 임의의 한 공사가 완전히 끝난 뒤 다음 공사가 연속되도록 작성하는 것이 원칙이다.
답 : ③

02 Net Work(네트웍) 공정표의 장점이라고 볼 수 없는 것은? [08, 15 기]
① 작업 상호간의 관련성 파악이 용이하다.
② 진도 관리를 명확하게 실시할 수 있으며 적절한 조치를 취할 수 있다.
③ 계획관리 면에서 신뢰도가 높고 전산기 이용이 가능하다.
④ 작성 및 검사에 특별한 기능이 필요 없고 경험이 없는 사람도 쉽게 작성할 수 있다.
답 : ④

1 공정관리

1. 공정표의 종류

1) 횡선식 공정표(Bar Chart)
① 가로(횡)축에 공사기간, 세로(종)축에 공사종목을 표시하여 공정을 막대그래프로 표시한 공정표
② 공사진척 사항을 기입하고 예정과 실시를 비교하면서 관리하는 공정표로 가장 많이 이용된다.

2) 사선식 공정표(절선 공정표)
① 공사량을 세로로, 날짜를 가로로 잡아 공사진척 사항을 사선그래프로 표시한 공정표
② 작업의 관련성을 나타낼 수 없으나, 공사의 기성고를 표시하는 데는 편리하다.

3) 열기식 공정표
① 부분 공정표로써 재료, 노무 등을 글자로서 나열시키는 방법
② 가장 간단한 공정표로 인부 및 재료준비를 하는 데 있어서 가장 적당하다.

4) 네트워크(Net Work) 공정표
① 공정별 작업단위를 망형도로 표시하고 각 공사의 순서관계, 일정관계를 도해식으로 표시한 공정표로 PERT 기법과 CPM 기법이 대표적으로 사용된다.
② 장점 : 내용파악이 용이, 컴퓨터 이용 가능, 공정관리 및 여유시간 관리가 편리, 현장인원의 중점 배치가 가능, 건축주나 관련자와의 공정회의에 편리
③ 단점 : 작성시간이 많이 소요되고, 작성 및 검사에 특별한 기능이 필요하다. 작업의 세분화 정도에는 한계가 있다. 공정표 수정하기 대단히 어렵다.

2. 네트워크 공정표의 용어와 기호

용어	기호	내용
Event	O	작업의 결합점, 개시점 또는 종료점
Activity	→	작업, 프로젝트를 구성하는 작업단위
Dummy	┄>	정상표현으로 할 수 없는 작업 상호관계를 표시하는 화살표로서, 작업 및 시간의 요소는 없다.
가장 빠른 개시시각	EST	Earliest Starting Time, 작업을 시작하는 가장 빠른 시각
가장 빠른 종료시각	EFT	Earliest Finishing Time, 작업을 끝낼 수 있는 가장 빠른 시각
가장 늦은 개시시각	LST	Latest Starting Time, 공기에 영향이 없는 범위에서 작업을 가장 늦게 시작하여도 좋은 시각
가장 늦은 종료시각	LFT	Latest Finishing Time, 공기에 영향이 없는 범위에서 작업을 가장 늦게 종료하여도 좋은 시각
Path		네트워크 중 둘 이상의 작업이 이어짐 상태
Longest Path	LP	임의의 두 결합점 간의 패스 중 소요시간이 가장 긴 패스
Critical Path	CP	전체 공기를 지배하는 작업경로, 소요일수가 가장 많은 작업경로, 여유시간을 갖지 않는 작업경로
Float		작업의 여유시간(공기에 영향이 없다.)
Slack	SL	결합점이 가지는 여유시간
Total Float	TF	작업을 EST로 시작하고 LFT로 완료할 때 생기는 여유시간(TF=그 작업의 LFT-그 작업의 EFT)
Free Float	FF	작업을 EST로 시작하고 후속작업도 EST로 시작하여도 존재하는 여유시간, (FF=후속작업의 EST-그 작업의 EFT)
Dependent Float	DF	후속작업의 전체 여유에 영향을 미치는 여유시간, (DF=TF-FF)

3. PERT와 CPM의 차이점

구 분	주대상	주목적	소요시간추정	일정계산	여유시간 MCX(최소비용)
PERT	신규 사업, 비반복사업, 경험이 없는 사업	공기 단축	3점 추정	결합점 (Event) 중심	· Slack · MCX 이론이 없음
CPM	반복사업, 경험이 있는 사업	공비 절감	1점 추정 (경험에 의한 시간추정)	활동점 (Activity) 중심	· Float · CPM의 핵심이론

핵심 PLUS

03 그림과 같은 네트워크 공정표에서 주공정선(Critical path)은? [19 기]

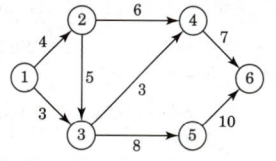

① ①→③→⑤→⑥
② ①→②→④→⑥
③ ①→②→③→④→⑥
④ ①→②→③→⑤→⑥

[해설] 주공정선(CP)
=①→②→③→⑤→⑥ 이므로
총공사일수=4+5+8+10=27일
답 : ④

04 네트워크 공정표에서 작업의 상호관계만을 도시하기 위하여 사용하는 화살선을 무엇이라 하는가? [09, 17, 22, 23, 25 기]
① dummy
② event
③ activity
④ critical path
답 : ①

05 다음 중 네트워크 공정표에 사용되는 용어의 설명으로 옳지 않은 것은? [08, 15, 24 기]
① Critical Path : 처음작업부터 마지막작업에 이르는 모든 경로 중에서 가장 긴 시간이 걸리는 경로
② Activity : 작업을 수행하는데 필요한 시간
③ Float : 각 작업에 허용되는 시간적인 여유
④ Event : 작업과 작업을 결합하는 점 및 프로젝트의 개시점 혹은 종료점

[해설] 작업(activity)-프로젝트를 구성하는 작업단위
※ 소요시간(duration) - 작업을 수행하는데 필요한 시간
답 : ②

4. MCX(Minimum Cost Expenditing, 최소비용 일정단축기법)

① 주공정상의 소요 작업 중 비용구배(cost slope)가 가장 작은 요소작업부터 단위 시간씩 단축해 가며 이로 인해 변경되는 주공정이 발생되면 변경된 경로의 단축해야 할 요소작업을 결정해 가는 방법
② 공기가 최소화 되도록 비용구배(cost slope)에 의해서 공기를 조절한다.

2 품질관리

1. 품질관리 싸이클(Cycle) 4단계(데밍의 Cycle)

① Plan(계획) : 목표를 달성하기 위한 계획을 설정한다.
② Do(실시) : 설정된 계획에 따라 실시한다.
③ Check(검토) : 실시된 결과를 측정하여 계획과 비교하여 검토한다.
④ Action(조치) : 목표와 검토 결과가 차이가 있으면 수정한다.

2. 품질관리의 목적

① 시공능률의 향상
② 설계의 합리화
③ 품질 및 신뢰성의 향상
④ 작업의 표준화

3. 품질관리(T.Q.C)의 7가지 도구(통계적 방법)

종 류	특 징
히스토그램	데이터가 어떻게 분포하고 있는지를 나타내기 위하여 작성하는 그림
특성요인도	결과에 원인이 어떻게 관계를 하는가를 알 수 있도록 작성한 그림
파레토도	불량 등의 발생건수를 분류 항목별로 나누어 크기 순서대로 나열한 그림
체크 시이트	계수치의 데이터가 분류 항목의 어디에 집중되었는가를 나타낸 그림이나 표
각종 그래프 및 관리도	한눈에 파악하도록 한 그래프로 공사 또는 제품의 품질관리 개선에 효과적인 방법
산점도	대응되는 2개의 짝으로 된 데이터를 그래프용지에 점으로 나타낸 그림
층별(層別)	집단을 구성하는 데이터를 특징에 따라 몇 개의 부분 집단으로 나누는 것

핵심 PLUS

06 MCX(Minimum Cost Expediting)기법에 의한 공기단축방법에 관한 설명 중 옳지 않은 것은? [02 산, 03, 07 기]
① 주공정선(Critical Path)이외의 작업을 단축한다.
② 비용구배가 최소인 작업부터 단축한다.
③ 단축가능한계까지 단축한다.
④ 보조 주공정선(Sub-Critical Path)의 발생을 확인한다.
답 : ①

07 품질관리 사이클의 순서로 옳은 것은? [13 기]
① 계획-검토-실시-조치
② 계획-검토-조치-실시
③ 계획-실시-조치-검토
④ 계획-실시-검토-조치
답 : ④

08 다음 중 QC(Quality Control) 활동의 도구가 아닌 것은? [05, 06, 10, 14, 18, 19 기]
① 기능 계통도
② 산점도
③ 히스토그램
④ 특성요인도
답 : ①

09 TQC를 위한 7가지 도구 중 〈보기〉에서 설명하는 것은 무엇인가? [05 기]
〈보기〉 결과에 대한 원인이 어떻게 관계하는지를 알기 쉽게 작성한 것으로 생선뼈 그림이라고도 한다.
① 히스토그램
② 특성요인도
③ 각종 그래프
④ 체크시트
답 : ②

핵심기출문제

Ⅱ. 공정 및 품질관리

■■■ 1. 공정관리

1. 공정관리의 공정계획에는 수순계획과 일정계획이 있다. 다음 중 일정계획에 속하지 않는 것은? [15②]
① 시간계획
② 공사기일 조정
③ 프로젝트를 단위작업으로 분해
④ 공정도 작성

2. 고층건축물 공사의 반복작업에서 각 작업조의 생산성을 기울기로 하는 직선으로 각 반복작업의 진행을 표시하여 전체공사를 도식화하는 기법은? [17, 23②]
① CPM
② PERT
③ PDM
④ LOB

3. 화살선형 Net Work의 화살표에 대한 설명 중 옳지 않은 것은? [10②]
① 화살표 밑에는 계획작업 일수를 숫자로 기재한다.
② 더미(dummy)는 화살점선으로 표시한다.
③ 화살표 위에는 결합점 번호를 기재한다.
④ 화살표의 길이는 특정한 의미가 없다.

4. 기본공정표와 상세공정표에 표시된 대로 공사를 진행시키기 위해 재료, 노력, 원척도 등이 필요한 기일까지 반입, 동원될 수 있도록 작성한 공정표는? [18②]
① 횡선식 공정표
② 열기식 공정표
③ 사선 그래프식 공정표
④ 일순식 공정표

5. 네트워크(Network)에 관한 용어로서 관계 없는 것은? [03, 06, 14, 19②]
① 커넥터(connector)
② 크리티칼 패스(critical path)
③ 더미(dummy)
④ 플로우트(float)

해 설

[해설] 1
공정표 작성순서
① 수순계획
 ㉠ 자료준비 후 프로젝트를 단위작업으로 분해한다.
 ㉡ 각 작업의 순서를 붙이고 네트워크를 표현한다.
 ㉢ 각 작업시간을 겨냥하여 정한다.
② 일정계획
 ㉠ 시간계산(일정계산)
 ㉡ 공사기일 조정
 ㉢ 공정도 작성

[해설] 2
LOB(Line of Balance) : 고층건축물 공사의 반복작업에서 각 작업조의 생산성을 기울기로 하는 직선으로 도식화하는 공정관리기법

[해설] 3
Event(결합점, Node라고도 표현함)
① 작업의 개시, 종료 또는 작업과 작업간의 연결점을 나타낸다.
② Event에는 번호를 붙여 작업명을 나타낸다.

[해설] 4
열기식 공정표 : 각 공사의 재료, 노무 등을 글자로 나열한 공정표로써, 재료 및 노무자 수배시 유리하다.

[해설] 5
② 크리티칼 패스(critical path) : 전체 공기를 지배하는 작업경로, 소요일수가 가장 많은 작업경로, 여유시간을 갖지 않는 작업경로
③ 더미(dummy) : 정상표현으로 할 수 없는 작업 상호관계를 표시하는 화살표로서, 작업 및 시간의 요소는 없다.
④ 플로우트(float) : 작업의 여유시간(공기에 영향이 없다.)

정답 1. ③ 2. ④ 3. ③
4. ② 5. ①

핵심기출문제 — Ⅱ. 공정 및 품질관리

6. 공정표 작성 시 공정계산에 관한 설명 중 옳은 것은? [09②]
① 복수의 작업에 후속되는 작업의 EST는 복수의 선행작업 중 EFT의 최소값으로 한다.
② 복수의 작업에 선행되는 작업의 LFT는 후속작업의 LST 중 최대값으로 한다.
③ 전체여유(TF)는 작업을 EST로 시작하고 LFT로 완료할 때 생기는 여유시간이다.
④ 종속여유(DF)는 후속작업의 EST에 영향을 주지 않는 범위 내에서 한 작업이 가질 수 있는 여유시간이다.

[해설] 6
① 복수의 작업에 후속되는 작업의 EST는 복수의 선행작업 중 EFT의 최대값으로 한다.
② 복수의 작업에 선행되는 작업의 LFT는 후속작업의 LST 중 최소값으로 한다.
④ 종속여유(DF)는 후속작업의 전체 여유에 영향을 미치는 여유시간이다.

7. 공정관리 용어로서 전체 공사과정 중 관리상 특히 중요한 몇몇 작업의 시작과 종료를 의미하는 특정시점을 무엇이라 하는가? [04, 09, 11②]
① 중간관리일 ② 절점
③ 표준점 ④ 비작업일

[해설] 7
중간관리일이란 전체 공사과정 중 관리상 특히 중요한 몇몇 작업의 시작과 종료를 의미하는 특정시점으로 일반적으로 15일(2주) 내지 30일(4주)을 기준으로 실시공정표를 작성하게 된다.

8. PERT-CPM 공정표 작성시에 EST와 EFT의 계산방법 중 옳지 않은 것은? [08, 11, 23②]
① 작업의 흐름에 따라 전진 계산한다.
② 선행작업이 없는 첫 작업의 EST는 프로젝트의 개시시간과 동일하다.
③ 어느 작업의 EFT는 그 작업의 EST에 소요일수를 더하여 구한다.
④ 복수의 작업에 종속되는 작업의 EST는 선행작업 중 EFT의 최소값으로 한다.

[해설] 8
복수의 작업에 종속되는 작업의 EST는 선행작업 중 EFT의 최대값으로 한다.

9. 낙관적 시간 a=4, 개연적 시간 m=7, 비관적 시간 b=8 이라고 할 때 PERT 기법에서 적용하는 예상시간은 얼마인가? (단, 단위는 주) [08, 15, 25②]
① 5.8주 ② 6.0주
③ 6.3주 ④ 6.7주

[해설] 9
PERT 기법의 3점 추정식
$$T_e = \frac{t_o + 4t_m + t_p}{6} = \frac{4 + 4\times 7 + 8}{6} = 6.7주$$

정답 6. ③ 7. ① 8. ④ 9. ④

10. 다음은 네트워크(network)공정관리에서 활용되는 용어를 설명한 것 중 옳은 것은? [07㉮]

① DF(Dependent Float) : 후속 작업의 TF에 영향을 주는 여유시간을 말한다.
② FF(Free Flot) : 가장 빠른 개시시각에 시작하여 가장 늦은 종료시각으로 완료할 때 생기는 여유시간이다.
③ TF(Total Float) : 가장 빠른 개시시각에 시작하고 후속하는 작업도 가장 빠른 개시시각에 시작하여도 발생하는 여유시간을 말한다.
④ SL(Slack) : 총 여유시간과 자유 여유시간과의 차이를 말한다.

11. MCX(Minimumcost Expending) 기법에 의한 공사기간 단축방법에서 아무리 비용을 투자해도 그 이상 공기를 단축할 수 없는 한계점은? [04, 06, 08, 14, 24㉮]

① 특급점(crash point)
② 표준점(normal point)
③ 포화점
④ 경제 속도점

■■■ 2. 품질관리

12. 품질관리에 있어서 통계적 수법을 활용할 때의 유의사항으로 옳지 않은 것은? [04, 08㉮]

① 사실을 나타내는 올바른 데이터를 사용할 것
② 간단한 수법을 효율적으로 사용할 것
③ 통계적 수법을 사용하여 나온 결론을 학문적으로 표현할 것
④ 통계적 수법의 활용과 아울러 문제해결을 위한 기술적인 뒷받침이 있을 것

13. 다음 중 건설공사의 품질관리와 가장 거리가 먼 것은? [07, 15㉮]

① ISO 9000
② CIC
③ TQC
④ Control Chart

해 설

[해설] 10
② FF(Free Flot) : 작업을 EST로 시작하고 후속작업도 EST로 시작하여도 존재하는 여유시간, (FF=후속작업의 EST-그 작업의 EFT)
③ TF(Total Float) : 작업을 EST로 시작하고 LFT로 완료할 때 생기는 여유시간(TF=그 작업의 LFT-그 작업의 EFT)
④ SL(Slack) : 결합점이 가지는 여유시간

[해설] 11
MCX(Minimum Cost Expenditing, 최소비용 일정단축기법)
① 주공정상의 소요 작업 중 비용구배(cost slope)가 가장 작은 요소작업부터 단위 시간씩 단축해 가며 이로 인해 변경되는 주공정이 발생되면 변경된 경로의 단축해야 할 요소작업을 결정해 가는 방법
② 공기가 최소화 되도록 비용구배(cost slope)에 의해서 공기를 조절한다.
※ 특급점(crash point) : 공사기간 단축방법에서 아무리 비용을 투자해도 그 이상 공기를 단축할 수 없는 한계점

[해설] 12
통계적 수법을 사용하여 나온 결론을 실용적으로 적용하는 것을 표현할 것

[해설] 13
CIC(Computer Integrated Construction) 컴퓨터, 정보통신 및 자동화 생산, 조립 기술 등을 토대로 건설행위를 수행하는데 필요한 기능들과 인력들을 유기적으로 연계하여 각 건설업체의 업무를 각사의 특성에 맞게 최적화 하는 것

정답 10. ① 11. ① 12. ③ 13. ②

핵심기출문제

II. 공정 및 품질관리

14. 다음 기술 중 QC 활동의 도구가 아닌 것은? [04, 13, 16㉮]
① 특성요인도
② 파레토그램
③ 층별
④ 기능계통도

15. TQC를 위한 7가지 도구 중 다음 설명이 의미하는 것은? [09, 22㉮]

> 모 집단에 대한 품질특성을 알기 위하여 모 집단의 분포상태, 분포의 중심위치, 분포의 산포 등을 쉽게 파악할 수 있도록 막대 그래프 형식으로 작성한 도수분포도를 말한다.

① 히스토그램
② 특성요인도
③ 파레토도
④ 체크시트

16. 다음 통합품질관리 TQC(Total Quality Control)를 위한 도구의 설명으로 옳지 않은 것은? [12, 16㉮]
① 파레토도란 층별 요인이나 특성에 대한 불량점유율을 나타낸 그림으로서 가로축에는 층별 요인이나 특성을, 세로축에는 불량건수나 불량손실금액 등을 표시하여 그 점유율을 나타낸 불량해석도이다.
② 특성요인도란 문제로 하고 있는 특성과 요인 간의 관계, 요인 간의 상호관계를 쉽게 이해할 수 있도록 화살표를 이용하여 나타낸 그림이다.
③ 히스토그램이란 모집단에 대한 품질특성을 알기 위하여 모집단의 분포상태, 분포의 중심위치, 분포의 산포 등을 쉽게 파악할 수 있도록 막대그래프 형식으로 작성한 도수분포도를 말한다.
④ 관리도란 통계적 요인이나 특성에 대한 두 변량 간의 상관관계를 파악하기 위한 그림으로서 두 변량을 각각 가로축과 세로축에 취하여 측정값을 타점하여 작성한다.

해 설

해설 14
QC 활동의 도구
히스토그램, 특성요인도, 파레토도, 체크 시이트, 각종 그래프 및 관리도, 산점도, 층별(層別)

해설 15
히스토그램(Histogram)
① 공사 또는 품질 상태가 만족한 상태에 있는 가의 여부를 판단하는 데 사용되는 것
② 가로축에 특성값을, 세로축에 도수를 잡고 구간의 폭으로 주상의 그림을 그린 도수도
※ QC 활동의 도구 : 히스토그램, 특성요인도, 파레토도, 체크 시이트, 각종 그래프 및 관리도, 산점도, 층별(層別)

해설 16
산점도 : 통계적 요인이나 특성에 대한 두 변량 간의 상관관계를 파악하기 위한 그림으로서 두 변량을 각각 가로축과 세로축에 취하여 측정값을 타점하여 작성한다.

정답 14. ④ 15. ① 16. ④

03 가설공사·토공사 및 기초공사

Ⅱ. 건축시공 | 가설공사·토공사 및 기초공사

1 가설공사

1. 가설공사비

① 공통가설비 : 간접적인 역할을 하는 공사비
  가설건물, 가설울타리, 가설운반로, 공사용수, 공사용동력, 시험조사, 기계기구, 운반비 등

② 직접가설비 : 본건물 축조에 직접적인 역할을 하는 공사비
  대지측량과 정리, 규준틀, 비계, 건축물 보양, 보호막 설치, 낙하물 방지망, 건축물 현장정리 등

2. 시멘트 창고

① 방습적인 창고로 하고, 시멘트 사이로 통풍이 되지 않도록 저장한다.
② 채광창 이외에 환기창을 설치하지 않으며, 반입·반출구를 구분해 반입 순서대로 반출시킨다.
③ 시멘트는 지면에서 30cm 이상 높이의 마루에 쌓으며, 13포대 이하로 쌓는다. (장기시 7포대 이하)
④ 3개월 이상 저장된 포대 시멘트나 습기를 받을 우려가 있다고 생각되는 시멘트는 사용하기 전에 시험을 해야 한다.
⑤ 면적 1m² 당 적재량 : 50포대(통로 고려시는 30~35포대)
⑥ 시멘트창고의 면적

$$A = 0.4 \times \frac{N}{n}$$ [N : 시멘트 포대수, n : 쌓기 단수(최고 13포)]

※ 1,800포 초과시 $N = \frac{1}{3}$만 적용

3. 기준점(Bench Mark) 및 규준틀

1) 기준점(벤치마크, Bench Mark)

① 건축공사 중 높이의 기준이 되도록 건축물 인근에 설치하는 표식
② 바라보기 좋고 공사의 지장이 없는 곳에 설치한다.
③ 건물 부근에 2개소 이상, 지반면(G.L)에서 0.5~1m 정도의 위치에 설치한다.

핵심 PLUS

01 가설공사에서 공통가설공사에 해당되지 않는 가설물은?
① 가설사무실
② 동바리
③ 가설울타리
④ 각종 실험실

답 : ②

02 가설건축물 중 시멘트창고에 관한 설명으로 옳지 않은 것은? [17 기]
① 바닥구조는 일반적으로 마루널깔기로 한다.
② 창고의 크기는 시멘트 100포 당 2~3m²로 하는 것이 바람직하다.
③ 공기의 유통이 잘 되도록 개구부를 가능한 한 크게 한다.
④ 벽은 널판붙임으로 하고 장기간 사용하는 것은 함석붙이기로 한다.

답 : ③

03 시멘트 600포대를 저장할 수 있는 시멘트 창고의 최소 필요면적으로 옳은 것은? [09, 12, 21 기]
① 18.46m²
② 21.64m²
③ 23.25m²
④ 25.84m²

해설 A(시멘트 창고 면적)
$$A = 0.4 \times \frac{N}{n} = 0.4 \times \frac{600}{13}$$
$$= 18.46 m^2$$
※ 쌓기 단수 13포대 이하 (3개월 이상 장기 저장시 7단 이하)
※ 시멘트 포대수(N)은 600포대 이상 1800포대 이하 경우 N=600포대를 적용한다.

답 : ①

II. 건축시공 | 가설공사·토공사 및 기초공사

④ 공사착수 전에 설정하며, 공사완료까지 존치한다.
⑤ 현장일지에 위치 기록해 둔다.

2) 규준틀

① 수평규준틀 : 기초파기와 기초공사시 건물 각부의 위치, 높이, 기초너비, 길이를 결정하기 위한 것으로 이동 및 변형이 없도록 견고하게 설치한다.(터파기 공사에 사용)

※ 말뚝 끝은 작업 중 충격과 이동, 침하를 쉽게 발견할 수 있도록 엇빗하게 자르거나 오니모양으로 자른다.

② 세로규준틀 : 조적공사에서 높낮이 및 수직면의 기준으로 사용하기 위한 것으로 이동이 없도록 유지관리에 주의한다.(조적 공사에 사용)

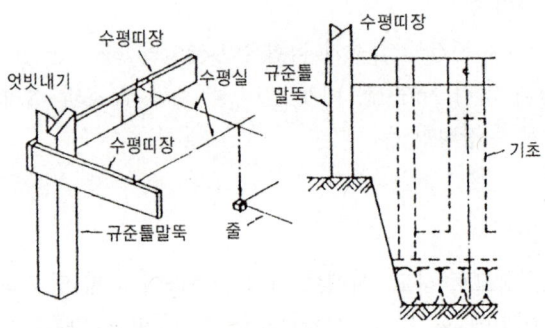

[그림] 규준틀

핵심 PLUS

04 기준점(bench mark)에 관한 설명 중 옳지 않은 것은? [08, 14 기]
① 신축할 건축물의 높이의 기준이 되는 주요 가설물이다.
② 건물의 각 부에서 헤아리기 좋은 1개소에 설치한다.
③ 바라보기 좋고 공사의 지장이 없는 곳에 설치한다.
④ 공사가 완료된 뒤라도 건축물의 침하, 경사 등을 확인하기 위하여 사용되는 수도 있다.
답 : ②

05 공사착공 전에 건축물의 형태에 맞춰 줄을 띄우거나 석회 등으로 선을 그어 건축물의 건설 위치를 표시하는 것으로 도로 및 인접건축물과의 관계, 건축물의 건축으로 인한 재해 및 안전대책 점검과 관련 있는 것은? [16 기]
① 줄쳐보기 ② 벤치마크
③ 먹매김   ④ 수평보기
답 : ①

06 가설공사에서 건물의 각부 위치, 기초의 너비 또는 길이 등을 정확히 결정하기 위한 것은? [13, 15 기]
① 벤치마크   ② 수평규준틀
③ 세로규준틀 ④ 현상측량
답 : ②

07 강관비계 설치에 대한 설명 중 옳지 않은 것은? [03 기]
① 비계기둥의 간격은 도리방향 1.5~1.8m, 간사이방향 0.9~1.5m로 한다.
② 띠장의 간격은 1.8m 이내로 한다.
③ 지상 제1띠장은 지상에서 2m 이하의 위치에 설치한다.
④ 비계장선의 간격은 1.5m 이내로 한다.
답 : ②

4. 통나무, 파이프, 틀비계의 비교

구 분	통나무 비계	강관 파이프비계	강관 틀비계
일반사항	① 재료 : 낙엽송, 삼나무 • 눈키 높이(1.5m)에서 지름 10cm 이상 • 말구지름 3.5cm 이상 ② 이음 : 겹친이음, 맞댄이음	① 재료 : 강관 • 바깥지름 48.6mm • 살두께 2.4~2.9mm ② 건축물 최고부에서 31m 이하부터는 2본을 겹쳐댄다.	① 재료 : 강관 • 최고높이 제한 : 40m 이하
비계기둥 간격	2.5m 이하	• 띠장(도리)방향 : 1.5~1.8m • 장선(보)방향 : 0.9~1.5m	－

2-28 건축기사 4주완성

구 분		통나무 비계	강관 파이프비계	강관 틀비계
띠장·장선 간격		1.5m 제1띠장 높이 3m 이하	1.5m	-
기둥 1본 부담 하중		-	700kg	2,500kg (콘크리트 위)
기둥과 기둥사이 부담 하중 (기둥사이 1.8m 경우)		-	400kg	400kg
벽체와의 연결간격	수직	5.5m 이하	5m 이하	6m 이하
	수평	7.5m 이하	5m 이하	8m 이하
결속선, 결속재		#8~#10 불에 구운 철선 #16~#18 아연도금철선	연결편 (커플러, Capler)	연결편(Pin)
가새, 수평재		수평 14m 내외 간격, 45° 가새 설치	수평 15m 내외 간격, 45° 가새 설치	5층 이내마다 수평재 설치

핵심 PLUS

08 가설공사에서 강관비계 시공에 대한 내용으로 옳지 않은 것은? [11 기]
① 가새는 수평면에 대하여 40~60°로 설치한다.
② 강관비계의 기둥간격은 띠장 방향 1.5~1.8m를 기준으로 한다.
③ 띠장의 수직간격은 2.5m 이내로 한다.
④ 수직 및 수평방향 5m 이내의 간격으로 구조체에 연결한다.

답 : ③

5. 비계다리

① 나비는 90cm 이상으로 하며, 경사 30° 이하(보통 17°) 물매 4/10를 표준으로 한다.
② 각층마다 또는 층의 구분이 없으면 높이 7m 이내마다 다리참을 설치한다.
③ 설치소요량은 건물면적 1,600m² 마다 1개소로 한다.
④ 발판의 미끄럼막이는 30cm 내외 간격으로 고정시키고, 난간은 90cm 이상으로 설치하며 45cm에 중간대를 설치한다.
⑤ 비계발판은 장선에 20cm 이하로 걸치며, 상호 겹침은 30cm 이상으로 한다.

6. 비계면적 산출

① 외줄비계, 겹비계 : A=H(L+8×0.45)
② 쌍줄비계 : A=H(L+8×0.9)
③ 파이프비계 : A=H(L+8×1)

단, A : 비계면적(m²), H : 건물높이(m), L : 외벽길이(m)
(벽에서의 비계 띄움길이 : 외줄비계 45cm, 쌍줄비계 90cm, 파이프비계 100cm)

09 도면과 같은 외벽의 건물에 15m 높이로 쌍줄비계를 설치할 때 비계면적으로 옳은 것은? [02 산]

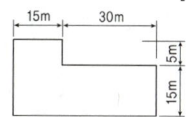

① 1,950m²
② 2,004m²
③ 2,058m²
④ 2,070m²

해설
쌍줄비계 : A=H(L+8×0.9)
H=15m
L=(45m+20m)×2=130m 이므로
∴ A=H(L+8×0.9)
   =15(130+8×0.9)
   =2,058m²

답 : ③

핵심 PLUS

7. 안전설비(수평 낙하물 방지망)
① 경사 : 수평에 대하여 15~45°(보통 20~30° 정도)
② 설치높이 : 10m 이내 또는 3개층 마다
③ 내민길이 : 비계 외측에서 2m 이상
④ 버팀대 : 가로방향 1m 이내, 세로방향 1.8m 이내의 간격

8. 측량
① 수준측량 : 여러 점 사이의 높이 관계를 측정-삼각대, 망원경, 줄자, 함척
② 평판측량 : 거리, 각도, 수평 등의 측정을 동시에 하고 현장에서 즉시 작도 가능한 측량법-평판, 구심기, 자침기, 다림추, 엘리데이드

2 토공사 및 기초공사

1. 흙의 성질

1) 지반의 허용응력도(단위 : kN/m²) * 1ton=10kN

지반		장기응력에 대한 허용응력도	단기응력에 대한 허용응력도
경암반	화강암, 섬록암, 편마암, 안산암 등의 화성암 및 굳은 역암 등의 암반	4000	통상 장기허용지내력도의 2배로 본다. (건축법 규정은 1.5배)
연암반	판암, 편암 등의 수성암의 암반	2000	
	혈암, 토단암 등의 암반	1000	
자갈		300(600)	
자갈과 모래와의 혼합물		200(500)	
모래 섞인 점토 또는 loam토		150(300)	
모래		100(400)	
점토		100(250)	

*( )안의 수치는 지반이 밀실한 경우

2) 흙의 전단 강도
전단강도는 기초의 극한 지지력을 파악할 수 있는 흙의 가장 중요한 역학적 성질이다. Mohr의 파괴이론을 쿨롱이 흙에 적용하였다.

---

10 지반의 지내력도(t/m²) 값이 큰 것부터의 순서로 옳은 것은?
[99 기, 05 산]
① 암반-자갈-모래-점토-진흙
② 연암반-자갈-점토-모래-진흙
③ 연암반-자갈-점토-진흙-모래
④ 자갈-연암반-모래-점토-진흙

답 : ①

$$\tau = C + \sigma \tan\phi$$

τ : 전단강도 C : 점착력 $\tan\phi$: 마찰계수
ϕ : 내부마찰각 σ : 파괴면에 수직인 힘

① 점토인 경우 : 내부 마찰각 $\phi \fallingdotseq 0$이므로 $\tau \fallingdotseq C$이다.
② 모래인 경우 : 점착력 $c \fallingdotseq 0$이므로 $\tau \fallingdotseq \sigma \tan\phi$이다.
  ㉮ 점착력 C는 Vane Test에서 구한다.
  ㉯ 마찰각 ϕ는 표준관입시험에서 구한다.

3) 예민비(Sensitivity Ratio)

$$(ST) = \frac{\text{자연시료의강도(천연시료의강도)}}{\text{이긴시료의강도(흐트러진시료의강도)}}$$

① 흙의 일축 압축시험은(KSF 2314) 흙의 압축강도와 예민비를 결정하는 시험이다.(예민비의 강도는 압축강도를 말한다.)
② 점토질은 예민비가 1보다 크며, 사질토는 거의 1에 가깝다.
③ 예민비가 4이상은 예민비가 크다고 한다.(점토 : 4~10 정도, 모래 $\fallingdotseq 1$)

4) 투수성
① 연속되어 있는 공극사이에 물이 흐를 수 있는 성질
② 터파기시 지반의 투수성은 배수공사와 지하수 처리에 영향을 준다.
  ㉮ Darcy's Law : 침투수량=투수계수×수두경사(기울기)×단면적
    (중력작용에 의해 물이 흙 속을 흐를 때 유량을 계산하는 기본이 되는 식)
  ㉯ 투수계수의 성질 :
    • 투수계수가 크면 침투량이 크다.
    • 간극비가 클수록, 포화도가 클수록 증가한다.

5) 간극비(Void Ratio), 함수비(Moisture Content), 포화도
흙은 토립자와 간극으로 구성되며, 간극은 물과 공기로 구성된다.

① 간극비 $= \dfrac{\text{간극의용적}}{\text{토립자의용적}} = \dfrac{V_v}{V_s}$

② 공극률 $= \dfrac{\text{공극의용적}}{\text{흙전체의용적}} \times 100(\%)$

   $= \dfrac{V_v}{V} \times 100(\%)$

③ 함수비 $= \dfrac{\text{흙의함수중량}}{\text{흙의전건중량}} \times 100(\%)$

   $= \dfrac{W_w}{W_s} \times 100(\%)$

④ 포화도 $= \dfrac{\text{물의용적}}{\text{간극부분의용적}} \times 100(\%)$

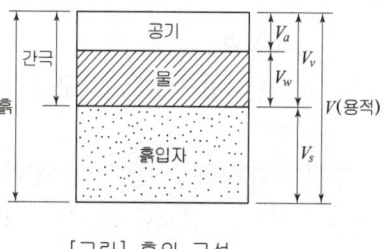

[그림] 흙의 구성

핵심 PLUS

11 흙의 성질을 나타낸 내용 중 옳지 않은 것은? [04 기]
① 외력에 의하여 간극내의 물이 밖으로 유출하여 입자의 간격이 좁아지며 침하하는 것을 압밀침하라 한다.
② 함수량은 흙 속에 포함되어 있는 물의 중량을 나타낸 것으로 일반적으로 함수비로 표시한다.
③ 투수량이 큰 것일수록 침투량이 크며, 모래는 투수 계수가 크다.
④ 자연시료에 대한 이긴시료의 강도비를 포아송비라 한다.

[해설] 포아송비 : 탄성재의 수직응력이 작용하였을 때, 세로 방향에 생긴 변형률과 가로 방향에 생긴 변형률과의 비율

답 : ④

12 흙의 성질을 나타내는 식이 옳지 않은 것은? [01 기]
① 간극비 $= \dfrac{\text{간극의용적}}{\text{토립자의용적}}$
② 함수비 $= \dfrac{\text{물의중량}}{\text{토립자의중량}} \times 100(\%)$
③ 예민비 $= \dfrac{\text{교란시료의강도}}{\text{자연시료의강도}}$
④ 포화도 $= \dfrac{\text{물의용적}}{\text{간극부분의용적}} \times 100(\%)$

[해설] 예민비(ST)
$\dfrac{\text{자연시료의강도(천연시료의강도)}}{\text{이긴시료의강도(흐트러진시료의강도)}}$

답 : ③

Ⅱ. 건축시공 | 가설공사·토공사 및 기초공사

핵심 PLUS

13 토공사에 적용되는 체적환산계수 L의 정의로 옳은 것은? [17, 21, 23 기]

① $\dfrac{\text{흐트러진 상태의 체적(m}^3)}{\text{자연상태의 체적(m}^3)}$

② $\dfrac{\text{자연상태의 체적(m}^3)}{\text{흐트러진 상태의 체적(m}^3)}$

③ $\dfrac{\text{다져진 상태의 체적(m}^3)}{\text{자연상태의 체적(m}^3)}$

④ $\dfrac{\text{자연상태의 체적(m}^3)}{\text{다져진 상태의 체적(m}^3)}$

답 : ①

■ 지중응력분포도(지반의 접지압)

① 진흙

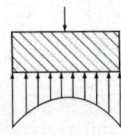

② 모래

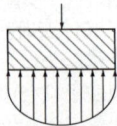

14 사질 및 점토층 지반에 관한 기술 중 틀린 것은? [15 기]
① 내부마찰각은 점토층보다 모래층이 크다.
② 일반적으로 투수성은 점토층보다 모래층이 좋다.
③ 모래층은 입도와 밀도에 따라 유동화현상을 일으킬 가능성이 크다.
④ 압밀침하량은 점토층보다 모래층이 크다.

답 : ④

15 토질조사에 있어 중요한 것으로 지중 토질의 분포, 토층의 구성 등을 알 수 있고 주상도를 그릴 수 있는 정보를 제공할 수 있는 방법은 무엇인가? [03, 05 기]
① 터파보기
② 물리적 지하 탐사법
③ 베인 테스트
④ 보링

답 : ④

6) 아터버그 한계(Atterburg Limits) : 흙의 연경도 시험

① 흙은 그 함수량의 변화에 따라 그 성질이 변화한다. 건조 흙에 물을 가하여 가면 다음과 같은 상태로 변하고 그 변화추이 상태의 한계를 시험 방법으로 정한 것이 소성한계 및 액성한계이다.

② 점착성이 있는 흙은 함수량이 차차 감소하면 액성 → 소성 → 반고체 → 고체의 상태로 변화하는데, 함수량에 의하여 나타나는 이들 각각의 성질을 흙의 연경도라 하고, 각각의 변화한계를 애터버그(Atterberg) 한계라 한다.

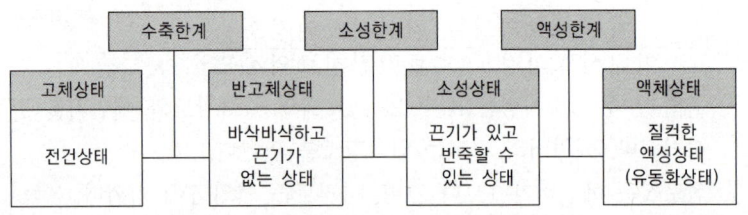

7) 사질 및 점토질 지반의 비교

비 교 항 목	사 질	점 토
① 투수 계수	크 다	작 다
② 가소성	없 다	크 다
③ 압밀 속도	빠 르 다	느 리 다
④ 내부 마찰각	크 다	작 다
⑤ 점착성	없 다	있 다
⑥ 전단강도	크 다	작 다
⑦ 동결 피해	적 다	크 다
⑧ 불교란 시료	채취가 어렵다	채취가 용이

2. 지반조사

1) 지반조사법

① 지하탐사법 - 터파보기(구멍파보기), 탐사간(쇠꽂이 찔러보기), 물리적 탐사법
② 보링(Boring) - 철관 박아넣기, 시료 채취, 관입시험, 베인테스트
③ 토질시험 - 불교란 시료(Sampling)
④ 지내력시험 - 하중시험

2) 보링(Boring)

굴착용 기계를 사용하여 지반에 구멍을 뚫어 지층 각 부분의 흙을 채취하여 지층 및 흙의 성질을 알아보는 방법

① 수세식 : 30m 정도까지의 연질층에 사용
② 충격식 : 비교적 굳은 지층에 사용
③ 회전식 : 불교란시료 채취 가능, 가장 정확하게 측정(가장 많이 사용)

3) 표준관입시험(SPT : Standard Penetration Test)

① 지내력측정을 위한 간이시험
② 보링 로드 선단에 스플릿 스푼 샘플러를 장치하여 63.5kg의 추를 높이 76cm에서 자유 낙하시켜 30cm 관입하는 사이의 타격 횟수 N을 구하고, 샘플러로 시료를 채취하는 것
③ 모래 지반의 전단력 시험에 주로 쓰이는 시험
④ 타격 횟수 N값에 따른 지반상태의 판정

N값	모래의 상태밀도
0~4	몹시 느슨하다.
4~10	느슨하다.
10~30	보통
50 이상	다진 상태

4) 베인시험(Vane test)

① 보링 로드 선단에 금속제의 얇은 +자형 날개를 달아 지반에 박고 회전시켜 진흙의 점착력을 판별하는 방법
② 연약한 점토질 지반의 전단 강도를 측정하는 것

5) 지내력 시험(재하판 시험)

기초 저면까지 판자리에서 직접 재하하여 허용 지내력도를 구하는 시험

① 예정 기초 저면에서 행한다.
② 재하판의 크기는 $0.2m^2$ 정방형 45cm 각을 표준으로 한다.
③ 매회 재하는 1ton(10kN) 이하, 예정 파괴 하중의 1/5 이하로 하고, 각 재하에 의한 침하가 멎을 때까지의 그 침하량을 측정한다.
 ※ 침하의 증가가 2시간에 0.1mm의 비율 이하가 될 때 침하가 정지된 것으로 간주한다.
④ 총침하량이 2cm에 도달하였을 때, 또는 침하량이 2cm 이하라도 침하 곡선이 항복 상태로 보일 때 이것을 단기하중에 대한 허용내력으로 한다.
⑤ 장기 하중에 대한 허용 지내력은 단기 하중의 허용 지내력의 1/2이다.

핵심 PLUS

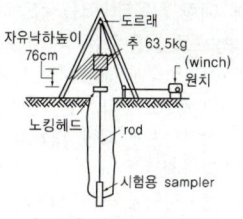

[그림] 표준관입시험

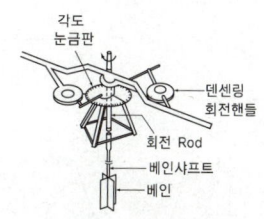

[그림] 베인시험

16 연약점토의 점착력을 판정하기 위한 지반조사 방법으로 가장 알맞은 것은? [10, 13 기]
① 표준관입시험
② 베인 테스트
③ 샘플링
④ 탄성파탐사법

답 : ②

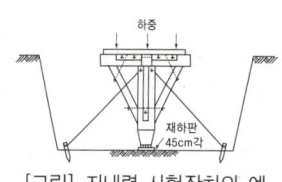

[그림] 지내력 시험장치의 예

17 말뚝의 지지력을 확인하는데 가장 신뢰성이 있는 시험방법은? [08 기]
① 전단시험
② 재하시험
③ 표준관입시험
④ 지내력시험

답 : ②

핵심 PLUS

18 지반의 내력 측정시 단기하중에 대한 허용지내력을 산정하는 방법으로 옳은 것은? [09 산]
① 장기하중에 대한 허용지내력의 1/2로 한다.
② 장기하중에 대한 허용지내력의 1배로 한다.
③ 장기하중에 대한 허용지내력의 2배로 한다.
④ 장기하중에 대한 허용지내력의 2.5배로 한다.

답 : ③

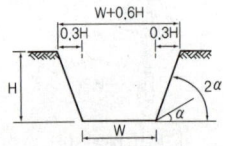

[그림] 흙파기 경사

19 터파기 공사시 지반의 종류별 터파기 후의 부피증가율로 옳지 않은 것은? [02 기]
① 모래-15% 정도
② 흙-10% 정도
③ 연암-25~60% 정도
④ 경암-70~90% 정도

답 : ②

20 흙막이를 설치한 후, 높이 7m의 터파기 여유폭은? [09 기]
① 10~30cm
② 30~50cm
③ 60~90cm
④ 90~120cm

[해설] 터파기 여유폭(D)

구 분	깊이(H)	터파기 여유폭(D)
흙막이가 없는 경우	1.0m 이하	20cm
	2.0m 이하	30cm
	4.0m 이하	50cm
	4.0m 이상	60cm
흙막이가 있는 경우	5.0m 이하	60~90cm
	5.0m 이상	90~120cm

답 : ④

3. 터파기 및 토공장비

1) 터파기 일반사항

① 흙파기 경사 : 휴식각의 2배
  기초파기 윗면나비(L)=밑면나비(W)+0.6H
② 1일 1인 흙파기량 : 2.8~5.0m³
③ 흙의 부피증가율

토 질		부피증가율
모 래		보통 15~20%
자 갈		5~15%
진 흙		20~45%
모래, 점토, 자갈 혼합물		30%
암 반	연 암	25~60%
	경 암	70~90%

2) 터파기 공법

종 류	특 징
오픈컷 공법 (Open cut method)	• 지반 양호하고 대지가 여유가 있을 때 사용 • 종류 : 비탈면 온통파기와 흙막이 온통파기(자립식, 버팀대식, 어스앵커식) • 흙막이 온통파기 −자립공법 : 버팀대 없이 흙막이벽만으로 토압을 지지하면서 굴착하는 공법 −버팀대공법 : 흙막이벽의 토압을 버팀대로 지지하면서 굴착하는 공법 −어스앵커공법 : 버팀대 대신 흙막이벽의 바깥쪽에 어스앵커를 설치해 토압을 지지하면서 굴착하는 공법
아일랜드컷 공법 (Island cut method)	• 중앙부를 먼저 굴착하여 기초 축조 후 버팀대를 받치고 주변부를 파는 것 • 가설재의 절감, 경사 버팀대의 변형 우려
트랜치컷 공법 (Trench cut method)	• 아일랜드컷 공법과 역순으로 공사, 주변부 파고 기초 구축 후 중앙부 굴착 • 이중 널말뚝을 시공하므로 공기가 길다.

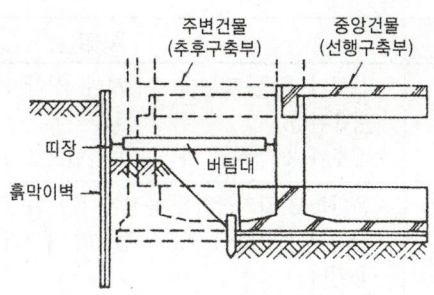

[그림] 아일랜드컷 공법

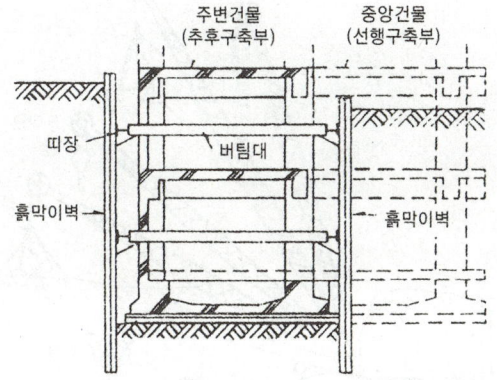

[그림] 트렌치컷 공법

3) 토공사용 기계

종류	특징
파워 셔블 (Power shovel)	• 지반면보다 높은 곳의 흙파기에 적당하며, 굴착력이 좋다. • 굴착높이 1.5~3m, 버킷용량 0.6~1m³, 선회각 90°
드래그 셔블 (Drag shovel) =백 호우(Back hoe)	• 지반면보다 낮은 곳의 흙파기에 적당하다. • 파는 힘이 강력하고 비교적 경질지반도 가능하다. • 굴삭깊이 5~8m, 버킷용량 0.3~1.9m³, 붐의 길이 4.3~7.7m
드래그 라인 (Drag line)	• 지반면보다 낮은 곳의 연질지반 흙파기에 사용된다. • 넓은 면적을 팔 수 있으나 파는 힘이 약하다. • 굴삭깊이 8m, 굴삭폭 14m, 선회각 110°
클램 쉘 (Clam shell)	• 좁은 곳의 수직굴착에 알맞다. • 사질지반의 굴삭에 적당하다. • 흙막이 버팀대가 있어 좁은 곳, 케이슨 내의 굴착, 토사 채취 등에 사용

핵심 PLUS

21 터파기 공사시 중앙부분을 먼저 파내고, 기초를 축조한 다음, 버팀대로 지지하여 주변 흙을 파내고, 지하구조물을 완성하는 터파기 공법명은? [07 기]
① 오픈 컷(Open cut)공법
② 아일랜드 컷(Island cut)공법
③ 트랜치 컷(Trench cut)공법
④ 케이슨(Caisson)공법

답 : ②

22 흙파기공법 중 지반이 극히 연약하여 온통파기를 할 수 없을 때에 측벽이나 주열선 부분만을 먼저 파내고 그곳에 기초와 지하구조물을 축조한 다음 나머지 중앙부분을 파내고 나머지 구조물을 완성하는 흙파기 공법은? [12, 25 기]
① 트렌치 컷(Trench cut) 공법
② 아일랜드(Island) 공법
③ 뉴매틱 웰 케이슨
  (Pneumatic Well Caisson)
  공법
④ 지하연속벽 공법

답 : ①

23 다음 중 건설기계와 해당 건설기계의 주된 작업 종류의 연결이 옳지 않은 것은? [08, 15 기]
① 크램쉘 - 굴착
② 백호 - 정지
③ 파워쇼벨 - 굴착
④ 그레이더 - 정지

답 : ②

24 다음 굴착기계 중 지반면보다 위에 있는 흙의 굴착에 가장 좋은 것은? [07 기]
① 파워쇼벨(Power Shovel)
② 드래그라인(Drag Line)
③ 클램쉘(Clamshell)
④ 백호우(Back Hoe)

답 : ①

핵심 PLUS

25 토공사용 기계에 관한 설명 중 옳지 않은 것은? [16 기]
① 파워쇼벨(power shovel)은 지반보다 낮은 곳을 깊게 팔 수 있는 기계로서 보통 약 5m까지 팔 수 있다.
② 드래그라인(drag line)은 기계를 설치한 지반보다 낮은 장소 또는 수중을 굴착하는 데 사용된다.
③ 불도저(bull dozer)는 일반적으로 흙의 표면을 밀면서 깎아 단거리 운반을 하거나 정지를 한다.
④ 클램쉘(clamshell)은 수직굴착 등 일반적으로 협소한 장소의 굴착에 적합한 것으로 자갈 등의 적재에도 사용된다.
답 : ①

26 웰기계가 위치한 곳보다 높은 곳의 굴착에 가장 적당한 건설기계는?? [22 기]
① Dragline ② Back hoe
③ Power Shovel ④ Scraper
답 : ③

27 수직굴삭, 수중굴삭 등에 사용되는 깊은 흙파기용이며, 연약지반에 적당한 흙파기용 기계는? [07, 21 기]
① 백호 ② 크램쉘
③ 그레이드 ④ 드래그라인
답 : ②

28 앞, 뒷바퀴의 중앙부에 흙을 깎고 미는 배토판을 장착한 것으로, 주로 노반정지작업에 쓰이는 기계는? [11 기]
① 모터그레이더(Motor grader)
② 드래그라인(Drag line)
③ 트랙터셔블(Tractor shovel)
④ 백호우(Back hoe)

[해설] 모터 그레이더(Motor grader) : 토공 기계의 대패라고 하며, 지면을 절삭하여 평활하게 다듬는 것이 목적이다.
답 : ①

종 류	특 징
앵글도저 (Angledozer)	• 산허리 등을 깎는데 유용하며, 산악지역의 도로개설 등에 사용된다. • 베토판 30° 회전 가능하며 측면으로 흙을 보낼 수 있다.
캐리올 스크레이퍼 (Carryall scraper)	• 운반하고 깔기작업을 동시에 겸할 수 있다. • 작업거리 100~1,500m 정도의 중장거리용 정지공사에 사용된다.

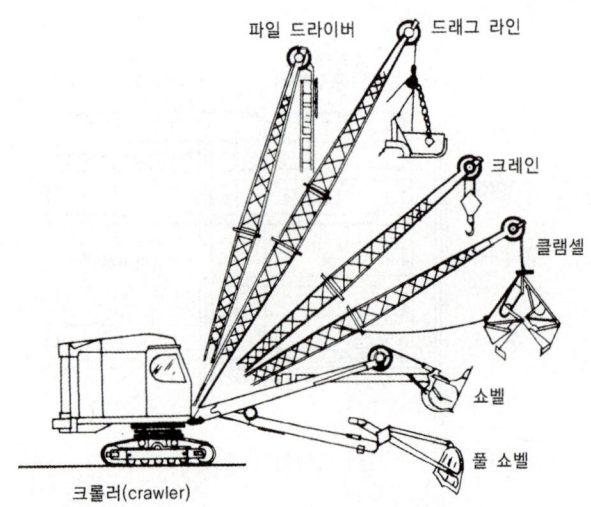

[그림] 토공사용 기계

4) 토량 산출

분류	산 출 식
굴삭토량	굴삭기계 시간당 시공량(V) 굴삭토량 $V = Q \times \dfrac{3,600}{cm} \times E \times K \times f \, (m^3/h)$ Q : 버킷용량(m^3), E : 작업효율(%), cm : 싸이클 타임(sec) K : 굴삭계수, f : 굴삭토의 용적변화계수
독립기초 토량산출	$V = \dfrac{h}{6}\{(2a+a')b + (2a'+a)b'\}$ 약산식 $V = \left(\dfrac{a+a'}{2}\right)\left(\dfrac{b+b'}{2}\right) \cdot h$
줄기초 토량산출	$V = \left(\dfrac{a+a'}{2}\right) \times h \times L$ L : 줄기초 길이

예제

1. 토량 470m³를 불도저로 작업하려고 한다. 작업을 완료할 수 있는 산출 시간은?(단, 불도저의 삽날용량은 1.2m³, 굴착계수는 0.8, 작업효율은 0.8, 1회 싸이클 시간은 12분이다.) [08, 09, 13 기, 07 산]

    ① 120.40 시간　　② 122.40 시간
    ③ 132.40 시간　　④ 121.49 시간

    ▶ 굴삭기계 시간당 시공량(V)

    굴삭토량 $V = Q \times \dfrac{3,600}{cm} \times E \times K \times f \, (m^3/h)$

    　　Q : 버킷용량(m³), E : 작업효율(%), cm : 싸이클 타임(sec)
    　　K : 굴삭계수, f : 굴삭토의 용적변화계수

    $V = Q \times \dfrac{3,600}{cm} \times E \times K \times f$

    $= 1.2 \times \dfrac{3,600}{12 \times 60} \times 0.8 \times 0.8 \times 1 = 3.84 \, (m^3/h)$

    ※ f : 굴삭토의 용적변화계수는 사질토 1.15, 보통토 1.25, 점토 1.43이지만 문제에서는 조건 값이 없으므로 1로 가정한다.

    ∴ 작업을 완료할 수 있는 산출 시간 = 470m³ ÷ 3.84m³/h = 122.4h

2. 그림과 같은 모래질 흙의 줄기초파기에서 파낸 흙을 6톤 트럭으로 운반하려고 할 때 필요한 트럭의 대수로 옳은 것은? (단, 흙의 부피증가는 25%로 하며 모래질 흙의 단위중량은 1.8t/m³이다.) [09 산]

    ① 10대
    ② 12대
    ③ 15대
    ④ 18대

    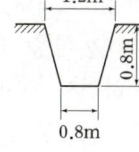 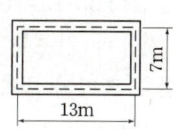

    ▶ 줄기초의 터파기량(V)
    ① 터파기량(흙파기 체적) = $\dfrac{(a+b)}{2} \times h \times$ 줄기초 길이
    ② 잔토처리량 = 흙파기 체적 × 토량환산계수(흙의 부피증가량)

    먼저, 터파기량(V) = $\dfrac{1.2 + 0.8}{2} \times 0.8 \times (13+7) \times 2 = 32 m^3$

    잔토처리량 = $32 m^3 \times 1.25 = 40 m^3$

    ∴ 운반대수 = $(40 m^3 \times 1.8 t/m^3) \div 6t = 12$대

핵심 PLUS

29 Power shovel의 1시간당 추정 굴착 작업량을 다음 조건에 따라 구하면?　[20, 23, 25 기]

[조건]
$Q = 1.2 m^3$, $f = 1.28$, $E = 0.9$,
$K = 0.9$, $C_m = 60$초

① 67.2m³/h
② 74.7m³/h
③ 82.2m³/h
④ 89.6m³/h

해설 굴삭기계 시간당 시공량(V)
굴삭토량

$V = Q \times \dfrac{3,600}{cm} \times E \times K \times f \, (m^3/h)$

Q : 버킷용량(m³)
E : 작업효율(%)
cm : 싸이클 타임(sec)
K : 굴삭계수
f : 굴삭토의 용적변화계수

$V = Q \times \dfrac{3,600}{cm} \times E \times K \times f$

$= 1.2 \times \dfrac{3,600}{60} \times 0.9 \times 0.9 \times 1.28$

$= 74.7 (m^3/h)$

답 : ②

4. 흙막이

1) 흙막이 공법

공 법	특 징
수평버팀대식	• 흙막이벽을 설치하고 토압을 수평버팀대에 부담하면서 굴착하는 공법 • 설치 작업순서 : 규준대 대기 → 흙파기 → 받침기둥 박기 → 띠장버팀대 대기 → 중앙부 흙파기 • 버팀대의 위치 : 기초파기 밑에서 H/3, 띠장의 이음위치 : 버팀대간격의 L/4
어스 앵커식 (Earth anchor)	• 흙막이벽 배면을 원통형으로 굴착한 후 고강도 강재와 모르타르를 주입하여 경화시킨 후 인장력에 의해 토압을 지지하게 하는 것 • 적용 : 좌우 토압이 불균일하여 버팀대식의 적용이 불가하고, 굴착부지 내의 작업공간 확보가 필요한 경우
슬러리 월 (Slurry wall, 지하연속벽식)	• 안정액을 사용하여 지반의 붕괴를 방지하면서 굴착하여 그 속에 철근망과 콘크리트를 넣어 연속으로 콘크리트 흙막이벽을 설치하는 공법 • 진동, 소음이 적다. • 차수성이 높으며, 인접 건물에 근접 시공이 가능하다. • 벽체의 강성이 높아 본 구조체로 사용 가능하다. • 통상적인 흙막이 공사와 비교하면 대체로 공사비가 높다. • 가장 안정적인 흙막이 구조체 공법이다.

※ 탑다운공법(Top Down Method : 역타공법=역구축공법) : 지하굴착과 병행해 기둥과 기초를 완성한 후 1층 슬래브 등의 콘크리트를 타설하고, 이것을 흙막이 방축널로 하면서 지하로 계속 굴착해 구조물을 완료하는 공법이다. 도심지 공사에 적합한 공법으로 깊은 지하 구조물 시공 시 주위에 악영향을 미치지 않고 시공할 수 있도록 개발된 방법 중 가장 안전한 공법이다.

핵심 PLUS

30 지하연속벽(slurry wall)에 관한 설명으로 옳지 않은 것은? [03, 08 기]
① 차수성이 우수하다.
② 비교적 지반조건에 좌우되지 않는다.
③ 소음·진동이 적고, 벽체의 강성이 높다.
④ 공사비가 타공법에 비하여 저렴하고 공기가 단축된다.

답 : ④

31 지하연속벽 공법 중 슬러리월의 특징으로 옳은 것은? [16 기]
① 인접건물의 경계선까지 시공이 불가능하다.
② 주변지반에 대한 영향이 크다.
③ 시공시의 소음·진동이 크다.
④ 일반적으로 차수효과가 뛰어나다.
[해설] 벽식공법 : ICOS공법, EW공법, OWS공법

답 : ④

32 Top-Down 공법(역타공법)에 대한 설명 중 옳지 않은 것은? [10, 22 기]
① 지하와 지상작업을 동시에 한다.
② 주변지반에 대한 영향이 적다.
③ 1층 슬래브의 형성으로 작업공간이 확보된다.
④ 수직부재 이음부 처리에 유리한 공법이다.

답 : ④

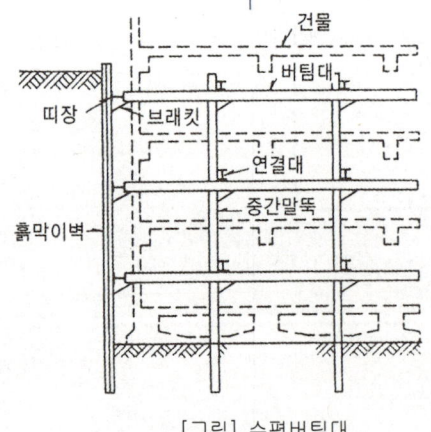

[그림] 수평버팀대

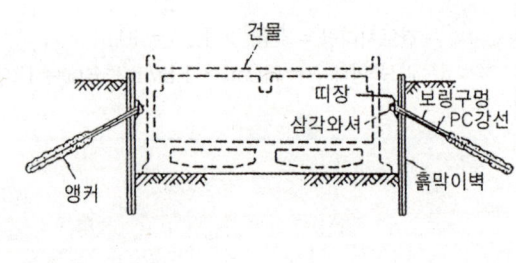

[그림] 어스앵커

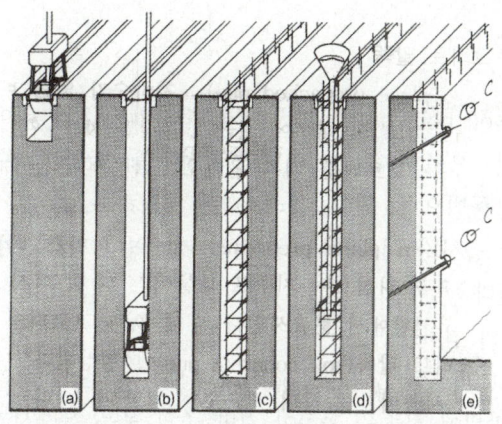

(a) 가이드월 설치 및 클램셸을 이용한 굴토시작
(b) 벤토나이트 이수 주입
(c) 철망 설치
(d) 트레미관을 통한 콘크리트 타설
(e) 타이 백

[그림] 슬러리월 시공 단계

2) 흙막이벽의 안전

종류	특징
히이빙 파괴 (Heaving)	하부지반이 연약할 때 흙파기 저면선에 대하여 흙막이 바깥에 있는 흙의 중량과 적재하중의 중량에 못견디어 저면 흙이 붕괴되고 흙막이 바깥에 있는 흙이 안으로 밀려 볼록하게 되는 현상(연약 점토지반)
보일링, 분사현상 (Boiling)	흙파기 저면이 투수성이 좋은 모래지반에서 지하수가 얕게 있든가 흙파기 저면 부근에 피압수가 있을 때에는 흙파기 저면을 통하여 상승하는 유수로 말미암아 모래 입자는 부력을 받아 지반의 지지력이 없어지는 현상(모래지반)
파이핑 (Piping)	흙막이벽의 부실공사로써 흙막이벽의 뚫린 구멍이나 이음새를 통하여 물이 공사장 내부바닥으로 파이프 작용을 하여 보일링 현상이 생기는 것

핵심 PLUS

33 흙막이 공사시 지표재하 하중의 중량에 못견디어 흙막이 저면 흙이 붕괴되어 바깥에 있는 흙이 안으로 밀려 볼록하게 되어 파괴되는 현상을 무엇이라 하는가? (단, 점성토 지반일 경우)
[03, 06, 24 기]
① 히이빙(heaving) 파괴
② 보일링(boiling) 파괴
③ 수동토압(passive earth pressure) 파괴
④ 전단(shearing) 파괴
답 : ①

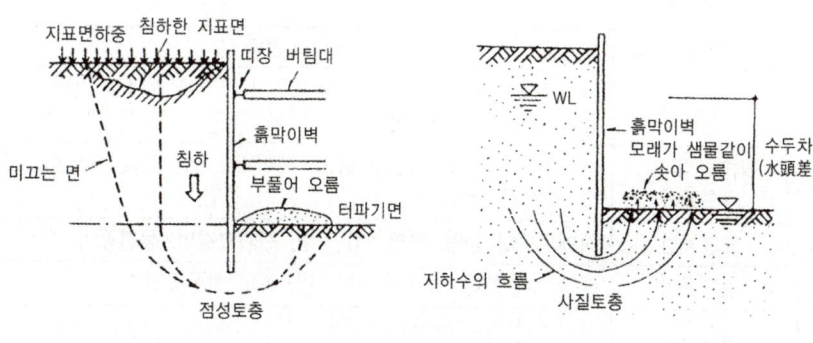

[그림] 히빙현상   [그림] 보일링현상

34 사질지반 굴착 시 벽체 배면의 토사가 흙막이 틈새 또는 구멍으로 누수가 되어 흙막이벽 배면에 공극이 발생하여 물의 흐름이 점차로 커져 결국에는 주변 지반을 함몰시키는 현상을 일컫는 것은? [15, 19, 23 기]
① 보일링 현상
② 히빙 현상
③ 액상화 현상
④ 파이핑 현상
답 : ④

Ⅱ. 건축시공 2-39

5. 배수, 지반개량공법

1) 배수 공법

① 웰포인트 공법(Well point method) : 건물 부지의 주위에 라이저 파이프를 1~2m의 간격으로 박아 6m 이내의 지하수를 펌프로 배수하여 수위를 저하시키는 공법으로 자갈, 모래지반에 적당하다.

㉮ 장점 : 터파기 공사가 쉽게 되고, 지반의 지내력이 강화되며, 흙막이 토압이 경감된다.

㉯ 단점 : 인접지의 침하를 일으키기 쉽다.

② 샌드드레인 공법(Sand drain method) : 적당한 간격으로 모래 말뚝을 형성하고 그 지반위에 하중을 가하여 지반 중의 물을 유출시키는 공법으로 점토지반에 적당하다.

③ 페이퍼드레인(Paper drain) 공법 : 모래 대신 흡수지를 사용하여 물을 빼내는 공법으로 시공속도가 빠르며, 공사비가 싸다.

※ 토질에 따른 각종 시험 및 방법

㉮ 사질토 : 표준관입 시험, 웰포인트 공법

㉯ 점토질 : 베인테스트(연한 점토), 샌드드레인 공법

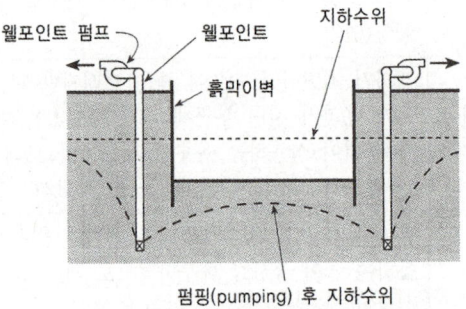

[그림] 웰포인트 공법

2) 지반개량공법

분류	공법의 종류
다짐공법	바이브로 플로테이션 공법, 콤포우져 공법(모래다짐 말뚝공법), 동압밀 공법, 폭파다짐 공법
탈수공법 및 배수공법	샌드드레인(Sand drain) 공법, 페이퍼드레인(Paper drain) 공법, 생석회 말뚝공법, MAIS(침투수) 공법
고결공법	시멘트주입 공법, 약액주입 공법, 전기고결법, 동결공법
치환공법	굴착 치환공법, 미끄럼 치환공법, 폭파 치환공법
재하공법	프리로딩(Pre-loading) 공법, 여성토(Sur charge) 공법, 사면 선단 재하공법
혼합공법	입도조정 공법, Soil cement 공법, 화학약제혼합 공법

핵심 PLUS

35 배수공법 중 웰포인트 공법에 관한 내용으로 틀린 것은? [14 기]
① 비교적 용수량이 많은 지반에 활용된다.
② 강제 배수공법의 일종이다.
③ 수분이 많은 점토질 지반에 적당한 공법이다.
④ 지하수 저하에 따른 인접지반과 공동매설물 침하에 주의가 필요하다.
답 : ③

36 웰 포인트 공법에 관한 설명으로 옳지 않은 것은? [22 기]
① 중력배수가 유효하지 않은 경우에 주로 쓰인다.
② 지하수위를 저하시키는 공법이다.
③ 인접지반과 공동매설물 침하에 주의가 필요한 공법이다.
④ 점토질의 투수성이 나쁜 지질에 적합하다.
답 : ④

37 점토질 연약지반의 탈수공법으로 적합하지 않은 것은? [16 기]
① 샌드 드레인(Sand Drain) 공법
② 생석회 말뚝(Chemico Pile) 공법
③ 페이퍼 드레인(Paper Drain) 공법
④ 웰 포인트(Well Point) 공법
답 : ④

38 다음 설명에서 의미하는 공법은? [11 기]
주로 시멘트 등의 고화재를 슬러리 상태로 연약지반에 혼합하거나 시멘트, 약액을 가는 관을 통하는 지반 속에 압력으로 주입, 흙입자 사이의 결합력을 증대시키고 지수성 및 강도를 증대시키는 공법
① 고결안정공법
② 치환공법
③ 재하공법
④ 탈수공법
답 : ①

6. 말뚝지정

1) 보통지정의 종류

종류	특징
잡석 지정	지름 10~25cm 정도의 호박돌을 옆에서 깔고 사이에 자갈로 다진 것으로 굴착 바닥에 물이 나올 때 기초 콘크리트에 흙이 섞이지 않게 하기 위한 것(사춤자갈량 : 잡석량의 30% 정도)
모래 지정	지반이 연약하지만 하부 2m 이내에 굳은 층이 있어 말뚝이 필요 없을 때 그 부분을 파내고 모래를 넣은 후 30cm 마다 물다짐하여 총 1m 정도를 설치한다.
자갈 지정	5cm 정도의 자갈을 두께 5~10cm 정도로 깔고 다짐을 한다.
주춧돌지정	간단한 건물에서 비교적 지반이 깊을 때 잡석다짐 위에 긴 주춧돌을 세운다.
밑창콘크리트 지정	잡석다짐 위에 두께 5~6cm 정도의 무근콘크리트(배합비 1 : 3 : 6)를 타설해 양생한 지정으로 설계기준강도 150kgf/cm^2 이상을 버림콘크리트라고도 한다.

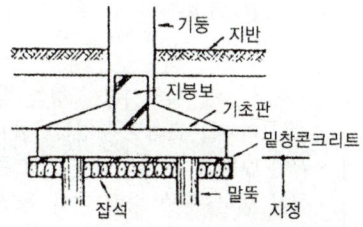

[그림] 기초 및 지정

2) 말뚝지정의 종류 및 비교

구 분	나무말뚝	기성 콘크리트말뚝	강제말뚝	제자리 콘크리트말뚝
중심간격	2.5D 또는 60cm 이상	2.5D 또는 75cm 이상	직경이나 폭 2배 이상 또는 75cm 이상	2.0D 이상 또는 D+1m 이상
길 이	최대 7m 이하	최대 12m 이하	최대 70m	보통 30~90m
지지력	최대 10ton	최대 50ton	최대 100ton	보통 200ton 최대 900ton 이상

핵심 PLUS

39 건축물의 지정공사에 사용하는 말뚝의 이음방법이 아닌 것은?
[07 기]
① 충진식 이음
② 볼트식 이음
③ 용접식 이음
④ 맞댐 이음

[해설] 기성콘크리트 말뚝의 이음방법 종류 : 충진식 이음, 볼트식 이음, 용접식 이음, 장부식 이음
※ 기성콘크리트 말뚝박기 종류 : 타입식, 압입식, 중굴식, Jet식, Pre-Boring식

답 : ④

핵심 PLUS

40 기초말뚝 박기공사에서 기성 콘크리트 말뚝간격의 최소한도로 옳은 것은? (단, d는 말뚝직경임) [09 산]
① 4d
② 3d
③ 2.5d
④ 2d

답 : ③

Ⅱ. 건축시공 | 가설공사·토공사 및 기초공사

구 분	나무말뚝	기성 콘크리트말뚝	강제말뚝	제자리 콘크리트말뚝
특 징	· 상수면 이하에 타입 · 거의 사용안함	· 상수면 깊고 중량건물 · 주근 6개 이상 · 철근량 0.8% 이상	· 깊은 연약층에 지지 · 중량건물에 적당 · 부식고려	· 연약 점토층 · 주근 6개 이상 · 철근량 0.4% 이상
공통사항	· 간격 : 보통 3~4D(D : 말뚝직경) · 연단거리 : 1.25D 이상, 보통 2D 이상 · 배치방법 : 정열배치, 엇모배치, 동일 건물에 2종 말뚝 혼용금지			

※ 1ton=10kN, 100ton=1,000kN=1MN

2) 제자리콘크리트 말뚝(현장타설 콘크리트 말뚝)

종 류	특 징
심플렉스 파일 (Simplex Pile)	철관을 쳐서 박고 그 속에 콘크리트를 부어 넣어 중추로 다지며 외관을 뽑아내는 공법이다. · 외관을 박는다. · 콘크리트를 타설한 후 중추로 다진다. · 외관을 뽑아낸다.
컴프레솔 파일 (Compressol Pile)	원추형의 추를 낙하시켜 구멍을 뚫고 이 말뚝구멍에 잡석과 콘크리트를 교대로 투입하면서 추로 다지는 공법이다. · 끝이 뾰족한 추로 구멍을 뚫고 콘크리트 타설한다. · 끝이 둥근 추로 다진 다음 평면의 추로 다진다.(3가지 추 사용)
페데스탈 파일 (Pedestal Pile)	심플렉스 파일(Simplex Pile)을 개량한 것으로 지내력을 증대하기 위하여 말뚝 선단에 구근(Pedestal)을 형성한 것 · 외관과 내관으로 된 강관을 지중에 박는다. · 관내에 콘크리트 타설 하면서 내관으로 다진다. · 외관을 조금씩 빼내어 말뚝 단부에 구근을 형성한다. · 외관을 뽑는다.
레이몬드 파일 (Raymond Pile)	2중 강관을 막고 내관을 뽑아내고 콘크리트를 부어 넣은 후 외관을 땅속에 남기는 유각 제자리 콘크리트 파일 · 원뿔형 캡슐을 만들어 외부에 철선을 나선형으로 감는다. · 캡슐 속에 꼭 맞는 코어를 넣어 땅 속에 박은 다음 코어를 빼내고 콘크리트를 채워 말뚝을 만든다.

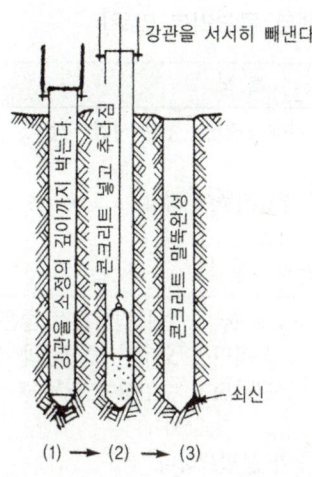

[그림] 심플렉스 파일

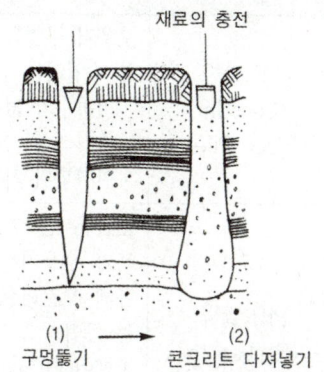

[그림] 컴프레솔 파일

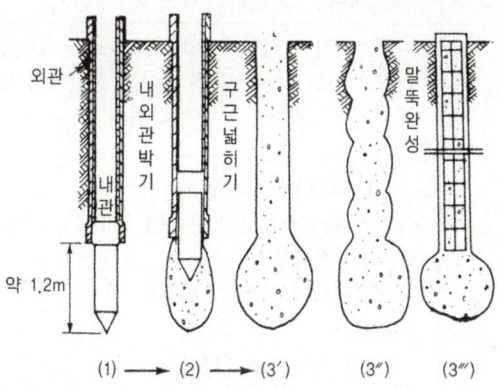

[그림] 페데스탈 파일

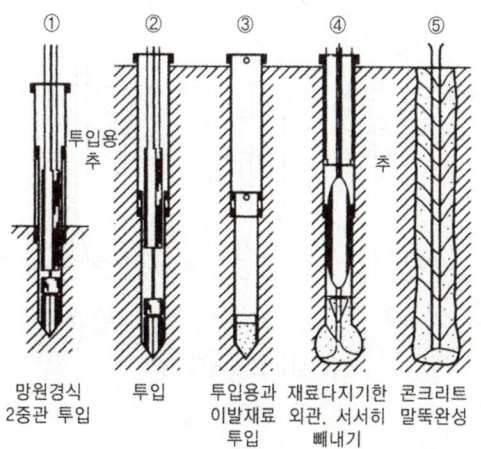

[그림] 프랭키 파일

핵심 PLUS

41 제자리 콘크리트말뚝 박기에서 1.0~2.5t 정도의 세가지 추를 사용하여 끝이 뾰족한 추로 파고 그 속에 넣은 콘크리트를 끝이 둥근추로 다져서 넣은 다음 평면의 추로 다져 넣는 방법의 말뚝은? [02 기]
① 심플렉스(simplex pile)
② 레이먼드 말뚝(raymond pile)
③ 컴프레솔 말뚝(compressol pile)
④ 프랭키 말뚝(franky pile)
답 : ③

42 심대 끝에 주철제 원추형의 마개가 달린 외관을 2~2.6t 정도의 추로 내리쳐서 마개와 외관을 지중에 박아 소정의 길이에 도달하면 내부의 마개와 추를 빼내고 콘크리트를 넣고 추로 다져 구근을 만드는 말뚝은? [04 산]
① 페데스탈 파일(pedestal pile)
② 콤프레솔 파일(compressol pile)
③ 레이몬드 파일(raymond pile)
④ 프랭키 파일(franky pile)
답 : ④

3) 프리팩트 파일(Prepacked pile) [프리팩트 콘크리트 말뚝]

종류	특징
CIP 말뚝 (Cast In Place Pile)	오우거 구멍을 뚫은 후 이에 자갈을 충진 시킨 다음 모르타르를 주입하는 공법 • 지하수가 없는 비교적 경질지층에 적합 • 주열식 흙막이 벽체로 이용 • 연결부위 차수 문제 발생
PIP 말뚝 (Packed In Placd Pile)	스크류 오우거(Screw Auger)를 소정의 깊이까지 뚫은 다음 흙과 오우거를 함께 끌어 올리면서 오우거 중심간의 선단을 통해 모르타르, 깬자갈, 콘크리트를 주입하여 말뚝을 형성하는 공법 • 케이싱(Casing)과 니수가 불필요하다. • 구조물에 근접시공이 가능하다. • 지수(止水)효과를 얻기 위해 별도의 그라우팅(Grouting)이 필요하다.
MIP 말뚝 (Mixed In Place Pile)	파이프 회전용 선단에 커터(Cutter)를 설치하여 흙을 뒤섞으며 지중으로 굴착한 다음 파이프 선단에서 모르타르를 분출시켜 흙과 모르타르를 혼합하면서 Pipe를 빼내는 공법(Soil Concrete Pile 형성) • 케이싱과 니수가 불필요하다. • 흙 자체를 골재로 이용하여 Soil Cement Pile을 형성하므로 경제적이다. • 특수한 토질(사질토, 화강토)에 사용하며 지반조건에 제약이 있다. • 지지층 확인이 곤란하다.

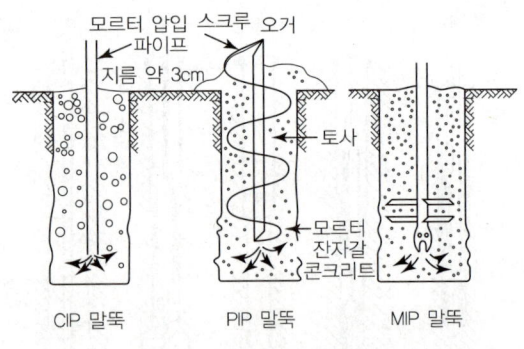

[그림] 프리팩트 말뚝

43 파이프 회전봉의 선단에 커터를 장치한 것으로 지중을 파고 다시 회전시켜 빼내면서 모르타르를 분출시켜 지중에 소일콘크리트 파일을 형성시킨 말뚝은? [05, 07 기]

① T.L.P 파일
② C.I.P 파일
③ M.I.P 파일
④ P.I.P 파일

답 : ③

4) 강재 말뚝

① H형강과 강관말뚝이 있다.
② 특징
　㉮ 중량이 가볍고, 휨저항이 크며, 타입이 용이하다.
　㉯ 지지력이 크며, 이음이 안전하고 강하며 긴 말뚝에 적당하다.
　㉰ 말뚝의 현장 조립이 용이하고, 길이조절이 용이하며, 가볍고 운반 취급이 간단하다.
　㉱ 상부구조와 결합이 용이하다.
　㉲ 재료비가 비싸고, 부식에 의한 내구성 저하로 열화(劣化)현상이 우려된다.

5) 대구경 현장 파일공법

공법	특징
베노토(Benoto) 공법 (=All Casing 공법, 전관공법)	• 해머 그래이브로 굴착하며, 길이 50~60m의 긴 말뚝의 시공도 가능하다. • 굴착하는 전체에 외관(Casing)을 박고 공사하여 공벽 붕괴를 방지한다. • 적용 가능한 지반이 다양하며, 주변에 영향을 주지 않고 안전한 시공이 가능하다. • 공사비가 고가이고, 기계가 대형이며, 케이싱 인발시 철근피복의 파괴가 우려된다.
리버스 서큘레이션 공법 (=R.C.D 공법)	• 역순환공법으로 지하수위보다 2m 이상 높게 물을 채워 정수압($2t/m^2$)과 이수를 안정액으로 하여 공벽 붕괴를 방지한다. • 역타설공법(Top Down 공법)에서 기둥을 타설할 때 사용한다. • 정수압의 관리가 어렵고 공벽 붕괴의 우려가 있으며 피압수가 있을 때 작업이 곤란하다.
어스드릴 (Earth Drill) 공법 (=칼 웰드공법)	• 어스드릴 굴삭기 이용하며, 기계가 간단하고, 기동성 굴착속도가 빠르다. • 주로 지하수 없고 붕괴의 염려가 전혀 없는 점성토 지반에 적용한다. • 5m 이상의 사력층에서는 굴착이 곤란하며, Slime 처리의 어려움이 있다.

핵심 PLUS

44 굴착구멍 내 지하수위보다 2m 이상 높게 물을 채워 굴착함으로써 굴착 벽면에 $2t/m^2$ 이상의 정수압에 의해 벽면의 붕괴를 방지하면서 현장타설 콘크리트 말뚝을 형성하는 공법은? [17, 24 기]
① 베노토 파일
② 프랭키 파일
③ 리버스 서큘레이션 파일
④ 프리팩트 파일

답 : ③

핵심 PLUS

45 베노토(Benoto) 공법의 특징이 아닌 것은? [04 기]
① All casing 공법이므로 주위 지반에 영향을 주지 않고 안전하게 시공이 됨
② 긴말뚝(50~60m)의 시공에는 적합하지 않음
③ 굴삭 후 배출되는 토사로서 토질을 알 수 있어 지지층에 도달됨을 판명
④ 기계는 대형 중량이고 케이싱 튜브를 뽑아내는 반력도 커서 심히 연약한 지반 또는 수상 시공에는 적절치 않음

답 : ②

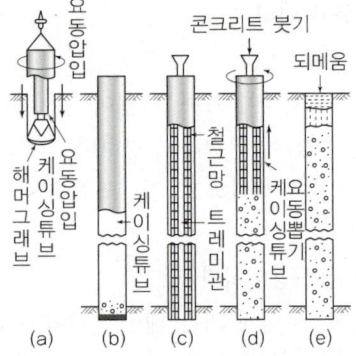

(a) 굴착 시작 (b) 굴착완료
(c) 철근망·트레미관 설치 (d) 콘크리트 타설
(e) 완성

[그림] 베노토 공법

46 건축공사에서 제자리콘크리트 말뚝이나 수중 콘크리트를 칠 경우 콘크리트 속에 2m 이상 묻혀 있도록 하여 콘크리트치기를 용이하게 하는 것은? [16, 25 기]
① 리바운드 체크
② 웰포인트
③ 트레미관
④ 드릴링 바스켓

[해설] 트레미관
제자리콘크리트 말뚝이나 수중 콘크리트를 칠 경우 콘크리트 속에 2m 이상 묻혀 있도록 하여 콘크리트치기를 용이하게 하는 것으로 물속에 콘크리트를 박아 넣는 데에 사용하는 콘크리트 수송관을 말한다.

답 : ③

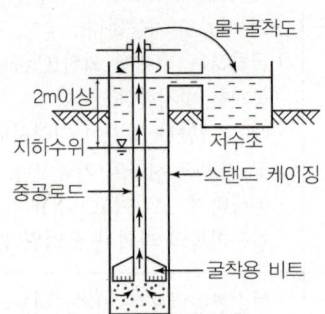

[그림] 리버스 서큘레이션 공법

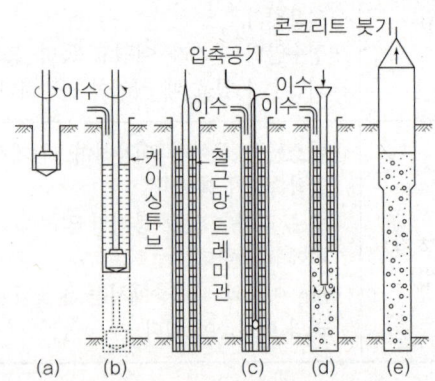

(a) 설치용 굴착 (b) 케이싱 설치·굴착·시수 주입
(c) 철근망 삽입, 트레미관 설치 (d) 슬라임 제거
(e) 콘크리트 타설 (f) 케이싱 뽑기

[그림] 어스드릴 공법

6) 깊은 기초
① 우물통식(pier) 지정 : 우물 파는 식의 기초로서, 굳은 지층이 상당히 깊고, 말뚝으로는 지지할 수 없는 고층 중요 건물의 특수 지하 기초 구조
② 잠함기초(caisson 기초) 지정 : 대규모 깊은 지하 구조물에 쓰이며, 지하구조체의 전부 또는 일부를 지상으로 구축하고 침하시켜 굳은 지반에 정착시키는 기초 공법
㉮ 개방 잠함(open caisson)
  • 지하실 침하법 : 지상에서 지하실을 구축하고 밑날을 달고, 자중에 의하여 침하시키는 방법
  • 우물통 침하법 : 콘크리트 우물통에 밑날을 달고, 자중에 의하여 침하시키는 방법
㉯ 공기(용기)잠함(pneumatic caisson) : 토압, 수압이 크고 굳은 지층이 깊이 있을 때 압축공기를 잠함 속에 넣어 그 압력으로 물의 유입을 방지하며, 흙파기 작업을 하는 공법

핵심 PLUS

47 지하 구조체를 지상에서 구축하고 그 밑부분을 파내려 가면서 지하부에 위치시키는 기초 공법은? [09 산]
① 심초공법
② 개방잠함공법
③ 웰포인트공법
④ 톱다운공법

답 : ②

■ 언더피닝(Under pinning) 공법
① 인접한 건물 또는 구조물의 침하 방지를 목적으로 하는 지반 보강 방법을 총칭
② 기존 건축물 가까이에 신축공사를 하고자 할 때 기존 건물의 지반과 기초를 보강하는 공법이다.
③ 필요성
 • 건물에 침하나 경사가 생겼을 때
 • 건물의 침하나 경사를 미연에 방지
 • 건물을 이동할 경우
 • 기존 구조물의 지지력이 부족
 • 기존 구조물에 근접한 지반을 굴착하는 경우

48 건축공사에서 언더 피닝(Under Pinning) 공법의 설명으로 옳은 것은? [03, 06, 13 기]
① 용수량이 많은 깊은 기초 구축에 쓰이는 공법이다.
② 기존 건물의 기초 혹은 지정을 보강하는 공법이다.
③ 터파기 공법의 일종이다.
④ 일명 역구축 공법이라고도 한다.

답 : ②

핵심기출문제

Ⅲ. 가설공사·토공사 및 기초공사

■■■ 1. 가설공사

1. 공사현장의 가설건축물에 대한 설명으로 옳지 않은 것은? [10, 13㉮]

① 하도급자 사무실은 후속공정에 지장이 없는 현장사무실과 가까운 곳에 둔다.
② 시멘트 창고는 통풍이 되지 않도록 출입구 외에는 개구부 설치를 금하고, 벽, 천장, 바닥에는 방수, 방습처리 한다.
③ 변전소는 안전상 현장사무실에서 가능한 멀리 위치시킨다.
④ 인화성 재료저장소는 벽, 지붕, 천장의 재료를 방화구조 또는 불연구조로 하고 소화설비를 갖춘다.

2. 가설공사에서 설치하는 전력용량이 15KWH인 동력소의 최소 필요면적(m²)은? [13㉮]

① 10m²
② 13m²
③ 18m²
④ 21m²

3. 8개월간 공사하는 어느 공사현장에 필요한 시멘트량이 2,397포이다. 이 공사현장에 필요한 시멘트 창고면적으로 적당한 것은? (단, 쌓기단수는 13단) [16㉮]

① 24.6m²
② 54.2m²
③ 73.8m²
④ 98.5m²

4. 건축물 높낮이의 기준이 되는 벤치마크(Bench Mark)에 관한 설명으로 옳지 않은 것은? [18㉮]

① 이동 또는 소멸우려가 없는 장소에 설치한다.
② 수직규준틀이라고도 한다.
③ 이동 등 훼손될 것을 고려하여 2개소 이상 설치한다.
④ 공사가 완료된 뒤라도 건축물의 침하, 경사 등의 확인을 위해 사용되기도 한다.

해 설

[해설] 1
변전소는 비상시에 대비하여 현장사무실 가까이에 배치한다.

[해설] 2
동력소 면적(A)
= $3.3\sqrt{전력용량(KW)}$
= $3.3\sqrt{15}$ = 12.3m²

[해설] 3
A(시멘트 창고 면적) = $0.4 \times \dfrac{N}{n}$
= $0.4 \times \dfrac{2,397 \times 1/3}{13}$ = 24.6m²

※ 쌓기 단수 13포대 이하 (3개월 이상 장기 저장시 7단 이하)
※ 시멘트 포대수(N)은 600포대 이상 1800포대 이하 경우 N=600포대를 적용하고, 1,800대 초과는 N=포대수×1/3을 적용한다.

[해설] 4
기준점(Bench Mark)
① 건축공사 중 높이의 기준이 되도록 건축물 인근에 설치하는 표식
② 바라보기 좋고 공사의 지장이 없는 곳에 설치한다.
③ 건물 부근에 2개소 이상, 지반면(G.L)에서 0.5~1m 정도의 위치에 설치한다.
④ 공사착수 전에 설정하며, 공사완료까지 존치한다.
⑤ 현장일지에 위치 기록해 둔다.

정답 1. ③ 2. ② 3. ① 4. ②

5. 다음의 강관 및 강관틀 비계에 관한 기술 중 틀린 것은? [08산]
① 강관비계의 띠장간격은 1.5m 이하로 설치하되, 첫번째 띠장은 지상으로부터 2m 이하의 위치에 설치한다.
② 강관틀 비계는 주틀간에 교차가새를 설치하고 최상층 및 5층 이내마다 수평재를 설치한다.
③ 강관비계의 비계기둥간의 적재하중은 700kg 이하로 한다.
④ 강관틀 비계는 수직방향으로 6m, 수평방향으로 8m 이내마다 벽이음을 한다.

[해설] 강관 파이프비계와 틀비계의 하중한도

구 분	강관 파이프비계	강관 틀비계
기둥 1본 부담 하중	700kg	2,500kg(콘크리트 위)
기둥과 기둥사이 부담 하중	400kg	400kg

6. 와이어로프로 매단 비계 권상기에 의해 상하로 이동시킬 수 있는 공사용비계의 명칭은?
① 시스템비계
② 틀비계
③ 달비계
④ 쌍줄비계

[해설] 6
달비계(매단비계) : 와이어로프, 강재 등으로 상부지점으로부터 간단한 물품이나 작업자가 승강할 수 있는 발판으로 건물의 외부수리 등에 사용되는 비계이다.
※ 쌍줄비계 : 비계기둥과 띠장을 2열로 하고 여기에 비계장선을 연결한 비계이다. 비계기둥, 띠장, 장선, 가새, 버팀대, 발판 등으로 구성되며, 고층건물공사에 많이 사용된다.

■■■ 2. 토공사 및 기초공사

7. 흙의 함수비에 관한 설명 중 옳지 않은 것은? [04, 07, 17기]
① 연약 점토질 지반의 함수비를 감소시키기 위해서는 Sand Drain 공법을 사용할 수 있다.
② 함수비가 크면 전단 강도가 작아진다.
③ 모래지반에서 함수비가 크면 내부마찰력이 감소된다.
④ 점토지반에서 함수비가 크면 점착력이 증가한다.

[해설] 7
점토지반에서 함수비가 크면 점착력 및 전단강도는 감소한다.
$$함수비 = \frac{흙의함수중량}{흙의전건중량} \times 100(\%)$$

정답 5. ③ 6. ③ 7. ④

핵심기출문제

Ⅲ. 가설공사·토공사 및 기초공사

8. 지반의 구성층을 파악하기 위하여 낙하추 또는 화약의 폭발로 지반을 조사하는 방법은? [06㉮]

① 충격식 보링 지하탐사
② 전기 저항식 지하탐사
③ 가스관 꽂음에 의한 지하탐사
④ 탄성파식 지하탐사

9. 지반조사 중 보링에 대한 설명으로 옳지 않은 것은? [14, 18, 23㉮]

① 보링의 깊이는 일반적인 건물의 경우 대략지지 지층 이상으로 한다.
② 채취시료는 충분히 햇빛에 건조시키는 것이 좋다.
③ 부지 내에서 3개소 이상 행하는 것이 바람직하다.
④ 보링 구멍은 수직으로 파는 것이 중요하다.

10. 표준관입시험(SPT)에 대한 설명으로 옳은 것은? [08, 15, 25㉮]

① 점토지반에서는 표준관입시험이 불가능하다.
② 추의 낙하높이는 100cm이다.
③ 모래지반의 상대밀도를 직접 측정하는 방법이다.
④ N값은 샘플러를 30cm 관입하는데 소요되는 타격횟수이다.

11. 사질토의 경우 표준관입 시험의 타격횟수 N이 50 이면 이 지반의 상태(모래의 상대밀도)는? [06, 14㉮]

① 몹시 느슨하다.   ② 느슨하다.
③ 보통이다.   ④ 다진 상태이다.

[해설] 타격 횟수 N값에 따른 지반상태의 판정

N값	모래의 상태밀도
0~4	몹시 느슨하다
4~10	느슨하다
10~30	보통
50 이상	다진 상태

해 설

[해설] **8**
물리적 지하탐사법
① 탄성파 지하 탐사 : 낙하추 또는 화약의 폭발로서 인공진동을 일으켜 진동 이론을 응용하여 지하구조를 판단하는 방법
② 전기저항 탐사 : 지중에 전류를 통하여 각처의 전류를 측정하고 거리와 전저항의 관계 등으로 지반의 성질암반지하수의 깊이를 판별하는 방법-광산방면에 적당
※ 지하탐사법-터파보기(구멍파보기), 탐사간(쇠꽂이 찔러보기), 물리적 탐사법

[해설] **9**
보링(Boring)
굴착용 기계를 사용하여 지반에 구멍을 뚫어 지반에 구멍을 뚫어 지층 각 부분의 흙을 채취하여 지층 및 흙의 성질을 알아보는 방법으로 비교적 정확하게 조사할 수 있고, 또 구멍 속에서 원위치 시험도 할 수 있다.
㉠ 수세식 : 30m 정도까지의 연질층에 사용
㉡ 충격식 : 비교적 굳은 지층에 사용
㉢ 회전식 : 불교란시료 채취 가능, 가장 정확하게 측정(가장 많이 사용)

[해설] **10**
표준관입시험(SPT : Standard Penetration Test)
① 지내력측정을 위한 간이시험
② 보링 로드 선단에 스플릿 스푼 샘플러를 장치하여 63.5kg의 추를 높이 76cm에서 자유 낙하시켜 30cm 관입하는 사이의 타격 횟수 N을 구하고, 샘플러로 시료를 채취하는 것
③ 모래 지반의 전단력 시험에 주로 쓰이는 시험
※ 해머낙하고의 부정확, 해머의 편심낙하, 시험 기술자에 따라 N값은 큰 차이를 나타낸다.

정답 8. ④ 9. ② 10. ④ 11. ④

12. 토질시험 중 보링의 구멍을 이용하여 +자 날개형의 테스터를 지반에 때려 박고 회전시켜 그 회전력에 의하여 진흙의 점착력을 판별하는 시험방법은? [09⑦]
① 표준관입시험
② 베인시험
③ 3축압축시험
④ 컴포지트 샘플링

13. 다음 중 사운딩(Sounding) 시험에 속하지 않는 시험법은? [09, 14⑦]
① 표준관입시험
② 콘 관입시험
③ 베인전단시험
④ 평판재하시험

14. 로드의 선단에 붙은 스크루 포인트(screw point)를 회전시키며 압입하여 흙의 관입저항을 측정하고, 흙의 경도나 다짐상태를 판정하는 시험은? [10, 12, 24⑦]
① 베인시험(Vane test)
② 딘월샘플링(Thin wall sampling)
③ 표준관입시험(Penetrarion test)
④ 스웨덴식 사운딩 시험(Swedish sounding test)

15. 토공사 적산에 대한 설명 중 옳지 않은 것은? [10⑦]
① 흙막이가 있는 경우 터파기 깊이가 5m 이하일 때 터파기 여유폭은 60~90cm를 표준으로 한다.
② 흙막이가 없는 경우 터파기 깊이가 4m 이하일 때 터파기 여유폭은 50cm를 표준으로 한다.
③ 깊이 3m 미만의 터파기는 휴식각을 고려하지 않는 수직 터파기량으로 산출한다.
④ 잔토처리시 흙파기량을 전부 잔토처분 할 때의 잔토처리량은 (흙파기체적)×(토량환산계수)로 한다.

[해설] 터파기 여유폭(D)

구 분	깊이(H)	터파기 여유폭(D)
흙막이가 없는 경우	1.0m 이하	20cm
	2.0m 이하	30cm
	4.0m 이하	50cm
	4.0m 이상	60cm
흙막이가 있는 경우	5.0m 이하	60~90cm
	5.0m 이상	90~120cm

※ 깊이 1m 미만의 터파기는 휴식각을 고려하지 않는 수직 터파기량으로 산출한다.

해 설

[해설] **12**
베인 테스트(Vane test)
흙의 함수량, 토립자의 비중, 모래의 밀도 등은 흙의 역학적 성질을 규명하기 위한 토질시험으로 연약한 점토질 지반의 전단 강도를 측정한다.

[해설] **13**
사운딩(Sounding) 시험의 종류
표준관입시험, 콘 관입시험, 베인전단시험
※ 지내력 시험(평판재하시험) : 기초 저면까지 판자리에서 직접 재하하여 허용 지내력도를 구하는 시험

[해설] **14**
① 베인 테스트(Vane test) : 보링의 구멍을 이용하여 +자 날개형의 테스터를 지반에 때려 박고 회전시켜 그 회전력에 의하여 진흙의 점착력을 판별하는 시험
② 딘월샘플링(Thin wall sampling) : 샘플링 튜브가 얇은 살로 된 것으로 시료를 채취한다. 연약 점토의 채취에 적합하다.
③ 표준관입시험(SPT : Standard Penetration Test) : 보링 로드 선단에 스플릿 스푼 샘플러를 장치하여 63.5kg의 추를 높이 76cm에서 자유 낙하시켜 30cm 관입하는 사이의 타격 횟수 N을 구하고, 샘플러로 시료를 채취하는 것으로 모래 지반의 전단력 시험에 주로 쓰이는 시험이다.

정답 12. ② 13. ④ 14. ④
15. ③

핵심기출문제
Ⅲ. 가설공사·토공사 및 기초공사

16. 흙막이 설계 시 고려하는 측압계수는 지하수위에 따라 변화하는데, 다음 중 단단한 점토의 측압계수(K)로 옳은 것은? [05, 09②]

① 0.2~0.5　　② 0.6~0.8
③ 0.9~1.1　　④ 1.2~1.4

[해설] 흙막이 설계 시 고려하는 측압계수(K)

지반의 종류		측압계수(K)
점토지반	단단한 점토	0.2~0.5
	무른 점토	0.5~0.8
모래지반	지하수위가 깊을 경우	0.2~0.4
	지하수위가 얕을 경우	0.3~0.7

※ 측압계수(K) : 토질의 수질응력에 대한 수평응력의 비

17. 토공사의 잔토처리 및 되메우기에 대한 설명 중 틀린 것은 어느 것인가? [02②]

① 잔토할증은 실행에서 장외처리시만 적용하고, 토사층은 15% 할증 가산한다.
② 도심지의 지하층 토공사와 같이 협소한 대지에서의 잔토처리는 터파기 전량을 잔토처리로 적용한다.
③ 되메우기량은 터파기물량에서 순잔토 처리량을 제외한 물량으로 산출, 적용한다.
④ 장외반출된 토량으로 되메우기를 할 경우에는 할증을 적용하지 않는다.

18. 중앙부의 흙을 먼저 파내고 중앙부의 구조물을 구축한 후 주위부분의 흙을 파내는 흙막이 공법은? [06③]

① 아일랜드 공법　　② 트랜치컷 공법
③ 심초공법　　　　④ 개방잠함 공법

19. 구조물 위치 전체를 동시에 파내지 않고 측벽이나 주열선 부분만을 먼저 파내고 그 부분의 기초와 지하구조체를 축조한 다음 중앙부의 나머지 부분을 파내어 지하구조물을 완성하는 공법은? [10③]

① 오픈 컷 공법(open cut method)
② 트렌치 컷 공법(trench cut method)
③ 우물통식 공법(well method)
④ 아일랜드 컷 공법(island cut method)

해　설

[해설] **17**
장외반출된 토량으로 되메우기를 할 경우에는 할증을 적용한다.
(토사층 15%, 암반층 25%)

[해설] **18**
아일랜드컷 공법(Island cut method)
① 중앙부를 먼저 굴착하여 기초 축조 후 버팀대를 받치고 주변부를 파는 것
② 가설재의 절감, 경사 버팀대의 변형 우려

[해설] **19**
트렌치 컷 공법(trench cut method)
① 주변부를 파고 기초 구축 후 중앙부를 굴착하는 공법이다.
② 이중 널말뚝을 시공하므로 공기가 길다.
※ 아일랜드 컷 공법(island cut method) 과 역순이다.

정답 16. ①　17. ④　18. ①
　　　19. ②

20. 시공기계에 관한 설명 중 옳지 않은 것은? [10, 14㉮]
① 타워크레인은 골조공사의 거푸집, 철근 양중에 주로 사용된다.
② 파워셔블은 위치한 지면보다 높은 곳의 굴착에 적합하다.
③ 스크레이퍼는 굴착, 적재, 운반, 정지 등의 작업을 연속적으로 할 수 있는 중·장거리용 토공기계이다.
④ 바이브레이팅 롤러(Vibrating roller)는 콘크리트 다지기에 사용된다.

21. 가이데릭(Guy derick)에 대한 설명 중 옳지 않은 것은? [16, 23㉮]
① 기계대수는 평면높이의 가동범위·조립능력과 공기에 따라 결정한다.
② 일반적으로 붐(boom)의 길이는 마스트의 길이보다 길다.
③ 불 휠(bull wheel)은 가이데릭 하단부에 위치한다.
④ 붐(boom)의 회전각은 360°이다.

22. 다음 그림과 같은 줄기초파기의 파낸 토량은 얼마인가? (단, 토량환산계수 L=1.2) [14㉮]

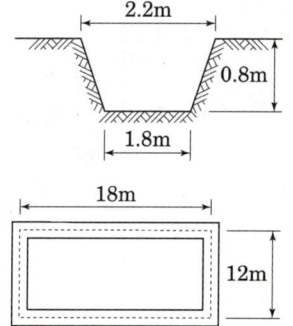

① 96m³
② 115.2m³
③ 130.7m³
④ 145.9m³

해 설

[해설] 20
바이브레이팅 롤러(Vibrating roller)는 토공사에서 사용되는 다짐용 진동 롤러이다.
※ 진동롤러의 종류 : 바이브로(vibro) 콤팩터, 소일(soil) 콤팩터, 바이브레이팅(vibrating) 롤러 등

[해설] 21
가이데릭(Guy derick)
㉠ 가장 일반적으로 사용되는 기중기의 일종
㉡ 보통 5~10ton 정도의 것이 많다.
㉢ 가이(Guy)의 수 : 6~8개
㉣ 붐(Boom)의 회전범위 : 360°
㉤ 7.5ton 데릭으로 1일 세우기 능력 : 철골재 15~20ton
㉥ 붐의 길이는 주축으로 마스트(Mast)보다 짧게 한다.
㉦ 당김줄은 지면과 45° 이하가 되도록 한다.

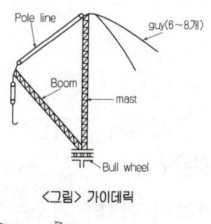
〈그림〉 가이데릭

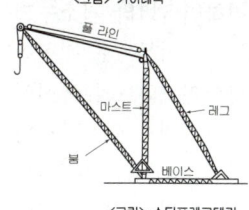
〈그림〉 스티프레그데릭

[해설] 22
줄기초의 터파기량(V)
㉠ 터파기량(흙파기 체적) = $\frac{(a+b)}{2} \times h \times$ 줄기초 길이
㉡ 잔토처리량 = 흙파기 체적×토량환산계수(흙의 부피증가량)
먼저, 터파기량(V) = $\frac{2.2+1.8}{2} \times 0.8 \times (18+12) \times 2 = 96\text{m}^3$
잔토처리량 = 96m³×1.2 = 115.2m³

정답 20. ④ 21. ② 22. ②

핵심기출문제

Ⅲ. 가설공사·토공사 및 기초공사

23. 흙막이 공법 중 수평버팀대의 설치 작업 순서가 올바른 것은?
[07, 10 산]

- ㉠ 흙파기
- ㉡ 띠장버팀대 대기
- ㉢ 받침기둥박기
- ㉣ 규준대 대기
- ㉤ 중앙부 흙파기

① ㉠ → ㉣ → ㉡ → ㉢ → ㉤
② ㉠ → ㉢ → ㉣ → ㉡ → ㉤
③ ㉣ → ㉠ → ㉤ → ㉢ → ㉡
④ ㉣ → ㉠ → ㉢ → ㉡ → ㉤

24. 다음 중 어스앵커 공법에 대한 설명으로 옳지 않은 것은? [11, 20 기]

① 버팀대가 없어 굴착공간을 넓게 활용할 수 있다.
② 인접한 구조물의 기초나 매설물이 있는 경우 효과가 크다.
③ 대형기계의 조립이 용이하다.
④ 시공 후 검사가 어렵다.

25. 토공사에서 지하연속벽(Diaphragm Wall)에 대한 설명 중 옳지 않은 것은? [10 기]

① 지하연속벽의 최소두께는 구조물의 응력 해석에 따라 0.6~1.5m 또는 그 이상으로 결정한다.
② 타설콘크리트의 물시멘트비는 50% 이하, 슬럼프치는 180~210mm, 배합설계는 설계강도의 125% 이상으로 한다.
③ 파내기 구멍은 수직으로 파며, 최대 허용오차는 1.0% 이하로 한다.
④ 철근망과 트렌치 측면 사이는 최소 50mm 정도의 콘크리트 피복이 유지되도록 시공한다.

26. 다음 중 지하연속벽 공법(Slurry Wall)에 대한 설명으로 옳지 않은 것은?
[09 기]

① 저진동·저소음으로 공사가 가능하다.
② 깊은 기초로 활용하기에는 부적절하다.
③ 통상적인 흙막이 공사와 비교하면 대체로 공사비가 높다.
④ 벽체의 강성이 높다.

해설

해설 23
수평버팀대식 공법
① 흙막이벽을 설치하고 토압을 수평버팀대에 부담하면서 굴착하는 공법
② 설치 작업순서 : 규준대 대기 → 흙파기 → 받침기둥박기 → 띠장버팀대 대기 → 중앙부 흙파기

해설 24
어스앵커(Earth anchor)식 흙막이 공법
① 흙막이벽 배면을 원통형으로 굴착한 후 고강도 강재와 모르타르를 주입하여 경화시킨 후 인장력에 의해 토압을 지지하게 하는 것
② 적용 : 좌우 토압이 불균일하여 버팀대식의 적용이 불가하고, 굴착부지 내의 작업공간 확보가 필요한 경우
③ 특징 : 버팀대가 없어 굴착공간을 넓게 활용할 수 있다. 대형기기의 반입이 용이하다. 시공 후 검사가 어렵다.

해설 25, 26
지하연속벽 공법(Diaphragm Wall, Slurry Wall 공법)
① 안정액을 사용하여 지반의 붕괴를 방지하면서 굴착하여 그 속에 철근망과 콘크리트를 넣어 연속으로 콘크리트 흙막이벽을 설치하는 공법이다.
② 진동, 소음이 적다.
③ 차수성이 높으며, 인접 건물에 근접 시공이 가능하다.
④ 벽체의 강성이 높아 본 구조체로 사용 가능하다.
⑤ 통상적인 흙막이 공사와 비교하면 대체로 공사비가 높다.
⑥ 피복두께는 100mm이다.

정답 23. ④ 24. ② 25. ④ 26. ②

27. 웰포인트(Well Point) 공법에 관한 설명 중 틀린 것은? [14, 23㉮]

① 인접 대지에서 지하수위 저하로 우물 고갈의 우려가 있다.
② 투수성이 비교적 낮은 사질실트층까지도 강제배수가 가능하다.
③ 압밀침하가 발생하지 않아 주변 대지, 도로 등의 균열발생 위험이 없다.
④ 흙의 안전성을 대폭 향상시킨다.

28. 다음 중 웰포인트 공법에 대한 설명으로 옳지 않은 것은? [09, 15, 20㉮]

① 흙파기 밑면의 토질 약화를 예방한다.
② 진공펌프를 사용하여 토중의 지하수를 강제적으로 집수한다.
③ 지하수 저하에 따른 인접지반과 공동매설물 침하에 주의가 필요하다.
④ 사질지반보다 점토층 지반에서 효과적이다.

29. 다음 중 연약 지반개량 공법에 해당하지 않는 것은? [08, 25㉮]

① 웰포인트공법
② 샌드 드레인공법
③ 폭파다짐공법
④ 심초공법

30. 다음 배수공법 중 중력배수공법에 해당하는 것은? [11, 15, 24㉮]

① 웰포인트 공법
② 진공압밀 공법
③ 전기삼투 공법
④ 집수정 공법

31. 다음 중 토공사를 할 경우 주의해야 할 현상으로 가장 거리가 먼 것은? [07, 16, 23㉮]

① 파이핑(Piping)
② 보일링(Boiling)
③ 히이빙(Heaving)
④ 그라우팅(Grouting)

해설

해설 27, 28
웰포인트 공법 : 강제배수공법의 대표적 공법으로 Siemens Wall공법을 개량한 공법이다. 지중에 Pipe를 1~2m 간격으로 박고 진공펌프를 사용해서 지하수를 진공흡입 탈수하는 것이며, 용수량이 비교적 많은 굵은 사질층에서 약간 투수층이 나쁜 사직 실트층 정도까지의 지하수를 강제 배수할 수가 있다.
※ 토질에 따른 각종 시험 및 방법
① 사질토 : 표준관입 시험, 웰포인트 공법
② 점토질 : 베인테스트(연한 점토), 샌드드레인 공법

해설 29
① 웰포인트 공법(Well point method) : 강제배수공법의 대표적 공법으로 Siemens Wall공법을 개량한 공법이다.
② 샌드드레인 공법(Sand drain method) : 연약한 점토층의 수분을 제거하여 지반을 경화 개량하는 공법이다.

해설 30
배수공법의 종류와 특징

배수방법	공법	공법	적용 지반
중력배수	• 집수정 공법 • 깊은 우물 공법	지하수를 중력에 의해 집수하고 펌프를 사용하여 지상으로 배수한다.	입자가 거칠고 투수계수가 큰 지반(자갈, 왕모래 등)
강제배수	• 웰포인트 공법 • 진공압밀 공법 • 전기삼투 공법	지반을 진공상태로 만들거나 전기에너지를 가함으로써 강제적으로 지하수를 집수하여 배수한다.	토립자가 작고 투수계수가 작아 중력만으로는 지하수의 이동이 느린 지반

해설 31
그라우팅(Grouting) : 토질의 안정을 위하여 지반의 갈라진 틈이나 공동(空洞) 등에 시멘트페이스트를 주입하여 고결시키는 공법이다.

정답	27. ③	28. ④	29. ④
	30. ④	31. ④	

핵심기출문제 — Ⅲ. 가설공사·토공사 및 기초공사

32. 건축물의 터파기 공사시에 실시하는 계측의 항목과 계측기를 연결한 것이다. 틀린 것은? [03, 07, 16㉮]

① 지하수의 수압 – 트랜싯
② 흙막이벽의 측압, 수동토압 – 토압계
③ 흙막이벽의 중간부 변형 – 경사계
④ 흙막이벽의 응력 – 변형계

33. 파이프 회전용의 선단에 커터(cutter)를 장치하여 흙을 뒤섞으며 지중으로 파들어간 다음 파이프 선단에서 모르타르를 분출시켜 흙과 모르타르를 혼합하면서 파이프를 빼내는 말뚝의 명칭은? [04, 06㉮]

① 페데스탈 말뚝
② 레이몬드 말뚝
③ C.I.P 말뚝(cast in place)
④ M.I.P 말뚝(mixed in place)

34. 기성콘크리트말뚝 지지력 판단 방법 중 동재하시험(Pile Dynamic Analysis, PDA)은 항타시 말뚝 몸체에 발생하는 응력과 속도를 분석, 측정하여 말뚝지지력을 결정하는 방법이다. 다음 중 이 시험과 가장 거리가 먼 계측기기는? [10㉮]

① 가속도계(Accelerometer)
② 변형률계(Strain Transducer)
③ 항타분석기(Pile Drive Analyzer)
④ 지중수평변위계(Inclino meter)

35. 다음 중 계측관리 항목 및 기기에 대한 설명으로 옳지 않은 것은? [12, 21, 23㉮]

① 흙막이벽의 응력은 Strain Gauge(변형계)를 이용한다.
② 주변건물의 경사는 Tiltmeter(건물 경사계)를 이용한다.
③ 지하수의 간극수압은 Water Level Meter(지하수위계)를 이용한다.
④ 버팀보, 앵커 등의 축하중 변화상태의 측정은 Load Cell(하중계)을 이용한다.

해설

해설 32
터파기 공사시에 실시하는 계측의 항목과 계측기
㉠ 지하수의 수압 측정 : 피에조미터(piezometer)
㉡ 흙막이벽의 측압, 수동토압 – 토압계
㉢ 흙막이벽의 중간부 변형 – 경사계(Tiltmeter)
㉣ 흙막이벽의 응력 – 변형계(strain gauge)
㉤ 인접구조물의 이동 측정 : 트랜싯(transit)

해설 33
MIP 말뚝(Mixed In Place Pile)
프리팩트 콘크리트말뚝 중 파이프 회축의 선단에 커터를 장치하여 흙을 뒤섞으며 지중으로 파들어간 다음, 다시 회전시켜 빼내면서 모르타르를 회전봉 선단에서 분출시켜 소일 콘크리트 말뚝을 형성하는 방법
※ CIP 말뚝(Cast In Place Pile) : 오우거 구멍을 뚫은 후 이에 자갈을 충진 시킨 다음 모르타르를 주입하는 공법으로 지하수가 없는 비교적 경질지층에 적합하다.

해설 34
기성콘크리트말뚝의 동재하시험 (Pile Dynamic Analysis, PDA)
가속도계(Accelerometer), 변형률계(Strain Transducer), 항타분석기(Pile Drive Analyzer)

해설 35
Water level meter – 지하수위 변화를 실측하는데 이용한다.

정답 32. ① 33. ④ 34. ④
35. ③

36. 기계경비 산정과 관련된 시간당 손료계수를 구성하는 3가지 요소가 아닌 것은? [12㉮]

① 상각비 계수
② 관리비 계수
③ 정비비 계수
④ 경비 계수

37. 다음 중 언더피닝(Under Pinning) 공법의 종류가 아닌 것은? [09, 14, 24㉮]

① 갱·피어 공법
② 잭파일(jacked pile) 공법
③ 그라우트 주입공법
④ 콘크리트 VH 타설법

해 설

해설 36
시간당 손료계수
건설기계의 경비 산정시 시간당 손료계수는 손료산정의 시간당 손료계수 합계에는 시간당 상각비 계수, 정비비 계수 및 평균취득가격에 의한 시간당 관리비 계수가 포함된 것으로 시간당 손료는 취득가격에 시간당 손료계수의 합계를 곱한 것을 말한다.(원미만의 값은 절사한다.)

해설 37
언더피닝(Under pinning) 공법
① 인접한 건물 또는 구조물의 침하 방지를 목적으로 하는 지반보강 방법을 총칭
② 기존 건축물 가까이에 신축공사를 하고자 할 때 기존 건물의 지반과 기초를 보강하는 공법이다.
③ 공법의 종류 : 갱·피어 공법, 이중 널말뚝 공법, 차단벽 공법, 현장콘크리트말뚝 공법, pit 공법, 강재 파일 공법 [잭 파일(jacked pile) 공법], 약액주입 공법(그라우트 주입공법)
※ 콘크리트 VH 타설공법 : 침하균열을 방지하기 위하여 수직부분(기둥, 벽)에 먼저 콘크리트를 타설하고 수평부분(보, 슬라브)을 나중에 타설하는 공법이다. 주로 Half P.C. slab 공법에 적용한다.

36. ④ 37. ④

04 철근콘크리트공사

핵심 PLUS

01 설계도서에서 정미량으로 산출한 D10 철근량은 2,870kg이다. 할증을 고려한 소요량으로서 8m 짜리 철근 몇 개를 운반하여야 하는가? (단, D10 철근은 0.56kg/m) [05, 07 기]
① 650개 ② 660개
③ 673개 ④ 681개

[해설] 철근의 할증률은 이형철근 3%, 원형철근 5%이므로
(2,870kg×1.03)÷(8m×0.56kg/m)
=659.84≒660개
답 : ②

02 이형철근이라도 단부에 반드시 갈고리(hook)를 설치하여야 하는 경우가 있다. 다음 중 갈고리(hook)를 설치하지 않아도 되는 경우는? [09, 11, 13 기]
① 스터럽
② 띠철근
③ 굴뚝의 철근
④ 지중보 돌출 부분의 철근

[해설] 갈고리(hook)를 설치하여야 하는 경우
① 원형철근
② 기둥과 보(지중보는 제외)의 돌출부분 철근
③ 대근(띠철근, Hoop) 및 늑근 (Stirrup)
④ 굴뚝의 철근
⑤ 도면에 표기된 부분
답 : ④

03 철근의 정착 위치에 관한 설명 중 옳지 않은 것은? [07, 11 기]
① 지중보의 철근은 기초 또는 기둥에 정착한다.
② 기둥 철근은 큰 보 또는 작은 보에 정착한다.
③ 벽 철근은 기둥, 보 또는 바닥판에 정착한다.
④ 바닥 철근은 보 또는 벽체에 정착한다.
답 : ②

1 철근 공사

1. 철근의 가공 조립

① 철근 배근도에 철근의 구부림은 구조기준의 내면 반지름 이상으로 한다.
② 철근은 상온 가공을 원칙으로 한다.
③ 철근의 조립은 녹, 기름 등을 제거한 후 실시한다.
④ 철근 조립이 끝난 후 배근도에 맞는지 검사한다.

2. 철근의 이음 및 정착위치

1) 철근의 이음

① 인장력이 적은 곳에서 이음을 하고, 동일 장소에서 철근수의 반 이상을 잇지 않는다.
② D35 초과철근은 겹친이음으로 하지 않는다.
③ 철근의 지름이 다를 때의 이음은 구조기준이나 철근배근도에 의해 배근한다.
④ 보 철근이음은 상부근은 중앙, 하부근은 단부에서 한다.

2) 철근의 정착위치

① 기둥의 주근 : 기초 또는 바닥판에 정착
② 보의 주근 : 기둥 또는 큰 보에 정착(기둥 중심선을 지나 외측에 정착시킨다.)
③ 작은 보의 주근 : 큰 보에 정착
④ 직교하는 단부 보밑 기둥이 없을 때 : 보 상호간에 정착
⑤ 벽 철근 : 기둥, 보 또는 바닥판에 정착
⑥ 바닥 철근 : 보 또는 벽체에 정착(보 중심선을 지나 외측에 정착시킨다.)
⑦ 지중보 주근 : 기초 또는 기둥에 정착

3. 철근의 조립순서

① 철근콘크리트조 : 기둥 → 벽 → 보 → 슬래브
② 철골철근콘크리트조 : 기둥 → 보 → 벽 → 슬래브

4. 철근의 피복두께 유지 목적

① 내화성 유지(철근은 350℃에서 항복점이 급격히 저하, 600℃에서 항복점이 1/2로 된다.)
② 내구성(철근의 방청) 유지
③ 시공상 콘크리트치기의 유동성 유지(굵은 골재의 유동성 유지)
④ 구조내력상 피복으로 부착력 증대

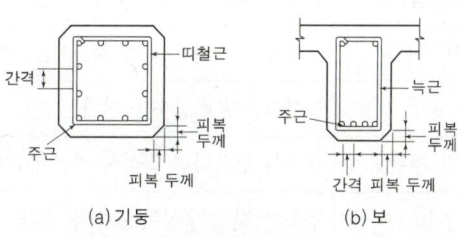

(a) 기둥　　　(b) 보

5. 가스압접

접합하는 두 부재에 1,200~1,300℃의 열을 30MPa의 압력으로 가압하여 접합하는 것(가스압접=가스용접+압력접합의 합성어)

① 접합 소요 시간 : 1개소에 3~4분으로 비교적 간단
② 압접작업은 철근을 완전히 조립하기 전에 행한다.
③ 철근 직경 6mm 넘는 것, 편심오차가 직경의 1/5 초과는 압접을 하지 않는다.
④ 장점 : 콘크리트 부어넣기가 용이하고 겹침이음이 불필요하며, 기구가 간편하고 공사비가 저렴하다. 강도가 비교적 신뢰성이 있다.
⑤ 단점 : 철근공, 용접공 동시작업으로 혼돈의 우려가 있으며, 숙련공이 필요하다. 화재의 우려가 있고, 용접부 검사가 어렵다. 풍우, 강설, 저온 시는 작업을 중단해야 한다.

2 거푸집 공사

1. 거푸집의 고려하중

① 보, 바닥판 밑면 : 생콘크리트의 중량, 작업하중, 충격하중
② 기둥, 벽, 보 옆 : 생콘크리트의 중량, 생콘크리트의 측압

※ 거푸집 조립순서

　기초 → 기둥 → 내벽 → 큰 보 → 작은 보 → 바닥 → 외벽

핵심 PLUS

04 일반적인 철근콘크리트 구조물에서 철근 조립의 경우 다음 각부의 배근순서로 옳은 것은?
[02 산, 02 기]
① 기둥배근-벽배근-보배근-바닥배근
② 기둥배근-보배근-벽배근-바닥배근
③ 바닥배근-기둥배근-벽배근-보배근
④ 바닥배근-기둥배근-보배근-벽배근

답 : ①

05 다음 중 철근콘크리트의 피복두께를 유지하는 목적과 가장 거리가 먼 것은? [09 산]
① 화재로부터의 철근보호
② 철근의 부식방지
③ 철근과 콘크리트의 부착응력 확보
④ 콘크리트의 동해 방지

답 : ④

■ 철근의 용접
아아크 용접(arc welding), 플러시 버트 용접(flush butt welding), 가스압접
[쥬] 가스용접은 용접할 때 기포가 많이 발생하고 강도가 약하여 구조용 철근용접에는 사용하지 않는다.
※ 철골공사에 가장 많이 사용하는 용접접합은 아아크 용접(arc welding)이다.

06 바닥판 거푸집 설계시 고려하여야 할 하중들로 짝지어진 것은?
[11, 24, 25 기]

㉠ 생콘크리트의 중량
㉡ 작업하중
㉢ 생콘크리트의 측압
㉣ 충격하중

① ㉠, ㉡, ㉢
② ㉠, ㉢, ㉣
③ ㉠, ㉡, ㉣
④ ㉡, ㉢, ㉣

답 : ③

II. 건축시공 | 철근콘크리트공사

핵심 PLUS

■ 지주 바꾸어 세우기 순서
  큰보 → 작은보 → 바닥

※ 현행 시방서상에는 원칙적으로 하지 않는다. 바닥 밑, 보 밑은 나중에 제거한다.

07 다음 중 일반적인 거푸집 조립 순서로 맞는 것은? [07 산]
① 기둥 → 벽 → 보 → 슬래브
② 슬래브 → 기둥 → 벽 → 보
③ 벽 → 기둥 → 슬래브 → 보
④ 벽 → 기둥 → 보 → 슬래브
답 : ①

■ 콘크리트 헤드(Concrete head)
: 콘크리트 타설 윗면으로부터 최대 측압이 생기는 지점까지의 거리

※ 콘크리트를 연속하여 타설하면 측압은 높이의 상승에 따라 증가하나 시간의 경과에 따라 감소하여 어느 일정한 높이에서 증가하지 않는다. 이렇게 측압이 최대가 되는 점을 콘크리트 헤드(Concrete head)라고 한다.

08 콘크리트 측압에 영향을 주는 요인에 관한 설명으로 틀린 것은? [15 기]
① 콘크리트 타설 속도가 빠를수록 측압이 크다.
② 묽은 콘크리트일수록 측압이 크다.
③ 철골 또는 철근량이 많을수록 측압이 크다.
④ 진동기를 사용하여 다질수록 측압이 크다.
답 : ③

09 철근콘크리트공사 시 벽체 거푸집 또는 보 거푸집에서 거푸집판을 일정한 간격으로 유지시켜 주는 동시에 콘크리트의 측압을 최종적으로 지지하는 역할을 하는 부재는? [22 기]
① 인서트   ② 컬럼밴드
③ 폼타이   ④ 턴버클
답 : ③

2. 생콘크리트가 측압에 영향을 주는 요소

요소별 항목	콘크리트 측압에 미치는 영향
타설 속도	타설 속도가 빠를수록 크다.
컨시스턴시	슬럼프값이 클수록(W/C비가 클수록) 크다.
콘크리트의 비중	비중이 클수록 크다.
배합(시멘트량)	빈배합보다 부배합일수록 크다.
콘크리트의 온도	온도가 높으면 경화가 빠르므로 작다.
시멘트의 종류	응결시간이 빠를수록 작다.
거푸집 표면의 평활도	표면이 평활하면 타설시 마찰계수가 적게 되어 크다.
거푸집의 투수성 및 누수성	투수성 및 누수성이 클수록 작다.
거푸집의 수평단면	단면이 클수록 크다.
진동기의 사용	다질수록 크다.(약 30% 증가)
붓기(타설) 방법, 위치	높은 곳에서 많은 량을 낙하시켜 타설시 충격을 주면 크다.
거푸집의 강성	거푸집의 강성이 클수록 크다.
철골 또는 철근량	철골 또는 철근량이 많을수록 작다.

※ ① 온도가 높을수록
   ② 응결시간이 빠를수록
   ③ 투수성 및 누수성이 클수록
   ④ 철골 또는 철근량이 많을수록 : 측압은 작다.

3. 거푸집에 사용되는 부속재료

① 격리재(Seperator) : 거푸집 상호간의 간격을 유지, 오그라드는 것 방지
② 긴장재(Form tie) : 거푸집의 형상을 유지, 벌어지는 것 방지
③ 간격재(Spacer) : 철근과 거푸집의 간격을 유지
④ 박리제 : 콘크리트와 거푸집의 박리를 용이하게 하는 것으로 중유, 석유, 동식물유, 아마인유, 파라핀, 합성수지 등을 사용

4. 거푸집 공법

공법	특징
유로 거푸집 (Euro Form)	• 종래의 나무 Form의 개선으로 내수합판과 경량 frame으로 제작한다. • 조립해체가 간단하고, 별도의 장비 없이 조립이 가능하다. • 한가지형의 패널로 벽, 슬래브, 기둥의 조립이 가능하다.
슬라이딩 폼 (Sliding form)	• 수직 활동 거푸집으로, 연속 타설로 일체성을 확보할 수 있다. • 거푸집 높이 1m 정도, 요오크(yoke)로 끌어올린다. 비계발판이 필요 없다. • 공기가 약 1/3 정도 단축되며, 자재 및 인력의 절감이 가능하다. • 단면 형상에 변화가 없는 곳에 사용된다. • 돌출부가 없는 굴뚝, 사일로(Silo), 교각, 빌딩의 코어 부분에 사용
워플 거푸집 (Waffle form) =Dome pan	• 무량판 구조에서 특수상자 모양의 기성재 거푸집(돔팬, dome pan) • 2방향 장선바닥판 구조가 가능하며, 격자천장 형식을 만들 때 사용한다. • 장스팬 슬래브가 가능하며, 층높이를 낮출 수 있다.
대형패널식 거푸집	• 대형 Panel로 거푸집과 지주를 Unit화하여 한 구획전체를 타설할 수 있고 반복사용 하는 것 • 대형 양중장비가 필요하다.
이동식 거푸집 (Travelling fom)	• 수평이동 전용 거푸집으로 장선, 멍에, 동바리가 일체 Unit화 된 대형 거푸집 • 거푸집 전체를 다음 장소로 이동하여 사용(Shell, Dome, Arch 연속구조)
터널 거푸집 (Tunnel form)	• 한 구획 전체의 벽판과 바닥면을 터널화한 이동식 거푸집(ㄱ, ㄴ, ㄷ 형식) • 중량물이므로 대형 양중장비가 필요하고 설치 해체시 안전사고, 양중계획에 주의한다. • 인건비 절약, 공기단축이 가능하다. • 전용회수 200회 정도로 경제성이 있다. • 아파트 등 연속된 동일 단면의 구조체에 적당(병원 병실, 호텔 객실)
무지주 공법 (Non Support, 수평지지보)	• 강재의 인장력을 이용하여 만든 조립보로 받침기둥을 쓰지 않고 보를 걸어서 거푸집널을 지지하는 것 – 보우 빔(Bow beam) : 철골의 인장력을 이용해 받침기둥 없이 수평 지지보를 걸어서 거푸집을 지지하는 것 – 페코 빔(Pecco beam) : 신축 가능한 무지주 수평 지지보로서, 천장이 높은 건물에 유리

핵심 PLUS

10 높이 약 1.0~1.2m 정도로 콘크리트가 완료가 될 때까지 폼을 해체하지 않고 콘크리트를 부어가면서 콘크리트의 경화상태에 따라 거푸집을 요크(york)나 기타장비로 끌어올리면서 콘크리트 치기를 중단없이 연속적으로 시공하는 거푸집 시스템은?
　　　　　　　　[03, 05, 25 기]
① Euro Form
② Tunnel Form
③ Sliding Form
④ Table Form
　　　　　　　　　답 : ③

11 거푸집에 관한 설명으로 틀린 것은?　　　　[06, 24 기]
① 터널거푸집(Tunnel form)은 구획 전체의 벽관과 바닥면을 ㄱ자형, ㄷ자형으로 견고하게 짠 것으로 이동설치가 용이하다.
② 워플 거푸집(Waffle form)은 옹벽, 피어 등의 특수거푸집으로 고안된 것이다.
③ 메탈 폼(Metal form)은 철판, 앵글 등을 써서 제작된 철제 거푸집이다.
④ 슬라이딩 폼(Sliding form)은 돌출부가 없는 사일로(Silo) 등에 사용되며, 공기는 약 1/3 정도 단축 가능하다.
　　　　　　　　　답 : ②

12 거푸집 공사에서 사용할 때마다 작은 부재의 조립, 분해를 반복하지 않고 대형화·단순화하여 한 번에 설치하고 해체하는 벽체용 거푸집의 명칭은?　　[15, 23 기]
① 슬라이딩 폼(Sliding Form)
② 갱 폼(Gang Form)
③ 플라잉 폼(Flying Form)
④ 유로 폼(Euro Form)
　　　　　　　　　답 : ②

핵심 PLUS

13 다음 중 갱폼(gang form)에 대한 설명으로 옳지 않은 것은? [10 기]
① 주로 타워크레인 등의 시공장비에 의해 한번에 설치하고 탈형한다.
② 초기 세팅기간은 약 1일정도로 타 거푸집에 비하여 소요 일수가 적다.
③ 전용횟수는 30~40회 정도이다.
④ 제치장 콘크리트의 경우 가설 비계공사를 하지 않아도 된다.

[해설] 갱폼(gang form) : 대형 패널에 작업발판과 버팀대를 부착·일체화시켜 한번에 설치하고 해체하는 거푸집으로 벽식구조인 아파트 건축물에 적용효과가 큰 대형 벽체 거푸집이다.

답 : ②

14 콘크리트의 압축강도를 시험하지 않을 경우 다음과 같은 조건에서의 거푸집널 해체시기로 옳은 것은? [22 기]

- 기초, 보, 기둥 및 벽의 측면의 경우
- 평균기온 20°C 이상
- 조강 포틀랜드 시멘트 사용

① 1일
② 2일
③ 3일
④ 4일

답 : ②

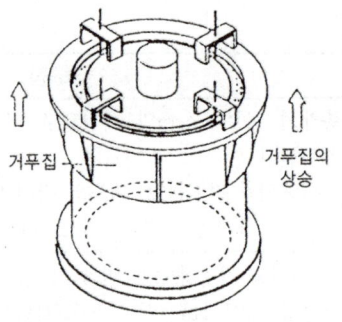

[그림] 슬라이딩 폼(미끄럼 거푸집)

5. 거푸집 및 동바리의 존치기간

1) 콘크리트의 압축강도를 시험할 경우 거푸집널의 해체 시기

부재		콘크리트 압축강도
기초, 보, 기둥, 벽 등의 측면		5MPa 이상
슬래브 및 보의 밑면, 아치내면	단층구조인 경우	설계기준압축강도의 2/3배 이상 또한, 최소 14MPa 이상
	다층구조인 경우	설계기준압축강도 이상(필러 동바리 구조를 이용할 경우는 구조계산에 의해 기간을 단축할 수 있음. 단, 이 경우라도 최소강도는 14MPa 이상으로 함)

2) 콘크리트의 압축강도를 시험하지 않을 경우 거푸집널의 해체 시기(기초, 보옆, 기둥, 벽 등의 측벽)

시멘트의 종류 / 평균기온	조강 포틀랜드 시멘트	보통 포틀랜드시멘트 고로슬래그시멘트(1종) 포틀랜드포졸란시멘트(1종) 플라이애쉬 시멘트(1종)	고로슬래그 시멘트(2종) 포틀랜드포졸란시멘트(2종) 플라이애쉬 시멘트(2종)
20℃ 이상	2일	4일	5일
20℃ 미만 10℃ 이상	3일	6일	8일
압축강도	5MPa 이상		

[주] ① 기초, 보, 기둥, 벽 등의 측면 거푸집널 해체는 특히, 내구성이 중요한 구조물에서는 콘크리트 압축강도가 10MPa 이상일 때 거푸집널을 해체 할 수 있다.
② 보, 슬래브 및 아치 하부의 거푸집널은 원칙적으로 동바리를 해체한 후에 해체하도록 한다. 그러나 구조계산으로 안전성이 확보된 양의 동바리를 현 상태대로 유지하도록 설계·시공된 경우 콘크리트를 10℃ 이상 온도에서 4일 이상 양생한 후 사전에 책임기술자의 검토 및 확인 후 담당원의 승인을 받아 해체할 수 있다.

6. 거푸집 면적 산출

위 치	산 출 방 법
기 둥	기둥둘레길이×기둥높이 *기둥높이 : 바닥판 내부간의 높이
벽	(벽면적-개구부면적)×2 *벽면적 : 기둥과 보의 면적을 제외한 안목면적
기 초	· θ≥30° 경우 : 경사면 거푸집을 계산 · θ<30° 경우 : 기초 주위의 수직면 거푸집(A)만을 계산
보	기둥간 내부길이×바닥판 두께를 뺀 보 옆 면적×2 *보의 밑부분은 바닥판에 포함
바 닥	외벽의 두께를 뺀 내벽간 바닥면적

※ 개구부 1m² 이하는 거푸집 계산시 공제하지 않는다. (1m² 초과시 공제한다.)

핵심 PLUS

15 거푸집면적의 산출방법에 대한 기술이 잘못된 것은? [06, 08 기]
① 1m² 이하의 개구부는 주위의 사용재를 고려하여 거푸집 면적에서 공제하지 않는다.
② 기둥 거푸집 면적 산정시 기둥 높이는 상하층 바닥 안목 간의 높이를 적용한다.
③ 기초 경사부의 경우 경사도 30° 미만의 경우 거푸집 면적을 계산한다.
④ 기초와 지중보, 기둥과 벽체의 접합부 면적은 거푸집 면적에서 공제하지 않는다.
답 : ③

3 콘크리트 공사

1. 시멘트

1) 시멘트의 종류

① 포틀랜드 시멘트

㉮ 보통 포틀랜드 시멘트
- 주성분 : 점토(실리카, 알루미나), 산화철, 석회석 → 클링커+3% 석고(응결시간조절용) → 시멘트
- 비중 및 단위용적 중량 : 비중은 3.15 전후이고, 단위용적 중량은 1,300~2,000kg/m³로 보통 1,500kg/m³
- 분말도 : 수화작용 속도에 큰 영향을 미치고, 시공연도, 공기량, 수밀성 및 내구성에도 영향을 주나, 분말도가 지나치게 크면 풍화가 쉽다.
- 응결 : 수량, 온도, 분말도, 화학성분, 풍화, 습도에 따라 다르다.

16 시멘트의 종류 중 조기강도가 아주 크므로 긴급공사 등에 많이 쓰이며 해안공사, 동기공사에 적합한 것은? [05 산]
① 보통 포틀랜드시멘트
② 알루미나시멘트
③ 고로시멘트
④ 실리카시멘트
답 : ②

17 시멘트 광물질의 조성 중에서 발열량이 높고 응결시간이 가장 빠른 것은? [04, 19, 23 기]
① 알루민산 삼석회
② 규산삼석회
③ 규산이석회
④ 알루민산철 사석회
답 : ①

핵심 PLUS

18 다음 시멘트 중 시멘트 분말의 비표면적이 가장 큰 것은?
[17 기]
① 보통 포틀랜드 시멘트
② 중용열 포틀랜드 시멘트
③ 조강 포틀랜드 시멘트
④ 백색 포틀랜드 시멘트

[해설] 분말도(비표면적 cm^2/g)
㉠ 시멘트의 분말도는 단위중량에 대한 표면적(비표면적, cm^2/g)에 의하여 표시한다.
- 보통 포틀랜드 시멘트 : 2,800 ~ 3,200cm^2/g (표준 3000cm^2/g)
- 조강 포틀랜드 시멘트 : 4,300cm^2/g
- 초조강 포틀랜드 시멘트 : 6,000cm^2/g
㉡ 콘크리트의 워커빌리티, 공기량, 수밀성, 내구성에 영향을 준다.
답 : ③

■ 시멘트의 품질시험
- 비중시험 : 루샤텔리 비중병
- 분말도시험 : 체분석법, 블레인(Blaine)법, 피크노메타법
- 응결시험 : 길모아(Gillmore)시험, 비이카(Vicat)시험
- 안정성시험 : 오토 클레이브(Auto clave) 팽창도시험
- 강도시험 : 휨시험과 압축시험

19 시멘트의 각종 시험방법과 기구가 서로 옳게 묶어진 것은?
[07 기]
① 비중시험 – 길모아침 장치
② 강열감량시험 – 비카트침 장치
③ 응결시험 – 로스엔젤레스 시험기
④ 분말도 – 공기 투과 장치
답 : ④

㉯ 조강 포틀랜드 시멘트 : 조기강도 우수(28일 압축강도를 7일에 낸다). 긴급공사, 한중공사에 적당
㉰ 중용열 포틀랜드 시멘트 : 조기강도는 늦으나 장기강도는 우수, 방사선 차단효과

② 혼합 시멘트
㉮ 고로 시멘트 : 응결시간이 약간 느리고, Bleeding 현상이 적어진다. 장기강도가 우수하고 해수에 대한 저항력이 크다. 댐공사에 적당
㉯ 실리카 시멘트 : 시공연도 증진, Bleeding현상 감소, 비중이 가장 작다.
㉰ 플라이애쉬 시멘트 : 수밀성이 좋고 수화열과 건조수축이 적다. 댐공사에 적당

③ 기타 시멘트
㉮ 알루미나 시멘트 : 내화성, 급결성 보일러실, 긴급을 요하는 공사에 사용되며, 초기강도가 매우 높다. (보통포틀랜드시멘트 강도 28일의 강도를 1일에 낸다.)
㉯ 팽창 시멘트 : 수축률 20~30% 감소, slab 균열제거용, 이어치기 콘크리트용

※ 시멘트의 압축강도 : 1일-3일-7일-28일
※ 시멘트의 조기강도(응결 빠른 순서) : 알루미나 시멘트 > 조강 포틀랜드 시멘트 > 보통 포틀랜드 시멘트 > 고로 시멘트 > 중용열 포틀랜드 시멘트
※ 시멘트의 성분별(응결 빠른 순서) : $C_3A > C_3S > C_4AF > C_2S$

2) 시멘트의 분말도와 응결

분말도가 크면	응결시간이 빠른 경우
· 물과의 접촉면이 커지므로 수화작용이 빠르다.	· 분말도가 클수록
· 발열량이 커지고, 초기강도 크다.	· 온도가 높고, 습도가 낮을수록
· 시공연도 좋고, 수밀한 콘크리트 가능	· C_3A 성분이 많을수록
· 균열 발생이 크고, 풍화가 쉽다.	· 물시멘트비가 적을수록
· 장기강도는 저하된다.	· 풍화가 적게 될수록

2. 골재

1) 골재의 분류

① 세골재(잔 골재) : 5mm 체에서 중량비 85% 이상 통과하는 콘크리트용 골재

② 조골재(굵은 골재) : 5mm 체에서 중량비 85% 이상 남는 콘크리트용 골재

2) 재질
모래 자갈은 청정, 강경하고, 내구성이 있고, 화학적, 물리적으로는 안정하며, 알모양이 둥글거나 입방체에 가깝고 입도가 적당하고 유기 불순물이 포함되지 않아야 하며, 소요의 내화성 및 내구성을 가진 것이라야 한다.

3) 골재의 모양
콘크리트에 유동성이 있게 하고 공극률이 적어 시멘트를 절약할 수 있는 둥근 것이 좋고 넓거나 길죽한 것, 예각으로 된 것은 좋지 않다.

4) 골재의 함수량
① 절건상태(노건조상태) : 110℃ 이내에서 24시간 건조
② 기건상태 : 공기 중 건조상태
③ 표면건조 내부포수상태 : 외부표면은 건조하고 내부는 물이 젖어있는 상태
④ 습윤상태 : 내, 외부 포수상태이고 외부는 물이 젖어있는 상태
⑤ 흡수량 : 표면건조 내부포수상태의 골재중에 포함하는 물의 양
⑥ 유효 흡수량 : 표면건조 내부포수상태와 기건상태의 골재 내에 함유된 수량과의 차
⑦ 함수량 : 습윤상태의 골재의 내외에 함유하는 전체수량
⑧ 표면수량 : 함수량과 흡수량의 차

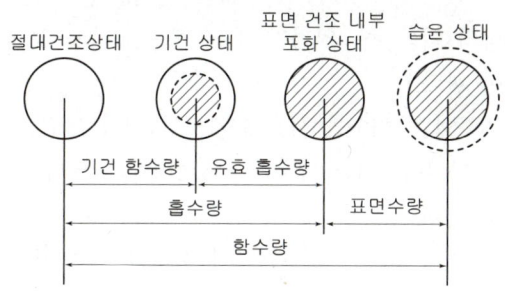

㉮ 절건상태 : 110℃ 이내로 24시간 정도 건조
㉯ 기건상태 : 물·시멘트비 결정시 기준
㉰ 표건상태(표면건조내부포수상태) : 콘크리트 배합설계의 기준, 세골재

5) 실적률과 공극률
① 실적률 : 골재의 단위용적 중 실적용적률을 백분률로 나타낸 값
② 공극률 : 골재의 단위용적 중의 공극률 백분률로 나타 낸 값

핵심 PLUS

■ 골재의 염분함유량 기준 등
- 염화물 이온량 0.02% 이하 (NaCl 0.04%) : 잔골재 절건 중량기준
- 콘크리트에 포함된 염화물량은 염소이온량(Cl^-)으로 $0.3kg/m^3$ 이하가 원칙, $0.3~0.6kg/m^3$까지 허용($0.3kg/m^3$ 초과시는 방청대책 수립 필요)
- 알칼리 골재반응 우려시 : 반응성 골재의 알칼리량은 0.6% 이하

■ 골재의 품질시험
- 입도시험 : 체가름시험 (Sieve analysis test)
- 단위중량시험 : 막대다짐 방법
- 모래의 비중시험 : 비중시험용 플라스크
- 모래의 표면수량시험 : 찬맨 플라스크(Chanman flask)
- 모래의 함수율시험 : 메스 실린더(Mass cylinder)
- 모래의 염물물시험 : 정량분석시험
- 모래의 유기불순물시험 : 혼탁비색법
- 자갈의 마모시험 : 로스엔젤레스법

■ 알칼리 골재반응의 대책
- 반응성 골재를 사용을 피할 것 (양질의 골재 사용)
- 콘크리트 중의 알칼리양을 감소시킨다.(Na_2O 당량 3kg 이하)
- 포졸란 반응을 일으킬 수 있는 혼화재를 사용한다.
- 단위시멘트량을 최소화한다.
- 외부로부터 습기나 물의 침입을 막을 것

■ 보통 콘크리트용 부순 골재의 원석 : 안산암, 화강암, 현무암 등

II. 건축시공 | 철근콘크리트공사

핵심 PLUS

■ 실적률과 공극률
- 실적률이 클수록 건조수축 및 수화열이 적으며, 경제적인 강도발현, 수밀성, 내구성, 마모저항성이 증대된다.
- 공극이 적을수록 시멘트량이 적게 들고 콘크리트의 팽창, 수축이 작다.
- 쇄석의 실적률은 55~65% 정도이다.

㉮ 공극률 $= 1 - \dfrac{\text{단위용적중량}}{\text{비중}} \times 100(\%)$

㉯ 실적률 + 공극률 $= 1(100\%)$

■ 표준계량일 때의 실적률과 공극률(%)

종 별	실적률	공극률
모 래	55~70	45~30
자 갈	60~65	40~35
쇄 석	55~65	35~45

20 자갈 1ℓ를 저울에 달아 보았더니 1.7kg이었다. 비중이 2.65라면 이 골재의 공극률로 맞는 것은?
① 25% ② 28%
③ 36% ④ 42%

[해설]
공극률
$= 1 - \dfrac{\text{단위용적중량}}{\text{비중}} \times 100(\%)$

∴ 공극률 $= 1 - \dfrac{1.7}{2.65} \times 100(\%)$
$= 0.36 \times 100 = 36\%$

답 : ③

21 콘크리트용 부순 굵은 골재의 실적률로서 옳은 것은? [04, 06 산]
① 25% 이상 ② 35% 이상
③ 45% 이상 ④ 55% 이상

답 : ④

22 콘크리트 골재의 조립률을 알아내기 위한 체의 호칭치수가 아닌 것은? [07 산]
① 0.3mm ② 0.6mm
③ 5mm   ④ 25mm

[해설] 골재의 입도를 간단히 표시하는 체가름 시험법에서 잔골재에는 10mm 이하의 체가 이용된다. (10mm 이하의 체의 종류 =0.15mm, 0.3mm, 0.6mm, 1.2mm, 2.5mm, 5mm, 10mm)

※ 조립률(F.M) : 골재의 입도를 표시하는 방법, 골재의 대소 입자가 혼합되어 있는 정도

$F.M = \dfrac{\text{각 체에 남는 양의 누계(\%)의 합}}{100}$

답 : ④

6) 조립률(F.M)

골재의 입도를 표시하는 방법, 골재의 대소 입자가 혼합되어 있는 정도

$$F.M = \dfrac{\text{각 체에 남는 양의 누계(\%)의 합}}{100}$$

① 3 이상 : 굵은 모래
② 2~3 : 보통(중간) 모래
③ 2 이하 – 가는 모래

3. 물

① 물은 유해량의 기름, 산, 알카리, 유기 불순물 등을 포함하지 않는 깨끗한 것이어야 한다.
② 철근 콘크리트에는 해수를 사용해서는 안 된다(해수는 철근 부식의 주원인). 무근 콘크리트에는 바닷물을 사용해도 무방하다. → 철근 방청상 염분 0.04% 이하
③ 당분이 포함되어 있으면 콘크리트의 경화가 지연된다. → 당분 0.1% 이하

4. 혼화재료

① 굳지 않는 콘크리트나 경화된 콘크리트의 제성질을 개선하기 위하여 콘크리트 비빔시 첨가하여 사용하는 재료
② 혼화재(混和材)는 사용량이 비교적 많아서 그 자체의 부피가 콘크리트의 배합 계산에 관계되는 것이며, 혼화제(混和劑)는 사용량이 적어서 배합 계산에서 무시된다.

③ 혼화재료의 분류
  ㉮ 혼화재(混和材, material) : 시멘트 사용량의 5% 이상(다량)을 사용하는 대체 재료(양) → 포졸란, 플라이 애쉬, 고로 슬래그 분말, 실리카 흄
  ㉯ 혼화제(混和濟, agent) : 시멘트 사용량의 1% 미만(소량)을 사용하여 시멘트의 성질을 개선(질) → AE제, 감수제, AE감수제, 응결·경화 촉진제, 발포제, 방수제, 방동제, 유동화제

5. 콘크리트공사 일반

1) 생콘크리트의 성질(굳지 않은 콘크리트의 성질)

용어	내용
Workability(시공연도)	작업의 난이정도 및 재료분리 저항하는 정도
Consistency(반죽질기)	반죽의 되고 진 정도(유동성의 정도)
Plasticity(성형성)	거푸집에 쉽게 다져 넣을 수 있는 정도
Finishability(마감성)	마무리하기 쉬운 정도
Pumpability(압송성)	펌프동 콘크리트의 Workability

2) 워커빌리티(Workability : 시공연도)에 영향을 주는 요인

종류	내용
시멘트	시멘트의 종류, 분말도, 풍화의 정도에 의하여 영향을 받는다.
골재의 입형	둥근 골재는 시공연도가 좋아지고, 편평한 골재는 불리하다.
굵은 골재 최대 치수	굵은 골재의 치수가 작으면 시공연도는 좋으나, 강도가 저하한다.
잔골재율	잔골재율이 클수록 시공연도는 좋으나, 강도가 저하한다.
물(수량)	물이 많으면 반죽질기는 좋으나, 재료 분리가 발생한다.
물·시멘트비	물·시멘트비가 높으면 시공연도는 좋으나, 강도가 저하한다.
혼화제	AE제를 사용하면 시공연도가 증진되며, 분산제와 포졸란도 좋다.
온도	온도가 높을수록 시공연도는 저하한다.
공기량	공기량 1% 증가시 슬럼프값 2cm 정도 증가한다.
비빔 시간	비빔이 불충분하거나 과도하면 시공연도가 나빠진다.

핵심 PLUS

23 포졸란(pozzolan)을 사용한 콘크리트의 효과 중 옳지 않은 기술은? [04 기]
① 수밀성이 커진다.
② 경화작용이 늦어지므로 장기 강도가 낮아진다.
③ 해수 등에 화학적 저항이 크다.
④ 워어커빌리티(workability)가 좋아지고 블리이딩(bleeding) 및 재료 분리가 감소된다.
[해설] 포졸란(pozzolan)을 사용하면 초기강도는 감소되지만 장기강도는 증가한다.
답 : ②

24 다음 중 플라이애쉬를 콘크리트에 사용함으로써 얻을 수 있는 장점에 해당되지 않는 것은? [09 기]
① 워커빌리티가 개선된다.
② 건조수축이 적어진다.
③ 초기강도가 높아진다.
④ 수화열이 낮아진다.
[해설] 플라이애시(Fly-Ash)를 사용하면 초기강도는 다소 작으나, 장기강도는 증가한다.
답 : ③

25 굳지 않은 콘크리트의 성질에 관한 다음 설명 중 옳지 않은 것은? [08, 24, 25 기]
① 피니셔빌리티(Finishability)란 굵은 골재의 최대 치수, 잔골재율, 골재의 입도, 반죽질기 등에 따라 마무리 하기 쉬운 정도를 말한다.
② 단위수량이 많으면 컨시스턴시(Consistency)가 좋아 작업이 용이하고 재료분리가 일어나지 않는다.
③ 블리딩(Bleeding)이란 콘크리트 타설후 표면에 물이 모이게 되는 현상을 말한다.
④ 워커빌리티(Workability)란 작업의 난이도 및 재료의 분리에 저항하는 정도를 나타내며 골재의 입도와도 밀접한 관계가 있다.
[해설] 단위수량이 많으면 컨시스턴시(Consistency, 반죽질기)가 좋아 작업이 용이하지만, 재료분리 현상이 일어날 수 있다.
답 : ②

핵심 PLUS

26 다음 중 콘크리트 배합시 시공연도와 가장 관계가 적은 것은? [09 산]
① 단위시멘트량
② 골재의 입도
③ 혼화재료
④ 시멘트 강도

답 : ④

27 철근콘크리트공사에서 워커빌리티의 측정방법으로 옳지 않은 것은? [05 산]
① VB시험
② 드롭테이블시험
③ 관입시험
④ 강도시험

답 : ④

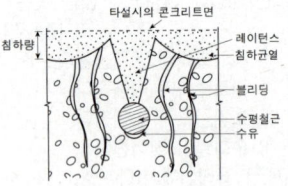

[그림] 블리이딩과 레이턴스

28 콘크리트의 블리딩에 관한 설명으로 옳지 않은 것은? [17 기]
① 콘크리트 타설 후 비교적 가벼운 물이나 미세한 물질 등이 상승하는 현상을 의미한다.
② 콘크리트의 물시멘트비가 클수록 블리딩량은 증대한다.
③ 콘크리트의 컨시스턴시가 클수록 블리딩량은 증대한다.
④ 단위시멘트량이 많을수록 블리딩량은 크다.

답 : ④

29 콘크리트 중 공기량의 변화에 관한 설명으로 옳은 것은? [14 기]
① AE제의 혼입량이 증가하면 공기량도 증가한다.
② 시멘트 분말도 및 단위시멘트량이 증가하면 공기량은 증가한다.
③ 잔골재 중의 0.15~0.3mm의 골재가 많으면 공기량은 감소한다.
④ 콘크리트의 온도가 높으면 공기량은 증가한다.

답 : ①

※ 콘크리트의 워커빌리티(Workability, 시공연도) 측정하는 시험법
① 슬럼프 시험(slump test) : 콘크리트의 반죽질기를 간단히 측정하는 시험
② 플로우 시험(flow test) : 콘크리트가 흘러 퍼지는 데에 따라 변형 저항을 측정하는 시험
③ 다짐계수 시험 : 콘크리트의 다짐계수를 측정하여 시공연도를 알아보는 시험
④ 비비 시험(Vee-Bee test) : 콘크리트의 침하도를 측정하여 시공연도를 알아보는 시험
⑤ 구 관입시험(ball penetration test) : 주로 콘크리트를 섞어 넣은 직후의 반죽질기를 측정하는 시험
⑥ 리모울딩 시험(remoulding test) : 슬럼프 시험과 플로우 시험을 혼합한 시험

3) Bleeding 현상
콘크리트 타설 후 물과 미세한 물질(석고, 불순물 등) 등은 상승하고, 무거운 골재나 시멘트 등은 침하하게 되는 현상을 Bleeding 현상이라 한다. Bleeding 현상은 일종의 재료분리 현상으로서 laitance 현상을 유발시켜 콘크리트의 품질을 저하시키는 원인이 된다.

※ 레이턴스(laitance) 현상
   Bleeding 수의 증가에 따라 콘크리트면에 침적된 백색의 미세한 물질

4) 공기량의 성질
① AE제를 넣을수록 공기량은 증가
② AE제에 의한 공기량은 기계비빔이 손비빔보다 증가하고 비빔시간은 3~5분까지는 증대하고 그 이상은 감소한다.
③ AE 공기량은 온도가 높아질수록 감소
④ 진동을 주면 감소
⑤ 자갈의 입도에는 거의 영향이 없고 잔골재의 입도에는 영향이 크며 0.15~0.3mm 정도의 모래일 때 공기량이 가장 증대한다.
⑥ 시멘트의 분말도 및 단위시멘트량이 증가하면 공기량은 감소한다.
⑦ 슬럼프가 커지면 공기량은 증가한다.

5) 콘크리트의 압축강도와 각종 강도의 비교
콘크리트의 강도는 4주간(28일) 양생한 시험체의 압축강도를 표준으로 한다. 콘크리트의 양생에서 4주 중 초기가 가장 중요한 시기로 콘크리트의 강도에 영향을 미친다.

※ 콘크리트의 압축강도와 각종 강도의 비교
① 인장강도/압축강도=1/10~1/13
② 휨 강 도/압축강도=1/5~1/7
③ 전단강도/압축강도=1/4~1/7

6) 콘크리트의 강도에 영향을 주는 요소
① 물·시멘트비
② 골재 혼합비
③ 골재의 성질과 입도
④ 시험체의 형상과 크기
⑤ 양생방법과 재령
⑥ 시험방법
※ 여러 요소 중 콘크리트의 강도에 가장 큰 영향을 주는 것은 물·시멘트비이다.

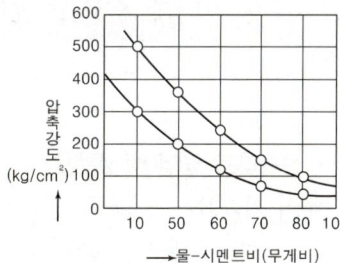
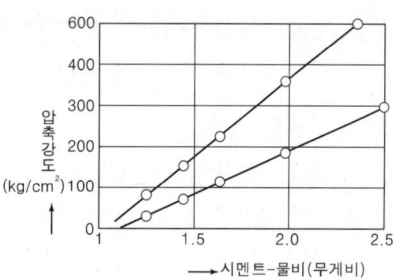

7) 콘크리트의 건조수축
습윤상태에 있는 콘크리트가 건조하여 수축하는 현상으로 하중과는 관계없는 콘크리트의 인장응력에 의한 균열이다.
① 단위시멘트량 및 단위수량이 클수록 크다.
② 골재 중의 점도분이 많을수록 크다.
③ 공기량이 많으면 공극이 많아지므로 크다.
④ 골재가 경질이고 탄성계수가 클수록 적다.
⑤ 충분한 습윤양생을 할수록 적다.

8) 콘크리트의 크리프
콘크리트에 하중이 작용하면 그것에 비례하는 순간적인 변형이 생긴다. 그 후에 하중의 증가는 없는데 하중이 지속하여 재하될 경우, 변형이 시간과 더불어 증대하는 현상

핵심 PLUS

30 지름 100mm, 높이 200mm인 원주 공시체로 콘크리트의 압축강도를 시험하였더니 200kN에서 파괴되었다면 이 콘크리트의 압축강도는? [15, 17, 23 기]
① 12.89MPa
② 17.48MPa
③ 25.46MPa
④ 50.9MPa

해설 콘크리트의 압축강도(σ_c)

$$= \frac{P}{A}$$

단, P(압축력), A(단면적)

$$= \frac{\pi d^2}{4}$$

$$\therefore 압축강도 = \frac{P}{A} = \frac{P}{\frac{\pi d^2}{4}}$$

$$= \frac{200,000N}{\frac{3.14 \times 100^2}{4}}$$

$$= 25.46 N/mm^2 = 25.46 MPa$$

※ $1kN = 1,000N = 10^3 N$
$1MPa = 1N/mm^2$

답 : ③

31 다음 중 콘크리트 강도에 있어 가장 큰 영향을 주는 요소는? [08, 23 기]
① 시멘트의 품질
② 물-시멘트비
③ 골재의 품질
④ 슬럼프 값

답 : ②

32 콘크리트의 건조수축 영향인자에 대한 설명 중 옳지 않은 것은? [12, 24 기]
① 시멘트의 화학성분이나 분말도에 따라 건조수축량이 변화한다.
② 골재 중에 포함된 미립분이나 점토, 실트는 일반적으로 건조수축을 증대시킨다.
③ 바다모래에 포함된 염분은 그 양이 많으면 건조수축을 증대시킨다.
④ 단위수량이 증가할수록 건조수축량은 작아진다.

답 : ④

핵심 PLUS

33 콘크리트의 크리프에 관한 설명으로 옳지 않은 것은? [17, 20 기]
① 습도가 높을수록 크리프는 크다.
② 물-시멘트 비가 클수록 크리프는 크다.
③ 콘크리트의 배합과 골재의 종류는 크리프에 영향을 끼친다.
④ 하중이 제거되면 크리프 변형은 일부 회복된다.

답 : ①

34 다음은 콘크리트의 균열의 원인을 기록한 것이다. 이 중에서 균열의 시기에 따라 구분할 때 콘크리트의 경화전 균열의 원인이 아닌 것은? [06 기]
① 거푸집 변형
② 진동 또는 충격
③ 소성수축, 침하
④ 건조수축, 수화열

[해설] 균열의 종류
① 경화전 균열(초기 균열) : 초기 타설에서 경화시작 전 약 2~3시간 정도에서 발생하는 균열
  ㉠ 소성수축 균열
  ㉡ 침하 균열
  ㉢ 거푸집 변형에 의한 균열
  ㉣ 진동 및 충격에 의한 균열
② 경화후 균열
  ㉠ 건조수축 균열
  ㉡ 열응력 균열
  ㉢ 철근 부식 균열
  ㉣ 화학적 반응 균열
  ㉤ 과하중에 의한 균열
  ㉥ 기상작용에 의한 균열

답 : ④

35 콘크리트의 중성화와 가장 관계가 깊은 것은? [03, 06 기]
① 산소
② 이산화탄소
③ 염분
④ 질소

답 : ②

① 단위수량이 많을수록 크다.
② 온도가 높을수록 크다.
③ 시멘트페이스트가 많을수록 크다.
④ 물시멘트비가 클수록 크다.
⑤ 작용응력이 클수록 크다.
⑥ 재하재령이 빠를수록 크다.
⑦ 부재단면이 작을수록 크다.
⑧ 외부 습도가 낮을수록 크다.

9) 중성화

① 경화한 콘크리트는 시멘트의 수화 생성물로서 수산화석회를 유리하여 강알칼리성을 나타낸다.
② 중성화는 수산화석회가 시간의 경과와 함께 콘크리트 표면으로부터 공기 중의 CO_2의 영향을 받아 서서히 탄산석회로 변하여 알칼리성을 상실하게 되는 현상을 말한다.

$$CaO + H_2O \rightarrow Ca(OH)_2 \text{(알칼리성)}$$
$$Ca(OH)_2 + CO_2 \rightarrow CaCO_3 + H_2O \text{(알칼리성 상실)}$$

③ 중성화의 영향
  ㉮ 철근 녹 발생 → 체적 팽창(2.6배) → 콘크리트 균열 발생
  ㉯ 균열부분으로 물, 공기 유입 → 철근 부식 가속화
  ㉰ 철근 및 콘크리트 강도 약화로 구조물 노후화 → 내구성 저하
  ㉱ 균열 발생으로 수밀성 저하 → 누수 발생
  ㉲ 생활환경 → 누수로 실내습기 증가, 곰팡이 발생

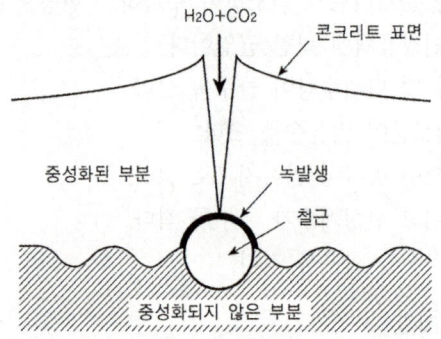

[그림] 장시일을 경과한 철근콘크리트 단면화 모형

6. 콘크리트의 배합

1) 콘크리트의 배합설계 순서

설계기준강도(소요강도) 결정 → 배합강도 결정 → 시멘트강도 결정 → 물시멘트비 결정 → 슬럼프 값 결정 → 골재입도 결정 → 배합의 결정 → 보정 → 재료계량 → 배합의 변경

※ 고강도 콘크리트의 설계기준강도(건축공사 표준시방서 규정)
① 보통콘크리트 : 40N/mm² 이상(40MPa 이상)
② 경량콘크리트 : 27N/mm² 이상(27MPa 이상)

2) 설계기준강도(fck) 결정

콘크리트의 28일 압축강도를 원칙으로 하여 fck는 15MPa~30MPa로 한다.

※ 설계기준 강도(fck)는 28일 압축강도를 기준으로 한다.
① 매스콘크리트 등 저발열 시멘트를 사용하는 경우는 91일 압축강도로 할 수 있다.
② 3일, 7일 압축강도에서 28일 압축강도를 추정할 수 있다.

3) 배합강도의 결정

① 구조체 콘크리트의 강도관리 재령은 91일 이내로 하고, 공사시방서에 따른다. 공사 시방서에 정한 바가 없을 때에는 28일로 한다.
② 콘크리트 압축강도의 표준편차는 실제 사용한 콘크리트의 30회 이상의 시험실적으로부터 결정하는 것을 원칙으로 한다. 그러나 압축 강도의 시험횟수가 29회 이하이고 15회 이상인 경우는 그것으로 계산한 표준편차에 별도의 보정계수를 곱한 값을 표준편차로 사용할 수 있다.

4) 시멘트강도(k) 결정

시멘트시험(KSL 5105)을 통하여 결정한 시멘트의 28일 압축강도를 말한다.

■ 시멘트 강도의 최대치

K의 최대치	시멘트의 종류
400	조강 포틀랜드 시멘트
370	보통, 고로 1종, 플라이 애쉬 1종, 실리카 1종
350	고로 2종, 중용열
320	플라이 애쉬 2종, 실리카 2종

5) 물결합재비(건축공사표준시방서)

① 물결합재비는 소요의 강도, 내구성, 수밀성 및 균열저항성 등을 고려하여 정하여야 한다.

핵심 PLUS

36 콘크리트 배합을 결정할 때 그 순서에 맞는 것은? [03 산]
① 배합강도 → 시멘트강도 → 물·시멘트비 → 슬럼프 → 표준배합
② 물·시멘트비 → 시멘트강도 → 슬럼프 → 표준배합 → 배합강도
③ 배합강도 → 슬럼프 → 물·시멘트비 → 표준배합 → 배합강도
④ 슬럼프 → 시멘트강도 → 물·시멘트비 → 표준강도 → 배합강도

답 : ①

37 고강도 콘크리트의 설계기준강도는 보통콘크리트에서 최소 얼마 이상인가? [09 산]
① 27MPa
② 30MPa
③ 35MPa
④ 40MPa

답 : ④

■ 시멘트 강도(k)의 최대치 순서
조강 - 보통 - 고로 - 실리카

■ W/C비 결정시 고려사항
· 압축강도
· 내구성
· 수밀성
· 균열저항성

■ W/C비, 물결합재비
① W/C비
$= \dfrac{물의 중량}{시멘트 중량} \times 100(\%)$
② 물결합재비
$= \dfrac{물의 중량}{시멘트 + 혼화재중량} \times 100(\%)$

■ 물·시멘트비(W/C비)는 콘크리트 강도에 가장 큰 영향을 주는 요소이다.

■ 물·시멘트비(W/C비)가 크면 → 강도 저하, 재료분리 증가, 균열 증가

핵심 PLUS

■ 레미콘 Slump 허용범위 (KS F 4009)

호칭 슬럼프 (mm)	허용오차 (mm)
50 미만	±15
50 이상 180 이하	±25
180 초과	배합마다 별도 협의

(주 : 유동화 콘크리트는 별도 규정 적용)

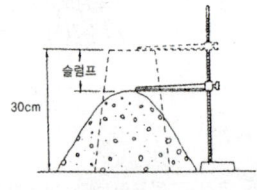

[그림] 슬럼프 시험

38 콘크리트의 슬럼프 테스트는 무엇을 측정하는 것인가? [05, 06 산]
① 콘크리트의 강도
② 콘크리트의 시공연도
③ 골재의 조립율
④ 시멘트와 모래의 비율
답 : ②

39 콘크리트의 타설이음에 대한 설명으로 틀린 것은? [07, 23 기]
① 기둥 및 벽의 수평타설 이음부는 바닥슬래브, 보의 하단에 설치하거나, 바닥슬래브, 보, 기초보의 단에 설치한다.
② 타설 이음면은 레이턴스나 취약한 콘크리트 등을 제거하여 일체가 되도록 한다.
③ 보, 바닥슬래브의 수직 타설 이음부는 스팬의 지점부근에 주근과 평행한 방향으로 설치한다.
④ 타설 이음부의 콘크리트는 살수 등에 의해 습윤시킨다.
답 : ③

② 물결합재비의 최대값(보통 콘크리트 기준)

시멘트의 종류	물결합재비의 최대값(%)
① 포틀랜드 시멘트 ② 고로 슬래그 시멘트 특급 ③ 포틀랜드 포졸란 시멘트 1종 ④ 플라이애시 시멘트 1종	65
고로 슬래그 시멘트 1급 포틀랜드 포졸란 시멘트 2종 플라이 애시시멘트 2종	60

6) 슬럼프(slamp) : 콘크리트 시공연도 측정
① 슬럼프(slamp)값은 시공연도(Workability)의 양부를 결정한다.
② 슬럼프의 표준값(mm)

종류	철근콘크리트	무근콘크리트
일반적인 경우	80~180	50~180
단면이 큰 경우	60~150	50~150

[주] 1) 여기에서 제시된 슬럼프값은 구조물의 종류에 따른 슬럼프의 범위를 나타낸 것으로 실제로 각종 공사에서 슬럼프값을 정하고자 할 경우에는 구조물의 종류나 부재의 형상, 치수 및 배근상태에 따라 알맞은 값으로 정하되, 충전성이 좋고 충분히 다질 수 있는 범위에서 되도록 작은 값으로 정하여야 한다.

7. 콘크리트 이어붓기

1) 콘크리트 이어붓기 위치

개소	이어붓기 위치
기둥	보, 바닥판 또는 기초 윗면에서 수평으로
보, 슬래브	스팬 중앙부에서 수직으로(작은 보 있는 바닥판 : 작은보 나비의 2배 떨어진 위치에서)
벽	개구부 주위(문틀, 끊기 좋고 이음자리 막이를 떼어내기 쉬운 곳에서 수직, 수평)
아 치	아치축에 직각으로
켄틸레버	이어붓기 안하는 것을 원칙

2) 콘크리트의 이음(줄눈, Joint)

종 류	특 징
시공 줄눈 (Construction joint)	미리 타설 구획을 정하고 콘크리트를 타설했을 때 후속 콘크리트 경계면에 생기는 줄눈(타설능력, 작업상황 등을 고려하여 미리 계획한 줄눈)

종 류	특 징
콜드 조인트 (Cold joint)	콘크리트 타설 중 중단했다가 시간 간격(2.5시간 이내)을 두고 부어 넣을 때 일체화가 저해되어 생기는 줄눈(계획되지 아니한 줄눈)
신축줄눈 (Expansion joint)	양생 중이나 사용 중에 발생되는 콘크리트의 팽창수축에 대한 저항줄눈(응력해제줄눈)
조절 줄눈 (Control joint)	콘크리트의 건조수축, 온도차에 의한 인장응력으로 인한 균열발생을 막기 위하여 설치하는 줄눈
미끄럼 줄눈 (Sliding joint)	보의 단순지지 부분에 방수지, 고무화이어, 아연판, 동판, 스테인리스판을 사용
슬립 줄눈 (Slip joint)	조적조 벽체와 철근콘크리트조 슬래브 사이의 설치 줄눈으로 온도변화에 의한 변형에 대응하고 내력벽의 수평균열을 방지한다.

3) 내부진동기(봉형진동기)

콘크리트는 타설 직후 진동기를 사용하여 충분히 다져 철근 및 매설물 등의 주위와 거푸집의 구석까지 잘 채워 밀실한 콘크리트가 되도록 해야 한다. 콘크리트를 잘 다져야 철근과의 부착성이 증대되고 거푸집 구석까지 충전되어 콘크리트의 내구성이 증대된다.(사용 목적 : 콘크리트의 밀실화 유지)

① 진동기 사용간격 : 50cm를 넘지 않도록 한다.
② 진동기 사용시간 : 5~15초 정도(콘크리트 표면에 페이스트가 얇게 떠오를 정도)
③ 진동기 대수 : 1일 작업량 $20m^3$ 마다 1대(3대 사용시 예비진동기 1대)
④ 거푸집, 철근에 직접 닿지 않게 한다.
⑤ 수직으로 가만히 꽂아 넣어 시멘트 Paste가 떠오를 때 까지 하며 다짐 후 다짐봉은 구멍이 남지 않게 서서히 뺀다.
※ 진동기계 사용범위 : Slump치 15cm 이하(된비빔)

4) 콘크리트 보양(양생) 방법

종 류	특 징
습윤 보양 (moist curing)	보통 수중(水中) 또는 살수(撒水) 보양하여 습윤상태를 유지하는 것
증기 보양 (steam curing)	단기간에 강도를 얻기 위해 고온, 고압증기로 보양하며, 거푸집을 빨리 제거하고 단시일에 소요강도를 내기 위한 것으로 PC 제품, 한중콘크리트에 적합하다. 가장 많이 사용한다.
전기 보양 (electric curing)	저압 교류를 통하여 전기 저항에 열을 이용한 것이다. 철근 부식 및 부착강도 저하의 우려가 있다.
피막 보양 (membrane curing)	표면에 피막 보양제를 뿌려 수분증발을 방지하는 것으로 포장콘크리트 보양에 적당하다.

핵심 PLUS

40 시공과정 중 휴식시간 등으로 응결하기 시작한 콘크리트에 새로운 콘크리트를 이어칠 때 일체화가 저해되어 생기는 줄눈은?
[15 기]

① 컨스트럭션 조인트 (construction joint)
② 익스팬션 조인트 (expansion joint)
③ 콜드 조인트(cold joint)
④ 컨트롤 조인트(control joint)

답 : ③

41 장 span의 구조물 시공 시 수축대(폭 1m 정도 남겨놓음)만 설치하고, 콘크리트 타설 후 초기수축(보통 6주 후)을 기다렸다가 그 부분을 콘크리트 타설하여 일체화하는 조인트는?
[12 기]

① Construction Joint
② Delay Joint
③ Cold Joint
④ Expansion Joint

답 : ②

■ 콘크리트 타설시 시간간격(시방서 기준)

1) 이어치기 시간간격

외기온이 25℃ 이상	2시간 이내 (120분)
외기온이 25℃ 미만	2.5시간 이내 (150분)

2) 비빔에서 부어넣기 종료까지

외기온이 25℃ 이상	1.5시간 이내 (90분)
외기온이 25℃ 미만	2시간 이내 (120분)

42 콘크리트 보양방법 중 초기강도가 크게 발휘되어 거푸집을 빨리 제거할 수 있는 방법은?
[04 산]

① 살수보양
② 수중보양
③ 피막보양
④ 증기보양

답 : ④

Ⅱ. 건축시공 | 철근콘크리트공사

종 류	특 징
고주파 보양	거푸집과 콘크리트 윗면에 철판을 놓고 고주파를 흘려 보양
고압증기 보양 (오토클레이브 보양)	대기압이 넘는 압력용기(Autoclave 가마)에서 보양하는 것으로 24시간에 28일의 강도를 발현한다.(ALC 콘크리트) 건조수축이 감소되고 내구성이 향상된다.

8. 각종 콘크리트

1) A.E 콘크리트

콘크리트에 표면활성제(AE제)를 사용하여 콘크리트 중에 미세한 기포(0.03~0.3mm)를 발생하여 단위수량을 적게 하고, 시공연도를 개선시킨 콘크리트이다.

① 시공연도(workability)의 향상
② 단위수량이 감소
③ 동결 융해에 대한 저항성이 증대(동기공사 가능)
④ 내구성, 수밀성이 크다.
⑤ 재료분리, 블리딩 현상이 감소
⑥ 화학작용에 대한 저항성이 크다.
⑦ 콘크리트 경화에 따른 발열량이 적어진다.
⑧ 부착강도가 저하된다.(공기량 1% 증가에 대해 4~6%의 압축강도가 저하)
　※ 공기량의 성질 : AE제를 많이 넣으면 공기량은 증가, 압축강도는 감소한다. 공기량 약 5%는 내구성을 증대시키나, 지나친 공기량(6% 이상)은 압축강도와 내구성은 감소된다.

2) 서중 콘크리트

콘크리트 타설시 일평균 기온이 25℃ 초과일 때 시공하는 콘크리트

※ 서중(暑中) 콘크리트의 일반적인 문제점
① 콘크리트의 공기연행이 어려우며, 공기량 조절이 곤란하다.
② 슬럼프의 저하가 크다. → 소요슬럼프는 18cm 이하로 한다.
③ 동일 슬럼프를 얻기 위한 단위수량이 많다.
④ 콘크리트 응결이 빠르므로 콜드조인트가 발생하기 쉽다.
⑤ 초기강도의 발현이 빠르다.

3) 한중 콘크리트

대기 온도가 2℃ 이하가 되고 보온설비가 없으면 콘크리트 공사를 중지하여야 한다. 작업 중 기온이 2~5℃이면 물을 가열하고, 0℃ 이하이면 물·모래, -10℃ 이하이면 물·모래·자갈을 가열하는데 어떤 경우라도 시멘

핵심 PLUS

43 A.E(air entrained) 콘크리트에 대한 설명 중 옳지 않은 것은? [10 산]
① 보통콘크리트에 비하여 철근의 부착강도가 우수하다.
② 시공연도가 좋고 응집력이 있어 재료 분리가 적다.
③ 동결융해 및 화학작용에 대한 저항성이 크다.
④ 공기량이 약 6% 이상 초과하면 강도는 급격히 저하한다.
답 : ①

44 서중콘크리트에 대한 설명으로 옳은 것은? [15, 23 기]
① 동일 슬럼프를 얻기 위한 단위수량이 많아진다.
② 장기강도의 증진이 크다.
③ 콜드조인트가 쉽게 발생하지 않는다.
④ 워커빌리티가 일정하게 유지된다.
답 : ①

45 다음 중 한중 콘크리트 공사에 대한 설명으로 옳지 않은 것은? [10, 25 기]
① 재료를 가열하는 경우 물을 가열하는 것을 원칙으로 하고 시멘트는 절대로 가열하지 않는다.
② 부어넣을 때 콘크리트의 온도는 10℃ 이상, 20℃ 미만으로 한다.
③ 동결한 지반위에 콘크리트를 부어넣거나 거푸집의 동바리를 세우지 않는다.
④ 콘크리트가 타설된 후 압축강도가 2N/mm² 이상이 될 때까지 초기양생을 실시한다.
답 : ④

는 가열하지 않는다. 초기 동해의 피해 방지를 위해 5MPa 이상 될 때까지 5℃ 이상 유지하여 양생한다.
① 물결합재비 : 60% 이하
② 재료가열온도 : 60℃ 이하이며, 시멘트는 절대 가열하지 않는다.
③ 믹서내 온도 : 40℃ 이하이며, 시멘트는 제일 나중에 투입한다.
④ A.E제, A.E감수제, 고성능 A.E감수제 중 하나를 반드시 사용한다.

4) 수밀 콘크리트(Water Tight Concrete)
콘크리트 자체가 밀도가 높고 내구적, 방수적이어서 물의 침투나 방지나 지하에 방수를 요할 때 쓰인다.
① 물결합재비 : 50% 이하
② 된비빔 콘크리트로 하고 진동다짐을 원칙으로 한다.
③ 혼합은 3분 이상 충분히 하고 slump값은 18cm 이하로 한다.
④ 수밀성을 개선하기 위하여 표면활성제(A.E제)를 사용한다.

5) 경량 콘크리트
구조물의 경량화를 목적으로 경량 골재를 사용하며, 기건비중이 2.0 이하, 설계기준 강도 15MPa 이상 24MPa 이하, 기건 단위용적중량 1.4~2.0t/m³ 범위의 콘크리트이다.
① 자중이 적다. 내화성이 크고 열전도율이 적으며 방음효과가 있다.
② 시공이 번거롭고 재료처리가 필요하다.
③ 강도가 적다. 건조수축이 크고, 다공질이다.
④ 시공연도 확보를 위하여 AE제, AE 감수제를 사용하며, 표면건조내부 포수상태의 골재를 사용한다.
⑤ 단위시멘트량의 최소값은 300kg/m³, 물결합재비는 60% 이하로 하고, Slump 값 18cm 이하로 한다.

6) 쇄석 콘크리트(깬 자갈 콘크리트)
① 강도 : 보통 콘크리트보다 10~20% 정도 증가된다.
② 시공연도가 좋지 않으므로 반드시 AE제를 사용한다.
③ 배합설계 : 시멘트량은 보정하지 않는다. 모래량(가는 모래) 10% 증가, 모르타르량 8% 증가, 자갈량 10% 감소

7) 레디 믹스트 콘크리트(Ready Mixed Concrete)
콘크리트 제조설비를 갖춘 곳(레미콘 공장)에서 생산되며, 아직 굳지 않은 상태로 현장에서 운반되는 콘크리트를 ready mixed concrete라 한다.
① Central mixed concrete : 비빔이 완료된 콘크리트를 현장까지 운반하는 것

핵심 PLUS

46 수밀콘크리트 시공에 대한 설명 중 옳지 않은 것은? [10, 16, 24 기]
① 불가피하게 이어치기 할 경우 이어치기 면의 레이턴스를 제거하고 빈배합 콘크리트를 사용한다.
② 콘크리트의 표면감음은 진공 처리방법을 사용하는 것이 좋다.
③ 타설이 완료된 콘크리트면은 즉시 습윤상태로 유지하고, 2주 이상 장기간 물에 접하게 하여 건조하지 않게 한다.
④ 부어넣는 콘크리트 온도는 30℃ 이하로 하고 진동기 사용을 원칙으로 한다.
답 : ①

47 다음 중 병원 건축물 등에서 방사선 차폐용으로 사용되는 콘크리트는? [08 기]
① 수밀 콘크리트
② 쇄석 콘크리트
③ 한중 콘크리트
④ 중량 콘크리트

[해설] 중량 콘크리트(차폐용 콘크리트)
㉠ 방사선(X선, γ선) 등을 차폐할 목적으로 쓰이는 중량 2.5ton 이상의 콘크리트
㉡ 의료용 시설, 원자로 관련시설 등에서 방사선의 투과량을 줄인다.
답 : ④

48 경량콘크리트 공사에서 경량골재의 취급 및 저장에 관한 내용 중 옳지 않은 것은? [04, 09 기]
① 골재의 짐부리기, 쌓아 올리기 및 물뿌리기를 할 때 입자가 분리되도록 한다.
② 골재를 쌓아둘 곳은 될 수 있는 대로 물빠짐이 좋게 한다.
③ 골재를 쌓아둘 곳은 햇볕을 덜 받는 장소를 택한다.
④ 골재에 때때로 물을 뿌리고 표면에 포장 등을 하여 항상 같은 습윤상태를 유지한다.

[해설] 경량콘크리트 공사에서 골재의 짐부리기, 쌓아 올리기 및 물뿌리기를 할 때 입자가 분리되지 않도록 하여야 한다.
답 : ①

핵심 PLUS

49 레미콘의 규격 [25-24-150] 이 각각 의미하는 것은? [08 기]
① 잔골재 최대치수—콘크리트 압축강도—슬럼프값
② 굵은골재 최대치수—콘크리트 압축강도—슬럼프값
③ 잔골재 최대치수—슬럼프값—콘크리트 압축강도
④ 굵은골재 최대치수—슬럼프값—콘크리트 압축강도

[해설] 레미콘의 규격 [25-24-150]의 의미
굵은골재 최대치수 25mm — 콘크리트 압축강도 24MPa — 슬럼프값 150mm

답 : ②

50 다음 중 프리팩트 콘크리트 공사에 대한 설명으로 옳지 않은 것은? [09 기]
① 모르타르 믹서는 균일하고 소요의 품질을 갖는 주입 모르타르를 5분 이내에 비빌 수 있는 것으로 한다.
② 굵은 골재는 최소치수가 15mm 이상의 것으로 한다.
③ 상부에 수평에 가까운 거푸집을 설치할 때에는 필요한 부분에 통기공을 만든다.
④ 주입 모르타르의 블리딩률은 7% 이하로 한다.

[해설] 프리팩트 콘크리트 주입 모르타르의 품질에서 블리딩률은 3% 이하, 팽창률은 5~10%로 한다.

답 : ④

51 매스콘크리트(Mass Concrete) 의 타설 및 양생에 대한 설명으로 옳지 않은 것은? [10, 17 기]
① 내부온도가 최고온도에 달한 후는 보온하여 중심부와 표면부의 온도차 및 중심부의 온도강하 속도가 크지 않도록 양생한다.
② 부어넣기 중의 이어붓기 시간간격은 외기온이 25℃ 미만일 때는 150분으로 한다.
③ 부어넣는 콘크리트의 온도는 온도균열을 제어하기 위해 가능한 한 저온(일반적으로 35℃ 이하)으로 해야 한다.
④ 거푸집널 및 보온을 위하여 사용한 재료는 콘크리트 표면부의 온도와 외기온도와의 차이가 작아지면 해체한다.

답 : ②

② Shrink mixed concrete : 공장에서 어느 정도 비빔된 것을 운반 도중 완전히 비비는 것
③ Transit mixed concrete : 트럭믹서로 운반 도중 모두 비비는 원거리용

8) 프리팩트 콘크리트(Prepact Concrete)
굵은 골재를 거푸집에 채운 후 그 공극에 특수 모르타르를 주입(Grouting)하여 만드는 콘크리트이다.
① 재료분리, 건조수축이 적다.(보통 콘크리트의 1/2 정도)
② 수리 보수공사, 수중콘크리트, 기초파일, 지수벽(止水壁) 등에 사용된다.

9) 진공 콘크리트(Vaccum Concrete)
진공 mat, 진공 pump 등에 의한 대기압을 이용하여 타설 직후부터 수화에 필요한 수분(25%)외의 물을 제거하여 콘크리트의 강도, 마모저항, 동결융해저항을 증대시킨 콘크리트이다.
① 조기강도가 크고, 내구성이 개선된다.
② 내마모성이 있고, 표면 경도가 증대된다.

10) 매스 콘크리트(Mass Concrete)
부재의 단면이 커서 시멘트의 수화열로 인해 온도균열이 생길 가능성이 큰 구조물에 타설하는 콘크리트로 온도균열을 제어하는 것이 중요하다.
① 재료를 적정온도 이하가 되도록 하여 사용한다.
② 수화열이 작은 중용열 포틀랜드시멘트를 사용한다.
③ 플라이 애쉬, 고로슬래그, 실리카 흄 등 혼화재를 사용하고, 단위 시멘트량을 적게 한다.
※ 부재단면의 치수가 80cm 이상, 하부가 구속된 50cm이상의 벽체 등과 내부 최고온도와 외기 온도의 차이가 25℃ 이상으로 예상되는 콘크리트를 매스 콘크리트(mass concrete)라고 정의한다.(건축공사표준시방서)

11) 쇼트 크리트(Shotcrete)
모르타르를 압축공기로 분사하여 바르는 것을 말하고 건나이트(gunite)라고도 한다.
① 종류 : 시멘트건(Cement gun), 본닥터(Bondoctor), 제트크리트(Jetcrete)
② 용도 : 표면마무리, 얇은벽 바름, 강재의 녹막이

12) 제물치장 콘크리트(Exposed Concrete)
외장을 하지 않고 노출면 콘크리트 자체가 마감면이 되는 콘크리트이다.
① 부배합(단위시멘트량 증가), 된비빔 진동다짐으로 한다.(20MPa 이상 강도일 때 마무리가 좋다.)

② 외부마감이 없으므로 철근의 피복 두께는 1cm 이상 증가시킨다.
③ 벽, 기둥은 이음없이 한꺼번에 꼭대기까지 넣는다.(콘크리트 타설 비용이 많이 소요된다.)
④ 거푸집은 Metal Form이나 Euro Form 등을 사용한다.

13) 프리스트레스트 콘크리트(Prestressed Concrete, PS concrete)

PC강재에 미리 인장력을 가한 상태로 콘크리트는 넣고 완전 경화 후 강현재 단부에서 인장력을 푸는 방법으로 만든 콘크리트이다.
① 프리스트레스를 도입하는 공법에는 프리텐션(Pretension Method) 공법과 포스트텐션(Posttension Method) 공법 등이 있다.
　㉮ Pre-tension 공법 : 공장제작으로 대량제조가 가능, 대형부재 제작에는 불리하다.
　　・강재에 인장력 → 콘크리트 타설 경화 → 인장력 제거
　※ 프리텐션(Pre-tension) 공법 : 롱라인공법, 단독형틀공법, 정착프리텐션공법
　㉯ Post-tension 공법 : 현장제작으로 대형 구조물에 적당하다.
　　・Sheath 삽입 후 → 콘크리트 타설 경화 → Sheath 내에 강재긴장 → Sheath 내에 Grouting 경화 후 → Prestress 전달
　※ 포스트텐션(Posttension Method) 공법 : 매그넬방식, 프레시네방식, 디위대그방식
② 장 스팬구조가 가능하고 균열 발생이 없으며, 구조물의 자중 경감과 부재단면을 줄일 수 있다.
③ 내구성, 복원성이 크고 공기단축이 가능하다.
④ 화재에 약하여 5cm 이상의 내화피복이 필요하다.

14) ALC(Autoclaved Light-weight Concrete : 경량 기포 콘크리트)

오토클레이브(autoclave)에 고온(180℃) 고압(0.98MPa) 증기양생한 경량 기포 콘크리트이다.
① 원료 : 생석회, 규사, 규석, 시멘트, 플라이 애시, 알루미늄 분말 등
② 장점
　㉮ 경량성 : 기건비중은 보통콘크리트의 1/4 정도(0.5~0.6)
　㉯ 단열성 : 열전도율은 보통콘크리트의 약 1/10 정도(0.15W/m·k)
　㉰ 불연·내화성 : 불연재인 동시에 내화구조 재료이다.
　㉱ 흡음·차음성 : 흡음률은 10~20% 정도이며, 차음성이 우수하다(투과손실 40dB)
　㉲ 시공성 : 경량으로 인력에 의한 취급은 가능하고, 현장에서 절단 및 가공이 용이하다.
　㉳ 건조수축률이 매우 작고, 균열발생이 어렵다.

핵심 PLUS

52 제치장 콘크리트에 관한 사항 중 가장 옳지 않은 것은? [04 기]
① 제치장 콘크리트는 외장하지 않고 노출되는 콘크리트면 자체가 치장이 되게 마무리하는 콘크리트이다.
② 콘크리트 부어넣기는 벽·기둥에서는 한번에 꼭대기까지 부어넣어야 한다.
③ 철근의 피복은 외장을 하지 않기 때문에 보통 때보다 1cm 정도 두껍게 하는 것이 좋다.
④ 슬럼프는 기초에서 12~16 cm, 기타는 18cm 정도로 한다.

해설 제물치장 콘크리트(Exposed concrete)는 부배합, 된비빔(20MPa 이상 강도일 때 마무리가 좋다.)으로 하며, 슬럼프는 기초에서 5~10cm, 기타는 10~15cm 정도로 한다.

답 : ④

53 프리스트레스트 콘크리트(Prestressed Concrete)에 대한 설명 중 옳지 않은 것은?
[09, 23, 24 기]
① 포스트텐션(post-tension)법은 콘크리트의 강도가 발현된 후에 프리스트레스를 도입하는 현장형 공법이다.
② 구조물의 자중을 경감할 수 있으며 부재 단면을 줄일 수 있다.
③ 화재에 강하며, 내화피복이 필요하다.
④ 고강도이면서 수축 또는 크리프 등의 변형이 작은 균일한 품질의 콘크리트가 요구된다.

답 : ③

54 다음 중 프리텐션방식에 속하지 않는 공법은? [07 기]
① 롱라인공법
② 매그넬공법
③ 단독형틀공법
④ 정착프리텐션공법

답 : ②

핵심 PLUS

55 "ALC(Autoclaved Lightweight concrete)"의 시공 전에 확인 및 준비사항으로 옳지 않은 것은?
[05 기]
① 화학적으로 유해한 영향을 받을 수 있는 장소에 사용할 경우에는 필요한 방호처리를 한다.
② 쌓기 직전의 블록이나 설치 직전의 패널은 습윤상태를 유지해야 한다.
③ 블록 및 패널 나누기를 하여 먹메김 하고, 개구부 및 설비용 배관 등이 위치한 곳에는 작업전에 필요한 준비를 한다.
④ 작업 부위는 작업전에 청소를 하고 바닥이 균일하지 않은 곳은 시멘트모르타르로 수평을 맞춘다.

[해설] ALC(Autoclaved Lightweight Concrete)는 기공(氣孔)구조이기 때문에 흡수성이 크며, 동해에 대한 방수·방습처리가 필요하다.

답 : ②

56 유동화콘크리트의 용어 중에서 베이스 콘크리트에 대한 설명으로 옳은 것은?
[04, 08, 09 기]
① 유동화콘크리트 제조시 유동화제를 첨가하기 전 기본배합의 콘크리트
② 유동화콘크리트를 제조하기 위하여 혼합된 유동화제를 첨가한 후의 콘크리트
③ 기초 콘크리트에 타설하기 위해 현장에 반입된 레디믹스트 콘크리트
④ 지하층에 콘크리트를 타설하기 위하여 현장에 반입된 레디믹스트 콘크리트

[해설] 유동화 콘크리트의 압축강도와 유동화제를 첨가하기 전의 베이스 콘크리트(Base Concrete)의 압축강도는 거의 같다.

답 : ①

---

③ 단점
㉮ 강도가 비교적 적은 편이다.(압축강도 4MPa)
㉯ 기공(氣孔)구조이기 때문에 흡수성이 크며, 동해에 대한 방수·방습 처리가 필요하다.

9. 적산에 관한 사항

1) 철근·거푸집·콘크리트 량

분류	연면적 1m² 당	콘크리트 1m³ 당
철근	0.05~0.09t	0.1~0.15t
거푸집	4~5m²	6~7m²
콘크리트	0.5~0.7m³	–

※ 할증률 : 이형철근 3%, 원형철근 5%

2) 콘크리트 비벼내기량

① 정산식

배합비를 시멘트 : 모래 : 자갈=1 : m : n, 각 재료의 비중과 단위용적중량, 물시멘트비(X)가

※ 주어진 경우 사용되는 식

$$V = \frac{W_c}{G_c} + \frac{m \cdot W_s}{G_s} + \frac{n \cdot W_g}{G_g} + (W_c X)$$

W_c : 시멘트단위용적중량　W_s : 모래의 단위용적중량
W_g : 자갈의단위용적중량　G_c : 시멘트 비중
G_s : 모래 비중　　　　　　G_g : 자갈 비중

㉮ 시멘트량=1/V(m³)=1,500/V(kg)=37.5/V(포대)
㉯ 모래량=m/V(m³)
㉰ 자갈량=n/V(m³)
㉱ 물의 양=시멘트중량×물시멘트비

② 약산식

배합비 1 : m : n만 주어진 경우 사용되는 식
$$V = 1.1m + 0.57n$$

㉮ 시멘트량=1/V((m³)=1,500/V(kg)=37.5/V(포대)
㉯ 모래량=m/V(m³)
㉰ 자갈량=n/V(m³)
㉱ 물의 양=시멘트중량×물시멘트비

예제

1. 시멘트 200포를 사용하여 배합비가 1:3:6의 콘크리트를 비벼냈을 때의 전체 콘크리트의 양은? (단, 물시멘트 비는 60%이고 시멘트 1포대는 40kg이다.)
   [16, 21 기]

   ① 25.25m³ ② 36.36m³
   ③ 39.39m³ ④ 44.44m³

   [해설] 콘크리트 1m³에 소요되는 재료의 량

배합비	시멘트(kg)	모래(m³)	자갈(m³)
1 : 2 : 4	320	0.45	0.9
1 : 3 : 6	220	0.47	0.94

   $220\text{kg} : 1\text{m}^3 = (200 \times 40)\text{kg} : x\,\text{m}^3$
   $\therefore x = 36.36\text{m}^3$

2. 시멘트의 비중이 3.15, 골재의 비중이 2.65, 콘크리트의 배합비를 1 : 2 : 4로 한다면 콘크리트 1m³을 제작하는데 필요한 각 재료의 수치 중 크게 틀리는 것은? (단, 시멘트의 단위용적중량 1.5t/m³, 모래의 단위 용적 중량 1.8t/m³, 자갈의 단위용적중량 1.7t/m³)

   ① 시멘트—8.6포(0.23m³)
   ② 모래—0.46m³
   ③ 자갈—0.76m³
   ④ 물·시멘트비 65%인 경우 물—0.15m³

   [해설] 콘크리트 비벼내기량(배합비 1 : 2 : 4, 물·시멘트비 65%)

   $$V = \frac{W_c}{G_c} + \frac{m \cdot W_s}{G_s} + \frac{n \cdot W_g}{G_g} + W_c \cdot X$$
   $$= \frac{1.5}{3.15} + \frac{2 \times 1.8}{2.65} + \frac{4 \times 1.7}{2.65} + (1.5 \times 0.65) = 5.38\text{m}^3$$

   여기서, W_c, W_s, W_g : 시멘트·모래·자갈 단위용적중량
   G_c, G_s, G_g : 시멘트·모래·자갈의 비중

   ① 시멘트 : $C = \frac{1}{V} = \frac{1}{5.38} = 0.19\text{m}^3 \to 285\text{kg}(7.1\text{포})$
   ② 모래 : $S = \frac{m}{V} = \frac{2}{5.38} = 0.38\text{m}^3$
   ③ 자갈 : $G = \frac{n}{V} = \frac{4}{5.38} = 0.76\text{m}^3$
   ④ 물 : $C \times X = 0.19\text{m}^3 \times 0.65 = 0.12\text{m}^3$

핵심 PLUS

■ 재료의 단위용적 중량(t/m³)

재료	단위용적 중량(t/m³)
목 재	0.5
물	1.0
시멘트	1.5
자갈·모래	1.6~1.7
시멘트 모르타르	2.1
무근콘크리트	2.3
철근콘크리트	2.4
철골철근콘크리트	2.5
화강암	2.65
철 재	7.85

57 각 부재에 대한 콘크리트량의 산출방법으로 옳지 않은 것은?
[06, 14 기]

① 기둥 : 기둥 단면적×층높이
② 계단 : 길이×평균두께×계단폭
③ 보 : 보폭×바닥판 두께를 뺀 보 춤×내부유효길이
④ 연속기초 : 단면적×중심연장길이

[해설] 기둥 콘크리트량의 산출
기둥 콘크리트량(V)=기둥 단면적×층고의 안목치수
※ 층고의 안목치수=층고-바닥판 두께

답 : ①

58 다음 그림과 같은 건물에서 G_1과 같은 보가 8개 있다고 할 때 보의 총 콘크리트량을 구하면? (단, 보의 단면상 슬래브와 겹치는 부분은 제외하며, 철근량은 고려하지 않는다.)
[03, 06, 14, 22, 23, 25 기]

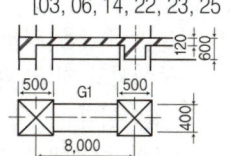

① 11.52m³ ② 12.23m³
③ 13.44m³ ④ 15.36m³

[해설] 보의 콘크리트량 산정
보의 콘크리트량(V)=보의 너비×(춤-바닥판의 두께)×기둥 안목거리×개소=0.4×(0.6-0.12) ×(8-0.5)×8개=11.52m³

답 : ①

핵심기출문제

Ⅳ. 철근콘크리트공사

■■■ 1. 철근공사

1. 철근 콘크리트구조에서 철근이음에 대한 설명으로 옳지 않은 것은? [10②]
① 철근의 이음위치는 되도록 응력이 큰 곳을 피한다.
② 철근의 이음이 한 곳에 집중되지 않도록 엇갈리게 교대로 분산시켜서 이어야 한다.
③ 철근이음에는 일반적으로 서로 겹쳐 이어대는 겹침이음과 용접이음, 커플러, 슬리브에 의한 기계적 이음이 있다.
④ 철근의 이음은 한 곳에서 철근 수의 최소 반 이상을 이어야 한다.

2. 다음 중 철근의 단부에 갈고리를 설치할 필요가 없는 것은? [10②]
① 스터럽
② 지중보의 돌출부분의 철근
③ 띠철근
④ 굴뚝의 철근

3. 철근콘크리트 공사에서 철근조립에 관한 설명 중 옳지 않은 것은? [09②]
① 철근과 철근의 순간격은 굵은 골재 최대치수의 1.25배 이상으로 한다.
② 철근과 철근의 간격을 유지하기 위하여 세퍼레이터를 사용한다.
③ 철근의 교차부에서 겹친이음인 경우에는 2개소 이상을 결속하여야 한다.
④ 철근조립 전에 철근에 부착된 진흙, 기름 등의 유해물은 제거하는 것이 콘크리트와의 부착력 향상에 좋다.

4. 다음 중 철근콘크리트 구조의 철근공사와 관련된 내용으로 옳지 않은 것은? [09, 13②]
① 기둥의 주근은 기초에, 바닥철근은 보 또는 벽체에 정착시킨다.
② 기둥에서의 철근 피복두께는 콘크리트 표면에서 기둥주근 표면까지의 길이이다.
③ 철근의 이음에서 겹침이음은 용접이음에 비해 응력전달의 효과가 낮다.
④ 나선철근이란 기둥의 주철근을 연속으로 감싸는 철근으로서 주로 원형단면에 사용한다.

해 설

해설 1
철근의 이음 위치
① 위치 : 인장력이 적은 곳
② 한 곳에서 철근수의 반 이상을 잇지 않는다.
③ D35 초과철근은 겹친이음으로 하지 않는다.
④ 크기가 다른 철근 이음은 크기가 큰 철근의 정착길이와 크기가 작은 철근의 겹친이음길이 중 큰 값으로 한다.

해설 2
지중보(기초보)는 기초와 기초를 연결하여 주각부의 강성을 증대한 것으로 지진에 대한 저항 효과와 건축물의 부동침하를 억제한다. 지중보의 돌출부분의 철근의 단부에 갈고리를 설치할 필요가 없다.

해설 3
격리재·긴장재·간격재
① 격리재(Seperator) : 거푸집 상호 간의 간격을 유지, 오그라드는 것 방지
② 긴장재(Form tie) : 거푸집의 형상을 유지, 벌어지는 것 방지
③ 간격재(Spacer) : 철근과 거푸집의 간격을 유지

해설 4
기둥의 피복두께
기둥의 주근을 감싸고 있는 띠철근(대근, hoop bar)의 외면에서 콘크리트 표면까지의 두께를 말한다.
※ 피복의 목적 : 내구성(철근의 방청), 내화성, 부착력 확보

정답 1. ④ 2. ② 3. ② 4. ②

5. 다음 중 철근의 가스압접에 관한 설명으로 옳지 않은 것은? [08㉮]

① 이음공법 중 접합강도가 극히 크고 성분원소의 조직변화가 적다.
② 가압 시의 압력은 철근의 축방향으로 30MPa 이상으로 한다.
③ 가스압접할 부분은 직각으로 자르고 절단면을 깨끗하게 한다.
④ 접합되는 철근의 항복점 또는 강도가 다른 경우에 주로 사용한다.

■■■ 2. 거푸집공사

6. 콘크리트의 측압에 영향을 주는 요소들을 열거한 내용 중 옳지 않은 것은? [06㉮]

① 거푸집의 강성이 작을수록 측압이 크다.
② 콘크리트의 타설속도가 빠를수록 측압이 크다.
③ 콘크리트의 비중이 클수록 측압이 크다.
④ 거푸집의 수평단면이 클수록 측압이 크다.

7. 벽 거푸집 공사에서 멍에 대기 및 철선 조임 간격에 대한 내용으로 옳은 것은? [06㉮]

① 멍에 대기의 간격은 일반적으로 밑에서 85cm 정도로 배치한다.
② 멍에 대기의 간격은 일반적으로 위에서 120~140cm 정도로 배치한다.
③ 철선조임 간격은 하부에는 95cm 정도로 배치한다.
④ 철선조임 간격은 상부에는 100~110cm 정도로 배치한다.

8. 슬라이딩 폼(Sliding form)에서 거푸집을 일정한 속도로 계속 끌어올리는 장치의 명칭은? [10㉮]

① 요오크(York)   ② 메탈(Metal)
③ 유로(Euro)   ④ 워플(Waffle)

9. 다음 중 사용할 때 마다 부재의 조립, 분해를 반복하지 않아 벽식구조인 아파트 건축물에 적용효과가 큰 대형 벽체 거푸집은? [08, 14, 25㉮]

① Gang Form   ② Sliding Form
③ Air Tube Form   ④ Traveling Form

해 설

[해설] 5
가스압접 : 접합하는 두 부재에 1,200~1,300℃의 열을 30MPa의 압력으로 가압하여 접합하는 것(가스압접=가스용접+압력접합의 합성어)
※ 가스압접 금지의 경우
① 철근 직경 차이가 6mm 넘는 것, 편심오차가 직경의 1/5 초과하는 경우
② 접합되는 철근의 재질이 서로 다른 경우, 항복점 또는 강도가 서로 다른 경우
③ 0℃ 이하에서의 작업은 중지

[해설] 6
거푸집의 강성이 클수록 측압이 크다.
※ [① 온도가 높을수록, ② 응결시간이 빠를수록, ③ 투수성 및 누수성이 클수록, ④ 철골 또는 철근량이 많을수록] : 측압은 작다.

[해설] 7
① 멍에 대기의 간격은 일반적으로 밑에서 75cm 정도로 배치한다.
② 멍에 대기의 간격은 일반적으로 위에서 90~110cm 정도로 배치한다.
③ 철선조임 간격은 하부에는 75cm 정도로 배치한다.

[해설] 8
슬라이딩 폼(sliding form)
① 수직 활동 거푸집으로, 연속 타설로 일체성을 확보할 수 있다.
② 공기가 약 1/3 정도 단축되며, 요오크(yoke)로 끌어올린다.
③ 거푸집 높이 1m 정도, 비계발판이 필요 없다.
④ 돌출부가 없는 굴뚝, 사일로(Silo) 등에 사용

[해설] 9
갱폼(gang form) : 대형 패널에 작업발판과 버팀대를 부착·일체화시켜 한번에 설치하고 해체하는 거푸집으로 벽식구조인 아파트 건축물에 적응효과가 큰 대형 벽체 거푸집이다.

정답: 5. ④ 6. ① 7. ④ 8. ① 9. ①

핵심기출문제

Ⅳ. 철근콘크리트공사

10. 거푸집에 관한 설명으로 틀린 것은? [07②]

① 터널 거푸집(Tunnel Form)은 한 구획 전체의 벽과 바닥면을 ㄱ자형, ㄷ자형으로 견고하게 짜고 이동설치가 용이하다.
② 워플 거푸집(Waffle Form)은 바닥전용 거푸집으로 테이블 폼이라고도 한다.
③ 클라이밍 폼(Climbing Form)은 벽체 전용 거푸집으로서 거푸집과 벽체 마감공사를 위한 비계틀을 일체로 조립한 거푸집이다.
④ 슬라이딩 폼(Sliding Form)은 돌출부가 없는 사일로 등에 사용되며 공기단축이 가능하다.

11. 철근 콘크리트 건축물 6m×10m 평면에 높이가 4m 일 때 동바리 소요량은 몇 공m³가 되는가? [07, 17②]

① 21.6 ② 216
③ 240 ④ 264

■■■ 3. 콘크리트공사

12. 콘크리트용 골재로서 요구되는 성질에 대해 설명한 것으로 옳지 않은 것은? [09②]

① 콘크리트의 입형은 가능한 한 편평, 세장하지 않을 것
② 골재의 강도는 경화시멘트페이스트의 강도를 초과하지 않을 것
③ 입도는 조립에서 세립까지 연속적으로 균등히 혼합되어 있을 것
④ 골재는 시멘트페이스트와의 부착이 강한 표면구조를 가져야 할 것

13. 콘크리트용 굵은 골재의 최대치수가 25mm인 골재는 다음 중 어느 것인가? [07②]

① 25mm 체를 99% 통과하고 20mm 체를 95% 통과한 골재
② 25mm 체를 95% 통과하고 20mm 체를 91% 통과한 골재
③ 25mm 체를 91% 통과하고 20mm 체를 84% 통과한 골재
④ 25mm 체를 85% 통과하고 20mm 체를 75% 통과한 골재

해 설

[해설] 10
워플 거푸집(Waffle form)
무량판 구조 또는 평판구조에서 격자 천장 형식의 바닥판을 만드는 특수상자 모양의 기성재 거푸집이다.

[해설] 11
동바리 소요량 V(공m³)
= 상층바닥면적×층 안목높이)×0.9
∴ V(공 m³) = (6m×10m×4m)×0.9
= 216 공m³

[해설] 12
골재의 강도
콘크리트 중의 경화시멘트 페이스트의 강도보다 커야 한다.

[해설] 13
굵은 골재의 최대치수
① 중량비로 90% 이상 통과하는 체 중에서 최소체의 치수를 그 골재의 최대치수라고 한다.
② 굵은 골재의 최대치수가 25mm인 골재란 25mm 체에 90% 이상 통과하고 20mm 체를 90% 미만 통과하는 것을 말한다.

정답 10. ② 11. ② 12. ②
13. ③

14. 굵은 골재의 최대치수가 40mm일 경우, 콘크리트 펌프 압송관의 최소 호칭치수로 가장 적당한 것은? [09, 10㉮]

① 50mm
② 75mm
③ 100mm
④ 125mm

[해설] 굵은 골재의 최대치수에 따른 콘크리트 펌프 압송관의 호칭치수

굵은 골재의 최대치수(mm)	압송관의 호칭치수(mm)
20, 25	100 이상
40	125 이상

15. 콘크리트의 골재분리를 줄이기 위한 방법으로 옳지 않은 것은? [07㉮]

① 중량골재와 경량골재 등 비중차가 큰 골재를 사용한다.
② 플라이애쉬 등의 포졸란을 적당량 혼화한다.
③ 세장한 골재보다는 둥근골재를 사용한다.
④ AE제나 AE감수제 등을 사용하여 사용수량을 감소시킨다.

16. 철근 콘크리트의 골재로서 부득이 해사(海砂)를 사용할 때에 특히 처리할 점은? [04, 06㉮]

① 구조내력상 중요한 부분에 보강근을 넣는다.
② 충분히 물로 씻어낸다.
③ 조강 포틀랜드 시멘트를 사용한다.
④ 충분히 건조한 후에 사용한다.

17. 콘크리트 표준시방서에서 정의하는 일반콘크리트 잔골재의 유해물 함유량 한도에서 염화물(NaCl 환산량)의 허용한도값은? [10㉮]

① 0.02% 이하
② 0.04% 이하
③ 0.1% 이하
④ 0.6% 이하

[해설] 건축공사표준시방서에서 골재의 품질은 한국산업규격(KS F 2527 : 콘크리트용 부순 돌, KS F 2527 : 콘크리트용 부순 모래)에서 정하고 있다.

보통골재의 품질

종류	절건비중	흡수율(%)	점토량(%)	염화물(NaCl)(%)
굵은 골재	2.5 이상	3.0 이하	0.25 이하	–
잔골재	2.5 이상	3.5 이하	1.0 이하	0.04 이하

해설

15
콘크리트의 골재 분리현상에 대한 대책
① 잔골재율을 증가시킨다.
② 물-시멘트비를 감소시킨다.
③ AE제나 양질의 포졸란을 사용한다.
④ 골재의 분리가 안정되면 균일하게 될 때까지 재비빔을 하여 타설하는 것이 좋다.

16
철근콘크리트에 염분이 포함된 바다모래를 사용하면 염소이온이 철근의 방청(防錆) 피복을 파괴시켜 철근에 녹이 슨다. 부득이 해사(海砂)를 사용할 때에 특히 충분히 물로 씻어낸다.

정답 14. ④ 15. ① 16. ②
17. ②

핵심기출문제 — IV. 철근콘크리트공사

18. 콘크리트의 배합에 관한 설명으로 옳지 않은 것은? [16, 23㉮]

① 일반적으로 굵은 골재의 최대치수가 클수록 잔골재율을 작게 할 수 있다.
② 잔골재율은 소요의 워커빌리티가 얻어지는 범위 내에서 단위수량이 가능한 한 작게 되도록 시험비빔에 의해 결정한다.
③ 단위수량이 동일하면 골재량이나 시멘트량의 근소한 변화는 슬럼프에 그다지 영향을 주지 않는다.
④ 강도 및 슬럼프가 동일하면 실적률이 큰 굵은 골재를 사용할수록 단위수량이 많아진다.

19. 건설공사현장에서 보통콘크리트를 KS규격품인 레미콘으로 주문할 때의 요구항목이 아닌 것은? [09, 14, 25㉮]

① 잔골재의 조립률 ② 굵은골재의 최대치수
③ 압축강도 ④ 슬럼프

20. 골재로서 염분을 포함한 바다모래는 철근을 부식시킬 위험이 있으므로 규정치를 초과하는 경우 방청조치를 하는데 그 방법으로 부적절한 것은? [06㉮]

① 물시멘트비의 저감 ② 피복두께의 증가
③ 아연도금 철근의 사용 ④ 수밀성이 낮은 표면마감

21. 일반콘크리트에서 굳지 않은 콘크리트 중의 전염소이온량은 얼마 이하로 하여야 하는가? (단, 콘크리트표준시방서 기준) [16, 24㉮]

① $0.10kg/m^3$ ② $0.20kg/m^3$
③ $0.30kg/m^3$ ④ $0.40kg/m^3$

22. 콘크리트용 혼화재료에 관한 설명 중 옳지 않은 것은? [08㉮]

① 포졸란은 시공연도를 좋게 하고 블리딩과 재료분리 현상을 저감시키는 혼화재이다.
② 플라이애쉬와 실리카흄은 고강도 콘크리트 제조용으로 많이 사용한다.
③ 응결과 경화를 촉진하는 혼화재로는 염화칼슘과 규산소다 등이 사용된다.
④ 알루미늄분말과 아연분말은 방동제로 많이 사용하는 혼화재이다.

해설

해설 18
강도 및 슬럼프가 동일하면 실적률이 큰 굵은 골재를 사용할수록 단위수량은 작아진다.

해설 19
레디믹스트 콘크리트의 규격
remicon(25 – 30 – 180)
　　　　　①　　②　　③
① : 굵은 골재 최대 치수(25mm)
② : 압축강도(30MPa)
③ : slump값(180mm)

해설 20
철근콘크리트에 염분이 포함된 바다모래를 사용하면 염소이온이 철근의 방청(防錆) 피복을 파괴시켜 철근에 녹이 슨다. 철근콘크리트에 사용되는 모래는 철근의 방청상 염분(NaCl) 함유량이 0.04% 이하를 사용해야 한다. 규정치를 초과하는 경우 방청조치 방법으로 ㉠ 물시멘트비의 저감, ㉡ 피복두께의 증가, ㉢ 아연도금 철근의 사용 등이 있다.
※ 콘크리트용 철근의 부식을 방지하기 위해 일반적으로 사용되는 방청제(防錆劑)에는 아황산소다, 인산염, 아초산염 등이 있다.

해설 21
일반콘크리트에서 굳지 않은 콘크리트 중의 전염소이온량은 $0.30kg/m^3$ 이하로 하여야 한다.(단, 콘크리트표준시방서 기준)
※ 철근콘크리트에 염분이 포함된 바다모래를 사용하면 염소이온이 철근의 방청(防錆) 피복을 파괴시켜 철근에 녹이 슨다. 철근콘크리트에 사용되는 모래는 철근의 방청상 염분(NaCl) 함유량이 0.04% 이하를 사용해야 한다.

해설 22
알루미늄분말과 아연분말은 경량콘크리트의 제조를 위한 기포제(발포제)이다.

정답 18. ④　19. ①　20. ④
21. ③　22. ④

23. 콘크리트에 사용되는 혼화제 중 플라이애시의 사용에 따른 이점으로 볼 수 없는 것은? [17②]
① 유동성의 개선
② 초기강도의 증진
③ 수화열의 감소
④ 수밀성의 향상

24. 국내에서 사용되는 일반적인 콘크리트에는 공기량 확보를 위해 AE제를 혼화제로서 사용하도록 한국산업규격 및 콘크리트표준시방서에서 규정하고 있다. 이때 AE제의 사용목적 중 가장 중요한 것은? [08②]
① 동결융해의 저항성 확보를 위해
② 물-시멘트 비의 감소를 위해
③ 소요 압축강도의 확보를 위해
④ 콘크리트의 내마모성 향상을 위해

25. 다음 중 굳지 않은 콘크리트의 성질에 관한 내용으로 옳지 않은 것은? [09②]
① 시멘트는 분말도가 높아질수록 점성이 높아지므로 컨시스턴시도 커진다.
② 사용되는 단위수량이 많을수록 콘크리트의 컨시스턴시는 커진다.
③ 입형이 둥글둥글한 강모래를 사용하는 것이 모가진 부순모래의 경우보다 워커빌리티가 좋다.
④ 비빔시간이 너무 길면 수화작용을 촉진시켜 워커빌리티가 나빠진다.

26. 굳지 않은 콘크리트의 작업성(Workability)에 영향을 미치는 요인에 대한 설명으로 옳은 것은? [06②]
① 단위수량의 증가와 워커빌리티의 형식은 비례적이다.
② 빈배합이 부배합보다 워커빌리티가 좋다.
③ 깬자갈의 사용은 워커빌리티를 개선한다.
④ AE제에 의해 연행된 공기 기포는 워커빌리티를 개선한다.

해설

해설 23
플라이애쉬를 혼입한 콘크리트의 특성
① 입자가 구형이므로 유동성이 증가되어 콘크리트의 워커빌리티를 좋게 하고 단위수량을 감소시킨다.
② 수밀성이 향상되고, 수화열과 건조수축이 적어 균열 억제 효과가 있다.
③ 수산화칼슘과 반응함에 따라 알칼리 성분의 감소로 인하여 동일한 보통콘크리트보다 중성화 속도가 빠르다.
④ 알칼리골재반응에 의한 팽창을 억제하고, 해수 중의 황산염에 대한 화학저항성이 증대된다.
⑤ 초기강도는 다소 작으나 장기강도는 상당히 크다.
⑥ 공극충진 효과로 콘크리트의 수밀성을 향상시킨다.
⑦ 용도 : 댐 콘크리트, 프리팩트 콘크리트 등의 증량재

해설 24
AE제의 사용 목적
① 단위수량 감소
② 워커빌리티, 피니셔빌리티 향상
③ 재료분리 저항성증대, 블리딩 감소
④ 시멘트 수화열 감소 → 균열감소 → 철근부식방지
⑤ 내구성, 수밀성개선
⑥ 동결융해 저항성 증진

해설 25
시멘트는 분말도가 높아질수록 시멘트풀의 점성이 높아지므로 컨시스턴시(Consistency, 반죽질기)는 작아진다. 또한, 단위수량이 많으면 컨시스턴시가 좋아 작업이 용이하지만, 재료분리 현상이 일어날 수 있다.

해설 26
콘크리트에 표면활성제(AE제)를 사용하면 콘크리트 중에 미세한 기포(0.03~0.3mm)를 발생하여 단위수량을 적게 하고, 시공연도(Workability)를 개선한다.

정답 23. ② 24. ① 25. ①
26. ④

핵심기출문제

IV. 철근콘크리트공사

27. AE제, AE감수제 및 고성능 AE감수제를 사용하는 콘크리트의 적정 공기량은 콘크리트 용적 대비 얼마인가? (단, 굵은 골재의 최대치수가 20mm이며 환경은 간혹 수분과 접촉하여 결빙이 되면서 제빙화학제를 사용하지 않는 경우) [10㉓]

① 1%
② 3%
③ 5%
④ 7%

28. 다음 중 건축공사표준시방서에서 규정된 고강도 콘크리트의 설계기준강도로 맞는 것은? [08, 15㉓]

① 보통 콘크리트 - 40MPa 이상, 경량골재콘크리트 -24MPa 이상
② 보통 콘크리트 - 40MPa 이상, 경량골재콘크리트 -27MPa 이상
③ 보통 콘크리트 - 33MPa 이상, 경량골재콘크리트 -21MPa 이상
④ 보통 콘크리트 - 33MPa 이상, 경량골재콘크리트 -24MPa 이상

29. 지름 100mm, 높이 200mm의 콘크리트 공시체를 쪼갬인장강도시험에 의해 강도를 측정하였더니 파괴하중이 63kN 이었다. 이 공시체의 인장강도는? [09, 13㉓]

① 0.8MPa
② 1.5MPa
③ 2MPa
④ 3MPa

30. 철근콘크리트 라멘조 건축물의 슬래브를 시공하고, 양생되기 전에 보의 단부와 슬래브가 연결되는 위치의 상부면에서 일직선으로 보를 따라 한 바퀴 균열이 발생하였다. 이때 균열의 가장 큰 원인은? [06㉓]

① 보양 잘못에 의한 건조수축 균열
② 온도 급변에 의한 선팽창 균열
③ 긴결철선 풀림에 의한 균열
④ 상부철근 내려앉기에 의한 균열

31. 땅에 접하는 바닥 콘크리트의 경우 그림과 같이 벽에 인근한 부분을 두껍게 하는 이유는? [10, 14, 24㉓]

① 철근의 부착력 증진
② 휨에 대한 보강
③ 전단력에 대한 보강
④ 압축력에 대한 보강

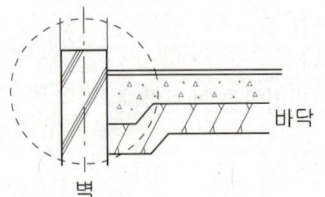

해설

해설 27
공기량의 성질
① AE제를 많이 넣으면 공기량은 증가, 압축강도는 감소한다.
② 공기량 약 5%는 내구성을 증대시키나, 지나친 공기량(6% 이상)은 압축강도와 내구성은 감소된다.
※ 공기량 1% 증가 : Slump 2cm 증가, 압축강도 4~6% 감소, 휨강도 2~3% 감소

해설 28
고강도 콘크리트의 설계기준강도(건축공사표준시방서 규정)
① 보통콘크리트 : 40N/mm² 이상 (40MPa 이상)
② 경량콘크리트 : 27N/mm² 이상 (27MPa 이상)
※ 1MPa=1N/mm²

해설 29
인장강도(f_{sp}) $= \dfrac{2P}{\pi dl}$
$= \dfrac{2 \times 63 \times 10^3 \times N}{3.14 \times 100mm \times 200mm}$
$= 2N/mm^2 = 2MPa$

f_{sp} : 쪼갬인장강도(N/mm²)
P : 최대하중(N)
d : 공시체의 지름(mm)
l : 공시체의 길이(mm)
※ 1kN=1,000N=10³N
1MPa=1N/mm²

해설 30
철근콘크리트 라멘조 건축물의 슬래브를 시공하고, 양생되기 전에 보의 단부와 슬래브가 연결되는 위치의 상부면에서 일직선으로 보를 따라 한바퀴 균열이 발생하였다면 → 상부철근 내려앉기(처짐)에 의한 균열이 원인이 된다.

해설 31
땅에 접하는 바닥 콘크리트의 단부 단면을 중앙부 단면보다 크게 한 경우이다. 표시 부분에는 휨모멘트보다 전단력이 크게 발생하는 부분으로 헌치를 설치하여 전단력에 대한 보강이 되도록 벽에 인근한 부분을 두껍게 처리한 것이다.

정답 27. ③ 28. ② 29. ③
30. ④ 31. ③

32. 다음 보기는 콘크리트 구조물의 동해에 의한 피해현상을 나타낸 것이다. 어느 현상을 설명한 것인가? [09, 13, 24㉮]

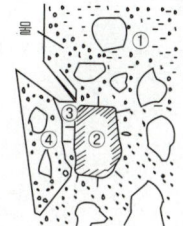

[보기] ① 콘크리트가 흡수
② 흡수율이 큰 쇄석이 흡수, 포화상태가 됨
③ 빙결하여 체적 팽창압력
④ 표면부분 박리

① 레이턴스
② Pop Out
③ 폭열현상
④ 알칼리골재반응

해설 32
Pop Out 현상
① 콘크리트 속에 존재하는 수분이 결빙점 이상과 이하를 반복하며, 동결팽창에 의해 수분이 동결하면 물이 약 9% 팽창하여, 이 팽창압으로 콘크리트 표면의 골재 및 모르타르가 박리·박락을 일으키는 현상이다.
② Pop Out 현상의 방지대책으로 AE제가 개발되어 콘크리트 속에 공기층을 두어 수분이 얼면서 팽창하는 힘을 흡수하도록 하였다.

33. 철근콘크리트 공사에서 콘크리트 타설에 관한 설명으로 옳지 않은 것은? [11, 25㉮]

① 한 구획의 부어넣기가 시작되면 콘크리트가 일체가 되도록 연속적으로 부어넣어 콜드죠인트가 생기지 않도록 한다.
② 콘크리트의 자유낙하높이는 콘크리트가 분리되지 않도록 가능한 한 높을수록 좋다.
③ 타설순서는 기둥 → 보 → 슬래브 순으로 한다.
④ 콘크리트를 부어넣는 속도는 각 층을 충분히 다지기 할 수 있는 범위의 속도로 한다.

해설 33
콘크리트 타설시 자유낙하높이는 가능한 한 작게 하여 콘크리트의 재료분리현상이 생기지 않도록 한다.

34. 철근콘크리트공사에서 콘크리트 이어치기에 대한 설명으로 옳지 않은 것은? [10, 15㉮]

① 콘크리트의 이어치기는 원칙적으로 응력이 집중되는 곳에서 한다.
② 보는 스팬의 중앙 또는 단부의 1/4 부분에서 이어친다.
③ 기둥·기초는 슬래브의 상단에서 이어친다.
④ 캔틸레버 보는 이어치기를 하지 않고 한번에 타설한다.

해설 34
콘크리트의 이어치기는 원칙적으로 응력이 적은 곳 한다.

35. 콘크리트의 이어붓기에 관한 기술 중 부적당한 것은? [06, 23㉮]

① 보는 단부에서 이어치기 한다.
② 보와 상판(바닥 슬래브)은 이어치기를 하지 않고 동시에 칠 필요가 있다.
③ 상판은 될 수 있는 한 중앙부근에서 수직으로 이어친다.
④ 기둥의 이어치기는 하단에서 한다.

해설 35
보, 바닥슬래브의 수직 타설 이음부는 스팬 중앙부에서 수직으로(작은 보 있는 바닥판 : 작은보 나비의 2배 떨어진 위치) 이어치기 한다. 즉, 스팬의 1/2 부근으로 전단력이 가장 작은 곳이다.

정답 32. ② 33. ② 34. ① 35. ①

핵심기출문제

IV. 철근콘크리트공사

36. 계속 타설 중인 콘크리트에 있어 외기온이 25℃ 미만일 때의 이어붓기 시간간격의 한도로 옳은 것은? [09㉮]
① 60분   ② 90분
③ 120분 ④ 150분

해설 이어치기 시간간격

구분	이어치기 시간간격	비빔에서 부어넣기 종료까지
외기온 25℃ 이상	2시간 이내	1.5시간 이내
외기온 25℃ 미만	2.5시간 이내	2시간 이내

※ 콜드 조인트(Cold joint) : 콘크리트 타설 중 중단했다가 시간 간격(2.5시간 이내)을 두고 부어 넣을 때 일체화가 저해되어 생기는 줄눈(계획되지 아니한 줄눈)

37. 콘크리트의 JOINT의 종류에 대해 나열한 것 중 계획된 JOINT가 아닌 것은? [03㉮]
① CONTROL JOINT
② CONSTRUCTION JOINT
③ COLD JOINT
④ EXPANSION JOINT

38. 등분포하중을 받는 T형보의 콘크리트 이어붓기의 위치로서 가장 적당한 위치는 어느 것인가? (단, L 은 스팬의 길이이다.) [07㉮]
① $\frac{1}{2}L$ ② $\frac{1}{4}L$
③ $\frac{3}{4}L$ ④ $\frac{1}{5}L$

39. 콘크리트 표준시방서에 의한 혼합시간으로서, 재료 투입 후 가경식 믹서는 최소 얼마 이상 혼합하는 것을 표준으로 하는가?(단, 비비기 시간에 대한 시험을 실시하지 않는 경우) [08㉮]
① 30초   ② 45초
③ 60초   ④ 90초

40. 부어넣을 콘크리트의 최고 높이가 40m, 타워에서 호퍼까지의 수평거리가 20m라면 콘크리트 타워의 산정 높이는? [08㉮]
① 50m   ② 56m
③ 62m   ④ 70m

해 설

해설 37
콜드 조인트(Cold joint) : 콘크리트 타설 중 중단했다가 시간 간격(2.5시간 이내)을 두고 부어 넣을 때 일체화가 저해되어 생기는 줄눈(계획되지 아니한 줄눈)

해설 38
보, 슬래브 : 스팬 중앙부에서 수직으로(작은 보 있는 바닥판 : 작은보 나비의 2배 떨어진 위치) 이어치기 한다. 즉, 스팬의 1/2부근으로 전단력이 가장 작은 곳이다.

해설 39
비빔콘크리트의 배출시 재료 투입 후 가경식(可傾式) 믹서의 경우 비빔시간은 최소 90초 이상 혼합하는 것을 표준으로 한다.

해설 40
콘크리트 타워의 높이(H)
$H = h + \frac{l}{2} + 12 \text{(m)}$
h : 부어넣을 콘크리트의 최고 높이
l : 플로우 호퍼와 타워 호퍼의 수평 거리
$\therefore H = 40 + \frac{20}{2} + 12 = 62\text{m}$

정답 36. ④ 37. ③ 38. ①
39. ④ 40. ③

41. 콘크리트 공사에서 진동기의 효과가 가장 잘 발휘될 수 있는 콘크리트는?
[08, 14㉎]

① 부배합 저슬럼프
② 부배합 고슬럼프
③ 빈배합 저슬럼프
④ 빈배합 고슬럼프

42. 콘크리트의 내부 진동기(internal vibrator) 사용법에 대한 기술 중 옳지 않은 것은?
[04㉎]

① 진동기는 가급적 수직방향으로 사용하는 것이 좋다.
② 진동기는 1개소에 대하여 1분 이상 사용하는 것이 좋다.
③ 진동기의 운행간격은 50cm를 넘지 않는 것이 좋다.
④ 진동기는 뽑을 때 서서히 뽑아내는 것이 좋다.

43. 콘크리트 양생에 관한 설명으로 옳지 않은 것은?
[06㉎]

① 콘크리트의 경화에 충분한 물이 필요하다.
② 양생은 특히 초기가 중요하며 강도에 영향이 적다.
③ 온도를 유지하는 방법으로 가열한다.
④ 수분유지를 위해 피복을 한다.

44. 한중(寒中) 콘크리트의 양생에 관한 설명으로 옳지 않은 것은?
[18㉎]

① 보온 양생 또는 급열 양생을 끝마친 후에는 콘크리트의 온도를 급격히 저하시켜 양생을 마무리 하여야 한다.
② 초기양생에서 소요 압축강도가 얻어질 때까지 콘크리트의 온도를 5℃ 이상으로 유지하여야 한다.
③ 초기양생에서 구조물의 모서리나 가장자리의 부분은 보온하기 어려운 곳이어서 초기동해를 받기 쉬우므로 초기양생에 주의하여야 한다.
④ 한중 콘크리트의 보온 양생 방법은 급열 양생, 단열 양생, 피복양생 및 이들을 복합한 방법 중 한 가지 방법을 선택하여야 한다.

45. 한중콘크리트에서 초기 동해방지에 필요한 최소 압축강도는 얼마인가?
[09㉎]

① 5MPa
② 10MPa
③ 15MPa
④ 20MPa

해 설

[해설] 41
진동다짐은 빈배합 저슬럼프(된비빔) 콘크리트일 때가 효과적이다. 부배합 고슬럼프(묽은 비빔)일 때는 재료분리 현상을 일으킬 수 있다.

[해설] 42
내부진동기(봉형진동기) 진동기 사용 시간은 5~15초 정도(콘크리트 표면에 페이스트가 얇게 떠오를 정도)로 한다.

[해설] 43
콘크리트 양생의 주안점은 온도와 습도의 유지에 있다. 특히 초기양생이 아주 중요하며 강도에 큰 영향을 미친다.

[해설] 44, 45
한중콘크리트는 초기양생이 매우 중요하다. 특히 초기의 동해, 응결 및 강도발현의 지연, 보온양생시 온도차에 의해 온도균열 발생 우려가 있다. 한중콘크리트는 초기 동해의 피해 방지를 위해 5MPa 이상 될 때까지 5℃ 이상 유지하여 양생한다.(단열보온·가열보온 양생)

정답: 41. ③ 42. ② 43. ② 44. ① 45. ①

핵심기출문제   Ⅳ. 철근콘크리트공사

46. 한중콘크리트를 칠 때 재료가열에 관한 기술 중 옳은 것은? [06②]
① 시멘트는 어떠한 방법으로든 가열해서는 안된다.
② 시멘트 페이스트를 가열하는 것은 무방하다.
③ 골재는 될 수 있으며 불에 직접 닿게 하여 가열한다.
④ 물은 비열이 작아서 덥혀도 별 효과가 없다.

47. 한중(寒中) 콘크리트의 양생에 관한 설명 중 옳지 않은 것은?
① 가열 보온양생을 실시할 경우 가열 중 살수를 금한다.
② 타설한 콘크리트는 어느 부분에서도 그 온도가 5℃ 이상으로 하여 초기양생을 실시한다.
③ 초기양생은 콘크리트의 압축강도가 5MPa 이상이 얻어진 것을 확인하고 담당원의 승인을 받아 중지한다.
④ 타설 후의 콘크리트 온도를 시트, 매트 및 단열 거푸집 등에 의하여 계획한 양생온도로 유지하는 것을 단열 보온양생이라 한다.

48. 레디믹스트 콘크리트의 슬럼프값이 80mm일 때 슬럼프 허용오차 기준으로 옳은 것은? [09②]
① ± 10mm   ② ± 15mm
③ ± 25mm   ④ ± 30mm

49. 매스 콘크리트(Mass Concrete)에 대한 설명으로 옳은 것은? [07②]
① 단위시멘트량을 늘려 콘크리트의 발열량을 줄이도록 하여야 한다.
② 굵은 골재의 최대치수를 작게 하고, 입자의 크기가 균등한 골재를 사용하는 것이 좋다.
③ 매스 콘크리트의 타설온도는 온도균열을 제어하기 위한 관점에서 될 수 있는 대로 낮게 하여야 한다.
④ 매스 콘크리트는 베이스 콘크리트에 유동화제를 첨가하여 유동성을 증가시킨 콘크리트이다.

[해설] 매스 콘크리트(mass concrete)
부재의 단면이 커서 시멘트의 수화열로 인해 온도균열이 생길 가능성이 큰 구조물에 타설하는 콘크리트로 온도균열을 제어하는 것이 중요하다.
① 재료를 적정온도 이하가 되도록 하여 사용한다.
② 수화열이 작은 중용열 포틀랜드시멘트를 사용하고, 골재는 중정석·자철광을 사용한다.
③ 플라이 애쉬, 고로슬래그, 실리카 흄 등 혼화제를 사용하고, 단위 시멘트량을 적게 한다.
※ 부재단면의 치수가 80cm 이상이고, 수화열에 의한 콘크리트의 내부 최고온도와 외기 온도의 차이가 25℃ 이상으로 예상되는 콘크리트를 매스 콘크리트(mass concrete)라고 정의한다.(건축공사표준시방서)

해 설

[해설] **46**
한중 콘크리트 : 대기 온도가 2℃ 이하가 되고 보온설비가 없으면 콘크리트 공사를 중지하여야 한다. 작업 중 기온이 2~5℃이면 물을 가열하고, 0℃ 이하이면 물·모래, -10℃ 이하이면 물·모래·자갈을 가열하는데 어떤 경우라도 시멘트는 가열하지 않는다. 초기 동해의 피해 방지를 위해 5MPa 이상 될 때까지 5℃ 이상 유지하여 양생한다.
① W/C = 60% 이하
② 재료가열온도 : 60℃ 이하이며, 시멘트는 절대 가열하지 않는다.
③ 믹서내 온도 : 40℃ 이하이며, 시멘트는 맨 나중에 투입한다.
④ A.E제, A.E감수제, 고성능 A.E감수제 중 하나는 반드시 사용한다.

[해설] **47**
한중콘크리트는 특히 초기동해, 응결 및 강도발현의 지연, 보온양생시 온도차에 의해 온도균열 발생 우려가 있다. 한중콘크리트는 초기 동해의 피해 방지를 위해 5MPa 이상 될 때까지 5℃ 이상 유지하여 양생한다.(단열보온·가열보온 양생)

[해설] **48**
레미콘 Slump 허용범위(KS F 4009)

호칭 슬럼프 (mm)	허용오차 (mm)
50 미만	±15
50 이상 180 이하	±25
180 초과	배합마다 별도 협의

(주 : 유동화 콘크리트는 별도 규정 적용)

정답 46. ① 47. ① 48. ③
      49. ③

50. 경량골재콘크리트와 관련된 기준으로 옳지 않은 것은? [18㉮]

① 단위시멘트량의 최소값 : 400kg/m³
② 물-결합재비의 최대값 : 60%
③ 기건단위질량(경량골재콘크리트 1종) : 1,700~2,000kg/m³
④ 굵은 골재의 최대치수 : 20mm

51. 제물치장 콘크리트 시공에 관한 설명 중 옳지 않은 것은? [08㉮]

① 시멘트는 일반적으로 동일 회사, 동일 색을 사용한다.
② 철근의 피복은 보통 때보다 두껍게 하는 것이 좋다.
③ 슈트에 의하지 않고 손차로 운반하여 벽, 기둥에 직접 떨어뜨리지 않고 일단 비빔판에 받아 가만히 각삽으로 떠 넣는다.
④ 콘크리트는 여기 저기 분산하여 넣으면서 다져야 한다.

52. 프리스트레스트 콘크리트 공사에서 강재의 부식저항성과 관련하여 비빌 때에 프리스트레스트 콘크리트 그라우트 중에 포함되는 염화물이온의 총량은 얼마 이하를 원칙으로 하는가? (단, 건축공사표준시방서 기준) [16, 25㉮]

① 0.1kg/m³
② 0.2kg/m³
③ 0.3kg/m³
④ 0.4kg/m³

53. 프리스트레스트 콘크리트(prestressed concrete)에 관한 설명으로 옳지 않은 것은? [19, 23, 24㉮]

① 포스트텐션(post-tension)공법은 콘크리트의 강도가 발현된 후에 프리스트레스를 도입하는 현장형 공법이다.
② 구조물의 자중을 경감할 수 있으며, 부재단면을 줄일 수 있다.
③ 화재에 강하며, 내화피복이 불필요하다.
④ 고강도이면서 수축 또는 크리프 등의 변형이 적은 균일한 품질의 콘크리트가 요구된다.

해설 50
경량 콘크리트의 단위시멘트량의 최소값은 300kg/m³, 물결합재비는 60% 이하로 하고, Slump 값 18cm 이하로 한다.
※ 기건단위질량(경량골재콘크리트 1종)
 : 1,700~2,000kg/m³
 기건단위질량(경량골재콘크리트 2종)
 : 1,400~2,000kg/m³

해설 51
제물치장 콘크리트(Exposedconcrete) 의장을 하지 않고 노출면 콘크리트 자체가 마감면이 되는 콘크리트
① 부배합, 된비빔으로 한다. (20MPa 이상 강도일 때 마무리가 좋다.)
② 외부마감이 없으므로 철근의 피복두께는 1cm 이상 증가시킨다.
③ 벽, 기둥은 이음 없이 한꺼번에 꼭대기까지 넣는다.
④ 거푸집은 Metal Form이나 Euro Form 등을 사용한다.

해설 52
프리스트레스트 콘크리트 공사에서 강재의 부식저항성과 관련하여 비빌 때에 프리스트레스트 콘크리트 그라우트 중에 포함되는 염화물이온의 총량은 0.3kg/m³ 이하를 원칙으로 한다. (건축공사표준시방서 기준)

해설 53
프리스트레스트 콘크리트
(Prestressed concrete, PS concrete) PC강재에 미리 인장력을 가한 상태로 콘크리트는 넣고 완전 경화 후 강현재 단부에서 인장력을 푸는 방법으로 만든 콘크리트이다. 내구성, 복원성이 크고 공기단축이 가능하지만, 화재에 약하여 5cm 이상의 내화피복이 필요하다.

정답 50. ① 51. ④ 52. ③
53. ③

핵심기출문제 — Ⅳ. 철근콘크리트공사

54. Prestressed Concrete에 대한 설명으로 옳은 것은? [07, 22㉑]

① 진공매트 또는 진공펌프 등을 이용하여 콘크리트로부터 수화에 필요한 수분과 공기를 제거한 것이다.
② 고정시설을 갖춘 공장에서 부재를 철재거푸집에 의하여 제작한 기성제품 콘크리트이다.
③ 프리텐션공법은 미리 강선을 압축하여 콘크리트에 인장력으로 작용시키는 방법으로써 대규모의 건축부품 등을 만든다.
④ 장스팬 구조물에 적용할 수 있으며, 단위부재를 작게 할 수 있어 자중이 경감되는 특징이 있다.

55. 다음 중 ALC(Autoclaved Lightweight Concrete) 패널의 설치공법이 아닌 것은? [08㉑]

① 수직철근 공법
② 슬라이드 공법
③ 커버플레이트 공법
④ 피치 공법

56. 유동화 콘크리트에 대한 설명으로 옳지 않은 것은? [07, 20㉑]

① 높은 유동성을 가지면서도 단위수량은 통상의 콘크리트보다 적다.
② 일반적으로 유동성을 높이기 위하여 화학혼화제를 사용한다.
③ 동일한 단위시멘트량을 갖는 보통콘크리트에 비하여 압축강도가 매우 높다.
④ 일반적으로 건조수축은 통상 묽은 비빔 콘크리트보다 작다.

57. 프리패브 콘크리트(prefab concrete)에 관한 설명 중 잘못된 것은? [06, 18㉑]

① 제품의 품질을 균일화 및 고품질화 할 수 있다.
② 작업의 기계화로 노무 절약을 기대할 수 있다.
③ 공장생산으로 기계화하여 부재의 규격을 쉽게 변경할 수 있다.
④ 자재를 규격화하여 표준화 및 대량생산을 할 수 있다.

해설

[해설] 54
프리스트레스트 콘크리트(Prestressed concrete, PS concrete) : PC강재에 미리 인장력을 가한 상태로 콘크리트는 넣고 완전 경화 후 강현재 단부에서 인장력을 푸는 방법으로 만든 콘크리트이다.
① 프리스트레스를 도입하는 공법에는 프리텐션(Pretension Method) 공법과 포스트텐션(Posttension Method)공법 등이 있다.
② 장 스팬구조가 가능하고 균열 발생이 없으며, 구조물의 자중 경감과 부재단면을 줄일 수 있다.
③ 내구성, 복원성이 크고 공기단축이 가능하다.
④ 항복점 이상에서 진동, 충격에 약하다.
⑤ 화재에 약하여 5cm 이상의 내화 피복이 필요하다.

[해설] 55
ALC(Autoclaved Light-weight Concrete)는 오토클레이브(autoclave)에 고온(180℃) 고압(0.98MPa) 증기양생한 경량 기포 콘크리트이다.
※ 패널의 설치 공법 : 수직철근 보강공법, 슬라이드 공법, 타이플레이트 공법, 커버플레이트 공법, 볼트 조임 공법

[해설] 56
유동화 콘크리트의 압축강도와 유동화제를 첨가하기 전의 베이스 콘크리트(Base Concrete)의 압축강도는 거의 같다.
※ 베이스 콘크리트(Base Concrete)란 유동화콘크리트 제조시 유동화제를 첨가하기 전 기본배합의 콘크리트로서 유동화콘크리트의 품질을 좌우한다.
☞ 건축공사표준시방서에 따른 유동화 콘크리트 공기량의 표준값은 보통 콘크리트의 경우 4.5%이다.

[해설] 57
프리패브 콘크리트는 기계화에 의한 공장생산이므로 부재의 규격을 변경할 수가 없다.

정답 54. ④ 55. ④ 56. ③ 57. ③

58. 폴리머함침 콘크리트에 대한 설명 중 틀린 것은? [09, 17㉮]

① 시멘트계의 재료를 건조시켜 미세한 공극에 수용성 폴리머를 함침·중합시켜 일체화한 것이다.
② 내화성이 뛰어나며 현장시공이 용이하다.
③ 내구성 및 내약품성이 뛰어나다.
④ 고속도로 포장이나 댐의 보수공사 등에 사용된다.

59. 특수콘크리트 공사에 관한 설명으로 옳지 않은 것은? [17㉮]

① 하루의 평균기온이 4℃ 이하가 예상되는 조건일 때 한중콘크리트로 시공한다.
② 하루의 평균기온이 25℃를 초과하는 것이 예상되는 경우 서중콘크리트로 시공한다.
③ 매스콘크리트로 다루어야 할 부재치수는 일반적인 표준으로서 하단이 구속된 벽조의 경우 두께 0.8m 이상으로 한다.
④ 섬유보강 콘크리트의 시공은 품질이 얻어지도록 재료, 배합, 비비기 설비 등에 대하여 충분히 고려한다.

60. ALC 제품에 관한 설명으로 옳지 않은 것은? [16㉮]

① 절건상태에서의 비중이 0.75~1 정도이다.
② 압축강도는 3MPa~4MPa 정도이다.
③ 내화성능을 보유하고 있다.
④ 사용 후 변형이나 균열이 적다.

61. ALC 패널의 설치공법이 아닌 것은? [20, 23, 24㉮]

① 수직철근 공법   ② 슬라이드 공법
③ 커버플레이트 공법 ④ 피치 공법

62. 최근 고층건물에 많이 사용되는 고강도 콘크리트에 대한 설명 중 틀린 것은?

① 콘크리트에 포함된 염화물량은 염소이온량으로서 $0.3kg/m^3$ 이하가 되어야 한다.
② 물결합재비는 50% 이하로 한다.
③ 단위수량은 $180kg/m^3$ 이하로 한다.
④ 잔골재율은 시험에 의하여 결정하며, 가능한 한 크게 한다.

해설

해설 58
폴리머함침 콘크리트(Polymer Concrete, 합성수지 콘크리트)의 폴리머는 가연성이므로 내화성이 약하고, 현장시공이 어렵다.

해설 59
매스콘크리트로 다루어야 하는 구조물의 부재치수는 일반적인 표준으로서 넓이가 넓은 평판구조의 경우 두께 0.8m 이상, 하단이 구속된 벽조의 경우 두께 0.5m 이상으로 한다.

해설 60
ALC(Autoclaved Light-weight Concrete : 경량기포 콘크리트)는 오토클레이브(autoclave, 강철제 탱크)에 고온(180℃) 고압(0.98MPa) 증기양생한 다공질의 경량 기포 콘크리트이다.
중량은 보통콘크리트의 약 1/4 정도 (0.5~0.6) 이다.

해설 61
ALC(Autoclaved Light-weight Concrete)는 오토클레이브(autoclave, 강철제 탱크)에 고온(180℃) 고압 (0.98MPa) 증기양생한 다공질의 경량 기포 콘크리트이다.
※ ALC 패널의 설치 공법 : 수직철근 보강공법, 슬라이드 공법, 타이플레이트 공법, 커버플레이트 공법, 볼트 조임 공법

해설 62
단위수량, 단위시멘트량, 잔골재율은 소요 워커빌리티 및 강도를 얻을 수 있는 범위 내에서 가능한 한 적게 한다.

정답 58. ② 59. ③ 60. ①
    61. ④ 62. ④

핵심기출문제

Ⅳ. 철근콘크리트공사

63. 고강도콘크리트공사에 사용되는 굵은 골재에 대한 품질기준으로 옳지 않은 것은? (단, 건축공사표준시방서 기준) [17②]

① 절대건조밀도 : 2.5g/cm³ 이상
② 흡수율 : 3.0% 이하
③ 점토량 : 0.25% 이하
④ 씻기시험에 의한 손실량 : 1.0% 이하

[해설]
고강도 콘크리트 골재의 품질기준(건축공사 표준시방서 규정)

	절건밀도 (g/cm³)	흡수율 (%)	실적률 (%)	점토량 (%)	씻기시험에 의한 손실량 (%)	유기불순물	염화물이온량 (%)	안정성 (%)
굵은 골재	2.5 이상	2.0 이하	59 이상	0.25 이하	1.0 이하	–	–	1.2 이하
잔골재	2.5 이상	3.0 이하	–	1.0 이하	2.0 이하	표준색 이하	0.02 이하	1.0 이하

64. 고강도 콘크리트에 관한 내용으로 옳지 않은 것은? [22②]

① 설계기준압축강도는 보통 또는 중량골재콘크리트에서 40MPa 이상인 것으로 한다.
② 고성능 감수제의 단위량은 소요 강도 및 작업에 적합한 워커빌리티를 얻도록 시험에 의해서 결정하여야 한다.
③ 단위수량은 소요의 워커빌리티를 얻을 수 있는 범위 내에서 가능한 한 작게 하여야 한다.
④ 기상의 변화나 동결융해 발생 여부에 관계없이 공기연행제를 사용하는 것을 원칙으로 한다.

65. 콘크리트 균열을 발생 시기에 따라 구분할 때 콘크리트의 경화 전 균열의 원인이 아닌 것은? [15②]

① 건조수축
② 거푸집 변형
③ 진동 또는 충격
④ 소성수축, 침하

[해설] 64
고강도 콘크리트의 배합설계시 동결융해에 대한 대책이 필요한 경우나 기상의 변화가 심한 경우에는 공기연행제를 사용하므로 블리딩이 작다.
※ 고강도 콘크리트의 설계기준강도는 보통콘크리트는 최소 40MPa (40N/mm²) 이상, 경량골재 콘크리트는 최소 27MPa(27N/mm²) 이상을 말한다.

[해설] 65
균열의 종류
① 경화 전 균열(초기 균열) : 초기 타설에서 경화시작 전 약 2~3시간 정도에서 발생하는 균열
  ㉠ 소성수축 균열, ㉡ 침하 균열, ㉢ 거푸집 변형에 의한 균열, ㉣ 진동 및 충격에 의한 균열
② 경화 후 균열
  ㉠ 건조수축 균열, ㉡ 열응력 균열, ㉢ 철근 부식 균열, ㉣ 화학적 반응 균열, ㉤ 과하중에 의한 균열, ㉥ 기상작용에 의한 균열

정답 63. ② 64. ④ 65. ①

66. 건축물의 초고층화, 대형화됨에 따라 발생되는 기둥 축소량(Columm Shortening)의 방지대책으로 적합하지 않은 것은? [17, 25㉮]

① 구조설계 시 변위 발생량에 대해 여유 있게 산정한다.
② 전체 건물의 층을 몇 절(Tier)로 등분하여 변위차이를 최소화한다.
③ 가조립 시 위치별, 단면크기별 등 변위를 충분히 발생시킨 후 본조립한다.
④ 시공 시 발생되는 변위를 최대한 보정한 후 실시한다.

해설
기둥 축소량(Column shortening, 칼럼 쇼트닝)
건물의 벽체나 기둥과 같은 수직부재에서는 작용하중에 의해 탄성적인 축소가 일어나며 철근콘크리트구조와 철골철근콘크리트구조와 같이 콘크리트를 주요한 재료로 사용하는 수직 부재에서는 시간이 지남에 따라 변형이 증가하는 콘크리트의 특성으로 비탄성적인 축소가 추가된다.
100층 정도의 초고층 구조에서 콘크리트 기둥과 벽체의 축소량은 층당 보통 2~3mm 정도 발생하므로 100층일 경우, 총 축소량은 약 200~300mm로 예상할 수 있다. 이 축소량에는 작용 하중에 비례하여 발생하는 탄성 축소가 40~50%, 콘크리트의 크리프(creep)와 건조수축(shrinkage) 현상으로 발생하는 비탄성 축소가 50~60% 정도 포함 된다.

※ Column shortening 현상의 대책
① 변위량 예측
② 변위량 최소화
 ㉠ 구간별로 나누어진 발생 변위량을 등분조절하여 변위치수를 최소화 한다.
 ㉡ 변위가 일어날 수 있는 곳을 미리 예측하여 변위 조절
③ 변위 발생후 본조립 : 변위가 발생된 후 가조립 상태에서 본조립 상태로 완전 조립한다.
④ 구간별 변위량 조절 : 발생되는 변위량을 조절하기 위하여 전체층을 몇 개의 구간으로 구분한다.
⑤ 계측 철저 : 시공시 변위 발생량을 정확히 측정하고 계측기구를 사용한다.
⑥ 레벨 관리 철저 : 기초판의 레벨이 같아지도록 관리한다.
⑦ 콘크리트 채움 강관 적용 : 초고층의 기둥을 콘크리트 채움 강관으로 시공하고, 국부 좌굴방지 및 휨강성 증대로 변위량을 감소한다.

67. 다음은 공법에 관한 내용이다. 맞는 내용은? [04, 18㉮]

| 미리 공장 생산한 기둥이나 보, 바닥판, 외벽, 내벽 등을 한층씩 쌓아 올라가는 조립식으로 구체를 구축하고 이어서 마감 및 설비 공사까지 포함하여 차례로 한층씩 완성해 가는 공법 |

① 하프 PC합성바닥판공법 ② 역타공법
③ 적층공법 ④ 지하연속벽공법

해설 67
적층공법은 공장에서 제작한 PC 부재를 현장으로 운송, 양중, 조립하여 일체화시키는 복합화 첨단 공법으로 철근콘크리트 라멘구조의 건물에 적용된다.

정답 66. ① 67. ③

핵심기출문제

Ⅳ. 철근콘크리트공사

68. 배합비 1 : 2 : 4로 콘크리트 1m³를 만드는데 소요되는 모래와 자갈량으로 적당한 것은? [06㉮]

① 모래 0.40m³, 자갈 0.8m³
② 모래 0.45m³, 자갈 0.9m³
③ 모래 0.50m³, 자갈 1.0m³
④ 모래 0.55m³, 자갈 1.1m³

[해설] 콘크리트 1m³에 소요되는 재료의 량(1 : 2 : 4 경우)

비벼내기량	시멘트	모래	자갈
$V = 1.1m + 0.57n$ $= (1.1 \times 2) + (0.57 \times 4)$ $= 4.48m^3$	$\dfrac{1{,}500}{V} = \dfrac{1{,}500}{4.48}$ ≒320kg(8포)	$\dfrac{m}{V} = \dfrac{2}{4.48}$ ≒0.45m³	$\dfrac{n}{V} = \dfrac{4}{4.48}$ ≒0.9m³

69. 철근콘크리트 PC 기둥을 8ton 트럭으로 운반하고자 한다. 차량 1대에 최대로 적재 가능한 PC 기둥의 수는? (단, PC 기둥의 단면 크기는 30cm × 60cm, 길이는 3m 임) [18㉮]

① 1개
② 2개
③ 4개
④ 6개

[해설] **69**
PC기둥 1개의 중량 :
$0.3 \times 0.6 \times 3 \times 2.4 t/m^3 = 1.296t$
8t 차량의 적재량은
8t ÷ 1.296 = 6.17개

정답 68. ② 69. ④

05 철골공사

1 공장가공 순서

원척도 작성 → 본뜨기 → 변형 바로잡기 → 금매김 → 절단 → 구멍뚫기 → 가조립 → 리벳치기 → 검사 → 녹막이칠 → 운반

2 가공단계별 주요 공정

1. 구멍뚫기

1) 펀칭(Punching)
   ① 부재두께 13mm 이하 또는 리벳지름이 9mm 이하일 때
   ② 속도는 빠르나, 구멍 주위에 변형이 생긴다.

2) 드릴링(Drilling : 송곳뚫기)
   ① 부재의 두께가 13mm 초과할 때
   ② 3장 이상 겹칠 때, 주철재일 때, 수밀성을 요하는 물탱크·기름탱크, 정밀가공일 때

2. 리벳수와 가조립 볼트수

① 현장치기 리벳수 : 전 리벳수의 1/3(30%)
② 공장치기 리벳수 : 전 리벳수의 2/3 이상(70%)
③ 세우기용 가볼트수 : 전 리벳수의 20~30% 또는 현장치기 리벳수의 1/5 이상

3. 녹막이칠 하지 않는 부분

① 현장 용접하는 부분(용접부에서 100mm 이내)
② 고장력볼트 마찰접합부의 마찰면
③ 콘크리트에 밀착 또는 매입되는 부분
④ 기계깎기 마무리한 부분
⑤ 조립에 의하여 면맞춤 되는 부분
⑥ 폐쇄형 단면을 한 부재의 밀폐된 내면

핵심 PLUS

01 철골공사에서의 가스절단에 대한 설명 중 옳지 않은 것은?
[12, 23 기]
① 가스절단은 설비가 복잡하여 작업공구를 가지고 다니기 불편하다.
② 톱절단에 비하여 작업이 빠르다.
③ 절단모양을 자유롭게 할 수 있다.
④ 절단면이 거칠고 강재를 용융하여 절단하므로 절단선에서 3mm 정도의 부분은 변질된다.

해설 가스절단은 가스의 화염으로 강재를 녹여 자르는 방법으로 절단면이 거칠고 강재를 용융하여 절단하므로 절단선에서 3mm 정도의 부분은 변질되나 절단이 쉽다.
답 : ①

02 철골공사의 녹막이칠을 하지 않는 부분에 해당되지 않는 것은?
[10 산]
① 현장용접을 하는 부위
② 콘크리트에 매립되지 않는 부분
③ 고장력 볼트 마찰접합부의 마찰면
④ 조립에 의하여 면맞춤되는 부분
답 : ②

핵심 PLUS

■ 구멍지름의 허용오차
• 리벳

φ20 미만	D+1.0mm 이하
φ20 이상	D+1.5mm 이하

• 고력 Bolt

27mm 미만	D+2.0mm 이하
27mm 이상	D+3.0mm 이하

4. 리밍(Reaming : 구멍가심)

① 조립시 리벳구멍 위치를 틀릴 때 리머(Reamer)로 구멍가심을 한다.
② 구멍의 최대 편심거리는 1.5mm 이하로 한다.
③ 3장 이상 부재 겹칠 때 : 송곳으로 구멍지름보다 1.5mm 정도 작게 뚫고 드릴 또는 리머로 조정한다.

3 리벳접합

1. 리벳용어

① 게이지라인 : 리벳의 중심선을 연결하는 선
② 게이지 : 게이지 라인과 게이지 라인과의 거리
③ 피치(Pitch) : 리벳과 리벳의 중심간 거리
④ 연단거리 : 리벳구멍에서 부재 끝단까지 거리
⑤ 클리어런스(Clearance) : 리벳과 수직재면과의 거리
⑥ 그립(Grip) : 리벳으로 접합하는 부재의 총두께(그립의 길이는 5d 이하)

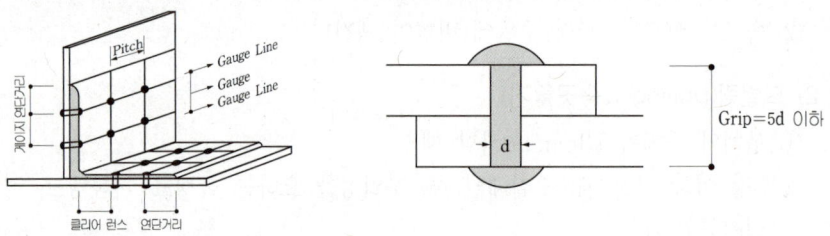

2. 리벳치기

① 리벳의 종류는 머리의 형태에 따라 구분을 한다.(둥근머리, 민머리, 평머리 리벳)
② 가장 많이 사용하는 리벳의 종류는 둥근머리 리벳을 사용하며, 또한 강도의 변화가 적다.
③ 리벳의 가열온도는 600~1,100℃ 정도로 한다.(800℃가 적당하고, 600℃ 이하에서는 시공금지)
④ 리벳의 배치는 엇모배치와 정렬배치가 있는 데 일반적으로 정렬배치가 많이 사용된다.
⑤ 리벳의 피치(pitch) 간격은 최소 2.5d~3d 이고, 보통은 4d를 사용한다. (d : 리벳의 지름)

---

03 철골철근콘크리트의 사무소 건축에 있어서 철골 1t당 통상 사용되는 현장치기 리벳의 수로 적당한 것은? [04 기]
① 100~150
② 200~250
③ 300~400
④ 500~600

[해설] 철골 1ton당 리벳의 수
① 현장리벳치기 : 100~200개
② 공장리벳치기 : 200~300개
③ 일반리벳치기 : 300~400개
답 : ①

3. 용접접합의 종류

종류	방법
가스압접	• 가스 불꽃을 이용하는 압접방법 • 접합하려는 부재의 면에 축방향의 압축압력을 가하고 접합부 위를 가열하여 접합
가스용접	• 가스 불꽃의 열을 이용하여 철재의 일부를 녹여 접합 • 높은 강도를 기대할 수 없으나, 절단용으로는 극히 중요하다.
아크용접	• 아크에 의한 발열을 이용하여 금속을 용접하는 방법 • 3,500℃의 아크열 사용한다. • 모재와 용접봉이 용해되어 모재 사이에 틈 또는 살붙임 피복 으로 한다. • 철골공사에 가장 많이 사용한다.
전기저항용접	접합하는 양금속을 접합시켜 전류를 흐르게 하면 접촉부는 고온이 된다. 이때 기계적 압력을 가하여 접합시키는 용접법

4. 용접 접합의 장·단점

장 점	단 점
• 공해(소음, 진동)가 없다. • 강재의 양을 절약할 수 있다.(중량 감소) • 접합부의 강성이 크며, 응력의 전달이 확실하다. • 일체성, 수밀성이 확보된다.	• 용접의 숙련공이 필요하다. • 용접부 결함의 검사가 어렵고 비용, 장비, 시간이 많이 걸린다. • 용접열에 의한 변형 발생이 우려된다. • 용접 모재의 재질 상태에 따라 응력의 집중현상이 크다.

5. 용접의 결함

① 슬래그(slag) 감싸들기 : 용접시 슬래그가 용착금속 안에 출입되는 현상
② 언더컷(under cut) : 용접선 끝에 용착금속이 채워지지 않아 생긴 작은 홈
③ 오버랩(overlap) : 용착금속이 모재와 융합되지 않고 겹쳐있는 현상 (들떠 있는 현상)
④ 피트(pit) : 용접 비드(bead) 표면에 뚫린 구멍이나 모재의 화학성분의 불량 등으로 인해 발생하는 미세한 표면의 홈
⑤ 블로우 홀(blow hole) : 금속이 녹아들 때 생기는 기포나 작은 틈
⑥ 클랙(crack) : 용접 후 냉각시 갈라진다.

핵심 PLUS

■ 철골공사 용접작업의 용접자세 표현기호
F : 하향자세 용접
H : 수평자세 용접
V : 수직자세 용접
O : 상향자세 용접

04 철판과 철판이 겹치든가 맞닿는 부분이 각을 이루도록 용접하는 것은? [03, 05 기]
① 맞댐용접
② 모살용접
③ 용입용접
④ 다층용접

[해설] 모살용접은 두 부재의 사이에 홈파기를 하지 않고 일정한 각도로 접합한 후 삼각형 모양으로 접합부를 용접하는 방법이다.
답 : ②

05 철근의 이음방법 중 철근을 가열하면서 압력을 가하는 방식으로 모재와 동등한 기계적 강도를 가지며 조직의 성분의 변화가 적고 접합강도가 큰 것은? [15, 23, 25 기]
① 겹침 이음
② 가스 압접
③ 나사식 이음
④ Cad Welding
답 : ②

06 철골공사의 용접작업 시 발생하는 각 용접결함에 대한 설명으로 옳지 않은 것은? [13, 24 기]
① 언더 컷(Under cut)은 모재가 녹아 용착금속이 채워지지 않고 홈으로 남게 된 부분을 말한다.
② 오버 랩(Over lap)은 용접금속과 모재가 융합되지 않고 겹쳐지는 것을 말한다.
③ 블로우 홀(Blow hole)은 금속이 녹아들 때 생기는 기포를 말한다.
④ 피트(Pit)는 용접 후 냉각 시 용접부에 생기는 갈라짐을 말한다.

[해설] 피트(pit) : 용접 비드(bead) 표면에 뚫린 구멍이나 모재의 화학성분의 불량 등으로 인해 발생하는 미세한 표면의 홈
답 : ④

핵심 PLUS

07 철골용접작업 중 운봉을 용접 방향에 대하여 가로로 왔다갔다 움직여 용착금속을 녹여 붙이는 것을 의미하는 용어는?
[03, 10 기]
① 밀 스케일(mill scale)
② 그루브(groove)
③ 위핑(weeping)
④ 블로우 홀(blow hole)

답 : ③

08 용접 작업 시 용착금속 단면에 생기는 작은 은색의 점으로 수소의 영향에 의해서 발생하며 100℃로 가열하여 24시간 방치하면 수소가 방출되어 회복되는 불완전용접의 종류는? [10 기]
① 피시 아이(fish eye)
② 블로 홀(blow hall)
③ 슬래그 섞임(slag inclusion)
④ 크레이터(crater)

답 : ①

09 고력볼트 접합에 관한 설명으로 옳지 않은 것은? [14, 18, 25 기]
① 현대건축물의 고층화, 대형화 추세에 따라 소음이 심한 리벳은 현재 거의 사용하지 않고 볼트접합과 용접접합이 대부분을 차지하고 있다.
② 토크쉐어형 고력볼트는 조여서 소정의 축력이 얻어지면 자동적으로 핀테일이 파단되는 구조로 되어 있다.
③ 고력볼트의 조임기구는 토크렌치와 임팩트렌치 등이 있다.
④ 고력볼트의 접합형태는 모두 마찰접합이며, 마찰접합은 하중이나 응력을 볼트가 직접 부담하는 방식이다.

답 : ④

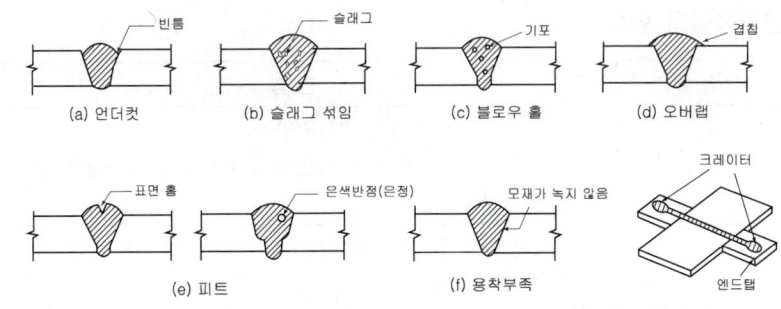

[그림] 용접의 결함

4 고력 볼트(HTB, High-tension Bolt) 접합 일반사항

고장력 볼트로 접합하는 부재를 서로 강력히 압착시켜 압착면에 생기는 마찰력에 의해 응력을 전달시키는 방법이다. 고력볼트의 조임은 1차 조임, 금매김, 본조임순으로 한다. 1차조임은 볼트군마다 본조임 볼트 삽입 즉시 순서대로 중앙부에서 단부로 조인다.

① 조임기기 : 임팩트 렌치, 토크렌치
② 조임방법 : 1차조임 80%, 2차조임 100%
③ 조임순서 : 중앙부에서 주변부로 조인다.
④ Bolt수의 10% 이상, 각 볼트군에 1개 이상
⑤ 마찰면 처리 : 마찰계수 0.5 이상의 거친면으로 한다.
⑥ 고력 볼트(High-tension Bolt) 접합의 특성
  ㉮ 접합부의 강성이 높아서 접합부의 변형이 거의 없다.
  ㉯ 볼트에는 마찰접합의 경우 전단력이 생기지 않는다.
  ㉰ 계기공구를 사용하여 죄므로 정확한 강도를 얻을 수 있다.
  ㉱ 리벳접합에 비해 시공이 확실하다.
  ㉲ 공기가 단축되고 노동력이 절약된다.

5 철골세우기, 철골세우기용기계기구

1. 기둥세우기 순서

기초의 중심선 먹메김 → 앵커볼트 위치 재점검 → 베이스플레이트 높이조정 → 기둥세우기 → 주각부 모르타르 채움

2. 앵커볼트 매입공법

고정매입공법	기초 콘크리트 시공시 앵커볼트를 정확한 위치에 묻어 두고 콘크리트를 타설하며 위치수정이 불가능하다. 정밀시공, 중요공사, 앵커볼트 지름이 클 때에 사용한다.
가동(나중) 매입공법	기초 콘크리트에 앵커볼트 묻을 자리를 내 두었다가 콘크리트를 타설한 후 나중에 고정하는 방법으로 소규모 공사, 앵커볼트 지름이 작을 때 사용한다.

3. 철골 세우기용 기계

종 류	특 징
가이데릭 (Guy derrick)	• 가장 일반적으로 사용되는 기중기의 일종 • 보통 5~10ton 정도의 것이 많다. • 가이(Guy)의 수 : 6~8개 • 붐(Boom)의 회전범위 : 360° • 7.5ton 데릭으로 1일 세우기 능력 : 철골재 15~20ton • 붐의 길이는 주축으로 마스트(Mast)보다 짧게 한다. • 당김줄은 지면과 45° 이하가 되도록 한다.
스티프레그 데릭 (stiff leg derrick) (삼각 데릭)	• 3각형 토대 위에 철골재 3각을 놓고 이것으로 붐을 조작 • 가이데릭에 비해 수평이동이 가능하므로 층수가 낮은 긴 평면에 유리 • 당김줄을 이음대로 맬 수 없을 때 사용 • 회전범위 : 270°(작업범위 180°)
진폴 (gin pole)	• 1개의 기둥을 세워 철골을 매달아 세우는 가장 간단한 설비 • 소규모 철골공사에 사용 • 옥탑 등의 돌출부에 쓰이고 중량재료를 달아 올리기에 편리
트럭크레인 (truck crane)	• 트럭에 설치한 크레인 • 기동력이 좋고 평면적인 넓은 장소에 적합하다.
타워 크레인 (tower crane)	• 타워 위에 크레인을 설치한 것 • 고양정 광범위한 작업에 적합하다.

6 철골 내화피복 공법의 종류

① 습식공법 : 타설공법, 조적공법, 미장공법, 뿜칠공법
② 건식공법 : 성형판 붙임공법, 멤브레인 공법

핵심 PLUS

10 철골의 주각을 기초에 고정시키는데 나중매립공법을 사용하는 경우는 다음 중 어떤 곳에 해당하는가? [04 산]
① 구조물이 고층건물일 경우
② 구조물의 이동조립을 가능하게 하기 위한 경우
③ 앵커볼트의 지름이 작은 경우
④ 앵커볼트의 지름이 큰 경우
답 : ③

11 가이데릭(Guy derick)에 대한 설명 중 옳지 않은 것은? [10 기]
① 기계대수는 평면높이의 가동범위·조립능력과 공기에 따라 결정한다.
② 붐(boom)의 길이는 마스트의 길이보다 길다.
③ 볼 휠(ball wheel)은 가이데릭 하단부에 위치한다.
④ 붐(boom)의 회전각은 360°이다.
답 : ②

12 철골구조의 내화피복 공법과 가장 거리가 먼 것은? [07 산]
① 성형판 붙임공법
② 미장공법
③ 뿜칠공법
④ 심초공법

[해설] 심초(우물통식 기초) 공법 : 대규모 기초말뚝에 이용되는 공법
답 : ④

핵심 PLUS

13 철골조 건축물의 연면적이 1,000m²일 때의 개산 철골량으로 옳은 것은? [08 기]
① 40~60ton
② 60~80ton
③ 80~100ton
④ 100~150ton

[해설] 연면적 1m²당 철골량
① 철골조 : 0.1~0.15t/m²
② 단층 공장 : 0.06~0.08t/m²
∴ 1,000m² × 0.1~0.15t
  = 100~150t

답 : ④

14 보통 철골구조인 경우 철골 1ton당 도장면적은? [10 기]
① 20~33m²
② 33~50m²
③ 50~65m²
④ 65~72m²

[해설] 철골 도장면적(1ton당)
① 큰 부재(간단한 구조) : 25~30m²
② 보통 부재(보통) : 30~45m²
③ 작은 부재(복잡한 구조) : 45~60m²

답 : ②

15 철골재의 수량산출에서 도면 정미수량에 가산할 할증율로서 부적당한 것은? [03, 06 기]
① 경량형강 : 10%
② 강판 : 10%
③ 봉강 : 5%
④ 각 파이프 : 15%

답 : ①

7 적산사항[철골소요량]

건 물(연면적 m²당)	종 별	철골 무게(ton)
철골조 건물	일반사무소 건물	0.10~0.15t
	단층공장·창고	0.05~0.08t

※ 강재의 할증률
㉮ 고장력볼트 : 3%
㉯ 리벳·볼트·소형형강 : 5%
㉰ 대형형강 : 7%
㉱ 강판 : 10%

핵심기출문제

V. 철골공사

1. 철골조에 관한 설명으로 옳지 않은 것은? [08㉮]

① 대규모 건축이 가능하다.
② 내화성능이 우수하다.
③ 철근콘크리트조에 비하여 가볍다.
④ 정밀 가공이 필요하다

2. 철골공사의 공장작업순서를 바르게 나열한 것은? [04, 08, 16㉮]

① 원척도 → 본뜨기 → 금매김 → 절단 및 가공 → 구멍뚫기 → 가조립 → 본조립 → 검사
② 본뜨기 → 원척도 → 금매김 → 절단 및 가공 → 구멍뚫기 → 가조립 → 본조립 → 검사
③ 원척도 → 금매김 → 본뜨기 → 절단 및 가공 → 구멍뚫기 → 가조립 → 본조립 → 검사
④ 원척도 → 본뜨기 → 금매김 → 구멍뚫기 → 절단 및 가공 → 가조립 → 본조립 → 검사

3. 철골의 구멍뚫기에서 이형철근 D22의 관통구멍의 구멍지름으로 옳은 것은? [06㉮]

① 24mm
② 28mm
③ 31mm
④ 35mm

[해설] 철골공사에서 철근의 관통구멍지름(mm)의 크기

철근의 종류	가산치수	관통구멍의 구멍 지름(mm)
D10 D13	+11mm	21mm 24mm
D16 D19	+12mm	28mm 31mm
D22 D25	+13mm	35mm 38mm
D29 D32	+14mm	43mm 46mm

해 설

[해설] **1**
철골구조는 수평력에 대해 강하고, 내진적이며 인성이 크며, 자중이 가볍고 고강도이다.
그러나 부재가 세장하므로 좌굴이 생기기 쉬우며, 비내화성으로 화재에 불리하므로 화재로부터 보호하기 위하여 내화 피복을 한다.

[해설] **2**
철골공사의 공장가공 순서
원척도 작성 → 본뜨기 → 변형 바로 잡기 → 금매김 → 절단 → 구멍뚫기 → 가조립 → 리벳치기 → 검사 → 녹막이칠 → 운반

정답 1. ② 2. ① 3. ④

핵심기출문제 — V. 철골공사

4. 다음 중 철골공사에 사용되는 공구가 아닌 것은? [09, 16㉮]

① 턴버클(turn buckle)
② 리머(reamer)
③ 임팩트렌치(impact wrench)
④ 세퍼레이터(separater)

5. 철골공사에 관한 설명 중 틀린 것은? [05, 06, 07, 25㉮]

① 리벳치기에서 리벳은 900~1000℃로 가열한 것을 사용하고, 600℃ 이하로 냉각된 것은 사용할 수 없다.
② 녹막이도장은 작업장소의 온도가 5℃ 이하, 또는 상대습도가 80% 이상일 때는 작업을 중지한다.
③ 철골이 콘크리트에 묻히는 부분은 특히 녹막이 칠을 잘해야 한다.
④ 볼트 접합은 일반적으로 처마높이 9m 이하이고 스팬이 13m 이하의 건축물에서 사용한다.

6. 철골공사에서 용접봉의 내밀기, 이동 등을 기계화한 것으로, 서브머지 아크 용접법에 쓰이며, 피복재 대신에 분말상의 플럭스를 쓰는 용접기기 명칭으로 옳은 것은? [16㉮]

① 직류아크용접기
② 교류아크용접기
③ 자동용접기
④ 반자동용접기

7. 철골 가공 및 용접에 있어 자동용접의 경우 용접봉의 피복재 역할로 쓰이는 분말상의 재료를 무엇이라 하는가? [09, 14㉮]

① 플럭스(flux)
② 슬래그(slag)
③ 시드(sheathe)
④ 샤모테(chamotte)

해 설

해설 4
세퍼레이터(separater, 격리재)
거푸집 상호간의 간격을 유지, 오그라드는 것 방지

해설 5
철골공사에서 녹막이칠을 하지 않는 부분
① 현장 용접하는 부분(용접부에서 100mm 이내)
② 고장력볼트 마찰접합부의 마찰면
③ 콘크리트에 밀착 또는 매입되는 부분
④ 기계깎기 마무리한 부분
⑤ 조립에 의하여 면맞춤되는 부분
⑥ 폐쇄형 단면을 한 부재의 밀폐된 내면

해설 6
자동용접기
철골공사에서 용접봉의 내밀기, 이동 등을 기계화한 것으로, 서브머지 아크 용접법에 쓰이며, 피복재 대신에 분말상의 플럭스를 쓰는 용접기기이다.
※ 철골공사에 가장 많이 사용하는 용접접합은 아아크 용접(arc welding)이다.
※ 철근의 용접 : 아아크 용접(arc welding), 플러시 버트 용접(flush butt welding), 가스압접
※ 가스용접은 용접할 때 기포가 많이 발생하고 강도가 약하여 구조용 철근용접에는 사용하지 않는다.

해설 7
철골 가공 및 용접시 외기의 불순물이 용착금속 내에 들어가는 것을 방지하기 위하여 자동용접의 경우 용접봉의 피복재 역할로 쓰이는 분말상의 재료인 플럭스(flux)를 공급하면서 용접을 한다.

정답 4. ④ 5. ③ 6. ③ 7. ①

8. 철골공사 접합 중 용접에 대한 주의사항으로 틀린 것은? [08, 20, 24㉮]

① 현장용접을 하는 부재는 그 용접부위에 얇은 에나멜 페인트 이외의 칠을 해서는 안된다.
② 용접봉의 교환 또는 다층용접일 때에는 먼저 슬래그를 제거하고 청소한 후 용접한다.
③ 용접할 소재는 용접에 의한 수축변형이 생기고, 또 마무리 작업도 고려해야 되므로 치수에 여분을 두어야 한다.
④ 용접이 완료되면 슬래그 및 스패터를 제거하고 청소한다.

9. 철골공사의 용접 결함의 종류 중 아래의 그림에 해당하는 것은? [09, 12㉮]

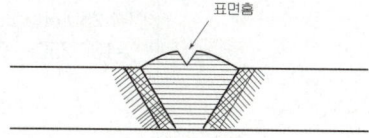

① 언더컷(under cut)
② 피트(pit)
③ 오버랩(over lap)
④ 슬래그 섞임(slag inclusion)

10. 철골부재 각 부에 사용되는 접합방법으로 옳지 않은 것은? [09, 23㉮]

① 기초콘크리트와 베이스 플레이트 – 용접
② 기둥과 기둥 – 고장력 볼트
③ 기둥과 보 – 용접
④ 보와 보 – 고장력 볼트

11. 다음 중 철골조 기둥에서 주각부에 대한 설명으로 틀린 것은? [04㉮]

① 주각부의 인장력은 주각의 연결 Rivet이 부담한다.
② 기둥의 직압력을 기초에 전달할 수 있도록 Base Plate를 기둥 하부에 단다.
③ 주각부의 Base Plate의 두께는 휨응력에 저항할 수 있는 두께를 설치한다.
④ 주각부에 사용한 Anchor Bolt는 φ9~32mm가 많이 쓰인다.

해 설

[해설] **8**
철골 용접시 현장용접을 하는 부재는 해당 용접선에서 100mm 이내의 부분에는 보일드(boild)유 이외의 칠을 해서는안된다. 현장용접을 하는 부위에 에나멜 페인트 칠을 할 경우 용착금속 내에 불순물(페인트)의 혼입으로 인해서 용접결함이 발생하므로 사용해서는 안된다.

[해설] **9**
용접의 결함
① 언더컷(under cut) : 용접선 끝에 용착금속이 채워지지 않아 생긴 작은 홈
② 피트(pit) : 용접 비드(bead) 표면에 뚫린 구멍이나 모재의 화학성분의 불량 등으로 인해 발생하는 미세한 표면의 흠
③ 오버랩(over lap) : 용착금속이 모재와 융합되지 않고 겹쳐있는 현상(들떠 있는 현상)
④ 슬래그 섞임(slag inclusion) : 용접시 슬래그가 용착금속 안에 출입되는 현상

[해설] **10**
기초콘크리트와 베이스 플레이트를 연결에 사용되는 접합부재는 앵커볼트이다.

[해설] **11**
주각부의 인장력은 앵커볼트의 인장내력과 콘크리트의 부착력으로 지지되도록 설계한다.

정답 8. ① 9. ② 10. ① 11. ①

핵심기출문제   V. 철골공사

12. 철골공사의 기초상부 및 고름질 방법에 해당되지 않는 것은? [02, 04㉮]

① 전면바름 마무리법
② 나중 채워넣기 중심바름법
③ 나중 매입 공법
④ 나중 채워넣기법

13. 큰 부재가 많은 구조로 구성된 철골량 4,250 ton의 녹막이칠의 면적으로 가장 적합한 것은? [07㉮]

① 106,250m²
② 140,250m²
③ 85,000m²
④ 212,500m²

14. 철골공사에서 크롬산 아연을 안료로 하고, 알키드 수지를 전색료로 한 것으로서 알루미늄 녹막이 초벌칠에 적당한 것은? [03, 06, 16㉮]

① 그래파이트 도료
② 징크로메이트 도료
③ 광명단
④ 알루미늄 도료

15. 다음 중 수량 산출시 할증율이 가장 큰 것은? [06㉮]

① 원형철근
② 대형형강
③ 고장력볼트
④ 이형철근

16. 철골공사에서 철골자재 중에서 강판의 경우 설계도면 정미량에서 얼마의 할증율을 포함하여 수량을 산출하는가? [04㉮]

① 3%
② 5%
③ 7%
④ 10%

해 설

[해설] 12
철골공사의 기초상부 및 고름질 방법
① 전면바름 마무리법
② 나중 채워넣기 중심바름법
③ 나중 채워넣기 +자 바름법
④ 완전 나중 채워넣기법

[해설] 13
방청 페인트 도장면적의 개산치(철골 1ton당)
① 큰 부재(간단한 구조) : 25~30m²
② 보통부재(보통) : 30~45m²
③ 작은 부재(복잡한 구조) : 45~60m²
∴ 4,250ton × 25~30m²
 = 106,250~127,500m²

[해설] 14
③ 광명단 : 사산화삼납 Pb₃O₄를 주성분으로 하는 유독성 적색 안료이다. 적연(赤鉛)·연단(鉛丹)이라고도 한다. 철골 녹막이칠, 금속재료의 녹막이를 위하여 사용하는 바탕칠 도료로서 가장 많이 쓰이며 비중이 크고 저장이 곤란하다.
④ 알루미늄 도료 : 알루미늄 분말을 안료로 하는 것으로 방청효과 외에 광선, 열반사 효과가 있다.

[해설] 15, 16
재료의 할증률
1% : 유리
2% : 시멘트, 칠(도장)
3% : 이형철근, 붉은벽돌, 내화벽돌, 타일, 테라코타, 슬레이트, 고장력볼트
4% : 블록
5% : 원형철근, 시멘트벽돌, 리벳, 볼트, 아스팔트계 타일, 기와
7% : 대형형강
10% : 강판, 단열재
30% : 고온고압기기

정답 12. ③ 13. ① 14. ②
 15. ② 16. ④

06 조적공사

1 벽돌 공사

1. 벽돌

1) 벽돌의 치수 및 허용값(단위 : mm)

종류 \ 구분	길이(B)	너비(A)	두께
기존형(재래형)	210	100	60
표준형(기본형)	190	90	57
허용값±(%)	3	3	4

※ 너비는 길이에서 줄눈의 뺀 것의 반으로 되어 있다.
∴ 표준형 벽돌 2.0B 벽두께 치수=190mm+10mm+190mm=390mm

2) 점토벽돌의 품질기준(KSL 4201)

품질	1종	2종	기 타
압축강도(N/mm^2)	24.50 이상	14.70 이상	1종 : 내·외장용
흡수율(%)	10 이하	15 이하	2종 : 내장용

※ 벽돌의 품질시험 : 압축강도와 흡수율

3) 벽돌쌓기의 벽돌량(m^{2}당)

벽돌형 \ 쌓기	0.5B(매)	1.0B(매)	1.5B(매)	2.0B(매)	할증률
기존형(재래형)	65	130	195	260	붉은벽돌 : 3%
표준형(기본형)	75	149	224	298	시멘트벽돌 : 5%

2. 모르타르 배합비

① 시멘트와 모래의 용적 배합비
  ㉮ 쌓기용 모르타르-1 : 3~1 : 5
    [예] 시멘트 : 석회 : 모래=1 : 1 : 3

핵심 PLUS

01 표준형 벽돌을 사용하여 줄눈 10mm로 시공할 때 2.0B 벽돌 벽의 두께는? (단, 공간쌓기 아님) [08, 10 기]
① 210mm
② 390mm
③ 320mm
④ 430mm

해설 표준형 벽돌 2.0B 벽두께 치수
=190mm+10mm+190mm
=390mm

답 : ②

02 벽돌의 품질을 결정하는데 가장 중요한 사항은 어느 것인가? [04, 06 산]
① 흡수율 및 인장강도
② 흡수율 및 전단강도
③ 흡수율 및 휨강도
④ 흡수율 및 압축강도

답 : ④

핵심 PLUS

■ 벽돌조에서 내력벽을 쌓을 때 막힌줄눈으로 하면?
· 상부의 하중이 골고루 분산되고 클랙 발생이 적으며 방습상도 유리하다.
· 조적조에서는 상부응력을 하부로 분산하기 위하여 막힌줄눈 쌓기를 원칙으로 한다.

03 벽돌쌓기공사에 대한 설명 중 틀린 것은? [07, 16, 23, 25 기]
① 가로 및 세로줄눈의 너비는 도면 또는 공사시방서에 정한 바가 없을 때에는 20mm를 표준으로 한다.
② 벽돌쌓기는 도면 또는 공사시방서에서 정한 바가 없을 때에는 영식 쌓기 또는 화란식 쌓기로 한다.
③ 세로줄눈의 모르타르는 벽돌 마구리면에 충분히 발라 쌓도록 한다.
④ 하루의 쌓기 높이는 1.2m (18켜 정도)를 표준으로 하고, 최대 1.5m (22켜 정도) 이하로 한다.

[해설] 가로 및 세로줄눈의 너비는 도면 또는 공사시방서에 정한 바가 없을 때에는 10mm를 표준이며, 통줄눈이 생기지 않도록 한다.
답 : ①

04 벽돌쌓기에 대한 설명 중 옳지 않은 것은? [09, 24 기]
① 벽돌쌓기 하루 높이는 최대 1.5m 이내로 한다.
② 벽돌쌓기의 세로줄눈은 보통 막힌 줄눈으로 쌓는다.
③ 모르타르는 벽돌강도와 동등 이상의 것을 사용한다.
④ 내화벽돌은 충분하게 물축임 하여 표면의 물기가 빠진 뒤 쌓는다.

[해설] 내화벽돌로 벽체를 시공하는 경우 접합에 기경성인 내화점토를 사용하므로 물축임을 하지 않는다.
답 : ④

Ⅱ. 건축시공 | 조적공사

㉯ 아치 쌓기용 모르타르-1 : 2
㉰ 치장 줄눈용 모르타르-1 : 1
② 물을 부어 섞은 모르타르는 1시간 이내에 사용해야 한다.

3. 벽돌쌓기 시공에 대한 주의 사항

① 벽돌은 쌓기 2, 3일 전에 물을 충분히 흡수시켜 쌓을 때는 표면건조 내부 습윤상태에서 모르타르의 수분흡수를 방지한다.
② 벽돌 1일 쌓기 높이는 1.2m~1.5m(18~22켜)로 한다.
③ 내화벽돌은 물을 사용하지 않고 내화 모르타르로 쌓아야 한다.
④ 벽돌나누기를 정확히 하되 토막벽돌이 나지 않도록 한다.
⑤ 모르타르 강도는 벽돌강도 이상이 되도록 한다.
⑥ 굳기 시작한 모르타르는 절대로 사용하지 말고, 줄눈 양생 전 하중을 가하지 않는다.
⑦ 가로, 세로줄눈의 너비는 10mm가 표준(내화벽돌 : 6mm)이며, 통줄눈이 생기지 않도록 한다.
⑧ 도면이나 특기시방서에 정하는 바가 없을 때는 영식 또는 화란식 쌓기 법으로 한다.
⑨ 하루 작업이 끝날 때 켜에 차이가 나면 층단 들여쌓기로 하고, 모서리 벽의 물림은 켜걸음 들여쌓기로 한다.

4. 벽돌의 줄눈

벽돌조에서 내력벽을 쌓을 때 막힌줄눈으로 하면 상부의 하중이 골고루 분산되고 클랙 발생이 적으며 방습상도 유리하다. 조적조에서는 응력을 분산시키기 위하여 막힌줄눈 쌓기를 원칙으로 한다.

① 통줄눈
② 막힌줄눈

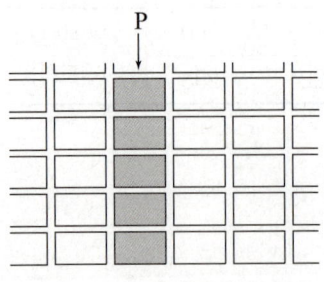
집중력을 받으므로 좋지 않다.
(a) 통줄눈

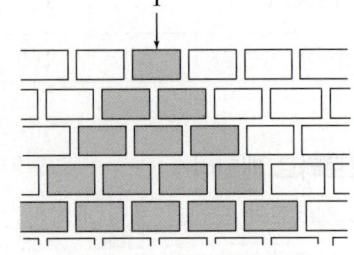
힘이 분산되므로 좋다.
(b) 막힌줄눈

③ 치장줄눈 : 줄눈 부위를 장식적으로 만든 것

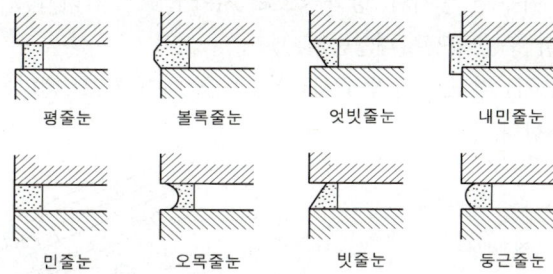

5. 벽돌 쌓기법

분류	특 징
영국식 쌓기	길이 쌓기와 마구리 쌓기를 한 켜씩 번갈아 쌓아 올리며, 벽의 끝이나 모서리에는 이오토막 또는 반절을 사용하여 통줄눈이 생기지 않는 가장 튼튼하고 좋은 쌓기법이다.
미국식 쌓기	5~6켜는 길이 쌓기를 하고, 다음 1켜는 마구리 쌓기를 하여 영국식 쌓기로 한 뒷벽에 물려서 쌓는 방법이다.
프랑스식 쌓기	매 켜에 길이와 마구리가 번갈아 나오게 쌓는 것으로, 통줄눈이 많이 생겨 구조적으로는 튼튼하지 못하다. 외관이 좋기 때문에 강도를 필요로 하지 않고 의장을 필요로 하는 벽체 또는 벽돌담 쌓기 등에 쓰인다.
화란식 쌓기	영국식 쌓기와 같으나, 벽의 끝이나 모서리에 칠오토막을 사용하여 쌓는 것이다. 벽의 끝이나 모서리에 칠오토막을 써서 쌓기 때문에 일하기 쉽고 모서리가 튼튼하므로, 우리 나라에서도 비교적 많이 사용하고 있다.

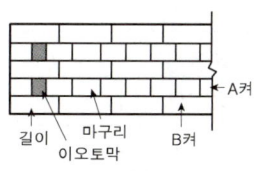
(a) 영국식 벽돌쌓기

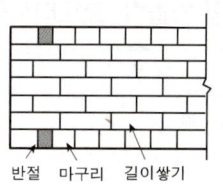
(b) 미국식 벽돌쌓기

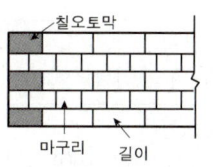
(c) 네덜란드식 벽돌쌓기

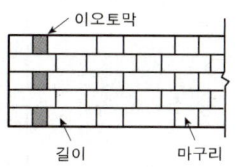
(d) 프랑스식 벽돌쌓기

핵심 PLUS

05 벽돌쌓기 중 가장 튼튼한 쌓기법으로 한켜는 마구리쌓기 다음 켜는 길이쌓기로 하고 모서리나 벽끝에는 이오토막을 쓰는 쌓기 방법은? [04 산]
① 영식쌓기
② 화란식쌓기
③ 불식쌓기
④ 미식쌓기

답 : ①

06 다음 중 벽돌벽에 삼각형, 사각형, 십자형 등의 구멍을 벽면 중간에 규칙적으로 만들어 쌓는 방식에 해당하는 것은? [11 기]
① 엇모쌓기
② 영롱쌓기
③ 창대쌓기
④ 허튼쌓기

[해설] ① 엇모쌓기 : 벽면에 음영 효과를 낼 수 있고 변화감을 줄 수 있는 45° 각도로 모서리면이 나오도록 쌓는 방식이다.
② 영롱쌓기 : 벽돌벽에 장식적으로 여러 모양으로 구멍을 내어 쌓는 것
③ 창대쌓기 : 창대는 양쪽 옆면에 들어가 벽면과 물리도록 하고, 창대의 윗면은 물흘림을 위해 15° 정도 경사로 옆세워 쌓고, 아랫면은 벽돌면에서 2~3cm(1/8B~1/4B) 내밀어 쌓고, 물끊기홈을 설치하여 빗물이 창대에서 흘러가도록 처리하여야 한다.
④ 허튼쌓기 : 돌공사에서 줄눈을 불규칙하게 쌓는 방식이다.

답 : ②

6. 내쌓기

① 벽체에 마루를 놓거나 방화벽으로 처마부분을 가리기 위하여 벽돌을 벽면에서 부분적으로 내쌓는다.
② 1단씩 1/8B 정도, 2단씩 1/4B 정도씩을 내어 쌓고, 내미는 최대한도는 2.0B로 한다.

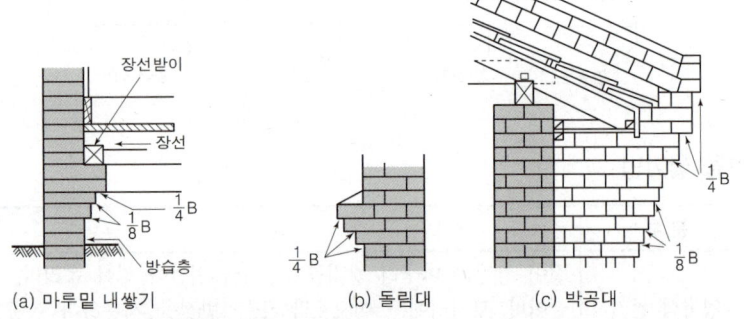

(a) 마루밑 내쌓기   (b) 돌림대   (c) 박공대

7. 벽돌벽의 균열

계획설계상의 미비	시공상의 결함
· 기초의 부동 침하 · 문꼴 크기의 불합리 · 불균형 또는 큰 집중하중, 횡력 및 충격 · 건물의 평면, 입면의 불균형 및 벽의 불합리한 배치 · 벽돌벽의 길이, 높이, 두께와 벽돌 벽체의 강도	· 모르타르 바름의 신축 및 들뜨기 · 벽돌 및 모르타르의 강도 부족과 신축성 · 벽돌벽의 부분적 시공 결함 · 이질 재료와 접합부 · 장막벽의 상부

8. 적산사항(벽돌량, 모르타르량, 블록량)

분 류	형 별	수 량
1m² 당 소요 벽돌량 (정미량, 1.0B 쌓기)	표준형(190×90×57)	149매
	기존형(210×100×60)	130매
벽돌 1,000매당 소요 모르타르량 (배합비 1 : 3, 1.0B쌓기)	표준형(190×90×57)	0.33m³
	기존형(210×100×60)	0.37m³
1m² 당 소요 블록량	기본형 (390×190×100, 150, 190, 210)	13매
	장려형 (290×190×100, 150, 190)	17매

핵심 PLUS

07 벽돌벽 내쌓기에서 내쌓을 수 있는 총 벽길이의 한도는? [16 기]
① 2.0 B   ② 1.0 B
③ 1/2 B   ④ 1/4 B
답 : ①

08 벽돌공사 중 창대쌓기에서 창대 벽돌은 공사시방에 정한 바가 없을 때에는 그 윗면을 몇 도의 경사로 옆세워 쌓는가?
[05, 12, 14 기]
① 10°   ② 15°
③ 20°   ④ 25°

[해설] 창대쌓기는 물흐름을 위해 벽돌을 15° 정도 기울여 벽면에서 3~5cm 정도 내밀어 쌓는다.
답 : ②

09 벽돌벽의 균열 원인과 가장 관계가 먼 것은? [14 기]
① 기초의 부동침하
② 내력벽의 불균형 배치
③ 상하 개구부의 수직선상 배치
④ 벽돌 및 모르타르의 강도부족과 신축성
답 : ③

10 조적조 건물의 벽체 균열에 대한 계획, 설계상 대책으로 틀린 것은? [15 기]
① 건축물의 복잡한 평면구성을 피한다.
② 건축물의 자중을 크게 한다.
③ 테두리보를 설치한다.
④ 상하층의 창문 위치 및 너비를 일치시킨다.
답 : ②

11 기본벽돌(190×57×90) 3,000매를 벽두께 1.0B로 쌓을 때 필요한 모르타르 량은 얼마인가?[14 기]
① 0.99m³   ② 1.05m³
③ 1.15m³   ④ 1.25m³

[해설] 모르타르량은 소요량이 아닌 정미량으로 산출함.
1.0B 쌓기 모르타르량
∴ 3000÷1000×0.33m³=0.99m³
답 : ①

※ 벽돌의 할증률
㉮ 붉은 벽돌·내화 벽돌 : 3%
㉯ 시멘트 벽돌 : 5%

예제

외벽(1B 쌓기, 붉은벽돌, 기존형)의 면적이 100m², 내벽(0.5B 쌓기, 시멘트벽돌, 표준형)의 면적이 70m²인 건물을 시공할 때 구입해야 할 벽돌량으로서 가장 적당한 것은? [04, 06산]

① 붉은 벽돌 13,000매, 시멘트 벽돌 5,250매
② 붉은 벽돌 13,390매, 시멘트 벽돌 5,513매
③ 붉은 벽돌 13,650매, 시멘트 벽돌 5,250매
④ 붉은 벽돌 13,390매, 시멘트 벽돌 4,687매

▶ 벽돌쌓기의 벽돌량(매/m²당)

벽돌형 \ 쌓기	0.5B(매)	1.0B(매)	1.5B(매)	2.0B(매)	할증률
기존형(재래형)	65	130	195	260	붉은벽돌 : 3%
표준형(기본형)	75	149	224	298	시멘트벽돌 : 5%

※ 일반적으로 줄눈너비는 10mm로 한다.
  기존형벽돌 1m²당 1.0B쌓기 정미량=130매
  표준형벽돌 1m²당 0.5B쌓기 정미량=75매
∴ ① 외벽(1B 쌓기, 붉은벽돌, 기존형)=100m²×130매×1.03=13,390매
  ② 내벽(0.5B 쌓기, 시멘트벽돌, 표준형)=70m²×75매×1.05=5,513매

2 블록 공사

1. 블록의 규격

■ 기본형 시멘트블록의 규격(단위 : mm)

형상	치수			허용값	
	길이	높이	두께	길이·두께	높이
기본형블록	390	190	210 190 150 100	±2	±3

2. 블록 쌓기의 일반 사항

① 모르타르의 배합은 1 : 3~1 : 5 이하가 되지 않도록 한다.
② 모르타르의 강도는 블록 강도의 1.3~1.5배

핵심 PLUS

12 길이 4.6m, 높이 3.4m의 벽을 두께 1.0B와 0.5B로 각각 쌓을 때의 벽돌(시멘트벽돌, 표준형) 구입량의 조합으로 알맞는 수량은? [06, 23 기]

① 1.0B-2,447매,
  0.5B-1,232매
② 1.0B-2,331매,
  0.5B-1,173매
③ 1.0B-2,401매,
  0.5B-1,208매
④ 1.0B-2,464매,
  0.5B-1,207매

[해설] ① 1.0B 쌓기, 시멘트벽돌, 표준형=(4.6×3.4)m²×149매×1.05=2446.8≒2,447매
② 0.5B 쌓기, 시멘트벽돌, 표준형=(4.6×3.4)m²×75매×1.05=1231.6≒1,232매

답 : ①

13 벽두께 1.0B, 벽면적 30m² 쌓기에 소요되는 벽돌의 정미량은? (단, 표준형 벽돌을 사용한다.) [03, 07, 11, 14, 20 기]

① 3,900매
② 4,095매
③ 4,470매
④ 4,604매

[해설] 표준형벽돌 1m²당 1.0B쌓기 정미량=149매
∴1.0B 쌓기, 시멘트벽돌, 표준형
=30m²×149매=4470매

답 : ③

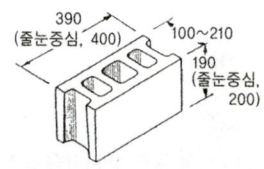

[그림] B형 기본블록

핵심 PLUS

③ 시공 연도는 슬럼프치 8cm이고, W/C는 60~70%
④ 살두께가 두꺼운 쪽을 위로 하여 쌓는다.(하중 분산에 적합)
⑤ 하루의 쌓아 올릴 높이는 1.2~1.5m(6~7켜)를 표준으로 한다.
⑥ 인방 블록은 좌우벽에 20cm 이상(보통 40cm) 물리게 한다.
⑦ 사춤은 1 : 3~1 : 5 정도의 모르타르를 블록 3~4켜마다 블록 윗면 5cm 정도 아래까지 붓고 다진다.

■ 블록의 압축강도(KSF 4002)
최대하중을 전면적(공간부분 포함)으로 나눈 값

종류	압축강도
C 종	8N/mm²
B 종	6N/mm²
A 종	4N/mm²

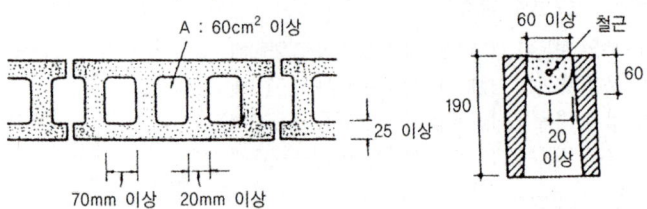

[그림] 블록의 살두께

3. 보강콘크리트 블록조

① 세로근은 잇지 않고 기초보 하단에서 테두리보 상단까지 40d 이상 정착시킨다.
② 가로근의 이음은 25d 이상으로 하고 정착길이는 40d 이상이다.
③ 철근 굵기는 D10 이상으로 하고, 내력벽 모서리·문꼴 주위는 D13 이상으로 한다.
④ 가로근, 세로근의 간격은 80cm 이내로 한다.
⑤ 보강근, 보강철물은 #8~#10 철선(와이어 메쉬)을 용접하여 2~3단마다 배치한다.
⑥ 가로근과 세로 줄눈 부분의 사춤 모르타르는 윗면에서 5cm 밑에 두어 사춤한다.
⑦ 철근의 피복두께는 2cm 이상으로 하고 굵은 철근보다는 가는 철근을 많이 넣는다.(철근주장을 증가)

■ 철근콘크리트 블록조에서 테두리보(Wall Girder)를 설치하는 이유
• 수평력에 견디기 위해서
• 횡력에 의한 수직 균열을 방지하기 위해서
• 세로근의 정착을 위해서
• 분산된 벽체를 일체로 하여 하중을 균등히 분포시키기 위해서
• 집중하중을 받는 부분을 보강하기 위해서
• 자중을 내력벽에 전달하기 위해서

14 콘크리트 블록벽체 2m²를 쌓는데 소요되는 콘크리트 블록 장수로 옳은 것은? (단, 블록은 기본형이며, 할증은 고려하지 않음) [18 기]
① 26장
② 30장
③ 34장
④ 38장

[해설] 1m²당 블록 장수(할증 포함)
㉠ 기본형 블록 : 13장/m²
㉡ 장려형 블록 : 17장/m²
∴ 2m²×13장/m² = 26장

답 : ①

4. 적산사항

1m² 당 소요 블록량	기본형 (재래형 : 390×190×100, 150, 190, 210)	13매
	장려형 (표준형 : 290×190×100, 150, 190)	17매

3 석공사

1. 석재

1) 석재의 종류와 특성

① 화강암 : 질이 단단하고 내구성 및 강도가 크고 외관이 수려하며, 절리의 거리가 비교적 커서 대재를 얻을 수 있다. 구조재, 내·외장재로 사용된다.

② 안산암 : 강도, 경도, 비중이 크고, 내화력도 우수하여 구조용 석재로 널리 쓰이지만, 조직 및 색조가 균일하지 않고 석리가 있어 채석 및 가공이 용이하지만 대재를 얻기 어렵다.

③ 현무암 : 입자가 잘거나 치밀하며 색은 검은색·암회색이고 석질이 견고하여 토대석·석축으로 쓰이는 석재이다.

④ 점판암 : 석질이 치밀하고 박판으로 채취할 수 있으므로 슬레이트로서 지붕 등에 사용된다.

⑤ 응회암 : 연질, 다공질 암석으로 내화성이 크며, 흡수율이 가장 크다. 경량골재, 내화재, 특수 장식재로 사용한다.

⑥ 대리석 : 강도는 크나(압축강도 1,200~1,400kgf/cm^2 정도), 산과 열에 약하고, 내구성이 적어 외장재로는 부적당하고 주로 내장재로 사용된다.

⑦ 트레버틴(다공질 대리석) : 대리석의 일종으로 다공질이며 실내 장식용으로 사용한다.

2) 석재의 비교

① 석재의 압축강도 순서

㉮ 화강암 > 대리석 > 안산암 > 사암 > 응회암 > 부석

㉯ 일반적으로 압축강도가 클수록 흡수율이 적다.(단, 대리석이 화강암보다 흡수율이 적다.)

② 내화도

㉮ 1,000℃ : 화산암, 안산암, 사암, 응회암

㉯ 700~800℃ : 대리석

㉰ 800℃ : 화강암

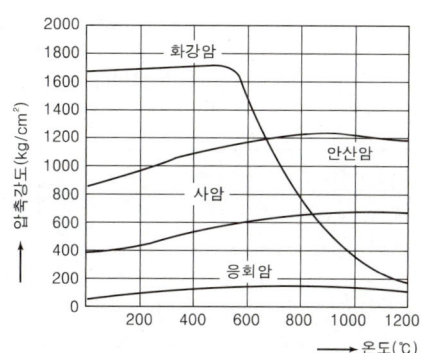

핵심 PLUS

■ 석재의 성인(成因)에 의한 분류
- 화성암 : 화강암, 안산암, 경석
- 수성암 : 점판암, 응회암, 석회석, 사암
- 변성암 : 대리석, 사문암

15 건축 석재에서 석영, 장석 및 운모로 이루어졌으며 통상적으로 강도가 크고, 내구성이 커서, 내·외부 벽체, 기둥 등에 다양하게 사용되는 석재는? [10 기]
① 화강암　　② 석회암
③ 대리석　　④ 점판암
　　　　　　답 : ①

16 석재에 관한 설명으로 옳지 않은 것은?　[13, 16, 25 기]
① 심성암에 속한 암석은 대부분 입상의 결정 광물로 되어 있어 압축강도가 크고 무겁다.
② 화산암의 조암광물은 결정질이 작고 비결정질이어서 경석과 같이 공극이 많고 물에 뜨는 것도 있다.
③ 안산암은 강도가 작고 내화적이지 않으나, 색조가 균일하며 가공도 용이하다.
④ 수성암은 화성암의 풍화물, 유기물, 기타 광물질이 땅속에 퇴적되어 지열과 지압을 받아서 응고된 것이다.
　　　　　　답 : ③

17 석재의 일반적 성질에 대한 설명으로 옳지 않은 것은? [11, 20 기]
① 석재의 비중은 조암광물의 성질·비율·공극의 정도 등에 따라 달라진다.
② 석재의 강도에서 인장강도는 압축강도에 비해 매우 작다.
③ 석재의 공극률이 클수록 흡수율이 작아져 동결융해 저항성은 우수해진다.
④ 석재의 흡수율은 암석의 종류에 따라 다르다.

[해설] 석재의 흡수율은 공극률에 따라 달라지며, 석재의 내구성에 큰 영향을 끼친다. 즉, 흡수율이 크다는 것은 석재가 다공질이라는 것을 의미하며, 동해 피해 가능성이 높다.　답 : ③

핵심 PLUS

18 석재의 표면 마무리의 물갈기 및 광내기에 사용하는 재료가 아닌 것은? [10 기]
① 금강사
② 숫돌
③ 황산
④ 산화주석

답 : ③

19 돌 다듬기 종류를 시공순서와 같게 나열한 것은? [07 기]

```
A. 정다듬    B. 혹떼기
C. 도드락다듬  D. 물갈기
E. 잔다듬
```

① A-B-C-D-E
② B-A-C-E-D
③ B-C-A-E-D
④ C-B-A-E-D

답 : ②

20 면이 네모진 돌을 수평줄눈이 부분적으로 연속되고, 세로줄눈이 일부 통하도록 쌓는 돌쌓기 방식은? [04 기]
① 바른층 쌓기
② 허튼층 쌓기
③ 오늬무니 쌓기
④ 허튼 쌓기

답 : ②

21 모든 석재와 콘크리트가 잘 부착되도록 쌓고, 콘크리트가 앞면 접촉부까지 채워지도록 다지는 돌쌓기 방법은? [16, 23 기]
① 메쌓기
② 찰쌓기
③ 막돌쌓기
④ 건쌓기

답 : ②

Ⅱ. 건축시공 | 조적공사

2. 석재의 가공 및 표면마감

가공 공정	가공 공구	내 용
메다듬(혹두기)	쇠메	쇠메로 큰 요철을 없애는 거친면 마무리
정다듬	정	정으로 쪼고 평평하게 마감(거친다듬, 중다듬, 고운다듬)
도드락다듬	도드락망치	도드락망치로 세밀히 평평하게 다듬는 것
잔다듬	날망치	정다듬 또는 도드락다듬한 면에 일정한 방향으로 날망치로 평행선 자국을 남기면서 평탄하게 다듬는 과정
물갈기 및 광내기	금강사, 숫돌	표면에 철사, 금강사로 물을 주면서 갈고 광택마감

3. 돌쌓기 종류

쌓기 방식	내 용
바른층 쌓기	돌쌓기 1켜의 높이가 모두 동일하여 줄눈이 일직선이 되게 쌓는 방식
허튼층 쌓기	줄눈을 부분적으로 연속되게 쌓는 방식
층지움 쌓기	허튼층으로 쌓으면서 3켜 정도마다 수평줄눈이 직선이 되게 쌓는 방식
거친돌 막쌓기	거친돌을 불규칙하게 쌓는 방식

4. 석축쌓기

쌓기 방식	내 용
건쌓기	돌과 돌사이에 모르타르, 콘크리트 등을 채워넣지 않고 뒤고임 돌만 다져 넣은 것
사춤쌓기	표면에서 모르타르 치장줄눈 하는 것으로서 모르타르, 콘크리트를 돌의 맞댄 자리에 깔고 뒤에는 잡석 다짐으로 한다
찰쌓기	돌과 돌사이에 모르타르를 다져넣고 뒤고임에도 콘크리트를 채워 넣는 방법

핵심기출문제

Ⅵ. 조적공사

■■■ 1. 벽돌공사

1. 조적공사의 벽돌쌓기에 관한 다음 내용 중 틀린 것은? [09⑦]

① 벽돌은 충분히 물에 축여 표면의 물기가 빠진 뒤에 쌓는다.
② 1일 쌓는 높이는 통상 1.2m를 표준으로 한다.
③ 세로줄눈은 특별한 경우를 제외하고는 통줄눈이 되게 한다.
④ 연속되는 벽면의 일부를 트이게 하여 나중쌓기로 할 때에는 그 부분을 층단 들여쌓기로 한다.

해설 1
세로줄눈은 보강블록조 또는 불식쌓기와 같은 특별한 경우를 제외하고는 막힌줄눈이 되게 한다. 벽돌조에서 내력벽을 쌓을 때 막힌줄눈으로 하면 상부의 하중이 골고루 분산되고 크랙 발생이 적으며 방습상도 유리하다. 조적조에서는 응력을 분산시키기 위하여 막힌줄눈 쌓기를 원칙으로 한다.

2. 벽돌공사에 관한 설명으로 옳지 않은 것은? [16⑦]

① 치장줄눈은 줄눈 모르타르가 충분히 굳은 후에 줄눈파기를 한다.
② 벽돌쌓기에서 하루의 쌓기 높이는 1.2m를 표준으로 한다.
③ 붉은 벽돌은 벽돌쌓기 하루 전에 물호스를 충분히 젖게 하여 표면에 습도를 유지한 상태로 준비한다.
④ 세로줄눈의 모르타르는 벽돌 마구리면에 충분히 발라 쌓도록 한다.

해설 2
벽돌 벽면을 제물치장으로 할 때는 치장줄눈으로 한다. 치장줄눈은 줄눈 모르타르가 굳기전에 줄눈파기를 하고, 깊이 6mm 정도의 치장줄눈 바르기를 한다.

3. 벽돌쌓기의 시공에 관련된 설명으로 옳지 않은 것은? [10, 17⑦]

① 연속되는 벽면의 일부를 나중쌓기 할 때에는 그 부분을 층단 들여쌓기로 한다.
② 내력벽 쌓기에서는 세워 쌓기나 옆쌓기가 주로 쓰인다.
③ 벽돌 쌓기 시 줄눈모르타르가 부족하면 하중분담이 일정하지 않아 벽면에 균열이 발생할 수 있다.
④ 창대쌓기는 물흘림을 위해 벽돌을 15° 정도 기울여 벽면에서 3~5cm 정도 내밀어 쌓는다.

해설 3
특수목적이나 의장을 위해 벽체의 일부에 특수쌓기를 하는 경우가 있는데 그 중 세워쌓기는 벽돌을 수직으로 세워 쌓은 것으로 마구리가 내보이게 쌓는 것을 옆세워쌓기라 하고, 길이가 내보이게 쌓는 것을 길이세워쌓기라 한다.
※ 내력벽의 쌓기에는 통줄눈을 막을 수 있으며, 모서리가 튼튼한 화란식(네덜란드식) 쌓기가 적당하다.

정답 1. ③ 2. ① 3. ②

핵심기출문제   Ⅵ. 조적공사

4. 일반적으로 가장 많이 사용되는 벽돌 등 조적조 벽체의 줄눈 모양은? [06㉮]

① 평줄눈   ② 민줄눈
③ 오목줄눈   ④ 내민줄눈

[해설] 치장줄눈

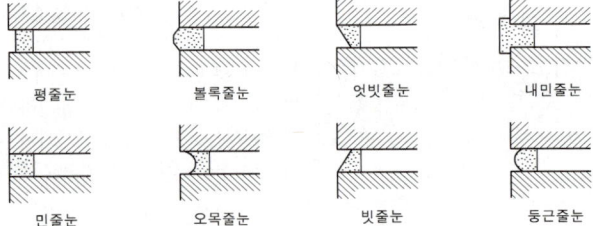

5. 보기는 벽돌쌓기 방식에 대한 설명이다. 설명에 맞는 쌓기 방식은? [02㉮]

[보기] 한켜는 마구리 쌓기, 다음켜는 길이쌓기로 하고 길이켜의 모서리와 벽 끝에 칠오토막을 사용한다.

① 영식 쌓기   ② 네덜란드식 쌓기
③ 불식 쌓기   ④ 미식 쌓기

6. 벽돌에 장식적으로 구멍을 내어 쌓는 벽돌쌓기 방식은? [02, 08, 17㉮]

① 엇모쌓기   ② 영롱쌓기
③ 무늬쌓기   ④ 층단떼어쌓기

해 설

[해설] **4**

치장줄눈 형태별 용도 및 효과
① 평줄눈 : 벽돌의 형태가 고르지 않을 때 사용된다. 거친 질감의 효과를 내기에 적당하다.
② 민줄눈 : 형태가 고르고 깨끗한 벽돌에 사용된다. 질감을 깨끗하게 연출할 수 있으며 일반적으로 사용하는 줄눈이다.
③ 오목줄눈 : 약한 음영을 만들면서 여성적 느낌을 준다.
④ 내민줄눈 : 벽면이 고르지 않을 때 사용하며 줄눈의 효과가 확실하다.

[해설] **5**

네덜란드식쌓기
영국식 쌓기와 같으나, 벽의 끝이나 모서리에 칠오토막을 사용하여 쌓는 것이다. 벽의 끝이나 모서리에 칠오토막을 써서 쌓기 때문에 일하기 쉽고 모서리가 튼튼하므로, 우리 나라에서도 비교적 많이 사용하고 있다.

[해설] **6**

① 엇모쌓기 : 벽면에 음영 효과를 낼 수 있고 변화감을 줄 수 있는 45°각도로 모서리면이 나오도록 쌓는 방식이다.
② 영롱쌓기 : 벽돌벽에 장식적으로 여러 모양으로 구멍을 내어 쌓는 것
③ 무늬쌓기 : 줄눈에 효과를 주기 위한 변화, 의장적 효과로서 벽돌면에 무늬를 넣어 쌓는 것

정답 4. ①   5. ②   6. ②

Authorized Architect

7. 다음 중 조적식구조에 대한 설명으로 옳지 않은 것은? [09, 23 ㉮]

① 조적식구조인 각 층의 벽은 편심하중이 작용하지 아니하도록 설계하여야 한다.
② 조적식구조인 칸막이벽의 두께는 90mm 이상으로 하여야 한다.
③ 폭이 1.2m를 넘는 개구부의 상부에는 철근콘크리트 윗인방을 설치하여야 한다.
④ 조적식구조인 내어쌓기창은 철골 또는 철근콘크리트로 보강하여야 한다.

8. 대린벽으로 구획된 조적조의 벽에서 벽 길이가 9m인 경우 이 벽체에 설치할 수 있는 개구부 폭의 합계는? [10 ㉮]

① 1.5m 이하
② 3.0m 이하
③ 4.5m 이하
④ 6.0m 이하

9. 벽돌조 건물에서 벽량이란 해당 층의 바닥면적에 대한 무엇의 비를 말하는가? [09, 21, 24 ㉮]

① 벽면적의 총 합계
② 높이
③ 벽두께
④ 내력벽 길이의 총 합계

해 설

해설 7
폭이 1.8m를 넘는 개구부의 상부에는 철근콘크리트 윗인방을 설치하여야 한다.

해설 8
조적조에서의 대린벽이란 서로 직각으로 교차되는 내력벽을 말한다. 대린벽 중심선 간의 거리는 10m 이하로 하여야 한다.
개구부 너비의 총계는 벽길이의 1/2 이하로 하여야 하므로 $\dfrac{9m}{2} = 4.5m$

해설 9
벽량
① 벽두께를 두껍게 하는 것보다 벽의 길이를 길게 하여 내력벽의 양을 증가시키는 것이 바람직하다.
② 벽량 - 내력벽의 전체 길이(cm)를 합한 것을 그 층의 바닥면적(m^2)으로 나누어 얻은 값

$$벽량(cm/m^2) = \dfrac{벽의 길이(cm)}{바닥면적(m^2)}$$

정답 7. ③ 8. ③ 9. ④

핵심기출문제 — VI. 조적공사

10. 벽돌에 발생하는 백화를 방지하기 위한 방법으로 옳지 않은 것은? [22②]

① 10% 이하의 흡수율을 가진 양질의 벽돌을 사용한다.
② 벽돌면 상부에 빗물막이를 설치한다.
③ 파라핀 도료를 발라 염류가 나오는 것을 방지한다.
④ 줄눈 모르타르에 석회를 넣어 바른다.

11. 벽면적 4.8m² 크기에 1.5B 두께로 붉은 벽돌을 쌓고자 할 때 벽돌의 소요매수는? [06, 08, 13, 16, 25②]

① 925매 ② 963매
③ 1,109매 ④ 1,245매

[해설] 벽돌쌓기의 벽돌량(매/m²당)

벽돌형 \ 쌓기	0.5B(매)	1.0B(매)	1.5B(매)	2.0B(매)	할증률
기존형(재래형)	65	130	195	260	붉은벽돌: 3%
표준형(기본형)	75	149	224	298	시멘트벽돌: 5%

표준형벽돌 1m²당 1.5B쌓기 정미량 = 224매
∴ 1.5B 쌓기, 붉은 벽돌, 표준형 = 4.8m² × 224매 × 1.03 = 1107.5 ≒ 1,108매

12. 벽돌쌓기 시 벽면적 1m²당 소요되는 벽돌(190×90×57mm)의 정미량(매)과 모르타르량(m³)으로 옳은 것은? (단, 벽두께 1.0B, 모르타르의 재료량은 할증이 포함된 것이며, 배합비는 1:3이다.) [22, 24②]

① 벽돌매수 : 224 매, 모르타르량 : 0.078 m³
② 벽돌매수 : 224 매, 모르타르량 : 0.049 m³
③ 벽돌매수 : 149 매, 모르타르량 : 0.078 m³
④ 벽돌매수 : 149 매, 모르타르량 : 0.049 m³

[해설] ① 벽돌쌓기의 벽돌량(매/m²당)

1m²당 소요 벽돌량 (정미량, 1.0B 쌓기)	표준형(190×90×57)	149매
	기존형(210×100×60)	130매

※ 벽돌의 할증률 : ㉠ 붉은 벽돌·내화 벽돌 : 3% ㉡ 시멘트 벽돌 : 5%
② 쌓기 모르타르량(m³) (정미량 1,000매 당)

구분 \ 벽두께	0.5B	1.0B	1.5B	2.0B	2.5B
기존형(재래형)	0.30	0.37	0.40	0.42	0.44
표준형(기본형)	0.25	0.33	0.35	0.36	0.37

※ 모르타르량은 소요량이 아닌 정미량으로 산출함
㉠ 표준형벽돌 1m²당 1.0B쌓기 정미량 : 149매
㉡ 1.0B 쌓기 모르타르량 : 0.33m³ ∴ (149÷1000)×0.33m³ = 0.049m³

해설

[해설] **10**
백화현상
① 벽표면에서 침투하는 빗물에 의해 모르타르의 석회분이 유출하여 모르타르 중의 석회분이 수산화석회 [Ca(OH)$_2$]로 되어 표면에 유출될 때 공중의 탄산가스 또는 벽 중의 유황분과 결합하여 생기는 것
② 백화 방지 방법
 ㉠ 질이 좋은 벽돌, 잘 소성된 벽돌을 사용한다.
 ㉡ 흡수율이 적은(10% 이하) 양질의 벽돌을 사용한다.
 ㉢ 채양, 돌림띠 등으로 벽돌면에 빗물이 흘러내리지 않도록 한다.
 ㉣ 줄눈사춤을 빈틈없이 다져 넣고, 줄눈 모르타르에 방수제를 섞어 사용한다.
 ㉤ 벽면에 실리콘 방수를 한다.
 ㉥ 벽 표면에 파라핀 도료, 명반용액을 발라 염류의 유출을 막는다.

정답 10. ④ 11. ③ 12. ④

13. 벽두께 1.5B, 벽 면적 20m² 쌓기에 소요되는 표준형 벽돌의 정미량은? (단, 줄눈은 10mm로 한다.) [05, 07, 15㉑]

① 2,240매
② 3,360매
③ 4,480매
④ 6,720매

■■■ 2. 블록공사

14. 다음 중 블록쌓기에 대한 설명으로 옳지 않은 것은? [10, 15㉑]

① 살두께가 큰 편을 아래로 하여 쌓는다.
② 특별한 지정이 없으면 줄눈은 10mm가 되게 한다.
③ 하루의 쌓기 높이는 1.5m 이내를 표준으로 한다.
④ 줄눈 모르타르는 쌓은 후 줄눈누르기 및 줄눈파기를 한다.

15. 블록조 벽체에 와이어 메시를 가로줄눈에 묻어 쌓기도 하는데 이에 관한 기술 중 거리가 먼 것은? [10, 14, 17, 20㉑]

① 전단작용에 대한 보강이다.
② 수직하중을 분산시키는데 유리하다.
③ 블록과 모르타르의 부착을 좋게 한다.
④ 교차부의 균열을 방지하는데 유리하다.

16. 보강 블록공사에 관한 설명으로 옳지 않은 것은? [21㉑]

① 벽의 세로근은 구부리지 않고 설치한다.
② 벽의 세로근은 밑창 콘크리트 윗면에 철근을 배근하기 위한 먹매김을 하여 기초판 철근 위의 정확한 위치에 고정시켜 배근한다.
③ 벽 가로근 배근 시 창 및 출입구 등의 모서리 부분에 가로근의 단부를 수평방향으로 정착할 여유가 없을 때에는 갈구리로 하여 단부 세로근에 걸고 결속선으로 결속한다.
④ 보강 블록조와 라멘구조가 접하는 부분은 라멘구조를 먼저 시공하고 보강 블록조를 나중에 쌓는 것이 원칙이다.

해 설

해설 13
표준형벽돌 1m²당 1.5B쌓기 정미량
=224매
∴ 1.5B 쌓기, 표준형
=20m²×224매=4,480매

해설 14
블록 쌓기의 일반 사항
① 모르타르의 배합은 1 : 3~1 : 5 이하가 되지 않도록 한다.
② 모르타르의 강도는 블록 강도의 1.3~1.5배
③ 시공 연도는 슬럼프치 8cm이고, W/C는 60~70%
④ 살두께가 두꺼운 쪽을 위로 하여 쌓는다.
⑤ 하루의 쌓아 올릴 높이는 1.2~1.5 m(6~7켜)를 표준으로 한다.
⑥ 인방 블록은 좌우벽에 20cm 이상 (보통 40cm) 물리게 한다.

해설 15
와이어 메쉬(Wire Mesh)
① 연강 철선을 격자형으로 짜서 접점을 전기 용접한 것
② 블록을 쌓을 때나 보호 콘크리트를 타설할 때 균열을 방지 및 교차 부분을 보강하기 위해 사용

해설 16
보강 블록조와 라멘구조가 접하는 부분은 원칙적으로 블록조를 먼저 쌓고 콘크리트체를 나중에 시공한다.

정답 13. ③ 14. ① 15. ③ 16. ④

핵심기출문제

VI. 조적공사

17. 보강콘크리트 블록조에 대한 설명 중 옳지 않은 것은? [13㉠]
① 내력벽으로 둘러싸인 부분의 바닥면적은 80m²을 넘지 않도록 한다.
② 벽체의 줄눈은 통줄눈이 되지 않도록 한다.
③ 철근보강시 철근은 굵은 것을 조금 넣는 것보다 가는 것을 많이 넣는 것이 좋다.
④ 벽은 집중적으로 배치하지 말아야 하며, 가능한 한 균등히 배치한다.

18. 블록구조에서 인방블록 설치시 창문틀의 좌우 옆 턱에 최소 얼마 이상 물려야 하는가? [10㉠]
① 5cm ② 10cm
③ 15cm ④ 20cm

■■■ 3. 돌공사

19. 석재에 관한 설명으로 옳은 것은? [21㉠]
① 인장강도는 압축강도에 비하여 10배 정도 크다.
② 석재는 불연성이긴 하나 화열에 닿으면 화강암과 같이 균열이 생기거나 파괴되는 경우도 있다.
③ 장대재를 얻기에 용이하다.
④ 조직이 치밀하여 가공성이 매우 뛰어나다.

20. 건축용 석재 사용 시 주의사항으로 옳지 않은 것은? [22㉠]
① 석재를 구조재로 사용 시 압축강도가 큰 것을 선택하여 사용할 것
② 석재를 다듬어 쓸 때는 석질이 균일한 것을 사용할 것
③ 동일 건축물에는 다양한 종류 및 다양한 산지의 석재를 사용할 것
④ 석재를 마감재로 사용 시 석리와 색채가 우아한 것을 선택하여 사용할 것

해 설

해설 17
조적조에서 줄눈은 막힌 줄눈을 원칙으로 한다.(∵응력 분산을 위해)
단, 보강 블록조에서는 통줄눈으로 한다.

해설 18
블록구조에서 인방블록은 좌우벽에 20cm 이상(보통 40cm) 물린다.

해설 19
석재의 특성
① 장점
  ㉠ 불연성이고 압축강도가 크다.
  ㉡ 내수성, 내구성, 내화학성이 풍부하고 내마모성이 크다.
  ㉢ 종류가 다양하고 색도와 광택이 있어 외관이 장중 미려하다.
② 단점
  ㉠ 장대재(長大材)를 얻기가 어려워 가구재(架構材)로는 부적당하다.
  ㉡ 비중이 크고 가공성이 좋지 않다.
  ※ 석재의 강도 중에서 압축강도가 가장 크고 인장, 휨 및 전단강도는 압축강도에 비하여 매우 작다. 휨, 인장강도가 약하므로 압축력을 받는 곳에만 사용하여야 한다.

해설 20
동일 건축물에는 다양한 종류 및 다양한 산지의 석재를 사용하는 것은 피하는 것이 바람직하다.
※ 동종의 석재라도 산지나 조직에 따라 다른 외관과 색조를 나타낸다.

정답 17. ② 18. ④ 19. ② 20. ③

21. 토질 및 암의 분류에서 다음 설명에 해당하는 것은? [09, 10 ⑦]

> 혈암, 사암 등으로 균열이 10~30cm 정도로서 굴착 또는 절취에는 화약을 사용해야 하나 석축용으로는 부적합한 암질

① 풍화암
② 연암
③ 경암
④ 보통암

22. 석재 설치 공법 중 오픈조인트공법의 특징으로 옳지 않은 것은? [22, 24, 25 ⑦]

① 등압이론 방식을 적용한 수밀방식이다.
② 압력차에 의해서 빗물을 차단할 수 있다.
③ 실링재가 많이 소요된다.
④ 층간변위에도 유동적으로 변위를 흡수할 수 있으므로 파손 확률이 적어진다.

[해설] 석재의 오픈조인트(open joint) 공법
석재의 외벽 건식공법에서 석재와 석재사이의 줄눈을 sealant로 처리하지 않고 틈을 통해 물을 이동시키는 압력차를 없애는 등압이론을 적용하여 open joint 시키는 공법
① 장점
 · sealant로 인한 석재의 오염방지
 · sealant미설치로 인한 유지보수공사 불필요
 · 미적효과 우수
 · 시공 속도 및 시공성 양호
 · 단열성능 향상
 · 연결철물의 내식성 향상
 · 층간변위에 대한 추종성 우수(파손 확률 감소)
 · 공장생산으로 품질 우수
② 단점
 · 기밀막 설치가 곤란
 · 용접시 화재발생 위험이 존재
 · 시공비가 다소 고가
 · 구조체에 매립 anchor 설치시 시공의 정밀성 요함
 · 실내의 환기 곤란

해 설

[해설] 21
암석의 토질에 의한 분류
① 풍화암 : 일부는 곡괭이를 사용할 수 있으나 암질이 부식되고 균열이 1~10cm 정도로써 굴착 또는 절취에는 약간의 화약을 사용해야 할 암질(균열이 1~10cm는 균열의 간격)
② 연암 : 혈암, 사암 등으로써 균열이 10~30cm 정도로써 굴착 또는 절취에는 화약을 사용해야 하나 석축용으로는 부적합한 암질
③ 보통암 : 풍화상태는 엿볼 수 없으나 굴착 또는 절취에는 화약을 사용해야 하며 균열이 30~50cm 정도의 암질
④ 경암 : 화강암, 안산암 등으로 굴착 또는 절취에 화약을 사용해야 하며 균열상태가 1m 이내로써 석축용으로 쓸 수 있는 암질
⑤ 극경암 : 암질이 아주 밀착된 단단한 암질

21. ② 22. ③

핵심기출문제

Ⅵ. 조적공사

23. 건축 석공사에 관한 설명으로 옳지 않은 것은? [21, 23㉮]

① 건식쌓기 공법의 경우 시공이 불량하면 백화현상 등의 원인이 된다.
② 석재 물갈기 마감 공정의 종류는 거친갈기, 물갈기, 본갈기, 정갈기가 있다.
③ 시공 전에 설계도에 따라 돌나누기 상세도, 원척도를 만들고 석재의 치수, 형상, 마감방법 및 철물 등에 의한 고정방법을 정한다.
④ 마감면에 오염의 우려가 있는 경우에는 폴리에틸렌 시트 등으로 보양한다.

24. 건식공법에 의한 석재 붙이기에 필요한 연결철물로 석재의 상하 양단에 설치하여 1차 연결철물은 지지용으로 2차 연결철물은 고정용으로 사용하는 것은? [10㉮]

① 꽂음촉   ② Fastener
③ 앵커볼트   ④ 꺽쇠

25. 다음 조건에 따라 바닥재로 화강석을 사용할 경우 소요되는 화강석의 재료량(할증률 고려)으로 옳은 것은? [18㉮]

- 바닥면적: 300m²
- 화강석 판의 두께 : 40mm
- 정형돌
- 습식공법

① 315m²   ② 321m²
③ 330m²   ④ 345m²

해 설

[해설] 23

석공사의 건식쌓기 공법
① 고층건물에 유리하다.
② 시공속도가 빠르고 노동비가 절감된다.

[해설] 24

Fastener : 건식공법에 의한 석재 붙이기 할 때 필요한 연결철물이다. 석재의 상하 양단에 설치하여 1차 연결철물은 지용으로 2차 연결철물은 고정용으로 사용한다.

[해설] 25

석재의 할증률

종별	할증률(%)
원석(마름돌용)	30
정형물(석재판 붙임용)	10
부정형물(석재판 붙임용)	30

정형물(석재판 붙임용)의 할증률은 10%이므로
∴ 300m² × 1.1 = 330m²

정답 23. ①   24. ②   25. ③

07 목공사

Ⅱ. 건축시공 | 목공사

1 목재의 성질

1. 목재의 심재와 변재

비 교	심 재	변 재
위 치	수심 가까이 위치	겉껍질에 가까이
특 성	견고성을 높인다	수액의 유통과 저장역할을 한다
비 중	크다	적다
신축성(수축율)	적다	크다
내후성, 내구성	크다	작다
강 도	크다	작다

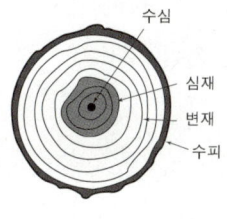
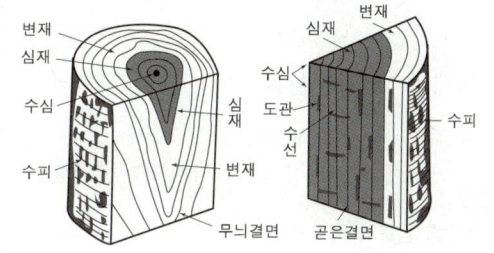

2. 목재의 비중

① 목재의 비중은 섬유질과 공극률에 의하여 결정된다.

$$V = \left(1 - \frac{\gamma}{1.54}\right) \times 100\%$$

γ : 절건비중, 1.54 : 목재의 비중

② 비중이 크면 공극률이 작아진다.

3. 목재의 함수율

① 함수율(U)

$$\frac{건조전중량 - 절대건조시중량}{절대건조시중량} \times 100(\%)$$

핵심 PLUS

01 목재의 비중에 있어서 공극률(%)을 산출하는 공식으로 옳은 것은? (단, γ는 절대건조비중) [09 산]

① $V = \left(1 + \frac{\gamma}{1.54}\right) \times 100$

② $V = \left(1 - \frac{\gamma}{1.54}\right) \times 100$

③ $V = \left(1 + \frac{1.54}{\gamma}\right) \times 100$

④ $V = \left(1 - \frac{1.54}{\gamma}\right) \times 100$

답 : ②

핵심 PLUS

02 건축용 목재의 일반적인 성질에 대한 설명 중 틀린 것은?
[15, 25 기]
① 섬유포화점 이하에서는 목재의 함수율이 증가함에 따라 강도는 감소한다.
② 기건상태의 목재의 함수율은 15% 정도이다.
③ 목재의 심재는 변재보다 건조에 의한 수축이 적다.
④ 섬유포화점 이상에서는 목재의 함수율이 증가함에 따라 강도는 증가한다.

[해설] 섬유포화점 : 목재내의 수분이 증발시 유리수가 증발한 후 세포수가 증발하는 경계점으로 섬유포화점(함수율 약 30% 이하에서 목재의 수축·팽창 등 재질의 변화가 일어나고 섬유포화점 이상에서는 변화가 없다.

답 : ④

② 함수율

상태	함수율
섬유포화점	30%
기건재	15%
전건재	0%

4. 열전도

① 열전도율은 섬유방향, 목재의 비중, 함수율에 따라 변화한다.
② 겉보기 비중은 작은 다공질의 목재가 열전도율이 작다.

※ 겉보기 비중 = $\dfrac{건조중량}{표면건조포화상태}$

■ 각종 재료의 열전도율(단위 : kcal/m·h·℃)

재료	콘크리트	유리	벽돌	물	목재	코르크판	공기
열전도율	1.2	0.9	0.7	0.5	0.1	0.04	0.02

※ 목재의 열전도율(0.1)은 공기(0.02)보다 크며, 물(0.5)보다 작다.
※ 목재는 열전도율이 적어 보온, 방한, 방서적이다.

5. 목재의 역학적 성질

① 목재의 강도 순서 : 인 → 휨 → 압 → 전
 인장강도 > 휨강도 > 압축강도 > 전단강도

■ 각종 강도의 관계 비교

강도의 종류	섬유방향	섬유직각방향
압축강도	100	10~20
인장강도	약 200	7~20
휨강도	약 150	10~20
전단강도	침엽수 16, 활엽수 19	–

[주] 섬유방향의 압축강도를 100으로 기준하였다.

※ 소나무(육송)의 강도
휨강도(890kg/cm^2) > 인장강도(519kg/cm^2) > 압축강도(480kg/cm^2) > 전단강도(101kg/cm^2)

② 허용 강도 : 목재의 최고 강도의 1/7~1/8 정도
③ 섬유평행강도가 섬유직각방향의 강도보다 크다.
④ 허용응력도 : 목재의 파괴강도를 안전율로 나눈 값

2 목재의 건조법

① 자연건조법(천연건조법)
② 수액제거법 : 수액건조법, 수침법, 자비법
③ 인공건조법 : 열기건조법, 증기건조법, 진공건조법

3 목재의 보존법

1. 목재의 방부법

방 법	내 용
침지법	방부액이나 물에 담가 산소공급 차단하여 부패균 소멸
가압주입법	원통 안에 방부제(PCP, Creosote oil)를 넣고 가압 주입한다. 가장 우수한 효과
표면탄화법	목재 표면에 3~4회 피복. 일반적으로 많이 사용
도포법	방부제칠, 유성페인트, 니스, 아스팔트, 콜타르칠

2. 목재의 방부제

1) 유성방부제

① 크레오소토 오일(Creosoto Oil) : 방부성이 우수하고, 화기위험, 철재부식이 적다. 처리재의 강도저하가 없다. 악취가 나고, 흑갈색으로 외관이 불미하므로 눈에 보이지 않는 토대, 기둥 등에 이용된다.
② 콜타르(Coal Tar) : 가열도포하며 흑갈색으로 위에 페인트 도장이 불가능하다.
③ 아스팔트(Asphalt) : 가열도포하며 흑색이다.
④ 페인트(Paint) : 피막형성, 방습, 방부효과가 좋으며 착색이 자유로워 미관이 좋다.

2) 수성방부제

① 황산동 1%용액 : 방부성은 좋으나 철재를 부식시키고 인체에 유해하다.
② 염화아연 4%용액 : 목질부를 약화시키고 전기전도율이 증가하며 비내구적
③ 염화 제2수은 1%용액 : 철재를 부식시키고 인체에 유해하다.
④ 불화소다 2%용액 : 철재나 인체에 무해하며 페인트 도장이 가능하나 내구성이 부족하다. 高價(고가)이다.

핵심 PLUS

03 목재를 천연건조 시킬 때의 장점에 해당되지 않는 것은?
　　　　　　　　　　[18 기]
① 비교적 균일한 건조가 가능하다.
② 시설투자 비용 및 작업 비용이 적다.
③ 건조 소요시간이 짧은 편이다.
④ 타 건조방식에 비해 건조에 의한 결함이 비교적 적은 편이다.

[해설] 천연건조법(대기건조법, 자연건조법)은 우수한 건조법이나 건조 소요시간이 긴 편이다.
　　　　　　　　답 : ③

04 목재의 방부재처리법 중 가장 효과가 좋은 것은?　　[96 기]
① 도포법
② 침지법
③ 생리적 주입법
④ 가압주입법
　　　　　　　　답 : ④

05 목재에 사용하는 방부제에 해당되지 않는 것은?
　　　　　　　[12, 17, 23 기]
① 크레오소트 유(Creosote oil)
② 콜타르(Coal tar)
③ 카세인(Casein)
④ P.C.P(Penta Chloro Phenol)

[해설] 수성페인트 : 안료+아교 또는 카세인(주원료 : 우유)+물
　　　　　　　　답 : ③

핵심 PLUS

3) 유용성 방부제(P.C.P : Penta Chloro Phenol)

목재에 관한 방부력이 가장 우수하고 무색제품이 생산되며 침투성도 매우 양호한 수용성, 유용성 겸용 방부제이다.

4 목재의 제품

1. 합판

단판을 3 · 5 · 7매 등의 홀수로 섬유방향이 직교하도록 접착제를 붙여 만든 것이다. 함수율 변화에 의한 뒤틀림, 신축 등의 변형이 적고 방향성이 없다.

2. 집성목재(Glued laminated timber)

두께가 15~50mm의 판자를 여러 장으로 겹쳐서 접착시킨 것으로 판을 섬유방향과 평행으로 접착한 것으로 판이 홀수가 아니라도 된다. 구조재로 만들 수 있다.

3. 벽, 천장재

① 코펜하겐 리브(copenhagen rib) : 두께 5cm, 나비 10cm 정도의 긴 판에다 표면을 리브로 가공한 것으로 음향조절효과, 장식효과가 있다. 면적이 넓은 강당, 극장, 집회장 등의 천장이나 내벽에 음향조절, 장식효과로 사용한다.

② 코르크 판(Cork board) : 콘크리트 천정 벽면 마무리용

4. 마루판

종 류	특 징
플로어링 보드	· 표면을 곱게 대패질하여 마감하고 양측면을 제혀쪽매로 한 것 · 두께 9mm, 나비 60mm, 길이 600mm 정도를 가장 많이 사용한다.
플로어링 블록	· 플로어링 보드를 3~5장씩 붙여서 길이와 나비가 같게 4면을 제혀쪽매로 만든 정사각형의 블록
파키트리 보드	· 경목재판을 9~15mm, 나비 60mm, 길이는 나비의 3~5배로 한 것 · 제혀쪽매로 하고 표면은 상대패로 마감한 판재
파키트리 패널	· 두께 15mm의 파키트리 보드를 4매씩 조합하여 만든 24cm 각판 · 의장적으로 아름답고 마모성도 작은 우수한 마루판재
파키트리 블록	· 파키트리 보드를 3~5장씩 조합하여 18cm 각이나 30cm 각판으로 만들어 방습처리한 것

5. 목재의 접착제

① 페놀수지 풀 : 접착력, 내수성, 내용제성, 내열성, 내한성이 커서 내수합판 접착제로 사용한다.
② 에폭시수지 풀 : 접착력이 가장 강하다.
  ※ 목재의 접착력 크기 : 에폭시수지 > 요소수지 > 멜라민수지 > 페놀수지 > 아교 > 카세인

5 이음 및 맞춤

1. 이음 및 맞춤시 주의사항

① 응력이 작은 곳에서 응력의 방향에 직각되게 한다.
② 단순한 모양으로 완전 밀착시킨다.
③ 트러스, 평보는 왕대공 가까이에서 이음한다.
④ 재는 될 수 있는 한 적게 깎아내어 약하게 되지 않게 하고, 또 국부적으로 큰 응력이 작용하지 않도록 한다.
⑤ 공작이 간단한 것을 쓰고 모양에 치중하지 않으며, 맞춤시 보강철물을 사용한다.
⑥ 철물의 구멍 위치는 정확하게 하며, 구멍크기는 가시못인 경우 1.5mm, 나사못은 0.5mm, Bolt 구멍은 2mm를 초과하지 못한다.

2. 쪽매의 종류

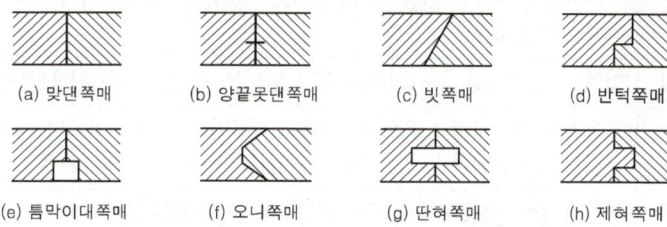

(a) 맞댄쪽매 (b) 양끝못댄쪽매 (c) 빗쪽매 (d) 반턱쪽매
(e) 틈막이대쪽매 (f) 오니쪽매 (g) 딴혀쪽매 (h) 제혀쪽매

3. 먹줄치기

마름질, 바심질을 위해 재의 축방향에 심먹을 넣고 가공형태를 그리는 것

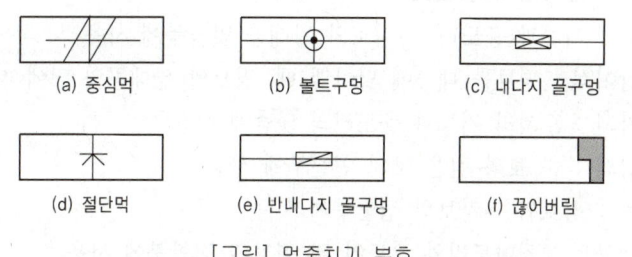

(a) 중심먹 (b) 볼트구멍 (c) 내다지 끝구멍
(d) 절단먹 (e) 반내다지 끝구멍 (f) 끊어버림

[그림] 먹줄치기 부호

핵심 PLUS

06 목재 접착에 이용되는 접착제로서 내수, 내구성적인 측면에서 품질이 가장 우수한 것은? [03 기]
① 요소계 수지
② 페놀계 수지
③ 비닐계 수지
④ 아교
답 : ②

07 목재의 접착제가 아닌 것은? [05 기]
① 카세인
② 멜라민 수지
③ 페놀수지
④ 스티롤 수지
답 : ④

■ 목재 접합의 종류
· 이음(connection) : 2개 이상의 부재를 길이 방향으로 접합하는 것(수평결합)
· 맞춤(joint) : 한 부재가 직각 또는 경사지어 맞추어지는 자리 또는 그 맞추는 방법(수직결합)
· 쪽매 : 판재 등을 가로로 넓게 접합시키는 것

08 다음 중 목재의 접합방법과 가장 거리가 먼 것은? [06 산]
① 맞춤
② 이음
③ 압밀
④ 쪽매
답 : ③

09 목재를 나란히 옆으로 대어 넓게 접합하는 것을 무엇이라고 하는가? [07 산]
① 이음
② 맞춤
③ 장부
④ 쪽매
답 : ④

Ⅱ. 건축시공 | 목공사

> 핵심 PLUS

4. 모접기

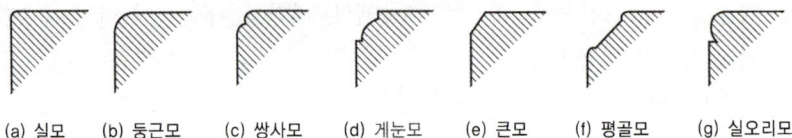

(a) 실모 (b) 둥근모 (c) 쌍사모 (d) 게눈모 (e) 큰모 (f) 평골모 (g) 실오리모

5. 세우기

① 목조건물 뼈대 세우기 순서
 기둥-인방보-층도리-큰보
② 목공사 시공 순서
 수평규준틀-기초 세우기-지붕-수장-미장
③ 2층주택의 마루판과 천장판 시공순서
 2층 바닥-2층 천장-1층 바닥-1층 천장
④ 반자틀 짜는 순서
 달대받이-달대-반자틀받이-반자틀

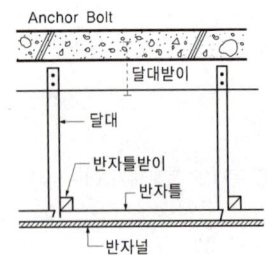

10 목조건물의 뼈대 세우기 순서로써 가장 옳은 것은? [02 기]
① 기둥-층도리-인방보-큰보
② 기둥-인방보-층도리-큰보
③ 기둥-큰보-인방보-층도리
④ 기둥-인방보-큰보-층도리
  답 : ②

11 목구조에서 듀벨(Dubel)의 사용목적으로 적당한 것은? [08 산]
① 방화
② 방부
③ 방충
④ 접합
  답 : ④

12 목공사에 사용되는 철물에 대한 설명 중 옳지 않은 것은? [12,19,22,23 기]
① 못의 길이는 박아대는 재두께의 2.5배 이상이며, 마구리 등에 박는 것은 3.0배 이상으로 한다.
② 감잡이쇠는 큰 보에 걸쳐 작은 보를 받게 하고, 안장쇠는 평보를 대공에 달아매는 경우 또는 평보와 ㅅ자보의 밑에 쓰인다.
③ 볼트 구멍은 볼트지름보다 2mm 이상 커서는 안된다.
④ 듀벨은 볼트와 같이 사용하여 듀벨에는 전단력, 볼트에는 인장력을 분담시킨다.
  답 : ②

6. 목재의 보강철물

종류	특징
못	· 못의 지름 : 널두께의 1/6 이하 · 못의 길이 : 판두께의 2.5~3배(마구리는 3~3.5배) · 못은 15° 정도 기울게 박는다. · 나사못 : 나사못 지름의 1/2 정도 구멍 뚫고, 못길이의 1/3 이상은 틀어서 박는다.
꺾쇠	엇꺾쇠, 보통꺾쇠, 주걱꺾쇠가 있고 단면은 원형을 많이 사용한다.
볼트	· 목재의 볼트구멍 : 볼트지름보다 2mm 이상 커서는 안된다. · 인장력을 분담한다. 구조용은 12mm, 경미한 곳은 9mm 정도를 쓴다.
듀벨	볼트와 같이 사용하여 듀벨은 전단력을 분담한다.(볼트는 인장력을 분담)
띠쇠	보통띠쇠, ㄱ자쇠, 감잡이쇠, 안장쇠 등이 있다.

7. 맞춤에 사용되는 보강철물

① 띠쇠 : 기둥과 층도리, ㅅ자보와 왕대공 맞춤부에 사용
② 감잡이쇠 : 평보를 대공에 달아맬 때, 평보와 왕대공의 밑에 사용
③ ㄱ자쇠 : 모서리 기둥과 층도리의 맞춤에 사용
④ 안장쇠 : 큰 보와 작은 보의 연결부에 사용
⑤ 볼트 : 평보와 ㅅ자보의 접합부에 사용
⑥ 주걱볼트 : 처마도리와 깔도리 및 평보의 접합부에 사용

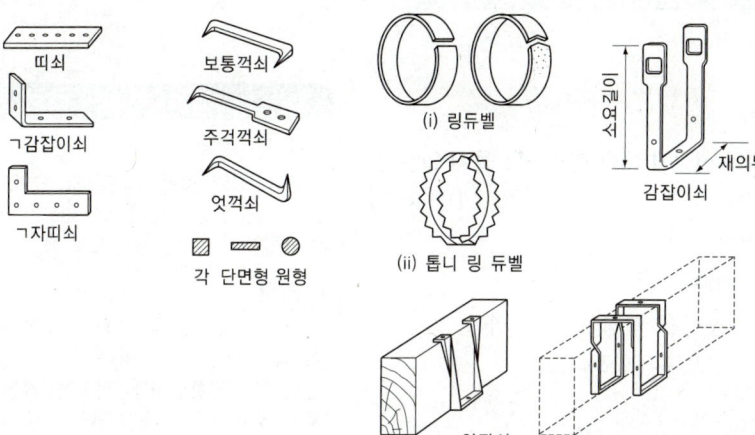

> ※ 가새 : 벽체에 가해지는 수평력에 견디게 하는 대각선으로 댄 부재로서 파내거나 결손시켜 구조 내력상 지장을 주어서는 안 된다. 경사도는 45°에 가까울수록 유리하고 ×자형으로 건물 전체에 대칭으로 배치한다. 가새는 목조 뼈대의 변형을 방지하는 가장 유효한 방법이다.
> ※ 버팀대 : 가로재와 세로재가 만나는 안귀에 대는 보강재로 목구조에서 보와 기둥의 접합부분과의 변형을 적게 한다.
> ※ 귀잡이 : 수평직교재의 각도 변형을 막기 위하여 대어주는 짧은 수평사재이다.

핵심 PLUS

13 목조 지붕틀 구조에 있어서 모서리 기둥과 층도리 맞춤에 사용하는 철물은? [16 기]
① 띠쇠
② 감잡이쇠
③ 주걱볼트
④ ㄱ자쇠

답 : ④

6 적산

1. 목재의 취급 단위

① $1m^3 = 1m \times 1m \times 1m = 299.475재(才) ≒ 300재$
② 사이(才) = 1치 × 1치 × 12자 = $0.00324m^3$
③ 1석(石) = 1자 × 1자 × 10자 = 83.3재
④ 1b.f = 12치 × 12치 × 1치 = 0.703재
⑤ 1평 = 6자 × 6자 = $3.24m^2$
⑥ 1자 = 30.303cm, 1치 = 3.0303cm, 1푼 = 0.303cm, 1인치 = 2.54cm
  ※ 순목조 건축물에서 목수 1일 1인 작업량 : 50재

14 목재 9cm각(3치각), 길이 1.8m(6척)짜리 150개의 재적으로서 맞는 것은 다음 중 어느 것인가? [97 산]
① $2.19m^3$(675재)
② $2.30m^3$(699재)
③ $2.42m^3$(725재)
④ $2.54m^3$(751재)

[해설]
$$\frac{3치 \times 3치 \times 6자}{1치 \times 1치 \times 12자} \times 150$$
$= 675才(재)$
$0.09m \times 0.09m \times 1.8 \times 150$
$= 2.19m^3$

※ 목재
$1m^3 = 299.475才 ≒ 300才$

답 : ①

핵심기출문제

VII. 목공사

1. 건축구조물에 쓰이는 일반적인 목재의 성질에 대한 설명으로 옳지 않은 것은? [10, 25㉮]

① 색채 무늬가 있어 미장에 유리하다.
② 비중이 작고 연질이어서 가공이 쉽다.
③ 방부제와 방화자재를 사용하면 내구성을 연장할 수 있다.
④ 무게에 비해 강도가 작아 구조용으로 부적합하다.

2. 목구조재료로 사용되는 침엽수의 특징에 해당하지 않는 것은? [13, 20㉮]

① 직선부재의 대량생산이 가능하다.
② 단단하고 가공이 어려우나 미관이 좋다.
③ 병·충해에 약하여 방부 및 방충처리를 하여야 한다.
④ 수고(樹高)가 높으며 통직하다.

3. 목재를 천연건조 시킬 때의 장점이 아닌 것은? [13㉮]

① 비교적 균일한 건조가 가능하다.
② 시설투자 비용 및 작업 비용이 적다.
③ 시간적 효율이 높다.
④ 옥외용으로 사용 시 예상되는 수축, 팽창의 발생을 감소시킬 수 있다.

4. 석탄의 고온 건류시 부산물로 얻어지는 흑갈색의 유성액체로서 가열도포하면 방부성은 좋으나 목재를 흑갈색으로 착색하고 페인트칠도 불가능하게 하므로 보이지 않는 곳에 주로 이용되는 유성방부제는? [10, 23㉮]

① 캐로신
② PCP
③ 염화아연 4% 용액
④ 콜타르

해 설

[해설] 1
비중이 작고 비중에 비해 강도가 크며, 곧고 긴 재를 얻을 수 있다. 흠이 없고 내구성이 우수한 목재는 구조용으로 적합하다.

[해설] 2
침엽수는 활엽수에 비해 수분함유량이 적으므로 수축이 적다.
일반적으로 활엽수에 비하여 직통대재가 많고 가공이 용이하다.
※ ㉠ 침엽수 : 사계절이 있는 온대 이북지방에 분포
　　소나무, 전나무, 삼나무, 측백나무, 낙엽송, 잣나무 등
　㉡ 활엽수 : 열대에서 온대에 걸쳐 폭 넓게 분포
　　참나무, 단풍나무, 느티나무, 밤나무, 오동나무 등

[해설] 3
목재의 건조방법
㉠ 대기건조법(천연건조법, 자연건조법) : 직사광선, 비를 막고 통풍만으로 건조하여 20cm 이상 굄목을 받치며, 정기적으로 바꾸어 놓는다. 마구리 부분은 급격히 건조되면 갈라짐이 생기기 때문에 이를 방지하기 위해 마구리에 페인트 등으로 도장한다. 우수한 건조법이다.
㉡ 침수건조법(수침법) : 생목을 수중에 약 3~4주간 이상 수침시켜 수액을 뺀 후 대기에 건조시키는 방법으로서 건조기간을 단축할 수 있다.
㉢ 인공건조법 : 건조기간이 짧으므로 많이 사용하며, 변색이나 부패를 방지하기 위해서는 인공건조법이 이상적이다. 건조법에는 열기건조법, 증기건조법, 훈연건조법, 진공건조법, 전기건조법, 표면탄화법, 건조제법 등이 있다.

[해설] 4
P.C.P(Penta Chloro Phenol, 유용성 방부제)
목재에 관한 방부력이 가장 우수하고 무색제품이 생산되며 침투성도 매우 양호한 수용성, 유용성 겸용 방부제이다.
※ 염화아연 4% 용액 : 목질부를 약화시키고 전기전도율이 증가하며 비내구적이다.

정답 1. ④　2. ②　3. ③　4. ④

5. 목공사의 이음 및 맞춤의 가공마무리에 대한 설명으로 틀린 것은?
[07㉮]

① 이음 및 맞춤의 접촉면은 필요 이상으로 끌파기, 깎아내기 등을 하지 않도록 한다.
② 특별히 정한 바가 없을 때는 산지구멍은 네모구멍으로 한다.
③ 토대, 도리, 중도리 등으로써 이어 쓸 때에 그 짧은 재의 길이는 50cm 이상으로 한다.
④ 목재 이음의 위치는 엇갈림으로 배치함을 원칙으로 한다.

6. 목공사에 관한 다음 설명 중 옳지 않은 것은?
[09㉯]

① 이음과 맞춤의 단면은 응력의 방향과 일치시킨다.
② 맞춤면은 정확히 가공하여 상호간 밀착하고 빈틈이 없도록 한다.
③ 못의 길이는 널두께의 2.5~3배 정도로 한다.
④ 이음과 맞춤은 응력이 작은 곳에 만드는 것이 좋다.

7. 목재가공품에 대한 설명으로 옳지 않은 것은?
[99, 08㉯]

① 플로어링보드의 표면은 상대패로 마감하고 양측면은 제혀쪽매로 한 것이다.
② 코펜하겐리브는 강당, 집회장 등의 음향 조절용으로 쓰인다.
③ 섬유판은 식물성섬유질을 주원료로 하여 이를 섬유화, 펄프화하여 성형, 성판한 것이다.
④ 합판은 2매 이상의 단판을 짝수로 섬유방향이 평행하도록 접착제로 붙여 만든 것이다.

8. 다음 중 목재의 이음 및 맞춤에 관한 용어와 거리가 먼 것은?
[07, 09㉯]

① 주먹장
② 연귀
③ 모접기
④ 장부

해 설

[해설] **5**
토대, 도리, 중도리 등으로써 이어 쓸 때에 그 짧은 재의 길이는 1m 이상으로 한다.

[해설] **6**
목공사 이음 및 맞춤시 응력이 작은 곳에서 응력의 방향에 직각되게 한다.

[해설] **7**
합판은 단판을 3·5·7매 등의 홀수로 섬유방향이 직교하도록 접착제를 붙여 만든 것이다. 함수율 변화에 의한 뒤틀림, 신축 등의 변형이 적고 방향성이 없다.

[해설] **8**
모접기
① 목재의 모서리면 등을 대패로 깎아내는 작업
② 대패질한 재는 모접기(면접기)하고 필요에 따라 개탕(반턱, 홈, 턱솔치기), 쇠시리 등을 한다.

정답 5. ③ 6. ① 7. ④ 8. ③

핵심기출문제   Ⅶ. 목공사

9. 지붕틀에서 왕대공에 가깝게 평보이음을 설치하는 이유로 옳은 것은?
[92 ⑳]
① 시공하기 좋기 때문에
② 이음이 짧아서 좋기 때문에
③ 대공에 가까운 곳의 인장응력이 적기 때문에
④ 대공에 가까운 곳의 압축응력이 적기 때문에

10. 목조 2층 주택의 마루널과 반자널을 까는 경우 작업순서로 옳은 것은?
[03 ⑳]
① 1층 마루바닥 → 1층 반자 → 2층 마루바닥 → 2층 반자
② 2층 마루바닥 → 2층 반자 → 1층 마루바닥 → 1층 반자
③ 2층 반자 → 1층 반자 → 2층 마루바닥 → 1층 마루바닥
④ 1층 마루바닥 → 2층 마루바닥 → 1층 반자 → 2층 반자

11. 목조 지붕틀 구조에 있어서 중도리와 ㅅ자보를 연결하는데 가장 적합한 철물은?
[09, 11, 13 ㉮]
① 띠쇠   ② 감잡이쇠
③ 주걱볼트   ④ 엇꺾쇠

12. 목재의 교착재가 아닌 것은?
[02 ⑳]
① 카세인   ② 멜라민 수지
③ 페놀 수지   ④ 스티롤 수지

13. 끝마구리의 지름이 20cm의 통나무를 각재로 제재할 때 대략 최대 몇 cm 각으로 제재할 수 있는가?
[02 ⑳]
① 12cm   ② 13cm
③ 14cm   ④ 15cm

해 설

[해설] 9
평보는 인장재이므로 대공에 가까운 곳의 인장응력이 적은 곳에서 이음을 해야 한다.

[해설] 10
2층주택의 마루판과 천장판 시공순서
2층 바닥 → 2층 반자 → 1층 바닥 → 1층 반자

[해설] 11
목조 지붕틀 구조에서 중도리와 ㅅ자보를 연결하는데 가장 적합한 철물은 꺾쇠류(보통꺾쇠, 주걱꺾쇠, 엇꺾쇠)로 보강한다.
※ 꺾쇠 : 두 부재를 간단히 걸어맬 수 없는 경우에 사용하지만, 목재가 건조하면 늘어지게 되므로 중요한 곳에는 사용하지 않는 것이 좋다.

[해설] 12
스티롤 수지는 열가소성 수지로 단열재 등으로 사용된다.
※ 목재의 접착력 크기 : 에폭시수지 > 요소수지 > 멜라민수지 > 페놀수지 > 아교 > 카세인

[해설] 13
각재의 한변의 길이
$= \dfrac{20}{\sqrt{2}} = 14\text{cm}$

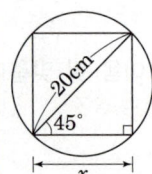
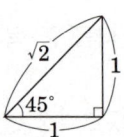

$20 : \sqrt{2} = x : 1$
$\therefore x = \dfrac{20}{\sqrt{2}} = 14\text{cm}$

정답 9. ③ 10. ② 11. ④
12. ④ 13. ③

Ⅱ. 건축시공 | 기타공사

08 기타공사

1 방수공사

1. 아스팔트 방수

1) 재료

① 천연 아스팔트
  ㉮ 레이키 아스팔트(Laky Asphalt) : 도로포장, 내산공사에 사용
  ㉯ 로크 아스팔트(Rock Asphalt) : 역청분이 모래, 사암에 침투되어 있는 것
  ㉰ 아스팔트 타이트(Asphalt Tight) : 방수, 포장, 절연재료의 원료로 사용

② 석유 아스팔트
  ㉮ 스트레이트 아스팔트 : 신축이 좋고 교착력이 우수하나, 연화점이 낮아 지하실에 쓰인다.
  ㉯ 블로운 아스팔트 : 지붕방수에 많이 쓰이며 연화점이 높다.
  ㉰ 아스팔트 컴파운드 : 블로운 아스팔트에 동식물성 유지나 광물성분말을 혼합하여 만든 신축성이 가장 크고 최우량품이다.
  ㉱ 아스팔트 프라이머 : 블로운 아스팔트에 휘발성 용제를 넣어 묽게 한 것으로, 방수층 바탕에 침투시켜 부착이 잘 되게 한다.

③ 펠트, 루핑류
  ㉮ 아스팔트 펠트 : 유기성 섬유를 펠트(Felt)상으로 만든 원지를 가열 용융한 침투용 아스팔트를 통과시켜 만든 것
  ㉯ 아스팔트 루핑 : 원지에 아스팔트를 침투시킨 다음, 양면에 피복용 아스팔트를 도포하고, 광물질분말을 살포시켜 마무리한 것이다.
  ㉰ 특수루핑 : 마포, 면포 등을 원지 대신 사용한 것으로 망형 루우핑이라고도 한다.

④ 아스팔트 제품
  ㉮ 아스팔트 유제 : 유화제를 넣은 수용액에 아스팔트 분말을 다량 혼입한 것으로 바탕에 침투가 쉽고 수용성이나, 프라이머보다 접착력이 약하다.
  ㉯ 아스팔트 코킹제 : 틈서리, 줄눈 등에 사춤하여 방수처리 하는 것

핵심 PLUS

01 잔류유(찌꺼기)를 저온으로 장시간 증류한 것으로 응집력이 크고 온도에 의한 변화가 적으며 연화점이 높고 안전하여 방수공사에 많이 사용되는 것은?
[20, 24 기]

① 아스팔트 펠트
② 블로운 아스팔트
③ 아스팔타이트
④ 레이크 아스팔트

해설 블로운 아스팔트(Blown Aspalt)
㉠ 스트레이트 아스팔트에 공기를 혼입하여 가공한 것
㉡ 응집력이 크고 온도에 의한 변화가 적으며 연화점이 높고 안전하다.
㉢ 지붕방수에 많이 사용된다.(방수용 아스팔트)

답 : ②

Ⅱ. 건축시공 | 기타공사

핵심 PLUS

02 방수공사에 사용하는 아스팔트의 견고성 정도를 침의 관입 저항으로 평가하는 방법은?
[09, 15, 25 기]
① 침입도
② 마모도
③ 연화점
④ 신도

답 : ①

㉢ 아스팔트 코팅제 : 아스팔트, 가솔린, 석면 등을 혼입하여 방수층의 치켜올림부에 사용한다.

※ 아스팔트의 품질을 결정하는 기준
침입도(針入度), 연화점(軟化點), 감온비(感溫比), 신장(伸度, 늘임도), 인화점(引火點), 가열감량(加熱減量), 비중(比重), 이유화탄소(CS_2) 가용분, 고정탄소(固定炭素) 등

※ 침입도(PI : Penetration Index)
· 아스팔트의 경도를 표시한 값으로, 클수록 부드러운 아스팔트이다.
· 0.1mm 관입시 침입도 PI=1로 본다.(25℃, 100g, 5sec 조건으로 측정)
· 아스팔트 양부 판정시 가장 중요하다. 침입도와 연화점은 반비례 관계이다.

2) 시공법

① 바탕처리 : 시공바탕은 견실하고 평활해야 하며, 결함을 보수하고 청소한 후 모르타르 1:3 배합으로 1.5cm 정도 바르고 구석, 모서리는 둥글게 3~10cm 면을 접는다. 모르타르 바름은 완전 건조시켜 부착이 잘 되게 한다.

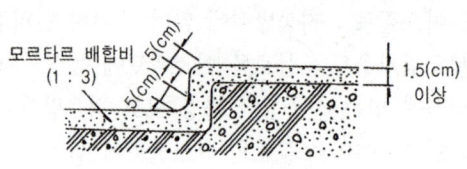

[그림] 바탕처리

② 방수층
㉮ 시공순서

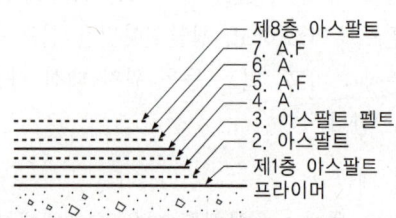

[그림] 아스팔트 방수층

㉯ 아스팔트 용융온도 : 180~210℃ 정도 또는 연화점에서 ±140℃ 이내(최대온도 : 인화점+14℃ 이내, 인화점 : 210℃)
㉰ 방수지 겹침은 엇갈리게, 가로 세로 10cm 이상으로 한다.
㉱ 방수층 치켜올림은 바닥에서 30cm 이상으로 한다.

③ 방수층 누름
㉮ 수평부 : 모르타르, 신더 콘크리트, 콘크리트 블록, 클링커 타일, 자갈깔기 등으로 보호 누름한다.
㉯ 수직부 : 벽돌, 블록쌓기 하여 방수 모르타르 바름 마무리한다.

④ 신축줄눈
㉮ 가로 세로 3~5m마다 설치한다.
㉯ 줄눈나비 15mm, 깊이는 방수층까지 자르고, 줄눈에는 아스팔트 컴파운드 또는 블로운 아스팔트로 충진한다.

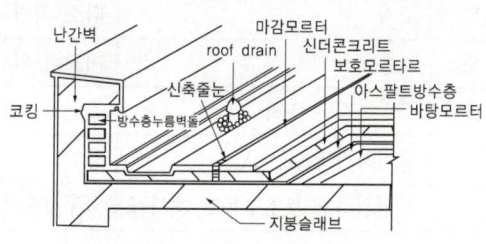
[그림] 아스팔트 방수의 참고도

2. 시멘트 액체 방수

방수성이 높은 모르타르로 방수층을 만들어 지하실의 안방수나 소규모인 지붕방수 등과 같은 비교적 경미한 방수공사에 활용되는 공법

1) 바탕처리
수밀, 견고, 평탄하게 하고, 물흘림 경사 1/200 정도 물매를 둔다.

2) 시공순서
제1공정 : ① 방수액침투 ② 시멘트풀 ③ 방수액침투 ④ 시멘트 모르타르
제2공정 : ① 방수액침투 ② 시멘트풀 ③ 방수액침투 ④ 시멘트 모르타르

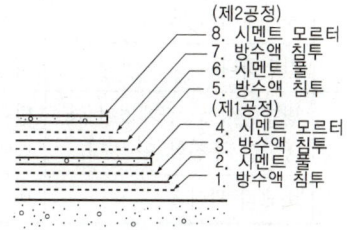
[그림] 시멘트 액체 방수층

핵심 PLUS

03 아스팔트 방수공사에 관한 설명 중 틀린 것은? [08, 23 기]
① 아스팔트 펠트, 루핑은 빈틈, 들뜨기, 주름, 늘어남이 없이 바탕에 밀착시켜야 한다.
② 기온이 영하이거나 우중에는 공사를 중지해야 한다.
③ 구석, 내민부분 귀모서리는 모두 직각으로 하여 시공해야 한다.
④ 선홈통과 낙수구 부근의 연결부분은 특별히 시공에 주의하여야 한다.
답 : ③

04 아스팔트 방수층에 신축줄눈을 설치하는 이유로써 가장 옳은 것은? [05, 25 기]
① 부분적인 보수를 쉽게 하기 위해서
② 방수층 보호 누름을 떠올리지 못하게 하기 위해서
③ 보기 좋게 하기 위해서
④ 지붕 마무리면의 팽창, 수축 등에 의한 균열을 방지하기 위해서
답 : ④

05 시멘트 액체방수에 대한 설명으로 옳지 않은 것은? [11, 24 기]
① 모체 표면에 시멘트 방수제를 도포하고 방수모르타르를 덧발라 방수층을 형성하는 공법이다.
② 옥상 등 실외에서는 효력의 지속성을 기대할 수 없다.
③ 시공은 바탕처리→지수→혼합→바르기→마무리 순으로 진행한다.
④ 시공 시 방수층의 부착력을 위하여 방수할 콘크리트 바탕면은 충분히 건조시키는 것이 좋다.

해설 시멘트 액체 방수는 보통 건조, 보수처리 엄밀히 하여야 하고, 바탕바름은 필요 없다. 시공이 용이하고 가격이 저렴하다. 방수성능은 비교적 의심이 간다.
답 : ④

핵심 PLUS

06 시멘트 액체방수에 대한 설명으로 옳지 않은 것은? [14 기]
① 값이 저렴하고 시공 및 보수가 용이한 편이다.
② 바탕의 상태가 습하거나 수분이 함유되어 있더라도 시공할 수 있다.
③ 바탕콘크리트의 침하, 경화 후의 건조수축, 균열 등 구조적 변형이 심한 부분에도 사용할 수 있다.
④ 옥상 등 실외에서는 효력의 지속성을 기대할 수 없다.
답 : ③

07 시멘트 액체방수에 관한 설명으로 옳은 것은? [17 기]
① 모체 표면에 시멘트 방수제를 도포하고 방수모르타르를 덧발라 방수층을 형성하는 공법이다.
② 구조체 균열에 대한 저항성이 매우 우수하다.
③ 시공은 바탕처리→혼합→바르기→지수→마무리 순으로 진행한다.
④ 시공 시 방수층의 부착력을 위하여 방수할 콘크리트 바탕면은 충분히 건조시키는 것이 좋다.

[해설] ② 값이 저렴하고 시공 및 보수가 용이한 편이나 옥상 등 실외에서는 효력의 지속성을 기대할 수 없다.
③ 시공은 바탕처리→지수→혼합→바르기→마무리 순으로 진행한다.
④ 바탕의 상태가 습하거나 수분이 함유되어 있더라도 시공할 수 있다.
답 : ①

08 바깥방수와 비교한 안방수의 특징에 관한 설명으로 옳지 않은 것은? [09, 16 기]
① 공사가 간단하다.
② 공사비가 비교적 싸다.
③ 보호누름이 없어도 무방하다.
④ 수압이 작은 곳에 이용된다.
답 : ③

09 방수공사에서 안방수와 바깥방수를 비교한 설명으로 옳지 않은 것은? [17, 25 기]
① 바탕 만들기에서 안방수는 따로 만들 필요가 없으나 바깥방수는 따로 만들어야 한다.
② 경제성(공사비)에서는 안방수는 비교적 저렴한 편인 반면 바깥방수는 고가인 편이다.
③ 공사시기에서 안방수는 본공사에 선행해야 하나 바깥방수는 자유로이 선택할 수 있다.
④ 안방수는 바깥방수에 비해 시공이 간편하다.
답 : ③

■ 시멘트 액체방수와 아스팔트 방수의 비교

구 분	아스팔트 방수	시멘트 액체방수
① 바탕처리	완전 건조, 보수처리 보통, 바탕 모르타르 바름을 함	보통 건조, 보수처리 엄밀히 함. 바탕바름은 필요 없음
② 외기에 대한 영향	적음	직감적임
③ 방수층의 신축성	큰 편임	거의 없음
④ 균열의 발생 정도	비교적 안생김	잘생김
⑤ 방수층의 중량	자체는 적으나 보호누름이 있으므로 총체적으로는 크다.	비교적 작다.
⑥ 시공 용이도	번잡	간단
⑦ 시공 시일	길다.	짧음
⑧ 보호 누름	절대 필요	안 해도 무방
⑨ 경제성(공사비)	고가	다소 저렴
⑩ 방수성능 신용도	보통	비교적 의심이 감
⑪ 재료취급·성능판단	복잡하지만 명확	간단하지만 신빙성이 적음
⑫ 결함부 발견	용이하지 않음	용이
⑬ 보수 범위	광범위하고 보호누름도 재시공	국부적으로 보수
⑭ 보수비	고가	저렴
⑮ 방수층 끝마무리	불확실하고 난점이 있음	확실히 할 수 있고 간단

3. 지하실 방수

지하실 방수 공사는 외부로부터의 우수, 지하수 유입방지 및 습기를 막아 건물 내부 시설을 보호하는 역할을 한다.

■ 안방수와 바깥방수의 비교

구 분	안 방 수	바 깥 방 수
① 적용대상	수압이 낮고 얕은 지하실	수압이 큰 곳에 사용(수압과 무관)
② 바탕처리	비교적 간단	특히 잘해야 함(돌출부 제거)
③ 공사시기	자유로이 선택 가능	본공사에 선행
④ 시공난이도	간단하다.	정밀한 시공이 요구된다.
⑤ 본공사 추진	방수공사에 관계없이 본공사를 추진할 수 있다.	방수공사 완료전에는 본공사 추진이 힘들다.
⑥ 경제성	비교적 싸다	비교적 고가이다.

구 분	안 방 수	바 깥 방 수
⑦ 내수압 처리	수압에 견디게 하기 곤란하다.	내수압적으로 된다.
⑧ 공사순서	간단하다.	상당한 절차가 필요하다.
⑨ 보호층	필요하다.	없어도 무관하다.

4. 시트(Sheet, 합성수지 고분자) 방수

합성수지계로 된 얇은 박판의 발수성으로 이용하는 방수법으로 아스팔트처럼 여러 겹으로 완성하는 것이 아닌 시트 1겹으로 방수 처리하는 방법이다.
① 방수능력이 우수하고 시공이 간단하며 공기단축이 가능하다.
② 시이트 상호접착 : 겹침이음 5cm 이상, 맞댄이음 10cm 이상
③ 현장에서 5cm 깊이로 24시간동안 침수시키는 누수시험을 실시한다.
④ 접착공법의 종류 : 온통부착(전면접착), 줄접착, 점접착, 갓접착(들뜬접착), 금속고정공법, 열풍융착공법

5. 도막(塗膜) 방수

도막방수는 도료상의 방수재를 바탕면에 여러 번 칠하여 상당한 살두께의 방수막을 만드는 방수방법으로 고분자계 방수공법의 일종이다.
① 연신율이 뛰어나며 경량의 장점이 있다.
② 방수층의 내수성, 내화성이 우수하다.
③ 균일한 두께를 확보하기 어렵고 두꺼운 층을 만들 수 없다.
④ 시공이 간편하며, 누수사고가 생기면 아스팔트 방수에 비해 보수가 용이하다.

2 지붕 및 홈통공사

1. 지붕의 재료와 물매

지붕명	재 료	바탕 재료	물매(cm)	주된 용도	고정철물
기와지붕	점토기와 시멘트 기와(평기와) 슬레이트 기와	얇은 널 아스팔트 루핑 플라스틱 시트	4.5(한식기와) 4.0 3.5(본기와)	주택, 창고	못, 철사 (구리, 아연 도금)
금속판지붕	아연 철판 (평판, 골판) 알루미늄판 구리판	아스팔트 루핑 플라스틱 시트	2.5 (평지붕 1/200 정도)	주택, 공장 창고, 장식용 등	못, 볼트, 알루미늄못, 구리 못

핵심 PLUS

10 시트(Sheet) 방수재료를 붙이는 방법이 아닌 것은? [04, 06 산]
① 온통부착
② 줄접착
③ 점접착
④ 원접착

답 : ④

11 합성고무와 열가소성수지를 사용하여 1겹으로 방수효과를 내는 공법은? [12, 17 기]
① 도막 방수
② 시트 방수
③ 아스팔트 방수
④ 표면도포 방수

답 : ②

12 시이트 방수공법에 관한 기술 중 옳지 않은 것은? [05, 23 기]
① 건축용 시이트의 두께는 0.8~2.0mm 정도의 것이 사용된다.
② 시이트의 나비와 길이에 제한이 없고, 3겹 이상 적층하여 방수하는 것이 원칙이다.
③ 상온에서 용재형의 접착제를 도포한 후 약 20분 정도가 경과되어야 압착이 가능하다.
④ 시이트 상호간의 이음은 겹친이음 5cm 이상, 맞댄이음 10cm 이상으로 한다.

답 : ②

13 도막방수에 관한 기술 중 옳지 않은 것은? [99, 16 기]
① 도막방수의 바탕 손질은 시멘트액체 방수에 준하여 실시한다.
② 도막방수에는 노출 공법과 비노출 공법이 있다.
③ 유제형 도막방수는 인화성이 강하므로 시공시 화기를 엄금한다.
④ 용제형 도막방수는 강풍이 불 경우 방수층 접착이 불량하다.

[해설] 용제(Solvent)형 도막방수의 경우에 용제가 가연성으로 인화성인 것이 많고, 또 인체에 유해한 것이 많으므로 화기와 환기에 주의가 필요하다.

답 : ③

Ⅱ. 건축시공 | 기타공사

핵심 PLUS

지붕명	재료	바탕 재료	물매(cm)	주된 용도	고정철물
석면슬레이트 지붕	석면 슬레이트 (골판)		5.0(대형) 3.0(소형)	공장이나 창고	볼트 혹 볼트
기 타	유리(평판, 골판) 플라스틱 골판 천연 슬레이트	얇은널 아스팔트 루핑	5.0 3.0(루우핑) 5.0	공장, 주택채광용 주택	볼트, 못

2. 기와잇기

1) 한식기와 잇기

① 시공순서

산자 엮어대기 → 알매흙 → 암기와 → 홍두깨흙 → 숫기와 → 착고 → 부고 → 암마루장 → 숫마루장

※ 한식기와

㉮ 알매흙 : 산자위나 펠트 위에 얇게 펴까는 암기와 밑의 진흙

㉯ 홍두깨흙 : 암기와 사이에 홍두께 모양으로 뭉친 숫기와 밑의 흙

㉰ 아귀토 : 처마 끝에 막새 대신 회, 진흙반죽으로 동그랗게 바른 흙

※ 시멘트 기와(300×345) 1당 소요장수 : 14매

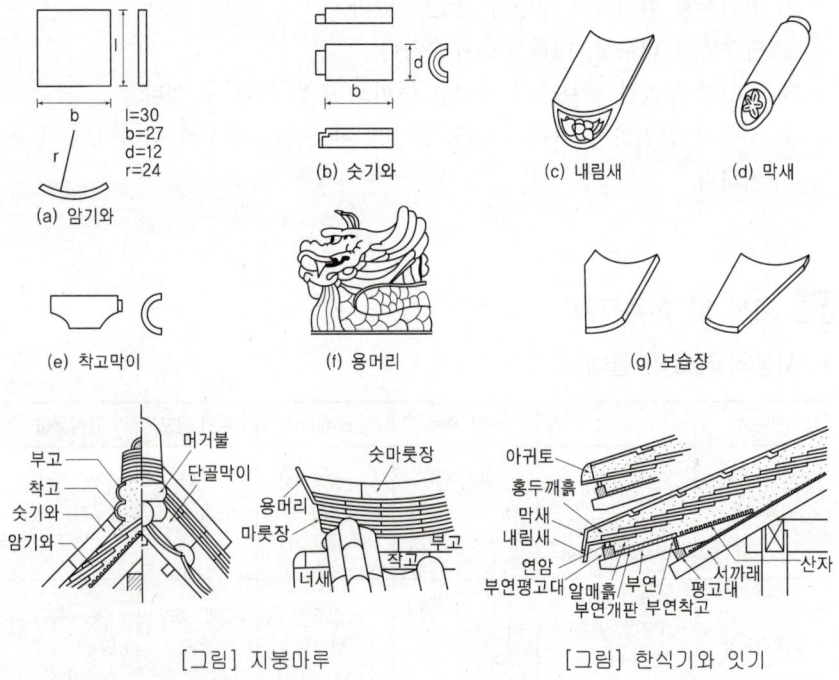

[그림] 지붕마루   [그림] 한식기와 잇기

2) 걸침 기와 잇기

펠트를 깔고, 기와살을 물매 방향에 직각되게 같은 간격으로 못박아 댄다.

3. 금속판 잇기

금속판 잇기는 빗물 아무림이 좋고 경량이며 시공이 용이하다. 따라서 지붕물매 2.5cm 이상이면 비가 샐 우려는 없다. 그러나, 열에 의한 신축의 영향이 크므로 거멀 접기, 거멀쪽을 댄다.

1) 재료에 따른 분류

① 함석판 : 가볍고 가공성이 우수하나, 무연탄가스에 약하고 부식하기 쉽다.
② 동판(구리판) : 염산에는 강하나, 알칼리에는 약하다.(암모니아 가스에 약하다.)
③ 알루미늄판 : 염에 약하므로 해풍에 약하다.(해안지역에는 부적당)
④ 연판 : 목재나 회반죽에 닿으면 썩기 쉽다.
⑤ 아연판 : 산과 알칼리, 매연에 약하다. 동판과 접촉하지 않는다.

2) 함석판 잇기

① 평판잇기 : 일자, 마름모 이음으로 60×90cm판을 거멀쪽, 고정못으로 고정한다.
② 기와가락 잇기 : 서까래 위에 지붕널을 대고 다시 서까래와 같은 방향으로 기와가락을 대고, 함석판을 이은 것
③ 골 함석 잇기 : 중도리에 직접 이을 때도 있으며, 세로 겹침은 15cm 정도, 가로 겹침은 대골이 1.5골 이상, 소골이 2.5골 이상이다.

4. 홈통공사

1) 재료

동판(0.3~0.5mm), 함석판(#25~#29), 플라스틱 제품 등이 있다.

2) 홈통의 종류

① 처마 홈통
　㉮ 건물 처마 끝에 설치한 홈통으로 안홈통과 밖홈통이 있다.
　㉯ 물매는 1/200~1/50까지로 하고, 선홈통을 10m 이내마다 배치한다.
　㉰ 홈걸이 간격 : 90cm
② 선 홈통
　㉮ 세로이음은 윗통을 밑통에 3cm 이상 5cm 정도 꽂아 납땜한다.

14 지붕잇기 중 금속판 지붕 및 금속판 잇기에 대한 설명으로 옳지 않은 것은? [11 기]
① 금속판 지붕은 다른 재료에 비해 가볍고, 시공이 용이하다.
② 겹침의 두께가 작으며 물매를 완만하게 할 수 있다.
③ 열전도가 크고 온도변화에 의한 신축이 작기 때문에 바탕재와의 연결이 용이하다.
④ 대기 중에 장기간 노출되면 산화하며, 염류나 가스에 부식되기 쉽다.

[해설] 금속판 잇기는 빗물 아무림이 좋고 경량이며 시공이 용이하다. 따라서 지붕물매 2.5cm 이상이면 비가 샐 우려는 없다. 그러나, 열에 의한 신축의 영향이 크므로 거멀 접기, 거멀쪽을 댄다.
답 : ③

■ 함석잇기 공사에서 직접 못으로 고정하지 않고 거멀접기하는 이유는 함석에 대한 온도의 영향을 방지하기 위함이다.

15 선홈통 공사에 대한 설명 중 옳지 않은 것은? [14 기]
① 선홈통이 지반에 접하는 하부에는 보호관을 설치한다.
② 선홈통의 홈걸이의 간격은 보통 0.9m마다 줄 바르게 고정한다.
③ 접합겹침은 3cm 이상 꽂아 넣어 납땜한다.
④ 선홈통은 건물의 관에 대한 고려와 동파를 방지하기 위하여 가능한 한 콘크리트 기둥 속이나 조적벽체 속에 매설한다.

답 : ④

핵심 PLUS

16 홈통공사에 대한 기술 중 옳지 않은 것은? [95 기]
① 처마홈통 및 선홈통의 홈통걸이 간격은 90cm가 적당하다.
② 선홈통의 물흘림경사는 보통 1/10 이상으로 한다.
③ 선 홈통은 처마길이 10m 이내마다 설치하는 것이 좋다.
④ 선홈통의 이음은 밑통 안에 5cm 이상 꽂는다.

답 : ②

17 홈통공사에 관한 기술 중 옳지 않은 것은? [06 산]
① 선홈통은 미관상 콘크리트 속에 설치한다.
② 처마홈통의 양 갓은 둥글게 감되, 안감기를 원칙으로 한다.
③ 선홈통의 맞붙임은 거멀접기로 하고, 수밀하게 눌러 붙인다.
④ 처마홈통, 이중홈통, 끝홈통 및 깔때기 등의 내부는 정제 콜타르를 칠한다.

[해설] 선홈통은 후일 보수 및 교체 수리에 용이하도록 노출시켜 설치한다.

답 : ①

18 다음 미장재료 중 기경성 재료로만 짝지어진 것은? [09, 15 기]
① 회반죽, 석고 플라스터, 돌로마이트 플라스터
② 시멘트 모르타르, 석고 플라스터, 회반죽
③ 석고 플라스터, 돌로마이트 플라스터, 진흙
④ 진흙, 회반죽, 돌로마이트 플라스터

답 : ④

Ⅱ. 건축시공 | 기타공사

④ 처마길이 10m 이내마다 설치하는 것이 좋다.
⑤ 홈걸이 간격 : 0.9m~1.2m

③ 깔대기 홈통(끝홈통)
㉮ 처마홈통에서 선홈통까지 연결하는 홈통으로 경사는 15° 정도로 한다.
㉯ 깔대기 하부는 지름의 1/2 내외를 선홈통이나 장식통에 꽂아 넣는다.

④ 장식 홈통
㉮ 깔대기 홈통과 선홈통의 연결되는 부분을 장식적으로 처리한다.
㉯ 유수방향의 전환, 넘쳐흐름 방지 목적의 장식용이다.

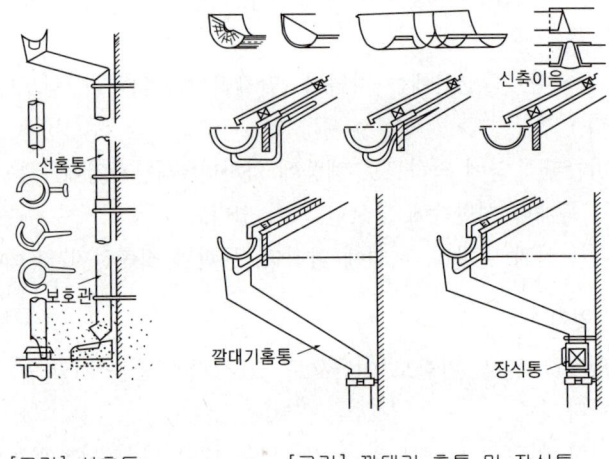

[그림] 선홈통　　　[그림] 깔대기 홈통 및 장식통

3 미장공사 및 타일공사

1. 미장재료의 분류

① 기경성 미장재료 : 공기 중에서 경화하는 것으로 공기가 없는 수중에서는 경화되지 않는 성질 → 진흙질, 회반죽, 돌로마이트 플라스터
② 수경성 미장재료 : 물과 작용하여 경화하고 차차 강도가 크게 되는 성질 → 석고 플라스터, 무수석고(경석고) 플라스터, 시멘트 모르타르, 인조석 바름

2. 미장재료의 구분 및 특성

구 분		종 류	구성재료 및 특성
기경성	석회질	회반죽	• [소석회+모래+여물]을 해초풀로 반죽한 것 • 물은 사용안함(해초풀 : 접착력 증대, 여물 : 균열방지)
		회사벽	• [석회죽+모래(시멘트, 여물 등도 섞는다.)] • 흙벽의 정벌바름, 회반죽 고름, 재벌바름 (회사물)
		돌로마이트 플라스터 (마그네시아석회)	• [돌로마이트석회+모래+여물], 해초풀 안쓴다. • 건조수축이 커서 균열발생 • 지하실 사용안함(물에 약함)
수경성	석고질	순석고 플라스터	• [순석고+모래+물] • 경화속도가 빠르며, 중성이다.
		혼합석고 플라스터 (배합석고)	• [배합석고+모래+여물+물] • 경화속도는 보통이며, 약알칼리성이다.
		경석고 플라스터 (킨즈 시멘트)	• [무수석고+모래+여물+물] • 강도가 크고 수축균열이 거의 없다. • 다른 소석고와 혼합 금지, 철을 녹슬게 한다.
용액성 간수	고토질	마그네시아 시멘트	• 착색이 용이하고 물을 가해도 경화되지 않는다. • 염화마그네슘($MgCl_2$)을 물 대신 사용한다. • 철을 녹슬게 하며, 리그로이드의 원료가 된다.

3. 회반죽 바름

① 재료 : 소석회+모래+여물+해초풀
 ㉮ 소석회 : 주원료(석회석+열=생석회 → 생석회+물=소석회)
 ㉯ 모래 : 강도를 높이고 점도를 줄인다.
 ㉰ 여물 : 수축의 분산(균열 방지)
 ㉱ 해초풀 : 점성이 늘어나 바르기 쉽고 바름 후 부착이 잘 되도록 한다. (접착력 증대)
② 회반죽과 회사벽의 고결재인 수산화석회는 공기 중의 CO_2(탄산가스)와 반응하여 단단한 석회가 된다.
③ 시공
 ㉮ 해초풀은 끓인 후 채로 걸러 사용하는데 1일이 지난 것은 사용하지 않으며, 부득이 1일이 지난 것에는 표면에 석회를 뿌려 부패를 방지하고 사용시 걷어낸다.
 ㉯ 바름두께는 벽 15mm, 천정은 12mm

핵심 PLUS

19 미장공사에서 나타나는 결함의 유형과 가장 거리가 먼 것은? [18, 23 기]
① 균열
② 부식
③ 탈락
④ 백화

해설 미장공사에서 나타나는 결함의 유형에는 균열, 박리현상, 탈락, 백화, 부풀어오름, 색얼룩, 동해, 곰팡이 등이 있다.
답 : ②

20 회반죽 바름에서 균열을 방지하기 위한 공법으로 옳지 않은 것은? [04, 11 산]
① 정벌은 두껍게 바르는 것이 균열방지에 좋다.
② 초벌, 재벌에는 거친 모래를 넣는다.
③ 초벌, 재벌, 정벌에는 적당량의 여물을 넣는다.
④ 쫄대는 두꺼운 것이 좋고 수염은 충분히 넣는다.
답 : ①

핵심 PLUS

㉰ 수염은 잘 건조된 것으로 벽용은 70cm, 천정용은 55cm로 아연도금 못에 매어 사용한다.(한 가닥은 초벌에 한가닥은 재벌에 묻힌다.)
㉱ 초벌 바른 후 10일 이상 지나 재벌바름을 하고, 반건조시 정벌 바른다.

4. 돌로마이터 플라스터 바름

① 재료 : 돌로마이트(마그네샤질 석회)+모래+여물
② 특성
  ㉮ 가소성(점성)이 높기 때문에 풀을 혼합할 필요가 없으며, 응결시간이 비교적 길기 때문에 시공이 용이하다.
  ㉯ 건조수축이 커서 균열이 생기므로 여물을 혼합하여 잔금을 방지한다.
  ㉰ 대기 중의 이산화탄소(CO_2)와 화합해서 경화하는 기경성 미장재료로 습기 및 물에 약해 지하실에는 사용하지 않는다.
③ 배합·시공
  ㉮ 정벌용은 가수 후 12시간 정도 지난 후 사용한다.
  ㉯ 시멘트를 혼합한 것은 2시간 이상 경과한 것은 사용하지 않는다.
  ㉰ 초벌 바른 후 10일 이상 두어 고름질하고 7일 이상(갈래금 없을 때), 14일 이상(갈래금 있을 때) 지난 후 재벌 바름한다. 그리고 어느 정도 건조 후 정벌 바름한다.
  ㉱ 균열이 크고, 경화가 느리나 점도가 커서 시공이 용이하다.

5. 석고 플라스터(gypsum plaster)

조립식 및 건식공법의 가장 획기적인 마감재료로서 프리캐스트나 ALC 등에 적합하며 주로 건물 내외부 벽면에 사용하는 미장재료로서 종류에는 순석고 플라스터, 혼합석고 플라스터, 경석고 플라스터(=Keen's Cement)가 있다.

① 석고질 재료
  ㉮ 순석고 플라스터 : 소석고+모래+물(석회죽 또는 돌로마이트도 배합)
    • 경화속도가 너무 빠르다.(15~20분), 중성이다.
  ㉯ 혼합석고 플라스터 : 소석고(25%)+회반죽(공정에서 미리 혼합제품)
    • 초벌용 : 물과 모래 혼합
    • 정벌용 : 물만 혼합(여물×)
    • 약알카리성이며 경화속도는 보통이다.
  ㉰ 경석고(무수석고) 플라스터 : 응결이 대단히 느리므로 경화촉진제(명반)를 사용
    • 강도가 크고, 수축·균열이 거의 없어 주로 청정 가능한 벽면(욕실, 주방)에 사용된다.

---

21 돌로마이트 플라스터 바름에 관한 설명으로 옳지 않은 것은?
[19, 23, 25 기]
① 실내온도가 5℃ 이하일 때는 공사를 중단하거나 난방하여 5℃ 이상으로 유지한다.
② 정벌바름용 반죽은 물과 혼합한 후 4시간 정도 지난 다음 사용하는 것이 바람직하다.
③ 초벌바름에 균열이 없을 때에는 고름질한 후 7일 이상 두어 고름질면의 건조를 기다린 후 균열이 발생하지 아니함을 확인한 다음 재벌바름을 실시한다.
④ 재벌바름이 지나치게 건조한 때는 적당히 물을 뿌리고 정벌바름한다.

[해설] 돌로마이트 플라스터 바름의 정벌바름용 반죽은 물과 혼합한 후 12시간 이상 지난 다음 사용하는 것이 바람직하다.
답 : ②

22 석고 플라스터에 대한 설명으로 옳지 않은 것은?
[11, 15, 22 기]
① 석고 플라스터는 경화지연제를 넣어서 경화시간을 너무 빠르지 않게 한다.
② 경화·건조시 치수 안정성과 내화성이 뛰어나다.
③ 석고 플라스터는 공기 중의 탄산가스를 흡수하여 표면부터 서서히 경화한다.
④ 시공 중에는 될 수 있는 한 통풍을 피하고 경화 후에는 적당한 통풍을 시켜야 한다.

[해설] ③ 돌로마이트 플라스터(Dolomite plaster)는 대기 중의 이산화탄소(탄산가스, CO_2)와 화합해서 경화하는 기경성 미장재료로 습기 및 물에 약해 지하실에는 사용하지 않는다.
답 : ③

㉣ 보드용 석고 플라스터 : 소석고의 양을 많게 하여 접착성과 강도를 크게 한 제품
  • 부착강도가 높으며 석고판 붙임용에 적합하다.

② 시공·특징
  ㉮ 경화속도가 빠르고, 팽창성이 있다.
  ㉯ 가수 후 초벌, 재벌용은 2시간 이내, 정벌용은 1시간 30분 이내에 사용한다.
  ㉰ 작업 중 통풍을 방지하고 작업 후에 서서히 통풍 시킨다.
  ㉱ 5℃ 이하일 때는 공사를 중지하고, 보온장치를 설치하며 5℃ 이상으로 유지하도록 한다.
  ㉲ 초벌바름에는 반드시 거치름눈(작살긋기)을 넣는다.
  ㉳ 재벌바름은 초벌 후 1~2주일 후(콘크리트 바탕일 때)에, 정벌은 재벌이 반건조 되었을 때 (수시간~24시간) 마무리 흙손질을 한다.

6. 시멘트 모르타르 바름

① 재료 : 보통포틀랜드 시멘트+모래+소석회
보통포틀랜드 시멘트와 모래에 시공성을 좋게 하기 위하여 소석회를 혼합하여 사용한다.

② 특징
  ㉮ 미장공사에 주로 사용되는 수경성 미장재료로서 내수성 및 강도는 크나 작업성이 나쁘다.
  ㉯ 시멘트모르타르는 지하실과 같이 공기의 유통이 나쁜 장소의 미장공사에 적당하다.

③ 시공
  ㉮ 재료배합은 바탕에 가까울수록 부배합, 정벌에 가까울수록 빈배합이 원칙이다.
  ㉯ 초벌바름은 바탕면에 물축이기를 한 후 초벌 바른다. 초벌바름 후 1~2주 방치하여 충분한 경화, 균열발생 후 고름질을 하고 재벌 바른다.
  ㉰ 바름두께는 바닥은 1회 바름(1회 바름두께 : 6mm가 표준)으로 마감하고, 벽·기타는 2~3회 바른다. 얇게 여러 번 바르는 것이 두껍게 바르는 것보다 좋다.(바닥, 외벽면 : 24mm, 내벽면 : 18mm, 천장, 채양 : 15mm)
  ㉱ 바르기 순서는 위에서 아래로 바른다.(실내 : 천장 → 벽 → 바닥, 외벽 : 옥상 난간 → 지하층)

핵심 PLUS

23 미장공법 중 균열이 가장 적게 생기는 것은? [03 기]
① 소석고 플라스터 바름
② 경석고 플라스터 바름
③ 마그네시아 시멘트 바름
④ 백색 포틀랜드 시멘트 바름
답 : ②

24 석고플라스터 바름에 대한 설명으로 옳지 않은 것은?[10, 16 기]
① 보드용 플라스터는 초벌바름, 재벌바름의 경우 물을 가한 후 2시간 이상 경과한 것은 사용할 수 없다.
② 실내온도가 10℃ 이하일 때는 공사를 중단한다.
③ 바름작업 중에는 될 수 있는 한 통풍을 방지한다.
④ 바름 작업이 끝난 후 실내를 밀폐하지 않고 가열과 동시에 환기하여 바름면이 서서히 건조되도록 한다.
답 : ②

25 미장공사에서 시멘트 모르타르 바름에 관한 기술 중 옳은 것은? [09, 24 기]
① 1회의 바름두께는 바닥의 경우를 제외하고 10mm를 표준으로 한다.
② 초벌바름 후 방치기간 없이 바로 고름질을 하는 것이 좋다.
③ 쇠흙손 마무리는 쇠흙손으로 바르고 나무흙손으로 눌러 고른 다음, 쇠흙손으로 마무리한다.
④ 콘크리트 바닥면에 모르타르를 바를 때에는 바닥에 물이 고인 상태에서 바르는 것이 좋다.

[해설] ① 1회의 바름두께는 바닥의 경우를 제외하고 6mm를 표준으로 한다.
② 초벌바름은 바탕면에 물축이기를 한 후 초벌 바른다. 초벌바름 후 1~2주 방치하여 충분한 경화, 균열발생 후 고름질을 하고 재벌 바른다.
④ 콘크리트 바닥면에 모르타르를 바를 때에는 바탕면의 레이턴스, 이물질 등을 제거하고 청소한 후에 바른다. 바닥에 물이 고인 상태에서 바르는 것이 좋지 않다.
답 : ③

Ⅱ. 건축시공 | 기타공사

핵심 PLUS

26 테라조(terrazzo) 현장갈기에 대한 설명으로 옳지 않은 것은?
[05, 09, 15 기]
① 여름철 갈기는 3일 이상 충분히 경화시킨 다음 갈기 시작한다.
② 초벌갈기는 돌알이 균등하게 나타나도록 하고 시멘트풀먹임이 경화되기 전 중갈기를 한다.
③ 정벌 갈기는 중갈기가 끝나고 시멘트 풀 먹임을 2~3회 거듭한 후 행한다.
④ 광내기 왁스칠은 시간을 두고 얇게 여러번 행하는 것이 좋다.

[해설] 초벌갈기는 돌알이 균등하게 나타나게 하고 잔구멍을 시멘트풀로 메운 후 굳은 다음 중갈기 하고 중갈기 완료 후 시멘트풀을 2~3회 먹인 후 정벌한다.

답 : ②

27 셀프레벨링재 바름에 대한 설명으로 옳지 않은 것은?
[05, 07 기]
① 재료는 대부분 기배합 상태로 이용되며, 석고계 재료는 물이 닿지 않는 실내에서만 사용한다.
② 모든 재료의 보관은 밀봉상태로 건조시켜 보관해야 하며, 직사광선이 닿지 않도록 한다.
③ 경화 후 이어치기 부분의 돌출 및 기포 흔적이 남아 있는 주변의 튀어나온 부위는 연마기로 갈아서 평탄하게 하고, 오목하게 들어간 부분 등은 된비빔 셀프레벨링재를 이용하여 보수한다.
④ 셀프레벨링재의 표면에 물결무늬가 생기지 않도록 창문 등을 밀폐하여 통풍과 기류를 차단하고, 시공중이나 시공완료 후 기온이 10℃ 이하가 되지 않도록 한다.

답 : ④

7. 테라조 현장갈기

① 백시멘트·안료·대리석 부순 돌을 섞어서 정벌바름을 하고, 굳은 후에 여러 번 갈아주고 수산으로 청소한 후 왁스로 광내기 마무리한 것으로 주로 바닥에 쓰이고 벽에는 공장제품 테라조판을 붙인다.

② 시공·특징
  ㉮ 초벌바름은 접착공법(밀착공법)과 절연공법(유리공법)이 있다.
  ㉯ 시공순서 : 바탕처리 → 줄눈대 대기 → 초벌 모르타르바름 → 정벌바름 → 양생 → 초벌갈기 → 시멘트풀 먹임 → 중갈기 → 정벌갈기 → 왁스칠
  ※ 현장갈기 : 초벌갈기는 돌알이 균등하게 나타나게 하고 잔구멍을 시멘트풀로 메운 후 굳은 다음 중갈기 하고 중갈기 완료 후 시멘트풀을 2~3회 먹인 후 정벌한다.
  ㉰ 테라조바름 후는 습기유지에 유의하며 급격한 건조를 피하고, 충분히 경화시킨(여름은 3일 이상, 기타 7일 이상 방치)시킨 다음 갈기 시작한다.
  ㉱ 갈기는 정벌바름 후 손갈기는 1일 이상, 기계갈기는 5~7일 이상 경과 후에 한다.
  ㉲ 줄눈대는 황동제로 사용하며, 보통 간격 90cm, 최대 2m 이내로 하며, 설치 목적은 균열방지, 보수용이, 바름 구획구분(레벨 조절용이) 등이 있다.

8. 셀프 레벨링재(self leveling : SL재) 바름

① 자체 유동성을 가지고 있기 때문에 평탄하게 되는 성질이 있는 석고계 및 시멘트계 등의 셀프 레벨링재(self leveling : SL재)에 의한 바닥 바름공사에 적용한다.
② 재료는 대부분 기배합상태로 이용되며, 석고계 셀프레벨링재는 물이 닿지 않는 실내에서만 사용한다.
③ 모든 재료는 밀봉상태로 건조시켜 보관해야 하며, 직사광선이 닿지 않도록 해야 한다.
④ 셀프레벨링 바름재는 소요 표준연도가 되도록 기계를 사용하여 균일하게 반죽하여 사용한다.
⑤ 실러바름은 수밀하지 못한 부분은 2회 이상에 걸쳐 도포하고 셀프레벨링재를 바르기 2시간 전에 완료한다.
⑥ 경화 후 이어치기 부분의 돌출부분 및 기포 흔적이 남아 있는 주변의 튀어나온 부위 등은 연마기로 갈아서 평탄하게 하고, 오목하게 들어간 부분은 된비빔 셀프레벨링재를 이용하여 보수한다.

⑦ 셀프레벨링재의 표면에 물결무늬가 생기지 않도록 창문 등을 밀폐하여 통풍과 기류를 차단한다.
⑧ 셀프레벨링재 시공 중이나 시공완료 후 기온이 5℃ 이하가 되지 않도록 한다.

9. 특수 미장바름

① 리신 바름(lithin coat) : 돌로마이트에 화강석 부스러기, 색모래, 안료 등을 섞어 정벌 바름하고 충분히 굳지 않은 때에 표면을 거친 솔 등으로 긁어 거칠게 마무리 하는 미장바름
② 러프 코트(rough coat) : 시멘트, 모래, 잔자갈, 안료 등을 반죽한 것을 바탕바름이 마르기 전에 뿌려 바르는 거친 벽마무리(일종의 인조석 바름)
③ 모조석(의석, Imitation Stone) : 백시멘트, 종석, 안료를 혼합하여 천연석과 유사한 외관으로 만든 인조석
④ 리그노이드 : 마그네시아 시멘트에 톱밥, 코르크 가루, 안료 등을 혼합한 모르타르 반죽한 것으로 탄성이 있어 건물, 차량, 선박 등의 마무리 재료로 사용한다.

10. 타일의 종류

종 류	소성온도	소지 흡수율	소지 색	투명 정도	건축재료
토기(土器)	700~900℃	20% 이하	유색	불투명	기와, 벽돌, 토관
도기(陶器)	1000~1300℃	10% 이하	백색, 유색	불투명	타일, 테라코타 타일
석기(石器)	1300~1400℃	3~10%	유색	불투명	마루타일, 클링커타일
자기(磁器)	1300~1450℃	0~1%	백색	반투명	모자이크 타일, 위생도기

[주] 흡수율과 소성온도 비교
① 흡수율 : 자기<석기<도기<토기
 ㉮ 흡수율이 가장 작은 점토제품-자기질 타일(흡수율 : 자기<석기<도기<토기)
 ㉯ 흡수율이 가장 높은 점토제품-토기질 타일
② 소성온도 : 자기>석기>도기>토기

핵심 PLUS

28 타일의 흡수율 크기의 대소관계가 알맞은 것은?
　　　　　　　　　[05, 07, 25 기]
① 석기질 > 도기질 > 자기질
② 도기질 > 석기질 > 자기질
③ 자기질 > 석기질 > 도기질
④ 석기질 > 자기질 > 도기질
답 : ②

29 건축물에 이용하는 타일 중 흡수율이 적어 겨울철 동파의 우려가 가장 적은 것은? [14 기]
① 도기질 타일
② 석기질 타일
③ 토기질 타일
④ 자기질 타일
답 : ④

11. 타일의 시공

1) 타일붙이기 공법

부 위	공 법
벽	압착붙이기 공법, 떠붙임 공법, 접착 공법, 밀착 공법(동시줄눈 공법), PC먼저붙임 공법
바닥	바닥용 타일붙이기 공법, 바닥 모자이크 타일붙이기 공법, 클링커 타일붙이기 공법, 접착제 붙이기 공법

2) 타일의 시공

① 타일 붙이기
  ㉮ 모르타르배합비는 경질타일 1 : 2, 연질타일 1 : 3로 한다.
  ㉯ 내벽 타일은 아래에서 위로 붙인다.
  ㉰ 하루 붙임 높이는 1.2~1.5m 정도로 한다.(대형은 0.7~0.9m)
  ㉱ 모르타르는 건비빔 후 3시간 이내, 물부어 반죽한 후 1시간 이내에 사용한다.

② 치장줄눈
  ㉮ 치장줄눈 배합비는 1 : 1로 한다.
  ㉯ 붙인 후 3시간 후 줄눈파기 하여 24시간 경과 후 치장줄눈을 한다.
  ㉰ 치장줄눈 나비가 5mm 이상일 때는 2회 나누어 실시하고 고무흙손을 사용하여 빈틈없이 누른다.
  ㉱ 순서 : 세로줄눈 → 가로줄눈, 위 → 아래

③ 보양 및 청소
  ㉮ 외부타일은 거적 등으로 보양하며, 바닥 타일은 톱밥으로 보양하고 3일간은 진동이나 보행을 금한다.
  ㉯ 치장줄눈 완료 후 헝겊, 스폰지 등으로 청소한다.
  ㉰ 청소시 묽은 염산을 사용하는 것은 피해야 하나, 부득이 쓸 때는 5%의 묽은 염산을 사용하고 즉시 물로 씻는다.

12. 테라코타(Terracotta)

점토를 반죽하여 조각 형틀로 찍어낸 점토 소성 제품으로 구조용과 장식용으로 구분한다.

① 종류
  ㉮ 구조용 테라코타 : 바닥, 칸막이벽에 사용되는 속이 빈 제품
  ㉯ 장식용 테라코타 : 판형, 쇠시리형, 조각물이 있고 난간벽, 돌림대, 창대, 주두에 사용

핵심 PLUS

30 타일의 동해(凍害)를 방지하기 위한 기술 중 틀린 것은? [95, 98, 99, 04 기]
① 타일은 소성온도가 높은 것을 사용한다.
② 타일은 흡수성이 높은 것일수록 mortar가 잘 밀착이 되므로 동해방지에 효과가 크다.
③ 붙임용 mortar의 배합비를 좋게 한다.
④ 줄눈 누름을 충분히 하여 빗물의 침투를 방지하고 타일 바름 밑바탕의 시공을 잘한다.

[해설] 타일은 흡수성이 낮은 것일수록 mortar가 잘 밀착이 되므로 동해방지에 효과가 크다.
답 : ②

31 타일시공에 관한 설명 중 틀린 것은? [05, 07, 11 기]
① 타일 나누기는 먼저 기준선을 정확히 정하고 될 수 있는 대로 온장을 사용하도록 한다.
② 타일을 붙이기 전에 바탕의 불순물을 제거하고 청소를 하여야 한다.
③ 타일붙임 바탕의 건조상태에 따라 뿜칠 또는 솔질로 물을 고루 축인다.
④ 외부 대형 벽돌형 타일 시공 시는 줄눈의 표준나비는 5mm 정도가 적당하다.

[해설] 타일의 줄눈나비 표준
① 외부 대형타일, 벽돌형 타일 : 9mm
② 내부 대형타일 : 5~6mm
③ 소형 타일 : 3mm
④ 모자이크 타일 : 2mm
답 : ④

32 타일 108mm 각으로 줄눈을 5mm로 타일 6m²를 붙일 때 타일 장수는?(단, 정미량으로 계산) [07, 23 기]
① 350장 ② 400장
③ 470장 ④ 520장

[해설]
$$\frac{100cm}{(10.8+0.5)cm} \times \frac{100cm}{(10.8+0.5)cm} \times 6m^2 = 469.8 ≒ 470매$$

답 : ③

② 특징
  ㉮ 일반석재보다 가볍고 색소나 모양의 임의 가공이 가능하나 형상, 치수오차가 심하다
  ㉯ 화강암보다 내화력이 강하고, 대리석보다 풍화에 강하므로 외장에 적당하다.
  ㉰ 압축강도는 800~900kg/cm² 로서 강도는 화강암의 1/2 정도이다.
  ㉱ 주용도 : 버팀대, 돌림대, 기둥주두, 파라펫 등 주로 내·외장식재

③ 시공
  ㉮ 줄눈나누기, 기타는 벽돌공사, 돌공사에 준하고 붙임용 모르타르는 1 : 3의 배합으로 줄눈채우기를 충분히 한다.
  ㉯ 바탕과 테라코타는 습윤하게 하고 테라코타 1개에 2개소 이상 촉, 연결철물 등으로 철골이나 철근에 연결하고 모르타르로 사춤한다.

4 도장공사

1. 칠의 원료

분류	내용
용제	• 도막구성 요소를 녹여서 유동성을 갖게 만드는 물질 • 건성유(아마인유, 동유, 임유, 마실유 등)와 반건성유(대두유, 채종유, 어유 등)
건조제	• 연, 망간, 코발트의 수지산, 지방산 염류 → 가열하여 기름에 용해 • 연단, 초산염, 이산화망간, 수산화망간 → 상온에서 기름에 용해
희석제 (신전제)	• 도료 자체를 희석, 솔질이 잘되게 하고 적당한 휘발, 건조속도 유지 • 휘발유, 석유, 테레핀유, 벤젠, 알콜, 아세톤 등을 사용
수지	천연수지(레진, 셀락, 코팔 등)와 합성수지가 사용
안료	유체안료(착색 목적), 체질안료(피복에 은폐력 부여)
착색제	• 바니스 스테인, 수성 스테인 : 작업성 우수, 색상 선명, 건조가 늦다. • 알콜 스테인 : 퍼짐이 우수, 건조가 빠르다, 색상이 선명(왁스스테인) • 유성 스테인 : 작업성 우수, 건조가 빠르고, 얼룩이 생길 우려
가소제	• 도료의 영구적 탄성, 교착성, 가소성 부여 • 프탈산, 에스테르 등

핵심 PLUS

33 타일 시공시 유의사항으로 옳지 않은 것은? [11, 24 기]
① 여름에 외장타일을 붙일 경우에는 하루 전에 바탕면에 물을 충분히 적혀둔다.
② 타일을 붙이기 전에 바탕의 들뜸, 균열 등을 검사하여 불량부분은 보수한다.
③ 타일면은 일정간격의 신축줄눈을 두어 탈락, 동결융해 등을 방지할 수 있도록 한다.
④ 타일을 붙이는 모르타르에 백화방지를 위하여 시멘트 가루를 뿌리는 것이 좋다.

해설 타일을 붙이는 모르타르에 시멘트 가루를 뿌리면 지나친 부배합으로 균열이나 타일 박락의 원인이 된다. 눌러 붙이기, 타일의 표면 형상, 모르타르 배합비, 모르타르 빈틈없이 충진시키기 등의 방법으로 접착력을 향상시킬 수 있다.

답 : ④

34 칠공사에 사용되는 칠의 종류와 희석제의 관계가 잘못 연결된 것은? [03, 06, 08, 10 기]
① 송진 건류품-테레빈유
② 석유 건류품-휘발유, 석유
③ 콜타르 증류품-미네랄 스피리트
④ 송근 건류품-송근유

해설 칠의 종류와 희석제의 관계
① 송진건류품-테레빈유
② 석유건류품-휘발유, 석유, 미네랄스피리트
③ 콜타르 증류품-벤졸, 솔벤트, 나프타
④ 송근건류품-송근유

답 : ③

Ⅱ. 건축시공 | 기타공사

핵심 PLUS

35 주택의 칠공사에서 회반죽 천정에 가장 좋은 칠은? [03 산]
① 수성도료칠
② 유성도료칠
③ 바니쉬칠
④ 크레오소오트칠
　　　　　　　답 : ①

36 유성페인트의 정벌칠에서 광택과 내구력을 증가시키는데 좋은 것은 다음 중 어느 것인가? [04 기]
① 드라이어
② 건성유(보일드유)
③ 스티풀
④ 캐슈

[해설] 유성페인트 칠에서 광택과 피막의 강도를 증대시키려면 건성유(보일드유)를 혼합해야 한다.
　　　　　　　답 : ②

37 스프레이건을 사용한 뿜칠 마무리를 할 경우 가장 적당한 도료는 다음 중 어느 것인가? [04 기]
① Oil Paint
② Lacquer
③ Varnish
④ Enamel

[해설] 래커(lacquer)는 건조가 빠르므로 뿜칠로 해야만 그 효과가 가장 좋은 도장 재료이다.
　　　　　　　답 : ②

38 목재의 무늬나 바탕의 재질을 잘 보이게 하는 도장 방법은? [17, 20 기]
① 유성페인트 도장
② 에나멜페인트 도장
③ 합성수지 페인트 도장
④ 클리어 래커 도장
　　　　　　　답 : ④

2. 페인트의 종류와 특징

구 분	성 분	특 징
유성페인트	안료+건성유 +건조제+희석제	• 내후성, 내마모성이 좋고 건조가 늦고 내약품성이 떨어진다. • 알칼리에 약하므로 콘크리트, 모르타르, 플라스터면에는 부적당하다. • 건물의 내외부에 널리 쓰인다.
수성페인트	안료+아교 또는 카세인 (주원료 : 우유)+물	• 취급이 간편, 작업성이 좋고 내알칼리성이다. • 내구성과 내수성이 떨어지며, 무광택이다. • 모르타르, 벽돌, 석고판, 텍스, 콘크리트 표면 등 내부에 사용
에나멜 페인트	유성바니쉬+안료 +건조제 [유성페인트와 유성바니쉬의 중간]	• 도막이 견고하고 광택이 좋다 • 내수성, 내후성, 내열성, 내유성, 내약품성이 좋다. • 용도 : 금속기구, 자동차부품
에멀션 페인트	수성페인트 +합성수지+유화제	• 수성과 유성페인트의 특징을 겸비한 것이다. • 수성페인트의 일종으로 발수성이 있다. • 내·외부 도장에 이용된다.

3. 니스(Varnish ; 바니쉬)의 종류와 특징

분 류		성 분	특 징
유성바니쉬		유용성수지 +건성유(용제) +희석재	• 무색(담갈색)의 투명도료로서 보통 니스라고 한다. • 투명성·광택이 우수하나, 건조가 더디다. • 옥내 목부바탕의 투명마감시 사용한다.(내후성이 적어 옥외에는 사용하지 않음)
휘발성 바니쉬	클리어래커	질산섬유소 (초산섬유소)+ 수지+휘발성용제	• 안료를 가하지 않은 투명의 것으로 주로 목재면의 투명도장에 사용된다. • 도막이 얇으나 견고하고 담색의 우아한 광택이 있다. • 내수성, 내알카리성, 내충격성이 크다. • 내후성이 좋지 않아 보통 내부용으로 주로 쓰인다.
	에나멜래커	투명래커+안료	연마성이 특히 좋고, 외부용은 자동차 외장용으로 사용한다.(내후성 보강)

4. 방청도료

분류	특징
광명단(光明丹)	• 사산화삼납(Pb_3O_4)을 주성분으로 하는 유독성 적색 안료이다. 적연(赤鉛)·연단(鉛丹)이라고도 한다. • 철골 녹막이칠, 금속 재료의 녹막이를 위하여 사용하는 바탕칠 도료로서 가장 많이 쓰이며 비중이 크고 저장이 곤란하다.
징크로메이트	• 알루미늄이나 아연철판 초벌 녹막이칠에 쓰이는 것 • 크롬산 아연을 안료로 하고 알키드 수지를 전색 도료한 것
알루미늄 도료	• 알루미늄 분말을 안료로 하는 것 • 방청효과 외에 광선, 열반사 효과가 있다.
방청 산화철 도료	산화철에 아연화, 아연분말, 연단, 납 시안아미드 등을 가한 것을 안료로 하고, 이것을 스탠드 오일, 합성수지 등에 녹인 것이다.
규산염 도료	• 도막의 내수성이 약하여 외부에는 사용할 수 없고 도막을 물로 씻을 수도 없다. • 주로 내화도료로 사용한다.

5. 도장 및 뿜칠 요령

1) 도장 요령

① 칠막은 얇게 여러 번 도포하며, 서서히 충분하게 건조시킨다.
② 칠하는 회수(재벌, 정벌)를 구분하기 위해 색을 다르게 칠한다.
③ 솔질은 위에서 밑으로, 왼편에서 오른편으로, 재의 길이방향으로 한다.
④ 칠의 중지 : 바람이 강할 때, 온도 5℃ 이하나 35℃ 이상, 습도 85% 이상일 때

2) 뿜칠 요령(Spray gun)

① 도료가 되면 칠오름이 거칠어지고, 묽으면 칠오름이 나빠진다.
② 칠면과의 뿜칠거리는 30cm 정도로 1/3~1/2행이 겹치게 칠한다.
③ 운행 방향은 1회, 2회는 제각기 직각이 되도록 한다.
④ Gun은 연속적으로 운행, 평행으로 운행한다.
⑤ Gun의 속도가 느리면 칠이 흐르게 되고, 빠르면 드물어진다.
⑥ 뿜칠 압력이 낮으면 거칠고, 높으면 칠 손실이 많다.

6. 칠면적 산정(칠면적 배수표에 의한 도장 소요면적 산출 기준)

① 목재 미서기창(양면칠) : 안목면적의 1.1~1.7배
② 목재 플러쉬문(양면칠) : 안목면적의 2.7~3.0배

핵심 PLUS

39 녹막이 도료 중 알루미늄 녹막이 초벌칠에 가장 적합한 도료는? [04, 10 기]
① 광명단
② 징크로메이트 도료
③ 아연분말 도료
④ 역청질 도료

답 : ②

40 도장공사에서의 뿜칠에 관한 설명으로 옳지 않은 것은? [18 기]
① 큰 면적을 균등하게 도장할 수 있다.
② 스프레이건과 뿜칠면 사이의 거리는 30cm를 표준으로 한다.
③ 뿜칠은 도막두께를 일정하게 유지하기 위해 겹치지 않게 순차적으로 이행한다.
④ 뿜칠 공기압은 2~4kg/cm²를 표준으로 한다.

답 : ③

41 도장의 끝 마감칠은 기온이 몇 ℃ 이하일 때 도장작업을 중지하여야 하는가? [03 산]
① 2℃
② 5℃
③ 7℃
④ 10℃

답 : ②

42 페인트칠의 경우 초벌과 재벌 등은 도장할 때마다 색을 약간씩 다르게 하는데 그 가장 큰 이유는? [03, 08, 17, 25 기]
① 희망하는 색을 얻기 위하여
② 색이 진하게 되는 것을 방지하기 위하여
③ 착색안료를 낭비하지 않고 경제적으로 하기 위하여
④ 다음 칠을 하였는지 안하였는지 구별하기 위하여

[해설] 칠하는 회수(재벌, 정벌)를 구분하기 위해 색을 다르게 칠한다.

답 : ④

II. 건축시공 | 기타공사

③ 철재 새시(양면칠) : 안목면적의 1.6~2.0배
④ 철재 철문(양면칠) : 안목면적의 2.4~2.6배
⑤ 철재 계단(양면칠) : 경사면적의 3~5배

5 합성수지공사

1. 합성수지(Plastic)의 장·단점

장 점	단 점
• 우수한 가공성으로 성형, 가공이 쉽다. • 경량, 착색용이, 비강도 값이 크다. • 내구, 내수, 내식, 내충격성이 강하다. • 접착성이 강하고 전기 절연성이 있다. • 내약품성·내투습성	• 내마모성, 표면 강도가 약하다. • 열에 의한 신장(팽창, 수축)이 크므로 열에 의한 신축을 고려 • 내열성, 내후성은 약하다. • 압축강도 이외의 강도, 탄성계수가 작다.

2. 합성수지의 분류

① 열가소성 수지 : 고형상에 열을 가하면 연화 또는 용융하여 가소성 및 점성이 생기며 냉각하면 다시 고형상으로 되는 수지(중합반응)
아크릴수지, 염화비닐수지, 초산비닐수지, 스티롤수지(폴리스티렌), 폴리에틸렌 수지, ABS 수지, 비닐아세틸 수지, 매틸메탈 크릴수지, 폴리아미드수지(나일론), 셀룰로이드

② 열경화성수지 : 고형체로 된 후 열을 가하면 연화하지 않는 수지(축합반응)
페놀수지, 요소수지, 멜라민수지, 알키드수지, 폴리에스틸수지, 폴리우레탄수지, 실리콘수지, 에폭시수지

3. 합성수지의 종류

1) 열가소성수지의 특징 및 용도

종 류	특 징	주용도
아크릴수지	투광성이 크고 내후성이 양호하며 착색이 자유롭다. 자외선 투과율 크다. 초산에스텔, 아세톤 등의 용제 사용금지	채광판, 유리대용품, 내충격 강도가 유리의 10배이다.
염화비닐수지	강도, 전기전열성, 내약품성이 양호하고 가소제에 의하여 유연고무와 같은 품질이 되며 고온, 저온에 약함	바닥용 타일, 시트, 접착제, 조인트재료, 파이프, 도료

핵심 PLUS

43 칠공사에서 철재 계단(양면칠)의 소요면적 계산식으로 옳은 것은? [03, 05, 09 기]
① 경사면적×1배
② 경사면적×1.5배
③ 경사면적×(2~2.5)배
④ 경사면적×(3~5)배
답 : ④

44 철문을 양면칠할 경우 칠을 할 면적 계산은 다음 중 어느 것이 가장 적당한가? (단, 문틀, 문선 포함) [05 기]
① 안목면적의 1.1~1.7배
② 안목면적의 1.8~2.1배
③ 안목면적의 2.4~2.6배
④ 안목면적의 3.0~4.0배
답 : ③

45 합성수지의 일반적인 성질에 대한 설명으로 옳지 않은 것은? [14, 23, 24 기]
① 전성, 연성이 크고 피막이 강하고 광택이 있다.
② 접착성이 크고 기밀성, 안정성이 큰 것이 많다.
③ 내열성, 내화성이 적고 비교적 저온에서 연화, 연질된다.
④ 강재와 비교하여 강성은 적으나 탄성계수가 커 다방면에 활용도가 높다.
답 : ④

46 다음 중 열가소성수지에 해당하는 것은? [19 기]
① 페놀수지
② 염화비닐수지
③ 요소수지
④ 멜라민수지
답 : ②

47 수지의 종류 중 열경화성 수지에 속하지 않는 것은? [07 기]
① 페놀수지
② 요소수지
③ 멜라민수지
④ 폴리에틸렌수지
답 : ④

종류	특징	주용도
초산비닐수지	무색투명, 접착성이 양호, 각종 용제에 가용 내열성이 부족	도료, 접착제, 비닐론 도료
스티롤수지 (폴리스티렌)	무색 투명, 전기절연성, 내수성, 내약품성이 크다.	창유리, 파이프, 발포 보온관, 벽용타일, 채광용
폴리에틸렌 수지	물보다 가볍고, 유연, 내열성이 결핍된 것도 있다. 내약품성, 전기절연성, 내수성이 대단히 양호함	건축용 성형품, 방수필름, 벽재, 발포 보온관
비닐아세틸 수지	무색투명, 밀착성이 양호	안전유리 중간막, 접착제, 도료
메탈 크릴 수지	무색투명, 강인, 내약품성이 상당히 크다.	방풍유리, 조명기구
폴리아미드수지 (나일론)	강인하고, 내마모성이 큼	건축물 장식용품
셀룰로이드	투명, 가소성, 가공성이 양호하나 내열성이 없음	유리대용품으로 사용

2) 열경화성수지의 특징 및 용도

종류	특징	주용도
페놀수지	강도, 전기절연성, 내산성, 내열성, 내수성 모두 양호하나, 내알카리성이 약하고, 용제에 강하다.	벽, 덕트, 파이프, 발포보온관, 접착제, 배전판, 전기통신 자재 수요량의 60%를 차지한다.
요소수지	대체로 페놀수지의 성질과 유사하나, 무색으로 착색이 자유롭고, 내수성이 약간 약하다.	마감재, 조작재, 가구재, 도료, 접착재
멜라민수지	요소수지와 같으나 경도가 크고, 내수성은 약하다.	마감재, 조작재, 가구재, 전기부품
알키드수지	접착성이 좋고 내후성이 양호, 성형이 가능. 전기적 성능이 우수하다.	도료, 접착제
불포화폴리에스틸수지	전기절연성, 내열성, 내약품성이 좋고 가압성형이 가능하다. 유리섬유를 보강재로 한 것은 대단히 강하다.	커튼월, 창틀, 덕트, 파이프, 도료, 욕조, 큰 성형품, 접착제
실리콘수지	열전연성이 크고, 내약품성, 내후성이 좋으며, 전기적 성능이 우수하다.	방수피막, 발포보온관, 도료, 접착재
에폭시수지	금속의 접착력이 크고, 내약품성이 양호하며, 내열성이 우수하다. 다소 고가이다.	금속도료 및 접착제, 보온보냉제, 내수피막 200℃ 이상 견딘다.

핵심 PLUS

48 합성수지 중 건축물의 천장재, 블라인드 등을 만드는 열가소성수지는? [10, 13 기]
① 알키드수지
② 요소수지
③ 폴리스티렌수지
④ 실리콘수지

답 : ③

49 다음 중 도료의 원료로 사용되는 천연수지가 아닌 것은? [10 기]
① 로진(rosin)
② 셀락(shellac)
③ 코펄(copal)
④ 알키드 수지(alkyd resin)

답 : ④

50 다음 합성수지에 관한 설명으로 틀린 것은? [15, 25 기]
① 페놀수지는 접착성, 전기 절연성이 크다.
② 요소수지는 무색으로 착색이 자유롭다.
③ 에폭시수지는 산 및 알칼리에 약하나 내수성이 뛰어나다.
④ 실리콘수지는 내열성이 우수하고 발포보온재에 사용된다.

답 : ③

핵심 PLUS

4. 합성수지계 접착제

내 용	특 징
에폭시 수지 (Epoxy Resin Paste)	내수성, 내습성, 내약품성, 전기절연이 우수, 접착력 강함. 피막이 단단하고 유연성 부족, 값이 비싸다. 금속, 항공기 접착에도 쓰인다. 현재까지의 접착제 중 가장 우수하다.
페놀수지 (Phenol Resin Paste)	합판, 목재 제품 등에 사용된다. 접착력, 내열, 내수성이 우수하다. 유리나 금속의 접착에는 적당하지 않다.
초산비닐수지 (Vinyle Rein Paste)	값이 싸고 작업성이 좋고, 다양한 종류의 접착에 알맞다. 일반적으로 많이 사용한다. 목재가구 및 창호, 종이도배, 천도배, 논슬립 등의 접착에 사용한다.
요소수지 (Ureaformaldehyde Resen Paste)	목재 접합, 합판 제조 등에 사용, 가장 값이 싸고, 접착력이 우수, 집성목재, 파티클보드에 많이 쓰인다.
멜라민 수지 (MelamineResin Paste)	내수성, 내열성이 좋고, 목재와의 접착성이 우수하다. 내수합판 등에 쓰인다. 값이 비싸다. 단독으로 쓸 경우는 적다. 금속, 고무, 유리 접착은 부적당하다.
실리콘수지 (Silicon Resin Paste)	특히 내수성이 우수하다. 내열성 우수(200℃), 내연성, 전기적 절연성, 유리섬유판, 텍스, 피혁류 등 모든 접착 가능. 방수제로도 사용한다.
푸란수지	내산, 내알칼리, 접착력이 좋다. 화학공장의 벽돌, 타일 붙이기의 유일한 접착제(180℃까지 고온에 견딤)이다.

※ 접착력·내수성의 크기 순서
① 접착력 순서 : 에폭시수지 > 요소수지 > 멜라민수지 > 페놀수지(석탄산계)
② 내수성 순서 : 실리콘수지 > 에폭시수지 > 페놀수지 > 멜라민수지 > 요소수지 > 아교

---

51 목재의 접착제로 활용되는 수지로 가장 거리가 먼 것은? [16 기]

① 요소 수지
② 멜라민 수지
③ 폴리스티렌 수지
④ 페놀 수지

[해설] 목재의 접착제 접착력 크기 : 에폭시 수지 > 요소 수지 > 멜라민 수지 > 페놀 수지 > 아교

답 : ③

6 창호·유리·금속공사

1. 목재창호 공사

구 분	내 용
재 료	함수율 13~15%인 곧은결, 무절재인 거심재를 사용하며, 접착제는 페놀·요소·멜라민수지 등을 사용한다.
주문 치수	설계도면의 창호재 치수는 마무리 치수이므로 3mm 정도 크게 주문(중대패 마무리)
마름질	창문의 크기에 따라 부재를 소요 길이로 자르는 일 (선대 : 3cm, 막이대 : 5~10cm 정도 크게 자름)
바심질	마름질한 부재를 구멍, 장부내기, 홈파기, 면접기 등의 다듬는 일
장 부	외장부 두께는 울거미 두께의 1/3, 쌍장부는 각각 1/5 정도, 중요한 장부는 내다지장부로 하고벌림쐐기 아교풀칠을 한다.(울거미재의 맞춤은 장부맞춤)
유리홈 깊이	• 유리 두께 이상, 6~9mm 보통 7.5mm • 유리문의 홈깊이 : 윗홈 9mm, 밑홈 3mm, 홈대나비 30mm

※ 용어
- 박배(朴排) : 창문을 창문틀에 다는 것
- 마중대 : 미닫이, 여닫이 문짝이 서로 맞닿는 선대
- 여밈대 : 미서기, 오르내리창이 서로 여며지는 선대
- 풍소란 : 마중대, 여밈대가 서로 접히는 부분의 틈새에 댄 바람막이(풍소란의 틈처리 : 반턱, 둥근혀, 민둥혀, T자형, I자형 등으로 댄다.)
- 비막이 소란 : 창문틀에 빗물이 들이치지 못하게 윗틀이나 밑막이대에 물끊기 역할을 위하여 덧대는 부재

2. 알루미늄 창호

1) 알루미늄 창호의 장·단점

장 점	단 점
• 경량이다.(비중이 철의 약 1/3 정도) • 녹슬지 않고 사용연한이 길다. • 공작이 자유롭고 기밀, 수밀성이 우수하다. • 내식성이 강하고 착색이 가능하다. • 여닫음이 경쾌하다.	• 철에 비하여 강도가 약하다. • 모르타르, 콘크리트, 회반죽 등 알칼리에 약하다. • 내화성이 약하다. 염분에 약하다. • 이질 금속과 접하면 부식된다. • 강성이 적고, 수축 팽창이 크다.(철의 2배)

핵심 PLUS

52 다음 중 창호의 기능검사와 가장 관계가 먼 것은? [06, 11, 16 기]
① 내동해성
② 내풍압성
③ 기밀성
④ 수밀성

[해설] 창호의 기능검사
내풍압성(내력 관련), 기밀성(단열성능 관련), 수밀성(방수성능 관련), 차음성, 단열성, 방화성, 내구성

답 : ①

53 창호공사에 대한 기술 중 옳은 것은? [94 기]
① 창문의 크기에 따라 각 부재의 소요 길이로 자르는 것을 바심질이라 한다.
② 자른 부재의 면에 대패질하고, 홈파기 등 가공하는 것을 마름질이라 한다.
③ 창문을 문틀에 다는 것을 박배라고 한다.
④ 문짝이 서로 접하는 부분에 틈막이를 하는 것을 모접기라 한다.

답 : ③

54 알루미늄 창호의 장점으로 틀린 것은? [98 기]
① 비중이 철의 약 1/3 정도이다.
② 녹슬지 않고 사용연한이 길다.
③ 공작이 자유롭고 빗물막이 기밀성이 유리하다.
④ 산 및 알칼리에 내식성이 크다.

답 : ④

핵심 PLUS

55 창호철물과 창호의 연결로 옳지 않은 것은? [20, 23, 24 기]
① 도어체크(door check)-미닫이문
② 플로어 힌지(floor hinge)- 자재 여닫이문
③ 크레센트(Crescent)-오르내리창
④ 레일(rail)-미서기창

[해설] ※ 창호에 사용되는 창호철물의 연결
㉠ 미닫이문-호차와 레일
㉡ 오르내리창-크레센트와 창도르래
㉢ 대형접이문-도어행거와 갈구리걸쇠
㉣ 외여닫이문-도어클로저와 자유정첩

답 : ①

56 문 윗틀과 문짝에 설치하여 문이 자동적으로 닫혀지게 하며, 기계장치가 있어 개폐속도를 조절할 수 있는 장치는? [06, 08, 10, 25 기]
① 도어 체크(Door check)
② 도어 홀더(Door holder)
③ 피보트 힌지(Pivot hinge)
④ 체인 록(Chain lock)

답 : ①

57 창호 철물 중에 일반적으로 여닫이문에 사용하지 않는 것은? [07 산]
① 정첩
② 플로어힌지
③ 레일
④ 도어첵크

답 : ③

58 창면적이 클 때에는 스틸바(steel bar)만으로는 부족하며, 또한 여닫을 때의 진동으로 유리가 파손될 우려가 있으므로 이것을 보강하고 외관을 꾸미기 위하여 강판을 중공형으로 접어 가로 또는 세로로 대는 것을 무엇이라 하는가? [17 기]
① mullion ② ventilator
③ gallery ④ pivot

답 : ①

2) 창호 설치시 주의사항

① 알루미늄 표면에 부식을 일으키는 다른 금속과의 접촉을 피한다.
② 알칼리와 접촉부는 초벌 녹막이칠 : 징크로메이트 도료, 내알칼리성 도장
③ 강재의 골조, 보강재, 앵커 등은 아연도금 처리한 것을 사용한다.

3. 창호 철물

종 류	내 용
① 자유 정첩 (Spring hinge)	Spring hinge라고 하며, 안밖으로 개폐할 수 있는 정첩, 자재문에 사용
② 레버터리 힌지 (Labatory hinge)	공중전화 출입문, 공중변소에 사용, 15cm 정도 열려진 것
③ 플로어 힌지 (Floor hinge)	정첩으로 지탱할 수 없는 무거운 자재 여닫이문에 사용
④ 피보트 힌지 (Pivot hinge)	용수철을 쓰지 않고 문장부식으로 된 정첩, 가장 무거운 문에 사용
⑤ 도어체크 (Door check)	문 윗틀과 문짝에 설치하여 자동으로 문을 닫는 장치 (=Door closer)
⑥ 함 자물쇠 (Rimlock)	Latch bolt(손잡이를 돌리면 열리는 자물통)와 Dead bolt(열쇠로 회전시켜 잠그는 자물쇠)가 함께 있다.
⑦ 실린더 자물쇠	Pin tumbler lock, Mono lock이라고도 하며, 자물통이 실린더로 된 것으로 텀블러 대신 핀을 넣은 실린더 록으로 고정
⑧ 나이트 래치 (Night latch)	바깥에서는 열쇠, 안에서는 손잡이로 여는 실린더 장치
⑨ 엘보우 래치 (Elbow latch)	팔꿈치 조작식 문 개폐장치, 병원 수술실·현관 등에 사용
⑩ 도어홀더, 도어스톱	도어 홀더(문열림 방지), 도어 스톱(벽, 문짝 보호)
⑪ 오르내리 꽂이쇠	쌍여닫이문(주로 현관문)에 상하 고정용으로 달아서 개폐방지
⑫ 크레센트(Crescent)	오르내리창이나 미서기창의 잠금장치(자물쇠)
⑬ 멀리온(Mullion)	창면적이 클 때 기존 창 Frame을 보강하는 중간 선대로 커튼월 구조에서는 버팀대, 수직지지대로 불리운다.

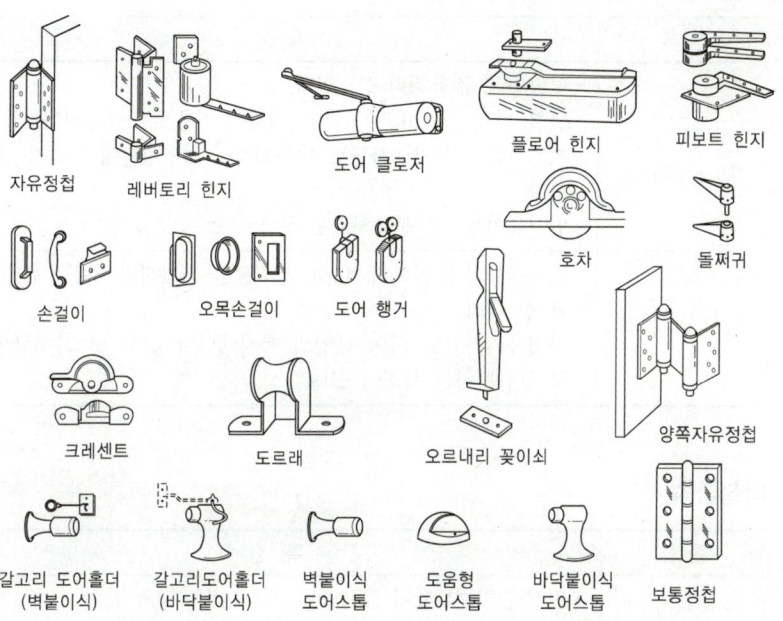

[그림] 각종 창호철물

4. 유리의 종류

종류	특 징
보통 판유리 (Sheet Glass)	· 박판유리(6mm 미만)와 후판유리(6mm 이상)로 분류한다. · 기포, 규사 함유량에 따라 등급 판정하며, 비중은 2.5 정도이다. · 보통 판유리의 강도는 풍압에 의한 휨강도를 말한다.(휨강도 430~630kg/cm^2 정도) · 열전도율이 콘크리트보다 작다. · 연화점은 720℃~730℃ 정도이다.
글래스블록 (유리블록)	· 사각형, 원형 모양을 잘 맞추어 600℃에서 용착시켜서 일체로 한 유리이다. · 열전도율이 벽돌의 1/4배 정도이고 실내 냉·난방에 효과가 있다. · 접착제는 물유리를 사용한다. · 용도 : 의장용, 방음용, 단열용
강화유리	· 평면 및 곡면, 판유리를 600℃ 이상의 가열로 균등한 공기를 뿜어 급냉시켜 제조한다. · 내충격, 하중강도는 보통 유리의 3~5배, 휨강도 6배 정도이다. · 200℃ 이상의 고온에서 견디므로 강철유리라고도 한다. · 현장에서의 가공, 절단이 불가능하다. · 용도 : 무테문, 자동차, 선박 등에 쓰며 커튼월에 쓰이는 착색 강화유리도 있다.

핵심 PLUS

59 판유리의 용도상 가장 중요시 되는 것은? [05 산]
① 휨강도
② 압축강도
③ 인장강도
④ 전단강도

답 : ①

60 다음 중 판유리에 관한 설명으로 옳지 않은 것은? [09, 19 기]
① 망입유리는 파손되더라도 파편이 튀지 않으므로 진동에 의해 파손되기 쉬운 곳에 사용된다.
② 복층유리는 단열 및 차음성이 좋지 않아 주로 선박의 창 등에 이용된다.
③ 강화유리는 압축강도를 한층 강화한 유리로 현장가공 및 절단이 되지 않는다.
④ 자외선 투과유리는 병원이나 온실 등에 이용된다.

답 : ②

61 유리를 연화점(500~600℃) 가깝게 가열하고 양면에 냉기를 불어 넣고 급랭시켜 표면에 압축, 내부에 인장력을 도입한 유리는? [16 기]
① 망입유리
② 강화유리
③ 형관유리
④ 물유리

답 : ②

핵심 PLUS

62 각종 유리에 관한 설명으로 옳지 않은 것은? [15, 23 기]
① 망입유리는 방화, 방재용으로 사용된다.
② 복층유리는 단열 목적의 유리이다.
③ 열흡수유리는 실내의 냉방 효과를 좋게 하기 위해 사용된다.
④ 자외선투과유리는 의류품의 진열장, 식품이나 약품의 창고 등에 사용된다.

[해설] 자외선 투과유리는 병원이나 온실 등에 이용된다.
답 : ④

63 다음 중 비철금속에 해당되지 않는 것은? [17 기]
① 알루미늄
② 탄소강
③ 동
④ 아연

[해설] 비철금속
철 이외의 공업용 금속의 총칭으로 예전부터 쓰이던 구리·납·주석·아연·금·백금·수은과 같은 것과, 비교적 새롭게 공업재료가 된 니켈·알루미늄·마그네슘·카드뮴과 같은 것을 말한다.
답 : ②

64 건축용으로 사용되는 다음 금속재 가운데 상호 접촉시 가장 부식되기 쉬운 것은? [10 산]
① 구리   ② 알루미늄
③ 철   ④ 아연
답 : ②

65 다음 중 알루미늄에 대한 설명으로 옳지 않은 것은? [09 산]
① 산이나 알칼리 및 해수에 침식되지 않는다.
② 알루미늄박(箔)을 이용하여 단열재, 흡음판을 만들기도 한다.
③ 알루미늄의 영계수는 약 7,300kg/mm² 정도이다.
④ 알루미늄의 표면처리에는 양극산화 피막법 및 화학적 산화피막법이 있다.
답 : ①

종류	특징
복층유리 (Pair Glass)	• 이중유리, 겹유리라고도 한다. • 단열·방음·방서효과가 크고, 결로 방지용으로 우수하다. • 현장가공이 불가능하므로 주문제작시 치수지정에 주의가 필요하다. • 안전유리용으로 분류하기로 한다.
열선흡수유리	• 보통판유리에 산화철, 니켈, 코발트를 첨가시켜 열선흡수를 크게 한 유리이다. • 단열유리라고도 하며 태양의 복사에너지 흡수 및 가시광선을 부드럽게 하는 특징이 있다.

5. 비철금속

종류	특징
알루미늄	• 전기나 열전도율이 높다. • 비중(2.7로서 철의 약 1/3)에 비하여 강도가 크다. • 가공이 용이하나, 내화성이 적고, 열팽창계수가 크다.(철의 2배) • 공기 중에서 표면에 산화막이 생겨 내식성이 크다. • 반사율이 크므로 열차단재로 쓰인다. • 산, 알칼리(콘크리트) 및 해수에 침식되기 쉽다. • 용도 : 지붕잇기, 실내장식, 가구, 창호, 커튼 레일
동(銅, 구리)	• 열전도율과 전기 전도율이 크다. [열전도율(λ) : 332kcal/mh℃] • 아름다운 색과 광택을 지니고 있다. • 청록이 생겨 내부를 보호해서 내식성이 철강보다 크다. • 전연성(展延性)·인성·가공성은 우수하다. • 황산·알칼리에 약하며 암모니아에 침식된다. • 용도 : 지붕재료, 장식재료, 냉·난방용 설비 재료, 전기공사용 재료
황동(놋쇠)	• 구리에 아연(Zn) 10~45% 정도를 가하여 만든 합금 • 구리보다 단단하고 주조가 잘되며, 가공하기 쉽다. • 내식성이 크고 외관이 아름답다. • 용도 : 창호철물
청동	• 구리+주석의 합금, 강도, 내식성이 크다. • 창호, 장식철물, 미술품으로 사용, 가공이 쉽다.
아연(Zn)	• 강도가 상당히 있으며, 연성과 내식성도 양호하다. • 철강의 도금재, 산, 화학약품의 저장실에 사용한다. • 용도 : 철판의 아연도금, 철물의 방식용 도금, 지붕 및 홈통 재료, 함석판의 제조 등

종류	특 징
납(鉛, Pb)	· 금속 중에서 가장 비중(11.34)이 크고 연질이다. · 주조가공성 및 단조성이 풍부하다. · 열전도율이 작으나 온도 변화에 따른 신축이 크다. · 공기 중에서 탄산납($PbCO_3$)의 피막이 생겨 내부를 보호한다.(방사선 차단 효과는 콘크리트의 100배) · 내산성은 크나, 알칼리에는 침식된다. · 용도 : 송수관, 가스관, X선실, 홈통재, 황산 제조공장, 납땜재료
스테인레스강	· 크롬, 니켈 등의 합금강이며 내식성 우수, 열전도율이 낮다. · 내후성 : 보통강의 3~6배, 강도 : 알루미늄의 3배 · 용도 : 벽체의 마감재, 전기기구, 장식철물 등

6. 금속철물

구 분		특 징
기성철물	미끄럼막이 (Non-slip)	계단의 디딤판 모서리에 미끄럼을 방지하기 위하여 설치하는 철물
	코너비드 (Corner bead)	기둥, 벽 등의 모서리에 대어 미장바름을 보호하는 철물
	황동 줄눈대	· 인조석 테라죠갈기에 쓰이는 바닥용 줄눈대로 I자형이다. · 바름 구획, 균열 방지, 보수 용이를 위하여 사용하며, 길이 90cm가 표준
	조이너 (Joiner)	· 벽, 천장, 바닥용 줄눈대 · 18mm 정도의 줄눈 가림재로 이질재와의 접촉부에 사용
	와이어 라스 (Wire lath)	· 철선을 꼬아서 만든 것으로, 벽, 천장의 미장공사에 사용 · 원형, 마름모, 갑형 등 3종류가 있다.
	메탈 라스 (Metal lath)	· 박강판에 자국을 내어 잡아 당겨 그물코 모양으로 만든 것 · 벽, 천장의 미장바름에 사용
	와이어 메쉬 (Wire Mesh)	· 연강 철선을 격자형으로 짜서 접점을 전기 용접한 것 · 블록을 쌓을 때나 보호 콘크리트를 타설할 때 균열을 방지 및 교차 부분을 보강하기 위해 사용
	블록 메쉬 (Black Mesh)	블록 보강용 와이어 메쉬로 15cm 간격으로 전기용접한 것
고정철물	인서트(Insert)	· 구조물 등을 달아매기 위하여 콘크리트 바닥판에 미리 묻어 놓는 수장 철물 · 철근, 철물, 핀, 볼트 등도 사용
	익스팬션 볼트 (Expansion bolt)	콘크리트에 구멍을 뚫고 볼트를 틀어박으면 그 끝이 벌어지게 되어 있는 철물(인발력 270~500kg)

핵심 PLUS

66 건축물에 사용되는 금속제품과 그 용도가 바르게 연결되지 않은 것은? [17, 25 기]
① 피벗 : 문의 하부 발이 닿는 부분에 대하여 문짝이 손상되는 것을 방지하는 철물
② 코너비드 : 벽, 기둥 등의 모서리에 대는 보호용 철물
③ 논슬립 : 계단에 사용하는 미끄럼 방지 철물
④ 조이너 : 천장, 벽 등의 이음새 감추기용 철물

해설 피벗 힌지(Pivot hinge) : 용수철을 쓰지 않고 문장부식으로 된 정첩, 가장 중량문에 사용한다.

답 : ①

67 연강 철선을 전기 용접하여 정방형 또는 장방형으로 만든 것으로 콘크리트 다짐 바닥, 지면 콘크리트 포장 등에 사용하는 금속재는?
① 와이어 라스
② 와이어 메시
③ 메탈 라스
④ 익스팬디드 메탈

답 : ②

68 목조, 철골조등의 벽, 천장에 모르타르 바탕이 되어 부착이 잘되게 하며 미장재의 균열을 방지할 수 있는 금속재료로서 적당하지 않은 것은? [07 기]
① 메탈라스
② 와이어라스
③ 익스팬디드메탈
④ 펀칭메탈

답 : ④

핵심 PLUS

구분		특징
고정철물	스크류 앵커 (Screw anchor)	콘크리트나 벽돌조에 매입된 연질 금속의 플러그에 나사못을 박는 것으로 익스팬션 볼트와 같은 원리이다.(인발력 50~115kg)
	드라이브 핀 (Drive pin, Drive gun)	타정 총으로 소량의 화약을 사용하여 콘크리트, 벽돌벽, 강재 등에 드라이브 핀을 순간적으로 박는 특수못
장식철물	펀칭 메탈 (Punching metal)	• 판두께 1.2mm 이하의 각종 무늬 모양으로 구멍을 뚫어 만든 것 • 환기구, 라지에이터(방열기) 덮개 등에 사용
	법랑 철판	• 0.6~2.0mm 두께의 저탄소 강판에 법랑(유기질 유약)을 소성한 것 • 주방용품, 욕조 등에 사용

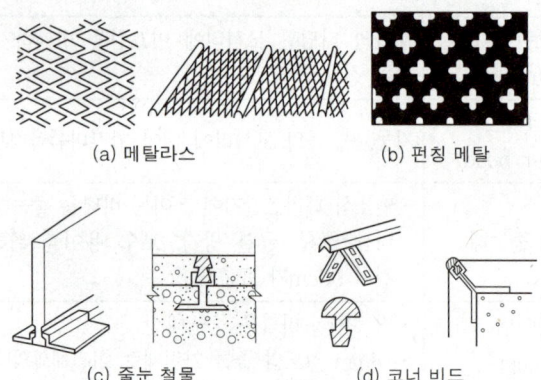

(a) 메탈라스   (b) 펀칭 메탈

(c) 줄눈 철물   (d) 코너 비드

7 커튼월(curtain wall) 공사

건물의 무게를 지지하는 것은 기둥과 보가 담당하고, 외벽은 단지 건물 내부와 외부라는 공간을 칸막이하는 커튼의 구실만 하도록 한 비내력벽 구조체로 건축물 모체에 패스너(Fastener)를 부착해 설치, 해체가 자유로운 구조를 말하며, 금속패널, 유리, PC콘크리트 등을 부착하는 공사를 말한다.

1. 커튼월의 특성 및 요구 성능

① 건축생산의 프리패브(Prefab)화와 외벽의 경량화, 품질의 향상이 가능하다.
② 층간변위에 대한 추종성과 내풍압성, 기밀성, 수밀성이 확보된다.
③ 내구성, 열적 안전성, 차음, 단열성능이 있어야 한다.

---

69 커튼 월(curtain wall)에 대한 설명으로 옳지 않은 것은?
　　　　　　　[13, 22, 24 기]
① 내력벽에 사용된다.
② 공장생산이 가능하다.
③ 고층건물에 많이 사용된다.
④ 용접이나 볼트조임으로 구조물에 고정시킨다.
　　　　　　　답 : ①

2. 커튼월의 분류

분류	방식
커튼월의 외관형태	멀리온(mullion, 샛기둥) 방식, 스팬드럴(spandrel) 방식, 격자(grid) 방식, 피복(sheath) 방식
커튼월의 구조방식	멀리온(mullion) 방식, 패널(panel) 방식, 커버(cover) 방식
커튼월의 판넬 부착방식	슬라이딩 방식, 로킹 방식, 고정 방식

3. 패스너(Fastener)

① 외벽 커튼월과 골조를 긴결하는 중요한 부품으로서 커튼월에 가해지는 외력을 지탱하므로 충분한 강도를 가져야 한다.

② 패스너(Fastener)의 접합방식

㉮ 슬라이드(slide) 방식(스웨이 방식)

㉯ 록킹(locking) 방식(회전 방식)

㉰ 고정(fixed) 방식 : 글레이스 개스켓 고정법, 구조 개스켓 고정법, 서스펜션 공법, SGS 공법(Suspended Glazing System)

4. 커튼월의 검사 및 시험

① 성능시험 : 풍동시험, 풍압시험, 기밀시험, 수밀시험, 내화시험

② 실물모형실험(mock-up test) : 풍동시험을 근거로 설계한 기준척도의 실물모형 3개를 만든 뒤 건설예정지에서 최악의 기후조건으로 시험한다. 예비시험, 기밀시험, 수밀시험, 구조시험 등을 실시하며, 그 결과에 따라 건축물의 각 부위를 수정·보완하여 안전하고 경제적인 커튼월 설계 및 시공이 가능하도록 한다.

핵심 PLUS

70 커튼월(Curtain Wall)의 외관 형태별 분류에 해당하지 않는 방식은? [11 기]
① Mullion 방식
② Stick 방식
③ Spandrel 방식
④ Sheath 방식

답 : ②

71 커튼 월에 대한 일반적인 검사항목이 아닌 것은? [03 기]
① 내풍압강도
② 층간변위에 대한 추종성
③ 기밀성
④ 인장강도

답 : ④

72 금속 커튼월의 Mock Up Test에 있어 기본성능 시험의 항목에 해당되지 않는 것은? [19, 23 기]
① 정압수밀시험
② 방재시험
③ 구조시험
④ 기밀시험

답 : ②

73 금속 커튼월 시공 시 구체 부착철물 설치위치의 연직방향 및 수평방향의 치수 허용차의 표준치로 옳은 것은? [15 기]
① 연직방향 ±5mm, 수평방향 ±10mm
② 연직방향 ±10mm, 수평방향 ±25mm
③ 연직방향 ±15mm, 수평방향 ±25mm
④ 연직방향 ±25mm, 수평방향 ±25mm

[해설] 금속 커튼월 시공 시 구체 부착철물 설치위치는 연직방향 ±10mm, 수평방향 ±25mm의 치수 허용차의 표준치로 한다.

핵심기출문제

VIII. 기타공사

■■■ 1. 방수공사

1. 아스팔트 방수공사에 관한 설명 중 옳지 않은 것은? [10, 16㉮]

① 아스팔트 용융 중에는 최소한 30분에 1회 정도로 온도를 측정하며, 접착력 저하 방지를 위하여 200℃ 이하가 되지 않도록 한다.
② 한랭지에서 사용되는 아스팔트는 침입도 지수가 적은 것이 좋다.
③ 지붕방수에는 침입도가 크고 연화점(軟化点)이 높은 것을 사용한다.
④ 아스팔트 용융 솥은 가능한 한 시공장소와 근접한 곳에 설치한다.

2. 개량아스팔트 시트 방수공사 중 최상층에 노출용의 개량아스팔트 시트를 사용하여 전면 밀착으로 하는 공법을 나타내는 기호는? [10㉮]

① M-PrF
② M-MiF
③ M-MiT
④ M-RuF

3. 방수공사에 관한 설명으로 옳은 것은? [19㉮]

① 보통 수압이 적고 얕은 지하실에는 바깥방수법, 수압이 크고 깊은 지하실에는 안방수법이 유리하다.
② 지하실에 안방수법을 채택하는 경우, 지하실 내부에 설치하는 칸막이벽, 창문틀 등은 방수층 시공 전 먼저 시공하는 것이 유리하다.
③ 바깥방수법은 안방수법에 비하여 하자보수가 곤란하다.
④ 바깥방수법은 보호 누름이 필요하지만, 안방수법은 없어도 무방하다.

해설

[해설] 1
침입도(PI : Penetration Index)
① 아스팔트의 경도를 표시한 값으로, 클수록 부드러운 아스팔트이다.
② 0.1mm 관입시 침입도 PI=1로 본다.(25℃, 100g, 5sec 조건으로 측정)
③ 아스팔트 양부 판정시 가장 중요하다. 침입도와 연화점은 반비례 관계이다.
※ 한랭지에서 사용되는 아스팔트는 침입도 지수가 큰 것이 좋다.(한랭지 : 20~30, 온난지 : 10~20)
※ 연화점 : 아스팔트를 가열하여 액상의 정도에 도달했을 때의 온도이다.

[해설] 2
개량아스팔트 시트
기존의 아스팔트방수의 장점을 확보하면서 용융아스팔트를 사용하지 않으므로 아스팔트 냄새, 화상 등의 염려를 다소 개선하고, 대체로 1겹의 방수층으로 시공하여 아스팔트의 냉각이 빨라 공기가 단축되는 등 기존의 아스팔트방수의 단점을 보완개량한 시트방수재로 무공해 도시형 방수공법이다.
※ M-MiF : 최상층에 노출용의 개량아스팔트 시트를 사용하여 전면 밀착으로 하는 공법

[해설] 3, 4
안방수와 바깥방수의 비교

구분	안방수	바깥방수
적용대상	수압이 낮고 얕은 지하실	수압이 큰 곳에 사용 (수압과 무관)
시공난이도	간단하다.	정밀한 시공이 요구된다.
본공사 추진	방수공사에 관계없이 본공사를 추진할 수 있다.	방수공사 완료 전에는 본공사 추진이 힘들다.
경제성	비교적 싸다	비교적 고가이다.
내수압 처리	수압에 견디게 하기 곤란하다.	내수압적으로 된다.
공사순서	간단하다.	상당한 절차가 필요하다.
보호층	필요하다.	없어도 무관하다.

정답 1. ② 2. ② 3. ③

4. 다음 방수공사에 대한 설명 중 옳은 것은? [06⑦]

① 보통 수압이 적고 얕은 지하실에는 바깥방수법, 수압이 크고 깊은 지하실에는 안방수법이 유리하다.
② 지하실에는 안방수법을 채택하는 경우, 지하실 내부에 설치하는 간막이벽, 창문틀 등은 방수층 시공을 하기 전에 먼저 하는 것이 유리하다.
③ 지하실이 바깥방수 아스팔트방수층일 경우, 바닥 방수층 치켜올림을 고려하여 밑창콘크리트는 60cm 이상 넓게 하고 방수층도 접어 올릴 수 있게 한다.
④ 바깥방수법은 보호 누름이 필요하지만, 안방수법은 없어도 무방하다.

5. 무기질 또는 무기유기질계가 혼합된 방수제를 솔·롤러 또는 저압력의 기구로 콘크리트 바탕에 분사·코팅하여 방수층을 형성하는 공법은? [10, 25⑦]

① 실재 방수
② 침투 방수
③ 발수성 방수
④ 그라우팅 방수

6. 시트 방수공법에 관한 설명 중 틀린 것은? [15, 23⑦]

① 접착제 도포에 앞서 먼저 도포한 프라이머의 적정한 건조를 확인한다.
② 시트의 너비와 길이에는 제한이 없고, 3겹 이상 적층하여 방수하는 것이 원칙이다.
③ 수용성의 프라이머는 저온시 동결 피해 발생에 주의한다.
④ 접착공법은 모서리부, 드레인 주변 등 특수한 부위를 먼저 세심하게 작업한다.

7. 유리섬유, 합성섬유 등의 망상포를 적층하여 도포하는 도막방수 공법은? [06, 12, 18, 24⑦]

① 코팅 공법
② 라이닝 공법
③ 멤브레인 공법
④ 루핑 공법

해 설

해설 5
침투 방수
노출부위나 실내외 콘크리트, 조적조, 석재, 미장 표면에 무기질 또는 무기유기질계(실리콘계, 비실리콘계, 혼합계)가 혼합된 방수제를 침투시켜 방수효과를 기대하는 공법으로 시공성이 좋고, 공기가 빠르다.

해설 6
시트(Sheet, 합성수지 고분자) 방수
6합성수지계로 된 얇은 박판의 발수성으로 이용하는 방수법으로 아스팔트처럼 여러 겹으로 완성하는 것이 아닌 시트 1겹으로 방수 처리하는 방법이다.
㉠ 방수능력이 우수하고 시공이 간단하며 공기단축이 가능하다.
㉡ 시이트 상호접착 : 겹침이음 5cm 이상, 맞댄이음 10cm 이상
㉢ 현장에서 5cm 깊이로 24시간동안 침수시키는 누수시험을 실시한다.
㉣ 접착공법의 종류 : 온통부착(전면접착), 줄접착, 점접착, 갓접착(들뜬접착)

해설 7
① 코팅 공법 : 단순 도포
② 라이닝 공법 : 유리섬유, 합성섬유 등의 망상포를 적층하여 도포하는 도막방수
③ 멤브레인(membrane, 膜) 방수 : 아스팔트 루핑, 시트 등의 각종 루핑류를 방수 바탕에 접착시켜 막 모양의 방수층을 형성시키는 공법

정답 4. ③ 5. ② 6. ② 7. ②

핵심기출문제

VIII. 기타공사

8. 도막방수 시공 시 유의사항으로 옳지 않은 것은? [18②]
① 도막방수재는 혼합에 따라 재료 물성이 크게 달라지므로 반드시 혼합비를 준수한다.
② 용제형의 프라이머를 사용할 경우에는 화기에 주의하고, 특히 실내 작업의 경우 환기장치를 사용하여 인화나 유기용제 중독을 미연에 예방하여야 한다.
③ 코너 부위, 드레인 주변은 보강이 필요하다.
④ 도막방수 공사는 바탕면 시공과 관통공사가 종결되지 않더라도 할 수 있다.

9. 프리패브 건축, 커튼월 공법에 따른 건축물에서 각 부분의 접합부 특히 스틸새시의 부위틈새 및 균열부 보수 등에 많이 이용되는 방수공법은? [18②]
① 아스팔트 방수 ② 시트 방수
③ 도막 방수 ④ 실링재 방수

10. 실링공사의 재료에 관한 기술 중 옳지 않은 것은? [06, 18②]
① 가스켓은 콘크리트의 균열부위를 충전하기 위하여 사용하는 부정형 재료이다.
② 프라이머는 접착면과 실링재와의 접착성을 좋게 하기 위하여 도포는 바탕처리 재료이다.
③ 백업재는 소정의 줄눈깊이를 확보하기 위하여 줄눈 속을 채우는 재료이다.
④ 마스킹테이프는 시공 중에 실링재 충전개소 이외의 오염 방지와 줄눈선을 깨끗이 마무리하기 위한 보충 테이프이다.

11. 아스팔트 방수층, 개량 아스팔트 시트방수층, 합성고분자계 시트방수층 및 도막 방수층 등 불투수성 피막을 형성하여 방수하는 공사를 총칭하는 용어로 옳은 것은? [18, 23②]
① 실링방수 ② 멤브레인방수
③ 구체침투방수 ④ 벤토나이트방수

12. 건축 방수공사의 성능확인을 위한 가장 일반적인 시험방법은? [07, 11, 17②]
① 수밀시험 ② 기밀시험
③ 실물시험 ④ 담수시험

해 설

해설 8
도막방수 공사는 바탕면에 대한 피막의 연속성, 피막 두께의 균일성 유지의 문제점이 있다. 도막방수 공사는 바탕면 시공과 관통공사가 종결된 후 공사를 할 수 있다.
• 도막공사 시공순서 : 바탕처리 → 프라이머 도포 → 방수층 시공 → 보양

해설 9
실링재(sealing material)
㉠ 사용시 유동성이 있는 상태나 공기 중에서 시간 경과와 함께 탄성이 풍부한 고무상태의 물체가 된다.
㉡ 접착력이 크고 기밀성·수밀성이 풍부하여 충진재로 적당한 재료이다.
㉢ 코킹재와 구별하기 위하여 실링재라 하고 있다.
㉣ 용도에 따라 금속용, 콘크리트용, 유리용 등으로 구분한다.
㉤ 시공계절은 춘추 이외에 하기용, 동기용으로 구분하기도 한다.
㉥ 유동성에 따라 수직부위 사용과 수평부위 사용으로 분류할 수 있다.

해설 10
가스켓(Gasket)
유리끼우기 부분의 접합부를 밀봉하거나 고정시킬 때 쓰이는 성형 시일(seal) 재료

해설 11
멤브레인(membrane, 膜) 방수 : 아스팔트 루핑, 시트 등의 각종 루핑류를 방수 바탕에 접착시켜 막모양의 방수층을 형성시키는 공법
※ 멤브레인(피막) 방수공법의 종류
㉠ 아스팔트 방수
㉡ 개량 아스팔트 방수
㉢ 시트 방수(합성수지 고분자 방수)
㉣ 도막 방수

해설 12
담수시험
방수작업 후 해당 구조체에 일정량의 물을 채워 넣고 누수를 확인하는 것으로 건축 방수공사의 성능확인을 위한 가장 일반적인 시험방법이다.

정답 8. ④ 9. ④ 10. ①
11. ② 12. ④

2. 지붕 및 홈통공사

13. 지붕재료로서 요구되는 성능으로 적합하지 않은 것은? [94㉠, 08㉣]
① 방화적이고 열전도가 잘 될 것
② 수밀, 내수적일 것
③ 가볍고 내구성이 클 것
④ 시공이 용이하고 내후성일 것

14. 지붕공사에 주로 사용하는 방수 재료로 옳은 것은? [04㉠]
① 아스팔트 콤파운드
② 스트레이트 아스팔트
③ 아스팔트 피치
④ 블로운 아스팔트

15. 함석잇기 공사에서 직접 못으로 고정하지 않고 거멀접기하는 이유는? [08, 10㉣]
① 못이 보이면 흉하기 때문이다.
② 함석에 대한 온도의 영향을 방지하기 위함이다.
③ 녹이 날 염려가 있기 때문이다.
④ 경제적인 이유이다.

16. 지붕잇기 중 금속판 지붕잇기에 대한 설명으로 틀린 것은? [15㉠]
① 금속판 지붕은 다른 재료에 비해 무겁고, 시공이 어렵다.
② 겹침의 두께가 작으면 물매를 완만하게 할 수 있다.
③ 열전도가 크고 온도변화에 의한 신축이 크기 때문에 바탕재와의 연결에 주의한다.
④ 대기 중에 장기간 노출되면 산화하며, 염류나 가스에 부식되기 쉽다.

해 설

해설 13
지붕재료는 방화적이고 내한, 내열적이며 열전도율이 작을 것

해설 14
블로운 아스팔트는 지붕방수에 많이 쓰이며 연화점이 높다.

해설 15
금속판 잇기는 빗물 아무림이 좋고 경량이며 시공이 용이하다. 지붕물매 2.5cm 이상이면 비가 스밀 우려는 없으나, 열전도율이 커서 재료의 신축성이 있는 것이 결함이며, 그래서 판이음을 거멀접기(걸어감기와 감쳐감기 : Flashing)로 한다.

해설 16
금속판 잇기는 빗물 아무림이 좋고 경량이며 시공이 용이하다. 따라서 지붕물매 2.5cm 이상이면 비가 샐 우려는 없다. 그러나, 열에 의한 신축의 영향이 크므로 거멀 접기, 거멀쪽을 댄다.

정답 13. ① 14. ④ 15. ②
16. ①

핵심기출문제 — Ⅷ. 기타공사

17. 홈통공사에 대한 설명 중 옳지 않은 것은? [10④]
① 보호관은 선홈통에 맞는 철관을 쓰고 높이는 1.5m 정도로 한다.
② 처마홈통의 경사는 보통 1/50 정도로 하는 것이 좋다.
③ 일반적으로 골홈통·처마홈통 등은 선홈통보다 부식이 빠르다.
④ 선홈통은 보호관 안에 2cm 정도 꽂아 넣는다.

■■■ 3. 미장 및 타일공사

18. 다음 중 기경성 미장재료인 것은? [04㉠]
① 석고 플라스터 ② 시멘트 모르타르
③ 돌로마이트 플라스터 ④ 무수석고 플라스터

19. 미장 공사에서 균열을 방지하기 위하여 고려해야 할 사항 중 옳지 않은 것은? [10, 22㉠]
① 바름면은 바람 또는 직사광선 등에 의한 급속한 건조를 피한다.
② 1회의 바름 두께는 가급적 얇게 한다.
③ 쇠 흙손질을 충분히 한다.
④ 모르타르 바름의 정벌바름은 초벌바름보다 부배합으로 한다.

20. 미장공사에 관한 설명으로 옳지 않은 것은? [13, 23, 25㉠]
① 미장재료는 미화, 보호, 방습 등을 위하여 내·외벽, 바닥, 천장 등에 흙손 또는 뿜칠에 의해 일정한 두께로 발라 마감하는 재료를 말한다.
② 일반적으로 미장재료는 한 번에 두껍게 발라서 흘러내림 등의 문제가 발생하지 않게 한다.
③ 미장재료의 배합은 원칙적으로 바탕에 가까운 바름층일수록 부배합, 정벌바름에 가까울수록 빈배합으로 한다.
④ 미장공사시 바탕면은 거칠게 하고 바름면은 평활하게 한다.

21. 공기의 유통이 좋지 않은 지하실과 같이 밀폐된 방에 사용하는 미장마무리 재료 중 가장 부적절한 것은? [09, 12, 15㉠]
① 돌로마이트 플라스터 ② 혼합석고 플라스터
③ 시멘트 모르타르 ④ 경석고 플라스터

해 설

[해설] 17
선홈통
① 세로이음 : 위통을 밑통에 3cm 이상 5cm 정도 꽂아 납땜한다.
② 선홈통 걸이 간격은 0.9m~1.2m 간격으로 한다.
③ 지반에 면하는 1.5m는 보호관을 댄다.

[해설] 18
미장재료의 분류
① 기경성 미장재료 : 공기 중에서 경화하는 것으로 공기가 없는 수중에서는 경화되지 않는 성질 → 진흙질, 회반죽, 돌로마이트 플라스터
② 수경성 미장재료 : 물과 작용하여 경화하고 차차 강도가 크게 되는 성질 → 석고 플라스터, 무수석고(경석고) 플라스터, 시멘트 모르타르, 인조석 바름

[해설] 19
모르타르 바름의 재료배합은 바탕에 가까울수록 부배합, 정벌에 가까울수록 빈배합이 원칙이다.

[해설] 20
살붙임 바름은 한꺼번에 두껍게 바르지 않고 얇게 여러 번 바른다.

[해설] 21
돌로마이트 플라스터(Dolomite plaster)는 대기 중의 이산화탄소(CO_2)와 화합해서 경화하는 기경성 미장재료로 습기 및 물에 약해 지하실에는 사용하지 않는다.

정답 17. ④ 18. ③ 19. ④
     20. ② 21. ①

22. 벽면의 미장재료가 다음과 같을 때 유성 페인트칠을 가장 빨리 할 수 있는 재료는? [05⑦]
① 콘크리트
② 시멘트 모르타르
③ 회반죽
④ 석고 플라스터

[해설] **22**
석고 플라스터는 수경성 재료로 경화 강도가 빠르며(速乾性, 속건성), 내화성을 갖는다.

23. 시멘트 모르타르의 바름두께에 대한 설명으로 잘못된 것은? [08④]
① 1회의 바름두께는 바닥을 제외하고 6mm를 표준으로 한다.
② 얇게 여러 번 바르는 것이 두껍게 바르는 것보다 좋다.
③ 외벽 및 바닥은 24mm, 안벽은 18mm로 바른다.
④ 바름두께는 바탕의 표면부터 측정하는 것으로서 라스먹임의 바름두께를 포함하여 계산한다.

[해설] **23**
바름두께는 바탕의 표면부터 측정하는 것으로서 라스먹임의 바름두께는 포함하지 않고 계산한다.

24. 테라조(Terrazzo) 현장 바름공사에 대한 내용으로 옳지 않은 것은? [15, 24⑦]
① 줄눈나누기는 최대 줄눈간격 2m 이하로 한다.
② 바닥 바름두께의 표준은 접착공법(초벌바름)일 때 20mm 정도이다.
③ 갈기는 테라조를 바른 후 손갈기일 때 2일, 기계갈기일 때 3일 이상 경과한 후 경과 정도를 보아 실시한다.
④ 마감은 수산으로 중화 처리하여 때를 벗겨내고, 헝겊으로 문질러 손질한 후 왁스 등을 바른다.

[해설] **24**
초벌갈기는 돌알이 균등하게 나타나게 하고 잔구멍을 시멘트풀로 메운 후 굳은 다음 중갈기 하고 중갈기 완료 후 시멘트 풀을 2~3회 먹인 후 정벌한다.
㉠ 갈기는 정벌바름 후 손갈기는 2일 이상, 기계갈기는 5일~7일 이상 경과 후에 한다.
㉡ 줄눈대는 황동제로 사용하며, 보통 간격 90cm, 최대 2m 이내로 하며, 설치 목적은 균열방지, 보수용이, 바름 구획구분(레벨 조절용이) 등이 있다.

25. 테라조 바르기의 줄눈 나누기의 크기로 적당한 것은? [05, 08④]
① 면적 : 0.9m² 이내, 최대 줄눈 간격 : 1.2m 이하
② 면적 : 1.0m² 이내, 최대 줄눈 간격 : 1.2m 이하
③ 면적 : 1.2m² 이내, 최대 줄눈 간격 : 2.0m 이하
④ 면적 : 1.5m² 이내, 최대 줄눈 간격 : 2.0m 이하

[해설] **25**
테라조 현장갈기의 줄눈대는 황동제로 사용하며, 보통 간격 90cm, 최대 2m 이내로 하며, 설치 목적은 균열방지, 보수용이, 바름 구획구분(레벨 조절용이) 등이 있다.

정답 22. ④ 23. ④ 24. ③ 25. ③

핵심기출문제

VIII. 기타공사

26. 다음에서 설명하는 미장재료는? [10㉮]

> 시멘트와 건조모래 및 특성 개선재를 배합한 공장제품을 현장에서 물만 가하여 사용하는 모르타르로서, 현장배합 모르타르보다는 다소 고가이지만 현장관리가 용이하다.

① 바라이트 모르타르
② 셀프레벨링재
③ 초속경 모르타르
④ 드라이 모르타르

[해설] 26
셀프 레벨링재(self leveling : SL재) 시공 중이나 시공완료 후 기온이 5℃ 이하가 되지 않도록 한다.

27. 최근에는 바닥 마감재의 시공성 확보 및 일체성을 위해 플라스틱 바름 바닥재의 사용이 많아지고 있다. 다음의 플라스틱 바름 바닥재에 대한 설명으로 옳지 않은 것은? [04, 07, 12㉮]

① 폴리우레탄 바름 바닥재-공기중의 수분과 화학반응 하는 경우 저온과 저습에서 경화가 늦으므로 5℃ 이하에서는 촉진제를 사용한다.
② 에폭시수지 바름 바닥재-수지 페이스트와 수지 모르타르용 결합재에 경화제를 혼합하여 생기는 기포의 혼입을 막도록 소포제를 첨가한다.
③ 불포화폴리에스테르 바름 바닥재-표면강도(탄력성), 신축성 등이 폴리우레탄에 가까운 연질이고 페이스트, 모르타르, 골재 등을 섞어서 사용한다.
④ 프란수지 바름 바닥재-탄력성과 미끄럼 방지에 유리하여 체육관에 많이 사용한다.

[해설] 27
프란수지 바름 바닥재-내산성이 요구되는 공장에 주로 사용한다.

28. 셀프레벨링(Self Leveling)재 시공에 대한 설명 중 옳지 않은 것은? [10㉰]

① 실러바름은 셀프레벨링재를 바르기 2시간 전에 완료한다.
② 셀프레벨링재를 부을 때 필요에 따라 고름도구 등을 이용하여 마무리한다.
③ 셀프레벨링재의 표면에 물결무늬가 생기지 않도록 창문 등은 밀폐하여 통풍과 기류를 차단한다.
④ 셀프레벨링재 시공 중이나 시공완료 후 기온이 10℃ 이상이 되지 않도록 한다.

[해설] 28
셀프 레벨링재(self leveling : SL재) 시공 중이나 시공완료 후 기온이 5℃ 이하가 되지 않도록 한다.

정답 26. ④   27. ④   28. ④

29. 건축공사 중 타일공사에 관한 내용으로 가장 부적합하게 서술된 것은? [08⑦]

① 내장타일은 자기질, 석기질, 도기질이 모두 사용되며 외장타일은 자기질, 석기질이 사용된다.
② 타일붙임 모르타르는 붙임면 뒤에 틈이 남아 있으면 빗물의 침입으로 백화의 원인이 되므로 주의한다.
③ 외장타일은 외기에 저항력이 강하고 단단하며, 흡수성이 큰 것이 좋다.
④ 타일을 붙일 때에는 시멘트모르타르를 사용하거나 접착제를 사용하며 타일용 접착제는 초기의 접착성이 높은 것이 좋다.

30. 타일공사에 관한 설명 중 옳은 것은? [07, 16⑦]

① 모자이크 타일의 줄눈너비의 표준은 5mm 이다.
② 벽체타일이 시공되는 경우 바닥타일은 벽체타일을 붙이기 전에 시공한다.
③ 타일을 붙이는 모르타르에 시멘트 가루를 뿌리면 백화가 방지된다.
④ 바탕 모르타르를 바른 후 타일을 붙일 때까지는 여름철(외기온도 25℃ 이상)은 3~4일 이상의 기간을 두어야 한다.

31. 타일공사에서 시공 후 타일접착력 시험에 대한 설명 중 틀린 것은? [07, 18⑦]

① 타일의 접착력 시험은 600m² 당 한 장씩 시험한다.
② 시험할 타일은 먼저 줄눈부분을 콘크리트면까지 절단하여 주위의 타일과 분리시킨다.
③ 시험은 타일 시공 후 4주 이상일 때 행한다.
④ 시험결과의 판정은 접착강도가 10MPa 이상이어야 한다.

32. 타일공사의 외벽 떠붙임 공법에 대한 설명으로 옳지 않은 것은? [09⑦]

① 건비빔한 모르타르는 3시간 이내에, 가수한 비빔 모르타르는 적어도 1시간 이내에 사용하는 것이 좋다.
② 서열기에는 하루 전에 바탕면을 물로 충분히 적셔두어야 한다.
③ 타일의 1일 붙임 높이의 한도는 1.5m 정도로 하며 타일 붙임면이 풍우 등에 의해 손상 우려가 크면 시트 등으로 보양한다.
④ 흡수성이 있는 타일에는 백화, 탈락 등의 결함을 방지하기 위해 물을 접촉시켜 사용하면 안된다.

해 설

해설 29
외장타일은 흡수성이 큰 것을 사용할 경우 동해의 우려 및 백화현상 등의 결함이 발생할 가능성이 크므로 흡수성이 작은 것으로 하는 것이 좋다.

해설 30
① 모자이크 타일의 줄눈너비의 표준은 2mm 이다.
② 벽체타일이 시공 후 바닥타일을 시공한다.
③ 타일을 붙이는 모르타르에 시멘트 가루를 뿌리면 백화현상은 증가한다.

해설 31
시험결과의 판정은 접착강도가 0.39N/mm² 이상이어야 한다.

해설 32
떠붙임 공법
① 가장 오래된 타일 붙이기 방법으로 타일 뒷면에 붙임 모르타르를 얹어 바탕 모르타르에 누르듯이 하여 1매씩 붙이는 방법
② 모르타르 배합비 : 1 : 3 정도, 붙임 모르타르 두께 : 12~24mm 표준
③ 붙임 모르타르 사이로 빈 공간이 생기기 쉽고, 부착강도가 작으며, 외벽에 사용하는 경우에는 빗물의 침투 경로가 되어 동해 및 백화현상이 발생할 우려가 크므로 주로 내벽에 사용한다.

정답 29. ③ 30. ④ 31. ④
32. ④

핵심기출문제

VIII. 기타공사

33. 타일 크기가 10cm×10cm 이고 가로세로 줄눈을 6mm로 할 때 면적 1m²에 필요한 타일의 정미수량은? [12, 22㉑]

① 94매　② 92매
③ 89매　④ 85매

해설 33

$$\frac{100cm}{(10+0.6)cm} \times \frac{100cm}{(10+0.6)cm}$$
=88.9매 ≒ 89매

34. 벽마감공사에서 규격 200×200mm인 타일을 줄눈너비 10mm로 벽면적 100m²에 붙일 때 붙임매수는 몇 장인가? (단, 할증율 및 파손은 없는 것으로 가정한다.) [17, 25㉑]

① 2238매　② 2248매
③ 2258매　④ 2268매

해설 34

$$\frac{1000cm}{(20+1)cm} \times \frac{1000cm}{(20+1)cm}$$
=2267.7매 ≒ 2268매

■■■ **4. 도장공사**

35. 도장시공 전 및 도료 사용 시 주의사항으로 옳지 않은 것은? [13, 23, 24㉑]

① 도료는 사용전 잘 교반하여 균일하게 한 후 사용하고 과도한 희석은 피한다.
② 기온이 5℃ 이하이거나 상대습도 85% 이상인 환경이 도장하기에 가장 적합하다.
③ 하도용 도료와 적합한 상도용 도료를 선택하고 층간 밀착성이 양호해야 한다.
④ 소지조정, 표면처리의 방법에 따라 녹이나 기름기 제거, 표면의 거칠기 정도를 관리한다.

해설 35
온도 5℃ 이하, 35℃ 이상, 습도가 80%(시방서 : 85%) 이상시 작업을 중단한다.
(칠의 건조, 칠막 형성조건 : 온도 20℃, 습도 70% 정도)

36. 유성페인트와 정벌칠에서 광택과 내구력을 증가시키는데 좋은 효과를 나타내는 재료는? [06㉑]

① 스티풀　② 건성유(보일드유)
③ 드라이어　④ 캐슈

해설 36
유성페인트
① 안료+건성유+건조제+희석제
② 내후성, 내마모성이 좋고 건조가 늦고 내약품성이 떨어진다.
③ 알칼리에 약하므로 콘크리트, 모르타르, 플라스터면에는 부적당하다.
④ 건물의 내외부에 널리 쓰인다.
※ 건성유(보일드유) : 정벌칠에서 광택과 내구력을 증가시키는데 좋은 효과를 나타내는 재료

37. 스프레이 건(spray-gun)을 쓰는 것이 가장 적합한 도료는 다음 중 어느 것인가? [03㉑]

① 수성페인트　② 유성페인트
③ 래커　④ 에나멜

해설 37
래커(lacquer)는 건조가 빠르므로 뿜칠로 해야만 그 효과가 가장 좋은 도장재료이다.

정답　33. ③　34. ④　35. ②
　　　36. ②　37. ③

38. 칠공사에 관한 설명 중 옳지 않은 것은? [10, 15 ㉮]
① 한랭시나 습기를 가진 면은 작업을 하지 않는다.
② 초벌부터 정벌까지 같은 색으로 도장해야 한다.
③ 강한 바람이 불 때는 먼지가 묻게 되므로 외부 공사를 하지 않는다.
④ 야간은 색을 잘못 칠할 염려가 있으므로 칠하지 않는 것이 좋다.

39. 건축공사 스프레이 도장방법에 관한 설명으로 옳지 않은 것은? [19, 22 ㉮]
① 도장거리는 스프레이 도장면에서 300mm를 표준으로 한다.
② 매 회의 에어스프레이는 붓도장과 동등한 정도의 두께로 하고, 2회분의 도막 두께를 한 번에 도장하지 않는다.
③ 각 회의 스프레이 방향은 전회의 방향에 평행으로 진행한다.
④ 스프레이할 때는 항상 평행이동하면서 운행의 한 줄마다 스프레이 너비의 1/3 정도를 겹쳐 뿜는다.

40. 도장공사 시 유의사항으로 옳지 않은 것은? [10, 22 ㉮]
① 도장마감은 도막이 너무 두껍지 않도록 얇게 몇 회로 나누어 실시한다.
② 도장을 수회 반복할 때에는 칠의 색을 동일하게 하여 혼동을 방지해야 한다.
③ 칠하는 장소에서 저온, 다습하고 환기가 충분하지 못할 때는 도장작업을 금지해야 한다.
④ 도장 후 기름, 산, 수지, 알칼리 등의 유해물이 배어 나오거나 녹아나올 때에는 재시공한다.

41. 도장공사에 관한 주의사항으로 틀린 것은? [15, 19 ㉮]
① 바탕의 건조가 불충분하거나 공기의 습도가 높을 때에는 시공하지 않는다.
② 불투명한 도장일 때에는 초벌부터 정벌까지 같은 색으로 시공해야 한다.
③ 야간에는 색을 잘못 도장할 염려가 있으므로 시공하지 않는다.
④ 직사광선은 가급적 피하고 도막이 손상될 우려가 있을 때에는 도장하지 않는다.

해 설

해설 38
도장 요령
① 칠막은 얇게 여러 번 도포하며, 서서히 충분하게 건조시킨다.
② 칠하는 회수(재벌, 정벌)를 구분하기 위해 색을 다르게 칠한다.
③ 솔질은 위에서 밑으로, 왼편에서 오른편으로, 재의 길이방향으로 한다.
④ 칠의 중지 : 바람이 강할 때, 온도 5℃ 이하나 35℃ 이상, 습도 85% 이상일 때

해설 39
뿜칠 요령(Spray gun)
㉠ 도료가 되면 칠오름이 거칠어지고, 묽으면 칠오름이 나빠진다.
㉡ 칠면과의 뿜칠거리는 30cm 정도로 1/3~1/2행이 겹치게 칠한다.
㉢ 운행 방향은 1회, 2회는 제각기 직각이 되도록 하고 폭은 30cm를 유지한다.
㉣ Gun은 연속적으로 운행, 평행으로 운행한다. (뿜칠 압력은 0.35MPa 이상 유지)
㉤ Gun의 속도가 느리면 칠이 흐르게 되고, 빠르면 드물어진다.
㉥ 뿜칠 압력이 낮으면 거칠고, 높으면 칠 손실이 많다.

해설 40
페인트칠의 경우 초벌과 재벌 등은 도장할 때마다 다음 칠을 하였는지 안하였는지 구별하기 위하여 색을 약간씩 다르게 한다.

해설 41
페인트칠의 경우 초벌과 재벌 등은 도장할 때마다 다음 칠을 하였는지 안하였는지 구별하기 위하여 색을 약간씩 다르게 한다.

정답 38. ② 39. ③ 40. ②
41. ②

핵심기출문제

VIII. 기타공사

42. 도장공사에서 철제계단(양면칠) 면적산정 방법으로 옳은 것은?
[07, 08, 15⑦]

① 경사면적 × 1배
② 경사면적 × 1.5배
③ 경사면적 × (2.0~2.5배)
④ 경사면적 × (3~5배)

43. 다음 중 스틸 새시를 양면칠을 할 경우 소요면적 계산으로 적절한 것은? (단, 문틀·창선반 포함)
[09⑦]

① 안목면적의 1배
② 안목면적의 1.2~1.4배
③ 안목면적의 1.6~2.0배
④ 안목면적의 2.1~2.5배

■■■■ 5. 합성수지공사

44. 다음 중 열가소성수지는?
[03, 06⑦]

① 페놀수지
② 요소수지
③ 멜라민수지
④ 염화비닐수지

45. 얇은 시트로 이용되는 경우가 많으며 내화학성의 파이프 또는 건축용 성형품으로도 쓰이는 열가소성 수지는?
[08, 25⑦]

① 폴리에틸렌 수지
② 아크릴 수지
③ 멜라민 수지
④ 페놀수지

46. 플라스틱 바름바닥재 중 공기 중의 수분과 화학반응하는 경우 저온과 저습에서 경화가 늦으므로 5℃ 이하에서 촉진제를 사용하는 것은?
[06 산]

① 에폭시수지
② 아크릴수지
③ 폴리우레탄
④ 클로로프렌고무

해설

해설 42, 43
칠면적 산정(칠면적 배수표에 의한 도장 소요면적 산출 기준)
① 목재 미서기창(양면칠) : 안목면적의 1.1~1.7배
② 목재 플러쉬문(양면칠) : 안목면적의 2.7~3.0배
③ 철재 새시(양면칠) : 안목면적의 1.6~2.0배
④ 철재 철문(양면칠) : 안목면적의 2.4~2.6배
⑤ 철재 계단(양면칠) : 경사면적의 3~5배

해설 44
합성수지의 분류
① 열가소성 수지 : 고형상에 열을 가하면 연화 또는 용융하여 가소성 및 점성이 생기며 냉각하면 다시 고형상으로 되는 수지(중합반응)-아크릴수지, 염화비닐수지, 초산비닐수지, 스티롤수지(폴리스티렌), 폴리에틸렌수지, ABS 수지, 비닐아세틸 수지, 메틸메탈 크릴수지, 폴리아미드수지(나일론), 셀룰로이드
② 열경화성 수지 : 고형체로 된 후 열을 가하면 연화하지 않는 수지(축합반응)-페놀수지, 요소수지, 멜라민수지, 알키드수지, 폴리에스틸수지, 폴리우레탄수지, 실리콘수지, 에폭시수지

해설 45
폴리에틸렌 수지는 물보다 가볍고, 유연, 내열성이 결핍된 것도 있다. 내약품성, 전기절연성, 내수성이 대단히 양호하다. 건축용 성형품, 방수필름, 벽재, 발포 보온관으로도 쓰이는 열가소성 수지이다.

해설 46
폴리우레탄 수지는 열경화성수지로 열절연성이 크고, 내열성이 우수하다. 발포시킨 것은 강하고 내노화성(耐老化性), 내약품성이 좋다. 용도로는 단열 방음재, 쿠션재, 줄눈재, 도막방수재 및 실링제, 도료에 사용된다.

정답 42. ④ 43. ③ 44. ④
45. ① 46. ③

■■■ 6. 창호·유리·금속공사

47. 창호공사에서 창호의 기능검사 내용으로 옳지 않은 것은? [05㉮]

① 내풍압성 : 내벽에 있는 창호의 기본적 요구조건으로서 시험에서 파괴가 일어나지 않음은 물론이고, 중앙부의 최대변위가 틀 안목치수의 1/50 이하이어야 한다.
② 기밀성 : 창호 내외의 압력차에 의한 통기량을 단위면적에 대하여 단위시간 동안에 측정하여 기준상태로 환산한다.
③ 차음성 : 주파수가 커지면 음향투과손실도 커지는데 차음성을 표준상태로 환산하여 등급을 매긴다.
④ 단열성 및 방화성 : 단열성은 열관류저항치($m^2 \cdot K/W$)를 기준으로 측정하며 방화성은 화재시 일정시간 불을 막는 역할에 대하여 등급을 매긴다.

48. 창호공사의 시공방법으로 옳지 않은 것은? [03, 06㉑]

① 나무퍼티는 퍼티못으로 양끝을 누르고 중간 15cm마다 박는다.
② 강제창호의 설치는 먼저세우기와 나중세우기가 있으나 보통 먼저세우기로 한다.
③ 알루미늄 새시는 알칼리에 약하므로 모르타르 등에 직접 접촉하지 않는다.
④ 알루미늄 새시는 녹이 나지 않으므로 도장이 필요 없다.

49. 다음 중 유리의 주성분으로 옳은 것은? [04㉮]

① Na_2O ② CaO
③ SiO_2 ④ K_2O

50. 보통 창유리의 특성 중 투과에 관한 설명으로 옳지 않은 것은? [16㉮]

① 투사각 0도 일 때 투명하고 청결한 창유리는 약 90%의 광선을 투과한다.
② 보통의 창유리는 많은 양의 자외선을 투과시키는 편이다.
③ 보통 창유리도 먼지가 부착되거나 오염되면 투과율이 현저하게 감소한다.
④ 광선의 파장이 길고 짧음에 따라 투과율이 다르게 된다.

해 설

해설 47
내풍압성
외벽에 있는 창호의 기본적 요구조건으로서 시험에서 파괴가 일어나지 않음은 물론이고, 중앙부의 최대변위가 틀 안목치수의 1/70(수평막이 부재는 1/150) 이하이어야 한다.

해설 48
강제창호의 현장설치는 보통 나중세우기 방법을 많이 취한다.

해설 49
유리의 주성분
① SiO_2 (규산) : 71~73%
② Na_2O (소다) : 14~16%
③ CaO (석회) : 8~15%
④ MgO : 1.5~3.5%
⑤ Al_2O_3 : 0.5~1.5%

해설 50
보통 창유리는 유리면에 직각일 때 투명하고, 청결한 창유리 및 판형 유리는 약 90%의 광선을 투과시킨다.(파장이 작은 자외선은 투광율이 적다)

정답 47. ① 48. ② 49. ③
      50. ②

핵심기출문제

VIII. 기타공사

51. 판유리에 관한 설명 중 옳지 않은 것은? [02, 05㉮]

① 망입유리는 화재시 조각이 날리지 않으므로 방화문에 사용할 수 있다.
② 이중유리는 단열, 차음, 방서의 특성을 가지므로 을종 방화문에 적당하다.
③ 강화유리는 절단할 수 없으므로 주문할 때 정한 치수로 해야 한다.
④ 신축 중인 건물에 유리를 끼우는 시기는 일반적으로 내부마감 공사가 시작되기 전에 끼워야 한다.

52. 유리내부 중심에 철, 황동, 알루미늄 등의 금속망을 삽입하고 압착성형한 판유리로 파손방지, 내열효과가 있으며 도난방지, 방화 목적으로 사용하는 유리는? [14㉮]

① 강화유리
② 무늬유리
③ 망입유리
④ 복층유리

53. 유리공사에 관한 설명으로 옳지 않은 것은? [04, 08㉮]

① 망입유리는 방화, 방도용으로 사용된다.
② 복층유리는 단열목적 유리이다.
③ 열선흡수유리는 실내의 냉방효과를 좋게 하기 위해 사용된다.
④ 자외선투과유리는 의류품의 진열창, 식품이나 약품의 창고 등에 사용된다.

54. 유리를 연화점에 가깝게(500~600℃) 가열해 두고 양면에 냉기를 불어 넣어 급랭시켜 강도를 높인 안전유리의 일종은? [10㉯]

① 망입유리
② 강화유리
③ 형판유리
④ 중공복층유리

해 설

[해설] 51
복층유리(Pair Glass), 이중유리, 겹유리라고도 한다. 단열·방음·방서효과가 크고, 결로 방지용으로 우수하다. 현장가공이 불가능하므로 주문제작시 치수지정에 주의가 필요하다.

[해설] 52
망입유리
㉠ 유리 내부에 금속망(철, 놋쇠, 알루미늄 망)을 삽입하여 압착 성형한 것으로 도난방지 유류창고에 사용한다.
㉡ 열을 받아서 유리가 파손되어도 떨어지지 않으므로 을종방화문에 사용한다.

[해설] 53
자외선 흡수유리
철, 크롬, 망간 등의 산화물을 혼합하여 제조한 것으로 염색품의 색이 바래는 것을 방지하고 채광을 요구하는 진열장 등에 사용된다.
※ 자외선 차단유리 : 자외선의 화학작용을 방지할 목적으로 의류품의 진열창, 식품이나 약품의 창고 등에 쓴다.
※ 자외선 투과유리 : 병원이나 요양소이나 온실 등에 적당하다.

[해설] 54
강화유리는 평면 및 곡면, 판유리를 600℃ 이상의 가열로 균등한 공기를 뿜어 급냉시켜 제조한다. 내충격, 하중강도는 보통 유리의 3~5배, 휨강도 6배 정도이다. 200℃ 이상의 고온에서 견디므로 강철유리라고도 한다.

정답 51. ② 52. ③ 53. ④ 54. ②

55. 유리섬유(glass fiber)에 관한 설명으로 옳지 않은 것은? [17, 24㉮]

① 단위면적에 따른 인장강도는 다르고, 가는 섬유일수록 인장강도는 크다.
② 탄성이 적고 전기절연성이 크다.
③ 내화성, 단열성, 내수성이 좋다.
④ 경량이면서 굴곡에 강하다.

56. Low-E 유리의 특징으로 틀린 것은? [13, 15, 23㉮]

① 가시광선 투과율은 맑은 유리와 비교할 때 큰 차이가 난다.
② 근적외선 영역의 열선 투과율은 현저히 낮다.
③ 색유리를 사용했을 때보다 실내는 훨씬 밝아진다.
④ 실외의 물체들이 자연색 그대로 실내로 전달된다.

57. 건축물에 사용되는 금속제품과 그 용도가 바르게 연결되지 않은 것은? [07, 25㉮]

① 지도리 : 문의 하부 발이 닿는 부분에 대하여 문짝이 손상되는 것을 방지하는 철물
② 코너비드 : 벽, 기둥 등에 사용하는 모서리쇠
③ 논슬립 : 계단에 사용하는 미끄럼 방지 철물
④ 조이너 : 천장, 벽 등의 이음새 감춤용 철물

58. 문웃틀과 문짝에 설치하여 문이 자동적으로 닫혀지게 하는 장치로서 도어 클로우저(Door Closer)라고 불리우는 것은? [03, 07㉮]

① 피봇 힌지(Pivot hinge)
② 함자물쇠
③ 체인록
④ 도어첵크(Door Check)

해 설

[해설] 55

유리섬유(glass fiber)
㉠ 고온 용융시킨 유리를 노즐에서 직경 1~30μm 정도의 가느다란 섬유모양으로 뽑아낸 것으로 단섬유와 장섬유가 있다.
㉡ 인장강도는 크고, 특히 가격이 매우 싼 편이나 내알칼리성에 약간의 어려움이 있다.
㉢ 암면과 같은 단열, 흡음재로 사용되며 불연성 직물(극장 무대막이나 커튼)로도 사용된다. 흡음률은 광물섬유 중 최고인 85%이다.
㉣ 내화성, 불연성, 내수성이 좋다.
㉤ 탄성이 적고 전기절연성이 크다.
㉥ 내벽·외벽의 내부·천장재 등으로 사용된다.

[해설] 56

로이유리(Low-E유리)는 판유리를 사용하여 한쪽 면에 얇은 은막을 코팅하여 에너지를 절약할 수 있도록 개발된 것이다. 가시광선을 76% 넘게 투과시켜 자연채광을 극대화하여 밝은 실내 분위기를 유지할 수 있다. 유리의 안쪽 표면에는 얇은 금속막이 코팅되어 밖에서는 얇은 하늘색으로 거울의 질감이 나고 안쪽에서는 자연경관이 투명하게 보여 커튼월, 수영장, 주상복합건축물 등에 많이 사용된다.
※ 가시광선(0.4~0.78μm) 투과율은 맑은 유리와 비교할 때 큰 차이가 없다.

[해설] 57

지도리
중량문을 여닫을 때 회전축을 형성하는 철물

[해설] 58

도어 체크(door check)는 열려진 여닫이문이 저절로 닫아지게 하는 장치로 door closer라고도 한다.

정답 55. ④ 56. ① 57. ①
      58. ④

핵심기출문제

VIII. 기타공사

59. 비철금속에 관한 설명 중 옳지 않은 것은? [16④]

① 동에 아연을 합금시킨 일반적인 황동은 아연함유량이 40% 이하이다.
② 구조용 알루미늄 합금은 4~5%의 동을 함유하므로 내식성이 좋다.
③ 주로 합금재료로 쓰이는 주석은 유기산에는 거의 침해되지 않는다.
④ 아연은 철강의 방식용에 피복재로서 사용할 수 있다.

해설 59
알루미늄 합금
㉠ 두랄루민이라고 하며 Al + 구리 (4%) + 마그네슘(0.5%) + 망간 (90.5%)의 합금이다.
㉡ 구조용 알루미늄 합금은 동을 사용하지 않으며, 동이 함유되면 내식성이 떨어진다.

60. 금속재료의 종류와 특성에 관한 설명으로 옳지 않은 것은? [17④]

① 구조용 특수강이란 강의 탄소량을 0.5% 이하로 하고 니켈, 망간, 규소, 크롬, 몰리브덴 등의 금속원소 1~2 종을 약 5% 이하로 첨가한 것을 말한다.
② 스테인리스강은 공기 및 수중에서 잘 부식되지 않는 강을 말하며, 일반적으로 전기저항이 작고 열전도율이 높으며 경도에 비해 가공성이 우수하다.
③ 내후성강은 대기 중에서의 내식성을 보통강보다 2~6배 증대시키면서 보통강과 동등 이상의 재질, 가공성, 용접성 등을 갖게 한 강재이다.
④ TMCP강재는 탄소당량이 낮음에도 불구하고 용접성을 개선하여 용접성이 우수하며, 강재의 두께가 증가하더라도 항복강도의 저하가 없도록 한 것이다.

해설 60
스테인리스강
㉠ 탄소량이 적고 녹이 잘 슬지 않는 특수용 합금강이다.
㉡ 전기저항성이 크고, 열전도율이 낮다.
㉢ 대기 중이나 물 속에서 거의 녹슬지 않는다.
㉣ 탄소강에 크롬(Cr)을 첨가하면 내식성과 내열성이 향상되고, 니켈을 첨가하면 기계적 성질이 개선되는 강이다.
㉤ 벽체의 마감재, 전기기구, 장식철물 등에 사용된다.

61. 블록조 벽체에 와이어메시를 가로줄눈에 묻어 쌓기도 하는데 이에 관한 설명 중 옳지 않은 것은? [17, 20④]

① 전단작용에 대한 보강이다.
② 수직하중을 분산시키는데 유리하다.
③ 블록과 모르타르의 부착성능의 증진을 위한 것이다.
④ 교차부의 균열을 방지하는데 유리하다.

해설 61
와이어 메쉬(Wire Mesh)
연강 철선을 격자형으로 짜서 접점을 전기 용접한 것으로 블록을 쌓을 때나 보호 콘크리트를 타설할 때 균열방지 및 교차 부분을 보강하기 위해 사용한다.
※ 블록조 벽체에 와이어 메시를 가로줄눈에 묻어 쌓는 목적
㉠ 전단작용에 대한 보강
㉡ 수직하중을 분산시키는데 유리
㉢ 교차부의 균열을 방지하는데 유리

정답 59. ② 60. ② 61. ③

62. 서로 다른 종류의 금속재가 접촉하는 경우 부식이 일어나는 경우가 있는데 부식성이 큰 금속 순으로 옳게 나열된 것은? [22, 25㉮]

① 알루미늄 > 철 > 주석 > 구리
② 주석 > 철 > 알루미늄 > 구리
③ 철 > 주석 > 구리 > 알루미늄
④ 구리 > 철 > 알루미늄 > 주석

■■■ 7. 커튼월공사

63. 건축공사 중 커튼월공사에 관한 다음 내용 중 옳지 않은 것은? [06, 08, 12㉮]

① 커튼월을 구조체에 설치할 때는 비계작업을 원칙으로 한다.
② 공사의 상당부분을 공장제작하므로 현장공정을 크게 단축시키는 것이 가능하다.
③ 제조공정의 경우 전체 공정계획을 고려하여 출하계획을 작성함으로써 작업중단이 생기지 않고 적시생산이 되도록 유도한다.
④ 커튼월 부재의 긴결방식은 슬라이드 방식, 회전 방식, 고정 방식 등이 있다.

64. 건축물 외부에 설치하는 커튼월에 관한 설명으로 옳지 않은 것은? [20㉮]

① 커튼월이란 외벽을 구성하는 비내력벽 구조이다.
② 커튼월의 조립은 대부분 외부에 대형발판이 필요하므로 비계공사가 필수적이다.
③ 공장에서 생산하여 반입하는 프리패브 제품이다.
④ 일반적으로 콘크리트나 벽돌 등의 외장재에 비하여 경량이어서 건물의 전체 무게를 줄이는 역할을 한다.

해 설

[해설] 62
금속의 부식
① 금속의 부식작용
  ㉠ 대기에 의한 부식
  ㉡ 물에 의한 부식
  ㉢ 흙 속에서의 부식
  ㉣ 전기작용에 의한 부식
② 전기작용에 의한 부식 : 서로 다른 금속이 접촉하여 그 부분에 수분이 있을 경우에는 전기분해가 일어나 이온화 경향이 큰 금속이 음극으로 되어 전기적 부식현상을 일으키게 된다.
※ 금속의 이온화 경향
(큰 것 – 작은 것 순서) :
K > Ca > Na > Mg > Al > Cr > Mn > Zn > Fe > Ni > Sn > H > Cu > Hg > Ag > Pt > Au

[해설] 63
커튼월구조는 건물의 무게를 지지하는 것은 기둥과 보가 담당하고, 외벽은 단지 건물 내부와 외부라는 공간을 칸막이하는 커튼의 구실만 하도록 한 비내력벽 구조체로 공사시 주로 양중기를 이용하여 설치작업을 하므로 원칙적으로 비계작업을 하지 않는다.

[해설] 64, 65
커튼월공사
㉠ 커튼월을 구조체에 설치할 때는 원칙적으로 비계작업을 하지 않는다.
㉡ 공사에 상당부분을 공장제작하므로 현장공정을 크게 단축시키는 것이 가능하다.
㉢ 제조공정의 경우 전체 공정계획을 고려하여 출하계획을 작성함으로써 작업중단이 생기지 않고 적시생산이 되도록 유도한다.
㉣ 커튼월 부재의 긴결방식은 슬라이드 방식, 회전 방식, 고정 방식 등이 있다.

정답 62. ① 63. ① 64. ②

핵심기출문제 — VIII. 기타공사

65. 건축물 외벽공사 중 커튼월 공사의 특징으로 옳지 않은 것은? [17⑦]
① 외벽의 경량화
② 공업화 제품에 따른 품질 제고
③ 가설비계의 증가
④ 공기단축

66. 다음 중 커튼월의 판넬 부착방식에 따른 분류에 속하지 않는 것은? [09산]
① 멀리온 방식
② 슬라이딩 방식
③ 로킹 방식
④ 고정 방식

해설 66
멀리온 방식은 커튼월의 외관형태 및 구조방식에 따른 분류 방식에 속한다.
※ 커튼월의 외관형태에 따른 분류
  멀리온(mullion) 방식, 스팬드럴(spandrel) 방식, 격자(grid) 방식, 피복 방식
※ 커튼월의 구조방식에 따른 분류
  멀리온(mullion) 방식, 패널(panel) 방식, 커버(cover) 방식

67. 프리캐스트 콘크리트 커튼월의 실물모형실험(Mock-Up Test)에서 성능 확인을 위한 시험종목에 해당되지 않는 것은? [14, 23⑦]
① 기밀시험
② 정압수밀시험
③ 구조시험
④ 인장시험

해설 67
커튼월의 실물모형실험(mock-up test) 풍동시험을 근거로 설계한 기준척도의 실물모형 3개를 만든 뒤 건설예정지에서 최악의 기후조건으로 시험한다. 예비시험, 기밀시험, 수밀시험, 구조시험 등을 실시하며, 그 결과에 따라 건축물의 각 부위를 수정·보완하여 안전하고 경제적인 커튼월 설계 및 시공이 가능하도록 한다.

■■■ **8. 기타**

68. 인텔리전트빌딩 및 전자계산실에서 배선·배관 등이 복잡한 공간의 바닥 구성 재료로 적합한 것은? [04, 08⑦]
① 복합바닥(Composite floor)
② 와플바닥(Waffle floor)
③ 액세스플로어(Access floor)
④ 장선바닥(Joist floor)

해설 68
액세스 플로어(Access floor)
① 일정한 공간을 두고 떠 있게 한 2중 바닥 시스템을 Free Access floor 라고 한다.
② 전기, 전자, 컴퓨터, 공조, 배관설치와 유지관리, 보수의 편리성, 용량 조정의 편리성 등으로 사용한다.
③ 인텔리전트빌딩 및 전자계산실, 전화교환실, 컴퓨터실 등에 사용된다.

정답 65. ③ 66. ① 67. ④ 68. ③

69. 건축마감공사로서 단열공사와 관련된 다음 내용 중 옳지 않은 것은?
[06, 18㉮]

① 단열시공 바탕은 단열재 또는 방습재 설치에 지장이 없도록 못, 철선, 모르타르 등의 돌출물을 제거하여 평탄하게 청소한다.
② 설치위치에 따른 단열공법 중 단열성능이 적고 내부 결로가 발생할 우려가 있는 것은 외단열공법이다.
③ 단열재를 접착제로 바탕에 붙이고자 할 때에는 바탕면을 평탄하게 한 후 밀착하여 시공하되 초기박리를 방지하기 위해 압착상태를 유지시킨다.
④ 단열재료에 따른 공법으로 성형판 단열재 공법, 현장 발포재 공법, 뿜칠 단열재 공법으로 분류되고 시공부위별 단열공법으로는 벽단열, 바닥단열, 지붕단열 공법 등이 있다.

[해설] **69**
단열성능이 적고 내부 결로가 발생할 우려가 있는 것은 내단열공법이다.
※ 단열공법
① 내단열 공법 : 주택의 단열(시공이 용이), 내부결로 발생 우려
② 외단열 공법 : 내부결로 위험감소, 일체화된 시공으로 열교현상 발생하지 않음

70. 다음 중 무기질 단열재료가 아닌 것은? [18㉮]

① 셀룰로오스 섬유판 ② 세라믹 섬유
③ 펄라이트 판 ④ ALC 패널

[해설] 단열재의 분류
㉠ 무기질 단열재 : 유리면, 암면, 세라믹 파이버, 펄라이트 판, 규산 칼슘판, 경량 기포콘크리트(ALC 판넬)
㉡ 유기질 단열재 : 셀룰로즈 섬유판, 연질 섬유판, 폴리스틸렌 폼, 경질 우레탄 폼

※ 단열재의 구비 조건
㉠ 열전도율이 낮을수록 좋다.
㉡ 흡수성이 낮을수록 좋다.
㉢ 투습성이 낮을수록 좋다.
㉣ 내화성이 있어야 한다.
☞ 열관류율이 높은 것이 용이하며, 낮을수록 단열효과가 좋다.
일반적으로 단열재에 습기나 물기가 침투하면 열전도율이 높아져 단열성능이 나빠진다.

71. 건축재료의 수량 산출시 적용하는 할증률이 옳지 않은 것은? [17, 20, 23, 25㉮]

① 유리 : 1% ② 단열재 : 5%
③ 붉은벽돌 : 3% ④ 이형철근 : 3%

[해설] **71**
재료의 할증률
1% : 유리
2% : 시멘트, 칠(도장)
3% : 이형철근, 붉은벽돌, 내화벽돌, 타일, 테라코타, 슬레이트, 고장력볼트
4% : 블록
5% : 원형철근, 시멘트벽돌, 리벳, 볼트, 아스팔트계 타일, 기와
7% : 대형형강
10% : 강판, 단열재
30% : 고온고압기기

정답 69. ② 70. ① 71. ②

핵심기출문제

VIII. 기타공사

72. 철근, 볼트 등 건축용 강재의 재료시험 항목에서 일반적으로 제외되는 항목은? [15⑦]

① 압축강도 시험
② 인장강도 시험
③ 굽힘 시험
④ 연신률 시험

73. 강재의 종류에 대한 설명으로 틀린 것은? [14⑦]

① SS계열 : 일반구조용 압연강재
② SM계열 : 용접구조용 압연강재
③ SN계열 : 건축구조용 내화강재
④ SMA계열 : 용접구조용 내후성 열간 압연강재

74. 다음 기술 내용 중 열교(Thermal Bridge)와 관련 없는 것은? [14⑦]

① 외벽, 바닥 및 지붕에서 단열이 연속되지 않는 부분이 있을 때 발생한다.
② 벽체와 지붕 또는 바닥과의 접합부위에서 발생한다.
③ 열교발생으로 인한 피해는 표면결로 발생이 있다.
④ 열교방지를 위해서는 외단열 시공을 하여서는 안된다.

[해설] 열교(Thermal Bridge) 현상
① 벽이나 바닥, 지붕 등의 건축물부위에 단열이 연속되지 않은 부분이 있을 때, 이 부분이 열적 취약부위가 되어 이 부위를 통한 열의 이동이 많아지며, 이것을 열교(heat bridge) 또는 냉교(cold bridge)라고 한다.
② 열교현상이 발생하면 구조체의 전체 단열성이 저하된다.
③ 열교는 구조체의 여러 형태로 발생하는 데 단열구조의 지지 부재들, 중공벽의 연결철물이 통과하는 구조체, 벽체와 지붕 또는 바닥과의 접합부위, 창틀 등에서 발생한다.
④ 열교현상이 발생하는 부위는 표면온도가 낮아지며 결로가 발생되므로 쉽게 알 수 있다.
⑤ 열교현상을 방지하기 위해서는 접합 부위의 단열설계 및 단열재가 불연속됨이 없도록 철저한 단열시공이 이루어져야 한다.
⑥ 콘크리트 라멘조나 조적조 건축물에서는 근본적으로 단열이 연속되기 어려운 점이 있으나 가능한 한 외단열과 같은 방법으로 취약부위를 감소시키는 설계 및 시공이 요구된다.

해 설

[해설] **72**
압축강도시험은 콘크리트의 재료시험 항목에 해당된다.

[해설] **73**
강재의 종류
① SS(Steel Structure) 계열 : 일반구조용 압연강재
② SM(Steel Marine) 계열 : 용접구조용 압연강재
③ SN(Steel New) 계열 : 건축구조용 압연강재
④ SMA(Steel Marine Atmosphere) 계열 : 용접구조용 내후성 열간 압연강재
※ FR(Fire Resistance) 계열 : 건축구조용 내화강재

정답 72. ① 73. ③ 74. ④

건축기사 4주완성 ❶권

저 자 남재호·송우용
발행인 이 종 권

2011年 3月   7日 초판발행
2012年 1月 12日 1차개정1쇄발행
2012年 2月   5日 1차개정2쇄발행
2013年 1月   7日 2차개정1쇄발행
2013年 2月   3日 2차개정2쇄발행
2013年 2月 18日 2차개정3쇄발행
2014年 1月 23日 3차개정1쇄발행
2014年 2月 26日 3차개정2쇄발행
2015年 1月 12日 4차개정1쇄발행
2015年 2月 17日 4차개정2쇄발행
2015年 5月 27日 4차개정3쇄발행
2016年 1月   6日 5차개정1쇄발행
2016年 2月   1日 5차개정2쇄발행
2017年 1月   3日 6차개정1쇄발행
2017年 1月 18日 6차개정2쇄발행
2018年 1月 10日 7차개정1쇄발행
2019年 1月 10日 8차개정1쇄발행
2020年 1月 19日 9차개정1쇄발행
2021年 1月 12日 10차개정1쇄발행
2022年 1月 10日 11차개정1쇄발행
2023年 1月 18日 12차개정1쇄발행
2023年 11月 15日 13차개정1쇄발행
2025年 1月 14日 14차개정1쇄발행
2026年 1月   2日 15차개정1쇄발행

發行處 **(주) 한솔아카데미**

(우)06775 서울시 서초구 마방로10길 25 트윈타워 A동 2002호
TEL : (02)575-6144/5   FAX : (02)529-1130
〈1998. 2. 19 登錄 第16-1608號〉

※ 본 교재의 내용 중에서 오타, 오류 등은 발견되는 대로 한솔아카데미 인터넷 홈페이지를 통해 공지하여 드리며 보다 완벽한 교재를 위해 끊임없이 최선의 노력을 다하겠습니다.
※ 파본은 구입하신 서점에서 교환해 드립니다.
www.inup.co.kr / www.bestbook.co.kr

ISBN 979-11-6654-740-9 13540

건축기사 필기시험 완벽대비

핵심이론 및 과년도문제 해설
건축기사 4주완성

부록 : 최근 6개년 과년도문제 수록
▶ 최근 3개년 기출문제 및 출제경향 무료동영상

동영상 강의
www.inup.co.kr

| 남재호 · 송우용 공저 |

15년 연속 건축분야 베스트셀러 1위
교보문고 · YES24 전국오프라인서점

한국산업인력공단 건축분야
2011년~2025년 1월 월간베스트 산출

2025 대한민국 고객만족지수 1위

2025 대한민국 고객만족지수 1위 : 온라인 교육(자격증)
주최 : KPBA 한국프리미엄브랜드진흥원(2025년 6월 17일)

전용홈페이지를 통한
2026/365일 학습질의응답 관리

2026 15차개정

2026 시험대비솔루션

- 첫째, 새로운 국가자격시험 출제기준에 따라 핵심이론 내용을 정리하였습니다.
- 둘째, 핵심 PLUS를 두어 요약정리 및 핵심 기출문제 유형을 정리하였습니다.
- 셋째, 각 단원별 기출문제를 통해 스스로 출제경향을 파악할 수 있도록 하였습니다.
- 넷째, SI 단위계에 의한 이론정리 및 해설을 하였으며, 건축관계법규는 최근 개정된 현행 법에 따른 해설을 하였습니다.
- 다섯째, 매회 기출문제에 대한 중복 해설로 중요도의 파악과 이해력을 도모하였습니다.

제 2 권

2026 CBT시험 최고의 적중률!

- 3과목 건축구조
- 4과목 건축설비
- 5과목 건축관계법규

HANSOL ACADEMY

한솔아카데미
www.inup.co.kr

HANSOL INFO
수험생이 알아야 할 출제경향

 최근의 출제문제를 중심으로 분석한 출제빈도와 중요내용입니다.

과목	단원명	출제문항수	세부항목
건축계획	1. 총론	1	건축물을 만드는 과정, 모듈
	2. 주거건축	5(7)	단독주택, 농촌주택, 공동주택, 단지계획
	3. 상업건축	3(7)	사무소, 은행, 상점, 슈퍼, 백화점·쇼핑센타
	4. 교육시설	1(4)	학교, 도서관
	5. 숙박시설	1	호텔, 레스토랑
	6. 의료시설	2	병원
	7. 문화시설	3	극장, 영화관, 미술관
	8. 산업건축	1(2)	공장, 창고
	9. 건축환경	·	열환경, 시환경, 음환경
	10. 건축사	3	서양건축사, 한국건축사
계		20(20)	
건축시공	1. 총론	1.5	공사관련자, 계획 및 입찰, 계약서류, 공사계획
	2. 공정 및 품질관리	1	공정계획, N/W공정표, 품질계획
	3. 가설공사	1.5(1.1)	공통가설, 직접가설공사, 적산
	4. 토공사 및 기초공사	1.5(1.1)	지반조사, 터파기, 흙막이, 기초, 말뚝
	5. 철근콘크리트공사	4.5(4.8)	철근공사, 거푸집공사, 콘크리트공사, 적산
	6. 철골공사	1.5(1.1)	일반사항, 각종접합, 철골현장세우기, 적산
	7. 조적, 타일 및 테라코타공사	1.8(1.7)	벽돌, Block, 돌공사, 타일, 적산
	8. 목공사	1.4(1.1)	목재의 성질, 이음, 맞춤, 목재 제품
	9. 방수, 지붕 및 홈통공사	1.3(1.6)	방수공법의 종류, 비교, 아스팔트 방수
	10. 미장공사	1(1.3)	미장재료의 분류, 성질, 시공일반사항
	11. 기타공사	3(2.7)	창호 및 유리공사, 도장, 금속, 합성수지공사
계		20(20)	

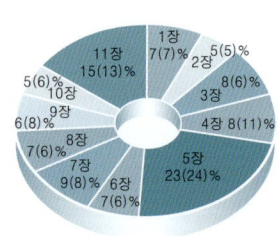

건축계획

건축시공

과목	단원명	출제문항수	세부항목
건축구조	1. 건축구조역학	6~7	부정정차수, 지점반력, 전단력, 휨모멘트, 축방향력, 단면의 성질, 응력, 변형률, 단주 및 장주, 구조물의 변형, 부정정구조
	2. 철근콘크리트구조	7~9	보의 휨해석 및 전단해석, 기둥의 해석, 처짐 및 균열, 정착 및 이음, 슬래브, 기초 및 벽체
	3. 강구조	2~4	고력볼트접합, 용접접합, 인장재설계, 압축재설계, 휨재설계, 강합성구조, 주각, 강구조 처짐제한, 전단중심
	4. 일반구조	3~4	활하중, 조립식구조, 부등침하 및 연약지반에 대한 대책, 말뚝간격, 내진설계
계		20	

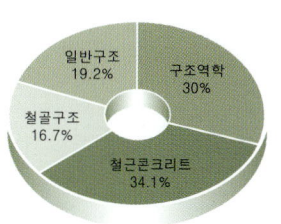

건축구조

과목	단원명	출제문항수	세부항목
건축설비	1. 위생설비	6~8	급수설비, 급탕설비, 배수통기설비, 오물정화설비, 소화설비, 가스설비, 배관용재료
	2. 냉난방설비	7~8	난방설비, 공조설비, 냉동설비
	3. 전기설비	5~8	강전설비, 조명설비, 약전설비, 승강운송설비
계		20	

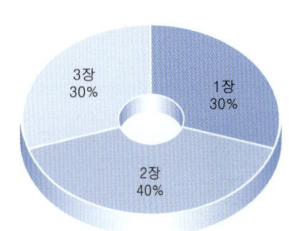

건축설비

과목	단원명	출제문항수	세부항목
건축관계법규	1. 총칙	2~3	건축물, 지하층, 건축 및 대수선, 내화구조 등, 적용의 완화
	2. 건축물의 건축	4~5	건축허가 및 신고, 가설건축물, 착공 및 사용승인, 공사감리, 허용오차, 건축물의 용도분류, 용도제한, 용도변경
	3. 건축물의 유지관리	0~1	건축지도원 자격·업무
	4. 건축물의 대지 및 도로	1~2	옹벽의 기술기준, 조경, 공개공지 설치, 도로, 대지와 도로와의 관계, 건축선
	5. 건축물의 구조 및 재료	2~3	구조내력의 확인, 지하층, 피난계단, 방화구획, 주요구조부의 제한
	6. 지역 및 지구 안의 건축물	2~3	면적 및 높이산정 산정기준, 대지의 분할, 건축물 높이제한, 일조권제한
	7. 건축설비	1~2	관계전문기술사 협력, 승강설비, 배연설비
	8. 특별건축구역	0~1	특별건축구역
	9. 보칙	0~1	건축분쟁조정
	10. 주차장법	4~6	주차구획, 주차전용 건축물, 노외 및 기계식 주차장 설비기준, 부설주차장
	11. 국토의 계획 및 이용에 관한 법률	3~1	용도지역, 지구, 구역구분, 도시·군 계획시설, 도시계획, 광역도시계획, 지구단위계획, 건폐율 및 용적율
계		20	

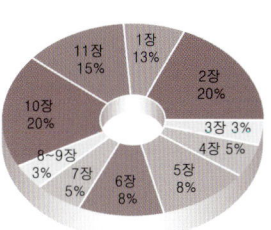

건축관계법규

- 건축법 : 65%
- 주차장법 : 20%
- 국계법 : 15%

꿈은 이루어진다
www.inup.co.kr

머리말

국제화·세계화의 시대적 흐름 속에서 우리 건축계에도 대외 개방 및 다양한 변화를 요구하고 있으며, 특히 건축기술자들에 대한 사회적 기대와 책무는 한층 더 크다고 할 수 있다.

이에 본서는 건축기사 시험과목인 건축계획, 건축시공, 건축구조, 건축설비, 건축관계법규 등의 광범위한 내용을 보다 체계적으로 정리하여 건축기사시험에 대비한 지침서로서 최대한 효과를 얻을 수 있도록 알차게 꾸미고자 노력하였다.

【이 책의 특징】
1. 최근 개정된 출제기준에 따라 핵심이론을 체계적으로 정리하였으며, 기출문제의 정확한 분석과 해설을 수록하였다.
2. 각 과목별 방대한 이론을 쉽게 이해할 수 있도록 간단명료하게 체계적으로 핵심이론 내용을 정리하고, 또한 그림과 도표 및 예제·개념정리·학습포인트를 통하여 기본이론을 알기 쉽게 이해할 수 있도록 하였다.
3. 각 과목 핵심사항에 따른 상세한 기출문제 해설로 많은 학습분량을 단기간에 쉽게 공부할 수 있도록 하였다.
4. 최근 20년간의 핵심기출문제를 각 단원별로 수록하여 출제경향을 쉽게 파악할 수 있도록 하였으며, 상세한 해설로 다양한 문제의 유형에도 쉽게 적응능력을 향상시킬 수 있도록 하였다.
5. 시중의 건축기사 교재는 건축기사와 건축산업기사 혼용형으로 구성하고 있으나 본 교재에서는 순수 기사 문제만으로 구성하여 필요 이상의 학습량을 줄일 수 있도록 배려하였다.

교재에 오류가 있다면 신속히 보완하여 더욱 좋은 책으로 거듭날 수 있도록 최선을 다하겠으며, 항상 조언을 부탁드립니다.

끝으로 본서를 통해서 건축기사 및 관련시험의 지침서로서 수험생 여러분의 학습에 도움이 되기를 기대하며, 아울러 출판에 도움을 주신 한솔아카데미 한병천 사장님, 이종권 전무님과 편집부 직원 여러분께 감사를 드린다.

저자 드림

Contents

제 2 권

III Subject | 건축구조   3-1

01. 건축구조 일반 —————————————————— 3-2
   1. 건축구조의 분류 ·· 3-2
   2. 지반 ·· 3-3
   3. 기초 ·· 3-5
   4. 내진 설계 ··· 3-7
      ■ 핵심기출문제 ··· 3-14

02. 힘과 구조물 —————————————————— 3-20
   1. 힘과 모멘트 ·· 3-20
   2. 구조물 ·· 3-23
   3. 정정보의 해석 ·· 3-31
   4. 라멘(Rahmen) ·· 3-39
   5. 트러스 해석 ·· 3-43
      ■ 핵심기출문제 ··· 3-48

03. 탄성체와 구조물 설계 ——————————————— 3-63
   1. 단면의 성질 ·· 3-63
   2. 응력과 변형도 ·· 3-70
   3. 단면의 응력도 ·· 3-74
   4. 장주와 단주 ·· 3-78
   5. 기초 ·· 3-82
      ■ 핵심기출문제 ··· 3-84

04. 처짐과 부정정 구조물 ——————————————— 3-96
   1. 처짐(Deflection) ·· 3-96
   2. 부정정 구조물 ·· 3-99
      ■ 핵심기출문제 ··· 3-105

05. 철근콘크리트 일반사항 — 3-118
   1. 개요 ·· 3-118
   2. 콘크리트(Concrete) 특성 ··················· 3-118
   3. 철근의 특성 ······································ 3-121
   4. 설계법의 종류 ··································· 3-122
   5. 구조물의 사용성 ······························· 3-124
      ■ 핵심기출문제 ··································· 3-129

06. 철근콘크리트 구조설계 — 3-137
   1. 휨 설계 ··· 3-137
   2. 전단 설계 ··· 3-150
   3. 슬래브(Slab) 설계 ··························· 3-156
   4. 압축재 설계 ····································· 3-163
   5. 기초 설계 ··· 3-165
   6. 옹벽 설계 ··· 3-169
   7. 내력벽 설계 ····································· 3-170
   8. 프리스트레스트 콘크리트 ················ 3-171
   9. 죠인트 ·· 3-171
      ■ 핵심기출문제 ··································· 3-172

07. 철근의 이음과 정착 — 3-187
   1. 부착강도와 정착길이 ······················· 3-187
   2. 철근의 이음 ····································· 3-189
      ■ 핵심기출문제 ··································· 3-191

08. 강구조 개론 — 3-195
   1. 강구조 일반 ····································· 3-195
   2. 강구조 설계법 ································· 3-199
   3. 접합 ··· 3-202
   4. 인장재 설계 ····································· 3-210
   5. 압축재 설계 ····································· 3-212
   6. 보 ··· 3-214
   7. 트러스 구조 ····································· 3-216
   8. 강구조 기타 ····································· 3-217
      ■ 핵심기출문제 ··································· 3-219

Contents

Ⅳ Subject | 건축설비　　　　　　　　　　　　　　　　4-1

01. 위생설비 ──────────────────────────── 4-2
1. 물에 관한 일반적인 사항 ·· 4-2
2. 급수설비 ··· 4-5
3. 급탕설비 ··· 4-12
4. 배수·통기설비 ·· 4-16
5. 위생기구 및 배관재료 ·· 4-23
6. 오수처리설비 ··· 4-27
7. 소화설비 ··· 4-31
8. 가스설비 ··· 4-37
■ 핵심기출문제 ··· 4-39

02. 공기조화설비 ──────────────────────── 4-54
1. 공기에 관한 일반사항 ·· 4-54
2. 환기설비 ··· 4-60
3. 공기조화부하 계산 ··· 4-62
4. 난방설비 ··· 4-67
5. 공기조화방식 ··· 4-84
6. 공기조화기 ··· 4-93
7. 냉동설비 ··· 4-99
■ 핵심기출문제 ··· 4-103

03. 전기설비 ──────────────────────────── 4-116
1. 전기에 관한 일반적인 사항 ······································· 4-116
2. 강전설비 ··· 4-117
3. 조명설비 ··· 4-124
4. 약전설비 ··· 4-130
5. 승강 및 운송설비 ·· 4-132
■ 핵심기출문제 ··· 4-135

Subject V | 건축관계법규　　5-1

01. 총칙, 건축물의 건축, 건축물의 유지관리 ─────────── 5-2
　1. 총칙 ··· 5-2
　2. 건축물의 건축 ··· 5-18
　3. 건축물의 유지관리 ·· 5-32
　　■ 핵심기출문제 ··· 5-33

02. 건축물의 대지 및 도로, 건축물의 구조 및 재료 ─────── 5-42
　1. 건축물의 대지 및 도로 ······································· 5-42
　2. 건축물의 구조 및 재료 ······································· 5-48
　　■ 핵심기출문제 ··· 5-70

03. 지역 및 지구 안의 건축, 건축설비 ─────────────── 5-80
　1. 지역 및 지구 안의 건축 ······································· 5-80
　2. 건축설비 ··· 5-88
　　■ 핵심기출문제 ··· 5-96

04. 특별건축구역, 보칙 등 ────────────────── 5-104
　1. 특별건축구역 ··· 5-104
　2. 보칙 등 ·· 5-106
　　■ 핵심기출문제 ··· 5-116

05. 주차장법 ──────────────────────── 5-121
　1. 총칙 ·· 5-121
　2. 노상주차장 ·· 5-123
　3. 노외주차장 ·· 5-124
　4. 건축물 부설주차장 ·· 5-130
　5. 기계식 주차장 ·· 5-134
　　■ 핵심기출문제 ··· 5-137

Contents

06. 국토의 계획 및 이용에 관한 법률 — 5-145
- 1. 용어의 정의 … 5-145
- 2. 광역도시계획 … 5-148
- 3. 도시·군 기본계획 … 5-149
- 4. 도시·군 관리계획 … 5-150
- 5. 용도지역·용도지구·용도구역 … 5-152
- 6. 지구단위계획 … 5-158
- 7. 입지규제최소구역 … 5-160
- 8. 용도지역·용도지구 및 용도구역 안에서의 행위제한 … 5-161
- 9. 도시계획위원회 … 5-163
  - ■ 핵심기출문제 … 5-164

07. 건축관계법규 핵심요약정리 — 5-174
- 1. 계산문제 정리 및 요약 … 5-174
- 2. 면적별 기준정리 및 요약 … 5-176
- 3. 층별 기준정리 및 요약 … 5-180
- 4. 주차대수별 기준 정리 및 요약 … 5-181

건축구조

03 Subject

01 건축구조 일반
02 힘과 구조물
03 탄성체와 구조물 설계
04 처짐과 부정정 구조물
05 철근콘크리트 일반사항
06 철근콘크리트 구조설계
07 철근의 이음과 정착
08 강구조 개론

01 건축구조 일반

핵심 PLUS

01 벽돌구조에 대한 설명으로 틀린 것은? [14 기]
① 석구조 및 블록구조와 함께 조적식구조의 일종이다.
② 고층 건물이나 대규모 건물에 적합하다.
③ 내화, 내구적이다.
④ 풍압력, 지진력 등에 약하다.

[해설] 조적식구조의 특징
벽돌구조는 조적식 구조이므로 횡력(수평력)에 매우 약하다. 따라서 대규모 고층건축물에는 부적당하다.

답 : ②

■ 시공법에 의한 분류
- 건식구조 : 가구식 뼈대를 설치하고 규격화된 기성벽판, 바닥판 등을 짜맞춘 구조
- 습식구조 : 시멘트와 같이 물을 사용하여 시공하는 공정을 가진 구조
- 조립구조 : 공장에서 규격에 맞추어 생산한 구조요소를 현장에서 조립하여 완성하는 구조
- 현장구조 : 자재와 부품을 대부분 공사현장에서 가공하여 시공하는 구조
- 부품화구조 : 큐비클 유닛을 공장에서 제작하여 현장에서 접합하여 완성하는 프리패브 방식의 구조

1 건축구조의 분류

1. 주체재료에 의한 분류

재료에 의한 분류	장점	단점
철근콘크리트 구조(RC)	• 내진, 내화, 내구 • 설계자유, 경제적 • 고층건물 적합	• 습식구조 긴 공기 • 균일 시공 곤란 • **큰 자중**
철골철근콘크리트 구조(SRC)	• 내진, 내화, 내구 • 고층 및 대건축에 적합	• 고가, 시공 복잡 • 긴 공기
철골 구조(SS)	• 큰 Span 가능, **가벼운 자중** • 내진, 내풍 • 시공용이, 해체용이	• 공사비 고가 • 좌굴에 취약 • **내화성 부족**
벽돌 구조	• 내구, 보온성(방한, 방서) • 방화, 외관장중	• **횡력에 약함** • 결로발생
목 구조	• 구조방법 간단 • 시공용이 • **외관 미려**	• 부패우려 • 내구력 부족 • 내화성 부족

2. 구성양식에 의한 분류

구조별	설명	예
가구식 구조 (Post & Lintel)	목재, 강재 등 **가늘고 긴 부재**를 접합하여 뼈대를 만드는 구조로 부재접합부에 따라 구조 강성이 결정된다.	• 목 구조 • 철골 구조 (용접은 일체식 구조로 본다.)
조적식 구조 (Masonry)	**개개의 재료를 접착재료로 쌓아 만든 구조**로 재료와 접착제 강도에 따라 전체 구조의 강도가 결정된다.	• 벽돌 구조 • 블록 구조 • 돌 구조
일체식 구조 (Monolithic)	전 구조체를 일체가 되도록 한 구조	• 철근콘크리트 구조 • 철골철근콘크리트 구조
조립식구조 (Prefabricated)	주요 부재를 공장에서 제작, 현장에 운반하여 짜맞춘 구조	• 알루미늄 커튼월조 • 프리패브조 • 조립식 철근콘크리트조

3. 특수 구조

① 곡면식 구조 : dome, shell 구조, 철근콘크리트 등 얇은 곡면으로 된 구조

② 절판식 구조 : 철근콘크리트 구조체를 꺾어서 만든 형태의 구조

③ 현수식 구조 : 경간이 큰 구조에서 사용하며 케이블로 구조체를 매달아 하중을 받는 구조

④ 공기막 구조 : 한 두 겹의 막 내부에 공기를 넣어 가압에 의해 하중을 부담하는 구조

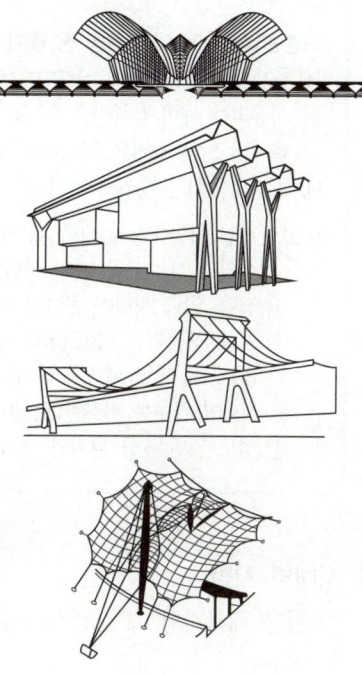

2 지반

1. 지반 조사 순서

사전조사 - 예비조사 - 본조사 - 추가조사

2. 지반조사법

① 시험파기 : 지름 1m 깊이 3m를 직접 굴착하여 지반 확인
② 짚어보기 : 뾰족한 철봉을 땅에 꽂아 손의 감각으로 지반 추정
③ 보오링 테스트 : 지반에 구멍을 뚫어 시료를 채취하여 지반을 조사하는 방법으로 종류는 수세식(30m), 충격식(굳은지층), 회전식(불교란 시료 채취)
④ 표준관입 시험 : 사질지반 밀도 측정에 활용되며 시험용 샘플러를 지반에 설치하고 표준 중량 63.5kg의 추를 76cm에서 샘플러에 반복 낙하시켜 샘플러가 **300mm 깊이로 관입**하였을 때의 **타격회수로 지반 상태**(사질지반의 밀도)를 판단
⑤ 베인 테스트 : +모양 날개를 회전시켜 연약점토 지반의 점착력 판별하여 전단 강도 추정
⑥ 평판재하 시험(지내력 시험)
⑦ 말뚝 시험

핵심 PLUS

02 곡면판이 지니는 역학적 특성을 응용한 구조로서 외력은 주로 판의 면내력으로 전달되기 때문에 경량이고 내력이 큰 구조물을 구성할 수 있는 것은?
 [06,07,15 기]

① 쉘구조
② 튜브 시스템
③ 스페이스 프레임
④ 절판 구조

해설 쉘구조(Shell structure)
곡면판이 지니는 역학적 특성을 응용한 구조로서 외력은 주로 판의 면내력으로 전달되기 때문에 경량이고 내력이 큰 구조물을 구성할 수 있다.

답 : ①

■ 표준관입시험

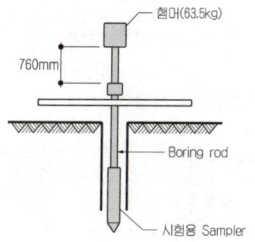

타격횟수와 지반상태

N값	0~4	4~10	10~50	50이상
모래 밀도	몹시 느슨	느슨	보통	다진 상태

■ Vane 전단 시험

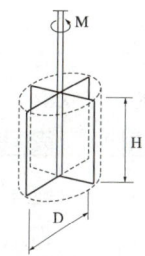

핵심 PLUS

03 다음의 각 지반의 허용 지내력의 크기가 큰 것부터 순서대로 올바르게 나열된 것은?
[00,07,19,21 기]

| ㉠ 자갈 | ㉡ 모래 |
| ㉢ 연암 | ㉣ 경암 |

① ㉡>㉠>㉢>㉣
② ㉠>㉡>㉢>㉣
③ ㉣>㉢>㉠>㉡
④ ㉣>㉢>㉡>㉠

[해설] 지반의 허용 내력 : 지반의 허용지내력 순서는 '암자모점진'의 순서이다. 즉, 암반>자갈>모래>점토>진흙의 순서이다.

답 : ③

■ 평판재하 시험

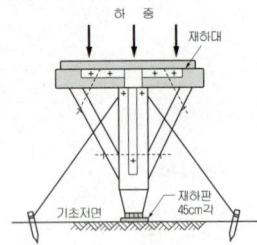

■ 말뚝박기 시험

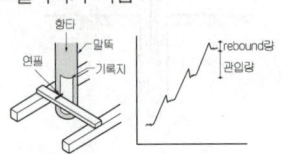

■ 부동침하 발생원인

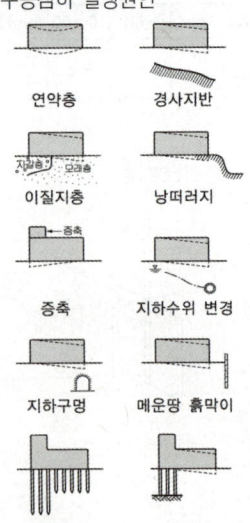

예제

표준관입시험에 대한 설명 중 옳지 않은 것은?
① N값으로 모래지반의 상대밀도를 추정할 수 있다.
② 사용되는 해머의 중량은 63.5kg 이다.
③ 해머의 낙하 높이는 76cm를 기준으로 한다.
④ 25cm 관입할 때까지 타격회수 N값을 구하는 시험법이다.

▶ 표준관입 시험(Penetration Test)
 • 해석의 발상 : 표준 관입 시험의 각종 기준은 다음과 같다.
 ① 전단, 압축 시험이 곤란한 사질토의 밀실도 시험으로 적당하다.
 ② 표준 샘플러를 63.5kg의 해머로 76cm의 낙하고로 쳐서 박아 관입량이 30cm에 달할 때까지 타격 회수를 N값으로 나타낸다.
 ③ N값이 클수록 밀실한 토질이다.
 ④ 점토 지반은 큰 편차가 생겨 신뢰성이 떨어진다.

3. 지내력 시험

① 평판 재하시험 : $0.2m^2$(45cm각)의 재하판, 매회 1t 이하 재하, 총침하량 20mm
② 말뚝 재하시험 : 실제 사용 예정 말뚝으로 설계하중을 가하여 보는 직접 시험법
③ 말뚝 박기시험 : 실제 말뚝과 동일한 조건으로 시험

4. 지반의 장기허용 지내력

지 반		허용응력도(kN/m^2)
경암반	화강암, 석록암, 편마암, 안산암 등의 화성암 및 굳은 역암 등의 암반	4,000(4MPa)
연암반	판암, 편암 등의 수성암의 암반	2,000(2MPa)
	혈암, 토단반 등의 암반	1,000(1MPa)
자 갈		300(0.3MPa)
자갈과 모래의 혼합물		200(0.2MPa)
모래 섞인 점토 또는 롬토		150(0.15MPa)
모래 섞인 점토		100(0.1MPa)

※ 지반의 단기허용지내력도 = 장기허용지내력도×1.5
※ 단위환산 $t \cdot f/m^2 = 9,800 N/m^2 \fallingdotseq 10 kN/m^2$
 경암반의 허용지내력은 $400 t \cdot f/m^2$라고 표현 가능

5. 지중응력분포

응력분포	가정 지압분포	점토의 응력분포	모래의 응력분포
P, 45°	P, w	P	P

6. 부동(부등)침하

1) 원인
연약층, 이질지층, 경사지반, 낭떠러지, 일부증축, 지하수위변경, 지하구멍(터널), 이질지층, 일부지정, 동일건물 다른 기초

2) 대책
① 상부 구조 : 건물 경량화, 건물 길이 제한, 지중보 또는 지하 연속벽 설치(뼈대 강성 증가), 인접건물과 이격, 건물 중량 균등 분배
② 하부 구조 : 경질 지반에 지지, 마찰말뚝 사용, 지하실(온통기초) 설치, 기초상호 연결(지중보), 지하 연속벽 시공
③ 지반 계획 : 강제배수, 고결, 치환 등의 지반 개량공사

3 기초

하중을 지반에 안전하게 전달하기 위한 건축물의 하부 구조

1. 기초의 명칭

1) 기초
   기둥하부에서 기초판 하부까지

2) 지정
   지반을 보강하는 기초판 하부 구조

3) 지중보
   ① 기초의 주각부를 수평으로 연결하는 수평보
   ② 기초의 주각부 강성 증대, 지진 저항성 증대, 부동침하 방지, 중심축하중 유도

[그림] 기초의 정의

핵심 PLUS

■ 지반 종류 호칭

종류	호칭
S_1	암반지반
S_2	얕고 단단한 지반
S_3	얕고 연약한 지반
S_4	깊고 단단한 지반
S_5	깊고 연약한 지반 매우 연약한 지반
S_6	지반응력해석 및 특성평가 요구 지반

04 지반침하의 원인에 해당하지 않는 것은? [06,07,10 기]
① 지하수의 지나친 양수
② 매립지반의 압축
③ 지반의 수평지지력 과대
④ 지반굴착에 의한 지반변위

해설 지반침하 원인
• 연약 지반 및 지질 수축
• 매립지의 지나친 압축
• 지하수의 지나친 양수
• 지하동공 발생
• 주변 지반 굴착

답 : ③

05 연약지반에서 부등침하를 방지하는 대책으로 옳지 않은 것은? [03,05,09,15 기]
① 건물을 경량화 한다.
② 지하실을 강성체로 설치한다.
③ 줄기초와 마찰말뚝 기초를 병용한다.
④ 건물의 구조강성을 높인다.

답 : ③

■ 흙막이벽의 안정
· Heaving
흙막이벽의 전·후면 토압차에 의해 흙막이 벽의 아래로 공사장에 흙이 밀려 들어오는 현상
· Boiling
흙막이벽 후면의 수위가 높아 흙막이벽 아래 공사장으로 지하수가 솟아오르는 현상
· Piping
흙막이벽의 부실로 이음새나 틈새를 통해 공사장으로 지하수가 유입되는 현상

핵심 PLUS

06 기초의 지정형식에 따른 분류에서 얕은 기초에 속하는 것은? [13 기]
① 말뚝기초 ② 직접기초
③ 피어기초 ④ 잠함기초
답 : ②

07 건물의 하부 전체 또는 지하실 전체를 하나의 기초판으로 구성한 기초로, 매트기초라 불리는 것은? [06 기]
① 독립기초
② 줄기초
③ 온통기초
④ 복합기초
답 : ③

08 굳은 지반이 없는 연약지반에 대한 건축물의 상·하부구조 대책으로 옳지 않은 것은? [13 기]
① 지지말뚝을 사용할 것
② 구조체의 강성을 높일 것
③ 평면길이를 적게 할 것
④ 이웃 건물과의 거리를 멀게 할 것
[해설] 연약지반 건축물의 구조대책
• 구조체의 강성을 증가
• 건축물의 길이를 짧게
• 인접건축물과 이격거리 확대
답 : ①

2. 기초의 종류

1) 기초판 형식에 의한 분류

① **독립기초** : 하나의 기초판에 하나의 기초기둥을 지지하는 기초
② **연속(줄)기초** : 조적조의 벽 하부에 연속적으로 설치하는 기초
③ **복합기초** : 하나의 기초판에 2개 이상의 기둥을 지지하는 기초
④ **온통기초** : 지하실과 같이 건축물의 밑바닥 전체에 기초판을 두는 기초

2) 지정형식에 의한 분류

① **직접기초** : 기초판에서 하중을 직접 지반으로 전달하는 얕은 기초
② **말뚝기초** : 말뚝을 박아 구조물을 지지하는 기초
③ **피어기초** : 피어로 지지하는 우물통 기초
④ **잠함기초** : 상자형 단면을 만들어 굴착하며 내려앉게 하는 기초

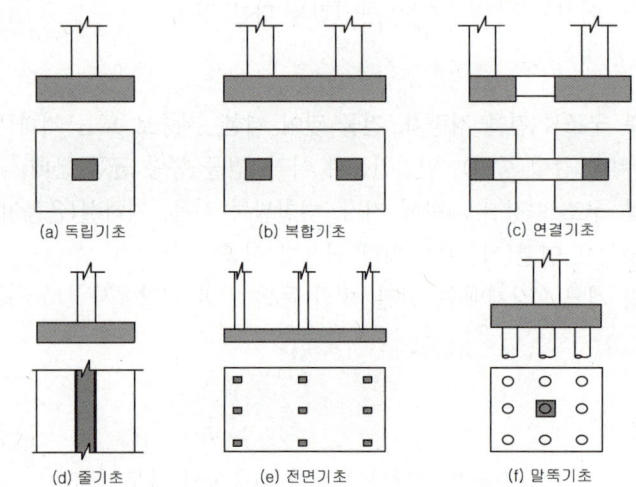

[그림] 기초판 형식에 의한 분류

3. 지정

1) 보통 지정

잡석지정, 모래지정, 자갈지정, 밑창(버림) 콘크리트 지정

2) 말뚝 지정

① 기성콘크리트 말뚝 : 공장 제작 말뚝
② 제자리 콘크리트 말뚝 : 페데스탈, 레이몬드, 컴프레솔, 심플렉스, 프랭키 말뚝
③ 철제 말뚝 : 15m 정도의 제품을 이어 박아 70m 정도까지 가능

말뚝종류	최소간격
나무말뚝	2.5D 이상, 600mm이상
기성콘크리트 말뚝	2.5D이상, 750mm이상
강재말뚝	2.0D이상, 750mm이상
제자리 콘크리트말뚝	2.0D 이상, D+1,000mm이상

4 내진 설계

1. 지진관련 용어

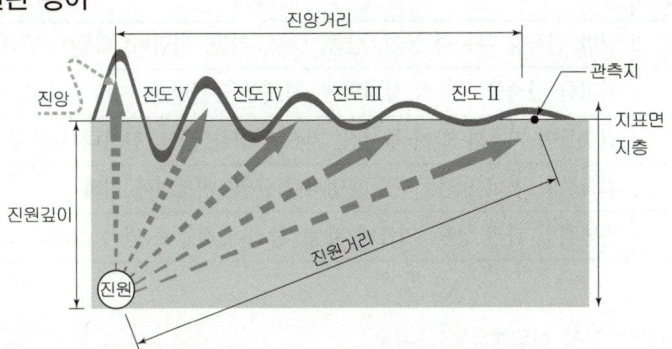

① 진원 : 지진파괴가 최초로 시작된 위치(지진 파괴는 한순간에 전체가 파괴되는 것이 아니라 한 점에서 시작되어 일정한 속도로 퍼짐)
② 진앙 : 진원 바로 위의 지표상의 위치
③ 진원깊이 : 진앙부터 진원까지 깊이
④ 진앙거리 : 진앙부터 관측점까지 거리
⑤ 진원거리 : 진원부터 관측점까지 거리
⑥ **규모** : 지진의 에너지를 아라비아 숫자로 나타낸 것으로 **절대적 척도** (측정위치와 무관)
⑦ 지진동 : 지진파가 지표에 도달하여 표면층에 발생하는 진동
⑧ **진도** : 어떤 장소에 나타난 지진동의 세기를 **사람의 느낌이나 물체 또는 구조물의 흔들림 정도**를 로마자로 표현한 것으로 정해진 설문을 기준으로 계급화한 **상대적 척도**
　㉮ 일본기상청(JMA)의 진도계급 : 8계급
　㉯ 미국 수정 메르칼리(Modified Mercalli, MM)진도계급 : 12계급
　㉰ 우리나라는 2001년부터는 MM 진도계급을 사용
　　-진도계급 : 미국식 MM 진도계급(수정 메르칼리 진도계급)

■ 미국식 MM 진도계급

진도	피해정도
I	없음
II	매달린 물체가 섬세하게 흔들림
III	정지하고 있는 차가 약간 흔들림, 트럭 주행시 진동과 비슷
IV	그릇, 창문, 문 등이 흔들림, 대형트럭이 벽을 받는 느낌
V	그릇과 창문이 깨어지기도 하며 고정되지 않은 물체는 넘어짐
VI	무거운 가구가 움직이기도 하며 건물벽 균열 발생
VII	일반 건축물 약간 피해 발생, 부실건축물은 상당한 피해 발생

핵심 PLUS

09 지진계에 기록된 진폭을 진원의 깊이와 진앙까지의 거리 등을 고려하여 지수로 나타낸 것으로 장소에 관계없는 절대적 개념의 지진크기를 말하는 것은? [10,16,21 기]
① 규모
② 진도
③ 진원시
④ 지진동

답 : ①

[해설] 지진 용어
• 규모 : 각 관측소의 지진계에 기록된 진폭을 진앙까지 거리와 진원의 깊이 등을 고려하여 지수 형태로 나타낸 것으로 장소와 무관한 절대적 수치
• 진도 : 규모와 달리 상대적 수치로 임의의 위치에서 진동의 세기를 사람의 느낌이나 주변의 물체 또는 구조물의 흔들림 정도로 표현한 것

10 지진의 진도(Intensity)와 규모(Magnitude)에 대한 설명으로 옳지 않은 것은? [13,16 기]
① 진도는 상대적 개념의 지진 크기이다.
② 규모는 장소에 관계없는 절대적 개념의 크기이다.
③ 진도는 사람이 느끼는 감각, 물체 이동 등을 계급별로 구분한다.
④ 규모는 지반의 운동정도를 평가하나 정밀하지는 않다.

답 : ④

핵심 PLUS

■ 지진구역 구분 및 지역계수
재현주기 2400년 최대 예상지진의 유효지반가속도(S)에 따른 내진설계 기준연구(건설교통부 1997)에 의거하여 아래와 같이 지진구역 구분 및 지역계수를 산정한다.

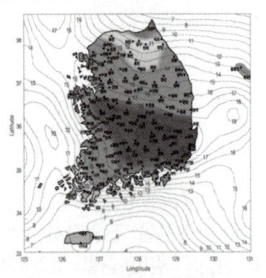

지역	행정구역	계수 S
1	지진구역 2를 제외한 전지역	0.22
2	강원도 북부, 전라남도 남서부, 제주도	0.14

※ 강원도 북부(군, 시) : 홍천, 철원, 화천, 횡성, 평창, 양구, 인제, 고성, 양양, 춘천시, 속초시

※ 전라남도 남서부(군, 시) : 무안, 신안, 완도, 영광, 진도, 해남, 영암, 강진, 고흥, 함평, 목포시

진도	피해정도
Ⅷ	일반 건축물 부분적 붕괴, 상품, 굴뚝, 기둥, 기념비, 벽돌이 무너짐
Ⅸ	견고한 건축물 부분적 붕괴발생, 지표면 균열발생, 지하 송수관 파손
Ⅹ	건축물이 기초와 함께 부서짐, 지표면 심한 균열, 산사태가 발생
Ⅺ	건축물이 거의 없음, 지표 광범위한 균열, 지표면이 침하
Ⅻ	전면적인 파괴 상황, 지표면 파동, 물건이 하늘로 튕겨 올라감

■ 일본기상청(JMA) 진도계급

규모(M)	구조물 등에 영향	인체영향	JMA 진도
2.5 미만	없음	감지불가	0(무감)
2.5~3.0	없음	일부감지	Ⅰ(미진)
3.0~3.5	창문 다소 흔들림	대부분감지	Ⅱ(경진)
3.5~4.0	건물 흔들림, 물체 흔들림, 그릇의 물 출렁임	약간 놀람	Ⅲ(약진)
4.0~5.0	건물 심하게 흔들림, 물건 넘어짐, 그릇 물 넘침	매우 놀람	Ⅳ(중진)
5.0~6.0	벽 균열 시작, 굴뚝, 돌담, 석축 등이 파손됨	심한 공포감	Ⅴ(강진)
6.0~7.0	건물파괴 30%이상, 산사태와 지반 균열 시작	보행 불가	Ⅵ(열진)
7.0~8.0	건물파괴 30%이상, 산사태와 지반 균열 심각	이성 상실	Ⅶ(격진)
8.0~9.0	건물 완전 파괴, 철로 휨, 지면 단층현상	대공황	
9.0 이상	거의 관측되지 않음		

2. 구조물 설계와 지진

1) 지진의 특징

불확실한 하중, 예측 불가능, 과학적 기록 부족, 기록 역사 부족, 사용성 확보 곤란, 비경제적 설계

2) 내진설계 원칙

사용 한계상태, 손상한계상태, 붕괴 한계상태를 만족할 수 있는 설계

① **사용 한계상태** : 구조물이 목적한 소정의 기능을 그대로 유지할 수 있는 한계상태

② **손상 한계상태** : 일부 손상이 발생하지만 범위가 제한되어 간단한 보수로 재사용할 수 있는 상태

③ **붕괴 한계상태** : 손상이 심하여 보수로 재사용은 불가능하지만 손상을 최소화할 수 있는 상태

3) 내진설계 방안
① **일체화** : 토질 액상화에 대비하여 기초 및 기초 구조체를 일체화
② **경량화** : 자중은 흔들림에 의한 추가 하중이 되므로 불필요한 질량제거
③ **균형화** : 중심에 코어 등을 배치하여 건축물의 비틀림 효과 억제
④ **최소화** : 비구조 요소의 첨가를 최소화하여 강성 저하 방지

4) 기존 건축물 내진성능 보강
① 건축물
  ㉮ 보, 기둥, 전단벽, 가새, 버팀벽 등을 설치 강도·강성 향상 부재 추가
  ㉯ 반응수정계수가 높은 골조형식과 내진성능이 높은 구조 형식으로 변경
  ㉰ 보나 전단벽 주철근을 선택적으로 제거하여 강기둥-약보 거동과 휨파괴를 유도하는 거동방식으로 변경
  ㉱ 건물 내부의 비구조재(마루, 반자 등) 제거로 건물의 중량을 감소시키거나 건물의 기초에 면진장치를 추가하여 지진하중을 경감

② 기초 및 지반
  ㉮ 액상화 내진성능 보강방법
    • 지반 안정화심정(Deep Wells), 배수트랜치 : 대상 지층의 지하수위를 저하시켜 액상화 발생 방지
    • 바이브레터리 탬퍼(vibratory tamper) : 지반에 진동하중을 가해 사질토 지반의 지지력을 증가
    • 심부혼합 방법(deep mixing) : 액상화발생 가능성에 따른 심도의 지반을 개량 액상화방지
  ㉯ 직접기초의 내진성능 보강방법
    • 지반 개량 및 보강, 기존기초 크기를 확대
    • 기초 위에 일정 두께를 갖는 콘크리트 캡(concrete cap) 설치
    • 기존 기초 하부에 언더피닝 공법으로 지지력 향상
    • 암반 위에 기초인 경우 앵커 정착으로 동적하중 안정성 증대

3. 내진 설계

1) 설계 하중
밑면 전단력, 층지진하중, 층전단력, 수평 비틀림모멘트, 전도 모멘트

※ 건물유효중량(W)에 포함하는 요소
  • 창고로 사용하는 공간에서는 적재하중의 25%
  • 바닥하중 산정시 칸막이 하중이 포함될 경우 칸막이의 실제중량과 0.5 kN/m² 중 큰 값
  • 영구설비의 총 하중
  • 적설하중이 1.5kN/m²을 넘는 평지붕은 평지붕적설하중의 20%

핵심 PLUS

11 다음 중 등가정적해석법을 사용하여 밑면전단력을 산정하는 경우, 밑면전단력의 크기가 가장 작은 구조물은? [09 기]
① 건물의 중량이 크고 주기가 짧은 구조물
② 건물의 중량이 크고 주기가 긴 구조물
③ 건물의 중량이 작고 주기가 짧은 구조물
④ 건물의 중량이 작고 주기가 긴 구조물

해설 밑면전단력(지진력)
밑면전단력(V)은 건물유효중량(W)에 비례하고 고유주기(T)에 반비례한다.

$$V = C_S \cdot W = \frac{S_{D1}}{(R/I_E) \cdot T}$$

S_{D1} : 설계스펙트럼가속도
R : 반응수정계수
I_E : 건물중요도계수
T : 건물고유주기

답 : ④

■ 말뚝기초의 내진성능 보강방법
• 주변 지반의 개량 및 보강 방법
• 말뚝캡의 강성증가방법
• 말뚝 증설방법
• 앵커의 인발저항 이용방법
• 말뚝기초의 상부에 지진격리장치설치, 상부구조물 전달지진하중 감소방법

핵심 PLUS

12 건축구조기준에 따른 우리나라 지진구역 및 이에 따른 지진구역계수 값이 옳게 연결된 것은? [08,17 기]
① 지진구역 Ⅰ : 0.22g, 지진구역 Ⅱ : 0.14g
② 지진구역 Ⅰ : 0.17g, 지진구역 Ⅱ : 0.11g
③ 지진구역 Ⅰ : 0.11g, 지진구역 Ⅱ : 0.17g
④ 지진구역 Ⅰ : 0.14g, 지진구역 Ⅱ : 0.22g

답 : ①

13 지진하중 설계 시 밑면전단력과 관계없는 것은? [10,14,16 기]
① 유효건물중량
② 중요도계수
③ 지반증폭계수
④ 가스트계수

[해설] 밑면 전단력
내진 설계의 밑면 전단력(V)은 지진응답계수(C_s)와 유효건물 중량(W)의 곱이다.
· 지진응답계수(C_s)
$$\frac{S_{D1}}{[RT/I_E]}$$ 이며
S_{D1}은 설계스펙트럽 가속도
R은 반응수정계수
T은 건물의 고유주기
I_E는 건물의 중요도 계수이다.

답 : ④

※ 건물유효중량(W)에 포함하는 요소
· 창고로 사용하는 공간에서는 적재하중의 25%
· 바닥하중 산정시 칸막이 하중이 포함될 경우 칸막이의 실제 중량과 0.5 kN/m² 중 큰 값
· 영구설비의 총 하중
· 적설하중이 1.5kN/m²을 넘는 평지붕은 평지붕적설하중의 20%

2) 내진설계해석방법

① 등가정적해석법 : 구조물에 작용하는 지진력을 자중에 비례하는 수평력으로 가하여 정적해석법(사면, 옹벽)
② 응답변위법 : 지반운동으로 지중구조물에 발생된 가상의 변위와 주면전단력을 이용한 내진해석법(암거, 상수도)
③ 동적해석법 : 시간이력응답 해석법과 응답스펙트럼 있으며 이 방법은 구조물 및 주변 지반을 동역학 수치해석모델로 변환하여 이것에 지진동을 입력해 구조물의 응력 등을 수치해석적으로 구하는 방법(교량)

3) 등가정적 해석법

① 지진지역 및 지역계수

지진지역	행정구역	지역계수(S)
1	지진지역2를 제외한 전지역	0.22g
2	강원북부, 제주도	0.14g

② 밑면전단력(V)

$$V = C_s \cdot W$$

C_s : 지진응답계수 W : 건물 유효 중량

③ 지진응답계수(C_s)
· 구조물의 동특성을 표현하기 위한 계수로서 시간이력해석법을 제외한 등가정적해석법, 응답스펙트럼해석법 등에서 적용하는 계수
· 건축물의 동적계수나 도로교의 지진응답계수 등이 모두 유사한 개념
· 지역의 지진특성을 반영하여 설계의 목적으로 수정된 설계스펙트럼을 계수화하여 표현한 것
· 동적계수에 주기나 기타 요소의 값을 대입하여 도표로 표현하면 설계스펙트럼과 동일한 형상
· 응답수정계수, 구조물의 기본주기(T), 지반계수 등이 포함

$$C = \frac{S_{D1}}{\left[\dfrac{R}{I_E}\right]T}$$

S_{D1} : 설계스펙트럼 가속도 R : 반응수정계수
I_E : 건물의 중요도 계수 T : 건물 고유주기

④ 내진 등급(Seismic Performance Categories : SPC)
· 구조물이 지진에 저항하는 정도를 구분해 놓은 것
· 지진위험도를 표시하는 가속도계수와 구조물 중요도의 결합으로 결정
· 국내의 내진설계성능기준(안)에서는 내진특등급, 내진Ⅰ등급, 내진Ⅱ등급으로 구분

■ 건물 중요도 계수(I_E) 및 층간허용변위(Δ_a)

중요도	등급설정기준	중요도 계수(I_E)	층간허용 변위(Δ_a)

특	○ 연면적 1,000m² 이상
	  - 위험물 저장 및 처리 시설
	  - 기관 청사, 공관, 소방서, 발전소, 방송국, 전신전화국
	○ 종합병원, 수술실·응급실이 있는 병원
	○ 긴급대피 수용 시설
		1.5	$0.010h_{sc}$
			(h_{sc}=층고)

I 1	○ 연면적 1,000m² 미만
	  - 위험물 저장 및 처리 시설
	  - 기관 청사, 공관, 소방서, 발전소, 방송국, 전신전화국
	○ 연면적 5,000m² 이상
	  - 공연장, 전시장, 판매시설 등 다중시설
	○ 수술실·응급실이 없는 병원
	○ 5층 이상 숙박, 기숙사, 오피스텔, 아파트
	○ 학교, 아동 및 복지 시설
		1.2	$0.015h_{sc}$

II 2	○ 특, 중요도(1), (2)에 속하지 않는 건축물	1.0	$0.020h_{sc}$
II 3	○ 농업시설, 소규모 창고, 가설 구조물		

⑤ 건물 고유주기(T)

$$T_a = C_T \cdot (h_n)^{\frac{3}{4}}$$

C_T = 콘크리트 모멘트 골조와 철골편심가새 골조(0.073)
   철골모멘트 골조(0.085), 기타(0.049)
h_n = 건물의 최상층 높이

철근콘크리트와 철골모멘트저항골조에서 12층을 넘지 않고 층의 최소높이가 3m 이상인 경우 근사고유주기는 건물의 층수(N)에 0.1을 곱하여 산정

$$T_a = 0.1 \times N$$

⑥ 층간변위(Δ)

$$x\text{층의 변위}(\delta_x) = \frac{C_d \cdot \delta_{xe}}{I_E}$$

C_d = 변위 증폭계수
δ_{xe} = 탄성해석 변위

핵심 PLUS

14 다음 중 내진 I등급 구조물의 허용층간변위로 옳은 것은?
(단, h_{sx}는 x층 층고) [17,21 기]

① $0.005h_{sx}$
② $0.010h_{sx}$
③ $0.015h_{sx}$
④ $0.020h_{sx}$

[해설] 건물 중요도 계수(I_E) 및 층간허용변위(Δ_a)

중요도		중요도 계수(I_E)	층간허용 변위(Δ_a)
특		1.5	$0.010h_{sc}$ (h_{sc}=층고)
I	1	1.2	$0.015h_{sc}$
II	2, 3	1.0	$0.020h_{sc}$

답 : ③

■ 근사고유 주기 정의
구조물 높이와 강성에 대한 함수로 정의되며, 상대적으로 구조물의 높이가 높을수록, 구조물의 강성이 낮을수록 근사고유주기는 길어진다.

핵심 PLUS

■ 지진지역에 따른 보의 주철근 내진상세 비교

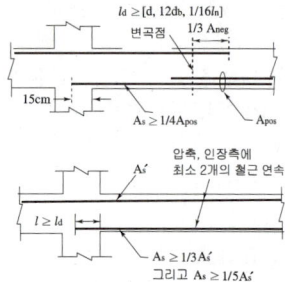

■ 지진지역에 따른 보의 횡보강철근 내진상세 비교

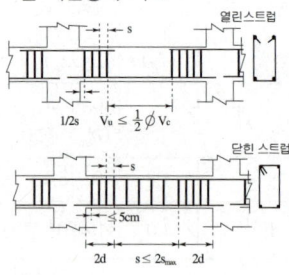

■ 기둥의 내진상세

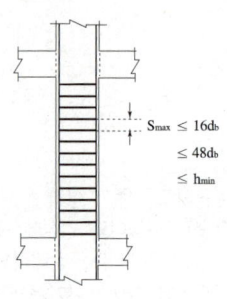

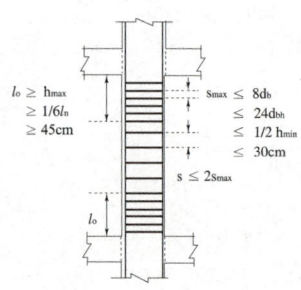

4. 주요부 내진 설계

1) 보

① 휨강도의 제한
  ㉮ 단부(접합면) 정(+) 휨강도 : 부(-) 휨강도의 1/3 이상
  ㉯ 모든 구간 휨강도 : 접합면 최대 휨강도의 1/5 이상

② 단부 전단보강근
  ㉮ 구간 접합면으로부터 보 깊이(d)의 2배 구간
  ㉯ 첫 전단보강근 위치 : 접합면(벽면)에서 50mm 내에 배치
  ㉰ **전단보강근의 최대 간격** : 다음 중 최소값 이하
    • 보 춤의 1/4 이하   • 주근 직경의 8배
    • 전단보강근 직경의 24배   • 300mm 이하

③ 전 구간 스트럽 간격≤$d/2$(d는 보 춤)

④ 첫 스트럽 위치 : 벽면에서 50mm 이내

⑤ 단부 스트럽 간격 : 다음 중 가장 작은 값 이하
  • 보춤의 1/4 이하($d/4$)   • 주근 직경 8배
  • 스트럽 직경 24배   • 300mm 이하

⑥ 닫힌(폐쇄) 스트럽 사용

2) 기둥

① 첫 띠철근 위치 : 접합면에서 $S_0/2$ 이내

② 띠철근 집중 배치 구간 : 접합면으로부터 다음 중 가장 큰 값 이상
  ㉮ 부재 순 높이 1/6
  ㉯ 부재 단면의 최대 치수
  ㉰ 450mm

③ 집중 배치 구간 **띠철근의 간격**(S_0) : 다음 중 가장 작은 값 이하
  • 주근 직경의 8배   • 띠철근 직경의 24배
  • 부재 단면의 최소 치수의 1/2   • 300mm

3) 벽체

구 분	수직철근	수평철근
최소철근비	0.12%	0.2%
주근 직경	D16 이하	D16 이하
최대 간격	벽두께×3배 이하, 400mm 이하	벽두께×3배 이하, 400mm 이하
개구부 보강	2-D16 정착길이 600mm 이상	

4) 슬래브

슬래브의 정철근은 다음 중 가장 큰 값 이상 수량을 반드시 정착
① 단부 상·하부근 : 경간 중앙의 하부철근 수량의 1/2
② 중앙부 하부 : 받침부의 상부철근 수량의 1/3
③ 중앙부 상부 : 받침부의 상부철근 수량의 1/4

5. 기타 지진 피해 최소화 기술

1) 내진
① 면진과 제진의 개념을 포함하나 별도로 구분하는 경우 내진은 구조물의 강성을 증가시켜 지진력에 저항하는 방법을 의미
② 지진 발생 시 **지진하중에 저항할 수 있는 구조물의 단면을 확보**

2) 제진
① 구조물이 지진력을 직접 받지만 지진에 의해 발생되는 진동과 진폭 최소화
② 진동을 감지하는 장치를 갖추고 구조물의 내부나 외부에서 **진동에 대응하는 제어력**을 가하여 지진하중을 저감
③ 구조물 내외부에서 강제적인 제어력을 가하지 않고 입력진동의 특성에 따라 구조물의 강성이나 감쇠 등을 순간적으로 변화시켜 진동을 제어
④ 제진장치 : **동조질량 감쇠기(TMD), 동조액체 감쇠기(TLD), 제진 댐퍼**

3) 면진
① 지진력이 건축물에 작용되지 않도록 지반과 기초사이에 **지진력 전달을 차단하는 기술**
② 지진동의 특성을 이용하여 구조물의 고유주기를 지진의 탁월주기(卓越週期, Predominant Period) 대역과 어긋나게 하여 **지진과 구조물이 공진(共振, Resonance)하지 않도록 함**으로써 지진력이 구조물에 상대적으로 약하게 전달되는 기술
③ 면진장치 : **적층고무층, 댐퍼, 베어링**

> 💡 **예제**
>
> 지진에 대응하는 기술 중 하나인 제진(制震)에 대한 설명으로 옳지 않은 것은? [14,22 기]
> ㉮ 기존 건물의 구조형식에 좌우되지 않는다.
> ㉯ 지반계수에 의한 제약을 받지 않는다.
> ㉰ 소형 건물에 일반적으로 많이 적용된다.
> ㉱ 댐퍼 등을 사용하여 흔들림을 효과적으로 제어한다.
>
> ▶ 제진 기술 : 지진력을 흡수하여 건축물의 부담을 감소시키는 기술로 다음과 같은 특징이 있다.
>   ① 건축물의 흔들림을 효과적으로 제어하여 안정성을 높이는 방식
>   ② 건축물 내 대형 컴퓨터 및 계측기 설치가 필요하여 비경제적
>   ③ 기존건축물의 구조 형식에 좌우되지 않고 지반계수에 의한 제약을 받지 않음

핵심 PLUS

15 지진하중이 작용하는 철근콘크리트 부재의 설계에 관한 상세규정으로 옳지 않은 것은? [10 기]
① 축방향철근 : 접합면에서 정모멘트에 대한 강도는 부모멘트에 대한 강도의 2/3 이상이어야 한다.
② 횡방향철근 : 첫 번째 후프철근은 지지부재의 면으로부터 50mm 이내에 위치하여야 한다.
③ 횡방향철근-후프철근이 필요하지 않은 곳에서는 부재의 전 길이에 걸쳐서 d/2 이내의 간격으로 양단 내진갈고리를 갖춘 스터럽을 배치하여야 한다.
④ 횡방향철근 : 후프철근의 최대간격은 d/4, 축방향철근의 최소 지름의 8배, 후프철근 지름의 24배, 300mm 중 가장 작은 값을 초과하지 않아야 한다.

답 : ①

■ 제진보강의 원리

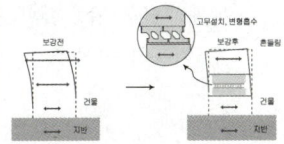

■ 면진(보강)의 원리

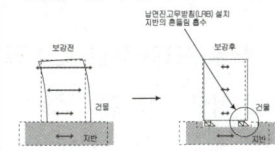

핵심기출문제

I. 건축구조 일반

■■■ 1. 건축구조의 분류

1. 건축구조별 특징에 관한 설명 중 옳지 않은 것은? [17 ②]
① 가구식 구조는 삼각형보다 사각형으로 조립하면 더욱 안정한 구조체를 이룰 수 있다.
② 조적식 구조는 압축력에는 강하지만 횡력에 취약하다.
③ 조립식 구조는 부재를 공장에서 생산·가공하여 현장에서 조립하므로 공기가 짧다.
④ 일체식 구조는 비교적 균일한 강도를 가진다.

해설 1
건축 구조 형식
가구식 구조는 사각형으로 조립하면 수평력에 대한 저항성이 부족하여 변형되기 쉬우므로 안정한 삼각형 구조체를 이룰 수 있도록 하여야 한다.

2. 목구조에 대한 설명 중 틀린 것은? [15 ②]
① 목골구조는 건물의 뼈대는 목재로 구성하고, 벽에는 벽돌, 돌 등을 쌓아 막은 구조이다.
② 목구조는 주로 목재를 써서 뼈대를 조립한 가구식 구조를 말한다.
③ 심벽목구조는 기둥샛기둥의 내외면에 메탈라스 또는 철망을 치고 모르타르 등으로 마감한 구조로 기둥, 샛기둥, 가새 등은 외부에 보이지 않게 된다.
④ 목재패널구조는 합판 또는 널재로 대형패널을 만들어 구조내력부재로 이용하는 목조건물의 구조법이다.

해설 2
심벽 목구조
기둥·도리·층도리·보·가새 등을 사용하고 기둥의 표면은 외부에 나타나고 기둥 사이에는 조적조나 라스바탕의 미장바름으로 마감하는 방식이다.

3. 벽돌구조에 대한 설명으로 틀린 것은? [14 ②]
① 석구조 및 블록구조와 함께 조적식구조의 일종이다.
② 고층 건물이나 대규모 건물에 적합하다.
③ 내화, 내구적이다.
④ 풍압력, 지진력 등에 약하다.

해설 3
조적식 구조의 특징
벽돌구조는 조적식 구조이므로 횡력(수평력)에 매우 약하다. 따라서 대규모 고층건축물에는 부적당하다.

정답 1. ① 2. ③ 3. ②

2. 토질

4. 신축 건물의 기초파기 중 토질에 생기는 현상과 가장 관계가 먼 것은? [91, 00, 03, 07, 08, 07 ⑦]

① 보일링(Boiling)
② 파이핑(Piping)
③ 히빙(Heaving)
④ 언더피닝(Under Pining)

5. 다음의 토질 및 지반에 관한 설명 중 틀린 것은? [07, 10 ⑦]

① 자갈층·모래층은 투수성이 큰 편이지만 젖은 점토층은 투수성이 작다.
② 점토와 모래의 중간인 크기를 갖는 흙을 실트라 한다.
③ 지진시 액상화 현상은 모래질 지반보다 점토질 지반에서 일어나기 쉽다.
④ 점토질 지반에서 흙의 내부마찰각이 같은 경우 점착력이 클수록 옹벽에 가해지는 토압은 작아진다.

6. 지반의 성질에 대한 설명 중 옳지 않은 것은? [10 ⑦]

① 흙의 점조도(consistency)가 교란되면서 영향을 받는 성질은 예민비로 표시할 수 있다.
② 물로 포화된 흙에 압력을 가하여 생긴 간극수 추출에 따른 흙의 체적 감소 현상을 압밀이라 한다.
③ 표준관입시험으로 토층을 구성하는 흙의 상대밀도를 조사할 수 있다.
④ 내부마찰각은 모래지반보다 점토질지반이 크다.

해설

[해설] 4
토질의 파괴
보일링, 파이핑, 히빙은 토질의 파괴 현상이지만 언더피닝은 구조물 보강 공법이다.
① 보일링 : 모래지반을 굴착할 때 굴착 바닥면으로 뒷면의 모래가 솟아오르는 현상
② 파이핑 : 보일링이 진전되어 물의 통로가 파이프 모양으로 구멍이 뚫려 흙이 세굴되면서 지반이 파괴되는 현상
③ 히빙 : 연약 점토 지반 굴착 시 외측 흙의 중량 때문에 굴착 저면의 흙이 전단 파괴를 일으켜 부풀어 오르는 현상
④ 언더피닝 : 기존 구조물에 말뚝을 새로 박거나 측면을 굴착할 때 구조물의 보강을 위한 공법

[해설] 5,7
액상화 현상
모래질 지반이 진동하중 또는 지진 등의 급속하중에 의해 전단 저항력을 상실하고 마치 유체와 같이 거동하는 현상

[해설] 6
내부마찰각 : 흙에 작용하는 수직응력과 전단저항의 관계를 나타내는 곡선에서 접선과 가로 축이 이루는 각을 내부마찰각이라 하며 모래지반보다 점토지반이 작다.

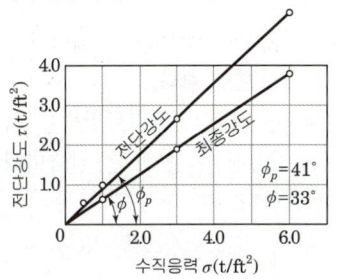

정답 4. ④ 5. ③ 6. ④

핵심기출문제

I. 건축구조 일반

7. 다음에서 설명하는 용어는? [10, 16 ㉮]

> 포화사질토가 비배수상태에서 급속한 재하를 받게 되면 과잉간극 수압의 발생과 동시에 유효응력이 감소하며, 이로 인해 전단저항이 크게 감소하는 현상

① 히빙 ② 액상화
③ 보일링 ④ 틱소트로피

3. 기초

8. 기초의 지정형식에 따른 분류에서 얕은 기초에 속하는 것은? [13 ㉮]

① 말뚝기초 ② 직접기초
③ 피어기초 ④ 잠함기초

[해설] 깊이에 의한 기초 분류
- 직접기초 : 하중을 기초판으로 직접 지반에 전달하는 얕은 기초
- 말뚝기초 : 마찰력과 지지력으로 구조물의 하중을 지지하는 깊은 기초
- 피어기초 : 피어로 지지하는 깊은 우물통 기초
- 잠함기초 : 박스형태의 기초를 지중에 내려앉혀 만든 깊은 기초

9. 건축물의 기초구조 설계 시 말뚝재료별 구조세칙으로 옳지 않은 것은? [17, 20 ㉮]

① 나무말뚝을 타설할 때 그 중심간격은 말뚝머리지름의 2.5배 이상 또한 600mm 이상으로 한다.
② 기성콘크리트말뚝을 타설할 때 그 중심간격은 말뚝머리지름의 2.5배 이상 또한 1100mm 이상으로 한다.
③ 강재말뚝을 타설할 때 그 중심간격은 말뚝머리의 지름 또는 폭의 2.0배 이상(다만, 폐단강관 말뚝에 있어서 2.5배) 또한 750mm 이상으로 한다.
④ 현장타설콘크리트말뚝을 배치할 때 그 중심간격은 말뚝머리 지름의 2.0배 이상 또한 말뚝머리 지름에 1000mm를 더한 값 이상으로 한다.

해설

[해설] **9**
말뚝 재료별 구조세칙
(1) 나무말뚝은 갈라짐 등의 흠이 없는 생통나무 껍질을 벗긴 것으로 말뚝머리에서 끝마구리까지 대체로 균일하게 지름이 변화하고 끝마구리의 지름이 120mm 이상의 것을 사용한다.
(2) 기성콘크리트말뚝을 타설할 때 그 중심 간격은 말뚝머리지름의 2.5배 이상 또한 750mm 이상으로 한다.
(3) 강재말뚝을 타설할 때 그 중심간격은 말뚝머리의 지름 또는 폭의 2.0배 이상(다만, 폐단강관 말뚝에 있어서 2.5배) 또한 750mm 이상으로 한다.
(4) 타입말뚝의 사용에 있어서 타격에 따라 말뚝체를 손상함이 없이 소정의 관입조건이 얻어지기까지 타입하여야 한다.
(5) 매입말뚝을 배치할 때 그 중심간격은 말뚝머리지름의 2.0배 이상으로 한다.
(6) 현장타설콘크리트말뚝을 배치할 때 그 중심간격은 말뚝머리 지름의 2.0배 이상 또한 말뚝머리 지름에 1,000mm를 더한 값 이상으로 한다.

정답 7. ② 8. ② 9. ②

10. 말뚝머리지름이 400mm인 기성콘크리트 말뚝을 시공할 때 그 중심간격으로 가장 적당한 것은? [15, 16, 17 ㉮]

① 750mm ② 800mm
③ 900mm ④ 1,000mm

[해설] 말뚝의 간격

종류	최소간격
나무말뚝	2.5D 이상 또는 600mm 이상
기성콘크리트말뚝	2.5D 이상 또는 750mm 이상
강재말뚝	2.0D 이상 또는 750mm 이상
현장타설 콘크리트말뚝	2.0D 이상 또는 (D+1,000mm) 이상

11. 다음 중 연약지반에서 부동침하를 방지하는 대책과 가장 관계가 먼 것은? [03, 05, 09, 15 ㉮]

① 구조 강성을 높일 것
② 건물 중량을 평균화할 것
③ 건물을 길게 할 것
④ 지하실을 강성체로 설치할 것

12. 연약지반에서 부등침하를 방지하는 대책으로 옳지 않은 것은? [15 ㉮]

① 건물을 경량화 한다.
② 지하실을 강성체로 설치한다.
③ 줄기초와 마찰말뚝 기초를 병용한다.
④ 건물의 구조강성을 높인다.

[해설] 11
부동침하의 원인과 대책
① 해석의 발상 : 부동침하는 연약한 지반, 연약층의 두께가 다른 지반, 이질지층에 걸쳐진 건물, 일부 증축, 지하수위의 변경, 지하 매설물 또는 구멍, 낭떠러지 등에서 많이 발생한다.
② 부동침하의 대책 : 건물의 길이 제한, 지중보(기초보) 설치, 온통기초 설치 등

[해설] 12
부동침하의 예방
① 상부 구조 : 건물 경량화, 건물 길이 제한, 지중보 또는 지하 연속벽 설치(뼈대 강성 증가), 인접건물과 이격, 건물 중량 균등 분배
② 하부 구조 : 경질 지반에 지지, 마찰말뚝 사용, 지하실(온통기초) 설치, 기초상호 연결(지중보)
③ 지반 계획 : 강제배수, 고결, 치환 등의 지반 개량공사

정답 10. ④ 11. ③ 12. ③

4. 내진설계

13. 지진의 진도(Intensity)와 규모(Magnitude)에 대한 설명으로 옳지 않은 것은? [13, 16 ㉮]

① 진도는 상대적 개념의 지진크기이다.
② 규모는 장소에 관계없는 절대적 개념의 크기이다.
③ 진도는 사람이 느끼는 감각, 물체 이동 등을 계급별로 구분한다.
④ 규모는 지반의 운동정도를 평가하나 정밀하지는 않다.

14. 건축구조기준에 따른 우리나라 지진구역 및 이에 따른 지진구역계수 값이 옳게 연결된 것은? [08, 17 ㉮]

① 지진구역 Ⅰ : 0.22g, 지진구역 Ⅱ : 0.14g
② 지진구역 Ⅰ : 0.17g, 지진구역 Ⅱ : 0.11g
③ 지진구역 Ⅰ : 0.11g, 지진구역 Ⅱ : 0.17g
④ 지진구역 Ⅰ : 0.14g, 지진구역 Ⅱ : 0.22g

15. 우리나라에서 지역계수 S를 결정하는 지진위험도 기준은? [16 ㉮]

① 100년 재현주기 지진
② 500년 재현주기 지진
③ 1000년 재현주기 지진
④ 2400년 재현주기 지진

해설 **14, 15**
지진구역 구분 및 지역계수
재현주기 2400년 : 최대 예상지진의 유효지반가속도(S)에 따른 내진설계기준 연구(건설교통부 1997)에 의거하여 아래와 같이 지진구역 구분 및 지역계수를 산정한다.

지진구역	행정구역	지역계수 S
1	지진구역 2를 제외한 전지역	0.22
2	강원도 북부, 전라남도 남서부, 제주도	0.14

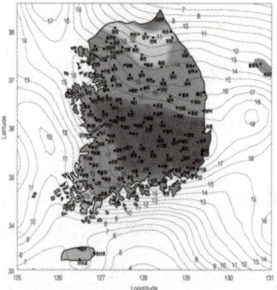

※ 강원도 북부(군, 시) : 홍천, 철원, 화천, 횡성, 평창, 양구, 인제, 고성, 양양, 춘천시, 속초시
전라남도 남서부(군, 시) : 무안, 신안, 완도, 영광, 진도, 해남, 영암, 강진, 고흥, 함평, 목포시

해설 13
지진의 규모
지진의 규모는 진원에서 방출된 지진에너지의 양을 나타내며, 지진계에 기록된 지진파의 진폭을 이용하여 계산한 절대적인 척도이다. 반면 진도는 어떤 한 지점에서의 인체 감각, 구조물에 미친 피해 정도에 의하여 지진동의 세기를 표시한 것으로 관측자의 위치에 따라 달라지는 상대적인 척도이다. 규모가 큰 지진이라도 아주 멀리서 발생하면 지진에너지가 전파되면서 감쇠하기 때문에 지진동이 약해지며, 반대로 작은 규모의 지진이라도 아주 가까운 거리에서 발생하면 지진에너지의 감쇠가 적어 지진동이 강하게 기록된다. 진도는 지진의 규모와 진앙거리, 진원 깊이에 따라 크게 좌우될 뿐만 아니라 그 지역의 지질구조와 구조물의 형태에 따라 달라질 수 있다. 따라서 규모와 진도는 1:1 대응이 성립하지 않으며, 하나의 지진에 대하여 여러 지역에서의 규모는 동일하나 진도는 달라질 수 있다.

정답 13. ④ 14. ① 15. ④

16. 밑면전단력 산정 시 활용되는 지진응답계수를 구성하는 4가지 항목과 가장 거리가 먼 것은? [13, 14 ㉮]
① 반응수정계수
② 건물의 중요도 계수
③ 건물의 유효중량
④ 건물의 고유주기

17. 지진하중 설계 시 밑면 전단력과 관계없는 것은? [10, 14, 16, 19 ㉮]
① 유효 건물 중량
② 중요도계수
③ 지반증폭계수
④ 가스트계수

18. 동일한 주기, 중량, 그리고 중요도 계수를 가지는 구조물 중 가장 작은 크기의 지진하중으로 설계할 수 있는 구조 시스템은? [08 ㉮]
① 철근콘크리트 전단벽 시스템
② 철근콘크리트 중간 모멘트 골조
③ 철골 편심가새골조
④ 철근보강 조적 전단벽

해설

해설 16, 17
밑면전단력(V)
$V = C_s \cdot W$
- W : 건물의 유효 중량
- C_s : 지진응답계수 $C_s = \dfrac{S_{D1}}{\dfrac{R}{IE} \cdot T}$
- S_{D1} : 설계스펙트럼 가속도
- R : 반응수정계수
- I_E : 건물의 중요도 계수
- T : 건물 고유주기

해설 18
반응수정계수와 지진하중
① 해석의 발상 : 반응수정계수의 크기가 클수록 구조물의 연성이 풍부하여 지진하중의 크기가 작아진다.
② 반응수정계수(R) : 건축물의 비탄성변형능력과 시스템 초과 강도를 고려하여 지진하중을 감소시키는 역할을 한다.
③ 각 구조의 반응 수정계수 : 철근콘크리트 전단벽 시스템 4.5, 철근콘크리트 중간 모멘트 골조 5, 철골 편심가새골조 7~8, 철근보강 조적 전단벽 2.5이다.

정답 16. ③ 17. ④ 18. ③

02 힘과 구조물

핵심 PLUS

01 H-300×150×6.5×9인 형강보가 10kN의 전단력을 받을 때 웨브에 생기는 전단응력도의 크기는 약 얼마인가? (단, 웨브 전단면적 산정시 플랜지 두께는 제외함) [13, 19 기]
① 3.46MPa
② 4.46MPa
③ 5.46MPa
④ 6.46MPa

해설 Web의 전단응력도

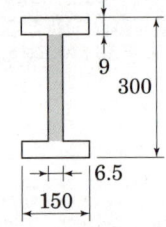

- 전단력을 저항하는 부분은 Web plate, 휨 모멘트를 부담하는 부분은 Flange plate이다.
- 전단응력(τ)

$$\tau = \frac{V}{A_v}$$

$$= \frac{10 \times 10^3}{6.5 \times (300 - 2 \times 9)}$$

$$= 5.456 [\text{N/mm}^2 = \text{MPa}]$$

답 : ③

1 힘과 모멘트

1. 힘(Force)

1) 정의 : 정지된 물체를 움직이게 하거나 움직이는 물체의 방향 또는 속도를 바꾸는 원인

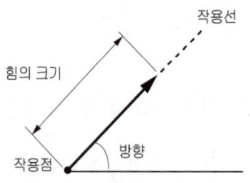

2) 힘의 3요소
크기(선의 길이), 방향(화살의 방향), 작용점(화살선의 한점)

3) 단위 : N, kN

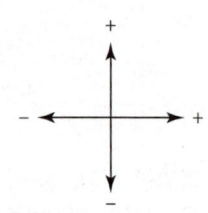

4) 부호 : → (+), ← (−), ↑(+), ↓(−)

> **참고**
>
> SI(The international system of unit) 단위
>
> ㉠ 힘의 단위
> 1N : 1kg 의 질량을 가진 물체에 작용하여 1m/s^2의 가속도를 갖게 하는 힘
> $F = m \cdot a = 1\text{kg} \times 1\text{m/s}^2 = 1\text{kg} \cdot \text{m/s}^2 = 1\text{N}$
> $1\text{kN} = 10^3\text{N}$ $1\text{MN} = 10^6\text{N}$
>
> ㉡ 응력(강도)의 단위
> 1Pa : 1m^2의 면적에 1N의 힘이 작용하는 상태
> $\sigma = \dfrac{P}{A} = \dfrac{1\text{N}}{1\text{m}^2} = 1\text{N/m}^2 = 1\text{Pa}$
>
> $1\text{kPa} = 1000\text{Pa} = 1000\text{N/m}^2 = 1\text{kN/m}^2$
>
> $1\text{MPa} = 10^6\text{Pa} = \dfrac{10^6\text{N}}{1\text{m}^2} = \dfrac{10^6\text{N}}{10^6\text{mm}^2} = 1\text{N/mm}^2$
>
> 1kg·f와 1N의 관계
> $1\text{kg}\cdot f = 1\text{kg} \times 9.8\text{m/s}^2 = 9.8\text{kg}\cdot\text{m/s}^2 = 9.8\text{N} \simeq 10\text{N}$

2. 모멘트(Moment)

1) 정의

   힘의 작용에 의해 물체가 회전하려는 크기

2) 크기

   모멘트(M_O) = 힘(P) × 거리(l)

   ※ 단, 거리(l)은 힘의 작용선에서 기준점까지의 직각 거리

3) 단위

   kN·m, N·mm 등

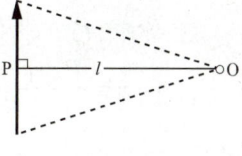
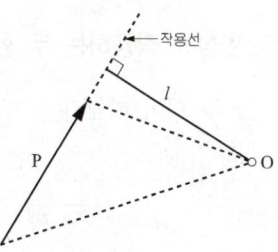

4) 부호

   ① 시계방향 : ↻ (+) ② 반시계방향 : ↺ (−)

3. 짝힘(=우력, Couple force)

1) 정의

   크기가 같고 방향이 반대인 한 쌍의 나란한 힘

2) 짝힘모멘트(=우력모멘트)

   짝힘이 작용하면 반드시 모멘트(회전)가 발생

3) 크기

   짝힘모멘트(M) = 힘(P) × 거리(l)

   ※ 단, 거리(l)은 두 힘의 직각 거리(간격)

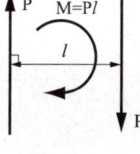
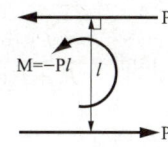

4) 단위

   kN·m, N·mm 등

5) 부호

   ① 시계방향 : ↻ (+) ② 반시계방향 : ↺ (−)

6) 특징

   각기 다른 기준점(임의점)에 대한 짝힘모멘트의 크기는 핵심PLUS의 '짝힘모멘트의 특징'과 같이 위치와 관계없이 항상 동일

   $M_A = M_B = M_C = M_D$

4. 바리뇽(Varignon)의 정리

1) 정의

   임의 점에 대한 분력들의 모멘트 합과 합력의 모멘트는 항상 동일
   즉, $R \cdot x = P_1 \cdot x_1 + P_2 \cdot x_2$

핵심 PLUS

02 다음 그림에서 O점에 대한 모멘트 M_O를 구하면? (단, 시계방향 모멘트 +) [14 기]

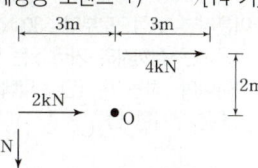

① 0kN·m   ② 2kN·m
③ −2kN·m ④ −4kN·m

해설 모멘트

$M_O = (4kN \times 2) + (2 \times 0) - (2 \times 3)$
$\quad\, = 8 + 0 - 6 = 2(kN \cdot m)$

답 : ②

03 그림과 같은 단순보에서 B점의 반력?

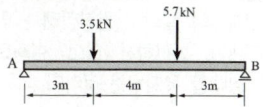

① 5.04 kN
② 5.73 kN
③ 6.0 kN
④ 6.53 kN

해설 B점의 반력(R_B)

① 단순보의 반력 산정시 구하는 지점의 반대지점에서 $\Sigma M = 0$를 적용하면 된다.
② 지점반력 : B점의 반력 (R_B)을 상향(↑)로 가정하고, $\Sigma M_A = 0$에 의해

$3.5 \times 3 + 5.7 \times 7 - R_B \times 10 = 0$

에서
∴ $R_B = 5.04(kN)$이다.

답 : ①

■ 짝힘모멘트의 특징

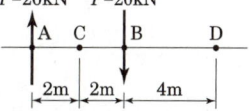

$M_A = M_B = M_C = M_D$
$\quad = P \times l = 20 \times 4$
$\quad = 80(kN \cdot m)$

III. 건축구조 | 힘과 구조물

핵심 PLUS

04 그림과 같이 B단이 활절(hinge)로 된 막대에 상향 10kN, 하향 30kN이 작용하여 평형을 이룬다면 A점으로부터 30kN이 작용하는 점까지의 거리 x는 얼마이어야 하는가? (단, 막대의 자중은 무시한다.)

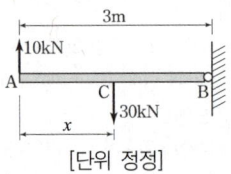

[단위 정정]

① 1.0m
② 1.5m
③ 2.0m
④ 2.5m

해설 구조물의 평형

① 해석의 발상 : 평형상태는 막대가 회전하지 않고 현재의 상태를 유지하는 것이다.

② $\Sigma M_B = 0$
막대가 회전하지 않으려면 B지점의 모멘트의 합이 0이어야 한다.
$\Sigma M_B = 0$
$10 \times 3 - 30(3-x) = 0$
$30 - 90 + 30x = 0$
$\therefore x = 2(\text{m})$

답 : ③

2) 적용

합력의 위치(x) 구하기
$R \cdot x = P_1 \cdot x_1 + P_2 \cdot x_2$
$\therefore x = \dfrac{P_1 \cdot x_1 + P_2 \cdot x_2}{R}$

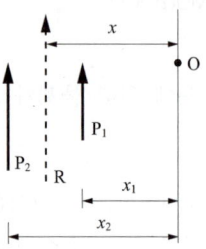

5. 한점에 작용하는 두 힘의 합성

1) 두 힘이 직교하는 경우

① 합력
$$R = \sqrt{P_1^2 + P_2^2}$$

② 방향
$$\tan\theta = \dfrac{P_2}{P_1}$$

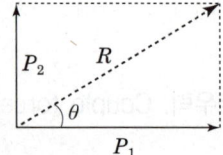

2) 두 힘이 직교하지 않는 경우

① 합력
$$R = \sqrt{P_1^2 + P_2^2 + 2P_1 P_2 \cos\alpha}$$

② 방향
$$\tan\theta = \dfrac{P_2 \sin\theta}{P_1 + P_2 \cos\theta}$$

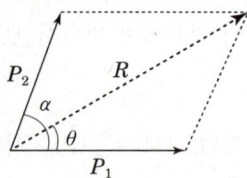

💡 **예제**

그림에서 두 힘의 합력의 크기는?

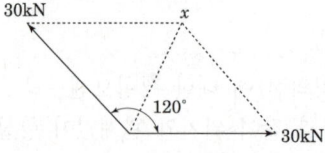

① 60kN   ② 50kN
③ 40kN   ④ 30kN

▶ 두 힘의 합력(P)
해석의 발상 : 평행사변형을 이용한 두힘의 합력은
$P = \sqrt{P_1^2 + P_2^2 + 2 \cdot P_1 \times P_2 \cdot \cos\alpha}$ 이다.
$\therefore P = \sqrt{30^2 + 30^2 + 2 \times 30 \times 30 \times \cos 120°} = 30(\text{kN})$

2) sin 법칙

삼각형의 세 각의 sin 값과 그 대변 사이의 비는 일정

$$a : \sin\theta_1 = b : \sin\theta_2 = c : \sin\theta_3$$
$$\frac{a}{\sin\theta_1} = \frac{b}{\sin\theta_2} = \frac{c}{\sin\theta_3}$$

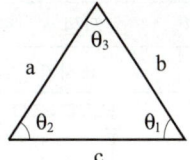

3) Lami의 정리

한 점에서 작용하는 3개의 힘이 평형을 이룰 때 sin 법칙이 성립

$$P_1 : \sin\theta_1 = P_2 : \sin\theta_2 = P_3 : \sin\theta_3$$
$$\frac{P_1}{\sin\theta_1} = \frac{P_2}{\sin\theta_2} = \frac{P_3}{\sin\theta_3}$$

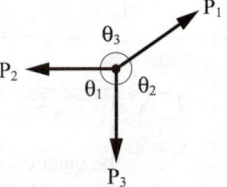

2 구조물

1. 평형

1) 정의

구조물이 외력을 받아 이동하거나 회전하지 않는 상태

2) 조건

- $\Sigma V = 0$: 수직방향으로 이동하지 않는 상태
- $\Sigma H = 0$: 수평방향으로 이동하지 않는 상태
- $\Sigma M = 0$: 어느방향으로도 회전하지 않는 상태

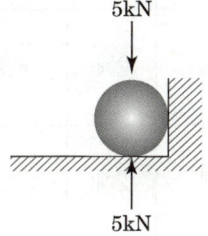

$\Sigma V = 5 - 5 = 0$

2. 구조물의 종류

구조물 ─┬─ 안정 ── 외력에 의해 평형상태를 유지하며 변형되지 않는 구조물
        │   ├─ 정 정 : 힘의 평형조건으로 반력과 부재력을 모두 구할 수 있는 구조물
        │   └─ 부정정 : 힘의 평형조건만으로 반력과 부재력을 구할 수 없는 구조물
        └─ 불안정 ── 외력에 의해 구조물이 평형상태를 유지하지 못하거나 변형되는 구조물

핵심 PLUS

05 그림과 같은 구조물에서 T부재가 받는 힘의 크기는? [09 기]

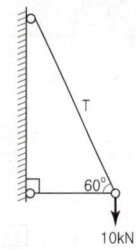

① 9.5kN
② 10.5kN
③ 11.5kN
④ 12.5kN

해설 Sin 법칙

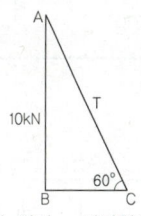

- 해석의 발상 : 삼각형의 세 내각과 대변의 길이는 일정한 비율이 성립한다.
  즉 각 θ_1, θ_2, θ_3에 마주보는 변을 각각 a, b, c라고 하면
  $\dfrac{a}{\sin\theta_1} = \dfrac{b}{\sin\theta_2} = \dfrac{c}{\sin\theta_3}$ 이다.
- AC부재의 부재력 : Sin 법칙을 적용하면
  $\dfrac{10}{\sin 60°} = \dfrac{T}{\sin 90°}$
  $T = \dfrac{10 \sin 90°}{\sin 60°} = 11.547 (\text{kN})$

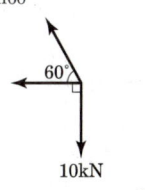

답 : ③

III. 건축구조 | 힘과 구조물

> **핵심 PLUS**

2. 지점 및 절점

1) 지점 반력수(R) 및 절점의 반력수(r)

구분	지점			절점		
	지점상태	표시법	반력수(R)	상태	표시법	반력수(r)
이동 (roller)	핀─롤러	수직반력(V)	1개(수직)	없음	없음	없음
회전 (힌지) (hinge)	핀	수평반력(H) 수직반력(V)	2개 (수직, 수평)	─○─	─○─	2개 (수직, 수평)
고정 (강) (fixed)		수평반력(H) 모멘트 반력(M) 수직반력(V)	3개 (수직, 수평, 모멘트)	─●─	─●─	3개 (수직, 수평, 모멘트)

2) 조합 절점의 반력수(r), 부재수(m)

표시	강 절점수(f)	회전 절점수(h)	부재수 (m)	절점 반력수(r) (f)×3+(h)×2	강절점 및 회전절점 수 산정 기준
①─○②	0개	1개	2개	2개	①과② 부재는 회전절점
①─●②	1개	0개	2개	3개	①과② 부재는 강절점(고정절점)
②─●─③ ①	2개	0개	3개	6개	①부재를 기준부재로 ①과② 그리고 ①과③이 강절점 [②와 ③은 기준부재(①)를 포함하지 않아 절점이 되지 않음]
③ ②─●─④ ①	3개	0개	4개	9개	①부재를 기준부재로 ①과②, ①과③, ①과④는 각각 강절점 [②-③, ②-④, ③-④는 기준부재(①)를 포함하지 않아 절점이 아님]

①─●─②
  ○
  ③
	1개	1개	3개	5개	①부재를 기준부재로 ①과②는 강절점이고 ①과③은 회전절점
					1. ①-②는 직선 연결이지만 ③부재가 만난 위치에서 강절점으로 간주되고 부재수는 ①과 ② 2개로 계산
					2. 고정과 힌지로 복합 구성된 절점의 기준부재는 반드시 강절점에 연결된 부재가 되어야 함(회전절점에 연결된 ③은 기준부재가 될 수 없음)

※ 이 표의 절점수, 부재수, 반력수는 구조물 판별식 $[n = R + r - 3M]$을 사용하는 경우의 기준임

3. 구조물의 판별식

1) 논리적 판별

N= 외적판별 값(N_e) + 내적 판별 값(N_i)
- 외적판별 : $N_e = R - 3$
- 내적 판별 : $N_i = C_n - h$

R=지점 반력수, C_n=연결부재 차수(핵심PLUS 그림 참조), h=부재 내 힌지 절점수

$N<0$: 불안정, $N=0$: 정정, $N>0$: N 차부정정

2) 실용적 판별식

$n = R + r - 3M$ (R=지점 반력수, M=전체 부재수, r=전체 절점 반력수)

$n<0$: 불안정, $n=0$: 정정, $n>0$: n 차부정정

 예제

그림과 같은 구조물은? [15, 21 기]
① 불안정 구조물
② 안정이며, 정정구조물
③ 안정이며, 1차 부정정구조물
④ 안정이며, 2차 부정정구조물

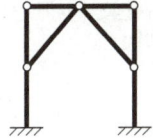

▶ 구조물의 판별식
① 해석의 발상 : $N = R + r - 3M$
  (단, R : 지점반력수, M : 부재수, r : 절점반력수)에서 $N<0$→불안정,
  $N=0$→안정 정정구조물, $N>0$→N차 부정정 구조물이다.
② 기본 계산 : $R=6$, $M=8$, $r=18$
③ 판별식 : $N=6+18-3\times8=0$ 이므로 정정 구조물이다.

[계산을 위한 자료 산정 요령]
부재수 : 직선부재라 하여도 절점(회전)으로 접합된 다른 부재가 있는 경우 분리된 부재(a와 b)로 보아야 한다.

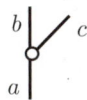

- 절점반력수(a부재 기준)

부재	$a-b$	$a-c$	계
연결 절점	회전	회전	회전×2개
반력수	2개	2개	4개

절점의 반력수는 반드시 고정으로 연결된 부재를 기준으로 계산하여야 한다. 단, 고정부재가 없는 경우 회전부재를 기준할 수 있다.
기준 부재와 나머지 부재간 연결상태($a-b$와 $a-c$)로 절점 반력수를 계산하되 나머지 부재와 나머지 부재간($b-c$)은 계산하지 않는다.

핵심 PLUS

- 연결부재차수(C_n)

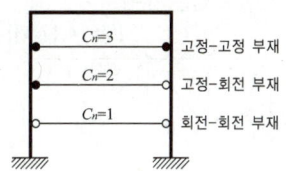

- 논리적 판별과 실용 판별
논리적 판별은 구조물의 논리를 적용하므로 이해에는 도움이 되지만 부재가 많고 복잡하게 연결된 구조물인 경우 그 해석이 매우 어려울 뿐 아니라 구조물의 종류 마다 해석법이 달라 대개 실용적인 판별식을 활용하는 경우가 많다. 실용적인 판별식은 많지만 본문에서 설명한 것은 구조물의 종류에 관계없이 적용할 수 있다.

06 다음 보(beam) 중에서 정정 구조물이 아닌 것은?

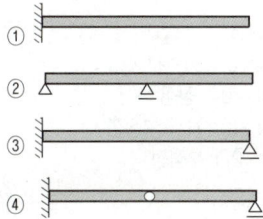

해설 구조물의 판별
① 해석의 발상 : 문제의 ①~③ 구조물은 외적 판별로 가능하다. 즉, 지점 반력의 수가 힘의 평형조건식 3개보다 많으면 그 수에 해당하는 부정정구조물이다.
② 내적 판별 : ④의 구조물과 같은 힌지가 포함된 구조물은 힌지 1개가 포함될 때마다 부정정차수는 -1로 계산한다.
③ 최종 판별 : ③와 ④는 반력수가 4개 이므로 부정정구조물이지만 ④의 경우 힌지가 포함되어 4-1=3으로 정정구조물이다.

답 : ③

핵심 PLUS

07 다음 그림과 같은 구조물의 판별로 옳은 것은?

[08, 14, 17 기]

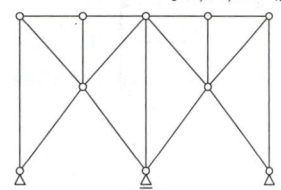

① 불안정
② 정정
③ 1차 부정정
④ 2차 부정정

[해설] 구조물 판별

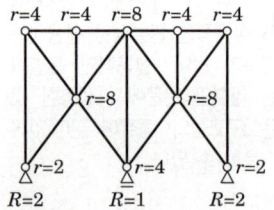

• 판별식
N = R + r − 3M
 = 5+48−(3×17) = 2

• 판별
N<0 : 불안전
N=0 : 정정
N>0 : N차 부정정
∴ 2차 부정정

답 : ④

■ 트러스 판별 요령

① 트러스의 모든 절점은 회전절점으로 가정
② 최초 트러스의 부재 중 3개로 삼각형의 기본 트러스 작도
③ 기본 트러스 중 한 부재와 또 다른 2개 부재로 삼각형 작도
④ 위 ③과 같은 방법으로 모든 트러스로 확대 작도
⑤ ③과 ④단계에서 그리지 못하여 별도로 추가해야 하는 부재의 수(N_i)

□ 판별
N = 외적판별 값(N_e) + 내적 판별 값(N_i)
• 외적판별 $N_e = R - 3$
• 내적판별 N_i = 추가 부재수 × 1

💡 **예제**

다음 그림과 같은 트러스의 해석결과는? [14 기]

① 불안정 구조물   ② 정정 구조물
③ 1차 부정정 구조물   ④ 2차 부정정 구조물

▶ **논리적 해석**

N = 외적판별 값(N_e) + 내적 판별 값(N_i)
• 외적판별 : $N_e = R - 3 = 3 - 3 = 0$
• 내적 판별 : $N_i = 1 \times 1 = 1$
∴ $N = N_e + N_i = 1$ (1차 부정정)

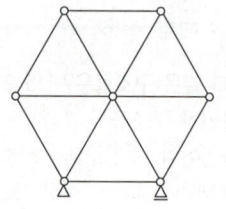

[추가 부재수 산정 요령]
① 기본 트러스(△aob) 작도
② 두 선(ac와 co)을 그어 △aoc 작도
③ 두 선(cd와 do)을 그어 △cod 작도
④ 두 선(de와 eo)을 그어 △doe 작도
⑤ 두 선(ef와 fo)을 그어 △eof 작도
⑥ 마지막 남은 한 선(bf)은 추가하여야 하는 양단 회전 부재(∴$N_e = 1$)

▶ **실용적 해석**

① 해석의 발상 : 판별식 $N = R + r - 3M$
  (R=지점 반력수, M=전체 부재수, r=전체 절점 반력수)
  $N<0$ 불안정, $N=0$ 정정, $N>0$ N차 부정정
② 기본 계산 : $R = 2+1 = 3$, $M = 12$, $r = 4×6+10 = 34$
③ 판별식 : $N = 3+34-3×12 = 1$
④ $N>0$ 이므로 1차 부정정 구조물

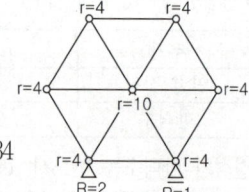

■ 구조적 불안정 판별

모든 구조물이 판별식으로 판별되는 것이 아니라 경우에 따라서 판별식의 결과와 다른 구조적 해석이 필요한 경우도 있음에 유의

[논리적 판별보다 먼저 구조적 판별이 필요한 예]

오른쪽 구조물은 논리적으로 1차 부정정 구조물이다.
하지만 지점이 모두 이동 지점이므로 횡력에 의해 이동한다.
그런데 외력에 의해 변형되거나 이동하여 평형상태를
이루지 못하면 불안정 구조물로 분류된다.
따라서 1차 부정정 구조물이 아닌 불안정
구조물로 판별하여야 한다.

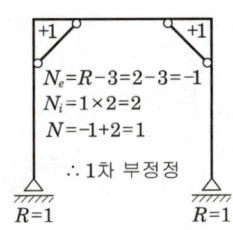

$N_e = R-3 = 2-3 = -1$
$N_i = 1 \times 2 = 2$
$N = -1+2 = 1$
∴ 1차 부정정

※ 다른 사례 : 사각형 포함 트러스, 이동지점만으로 구성된 보, 모든 절점
이 회전인 라멘 등

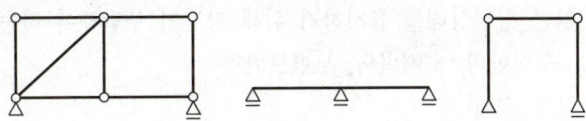

예제

다음 트러스 구조물의 안전성 및 정정 여부는?

① 불안정, 정정   ② 안정, 정정
③ 안정, 1차 부정정   ④ 불안정, 1차 부정정

▶ 실용적 해석
① 해석의 발상
　판별식 $N = R+r-3M$
② 기본 계산
　$R=2+2=4$, $M=6$, $r=2\times 7=14$
③ 판별식
　$N = 4+14-3\times 6 = 0$
④ $N=0$ (안정, 정정 구조물)

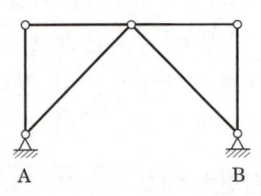

절점 수(h) = 부재 수 -1
절점 반력수(r) = $h \times 2$ (∵ 회전절점)

핵심 PLUS

08 다음과 같은 구조물의 판별로 옳은 것은? (단, 그림의 하부지점은 고정단임) [16, 21 기]
① 불안정
② 정정
③ 1차부정정
④ 2차부정정

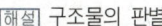

[해설] 구조물의 판별
주어진 구조물은 고정지점에 기둥이 연결된 형태로 캔틸레버형 라멘구조이다. 수평구조재가 기둥에 연결되어 있으나 이는 구조물 판별의 요소가 아니다.
$N_e = 3-3 = 0$　　$N_i = 0$
$N = N_e + N_i = 0$

답 : ②

09 다음 구조물의 부정정 차수는? [16 기]

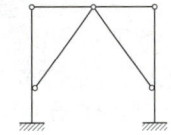

① 1차 부정정　② 2차 부정정
③ 3차 부정정　④ 4차 부정정

[해설] 구조물의 해석
1) 정석적 해석
아래 그림의 구조물을 기본으로 문제의 구조물에 추가 된 양단힌지 부재 2개와 힌지 3개를 고려하여 판별하면 다음과 같다.
$N = N_e + N_i = 3-1 = 2$
(2차 부정정)
$N_e = R-3 = 6-3 = 3$
$N_i = +1\times 2 + (-1\times 3) = -1$

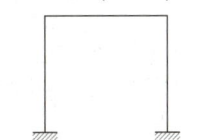

2) 간편식 해석
$N = R+r-3M = 6+20-3\times 8$
　$= 2$ (2차 부정정)

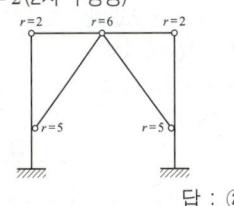

답 : ②

| 핵심 PLUS |

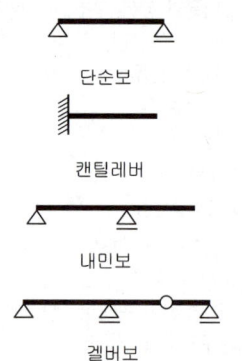

단순보

캔틸레버

내민보

겔버보

10 다음 중 정정보가 아닌 것은?
① 단순보
② 캔틸레버보
③ 양단고정보
④ 겔버보

답 : ③

11 그림과 같은 구조물에 작용되는 4개의 힘이 평형을 이룰 때 F의 크기 및 거리 x는?
[09,11,16 기]

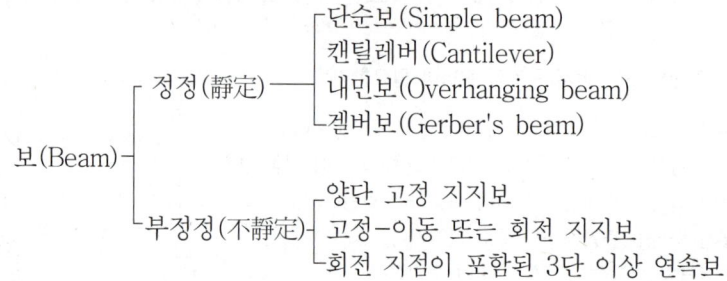

① $F=25$kN, $x=1$m
② $F=50$kN, $x=1$m
③ $F=25$kN, $x=0.5$m
④ $F=50$kN, $x=0.5$m

[해설] 힘의 평형을 위한 거리(x) 임의의 점에 대한 모멘트의 합이 0이면 구조물은 어느 방향으로도 회전하지 않는 안정구조물이며, 모든 건축구조물은 안정구조물로 설계하여야 한다.
① $\Sigma V=0$에서
  $100+F-25-100 = 0$
  따라서 F = 25kN이다.
  ∴ F = 25(kN)
② $\Sigma M_C=0$에서
  $-25 \times 1.5 + 100 \times 0.5 - 25x = 0$
  $x=0.5$(m)

답 : ③

4. 정정보

1) 보의 종류

보(Beam) ─┬─ 정정(靜定) ─┬─ 단순보(Simple beam)
          │   ├─ 캔틸레버(Cantilever)
          │   ├─ 내민보(Overhanging beam)
          │   └─ 겔버보(Gerber's beam)
          │
          └─ 부정정(不靜定) ─┬─ 양단 고정 지지보
                           ├─ 고정-이동 또는 회전 지지보
                           └─ 회전 지점이 포함된 3단 이상 연속보

2) 해석 과정

① 반력 계산
  ㉮ 정의 : 외력(하중)이 작용하는 구조물이 상하좌우로 이동하거나 회전하지 않는 **평형상태를 유지하기 위해 지점이 부담해야 하는 힘**
  ㉯ 종류 : 수직반력, 수평반력, 모멘트반력
  ㉰ 반력 산정 순서
   • 반력가정 : 지점의 상태에 따라 반력의 종류와 방향(+)을 가정
   • $\Sigma M=0$: 구하려는 지점반력의 반대쪽 지점에서 적용
   • $\Sigma V=0$: 수직반력 중 구하지 않은 최종 수직반력 산정시 적용
   • $\Sigma H=0$: 회전 또는 고정지점의 수평반력 산정시 적용
   • 반력 방향 : 계산 결과가 (+)이면 가정 방향이며, (-)이면 가정 방향의 반대로 해석

② 단면력 계산
  ㉮ 단면력 이해
   – 정의 : 외력과 지점 반력에 의해 부재 단면에 가해지는 힘
   – 종류 : 전단력, 휨모멘트, 축방향력(압축력, 인장력)
   • **전단력**(Q, S ; Shear force) : 재축의 직각방향인 두 미소단면에 서로 반대방향의 힘이 작용하여 미소단면의 접촉면이 **재축의 수직방향으로 절단되려는 힘의 크기**
   • **휨모멘트**(M ; Bending Moment) : 재축의 수직방향으로 작용하는 힘에 의해 **부재가 휘려는 크기**
   • **축방향력**(N, A ; Axial force) : 재축 방향으로 힘이 작용하여 **당김(인장) 또는 밀착(압축)되려는 힘의 크기**
  ㉯ 단면력 크기 산정
   – 방법 : 반력 계산 후 구하는 단면을 기준으로 좌우를 분리하여 산정이 편리한 **어느 한 쪽으로만 계산**(좌우의 계산값은 동일)

- 단면력의 산정과 표시

구분	단위 및 부호	해법	단면력도 위치
전단력	기호 : Q, S 단위 : N, kN 부호 : ↑⊕↓ ↓⊖↑	임의 단면의 전단력은 구조물의 오른쪽 또는 왼쪽의 단부로부터 그 단면까지 존재하는 수직력에 의해 절단되려는 크기의 합	SFD (+)는 위(라멘은 내측), (−)는 아래(라멘은 외측)에 표시
휨모멘트	기호 : M 단위 : N·mm kN·m 부호 : ⌣ ⌢	임의 단면의 휨모멘트는 구조물의 오른쪽 또는 왼쪽의 단부로부터 그 단면까지 작용하는 재축의 수직방향 힘 또는 모멘트 하중에 의해 부재가 휘려는 크기의 합	BMD 볼록하게 휘는 쪽(인장측)에 표시 즉, (+)는 아래(라멘은 내측), (−)는 위(라멘은 외측)에 표시
축방향력	기호 : N, A 단위 : N, kN 부호 : 인장(+) 압축(−)	임의 단면의 축방향력은 구조물의 오른쪽 또는 왼쪽의 단부로부터 그 단면까지 존재하는 재축방향과 평행인 힘의 합	AFD (+)는 위(라멘은 내측), (−)는 아래(라멘은 외측)에 표시

③ 단면력도 작도

㉮ 크기 표시 : 구조물(보, 라멘)의 각 위치에서 단면력의 크기를 기준선의 수직 높이로 표시

㉯ 표시 위치
- 전단력도(SFD) : 기준선 위 +, 아래 −
- 휨모멘트도(BMD) : 기준선 위 −, 아래 +
- 축방향력도(AFD) : 기준선 위 +, 아래 −

㉰ 전단력과 휨모멘트의 관계
- 전단력이 ⊕에서 ⊖로 전환하는 위치 ($S=0$)에서 **최대 휨모멘트(M_{max}) 발생**
- 집중하중 작용점에 해당 **하중 크기만큼 전단력**이 나타나며 휨모멘트도에 꼭짓점 발생(C점, D점 참고)
- 집중하중만 작용하는 경우 하중이 없는 구간의 전단력도는 축에 평행한 직선이며 휨모멘트도는 사선
- 임의 위치에서 **휨모멘트의 절대값**은 그 단면의 **좌측 또는 우측의 전단력도 넓이와 동일**
- 모멘트 하중이 작용하지 않는 단순보의 전단력도에서 **(+)면적과 (−)면적은 항상 동일**
- **휨모멘트도는 전단력도보다 한 차수 증가**(전단력도가 1차 사선이면 휨모멘트도는 2차 곡선임)

핵심 PLUS

■ 전단력(Shearing force)

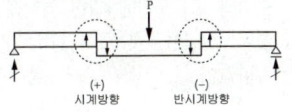

■ 휨모멘트(Bending force)

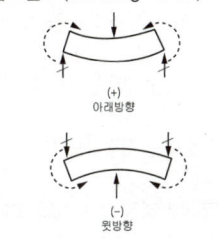

■ 단면력도
- SFD(shearing force diagram)
- BMD(bending moment diagram)
- AFD(axial force diagram)

■ 전단력의 특징
- 단순보에서 지점의 전단력은 지점반력의 절대값과 동일
- 캔틸레버보의 최대 전단력은 고정단에 발생
- 캔틸레버보의 전단력 부호는 고정단이 좌측이면 (+), 우측이면 (−)
- 전단력이 0인 곳에서 최대 휨모멘트 발생

■ 휨모멘트의 특징
- 전단력이 0인 위치에 최대 휨모멘트 발생
- 임의 단면에서 휨모멘트는 그 단면 좌측 또는 우측의 전단력도의 넓이(단, 모멘트 하중이 없는 경우)
- 모멘트 하중이 작용하는 위치의 휨모멘트는 모멘트 하중의 절대값과 동일

핵심 PLUS

12 다음 그림은 단순보의 전단력도이다. 각 구간에 대한 역학적 설명으로 틀린 것은? [15 기]

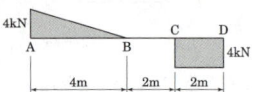

① A-B 구간에는 등분포하중 1kN/m가 작용한다.
② B-C 구간에는 하중이 작용하지 않는다.
③ C점에는 집중하중 2kN이 작용한다.
④ 양단부(지점)의 반력의 크기는 4kN이다.

[해설] 전단력과 하중의 관계

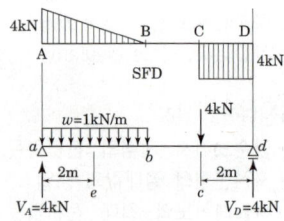

- A의 전단력 4kN은 A의 지점반력(V_A)
- D의 전단력 4kN은 D의 지점반력(V_D)
- A-B 구간은 전단력이 사선변화이므로 하중은 등분포하중 작용
- A의 지점반력이 4kN이고 B의 전단력이 0이므로 A-B구간의 하중의 합이 4kN이다. 따라서 4m 구간에 4kN이므로 1kN/m이다.
- C-D 구간은 전단력이 수평이므로 하중은 집중하중 답 : ③

13 그림과 같은 단순보에서 반력 V_A 의 값은? [11,17 기]

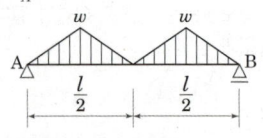

① $\dfrac{wl}{2}$ ② $\dfrac{wl}{4}$
③ $\dfrac{wl}{6}$ ④ $\dfrac{wl}{8}$

[해설] 대칭 구조·하중이므로 지점반력은 하중의 1/2씩 부담

$V_A = \left(\dfrac{l}{2} \times w \times \dfrac{1}{2}\right) \times 2 \times \dfrac{1}{2} = \dfrac{wl}{4}$

답 : ②

③ 하중-전단력도-휨모멘트도의 관계

하중상태	전단력도(S.F.D)	휨모멘트도(B.M.D)
집중하중	축에 평행한 직선(일정)	1차 직선(경사직선)
등분포하중	1차 직선(경사직선)	2차 곡선(포물선)
등변분포하중	2차 곡선(포물선)	3차 곡선(포물선)
모멘트하중	축에 평행한 직선(일정)	1차 직선(경사직선)

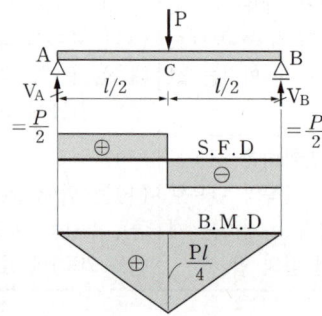

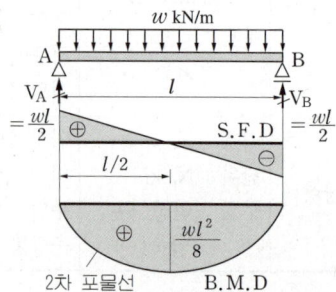

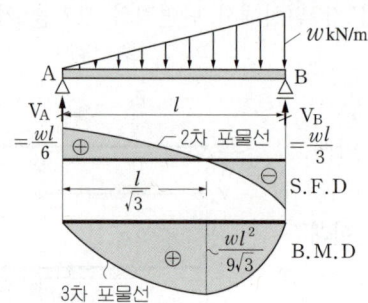

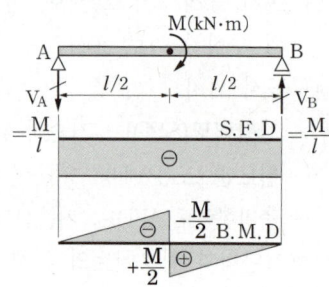

예제

다음 그림과 같은 보에서 B지점의 수직반력 값은?

① 10kN
② 15kN
③ 20kN
④ 25kN

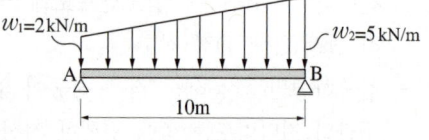

▶ 단순보에 등변 분포하중 작용 시 수직 반력(R_B)

① 부등변분포하중은 2kN/m의 등분포 하중과 3kN/m의 등변분포하중으로 나누어 구할 수 있다.

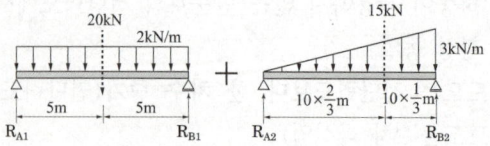

② 지점반력 : 등분포하중 2kN/m에 대한 $R_{B1}=\dfrac{wl}{2}$에 의해

$$\dfrac{2\times 10}{2}=10(\text{kN})$$

부등변분포하중 3kN/m에 대한 $R_{B2}=\dfrac{Pa}{l}$에서

$$\dfrac{15\times\left(10\times\dfrac{2}{3}\right)}{10}=\dfrac{1}{10}\times 15\times 10\times \dfrac{2}{3}=10(\text{kN})$$

$$\therefore R_B = R_{B1}+R_{B2}=10+10=20(\text{kN})$$

핵심 PLUS

3 정정보의 해석

1. 단순보의 해석

1) 반력 산정

총 하중(W) = 10kN/m × 4m = 40kN 이 CD의 중앙에 작용하는 것으로 가정하고, 지점 A, B의 반력 R_A, R_B를 산정

① $\Sigma M_B = 0$에서,

$$R_A\times 10 - 40\times\left(\dfrac{4}{2}+2\right)=0$$

$$\therefore R_A = \dfrac{40\times 4}{10}=16(\text{kN})$$

② $\Sigma V = 0$에서

$$16+R_B-40=0$$

$$\therefore R_B = 24(\text{kN})$$

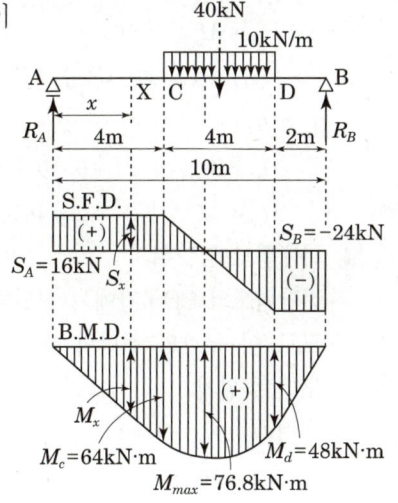

2) 전단력

지점 A에서 임의의 거리 x만큼 떨어진 단면의 전단력을 S_x라 하면,

① $0 \leq x < 4(\text{m})$일 때 [핵심PLUS의 그림 A] 참고

$$S_x = R_A = 16(\text{kN}) \cdots\cdots x$$와 무관하므로 이 구간의 S.F.D는 축과 평행선

② $4 \leq x \leq 8(\text{m})$일 때 [핵심PLUS의 그림 B] 참고

$$S_x = 16-10(x-4)\cdots\cdots x$$의 1차식이므로 이 구간의 S.F.D는 기울기가 있는 직선(사선)

$$S_c = S_{x=4}=16(\text{kN})$$

$$S_D = S_{x=8}=16-10\times 4 = -24(\text{kN})$$

■ 전단력의 해석

① $0\leq x<4\text{m}$

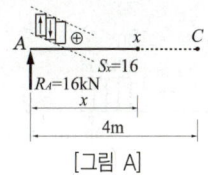

[그림 A]

② $4\text{m}\leq x\leq 8\text{m}$

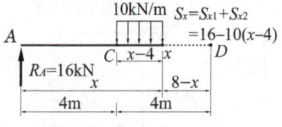

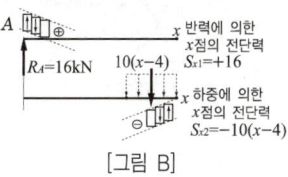

[그림 B]

③ $2\text{m} > x \geq B$

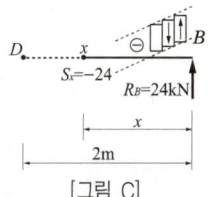

[그림 C]

핵심 PLUS

■ 휨 모멘트 해석

① $0 \leq x < 4m$

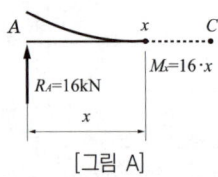

[그림 A]

② $4m \leq x \leq 8m$

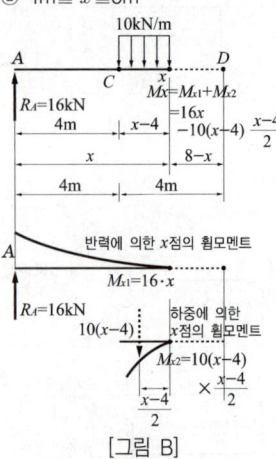

[그림 B]

③ $2m > x \geq B$

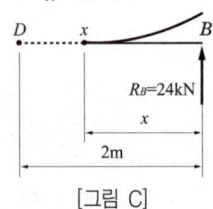

[그림 C]

③ $2 > x \geq B(m)$일 때(오른쪽 기준) [411쪽 핵심PLUS의 그림 C] 참고

$$S_x = -R_B$$
$$S_B = S_{x=0} = -R_B = -24(kN)$$
$$S_D = S_{x=2} = -R_B = -24(kN) \cdots ②의 \ S_D와 \ 동일 \ 전단력(D점 \ 기준 \ 좌우측 \ 결과 \ 동일)$$

※ 전단력도는 본문의 그림과 같이 AC, DB구간은 재축에 평행한 직선이며, CD구간은 경사 직선(사선)

3) 휨 모멘트

지점 A에서 임의의 거리 x만큼 떨어진 단면의 휨모멘트를 M_x라 하면

① $0 \leq x < 4(m)$일 때 [그림 A] 참고

$$M_x = R_A \cdot x = 16x \cdots\cdots x의 \ 1차식이므로 \ 이 \ 구간의 \ B.M.D는 \ 기울기가 \ 있는 \ 직선(사선)$$
$$M_A = M_{x=0} = 0$$
$$M_C = M_{x=4} = 16 \times 4 = 64(kN \cdot m)$$

② $4 \leq x \leq 8(m)$일 때 [그림 B] 참고

$$M_x = 16x - 10 \times (x-4) \times \frac{(x-4)}{2}$$
$$= 16x - 5(x-4)^2 \cdots\cdots x의 \ 2차식 \ 이므로 \ 이 \ 구간의 \ B.M.D는 \ 2차 \ 포물선$$
$$M_C = M_{x=4} = 16 \times 4 = 64(kN \cdot m)$$
$$M_D = M_{x=8} = 16 \times 8 - 5 \times 4^2 = 48(kN \cdot m)$$

③ $2 > x \geq B(m)$일 때, 즉 오른쪽으로 생각하면 [그림 C] 참고

$$M_x = R_B \cdot x = 24x \cdots\cdots x의 \ 1차식이므로 \ 이 \ 구간의 \ B.M.D는 \ 직선(사선)$$
$$M_B = M_{x=0} = 24 \times 0 = 0(kN \cdot m)$$
$$M_D = M_{x=2} = 24 \times 2 = 48(kN \cdot m) \cdots ②의 \ M_D와 \ 동일 \ 휨모멘트(D점 \ 좌우측 \ 결과 \ 동일)$$

④ 최대휨모멘트 위치

전단력도의 CD구간에서 전단력이 0인 위치(최대휨모멘트 위치)가 있으므로 이 구간의 전단력 관계식(S_x)=0을 만족시키는 x의 값이 최대휨모멘트 위치

$$16 - 10(x-4) = 0$$
$$10x = 56$$
$$\therefore x = 5.6(m)$$

⑤ 최대휨모멘트

$4 \leq x < 8(m)$일 때의 휨모멘트 관계식에 $x=5.6$을 대입하여 위치를 구하면

$$M_x = 16x - 5(x-4)^2$$
$$M_{x=5.6} = M_{max}$$
$$= 16 \times 5.6 - 5(5.6-4)^2 = 76.8(kN \cdot m)$$

예제

1. 그림과 같은 단순보에서 반력 R_A의 값은? [08, 21 기]

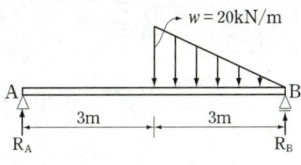

① 5kN
② 10kN
③ 20kN
④ 25kN

▶ 단순보의 반력
  ① 해석의 발상 : 반력을 구하려는 지점의 반대쪽 지점에서 모멘트의 합은 0이어야 한다($\Sigma M=0$). 이 문제의 경우 부등변분포 하중을 집중하중 형태로 가정하면 암산이 가능하다.
  ② 부등변분포 하중의 변형 : 하중의 합은 면적이므로 20kN/m×3m×0.5 =30kN이며 작용 위치는 B지점에서 2m인 점이다.
  ③ 지점반력 : 가정한 집중하중은 전구간을 4 : 2로 나뉘는 점에 작용하므로
  $$R_A = \frac{Pb}{l} = \frac{30 \times 2}{6} = 10(\text{kN}),\ R_B = \frac{Pa}{l} = \frac{30 \times 4}{6} = 20(\text{kN})$$

2. 다음 그림과 같은 단순보의 일부 구간으로부터 떼어낸 자유물체도에서 각 번호에 해당하는 좌우 측면의 전단력의 방향과 그 값으로 옳은 것은? [09 기]

① ① : 19.09kN(↑), ② : 19.09kN(↓)
② ① : 19.09kN(↓), ② : 19.09kN(↑)
③ ① : 16.09kN(↑), ② : 16.09kN(↓)
④ ① : 16.09kN(↓), ② : 16.09kN(↑)

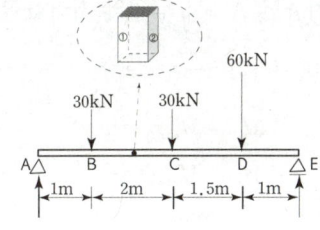

▶ 전단력의 크기와 방향
  ① 해석의 발상 : 전단력 크기는 구하는 위치의 좌우 중 어느 한쪽에 대해 산정하되 재축의 직각방향으로 가해지는 힘의 합이다. 단, 전단력의 방향은 좌상우하(↑↓)인 경우 (+)이며, 좌하우상(↓↑)인 경우 (−)이다.
  ② 지점반력 : 구하는 위치의 좌우 중 좌측이 힘의 수가 작으므로 계산에 유리하다. 따라서 좌측의 지점반력을 구한 후 전단력을 계산할 수 있다.
  $\Sigma M_B=0$에서 5.5m×V_A−30kN×4.5m−30kN×2.5m−60kN×1m=0
  따라서 V_A=49.09kN
  ③ 전단력 : 좌측의 V_A(=49.09)는 (+)전단력이고 30kN은 (−)전단력이다. 따라서 전단력의 크기는
  V_{B-C}=49.09−30=19.09kN이며 전단력의 부호가 (+)이므로 미소단면의 좌측은 상향, 우측은 하향이다.

핵심 PLUS

14 다음과 같은 단순보에서 C점의 휨모멘트 값은?
[96,00,06 기]

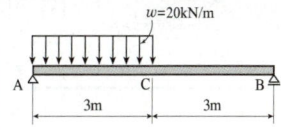

① 50kN · m
② 45kN · m
③ 40kN · m
④ 35kN · m

[해설] 단순보의 휨모멘트
① 해석의 발상 : 구하는 C점의 좌측 또는 우측 중 외력과 반력의 개수가 작은 쪽을 선택하여 휨모멘트를 구한다.
② 휨모멘트 : C점의 우측을 생각하면 B지점의 반력에 의한 C점의 휨모멘트를 구한다.
③ B지점의 반력(R_B) : AC구간의 등분포 하중의 합 6kN이 AC구간의 중앙에 작용하는 것으로 간주하면
$$R_B = \frac{a}{l} \times P = \frac{1.5}{6} \times (20 \times 3)$$
$$= 15(\text{kN})$$
④ C점의 휨모멘트를 오른쪽에 대하여 풀이하면
$M_C = R_B \cdot 3\text{m}$
$= 15 \times 3$
$= 45(\text{kN} \cdot \text{m})$

답 : ②

핵심 PLUS

15 다음 그림과 같은 내민보의 지점반력을 각각 구하면? (단, 반력의 + : 상방향, − : 하방향)
[13 기]

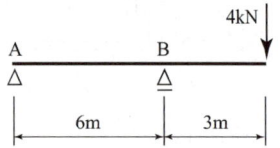

① $R_A = -2kN$, $R_B = 6kN$
② $R_A = 2kN$, $R_B = -6kN$
③ $R_A = 2kN$, $R_B = 2kN$
④ $R_A = -4kN$, $R_B = 8kN$

[해설] 내민보의 반력
$\Sigma M_B = 0$
$V_A \times 6 + 4 \times 3 = 0$
$\therefore V_A = -2 [kN]$
$\Sigma V = 0$
$V_A + V_B - 4 = 0$
$\therefore V_B = 6 [kN]$

답 : ①

■ 양단내민보 등분포하중

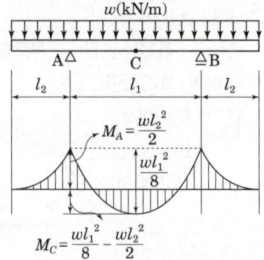

· 지점휨모멘트(M_A) $= \dfrac{w l_2^2}{2}$
· 중앙부휨모멘트(M_C)
  $= \dfrac{w l_1^2}{8} - \dfrac{w l_2^2}{2}$
· 지점휨모멘트와 중앙부휨모멘트가 동일하기 위한 l_1과 l_2의 비
  $l_1 : l_2 = \sqrt{8} : 1$

2. 캔틸레버의 해석

1) 반력

① $\Sigma V = 0$ 에서
$$-2 \times 4 + R_B = 0$$
$$\therefore R_B = 8(kN)$$

② $\Sigma M_B = 0$ 에서
$$-\left(2 \times 4 \times \frac{4}{2}\right) + M_B = 0$$
$$\therefore M_B = 16(kN \cdot m)$$

2) 전단력

자유단에서부터 계산하면 지점반력과 관계없이 전단력 계산 가능
자유단 A에서 임의의 거리 x만큼 떨어진 단면의 전단력을 S_x라 하면,

$S_x = -2x$ ················· x의 1차식 이므로 이 구간의 S.F.D는 기울기가 있는 직선(사선)

$S_A = S_{x=0} = 0$
$S_B = S_{x=4} = -2 \times 4 = -8(kN)$

3) 휨 모멘트

자유단에서부터 계산하면 지점반력과 관계없이 휨모멘트 산정 가능
자유단 A에서 임의의 거리 x만큼 떨어진 단면의 휨 모멘트를 M_x라 하면,

$M_x = -2x \cdot \dfrac{x}{2} = -(x^2)$ ················· x의 2차식 이므로 이 구간의 B.M.D는 2차 포물선

$M_A = M_{x=0} = 0$
$M_B = M_{x=4} = -(4^2) = -16(kN \cdot m)$

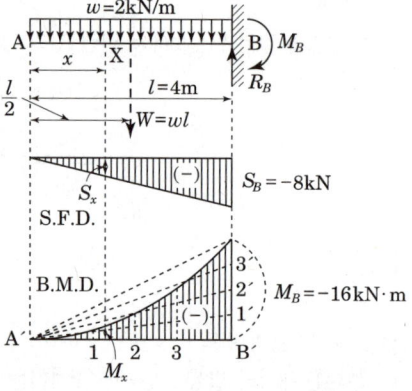

3. 내민보 해석의 예

1) 반력

① $\Sigma M_B = 0$ 에서
$$R_A \times 6 - 3 \times 8 \times \frac{8}{2} = 0$$
$$\therefore R_A = \frac{3 \times 8 \times 4}{6} = 16(kN)$$

② $\Sigma V = 0$ 에서
$$16 + R_B - 3 \times 8 = 0$$
$$\therefore R_B = 8(kN)$$

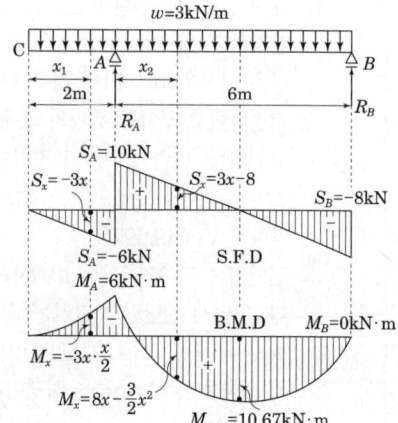

2) 전단력

① $A \leq x_1 < 2$일 때, 내민부의 전단력은 캔틸레버와 동일 [그림 A] 참고

$S_x = -3 \cdot x$ ·················· x의 1차식 이므로 이 구간의 S.F.D는 축에 대하여 사선

$S_{x=0} = 0$

$S_A = S_{x=2} = -3 \times 2 = -6(\text{kN})$

② $B \leq x_2 < 6$ [그림 B] 참고

구조물의 B에서 오른쪽으로 x만큼 떨어진 임의의 단면에서 전단력을 S_x라 하면,

$S_x = 3x - 8$ ·················· x의 1차식 이므로 이 구간의 S.F.D는 축에 대하여 사선

$S_B = S_{x=0} = -8(\text{kN})$

$S_A = S_{x=6} = 10(\text{kN})$

3) 휨 모멘트

① $A \leq x_1 < 2$ [그림 A] 참고

$M_x = -3x \times \dfrac{x}{2} = -\dfrac{3}{2}x^2$ ·················· x의 2차식 이므로 이 구간의 B.M.D는 2차 포물선

$M_C = M_{x=0} = 0$

$M_A = M_{x=2} = -\dfrac{3}{2} \times 2^2 = -6(\text{kN} \cdot \text{m})$

② $B \leq x_2 < 6$ [그림 B] 참고

$M_x = R_B \cdot x - 3x \cdot \dfrac{x}{2} = 8x - \dfrac{3}{2}x^2$ ·················· BMD는 2차 포물선

$M_B = M_{x=0} = 0$

$M_A = M_{x=6} = 48 - \dfrac{3}{2} \times 36 = -6(\text{kN} \cdot \text{m})$

③ 최대 휨모멘트 발생 위치(x)

$M_{\max}$는 S=0인 곳에서 발생하며, 그 위치는 $B \leq x_2 < 6$ 구간에 존재하므로 해당구간의 전단력 관계식 $S_x = 3x - 8$에서 x를 산정

$3x - 8 = 0$

$x = \dfrac{8}{3} = 2.67(\text{m})$

④ 최대 휨모멘트

위 ②의 관계식에서 $x = 2.67\text{m}$를 대입하면

$M_{\max} = 8x - \dfrac{3}{2}x^2$

$\Rightarrow M_{x=2.67} = 8 \times 2.67 - \dfrac{3}{2} \times 2.67^2$

$= 21.36 - 10.69 = 10.67(\text{kN} \cdot \text{m})$

핵심 PLUS

■ 전단력 해석

① $A \leq x \leq 2\text{m}$

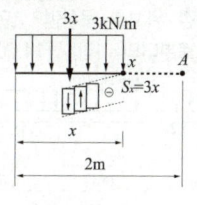

[그림 A]

② $B \leq x \leq 6\text{m}$

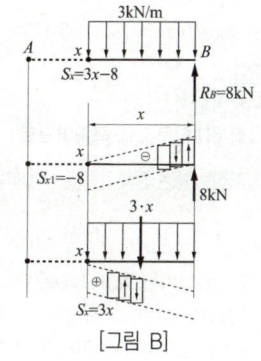

[그림 B]

■ 휨 모멘트 해석

① $A \leq x \leq 2\text{m}$

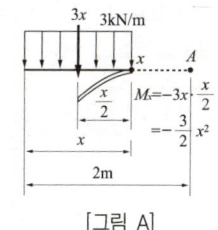

[그림 A]

② $6\text{m} \geq x \geq B$

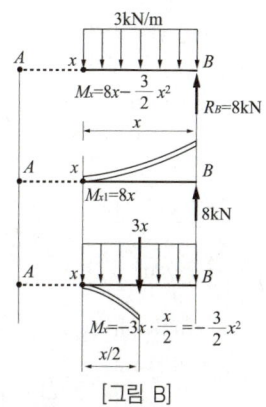

[그림 B]

핵심 PLUS

16 다음 그림과 같은 내민보에서 휨모멘트가 0이 되는 두 개의 반곡점 위치를 구하면? (단, A점으로부터의 거리) [14,20 기]

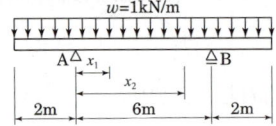

① $x_1 = 0.765m$, $x_2 = 5.235m$
② $x_1 = 0.785m$, $x_2 = 5.215m$
③ $x_1 = 0.805m$, $x_2 = 5.195m$
④ $x_1 = 0.825m$, $x_2 = 5.175m$

[해설]
① 지점반력
좌우대칭구조와 하중이므로 지점반력은 전체하중의 $\frac{1}{2}$ 이다.

$\therefore V_A = V_B = \frac{1 \times 10}{2} = 5kN$

② A-B 구간의 BMD 관계식
그림과 같이 A지점에서 AB구간의 임의점까지 거리를 x라 가정하면

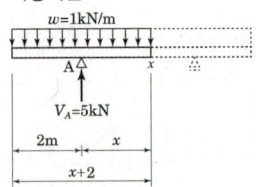

$M_x = 5 \cdot x - 1(x+2) \times \frac{(x+2)}{2}$

$= 5x - (x+2)^2 \times \frac{1}{2}$

$= 10x - (x+2)^2$

$= 10x - x^2 - 4x - 4$

$= x^2 - 6x + 4$

③ $M=0$인 위치 산정
$M_x = 0$인 x를 구하면
$x^2 - 6x + 4 = 0$

$x = \frac{-b \pm \sqrt{b^2 - 4ac}}{2a}$

$= \frac{6 \pm \sqrt{6^2 - 4 \times 1 \times 4}}{2 \times 1}$

$= \frac{6 \pm \sqrt{20}}{2}$

$\therefore x_1 = 0.765(m)$
$\quad x_2 = 5.235(m)$

답 : ①

예제

1. 그림과 같은 캔틸레버 보에서 A 지점의 휨모멘트 값은?

① $-240kN \cdot m$
② $-160kN \cdot m$
③ $160kN \cdot m$
④ $240kN \cdot m$

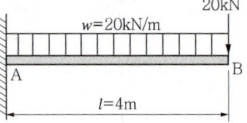

▶ 캔틸레버의 고정단 휨모멘트 해석

[정석적 해석]
① 해석의 발상 : 휨M=재축의 수직 하중 × 거리
② 휨M의 부호 : ⌣(+) ⌢(-)
③ 휨Moment $= -(20 \times 4) - \left\{(20 \times 4) \times \frac{4}{2}\right\} = -240(kN \cdot m)$

[모멘트 반력에 의한 해석]
① 해석의 발상 : 캔틸레버의 고정단 휨모멘트는 고정지점의 모멘트 반력과 동일
② A지점의 모멘트 반력
$(M_A) = (20 \times 4) + \left\{(20 \times 4) \times \frac{4}{2}\right\}$
$= 240(kN \cdot m)$
③ 휨모멘트
하중에 의해 보는 위로 볼록(⌢)하게 휘므로 (−)휨모멘트
$\therefore M_A = -240(kN \cdot m)$

2. 그림과 같은 캔틸레버보에서 고정단의 휨모멘트는?

① $-20kN \cdot m$
② $-40kN \cdot m$
③ $-60kN \cdot m$
④ $-80kN \cdot m$

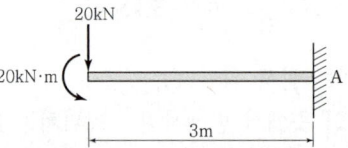

▶ 캔틸레버보의 고정단 휨모멘트
① 해석의 발상 : 캔틸레버보는 반력을 구하지 않고 고정단의 휨모멘트를 자유단에서부터 구할 수 있다.
② 고정단 휨모멘트 : 고정단 모멘트 반력과 크기가 동일하다. 즉, 고정단 휨모멘트=고정단 모멘트 반력
$\therefore M_A = -(20kN \times 3m) - 20kN \cdot m = -80kN \cdot m$

4. 겔버보 해석 방법

1) 겔버보의 정의

① 아래 그림의 보에서 힌지를 제외시킨 구조물은 반력 수가 4개 이므로 1차 부정정 구조물이다. ($N_e = 4-3 = 1$)
② 힌지를 하나 추가하여 -1이 되므로 $N_e = 1 - 1 = 0$이 되어 정정보가 된다.
③ 이와 같이 부정정 구조물의 차수 만큼 힌지를 추가하여 정정보로 만든 보를 겔버보라 한다.
④ 힌지를 분리하면 단순보와 내민보 또는 단순보와 캔틸레버가 됨

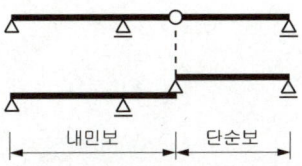

2) 겔버보 해석

힌지를 기준으로 분리하여 A-D구간의 단순보와 D-C구간의 내민보 부분으로 나누어 계산

① 반력계산

㉮ 분리된 그림(B)에서 단순보의 반력 R_A와 R_D 계산
지간 중앙에 집중하중이 작용하므로

$$R_A = R_D = \frac{P}{2} = \frac{2}{2} = 1(\text{kN})$$

㉯ 단순보에서 구한 반력 R_D를 내민보에 수직하향 집중하중으로 작용

㉰ 그림(C, D)의 내민보 부분의 반력 R_B와 R_C를 구하면

$\Sigma M_C = 0$
$-(1 \times 5) + (R_B \times 4) - \{(2 \times 4) \times 2\} = 0$
$\therefore R_B = \dfrac{5+16}{4} = 5.25(\text{kN})$

$\Sigma M_B = 0$
$-(1 \times 1) + \{(2 \times 4) \times 2\} - (R_C \times 4) = 0$
$\therefore R_C = \dfrac{-1+16}{4} = 3.75(\text{kN})$

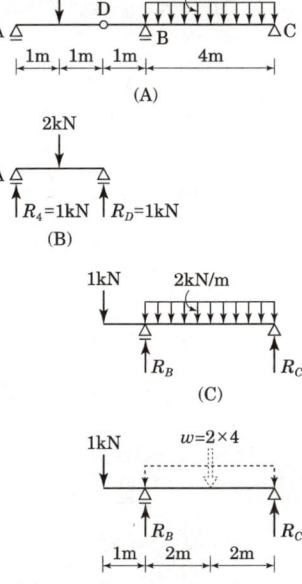

핵심 PLUS

■ 반력 산정 순서
- 힌지를 분리하여 단순보(정정)와 내민보(또는 캔틸레버)로 나눔
- 먼저 단순보 부분에 하중으로 반력을 계산
- 단순보의 힌지 반력을 내민보(또는 캔틸레버보)의 힌지에 반력의 반대 방향 집중하중으로 변환
- 하중을 전달받은 구조물의 지점 반력 산정

■ 단면력의 특징
- 힌지에서 휨모멘트는 반드시 0
- 전단력이 0인 곳에 최대 휨모멘트 발생(S=0가 2곳 이상이면 절대값이 최대인 곳)
- 겔버보는 온도변화에 따른 적응 및 지반침하에 유리

17 그림과 같은 보에서 점 A에 반력 모멘트는 얼마인가?
[91,96,00,05,06 기]

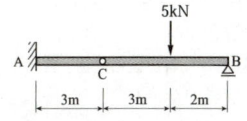

① -6kN·m   ② -9kN·m
③ -15kN·m   ④ -30kN·m

해설 겔버보의 해석
① 해석의 발상 : 겔버보는 회전절점을 회전지점으로 가정하여 단순보와 캔틸레버로 분리하여 해석할 수 있다.
② 단순보 해석(CB구간) : 단순보 구간에 3 : 2로 나뉘는 점에 작용하므로 $R_C = 5\text{kN} \times 2/5 = 2\text{kN}$ 이다.
③ 캔틸레버 해석(AC구간) : 단순보에서 구한 활절 C점의 반력 R_C는 CB구간의 하중으로 전달되므로 2kN의 하향 집중하중으로 A지점의 반력 모멘트를 구하면

$\Sigma M_A = 0$
$M_A + 2 \times 3 = 0$
$\therefore M_A = -6(\text{kN} \cdot \text{m})$

답 : ①

핵심 PLUS

18 그림과 같은 하중을 받는 겔버보에서 휨모멘트도로서 옳은 것은? [12 기]

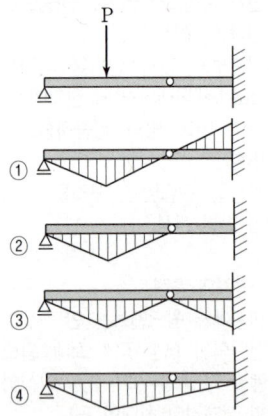

[해설] A지점 : 모멘트 하중이 작용하지 않는 이동지점이므로 휨모멘트는 없다.($M_A=0$)
B지점 : 고정지점에 시계방향의 모멘트 반력 발생하여 GB부재는 위로 볼록하게 휨(−)
C점 : 집중하중 작용점에는 꼭지점 발생
G절점 : 회전절점에는 휨모멘트가 없음($M_G=0$)

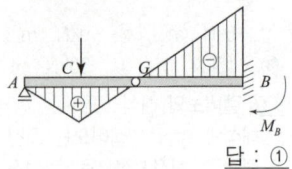

답 : ①

---

② 전단력 계산
㉮ 왼쪽에서
　　$0 \leq x < 1$　$S_x = R_A = 1(\text{kN})$
　　$1 \leq x < 3$　$S_x = R_A - 2 = -1(\text{kN})$
㉯ 오른쪽에서
　　$4 > y \geq 0$
　　$S_x = 2y - R_B = 2y - 3.75$
　　　　$S_{y=0} = S_B = -3.75(\text{kN})$
　　　　$S_{y=4} = S_A = 2 \times 4 - 3.75 = 4.25(\text{kN})$

③ 휨모멘트 계산
㉮ 왼쪽에서
　　$0 \leq x < 1$
　　　　$M_x = 1 \cdot x$
　　　　$M_{x=0} = M_A = 0$
　　　　$M_{x=1} = M_E = 1(\text{kN} \cdot \text{m})$
　　$1 \leq x < 3$
　　　　$M_x = 1 \cdot x - 2(x-1) = -x + 2$
　　　　$M_{x=1} = M_E = 1(\text{kN} \cdot \text{m})$
　　　　$M_{x=2} = M_D = 0$
㉯ 오른쪽에서
　　$4 > y \geq 0$
　　$M_y = R_C \cdot y - 2y \cdot \dfrac{y}{2} = 3.75y - y^2$
　　　$M_{y=0} = M_C = 0$
　　　$M_{y=4} = M_B = 3.75 \times 4 - 4^2 = 15 - 16 = -1(\text{kN} \cdot \text{m})$

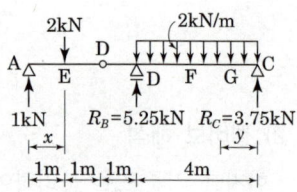

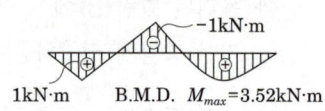

④ 최대휨모멘트($M_{\max}$) 구하기
㉮ 위치 : 전단력도의 $4 > y \geq 0$ 구간 관계식 $S_y = 2y - 3.75 = 0$ 를 만족하는 $y(\text{m})$ 이므로
　　$2y - 3.75 = 0$
　　$\therefore y = \dfrac{3.75}{2} = 1.875(\text{m})$
㉯ 크기 : $4 \geq y \geq 0$ 구간의 휨모멘트 관계식 $M_y = 3.75y - y^2$에서
　　$x = 1.875(\text{m})$를 대입하면
　　$M_{\max} = M_{y=1.875}$
　　　　　$= 3.75 \times 1.875 - 1.875^2 = 3.52(\text{kN} \cdot \text{m})$

4 라멘(Rahmen)

1. 라멘의 종류

종류	캔틸레버형	단순보형	3-Roller형	3-Hinge형
형태				

핵심 PLUS

■ 단면력도의 위치별 부호

구분	보		라멘	
	상	하	내부	외부
SFD	+	−	+	−
BMD	−	+	−	+
AFD	+	−	+	−

■ 보의 단면력도

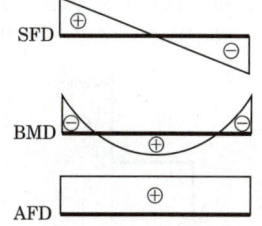

2. 라멘의 부재력

1) 지점반력 계산

   구조물의 평형 조건($\Sigma H=0, \Sigma V=0, \Sigma M=0$)을 이용하여 지점 반력 계산

2) 단면력 계산

   ① 보와 같이 구하고자 하는 위치의 **좌우 어느 한쪽만 계산**
   ② 구조물 안쪽을 기준으로 계산

3) 단면력도의 부호

전단력도(S.F.D.)	휨모멘트도(B.M.D.)	축방향력도(A.F.D.)
(+) 상단 (+) 좌 (−) 우 (+)	(−) 상단 (−) 좌 (+) 우 (−)	(+) 상단 (+) 좌 (−) 우 (+)

■ Ramen의 단면력도

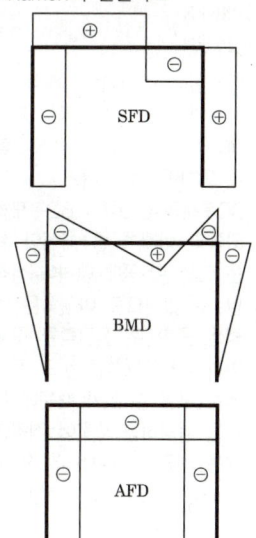

4) 전단력 계산

   ① 정정보의 계산방법과 동일
   ② 보와 다른 점은 수직재와 수평재가 있으므로 해석 주의

5) 휨모멘트 계산

   ① 구하는 위치의 좌우 어느 한쪽만 계산
   ② 반력의 방향(부호)을 고려하여 휨모멘트 계산

핵심 PLUS

19 그림에 보이는 라멘에서 BC 부재에 작용하는 전단력의 크기는 얼마인가? [07 기]

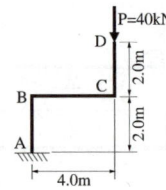

① $40\sqrt{2}$ kN
② $20\sqrt{2}$ kN
③ 20 kN
④ 40 kN

[해설] 캔틸레버형 라멘의 해석
① 해석의 발상 : 전단력은 재축의 직각방향으로 작용하는 힘에 의하여 발생한다.
② BC부재의 전단력 : BC부재의 위쪽과 아래쪽 중 해석이 쉬운 어느 한 쪽에 대하여 생각할 수 있으므로 아래쪽은 반력을 구한 후 전단력을 구해야하지만 반대쪽은 바로 전단력을 구할 수 있기 때문에 위쪽을 생각하면 재축에 직각인 힘은 하중인 40kN밖에 없다. 따라서 BC부재의 전단력은 (+)40kN이다.

답 : ④

3. 캔틸레버형 라멘 해석

1) 반력계산

$\Sigma V=0$에 의하여 $R_A=0$

$\Sigma H=0$에 의하여 $H_A=P=2\text{kN}$

$\Sigma M=0$에 의하여 $M_A=2\times 2=4(\text{kN}\cdot\text{m})$

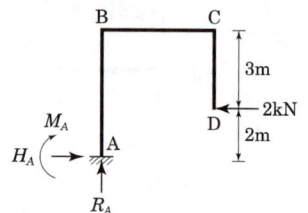

2) 전단력 계산

① 캔틸레버이므로 자유단에서부터 계산
② 구하는 구간의 전단력은 그 구간의 자유단부터 그 위치까지의 전단력 합

㉮ CD 부재 $S_{CD}=2(\text{kN})$ (↑⊕↓ 구조물 안쪽 기준)

㉯ BC 부재 $S_{BC}=0$

㉰ AB 부재[고정지점에서부터 해석]

$S_{AB}=-H_A=-2(\text{kN})$ (↓⊖↑ 구조물 안쪽 기준)

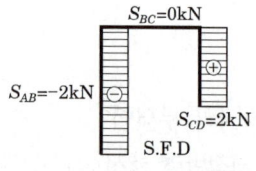

S.F.D

3) 휨모멘트 계산

휨모멘트는 자유단부터 구하려는 위치까지 재축에 직각인 힘에 의한 휨모멘트 (힘×연직거리)의 합

① $M_{CD}=-2\cdot x$ ················
(단, x는 D에서 DC 구간의 임의 위치까지 거리)

$M_D=M_{x=0}=0$

$M_C=M_{x=3}=-2\times 3=-6(\text{kN}\cdot\text{m})$

② $M_{BC}=-2\times 3=-6(\text{kN}\cdot\text{m})$
(BC구간의 임의점에 대한 휨모멘트는 D점의 하중(2kN)이 전구간(3m)에 동일)

③ A지점에서 B지점 사이의 임의점 x에 대한 휨 $M(M_{AB})$

$M_{AB}=-H_A\cdot x+M_A=-2\cdot x+4$ ·········· (단, x는 A에서 AB 구간의 임의 위치까지 거리)

$M_A=M_{x=0}=-2\times 0+4=4(\text{kN}\cdot\text{m})$

$M_B=M_{x=3}=-2\times 5+4=-6(\text{kN}\cdot\text{m})$ ··· (부호: 밖으로 볼록은 ⊖, 안으로 볼록은 ⊕)

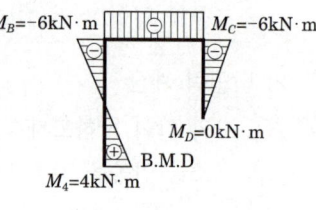

B.M.D

4) 축방향력

축방향력은 자유단에서 구하려는 위치까지 존재하는 축방향력이 합

$N_{CD}=0$ (∵ 재축방향의 힘이 존재하지 않음)

$N_{BC}=-2\text{kN}$ ···························· (압축부재 이므로 ⊖)

$N_{AB}=0$ (∵ 재축방향의 힘이 존재하지 않음)

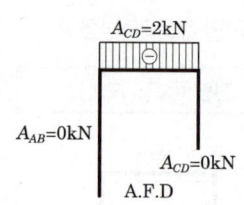

A.F.D

4. 단순보형 라멘의 해석

1) 반력

① 지점 B가 이동 지점이고 수직하중만 작용하고 있으므로, 지점 A에 수평 반력 없음

$\Sigma M_B = 0$ 에서

$$R_A \times 6 - \left\{(2 \times 6) \times \frac{6}{2}\right\} = 0$$

$$\therefore R_A = 6\text{kN}(\uparrow)$$

$\Sigma V = 0$ 에서

$$6 - (2 \times 6) + R_B = 0$$

$$\therefore R_B = 6\text{kN}(\uparrow)$$

② 다른 해법

전체 하중 $(W) = 2 \times 6 = 12\text{kN}$ 이고 좌우 대칭이므로 반력은 하중의 1/2

$$\therefore R_A = R_B = \frac{W}{2} = \frac{12}{2} = 6\text{kN}(\uparrow)$$

2) 전단력

① AC부재 : $S_x = 0$ (재축에 직각인 힘이 없음)

② CD부재(오른쪽 아래 [그림 A] 참조)

$$S_x = R_A - 2x = 6 - 2x$$

$$S_C = S_{x=0} = 6(\text{kN})$$

$$S_D = S_{x=6} = 6 - 2 \times 6 = -6(\text{kN})$$

③ BD부재 : $S_x = 0$ (재축에 직각인 힘이 없음)

3) 휨 모멘트

① AC부재 : $M_x = 0$ (재축에 직각인 힘이 없음)

② CD부재

$$M_x = R_A \cdot x - 2x \cdot \frac{x}{2} = 6x - x^2$$

$$M_{x=0} = M_C = 0$$

$$M_{x=6} = M_D = 36 - 36 = 0$$

$$M_{x=3} = M_E = M_{\max}$$

$$= 6 \times 3 - 3^2 = 9(\text{kN} \cdot \text{m})$$

③ BD부재 : $M_x = 0$ (재축에 직각인 힘이 없음)

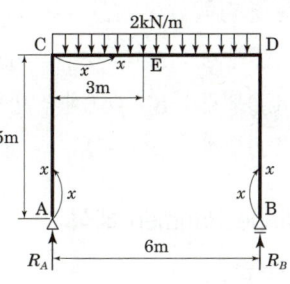

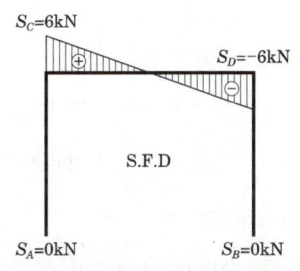

S.F.D

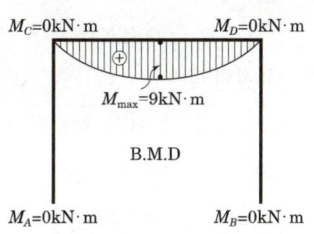

B.M.D

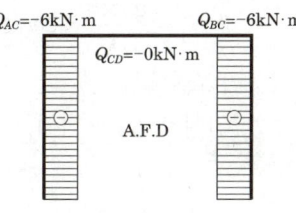

A.F.D

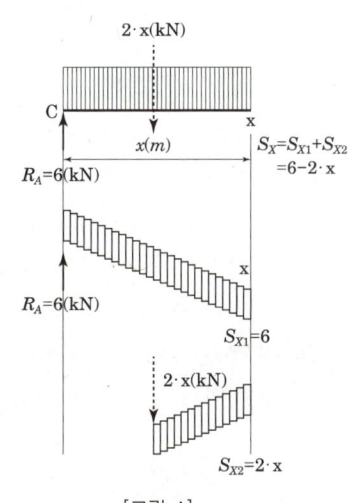

[그림 A]

핵심 PLUS

20 그림과 같은 구조물에서 EB부재의 전단력의 크기는? [12,17 기]

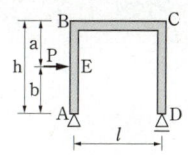

① $\dfrac{Pa}{l}$ ② $\dfrac{Pb}{l}$

③ P ④ 0

[해설] 단순보형 라멘의 해석

① 해석의 발상 : 전단력은 재축의 직각방향으로 작용하는 힘에 의하여 발생한다.

② EB부재의 전단력 : A지점에서 EB부재까지 재축에 직각인 힘은 A지점의 수평 반력(H_A)과 E점에 작용하는 수평하중(P)이 있다. 여기서 $H_A = P$ 이고 H_A는 (+)전단력이며 P는 (−)전단력이 되어 전단력은 0가 된다.

답 : ④

21 다음 단순보형 라멘에 대한 휨모멘트도의 대략적인 그림으로 옳은 것은?

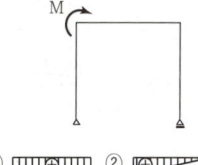

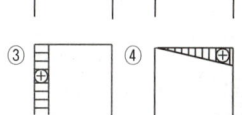

[해설] 휨모멘트도

① 해석의 발상 : 지점반력의 방향을 결정하여 휨의 방향과 크기를 생각한다.

② 반력과 방향 : 모멘트 하중 외 다른 하중이 작용하지 않으므로 $\Sigma H = 0$에 의해 회전지점에 수평반력은 없다. 또한 $\Sigma V = 0$에 의해 두 지점의 수직반력은 방향이 서로 반대이고 크기가 동일한 우력이다.

답 : ②

핵심 PLUS

4) 축 방향력

① AC부재 : $N_x = -R_A = -6kN$ (압축)

② CD부재 : $N_x = 0$ (재축 방향의 힘이 없음)

③ BD부재 : $N_x = -R_B = -6kN$ (압축)

5. 3hinge Rahmen 해석

1) 지점반력

① 수직반력

$\Sigma M_B = 0$ 에서 R_A 구하기

$$R_A \times 8 - 80 \times 2 = 0$$

$$\therefore R_A = \frac{160}{8} = 20(kN)$$

$\Sigma V = 0$ 에서 R_B 구하기

$$20 + R_B - 80 = 0$$

$$\therefore R_B = 60(kN)$$

② 수평반력

H_A 을 구하기 위해 활절의 왼쪽분리

$\Sigma M_{G=0}$ 에 의해

$$20 \times 4 - 4 \times H_A = 0$$

$$\therefore H_A = \frac{20 \times 4}{4} = 20(kN) \; (\rightarrow)$$

전체구조물에서

$\Sigma H = 0$ 에서 H_B 구하기

$20 - H_B = 0$ (H_B의 방향은 ←로 가정)

$\therefore H_B = 20(kN) \; (\leftarrow)$ (결과값이 +이므로 가정방향이 맞음 ←)

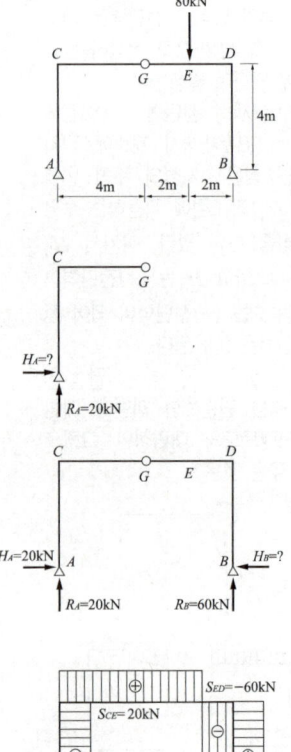

2) 전단력

① AC부재 : 재축에 직각인 힘은
H_A 이므로 전구간 $H_A = -20(kN)$ ·················· ($\downarrow \ominus \uparrow$ 구조물 안쪽 기준)

② CE부재 : 재축에 직각인 힘은
R_A 이므로 전구간 $R_A = 20(kN)$ ·················· ($\uparrow \oplus \downarrow$ 구조물 안쪽 기준)

③ BD부재 : 재축에 직각인 힘은
H_B 이므로 $H_B = 20(kN)$ ·················· ($\uparrow \oplus \downarrow$ 구조물 안쪽 기준)

④ DE부재 : 재축에 직각인 힘은
R_B 이며 전구간 $R_B = -60(kN)$ ·················· ($\downarrow \ominus \uparrow$ 구조물 안쪽 기준)

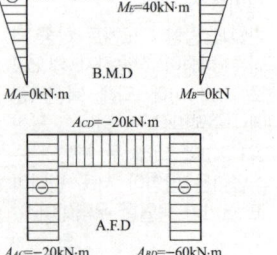

3) 휨모멘트

① 왼쪽으로부터

㉮ AC부재 $M_x = -20 \cdot x$

$M_{x=0} = M_A = 0$

$M_{x=4} = M_C = -80(\text{kN} \cdot \text{m})$

㉯ CE부재 $M_x = R_A \cdot x - H_A \times 4 = 20x - 20 \times 4 = 20x - 80$

$M_{x=0} = M_C = -80(\text{kN} \cdot \text{m})$

$M_{x=4} = M_G = 80 - 80 = 0$

$M_{x=6} = M_E = 120 - 80 = 40(\text{kN} \cdot \text{m})$

② 오른쪽으로부터

㉮ BD부재 $M_x = -20x$

$M_{x=0} = M_B = 0$

$M_{x=4} = M_D = -20 \times 4 = -80(\text{kN} \cdot \text{m})$

㉯ DE부재 $M_x = R_B \cdot x - H_A \times 4 = 60x - 20 \times 4 = 60x - 80$

$M_{x=0} = M_D = -80(\text{kN} \cdot \text{m})$

$M_{x=2} = M_E = 60 \times 2 - 80 = 40(\text{kN} \cdot \text{m})$

5 트러스 해석

1. 개요

1) 트러스의 부재구성

2개 이상의 직선부재 양단을 마찰 없는 힌지(Hinge)로 연결한 구조물

① 현재(flage) : 외부형태를 형성하는 상현재, 하현재

② 복재(web) : 상현재와 하현재를 연결하는 수직재와 사재

■ 트러스의 종류

종류	와렌(Warren)	프랫(Pratt)	하우(Howe)	비렌딜(Vierendeel)
형태	상현재 사재 하현재			수직재
특징	• 수직재가 없는 트러스 • 사재의 방향이 좌우로 교대 배치	• 사재를 인장재로 설계 • 사재 경사방향은 중앙 하향	• 사재를 압축재로 설계 • 사재의 경사방향이 중앙 상향	사각형 형태로 구성한 트러스

핵심 PLUS

22 그림과 같은 라멘에서 휨모멘트가 0인 위치는 몇 군데인가? [98,07,12,15 기]

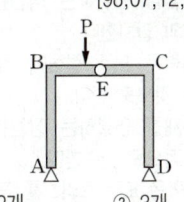

① 2개   ② 3개
③ 4개   ④ 5개

답 : ③

23 그림과 같은 3회전단 구조물의 반력은? [08, 22 기]

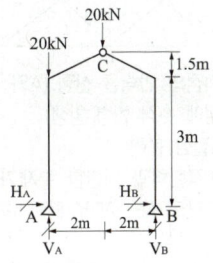

① H_A=4.44kN, V_A=30kN,
   H_B=−4.44kN, V_B=10kN
② H_A=0kN, V_A=30kN,
   H_B=0kN, V_B=10kN
③ H_A=−4.44kN, V_A=30kN,
   H_B=4.44kN, V_B=10kN
④ H_A=4.44kN, V_A=50kN,
   H_B=−4.44kN, V_B=−10kN

[해설] 3힌지 라멘의 반력
① 수직반력 : ΣM_B=0에서
$V_A \times 4m - 20kN \times 4m - 20kN \times 2m = 0$ 이므로 V_A=30kN
ΣV=0에서
30+V_B−20−20=0 이므로
V_B=10kN
② 수평반력 : 활절의 명칭을 G라 하고 그 오른쪽 구조물을 분리하여 ΣM_G=0 적용하면
$-V_B \times 2m - H_B \times 4.5m = 0$에서
V_B=10kN 이므로
H_B=−4.44kN(←)
전체 구조물에 대하여 ΣH=0를 적용하면 H_A−4.44kN=0에서 H_A=4.44kN(→)

답 : ①

핵심 PLUS

24 트러스 해법의 기본가정으로 틀린 것은? [15 기]
① 절점을 연결하는 직선은 재축과 일치한다.
② 외력은 모두 절점에 작용하는 것으로 한다.
③ 부재를 연결하는 절점은 강절점으로 간주한다.
④ 외력은 모두 트러스를 포함한 평면안에 있는 것으로 한다.

■ 0부재 판별의 예

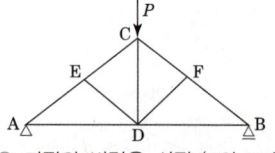

① 지점의 반력을 산정.(A와 B지점에 수직 반력 발생)
② A절점 분리
 • 수직반력과 나란한 부재가 없으므로 AE, AD부재는 부재력을 가짐
 • 동일한 논리로 BF, BD부재도 부재력을 가짐
③ E절점 분리
 • 절점A에서 AE부재는 부재력이 존재함
 • AE부재와 EC부재는 나란하므로 EC부재 또한 AE와 동일한 부재력을 가짐
 • 절점에 외력이 존재하지 않고 다른 부재와 나란하지 않은 ED부재는 0부재임
 • 동일한 논리로 FD부재도 0부재임
④ D절점 분리
 • A절점에서 AD부재는 부재력 존재함
 • AD와 BD는 나란하므로 BD부재는 부재력 존재함
 • ED와 FD부재는 0부재이었음
 • CD부재는 다른 부재와 나란하지 않고 외력도 없으므로 0부재임
 • 외력은 반드시 해당절점의 외력만 고려하여야 함
⑤ 따라서 0부재는 ED, CD, FD 부재로 3개임

2) 트러스 해법 기본가정

① 모든 절점은 힌지
② 부재는 직선재, 절점을 잇는 직선은 부재축과 일치
③ 모든 외력은 절점에만 작용
④ 외력의 작용선은 트러스와 동일 평면내 존재
⑤ 부재는 축방향력만 작용, 전단력이나 휨모멘트는 발생하지 않음

3) 영부재

① 정의 : 하중을 받는 트러스 구성 부재 중 외력을 부담을 하지 않는 부재
② 영부재의 판별

절점 구성	외력 유무	부재-외력 관계	부재력
2개 부재	없는 경우		두 부재 모두 영부재
	있는 경우	외력에 나란한 부재(a)	부재력=외력
		나머지 한 부재(b)	영부재
3개 부재	없는 경우	동일직선상 두 부재(b, c)	두 부재력은 동일
		나머지 한 부재(a)	영부재
	있는 경우	외력과 나란한 부재(a)	부재력=외력
		나머지 두 부재(b, c)	두 부재력은 동일

2. 해법의 종류와 요령

1) 절점법(격점법)

① 반력 : 구조물의 평형 조건 방정식 적용

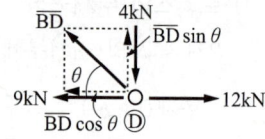

② 부재응력
 ㉮ 절점에 작용한 모든 힘(하중, 지점반력, 부재력)에 대하여
  $\Sigma H=0, \Sigma V=0$를 만족하는 미지 부재력 산정
 ㉯ 조건식이 2개이므로 미지 부재력이 2개 이하인 절점부터 계산
 ㉰ 부재력 부호는 절점을 잡아당기면 인장력(+), 절점을 밀면 압축력(−)

예) 절점 O에 두 힘(10kN, 6kN)이 작용하고 있을 때 절점에 작용하는 세 힘이 평형을 이루기 위한 힘 T의 크기는?

$\Sigma V=0$에서
$T\sin 30° - 6 = 0$
$\therefore T = \dfrac{6}{\sin 30°} = 13.2 \text{(kN)}$

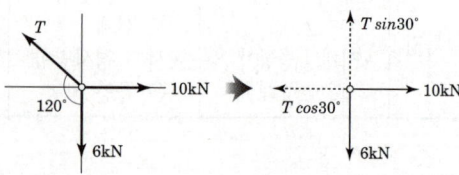

2) 절단법

① 해석원리
- ㉮ 3개 이하의 부재력 중 임의의 부재력을 구하는 방법
- ㉯ 구하려는 부재를 포함하여 트러스 절단
- ㉰ 절단된 한 쪽에 구조물의 평형조건식($\Sigma H=0$, $\Sigma V=0$, $\Sigma M=0$) 적용

② 해법의 종류와 적용

해법	해석의 기본식	적용 부재
모멘트법	$\Sigma M=0$ 적용	상·하현재의 부재력 산정
전단법	$\Sigma H=0$, $\Sigma V=0$ 적용	사재, 수직재의 부재력 산정

③ 해석순서
- ㉮ 지점반력 산정
- ㉯ 구하려는 부재를 포함하여 잘리는 부재수가 최소가 되도록 트러스 절단
- ㉰ 절단된 좌우 중 외력, 반력, 부재력의 수가 작은 쪽 선택
- ㉱ 선택한 쪽에서 절단 된 부재의 연장선 표시
- ㉲ 연장선에 내부절점을 당기는 부재력(인장력)을 표시
- ㉳ 구조물의 평형조건을 적용하여 외력과 반력에 대응하는 부재력 산정
  (전단법 : $\Sigma H=0$, $\Sigma V=0$ 적용, 모멘트법 : $\Sigma M=0$ 적용)
- ㉴ 계산 결과가 (+)이면 인장재, (−)이면 압축재

3. 해석의 예

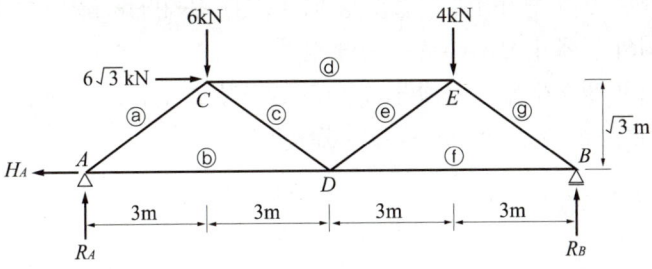

① 지점반력

$\Sigma M_B = 0 \Rightarrow R_A \times 12 + 6\sqrt{3} \times \sqrt{3} - 4 \times 3 - 6 \times 9 = 0$

$R_A = \dfrac{1}{12}(54+12-18) = 4(\text{kN}) \uparrow$

$\Sigma V = 0 \quad R_A + R_B - 6 - 4 = 0$

$R_B = 10 - R_A = 10 - 4 = 6(\text{kN}) \uparrow$

$\Sigma H = 0 \quad 6\sqrt{3} + H_A = 0$ (H_A는 →, ⊕방향으로 가정)

$\therefore H_A = -6\sqrt{3}(\text{kN}) \leftarrow$ (계산결과값이 −이므로 가정방향의 반대)

핵심 PLUS

25 그림과 같은 트러스의 N_1, N_2 부재력(절대값)으로 옳은 것은?
[12 기]

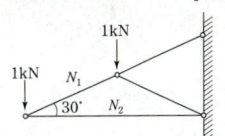

① $N_1 = 2$kN, $N_2 = 1.732$kN
② $N_1 = 1$kN, $N_2 = 1.732$kN
③ $N_1 = 1.5$kN, $N_2 = 1.732$kN
④ $N_1 = 1$kN, $N_2 = 1.732$kN

[해설] 절점법에 의해 풀이

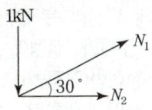

$\Sigma V = 0$
$N_1 \sin 30° - 1 = 0$
$N_1 = \dfrac{1}{\sin 30°} = 2(\text{kN})(\uparrow)$

$\Sigma H = 0$
$N_1 \cos 30° + N_2 = 0$
$N_2 = -N_1 \cos 30° = -1.73(\text{kN})$

답 : ①

26 다음과 같은 트러스에서 a부재의 부재력은 얼마인가?
[10,13,17 기]

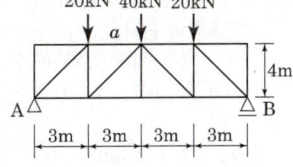

① 20kN(인장) ② 30kN(압축)
③ 40kN(인장) ④ 60kN(압축)

[해설] Truss 부재력

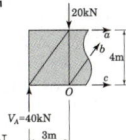

$\Sigma V = 0$에서
$V_A = V_B = 40(\text{kN})$

- 구하는 부재는 상현재이므로 절단 −모멘트법을 적용
- 부재력을 구하지 않는 b, c 부재의 교차점 O에 $\Sigma M = 0$

$\Sigma M_o = 0$에서
$40 \times 3 + a \times 4 = 0$
$\therefore a = -30[\text{kN}](압축)$

답 : ②

핵심 PLUS

27 그림과 같은 트러스에서 T의 부재력은?

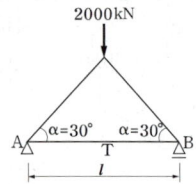

① 1000kN
② 866kN
③ 1732kN
④ 2000kN

[해설] 트러스의 부재력(T)
① 해석의 발상 : 부재력을 구하려는 부재가 절점에 인접한 경우 절점법(격점법)으로 해석하는 것이 편리하다.
② 절점법 : 특정 절점에서 힘의 평형 조건($\Sigma V=0$, $\Sigma H=0$, $\Sigma M=0$)이 성립된다.
③ A 지점반력 : 절점 A를 분리하여 구하려면 지점반력을 구하여야 한다.
트러스의 형태와 하중 조건이 대칭형이므로 하중의 $\frac{1}{2}$ 이다.
$V_A(\uparrow) = V_B(\uparrow) = 1,000\text{kN}$
④ 부재력 : T 부재력을 구하기 위해서는 사재의 부재력(P)부터 산정되어야 한다.
절점 A에서 사재의 부재력을 인장력 P라하고 $\Sigma V=0$을 적용하면
$1,000\text{kN}+P\times\sin30°=0$
$\therefore P=-2,000\text{kN}$ (압축)
⑤ T 부재력 : $\Sigma H=0$에서
$-P\times\cos30°+T=0$
$\therefore T=2,000\times\frac{\sqrt{3}}{2}$
$≒1,732(\text{kN})$

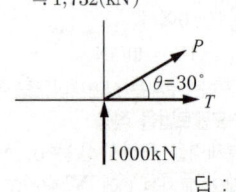

답 : ③

알아두기

■ 반력 또는 부재력의 가정과 결과 해석

외력(하중)이 작용하는 구조물의 반력 또는 부재력을 산정하는 경우 먼저 방향을 가정하여야 한다. 이때 반력과 부재력은 인장부재(⊕)로 가정하여 풀이해 그 결과가 ⊕인 경우 '가정한 방향이 옳다' 는 것으로 해석하고 ⊖인 경우 '가정한 방향의 반대방향이다' 로 해석하여 압축부재로 판정하여야 한다. 반력과 부재력을 ⊖방향으로 가정하면 해석이 혼란스럽기 때문에 가급적 반력 또는 부재력은 ⊕방향으로 가정하는 것이 바람직하다.

2) g 부재력 산정(절점법 이용)

① B 절점 분리
② 하중과 반력 표시
③ 부재 연장선 작도 후 절점을 당기는(인장) 부재력으로 표시
④ $\Sigma V=0$를 이용하여 부재력 산정

$\Sigma V=0 \Rightarrow 6+g\sin30°=0$

$\therefore g=-\dfrac{6}{\sin30°}=-12(\text{kN})$ (압축)

[그림] 절점 B에서

3) d 부재력 산정(절단-모멘트법)

① 구하는 부재 d를 포함하여 트러스를 절단하되 절단 부재수가 최소화
② 절단 좌우 중 부재력, 하중, 반력이 적은 쪽을 계산 대상으로 선택
③ 선택부분 모든 반력, 하중 표시
④ 잘린 부재 연장선에 절점을 당기는(인장) 부재력을 표시
⑤ 임의 점에서 $\Sigma M=0$로 부재력 산정
⑥ 구할 필요가 없는 부재력(e, f)의 교차점 D에서 $\Sigma M=0$ 적용

$\Sigma M_D=0 \Rightarrow 4\times3-6\times6-d\times\sqrt{3}=0$

$\therefore d=\dfrac{1}{\sqrt{3}}(12-36)=-8\sqrt{3}(\text{kN})$ 압축

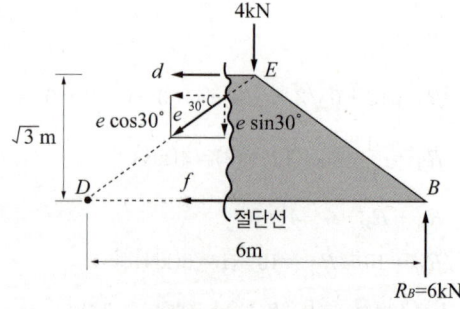

[그림] $d \cdot e \cdot f$ 부재절단

4) 절단-전단법(e 부재력)

① 구하는 부재 d를 포함하여 트러스를 절단하되 절단 부재수가 최소화
② 절단 좌우 중 부재력, 하중, 반력이 적은 쪽을 계산 대상으로 선택
③ 선택부분 모든 반력, 하중 표시
④ 잘린 부재 연장선에 절점을 당기는 부재력(인장)으로 표시
⑤ $\Sigma V = 0$를 적용하여 외력, 반력에 대응하는 부재력 산정

$\Sigma V = 0 \quad 6 - 4 - e\sin 30° = 0$

$\therefore e = \dfrac{6-4}{\sin 30°} = 4(\text{kN}) \quad 인장$

예제

다음과 같은 트러스에서 a부재의 부재력은 얼마인가? [10, 13, 17 기]

① 20kN(인장)
② 30kN(압축)
③ 40kN(인장)
④ 60kN(압축)

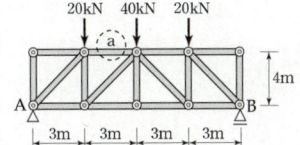

▶ 트러스의 해법
  ① 해석의 발상 : 상현재의 부재력을 구하는 문제이므로 절단법의 모멘트 평형 조건을 이용하는 것이 좋다.
  ② 지점반력(V_A) : 대칭구조물에 대칭 하중이 작용되었으므로 양단 지점의 반력은 총하중 80kN의 1/2인 40kN이다.
  ③ 부재 절단 : a부재를 포함하여 트러스를 수직으로 절단한 후 절단된 부재의 연장선을 긋고 인장력을 표시한다.
  ④ 모멘트 평형 기준점 : 사재(b)와 하현재(c)가 만나는 점이 기준점이 되어야 한다. 이점을 O점으로 가정한다.
  ⑤ 부재력 : $\Sigma M_O = 0$에서
    40kN×3m+a×4m=0 이므로
    a=-120/4=-30(kN)이며 (-)는 압축재를 의미한다.

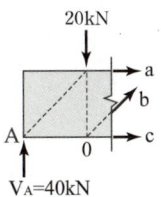

핵심 PLUS

28 그림과 같은 트러스에서 T부재의 부재력을 구하면?

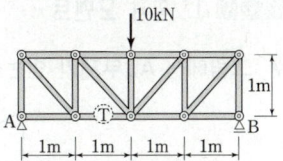

① 10kN(인장)
② -10kN(압축)
③ 5kN(인장)
④ -5kN(압축)

[해설] 트러스의 부재력
① 지점반력 : 먼저 트러스를 절단하기 전 R_A를 구하면 대칭 트러스이면서 대칭 하중이므로 지점 A의 반력은
$R_A = 10/2 = 5(\text{kN})$이다.
② 부재력 : $\Sigma M_C = 0$에서
$5(\text{kN}) \times 1(\text{m})$
$- T(\text{kN}) \times 1(\text{m}) = 0$
→ T=5kN
(부호가 +이므로 인장)

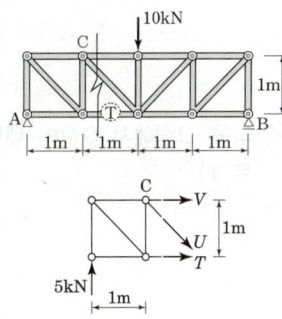

답 : ③

핵심기출문제

Ⅱ. 힘과 구조물

■■■ 1. 힘과 모멘트

1. 그림에서 AC부재가 받는 힘은? [08㉮]

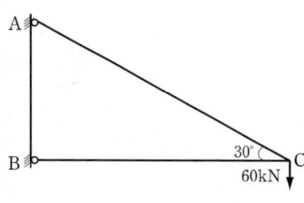

① 30kN
② $30\sqrt{3}$ kN
③ $60\sqrt{3}$ kN
④ 120kN

2. 다음 그림에서 O점에 대한 모멘트 M_O를 구하면? (단, 시계방향 모멘트 +) [14㉮]

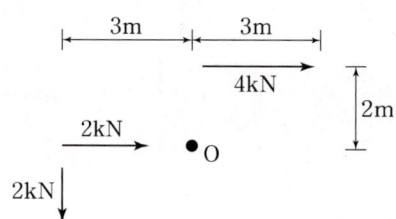

① 0kN·m
② 2kN·m
③ −2kN·m
④ −4kN·m

해 설

[해설] **1**

Sin 법칙

① 해석의 발상 : 삼각형의 내각과 맞은변의 길이는 일정한 비율이 성립한다. 즉, 각 θ_1, θ_2, θ_3에 마주보는 변을 각각 a, b, c라고 하면
$$\frac{a}{\sin\theta_1}=\frac{b}{\sin\theta_2}=\frac{c}{\sin\theta_3}$$
이다.

② AC부재의 부재력 : Sin 법칙을 적용하면
$$\frac{60}{\sin 30°}=\frac{AC}{\sin 90°}$$
$$AC=\frac{AB\times\sin 90°}{\sin 30°}=120(kN)$$
이다.

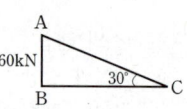

[해설] **2**

모멘트
$M_o = (4kN \times 2) + (2 \times 0) - (2 \times 3)$
$\quad = 8 + 0 - 6 = -2(kN·m)$

정답 1. ④ 2. ②

2. 구조물

3. 그림과 같은 구조물의 판별로 옳은 것은? [07, 12, 15 ㉮]

① 불안정
② 정정
③ 1차 부정정
④ 2차 부정정

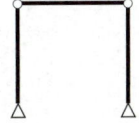

해설 구조물의 판별
① 해석의 발상
  : 다양한 구조물에 사용할 수 있는 판별식은 $N=R+r-3M$이다.
② 절점, 지점, 부재 해석 : 문제에서 R : 지점반력수는 2+2=4, r : 절점반력수는 2+2=4, M : 부재수는 3
③ 판별식 : $N=4+4-3\times3=-1$ 따라서 구조물은 불안정이다.

[계산을 위한 자료 산정 요령]
㉠ 절점 및 지점 반력수 : 이동(roller)=1, 힌지(hinge)=2, 고정(fixed)=3
㉡ 부재수 : 직선부재라 하여도 절점(회전)으로 접합된 다른 부재가 있는 경우 분리된 부재(a와 b)로 보아야 한다.
㉢ 절점반력수(a부재 기준)

표시상태	강절점수 (f)	회전 절점수(h)	부재수 (m)	절점 반력수(r)	산정 기준
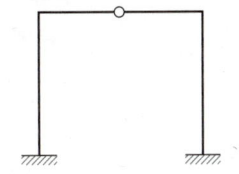	0개	1개	2개	2개	①과 ② 부재는 회전절점

4. 그림과 같은 구조물의 부정정 차수는? [16 ㉮]

① 1차 부정정　　② 2차 부정정
③ 3차 부정정　　④ 4차 부정정

해설 4
구조물 판별
지점반력(R), 절점 반력수(r), 부재수(M)에서 판별식은 다음과 같다.
$N=R+r-3M$
$N=(3+3)+(3+2+3)-3\times4=2$
(2차 부정정)

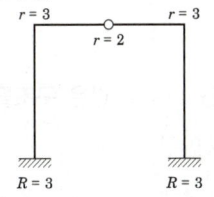

※ 별해
$N_e = R-3 = 6-3 = 3$
$N_i = -1$ (힌지추가)
$N = N_e + N_i = 3-1 = 2$ (2차 부정정)

정답 3. ① 4. ②

핵심기출문제

Ⅱ. 힘과 구조물

해설

5. 그림과 같은 구조물의 부정정 차수는? [17 ㉮]

① 1차 ② 2차
③ 3차 ④ 4차

해설 **5**
구조물의 판별
$N = N_e + N_i$
$N_e = R - 3 = (3+1+1+1) - 3 = 3$
$N_i = -1$
$N = N_e + N_i = 3 - 1 = 2$(차 부정정)
※ R은 반력수이며 힌지 1개는 내적 반별에서 -1이다.

6. 다음 그림과 같은 부정정보를 정정보로 만들기 위해 필요한 내부 힌지의 최소 개수는? [13, 17 ㉮]

① 1개 ② 2개
③ 3개 ④ 4개

해설 **6**
부정정 구조물의 정정화
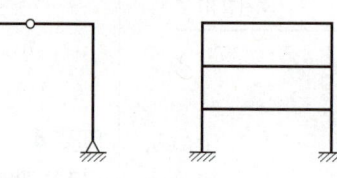
• 구조물의 외적판별
 $N = R - 3 = 5 - 3 = 2$
• 2차 부정정 구조물의 정정화 : 힌지를 1개 추가할 때 -1이므로 힌지 2개를 추가하면 정정구조물이 된다.

7. 다음 두 구조물의 부정정 차수의 합은? [17 ㉮]

① 9 ② 10
③ 11 ④ 12

해설 **7**
구조물 해석
왼쪽 구조물 :
$N = N_e + N_i = \{(2+2)-3\} + (-1)$
$= 0$(정정)
오른쪽 구조물 :
$N = N_e + N_i = \{(3+3)-3\} + (3 \times 2)$
$= 9$(차 부정정)

8. 다음 그림과 같은 구조물의 판별로 옳은 것은? [08, 14, 17 ㉮]

① 불안정
② 정정
③ 1차 부정정
④ 2차 부정정

해설 **8**
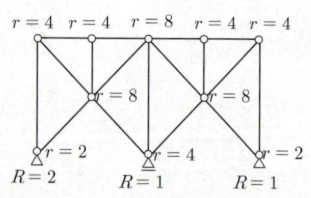

정답 5. ② 6. ② 7. ① 8. ④

[해설] 구조물의 판별식
① 해석의 발상 : 어떤 구조물에서나 사용할 수 있는 $N=R+r-3M$
   N<0 불안정, N=0 안정 정정구조물, N>0 N차 부정정 구조물이다.
② 기본 계산 : 문제에서 R : 지점반력수는 5, M : 부재수는 17,
              r : 절점반력수는 48
③ 판별식 : $N=5+48-3\times17=2$ 이므로 2차 부정정 구조물이다.

[계산을 위한 자료 산정 요령]
부재수 : 직선부재라 하여도 절점(회전)으로 접합된 다른 부재가 있는 경우 분리된 부재(a와 b)로 보아야 한다.

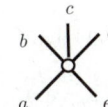 (라멘 중앙활절 해석)   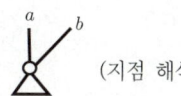 (지점 해석)

절점반력수(a부재 기준)

부재	$a-b$	$a-c$	$a-d$	$a-e$	계
연결 절점	회전	회전	회전	회전	
반력수	2개	2개	2개	2개	8개

절점의 반력수는 반드시 고정으로 연결된 부재를 기준으로 계산하여야 한다. 단, 고정부재가 없는 경우 회전부재를 기준할 수 있다.
기준 부재와 나머지 부재간 연결상태(a와 b, c, d, e)로 절점 반력수를 계산하되 나머지 부재와 나머지 부재간은 계산하여서는 안된다. 또한 회전지점 및 이동지점은 기본적으로 회전가능한 지점이므로 연결된 부재들은 모두 회전으로 본다.(위 그림 참조)

9. 그림과 같은 구조물의 부정정 차수를 구하면?   [14 ㉯]

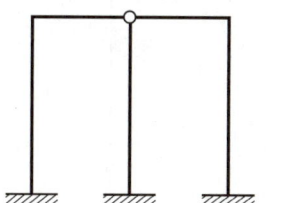

① 정정   ② 1차 부정정
③ 3차 부정정   ④ 4차 부정정

해설

[별해]
$N_e = R-3 = (2+1+2)-3 = 2$
$N_i = 0$(추가 부재 없음)
$\therefore N = N_e + N_i = 2$(2차 부정정)

[해설] 9
구조물의 판별
• 정석적 풀이
   $Ne = R-3 = 9-3 = 6$
   $Ni = -1\times2 = -2$
   $N = Ne + Ni = 6-2 = 4$
   ∴ 4차 부정정구조물
• 판별식 활용 풀이

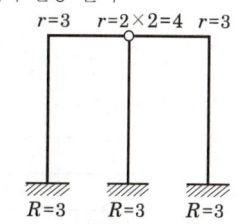

$N = R+r-3M$
  $= (3\times3)+(3\times2+4)-3\times5$
  $= 9+10-15 = 4$

※ 다수 부재 접합부 절점수
   절점수=부재수-1
   따라서 문제의 회전절점이 위치한 곳의 회전절점은 2개가 된다.
※ 부재수(M)=5개

9. ④

핵심기출문제

Ⅱ. 힘과 구조물

해설

10. 다음 라멘구조물의 부정정 차수는? [13 ㉮]

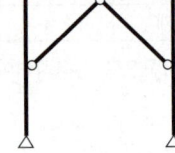

① 9차 부정정 ② 10차 부정정
③ 11차 부정정 ④ 12차 부정정

해설 10
Rahmen의 판별

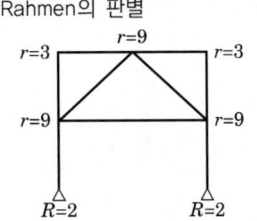

$N = R + r - 3M$
$= (2 \times 2) + (3 \times 2 + 9 \times 3) - 3 \times 9$
$= 10$
$N > 0$ 이므로 10차 부정정

11. 다음 구조물의 부정정 차수는? [10, 13, 21 ㉮]

① 1차 부정정
② 2차 부정정
③ 3차 부정정
④ 4차 부정정

해설 구조물의 판별식
① 해석의 발상 : 어떤 구조물에서나 사용할 수 있는 $N = R + r - 3M$
② 기본 계산
   문제에서 R : 지점반력수는 4, M : 부재수는 8, r : 절점반력수는 21
③ 판별식 : $N = R + r - 3M = 4 + 21 - 3 \times 8 = 1$
   따라서 구조물은 1차 부정정이다.

[계산을 위한 자료 산정 요령]

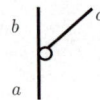

절점반력수(a부재 기준)

부재	$a-b$	$a-c$	계
연결 절점	고정	회전	
반력수	3개	2개	5개

절점의 반력수는 반드시 고정으로 연결된 부재를 기준으로 계산하여야 한다. 단, 고정부재가 없는 경우 회전부재를 기준할 수 있다.
기준 부재와 나머지 부재간 연결상태($a-b$와 $a-c$)로 절점 반력수를 계산하되 나머지 부재와 나머지 부재간($b-c$)은 계산하여서는 안된다.

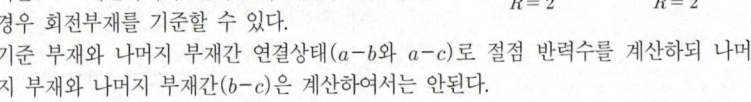

정답 10. ② 11. ①

12. 다음 구조물의 부정정 차수는? [16 ㉯]

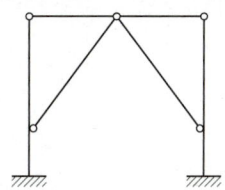

① 1차 부정정 ② 2차 부정정
③ 3차 부정정 ④ 4차 부정정

해설 **12**
구조물의 해석
① 정석적 해석
　아래 그림의 구조물을 기본으로 문제의 구조물에 추가 된 양단힌지 부재 2개와 힌지 3개를 고려하여 판별하면 다음과 같다.
$N = N_e + N_i = 3 - 1$
$\quad = 2(2차 부정정)$
$N_e = R - 3 = 6 - 3 = 3$
$N_i = +1 \times 2 + (-1 \times 3) = -1$
② 간편식 해석
$N = R + r - 3M = 6 + 20 - 3 \times 8$
$\quad = 2(2차 부정정)(2차 부정정)$

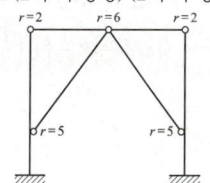

■■■ 3. 정정보의 해석

13. 그림과 같은 단순보의 양단 수직반력을 구하면? [17, 22 ㉮]

① $R_A = R_B = \dfrac{wl}{2}$

② $R_A = R_B = \dfrac{wl}{4}$

③ $R_A = R_B = \dfrac{wl}{6}$

④ $R_A = R_B = \dfrac{wl}{8}$

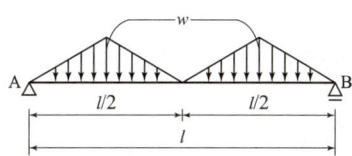

해설 **13**
단순보의 반력
단순보에서 하중이 대칭인 경우 반력의 크기는 총 하중의 1/2씩 부담하게 된다. 따라서 두 삼각형의 면적이 총 하중이며 한 지점의 반력은 삼각형 하나의 면적으로 산정할 수 있다.
$V_A = \left(w \times \dfrac{l}{2}\right) \times \dfrac{1}{2} \times 2 \times \dfrac{1}{2} = \dfrac{wl}{4}$

12. ②　13. ②

핵심기출문제

Ⅱ. 힘과 구조물

14. 그림에서 A점의 반력은? [95, 98, 05, 06 ㉮]

① $\dfrac{wl}{3}$

② $\dfrac{wl}{4}$

③ $\dfrac{wl}{5}$

④ $\dfrac{wl}{6}$

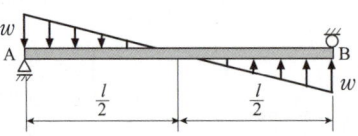

해설 단순보의 지점반력
① 해석의 발상 : A점의 지점반력은 그 반대쪽 지점인 B지점에서 모멘트의 합은 0 라는 조건인 $\Sigma M_B = 0$에 의해 구할 수 있다.
② 지점반력 : $\Sigma M_B = 0$에서

$$V_A \times l - \left\{\left(w \times \dfrac{l}{2}\right) \times \dfrac{1}{2}\right\} \times \left(\dfrac{l}{2} + \dfrac{l}{2} \times \dfrac{2}{3}\right) + \left\{\left(w \times \dfrac{l}{2}\right) \times \dfrac{1}{2}\right\} \times \left(\dfrac{l}{2} \times \dfrac{1}{3}\right) = 0$$

$$\therefore V_A = \dfrac{wl}{6}$$

15. 그림과 같은 하중을 받는 단순보에서 E점의 전단력 값은? [17 ㉮]

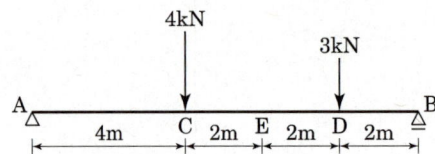

① -1kN
② -2kN
③ -3kN
④ -4kN

16. 다음 그림의 단순보에서 AC부재의 전단력은? [10 ㉮]

① 5.2kN
② 7.1kN
③ 10.6kN
④ 15kN

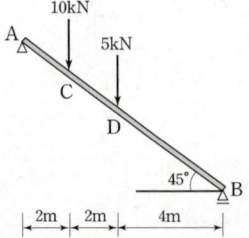

해설

해설 15
전단력
지점반력 산정
$$V_A = 4 \times \dfrac{6}{10} + 3 \times \dfrac{2}{10} = 3(\text{kN})$$
전단력 산정 : E점 왼쪽 구조물에 작용하는 지점반력(3kN)과 집중하중(4kN)을 고려한 전단력을 산정하면 다음과 같다.
$S_E = 3 - 4 = -1(\text{kN})$

해설 16
전단력
① 해석의 발상 : 경사부재의 전단력은 반드시 재축에 직각인 힘에 의하여 발생 한다. 문제의 경우 V_A를 구하여 부재의 재축에 직각인 힘과 나란 힘으로 분력을 구하였을 때 재축에 직각인 힘이 전단력이 된다.
② 지점반력(V_A) : $\Sigma M_B = 0$에 의하여
$V_A \times 8\text{m} - 10\text{kN} \times 6\text{m} - 5\text{kN} \times 4\text{m} = 0$
에서 $V_A = 10\text{kN}$
③ AC 전단력 : 지점 반력을 재축에 나란한 힘(A_{A-C}, 축방향력)과 직각인 힘(S_{A-C}, 전단력)으로 분리하면
$S_{A-C} = 10\cos 45° = 7.071\text{kN}$

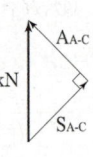

정답 14. ④   15. ①   16. ②

해설

17. 그림과 같은 등변분포하중이 작용하는 단순보의 최대휨모멘트 $M_{\max}$는? [10, 13, 21 ㉮]

① $25\sqrt{3}$ kN·m
② $25\sqrt{2}$ kN·m
③ $90\sqrt{3}$ kN·m
④ $90\sqrt{2}$ kN·m

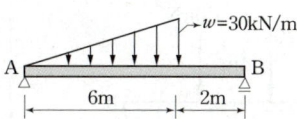

[해설] **최대 휨모멘트 산정**
① 해석의 발상 : 최대 휨모멘트는 전단력이 (+)와 (−)의 변환점 즉, 전단력이 0인 점에서 발생한다.
② 지점반력 : 문제의 등변분포 하중을 아래 그림과 같이 집중하중으로 바꾸면 보의 중앙에 작용하므로 지점반력은 하중의 1/2씩 부담한다. 따라서 $V_A = V_B = 90/2 = 45\,(\text{kN})$이다.
③ 전단력이 0인 위치 : AC구간에서 전단력의 변환점이 있으므로 A점에서 임의 거리(x)에 떨어진 곳의 전단력(S_x) = $45 - x \times 5x \times 0.5 = 45 - 2.5x^2$ 이다. 여기서 전단력이 0인 곳은 $45 - 2x^2 = 0$를 만족하는 x는 $\sqrt{18}\,(=3\sqrt{2}\,)$이다.
④ 최대 휨모멘트 : A점에서 $3\sqrt{2}$ (m) 떨어진 곳의 휨모멘트($M_{3\sqrt{2}}$)
= $(45 \times 3\sqrt{2}\,) - [\{3\sqrt{2} \times (5 \times 3\sqrt{2}\,) \times 0.5\} \times (3\sqrt{2} \times 1/3)] = 90\sqrt{2}$ 이다.

해설 17

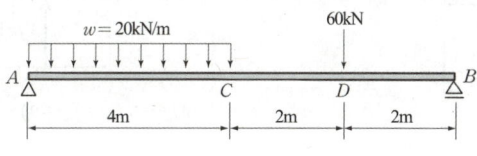

---

18. 그림의 보에서 최대휨모멘트가 생기는 위치는 지점A로부터 얼마 떨어진 곳인가? [09 ㉮]

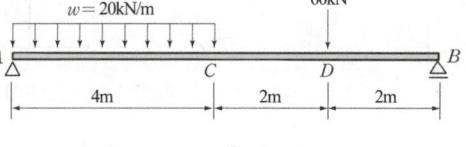

① 2m
② 2.45m
③ 3.75m
④ 6m

해설 18

최대휨모멘트 위치
① 해석의 발상 : 지점반력(R_A) → 전단력 0인 구간 찾기 → 전단력 관계식 → [관계식=0]을 만족하는 거리를 구한다.
② 지점 반력 : 4m 구간의 등분포 하중의 합력인 80kN이 C지점에서 2m 위치에 작용하므로
$\Sigma M_B = 0$에서
$R_A \times 8 - 80 \times 6 - 60 \times 2 = 0$이므로
$R_A = 75\,(\text{kN})$이다.
③ 관계식 : A지점에서 임의 거리(x) 위치의 전단력 관계식은
$S_x = 75 - 20x$이다.
④ 거리(x) : 위 관계식 [$S_x = 75 - 20x$]의 결과 값이 0을 만족하는 x를 구하면
$75 - 20x = 0$에서 $x = 3.75$m 이다.

17. ④ 18. ③

핵심기출문제

Ⅱ. 힘과 구조물

19. 다음 보에서 B점으로부터 2개의 하중이 지나갈 때 최대 휨모멘트가 발생하는 거리 x를 구하면? [10, 12 ㉮]

① 6.5m
② 7.5m
③ 8.5m
④ 9.5m

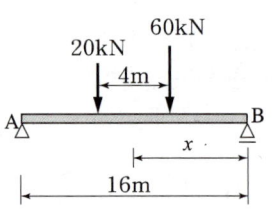

20. 다음 그림과 같은 내민보에서 휨모멘트가 0이 되는 두 개의 반곡점 위치를 구하면? (단, A점으로부터의 거리) [14, 20 ㉮]

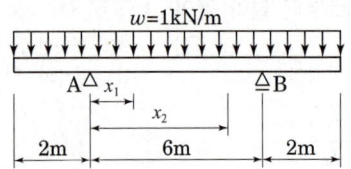

① $x_1 = 0.765\text{m}, \ x_2 = 5.235\text{m}$
② $x_1 = 0.785\text{m}, \ x_2 = 5.215\text{m}$
③ $x_1 = 0.805\text{m}, \ x_2 = 5.195\text{m}$
④ $x_1 = 0.825\text{m}, \ x_2 = 5.175\text{m}$

해설

해설 19

최대휨모멘트 위치
① 해석의 발상 : 집중하중이 2개 이므로 합력의 위치를 구하여 전단력이 0이 되는 x를 산정한다.
② 합력의 위치
합력=20+60=80kN
위치는 60kN에서 구하면
$4\text{m} \times \dfrac{20}{80} = 1\text{m}$
③ 최대 휨모멘트 위치 합력이 중앙점에 놓이는 경우 즉, 합력과 60kN 중앙이 보의 중앙과 일치하는 경우이므로 B지점에서 60kN까지의 거리는 7.5m이다.

해설 20

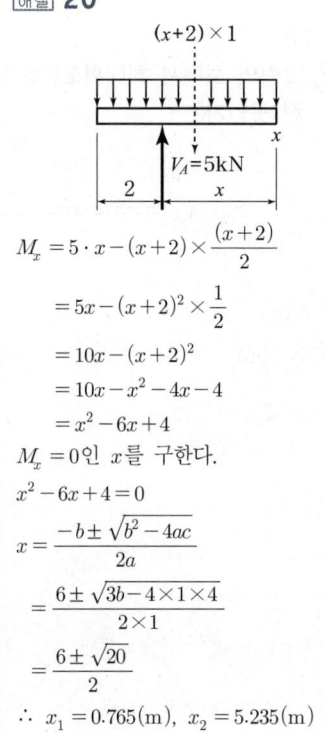

$M_x = 5 \cdot x - (x+2) \times \dfrac{(x+2)}{2}$

$= 5x - (x+2)^2 \times \dfrac{1}{2}$

$= 10x - (x+2)^2$

$= 10x - x^2 - 4x - 4$

$= x^2 - 6x + 4$

$M_x = 0$인 x를 구한다.
$x^2 - 6x + 4 = 0$

$x = \dfrac{-b \pm \sqrt{b^2 - 4ac}}{2a}$

$= \dfrac{6 \pm \sqrt{3b - 4 \times 1 \times 4}}{2 \times 1}$

$= \dfrac{6 \pm \sqrt{20}}{2}$

∴ $x_1 = 0.765(\text{m}), \ x_2 = 5.235(\text{m})$

정답 19. ② 20. ①

21. 다음 그림은 각 구간에서 직선적으로 변화하는 단순보의 휨모멘트이다. C점과 D점에 동일한 힘 P_1이 작용할 때 P_1과 P_2의 절대값은?

[16, 20 ㉮]

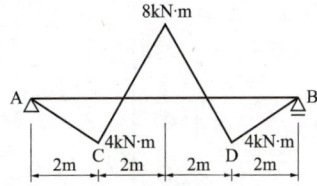

① $P_1 = 4\text{kN}$, $P_2 = 6\text{kN}$
② $P_1 = 4\text{kN}$, $P_2 = 8\text{kN}$
③ $P_1 = 8\text{kN}$, $P_2 = 10\text{kN}$
④ $P_1 = 8\text{kN}$, $P_2 = 12\text{kN}$

해설 하중-전단력-휨모멘트의 관계

휨모멘트를 미분하면 전단력이 되며 전단력을 미분하면 하중이 되므로 문제의 휨모멘트도를 기준하여 전단력도와 하중을 표시하면 그림과 같다.

1) BMD의 M_C로 V_A 산정

   $M_c = 4\text{kN}\cdot\text{m}$
   $M_c = V_A \times 2 = 4(\text{kN}\cdot\text{m})$
   $\therefore V_A = 2(\text{kN})$

2) BMD의 M_E로 P_1 산정

   $M_E = -8(\text{kN}\cdot\text{m})$
   $M_E = V_A \times 4 - P_1 \times 2$
   따라서
   $-8 = 2 \times 4 + P_1 \times 2$
   $\therefore P_1 = -\dfrac{16}{2} = -8(\text{kN}\cdot\text{m}) \downarrow$

3) BMD의 M_D로 P_2 산정

   $M_D = 4(\text{kN}\cdot\text{m})$
   $M_D = V_A \times 6 - P_1 \times 4 + P_2 \times 2$
   따라서
   $4 = 2 \times 6 - 8 \times 4 + P_2 \times 2$
   $\therefore P_2 = \dfrac{4 - 12 + 32}{2} = 12(\text{kN}) \uparrow$

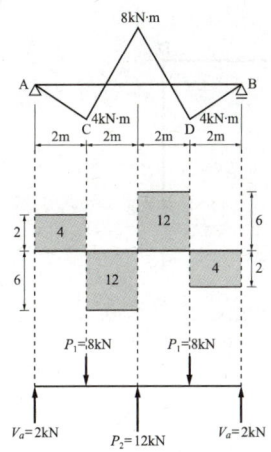

21. ④

핵심기출문제

Ⅱ. 힘과 구조물

■■■■ 4. 라멘

22. 다음 구조물의 a, b점에서의 휨모멘트는? [07㉮]

① a=2kN·m, b=4kN·m
② a=4kN·m, b=2kN·m
③ a=2kN·m, b=2kN·m
④ a=4kN·m, b=4kN·m

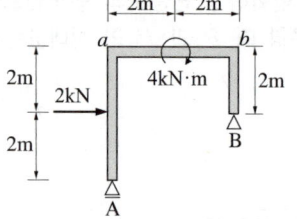

[해설] 단순보계 라멘의 해석
① 해석의 발상 : 라멘의 임의 점에 대한 휨모멘트는 임의 점의 좌우 중 외력과 하중의 개수가 작은 쪽을 해석하는 것이 유리하다.
② 지점반력 : $\Sigma H=0$에 의해 $2kN+H_B=0$ 이므로 $H_B=-2kN(\leftarrow)$
$\Sigma M_B=0$에 의해 $R_A \times 4m+4kN \cdot m=0$ 이므로 $R_A=-1kN(\downarrow)$
$\Sigma M_A=0$에 의해 $4kn \cdot m-R_B \times 4m-2kN \times 2m+2 \times 2m=0$ 이므로 $R_B=1kN(\uparrow)$
③ a점의 휨모멘트(M_a) : 지점 A에서 절점 a까지는 수평하중 2kN에 의한 휨모멘트만 존재하므로 $-2kN \times 2m=-4kN \cdot m$
④ b점의 휨모멘트(M_b) : 지점 B에서 절점 b까지는 수평반력 2kN에 의한 휨모멘트만 존재하므로 $-2kN \times 2m=-4kN \cdot m$

23. 그림과 같은 정정라멘에서 BD 부재의 축방향력으로 옳은 것은?
(단, + : 인장력, - : 압축력) [09, 11, 21 ㉮]

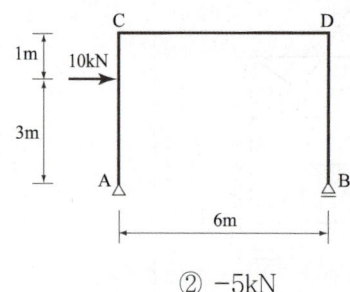

① 5kN
② -5kN
③ 10kN
④ -10kN

24. 그림과 같이 힘 P가 작용할 때 휨모멘트가 0이 되는 곳은 모두 몇 개인가? [98, 07, 12, 15, 21㉮]

① 2
② 3
③ 4
④ 5

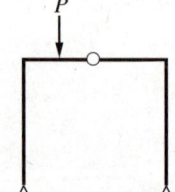

해설

[해설] **23**
라멘의 축방향력
축방향력은 재축과 나란한 방향으로 작용하는 인장력과 압축력을 일컫는다.
① 축방향력 : BD부재의 축방향력은 B지점의 수직반력의 크기가 되므로 V_B를 구하면 된다.
② B지점의 수직 반력 : $\Sigma M_A=0$에서
$10kN \times 3m-V_B \times 6m=0$에서
$V_B=30/6=5kN(\uparrow)$
③ BD부재의 축방향력 : V_B가 상향 5kN으로 작용하므로 BD 부재는 압축력 5kN이다.

[해설] **24**
3힌지 라멘의 휨모멘트도
① 해석의 발상 : 휨모멘트가 0인 위치는 다음과 같은 곳이다.
㉠ 지점 : 모멘트 하중이 작용하지 않는 회전지점과 이동지점
㉡ 절점 : 겔버보의 힌지 또는 3힌지 라멘의 힌지
㉢ 휨모멘트 반곡점 : 동일 부재에 (+)휨과 (-)휨이 동시에 발생할 때 두 휨이 바뀌는 점
② 휨모멘트가 0인 위치 : 따라서 문제에서 휨모멘트가 0인 위치는 우선 양쪽 회전지점과 힌지이며 또한 집중하중이 작용 위치에 휨모멘트가 (+, ⌣)방향인데 반해 집중하중 왼쪽의 고정절점에서는 (-, ⌢)방향이므로 두 방향의 반곡점에서 휨모멘트가 0되므로 모두 4개소이다.

정답 22. ④ 23. ② 24. ③

해설

25. 그림과 같은 정정구조의 CD부재에서 C, D점의 휨모멘트값 중 옳은 것은? [16, 20 ㉮]

① (C) 0kN·m, (D) 16kN·m
② (C) 16kN·m, (D) 16kN·m
③ (C) 0kN·m, (D) 32kN·m
④ (C) 32kN·m, (D) 32kN·m

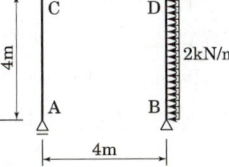

해설 25

Rahmen의 휨모멘트
$\Sigma M_B = 0$
$4V_A - (2 \times 4) \times 2 = 0$
$V_A = \dfrac{16}{4} = 4(\text{kN}) \uparrow$

C점의 왼쪽을 기준으로 AC구간에 재축에 직각한 힘이 없으므로
$M_C = 0$
D점의 왼쪽을 기준으로 CD구간에 재축에 직각한 힘은 V_A이므로
$M_D = V_A \times 4 = 4 \times 4 = 16(\text{kN} \cdot \text{m})$

26. 그림과 같은 구조물에서 모멘트가 작용하지 않는 부재(M=0)는? [16 ㉮]

① 없음
② CD부재
③ BD부재
④ AC부재

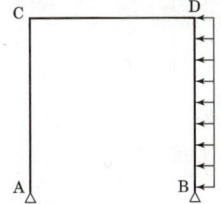

해설 26

라멘구조의 휨모멘트
AC부재의 임의점 x에서 휨모멘트를 구하면 재축에 직각인 힘이 존재하지 않아 휨모멘트는 0이다.
$M_x = x \times 0 = 0$
따라서, AC 전구간은 휨모멘트가 0이다.

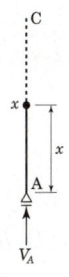

27. 그림의 포물선 아치에서 중앙점(C)의 휨모멘트(M_C)의 값으로 옳은 것은? [15 ㉮]

① $\dfrac{wl^2}{16}$
② $\dfrac{wl^2}{8}$
③ $\dfrac{wl^2}{4}$
④ 0

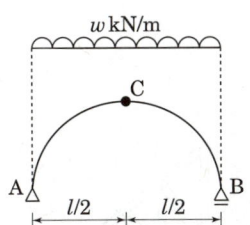

해설 27

단순아치의 등분포하중

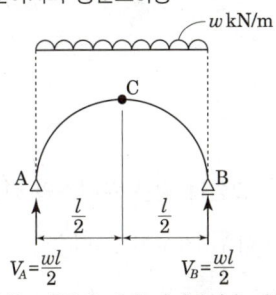

- 등분포하중에 대한 지점반력은 하중과 구조물이 좌우대칭이므로
$V_A = V_B = \dfrac{wl}{2}$

$M_C = \left(\dfrac{wl}{2} \times \dfrac{l}{2}\right) - \left\{\left(w \times \dfrac{l}{2}\right)\dfrac{l}{4}\right\} = \dfrac{wl^2}{8}$

정답 25. ① 26. ④ 27. ②

5. 트러스

28. 트러스 해법의 기본가정으로 틀린 것은? [15 ㉮]

① 절점을 연결하는 직선은 재축과 일치한다.
② 외력은 모두 절점에 작용하는 것으로 한다.
③ 부재를 연결하는 절점은 강절점으로 간주한다.
④ 외력은 모두 트러스를 포함한 평면안에 있는 것으로 한다.

해설 28
트러스 해법의 기본가정
• 모든 절점은 힌지
• 부재는 직선재이며 절점을 잇는 직선은 부재축과 일치
• 모든 외력은 절점에 작용
• 외력의 작용선은 트러스와 동일 평면내 작용
• 부재에 전단력과 휨모멘트는 작용하지 않으며 축방향력만 작용

29. 다음 그림과 같은 트러스의 반력 R_A와 R_B는? [09, 13, 22 ㉮]

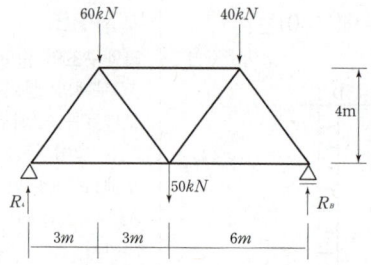

① $R_A = 60$kN, $R_B = 90$kN
② $R_A = 70$kN, $R_B = 80$kN
③ $R_A = 80$kN, $R_B = 70$kN
④ $R_A = 100$kN, $R_B = 50$kN

해설 29
트러스의 지점 반력
① 해석의 발상 : 단순보계 트러스의 지점반력은 단순보의 해석과 같다.
② A지점의 반력 : $\Sigma M_B = 0$
→ $R_A \times 12m - (60kN \times 9m + 50kN \times 6m + 40kN \times 3m) = 0$
에서 $R_A = 80$kN이다.
③ B지점의 반력 : $\Sigma V = 0$
→ $80kN + R_B - (60kN + 50kN + 40kN) = 0$에서
$R_B = 70$kN이다.

30. 그림과 같은 트러스의 명칭은? [10 ㉮]

① 하우(Howe) 트러스
② K 트러스
③ 와렌(Warren) 트러스
④ 핑크(Fink) 트러스

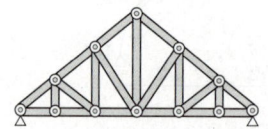

해설 30
트러스의 종류

 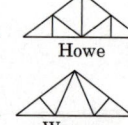
King Post Howe

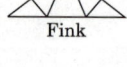 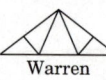
Fink Warren

정답 28. ③ 29. ③ 30. ①

31. 다음과 같은 트러스에서 부재력이 발생하지 않는 부재는 몇 개인가?

[10 ㉮]

① 2개
② 4개
③ 6개
④ 8개

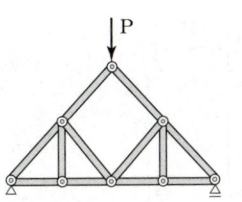

해설 영부재
① A절점 : AE와 AF 부재력의 합력이 반력에 대응하여야 하므로 0부재가 아니다.
② F절점 : AF와 DF부재는 일직선상에 있으므로 DF=AF이며 EF부재는 0부재이다.
③ E절점 : AE부재와 CE부재가 일직선상에 있으므로 AE=CE이며 EF=0이므로 DE도 0부재 대칭구조물이므로 0부재는 EF, DE, DG, GH로 4개이다.

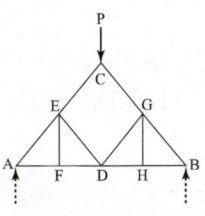

32. 다음 트러스 구조물에서 C부재의 부재력을 구하면? (단, +는 인장, -는 압축)

[14 ㉮]

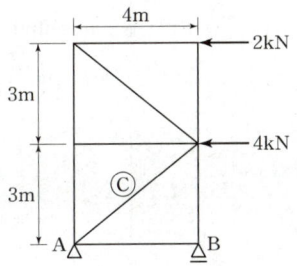

① 4.5kN(+)   ② 4.5kN(-)
③ 7.5kN(+)   ④ 7.5kN(-)

해설
해설 32
Truss의 해석(절단·전단법)

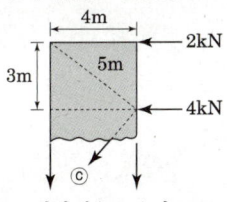

ⓒ부재는 경사재(Web)이므로 절단-전단법을 이용하여 해석이 가능하다.
① ⓒ부재를 포함하여 구조물을 절단 (최소부재수 절단)
② 상하부 중 상부 선택
   하부는 반력계산이 필요하지만 상부는 반력계산이 불필요하므로 상부 선택
ⓒ부재력의 수평·수직분력

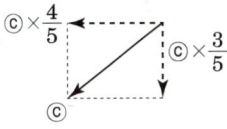

③ 절단된 부재는 내부절점기준으로 인장(+)이 되도록 표시 (인장=절점을 당김)
④ $\Sigma V=0$, $\Sigma H=0$ 적용하여 ⓒ를 구한다.
$\Sigma H=0$에서
$-2-4-\left(ⓒ\times\dfrac{4}{5}\right)=0$
$ⓒ=-\dfrac{5}{4}\times 6=-7.5(kN)$ 압축

31. ②   32. ④

핵심기출문제

II. 힘과 구조물

33. 그림과 같은 트러스가 절점 C 및 D에서 하중을 지지하고 있다. 이 트러스에서 응력이 발생하지 않는 부재는 어느 것인가? [10, 15㉮]

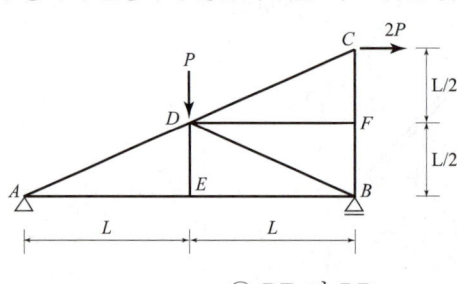

① DF
② DE 및 DB
③ DE 및 DF
④ DE, DB 및 DF

34. 그림과 같은 래티스보에서 $V=3\text{kN}$ 일 때 웨브재의 축방향력은? [16㉮]

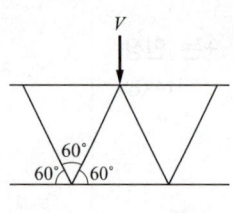

① 1.5kN
② $\sqrt{3}$ kN
③ 2.0kN
④ 3.0kN

해설

[해설] **33**

① A지점 : A지점의 반력이 상향이므로 AD와 AE의 합력이 저항하여야 한다.
② E지점 : AE와 나란한 BE는 동일한 부재력이 되며 DE는 0부재임
③ C지점 : CD와 CF 부재가 2P의 하중을 부담해야 하므로 부재력 존재
④ F지점 : CF와 나란한 BF 부재는 동일한 부재력을 갖고 DF 부재는 0 부재임

[해설] **34**

트러스의 부재력
하중이 작용한 절점에서 $\Sigma V=0$, $\Sigma H=0$가 만족하여야 하므로 다음과 같이 풀이할 수 있다.
$\Sigma V=0$
$w \cdot \sin 60° \times 2 - 3 = 0$
$w = \dfrac{3}{2 \cdot \sin 60°} = \dfrac{3}{\sqrt{3}} = \sqrt{3}\,(\text{kN})$

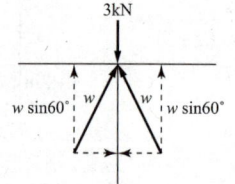

정답 33. ③ 34. ②

03 탄성체와 구조물 설계

1 단면의 성질

1. 단면 1차모멘트

1) 정의

임의 직교좌표축에 대한 단면내의 미소면적 dA와 x축까지의 거리(y) 또는 y축까지의 거리(x)를 곱하여 적분한 값

$$G_x = \int_A y\,dA \quad G_y = \int_A x\,dA$$

단면의 도심(x_o, y_o)을 알고 있을 경우

$$G_x = A \cdot y_0, \quad G_y = A \cdot x_0$$

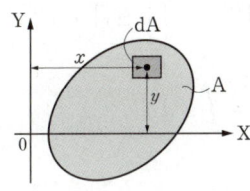

2) 단위
① 단위 : cm^3, m^3
② 부호 : (+) 또는 (−)

3) 용도 및 특성
① 임의 단면의 도심(x_0, y_0)

$$x_0 = \frac{G_y}{A}, \quad y_o = \frac{G_x}{A}$$

② 보의 전단응력도 산정(τ)

$$\tau = \frac{G \cdot S}{I \cdot b}$$

③ 단면의 도심을 통과하는 축에 대한 단면1차 모멘트는 항상 0

핵심 PLUS

01 다음과 같은 사다리꼴 단면의 도심 y_o 값은?
　　　　　　　　　　[07,10,12,15,17, 22 기]

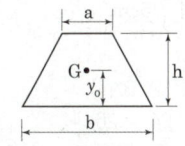

① $\dfrac{h(2a+b)}{3(a+b)}$　② $\dfrac{h(a+b)}{3(2a+b)}$

③ $\dfrac{3h(2a+b)}{(a+b)}$　④ $\dfrac{h(a+2b)}{3(a+b)}$

[해설] 도심 위치
① 해석의 발상 : 도심의 위치는 단면1차모멘트에 의해서 구할 수 있다. 즉, 단면1차모멘트를 면적으로 나누면 도심의 위치이다.
② 단면1차모멘트 : 사다리꼴을 그림과 같이 두 개의 삼각형으로 나누어 단면1차모멘트를 계산한다.

$$G_x = A_1 \cdot y_1 + A_2 \cdot y_2$$
$$= \left(\frac{1}{2}ah \times \frac{2h}{3}\right)$$
$$+ \left(\frac{1}{2}bh \times \frac{h}{3}\right)$$
$$= \frac{h^2}{6}(2a+b)$$

③ 도형의 면적(A) : $\dfrac{(a+b)}{2}h$

④ 도심 거리(y_0)

$$\frac{G_x}{A} = \frac{2}{(a+b)h} \times \frac{h^2}{6}(2a+b)$$
$$= \frac{h(2a+b)}{3(a+b)}$$

답 : ①

핵심 PLUS

02 그림과 같은 단면의 X, Y축 으로부터 도심까지의 거리(X_0, Y_0)는? (단, 단위는 cm임) [05,09,13 기]

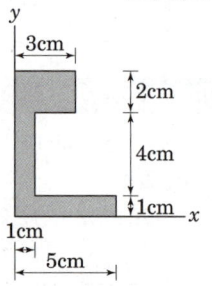

① (1.32, 3.14)
② (2.04, 4.26)
③ (1.25, 2.87)
④ (1.57, 3.37)

[해설] 도심거리(X_o, Y_o)

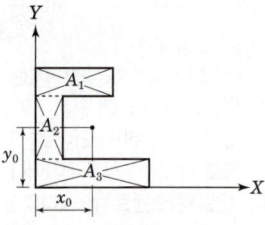

$X_o = \dfrac{G_Y}{A}$ $Y_o = \dfrac{G_X}{A}$

$G = G_{A1} + G_{A2} + G_{A3}$
$G_X = (3 \times 2 \times 6) + (4 \times 1 \times 3)$
$\quad + (5 \times 1 \times 0.5)$
$\quad = 50.5 [cm^3]$
G_Y
$\quad = (3 \times 2 \times 1.5) + (4 \times 1 \times 0.5)$
$\quad + (5 \times 1 \times 2.5)$
$\quad = 23.5 [cm^3]$
$A = (3 \times 2) + (4 \times 1) + (5 \times 1)$
$\quad = 15 [cm^2]$
$X_o = \dfrac{23.5}{15} = 1.57 [cm]$
$Y_o = \dfrac{50.5}{15} = 3.37 [cm]$

답 : ④

III. 건축구조 | 탄성체와 구조물 설계

4) 단면의 도심

① 정의 : 단면 1차모멘트가 0인 위치, 도심은 그 단면의 면적 중심

② 산정 : $x_o = \dfrac{G_y}{A}$, $y_o = \dfrac{G_x}{A}$

③ 기본도형에 대한 면적과 도심

도형	▭	△(직선)	◺(2차곡선)	○
면적	bh	$\dfrac{1}{2}bh$	$\dfrac{1}{3}bh$	$\dfrac{\pi D^2}{4}$
도심(x)	$\dfrac{1}{2}b$	$\dfrac{1}{3}b$	$\dfrac{1}{4}b$	$\dfrac{D}{2}$

2. 단면 2차모멘트

1) 정의

임의의 축에 대하여 단면내 미소면적 dA의 양축까지 거리의 제곱을 곱하여 적분한 값

$$I_x = \int y^2 dA, \quad I_y = \int x^2 dA$$

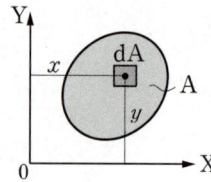

2) 단위

① 단위 : cm^4, m^4
② 부호 : 항상 (+)

3) 기본단면의 단면 2차모멘트

단면	사각형	삼각형	원형
도형	▭	△	○
도심축(I_X)	$\dfrac{bh^3}{12}$	$\dfrac{bh^3}{36}$	$\dfrac{\pi D^4}{64} = \dfrac{\pi r^2}{4}$
연단축(I_x)	$\dfrac{bh^3}{3}$	$\dfrac{bh^3}{12}$	$\dfrac{5\pi D^4}{64}$

예제

그림과 같이 색칠된 BOX형 단면의 X축에 대한 단면2차모멘트는? (단, 단면의 두께 t는 2cm로 4변 모두 일정하다.)

① $2,095\text{cm}^4$ ② $2,147\text{cm}^4$
③ $2,264\text{cm}^4$ ④ $2,336\text{cm}^4$

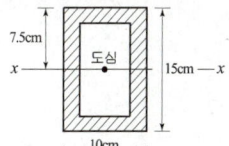

▶ 대칭 중공 단면의 단면2차모멘트 산정

외곽 단면의 단면2차모멘트를 $\dfrac{BH^3}{12}$ 라 하고 내부 단면의 단면2차모멘트를 $\dfrac{bh^3}{12}$ 라 한다면 $I_X = \dfrac{BH^3}{12} - \dfrac{bh^3}{12}$ 이다.

∴ $I_X = \dfrac{10 \times 15^3}{12} - \dfrac{6 \times 11^3}{12} \fallingdotseq 2,147(\text{cm}^4)$

4) 좌표축의 평행이동

이동축(x)에 대한 단면 2차모멘트는 도심축(X)에 대한 단면 2차모멘트(I_X)로 구함

$$I_x = I_X + Ae^2$$

단, $I_x = x$ 축에 대한 단면 2차모멘트
I_X = 도심축에 대한 단면 2차모멘트
A = 단면적
e = 도심축과 평행한 x축까지의 거리

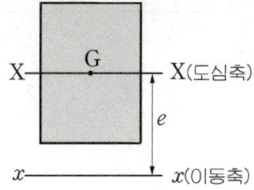

5) 특징

① 도심축에 대한 단면 2차모멘트는 항상 최소이며 도심에서 먼 이동축일수록 단면 2차모멘트 증가
② 중심축에 대칭인 정다각형과 원은 모든 축에 대하여 단면 2차모멘트가 동일

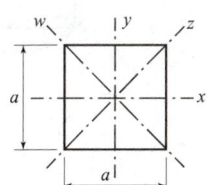

$$I_x = I_z = I_y = \dfrac{a^4}{12}$$

핵심 PLUS

03 그림의 X축에 대한 단면2차모멘트로 옳은 것은? [06,14 기]

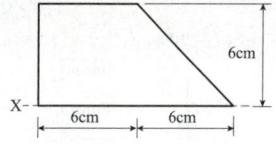

① 220cm^4 ② 244cm^4
③ 440cm^4 ④ 540cm^4

[해설] 도심을 지나지 않는 도형의 단면2차 모멘트

① 해석의 발상 : 주어진 도형을 6cm×6cm 사각형과 삼각형으로 나누어 밑변을 지나는 축에 대한 단면2차 모멘트를 구하여 합산한다.

② 단면2차 모멘트 : 사각형의 단면2차 모멘트+삼각형의 단면2차 모멘트

$\dfrac{bh^3}{3} + \dfrac{bh^3}{12} = \dfrac{6 \times 6^3}{3} + \dfrac{6 \times 6^3}{12}$
$= 432 + 108 = 540(\text{cm}^4)$

답 : ④

04 그림과 같은 장방형 단면에서 x축에 대한 단면 2차모멘트 값은? [13 기]

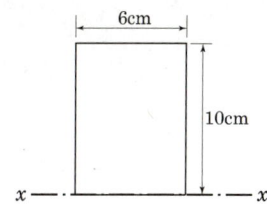

① 500cm^4 ② $1,000\text{cm}^4$
③ $1,500\text{cm}^4$ ④ $2,000\text{cm}^4$

[해설] 이동축에 대한 단면2차모멘트(I_x)

$I_x = I_X + A \cdot y^2$

• I_X : 도심을 지나는 축에 대한 단면2차 모멘트
• A : 단면적
• y : 도심과 이동축의 거리

∴ $I_x = \dfrac{6 \times 10^3}{12} + (6 \times 10) \times 5^2$
$x = 2,000(\text{cm}^4)$

답 : ④

핵심 PLUS

05 그림과 같은 단면의 x축에 대한 단면계수 값으로서 옳은 것은? [16 기]

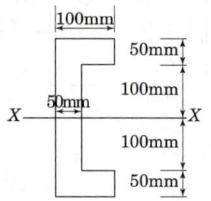

① $1.278 \times 10^6 \text{mm}^3$
② $1.298 \times 10^6 \text{mm}^3$
③ $1.378 \times 10^6 \text{mm}^3$
④ $1.398 \times 10^6 \text{mm}^3$

[해설] 단면계수(Z)

$Z = \dfrac{I}{y} = \dfrac{1}{150}$

$\times \dfrac{100 \times 300^3 - 50 \times 200^2}{12}$

$= 1.278 \times 10^6 (\text{mm}^3)$

답 : ①

III. 건축구조 | 탄성체와 구조물 설계

3. 단면계수와 단면2차반경

1) 단면계수

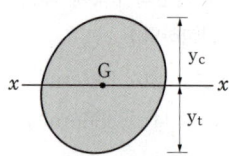

① 정의 : 단면 2차모멘트(I_x)를 압축측 연단거리(y_c) 또는 인장측 연단거리(y_t)로 나눈 값

$$Z_c = \dfrac{I_x}{y_c}, \quad Z_t = \dfrac{I_x}{y_t}$$

② 단위 : cm^3, m^3, 부호는 항상(+)

③ 기본단면의 단면계수

단면	단면계수
직사각형 ($b \times h$)	$Z = \dfrac{I_x}{y} = \dfrac{\frac{bh^3}{12}}{\frac{h}{2}} = \dfrac{bh^2}{6}$
삼각형 ($b \times h$)	$Z = \dfrac{I_x}{y} = \dfrac{\frac{bh^3}{36}}{\frac{h}{3}} = \dfrac{bh^2}{12}$
원형 (D)	$Z = \dfrac{I_x}{y} = \dfrac{\frac{\pi D^4}{64}}{\frac{D}{2}} = \dfrac{\pi D^3}{32}$

④ 용도 및 특성

㉮ 최대 휨응력도 $f_b = \dfrac{M}{Z}$

㉯ 단면계수가 큰 단면이 휨에 대해 크게 저항

㉰ 최대 단면계수를 갖기 위한 조건
  $b : h = 1 : \sqrt{2}$
  $b : d = 1 : \sqrt{3}$

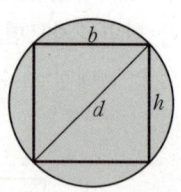

2) 단면2차반경

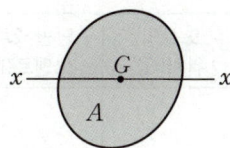

① 정의 : 단면 2차모멘트(I_x)를 단면적(A)으로 나눈 값의 제곱근

$$r_x = \sqrt{\frac{I_x}{A}}$$

② 단위 : cm, m 등 길이단위, 부호는 항상(+)
③ 용도
　㉮ 장주의 세장비 $(\lambda) = \dfrac{l_k}{r}$
　㉯ 좌굴(buckling)에 대한 저항성능, 단면 2차반경이 클수록 좌굴에 강함
④ 최소 단면2차반경
　단면 2차모멘트의 최소값(I_{min})을 단면적(A)으로 나눈 값의 제곱근

$$r_{min} = \sqrt{\frac{I_{min}}{A}}$$

⑤ 특징
　㉮ 단면 2차반경이 최소인 축은 압축재의 좌굴축(약축)
　㉯ 구조물 설계 시 적용하는 단면계수

※ 각종 단면의 산정 공식

구분	단면의 형상	단면적(A)	도심의 위치(G)	단면 2차 모멘트(I)	단면 계수(Z)	단면 2차 반경(r)
장방형		bh	$\dfrac{h}{2}$	$\dfrac{bh^3}{12}$	$\dfrac{bh^2}{6}$	$\dfrac{h}{\sqrt{12}}$
정사각형		a^2	$\dfrac{a}{2}$	$\dfrac{a^4}{12}$	$\dfrac{a^3}{6}$	$\dfrac{a}{\sqrt{12}}$
마름모형		a^2	$\dfrac{\sqrt{2}}{2}a$	$\dfrac{a^4}{12}$	$\dfrac{\sqrt{2}}{12}a^3$	$\dfrac{a}{\sqrt{12}}$

핵심 PLUS

06 단면계수 및 단면2차반지름에 관한 설명 중 잘못된 것은?
① 단면계수는 도심축에 대한 단면2차모멘트를 단면적으로 나눈 값의 제곱근이다.
② 단면계수가 큰 단면이 휨에 대해 크게 저항한다.
③ 단면계수의 단위는 cm³, m³이다. 부호는 항상(+)이다.
④ 단면2차반지름은 좌굴에 대한 저항값을 나타낸다.

[해설] 단면계수와 단면2차반경
① 해석의 발상 : 단면계수는 단면2차모멘트를 부재단면의 연단거리로 나눈 값
　즉, $Z = \dfrac{I_x}{y}$이다.
② 단면2차반경 : 단면2차모멘트를 부재의 단면적으로 나눈값의 제곱근
　즉, $r = \sqrt{\dfrac{I_x}{A}}$이다.
　I_x : 도심축에 대한 단면2차모멘트
　y : 도심에서 부재단면의 연단거리

답 : ①

핵심 PLUS

구분	단면의 형상	단면적(A)	도심의 위치(G)	단면 2차 모멘트(I)	단면 계수(Z)	단면 2차 반경(r)
삼각형		$\dfrac{bh}{2}$	$y_1 = \dfrac{h}{3}$ $y_2 = \dfrac{2h}{3}$	$\dfrac{bh^3}{36}$	$Z_1 = \dfrac{bh^2}{12}$ $Z_2 = \dfrac{bh^2}{24}$	$\dfrac{h}{\sqrt{18}}$
원형		$\dfrac{\pi D^2}{4}$	$\dfrac{D}{2} = r$	$\dfrac{\pi D^4}{64} = \dfrac{\pi r^4}{4}$	$\dfrac{\pi D^3}{32} = \dfrac{\pi r^3}{4}$	$\dfrac{D}{4} = \dfrac{r}{2}$

07 도심축에 대한 빗줄친 부분의 단면계수 값은? [08, 21 기]

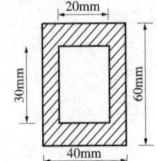

① 19,000 mm³
② 20,500 mm³
③ 21,000 mm³
④ 22,500 mm³

[해설] 대칭 중공 단면의 단면계수
① 중공단면의 단면2차 모멘트(I_X)를 압축 또는 인장 연단거리(y_t 또는 y_c)로 나누면 단면계수(Z)가 된다.
② 단면2차 모멘트 : 외곽 단면의 단면2차모멘트를 $\dfrac{BH^3}{12}$ 라 하고 내부 단면의 단면2차모멘트를 $\dfrac{bh^3}{12}$ 라 하면

$I_{X1} = \dfrac{BH^3}{12} = \dfrac{40 \times 60^3}{12}$
  $= 720,000 \text{mm}^4$

$I_{X2} = \dfrac{bh^3}{12} = \dfrac{20 \times 30^3}{12}$
  $= 45,000 \text{mm}^4$
  $\fallingdotseq 1,395,000 (\text{mm}^4)$

③ 단면계수(Z)
$Z = \dfrac{I_{x1} - I_{x2}}{y}$
 $= \dfrac{720,000 - 45,000}{30}$
 $= 22,500 \text{mm}^3$

답 : ④

> 💡 **참고**
>
> 직사각형 단면의 중심을 지나는 X 축에 대한 단면 2차반경은? [08 기]
>
>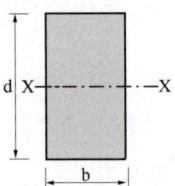
>
> ① $\dfrac{bd^3}{12}$ ② $\dfrac{bd^2}{6}$
> ③ $\dfrac{bd}{3}$ ④ $\dfrac{d}{\sqrt{12}}$
>
> ▶ 도심축에 대한 단면2차반경(i)
> ① 해석의 발상 : 단면2차반경은 단면2차모멘트를 단면적으로 나눈 값의 제곱근이다.
> ② 단면2차반경 : $r = \sqrt{\dfrac{I_X}{A}}$ (부호)
> I_X : 도심축에 대한 단면 2차모멘트, A : 단면적(cm²)
>   직사각형의 단면인 경우 $I_X = \dfrac{bd^3}{12}$, $A = bd$ 이므로
> $\therefore r = \sqrt{\dfrac{I_X}{A}} = \sqrt{\dfrac{1}{bd} \times \dfrac{bd^3}{12}} = \dfrac{d}{\sqrt{12}} = \dfrac{d}{2\sqrt{3}}$ (mm)

4. 단면 극2차모멘트와 단면 상승모멘트

1) 단면 극2차모멘트(I_P)

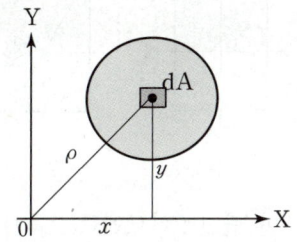

① 정의 : 미소단면적 d_A와 그 도심으로부터 수직·수평축의 원점 좌표(0, 0)까지 거리(ρ)의 제곱을 곱한 값의 합

$$I_P = I_x + I_y \text{ (단, 대칭 정다각형 단면)}$$

② 단위 및 부호 : 단위는 cm^4, m^4, 부호는 항상 (+)
③ 용도 : 비틀림 응력도 계산 $\gamma = \dfrac{M_T}{I_P} \cdot y$
④ 특징 : 좌표축의 회전에 관계없이 항상 일정

2) 단면 상승모멘트(I_{xy})

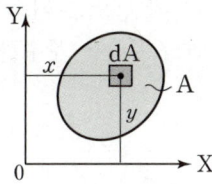

① 정의 : 미소면적 d_A와 그 도심으로부터 수직·수평축의 원점 좌표(0, 0)까지 거리 x, y를 각각 곱한 값의 합

$$I_{xy} = A \cdot x \cdot y$$

② 단위 및 부호 : 단위는 cm^4, m^4, 부호는 (+) 또는 (−)
③ 용도 : 단면의 주축, 주 단면2차모멘트 계산
④ 특징 : 단면이 대칭이고 x, y축 중 어느 하나가 대칭축 일 때 즉, x, y축 중 어느 하나가 도심을 지나는 경우 항상 단면상승모멘트는 0 ($I_{xy} = 0$)

핵심 PLUS

08 그림과 같은 단면의 x, y축에 대한 단면상승모멘트 I_{xy}는 얼마인가? [09, 14 기]

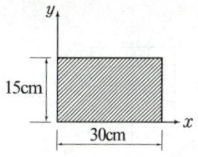

① $10,000 cm^4$
② $22,500 cm^4$
③ $33,750 cm^4$
④ $50,625 cm^4$

[해설] 단면 상승모멘트 (I_{xy})
① 단면상승모멘트(I_{xy})는 단면적과 도심 좌표의 곱 즉, $A \cdot x \cdot y$이다. (단, x는 도심에서 Y축까지의 거리, y는 도심에서 X축까지 거리)
② 단면상승모멘트
I_{xy} = (30cm × 15cm) × 15cm
　　× 7.5cm = 50,625 cm^4
답 : ④

09 그림과 같은 직사각형 단면에서 O점에 대한 단면극2차모멘트 I_P의 값은? [12 기]

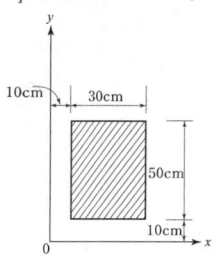

① $1,600,000 cm^4$
② $2,400,000 cm^4$
③ $3,000,000 cm^4$
④ $3,200,000 cm^4$

[해설] 단면극 2차 모멘트(I_P)
$I_P = I_x + I_y$
$I_x = \dfrac{30 \times 50^3}{12} + 30 \times 50 \times 35^2$
$I_y = \dfrac{50 \times 30^3}{12} + 30 \times 50 \times 25^2$
∴ $I_P = I_x + I_y = 3,200,000 cm^4$
답 : ③

핵심 PLUS

10 그림과 같은 단면의 주축(主軸)으로 옳지 않은 것은?
[16, 19 기]

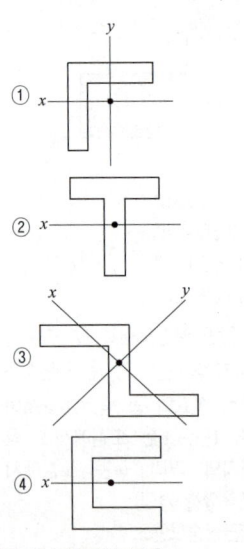

[해설] L형강의 주축
단면의 주축은 단면2차모멘트가 최대인 축과 최소인 축을 의미하고 이 두 축은 항상 직교한다. L형강의 주축은 그림과 같다.

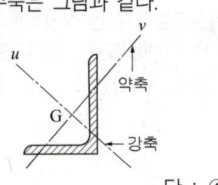

답 : ①

5. 단면의 주축

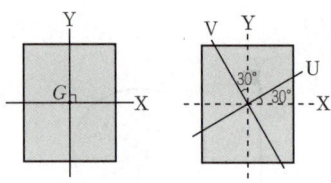

1) 정의
① 단면의 도심축에 대한 단면 2차모멘트가 최대 또는 최소가 되는 한쌍의 직교축
② 주축에 대한 단면 2차모멘트는 주 단면 2차모멘트(principal moment of inertia)

2) 주 단면2차모멘트
① 단위 : cm^4, m^4
② 부호 : 항상 (+)

3) 용도
단면의 최소 2차반경 계산 $r_{min} = \sqrt{\dfrac{I_{min}}{A}}$

4) 특징
① 주축에 대한 단면 상승모멘트(I_{xy})=0
② 주축의 단면2차모멘트는 최대 또는 최소
③ 정다각형 또는 원형단면의 주축은 무수히 많음

2 응력과 변형도

1. 응력

1) 응력
외력이 구조물에 작용하면 구조물의 단면에서는 전단력, 휨모멘트, 축방향력 등 단면력이 발생되며, 이 때 부재 내부에서 원형(原形)을 유지하려는 내력(耐力)의 통칭이 응력이고 단위면적당 내력의 크기는 응력도

2) 종류
① 수직응력도 : 재축방향의 외력에 대하여 부재의 길이 변형이 일어나지 않기 위해 단위면적당 부담하는 응력
② 전단응력도 : 재축의 직각방향의 외력에 대하여 부재가 절단되지 않기 위해 단위면적당 부담하는 응력

③ 휨응력도 : 휨모멘트 작용 시 부재가 휘지 않기 위해 발생하는 내력(耐力), 하중 작용면은 압축응력, 반대면은 인장응력 발생(조합 응력)

응력의 종류	수직응력도	전단응력도	휨응력도
작용형태			
산정식	$\sigma_c = \dfrac{P}{A}$ $\sigma_t = \dfrac{P}{A}$	$v = \dfrac{V}{A}$	$\sigma_x = \dfrac{M}{I}y$ $\sigma_{max} = \dfrac{M}{Z}$

2. 변형도

1) 변형도
외력에 의한 부재의 변형 정도(단위 길이에 대한 변형량)

2) 종류

① 길이 변형도(ϵ, 세로 변형도)

축방향력에 의한 부재의 길이방향 변형 정도로 원래 길이(l)에 대한 변형후 길이방향 증감값(Δl)의 비율

$$\epsilon = \dfrac{\Delta l}{l}$$

② 폭 변형도(β, 가로 변형도)

축방향력에 의한 부재의 폭방향 변형 정도로 변형 전 원래 폭(d)에 대한 변형 후 폭방향 증감값(Δd)의 비율

$$\beta = \dfrac{\Delta d}{d}$$

핵심 PLUS

11 한 변의 길이가 a인 정사각형 단면을 가진 부재가 있다. 이 부재가 4kN의 인장력을 견딜 수 있는 a의 값으로 가장 적정한 것은? (단, 부재의 허용인장강도는 5MPa이다.) [15 기]
① 15mm
② 20mm
③ 25mm
④ 30mm

[해설] 인장응력(σ_t)

$\sigma_t = \dfrac{P}{A}$ 에서 $5 = \dfrac{4 \times 10^3}{a \times a}$

$a^2 = \dfrac{4 \times 10^3}{5} = 800(\text{mm}^2)$

$a = \sqrt{800} = 28.2(\text{mm})$

답 : ④

12 한 변이 a인 정사각형 단면에 압축력 10kN이 작용하여 압축응력(σ_c)이 40MPa이 발생하였다면 a의 길이는? [13 기]

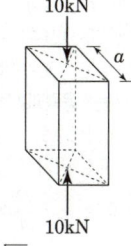

① $3\sqrt{10}$ mm
② $4\sqrt{10}$ mm
③ $5\sqrt{10}$ mm
④ $6\sqrt{10}$ mm

[해설] 압축응력(σ_c)

$\sigma_c = \dfrac{P}{A}$ 에서 $A = \dfrac{P}{\sigma_c}$

$a^2 = \dfrac{P}{\sigma_c} = \dfrac{10,000}{40} = 250$

$a = \sqrt{250} = 5\sqrt{10}$ (mm)

답 : ③

핵심 PLUS

13 직경 2.2cm, 길이 50cm의 강봉에 축방향 인장력을 작용시켰더니 길이는 0.04cm 늘어났고 직경은 0.0006cm 줄었다. 이 재료의 포아손수는?
　　　　　　　　[07,10,15, 17 기]
① 0.34　② 2.93
③ 0.015　④ 66.67

[해설] 포아손수(m)

$$m = \frac{d\Delta l}{l\Delta d} = \frac{2.2 \times 0.04}{50 \times 0.0006}$$
$$= 2.933$$

답 : ②

14 단면의 지름이 150mm, 재축방향 길이가 300mm인 원형 강봉의 윗면에 300kN의 힘이 작용하여 재축방향 길이가 0.16mm 줄어들었고, 단면의 지름이 0.01mm 늘어났다면 이 강봉의 탄성계수 E와 포아손비는?　[09, 20 기]
① 31,830MPa, 0.25
② 31,830MPa, 0.125
③ 39,630MPa, 0.25
④ 39,630MPa, 0.125

[해설] 탄성계수(E), 포아손비(ν)
① 탄성계수는 응력과 변형률의 재료별 비례상수로 $\sigma = E \cdot \epsilon$으로 표시된다. 여기서 탄성계수 (E)$=\frac{\sigma}{\epsilon}$이며 $\sigma = \frac{P}{A}$ 이다.
또한 포아손비(ν)는 길이변형률($\epsilon = \frac{\Delta l}{l}$)에 대한 폭변형률 ($\beta = \frac{\Delta d}{d}$)의 비로 $\nu = \frac{\beta}{\epsilon}$ 이다.

② 탄성계수(E)

$$E = \frac{Pl}{A\Delta l}$$
$$= \frac{300 \times 10^3 \times 300}{(\pi \times 150^2/4) \times 0.16}$$
$$= 31,830.99 \, (\text{N/mm}^2)$$
$$≒ 31,830 \, (\text{MPa})$$

③ 포아손비(ν)

$$\nu = \frac{l\Delta d}{d\Delta l} = \frac{300 \times 0.01}{150 \times 0.16}$$
$$= 0.125$$

답 : ②

Ⅲ. 건축구조 | 탄성체와 구조물 설계

③ 전단 변형도(γ)

전단력에 의한 부재의 모양을 변화시키는 정도
부재각도의 변화량을 라디안(radian)으로 표시

$$\gamma = \frac{\Delta}{l}$$

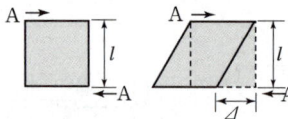

3) 포아손비와 수

① 포아손비(ν) : 외력에 의한 길이(세로)변형도(ϵ)에 대한 폭(가로)변형도(β)
② 포아손수(m) : 포아손비의 역수 즉, 폭(가로)변형도(β)에 대한 길이(세로)변형도(ϵ)

$$\nu = \frac{\beta}{\epsilon} = \frac{1}{\epsilon} \cdot \beta = \frac{l}{\Delta l} \cdot \frac{\Delta d}{d} = \frac{l \cdot \Delta d}{d \cdot \Delta l}$$

$$m = \frac{\epsilon}{\beta} = \frac{d \cdot \Delta l}{l \cdot \Delta d}$$

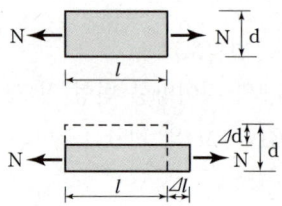

3. 탄성과 소성

1) 탄성

변형 후 외력을 제거할 때 본래의 모양으로 되돌아가는 성질

2) 소성

① 외력을 제거하여도 본래의 모양으로 되돌아가지 못하는 성질
② 탄성한계 이상의 응력을 가할 때에 나타나는 현상
③ 소성으로 회복되지 않고 남은 변형은 영구변형 또는 잔류변형

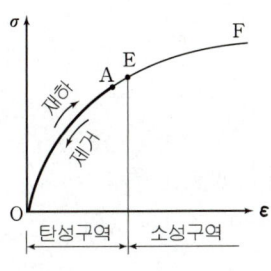
[그림] 탄성거동

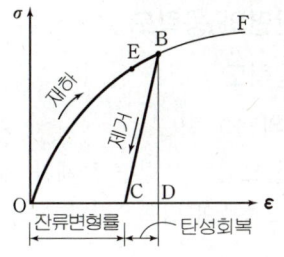
[그림] 부분탄성거동

3) Hooke의 법칙

탄성 한계 내에서 응력도와 변형도는 비례

$\sigma = E \cdot \epsilon$ 에서

$\dfrac{P}{A} = E \cdot \dfrac{\Delta l}{l}$ $E = \dfrac{\sigma}{\epsilon} = \dfrac{P \cdot l}{A \cdot \Delta l}$ $P = \dfrac{EA}{l} \cdot \Delta l$

4) 탄성계수(종탄성계수, Young's modulus, E)

① 정의 : Hooke의 법칙에서 응력과 변형도의 비례상수(E)

$E = \dfrac{\sigma}{\epsilon} = \dfrac{P \cdot l}{A \cdot \Delta l}$

② 특징 : E의 값이 큰 재료일수록 고강도

③ 단위 : $MPa(N/mm^2)$

5) 전단탄성계수(shear modulus, G)

전단응력도(τ)와 전단변형도(γ)사이의 비례상수.

$\tau = G \cdot \gamma$

6) 종탄성계수(E)와 전단탄성계수(G)의 관계

$G = \dfrac{1}{2(1+v)} E$ (단, 재질이 균질하고 등방성인 탄성체의 경우)

💡 예제

그림과 같이 균일 단면봉이 축하중을 받고 평형을 이루고 있다. $T = 2P$가 되려면 w는 얼마가 되어야 하는가? [13 산]

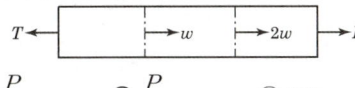

① P ② $\dfrac{P}{2}$ ③ $\dfrac{P}{3}$ ④ $2P$

▶축하중 평형 $\Sigma H = 0$ $w + 2w + P - T = 0$에서 $T = 2P$이므로
$w + 2w + P - 2P = 0$ $3w = P$ $\therefore w = \dfrac{1}{3}P$

핵심 PLUS

15 탄성계수가 $10^5 MPa$이고 균일한 단면을 가진 부재에 인장력이 작용하여 10MPa의 인장응력이 발생하였다. 이 때 부재의 길이가 0.5mm 늘어났다면 부재의 원래의 길이는? [08,17 기]

① 2m   ② 5m
③ 8m   ④ 10m

해설 hook's Law
hook의 법칙($\sigma = E \cdot \epsilon$)에서 응력은 변형률과 탄성계수의 곱에 비례

$E = \dfrac{\sigma}{\epsilon}$ ☞ $\left[\sigma = \dfrac{N}{A},\ \epsilon = \dfrac{\Delta l}{l} \right]$

☞ $E = \dfrac{l}{\Delta l} \cdot \sigma$

☞ $l = \dfrac{\Delta l}{\sigma} \cdot E$

$\therefore l = \dfrac{\Delta l}{\sigma} \cdot E = \dfrac{10^5 \times 0.5}{10}$
$= 5,000 (mm)$

답 : ②

16 탄성계수 E=210MPa, 포아송비 v=0.3인 강체에 전단응력도 10MPa가 가해졌을 때 전단변형도는? [06 기]

① 0.168 radian
② 0.143 radian
③ 0.124 radian
④ 0.048 radian

해설 전단변형도
① 전단 탄성계수(G)는 전단 응력도(τ)와 전단변형도의 비례상수로 $\tau = G \cdot \gamma$로 표현된다.
② 전단 변형도(γ)
$(\gamma) = \dfrac{\tau}{G}$ 이며, $G = \dfrac{E}{2(1+v)}$ 이고 여기서 v는 포아송비 이다.

$\therefore \gamma = \dfrac{2(1+v)}{E} \cdot \tau$
$= \dfrac{2 \times (1+0.3)}{210} \times 10$
$= 0.1238 (rad)$

답 : ③

핵심 PLUS

17 다음 그림과 같은 부재의 최대 휨응력은 약 얼마인가? (단, 부재의 자중은 무시한다.) [16 기]

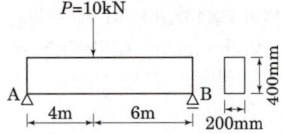

① 1.2MPa   ② 2.2MPa
③ 3.6MPa   ④ 4.5MPa

[해설] 보의 최대 휨응력($\sigma_{\max}$)

$$\sigma_{\max} = \frac{M_{\max}}{Z}$$

$$Z = \frac{bh^2}{6} = \frac{200 \times 400^2}{6}$$

$$M_{\max} = \frac{Pab}{l} = \frac{10 \times 4 \times 6}{10}$$
$$= 24(\text{kN} \cdot \text{m})$$

$$\sigma_{\max} = \frac{6}{200 \times 400^2} \times 24 \times 10^6$$
$$= 4.5(\text{N/mm}^2)$$
$$= 4.5(\text{MPa})$$

※ $24\text{kN} \cdot \text{m} = 24 \times 10^6 \text{N} \cdot \text{mm}$

답 : ④

■ 단순보의 최대휨응력

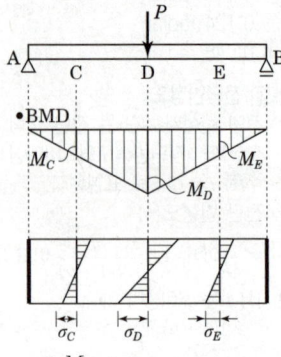

$$\sigma_C = \frac{M_C}{Z}$$
$$\sigma_D = \frac{M_D}{Z}$$
$$\sigma_E = \frac{M_E}{Z}$$

※ $M_{\max} = M_D$

$$\sigma_{\max} = \sigma_D = \frac{M_D}{Z} = \frac{M_{\max}}{Z}$$

3 단면의 응력도

1. 휨응력도

1) 정의

① 휨모멘트를 받는 부재가 휘지 않기 위해 필요한 응력
② 압축측의 압축응력과 인장측의 인장응력이 조합된 응력

2) 산정

① 보의 길이에서 임의 점 x의 휨모멘트가 M_x일 때(아래 그림 참조)
② 임의 점 x의 보단면에서 중립축으로부터(아래 그림 참조)
③ 압축측 연단(y_c) 만큼 떨어진 위치의 휨응력도(σ_c)

$$\sigma_c = -\frac{M_x}{I} \cdot y_c = -\frac{M_x}{\frac{bh^3}{12}} \cdot \frac{h}{2} = -\frac{12}{bh^3} \cdot M_x \cdot \frac{h}{2} = -\frac{6}{bh^2} \cdot M_x = -\frac{M_x}{Z}$$

④ 인장측 연단(y_t) 만큼 떨어진 위치의 휨응력도(σ_t)

$$\sigma_t = \frac{M_x}{I} \cdot y_t = \frac{M_x}{\frac{bh^3}{12}} \cdot \frac{h}{2} = \frac{12}{bh^3} \cdot M_x \cdot \frac{h}{2} = \frac{6}{bh^2} \cdot M_x = \frac{M_x}{Z}$$

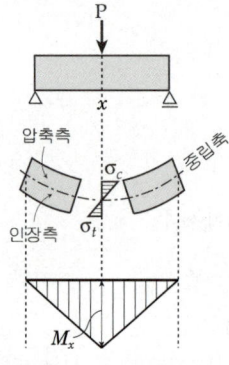 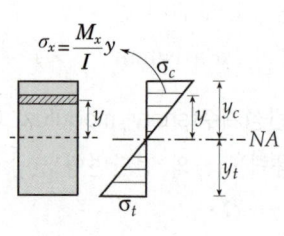

3) 단위 및 부호

㉮ 단위 : N/mm², MPa
㉯ 부호 : 압축측(−) 인장측(+)

4) 최대 휨응력도($\sigma_{\max}$)

인장측의 $\sigma_{bt} = \frac{M_x}{I} \cdot y_t$에서 휨응력은 휨모멘트와 비례이므로 $M_x = M_{\max}$

일 때 최대가 되며 또한, 균질한 재료인 경우 $y_t = \frac{h}{2}$일 때 최대가 되므로

$$\sigma_{\max} = \frac{1}{I} \cdot M_{\max} \cdot y_t = \frac{12}{bh^3} \cdot M_{\max} \cdot \frac{h}{2} = \frac{6}{bh^2} \cdot M_{\max} = \frac{M_{\max}}{Z}$$

예제

사람이 다리를 건너려 할 때, 얼마의 거리를 지나면 다리가 휨에 대한 항복을 시작하는가? (단, 재료는 단면은 b×h=300mm×100mm, 허용 휨응력도 f_b=6MPa, 사람 몸무게 700N)

① 5.22m
② 6.22m
③ 7.22m
④ 8.22m

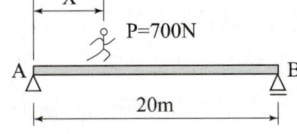

▶ 부재의 휨강도와 외력에 의한 휨응력

① 부재의 강도(f_b) ≥ 외력에 의한 휨응력 $\left(\sigma_{\max} = \dfrac{M_{\max}}{Z}\right)$

외력에 의한 휨응력이 부재의 휨강도(6MPa)에 도달할 때 즉, $\sigma_{\max}=f_b$를 만족하는 휨모멘트를 구하면 $\dfrac{M_{\max}}{Z}=6$에서 $Z=\dfrac{bh^2}{6}$에 의해

$\dfrac{300\times 100^2}{6}=5\times 10^5$ 이므로 $\dfrac{M_{\max}}{5\times 10^5}=6$이 되어

$M_{\max}=6\times 5\times 10^5 = 30\times 10^5 (\text{N}\cdot\text{mm})$이다.

이제 $30\times 10^5(\text{N}\cdot\text{mm})$의 최대 휨모멘트가 발생할 수 있는 하중의 위치를 구하면, 사람은 단순보에 집중하중이 되므로 이 때 최대 휨모멘트는 사람이 있는 위치에 발생하며 그 크기는 A지점의 지점반력과 거리(x)의 곱이다. 즉, A지점에서 진행한 거리를 x라 하면 $M_x = R_A \cdot x$이다.

여기서 M_x=3,000N·m, $R_A=\left(\dfrac{l-x}{l}\right)\times 700$ 이므로

3,000N·m$=\left(\dfrac{l-x}{l}\right)\times P\times x =\left(1-\dfrac{x}{20}\right)\times 700\times x = 700x-35x^2$

$35x^2-700x+3000=0$

$x=\dfrac{-b\pm\sqrt{b^2-4ac}}{2a}=\dfrac{700\pm\sqrt{700^2-4\times 35\times 3000}}{2\times 35}$

∴ $x_1 = 6.22(\text{m})$, $x_2=13.78(\text{m})$

② 또 다른 해법

주어진 휨응력에 의해 저항 가능한 최대휨모멘트는 $f_b=\dfrac{M}{Z}$에서 $M=f_b\times Z$ 이므로 $6\times\dfrac{300\times 100^2}{6}=3\times 10^6 \text{N}\cdot\text{mm}=3,000\text{N}\cdot\text{m}$ … Ⓐ

한편, A지점에서 임의 거리(x)에서 휨모멘트는

$R_A=\dfrac{P\cdot b}{l}$에서 $b=l-x$ 이므로 $\dfrac{700\times(20-x)}{20}=700-35x^2$ … Ⓑ

여기서, Ⓐ=Ⓑ를 만족하는 x를 구하면

$3,000=700x-35x^2$ → $35x^2-700x+3,000=0$

∴ $x=\dfrac{-b\pm\sqrt{b^2-4ac}}{2a}=\dfrac{700\pm\sqrt{700^2-4\times 35\times 3,000}}{2\times 35}$

$x_1=6.22(\text{m})$, $x_2=13.78(\text{m})$

핵심 PLUS

18 그림과 같은 단순보에서 최대 휨응력은? [96,01,06 기]

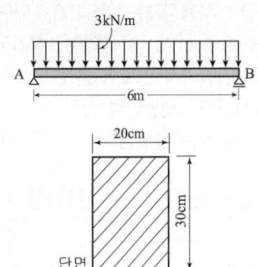
단면

① 3.0MPa
② 3.5MPa
③ 4.0MPa
④ 4.5MPa

[해설] 최대 휨응력도($\sigma_{\max}$)

① 해석의 발상 : 최대 휨응력도는 부재에 작용하는 최대 휨모멘트를 부재의 단면계수로 나눈 값으로

$\sigma_{\max}=\dfrac{M_{\max}}{Z}$ 이다.

② 최대 휨모멘트와 단면계수
최대휨모멘트는 중앙부에 발생하며 $M_{\max}=\dfrac{wl^2}{8}$ 이고

단면계수는 $Z=\dfrac{bh^2}{6}$ 이다.

$M_{\max}=\dfrac{3\times 6^2}{8}$
$=13.5(\text{kN}\cdot\text{m})$

$Z=\dfrac{200\times 300^2}{6}$
$=3\times 10^6 (\text{mm}^3)$

∴ $\sigma_{\max}=\dfrac{M_{\max}}{Z}$
$=\dfrac{13.5\times 10^6 (\text{N}\cdot\text{mm})}{3\times 10^6 (\text{mm}^3)}$
$=4.5(\text{N}/\text{mm}^2)=4.5\text{MPa}$

답 : ④

핵심 PLUS

19 그림과 같은 보의 웨브에 발생하는 최대 전단응력도는? (단, 사용강재는 SS400, 단면 H-250×125×6×9이며, 횡좌굴이 일어나지 않도록 충분히 보강되었으며, 전단면적 산정 시 플랜지 두께는 제외함) [15 기]

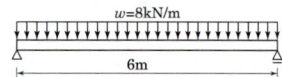

① 24.48MPa ② 17.24MPa
③ 14.67MPa ④ 9.82MPa

[해설] Web의 전단응력

$v = \dfrac{V}{A}$

$A = \{(250 - 2 \times 9) \times 6\}$
$= 1,392 \text{nn}^2$

$V = V_{max} = S_A = V_A = \dfrac{wl}{2}$
$= \dfrac{6 \times 8}{2} = 24(\text{kN})$

$v = \dfrac{24 \times 10^3}{1,392} = 17.24(\text{MPa})$

답 : ②

20 그림과 같은 중도리에 V=8kN의 전단력이 작용할 때 단면 내에 생기는 최대 전단응력도는? [11, 14 기]

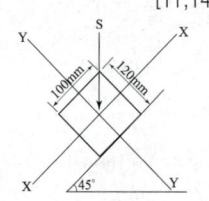

① 1MPa ② 2MPa
③ 3MPa ④ 4MPa

[해설] 최대전단응력(τ_{max})
사각형 단면의 최대전단응력을 구하는 문제이므로

$\tau_{max} = \dfrac{3}{2} \dfrac{V}{A}$
$= \dfrac{3}{2} \times \dfrac{8000}{100 \times 120}$
$= 1(\text{N/mm}^2 = \text{MPa})$

답 : ①

Ⅲ. 건축구조 | 탄성체와 구조물 설계

2. 전단 응력도

1) 전단응력의 산정

① 오른쪽 그림과 같은 보에서 임의 점 x의 전단력이 S_x일 때
② 아래 오른쪽 그림과 같이 임의 점 x의 보단면에서 중립축으로부터
③ y만큼 떨어진 위치의 전단 응력도(τ)는

$$\tau_x = \dfrac{G \cdot S_x}{I \cdot b}$$

단, I : 도심에 대한 단면2차모멘트
b : 전단응력을 구하려는 위치의 단면폭
G : 중립축에 대한 거리 y의 외측 빗금 친 단면의 단면 1차모멘트

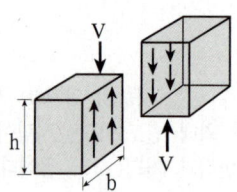 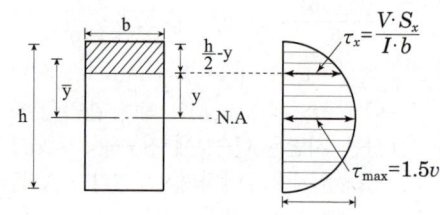

SFD

2) 최대 전단 응력도

① $\tau_x = \dfrac{G \cdot S_x}{I \cdot b}$ 식에서 사각형 단면으로 가정할 때

② 전단 응력도는 전단력과 단면1차모멘트에 비례하므로 $S_x = S_{max}$일 때 최대이고

③ 또한, 단면1차모멘트가 가장 큰 중립축($y = 0$)에서 최대이다.

$$\tau_{max} = \dfrac{S_{max} \cdot \dfrac{bh^2}{8}}{\dfrac{bh^3}{12} \cdot b} = \dfrac{3}{2} \cdot \dfrac{S_{max}}{A} = \dfrac{3}{2} v$$

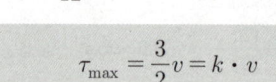

※ 위 식에서 $\dfrac{3}{2}$은 사각형 단면의 k값이며, 다양한 단면에 따른 k값은 다음 페이지를 참고

($\because \dfrac{S}{A} = v$, 평균전단응력)

■ 단순보의 최대전단응력

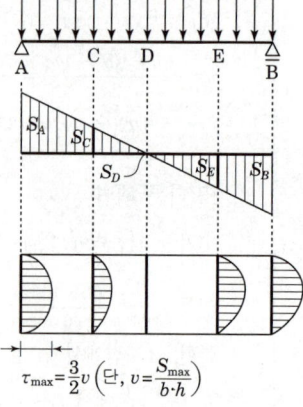

$\tau_{max} = \dfrac{3}{2} v$ (단, $v = \dfrac{S_{max}}{b \cdot h}$)

■ 단면의 형상에 따른 최대전단응력도

$$\tau_{max} = k \frac{S}{A} (= k \cdot v)$$

단면의 형상과 전단응력 분포				
평균전단응력도 (v)	$\frac{S}{bh}$	$\frac{S}{\frac{\pi D^2}{4}} = \frac{4S}{\pi D^2}$	$\frac{S}{\frac{bh}{2}} = \frac{2S}{bh}$	$\frac{S}{\frac{bh}{2}} = \frac{2S}{bh}$
k	$\frac{3}{2}$	$\frac{4}{3}$	$\frac{3}{2}$	$\frac{9}{8}$

3) 단위 및 특성
① 단위 : MPa(=N/mm²)
② 특징 : 중립축 최대, 상하단 0, 곡선변화, 단순보의 경우 지점에서 최대

💡 예제

그림과 같은 보의 최대 전단응력도로 옳은 것은?
① 112.5MPa
② 100.0MPa
③ 56.25MPa
④ 50.0MPa

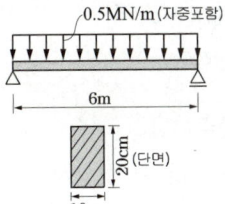

▶ 최대 전단응력도(τ_{max})
① 해석의 발상 : 직사각형 단면의 최대 전단응력도는 평균 전단응력도의 1.5배이다. 즉, $\tau_{max} = \frac{3}{2} \cdot \frac{V_{max}}{A}$ 이다.
② 최대전단력 : 등분포하중을 지지하는 단순보의 최대 전단력은 양단 지점에서 동일한 크기로 발생한다. 또한 지점의 전단력은 지점반력의 크기와 동일하다. 즉, $V_{max} = R_A$ 이다.
③ A지점의 수직 반력 : $R_A = wl/2 = (0.5MN/m \times 6m)/2 = 1.5MN$
④ 최대 전단응력
$\tau_{max} = \frac{3}{2} \cdot \frac{V_{max}}{A} = \frac{3}{2} \times \frac{1.5 \times 10^6 (N)}{100 \times 200 (mm^2)}$
$= 112.5 (N/mm^2 = MPa)$

핵심 PLUS

21 그림과 같은 단면에 전단력 50kN이 가해진 경우 중립축에서 상방향으로 100mm 떨어진 지점의 전단응력은? [09,10,20 기]

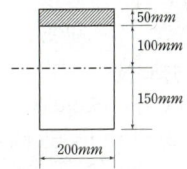

① 0.85MPa
② 0.79MPa
③ 0.73MPa
④ 0.69MPa

[해설] 전단응력
① 해석의 발상 : 방형단면의 전단응력은 중립축에서 최대이고 상하 연측에서 0이며 포물선형이다. 그러나 중립축에서 임의거리 떨어진 점의 전단응력은 다음 식에 의해 구한다.
② 전단응력(τ) :
V : 전단응력을 구하려는 점의 전단력(N, kN)
  $\rightarrow 50 \times 10^3 (N)$
G : 전단응력을 구하려는 위치의 외측 단면의 중립축에 대한 단면1차모멘트(mm^3)
  $\rightarrow (200mm \times 50mm) \times$
  $(100mm + 50mm/2)$
  $= 1.25 \times 10^6 (mm^3)$
I : 중립축에 대한 단면 2차모멘트(mm^4) $\rightarrow I = \frac{bh^3}{12}$
  $= \frac{200mm \times (300mm)^3}{12}$
  $= 450 \times 10^6 (mm^4)$
b : 전단응력을 구하려는 위치의 단면 폭(mm)
  $\rightarrow b = 200mm$

$\tau = \frac{V \cdot G}{I \cdot b}$
$= \frac{(50 \times 10^3) \times (1.25 \times 10^6)}{(450 \times 10^6) \times 200}$
$= 0.69 N/mm^2 = 0.69 MPa$

답 : ④

Ⅲ. 건축구조 | 탄성체와 구조물 설계

핵심 PLUS

22 정방형 단면의 크기가 120mm ×120mm 이고, 길이 3m인 기둥의 세장비는 약 얼마인가?
[16 기]
① 67   ② 76
③ 87   ④ 95

[해설] 세장비(λ)
세장비(λ)는 좌굴길이에 비례하고 단면2차반경(r)에 반비례하므로
$\lambda = \dfrac{l_k}{r}$ 이고 $r = \sqrt{\dfrac{I}{A}}$ 이다.
$A = 120 \times 120 (\text{mm}^2)$
$\quad = 14,400 (\text{mm}^2)$
$I = \dfrac{120^4}{12} = 17,280,000 (\text{mm}^4)$
$r = \sqrt{\dfrac{17,280,000}{14,400}}$
$\quad = 34.641 (\text{mm})$
$\lambda = \dfrac{l_k}{r} = \dfrac{3,000}{34.641} = 86.6$

답 : ③

23 그림과 같은 기둥단면이 300mm ×300mm인 사각형 단주에서 기둥에 발생하는 최대압축응력은? (단, 부재의 재질은 균등한 것으로 본다.) [16, 22 기]

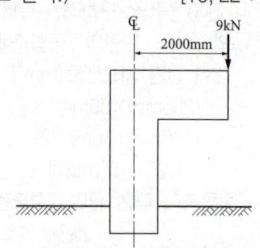

① −2.0 MPa   ② −2.6 MPa
③ −3.1 MPa   ④ −4.1 MPa

[해설] 최대압축응력도($\sigma_{\max}$)
300mm×300mm 기둥 단면에 중심 축하중 9kN과 모멘트 하중 18kN·m(9kN×2m)가 동시에 작용하는 상태의 최대압축응력도를 구하면
$\sigma_{\max} = -\left(\dfrac{P}{A} + \dfrac{M}{Z}\right)$ 에서
$\sigma_{\max} =$
$-\left(\dfrac{9 \times 10^3}{300 \times 300} + \dfrac{9 \times 10^3 \times 2,000}{\dfrac{300 \times 300^2}{6}}\right)$
$= -4.1 (\text{MPa})$

답 : ④

4 장주와 단주

1. 단주

1) 단주의 정의

압축을 받는 부재로 좌굴하지 않고 압축응력에 의해 파괴되는 기둥

■ 장주와 단주 구분

구분	정의	파괴형태
단주	단면 2차 반경 대비 좌굴 길이가 짧은 압축재	압축파괴
장주	단면 2차 반경 대비 좌굴 길이가 긴 압축재	좌굴파괴

※ 세장비(λ) = $\dfrac{\text{좌굴길이}(l_k)}{\text{단면2차반경}(r)}$ 이며, 세장비가 클수록 좌굴현상이 심각함

2) 중심축하중을 받는 단주

단면의 도심에 축하중(N)이 작용할 때 압축응력도(σ_C)

$$\sigma_c = \dfrac{N}{A}$$

σ_c : 압축응력도(MPa)
N : 압축력(N, kN)
A : 기둥의 단면적(mm²)

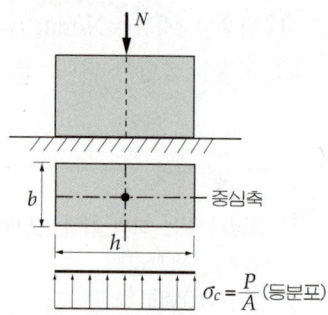

3) 편심하중을 받는 단주

① 도심으로부터 편심거리(e)에 축하중 작용
② 하중이 치우친 쪽 연단에 최대응력($\sigma_{\max}$), 반대쪽은 최소응력($\sigma_{\min}$)
③ 단면 내 압축응력(σ_c)과 휨모멘트에 의한 휨응력(f_b) 동시발생
④ 부재가 받는 휨모멘트($M = N \cdot e$)

$$\sigma = \sigma_c \pm f_b = \dfrac{N}{A} \pm \dfrac{M}{Z}$$

σ : 휨응력도(MPa)
σ_c : 중심축하중(N)에 의한 압축응력도(MPa)
f_b : 모멘트하중(M)에 의한 휨응력도(MPa)
N : 중심축하중(N, kN)
A : 기둥의 단면적(mm²)
M : 모멘트하중(kN·m, N·mm) = $N \cdot e$
Z : 기둥의 단면계수(mm³)

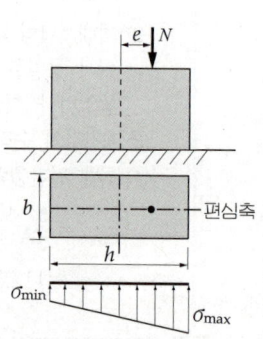

2. 단면의 핵

1) 단면의 핵

① 인장응력 발생 : 편심거리(e)가 지나치면 최소응력은 압축응력에서 인장응력으로 변함

② 핵점(core point) : 단면에 인장응력이 발생하지 않는 최대의 편심거리 한계점

③ 핵(core) : 도심으로부터 구해진 4방향의 핵점으로 둘러싸인 영역

④ 편심거리(e)의 증가에 따른 단면의 응력도

$e=0$	$e<\dfrac{h}{6}$	$e=\dfrac{h}{6}$	$e>\dfrac{h}{6}$

2) 기본도형의 핵

구 분	핵(빗금 부분)	핵의 크기
장방형		$e_1=\dfrac{h}{6},\ e_2=\dfrac{b}{6}$
이등변삼각형		$e_1=\dfrac{h}{12},\ e_2=\dfrac{b}{6},\ e_3=\dfrac{b}{8}$
원형		$e=\dfrac{D}{8}$

핵심 PLUS

24 직사각형 기둥의 핵심(core section)밖에 편심하중 (e>h/6)이 작용하는 직사각형 기둥 단면의 응력분포로 알맞은 것은? [07 산]

①
②
③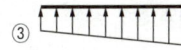
④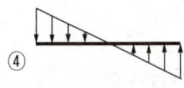

답 : ④

■ 기둥의 편심거리

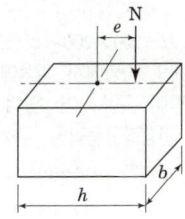

25 그림과 같은 원통단면의 핵반경은? [10,15, 21 기]

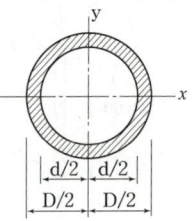

① $\dfrac{D+d}{6}$ ② $\dfrac{D}{8}$

③ $\dfrac{D^2+d^2}{8D}$ ④ $\dfrac{D+d}{8}$

해설
$e=\dfrac{Z}{A}$

$A=\dfrac{\pi(D^2-d^2)}{4}$

$Z=\dfrac{I}{y}=\dfrac{\dfrac{\pi(D^4-d^4)}{64}}{\dfrac{D}{2}}$

$=\dfrac{\pi(D^4-d^4)}{32D}$

$e=\dfrac{Z}{A}$

$=\dfrac{4}{\pi(D^2-d^2)}\times\dfrac{\pi(D^4-d^4)}{32D}$

$=\dfrac{D^2+d^2}{8D}$

답 : ③

핵심 PLUS

26 철골기둥의 좌굴하중(Critical Buckling Load)을 계산 하는데 직접적인 영향을 주지 않는 것은? [09,15 기]

① 재료의 항복강도
② 재료의 탄성계수
③ 단면2차모멘트
④ 유효좌굴길이

[해설] 오일러의 장주 공식

$$P_K = \frac{\pi^2 EI}{(l_k)^2}$$

E = 탄성계수
I = 단면2차모멘트
l_k = 좌굴길이

답 : ①

27 압축재 $H-200\times200\times8\times12$가 부재의 중앙에서 약축에 대해 휨변형이 구속되어 있다. 이 부재의 탄성좌굴응력을 구하면? (단, $I_x = 4.72\times10^7 \text{mm}^4$, $I_y = 1.60\times10^7 \text{mm}^4$, $A = 63.53\times10^2 \text{mm}^2$, $E = 205,000 \text{MPa}$) [14,20 기]

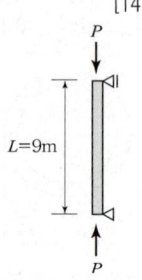

① 252N/mm²
② 186N/mm²
③ 132N/mm²
④ 108N/mm²

[해설] 좌굴응력도(σ_k)

$$\sigma_k = \frac{좌굴하중(P_k)}{부재단면적(A)}$$

$$P_k = \frac{\pi^2 EI}{(l_k)^2}$$

$$= \frac{\pi^2 \times 205,000 \times 472 \times 10^7}{9,000}$$

$$= 1,178,991 \text{ (N)}$$

$A = 6,353 \text{ (mm}^2\text{)}$,
$l_k = 1 \times 9,000 = 9,000 \text{ (mm)}$

$$\sigma_k = \frac{1,178,991}{6,353}$$

$$= 185.58 \text{N/mm}^2 \text{ (MPa)}$$

답 : ②

3. 장주(長柱)

1) 정의
① 좌굴에 의하여 파괴되는 기둥
② 단면 2차반경이 최소인 축이 좌굴축
③ 단면 2차반경이 최대인 축이 좌굴방향

2) 좌굴(buckling)
① 장주는 중심축하중이 작용하여도 단면내 휨응력 발생
② 장주는 압축응력이 허용압축응력에 도달하기 전 좌굴 발생
③ 동일한 단면의 단·장주에서 장주는 단주의 허용 압축하중 보다 작은 하중에서 좌굴 발생
④ 좌굴을 일으키지 않는 범위내 저항 가능한 최대 하중을 좌굴하중

3) 좌굴하중
오일러(Euler)의 장주공식으로 좌굴하중 정의

$$P_k = \frac{\pi^2 EI}{(l_k)^2} = \frac{n\pi^2 EI}{l^2} = \frac{\pi^2 EA}{\lambda^2}$$

P_k : 좌굴하중(kN, N), E : 탄성계수(MPa)
I : 단면 2차모멘트(mm⁴), l_k : 좌굴길이(mm)
A : 단면적(mm²), λ : 세장비

$$n = \frac{1}{k^2} \qquad \lambda = \frac{l_k}{i} \qquad r^2 = \left(\sqrt{\frac{I}{A}}\right)^2 = \frac{I}{A}$$

4) 좌굴응력도

$$\sigma_k = \frac{P_k}{A} = \frac{1}{A} \cdot \frac{\pi^2 EI}{(l_k)^2} = \frac{I}{A} \cdot \frac{\pi^2 E}{(l_k)^2} = \frac{\pi^2 E r^2}{(l_k)^2} = \frac{\pi^2 E}{\lambda^2} \le f_k$$

σ_k : 부재에 작용하는 좌굴응력도(MPa) E : 탄성계수(MPa)
I : 단면 2차모멘트(mm⁴) l_k : 좌굴길이(mm)
λ : 세장비 f_k : 허용 좌굴응력도(MPa)

> **참고**
>
> 좌굴하중 변형공식
>
> $n = \dfrac{1}{k^2}$ 로부터
>
> $P_k = \dfrac{\pi^2 EI}{(l_k)^2} = \dfrac{\pi^2 EI}{l^2 k^2} = \dfrac{1}{k^2} \cdot \dfrac{\pi^2 EI}{l^2} = \dfrac{n\pi^2 EI}{l^2}$
>
> $\lambda = \dfrac{l_k}{i}$, $r = \sqrt{\dfrac{I}{A}}$, $l_k^2 = r^2 \cdot \lambda^2$ 이므로
>
> $P_k = \dfrac{\pi^2 EI}{(l_k)^2} = \dfrac{\pi^2 EI}{\lambda^2 \gamma^2} = \dfrac{\pi^2 EI}{\lambda^2 \dfrac{I}{A}} = \dfrac{A}{\lambda^2 I} \cdot \pi^2 EI = \dfrac{\pi^2 EA}{\lambda^2}$
>
> $$P_k = \dfrac{\pi^2 EI}{(l_k)^2} = \dfrac{n\pi^2 EI}{l^2} = \dfrac{\pi^2 EA}{\lambda^2}$$

핵심 PLUS

28 일단(一端)자유, 타단(他端)고정의 압축재의 길이가 7m일 때 유효좌굴길이는? [98,13 기]
① 3.5m ② 4.9m
③ 7.0m ④ 14.0m

답 : ④

29 그림과 같은 압축재에 $V-V$ 축의 세장비 값으로 옳은 것은?
(단, $A = 10\text{cm}^2$, $I_v = 36\text{cm}^4$)
[10,13,20 기]

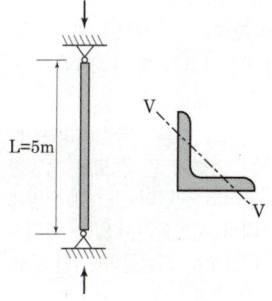

① 270.3 ② 263.5
③ 254.8 ④ 236.4

해설 세장비(λ) $\lambda = \dfrac{l_k}{i}$
양단회전 부재의 좌굴계수(k)는 1이므로 $l_k = l$ 이다.
또한 $r = \sqrt{\dfrac{I}{A}} = \sqrt{\dfrac{36}{10}} = \sqrt{3.6}$

$\therefore \lambda = \dfrac{500}{\sqrt{3.6}} = 263.5$

답 : ②

5) 좌굴길이(lk)

	고정-자유	회전-회전	고정-회전	고정-고정
지지형태	l, $2l$	l	$0.7l$	$0.5l$
k	2	1	0.7	0.5
$l_k (= k \times l)$	$2l$	l	$0.7l$	$0.5l$
$n(= \dfrac{1}{k^2})$	$\dfrac{1}{2^2} = \dfrac{1}{4}$	$\dfrac{1}{1^2} = 1$	$\dfrac{1}{0.7^2} = 2$	$\dfrac{1}{0.5^2} = 4$

※ k=좌굴계수, lk=좌굴길이, n=좌굴강도

① 정의 : 지지단의 조건에 따른 좌굴 가능길이로 좌굴계수(k)와 실제길이(l)의 곱이다.
② 부재 휨강성(EI)이 동일한 부재에서 지지에 따른 좌굴계수(k)와 좌굴강도(n)

Ⅲ. 건축구조 | 탄성체와 구조물 설계

핵심 PLUS

30 그림과 같이 양단이 회전단인 부재의 좌굴축에 대한 세장비는?
[09,14,21 기]

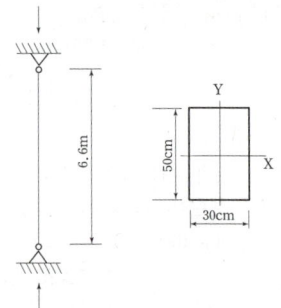

① 76.21 ② 84.28
③ 94.64 ④ 103.77

해설 세장비(λ)
① 해석의 발상 : 세장비(細長比)는 가늘고 긴 정도로 동일한 면적의 단면이라도 그 모양에 따라 저항할 수 있는 크기가 다르므로 좌굴길이(l_k)를 단면 2차반경(i 또는 r)으로 나누어 계산한다.
② 좌굴길이 : 양단회전이므로 좌굴길(l_k)이는 실제길이와 동일한 6.6m이다.
③ 단면2차모멘트 : 기둥의 세장비 계산에 사용되는 단면2차모멘트는 약축으로 계산한다.
따라서 $\dfrac{bh^3}{12} = \dfrac{50 \times 30^3}{12}$
$= 112,500\text{cm}^4$ 이다.
④ 단면2차 반경(i 또는 r)
$r = \sqrt{\dfrac{I}{A}}$ 이므로
$\sqrt{\dfrac{112,500}{50 \times 30}} = 8.66\text{cm}$
⑤ 세장비(λ)
$\lambda = \dfrac{l_k}{\gamma} = \dfrac{660}{8.66} = 76.21$

답 : ①

💡 예제

그림과 같은 기둥의 단면(斷面)이 150×150mm일 경우 이 기둥의 오일러(Euler) 좌굴하중은? (단, 탄성계수 E = 8×10³ MPa)

① 133.2kN
② 154.6kN
③ 176.9kN
④ 198.7kN

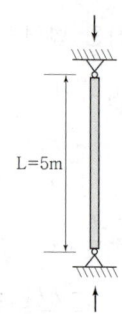

▶ 오일러(Euler) 장주공식의 좌굴하중
① 풀이의 발상 : 좌굴하중은 휨강성(탄성계수×단면2차모멘트)에 비례하고 원주율의 제곱에 비례하며 좌굴길이의 제곱에 반비례한다.
② 오일러 장주 공식의 좌굴하중
$$P_k = \dfrac{\pi^2 EI}{(l_k)^2} = \dfrac{n\pi^2 EI}{l^2} = \dfrac{\pi^2 EA}{\lambda^2}$$
단, P_k : 좌굴하중(kN) E : 탄성계수(MPa)
  I : 단면2차모멘트(mm^4) l_k : 좌굴길이(mm)
  A : 단면적(mm^2) λ : 세장비

좌굴하중 : $P_k = \dfrac{\pi^2 EI}{(l_k)^2}$
$= \dfrac{\pi^2 \times 8 \times 10^3}{(1 \times 5000)^2} \times \dfrac{150 \times 150^3}{12} = 133,104.6\text{N}$

5 기초

1. 기초설계

1) 기초설계
① 정의 : 상부하중을 지반에 전달할 목적으로 지중에 설치하는 구조물
② 설계
㉮ 중심축하중과 모멘트하중 동시 작용 가정
㉯ 기초 저면 압축 접지압만 발생 될 것(인장응력이 발생하지 않을 것)
㉰ 최대접지압(σ_{max})이 허용지내력(f_e) 보다 작을 것($\sigma_{max} \leq f_e$)

2) 기초판 저면의 응력도
① $\sigma_{max} = \dfrac{N}{A} + \dfrac{M}{Z} \leq f_e$

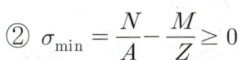

② $\sigma_{min} = \dfrac{N}{A} - \dfrac{M}{Z} \geq 0$

σ : 기초판 저면의 접지압(MPa)
M : 휨모멘트=N·e(N·mm)
f_e : 허용지내력도(MPa)
N : 축하중(N)
e : 편심거리=$\dfrac{M}{N}$(mm)

여기서 편심거리의 크기에 따라 기초판 저면에 발생하는 접지압의 변화는 다음과 같다.

$e = 0$	$e < \dfrac{l}{6}$	$e = \dfrac{l}{6}$	$e > \dfrac{l}{6}$
↓↓↓↓↓↓	↓↓↓↓↓	↓↓↓↓	↓↓↓

※ 단, ℓ은 기초의 폭이며, $e > \dfrac{\ell}{6}$인 경우 인장 접지압은 무시함에 유의

 예제

그림과 같은 독립기초에 생기는 최대, 최소 압축 응력도의 조합으로 적당한 것은?
① 16MPa, 1MPa
② 14MPa, 2MPa
③ 10MPa, 4MPa
④ 10MPa, 6MPa

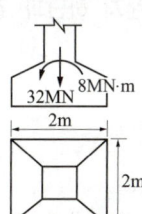

▶ 기초 지반면의 최대 응력도
① 해석의 발상 : 문제의 '기초 지반면의 최대, 최소 응력도'라는 표현은 '기초저면이 지반면에 전달하는 최대, 최소 접지압'이라는 표현이 알 맞다.
② 편심하중 기초 : 문제에서 모멘트 하중이 존재하므로 편심 하중이 작용하는 기초이며, 이 때 최대 또는 최소 접지압은 $\sigma = -\dfrac{N}{A} \pm \dfrac{M}{Z}$이다.

$N = 32(\text{MN})$ $b = 2\text{m}$ $h = 2\text{m}$
$A = 2 \times 2 = 4\text{m}^2$ $M = 8(\text{MN} \cdot \text{m})$
단면계수$(Z) = \dfrac{bh^2}{6} = \dfrac{2 \times 2^2}{6} = 1.33(\text{m}^3)$이다.

③ 최대 접지압(σ_{max})
$-\dfrac{N}{A} - \dfrac{M}{Z} = -\dfrac{32 \times 10^6(\text{N})}{4 \times 10^6(\text{mm}^2)} - \dfrac{8 \times 10^9(\text{N} \cdot \text{mm})}{1.33 \times 10^9(\text{mm}^3)}$
$= -14(\text{N}/\text{mm}^2 = \text{MPa})$[부호 (−)는 압축을 의미한다.]

④ 최소 접지압(σ_{min})
$-\dfrac{N}{A} + \dfrac{M}{Z} = -\dfrac{32 \times 10^6(\text{N})}{4 \times 10^6(\text{mm}^2)} + \dfrac{8 \times 10^9(\text{N} \cdot \text{mm})}{1.33 \times 10^9(\text{mm}^3)}$
$= -2(\text{N}/\text{mm}^2 = \text{MPa})$[부호 (−)는 압축을 의미한다.]

핵심 PLUS

■ 기초의 편심거리(e)

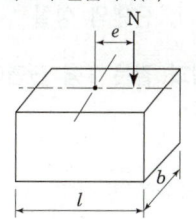

31 그림과 같은 독립기초에 압축력 N=30kN, 모멘트 M=15kN·m가 작용할 때 기초 저면에 압축반력만 생기게 하는 최소 기초 길이(L)는? (단, 흙의 자중 및 기초자중은 무시)

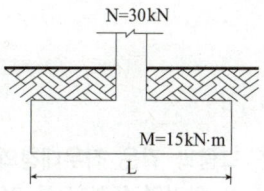

① 2.0m
② 2.4m
③ 3.0m
④ 3.6m

[해설] 기초 길이(L)
① 해석의 발상 : 기초 저면에 압축력(접지압)만 생기려면 인장력이 발생하지 않아야 한다.
② 인장 접지압이 발생하지 않기 위한 조건 : 하중의 최대 편심거리(e)가 기초저면 길이(폭)의 L/6 즉, 핵점(Core Point)을 벗어나지 않아야 한다.
③ 기초의 편심거리 : $M = N \cdot e$에서 $e = \dfrac{M}{N}$이므로
$e = \dfrac{15}{30} = 0.5(\text{m})$이다.
④ 기초의 최소 폭 : 0.5m를 최대 편심거리로 하는 기초길이(폭)을 구하면
$0.5 = \dfrac{L}{6}$에서
$L = 0.5 \times 6 = 3(\text{m})$이다.

답 : ③

핵심기출문제

Ⅲ. 탄성체와 구조물 설계

■■■ 1. 단면의 성질

1. 그림과 같은 T형 단면에서 x축으로부터 단면의 중심 O점까지의 거리 $\bar{y}$는? [14 ㉮]

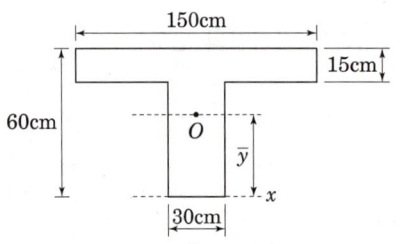

① 15cm ② 30cm
③ 37.5cm ④ 41.25cm

2. 그림과 같은 좌우대칭의 T형 단면의 도심(G)이 플랜지 하단과 일치하게 하려면 플랜지 폭 B의 크기는? (단위 : cm) [04, 10 ㉮]

① 360cm
② 180cm
③ 120cm
④ 60cm

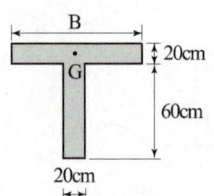

3. 지름 32cm의 원형 단면에서 도심축에 대한 단면계수 Z는? [06 ㉮]

① 50cm³ ② 804cm³
③ 1,608cm³ ④ 3,217cm³

해 설

[해설] 1

T형 단면의 도심

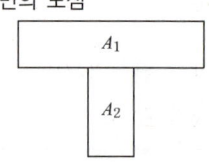

$G_x = A \cdot \bar{y} + A_2 \cdot \bar{y_2}$
$= (150 \times 15) \times 52.5 + (30 \times 45) \times 22.5$
$= 148,500 (\text{m}^3)$
$A = A_1 + A_2 = (150 \times 15) + (30 \times 45)$
$= 3,600 (\text{m}^2)$
$\therefore \bar{y} = \dfrac{G_x}{A} = \dfrac{148,500}{3,600} = 41.25(\text{cm})$

[해설] 2

단면의 도심
① 해석의 발상 : 단면1차모멘트를 단면적으로 나누면 도심거리이다. 그러나 이 문제는 '도심을 지나는 축에 대한 단면1차모멘트는 0이다'는 특성을 이용하는 것이 좋다. 즉, 플랜지의 하단이 도심이 되기 위해서는 상단 플랜지의 (+)단면1차모멘트(G_f)와 하단 웨브의 (−)단면1차모멘트(G_w)가 동일하여야 한다.
※플랜지는 슬래브를 의미하며 플랜지 하단은 슬래브의 하단이다.
② 유효폭(B) ; $G_f = G_w$ 에서
$20 \times B \times 10 = 20 \times 60 \times 30$ 이므로 B=180(cm)이다.

[해설] 3

원형단면의 단면계수(Z)
① 해석의 발상 : 원형단면의 도심 축에 대한 단면계수 $Z = \dfrac{\pi D^3}{32}$ 이다.
② 단면계수
$Z = \dfrac{\pi D^3}{32} = \dfrac{\pi \times 32^3}{32} ≒ 3216.98(\text{cm}^3)$

정답 1. ④ 2. ② 3. ④

해설

4. 단면의 도심을 지나는 X축에 대한 단면2차모멘트(I_X)와 Y축에 대한 단면2차 모멘트(I_Y)가 같기 위해서 Y축에서 떨어진 거리 x_0는 얼마인가? (단, h=2b) [08②]

① $\dfrac{b}{4}$

② $\dfrac{b}{3}$

③ $\dfrac{b}{2}$

④ b

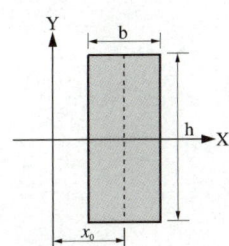

[해설] **4**

단면2차모멘트

① 해석의 발상 : 도형의 중심축에 대한 단면2차모멘트와 이동축에 대한 단면 2차모멘트를 생각한다.

② 도심축(X)에 대한 단면2차모멘트(I_X)

$$I_X = \dfrac{bh^3}{12} = \dfrac{b(2b)^3}{12} = \dfrac{8b^4}{12}$$

③ 이동축(Y)에 대한 단면2차 모멘트(I_Y)

$$I_Y = \dfrac{hb^3}{12} + bh \times x_0^2$$
$$= \dfrac{(2b)b^3}{12} + b(2b) \times x_0^2$$
$$= \dfrac{2b^4}{12} + 2b^2 x_0^2$$

위 두 값이 같은 조건을 만족하는 (x_0)는 $I_X = I_Y$에서

$\dfrac{8b^4}{12} = \dfrac{2b^4}{12} + 2b^2 x_0^2$ 이므로

$x_0 = \dfrac{b}{2}$ 이다.

5. x-x축에 대한 단면2차모멘트를 구하면? [16②]

① 76cm^4

② 258cm^4

③ 428cm^4

④ 500cm^4

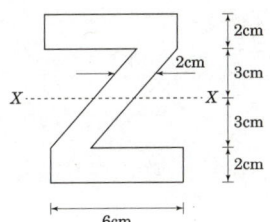

[해설] 단면 2차모멘트

단면2차모멘트는 미소단면의 단면적과 도심거리의 제곱의 곱을 적분하여 구한다. 따라서 그림(a)와 같이 경사진 구간의 각 미소단면적의 폭은 2cm이고 높이 3cm 구간에 분포되는 것으로 볼 수 있으므로 그림(b)와 같이 해석 가능하다.

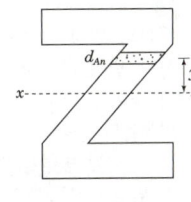
그림(a)

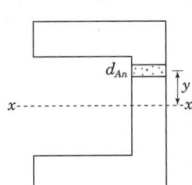
그림(b)

$$I_X = \dfrac{6 \times 10^3 - 4 \times 6^3}{12} = 428 (\text{cm}^4)$$

정답 4. ③ 5. ③

핵심기출문제

Ⅲ. 탄성체와 구조물 설계

6. x축에 대한 단면2차모멘트 I_x=12,000cm⁴일 때, X축에 대한 단면2차모멘트 I_X값은? (단, x축은 단면의 중심축 X축에 평행하다.)

[96, 08, 11 ㉮]

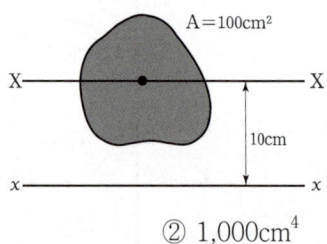

① 2,000cm⁴ ② 1,000cm⁴
③ 1,250cm⁴ ④ 10,000cm⁴

해설 6
이동축에 대한 단면2차모멘트
① 해석의 발상 : 이동축에 대한 단면 2차모멘트는 중심축에 대한 단면2차모멘트에 도형 단면적과 이동거리의 제곱의 곱을 더한 것이다.
즉, 축이동 거리를 y라 한다면
$I_x = I_X + A \cdot y^2$ 이다.
② 중심축 단면2차 모멘트(I_X)
$12,000 = I_X + 100 \times 10^2$ 에서
$I_X = 2,000 \text{cm}^4$ 이다.

7. 다음 그림에서 진한 부분 단면에 대한 단면2차반경 i_x는? [10㉮]

① 1.83cm
② 3.21cm
③ 4.62cm
④ 6.53cm

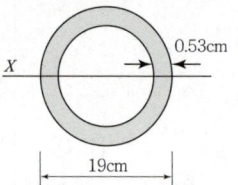

해설 7
$i_x = \sqrt{\dfrac{\text{중공 단면의 단면2차}M(I)}{\text{중공 단면의단면적}(A)}}$
$= \sqrt{\dfrac{\dfrac{\pi}{64}(19^4 - 17.94^4)}{\dfrac{\pi}{4}(19^2 - 17.94^2)}}$
$= 6.532 \text{(cm)}$

■■■ 2. 응력과 변형도

8. 지름이 2.1cm인 강봉에 3kN에 인장력을 작용시켰더니, 길이가 3m에서 3.006m로 늘어났다. 변형률은? [06㉮]

① 0.001 ② 0.002
③ 0.006 ④ 0.028

해설 8
변형률
① 해석의 발상 : 변형 전 상태에 대하여 변형 후 원래 보다 늘어나거나 줄어든 정도의 비이다.
② 변형률의 종류 : 변형률은 응력방향 변형률(세로변형률)과 응력의 직각방향 변형률(가로변형률)로 구분된다.
③ 수직변형률 : 문제의 경우 수직변형률로 원래 길이(l)에 대한 늘어난 길이(Δl)의 비율을 말한다.
$\therefore \dfrac{\Delta l}{l} = \dfrac{(3006-3000)\text{mm}}{3000\text{mm}} = 0.002$

정답 6. ① 7. ④ 8. ②

9. 그림과 같은 재료의 푸아송비는? (단, 점선은 변형된 형태이다.)

[09㉮]

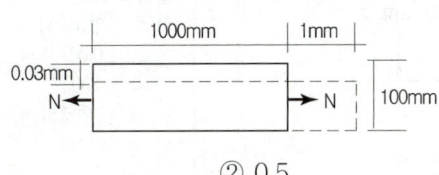

① 1
② 0.5
③ 0.3
④ 0.1

해설 9
푸아송비(ν)
① 해석의 발상 : 푸아송비(ν)는 길이 변형률($\epsilon = \frac{\Delta l}{l}$)에 대한 폭변형률 ($\beta = \frac{\Delta d}{d}$)의 비로 $\nu = \frac{\beta}{\epsilon}$이다.
② 푸아송비(ν)
$\nu = \frac{l}{d} \frac{\Delta d}{\Delta l} = \frac{1000 \times 0.03}{100 \times 1} = 0.3$

10. 그림과 같이 양단이 고정된 강재 부재에 온도가 △T=30℃ 증가될 때 이 부재에 걸리는 압축응력은? (단, 강재의 탄성계수 E_s=2.0 ×10⁵MPa, 부재 단면적 5,000mm², 열팽창계수 α=1.2×10⁻⁵/℃이다.) [08, 14㉮]

① 36MPa
② 54MPa
③ 72MPa
④ 90MPa

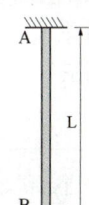

해설 10
온도응력
① 해석의 발상 : 온도응력은 열팽창계수(α), 탄성계수(E_s), 온도변화(ΔT)에 모두 비례한다.
즉, $\sigma_T = E_s \cdot \alpha \cdot \Delta T$ 이다.
② 온도응력(σ_T)
$\sigma_T = E_s \cdot \alpha \cdot \Delta T$
$= (2.0 \times 10^5)\text{MPa} \times (1.2 \times 10^{-5})$
$/℃ \times 30℃ = 72\text{MPa}$

11. 그림과 같이 양단이 고정된 강재 부재에 온도가 $\Delta T = 30℃$ 증가될 때 이 부재에 걸리는 압축응력은 얼마인가? (단, 강재의 탄성계수 $E_s = 2.0 \times 10^5$MPa, 부재 단면적은 $5,000\text{mm}^2$, 선팽창계수 $\alpha = 1.2 \times 10^{-5}/℃$ 이다.) [14, 20㉮]

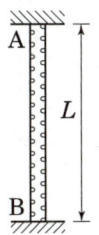

① 25MPa
② 48MPa
③ 64MPa
④ 72MPa

해설 11
온도응력(σ_T)
$\sigma_T = E \cdot \alpha \cdot \Delta T$
$= 200,000 \times 1.2 \times 10^{-5} \times 30$
$= 72\text{N/mm}^2 = 72\text{MPa}$

정답 9. ③ 10. ③ 11. ④

핵심기출문제

III. 탄성체와 구조물 설계

12. 그림과 같은 강재가 전단력을 받아 점선과 같이 변형되었을 때 이 강재의 전단변형률은? [17 ㉮]

① 0.00006rad
② 0.0001rad
③ 0.00125rad
④ 0.00075rad

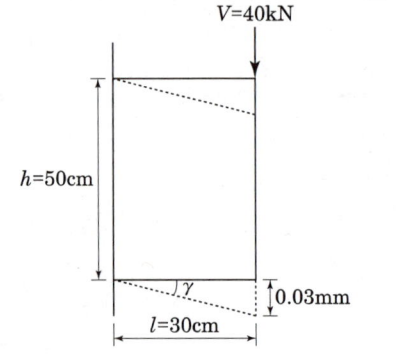

13. 다음 보기의 ①~⑦의 단위에 대해 옳게 나타낸 것은? [10 ㉮]

[보기] ① 단면1차모멘트 ② 단면2차모멘트
③ 휨모멘트 ④ 등분포하중
⑤ 탄성계수 ⑥ 수직응력도
⑦ 단면계수

① ②=⑦이고, ③≠⑤이다.
② ③=⑥이고, ④≠⑥이다.
③ ③=④이고, ①=⑤이다.
④ ①=⑦이고, ⑤=⑥이다.

14. 상단과 하단이 고정된 길이 6m, 단면적 1cm²인 강봉의 상단으로부터 2m 지점에 45kN의 하향 축력이 작용할 때 하중 작용점의 변위는?
(단, $E_s = 200,000$MPa) [13 ㉮]

① 3.0mm ② 3.5mm
③ 4.0mm ④ 4.5mm

해설

해설 12
전단변형률
전단 변형도(γ)
$= \dfrac{\triangle}{d} = \dfrac{0.03}{300} = 0.0001\,(\text{rad})$
단, d는 부재의 폭이며 △는 전단변형의 크기이다.

해설 13
단면의 성질 단위
① 해석의 발상 : 단면의 성질에 다른 단위를 mm로 표현하면 단면1차모멘트(mm³), 단면2차모멘트(mm⁴), 휨모멘트(kN·m), 등분포하중(kN/m), 탄성계수(MPa=N/mm²), 수직응력도(MPa), 단면계수(mm³)이다.
② 단위비교 : 「단면2차모멘트>단면1차모멘트=단면계수」이고, 「수직응력도=탄성계수」이다.

해설 14
hook's law $\Delta \ell = \dfrac{P\ell}{EA}$

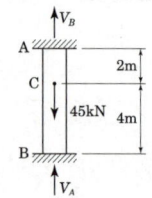

$\sum V = 0$에서 $V_A + V_B - 45 = 0$
$V_A = 45 \times \dfrac{4}{6} = 30\,(\text{kN})$
$V_B = 45 \times \dfrac{2}{6} = 15\,(\text{kN})$
CB구간의 변위(Δl) $= \dfrac{15,000 \times 4000}{200,000 \times 100}$
$= 3\,(\text{mm})$

정답 12. ② 13. ④ 14. ①

15. 직경(D) 30mm, 길이(L) 4m인 강봉에 90kN 의 인장력이 작용할 때 인장응력(σ_t)과 늘어난 길이(ΔL)는 얼마인가? (단, 강봉의 탄성계수 $E = 200,000\text{MPa}$) [07, 14, 22 ㉮]

① $\sigma_t = 127.3\text{MPa}, \Delta L = 1.43\text{mm}$
② $\sigma_t = 127.3\text{MPa}, \Delta L = 2.55\text{mm}$
③ $\sigma_t = 132.5\text{MPa}, \Delta L = 1.43\text{mm}$
④ $\sigma_t = 132.5\text{MPa}, \Delta L = 2.55\text{mm}$

3. 단면의 응력도

16. 그림과 같은 기둥단면이 300mm×300mm인 사각형 단주에서 기둥에 발생하는 최대압축응력은? (단, 부재의 재질은 균등한 것으로 본다.) [16 ㉮]

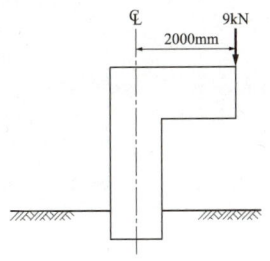

① −2.0 MPa ② −2.6 MPa
③ −3.1 MPa ④ −4.1 MPa

해설

해설 15
탄성계수(E)
hook's law에 의해 $\sigma = E \cdot \epsilon$ 이므로
$\sigma = E \cdot \epsilon \quad \sigma = \dfrac{P}{A} \quad \epsilon = \dfrac{\Delta l}{l}$

$E = \dfrac{\sigma}{\epsilon} = \dfrac{l}{\Delta l} \times \dfrac{P}{A}$

$\Delta l = \dfrac{Pl}{EA} = \dfrac{90 \times 10^3 \times 4000}{200 \times 10^3 \times \dfrac{\pi \times 30^2}{4}}$

$= 2.55 \text{(mm)}$

$\sigma_t = \dfrac{P}{A} = \dfrac{90 \times 10^3}{\dfrac{\pi \times 30^2}{4}}$

$= \dfrac{4}{\pi \times 30^2} \times 90 \times 10^3 = 127.3 \text{(MPa)}$

해설 16
최대압축응력도(σ_{max})
300mm×300mm 기둥 단면에 중심축하중 9kN과 모멘트 하중 18kN·m (9kN×2m)가 동시에 작용하는 상태의 최대압축응력도를 구하면
$\sigma_{max} = -\left(\dfrac{P}{A} + \dfrac{M}{Z}\right)$ 에서

$\sigma_{max} = -\left(\dfrac{9 \times 10^3}{300 \times 300} + \dfrac{9 \times 10^3 \times 2,000}{\dfrac{300 \times 300^2}{6}}\right)$

$= -4.1 \text{(MPa)}$

정답 15. ② 16. ④

핵심기출문제

III. 탄성체와 구조물 설계

해설

17. 그림과 같은 단순보에서 최대 전단응력은 얼마인가? [06, 13 ㉮]

① $\dfrac{2}{3}\dfrac{wl}{bh}$
② $\dfrac{3}{4}\dfrac{wl}{bh}$
③ $\dfrac{4}{3}\dfrac{wl}{bh}$
④ $\dfrac{3}{2}\dfrac{wl}{bh}$

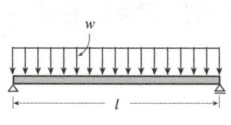

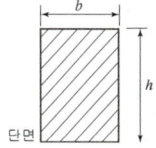

단면

해설 17
장방형 단면의 최대 전단응력도($\tau_{\max}$)
① 해석의 발상 : 장방형 단면의 최대 전단응력은 중립축에서 최대, 압축과 인장 연단에서 0으로 연결은 포물선 형태이다.
② 사각형 단면의 최대 전단응력 : 전단력을 단면적으로 나눈 평균전단응력(v)의 1.5배이며, 최대 전단력($V_{\max}$)은 양단부에서 발생하며 그 크기는 지점반력(V_A)의 크기와 동일하다.

∴ 최대전단응력($\tau_{\max}$)

$\dfrac{3}{2} \cdot \dfrac{V_{\max}}{A} = \dfrac{3}{2A} \cdot V_A$

$= \dfrac{3}{2bh} \cdot \dfrac{wl}{2} = \dfrac{3wl}{4bh}$

18. 폭이 $b=100$mm, 높이가 $h=200$mm인 단면에 전단력 4kN이 작용할 때 최대전단응력을 구하면? [17 ㉮]

① 0.3MPa
② 0.4MPa
③ 0.5MPa
④ 0.6MPa

해설 18
최대전단응력도($\tau_{\max}$)

$\tau_{\max} = 1.5\dfrac{S}{A} = 1.5 \times \dfrac{4 \times 10^3}{100 \times 200}$

$= 0.3\text{N/mm}^2 (= \text{MPa})$

19. 직사각형 철근콘크리트 단면의 보에 발생하는 최대 전단응력은? (단, 보의 면적은 10cm², 전단력은 10kN이다.) [06 ㉮]

① 10MPa
② 15MPa
③ 100MPa
④ 20MPa

해설 19
직사각형 단면의 최대 전단응력도($\tau_{\max}$)
직사각형 단면의 최대 전단응력도는 평균전단응력도의 1.5배이다.

즉, $\tau_{\max} = \dfrac{3}{2} \cdot \dfrac{V_{\max}}{A}$ (단, $A = bh$)이다.

∴ $\tau_{\max} = \dfrac{3}{2} \times \dfrac{V}{A}$

$= \dfrac{3}{2} \times \dfrac{10,000\text{N}}{1,000\text{mm}^2}$

$= 15(\text{N/mm}^2) = 15\text{MPa}$

정답 17. ② 18. ① 19. ②

20. 직사각형 단면의 철근콘크리트보에 발생하는 최대전단응력도는? (단, 보의 단면적은 3000mm², 최대 전단력은 2000N이다.) [07㉮]

① 1MPa
② 1.5MPa
③ 10MPa
④ 15MPa

해설

해설 20
직사각형 단면의 최대 전단응력도(τ_{max})
① 해석의 발상 : 직사각형 단면의 최대 전단응력도는 평균전단응력도의 1.5배이다.
즉, $\tau_{max} = \frac{3}{2} \cdot \frac{v_{max}}{A}$ (단, $A = bh$)
② 최대 전단력
$$\tau_{max} = \frac{3}{2} \times \frac{v_{max}}{A}$$
$$= \frac{3}{2} \times \frac{2000}{3000} = 1(N/mm^2)$$
$$= 1MPa$$

21. 다음 그림에서 보의 높이 h를 계산하여 지점단면상에 생기는 최대전 단응력도를 구하면? (단, 허용 휨응력도 f_b =9MPa) [99, 08㉮]

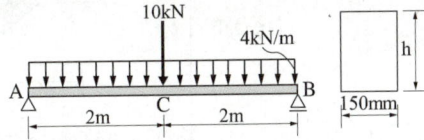

① 0.26MPa
② 0.36MPa
③ 0.46MPa
④ 0.56MPa

해설 정방형 단면의 최대 전단응력도(τ_{max})
① 해석의 발상 : 부재의 휨응력도로 휨설계를 하여 보의 춤(h)을 먼저 계산한 후 최대 전단응력을 구한다.
② 휨 설계 : $f_b \geq \frac{M_{max}}{Z}$ 에서 f_b =9MPa

$Z = \frac{bh^2}{6} = \frac{150 \times h^2}{6}$

$M_{max} = \frac{Pl}{4} + \frac{wl^2}{8} = \frac{10 \times 4}{4} + \frac{4 \times 4^2}{8} = 18kN \cdot m = 18 \times 10^6 N \cdot mm$ 이므로

$9 \geq \frac{6 \times 18 \times 10^6}{150 \times h^2}$ 으로부터 $h \geq \sqrt{\frac{6 \times 18 \times 10^6}{150 \times 9}} = 282.84mm$

③ 사각형 단면의 최대 전단응력 : 전단력을 단면적으로 나눈 평균전단응력(v)의 1.5배이며, 최대 전단력(V_{max})은 양단부에서 발생하고 그 크기는 지점반력(V_A)의 크기와 동일하다.

④ 최대 전단력(V_{max}) : $V_{max} = V_A$ (또는 V_B) = 집중하중에 의한 지점반력+등분포하중에 의한 지점 반력

$V_{max} = \frac{P}{2} + \frac{wl}{2} = \frac{10}{2} + \frac{4 \times 4}{2} = 13(kN)$

∴ 최대전단응력(τ_{max}) $= \frac{3}{2} \cdot \frac{V_{max}}{A} = \frac{3 \times 13 \times 10^3}{2 \times 150 \times 282.84} = 0.46N/mm^2$ (MPa)

20. ① 21. ③

핵심기출문제

■■■■ 4. 장주와 단주

22. 그림과 같은 H형강 단면의 핵 면적을 구하면? [16 ②]

$$H-200\times200\times8\times12$$
$$A = 6,350\,\text{mm}^2$$
$$I_x = 4.72\times10^7\,\text{mm}^4$$
$$I_y = 1.60\times10^7\,\text{mm}^4$$

① 932.47mm²
② 1,864.93mm²
③ 2,797.40mm²
④ 3,746.23mm²

23. 그림과 같은 원통단면의 핵반경은? [15 ②]

① $\dfrac{D+d}{6}$
② $\dfrac{D}{8}$
③ $\dfrac{D+d}{8}$
④ $\dfrac{D^2+d^2}{8D}$

[해설] 원통단면의 핵

원통형단면의 핵은 직경의 $\dfrac{1}{8}$이다.

$e = \dfrac{Z}{A} = \dfrac{4}{\pi D^2} \times \dfrac{\pi D^3}{32} = \dfrac{D}{8}$

$A = \dfrac{\pi D^2}{4}$

$Z = \dfrac{\pi D^3}{32}$

다만 문제의 단면은 파이프형이므로

$e = \dfrac{Z}{A},\ A = \dfrac{\pi D^2}{4} - \dfrac{\pi d^2}{4} = \dfrac{\pi(D^2-d^2)}{4}$

$Z = \dfrac{I}{y},\ y = \dfrac{D}{2},\ I = \dfrac{\pi D^4}{64} - \dfrac{\pi d^4}{64} = \dfrac{\pi(D^4-d^4)}{64}$

$Z = \dfrac{2}{D} \times \dfrac{\pi(D^4-d^4)}{64} = \dfrac{\pi(D^4-d^4)}{32D}$

$\therefore\ e = \dfrac{Z}{A} = \dfrac{4}{\pi(D^2-d^2)} \times \dfrac{\pi(D^4-d^4)}{32D} = \dfrac{D^2+d^2}{8D}$

해설

[해설] **22**

H형강 단면의 핵(Core)

H형강의 핵 단면적(A_e)은 핵점(Core point)을 연결하는 마름모꼴의 면적으로 산정할 수 있다. 부재의 중심으로부터 x축과 y축선 상의 핵점을 e_x, e_y라고 한다면

$e_x = \dfrac{Z_x}{A} = \dfrac{\dfrac{I_x}{y}}{A} = \dfrac{\dfrac{4.72\times10^7}{100}}{6,350} = 74.33(\text{mm})$

$e_y = \dfrac{Z_y}{A} = \dfrac{\dfrac{I_y}{x}}{A} = \dfrac{\dfrac{1.6\times10^7}{100}}{6,350} = 25.2(\text{mm})$

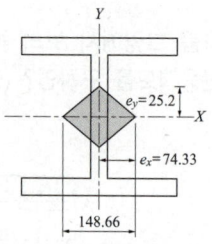

$A_e = \{(74.33\times2)\times25.2\times0.5\}\times2$
$\quad = 3,746.23(\text{mm}^2)$

정답 22. ④ 23. ④

해설

24. 그림과 같은 하중을 지지하는 단주의 단면에서 인장력을 발생시키지 않는 거리 x의 한계는? [17㉑]

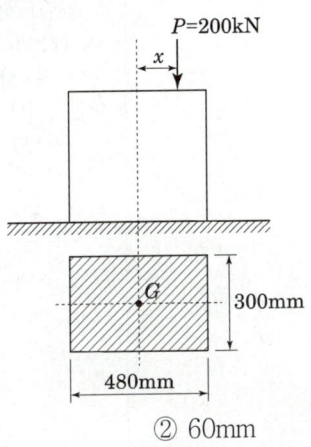

① 40mm ② 60mm
③ 80mm ④ 100mm

해설 24

단면의 핵(core)
핵점(core point) : 단면에 인장응력이 발생하지 않는 최대의 편심거리 한계점

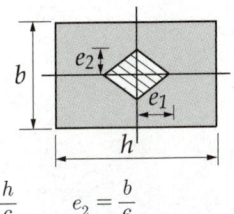

$e_1 = \dfrac{h}{6}$ $e_2 = \dfrac{b}{6}$

$x = \dfrac{h}{6} = \dfrac{480}{6} = 80(\text{mm})$

25. 그림과 같은 철골구조에서 $K_B/K_C = 0$일 때 기둥의 좌굴길이는?
(단, 수평력에 의해 수평변형이 생길 때) [17㉑]

① 0.5h
② 0.7h
③ 1.0h
④ 2.0h

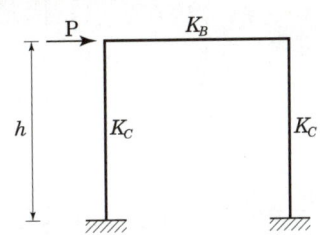

해설 25

부재강도와 좌굴길이
$K_B/K_C = 0$이므로 K_C에 비해 K_B는 거의 무시할 수 있는 강도이다. 따라서 보가 수평력에 대한 변형을 흡수할 능력이 없다.
그러므로 수평의 보가 존재하지 않는 상태의 캔틸레버형의 기둥으로 해설할 때 좌굴길이(ℓ_K)는 2ℓ이므로 기둥 높이(h)의 2배인 2h가 된다.

26. 다음 중 압축재의 좌굴하중 산정시 직접적인 관계가 없는 것은? [08, 19㉑]

① 단면2차 모멘트 ② 탄성계수
③ 포아손비   ④ 지지조건

해설 26

좌굴하중
오일러의 장주 공식에서 좌굴하중
$(P_k) = \dfrac{\pi^2 EI}{(l_k)^2}$ 이고 좌굴길이(l_k)는 양단지지 조건에 따라 다르다.

정답 24. ③ 25. ④ 26. ③

핵심기출문제

III. 탄성체와 구조물 설계

27. 부재의 EI가 일정하고, 양단의 지지상태가 그림과 같은 경우, A기둥의 탄성좌굴하중은 B기둥의 탄성좌굴하중의 몇 배인가? [16 ㉮]

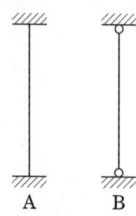

① 4배 ② 6배
③ 8배 ④ 16배

[해설] 27

오일러 장주공식
문제에서 기둥의 길이를 제시하지 않아 단위길이(1m)로 가정한다면 A기둥의 좌굴길이는 0.5이며, B의 좌굴길이는 1이다.

$$P_k = \frac{\pi^2 EI}{(l_k)^2}$$

$$P_{kA} = \frac{\pi^2 EI}{0.5^2}, \quad P_{kB} = \frac{\pi^2 EI}{1^2}$$

$$\frac{P_{kA}}{P_{kB}} = \frac{1}{\pi^2 EI} \times \frac{\pi^2 EI}{0.5^2} = \frac{1}{0.25} = 4$$

---

28. 그림과 같은 압축재에 V-V 축의 세장비 값으로 옳은 것은? (단, A=10cm², Iv=36cm⁴) [10, 13, 20 ㉮]

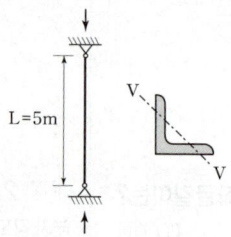

① 270.3 ② 263.1
③ 254.8 ④ 236.4

[해설] 28

세장비
① 해석의 발상 : 좌굴길이를 단면2차반경으로 나누면 세장비이며, 한편 단면2차반경은 단면2차모멘트를 단면적으로 나누어 제곱근을 구한 것이다.
② 세장비(λ)

$$\lambda = \frac{l_k}{i} = \frac{l_k}{\sqrt{I_V/A}}$$

$$= \frac{1 \times 500}{\sqrt{36/10}} = 263.1$$

---

29. 단일 압축재에서 세장비를 구할 때 필요 없는 것은? [10, 15 ㉮]
① 좌굴길이 ② 단면적
③ 단면2차모멘트 ④ 탄성계수

[해설] 29

세장비(λ)
기둥의 단면 형태, 길이, 지지 상태 등의 관계를 나타내는 것으로 세장비 (λ) = $\frac{l_k}{i}$ 이다.
 l_k : 기둥의 좌굴길이(cm)
 i : 단면 2차 반경(cm)
기둥의 좌굴길이는 부재 단부 지지 조건에 따라 일정한 값을 가지므로 탄성계수와 무관

정답 27. ① 28. ② 29. ④

30. 양단 힌지인 길이 6m의 H-300×300×10×15의 기둥이 약축방향으로 부재중앙이 가새로 지지되어 있을 때 설계용 세장비는? (단, 이 부재의 단면 2차 반경 r_x=13.1cm, r_y=7.51cm이다.) [13, 17, 19, 22 ㉑]

① 40.0 ② 45.8
③ 58.2 ④ 66.3

[해설] 30
세장비(λ)
$$\lambda = \frac{\ell_k}{r}$$
r = 단면2차반경, ℓ_k = 좌굴길이
$$\lambda = \frac{6000}{131} = 45.8$$

31. 그림과 같은 6m 길이의 기둥에 압축하중이 작용할 때 횡구속에 가장 유리한 조건은? (단, SS400 강재 사용) [15 ㉑]

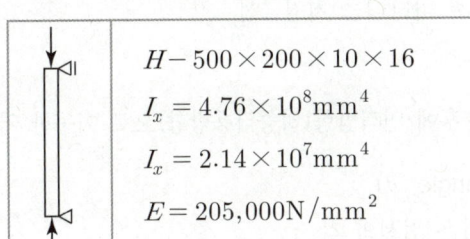

$H - 500 \times 200 \times 10 \times 16$
$I_x = 4.76 \times 10^8 \text{mm}^4$
$I_y = 2.14 \times 10^7 \text{mm}^4$
$E = 205,000 \text{N/mm}^2$

① 5m 높이에 강축에만 휨변형 구속이 있다.
② 3m 높이에 강축에만 휨변형 구속이 있다.
③ 5m 높이에 약축에만 휨변형 구속이 있다.
④ 3m 높이에 약축에만 휨변형 구속이 있다.

[해설] 31
압축하중의 횡구속
좌굴축은 약축에 대해 발생하고 구속지간이 짧아야 하므로 3m 높이의 약축에 휨변형 구속이 필요하다.

■■■ **5. 기초**

32. 독립기초에 N=200kN, M=100kN·m가 작용할 때 접지압이 압축력만 생기게 하기 위한 기초 저면의 최소길이는? [06 ㉑]

① 2m ② 3m
③ 4m ④ 5m

[해설] 기초 길이(L)
① 해석의 발상 : 기초 저면에 압축(접지압)만 생기려면 인장력이 발생하지 않아야 한다.
② 인장 접지압이 발생하지 않기 위한 조건 : 하중의 최대 편심거리(e)가 기초저면 길이(폭)의 $L/6$을 벗어나지 않아야 한다.
④ 기초의 편심거리 : $M = N \cdot e$에서 $e = \frac{M}{N}$ 이므로 $e = \frac{100}{200} = 0.5(\text{m})$
⑤ 기초의 최소 폭 : 0.5m를 최대 편심거리로 하는 기초길이(폭)을 구하면 즉, $0.5 = \frac{L}{6}$에서 $L = 0.5 \times 6 = 3(\text{m})$이다.

정답 30. ② 31. ④ 32. ②

04 처짐과 부정정 구조물

핵심 PLUS

■ 처짐곡선

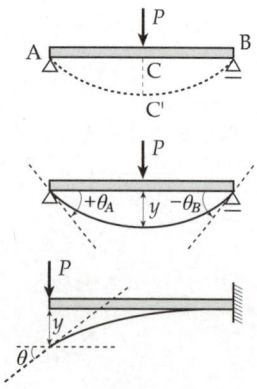

■ 공액보법

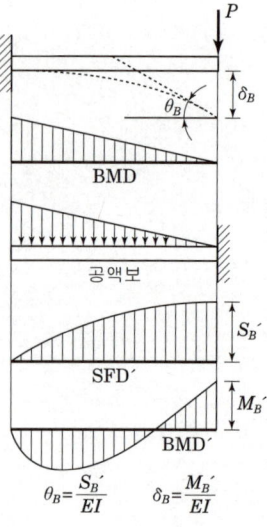

1 처짐(Deflection)

1. 개요

1) 탄성곡선(elastic curve)
   보가 하중을 받아 변형되면서 나타내는 처짐곡선

2) 처짐(deflection, δ 또는 y)
   구조물의 특정점이 변형 전·후에 연직방향(하중작용방향)으로 이동한 거리

3) 처짐각(slope, deflection angle, θ)
   변형 후 처짐곡선 위에서 그은 접선의 각
   시계 방향 처짐+, 반시계방향 처짐−

4) 단위 및 부호

구분	단위	부호
처짐	mm, cm	하향 처짐(∪) +, 상향 처짐(∩) −
처짐각	radian	시계 방향 처짐 +, 반시계 방향 처짐 −

2. 공액보법

1) 공액보(Conjugate Beam)
   모멘트도(B.M.D)를 하중으로 작용시킨 보

2) 공액보의 가정

변형원칙	회전지점→이동지점 이동지점→회전지점	고정지점→자유단 자유단→고정지점	게르버보 회전지점→회전절점
실제보	◁──△	▨────	◁──△
공액보	◁──△	────▨	◁─○─▨

3) 공식

① 처짐각$(\theta) = \dfrac{S'}{EI}$ (rad)

② 처짐$(y) = \dfrac{M'}{EI}$ (mm)

S' : 처짐각을 구하려는 지점의 공액보상 전단력
M' : 처짐을 구하려는 위치의 공액보상 휨모멘트

3. 캔틸레버보의 처짐계산(공액보법)

1) 실제보의 반력 산정

① 고정단 수직 반력(R_A) : $V_A = P$
② 고정단의 모멘트 반력(M_A) : $M_A = P \cdot l$

2) 공액보의 반력 계산

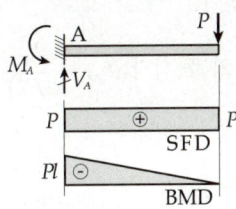
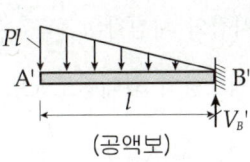
(공액보)

3) 공액보 및 하중

① 공액보 : 고정단은 자유단, 자유단은 고정단으로 변경
② 하중 : 실제보의 BMD를 하중으로 작용

4) 처짐각 및 처짐 산정

① 캔틸레버보의 최대처짐은 자유단(B′점)에서 발생
② 공액보의 고정단 B′지점의 전단력(V_B')과 휨모멘트(M_B')를 산정

$V_B' = Pl \times l \times \dfrac{1}{2} = \dfrac{Pl^2}{2}$

$M_B' = Pl \times l \times \dfrac{1}{2} \times \dfrac{2}{3}l = \dfrac{Pl^3}{3}$

③ 처짐각(θ_A)과 최대처짐$(y_{\max})$ 산정

핵심 PLUS

■ 집중하중

하중조건, 처짐, 처짐각	

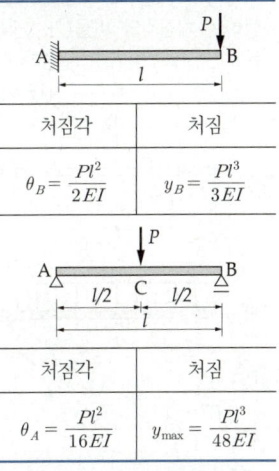

처짐각	처짐
$\theta_B = \dfrac{Pl^2}{2EI}$	$y_B = \dfrac{Pl^3}{3EI}$

처짐각	처짐
$\theta_A = \dfrac{Pl^2}{16EI}$	$y_{\max} = \dfrac{Pl^3}{48EI}$

01 다음 캔틸레버보의 자유단의 처짐각은? (단, 탄성계수 E, 단면 2차모멘트 I)
[11,13,16,17,20 기]

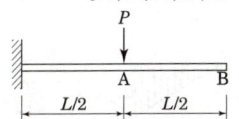

① $\dfrac{PL^2}{2EI}$ ② $\dfrac{PL^2}{3EI}$

③ $\dfrac{PL^2}{6EI}$ ④ $\dfrac{PL^2}{8EI}$

[해설] 캔틸레버보의 처짐각 공액보법에 의하면 주어진 보의 BMD에서 M_C를 휨강성(EI)로 나누어 표시한 공액보(아래 그림 참조)에서 면적을 구하면 처짐각이며, 면적과 도심거리의 곱은 처짐이다. 따라서 자유단 B의 처짐각(θ_B)는 C에서 B까지의 면적으로 구할수 있다.

$\therefore \theta_B = \dfrac{Pl}{2EI} \times \dfrac{l}{2} \times \dfrac{1}{2} = \dfrac{Pl^2}{8EI}$

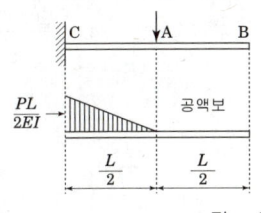

답 : ④

핵심 PLUS

02 다음 그림과 같은 두 개의 단순보에 크기가 같은($P=wL$) 하중이 작용할 때, A점에서 발생하는 처짐각의 비율(가 : 나)은? (단, 부재의 EI는 일정하다.) [15 기]

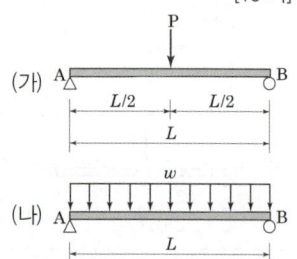

① 1.5 : 1
② 0.67 : 1
③ 1 : 1.5
④ 1 : 0.5

[해설] 처짐각(θ)
공액보법에 의하면 처짐각은 휨모멘트도의 면적으로 산정이 가능하다.
(가)의 BMD

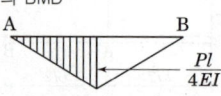

$\theta_{A1} = \dfrac{pl}{4EI} \times \dfrac{l}{2} \times \dfrac{1}{2} = \dfrac{pl^2}{16EI}$

(나)의 BMD

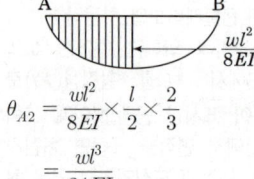

$\theta_{A2} = \dfrac{wl^2}{8EI} \times \dfrac{l}{2} \times \dfrac{2}{3}$
$= \dfrac{wl^3}{24EI}$

$\theta_{A1} : \theta_{A2} = \dfrac{wl \cdot l^2}{16EI} : \dfrac{wl^3}{24EI}$
$= \dfrac{1}{16} : \dfrac{1}{24}$
$= 1.5 : 1$

답 : ①

㉮ 처짐각

$\theta_A = \dfrac{S_B'}{EI} = \dfrac{V_B'}{EI} = \dfrac{Pl^2}{2EI}$

㉯ 처짐

$y_B = \dfrac{M_B'}{EI} = \dfrac{Pl^3}{3} \cdot \dfrac{1}{EI} = \dfrac{Pl^3}{3EI} = y_{\max}$

4. 단순보의 처짐계산(공액보법)

1) 공액보법 순서
① 실제보의 휨 모멘트도(B.M.D) 구하기
② 실제보를 공액보로 변환
③ 실제보의 휨 모멘트도를 공액보에 하중으로 작용
④ 공액보상에서 반력 산정(V_A', V_B')
⑤ 공액보상의 지점 전단력 산정(S_A', S_B')
⑥ A지점의 처짐각(θ_A) = $\dfrac{S_B'}{EI}$, B지점의 처짐각(θ_B) = $\dfrac{S_A'}{EI}$
⑦ 공액보상의 최대휨모멘트 산정($M_{\max}'$)
⑧ 최대 처짐($y_{\max}$) = $\dfrac{M_{\max}'}{EI}$

2) 등분포하중 작용시의 최대처짐
① 실제보 휨모멘트 구하기
등분포하중 작용 시 휨모멘트는 보의 양단부에서 0, 보의 중앙부에서 최대휨모멘트 $\dfrac{wl^2}{8}$, 2차곡선 변화

② 공액보 변환
③ 휨모멘트를 공액보에 하중으로 작용
④ 공액보의 지점 반력 산정(하중의 $\dfrac{1}{2}$)

$V_A' = V_B' = \dfrac{2}{3} \times \left(\dfrac{l}{2} \times \dfrac{wl^2}{8} \right) = \dfrac{wl^3}{24}$

⑤ 처짐각 계산

$\theta_A = \dfrac{S_A'}{EI} = \dfrac{V_A'}{EI} = \dfrac{wl^3}{24EI}$

⑥ 공액보의 최대 휨모멘트 산정

$M_{\max} = M_c' = \left(V_A' \times \dfrac{l}{2} \right) - \left\{ \left(\dfrac{2}{3} \times \dfrac{l}{2} \times \dfrac{wl^2}{8} \right) \left(\dfrac{l}{2} \times \dfrac{3}{8} \right) \right\} = \dfrac{5wl^4}{384}$

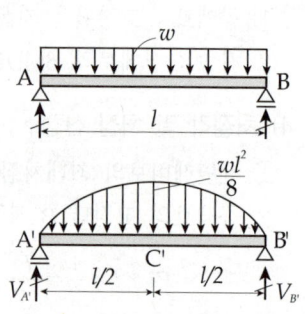

⑦ 최대 처짐 산정

$$\therefore y_{max} = y_c = \frac{M_c'}{EI} = \frac{5wl^4}{384EI}$$

5. 처짐의 특성

① 휨모멘트(M)와 하중(P 또는 w)에 비례
② 단면2차모멘트(I)와 재료의 탄성계수(E)에 반비례
③ 동일한 단면적을 가진 부재에서 형태에 따라 단면2차모멘트(I)가 다양하므로 처짐도 다양하게 변화
④ 사각형 단면은 $I = bh^3/12$ 이므로 보폭(b)보다 보춤(h)가 클수록 처짐은 현저히 감소
⑤ 집중하중은 지간(l)에 세제곱, 등분포하중은 지간(l)에 네제곱에 비례

2 부정정 구조물

1. 개요

1) 정의

① 정의 : 힘의 평형조건식 $\Sigma V = 0$, $\Sigma H = 0$, $\Sigma M = 0$로 반력을 모두 구할 수 없는 구조물
② 해석 : 구조물의 변형, 지점의 변형 등에 대한 구속조건식으로 반력 계산 (안정 구조물의 2가지 조건 즉, 평형과 무변형 중 무변형으로 반력계산)
③ 주요 부정정 구조물의 반력(핵심 PLUS 참고)

2) 장점

① 휨모멘트 감소 : 지간, 하중, 부재가 동일한 정정 구조물에 비해 휨모멘트가 적게 발생
② 경제성 : 하중이 동일한 정정 구조물에 비해 작은 단면 가능
③ 하중 증가 : 동일한 단면과 지간을 갖는 정정 구조물에 비해 큰 하중 부담 가능
④ 지간 증가 : 동일 하중과 단면의 정정 구조물에 비해 큰 스팬(span) 가능
⑤ 처짐 감소 : 강성의 증가로 처짐 감소
⑥ 안정성 증대 : 응력 재분배 효과 상승

3) 단점

① 해석과 설계의 어려움
② 부동침하에 취약, 큰 응력 발생 우려

핵심 PLUS

03 다음 그림과 같은 단순보에 등변분포하중이 작용하고 있을 때 보의 처짐곡선은 몇 차 곡선이 되는가? [08,12 기]

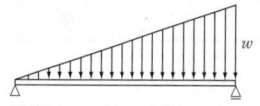

① 2차
② 3차
③ 4차
④ 5차

[해설] 처짐곡선의 차수
처짐곡선은 집중하중 인 경우 3차, 등분포하중인 경우 4차, 등변분포하중인 경우 5차 곡선이 된다.

답 : ④

■ 일단고정

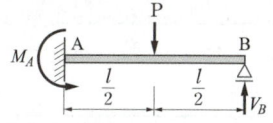

V_B	M_A
$\dfrac{5}{16}P$	$\dfrac{3}{16}Pl$

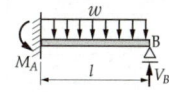

V_B	M_A
$\dfrac{3}{8}wl$	$\dfrac{wl^2}{8}$

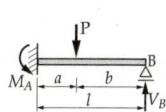

V_B	M_A
$\dfrac{Pa^2}{2l^3} \times$ $(3l-a)$	$\dfrac{Pab}{2l^2} \times$ $(l+b)$

핵심 PLUS

- 양단고정

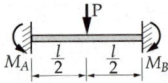

V_B	M_A
$\dfrac{P}{2}$	$\dfrac{Pl}{8}$

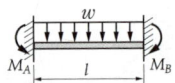

V_B	M_A
$\dfrac{wl}{2}$	$\dfrac{wl^2}{12}$

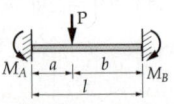

V_B	M_A
$\dfrac{Pb^2}{l^3}\times(l+2a)$	$\dfrac{Pab^2}{l^2}$

04 그림과 같은 양단 고정보의 단부 휨모멘트는? [16 기]

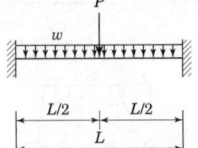

① $M=-\dfrac{wl^2}{16}-\dfrac{Pl}{12}$

② $M=-\dfrac{wl^2}{12}-\dfrac{Pl}{8}$

③ $M=-\dfrac{wl^2}{8}-\dfrac{Pl}{4}$

④ $M=-\dfrac{wl^2}{16}-\dfrac{Pl}{8}$

[해설] 양단 고정보의 휨모멘트

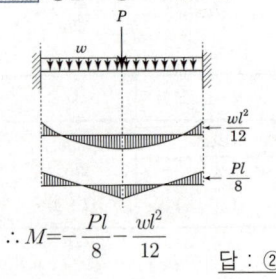

$\therefore M=-\dfrac{Pl}{8}-\dfrac{wl^2}{12}$

답 : ②

2. 부정정 구조물의 해법

1) 해법의 분류

① 응력법(forx method) : 변위일치법, 3연 모멘트법, 최소일법, 가상일법

② 변위법(displacement method) : 처짐각법, 모멘트 분배법

③ 유한차분법(finite difference method) : 유한요소법

2) 변위일치법

① 해석 원리
   - ㉮ 안정 구조물의 무변형 조건 적용
   - ㉯ 무변형 즉, 처짐이 발생되지 않기 위해서는 하중(외력)에 의한 처짐과 지점반력(내력)에 의한 처짐이 동일하여야 함

② 해석 순서
   - ㉮ B지점을 제거하여 캔틸레버보(정정구조물) 가정
   - ㉯ 하중(P)에 의한 B지점의 처짐 y_{B1} 산정(그림 a)
   - ㉰ 반력 V_B에 의한 B지점의 처짐 y_{B2} 산정(그림 b)
   - ㉱ 무변형 조건 : $y_{B1}=y_{B2}$이면 외력에 의한 처짐과 반력에 의한 처짐이 동일하여 구조물은 처짐이 발생치 않음
   - ㉲ $y_{B1}-y_{B2}=0$에 의해 부정정 여력 V_B 산정
   - ㉳ 나머지 V_A와 M_A는 $\Sigma V=0$, $\Sigma M=0$에 의해 산정
   - ㉴ 단면력인 전단력, 휨모멘트는 정정구조물과 동일하게 해석

③ 해석 예시

고정지점과 이동지점으로 구성된 보의 중앙점에 집중하중이 작용하는 경우

㉮ 하중(P)에 의한 처짐(y_{B1}) 산정
B지점을 제거한 캔틸레버보에 하중 P에 의한 처짐(y_{B1})

$$\therefore y_{B1}=\dfrac{5Pl^3}{48EI}$$

㉯ 반력(V_B)에 의한 처짐(y_{B2})의 산정
하중(P)을 제거한 캔틸레버보에서 지점 반력(V_B)에 의한 처짐(y_{B2})

$$\therefore y_{B2}=\dfrac{V_B l^3}{3EI}$$

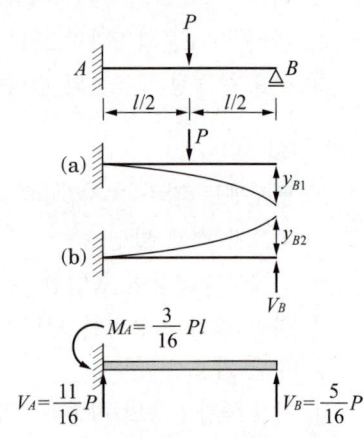

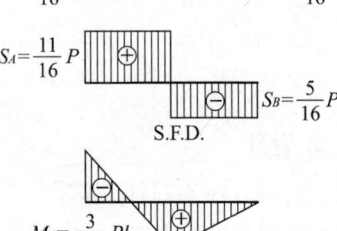

S.F.D.

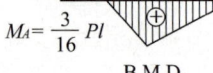

B.M.D.

㉰ 부정정보의 반력 산정

$y_{B1} - y_{B2} = 0$ 에서

$$\frac{5Pl^3}{48EI} - \frac{V_B l^3}{3EI} = 0 \qquad \therefore V_B = \frac{5}{16}P$$

$\Sigma V = 0$ 에서

$$-P + V_A + V_B = 0 \qquad \therefore V_A = \frac{11}{16}P$$

$\Sigma M_A = 0$ 에서

$$-M_A + \left(P \times \frac{1}{2}\right) - \left(\frac{5}{16}P \times l\right) = 0 \qquad \therefore M_A = \frac{3}{16}Pl$$

3) 처짐각법

① 해석 원리
 ㉮ 라멘은 부재단면의 중심(重心)을 지나는 선으로 표시
 ㉯ 한 부재의 휨강성(EI)은 전 길이에 일정
 ㉰ 변형은 미소하며 힘의 평형은 변형 전 상태 유지
 ㉱ 부재의 축방향력 및 전단력에 의한 변형은 무시
 ㉲ 부재의 휨모멘트에 의한 길이의 변화는 무시

② 해석 순서
 ㉮ 재단모멘트로 부재양단의 처짐각, 부재각, 하중항에 의한 기본식 구성
 ㉯ 적합조건식(절점방정식, 층방정식)으로 미지 절점 처짐각의 부재각 산정
 ㉰ 먼저 산정된 미지수를 기본식에 대입하여 부재의 재단 모멘트 산정

③ 처짐각법의 일반식

$$\theta_A = \frac{l}{6EI}(2M_{AB} + M_{BA})$$

$$\theta_B = -\frac{l}{6EI}(2M_{BA} + M_{AB})$$

④ 처짐각법의 기본식(핵심PLUS 그림 참조)

$$M_{AB} = 2Ek_{AB}(2\theta_A + \theta_B - 3R) - C_{AB}$$
$$M_{BA} = 2Ek_{AB}(\theta_A + 2\theta_B - 3R) + C_{BA}$$

M_{AB} : AB 부재에서 A단에 생기는 재단모멘트
M_{BA} : AB 부재에서 B단에 생기는 재단모멘트
k_{AB} : 부재강도(I/l)
θ_A : A 지점의 처짐각
θ_B : B 지점의 처짐각
R : 부재각(Δ/l)
C_{AB} : 고정단 A 지점 모멘트 하중
C_{BA} : 고정단 B 지점 모멘트 하중

핵심 PLUS

05 2경간 연속보에서 반력 R_C의 크기는? (단, E.I는 일정함)
[04,10,13 기]

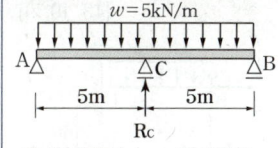

① 31.25kN ② 25kN
③ 18.75kN ④ 11.25kN

[해설] 부정정 구조물의 해석
① 해석의 발상 : 문제는 2경간 연속보로 1차부정정 구조물이다. 이 구조물은 중앙지점의 반력(R_C)에 의한 상향 처짐(δ_1)과 등분포하중(w)에 의한 하향 처짐(δ_2)이 동일하면 변형이 없다는 것을 활용하여 R_C를 구할 수 있다.
② 처짐 : 지점반력에 의한 처짐 (δ_1)은 $\dfrac{R_C \cdot l^3}{48EI}$ 이고 등분포 하중(w)에 의한 하향 처짐 (δ_2)은 $\dfrac{5wl^4}{384EI}$ 이다.
③ 지점 반력(R_C) : $\delta_1 = \delta_2$

에서 $\dfrac{R_C \cdot l^3}{48EI} = \dfrac{5wl^4}{384EI}$

이고 $R_C = \dfrac{48EI}{l^3} \times \dfrac{5wl^4}{384EI}$

$= 0.625wl$ 이므로
$R_C = 0.625 \times 5\text{kN} \times 10\text{m}$
$= 31.25\text{kN·m}$

답 : ①

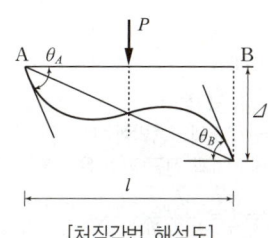

[처짐각법 해석도]

III. 건축구조 | 처짐과 부정정 구조물

핵심 PLUS

06 그림과 같은 라멘의 AB재에 휨모멘트가 발생하지 않게 하려면 P는 얼마가 되어야 하는가?
[13, 19 기]

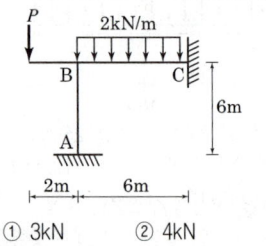

① 3kN ② 4kN
③ 5kN ④ 6kN

[해설]

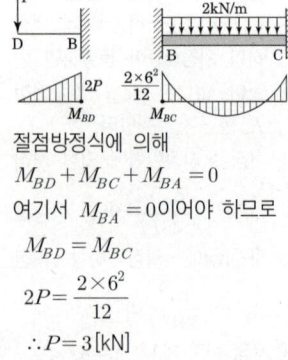

절점방정식에 의해
$M_{BD} + M_{BC} + M_{BA} = 0$
여기서 $M_{BA} = 0$이어야 하므로
$M_{BD} = M_{BC}$
$2P = \dfrac{2 \times 6^2}{12}$
$\therefore P = 3 [kN]$

답 : ①

07 다음 그림과 같은 휨모멘트도를 통해 구조물에 작용하는 수평하중 P를 구하면?
[93, 16 기]

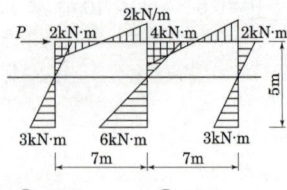

① 2kN ② 3kN
③ 4kN ④ 6kN

[해설] 층방정식
라멘구조의 층방정식에 의하면 하중(P)과 전단력(V)은
$P = V = \dfrac{M_{up} + M_{dn}}{h}$
$P = V = \dfrac{(2+4+2)+(3+6+3)}{5}$
$= 4 (kN)$

답 : ③

4) 절점 방정식(모멘트 평형조건식, joint equilibrium equation)
① n개의 절점을 갖는 라멘에서 n개의 절점각(ϕ)이 존재
② 각 절점의 모멘트 평형조건에 의하여 만들어지는 n개의 절점방정식 존재
   $M_O + (-M_{OA} - M_{OB} - M_{OC}) = 0$

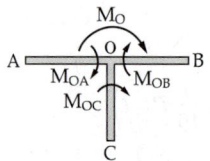

5) 층 방정식(전단력 평형조건식, shear equilibrium equation)
① 수평하중에 의하여 절점이 이동하는 경우

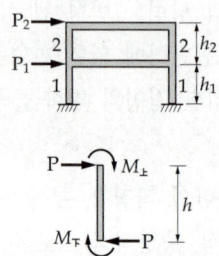

② 절점각 이외에 부재각(R)이 미지수로 추가
③ 각 층수에 해당하는 미지수(ϕ)가 증가
④ 모든 층수에 해당하는 층 방정식(shear equation)
  ㉮ 층 전단력 $V_{II} = P_2$
           $V_I = P_2 + P_1$
  ㉯ 층 모멘트 $M_{II} = V_{II} \times h_2 = P_2 \times h_2$
           $M_I = V_I \times h_1 = (P_2 + P_1) \times h_1$
  ㉰ 힘의 평형 $M_上 + M_下 = V \cdot h$
           $\therefore V = \dfrac{M_上 + M_下}{h}$

6) 모멘트 분배법(Moment Distributed Method, M.D.M.)
① 정의 : 한 절점의 모든 모멘트 합은 0, 즉 $\Sigma M = 0$를 만족하는 각 부재의 휨모멘트 산정

참고

유효 강비(effective stiffness)
양단 고정이 아닌 경우 변형이 역대칭으로 나타나기 때문에 양단 고정일 때를 가정한 등가강비로 수정해 사용하며 이 수정된 강비를 유효강비라 한다.

전달조건	등가강비	모멘트 도달률	모멘트 분포도
고정절점 ↓ 고정지점	k	$\dfrac{1}{2}$	M_{AB} ~ $M_{BA}=\dfrac{1}{2}M_{AB}$
고정절점 ↓ 힌지지점	$\dfrac{3}{4}k$ $(=0.75k)$	0	M_{AB} ~ $M_{BA}=0$

핵심 PLUS

- **고정단 모멘트**
  (Fixed End Moment, F.E.M)
  양절점이 고정단일 때 재단 모멘트(하중항) 또는 절점에 가해지는 모멘트에 저항하는 절점(재단)의 반력 모멘트

- **불균형 모멘트**
  (unbalanced moment, U.B.M)
  한 절점에 모멘트의 합이 0이 아닌 경우의 모멘트

- **분배율**(distributed factor, D.F)
  모멘트 하중이 각 부재로 분배되는 비율(率)

- **분배모멘트**
  (distributed moment, D.M)
  모멘트하중 M_O가 작용할 때 절점에 모인 각 부재로 분배되는 모멘트
  분배 모멘트(DM)
  =분배율(f)×M_O
  즉, $M_{OA}=f\times M_O$
  $=\dfrac{k_{OA}}{\Sigma k}\times M_O$

② 해법순서

㉮ 각 부재의 강도(K) 및 강비(k) 산정

㉯ 각 부재의 분배율(DF)을 등가강비를 적용하여 산정 ($DF=\dfrac{k}{\Sigma k}$)

㉰ 각 부재의 분배모멘트(D.M)를 산정 ($M_{OA}=M_O\times DF$)

㉱ 각 부재의 전달 모멘트(C.O.M)를 산정 ($M_{AO}=\dfrac{1}{2}M_{OA}$)

④ 해석 사례

아래와 같이 고정지점 A와 B, 회전지점 C로 지지된 연결된 세부재가 만나는 O점에 모멘트 하중이 300kN·m가 작용할 때 각 부재의 분배모멘트와 도달모멘트의 크기를 구해보자.

- **전달률**(carry-over factor, C.O.F)
  부재의 한 쪽에 작용한 모멘트가 반대쪽에 전달되는 비율
  산정 : 고정단 $\dfrac{1}{2}$, 활절 0

- **전달모멘트**
  (carry-over moment, C.O.M)
  한 쪽에 작용한 모멘트가 그 반대쪽에 도달하는 모멘트
  전달 모멘트(CM)
  =전달율(Cf)×분배 모멘트(DM)

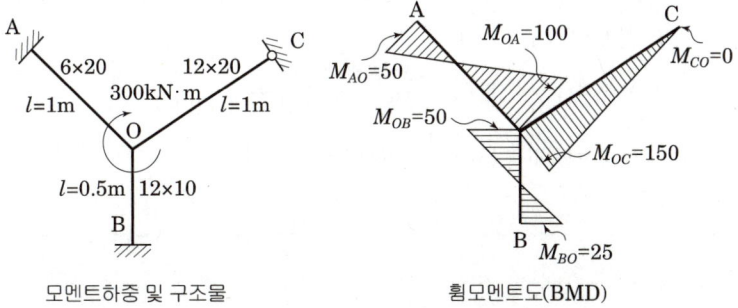

모멘트하중 및 구조물   휨모멘트도(BMD)

핵심 PLUS

08 그림과 같이 O점에 모멘트가 작용할 때 OB부재와 OC부재에 분배되는 모멘트가 같게 하려면 OC부재의 길이를 얼마로 해야 하는가? [11, 14, 21 기]

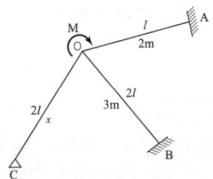

① 3/2m ② 3m
③ 2/3m ④ 9/4m

[해설] 분배모멘트와 부재강도
두 부재의 분배모멘트가 동일하려면 두 부재의 강도가 동일하여야 하며, 부재강도는 단면2차 모멘트에 비례하고 좌굴길이에 반비례한다.

• $K_{OB} = \dfrac{I_{OB}}{l_{OB}} = \dfrac{2I}{3}$

• $K_{OC} = \dfrac{I_{OC}}{l_{OC}} \times \dfrac{3}{4}$
$= \dfrac{2I}{l_{OC}} \times \dfrac{3}{4} = \dfrac{3I}{2l_{OC}}$

※ K_{OC}는 C지점이 회전이므로 유효강도는 $\dfrac{3}{4}$을 인정한다.

$K_{OB} = K_{OC}$에서
$\dfrac{2I}{3} = \dfrac{3I}{2l_{OC}} \rightarrow 4Il_{OC} = 9I$
$l_{OC} = \dfrac{9}{4}$ (m)

답 : ④

09 그림과 같은 구조에서 C단에 생기는 휨모멘트는? [12, 16 기]

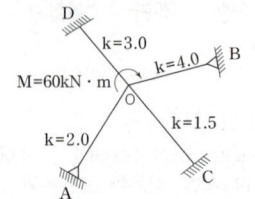

① 2.4kN·m ② 5kN·m
③ 6.5kN·m ④ 10kN·m

[해설] $M_{CO} = M \cdot f_{OC} \cdot \dfrac{1}{2} = $

$60 \times \dfrac{1.5}{2 \times \dfrac{3}{4} + 4 \times \dfrac{3}{4} + 1.5 + 3.0}$
$\times \dfrac{1}{2} = 5 \text{(kN · m)}$

답 : ②

Ⅲ. 건축구조 | 처짐과 부정정 구조물

해석의 과정은 다음과 같다.

과정	제시	제시	제시	①	②	③	④	⑤	⑥	⑦	⑧
구분	보폭	보춤	길이	단면2차M	강도	등가강비	강비	분배율	분배M	도달률	도달M
기호	b	h	l	I	K	k_a	k	f	DM	Cf	CM
산정				$\dfrac{bh^3}{12}$	$\dfrac{I}{l}$	$K \times a$ 고정 $a=1$ 힌지 $a=3/4$	$\dfrac{k_a}{k_{a(\min)}}$	$\dfrac{k}{\Sigma k}$	$f \times M$	고정 : $-1/2$ 힌지 : 0	$-(DM \times Cf)$
단위	mm	mm	mm	mm					kN·m		kN·m
AO	6	20	1000	4000	4	4	2	1/3	M_{OA} =100	1/2	M_{AO} =-50
BO	12	10	500	1000	2	2	1	1/6	M_{OB} =50	1/2	M_{BO} =-25
CO	12	20	1000	8000	8	6	3	1/2	M_{OC} =150	0	M_{CO} =0

예제

그림과 같은 구조에서 A단에 생기는 휨모멘트는? (단, ① : K=1, ② : K=2)
[01, 07 기]

① 10kN·m
② 40kN·m
③ 80kN·m
④ 100kN·m

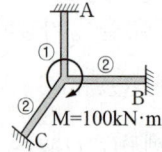

▶ 모멘트 분배법

① 해석의 발상 : A지점의 휨모멘트(M_{AO})은 O점에 작용된 100KN·m의 모멘트 하중이 OA부재로 분배되는 분배모멘트(M_{OA})의 1/2이며 도달모멘트라 한다.

② 분배모멘트 : OA부재의 분배모멘트는 모멘트하중에 OA부재의 분배율 곱하여 구할 수 있다.

③ 도달 모멘트 : A지점의 휨모멘트 = 도달모멘트 = (모멘트 하중 × OA 부재의 분배율) × 1/2 이다

OA 부재의 분배율$(f) = \dfrac{OA부재의 강비}{모든 강비의 합} = \dfrac{1}{1+2+2} = \dfrac{1}{5}$

∴ $M_{AO} = (100 \times \dfrac{1}{5}) \times \dfrac{1}{2} = 10 \text{(kN·m)}$

핵심기출문제

Ⅳ. 처짐과 부정정 구조물

■■■ 1. 처짐

1. 그림과 같은 단순보에서 중앙점의 처짐량이 2cm로 나타났다. 만일 보의 춤을 2배로 크게 하면 처짐량은 얼마로 되는가? [16 ㉮]

① 1cm
② 0.5cm
③ 0.25cm
④ 0.125cm

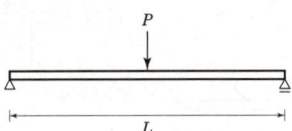

2. 길이가 l인 캔틸레버 보의 자유단에 집중하중 P가 작용할 때 자유단의 처짐각 θ와 처짐 δ를 바르게 기술한 것은? (단, 탄성계수는 E, 단면2차모멘트는 I이다.) [07 ㉮]

① $\theta = \dfrac{Pl^2}{3EI}, \quad \delta = \dfrac{Pl^3}{2EI}$
② $\theta = \dfrac{Pl^2}{2EI}, \quad \delta = \dfrac{Pl^3}{3EI}$
③ $\theta = \dfrac{Pl^2}{3EI}, \quad \delta = \dfrac{Pl^3}{4EI}$
④ $\theta = \dfrac{Pl^2}{2EI}, \quad \delta = \dfrac{Pl^3}{4EI}$

3. 그림과 같은 보의 C점에 대한 처짐은? (단, EI는 전경간에 걸쳐 일정하다.) [07, 13, 17, 21 ㉮]

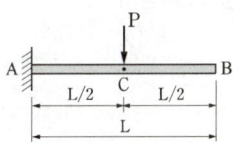

① $\dfrac{PL^3}{12EI}$
② $\dfrac{PL^3}{24EI}$
③ $\dfrac{PL^3}{48EI}$
④ $\dfrac{PL^3}{96EI}$

[해설] 캔틸레버의 처짐
① 해석의 발상 : 캔틸레버의 휨모멘트도를 공액보의 하중으로 작용시켜 C지점의 휨모멘트를 구한 후 휨강성(EI)로 나누면 된다.
② 휨모멘트도 : C점의 휨모멘트는 0이지만 A점으로 갈수록 점점 커져 A점의 휨모멘트는 $P \times \dfrac{L}{2} = \dfrac{PL}{2}$이며 두 점간은 사선이다.
③ 공액보의 B점 휨모멘트
$M_C' = -\left(\dfrac{PL}{2} \times \dfrac{L}{2} \times \dfrac{1}{2}\right) \times \left(\dfrac{L}{2} \times \dfrac{2}{3}\right) = -\dfrac{PL^2}{8} \times \dfrac{L}{3} = -\dfrac{PL^3}{24}$
④ C지점의 처짐
$\delta_C = \dfrac{M_C'}{EI} = \dfrac{PL^3}{24} \times \dfrac{1}{EI} = \dfrac{PL^3}{24EI}$

해 설

[해설] **1**
보의 춤과 처짐의 관계
• 단순보 집중 하중 시 처짐 공식
$\delta_{max} = \dfrac{Pl^3}{48EI} = \dfrac{Pl^3}{48E\dfrac{bh^3}{12}}$

따라서 보의 춤(h)의 3제곱에 반비례한다.
$\delta_1 : \delta_2 = \dfrac{1}{1^3} : \dfrac{1}{2^3} = 1 : 0.125 = 2 : 0.25$

[해설] **2**
캔틸레버보의 처짐과 처짐각
처짐각은 공액보에서 구하려는 위치의 전단력을 휨강성(EI)으로 나누면 되고, 처짐은 휨모멘트를 휨강성(EI)으로 나누면 된다.

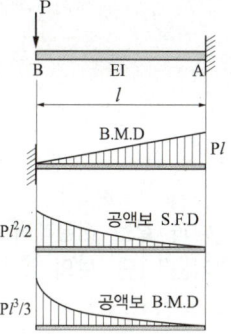

정답 1. ③ 2. ② 3. ②

핵심기출문제

IV. 처짐과 부정정 구조물

해설

4. 그림과 같은 캔틸레버에서 B점의 처짐은? [06, 13, 20 ㉮]

① $\dfrac{wl^4}{128EI}$

② $\dfrac{3wl^4}{384EI}$

③ $\dfrac{3wl^4}{128EI}$

④ $\dfrac{7wl^4}{384EI}$

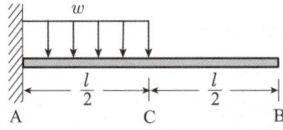

해설 4

등분포하중을 받는 캔틸레버의 처짐
캔틸레버 지간의 1/2에 등분포하중이 작용할 때 휨모멘트도는 다음과 같다.

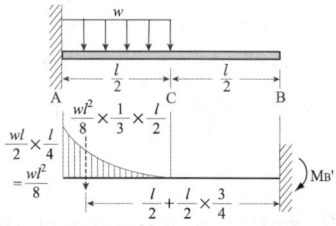

처짐 : 해당지점의 처짐은 공액보의 휨모멘트를 휨강성(EI)로 나눈 것이므로 공액보에서 $\Sigma M_B = 0$에 의해

$M_B' - \left(\dfrac{wl^2}{8} \times \dfrac{l}{2} \times \dfrac{1}{3}\right) \times \left(\dfrac{l}{2} + \dfrac{l}{2} \times \dfrac{3}{4}\right) = 0$ 에서

$M_B' = \dfrac{7wl^4}{384}$

$\delta_B = \dfrac{M_B'}{EI} = \dfrac{7wl^4}{384EI}$

5. 그림과 같은 캔틸레버보에서 집중하중 P가 작용할 때 C점의 처짐의 크기는? (단, 보의 EI는 일정한 값) [16 ㉮]

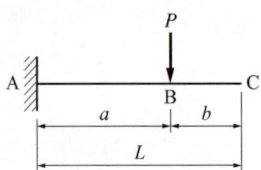

① $\dfrac{Pa^2\left(b+\dfrac{2a}{3}\right)}{2EI}$

② $\dfrac{Pa}{2EI}$

③ $\dfrac{Pa}{EI}$

④ $\dfrac{Pa\left(b+\dfrac{2a}{3}\right)}{2EI}$

해설 5

처짐의 해석(공액보 법)
공액보법에 의하면 C점의 처짐은 주어진 캔틸레버보의 BMD에서 A지점으로부터 C점까지의 휨모멘트도의 면적에 도심 거리를 곱하여 산출할 수 있다. (단, 휨모멘트를 휨강성[EI]으로 나눈 공액보 기준)

$\delta_c = \left(\dfrac{P \cdot a}{EI} \times a \times \dfrac{1}{2}\right) \times \left(\dfrac{2a}{3} + b\right)$

$= \dfrac{P \cdot a^2}{2EI}\left(\dfrac{2a}{3} + b\right)$

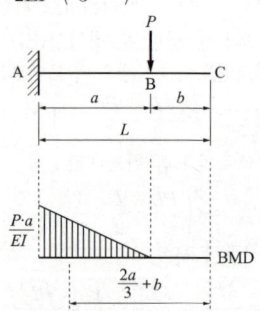

정답 4. ④ 5. ①

6. 그림과 같은 단순보를 $I-200\times100\times7$로 설계하였다면 최대 처짐량은? (단, $I_x=2.18\times10^7\mathrm{mm}^4$, $E=2.0\times10^5\mathrm{MPa}$) [17 ㉠]

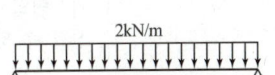

① 32.1mm
② 33.6mm
③ 34.5mm
④ 39.2mm

[해설] 6

단순보 등분포하중에 대한 처짐
$\delta=\dfrac{5wl^4}{384EI}$
$w=2\mathrm{kN/m}=2\mathrm{N/mm}$
$l=9\mathrm{m}=9{,}000\mathrm{mm}$
$E=2\times10^5\mathrm{MPa}$
$I=2.18\times10^7\mathrm{mm}^4$
$\delta=\dfrac{5\times2\times9{,}000^4}{384\times200{,}000\times2.18\times10^7}$
$=39.19(\mathrm{mm})$

7. H형강을 사용한 길이 6m인 단순보에 5kN/m의 등분포 하중 재하시 최대 처짐량은? (단 E_s=206,000MPa, I_x=4720cm^4, 좌굴의 영향은 없는 것으로 가정) [08 15 ㉠]

① 1.70 mm
② 5.69 mm
③ 8.68 mm
④ 12.49 mm

[해설] 7

등분포하중을 받는 단순보의 처짐
① 해석의 발상 : 등분포 하중이 작용하는 단순보의 중앙부 최대처짐 $(\delta_{\max})=\dfrac{5wl^4}{384EI}$ 이다.
② 최대처짐(δ)
$\delta=\dfrac{5\times5\mathrm{N/mm}\times(6{,}000\mathrm{mm})^4}{384\times(206\times10^3\mathrm{N/mm}^2)\times(4720\times10^4)\mathrm{mm}^2}$
$=8.68\mathrm{mm}$

8. 그림과 같은 내민보에 집중하중이 작용할 때 A점의 처짐각 θ_A를 구하면? [09, 10, 17, 22 ㉠]

① $\dfrac{Pl^2}{4EI}$
② $\dfrac{Pl^2}{16EI}$
③ $\dfrac{Pl^2}{128EI}$
④ $\dfrac{Pl^2}{256EI}$

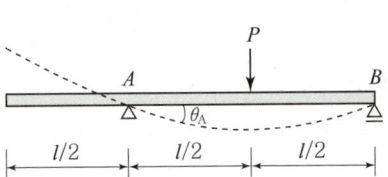

[해설] 8

내민보의 처짐각
① 해석의 발상 : 내민보는 캔틸레버와 단순보의 조합이다. 문제의 경우 내민부에 하중이 작용하지 않으므로 단순보로 해석하여도 무방하다.
② 처짐각(θ_A) : 단순보 중앙에 집중하중이 작용할 때 지점 처짐각(θ_A)은 $\dfrac{Pl^2}{16EI}$이다. 직접 계산하는 경우 공액보에서 해당지점의 전단력을 휨강성(EI)로 나누면 처짐각이다.

정답 6. ④ 7. ③ 8. ②

핵심기출문제

Ⅳ. 처짐과 부정정 구조물

해설

9. 그림과 같은 정정 라멘에서 A점에 발생하는 수직변위를 옳게 나타낸 것은? [09, 11, 15 ㉮]

① $\dfrac{Pl^3}{3EI_b} + \dfrac{Pl^2 h}{EI_c}$

② $\dfrac{Pl^3}{3EI_b} + \dfrac{Ph^3}{EI_c}$

③ $\dfrac{Pl^2 h}{3EI_b} + \dfrac{Pl^2 h}{EI_c}$

④ $\dfrac{Pl^3}{3EI_b} + \dfrac{Ph^2 l}{EI_c}$

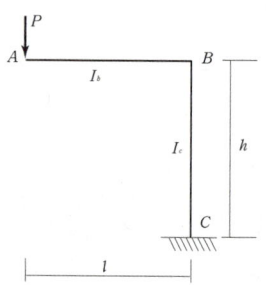

해설 9
수직변위(처짐)
가상일의 원리를 이용하여 변위를 계산할 수 있다.

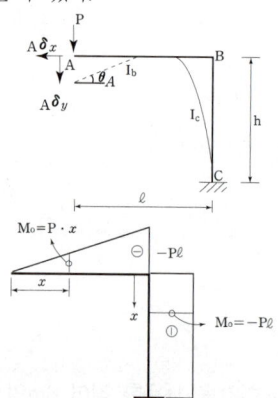

① 기본식 : $\delta = \displaystyle\int \dfrac{Mm}{EI}ds$

② $\delta_{A,\text{vertical}} = \displaystyle\int_o^l \dfrac{(-P\cdot x)(-x)}{EI_{beam}}dx$
$\quad + \displaystyle\int_o^h \dfrac{(-P\cdot l)(-l)}{EI}$
$= \dfrac{P}{EI_{beam}}\displaystyle\int_0^l x^2 dx + \dfrac{Pl^2}{EI}$
$= \dfrac{Pl^3}{3EI_{beam}} + \dfrac{Pl^2 \cdot h}{EI}$

10. 다음 그림에서 동일한 처짐이 되기 위한 P_1, P_2의 값의 비로 옳은 것은? (단, 부재의 EI는 일정하다.) [17 ㉮]

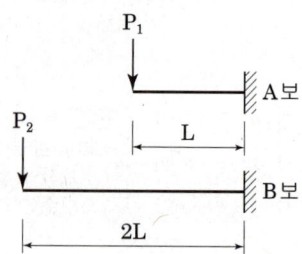

① $P_1 : P_2 = 2 : 1$
② $P_1 : P_2 = 4 : 1$
③ $P_1 : P_2 = 6 : 1$
④ $P_1 : P_2 = 8 : 1$

해설 캔틸레버보의 처짐

- 캔틸레버보의 자유단에서 최대처짐 $\delta_{\max} = \dfrac{Pl^3}{3EI}$
- $\delta_A = \delta_B$

$\delta_A = \dfrac{P_1 \cdot L^3}{3EI}$, $\delta_B = \dfrac{P_2(2L)^3}{3EI}$

$\dfrac{P_1 L^3}{3EI} = \dfrac{P_2 8 L^3}{3EI}$

$P_1 = 8P_2 \rightarrow P_1 : P_2 = 8 : 1$

정답 9. ① 10. ④

11. 보의 길이가 같은 캔틸레버보에서 작용하는 집중하중의 크기가 $P_1 = P_2$일 때, 보의 단면이 그림과 같다면 최대처짐 $y_1 : y_2$의 비는?

[14, 22 ㉮]

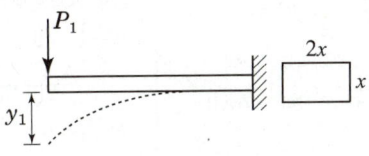

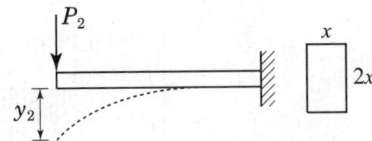

① 2 : 1
② 4 : 1
③ 8 : 1
④ 16 : 1

[해설] 11

캔틸레버보의 집중하중시

$\delta_{max} = \dfrac{P\ell^3}{3EI}$ 이므로

$y_1 : y_2 = \dfrac{1}{\frac{2x \cdot x^3}{12}} : \dfrac{1}{\frac{x \cdot (2x)^3}{12}}$

$= \dfrac{1}{2} : \dfrac{1}{8}$

$= 4 : 1$

12. 다음 두 보의 최대 처짐량이 같기 위한 등분포하중의 비로 알맞은 것은?(단, 부재의 재질과 단면은 동일하며 A부재의 길이는 B부의 길이의 2배임)

[10, 17, 20 ㉮]

① $w_2 = 2w_1$
② $w_2 = 4w_1$
③ $w_2 = 8w_1$
④ $w_2 = 16w_1$

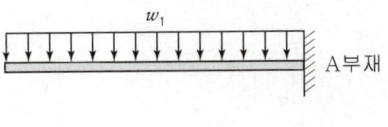

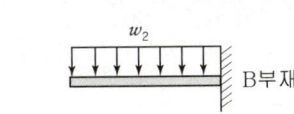

[해설] 12

캔틸레버의 처짐
① 해석의 발상 : 등분포자중을 받는 캔틸레버의 최대처짐은 $\dfrac{w\ell^4}{8EI}$ 이다.
② 등분포하중의 비

$y_A = \dfrac{w_1(2l)^4}{8EI}$, $y_B = \dfrac{w_2 l^4}{8EI}$

$y_A = y_B$

$\dfrac{16w_1 l^4}{8EI} = \dfrac{w_2 l^4}{8EI}$

$16w_1 = w_2$

13. 다음 그림과 같은 단순보에서 부재길이가 2배로 증가할 때 보의 중앙점 최대처짐은 몇 배로 증가되는가?

[14, 21 ㉮]

① 2배
② 4배
③ 8배
④ 16배

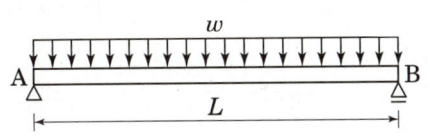

[해설] 13

단순보에 등분포하중 작용시 최대처짐

$\delta_{max} = \dfrac{5w\ell^4}{384EI}$

처짐은 경간의 4승에 비례하므로

$\ell^4 : (2\ell)^4 \to \ell^4 : 16\ell^4 \to 1 : 16$

정답 11. ② 12. ④ 13. ④

핵심기출문제

Ⅳ. 처짐과 부정정 구조물

14. 다음 그림과 같은 두 개의 단순보에 크기가 같은($P = wL$) 하중이 작용할 때, A점에서 발생하는 처짐각의 비율(가 : 나)은? (단, 부재의 EI는 일정하다.) [15 ㉮]

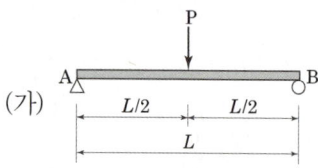
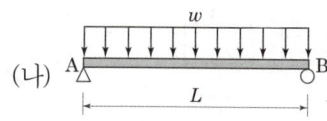

① 1.5 : 1
② 0.67 : 1
③ 1 : 1.5
④ 1 : 0.5

해설

[해설] 14
처짐각(θ)
공액보법에 의하면 처짐각은 휨모멘트도의 면적으로 산정이 가능하다.
(가)의 BMD

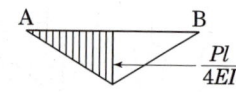

$\theta_{A1} = \dfrac{pl}{4EI} \times \dfrac{l}{2} \times \dfrac{1}{2} = \dfrac{pl^2}{16EI}$

(나)의 BMD

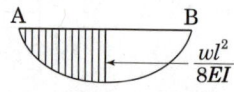

$\theta_{A2} = \dfrac{wl^2}{8EI} \times \dfrac{l}{2} \times \dfrac{2}{3} = \dfrac{wl^3}{24EI}$

$\theta_{A1} : \theta_{A2} = \dfrac{wl \cdot l^2}{16EI} : \dfrac{wl^3}{24EI} = \dfrac{1}{16} : \dfrac{1}{24}$
$= 1.5 : 1$

15. 다음 그림에서 지간이 같은 2개의 단순보의 하중 P에 의한 처짐 y_1 (A부재)과 y_2(B부재)와의 비(比) 값은 얼마인가? [15 ㉮]

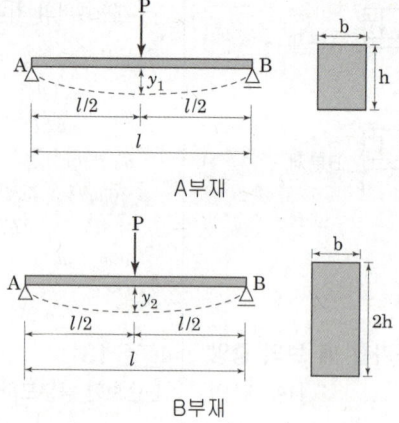

① 2 : 1
② 4 : 1
③ 6 : 1
④ 8 : 1

[해설] 15
처짐
$\delta_{max} = \dfrac{pl^3}{48EI}$

두 구조물의 하중, 지간, 탄성계수가 동일하므로 단면2차 모멘트(I)의 비율로 계산된다.

$\delta_A : \delta_B = \dfrac{1}{\dfrac{bh^3}{12}} : \dfrac{1}{\dfrac{b(2h)^3}{12}}$

$= \dfrac{12}{bh^3} : \dfrac{12}{8bh^3}$

$= 1 : \dfrac{1}{8}$

$= 8 : 1$

정답 14. ①   15. ④

2. 부정정구조물

16. 길이가 1.5m이고, 한 변이 100mm인 정사각형 단면을 가지고 있는 캔틸레버보의 최대휨응력과 최대처짐을 구하면? (단, 부재의 탄성계수 : 1×10^4 MPa) [17 ㉮]

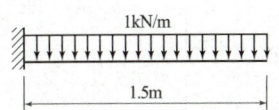 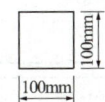

① 최대휨응력 : 3.37MPa, 최대처짐 : 3.8mm
② 최대휨응력 : 3.37MPa, 최대처짐 : 7.6mm
③ 최대휨응력 : 6.75MPa, 최대처짐 : 3.8mm
④ 최대휨응력 : 6.75MPa, 최대처짐 : 7.6mm

[해설] 최대휨응력(σ_{max})과 최대 처짐(δ_{max})
고정단 지점 A, 자유단을 지점 B로 가정하면

- $\sigma_{max} = \dfrac{M_{max}}{Z}$

  $M_{max} = M_A = (1 \times 1.5) \times 0.75 = 1.125(\text{kN} \cdot \text{m}) = 1.125 \times 10^6 (\text{N} \cdot \text{mm})$

  $Z = \dfrac{bh^2}{6} = \dfrac{100 \times 100^2}{6} (\text{mm}^3)$

  $\sigma_{max} = \dfrac{M_{max}}{Z} = \dfrac{6}{100^3} \times 1.125 \times 10^6 = 6.75 \text{N/mm}^2 (\text{MPa})$

- $\delta_{max} = \delta_B = \dfrac{wl^4}{8EI} = \dfrac{1 \times 1500^4}{8 \times 10^4 \times \dfrac{100^4}{12}} = 7.59(\text{mm})$

17. 그림과 같은 양단 고정보에서 B단의 휨모멘트 값은? [07, 22 ㉮]

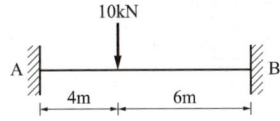

① 2.4kN·m
② 9.6kN·m
③ 14.4kN·m
④ 24.8kN·m

[해설] 17
양단고정보의 고정단 휨모멘트

$M_A = \dfrac{P \cdot a \cdot b^2}{l^2}$, $M_B = \dfrac{P \cdot a^2 \cdot b}{l^2}$

$M_B = \dfrac{P \cdot a^2 \cdot b}{l^2}$

$= \dfrac{10 \times 4^2 \times 6}{10^2} = 9.6(\text{kN} \cdot \text{m})$

16. ④ 17. ②

핵심기출문제

Ⅳ. 처짐과 부정정 구조물

18. 그림과 같은 양단 고정보에서 A점의 휨모멘트는 얼마인가? (단, EI 는 일정) [15 ㉮]

① $-40\text{kN}\cdot\text{m}$
② $-50\text{kN}\cdot\text{m}$
③ $-60\text{kN}\cdot\text{m}$
④ $-70\text{kN}\cdot\text{m}$

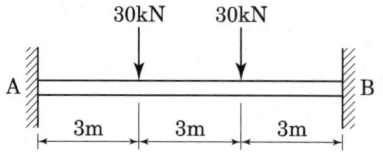

[해설] 양단고정보 고정단 휨모멘트

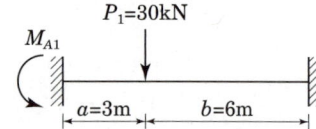 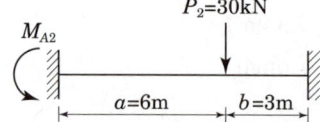

$M_A = M_{A1} + M_{A2}$

$$M_{A1} = -\frac{P_1 ab^2}{l^2} = -\frac{30\times3\times6^2}{9^2}$$

$$M_{A2} = -\frac{P_2 ab^2}{l^2} = -\frac{30\times6\times3^2}{9^2}$$

$$\therefore M_A = -\frac{30\times3\times6^2 + 30\times6\times3^2}{9^2} = -60(\text{kN}\cdot\text{m})$$

19. 그림과 같은 연속보에 있어 절점 B의 회전을 저지시키기 위해 필요한 모멘트의 크기는? [10, 14 ㉮]

① $30\text{kN}\cdot\text{m}$
② $60\text{kN}\cdot\text{m}$
③ $90\text{kN}\cdot\text{m}$
④ $120\text{kN}\cdot\text{m}$

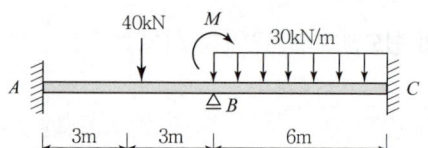

[해설] 19
① 해석의 발상 : B절점의 절점 방정식
$M - M_{BC} + M_{BA} = 0$
② 저항 M
$M = M_{BC} - M_{BA}$
$M_{BA} = \dfrac{Pl}{8} = \dfrac{40\times6}{8} = 30$
$M_{BC} = \dfrac{wl^2}{12} = \dfrac{30\times6^2}{12} = 90$
$M = 90 - 30 = 60(\text{kN}\cdot\text{m})$

20. 그림과 같은 부정정 라멘에서 CD기둥의 전단력 값은? [14, 17 ㉮]

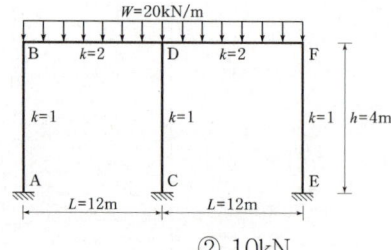

① 0
② 10kN
③ 20kN
④ 30kN

[해설] 20
대칭구조 대칭하중의 특징
주어진 Rahmen은 좌우대칭 구조물이며 동시에 작용하중도 등분포하중으로 좌우대칭이다. 이러한 구조물의 중앙 기둥은 수직반력만 발생하여 휨모멘트가 작용하지 않는다. 따라서 층방정식에 의해 전단력은 0이다.
$V = \dfrac{M_E + M_F}{h} = \dfrac{0+0}{4} = 0$

정답 18. ③ 19. ② 20. ①

21. 그림과 같은 부정정 라멘의 B.M.D에서 P값을 구하면? [15, 17, 21 ㉮]

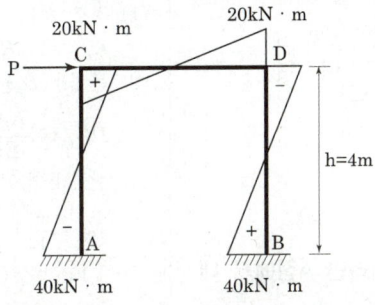

① 20kN
② 30kN
③ 50kN
④ 60kN

22. 다음 부정정 구조물의 A단 수직반력은? [14 ㉮]

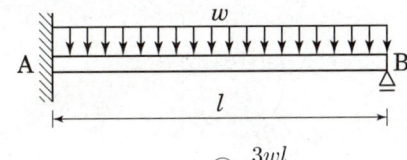

① $\dfrac{5wl}{8}$ ② $\dfrac{3wl}{8}$

③ $\dfrac{wl}{2}$ ④ $\dfrac{2wl}{3}$

해설

해설 21
층방정식
기둥의 전단력
$= \dfrac{\text{기둥상하 휨모멘트의 합}}{\text{기둥의 높이}}$
기둥의 전단력 = 수평하중(P)
$P = \dfrac{20 \times 2 + 40 \times 2}{4} = 30\text{kN}$

해설 22
부정정보의 반력
변위일치법에 의한 해설

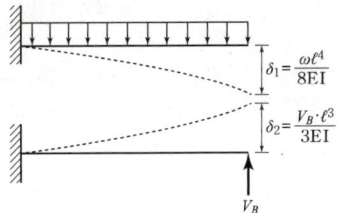

이 보는 안정구조물이므로 외력에 의한 변형과 반력에 의한 변형이 동일하여야 변형이 발생하지 않는다.
$\delta_1 = \delta_2$
$\dfrac{\omega\ell^4}{8EI} = \dfrac{V_B \ell^3}{3EI} \rightarrow V_B = \dfrac{3}{8}\omega\ell$
$\Sigma V = 0$
$V_A + V_B - wl = 0$
$V_A + \dfrac{3}{8}\omega l - \omega l = 0$
$\therefore V_A = \dfrac{5}{8}\omega l$

21. ② 22. ①

핵심기출문제

IV. 처짐과 부정정 구조물

23. 그림과 같은 구조물에 있어 AB부재의 재단모멘트 M_{AB}는? [14, 18 ㉮]

① 0.5kN·m
② 1kN·m
③ 1.5kN·m
④ 2kN·m

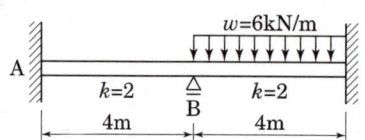

해설 **23**

(1) 강도(K)
 $K_{BA}=2$, $K_{BC}=2$
(2) 분배율(D_F)
 $DF_{BA}=\dfrac{K_{BA}}{\Sigma K}=\dfrac{2}{2+2}=\dfrac{1}{2}$
(3) 절점 B를 고정단으로 가정
 $M_B=\dfrac{wl^2}{12}=\dfrac{6\times 4^2}{12}=8\text{kN}\cdot\text{m}$
 • 분배모멘트(M_{BA})
 $M_{BA}=M_B\times DF_{BA}=8\times\dfrac{1}{2}$
 $=4\,(\text{kN}\cdot\text{m})$
 • 재단모멘트(M_{AB})
 $M_{AB}=\dfrac{1}{2}M_{BA}=\dfrac{1}{2}\times 4$
 $=2\,(\text{kN}\cdot\text{m})$

24. 그림과 같은 구조에서 기둥에 압축력만 발생하게 하려면 A점에서 내민 부재길이 x의 값은? [17 ㉮]

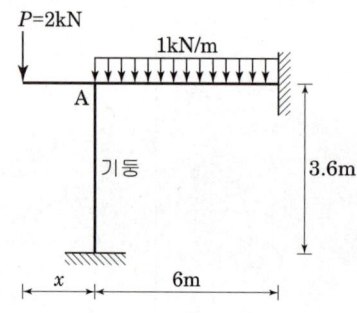

① 1m
② 1.5m
③ 2m
④ 3m

해설 절점 방정식
기둥의 지점을 B, 보의 오른쪽 지점을 C라고 가정하고 집중하중 2kN은 A점의 모멘트 하중(M)은 $2\cdot x$가 된다.
절점방정식에 의해 $-M+M_{AB}+M_{AC}=0$
조건에서 기둥은 압축력만 부담하므로 $M_{AB}=0$이다.
$-M+M_{AC}=0 \to M=M_{AC}$
$2x=\dfrac{wl^2}{12}$
$x=\dfrac{1}{2}\times\dfrac{wl^2}{12}=\dfrac{1}{2}\times\dfrac{1\times 6^2}{12}=1.5(\text{m})$

25. 다음 부정정 구조물의 A단의 휨모멘트 값은? [15 ㉮]

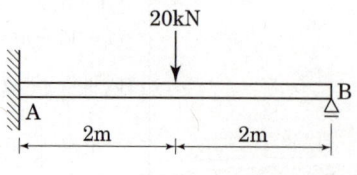

① -15kN·m
② -20kN·m
③ -30kN·m
④ -40kN·m

해설 **25**
고정단 휨모멘트(M_A)
① $M_A=\dfrac{-3Pl}{16}=-\dfrac{3\times 20\times 4}{16}$
 $=-15\,(\text{kN}\cdot\text{m})$

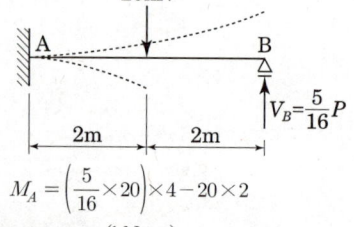

$M_A=\left(\dfrac{5}{16}\times 20\right)\times 4-20\times 2$
$=-15\,(\text{kN}\cdot\text{m})$

정답 23. ④ 24. ② 25. ①

26. 그림과 같은 부정정보의 중앙부와 단부의 휨모멘트 비율 $M_C : M_A$ 는? [06㉮]

① 1 : 1
② 1 : 2
③ 1 : 3
④ 1 : 4

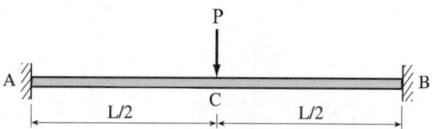

27. 그림과 같은 보에서 A점에 200kN·m의 모멘트가 작용하였을 때 B점이 지지하는 모멘트 및 수직반력은? [17㉮]

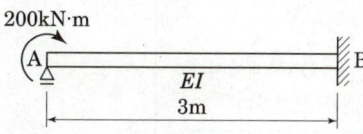

① $M_{BA} = 200$kN·m, $V_B = 100$kN
② $M_{BA} = 200$kN·m, $V_B = 50$kN
③ $M_{BA} = 100$kN·m, $V_B = 100$kN
④ $M_{BA} = 100$kN·m, $V_B = 50$kN

[해설] 모멘트 분배법(M_{AB})
A지점의 모멘트 하중은 분배 모멘트(M_{AB}) 200kN·m이고 B지점의 도달 모멘트(M_{BA})는 분배 모멘트의 1/2이므로 $M_{BA} = \frac{1}{2} M_{AB} = \frac{1}{2} \times 200 = 100$kN·m
변위일치법에 의해 V_A를 구하면 A지점의 모멘트 하중에 의한 처짐 δ_1과 A지점의 지점반력에 의한 처짐 δ_2가 같아야 하므로 $\delta_1 = \delta_2$이다.

$$\frac{200 \times 3^2}{2EI} = \frac{V_A \times 3^3}{3EI}$$

$V_A = 100$(kN)
$\Sigma V = 0$에서 $|V_A| = |V_B|$ 이므로 $V_B = 100$(kN)

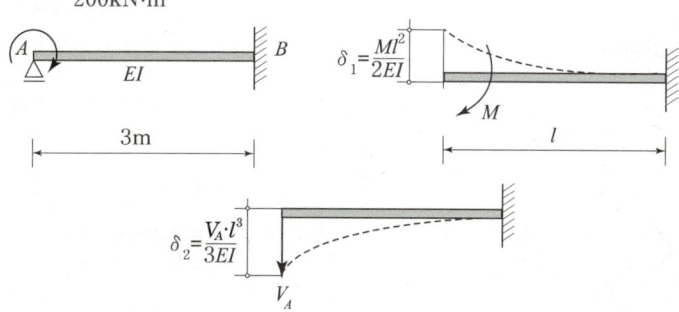

해설

[해설] **26**

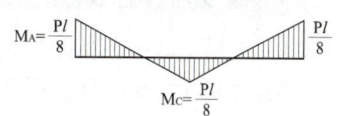

정답 26. ① 27. ③

핵심기출문제

Ⅳ. 처짐과 부정정 구조물

28. 그림과 같은 구조물의 각부재에 대한 분할 모멘트 M_{OA}, M_{OB}, M_{OC}, M_{OD}를 옳게 구한 것은? [97, 08, 10 ㉮]

① M_{OA}=4.74kN·m, M_{OB}=2.37kN·m
   M_{OC}=3.55kN·m, M_{OD}=5.34kN·m
② M_{OA}=4.74kN·m, M_{OB}=2.37kN·m
   M_{OC}=3.91kN·m, M_{OD}=4.98kN·m
③ M_{OA}=9.48kN·m, M_{OB}=4.74kN·m
   M_{OC}=7.11kN·m, M_{OD}=10.67kN·m
④ M_{OA}=9.48kN·m, M_{OB}=4.74kN·m
   M_{OC}=7.82kN·m, M_{OD}=9.96kN·m

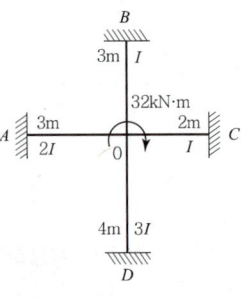

[해설] 부정정 구조물의 모멘트 분배법
문제에서 제시한 모멘트의 표시 기호부터 이해가 필요하다. M_{OA}는 OA부재에서 O점의 모멘트라는 의미이며 이것은 모멘트 하중에서 OA부재로 분배된 크기이다.

구분	길이	단면 2차M	강도	등가강비	강비	분배율	분배M	도달율	도달M
기호	l	I	K	k_a	k	f	DM	Cf	CM
산정			$\dfrac{I}{l}$	$K \times a$ 고정 $a=1$ 힌지 $a=3/4$	$\dfrac{k_a}{k_{a(min)}}$	$\dfrac{k}{\Sigma k}$	$f \times M$	고정: $-1/2$ 힌지: 0	$-$ $(DM \times Cf)$
AO	3	2I	2/3	2/3	2/3×3 =2	2/6.75	M_{OA} =9.48	1/2	M_{Ao} =−4.74
BO	3	I	1/3	1/3	1/3×3 =1	1/6.75	M_{OB} =4.74	1/2	M_{BO} =−2.37
CO	2	I	1/2	1/2	1/2×3 =1.5	1.5/6.75	M_{OC} =7.11	1/2	M_{CO} =3.555
DO	4	3I	3/4	3/4	3/4×3 =2.25	2.25/6.75	M_{OD} =10.67	1/2	M_{DO} =5.335

29. 그림에서 B점에 도달되는 모멘트는 얼마인가? [17 ㉮]

① 2.7kN·m
② 3.0kN·m
③ 5.4kN·m
④ 6.0kN·m

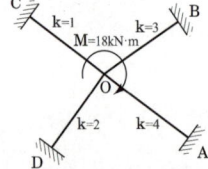

[해설] 29

모멘트분배법(τ_{max})

① 해석의 발상 : O점에 작용한 모멘트 하중 중 OB부재로 분배된 모멘트의 1/2이 B단의 도달하는 모멘트가 된다.

② OB부재의 분배 모멘트(M_{OB})
$$M_{OB} = M \times 분배율$$
$$= 18 \times \left(\dfrac{3}{1+2+3+4}\right)$$
$$= 5.4(kN \cdot m)$$

③ C단의 도달 모멘트(M_{BO})
$$M_{BO} = M_{OB} \times \dfrac{1}{2} = 5.4 \times \dfrac{1}{2}$$
$$= 2.7(kN \cdot m)$$

정답 28. ③ 29. ①

해설

30. 그림과 같은 부정정 라멘에서 A점의 MAB는? [10, 12, 17, 21 ㉮]

① 0
② 20kN·m
③ 40kN·m
④ 60kN·m

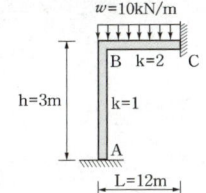

[해설] 부정정구조물의 해석
① 해석의 발상 : 모멘트분배법으로 해석이 가능하다. 즉, 하중이 작용한 BC부재에서 B단의 휨모멘트를 구하여 이것이 A지점에 도달하는 모멘트의 크기를 구한다.
② B점의 휨모멘트(M_B) : BC부재는 양단 고정보이고 등분포하중이 작용하므로 단부 휨모멘트는 $\dfrac{wl^2}{12}$이다. 따라서, $M_B = \dfrac{10 \times 12^2}{12} = 120\text{kN·m}$
③ A지점 도달모멘트(M_{AB}) : 도달모멘트는 분배모멘트의 1/2이며, 분배모멘트는 B점 휨모멘트×분배율이므로
$M_{AB} = M_B \times \dfrac{1}{\Sigma k} \times \dfrac{1}{2} = 120 \times \dfrac{1}{1+2} \times \dfrac{1}{2} = 20\text{kN·m}$

31. 그림과 같은 강접골조에 수평력 $P = 10\text{kN}$이 작용하고 기둥의 강비 $k = \infty$인 경우, 기둥의 모멘트가 최대가 되는 변곡점의 위치 h_o는? (단, 괄호 안의 기호는 강비이다.) [15, 22 ㉮]

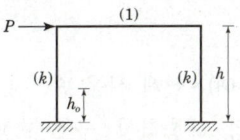

① 0
② $0.5h$
③ $\dfrac{4}{7}h$
④ h

[해설] **31**
Rahmen의 기둥 휨모멘트

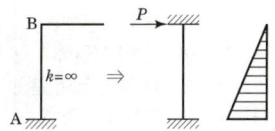

AB부재의 강비가 무한대이면 B절점은 고정절점이다. 따라서 지점 A에서 최대 휨모멘트가 발생한다.

[해설] **32**
모멘트 분배법
① 해석의 발상 : A지점의 휨모멘트(M_{AB})는 B점에 작용된 200kN·m의 모멘트 하중이 BA부재로 분배되는 분배모멘트(M_{BA})의 1/2이며 도달모멘트라 한다.
② 분배모멘트 : BA부재의 분배모멘트는 모멘트하중에 BA부재의 분배율 곱하여 구할 수 있다.
③ 도달 모멘트
A지점의 휨모멘트=도달모멘트
=(모멘트 하중×OA 부재의 분배율)×1/2 이다. 따라서
200kN·m×2/5×1/2=40kN·m

32. 절점 B에 외력 M=200kN·m가 작용하고 각 부재의 강비가 그림과 같을 경우 MAB는? [03, 09, 11, 15, 20 ㉮]

① 20kN·m
② 40kN·m
③ 60kN·m
④ 80kN·m

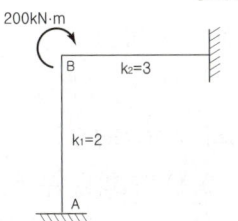

정답 30. ② 31. ① 32. ②

05 철근콘크리트 일반사항

III. 건축구조 | 철근콘크리트 일반사항

1 개요

1. 원리
① 콘크리트의 내압축성, 철근의 내인장성을 이용
② 인장과 압축이 동시에 발생하는 부재에 유용
③ 압축측에 콘크리트, 인장측에 철근을 배치

2. 조건
① **부착성** : 철근과 콘크리트의 부착성 양호
② **상호 보완성** : 콘크리트의 약점인 인장강도를 철근이 보완, 철근의 약점인 산화를 콘크리트가 방청
③ **열변형 일치성** : 두 재료의 거의 동일한 열팽창계수

3. 장점
조형 용이성(자유로운 형태), 설계 시공 편리성, 재료 경제성, 내구성, 내진성, 내화성, 내식성, 내진동성, 내충격성, 구조 고강성, 경제적 유지비

4. 단점
균질시공 난점, 개조·해체 곤란, 긴 공사기간, 검사 곤란, 큰 자중, 균열 발생, 재료 재사용 불가능

2 콘크리트(Concrete) 특성

1. 콘크리트의 강도

1) 설계기준강도(f_{ck})와 배합강도(f_{cr})
① 설계기준강도(f_{ck}) : 콘크리트 부재 설계시 기준이 된 압축강도
② 배합강도(f_{cr}) : 콘크리트 배합 시 목표하는 압축강도

핵심 PLUS

01 철근콘크리트구조의 특성에 관한 설명 중 옳지 않은 것은?
[07 기]
① 콘크리트와 일체화된 철근은 쉽게 부식하지 않는다.
② 철근과 콘크리트의 선팽창계수는 거의 유사하다.
③ 철근과 콘크리트의 탄성계수는 동일하여 부착이 용이하다.
④ 콘크리트는 내화성이 있어 철근을 피복 보호하여 구조체는 내화적이 된다.
답 : ③

02 다음 중 콘트리트의 설계기준 강도(specified compressive strength of concrete)에 대한 설명으로 가장 적합한 것은?
[06 기]
① 콘크리트 부재를 설계할 때 기준이 되는 콘크리트의 압축강도
② 콘크리트의 배합 설계시에 목표로 하는 강도
③ 구조체 또는 부재의 공칭강도에 강도감소계수 ϕ를 곱한 강도
④ 철근콘크리트 부재가 사용성과 안전성을 만족할 수 있도록 요구되는 단면의 단면력
답 : ①

2) 압축강도

① 콘크리트의 강도(성질) 중 가장 중요한 강도

② 강도 증가 : 낮은 물시멘트비(W/C), 긴 재령(양생기간), 고습 양생

③ 측정법 : 표준 원통형 공시체 가압법

 ㉮ 표준몰드 : 직경 150mm, 높이 300mm

 ㉯ 간이몰드 : 직경 100mm, 높이 200mm

 ㉰ 측정 몰드 기준 : 수중 양생, 재령 28일 공시체

④ 산정식 : $f_{ck} = \dfrac{P}{A} = \dfrac{P}{\pi d^2/4}$ (MPa = N/mm²)

  P : 파괴하중(N) A : 공시체 단면적(mm²)

※ 간이몰드로 측정하는 경우 압축강도는 측정값의 98%로 환산

3) 휨인장강도(f_r)

① 휨인장 파괴(균열)가 발생하지 않는 범위 내 저항 가능한 휨응력도

 $f_r = 0.63\lambda\sqrt{f_{ck}}$ (MPa)

② 휨응력이 휨인장강도에 도달할 때 휨모멘트가 균열모멘트(M_{cr})

 $\sigma_x = \dfrac{M}{I} \cdot y$ 이고 $\sigma_{max} = \dfrac{M}{Z}$ 이므로 $\sigma_{max}(= \dfrac{M_{cr}}{Z}) = f_r$ 에서

 $M_{cr} = f_r \cdot Z = 0.63\lambda\sqrt{f_{ck}} \cdot \dfrac{bh^2}{6} = 1.05\lambda\sqrt{f_{ck}} \cdot bh^2$ (N·mm)

2. 응력-변형률 곡선과 탄성계수

1) 응력-변형률 곡선(Stress-Strain Curve)

① 콘크리트 강도에 따라 탄성계수도 다양

② 일반적 변형률

 최대 변형률은 0.002~0.003, 극한 변형률(ϵ_{cu})은 0.003~0.004

③ 설계용 콘크리트 표준 변형률

구분	최대	극한	ϵ_{cu} (콘크리트 극한변형률)
변형률	0.002	0.0033	① $f_{ck} \leq 40MPa \rightarrow \epsilon_{cu} = 0.0033$
강도	f_{ck}	$0.85f_{ck}$	② $f_{ck} > 40MPa \rightarrow \epsilon_{cu} = 0.0033 - \dfrac{f_{ck}-40}{100,000}$ (f_{ck}가 10MPa 증가마다 0.0001씩 감소)

2) 탄성계수(E_c)

① 정의 : 비례한도 이하에서 변형률(ϵ)과 압축응력(σ)의 비($E = \sigma/\epsilon$)

② 종류 : 할선 탄성계수 E_c, 초기 접선 탄성계수 E_{ci}

③ 산정식 : $E_c = 8,500\sqrt[3]{f_{cu}}$ (MPa)   (단, $m_c = 2,300 kg/m^3$ 인 보통 골재 콘크리트)

 여기서, f_{cu}는 평균압축강도로 $f_{cu} = f_{ck} + \Delta f$

핵심 PLUS

03 그림과 같은 철근 콘크리트보의 균열모멘트(M_{cr}) 값은? (단, 보통중량 콘크리트 사용, $f_{ck} = 24MPa$, $f_y = 400MPa$)

[00,11,15,17,20 기]

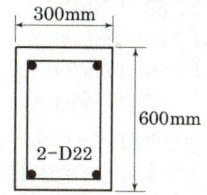

① 21.5kN·m   ② 33.6kN·m
③ 42.8kN·m   ④ 55.6kN·m

[해설]

$M_{cr} = f_r \cdot Z = 0.63\lambda\sqrt{f_{ck}} \cdot \dfrac{bh^2}{6}$

$= 0.63 \times 1 \times \sqrt{24} \times \dfrac{300 \times 600^2}{6}$

$= 55,554,427 N \cdot mm$

$= 55.6 kN \cdot m$

      답 : ④

■ 경량콘크리트계수(λ)

(1) 규정된 f_{sb}인 경우

 $\lambda = \dfrac{f_{sb}}{0.56\sqrt{f_{ck}}} \leq 1.0$

(2) 규정되지 않은 f_{sb}

① 전경량콘크리트 $\lambda = 0.75$
② 모래콘크리트 $\lambda = 0.85$
③ 보통콘크리트 $\lambda = 1.0$

■ 극한강도설계법

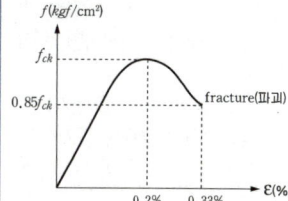

04 강도설계법에서 휨 또는 휨과 축력을 동시에 받는 부재의 콘크리트 압축연단에서 극한 변형률은 얼마로 가정하는가?

[93,97,00,05,08,12,20 기]

① 0.0020   ② 0.0033
③ 0.0053   ④ 0.0073

      답 : ②

Ⅲ. 건축구조 | 철근콘크리트 일반사항

핵심 PLUS

05 강도설계법에서 콘크리트의 압축강도가 30MPa 이하이고 보통골재를 사용한 콘크리트(단위질량=2,300kg/m³)일 경우 콘크리트의 탄성계수는? [17 기]
① 약 2.62×10^4 (MPa)
② 약 2.75×10^4 (MPa)
③ 약 2.95×10^4 (MPa)
④ 약 3.12×10^4 (MPa)

[해설] 콘크리트의 탄성 계수
보통 골재를 사용한 콘크리트 (단위 중량의 값이 2,300kg/m³인 콘크리트)의 탄성계수 $E_c = 8,500 \sqrt[3]{f_{cu}}$ (MPa) 이다.(단, $f_{cu} = f_{ck} + 4$)
탄성계수
$E_c = 8,500 \cdot \sqrt[3]{30+4}$
$= 2.75 \times 10^4$ (MPa)

답 : ②

■ 재하기간에 따른 크리프 증가율과 크리프 증가량
크리프의 약 80%는 처음 4개월 내에 발생하며 약 2년 후에 90%가 일어나며 5년 후 100%가 진행되어 완전히 정지된다. 따라서 기간이 길어짐에 따라 크리프량은 증가하지만 크리프 증가율(크리프량/기간)은 오히려 낮아진다.

06 콘크리트보의 크리프(Creep) 증가에 대한 설명 중 옳지 않은 것은? [09 기]
① 초기 재령시 재하하면 증가한다.
② 건조 상태일 때 증가한다.
③ 경과시간이 클수록 증가한다.
④ 보에서 압축철근이 많을수록 증가한다.

[해설] 콘크리트의 크리프
고강도 콘크리트 사용, 긴 양생기간, 적은 응력, 저온다습 유지, 낮은 재하속도, 낮은 물시멘트비, 적은 단위시멘트량, 큰 부재 사용, 고온증기 양생, 압축철근 증가, 짧은 재하기간일 때 콘크리트의 크리프는 감소한다.

답 : ④

Δf는 다음과 같다.
· $f_{ck} \leq 40$MPa ··· $\Delta f = 4$MPa
· $f_{ck} \geq 60$MPa ··· $\Delta f = 6$MPa
· 40MPa < f_{ck} < 60MPa ··· Δf = 직선보간

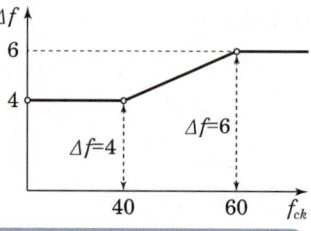

💡 **참고**

탄성계수
일반적으로 할선 탄성계수(E_c)는 초기 접선 탄성계수(E_{ci})의 85%이다.
즉 $E_c = 0.85 E_{ci}$ 이며, 보통 탄성계수로 통용되는 것은 할선탄성계수이다.

3. 콘크리트의 건조수축

1) 원인 및 특징
① 원인 : 수화작용에 필요한 수량(水量)보다 많은 물 사용
② 발생 : 수화열에 의한 팽창과 수화하고 남은 물이 증발하면서 발생
③ 특징 : 자연 발생적이며 **하중과 무관**

2) 감소 대책
낮은 단위시멘트량, 낮은 물시멘트비(W/C), 낮은 시멘트 분말도, 조강 및 저열시멘트 사용 자제, 크고 좋은 입도 골재 사용, 저온다습 환경 유지, 충분한 철근 배근

3) 경과
균열발생, 유해 응력발생의 원인

4) 진행
2주 내에 15~30%, 1개월 내에 40~80%, 1년 이내에 70~85% 발생

4. 콘크리트의 크리프(Creep)

1) 정의
점증하중이 작용하여 변형(처짐, 균열)이 발생하였을 때 **하중의 증가를 중지하여도 변형은 시간과 더불어 지속되는 현상**(하중과 밀접한 관계)

2) 감소 대책
고강도 콘크리트 사용, 긴 양생기간, 적은 응력, 저온다습 유지, 낮은 재하속도, 낮은 물시멘트 비, 적은 단위시멘트량, 큰 부재사용, 고온증기 양생, 가급적 압축철근 배치, 짧은 재하기간

3 철근의 특성

1. 철근의 종류

1) 철근 표면에 따른 분류

① 원형철근 : 표면이 거칠지 않는 원형 단면의 봉강(표시 예 : ∅9)

② 이형철근 : 표면에 돌기(마디와 리브)를 붙인 봉강(표시 예 : D10), 표면적 증가, 부착성 증진, 정착길이 감소

■ 이형철근의 형태

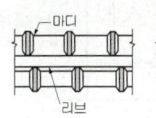
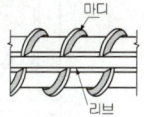

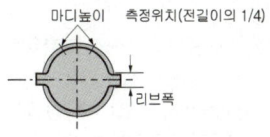

2. 철근의 성질

1) 응력-변형률 곡선

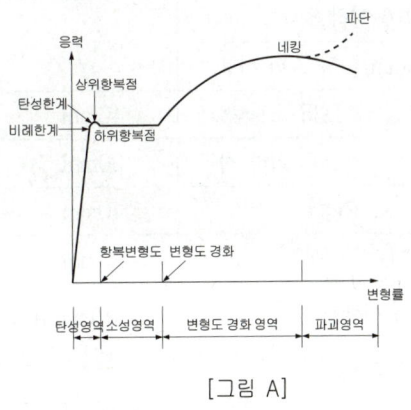

[그림 A]

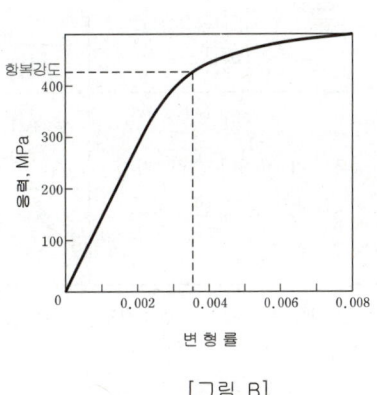

[그림 B]

2) 탄성계수(E_s)

① 정의 : 탄성범위 내에서 응력-변형률 곡선의 기울기(σ/ε)

② 크기 : $E_s = 200,000\text{MPa}$ (일정, 철근의 강도와 무관)

3) 탄성계수비(n)

$$n = \frac{\text{철근의 탄성계수}}{\text{콘크리트의 탄성계수}} = \frac{E_s}{E_c} \geq 6 \text{ (가급적 정수로 사용)}$$

4) 역학적 성질

① 설계강도(f_y) : 응력-변형률 곡선에서 최대응력의 70%와 하항복점 응력 중 작은 값

② 인장강도(f_t) : 응력-변형률 곡선에서 최대응력

③ 고강도($f_y > 400\text{MPa}$) 철근의 설계강도(f_y) : 변형률 0.0035에 상응하는 응력 [그림 B] 참고

④ 설계강도의 한계 : $f_y \leq 600\text{MPa}$

핵심 PLUS

07 다음 중 E_s가 2.1×10^5MPa, E_c가 1.4×10^4MPa일 때 탄성계수비는? (단, E_s : 철근의 탄성계수, E_c : 콘크리트의 탄성계수임)

① 24
② 20
③ 15
④ 10

해설 탄성계수비(n)
탄성계수비는 콘크리트의 탄성계수에 대한 철근의 탄성계수로

$(n) = \dfrac{E_s}{E_c} = \dfrac{2.1 \times 10^5}{1.4 \times 10^4} = 15$

이다.

답 : ③

08 보통골재를 사용한 철근콘크리트보에 콘크리트 압축강도($f_{ck} = 24$MPa), 철근의 항복강도($f_y = 400$MPa)의 재료를 사용할 경우 탄성계수비는 약 얼마인가? (단, $E_s = 2 \times 10^5$MPa, KBC2015 기준) [13,16 기]

① 6.5　② 7.4
③ 8.2　④ 9.1

해설 탄성계수비(n)

$n = \dfrac{E_s}{E_c} = \dfrac{200,000}{8500\sqrt[3]{24+4}}$

$= 7.74$

답 : ②

III. 건축구조 | 철근콘크리트 일반사항

3. 간격과 피복두께

1) 피복두께

① 정의 : 콘크리트 표면에서 가장 가까이 배치된 철근의 표면까지 거리

② 목적 : 내구성(철근의 방청), 내화성, 부착력 확보

2) 최소 기준

종류			피복 두께
수중에서 타설하는 콘크리트			100mm
영구히 흙에 묻혀 있는 콘크리트			75mm
흙에 접하거나 옥외의 공기에 직접 노출되는 콘크리트	D19 이상 철근		50mm
	D16 이하 철근		40mm
	지름 16mm 이하 철선 사용		
옥외의 공기나 흙에 직접 접하지 않는 콘크리트	슬래브, 벽체, 장선	D35 초과 철근	40mm
		D35 이하 철근	20mm
	보, 기둥*		40mm
	쉘, 절판부재		20mm

* 보, 기둥의 콘크리트 압축강도(f_{ck})가 40MPa 이상인 경우 규정된 값에서 10 mm 감소 가능

4 설계법의 종류

1. 분류

1) 개념적 분류

① 안전성 중심 설계 : 외력에 저항 가능한 단면적의 구조물 설계

② 사용성 중심 설계 : 사용자가 불안감을 갖지 않는 변형(처짐, 균열) 범위 내 구조물 설계

2) 설계강도에 의한 분류

① 극한강도 설계 : 안전성 중심 설계
(단면설계 후 사용성은 반드시 별도 검토 대상)

② 허용응력도 설계 : 사용성 중심 설계
(사용성 검토 불필요)

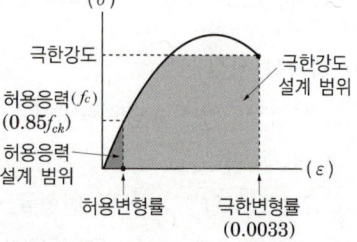

[그림] 설계별 강도 및 변형률 범위

2. 허용응력설계법(Working Stress Design Method, WSD)

① 원리 : 하중의 작용에 따라 발생되는 응력을 탄성이론으로 계산하여 이 응력이 재료의 허용응력 이하가 되도록 설계($\sigma_c \leq f_c$)

핵심 PLUS

■ 보의 피복두께 기준

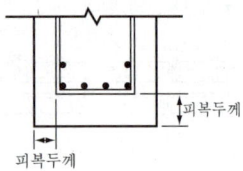

09 철근콘크리트조의 피복두께에 대한 설명으로 틀린 것은? [06 기]
① 피복두께는 내화, 내구성 및 부착력을 고려하여 정하는 것이다.
② 강도설계법에서 옥외의 공기나 흙에 직접 접하지 않는 현장치기 콘크리트로 보나 기둥인 경우 최소피복두께는 40mm이다.
③ 철근콘크리트보의 피복두께는 주근의 중심과 이를 피복하는 콘크리트의 표면까지의 최단 거리이다.
④ 동일한 부재의 단면에서 피복두께가 클수록 구조적으로 불리하다.

답 : ③

10 강도설계법에서 흙에 접하거나 옥외의 공기에 직접 노출되는 현장 치기 콘크리트인 경우 D16 이하 철근의 최소피복두께는 얼마로 하는가? [06,13 기]
① 20mm   ② 30mm
③ 40mm   ④ 50mm

답 : ③

11 콘크리트 구조물의 설계법 중 강도설계법의 특징으로 옳지 않은 것은? [13 기]
① 구조물의 파괴에 대한 안전도의 확보가 확실하다.
② 서로 다른 하중의 특성을 설계에 반영할 수 있다.
③ 서로 다른 재료의 특성을 설계에 반영시키기 어렵다.
④ 처짐 및 균열에 대한 사용성 확보 검토가 불필요하다.

답 : ④

② 특징 : 간편한 계산과 설계, 부재 강도 추정 곤란, 재료의 일정한 안전도 확보 곤란, 하중 종류별 특성 무시(설계 무반영), 사용성 중심의 설계
(균열과 처짐 등 사용성 검토 불필요)

3. 강도설계법(Ultimate Strength Design Method, USD)

1) 개념

① 원리 : 부재가 저항하는 공칭강도(M_n)에 강도감소계수(ϕ)를 곱한 설계강도(M_d)가 계수하중에 의한 소요강도(M_u)보다 크게 되도록 하는 설계법

② 설계식 : 내력 ≥ 외력

㉮ 내력 = [강도감소계수(ϕ)] × [공칭강도(M_n)] = 설계강도(M_d)

㉯ 외력 = Σ(하중계수 × 사용하중) = 계수하중(소요강도, M_u)

$$M_d = \phi M_n \geq M_u$$

③ 특징 : 확실한 안전도, 하중 특성 반영 설계, 이질재 특성 설계 반영 곤란, 과학적 설계, 극한응력 상태(소성)이론 적용, 안전성 중심 설계

> **참고**
> 강도설계법의 성립 요인
> ㉠ 콘크리트는 소성체와 유사하다.
> ㉡ 일정 응력 이상에서 응력과 변형률은 비례하지 않는다.
> ㉢ 콘크리트 파괴 시 응력분포는 탄성이론과 다르다.
> ㉣ 예상되는 최대하중과 재료의 최저강도에 의한 안전율로 파괴를 유도하여야 한다.

2) 안전성 확보

① 하중계수

㉮ 정의 : 절대량이 아닌 변화량으로써 사용하중의 확률적·통계적 증가율

㉯ 각종 하중계수
- $U = 1.4(D+F)$
- $U = 1.2(D+F+T) + 1.6L + 0.5(L_r, S, R)$
- $U = 1.2D + 1.6(L_r, S, R) + (L, 0.65W)$
- $U = 1.2D + 1.3W + 1.0L + 0.5(L_r, S, R)$
- $U = 1.2D + 1.0E + 1.0L + 0.2S$
- $U = 0.9D + 1.3W$
- $U = 0.9D + 1.0E$

> **참고**
> 소요강도 요약
> - $U = 1.2D + 1.6L$
> - $U = 1.2D + L + 1.3W$
> - $U = 1.2D + L + E$
> - $U = 0.9D + E$

핵심 PLUS

12 강도설계법의 강도 관계식이 옳게 표시된 것은? (단, M_d는 설계강도, M_n은 공칭강도, M_u는 소요강도, ϕ는 강도감소계수이다.) [06 기]
① $M_d = \phi M_n \geq M_u$
② $M_d = M_u \leq \phi M_n$
③ $M_d \leq \phi M_n = M_u$
④ $M_d = \phi M_d \geq M_u$

[해설] 강도설계법의 기본 원리
강도설계법은 외력(하중)에 의한 소요강도(M_u) 보다 내력(공칭강도, M_n)과 부재 단면적에 의해 결정되는 설계강도(M_d)가 같거나 크게 설계한다. 설계강도(M_d)는 공칭강도(M_n)와 강도감소계수(ϕ)의 곱으로 나타낸다.

답 : ①

13 극한강도설계법에서 철근콘크리트 구조물 설계시 고려해야 하는 하중조합으로 옳지 않은 것은? (단, D는 고정하중, F는 유체압 및 유기내용물하중, L은 활하중, W는 풍하중, E는 지진하중, H_v는 흙, 지하수 또는 기타 재료의 자중에 의한 연직방향 하중, S는 적설하중) [10,16 기]
① $U = 1.4(D+F)$
② $U = 1.2D + 1.3W + 1.0L + 0.5S$
③ $U = 1.2D + 1.0E + 1.0L + 0.2S$
④ $U = 1.4D + 1.7L + 1.6S$

[해설] 소요강도(U) 산정을 위한 하중 조합 : 하중의 종류별로 증가 가능성을 고려하여 사용하중에 곱하는 값으로 하중 계수이다.

하중의 조합	소요강도
고정하중(D)+활하중(L)	U=1.2D+1.6L
고정하중(D)+풍하중(W)+활하중(L)+적설하중(S)	U=1.2D+1.3W+1.0L+0.5S
고정하중(D)+지진하중(E)+활하중(L)+적설하중(S)	U=1.2D+1.0E+1.0L+0.2S
고정하중(D)+유체압(F)+자중의 연직하중(Hv)	U=1.4(D+F+Hv)

답 : ④

III. 건축구조 | 철근콘크리트 일반사항

핵심 PLUS

14 건축구조기준(KBC2015)에 따른 강도감소계수 값으로 옳지 않은 것은? [12기]
① 인장지배단면 : 0.85
② 압축지배단면 중 나선철근으로 보강된 철근콘크리트 부재 : 0.85
③ 전단력 및 비틀림모멘트 : 0.75
④ 포스트텐션 정착구역 : 0.85

답 : ②

15 강도감소계수와 관련된 설명으로 옳지 않은 것은? [12기]
① 휨모멘트와 축력을 받는 부재에 대하여 인장지배단면은 공칭강도에서 최외단 인장철근의 순인장변형률 ϵ_t가 인장지배변형률 한계인 0.005 이상인 경우이다.
② 휨모멘트와 축력을 받는 부재에 대하여 압축지배단면은 공칭강도에서 최외단 인장철근의 순인장변형률 ϵ_t가 압축지배변형률 한계인 철근의 설계기준 항복변형률 ϵ_y 이하인 경우이다.
③ 인장지배단면보다 압축지배단면에 대하여 더 작은 ϕ계수를 사용하는 이유는 압축지배단면의 연성이 더 크고, 콘크리트 강도의 변동에 민감하지 않기 때문이다.
④ 나선철근부재의 ϕ계수는 띠철근 기둥의 ϕ계수보다 크다.

[해설] 강도감소 계수
인장지배단면 보다 압축지배 단면에 대하여 더 작은 ϕ계수를 사용하는 이유는 압축지배단면의 연성이 더 작고, 콘크리트 강도의 변화에 보다 민감하며, 일반적으로 인장지배단면 부재보다 더 넓은 영역의 하중을 지지하기 때문이다.

답 : ③

② 강도감소계수

㉮ 개념 : 재료 및 시공상 결함, 부재치수 오차, 설계 계산 오차 등으로 부재의 이론상 저항능력(휨모멘트, 축력, 전단력 등)을 실제 발현되는 강도(설계강도)로 인정할 수 없으므로 낮추어 계산하는 비율

㉯ 반영 : 이론상 저항 단면력에 강도감소계수(ϕ)를 곱하여 산정

㉰ 부재별 강도감소계수(ϕ)

적용 부재		강도감소계수
인장지배 단면		0.85
압축지배 단면	띠철근 기둥	0.65
	나선철근 기둥	0.70
변화구간 단면 (전이구역)		0.65(0.70)~0.85
전단력과 비틀림 모멘트		0.75
콘크리트 지압력(스트럿-타이 모델 제외)		0.65
무근콘크리트의 휨모멘트, 압축력, 전단력, 지압력		0.55

5 구조물의 사용성

1. 사용성

① 정의 : 파괴 또는 붕괴되지 않지만 사용자가 불안을 느끼는 정도
② 원인 : 과대한 처짐, 균열, 진동, 외형 손상

> **참고**
>
> **극한강도 설계와 사용성 검토**
> 고강도 철근을 사용하거나 극한강도설계는 허용응력 설계법으로 설계한 경우보다 철근의 변형률이 약 50% 정도 증가함에 따라 처짐, 균열의 발생 위험도가 매우 높기 때문에 별도의 사용성 검토가 필요하다. 균열의 폭에 대한 안전성 검토 등이 주요 설계대상이 되고 있다.
>
> **사용성 검토에 적용되는 하중**
> 부재의 안전성은 계수하중에 의하여 검토하지만, 처짐이나 균열 등은 **사용하중**에 의하여 검토하며 사용하중 상태에서 구조체는 탄성거동 하는 것으로 가정하여 탄성이론을 적용한다.

2. 처짐 검토

1) 처짐

① 위험성

㉮ 고강도 철근과 콘크리트를 사용하면 구조물의 단면이 작아져 강성이 저하됨으로써 처짐이 증가

㉯ 칸막이벽에 균열 발생 또는 개구부 등의 기능 저하

㉰ 바닥 또는 지붕의 방수층 파손

② 제한설정 : 구조부재의 처짐으로 반자, 마루 등의 비구조 부재에 손상이 발생하지 않는 범위로 제한

③ 처짐의 검토 : 설계물 처짐량(=탄성처짐+장기처짐) ≤ 허용 처짐량

$$처짐량 = 탄성처짐 + \left(탄성처짐 \times \frac{\xi}{1+50\rho'}\right)$$

2) 탄성처짐(순간처짐)

① 정의 : 하중을 재하할 때 발생하는 처짐

② 탄성처짐의 산정

구분	중앙 집중하중	전구간 등분포 하중
단순보	$\delta_{max} = \dfrac{Pl^3}{48EI}$	$\delta_{max} = \dfrac{5wl^4}{384EI}$
양단고정보	$\delta_{max} = \dfrac{Pl^3}{192EI}$	$\delta_{max} = \dfrac{wl^4}{384EI}$

E : 콘크리트의 탄성계수(E_c)

I : 단면2차모멘트의 적용

- 균열 없는 단면($M < M_{cr}$) : 모든 단면이 유효하므로 전 단면에 대한 단면 2차모멘트(I_g) 적용
- 균열 발생 단면($M > M_{cr}$) : 철근의 환산 단면적을 고려한 균열 환산 단면 2차모멘트(I_{cr}) 적용
- 실제 단면2차모멘트 : I_g 와 I_{cr} 사이의 유효 단면 2차모멘트(I_e) 적용

$$I_e = \left(\frac{M_{cr}}{M_a}\right)^3 I_g + \left[1 - \left(\frac{M_{cr}}{M_a}\right)^3\right] I_{cr}$$

M_a : 처짐 계산시 부재의 최대 휨모멘트

I_g : 전 단면에 대한 단면 2차모멘트

I_{cr} : 균열 환산 단면 2차모멘트

M_{cr} : 균열 휨모멘트$\left(= \dfrac{f_r}{y_t} I_g\right)$

f_r : 파괴계수($= 0.63\lambda\sqrt{f_{ck}}$)

y_t : 인장측 외단거리

핵심 PLUS

16 그림의 단순보에서 C점의 탄성 처짐은 얼마인가? (단, E=2.1×10⁵, I=1.2×10⁸mm⁴)

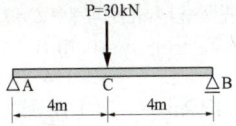

① 6.3mm
② 8.5mm
③ 12.7mm
④ 26.1mm

[해설] 단순보의 처짐(δ_{max})

단순보의 중앙에 집중하중 P를 받는 경우의 최대 처짐

$(\delta_{max}) = \dfrac{Pl^3}{48EI}$ 이다.

최대 처짐 : $\delta_{max} = \dfrac{Pl^3}{48EI}$

$= \dfrac{30,000 \times 8,000^3}{48 \times 2.1 \times 10^5 \times 1.2 \times 10^8}$

$= 12.7mm$

답 : ③

17 강도설계법에서 크리프와 건조수축에 따른 추가 장기처짐은 순간처짐량에 다음의 어느 값을 곱하여 구하는가? (단, T는 시간경과계수, ρ'는 압축철근비이다.)

① $\lambda = \dfrac{T}{50 + \rho'}$

② $\lambda = \dfrac{T}{1 + 50\rho'}$

③ $\lambda = \dfrac{\rho'}{50 + T}$

④ $\lambda = \dfrac{\rho'}{1 + 50T}$

답 : ②

III. 건축구조 | 철근콘크리트 일반사항

핵심 PLUS

18 철근콘크리트 단순보에서 순간탄성처짐이 0.9mm이었다면 1년 뒤 이 부재의 총처짐량을 구하면? (단, 시간경과계수 $\xi=1.4$, 압축철근비 $\rho'=0.01071$)
[14, 21 기]

① 1.52mm ② 1.72mm
③ 1.92mm ④ 2.12mm

[해설] 총처짐량(δ_T)

δ_T = 순간처짐 + 장기처짐

장기처짐 = 탄성처짐 × $\dfrac{\xi}{1+50\rho'}$

$\delta_T = 0.9 + 0.9 \times \dfrac{1.4}{1+50\times 0.0107}$

  $= 1.72(\text{mm})$

답 : ②

3) 장기 처짐(추가 처짐)

① 정의 : 콘크리트의 크리프와 건조수축에 의한 시간 경과와 더불어 진행되는 처짐
② 특징 : 초기에는 증가율이 높지만 점차 증가율 둔화되어 5년 후 정지
③ 변화 요인 : 온도와 습도, 양생조건, 재하시의 재령과 함수량, 압축철근의 단면적, 지속하중의 크기 등

$$\text{장기처짐} = \text{순간(탄성)처짐} \times \lambda \quad (단, \lambda = \dfrac{\xi}{1+50\rho'})$$

ρ' : 압축철근비
ξ : 시간경과 계수
  3개월 : 1.0
  6개월 : 1.2
  12개월 : 1.4
  5년 이상 : 2.0

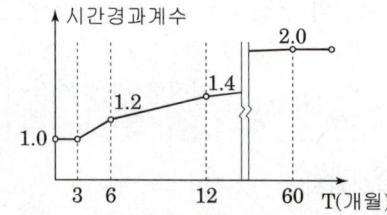

4) 허용 처짐

① 정의 : 사용자가 불안을 느끼지 않고 구조물을 활용하기 위해 허용할 수 있는 처짐의 최대 한계
② 결정요소 : 구조물의 종류, 사용 목적, 하중의 종류
③ 최대 허용처짐

부재의 형태	부재의 형태	처짐한계
과도한 처짐에 의해 손상되기 쉬운 비구조 요소를 지지 또는 부착하지 않은 평지붕 구조	활하중 L에 의한 순간처짐	$\dfrac{l}{180}$
과도한 처짐에 의해 손상되기 쉬운 비구조 요소를 지지 또는 부착하지 않은 바닥 구조	활하중 L에 의한 순간처짐	$\dfrac{l}{360}$
과도한 처짐에 의해 **손상되기 쉬운** 비구조 요소를 지지 또는 부착한 지붕 또는 바닥구조	전체 처짐 중에서 비구조 요소가 부착된 후에 발생하는 처짐 부분 (모든 지속하중에 의한 장기처짐과 추가적인 활하중에 의한 순간처짐의 합)	$\dfrac{l}{480}$
과도한 처짐에 의해 **손상될 염려가 없는** 비구조 요소를 지지 또는 부착한 지붕 또는 바닥구조		$\dfrac{l}{240}$

■ 최대 허용 처짐 요점

부재의 종류	지지물의 종류	처짐한계
평지붕	없음	$\dfrac{l}{180}$
슬래브		$\dfrac{l}{360}$
평지붕 또는 슬래브	손상이 용이한 지지물	$\dfrac{l}{480}$
	손상이 어려운 지지물	$\dfrac{l}{240}$

19 과도한 처짐에 의해 손상되기 쉬운 비구조요소를 지지 또는 부착하지 않은 바닥구조의 처짐한계는 다음 중 어느 값 이하가 되어야 하는가?(단, 활하중에 의한 순간처짐) [17, 22 기]

① $l/180$
② $l/240$
③ $l/360$
④ $l/480$

답 : ③

5) 처짐 검토의 생략

① 정의 : 1방향 슬래브의 최소두께 또는 보의 최소춤을 일정한 크기 이상으로 충분히 설계한 경우 처짐의 검토는 생략 가능

② 처짐 검토의 생략 조건

부 재	최소 두께			
	단순 지지	1단 연속	양단 연속	켄틸레버
· 1방향 슬래브	$\dfrac{l}{20}$	$\dfrac{l}{24}$	$\dfrac{l}{28}$	$\dfrac{l}{10}$
· 보 · 리브가 있는 1방향 슬래브	$\dfrac{l}{16}$	$\dfrac{l}{18.5}$	$\dfrac{l}{21}$	$\dfrac{l}{8}$

㉮ 적용

보통콘크리트(m_c=2,300kg/m³)와 항복강도(f_y) 400MPa 철근 사용시

㉯ $f_y \ne$ 400MPa인 경우

위 기준값에 $(0.43 + f_y/700)$을 곱하여 산정

3. 균열(Crack)

1) 일반사항

① 위치 : 사용하중에 의한 휨인장응력이 콘크리트의 파괴계수
($f_r = 0.63\lambda\sqrt{f_{ck}}$)를 초과하는 위치, 고강도 철근 사용으로 높은 응력이 발생하는 위치

② 위험성 : 철근의 부식, 표면오염, 부재내력 저하, 내구성 감소, 유해환경 노출

③ 검토항목 : 균열의 수 보다는 균열의 폭(틈새)이 위험

④ 원인 : 온도변화, 침하, 수축 등으로 **열 또는 재료의 이동**과 **체적 팽창** 등 내적인 요인과 **설계 오류, 지반 침하** 등의 외부 하중이 주원인

2) 균열 최소화 대책

① **가는 철근 다수 배근**(인장영역에 철근 분산 효과, 철근간격 최소화), **가능한 얇은 피복두께, 이형철근 사용**, 철근 응력 최소화, **표피철근 배치**

② 콘크리트 인장 연단에 배치되는 철근의 중심간격(s)을 다음 두 값 중 작은 값 이하로 배근

· $s \le 375 \left(\dfrac{k_{cr}}{f_s}\right) - 2.5 C_c$

· $s \le 300 \left(\dfrac{k_{cr}}{f_s}\right)$

C_c : 인장철근의 표면과 콘크리트 표면 사이의 최소두께

f_s : 인장연단 철근의 응력 $\left[= \dfrac{2}{3} \cdot f_y \right]$

k_{cr} : 건조환경 노출시 280, 그 외의 경우 210

핵심 PLUS

20 다음 그림과 같은 철근콘크리트 보에서 처짐을 계산하지 않을 경우 보의 최소두께는 얼마인가? (단, 단위질량 ρ_c=2300kg/m³ 인 보통콘크리트이며 f_{ck}=27MPa, f_y=400MPa) [10 기]

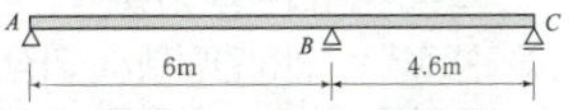

① 385mm ② 324mm
③ 297mm ④ 286mm

해설 처짐 검토의 생략 조건
짧은 보와 긴 보의 동시 설계에서는 긴 보의 최소춤으로 설계한다. 1단 연속보에 속하므로 최소춤은 $l/18.5$이므로
6000mm/18.5=324mm이다.

답 : ②

21 다음과 같은 조건에서 철근콘크리트 보의 인장철근의 최대 허용 배근 간격은 얼마인가? (단, 철근은 보의 인장부에만 배근하고 피복두께는 40mm이다.) [17 기]

· 일반환경 조건($k_{cr} = 210$)
· $f_{ck} = 28$MPa
· $f_y = 400$MPa
· $f_s = (2/3)f_y$
· $A_s = 1548.5$mm² (4 – D22)

① 106.7mm ② 163.5mm
③ 195.3mm ④ 239.1mm

해설 최대 배근간격

$s \le 375 \left(\dfrac{k_{cr}}{f_s}\right) - 2.5 C_c$,

$s \le 300 \left(\dfrac{k_{cr}}{f_s}\right)$ 중 작은값

· $s = 375 \times \left(\dfrac{210}{\frac{2}{3} \times 400}\right) - 2.5 \times 40$

$= 195.31(\text{mm})$

· $s = 300 \times \left(\dfrac{210}{\frac{2}{3} \times 400}\right)$

$= 236.25(\text{mm})$

답 : ③

핵심 PLUS

22 철근콘크리트 부재에서 균열폭을 최소화하기 위한 대책으로 가장 알맞은 것은?
① 허용하는 범위에서 가능한 피복 두께를 두껍게 한다.
② 가급적이면 물시멘트의 비가 낮은 콘크리트를 사용한다.
③ 콘크리트 인장연단에서 가장 가까운 철근의 간격을 증가시킨다.
④ 동일한 단면의 철근량에서 가급적이면 적은 직경을 여러 개의 철근을 배근한다.

[해설] 균열폭 최소화 대책
균열 폭을 줄이기 위해서는 가는 철근 다수로 배근(콘크리트 인장영역에 철근 분산 효과, 철근간격 최소화), 제한 범위 내 얇은 피복 두께, 이형철근 사용, 철근 응력 최소화가 있다.

답 : ④

■ 표피철근
h가 900mm를 초과하는 휨부재 복부의 양 측면에 배치하는 철근으로 인장측 h/2 구간에 배근한다.

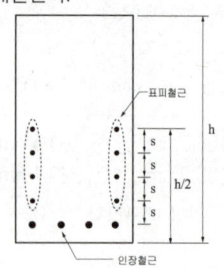

■ 유효 인장 단면적

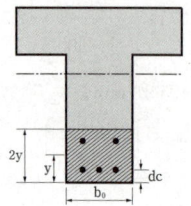

---

③ 환경조건에 따른 허용 균열폭(ω_a)

강재의 부식에 대한 환경 조건			
건조 환경	습윤 환경	부식성 환경	고부식성 환경
0.4mm와 0.006c_c 중 큰 값	0.3mm와 0.005c_c 중 큰 값	0.3mm와 0.004c_c 중 큰 값	0.3mm와 0.0035c_c 중 큰 값

단, c_c는 최외단 주철근의 표면과 콘크리트 표면 사이의 콘크리트 최소 피복두께(mm)이며, 강재의 부식에 대한 환경조건의 구분은 아래 표 참조

구 분	조 건
건조환경	부식의 우려가 없을 정도로 보호한 경우의 보통 주거 및 사무실 건물 내부
습윤환경	일반 옥외의 경우, 흙 속의 경우, 옥내의 경우에 있어서 습기가 찬 곳
부식성 환경	1. 습윤환경과 비교하여 건습의 반복작용이 많은 경우, 특히 유해한 물질을 함유한 지하수위 이하의 흙 속에 있어서 강재의 부식에 해로운 영향을 주는 경우, 동결작용이 있는 경우, 동방지제를 사용하는 경우 2. 해양콘크리트 구조물 중 해수 중에 있거나 극심하지 않은 해양 환경
고부식성 환경	1. 강재의 부식에 현저하게 해로운 영향을 주는 경우 2. 간만조위의 영향을 받는 해양 구조물, 비말대, 극심한 해풍의 영향 등 경우

3) 표피 철근

① 휨부재 복부 양측면의 균열 방지를 위해 축방향으로 배치하는 철근
② 배근 기준
- **춤이 900mm를 초과**하는 휨부재에 필수 배근
- 인장연단에서 전체 높이의 **1/2 구간에 배치**

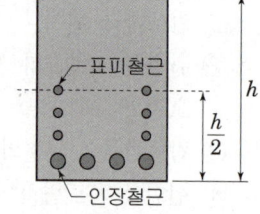

4. 피로(Fatigue)

– 피로란 작은 크기의 하중이 반복해서 가해질 경우에 강재가 항복강도에 도달하기 이전에 항복강도보다 낮은 강도에서 파괴되는 현상(주요 요인 : 하중의 반복횟수 및 크기)

1) 검토 대상

부재	보, 슬래브	기둥
피로 검토 대상	휨과 전단	검토 불필요

※ 휨모멘트와 축방향 인장력이 큰 경우 보에 준하여 검토

2) 피로 검토 생략 조건

강재 종류	이형철근			긴장재	
설계 강도 또는 위치	SD300	SD350	SD400이상	연결부 정착부	기타부위
응력 범위	130MPa	140MPa	150MPa	140MPa	160MPa

※ 강재의 종류별 저항 응력이 위 표의 응력 범위 보다 작은 경우 검토 생략

핵심기출문제

V. 철근콘크리트 일반사항

■■■ 1. 개요

1. 철근콘크리트 구조에 관한 기술 중 틀린 것은? [97, 05, 08 ㉮]

① 철근과 콘크리트의 선팽창계수는 거의 같다.
② 철근과 콘크리트의 응력전달은 철근표면의 부착력에 의한다.
③ 철근과 콘크리트의 응력분담은 각각의 단면적비에 의한다.
④ 균형철근비 이상의 인장철근을 갖는 보는 콘크리트가 먼저 허용응력도에 달한다.

■■■ 2. 콘크리트의 특성

2. 다음과 같은 조건의 단면을 가진 부재의 균열모멘트 M_{cr}을 구하면? [14, 17, 22 ㉮]

- 중립축에서 인장연단까지의 거리 $y_t = 420\mathrm{mm}$
- 총 단면2차모멘트 $I_g = 1.0 \times 10^{10} \mathrm{mm}^4$
- 보통중량 콘크리트 설계기준강도 $f_{ck} = 21\mathrm{MPa}$

① 50.6kN·m ② 53.3kN·m
③ 62.5kN·m ④ 68.8kN·m

[해설] 균열모멘트(M_{cr})

휨응력이 콘크리트 균열계수($f_r = 0.63\lambda\sqrt{f_{ck}}$)에 도달할 때의 휨모멘트를 균열모멘트라 하므로

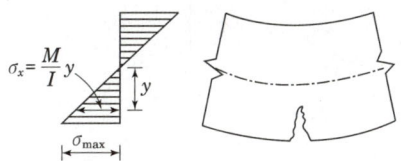

균열계수($f_r = 0.63\lambda\sqrt{f_{ck}}$)

$\sigma_{\max} = f_r$ (최대 휨응력=콘크리트 균열계수)

$\dfrac{M_{cr}}{I} \cdot y = f_r \rightarrow M_{cr} = \dfrac{I}{y} \cdot f_r = \dfrac{10^{10}}{420} \times 0.63 \times 1 \times \sqrt{21}$
$= 68,738,635 \,(\mathrm{N \cdot mm}) = 68.7 \,(\mathrm{kN \cdot m})$

해 설

[해설] **1**

철근콘크리트 구조의 특징
① 해석의 발상 : 철근과 콘크리트의 응력전달 수단이 되는 부착성 양호, 콘크리트의 약점인 인장강도를 철근이 보완, 철근의 약점인 산화를 콘크리트가 방청, 두 재료의 거의 동일한 선팽창계수
② 구조적 조건 : 철근과 콘크리트의 강도비는 탄성계수비로서 약 15배 정도이다. 따라서 동일한 단면적일 때 철근은 콘크리트의 15배의 응력을 부담한다. 또한 균형철근비 이상인 경우 철근이 과다하게 배근된 경우이므로 먼저 콘크리트가 허용응력(극한변형률)에 도달한다.

정답 1. ③ 2. ④

핵심기출문제

V. 철근콘크리트 일반사항

해설

3. 폭 $b=250\text{mm}$, 높이 $h=500\text{mm}$인 직사각형 콘크리트 보 부재의 균열모멘트 M_{cr}은? (단, 경량콘크리트계수 $\lambda = 1$, $f_{ck} = 24\text{MPa}$)　　　　　　　　　　　　　　　　　　　　　　　[13, 16 ㉮]

① 8.3kN·m　　② 16.4kN·m
③ 24.5kN·m　　④ 32.2kN·m

해설 3

균열모멘트(M_{cr})
균열모멘트(M_{cr})는 무근 콘크리트 보의 최대응력도가 휨 인장강도(f_r)에 도달할 때 가해진 휨모멘트이므로

$$\sigma_{max} = f_r \frac{M_{cr}}{Z} = 0.63\sqrt{f_{ck}}$$

$$M_{cr} = 0.63\lambda\sqrt{f_{ck}} \cdot \frac{bh^2}{6}$$

$$= 0.63 \times 1 \times \sqrt{24} \times \frac{250 \times 500^2}{6}$$

$$= 32,149,553(\text{N·mm})$$

$$= 32.15(\text{kN·m})$$

4. 보통중량콘크리트를 사용한 그림과 같은 보의 단면에서 외력에 의해 휨 균열을 일으키는 균열모멘트(M_{cr}) 값으로 옳은 것은? (단, $f_{ck} = 27\text{MPa}$, $f_y = 400\text{MPa}$, 철근은 개략적으로 도시되었음)　　　[14, 21 ㉮]

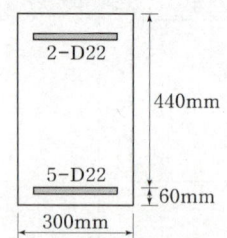

① 29.5 kN·m　　② 34.7 kN·m
③ 40.9 kN·m　　④ 52.4 kN·m

해설 4

균열모멘트(M_{cr})
균열모멘트(M_{cr})는 콘크리트의 휨응력이 휨인장강도 $f_{cr}(=0.63\lambda\sqrt{f_{ck}})$에 도달하게 하는 휨모멘트이다.

따라서 $\sigma = \frac{M}{Z}$에서 $\sigma = f_{cr}$일 때

$M = M_{cr}$이므로 $f_{cr} = \frac{M_{cr}}{Z}$이다.

$M_{cr} = f_{cr} \cdot Z = 0.63\lambda\sqrt{f_{ck}} \cdot \frac{bh^2}{6}$

$$= 0.63 \times 1 \times \sqrt{27} \times \frac{300 \times 500^2}{6}$$

$$= 40,919,700(\text{N·mm})$$

$$= 40.9(\text{kN·m})$$

5. 단면 $b = 350\text{mm}$, $h = 700\text{mm}$인 장방형 보의 균열모멘트(M_{cr})는 얼마인가? (단, 보의 휨파괴강도 $f_r = 3\text{MPa}$)　　[14, 19 ㉮]

① 85.75kN · m　　② 95.75kN · m
③ 105.75kN · m　　④ 115.75kN · m

해설 5

균열모멘트(M_{cr})

$f_r = \frac{M_{cr}}{Z}$에서 $M_{cr} = f_r \cdot Z$

$\therefore M_{cr} = 3 \times \frac{350 \times 700^2}{6}$

$$= 85,750,000\text{N · mm}$$

$$= 85.75\text{kN · m}$$

정답　3. ④　4. ③　5. ①

■■■ 3. 철근의 특성

6. 철근콘크리트의 보강철근에 대한 설명으로 틀린 것은? [14⑦]

① 보강철근으로 보강하지 않은 콘크리트는 인장강도가 낮아서 취성(Brittle) 거동을 한다.
② 보강철근은 콘크리트의 크리프를 감소시키고 균열의 폭을 최소화시킨다.
③ 이형철근은 원형강봉의 표면에 돌기를 만들어 철근과 콘크리트의 부착력을 최대가 되도록 한 것이다.
④ KS에서 철근의 번호는 inch단위의 공칭지름을 8로 나눈 값을 의미한다.

7. 현장치기 콘크리트 중 수중에서 타설하는 콘크리트인 경우 철근의 최소 피복두께는 얼마인가? [08⑦]

① 40mm ② 60mm
③ 80mm ④ 100mm

해설 7, 8, 9
피복두께
흙에 접하거나 옥외의 공기에 직접 노출되는 현장 치기 콘크리트는 악조건이므로 피복두께가 두꺼워야한다.

종 류			피복 두께
수중에서 타설하는 콘크리트			100mm
영구히 흙에 묻혀 있는 콘크리트			75mm
흙에 접하거나 옥외의 공기에 직접 노출되는 콘크리트	D19 이상 철근		50mm
	D16 이하 철근		40mm
	지름 16mm 이하 철선 사용		
옥외의 공기나 흙에 직접 접하지 않는 콘크리트	슬래브, 벽체, 장선	D35 초과 철근	40mm
		D35 이하 철근	20mm
	보, 기둥*		40mm
	쉘, 절판부재		20mm

해설

해설 6
이형철근의 호칭
길이 1m의 중량을 측정하여 이와 동일한 중량의 원형철근 직경을 호칭으로 결정

정답 6. ④ 7. ④

핵심기출문제

V. 철근콘크리트 일반사항

8. 강도설계법에서 흙에 접하는 기둥의 최소 피복두께 기준으로 옳은 것은? (단, 프리스트레스하지 않는 부재의 현장치기 콘크리트로서 D25인 철근임) [16, 22 ㉮]

① 20mm ② 30mm
③ 40mm ④ 50mm

9. 강도설계법에서 흙에 접하거나 옥외의 공기에 직접 노출되는 현장 치기 콘크리트인 경우 D16 이하 철근의 최소피복두께는 얼마로 하는가? [13 ㉮]

① 20mm ② 30mm
③ 40mm ④ 50mm

10. 강도설계법으로 설계된 그림과 같은 보에서 이음이 없는 경우 요구되는 보의 최소폭 b를 구하면? (단, 전단철근의 구부림 내면반지름을 고려하며, 굵은골재의 최대치수는 25mm, 피복두께 40mm이며, 주철근의 직경은 22mm, 스터럽의 직경은 10mm로 계산) [14 ㉮]

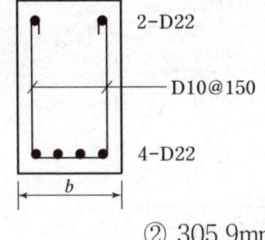

① 287.9mm ② 305.9mm
③ 310.3mm ④ 317.5mm

해설

해설 10
보의 최소폭

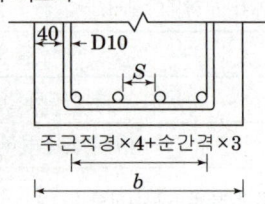

※ 순간격(S)의 크기
- 25mm
- 주근직경 22mm
- 굵은골재 직경의 4/3
  → 25×4/3=33.3mm
  최대값 이상이므로 33.3mm 이상이다.
∴ b=(40+10)×2+(22×4)
    +(33.3×3)=287.9(mm)

정답 8. ④ 9. ③ 10. ②

11. 다음 그림과 같은 보 단면에서 정착되는 철근의 수평 순간격을 구하면?

[17 ㉮]

- D22(인장, 압축철근), 지름 : 22mm로 계산
- D13@150(스터럽), 지름 : 13mm로 계산
- 최소피복두께 : 40mm
- 구부림 최소내면반지름은 무시

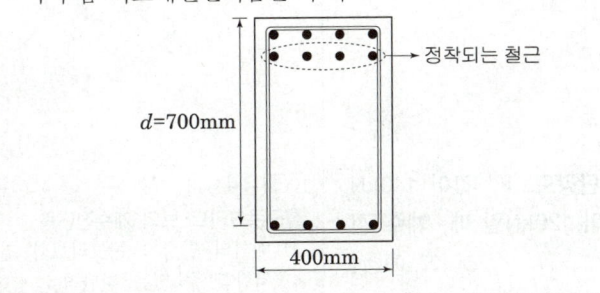

① 60.7mm　　　② 63.7mm
③ 66.7mm　　　④ 68.7mm

해설 11
순간격
보폭 = 피복두께×2 + 스트럽 직경×2
　　　+ 주근 직경×4 + 순간격×3

$$\text{순간격} = \frac{1}{3}(\text{보폭} - \text{피복두께}\times 2 \\ + \text{스트럽 직경}\times 2 \\ + \text{주근 직경}\times 4)$$

$$= \frac{1}{3}\{400 - (40\times 2 + 13 \\ \times 2 + 22\times 4)\}$$

$$= 68.7(\text{mm})$$

4. 설계법의 종류

12. 강도설계법에서 고정하중 40kN, 활하중 30kN이 작용할 때 계수하중은 얼마인가?

[17 ㉮]

① 135kN　　　② 124kN
③ 116kN　　　④ 96kN

해설 계수하중
계수하중(U) = 1.2D + 1.6L = 1.2×40 + 1.6×30 = 96(kN)

하중의 조합	소요강도
고정하중(D) + 활하중(L)	U = 1.2D + 1.6L
고정하중(D) + 풍하중(W) + 활하중(L) + 적설하중(S)	U = 1.2D + 1.3W + 1.0L + 0.5S
고정하중(D) + 지진하중(E) + 활하중(L) + 적설하중(S)	U = 1.2D + 1.0E + 1.0L + 0.2S
고정하중(D) + 유체압(F) + 자중의 연직하중(Hv)	U = 1.4(D + F + Hv)

11. ④　12. ④

핵심기출문제
V. 철근콘크리트 일반사항

13. 고정하중이 50MPa이고 활하중이 30MPa인 경우 극한강도설계법으로 슬래브를 설계할 때 사용하는 계수하중은? [06㉮]

① 100MPa
② 105MPa
③ 108MPa
④ 129MPa

해설

해설 13
계수하중
계수하중은 사용하중에 하중증가계수를 곱하여 구하며, 하중증가계수는 고정하중 1.2, 활하중 1.6이다.
계수하중
= 50×1.2+30×1.6=108(MPa)

14. 극한강도설계법에서 콘크리트에 의한 공칭전단강도 V_c 값이 140kN이고, 전단철근에 의한 공칭전단강도 V_s 값이 120kN일 때, 계수 전단력 V_u 값은? [07, 09㉮]

① 208kN
② 234kN
③ 260kN
④ 400kN

해설 14
철근콘크리트 보의 계수전단력
① 해석의 발상 : 콘크리트와 철근이 저항할 수 있는 전단력을 합한 것을 공칭전단강도(V_n)라 하며 이 값에 강도감소계수(∅)를 곱하면 설계전단강도(V_d)라 한다.
② 참고사항 : 건축구조설계기준에 의하면 설계전단강도(V_d)와 소요전단강도(V_u)의 관계는 $V_d \geq V_u$ 이므로 문제에서 설계전단강도를 계수전단력(V_u)으로 표현하였다고 볼 수 있다.
③ 설계전단력
$V_u = 0.8 \times (140+120)$
    $= 208(kN)$
※ 출제 당시의 $\phi=0.8$이었으나 현재는 $\phi=0.75$ 임

15. 철근콘크리트 구조물 설계를 위해 선형탄성 구조해석을 수행한 결과, 보 단면에 다음과 같은 단면력이 계산되었다. 이 값을 사용해서 계수 휨모멘트를 구하면? [15㉮]

- 고정하중에 의한 모멘트 : $M_D = 150kN \cdot m$
- 활하중에 의한 모멘트 : $M_L = 120kN \cdot m$
- 풍하중에 의한 모멘트 : $M_W = 60kN \cdot m$

① 288kN·m
② 318kN·m
③ 358kN·m
④ 378kN·m

해설 15
풍하중에 의한 계수휨모멘트(M_u)
$M_u = 1.2M_D + 1.0M_L + 1.3M_W$
    $= 1.2 \times 150 + 1.0 \times 120 + 1.3 \times 60$
    $= 378(kN \cdot m)$

정답 13. ③ 14. ① 15. ④

■■■ 5. 사용성 검토

16. 강도설계법이 적용된 철근콘크리트보의 사용성 검토를 위해 순간처짐을 계산시 필요하지 않은 항목은? [13 ㉮]

① 단면극2차모멘트 ② 균열단면2차모멘트
③ 유효단면2차모멘트 ④ 전단면2차모멘트

17. 단근보에서 하중이 재하됨과 동시에 순간처짐이 20mm가 발생되었다. 이 하중이 5년 이상 지속되는 경우 총 처짐량은 얼마인가? (단, $\lambda = \dfrac{\xi}{1+50\rho'}$이고, 지속하중에 의한 시간경과계수 $\xi = 2$이다.)

[13, 17 ㉮]

① 30mm ② 40mm
③ 60mm ④ 80mm

18. 강도설계법에서 처짐을 계산하지 않는 경우 철근 콘크리트 보의 최소 두께 규정으로 옳은 것은? (단, 보통콘크리트 $W_c = 2,300\text{kg/m}^3$와 설계기준항복강도 400MPa 철근을 사용한 부재)

[01, 06, 10, 13, 15, 17 ㉮]

① 단순지지 : $L/20$ ② 1단연속 : $L/18.5$
③ 양단연속 : $L/24$ ④ 캔틸레버 : $L/10$

[해설] 처짐 검토의 생략 조건
① 해석의 발상 : 극한강도 설계는 안전도 중심의 설계이므로 단면 설계 후 처짐과 균열 등 사용성 검토를 반드시 하여야 한다.

구분	단순 지지	1단 연속	양단 연속	캔틸레버
보	$\dfrac{l}{16}$	$\dfrac{l}{18.5}$	$\dfrac{l}{21}$	$\dfrac{l}{8}$

② 적용 : 보통콘크리트(m_c=2,300kg/m³)와 항복강도(f_y) 400MPa 철근 사용시
③ $f_y \neq 400$MPa인 경우 : 위 기준값에 $(0.43 + f_y/700)$을 곱하여 산정

해설

[해설] 16
처짐(사용성) 검토(단순보 등분포 하중 시)
$\delta = \dfrac{5wl^4}{384EI}$ 에서
I(단면2차모멘트)의 규정
- $M > M_{cr}$ → 균열 발생
  → I_e (유효단면2차모멘트)
- $M < M_{cr}$ → 균열 없음
  → I_g (전단면2차모멘트)
- I_{cr} 은 유효단면2차모멘트 계산에 필요

[해설] 17
처짐
처짐 = 탄성처짐 + 장기처짐
장기처짐 = 탄성처짐 × λ
$\lambda = \dfrac{\xi}{1+50\rho'}$
∴ 처짐 $= 20 + 20 \times \dfrac{2}{1+50\times 0}$
$= 60\,[\text{mm}]$

정답 16. ① 17. ③ 18. ②

핵심기출문제
V. 철근콘크리트 일반사항

19. 강도설계법의 규준에 의한 양단 연속이고 스팬 4.2m인 1방향 슬래브의 최소 두께는 얼마인가? (단, 처짐을 검토하지 않아도 되며, 보통콘크리트 사용, f_y=400MPa) [15②]

① 100mm ② 120mm
③ 130mm ④ 150mm

[해설] 처짐 검토를 생략하는 최소 두께
처짐을 검토하지 않기 위해서는 슬래브의 최소 두께를 다음 값 이상으로 하여야 한다.

구분	단순 지지	1단 연속	양단 연속	캔틸레버
1방향 슬래브	$\dfrac{l}{20}$	$\dfrac{l}{24}$	$\dfrac{l}{28}$	$\dfrac{l}{10}$

∴ 양단 연속 슬래브의 최소 두께 $h = \dfrac{l}{28} = \dfrac{4,200\text{mm}}{28} = 150\text{mm}$

20. 경간 4m인 1방향 슬래브에서 양단 연속일 경우 처짐을 계산하지 않는 슬래브의 최소두께는? [15②]

① 112mm ② 125mm
③ 143mm ④ 156mm

[해설] 20
처짐의 검토 생략 조건
양단연속 1방향 Slab의 설계에서 슬래브 두께가 지간의 $\dfrac{1}{28}$ 이상일 경우 처짐의 검토를 생략할 수 있다.
$t = \dfrac{4,000}{28} = 143(\text{mm})$

21. 강도설계법에서 양단 연속 1방향 슬래브의 스팬이 300cm일 때 처짐을 계산하지 않는 경우 슬래브의 최소 두께로 옳은 것은? (단, 단위체적질량 w_c=2300kg/m³의 일반콘크리트 및 항복강도 f_y=400Mpa 철근 사용) [08, 21②]

① 11cm ② 13cm
③ 15cm ④ 20cm

[해설] 21
처짐 검토를 생략하는 슬래브 최소 두께
극한강도 설계는 안전도 중심의 설계이므로 단면 설계 후 처짐과 균열 등 사용성 검토를 반드시 하여야 한다.

구분	단순지지	1단 연속	양단 연속	캔틸레버
1방향 슬래브	$\dfrac{l}{20}$	$\dfrac{l}{24}$	$\dfrac{l}{28}$	$\dfrac{l}{10}$

∴ 1단 연속 슬래브의 최소 두께
$h = \dfrac{l}{28} = \dfrac{300\text{cm}}{28} = 10.7\text{cm}$

정답 19. ④ 20. ③ 21. ①

06 철근콘크리트 구조설계

Ⅲ. 건축구조 | 철근콘크리트 구조설계

1 휨 설계

1. 일반사항

1) 보의 구조제한

① 주근 직경 : D13 이상

② 주근 간격 : **25mm**, 주근의 공칭직경, 굵은 골재 직경의 4/3 중 가장 큰 값 이상

③ 철근의 피복두께 : 40mm 이상(단, $f_{ck} \geq$ 40MPa인 경우 30mm 이상)

④ 복근보 : 주요 보는 인장측과 압축측 모두 배근

⑤ 보의 지점간 거리 : 압축면 최소폭의 50배 이하

2) 설계의 가정

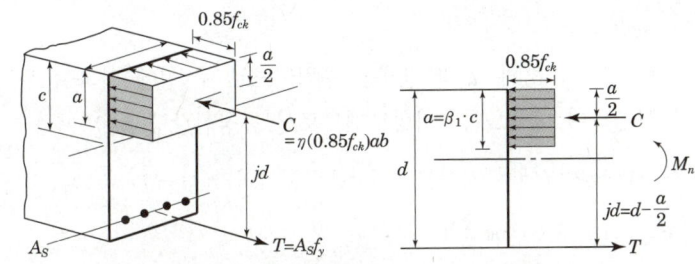

① 콘크리트 극한 변형률(ϵ_{cu}) : 0.0033

② 콘크리트 인장강도 : 무시

③ 콘크리트 압축응력의 분포 : 직사각형, 사다리꼴, 포물선

※ 위 3가지의 유형이 있으나 계산상의 편의를 위하여 직사각형으로 가정

④ 콘크리트 압축응력 : $0.85f_{ck}$로 균등하게 분포

(단, η는 우측 핵심 PLUS 참고)

⑤ 등가블록 깊이(a) : 압축응력이 압축연단에 균등하게 분포하는 깊이

$a = \beta_1 \cdot c$

c : 중립축 거리

β_1 : 중립축 거리(c)에 대한 등가블록 깊이(a)의 비

등가압축응력블록 계수 값

$f_{ck}(MPa)$	≤40	50	60	70
η	1.00	0.97	0.95	0.91
β_1	0.80	0.80	0.76	0.74

핵심 PLUS

01 보의 주철근의 수평 순간격은?
① 3.0cm 이상, 철근의 공칭지름의 2배 이상
② 2.5cm 이상, 철근의 공칭지름 이상
③ 2.5cm 이상, 철근의 공칭지름의 1/3배 이상
④ 4.0cm 이상, 철근의 공칭지름 이상

답 : ②

02 철근콘크리트 보의 공칭휨강도를 산정할 때 기본가정으로 틀린 것은? [15 기]
① 계수 β_1은 콘크리트 압축강도에 비례하여 증가한다.
② 철근과 콘크리트의 변형률은 중립축으로부터의 거리에 비례한다.
③ 콘크리트 압축연단의 극한변형률은 0.0033이다.
④ 철근의 응력이 설계기준항복강도 f_y 이하일 때 철근의 응력은 그 변형률에 E_s를 곱한 값으로 한다.

답 : ①

■ β_1
중립축 거리(c)에 대한 등가블록 깊이(a)의 비

$$\beta_1 = \frac{a}{c}$$

03 강도설계법에서 등가 응력블록을 산정할 때 사용하는 계수 β_1에 대한 설명 중 틀린 것은?

① f_{ck}=60MPa일 때 β_1은 0.76이다.
② f_{ck}가 40MPa 이하일 경우에는 β_1은 일정한 값을 갖는다.
③ β_1의 최대값은 0.8이다.
④ β_1의 최소값은 0.55이다.

답 : ④

핵심 PLUS

04 철근콘크리트의 단근보를 강도설계법으로 설계시 콘크리트가 받는 압축력으로 옳은 것은? (단, f_{ck}=27MPa, 보의 폭 300mm, 응력블록의 깊이 120mm)
[06,07,09 기]

① 750.6kN ② 782.4kN
③ 826.2kN ④ 850.8kN

[해설] 단근보에서 콘크리트가 부담할 수 있는 압축력(C)
① 단근보에서 콘크리트가 부담할 수 있는 압축력은 압축저항 단면적($a \times b$)이 콘크리트의 극한강도($0.85f_{ck}$)로 저항할 수 있는 크기이므로 $C = \eta(0.85f_{ck})a \cdot b$가 된다.

② 전압축력
$C = \eta(0.85f_{ck})a \cdot b$
$= 1(0.85 \times 27)120 \times 300$
$= 826,200N = 826.2(kN)$

답 : ③

■ η(eta, 에타)
직선-포물선 압축응력 분포도의 면적과 직사각형 등가 압축응력 분포도의 면적이 동일한 조건이 되는 블록의 크기를 나타내는 계수(콘크리트의 실제 응력면적과 콘크리트의 최대 응력을 기준으로 한 직사각형 응력면적의 비)

---

2. 설계 기초

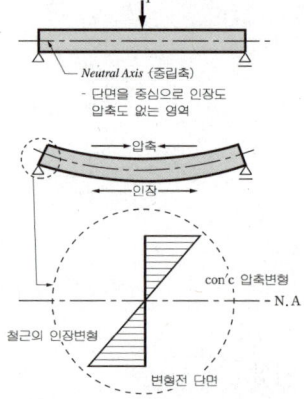

1) 저항 모멘트

① 철근콘크리트보의 모든 설계식은 균형철근보에서 유도
② 균형철근보에서 콘크리트가 저항하는 압축력(C_b)과 철근이 저항하는 인장력(T_b)은 크기가 같고 방향이 반대인 우력($|C_b|=|T_b|$)

$$C_b = \eta(0.85f_{ck})a_b \cdot b \qquad T_b = A_{sb} \cdot f_y$$

③ 저항모멘트 : C_b와 T_b의 관계는 우력이므로 두 힘에 의하여 우력모멘트가 발생하며 그 크기는 저항모멘트로서 공칭휨강도(M_n)
즉, $M = P \times l$에서 저항모멘트=응력중심거리($jd = d - \dfrac{a}{2}$)$\times C_b$ (또는 T_b)

㉮ 콘크리트 저항모멘트

$$M_{RC} = C_b \cdot jd = \eta(0.85f_{ck})a_b \cdot b \cdot \left(d - \dfrac{a}{2}\right)$$

㉯ 철근 저항모멘트

$$M_{RS} = T_b \cdot jd = A_{sb} \cdot f_y \cdot \left(d - \dfrac{a}{2}\right)$$

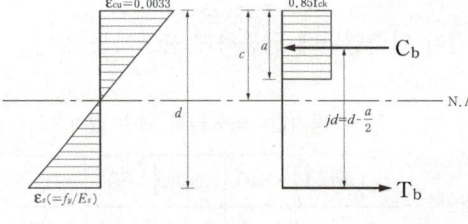

변형도   응력도

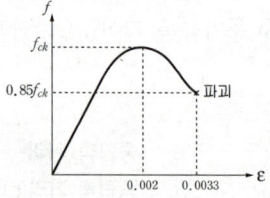

Concrete 응력 - 변형률 곡선

2) 압축응력 등가블록깊이(a_b)와 인장철근량(A_s)

$C_b = T_b \rightarrow C_b = \eta(0.85f_{ck})a_b \cdot b \qquad T_b = A_{sb} \cdot f_y$

$\eta(0.85f_{ck})a_b \cdot b = A_s \cdot f_y$

$$a_b = \frac{A_{sb} \cdot f_y}{\eta(0.85f_{ck})b} \qquad A_s = \frac{\eta(0.85f_{ck})a \cdot b}{f_y}$$

3) 중립축 거리(c_b)

균형철근보의 변형도에서 비례식 이용

$c_b : d = \epsilon_{cu} : (\epsilon_{cu} + \epsilon_y)$

$\epsilon_y = \dfrac{f_y}{E_s}$, E_s=200,000MPa

ϵ_{cu} (콘크리트 극한변형률)

① $f_{ck} \leq 40MPa \rightarrow \epsilon_{cu} = 0.0033$
② $f_{ck} > 40MPa \rightarrow \epsilon_{cu}$는 f_{ck}가 10MPa 증가마다 0.0001씩 감소

$f_{ck} \leq 40MPa$ (ϵ_{cu}=0.0033)인 경우의 중립축 거리(c_b)

$c_b = \dfrac{\epsilon_{cu}}{\epsilon_{cu} + \epsilon_y} \cdot d = \dfrac{0.0033}{0.0033 + \dfrac{f_y}{E_s}} \cdot d \quad \rightarrow \quad c_b = \dfrac{660}{660 + f_y} \cdot d$

예제

강도설계법에서 f_y=400MPa, d=500mm인 균형보의 중립축거리(C_b)로 맞는 것은?

① 311.3mm ② 321.3mm
③ 333.3mm ④ 341.3mm

[해석1]

중립축의 위치(c_b) $= \dfrac{660}{660 + f_y} \times d$ 로 구할 수 있다.

∴ $c_b = \dfrac{660}{660 + 400} \times 500 = 311.3(\text{mm})$

[해석2]

중립축의 위치를 구하는 위 공식은 균형철근비 상태의 단근장방형보의 변형도에서 유도된 것이므로 다음과 같이 구할 수 있다.

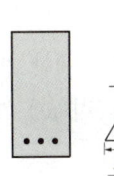
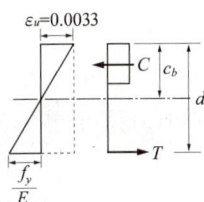

$d : c_b = (0.0033 + \dfrac{f_y}{E}) : 0.0033$

$500 : c_b = (0.0033 + \dfrac{400}{200,000}) : 0.0033$

$c_b = \dfrac{500 \times 0.0033}{0.0033 + \dfrac{400}{200,000}} = 311.3(\text{mm})$

핵심 PLUS

05 강도설계법에 의한 철근콘크리트 보 설계에서 그림과 같은 보의 등가응력블록의 깊이 a값은? (단, f_{ck}=21MPa, f_y=400MPa이고, D22철근 1개의 단면적은 387mm²이며 압축철근은 무시한다) [04,09,13 기]

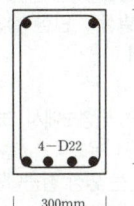

① 85.6mm ② 95.6mm
③ 105.6mm ④ 115.6mm

[해설] 등가응력블록 깊이(a)

① 해석의 발상 : 등가응력블록 깊이는 균형철근보의 콘크리트 저항 압축력(C)와 철근의 저항 인장력(T)가 동일하다는 조건을 만족하는 압축응력의 깊이이다.

$\eta(0.85f_{ck})a \cdot b = A_s \cdot f_y$ 에서

$a = \dfrac{A_s \cdot f_y}{\eta(0.85f_{ck})b}$ 이다.

② 등가응력블록깊이(a)

$a = \dfrac{A_s f_y}{\eta(0.85f_{ck})b}$

$= \dfrac{(4 \times 387) \times 400}{1 \times 0.85 \times 21 \times 300}$

$= 115.63(\text{mm})$

답 : ④

■ 단근 장방형 균형철근보
압축측에 배근을 생략하고 인장측에만 배근한 사각형 보로서 콘크리트가 파괴될 때 철근이 동시에 파괴되도록 설계된 보

III. 건축구조 | 철근콘크리트 구조설계

> **핵심 PLUS**
>
> **06** 강도설계법에서 b = 30cm, d = 50cm인 단근직사각형보의 인장철근비가 ρ = 0.0135이면 인장철근량은?
> ① 18.0cm² ② 20.25cm²
> ③ 22.5cm² ④ 24.5cm²
>
> [해설] 인장 철근비(ρ)
> ① 해석의 발상 : 인장 철근비는
> $(\rho) = \dfrac{A_s}{b \cdot d}$ 이다.
> [단, b는 방형보에서 보폭, T형보에서 유효폭, d는 유효춤, A_s는 인장 철근단면적]
> ② 인장철근 단면적
> $A_s = b \cdot d \cdot \rho$
> $= 30 \times 50 \times 0.0135$
> $= 20.25 (cm^2)$
> 답 : ②
>
> ■ 콘크리트 극한변형률(ϵ_{cu})
> ① $f_{ck} \le 40$MPa: $\epsilon_{cu} = 0.0033$
> ② $f_{ck} > 40$MPa: ϵ_{cu}는 f_{ck}가 10MPa 증가마다 0.0001씩 감소
>
> **07** 강도설계법에서 단철근 직사각형 보의 단면이 b=300mm, d=550m일 때 균형철근비는? (단, f_{ck}=21MPa, f_y=400MPa 이다.) [00,02,06 기]
> ① 0.0124
> ② 0.0222
> ③ 0.0332
> ④ 0.0435
>
> [해설] 균형 철근비(ρ_b)
> $\rho_b = \dfrac{\eta(0.85f_{ck})}{f_y} \cdot \beta_1 \cdot \dfrac{\epsilon_{cu}}{\epsilon_{cu}+\epsilon_y}$
> ($f_{ck} \le 40$MPa 경우 $\beta_1 = 0.8$)
> $\therefore \rho_b = \dfrac{1 \times (0.85 \times 21)}{400} \times 0.8$
> $\times \dfrac{0.0033}{0.0033 + \dfrac{400}{200,000}}$
> ≒ 0.0222
> 답 : ②

3. 철근비(ρ)

철근비는 콘크리트 보의 보폭(b)과 유효춤(d)의 곱인 유효 단면적에 대한 인장 또는 압축측 철근 단면적의 비

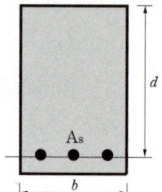

$\rho = \dfrac{A_s}{b \cdot d}$

단, b는 보폭, d는 유효춤, A_s는 철근단면적

1) 균형철근비

① 균형철근량(A_{sb}) : 일정한 단면($b_w \cdot d$)에서 **압축측 콘크리트가 극한 변형률(ϵ_{cu} = 0.0033)에 도달함과 동시에 인장측 철근도 항복 변형률** $\left(\epsilon_y = \dfrac{f_y}{E_s}\right)$에 도달할 수 있도록 산정된 철근량

② 균형철근비(ρ_b) : 균형철근량(A_{sb})에 해당하는 철근비

$\rho_b = \dfrac{A_{sb}}{b \cdot d}$

③ 단근보의 균형철근비(ρ_b)

$C_b = T_b \rightarrow \eta(0.85f_{ck})a_b \cdot b = A_{sb} \cdot f_y$

• $a_b = \beta_1 \cdot c_b$ • $\rho_b = \dfrac{A_{sb}}{b \cdot d} \rightarrow A_{sb} = \rho_b \cdot b \cdot d$

$\eta(0.85f_{ck})\beta_1 \cdot c_b \cdot b = \rho_b \cdot b \cdot d \cdot f_y$

$\rho_b = \dfrac{\eta(0.85f_{ck})\beta_1}{f_y} \cdot \dfrac{c_b}{d} = \dfrac{\eta(0.85f_{ck})}{f_y} \cdot \beta_1 \dfrac{\epsilon_{cu}}{\epsilon_{cu}+\epsilon_y}$ $\therefore \dfrac{c_b}{d} = \dfrac{\epsilon_{cu}}{\epsilon_{cu}+\epsilon_y}$

※ $f_{ck} \le 40MPa (\epsilon_{cu}=0.0033)$인 경우의 균형철근비 간단식

변형률 활용 풀이 공식	응력 활용 풀이 공식
$\rho_b = 0.68 \dfrac{f_{ck}}{f_y} \cdot \dfrac{0.0033}{0.0033+\epsilon_y}$	$\rho_b = 0.68 \dfrac{f_{ck}}{f_y} \cdot \dfrac{660}{660+f_y}$

2) 철근비에 의한 보의 종류

① 균형철근보($\rho = \rho_b$) : 인장철근비(ρ)를 균형철근비(ρ_b)로 설계한 보
② 균형철근비 초과보($\rho > \rho_b$) : 인장철근비(ρ)를 균형철근비(ρ_b) 초과로 배근한 보
③ 균형철근비 미만보($\rho < \rho_b$) : 인장철근비(ρ)를 균형철근비(ρ_b) 미만으로 배근한 보

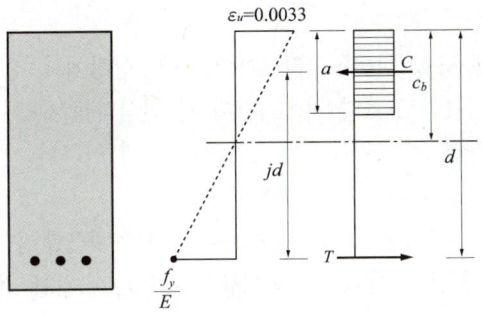

[그림] 균형 철근보

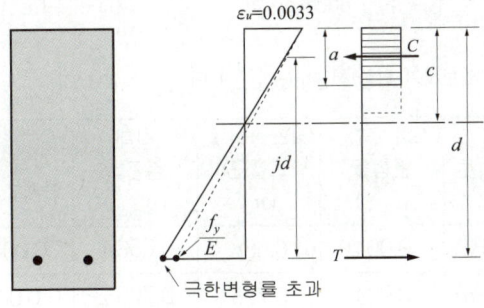

[그림] 균형철근비 미만보

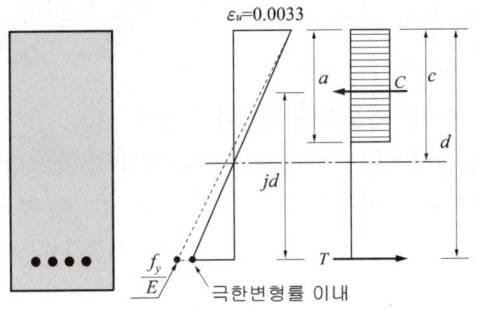

[그림] 균형철근비 초과보

구분	철근비	파괴순서	파괴형태	중립축 이동	응력 중심거리	저항 M	설계 기준
균형철근보	$\rho = \rho_b$	동시파괴	취성	기준	기준	기준	부적당
균형철근비 초과보	$\rho > \rho_b$	콘크리트	취성	인장측	감소	감소	부적당
균형철근비 미만보	$\rho < \rho_b$	철근	연성	압축측	증가	증가	적당

핵심 PLUS

08 다음은 철근콘크리트 단근 직사각형 균형보의 변형률을 나타낸 것이다. 인장철근비가 균형철근비보다 작아질 경우에 중립축 이동에 관한 설명 중 가장 적절한 것은? [09 기]

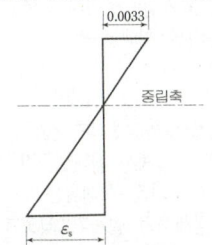

① 압축측으로 이동한다.
② 인장측으로 이동한다.
③ 현 위치에서 이동하지 않는다.
④ 곧 보의 취성파괴가 발생하여 중립축 개념이 없어진다.

[해설] 균형철근비 미만
균형철근비 미만인 보는 철근이 먼저 한계변형률에 도달하며 콘크리트가 한계변형률에 도달할 때 철근은 이미 한계변형률을 초과하였으므로 아래쪽 삼각형의 밑변이 길어져 중립축은 위쪽(압축측)으로 이동한다. (본문 균형철근비 미만보 그림 참조)

답 : ①

09 철근콘크리트 보에서 인장철근비가 균형철근비보다 큰 경우에 발생될 수 있는 현상은?
① 인장측 철근이 콘크리트보다 먼저 허용응력에 도달한다.
② 중립축이 상부로 올라간다.
③ 연성파괴가 나타난다.
④ 콘크리트의 압축파괴가 나타난다.

답 : ④

핵심 PLUS

■ 최대철근비와 철근의 허용변형률
콘크리트가 극한변형률(0.0033)에 도달할 때 철근의 변형률은 철근의 배근량에 반비례한다. 이 때 철근의 변형률이 최소 0.004 이상이 확보되는 배근량을 최대철근량($A_{s(\max)}$)이라 하며 그 철근비를 최대철근비($\rho_{\max}$)라고 함

10 강도설계법에 의한 철근콘크리트의 보설계시 최대철근비 개념을 두는 가장 큰 이유는?
① 경제적인 설계가 되도록 하기 위해
② 취성파괴를 유도하기 위해
③ 연성파괴를 유도하기 위해
④ 구조적인 효율을 높이기 위해
답 : ③

11 철근콘크리트 단근보에서 균형철근비를 계산한 결과 $\rho_b = 0.039$이었다. 최대철근비는?
(단, $E = 200,000MPa$, $f_y = 400MPa$, $f_{ck} = 24MPa$) [16, 19 기]
① 0.01863 ② 0.02256
③ 0.02607 ④ 0.02831

해설 기준표에 의한 풀이
$\rho_{\max} = 0.726 \rho_b$
$= 0.726 \times 0.039 = 0.02831$
답 : ④

12 폭 b=250mm, 높이 h=500mm인 직사각형 콘크리트 보 부재의 균열모멘트 M_{cr}은? [16, 19 기]
(단, 경량콘크리트계수 $\lambda = 1$, $f_{ck} = 24MPa$)
① 8.3kN·m ② 16.4kN·m
③ 24.5kN·m ④ 32.2kN·m

해설 균열모멘트(M_{cr})
$\sigma_{\max} = f_r \rightarrow \dfrac{M_{cr}}{Z} = 0.63\lambda\sqrt{f_{ck}}$
$M_{cr} = 0.63\lambda\sqrt{f_{ck}} \cdot \dfrac{bh^2}{6}$
$= 0.63 \times 1 \times \sqrt{24} \times \dfrac{250 \times 500^2}{6}$
$= 32,149,553(N \cdot mm)$
$= 32.15(kN \cdot m)$
답 : ④

---

3) 최대 철근비

① **연성파괴 유도** : 철근콘크리트보의 파괴 상황에서 진행속도가 급격한 취성파괴(콘크리트)보다 지속시간이 긴 연성파괴(철근)가 안전
② **단면설계 반영** : 연성 파괴를 유도하기 위해 철근이 먼저 파괴될 수 있도록 균형철근비 미만으로 설계
③ **최대철근비** : 균형철근비를 기준하여 최대로 배근할 수 있는 철근비
④ **산정기준** : 철근의 최소 허용변형률을 확보하기 위한 철근비 제한

$$\rho_{\max} = \rho_\epsilon \times \rho_b$$

$$\rho_{\max} = \rho_\epsilon \times \left\{0.68\dfrac{f_{ck}}{f_y} \dfrac{660}{660+f_y}\right\} \qquad \rho_\epsilon = \dfrac{0.0033 + \epsilon_y}{0.0033 + \epsilon_t} \left(단,\ \epsilon_y = \dfrac{f_y}{E_s}\right)$$

■ 최소 변형률을 확보하기 위한 철근비($\rho_{\epsilon = \min}$) 단, $f_{ck} \leq 40MPa$

설계기준항복강도	최소 허용 변형률 ($\epsilon_{\min}$)	최소변형률 확보철근비 (ρ_ϵ)	최대 철근비 ($\rho_{\max}$)	압축지배 한계변형률	인장지배 한계변형률
SD300(300MPa)	0.004	0.658	$0.658\rho_b$	0.0015	0.005
SD400(400MPa)	0.004	0.726	$0.726\rho_b$	0.002	0.005
SD500(500MPa)	$0.005(2\epsilon_y)$	0.699	$0.699\rho_b$	0.0025	0.00625
SD600(600MPa)	$0.006(2\epsilon_y)$	0.677	$0.677\rho_b$	0.003	0.0075

4) 최소 철근비

① **목적** : 연성파괴를 유도하여 취성파괴 방지
② **정의** : 동일한 단면을 가진 철근 콘크리트보의 저항모멘트가 무근 콘크리트보의 저항모멘트 보다 작다면 이때 배근된 철근은 무의미하므로 최소한 무근 콘크리트의 균열모멘트보다 큰 저항모멘트를 나타낼 수 있는 철근비
③ **개념**

철근콘크리트보	철근파괴 방지 최소 기준	무근콘크리트보
인장측 단면 저항모멘트 $\phi M_n = \phi A_s \cdot f_y \cdot \left(d - \dfrac{a}{2}\right)$	저항모멘트 $\phi M_n \geq 1.2 M_{cr}$	인장측 콘크리트 휨균열모멘트 $M_{cr} = \dfrac{f_r}{y_t} \cdot I_g$ 또는 $0.63\lambda\sqrt{f_{ck}} \cdot \dfrac{bh^2}{6}$

$M_n \geq 1.2 M_{cr}$
$\phi A_{s(\min)} \cdot f_y \left(d - \dfrac{a}{2}\right) = 1.2 M_{cr}$ 에서 $A_{s(\min)} = \rho_{(\min)} \cdot b \cdot d$ 이므로
$\rho_{\min} b \cdot d \cdot f_y \left(d - \dfrac{a}{2}\right) = 1.2 M_{cr}$ ☞ $\rho_{\min} = \dfrac{1.2 M_{cr}}{\phi f_y \left(d - \dfrac{a}{2}\right)} \cdot \dfrac{1}{bd}$

요점

■ 방형(사각형)보의 최소철근비($\rho_{\min}$) 최소철근 단면적($A_{s,\min}$)

$$\rho_{\min} = \frac{1.2 M_{cr}}{\phi f_y \left(d - \dfrac{a}{2}\right)} \cdot \frac{1}{bd} \qquad A_{s\min} = \frac{1.2 M_{cr}}{\phi f_y \left(d - \dfrac{a}{2}\right)}$$

 예제

그림과 같은 장방형보의 균열모멘트는? (단, f_{ck}=21MPa이며 철근은 고려하지 않음)

① 36kN·m
② 28kN·m
③ 22kN·m
④ 18kN·m

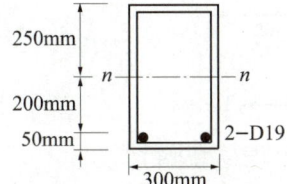

▶ 균열모멘트와 저항모멘트
무근콘크리트의 파괴형태는 인장측 콘크리트가 인장에 저항하지 못하고 균열되어 파괴 된다.

$M_{cr} = f_r \cdot Z = 0.63 \lambda \sqrt{f_{ck}} \cdot Z$에서 보통콘크리트($\lambda = 1$)이므로

$M_{cr} = 0.63 \times 1 \times \sqrt{21} \times \dfrac{300 \times 500^2}{6}$

$\quad = 36,087,784 (\text{N} \cdot \text{mm}) = 36 (\text{kN} \cdot \text{m})$

4. 단근 직사각형 보의 설계

- 콘크리트의 압축합력 : $C_b = \eta(0.85 f_{ck}) a_b \cdot b$
- 철근의 인장합력 : $T_b = A_{sb} \cdot f_y$
- 기본 가정 : $C_b = T_b \rightarrow \eta(0.85 f_{ck}) a_b \cdot b = A_{sb} \cdot f_y$

1) 등가블록깊이 $a = \dfrac{A_s \cdot f_y}{\eta(0.85 f_{ck}) b}$

2) 공칭(휨모멘트)강도(M_n)

$M_n = M_{RC} = C \cdot jd = \eta(0.85 f_{ck}) a \cdot b \left(d - \dfrac{a}{2}\right)$

$\quad = M_{RS} = T \cdot jd = A_s \cdot f_y \left(d - \dfrac{a}{2}\right)$

핵심 PLUS

13 강도설계법 적용시 그림과 같은 단근 직사각형보의 최소 철근량은? (단, f_{ck}=21MPa, f_y=400MPa, a=140mm)

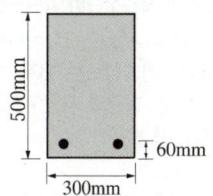

① 254mm² ② 344mm²
③ 588mm² ④ 643mm²

[해설] 최소 철근량
① 저항모멘트가 균열모멘트의 1.2배 이상 높은 철근콘크리트보가 되기 위한 철근비 이상으로 배근하여야 한다.
② 최소 철근량($A_{s,\min}$)

$A_{s\min} = \dfrac{1.2 M_{cr}}{\phi f_y \left(d - \dfrac{a}{2}\right)}$

$= \dfrac{1.2 \times 0.63 \times \sqrt{21} \times \dfrac{300 \times 500^2}{6}}{0.85 \times 400 \left(440 - \dfrac{140}{2}\right)}$

$= 344.24 (\text{mm}^2)$

답 : ②

14 인장철근량 $A_s = 1500 \text{mm}^2$인 단근보에서 사각형 응력분포 깊이 a는 약 얼마인가? (단, $f_{ck} = 24\text{MPa}, f_y = 300\text{MPa}, b = 300\text{mm}, d = 500\text{mm}$)
[04,10,15 기]

① 65.12mm ② 73.53mm
③ 82.57mm ④ 89.69mm

[해설] 등가블록 깊이(a)

$a = \dfrac{A_s \cdot f_y}{\eta(0.85 f_{ck}) b}$

$= \dfrac{1,500 \times 300}{1 \times (0.85 \times 24) \times 300}$

$= 73.53 (\text{mm})$

답 : ②

핵심 PLUS

■ 철근의 저항모멘트(M_{RS})
공칭강도는 콘크리트와 철근이 저항할 수 있는 휨응력에 의해 결정된다. 모든 철근콘크리트 구조물이 최소철근비 미만으로 설계되므로 $M_{RC} > M_{RS}$이다. 따라서 공칭강도는 먼저 한계에 도달하는 철근의 저항모멘트(M_{RS})로 본다.

■ 공칭강도(M_n)와 설계강도(M_d)
공칭강도는 공칭 휨모멘트 강도를 줄여서 표현한 것으로 부재가 저항할 수 있는 휨모멘트의 크기이다. 그러나 구조물 설계에서는 시공상의 재료강도 및 부재치수의 결함 등을 고려하여 강도감소계수(ϕ)를 곱한 값을 설계강도(설계 휨모멘트 강도)라 한다.

15 다음과 같은 철근콘크리트 직사각형보의 설계강도는?
(단, fck=21MPa, fy=400MPa, 강도감소계수 ϕ=0.85, D22의 단면적 A=387mm²)

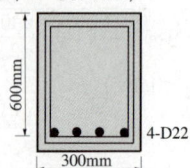

① 197.2 kN·m
② 230.2 kN·m
③ 285.4 kN·m
④ 297.2 kN·m

[해설] 설계휨강도(M_d)

$a = \dfrac{A_s f_y}{\eta(0.85 f_{ck})b}$

$= \dfrac{4 \times 387 \times 400}{1 \times 0.85 \times 21 \times 300}$

$= 115.63$ mm

∴ 설계강도(M_u) = ϕM_n

$= \phi A_s \cdot f_y (d - \dfrac{a}{2})$

$= 0.85(4 \times 387)$
$\quad \times 400 \times (600 - \dfrac{115.63}{2})$

$= 285,362,809$ (N·mm)
$= 285.4$ (kN·m)

답 : ③

Ⅲ. 건축구조 | 철근콘크리트 구조설계

3) 설계(휨모멘트)강도(M_d)

설계강도(M_d) = 강도감소계수(ϕ) × 공칭강도(M_n)　[ϕ = 0.85]

설계강도(M_d) ≥ 소요강도(M_u)

$M_d = \phi M_n = \phi M_{RC} = \phi(C \cdot jd) = \phi \eta(0.85 f_{ck}) a \cdot b \cdot (d - \dfrac{a}{2})$

$M_d = \phi M_n = \phi M_{RS} = \phi(T \cdot jd) = \phi A_s \cdot f_y \cdot (d - \dfrac{a}{2})$

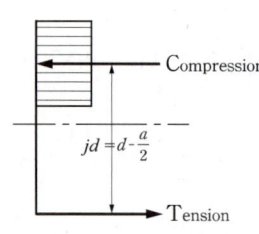

[그림] 저항 모멘트(공칭강도)

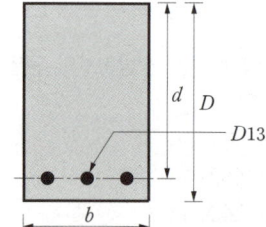

[그림] 전체춤(D), 유효춤(d)

예제

강도설계법 적용시 그림과 같은 단근 직사각형보 단면의 공칭 휨강도 M_n은?
(단, f_{ck}=21MPa, f_y=400MPa, 인장철근의 총면적 A_s=1,200mm²)

① 162 kN·m
② 182 kN·m
③ 202 kN·m
④ 242 kN·m

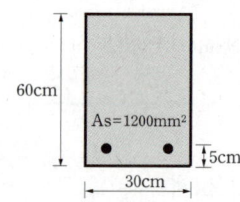

▶ 단근보의 공칭 휨강도(M_n)

① 해석의 발상 : 단근보의 공칭 휨강도는 콘크리트의 저항모멘트 또는 철근의 저항 모멘트의 크기를 의미한다.

② 균형철근비 미만보의 공칭 휨강도 : 철근콘크리트보는 극한 상태에서 연성파괴를 유도하기 위하여 균형철근비 미만으로 설계되므로 철근의 저항모멘트를 공칭 휨강도라 한다.

③ 공칭 휨강도 : 철근의 공칭 휨강도(M_{RS})

$M_n = A_s \cdot f_y (d - \dfrac{a}{2})$ 이며, 응력 블록의 깊이 $(a) = \dfrac{A_s \cdot f_y}{\eta(0.85 f_{ck})b}$ 이다.

$a = \dfrac{1,200 \times 400}{1 \times 0.85 \times 21 \times 300} ≒ 90$ (mm)

$d = 600 - 50 = 550$ (mm)

∴ $M_n = 1,200 \times 400 (550 - \dfrac{90}{2})$

$= 242,400,000$ (N·mm) → 242 (kN·m)

4) 지배단면의 구분(강도감소계수 환산)

① 인장철근량과 순인장변형률 변화

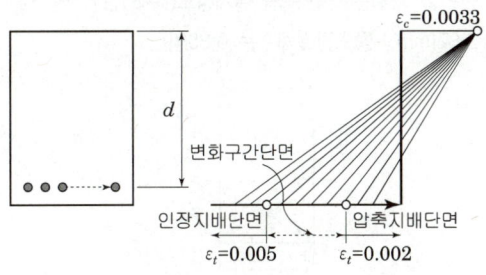

[순인장변형률에 따른 단면의 유형]　　[순인장변형률 공식 개념도]

② 순인장변형률

개념도에서 삼각형의 닮음비에 따라 $c : \varepsilon_c = (d-c) : \varepsilon_t$ 가 성립

$$\therefore \varepsilon_t = \frac{d-c}{c} \cdot \varepsilon_c$$

③ 지배단면의 구분
- 인장지배단면 : 콘크리트가 극한변형률(0.0033)에 도달할 때 인장철근의 순인장변형률(ε_t)이 0.005 이상인 단면
  ※ 0.005의 근거 : 인장지배 한계변형률이 보강철근 항복변형률의 2.5배가 되어 축방향 철근이 공칭강도에 도달하기 전 항복을 유도하여 보의 연성을 확보
- 압축지배단면 : 콘크리트가 극한변형률(0.0033)에 도달할 때 인장철근의 순인장변형률(ε_t)이 0.002(ε_y) 이하인 단면
- 변화구간단면 : 콘크리트가 극한변형률(0.0033)에 도달할 때 인장철근의 순인장변형률(ε_t)이 0.002(ε_y)를 초과하는 0.005미만의 범위에 해당하는 단면

③ 단면유형별 강도감소계수(ϕ)

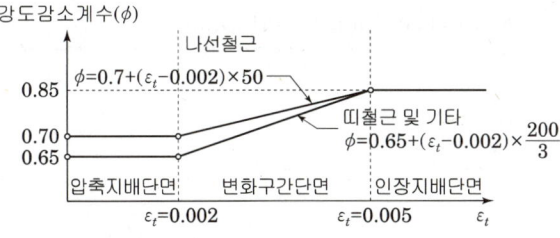

순인장률 범위	단면유형	강도감소계수	
		나선철근	띠철근(기타)
$\varepsilon_t \leq \varepsilon_y(=f_y/E_s)$	압축지배단면	0.7	0.65
$\varepsilon_y(=f_y/E_s) < \varepsilon_t < 0.005$	변화구간단면	0.7~0.85	0.65~0.85
$\varepsilon_t \geq 0.005$	인장지배단면	0.85	

※ 단, 인장지배단면의 순인장률 범위는 $f_y \leq 400MPa$에 한하며 $f_y > 400MPa$인 경우 $\varepsilon_t \geq 2.5\varepsilon_y$를 적용한다.

핵심 PLUS

16 스터럽으로 보강된 휨부재의 최외단 인장철근의 순인장변형률 ϵ_t가 0.004일 경우 강도감소계수 ϕ로 옳은 것은?
(단, $f_y = 400MPa$) [14, 20 기]
① 0.65　② 0.717
③ 0.783　④ 0.817

[해설] 강도감소계수(ϕ)

$\epsilon_y = \dfrac{400}{200,000} = 0.002$

$\epsilon_y < \varepsilon_t < 0.005$ 이므로 변화구간에 해당하여 직선보간으로 산정한다.

$\phi = 0.65 + (\epsilon_t - 0.002) \times \dfrac{200}{3}$

$= 0.65 + (0.004 - 0.002) \times \dfrac{200}{3}$

$= 0.783$

답 : ③

핵심 PLUS

예제

강도설계법에서 그림과 같은 단면을 가지는 단근보의 설계강도(ϕM_n)는? (단, f_{ck} = 27MPa, f_y = 400MPa, A_s = 2,871mm², 강도감소계수는 0.85임)

① 381.33kN·m
② 484.75kN·m
③ 569.64kN·m
④ 715.66kN·m

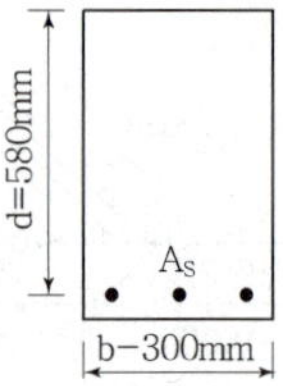

▶ 단근보의 설계(휨)강도

① 해석의 발상

설계강도(ϕM_n) = 강도감소계수($\emptyset$) × 공칭(휨)강도(M_n)

공칭휨강도(M_n) = 철근 전인장 내력($A_s \cdot f_y$) × 응력중심거리($d - \frac{a}{2}$)

② 등가 응력 블록의 깊이

$$a = \frac{A_s f_y}{\eta(0.85 f_{ck})b} = \frac{2{,}781 \times 400}{1 \times 0.85 \times 27 \times 300} = 166.8(\text{mm})$$

③ 강도감소계수 산정

$f_{ck}(= 27\text{MPa}) \leq 40\text{MPa}$ 이므로 $\beta_1 = 0.8$

$a = \beta_1 \cdot c$에서 $c = \frac{a}{\beta_1} = \frac{166.8}{0.8} = 208.5(\text{mm})$

$\varepsilon_t = \frac{d-c}{c} \cdot \varepsilon_{cu} = \frac{580 - 208.5}{208.5} \times 0.0033 = 0.0059 > 0.005$

∴ 인장지배단면이며 강도감수계수($\emptyset$) = 0.85

④ 설계 강도(설계 모멘트)

$$M_d = \emptyset M_n = \emptyset A_s f_y \cdot \left(d - \frac{a}{2}\right)$$

$$M_d = 0.85 \times 2{,}871 \times 400 \times \left(580 - \frac{166.8}{2}\right)$$

$$= 484{,}751{,}124(\text{N} \cdot \text{mm}) ≒ 484.75(\text{kN} \cdot \text{m})$$

5. 복철근보 설계(압축철근 항복 중심)

1) 복배근
① 목적 : 콘크리트의 압축저항이 부족하여 압축철근을 넣어 압축력을 보강
② 장점 : 설계(휨모멘트)강도 증가, 크리프·장기처짐 감소, 연성(ductility) 증대, 스터럽(stirrup) 위치 고정효과, 반복하중 저항 및 내진성 증대

2) 공칭강도
① 논리 : 단근보의 저항모멘트(M_1)가 외력에 의한 휨모멘트(M) 보다 작은 경우, 압축측 철근을 배근하여 부족한 저항모멘트(M_2)에 저항

$$C_1 = \eta(0.85 f_{ck}) a \cdot b \qquad T_1 = (A_s - A_s') \cdot f_y$$
$$C_2 = A_s' \cdot f_y \qquad T_2 = A_s' \cdot f_y$$

$$C = C_1 + C_2 = \eta(0.85 f_{ck}) a \cdot b + A_s' \cdot f_y$$
$$T = T_1 + T_2 = (A_s - A_s') \cdot f_y + A_s' \cdot f_y = A_s \cdot f_y$$

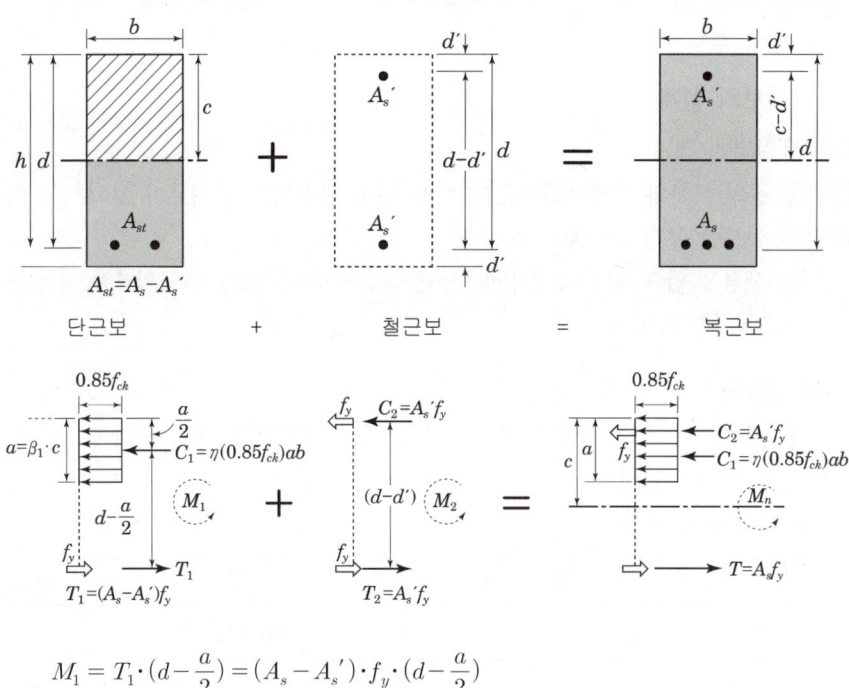

$$M_1 = T_1 \cdot (d - \frac{a}{2}) = (A_s - A_s') \cdot f_y \cdot (d - \frac{a}{2})$$
$$M_2 = T_2 \cdot (d - d') = A_s' \cdot f_y \cdot (d - d')$$

$$M_n = M_1 + M_2 = (A_s - A_s') f_y \cdot (d - \frac{a}{2}) + A_s' f_y \cdot (d - d')$$

핵심 PLUS

17 강도설계법에서 복근보에 대한 설명 중 틀린 것은?
① 복근보로 설계하면 장기 처짐이 감소한다.
② 전단 보강근의 배근이 용이하다.
③ 압축철근이 인장철근의 50% 이상 배근되어야만 복근보라 한다.
④ 인장 철근비를 최대철근비 이하로 유지하면서 설계 강도를 높일 수 있다.

[해설] 복근보
① 해석의 발상 : 복근보는 압축측에 철근을 배근하여 보의 저항모멘트를 증가시킨 보이다.
② 복근보의 특징 : 콘크리트의 단면을 크게 하지 않으면서 큰 저항모멘트를 얻기 위해 사용하며, 인장 철근량에 대한 일정 비율의 압축 철근량을 제한하지는 않는다.

답 : ③

핵심 PLUS

3) 설계강도(M_d)

설계강도(M_d) = 강도감소계수(∅) × 공칭강도(M_n) [∅ = 0.85]

설계강도(M_d) ≥ 소요강도(M_u)

$$M_d = \emptyset \left\{ (A_s - A_s')f_y \cdot \left(d - \frac{a}{2}\right) + A_s'f_y \cdot (d - d') \right\}$$

4) 등가 응력블록의 깊이(a)

$C = T$ 로부터 $\eta(0.85f_{ck})a \cdot b + A_s' \cdot f_y = A_s \cdot f_y$ 에서

$$a = \frac{(A_s - A_s')f_y}{\eta(0.85f_{ck})b}$$

5) 최대철근비(ρ_{max})

$f_y = 400\text{MPa}$일 경우 균형철근비(ρ_b)의 **0.726배**에 압축철근비(ρ')를 가산

$$\overline{\rho_{max}} = \rho_{max} + \rho' = 0.726\rho_b + \rho' \qquad \rho_b = 0.68\frac{f_{ck}}{f_y}\frac{660}{660 + f_y} \qquad \rho' = \frac{A_s'}{bd}$$

6. T형보의 설계

1) T형보의 개념

① 정의 : 보와 슬래브의 콘크리트가 동시 타설되어 슬래브가 보의 압축력 일부를 부담하는 보

② 장점 : 압축 저항이 충분한 플랜지(슬래브)가 있으므로 압축측 취성파괴 가능성 배제

2) 유효폭

① 정의 : 중립축 상부가 휨압축인 보에서 슬래브가 보의 휨압축 일부를 부담하는 범위

② 유효폭의 산정(b_e)

구분	대칭T형보	반T형보	비고
보의 크기	$16t_f + b_w$	$6t_f + b_w$	최소값 적용
인접 슬래브 폭	양쪽 슬래브 중심거리	(인접 슬래브 폭의 $\frac{1}{2}$) + b_w	
보의 경간	보 경간(span)의 1/4	(보 경간(span)의 $\frac{1}{12}$) + b_w	

[t_f = 슬래브의 두께, b_w = 보 폭]

■ 양단고정보의 T형보 구간
양단고정보에 등분포하중이 작용하면 중앙부는 정(+) 휨모멘트가 발생하여 슬래브 쪽인 상부가 압축측이 되므로 슬래브가 보의 압축응력 일부를 부담하는 T형보로 설계한다. 하지만 보의 양단부에서는 부(-) 휨모멘트가 발생되어 하부가 압축측이 되고 이때 중립축 하부에서 압축력을 부담하는 콘크리트 단면이 사각형이므로 직사각형보로 설계한다. 결국 단면이 T형이면 무조건 T형보로 해석하는 것이 아니라 압축응력을 부담하는 단면이 T형일 때만 T형보로 해석한다.

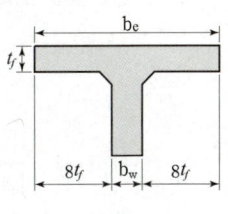
[그림] 대칭 T형 보

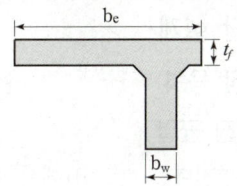
[그림] 비대칭 T형 보

핵심 PLUS

18 반T형보의 유효 폭으로 옳은 것은? (단, 보의 경간은 6m임)
[16 기]

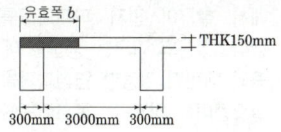

① 800mm   ② 1,200mm
③ 1,800mm ④ 2,300mm

[해설] 반T형보의 유효폭(B_e)
반T형보의 유효폭은 다음 중 최소값으로 한다
① $B_e = 6t + b_w = 6 \times 150 + 300$
   $= 1,200(mm)$
② $B_e = $ slab 순지간 $\times \dfrac{1}{2} + b_w$
   $= 3,000 \times \dfrac{1}{2} + 300$
   $= 1,800(mm)$
③ $B_e = $ 보경간 $\times \dfrac{1}{12} + b_w$
   $= 6,000 \times \dfrac{1}{12} + 300$
   $= 800(mm)$

답 : ①

3) 판별

구분	휨에 의한 압축측	등가블록깊이
T형보로 설계	상부 압축(+휨)	$a > t_f$ (슬래브 두께)
사각형보로 설계	하부 압축(−휨)	$a \leq t_f$ (슬래브 두께)

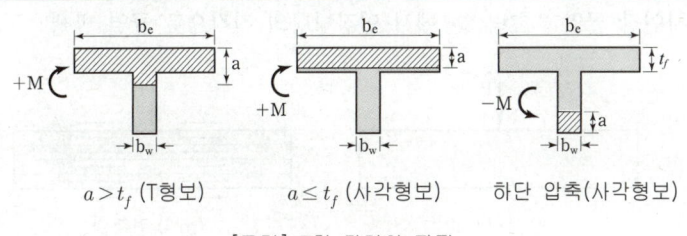

$a > t_f$ (T형보) $a \leq t_f$ (사각형보)   하단 압축(사각형보)

[그림] T형 단면의 판정

19 그림과 같은 T형보(G_1)의 유효폭 B의 값은? (단, 슬래브 두께는 120mm, 보의 폭은 300mm)
[12,16 기]

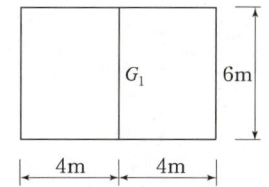

① 150cm   ② 192cm
③ 222cm   ④ 400cm

[해설] ① 16t+b=16×120×300
       =2,220mm
② Slab 양측 중심간
   =2,000+2,000=4,000mm
③ 보 지간의 1/4=6000/4
   =1,500mm
∴ 최소값=1,500mm

T형보의 유효폭(B)

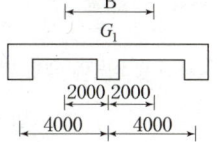

답 : ①

예제

다음과 같은 바닥구조형식의 유효폭의 크기는 얼마인가? (단, 보의 스팬은 4m)

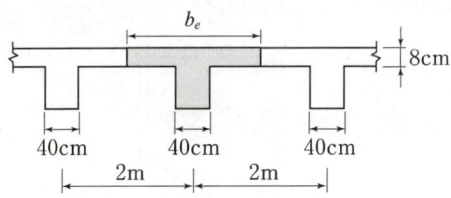

① 100cm   ② 168cm
③ 200cm   ④ 250cm

▶ T형 보의 유효 폭
T형 보의 플랜지 유효 폭(b)은 다음 표의 값 중 작은 값으로 한다.

대칭 T형보	풀이
・$16t_f + b_w$ ・양쪽 슬래브의 중심간 거리 ・보의 경간의 1/4	① $16 \times 8cm + 40cm = 168cm$ ② $2m = 200cm$ ③ $4m \times 1/4 = 1m = 100cm$

(부호) t_f : 플랜지의 두께, b_w : 플랜지가 있는 부재에서 복부폭
풀이의 값 중에서 작은 값이므로 100cm 이다.

핵심 PLUS

■ 극한 상태에서 보의 파괴
보의 휨설계에서 균형철근비 미만으로 설계함으로써 극한 상태에서 철근이 먼저 파괴되도록 한다. 철근의 파괴는 충분한 예측과 대비가 가능한 연성파괴를 일으킨다. 하지만 콘크리트의 전단파괴는 균열파괴와 같이 갑작스럽게 나타나는 취성파괴이다. 그러므로 보는 전단파괴를 가정하여 설계하는 것 보다 휨파괴를 가정하고 설계하는 것이 바람직하다.

■ 전단보강근의 기능
- 전단저항의 증진
- 균열의 벌어짐 억제
- 골재의 맞물림 작용의 효율 증진
- 주근의 장부작용의 효율 증진
- 시공상 필요

20 그림은 연직하중을 받는 철근콘크리트의 보의 균열을 나타낸 것이다. 전단력에 의해서 생기는 대표적인 균열의 형태로 옳은 것은? [00,16 기]

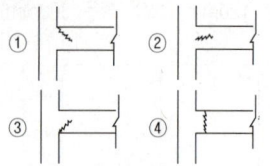

[해설] 보의 전단균열
보의 단부는 최대 전단력이 발생하는 위치로 사인장 균열이 나타난다. 즉, 그림과 같이 수직전단과 수평전단에서 미소단면 주변에는 화살표 방향으로 응력이 발생한다. 따라서 정사각형의 미소단면은 마름모꼴로 변형되어 45° 방향으로 사인장 균열이 발생하게 된다.

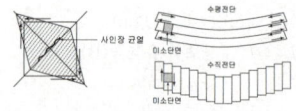
수직과 수평 전단에 의한 변형

답 : ③

2 전단 설계

1. 사인장 응력

1) 사인장 균열

① 수직전단 : 그림(d)에서 수직하중에 의해 미소단면 A는 아래쪽, B는 위쪽으로 움직이려 할 때 두 미소단면 경계면에 발생하는 전단
② 수평전단 : 하중에 의한 휨이 발생하여 그림 (b)의 각 수평 미소단면 상부는 압축, 하부는 인장이 발생하여 수평미소단면 경계면에 발생하는 전단
③ 합성전단 : 수직전단과 수평전단에 의해 그림 (e)에서 미소단면의 인접 단면의 변형을 고려하면 합성전단 형태는 두 대각선 방향으로 각각 인장과 압축이 동시에 발생
④ **사인장 균열** : 그림 (e)에서 **인장방향의 직각으로 균열** 발생

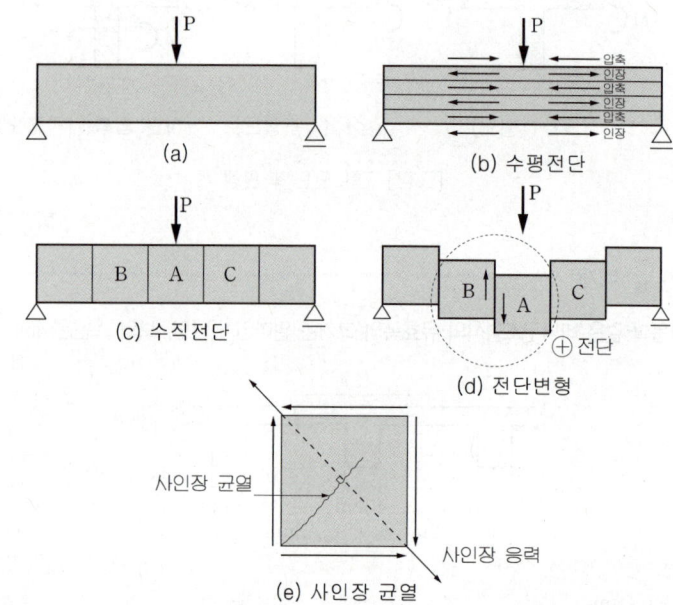

2) 전단보강철근

① 필요성 : 사인장 균열 방지, 철근 노출, 강도 저하 방지
② 명칭 : 사인장 철근, 전단철근, 복부철근
③ 종류
- 부재 축에 직각인 **스터럽**(stirrup)
- 부재 축에 직각으로 배치된 **용접철망**
- 주인장 철근에 45° 이상의 각도로 설치되는 **스터럽**
- 주인장 철근에 30° 이상의 각도로 구부린 **굽힘철근**
- 스터럽과 굽힘철근의 **조합**
- **나선철근**

2. 전단설계

1) 전단설계 기본식

보에 작용하는 전단력(소요전단강도, V_u)은 콘크리트가 우선 부담(콘크리트 설계전단강도, ϕV_c)하고 부족한 부분은 전단보강근으로 부담(전단보강근의 설계전단강도, ϕV_s)

$$V_u \leq \phi V_n (= \phi V_c + \phi V_s)$$

- V_u : 소요 전단강도($= 1.2 V_D + 1.6 V_L$)
- ϕ : 강도감소계수(0.75)
- V_n : 공칭 전단강도
- V_c : 콘크리트의 공칭 전단강도
- V_s : 전단철근의 공칭 전단강도

2) 전단설계 과정

① 소요 전단강도(V_u)

㉮ 기둥과 접하는 면에서 **유효깊이(d) 만큼 떨어진 단면**(위험단면)의 전단력

㉯ 이유 : 지점(기둥)과 가까운 곳은 사인장력을 상쇄시키는 압축응력 발생

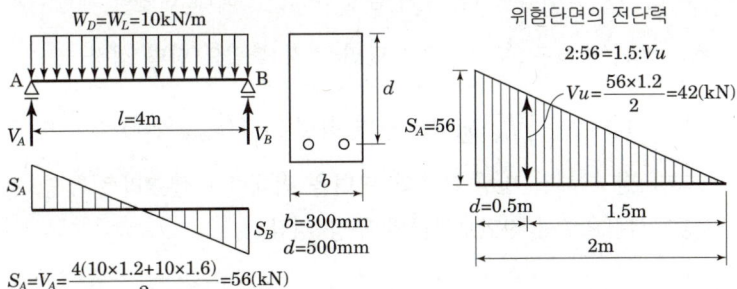

② 콘크리트 설계전단강도(ϕV_c)

$$\phi V_c = \phi \frac{1}{6} \lambda \sqrt{f_{ck}} \cdot b_w \cdot d$$

③ 전단보강의 필요성 검토(슬래브)

- $V_u > \phi V_c$: 콘크리트가 저항할 수 있는 전단력으로 계수하중에 의한 소요전단력을 모두 부담할 수 없으므로 전단보강이 필요
- $V_u \leq \phi V_c$: 콘크리트가 계수하중에 의한 소요전단력을 모두 부담할 수 있으므로 전단보강 불필요

※ 보의 전단보강 필요성 검토는 $V_u \leq \phi V_c$이면 전단보강이 불필요하고 $V_u \geq \dfrac{\phi V_c}{2}$이면 전단보강이 필요하다. 다만, $\dfrac{\phi V_c}{2} \leq V_u \leq \phi V_c$이면 최소 전단보강을 한다.

핵심 PLUS

21 철근콘크리트 보의 스터럽의 역할 중 가장 중요한 것은?
① 전단 응력에 의한 균열을 방지하기 위하여
② 주근의 위치를 정확히 유지하기 위하여
③ 철근과 콘크리트의 부착을 좋게 하기 위하여
④ 압축력을 받는 쪽의 좌굴을 방지하기 위하여

답 : ①

22 철근콘크리트구조에서 고정하중 및 활하중에 의한 전단력이 각각 40kN, 30kN 일 때 소요전단강도는? [07 기]
① 135kN ② 124kN
③ 116kN ④ 96kN

[해설] 소요전단강도
① 하중증가계수
   고정하중은 1.2, 활하중은 1.6
② 소요 전단강도
   40×1.2+30×1.6=96(kN)

답 : ④

23 단면 $b \times d = 300$mm, ×550mm 모래경량콘크리트를 사용한 철근콘크리트 보에서 콘크리트가 부담할 수 있는 공칭전단강도(V_c)는?
(단, $f_{ck} = 21$MPa) [14 기]
① 95kN   ② 107kN
③ 126kN   ④ 132kN

[해설] 콘크리트 공칭전단강도(V_c)
$V_c = \dfrac{1}{6} \lambda \sqrt{f_{ck}} \cdot b_w \cdot d$
$= \dfrac{1}{6} \times 0.85 \times \sqrt{21} \times 300 \times 550$
$= 107,117.7(N) = 107(kN)$

※ 경량콘크리트 계수(λ)
- 전경량콘크리트 $\lambda = 0.75$
- 모래경량콘크리트 $\lambda = 0.85$
- 보통중량콘크리트 $\lambda = 1.0$

답 : ②

핵심 PLUS

24 철근콘크리트 보에서 강도설계법에 의한 콘크리트의 공칭전단강도(V_c)가 80kN이고, 전단보강근의 공칭전단강도(V_s)가 120kN일 때 설계전단강도(ϕV_n)의 크기는? (단, 전단에 대한 강도감소계수는 0.75임) [09 기]
① 150kN ② 170kN
③ 200kN ④ 220kN

[해설] 전단보강 된 보의 설계전단강도
① 해석의 발상 : 콘크리트가 부담할 수 있는 전단력(콘크리트의 공칭전단강도, V_c)과 전단보강근이 부담할 수 있는 전단력(철근의 공칭전단강도, V_s)의 합이 공칭전단강도(V_n)이다.
즉, $V_n = V_C + V_S$
② 설계전단강도(V_d) : 공칭전단강도(V_n)에 강도감소계수(ϕ)를 곱한 값이다.
즉, $V_d = \phi V_n$
$= \phi(V_C + V_S)$
∴ $V_d = 0.75(80+120) = 150$kN
답 : ①

25 보의 유효깊이 $d = 550$mm, 보의 폭 $b_w = 300$mm인 보에서 스터럽이 부담할 전단력 $V_s = 200$kN일 경우, 수직 스터럽 간격으로 가장 적절한 것은? (단, 수직 스터럽 면적 $A_v = 142$mm² (2 – D10), 스터럽의 설계기준항복강도 $f_{yt} = 400$MPa, 콘크리트압축강도 $f_{ck} = 24$MPa이다.) [13, 19 기]
① 120mm ② 150mm
③ 180mm ④ 200mm

[해설] 스터럽의 간격(S)
$S = \dfrac{A_v \cdot f_y \cdot d}{V_s} = \dfrac{142 \times 400 \times 550}{200 \times 10^3}$
$= 156.2$[mm]
∴ 156.2[mm]보다 작은 가장 근사값은 150[mm]임
답 : ②

■ 보와 슬래브의 전단보강 판단 기준

소요전단강도와 설계전단강도		슬래브, 기초판	보
$V_u > \phi V_c$		전단보강 필요	전단보강 필요
$V_u \leq \phi V_c$	$\phi V_c \geq V_u > \phi V_c/2$	전단보강 불필요	최소 전단보강
	$V_u \leq \phi V_c/2$	전단보강 불필요	전단보강 불필요

④ 전단보강근이 부담할 전단력(철근의 소요전단강도)
   소요 전단력 중 콘크리트가 부담하고 남은 전단력을 전단보강근이 부담
   $V_u = \phi V_c + \phi V_s \rightarrow \phi V_s = V_u - \phi V_c$

⑤ 보의 단면 검토
   • 필요성 : 콘크리트에 비해 전단보강근이 부담할 전단력이 지나치게 높지 않도록 제한
   • 검토 기준 : 전단보강근이 부담할 수 있는 최대 전단력 제한

   $\phi V_s \leq \phi \dfrac{2}{3}\sqrt{f_{ck}} \cdot b_w \cdot d$: 단면 변경 불필요(단면 적정)

   $\phi V_s > \phi \dfrac{2}{3}\sqrt{f_{ck}} \cdot b_w \cdot d$: 단면 확대 필요(b_w, d 확대)

   • 단면 변경 해결 방안 : 보의 단면을 확대하여 콘크리트 부담 전단력을 증가시킴으로서 전단보강근의 부담 경감

⑥ 전단보강근 간격 산정
   • 간격 제한(S) : $\dfrac{d}{2}$ 이하 또는 600mm 이하(PSC부재는 0.75h 이하)

   단, $V_s > \dfrac{1}{3}\sqrt{f_{ck}} \cdot b_w \cdot d$인 경우 : $\dfrac{d}{4}$ 이하 또는 300mm 이하

   • 간격(S) 산정

   전단보강 간격(S) $= \dfrac{\phi A_v \cdot f_{yt} \cdot d}{\phi V_s}$
   • $\phi V_s = V_u - \phi V_c$
   • f_{yt}의 최대 강도는 500MPa까지 허용

   최소 전단보강 구간 간격(S) $= \dfrac{A_v \cdot f_{yt}}{0.0625\lambda \sqrt{f_{ck}} \cdot b_w}$

   • 철근단면적(A_v) 산정

   전단보강 구간 최소단면적(A_v) $= \dfrac{\phi V_s \cdot S}{\phi f_{yt} \cdot d}$

   최소 전단보강 구간 최소단면적(A_v) $= 0.0625\lambda \sqrt{f_{ck}} \cdot \dfrac{b_w \cdot S}{f_{yt}} \geq 0.35 \cdot \dfrac{b_w \cdot S}{f_{yt}}$

예제

1. 강도설계법에 의한 철근콘크리트 보의 전단설계에서 상세한 계산을 하지 않는 경우 그림과 같은 보의 콘크리트에 의한 공칭전단강도 V_c는? (단, f_{ck}=24MPa)
   ① 127kN
   ② 147kN
   ③ 168kN
   ④ 188kN

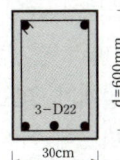

▶ 콘크리트의 공칭 전단강도(V_C)
콘크리트가 부담할 수 있는 전단력의 크기를 공칭 전단강도라하고 콘크리트 단위면적당(mm²) $1/6\lambda\sqrt{f_{ck}}$ 를 저항할 수 있는 것으로 본다.

$$\therefore V_C = \frac{1}{6}\lambda\sqrt{f_{ck}}\cdot b_w\cdot d = \frac{1}{6}\times 1 \times \sqrt{24} \times 300 \times 600$$
$$\fallingdotseq 146,969(N)$$

2. 강도설계법에서 휨과 전단력만을 받는 보의 단면이 b=300mm, d=500mm, f_{ck}= 21MPa일 때 콘크리트의 설계전단강도 $\varnothing V_c$로 옳은 것은? (단, $\varnothing$는 0.75임)
   ① 115.2kN   ② 85.9kN
   ③ 65.2kN   ④ 103.7kN

▶ 콘크리트의 설계전단강도($\varnothing V_C$)
① 해석의 발상 : 콘크리트만으로 부담 가능한 공칭 전단강도
   $V_C = \frac{1}{6}\lambda\sqrt{f_{ck}}\cdot b_w\cdot d$ 이다.
② 설계전단강도 : 공칭전단강도에 강도감소계수($\varnothing$)를 곱하여 구한다.
   단, 전단설계의 $\varnothing = 0.75$이다.

$$\therefore \varnothing V_C = 0.75 \times \frac{1}{6} \times 1 \times \sqrt{21} \times 300 \times 500$$
$$\fallingdotseq 85,923(N) \to 85.9(kN)$$

핵심 PLUS

26 피복두께 30mm, 직경 16mm 주근이 배근된 두께 150mm 철근콘크리트 일방향 슬래브에서 전단철근 없이 지지할 수 있는 단위길이 1m당 최대 계수전단력은? (단, f_{ck}=25MPa, 전단력에 대한 강도 감소계수 $\varnothing$=0.8, 콘크리트에 의한 전단강도 V_c=1/6 $\lambda\sqrt{f_{ck}}\,b_w\,d$ 임) [07 기]
① 74.6 kN/m   ② 78.5 kN/m
③ 80.0 kN/m   ④ 82.6 kN/m

[해설] 콘크리트의 전단강도
① 해석의 발상 : 문제에서 콘크리트의 전단강도 산정식을 제시하고 있으므로 산정식에 강도 감소계수를 곱하여 계수전단력을 구할 수 있다. 단, 콘크리트의 단면적($b_w\,d$) 계산에서 b_w는 단위 폭인 1,000mm 이며 d는 유효 두께이므로 150mm에서 피복두께(30mm)와 철근 직경의 1/2 (8mm)을 감한 112mm 이다.

② 계수 전단력($\varnothing V_c$)
$\varnothing V_c = \varnothing 1/6\lambda\sqrt{f_{ck}}\,b_w\,d$
$= 0.8\times 1/6\times 1\times \sqrt{25}\times 1,000 \times 112 = 74,666.6N$
$= 74.6kN$

답 : ①

3. 기타 전단 설계

1) 전단마찰 설계

① 개념

전단 취약 부분에 균열 또는 미끄러짐이 발생한 것으로 가정하여 균열이나 전단면을 따라 발생되는 상대적 변위를 제어하는 보강철근을 설계

② **전단마찰 설계가 필요한 부분**
- 굳은 콘크리트에 이어 친 콘크리트의 접합면(예, 프리캐스트보와 슬래브의 접합면)
- 기둥과 내민받침 또는 브래킷의 접합면
- PSC 구조에서 프리캐스트 보의 지압부
- 콘크리트와 강재의 접합면(예, 콘크리트 기둥에 정착한 강재 브래킷)

③ **전단마찰 설계식**

$$V_u \leq \phi V_n$$

V_u : 소요 전단력 ϕ : 강도감소계수(0.75)

- 균열과 90° 배근의 경우 $V_n = \mu A_{vf} f_y$
- 균열과 경사 배근의 경우 $V_n = \mu A_{vf} f_y (\mu \sin\alpha_f + \cos\alpha_f)$

A_{vf} : 마찰철근 단면적 f_y : 마찰철근 항복응력 α_f : 전단마찰철근과 전단면사이 각도
μ : 일체 콘크리트(1.4λ), 거친 굳은 면 추가타설(1.0λ), 거친 굳지 않은 면 추가타설(0.6λ)

2) 깊은보 설계

① 개념

순경간(l_n)이 부재 춤(h, 깊이)의 4배 이하인 보($\dfrac{l_n}{h} \leq 4$)

② 설계 기본 가정
- 중립축이 보의 중간에서 인장측에 가깝게 발생
- 응력과 변형률은 비선형 분포
- 휨변형 전 축에 직각인 단면은 변형 후에도 축에 직각(평면유지의 가정)
- 공칭전단강도는 콘크리트 전단강도의 5배 이하($V_n \leq \dfrac{5}{6}\lambda\sqrt{f_{ck}} \cdot b_w \cdot d$)

3) 브래킷과 내민받침

① 개념
- 브래킷 : 수평부재의 하중을 기둥으로 전달받기 위해 **기둥에서 돌출한 짧은 캔틸레버**
- 내민받침 : 수평부재의 하중을 벽으로 전달받기 위해 **벽에서 돌출한 짧은 캔틸레버**

핵심 PLUS

■ 전단마찰 설계 적용 부재
철근콘크리트 구조물에 존재하는 균열 경계면, 단면 일부의 경계면, 서로 다른 시기에 타설된 콘크리트의 경계면, 콘크리트와 강재 사이의 경계면, 프리캐스트 콘크리트의 경계면 등 직접전단력이 작용하는 부위는 전단마찰 설계를 적용하여야 한다.

■ 깊은 보의 정의
순경간(l_n)이 부재 춤(h, 깊이)의 4배 이하인 보($\dfrac{l_n}{h} \leq 4$)

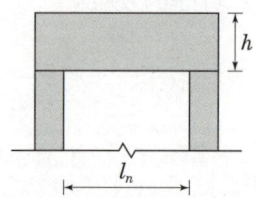

27 강도설계법에서 깊은 보는 순경간 l_n이 부재 깊이의 몇 배 이하인 부재인가? [17 기]
① 2배 ② 3배
③ 4배 ④ 5배

[해설] 깊은 보의 정의
순경간(l_n)이 부재 춤(h, 깊이)의 4배 이하인 보($\dfrac{l_n}{h} \leq 4$)

답 : ③

② 파괴형태별 설계 대책

파괴형태	설계 대책
• 인장철근 항복 • 인장철근 단부 정착 파괴 • 콘크리트 압축대 전단파괴 • 콘크리트 압축대 압괴	• 인장철근 강도 및 단면적 확보 • 기둥·벽체에 인장철근 정착 • 콘크리트 강도 및 유효깊이 확보 • 지압판 사용
• 지압판 주변 경사균열 파괴	• 받침부 위 모서리에 ㄱ형강 설치 • ㄱ형강과 인장철근 용접

4) 비틀림 설계

① 개념
- 비틀림이 작용할때 전단과 휨모멘트도 동시에 작용
- 예측 불가 균열 특성 및 콘크리트 비탄성의 조합 등 복잡한 응력상태

② 설계 방향
- 전단, 휨, 비틀림 상관관계를 고려한 종합 설계 불가능
- 전단, 휨, 비틀림에 대한 개별 설계 후 조합

③ 비틀림 철근 배근 기준
- 종방향 철근 또는 긴장재와 다음 보강근을 조합하여 배근
  - 재축에 수직 폐쇄 스트럽 또는 띠철근
  - 재축에 수직 횡방향 강선의 용접철망
  - 나선철근
- 종방향 비틀림 철근은 양단 정착
- 횡방향 비틀림 철근은 종방향 철근에 135° 표준갈고리로 정착
- 비틀림 철근의 설계기준항복강도는 500MPa 초과 불가

④ 비틀림 부재
- 작은 보를 지지하고 있는 외벽 상의 큰 보

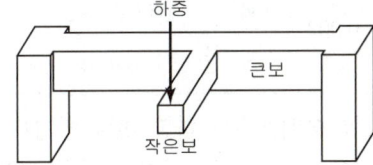

핵심 PLUS

■ 4변 고정 slab

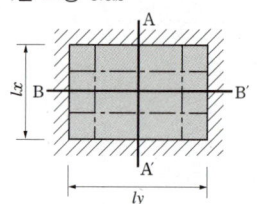

■ 3변 고정 slab

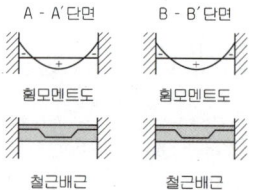

■ 2변 고정 slab

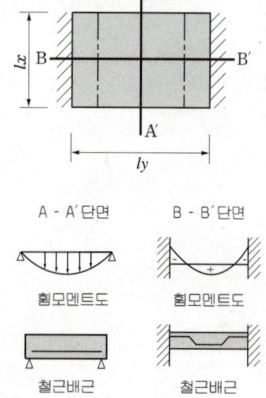

3 슬래브(Slab) 설계

■ 하중 전달 방향별 분류

① 1방향 슬래브 : $\dfrac{장변경간길이(l_y)}{단변경간길이(l_x)} > 2$ (단변으로만 하중 전달)

② 2방향 슬래브 : $\dfrac{장변경간길이(l_y)}{단변경간길이(l_x)} \leq 2$ (단변, 장변 2방향으로 하중 전달)

1. 1방향 슬래브의 설계

1) 기본사항

① 설계 : 단변방향을 경간으로 하는 폭 1m인 보로 설계
② 최소두께 : **100mm 이상**
③ 철근 배근 간격(t =슬래브 두께)

방향	구간	위치	철근명칭	최대간격
단변방향	최대 휨모멘트 구간	단변의 단부	부철근	$2t$ 이하, 300mm 이하
단변방향	기타구간	단변의 중앙부	정철근	$3t$ 이하, 450mm 이하
장변방향	전구간	단부 및 중앙부	배력철근 (온도철근)	$5t$ 이하, 450mm 이하

④ 온도철근의 최소 철근비

온도철근 강도	최소철근비	최소철근량 ($A_{s(\min)}$)	비고
$f_y \leq 400\text{MPa}$	0.002	$0.002 \times d \times l$	d=슬래브 유효두께 l=슬래브 폭 $A_{s(\max)}=1800\text{mm}^2/\text{m}$
$f_y > 400\text{MPa}$	$0.002 \times \dfrac{400}{f_y}$	$0.002 \times \dfrac{400}{f_y} \times d \times l$	

※ **온도철근** : 1방향 슬래브에서 하중 전달 방향(단변방향)으로만 주근을 배근하고 장변방향으로 배근을 하지 않았을 경우 온도변화에 따른 수축·팽창으로 단변방향의 철근 사이에 철근과 나란한 방향으로 **균열이 발생**하므로 이를 방지하기 위해 장변방향으로 배근한 철근

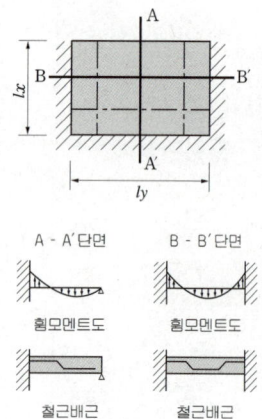

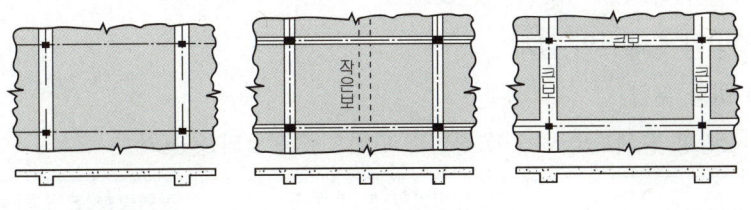

(a) 1방향 슬래브   (b) 1방향 슬래브   (c) 2방향 슬래브

2) 설계법

① 소요강도 산정 : 설계용 전단력 및 휨모멘트는 실용해법에 의해 산정
② 실용해법 : 설계용 전단력과 휨모멘트를 용이하게 계산하는 방법
③ 실용해법의 적용조건
- 부재 단면이 일정하고 2경간 이상인 경우
- 인접한 2경간의 차이가 짧은 경간의 20% 이하인 경우
- 등분포 하중이 작용하는 경우
- 활하중이 고정하중의 3배 이내인 경우

④ 실용해법의 예

구분	2 경간 슬래브의 예					
구조물	계수하중(w_u) 보 슬래브 l_n 보			계수하중(w_u) 슬래브 l_n 보		
위치	외측단부	중앙부	내측단부	내측단부	중앙부	외측단부
전단 계수	1.15	0	-1.15	1.15	0	-1.15
휨모멘트 계수	-1/16	1/14	-1/9	-1/9	1/14	-1/16
전단력	V = 위치별 전단계수 × $(\omega_u \cdot l_n)/2$					
휨모멘트	M = 위치별 휨모멘트 계수 × $\omega_u \cdot l_n^2$					

3) 처짐을 고려한 최소두께

㉮ 기준

부재	최소 두께			
	단순 지지	1단 연속	양단 연속	켄틸레버
· 1방향 슬래브	$\dfrac{l}{20}$	$\dfrac{l}{24}$	$\dfrac{l}{28}$	$\dfrac{l}{10}$

㉯ 적용
- 보통콘크리트(m_c=2,300kg/m³)와 항복강도(f_y) 400MPa 철근 사용시
- $f_y \neq$ 400MPa인 경우 위 기준값에 $(0.43+f_y/700)$을 곱하여 산정

핵심 PLUS

28 다음 중 철근콘크리트슬래브에서 l_x=4.0m일 때 2방향 슬래브가 되기 위한 l_y의 값은?
① 10.5m ② 9.5m
③ 8.5m   ④ 7.5m

[해설] 2방향 슬래브
① 해석의 발상 : 장변의 치수 (l_y)가 단변 치수(l_x)의 2배를 이하일 때 2방향 슬래브이다. 즉, 변장비
$(\lambda) = \dfrac{l_y}{l_x} \leq 2$이다.

② 장변의 길이 : $\dfrac{l_y}{4} \leq 2$이고
$l_y \leq (2 \times 4 = 8)$

답 : ④

29 1방향 철근 콘크리트 슬래브 설계시 슬래브의 두께가 135mm일 때 1m당 수축·온도철근량은? (단, 이형 철근을 사용하며 f_y=400MPa)
① 95mm²   ② 189mm²
③ 135mm² ④ 270mm²

[해설] 수축·온도 철근비
최소온도철근비는 유효 단면적의 0.2%(0.002) 이상이다.
∴수축·온도철근량
$(135mm \times 1,000mm) \times 0.002$
$= 270(mm^2)$

답 : ④

30 1방향 철근콘크리트 슬래브에 관한 설명 중 옳은 것은?
[05, 08 기]
① 1방향 슬래브에서는 정철근 및 부철근에 평행하게 수축 온도철근을 배치한다.
② 슬래브 끝의 단순받침부에는 철근을 배치하면 안된다.
③ 슬래브의 정철근 및 부철근의 중심간격은 600cm이하로 하여야 한다.
④ 1방향 슬래브의 두께는 최소 100mm 이상으로 하여야 한다.

답 : ④

핵심 PLUS

31 4m×6m 크기의 Slab에 작용하는 등분포하중이 단변방향과 장변방향으로 전달되는 비로서 가장 적당한 것은?
① 4:1 ② 5:1
③ 6:1 ④ 7:1

[해설] 직접 설계법

$\omega_x = \dfrac{\ell_y^4}{\ell_x^4 + \ell_y^4} \cdot \omega$

$\omega_y = \dfrac{\ell_x^4}{\ell_x^4 + \ell_y^4} \cdot \omega$

$\omega_x : \omega_y$

$\dfrac{\ell_y^4}{\ell_x^4 + \ell_y^4} \cdot \omega : \dfrac{\ell_x^4}{\ell_x^4 + \ell_y^4} \cdot \omega$

$\ell_y^4 : \ell_x^4 = 6^4 : 4^4 = 5.1 : 1$

답 : ②

32 다음 그림과 같은 플랫플레이트 슬래브가 450×450mm 정사각형 기둥에 의해 지지되고 있으며 테두리보는 배치되어 있지 않다. 빗금 친 모서리 패널의 경우에 현행기준에서 요구하는 슬래브의 최소두께로 옳은 것은? (단, $f_{ck}=21\text{MPa}$, $f_y=400\text{MPa}$)

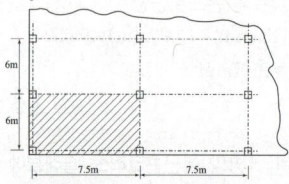

① 195mm ② 215mm
③ 235mm ④ 255mm

[해설] 주어진 슬래브는 지판과 테두리보가 없는
$l_x = 5,550\text{mm}$, $l_y = 7,050\text{mm}$
인 외부 2방향 Flat Plate Slab이다. 지판과 테두리보가 없는 2방향 Flat Plate Slab의 최소두께는 장변 순경간의 1/30이다.

$\therefore h = \dfrac{(7,500-450)\text{mm}}{30}$
$= 235\text{mm}$

답 : ③

Ⅲ. 건축구조 | 철근콘크리트 구조설계

2. 2방향 슬래브의 설계

1) 하중 분담

2방향 슬래브의 하중이 장변과 단변으로 전달되는 크기

구분	단변방향 분담 하중	장변방향 분담 하중
집중하중(P)	$P_x = \dfrac{l_y^3}{l_x^3 + l_y^3} \cdot P$	$P_y = \dfrac{l_x^3}{l_x^3 + l_y^3} \cdot P$
등분포 하중(ω)	$\omega_x = \dfrac{l_y^4}{l_x^4 + l_y^4} \cdot \omega$	$\omega_y = \dfrac{l_x^4}{l_x^4 + l_y^4} \cdot \omega$

2) 설계법의 종류

① 직접 설계법
② 등가 골조법
③ 휨모멘트 계수법

3) 구조 제한

① 최소 두께

*a_m : 강성

조건	내부 보가 없는 슬래브		내부 보가 있는 슬래브	
	지판 없을 때	지판 있을 때	$a_m \geq 2$	$0.2 < a_m < 2$
최소두께	120mm 이상	100mm 이상	90mm 이상	120mm 이상

- 내부 보가 없는 2방향 슬래브의 최소두께 (단, $f_y = 400\text{MPa}$인 경우)

조건	지판이 없는			지판이 있는		
	외부 슬래브		내부 슬래브	외부 슬래브		내부 슬래브
	테두리보 없을 때	테두리보 있을 때		테두리보 없을 때	테두리보 있을 때	
최소두께	$l_n/30$	$l_n/33$	$l_n/33$	$l_n/33$	$l_n/36$	$l_n/36$

② 최소 철근량 : 1방향 슬래브에서 요구되는 온도철근의 최소철근량 이상
③ 철근 최대 간격 : 위험 단면에서 **슬래브 두께의 2배 이하 또한 300mm 이하**
④ 철근 위치 : 슬래브 두께의 표면 쪽에 단변근(주근), 안쪽에 장변근(배력근) 배치

4) 직접 해법

① 목적 : 설계용 전단력 및 휨모멘트의 용이한 산정

② 직접해법의 예

구분	3 경간 슬래브의 예(완전구속된 받침부)		
구조물	계수하중(w_u), 계수하중(w_u), 계수하중(w_u) / 보-슬래브-보-슬래브-보-슬래브-보 / l_n, l_n, l_n / M_u^-, M_u^+, M_o		
위치	단부(M_u^-)	중앙부(M_u^+)	단부(M_u^-)
휨모멘트	$0.65M_o$	$0.35M_o$	$0.65M_o$

③ 전체 정적 계수 휨모멘트(M_o)

$$M_o = \frac{\omega_u \cdot l_2 \cdot l_n^2}{8}$$

l_2 : 휨모멘트 계산 방향의 **직각방향 슬래브 중심간격**

l_n : 휨모멘트 계산 방향의 **순경간**

④ 정계수 및 부계수 휨모멘트

㉮ 부계수 휨모멘트 : $0.65M_o$

㉯ 정계수 휨모멘트 : $0.35M_o$

㉰ 단부 경간에서의 전체 정적 계수 휨모멘트 M_o의 분배율

| 구 분 | 구속되지 않은 외부 받침부 | 모든 받침부 사이에 보가 있는 슬래브 | 내부 받침부 사이에 보가 없는 슬래브 | | 완전 구속된 외부 받침부 |
			테두리보가 없는 경우	테두리보가 있는 경우	
내부 받침부의 부계수휨모멘트	0.75	0.70	0.70	0.70	0.65
정계수 휨모멘트	0.63	0.57	0.52	0.50	0.35
외부 받침부의 부계수 휨모멘트	0	0.16	0.26	0.30	0.65

핵심 PLUS

■ 설계대 모멘트의 해석

① Span의 연속성이 없을 때

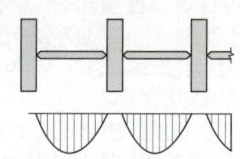

② Span의 연속성이 있을 때

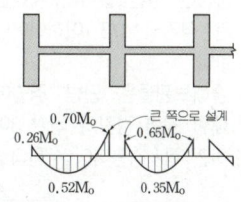

33 보가 있는 2방향 슬래브를 강도설계법에서 직접 설계법으로 계산할 때 $M_o = 900$kN·m로 산정되었다. 내부스팬의 정계수모멘트(kN·m)와 부계수모멘트(kN·m)로 옳은 것은? [05,10,13 기]

① 정계수모멘트 315, 부계수모멘트 585
② 정계수모멘트 270, 부계수모멘트 630
③ 정계수모멘트 585, 부계수모멘트 315
④ 정계수모멘트 630, 부계수모멘트 270

[해설] 3span 이상 연속보의 내부 span 휨모멘트

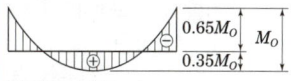

정계수모멘트
$= 0.35 \times 900 = 315$[kN·m]

부계수모멘트
$= 0.65 \times 900 = 585$[kN·m]

답 : ①

핵심 PLUS

34 강도설계법에서 직접설계법을 사용하여 슬래브를 설계할 때 제한사항에 대한 설명으로 옳지 않은 것은? [17, 22 기]
① 각 방향으로 3경간 이상이 연속되어야 한다.
② 모든 하중은 연직하중으로서 슬래브판 전체에 등분포되는 것으로 간주한다.
③ 각 방향으로 연속한 받침부 중심간 경간 길이의 차이는 긴 경간의 1/3 이하이어야 한다.
④ 슬래브판들은 단변 경간에 대한 장변 경간의 비가 3이하인 직사각형이어야 한다.

답 : ④

35 강도설계법에서 직접설계법을 이용한 슬래브 설계시 적용조건으로 옳지 않은 것은? [01, 02, 12, 17, 22 기]
① 각 방향으로 3경간 이상이 연속되어야 한다.
② 슬래브들은 단변경간에 대한 장변경간의 비가 2 이하인 직사각형이어야 한다.
③ 각 방향으로 연속한 받침부 중심간 경간길이의 차이는 긴 경간의 1/3 이하이어야 한다.
④ 모든 하중은 연직하중으로서 슬래브 전체에 등분포되어야 하며 활하중은 고정하중의 3배 이하이어야 한다.

답 : ④

⑤ 적용 범위
- 각 방향으로 3경간 이상 연속 슬래브
- 장변이 단변의 2배 이하인 직사각형 슬래브
- 연속 받침부 경간 길이의 차이가 긴 경간의 1/3 이하인 슬래브
- 기둥 중심선으로부터 기둥 경간의 최대 10% 이하 이탈된 슬래브
- 등분포된 연직하중으로 활하중이 고정하중의 2배 이하인 슬래브

예제

그림과 같은 슬래브에서 직접설계법에 의한 설계모멘트를 결정하려고 한다. 화살 표방향의 패널의 전체정적모멘트(M_o)를 구하면?
(단, 등분포 고정하중 $w_D = 7.18 \text{kPa}$, 등분포 활하중 $w_L = 2.39 \text{kPa}$, 기둥의 단면적은 $300 \times 300 (\text{mm})$이다.)
[11, 15 기]

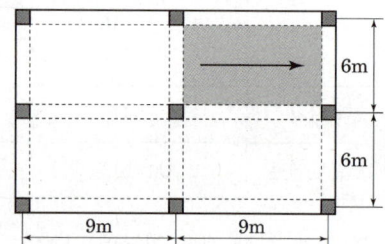

① 406.2kN·m
② 506.2kN·m
③ 706.2kN·m
④ 806.2kN·m

▶ 등분포하중 환산
$w_u = 1.2 w_D + 1.6 w_L = 1.2 \times 7.18 + 1.6 \times 2.39 = 12.44 (\text{kPa}) = 12.44 \text{kN/m}^2$

▶ 지간 환산
설계방향 순지간(l_n) : $9 - (0.15 \times 2) = 8.7 \text{m}$
설계방향의 직각방향 중심 지간(l_2) : 6m

▶ 전체정적계수모멘트 산정
$M_o = \dfrac{w_u \cdot l_2 \cdot (l_n)^2}{8} = \dfrac{12.44 \times 6 \times 8.7^2}{8} = 706.188 (\text{kN} \cdot \text{m})$

3. 특수 슬래브

1) 플랫 슬래브(Flat slab, 무량판 구조)

① 정의 : 슬래브 내부에 보가 없는 무량판 구조(기둥에 직접 하중 전달)

② 하중 전달 : 슬래브 → 지판 → 주두 → 기둥

③ 지판(Drop panel)
- 형태 : 기둥 주변에 슬래브의 두께를 크게 한 부분
- 목적 : 슬래브 응력 감소, 뚫림 전단(Punching shear) 방지
  ※ 뚫림전단 위치 : 기둥면에서 d/2 만큼 떨어진 주변(단, d는 슬래브의 유효두께)
- 길이 : 받침부의 중심선에서 각 방향 받침부 **중심간 경간의 1/6 이상**
- 두께 : 슬래브 아래로 돌출한 두께는 **슬래브 두께의 1/4 이상**

④ 슬래브 배근방식 : 2방향 배근

⑤ 장점 : 간단한 구조, **높은 공간 이용률, 낮은 층고 가능**, 배관설비 용이

⑥ 단점 : **고정하중 증대**(여러 철근층, 두꺼운 바닥판), 낮은 뼈대 강성, 복잡한 구조계산

⑦ 용도 : 저층학교, 창고, 사무실, 공장 등(고층건물에 부적합)

⑧ 기둥 최소폭 : 다음 값 중 가장 큰 값 이상
- 기둥 중심거리 l_x, l_y의 1/20 이상
- 층고(h)의 1/15 이상
- 300mm 이상

2) 장선 슬래브(Ribbed slab, Joist slab)

① 일정한 간격의 장선과 일체로 구성된 바닥판 구조(**1방향 장선구조**)

② 구조 : 슬래브를 장선으로 지지, 장선은 보 또는 벽체로 지지, 얇은 바닥판 가능

③ 구조 제한
- 슬래브 최소 두께(t) : 장선 순간격의 1/12 이상 또는 50mm 이상
- 장선 크기(D) : 폭 100mm 이상(최대 200mm), 깊이는 폭의 3.5배 이하
- 장선 간격(l) : 장선 내측 거리(순 간격) 750mm 이하
- 배근 : 하부 직선근 2개 또는 직선근+굽힘철근(2개)
- 인장철근 : 슬래브 보강 철근은 직경 6mm 이상

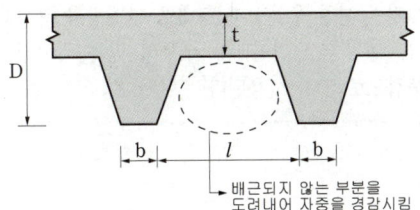
└ 배근되지 않는 부분을 도려내어 자중을 경감시킴

핵심 PLUS

■ Flat Slab 구조

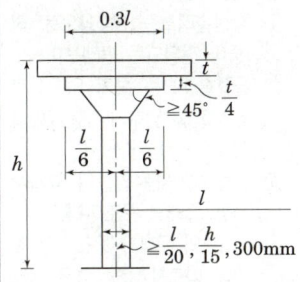

※ l은 기둥 중심간격

36 플랫슬래브가 큰 하중을 받을 때 기둥 주변에서 뚫림전단(Punching Shear) 파괴의 위험이 발생한다. 뚫림전단을 검토하는 위치는? (d : 슬래브의 유효두께)
 [96,99,00,08,09,13 기]
① 기둥면 주변
② 기둥면에서 d/2 만큼 떨어진 주변
③ 기둥면에서 d/4 만큼 떨어진 주변
④ 기둥면에서 d 만큼 떨어진 주변

[해설] 뚫림전단의 위험단면
뚫림전단은 2방향 전단에서 나타나며 2방향 기초판과 기초 기둥 주변 또는 Flat slab를 지지하는 기둥주변에서 나타나며 위험단면은 기둥 외주면으로부터 $\dfrac{d}{2}$의 위치가 된다. (d=압축측 표면에서 인장측 철근의 중심까지 두께)

답 : ②

Ⅲ. 건축구조 | 철근콘크리트 구조설계

핵심 PLUS

37 슬래브에 관한 다음 기술 중 잘못된 것은?
① 장선슬래브는 2방향으로 하중이 전달되는 슬래브이다.
② 플랫슬래브는 보가 없으므로 천장고를 낮추기 위한 방법으로도 사용된다.
③ 워플슬래브는 일종의 격자시스템 슬래브 구조이다.
④ 슬래브의 두께가 구조제한 조건에 따르지 않을 경우 슬래브 처짐과 진동의 문제가 발생할 수 있다.

[해설] 장선슬래브
① 해석의 발상 : 장선슬래브는 슬래브에 작은 보(장선)를 한 방향으로 연속적으로 반복하여 설치한 것으로 역학적으로 1방향으로만 하중이 전달되는 1방향 슬래브이다.
② 워플슬래브 : 두 방향으로 장선을 설치하여 2방향으로 하중을 전달하는 슬래브 구조이다.
답 : ①

3) 와플 슬래브(Waffle Slab)

① 정의 : 직교하는 장선(**2방향 장선**)에 의해 우물반자와 같은 형태로 구성된 슬래브
② 특징 : 작은 돔형(경사진 육면체) 거푸집 다수 사용, 큰 경간 구조물 가능, #(우물 정)자를 구성하는 장선이 응력에 저항

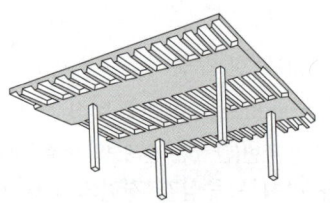
[그림] 리브드(Ribbed) 슬래브

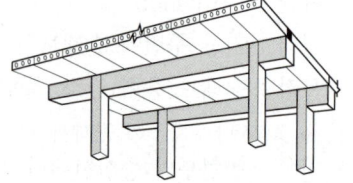
[그림] 중공(Void) 슬래브

4) 중공 슬래브(Void slab)
페이퍼 튜브(paper tube)를 중립축 부근에 설치하여 콘크리트 중간에 공간을 형성한 **1방향 구조시스템**

💡 **예제**

1. 플랫슬래브 구조에 대한 기술 중 옳지 않은 것은?
① 바닥의 주근은 2방향 이상으로 배근하는데 각 방향으로 주열대와 주간대로 나누어 응력계산 및 배근을 한다.
② 건물의 내부에는 보 없이 바닥판만으로 구성하고 그 하중은 직접기둥에 전달하는 구조이다.
③ 기둥 상부에 철근이 여러 겹으로 겹쳐지고 두꺼운 바닥판이 되므로 자중이 증대된다.
④ 2방향 배근 방식일 경우 슬래브의 두께는 80mm 이상으로 한다.

▶ 플랫슬래브의 최소두께는 150mm

2. 와플 슬래브에 관한 기술 중 틀린 것은? [03 기]
① 하중은 2방향으로 전달된다.
② 규격화된 데크플레이트를 사용함으로써 효율적인 시공을 할 수 있다.
③ 층고를 줄일 수 있으며 골조미를 제공한다.
④ 전단력이 큰 주두 부분을 일반적으로 보강하여야 한다.

▶ Waffle Slab
장선을 직교시켜 구성한 우물반자 형태로 된 2방향 장선바닥 구조이다.
데크플레이트는 철판을 요철형태로 구부려 만든 강판의 일종으로 1방향 장선슬래브의 거푸집으로 많이 사용된다.

4 압축재 설계

1. 기본사항
① 높이가 단면 최소치수의 3배 이상인 수직 또는 수직에 가까운 압축부재
② 콘크리트의 인장강도는 무시
③ 힘의 평형조건과 변형률 적합조건 만족
④ 철근과 콘크리트의 변형률은 중립축으로부터 거리에 비례(직선변화)
⑤ 콘크리트 압축연단의 **극한변형률은 0.0033**
⑥ 종류
  - 띠철근 기둥 : 띠철근으로 보강한 기둥, 사각형 단면에 주로 사용
  - 나선철근 기둥 : 연속된 나선철근으로 보강한 기둥, 원형 단면에 주로 사용
  - 합성 기둥 : 구조용 강재와 철근으로 보강된 콘크리트 기둥

2. 구조제한

1) 기둥 단면
  ① 띠철근 기둥 : **단변 최소치수(b) ≥ 200mm, 단면적(A) ≥ 60,000mm²**
  ② 나선철근 기둥 : 심부 지름(D) ≥ 200mm, 압축강도(f_{ck}) ≥ 21MPa

2) 축방향 철근
  ① 철근비 : 최소철근비≥기둥 단면적의 1%, 최대철근비≤기둥 단면적의 8%
     ※ [겹침이음의 최대 철근비 : 4% 이하]
  ② 최소 주철근수 : 띠철근 기둥 4개 이상, 나선철근 기둥 6개 이상
  ③ 간격 : 40mm, 주근 직경의 1.5배, 굵은 골재 직경의 4/3 중 최대값 이상

3) 횡방향 보강철근
  ① 띠철근
   ㉮ 최소 직경 : 주근직경≤D32인 경우 D10 이상, 주근직경≥D35인 경우 D13 이상
   ㉯ 수직 간격 : 다음 중 가장 작은 치수 이하
     - **축방향 철근 지름의 16배 이하**
     - **띠철근 지름의 48배 이하**
     - **기둥 단면의 단변 치수 이하**
   ㉰ 사용 목적
     - 주근의 좌굴(Buckling)방지 및 위치 고정
     - 내부 콘크리트(Confined concrete)의 구속
     - 수평력에 대한 전단보강
     - 피복두께 유지

핵심 PLUS

38 단면이 400mm×400mm인 콘크리트 기둥에 D22($a_1 = 387mm^2$) 철근을 사용하여 최소철근비를 만족하도록 주철근을 배근하였다. 배근할 주철근의 최소개수로 옳은 것은? [15 기]
① 3개 ② 4개
③ 5개 ④ 6개

[해설] 주철근 배근
주철근의 최소철근비(ρ_{min})는 0.01이다.

$\rho_{min} = \dfrac{A_{s,min}}{A_g}$

$A_{s,min} = \rho_{min} \times A_g$
$= 0.01 \times (400 \times 400)$
$= 1,600mm^2$

$n = \dfrac{1,600}{387} = 4.13$개 ≒ 5개

답 : ③

39 그림과 같은 직사각형 기둥에서 띠철근의 최대간격은? (단, 주근은 D22, 띠철근은 D10임) [16 기]

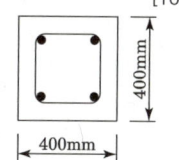

① 300mm ② 352mm
③ 400mm ④ 480mm

[해설] 띠철근 간격(S)
띠철근의 간격은 다음 중 최소값 이하로 한다.
① 주근 직경×16=22×16
   =352(mm)
② 띠철근 직경×48=10×48
   =480(mm)
③ 기둥 단변치수=400(mm)

답 : ②

> **핵심 PLUS**
>
> ※ 내진설계의 띠철근 간격
> ① 주근(종방향 철근) 직경의 8배 이하
> ② 띠철근 직경의 24배 이하
> ③ 부재 단변치수의 1/2 이하
> ④ 300mm 이하

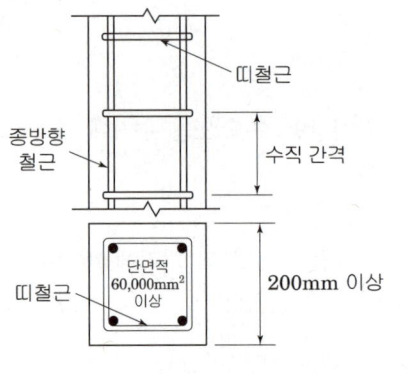

[그림] 띠철근 기둥

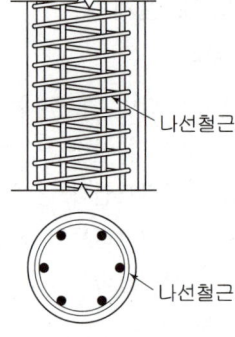

[그림] 나선철근 기둥

40 다음 조건과 같은 압축부재에서 사용되는 띠철근의 수직간격은 얼마 이하이어야 하는가?
[14 기]

[조건]
기둥 단면 :
600mm × 500mm
주철근 D25, 띠철근 D10

① 400mm   ② 450mm
③ 480mm   ④ 500mm

해설 띠철근의 수직간격
- 주근직경의 16배
  → 25×16=400(mm)
- 띠철근 직경의 48배
  → 10×48=480(mm)
- 기둥의 단변치수 → 500(mm)
위 값 중 가장 작은 값 이하이므로 400(mm) 이하이다.
답 : ①

② 나선철근
㉮ 최소 직경 : 지름 10mm 이상
㉯ 나선철근비

$$\rho_s \geq 0.45\left(\frac{A_g}{A_c}-1\right)\frac{f_{ck}}{f_y}$$

A_g : 전체 단면적
A_c : 심부 단면적, $f_{ck} \geq 21\text{MPa}$, $f_y \leq 700\text{MPa}$

㉰ 배근 간격 : **최소 간격 25mm** 이상, **최대 간격 75mm** 이하
㉱ 정착 : 필요 구간에서 **1.5회전 추가**
㉲ 이음길이 : 이형철근은 $48d_b$ 이상, 원형철근은 $72d_b$ 이상,
　　　　　　최소 300mm 이상

3. 설계

① 개념 : 기둥의 설계압축강도(P_d)인 콘크리트의 압축저항(ϕP_c)과 철근의 압축저항(ϕP_s)으로 기둥에 작용하는 계수 축하중(P_u)을 충분히 부담할 수 있도록 설계

② 설계식
$$P_u \leq e_k \cdot P_d = e_k(\phi P_n) = e_k \cdot \phi(P_c + P_s)$$

P_u : 소요(축하중) 강도
P_d : 설계(축하중) 강도
P_n : 공칭(축하중) 강도
P_c : 콘크리트의 공칭(축하중) 강도
P_s : 철근의 공칭(축하중) 강도
e_k : 편심응력 영향계수
　　(나선기둥 0.85, 띠기둥 0.8)
ϕ : 강도 감소 계수
　　(나선기둥 0.7, 띠기둥 0.65)

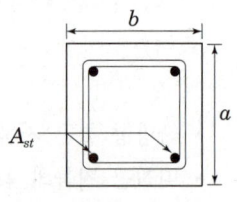

$A_g = a \times b$
$A_g = A_c + A_{st}$
$A_c = A_g - A_{st}$
A_g : 총 단면적
A_c : 콘크리트의 단면적
A_{st} : 철근의 단면적

1) 소요 강도

$P_u = 1.2D + 1.6L$

2) 공칭 축하중

중심 축하중을 받고, 좌굴이 발생하지 않는 단주가 저항할 수 있는 축하중

$P_c = 0.85 f_{ck} \cdot A_c = 0.85 f_{ck}(A_g - A_{st}), \quad P_s = A_{st} \cdot f_y$
$P_n = P_c + P_s = 0.85 f_{ck}(A_g - A_{st}) + f_y \cdot A_{st}$

3) 설계 축하중

① 강도 감소계수(ϕ) : 재료나 시공 상 문제를 고려하여 공칭 축하중에 곱하는 계수
② 편심응력 영향계수(e_k) : 예측 또는 예측 불허한 편심하중에 의한 휨응력을 고려하여 공칭 축하중에 곱하는 계수

구분	편심응력 영향 계수(e_k)	강도감소 계수(ϕ)
띠기둥	0.8	0.65
나선기둥	0.85	0.7

㉮ 띠철근 기둥

$P_d = 0.8\phi P_n = 0.80 \times 0.65 [0.85 f_{ck}(A_g - A_{st}) + f_y \cdot A_{st}]$

㉯ 나선철근 기둥

$P_d = 0.85\phi P_n = 0.85 \times 0.7 [0.85 f_{ck}(A_g - A_{st}) + f_y \cdot A_{st}]$

핵심 PLUS

41 그림과 같은 띠철근 기둥의 설계축하중(ϕP_n)값으로 옳은 것은?
(단 f_{ck} = 24MPa, f_y = 400MPa, 주근 단면적 A_{st} = 3,000mm²)

[16, 20 기]

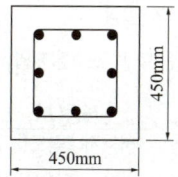

① 2,740kN ② 2,952kN
③ 3,335kN ④ 3,359kN

해설 설계축하중(P_d)
띠철근 기둥의 설계축하중은 공칭 압축강도(P_n)과 강도감소계수(ϕ)의 곱으로 산정된다.
$P_d = \phi \times 0.8 \times P_n$
$P_n = \{0.85 f_{ck}(A_g - A_{st}) + A_{st} \cdot f_y\}$
$P_d = 0.65 \times 0.8 \{0.85 \times 24(450 \times 450 - 3,000) + 3,000 \times 400\}$
$= 2,740,296(\text{N}) = 2,740(\text{kN})$

답 : ①

5 기초 설계

1. 일반 사항

1) 종류

① 독립기초 : 1개의 기둥을 지지하기 위한 기초, 양호한 지반에 사용, 경제적
② 연속기초(줄기초) : 내력벽이나 조적벽을 지지하는 기초, 켄틸레버 작용으로 하중 분산
③ 온통기초(전면기초, 매트기초) : 건물 전체를 지지하는 기초, 높은 강성, 부동침하 최소화
④ 말뚝기초 : 말뚝으로 건축물의 하중·전단력·휨모멘트를 지지하는 기초

핵심 PLUS

42 장기하중 60kN(자중포함)의 연직 하중을 받는 독립기초를 정방형으로 하려할 때 가장 경제적인 것은? (단, 허용 지내력도는 15[kN/m²]이다.) [13 기]
① 1.5m×1.5m
② 2.0m×2.0m
③ 2.5m×2.5m
④ 3.0m×3.0m

[해설] 기초판의 면적(A)
① 해석의 발상
- 허용지내력도 ≥ 접지압($=\dfrac{P}{A}$)
- $A = \dfrac{하중(P)}{허용지내력도(q_e)}$

② 기초판 면적
$A = \dfrac{P}{q_e} = \dfrac{60}{15} = 4m^2$
∴ $A = 2.0m \times 2.0m$

답 : ②

43 독립기초가 모래지반 위에 놓여 있을 때 중심 압축력에 대한 지반 반력의 분포로서 합당한 것은?
[93,95,99,00,02,04,07 기]

① 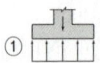   ②
③   ④

[해설] 모래지반의 지내력 분포
모래는 잘 흩어지는 특성으로 기초판의 가장자리에 지내력이 낮고 중앙부에 높다. 하지만 점토는 밀집성이 있기 때문에 중앙부에 지내력이 낮고 가장자리가 높다. 즉, "③"는 모래지반이며 "④"는 점토지반의 지내력 분포이다.

답 : ③

Ⅲ. 건축구조 | 철근콘크리트 구조설계

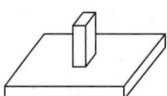 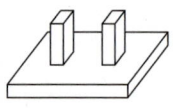 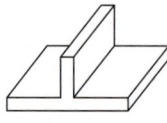 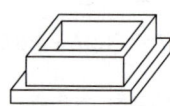

독립기초   복합기초   연속기초   온통기초

2) 설계일반

① 기초판 저면 면적 산정 : 하중은 하중계수를 곱하지 않은 사용하중 적용
② 말뚝 반력 : 휨모멘트와 전단력 산정시 집중하중으로 가정
③ 기초판의 깊이 : 기초판 상단에서 하단 철근까지의 깊이 150mm 이상, 말뚝기초의 경우는 300mm 이상

2. 허용지내력과 기초판 면적

1) 허용지내력

지 반		허용응력도(kN/m²)		
		kN/m²	MPa	tf/m²
경암반	화강암, 석록암, 편마암, 안산암 등의 화성암 및 굳은 역암 등의 암반	4,000	4	400
연암반	판암, 편암 등의 수성암의 암반	2,000	2	200
	혈암, 토단반 등의 암반	1,000	1	100
자 갈		300	0.3	30
자갈과 모래의 혼합물		200	0.2	20
모래섞인 점토 또는 롬토		150	0.15	15
모래섞인 점토		100	0.1	10

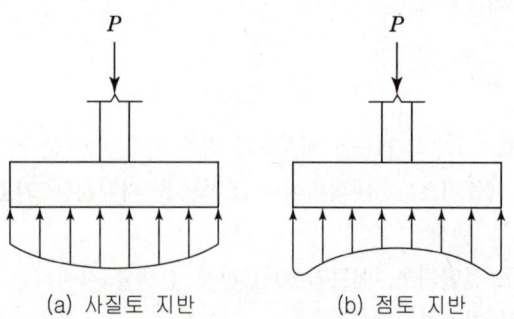

(a) 사질토 지반   (b) 점토 지반

[그림] 기초 하부의 토압 분포

2) 기초판의 면적

$$A = \frac{P}{q_e}$$

$q_e = q_a - ($흙과 콘크리트 평균 중량+지표면 하중$)$

P : **사용하중** (※계수하중이 아님에 유의)

3. 독립기초의 설계

1) 휨모멘트 설계

① 위험단면
- 기둥, 받침, 벽체를 지지하는 기초판 : 기둥, 받침대, 벽체의 외면
- 조적조 벽체 지지 기초판 : 벽체 중심과 외벽면의 중앙
- 베이스 플레이트로 기둥을 지지하는 기초판 : 기둥 외면과 베이스 플레이트 단부의 중앙

② 휨철근의 배치
- 1방향 기초판 또는 2방향 정사각형 기초판 : 전체 폭에 균등 간격 배근
- 직사각형 기초판 : 장변방향 철근은 폭 전체에 균등히 배근, 단변방향 철근은 유효폭 철근량을 산정하여 배근 한 후 나머지 철근량을 유효폭 밖에 배근

$$\text{유효 배근폭 배근량} = \frac{2}{\beta+1} \times \text{단변방향 총 배근량}$$

- $\beta = \dfrac{\text{장변}}{\text{단변}}$, 유효폭 : 기둥을 중심으로 한 기초판의 단변 길이

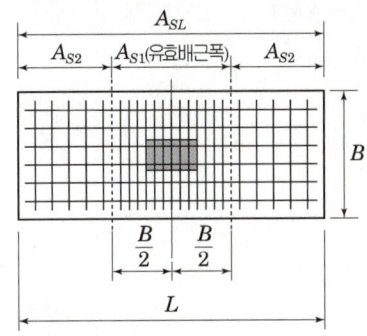

$A_{S1} = \left(\dfrac{2}{\beta+1}\right) A_{SL}$

$A_{S2} = \dfrac{A_{SL} - A_{S1}}{2}$

$\beta = \dfrac{L}{B}$

A_{S1}, A_{S2}, A_{SL}은 해당폭에 배근할 철근량임

2) 전단 설계

① 위험단면
- 1방향 기초판 : 기둥 측면에서 **유효깊이(d)** 만큼 떨어진 단면
- 2방향 기초판 : 기둥 측면에서 $\dfrac{d}{2}$ 만큼 떨어진 단면

핵심 PLUS

■ 휨모멘트 위험단면

㉮ 콘크리트 기둥, 페데스탈 또는 벽

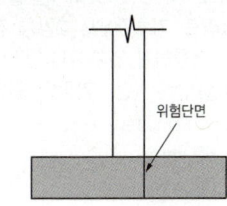

㉯ 조적벽

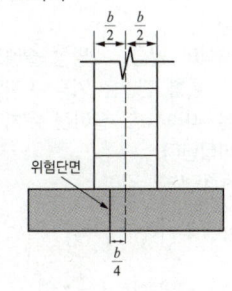

㉰ 베이스 플레이트를 갖는 기둥

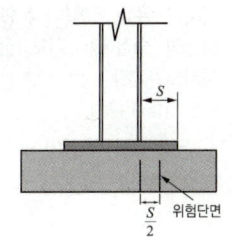

핵심 PLUS

44 유효두께 d = 400mm인 철근콘크리트 기초판에서 2방향 전단에 저항하기 위한 위험단면의 둘레길이는? (단, 기둥의 단면은 500×500mm)
① 1,600mm
② 2,000mm
③ 3,000mm
④ 3,600mm

[해설] 2방향 기초판의 위험단면 길이(b_o)
① 해석의 발상 : 2방향 슬래브의 위험 단면은 기둥 지지면을 따라 $d/2$ 떨어진 위치에 나타난다.
② 위험단면의 길이
$$b_o = 2 \times \left(c_1 + \frac{d}{2} \times 2\right)$$
$$+ 2 \times \left(c_2 + \frac{d}{2} \times 2\right)$$
$$= 2 \times (c_1 + d) + 2 \times (c_2 + d)$$
c_1, c_2 : 기둥의 두 변 치수
d : 기초의 유효 두께(바닥 인장철근의 중심에서 기초 상단까지의 두께)
$\therefore b_o = 2 \times (500 + 400)$
$\qquad + 2 \times (500 + 400)$
$\qquad = 3,600mm$

답 : ④

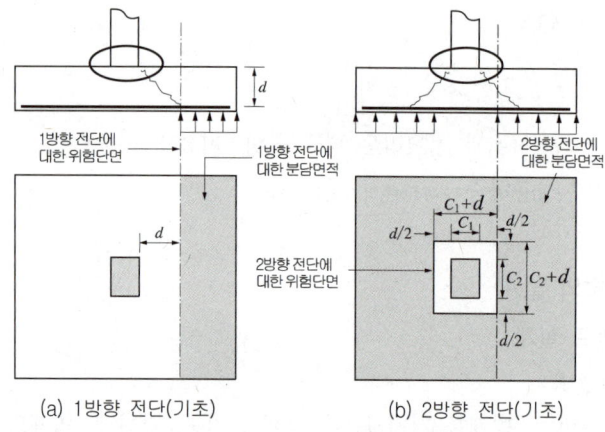

[그림] 기초판의 전단에 대한 분담면적과 위험단면

② 위험단면의 길이
- 1방향 기초 : b_{w1} = 기초폭(b)
- 2방향 기초 : b_{w2} = {(단변치수+d)+(장변치수+d)}×2

③ 위험단면의 면적
- 1방향 기초 : A_{v1} = 위험단면 길이(b_{w1})×유효두께(d)
- 2방향 기초 : A_{v2} = 위험단면 길이(b_{w2})×유효두께(d)

④ 위험단면의 공칭 전단강도(V_n)
- 1방향 기초 : $V_{n1} = \frac{1}{6}\lambda\sqrt{f_{ck}} \times$ 위험단면적($A_{v1} = b_{w1} \cdot d$)
- 2방향 기초 : $V_{n2} = \frac{1}{6}\lambda\sqrt{f_{ck}} \times$ 위험단면적($A_{v2} = b_{w2} \cdot d$)

⑤ 위험단면의 설계 전단강도($V_d = \phi V_n$)
- 1방향 기초 : $V_{d1} = \phi V_{n1} = \frac{1}{6}\lambda\sqrt{f_{ck}} b_{w1} \cdot d$
- 2방향 기초 : $V_{d2} = \phi V_{n2} = \frac{1}{6}\lambda\sqrt{f_{ck}} b_{w2} \cdot d$

6 옹벽 설계

1. 개요

1) 옹벽의 기능
상재하중, 자중, 토압에 저항하여 흙의 붕괴를 방지하는 구조물

2) 옹벽의 종류
중력식 옹벽, 캔틸레버식 옹벽, 부벽식 옹벽 등

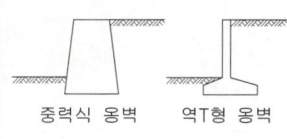
중력식 옹벽   역T형 옹벽

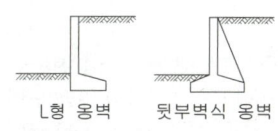
L형 옹벽   뒷부벽식 옹벽

앞부벽식 옹벽

2. 옹벽의 안정
옹벽은 전도, 활동, 지반지지력에 대한 안정을 실제 토압과 사용하중에 의하여 검토하고, 하중계수는 적용하지 않음

1) 전도에 대한 안정
① 횡방향 토압은 옹벽의 앞 끝을 중심으로 옹벽을 뒤집으려는 전도휨모멘트
② 전도에 대한 저항 휨모멘트는 횡토압에 의한 전도 휨모멘트의 2.0배 이상

$$\frac{저항 휨모멘트}{횡토압의 전도 휨모멘트} = \frac{M_r}{M_o} \geq 2.0 (안전율) \quad \begin{array}{l} M_r = \Sigma V \cdot x \\ M_o = \Sigma H \cdot y \end{array}$$

③ 합력 R(수평토압+수직토압)의 작용선과 옹벽 저면의 교차점이 저면 중앙에서 $\frac{B}{6}$를 벗어나지 않아야 함. $\left(C \leq \frac{B}{6} \right)$

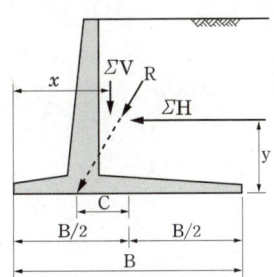

- ΣH : 수평토압의 합
- ΣV : 수직토압의 합
- $R = \sqrt{\Sigma H^2 + \Sigma V^2}$
- $C \leq \frac{B}{6}$

[그림] 옹벽의 안정

2) 활동에 대한 안정

$$\frac{활동에 대한 수평 저항력}{작용 수평력} = \frac{\mu(\Sigma V)}{\Sigma H} \geq 1.5(안전율)$$

① 옹벽의 활동(미끄러짐, Sliding) : 주동토압에 의하여 옹벽이 횡방향으로 밀리는 현상
② 옹벽 저판과 지반 사이에 활동 방지벽(Shear key)을 설치하여 활동 저항력을 증대
③ 활동에 대한 저항력은 옹벽에 작용하는 수평력의 1.5배 이상

핵심 PLUS

45 옹벽 설계의 안정 조건에 속하지 않는 것은?
① 미끄러짐에 대한 안정
② 전도에 대한 안정
③ 지반 지지력에 대한 안정
④ 붕괴에 대한 안정

답 : ④

46 옹벽의 설계 조건에서 전도에 대한 안전율로 알맞은 것은?
① 1.0
② 1.5
③ 2.0
④ 2.5

답 : ②

핵심 PLUS

47 강도설계법에서 벽체 전체 단면적에 대한 최소 수직·수평철근비로 옳은 것은? (단, f_y = 400MPa, D13 철근 사용) [09,11,14 기]
① 수직철근비 0.0012, 수평철근비 0.0020
② 수직철근비 0.0015, 수평철근비 0.0020
③ 수직철근비 0.0015, 수평철근비 0.0025
④ 수직철근비 0.0020, 수평철근비 0.0025

답 : ①

48 강도설계법에 의한 철근콘크리트 구조물에서 벽체의 전체 단면적에 대한 최소 수직 및 수평철근비 기준에 관한 내용 중 옳지 않은 것은?
① 최소수직철근비(지름 16mm 이하의 용접철망) : 0.0012
② 최소수직철근비(설계기준항복강도 400MPa 이상으로서 D16 이하의 이형철근) : 0.0012
③ 최소수평철근비(설계기준항복강도 400MPa 이상으로서 D16 이하의 이형철근) : 0.0015
④ 최소수평철근비(지름 16mm 이하의 용접철망) : 0.0020

답 : ③

---

3) 지반 지지력에 대한 안정

$$q_{\max,\min} = \frac{V}{A} \pm \frac{M}{I}y = \frac{V}{A} \pm \frac{M}{Z} = \frac{V}{Bl}(1 \pm \frac{6e}{B}) \leq q_a (\text{안전율 1})$$

최대하중($q_{\max}$)이 지반의 허용 지지력(q_a)이하가 되면 안전(안전율 1.0)

7 내력벽 설계

1. 일반 사항

1) 벽체의 정의
  ① 계수 연직축력(P) $\leq 0.4 A_g f_{ck}$
  ② 수직 총철근량(A_g) $\leq$ 벽체 단면적의 0.01배

2) 종류
  ① 전단벽 : 수평력(횡력 저항), 면내 휨과 전단력 부담하는 벽체
  ② 내력벽 : 수직하중 지지하면서 전단벽의 기능 동시 수행(내력 전단벽)

3) 최소 철근비
  ① 최소 수직철근비
    • $f_y \geq$ 400MPa인 D16 이하의 이형철근 : **0.0012**
    • 그 외의 이형철근은 : 0.0015
    • 지름이 16mm 이하의 용접철망 : 0.0012
  ② 최소 수평철근비
    • $f_y \geq$ 400MPa인 D16 이하의 이형철근 : **0.002**
    • 그 외의 이형철근 : 0.0025
    • 지름이 16mm 이하의 용접철망 : 0.002

4) 철근 배근
  ① 수직 및 수평철근의 배근간격 : **벽두께의 3배 이하 또는 450mm 이하**
  ② 양면 배근 : 두께 250mm 이상의 벽체
  ③ 개구부 보강 : 2-D16 양면배근, 모서리 600mm 이상 정착

5) 벽체의 최소 두께
  ① 내력벽 : 벽체의 길이 또는 높이 중 작은 값의 1/25 또는 100mm 이상
    ※ 흙에 접하는 지하실 외벽이나 기초 벽체 두께 : 200mm 이상
  ② 비내력벽 : 수평 지지 부재 최소거리의 1/30 또는 100mm 이상

8 프리스트레스트 콘크리트

1. **일반 사항**
   스스로 압축응력이 발생되도록 함으로써 인장능력을 증대한 콘크리트

2. **특징**
   ① 구조물의 균열 방지 및 내구성 증대
   ② 장 스팬(Long span) 설계 가능
   ③ 탄성력·복원성·휨강도 증대 및 부재 안전성 보장
   ④ 작은 피복두께로 인해 내화성 부족

3. **스트레스 손실**

즉시 손실(응력도입시 손실)	장기 손실(응력도입 후 손실)
· 콘크리트의 탄성변형(탄성수축) · 강재와 Sheath의 마찰 · 정착단의 활동(파손)	· 콘크리트의 건조수축 · 콘크리트의 크리프 · 긴장재 릴렉세이션

9 죠인트

1. **신축줄눈(Expansion Joint)** : 기존 건축물과 신축 건축물 접합부, 길이가 50~60m 이상인 건축물, 고층과 저층의 접합부에 설치하여 콘크리트의 온도 변화, 수축, 부동침하, 이동하중 등에 의해 발생하는 응력을 흡수하는 죠인트

2. **지연줄눈(Delay Joint)** : 수축과 침하가 서로 다른 부분이 접촉되는 곳에 설치되어 변형을 지연하는 줄눈

1. 휨 설계 - 일반사항

1. 철근콘크리트 단근보를 강도설계법으로 설계시 콘크리트의 전압축력으로 옳은 것은? (단, f_{ck}= 24MPa, 보의 폭 300mm, 응력블록의 깊이 110mm) [17②]

① 750.6kN ② 724.4kN
③ 673.2kN ④ 650.8kN

2. 그림은 강도설계법에서 단근 직사각형보의 응력도를 나타낸 것이다. 응력중심 거리 $\left(d-\dfrac{a}{2}\right)$로 옳은 것은? (단, f_{ck}=21MPa, f_y=300MPa, b=300mm, d=540mm, A_s=1,161mm²) [08, 10②]

① 507mm
② 524mm
③ 486mm
④ 472mm

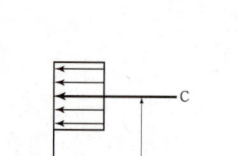

1. 휨설계 - 설계 기초

3. 인장철근량 A_s=1,500mm²인 단근보에서 사각형 응력분포깊이 a는 약 얼마인가? (단, f_{ck}=24MPa, f_y=300MPa, b=300mm, d=500mm) [04, 10, 15②]

① 65.12mm ② 73.53mm
③ 82.57mm ④ 89.69mm

해설

해설 1
콘크리트의 저항 전압축력(C)
$C = \eta(0.85f_{ck})a \cdot b$
$= 1(0.85 \times 24)110 \times 300$
$= 673,200\text{N} = 673.2(\text{kN})$

해설 2
응력중심 거리(jd)
① 해석의 발상 : 휨부재에서 콘크리트가 부담하는 압축력과 철근이 부담하는 인장력 사이의 간격으로 등가블록깊이를 계산하면 계산이 가능하다.
② 등가블록 깊이(a)
$a = \dfrac{A_s \cdot f_y}{\eta(0.85f_{ck})b}$
$= \dfrac{1161 \times 300}{1 \times 0.85 \times 21 \times 300} = 65.04\,(\text{mm})$
③ 응력중심거리(jd)
$jd = d - \dfrac{a}{2} = 540 - \dfrac{65.04}{2}$
$= 507.48\text{mm}$

해설 3
등가블록 깊이(a)
등가블록 깊이는 균형철근보의 「콘크리트의 압축력(C)=철근의 인장력(T)」에서 유도된다.
$a = \dfrac{A_s \cdot f_y}{\eta(0.85f_{ck})b}$ 에서
$= \dfrac{1500 \times 300}{1 \times 0.85 \times 24 \times 300}$
$= 73.529\,(\text{mm})$

정답 1. ③ 2. ① 3. ②

4. 강도설계법에서 단철근 직사각형 보의 단면이 b=400mm, d=800mm이고 등가응력블록깊이 a가 100mm일 경우 철근비는? (단, f_y=300MPa, f_{ck}=24MPa) [17 ㉮]

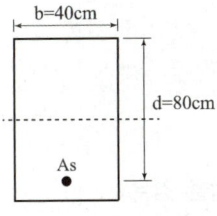

① 0.0035
② 0.0057
③ 0.0085
④ 0.0103

5. 그림과 같은 철근콘크리트 보의 중립축위치(c)를 구하면? (단, f_{ck}=35MPa, f_y=400MPa, d=540mm, β_1=0.8, $f_s = f_y$이다.) [13 ㉮]

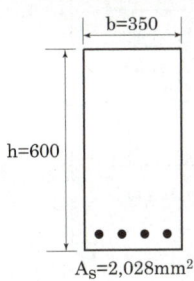

① 182.6mm
② 152.3mm
③ 97.4mm
④ 77.9mm

■■■ 1. 휨설계 – 철근비

6. 강도설계법에 따라 아래 그림과 같은 단철근 직사각형 보의 균형철근비를 구하면? (단, f_{ck} = 24MPa, f_y = 300MPa) [14 ㉮]

① 0.027
② 0.037
③ 0.045
④ 0.057

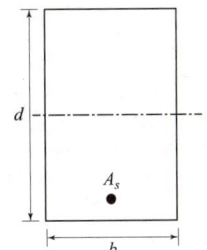

해설

해설 4

철근비(δ)
인장철근의 단면적(A_s)

$$A_s = \frac{\eta(0.85f_{ck})a \cdot b}{f_y}$$

$$= \frac{1 \times 0.85 \times 24 \times 100 \times 400}{300}$$

$$= 2,720(\text{mm}^2)$$

인장철근비(ρ)

$$\rho = \frac{A_s}{b \cdot d} = \frac{2,720}{800 \times 400} = 0.0085$$

※ 철근비는 콘크리트 보의 보폭(b)과 유효춤(d)의 곱인 유효 단면적에 대한 인장철근 단면적의 비

해설 5

중립축거리(C_b)

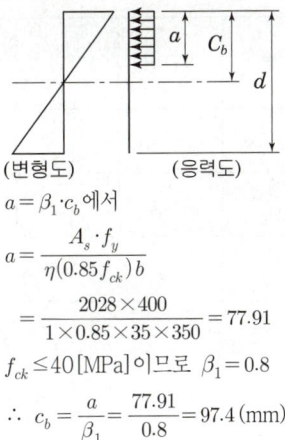

$a = \beta_1 \cdot c_b$에서

$$a = \frac{A_s \cdot f_y}{\eta(0.85f_{ck})b}$$

$$= \frac{2028 \times 400}{1 \times 0.85 \times 35 \times 350} = 77.91$$

$f_{ck} \leq 40[\text{MPa}]$이므로 $\beta_1 = 0.8$

$$\therefore c_b = \frac{a}{\beta_1} = \frac{77.91}{0.8} = 97.4(\text{mm})$$

해설 6

단철근보의 균형철근비(ρ_b)

$$\rho_b = 0.85 \frac{f_{ck}}{f_y} \cdot \beta_1 \cdot \frac{660}{660+f_y}$$

$$= 0.85 \frac{24}{300} \times 0.8 \times \frac{660}{660+300}$$

$$= 0.0374$$

정답 4. ③ 5. ③ 6. ②

핵심기출문제

VI. 철근콘크리트 구조설계

7. f_{ck}=27MPa, f_y=400MPa, d=550mm인 철근콘크리트 단근직사각형 보에서 균형철근비 ρ_b를 구하면? (단, $E_s = 2.0 \times 10^5$MPa) [17②]

① 0.0260
② 0.0286
③ 0.0325
④ 0.0352

해설

[해설] 7
단철근보의 균형철근비(ρ_b)

$$\rho_b = 0.85 \frac{f_{ck}}{f_y} \cdot \beta_1 \cdot \frac{660}{660 + f_y}$$
$$= 0.85 \frac{27}{400} \times 0.8 \times \frac{660}{660 + 400}$$
$$= 0.02858$$

8. 보의 파괴형상을 설명하는 것으로 인장철근이 상대적으로 작을 경우와 관계가 있는 파괴 현상은? [01, 02, 06②]

① 전단파괴
② 휨파괴
③ 연성파괴
④ 취성파괴

[해설] 균형철근비, 초과, 미만
균형철근비 미만인 경우 철근이 먼저 허용응력(극한변형률)에 도달하며, 균형철근보, 균형철근 미만보, 균형철근 초과보의 상관관계는 다음과 같다.

구 분	철근비	파괴	파괴형태	중립축 이동	응력중심거리	저항M	설계기준
균형철근보	$\rho = \rho_b$	동시파괴	취성	기준	기준	기준	부적당
균형철근 초과보	$\rho = \rho_b$	콘크리트	취성	인장측	감소	감소	부적당
균형철근 미만보	$\rho = \rho_b$	철근	연성	압축측	증가	증가	적당

9. 강도설계법에서 보를 설계할 때 인장철근비가 균형철근비보다 작게 적용하는 이유로 가장 옳은 것은? [00, 03, 05, 08②]

① 균열 단면의 휨강도를 높이기 위해
② 철근의 배치가 쉽고 시공이 용이하므로
③ 처짐을 감소시키기 위해서
④ 압축콘크리트의 취성파괴를 막기 위해서

[해설] 균형철근비 미만(8번 해설 표 참조)
철근콘크리트가 극한상태에서 파괴될 때 위험이나 피해를 최소화할 수 있는 설계가 필요하다. 철근과 콘크리트 중 어떤 것이 먼저 파괴되는 것이 피해를 최소화할 수 있을까? 콘크리트 취성파괴이며, 철근은 연성파괴이다. 균형철근비 미만인 경우 철근이 먼저 허용응력(극한변형률)에 도달하여 파괴된다.

정답 7. ② 8. ③ 9. ④

10. 철근콘크리트 단근보에서 균형철근비를 계산한 결과 $\rho_b = 0.039$이었다. 최대철근비는? (단, E=200,000MPa, f_y=400MPa, f_{ck}=24MPa)

[16, 19 ㉮]

① 0.01863
② 0.02256
③ 0.02607
④ 0.02832

해설 최대철근비
(1) 기준표에 의한 풀이
    최대철근비는 철근의 강도에 따라 다음과 같이 결정된다.

철근 강도(f_y)	최대 철근비($\rho_{\max}$)
300MPa	$0.658\rho_b$
400MPa	$0.726\rho_b$
500MPa	$0.699\rho_b$

$\rho_{\max} = 0.726\rho_b$
$\rho_{\max} = 0.726 \times 0.039 = 0.02831$

(2) 인장철근 최대변형률(ϵ_t)에 의한 풀이
    $f_y = 400$MPa인 인장철근의 최대변형율(ϵ_t)을 0.004로 제한하고 있으므로 이 범위를 초과하지 않는 최대철근비는

$$\frac{\rho_{\max}}{\rho_b} = \frac{\frac{\epsilon_c + \epsilon_y}{\epsilon_c}}{\frac{\epsilon_c + \epsilon_t}{\epsilon_c}} = \frac{\epsilon_c + \epsilon_y}{\epsilon_c + \epsilon_t} = \frac{0.0033 + \frac{f_y}{E}}{0.0033 + 0.004}$$

$$\rho_{\max} = \left(\frac{0.0033 + \frac{f_y}{E}}{0.0033 + 0.004}\right) \cdot \rho_b = \left(\frac{0.0033 + \frac{400}{200,000}}{0.0033 + 0.004}\right) \times 0.039 = 0.02832$$

11. 단면이 $b_w \times d$=300×550mm 콘크리트 보 부재의 최소인장철근량으로 옳은 것은? (단, f_{ck}=40MPa, f_y=400MPa, $a = 146$mm) [16 ㉮]

① 약 297mm²
② 약 347mm²
③ 약 397mm²
④ 약 446mm²

해설 11
최소인장 철근 단면적
$$A_{s\min} = \frac{1.2M_{cr}}{\phi f_y \left(d - \frac{a}{2}\right)}$$

$$= \frac{1.2 \times 0.63 \times \sqrt{40} \times \frac{300 \times 550^2}{6}}{0.85 \times 400 \left(550 - \frac{146}{2}\right)}$$

$$= 445.9(\mathrm{mm}^2)$$

정답 10. ④ 11. ④

핵심기출문제

VI. 철근콘크리트 구조설계

12. 강도설계법을 근거로 그림과 같은 단근직사각형 보의 최소 철근량을 구하면? (단, f_{ck}=21MPa, f_y=400MPa, $a=136$mm) [15 ㉮]

① 254mm²
② 342mm²
③ 588mm²
④ 634mm²

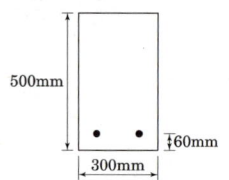

해설

해설 12

단근 장방형보의 최소철근량 ($A_{s\,min}$)

$$A_{s\,min} = \frac{1.2M_{cr}}{\phi f_y\left(d-\dfrac{a}{2}\right)}$$

$$= \frac{1.2 \times 0.63 \times \sqrt{21} \times \dfrac{300 \times 500^2}{6}}{0.85 \times 400\left(440 - \dfrac{136}{2}\right)}$$

$$= 342.38(\text{mm}^2)$$

13. 그림과 같은 단면을 가지는 직사각형 보의 최소 철근량은? (단, f_{ck}=24MPa, f_y=400MPa, $c=180$mm, $D=460$mm)

① 175mm²
② 205mm²
③ 288mm²
④ 292mm²

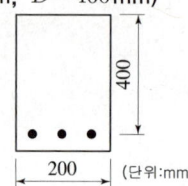

해설 13

등가블록 깊이(a)
$f_{ck} < 40MPa$ 이므로 $\beta_1 = 0.8$
$a = \beta_1 \cdot c = 0.8 \times 180 = 144(\text{mm})$
최소 철근량

$$A_{s\,min} = \frac{1.2M_{cr}}{\phi f_y\left(d-\dfrac{a}{2}\right)}$$

$$= \frac{1.2 \times 0.63 \times \sqrt{24} \times \dfrac{200 \times 460^2}{6}}{0.85 \times 400\left(400 - \dfrac{144}{2}\right)}$$

$$= 234.24(\text{mm}^2)$$

14. 보통중량콘크리트를 사용한 그림과 같은 보의 단면에서 외력에 의해 휨 균열을 일으키는 균열모멘트(M_{cr}) 값으로 옳은 것은? (단, f_{ck}=27MPa, f_y=400MPa, 철근은 개략적으로 도시되었음) [17 ㉮]

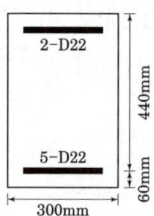

① 29.5kN·m
② 34.7kN·m
③ 40.9kN·m
④ 52.4kN·m

해설 14

균열모멘트(M_{cr})
균열모멘트란 콘크리트의 휨응력이 휨 인장강도 $f_{cr}(=0.63\sqrt{f_{ck}})$에 도달하게 하는 휨모멘트이다.
따라서 $\sigma = \dfrac{M}{Z}$에서 $\sigma = f_{cr}$일 때
$M = M_{cr}$ 이므로 $f_{cr} = \dfrac{M_{cr}}{Z}$ 이다.

$$M_{cr} = f_{cr} \cdot Z = 0.63\lambda\sqrt{f_{ck}} \cdot \dfrac{bh^2}{6}$$

$$= 0.63 \times 1 \times \sqrt{27} \times \dfrac{300 \times 500^2}{6}$$

$$= 40,919,700\text{N} \cdot \text{mm}$$

$$= 40.9(\text{kN} \cdot \text{m})$$

정답 12. ② 13. ② 14. ③

1. 휨설계 - 단근직사각형보의 설계

15. 철근콘크리트 보에서 고정하중과 활하중에 의하여 구한 설계모멘트 M_u=540kN·m라면 이 때의 공칭강도를 구하면? (단, 중립축의 깊이 (C)는 220mm, 최외단 압축연단에서 최외단 인장철근까지의 거리(d)는 550mm, 철근의 항복강도(f_y)는 400MPa) [10, 16㉠]

① 638 kN·m
② 754 kN·m
③ 798 kN·m
④ 832 kN·m

16. 철근콘크리트 단근보의 폭 b=300mm, 유효춤 d=500mm, 인장철근의 단면적이 3000mm²일 때, 설계휨강도는? (단, f_{ck}=21MPa, f_y=300MPa, 강도감소계수 ϕ=0.85이다.) [07㉠]

① 156.93kN·m
② 216.93kN·m
③ 266.93kN·m
④ 318.24kN·m

해설

해설 15

강도감소계수(ϕ)가 주어지지 않았으므로 계산이 필요하다. 강도감소계수는 인장철근의 변형률에 의해 결정된다.

$$\epsilon_t = \frac{d-c}{c} \cdot \epsilon_c$$

$$= \frac{550-220}{220} \times 0.0033 = 0.00495$$

$\epsilon_y(=0.002) < \epsilon_t < 0.005$ 이므로 변화구간 강도감소계수를 구하면

$$\phi = 0.65 + (\epsilon_t - 0.002) \times \frac{200}{3}$$

$$= 0.65 + (0.00495 - 0.002) \times \frac{200}{3}$$

$$= 0.8467$$

$M_u = \phi M_n$ 에서 $M_n = \dfrac{M_u}{\phi}$

$$M_n = \frac{540}{0.8467} = 637.8 \text{(kN·m)}$$

해설 16

단근보의 설계(휨모멘트) 강도(M_d)

① 해석의 발상 : 단근보의 설계(휨) 강도(M_d)는 공칭(휨)강도(M_n)에 강도감소계수를 곱하여 구한다. 즉, $M_d = \phi M_n$ 이다.

② 공칭(휨)강도 : 철근의 저항 모멘트를 공칭(휨)강도로 한다.
즉, $M_n = A_s \cdot f_y \left(d - \dfrac{a}{2} \right)$ 이다.

③ 등가응력블록깊이(a)

$$a = \frac{A_s f_y}{\eta(0.85 f_{ck})b}$$

$$= \frac{3,000 \times 300}{1 \times 0.85 \times 21 \times 300} = 168 \text{mm}$$

∴ 설계강도(M_u) = ϕM_n

$$= 0.85 \times 3,000 \times 300 \times \left(500 - \frac{168}{2} \right)$$

$$= 318,240,000 \text{N·mm} = 318.24 \text{(kN·m)}$$

정답 15. ① 16. ④

핵심기출문제

VI. 철근콘크리트 구조설계

■■■ 1. 휨설계 - T형보의 설계

17. 철근 콘크리트 T형보의 유효폭 산정과 가장 관계가 먼 것은?
[93, 96, 10, 13 ㉮]

① 슬래브의 두께
② 양측 슬래브의 중심간의 거리
③ 슬래브의 세장비
④ 보의 경간

18. 보폭은 400mm, 한쪽으로 내민 플랜지 두께는 150mm, 보의 경간은 9m, 인접보와의 내측거리 3m인 경우, 슬래브와 보가 일체로 타설된 반T형보의 유효 폭은? [16 ㉮]

① 1,000mm
② 1,150mm
③ 1,300mm
④ 1,900mm

■■■ 2. 전단설계

19. 다음 그림과 같은 철근콘크리트 단순보에서 지지점으로부터 유효깊이 d 만큼 떨어진 위험단면에서의 계수전단력을 구하면? (단, w_d=21kN/m, w_L=24kN/m) [10 ㉮]

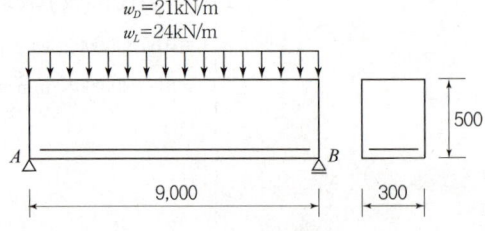

① 63.6kN
② 187.8kN
③ 254.4kN
④ 367.5kN

해설

해설 17

T형 보의 유효 폭
T형 보의 플랜지 유효 폭(b)은 다음 표의 값 중 작은 값으로 한다.
① $16t_f + b_w$
② 양쪽 슬래브의 중심간 거리
③ 보의 경간의 1/4
 t_f : 플랜지의 두께,
 b_w : 플랜지가 있는 부재에서 복부폭

해설 18

반T형보의 유효폭(B_e)
반T형보의 유효폭은 다음 3가지 중 가장 작은 것으로 한다.
1) $B_e = 6t_f + b_w = 6 \times 150 + 400$
 $= 1,300 \, (\text{mm})$
2) B_e = 슬래브 내측거리의 $\frac{1}{2} + b_w$
 $= \frac{3,000}{2} + 400 = 1,900 \, (\text{mm})$
3) B_e = 보 경간의 $\frac{1}{12} + b_w$
 $= \frac{9,000}{12} + 400 = 1,150 \, (\text{mm})$
∴ 최소값인 1,150(mm)가 유효폭이다.

해설 19

① 해석의 발상 : 계수전단력은 단부에서 d의 거리 전단력
② 계수하중
 $w_u = 1.2 \times 21 + 1.6 \times 24 = 63.6 \, \text{kN/m}$
③ 최대전단력
 $V_{\max} = S_A = V_A = \frac{63.6 \times 9}{2} = 286.2 \, \text{kN}$
④ 계수전단력
 $4.5 : 286.2 = 4 : V_u$
 $V_u = 254.4 \, \text{kN}$

정답 17. ③ 18. ② 19. ③

20. 그림과 같은 보에서 콘크리트가 부담할 수 있는 전단강도를 강도설계법으로 구하면 얼마인가? (단, f_{ck}=21MPa, f_y=400MPa, ϕ=0.75)

[08㉮]

① 31.1kN
② 62.1kN
③ 100.2kN
④ 114.2kN

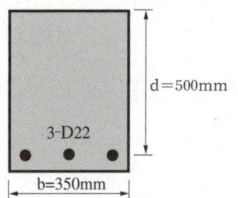

해설 20
콘크리트의 설계 전단강도(ϕV_C)
① 해석의 발상 : 콘크리트가 부담할 수 있는 전단력의 크기를 공칭전단강도라 한다.
② 공칭전단강도 : 콘크리트의 전단강도인 $\frac{1}{6}\lambda\sqrt{f_{ck}}$ 와 보 단면적 $(b_w \cdot d)$의 곱이다.
③ 공칭전단강도
$$\phi V_C = \phi \frac{1}{6}\lambda\sqrt{f_{ck}} \cdot b_w \cdot d$$
$$= 0.75 \times \frac{1}{6} \times 1 \times \sqrt{21} \times 350 \times 500$$
$$\fallingdotseq 100,243(N)$$

21. 강도설계법에 의한 철근콘크리트 보에서 콘크리트만의 설계전단강도는 얼마인가? (단, f_{ck}=24MPa, λ=1)

[15, 20㉮]

① 31.5kN
② 75.8kN
③ 110.2kN
④ 145.6kN

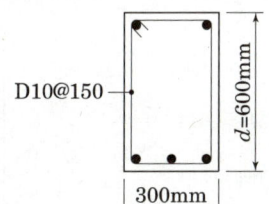

해설 21
콘크리트 보의 설계전단강도(V_{dc})
$$V_{dc} = \phi \cdot \lambda \cdot \frac{1}{6}\sqrt{f_{ck}} \cdot b_w \cdot d$$
$$= 0.75 \times 1 \times \frac{1}{6}\sqrt{24} \times 300 \times 600$$
$$= 110,227(N) = 110(kN)$$

22. 계수전단력 V_u가 콘크리트가 부담하는 전단강도 ϕV_c의 1/2를 초과하는 철근콘크리트 휨부재의 경우 전단보강근의 최소 단면적은? (단, fy는 전단근의 항복강도, b_w는 보의 폭, s는 전단근의 간격이다.)

[06, 12㉮]

① $0.35\dfrac{b_w s}{f_y}$
② $0.35\dfrac{f_y}{b_w s}$
③ $0.25\dfrac{b_w s}{f_y}$
④ $0.25\dfrac{f_y}{b_w s}$

해설 전단보강근의 단면적
최소 전단보강은 $\phi V_c \geq V_u > \phi V_c/2$ 구간에 적용하는 전단근의 최소 단면적으로 $0.35 b_w s/f_y$ 이상이다.

보와 슬래브의 전단보강 판단 기준

소요전단강도와 설계전단강도		슬래브, 기초판	보
$V_u < \phi V_c$		전단보강 필요	전단보강 필요
$V_u \leq \phi V_c$	$\phi V_c \geq V_u > \phi V_c/2$	전단보강 불필요	최소 전단보강
	$V_u \leq \phi V_c/2$	전단보강 불필요	전단보강 불필요

정답 20. ③ 21. ③ 22. ①

핵심기출문제

VI. 철근콘크리트 구조설계

23. 강도설계법으로 설계된 보에서 스터럽이 부담하는 전단력이 V_s=265kN일 경우 수직 스터럽의 적절한 간격은? (단, A_v=2×127mm² (U형 2 – D13), f_{yt}=350MPa, $b_w × d$=300×450mm)

[13, 22 ㉠]

① 120mm ② 150mm
③ 180mm ④ 210mm

해설 23
스터럽의 간격(S)
$$S = \frac{A_v \cdot f_y \cdot d}{V_s} = \frac{2 \times 127 \times 350 \times 450}{265 \times 10^3}$$
$$= 150.962 \,[\text{mm}]$$

24. 다음 그림과 같은 단면을 가지는 보의 내진설계 수행시, 부재 단부에서 부재 중앙으로 부재 높이의 2배에 해당되는 구간에 필요한 스터럽의 최대 간격은? (단, 주근 : 4-D16, 스터럽 : D10, d=400mm, f_{ck}=24MPa, f_y=400MPa)

[06 ㉠]

① 100mm
② 150mm
③ 200mm
④ 250mm

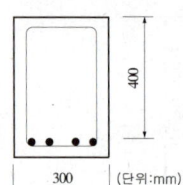

해설 24
내진 설계 보의 스터럽 최대 간격
내진 설계의 보에서 스터럽의 간격은 d/4, 주근 직경의 8배, 스터럽 직경의 24배, 300mm 중 가장 작은 값 이하이다.
① d/4(d=유효춤)
   400mm/4=100mm
② 주근 직경의 8배
   16mm×8=128mm
③ 스터럽 직경의 24배
   10mm×24=240mm
④ 300mm → 300mm

25. 비틀림(Torsion)을 받는 부재의 종방향 철근의 보강근으로 가장 알맞은 것은?

[07 ㉠]

① 프리스트레싱된 부재에서 나선철근
② 부재축에 45°인 스터럽
③ 부재축에 수직인 개방띠철근
④ 부재축에 수직인 횡방향 강선으로 구성된 폐쇄용접철망

해설 25
비틀림 부재의 배근
종방향 철근은 스터럽 간격의 1/24 이상 또는 D10 이상인 철근을 간격 300mm 이하로 배근하여야 하며, 스터럽은 135° 갈고리를 가진 폐쇄형 철근 또는 용접철망이 좋다.

정답 23. ② 24. ① 25. ④

3. 슬래브 설계

26. 강도설계법에서 1방향 슬래브 설계시 휨철근에 직각방향으로 배근되는 D10철근의 최대 간격으로 옳은 것은? (단, 슬래브 두께는 150mm, f_y=400MPa, 철근(D10) 1개의 단면적은 71mm² 이다.) [06㉮]

① 200mm
② 230mm
③ 260mm
④ 300mm

27. 다음 중 그림과 같은 조건의 슬래브에서 A-A 단면의 주근의 배근도로 가장 알맞은 것은? [91, 94, 97, 07㉮]

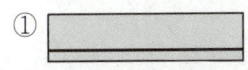
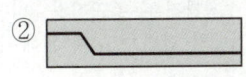
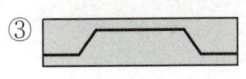
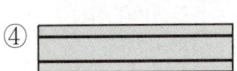

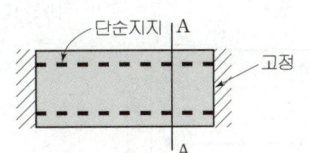

28. 강도설계법에서 직접설계법을 적용한 내부 경간 슬래브 설계시 계수모멘트 M_o=25×10⁴N·m일 경우, 양단 연속된 슬래브에서 단부와 중앙부의 계수모멘트는? [00, 01, 07㉮]

① 단부 : 16.25×10⁴ N·m, 중앙부 : 8.75×10⁴ N·m
② 단부 : 15.0×10⁴ N·m, 중앙부 : 10.0×10⁴ N·m
③ 단부 : 13.75×10⁴ N·m, 중앙부 : 11.25×10⁴ N·m
④ 단부 : 12.5×10⁴ N·m, 중앙부 : 12.5×10⁴ N·m

[해설] 직접해법
① 해석의 발상 : 내부경간 슬래브의 휨모멘트 계산은 직접 해법으로 풀이하며 아래 그림과 같이 전체정적 계수모멘트(M_o)의 65%는 단부휨모멘트이며 35%는 중앙부 휨모멘트이다.

② 전체정적 계수모멘트(M_o)

$$M_o = \frac{\omega_u\, l_2\, l_n^{\,2}}{8}$$

(단, l_2는 휨모멘트 계산 방향의 직각방향 슬래브 중심간격)

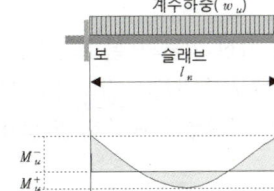

③ 단부 부(−)휨모멘트 : $-0.65M_o \rightarrow 0.65(25\times10^4) = 16.25\times10^4$ N·m
④ 중앙부 정(+)휨모멘트 : $0.35M_o \rightarrow 0.35(25\times10^4) = 8.75\times10^4$ N·m

---

해설

[해설] 26
휨철근에 직각방향으로 배근한 철근 1방향 슬래브에서 휨철근의 직각방향으로 배근되는 철근은 온도근이다. 온도근의 배근 간격은 다음 값 중 가장 작은값 이하로 한다.
① 슬래브두께의 5배 이하 :
　150mm×5=750mm 이하
② 450mm 이하
③ 최소철근비 0.002를 만족하는 간격
　㉠ 1m당 최소 철근량($A_{s\,min}$)
　　=0.002×150mm×1000mm
　　=300mm²
　㉡ 1m당 철근 배근수
　　=300mm²/71mm²=4.23개
　㉢ 철근 간격
　　=1000mm/4.23개=236mm
따라서 ①, ②, ③ 중 236mm 이하

[해설] 27
슬래브 배근
문제의 A-A 단면의 역학적 해석은 단순지지이므로 단순보와 동일한 배근을 한다. 단순보는 전구간에 (+) 휨모멘트가 발생하여 하단이 인장측이 되므로 철근을 전구간 하단으로 배근한다.

정답 26. ② 27. ① 28. ①

4. 압축재 설계

29. 철근콘크리트 압축 부재에 사용되는 띠철근의 수직간격기준으로 옳지 않은 것은?

① 종방향 철근지름의 16배 이상
② 띠철근 지름의 48배 이상
③ 기둥 단면의 최소 치수 이하
④ 250mm 이하

[해설] 29
띠철근의 수직 간격
① 축방향 철근 지름의 16배 이하
② 띠철근 지름의 48배 이하
③ 기둥 단면의 최소 치수 중 가장 작은 값 이하

30. 그림과 같은 장방형 기둥에서 사용되는 띠철근의 최소 간격은? (단, 주철근=D19, 띠철근은 D10)

① 150mm
② 200mm
③ 300mm
④ 400mm

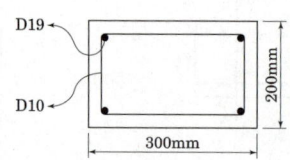

[해설] 30
띠철근의 수직 간격
띠철근의 수직간격은 주근직경, 띠철근 직경, 기둥의 단변 치수에 의해 결정된다.
① 축방향 철근 지름의 16배 이하
 → 19mm×16=352mm
② 띠철근 지름의 48배 이하
 → 10mm×48=624mm
③ 기둥 단면의 최소 치수 → 200mm

31. 단면 크기 500mm×500mm인 띠철근 기둥이 저항할 수 있는 최대설계축하중 ϕP_n을 구하면? (단, f_y=400MPa, f_{ck}=27MPa)

① 3591kN
② 3972kN
③ 4170kN
④ 4275kN

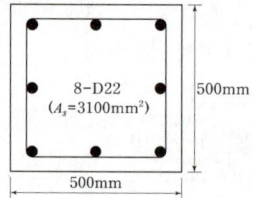

[해설] 31
띠철근 기둥의 최대 설계 축하중(ϕP_n)
$= 0.8 \times 0.65 \times \{0.85 f_{ck}(A_g - A_{st}) + A_{st} \cdot f_y\}$
$= 0.8 \times 0.65 \times \{0.85 \times 27 \times (500^2 - 3100) + 3100 \times 400\}$
$= 3,591,304(N) = 3,591(kN)$

32. 강도설계법에서 그림과 같은 띠철근을 가진 기둥의 설계축하중 ϕP_n은 약 얼마인가? (단, f_y=400MPa, f_{ck}=21MPa, 강도감소계수 ϕ=0.65, 주근 8-D22(A_{st}=3,096mm²), 띠철근 D1@300, 보조띠철근 D10@900)

① 2,300kN
② 2,200kN
③ 2,100kN
④ 2,000kN

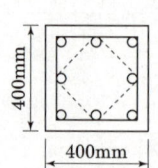

[해설] 32
띠철근 기둥의 설계강도(ϕP_n)
$\phi P_n = \phi \cdot 0.8 P_n$
$= 0.65 \times 0.8 \times \{0.85 \times 21 \times (400^2 - 3,096) + 400 \times 3,096\}$
$= 2,100,350N = 2,100kN$

정답 29. ④ 30. ② 31. ① 32. ③

33. 아래 단면을 가진 철근콘크리트 기둥의 설계축강도(ϕP_n)을 구하면? (단, $\phi P_{n(\max)}=\phi 0.8 P_o$, ϕ=0.65, f_{ck}=30MPa, f_y=400MPa, d=66mm) [13②]

① 18,254kN
② 28,254kN
③ 36,414kN
④ 37,800kN

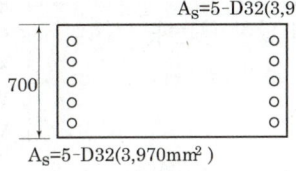

[해설] 띠철근 기둥의 설계측강도(P_d)
$P_d = \phi P_n$
  ϕ(강도감소 계수) : 띠철근 기둥 0.65, 나선철근기둥 0.7
  P_n (공칭축강도) : 띠철근 기둥=0.8P_o, 나선철근기둥=0.85P_o
  $P_o = 0.85 f_{ck}(Ag - Ast) + A_{st} \cdot f_y$
  $P_o = 0.85 \times 30 \times (700 \times 1800 - 3970 \times 2) + 3970 \times 2 \times 400 = 35,103,530$ [N]
  $P_n = 0.8 \times 35,103,530 = 28,082,824$ [N]
∴ $P_d = 0.65 \times 28,082,824 = 18,253,835$ [N] = 18,254 [kN]

34. 단면의 크기가 500mm×500mm인 띠철근 기둥이 저항할 수 있는 계수축하중 P_u의 최대크기는? (단, 주근은 8-D22(총 단면적은 3,100mm²), f_y=400MPa, f_{ck}=27MPa이다. 또한, 기둥의 강도감소계수는 0.7을 사용한다.) [07②]

① 3,867kN ② 3,972kN
③ 4,170kN ④ 4,275kN

[해설] 띠철근 기둥의 계수축하중
① 해석의 발상 : 문제의 계수축하중은 설계기준에서 일컫는 설계축하중($\varnothing P_n$)이다. 띠철근 기둥의 설계축하중은 콘크리트가 부담할 수 있는 압축력과 철근이 부담할 수 있는 압축력의 합인 공칭 축하중(P_n)에 강도 감소계수($\varnothing$)와 편심을 고려한 계수(0.8)를 곱한 값이다.
② 설계 축하중 : 콘크리트가 저항할 수 있는 압축력(0.85·f_{ck}·Ac)과 철근이 저항할 수 있는 압축력(f_y·A_{st})의 합이므로
  $\varnothing P_n = 0.8 \cdot \varnothing \cdot \{0.85 \cdot f_{ck} \cdot A_c + f_y \cdot A_{st}\}$ 이다.
  여기서 A_g : 기둥의 총 단면적
       A_{st} : 철근의 단면적
       A_c : 콘크리트의 단면적($A_g - A_{st}$)
  $\varnothing P_n = 0.8 \cdot \varnothing \cdot \{0.85 \cdot f_{ck} \cdot (A_g - A_{st}) + f_y \cdot A_{st}\}$
     $= 0.8 \times 0.7 \times \{0.85 \times 27 \times (500 \times 500 - 3,100) + 400 \times 3,100\}$
     ≒ 3,867,782.8(N) = 3,868(kN)

33. ① 34. ①

핵심기출문제

VI. 철근콘크리트 구조설계

35. 철근콘크리트 구조의 철근 배근에 있어서 잘못된 것은? [04, 09㉮]

① 단순보의 늑근은 중앙부보다 단부에 더 많이 넣는다.
② 연속보 단부에서의 주근은 상부에 더 많이 넣는다.
③ 슬래브의 철근은 장변방향보다 단변방향에 더 많이 넣는다.
④ 기둥의 띠철근은 상·하단부보다 중앙부에 더 많이 넣는다.

해설

해설 35
기본 배근
철근은 철근콘크리트 구조물에 작용하는 인장을 부담하여야 하므로 항상 인장측에 많은 배근이 필요하다. 인장측 중에서도 휨모멘트가 큰 곳은 인장력도 크게 발생하므로 더 많은 배근이 필요하다. 단, 전단보강근은 전단력이 큰 곳에 간격을 좁혀 많은 배근을 하여야 한다.
① 늑근은 전단 보강근이므로 전단력이 큰 양단에 많은 배근
② 연속보 단부는 (−)휨모멘트 이므로 주근은 상부가 인장측
③ 슬래브의 단변방향으로 큰 하중이 전달되므로 더 많은 철근 배근
④ 기둥의 상·하단에 최대전단력이 나타나므로 전단보강근인 띠철근을 많이 배근

■■■■ 5. 기초 설계

36. 기초 설계시 장기 100kN(자중포함)의 하중을 받을 경우 장기허용지내력도 20kN/m²의 지반에서 필요한 기초판의 크기는? [13㉮]

① 1.5m×1.5m
② 1.8m×1.8m
③ 2.1m×2.1m
④ 2.4m×2.4m

해설 36
기초판의 면적 산정
지반의 허용지내력 ≥ 기초의 접지압
$$20 \geq \frac{100}{A}$$
$\therefore A \geq 5 [m^2]\ (2.4[m] \times 2.4[m])$

37. 기초설계 시 인접대지와의 관계로 편심기초를 만들고자 한다. 이때 편심기초의 지반력이 균등하도록 하기 위하여 어떤 방법을 이용함이 가장 타당한가? [14㉮]

① 지중보를 설치한다.
② 기초 면적을 넓힌다.
③ 기둥의 단면적을 크게 한다.
④ 기초 두께를 두껍게 한다.

해설 37
지중보
기초와 기초를 연결하여 부동침하를 방지하고 접지압을 균등하게 분포시켜 주는 역할을 한다.

정답 35. ④ 36. ④ 37. ①

38. 기초설계 시 장기 150kN(자중포함)의 하중을 받는 경우 장기허용지내력도 20kN/m²의 지반에서 필요한 기초판의 크기는? [17㉠]

① 1.6m×1.6m
② 2.0m×2.0m
③ 2.4m×2.4m
④ 2.8m×2.8m

해설 38
기초판 저면 면적 산정
기초 저면 지압력(σ_c) ≤ 허용지내력(q_a)
$\sigma_c \left(= \dfrac{P}{A} \right) \leq q_a$ 에서
$A = \dfrac{P}{q_a} = \dfrac{150}{20}$
$= 7.5(\mathrm{m}^2) ≒ 2.8(\mathrm{m}) \times 2.8(\mathrm{m})$

39. 독립기초의 크기가 1500mm×1500mm이고, 지지되는 정방형 기둥의 단면이 300mm×300mm일 경우, 현장치기콘크리트 시공에서 기초와 기둥 접촉면 사이에 배근되어야 할 최소철근량으로 옳은 것은? [14㉠]

① 300mm²
② 350mm²
③ 400mm²
④ 450mm²

해설 39
기초와 기둥의 접촉면 배근
현장치기 기둥과 페데스탈의 경우 양 부재 접촉면사이의 철근단면적은 지지되는 부재단면적의 0.005배 이상으로 배근하여야 한다.
기초 기둥 단면적의 0.5% 이상 배근
300×300×0.005=450(mm²)

■■■ **6. 내력벽 설계**

40. 철근콘크리트 벽체에 대한 기술 중 옳지 않은 것은? [07㉠]

① 실용설계법에 따를 경우 지하실 외벽의 두께는 200mm 이상으로 하여야 한다.
② 수직 및 수평철근의 간격은 벽두께의 3배 이하, 또한 400mm 이하로 하여야 한다.
③ 두께 250mm 이상의 벽체의 경우 수직 및 수평철근을 벽면에 평행하게 양면으로 배치하여야 한다.(단, 지하실 벽체 제외)
④ 벽체의 수평철근비는 사용되는 철근의 종류와 관계없이 최소 0.0050 이상이어야 한다.

해설 40
콘크리트 벽체
① 최소 철근비 : f_y ≤400MPa 이형 철근은 수직은 0.0015 이상, 수평은 0.0025 이상
② 수직 및 수평철근의 배근간격 : 벽두께의 3배 이하 또는 450mm 이하
③ 양면 배근 : 두께 250mm 이상의 벽체
④ 내력벽 최소 두께 : 수직 또는 수평 지점 간의 거리 중 작은 값의 1/25 또는 100mm 이상(지하실 외벽이나 기초 벽체 두께 : 200mm 이상)

정답 38. ④ 39. ④ 40. ④

핵심기출문제

Ⅵ. 철근콘크리트 구조설계

41. 강도설계법에서 벽체 전체 단면적에 대한 최소 수직·수평 철근비로 옳은 것은? (단, f_y=400MPa, D13 철근 사용) [09, 11, 14㉮]

① 수직철근비 0.0012, 수평철근비 0.0020
② 수직철근비 0.0015, 수평철근비 0.0020
③ 수직철근비 0.0015, 수평철근비 0.0025
④ 수직철근비 0.0020, 수평철근비 0.0025

해설

해설 41
콘크리트 벽체
최소 철근비 : $f_y \geq 400$MPa D16 이상 이형철근은 수직은 0.0012 이상, 수평은 0.0020 이상이며 기타 철근은 수직 0.0015 이상, 수평 0.0025 이상

42. 다음 조건을 만족하는 철근콘크리트 벽체의 최소 수직철근량과 최소 수평철근량은 얼마인가? [16㉮]

[조건]
• 벽체 길이 : 3,000mm
• 벽체 높이 : 2,600mm
• 벽체 두께 : 200mm
• $f_y = 400$MPa, D16

① 최소 수직철근량 : 720mm², 최소 수평철근량 : 1,020mm²
② 최소 수직철근량 : 730mm², 최소 수평철근량 : 1,020mm²
③ 최소 수직철근량 : 720mm², 최소 수평철근량 : 1,040mm²
④ 최소 수직철근량 : 730mm², 최소 수평철근량 : 1,040mm²

해설 42
벽체의 철근량
• 최소 수직철근량
 = 벽체의 수평단면적
  × 최소 수직철근비(0.0012)
 = (200×3,000)×0.0012
 = 720(mm²)
• 최소 수직철근량
 = 벽체의 수직단면적
  × 최소 수평철근비(0.002)
 = (200×2,600)×0.002
 = 1,040(mm²)

정답 41. ① 42. ③

07 철근의 이음과 정착

1 부착강도와 정착길이

1. 부착강도

- 부착성능 영향요인

부착강도	콘크리트강도	철근표면	철근수	피복두께	배근방향	배근위치
낮음	낮은 강도	새 철근	큰 직경 소수	얇은 피복	수평근	상부근
높음	높은 강도	녹슨 철근	작은 직경 다수	두꺼운 피복	수직근	하부근

2. 철근의 정착길이

1) 기본 사항
   ① 철근 정착길이 : 콘크리트의 강도, 철근의 직경, 철근의 강도 등으로 구한 기본정착 길이에 보정계수를 곱하여 산정
   ② 산정식 : **정착길이(l_d) [=기본정착길이(l_{db})×보정계수] ≥ 최소정착길이**
   ③ 보정 계수 : 도장, 배근위치, 직경, 배근량 등의 조건에 따른 보정값

2) 각종 철근의 정착길이

철근의 종류	인장이형철근		압축이형철근
	No hook	hook	
기본정착길이 (l_d)	$\dfrac{0.6 d_b \cdot f_y}{\lambda \sqrt{f_{ck}}}$	$\dfrac{0.24 \cdot \beta \cdot d_b \cdot f_y}{\lambda \sqrt{f_{ck}}}$	$\dfrac{0.25 d_b \cdot f_y}{\lambda \sqrt{f_{ck}}}$ 또는 $0.043 d_b f_y$
주요 보정계수	• 상부근 : 1.3 • 에폭시 도장 : 1.2 • D19 이하 : 0.8	• 충분한 피복 : 0.7 • 정착부 보강 : 0.8	철근량 : $\dfrac{\text{소요철근량}}{\text{실제철근량}}$ 횡방향보강 : 0.75
최소정착길이	300mm	150mm, $8d_b$	200mm

- d_b : 철근의 지름(mm), f_y : 철근의 항복강도(MPa), $\sqrt{f_{ck}} \leq 8.4$MPa, β=에폭시 도막계수(1.0~1.5)
- 경량콘크리트 계수(λ) : 전경량 콘크리트 0.75, 모래경량 콘크리트 0.85, 보통중량 콘크리트 1.0
- 충분한 피복 기준 : D35 이하 철근 정착부 수직 피복두께 70mm 이상, 갈고리 이후 피복두께 50mm 이상
- 정착부 보강 기준 : D35 이하 90° 또는 180° 갈고리 철근에서 정착길이 구간을 $3d_b$ 이하 간격 띠철근 보강
- 횡방향보강 기준 : 나선근 ∅6 @200 또는 D13 @100 띠철근

핵심 PLUS

■ 보정계수의 필요성

부착강도의 크기에 따라 정착 길이를 조절할 필요가 있다. 즉, 보의 상·하부 철근 정착길이 산정시 두 철근의 굵기와 강도가 동일하다면 상·하부 철근의 정착길이는 동일하다. 그러나 하부 철근보다 상부철근이 부착력이 낮으므로 정착길이는 더 길어야 한다. 따라서 상부철근의 정착길이는 하부철근의 정착길이에 보정계수(1.3)를 곱하여 산정된다.

01 인장을 받는 이형철근의 정착길이(l_d)는 기본정착길이(l_{db})에 보정계수를 곱하여 구한다. 이 보정계수에 대한 설명 중 옳지 않은 것은?(단, KCI2012 기준) [16 기]

① 철근배치 위치계수 α는 상부철근일 경우 1.5이고, 기타 철근일 경우 1.00이다.
② 철근크기계수 γ는 철근직경이 D22 이상인 경우 1.00이고, D19 이하일 경우 0.8이다.
③ 철근 도막계수 β는 도막되지 않은 철근일 경우 1.00이다.
④ 경량콘크리트계수 λ는 일반콘크리트인 경우 1.00이다.

답 : ①

■ λ : 경량콘크리트 계수
- f_{sp}가 규정된 경우
$\lambda = \dfrac{f_{sp}}{0.56\sqrt{f_{ck}}} \leq 1.0$
- f_{sp}가 규정되지 않은 경우
전경량콘크리트의 $\lambda = 0.75$
모래경량콘크리트의 $\lambda = 0.85$
보통콘크리트의 $\lambda = 1$

III. 건축구조 | 철근의 이음과 정착

핵심 PLUS

02 강도설계법에서 압축 이형철근 D22의 기본정착 길이는? (단, $f_{ck}=24\text{MPa}$, $f_y=400\text{MPa}$, 경량콘크리트계수 $\lambda=1$)
　　　　　　[12,13,15,16, 17, 21 기]
① 400mm　② 450mm
③ 500mm　④ 550mm

[해설] 압축 철근의 정착길이(l_{db})

$l_{db} = \dfrac{0.25 d_b f_y}{\lambda \sqrt{f_{ck}}} \geq 0.043 d_b f_y$

$l_{db} = \dfrac{0.25 \times 22 \times 400}{1\sqrt{24}} = 449.1(\text{mm})$

$\geq 0.043 \times 22 \times 400 = 378.4(\text{mm})$

∴ 산출한 기본정착길이가 최소 정착길이 378.4(mm)보다 크므로 정답은 449.1(mm)이다.
　　　　　　답 : ②

03 압축을 받는 이형철근의 기본 정착길이(l_{db})가 420mm이다. 요구되는 철근량보다 20%를 초과하여 배치한 경우 압축을 받는 이형철근의 정착길이(l_d)를 구하면?　　　[15 기]
① 320mm　② 350mm
③ 420mm　④ 504mm

[해설] 압축이형 철근 정착길이(l_d)
$l_d = l_{db} \times 보정계수$
　$l_{db}(기본정착길이) = 420\text{mm}$
　보정계수 $= \dfrac{소요철근량}{실제철근량} = \dfrac{1}{1.2}$
$l_d = 420 \times \dfrac{1}{1.2} = 350(\text{mm})$
　　　　　　답 : ②

04 주철근으로 사용된 D22 철근 180° 표준갈고리의 구부림 최소 내면반지름(r)으로 옳은 것은?
　　　　　　[14, 17, 21 기]
① $r=1d_b$　② $r=2d_b$
③ $r=2.5d_b$　④ $r=3d_b$
　　　　　　답 : ④

3. 다발철근의 정착길이

① 3개 다발철근 : 환산직경에 대한 정착길이×1.2
② 4개 다발철근 : 환산직경에 대한 정착길이×1.33
③ 환산직경 : 철근 전단면적(개별 단면적×철근수)을 등가 단면에 해당하는 원형단면의 직경으로 환산한 직경
④ 다발철근 : 다발이 가능한 **최대 철근수는 4개**

4. 표준 갈고리

직경(D)	최소 내면반경(r)		구부림각(연장길이)	
	주근	스터럽	주근	스터럽 및 띠철근
16 이하	3d_b	2d_b	굵기 무관 90°(12d_b) 180°(4d_b, 6cm 이상)	90°(6d_b), 135°(6d_b)
25 이하		3d_b		90°(12d_b), 135°(6d_b)
29~35	4d_b	4d_b		
38 이상	5d_b	5d_b		

1) 주철근

① 갈고리 여유길이

180° 표준갈고리　　　90° 표준갈고리

② 갈고리 내면 반경

180° 표준갈고리　　　90° 표준갈고리

2) 띠철근 및 스트럽

① 갈고리 여유길이

90° 표준갈고리　　　135° 표준갈고리

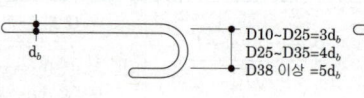
$12d_b = $ D19, D22, D25
$6d_b = $ D10, D13, D16

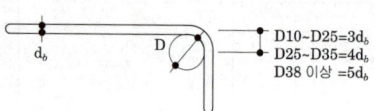

② 갈고리 내면 반경

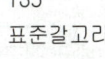
90° 표준갈고리

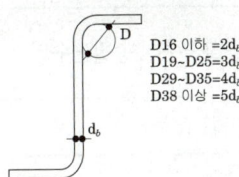
D16 이하 =$2d_b$
D19~D25=$3d_b$
D29~D35=$4d_b$
D38 이상 =$5d_b$

135° 표준갈고리

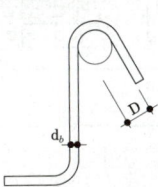

2 철근의 이음

1. 겹침 이음

① 허용 직경 : D35 이하(D35 초과 철근은 겹침이음 불가능)

② 비접촉 겹침 이음 : 직접 접촉되지 않은 철근의 간격이 소요 **겹침이음 길이의 1/5 또는 150mm 중 작은 값 이하**일 때 겹침이음으로 인정(단, 슬래브와 벽체에서만 인정)

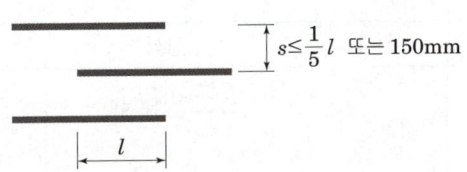
$s \leq \dfrac{1}{5}l$ 또는 150mm

> 💡 참고
>
> ■ 다발철근의 겹침이음
> 다발 철근의 겹침이음은 다발 내의 각 철근에 대한 겹침이음 길이를 기본으로 하여 결정되어야 하며, 한 다발 내에서 각 철근의 이음은 한 군데에서 중복하지 않아야 한다.
>
> ■ 철근의 용접 이음부 강도
> 용접 이음시 용접부 강도(f_w)는 철근의 설계강도(f_y)의 125% 이상을 발휘할 수 있는 완전 용접이어야 한다.

핵심 PLUS

05 철근의 이음에 관한 설명 중 옳지 않은 것은? [06 기]

① 휨 부재에서 서로 직접 접촉되지 않게 겹침이음 된 철근은 휨 방향으로 소요 겹침 이음 길이의 1/5 또는 150mm 중 작은 값 이상 떨어지지 않아야 한다.
② 인장력을 받는 이형철근 및 이형 철선의 겹침이음길이는 최소 400mm 이상이어야 한다.
③ 일반적으로 D.35를 초과하는 철근은 겹침이음을 하지 않아야 한다.
④ 압축 이형철근의 겹침 이음 길이는 최소 300mm 이상이어야 한다.

[해설] 인장이형철근의 최소 겹침 길이는 300mm 이상이다.

답 : ②

06 D25(공칭지름 d_b=25.4 mm)를 압축철근으로 사용시 최소 겹침이음길이는? (단, f_y=400 MPa)

① 300mm
② 639mm
③ 732mm
④ 952mm

[해설] 압축 이형철근의 겹침이음 길이는 다음 값 이상으로 하되, 최소 300mm 이상이어야 한다.
· $f_y \leq 400$MPa일 때
 $l_d \geq 0.072 f_y d_b$
· $f_y > 400$MPa일 때
 $l_d \geq (0.13 f_y - 24)d_b$
· f_{ck}가 21MPa 미만인 경우 겹침 길이는 1/3 증가시킨다.
∴ $l_d = 0.072 \times 400 \times 25.4$
 ≒ 732mm

답 : ③

핵심 PLUS

07 인장을 받는 이형철근의 정착길이(l_d)는 기본정착길이(l_{db})에 보정계수를 곱하여 산정한다. 다음 중 이러한 보정계수에 영향을 미치는 사항이 아닌 것은?
[05,12, 22 기]
① 콘크리트 강도
② 콘크리트의 피복두께
③ 에폭시 도막계수
④ 철근배치 위치계수

해설 보정계수의 요소
위치계수, 계수, 경량콘크리트 계수, 피복두께 계수

답 : ①

2. 인장철근의 이음길이

	이음길이	기준
A급	$1.0 l_d$	$\dfrac{\text{배근 철근량}}{\text{소요 철근량}} \geq 2$, 이음철근수 ≤ 총철근수의 1/2
B급	$1.3 l_d$	A급 이외 모두

l_d : 인장 이형철근의 정착길이

3. 압축철근의 이음길이

철근 강도	이음길이 산정식	최소 이음길이
$f_y \leq 400\text{MPa}$	$0.072 d_b \cdot f_y$ 이상	300mm 이상
$f_y > 400\text{MPa}$	$(0.13 f_y - 24) d_b$ 이상	

$f_{ck} < 21\text{MPa}$인 경우 : 겹침이음 길이를 1/3 증가시킨다.

4. 직경이 다른 압축철근의 이음길이

철근 직경	산정	산정식	최소이음길이
굵은 직경 (d_{bl})	정착길이	$\dfrac{0.25 d_{bl} \cdot f_y}{\lambda \sqrt{f_{ck}}}$ 와 $0.043 d_{bl} \cdot f_y$	두 가지 결과 중 큰 값 이상
가는 직경 (d_{bs})	겹침길이	$0.072 d_{bs} \cdot f_y$	

> **참고**
>
> ■ D41, D51 압축철근의 이음
> 압축철근으로 사용되는 D41과 D51 철근은 D35 이하 철근과의 겹침이음이 허용된다.
>
> ■ 나선근의 이음과 정착길이
> • 이음길이 : 이형철근 사용시 직경의 48배 이상 또는 300mm 이상
> 원형철근 사용시 직경의 72배 이상 또는 300mm 이상
> 에폭시 도막 이형철근 사용시 직경의 72배 이상 또는 300mm 이상
> 갈고리 있는 원형철근 사용시 직경의 48배 이상 또는 300mm 이상
> • 정착길이 : 기준 구간에서 추가로 1.5회전 연장

핵심기출문제

Ⅶ. 철근의 이음과 정착

1. 부착강도와 정착길이

1. 인장이형철근 및 압축이형철근의 정착길이(l_d)에 관한 기준으로 옳지 않은 것은? (단, KBC2016 기준) [17, 21 ㉮]

① 계산에 의하여 산정한 인장이형철근의 정착길이는 항상 250mm 이상이어야 한다.
② 계산에 의하여 산정한 압축이형철근의 정착길이는 항상 200mm 이상이어야 한다.
③ 인장 또는 압축을 받는 하나의 다발철근 내에 있는 개개 철근의 정착길이 l_d는 다발철근이 아닌 경우의 각 철근의 정착길이보다 3개의 철근으로 구성된 다발철근에 대해서 20%를 증가시켜야 한다.
④ 단부에 표준갈고리가 있는 인장이형철근의 정착길이는 항상 $8d_b$ 이상 또한 150mm 이상이어야 한다.

[해설] 정착길이(l_d)

철근의 종류	인장이형철근		압축이형철근
	No hook	hook	
기본정착길이 (l_d)	$\dfrac{0.6 d_b \cdot f_y}{\lambda \sqrt{f_{ck}}}$	$\dfrac{0.24 \cdot \beta \cdot d_b \cdot f_y}{\lambda \sqrt{f_{ck}}}$	$\dfrac{0.25 d_b \cdot f_y}{\lambda \sqrt{f_{ck}}}$ 또는 $0.043 d_b f_y$
보정계수	· 상부근 : 1.3 · 에폭시 도장 : 1.2 · D19 이하 : 0.8	· $f_y \neq 400$: $f_y/400$ · 에폭시 도장 : 1.2 · 경량콘크리트 : 1.3	$\dfrac{\text{소요철근량}}{\text{실제철근량}}$ 횡방향보강 : 0.75
최소정착길이	300mm	150mm, $8d_b$	200mm

※ 철근 3개로 구성된 다발 철근의 정착길이는 개별 철근 정착길이에 20%를 증가시켜야 한다.

2. 표준갈고리를 갖는 D22의 인장철근(공칭지름 d_b=22.2mm)이 기본정착길이는? (단, f_{ck}=21MPa, f_y=400MPa이다.) [06 ㉮]

① 100.5mm ② 153.2mm
③ 465mm   ④ 1162.6mm

[해설] 갈고리가 있는 인장근의 기본 정착길이(1번 해설 표 참조)
D22 인장근의 기본정착길이
$\dfrac{0.24 \cdot \beta \cdot d_b \cdot f_y}{\lambda \sqrt{f_{ck}}} = \dfrac{0.24 \times 1 \times 22.2 \times 400}{1 \times \sqrt{21}} = 465.07 \text{(mm)}$

정답 1. ① 2. ③

핵심기출문제

Ⅶ. 철근의 이음과 정착

3. 인장을 받는 이형철근의 정착길이(l_d)는 기본정착길이(l_{db})에 보정계수를 곱하여 구한다. 이 보정계수에 대한 설명 중 옳지 않은 것은? (단, KCI2012 기준) [16 ㉮]

① 철근배치 위치계수 α는 상부철근일 경우 1.5이고, 기타 철근일 경우 1.0이다.
② 철근크기계수 γ는 철근직경이 D22 이상인 경우 1.0이고, D19 이하일 경우 0.8이다.
③ 철근 도막계수 β는 도막되지 않은 철근일 경우 1.0이다.
④ 경량콘크리트계수 λ는 일반콘크리트인 경우 1.0이다.

[해설] 3
인장이형철근의 정착길이 보정계수
1번 해설 표 참조

4. 강도설계법에서 D19 인장철근의 기본 정착 길이로 가장 가까운 것은? (단, f_{ck}=24MPa, f_y=400MPa) [07 ㉮]

① 700mm   ② 930mm
③ 1250mm ④ 1550mm

[해설] 4
인장이형철근의 기본 정착길이
(1번 해설 표 참조)
기본 정착길이
$$l_{db} = \frac{0.6 \cdot d_b \cdot f_y}{\sqrt{f_{ck}}}$$
$$= \frac{0.6 \times 19 \times 400}{\sqrt{24}} \fallingdotseq 930.8\text{mm}$$

5. f_y=400MPa 이형철근을 사용한 경우 필요한 철근의 인장정착길이가 1000mm이었다. 철근의 강도를 f_y=500MPa로 변경하고, 소요철근보다 1.25배 많게 철근을 배근하였을 경우 변경된 철근의 인장정착길이는 얼마인가? [17 ㉮]

① 750mm   ② 1,000mm
③ 1,200mm ④ 1,500mm

[해설] 5

(1)	인장이형철근의 기본정착길이 $l_{db} = \dfrac{0.6 d_b \cdot f_y}{\lambda\sqrt{f_{ck}}}$ 로부터 정착길이는 철근의 항복강도 f_y에 비례한다.
(2)	f_y=400MPa에서 f_y=500MPa로 변경하면, $\dfrac{500}{400}=1.25$배 만큼의 정착길이가 더 필요하게 된다.
(3)	소요철근보다 1.25배 많게 철근을 배근하였으므로 결국 변경된 철근의 인장정착길이는 그대로 1,000mm가 된다.

6. 강도설계법에서 인장을 받는 이형철근의 정착길이 l_d의 최소값은? [08, 11 ㉮]

① 150mm   ② 200mm
③ 250mm   ④ 300mm

[해설] 6
인장이형철근의 최소 정착길이(l_d)
1번 해설 표 참조

정답 3. ① 4. ② 5. ② 6. ④

7. 표준갈고리를 갖는 인장 이형철근(D13)의 기본정착길이는? (단, D13의 공칭지름 : 12.7mm, f_{ck} = 27MPa, f_y =400MPa, β=1.0, m_c=2,300/m³) [17, 22 ㉮]

① 190mm ② 205mm
③ 220mm ④ 235mm

[해설] 7
표준 갈고리가 있는 인장근의 기본 정착길이
(1번 해설 표 참조)
$$\therefore l_{db} = \frac{0.24 \cdot \beta \cdot d_b \cdot f_y}{\lambda \sqrt{f_{ck}}}$$
$$= \frac{0.24 \times 1 \times 12.7 \times 400}{1 \times \sqrt{27}}$$
$$= 234.64 mm$$

8. 강도설계법에서 D19 압축철근의 기본정착길이는?(단, D19의 단면적은 287mm², f_{ck}=21MPa, f_y=400MPa이다.) [00, 07, 12, 17 ㉮]

① 674mm ② 570mm
③ 482mm ④ 415mm

[해설] 8
압축 철근의 정착길이
① 철근의 종류에 따라 다음과 같은 정착 길이가 필요하다.
② 기본정착길이
$$l_{db} = \frac{0.25 d_b f_y}{\lambda \sqrt{f_{ck}}}$$
$$= \frac{0.25 \times 19 \times 400}{1 \times \sqrt{21}} ≒ 414.6mm$$
$$l_{db} = 0.043 d_b f_y$$
$$= 0.43 \times 19 \times 400 = 326.8 mm$$
두 값 중 큰 값인 414.6mm가 정답

9. 강도설계법에서 압축 이형철근 D22의 기본정착길이는? (단, D22 철근의 단면적은 387mm², 콘크리트의 압축강도는 24MPa, 철근의 항복강도는 400MPa, 경량콘크리트계수는 1) [13 ㉮]

① 400mm ② 450mm
③ 500mm ④ 550mm

[해설] 9
압축이형근의 기본정착길이(l_{db})
$$l_{db} = \frac{0.25 \cdot d_s \cdot f_y}{\lambda \sqrt{f_{ck}}} = \frac{0.25 \times 22 \times 400}{1 \times \sqrt{24}}$$
$$= 449.1 [mm]$$

10. 강도설계법에서 D22 압축철근의 기본정착길이는? (단, 경량콘크리트계수는 1, f_{ck} = 27MPa, f_y = 400MPa) [14, 19 ㉮]

① 200.5mm ② 378.4mm
③ 423.4mm ④ 604.6mm

[해설] 10
압축이형철근의 기본정착길이(ℓ_{db})
$$\ell_{db} = \frac{0.25 d f_y}{\lambda \sqrt{f_{ck}}}$$
$$= \frac{0.25 \times 22 \times 400}{1 \times \sqrt{27}} = 423.4 (mm)$$

정답 7. ④ 8. ④ 9. ② 10. ③

핵심기출문제

Ⅶ. 철근의 이음과 정착

11. D16철근이 90° 표준갈고리로 정착 되었다면 이 갈고리의 소요정착길이는? (단, $l_{hb} = \dfrac{0.24\beta \cdot d_b \cdot f_y}{\lambda \sqrt{f_{ck}}}$, 철근도막계수와 경량콘크리트계수는 1, f_{ck}=21MPa, f_y=400MPa, D16 공칭지름=15.9mm) [14 ㉠]

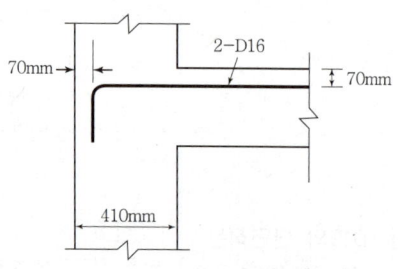

① 233mm ② 243mm
③ 253mm ④ 263mm

해설

해설 11

소요정착길이(l_{dh})

$l_{dh} = l_{hb} \times$ 보정계수

$l_{hb} = \dfrac{0.24\beta\, d_b\, f_y}{\lambda \sqrt{f_{ck}}}$

$= \dfrac{0.24 \times 1 \times 15.9 \times 400}{1 \times \sqrt{21}}$

$= 333.09 \,(\text{mm})$

$l_{hd} = 333.09 \times 0.7 = 233\,(\text{mm})$

보정계수 : D35 이하의 철근에서 갈고리 평면에 수직 방향인 측면 피복두께가 70mm 이상이며 90° 갈고리에 대해서는 갈고리를 넘어선 부분의 철근피복두께가 50mm 이상인 경우 보정계수는 0.7이다.

정답 11. ①

08 강구조 개론

III. 건축구조 | 강구조 개론

1 강구조 일반

1. 강구조의 특징

1) 장점

경량 구조체, 내구, 내진적, 내횡력, 고 균질도(신뢰성), 시공 용이, 큰 경간 구조, 고층건물 가능, 세장부재 사용 가능, 친환경 하이테크 재료, 변위 고저항성

2) 단점

좌굴 취약, **내열성 및 내화성 부족(피복 필요)**, 산화(녹 방지 도장 필요), 강접합 곤란(용접제외), 피로강도 저하, 처짐과 진동 처리 곤란

2. 강재

1) 종류

① 탄소강
   - 일반강의 강도 증진을 위해 탄소를 첨가한 강재
   - 저가, 낮은 인성, 낮은 용접성, 황과 인 첨가 최소화 필요

② 구조용 합금강
   - 탄소강의 단점을 보완하기 위해 탄소량을 억제
   - 목적에 따라 합금원소를 첨가하여 성질을 개선한 강재
   - 합금원소 – 망간, 규소, 구리, 니켈, 크롬, 몰리브덴 등

③ 열처리강
   - 담금질, 뜨임 등과 같은 열처리를 통하여 강도를 향상 시킨 강재
   - 두꺼운 강판은 표면과 내부의 강도차 발생

④ **제어열처리강(TMCP)**
   - 일반 열처리강의 단점 보완 후판 강재 생산 가능
   - 탄소함유량의 최소화로 우수한 용접성 실현
   - 초고층 건축 및 대형 건축용 하이테크 강재

핵심 PLUS

01 강구조에 관한 설명으로 옳지 않은 것은? [13 기]
① 콘크리트 구조물에 비해 처짐 및 진동 등 사용성이 우수하다.
② 철근콘크리트 구조에 비해 경량이다.
③ 수평력에 대해 강하다.
④ 대규모 건축물이 가능하다

[해설] 강구조의 특성
- 콘크리트 구조에 비해 처짐이나 진동이 크다.
- 강도가 높아 구조물의 단면이 감소하여 자중이 작다.
- 가구식 구조로 수평력에 대한 저항성이 크다.
- 고층·대규모 건축에 적합하다.

답 : ①

02 강구조에 사용하는 강재에 대한 설명으로 틀린 것은? [15 기]
① SN재는 건축물의 내진성능을 확보하기 위하여 항복점의 상한치를 제한하는 강재이다.
② TMCP 강재는 판두께 증가에 따른 항복강도의 저감이 크게 나타난다.
③ SMA는 내후성을 높인 강재이다.
④ SM490B 강재의 기호 B는 충격흡수에너지를 제한하는 값에 대한 기호이다.

[해설] TMCP 강재
TMCP강재는 제어열처리강으로 탄소함유량이 적어 용접성이 양호하고 극후판 강재인 경우도 항복강도의 저하가 없다.

답 : ②

Ⅲ. 건축구조 | 강구조 개론

핵심 PLUS

■ 강재 명칭
- SS : 일반구조용 압연강재
- SM : 용접구조용 압연강재
- SN : 건축구조용 압연강재
- FR : 건축구조용 내화강재
- SMA : 용접구조용 내후성 열간 압연강재
- SPS : 일반구조용 탄소강
- SPSR : 일반구조용 각형강관
- STKN : 건축구조용 탄소강관
- SPA : 내후성 강재
- SHN : 건축구조용 H형강

03 건축구조용압연강이라 하며, 건축물의 내진성능을 확보하기 위하여 항복점의 상한치 제한 등에 의한 품질의 편차를 줄이고, 용접성 및 냉간 가공성을 향상시킨 강재는?
[10,13,16 기]
① SM강재   ② TMCP강재
③ SS강재   ④ SN강재

답 : ④

■ 라멜라 티어(Lamella Tear)
두꺼운 후판의 용접, 특히 T형 이음과 구석이음에서 완전용입만으로 다층의 용접을 할 경우, 압연강판의 두께방향 응력에 의해 구속이 심할 때 용접금속의 수축을 수반하는 국부적인 변형이 주원인으로, 압연강판의 층(Lamination) 사이에 균열이 생기는 현상을 말한다.

2) 재질 표시

| SN | 400 | B | W | TMC | ZA |

기호	SN	400	B	W	TMC	ZA
표시 항목	강재명칭	인장강도 (MPa)	충격 흡수등급	내후성 등급	열처리 종류	내라멜라 테어등급
내용	구조용 압연강	F_u=400MPa	A, B, C 중 B급	녹안정화 처리	열가공 제어	별도보증 없음

3) 치수 표시

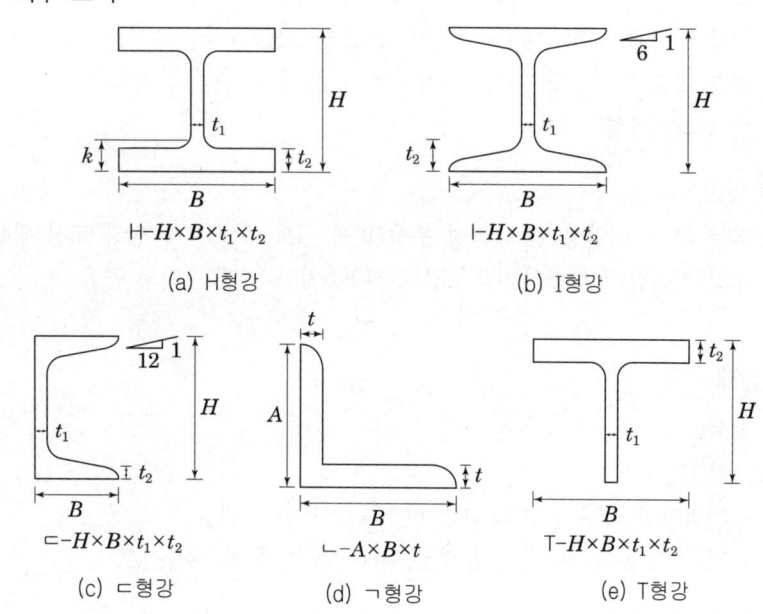

(a) H형강 (b) I형강
(c) ㄷ형강 (d) ㄱ형강 (e) T형강

4) 재료 역학적 특성

강재의 역학적 특성은 인장시험, 굽힘시험, 충격시험 등의 재료시험을 통해 결정 된다.

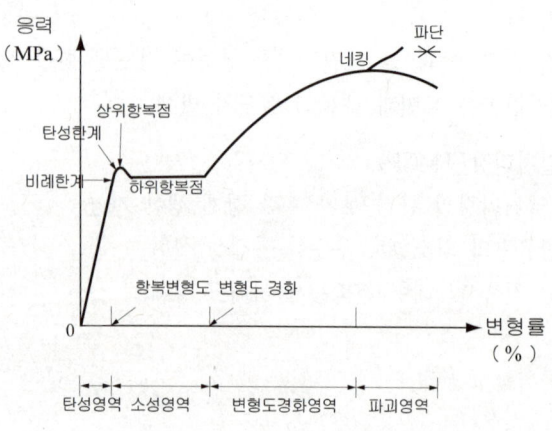

① 비례한도 : 응력과 변형도가 비례하여 선형관계가 유지되는 최대응력한도
② 항복강도 : 비례한도에서 곡선의 기울기와 평행하게 응력이 '영'인 상태로 내렸을 때 0.2%의 영구변형을 가지게 되는 지점의 응력
③ **항복비** : 하항복점 강도에 대한 인장강도의 비
④ 탄성계수 : 탄성역 내에서 응력의 변형도에 대한 비례를 탄성계수(영계수), 강도에 관계없이 E=205,000MPa
⑤ 전단탄성계수 : 탄성역에서 전단응력의 전단변형도에 대한 비례를 전단탄성계수(G=79,000MPa)
⑥ 연성 : 재료가 하중을 받아 파괴까지 소성변형할 수 있는 능력
⑦ 인성 : 변형에너지를 흡수할 수 있는 재료의 능력
- 충격강도 : 고속하중에 대하여 에너지를 흡수 할 수 있는 능력
- 피로강도 : 반복 하중에 대한 부재의 저항능력
- 크리이프 : 응력의 증가가 없는 상태에서 변형이 계속 진행되는 현상
- 응력이완 : 변형을 고정하였을 때 하중 또는 응력이 줄어드는 현상

핵심 PLUS

■ 고강도강의 항복강도

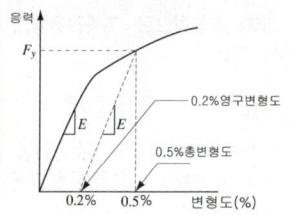

■ 인성

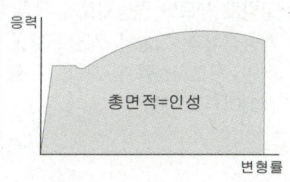

■ S-N 곡선

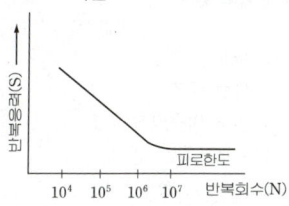

■ 바우싱거 효과 (Bauschinger's effect)
한 번 소성변형(塑性變形)한 재료가 앞서 가해진 응력(應力)과 반대 방향의 응력에 대해 항복점(降伏點)이 저하하는 현상

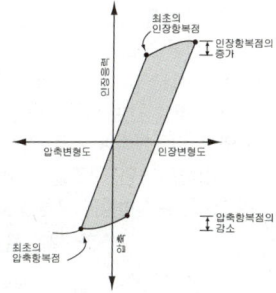

5) 설계기준강도(F_y)
① 하항복점 강도와 최대강도의 70% 중 작은 값
② 주요 강재의 설계기준 강도(MPa)

강도	두께(mm) \ 기호	SS275 SM275 SMA275	SN275 SHN275	SM355 SMA355	SN355 SHN355	SM420	SM460
F_y	16 이하	275	275	355	355	420	460
	16 초과 ~40 이하	265		345		410	450
F_u	100 이하	410	410	490	490	520	570

※ 단, F_y는 항복강도이며 F_u는 인장강도이다.

6) 온도에 대한 특성
① 200~250℃ : 연신율이 최소, 청열 취성
② **250~300℃ : 인장강도 최대, 크리프 증대**
③ 500~600℃ : 상온 강도 1/2, 상온 강성 60% 감소
④ 800℃ : 강도 0

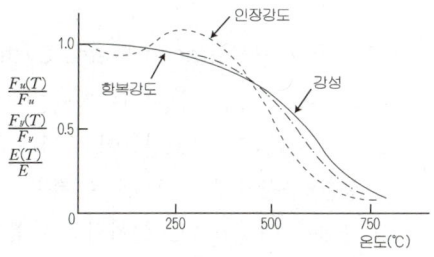

[그림] 강도, 강성과 온도와의 관계

7) 용접성
① 영향 원소 및 탄소당량 순서 : 탄소(C) > 몰리브덴(Mo) > 크롬(Cr) > 망간(Mn) > 바나듐(V) > 규소(Si) > 니켈(Ni)
② 용접성이 낮은 강재의 용접 : 저수소계 용접봉 사용, 예열 후 용접

III. 건축구조 | 강구조 개론

핵심 PLUS

■ 형식
강접(剛接)골조·가새골조·전단벽구조·튜브구조 등이 개발되어 효율적으로 고층건물설계에 적용

■ 하중
수직하중과 더불어 수평하중, 특히 풍하중에 민감하기 때문에 수평하중에 효율적인 구조시스템의 개발

■ 발생 배경
고강도 재료와 경량재료의 개발, 시공장비와 기술의 개발, 효율적인 구조시스템의 개발, 구조설계이론의 개발

---

04 고층건물의 구조형식 중에서 건물의 외곽기둥을 밀실하게 배치하고 일체화한 형식은?
[08,10, 17 기]
① 트러스 구조
② 튜브 구조
③ 골조 아웃리거 구조
④ 슈퍼프레임 구조

해설 초고층 구조
① 트러스구조 : 여러 개의 직선 부재들을 한 개 또는 그 이상의 삼각형 형태로 배열하여 절점으로 연결한 뼈대 구조
② 골조 아웃리거 구조 : 중앙의 코어와 외주부의 기둥을 연결시키는 아웃리거로 구성되며 일명 스파인(spine) 시스템
③ 슈퍼프레임 구조 : 구조상 필요한 위치에 강력한 강성을 가진 기둥(Super Column)을 가진 구조방식(Super Frame)
④ 튜브 구조 : 건물 외곽 기둥을 완벽히 일체화하여 건물 전체의 강성을 높인 구조물로 내부기둥은 수직하중만 부담

답 : ②

3. 초고층 구조물 형식

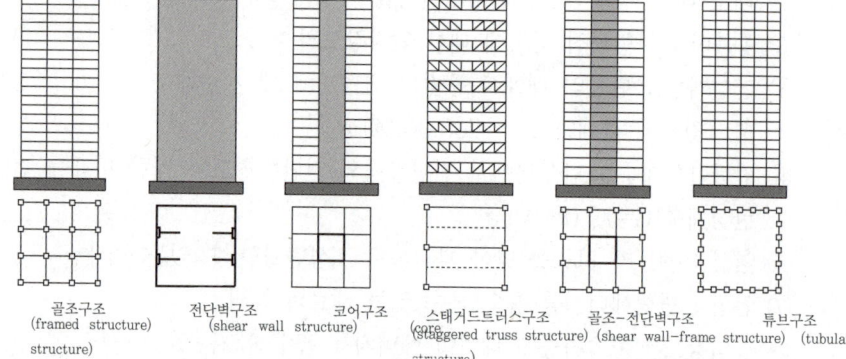

골조구조 (framed structure) / 전단벽구조 (shear wall structure) / 코어구조 (core structure) / 스태거드트러스구조 (staggered truss structure) / 골조-전단벽구조 (shear wall-frame structure) / 튜브구조 (tubular structure)

1) 강접골조 형식(Rigid Frame System)
① 보와 기둥의 휨강성으로 지지하는 방식
② 30층 이하의 고층건물에서 널리 사용
③ 자유로운 개구부 설계
④ 구조체의 연성이 커서 내진용(耐震用)으로 적합

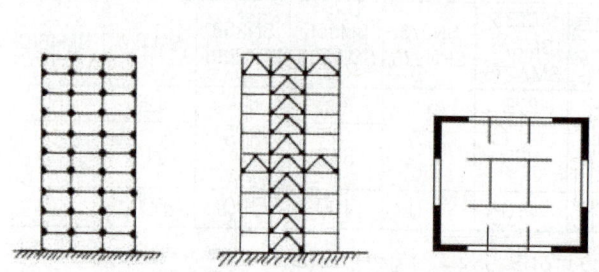
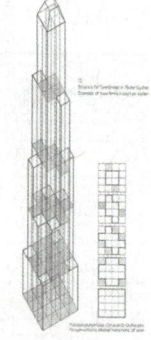

[그림] 강접 골조   [그림] 가새 골조   [그림] 전단벽 구조   [그림] 튜브구조

2) 가새골조 형식(Braced Frame System)
① 골조에 대각선 방향으로 가새를 설치하는 방식
② 강접골조보다 구조성능이 뛰어나 50층까지 구축 가능
③ 강한 수평력에 효과적으로 저항
④ 가새가 대각선으로 설치되므로 공간사용이 비효율적임

3) 전단벽구조 형식(Shear Wall System)
① 전단벽이 수직·수평하중을 지지하는 방식
② 매우 경제적인 구조로 35층까지 구축 가능
③ 휨강성은 크지만 인성이 낮아 전단파괴 우려
④ 코어를 전단벽으로 구성하면 구조적 효율 우수

4) 튜브구조 형식
① 밀실하게 배치한 외곽기둥을 일체화시켜 수평하중에 저항하는 구조
② 일체화 방법에 따라 골조튜브와 가새튜브로 구분
③ 100층 이상의 초고층 건물까지 구축 가능
④ 골조튜브는 외곽기둥을 밀실하게 배치하고 강한 외곽보를 연결한 구조
⑤ 가새튜브는 기둥간격을 넓히고 가새로 외곽기둥을 연결한 구조

5) 아웃리거 가새골조
① 가새로 된 내부골조와 외곽기둥을 연결하는 수평캔틸레버로 구성
② 휨강성이 큰 구조

2 강구조 설계법

1. 허용응력설계(allowable stress design)
① 부재의 탄성해석에 근거
② 부재응력이 허용응력을 넘지 않도록 단면을 설계하는 방법($\sigma_b \leq f_b$)
③ 안전성과 신뢰성이 높은 설계
④ 재료의 균일한 하중 지지능력을 반영시키지 못해 비경제적인 설계

2. 소성설계

1) 소성설계의 장단점
① 장점 : 강재 절약, 정확한 안전율, 큰 응력이 작용하는 복잡한 구조물 해석에 적당
② 단점 : 고강도 강재 부적합, 피로응력 문제, 기둥은 강재 절약 미흡

2) 소성설계의 기본 해석
① 변형도 경화 영역 이후의 재료의 변형도 이력을 무시
② 소성힌지는 부재의 전단면이 소성상태에 이를 때까지 무한 변형을 허용

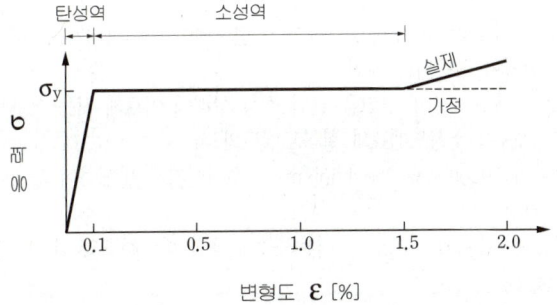

핵심 PLUS

05 곡면판이 지니는 역학적 특성을 응용한 구조로서 외력은 주로 판의 면내력으로 전달되기 때문에 경량이고 내력이 큰 구조물을 구성할 수 있는 것은? [15 기]
① 쉘구조
② 튜브 시스템
③ 스페이스 프레임
④ 절판 구조

답 : ①

■ 고층 건축물 설계시 고려사항
건물의 용도, 수직수평 교통시스템, 구조용 골조의 방화(防火), 설비시스템과 조화, 운반 및 시공을 고려한 부재가공

■ 부재의 탄성해석
응력과 변형도가 선형비례하는 것, 즉 구조체가 훅의 법칙에 따라 하중을 제거했을 때 잔류변형의 생김이 없이 변형이 원점으로 되돌아와 100% 원형을 회복하는 범위내의 설계해석 이론

■ 소성설계
구조용강과 같은 재료는 상당히 큰 항복영역을 동반하는 선형탄성영역을 가지며 이와 같은 재료에 대한 응력-변형율선도는 두개의 직선으로 이상화시킬 수 있다. 항복점까지는 Hooke의 법칙을 따르며 그 후에는 일정한 응력하에서 항복한다고 가정하고 시행하는 해석을 구조물의 소성해석(Plastic Analysis) 또는 극한해석(Limit Analysis)이라 한다.

06 다음 중 철골조의 소성설계와 관계없는 항목은?
[01,02,09,15,20 기]
① 소성힌지
② 안전율
③ 붕괴기구
④ 하중계수

답 : ②

Ⅲ. 건축구조 | 강구조 개론

핵심 PLUS

■ 각종 단면의 형상계수

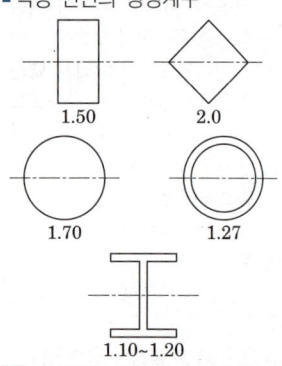

[07] 직사각형 단면의 탄성 단면계수에 대한 소성단면계수의 비(比)는? [16 기]
① 0.67 ② 1.20
③ 1.50 ④ 3.00

[해설] 소성설계의 형상계수(λ)

$\lambda = \dfrac{Z_p}{Z}$ 에서

탄성단면계수(Z) = $\dfrac{bh^2}{6}$

소성단면계수(Z_p) = $\dfrac{bh^2}{4}$

$\therefore \lambda = \dfrac{6}{bh^2} \times \dfrac{bh^2}{4} = 1.5$

답 : ③

■ 소성힌지의 발생점
일반적으로 소성힌지는 고정지점, 등분포하중의 중앙점, 라멘의 양단고정절점 등이다.

[08] 다음 라멘의 붕괴기구에서 발생되는 소성힌지의 수는?

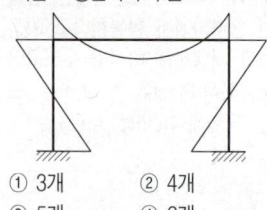

① 3개 ② 4개
③ 5개 ④ 6개

[해설] 소성힌지는 최대휨모멘트 단면에서 위치가 되므로 BMD의 꼭지점 마다 있다.(점 위치 5개)

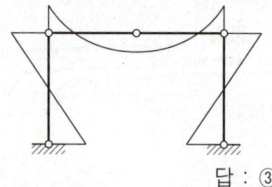

답 : ③

3) 관련용어

① **항복모멘트**(Yield Moment, M_y)
보의 최연단의 응력이 항복응력에 도달했을 때의 단면의 모멘트

② **소성모멘트**(Plastic Moment, M_p)
굽힘모멘트가 증가함에 따라 소성영역이 보의 최연단에서 중립축으로 확장되어 탄성영역은 거의 나타나지 않는 극한 저항모멘트에 이르게 되는 단면모멘트

③ **형상계수**(Shape Factor)
보의 소성모멘트($M_p = \sigma_y \cdot Z_p$)와 항복모멘트($M_y = \sigma_y \cdot Z$)의 비(f)

$$f = \dfrac{M_p}{M_y} = \dfrac{\sigma_y \cdot Z_p}{\sigma_x \cdot Z} = \dfrac{Z_p}{Z}$$

④ **소성힌지**(Plastic Hinge)
최대 휨모멘트가 항복모멘트(M_y)보다는 크지만 소성모멘트(M_p)보다 적을 때는 부재의 최연단에 부분적인 소성영역이 발생하다가 하중이 증가하여 최대 휨모멘트가 소성 모멘트(M_p)의 값에 근사할 때 소성영역이 중립축쪽으로 점점 확장해 $M_{\max}$가 M_p와 같게 되면 보는 완전소성이 되어 마치 Hinge로 연결되어 있는 것처럼 작용하는데 이 Hinge를 소성 Hinge라 한다.(소성 Hinge는 항상 최대굽힘모멘트 단면 형성)

⑤ **종국하중**
소성힌지가 형성되어 구조물을 완전히 붕괴에 이르게 하는 하중

⑥ **붕괴기구**(Collapse Mechanism)
구조물에 극한하중이 작용하여 소성힌지가 형성되면 마치 2개의 부재가 힌지로 연결된 것처럼 거동하고, 이런 조건하에 있는 보가 계속 변형을 일으켜 붕괴되는 과정(Mechanism)

> 💡 **참고**
>
> 철골조의 소성설계와 관계없는 항목은?[15 기]
> ① 소성힌지 ② 안전률
> ③ 붕괴기구 ④ 하중계수
>
> ▶ 소성설계의 용어
> • 소성힌지(plastic hinge) : 부재의 전단면이 소성상태가 될 때 이론상 무한한 변형이 허용되는 지점
> • 소성모멘트 : 부재 단면을 완전 소성 상태에 이르게 하는 모멘트
> • 형상계수 : 소성모멘트와 항복모멘트의 비
> • 붕괴기구(Collapse Mechanism) : 소성힌지가 발생하여 붕괴에 이르게 하는 과정
> • 하중계수(Load factor) : 허용하중에 대한 종국하중의 비

3. 한계 상태 설계

1) 특징
① 기존의 허용응력 설계법보다 진일보한 설계방법
② 다중하중계수와 저항계수, 신뢰성에 대한 절대적 확률론적 결정
③ 저항계수와 하중계수의 적용은 다른 설계와 유사
④ 하중계수와 저항계수의 전개과정에서 확률론적 수학 모델이 사용
⑤ 하중과 저항의 결정 정확도에 따라 적절한 비중 조절이 가능
⑥ 일관된 신뢰성으로 유도한 합리적인 설계방법

2) 설계식
부재의 강도가 구조체에 작용하는 하중효과에 의한 강도보다 강하도록 설계하는 방식

$$\Sigma r_i \cdot Q_{mi} \leq \varnothing \cdot R_n$$

r_i : 외적인 하중 계수(≥1) Q_{mi} : 부재 하중 효과
$\varnothing$: 강도 저감계수(≤1) R_n : 부재 공칭강도

3) 하중계수
U=1.4(D+F)
U=1.2(D+F+T)+1.6L+0.5(Lr or S or R)
U=1.2D+1.6(Lr or S or R)+1.0(L or 0.65W)
U=1.2D+1.3W+1.0L+0.5(Lr or S or R)
U=1.2D+1.0E+1.0L+0.2S
U=0.9D+1.3W
U=0.9D+1.0E

4) 강도저감계수($\varnothing$)

부재력	파괴형태	저항계수	부재력	파괴형태	저항계수
인장력	총단면적 순단면적	0.9 0.75	국부하중	플랜지 휨항복	0.9
압축력	국부좌굴	0.9		웨브 국부좌굴	1.0
휨모멘트	국부좌굴	0.9		웨브 크립플링	0.75
				웨브 압축좌굴	0.9
전단력	총단면적 항복 전단파괴	0.9 0.75	고력볼트	인장파괴 전단파괴	0.75 0.6

핵심 PLUS

■ 한계상태 설계
계수화 형식은 허용응력 설계법에서 저항(항복응력)을 안전계수로 나누기만 했던 것과는 다른 것이며, 소성설계법에서 하중에 일반 하중계수를 곱하는 것과도 다른 것이다. 한계상태 설계법은 설계자에게 더 많은 융통성, 합리성, 가능성 및 가능한 전반적인 경제성을 부여하기 위해 개발된 것이다.

[09] 한계상태 설계법에 따라 강구조물을 설계할 때 고려되는 강도한계상태가 아닌 것은? [11,14,20 기]
① 기둥의 좌굴
② 접합부 파괴
③ 피로 파괴
④ 바닥재의 진동

[해설]
강도한계상태 : 구조체에 작용하는 하중효과가 구조체나 구조체를 구성하는 부재의 강도 보다 커져 구조체가 하중 지지능력을 상실하고 파괴되는 상태

사용성한계상태 : 구조체의 붕괴와 관계 없이 심각한 균열이나 처짐 등으로 불안을 호소하는 상태

답 : ④

■ 강도저감계수($\varnothing$) 필요성
① 경제성
② 재료의 신뢰성
③ 붕괴 시 위험 정도
④ 설계 계산의 오차
⑤ 시공 시 결함

3 접합

1. 접합의 종류

1) 롤러접합(활절접합)
수직방향의 반력만 지지, 수평 이동과 회전 가능, 교량 등에 사용

2) 힌지접합(전단접합)
① 회전 가능하지만 이동 불가(수직과 수평 방향의 저항 가능)
② 강구조에서 큰 보와 작은 보의 접합에 많이 이용
③ 전단 저항은 가능하지만 모멘트 저항은 불가능(전단접합)

3) 강접합(모멘트 접합)
① 수직과 수평 방향의 저항뿐만 아니라 회전에 대한 저항이 가능
② 철골구조에서 기둥 과 보의 접합에 많이 사용
③ 전단력과 모멘트에 모두 저항할 수 있음(모멘트 접합)

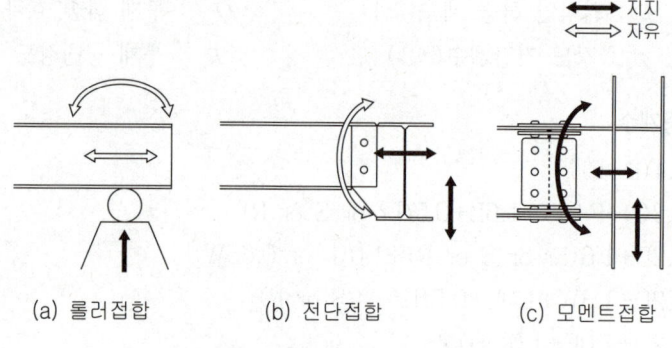

(a) 롤러접합　(b) 전단접합　(c) 모멘트접합

[그림] 힘의 전달형식에 의한 접합의 종류

2. 볼트(Bolt) 접합

1) 피치(Pitch) : 볼트 중심간의 거리

최소 Pitch	P=2.5d	표준 Pitch	P=3~4d

2) 연단거리(e)
최외단에 설치한 리벳중심에서 부재끝까지의 거리

일반거리	최대거리	최소거리
2.0d~2.5d	12t 또는 150mm 이하	전단, 수동가스 절단 1.75d 압연, 자동가스 절단 1.25d

3) 풀림 방지법
이중너트사용, 너트를 용접, Spring Washer 사용, Concrete에 매립

핵심 PLUS

10 다음 강구조 접합부 중 회전저항에 유연해서 모멘트를 전달하지 않는 형태로 기둥에 보의 플랜지를 연결하지 않고 웨브만 접합한 형태는? [11,15 기]
① 강접 접합부
② 스플릿티 모멘트 접합부
③ 전단 접합부
④ 반강접 접합부
　　　　　답 : ③

11 강구조물의 보 단부에서 회전을 허용하지 않고 100%에 가까운 단부 모멘트를 기둥 또는 이음부에 전달하는 개념의 접합부 형태는? [14 기]
① 강접합　② 반강접합
③ 전단접합　④ 단순접합
　　　　　답 : ①

■ 볼트의 배치법

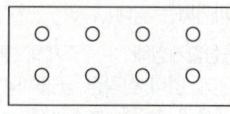

[정렬배치]

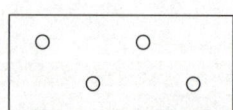

[불규칙배치(엇모배치)]

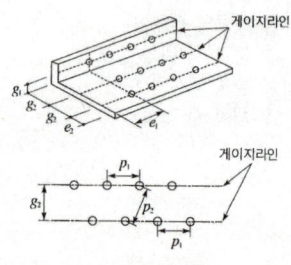

e_1 : 연단거리　e_2 : 측단거리
g_1, g_2 : 게이지　p_1, p_2 : 피치

4) Bolt 구멍 조정

   0.5mm 이상 어긋날 때 리이머로 수정이 불가능하며 이음판 교체

5) 특성

① 모든 접합부는 반드시 45kN 이상 지지하도록 설계
② 볼트, 고력볼트 접합은 반드시 2개 이상 볼트 체결
③ 사용제한 : 충격·진동·반복하중이 작용하는 곳과 처마높이 9m, 스팬 13m 초과 강구조물에 사용 불가

3. 고력볼트 접합

1) 고력볼트 일반

① 고력 Bolt의 종류
- Bolt축 전단형(TC Bolt) : 일정 토크에서 볼트축이 전단되는 고력 Bolt
- 너트 전단형(PI Nut) : 2겹 특수너트로 일정 토크에서 너트가 절단
- Grip형 고력 볼트 : 일반 고장력 볼트의 개량형(확실한 조임 방식)
- 지압형 고력 볼트 : 구멍직경보다 큰 직경의 너트를 강하게 조이는 방식

② 고력볼트의 기호 및 강도(F10T M20)

기호	내용	재질	강도(MPa)	
			항복강도	인장강도
F	마찰접합(friction grip joint)	F8T	640	800
10	Fu=10tf/cm²=1KN/mm²=1000MPa			
T	인장강도(Tensile strength)	F10T	900	1,000
M	Bolt			
20	고력볼트의 직경 20mm	F13T	1,170	1,300

③ 고력 Bolt 접합의 특징
- 강한 조임에 의한 너트의 풀림이 없음
- 응력의 방향이 바뀌어도 혼란이 없음
- 고력 볼트에는 전단이 발생되지 않음
- 유효단면적당 응력 발생이 작고 피로강도가 높음
- 기타 특징
  접합부의 높은 강성, 노동력 절약, 공기단축, 마찰접합, 무소음, 현장시공 용이, 불량부분 수정용이, 지압 무발생(판재), 응력 최소화

2) 마찰면의 처리

① 범위 : 볼트구멍을 중심으로 구멍 지름의 2배 이상

핵심 PLUS

12 고력볼트 F10T(M20) 1면전단일 때 볼트 한 개당 설계전단강도(ϕR_n)를 구하면? (단, 고력볼트의 F_u=1000MPa, ϕ=0.75, F_{nv}=0.5F_u임) [13,17 기]

① 117.8kN ② 94.2kN
③ 58.8kN ④ 47.1kN

[해설] 고력Bolt 설계전단강도(ϕR_n)
$\phi R_n = \phi \cdot A_v \cdot F_{nv}$
$= 0.75 \times \dfrac{\pi \times 20^2}{4} \times (0.5 \times 1,000)$
$= 117,750(N) = 117.8(kN)$

답 : ①

13 다음 그림은 고력볼트체결부의 명칭을 나타낸 것이다. 명칭이 틀린 것은? [15 기]

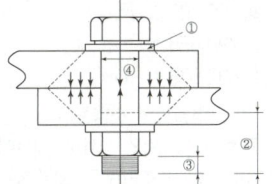

① [① 평와셔]
② [② 축부]
③ [③ 여유길이]
④ [④ 볼트직경]

[해설] 고력 Bolt 체결부 명칭
① 평와서(똬리쇠)
② 나사부
③ 여유길이
④ 볼트직경

답 : ②

핵심 PLUS

■ 표준볼트장력 계산
- 표준볼트장력
  = 1.1×설계볼트장력
- 설계볼트장력
  = (0.7×최저인장강도)
    ×볼트유효단면적
- 볼트유효단면적
  = 0.75×공칭단면적

② 전처리
- 도료, 기름, 오물, 들뜬 녹 등을 와이어 브러쉬로 제거
- 흑피를 숏블라스트(shot blast) 또는 샌드블라스트(sand blast)로 제거

③ 본처리 : 자연방치로 붉은 녹 발생(미끄럼계수 0.5 이상 확보)

3) 조임

① 일반사항
- 조임두께(Grip) : 5d 이하
- 고력볼트 구멍뚫기
  - 전단구멍뚫기 : 판두께가 13mm 이하
  - 판두께가 큰 강재 : 드릴링 또는 예비펀칭 후 리머 가공
- 일반조임 : 최대로 조여서 접합판이 완전히 접착된 상태
- 볼트장력 : 풀림을 고려하여 설계볼트장력에 10%를 할증한 표준볼트장력으로 조임
  - 설계 Bolt 장력=(Blot 공칭단면적×0.75)×(Blot 인장강도×0.7)

  예) M20 F10T의 설계Blot 장력(호칭직경 기준)

$$T_o = \left(\frac{\pi \times 20^2}{4} \times 0.75\right) \times (1,000 \times 0.7) = 164,850(N) = 165 MPa$$

볼트의 등급	볼트의 호칭	공칭단면적 (mm)	설계볼트장력 T_o(kN)	표준볼트장력 $1.1T_o$(kN)
F10T	M16	201	106	117
	M20	314	165	182
	M22	380	200	220
	M24	452	237	261

② 토크 관리법
- 고력볼트가 탄성범위 내에 있다고 가정
- 조임력(torque)과 고력볼트 축력이 비례함을 이용
- 중앙에서 양측단 쪽으로 조임
- 1차조임과 2차조임으로 나누어 실시
- 2차(본)조임 토크

$$T = k \cdot d_1 \cdot N$$

k : 토크계수(0.11~0.19)
d_1 : 고력볼트 축부의 공칭직경(mm)
N : 고력볼트의 축력(표준볼트장력)

---

14 고력볼트 F10T-M24의 현장시공을 위한 2차 조임토크 값은 얼마인가?(단, 토크계수는 0.13, F10T-M24볼트의 설계볼트장력은 200kN이며 표준볼트장력은 설계볼트장력에 10%를 할증한다) [12 기]
① 568,573 N·mm
② 686,400 N·mm
③ 799,656 N·mm
④ 892,638 N·mm

[해설] 고력볼트의 조임토크
고력볼트는 1차와 2차로 나누어 조이되 2차 조임력은 표준볼트장력으로 죈다. 볼트를 죌 때 필요한 토오크(회전력)는 토오크 계수(k), 볼트 직경(d_1), 표준볼트장력(N)에 각각 비례하므로 모든 항을 곱하면 된다.
① 표준볼트장력(N)
  : N=1.1×설계볼트장력
② 조임 토크(T)
  : $T = k \cdot d_1 \cdot N$
  =0.13×24×(1.1×200,000)
  =686,400N·mm

답 : ②

4) 고력볼트 접합설계

① 일반조임된 볼트의 설계인장강도 또는 설계전단강도

$$\emptyset \cdot R_n = 0.75 \cdot F_n \cdot A_b$$

- 공칭인장강도 : $F_{nt} = 0.75 F_u$ (MPa)
- 공칭전단강도
  - 나사부 전단부 비포함 : $F_{nv} = 0.5 F_u$ (MPa)
  - 나사부 전단부 포함 : $F_{nv} = 0.4 F_u$ (MPa)
- A_b : 볼트의 공칭 단면적(mm^2)

② 고력볼트 미끄럼 강도

$$\emptyset R_n = \emptyset \cdot \mu \cdot h_{sc} \cdot T_o \cdot N_s$$

- μ : 미끄럼계수(0.5)
- h_{sc} : 표준구멍(=1.0), 대형구멍(=0.85), 장슬롯구멍(=0.70)
- T_o : 설계볼트장력(kN)
- N_s : 전단면의 수

③ 마찰접합에서 인장과 전단의 조합

마찰접합이 인장하중을 받아 장력이 감소할 경우의 설계미끄럼강도는 위 식에서 설계미끄럼강도에 다음 계수를 곱하여 산정

$$\emptyset R_n = (\emptyset \cdot \mu \cdot h_{sc} \cdot T_o \cdot N_s) \times k_s \quad (단, \; k_s = 1 - \frac{T_u}{T_o \cdot N_b})$$

5) 접합 병용

① 용접과 볼트의 병용
- 용접과 병용한 볼트는 하중 부담 불가능(용접이 전하중 부담)
- 전단접합에서는 용접과 볼트 접합 병용 가능
- 마찰 고력볼트 시공 부위에 개축·보강을 위한 용접 시공시 고력볼트는 기존 하중을 부담하고 용접은 추가 하중(소요강도)을 부담하는 설계 가능

② 용접과 마찰 접합 필수 사용 부위
- 높이 38m 이상 다층 구조물의 기둥 이음부
- 높이 38m 이상 구조물의 기둥가새가 연결된 기둥과 보의 접합부
- 용량 50kN 이상의 크레인 구조물 중 지붕 트러스 이음부
- 기둥·보의 모멘트 접합부에 용접과 볼트접합 병용시 볼트는 마찰접합 시공

핵심 PLUS

15 고력볼트 1개의 인장파단 한계상태에 대한 설계인장강도는? (단, 볼트의 등급 및 호칭은 F10T, M20) [11,14 기]

① 177kN ② 236kN
③ 315kN ④ 385kN

[해설] 고력 Bolt의 설계인장강도
$\phi R_n = 0.75 F_{nt} \cdot A_b$
$= 0.75 \times (0.75 \times F_u) \times A_b$
$= 0.75 \times (0.75 \times 1000) \times \frac{\pi \times 20^2}{4}$
$= 176,715 \text{N} = 177 \text{(kN)}$

※ $F_{nt} = 0.75 F_u$
$F_u = 10 \text{tf/cm}^2$
$= 1000 \text{N/mm}^2 (= \text{MPa})$

답 : ①

16 강구조에서 접합 방법을 병용했을 때의 다음 기술 중 옳지 못한 것은? [08 기]

① 고력볼트와 리벳을 병용하는 경우 각각의 허용응력에 따라 응력을 분담시킨다.
② 리벳과 볼트를 병용하는 경우 전응력을 리벳이 부담한다.
③ 리벳과 용접을 병용하는 경우 전응력을 용접이 부담한다.
④ 고력볼트와 용접을 병용하는 경우 전응력을 고력볼트가 부담한다.

답 : ④

핵심 PLUS

■ 맞댐용접

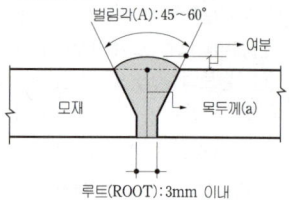

■ 용접의 형태와 용접길이

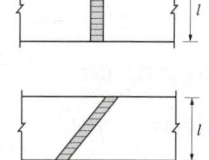

■ 용접 접합의 특징
· 장 점
 공해(소음, 진동)가 없다
 강재의 양을 절약(중량감소)
 접합부의 강성이 크며, 응력전달 확실
 일체성, 수밀성 확보

· 단 점
 용접의 숙련공이 필요
 용접부 결함 검사가 어려움
 용접열에 의한 변형 우려
 모재의 재질상태에 따라 응력의 집중

17 모살용접에서 접합부의 얇은 쪽 소재 두께가 10mm 일 경우 모살용접의 최소사이즈는 얼마인가? [09,14 기]
① 3mm
② 4mm
③ 5mm
④ 6mm

답 : ③

4. 용접

1) 맞댐 용접(Butt welding)

두 모재의 용접면을 일정한 모양으로 가공하여 맞댄 후 맞댐면에 용착금속을 채워 용접

① 여분(reinforcement, 보강살붙임)
응력집중 방지 위해 판두께 1/10 이하 또한 1.5mm 이하

② 유효 목두께(a)
- 여분을 무시한 용접부의 **모재 최소두께**를 유효목두께로 간주
- 모재 두께가 다를 경우 **얇은 모재의 두께**를 유효목두께로 간주
- 부분용입용접의 유효목두께는 $2\sqrt{t}$ (mm) 이상($t=$두꺼운 쪽 판두께)

③ 유효길이(l_e, Effective length)
용접선이 재축의 직각이 아닌 경사진 경우에도 용접길이는 **재축에 직각인 접합부의 폭**을 용접길이로 계산

④ 유효단면적(A_n, Net area)
$A_n = a \times l_e$

⑤ 설계강도($\emptyset R_n$)
$\emptyset R_n = \emptyset A_n \cdot F_w$ (단, $\emptyset = 0.9$)
$F_w =$ 인장설계시 모재의 인장강도(F_y)
    $=$ 전단설계시 모재의 전단강도($F_v = 0.6 F_y$)

2) 모살용접(fillet welding, 필렛 용접)

두 부재를 일정한 각도로 놓고 접합부를 삼각형 모양으로 용접하는 방법

① 특징
- 인장·압축·전단 등 모든 종류의 하중이 용접부 유효단면적에 전단력으로 작용하므로 용접강도(F_w)는 모재의 전단강도($F_v = 0.6 F_y$)
- 연속 용접과 단속 용접이 모두 가능
- 일반 강구조에서 많이 사용되는 방법으로서 비용도 저렴

② 모살치수(Size, 크기)
- 모살치수는 접합되는 모재의 얇은 쪽 판두께 이하
- 판재의 두께에 따른 최소·최대 모살치수

얇은 쪽 판 두께, t(mm)	최소 치수(mm)	최대치수(mm)
$t < 6$	3	$s = t$
$6 \leq t < 13$	5	$s = t - 2$
$13 \leq t < 19$	6	

③ 유효 목두께

$$a = 0.7S$$

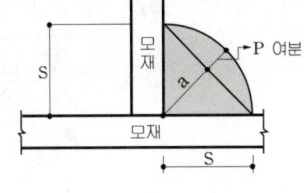

S : 모살치수(다리길이, 용접치수)
a : 유효목 두께

④ 용접의 길이(그림 참조)

최소 유효길이(l_e)는 용접공칭사이즈의 4배 이상

$$l_e(= l - 2S) \geq 4S$$

- 길이방향으로 모살용접의 길이(L)는 판재의 폭(W)보다 길게 용접 ($L > W$)
- 최소겹침길이는 얇은 쪽 판두께의 5배 이상 또는 25mm 이상으로 양쪽 모살용접

3) 모살용접 한계상태 설계

① 모살용접 설계강도

$$\varnothing \cdot R_n = 0.75 F_w \cdot A_w$$

(단, $F_w = F_v = 0.6 F_y$)

② 용접부 공칭강도(F_w)

용접구분	응력구분	공칭강도
완전용입용접 (맞댐용접)	유효단면에 직교인장	F_y
	유효단면에 직교압축	F_y
	유효단면에 전단	$0.6 F_y$
부분용입용접	용접선에 평행한 전단	$0.6 F_y$
	용접선에 평행한 인장, 압축	F_y
필릿(모살)용접	용접선에 평행한 전단	$0.6 F_y$

③ 모살용접의 접합내력

하중상태	용접부 접합내력(F_w)
축하중 및 전단력을 받을 때	$P \leq F_w \times \Sigma a \cdot l$
휨모멘트를 받을 때	$M \leq F_w \times Z$ Z(단면계수)$= a l^2 / 6$

핵심 PLUS

■ 유효 목두께(a) : $a = 0.7S$

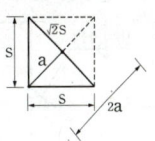

$2a = \sqrt{2} S$

$a = \dfrac{\sqrt{2}}{2} S = 0.7 S$

18 다음 그림과 같이 용접을 할 때, 용접의 목두께(a)를 구하는 식으로 옳은 것은?
[08,11,16 기]

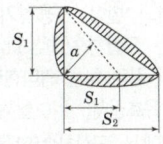

① $a = \sqrt{2} S_1$ ② $a = \sqrt{2} S_2$
③ $a = 0.7 S_1$ ④ $a = 0.7 S_2$

해설 모살용접의 목두께(a)

$$a = 0.7S$$

S : 모살치수(용접치수)
a : 유효목 두께

답 : ③

■ 모살용접 유효길이

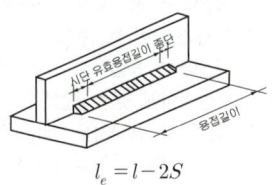

$l_e = l - 2S$

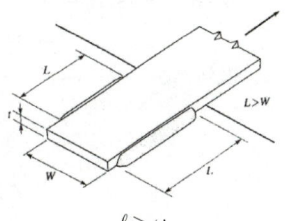

$\ell > \omega$

핵심 PLUS

19 그림과 같은 모살용접의 유효 길이는? [96,08,10,14,20 기]

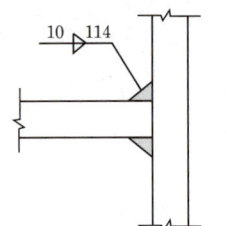

① 1.0cm
② 9.4cm
③ 10.7cm
④ 11.4cm

[해설] 용접기호
① 해석의 발상 : 용접기호에서 10은 모살치수(S), 114는 용접의 길이 임을 의미한다.
② 용접유효길이(l_e) : 실제길이의 양단에서 모살치수(S)를 공제한 길이가 유효길이이므로 $l_e = 114 - (2 \times 10) = 94mm$ 이다.

답 : ②

20 다음 용접기호에 대한 설명으로 옳은 것은? [94,15 기]

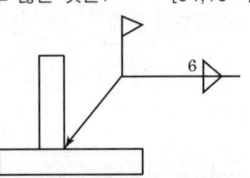

① 공장에서 용접치수 6mm로 양측에 모살 용접한다.
② 현장에서 용접치수 6mm로 화살방향에 맞댐 용접한다.
③ 공장에서 용접치수 6mm로 화살방향에 맞댐 용접한다.
④ 현장에서 용접치수 6mm로 양측에 모살 용접한다.

답 : ④

4) 용접기호

① 구성 : 화살, 기선, 꼬리

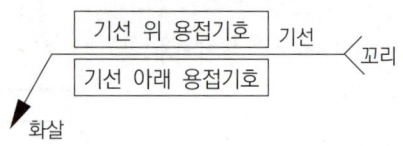

② 기호 표시 위치에 따른 해석
- 기선 위 용접기호 : 화살표 반대쪽 부위 용접 규격
- 기선 아래 용접기호 : 화살표 부위 용접 규격

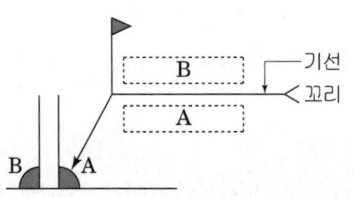

A와 B에 표기되는 모살용접 기호

$$S \triangleright \ell - P$$

S : 모살치수(용접치수)
$\triangleright$: 단속용접 $\triangleright$: 연속용접
ℓ : 용접의 길이
P : 피치(단속용접 간 거리)
▶ : 현장용접
▷ : A와 B 양측 단속용접

③ 표시 기호의 예

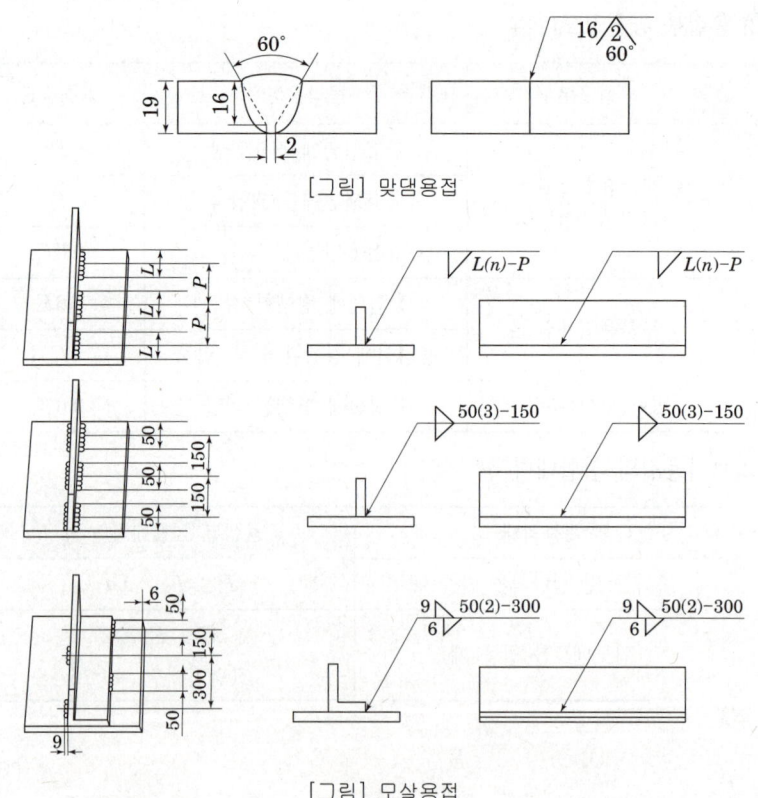

[그림] 맞댐용접

[그림] 모살용접

5) 비파괴 검사법
   ① 방사선 투과 검사(Radiographic Test) - 100회 이상 검사가능, 가장 많이 사용, 기록 가능
   ② 초음파 탐상법(Ultrasonic Test) - 기록 불가능, 5mm 이상 불가능, 빠른 검사속도, 복잡한 부위 불가능
   ③ 자기분말 탐상법(Magnetic Particle Test) - 15mm까지 가능, 미세부분 측정가능, 큰 장치
   ④ 침투 탐상법(Penetration Test) - 자광성 기름 이용, 검사간단, 비용저렴, 넓은 범위 검사가능, 내부결함 검출곤란

6) 용접결함의 종류
   ① 슬래그 감싸들기 : 슬래그가 용착금속 내에 혼입되는 현상
   ② 언더컷 : 모재가 녹아 용착금속이 채워지지 않고 홈으로 남게 된 부분
   ③ 오버랩 : 용접금속과 모재가 융합 되지 않고 단순히 겹쳐지는 것(전류가 낮을 때 발생)
   ④ 블로우 홀 : 방출되어야할 가스가 남아서 생기는 공처럼 길죽하게 빈자리
   ⑤ Crack : 용착금속 급냉, 과대전류 등에 의한 갈라짐
   ⑥ Pit : 모재의 불량 등으로 생기는 미세한 홈
   ⑦ 용입부족 : 모재가 녹지 않고 용착금속이 채워지지 않고 홈으로 남음
   ⑧ Crater : Arc 용접시 끝부분이 패이는 현상(항아리 모양)
   ⑨ Fisheye : Slag 혼입 및 Blow hole 겹침 현상, 생선눈알 모양의 은색 반점이 나타남

핵심 PLUS

21 강구조 용접부의 비파괴 검사법에 해당되지 않는 것은?
[08 기]
① 초음파 탐상 검사
② 토크검사
③ 자분 탐상 검사
④ 방사선 투과 검사
답 : ②

22 강구조 용접에서 용접결함에 관한 용어와 거리가 먼 것은?
[09 기]
① 오버랩(overlap)
② 엔드탭(end tap)
③ 피트(pit)
④ 언더컷(under cut)
답 : ②

핵심 PLUS

- 체결용 구멍 단면적 처리
  - 인장재 : 볼트구멍 단면적을 공제한 순단면적 (A_n)을 적용
  - 압축재 : 볼트구멍 단면적을 공제하지 않은 총단면적 (A_g)을 적용

- 순단면 산정을 위한 구멍의 여유

종류	지름	구멍 여유
볼트	모든 직경	0.5mm
고력 볼트	24mm 미만	2.0mm
	24mm 이상	3.0mm

23 다음 그림에서 파단선 A-B-F-C-D의 인장재 순단면적은? (단, 볼트구멍지름 $d_0 = 22mm$, 인장재 두께는 6mm) [16, 21 기]

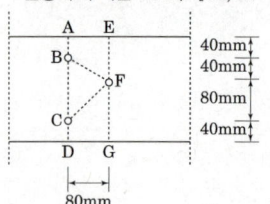

① 1,164mm² ② 1,364mm²
③ 1,564mm² ④ 1,764mm²

[해설] 인장재 순단면적(A_n)

$A_n = (h - nd_0 + \Sigma \frac{s^2}{4g})t$ 에서

$h = 40+40+40+80$
$\quad = 200(mm)$
$n = 3$
$d_0 = 22(mm)$
$g_1 = 40(mm)$
$g_2 = 80(mm)$
$s = 80(mm)$

$A_n = \{200 - (3 \times 24) + (\frac{80^2}{4 \times 40})$
$\quad \{+ \frac{80^2}{4 \times 80})\} \times 6$
$\quad = 1,128(mm^2)$

답 : ①

Ⅲ. 건축구조 | 강구조 개론

4 인장재 설계

1. 인장재 순단면적

1) 정렬배치의 경우

$$A_n = A_g - nd_0 t = (h - nd_0)t$$

A_n : 순단면적(mm²)
A_g : 총단면적($d_0 \cdot t$)
n : 파단선상 구멍 수
d_0 : 파스너 구멍의 직경(mm)
t : 부재의 두께(mm)

2) 엇모배치

$$A_n = \left(h - nd_0 + \Sigma \frac{s^2}{4g}\right)t$$

s : 피치(Pitch)(mm)
g : 게이지(Gauge)(mm)

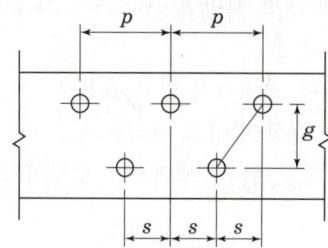

[그림] 불규칙 배치인 경우의 s와 g

3) L형강 순단면적

L형강의 순단면적 산정식은 정렬배치인 경우 위 1)공식, 엇모배치인 경우 위 2)공식과 동일, 다만 판폭(h)과 게이지(g)를 다음의 별도 식으로 산정하여 대입

① $h = A + B - t$
② $g = g_1 + g_2 - t$

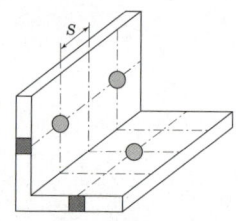

[L형강 엇모치기]

2. 설계인장강도

인장재의 설계인장강도 $\phi_t P_n$은 다음 세 가지 경우의 ϕ_t 와 P_n으로부터 산정한 값 중에서 작은 값

1) 총단면 항복 설계인장강도
① 부재의 과도한 신장에 의한 소성변형을 제어
② 부재의 단면적은 총단면적 사용(∵미세한 변형량)

$$\phi_t P_n = 0.9 \times F_y \cdot A_g$$

ϕ_t : 총단면 강도 저감계수(0.9)
F_y : 강재의 항복강도(MPa)
A_g : 강재의 총단면적(mm²)

2) 유효순단면 파단 설계인장강도
① 전단지연 효과를 고려하여 산정한 최소 유효순단면적(A_e) 적용
② 파단면의 한계상태 기준

$$\emptyset_t \phi_t P_n = 0.75 \times F_u \cdot A_e$$

ϕ_t : 유효순단면 강도 저감계수(0.75)
F_u : 강재의 극한인장 강도(MPa)
A_e : 강재의 유효순단면적(mm²)

3) 블록전단 설계인장강도
① 인장재의 접합부가 파괴되는 한계상태로서 블록전단 파괴모드
② 인장과 전단의 조합에 의하여 부재의 일부분이 파괴됨
③ 상단 플랜지가 없는 보단부 이음부 또는 가셋플레이트에서 발생

㉮ $F_u A_{nt} \geq 0.6 F_u A_{nv}$ 인 경우

$$\emptyset R_n = 0.75(0.6 F_y A_{gv} + F_u A_{nt})$$

㉯ $F_u A_{nt} < 0.6 F_u A_{nv}$ 인 경우

$$\emptyset R_n = 0.75(F_y A_{gt} + 0.6 F_u A_{nv})$$

ϕ_t : 블록전단 강도 저감계수(0.75)
F_y : 강재의 항복강도(MPa)
F_u : 강재의 극한인장 강도(MPa)
A_{gv} : 전단 총단면적(mm²)
A_{nv} : 전단 유효순단면적(mm²)
A_{gt} : 인장 총단면적(mm²)
A_{nt} : 인장 유효순단면적(mm²)

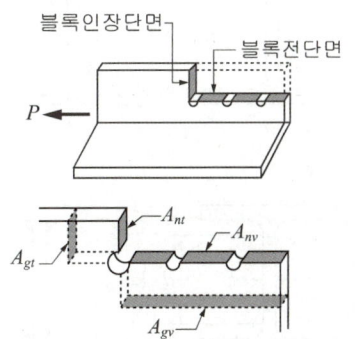

핵심 PLUS

24 강구조 인장 부재의 설계인장강도를 KBC2009 한계상태설계법에 의해 구하면? (단, 인장부재의 총단면적 A_g=3,000mm² 이고 유효순단면적 A_e=2,700mm² 이며, 이때 사용 형강의 F_y=240N/mm², F_u=400N/mm²)
[09 기]

① 648kN
② 720kN
③ 810kN
④ 1,080kN

해설 KBC2009 한계상태 설계법
① 해석의 발상 : 한계상태설계법에서 설계인장강도(인장력)의 크기는 총단면적과 유효순단면적에 의하여 각각 계산하여 두 값중 작은것을 선택한다.
② 총단면적에 의한 설계인장강도
$\emptyset_t P_n = \emptyset_t \cdot F_y \cdot A_g$ 에서
$\emptyset_t$는 총단면적에 대한 설계저항계수로 0.9이다.
따라서
0.9×240N/mm²×3000mm²
=648,000N=648kN
③ 유효순단면적에 의한 설계인장강도
$\emptyset_t P_n = \emptyset_t \cdot F_y \cdot A_g$ 에서
$\emptyset_t$는 유효순단면적에 대한 설계저항계수로 0.75이다.
따라서
0.75×400N/mm²×2700mm²
=810,000N=810kN

답 : ①

핵심 PLUS

■ 좌굴길이

	양단힌지	1단고정 1단힌지
지지 상태	P, l	P, $0.7l$, l
좌굴 길이	$l_k = l$	$l_k = 0.7l$
좌굴 강도	$n = 1$	$n = 2$

	양단고정	1단고정 1단자유
지지 상태	P, $0.5l$, l	P, l, $2l$
좌굴 길이	$l_k = 0.5l$	$l_k = 2l$
좌굴 강도	$n = 4$	$n = \dfrac{1}{4}$

25 H형강 H-450×450×20×28의 플랜지 및 웨브에 대한 판폭두께비를 구하면? [11,16 기]
① 플랜지 : 16.07, 웨브: 14.07
② 플랜지 : 16.07, 웨브 : 19.7
③ 플랜지 : 8.04, 웨브 : 14.07
④ 플랜지 : 8.04, 웨브 : 19.7

해설 H형강의 판폭 두께비

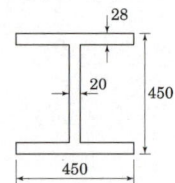

• Web의 판폭 두께비
$\dfrac{b}{t} = \dfrac{450 - 28 \times 2}{20} = 19.7$

• Flange의 판폭 두께비
$\dfrac{b}{t} = \dfrac{450 \times \frac{1}{2}}{28} = 8.04$

답 : ④

5 압축재 설계

1. 오일러(Euler)의 장주공식

① 좌굴하중 : $P_k = \dfrac{\pi^2 EI}{(l_k)^2} = \dfrac{n\pi^2 EI}{l^2} = \dfrac{\pi^2 EA}{\lambda^2}$

② 좌굴응력도 : $\sigma_k = \dfrac{P_k}{A} = \dfrac{1}{A} \cdot \dfrac{\pi^2 EI}{(l_k)^2}$

$= \dfrac{I}{A} \cdot \dfrac{\pi^2 E}{(l_k)^2} = \dfrac{\pi^2 E i^2}{(l_k)^2} = \dfrac{\pi^2 E}{\lambda^2} \leq f_k$

$\boxed{\begin{array}{l} lk = l \cdot k \\ n = \dfrac{1}{k^2} \\ \lambda = \dfrac{lk}{i} \\ l = \sqrt{\dfrac{I}{A}} \end{array}}$

③ 세장비 : $\lambda = \dfrac{\text{기둥의 유효길이}(l_k)}{\text{최소단면2차반지름}(i_{\min})}$

단, P_k : 좌굴하중(kN, N)　　E : 탄성계수(MPa)
　　I : 단면2차모멘트(mm⁴)　l_k : 좌굴길이(mm)
　　A : 단면적(mm²)　　　　　λ : 세장비
　　σ_k : 부재에 작용하는 좌굴응력도(MPa)
　　f_k : 허용좌굴응력도(MPa)

2. 국부좌굴

① 국부좌굴 : 부재의 특정 구간에서 발생하는 좌굴
② **국부좌굴의 방지 대책** : 부재의 두께에 따라 판폭을 일정하게 제한(**판폭두께비 제한**)
③ H형 단면의 판폭두께비 산정 및 제한

㉮ Flange 판폭두께비 : $\lambda = \dfrac{b}{t_f} \leq 0.56\sqrt{E/F_y}$ (비콤팩트 단면)

㉯ web 판폭두께비 : $\lambda = \dfrac{d}{t_w} \leq 1.49\sqrt{E/F_y}$ (비콤팩트 단면)

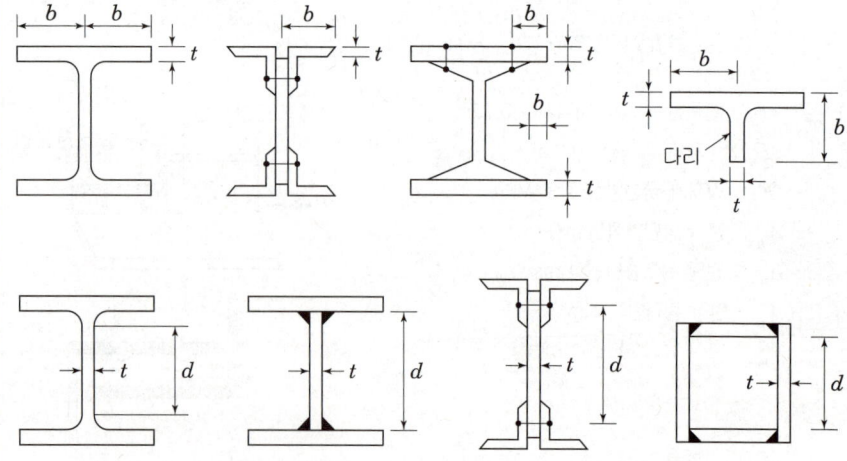

3. 조립 압축재

1) 장점
① 단일 형강재 보다 큰 단면 제작 가능
② 다양한 형태와 크기로 제작 가능
③ 큰 단면 2차반경의 부재 제작 가능(경제적)

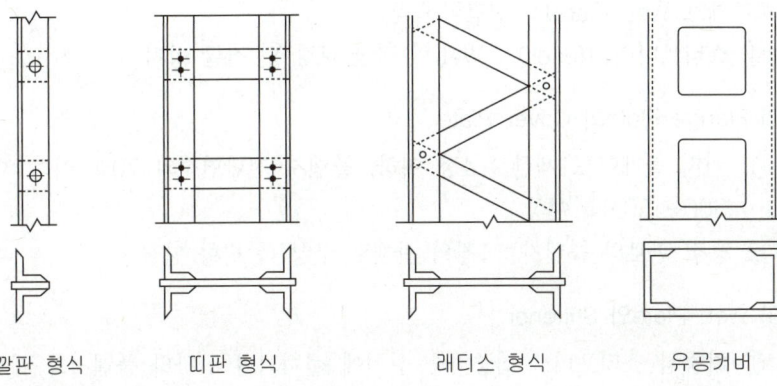

깔판 형식   띠판 형식   래티스 형식   유공커버

2) 종류
깔판, 띠판, 래티스(단 래티스, 복래티스), 유공 커버플레이트 형식

3) 구조제한
① 조립 압축재 세장비(λ) : 200 이하
② 개재(개별재료) 세장비 : 조립 압축재 세장비의 3/4 이하
③ 압축재 접합 길이
- 용접 : 조립재의 최대폭 이상 연속용접
- 고력볼트 : 조립재 최대폭의 1.5배 구간에 4d 이하 간격 볼트 체결

④ 래티스 세장비(L/r)
   단일 래티스 : 140 이하(60° 이상), 복래티스 : 200 이하(45° 이상)

⑤ 내후성 강재에 의한 조립압축재
- 긴결간격 : 14t 또는 170mm 이하(t=얇은 판의 두께)
- 최대연단거리 : 8t 또는 170mm 이하(t=얇은 판의 두께)

핵심 PLUS

26 그림과 같은 부재에 관한 기술로 옳지 않은 것은? (단, 작용하는 전단력은 72kN이다.)
[12 기]

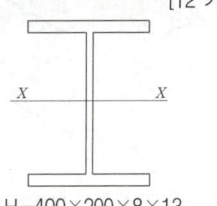

H-400×200×8×13

① 최대 휨응력은 플랜지의 바깥면에 생긴다.
② 플랜지의 폭-두께비는 7.69이다.
③ 웨브의 폭-두께비는 46.75이다.
④ 평균전단응력은 12.5MPa이다.

[해설] 웨브의 평균 전단응력
① 해석의 발상 : 평균전단응력은 특정 단면에 작용하는 전단력의 크기를 단면적으로 나눈 것이다.
② 웨브의 단면적 : 웨브의 두께와 플랜지 부분을 제외한 순수한 웨브의 높이를 곱한 것이다.
③ 평균전단력(v)
$$v = \frac{72 \times 10^3 (\text{N})}{[8 \times (400-13 \times 2)](\text{mm}^2)}$$
$$= 24.04 \text{N/mm}^2$$
$$= 24.04 \text{MPa}$$
④ 최대휨응력 : 부재의 상하단 즉 인장은 하단면에 압축은 상단면에 나타난다.
⑤ 웨브의 판폭두께비
$$\frac{400 - 2 \times 13}{8} = 46.75$$
⑥ 플랜지의 판폭두께비
$$\frac{200/2}{13} = 7.69$$

답 : ④

핵심 PLUS

■ 보의 형태

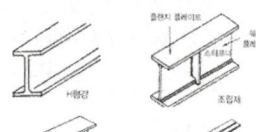

27 판보는 웨브에 작용하는 전단응력, 휨응력 또는 지압응력에 의한 좌굴이 일어날 가능성이 있는데 이를 방지하기 위하여 사용되는 것은? [95,99,14 기]
① 사이드 앵글(Side Angle)
② 스캘럽(Scallop)
③ 스티프너(Stiffener)
④ 새그 로드(Sag Rod)

해설 판보의 보강

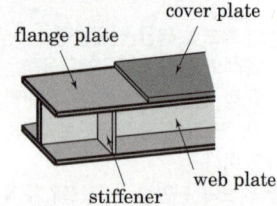

- flange plate : 휨모멘트 부담
- cover plate : 휨모멘트 보강
- web plate : 전단력 부담
- stiffener : 전단보강과 좌굴방지

답 : ③

■ Stiffener 종류와 기능
집중하중이 작용하는 위치에 하중점 스티프너(bearing stiffner)를 사용하며, Web의 전단보강 및 좌굴 방지를 위해 중간 스티프너(intermediate stiffener)로 보강하고, Web의 높이가 너무 높거나 횡방향 좌굴을 방지하려고 할 때 수평 스티프너를 사용한다.

28 다음 중 강구조 보에서 중간 스티프너를 사용하는 가장 주된 목적은? [93,96,01,04,06,07 기]
① 커버플레이트의 좌굴방지
② 플랜지의 비틀림 보강
③ 웨브 플레이트의 좌굴 방지
④ 커버플레이트의 부식방지

답 : ③

6 보

1. Plate Girder

1) 구성부재
① 플랜지(Flange Plate) : 휨모멘트 부담
② 커버플레이트(Cover Plate) : 플랜지의 휨모멘트 보강
③ 웨브(Web Plate) : 전단력 부담
④ 스티브너(Stiffener) : **Web의 전단 보강 및 좌굴 방지**

2) Flange Plate와 Cover Plate
① 커버 플레이트 제한 : **4장 이하, 플랜지 전단면적의 70% 이하**, 여장 300~450mm 이상
② 용접 판보의 플랜지 : 1장의 판재로 구성(폭 방향 연결 금지)

3) Web Plate와 Stiffener
① 하중점 스티프너 : 집중하중 위치에 설치되며 상하의 플랜지와 웨브에 반드시 밀착 (하중지지 단면적 : 하중점 스티브너 단면적+(Web 두께×15)×2)
② 중간 스티프너 : 전단보강과 웨브의 좌굴을 방지하기 위해 설치되며 웨브에 밀착하되 상하 플랜지에 밀착은 선택적
③ 수평 스티프너 : **웨브의 횡좌굴 방지**와 플랜지의 휨모멘트 보강을 목적으로 설치하며 압축측으로부터 보춤의 1/5(0.8d)지점에 배치

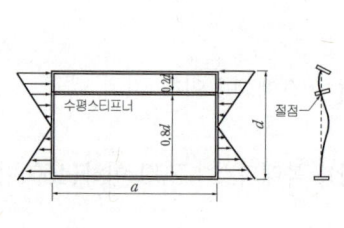

[그림] 수평스티프너

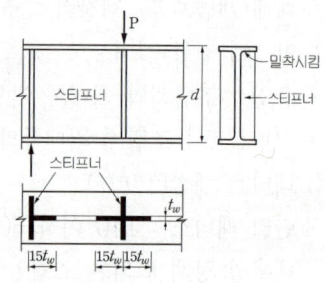

[그림] 하중점 스티프너

2. 합성보(Composition Beam)

1) 정의
철근콘크리트 슬래브와 강재보를 일체(완전 매립)로 구성한 보

2) 전단 연결재(Shear Connector) 종류
ㄷ형강, 나선철근, 스터드 커넥터

3) stud Connector의 구조제한

① 직경 : 22mm 이하 또는 플랜지 두께의 2.5배 이하
② 설치 높이 : 높이는 스터드 볼트 직경의 6배
③ 배치 : 게이지는 직경의 4배 이하, 피치는 직경의 6배 이하, 중심 간격은 슬래브 총 두께의 8배 이하 또는 900mm 이하
④ 피복두께 : 25mm 이상(Deck Plate 골 속 제외)

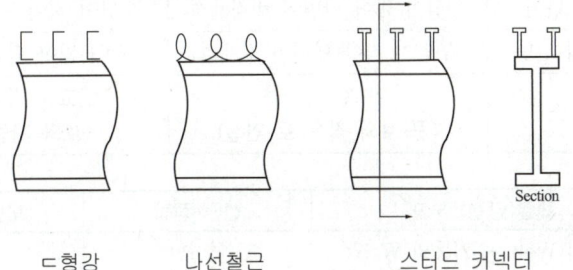

ㄷ형강   나선철근   스터드 커넥터

4) 데크플레이트에 스터드 커넥터 설치 구조제한

① 공칭 골 깊이 : 75mm 이하
② 리브 또는 헌치 평균 폭 : 50mm 이상
③ 콘크리트 두께 : 50mm 이상
④ 데크플레이트 고정 : 450mm 이하 간격의 지지부재 설치

3. 허용 처짐

1) 제한 목적

마감재 영향 및 진동에 의한 불안감 최소화, 구조물의 사용성 확보

2) 고려 대상

보의 종류, 실의 용도, 마감재 종류

① 처짐 한도 규정

보의 종류		처짐의 한도
일반보	보통의 보	스팬의 1/300 이하
	캔틸레버보	스팬의 1/250 이하

※ 최대 적재하중에 대하여 $\sigma \leq L/360$ (σ=처짐, L=스팬) 충족

② 일반적 처짐 예방
- 보의 높이 확보 : H형강의 경우 L/18~L/20 이상 확보
- 최대 스팬의 제한 : 단순보의 최대 스팬 18m 이하로 제한

핵심 PLUS

■ 노출형

■ 매입형

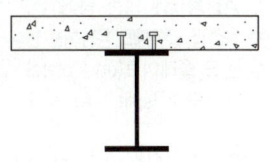

29 다음 중 강구조에서 전단 연결재(Shear Connector)가 사용되는 부분은?
[93,97,05,07,09 기]
① 기둥과 보의 접합부
② 기둥의 이음부
③ 합성보와 슬래브 사이
④ 판보의 플랜지와 웨브의 접합
답 : ③

■ 전단응력 및 전단중심

세장한 부재를 사용하는 강구조에서 부재의 휨변형 보다 비틀림 변형은 매우 위험하다.
따라서 부재의 비틀림을 예방하기 위해서는 하중의 작용선이 전단중심(Shear Center)을 통과하도록 설계한다
이 경우 비틀림은 생기지 않고 휨변형만 발생된다.

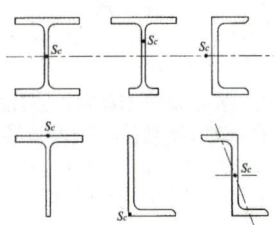

핵심 PLUS

■ 강접합의 형식
① 완전용접에 의한 형식
② 용접과 고력볼트 병용하는 형식
③ 엔드 플레이트(end plate)
④ 스플릿 티(split tee) 형식

30 철골구조에서 기둥-보 접합부에 관계없는 것은? [08, 17 기]
① 스플릿티(Split Tee)
② 메탈터치(Metal touch)
③ 엔드플레이트(End Plate)
④ 다이아프람(Diaphragm)

[해설] 강구조의 보와 기둥의 접합
① 해석의 발상 : 강구조에서 기둥과 보의 접합에는 보의 전단력과 휨모멘트를 모두 기둥으로 전달하는 강접합과 보의 전단력만 기둥으로 전달하는 단순접합이 있다.
② 메탈터치(Metal touch) 방식 : 기둥을 이음하는 방식으로 접합면을 직접 접촉시켜 연결하며 접촉면을 따라 하중의 50%가 전달되므로 덧판과 끼움판의 부담이 적은 것이 특징이다.

답 : ②

31 강구조의 접합부에 대한 설명 중 옳지 않은 것은? [13 기]
① 기둥의 이음에서 접합할 기둥 단면의 층이 상, 하에서 다를 때에는 이음판과 플랜지 사이에 끼움판을 삽입한다.
② 기둥의 이음에서 인장응력이 발생할 우려가 없을 경우 이음면을 절삭가공하여 충분히 밀착시켜 축력의 일부를 직접 하부 기둥으로 전달시킬 수 있다.
③ 기둥과 보의 접합에서 단순접합은 보의 휨모멘트를 기둥이 부담하므로 보를 경제적으로 설계할 수 있다.
④ 기둥과 보의 접합에서 강접합은 모멘트에 대한 저항능력을 갖고 있으며, 보와 기둥의 모멘트는 각각 강성에 따라 분배된다.

답 : ③

4. 보와 기둥의 접합

구분	단순 접합(전단 접합)	강접합(모멘트 접합)
응력전달	전단력만 전달	전단력과 휨모멘트 전달
체결부재	Web 접합, Flange 비접합	Web 접합, Flange 접합
단부고정도	0~20%	90~100%
시공비용	간단한 시공, 저가	복잡한 시공, 고가
보의 단면	부담이 많아 단면이 비경제적	부담이 작아 단면이 경제적
기둥의 단면	부담이 작아 단면이 경제적	부담이 많아 단면이 비경제적
용도	경미한 구조물 (큰 보와 작은 보 연결)	고층 강구조물 (보와 기둥 연결)

체결(강접) 부재	전단 접합	모멘트 접합
보의 Web – 기둥의 Web	연결함	연결함
보의 flange – 기둥의 flange	연결하지 않음	연결함

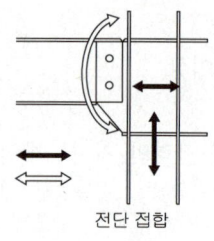

[그림] 전단 접합   [그림] 모멘트 접합

7 트러스 구조

1. 종류

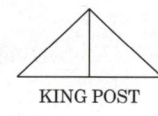 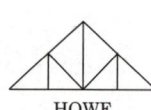 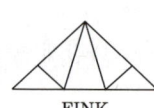 

KING POST   HOWE   FINK   WARREN

2. 특징

장스팬 구조물에 경제적, 부재는 인장과 압축력만 부담(전단력과 휨모멘트 없음), 큰 강성, 작은 부재 변형, 많은 접합, 가공 및 제작비 고가

3. 접합일반

① 각 부재 기준선과 중심선은 일치시키고 절점에서 한 점에 교차 될 것
② 덧댐판(가셋 플레이트)은 보통 6mm~12mm 정도의 강판 사용
③ 경제적인 트러스 간격은 스팬이 20m까지 약 4m, 20~30m까지는 약 5m 정도

8 강구조 기타

1. 주각

1) 정의
기둥의 응력을 철근콘크리트 기초에 전달하는 부분

2) 설계하중
축방향력, 전단력, 휨모멘트

3) 해석
핀 구조물로 가정하여 설계(경우에 따라 고정도 가능)

4) 구성부재
베이스 플레이트(base plate), **윙 플레이트**(wing plate), **접합 앵글**(clip angle), **사이드 앵글**(side angle), **리브**(rib), **앵커 볼트**(Anchor bolt)

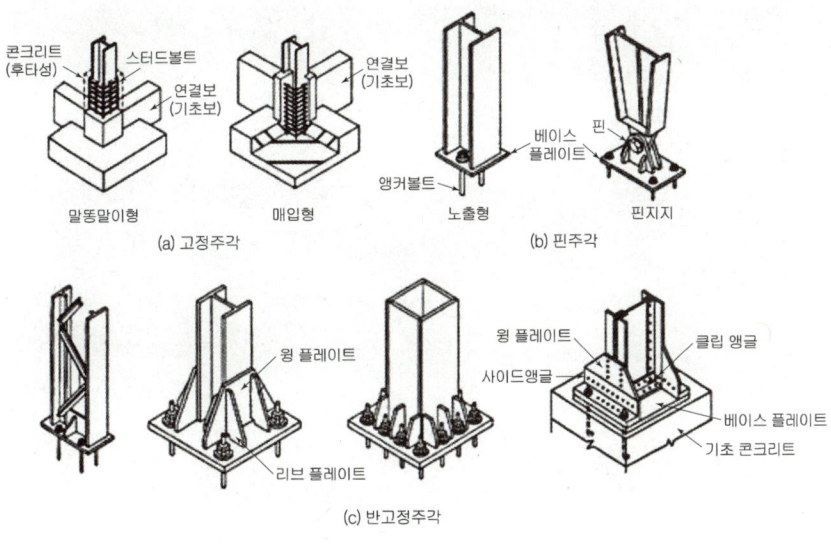

2. 기둥의 이음

① 볼트접합을 이용한 기둥 이음에는 이음판(splice) 사용
② 기둥 접합부는 밀착(Metal Touch)되는 방식으로 하중 전달
③ 압축력, 전단력, 휨모멘트를 받는 기둥의 이음은 반드시 이음판 사용
④ 상·하 기둥 춤의 차이가 30mm 보다 작을 경우 끼움판(filler plate)을 사용
⑤ 상·하 기둥 춤의 차이가 30mm 이상일 경우 맞댐판(butt plate) 사용

핵심 PLUS

32 그림과 같은 트러스의 명칭은? [10 기]

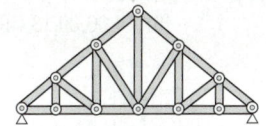

① 하우(Howe) 트러스
② K 트러스
③ 와렌(Warren) 트러스
④ 핑크(Fink) 트러스

답 : ①

■ 트러스의 중도리와 타이로드
· 중도리 : Truss 상현재의 절점 위치에 고정시켜서 휨모멘트가 생기지 않도록 하는 부재
· 타이로드(Tie-Rod) : 지붕면의 처짐을 방지하기 위해 중도리를 서로 연결시키는 부재

33 강구조 기둥의 주각에 관한 설명 중 틀린 것은? [07,17 기]
① 기둥의 응력이 크면 윙플레이트, 접합앵글, 리브 등으로 보강하여 응력의 분산을 도모한다.
② 앵커볼트는 기초 콘크리트에 매입되어 주각부의 이동을 방지하는 역할을 한다.
③ 주각은 고정으로만 가정하여 응력을 산정한다.
④ 축방향력이나 휨모멘트는 베이스플레이트 저면의 압축력이나 앵커볼트의 인장력에 의해 전달된다.

답 : ③

■ 메탈터치(Metal Touch) 방식
· 단면에 인장응력이 발생할 염려가 없는 상태에서 강재와 강재를 빈틈없이 밀착시키는 방법으로 밀피니시(Mill Finish)의 일종이다.
· 소요압축력과 휨모멘트의 1/2 이상이 접촉면을 통하여 전달되도록 설계하여야 한다.

핵심 PLUS

34 다음 철골조 주각 부분의 그림에서 A의 명칭은?
[97,04,06,09,13 기]

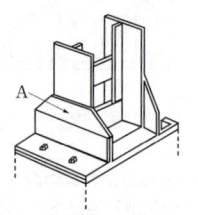

① base plate
② side angle
③ anchor plate
④ wing plate

답 : ④

35 다음 중 철골기둥의 주각부에 사용되는 보강재로 거리가 먼 것은? [96,09,11 기]
① 사이드 앵글(side angle)
② 베이스 플레이트(base plate)
③ 필러 플레이트(filler plate)
④ 윙 플레이트(wing plate)

답 : ③

Ⅲ. 건축구조 | 강구조 개론

⑥ 끼움판 두께=$\dfrac{양단면춤의차}{2}$-세우기여유폭

⑦ 끼움판의 폭=플랜지 폭≤상부 기둥 플랜지 폭

3. 큰 보와 작은 보의 접합

1) 일단 작은 보
  ① 설계 : 큰 보와 작은 보의 접합을 핀(단순, 전단)접합으로 설계
  ② 접합 : 작은 보에서 큰 보로 **전단력만 전달**되도록 접합(단순접합)

2) 양단 작은 보
  ① 설계 : 큰 보와 작은 보의 접합을 강접합으로 설계(모멘트 접합)
  ② 접합 : 작은 보에서 큰 보로 **전단력 전달**, 휨모멘트는 **큰 보에서 작은 보로 전달**

핵심기출문제

VIII. 강구조 개론

■■■ 1. 강구조 일반

1. 강구조에 대한 설명 중 옳지 않은 것은? [07㉠]

① 긴 스팬의 구조물이나 고층 구조물에 적합하다.
② 강재는 다른 구조재료에 비하여 균질도가 높다.
③ 재료가 불에 타지 않기 때문에 내화력이 크다.
④ 단면에 비하여 부재길이가 비교적 길고 두께가 얇아 좌굴하기 쉽다.

해설 1
강구조의 특성
장점으로는 고강도 재질, 자중 감소, 큰 소성변형능력, 세장부재 가능, 균질성, 편이성, 해체용이, 재사용 가능, 환경친화 재료, 하이테크 재료 등이고 단점으로는 내화성 부족, 좌굴발생, 낮은 피로강도, 처짐과 진동 우려, 높은 관리비 등이다.

2. 다음 강종 중 건축구조용 압연강재를 나타내는 것은? [15㉠]

① SS400　　② SM490
③ SMA490　　④ SN490

해설 2
강재의 표시법
• SS
  Steel Structure(일반구조용 압연강재)
• SM
  Steel Marine(용접구조용 압연강재)
• SMA
  Steel Marine Atmosphere
  (용접구조용 내후성 열간압연강재)
• SN
  Steel New(건축구조용 압연강재)

3. 다음 구조용 강재의 명칭에 대한 내용으로 틀린 것은? [14, 21㉠]

① SM - 용접구조용 압연강재(KS D 3515)
② SS - 일반구조용 압연강재(KS D 3503)
③ SN - 내진건축구조용 냉간성형 각형강관(KS D 3864)
④ STK - 일반구조용 탄소강관(KS D 3566)

해설 3
강재의 명칭
• SM
  용접구조용 압연강재(KSD 3515)
• SS
  일반구조용 압연강재(KSD 3503)
• SN
  건축구조용 압연강재(JIS G3136)
• STK
  일반구조용 탄소강관(KS D3566)

정답 1. ③　2. ④　3. ③

핵심기출문제

Ⅷ. 강구조 개론

해설

4. 철판 두께가 25mm인 SM 490 강재의 허용응력도를 결정하는 기준값 f_y 는 얼마인가? [08 ㉎]

① 215N/mm² ② 235N/mm²
③ 295N/mm² ④ 325N/mm²

[해설] 4
강재의 설계기준강도
① 해석의 발상 : 강재의 설계 기준강도는 하항복점 강도와 최대(인장)강도의 70% 중 작은 값이다. SM490 강재의 최대강도(F_u)는 490MPa 이며 하항복점 강도(F_y)는 235MPa 이다.
② 설계기준강도 : 항복강도의 70%인 400×0.7=280(MPa)와 하항복점 강도인 235MPa 중 작은 값인 235MPa 설계기준강도이다.

5. 구조용 강재 SHN490에 대한 설명 중 옳은 것은? [14 ㉎]

① 건축구조용 열간압연 H형강이며, 인장강도는 490MPa이다.
② 건축구조용 압연 H형강이며, 압축강도는 490MPa이다.
③ 용접구조용 압연 H형강이며, 인장강도는 490MPa이다.
④ 용접구조용 내후성 열간압연강재이며, 압축강도는 490MPa이다.

[해설] 5
강재의 재질표시

SHN 490

SN : Steel New(건축구조용 압연강재)
H : H beam
490 : 강재의 인장강도

6. H-300×150×6.5×9인 형강보가 10kN의 전단력을 받을 때 웨브에 생기는 전단응력도의 크기는 약 얼마인가? (단, 웨브전단면적 산정시 플랜지 두께는 제외함) [13, 19 ㉎]

① 3.46MPa ② 4.46MPa
③ 5.46MPa ④ 6.46MPa

[해설] 6
Web의 전단응력도

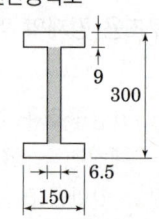

- 전단력을 저항하는 부분은 Web plate, 휨 모멘트를 부담하는 부분은 Flange plate이다.
- 전단응력(v)

$$v = \frac{V}{A_v} = \frac{10 \times 10^3}{6.5 \times (300 - 2 \times 9)}$$
$$= 5.456 \text{ [N/mm}^2 \text{ =MPa]}$$

정답 4. ④ 5. ① 6. ③

해설

7. 강재의 응력-변형도 시험에서 인장력을 가해 소성상태에 들어선 강재를 다시 반대 방향으로 압축력 작용하였을 때의 압축항복점이 소성상태에 들어서지 않은 강재의 압축항복점에 비해 낮은 것을 볼 수 있는데 이러한 현상을 무엇이라 하는가? [09, 15, 20 ㉠]

① 뤼더 선(Lüder's line)
② 바우싱거 효과(Baushinger's effect)
③ 소성 흐름(Plastic flow)
④ 응력 집중(Stress concentration)

[해설] 7
Bauschinger effect
하중을 받는 방향에 따라 금속이 영구변형을 일으키기 쉽게 되는 현상으로 한번 항복점 이상의 하중을 가한 금속에 재차 반대방향의 하중을 가하면 그 탄성한도 또는 항복점이 떨어져, 하중을 가하기 시작하자마자 점성변형(粘性變形)을 일으키게 되는 현상

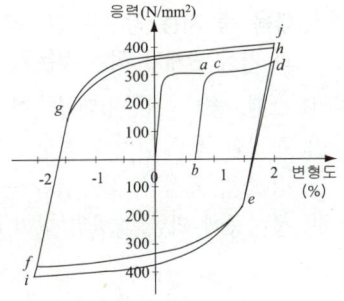

8. 강재의 항복비(Yield Ratio)에 대한 설명 중 옳지 않은 것은? [13 ㉠]

① 강재의 인장강도에 대한 항복강도의 비를 의미한다.
② 고강도 강재일수록 항복비가 크다.
③ 항복비는 소성능력, 강재부식에 영향을 준다.
④ 항복비가 클수록 연성거동을 확보하기 어렵다.

[해설] 8
항복비
• 인장강도에 대한 하항복강도의 비
• 고강도 강재일수록 항복비가 크다.
• 항복비가 클수록 취성이 크다.

9. 다음 골조-아웃리거 시스템에 관한 설명 중 ( )안에 가장 알맞은 것은? [10, 14 ㉠]

> 건물이 고층화됨에 따라 횡하중에 의한 횡변형이 많이 발생하게 된다. 보통골조-전단벽 구조에서는 횡하중을 부담하는 코어에 아웃리거와 (   )을/를 설치하여 외곽 기둥과 연결시킨다.

① 벨트트러스   ② 프리스트레스트 빔
③ 항성슬래브   ④ 슈퍼칼럼

[해설] 9
아웃리거 가새 골조 구조
• 가새로 된 내부 골조와 외곽 기둥을 연결하여 수평캔틸레버로 구성
• 휨강성이 양호

정답 7. ② 8. ③ 9. ①

핵심기출문제
Ⅷ. 강구조 개론

10. 구조시스템의 분류에 있어 복합구조로 보기 어려운 것은? [14㉮]
① 철골철근콘크리트 기둥에 철골 보를 이용한 구조
② 철골철근콘크리트 기둥에 철근콘크리트 보를 이용한 구조
③ 철근콘크리트 기둥에 철근콘크리트 보를 이용한 구조
④ 철근콘크리트 기둥에 철골 보를 이용한 구조

해설 10
복합구조
복합구조란 철근콘크리트 구조 또는 철골 철근콘크리트 구조를 철골구조와 합성하여 구성하는 구조를 말한다. 따라서 철근콘크리트 기둥과 철근콘크리트 보의 구성은 복합구조가 될 수 없다.

11. 다음 중 저층 강구조 장스팬 건물의 구조계획에서 고려해야 할 사항과 가장 관계가 적은 것은? [10, 19㉮]
① 스팬, 층고, 지붕형태 등 건물의 형상 선정
② 적절한 골조 간격의 선정
③ 강절점, 활절점, 볼트접합 등의 부재 접합방법 선정
④ 풍하중에 의한 횡변위 고려

■■■ 2. 강구조 설계법

12. 다음 중 철골구조의 소성설계와 관계 없는 것은? [08, 11, 17㉮]
① 형상계수(Form factor)   ② 소성힌지(Plastic hinge)
③ 붕괴기구(Collapse mechanism) ④ 전단중심(Shear center)

해설 소성설계
강구조 소성설계에 관련된 용어는 다음과 같다.
① 항복모멘트(Yield Moment My) : 보의 최연단의 응력이 항복응력에 도달했을 때의 단면의 모멘트
② 소성모멘트(Plastic Moment Mp) : 굽힘모멘트가 증가함에 따라 소성영역이 보의 최연단에서 중립축으로 확장되어 탄성영역은 거의 나타나지 않는 극한 저항모멘트에 이르게 되는 단면모멘트
③ 형상계수(Shape Factor) : 보의 소성모멘트와 항복모멘트의 비
④ 소성힌지(Plastic Hinge) : 어떤 하중에 대한 최대모멘트가 항복모멘트(M_y)보다는 크지만 소성모멘트(M_p)보다 적을 때는 부재의 최연단에 부분적인 소성영역이 발생하다가 하중이 증가하여 최대휨모멘트가 소성 모멘트(M_p) 값에 근사할 때 소성영역이 중립축 쪽으로 점점 확장해 M_{max}가 M_p와 같게 되면 보는 완전소성이 되어 마치 Hinge로 연결되어 있는 것처럼 작용하는데 이 Hinge를 소성 Hinge라 한다. 소성Hinge는 항상 최대휨모멘트가 생기는 단면에서 형성된다.
⑤ Collapse Mechanism : 구조물에 극한하중이 작용하여 소성힌지가 형성되면 마치 2개의 강봉이 힌지로 연결되어 있는 것처럼 거동하고, 이런 조건하에 있는 보가 계속 변형을 일으키는 Mechanism을 파괴, 붕괴 Mechanism이라 한다.
소성힌지가 하나밖에 없는 경우에는 한 개의 파괴메카니즘이 고려되지만 여러 소성힌지가 가능할 때는 여러 개의 메카니즘을 만들 수 있고 각 메카니즘을 하나씩 검토해서 그에 대응하는 하중을 결정해서 가장 적은 값에서 발생하는 메카니즘이 정확한 메카니즘이며, 이 하중이 그 구조물의 극한하중이다.

정답 10. ③ 11. ④ 12. ④

13. 다음 H형강 단면의 전소성모멘트(M_P)는 얼마인가? (단, F_y=330MPa)
[15 ㉮]

① 1,025kN·m
② 963.6kN·m
③ 700.8kN·m
④ 575kN·m

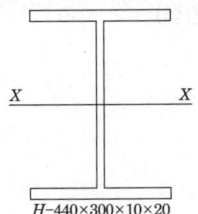

H-440×300×10×20

[해설] H형강의 전소성모멘트(M_P)
전소성모멘트 : 휨재의 단면 전체가 소성상태가 되어 항복상태에 이르게 하는 휨모멘트로서 항복응력(F_y)과 소성단면계수(Z_P)의 곱으로 구할 수 있다.
$M_P = F_y \cdot Z_P$
$F_y = 330$MPa
Z_P(소성단면계수) : 단면의 도심을 지나는 축에 대한 단면계수
$Z_P = A_c \cdot y_c + A_t \cdot y_t = 2A_c \cdot y_c = 2\{(300 \times 20)(210) + (10 \times 200)(100)\}$
$= 2.92 \times 10^6 (\text{mm}^3)$
$M_P = F_y \cdot Z_P = (330)(2.92 \times 10^6) \times 10^{-6} = 963.6$kN·m

14. 다음 중 철골구조의 한계상태설계법과 관련 없는 것은?
[09 ㉮]

① 안전계수(safety factor)
② 하중계수(load factor)
③ 설계강도(design strength)
④ 저항계수(resistance factor)

[해설] 14
한계상태 설계
한계상태 설계의 기본식은
$\Sigma r_i \cdot Q_{ni} \leq \varnothing \cdot R_n$ 으로
여기서, r_i는 하중계수, Q_{ni}는 하중효과, $\varnothing$는 설계저항계수, R_n는 부재의 공칭강도이다.

15. 활하중의 영향면적에 대해 옳게 설명한 것은?
[16 ㉮]

① 기둥 및 기초에서는 부하면적의 6배
② 보에서는 부하면적의 5배
③ 캔틸레버 부분은 영향면적에 단순합산
④ 슬래브에서는 부하면적의 2배

[해설] 15
활하중의 영향면적 (건축구조기준)
영향면적은 기둥 및 기초에서는 부하면적의 4배, 보에서는 부하면적의 2배, 슬래브에서는 부하면적을 적용한다.
단, 부하면적 중 캔틸레버 부분은 4배 또는 2배를 적용하지 않고 영향면적에 단순 합산한다.

정답 13. ② 14. ① 15. ③

핵심기출문제

Ⅷ. 강구조 개론

16. 부하면적 36m²인 콘크리트 기둥의 영향면적에 따른 활하중저감계수 (C)로 옳은 것은? (단, $C=0.3+\dfrac{4.2}{\sqrt{A}}$, A는 영향면적) [14, 19 ㉮]

① 0.25
② 0.45
③ 0.65
④ 1

[해설] 16

활하중의 저감계수(C)와 영향면적(A)

$C=0.3+\dfrac{4.2}{\sqrt{A}}$

* 영향면적(A)는 부재에 직접 하중의 영향을 미치는 범위 내에 있는 바닥의 면적으로서 다음과 같다.
 · 기둥 : 부하면적×4
 · 보 : 부하면적×2
 · Slab : 부하면적×1

∴ $C=0.3+\dfrac{4.2}{\sqrt{36\times 4}}=0.65$

문제의 경우 기둥에 해당하므로 영향면적(A)는 부하면적의 4배에 해당한다.

17. 그림과 같은 지상 4층 건물에 기둥 C_1의 1층에 발생하는 계수하중에 의한 축력을 면적법으로 구하면? (단, 보 및 기둥자중은 무시하며, 바닥하중(지붕 하중동일)은 고정하중=5N/m², 활하중=3N/m²이며 활하중 저감은 무시한다.) [16 ㉮]

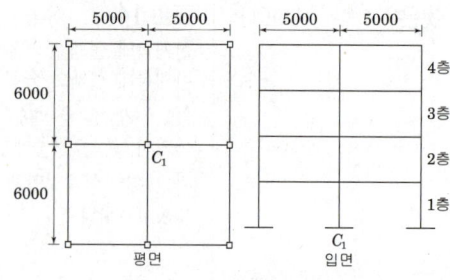

① 1,296kN
② 1,364kN
③ 1,412kN
④ 1,498kN

[해설] 17

기둥의 축력(면적법)

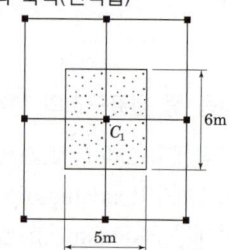

· 단위층의 C_1 부담면적
 $=5m\times 6m=30m^2$
· 1층 기둥의 부담층수=4층
· 계수하중
 $=1.2\times 5+1.6\times 3=10.8(kN/mm^2)$
∴ 축력$=30\times 4\times 10.8=1,296(kN)$

18. 강구조 접합부 계획시 고려사항이 아닌 것은? [13 ㉮]

① 부재의 이음개소는 가급적 적게 한다.
② 공장 용접보다 현장 용접이 많도록 하며 용접 부위의 검사가 용이하도록 한다.
③ 응력집중이나 국부 변형이 일어나지 않도록 한다.
④ 단면의 급격한 변화는 가급적 피한다.

[해설] 18

강구조 접합
현장용접 보다 공장용접이 강도나 정밀도가 높고 검사도 용이하므로 가급적이면 공장용접을 많이 하고 현장용접을 줄인다.

정답 16. ③ 17. ① 18. ②

19. 건축물에 작용하는 풍압력의 크기를 결정하는 요소와 가장 거리가 먼 것은? [15 ]

① 건축물의 무게
② 건축물의 높이
③ 건축물의 형상
④ 풍속

해설 19
풍하중
$W_f = P_f \cdot A$
$P_f = Q_z \cdot G_f \cdot C_f$
Q_z = 건물높이
G_f = 가스트영향계수
C_f = 풍력계수
A = 유효수압면적

■■■ 3. 접합

20. 강구조의 볼트접합에 관한 일반적인 설명으로 옳지 않은 것은? [16, 21 ㉮]

① 볼트는 가공정밀도에 따라 상볼트, 중볼트, 흑볼트로 나뉜다.
② 볼트 중심 사이의 간격을 게이지라인(gauge line)이라고 한다.
③ 게이지라인(gauge line)과 게이지라인과의 거리를 게이지(gauge)라고 한다.
④ 배치방식은 정렬배치와 엇모배치가 있다.

해설 20
볼트 접합 일반

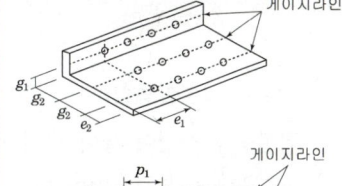

g_1, g_2 = 게이지라인
p_1, p_2 = 피치
e_1 = 끝남기
e_2 = 옆남기

21. 강구조에서 규정된 별도의 설계하중이 없는 경우 접합부의 최소 설계강도 기준은? (단, 연결재, 새그로드 또는 띠장은 제외) [17 ㉮]

① 30kN 이상
② 35kN 이상
③ 40kN 이상
④ 45kN 이상

해설 21
강구조 최소 설계강도
강구조에서 규정된 별도의 설계하중이 없는 경우 접합부의 최소 설계강도는 45kN 이상이다.

19. ① 20. ② 21. ④

핵심기출문제

VIII. 강구조 개론

22. 볼트의 기계적 등급을 나타내기 위해 표시하는 F8T, F10T, F11T에서 가운데 숫자는 무엇을 의미하는가? [08, 10, 13, 20㉮]
① 휨강도
② 인장강도
③ 압축강도
④ 전단강도

해설 22
고력볼트의 표시법
고력볼트는 F10T, F10T, F11T 등으로 표시하며 F는 Friction grip joint이고 T는 Tensile strength이다. F와 T사이의 수치는 최저인장강도(F_u)를 tonf/cm² 단위로 표시한 것이다. 예를 들어 F10T는 최저 인장강도가 10tonf/cm²로서 이는 SI단위 체계로 1kN/mm² (1000MPa)에 해당한다.

23. 강구조 고력볼트 접합에 대한 설명 중 옳지 않은 것은? [06㉮]
① 접합판재 유효단면에서 하중이 적게 전달된다.
② 볼트에는 마찰접합의 경우 전단 또는 지압응력이 발생한다.
③ 피로강도가 높다.
④ 접합부의 강성이 높다.

해설 23, 24
고력볼트 접합
① 해석의 발상 : 고력볼트 접합은 판재 사이의 마찰력에 의해 부재에 작용하는 응력을 부담하는 마찰접합이다. 따라서 볼트의 전단내력 또는 판재의 지압내력에 의해 응력을 부담하는 일반 볼트 접합과 다르다.
② 고장력볼트 접합의 특징 : 풀리지 않는 너트, 응력방향에 무관한 접합강도, 볼트의 전단과 판재의 지압 무발생, 높은 반복응력 저항성과 피로강도, 응력의 최소화 등의 장점이 있다.

24. 다음의 고력볼트접합에 대한 설명 중 옳지 않은 것은? [06, 07㉮]
① 접합부의 강성이 높아 수직방향 접합부의 변형이 거의 없다.
② 접합판재 유효단면에서 하중이 적게 전달된다.
③ 볼트의 단위 강도가 높아 큰 응력을 받는 접합부에 적당하다.
④ 마찰접합이므로 볼트나 판재에 전단 또는 지압응력이 발생한다.

25. 강구조 고력볼트 마찰접합의 특징에 관한 설명 중 옳지 않은 것은? [10, 21㉮]
① 시공이 용이하여 공기가 절약된다.
② 접합부의 강성과 강도가 크다.
③ 불량개소의 수정이 용이하다.
④ 사용강재가 절약된다.

해설 고력볼트 접합의 특징

장점	단점
· 접합부의 강성이 높다. · 마찰접합, 소음이 없다. · 피로강도가 높다. · 불량부분 수정이 쉽다.	· 노동력 절약, 공기단축 · 화재, 재해의 위험이 적다. · 현장시공 설비가 간단 · 너트가 풀리지 않는다.

정답 22. ② 23. ② 24. ④ 25. ④

26. 아래 맞댐용접부에서 A와 D부위의 명칭으로 옳은 것은? [16 ㉮]

① A : 루트간격, D : 개선각
② A : 루트면,   D : 유효목두께
③ A : 루트간격, D : 보강살높이
④ A : 루트면,   D : 개선각

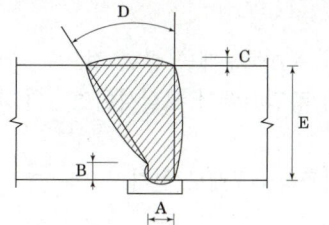

해설 26
맞댐용접의 용어

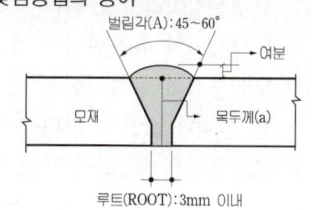

27. 강구조 필릿용접에 관한 설명으로 옳지 않은 것은? [17 ㉮]

① 필릿용접의 유효면적은 유효길이에 유효목두께를 곱한 것으로 한다.
② 필릿용접의 유효길이는 필릿용접의 총길이에서 2배의 필릿사이즈를 공제한 값으로 하여야 한다.
③ 필릿용접의 유효목두께는 용접루트로부터 용접표면까지의 최단거리로 한다. 단, 이음면이 직각인 경우에는 필릿사이즈의 $\sqrt{2}$ 배로 한다.
④ 구멍필릿과 슬롯필릿용접의 유효길이는 목두께의 중심을 잇는 용접 중심선의 길이로 한다.

해설 27
모살(필릿)용접의 목두께
필릿용접의 유효 목두께는 용접루트로 부터 용접표면까지의 최단거리로 한다. 단, 이음면이 직각인 경우에는 필릿 사이즈의 0.7배로 한다.

28. 강구조 모살용접의 최소, 최대 모살사이즈 기준에 대한 설명 중 옳지 않은 것은? [14 ㉮]

① 판두께 t < 6mm 인 경우의 최대 모살사이즈는 t mm이다.
② 판두께 t ≥ 6mm인 경우의 최대 모살사이즈는 t-2mm이다.
③ 판두께 t ≤ 6mm인 경우의 최소 모살사이즈는 2mm이다.
④ 판두께 6 < t ≤ 13mm인 경우의 최소 모살사이즈는 5mm이다.

해설 모살용접
① 최소 모살 치수

접합 얇은판 두께(mm)	최소모살 치수(mm)
t ≤ 6	3
6 < t ≤ 13	5
13 < t ≤ 19	6
19 < t	8

② 최대 모살 치수

접합 얇은판 두께(mm)	최소모살 치수(mm)
t < 6	t
t ≥ 6	t − 2

정답 26. ① 27. ③ 28. ③

핵심기출문제

VIII. 강구조 개론

29. 강구조 접합의 모살용접에 대한 설명으로 옳지 않은 것은? [13 ㉮]

① 필렛용접이라고도 한다.
② 모살용접의 유효면적은 유효길이에 유효목두께를 곱한 것으로 한다.
③ 모살용접의 유효길이는 모살용접의 총길이에서 모살사이즈 s의 3배를 공제한 값으로 한다.
④ 모살용접의 유효목두께는 모살사이즈의 0.7배로 한다.

30. 모살치수 8mm, 용접길이 400mm인 양면모살용접의 유효단면적은?
[93, 00, 04, 10, 13 ㉮]

① 2,100mm² ② 3,200mm²
③ 3,800mm² ④ 4,300mm²

31. 다음 그림과 같은 모살용접부의 유효목두께는? [15, 19 ㉮]

① 4.0mm
② 4.2mm
③ 4.8mm
④ 5.6mm

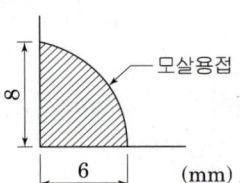

해설

해설 29
모살용접의 특징
- 모재의 용접면은 가공하지 않음
- 모살치수(S)는 얇은 쪽 판 두께 이하
- 목두께(a)는 모살치수의 0.7배
- 유효용접 길이($= \ell - 2S \geq 4S$)는 모살치수의 4배 이상
- 용접 유효단면적(A_w)는 목두께×유효용접길이

해설 30
용접 유효단면적
① 해석의 발상 : 모살용접의 유효단면적(A_e)은 목두께(a)와 유효 용접길이(l_e)의 곱이다.
② 목두께(a)와 유효 용접길이(l_e) : 목두께(a)=0.7S이며, 유효 용접길이(l_e)=$l-2S$이다. 단, S는 모살치수이다.
③ 유효단면적(A_e)
$A_e = \{(0.7 \times 8mm) \times (400mm - 2 \times 8mm)\} \times 2 = 4300mm^2$
※ 양면모살용접이므로 단면모살용접의 두 배이다.

해설 31
모살용접의 유효목두께(a)

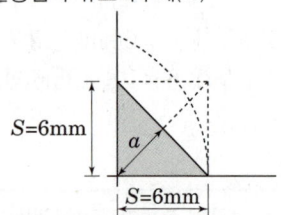

- 부등변 모살용접의 유효목두께(a)는 작은 모살치수를 기준하여 산정
- 모살치수는 6mm 기준하여 대각선 길이의 1/2이 목두께(a)이다.
$a = \dfrac{6\sqrt{2}}{2} = 6 \times \dfrac{\sqrt{2}}{2} = 6 \times 0.7$
$= 4.2mm$

정답 29. ③ 30. ④ 31. ②

32. 다음과 같은 조건에서의 필릿용접의 최소 사이즈는 얼마인가? [17, 21 ㉮]

접합부의 얇은 쪽 모재두께(t), mm
6 < t ≤ 13

① 3mm ② 5mm
③ 6mm ④ 8mm

[해설] 32
모살용접의 최소 모살 치수

접합 얇은판 두께(mm)	최소모살 치수(mm)
t ≤ 6	3
6 < t ≤ 13	5
13 < t ≤ 19	6
19 < t	8

33. 그림의 용접기호와 관련된 내용으로 옳은 것은? [13, 22 ㉮]

① 양면용접에 용접 길이 50mm
② 용접 간격 100mm
③ 용접 치수 12mm
④ 연속 용접

[해설] 용접기초

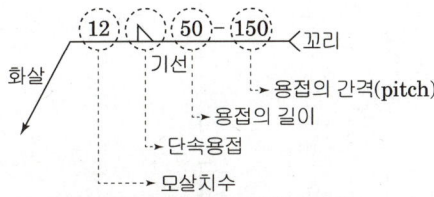

※ 기선의 위 기초 표시는 화살의 반대 쪽 용접을 의미함

34. 다음 용접기호에 대한 설명으로 옳은 설명은? [13, 22 ㉮]

① 맞댐용접이다.
② 용접되는 부위는 화살의 반대쪽이다.
③ 유효목두께는 6mm이다.
④ 용접길이는 60mm이다.

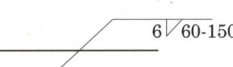

[해설] 34
용접기초

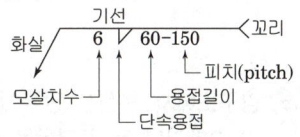

※ 기선 아래 기호 표시는 화살표 쪽 용접

정답 32. ② 33. ③ 34. ④

핵심기출문제 — Ⅷ. 강구조 개론

35. 다음 모살용접부의 유효 용접 면적은? [15 ㉮]

① 716.8mm²
② 614.4mm²
③ 806.4mm²
④ 691.2mm²

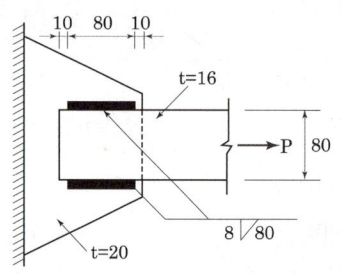

해설 35
모살용접의 용접면적(A_w)
$A_w = \sum(a \times l_e)$
$a = 0.7s = 0.7 \times 8 = 5.6$
$l_e = l - 2s = 80 - 2 \times 8 = 64$
$A_w = 2(5.6 \times 64) = 716.8\text{mm}^2$

36. 그림과 같은 모살용접 이음부의 설계강도를 구하고, 고정하중 P_D=40kN, 활하중 P_L=30kN이 작용하는 경우에 이음부의 안전성을 옳게 검토한 것은? (단, 강재는 SM490, F_y=325MPa, ϕ=0.9) [15 ㉮]

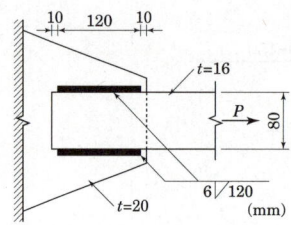

① 설계강도 : 159.2kN, 검토결과 : 안전
② 설계강도 : 79.6kN,   검토결과 : 안전
③ 설계강도 : 159.2kN, 검토결과 : 불안전
④ 설계강도 : 79.6kN,   검토결과 : 불안전

해설 36
모살용접의 이음부 설계강도
$P_u \le P_d = \phi R_n$
$P_u = 1.2P_d + 1.6P_L$
$\quad = 40 \times 1.2 + 30 \times 1.6 = 96\text{kN}$
$P_d = \phi R_n = 0.9 \times A_w \times F_w$
$\quad = 0.9 \times (a \times l) \times 0.6F_y$
$\quad = 0.9 \times (0.7 \times 6) \times (120-12)$
$\quad \quad \times 3.25 \times 0.6$
$\quad = 159,214\text{N} = 159.2\text{kN}$
∴ $P_u(=96\text{kN}) < P_d(=159.2\text{kN})$ 안전

37. 강구조 용접에서 용접 개시점과 종료점에 용착금속에 결함이 없도록 임시로 부착하는 것은? [17, 21 ㉮]

① 엔드탭(End tap)
② 오버랩(Overlap)
③ 뒷댐재(Backing Strip)
④ 언더컷(Under cut)

해설 37, 38
엔드 플레이트(End Plate)
엔드 플레이트(End Plate)란 강구조에서 용접선 단부에 붙인 보조판으로 아크의 시작이나 종단부의 크레이터 등의 결함을 방지하기 위해 붙이는 판이다.

38. 강구조에서 용접선 단부에 붙인 보조판으로 아크의 시작이나 종단부의 크레이터 등의 결함을 방지하기 위해 붙이는 판은? [15, 17, 20 ㉮]

① 스티프너
② 윙플레이트
③ 커버플레이트
④ 엔드탭

정답 35. ① 36. ① 37. ① 38. ④

39. 보와 기둥의 용접접합 시 용접에 알맞게 웨브로부터 잘라낸 반원형 또는 타원형 모양의 부분을 무엇이라 하는가? [09㉎]
① 엔드탭
② 뒷댐재
③ 스캘럽
④ 래티스

■■■■ 4. 인장재

40. 다음 그림과 같은 인장재의 순단면적을 구하면? (단, F10T-M20볼트 사용(표준구멍), 판의 두께는 6mm임) [17, 22 ㉎]

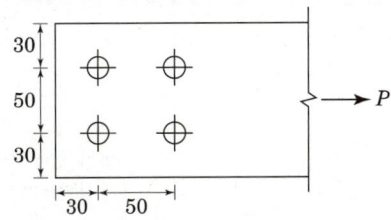

① 296mm²
② 396mm²
③ 426mm²
④ 536mm²

41. 그림에서 파단선 a-1-2-3-d의 인장재의 순단 면적은? (단, 판두께는 10mm, 볼트 구멍지름은 22mm) [17, 22 ㉎]

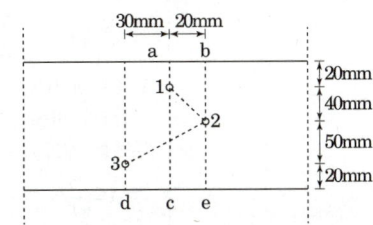

① 690mm²
② 790mm²
③ 890mm²
④ 990mm²

해설

[해설] 39
강구조 용어
① 엔드탭 : 용접결함이 생기기 쉬운 용접비드의 시작과 끝에 부착하는 강판
② 뒷댐재 : 용융 금속이 반대쪽으로 흘러내리는 것을 방지하기 위해 이음부의 반대쪽에 덧대는 재료
③ 스캘럽 : 보와 기둥의 용접접합 시 용접에 알맞게 웨브로부터 잘라낸 반원형 또는 타원형 모양의 판재
④ 래티스 : 철골 기둥 또는 보의 제작 시 플랜지 사이에 배치한 평강으로 웨브 기능을 수행하는 경사재

[해설] 40
인장재의 순단면적(A_n)
$A_n = A_g - n \cdot d_o \cdot t = h \cdot t - n \cdot d_o \cdot t$
$= (h - nd_o) \cdot t$
$A_n = \{110 - 2 \times (20+2)\} \times 6$
$= 396 \, (\text{mm}^2)$

[해설] 41
인장재 순단면적
$A_n = \left(h - nd_o + \sum \dfrac{s^2}{4g}\right)t$ 에서
$h = 20 + 40 + 50 + 20 = 130 \, (\text{mm})$
$n = 3, \ d_o = 22 \text{mm}$
$g_1 = 40\text{mm}, \ g_2 = 50\text{mm}$
$s_1 = 20\text{mm}, \ s_2 = 50\text{mm}$
$A_n = \left\{130 - (3 \times 22) - \right.$
$\left. + \left(\dfrac{20^2}{4 \times 40} + \dfrac{50^2}{4 \times 50}\right)\right\} \times 10$
$= 787.5 \text{mm}^2 ≒ 790\text{mm}^2$

39. ③ 40. ② 41. ②

핵심기출문제

Ⅷ. 강구조 개론

해설

42. 그림과 같은 앵글(angle)의 유효단면적으로 옳은 것은? (단, L-50× 50×6 사용, a=5.644cm², d=1.7cm) [09, 14, 20㉮]

① 8.0cm²
② 8.5cm²
③ 9.0cm²
④ 9.25cm²

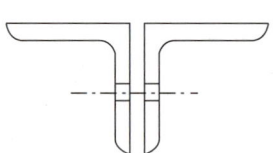

해설 42
인장재의 유효단면적
① 해석의 발상 : 총단면적에서 결손 단면적을 공제하면 유효단면적이다.
② 결손단면적 : 구멍직경×부재 두께
  =1.7cm×0.6cm=1.02cm²
③ 유효단면적
  2×(5.644−1.02)=9.248cm²

43. 용접 H형강 H-450×450×20×28의 플랜지 및 웨브에 대한 판폭두께비를 구하면? [16 ㉮]

① 플랜지 : 16.07, 웨브 : 14.07
② 플랜지 : 16.07, 웨브 : 19.7
③ 플랜지 : 8.04, 웨브 : 14.07
④ 플랜지 : 8.04, 웨브 : 19.7

해설 43
H형강의 판폭 두께비

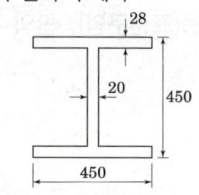

• Web의 판폭 두께비
$$\frac{b}{t}=\frac{450-28\times 2}{20}=19.7$$

• Flange의 판폭 두께비
$$\frac{b}{t}=\frac{450\times\frac{1}{2}}{28}=8.04$$

44. 각형강관 □-250×250×6을 사용한 충전형 합성 기둥의 강재비와 폭두께비는?(단, A_s=5,763mm²) [10, 16 ㉮]

① 강재비 : 0.092, 폭두께비 : 40
② 강재비 : 0.092, 폭두께비 : 38
③ 강재비 : 0.098, 폭두께비 : 40
④ 강재비 : 0.098, 폭두께비 : 38

해설 44
합성기둥의 강재비와 판폭두께비
강재비는 전체 단면적에 대한 강재의 단면적의 비율이다

$$\therefore 강재비=\frac{5,768}{250\times 250}=0.0923$$

판폭두께비(λ)는 판 폭(b)에 대한 두께(t)의 비율이다. 단, 판폭은 양단의 두께를 제외한 크기이다.

$$\therefore \lambda=\frac{b}{t}=\frac{250-(2\times 6)}{6}=39.67$$

정답 42. ④ 43. ④ 44. ①

45. 플레이트 거더(Plate girder)의 커버플레이트에 대한 설명 중 잘못된 것은? [08㉮]

① 커버플레이트의 길이는 보의 휨모멘트에 의하여 결정된다.
② 커버플레이트는 구조계산상 필요한 길이보다 여장을 갖도록 설계한다.
③ 커버플레이트 수는 최대 5장 이하로 한다.
④ 커버플레이트는 플랜지의 휨 내력의 부족을 보완하기 위하여 사용한다.

46. 강구조에서 플레이트 거더(Plate Girder)에 관한 설명으로 옳지 않은 것은? [90, 93, 99, 02, 07㉮]

① 커버 플레이트의 크기는 휨모멘트에 의해 결정된다.
② 용접조립에 의한 보의 플랜지는 될 수 있는 대로 1장의 판으로 구성한다.
③ 스티프너는 웨브 플레이트의 좌굴을 방지하기 위해 사용된다.
④ 플랜지의 커버 플레이트 수는 6장 이하로 하며 커버 플레이트의 전단면적은 플랜지 전단면적의 85% 이하로 한다.

47. 판보(plate girder)에서 리벳, 볼트로 접합된 플렌지의 커버 플레이트의 수는 최대 몇 장 이하로 하는가? [06㉮]

① 2장　② 3장
③ 4장　④ 5장

48. 다음 중 철골보의 휨내력이 부족시 보완대책으로 가장 알맞은 것은? [07㉮]

① 플랜지를 커버플레이트로 보강한다.
② 접합부분에 고력볼트의 개수를 증가시킨다.
③ 시어 커넥터를 사용한다.
④ 접합부의 용접 두께를 크게 한다.

해설

해설 45
판보(Plate Girder)의 커버 플레이트
휨모멘트에 저항하는 플랜지 플레이트는 가급적 1장의 판재를 사용하되 보강이 필요한 경우 커버플레이트로 한다. 커버플레이트는 플랜지 단면적의 70% 이하, 4장 이하로 설계하여야 하고 필요한 구간보다 긴 여장을 300mm 정도로 두어야 한다.

해설 46
판보(Plate Girder)
보에 작용하는 휨모멘트에 저항하기 위한 플랜지 플레이트는 가급적 1장의 판재를 사용한다. 또한 보에 작용하는 전단력에 저항하기 위한 웨브 플레이트가 사용된다. 휨모멘트 보강은 커버플레이트로 하되 플랜지 단면적의 70% 이하, 4장 이하로 설계하여야 한다. 전단 보강을 위한 스티프너는 웨브의 좌굴을 방지하는 효과도 있다.

해설 47, 48
Cover Plate
플랜지의 휨모멘트 보강을 위해 덧붙이는 Cover Plate는 4장 이하, 플랜지 단면적의 70% 이하로 설치하여야 한다.

정답 45. ③　46. ④　47. ③　48. ①

핵심기출문제

VIII. 강구조 개론

49. 다음 중 바닥슬래브와 철골보 간에 발생하는 전단력에 저항하기 위해 설치하는 것은? [93, 97, 05, 07, 09, 19㉠]
① 커버 플레이트(cover plate)
② 스티프너(stiffener)
③ 턴버클(turn buckle)
④ 시어 커넥터(shear connector)

50. 합성보 설계시 시어 커넥터의 구조제한에 대한 설명으로 옳지 않은 것은? [06㉠]
① 강재보의 웨브 선상에 설치되는 시어커넥터를 제외하고 스터드 커넥터의 지름은 플랜지 두께의 3배 이하로 한다.
② 스터드 커넥터의 종방향 피치는 스터드 커넥터 지름의 6배 이상으로, 횡방향 게이지는 스터드 커넥터 지름의 4배 이상으로 한다.
③ 스터드 커넥터의 피치는 슬래브 전체 두께의 8배 이하로 한다.
④ 시어 커넥터는 용접 후의 높이가 단면 지름의 4배 이상이며, 머리가 있는 스터드나 압연 ㄷ형강으로 하여야 한다.

51. 플랜지에 작용하는 전단력으로 인해 비틀림 모멘트가 생기게 되므로 부재가 비틀림이 없이 휨을 받으려면 하중의 작용선이 단면의 어느 특정 지점을 지나야 한다. 이 점을 무엇이라 하는가? [08, 15㉠]
① 전단중심(Shear center)
② 하중중심(Force center)
③ 강성중심(Rigidity center)
④ 무게중심(Gravity center)

해설

해설 49
강구조 용어
① 커버플레이트(Cover Plate) : 판보에서 플랜지 플레이트의 휨 보강을 위해 플랜지 위에 덧대는 판재
② 스티프너(Stiffener) : 판보에서 웨브 플레이트의 좌굴 방지와 전단보강을 위해 수직 또는 수평으로 덧대는 부재
③ 턴버클(Turn buckle) : 한쪽에는 오른나사, 다른 쪽은 왼나사로 되어 너트를 회전하면 양측에 연결된 부재가 서로 동시에 접근하거나 멀어지는 부품
④ 시어커넥터(Shear connector) : 합성보에서 콘크리트 슬래브와 철골보를 강접합 할 때 사용되는 부품

해설 50
강재보의 웨브 선상에 설치되는 시어 커넥터를 제외하고 스터드 커넥터의 지름은 플랜지 두께의 2.5배 이하로 한다.

해설 51
전단중심
부재의 비틀림이 생기지 않고 휨변형만 유발하는 위치를 전단중심(Shear center)이라 한다.

정답 49. ④ 50. ① 51. ①

52. 그림과 같은 ㄷ형강(Channel)에서 전단중심(剪斷中心)의 대략적인 위치는? [14, 19 ㉮]

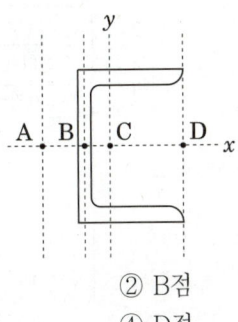

① A점　　　　　　② B점
③ C점　　　　　　④ D점

53. 다음 중 래티스보의 웨브(web)를 90° 각도로 댄 것으로 경미한 하중을 받는 곳에 주로 사용되는 철골보는? [98, 06 ㉮]

① 격자보　　　　　② H 형강보
③ 트러스보　　　　④ 플레이트거더

■■■ 압축재

54. 래티스형식 조립압축재에 관한 설명으로 옳지 않은 것은? [17 ㉮]

① 단일 래티스 부재의 세장비 $\dfrac{L}{r}$은 140 이하로 한다.
② 단일 래티스 부재의 부재축에 대한 기울기는 60° 이상으로 한다.
③ 복 래티스 부재의 세장비 $\dfrac{L}{r}$은 180 이하로 한다.
④ 복 래티스 부재의 부재축에 대한 기울기는 45° 이상으로 한다.

해설

해설 52
부재의 절단중심(Sc, Shear Center)

해설 53
래티스보
일반적으로 래티스보의 래티스 각도는 단래티스 60°, 복래티스 45°로 설치된다. 하지만 래티스의 각도가 90°가 되면 사다리 모양의 격자보가 된다. 격자보는 휨이 크므로 보를 노출시켜 사용하지 않고 철골·철근콘크리트구조의 골조로 사용된다.

해설 54
래티스 세장비와 각도
단일 래티스 형식의 개별 재료의 세장비는 140 이하(60° 이상)이며, 복래티스의 개별 재료의 세장비는 200 이하(45° 이상)로 한다.

정답　52. ①　53. ①　54. ③

핵심기출문제

VIII. 강구조 개론

해설

55. 강구조 래티스 형식 조립압축재에 대한 구조제한에 대한 내용이다. ( )안에 알맞은 것은? [14⑦]

> 부재축에 대한 래티스 부재의 기울기는 다음과 같다.
> • 단일 래티스 경우 : (㉮) 이상
> • 복 래티스 경우 : (㉯) 이상

① ㉮ : 50°, ㉯ : 40°   ② ㉮ : 60°, ㉯ : 40°
③ ㉮ : 50°, ㉯ : 45°   ④ ㉮ : 60°, ㉯ : 45°

해설 55
래티스 형식 조립 압축재

형식	단일 래티스	복래티스
래티스 각	60° 이상	45° 이상
세장비	140 이하	200 이하

56. 다음 중 철골보의 처짐을 적게 하는 방법으로 가장 알맞은 것은? [07⑦]

① 철골보의 길이를 길게 한다.
② 웨브의 단면적을 작게 한다.
③ 하부 플랜지를 상부 플랜지보다 크게 한다.
④ 단면 2차모멘트 값을 크게 한다.

해설 56
처짐의 최소화 대책
처짐은 휨강성(EI) 즉, 탄성계수와 단면2차모멘트에 반비례하고 하중에 비례하며 집중하중 시 지간의 세제곱, 등분포하중 시 지간의 네제곱에 비례한다. 단면적이 작아지면 단면2차모멘트가 감소하며 상·하부 플랜지 단면은 휨모멘트의 방향에 따라 결정된다.

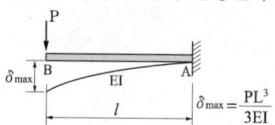

57. 등분포하중을 받는 단순지지 철골보 H-700×300×13×24(A =235.5mm², I_x=201,00cm⁴)의 하부 플랜지 양쪽이 1.5cm씩 절단(하부 플랜지 폭이 270mm로 됨)되었을 때의 설명 중 적당한 것은? [08⑦]

① 보의 중립축은 하부로 이동한다.
② 하부 플랜지 응력은 작아진다.
③ 상부 플랜지 응력은 원래와 동일하다.
④ 상부 플랜지 쪽 단면계수의 감소량이 하부보다 작다.

해설 57
철골보의 플랜지 단면적
① 단면적의 변화와 응력 : 응력 $\left(\sigma = \dfrac{P}{A}\right)$이므로 일정한 휨모멘트가 작용하는 상태에서 단면적이 감소하면 응력은 증가한다.
② 저항 모멘트와 중립축 : 하부의 플랜지 단면적이 감소하면 하부 저항모멘트도 감소하여 중립축은 상부로 이동한다.
③ 외력의 감소와 응력 변화 : 하부 플랜지 단면적이 감소한 만큼 외력을 줄여야 하므로 오히려 상부 플랜지의 응력은 감소한다.
④ 단면적과 단면계수 : 단면계수는 단면2차모멘트를 연단의 거리로 나눈 것이므로 단면적이 감소한 하부가 상부보다 크게 줄어든다.

정답 55. ④ 56. ④ 57. ④

58. 그림과 같이 스팬이 7.2m이며 간격이 3m인 합성보 A의 슬래브 유효폭 be는? [10, 21 ㉮]

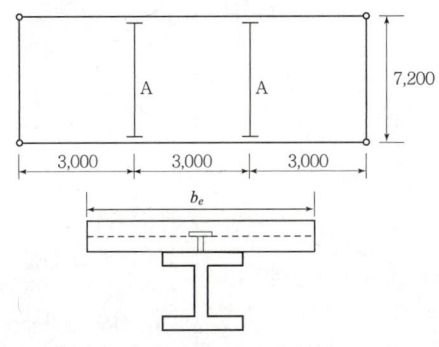

① 1,400mm ② 1,600mm
③ 1,800mm ④ 2,000mm

[해설] 58
합성보의 유효폭은 다음 중 작은 값으로 한다.
① 양측슬래브 중심간 거리
② 보 경간의 1/4
㉠ $\dfrac{3,000}{2} \times 2 = 3,000\,mm$
㉡ $7,200 \times \dfrac{1}{4} = 1,800\,mm$

59. 다음 강구조 접합부 중 회전저항에 유연해서 모멘트를 전달하지 않는 형태로 기둥에 보의 플랜지를 연결하지 않고 웨브만 접합한 형태는? [15 ㉮]

① 강접 접합부 ② 스플릿티 모멘트 접합부
③ 전단 접합부 ④ 반강접 접합부

[해설] 59, 60, 61
전단 접합(단순 접합)

체결(강접) 부재	전단 접합	모멘트 접합
보의 Web – 기둥의 Web	연결함	연결함
보의 flange – 기둥의 flange	연결하지 않음	연결함

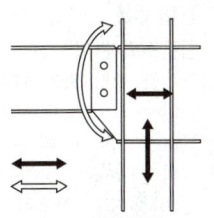
전단 접합

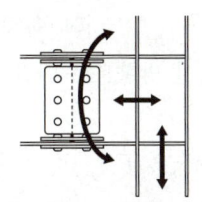
모멘트 접합

구분	단순 접합(전단 접합)	강접합(모멘트 접합)
응력전달	전단력만 전달	전단력과 휨모멘트 전달
체결부재	Web 접합, Flange 비접합	Web 접합, Flange 접합
단부고정도	0~20%	90~100%
시공비용	간단한 시공, 저가	복잡한 시공, 고가
보의 단면	부담이 많아 단면이 비경제적	부담이 작아 단면이 경제적
기둥의 단면	부담이 작아 단면이 경제적	부담이 많아 단면이 비경제적
용도	경미한 구조물	고층 강구조물

58. ③ 59. ③

핵심기출문제 VIII. 강구조 개론

60. 강구조물의 보 단부에서 회전을 허용하지 않고 100%에 가까운 단부 모멘트를 기둥 또는 이음부에 전달하는 개념의 접합부 형태는? [14㉮]

① 강접합 ② 반강접합
③ 전단접합 ④ 단순접합

61. 강구조의 접합부에 대한 설명 중 옳지 않은 것은? [13㉮]

① 기둥의 이음에서 접합할 기둥 단면의 층이 상, 하에서 다를 때에는 이음판과 플랜지 사이에 끼움판을 삽입한다.
② 기둥의 이음에서 인장응력이 발생할 우려가 없을 경우 이음면을 절삭가공하여 충분히 밀착시켜 축력의 일부를 직접 하부기둥으로 전달시킬 수 있다.
③ 기둥과 보의 접합에서 단순접합은 보의 휨모멘트를 기둥이 부담하므로 보를 경제적으로 설계할 수 있다.
④ 기둥과 보의 접합에서 강접합은 모멘트에 대한 저항능력을 갖고 있으며, 보와 기둥의 모멘트는 각각 강서에 따라 분배된다.

■■■ 7. 트러스 및 기타

62. 철골조의 가새에 관한 기술 중 옳지 않은 것은? [04, 06, 20㉮]

① 트러스의 절점 또는 기둥의 절점을 각각 대각선 방향으로 연결하여 구조체의 변형을 방지하는 부재이다.
② 풍하중, 지진력 등의 수평하중에 저항하는 것으로 부재에는 인장응력만 발생한다.
③ 보통 단일형강재 또는 조립재를 쓰지만 응력이 작은 지붕가새에는 봉강을 사용한다.
④ 수평가새는 지붕 트러스의 하현재면(평보면) 및 지붕면(경사면)에 설치한다.

해설

해설 61
기둥과 보의 접합
- 단순접합 : 기둥과 보의 Web plate를 서로 연결하여 보의 전단력을 기둥으로 전달하지만 Flange plate는 연결하지 않아 휨모멘트는 전달되지 않음. 따라서 보의 휨모멘트 부담이 많아 보의 단면이 비경제적으로 크다.
- 모멘트 접합 : 기둥과 보의 Web plate 뿐만 아니라 Flange plate도 연결하여 보의 전단력과 휨모멘트를 기둥으로 전달한다. 따라서 보의 부담이 적어 단면이 작아 경제적이다.

해설 62
철골조의 가새
가새는 조립 또는 단일 형강재를 사용하여 트러스 부재 사이 또는 트러스 사이에 대각선 방향으로 설치하여 구조물의 변형을 억제하는 것으로 인장 또는 압축력만 부담한다.

정답 60. ① 61. ③ 62. ②

63. 철골구조의 기둥-보 접합부의 구성요소와 가장 거리가 먼 것은?   [17㉮]

① 엔드플레이트(End Plate) ② 다이아프램(Diaphragm)
③ 스플릿티(Split Tee) ④ 메탈터치(Metal touch)

64. 강구조에서 기초콘크리트에 매입되어 주각부의 이동을 방지하는 역할을 하는 것은?   [07, 16, 22㉮]

① 턴 버클 ② 클립 앵글
③ 앵커 볼트 ④ 사이드 앵글

65. 다음 중 철골조 주각부분에 사용하는 보강재에 해당되지 않는 것은?   [09, 17㉮]

① 윙플레이트 ② 데크플레이트
③ 사이드앵글 ④ 클립앵글

[해설] **65, 66**
철골구조의 주각부 구조
기둥 플랜지 보강을 위해 Wing Plate와 Side Angle, 웨브플레이트 보강을 위해 Clip Angle과 Filler Plate(래티스 기둥에서만 사용), 바닥 보강을 위해 Base Plate, 주각과 콘크리트 연결을 위해 Anchor Bolt 등이 필요하다.

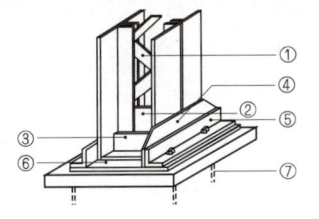

① Lattice bar
② Web plate
③ Clip Angle
④ Wing plate
⑤ Side Angle
⑥ Base plate
⑦ Anchor Bolt

[기초 주각부의 구성]

66. 철골주각부에 부착하는 강판으로 사이드앵글을 거쳐서 또는 직접 용접에 의해 기둥으로부터의 응력을 베이스플레이트에 전달하기 위해 붙이는 판은?   [15㉮]

① 스티프너 ② 커버플레이트
③ 윙플레이트 ④ 엔드탭

해설

[해설] **63**
엔드 플레이트(End Plate)
엔드 플레이트(End Plate)란 용어 보다는 엔드 탭(End Tab)으로 불려지는 것으로 강구조에서 용접선 단부에 붙인 보조판으로 아크의 시작이나 종단부의 크레이터 등의 결함을 방지하기 위해 붙이는 판이다.

[해설] **64**
철골구조의 주각부 구조
기둥 플랜지 보강을 위해 Wing Plate와 Side Angle, 웨브플레이트 보강을 위해 Clip Angle과 Filler Plate(래티스 기둥에서만 사용), 바닥 보강을 위해 Base Plate, 주각과 콘크리트 연결을 위해 Anchor Bolt 등이 필요하다.

정답 63. ④ 64. ③ 65. ② 66. ③

건축설비

04 Subject

01 위생설비
02 공기조화설비
03 전기설비

01 위생설비

1 물에 관한 일반적인 사항

1. 물의 성질

1) 물의 비중

물의 밀도(ρ)와 단위중량의 부피(V) 및 비중량(γ)의 관계는

$$\rho = \frac{\gamma}{g} \,[\text{kg} \cdot \text{sec}^2/\text{m}^4]$$

$$v = \frac{V}{\gamma} \,[\text{m}^3/\text{kg}]$$

γ : 비중량 [$1\text{g/cm}^3 = 1\text{kg}/\ell = 1,000\text{kgf/m}^3 = 1\text{ton/m}^3$]
g : 중력 가속도 [9.8m/sec^2]
V : 물의 부피

2) 물의 팽창

순수한 물은 1기압하에서 4℃일 때 밀도가 최대가 되며, 4℃의 물의 밀도는 $1\,[\text{kg}/\ell]$이지만 100℃까지 상승하면 $0.958634\,[\text{kg}/\ell]$가 되므로 그 사이에 팽창한 체적의 비율은 $\left(\dfrac{1}{0.958634} - \dfrac{1}{1}\right) \times 100 = 4.315\%$이다.

또한 100℃의 물에서 100℃의 증기로 변하면 약 1,700배의 체적팽창이 일어난다.

$$\Delta v = \left(\frac{1}{\rho_2} - \frac{1}{\rho_1}\right) v$$

Δv : 온수의 팽창량 [ℓ]
ρ_1 : 온도 변화 전의 물의 밀도 [kg/ℓ]
ρ_2 : 온도 변화 후의 물의 밀도 [kg/ℓ]
v : 장치 내의 전수량 [ℓ]

3) 수 압

물의 단위용적당 중량 $W = 1,000\,[\text{kgf/m}^3]$, 수심 $H[\text{m}]$라고 할 때
정수압 $[P] = WH = 1,000\,[\text{kgf/m}^3] \times H[\text{m}]$
$= 1,000H\,[\text{kgf/m}^2] = 0.1H\,[\text{kgf/cm}^2]$ 이므로

핵심 PLUS

01 4℃의 물 800ℓ를 100℃로 가열하면 체적의 약 몇 ℓ 팽창하는가?(단, 물의 밀도는 4℃일 때 1kg/ℓ, 100℃일 때 0.958634kg/ℓ 임)

[해설] $\Delta v = \left(\dfrac{1}{\rho_2} - \dfrac{1}{\rho_1}\right)v$

$= \left(\dfrac{1}{0.958634} - \dfrac{1}{1}\right) \times 800$

$= 34.4 \fallingdotseq 35\,\ell$

수압(P)과 수두(H)와의 관계식

$$P=0.1H=\frac{H}{10}[kgf/cm^2]=0.01H[MPa] \text{ 또는 } H=100P[m]$$

이 식에서 W는 물의 단위용적당 중량(W=1,000[kgf/m³]), H는 수두(head) 또는 정수두, 압력수두라고 하며, 기호로는 mAq를 쓴다.

※ ① 1표준기압 1atm=760mmHg(0℃)
              =1.033kgf/cm²=10.33mAg=0.1013MPa
   ② 1공학기압 1ata=735.6mmHg(0℃)
              =1kgf/cm²=10mAg=0.1MPa
   ③ 수주(水柱) 1mmAg=0.0001kgf/cm²=1kgf/m²

4) 유량과 유속

단면적을 $A[m^2]$, 유속을 v [m/s], 유량을 Q [m³/s]라면

$$Q=A_1v_1=A_2v_2 \cdots \text{일정}$$

또 관경을 d[m]라 하면 단면적

$A=\frac{\pi d^2}{4}$ 이므로 관의 지름 d를 구할 수 있다.

$$\frac{Q}{v}=\frac{\pi d^2}{4}$$

$$\therefore d=\sqrt{\frac{4Q}{v\pi}} \text{ [m]}$$

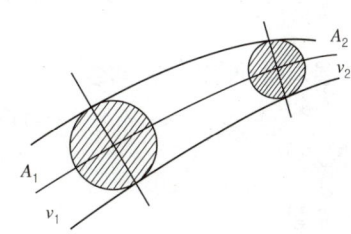

[그림] 유량과 유속

5) 마찰손실수두(H_f)

$$H_f=\lambda \cdot \frac{\ell}{d} \cdot \frac{v^2}{2g} \text{ [mAq]}$$

$$P_f=\lambda \cdot \frac{\ell}{d} \cdot \frac{v^2}{2} \cdot \rho \text{ [Pa]}$$

H_f : 길이 1m의 직관에 있어서의 마찰손실수두(mAq)
P_f : 길이 1m의 직관에 있어서의 마찰손실수두(Pa)
λ : 관마찰계수(강관 0.02)
g : 중력가속도(9.8m/sec²)
d : 관의 내경(m)
ℓ : 직관의 길이(m)
v : 관내 평균 유속(m/s)
ρ : 물의 밀도(1,000kg/m³)

※ 관의 길이에 비례, 관경에 반비례한다.

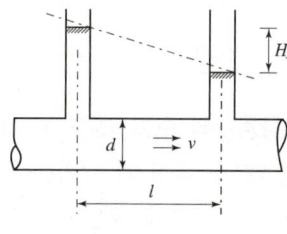

[그림] 마찰손실수두

핵심 PLUS

■ 수압(P, MPa)과 수두(H, mAq)와의 관계식
  수압 P=0.01H[MPa] 또는
  수두 H=100P[m]

■ 1MPa=10kgf/cm²=100mAq
  1MPa=1,000kPa=1,000,000Pa

02 수도직결방식의 급수에서 수압이 0.24MPa일 때 급수압에 의한 물의 상승높이는? [06기]
① 2.4m   ② 4.8m
③ 12m   ④ 24m

[해설] 수압(P)과 수두(H)와의 관계식 : P=0.01H[MPa]
H=100P[m]이므로
H=100×0.24=24m

답 : ④

■ 마찰손실수두(H_f)는 관마찰계수(λ), 관의 길이(ℓ) 및 유속(v)의 제곱에 비례하고, 관의 내경(d) 및 중력가속도(g)에 반비례한다.

■ 1mAq=9.8kPa
  1mmAq=9.8Pa

03 구경 100mm의 관내를 유속 2.0m/s로 물이 흐르고 있을 때 관 길이 1m당 마찰저항손실수두는 얼마인가? (단, 관마찰계수는 0.03으로 한다.) [08, 25 기]
① 0.041mAq
② 0.061mAq
③ 0.081mAq
④ 0.101mAq

[해설] 압력손실(H_f)
$$H_f=\lambda \cdot \frac{\ell}{d} \cdot \frac{v^2}{2g}$$
$$=0.03 \times \frac{1}{0.1} \cdot \frac{2^2}{2\times 9.8}$$
$$\fallingdotseq 0.061mAq$$

답 : ②

Ⅳ. 건축설비 | 위생설비

핵심 PLUS

04 80℃의 물 50kg을 100℃의 증기로 만들려면 필요한 열량은?(단, 표준기압) [99 산]

[해설] ① 80℃의 물을 100℃의 물로 만드는 데 필요한 열량
Q=50kg×(100−80)×4.19kJ/kg
=4,190kJ
② 100℃의 물을 100℃의 수증기로 만드는 데 필요한 열량
Q=50kg×2257kJ/kg
=112,850kJ
∴ ①+②=4,190+112,850
=117,040kJ

■ 현열과 잠열
① 현열 : 온도 변화에 따라 출입하는 열-온도 측정가능, 온도의 상승이나 강하의 요인이 되는 열량(현열량), 온수난방에 이용
② 잠열 : 상태 변화에 따라 출입하는 열-습도의 변화를 주는 열량(잠열량), 온도는 일정, 증기난방에 이용

■ SI 단위계에서 열량의 단위는 J 또는 kJ이며 1kJ≒0.24kcal, 1kcal≒4.19kJ≒4.2kJ이다. 순수한 물의 비열은 약 4.2kJ/kg·K이다.

■ 열량[Q]=질량[kg]×비열[kJ/kg·K]×온도차[K]
=m·c·⊿t [kJ]
Q : 열량(kJ)
m : 질량(kg)
c : 비열(kJ/kg℃)
⊿t : 온도차(℃ 또는 K)

■ 경도가 높은 물을 보일러에 사용하면
· 내면에 스케일(물때) 생성
· 전열효율 저하
· 과열의 원인
· 보일러의 수명 단축

6) 물의 상태 변화

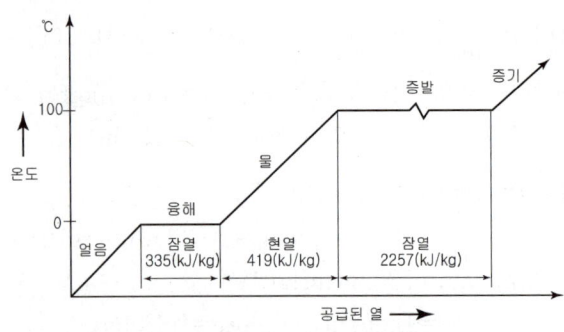

[그림] 순수한 물의 상태변화도

> **예제**
> 10℃의 물 100kg을 80℃로 가열할 경우의 필요한 열량은?
> ▶ 열량[Q] = 질량[kg]×비열[kJ/kg·K]×온도차[℃ 또는 K]
>   =100×4.2×(80−10)=29,400[kJ]
> ※ 물의 비열=4.2kJ/kg℃

2. 물처리 과정(정수 과정)

채수 → 침전 → 기폭 → 여과 → 살균 → 급수

3. 수질

1) 물의 경도(硬度)

물 속에 녹아 있는 칼슘(Ca), 마그네슘(Mg) 등의 양을 이것에 대응하는 탄산칼슘($CaCO_3$)의 100만분율(ppm : parts per million)로 환산하여 표시한 것

분류	$CaCO_3$의 함유량	특징
극연수(極軟水)	0ppm	증류수나 멸균수로서 연관이나 황동관을 부식
연수(軟水)	90ppm 이하	세탁, 염색, 보일러용에 적합
적수(適水)	90~110ppm	
경수(硬水)	110ppm 이상	물, 음료용, 세탁, 표백, 염색에는 부적합

2) 음용수의 수질기준

환경부령 수질 판정 기준에 그 허용 한계를 명시하고 있다.
① 병원생물에 오염되었거나 병원생물에 오염된 생물 또는 물질에 관한 사항

② 시안, 수은, 기타 유독물질에 관한 사항
③ 동, 철, 불소, 페놀, 기타 물질에 관한 사항
　총 경도(Ca, Mg 등)는 300ppm을 넘지 아니할 것
④ 과도한 산성이나 알칼리성에 관한 사항
　수소이온 농도는 pH 5.8 내지 8.5이어야 할 것 (pH<7 : 산성)
⑤ 냄새와 맛에 관한 사항
⑥ 무색 투명하지 아니할 것에 관한 사항
　㉮ 색도는 5도를 넘지 아니할 것
　㉯ 탁도는 2도를 넘지 아니할 것
　㉰ 증발잔류물은 500ppm을 넘지 아니할 것

2 급수설비

1. 급수방식

구 분	특 징	공 식
수도 직결식	• 수질의 오염가능성이 가장 적다. • 정전 시에도 물이 나온다. • 소규모 건물에 쓰인다.	• 수도본관의 압력 $P_o \geq P + P_f + \dfrac{h}{100}$ P : 수전 또는 기구의 필요압력 [MPa] P_f : 본관에서 기구에 이르는 사이의 저항 [MPa] h : 기구의 높이 [m]
고가 수조식 (옥상 탱크식)	• 급수압이 일정하며 대규모 급수에 적합 • 단수시에도 일정시간동안 급수가 가능 • 구조체의 보강이 필요 • 수질의 오염가능성이 가장 크다. • 시설비, 경상비가 많이 든다.	• 고가수조의 높이 $H \geq 100(P + P_f) + h$ H : 고가수조의 높이 [m] h : 제일 높은 곳에 있는 기구의 높이 [m]
압력 탱크식	• 부분적으로 고압을 필요한 곳에 적합 • 구조물의 보강이 불필요 • 건물의 미관이 양호하다. • 급수압이 일정하지 않다. • 때때로 공기를 공급해야 한다. • 동력비 및 제작비가 비싸다.	• 최저 필요압력(P_I) $P_I = p_1 + p_2 + p_3$ [MPa] p_1 : 최고층 수전에 해당하는 수압 [MPa] p_2 : 기구별 소요압력 [MPa] p_3 : 관내 마찰손실수두 [MPa] • 허용 최대 압력(P_{II}) $P_{II} = P_I + 0.07 \sim 0.14$ [MPa]

핵심 PLUS

05 스케일(Scale) 현상이 보일러에 미치는 영향에 대해 설명한 것 중 옳지 않은 것은? [04 산]
① 보일러 전열면의 과열 원인이 된다.
② 워터해머를 일으킨다.
③ 보일러에 연결하는 코크나 그 밖의 작은 구멍을 막는다.
④ 열의 전도를 방해하고 보일러 효율을 불량하게 한다.
　　　　　　답 : ②

06 아파트에 공급되는 음료수 수질기준으로 적당치 않은 것은? [00 산]
① 철은 0.3ppm을 넘지 않을 것
② 경도는 100ppm을 넘지 않을 것
③ 탁도는 2도를 넘지 않을 것
④ 일반 세균은 1cc 중 100ppm을 넘지 않는다.
　　　　　　답 : ②

07 다음 급수기구 중 최저필요압력이 가장 큰 것은? [06 기]
① 일반수전
② 샤워기
③ 블로우아웃식 대변기
④ 가스순간 탕비기

[해설] 기구의 최저 필요압력(MPa)
㉠ 세정밸브 : 0.07
㉡ 자동밸브 : 0.07
㉢ 샤워 : 0.07
㉣ 보통밸브 : 0.03
㉤ 블로우아웃식 대변기 : 0.1
　　　　　　답 : ③

Ⅳ. 건축설비 | 위생설비

핵심 PLUS

08 다음 설명에 알맞은 급수방식은? [10, 23, 25 기]

- 대규모의 급수 수요에 쉽게 대응할 수 있다.
- 급수압력이 일정하다.
- 단수시에도 일정량의 급수를 계속할 수 있다.

① 수도직결방식
② 고가수조방식
③ 압력수조방식
④ 펌프직송방식

답 : ②

09 압력수조 급수방식에 관한 설명으로 옳지 않은 것은? [17 기]
① 정전 시 급수가 곤란하다.
② 고가수조가 필요 없어 미관상 좋다.
③ 고가수조방식에 비해 급수압의 변동이 크다.
④ 고가수조방식에 비해 수조의 설치위치에 제한이 많다.

[해설] 압력수조의 설치위치에 제한을 받지 않는다.

답 : ④

10 가압급수방식(부스터펌프방식)의 특징으로서 틀린 것은? [08, 23 기]
① 부하설계와 기기의 선정이 적절하지 못하면 에너지 낭비가 크다.
② 급수량에 따라 펌프의 대수제어 운전, 회전수 제어운전이 가능하며 최상층의 수압도 크게 할 수 있다.
③ 정전시에도 옥상탱크에 있는 물을 공급할 수 있어 안정적이다.
④ 부스터펌프방식에 압력탱크를 병용하여 사용하면 펌프의 잦은 단락을 보완할 수 있다.

[해설] ③ : 고가수조식의 특징

답 : ③

■ 1MPa=10kgf/cm²=100mAq
1MPa=1,000kPa=1,000,000Pa

구 분	특 징	공 식
탱크 없는 부스터 방식	• 옥상탱크나 압력탱크가 필요 없다. • 정전이나 단수시 압력탱크와 동일하다. • 설비비가 고가이다. • 고장시 수리가 어렵다. • 전력 소비가 많다.	

💡 예제

1. 수도본관에서 수직높이 5.5m인 곳에 세면기를 수도직결식으로 배관하였을 경우 수도본관에는 최소 얼마의 압력이 필요한가? (단, 본관에서 세면기까지의 마찰손실압력은 0.035MPa이다.) [07 기]

① 0.065MPa   ② 0.085MPa   ③ 0.09MPa   ④ 0.12MPa

▶ 수도 본관의 압력 $P_0 \geq P + P_f + \dfrac{H}{100}$ 에서

P : 수전 또는 기구의 필요압력[MPa] → 세면기 : 0.03MPa
P_f : 본관에서 기구에 이르는 사이의 저항[kgf/cm²] → 0.035MPa
H : 기구의 높이[m] → 5.5m= 0.055MPa

$\therefore P_o \geq 0.03 + 0.035 + \dfrac{5.5}{100} = 0.12$MPa   ※ 수압 P=0.01H[MPa]

2. 고가수조식으로 건물의 2층에 급수하는 경우 2층에 설치된 플래시밸브식의 수전의 필요압력이 0.05MPa 배관의 마찰저항이 0.02MPa, 2층 수전까지의 높이가 5m라면 고가수조의 높이는? [00 기]

① 5m   ② 8m   ③ 12m   ④ 15m

▶ 고가수조의 높이 $H \geq 100(P+P_f) + h$ 에서
배관의 손실수두 : P_f=0.02MPa,
기구의 최저 필요압력 : P=0.05MPa, 기구의 높이 : h=5m 이므로
$\therefore H \geq 100(0.05+0.02) + 5 = 12$m

3. 압력수조식 급수설계에서 최고층 수전까지의 수직높이가 9[m]이고 관내 마찰손실수두가 5[m] 일 때 최고층 수전의 급수에 필요한 최저 필요압력은 얼마인가? (단, 최고층 수전의 소요압력은 70kPa이며, 1mAq = 10kPa) [09 산]

① 70kPa   ② 120kPa   ③ 160kPa   ④ 210kPa

▶ 압력수조식의 최저 필요압력(P_I)
$P_I = p_1 + p_2 + p_3$[MPa]
p_1 : 압력탱크의 최고층 수전에 해당하는 수압[MPa]
p_2 : 기구별 소요압력[MPa] p_3 : 관내 마찰손실수두[MPa]
$\therefore P_I = p_1 + p_2 + p_3$[MPa]
$= (9 \times 10) + 70 + (5 \times 10) = 210$kPa → 0.21MPa
※ 0.1kgf/cm²=1mAq=10kPa

2. 고가탱크식의 설계 제원

① 1일 급수량 = 1명당 필요수량 × 인원수
② 저수조 용량(V_s) = 1일 급수량 × (0.5~1일)
③ 고가수조 용량(V_h)
  ㉮ V_h = 1시간 최대 사용수량 × (1~3시간) [m³]
  ㉯ $V_h = Q_m = Q_h × (1.5~2.0시간)$ [ℓ]
   Q_m : 시간 최대 예상급수량[ℓ/h], Q_h : 시간 평균 예상급수량[ℓ/h]
④ 양수펌프의 양수량$(Q) = \dfrac{Q_h × (3~4시간)}{60}$ [ℓ/min]

3. 급수 배관 방식

1) 급수 배관법

① 상향급수 배관법 : 수도직결식, 압력탱크식 → 지하실 천정 - 노출배관 - 보수가 용이
② 하향급수 배관법 : 고가탱크식 → 최상층 천정 - 은폐배관 - 점검수리 불편
③ 상하향 혼용배관법 : 1, 2층은 상향식, 3층 이상은 하향식

2) 초고층 건물의 급수 배관법[급수설비의 조닝(Zoning)]

① 초고층 건축물에서는 압력의 문제(워터해머링, 소음, 진동 등)를 해결하기 위하여 급수조닝
② 목적 : 초고층 건축물에서 저층부에 지나친 급수압이 걸리는 것 방지하고 적절한 수압을 유지하기 위하여
③ 종류 : 층별식(세퍼레이트 방식), 중계식(부스터 방식), 조압펌프식, 압력탱크식, 감압밸브병용식
④ 급수압의 한도
  ㉮ 호텔, 아파트, 병원 : 0.3~0.4MPa → 3~4kgf/cm² (30~40mAq)
  ㉯ 사무소 건물 : 0.4~0.5MPa → 4~5kgf/cm² (40~50mAq)

4. 급수량 산정

1) 건물 사용 인원에 의한 방법

$Q_d = Q × N$ [ℓ/d] Q_d : 1일당의 급수량 [ℓ/d]
       Q : 1일 평균 사용수량 [ℓ/d·c]
       N : 급수 인원 [인]

핵심 PLUS

11 사용인원 800명인 사무소 건물에서 지하층에 저수조를 두고 고가수조에 의한 하향공급식을 계획할 때 저수조 및 고가수조의 용량은?(단, 1인 1일 급수량은 100ℓ로 하고 비상발전기는 있는 것으로 본다.)

[해설] ① 저수조 : 1일 급수량의 1/2~1일분
∴1일 급수량(Q)=800명×100ℓ
=80,000ℓ/d=80m³/d에서
저수조는 80×(0.5~1)
=40~80m³ 정도
② 고가수조 : 피크 로드(peak load)의 1시간분으로 보면 피크로드는 1일 급수량의 10~20% 이므로 8~16m³ 정도가 적당하다.

■ 피크 로드(peak load)
· 하루 중 시간당의 사용수량이 가장 큰 값
· 1일 사용수량의 10~20% 정도

12 고가수조의 용량을 V(m³)라면 양수펌프의 양수량 Q(m³/HR)으로 알맞은 것은? [02, 04 기]
① Q=0.5V   ② Q=1.0V
③ Q=1.5V   ④ Q=2.0V

[해설] 양수펌프의 양수량(Q)
=고가수조 유효용량의 2배
=시간최대 급수량(Q_m)의 2배
따라서, 고가수조의 양수량은 시간최대 급수량으로 하거나 또는 고가수조 용량을 30분 정도에 채울 수 있는 양으로 하는 것이 일반적이다.

답 : ④

13 다음 중 초고층 건물에서 중간층에 중간수조를 설치하는 가장 주된 이유는? [05, 07, 13 기]
① 물탱크에서 물이 오염될 가능성을 낮추기 위하여
② 정전 등으로 인한 단수를 막기 위하여
③ 저층부의 수압을 줄이기 위하여
④ 옥상층의 면적을 줄이기 위하여

답 : ③

■ 단위 환산
1kgf/cm²=0.1MPa=10mAq
10kgf/cm²=1MPa=100mAq

IV. 건축설비 | 위생설비

2) 건물 면적에 의한 방법

건물 사용 인원이 판명되지 않을 경우 건물의 유효 면적비를 고려하여 구한다.

$$Q_d = A \times k \times n \times q\,[\ell/d]$$

- A : 건물 연면적 [m²]
- k : 건물 연면적에 대한 유효 면적의 비율 [%]
- n : 유효 면적당의 인원 [인/m²]
- q : 건물 종류별 1일 1인당 사용수량 [$\ell/d \cdot c$]

3) 사용 기구에 의한 방법

$$Q_d = Q_f \times F \times P$$

- Q_f : 기구의 사용수량 [ℓ/d]
- F : 기구수 [개]
- P : 기구의 동시사용률 [%]

5. 급수 배관의 관경 결정법

1) 기구 연결관의 관경에 의한 관경 결정

기구 수전이 소요수압을 경우 충족시킬 정도로 급수압이 낮거나 또는 주관에서 분기한 지관의 길이가 길 때에는 표를 이용하여 결정한다.

2) 균등표에 의한 관경의 결정

균등표에 의해 관경을 정하려면 배관에 접속하는 기구의 구경을 단위(호칭경 15mm)로 환산하여 사용률을 곱해 균등표에 의해 관경을 결정할 수 있다.

① 기구의 동시사용률 계산

■ 기구의 동시사용률 [%]

기구수	2	3	4	5	10	15	20	30	50	100
동시사용률[%]	100	80	75	70	53	48	44	40	36	33

② 균등표에 의한 관경 결정

3) 마찰저항선도에 의한 관경의 결정

급수 배관 속에 흐르는 수량과 허용마찰로 관경을 구하는 방법

① 동시사용 유수량 계산
② 허용마찰손실수두 계산
③ 관경 결정 : 동시사용 유수량 [ℓ/min]과 허용마찰손실수두 R[mmAq/m]을 이용하여 관경을 구한다.

핵심 PLUS

14 연면적이 10,000m²인 사무소 건물의 급수량을 구하여 옥상 탱크의 용량을 결정하고자 한다. 1시간 최대 사용수량을 옥상탱크용량으로 결정할 경우 가장 적당한 것은?(단, 유효면적비 56%, 유효면적당 거주인원 0.2인/m², 1인 1일당 급수량 100ℓ, 건물의 사용시간은 10시간으로 한다.) [06 기]
① 10m³ ② 20m³
③ 30m³ ④ 40m³

[해설] 고가수조 용량(V_h)
① 1일 급수량

$Q_d = A \times k \times n \times q\,[\ell/d]$
$= 10{,}000\text{m}^2 \times 0.56 \times 0.2\text{인}/\text{m}^2 \times 100\ell/d$
$= 112{,}000\,\ell/d = 112\text{m}^3/d$

② 시간평균급수량(Q_h)

$\dfrac{Q_d}{T} = \dfrac{112}{10} = 11.2\text{m}^3/h$

③ 시간최대급수량($V_h = Q_m$)
$= Q_h \times (1.5\sim2.0\text{시간})[\ell]$
$= 11.2\text{m}^3/h \times (1.5\sim2.0\text{시간})$
$= 16.8\sim22.4\text{m}^3$

답 : ②

15 급수관의 관경 결정과 관계가 없는 것은? [18, 24 기]
① 관균등표
② 동시사용률
③ 마찰저항선도
④ 동적부하해석법

[해설] 동적부하해석법은 공기조화 부하계산 방법 중 기간부하 계산방법이다.

답 : ④

16 관균등표에 의해 급수 관경을 결정할 때 환산기준이 되는 관경은? [06 기]
① 15A ② 20A
③ 25A ④ 32A

답 : ①

> 예제

1. 다음 그림과 같이 (A) 파이프에서 15mm 파이프 5개가 분기되어 급수하고자 할 때 파이프 (A) 부분의 굵기는 얼마 이상으로 해야 하는지 표-1, 2를 이용하여 계산하면?

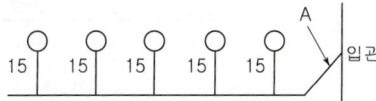

■ [표-1] 기구의 동시사용률

기구수	2	3	4	5	10	5
동시 사용률(%)	100	80	75	70	53	48

■ [표-2] 급수관의 균등표

관지름(mm)	15	20	25	32	40
15	1	2	3.7	7.2	11

▶ 기구수가 5개 이므로 [표-1]에서 동시사용률은 70%이다.
  5×7=3.5개(즉, 15mm 급수관 3.5개가 필요하다.)
  [표-2]에서 15mm관 3.5개는 25mm관 1개와 유사하므로 급수가 가능한 관지름은 25mm가 적당하다.

2. 옥상탱크식 급수배관에서 25m 아래에 최저 필요압력이 0.07MPa인 급수전을 설치하였다. 이 배관의 전 연장이 75m라면 1m당 허용마찰손실수두는 얼마인가?

▶ $H = H_1 + H_2$
  [H_1 : 급수전 필요압력(0.07MPa → 7m), H_2 : 관내 마찰손실수두]
  $25m = 7m + H_2$ $H_2 = 18m = 18,000mmAq$
  ∴ $18,000mmAq \div 75m = 240mmAq/m$

■ 1MPa=10kgf/cm²=100mAq
  1MPa=1,000kPa=1,000,000Pa

6. 펌프

1) 펌프(pump)의 종류

구 분	특 성	종 류
원심펌프 (와권펌프)	• 고속도 운전에 적합 • 양수량 조절이 용이하다. • 양수량이 많으며, 고양정에 쓰인다. • 진동이 적고, 장치가 간단	• 볼류트 펌프 : 급탕 및 공조용, 양정 20m 이하 • 터빈 펌프 : 양정 20m 이상 • 보어홀 펌프 : 100m 이상이 되는 깊은 우물물 수직 양수용

Ⅳ. 건축설비 | 위생설비

핵심 PLUS

17 깊은 수직 우물의 양수에 사용하는 입형다단 터빈 펌프로서 흡입양정이 높아 횡축펌프로는 양수할 수 없는 경우에 사용되는 펌프는? [03 기]
① 보어 홀 펌프(bore hole pump)
② 볼류트 펌프(volute pump)
③ 피스톤 펌프(piston pump)
④ 에어 리프트 펌프(air lift pump)
답 : ①

18 펌프에 대한 설명 중 틀린 것은? [05 기]
① 펌프의 실양정이란 흡입 실양정과 토출 실양정을 합한 것이다.
② 원심식 펌프에는 볼류트 펌프와 디퓨져 펌프가 있다.
③ 터보형 펌프의 특성을 계통적으로 나타내는 지수로서 비속도라고 하는 기호가 이용된다.
④ 펌프의 양수량은 펌프의 회전수가 변하여도 변하지 않는다.

[해설] 펌프의 양수량은 임펠러의 회전수에 비례한다.
답 : ④

19 고가탱크식 급수설비에서 펌프의 흡입양정이 2m, 토출양정 45m, 관내마찰손실이 0.03MPa이라면 펌프의 전양정은?
① 45m   ② 47m
③ 50m   ④ 55m

[해설] 전양정(H)=흡입양정(Hs)+토출양정(Hd)+관내마찰손실수두(Hf) [m]
∴ 펌프의 전양정=2m+45m +3m(0.03MPa)=50m
답 : ③

■ 단위 환산
1W=1J/s=3,600J/h=3.6kJ/h
　=1N·m/s=1kg·m²/s³
　[J=N·m, N=kg·m/s²]
1kW=1kJ/s=3600kJ/h
　=102kgf·m/s
　=6120kg·m/min
1HP=0.7457kW≒0.75kW
　=76.04kgf·m/s

구 분	특 성	종 류
왕복펌프	· 구조가 간단하고 취급이 용이 · 수량조절이 어렵다. · 양수량이 적고, 저양정에 쓰인다.	· 플런저 펌프 : 고압용 · 워싱턴 펌프 : 보일러 급수용 (1.0MPa 이하) · 피스톤 펌프 : 공장 급수용
특수펌프		· 기어 펌프 : 점성이 강한 기름, 윤활유 반송용 · 제트 펌프 : 가정용, 소화용 펌프 · 넌클러그 펌프 : 고형물을 배제하는 배수펌프

2) 펌프의 설계

① 흡입양정

㉮ 펌프의 흡입높이 : 펌프의 흡입양정은 진공에 의한 것으로 표준기압 하에서 이론적으로 10.33m이나 실제의 흡입양정은 6~7m 정도에 불과하다. 흡입양정은 대기의 압력, 유체의 온도에 따라 달라진다.

■ 물의 온도에 따른 흡입양정 (단위 : m)

수 온[℃]	0	10	20	30	40	50	60	70	80	90	100
이론상 흡상높이(Hs)	10.3	–	9.7	–	–	9.0	7.9	7.2	5.6	2.9	0
실제상 흡상높이(Hs*)	7.5	7.0	6.3	5.0	3.8	2.5	1.4	0	–1.1	–2.3	–3.5

[주] *이 수치는 펌프의 수평관이 짧은 경우이며, 펌프의 NPSH(Net Positive Suction Head : 유효흡입양정)가 특히 큰 경우는 수치가 저하됨

㉯ 전양정(H)=흡입양정(H_s)+토출양정(H_d)+관내마찰손실수두(H_f) [m]

㉰ 실양정(H_a)=흡입양정(H_s)+토출양정(H_d) [m]

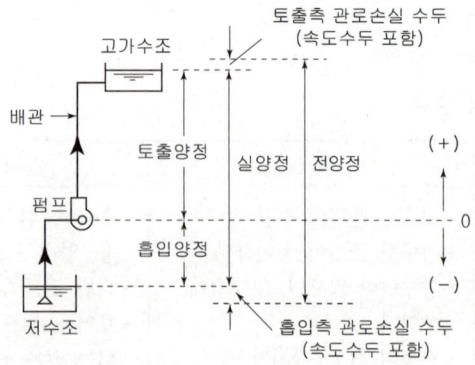

[그림] 양정

② 펌프의 구경, 축동력, 축마력

㉮ 펌프구경 $d = 1.13\sqrt{\dfrac{Q}{V}} = \sqrt{\dfrac{4Q}{V\pi}}$

　　　　Q : 양수량(m³/s)　　V : 유속(m/s)

㉯ 펌프축동력 $= \dfrac{WQH}{6120E}$ (kW)

㉰ 펌프축마력 $= \dfrac{WQH}{4500E}$ (PS)

　　　　Q : 양수량(m³/min)　H : 전양정(m)
　　　　E : 효율(%)　　　　　W : 물의 단위중량(1,000kgf/m³)

3) 펌프에서 발생하는 현상
  ① 공동 현상(cavitation) : 급수의 압력이 갑자기 높아져서 급수 속의 공기가 기포로 분리되는 현상 - 흡입양정에서 발생, 소음·진동·관의 부식, 심하면 흡상 불능(펌프의 공회전)
  ② 서징 현상(surging) : 급수의 압력이 갑자기 높아져서 급수 속의 기포가 급수 속으로 순간적으로 녹아드는 현상 - 토출양정에서 발생, 소음·진동·충격 발생

7. 수격 작용(water hammering)
관내 유속이 빠르거나 혹은 밸브, 수전 등의 관내 흐름을 순간적으로 폐쇄하면, 관내에 압력이 상승하면서 생기는 배관 내의 마찰음 현상이다.

1) 원인
  ① 유속이 빠를 때
  ② 관경이 적을 때
  ③ 밸브 수전을 급히 잠글 때
  ④ 굴곡 개소가 많을 때
  ⑤ 감압 밸브를 사용하지 않을 때

2) 방지책
  ① 관내 유속을 될 수 있는 대로 느리게 하고 관경을 크게 한다.
  ② 폐수전을 폐쇄하는 시간을 느리게 한다.
  ③ 기구류 가까이에 air chamber를 설치하여 chamber 내의 공기를 압축시킨다.
  ④ water hammer 방지기를 water hammer의 발생 원인이 되는 밸브 근처에 부착시킨다.
  ⑤ 굴곡 배관을 억제하고 될 수 있는 대로 직선배관으로 한다.

핵심 PLUS

20 높이 30m의 고가수조에 매분 1m³의 물을 보내려고 할 때 사용되는 펌프에 직결되는 전동기의 동력은? (단, 마찰손실수두 6m, 흡입양정 1.5m, 펌프 효율 50%인 경우) [10, 25 기]
① 약 2.5kW　② 약 9.8kW
③ 약 12.3kW　④ 약 16.7kW

[해설] 펌프 축동력(kW) $= \dfrac{WQH}{KE}$ 에서
Q : 양수량(m³/min)
　→ 1m³/min
H : 전양정(m)
　→ 1.5+30+6=37.5m
W : 액체 1m³의 중량(kgf/m³)
　→ 물은 1,000kg/m³
E : 효율(%) → 50%
k : 정수(kW) → 6,120
∴ 펌프의 축동력
$\dfrac{1,000 \times 1 \times 37.5}{6,120 \times 0.5}$
$= 12.25 ≒ 12.3$kW
답 : ③

21 급수설비에서 수격작용(워터해머)에 관한 설명으로 옳지 않은 것은? [16, 23, 25 기]
① 관경이 클수록 발생하기 쉽다.
② 굴곡개소로 인해 발생하기 쉽다.
③ 유속이 빠를수록 발생하기 쉽다.
④ 플래시 밸브나 수전류를 급격히 열고 닫을 때 발생하기 쉽다.
답 : ①

22 배관공사 종료 후 공공수도 직결배관일 때 수압시험은 최소 얼마의 수압으로 하는가? [07 산]
① 0.7MPa　② 1.0MPa
③ 1.75MPa　③ 2.0MPa

[해설] 수압시험
㉠ 배관공사 후 피복하기 전, 흙을 덮기 전에 실시한다.
㉡ 누수의 유무, 수압에 대한 저항, 시공의 불량여부 등의 파악
㉢ 시험압력
　•공공 수도직결인 배관
　　: 1.0MPa
　•고가수조 아래 연결배관
　　: 최고사용압력의 1.5배(최소 0.75MPa)
답 : ②

Ⅳ. 건축설비 | 위생설비

> **핵심 PLUS**
>
> ■ 비열
> - 얼음 : 0.5kcal/kg·℃=2.1kJ/kg·K
> - 물 : 1kcal/kg·℃=4.2kJ/kg·K
> - 공기 : 0.24kcal/kg·℃=1kJ/kg·K
>
> ※ 열량에 대한 SI단위는 kJ로 나타내며, kcal와의 관계는 다음과 같다.
> 1kJ=0.24kcal=240cal 이므로
> 1cal/h=4.2Joul
> 1kcal/h=4.2kJ
> 1kW=1kJ/s≒860kcal/h
>
> [주] 열량에 대한 SI기본단위는 K (켈빈온도, 절대온도)이며, ℃ (섭씨온도)와 눈금크기는 동일하다.

3 급탕설비

1. 기초사항

1) 열용량과 열량

① 열용량[C] ≧ 질량[kg] × 비열[kJ/kg℃] = m·c [kJ/℃]
② 열량[Q] = 열용량[kJ/℃] × 온도차[℃]
→ 열량[Q] = 질량[kg] × 비열[kcal/kg·℃] × 온도차[℃] = m·c·Δt [kcal]
= 질량[kg] × 비열[kJ/kg·K] × 온도차[K] = m·c·Δt [kJ]

Q : 열량(kJ)   m : 질량(kg)
c : 비열(kJ/kg℃)   Δt : 온도차(℃ 또는 K)

 예제

1. 물 10kg을 10℃에서 60℃로 가열하는데 필요한 열량은? (단, 물의 비열은 4.2kJ/kg·K이다.) [03, 11 기]
   ① 840kJ
   ② 1,260kJ
   ③ 1,680kJ
   ④ 2,100kJ

   ▶ Q=m·c·Δt   여기서, Q : 열량(kJ)   m : 질량(kg)
                           c : 비열(kJ/kg℃)   Δt : 온도차(℃)
   ∴ Q=m·c·Δt=10kg×4.2kJ/kg·K×(60-10)=2,100kJ

2. 한 시간당 급탕량이 5m³일 때 급탕부하는 얼마인가? (단, 물의 비열은 4.2kJ/kg·K, 급탕온도 70, 급수온도 10℃) [15, 22 기]
   ① 35kW
   ② 126kW
   ③ 350kW
   ④ 1260kW

   ▶ 급탕부하는 시간당 필요한 온수를 얻기 위해 소요되는 열량을 말한다. 급탕온도의 온도차(Δt)는 보통 60℃를 기준으로 하며, kJ/h 또는 kW(kJ/s)로 나타낸다.
   급탕부하 = 급탕량 m(kg/h) × 비열 c(kJ/kg·K) × 온도차 Δt(K) [kJ/h]
   = $\dfrac{급탕량 m(kg/h) × 비열 c(kJ/kg·K) × 온도차 Δt(K)}{3,600(s/h)}$ [kW]
   = $\dfrac{5,000(kg/h) × 4.2(kJ/kg·K) × (70-10)(K)}{3,600(s/h)}$ = 350[kW]

3. 용량 1kW의 커피포트로 1L의 물을 10℃에서 100℃까지 가열하는데 걸리는 시간은? (단, 열손실은 없으며, 물의 비열은 4.19kJ/kg·K, 밀도는 1kg/L 이다.) [10 산]
   ① 약 3.6분
   ② 약 4.8분
   ③ 약 6.3분
   ④ 약 12.2분

   ▶ 질량(m) = 밀도 × 부피 = 1kg/L × 1L = 1kg
   가열량[Q] = 질량[kg] × 비열[kJ/kg·K] × 온도차[K] = m·c·Δt [kJ]
   가열량[Q] = m·c·Δt = 1kg × 4.19kJ/kg·K × (100-10)K = 378[kJ]
   용량 1kW(1kJ/s)의 커피포트는 1초(s)에 1kJ의 열량을 생산하므로
   ∴ 가열하는데 걸리는 시간(분) = 378÷60 = 6.3[분]

> **23** 0℃의 물 400kg을 50℃로 올리는데 30분이 소요되었다면 가열열량은? (단, 물의 비열은 4.2kJ/kg·K 이다.) [12 기]
> ① 42,000 kJ/h
> ② 84,000 kJ/h
> ③ 126,000 kJ/h
> ④ 168,000 kJ/h
>
> **해설**
> 질량(m) = 밀도 × 부피
> = 1kg/L × 1L = 1kg
> 가열량[Q]
> = 질량[kg] × 비열[kJ/kg℃] × 온도차[℃]
> = m·c·Δt [kJ]
> 가열량[Q] = m·c·Δt
> = 400kg × 4.2kJ/kg·K × (50-0)K
> = 84,000[kJ/30분]
> ∴ 가열하는데 걸리는 시간
> = 84,000 × $\dfrac{60}{30}$ = 168,000 kJ/h

2) 급탕부하

급탕부하는 시간당 필요한 온수를 얻기 위해 소요되는 열량을 말한다. 급탕온도의 온도차(Δt)는 보통 60℃를 기준으로 하며, kJ/h 또는 kW(kJ/s)로 나타낸다.

급탕부하 = 급탕량 m(kg/h) × 비열 c(kJ/kg·K) × 온도차 Δt(K) [kJ/h]

$$= \frac{급탕량\, m(kg/h) \times 비열\, c(kJ/kg\cdot K) \times 온도차\, \Delta t(K)}{3,600(s/h)} \quad [kW]$$

2. 급탕 방법

1) 개별식 급탕법

① 특징
  ㉮ 배관설비 거리가 짧고, 배관 중의 열손실이 적다.
  ㉯ 수시로 더운 물을 사용할 수 있으며, 고온의 물을 필요시 쉽게 얻을 수 있다.
  ㉰ 급탕 개소가 적을 경우 시설비가 싸게 든다.
  ㉱ 주택 등에서는 난방 겸용의 온수보일러를 이용할 수 있다.
  ㉲ 급탕 개소마다 가열기의 설치공간이 필요하다.
  ㉳ 주택, 중소 여관, 작은 사무실 등 급탕 개소가 적은 건축물에 적합하다.

② 순간온수기(즉시탕비기) : 가스나 전기로 가열시켜 직접 온수를 얻는 방법

③ 저탕형 탕비기 : 특정 시간에 다량의 온수를 필요로 하는 곳에 적합하며, 비교적 열손실이 많다.

④ 기수혼합식 : 보일러에서 발생한 증기를 저탕조에 직접 불어넣어 온수를 만드는 방법으로, 소음이 생기는 결점이 있다. 열효율은 100%이지만 소음을 줄이기 위해 증기압 0.1~0.4MPa의 스팀 사일런서(steam silencer)를 사용한다.

2) 중앙식 급탕법

① 특징
  ㉮ 열원으로 값싼 중유, 석탄 등이 사용되므로 연료비가 싸다.
  ㉯ 급탕설비가 대규모이므로 열효율이 좋다.
  ㉰ 급탕설비의 기계류가 동일 장소에 설치되어 관리상 유리하다.
  ㉱ 최초의 설비비와 건설비는 비싸지만 경상비가 적게 들므로 대규모 급탕설비에는 중앙식이 경제적이다.
  ㉲ 급탕 공급의 배관길이가 길어 열손실이 많다.
  ㉳ 순환이 느리기 때문에 순환펌프를 사용해야 한다.

핵심 PLUS

24 급탕설비 중 개별식 급탕법의 설명으로 옳지 않은 것은?
[07, 25 기]
① 용도에 따라 필요한 개소에서 필요한 온도의 탕을 비교적 간단하게 얻을 수 있다.
② 건물 완공 후에도 급탕 개소의 증설이 비교적 쉽다.
③ 급탕개소마다 가열기의 설치 스페이스가 필요하다.
④ 배관길이가 짧으나 배관 중의 열손실이 크다.

답 : ④

25 중앙식 급탕법에 관한 설명으로 옳지 않은 것은? [16, 24 기]
① 배관 및 기기로부터의 열손실이 많다.
② 급탕개소마다 가열기의 설치 스페이스가 필요하다.
③ 일반적으로 열원장치는 공조설비와 겸용하여 설치된다.
④ 급탕기구의 동시사용율을 고려하기 때문에 가열장치의 전체용량을 줄일 수 있다.

[해설] 개별식 급탕법은 급탕 개소마다 가열기의 설치공간이 필요하다.

답 : ②

Ⅳ. 건축설비 | 위생설비

핵심 PLUS

26 다음 중 급탕설비에 관한 설명으로 맞는 것은? [06 기]
① 팽창탱크는 반드시 개방식으로 해야 한다.
② 리버스 리턴(reverse-return) 방식은 전 계통의 탕의 순환을 촉진하는 방식이다.
③ 직접가열식 중앙급탕법은 보일러 안에 스케일 부착이 없어 내부에 방식처리가 불필요하다.
④ 간접가열식 중앙급탕법은 저탕조와 보일러를 직결하여 순환가열하는 것으로 고압용 보일러가 주로 사용된다.

[해설] ① 팽창탱크는 반드시 개방식과 밀폐식이 있다.
③ 직접가열식 중앙급탕법은 보일러 안에 스케일 부착이 되어 내부에 방식처리가 필요하다.
④ 간접가열식 중앙급탕법은 저압용 보일러가 주로 사용된다.

답 : ②

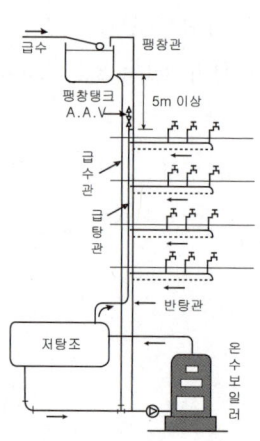
[그림] 직접가열식 급탕 배관

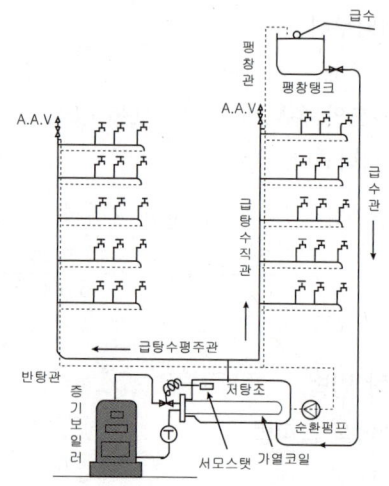
[그림] 간접가열식 급탕 배관

■ 중앙식 급탕법의 비교

구 분	직접가열식	간접가열식
보일러	급탕용 보일러 난방용 보일러 각각 설치	난방용 보일러로 급탕까지 가능
보일러 내의 스케일(물 때)	많이 낀다.	거의 끼지 않는다.
보일러 내의 압력	고 압	저 압
저탕조 내의 가열코일	불필요	필 요
건물 규모	소규모 건물	대규모 건물

3. 급탕 배관 방식

1) 단관식

탕비기에서 수전에 이르기까지 공급관(supply pipe)뿐인 배관 방식으로서, 개별식 급탕 방법에 이용되는 방식이다.

2) 복관식(순환식)

저탕조를 중심으로 하여 회로 배관을 형성하고 탕물은 항상 순환하고 있으므로 2관식이라고도 하며, 급탕전을 열면 곧 뜨거운 물이 나오며 온수보일러나 또는 저탕조에서 15m 이상 떨어져서 급탕전을 설치하는 순환식을 채용하는 것이 좋다.

■ 리버스리턴(Reverse Return)배관(역환수방식)
• 설치 : 급탕설비-하향식
　　　　난방설비-온수난방
• 방법 : 각 방열기마다의 배관회로 길이를 같게 한 배관방식
　보일러에서 방열기까지(온수관)의 길이=방열기에서 보일러까지(환수관)의 길이
• 목적 : 온수의 유량분배 균일화(온수의 순환을 평균화)하기 위해
• 단점 : 배관수가 많아져서 설비비가 높다.

3) 급탕관의 관경 결정

급탕관의 관경은 급수설비의 관경 계산 방법과 동일한 방법으로 구한다. 급탕관은 금속의 부식을 고려하여 내식성 재료를 사용하는 것이 좋다.

■ 급탕관과 반탕관의 관경

급탕관경[mm]	25	32	40	50	65	75	100
반탕관경[mm]	20	20	25	32	40	40	50

4. 급탕 배관 시공시 주의사항

1) 배관의 신축(expansion joint)

① 목적 : 온도에 의한 관의 신축을 흡수하기 위하여
② 설치위치 : 동관 - 20m마다, 강관 - 30m마다
③ 종류

종류	특징	용도
스위블 조인트 (swivel joint)	• 2개 이상의 elbows를 사용하여 나사회전을 이용해서 신축을 흡수 • 너무 큰 신축에는 파손되어 누수의 원인이 되는 결점	방열기 주위 배관용
신축곡관 (expansion loop)	• 신축곡관은 고장이 적고 고압 옥외 배관에 적합 • 신축을 흡수하는 1개의 길이가 긴 것이 결점이다.	대구경, 고압배관
슬리브형 (sleeve type)	• 온도의 변화에 따라 생기는 관의 신축을 슬리브의 미끄럼에 의해서 흡수 • 저압 증기배관 및 온수배관의 신축이음쇠로서 널리 사용	소구경용
벨로우즈형 (bellows type)	온도의 변화에 따른 관의 신축을 벨로스의 변형에 의해 흡수	소구경용

2) 관의 부식에 대한 고려

부식되기 쉽고 수명이 짧으므로 수리, 교환이 용이하도록 노출 배관으로 한다.

3) 팽창관과 팽창탱크

① 팽창관의 연결은 급탕 수직주관의 끝을 연장하여 중력(팽창)탱크에 자유 개방한다.
② 팽창탱크 설치높이는 탱크의 저면이 최고층 급탕전보다 5m 이상의 높은 곳에 설치한다.

핵심 PLUS

27 복관식 급탕배관방식에 관한 설명으로 옳지 않은 것은? [12 기]
① 급탕관과 반탕관이 설치된다.
② 저탕조를 중심으로 회로배관을 형성한다.
③ 배관이 복잡하여 중앙식 급탕방식에는 적용이 곤란하다.
④ 급탕전을 열면 짧은 시간 내에 뜨거운 물을 얻을 수 있다.

[해설] 중앙식 급탕법에 이용되는 방식으로 대규모 건축물에 이용된다.

답 : ③

28 길이가 20m인 동관으로 된 급탕수평주관에 급탕이 공급되어 관의 온도가 10℃에서 60℃로 온도가 상승된 경우, 동관의 팽창량은? (단, 동관의 선팽창계수는 1.71×10^{-5}이다.) [13, 25 기]
① 0.86mm
② 8.6mm
③ 17.1mm
④ 171mm

[해설] 관의 신축과 팽창량(L)
$L = 1,000 \cdot \ell \cdot C \cdot \Delta t$ [mm]에서
여기서,
ℓ : 온도변화전의 관의 길이(m)
C : 관의 선팽창계수
Δt : 온도 변화(℃)
∴ $L = 1,000 \cdot \ell \cdot C \cdot \Delta t$
$= 1,000 \times 20 \times 1.71 \times 10^{-5} \times (60-10)$
$= 17.1$mm

답 : ③

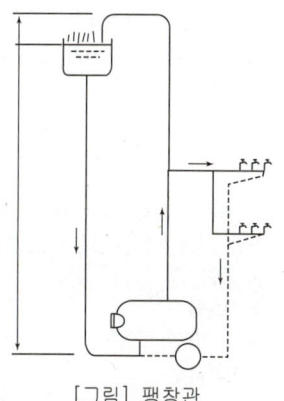

[그림] 팽창관

IV. 건축설비 | 위생설비

> 핵심 PLUS

4 배수·통기설비

1. 배수계통의 분류

1) 사용 목적에 의한 분류

① 오수 : 수세 변소의 대·소변기에서의 배수
② 잡배수 : 부엌, 세면소, 욕실 등에서의 배수
③ 우수 : 지붕이나 발코니 등의 루프 드레인에서의 배수
④ 특수 배수 : 공장 배수, 병원의 배수, 방사선 시설의 배수는 유해 위험한 물질을 포함하고 있으므로 일반적인 배수와는 다른 계통으로 처리해서 방류한다.

2) 직접배수와 간접배수

① 직접배수 : 위생기구와 배수관이 연결된 일반 위생기구에서의 배수
② 간접배수 : 냉장고, 세탁기, 음료기, 공기정화기 등에서의 배수방식으로 기구의 오염을 막기 위해 일반배수관으로 직접 연결하지 않고, 물받이 사이에 공간을 두어 공기 중에 노출시켰다가 배수관으로 흘려보내는 배수이다.

29 다음 중 간접배수 방식이 권장되는 항목은? [08 산]
① 세탁기
② 소변기
③ 대변기
④ 세면기

답 : ①

2. 배수의 재이용 계획(중수 시스템)

① 물의 수요가 급격히 증가함에 따라 수자원 부족을 해결하기 위한 합리적인 대책으로 1차로 사용된 물을 모아 수처리하여 재사용하는 방법이다.
② 중수도의 용도 : 수세식 변소용수, 에어컨·냉각용 보급수, 청소용수, 세차용수, 살수용수, 조경용수(연못, 분수 등), 소방용수

30 다음의 중수도에 관한 설명 중 틀린 것은? [08, 10, 24 기]
① 중수도 원수로는 주로 잡용수가 사용되지만 냉각 배수, 하수처리수 등도 사용된다.
② 일반하수뿐만 아니라 빗물도 중수도의 원수가 될 수 있다.
③ 중수도의 채용은 어려운 상수도 사정을 완화할 수 있고 하수처리장의 처리부하를 줄일 수 있다.
④ 중수도는 냉각용수, 살수용수, 음용수로 주로 사용된다.

[해설] 중수도는 냉각용수, 살수용수로는 사용할 수 있지만, 음용수로는 사용할 수 없다.

답 : ④

3. 트랩(trap)

1) 배수용 트랩의 종류

① P-trap : 일반적으로 가장 널리 쓰이는 비교적 이상적인 트랩, 세면기
② S-trap : 대변기, 소변기(벽걸이형), 세면기 등에 부착한다. 봉수가 빠질 염려가 있다.
③ U트랩 : 가옥 배수 횡주관 말단에 설치하여 공공 하수도관으로부터 악취의 유입을 방지하며 '가옥트랩', '메인트랩'이라고도 한다.
④ 드럼트랩(drum trap, 주머니트랩) : 욕조, 싱크 등의 물 사용량이 많은 곳
⑤ 벨트랩(bell trap) : 바닥배수용 트랩

2) 특수 용도의 배수용 트랩(저집기)

① 그리스 트랩 : 호텔 주방의 조리실 바닥 배수용
② 가솔린 트랩 : 세차장

31 세면기에 설치하는 배수트랩으로 가장 적당한 것은? [00 기]
① 드럼트랩
② U트랩
③ 그리스 트랩
④ P트랩

답 : ④

③ 플라스터(석고) 트랩 : 치과 기공실, 정형외과 기브스실
④ 헤어 트랩 : 이용소, 미용소
⑤ 차고 트랩(garage trap) : 차고 내의 바닥 배수용
※ 증기 트랩의 종류 : 방열기트랩(열동트랩, 실로폰트랩), 버킷트랩, 플로트트랩, 벨로즈트랩 등

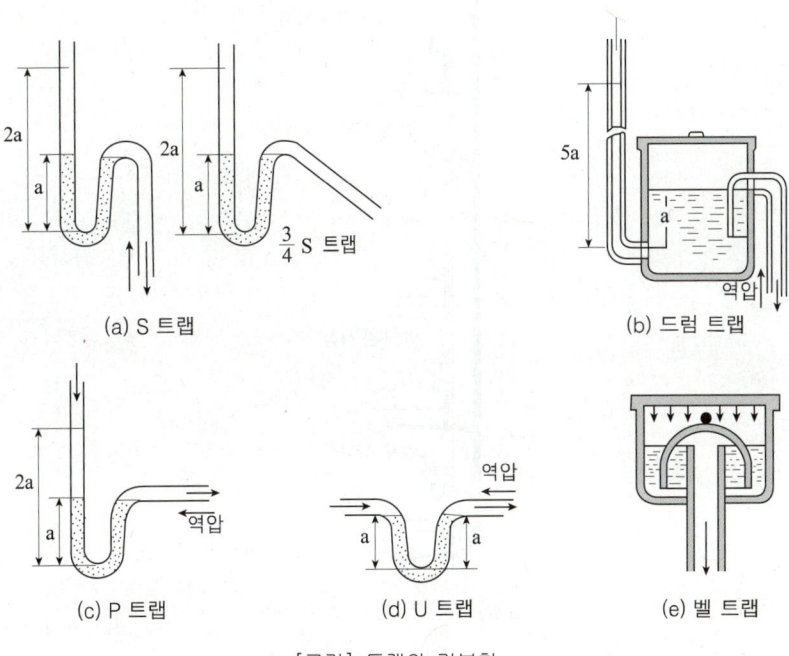

[그림] 트랩의 기본형

핵심 PLUS

- 관트랩 : 구조가 간단하고 자기 사이폰 작용을 일으키면 자정 작용을 갖는 트랩으로 사이폰 작용을 일으키기 쉽기 때문에 사이폰 트랩이라고도 불리운다.
※ 사이폰계 트랩(관트랩) : P-trap, S-trap, U-trap
※ 비사이폰계 트랩 : 드럼 트랩, 벨 트랩, 그리스 트랩, 보틀 트랩

32 구조가 간단하고 자기 사이폰 작용을 일으키면 자정작용을 갖는 트랩으로 사이폰 작용을 일으키기 쉽기 때문에 사이폰 트랩이라고도 불리우는 것은? [23 기]
① 드럼 트랩
② 관 트랩
③ 기구 트랩
④ 바닥배수 트랩
답 : ②

33 트랩의 봉수 깊이는 다음 그림 중 어느 깊이를 말하는가?

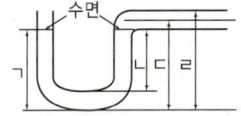

① (ㄱ)
② (ㄴ)
③ (ㄷ)
④ (ㄹ)
답 : ②

3) 트랩의 봉수

깊이는 5~10cm로 하는 것이 보통이다. 5cm 이하면 봉수를 완전하게 유지할 수 없으며, 따라서 트랩으로서의 역할을 다하지 못하게 된다. 또 봉수 깊이를 너무 깊게 하면 유수의 저항이 증대하여 통수 능력이 감소되므로 트랩 통수로의 세척력이 약해져 트랩 밑에 침전물이 쌓여 트랩이 막히는 원인이 된다.

4) 트랩의 봉수파괴 원인과 방지책

① 자기사이펀 작용 : 배수가 관속을 꽉차서 흐를 때(만수 상태), 주로 S 트랩에서
② 유인사이펀작용(흡출 작용) : 상층의 배수입관에서 다량의 물이 일시에 낙하할 때
③ 분출 작용(역압에 의한 작용) : 대규모 배수설비에서 배수관의 하저곡부 가까이에 설치되어 있는 경우(피스톤작용)
④ 모세관 작용 : 트랩 내에 실이나 머리카락이 들어갈 때

34 트랩의 필요조건으로 옳지 않은 것은? [15, 25 기]
① 가동부분이 있을 것
② 자정 작용이 가능할 것
③ 청소가 용이한 구조일 것
④ 봉수깊이는 50mm 이상, 100mm 이하일 것
해설 2중 트랩이 되지 않도록 배관하고 가동부분이 없을 것
답 : ①

핵심 PLUS

35 다음 중 트랩의 봉수가 파괴되는 원인과 가장 거리가 먼 것은? [12 기]
① 자기사이폰 작용
② 모세관 현상
③ 서어징 현상
④ 증발 현상

답 : ③

36 집을 오랫동안 비워 두어서 트랩의 봉수가 파괴되었다. 그 원인으로 가장 가능성이 있는 것은? [09 기]
① 증발
② 자기사이펀 작용
③ 캐비테이션 현상
④ 역압에 의한 작용

답 : ①

⑤ 증발 : 위생기구의 사용빈도가 적을 때, 기름을 한 방울 떨어뜨리면 방지된다.
⑥ 물의 운동량에 의한 관성
※ 봉수파괴 방지 : 통기관을 설치

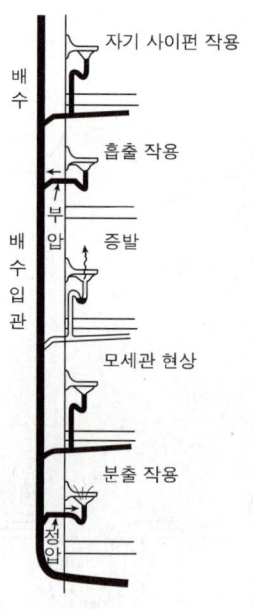

[그림] 트랩의 봉수 파괴 원인

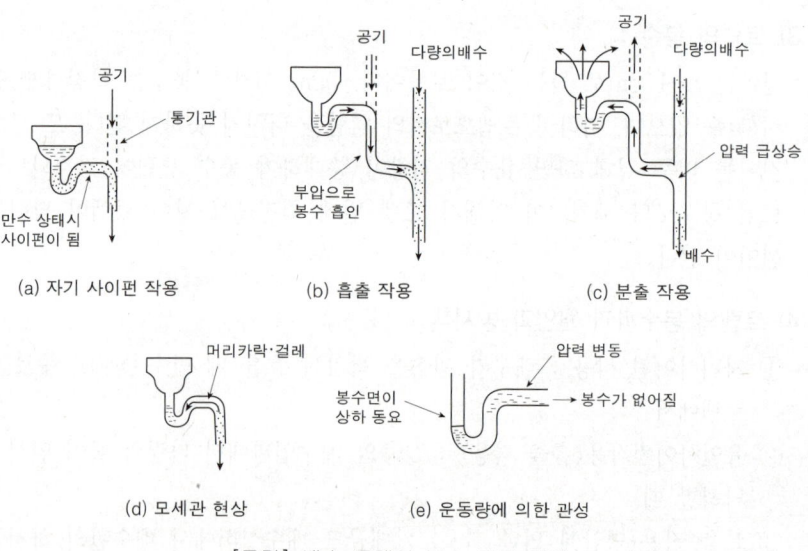

[그림] 배수 트랩의 봉수 파괴 원인

4. 배수 및 통기 배관

1) 통기관의 배관 목적
① 트랩의 봉수 보호
② 배수관 내의 배수 흐름 원활
③ 배수관의 환기 역할

2) 통기 배관 방식

종 류	특기사항	관 경
각개(개별) 통기관	· 각 위생기구마다 통기관을 설치 · 설비비가 많이 드나 가장 이상적인 방법	접속하는 배수관경의 1/2 이상 또는 32mm 이상
루프(환상, 회로) 통기관	· 기구 2개 이상 8개 이내 · 통기수직관에서 7.5m 이내	접속하는 배수관경의 1/2 이상 또는 40mm 이상
도피(탈출) 통기관	· 배수수직관과 배수수평관의 연결 · 최하류 기구 바로 앞에 설치	접속하는 배수관경의 1/2 이상 또는 40mm 이상
결합 통기관	· 배수수직관과 통기수직관을 연결 · 5개층마다	50mm 이상
신정 통기관	· 배수수직관의 상부에 설치 · 옥상에 개구 (가장 단순하고 경제적)	75mm 이상 (일반적으로 100mm 이상)
습윤 통기관	· 최상류 기구에 설치 · 배수관+통기관 역할	

※ 특수통기방식-배수 및 통기 겸용(신정통기관+특수이음쇠)
① 소벤트 방식(sovent system) : 하나의 배수수직관으로 배수와 통기를 겸하는 시스템으로 2개의 특수이음쇠 사용(공기혼합이음쇠, 공기분리이음쇠) 한다.
② 섹스티아 방식(sextia system) : sextia 이음쇠와 sextia 벤트관을 사용하여 유수에 선회력을 주어 공기 코어를 유지시켜 하나의 관으로 배수와 통기를 겸하는 시스템으로 배수관경이 적어도 되며 소음이 적다.

핵심 PLUS

37 다음 중 배수설비에 있어서 통기관을 설치하는 목적과 가장 거리가 먼 것은? [09, 24 기]
① 배수 계통 내의 배수의 흐름을 원활히 한다.
② 사이폰 작용에 의해서 트랩 봉수가 파괴되는 것을 방지한다.
③ 배수관 계통의 환기를 도모하여 관내를 청결하게 유지한다.
④ 세정 배수 중의 유지분을 포집하여 배수관이 막히는 것을 방지한다.
답 : ④

38 통기수직관으로부터 가장 가까운 곳에 설치되어 있으며, 배수수평관의 최하류에 연결된 관으로 회로통기의 능력을 촉진시켜 주는 통기관은? [00 기]
① 습식통기관
② 도피통기관
③ 신정통기관
④ 결합통기관
답 : ②

39 최상부의 배수수평관이 배수수직관에 접속된 위치보다도 더욱 위로 배수수직관을 끌어올려 대기 중에 개구하여 통기관으로 사용되는 부분을 의미하는 것은? [07, 25 기]
① 각개통기관
② 루프통기관
③ 신정통기관
④ 도피통기관
답 : ③

40 결합통기관이란? [99 기]
① 배수입주관과 통기입주관을 연결하는 관
② 배수수평지관과 통기입주관을 연결하는 관
③ 환상통기관과 회로통기관을 연결하는 관
④ 도피통기관과 습통기관을 연결하는 관
답 : ①

핵심 PLUS

41 다음 설명에 알맞은 통기방식은? [12, 23 기]

- 회로통기방식이라고도 한다.
- 2개 이상의 기구트랩에 공통으로 하나의 통기관을 설치하는 방식이다.

① 각개통기방식
② 루프통기방식
③ 신정통기방식
④ 결합통기방식

답 : ②

42 다음 설명에 알맞은 통기관의 종류는? [11, 24 기]

기구가 반대방향(좌우분기) 또는 병렬로 설치된 기구 배수관의 교점에 접속하여 입상하며, 그 양 기구의 트랩 봉수를 보호하기 위한 1개의 통기관을 말한다.

① 공용통기관
② 결합통기관
③ 각개통기관
④ 신정통기관

[해설] 공용통기관은 통기관과 배수관의 역할을 겸용하고 있는 관으로, 기구가 반대방향(좌우분기) 또는 병렬로 설치된 기구 배수관의 교점에 접속하여 입상하며, 그 양 기구의 트랩 봉수를 보호하기 위한 1개의 통기관을 말한다.

답 : ①

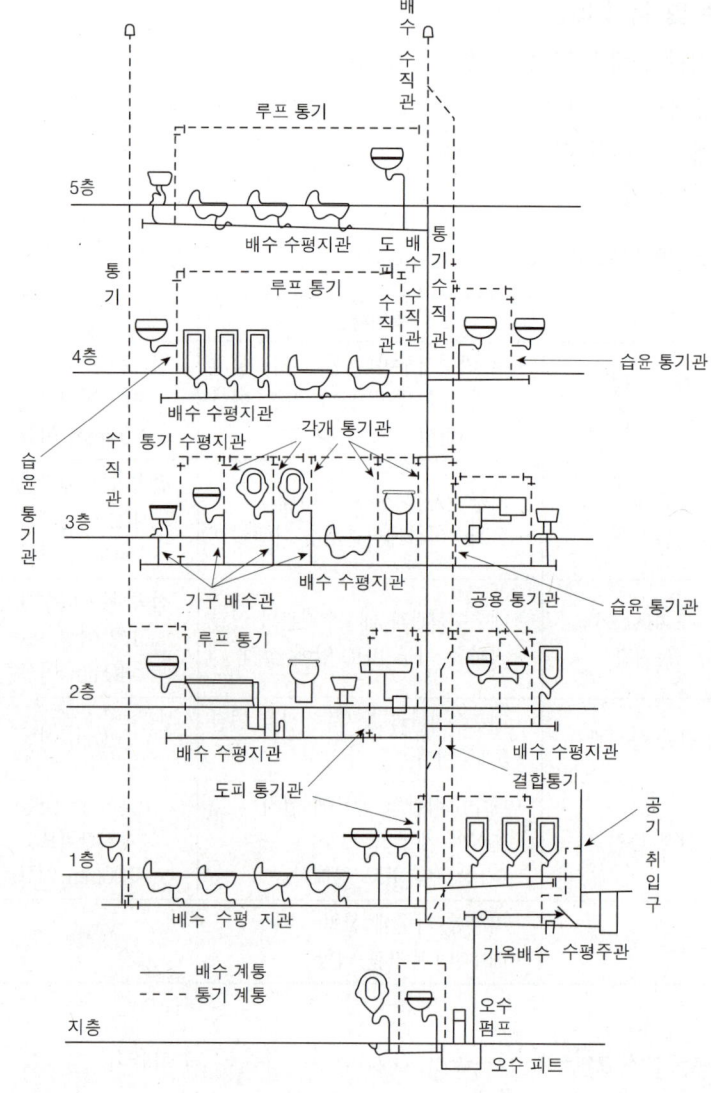

[그림] 배수 및 통기관 계통도

6. 배수관 및 통기관의 관경 결정

1) 옥내 배수관의 관경

① 기구 부하단위법(Fixture Unit Value Method)

㉮ 일반적으로 가옥 배수관의 관경을 결정하는 데는 관 계통에 접속하는 위생기구류의 최대 배수 유량을 기준으로 하여 관경을 구하는 것이 합리적이다.

㉯ 미국에서는 구경 32mm의 트랩을 갖는 세면기의 배수량을 28.5ℓ/min으로 하고 여기에 기구의 동시사용률과 기구 종류에 따른 사용빈도수 및 사용자 수를 감안한 기구 배수 부하단위(fixture unit)를

결정하였으며, 세면기의 기구 배수 부하단위를 1로 하고, 이것을 근거로 하여 각종 기구의 배수 부하단위를 정하였다.

㉰ 트랩 구경이 32, 40, 50, 65, 75, 100mm일 때 기구 배수 부하 단위는 1, 2, 3, 4, 5, 6, 7, 8로 한다.

■ 트랩 및 기구 배수관의 최소 관경

기구	관경 mm	기구	관경 mm	기구	관경 mm
음수기	32	오물수채	75	요리수채(영업용)	50
세면기·수세기	32	욕조	40	조합수채	40
대변기	75	양식욕조	50	세탁수채	40
소변기(벽걸이)	40	샤워	50	청소용수채	50
소변기(스툴)	50	공동목욕탕	75	양식욕조	40~50
비데	40	요리수채(주택용)	40	바닥배수	75

② 옥내 배수관의 최소 구배

㉮ 구경 75mm 이하의 배수관 : 1/50 이상

㉯ 구경 100mm 이상 배수관 : 1/100 이상

※ 옥외 배수관의 최소 구배 : 보통 1/150 정도

2) 빗물 배수관의 관경

빗물수직관 및 빗물 배수수평주관은 U트랩을 거쳐 합류관에 접속되어야 한다. 빗물 배수관의 관경은 지붕의 수평투영면적과 최대 강우량을 기초로 하여 구하는 것이 합리적인 방법이다.

[예] 어느 지방의 최대 강우량이 120mm/h이라면

환산 지붕면적=실제 지붕 수평투영면적$\times \frac{120}{100}$로 구할 수 있다.

3) 빗물 및 가옥 배수 합류관의 관경

빗물 및 가옥 배수를 1개의 관으로 모아 배수하는 합류관의 관경은 지붕의 수평투영면적을 기구 배수 단위로 환산하여, 이것에 가옥 배수의 배수 단위를 합산한 합계 배수 단위수를 기준으로 하여 구한다.

지붕면적의 배수 단위 환산은

① 수평으로 투영한 지붕면적이 93m²까지는 배수 단위수를 256으로 한다.

② 93m²를 초과할 때는 초과분 0.36m²마다 1배수 단위를 가산한다.

배수 기구 단위수 = $256 + \frac{수평\ 지붕면적 - 93}{0.36}$

핵심 PLUS

43 배수관의 관경결정을 위해 사용되는 기구배수부하단위는 어느 것을 기준으로 하여 정해지는가? [04 산]
① 대변기 배수량
② 세면기 배수량
③ 소변기 배수량
④ 비데 배수량

답 : ②

44 배수관의 관경과 구배에 대한 설명 중 옳지 않은 것은? [10 기]
① 배수관경을 크게 하면 할수록 배수능력은 향상된다.
② 배관구배를 너무 급하게 하면 흐름이 빨라 고형물이 남는다.
③ 배관구배를 완만하게 하면 세정력이 저하된다.
④ 배수 수평관의 구배는 최소 1/200 이상으로 한다.

[해설] 배수관경을 필요 이상으로 크게 하면 할수록 배수능력은 저하된다.

답 : ①

45 우수 수평관의 관경을 결정하는 직접적인 요소가 아닌 것은? [10 산]
① 지붕의 수평투영 면적
② 지붕의 기울기
③ 배관의 기울기
④ 최대 강우량

답 : ②

핵심 PLUS

46 다음 통기관의 관경에 대한 설명 중 옳지 않은 것은?
　　　　　　　　　[09, 25 기]
① 각개통기관의 관경은 그것이 접속되는 배수관 관경의 1/2 이상으로 한다.
② 신정통기관의 관경은 배수수직관의 관경보다 작게 해서는 안된다.
③ 회로통기관의 관경은 배수수평지관과 통기수직관 중 큰 쪽 관경의 1/2 이상으로 한다.
④ 결합통기관의 관경은 통기수직관과 배수수직관 중 작은 쪽 관경 이상으로 한다.

[해설] 회로통기관의 관경은 배수수평지관과 통기수직관 중 작은 쪽 관경의 1/2 이상으로 한다.
※통기관 : 최소 32mm 이상
　　　　　　　　　답 : ③

47 배수 배관에서 청소구(clean out)의 일반적 설치 장소에 속하지 않는 것은?　[18, 23 기]
① 배수수직관의 최상부
② 배수수평지관의 기점
③ 배수수평주관의 기점
④ 배수관이 45°를 넘는 각도에서 방향을 전환하는 개소
　　　　　　　　　답 : ①

---

③ 최대 강우량이 100mm/h 이외의 지역에 있어서는

$$배수 기구 단위수 = 256 + \left(\frac{수평\ 지붕면적 - 93}{0.36}\right) \times \frac{그\ 지역의\ 최대\ 강우량}{100}$$

4) 통기관의 관경

① 각개 통기관의 관경 : 최소 32mm 이상이거나 접속하는 배수 관경의 1/2 이상
② 루프 통기관의 관경 : 최소 40mm 이상이거나 접속하는 배수 관경의 1/2 이상
③ 도피 통기관의 관경 : 최소 40mm 이상이거나 접속하는 배수 관경의 1/2 이상
④ 결합 통기관의 관경 : 최소 50mm 이상이거나 통기 수직관과 동일 관경 이상
⑤ 신정 통기관의 관경 : 최소 75mm(일반적으로 100mm 기준)이거나 배수 수직관과 동일 관경 이상

7. 배수·통기 배관 시공상의 주의사항

1) 수직주관

배수 및 통기 수직관은 되도록 파이프 샤프트 안에서 배관하고, 변소는 될 수록 수직관 가까이에 설치한다.

2) 청소구(clean out) 설치 위치

① 가옥 배수관과 부지 하수관이 접속하는 곳
② 배수 수직관의 최하단부
③ 수평지관의 최상단부
④ 가옥 배수 수평주관의 기점
⑤ 수평관 관경 100mm 이하는 직진거리 15m 이내마다, 관경 100mm 이상의 관에서는 30m 이내마다 설치
⑥ 배관이 45° 이상의 각도로 구부러진 곳
⑦ 각종 트랩 및 기타 배관상 특히 필요한 곳

3) 틀리기 쉬운 배관

① 통기관의 오버플로면 이상까지 세운 다음 통기 수직관에 접속한다.
② 자동차 차고 내의 수세기나 바닥 배수는 가솔린을 갖고 있으므로 게이지 트랩에 모아서 가스를 분리 발산 후 가옥 하수관에 방류한다.
③ 2중 트랩이 되지 않도록 배관한다.
④ 기구 배수관의 곡관부에 다른 배수 지관을 접속해서는 안된다.

⑤ 트랩의 청소구를 열었을 때 하수 가스가 누설되지 않게 배관한다.
⑥ 욕조의 오버플로는 트랩의 상류에 접속하도록 배관을 해야 한다.

4) 배수 및 통기 배관의 시험
① 수압시험 : 0.03MPa(30kPa)에 해당하는 압력으로 30분간 이상 유지
② 기압시험 : 0.035MPa(35kPa) 될 때까지의 압력으로 15분간 이상 유지
③ 기밀시험 : 최종시험(연기시험, 박하시험)

5 위생기구 및 배관재료

1. 위생기구

1) 위생기구의 구비조건
① 흡수성이 적고, 내식성, 내마모성이 좋을 것
② 제작이 용이하고 설치가 간단할 것
③ 오염방지를 배려한 구조일 것
④ 외관이 깨끗하고 위생적이며 청소가 용이할 것

2) 도기의 종류와 시험
위생 도기의 시험 방법은 침투 시험, 급랭 시험, 관입 시험, 세정 시험, 배수로 시험, 누수 시험, 외관 검사 등이 있다.

3) 위생기구의 종류
① 대변기

■ 각 세정 방식의 특징

검토 항목	하이탱크식	로탱크식	플러시밸브식
수압의 제한	없 음	없 음	있음(0.07MPa 이상)
급수관경의 제한	15mm면 됨	15mm면 됨	있음(구경 25mm 이상)
장 소	차지하지 않음	크게 차지함	별로 크지 않음
구 조	간단함	간단함	복잡함
수 리	곤란함(비쌈)	용이함	곤란함
공 사	설치 곤란(비쌈)	설치 용이	설치 용이
소 음	상당히 큼	적 음	약간 큼
연 속 사 용	할 수 없음	할 수 없음	할 수 있음

② 대변기의 구조에 따른 세정 방식 : 세출식, 세락식, 사이펀식, 사이펀제트식, 취출식, 절수식 등

핵심 PLUS

48 위생도기의 품질을 관리하기 위하여 행하는 시험과 검사 방법에 해당되지 않는 것은?
[00 산]
① 잉크시험
② 세정시험
③ 누수시험
④ 굽힘시험
답 : ④

49 다음 설명에 알맞은 대변기의 세정방식은? [13 기]

- 대변기의 연속사용이 가능하다.
- 소음이 크고 단시간에 다량의 물이 필요하다.
- 일반 가정용으로는 사용이 곤란하다.

① 세락식
② 로 탱크식
③ 하이 탱크식
④ 플러시 밸브식

[해설] 플러시 밸브(F.V)식 대변기
㉠ 접속 급수관경 25mm 이상 필요하다.
㉡ 최저 필요 수압 0.07MPa (70kPa =0.7kg/cm^2) 이상 확보할 수 있는 경우에 사용 가능하다.
㉢ 세정소음이 크나, 대변기의 연속사용이 가능하다.
㉣ 일반 가정용으로는 거의 사용하지 않는다.
답 : ④

Ⅳ. 건축설비 | 위생설비

4) 위생기구의 유닛화

설비를 유닛화하는 것은 현장 작업의 공정을 최소한으로 줄일 수 있음과 동시에 공장 제작의 단순화, 합리화로 공사 전체의 생산성·안전성 등을 향상시킬 수 있다.

① 설비 유닛의 목적
  ㉮ 공사 기간 단축
  ㉯ 공정의 단순화 및 합리화
  ㉰ 시공 정도(精度)의 향상
  ㉱ 재료 및 인건비의 절감

② 설비 유닛의 필수 조건
  ㉮ 가볍고 운반이 용이할 것
  ㉯ 현장 조립이 용이할 것
  ㉰ 가격이 저렴할 것
  ㉱ 제작 공정에서 양산이 가능할 것
  ㉲ 유닛 내의 배관이 단순할 것
  ㉳ 배관이 방수부를 통과하지 않고 바닥 위에서 처리가 가능할 것

> **핵심 PLUS**
>
> **50** 위생설비 유니트화에 대한 설명으로 옳지 않은 것은?
> [06 기]
> ① 시공의 정밀도가 향상된다.
> ② 현장에서의 작업량이 감소하기 때문에 공기를 단축할 수 있다.
> ③ 현장에서의 작업의 안전성을 향상시킬 수 있다.
> ④ 개인의 기호에 따라 다양화가 가능하다.
> 답 : ④

2. 배관 재료

1) 관의 종류

종류	특징	용도	접합 방법
주철관	• 재질은 값이 싸다. • 부식성이 적고 강도 및 내구성이 특히 우수 • 내압성·내식성은 강하다. • 충격·인장강도는 약하다.	상수도용 급수관, 오수배수관, 가스 공급관, 통신용 케이블 매설관, 화학 공업용 배관 등	소켓 접합 플랜지 접합 메커니컬 접합 빅토릭 접합
강관	• 연관이나 주철관에 비하여 가볍다. • 인장강도가 가장 크다. • 주철관에 비하여 부식되기 쉽다.	배관 공사에서 가장 많이 사용하는 관	나사 접합 플랜지 접합 용접 접합
연관	• 가장 오래 전부터 사용되고 있는 급수관 • 관이 유연하여 시공이 용이하다. • 내식성이 뛰어난 성질이 있다. • 가격이 비싸고 외력에 파손되기 쉽다.	굴곡이 많은 수도 인입관, 기구 배수관, 가스 배관, 화학 공업 배관 등	플라스턴 접합 땜납 접합

종류	특징	용도	접합 방법
동관	• 배관 시공이 용이하다. • 내식성이 높아 부식이 적다.	전기 및 열전도율이 좋아 전기 재료, 열교환기, 급수관	납땜 접합 플레어 접합 용접 접합 경납땜
황동관	동·황금관으로 내외면에 주석 도금을 한 것	병원의 증류수, 멸균수 등의 극연수 수송관	동관의 접합 방법과 동일
경질비닐관 (PVC관)	• 내면이 평활해 마찰손실이 적다. • 열팽창률이 크다. • 가볍고 부식성이 적다.	급탕관·증기관으로는 부적당	냉간 공법 열간 공법
콘크리트관	• 내식성이 강하다. • 콘크리트 제품으로 가격이 싸다.	해수수송관, 배수관, 모래운반관	칼라 접합 기볼트 접합 심플렉스 접합 모르타르 접합

※ 강관 이음쇠류의 사용 개소
① 배관의 굴곡 : 엘보, 벤드
② 관을 도중에서 분기할 때 : T, Y, 크로스
③ 같은 지름의 관을 직선으로 접합할 때 : 소켓, 유니언, 플랜지, 니플
④ 서로 다른 지름의 관을 이을 때 : 이경 소켓, 유니언, 엘보, 부싱, 니플
⑤ 관 끝을 막을 때 : 플러그, 캡

(a) 소켓   (b) 이경 소켓   (c) 유니언   (d) 엘보 90°   (e) 엘보 45°   (f) 암수 엘보
(스트리트 엘보)

(g) +자(크로스)   (h) T(티)   (i) 부싱   (j) 캡   (k) 니플   (l) 플러그

[그림] 관 이음류의 형상

핵심 PLUS

51 배수용 배관재에 대한 설명 중 옳지 않은 것은? [10, 24 기]
① 경질염화비닐관은 내식성은 우수하나 충격에 약하다.
② 연관은 내식성이 작아 배수용 보다는 난방배관에 주로 사용된다.
③ 동관은 전기 및 열전도율이 좋고 전성·연성이 풍부하여 가공도 용이하다.
④ 주철관은 오배수관이나 지중 매설 배관에 사용된다.
답 : ②

52 경질 비닐관 공사에 대한 설명으로 옳은 것은? [08, 25 기]
① 온도 변화에 따라 기계적 강도가 변하지 않는다.
② 자성체이며 금속관보다 시공이 어렵다.
③ 절연성과 내식성이 강하다.
④ 부식성 가스가 발생하는 곳의 배선에는 사용할 수 없다.
답 : ③

53 다음 중 관이음쇠와 그 사용 용도의 연결이 옳지 않은 것은? [11, 23 기]
① 부싱(Bushing) : 이경관을 연결할 때
② 엘보(Elbow) : 관의 방향을 바꿀 때
③ 유니온(Union) : 관의 끝을 막을 때
④ 티(Tee) : 관을 도중에서 분기할 때

[해설] 유니언(union)과 플랜지(flange)관의 교체나 펌프의 고장 수리시 사용한다.
㉠ 유니언(union) : 50mm 이하의 관(소구경)에 사용한다.
㉡ 플랜지(flange) : 65mm 이상의 관(대구경)에 사용한다.
답 : ③

핵심 PLUS

54 게이트 밸브라고도 하며 유체의 흐름을 단속하는 대표적인 밸브로써 밸브를 완전히 열면 유체 흐름의 단면적 변화가 없어서 마찰저항이 거의 발생하지 않는 것은? [08 기]
① 슬루스 밸브
② 글로브 밸브
③ 체크 밸브
④ 볼 밸브

답 : ①

55 유체의 흐름을 한 방향으로만 흐르게 하고 반대 방향으로는 흐르지 못하게 하는 밸브는? [17 기]
① 콕
② 체크밸브
③ 게이트밸브
④ 글로브밸브

답 : ②

56 관 속의 유체에 섞여 있는 모래, 쇠부스러기 등의 이물질을 제거하여 기기의 성능을 보호하기 위해 배관에 설치하는 것은? [09 기]
① 볼 탭
② 패킹
③ 체크 밸브
④ 스트레이너

답 : ④

Ⅳ. 건축설비 | 위생설비

2) 밸브의 종류

종류	특징	도시기호
슬루스밸브 (게이트 밸브)	배관의 마찰저항(마찰상당관장)이 가장 작다.	▷◁
글로브밸브 (스톱밸브, 구형밸브)	배관의 마찰저항(마찰상당관장)이 가장 크다.	▶●◁
플러시 밸브 (flush valve)	한 번 누르면 급수의 압력으로 일정량의 물이 나온 다음 자동적으로 잠겨지도록 되어 있는 것으로, 대·소변기에 사용.	─⊕─
체크밸브 (check valve)	유체의 흐름을 한쪽 방향으로 흐르게 할 때 쓰인다. 리프트형(수평배관), 스윙형(수평, 수직배관)이 있다.	─▷│─
앵글밸브 (angle valve)	글로브 밸브의 일종으로 유체의 입구와 출구가 이루는 각이 90°이다.	─▷
콕	90° 회전하여 완전히 열거나 닫는 구조	◇

3) 배관의 부식

■ 배관 부식의 원인
① 물과 접촉에 의한 부식
② 접촉된 다른 금속간에 일어나는 부식
③ 전식(電蝕)
④ 수질에 의한 부식
⑤ 관내면의 전위차가 균일하지 않은 경우
⑥ 수온의 상승에 따른 부식 속도의 증가

4) 배관 식별

■ 색채에 의한 배관 식별법

종류	식별색	종류	식별색
물	청색	산·알칼리	회자색
증기	진한적색	기름	진한황적색
공기	백색	전기	엷은황적색
가스	황색	-	-

6 오수처리설비

1. 일반 사항

1) 용어의 정의

① BOD(Biochemical Oxygen Demand) : 생물화학적 산소 요구량-수질의 오염정도의 측정치

② COD(Chemical Oxygen Demand) : 화학적 산소 요구량-공장 폐수수질의 측정

③ DO(Dissolved Oxygen) : 용존산소량-수중에 용해된 산소의 량

④ SS(Suspended Solids) : 부유물질-물 속에 존재하는 고형 물질

⑤ SV(침전오니 퍼센트율)

⑥ PH(수소이온농도) : 수소이온의 량

⑦ BOD 제거율

㉮ 오수처리설비의 성능을 나타내는 지표

㉯ BOD 제거율 $= \dfrac{\text{유입수BOD} - \text{유출수BOD}}{\text{유입수BOD}} \times 100(\%)$

㉰ BOD 제거율이 높을수록 고성능 정화조이다.

예제

오물 정화조로 유입되는 오수의 BOD 농도가 150ppm이고 방류수의 BOD 농도는 60ppm일 때 이 정화조의 BOD 제거율은?

▶ BOD 제거율(%) $= \dfrac{\text{유입수BOD} - \text{유출수BOD}}{\text{유입수BOD}} \times 100$

$= \dfrac{150 - 60}{150} \times 100 = 60\%$

---

2. 정화조

1) 원리

정화조는 변기, 부엌에서 나오는 오수와 잡배수를 미생물의 활동으로 부패시켜서 유기물질을 최소화하여 소독 후 방류시키는 구조물이다.

2) 정화 순서

(오수 유입) → 부패조 → 여과조 → 산화조 → 소독조 → (방류)

핵심 PLUS

57 다음 중 생물화학적 산소요구량을 나타내는 것은? [08 산]
① COD
② DO
③ BOD
④ PPM

답 : ③

58 수질과 관련된 용어 중 부유물질로서 오수 중에 현탁되어 있는 물질을 의미하는 것은? [07, 11 기]
① BOD
② COD
③ SS
④ 염소이온

답 : ③

59 오수의 BOD 제거율이 95%인 정화조에서 정화조로 유입되는 오수의 BOD농도가 300ppm일 경우, 방류수의 BOD 농도는? [15, 25 기]
① 15ppm
② 85ppm
③ 150ppm
④ 285ppm

[해설]
BOD 제거율
$= \dfrac{\text{유입수}BOD - \text{유출수}BOD}{\text{유입수}BOD} \times 100(\%)$

BOD 제거율
$= \dfrac{300 - x}{300} \times 100(\%) = 95\%$

∴ $x = 15$

답 : ①

60 주택의 1인 1일 오수량이 0.05m³/인·일이고 오수의 BOD 농도가 260g/m³일 때 1인 1일당 BOD 부하량은? [17, 24 기]
① 5g/인·일
② 13g/인·일
③ 26g/인·일
④ 50g/인·일

[해설]
BOD 부하량
 = 오폐수의 량 × BOD의 농도
 = 0.05m³/인·일 × 260g/m³
 = 13g인·일

답 : ②

핵심 PLUS

61 정화조의 원리를 설명한 다음 사항 중 옳은 것은? [04 산]
① 다량의 물에 의하여 오물을 희석한다.
② 약품에 의하여 오물을 분해한다.
③ 미생물작용으로 오물을 분해한다.
④ 침전작용으로 오물을 분해하여 사멸시킨다.

답 : ③

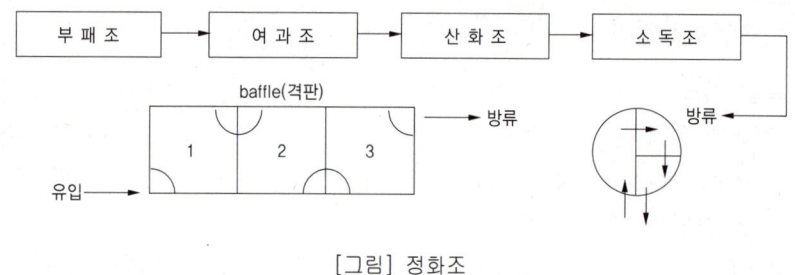

[그림] 정화조

3) 처리 방식
 ① 합류 배수 : 분뇨와 생활 하수를 함께 처리하는 시설
 ② 분류 배수 : 생활 하수를 공공 하수관으로 처리하여 그냥 버리고 분뇨만 처리하는 시설

4) 정화조의 종류(폐기물관리법, 제15조)
 ① 오수처리시설 : 공동주택으로 연면적 1,600m² 이상(2동 이상을 합한 연면적)은 합류 배수 방식과 함께 오수처리시설을 해야 한다.
 ② 분뇨 정화조 : 공동주택으로 연면적 1,600m² 미만의 분류 배수 방식과 함께 분뇨 정화조를 설치해야 한다.

5) 오수처리시설과 분뇨 정화조의 차이
 ① 분뇨 정화조는 연면적 1,600m² 이하의 소규모에 이용한다.
 ② 오수처리시설은 연면적 1,600m² 이상의 대규모 건물에 이용하고 정화성능도 차이가 있다.
 ③ 임호프(Imhoff) 방식 : 독일의 Imhoff 박사가 개발한 것으로, 가정용, 아파트용으로 현재 대부분 사용하고 있다.

3. 분뇨 정화조

1) 구 조
 ① 부패조
  ㉮ 침전 분리조와 예비 여과조를 조합한 구조로 한다.
  ㉯ 부패조에서는 염기성균 작용에 의한 소화 작용과 침전 작용이 이루어져야 한다.
  ㉰ 유효 용적은 15인분까지 0.75m³ 이상, 15인 이상일 때는 사용 인원 1인당 0.05m³ 증가
  ㉱ 수심은 1~3m로 하고 사용 인원에 따라 용적을 증가시킬 것
  ㉲ 제1, 제2 부패조와 여과조의 용적비 4 : 2 : 1 혹은 4 : 2 : 2
  ㉳ 도입관 하단은 수심의 1/3에 위치하도록 하고, J자 관을 사용

㉑ 격판의 하단은 수심의 1/2
㉒ 부패조 용량

처리대상 인원	부패조 용량
5인 이하	$V=1.5m^3$
5인~500인	$V=1.5+0.1(n-5)m^3$
500인 이상	$V=51+0.075(n-500)m^3$

※ 산화조(V')는 부패조(V)의 1/2로 한다.

② 여과조 : 부패조와 산화조 사이에 설치하는 예비 여과조에 오수를 하부에서 위로 유입시켜 오수 중의 부유물을 쇄석층에서 제거한다.

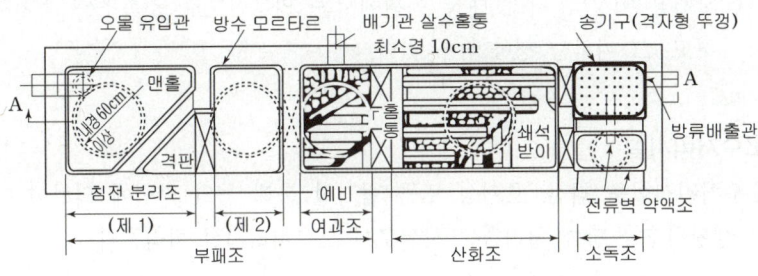

(a) 평면

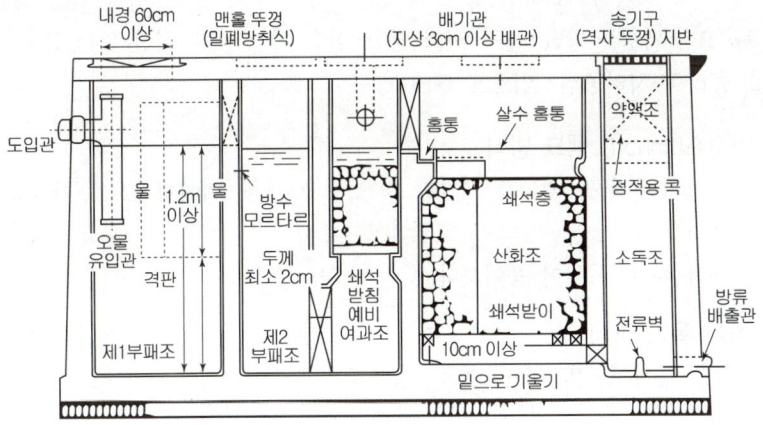

(b) 단면 A~A

[그림] 오물 정화조의 구조

핵심 PLUS

62 처리대상인원이 100명인 수세식 화장실 정화조의 부패조 용량이 $11m^3$일 때 산화조의 쇄석층 용량은? [03 산]
① $5.5m^3$
② $6.0m^3$
③ $6.5m^3$
④ $7.0m^3$

[해설] $V=1.5+0.1(n-5)m^3$
$=1.5+0.1(100-5)m^3$
$=11m^3$
∴ 산화조(V')는 부패조(V)의 1/2로 하므로 11/2=$5.5m^3$이다.

답 : ①

③ 산화조
  ㉮ 부패조에서 유입한 오수는 산화조의 살수홈통으로 균일하게 분산되어 쇄석층을 흘러 내린다.
  ㉯ 산화조에서는 호기성균으로 산화를 촉진한다.
  ㉰ 산화조의 쇄석층 용적 : 부패조의 1/2 이상
  ㉱ 쇄석층의 깊이 : 90cm 이상 2m 이내

④ 소독조
  ㉮ 산화조에서 넘어온 각종 세균(대장균)을 소독해서 방류시키는 탱크이다.
  ㉯ 소독제로는 차아염소산소다($NaClO$)와 차아염소산칼슘[$Ca(ClO)_2$] 등의 염소 계통이다.
  ㉰ 크기는 점검과 약품 주입에 적당한 크기면 된다.
  ㉱ 500명 이상의 처리 대상 인원에서는 의무적으로 소독조를 설치해야 하고, 그 이하는 생략할 수 있다.

4. 오수처리시설

오수처리시설은 침전, 호기성 또는 혐기성 분해 등의 방법에 의하여 분뇨와 생활하수를 함께 처리하는 시설로서 오수처리시설 처리공법

① 호기성 생물학적 처리공법
  ㉮ 활성 오니법 : 표준 활성 오니 방법, 장기 폭기 방법, 접촉 안정 방법
  ㉯ 고정 미생물 방법 : 접촉 산화 방법, 살수 여상 방법, 회전 원판 접촉 방법
② 물리적 처리공법 : 임호프 탱크 방법

1) 임호프(Imhoff) 탱크 방식
① 독일의 임호프 박사가 개발한 것으로, 가정용, 아파트용으로 대부분 사용하고 있다.
② 값이 싸고, 시설이 용이하다.

2) 장기 폭기 방식
스크린-폭기조-침전조-소독조-방류조

5. 정수 처리

물의 처리 과정 : 채수-침전-기폭-여과-살균-급수

1) 침 전
① 보통 침전 : 유효 수심 3~4m 정도
② 약품 침전 : 약품(황산반토, 명반)을 이용해서 덩어리지게 해서 침전

핵심 PLUS

63 오수 정화처리 방식에 대한 설명 중 옳지 않은 것은? [03 기]
① 생물화학적 처리방식 중 호기성 처리방식에는 살수여상, 활성슬러지 등이 있다.
② 물리적 처리방식은 오수를 중화시키거나 소독하는 방식이다.
③ 생물화학적 처리방식은 여러 종류의 미생물의 움직임을 이용하여 오수를 처리하는 정화방식이다.
④ 교반은 폭기조 등에서 오수 중에 공기(산소)를 기계적으로 혼입시키는 방식이다.
[해설] 물리적 처리방법 : 스크린, 침전, 교반, 여과
답 : ②

64 오수 처리방법 중 물리 및 화학적 처리방법에 속하지 않는 것은? [13 기]
① 오존을 이용하는 방법
② 산화제를 이용하는 산화법
③ 미생물에 의한 호기성 분해 방법
④ 응집제를 이용하여 부유물질을 침전시키는 방법
[해설] 미생물에 의한 호기성 분해 방법은 분뇨정화조의 생물화학적 처리방법에 속한다.
답 : ③

2) 기 폭
물을 공중으로 뿜어서 물 속에 녹아 있는 암모니아·황화수소·탄산가스를 제거하고, 불용해성 수산화제2철[$Fe(OH)_3$]을 침전 여과시킨다.

3) 소독 약품
염소, 표백분, 나트륨(natrium), 클로라민(chloramine), 오존(ozon)

7 소화설비

1. 화재의 분류
① 일반화재(A급화재) : 백색   ② 기름화재(B급화재) : 황색
③ 전기화재(C급화재) : 청색   ④ 금속화재(D급화재)

2. 소방시설의 분류

■ 소방시설의 종류

구 분		소방용 설비의 종류
소방에 필요한 설비	소화 설비	① 소화기구[소화기, 간이소화용구, 자동확산소화기] ② 자동소화장치[주거용 주방자동소화장치, 상업용 주방자동소화장치, 캐비닛형 자동소화장치, 가스자동소화장치, 분말자동화장치, 고체에어로졸자동소화장치] ③ 옥내소화전설비(호스릴옥내소화전설비 포함) ④ 스프링클러설비·간이스프링클러설비(캐비닛형 간이스프링클러설비 포함)·화재조기진압용 스프링클러설비 ⑤ 물분무소화설비·미분무소화설비·포소화설비·이산화탄소소화설비·할론설비·할로겐화합물 및 불활성기체 소화설비·분말소화설비·강화액소화설비·고체에어로졸소화설비 ⑥ 옥외소화전설비
	경보 설비	① 단독경보형 감지기 ② 비상경보설비(비상벨설비, 자동식사이렌설비) ③ 시각경보기 ④ 자동화재탐지설비 ⑤ 화재알림설비 ⑥ 비상방송설비 ⑦ 자동화재속보설비 ⑧ 통합감시시설 ⑨ 누전경보기 ⑩ 가스경보기
	피난 구조 설비	① 피난기구[피난사다리·구조대·완강기·간이완강기 그 밖의 화재안전기준으로 정하는 것 ② 인명구조기구 : 방열복, 방화복(안전모, 보호장갑 및 안전화 포함)·공기호흡기·인공소생기 ③ 유도등 : 피난유도선·피난유도등·통로유도등·객석유도등·유도표지 ④ 비상조명등 및 휴대용비상조명등

핵심 PLUS

65 다음 설명에 알맞은 화재의 종류는? [20, 24 기]

> 나무, 섬유, 종이, 고무, 플라스틱류와 같은 일반 가연물이 타고 나서 재가 남는 화재

① A급 화재   ② B급 화재
③ C급 화재   ④ K급 화재

답 : ①

66 다음의 보안상 비상전원이 필요한 소방용 설비 중 자가발전설비를 설치하지 않아도 되는 것은? [11 기]
① 옥내소화전 설비
② 스프링클러 설비
③ 비상콘센트 설비
④ 무선통신보조설비

답 : ④

67 소방시설은 소화설비, 경보설비, 피난구조설비, 소화용수설비, 소화활동설비로 구분할 수 있다. 다음 중 소화활동설비에 속하는 것은? [16, 19, 25 기]
① 제연설비
② 비상방송설비
③ 스프링클러설비
④ 자동화재탐지설비

답 : ①

Ⅳ. 건축설비 | 위생설비

핵심 PLUS

68 화재를 진압하거나 인명구조 활동을 위하여 사용하는 설비로서 제연설비, 연결송수관설비 등을 포함하는 것은? [09 산]
① 소화설비
② 경보설비
③ 소화활동설비
④ 피난구조설비

답 : ③

구 분	소방용 설비의 종류
소화용수설비	① 상수도소화용수설비 ② 소화수조·저수조 그 밖의 소화용수설비
소화활동설비	① 제연설비　　　　② 연결송수관설비 ③ 연결살수설비　　④ 비상콘센트설비 ⑤ 무선통신보조설비　⑥ 연소방지설비

3. 소방설비

1) 소화기

① 화재 발생 초기에 진화할 목적으로 사용하는 수동 소화설비로서, 소방법에 의해 설치가 의무화되어 있다. 보통 사용되는 소화기는 총중량 28kg 이하로 제한되어 있다.

② 소화기는 소방 대상물의 각 부분에서 보행 거리가 20m 이내가 되도록 배치한다.

③ 소화기를 설치해야 할 소방 대상물, 즉 옥내 소화전, 옥외 소화전, 스프링클러 등이 설치되어 있으면 규정된 소화기의 2/3를 감할 수 있다. 다만, 11층 이상은 그러하지 않다.

69 소형수동식 소화기는 소방대상물의 각 부분으로부터 1개의 소화기까지의 보행거리가 최대 몇 m 이내가 되도록 배치하여야 하는가? [08 기]
① 10m
② 20m
③ 30m
④ 40m

답 : ②

■ 소화기의 종류와 사용 대상 화재

소화기의 종류	적용하는 화재 종류			비 고
	A	B	C	
산·알칼리소화기	○	○	-	
포 말 소 화 기	○	○	-	
이산화탄소소화기	-	○	○	A급 화재 : 보통 화재
할로겐화물소화기	-	○	○	B급 화재 : 기름 및 가스 화재
분 말 소 화 기	○	○	○	C급 화재 : 전기 화재
수조 부착 펌프	○	-	-	
물	○	-	-	
건 조 모 래	-	○	-	

70 다음은 옥내소화전설비에서 전동기에 따른 펌프를 이용하는 가압송수장치에 관한 설명이다. ( )안에 알맞은 것은? [18 기]

특정소방대상물의 어느 층에 있어서도 해당 층의 옥내소화전(2개 이상 설치된 경우에는 2개의 옥내소화전)을 동시에 사용할 경우 각 소화전의 노즐선단에서의 방수압력이 (㉠) 이상이고, 방수량이 (㉡) 이상이 되는 성능의 것으로 할 것

① ㉠ 0.17MPa, ㉡ 130ℓ/min
② ㉠ 0.17MPa, ㉡ 250ℓ/min
③ ㉠ 0.34MPa, ㉡ 130ℓ/min
④ ㉠ 0.34MPa, ㉡ 250ℓ/min

[해설] 옥내소화전설비의 방수압력이 0.17MPa 이상이고, 방수량이 130ℓ/min 이상이 되는 성능의 것으로 할 것

답 : ①

☞ 21.4.1 소방청고시 기준(NFSC) 개정

2) 옥내 소화전 설비

• 옥내소화전 설비의 표준치

① 표준방수압력 : $0.17\text{MPa}=1.7\text{kgf/cm}^2$ (노즐 끝)

② 표준방수량 : 130ℓ/min

③ 설치간격 : 건물의 각 부분에서 소화전까지의 수평거리 25m 이하

④ 수원의 용량 : (옥내소화전 1개의 방수량)×(동시개구수)×20분
$$=130\ell/\text{min}\times20\text{min}\times N=2.6N(\text{m}^3)\ (N\text{은 최대 2개})$$

3) 옥외 소화전 설비

• 옥외소화전 설비의 표준치

① 표준 방수압력 : 0.25MPa=2.5kgf/cm² (노즐 끝)

② 표준 방수량 : 350 ℓ/min

③ 설치 간격 : 건물 외부 각 부분에서 소화전까지 수평거리 40m 이하

④ 수원의 수량=(옥외소화전 1개의 방수량)×(동시 개구수)×20분
=350ℓ/min×20min×N=7N(m³) (N은 최대 2개)

4) 스프링클러(sprinkler) 설비

스프링클러 헤드를 실내 천장에 설치하여, 67~75℃ 정도에서 가용 합금편이 용융됨으로써, 자동적으로 화염에 물을 분사하는 자동소화설비

① 특징

㉮ 동시에 화재경보장치가 작동하여 신속한 대피 및 화재시 초기 진압이 가능(97% 이상)

㉯ 시설의 수명이 반영구적이다.

㉰ 고층 건축물이나 지하층의 소화에 적합하다.

㉱ 물로 인한 2차 피해가 발생할 수 있다.

② 용도 : 극장, 영화관, 백화점, 신문사, 방송국, 호텔

③ 스프링클러 설비의 배관법

㉮ 개방형

- 화재 감지기가 화재를 감지하면 밸브를 개방함과 동시에 경보와 급수
- 천장이 높아 화재시에 열기류가 옆으로 흘러 폐쇄형 스프링클러 헤드로는 효과를 기대할 수 없는 경우에 사용
- 천장이 높은 무대부, 공장, 창고, 준위험물 저장소 등

㉯ 폐쇄형 : 정상상태에서 방수구를 막고 있는 감열체가 일정온도에서 자동적으로 파괴·용해 또는 이탈됨으로써 방수구가 개방되는 스프링클러헤드

- 폐쇄형 습식(wet pipe system)
  - 수원에서 헤드까지 항상 물이 채워져 있어 불이 나면 즉시 물을 방사
  - 헤드의 개구와 동시에 자동 살수되며, 알람밸브가 감지하여 경보 및 펌프를 가동
  - 가장 많이 사용
- 폐쇄형 건식(dry pipe system)
  - 스프링클러 헤드의 배수관에 가압공기가 들어 있어, 화재의 열로 헤드가 열리면 배관내의 공기압이 저하되면서 자동적으로 공기밸브가 열리고 급수

핵심 PLUS

71 최대 6개의 옥내소화전이 설치된 층이 있는 건물이 있다. 수원의 유효저수량은 최소 얼마 이상이 되어야 하는가? [06 기]
① 5.2m² ② 10.4m²
③ 13.0m² ④ 15.8m²

[해설] 수원의 용량 : (옥내소화전 1개의 방수량)×20분×(동시 개구수)
=130ℓ/min×20min×N
=2.6N(m³) N은 최대 2개)
∴ 수원의 용량
=130ℓ/min×20min×2
=5.2m³

답 : ①

72 다음의 소방시설에 관한 설명 중 옳은 것은? [06, 23 기]
① 옥내소화전의 방수압력은 0.17 MPa 이상이고, 방수량은 130 ℓ/min 이하이다.
② 옥외소화전의 방수압력은 0.25 MPa 이상이고, 방수량은 300 ℓ/min 이상이다.
③ 스프링클러 헤드 1개의 방수량은 50 ℓ/min 이상이다.
④ 드렌쳐 설비 헤드 1개의 방수압력은 0.1MPa이다.

[해설] ① 옥내소화전의 방수압력은 0.17MPa 이상이고, 방수량은 130 ℓ/min 이상이다.
② 옥외소화전의 방수압력은 0.25 MPa 이상이고, 방수량은 350 ℓ/min 이상이다.
③ 스프링클러 헤드 1개의 방수량은 80 ℓ/min 이상이다.

답 : ④

■ 습식 스프링클러설비 계통도

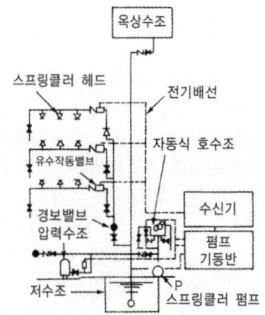

핵심 PLUS

■ 스프링클러 헤드의 구조

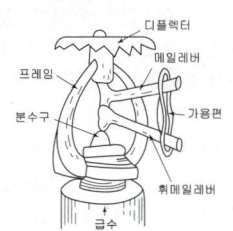

73 개방식 스프링클러 배관방식을 적용하기 어려운 장소는? [09 기]
① 천장이 높은 무대부
② 공장
③ 물류창고
④ 도서관

　　　　　　　답 : ④

74 다음의 스프링클러에 대한 설명 중 틀린 것은? [07, 23 기]
① 가압송수장치의 정격토출압력은 하나의 헤드 선단에 0.1MPa 이상 1.2MPa 이하의 방수압력이 될 수 있는 크기일 것
② 스프링클러설비의 수원을 수조로 설치하는 경우에는 다른 설비와 겸용하여 설치할 것
③ 가압송수장치의 송수량은 0.1MPa의 방수압력 기준으로 80L/min 이상의 방수성능을 가진 기준개수의 모든 헤드로부터의 방수량을 충족시킬 수 있는 양 이상의 것으로 할 것
④ 개방형스프링클러헤드를 사용하는 스프링클러설비의 수원은 최대 방수구역에 설치된 스프링클러헤드의 개수가 30개 이하일 경우에는 설치 헤드수에 1.6m³를 곱한 양 이상으로 할 것

[해설] 스프링클러설비의 수원을 수조로 설치하는 경우에는 다른 설비와 겸용하지 말 것

　　　　　　　답 : ②

75 아파트의 경우 스프링클러헤드를 설치하는 천장 등의 각 부분으로부터 하나의 스프링클러 헤드까지의 수평거리는 최대 얼마 이하로 하여야 하는가?
[08, 11 산]
① 1.7m　　② 2.3m
③ 2.5m　　④ 3.2m

　　　　　　　답 : ④

Ⅳ. 건축설비 | 위생설비

- 한랭지방에서 관의 동결을 방지할 목적으로 사용(주차장 건물 등의 난방이 없는 경우)
- 구조가 복잡하여 고가

④ 스프링클러 헤드
　㉮ 구성 : 반사판(디플렉터), 프레임, 가용편의 3부분으로 구성
　㉯ 온도에 의해 가용편이 용융(67~75℃ 정도)되는 합금형과 온도에 의해 밀봉된 액체가 팽창하여 유리구가 터지는 밸브형의 두 가지가 있다.
　㉰ 헤드 1개의 소화면적 : 10m²

⑤ 기준치
　㉮ 스프링클러 헤드의 방수 압력 : 0.1MPa 이상
　㉯ 표준 방수량 : 80 ℓ/min 이상

⑥ 수원 : Q=80 ℓ/min×20분×n
　㉮ 10층 이하
　　• 기타 : 10개
　　• 시장·백화점 : 20개
　㉯ 11층 이상 : 30개

⑦ 스프링클러헤드 설치 간격

설치 장소	수평 거리
무대부, 특수가연물 취급소	1.7m 이하
기타 구조	2.1m 이하
내화 구조	2.3m 이하
랙크식 창고	2.5m 이하
아파트	3.2m 이하

※ 아파트의 경우 스프링클러헤드를 설치시 천장 등의 각 부분으로부터 하나의 스프링클러 헤드까지의 수평거리는 3.2m 이하로 하여야 한다.

5) 드렌처(drencher) 설비

건축물의 창·외벽·지붕틀 등에 설치하여 인접 건물의 화재시 수막(水幕 : water curtain)을 만들어 연소를 방지하는 방화설비

① 설치 간격 : 수평거리 2.5m 이하, 수직거리 4m 이하마다 1개씩 설치
② 방수 압력 : 0.1MPa 이상
③ 방수량 : 80 ℓ/min 이상
④ 수원 : Q=80 ℓ/min×20분×n(5개 초과 → 5개로)

■ 소화설비의 방수압력, 방수량, 수원수량

구 분	방수압력[MPa]	방수량[ℓ/mm]	수원의 수량[m³]	설치거리
옥내소화전	0.17	130	2.6m³×N (2개 초과 : 2개)	25m
옥외소화전	0.25	350	7m³×N (2개 초과 : 2개)	40m
sprinkler	0.1	80	1.6m³×N	1.7~3.2m
drencher	0.1	80	1.6m³×N (5개 초과 : 5개)	평행 : 2.5m, 직각 : 4m
연결송수관	0.35	800	–	50m

💡 예제

1. 어느 건물에 옥외소화전을 2개 설치한 경우 수원의 저수량은 최소 얼마 이상으로 하여야 하는가? [07 산]

   ① 14m³   ② 20m³   ③ 24m³   ④ 28m³

   ▶ 수원의 수량(Q) = (옥외소화전 1개의 방수량) × (동시 개구수) × 20분
   = 350 ℓ/min × 20min × N = 7N(m³) (N은 최대 2개)
   ∴ 수원의 수량(Q) = 350 ℓ/min × 20min × 2 = 14,000 ℓ = 14(m³)

2. 최대 방수구역에 설치된 스프링클러헤드의 개수가 20개인 경우 스프링클러 설비의 수원의 저수량은 최소 얼마 이상이어야 하는가? (단, 개방형스프링클러헤드 사용) [10 기]

   ① 16m³   ② 32m³   ③ 48m³   ④ 56m³

   ▶ 스프링클러(sprinkler) 설비
   수원의 수량 = (스프링클러의 표준 방수량) × 20분 × (동시 개구수)
   = 80 ℓ/min × 20min × 20 = 32,000 ℓ = 32m³

4. 소화 활동상 필요한 설비

1) 연결 송수관 설비(사이어미즈 커넥션)

소방차의 급수 호스와 연결하여 사용하는 소화활동설비

2) 기준치

① 방수구의 방수압력 : 0.35MPa 이상(노즐 끝)
② 방수구의 방수량 : 800 ℓ/min
③ 송수구, 방수구 : 65mm(구경)
④ 수직주관의 구경 : 100mm 이상

핵심 PLUS

76 외부로부터의 화재에 의하여 탈 염려가 있는 건물의 외벽이나 지붕을 수막으로 덮어 연소를 방지하는 설비는? [07 산]
① 옥외소화전 설비
② 드렌처 설비
③ 옥내소화전 설비
④ 포소화 설비

답 : ②

77 다음의 장소와 설치하여야 할 소화설비의 연결이 옳지 않은 것은? [07 기]
① 백화점의 매점 – 스프링클러 설비
② 옥내주차장 – 포소화설비
③ 고층건축물의 전기실 – 이산화탄소 소화설비
④ 영화관의 객석 – 드렌처 설비

답 : ④

78 소방설비 중 방수량이 많은 것부터 순서가 옳은 것은? [01 산]

| ㉠ 연결송수관   ㉡ 옥외소화전 |
| ㉢ 옥내소화전   ㉣ 스프링클러 |

① ㉡ – ㉠ – ㉢ – ㉣
② ㉠ – ㉡ – ㉢ – ㉣
③ ㉡ – ㉢ – ㉠ – ㉣
④ ㉠ – ㉡ – ㉣ – ㉢

답 : ②

79 공설의 소방대가 사용하는 소방대 전용의 설비로써 각층에 설치하는 방수구와 지상 또는 1층 벽면에 설치하는 송수구 및 배관으로 구성되어 있는 소화활동설비는? [06 기]
① 옥내소화전설비
② 옥외소화전설비
③ 연결송수관설비
④ 상수도소화용수설비

답 : ③

핵심 PLUS

80 비상콘센트는 몇 층 이상의 건물에 설치하여야 하는가?
[06 기]

① 5층
② 7층
③ 10층
④ 11층

답 : ④

81 다음 중 비상콘센트 설비에 대한 설명으로 옳지 않은 것은?
[09, 24 기]

① 소방시설 중 화재를 진압하거나 인명구조 활동을 위하여 사용하는 소화활동설비에 속한다.
② 건축법상 6층 이상의 층을 설치대상으로 한다.
③ 전원회로는 각층에 있어서 2이상이 되도록 설치하는 것을 원칙으로 한다.
④ 바닥으로부터 높이 0.8m 이상, 1.5m 이하의 위치에 설치한다.

답 : ②

■ 감지기

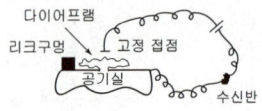

차동식 스폿형 감지기

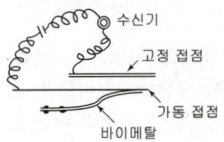

정온식 스폿형 감지기

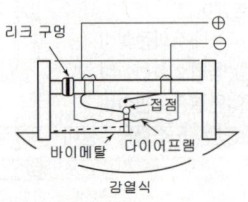

보상식 감지기의 구조

⑤ 방수구 : 유효 반경이 50m 이내가 되게 설치한다.
⑥ 설치 높이 : 바닥으로부터 0.5~1.0m

3) 비상 콘센트 설비(fireman concent)

초고층 건물에 화재 발생시 배연과 조명 전원을 공급하기 위한 설비

① 설치 : 11층 이상의 층에 각 층의 각 부분으로부터 수평거리 50m 이내
② 높이 : 바닥면에서 0.8m 이상 1.5m 이하

※ 하나의 회로에 설치할 수 있는 비상 콘센트의 수 : 10개 이하

5. 경보 설비

화재 발생시 초기 단계에서 발생한 열 또는 연기를 자동적으로 발견하여 벨, 사이렌 등의 음향 장치로 재실자가 신속히 대피하도록 알리는 설비로, 감지기 1개의 경계 구역은 600m² 이다.

1) 감지기

① 열식 : Bimetal의 원리 이용

㉮ 차동식 분포형 감지기 : 천장에 배관된 파이프 내의 공기가 팽창하여 감압실의 접점을 동작하는 형식으로 일정 온도상승률 이상일 때 작동한다. 아파트의 거실 천장, 사무실, 백화점 작업장

㉯ 정온식 스폿형 감지기 : 일정 온도 이상일 때 작동한다. 보일러실, 주방 등 다량의 열을 취급 장소에 적합-바이메탈의 원리 이용(금속팽창식)

㉰ 보상식 감지기 : 차동식+정온식, 주위의 온도 변화에 따라 감도가 변화
  • Leak valve : 외부압력과 균형을 유지하면서 접점이 닿지 않도록
           (적은 폭의 온도 변화에 의한 오동작 방지)
  • Leak valve가 막히면? 비화재경보

■ 감지기의 작동 원리

감지기의 종류		작동원리
열식	차동식 열감지기	• 그 주위 온도가 일정한 온도 상승률 이상으로 되었을 때 작동한다.
	정온식 열감지기	• 그 주위 온도가 일정한 온도 이상이 되었을 때 작동한다.
	보상식 열감지기	• 그 주위 온도의 변화에 따라 감도가 변화하는 것이며, 차동식 및 정온식의 성능을 가진다.
연기식	이온식 연기감지기	• 검지부에 연기가 들어감으로써 이온 전류가 변화하는 것을 이용하여 감지한다.
	광전식 연기감지기	• 검지부에 연기가 들어감으로써 광전 소자의 입사광량이 변화하는 것을 이용하여 감지한다.

② 연기식 : 무대와 같이 천장이 높은 곳에 적합
　㉮ 이온식 : 연기발생시 이온전류가 변화하는 것을 감지
　㉯ 광전식 : 연기발생시 광전소자의 입사광량이 변화하는 것을 감지

2) 전기 화재 경보기
　누전을 자동으로 알려주는 경보기

3) 자동화재속보설비
　소방서로부터 보행거리 500m 이하

4) 비상경보설비
　자동화재탐지설비의 음향장치(1m 떨어진 곳에서 90 phon 이상), 수평거리 25m 이하

8 가스설비

1. 도시가스와 액화석유가스(LPG)

1) 도시가스
- 제조가스-석탄가스, 수성가스, 오일가스, 발생로가스
- 천연가스(LNG)

① 특징
　㉮ 공기보다 가볍다
　㉯ 샐 경우 천장에 뜬다. → 안전
　㉰ 경보기 : 천정에서 30cm 아래

② 배관법
　㉮ 매설심도 : 60cm 이상(0.6~1.2m)
　㉯ 구경 : 20mm 이상
　㉰ 구배 : 1/100 이상(노출배관)
　㉱ 가스관과 옥내 저압선사이의 거리 : 15cm 이상
　㉲ 인접 전기설비와의 거리 : 60cm 이상
　㉳ 가스미터기와 전기개폐기 또는 전기 미터기와의 거리 : 60cm 이상
　㉴ 관재료 : 폴리에칠렌 피복강관(지하), 주철관, 동관, 스테인레스관
　㉵ 관의 색 : 황색(지상), 황색·적색(지하)

2) LPG(액화석유가스=프로판가스)
① 방식 : Tank방식, Bombe방식

핵심 PLUS

82 자동화재탐지설비의 감지기 중 감지기 주위의 온도가 일정한 온도 이상이 되었을 때 작동하는 것은? [15, 17, 21 기]
① 차동식 감지기
② 정온식 감지기
③ 광전식 감지기
④ 이온화식 감지기
답 : ②

83 설치된 감지기의 주변온도가 일정한 온도상승률 이상으로 되었을 경우에 작동하는 열감지기는? [10 기]
① 이온화식 감지기
② 차동식 스폿형 감지기
③ 광전식 감지기
④ 정온식 스폿형 감지기
답 : ②

84 자동화재탐지설비 중 감지기를 검출원리에 따라 분류할 경우 이에 속하지 않는 것은? [09 기]
① 열식
② 연기식
③ 광전식
④ 불꽃감지식

해설 검출원리에 따른 감지기의 분류
㉠ 열식 : 차동식, 정온식, 보상식
㉡ 연기식 : 이온식, 광전식
㉢ 불꽃감지식
답 : ③

85 가스설비에 관한 설명으로 옳지 않은 것은? [08 기]
① 가스배관은 경사를 두어 관 속에 있는 응축수의 유입을 방지한다.
② 가스미터는 전기 개폐기·전기미터에서 30cm 이상 떨어진 곳에 설치한다.
③ 가스배관은 건물의 주요구조부를 관통하지 않도록 한다.
④ 배관재료는 강관으로 나사접합이 주로 사용되지만 초고층 건물에서는 고압인 경우 강관을 용접이음 하는 경우가 많다.
답 : ②

핵심 PLUS

86 도시가스 배관 시공에 관한 설명으로 옳지 않은 것은? [12, 18 기]
① 배관 도중에 신축 흡수를 위한 이음을 한다.
② 건물의 주요 구조부를 관통하지 않도록 한다.
③ 건물 내에서는 반드시 은폐 배관으로 한다.
④ 건물의 규모가 크고 배관 연장이 길 경우는 계통을 나누어 배관한다.

[해설] 가스배관은 건물의 주요구조부를 관통하지 않도록 하고 노출배관으로 하며, 가스 누출시 환기를 위하여 매립해서는 안된다.
답 : ③

87 가스설비에 관한 설명으로 옳지 않은 것은? [03, 25 기]
① 가스배관은 시공, 관리가 용이한 장소로 한다.
② 가스배관 경로는 배관주위의 장래계획과 안전성을 고려하여 결정한다.
③ 저압공급은 가스의 공급량이 많거나 공급지역이 넓은 경우에 주로 사용한다.
④ 가스공급설비 중 가스 홀더는 가스를 저장하며 정압기는 가스압력을 조정한다.

[해설] 고압공급은 가스의 공급량이 많거나 공급지역이 넓은 경우에 주로 사용한다.
답 : ③

88 LPG의 특성에 관한 설명으로 옳지 않은 것은? [04 기]
① 순수한 LPG는 무색무취이다.
② LPG의 비중은 공기의 비중보다 크다.
③ 도시가스에 비하여 발열량이 크다.
④ 일산화탄소를 함유하고 있어 생가스에 의한 중독의 위험이 있다.
답 : ④

---

② 특징
㉮ 공기보다 무겁다.(비중 1.5~2)
㉯ 샐 경우 바닥에 깔린다. → 위험(환기에 유의!)
㉰ 경보기 : 바닥에서 30cm 높이
㉱ 무색, 무미, 무취
㉲ 상압(常壓)에서는 기체이지만, 압력을 가하면 액화한다.(체적 1/250로 줄어든다)
㉳ 발열량이 높다.($92,000kJ/m^3$)

■ 도시가스와 LP가스의 비교

구 분	주성분	유량 표시	무 게	가스경보기 설치위치
도시가스	메탄(CH_4)	m^3/h	공기보다 가볍다.	천장에서 30cm 아래
LPG (액화석유가스)	프로판(C_3H_8) 부탄(C_3H_6)	kg/h	공기보다 무겁다.	바닥에서 30cm 높이

2. 액화석유가스(LPG) 봄베의 보관

① 온도 : 40℃ 이하
② 옥외에 두고 2m 이내에는 화기의 접근을 금할 것
③ 직사광선 피하고 통풍이 잘 되게 할 것
④ LP가스 : 공기보다 무겁기 때문에 바닥에서 30cm 정도 낮게 설치한다.
⑤ 가스 파이프는 지상의 것은 황색, 지하 매설시에는 황색이나 적색으로 한다.

핵심기출문제

I. 위생설비

■■■ 1. 물에 관한 일반사항

1. 다음의 유체의 물리적 성질에 관한 설명 중 옳지 않은 것은? [07㉮]
① 액체의 단위체적당 중량을 비중량이라 한다.
② 물질의 비중량과 1기압 4℃의 순수한 물의 비중량과의 비를 비중이라 한다.
③ 비체적과 비중량은 서로 역수의 관계이다.
④ 1기압 4℃인 순수한 물의 비중량은 $1kg/m^3$ 이다.

2. 베르누이(Bernoulli)의 정리에 대한 설명으로 가장 알맞은 것은? [10, 16, 25㉮]
① 유체가 갖고 있는 운동에너지는 흐름내 어디에서나 일정하다.
② 유체가 갖고 있는 운동에너지와 중력에 의한 위치에너지의 총합은 흐름내 어디에서나 일정하다.
③ 유체가 갖고 있는 운동에너지, 중력에 의한 위치에너지 및 압력에너지의 총합은 흐름내 어디에서나 일정하다.
④ 유체가 갖고 있는 운동에너지, 중력에 의한 위치에너지의 총합은 흐름내 어디에서나 압력에너지와 같다.

3. 다음과 가장 관계가 깊은 것은? [09, 15, 22, 24㉮]

> 에너지보존의 법칙을 유체의 흐름에 적용한 것으로서 유체가 갖고 있는 운동에너지, 중력에 의한 위치에너지 및 압력에너지의 총합은 흐름내 어디에서나 일정하다.

① 뉴턴의 점성법칙 ② 베르누이의 정리
③ 오일러의 상태방정식 ④ 보일-샤를의 법칙

4. 다음 그림과 같이 관경이 각각 d_A=100mm, d_e=200mm일 때 유량이 $3.0m^3$/min이라면 A, B 지점에서의 유속(m/s)은 각각 얼마인가? [06, 10, 13㉮]
① A : 0.5m/s, B : 0.25m/s
② A : 0.75m/s, B : 0.375m/s
③ A : 3.57m/s, B : 1.38m/s
④ A : 6.37m/s, B : 1.59m/s

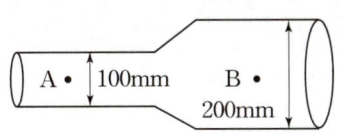

해 설

해설 1
1기압 4℃인 순수한 물의 비중량은 $1,000kg/m^3$ 이다.

해설 2, 3
베르누이 정리(Bernoulli's theorem, 1738년)
점성과 압축성이 없는 이상적인 유체가 규칙적으로 흐르는 경우에 대해 유체가 흐르는 속도와 압력, 높이의 관계를 수량적으로 나타낸 법칙이다. 유체의 위치에너지와 압력에너지와 운동에너지의 합이 항상 일정하다는 성질을 이용한 것으로, 완전유체가 규칙적으로 흐르는 경우에 대해 정리한 것이다.

해설 4
유량과 유속
단면적을 $A[m^2]$, 유속을 $v[m/s]$, 유량을 $Q[m^3/s]$ 라면
$Q = Av$ 에서 $v = \dfrac{Q}{A}$
또 관경을 $d[m]$라 하면 단면적
$A = \dfrac{\pi d^2}{4}$ 이다.

㉠ $v_A = \dfrac{Q}{\dfrac{\pi d^2}{4}} = \dfrac{\dfrac{3}{60}}{\dfrac{3.14 \times 0.1^2}{4}}$
   $= 6.37m/s$

㉡ $v_A = \dfrac{Q}{\dfrac{\pi d^2}{4}} = \dfrac{\dfrac{3}{60}}{\dfrac{3.14 \times 0.2^2}{4}}$
   $= 1.59m/s$

정답 1. ④ 2. ③ 3. ② 4. ④

핵심기출문제

I. 위생설비

5. 길이 1m, 구경 100mm의 관내를 유속 2.0m/s로 물이 흐르고 있을 때 직관부의 마찰손실은? (단, 물의 밀도는 1000kg/m³, 관마찰계수는 0.03이다.) [14㉮]

① 6Pa
② 60Pa
③ 600Pa
④ 6000Pa

6. 100℃의 물 1kg이 100℃의 증기로 변하려면 얼마의 열이 필요한가? [06㉮]

① 100kJ/kg
② 539kJ/kg
③ 2257kJ/kg
④ 650kJ/kg

■■■ 2. 급수설비

7. 각종 급수방식에 관한 설명으로 옳지 않은 것은?

① 수도직결방식은 정전으로 인한 단수의 염려가 없다.
② 압력수조방식은 단수 시에 일정량의 급수가 가능하다.
③ 수도직결방식은 위생 및 유지·관리 측면에서 가장 바람직한 방식이다.
④ 고가수조방식은 수도 본관의 영향에 따라 급수압력의 변화가 심하다.

8. 고가수조 급수방식에서 물 공급 순서로서 알맞은 것은? [09, 16㉮]

① 상수도 → 저수조 → 펌프 → 고가수조 → 위생기구
② 상수도 → 고가수조 → 펌프 → 저수조 → 위생기구
③ 상수도 → 고가수조 → 저수조 → 펌프 → 위생기구
④ 상수도 → 저수조 → 고가수조 → 펌프 → 위생기구

해 설

[해설] 5

압력강하(압력손실, Pf)

$$Pf = \lambda \cdot \frac{\ell}{d} \cdot \frac{v^2}{2} \cdot \rho \ [\text{Pa}]$$

여기서, Pf : 길이 1m의 직관에 있어서의 마찰손실수두(Pa)
λ : 관마찰계수(강관 0.02)
d : 관의 내경(m)
ℓ : 직관의 길이(m)
v : 관내 평균 유속(m/s)
ρ : 물의 밀도(1,000kg/m³)

$$\therefore Pf = \lambda \cdot \frac{\ell}{d} \cdot \frac{v^2}{2} \cdot \rho \ [\text{Pa}]$$

$$= 0.03 \times \frac{1}{0.1} \times \frac{2^2}{2} \times 1000$$

$$= 600\text{Pa}$$

[해설] 6

물의 상태 변화

물은 응고하면 얼음으로, 기화하면 수증기로 변화한다. 100℃의 물 1kg을 100℃의 수증기로 만들려면 2257kJ/kg의 증발열이 흡수되며 100℃의 수증기 1kg이 100℃의 물로 변하려면 2257kJ/kg의 응축열을 방출해야 한다. 그러므로 물 1kg의 보유열량은 419kJ/kg이고, 100℃의 수증기 1kg의 보유열량은 2676(419+2257)kJ/kg이다.

0℃ 얼음 ↔ 0℃ 물 ↔ 100℃ 물 ↔ 100℃ 증기
335kJ/kg   419kJ/kg   2257kJ/kg

[해설] 7

고가수조방식은 급수공급 압력이 일정하고, 취급이 용이하며 단수 시에도 일정량의 급수가 가능하여 대규모 급수에 적합하다.

[해설] 8

고가탱크식은 우물물 또는 수돗물을 일단 지하 저수조에 받아 이것을 양수펌프에 의해 건물 옥상 또는 높은 곳에 가설한 탱크로 양수한 다음, 그 수위를 이용하여 탱크에서 밑으로 세운 급수관에 의해 급수하는 방식이다. 물 공급 순서는 상수도 → 저수조 → 펌프 → 고가수조 → 위생기구 순이다.

정답 5. ③ 6. ③ 7. ④ 8. ①

9. 급수방식 중 펌프직송방식에 관한 설명으로 옳지 않은 것은? [18, 24 ㉮]

① 전력 차단 시 급수가 불가능하다.
② 고가수조방식에 비해 수질오염 가능성이 크다.
③ 건축적으로 건물의 외관 디자인이 용이해지고 구조적 부담이 경감된다.
④ 적정한 수압과 수량확보를 위해서는 정교한 제어장치 및 내구성 있는 제품의 선정이 필요하다.

10. 연면적 1500m²인 사무소 건물에서 필요한 1일 급수량은? [10, 25 ㉮]

[조건]
- 건물의 유효면적과 연면적의 비 : 50%
- 유효면적당 인원 : 0.2인/m²
- 1인 1일당 급수량 : 100L/c/d

① 5m³
② 8m³
③ 12m³
④ 15m³

11. 다음과 같은 조건에 있는 사무소 건물의 시간 평균 예상 급수량은? [08 ㉮]

- 연면적 : 5,000m²
- 1인 1일당 급수량 : 0.12m³
- 1일 평균 사용시간 : 8시간
- 유효면적 비율 : 0.7
- 유효면적당 인원 : 0.2인/m²

① 10.5m³/h
② 7m³/h
③ 5.25m³/h
④ 3.5m³/h

12. 순간최대 급수량의 산정방법 중 기구급수부하 단위법에 대한 설명으로 옳지 않은 것은? [07 ㉮]

① 기구급수 부하단위수로부터 헌터선도에 의해 동시사용 유량을 산출한다.
② 가구급수 부하단위는 각 기구의 표준 토수량과 함께 각기구의 사용빈도와 사용시간을 고려하여 1개의 급수장치에 대한 부하 정도를 예상하여 단위화한 것이다.
③ 공중용과 개인용으로 나누어 산정할 수 있다.
④ 전반적으로 과소 설계된다는 단점이 있어 소규모 시설에서만 일부 이용된다.

해 설

[해설] 9
펌프직송방식(탱크없는 부스터 방식, Tankless booster system)은 물을 지하실 등의 저수탱크에 물을 받은 후 자동급수펌프에 의하여 수전까지 직송하는 방식이다.
㉠ 옥상탱크나 압력탱크가 필요 없다.
㉡ 정전이나 단수시 압력탱크와 동일하다.
㉢ 설비비가 고가이고, 펌프의 단락이 잦다. → 최근에는 압력탱크가 있는 부스터방식을 채용
㉣ 자동제어 시스템[병렬제어(펌프의 대수 제어 운전), 회전수 제어]이어서 고장시 수리가 어렵다.
㉤ 전력소비가 많다.
㉥ 20m 이상의 건물에는 전력소모가 커서 비효율적이다.

[해설] 10
건물 면적에 의한 방법
$Q_d = A \times k \times n \times q [\ell/d]$
A : 건물 연면적[m²]
k : 건물 연면적에 대한 유효 면적의 비율[%]
n : 유효 면적당 인원[인/m²]
q : 건물 종류별 1일 1인당 사용수량 [$\ell/d \cdot c$]
∴ $Q_d = A \times k \times n \times q[\ell/d]$
$= 1,500m² \times 0.5 \times 0.2인/m² \times 100 \ell/d$
$= 15,000 \ell/d = 15m³/d$

[해설] 11
① 1일 급수량(Q_d)
$Q_d = A \times k \times n \times q [\ell/d]$
$= 5,000m² \times 0.7 \times 0.2인/m² \times 0.12m³/인$
$= 84m³/d$
② 시간평균예상급수량(Q_h)
$Q_h = \dfrac{Q_d}{T} = \dfrac{84m³}{8시간} = 10.5m³/h$

[해설] 12
기구급수부하단위법(fixture unit)는 소요유량에 동시사용율을 적용한 방법으로 간편하며 신뢰성을 가지기 때문에 전반적으로 대규모 시설에서 이용된다.

정답 9. ② 10. ④ 11. ① 12. ④

핵심기출문제

I. 위생설비

13. 샤워기 5개가 설치되어 있는 급수 배관의 주 배관경은 얼마인가? (단, 샤워기의 접속배관경은 20mm, 동시사용률은 70% 임) [08, 11⑦]

[관 균등표]

[관경(mm)]	[15]	[20]	[25]
15	1		
20	2	1	
25	3.7	1.8	1
32	7.2	3.6	2
40	11	5.3	2.9

① 20mm ② 25mm
③ 32mm ④ 40mm

14. 펌프의 양수량 10m³/min, 전양정 10m, 효율 80%일 때, 이 펌프의 소요 동력은? (단, 여유율은 10%로 한다.) [15⑦]

① 22.5kW ② 26.5kW
③ 30.6kW ④ 32.4kW

15. 펌프에 관한 설명 중 옳지 않은 것은? [05⑦]

① 물을 높은 곳으로 보내는 경우, 흡수면으로부터 토출수면까지의 수직거리를 실양정이라고 한다.
② 펌프의 축동력은 수동력에 펌프의 효율을 곱한 것이다.
③ 캐비테이션이 펌프 내에서 발생하면 펌프의 성능이 저하되고 소음이나 진동을 일으킨다.
④ 터보형 펌프의 특성을 계통적으로 나타내는 지수로서 비속도라고 하는 기호가 이용된다.

16. 양수 펌프의 회전수를 원래보다 20% 증가시켰을 경우 양수량의 변화로 옳은 것은? [21, 24⑦]

① 20% 증가
② 44% 증가
③ 73% 증가
④ 100% 증가

해 설

[해설] **13**

균등표에 의한 관경의 결정
기구수에 의한 동시사용율을 구하고, 균등표에 의해 관경을 결정한다.
㉠ 기구수×동시사용율=5×0.7=3.5개이다. 즉, 5개의 수전 중 동시에 사용될 가능성이 있는 급수전의 개수가 가장 많을 때가 3.6개이다.
㉡ 20mm관 3.5개분의 유량에 해당하는 관경은 32mm이다.

[해설] **14**

펌프 축동력(Ls) $= \dfrac{WQH}{KE}$ (kW)에서

Q : 양수량(m³/min) → 10m³/min
H : 전양정(m) → 10m
W : 액체 1m³의 중량(kg/m³)
　　→ 물은 1,000kg/m³
E : 효율(%) → 80%
K : 정수(kW) → 6,120
∴ 펌프의 축동력
$= \dfrac{1{,}000 \times 10 \times 10}{6{,}120 \times 0.8} \times 1.1$
$= 22.46 ≒ 22.5$kW

[해설] **15**

펌프의 축동력은 수동력에 펌프의 효율을 나눈 값을 의미한다.

[해설] **16**

펌프의 법칙(상사의 법칙)
펌프의 회전수(N1→N2)로 변할 때 또는 임펠러의 직경(D1→D2)로 변할 때

㉠ 유량(Q) : $Q_2 = Q_1 \dfrac{N_2}{N_1}$

㉡ 양정(H) : $H_2 = H_1 \left(\dfrac{N_2}{N_1}\right)^2$

㉢ 동력(L) : $L_2 = L_1 \left(\dfrac{N_2}{N_1}\right)^3$

여기서, 회전수 : N(rpm),
　　　　임펠러 직경 : D

∴ 유량(Q) : $Q_2 = Q_1 \dfrac{N_2}{N_1}$
$= Q_1 \left(\dfrac{1.2}{1}\right) = 1.2 Q_1$

정답 13. ③ 14. ① 15. ②
16. ①

17. 양수량이 1m³/min, 전양정이 50m 되는 펌프에서 회전수를 1.2배 증가 시켰을 때 양수량은? [06, 17㉠]

① 1.2배 증가
② 1.44배 증가
③ 1.73배 증가
④ 2.4배 증가

18. 수량 20m³/h를 양수하는 데 필요한 펌프의 구경은? (단, 양수펌프 내 유속은 2m/s로 한다.) [17㉠]

① 30mm
② 40mm
③ 50mm
④ 60mm

19. 다음 중 슬리브(sleeve)에 대한 설명으로 옳은 것은? [09, 20㉠]

① 배관 시 차후의 교체, 수리를 편리하게 하고 관의 신축에 무리가 생기지 않도록 하기 위해 사용한다.
② 가열장치 내의 압력이 설정압력을 넘는 경우에 압력을 도피시키기 위해 사용한다.
③ 사이폰 작용에 의한 트랩의 봉수파괴 방지를 위해 사용한다.
④ 스케일 부착 및 이물질 투입에 의한 관 폐쇄를 방지하기 위해 사용한다.

20. 다음 중 급수용 저수조에 관한 설명으로 옳지 않은 것은? [07㉠]

① 5m³을 초과하는 저수조는 청소·위생 점검 및 보수 등 유지관리를 위하여 1개의 저수조를 2 이상의 부분으로 구획하거나 저수조를 2개 이상 설치한다.
② 넘침관(Overflow Pipe)은 간접 배수로 한다.
③ 보수 점검을 위하여 30cm 폭의 맨홀을 설치한다.
④ 청소 및 배수를 위하여 최하단부에 배수 밸브를 설치한다.

■■■ 3. 급탕설비

21. 20℃의 물을 80℃로 가열할 때 물의 팽창비율은? (단, 20℃ 물의 밀도는 998kg/m³, 80℃ 물의 밀도는 972kg/m³이다.) [04㉠]

① 2.0%
② 2.3%
③ 2.7%
④ 3.0%

해 설

해설 17
펌프의 양수량은 임펠러의 회전수에 비례하고, 양정은 회전수의 제곱에 비례하며, 축동력은 회전수의 세제곱에 비례한다.

해설 18
펌프의 양수량(Q)

$$Q = \frac{\pi}{4} V d^2$$

Q : 양수량[m³/sec]
V : 펌프의 관 속을 흐르는 유체의 속도[m/sec]
d : 펌프의 구경 $d = \sqrt{\frac{4Q}{V\pi}}$

$$\therefore d = \sqrt{\frac{4Q}{V\pi}} = \sqrt{\frac{4 \times 20/3600}{2 \times 3.14}}$$
$$= 0.06m = 60mm$$

해설 19
슬리브(sleeve) 배관은 콘크리트 벽체나 바닥을 관통하여 배관할 경우, 배관 교체를 용이하게 하고 배관의 신축에 대비하기 위해 콘크리트에 미리 묻어두는 배관이다.

해설 20
급수용 저수조
㉠ 보수 점검을 위하여 원형은 90cm 이상, 사각형은 한변의 길이가 90cm 이상의 맨홀을 설치한다.(단, 5톤 이하의 저수조는 60cm 이상)
② 지하저수조는 청소, 점검, 보수 등 시설의 관리를 위한 출입에 지장이 없도록 다른 구축물과 60cm, 상부와 100cm 이상의 공간을 두고 설치할 것

해설 21
물의 팽창비율
$= \left(\frac{1}{급탕의밀도} - \frac{1}{급수의밀도} \right) \times 100$
$= \left(\frac{1}{0.972} - \frac{1}{0.998} \right) \times 100 = 2.68 ≒ 2.7\%$

정답 17. ① 18. ④ 19. ① 20. ③ 21. ③

I. 위생설비

22. 국소식 급탕방식에 대한 설명 중 옳지 않은 것은? [10, 13, 20㉮]
① 배관의 열손실이 적다.
② 급탕개소와 급탕량이 많은 경우에 유리하다.
③ 급탕개소마다 가열기의 설치 스페이스가 필요하다.
④ 건물 완공 후에도 급탕 개소의 증설이 비교적 쉽다.

23. 간접가열식 급탕법에 관한 설명으로 옳지 않은 것은? [18, 25㉮]
① 대규모 급탕설비에 적합하다.
② 보일러 내부에 스케일의 발생 가능성이 높다.
③ 가열코일에 순환하는 증기는 저압으로도 된다.
④ 난방용 증기를 사용하면 별도의 보일러가 필요 없다.

24. 급탕배관에 관한 설명으로 옳지 않은 것은? [17, 24㉮]
① 관의 신축을 고려하여 굽힘 부분에는 스위블이음 등으로 접합한다.
② 관의 신축을 고려하여 건물의 벽관통 부분의 배관에는 슬리브를 사용한다.
③ 역구배나 공기 정체가 일어나기 쉬운 배관 등 온수의 순환을 방해하는 것은 피한다.
④ 배관재로 동관을 사용하는 경우 관내 유속을 느리게 하면 부식되기 쉬우므로 2.5m/s 이상으로 하는 것이 바람직하다.

25. 급탕설비에 관한 설명 중 옳지 않은 것은? [09, 23㉮]
① 급탕 보일러에서 팽창관의 도중에는 밸브를 설치해서는 안된다.
② 온수보일러에 의한 직접 가열방식은 가열식 저장탱크에 의한 간접 가열방식보다 보일러가 부식되기 쉽다.
③ 팽창관의 개구 높이는 펌프의 양정만큼 고가수조보다 반드시 높게 해야 한다.
④ 저장탱크의 설계에 있어서 가열능력을 크게 취하면 저탕량을 적게 할 수 있다.

해 설

해설 22
국소식(개별식) 급탕방식은 배관설비 거리가 짧고, 배관 중의 열손실이 적다. 급탕개소와 급탕량이 적을 경우에 유리하며 시설비가 싸게 든다.

해설 23
간접 가열식
㉠ 대규모 급탕설비에 적합하다.
㉡ 고압 보일러를 쓸 필요가 없다.
㉢ 가열 coil이 필요하다.
㉣ 보일러 내부에 스케일이 낄 염려가 없다.
㉤ 급탕용 보일러를 따로 설치할 필요가 없다.

해설 24
급탕관의 관재료
급탕관은 일반적으로 온도상승에 따라 관의 부식속도가 빨라지기 때문에 급탕온도는 50~60℃ 정도가 바람직하다. 따라서 급탕관 재료로서 고려할 수 있는 것은 동관, 일반 배관용 스테인리스 강관, 내열염화비닐 라이닝 강관, 내열염화비닐관 등을 들 수 있다.
※ 배관의 유속
㉠ 급수관(수도본관) : 1~2m/s (마찰저항을 고려 : 1.5m/s)
㉡ 건물내 급수관 : 0.5~0.7m/s
㉢ 급탕관 : 0.7~1.0 m/s
㉣ 배수관 : 0.6~1.2m/s

해설 25
팽창관
㉠ 온수순환 배관 도중에 이상 압력이 생겼을 때 그 압력을 흡수하는 도피구로서 증기나 공기를 배출한다.
㉡ 팽창관의 설치높이
팽창관은 급탕관에서 수직으로 연장시켜 고가탱크 또는 팽창탱크에 개방시킨다. 고가탱크(팽창탱크)의 최고 수위면으로부터의 팽창관의 수직높이 H는 다음과 같이 구한다.

$$H > h\left(\frac{\rho}{\rho'} - 1\right)[m]$$

h : 고가탱크에서의 정수두[m]
ρ : 물의 밀도[kg/ℓ]
ρ' : 탕의 밀도[kg/ℓ]

정답 22. ② 23. ② 24. ④ 25. ③

26. 급탕 가열장치를 설계하는 경우 급탕량은 4,500L/h, 급탕공급 온도 60℃, 급수온도 10℃, 코일의 열관류율 872W/m²·K, 가열용 증기온도를 110℃라고 할 때 가열코일의 표면적 S(m²)는? [07㉮]

① 2m² ② 3m²
③ 4m² ④ 5m²

27. 급탕배관의 수압시험에 대한 설명으로 옳은 것은? [08㉮]

① 최고압력 이상의 압력으로 5분 이상 유지한다.
② 최고압력의 2배 이상의 압력으로 5분 이상 유지한다.
③ 최고압력 이상의 압력으로 10분 이상 유지한다.
④ 최고압력의 2배 이상의 압력으로 10분 이상 유지한다.

■■■ 4. 배수설비

28. 건물·시설 등에서 발생하는 오수를 다시 처리하여 생활용수·공업용수 등으로 재이용하는 시설로 정의되는 것은? [12, 16㉮]

① 배수설비 ② 하수관거
③ 중수도 ④ 개인하수도

29. 배수관에 트랩을 설치하는 가장 주된 이유는? [15㉮]

① 배수의 동결을 막기 위하여
② 배수의 소음을 감소하기 위하여
③ 배수관의 신축을 조절하기 위하여
④ 하수가스, 악취 등이 실내로 침입하는 것을 막기 위하여

30. 구조가 간단하고 자기 사이폰 작용을 일으키면 자정작용을 갖는 트랩으로 사이폰 작용을 일으키기 쉽기 때문에 사이폰 트랩이라고도 불리우는 것은? [08㉮]

① 드럼트랩 ② 관트랩
③ 기구트랩 ④ 바닥배수트랩

해 설

[해설] 26

㉠ 가열능력
= 급탕량 m(kg/h) × 비열 c(kJ/kg·K)
  × 온도차 Δt(K) [kJ/h]

$$= \frac{급탕량 m(kg/h) \times 비열 c(kJ/kg \cdot K) \times 온도차 \Delta t(K)}{3,600(s/h)} [kW]$$

$$= \frac{4,500 \times 4.2 \times (60-10)}{3,600(s/h)}$$

$= 262.5 kW = 262,500 W$

㉡ 가열코일의 표면적(S)
가열코일에서의 열교환량
$q = K \cdot S \cdot \Delta_{tm}$ 에서
$S = \dfrac{q}{K \cdot \Delta_{tm}}$ (m²)

여기서 $\Delta_{tm} = t_s - \dfrac{t_h - t_c}{2}$

$$S = \frac{262,500}{872 \times \left(110 - \dfrac{60-10}{2}\right)}$$

$= 4.01 ≒ 4m^2$

[해설] 27

급탕배관의 수압시험 : 최고압력의 2배 이상의 압력으로 10분 이상 유지

[해설] 28

중수시스템
㉠ 중수 : 재생처리한 물
㉡ 용도 : 수세식 변소용수, 세차용, 살수용, 청소용, 소방용, 조경용(연못, 분수 등), 에어컨·냉각수 보급용

[해설] 29

배수 트랩의 설치 목적 : 배수관으로부터 하수가스, 악취 또는 벌레가 올라오는 것을 방지

[해설] 30

㉠ 사이폰계 트랩(관트랩)
  : P-trap, S-trap, U-trap
㉡ 비사이폰계 트랩 : 드럼트랩, 벨트랩, 그리스 트랩

정답 26. ③ 27. ④ 28. ③
     29. ④ 30. ②

핵심기출문제

I. 위생설비

31. 배수트랩에서 봉수깊이와 관련된 설명 중 틀린 것은? [07④]
① 봉수깊이는 50~100mm로 하는 것이 보통이다.
② 봉수깊이를 너무 깊게 하면 유수의 저항이 감소된다.
③ 봉수깊이를 너무 깊게 하면 통수능력이 감소된다.
④ 봉수깊이가 너무 낮으면 봉수를 손실하기 쉽다.

32. 다음 설명이 의미하는 봉수파괴 원인은? [09④]

> 일반적으로 배수수직관의 상·중층부에서는 압력이 부압으로, 그리고 저층부분에서는 정압으로 된다. 이때 배수수직관 내가 부압으로 되는 곳에 배수수평관이 접속되어 있으면 배수수평관 내의 공기는 수직관 쪽으로 유인되며, 이에 따라서 봉수가 이동하여 손실된다.

① 증발 현상   ② 모세관 현상
③ 자기사이폰 작용   ④ 유도사이폰 작용

33. 다음 중 배수 통기관의 목적과 가장 관계가 먼 것은? [07, 10④]
① 트랩의 봉수보호   ② 배수의 원활한 흐름
③ 배관의 소음 감소   ④ 배수관 계통의 환기

34. 통기관에 관한 설명으로 옳지 않은 것은? [14④]
① 2개 이상의 횡지관이 있는 배수입상관에는 통기입상관을 설치하여야 한다.
② 위생배관의 통기관은 위생배관의 통기 이외의 다른 목적으로 사용하지 않는다.
③ 통기관은 위생기구의 물 넘침선보다 150mm 이상 높게 배관하여 연결하는 것이 원칙이다.
④ 여러 개의 통기관을 입상관 상부 끝에서 공통 헤더로 연결하여 한 곳에서 대기에 개방할 수 있다.

35. 다음의 통기방식에 관한 설명 중 옳지 않은 것은? [10④]
① 신정통기 방식에서는 통기수직관을 설치하지 않는다.
② 루프 통기방식은 각 기구의 트랩마다 통기관을 설치하고 각각을 통기 수평지관에 연결하는 방식이다.
③ 신정통기 방식은 배수수직관의 상부를 연장하여 신정통기관으로 사용하는 방식으로, 대기 중에 개구한다.
④ 각개 통기방식은 트랩마다 통기되기 때문에 가장 안정도가 높은 방식으로, 자기사이폰 작용의 방지에도 효과가 있다.

해 설

해설 31
배수관 내에서 발생한 유해가스가 실내에 침입하는 것을 방지하는 것이 트랩이다. 트랩의 봉수깊이는 5~10cm로 하는 것이 보통이다. 5cm 이하면 봉수를 완전하게 유지할 수 없으며, 따라서 트랩으로서의 역할을 다하지 못하게 된다. 또 봉수 깊이를 너무 깊게 하면 유수의 저항이 증대하여 통수능력이 감소되므로 트랩 통수로의 세척력이 약해져 트랩 밑에 침전물이 쌓여 트랩이 막히는 원인이 된다.

해설 32
유인 사이폰 작용(흡출 작용)
수직관 가까이에 기구가 설치되어 있을 때 수직관 위로부터 일시에 다량의 물이 낙하하면 그 수직관과 수평관의 연결부에 순간적으로 진공이 생기고 그 결과 트랩의 봉수가 흡입 배출된다.
※ 자기 사이폰 작용 : 배수가 관속을 꽉차서 흐를 때(만수 상태), 주로 S트랩에서

해설 33
통기관의 설치 목적
㉠ 트랩의 봉수 보호
㉡ 배수관 내의 배수 흐름 원활
㉢ 배수관 내의 환기 역할
㉣ 배수관 내의 기압을 일정하게 유지

해설 34, 35
신정 통기방식은 배수 입상관의 끝부분을 연장하여 대기 중에 개방하는 통기방식으로 가장 단순하고 경제적이다.
※ 루프통기방식 : 2개 이상의 트랩을 보호하기 위하여 최상류 기구의 하류 배수 수평지관에서 통기관을 취하며, 이 통기관을 신정통기방식에 접속하는 것을 환상 통기방식, 또 통기 수직관에 접속하는 것을 회로통기방식이라 한다. 이 양자를 합쳐서 루프통기방식이라 한다.

정답 31. ② 32. ④ 33. ③
34. ① 35. ②

36. 급배수설비에 관한 기술 중 부적당한 것은? [06㉮]

① 우수수직관은 오수배수관 및 통기관과 겸용 또는 접속하는 것이 바람직하다.
② 배수수직관의 관경은 최하부부터 최상부까지 동일하게 한다.
③ 배수재이용수의 배관은 외관상 다른 배관과 구별되도록 한다.
④ 고가탱크는 건축물 최고위치의 밸브와 소요기구의 필요 수압을 확보할 수 있는 높이에 설치한다.

37. 사무소 건물에서 다음과 같이 위생기구를 배치하였을 때 이들 위생기구 전체로부터 배수를 받아들이는 배수수평지관의 관경으로 가장 알맞은 것은?
[08, 25㉮]

기구종류	바닥배수	소변기	대변기
배수부하단위	2	4	8
기구수	2	8	2

관경(mm)	배수수평지관의 배수부하단위
75	14
100	96
125	216
150	372

① 75mm ② 100mm
③ 125mm ④ 150mm

38. 다음의 통기관의 관경에 대한 설명 중 옳지 않은 것은? [09㉮]

① 신정통기관의 관경은 배수수직관의 관경보다 크게 해서는 안된다.
② 루프통기관의 관경은 배수수평지관과 통기수직관 중 작은 쪽 관경의 1/2 이상으로 한다.
③ 각개통기관의 관경은 그것이 접속되는 배수관 관경의 1/2 이상으로 한다.
④ 결합통기관의 관경은 통기수직관과 배수수직관 중 작은 쪽 관경 이상으로 한다.

해 설

해설 36
우수수직관은 지붕이나 발코니 등의 루프 드레인에서의 배수관을 말하며, 건물 내의 타 배관과 겸용해서는 안된다.

해설 37
배수부하단위의 합계
=(2×2)+(4×8)+(8×2)=52이므로 배수가 가능한 충분한 관경은 100mm가 적당하다.

해설 38
신정통기관의 관경은 배수수직관과 동일 관경 이상으로 한다.

정답 36. ① 37. ② 38. ①

핵심기출문제

I. 위생설비

■■■ 5. 위생기구 및 배관재료

39. 위생도기 재질로서 법랑철기의 특성을 잘못 설명한 것은? [06⑦]

① 표면이 매끄럽고 더러움을 잘 타지 않는다.
② 히트 쇼크(Heat Shock)를 일으키기 쉬우며, 또한 백화현상도 일으킬 수 있다.
③ 충격에 강하고 복잡한 형상의 제작이 용이하다.
④ 흡수성이 없어서 오수를 흡수하지 않는다.

40. 유로(流路)의 폐쇄나 유량의 계속적인 변화에 의한 유량조절에 적합한 것으로 스톱밸브라고도 불리우는 것은? [04⑦]

① 앵글밸브(angle valve) ② 게이트밸브(gate valve)
③ 체크밸브(check valve) ④ 글로브밸브(globe valve)

41. 배관의 보온재에 대한 설명 중 옳지 않은 것은? [08⑦]

① 규조토는 다른 보온재에 비해 단열효과가 우수하므로 두껍게 시공할 필요가 없다는 장점이 있다.
② 무기질 보온재는 일반적으로 높은 온도에서 사용할 수 있으며 유기질은 비교적 낮은 온도에서 사용한다.
③ 코르크는 재질이 여리고 굽힘성이 없어 곡면에 사용하면 균열이 생기기 쉽다.
④ 기포성 수지는 일반적으로 열전도율이 낮고 가볍다.

■■■ 6. 오수처리설비

42. 다음의 수질관련 용어에 대한 설명 중 옳은 것은? [07⑦]

① COD : 수중 유기물이 호기성 미생물에 의해 분해되어 안정한 산화물이 되기까지 소비되는 산소량
② pH : 공기 중 산소농도를 말하며 7이면 중성, 7초과이면 알카리성, 7미만이면 산성이다.
③ BOD : 오수 중 산화되기 쉬운 유기물이 산화제에 의해 산화될 때 소비되는 산화제 양에 상당하는 산소량
④ SS : 부유물질로서 오수 중에 현탁되어 있는 물질

해   설

해설 39
충격에 약하고 복잡한 형상의 제작이 어려운 단점이 있다.

해설 40
㉠ 슬루스 밸브(sluice valve) : 밸브의 통로에 변화가 없어 유체의 저항손실이 가장 적다. 일명 게이트 밸브(gate valve)라고도 한다.
㉡ 글로브 밸브(globe valve) : 유체의 저항손실이 가장 크다. 일명 스톱 밸브(stop valve)라고도 한다.

해설 41
규조토는 바다 밑이나 호수의 밑에서 자라던 규조(해초류)가 오랜 시일을 두고 침적하여 만들어진 연질의 암석과 토양을 말한다. 다공질 각의 집합체로 백색·회색·담황색의 색상에 흡수성이 풍부하고 가볍고 무르며, 백색의 점토와 비슷하다. 연마제, 흡수제로도 사용되며, 우리나라 한식 건축의 벽체 시공시 주로 두껍게 처리하여 단열효과를 기대하는 재료이다.

해설 42
용어의 정의
㉠ BOD(Biochemical Oxygen Demand) : 생물화학적 산소 요구량-수질의 오염정도의 측정치
㉡ COD(Chemical Oxygen Demand) : 화학적 산소 요구량-공장 폐수수질의 측정
㉢ DO(Dissolved Oxygen) : 용존산소량-수중에 용해된 산소의 량
㉣ SS(Suspended Solids) : 부유물질-물 속에 존재하는 고형 물질
㉤ SV(침전오니 퍼센트율)
㉥ pH(수소이온농도) : 수용성 또는 어떤 용액의 산성이나 염기도를 나타내는 정량적인 척도
pH가 7미만은 산성, pH7은 중성, pH가 7초과 용액은 알칼리성 도는 염기성이라고 한다.

정답 39. ③ 40. ④ 41. ① 42. ④

43. 유입 오수의 유량과 BOD 농도가 표와 같고, 유출수의 BOD 농도가 50ppm일 때 BOD 제거율은? [04㉮]

오수종류	유입량(m³/일)	BOD 농도(ppm)
변 기	150	260
주방배수	20	400
계	170	

① 18% ② 55%
③ 82% ④ 85%

■■■ 7. 소화설비

44. 다음의 옥내소화전 설비에 관한 설명 중 ( ) 안에 알맞은 내용은? [12, 16㉮]

> 옥내소화전방수구는 특정소방대상물의 층마다 설치하되, 해당 특정소방대상물의 각 부분으로부터 하나의 옥내 소화전방수구까지의 수평거리가 ( )m 이하가 되도록 할 것

① 25 ② 30
③ 35 ④ 40

45. 옥내소화전설비에 관한 설명으로 옳지 않은 것은? [12, 16, 21, 23㉮]
① 옥내소화전방수구는 바닥면에서 높이가 1.5m 이하가 되도록 설치한다.
② 옥내소화전설비의 송수구는 소방차가 쉽게 접근할 수 있고 노출된 장소에 설치한다.
③ 전동기에 따른 펌프를 이용하는 가압송수장치를 설치하는 경우, 펌프는 전용으로 하는 것이 원칙이다.
④ 어느 한 층의 옥내소화전을 동시에 사용할 경우 각 소화전의 노즐 선단에서의 방수압력은 최소 0.7MPa 이상이 되어야 한다.

46. 스프링클러설비용 수조에 대한 설명 중 옳지 않은 것은? [10㉮]
① 수조의 내측에 수위계를 설치하여야 한다.
② 수조의 상단이 바닥보다 높은 때에는 수조의 외측에 고정식 사다리를 설치하여야 한다.
③ 수조가 실내에 설치된 때에는 그 실내에 조명설비를 설치하여야 한다.
④ 수조의 밑부분에는 청소용 배수밸브 또는 배수관을 설치하여야 한다.

해 설

해설 43
BOD 제거율
$= \dfrac{\text{유입수BOD} - \text{유출수BOD}}{\text{유입수BOD}} \times 100(\%)$
먼저, 유입수의 BOD
$= \dfrac{150 \times 260 + 20 \times 400}{150 + 20} = 276\text{ppm}$
∴ BOD 제거율
$= \dfrac{276 - 50}{276} \times 100(\%) = 82\%$

해설 44
옥내 소화전 설비의 설치간격은 건물의 각 부분에서 소화전까지의 수평거리 25m 이하가 되도록 한다.

해설 45
옥내소화전 설비의 표준치
㉠ 표준방수압력 : 0.17MPa=1.7kg/cm² (노즐 끝)
㉡ 표준방수량 : 130 ℓ/min
㉢ 설치간격 : 건물의 각 부분에서 소화전까지의 수평거리 25m 이하
㉣ 수원의 용량 : (옥내소화전 1개의 방수량) × 20분 × (동시 개구수)
 = 130 ℓ/min × 20 min × N
 = 2.6 N (m³) (N은 최대 2개)

해설 46
수조의 외측에 수위계를 설치하여야 한다. 다만, 구조상 불가피한 경우에는 수조의 맨홀 등을 통하여 수조 안의 물의 양을 쉽게 확인할 수 있도록 하여야 한다.(NFSC 103B)

정답 43. ③ 44. ① 45. ④
46. ①

핵심기출문제 — I. 위생설비

47. 화재안전기준에 따라 소화기구를 설치하여야 하는 특정소방대상물의 연면적 기준은? [15, 21 ㉯]
① 10m² 이상
② 25m² 이상
③ 33m² 이상
④ 50m² 이상

48. 다음의 스프링클러설비의 화재안전기준 내용 중 ( )안에 알맞은 것은? [22 ㉯]

> 전동기에 따른 펌프를 이용하는 가압송수 장치의 송수량은 0.1MPa의 방수압력 기준으로 ( ) 이상의 방수성능을 가진 기준 개수의 모든 헤드로부터의 방수량을 충족시킬 수 있는 양 이상으로 할 것

① 80 ℓ/min
② 90 ℓ/min
③ 110 ℓ/min
④ 130 ℓ/min

49. 스프링클러설비를 설치하여야 하는 특정소방 대상물의 최대 방수구역에 설치된 개방형스프링 클러헤드의 개수가 30개일 경우, 스프링클러 설비의 수원의 저수량은 최소 얼마 이상으로 하여야 하는가? [22 ㉯]
① 16m³
② 32m³
③ 48m³
④ 56m³

50. 연결송수관설비의 방수구에 관한 설명으로 옳지 않은 것은? [17, 21 ㉯]
① 방수구의 위치표시는 표시등 또는 축광식 표지로 한다.
② 호스접결구는 바닥으로부터 0.5m 이상 1m 이하의 위치에 설치한다.
③ 개폐기능을 가진 것으로 설치하여야 하며, 평상 시 닫힌 상태를 유지하도록 한다.
④ 연결송수관설비의 전용방수구 또는 옥내소화전방수구로서 구경 50mm의 것으로 설치한다.

[해설] 연결송수관설비
① 송수구는 구경 65mm의 쌍구형으로 할 것
② 방수구는 연결송수관설비의 전용방수구 또는 옥내소화전방수구로서 구경 65mm의 것으로 할 것
③ 수원의 수위가 펌프보다 낮은 위치에 있는 가압송수장치에는 다음 기준에 따른 물올림장치를 설치한다.
  ㉠ 물올림장치에는 전용의 탱크를 설치할 것
  ㉡ 탱크의 유효수량은 100L 이상으로 하되, 구경 15mm 이상의 급수배관에 따라 당해 탱크에 물이 계속 보급되도록 할 것
④ 가압송수장치는 방수구가 개방될 때 자동으로 기동되거나 또는 수동스위치의 조작에 따라 기동되도록 한다.

해설

[해설] 47
소화기구를 설치하여야 할 특정소방대상물 [화재안전·소방시설 설치유지 및 안전관리에 관한 법률]
① 수동식소화기 또는 간이소화용구를 설치하여야 하는 것
  ㉠ 연면적 33m² 이상인 것
  ㉡ ㉠에 해당하지 아니하는 시설로서 지정문화재 및 가스시설
  ㉢ 터널
② 주거용 주방자동소화장치를 설치하여야 하는 것 : 아파트 및 30층 이상 오피스텔의 전층
[비고] 노유자시설의 경우에는 투척용 소화용구 등을 법 화재안전기준에 따라 산정된 소화기 수량의 1/2 이상으로 설치할 수 있다.

[해설] 48
스프링클러설비의 화재안전기준
전동기에 따른 펌프를 이용하는 가압송수장치의 송수량은 0.1MPa의 방수압력 기준으로 80L/min 이상의 방수성능을 가진 기준 개수의 모든 헤드로부터의 방수량을 충족시킬 수 있는 양 이상으로 할 것

[해설] 49
스프링클러(sprinkler) 설비
① 헤드의 방수압력 : 0.1MPa
② 표준 방수량 : 80L/min
③ 설치 간격 : 설치장소에 따라 1.7~3.2m
④ 수원의 수량 = (스프링클러의 표준 방수량) × 20분 × (동시 개구수)
  = 80L/min × 20 min × N
  = 1.6 N[m³] (N은 10개, 20개, 30개)
∴ Q = 80L/min × 20min × 30
  = 48,000L = 48m³

정답 47. ③ 48. ① 49. ③
50. ④

51. 연결살수설비에 있어서 하나의 송수구역에 설치하는 살수헤드의 수는 최대 얼마 이하가 되도록 하여야 하는가? [21 ㉮]
① 10개
② 20개
③ 30개
④ 40개

[해설] 51
연결살수설비에 있어서 하나의 송수구역에 설치하는 살수헤드의 수는 최대 20개 이하가 되도록 하여야 한다. (단, 20개를 초과할 경우 송수구를 추가 설치)

52. 비상콘센트설비에 관한 설명으로 옳지 않은 것은? [16, 24 ㉮]
① 층수가 6층 이상인 특정소방대상물의 전층에 설치하여야 한다.
② 전원회로는 각층에 있어서 2 이상이 되도록 설치하는 것을 원칙으로 한다.
③ 비상콘센트는 바닥으로부터 높이 0.8m 이상 1.5m 이하의 위치에 설치한다.
④ 소방시설 중 화재를 진압하거나 인명구조활동을 위하여 사용하는 소화활동설비에 속한다

[해설] 52
비상 콘센트 설비
㉠ 초고층 건물에 화재 발생시 배연과 조명 전원을 공급하기 위한 설비
㉡ 설치 : 11층 이상의 층에 각 층의 각 부분으로부터 수평거리 50m 이내
㉢ 높이 : 바닥면에서 0.8m 이상 1.5m 이하
㉣ 1회선에 접속되는 콘센트 수 : 10개 이하

53. 주위 온도가 일정온도 상승률 이상이 되었을 때 작동하는 것으로 국소적 열효과에 의하여 작동하는 감지기는? [11, 23, 25 ㉮]
① 차동식 스폿형 감지기
② 정온식 스폿형 감지기
③ 정온식 감지선형 감지기
④ 광전식 연기 감지기

[해설] 53
차동식 스폿형 감지기는 가장 널리 사용되고 있는 형식으로 화기를 취급하지 않는 장소에 적합한 감지기이다

54. 주위 온도가 일정 온도 이상으로 되면 동작하는 자동화재탐지설비의 감지기는? [22 ㉮]
① 이온화식 감지기
② 차동식 스폿형 감지기
③ 정온식 스폿형 감지기
④ 광전식 스폿형 감지기

[해설] 54
정온식 스폿형 감지기는 주위온도가 일정 온도 이상일 때 작동하도록 된 열감지기로 보일러실, 주방, 건조실 등 다량의 열을 취급하는 장소에 적합하다.

정답 51. ② 52. ① 53. ① 54. ③

핵심기출문제

Ⅰ. 위생설비

55. 자동화재탐지설비에 관한 기술 중 옳지 않은 것은? [08②]

① 차동식 감지기는 주위온도가 일정한 온도 상승률 이상이 되었을 때 작동하는 감지기이다.
② 정온식 감지기는 주위온도가 일정한 온도 이상이 되었을 때 동작하는 것으로 보일러실 등에 설치한다.
③ 이온화식 감지기는 감지기 주위의 공기가 일정한 농도의 연기를 포함하게 되면 작동하는 감지기이다.
④ 광전식 감지기는 차동식 감지기와 정온식 감지기의 기능을 합친 것이다.

56. 다음은 극장의 객석 내에 설치하여야 하는 통로유도등과 관련된 기준 내용이다. ( ) 안에 알맞은 것은? [10②]

> 조도는 통로유도등의 바로 밑의 바닥으로부터 수평으로 0.5m 떨어진 지점에서 측정하여 ( ) 이상이어야 한다.

① 1[lx]   ② 2[lx]
③ 5[lx]   ④ 10[lx]

57. 액화천연가스(LNG)에 관한 설명으로 옳지 않은 것은? [21②]

① 메탄이 주성분이다.
② 무공해, 무독성이다.
③ 비중이 공기보다 크다.
④ 일반적으로 배관을 통해 공급한다.

58. 가스설비에서 LPG에 관한 설명으로 옳지 않은 것은? [22②]

① 공기보다 무겁다.
② LNG에 비해 발열량이 작다.
③ 순수한 LPG는 무색, 무취이다.
④ 액화하면 체적이 1/250 정도가 된다.

해 설

[해설] 55
보상식 감지기는 그 주위 온도의 변화에 따라 감도가 변화하는 것이며, 차동식 및 정온식의 성능을 가진 감지기이다.

[해설] 56
극장의 객석 내의 통로유도등의 조도는 통로유도등의 바로 밑의 바닥으로부터 수평으로 0.5m 떨어진 지점에서 측정하여 1[lx] 이상이어야 한다.

[해설] 57
LN가스(액화천연가스 : Liquefied Natural Gas)
㉠ 메탄(CH_4)을 주성분으로 하는 천연가스를 냉각하여(1기압하에서 -162℃) 액화시킨 것이다.
㉡ 공기보다 가벼워 누설이 된다 해도 공기 중에 흡수되기 때문에 안전성이 높은 것이 장점이다.
㉢ 반드시 대규모 저장시설을 갖추어 배관을 통해서 공급해야 하는 단점이 있다.
㉣ LN가스는 현재 연료로 사용되고 있는 가스 중에서 발열량(45,000kJ/m^3)이 높고 무공해성이어서 연료용으로는 대단히 우수하다.

[해설] 58
LPG(액화석유가스=프로판가스)
㉠ 공기보다 무겁다.(비중 1.5~2)
㉡ 샐 경우 바닥에 깔린다.
  → 위험(환기에 유의)
㉢ 경보기 : 바닥에서 30cm 높이
㉣ 무색, 무미, 무취
㉤ 상압(常壓)에서는 기체이지만, 압력을 가하면 액화한다.(체적 1/250로 줄어든다)
㉥ 발열량이 높다.(92,000kJ/m^3)

정답 55. ④ 56. ① 57. ③
58. ②

■■■ 8. 가스설비

59. 가스배관 경로 선정시 주의하여야 할 사항으로 옳지 않은 것은? [09②]

① 옥내배관은 매립하여 견고하게 한다.
② 장래의 증설 및 이설 등을 고려한다.
③ 손상이나 부식 및 전식을 받지 않도록 한다.
④ 주요구조부를 관통하지 않도록 한다.

60. 도시가스에서 중압의 가스압력은? (단, 액화가스가 기화되고 다른 물질과 혼합되지 아니한 경우 제외) [01, 05, 14, 19, 23, 25 ②]

① 0.05MPa 이상, 0.1MPa 미만
② 0.01MPa 이상, 0.1MPa 미만
③ 0.1MPa 이상, 1MPa 미만
④ 1MPa 이상, 10MPa 미만

61. 가스 설비에 관한 설명 중 옳지 않은 것은? [09②]

① 가스 계량기는 동파의 위험이 있으므로 옥내에 설치하는 것을 원칙으로 한다.
② 가스 계량기는 전기 개폐기에서 60cm 이상 떨어진 위치에 설치한다.
③ 가스 배관은 건물의 주요 구조부를 관통하지 않도록 한다.
④ 가스 배관 도중에 신축 흡수를 위한 이음을 한다.

62. 가스설비에 사용되는 거버너(governor)에 관한 설명으로 옳은 것은? [17, 21, 24 ②]

① 실내에서 발생되는 배기가스를 외부로 배출시키는 장치
② 연소가 원활히 이루어지도록 외부로부터 공기를 받아들이는 장치
③ 가스가 누설되거나 지진이 발생했을 때 가스공급을 긴급히 차단하는 장치
④ 가스공급회사로부터 공급받은 가스를 건물에서 사용하기에 적합한 압력으로 조정하는 장치

해 설

[해설] 59
가스배관은 건물의 주요구조부를 관통하지 않도록 하고 노출배관으로 하며, 가스 누출시 환기를 위하여 매립해서는 안된다.

[해설] 60
도시가스 공급압력
㉠ 저압 : 0.1MPa 미만
㉡ 중압 : 0.1MPa 이상, 1MPa 미만
㉢ 고압 : 1MPa 이상

[해설] 61
가스 계량기는 동파의 위험이 적은 곳에 설치하고, 폭파의 위험이 있으므로 옥외에 설치하는 것을 원칙으로 한다.
※ 가스미터는 전기 개폐기·전기미터·전기안전기·고압 옥외배선에서 60cm 이상 떨어진 곳에 설치한다.

[해설] 62
정압기(거버너, governor)는 가스공급회사로부터 공급받은 가스를 건물에서 사용하기에 적합한 압력으로 조정하는 장치이다.
※ 도시가스의 공급 계통은 원료, 제조, 압송, 저장, 압력조정, 공급의 순서로 설비되어 있다.

정답 59. ① 60. ③ 61. ① 62. ④

02 공기조화설비

핵심 PLUS

01 온열 감각에 영향을 미치는 4가지 요소로서 맞는 것은?
　　　　　　　　　　[03 기]
① 기온, 습도, 기류, 복사열
② 기온, 습도, 조명, 기압
③ 기온, 소음, 열전도, 복사열
④ 열관류, 열전도, 복사열, 기온
　　　　　　　　답 : ①

02 실내의 온열환경 요소로 기온, 습도, 기류 3요소에 의한 체감온도 표시법은?　　[02 기]
① 작용온도
② 수정유효온도
③ 유효온도(실감온도)
④ 효과온도
　　　　　　　　답 : ③

03 온열지표 중 기온, 습도, 기류, 주벽면온도의 4요소를 조합하여 체감과의 관계를 나타낸 것은?　　　　[14, 19 기]
① 작용온도
② 불쾌지수
③ 등온지수
④ 유효온도
　　　　　　　　답 : ③

1 공기에 관한 일반사항

1. 열환경 평가와 쾌적지표

1) 유효온도(체감온도, 감각온도, Effective Temperature : ET)

① 유효온도는 온도(또는 흑구온도), 기류, 습도를 조합한 감각 지표로서 감각온도, 실효온도 또는 체감온도라고도 한다.

② 1923년 미국에서 Hougton과 Yaglou에 의해 처음 창안되어 공기조화(덕트식 냉난방)시의 평가에 널리 사용되었다.

③ 이것은 기온 θ, 상대습도 ϕ, 기류속도 v인 실내에서의 온감각과 같은 온감각을 주는 상대습도 100%이고, 풍속 v=0m/sec인 방의 실공기 온도이다.

④ 복사열이 고려되지 않음

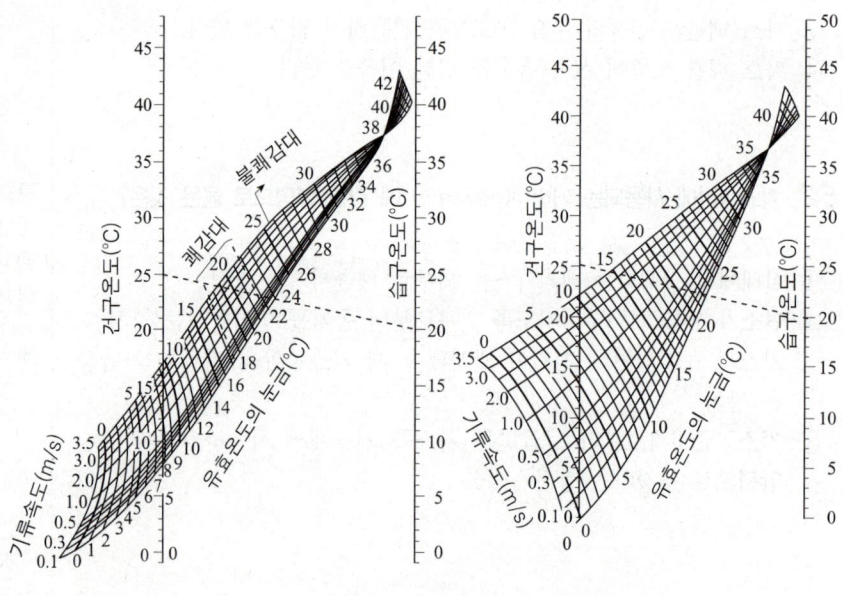

[그림] 유효온도선도

2) 수정유효온도(CET)

① 글로브 온도를 건구온도 대신에 사용하고, 상당 습구온도를 습구온도 대신에 사용하여 유효온도(ET)를 구하는 쾌적지표

② 온도, 습도, 기류, 복사열의 영향을 동시에 고려한 지표

3) 작용온도 (OT : Operative Temperature)

① 체감에 대한 기온과 주벽의 복사열 및 기류의 영향을 조합시킨 지표

② 습도에 대하여 고려하지 않음

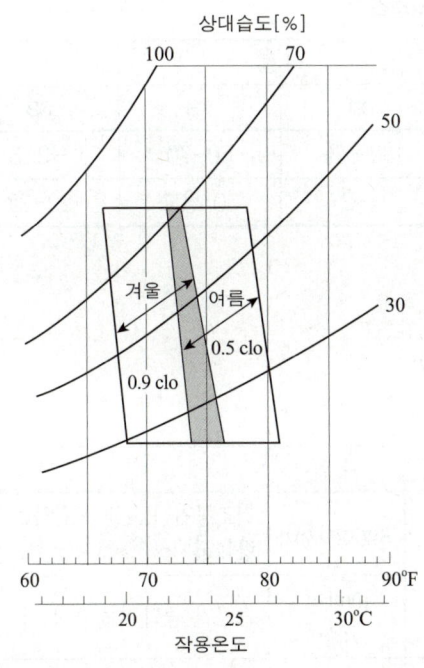

쾌적영역(comfort zone) : ASHRAE가 제안한 열환경 쾌적영역
→ 80%의 사람이 만족하는 범위

4) 보건용 공기조화의 기준

■ 중앙관리 방식의 공기조화설비의 기능

1. 부유 분진량	공기 $1m^3$ 당 0.15mg 이하
2. CO 함유율	10ppm 이하
3. CO_2 함유율	1,000ppm 이하
4. 온 도	17℃ 이상 28℃ 이하
5. 상대습도	40% 이상 70% 이하
6. 기류	0.5m/s 이하

핵심 PLUS

04 실내열환경 지표 중 공기의 습도가 고려되지 않은 것은? [17 기]
① 작용온도
② 유효온도
③ 등온지수
④ 신유효온도

답 : ①

05 불쾌지수의 결정 요소로만 구성된 것은? [15 기]
① 기온, 습도
② 습도, 기류
③ 기류, 복사열
④ 기온, 복사열

[해설] 불쾌지수
$DI = 0.72(t + t') + 40.6$에서
t : 건구온도, t' : 습구온도
값이 70 이하일 때 전부 쾌적
값이 75 이하일 때 반쾌적
값이 80 이하일 때 전부 불쾌
값이 85 이상일 때 작업 불능
∴ $DI = 0.72(20+20) + 40.6$
 = 69.4로서 전부 쾌적으로 판정한다.

답: ①

06 이산화탄소의 실내공기질 유지기준으로 옳은 것은? (단, 다중이용시설 중 실내주차장의 경우) [15 기]
① 200ppm 이하
② 500ppm 이하
③ 1,000ppm 이하
④ 2,000ppm 이하

답 : ③

5) 실내 쾌적조건

재실자가 느끼는 쾌감의 척도로서 유효온도가 사용되며 유효온도란 실내의 건습구 온도와 인체에 미치는 기류의 영향을 종합적으로 나타낸 쾌감의 지표로서 포화공기온도를 말한다.

미국공기조화냉동학회(ASHRAE)가 사람에게 적합한 온습도를 구하기 위해 한 방에서 3시간 이상 의자에 앉아서 사무를 보는 것과 같은 경작업을 하는 사람들에 대한 방안 온습도의 변화체감을 물어서 유효선도를 만들었다.

■ 쾌적공조의 온습도 조건

항 목	여 름		겨 울	
	DB	RH	DB	RH
외 기	32~33	60~70	-2~3	40 정도
실 내	25~27	50 정도	20~22	50 정도

2. 습공기

1) 습도의 표시방법

■ 습도의 표시법

구 분	기호	단 위	정 의
절대습도	x	kg/kg(DA)	건조공기 1kg을 포함하는 습공기 중의 수증기량[kg]
수증기분압	h p	mmHg kPa	습공기 중의 수증기 분압
상대습도	ϕ	%	수증기 분압 h(또는 p)와 동일한 온도의 포화공기의 수증기 분압 h_s(또는 p_s)와의 비를 백분율로 나타낸 것 $\phi = 100\left(\dfrac{p}{p_s}\right) = 100\left(\dfrac{h}{h_s}\right)$
비교습도	ψ	%	절대습도 x와 동일한 온도의 포화공기의 절대습도 x_s와의 비를 백분율로 표시한 것 $\psi = 100\left(\dfrac{x}{x_s}\right)$
습구온도	t'	℃	습구 온도계에 나타나는 온도
노점온도	t''	℃	습공기를 냉각하는 경우 포화상태로 되는 온도

07 습공기가 냉각될 때 어느 정도의 온도에 다다르면 공기 중에 포함되어 있던 수증기가 작은 물방울로 변화하는데, 이 때의 온도를 무엇이라 하는가?
[07, 09 기]
① 노점온도
② 상대온도
③ 엔탈피
④ 유효온도

답 : ①

① 절대습도(SH) : 공기 중에 포함된 수분의 량
→ 단위 : kg/kg' 또는 kg/kgDA, 기상학 - g/m³, kg/m³

② 상대습도(RH) : 공기의 습한 정도의 상태
(습공기가 함유하고 있는 습도의 정도를 나타내는 지표)
어느 온도에서 공기 1m³에 포함할 수 있는 최대 수증기 양과 현재 온도에서 포함하고 있는 수증기 양과의 비(%) → 단위 : %

2) 엔탈피

건조공기가 그 상태에서 가지고 있는 열량(현열)과 동일 온도에서 수증기가 갖고 있는 열량(잠열)과의 합

① 현열 : 온도의 변화에 따라 출입하는 열. 온도측정 가능
② 잠열 : 상태의 변화에 따라 출입하는 열. 온도는 일정
③ 엔탈피 : 0℃일 때 건공기의 엔탈피를 0으로 하여 습공기 1kg이 지니고 있는 열량으로 나타낸다.

$$i = C_{pa} \cdot t + (\gamma_0 + C_{pw} \cdot t) \cdot x$$
$$= 1.01t + (1.85t + 2,501)x$$

i : 엔탈피[kJ/kg(DA)]
t : 온도[℃]
x : 절대습도[kg/kg']
C_{pa} : 건공기의 정압비열(1.01kJ/kg·K)
C_{pw} : 수증기의 정압비열(1.85kJ/kg·K)
γ_0 : 0℃ 포화수의 증발잠열(2,501kJ/kg)

 참고

※ 공기의 정압비열(C_p)
=0.24kcal/kg·K×4.2kJ/kcal
=1.008kJ/kg·K≒1.01kJ/kg·K

※ 공기의 정적비열(C_v)
=0.71KJ/kg·K

핵심 PLUS

08 건구 온도 21℃, 상대 습도 50%의 공기를 건구 온도 30℃로 가열했을 때 상대 습도는?(단, 21℃ 공기의 포화 수증기압은18.7mmHg이고, 30℃ 공기의 포화 수증기압은 31.7mm Hg이다.) [99 기]
① 29.5%
② 36.0%
③ 43.5%
④ 50.5%

[해설]
상대습도 = $\frac{현재수증기압}{포화수증기압} \times 100$

현재(21℃)수증기압(x) ⇒ 50%
$= \frac{x}{18.7} \times 100$
$x = 9.35 \mathrm{mmHg}$
30℃ 상대습도 = $\frac{9.35}{31.7} \times 100$
$= 29.5\%$
답 : ①

09 건조공기 1kg의 습공기 속에 현열 및 잠열의 형태로 포함되는 열량을 엔탈피라 한다. 건구 온도 30℃, 절대습도 0.005kg/kg(DA)인 공기의 엔탈피는 얼마인가? [06 산]
① 24.15 kJ/kg(DA)
② 43.08 kJ/kg(DA)
③ 64.89 kJ/kg(DA)
④ 86.31 kJ/kg(DA)

[해설] 공기의 엔탈피(i)
$i = C_{pa} \cdot t + (\gamma_0 + C_{pw} \cdot t) \cdot x$
$= 1.01t + (1.85t + 2,501)x$
∴ $i = 1.01t + (1.85t + 2,501)x$
$= 1.01 \times 30 + (1.85 \times 30 + 2,501)$
$\times 0.005$
$= 43.08 \mathrm{kJ/kg(DA)}$
답 : ②

10 습공기의 엔탈피를 가장 올바르게 표현한 것은? [16 기]
① 공기 1m³의 중량
② 건공기에 포함된 수증기의 중량
③ 건공기와 수증기에 포함된 열량
④ 공기 중의 수분량과 포화수증기량의 비율
답 : ③

3. 습공기 선도

1) 습공기 선도의 구성

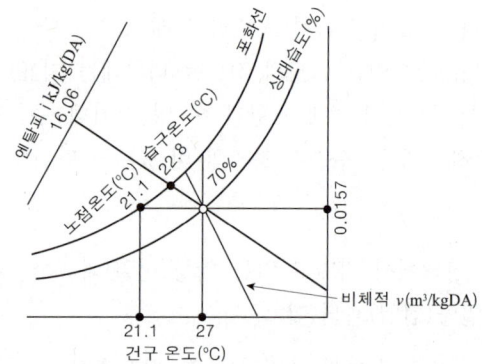

[그림] 습공기 선도 보는 법

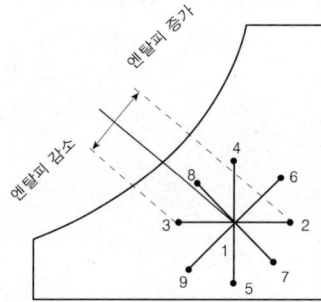

[그림] 공기조화의 각 과정

1→2 : 현열 가열(sensible heating)
1→3 : 현열 냉각(sensible cooling)
1→4 : 가습(humidification)
1→5 : 감습(dehumidification)
1→6 : 가열 가습(heating and humidifying)
1→7 : 가열 감습(heating and dehumidifying)
1→8 : 냉각 가습(cooling and humidifying)
1→9 : 냉각 감습(cooling and dehumidifying)

① 습공기 선도를 구성하는 요소들 : 건구온도, 습구온도, 노점온도, 절대습도, 상대습도, 수증기 분압, 비용적, 엔탈피, 현열비 등
② 습공기 선도를 구성하는 있는 요소들 중 2가지만 알면 나머지 모든 요소들을 알아낼 수 있다.
③ 공기를 냉각하거나 가열하여도 절대 습도는 변하지 않는다.
④ 공기를 냉각하면 상대습도는 높아지고 공기를 가열하면 상대습도는 낮아진다. → 절대습도의 변화(×)
⑤ 습구온도와 건구온도가 같다는 것은 상대습도가 100%인 포화공기임을 뜻한다.
⑥ 습구온도가 건구온도보다 높을 수는 없다.

> **학습포인트**
> - i-x 선도(Mollier선도) : 공조설비에서 이용되는 공기선도
> - p-i 선도(Mollier선도) : 냉동기에서 이용되는 선도
> - t-x 선도(Carrier선도) : 냉동기에서 이용되는 선도

핵심 PLUS

11 습공기의 건구온도와 습구온도를 알 때 습공기선도를 사용하여 구할 수 있는 상태값이 아닌 것은? [16, 20 기]
① 엔탈피
② 비체적
③ 기류속도
④ 절대습도

답 : ③

12 다음 중 상대습도(R.H) 100%에서 그 값이 같지 않은 온도는? [17, 25 기]
① 건구온도
② 효과온도
③ 습구온도
④ 노점온도

[해설] 건구온도, 습구온도, 건구온도의 값이 같다는 것은 상대습도(R.H)가 100%인 포화공기를 뜻한다.

답 : ②

13 습공기의 상태변화에 관한 설명으로 옳지 않은 것은? [12 기]
① 가열하면 엔탈피는 증가한다.
② 냉각하면 비체적은 감소한다.
③ 가열하면 절대습도는 증가한다.
④ 냉각하면 습구온도는 감소한다.

[해설] ㉠ 공기 냉각 가열하여도 절대습도는 변하지 않는다.
㉡ 공기를 냉각하면 상대습도는 높아지고 공기를 가열하면 상대습도는 낮아진다. 절대습도의 변화는 없다.

답 : ③

14 공기의 성질에 관한 설명 중 옳지 않은 것은? [04, 08, 24 기]
① 공기를 가열하면 상대습도는 낮아진다.
② 공기를 냉각하면 절대습도는 높아진다.
③ 건구온도와 습구온도가 동일하면 상대습도는 100%이다.
④ 습구온도는 건구온도보다 높을 수는 없다.

[해설] 공기를 냉각하면 상대습도는 높아지고, 건구온도는 낮아지며, 절대습도는 변화는 없다.

답 : ②

2) 송풍량과 송풍온도 결정

① 송풍량과 실의 현열부하(A)

$$q_s = GC_p(t_i - t_o) \text{ [kJ/h]}$$

q_s : 실의 현열부하[kJ/h]
G : 송풍량[kg/h]
$C_p(C)$: 공기의 정압비열[1.01kJ/kg·K]
t_i : 실내 공기온도[℃]
t_o : 송풍 공기온도[℃]

② 송풍량과 실의 현열부하(B)

$$q_s = \rho Q C_p(t_i - t_o) \text{ [kJ/h]} = 0.34 Q(t_i - t_o) \text{ [W]}$$

q_s : 실의 현열부하[kJ/h]
ρ : 공기의 밀도[1.2kg/m³]
Q : 송풍량[m³/h]
$C_p(C)$: 공기의 정압비열[1.01kJ/kg·K]
t_i : 실내 공기온도[℃]
t_o : 송풍 공기온도[℃]

[주] ※ G(kg/h) = ρ (1.2kg/m³) · Q(m³/h) = 1.2 Q(kg/h)
※ 1W = 1J/s = 3,600J/h = 3.6kJ/h
※ 1W = 0.86kcal/h   1kcal = 1.16W

③ 실내 온도를 일정하게 유지하기 위한 필요 송풍량
단위환산계수 $0.34 \text{W} \cdot \text{h/m}^3 \cdot \text{K}$를 이용하면

$$Q = \frac{q_s}{0.34(t_i - t_o)} \text{ [m}^3\text{/h]}$$

[주] 실내외 온도차(Δt) = ㉮ 난방시 : $(t_i - t_o)$, ㉯ 냉방시 : $(t_o - t_i)$

3) 열량 및 수분의 양 계산

① 열수분비(U) : 열 평형식과 물질 평형식에서 장치에 출입된 공기의 엔탈피 변화량($h_2 - h_1$)과 절대습도의 변화량($x_2 - x_1$)의 비율을 열수분비(U)라 한다.

$$U = \frac{h_2 - h_1}{x_2 - x_1} = \frac{q}{L} + h_L$$

② 현열비(SHF) : 전열변화량($q_s + q_L$)에 대한 현열변화량(q_s)의 비

$$SHF = \frac{q_s}{q_s + q_L}$$

핵심 PLUS

■ 단위
0.34 = 공기의 비열 × 밀도
　　× 1,000(J/KJ) ÷ 3,600(s/h)
= 1.01kJ/kg·K × 1.2kg/m³
　× 1,000(J/KJ) ÷ 3,600(s/h)
= 0.34W·h/m³·K

15 다음과 같은 조건에서 실의 현열부하가 7,000W인 경우 실내 취출풍량은? [18, 23, 25 기]

[조건]
• 실내온도 : 22℃
• 취출공기온도 : 12℃
• 공기의 비열 : 1.01kJ/kg·K
• 공기의 밀도 : 1.2kg/m³

① 1,042m³/h
② 2,079m³/h
③ 3,472m³/h
④ 6,944m³/h

해설 $q_s = \rho Q C(t_i - t_o)$ [kJ/h]

$Q = \dfrac{q_s}{\rho C(t_i - t_o)}$

$= \dfrac{7000 \times 3.6}{1.2 \times 1.01 \times (22 - 12)} = 2079.2 \text{ [m}^3\text{/h]}$

※ 1W = 1J/s = 3,600J/h
　　= 3.6kJ/h

답 : ②

16 방의 취득 현열량이 37.21kW로 산출되었다. 실온을 26℃로 유지하기 위해 16℃의 공기를 취출하도록 계획되었다. 실내로의 송풍량은 몇 m³/h가 되는가?(단, 공기의 단위체적당 정적비열은 1.21kJ/m³·K로 한다.) [06 기]

① 2,667m³/h
② 10,944m³/h
③ 13,333m³/h
④ 26,667m³/h

해설 $Q = \dfrac{q_s}{0.34(t_i - t_o)}$ 에서

공기의 정적비열을 1.21kJ/m³·K로 했으므로

$Q = \dfrac{q_s}{0.34(t_i - t_o)}$

$= \dfrac{37,210}{0.34(26 - 16)}$

$= 10,944 \text{m}^3/\text{h}$

답 : ②

핵심 PLUS

17 냉방부하 계산 결과 현열부하가 620W, 잠열 부하가 155W일 경우 현열비는? [22 기]
① 0.2
② 0.25
③ 0.4
④ 0.8

[해설] 현열비(SHF) : 전열변화량에 대한 현열변화량의 비
현열비(SHF)
$= \dfrac{\text{현열부하}}{\text{현열부하} + \text{잠열부하}}$
$= \dfrac{620W}{620W + 155W} = 0.8$

답 : ④

18 건구온도 20℃, 상대습도 60%인 습공기 7,500kg/h를 27℃까지 가열하였을 경우 가열기의 가열량은 얼마인가? [05 산]
① 30,000kJ/h
② 53,025kJ/h
③ 60,000kJ/h
④ 86,000kJ/h

[해설] 열량(Q)
=질량×비열×온도차
=m·c·Δt [kJ/h]
  m : 질량(kg/h)
  c : 공기의 비열(1.01kJ/kg·K)
  Δt : 온도차(℃)
∴ Q=7,500kg/h×1.01
    ×(27−20)
   =53,025kJ/h

답 : ②

19 실내에서 발생하는 취기와 수증기 등이 다른 공간으로 유출되지 않도록 실내가 부압이 되도록 하는 환기방식은? [14 기]
① 자연환기
② 급기팬과 배기팬의 조합
③ 급기팬과 자연배기의 조합
④ 자연급기와 배기팬의 조합

답 : ④

4) By-pass Factor(BF)

냉각 또는 가열 코일과 접촉하지 않고 그대로 통과하는 공기의 비율을 말하며, 완전히 접촉하는 공기의 비율을 Contact Factor라고 한다.

$$BF = 1 - CF$$

냉각 또는 가열 코일을 통과한 공기는 포화상태로는 되지 않는다. 이상적으로 포화되었을 경우 S의 상태로 되나 실제로는 2의 상태로 된다.

$$BF = \dfrac{2-s}{1-s} \quad CF = \dfrac{1-2}{1-s}$$

$$\therefore t_2 ≒ t_1 \times BF + t_s \times (1 - BF)$$

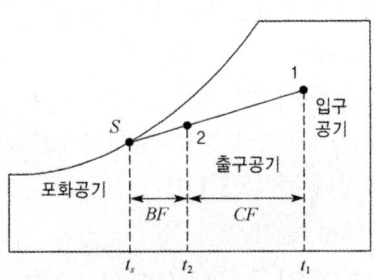

[그림] 냉각코일에서의 By-Pass

2 환기설비

1) 자연 환기

바람 및 실내외 온도차에 의한 실내외의 압력차로 환기하는 방식으로 환기량이 일정하지 않다. 중성대(neutral zone)는 실내외의 압력차가 0이 되어 공기의 유출입이 없는 면, 대개는 실이 중앙부에 위치하나 개구나 틈새가 많은 면으로 이동한다. 중성대 상방에서의 압력은 실내에서 실외로 향한다.

2) 기계 환기

구 분	설치방법	용 도
제 1종 환기 (병용식)	강제송풍+강제배풍	병원 수술실, 거실, 지하극장, 변전실
제 2종 환기 (압입식)	강제송풍+자연배풍	클린룸, 무균실, 반도체공장, 식당, 창고
제 3종 환기 (흡출식)	자연송풍+강제배풍	화장실, 욕실, 주방, 흡연실, 자동차차고

① 제1종 환기 : 설비비, 운전비가 비싸다. 실내외의 압력차가 없어서 가장 양호한 환기법
② 제2종 환기 : 실내의 압력이 정압(+), 다른 실에서의 공기 침입이 없다. 가장 많이 사용한다. 일반실에 적합하다.
③ 제3종 환기 : 실내의 압력이 부압(-), 실내의 냄새나 유해 물질을 다른 실로 흘려보내지 않는다. 주방, 화장실, 유해가스 발생장소에 사용한다.

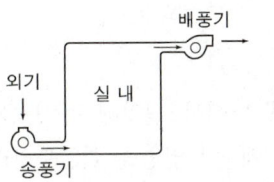
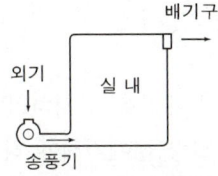
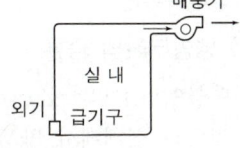

[그림] 기계환기방식

3) 환기량 산출 방법

점검 사항	점검내용	산출방법 (Q_f : 필요환기량 m^3/h)	비 고
발열량	① 인체로부터의 발열량 ② 실내 열원으로부터의 발열량	$Q_f = \dfrac{H_s}{C_p \cdot \rho (t_i - t_o)}$ $= \dfrac{H_s}{0.34(t_i - t_o)}$	H_s : 발열량(현열) [W] C_p : 건공기의 비열 (1.01kJ/kg·K) ρ : 공기의 밀도(1.2kg/m^3) t_i : 허용 실내 온도[℃] t_o : 신선공기온도[℃] 0.34 : 단위환산계수
CO_2 농도	① 인체의 호흡으로 배출되는 CO_2 발생량 ② 실내 연소물에 의한 CO_2 발생량	$Q_f = \dfrac{K}{P_i - P_o}$ (정상시)	K : 실내에서의 CO_2 발생량 [m^3/h] P_i : CO_2 허용 농도[m^3/m^3]. 사람뿐일 때 0.0015m^3/m^3, 실내 연소 기구가 있을 때 0.005m^3/m^3 P_o : 외기 CO_2 농도. 0.0003m^3/m^3

핵심 PLUS

20 500명을 수용하는 극장에서 실온을 20℃로 유지하기 위한 필요 환기량은? (단, 외기온도는 10℃, 1인당 발열량은 60W, 공기의 정압비열은 1.01kJ/kg·K, 공기의 밀도는 1.2kg/m^3이다.)
[12 기]

① 약 8,910m^3/h
② 약 12,820m^3/h
③ 약 16,210m^3/h
④ 약 18,450m^3/h

[해설] 발열량에 의한 환기량 계산
$Q = \dfrac{H_s}{Cp \times \rho \times (t_i - t_0)}$ 에서
먼저, 발열량(H_s)=500×60J/s·명
×3,600s/h=108,000,000J/h
=108,000kJ/h
※ 1W=1J/s=3,600J/h=3.6kJ/h
∴ $Q = \dfrac{H_s}{Cp \times \rho \times (t_i - t_0)}$
$= \dfrac{108,000 kJ/h}{1.01kJ/kg·K \times 1.2kg/m^3 \times (20-10)K}$
= 8,910m^3/h
답 : ①

21 900명을 수용하고 있는 극장에서 실내 CO_2 농도를 0.1%로 유지하기 위해 필요한 환기량은? (단, 외기의 CO_2 농도는 0.04%, 1인당 CO_2 배출량은 18L/h 이다.) [14, 18, 24 기]

① 27,000m^3/h
② 30,000m^3/h
③ 60,000m^3/h
④ 66,000m^3/h

[해설] 필요환기량
$Q = \dfrac{K}{P_i - P_o}$
Q : 필요환기량(m^3/h)
K : 실내에서의 CO_2 발생량(m^3/h)
P_i : CO_2 허용 농도(m^3/m^3)
P_o : 신선공기 CO_2 농도(m^3/m^3)
※ P_i=0.1% → 0.001(m^3/m^3)
  P_o=0.04% → 0.0004(m^3/m^3)
∴ 환기량 $Q = \dfrac{K}{P_i - P_o}$
$= \dfrac{900 \times 0.018}{0.001 - 0.0004}$
=27,000m^3/h
※ 1ppm=10^{-6}(m^3/m^3)
답 : ①

3 공기조화부하 계산

- 냉방부하 : 냉방시에 냉각·감습하는 열 및 수분의 량
  → 현열(온도) ; 냉각, 잠열(습도) ; 감습
- 난방부하 : 난방시에 가열·가습하는 열 및 수분의 량
  → 현열(온도) ; 가열, 잠열(습도) ; 가습

1. 냉방부하

1) 냉방부하의 종류

여름에 실내의 온·습도를 설계치로 유지하려면 밖에서 침입해 들어오는 열량과 실내에서 발생하는 열량을 제거해야 하는데, 이 열량을 현열부하라 한다. 또 설계치 이상의 수분을 제거해야 하는데 이때 수분의 잠열부하를 합쳐 냉방부하로 한다. 냉방부하는 다음과 같이 분류한다.

■ 냉방부하의 종류와 발생 요인

구 분	부하의 발생 요인		현 열	잠 열
실내취득열량	벽체로부터의 취득열량		○	
	유리로부터의 취득열량	직달일사에 의한 것	○	
		전도대류에 의한 것	○	
	극간풍에 의한 취득열량		○	○
	인체의 발생열량		○	○
	기구로부터의 발생열량		○	○
장치로부터의 취 득 열 량	송풍기에 의한 취득열량		○	
	덕트로부터의 취득열량		○	
재 열 부 하	재열기의 가열량(취득열량)		○	
외 기 부 하	외기의 도입으로 인한 취득열량		○	○

※ 냉방부하를 계산할 때 현열과 잠열을 동시에 계산해 주어야 할 부하 요소
① 극간풍에 의한 취득열량
② 인체의 발생열량
③ 기구로부터의 발생열량
④ 외기의 도입으로 인한 취득열량

핵심 PLUS

22 냉·난방 부하 계산시 유의할 사항에 대한 설명 중 옳지 않은 것은? [05 기]
① 난방시의 틈새바람에 의한 부하는 보통 현열부하만을 산정한다.
② 난방부하일 때는 내부발생열은 난방부하를 경감시키는 요소이므로 일반적으로 계산하지 않는다.
③ 부하계산의 결과 열손실이 너무 큰 경우 그것을 건축적인 수법으로 해결하지 말고 공조 장치로 처리하도록 한다.
④ 건물의 종류 및 용도에 따라 부하의 요소는 차이가 많이 난다.

[해설] 부하계산의 결과 열손실이 너무 큰 경우에는 단열, 건물의 형태, 개구부의 크기, 건축재료의 선정 등 건축적인 수법을 통하여 계획하는 것이 바람직하다.
답 : ③

23 다음 중 냉·난방부하의 계산에서 난방의 경우는 일반적으로 고려하지 않으나 냉방의 경우는 반드시 계산해야 하는 항목은? [09 기]
① 외벽, 유리창을 통한 관류부하
② 도입외기에 의한 외기부하
③ 인체부하
④ 바닥을 통한 관류부하
답 : ③

24 공조부하 중 현열과 잠열이 동시에 발생하는 것은? [21, 25 기]
① 인체의 발생열량
② 벽체로부터의 취득열량
③ 유리로부터의 취득열량
④ 덕트로부터의 취득열량
답 : ①

2) 냉방부하 계산의 설계 조건
① 실내 조건 : 냉방부하 계산에 있어서 실내 온습도는 매우 중요한 설계 조건의 하나이다. 왜냐하면 실의 사용 목적에 따라 그 조건이 각기 다르며, 또한 사람의 경우에 있어서도 쾌적온도의 범위가 서로 다르기 때문이다.

■ 실내의 온습도 조건

조건 \ 계절	여 름	겨 울
온 도	25~27℃	20~22℃
습 도	50~55%	50~55%

② 외기 조건 : 최대 냉방부하는 가장 불리한 상태일 때의 조건으로 구한 부하로, 냉방장치 용량을 결정하는데 도움을 주지만, 부하가 최대일 때를 위한 장치 용량이므로 매우 비경제적이 되기 쉽다.
그래서 ASHRAE의 TAC(Technical Advisory Committee)에서는 위험률 2.5~10% 범위 내에서 설계 조건을 삼을 것을 추천하고 있다. 위험률 2.5%의 의미는 어느 지역의 냉방시간이 2,000시간이라면, 이 기간 중 2.5%에 해당하는 50시간은 냉방 설계 외기 조건을 초과할 수 있다는 것을 의미한다.

3) 냉방부하의 계산식
① 벽체로부터의 취득열량 qw[kcal/h, W]
㉮ 일사의 영향을 무시할 때

$$q_w = KA\Delta t$$

Δt : 인접실과의 온도차[℃]

㉯ 일사의 영향을 고려할 때

$$q_w = KA\,ETD$$

K : 구조체의 열관류율[kcal/m²·h·℃, W/m²·K]
A : 구조체의 면적[m²]
ETD : 상당 온도차[℃]

※ ETD : Equivalent Temperature Difference : 상당 외기 온도차
$\Delta t_e = t_o - t_r$
일사를 받는 외벽이나 지붕과 같이 열용량을 갖는 구조체를 통과하는 열량을 산출하기 위해 외기 온도나 일사량을 고려하여 정한 근사적인 외기 온도이다.

핵심 PLUS

25 다음의 냉방부하 발생 요인 중 잠열 요소를 포함하고 있지 않은 것은? [11 기]
① 인체의 발생열량
② 극간풍에 의한 취득열량
③ 외기의 도입으로 인한 취득열량
④ 일사에 의한 유리로부터의 취득열량

답 : ④

26 ASHRAE의 TAC에서는 외기 온도 조건의 기준을 위험률 몇 % 범위 내에서 삼을 것을 권장하고 있는가?
① 1.5~2.0%
② 2.5~10%
③ 10~15%
④ 15~20%

답 : ②

27 외벽의 온도는 일사에 의한 복사열의 흡수로 외기온도보다 높게 되는데, 냉방부하 계산시에 사용되는 이 온도를 무엇이라 하는가? [04 기]
① 유효온도
② 상당외기온도
③ 습구온도
④ 효과온도

답 : ②

> **핵심 PLUS**
>
> ■ 단위환산계수
>   ※ 0.34 : 단위환산계수
>   = 공기의 비열 × 밀도 ×
>   1,000(J/KJ) ÷ 3,600(s/h)
>   = 1.01kJ/kg·K × 1.2kg/m³
>   × 1,000(J/KJ) ÷ 3,600(s/h)
>   = 0.336W·h/m³·K
>   ≒ 0.34W·h/m³·K
>
>   ※ 834 : 단위환산계수(0℃에서
>   물의 증발잠열
> γ = 2,501kJ/kg 적용)
>   = 1.2kg/m³ × 2,501kJ/kg
>   × 1,000(J/KJ) ÷ 3,600(s/h)
>   ≒ 834W·h/m³
>
> ■ 열량의 단위 환산
>   1kw=1,000w=860kcal/h
>   1w=0.86kcal/h
>   1w=1J/s=3,600J/h=3.6kJ/h
>   1kJ=0.24kcal=240cal

② 극간풍(틈새바람)에 의한 취득열량 q_I [W]

㉮ 현열량

$$q_{IS} = GC(t_0 - t_i) \text{ [kJ/h]} = \rho QC(t_0 - t_i) \text{ [kJ/h]}$$
$$= 0.34Q(t_0 - t_i) \text{ [W]}$$

㉯ 잠열량

$$q_{IL} = GL(x_0 - x_i) \text{ [kJ/h]} = \rho QL(x_0 - x_i) \text{ [kJ/h]}$$
$$= 834Q(x_o - x_i) \text{ [W]}$$

q_{IS} : 틈새바람에 의한 현열취득량[W]
q_{IL} : 틈새바람에 의한 잠열취득량[W]
C : 공기의 정압비열[1.01kJ/kg·K]
ρ : 공기의 밀도[1.2kg/m³]
G_I, Q_I : 틈새바람의 양[kg/h, m³/h]
t_o, t_i : 외기 및 실내 온도[℃]
x_0, x_i : 외기 및 실내의 절대습도[kg/kg']
L : 0℃에서 물의 증발잠열(2,501kJ/kg)

> 💡 **예제**
>
> 1. 다음과 같은 조건하에서 실용적이 100m³인 어떤 실의 여름철 틈새바람에 의한 취득열량은? [07 기]
>
>   [조건] · 환기회수 0.5회/h, 실온 26℃, 외기온 33℃,
>   · 실내 절대습도 0.0082 kg/kg,
>   · 외기 절대습도 0.0192 kg/kg,
>   · 공기의 정압비열 : 1.01kJ/kg·K, 비중량 1.2kg/m³
>   · 0℃ 물의 증발잠열 2,501kJ/kg
>
>   ① 117.8W   ② 458.5W
>   ③ 577.7W   ④ 619.2W
>
> ▶ 틈새바람(극간풍)에 의한 냉방부하(현열부하+잠열부하)
>   먼저, 환기량 $Q = nV = 0.5 \times 100 = 50$ m³/h
>   ① 현열부하 $q_{IS} = GC(t_0 - t_i)$ [kJ/h] $= \rho QC(t_0 - t_i)$ [kJ/h]
> $= 0.34Q(t_o - t_i)$ [W]
> $= 0.34 \times 50 \times (33-26) = 119$ [W]
>   ② 잠열부하 $q_{IL} = GL(x_0 - x_i)$ [kJ/h] $= \rho QL(x_0 - x_i)$ [kJ/h]
> $= 834Q(x_o - x_i)$ [W] $= 834Q(x_o - x_i)$
> $= 834 \times 50 \times (0.0192 - 0.0082) = 458.7$ [W]
>
>   틈새바람(극간풍)에 의한 냉방부하 계산은 현열부하와 잠열부하의 합계이다.
>   ∴ 취득열량 = ㉠ + ㉡ = 119 + 458.7 = 577.7[W]

2. 다음과 같은 조건에서 냉방시 외기(外氣) 3,000m³/h가 실내로 인입될 때 외기에 의한 현열부하는? [10 산]

[조건] ・실내온도 : 26℃   ・외기온도 : 31℃
       ・공기의 밀도 : 1.2kg/m³ ・공기의 정압비열 : 1.01kJ/kg·K

① 840W   ② 3,500W
③ 5,050W   ④ 8,720W

▶ 틈새바람(극간풍)에 의한 냉방부하 = 현열부하 + 잠열부하
  현열량(현열부하) $q_{IS} = GC(t_0 - t_i)$ [kJ/h] $= \rho QC(t_0 - t_i)$ [kJ/h]
  $\qquad\qquad\qquad = 0.34Q(t_0 - t_i)$ [W]
  $= 1.01 \text{kJ/kg·K} \times 1.2 \text{kg/m}^3 \times Q \times (t_o - t_i) \times 1,000 [\text{J/kJ}] \div 3,600 [\text{s/h}]$
  $= \dfrac{1.01 \times 1.2 \times Q \times (t_o - t_i) \times 1,000 (\text{J/kJ})}{3,600 (\text{s/h})}$
  $= \dfrac{1.01 \times 1.2 \times 3,000 \times (31-26) \times 1,000}{3,600} = 5,050\text{W}$

[참고] ※1kW=1,000W=860kcal/h=1kJ/s=3600kJ/h
       1W=1J/s=3,600J/h=3.6kJ/h`   0.24kcal=1.01kJ≒1kJ

3. 실내기온 26℃(절대습도 X_i=0.0107kg/kg'), 실외기온 33℃(절대습도 X_o=0.0184kg/kg'), 1시간당 침입공기량이 500m³일 때 침입외기에 의한 잠열부하는? [08 산]

① 1,192W   ② 3,200W
③ 3,576W   ④ 4,768W

▶ 틈새바람(극간풍)에 의한 냉방부하(현열부하+잠열부하)
  ㉮ 현열량 $q_{IS} = GC(t_0 t_i)$ [kJ/h] $= \rho QC(t_0 - t_i)$ [kJ/h]
              $= 0.34Q(t_0 - t_i)$ [W]
  ㉯ 잠열량 $q_{IL} = GL(x_0 - x_i)$ [kJ/h] $= \rho QL(x_0 - x_i)$ [kJ/h]
              $= 834Q(x_0 - x_i)$ [W]

  q_{IS} : 틈새바람에 의한 현열취득량[W]
  q_{IL} : 틈새바람에 의한 잠열취득량[W]
  C : 공기의 정압비열[1.01kJ/kg·K]
  ρ : 공기의 밀도[1.2kg/m³]
  G_I, Q_I : 틈새바람의 양[kg/h, m³/h]
  t_0, t_i : 외기 및 실내 온도[℃]
  x_0, x_i : 외기 및 실내의 절대습도[kg/kg']
  L : 0℃에서 물의 증발잠열(2,501kJ/kg)

  틈새바람(극간풍)에 의한 냉방부하 계산은 현열부하와 잠열부하의 합계이다. 여기에서는 잠열부하만 구하는 것이므로
  ∴ $q_{IL} = GL(x_0 - x_i)$ [kJ/h] $= \rho QL(x_0 - x_i)$ [kJ/h]
       $= 1.2 \times 500 \times 2501 \times (0.0184 - 0.0107) = 11554.6$ [kJ/h] $= 3209.6$ [W]
  ※ 1W=1J/s=3,600J/h=3.6kJ/h

핵심 PLUS

28 다음과 같은 조건에 있는 유리창을 통한 단위면적당 취득열량은? [19, 23, 24 기]

・유리창의 열관류율 : 3.0W/m²·K
・실내외 온도차 : 30℃
・유리창의 일사열취득 : 100W/m²
・유리창의 차폐계수 : 1.0

① 190W/m²   ② 270W/m²
③ 330W/m²   ④ 390W/m²

[해설] 유리로부터의 일사에 의한 취득열량 q_G[W]

㉠ 유리로부터의 관류에 의한 취득열량
  $q_{GT} = KA_g \Delta t$
  A_g : 유리창의 면적(새시 포함) [m²]
  Δt : 실내외 온도차[℃]

㉡ 유리로부터 일사취득열량
  $q_{GR} = I_{gr} A_g k_s$
  I_{gr} : 유리를 통해 투과 및 흡수의 형식으로 취득되는 표준 일사취득열량 [W/m²·K]
  A_g : 유리창의 면적(개시면적 포함) [m²]
  K_s : 전차폐 계수

∴ $q_G = q_{GT} + q_{GR}$
  $= (3 \times 1 \times 30)$W/m²
  $+ (100 \times 1 \times 1)$W/m²
  $= 190$W/m²

답 : ①

2. 난방부하

1) 난방부하의 종류

난방부하의 요소들은 표와 같으며, 냉방부하의 발생 요인보다는 아주 간단하게 취급된다. 그 원인은 냉방부하 때에 고려한 일사(日射)의 영향이나 조명기구를 포함한 실내 기구, 재실(在室) 인원 등으로부터의 발생열량은 난방부하를 경감시키는 요인들이며, 일반적인 경우에는 부하 계산에 포함시키지 않기 때문이다.

■ 난방부하의 종류와 발생 요인

종류	부하의 발생 요인	현열	잠열
실내손실열량	외벽, 창유리, 지붕, 내벽, 바닥	○	
	극간풍	○	○
기기손실열량	덕트	○	
외기부하	환기극간풍	○	○

[주] 현열 : 온도의 변화에 따라 발생하는 열. 온도 측정 가능 → 현열량 : 온도의 상승이나 강하의 요인이 되는 열량
잠열 : 상태의 변화에 따라 발생하는 열. 온도 일정 → 잠열량 : 습도의 변화를 주는 열량

2) 난방부하의 계산식

① 벽체로부터의 손실열량 q_w [W]

$$q_w = K \cdot A(t_i - t_0)k$$

q_w : 구조체를 관류하는 열량[W]
K : 구조체를 통한 열관류율[W/m²·K]
A : 구조체 면적[m²]
t_i : 실내 온도[℃]
t_0 : 실외 온도[℃]
k : 방위 계수

※ 방위계수(k : 보정계수)

㉮ 일사와 바람의 영향을 고려 구조체의 방위와 위치에 따라 다르게 적용한다.
㉯ 구조체를 통한 열손실 계산시 곱해 주는 값

구분	남	북	동·서	남동·남서	지붕	바람이 센곳
방위계수	1.0	1.2	1.1	1.05	1.2	1.2

---

29 난방부하 계산시 각 외벽을 통한 손실열량은 방위에 따른 방향계수에 의해 값을 보정하는데, 계수의 값이 큰 것부터 차례로 된 것은? [03, 06 산]
① 북 > 동, 서 > 남
② 북 > 남 > 동, 서
③ 동 > 남, 북 > 서
④ 남 > 북 > 동, 서

답 : ①

② 틈새바람(극간풍)에 의한 손실열량 q_I[W]

$$q_I = q_{IS} + q_{IL}$$

㉮ 현열부하 : $q_{IS} = GC(t_i - t_0)$ [kJ/h] $= \rho QC(t_i - t_0)$ [kJ/h]
$$= 0.34 Q(t_i - t_0) \text{ [W]}$$

㉯ 잠열부하 : $q_{IL} = GL(x_i - x_0)$ [kJ/h] $= \rho QL(x_i - x_0)$ [kJ/h]
$$= 834 Q(x_i - x_0) \text{ [W]}$$

G_I, Q_I : 극간풍량[kg/h, m³/h]

t_i, t_0 : 실내 및 실외 공기의 온도[℃]

x_i, x_o : 실내 및 실외 공기의 절대습도[kg/kg']

③ 외기부하에 의한 손실열량 q_F[W]

$$q_F = q_{FS} + q_{FL}$$

㉮ 현열부하 : $q_{IS} = GC(t_i - t_0)$ [kJ/h] $= \rho QC(t_i - t_0)$ [kJ/h]
$$= 0.34 Q(t_i - t_0) \text{ [W]}$$

㉯ 잠열부하 : $q_{IL} = GL(x_i - x_0)$ [kJ/h] $= \rho QL(x_i - x_0)$ [kJ/h]
$$= 834 Q(x_i - x_0) \text{ [W]}$$

④ 기기에서의 손실열량 q_B[W] : 공조기의 체임버나 덕트의 외면 등으로부터의 손실부하와 여유 등을 총괄해서 계산한다.

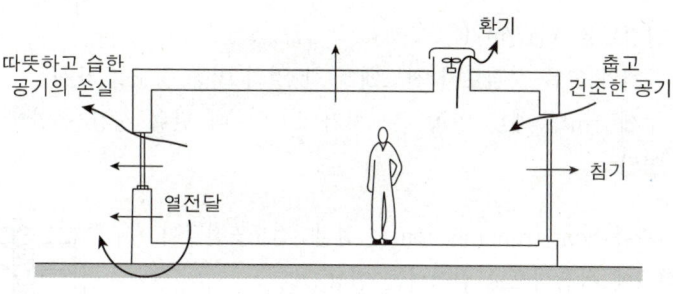

[그림] 건물의 열손실

핵심 PLUS

30 다음과 같은 조건에서 북측에 위치한 면적 12m²인 콘크리트 외벽체를 통한 관류에 의한 손실 열량은? [08 산]

- 외기온도 = -1℃, 실내온도 = 18℃
- 벽체의 열관류율 = 1.71W/m²·K
- 벽체의 방위계수 = 1.2

① 383.7W ② 411.0W
③ 429.0W ④ 468.0W

[해설] 관류에 의한 열손실 계산
[구조체를 통한 열관류열량(Q)]
Q = K·A·(t$_i$-t$_o$)·k
  K : 열관류율
    (kcal/m²·h·℃, W/m²·K)
  A : 표면적(m²)
  t$_i$-t$_o$: 실내외 온도차(℃)
  k : 방위계수(보정계수)
∴ Q = K·A·(t$_i$-t$_o$)·k
= 1.71×12×{18-(-1)}×1.2
= 467.9 ≒ 468W

답 : ④

4 난방설비

1. 난방일반

1) 전열이론

열은 고온측에서 저온측으로 이동하며 전도, 대류, 복사에 의해 전달되며, 건물 내에서의 전열과정은 전달, 전도, 관류로 나타난다.

핵심 PLUS

① 열전달(heat transfer) : 유체(공기)와 벽체와의 전열 상황(전도, 대류, 복사가 조합된 상태)이다.(고체와 유체사이의 열교환)

$$Q = \alpha A(t_i - t_0) \text{ [W]}$$

A : 벽면적[m²]
t_i : 유체온도[℃]
t_o : 고체 표면온도[℃]
α : 열전달률[W/m²·K]

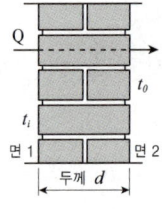

※ 열전달률 α [W/m²·K]
㉮ 벽 표면과 유체간의 열의 이동 정도를 표시
㉯ 벽 표면적 1m², 벽과 공기의 온도차 1℃일 때 단위 시간 동안에 흐르는 열량

② 열전도(heat conduction) : 열전도 있어서 온도차를 $\theta_1 > \theta_2$로 하면 정상 상태의 경우 평행한 등질의 평면벽에 직각으로 흐르는 경우의 열량이다.(고체 자체 내에서의 열이동)

$$Q = \frac{\lambda}{d} A(t_i - t_0) \text{ [W]}$$

θ_1, θ_2 : 재료의 표면온도[℃]
λ : 열전도율[W/m·K]
d : 재료의 두께[m]

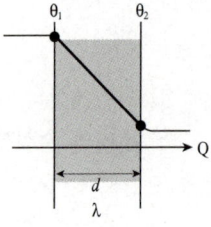

※ 열전도율 λ [W/m·K]
㉮ 물체의 고유 성질로서 전도에 의한 열의 이동 정도를 표시
㉯ 두께 1m의 재료 양쪽 온도차가 1℃일 때 단위 시간 동안에 흐르는 열량

③ 열관류(heat transmission) : 전달+전도+전달이 동시에 복합적으로 일어나는 현상

$$Q = KA(t_i - t_o) \text{ [W]}$$

K : 열관류율[W/m²·K]

열관류 저항 : $\dfrac{1}{K} = \dfrac{1}{\alpha_1} + \dfrac{d}{\lambda} + \dfrac{1}{\alpha_2}$

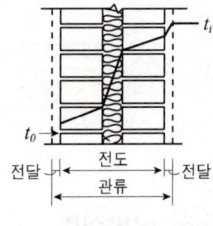

[그림] 벽체의 열관류

※ 열관류율 K [W/m²·K]
㉮ 전달+전도+전달이 동시에 복합적으로 일어나는 열의 이동 정도를 표시
㉯ 벽표면적 1m², 단위 시간당 1℃의 온도차가 있을 때 흐르는 열량

31 겨울철 벽체를 통해 실내에서 실외로 빠져나가는 열손실량을 계산할 때 필요하지 않은 요소는?
[18 기]
① 외기온도
② 실내습도
③ 벽체의 두께
④ 벽체 재료의 열전도율

[해설] 관류에 의한 열손실량 계산
[구조체를 통한 열관류열량(Q)]
Q = K·A·(ti-to)
여기서
 K : 열관류율(W/m²·K)
 A : 표면적(m²)
 ti-to : 실내외 온도차(K)

답 : ②

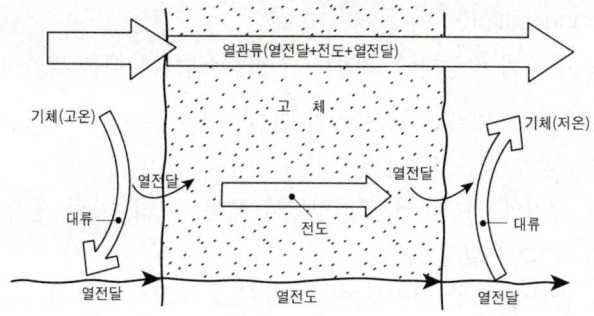

💡 학습포인트

열단위의 의미
㉠ 열전달률(α) : 고체 벽에서 이에 접촉하는 공기층으로의 이동
  (W/m²·K)
㉡ 열전도율(λ) : 고체 내부에서 고온측으로부터 저온측으로의 이동
  (W/m·K)
㉢ 열관류율(K) : 고체 벽을 사이에 둔 양 유체 사이의 열 이동
  즉 전달+전도+전달의 과정(W/m²·K)
㉣ 열관류저항 : 열관류율의 역수값(W/m²·K)
 $\lambda_1, \lambda_2, \lambda_3$: 재료의 열전도율(W/m·K)
 d_1, d_2, d_3 : 재료의 두께(m)
  α_o, α_i : 외, 내표면의 열전달율(W/m²·K)

$$열관류율(K) = \dfrac{1}{\dfrac{1}{\alpha_o} + \Sigma \dfrac{d}{\lambda} + \dfrac{1}{\alpha_i}}$$

용어와 단위
㉠ 열전달률(α) : W/m²·K(kcal/m² h℃)
㉡ 열전도율(λ) : W/m·K(kcal/mh℃)
㉢ 열관류율(K) : W/m²·K(kcal/m² h℃)
㉣ 난방도일 : ℃ day
㉤ 비 열 : kJ/kg·K(kcal/kg℃)
㉥ 절대습도 : kg/kg' 또는 kg/kg[DA]
㉦ 상대습도 : %
㉧ 비교습도 : %
㉨ 엔 탈 피 : kJ/kg(kcal/kg)
㉩ 수증기압 : mmHg
[주] 열량에 대한 SI기본단위는 K(켈빈온도, 절대온도)이며, ℃(섭씨온도)와 눈금크기는 동일하다.

핵심 PLUS

32 다음과 같은 조건에서 벽체의 열관류율로 맞는 것은? (단, 열전도율(W/m·K)은 모르타르 : 1.4, 콘크리트 : 1.6, 표면의 열전달률(W/m²·K)은 외부 : 25, 내부 : 9) [06, 24 기]

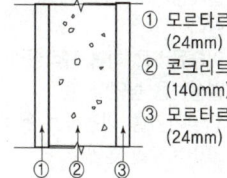

① 모르타르 (24mm)
② 콘크리트 (140mm)
③ 모르타르 (24mm)

① 2.15W/m²·K
② 3.66W/m²·K
③ 4.29W/m²·K
④ 8.21W/m²·K

[해설] 열관류율

$$K = \dfrac{1}{\dfrac{1}{\alpha_o} + \Sigma \dfrac{d}{\lambda} + \dfrac{1}{\alpha_i}}$$

$$= \dfrac{1}{\dfrac{1}{9} + \dfrac{0.024}{1.4} + \dfrac{0.14}{1.6} + \dfrac{0.024}{1.4} + \dfrac{1}{25}}$$

$$= \dfrac{1}{0.273} = 3.66(\text{W/m}^2 \cdot \text{K})$$

답 : ②

33 벽체를 중심으로 실내외 공기의 온도차가 있을 때, 고온의 공기로부터 저온의 고체 표면으로 열이 전달되고, 벽체 내부의 전도를 거쳐 다시 고체 표면에서 저온의 공기로 열이 전달되는 과정을 의미하는 것은? [09 산]
① 열대류
② 열관류
③ 열흡수
④ 열복사

답 : ②

34 건축설비 관련 용어의 단위가 옳지 않은 것은? [13 기]
① 상대습도 : %
② 비열 : kJ/kg·K
③ 열전도율 : W/m²·K
④ 열관류저항 : m²·K/W

답 : ③

핵심 PLUS

35 겨울철 실내 유리창 표면에 발생하기 쉬운 결로를 방지할 수 있는 방법이 아닌 것은? [04 기]
① 실내에서 발생하는 가습량을 억제한다.
② 실내공기의 움직임을 억제한다.
③ 이중유리로 하여 유리창의 단열성능을 높인다.
④ 난방기기를 이용하여 유리창 표면온도를 높인다.

답 : ②

36 겨울철 주택의 단열, 보온, 방로에 관한 설명 중 옳지 않은 것은? [11 기]
① 벽체의 열전달저항은 근처의 풍속이 클수록 작게 된다.
② 단열재가 결로 등에 의해 습기를 함유하면 그 열관류저항은 크게 된다.
③ 외벽의 모서리 부분은 다른 부분에 비해 손실열량이 크고, 그 실내측은 결로되기 쉽다.
④ 주택의 열손실을 저감시키기 위해서는 벽체 등의 단열성을 높이는 것만 아니라 틈새바람에 대한 대책도 필요하다.

[해설] 열관류 저항이 크다는 것은 재료를 통과하는 열의 흐름을 흐르지 못하도록 저항하는 힘이 크다는 의미이므로 열의 차단이 잘 되고 단열성능이 우수하다.

답 : ②

37 벽면적이 10m², 열관류율 3W/m²·K, 실내 온도 18℃, 외기 온도 -12℃일 때 관류에 의한 열손실은? [03 산]
① 360W
② 540W
③ 780W
④ 900W

[해설] $q_w = K \cdot A(t_i - t_0)$ [W]
∴ $q_w = 3 \times 18 - (-12) \times 10$
　　$= 900W$

답 : ④

2) 결로(condensation)

결로는 공기 중의 수증기에 의해서 발생하는 습윤상태를 말한다.

① 결로의 원인 : 다음의 여러 가지 원인이 복합적으로 작용하여 발생한다.
　㉮ 실내외 온도차 : 실내외 온도차가 클수록 많이 생긴다.
　㉯ 실내 습기의 과다발생 : 가정에서 호흡, 조리, 세탁 등으로 하루 약 12kg의 습기 발생
　㉰ 생활 습관에 의한 환기부족 : 대부분의 주거활동이 창문을 닫은 상태인 야간에 이루어짐
　㉱ 구조체의 열적 특성 : 단열이 어려운 보, 기둥, 수평지붕
　㉲ 시공불량 : 단열시공의 불완전
　㉳ 시공직후의 미건조 상태에 따른 결로 : 콘크리트, 모르타르, 벽돌
　　※ 열전달률, 열전도율, 열관류율이 클수록 결로현상은 심하다.

② 결로방지 대책
　㉮ 실내 습기 방지책 : 실내 공기의 수증기압이 포화 수증기압보다 적도록 계획한다.
　　• 환기 계획을 잘 할 것
　　• 난방에 의한 수증기 발생을 제한할 것
　　• 부엌 및 욕실에서 발생하는 수증기를 외부로 배출시킬 것
　㉯ 벽체의 열관류 저항을 크게 할 것
　㉰ 열교 현상이 일어나지 않도록 단열 계획 및 시공을 완벽히 할 것
　㉱ 실내측 벽의 표면온도를 실내 공기의 노점온도보다 높게 설계할 것
　㉲ 벽에 방습층을 둘 것(방습층을 설치할 경우 고온측인 실내측에 가깝게 시공)

2. 난방부하

1) 관류에 의한 열손실

$$H = K \cdot A(t_i - t_0) \text{ [W]}$$

　K : 열관류율[W/m²·K]
　A : 구조체의 면적[m²]
　t_i : 실온[℃]
　t_0 : 외기온[℃]

2) 환기(틈새바람)에 의한 열손실

$$H = \rho QC(t_i - t_0) = \rho n VC(t_i - t_0)$$
$$= 0.34 \cdot Q \cdot (t_i - t_0) = 0.34 \cdot n \cdot V \cdot (t_i - t_0) [W]$$

- ρ : 공기의 밀도[1.2kg/m³]
- Q : 환기량(m³/h)
- n : 환기횟수[회/h]
- V : 실용적[m³]
- C : 공기의 정압비열[1.01kJ/kg·K]
- 0.34 : 공기의 단위체적당 비열(W·h/m³·K)
- $t_i - t_0$: 실내외 온도차(℃)

3) 실내 발생열량

재실자, 전기기구 등에서 많은 열이 발생하는데 극장, 영화관 등은 실내 발열량을 난방부하에 고려하고, 보통의 경우는 실내 발열량을 무시하여 계산한다.

4) 전 손실열량

방의 전(全) 손실열량은 다음과 같다.

$$H = H_1 + H_2 + H_3 [W]$$

- H_1 : 관류에 의한 손실열량
- H_2 : 환기에 의한 손실열량
- H_3 : 실내 발생열량

> 💡 **참고**
>
> **단위**
> 0.34 = 공기의 비열 × 밀도 × 1,000(J/KJ) ÷ 3,600(s/h)
> = 1.01kJ/kg·K × 1.2kg/m³ × 1,000(J/KJ) ÷ 3,600(s/h)
> = 0.336W·h/m³·K
> ≒ 0.34W·h/m³·K
>
> **열량의 단위 환산**
> 1kw = 1,000w = 860kcal/h
> 1w = 0.86kcal/h
> 1w = 1J/s = 3,600J/h = 3.6kJ/h
> 1kJ = 0.24kcal = 240cal

핵심 PLUS

38 다음과 같은 조건에 있는 실의 틈새바람에 의한 현열부하는?
[14, 17, 18, 20, 21, 23, 25 기]

[조건]
- 실의 체적 : 400m³
- 환기 횟수 : 0.5회/h
- 실내온도 : 20℃, 외기온도 : 0℃
- 공기의 밀도 : 1.2kg/m³
- 공기의 정압비열 : 1.01kJ/kg·K

① 약 654W
② 약 972W
③ 약 1347W
④ 약 1654W

해설 ㉠ 먼저, 환기량을 구한다.
$Q = nV = 0.5 \times 400 = 200$m³/h
Q : 환기량(m³/h)
n : 환기회수(회/h)
V : 실용적(m³)
㉡ 현열부하(qs) = $GC\Delta t$ [kJ/h]
= $\rho QC\Delta t$ [kJ/h]
= $1.2 \times 200 \times 1.01 \times (20-0)$
= 4848[kJ/h]
= 1347W

※ G(kg/h)
= ρ(1.2kg/m³)·Q(m³/h)
= 1.2Q(kg/h)

※ 1W = 1J/s = 3,600J/h = 3.6kJ/h

답 : ③

IV. 건축설비 | 공기조화설비

> **핵심 PLUS**
>
> **39** 난방기간이 연간 120일 일 때 TAC 초과비율(또는 위험율)이 5%인 설계 외기 기온은 무엇을 뜻하는가? [98 기]
> ① 5%의 시간에 해당하는 144시간 동안의 온도가 설계 외기온보다 낮다.
> ② 5%의 일수에 해당하는 6일간의 평균 외기오니 설계 외기온보다 낮다.
> ③ 5%의 일수에 해당하는 6일간의 평균 외기오니 설계 외기온보다 높다.
> ④ 5%의 시간에 해당하는 144시간 동안의 온도가 설계 외기온보다 높다.
>
> [해설] ASHRAE의 TAC에서는 보통 2.5~10%의 범위 내에서 설계 조건으로 삼을 것을 추천하고 있다. TAC에서 추천하는 범위 내의 5%로 설정하였으므로 120일×24시간×0.05=144시간 동안의 온도가 설계 외기온보다 낮을 수가 있다는 것을 의미한다.
> 답 : ①
>
> **40** 다음의 각종 보일러에 대한 설명 중 옳은 것은? [09, 16, 24 기]
> ① 노통연관 보일러는 부하변동에 잘 적응되며, 보유 수면이 넓어서 급수용량 제어가 쉽다.
> ② 관류 보일러는 보유수량이 많아 예열시간이 길다.
> ③ 주철제 보일러는 사용 내압이 높아 고압용으로 주로 사용되며 용량도 크다.
> ④ 수관 보일러는 소용량으로 소규모 건물에 적합하며 지역난방으로는 사용이 불가능하다.
>
> [해설] ② 관류 보일러는 보유수량이 적으므로 예열시간이 짧고, 부하변동에 대해 추종성이 좋다.
> ③ 주철제 보일러는 사용 내압이 낮아 저압용으로 주로 사용되며 용량도 작다.
> ④ 수관 보일러는 대용량으로 대규모 건물에 적합하며 지역난방으로는 사용이 가능하다.
> 답 : ①

5) 난방부하 계산의 설계 조건

① 외기 온도 조건

난방부하 계산에서 가장 중요한 요소는 시시각각으로 변하는 외기 온도 기준을 어떻게 삼을 것이냐 하는 것이다. 물론 가장 불리한 조건을 설계 기준으로 삼는 것이 가장 안전하다고 할 수 있겠으나, 이것을 실제 설계용으로 취할 경우에는 필요 이상의 난방설비 용량의 증대를 가져오게 될 것이다.

난방장치 용량을 계산하기 위한 외기 설계 조건은 전 난방기간(12월~3월)에 위험률* 2.5%(TAC*의 추천)을 기준으로 적용한다.

※ 위험률 : 실제 외기는 가장 추운 달의 외기 평균 온도보다 더 추워지는 정도가 2.5% 더 강하할 수 있다는 뜻이다.

※ TAC : ASHRAE(미국공기조화냉동공학회)의 기술지도위원회(Technical Advisory Committee)

3. 보일러

1) 보일러의 종류

구 분		특 징	사용 압력	용 도
주철제 보일러		• 내식성이 우수, 수명이 길다. • 취급이 간편, 분할반입 용이 • 주철제 부재를 조합	증기 : 0.1MPa 이하 온수 : 0.3MPa 이하	주택
강판제 보일러	입형 보일러	• 수직형 보일러라고도 함 • 협소한 장소에 설치 가능 • 소용량용	증기 : 0.05MPa 이하 온수 : 0.03MPa 이하	주택
	노통 연관	• 고압, 고효율 보일러 • 공장 제품 그대로 운반 설치 • 수명이 짧고, 고가이며, 예열시간이 길다 • 보유수량이 많아 부하변동에도 안전	0.4~0.7MPa	학교 사무소 아파트 백화점
	수관식 보일러	• 드럼과 여러개의 수관으로 구성 • 열효율이 좋고 보유수량이 적다. • 증기발생이 빠르고 대용량	1.0MPa 이상	산업용 대규모 건 물

① 보일러 급수용 펌프 : 워싱턴형 펌프 또는 터빈펌프 사용
② 보일러실 조건
  ㉮ 내화구조
  ㉯ 천장 높이 : 보일러 상부에서 1.2m 이상

㉰ 보일러의 벽에서 벽까지 0.45m 이상

　㉱ 난방부하의 중심에 둔다.

③ 보일러실 관리 : 매년 1회 이상 성능검사. 수면계·압력계·안전밸브 등 수시점검

※ 보일러 점화 전 주의사항(보일러 가동 중 가장 주의할 부분)

　㉮ 급수는 규정된 높이까지-수면계 확인(상용수위인지 확인)

　㉯ 보일러 가동 중 안전저수면 이하로 내려가면 위험(폭발할 우려)

2) 보일러의 효율과 능력

① 보일러마력 : 1시간에 100℃의 물 15.65kg을 전부 증기로 증발시키는 증발 능력을 1보일러마력이라 한다.

　㉮ 1마력의 상당 증발량은 15.65kg/h

　㉯ 15.65[kg/h]×539[kcal/kg]≒8,434[kcal/h]
　　15.65[kg/h]×2,257[kJ/kg]=35,322[kJ/h]=9.8kW

　㉰ 전열면적 : 0.929m²

　㉱ 방열면적 : 13m² (≒8,434÷650kcal 또는 9.8kW÷0.756kW/m²)

② 난방 도일(度日 : heating degree days : H.D)

추운 날의 정도를 나타내는 것으로서, 연료 소비량을 추정 평가하는 데 사용된다. 실내의 평균 온도와 외기의 평균 기온과의 차(差)에 일(日 : days)을 곱한 것이다.

$$H.D = \sum (t_i - t_0) \times days \, [℃ \cdot days]$$

　　　　t_i : 실내 평균 온도[℃]
　　　　t_0 : 실외 평균 온도[℃]
　　　　days : 난방 기간

※ 특징

　㉮ 추운 정도의 지표가 된다.

　㉯ 값이 크면 난방 연료 소비량이 많다.

　㉰ 각 지역마다 값이 다르다.

3) 급수장치

① 저압용 보일러 : 응축수 펌프, 환수용 진공 펌프

② 고압용 보일러

　㉮ 전동 급수 펌프 : 모터를 동력으로 한 펌프

　㉯ 워싱턴 펌프 : 보일러의 증기를 동력으로 한 펌프

　㉰ 인젝터(injector) : 보일러의 증기관과 급수관을 연결하여 증기압을 동력으로 하여 급수하는 장치

핵심 PLUS

41 주철제 보일러에 대한 설명 중 옳지 않은 것은? [11, 16 기]
① 재질이 약하여 고압으로는 사용이 곤란하다.
② 재질이 주철이므로 내식성이 약하여 수명이 짧다.
③ 규모가 비교적 작은 건물의 난방용으로 사용된다.
④ 섹션(section)으로 분할되므로 반입, 조립, 증설이 용이하다.

[해설] 주철제 보일러는 내식성이 우수하며, 수명이 길다.

답 : ②

42 보일러의 출력표시에 관한 설명 중 옳지 않은 것은? [00 산]
① 1시간에 9.8kW의 열량을 발산하는 보일러는 1마력이다.
② 전열면적 0.929m²의 보일러는 1마력이다.
③ 증기난방의 경우 상당 방열면적 1m²의 보일러(Boiler)는 1시간에 0.756kW의 열량을 발산한다.
④ 1시간에 100℃의 물 0.4t을 전부 증기로 증발시킨 보일러는 15마력이다.

답 : ④

43 다음의 난방도일에 관한 설명 중 옳지 않은 것은? [07, 10 산]
① 난방도일은 실내온도만 같으면 외기온도가 다르더라도 어느 지역에서나 그 값이 같다.
② 난방도일은 추운 정도를 나타내는 지표가 될 수 있다.
③ 난방도일이 크면 클수록 연료의 소비량이 많아진다.
④ 일반적으로 난방도일은 HD(Heating degree Day)로 표기한다.

답 : ①

핵심 PLUS

44 일반적으로 보일러 선정 시에 기준이 되는 출력(난방부하, 급탕부하, 배관부하, 예열부하의 합)의 표시방법은? [09 기]
① 과부하 출력
② 상용 출력
③ 정미 출력
④ 정격 출력
답 : ④

45 난방부하=qh, 급탕부하=qw, 배관손실=qp, 예열부하=qa 이고 보일러의 상용 출력=H이라면 보일러의 정격 출력은? [04 기]
① H+qp
② qh+qw+qp
③ H+qa
④ qh+qp+qa
답 : ③

46 보일러의 출력에 관한 설명 중 옳은 것은? [10 산]
① 정격출력은 일반적으로 보일러 선정시에 기준이 된다.
② 상용출력은 정격출력에서 급탕부하를 뺀 값으로, 정미출력의 1/4 정도이다.
③ 정격출력은 난방부하와 급탕부하를 합한 용량으로 표시되며, 일반적으로 정미출력의 1/2 정도이다.
④ 정미출력은 연속해서 운전할 수 있는 보일러의 능력으로서 난방부하, 급탕부하, 배관부하, 예열부하의 합이다.
답 : ①

■ 과부하출력 : 운전 초기나 과부하가 발생했을 때는 정격출력의 10~20% 정도 증가하여 운전할 때의 출력으로 한다. 보일러 출력표시 방법 중 그 값이 가장 크다.

---

③ return tank : 보일러의 급수장치에 사용

보일러에는 경도가 높은 물을 사용해서는 안되며, 급수펌프로는 보통 워싱턴 펌프와 터빈 펌프가 주로 사용된다. 난방장치의 특수 펌프로는 컨덴세이션 펌프 등이 사용된다.

㉮ 펌프 급수량

$$Q = 2W [\text{m}^3/\text{h}]$$

㉯ 펌프 양정

$$H = (H_p + H_w + H_f) \times 1.2$$

W : 보일러 증발량[kg/h]
H_p : 보일러 압력에 해당하는 수두[m]
H_w : 펌프에서 보일러 수면까지 높이[m]
H_f : 배관의 마찰손실수두[m]

4) 보일러실의 조건과 관리

① 구조는 내화구조로 하고 천장높이가 보일러 최상부에서 1.2m 이상 되게 하며, 보일러 외벽까지의 거리는 45cm 이상 되도록 해야 한다.
② 보일러실의 위치는 건물 중앙부, 즉 난방부하의 중심에 있도록 하는 것이 좋다.
③ 보일러는 매년 1회 이상 성능 검사를 받도록 하고, 수면계·압력계·안전밸브 등을 수시로 점검하여야 한다.

5) 보일러의 부하

$$H = H_R + H_W + H_P + H_E$$

H : 보일러의 부하[kW]
H_R : 난방부하[kW] – 실의 손실열량
H_W : 급탕, 급기 부하[kW] – 주방, 욕실 등의 급탕에 필요한 열량(kJ/ℓ·h)
H_P : 배관부하[kW] – 배관에서의 손실열량. 보통 $H_R + H_W$의 15~25% 정도
H_E : 예열부하[kW] – 보일러에 여력을 준 값. H_R, H_W, H_P에 대한 값

※ 보일러 능력 표시법=보일러부하(H)
① 정격 출력=난방부하(H_R)+급탕부하(H_W)+배관손실(H_P)+예열부하(H_E)
    =상용출력×1.25=방열기용량×1.35

② 상용 출력=난방부하(H_R)+급탕부하(H_W)+배관손실(H_P)
　　　　　=방열기용량×1.2
③ 방열기용량(정미출력)=난방부하(H_R)+급탕부하(H_W)
④ 난방부하

핵심 PLUS

■ 열량의 단위 환산
1kW=1,000W=860kcal/h
　　=1kJ/s=3600kJ/h
1W=0.86kcal/h

예제

온수난방에서 상당방열면적이 400m²이고, 한 시간의 최대급탕량이 700ℓ/h일 때 보일러의 방열기용량은? (단, 급탕온도차는 60℃를 기준으로 함)
① 49kW　　　　　　② 150kW
③ 209kW　　　　　　④ 258kW

▶ 방열기용량=난방부하(HR)+급탕부하(HW)
① 난방부하=400m²×0.523kW≒209kW
② 급탕부하=$\dfrac{700\text{kg/h} \times 4.2\text{kJ/kg}\cdot\text{K} \times 60℃}{3600\text{s/h}}$=49kW
∴ 방열기용량=①+② 이므로 209+49=258kW
※ 1ℓ=1kg, 물의 비열=4.2kJ/kg·K
※ 급탕부하=$\dfrac{\text{급탕량m(kg/h)} \times \text{비열c(kJ/kg·K)} \times \text{온도차}\Delta\text{t(K)}}{3{,}600(\text{s/h})}$ [kW]

[47] 증기난방에 사용되는 방열기의 표준 방열량은? [09 산]
① 0.523 kW/m²
② 0.650 kW/m²
③ 0.756 kW/m²
④ 0.924 kW/m²

답 : ③

4. 방열기(radiator)

1) 표준 방열량

열매의 종류	표준 방열량[kW/m²]	표준 상태에 있어서의 온도	
		열매의 온도	실 온
증 기	0.756[kW/m²]	102℃	18.5℃
온 수	0.523[kW/m²]	80℃	18.5℃

※ 표준방열량
① 증기 : 650kcal/m²h, 온수 : 450kcal/m²h
② 증기 : 0.756kW/m², 온수 : 0.523kW/m²

2) 표준 방열면적(E.D.R)

표준 방열량을 방출하는 방열기의 표면적[m²]

① 증기난방
$$E.D.R = \dfrac{\text{방열기의 전 방열량[kW]}}{0.756[\text{kW/m}^2]}$$

■ 방열기
외기에 의한 열손실이 가장 큰 곳인 창문 아래에 설치하고, 벽과는 5~6cm 정도 띄운다.
① 대류 방열기(컨벡터, convector) : 공기가 밑에서 유입되며, 가열되면 상부 개구부로 유출되어 자연 대류작용에 의해 실내 공기의 온도를 상승시키는 방열기
② 길드 방열기 : 방열면적을 증가시키기 위해 열전도율이 좋은 금속 핀을 여러 개 끼운 방열기
③ 관 방열기 : 고압용으로 관 표면적이 방열면적이 되는 방열기
④ 주형 방열기 : 기둥 모양의 방열기 조각(절)이 조립된 흔히 볼 수 있는 방열기 2주형, 3주형, 3세주형, 5세주형이 같다.

[48] 대류 방열기라고도 하며 철판제 캐비넷 속의 플레이트 핀(Plate Fin)이라는 열교환기에 접촉하는 공기의 대류작용에 의해 실내 공기의 온도를 상승시키는 것은? [03, 06 산]
① 컨벡터(convector)
② 벽걸이형 라디에이터
③ 강판제 라디에이터
④ 온기로(溫氣爐)로

답 : ①

핵심 PLUS

49 어느 방의 손실열량이 11.6kW 이고, 환기에 의한 손실열량이 3.5kW이다. 이 방에 증기난방에 의한 방열기를 설치할 경우 상당방열면적은? (열매온도와 실내온도가 표준상태일 경우)
[02, 25 기]

① 10m² ② 20m²
③ 100m² ④ 200m²

[해설] 상당방열면적(EDR)

$$EDR = \frac{손실부하(난방부하)}{표준방열량}$$

이므로

∴ EDR

$$= \frac{손실부하(난방부하)}{표준방열량}$$

$$= \frac{11.6 + 3.5}{0.756} = 20m^2$$

※ 1kW = 1,000W

답 : ①

50 증기난방을 하는 어떤 방의 난방부하가 7560W일 때 상당방열면적 및 필요한 방열기의 섹션(절)수는? (단, 1W=0.860kcal/h, 섹션 1개의 방열면적은 0.15m²로 한다.)
[08 산]

① 상당방열면적 : 10m², 섹션수 : 67
② 상당방열면적 : 10m², 섹션수 : 97
③ 상당방열면적 : 15m², 섹션수 : 67
④ 상당방열면적 : 15m², 섹션수 : 97

[해설] ㉠ 상당방열면적(EDR)

$$EDR = \frac{손실부하(난방부하)}{표준방열량}$$

$$\therefore EDR = \frac{7.56[kW]}{0.756[kW/m^2]}$$

$$= 10m^2$$

㉡ 방열기의 절수(section) 산정

$$N_S = \frac{손실열량(H_L)[kW]}{0.756[kW/m^2] \times 방열기\ 방열면적(a_0)}$$

$$\therefore N_S = \frac{7.56[kW]}{0.756[kW/m^2] \times 0.15}$$

$$= 66.6 ≒ 67절$$

답 : ①

---

② 온수난방

$$E.D.R = \frac{방열기의\ 전\ 방열량[kW]}{0.523[kW/m^2]}$$

3) 소요 방열기(section 수) 계산

① 증기난방

$$N_s = \frac{손실열량(H_L)[kW]}{0.756[kW/m^2] \times 방열기의\ 방열면적(a_0)}$$

② 온수난방

$$N_W = \frac{손실열량(H_L)[kW]}{0.523[kW/m^2] \times 방열기의\ 방열면적(a_0)}$$

4) 방열기의 위치

외벽에 면한 열손실이 가장 큰 곳인 창문 아래에 설치하고, 벽과의 거리는 50~60mm 정도이다.

5. 난방 방식

1) 난방 방식의 분류

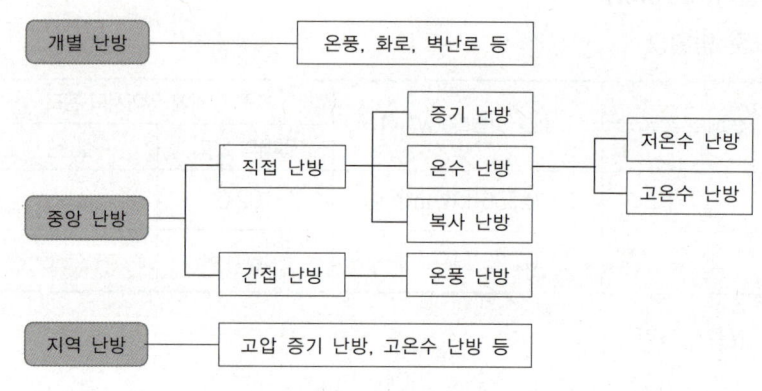

[그림] 난방 방식의 분류

■ 각종 난방 방식의 비교

구 분		증기 난방	온수 난방	복사 난방	온풍 난방
열매·사용온도		증기 100~110℃	온수 70~90℃	온수 40~60℃	공기 30~50℃
열원		보일러	보일러 또는 열교환기		온풍기
방열제		방열기	방열기	패널	없음
순환동력기계		진공급수펌프	온수 순환 펌프		송풍기
설비비	대규모	소	중	대	중
	중소규모	소	중	대	소
연료비		대	중	소	소
유지관리의난이		약간 곤란	용이	용이	약간곤란
자동제어의난이		곤란	용이	약간곤란	용이
많이 적용되는 건물		대규모의 사무소, 공장	주택, 아파트, 병원, 중규모의 사무소	주택, 은행의 영업실, 교회	사무소, 공장

핵심 PLUS

■ 현열과 잠열
- 현열 : 온도 변화에 따라 출입하는 열. 온도 측정가능, 온도의 상승이나 강하의 요인이 되는 열량(현열량), 온수 난방에 이용
- 잠열 : 상태 변화에 따라 출입하는 열. 습도의 변화를 주는 열량(잠열량), 온도는 일정, 증기 난방에 이용

2) 증기난방(steam heating)
- 잠열을 이용한 난방방식
- 사무소, 백화점, 학교, 극장, 일반공장

① 장단점
  ㉮ 장점
  - 증발 잠열을 이용하므로 열의 운반능력이 크다.
  - 예열시간이 짧고 증기의 순환이 빠르다.
  - 방열면적과 관경이 작아도 된다.
  - 설비비, 유지비가 싸다.
  ㉯ 단점
  - 난방의 쾌감도가 나쁘다.
  - 소음(steam hammering)이 많이 난다.
  - 방열량 조절이 어렵고 화상의 우려(102℃의 증기 사용)가 있다.
  - 보일러 취급에 기술을 요한다.

② 증기난방의 응축수 환수방식

구 분	특 징
중력 환수식	방열기 설치 위치에 제한(방열기를 보일러보다 높게)
진공 환수식	진공펌프를 쓰는 방식으로 응축수 및 증기의 순환이 가장 빠른 방식
기계 환수식	환수관 보일러와 사이에 순환펌프 설치(보일러 바로 전에 설치)

51 증기난방에 대한 설명 중 옳지 않은 것은? [08 기]
① 예열시간이 길고, 간헐 운전에 사용할 수 없다.
② 온수난방에 비하여 배관경이 방열기가 작아진다.
③ 스팀 해머를 발생할 수 있다.
④ 증기의 유량 제어가 어려우므로 실온 조절이 곤란하다.

[해설] 간헐난방 : 일시적으로 하는 난방으로서 간헐적으로 열을 공급하는 증기, 온풍 등의 난방방식에 적당하다.

답 : ①

52 다음의 증기난방에 대한 설명 중 옳지 않은 것은? [09, 22 기]
① 응축수 환수관 내에 부식이 발생하기 쉽다.
② 온수난방에 비해 방열기 크기나 배관의 크기가 작아도 된다.
③ 방열기를 바닥에 설치하므로 복사난방에 비해 실내바닥의 유효면적이 줄어든다.
④ 온수난방에 비해 예열시간이 길어서 충분한 난방감을 느끼는데 시간이 걸린다.

[해설] 증기난방은 예열시간이 온수난방에 비해 짧고 증기의 순환이 빠르나, 난방의 쾌감도가 낮다.

답 : ④

핵심 PLUS

53 다음 중 증기난방의 응축수 환수방식에 속하지 않는 것은? [08, 10 산]
① 중력식
② 상향식
③ 기계식
④ 진공식

답 : ②

54 진공환수식 증기난방에 관한 설명 중 틀린 것은? [02 기]
① 방열기 설치 위치가 제한된다.
② 환수관의 관경을 줄일 수 있다.
③ 환수배관의 구배를 줄일 수 있다.
④ 환수도중 입상부분이 있어도 문제되지 않는다.

[해설] 진공환수식 증기난방은 증기의 순환이 가장 빠르며 방열기 및 보일러의 설치 위치에 제한을 받지 않는다.

답 : ①

55 다음 중 증기트랩에 속하지 않는 것은? [07 기]
① 벨로즈 트랩
② 버킷 트랩
③ 드럼 트랩
④ 플로트 트랩

[해설] 드럼 트랩은 배수용 트랩이다.

답 : ③

56 증기보일러 주변 배관방식에서 하트포드 접속방식을 채택하는 이유는? [02 산]
① 보일러내의 수위를 안전하게 확보하기 위하여
② 보일러의 열효율을 향상시키기 위하여
③ 보일러내의 스케일 발생을 줄이기 위하여
④ 소음을 줄이기 위하여

답 : ①

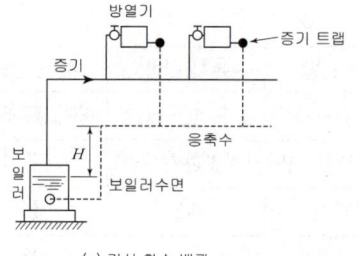 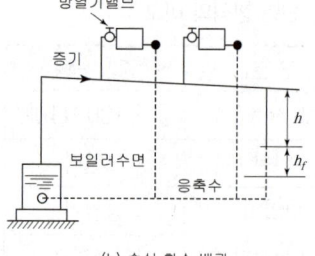

(a) 건식 환수 배관   (b) 습식 환수 배관

[그림] 중력 환수식

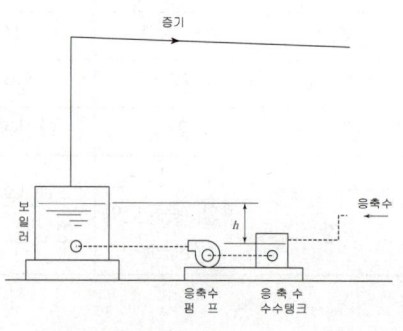

[그림] 기계 환수식

③ 증기난방 배관·부속기기

㉮ 감압밸브 : 고압배관과 저압배관 사이에 설치하여 증기를 감압 공급, 1MPa 이하에서 사용

㉯ 증기 트랩(steam trap) : 방열기의 환수부(하부 태핑) 또는 증기 배관의 최말단 등에 부착하여 증기관 내에 생긴 응축수만을 보일러 등에 환수시키기 위해 사용하는 장치이다.

- 방열기 트랩(radiator trap : 열동 트랩, 실로폰 트랩)
- 버킷 트랩(burcket trap) : 주로 고압증기의 관말 트랩이나 증기 사용 세탁기, 증기 탕비기 등에 많이 쓰인다.
- 플로트 트랩(float trap) : 저압증기용 기기 부속 트랩으로 다량의 응축수를 처리하기 위해 사용하며 열교환기 등에 많이 쓰인다.
- 벨로우즈 트랩(bellows trap)

㉰ 리프트 이음(lift fitting) : 진공환수식 증기 난방에서 부득이 방열기보다 높은 곳에 환수관을 배관할 경우 필요한 이음

㉱ 하트포드 접속법(hartford connection) : 보일러 내의 안전수위를 유지하고, 빈불때기를 방지하기 위해, 밸런스관을 부착하여 응축수를 보일러의 안전수위면 이상에서 공급하는 접속법

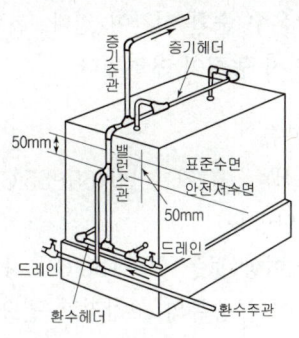
[그림] 하트포드 접속법

　㉎ 냉각다리(cooling leg)
- 완전한 응축수를 트랩에 보내는 역할
- 보온 피복을 할 필요가 없다.
- 길이는 1.5m 이상
- 관경은 증기주관보다 한 치수 작게 한다.

　㉏ 인젝터(injector) : 증기 보일러의 급수 장치

　㉐ 스팀헤더(steam header)
- 증기를 각 계통별로 송기하기 위한 장치(스팀의 관리를 합리적으로 하기 위한 장치)
- 보일러에서 발생한 증기를 모은 다음 각 계통별로 분배
- 관경 : 접속하는 관내 단면적 합계의 2배 이상

3) 온수난방
- 현열을 이용한 난방방식
- 병원, 주택, 아파트

① 장단점
　㉮ 장점
- 난방부하의 변동에 따라 온수온도와 온수의 순환량 조절이 쉽다.
- 현열을 이용한 난방이므로 증기난방에 비해 쾌감도가 높다.
- 방열기 표면 온도가 낮으므로 표면에 붙은 먼지의 연소에 의한 불쾌감이 없다.
- 난방을 정지하여도 난방효과가 지속된다.
- 보일러 취급이 용이하고 안전하다.

　㉯ 단점
- 예열시간이 길다.
- 증기난방에 비해 방열면적과 배관경이 커야 하므로 설비비가 많다.

핵심 PLUS

57 증기난방의 보일러 주변배관에서 증기헤더(Steam header)를 거쳐서 증기주관을 배관하는 이유는? [02 산]
① 보일러내의 빈불때기를 막기 위하여
② 고압의 증기를 공급하기 위하여
③ 배관의 각 계통별로 증기를 고르게 급송하기 위하여
④ 열손실에 따라서 생기는 배관 중의 응축수량을 줄이기 위하여

답 : ③

58 온수난방의 일반적인 특징에 관한 설명으로 옳지 않은 것은? [12, 20, 23 기]
① 한랭지에서는 운전정지 중에 동결의 위험이 있다.
② 난방을 정지하여도 난방 효과가 어느 정도 지속된다.
③ 현열을 이용한 난방이므로 증기난방에 비해 쾌감도가 높다.
④ 증기난방에 비하여 소요방열면적과 배관경이 작게 되므로 설비비가 적게 든다.

답 : ④

59 증기난방과 온수난방에 관한 설명이다. 옳지 않은 것은? [05, 24 기]
① 증기난방은 부하의 조정이 곤란하나 온수난방은 비교적 용이하다.
② 증기난방은 온수난방에 비하여 배관경이나 방열기가 커지지만 시공이 용이하여 설비비가 싸게 든다.
③ 증기난방은 예열시간이 짧고, 간헐 운전에 적합하다.
④ 건물이 높아지면 온수난방은 보일러나 방열기에 압력이 작용하므로 적용 범위가 좁다.

답 : ②

핵심 PLUS

60 온수난방에 사용되는 팽창 탱크의 기능에 대한 설명 중 옳지 않은 것은? [08 기]
① 밀폐식 팽창 탱크에 있어서는 장치내의 주된 공기배출구로 이용되고, 온수 보일러의 통기관으로도 이용된다.
② 운전 중 장치내의 온도상승으로 생기는 물의 체적팽창과 그의 압력을 흡수한다.
③ 운전 중 장치 내를 소정의 압력으로 유지하고, 온수온도를 유지한다.
④ 팽창된 물의 배출을 방지하여 장치의 열손실을 방지한다.
답 : ①

61 고온수 난방방식에 대한 설명으로 옳지 않은 것은? [11, 25 기]
① 공급과 환수의 온도차를 크게 할 수 있으므로 열수송량이 크다.
② 공업용과 같이 고압증기를 다량으로 필요로 할 경우에는 부적당하다.
③ 배관은 상하구배가 가능하고 지형이나 건물의 상황에 의한 높이의 변화가 가능하다.
④ 지역난방에는 이용할 수 없으며 높이가 높고 건축면적이 넓은 단일 건물에 주로 이용된다.
답 : ④

62 다음 중 온수난방에서 복관식 배관에 역환수 방식(Reverse return)을 채택하는 가장 주된 이유는? [12 기]
① 공사비를 절약할 목적으로
② 순환펌프를 설치하기 위하여
③ 온수의 순환을 평균화시킬 목적으로
④ 중력식으로 온수를 순환하기 위하여
답 : ③

- 열용량이 크므로 온수 순환 시간이 길다.
- 한랭시, 난방 정지시 동결이 우려된다.

② 온수 온도에 따른 분류
㉮ 저온수식(보통온수식) : 100℃ 미만(65~85℃), 주철제 보일러, 개방식 ET, 건축의 일반 난방용
㉯ 고온수식 : 100℃ 이상(보통100~150℃), 강판제 보일러, 밀폐식 ET, 지역난방에 적합. 여러 종류의 고압기기 필요, 취급관리가 곤란. 고압으로 인하여 생기는 결점(water hammer 현상), 별로 사용안함

③ 온수난방 배관·부속기기
㉮ Supply Header
㉯ 팽창탱크 : 체적팽창에 대한 여유를 갖기 위해 설치
- 개방식(보통 온수난방)
 - 온수 팽창량의 2~2.5배
 - 방열기보다 높은 위치에 설치한다.
 - 배관 최고부에서 팽창탱크까지의 높이는 1m 이상으로 한다.
- 밀폐식(고온수 난방) : 안전밸브를 달아 보일러 내부가 제한 압력 이상으로 상승하면 자동적으로 밸브를 열어서 과잉수를 배출한다.

㉰ 순환펌프 : 환수주관의 보일러측 말단에 부착
㉱ 리턴콕(return cock) : 온수의 유량을 조절하는 밸브로 주로 온수 방열기의 환수 밸브로 사용
㉲ 리버스리턴(Reverse Return)배관(역환수방식)
- 설치 : 급탕설비-하향식, 난방설비-온수난방
- 방법 : 각 방열기마다의 배관회로 길이를 같게 한 배관방식
  보일러에서 방열기까지(온수관)의 길이=방열기에서 보일러까지(환수관)의 길이
- 목적 : 온수의 유량분배 균일화(온수의 순환을 평균화)하기 위해
- 단점 : 배관수가 많아져서 설비비가 높다.

예제

다음과 같은 조건에서 난방부하가 3,500W인 실을 온수난방으로 할 때 방열기의 온수 순환수량은? [07, 11, 15 기]

[조건]
* 방열기의 입구 수온 : 90℃
* 방열기의 출구 수온 : 85℃
* 물의 비열 : 4.2kJ/kg·K

① 300kg/h ② 600kg/h
③ 900kg/h ④ 1,200kg/h

▶ 온수순환펌프의 수량

$$W = \frac{Q}{60c\Delta t} \text{ [L/min]}$$

Q : 배관과 펌프 및 기타 손실 열량[kJ/h] W : 순환수량[L/min]
C : 탕의 비열[4.19kJ/kg·K] ρ : 탕의 밀도(kg/m³)
Δt : 급탕·반탕의 온도차[℃] (Δt는 강제순환식일 때 5~10℃ 정도임.)

$$\therefore W = \frac{Q}{60c\Delta t} = \frac{3500 \times 3.6}{60 \times 4.2 \times (90-85)} = 10\text{L/min} = 600\text{L/h}$$

※ 1W=1J/s=3,600J/h=3.6kJ/h, 1kW=1,000W=1kJ/s=3600kJ/h
※ 1L=1kg

핵심 PLUS

■ 증기난방과 온수난방의 비교

구 분	증 기	온 수
표준방열량	0.756kW/m²	0.523kW/m²
방열기면적	작다	크다
이용열	잠열	현열
예열시간	짧다	길다
관경	작다	크다
설치유지비	싸다	비싸다
쾌감도	작다	크다
온도조절(방열량조절)	어렵다	쉽다
열매온도	102℃ 증기	65~85℃(보통온수) 100~150℃(고온수)
고유설비	증기트랩 (방열기트랩, 플로트트랩, 벨로우즈트랩)	팽창탱크 보통온수 : 주로 개방식 고 온 수 : 밀폐식
공통설비	공기빼기 밸브, 방열기 밸브	

■ 난방 방식 비교
· 방열량조절
온풍(쉽다) > 온수 > 증기 > 복사 (어렵다)
· 예열 시간
복사(길다) > 온수 > 증기 > 온풍 (짧다)
· 쾌감도
복사(가장 우수) > 온수 > 증기 > 온풍
· 설치비
복사(많다) > 온수 > 증기 > 온풍 (작다)

핵심 PLUS

63 바닥복사난방에 관한 설명으로 옳지 않은 것은? [17 기]
① 천장이 높은 실의 난방에는 사용할 수 없다.
② 실내의 온도분포가 비교적 균등하고 쾌감도가 높다.
③ 예열시간이 길어 일시적인 난방에는 바람직하지 않다.
④ 방열기를 설치하지 않아 실내 바닥면의 이용도가 높다.

답 : ①

64 복사 난방에 관한 설명 중 옳지 못한 것은? [04 기]
① 실내의 온도분포가 균등하고 쾌감도가 높다.
② 방열기를 설치하지 않아 실내 바닥면의 이용도가 높다.
③ 천장이 높은 실의 난방에는 사용할 수 없다.
④ 구조체를 따뜻하게 하므로 예열시간이 길고 일시적인 난방에는 바람직하지 않다.

답 : ③

65 복사난방의 바닥배관시 바닥 표면에서 파이프 윗면까지의 매설깊이는 관경의 얼마 이상으로 하는가? [02 산]
① 0.5~1배
② 1.5~2배
③ 2.5~3배
④ 3~3.5배

답 : ②

66 다음의 각종 난방방식에 관한 설명 중 옳지 않은 것은? [12 기]
① 증기난방은 잠열을 이용한 난방이다.
② 온풍난방은 간접 난방방식에 속한다.
③ 온수난방은 온수의 현열을 이용한 난방이다.
④ 복사난방은 열용량이 작으므로 간헐난방에 적합하다.

[해설] 복사난방은 구조체를 덥히게 되므로 예열시간이 길어져 일시적으로 쓰는 방에는 부적당하다.

답 : ④

Ⅳ. 건축설비 | 공기조화설비

4) 복사난방

- 주로 건축 일부의 천장 높이가 높은 경우
- 주택, 학교, 은행 영업실
- MRT(Mean Radiant Temperature : 평균복사온도) : 인체에 대한 쾌감 상태를 나타내는 기준이 되는 온도

① 장점
㉮ 방을 개방하여도 난방효과가 있다.
㉯ 천장이 높아도 난방 가능하다.
㉰ 실온이 낮아도 난방 효과가 있다.
㉱ 평균온도가 낮기 때문에 동일 방열량에 대해 손실 열량이 작다.
㉲ 바닥의 이용도가 높다.
㉳ 실내의 온도분포가 균등하여 쾌감도가 높다.

② 단점
㉮ 외기 급변에 따른 방열량 조절이 어렵다.
㉯ 구조체를 덥히게 되므로 예열시간이 길어져 일시적으로 쓰는 방에는 부적당하다.
㉰ 시공이 어렵고 수리비, 설비비가 비싸다.
㉱ 매입 배관이므로 고장요소 발견이 어렵다.

5) 온풍난방

① 극장, 강당, 공장
② 특징
㉮ 예열 시간이 짧고 누수, 동결 우려 적다.
㉯ 설비비가 저렴하다.
㉰ 온습도 조정이 쉽다.
㉱ 쾌감도가 나쁘다.
㉲ 소음이 많다.

6) 지역난방

- 중앙식 보일러실에서 어떤 지역 내의 여러 건물에 증기 또는 고온수를 보내서 난방하는 방식이다.
- 그 규모는 일정한 주택 단지에서 시가지 전역으로 공급하는 것도 있다. 지역난방의 배관은 사용하는 열매에 따라, 증기의 경우에는 보통 0.1~0.15 MPa이며, 온수인 경우에는 100℃ 이상의 고온수를 열매로 사용한다.

① 장점
  ㉮ 대규모 설비이므로 관리가 용이하고 열효율면에서 유리하다.
  ㉯ 연료비와 인건비가 절감된다.
  ㉰ 각 건물에서는 위험물을 취급하지 않으므로 화재의 위험이 적다.
  ㉱ 건물 내의 유효 면적이 증대된다.
  ㉲ 설비의 고도화에 따라 도시의 대기오염 방지에 도움이 된다.

② 단점
  ㉮ 초기 시설 투자비가 많아진다.
  ㉯ 열원기기의 용량 제어가 힘들다.
  ㉰ 배관에서의 열손실이 많다.
  ㉱ 고도의 숙련된 기술자가 필요하다.
  ㉲ 요금의 분배가 어렵다.
  ㉳ 저부하시 조절이 곤란하다
  ㉴ 지역 배관을 위한 도시계획상의 사전계획이 필요하다.

7) 열병합발전설비(Cogeneration system)

일반 화력발전소에서 발전에 사용되고 버려지는 열을 회수하여 냉·난방, 급탕용으로 재이용하는 방식으로 지역난방의 일종이다. 국내산업용, 대규모 아파트 단지의 지역난방용으로 사용되고 있다.

① 특징
  ㉮ 발전시의 폐열 이용에 따른 energy를 절감할 수 있다.(에너지 절약적인 방법)
  ㉯ 사장되었던 설비의 활용으로 투자비를 절감할 수 있다.
  ㉰ 에너지 소비량 감소에 따른 환경오염 물질의 발생이 감소된다.(환경오염 방지)
  ㉱ 전력 수요의 peak 해소의 요인으로서는, 주사용 시간에 별도의 냉난방까지 겹쳐 전력의 수요의 peak를 이루는데 반해 동시 해결이 가능하므로 전력 수요의 절감으로 인한 화력 발전 건설비의 절감을 가져오게 된다.
  ㉲ 연료의 다원화에 따른 에너지 수급 계획의 합리화와 에너지 가격의 절감 효과가 있다.
  ㉳ 화재 등의 위험이 없다.
  ㉴ 24시간 가동하므로 실내 온도에 변화가 없다.
  ㉵ 각 건물에 기계실 면적 감소 및 기기소음을 줄일 수 있다.

핵심 PLUS

67 지역난방 방식에 대한 설명 중 옳지 않은 것은? [10 기]
① 시설이 대규모이므로 관리가 용이하고 열효율면에서 유리하다.
② 각 건물의 이용시간차를 이용하면 보일러의 용량을 줄일 수 있다.
③ 설비의 고도화로 대기오염 등 공해를 방지할 수 있다.
④ 고온수난방을 채용할 경우 감압장치가 필요하며 응축수 트랩이나 환수관이 복잡해진다.

답 : ④

5 공기조화방식

1. 공기조화 방식

1) 공기조화 방식의 분류

핵심 PLUS

68 공기조화방식 중 전공기방식에 속하는 것은? [17, 23 기]
① 패키지 방식
② 이중덕트 방식
③ 유인유닛 방식
④ 팬코일유닛 방식
답 : ②

69 공기조화방식 중 물방식(전수방식)에 속하는 것은? [03, 20 기]
① 단일 덕트 방식
② 2중 덕트 방식
③ 멀티존 유닛 방식
④ 팬코일 유닛 방식
답 : ④

70 공기조화방식 중 전공기방식에 관한 설명으로 옳지 않은 것은? [15, 25 기]
① 중간기에 외기냉방이 가능하다.
② 실의 유효스페이스가 증대된다.
③ 실내공기의 질을 높일 수 있는 가능성이 크다.
④ 수방식에 비해 열의 운송 동력이 적게 소요된다.
답 : ④

71 공기조화방식 중 전수방식에 관한 설명으로 옳지 않은 것은? [20, 24 기]
① 각 실의 제어가 용이하다.
② 실내 배관에 의한 누수의 우려가 있다.
③ 극장의 관객석과 같이 많은 풍량을 필요로 하는 곳에 주로 사용된다.
④ 열매체가 증기 또는 냉·온수이므로 열의 운송동력이 공기에 비해 적게 소요된다.
답 : ③

구분	열운반방식	공기조화방식		대상건축물
중앙식	공기식	단일 덕트 방식	정풍량 방식(CAV)	저속 : 일반 건축물
			변풍량 방식(VAV)	고속 : 고층 건축물
		이중 덕트 방식		고층 건축물(고급 사무소)
		멀티존 유닛 방식		중규모 건축물
		각층 유닛 방식		중·고층의 건축물
	공기·물식	유인 유닛 방식		중간 규모 이상의 방이 많은 건물(사무실, 호텔, 아파트, 병원)
		팬 코일 유닛 방식 (외기 덕트 병용)		사무소, 호텔, 병원 등
		복사 냉난방 방식 (외기 덕트 병용 패널제어 방식)		고층 건축물 (고급 사무소 등)
	물식	팬 코일 유닛 방식		호텔의 객실, 병실, 아파트, 주택, 사무실
		복사 냉난방 방식		고층 사무소 (고급 사무소 등)
개별식	냉매식	패키지형 공조 방식		연면적 3,000m² 이하의 중·소 건축물 (레스토랑, 다방, 점포)
		세퍼레이트형 공조 방식		소건축물(주택 등)

2) 열운반 방식(열매)에 따른 분류와 특징

열운반방식	공기조화방식	장 점	단 점
전공기 방식 (all air system)	· 단일덕트방식 · 이중덕트방식 · 멀티존유닛방식 · 각층유닛방식	· 실내공기오염이 적다. · 외기냉방이 가능하다. · 실내유효면적 증가 · 실내에 배관으로 인한 누수의 염려가 없다.	· 큰 덕트 스페이스가 필요 · 팬의 동력(반송동력)이 크다. · 공조실이 넓어야 한다.
공기-수 방식 (air-water system)	· 유인유닛방식 · 팬코일유닛방식 (외기덕트병용) · 복사냉난방방식 (외기덕트병용)	· 덕트 스페이스가 작다. · 존의 구성이 용이하다. · 수동으로 각 실의 온도 제어를 쉽게 할 수 있다. · 열운반 동력이 전공기 방식에 비해 작다.	· 실내공기 오염 (전공기 방식에 비하여) · 실내배관의 누수 염려 · 유닛의 방음 방진에 유의 · 유닛의 실내 설치로 인한 건축계획상의 지장

열운반방식	공기조화방식	장 점	단 점
전수방식 (all water system)	· FCU(Fan Coil Unit) 방식 · 복사냉난방방식	· 덕트 스페이스가 필요 없다. · 열운반 동력이 작다. · 개별제어가 쉽다.	· 실내공기의 오염 (실내 공기의 재순환) · 실내 배관에 의한 누수 염려 · 유닛의 방음, 방진에 유의 · 유닛의 실내설치로 인한 건축계획상 지장

3) 공기조화설비의 조닝(zoning)

① 대략 같은 조건의 구역(zone)마다 건물을 구획하고 공기조화를 하는 것
② 부하별 조닝, 용도별 조닝, 시간별 조닝, 방위별 조닝이 있다.
③ 공기조화방식, 열원방식, 열원공급방식을 결정하는데 중요 요인
④ 특징
　㉮ 에너지 절약에 유리
　㉯ 효율적인 운전관리
　㉰ 부하변동에 쉽게 대응
　㉱ 실내 열환경조절에 유리
　㉲ 구역의 세분화로 설비비 증가

4) 공기조화설비의 에너지 절약방안

① 건물의 zoning
② 공기조화방식 : VAV방식
③ 열회수장치 : 전열교환기, Heat Pipe, Heat Pump System
④ 외기냉방(economizer cycle) : 중간기에 환기만으로 냉방

2. 공기조화 방식의 특징

1) 단일 덕트 방식(single duct system)

건물 전체의 공조를 1대의 공기조화기와 1계통의 덕트를 써서 냉풍 또는 온풍을 송풍하는 방식으로, 풍속에 따라 고속(16~25m/sec)과 저속(15m/sec 이하)으로 분류한다.

항상 일정량의 풍량을 보내는 정풍량 방식(CAV 방식)과 열부하에 따라 송풍량을 변화시킴으로써 실내의 온·습도를 조절하는 변풍량 방식(VAV 방식)이 있으며, 바닥면적이 크고 천장이 높은 곳에 적합하다.

핵심 PLUS

72 공기조화방식에 관한 설명으로 옳은 것은?　[12 기]
① 전공기방식의 종류에는 단일덕트 방식, 팬코일 유닛 방식 등이 있다.
② 공기·수방식은 각 실의 온도제어는 곤란하나 관리 측면에서 유리하다.
③ 전수방식은 실내 공기가 오염되기 쉬우나 개별제어, 개별운전이 가능한 장점이 있다.
④ 전공기방식은 중간기에 외기냉방은 불가능하나 다른 방식에 비해 열매의 반송동력이 적게 든다.

[해설] ① 전공기방식의 종류에는 단일덕트 방식, 이중덕트방식, 멀티존유닛방식 등이 있다.
② 공기·수방식은 각 실의 온도제어는 용이하며, 수동으로 각 실의 온도제어를 쉽게 할 수 있다.
④ 전공기방식은 중간기에 외기냉방이 가능하나 다른 방식에 비해 열매의 반송동력이 크게 든다.
답 : ③

73 대규모 사무소 건물의 공기조화설비에서 에너지절약을 위한 수단이 아닌 것은?　[07 기]
① 터미널리히팅 방식의 채택
② V.A.V 방식의 채택
③ 전열교환기의 설치
④ 외기냉방방식의 채택
답 : ①

74 공기조화방식 중 단일덕트방식에 대한 설명으로 옳지 않은 것은?　[05 기]
① 공조기에는 가열기, 냉각기, 가습기, 에어 필터, 송풍기 등을 갖추고 있다.
② 냉풍과 온풍을 혼합하는 혼합상자가 필요없으므로 소음과 진동이 적다.
③ 실내부하가 감소될 경우에 송풍량을 줄이면 실내공기의 오염이 심하다.
④ 덕트 스페이스를 많이 차지하며 각 실이나 존의 부하변동에 즉시 대응할 수 있다.
답 : ④

핵심 PLUS

① **정풍량 방식(constant air volume system)**

공조기에서 1개의 주덕트를 통하여 냉·온풍을 각 실로 보낼 때 송풍량은 항상 일정하며, 열부하에 따라서 송풍 온·습도만을 변화시켜 실내의 온·습도를 조절하는 가장 기본적인 공조 방식이다.

㉮ 특징

㉠ 장점
- 실내에 송풍량이 가장 많이 취해져 외기의 취입이나 중간기의 환기에 적합하다.
- 설치비가 싸고 보수 관리도 용이하다.
- 운전 관리가 용이하고 효율이 좋은 필터를 설치하여 쾌적한 실내 환경을 만들 수 있다.

㉡ 단점
- 큰 덕트가 필요해 천장 속에 충분한 덕트 공간이 요구된다.
- 각 실에서의 온도 조절이 곤란하다.

㉯ 용도 : 바닥면적이 크고 천장이 높은 곳에 적합하다.(중·소규모 건물, 극장, 공장 등)

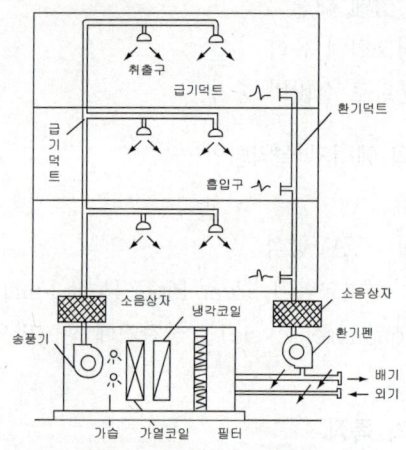

[그림] 정풍량 단일 덕트 방식

② **가변 풍량 방식(variable air volume system)**

단일 덕트로 공조를 하는 경우에 덕트의 관말에 가깝게 터미널 유닛을 삽입하여 송입 공기온도를 일정하게 하고, 송풍량을 실내 부하의 변동에 따라서 변화시키는 방식으로, 에너지 절약형이다.

㉮ 특징

㉠ 장점
- 부하 변동을 정확히 파악하여 실온을 유지하기 때문에 에너지 손실이 적다.
- 저부하시 풍량이 감소되어 송풍기를 제어함으로써 동력을 절약할 수 있다.

---

75 급기온도를 일정하게 하고 송풍량을 변화시켜서 실내온도를 조절하는 공기조화방식은?
[17, 23 기]
① FCU 방식
② 이중덕트방식
③ 정풍량 단일덕트방식
④ 변풍량 단일덕트방식

답 : ④

- 전폐형 유닛을 사용함으로써 사용하지 않는 실의 송풍을 정지할 수 있다.
- 개별 제어가 가능하다.

ⓛ 단점
- 환기량 확보 문제와 송풍량을 변화시키기 위한 기계적인 문제점이 있다.
- 가변 풍량 유닛의 단말장치, 덕트 압력 조정을 위한 설비비가 고가이다.

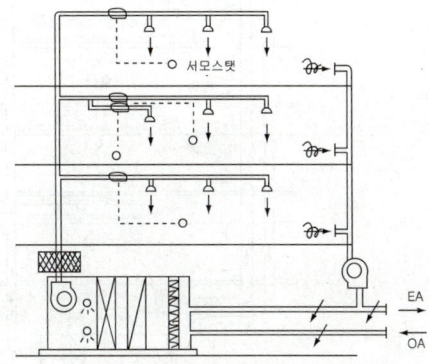

[그림] 가변 풍량 방식

2) 이중 덕트 방식(double duct system)

냉·온풍 2개의 덕트를 설비하여 말단에 혼합 유닛으로 실온을 조절하는 방식이다.

① 장점
㉮ 개별 조절이 가능하다.
㉯ 냉·난방을 동시에 할 수 있으므로 계절마다 냉·난방의 전환이 불필요하다.
㉰ 전공기 방식이므로 냉·온수관이나 전기 배선을 실내에 설치하지 않아도 된다.
㉱ 공조기가 중앙에 설치되므로 운전 보수가 용이하다.
㉲ 칸막이나 공사 계획의 증감에 따라 환기 계획의 융통성이 있다.
㉳ 중간기나 겨울철에도 외기에 따라 조절이 가능하다.

② 단점
㉮ 설비비, 운전비가 많이 든다.
㉯ 덕트가 이중이므로 덕트의 차지 면적이 넓다.
㉰ 습도의 완전한 조절이 어렵다.
㉱ 혼합 상자가 고가이다.

핵심 PLUS

76 이중덕트방식에 관한 설명으로 옳은 것은? [17, 24 기]
① 부하감소에 따라 송풍량이 감소된다.
② 부하변동에 따른 적응속도가 느리다.
③ 혼합손실로 인한 에너지 소비량이 크다.
④ 부하특성이 다른 여러 실에 적용하기 곤란하다.

답 : ③

③ 용도
  ㉮ 개별 제어가 필요한 건물
  ㉯ 냉·난방 부하 분포가 복잡한 건물
  ㉰ 전풍량 환기가 필요한 곳
  ㉱ 장래 대폭적인 변경 가능성이 많은 건물

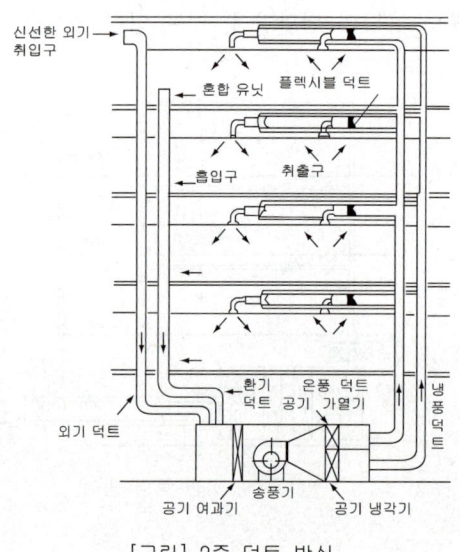

[그림] 2중 덕트 방식

3) 멀티존 유닛 방식(multi zone unit system)

공조기 내에 가열 코일과 냉각 코일을 병렬로 설치하고, 이들이 만든 별도의 온풍과 냉풍을 출구의 혼합 댐퍼로 혼합시킨 후, 이것과 각기 접촉하는 여러 덕트를 통해 각 구역으로 혼합공기를 공급하는 방식이다.

① 특징
  ㉮ 장점
    여름, 겨울의 냉·난방시 에너지 혼합 손실이 적다.
  ㉯ 단점
    ㉠ 중간기에 혼합 손실이 생겨 에너지 손실이 크다.
    ㉡ 풍향의 밸런스가 깨어지는 결점이 있다.

② 용도
비교적 작은 규모(2,000m² 이하)의 공조 면적을 더욱 작은 존으로 나누는 장소

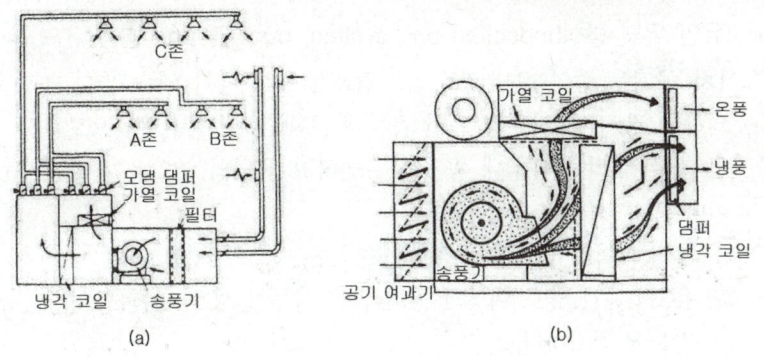

[그림] 멀티존 유닛 방식

4) 각층 유닛 방식(zone unit방식)

각층에 1대 혹은 여러 대의 공조기를 배치하는 방법으로, 1, 2차 공조기를 별도로 설치하여 1차 조화기(중앙 유닛)를 건물의 옥상, 지하 등의 기계실에 설비하고, 실내의 소요 신선 공기(1차 공기)만을 취입시켜 온습도를 조정한 후, 고속 또는 저속 덕트에 의해 건물의 존마다 마련된 2차 조화기(각층 유닛)로 보낸다. 2차 조화기에서는 각 존마다 재순환 공기를 1차 공기와 혼합 분출한다.

① 특징
㉮ 각 층마다 부하 및 운전 시간이 다른 경우 적합하며, 층별 존 제어가 가능하다.
㉯ 큰 덕트를 설치할 필요가 없다.
㉰ 공조기가 분산 배치되므로 보수 관리가 복잡하다.
㉱ 공조기 수가 많이 들며 설비비가 크다.

② 용도 : 방송국, 신문사, 백화점 등의 대형 건물

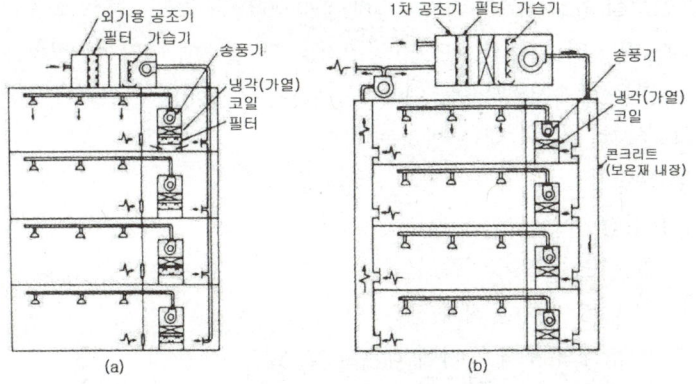

[그림] 각층 유닛 방식

IV. 건축설비 | 공기조화설비

핵심 PLUS

5) 유인 유닛 방식(induction unit system, duct 및 unit 병용식)

1차 공기는 중앙 유닛(1차 공기조화기)에서 냉각 감습되고, 고속 덕트에 의하여 각 실에 마련된 유인 유닛에 보내고, 여기서 유닛으로부터 분출되는 기류에 의하여 실내 공기를 유인하고 유닛의 코일을 통과시키는 방식이다.

① 특징 : 덕트 면적을 절감할 수 있다.
② 용도 : 중간 규모 이상의 방이 많은 사무실, 호텔, 아파트, 병원 등 고층 건물에 적합하다.

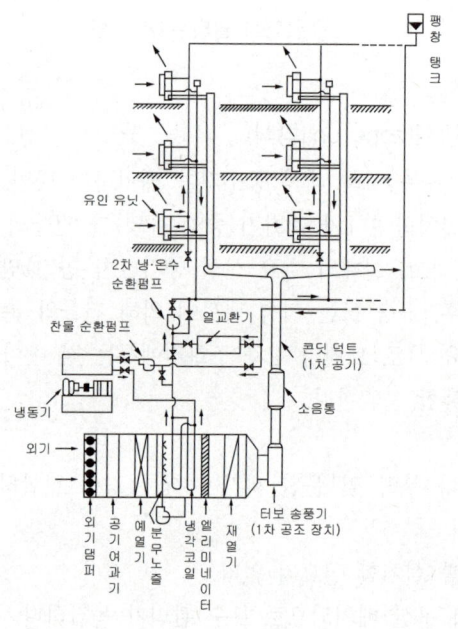

[그림] 유인 유닛 방식

6) 팬코일 유닛 방식(fan coil unit system)

팬코일이라고 불리는 소형 공조기를 각 실내에 여러 개 설치하고, 냉온수 배관을 접속시킨 다음, 여름에는 냉수, 겨울에는 온수를 공급하여 실내에 대류시킴으로써 냉·난방하는 방식이다.

① 특징
㉮ 장점
  ㉠ 실별 조절이 가능하다.
  ㉡ 덕트 면적이 작다.
  ㉢ 장래의 부하 증가에 대처할 수 있다.
  ㉣ 동력비가 적게 들고 기계실 덕트 공간도 적게 소요된다.

---

77 공기조화방식 중 팬코일 유닛 방식에 관한 설명으로 옳지 않은 것은? [18, 23 기]
① 덕트 방식에 비해 유닛의 위치 변경이 용이하다.
② 유닛을 창문 밑에 설치하면 콜드 드래프트를 줄일 수 있다.
③ 전공기 방식으로 각 실에 수배관으로 인한 누수의 염려가 없다.
④ 각 실의 유닛은 수동적으로도 제어할 수 있고, 개별 제어가 용이하다.

[해설] 전수방식으로 각 실에 수배관으로 인한 누수의 우려가 있다.

답 : ③

㉯ 단점
  ㉠ 외기 공급의 장치를 별도로 설비한다.
  ㉡ 계획적인 면에서 실내 유닛에 대한 고려가 필요하다.
  ㉢ 보수 관리가 어렵다.
  ㉣ 중간기나 겨울철의 외기 냉방이 힘들다.
  ㉤ 송풍 능력이 적으므로 고도의 공기 처리는 불가능하다.

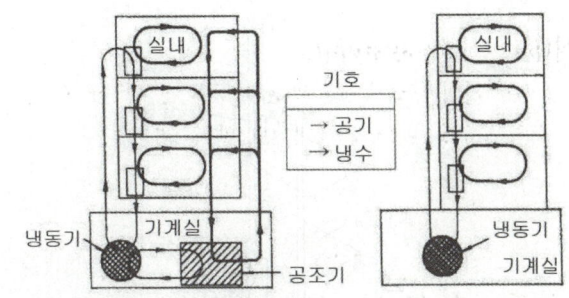

[그림] 팬코일 유닛 덕트 병용 방식   [그림] 팬코일 유닛방식

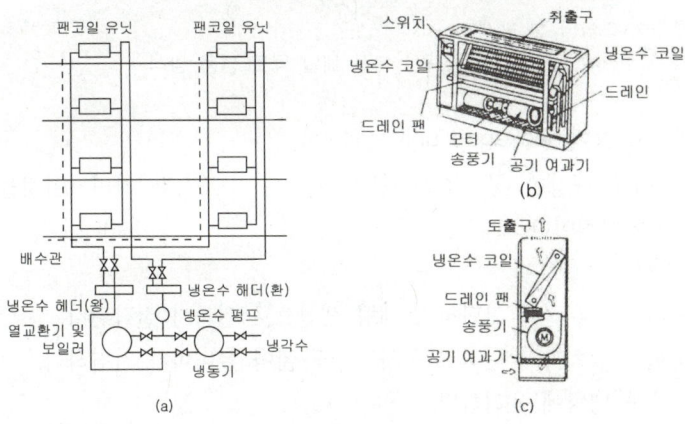

[그림] 팬코일 유닛 방식

핵심 PLUS

78 공기조화방식 중 전수방식으로 덕트 샤프트나 스페이스가 필요 없거나 작아도 되나 외기량이 부족하여 실내공기의 오염이 심할 수 있는 방식은? [06 기]
① 단일덕트방식
② 각층유닛방식
③ 멀티존 유닛방식
④ 팬코일유닛방식

해설 외주부에 설치하여 콜드 드래프트를 방지하며, 개별제어가 가능하다. 외기공급 및 가습, 제습장치가 별도로 필요로 하며 누수의 염려가 있고, 보수 및 점검 개소가 증가한다.

답 : ④

7) 복사 패널 방식(panel air system)

바닥 또는 천장 안에 설치한 파이프 코일 속으로 온수 또는 냉수를 보내는 넓은 면의 복사로서, 냉·난방하는 방식으로 외기 도입을 위한 덕트 방식과 병용시키는 것이 일반적이다.

① 특징
  ㉮ 장점
    ㉠ 여름과 겨울 구별 없이 모두 쾌감도가 높다.
    ㉡ 유닛을 배치할 필요가 없으므로 바닥의 이용도가 높다.
    ㉢ 전기 발열과 같은 현열부하가 많은 경우에 유리하다.

Ⅳ. 건축설비 | 공기조화설비

> **핵심 PLUS**

㉯ 단점
  ㉠ 설비비가 많이 든다.
  ㉡ 중간기의 냉동기 운전을 필요로 한다.
  ㉢ 가동시간이 길고 물 배관 설비가 많기 때문에 누수의 위험과 수리가 곤란하다.

② 용도 : 고층 건축물의 고급 사무실

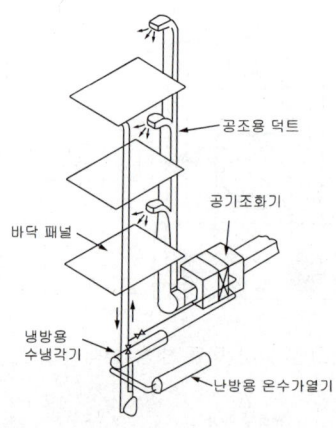

[그림] 복사 패널 덕트 병용 방식

8) 패키지 방식(packaged unit system)

냉동기를 내장한 공기조화기를 패키지형 공조기라 하며, 이것을 실내에 설치한 방식이다.

① 장점
  ㉮ 시공과 취급이 간단하고 대량 생산으로 원가가 절감된다.
  ㉯ 현장 설치가 간단하고 공사기간도 짧아 설비비가 저렴하다.
  ㉰ 국부 냉방에 유리하다.
  ㉱ 자동 조작으로 간편하다.

② 단점
  ㉮ 대용량에는 부적당하다.   ㉯ 소음이 크다.

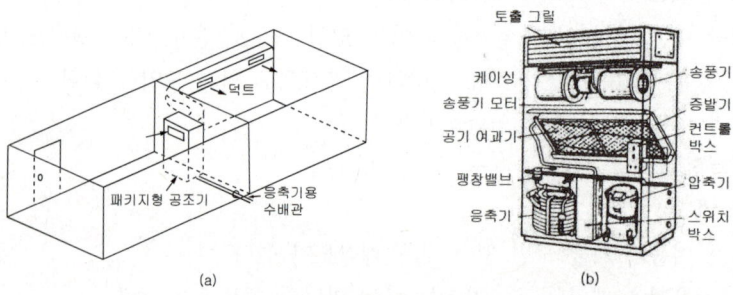

[그림] 패키지형 공기조화 방식

■ 에너지 절약형 공조방식
· 변풍량(VAV)방식
· 외기냉방방식
· 전열교환기 설치
· 히트펌프 시스템

■ 에너지 多소비형 공조방식
· 2중덕트방식
· 멀티존유닛방식
· 터미널 리히팅방식(관말제어방식, 1대의 공조기로 냉난방을 동시에 할 수 있는 공조방식)

■ 개별제어가 가능한 공조방식
· 변풍량(VAV)방식
· 이중덕트방식
· 각층유닛방식
· 팬코일유닛방식

6 공기조화기

1. 공기조화기의 구성

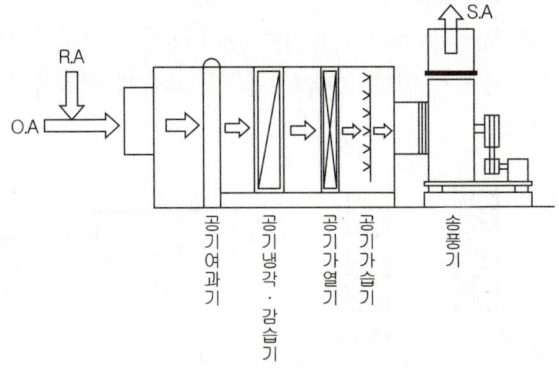

[그림] 공기조화기의 기본 구성

2. 공기조화용 기기

1) 덕트(duct)

① 속도에 따른 분류

㉮ 저속 덕트 : 15m/s 이하

㉯ 고속 덕트 : 15m/s 초과

② 덕트의 형상과 구조

㉮ 장방형덕트

- 스페이스에 따른 형상 제한을 적당하게 조절, 종횡 치수를 선정할 수 있다.
- 강도면에서 약하여 일반적인 저압 덕트에 사용

㉯ 원형덕트

- 강도면에서는 우수하나 공간적인 면에서 대형의 것은 제한을 받는다.
- 일반적인 고속 덕트에 사용

③ 덕트의 부속품

㉮ 풍량 조절 댐퍼(volume damper)

- 단익 댐퍼(버터플라이 댐퍼) : 소형 덕트용
- 다익 댐퍼(루버 댐퍼) : 2개 이상의 날개로서 대형 덕트용
- 스플릿 댐퍼(split damper) : 덕트 분기점에서의 풍량 조절용
- 슬라이드 댐퍼(slide damper) : 전체의 개폐를 목적으로 사용
- 클로스 댐퍼(cloths damper) : 기류의 발생음을 줄이고 기류의 방향을 조절하는 데 사용

핵심 PLUS

79 공기조화설비에서 사용되는 고속덕트의 특징으로 옳은 것은?
[09, 16 기]
① 소음 및 진동이 발생하지 않는다.
② 덕트 설치공간을 작게 할 수 있다.
③ 공장이나 창고에는 사용할 수 없다.
④ 공기혼합 상자가 필요하다.

[해설] 덕트

㉠ 저속덕트 : 15m/s 이하
- 속도가 느리다.
- 소음이 적다.
- 굴곡부 내면에 흡음재 사용 (소음장치 불필요)

㉡ 고속덕트 : 16m/s 이상 (16~25m/s)
- 속도가 빠르다.
- 소음 장치가 필요하다.(소음 및 진동이 발생)
- 가능한 한 원형 단면(강도면에서 우수)
- 덕트 스페이스가 적어도 된다.(저속덕트의 1/7~1/8 정도로 재료가 절약)

답 : ②

핵심 PLUS

80 다음의 덕트의 부속기기에 대한 설명 중 옳지 않은 것은?
[09 산]
① 스플릿 댐퍼는 대형 덕트의 개폐용으로 사용되며 풍량조절 기능은 없다.
② 버터플라이 댐퍼는 주로 소형 덕트에서 개폐용으로 사용되며, 풍량조절용으로도 사용된다.
③ 방화 댐퍼는 화재가 발생했을 때 덕트를 통해 다른 곳으로 화재가 번지는 것을 방지하기 위하여 사용된다.
④ 방염 댐퍼는 연기감지기의 연동으로 되어 있으며 다른 구역으로 연기의 침투를 방지한다.
답 : ①

81 송풍기 출구 부근에 플리넘 챔버를 부착하는 가장 주된 이유는? [11 기]
① 속도조절
② 소음저감
③ 기류방향조절
④ 화재방지

[해설] 덕트의 송풍기 출구 부근에 플리넘 체임버를 설치하여 덕트의 소음을 방지한다.
답 : ②

82 다음 중 덕트의 치수를 결정하는 방법이 아닌 것은?
[06, 10, 17, 25 기]
① 등속법
② 등마찰법
③ 정압재취득법
④ 균등법
답 : ④

㉯ 방화 댐퍼(fire damper) : 덕트 내의 공기의 온도가 72℃ 이상이면 댐퍼 날개를 지지하고 있던 가용편이 녹아서 자동적으로 댐퍼가 닫혀 다른 실로의 연소를 방지하기 위한 댐퍼

㉰ 가이드 베인(guide vane) : 덕트 내의 굴곡된 부분의 기류를 안정시켜 저항을 줄이기 위한 설비로, 곡부의 내측에 조밀하게 붙이는 것이 효과적이다.

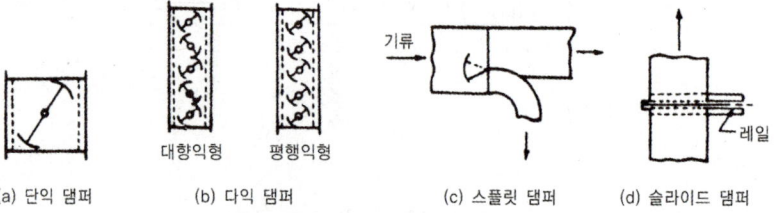

(a) 단익 댐퍼 (b) 다익 댐퍼 (c) 스플릿 댐퍼 (d) 슬라이드 댐퍼
[그림] 풍량 조절 댐퍼

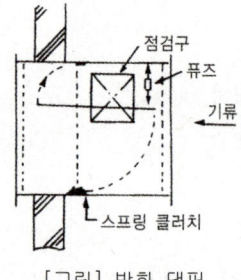

[그림] 방화 댐퍼

④ 덕트 설계 방법
㉮ 등속법(정속법) : 덕트 내의 공기 속도를 가정하고 공기량을 이용하여 마찰저항과 덕트 크기를 결정하는 방법으로 주로 분진이나 산업용 분말 등을 배출시키기 위한 배기 덕트의 설계법으로 적당하다.

㉯ 등압법(등마찰법, 마찰저항법) : 덕트의 단위길이당의 마찰저항의 값을 일정하게 하여 덕트의 단면을 결정하는 방법으로, 가장 많이 사용되는 설계법

㉰ 전압법(정압 재취득법, 압력 보상법) : 덕트 각 부의 국부 저항은 전압 기준에 의해 손실 계수를 이용하여 구하고, 각 취출구까지의 전압력 손실이 같아지도록 덕트 단면을 결정하는 방법

2) 클린 룸(Clean room)

공기청정실(Clean room)은 부유먼지, 유해가스, 미생물 등과 같은 오염물질을 규제하여 기준이하로 제어하는 청정 공간으로, 실내의 기류, 속도 압력, 온습도를 어떤 범위 내로 제어하는 특수건축물

① 종류 및 필요분야
  ㉮ ICR(industrial clean room) : 먼지미립자가 규제 대상(부유분진을 제어 대상)-정밀기기, 전자기기의 제작, 방적공업, 전기공업, 우주공학, 사진공업, 정밀공업
  ㉯ BCR(bio clean room) : 세균, 곰팡이 등의 미생물 입자가 규제 대상 -무균수술실, 제약공장, 식품가공, 동물실험, 양조공업

② 평가기준
  ㉮ 입경 0.5μm 이상의 부유미립자 농도가 기준
  ㉯ super clean room에서는 0.3μm, 0.1μm의 미립자를 기준

③ 고성능 필터의 종류
  ㉮ HEPA 필터(high efficiency particle air filter) : 0.3μm의 입자 포집률이 99.97% 이상 → 클린룸, 병원의 수술실, 방사성물질 취급시설, 바이오 클린룸 등에 사용
  ㉯ ULPA 필터(ultra low penetration air filter) : 0.1μm의 부유 미립자를 99.99% 이상 제거할 수 있는 것 → 최근 반도체 공장의 초청정 클린룸에서 사용

3) 펌 프

① 펌프의 특성 곡선 : 펌프가 어느 일정한 속도로 물을 양수할 때 토출량의 변화에 따라 양정[m], 축동력(PS, kW), 효율[%]의 변화를 선도로 표시한 것을 말한다.
② 회전수의 변화에 따른 유량(Q), 양정(H), 축동력(L)의 변화 : 펌프의 특성 곡선은 회전수를 일정하게 한 상태에서 얻어진 것이다. 회전수를 변화시키면 양수량은 회전수에 비례하고, 양정은 회전수의 제곱에 비례하며, 축동력은 회전수의 3승에 비례한다.

토출량[m³/min]	양 정[m]	축동력[kW]
$Q_2 = Q_1 \dfrac{N_2}{N_1}$	$H_2 = H_1 \left(\dfrac{N_2}{N_1}\right)^2$	$L_2 = L_1 \left(\dfrac{N_2}{N_1}\right)^3$

Q_1, H_1, L_1 : 회전수 N_1[rpm]일 때의 토출량[m³/min], 양정[m], 축동력[kW]
Q_2, H_2, L_2 : 회전수 N_2[rpm]일 때의 토출량[m³/min], 양정[m], 축동력[kW]

핵심 PLUS

83 공조용 필터 중 유닛형으로 되어 있으며 방사성 물질을 취급하는 시설이라든가 크린룸, 바이오 크린룸 등에서 미립자를 여과하는데 사용되는 것은? [06 산]
① 활성탄 필터
② 전기식 집진기
③ HEPA 필터
④ 충돌 점착식 여과기

답 : ③

84 공기조화기기용 필터에서 병원의 수술실에 가장 적합한 것은? [99 기]
① 유닛형 필터
② 권취형 필터
③ HEPA 필터
④ 활성탄 필터

해설 ※ 권취형(卷取形) 필터
㉠ 롤 상태의 유리섬유나 비직물 여과재를 약간씩 감아가면서 장시간 사용
㉡ 감는 장치는 타이머식과 차압 스위치식이 있다.
㉢ 보수관리가 용이하므로 일반 공조용으로 널리 사용

답 : ③

85 다음 중 무균실에 적용되는 필터의 종류는?
① 충돌접착식 필터
② HEPA 필터
③ ULPA 필터
④ 활성탄 흡착식 필터

답 : ③

핵심 PLUS

86 양수량이 $2m^3/min$인 펌프에서 회전수를 원래보다 20% 증가시켰을 경우 양수량은 얼마로 되는가? [09 산]
① $1.7m^3/min$
② $2.4m^3/min$
③ $2.9m^3/min$
④ $3.5m^3/min$

해설 펌프의 양수량은 회전수에 비례, 양정은 회전수의 제곱에 비례, 축동력은 회전수의 세제곱에 비례한다.
∴ 양수량(Q)=$2m^3/min \times 1.2$
=$2.4m^3/min$

답 : ②

87 펌프의 회전수가 100rpm에서 전양정이 40m인 펌프가 있다. 회전수를 50rpm으로 감소시켰을 때 전양정은? [14, 24, 25 기]
① 10m ② 20m
③ 40m ④ 80m

해설 펌프의 상사법칙
펌프의 양수량은 임펠러의 회전수에 비례하고, 양정은 회전수의 제곱에 비례하며, 축동력은 회전수의 세제곱에 비례한다.
∴ 양정(H) :
$$H_2 = H_1 \left(\frac{N_2}{N_1}\right)^2$$
$$= 40 \left(\frac{50}{100}\right)^2 = 10m$$

■ 공동현상(cavitation)을 방지하려면 펌프의 유효 흡입양정(NPSH)을 낮추어 흡입구의 압력이 항상 흡입구의 포화증기압력 이상으로 유지되도록 하는 것이 바람직하다.

88 일반 건물의 공기조화용 송풍기 중 저속덕트용으로 가장 많이 사용되는 것은?
① 다익 송풍기
② 축류 송풍기
③ 익형 송풍기
④ 사일런트 송풍기

답 : ①

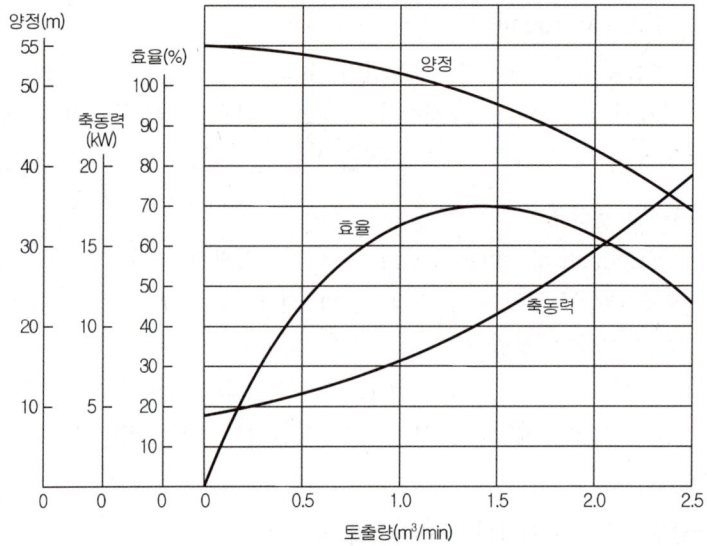

[그림] 펌프의 특성 곡선

③ 캐비테이션과 NPSH
㉮ 캐비테이션(cavitation)
- 급수의 압력이 갑자기 높아져서 급수 속의 공기가 기포로 분리되는 현상으로서, 흡입양정에서 발생한다.
- 소음, 진동, 관 부식, 심하면 흡상 불능(펌프의 공회전)의 원인이 된다.
- 펌프 흡입구의 압력은 항상 흡입구에서의 포화 증기 압력 이상으로 유지되어야 캐비테이션이 일어나지 않는다.

㉯ NPSH(Net Positive Suction Head : 유효 흡입양정)
- 캐비테이션이 일어나지 않는 유효 흡입양정을 수주로 표시한 것이다.
- 펌프의 설치 상태 및 유체의 온도 등에 따라 다르다.
- 설치에서 얻어지는 NPSH는 펌프 자체가 필요로 하는 NPSH보다 커야 캐비테이션이 일어나지 않는다.

4) 송풍기(blower)
① 송풍기의 종류

공조 및 냉동기에 사용되는 송풍기

종류		풍량 [m^3/min]	압력 (수주mm)	용도
원심 송풍기	다익송풍기	10~2,900	10~125	국소통풍·저속덕트·에어커튼용
	리밋로드송풍기	20~3,200	10~150	공업용배풍용
	사일런트송풍기	60~900	125~250	고속덕트용
	익형송풍기	60~3,000	125~250	고속덕트용·냉각탑용냉각팬
축류형송풍기		15~10,000	0~55	급속동결실용

송풍기 날개의 형상

종류	원심송풍기						축류형 송풍기
	터보팬		익형 송풍기 (에어필팬)	리밋로드팬	다익 송풍기 (시로코팬)		(프로펠러팬)
	보통	사일런트팬					
날개의 형상							
정압 [mmAq]	30~1,000	100~250	100~250	10~150	10~150		0~50
효율[%]	60~70	70~85	70~85	55~65	45~60		50~85

② 송풍기의 법칙
  ㉮ 공기 비중이 일정하고 같은 덕트 장치에 사용할 때
    ㉠ 회전 속도 $N_1 \rightarrow N_2$ (비중=일정)
      ⓐ 풍량 $Q_2 = Q_1 \left(\dfrac{N_2}{N_1}\right)$ ⓑ 압력 $P_2 = P_1 \left(\dfrac{N_2}{N_1}\right)^2$ ⓒ 동력 $L_2 = L_1 \left(\dfrac{N_2}{N_1}\right)^3$
    ㉡ 송풍기의 크기 $D_1 \rightarrow D_2$ (N=일정)
      ⓐ 풍량 $Q_2 = Q_1 \left(\dfrac{D_2}{D_1}\right)^3$ ⓑ 압력 $P_2 = P_1 \left(\dfrac{D_2}{D_1}\right)^2$ ⓒ 동력 $L_2 = L_1 \left(\dfrac{D_2}{D_1}\right)^5$

Q : 송풍량(m³/min)
N : 임펠러의 회전수(rpm)
P : 송풍기에 의해 생긴 정압 또는 전압(Pa, mmAq)
L : 송풍기의 소요 동력(kW, PS)
D : 송풍기 날개의 직경(mm)

💡 예제

회전수가 366rpm, 소요동력 2.0ps, 송풍기 전압 25mmAq인 송풍기를 655rpm으로 운전했을 때 소요동력(L_2)과 송풍기 전압(P_2)는 얼마인가?

㉮ L_2=3.6PS, P_2=80mmAq   ㉯ L_2=6.4PS, P_2=44.7mmAq
㉰ L_2=11.5PS, P_2=80mmAq   ㉱ L_2=11.5PS, P_2=143mmAq

▶ ① 소요동력(L_2) : 회전수비에 3제곱에 비례하여 변화한다.
  $L_2 = \left(\dfrac{N_2}{N_1}\right)^3 L_1 = \left(\dfrac{655}{366}\right)^3 \times 2 = 11.5PS$
② 송풍기 전압(P_2) : 회전수비의 2제곱에 비례하여 변화한다.
  $P_2 = \left(\dfrac{N_2}{N_1}\right)^2 P_1 = \left(\dfrac{655}{366}\right)^2 \times 25 = 80mmAq$

핵심 PLUS

89 다음 중 원심형 송풍기가 아닌 것은?
① 다익형
② 방사형
③ 후곡형
④ 프로펠러형

[해설] 송풍기의 종류
① 원심형 : 다익형, 터보형, 익형, 리미트로드형
② 축류형 : 프로펠러형, 튜브형, 베인형
③ 횡류형(관류형)

답 : ④

90 다음의 송풍기 종류 중에서 저속덕트의 환기 및 공조용으로 일반적으로 가장 많이 사용되는 것은?
① 시로코팬
② 터보팬
③ 리미트 로드팬
④ 에어 포일팬

답 : ①

핵심 PLUS

91 송풍기 특성곡선에서 알 수 없는 것은?
① 서징 영역
② 운전 영역
③ 오버로드 영역
④ 송풍기 크기

답 : ④

③ 송풍기의 특성 곡선

송풍기의 특성 곡선은 풍량(Q)의 변동에 대하여 전압(Pt), 정압(Ps), 효율[%], 축동력(L)을 나타낸다.

㉠ 서징(surging) 영역 : 정압 곡선에서 좌하향 곡선 부분의 송풍기 동작이 불안전한 현상
㉡ 오버 로드 : 풍향이 어느 한계 이상이 되면 축동력은 급증하고, 압력과 효율은 낮아지는 현상

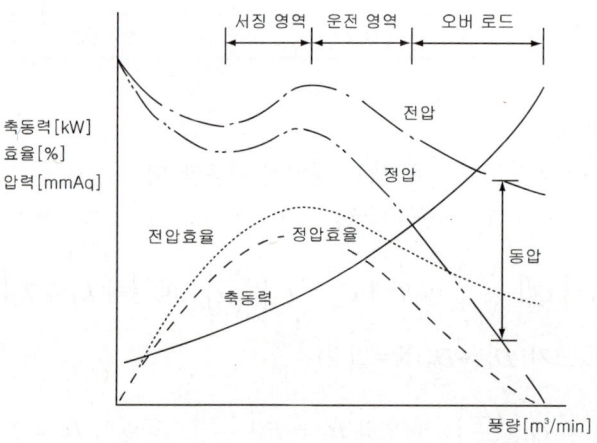

[그림] 송풍기의 특성 곡선(다익형의 경우)

92 다음의 송풍기 풍량제어 방법 중 축동력이 가장 적게 소요되는 것은?
① 회전수제어
② 흡입베인제어
③ 흡입댐퍼제어
④ 토출댐퍼제어

[해설] 동력절감률(에너지절약)이 높은 것에서 낮은 순서 : 회전수 제어〉 흡입베인제어〉 흡입댐퍼제어〉 토출댐퍼제어

답 : ①

💡 학습포인트

동력절감률(에너지절약)이 높은 것에서 낮은 순서 :

회전수 제어(가변속제어) 〉 가변피치제어〉 흡입베인제어〉 흡입댐퍼제어〉 토출댐퍼제어

※ 회전수 제어 : 송풍기 풍량제어의 대표적인 방법으로 에너지절감 비율이 가장 높다.
※ 제어방식의 결정은 풍량조정범위, 동력절감률, 설비비 등을 고려하여 정한다.

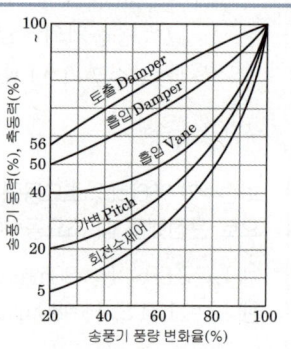

[그림] 송풍기 풍량변화율에 따른 송풍기 동력비율의 변화

7 냉동설비

1. 냉동기

1) 냉동 원리

구 분	구성 요소
압축식 냉동기	압축기-응축기-팽창밸브-증발기
흡수식 냉동기	증발기-흡수기-발생기-응축기

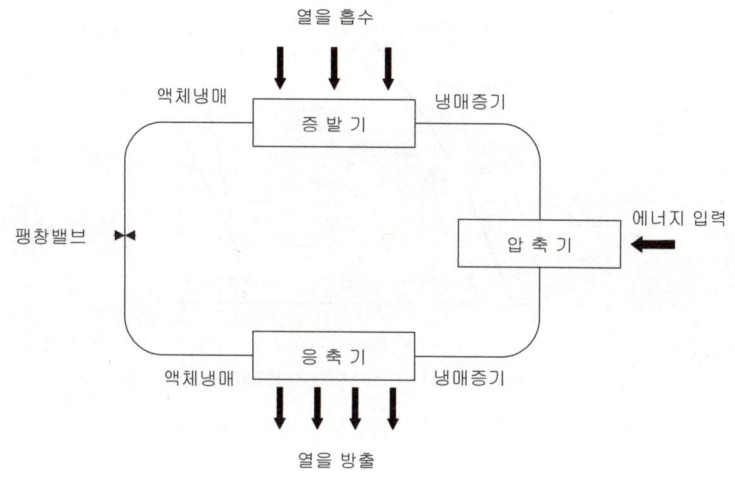

[그림] 압축식 냉동기와 히트펌프의 사이클

2) 냉동 사이클(냉동기의 순환 원리)

① 압축식(왕복식, 회전식, 터보식) 냉동기 → p-i 선도(Mollier 선도)
  ㉮ 압축기(compressor) : 증발기에서 넘어온 저온 저압의 냉매 가스를 응축 액화하기 쉽도록 압축하여 응축기로 보낸다.
  ㉯ 응축기(condenser) : 고온·고압의 냉매액을 공기나 물을 접촉시켜 응축 액화시키는 역할을 한다.
  ㉰ 팽창 밸브(expansion valve) : 고온 고압의 냉매액을 증발기에서 증발하기 쉽도록 하기 위해 저온·저압으로 팽창시키는 역할을 한다.
  ㉱ 증발기(evaporator) : 팽창 밸브를 지난 저온 저압의 냉매가 실내 공기로부터 열을 흡수하여 증발함으로 냉동이 이루어진다.

핵심 PLUS

93 다음의 송풍기 풍량제어법에 대한 설명 중 ( )안에 알맞은 내용은?

> 축동력은 (㉠)가 가장 적게 들며, (㉡)가 가장 많이 소요된다.

① ㉠ 회전수제어,
　㉡ 토출댐퍼제어
② ㉠ 토출댐퍼제어,
　㉡ 회전수제어
③ ㉠ 흡입댐퍼제어,
　㉡ 토출댐퍼제어
④ ㉠ 토출댐퍼제어,
　㉡ 흡입댐퍼제어

답 : ①

94 압축식 냉동기의 냉동사이클로 옳은 것은? [17, 21, 22 기]
① 압축→응축→팽창→증발
② 압축→팽창→응축→증발
③ 응축→증발→팽창→압축
④ 팽창→증발→응축→압축

답 : ①

핵심 PLUS

95 냉동기의 성적계수(동작계수, coefficient of performance)는 무엇을 말하는가?
① 냉동 효과/압축일
② 압축일/냉동 효과
③ 방출 열량/냉동 능력
④ 토출가스 엔탈피 / 흡입가스 엔탈피

답 : ①

96 압축식 냉동기의 주요 구성요소가 아닌 것은? [06, 07, 10 기]
① 재생기
② 압축기
③ 증발기
④ 응축기

답 : ①

■ 열펌프(Heat Pump)
· 낮은 온도의 열원으로부터 높은 온도의 열로 펌프하듯 끌어 올려 이용할 수 있기 때문에 히트펌프라고 한다.
· 압축기를 동력원으로 압축 → 응축 → 팽창 → 증발의 사이클로 순환
· 여름엔 냉방용으로 운전, 겨울철에는 냉매의 흐름 방향을 바꾸어 난방용으로 운전
· 냉매의 흐름이 바뀌면, 증발기는 응축기로, 응축기는 증발기로 그 기능이 변환

97 다음의 열펌프(heat pump)에 대한 설명 중 ( )안에 알맞은 용어는? [09, 23, 24 기]

냉동기의 압축기에서 토출된 고온·고압의 냉매 증기는 ( )에서 방열하고 액화된다. 이때 방열되는 응축열로 물이나 공기를 가열하여 난방에 이용하는 장치를 열펌프라 한다.

① 응축기
② 팽창밸브
③ 압축기
④ 증발기

답 : ①

※ $Q = q + AL$: 냉동기의 특징 → 저온 쪽에서 흡수되는 열량(q)보다 고온 쪽에서 방출하는 열량(Q)이 더 크다.

• 냉동기의 성적계수(COP) $= \dfrac{냉동효과(q)}{압축일(AL)} = \dfrac{냉동능력}{소요능력}$

• 열펌프의 성적계수(COP_h) $= \dfrac{응축기의 방출열량}{압축일} = \dfrac{q+AL}{AL} = \dfrac{q}{AL} + 1$

∴ 열펌프를 이용한 성적계수(COP_h)가 냉동기로 이용한 성적계수(COP_h)보다 1만큼 크다.

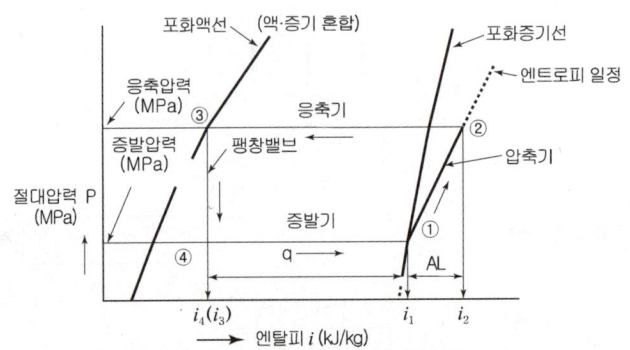

①→②:압축, ②→③:응축, ③→④:팽창밸브, ④→①:증발

[그림] 몰리에르 선도상의 냉동사이클(R-12)

② 히트펌프(Heat Pump)
㉮ 냉동기 응축기의 방열을 난방으로 이용한다.
㉯ 4방 밸브를 이용하여 여름에는 냉동기로, 겨울에는 히트 펌프로 사용한다.
㉰ 채열원 : 지하수, 하천수, 해수, 공기, 태양열, 지열, 온배수, 건축의 폐열 등

③ 냉동 능력 : 냉동기의 능력을 냉동톤으로 표시하며, 1냉동톤은 0℃의 물 1톤을 24시간 동안 0℃의 얼음으로 만드는 능력을 말한다.

$$1냉동톤 = \dfrac{1{,}000\text{kg} \times 79.7\text{kcal/kg}}{24\text{h}}$$
$$= 3{,}320\text{kcal/h} = 3{,}860\text{W} = 3.86\text{kW}$$

(미국 : 3,516W(3,024kcal/h), 일본 : 3,860W(3,320kcal/h)

3) 냉동기의 종류

방식	종류		냉매	용량	용도
증기 압축식	왕복동식 냉동기 (reciprocating 냉동기)		R-12, R-22 R-500, R-502	1~400kW	룸 에어컨 (소용량) 냉동용
	원심식 냉동기 (turbo 냉동기)		R-11, R-12 R-113	밀폐형 80~1,600USRT	일반 공조용
				개방형 600~10,000USRT	지역 냉방용
	회전식	로터리식 냉동기	R-12, R-22 R-21, R-114	0.4~150kW	룸 에어컨 (소용량) 선박용
		스크루식 냉동기	R-12, R-22	5~1,500kW	냉동용, 히트 펌프용
	증기 분사식 냉동기		H_2O	25~100USRT	냉수 제조용
흡수식	흡수식 냉동기		H_2O LiBr(흡수액)	50~2,000USRT	일반 공조용 폐열, 태양열 이용

① 압축식 냉동기
  ㉮ 종류 : 왕복동식, 원심식(터보식), 회전식 등
  ㉯ 냉동사이클 : 압축기 → 응축기 → 팽창밸브 → 증발기
  ㉰ 특징
   • 운전이 용이하다.
   • 초기 설비비가 적게 든다.
   • 기계적 동작에 의하여 소음이 크다.
   • 구동에너지가 전기이므로 전력소비가 많다.

② 흡수식 냉동기
  ㉮ 원리 : 냉매를 흡수하는 형식으로 압축냉동기의 압축기가 하는 압축을 흡수제를 이용하여 화학적으로 치환해서 냉동사이클을 형성하는 냉동기이다.
  ㉯ 냉동 사이클 : 증발기 → 흡수기 → 발생기(재생기) → 응축기
  ㉰ 특징
   • 증기나 고온수를 구동력으로 한다.
   • 냉매는 물(H_2O), 흡수액은 브롬화리튬(LiBr) 사용한다.

핵심 PLUS

98 터보 냉동기의 특징에 대한 설명 중 옳지 않은 것은? [08 기]
① 임펠러 회전에 의한 원심력으로 냉매가스를 압축한다.
② 일반적으로 대용량에는 부적합하며 비례제어가 불가능 하다.
③ 30% 이하의 출력에서는 서징(surging)현상이 일어나므로 운전이 곤란하다.
④ 왕복동식에 비하여 진동이 적다.

[해설] 터보식 냉동기
㉠ 효율이 좋고 가격도 싸다.
㉡ 냉매는 고압가스가 아니므로 취급이 용이하다.
㉢ 왕복동식에 비하여 진동이 적다.
㉣ 30% 이하의 출력에서는 서징(surging)현상이 일어나므로 운전이 곤란하다.
㉤ 대규모 공조 및 냉동에 적합하며 일반적으로 많이 사용한다.

답 : ②

■ 빙축열 시스템
① 개념
야간의 값싼 심야전력을 이용하여 전기에너지를 얼음 형태의 열에너지로 저장했다가 주간의 냉방용으로 사용하는 시스템으로, 주로 얼음의 융해열(335kJ/kg)을 이용한 것이다. 주야간의 전력 불균형을 해소하고 적은 비용으로 쾌적한 환경을 조성할 수 있다.

② 특징
• 냉동기 및 열원설비 용량을 줄일 수 있다.
• 수전설비 용량 축소 및 계약전력이 감소된다.
• 심야전력 이용으로 전력 운전비가 감소된다.
• 전력 부하 균형에 기여한다.
• 축열로 열공급이 안정적이다.
• 열원기기(냉동기)를 고효율로 운전할 수 있다.

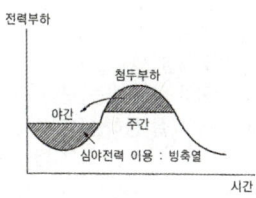

Ⅳ. 건축설비 | 공기조화설비

- 전력소비가 적다.(압축식의 1/3)
- 진동, 소음이 적다.
- 증기 보일러가 필요하다.
- 압축식에 비해 설치면적, 높이 중량이 크다.

2. 냉각탑(cooling tower)

① 응축기에서 냉각수가 빼앗은 열량을 냉각시켜 주는 역할
② 공냉식 : 실외기(Outdoor Unit)라고 불리우며 소용량에 주로 사용
③ 수냉식(물의 흐름방향에 따른 분류)
 ㉮ 향류식 : 공기를 아래에서 위로 흐르게 함
 ㉯ 직교류식 : 공기를 수류와 직각으로 흐르게 함
④ 밀폐형 : 대기오염이 아주 심하거나 외부에 노출시켜 설치할 수 없을 때 주로 사용한다. 굴뚝과는 멀리 떨어질수록 좋으며, 지상에 설치 가능
⑤ 설치위치 : 소음과 통풍, 주변의 영향을 고려하여 선택한다.
⑥ 냉각열량
 ㉮ 압축식 냉동기에 대한 냉각탑 용량 : 냉동열량의 1.2~1.3배
 ㉯ 흡수식 냉동기에 대한 냉각탑 용량 : 냉동열량의 2.5배
⑦ 보급수량 : 순환수량의 2~3% 정도

핵심 PLUS

99 공기조화설비 열원으로 빙축열 시스템을 채용하는 주된 목적은 다음 중 어느 것인가?
[03 기]
① 보다 찬 열원을 얻을 수 있어 실내가 쾌적해 진다.
② 얼음으로 축열하므로 설비점유 스페이스를 감소시킨다.
③ 냉동용량을 작게 하고 가동시간을 이동시켜 전력의 피크부하를 감소시킨다.
④ 야간전력을 이용하여 공조에너지를 절약한다.
답 : ③

100 응축기용의 냉각수를 재사용하기 위하여 대기와 접촉시켜서 물을 냉각하는 장치는?
[15 기]
① 냉동기
② 냉각기
③ 냉각탑
④ 냉각코일
답 : ③

101 냉방시설의 냉각탑에 관한 설명으로 옳은 것은? [19 기]
① 열에너지에 의해 냉동효과를 얻는 장치
② 냉동기의 냉각수를 재활용하기 위한 장치
③ 임펠러의 원심력에 의해 냉매가스를 압축하는 장치
④ 물과 브롬화리튬 혼합용액으로부터 냉매인 수증기와 흡수제인 LiBr로 분리시키는 장치
답 : ②

102 다음 중 냉각탑을 설치하는 장소로 가장 적당한 곳은?
[06 기]
① 지하실
② 보일러실
③ 바람이 안 통하는 곳
④ 바람이 잘 통하는 옥상
답 : ④

핵심기출문제

Ⅱ. 공기조화설비

■■■ 1. 공기에 관한 일반사항

1. 인체가 주위 환경과 복사 열교환을 행하는 것과 똑같은 양의 복사 열교환을 행하는 균일한 주위 온도를 의미하며, 인체가 실내의 어느 위치에 있느냐에 따라 달라지는 것은? [06⑦]

① 작용온도 ② 유효온도
③ 표준유효온도 ④ 평균복사온도

해설 1

MRT(Mean Radiant Temperature : 평균 복사온도)
인체에 대한 쾌감상태를 나타내는 기준이 되는 온도

2. 어떤 상태의 공기를 절대습도의 변화 없이 건구온도만 상승시킬 때, 그 공기의 상태변화를 나타낸 다음 내용 중 옳은 것은? [08, 12, 15⑦]

① 엔탈피는 증가한다.
② 상대습도는 증가한다.
③ 노점온도는 감소한다.
④ 비체적은 감소한다.

해설 2

공기를 절대습도의 변화 없이 건구온도만 상승한다는 의미는 습공기선도상의 현열 가열을 말한다. 이 때 상대습도는 감소하며, 엔탈피는 증가한다. 또한 절대습도의 변화가 없으므로 노점온도는 일정하고, 비체적은 증가한다.

3. 그림과 같은 습공기선도 상에서 공기가 1의 상태에서 2의 상태로 변화하는 과정을 설명한 것은? [06, 25⑦]

① 가열가습
② 냉각감습
③ 가열감습
④ 냉각가습

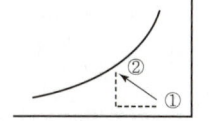

해설 3

습공기선도 상에서 현열 냉각, 잠열 가습의 상태를 의미한다.(현열 : 온도, 잠열 : 습도)

4. 습공기가 어느 한계까지 냉각되면 그 속에 있던 수증기는 이슬방울로 응축되기 시작하는데, 이때의 온도를 무엇이라 하는가?

① 노점온도 ② 습구온도
③ 건구온도 ④ 절대온도

해설 4

노점온도
온도가 높은 공기일수록 많은 수증기를 함유할 수가 있기 때문에 습공기의 온도를 낮추면 어떤 온도에서 포화상태가 되며 또다시 냉각시키면 수증기의 일부가 응축하여 이슬이 맺힌다. 이 온도를 노점온도(dew point temperature)라고 한다.

5. 습공기의 엔탈피에 대한 설명 중 옳은 것은? [10, 22⑦]

① 절대습도가 높을수록 작아진다.
② 건구온도가 높을수록 커진다.
③ 수증기의 엔탈피에서 건공기의 엔탈피를 뺀 값이다.
④ 습공기를 냉각·가습할 경우, 엔탈피는 항상 감소한다.

해설 5

습공기선도에서 건구온도가 높아지면 엔탈피는 커지고, 건구온도가 낮아지면 엔탈피는 작아진다. 이때 절대습도의 변화량은 없다.
※ 엔탈피 : 0℃일 때 건공기의 엔탈피를 0으로 하여 습공기 1kg이 지니고 있는 열량으로 나타낸다.

정답 1. ④ 2. ① 3. ④
4. ① 5. ②

핵심기출문제

Ⅱ. 공기조화설비

6. 다음 중 현열 변화량과 엔탈피 변화량의 비를 나타내는 것은? [09③]

① 현열비 ② 열수분비
③ 바이패스 팩터 ④ 콘택트 팩터

7. 건구온도 30℃, 상대습도 60%인 공기를 냉수코일에 통과시켰을 때 공기의 상태변화로 옳은 것은? (단, 코일 입구수온 5℃, 코일 출구수온 10℃) [17, 21③]

① 건구온도는 낮아지고 절대습도는 높아진다.
② 건구온도는 높아지고 절대습도는 낮아진다.
③ 건구온도는 높아지고 상대습도는 높아진다.
④ 건구온도는 낮아지고 상대습도는 높아진다.

8. 공기조화기 설계에서 사용되는 바이패스 팩터(bypass factor)의 의미로 옳은 것은? [17③]

① 급기팬을 통과하는 공기 중 건공기의 비율
② 공기조화기의 도입외기와 환기(return air)의 비율
③ 실내로부터의 환기(return air) 중 공기조화기로 도입되는 공기의 비율
④ 냉온수코일의 통과 공기 중 냉온수코일과 접촉하지 않고 통과하는 공기의 비율

9. 냉방시 실내온도 26℃, 상대습도 50%를 유지시키기 위한 실의 현열부하는 8,500W, 잠열부하는 2,500W로 계산되었다. 취출공기의 온도를 15℃로 할 경우 송풍량은? (단, 공기의 정압비열은 1.21KJ/m³·K) [10③]

① 약 2,299m³/h ② 약 3,221m³/h
③ 약 3,448m³/h ④ 약 4,167m³/h

10. 35℃의 옥외공기 300m³/h와 27℃의 실내공기 700m³/h를 혼합하였을 경우, 혼합공기의 온도는? [07, 09, 16③]

① 28.2℃ ② 29.4℃
③ 30.6℃ ④ 32.6℃

[해설] 혼합공기의 온도
35℃×300m³/h+27℃×700m³/h=X℃×1,000m³/h
∴ X=29.4℃

해 설

[해설] **6**
현열비(SHF) : 전열 변화량에 대한 현열 변화량의 비
$$현열비(SHF) = \frac{현열부하}{현열부하+잠열부하}$$

[해설] **7**
- 습공기를 가열 : 상대습도는 감소, 엔탈피와 비체적은 증가, 절대습도는 일정
- 습공기를 냉각 : 상대습도는 증가, 엔탈피와 비체적은 감소, 절대습도는 일정(과냉각시 절대습도는 감소)

[해설] **8**
By-pass Factor(BF)
냉각 또는 가열 코일과 접촉하지 않고 그대로 통과하는 공기의 비율을 말하며, 완전히 접촉하는 공기의 비율을 Contact Factor라고 한다.
송풍량을 줄이고, 냉수량을 많이 하며, 전열면적을 크게(코일의 간격은 좁게, 코일의 열수는 많이), 실내의 장치노점온도를 높게 하면 공조기의 성능을 좋게 하는 방법(바이패스 팩터(BF)를 줄이는 방법)이 된다.

[해설] **9**
$$Q = \frac{q_s}{0.34(t_i - t_o)}$$
(공기의 정압비열을 1.21kJ/m³·K로 했으므로)
$$Q = \frac{q_s}{0.336(t_i - t_o)} = \frac{8,500}{0.336(26-15)}$$
$$= 2,299 m³/h$$
※ 0.34=공기의 비열×밀도×1,000(J/KJ)÷3,600(s/h)
=1.01kJ/kg·K×1.2kg/m³×1,000(J/KJ)÷3,600(s/h)
=0.336W·h/m³·K
≒0.34W·h/m³·K

정답 6. ① 7. ④ 8. ④ 9. ①
10. ②

2. 환기설비

11. 건물 또는 실내의 환기에 대한 설명 중 옳지 않은 것은? [10⑦]

① 바람이 강할수록 환기량은 많아진다.
② 실내외의 온도차가 클수록 환기량은 적어진다.
③ 배기용 송풍기만을 설치하여 실내 공기를 강제적으로 배출시키는 기계환기법은 화장실, 욕실에 적합하다.
④ 중력환기는 항상 일정한 환기량을 얻을 수 없고 또 일정량 이상의 환기량을 기대할 수 없다.

12. 일반적으로 실내 환기량의 기준이 되는 것은? [07, 17⑦]

① 공기의 온도　　　② NO_2 농도
③ CO_2 농도　　　④ O_2 농도

해설 12, 13
이산화탄소(CO_2)의 함유량에 비례해서 다른 오염원의 정도가 변화되므로 실내 공기의 오염정도를 판단하는 척도로 이산화탄소[탄산가스(CO_2)] 농도를 사용한다.

13. 다음 중 사람이 거주하는 실내 공기오염의 척도로서 이산화탄소 농도가 사용되는 가장 주된 이유는? [07⑦]

① 농도에 따라 악취가 발생하기 때문에
② 농도에 따라 호흡이 곤란해지므로
③ 농도에 따라 실내 공기오염과 비례하므로
④ 농도에 따라 실내온도가 상승하므로

14. 2,000명을 수용하는 극장에서 실온을 20℃로 유지하려면 환기량은 몇 m^3/hr인가? (단, 외기온도 10℃, 1인당 발열량(현열)=60W, 공기의 정압비열=1.01kJ/kg·K, 공기의 밀도=1.2kg/m^3, 전등 및 기타 부하는 무시한다.) [08, 11, 15, 21, 24⑦]

① 11,110　　　② 21,222
③ 30,444　　　④ 35,644

15. 100명을 수용하는 회의실에서 1인당 CO_2의 배출량이 17ℓ/hr일 때 실내의 CO_2 농도를 1,000ppm 이하로 유지시키기 위한 환기량은 대략 얼마인가? (단, 외기의 CO_2 농도는 300ppm이다.) [03⑦]

① 2,120m^3/h　　　② 2,430m^3/h
③ 3,150m^3/h　　　④ 3,470m^3/h

해설

해설 11
온도차에 의한 환기(중력환기)
건물의 실내외부에 온도차가 있으면 공기밀도의 차이로 압력차가 발생하고 이에 따라 자연배기가 발생한다.
㉠ 상부 : 실내공기 배출
㉡ 하부 : 외기 유입
㉢ 중성대 : 실내외 압력차가 0(공기의 유출입이 없는 면)
※ 굴뚝효과(stack effect : 연돌효과) : 실 외벽에 개구부가 있으면 실내 공기는 위쪽으로 나가고 실외 공기는 아래로 유입되는 현상으로 연돌효과라고도 한다. 굴뚝효과는 실내 공기의 유동이 거의 없을 때에도 환기를 일으킨다. 고층 건물의 엘리베이터실과 계단실에는 천정이 높아 큰 압력차가 생겨 강한 바람이 불게 된다.

해설 14
발열량에 의한 환기량 계산
$Q = \dfrac{H_s}{C_p \times \rho \times (t_i - t_0)}$ 에서
먼저, 발열량(H_s)
=2,000×60J/s·명×3,600s/h
=432,000,000J/h=432,000kJ/h
※ 1W=1J/s=3,600J/h=3.6kJ/h
∴ $Q = \dfrac{H_s}{C_p \times \rho \times (t_i - t_0)}$
$= \dfrac{432,000\text{kJ/h}}{1.01\text{kJ/kg·K} \times 1.2\text{kg/}m^3 \times (20-10)\text{K}}$
$= 35,644 m^3/h$

해설 15
필요 환기량 $Q = \dfrac{K}{P_i - P_o}$
∴ $Q = \dfrac{K}{P_i - P_o}$
$= \dfrac{0.017 \times 100}{(1,000-300) \times 10^{-6}}$
$= \dfrac{0.017 \times 100 \times 10^6}{700} = \dfrac{1,700,000}{700}$
≒ 2430m^3/h·인
※ 1ppm=10^{-6}(m^3/m^3)

정답 11. ②　12. ③　13. ③
14. ④　15. ②

핵심기출문제

Ⅱ. 공기조화설비

16. 다음 중 실내를 부압으로 유지하며 실내의 냄새나 유해물질을 다른 실로 흘려보내지 않으므로 주방, 화장실, 유해가스 발생장소 등에 사용되는 환기방식은? [03, 09 ㉮]

① 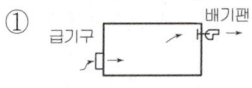 ②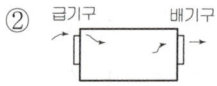

③ 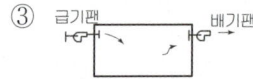 ④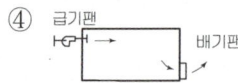

해 설

[해설] 16
제3종 환기(흡출식)
㉠ 자연송풍+강제배풍
㉡ 실내의 압력이 부압(-), 실내의 냄새나 유해 물질을 다른 실로 흘려보내지 않는다.
㉢ 주방, 화장실, 유해가스 발생장소에 사용한다.

■■■ **3. 공기조화부하계산**

17. 냉방부하 중 현열부하로만 작용하는 것은? [06, 08 ㉮]

① 인체부하 ② 조명기구부하
③ 틈새바람에 의한 부하 ④ 환기부하

18. 냉방부하의 종류 중 현열만을 포함하고 있는 것은? [16 ㉮]

① 인체의 발생열량
② 유리로부터의 취득열량
③ 극간풍에 의한 취득열량
④ 외기의 도입으로 인한 취득열량

[해설] 17, 18
냉방부하 계산
㉠ 현열 부하만 계산 : 벽체로부터의 취득열량, 유리로부터의 취득열량, 조명 및 기기로부터의 취득열량, 재열부하, 송풍기와 덕트로부터의 취득열량
㉡ 현열과 잠열을 동시에 계산해 주어야 할 부하요소
· 극간풍(틈새바람)에 의한 취득열량
· 인체의 발생열량
· 기구로부터의 발생열량
· 외기의 도입으로 인한 취득열량

19. 일사에 의한 차폐개수가 1인 보통유리를 통해 투과되는 일사량이 $200W/m^2$, 유리로부터의 관류열량이 $40W/m^2$일 경우, 유리로부터의 취득열량은? (단, 창면적은 $5m^2$이다.) [25 ㉮]

① 200W ② 1000W
③ 1200W ④ 1400W

[해설] 유리로부터의 일사에 의한 취득열량 q_G[W]
㉠ 유리로부터의 관류에 의한 취득열량
$q_{GT} = K A_g \Delta t$
A_g : 유리창의 면적(새시 포함) [m^2]
Δt : 실내외 온도차[℃]
㉡ 유리로부터 일사취득열량
$q_{GR} = I_{gr} A_g k_s$
I_{gr} : 유리를 통해 투과 및 흡수의 형식으로 취득되는 표준 일사취득열량[$W/m^2 \cdot K$]
A_g : 유리창의 면적(개시면적 포함) [m^2]
K_s : 전차폐 계수
∴ $q_G = q_{GT} + q_{GR} = (40 \times 5) + (200 \times 5 \times 1) = 1200W$

정답 16. ① 17. ② 18. ②
19. ③

4. 난방설비

20. 벽체의 열관류율을 계산할 때 필요한 사항이 아닌 것은?

① 벽체의 두께 ② 내외벽 표면의 열전달률
③ 벽체의 열전도율 ④ 외벽 표면의 복사율

21. 다음 표와 같은 벽체의 열관류율은 약 얼마인가? (단, 내표면 열전달율은 8.5W/m²·K, 외표면 열전달율은 33W/m²·K) [06, 23㉮]

번호	재료명	두께[m]	열전도율 [W/m·K]
①	콘크리트	0.12	1.6
②	단열재	0.05	0.035
③	시멘트벽돌	0.09	0.78
④	시멘트몰탈	0.03	1.5

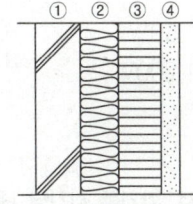

① 0.35W/m²·K ② 0.56 W/m²·K
③ 0.60 W/m²·K ④ 0.82 W/m²·K

22. 다음과 같은 벽체의 열관류율은? [06, 09, 11, 16, 24㉮]

[조건] ㉠ 내표면 열전달률 : 8W/m²·K
㉡ 외표면 열전달률 : 20W/m²·K
㉢ 재료의 열전도율
• 콘크리트 1.2W/m·K
• 유리면 0.036W/m·K
• 타일 1.1W/m·K

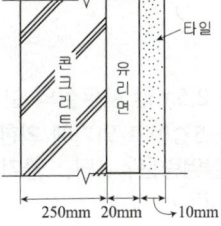

① 약 0.9W/m²·K ② 약 1.05W/m²·K
③ 약 1.2W/m²·K ④ 약 1.35W/m²·K

23. 용어의 단위가 틀린 것은? [03㉮]

① 열전도율 : W/m²·K ② 비열 : kJ/kg·K
③ 열관류 저항 : m²·K/W ④ 실내습도 : %

24. 다음 용어의 단위가 옳지 않은 것은? [05㉮]

① 열관류율 : W/m²·K ② 열전도율 : W/m·K
③ 손실열량 : W ④ 비열 : kJ/kg

해설

해설 20
열관류율 K (W/m²·℃)
㉠ 전달+전도+전달이 동시에 복합적으로 일어나는 열의 이동 정도를 표시한다.
㉡ 벽 표면적 1m², 단위 시간당 1℃의 온도차가 있을 때 흐르는 열량이다.
㉢ 열관류율이 적은 벽을 만들려면 열전도율이 적은 재료를 사용한다.

열관류율(K)
$$= \frac{1}{\frac{1}{\alpha_1} + \frac{d}{\lambda} + \frac{1}{\alpha_2}} (W/m^2 \cdot ℃)$$

단, α : 열전달률(W/m²·℃)
λ : 열전도율(W/m·℃), d : 두께(m)

해설 21
열관류율(K)
$$= \frac{1}{\frac{1}{\alpha_1} + \Sigma \frac{d}{\lambda} + \frac{1}{\alpha_2}} (W/m^2 \cdot K)$$

단, α : 열전달률(W/m²·K)
λ : 열전도율(W/m·K), d : 두께(m)
∴ 열관류율(K)
$$= \frac{1}{\frac{1}{\alpha_1} + \Sigma \frac{d}{\lambda} + \frac{1}{\alpha_2}}$$
$$= \frac{1}{\frac{1}{8.5} + \left(\frac{0.12}{1.6} + \frac{0.05}{0.035} + \frac{0.09}{0.78} + \frac{0.03}{1.5}\right) + \frac{1}{33}}$$
$$= \frac{1}{1.787} = 0.56 \, (W/m^2 \cdot K)$$

해설 22
열관류율(K)
$$= \frac{1}{\frac{1}{\alpha_1} + \Sigma \frac{d}{\lambda} + \frac{1}{\alpha_2}} (W/m^2 \cdot K)$$

단, α : 열전달률(W/m²·K)
λ : 열전도율(W/m·K), d : 두께(m)
∴ 열관류율(K)
$$= \frac{1}{\frac{1}{\alpha_1} + \Sigma \frac{d}{\lambda} + \frac{1}{\alpha_2}}$$
$$= \frac{1}{\frac{1}{8} + \left(\frac{0.25}{1.2} + \frac{0.02}{0.036} + \frac{0.01}{1}\right) + \frac{1}{20}}$$
$$= \frac{1}{0.965} = 1.05 \, (W/m^2 \cdot K)$$

해설 23
열전도율 : W/m·K, 열전달율 : W/m²·K, 열관류율 : W/m²·K

해설 24
비열 : kJ/kg·K

정답 20. ④ 21. ② 22. ②
23. ① 24. ④

핵심기출문제

II. 공기조화설비

25. 실내의 결로현상에 관한 설명 중 틀린 것은? [05②]
① 외벽의 열관류율이 높을수록 심하다.
② 외벽의 열전도율이 낮을수록 심하다.
③ 실내와 실외의 온도차가 클수록 심하다.
④ 실내의 상대습도가 높을수록 심하다.

26. 열관류율 K=2.5W/m²·K인 벽체의 양쪽 공기 온도가 각각 20℃와 0℃일 때, 이 벽체 1m² 당 이동열량은? [10②]
① 25W   ② 50W
③ 100W   ④ 200W

27. 실의 크기가 9m×7m×3m인 교실에서, 환기를 시간당 1회 행할 때 환기로 인한 손실열량(현열량)은?(단, 공기의 비열은 1.2kJ/m³·K, 실내온도는 20℃, 외기온도는 −5℃) [09②]
① 3,450kJ/h
② 4,600kJ/h
③ 5,670kJ/h
④ 11,900kJ/h

28. 실의 크기가 6m×10m, 천장고가 2.5m인 사무실의 실내 온도를 20℃로 유지하고자 한다. 외기온도가 −5℃이고 외기에 의한 환기를 시간당 1회 할 경우 외기에 의한 손실열량은? (단, 공기의 정압비열은 1.0kJ/kg·K, 밀도는 1.2kg/m³이다.) [10②]
① 523.4W   ② 755.9W
③ 1262.5W ④ 4545W

29. 에너지를 절약하기 위한 방법과 가장 관계가 먼 것은? [10②]
① 열관류율이 낮은 재료를 사용한다.
② 동일한 재료인 경우 두께가 두꺼운 것을 사용한다.
③ 열전도율이 낮은 재료를 사용한다.
④ 흡수성이 높은 재료를 사용한다.

해 설

[해설] 25
열전달률, 열전도율, 열관류율이 클수록 결로현상은 심하다.

[해설] 26
$Q = KA(t_i - t_0)$ [W]
$\therefore Q = 2.5 \times 1 \times (20-0) = 50W$

[해설] 27
손실열량$(H) = C_p \cdot \rho \cdot Q(t_i - t_0)$
$= 1.2 \times 1 \times (9 \times 7 \times 3) \times \{20-(-5)\}$
$= 5,670 kJ/h$
※ 환기량 $Q = n \cdot V$

[해설] 28
환기(틈새바람)에 의한 열손실
$H = 0.34 \cdot Q \cdot (t_i - t_o)$
$= 0.34 \cdot n \cdot V \cdot (t_i - t_o)$ [W]
0.34 : 공기의 정적 비열(W·h/m³·K)
Q : 환기량(m³/h)
$t_i - t_o$: 실내외 온도차(℃)
$\therefore H = 0.336 \times 1 \times (6 \times 10 \times 2.5)$
$\times \{(20-(-5)\} = 1,260$ [W]
※ 0.34 = 공기의 비열×밀도
　　×1,000(J/KJ)÷3,600(s/h)
= 1.01kJ/kg·K × 1.2kg/m³
　×1,000(J/KJ)÷3,600(s/h)
= 0.336W·h/m³·K
≒ 0.34W·h/m³·K

[해설] 29
외표면적을 줄여 침입 외기량을 줄이고, 2중창으로 한다. 단열재를 사용하고 흡수성이 낮은 재료를 사용한다.

정답 25. ②　26. ②　27. ③
28. ③　29. ④

30. 주철제 방열기에 대한 설명 중 틀린 것은? [08㉮]

① 부하 및 열손실이 가장 적은 곳에 설치한다.
② 벽면에서 50mm 정도 이격시켜 설치한다.
③ 외벽측 창 아래 쪽에 설치한다.
④ 주형, 세주형, 벽걸이형 등이 있다.

31. 노통연관식 보일러에 대한 설명으로 옳지 않은 것은? [06㉮]

① 부하변동에 대한 안정성이 없다.
② 예열시간이 길다.
③ 분할 반입이 어렵다.
④ 보유수면이 넓어서 급수용량 제어가 쉽다.

32. 다음의 수관보일러에 대한 설명 중 옳지 않은 것은? [07, 25㉮]

① 드럼과 드럼간에 여러 개의 수관을 연결하고, 관내에 흐르는 물을 가열하므로 온수 및 증기를 발생시킨다.
② 사용압력이 연관식보다 높고, 부하변동에 대한 추종성이 높다.
③ 대형건물 또는 병원이나 호텔 등에 사용된다.
④ 연관식보다 설치면적이 작고, 초기 투자비가 적게 든다.

33. 다음의 설명에 알맞은 보일러의 출력은? [08, 23, 24㉮]

> 연속해서 운전할 수 있는 보일러의 능력으로서 난방부하, 급탕부하, 배관부하, 예열부하의 합이며, 보통 보일러 선정시 기준이 된다.

① 과부하 출력　　② 상용출력
③ 정격출력　　　④ 정미출력

34. 방열기의 표준방열량 산정에서 사용되는 표준상태의 열매의 온도는?
(단, 열매는 증기) [10㉮]

① 80℃　② 94℃　③ 100℃　④ 102℃

[해설] 방열기의 표준방열량

열매의 종류	표준 방열량[kW/m^2], [kcal/m^2·h]	표준 상태에 있어서의 온도	
		열매의 온도	실온
증기	0.756[kW/m^2], 650[kcal/m^2·h]	102℃	18.5℃
온수	0.523[kW/m^2], 450[kcal/m^2·h]	80℃	18.5℃

해 설

[해설] **30**
방열기는 부하 및 열손실이 가장 큰 곳에 설치하며, 벽면에서 50~60mm 정도 이격시켜 설치한다.

[해설] **31**
노통연관식 보일러
㉠ 부하의 변동에 대해 안정성이 있으며, 수면이 넓어 급수 조절이 쉽다.
㉡ 수처리가 비교적 간단하며 현장공사가 거의 필요치 않다.
㉢ 예열시간이 길고 주철제에 비해 가격이 비싸다.
㉣ 사용압력은 0.7~1.0MPa 정도이다.

[해설] **32**
수관보일러는 증기발생이 빠르고 대용량이며, 사용압력 1.0MPa 이상으로 대형건물 또는 병원이나 호텔, 산업용 대규모 건물, 지역난방용으로 사용된다. 노통연관식보다 설치면적이 크고, 초기 투자비가 많이 든다.

[해설] **33**
보일러부하(H)
㉠ 정격 출력=난방부하(H_R)+급탕부하(H_W)+배관손실(H_P)+예열부하(H_E)
　=상용출력×1.25=방열기용량×1.35
㉡ 상용 출력=난방부하(H_R)+급탕부하(H_W)+배관손실(H_P)
　=방열기용량×1.2
㉢ 방열기용량(정미출력)
　=난방부하(H_R)+급탕부하(H_W)
㉣ 난방부하

정답　30. ①　31. ①　32. ④
　　　33. ③　34. ④

핵심기출문제

II. 공기조화설비

35. 다음의 증기난방에 대한 설명 중 옳은 것은? [07㉮]
① 온수난방에 비하여 예열시간이 길다.
② 온수난방에 비하여 한랭지에서 동결의 우려가 많다.
③ 온수난방에 비하여 부하변동에 따른 실내방열량의 제어가 용이하다.
④ 방열기의 표면온도가 높아 쾌적성은 온수난방보다 좋지 않다.

36. 다음 중 증기난방에 대한 설명으로 옳지 않은 것은? [06, 09, 22㉮]
① 응축수 환수관 내에 부식이 발생하기 쉽다.
② 온수난방에 비해 방열기 크기나 배관의 크기가 작아도 된다.
③ 방열기를 바닥에 설치하므로 복사난방에 비해 실내바닥의 유효면적이 줄어든다.
④ 온수난방에 비해 예열시간이 길어서 충분히 난방감을 느끼는데 시간이 걸린다.

37. 증기난방에 관한 설명으로 옳지 않은 것은? [17㉮]
① 계통별 용량제어가 곤란하다.
② 한랭지에서 동결의 우려가 적다.
③ 예열시간이 온수난방에 비하여 짧다.
④ 부하변동에 따른 실내방열량의 제어가 용이하다.

38. 증기난방설비에서 낮은 곳에 있는 응축수를 높은 곳으로 올리거나 환수관에 응축수를 체류시키지 않고 중력으로 저압보일러에 돌아가게 할 때 리턴트랩으로 사용되는 것은? [10㉮]
① 플로트 트랩　　② 버킷 트랩
③ 리프트 트랩　　④ 디스크 트랩

39. 온수난방과 비교한 증기난방의 설명으로 옳은 것은? [17, 21, 25㉮]
① 예열시간이 길다.
② 한랭지에서 동결의 우려가 있다.
③ 부하변동에 따른 방열량 제어가 용이하다.
④ 열매온도가 높으므로 방열기의 방열면적이 작아진다.

해　　설

[해설] 35
① 예열시간이 온수 난방에 비해 짧고 증기의 순환이 빠르다.
② 온수난방에 비하여 한랭지에서 동결의 우려가 작다.
③ 온수난방에 비하여 난방부하의 변동에 따라 방열량 조절이 곤란하다.

[해설] 36
증기난방은 예열시간이 짧고 증기의 순환이 빠르다. 난방의 쾌감도가 나쁘고, 소음(steam hammering)이 많이 난다.

[해설] 37
증기난방의 단점
㉠ 난방의 쾌감도가 낮다.
㉡ 난방부하의 변동에 따라 방열량 조절이 곤란하다.
㉢ 소음이 많이 난다.
　(steam hammering)
㉣ 보일러 취급에 기술을 요한다.

[해설] 38
① 플로트 트랩(float trap) : 저압증기용 기기 부속 트랩으로 다량의 응축수를 처리하기 위해 사용하며 열교환기 등에 많이 쓰인다.
② 버킷 트랩(burcket trap) : 주로 고압증기의 관말 트랩이나 증기 사용 세탁기, 증기 탕비기 등에 많이 쓰인다.

[해설] 39
증기난방은 보유수량이 적어 예열시간이 온수 난방에 비해 짧다. 또한 방열온도가 높아서 방열면적 및 배관경이 작으므로 설비비, 유지비가 싸다.

정답　35. ④　36. ④　37. ④
　　　38. ③　39. ④

40. 난방용 온수 배관의 동파방지 대책으로 옳지 않은 것은? [08㉯]

① 옥외 노출배관을 하지 않는다. ② 부동액을 혼입하여 사용한다.
③ 에어벤트를 설치한다. ④ 전열히터로 보온한다.

41. 가로, 세로, 높이가 각각 4.5×4.5×3m 인 실의 각 벽면 표면온도가 18℃, 천장면 20℃, 바닥면 30℃일 때 평균복사온도(MRT)는? [19, 24㉯]

① 15.2℃   ② 18.0℃
③ 21.0℃   ④ 27.2℃

[해설]
$$MRT = \frac{1}{(4.5\times4.5\times2)+(4.5\times3\times4)} \times (4.5\times4.5\times1)\times30℃ + (4.5\times4.5\times1)$$
$$\times 20℃ + (4.5\times3\times4)\times18℃ = \frac{1984.5℃}{94.5} = 21.0℃$$

42. 복사난방 방식의 특징이 아닌 것은? [03, 15, 23㉯]

① 열용량이 커서 예열시간이 짧다.
② 수직온도 분포가 균일하고 실내가 쾌적하다.
③ 대류난방에 비하여 설비비가 비싸다.
④ 실온을 낮게 유지할 수 있어서 열손실이 적다.

43. 온풍난방의 시스템에 대한 설명 중 옳지 않은 것은? [05㉯]

① 외기를 도입할 수 있다.
② 설계를 잘못하면 실내에 소음이 전달된다.
③ 보일러나 배관을 필요로 하지 않는다.
④ 온도만 조절가능하고 습도와 기류는 조절할 수 없다.

■■■ 5. 공기조화방식

44. 공기조화설비계획에서 공조방식을 통한 에너지절약 사항이 아닌 것은? [06㉯]

① 전열교환기에 의한 배열회수를 적극적으로 적용한다.
② 각 존별로 온도제어를 한다.
③ 열원기기 등은 고효율 운전이 가능한 것을 선정한다.
④ 구조체에 단열재를 삽입하고 창유리를 복층화한다.

해 설

[해설] 40
에어벤트(air vent, 공기빼기)
배관 내의 공기의 정체를 막아 물의 흐름을 원활하게 한다.

[해설] 41
MRT(Mean Radiant Temperature : 평균복사온도) : 인체가 주위 환경과 복사 열교환을 행하는 것과 똑같은 양의 복사 열교환을 행하는 균일한 주위 온도를 의미하며, 인체가 실내의 어느 위치에 있느냐에 따라 달라진다. 인체에 대한 쾌감상태를 나타내는 기준이 되는 온도이다.

[해설] 42
복사난방은 주로 건축 일부의 천장 높이가 높은 경우와 주택, 학교, 은행 영업실 등에 사용된다. 실내의 온도분포가 균등하여 쾌감도가 높고, 바닥의 이용도가 높다. 그러나 외기 급변에 따른 방열량 조절이 어렵고, 또한 시공이 어려우며 수리비, 설비비가 비싸다. 구조체를 덥히게 되므로 예열시간이 길어져 일시적으로 쓰는 방에는 부적당하다.

[해설] 43
온풍난방은 온습도 조절이 용이하고 풍량조절 및 환기도 가능하다.

[해설] 44
공기조화설비의 에너지 절약방안
㉠ 건물의 zoning : 각 존별로 온도제어
㉡ 공기조화방식 : VAV방식
㉢ 열회수장치 : 전열교환기, Heat Pipe, Heat Pump System
㉣ 외기냉방(economizer cycle)
 : 중간기에 환기만으로 냉방

정답 40. ③ 41. ③ 42. ①
43. ④ 44. ④

핵심기출문제

Ⅱ. 공기조화설비

45. 공기조화계획에서 내부존의 조닝 방법에 속하지 않는 것은? [15㉠]

① 방위별 조닝
② 부하특성별 조닝
③ 온·습도 설정별 조닝
④ 용도에 따른 시간별 조닝

46. 가변풍량(VAV) 방식에 대한 설명으로 옳은 것은? [04㉠]

① 정풍량 방식에 비해 에너지 절감효과가 크다.
② 각실 또는 스페이스별 개별 제어가 불가능하다.
③ 실내공기의 청정화를 요할 때 적당하다.
④ 실내의 열부하 변동에 따라 송풍온도를 변화시키는 방식이다.

47. 다음과 같은 특징을 갖는 공기조화방식은? [09, 25㉠]

> ㉠ 냉·온풍의 혼합으로 인한 혼합손실이 있어서 에너지 소비량이 많다.
> ㉡ 부하특성이 다른 다수의 실이나 존에도 적용할 수 있다.
> ㉢ 전공기방식의 특성이 있다.

① 유인유닛 방식   ② 팬코일유닛 방식
③ 단일덕트 방식   ④ 이중덕트 방식

48. 공기조화방식 중 팬코일 유닛 방식에 대한 설명으로 옳지 않은 것은? [10, 18㉠]

① 덕트 방식에 비해 유닛의 위치 변경이 쉽다.
② 유닛을 창문 밑에 설치하면 콜드 드래프트를 줄일 수 있다.
③ 전공기 방식으로 각 실에 수배관으로 인한 누수의 염려가 없다.
④ 각 실의 유닛은 수동으로도 제어할 수 있고, 개별 제어가 쉽다.

49. 다음의 공기조화방식에 관한 설명 중 옳지 않은 것은? [10, 13㉠]

① 단일덕트방식은 전공기방식이다.
② 2중덕트방식은 냉·온풍의 혼합으로 인한 혼합손실이 있다.
③ 팬 코일 유닛 방식은 전공기방식으로 수배관으로 인한 누수의 우려가 없다.
④ 단일덕트방식은 부하특성이 다른 여러 개의 실이나 존이 있는 건물에는 적용하기가 곤란하다.

해 설

[해설] 45
건축의 내부 존(interior zone)은 부하가 적어 실내 기류가 정체되어 있는 느낌을 받는 곳으로 부하특성별 조닝, 용도에 따른 시간별 조닝, 온·습도 설정별 조닝 방법으로 하며, 건축의 페리미터존(perimeter zone, 외부존)은 방위에 따라 부하의 특성이 다르므로 방위별 조닝을 하는 것이 좋다.

[해설] 46
가변풍량(VAV)방식 : 토출공기 온도는 일정하게 하며 송풍량을 실내 부하의 변동에 따라 변화시키는 것으로 운전비는 감소하고 개별제어가 용이하며 에너지 절약형 공조방식이다.

[해설] 47
이중덕트방식(double duct system)
냉풍, 온풍의 2개의 덕트를 만들어, 말단에 혼합 유닛(unit)에서 열부하에 알맞은 비율로 혼합하여 송풍함으로써 실온을 조절하는 전공기식의 조절 방식이다.

[해설] 48, 49
팬코일 유닛방식(fan-coil unit system)
열부하의 증감에 따라서 송풍량을 조절하여 온, 습도를 유지하는 전수방식으로 실내형 소형 공조기라고 불리우며 에너지절약형 공조방식이다. 외주부에 설치하여 콜드 드래프트를 방지하며, 개별제어가 가능하다. 외기공급 및 가습, 제습장치가 별도로 필요로 하며 누수의 염려가 있고, 보수 및 점검 개소가 증가한다. 용도 : 주택, 아파트, 사무실, 호텔의 객실(극장, 스튜디오에는 부적당)

정답 45. ① 46. ① 47. ④
48. ③ 49. ③

50. 다음의 각종 공기조화방식의 특성에 대한 설명 중 옳지 않은 것은? [05, 24⑦]

① 팬코일 유니트방식 – 개별제어가 가능하므로 부분 사용이 많은 건물에서 경제적인 운전이 가능하다.
② 2중덕트방식 – 냉풍 및 온풍이 열매체이므로 실내온도 변화에 대한 응답이 빠르다.
③ 단일덕트방식 – 냉, 온풍의 혼합에 의한 열손실의 발생이 크다.
④ 패키지 유니트방식 – 실내 소음방지 대책이 필요하다.

■■■ 6. 공기조화기

51. 덕트 설비에 관한 설명이 옳게 된 것은? [03⑦]

① 저속덕트는 풍속이 10m/s 이하이며 정압 50mmAq 미만인 것을 말한다.
② 덕트 각부에서 풍속이 일정하도록 치수를 정하는 방법을 정압법이라 한다.
③ 덕트의 재료는 가능하면 표면이 매끈한 아연도철판, 알루미늄판 등을 사용한다.
④ 덕트가 커지면 송풍기의 정압이 증가하므로 동력의 낭비가 심해진다.

52. 덕트의 분기부에 설치하여 풍량조절용으로 사용되는 댐퍼는? [09, 13, 16⑦]

① 버터플라이 댐퍼   ② 평행익형 댐퍼
③ 대향익형 댐퍼   ④ 스플릿 댐퍼

53. 다음의 덕트 설비에 관한 설명 중 옳은 것은? [09, 23⑦]

① 고속덕트는 관마찰저항을 줄이기 위하여 일반적으로 장방형 덕트를 사용한다.
② 고속덕트에는 소음상자를 사용하지 않는 것이 원칙이다.
③ 같은 양의 공기가 덕트를 통해 송풍될 때 풍속을 높게 하면 덕트의 단면치수를 작게 할 수 있다.
④ 등마찰손실법은 덕트 내의 풍속을 일정하게 유지할 수 있도록 덕트 치수를 결정하는 방법이다.

해 설

[해설] **50**
2중덕트방식 : 냉, 온풍의 혼합에 의한 열손실의 발생이 크다.

[해설] **51**
① 저속덕트는 풍속이 15m/s 이하이며 일반 건축물에 사용한다.
② 덕트 각부에서 풍속이 일정하도록 치수를 정하는 방법을 등속법이라 한다.
④ 풍량이 일정한 상태의 경우 덕트가 커지면 마찰손실은 작아지므로 동력소비량은 감소한다.

[해설] **52**
풍량 조절 댐퍼(volume damper)
덕트 내의 풍량조절 부속품
㉠ 단익 댐퍼(버터플라이 댐퍼) : 소형 덕트용
㉡ 다익 댐퍼(루버 댐퍼) : 2개 이상의 날개로서 대형 덕트용
㉢ 스플릿 댐퍼(split damper) : 덕트 분기점에서의 풍량 조절용
㉣ 슬라이드 댐퍼(slide damper) : 전체의 개폐를 목적으로 사용
㉤ 클로스 댐퍼(cloths damper) : 기류의 발생음을 줄이고 기류의 방향을 조절하는 데 사용

[해설] **53**
㉠ 고속덕트는 관마찰저항을 줄이기 위하여 일반적으로 원형 덕트를 사용한다.
㉡ 고속덕트에는 소음을 줄이기 위하여 소음상자를 사용하는 것이 원칙이다.
㉢ 등속법(정속법)은 덕트 내의 풍속을 일정하게 유지할 수 있도록 덕트 치수를 결정하는 방법이다.
㉣ 주로 분진이나 산업용 분말 등을 배출시키기 위한 배기 덕트의 설계법으로 적당하다.
※ 등마찰손실법(등압법, 마찰저항법)는 덕트의 단위길이당의 마찰저항의 값을 일정하게 하여 덕트의 단면을 결정하는 방법으로, 가장 많이 사용되는 설계법이다.

정답 50. ③   51. ③   52. ④
53. ③

핵심기출문제

Ⅱ. 공기조화설비

54. 길이 20m, 지름 400mm의 덕트에 평균속도 12m/s로 공기가 흐를 때 발생하는 마찰저항은? (단, 덕트의 마찰저항계수는 0.02, 공기의 밀도는 1.2kg/m³ 이다.) [15, 22㉮]

① 7.3Pa ② 8.6Pa
③ 73.2Pa ④ 86.4Pa

■■■ 7. 냉동설비

55. 압축식 냉동기의 주요 구성요소가 아닌 것은? [06, 07, 10, 18㉮]

① 재생기 ② 압축기
③ 증발기 ④ 응축기

56. 냉동기에 관한 기술 중 옳지 않은 것은? [05㉮]

① 터보 냉동기는 대규모 건축물의 냉방용으로 적합하다.
② 왕복동식 냉동기는 높은 압축비를 필요로 하는 경우에 적합하다.
③ 스크류식 냉동기는 왕복운동 부분이 없어 소음 및 진동이 적다.
④ 흡수식 냉동기의 운전비는 같은 용량의 터보 냉동기보다 많이 든다.

57. 다음의 설명에 알맞은 냉동기는? [09, 11㉮]

- 기계적 에너지가 아닌 열에너지에 의해 냉동효과를 얻는다.
- 구조는 증발기, 흡수기, 재생기(발생기), 응축기 등으로 구성되어 있다.

① 터보식 냉동기 ② 스크류식 냉동기
③ 흡수식 냉동기 ④ 왕복동식 냉동기

58. 터보 냉동기에 관한 설명으로 옳지 않은 것은? [11, 25㉮]

① 왕복동식에 비하여 진동이 적다.
② 임펠러 회전에 의한 원심력으로 냉매가스를 압축한다.
③ 일반적으로 대용량에는 부적합하며 비례제어가 불가능하다.
④ 30% 이하의 출력에서는 서징(surging) 현상이 일어나므로 운전이 곤란하다.

[해설] 터보식 냉동기
㉠ 효율이 좋고 가격도 싸다.
㉡ 냉매는 고압가스가 아니므로 취급이 용이하다.
㉢ 왕복동식에 비하여 진동이 적다.
㉣ 30% 이하의 출력에서는 서징(surging)현상이 일어나므로 운전이 곤란하다.
㉤ 대규모 공조 및 냉방에 적합하며 일반적으로 많이 사용한다.

해 설

[해설] **54**
관의 직관부 마찰저항(ΔP_f)

$$\Delta P_f = \lambda \cdot \frac{\ell}{d} \cdot \frac{v^2}{2} \cdot \rho \, [\text{Pa}]$$

ΔP_f : 길이 1m의 직관에 있어서의 마찰손실수두(Pa)
λ : 관마찰계수 d : 관의 내경(m)
ℓ : 직관의 길이(m)
v_2 : 관내 평균 유속(m/s)
ρ : 공기의 밀도(1.2kg/m³)

$$\therefore \Delta P_f = \lambda \cdot \frac{\ell}{d} \cdot \frac{v^2}{2} \cdot \rho \, [\text{Pa}]$$

$$= 0.02 \times \frac{20}{0.4} \times \frac{12^2}{2} \times 1.2 = 86.4 \, [\text{Pa}]$$

[해설] **55**
압축식 냉동기
㉠ 종류 : 왕복동식, 회전식, 터보식 등
㉡ 냉동사이클 : 압축기 → 응축기 → 팽창기 → 증발기
㉢ 특징
 • 운전이 용이하다.
 • 초기 설비비가 적게 든다.
 • 기계적 동작에 의하여 소음이 크다.
 • 구동에너지가 전기이므로 전력소비가 많다.
※ 흡수식 냉동 사이클 : 증발기-흡수기-발생기(재생기)-응축기

[해설] **56**
압축식 냉동기의 주에너지는 전기, 흡수식 냉동기의 주에너지는 가스를 사용한다. 가스를 사용하는 흡수식 냉동기가 전기를 사용하는 압축식 냉동기(터보 냉동기)보다 운전비가 적게 든다.

[해설] **57**
흡수식 냉동기
㉠ 원리 : 냉매를 흡수하는 형식으로 압축냉동기의 압축기가 하는 압축을 흡수제를 이용하여 화학적으로 치환해서 냉동사이클을 형성하는 냉동기이다.(열에너지에 의해 냉동 효과를 얻는 냉동기)
㉡ 냉동 사이클 : 증발기-흡수기-발생기(재생기)-응축기

정답 54. ④ 55. ① 56. ④
57. ③ 58. ③

59. 공조시스템의 전열교환기에 대한 설명 중 틀린 것은? [08, 19㉮]

① 공기 대 공기의 열교환기로서 현열만 교환이 가능하다.
② 공조기는 물론 보일러나 냉동기의 용량을 줄일 수 있다.
③ 구조는 외기가 들어와서 급기되는 윗부분과 환기가 배기되는 아래부분으로 나누어지고, 각각 덕트에 접속된다.
④ 전열교환기를 사용한 공조시스템에서 중간기(봄, 가을)를 제외한 냉방기와 난방기의 열회수량은 실내외의 온도차가 클수록 많다.

60. 빙축열 시스템에 대한 설명 중 옳지 않은 것은? [08㉮]

① 냉동기와 관련기기의 용량을 작게 할 수 있다.
② 유지보수가 용이하고 방열 손실의 발생이 없다.
③ 하절기 피크 전력부하가 감소하여 전기요금이 절감된다.
④ 심야의 값싼 전력을 사용하므로 일반 냉동 시스템보다 운전비용이 줄어든다.

61. 냉동장치의 하나인 냉각탑(cooling Tower)에 대한 설명으로 옳은 것은? [05, 20㉮]

① 냉각탑은 대기 중에서 기체냉매를 냉각시켜 액체냉매로 응축하기 위한 설비이다.
② 냉각탑은 고압의 액체냉매를 증발시켜 냉동효과를 얻게 하는 설비이다.
③ 냉각탑은 발생기에서 나온 수증기를 냉각시켜 물이 되도록 하는 설비이다.
④ 냉각탑은 냉매를 응축시키는데 사용된 냉각수를 재사용하기 위하여 냉각시키는 설비이다.

62. 건축물의 에너지절약을 위한 기계부문의 권장 사항으로 옳지 않은 것은? [16㉮]

① 냉방기기는 전력피크 부하를 줄일 수 있도록 한다.
② 난방 순환수 펌프는 가능한 한 대수제어 또는 가변속제어방식을 채택한다.
③ 폐열회수를 위한 열회수설비를 설치할 때에는 중간기에 대비한 바이패스(by-pass) 설비를 설치한다.
④ 위생설비 급탕용 저탕조의 설계온도는 65℃ 이하로 하고 필요한 경우에는 부스터히터 등으로 승온하여 사용한다.

해 설

[해설] 59
전열교환기는 공기 대 공기의 열교환기로서 현열 및 잠열의 교환이 가능하다.

[해설] 60
빙축열 방식(잠열축열방식)
야간(23:00~09:00)의 값싼 심야전력을 이용하여 전기에너지를 얼음 형태의 열에너지로 저장했다가 주간의 냉방용으로 사용하는 방식으로 주로 얼음의 융해열(335kJ/kg)을 이용한 것이다.
㉠ 장점
 • 기기용량 및 부속설비용량 감소
 • 수전설비용량 축소 및 계약전력의 감소
 • 심야전기 이용으로 전력운전비 감소
 • 주야간의 전력부하 균형에 기여
 • 축열로 열공급이 안정적
 • 열회수시스템 채용 가능
㉡ 단점
 • 초기 투자비가 비싸다.
 • 축열조 설치를 위한 별도의 공간이 필요하다.

[해설] 61
냉각탑은 응축기에서 냉각수가 빼앗은 열량을 냉각 순환시켜 대기 중으로 방출하기 위한 장치이다.

[해설] 62
위생설비 급탕용 저탕조의 설계온도는 55℃ 이하로 하고 필요한 경우에는 부스터히터 등으로 승온하여 사용한다.

정답 59. ① 60. ② 61. ④ 62. ④

03 전기설비

핵심 PLUS

01 전기설비의 전압 구분에서 고압에 해당하는 것은? [03, 18 기]
① 교류 300V 이하, 직류 600V 이하
② 교류 600V 이하, 직류 300V 이하
③ 교류 1,000V~7,000V, 직류 1,500V~7,000V
④ 교류 1,500V~7,000V, 직류 1,000V~7,000V

답 : ③

02 저항 20[Ω]의 전열기에 5[A]의 전류가 흐를 때의 전력은? [06 산]
① 100W ② 200W
③ 300W ④ 500W

[해설] 전력 $P = IV$
옴의 법칙에서
$V = IR,\ I = \dfrac{V}{R},\ R = \dfrac{V}{I}$
P : 전력[W], I : 전류[A]
V : 전압[V], R : 저항[Ω]
∴ 전력 $P = IV = I^2 R$
$= 5^2 \times 20 = 500W$

답 : ④

03 저항 5[Ω], 7[Ω], 8[Ω]을 직렬로 접속된 회로에 5[A]의 전류가 흐르려면 가해준 전압[V]은 얼마인가? [10, 23 기]
① 50[V] ② 100[V]
③ 200[V] ④ 250[V]

[해설] 전압(V)=전류(I)×저항(R)
$V = I \cdot R$ 에서
∴ 직렬저항
$V = 5 \times (5+7+8) = 100 V$
[주] 저항의 계산
① 직렬저항
$R = R_1 + R_2 + R_3 \cdots$
② 병렬저항
$\dfrac{1}{R} = \dfrac{1}{R_1} + \dfrac{1}{R_2} + \dfrac{1}{R_3} \cdots$

답 : ②

1 전기에 관한 일반적인 사항

1. 전기설비의 기초 사항

1) 전압

전기가 흐르기 위한 높이차(도체를 통해 흐르는 전류는 높은 곳에서 낮은 곳으로 흐른다)를 전위차 또는 전압이라 한다. 전압의 표시 기호는 V, 단위는 볼트(volt, V)를 사용한다.

■ 전압의 종류[한국전기설비규정(KEC), 20.12.3 개정]

구분 \ 종류	저 압	고 압	특별고압
직 류	1,500V 이하	1,500~7,000V	7,000V 초과
교 류	1,000V 이하	1,000~7,000V	7,000V 초과

2) 전류와 전압과의 관계(옴의 법칙)

① 전력 : $P = IV$

② 전압 : $V = IR$ $\quad I = \dfrac{V}{R} \quad\quad R = \dfrac{V}{I}$

P : 전력[W] $\quad I$: 전류[A]
V : 전압[V] $\quad R$: 저항[Ω]

※ 저항의 계산
㉮ 직렬저항 : $R = R_1 + R_2 + R_3 \cdots$
㉯ 병렬저항 : $\dfrac{1}{R} = \dfrac{1}{R_1} + \dfrac{1}{R_2} + \dfrac{1}{R_3} \cdots$

※ 1kW = 1,000W = 860kcal/h

3) 주파수(frequency)

교류에 있어 전류가 어떤 상태에서 출발하여 차츰 변화되어서 최초의 상태로 돌아올 때까지의 행정을 사이클(cycle)이라 하고, 1초간 사이클 수를 주파수(frequency)라 한다. 우리나라는 60사이클을 사용하고 있다.

2 강전설비

1. 배전 및 배선 설비

1) 배전 방식

① 배전 방식

구 분	그 림	용 도
단상 2선식	100V	주택, 소규모 건물
단상 3선식	100V / 100V / 200V	학교 등과 같은 중, 대규모건물의 간선
3상 3선식	200V / 200V / 200V	동력용이나 형광등용
3상 4선식	240V / 240V / 240V / 415V / 415V / 415V	대규모 건축물이나 공장 등의 전등이나 전동기

② 간선의 배전 방식

구 분	개 요	용 도
수지상식 (나뭇가지식)	• 배전반에서 한 개의 간선이 각 분전반을 거치며 공급되는 방식 • 전압강하가 크다.	소규모 건물
평행식 (개별식)	• 배전반에서 각 분전반으로 단독으로 배선 • 전압강하가 적다. • 배선혼잡의 우려가 있으며, 설비비가 많이 소요된다.(비경제적)	대규모 건물
병용식	• 평행식과 나무가지식의 병용 방식 • 일반적으로 가장 많이 사용	

핵심 PLUS

04 전기에 관한 기초사항으로 옳지 않은 것은? [11 기]
① 전류는 발열작용, 화학작용, 자기작용을 한다.
② 병렬회로에서는 각각의 저항에 흐르는 전류의 값이 같다.
③ 오옴(Ohm)의 법칙은 전압, 전류, 저항 사이의 규칙적인 관계를 나타낸다.
④ 1[W]란 전압이 1[V]일 때, 1[A]의 전류가 1[s] 동안에 하는 일을 말한다.

[해설] 직렬회로에서는 전류가 흐르는 길은 하나밖에 없으므로 각각의 저항에 흐르는 전류는 저항의 크기에 관계없이 모두 같다.

답 : ②

05 100[V], 500[W]의 전열기를 90[V]에서 사용할 경우 소비전력은? [12, 19, 25 기]
① 200[W]   ② 310[W]
③ 405[W]   ④ 420[W]

[해설] 먼저, 100[V], 500[W]의 전열기의 저항은 전열기에서

$P = \dfrac{V^2}{R}$ 의 공식에 의해

$R = \dfrac{V^2}{P} = \dfrac{100^2}{500} = 20[\Omega]$ 이다.

그러므로, 정격 100V, 500W 전열기에 90V를 공급하면

$\therefore P = \dfrac{V^2}{R} = \dfrac{90^2}{20} = 405W$

답 : ③

06 배전 방식 중 일반 사무실이나 학교 등에서 사용되는 것은? [03 기]
① 220V/110V 단상 3선식
② 220V 3상 3선식
③ 3상 4선식
④ 6kV(3kV) 3상 3선식

답 : ①

07 다음 중 소규모의 공장에서 43KW 전동기부하에 공급할 때 가장 적합한 배전 방식은? [08 기]
① 단상 2선식
② 단상 3선식
③ 3상 3선식
④ 3상 4선식

답 : ③

IV. 건축설비 | 전기설비

핵심 PLUS

08 옥내 배선에서 간선의 배선방식에 속하지 않는 것은? [08 기]
① 평행식
② 나무가지식
③ 나무가지평행식
④ 시그널 콘트롤식

[해설] 신호 제어(signal control)식은 엘리베이터 운전방식이다.
답 : ④

09 간선설계 순서로서 옳은 것은? [06 기]

| A : 전선굵기를 결정 |
| B : 배선방법을 선정 |
| C : 부하용량을 구한다. |
| D : 전기방식과 배선방식을 결정 |

① A-B-C-D
② C-D-B-A
③ B-A-D-C
④ D-B-A-C
답 : ②

10 분기회로 구성시의 유의사항에 대한 설명 중 옳지 않은 것은? [06 산]
① 복도, 계단 등은 될 수 있는 한 같은 회로로 한다.
② 습기가 있는 장소의 수구는 가능하면 별도의 회로로 한다.
③ 같은 방, 같은 방향의 수구는 가능한 한 같은 회로로 한다.
④ 대규모 건물에서 전등과 콘센트는 동일한 회로로 구성하는 것을 원칙으로 한다.

[해설] 대규모 건물에서 전등과 콘센트는 별도의 회로로 구성하는 것을 원칙으로 한다.
답 : ④

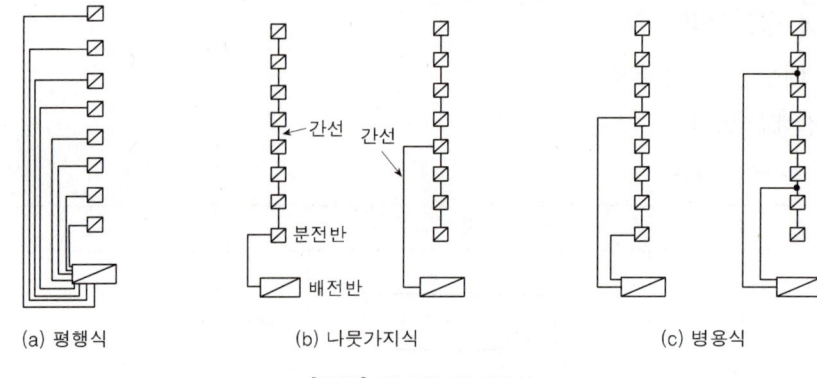

[그림] 간선의 배선방식

③ 간선 설계 순서
  ㉮ 부하용량 결정
  ㉯ 전기방식 및 배선방식 결정
  ㉰ 배선방법 결정
  ㉱ 전선 및 전선관 굵기 결정

④ 분전반 : 배전반(switch board)으로부터의 각 간선에서 소요의 부하에 배선을 분기하는 개소에 설치하는 것으로 누전이나 과부하시 차단기가 작동하여 전기를 단락함으로써 전기의 안전을 도모하는 장치이다.
  ㉮ 용량 : 20회선 이하마다 1개 분기회로의 용량은 보통 200A로 한다.
  ㉯ 설치간격 : 분기 회로의 길이가 30m 이하가 되도록 설치
  ㉰ 분기 개폐기수 : 예비 회로(처음 사용 회로의 30%)를 포함하여 40회로
  ㉱ 분전반 1개의 공급 범위 : 1,000m² 정도

⑤ 분기회로 결정의 고려사항
  ㉮ 같은 스위치로서 점멸되는 전등은 같은 회로로 한다.
  ㉯ 같은 방, 같은 방향의 수구는 될 수 있는 대로 같은 회로로 한다.
  ㉰ 복도, 계단 등은 될 수 있는 대로 같은 회로로 한다.
  ㉱ 습기가 있는 장소의 수구는 될 수 있는 한 별도의 회로로 한다.
  ㉲ 전등, 아웃렛 (out let) 회로는 보통 15A(전선굵기 1.6mm)로 한다.

2) 배선
① 전선의 종류
  ㉮ 절연성
   • 제1종 절연전선 : 경동선에 목면 피복 - 옥내용
   • 제2종 절연전선 : 경동선에 2중으로 피복 - 옥내 공사중 점검 가능
   • 제3종 절연전선 : 경동선에 고무로 싸고 목면 피복 - 옥내 공사중 점검 불가능

- 제4종 절연전선 : 경동선에 2중의 고무로 싸고 목면 피복 – 금속관 공사
㉯ 나전선 : 피뢰침
㉰ 고압선 : 고압용 제4종 절연전선을 사용
② 스위치(switch) : 회로를 개폐하는 것
㉮ 나이프 스위치(Knife switch) : 분전반의 주개폐기나 각 분기회로용 개폐기로 주로 사용되는 스위치
㉯ 플로트 스위치(float switch) : 수위 조절 자동 스위치
㉰ 서모스탯(thermostat) : 자동온도 조절기
㉱ 프레셔 스위치(pressure switch) : 압력에 따라 자동 조작되는 스위치
㉲ 마그넷 스위치(magnet switch) : 전동기 제어용 저전압 스위치
㉳ 텀블러 스위치(tumbler switch) : 벽 매입형에 가장 많이 사용되는 점멸 기구
㉴ 3로 스위치 : 복도나 계단 등에서 상하 층에서 동시에 점멸이 가능한 스위치
㉵ 서킷 브레이커(circuit breaker) = 노퓨즈 차단기(no-fuse breaker) : 전선에 과전류가 정격전류의 120%가 흐르면 자동으로 회로를 차단하는 휴즈가 없는 스위치
③ 전선 굵기 결정시 3조건
㉮ 안전 전류 (허용전류) : 전선에 과전류가 흐르면 열이 발생
㉯ 전압 강하 : 부하에 걸리는 전압이 전원전압보다 낮아지는 현상
  한도는 인입선 1%, 간선 1%, 분기회로 2%
㉰ 기계적 강도 : 보안상 시공상의 어느 정도의 강도 필요, 일반적으로 1.6mm 이상의 연동선을 사용
※ 전선을 4선 이상을 쓸 경우 전선의 단면적이 전선관 단면적의 40% 이하가 되어야 한다.

3) 배선 공사
① 경질비닐관 공사 : 습기나 물기가 있는 곳 또는 특수 화학 공장, 연구실 등의 전기 공사
② 금속관(conduit pipe) 공사 : 주로 철근콘크리트의 건물 매입 배선, 가장 완전한 시공법
③ 금속 몰드 공사 : 전선을 금속 몰드 속에 넣고 가설하는 공사로서, 주로 철근콘크리트 건물 등의 기존 금속관 공사로부터 증설 배관하는 경우에 사용
④ 플렉시블 콘듐 공사(가요전선관 공사, flexible conduit) : 승강기, 전차 등 가변성이 필요한 곳 또는 굴곡 및 증설 공사가 용이한 것

핵심 PLUS

11 전기 배선 공사에 사용되는 기구 중 손잡이의 회전에 의해 점멸을 하는 스위치는? [08 산]
① 로터리 스위치
② 텀블러 스위치
③ 푸시버튼 스위치
④ 캐노피 스위치

답 : ①

12 전선에 과전류가 흐르면 자동적으로 회로를 차단시켜 안전을 도모하는 기기는? [07, 10 산]
① 서킷 브레이커
② 콘덴서
③ 3로 스위치
④ 단로기

답 : ①

13 옥내배선의 전선 굵기 결정 요소에 속하지 않는 것은? [17, 23, 24 기]
① 허용 전류
② 배선 방식
③ 전압 강하
④ 기계적 강도

답 : ②

14 전기배선설비에 있어 금속관에 부설되는 전선의 절연 피복을 포함한 총 단면적은 금속관 내 단면적의 최대 얼마 이하가 되도록 하는가? [04, 25 기]
① 10% ② 20%
③ 30% ④ 40%

답 : ④

15 옥내의 점검할 수 없는 은폐장소에 시설할 수 있는 배선방식은? [10 기]
① 금속몰드 배선
② 금속덕트 배선
③ 합성수지몰드 배선
④ 금속관 배선

답 : ④

IV. 건축설비 | 전기설비

핵심 PLUS

16 다음과 같은 특징을 갖는 배선공사는? [16, 23 기]

- 열적영향이나 기계적 외상을 받기 쉽다.
- 관자체가 절연체이므로 감전의 우려가 없다.
- 옥내의 점검할 수 없는 은폐장소에도 사용이 가능하다.

① 금속관 공사
② 버스덕트 공사
③ 경질비닐관 공사
④ 라이팅덕트 공사

답 : ③

17 저압 옥내배선 공사방법 중 사용전압이 400V가 넘고 전개된 장소인 경우 사용할 수 없는 공사방법은? [06 기]
① 애자사용 공사
② 합성수지관 공사
③ 케이블 공사
④ 금속몰드 공사

답 : ④

18 콘크리트 바닥 속에 설치해서 「커튼 월(curtain wall)」 설치시나 선풍기, 전화기, 전열기 등의 이용에 편리하도록 한 옥내배선방법은? [07, 24 기]
① 플로어 덕트 공사
② 금속 덕트 공사
③ 합성수지 몰드 공사
④ 금속 몰드 공사

답 : ①

19 다음의 수전설비에 대한 설명 중 틀린 것은? [07 기]
① 특별고압수전설비는 7,000V를 넘는 전압으로 수전하는 방식이다.
② 수전용량산출에 사용하는 부하율이란 평균 수용전력을 부하밀도로 나눈 것이다.
③ 수전용량산출에 사용하는 수용률은 최대수용전력을 부하설비용량으로 나눈 것이다.
④ 부등률이란 수용 설비 각각의 최대수용전력의 합을 합성 최대 수용전력으로 나눈 것이다.

답 : ②

⑤ 금속 덕트 공사 : 전선을 금속 덕트 속에 넣고 가설하는 공사로서, 큰 공장·빌딩이나 수전용 배전실 부근의 간선 등에 사용되며, 천장·벽면에 노출시켜 설치한다.
⑥ 버스 덕트 공사 : 공장·빌딩 등의 동력배선 전용, 대용량 전력 공급
⑦ 플로어 덕트 공사 : 콘크리트 바닥 속에 플로어 덕트를 설치하여 어느 곳에서나 콘센트를 쓸 수 있도록 시설한 공사로서, 넓은 사무실·백화점 등에서 책상이나 매장의 위치를 때때로 변경하는 경우에 적당

※습기나 물기가 있는 곳에도 적합한 전기공사 : 애자사용 공사, 경질비닐관 공사, 금속관 공사, 가요전선관 공사, 케이블 공사

2. 변전설비

1) 설비 용량 추정

변전설비의 기본 계획에서 가장 먼저 산출해야 할 사항이다.

부하설비 용량 = 부하밀도$[VA/m^2]$ × 연면적$[m^2]$

- 부하밀도 : 각종 건물의 부하밀도(전등, 일반 동력, 냉방 능력을 포함한 부하설비 용량의 일반적인 평균치)

■ 각종 건물의 부하 용량

부하 종별 \ 건물	사무실	점포, 백화점	호 텔	주택, 아파트
전 등 부 하	20~35	40~80	25~30	15~30
동 력 부 하	35~60	25~60	15~40	10~35
냉 동 부 하	25~45	30~35	35~40	20~40
합 계	80~140	95~175	75~110	45~95

2) 수전설비 용량의 결정

부하설비 용량이 추정된 수전 용량은 너무 과다한 설비가 되기 때문에 수용률, 부등률, 부하율을 고려해서 최대 수용 전력을 산출한다.

① 수용률(수요율) = $\dfrac{최대사용전력}{부하설비용량} \times 100(\%)$ ⇒ 일반 건물 60~70%

② 부등률 = $\dfrac{각부하의최대수용전력의합계}{최대사용전력} \times 100(\%)$

⇒ 1보다 크다(1.1~1.5)

③ 부하율 = $\dfrac{평균수용전력}{최대사용전력} \times 100(\%)$ ⇒ 1보다 작다(0.25~0.6)

④ 수용률, 부등률, 부하율의 관계
  ㉮ 수용률 : 0.4~1.0(보통 0.6~0.7)

㈏ 부등률 : 1.1~1.5(1보다 크다)
㈐ 부하율 : 0.25~0.6(1보다 작다)

> **예제**
> 전기설비 용량이 각각 80kW, 90kW, 100kW의 부하설비가 있다. 그 수용률이 70%인 경우 최대 수요 전력은? [15 기]
> ① 63kW   ② 70kW
> ③ 189kW   ④ 270kW
>
> ▶ 수용률 = $\dfrac{최대사용전력(kW)}{부하설비용량(kW)} \times 100(\%)$
>
> $70(\%) = \dfrac{최대 사용 전력}{80+90+100} \times 100(\%)$
>
> ∴ 최대 사용 전력 = $(80+90+100) \times 0.7 = 189kW$

3) 변전실

① 크기

변전실 면적[평] ≒ $\sqrt{설비\ 용량[kW]}$

변전실 면적[m²] ≒ $3.3\sqrt{설비\ 용량[kW]}$

② 위치
㈎ 가능한 부하의 중심에 가깝고 배전에 편리한 장소일 것
㈏ 외부로부터의 전원인입이 쉬운 곳일 것
㈐ 기기의 반출입이 용이할 것
㈑ 습기와 먼지가 적은 곳일 것
㈒ 천정 높이가 충분할 것
  • 고압 : 보 아래 3.6m 이상(천정에 배관, 덕트 통할시 : 3.0m 이상)
  • 특고압 : 보 아래 4.5m 이상(폐쇄형 : 3.6m 이상)
㈓ 기타 전기설비기기와 인접한 장소일 것

③ 접지 공사
전기시설물의 감전방지, 기기손상방지, 보호계전기의 동작확보를 하기 위해 실시하는 공사이다.

■ 한국전기설비규정(KEC)

1) 접지시스템 구분
㉠ 계통접지 : 전력계통의 이상현상에 대비하여 대지와 계통을 접속
  - TN, TT, IT 계통
㉡ 보호접지 : 감전보호를 목적으로 기기의 한 점 이상을 접지
  - 등전위본딩 등

핵심 PLUS

20 합성최대수용전력이 1000[kW], 부하율이 0.6일 때 평균전력[kW]은? [17 기]
① 600   ② 800
③ 1000   ④ 1667

[해설]
부하율 = $\dfrac{평균수용전력}{최대수용전력} \times 100(\%)$

⇒ 1보다 작다.

$0.6 = \dfrac{평균수용전력}{100} \times 100(\%)$

∴ 평균수용전력 = 600[kW]

답 : ①

21 최대수용전력이 500kW, 수용률이 80%일 때 부하설비용량은? [13, 18, 23, 25 기]
① 400kW   ② 625kW
③ 800kW   ④ 1250kW

[해설]
수용률 = $\dfrac{최대사용전력(kW)}{부하설비용량(kW)}$
$\times 100(\%)$

$80(\%) = \dfrac{500kW}{부하설비용량} \times 100(\%)$

∴ 부하설비용량 = 625kW

답 : ②

22 변전실의 위치에 관한 설명으로 옳지 않은 것은? [17 기]
① 습기와 먼지가 적은 곳일 것
② 전기 기기의 반출입이 용이한 곳일 것
③ 가능한 한 부하의 중심에서 먼 곳일 것
④ 외부로부터 전원의 인입이 쉬운 곳일 것

답 : ③

23 특별고압[20~30(kV)]을 설치하는 옥내 변전실의 층높이는? [03 산]
① 보 밑 3.5m 이상
② 보 밑 3.0m 이상
③ 보 밑 4.5m 이상
④ 보 밑 4.0m 이상

답 : ③

■ 전력용 변압기 용량의 산정식

= $\dfrac{부하설비용량 \times 수용률}{부등률}$

Ⅳ. 건축설비 | 전기설비

ⓒ 피뢰시스템접지 : 뇌격전류를 안전하게 대지로 방류하기 위한 접지

2) 접지시스템의 시설 종류

㉠ 단독접지 : (특)고압 계통의 접지극과 저압 접지계통의 접지극을 독립적으로 시설하는 접지

㉡ 공통접지 : (특)고압 계통과 저압 접지계통을 등전위 형성을 위해 공통으로 접지

㉢ 통합접지 : 계통접지 · 통신접지 · 피뢰접지의 접지극을 통합하여 접지

※ 등전위본딩 : 건물 내부 등의 사람이 접촉할 수 있는 모든 도전부가 항상 같은 대지 전위를 유지할 수 있도록 등(동일)전위를 형성하는 것

☞ 접지대상에 따라 일괄 적용한 종별접지(1종, 2종, 3종, 특별제3종)은 폐지되고 상기 규정 21년부터 시행

3. 예비전원 설비

예비전원 설비에는 자가발전 설비, 축전지 설비, 비상전용 수전설비 등이 있다.

1) 예비전원이 갖추어야 할 조건

① 자가발전 설비 : 정전 후 10초 이내에 가동하여 규정 전압을 유지하여 30분 이상 전력공급이 가능할 것(승강기 등)

② 축전지 설비 : 정전 후 충전하지 않고 30분 이상 방전할 수 있을 것(약전, 소규모)

③ 자가발전설비와 축전지 병용 : 자가발전설비는 정전 후 45초 이내에 기동하여 30분 이상 유지하여야 하며 축전지는 충전하지 않고 20분 이상을 방전할 수 있을 것(방송실, 수술실, 전산실 등)

2) 자가발전 설비

① 발전기의 용량

㉮ 보통 수전설비 용량의 10~30% 정도로 한다.

㉯ 엔진출력[PS] $\geq \dfrac{\text{발전기의 용량[kVA]} \times \text{역률[\%]}}{\text{발전기 효율[\%]} \times 0.736}$

② 발전기실의 위치

㉮ 기기의 반출입 및 운전, 보수 면에서 편리한 위치

㉯ 배기 배출구와 급배수가 용이한 곳

㉰ 변전실에 가까운 곳

※ 발전기의 기초는 발전기 중량의 5배 정도의 콘크리트를 방의 바닥면과 절연시키고 방진재료를 패킹한다.

③ 크기

$S > 1.7\sqrt{P}\,[\text{m}^2]$

핵심 PLUS

24 자가발전 설비용량은 보통 수전설비 용량에 대하여 몇 % 정도를 확보하는가? [02 산]
① 20~30%   ② 30~40%
③ 40~50%   ④ 50~60%

답 : ①

25 축전지실의 구조에 관한 기술 중 옳지 않은 것은? [07 산]
① 내진성을 고려한다.
② 축전지실의 천장높이는 1.8m 이상으로 한다.
③ 축전지실의 전기 배선은 비닐 전선을 사용한다.
④ 개방형 축전지의 경우 조명기구 등은 내산형으로 한다.

[해설] 축전지실의 천장높이는 2.6m 이상으로 한다.

답 : ②

3) 축전지 설비

① 용량 : 방전 전류[A] × 방전 시간[h]
② 수명 : 정격 용량의 80% 용량으로 감소되었을 때를 전지의 수명으로 한다.
③ 구조
  ㉮ 내진성을 고려한다.
  ㉯ 축전지실의 천장높이는 2.6m 이상으로 한다.
  ㉰ 축전지실의 전기 배선은 비닐 전선을 사용한다.
  ㉱ 개방형 축전지의 경우 조명 기구 등은 내산성으로 한다.

4. 전동기

1) 전동기의 종류

분류		형식	특징
교류	단상 교류용	분상 기동형	• 큰 시동 토크가 필요치 않는 얕은 우물 펌프나 세탁기용
		반발 기동형	• 큰 시동 토크를 필요로 하는 깊은 우물 펌프용
		콘덴서형	• 역률과 효율이 양호하여 많이 사용. 전기 냉장고
	3상 교류용	유도 전동기 (농형·권선형)	• 취급이 매우 간단하고, 기계적으로도 견고하며, 가격이 싸다.
		동기 전동기	• 구조·취급이 복잡하며, 시동·정지가 빈번한 용도에는 부적합 • 대형 공기 압축기, 송풍기 등에 사용
		정류자 전동기	• 송풍기 방적용
직류		직권 전동기	• 속도 조절이 간단하고 시동 토크가 크므로 고도의 속도 제어가 요구되는 장소에 사용
		복권 전동기	• 큰 시동 토크를 필요로 하는 엘리베이터, 전차 등에 사용
		분권 전동기	• 가격이 비싸다.

5. 감시·제어반

종류	목적	표시 방법
전원 표시	전원의 생사 여부	백색 램프
운전 표시	정상적 가동 상태	적색 램프
정지 표시	정지 상태	녹색 램프
고장 표시	고장 유무 상태	오렌지색 램프(버저나 벨 울림)
경보 표시	경보 신호	백색 램프(버저나 벨 울림)

핵심 PLUS

26 축전지실의 넓이와 구조에 관한 설명으로 부적당한 것은? [01 산]
① 밀폐형 축전지를 사용할 때는 면적이 넓어야 한다.
② 배기(排氣)설비를 하여야 한다.
③ 개방형 축전지를 사용할 때는 조명기구는 내산성으로 한다.
④ 축전지실내의 배선은 비닐선을 사용한다.
답 : ①

27 구조가 간단하고 가격이 비교적 싸므로 건축설비에서 가장 많이 사용되는 전동기는? [08 기]
① 직권전동기 ② 유도전동기
③ 동기전동기 ④ 직류전동기
답 : ②

28 다음 중 3상 유도전동기의 속도제어 방법이 아닌 것은? [06, 11, 23 기]
① 인버터를 사용하여 주파수를 변화시킨다.
② 독립된 2조의 극수가 서로 다른 고정자 권선을 감아 놓고 필요에 따라 극수를 선택하여 극수를 변화시킨다.
③ 회전자에 접속되어 있는 저항을 변화시켜 비례 추이의 원리로 제어한다.
④ 2선의 접속을 바꿔 회전자계의 방향이 반대로 되도록 한다.

[해설] 3상 유도전동기는 2선의 접속을 바꿔 회전자계의 방향이 같도록 한다.
• 3상 유도전동기의 속도제어 방법 : 주파수의 변환, 극수의 변환, 전류 저항의 변환
• 유도전동기 : 구조와 취급이 간단하고 기계적으로 견고하며, 가격이 비교적 싸고 운전이 대체로 쉽다. 건축설비에서 가장 널리 사용되고 있다.
답 : ④

29 감시제어반 설비에 있어서 제어의 종류와 표시법이 잘못 연결된 것은? [04 기]
① 전원표시 - 오렌지색 램프
② 고장표시 - 부저 및 벨울림
③ 정지표시 - 녹색램프
④ 운전표시 - 적색램프
답 : ①

Ⅳ. 건축설비 | 전기설비

3 조명설비

1. 조명에 관한 용어와 단위

용 어	기 호	정의와 정의식	단 위	단위약호	차 원
빛의 양	광속 F	단위시간당 흐르는 빛의 에너지량	lumen	lm	lm
발산광속의 입체각밀도	광도 I	점광원부터의 단위입체각당의 발산 광속	candela	cd	$\dfrac{lm}{sr}$
광속의 면적밀도	조도 E	단위면적당의 입사 광속	lux	lx	$\dfrac{lm}{m^2}$
광속의 면적밀도	광속 발산도 R	단위면적당의 발산 광속	radlux	rlx	$\dfrac{lm}{m^2}$
광도의 투영 면적밀도	휘도 B	발산면의 단위투영면적당 단위입체각당의 발산 광속	$\dfrac{candela}{m^2}$	$\dfrac{cd}{m^2}$(nt)	$\dfrac{lm}{m^2 \cdot sr}$

※ 조도의 법칙

① 역제곱의 법칙 : 광원으로부터 목표면까지의 거리가 증가되면 같은 양의 빛이 보다 너른 면으로 배분되기 때문에 조도는 거리 제곱에 반비례하게 된다.

$$E = \dfrac{I}{R^2} = \dfrac{cp}{R^2}$$

E : 조도 I : 광도
R : 거리 cp : candla power

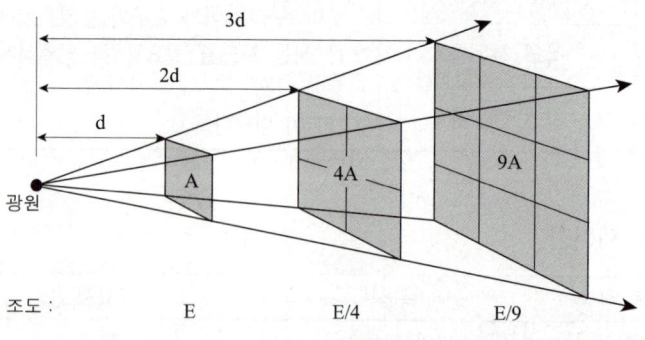

[그림] 조도의 역제곱의 법칙

핵심 PLUS

30 빛에 관한 다음 설명 중 옳은 것은? [04 기]
① 조도란 어떤 면에서의 입사 광속밀도를 의미한다.
② 광도란 광원에서 나오는 빛의 양을 말하며 단위는 루우멘이다.
③ 휘도는 어떤 광원에서 발산하는 빛의 세기를 의미하며 단위는 칸델라이다.
④ 빛의 분광 특성이 색의 보임에 미치는 효과를 광속이라 한다.

답 : ①

31 그림과 같은 광도가 1[cd]인 점광원에서 1m와 2m 떨어진 a, b 수직면상의 조도는? [10 산]

① a면 : 1[lx], b면 : $\dfrac{1}{2}$ [lx]
② a면 : 1[lx], b면 : $\dfrac{1}{4}$ [lx]
③ a면 : $\dfrac{1}{2}$ [lx], b면 : 1[lx]
④ a면 : $\dfrac{1}{4}$ [lx], b면 : 1[lx]

[해설] 조도
㉠ 표면에 도달하는 광의 밀도 (1m^2 당 1 lm의 광속이 들어 있는 경우 1Lux)
㉡ 단위 : 룩스(lux, lx)
㉢ 조도=광도/(거리)^2
· a면 = $\dfrac{1cd}{1^2}$ = 1[lx]
· b면 = $\dfrac{1cd}{2^2}$ = $\dfrac{1}{4}$ [lx]

답 : ②

② 코사인 법칙 : 광선과 수직을 이루지 않는 표면에 도달하는 빛은 아래 그림 설명과 같이 보다 너른 표면에 배분된다.

$$B(면적) = \frac{A(면적)}{\cos\alpha}$$

따라서 $E_2 = E, \cos\alpha$

E : 조도
α : 입사 각도

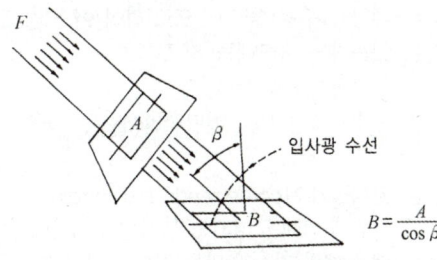

[그림] 코사인 법칙

2. 광원

1) 광원의 종류와 특징

구 분	백열등	형광등	수은등	나트륨등	메탈할라이드등	할로겐등
효율 (lm/W)	10~20	50~90	40~65	95~145	70~95	20~22
수명(h)	1,000	7,000	10,000	6,000	9,000	2,500
연색성	좋다.			좋지 않다.	좋다.	
휘도	높다.	저휘도	높다.	높다.	높다.	높다.
용도	장식, 국부 조명	옥내 전반 조명	높은 천정 조명, 경기장, 도로	터널, 도로	은행, 백화점, 가구점	높은 천정, 단관형은 영사기용
색상	적색 부분 많다.	광색 조절이 용이	청백색	황등색	자연색에 가깝다.	주광색에 가깝다.
기타	열방사 많다. 점등이 빠르다. 온도 높을수록 주광색에 가깝다.	열방사 적다. 점등에 시간이 걸린다. 주위 온도에 영향	1등당 큰 광속을 얻는다. 수명이 가장 길다.			

💡 **학습포인트**

효율(lm/W)
광속을 전력으로 나눈 값, 즉 1W의 전기에너지를 소요하여 발생되는 빛의 양(lm)

효율이 높은 색
• 녹색>백색>주광색>적색
• 나트륨등>메탈할라이드등>형광등>수은등>할로겐등>백열전구

핵심 PLUS

32 50cd의 광원점에서 2m의 거리에 있는 직각의 면과 30° 경사된 평면상의 조도는? [04 산]
① 6.3lx ② 10.8lx
③ 12.5lx ④ 14.4lx

[해설] 조도의 코사인 법칙

$$E = \frac{I}{d^2} \cdot \cos\theta$$

$$= \frac{50}{2^2} \times \cos 30°$$

$$= \frac{50}{2^2} \times \frac{\sqrt{3}}{2} = 10.8 lx$$

※ $\sin 30° = \frac{1}{2}$

$\cos 30° = \frac{\sqrt{3}}{2}$

답 : ②

33 인공광원의 효율에 대한 설명으로 적합한 것은? [03, 05 기]
① 광속을 광원의 용량(전력)으로 나눈 값이다.
② 백열등의 광속을 100으로 본 각 광원의 광속비를 말한다.
③ 전광속에 대한 하향광속의 비를 말한다.
④ 인공 광원의 유효수명을 말한다.

답 : ①

34 다음의 광원 중 연색성이 가장 좋은 것은? [05 기]
① 메탈 할라이드램프
② 나트륨램프
③ 주광색 형광램프
④ 고압 수은램프

답 : ③

핵심 PLUS

35 다음 중 상점의 내부조명으로 사용이 가장 부적합한 것은? [11 기]
① 백열전구
② 형광램프
③ 할로겐램프
④ 고압나트륨램프

[해설] 나트륨등 : 황색광으로 도로 터널 조명등으로 쓰이는 높은 투과율을 지닌 전등
답 : ④

36 다음 광원 중 한 등당의 광속이 많고 수명이 긴 점과 연색성이 양호한 점으로 인해서 연색성을 중요하게 고려하는 높은 천장, 옥외조명 등에 적합한 것은? [04 기]
① 메탈할라이드램프
② 형광등
③ 고압수은등
④ 나트륨등

답 : ①

37 할로겐 램프에 관한 설명으로 옳지 않은 것은? [12, 24 기]
① 백열전구에 비해 수명이 길다.
② 연색성이 좋고 설치가 용이하다.
③ 흑화가 거의 일어나지 않고 광속이나 색온도의 저하가 적다.
④ 휘도가 낮아 시야에 광원이 직접 들어오도록 계획하여도 무방하다.

[해설] 할로겐램프는 백열전구보다 수명이 2~3배 정도 길고 유리구 내벽의 흑화현상(黑化現象)이 거의 일어나지 않는다. 휘도가 높고, 색상은 주광색에 가까우며 연색성이 좋고, 설치가 용이하다. 높은 천정, 단관형은 영사기용, 자동차 헤드라이트용, 상점·백화점의 스포트라이트용 광원으로 사용된다.
답 : ④

학습포인트

연색성
태양광(주광)을 기준으로 하여 어느 정도 주광과 비슷한 색상을 연출을 할 수 있는가를 나타내는 지표
• 주광색 > 백색 > 은색
• 주광색형광등 > 메탈할라이드등 > 백열전구 > 형광등 > 수은등 > 나트륨등

연색평가수(color rendering index)
광원에 의해 조명되는 물체색의 지각이 규정된 조건하에서 기준 광원으로 조명했을 때의 지각과 맞는 정도를 나타내는 수치이다. 평균 연색평가수(Ra)가 0에 가까울수록 연색성이 나쁘다.

나트륨등
효율이 가장 좋으나, 연색성은 가장 나빠서 실내용보다는 가로등이나 터널조명으로 많이 쓰인다.

2) 전등의 특성

① 형광등의 장점(백열등에 비해)
  ㉮ 효율이 높다.
  ㉯ 임의의 광색을 얻을 수 있으며, 휘도가 낮아 눈부심이 없다.
  ㉰ 열이 별로 나지 않으며, 수명이 길다.(약 7,000 시간)
  ※ 형광등 점등방식 : 예열 시동형, 순간(즉시) 시동형, 순시(속시) 시동형

② 수은등
  ㉮ 고휘도로 배광제어가 용이하다.
  ㉯ 광색은 청백색의 특성이 있으나 형광수은 램프 및 전구 병용으로 해결이 가능하다.
  ㉰ 수명이 가장 길다.(10,000 시간)
  ㉱ 저압 수은등은 살균용으로, 고압 수은등은 공장, 가로등, 청사진 인화용으로, 초고압 수은등은 영화촬영, 영사등에 쓰인다.

③ 각종 전등의 특성
  ㉮ 효율이 가장 좋은 전등 : 나트륨등(95~145 lm/W)
  ㉯ 수명이 가장 긴 전등 : 수은등(10,000 시간)
  ㉰ 연색성이 우수한 전등 : 백열전구, 주광색 형광등, 메탈할라이트등
  ㉱ 황색광으로 도로 터널 조명등으로 쓰이는 높은 투과율을 지닌 전등 : 나트륨등
  ㉲ 저휘도이며, 광색 조절이 용이하고, 열방사가 적으며, 주로 명시조명으로 쓰이는 전등 : 형광등

3. 조명 방식

1) 기구의 배광에 의한 분류

명칭	기구의 예와 그 정의			특징	
직접조명		상향광속 0~10%	하향광속 90~100%	장점 : 조명률이 좋다. 먼지에 의한 감광이 적다. 벽, 천장의 반사율의 방향이 적다. 자외선 조명을 할 수 있다. 설비비가 일반적으로 싸다. 시계에 어둠·밝음의 차이가 적다.	단점 : 글로브를 사용하지 않을 경우에는 추한 조명으로 되기 쉽다. 기구의 선택을 잘못하면 눈부심을 준다.
반직접조명		10~40	60~90		
전반확산조명		40~60	40~60	직접조명과 간접조명의 중간	
반간접조명		60~90	10~40	조도가 균일하다. 음영이 적다. 연직인 물건에 대한 조도가 높다.	조명률이 낮다. 즉, 조명효율이 나쁘다. 먼지에 의한 감광이 많다. 천장면 마무리의 양부에 크게 영향을 준다. 음기한 감을 주기 쉽다. 물건에 입체감을 주지 않는다.
간접조명		90~100	0~10		

2) 기구 배치에 의한 분류

① 전반조명
   국부조명에 비해 그 밝기가 1/10배 이상 되는 것이 좋다.

② 국부조명
   특정 작업면에서 높은 조도를 필요로 할 때 채용한다. 주로 정밀공장의 기계부분, 전시장, 조립공장

③ 전반·국부 병용조명
   ㉮ 매우 경제적인 조명방식
   ㉯ 정밀작업이 요구되는 장소(정밀기계공장, 시계제작공장, 실험실, 조립기계공장)
   ㉰ 전반조명과 국부조명=1 : 10 → 명시효과

   ※ 명시조명(밝기위주 : 학교, 공장, 사무실, 작업실)과 분위기조명(장식조명 : 백화점, 상점)이 있다.

핵심 PLUS

■ 하향배광의 비율이 큰 것부터 작은 것 순서(하향광속)
직접조명(100~90%) > 반직접조명(90~60%) > 전반확산조명(60~40%) > 반간접조명(40~10%) > 간접조명(10~0%)

38 광원에서의 발산 광속 중 60~90(%)는 윗 방향으로 향하여 천장이나 윗벽 부분에서 반사되고, 나머지 빛이 아래 방향으로 향하는 방식의 조명기구는? [06 기]
① 직접조명기구
② 반직접조명기구
③ 전반확산조명기구
④ 반간접조명기구

답 : ④

핵심 PLUS

39 기구 배치에 의한 조명 방식 중 작업면상의 필요한 장소, 즉, 어떤 특별한 면을 부분 조명하는 방식은? [08 기]
① 전반 조명
② 국부 조명
③ 직접 조명
④ 간접 조명

답 : ②

40 건축화조명 중 천장 전면에 광원 또는 조명기구를 배치하고 발광면을 확산투과성 플라스틱 판이나 루버 등으로 전면을 가리는 조명 방법은? [16 기]
① 밸런스 조명
② 광천장 조명
③ 코니스 조명
④ 다운라이트 조명

답 : ②

41 천장면에 작은 구멍을 많이 뚫어 그 속에 여러 형태의 하면 개방형, 하면루버형, 하면확산형, 반사형 전구 등의 등기구를 매입하는 건축화 조명 방식은? [08, 25 기]
① 다운라이트 조명
② 루버 천장 조명
③ 밸런스 조명
④ 코브 조명

답 : ①

42 옥내 조명의 설계순서로 옳은 것은? [04 기]

A : 소요조도계산
B : 조명방식, 광원의 선정
C : 조명기구의 선정
D : 조명기구의 배치 결정

① A-B-C-D
② A-D-C-B
③ B-C-A-D
④ A-C-D-B

답 : ①

IV. 건축설비 | 전기설비

※ 좋은 조명의 조건
- 적당한 조도
- 눈부시지 않을 것
- 주위 휘도와 작업장소의 휘도와의 적당한 대비
- 색 식별 필요에 따라 적절한 광원의 선택

4. 건축화 조명

천장, 벽, 기둥 등의 건축 부분에 광원을 만들어 실내를 조명하는 방식으로 눈부심이 적은 장점이 있는 반면, 조명 효율은 직접 조명에 비해 떨어진다.

① 다운 라이트 : 천장에 작은 구멍을 뚫어 그 속에 광원을 매입한 방법
② 루버 조명 : 천장면에 루버를 설치하고 그 속에 광원을 배치하는 방법
③ 코퍼 조명 : 천장면에 빛을 반사시켜 간접 조명하는 방법
④ 코니스 조명 : 벽면에 빛을 반사시켜 간접 조명하는 방법
⑤ 광천정 조명 : 천장면 전체에서 발광되도록 한 것

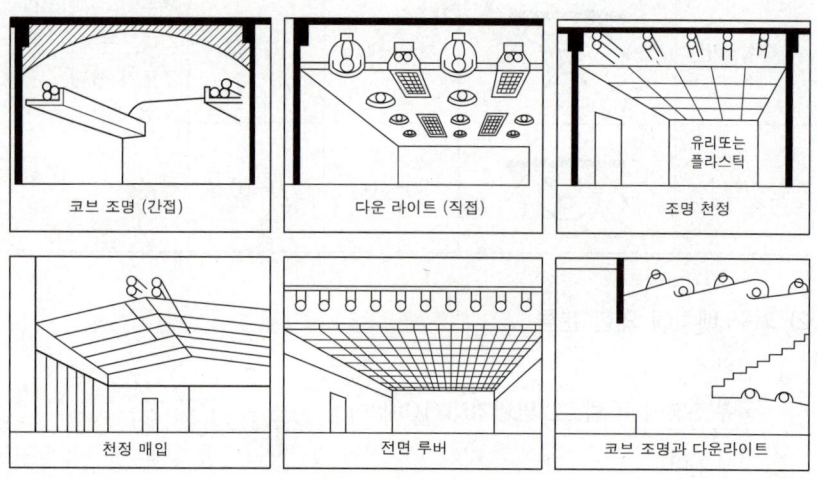

[그림] 건축화 조명 방식

5. 조명 설계

일반적으로 실내 조명의 계산 및 설계는 다음과 같이 진행한다.
[소 → 전 → 조 → 광 → 배]

① 소요 조도의 결정
② 전등 종류의 결정
③ 조명 방식과 조명기구 선정

④ 광속의 계산

$$F = \frac{E \cdot A \cdot D}{N \cdot U} = \frac{E \cdot A}{N \cdot U \cdot M} \text{ (lm)}$$

F : 사용 광원 1개의 광속[lm]
D : 감광 보상률(직접조명 : 1.3~2.0, 간접조명 : 1.5~2.0)
E : 작업면의 평균 조도[lx]
A : 방의 면적[m²]
N : 광원의 개수
U : 조명률
M : 유지율(보수율 : 감광 보상률의 역수)

㉮ 감광 보상률(D) : 광원을 갈아 끼우거나 기구를 청소할 때까지 필요한 조도를 유지할 수 있도록 여유를 두는 비율
㉯ 조명률(U) : 램프에서 발하여진 빛 가운데 작업면에 도달하는 빛이 몇 %인가를 나타내는 비율
㉰ 실지수(K) : 방의 크기와 형태를 나타내는 지수로서 광원에서 작업면에 직접 도달하는 빛은 실의 바닥면적에 대하여 천장의 높이가 낮을 때는 많고, 천장의 높이가 높을 때는 적어진다.

$$실지수(K) = \frac{X \cdot Y}{H(X+Y)}$$

X : 방의 가로 길이[m]
Y : 방의 세로 길이[m]
H : 작업면에서 광원까지의 높이[m]

㉱ 보수율(M) : 조명시설을 어느 기간 사용한 후의 작업면상의 평균 조도와 초기 조도와의 비. 즉, 조명시설의 조도는 설비의 사용 시간경과와 함께 램프 자체의 광속 감쇠, 램프·조명기구의 더러움, 천장, 벽, 바닥 등 실내면의 반사율 저하 등에 의해 내려간다.

⑤ 조명기구의 배치 : 조도 분포, 휘도 등의 재검토
광원 상호간의 간격을 S, 벽과 광원 사이의 간격을 S_0, 광원의 높이를 H라고 하면

㉮ $S \leq 1.5H$
㉯ $S_0 \leq \dfrac{H}{2}$
(벽 가까이에서 작업을 하지 않을 경우)
㉰ $S_0 \leq \dfrac{H}{3}$ (벽 가까이에서 작업을 할 경우)

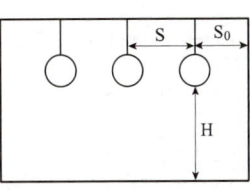

[그림] 광원의 배치

핵심 PLUS

43 다음 중 조명률에 영향을 끼치는 요소와 가장 거리가 먼 것은?
[11, 21 기]
① 광원의 높이
② 마감재의 반사율
③ 조명기구의 배광방식
④ 글레어(glare)의 크기

[해설] 조명률(U)
㉠ 광원에서 발하여진 빛 가운데 작업면에 도달하는 빛이 몇 %인가를 나타내는 비율, 즉 광원에서 방사되는 전 광속과 작업면에 대한 유효 광속과의 비를 말한다.
㉡ 조명률표를 이용하여 실내반사율이 높을수록, 실지수가 높을수록 조명률은 크다.

답 : ④

44 사무실의 평균조도를 300[lx]로 설계하고자 한다. 다음과 같은 조건에서의 조명률을 0.6에서 0.7로 개선할 경우 광원의 개수는 얼마만큼 줄일 수 있는가?
[07, 23, 24, 25 기]

[조건]
· 광원의 광속 : 3,000 [lm]
· 개실의 면적 : 600 [m²]
· 보수율(유지율) : 0.5

① 15개
② 18개
③ 25개
④ 28개

[해설] 광속계산
$F = \dfrac{E \cdot A \cdot D}{N \cdot U}$ 또는
$F = \dfrac{E \cdot A}{N \cdot U \cdot M}$ 에서
$N = \dfrac{E \cdot A}{F \cdot U \cdot M}$ 이다.
$N = \dfrac{E \cdot A}{F \cdot U \cdot M}$
$= \dfrac{300 \times 600}{3,000 \times 0.5 \times (0.6 \sim 0.7)}$
$= 200 \sim 171.4$
∴ $200 - 171.4 ≒ 28$개

답 : ④

핵심 PLUS

45 평균조도의 계산과 관련하여, 면적을 A, 사용램프의 전광속을 F, 조명율을 U, 보수율을 M, 평균조도를 E라고 할 때 성립하는 식은? [12, 23 기]

① $E = \dfrac{F \times U \times A}{M}$

② $E = \dfrac{F \times U \times M}{A}$

③ $E = \dfrac{F \times U}{A \times M}$

④ $E = \dfrac{A \times M}{F \times U}$

[해설] $F = \dfrac{A \cdot E \cdot D}{U}$ 에서

$E = \dfrac{F \cdot U}{A \cdot D} = \dfrac{F \cdot U \cdot M}{A}$

※ 감광보상율 $(D) = \dfrac{1}{M} = \dfrac{1}{보수율}$

답 : ②

46 인터폰설비의 통화망 구성 방식에 속하지 않는 것은? [17 기]
① 모자식
② 상호식
③ 복합식
④ 프레스토크식

답 : ④

47 다음 중 약전 설비가 아닌 것은? [07 기]
① 전등설비
② 인터폰설비
③ 전화설비
④ 방송설비

답 : ①

예제

폭 7m, 길이 10m, 천장높이 3.5m인 어느 교실의 야간평균조도가 100lx가 되려면 필요한 형광등의 개수는? (단, 사용되는 형광등 1개당의 광속은 2,000 lm, 조명률 50%, 감광보상률 1.5 이다) [09 기]

① 5개 ② 11개
③ 16개 ④ 23개

▶ 광속의 계산 $F = \dfrac{E \cdot A \cdot D}{N \cdot U} = \dfrac{E \cdot A}{N \cdot U \cdot M}$ (lm)

F : 광원 1개당 광속(lm)
D : 감광보상율(직접조명 : 1.3~2.0, 간접조명 : 1.5~2.0)
E : 작업면의 평균 조도(lx) A : 방의 면적(m^2)
N : 광원 개수 U : 조명률
M : 유지율(보수율 : 감광 보상률의 역수)

$F = \dfrac{E \cdot A \cdot D}{N \cdot U}$ 에서 $N = \dfrac{E \cdot A \cdot D}{F \cdot U}$ 이므로

$N = \dfrac{100 \times 7 \times 10 \times 1.5}{2,000 \times 0.5} = 10.5 \rightarrow$ 11개로 한다.

4 약전설비

1. 통신정보설비

1) 인터폰설비

① 모자식(친자식) : 1대의 모기에 여러 대의 자기를 접속하는 방식으로 자기끼리는 접속이 불가능하다. 병원 등에 사용
② 상호식 : 원하는 곳 모두 상호간에 접속이 가능
③ 복합식 : 모자식과 상호식을 복합한 형식
※ 설치 높이 : 바닥면에서 1.5m

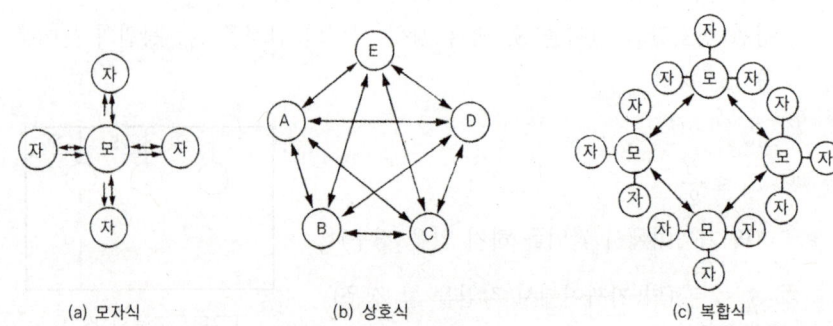

[그림] 인터폰의 접속방법

2) 전기시계설비

① 단독 시계 : 가정용, 소규모(교류식 : 디지털 시계, 건전지식)
② 모자식 시계 : 대규모의 경우 정밀한 모시계를 두고 모시계의 순침 충격 전류에 의해 자시계가 작동한다.
㉮ 모시계 : 수정식, 진자식, 램프식
- 수정식 : 가장 많이 사용, 수정식 I 급이 가장 정밀(특히 정도(精度)를 요구하는 건물)하다.
- 램프식 : 진동이 있는 장소, 정밀도가 낮다.

㉯ 자시계 : 직류 전기를 이용, 유극식과 무극식이 있다.

3) 안테나(antenna) 설비

① 안테나는 풍속 40m/s 정도에 견디도록 고정한다.
② 안테나는 피뢰침의 보호각 내에 들어가도록 한다.
③ 원칙적으로 강전류선으로부터 3m 이상 떨어서 설치한다.
④ 정합기(整合器)의 설치 높이는 일반적인 경우 바닥 위 30cm 높이로 한다.
⑤ 방향성 결합기나 분배기를 사용하지 않는 플러그에는 더미 로드(dummy load)를 부착한다.

4) 항공 장애등

지표 또는 수면으로부터 60m 이상의 높이의 건물에는 항공 장애등과 주간 장애 표시를 설치한다.

① 고광도 장애등 : 2,000cd 이상(명멸회수 : 20~60회/min)
② 저광도 장애등 : 20cd 이상

5) 도난방지장치

① 누름단추 방식
② 도어 스위치식
③ 바닥 매트방식
④ 적외선 방식
⑤ 오디오 모니터 방식
⑥ 발진 회로 방식
⑦ 초음파 방식
⑧ 레이더 방식

6) 차로경보설비

자동차 출입을 검출하는 장치로, 적외선 방식, 초음파 방식이 많이 쓰이고 그 밖에 테이프 스위치 방식 등이 있다.

핵심 PLUS

48 대규모 빌딩에 적당한 모시계의 종류는? [02 기]
① 진자식 II급
② 진자식 I급
③ 수정식 II급
④ 수정식 I급
답 : ④

49 TV 공청설비의 주요 구성기기에 속하지 않는 것은? [19 기]
① 증폭기
② 월패드
③ 컨버터
④ 혼합기
[해설] 월 패드(Wall-Pad) : 가정의 주방이나 거실 벽면에 부착된 형태로 존재하는 홈 네트워크 핵심 기기이다. 기존의 비디오 도어폰에서 한층 더 발전된 기기로서 홈 네트워크 월 패드라고도 한다.
답 : ②

50 항공 장애등이 필요한 건물의 지표상의 높이는?
[01 산, 00, 02 기]
① 30m 이상
② 40m 이상
③ 50m 이상
④ 60m 이상
답 : ④

51 도난방지장치와 관련 없는 것은? [02 기]
① 바닥매트방식
② 적외선방식
③ 오디오 모니터 방식
④ 정전용량방식
답 : ④

2. 피뢰침 설비

1) 건축물 규정

① 설치대상 건물 : 낙뢰의 우려가 있는 건축물, 건축물 높이 20m 이상
② 피뢰설비의 4등급
  ㉮ 완전보호(Ⅰ등급 보호, 케이지 방식) : 피보호물을 연속된 망상도체나 금속판으로 싸는 방법으로 어떠한 뇌격에 대해서도 건물이나 내부에 있는 사람에게 위해를 가하지 않는 방식(산꼭대기의 관측소, 휴게소, 매점, 골프장의 독립 휴게소 등)
  ㉯ 증강보호(Ⅱ등급 보호, 수평도체 방식) : 건축물 윗면의 모서리 부분, 뾰족한 모양을 한 부분의 위쪽에 수평 도체식 피뢰설비를 하여 전체의 보호 능력이 증강된 방식
  ㉰ 보통보호(Ⅲ등급 보호, 돌침) : 목조 가옥에서는 증강보호가 좋고, 철근콘크리트 건축물로서 옥상에 난간이 있는 경우는 보통보호로 한다.
  ㉱ 간이보호(Ⅳ등급 보호, 가공지선) : 보통보호보다 간단하며, 뇌해가 많은 지방의 높이 20m 이하 건물에서 자주적인 피뢰설비를 실시할 때 이용

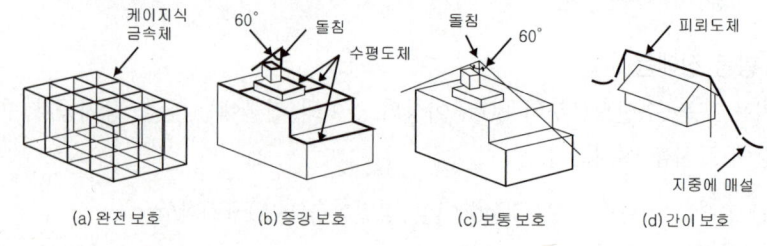

[그림] 피뢰 설비의 4등급

5 승강 및 운송설비

1. 엘리베이터(elevator)

1) 엘리베이터 구동방식

구 분	속 도(m/min)	구동 방식
저속도 ELE	15, 20, 30, 45	교류 1단, 교류 2단
중속도 ELE	60, 70, 90, 105	교류 2단, 직류 기어드
고속도 ELE	120, 150, 180, 210, 240, 300	직류 기어레스

핵심 PLUS

52 피뢰설비에서 돌침은 건축물의 맨 윗부분으로부터 최소 얼마 이상 돌출시켜 설치하여야 하는가? [07 산]
① 25cm
② 27cm
③ 30cm
④ 32cm

해설 돌침은 건축물의 맨 윗부분으로부터 25cm 이상 돌출시켜 설치하되, 「건축물의 구조기준 등에 관한 규칙」 제13조의 규정에 의한 풍하중에 견딜 수 있는 구조이어야 한다.

답 : ①

53 피보호물을 연속된 망상도체나 금속판으로 싸는 방법으로 뇌격을 받더라도 내부에 전위차가 발생하지 않으므로 건물이나 내부에 있는 사람에게 위해를 주지 않는 피뢰설비 방식은? [10 산]
① 돌침(보통보호)
② 가공지선(간이보호)
③ 케이지 방식(완전보호)
④ 수평도체 방식(증강보호)

답 : ③

54 대규모 사무실 빌딩에 운행속도가 150[m/min]인 승용 엘리베이터를 설치하고자 할 때, 이 엘리베이터의 구동방식으로 가장 적합한 것은? [11, 23 기]
① 교류 1단
② 교류 2단
③ 직류 기어드
④ 직류 기어레스

답 : ④

55 직류 엘리베이터에 관한 설명으로 옳지 않은 것은? [18, 24 기]
① 임의의 기동 토크를 얻을 수 있다.
② 고속 엘리베이터용으로 사용이 가능하다.
③ 원활한 가감속이 가능하여 승차감이 좋다.
④ 교류 엘리베이터에 비해 가격이 저렴하다.

답 : ④

2) 엘리베이터의 비교

구 분	교류 엘리베이터	직류 엘리베이터
기 동	기동 토크가 적다.	임의의 기동 토크를 얻을 수 있다.
속도조정	속도를 임의로 선택할 수 없고 속도 제어는 불가. 부하에 의한 속도 변동이 있다.	속도를 임의로 선택할 수 있고 속도 제어 가능. 부하에 의한 속도 변동이 없다.
승강기분	직류에 비하여 떨어진다.	원활하게 가감속이 가능하여 승강 기분이 좋다.
착상오차	수[mm]의 오차가 생긴다.	1[mm] 이내의 오차
전효율	40~60[%]	60~80[%]
가 격	저렴	교류의 1.5~2.0배
속 도	30[m/분], 45[m/분], 60[m/분]	90[m/분], 105[m/분], 120[m/분], 150[m/분], 180[m/분], 210[m/분], 240[m/분]

3) 엘리베이터에 관한 기본 사항

① 승강기
  ㉮ 이상적인 엘리베이터 케이지의 나비와 깊이의 비=10 : 7
  ㉯ 표준형 엘리베이터의 출입구 높이 : 2.1m
  ㉰ 케이지와 승차장의 문은 리타이어링 캠에 의해 동시에 개폐한다.

② 기계실
  ㉮ 권상기의 부하를 줄이기 위해 카의 반대편 로프에 장치한 것 : 균형추(counter weight)
  ㉯ 균형추의 중량=카 중량+최대적재량×1/2
  ㉰ 카를 유도하는 장치 : 가이드 레일(guide rail)
  ㉱ 로프의 슬립 방지 : 견인구차(sheave)
  ㉲ 엘리베이터 기계실의 천장 높이 : 2.1m 이상

③ 안전장치
  ㉮ 조속기 : 규정 속도의 120%가 되면 차단
  ㉯ 비상정지장치 : 정격속도의 130~140%에 도달하면 차단
  ㉰ 완충기 : 카와 균형추가 승강로 저부로 낙하할 때 그 충격을 완화시켜 주는 장치
  ㉱ 스토핑 스위치(슬로우다운 스위치, 종점 스위치) : 최상, 최하층에서 카 정지 스위치를 잊은 경우 자동 정지
  ㉲ 리밋 스위치(제한스위치) : 종점스위치가 작동하지 않을 때, 제2단위 작동으로 주회로를 차단

핵심 PLUS

56 에스컬레이터의 안전장치에 속하지 않는 것은? [16 기]
① 리타이어링 캠
② 비상정지스위치
③ 구동체인안전장치
④ 핸드레일인입안전장치

[해설] 리타이어링 캠 : 카 문과 승강장의 문을 동시에 개폐시키는 장치

답 : ①

57 다음 설명에 알맞은 엘리베이터의 안전장치는? [09, 25 기]
• 일정 이상의 속도가 되었을 때 브레이크나 안전장치를 작동시키는 기능을 한다.
• 사전에 설정된 속도에 이르면 스위치가 작동하며, 다시 속도가 상승했을 경우, 로프를 제동해서 고정시킨다.

① 조속기
② 완충기
③ 도어 클로저
④ 최종 리미트 스위치

답 : ①

58 엘리베이터의 안전장치 중에서 카가 최상층이나 최하층에서 정상 운행위치를 벗어나 그 이상으로 운행하는 것을 방지하는 것은? [17, 20 기]
① 완충기(buffer)
② 조속기(governor)
③ 리미트 스위치(limit switch)
④ 카운터 웨이트(counter weight)

답 : ③

59 다음의 에스컬레이터에 대한 설명 중 옳지 않은 것은? [06, 09 기]
① 기다리는 시간이 없고 연속적으로 승객을 수송할 수 있다.
② 수송능력이 엘리베이터의 약 10배 정도이다.
③ 정격 속도는 하강방향을 고려하여 60m/min 정도가 가장 바람직하다.
④ 기계실이 필요하지 않으며 피트가 간단하다.

답 : ③

핵심 PLUS

60 다음의 엘리베이터와 비교한 에스컬레이터의 특징을 설명한 내용 중 옳지 않은 것은? [08 기]
① 단거리 대량수송에 적합하다.
② 기계실이 특별히 필요 없다.
③ 대기시간이 거의 없이 연속적으로 승객을 수송할 수 있다.
④ 피트가 복잡하며 건축물에 걸리는 하중이 최상층에 집중되므로 이에 대한 보강이 필요하다.

[해설] 에스컬레이터의 피트는 간단하며 건축물에 걸리는 하중이 각층으로 분산되므로 보강이 필요하지 않다.

답 : ④

61 에스컬레이터와 교차되는 천장의 밑부분에 협각이 이루어지는 부분은 인접 에스컬레이터의 측하면을 포함하여 안전사고의 발생요소이다. 이 부분에 대해 승객에게 위험개소를 경고하기 위하여 설치하는 것은? [10 기]
① 데크 보드(deck board)
② 스커드가드 판넬 (skirt guard panel)
③ 플로어 플레이트 (floor plate)
④ 삼각부 안내판 (wedge guard)

답 : ④

62 이동식 보도에 관한 설명으로 옳지 않은 것은? [18 기]
① 속도는 60~70m/min이다.
② 주로 역이나 공항 등에 이용된다.
③ 승객을 수평으로 수송하는데 사용된다.
④ 수평으로부터 10° 이내의 경사로 되어 있다.

[해설] 속도 : 30~50m/min

답 : ①

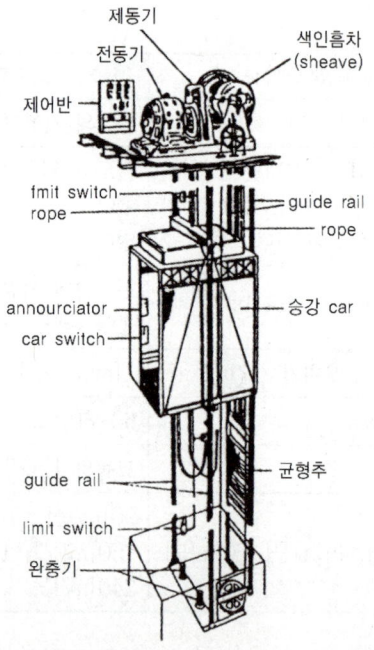

[그림] 엘리베이터의 각 부 명칭과 구조

2. 에스컬레이터(escalator)

① 경사 : 30° 이하
② 속도 : 30m/min 이하
③ 수송인원 : 4,000~8,000명/h
④ 계단폭 : 60cm~120cm
⑤ 전동기 : 10~25HP 3상 유도 전동기 사용
⑥ 배치방식 : 직렬식, 병렬단속식, 병렬연속식, 교차식

※ 에스컬레이터의 경사는 일반적으로 30° 이하로 한다. 다만, 에스컬레이터의 층고가 6m 이하이고 공칭속도가 0.5m/s 이하인 경우에는 35° 이하로 할 수 있다.

3. 덤웨이터(dumb waiter)

① 승강 속도 : 15, 20, 30m/min(에스컬레이터보다 느린 속도)
② 전동기 용량 : 최대 3HP
③ 적재량 : 500kg 이하
④ 케이지 바닥면적 : $1m^2$ 이하
⑤ 천장높이 : 1.2m 이하

핵심기출문제

Ⅲ. 전기설비

1. 전기에 관한 일반사항

1. 전기에 관한 기초사항으로 옳지 않은 것은? [15⑦]
① 전류는 발열작용, 화학작용, 자기작용을 한다.
② 병렬회로에서는 각각의 저항에 흐르는 전류의 값이 같다.
③ 오옴(Ohm)의 법칙은 전압, 전류, 저항 사이의 규칙적인 관계를 나타낸다.
④ 1[W]란 전압이 1[V]일 때, 1[A]의 전류가 1[s] 동안에 하는 일을 말한다.

2. 다음 중 그 값이 클수록 안전한 것은? [12, 15, 19⑦]
① 접지저항　　② 도체저항
③ 접촉저항　　④ 절연저항

3. 전류의 3가지 작용에 속하지 않는 것은? [10⑦]
① 발열작용　　② 화학작용
③ 절연작용　　④ 자기작용

4. 전류가 흐르고 있는 도선에 대해 자기장이 미치는 힘의 작용방향을 정하는 법칙으로 전동기에 적용되는 법칙은? [06⑦]
① 암페어의 오른나사 법칙　　② 렌쯔의 법칙
③ 플레밍의 오른손 법칙　　　④ 플레밍의 왼손법칙

해설 플레밍의 왼손법칙을 사용하면 자기장의 방향과 전류가 흐르는 방향을 알 때 도선이 받는 힘의 방향을 결정할 수 있다. 방법은 왼손의 검지를 자기장의 방향, 중지를 전류의 방향으로 했을 때, 엄지가 가리키는 방향이 도선이 받는 힘의 방향이 된다.
※ 플레밍의 오른손 법칙 : 오른손 엄지를 도선의 운동방향, 검지를 자기장의 방향으로 했을 때, 중지가 가리키는 방향이 유도기전력 또는 유도전류의 방향이 된다.

5. 변압기의 1차측 코일의 권수가 6,000, 2차측 코일의 권수가 200일 때 1차측 코일에 교류전압 3,000[V] 인가시 2차측 코일에 발생하는 교류전압[V]은? [09, 15, 25⑦]
① 500　　② 200
③ 100　　④ 50

해 설

해설 1
병렬회로에서 각 저항에서의 전압강하는 저항의 크기와 관계없이 모두 같다.

해설 2
절연저항
전류가 누설되지 않도록 하는 것을 절연이라고 하며 그 재료를 절연물이라고 하는데 이처럼 전류가 누설되지 않도록 하는 절연물 자체의 저항을 절연저항이라고 한다. 전선에서 전류가 누설되지 않도록 전선을 비닐이나 고무 등의 저항률이 매우 큰 재료로 피복하고 있다.

해설 3
전류의 3가지 작용
㉠ 발열작용 : 자유전자가 저항을 가진 도체 속을 이동하게 되면 도체를 구성하고 있는 금속원자와 자유전자가 충돌함으로서 금속원자가 불규칙적인 진동을 하게 되어 열을 발생하는데 이 열을 주울(Joul) 열이라고 한다.
㉡ 화학작용 : 식염이나 유산 등의 수용액에 전류를 흘리면 화학변화를 일으킨다. 전기분해나 전기도금은 이와 같은 전류의 화학작용을 응용한 것이다.
㉢ 자기작용(磁氣作用) : 전류는 자석의 힘(자력)을 발생시킨다. 전동기, 변압기, 발전기, 녹음테이프, 전자석, 솔레노이드 밸브 등은 전기의 자기작용을 응용한 것이다.

해설 5
코일의 권수와 전압의 관계
$\dfrac{N_1}{N_2} = \dfrac{V_1}{V_2}$ 이므로
$\dfrac{6{,}000}{200} = \dfrac{3000}{V_2}$
6000 : 3000 = 200 : X
∴ X = 100[V]

정답 1. ②　2. ④　3. ③
　　　 4. ④　5. ③

핵심기출문제

III. 전기설비

■■■ 2. 강전설비

6. 3상 동력과 단상 전등, 전열부하를 동시에 사용 가능한 방식으로 사무소 건물 등 대규모 건물에 많이 사용되는 구내 배전방식은? [18②]
① 단상 2선식
② 단상 3선식
③ 3상 3선식
④ 3상 4선식

7. 다음과 같은 특징을 갖는 간선 배선 방식은? [10, 21②]

- 사고 발생 때 타부하에 파급효과를 최소한으로 억제할 수 있어 다른 부하에 영향을 미치지 않는다.
- 경제적이지 못하다.

① 나뭇가지식
② 평행식
③ 나뭇가지 평행 병용식
④ 네트워크식

8. 다음과 같은 특징을 갖는 간선의 배선방식은? [11②]

- 1개소의 사고가 전체에 영향을 미치고 신뢰도가 낮다.
- 각 분전반별로 동일전압을 유지할 수 없다.

① 루프식
② 평행식
③ 나뭇가지식
④ 나뭇가지 평행식

9. 간선설계 순서로서 옳은 것은? [03②]

A : 전선굵기를 결정   B : 배선방법을 선정
C : 부하용량을 구한다. D : 전기방식과 배선방식을 결정

① A - B - C - D
② C - D - B - A
③ B - A - D - C
④ D - B - A - C

해설

해설 6
3상 4선식(120/208V, 220/380V, 460/265V)
㉠ 대규모 건물에서 여러 종류의 전압이 필요할 때 선택한다.
㉡ 우리나라는 주로 220/380V를 사용한다.
㉢ 승압 계획에 따라 현재 빌딩이나 공장의 간선회로 등에 주로 사용한다.

해설 7
평행식
㉠ 각 분전반마다 배전반으로부터 단독으로 배선되어 전압강하가 평균화된다.
㉡ 사고 발생시 범위를 줄일 수 있다.
㉢ 배선혼잡의 우려는 있으나 대규모 건물에 적합하다.

해설 8
나뭇가지식 (수지상식)
㉠ 한 개의 간선이 각각의 분전반을 거치며 부하가 감소되므로 굵기도 감소된다.
㉡ 전압강하가 크다.
㉢ 경제적이나 1개소의 사고가 전체에 영향을 미친다.
㉣ 주택 등의 소규모 건물의 배선방식으로 적합하다.

해설 9
간선 설계 순서
㉠ 부하용량 결정
㉡ 전기방식 및 배선방식 결정
㉢ 배선방법 결정
㉣ 전선 및 전선관 굵기 결정

정답 6. ④ 7. ② 8. ③ 9. ②

10. 다음 중 옥내 배선의 굵기를 결정하는 주된 요소에 포함되지 않는 것은? [07⑦]

① 허용 전류 ② 조명 방식
③ 전압 강하 ④ 기계적 강도

11. 저압 옥내배선 공사 중 콘크리트 속에 직접 묻을 수 있는 공사는? [09, 15, 22⑦]

① 금속 몰드 공사 ② 금속 덕트 공사
③ 버스 덕트 공사 ④ 금속관 공사

12. 다음과 같은 특징을 갖는 배선 방법은? [08⑦]

- 열적영향이나 기계적 외상을 받기 쉬운 곳이 아니면 금속관 배선과 같이 광범위하게 사용 가능하다.
- 관자체가 절연체이므로 감전의 우려가 없으며 시공이 용이하다.

① 금속덕트 배선 ② 합성수지관 배선
③ 버스덕트 배선 ④ 플로어덕트 배선

13. 다음의 배선공사에 대한 설명 중 옳지 않은 것은? [10, 23⑦]

① 합성수지관 공사는 옥내의 점검 불가능한 은폐장소에서는 사용할 수 없다.
② 금속관 공사는 옥내의 은폐장소 및 노출장소에 모두 사용이 가능하다.
③ 금속관 공사는 외부적 응력에 대해 전선보호의 신뢰성이 높다.
④ 플로어 덕트 공사에서 덕트 내부에는 절연전선을 사용한다.

14. 전기설비의 배선공사에 관한 설명으로 옳지 않은 것은? [12, 21⑦]

① 금속관 공사는 외부적 응력에 대해 전선보호의 신뢰성이 높다.
② 합성수지관 공사는 열적 영향이나 기계적 외상을 받기 쉬운 곳에서는 사용이 곤란하다.
③ 금속덕트 공사는 다수회선의 절연전선이 동일 경로에 부설되는 간선 부분에 사용된다.
④ 플로어덕트 공사는 옥내의 건조한 콘크리트 바닥면에 매입 사용되나 강·약전을 동시에 배선할 수 없다.

해 설

해설 10

전선 굵기의 결정 요소
㉠ 안전전류 (허용전류) : 전선에 과전류가 흐르면 열이 발생
㉡ 전압강하 : 부하에 걸리는 전압이 전원전압보다 낮아지는 현상으로 한도는 인입선 1%, 간선 1%, 분기회로 2% 이다.
㉢ 기계적 강도 : 보안상 시공상의 어느 정도의 강도가 필요하며, 일반적으로 1.6mm 이상의 연동선을 사용한다.

해설 11

금속관 공사
철근콘크리트 건물의 매입 배선으로 사용하는 공사
㉠ 전선의 과열로 인한 화재의 위험성이 적다.
㉡ 기계적인 외력에 대하여 전선이 안전하게 보호된다.
㉢ 전선이 인입이 용이하다.
㉣ 고압, 저압, 통신설비 등에 널리 사용된다.
㉤ 사용장소는 은폐장소, 노출장소, 옥내, 옥외 등 광범위하게 사용할 수 있다.

해설 12, 13

합성수지관 배선공사(경질비닐관 배선공사)
㉠ 열적 영향이나 기계적 외상을 받기 쉽다.
㉡ 관 자체가 절연체이므로 감전의 우려가 없으며, 시공이 쉽다.
㉢ 화학공장, 연구실의 배선 등에 적합하다.
㉣ 옥내의 점검할 수 없는 은폐 장소에도 사용이 가능하다.

해설 14

플로어 덕트 공사는 옥내의 건조한 콘크리트 바닥면에 매입 사용된다. 사무용 빌딩에 채용되고 있으며 강·약전을 동시에 배선할 수 있는 2로, 3로 방식이 가능하다.

정답 10. ② 11. ④ 12. ②
      13. ① 14. ④

핵심기출문제

Ⅲ. 전기설비

15. 다음 중 전기샤프트(ES)의 계획 시 고려사항으로 옳지 않은 것은? [09, 22㉮]

① 각 층마다 같은 위치에 설치한다.
② 기기의 배치와 유지보수에 충분한 공간으로 하고, 건축적인 마감을 실시한다.
③ 점검구는 유지·보수시 기기의 반출입이 가능하도록 하여야 하며, 폭은 최소 300mm 이상으로 한다.
④ 공급대상 범위의 배선거리, 전압강하 등을 고려하여 전력부하설비 시설위치의 중앙에 위치하도록 한다.

16. 단위세대 전용면적이 80[m²]인 공동주택(APT)의 추정부하 용량(KVA/세대)으로 적정한 최소의 법적 부하용량은 얼마인가? [06㉮]

① 3[KVA]   ② 3.5[KVA]
③ 4[KVA]   ④ 4.5[KVA]

17. 다음과 같은 공식을 통해 산출되는 값으로 전기 설비가 어느 정도 유효하게 사용되는가를 나타내는 것은? [09, 15, 21, 24㉮]

$$\frac{부하의\ 평균전력}{최대수용전력} \times 100(\%)$$

① 부하율   ② 보상률
③ 부등률   ④ 수용률

18. 다음 중 변전실 면적에 영향을 주는 요소와 가장 거리가 먼 것은? [21㉮]

① 발전기실의 면적
② 변전설비 변압방식
③ 수전전압 및 수전방식
④ 설치 기기와 큐비클의 종류

19. 다음 중 변전실의 위치 결정시 고려할 사항과 가장 거리가 먼 것은? [08㉮]

① 발전기실, 축전지실과 인접한 장소일 것
② 습기나 먼지, 염해, 유독가스의 발생이 적은 장소일 것
③ 외부로부터 전원의 인입이 편리하고 기기를 반입, 반출하는 데 지장이 없을 것
④ 빌딩의 변전실은 지하 최저층에 위치시키고, 천장높이는 2.7m 이상으로 할 것

해 설

해설 15
점검구는 유지·보수시 기기의 반출입이 가능하도록 하여야 하며, 폭은 90cm 이상으로 한다.

해설 16
주택건설기준등에 관한 규정에 의한 부하의 산정(40조관련)
단위세대당 3,000VA + 60m²를 초과하는 바닥면적10m²당 × 500VA로 한다.
∴ 3000VA + (80-60)/10 × 500VA
= 4000VA = 4KVA

해설 17
수변전설비 용량 결정
㉠ 수용률(수요율)
$= \frac{최대사용전력}{부하설비용량} \times 100(\%)$
㉡ 부등율
$= \frac{각부하의최대수용전력의합계}{최대사용전력} \times 100(\%)$
㉢ 부하율
$= \frac{평균수용전력}{최대사용전력} \times 100(\%)$

해설 18
변전실 면적 결정 시 영향을 주는 요소에는 건축물의 구조적 여건, 변압기 용량, 수전전압, 수전방식, 기기의 배치 방법, 큐비클(폐쇄분전반)의 종류와 시방 등이 있다.
※ 큐비클(폐쇄분전반) : 차단기·단로기 등의 전력용 개폐기·계기용 변성기, 모선(母線)·접속도체 및 감시제어에 필요한 기기로 된 집합장치

해설 19
변전실의 천정 높이
㉠ 고압 : 보 아래 3.6m 이상(천정에 배관, 덕트 통행시 : 3.0m 이상)
㉡ 특고압 : 보 아래 4.5m 이상(폐쇄형 : 3.6m 이상)
※ 모든 설비장치는 가능한 한 부하의 중심에 가까운 곳에 두므로 축전실과 발전기실의 가까이 둔다.
(예) 보일러실, 변전실, 예비전원설비, 분전반, 파이프 샤프트, 전화교환실 등

정답 15. ③ 16. ③ 17. ①
18. ① 19. ④

20. 개폐기의 일종으로 수용가의 인입구 부근에 설치하여 구분 개폐기로 사용하고, 또한 변압기, 차단기, 피뢰기 등 고전압 기기의 1차측에 설치하여 기기를 점검, 수리할 때 회로를 분리하는데 사용하는 것은? [07㉮]

① 차단기 ② 단로기
③ 계기용 변성기 ④ 진상용 콘덴서

21. 부하의 증가나 고장시 공급능력 저하방지, 부하변동 등에 대응 및 경제적인 면을 고려하여 변압기를 병렬 운전할 필요성이 있다. 다음 중 변압기의 병렬 운전 조건으로 옳지 않은 것은? [10㉮]

① 권선비가 같을 것
② 1차, 2차 정격전압 및 극성이 같을 것
③ 부하의 합계가 변압기 정격용량보다 클 것
④ 3상에서는 상회전 방향 및 위상 변위가 같을 것

22. 전력설비의 기기를 이상전압(뇌서지, 개폐서지)으로부터 보호하는 장치는? [09㉮]

① 전력 퓨즈 ② 계기용 변성기
③ 피뢰기 ④ 과전류 계전기

23. 다음 설명에 알맞은 접지의 종류는? [21, 24㉮]

> 기능상 목적이 서로 다르거나 동일한 목적의 개별접지들을 전기적으로 서로 연결하여 구현한 접지

① 단독접지 ② 공통접지
③ 통합접지 ④ 종별접지

[해설] **통합 접지**
빌딩이나 공장 기타 건물에는 보안용 접지, 정보통신 기기들을 위한 기능용 접지 또는 낙뢰로부터 보호하기 위한 접지 등 목적이 다른 접지가 이루어지는데 하나의 공용 접지시스템으로 신뢰와 편리 그리고 경제적인 시공을 하는 것을 목적으로 한 접지를 통합접지 시스템이라 한다.

※ 통합접지 : 계통접지·통신접지·피뢰접지의 접지극을 통합하여 접지
☞ 공통접지 : (특)고압 계통과 저압 접지계통을 등전위 형성을 위해 공통으로 접지

해 설

[해설] **20**
전기설비 기기
㉠ 변압기 : 수변전설비의 모체가 되는 기기로 전압을 변화시키는 역할을 한다.
㉡ 차단기 : 전로를 자동으로 개폐하여 기기를 보호하는 목적으로 쓰인다.
㉢ 배전반 : 회로나 기기를 감시하기 위한 계기류, 계전기류, 개폐기류를 1개소에 집중해서 시설한 것이다.
㉣ 단로기(DS, disconnector Switch) : 보통의 부하전류는 개폐하지 않는다. 송전선이나 변전소 등에서 차단기를 연 무부하상태(無負荷狀態)에서 주회로의 접속을 변경하기 위해 회로를 개폐하는 장치이다. 단로기 양측에서 회로가 기계적으로 구분되므로 점검·수리 등에 편리하고 차단기와는 달리 극히 적은 전류만 통제하므로 구조가 간단하다.

[해설] **21**
변압기의 병렬운전 조건 및 맞지 않을 경우 나타나는 현상
㉠ 권선비가 같을 것 : 순환전류가 흘러 변압기가 소손된다.
㉡ 극성이 일치할 것 : 큰 순환전류가 흘러 권선이 소손된다.
㉢ %임피던스 강하가 같을 것 : 부하의 분담이 용량의 비가 되지 않아 부하의 분담이 균형을 이룰 수 없다.
㉣ 내부저항 및 누설 리액턴스의 비가 같을 것 : 각 변압기의 전류간에 위상차가 생겨 동손이 증가
㉤ 3상에서는 상회전 방향 및 위상 변위가 같을 것 : 상회전 방향이 틀리거나, 위상변위(위상각)가 틀리면 단락 현상이 발생 하게 되어 위험하게 된다.

[해설] **22**
피뢰기
전력설비의 기기를 이상전압으로부터 보호하는 장치이다.

정답 20. ② 21. ③ 22. ③
23. ③

핵심기출문제

III. 전기설비

24. 축전지의 충전 방식 중 필요할 때마다 표준 시간율로 소정의 충전을 하는 방식은? [12, 13, 18, 23⑰]

① 급속충전　　② 보통충전
③ 부동충전　　④ 세류충전

25. 다음과 같은 특징을 갖는 전동기는? [08, 16, 23, 25⑰]

- 구조와 취급이 간단하고 기계적으로 견고하다.
- 가격이 비교적 싸고 운전이 대체로 쉽다.
- 건축설비에서 가장 널리 사용되고 있다.

① 정류자전동기　　② 유도전동기
③ 동기전동기　　　④ 직류전동기

26. 동력설비의 감시 제어에서 고장표시를 나타내는 램프의 색은? [08⑰]

① 백색　② 오렌지색　③ 적색　④ 녹색

[해설] 감시제어반

종류	목적	표시 방법
전원 표시	전원의 생사 여부	백색 램프
운전 표시	정상적 가동 상태	적색 램프
정지 표시	정지 상태	녹색 램프
고장 표시	고장 유무 상태	오렌지색 램프(버저나 벨 울림)
경보 표시	경보 신호	백색 램프(버저나 벨 울림)

■■■ 3. 조명설비

27. 조명 단위에 대한 조합 중 틀린 것은? [06⑰]

① 광속 – [lm]　　② 조도 – [lx]
③ 휘도 – [sb]　　④ 광도 – [cd/m²]

[해설] 조명관련 용어의 의미와 단위

측광량		정의	단위	단위약호
광속		단위 시간당 흐르는 광의 에너지량	lumen	lm
광속의 면적밀도	조도	단위 면적당의 입사광속	lux	lx
발산광속의 입체각 밀도	광도	점광원으로부터 단위 입체각당의 발산광속	candela	cd
광도의 투영면적 밀도	휘도	발산면의 단위 투영면적당 발산광속	candela/m²	cd/m²

해 설

[해설] **24**
축전지의 충전방식
㉠ 보통 충전 : 필요할 때마다 표준 시간율로 소정의 충전을 하는 방식
㉡ 급속 충전 : 비교적 짧은 시간에 보통 충전 전류의 2~3배의 전류로 충전하는 방식
㉢ 부동 충전 : 축전지의 자기 방전을 보충함과 동시에 사용 부하에 대한 전력공급은 충전기가 부담하되 충전기가 부담하기 어려운 일시적인 대전류 부하는 축전지로 하여금 부담하게 하는 방식
㉣ 균등 충전 : 부동 충전방식에 의하여 사용할 때 각 전해조에서 일어나는 전위차를 보정하기 위하여 1~3개월마다 1회, 정전압으로 10~12시간 충전하여 각 전해조의 용량을 균일화하기 위하여 행하는 충전방식
㉤ 세류 충전 : 자기 방전량만을 항상 충진시키는 부동 충전방식의 일종

[해설] **25**
전동기
㉠ 교류용 전동기 : 유도 전동기, 동기 전동기, 정류자 전동기
　• 가격이 저렴하고 구조가 간단, 3상 교류 유도 전동기가 가장 많이 쓰인다.
㉡ 직류용 전동기 : 복권 전동기, 분권 전동기, 직권 전동기
　• 속도 조절이 간단, 고도의 속도제어가 요구되는 장소(엘리베이터, 전차), 가격이 비싼 것이 단점

정답　24. ②　25. ②　26. ②
　　　27. ④

28. 광원으로부터 일정거리 떨어진 수조면의 조도에 대한 설명 중 옳지 않은 것은? [08, 21㉮]
① 광원의 광도에 비례한다.
② 거리의 제곱에 반비례한다.
③ cos θ (입사각)에 비례한다.
④ 측정점의 반사율에 반비례한다.

29. 어느 점광원에서 1[m] 떨어진 곳의 수평면 조도가 200[lx]일 때, 이 광원에서 2[m] 떨어진 곳의 수평면 조도는? [10, 13, 16, 17, 21, 24㉮]
① 25 [lx]　　② 50 [lx]
③ 100 [lx]　　④ 200 [lx]

30. 간접조명기구에 대한 설명 중 옳지 않은 것은? [10, 19㉮]
① 직사 눈부심이 없다.
② 매우 넓은 면적이 광원으로서의 역할을 한다.
③ 일반적으로 발산광속 중 상향광속이 90~100[%] 정도이다.
④ 천장, 벽면 등은 어두운 색으로, 빛이 잘 흡수되도록 하여야 한다.

31. 광원의 연색성에 관한 설명으로 옳지 않은 것은? [18㉮]
① 고압수은램프의 평균 연색평가수(Ra)는 100이다.
② 연색성을 수치로 나타낸 것을 연색평가수라고 한다.
③ 평균 연색평가수(Ra)가 100에 가까울수록 연색성이 좋다.
④ 물체가 광원에 의하여 조명될 때, 그 물체의 색의 보임을 정하는 광원의 성질을 말한다.

32. 작업구역에는 전용의 국부조명방식으로 조명하고, 기타 주변 환경에 대하여는 간접조명과 같은 낮은 조도레벨로 조명하는 방식은? [19, 25㉮]
① TAL 조명방식
② 반직접 조명방식
③ 반간접 조명방식
④ 전반확산 조명방식

해 설

[해설] 28
조도의 코사인 법칙
$$E = \frac{I}{d^2} \cdot \cos\theta$$
　E : 조도　　I : 광도
　d : 거리　　θ : 입사각도

[해설] 29
조도
㉠ 표면에 도달하는 광의 밀도(1m² 당 1 lm의 광속이 들어 있는 경우 1Lux)
㉡ 단위 : 룩스(lux, lx)
㉢ 조도=광도/(거리)²
$$\therefore E = \frac{200}{2^2} = 50\,[\text{lx}]$$

[해설] 30
천장, 벽면 등은 밝은 색으로, 빛이 잘 반사되도록 하여야 한다.

[해설] 31
연색평가수(color rendering index)
광원에 의해 조명되는 물체색의 지각이 규정된 조건하에서 기준 광원으로 조명했을 때의 지각과 맞는 정도를 나타내는 수치
☞ 평균 연색평가수(Ra)가 0에 가까울수록 연색성이 나쁘다.
※ 광원별 평균연색평가수(Ra)지수
할로겐램프 약 100, 3파장형광램프 85, 메탈램프 65-90, 일반형광램프 65, 고압나트륨램프 28 정도로 Ra지수가 낮으면 물체의 고유색을 식별하기가 어렵다.

[해설] 32
TAL(Task & Ambient Lighting) 조명방식
작업구역에는 전용의 국부조명방식으로 조명하고, 기타 주변 환경에 대하여는 간접조명과 같은 낮은 조도레벨로 조명하는 방식

정답 28. ④　29. ②　30. ④
　　　　31. ①　32. ①

핵심기출문제

Ⅲ. 전기설비

33. 조명 기구를 건축 내장재의 일부 마무리로써 건축 의장과 조명 기구를 일체화하는 조명 방식을 의미하는 것은? [07②]
① 전반조명 ② 간접조명
③ 건축화조명 ④ 확산조명

34. 건축화조명 중 천장 전면에 광원 또는 조명기구를 배치하고, 발광면을 확산 투과성 플라스틱판이나 루버 등으로 전면을 가리는 조명 방법은? [06②]
① 다운라이트 조명 ② 코니스 조명
③ 밸런스 조명 ④ 광천장 조명

35. 조명설비에서 불쾌 글레어(Discomfort glare)의 원인과 가장 거리가 먼 것은? [10②]
① 휘도가 낮은 광원
② 시선 부근에 노출된 광원
③ 눈에 입사하는 광속의 과다
④ 물체와 그 주위 사이의 고휘도 대비

36. 어느 실에 필요한 램프의 개수를 구하고자 한다. 그 실의 바닥면적을 A, 평균조도를 E, 조명률을 U, 보수율을 M, 램프 1개의 광속(光束)을 F라고 할 때, 소요램프수의 적절한 산정식은? [10, 13, 24②]

① $\dfrac{E \cdot A \cdot M}{F \cdot U}$ ② $\dfrac{E \cdot A \cdot F}{U \cdot M}$

③ $\dfrac{E \cdot A}{F \cdot U \cdot M}$ ④ $\dfrac{E}{A \cdot F \cdot U \cdot M}$

[해설]
광속계산 $F = \dfrac{E \cdot A \cdot D}{N \cdot U} = \dfrac{E \cdot A}{N \cdot U \cdot M}$ (lm)에서

광원의 개수 $N = \dfrac{E \cdot A}{F \cdot U \cdot M}$

F : 사용 광원 1개의 광속[lm]
D : 감광 보상률
E : 작업면의 평균 조도[lx]
A : 방의 면적[m²]
N : 광원의 개수
U : 조명률
M : 유지율(보수율 : 감광 보상률의 역수)

※ 보수율(M)
① 조명시설을 어느 기간 사용한 후 작업면상의 평균 조도와 초기 조도와의 비
② 조명시설의 조도는 설비의 사용 시간 경과와 함께 램프 자체의 광속 감쇠, 램프·조명기구의 더러움, 천장, 벽, 바닥 등 실내면의 반사율 저하 등에 의해 내려간다.
③ 감광보상률(D)의 역수

해 설

[해설] 33
건축화 조명 : 천장, 벽, 기둥 등의 건축 부분에 광원을 만들어 실내를 조명하는 방식으로 눈부심이 적은 장점이 있는 반면, 조명 효율은 직접 조명에 비해 떨어진다.

[해설] 34
광천장 조명 : 확산투과선 플라스틱판이나 루버로 천장을 마감하여 그 속에 전등을 넣은 방법이다. 그림자 없는 쾌적한 빛을 얻을 수 있다. 마감재료의 설치방법에 변화 있는 인테리어 분위기를 연출할 수 있다.
※ 다운라이트 조명 : 천장에 작은 구멍을 뚫어 그 속에 광원을 매입한 방법
※ 코니스 조명 : 벽면에 빛을 반사시켜 간접 조명하는 방법

[해설] 35
글레어(현휘, 눈부심)의 발생 원인
㉠ 주위가 어둡고 눈이 순응되어 있는 휘도가 낮은 경우
㉡ 광원의 휘도가 높은 경우
㉢ 광원이 시선에 가까운 경우
㉣ 광원의 겉보기 면적이 큰 경우와 광원의 수가 많은 경우
※ 글레어(glare) : 시야 내에 휘도가 높은 광원, 반사물체 등이 있어 이들로부터의 빛이 눈에 들어와 대상을 보기 어렵게 하거나 눈부심으로 불쾌감을 느끼거나 하는 상태를 말한다.

정답 33. ③ 34. ④ 35. ①
36. ③

37. 바닥면적이 50[m²]인 사무실이 있다. 32[W] 형광등 20개를 균등하게 배치할 때 사무실의 평균 조도는? (단, 형광등 1개의 광속은 3,300[lm], 조명률은 0.5, 보수율은 0.76) [09, 21 ㉮]

① 약 500[lx] ② 약 450[lx]
③ 약 400[lx] ④ 약 350[lx]

■■■ 4. 약전설비

38. 다음 중 약전설비(소세력 전기설비)에 속하지 않는 것은? [18 ㉮]

① 조명설비 ② 전기음향설비
③ 감시제어설비 ④ 주차관제설비

39. 정보통신설비는 정보설비와 통신설비로 구분할 수 있다. 다음 중 통신설비에 속하지 않는 것은? [13 ㉮]

① 전화설비 ② 인터폰설비
③ TV공청설비 ④ 전기시계설비

40. 피뢰시스템에 관한 설명으로 옳지 않은 것은? [14, 18 ㉮]

① 피뢰시스템은 보호성능 정도에 따라 등급을 구분한다.
② 피뢰시스템의 등급은 Ⅰ, Ⅱ, Ⅲ의 3등급으로 구분된다.
③ 수뢰부시스템은 보호범위 산정방식(보호각, 회전구체법, 메시법)에 따라 설치한다.
④ 피보호건축물에 적용하는 피뢰시스템의 등급 및 보호에 관한 사항은 한국산업표준의 낙뢰 리스트평가에 의한다.

■■■ 5. 승강 및 운송설비

41. 정격속도가 180m/min인 엘리베이터의 구동방식은? [02 ㉮]

① 교류 1단 ② 교류 2단
③ 직류기어드 ④ 직류기어리스

해설 엘리베이터 구동방식

구 분	속 도(m/min)	구동 방식
저속도 ELE	15, 20, 30, 45	교류 1단, 교류 2단
중속도 ELE	60, 70, 90, 105	교류 2단, 직류 기어드
고속도 ELE	120, 150, 180, 210, 240, 300	직류 기어레스

해 설

해설 37

$F = \dfrac{A \cdot E \cdot D}{N \cdot U}$ 에서 $E = \dfrac{F \cdot N \cdot U}{A \cdot D}$

여기서,
F : 광원 1개당 광속(3,300lm)
N : 광원 개수
U : 조명율(0.5)
A : 방의 면적(50m²)
E : 평균조도(lx)
D : 감광보상율
M : 유지율(보수율)

따라서, $E = \dfrac{3,300 \times 20 \times 0.5}{50 \times \dfrac{1}{0.76}} = 500$ [lx]

※ 감광보상율(D) = $\dfrac{1}{보수율}$
 $= \dfrac{1}{0.76} = 66$

해설 38

약전설비란 전화 설비, 확성 설비, 인터폰 설비, 표시 설비, 전기시계 설비, 텔레비전 공동시청 설비, 방범 설비, 화재경보 설비 등의 약전류 신호를 취급하는 설비이다.
※ 강전설비 : 전등, 전열, 동력 등 대부분의 전기설비

해설 39

정보통신설비
㉠ 정보설비 : 모자식 전기시계설비, 건축물 내 근거리통신망(LAN), 구내정보설비
㉡ 통신설비
 ⓐ 음성통신설비 : 전화설비, 인터폰설비, 구내방송설비, 무선통신설비
 ⓑ 영상통신설비 : TV공청설비(케이블TV설비 포함), 영상회의설비

해설 40

피뢰시스템의 등급은 Ⅰ, Ⅱ, Ⅲ, Ⅳ의 4등급으로 구분된다.
※ 피뢰설비의 4등급
㉠ Ⅰ등급 보호(완전보호) : 산꼭대기의 관측소, 휴게소, 매점, 골프장의 독립 휴게소 등
㉡ Ⅱ등급 보호(증강보호) : 중요 건축물
㉢ Ⅲ등급 보호(보통보호) : 보통 건축물, 도시 건물
㉣ Ⅳ등급 보호(간이보호) : 농가 등에서 간단한 설비를 할 경우

정답 37. ① 38. ① 39. ④
40. ② 41. ④

핵심기출문제 — Ⅲ. 전기설비

42. 유압식 엘리베이터에 대한 설명 중 옳지 않은 것은? [08, 15, 21, 25㉮]
① 오버헤드가 작다.
② 기계실의 위치가 자유롭다.
③ 큰 적재량으로 승강 행정이 짧은 경우에는 적용할 수 없다.
④ 지하주차장 엘리베이터와 같이 지하층에만 운전하는 경우 적용할 수 있다.

43. 로프식 엘리베이터와 유압식 엘리베이터를 비교할 경우, 유압식 엘리베이터의 장점은? [07, 10, 15㉮]
① 전동기의 출력이 작다. ② 기계실의 위치가 자유롭다.
③ 기계실의 발열량이 작다. ④ 속도의 범위가 자유롭다.

44. 엘리베이터의 조작 방식 중 무운전원 방식으로 다음과 같은 특징을 갖는 것은? [09, 10, 16, 22, 24㉮]

> 승객 스스로 운전하는 전자동 엘리베이터로, 승강장으로부터의 호출 신호로 기동, 정지를 이루는 조작 방식이며, 누른 순서에 상관없이 각 호출에 응하여 자동적으로 정지한다.

① 단식자동방식 ② 카 스위치방식
③ 승합전자동방식 ④ 시그널 콘트롤 방식

45. 다음 설명에 알맞은 요운전원 엘리베이터 조작방식은? [09, 22㉮]

> 기동은 운전원의 버튼 조작으로 하며, 정지는 목적층 단추를 누르는 것과 승강장의 호출 신호로 층의 순서대로 자동 정지한다.

① 카 스위치 방식 ② 레코드 컨트롤 방식
③ 전자동 군관리 방식 ④ 시그널 컨트롤 방식

해설
① 카 스위치 방식 : 시동은 운전원이 조작반의 시동 핸들을 조작함으로써 이루어지며, 정지에는 수동 착상 방식과 자동 착상 방식이 있다.
② 기억 제어(record control) 방식 : 운전원이 승객이 목적층과 승강장으로부터의 호출 신호를 보고 조작반의 목적층 단추를 누르면 목적층 순서로 자동적으로 정지하는 방식이다.
③ 전자동 군관리방식 : 3~8대의 엘리베이터가 서로 연락하며 빌딩내 교통수요 변동에 대응하는 효율적인 수송을 하는 엘리베이터 조작방식으로 대규모 건축물에서 많이 채용한다.

해설

해설 42
유압식 엘리베이터는 상향으로는 압력에 의해 케이지를 상승시키고, 큰 적재량의 자중에 의해 하강시키는 방식으로 승강 행정이 짧은 경우에는 적용할 수 있다.

해설 43
유압식 엘리베이터
㉠ 유압식 엘리베이터는 상향으로는 압력에 의해 케이지를 상승시키고, 큰 적재량의 자중에 의해 하강시키는 방식으로 승강 행정이 짧은 경우에는 적용할 수 있다.
㉡ 유압식의 장점은 로프식과 달리 건물 옥상에 기계실 설치장소의 제약을 받지 않으며, 일반적으로 로프식에 비해 소음이 적고, 승차감이 좋은 것이 특징이다.
㉢ 주로 저속엘리베이터용으로 설치되고 있으며, 자동차용엘리베이터 등 화물 운반용으로 사용되고 있다.

해설 44
㉠ 단식 자동 방식 : 승객 자신이 운전하며 목적층 단추가 승강장으로부터의 호출 신호에 의하여 자동적으로 시동, 정지를 이루는 조작 방식이며, 운전 종료까지 다른 호출에 응하지 않는다.
㉡ 승합 전자동 방식 : 단식 자동 방식과 같으나 누른 순서에 관계없이 각 호출에 응하여 자동적으로 정지한다.

정답 42. ③ 43. ② 44. ③
45. ④

46. 3~8대의 엘리베이터가 서로 연락하며 빌딩내 교통수요 변동에 대응하는 효율적인 수송을 하는 엘리베이터 조작방식은? [06②]

① 단식자동방식
② 승합전자동방식
③ 군승합방식
④ 전자동 군관리방식

47. 다음의 엘리베이터에 대한 설명 중 옳지 않은 것은? [07②]

① 승용 엘리베이터의 경우 일반적으로 1인당의 하중을 75kg으로 하여 최대 정원을 구한다.
② 평균 일주시간이란 승객 출입시간과 문의 개폐시간과 카의 주행시간 셋을 합쳐서 한번 왕복하는데 소요되는 시간을 말한다.
③ 바닥면적 500m² 이하의 건물에서는 일반적으로 건물 중심에 집중하여 엘리베이터를 설치한다.
④ 엘리베이터는 건물에 출입하는 대부분의 사람이 항상 이용하는 것이므로 눈에 잘 띄는 장소에 설치한다.

48. 어떤 엘리베이터의 승객 정원이 10명, 평균 일주시간이 10초 일 때, 이 엘리베이터의 5분간 수송능력은? [08②]

① 80명
② 120명
③ 240명
④ 360명

49. 승객용 엘리베이터의 정원을 정할 때 적용하는 한 사람당의 하중은? [08②]

① 55kg
② 65kg
③ 75kg
④ 85kg

50. 엘리베이터의 주요 기기의 설치 위치는 기계실, 승강로, 승강장 등으로 나눌 수 있다. 다음 중 기계실에 설치하는 것은? [10②]

① 가이드 레일
② 완충기
③ 균형추
④ 권상기

해 설

해설 46
전자동 군관리방식은 빌딩내의 교통 수요 변동에 대응하는 효율적인 수송을 하는 엘리베이터 조작방식으로 대규모 건축물에서 많이 채용한다.

해설 47
바닥면적 500m² 이하의 소규모 건물에서 건물 중심에 엘리베이터를 집중하여 설치하면 동선의 혼란을 가져온다.

해설 48
엘리베이터의 설비 대수
이용자가 많다고 생각되는 시간대(時間帶) 5분간의 이용 인원수와 엘리베이터가 5분간에 운반하는 인원수로서 설비 대수가 결정된다. 5분간에 운반하는 수송 인원수 P는 케이지 정원과 평균 일주시간에 의하여 계산된다.

$$P = \frac{5 \times 60 \times 0.8 \times \text{케이지 정원}}{\text{평균 일주시간}}$$

$$= \frac{5 \times 60 \times 0.8 \times 10}{10} = 240\text{명}$$

해설 49
승용 엘리베이터에서 적재하중이 정해지면 1인당 하중을 75kg으로 하여 최대 정원을 구한다.
※ 전기식 엘리베이터의 정원 산정

$$= \frac{\text{정격하중(kg)}}{75}$$

해설 50
권상기(traction machine)
카(car)를 전동기로써 오르내리게 하는 기계인데, 이는 전동기, 제동기(brake), 감속기(reduction gear), 견인구차(sheave : 로프를 감는 도르레), 로프, 평형추로 구성된다.

정답 46. ④ 47. ③ 48. ③
49. ③ 50. ④

핵심기출문제

Ⅲ. 전기설비

51. 엘리베이터의 안전 장치에 관한 설명으로 맞는 것은? [06, 10 ㉮]

① 전동기가 회전을 정지하였을 경우 스프링의 힘으로 브레이크 드럼을 눌러 엘리베이터를 정지시켜 주는 장치는 전자 브레이크(magnetic brake)이다.
② 사고 발생시 층 사이에서 카(car) 내의 승객이 카 밖으로 나가려고 할 경우 승강로의 벽과 카 사이의 공간으로 승객이 추락하는 것을 방지하기 위한 장치는 조속기(governor)이다.
③ 리미트 스위치에 의한 조속기의 동작에 의하여 비상시 엘리베이터를 안전하게 정지시키도록 하는 장치로 가이드 레일을 움켜잡아 정지시키는 장치는 역·결상 릴레이다.
④ 카(car)가 최상층이나 최하층에서 정상 위치를 벗어나 그 이상으로 운행하는 것을 방지하는 안전장치는 끼임 방지장치(safety shoe)이다.

52. 에스컬레이터에 관한 설명으로 옳지 않은 것은? [15, 23 ㉮]

① 엘리베이터에 비해 수송능력이 크다.
② 대기시간이 없고 연속적인 수송설비이다.
③ 건축적으로 점유면적이 크고, 건물에 걸리는 하중이 집중된다는 단점이 있다.
④ 에스컬레이터의 수량은 공칭수송능력의 80% 정도를 설계 수송능력으로 하여 계산한다.

53. 에스컬레이터에 대한 설명으로 옳은 것은? [06 ㉮]

① 경사도는 30° 이하로 한다.
② 정격속도는 하강방향의 안전을 고려하여 45m/min 이하로 한다.
③ 수송능력은 엘리베이터와 비슷하다.
④ 구동장치, 제어장치 등을 격납하는 기계실은 되도록 크게 한다.

54. 에스컬레이터의 좌우에 설치되어 있으며, 스텝을 주행시키는 역할을 하는 것은? [09, 17 ㉮]

① 스텝체인   ② 스커트가드
③ 핸드레일   ④ 가이드레일

해 설

해설 51
엘리베이터의 안전장치
㉠ 조속기 : 규정 속도의 120%가 되면 차단
㉡ 비상정지장치 : 정격속도의 130~140%에 도달하면 차단
㉢ 완충기 : 카와 균형추가 승강로 저부로 낙하할 때 그 충격을 완화시켜 주는 장치
㉣ 스토핑 스위치(슬로우다운 스위치, 종점스위치) : 최상, 최하층에서 카 정지 스위치를 잊은 경우 자동 정지
㉤ 리밋 스위치(제한스위치) : 스토핑 스위치가 작동하지 않을 때, 제2단위 작동으로 주회로를 차단

해설 52
에스컬레이터는 수송량에 비해 점유면적이 적으며, 건물에 걸리는 하중이 분산된다. 연속 운전되므로 전원설비에 부담이 적다.

해설 53
② 정격속도는 하강방향의 안전을 고려하여 30m/min 이하로 한다.
③ 수송능력은 엘리베이터에 비해 약 10배 정도이다.
④ 기계실은 별도로 필요하지 않다.

해설 54
에스컬레이터에서 승객이 탑승하는 부분을 스텝이라고 한다. 에스컬레이터의 좌우에 설치하여 스텝을 주행시키는 역할을 하는 것을 스텝체인이라 한다.
※ 핸드 레일(hand rail) : 엘리베이터나 이동보도의 손잡이

정답 51. ① 52. ③ 53. ①
54. ①

55. 이동 보도에 대한 설명 중 옳지 않은 것은? [07㉮]
① 이동 속도는 30~50 [m/min] 이다.
② 수평으로부터 10° 이내의 경사로 되어 있다.
③ 주로 공항이나 박람회장 등에 사용된다.
④ 승객을 수직으로 수송하는 방식이다.

56. 다음의 수송설비에 대한 설명 중 옳지 않은 것은? [06㉮]
① 에스컬레이터 : 사람의 수직 수송을 목적으로 하며 수평이동을 수반함
② 이동보도 설비 : 사람의 수평이동 보도설비
③ 컨베이어 : 각종 물건을 수평방향 등으로 수송하는 시스템
④ 덤웨이터 : 사람 및 물품의 수직 수송

■■■ 6. 기타(건축환경)

※ 건축기사 시험의 범위에 해당하는 부분으로 종종 출제되고 있는 순수 건축환경 관련문제입니다. 건축환경을 기초로 하는 문제는 대부분 건축설비의 관련 부분에 포함하여 출제되고 있습니다.

57. 건축설비의 생애비용을 바탕으로 경제성을 평가하는 방법으로서 에너지절약 성능평가에 적합한 것은? [08㉮]
① 회수기간법　　　② 이니셜 코스트 법
③ 내부 수익률법　　④ 라이프 사이클 코스트 법

58. 인간이 느끼는 열적 쾌적감을 객관적인 지표로 나타내기 위해 몇 가지 단위가 쓰인다. 그 중에서 clo라는 단위가 나타나는 의미는? [03㉮]
① 투습저항정도
② 옷의 단열정도
③ 잠열에 의한 열손실정도
④ 환기에 의한 열손실정도

해 설

해설 55
이동 보도
수평에 대하여 경사 10° 이내의 범위 내에서 승객을 수평 방향으로 수송하는 장치로 주로 역이나 공항, 버스터미널, 박람회장등에 이용된다.
㉠ 형식 : 팔레트식 체인(palette chain) 구동형, 벨트식 롤러 베드형(belt roller bed type)
㉡ 속도 : 30~50m/min
㉢ 구동 방식 : 교류 1단
㉣ 수송 능력 : 최대 1,500명/h 정도
㉤ 특징 : 소비전력이 적고, 보수 점검이 용이하며, 안정성이 뛰어나다.

해설 56
덤웨이터(dumbwaiter)
화물용 수직 수송
㉠ 승강 속도 : 15, 20, 30m/min (에스컬레이터보다 느린 속도)
㉡ 전동기 용량 : 최대 3HP
㉢ 적재량 : 500kg 이하
㉣ 케이지 바닥면적 : $1m^2$ 이하
㉤ 천장높이 : 1.2m 이하

해설 57
라이프 사이클 코스트 법
(LCC, Life Cycle Cost법)
건축설비의 생애비용을 바탕으로 경제성을 평가하는 방법으로서 에너지절약 성능평가에 적합하다.
㉠ 현가분석법 : 현재와 미래의 모든 비용을 현재의 가치로 환산하는 방법
㉡ 연가분석법 : 화폐의 총 현가를 균일의 연가 비용으로 평균화하는 방법

해설 58
의복을 통과하는 열량은 공기층을 통한 전달, 섬유 재료를 통한 전도, 공기층과 섬유 사이의 복사 등 매우 복잡하다. 따라서 의복의 단열 성능을 간단하게 측정할 수 있는 clo라는 무차원 단위가 사용된다.

정답 55. ④　56. ④　57. ④
58. ②

핵심기출문제

III. 전기설비

59. 의복의 단열성을 나타내는 단위로서, 그 값이 클수록 인체에서 발생되는 열이 주위 공기로 적게 발산되는 것을 의미하는 것은? [12, 15, 21㉮]

① clo
② dB
③ NC
④ MRT

60. 주관적 온열요소 중 인체의 활동상태의 단위로 사용되는 것은? [18㉮]

① met
② clo
③ lm
④ cd

61. 여름철 실내 최고 온도는 외기온도가 가장 높은 시각 이후에 나타나는 것이 일반적이다. 이와 같은 현상은 벽체를 구성하고 있는 재료의 어떤 성능 때문인가? [18, 25㉮]

① 축열성능
② 단열성능
③ 일사반사성능
④ 일사투과성능

[해설] 타임 랙(Time-lag, 열적 지연효과)
㉠ 열용량을 평가하기 위한 척도
㉡ 열용량이 0인 벽체 내에서 발생하는 열류의 피크에 대하여 주어진 구조체에서 일어나는 피크의 지연시간
㉢ 외기온이 가장 높은 시각으로부터 실내온도가 가장 높은 시각까지의 시간차
㉣ 용량형 단열은 구조체의 축열성능에 의한 재료의 열적 지연효과(Time-lag)를 이용한 것으로 단열효과와 유사한 특성을 지닌다.

62. 다음의 일사조절에 대한 설명 중 옳지 않은 것은? [09, 18㉮]

① 일사에 의한 건물의 수열은 방위에 따라 상당한 차이가 있다.
② 추녀와 차양은 창면에서의 일사조절 방법으로 사용된다.
③ 블라인드, 루버, 롤스크린은 계절이나 시간, 실내의 사용 상황에 따라 일사를 조절할 수 있다.
④ 일사조절의 목적은 일사에 의한 건물의 수열이나 흡열을 작게 하여 동계의 실내 기후의 악화를 방지하는데 있다.

해 설

[해설] **59**
1 clo의 조건
㉠ 기온 21℃, 상대습도 50%, 기류 0.1m/s의 실내에서 착석, 휴식 상태의 쾌적 유지를 위한 의복의 열저항을 1 clo로 하고 있다.
※ 1 clo = 6.5W/m²·K 열관류율 값 (또는 0.155m²℃/W의 열관류저항 값)에 해당하는 단열성능을 나타낸다.
㉡ 실온이 약 6.8℃ 내려갈 때마다 1 clo의 의복을 겹쳐 입는다.

[해설] **60**
met
㉠ 인체 대사의 양은 주로 met 단위로 측정
㉡ 1met는 조용히 앉아서 휴식을 취하는 성인 남성의 신체 표면적 1m²에서 발생되는 평균열량으로 58.2W/m² (50kcal/m²h)에 해당한다.
㉢ 작업강도가 심할수록 met 값이 커진다.

[해설] **62**
일사조절의 목적은 일사에 의한 건물의 실내쾌적 환경을 조성할 수 있도록 하는 것이며, 이는 계절이나 시간, 방위, 일사조절방법을 통하여 주어진 조건에 맞게 계획한다.

정답 59. ① 60. ① 61. ①
62. ④

63. 다음은 어떤 수조면의 일사량을 나타낸 것이다. 그 값이 가장 큰 것은?

[08, 18㉮]

① 전일사량
② 확산일사량
③ 천공일사량
④ 반사일사량

[해설] 일사량
㉠ 일사는 태양으로부터 받는 열의 강함을 표현한다.(단위 : W/m^2)
㉡ 전일사량=직달일사량+확산일사량(천공일사량)
 • 직달일사(direct solar radiation) : 태양으로부터 복사로 지구 대기권 외(大氣圈外)에 도달하여 대기를 투과해서 직접 지표에 도달한 것을 직달 일사라 하고, 일사량은 수증기와 먼지 등에 의해 영향을 받는다.
 • 천공일사(sky radiation) : 일사가 대기 중의 입자에 의해 산란되어 천공 전체로부터 복사하여 지면에 도달하는 것을 천공일사 혹은 확산일사라 한다. 수평면 천공 일사량은 태양 고도와 대기 혼탁도에 따라 달라진다.
 • 반사일사(reflected radiation) : 직달일사와 천공일사가 지면으로부터 반사되어 다시 지면으로 받는 일사를 반사일사 또는 역일사라 한다.
㉢ 지표면에 도달하는 일사량은 직달일사량 25%, 천공일사량 26%이다. 직달일사량과 천공일사량의 합계를 전일사량(51%)이라 하고, 보통 일사량은 전일사량 값을 의미한다.

64. 일반적으로 실내 환기량의 기준이 되는 것은?

[17㉮]

① 공기 온도
② NO_2 농도
③ CO_2 농도
④ SO_2 농도

65. 다중이용시설 등의 실내공기질관리법령에 따른 실내공간 오염물질에 속하지 않는 것은?

[13, 23㉮]

① 오존
② 라돈
③ 일산화질소
④ 폼알데하이드

[해설] **64**
이산화탄소(CO_2)의 함유량에 비례해서 다른 오염원의 정도가 변화되므로 실내 공기의 오염정도를 판단하는 척도로 이산화탄소[탄산가스(CO_2)] 농도를 사용한다.

[해설] **65**
다중이용시설 등의 실내공기질관리법의 실내공기질 유지기준(제3조 관련 [별표2])에서 신축된 100세대 이상의 아파트는 오염물질이 CO_2인 경우 1000ppm 이하로 규정하고 있다.
※ 신축 공동주택(100세대 이상인 경우)의 실내공기질 측정 주요 항목은 미세먼지, 이산화탄소, 포름알데하이드, 총부유세균, 일산화탄소, 휘발성유기화합물(벤젠, 에틸벤젠, 톨루엔, 자일렌, 스틸렌) 등이 있다.
※ 실내공기 중의 유해오염물질과 발생 근원
 ㉠ 일산화탄소(CO) - 가스레인지
 ㉡ 라돈 - 콘크리트
 ㉢ 포름알데히드(HCHO) - 접착제
 ㉣ 벤젠, 나프탈렌 - 방충제, 살충제

정답 63. ① 64. ③ 65. ③

핵심기출문제

Ⅲ. 전기설비

66. 실내공기 중에 부유하는 직경 10μm 이하의 미세먼지를 의미하는 것은? [18, 23, 24 ㉮]

① VOC10　　② PMV10
③ PM10　　④ SS10

67. 작업대상물의 수평면상에서의 조도의 균일 정도를 표시하는 척도로서, 다음과 같은 식으로 표현되는 것은? [12 ㉮]

$$\frac{수평면상의\ 최소조도[lx]}{수평면상의\ 평균\ 조도[lx]}$$

① 색온도　　② 균제도
③ 분광분포　　④ 전등효율

68. 음의 대소를 나타내는 감각량을 음의 크기라고 하는데 음의 크기의 단위는? [13, 19 ㉮]

① dB　　② cd
③ Hz　　④ sone

[해설] 음의 크기를 정하는 3가지 단위
㉠ 데시벨(dB) : 음압 측정 비교
㉡ 폰(phon) : 청각의 감각량으로서 음의 크기 레벨의 단위(주관적인 척도)
㉢ 손(sone) : 청각의 감각량으로서 음의 감각적 크기를 보다 직접적으로 표시하기 위한 단위
※ 손(sone)값을 2배로 하면 음의 크기는 2배로 감지된다. (40폰의 값이 1손의 값과 똑같은 기준점이 된다.)
1손(sone)은 40폰(phon)에 해당되며 손(sone)값을 2배로 하면 10phone씩 증가한다.
(1손= 40phon, 2손= 50phon, 4손= 60phon ‥)

69. 음의 세기가 10^{-9}W/m²일 때 음의 세기 레벨은?(단, 기준음의 세기 $I_0=10^{-12}$W/m²이다.) [05, 08, 15, 21, 23 ㉮]

① 3dB　　② 30dB
③ 0.3dB　　④ 0.03dB

해　설

[해설] **66**

PM 10(Particulate Matter Less than 10μm) 입자의 크기가 10μm 이하인 먼지를 말한다. 국가에서 환경기준으로 연평균 50 μg/m³, 24시간 평균 100μg/m³를 기준으로 하고 있다. 인체의 폐포까지 침투하여 각종 호흡기 질환의 직접적인 원인이 되며, 인체의 면역기능을 악화시킨다. 미세먼지(Particulate Matter, PM) 또는 분진이란 아황산가스, 질소 산화물, 납, 오존, 일산화탄소 등과 함께 수많은 대기오염물질을 포함하는 대기오염물질을 말한다.

[해설] **67**
균제도(均制度)
㉠ 휘도나 조도, 주광률 등의 분포를 나타내는 지표
㉡ 휘도나 조도, 주광률 등의 평균치에 대한 최소치의 비
㉢ 균제도 = $\frac{가장어두운주광률}{가장밝은주광률}$

[해설] **69**

$IL = 10\log\frac{I}{I_0}$

$= 10\log\frac{10^{-9}}{10^{-12}}$

$= 10\log 10^3 = 30dB$

※ $I_0 = 10^{-12}$는 불변(음의 세기레벨에서 기준치는 10^{-12} [W/m²]이다.)

정답 66. ③　67. ②　68. ④
69. ②

70. 실내 음환경의 잔향시간에 대한 설명 중 옳은 것은? [09㉠]

① 잔향시간은 음향청취를 목적으로 하는 공간이 음성전달을 목적으로 하는 공간보다 짧아야 한다.
② 잔향시간을 길게 하기 위해서는 실내 공간의 용적이 작아야 한다.
③ 실의 흡음력이 높을수록 잔향시간은 길어진다.
④ 영화관은 전기음향 설비가 주가 되므로 잔향시간은 짧을수록 좋다.

71. 다음의 실내음향에 대한 설명 중 옳지 않은 것은? [07㉠]

① 음의 명확성을 위해서는 초기 음에너지 비율이 높아야 한다.
② 음의 잔향시간은 실의 전체 흡음력에 비례하고 실의 용적에 반비례한다.
③ 실내공간에서의 음에너지는 시간적 흐름에 따라 직접음-초기반사음-잔향음의 변천과정을 갖는다.
④ 음이 전달되는 과정에서 건축적 경계면들과 실내공간 자체의 특성에 의해 발생 당시의 원음과는 다른 공간적 효과를 지니게 되는 것을 음향효과라 한다.

72. 실내 음환경의 잔향시간에 관한 설명으로 옳은 것은? [22, 25㉠]

① 실의 흡음력이 높을수록 잔향시간은 길어진다.
② 잔향시간을 길게 하기 위해서는 실내공간의 용적을 작게 하여야 한다.
③ 잔향시간은 음향청취를 목적으로 하는 공간이 음성전달을 목적으로 하는 공간보다 짧아야 한다.
④ 잔향시간은 실내가 확장음장이라고 가정하여 구해진 개념으로 원리적으로는 음원이나 수음점의 위치에 상관없이 일정하다.

73. 다음 중 건축물 실내공간의 잔향시간에 가장 큰 영향을 주는 것은? [21, 22, 24㉠]

① 실의 용적
② 음원의 위치
③ 벽체의 두께
④ 음원의 음압

해 설

해설 70, 71

잔향시간(Sabin의 잔향이론)

㉠ $RT = K\dfrac{V}{A}$ 의 식에서
 RT : 잔향시간(sec)
 K : 비례상수(0.162)
 V : 실의 용적(m^3)
 A : 흡음력=$\bar{\alpha}$(평균흡음률)
    $\times S$(실내표면적)(m^2)
잔향시간은 실용적에 비례하고 실의 흡음력에 반비례한다.
㉡ 요소 : 실용적, 실내 표면적, 실의 평균 흡음률
㉢ 잔향시간은 음원의 위치, 측정의 위치, 흡음재료의 위치와 무관하다.
※ 잔향시간은 음성전달을 목적으로 하는 공간이 음향청취를 목적으로 하는 공간보다 짧아야 한다.

해설 72

최적잔향시간은 강연이나 연극 등 언어를 주사용 목적으로 할 경우 잔향시간은 비교적 짧게 하여 음성의 명료도를 제일 조건으로 하며, 음악(종교음악)은 좋은 음질과 적당한 여운, 풍부한 음량이 요구되므로 다소 긴 잔향시간이 필요하다.
짧은 것에서 긴 것 순서 : 강연, 연극 - 실내악 - 종교음악

해설 73

잔향시간은 실의 용적에 비례하고 흡음력에 반비례한다. 사용목적에 따라 적당한 실의 용적을 가져야만 일반적으로 양호한 잔향시간을 가질 수 있으나, 하나의 공간을 여러 용도로 사용하기 위해서는 각 용도에 적당하도록 잔향시간을 조절해야 한다.

정답 70. ④ 71. ② 72. ④ 73. ①

핵심기출문제

74. 흡음 및 차음에 관한 설명으로 옳지 않은 것은? [14㉑]

① 벽의 차음성능은 투과손실이 클수록 높다.
② 차음성능이 높은 재료는 대부분 흡음성능도 높다.
③ 실내 벽면의 흡음률이 높아지면 잔향시간은 짧아진다.
④ 철근콘크리트 벽은 동일한 두께의 경량콘크리트 벽보다 차음성능이 높다.

75. 흡음 및 차음에 관한 설명으로 옳지 않은 것은? [16, 20㉑]

① 벽의 차음성능은 투과손실이 클수록 높다.
② 차음성능이 높은 재료는 흡음성능도 높다.
③ 벽의 차음성능은 사용재료의 면밀도에 크게 영향을 받는다.
④ 벽의 차음성능은 동일 재료에서도 두께와 시공법에 따라 다르다.

해 설

해설 74, 75
흡음이란 음의 입사 에너지가 열에너지로 변화하는 현상으로 실내 표면에서 입사음의 반사를 감소시키는 것이다. 일반적으로 두께를 늘리면 흡음률이 커진다.
구조체를 이용한 차음은 먼저 소음원 측에 대해 흡음처리 등을 통하여 음원의 레벨을 낮추고, 구조체의 차음성능을 높이는 것이 필요하다.

정답 74. ② 75. ②

건축관계법규

05 Subject

> 건축법 및 주차장법·국토의 계획 및 이용에 관한 법률은 수시로 법의 개정이 있으므로 시험 전에 현행법에 따른 정오표를 건축기사4주완성 동영상강좌 홈페이지(www.inup.co.kr) 또는 한솔아카데미 인터넷서점 베스트북(정오표/개정법령)에서 확인하고 준비하시기 바랍니다.

01 총칙, 건축물의 건축, 건축물의 유지관리
02 건축물의 대지 및 도로, 건축물의 구조 및 재료
03 지역 및 지구 안의 건축, 건축설비
04 특별건축구역, 보칙 등
05 주차장법
06 국토의 계획 및 이용에 관한 법률
07 건축관계법규 핵심요약정리

01 총칙, 건축물의 건축, 건축물의 유지관리

V. 건축관계법규 | 총칙, 건축물의 건축, 건축물의 유지관리

핵심 PLUS

01 다음 중 건축법에서 규정하고 있지 않은 것은?
① 건축물의 대지에 관한 기준
② 건축물의 구조에 관한 기준
③ 건축물의 설비에 관한 기준
④ 건축물의 지구 지정에 관한 기준

답 : ④

1 총칙

1. 건축법의 목적

건축법은 건축물의 대지(垈地), 구조(構造), 설비(設備)의 기준과 건축물의 용도(用途) 등을 정하여 건축물의 안전, 기능, 환경 및 미관을 향상시킴으로써 공공복리의 증진에 이바지함을 목적으로 한다.

> **참고**
>
> 1. 법의 체계
>   헌법 → (건축)법 → (건축법) 시행령 → (건축법) 시행규칙 → (건축법) 시행세칙
>   법률 >   대통령령 > 국토교통부령 > 도·시·군·읍령
>   ※ 상위 법령이 항상 우선한다. 건축법은 특별법이다.
>
> 2. 건축법에 관련된 규정
>   ㉠ 건축법, 시행령, 시행규칙
>   ㉡ 건축물의 구조기준 등에 관한 규칙
>   ㉢ 건축물의 피난·방화구조 등의 기준에 관한 규칙
>   ㉣ 건축물의 설비기준 등에 관한 규칙
>   ㉤ 건축물대장의 기재 및 관리에 관한 규칙
>   ㉥ 표준설계도서 등의 운영에 관한 규칙

2. 용어의 정의

1) 대 지
   ① 정의 : 공간정보의 구축 및 관리 등에 관한 법률에 의하여 각 필지로 구획된 토지를 말한다.(건물)

② 예외규정
㉮ 2 이상의 필지를 하나의 대지로 보는 토지(대통령령이 정하는 토지)

관계법	인정범위
건축법	• 하나의 건축물을 2필지 이상에 걸쳐 건축하는 경우에 각 필지의 토지를 합한 토지 • 도로의 지표하에 건축하는 건축물의 경우에 특별시장·광역시장·특별자치시장·특별자치도지사·시장·군수·구청장이 정하는 토지 • 사용승인을 신청할 때 2 이상의 필지를 하나의 필지로 합필할 것을 조건으로 하여 건축허가를 하는 경우 그 합필 대상이 되는 토지
공간정보의 구축 및 관리 등에 관한 법률	• 합병이 불가피한 경우 중 다음의 어느 하나에 해당하는 경우로서 합병이 불가능한 필지의 토지를 합한 토지 1. 각 필지의 지번·지역이 서로 다른 경우 2. 각 필지의 도면의 축척이 다른 경우 3. 상호 인접하고 있는 필지로서 각 필지의 지반이 연속되지 아니한 경우 [예외] 토지의 소유자가 서로 다르거나 소유권 외의 권리관계가 서로 다른 경우에는 하나의 대지로 보지 않는다.
국토의계획 및 이용에관한법률	• 도시·군 계획시설에 해당하는 건축물을 건축하는 경우에는 당해 도시·군 계획시설이 설치되는 일단의 토지
주택법	• 사업계획의 승인을 얻어 주택과 그 부대시설 및 복리시설을 건축하는 경우에는 주택법(제2조 4) 규정에 의한 주택단지

㉯ 1 이상의 필지 일부를 하나의 대지로 할 수 있는 토지

관계법	인정범위
국토의계획 및 이용에관한법률	• 1 이상의 필지 일부에 대하여 도시·군 계획시설이 결정·고시된 경우 그 결정·고시가 있는 부분의 토지 • 1 이상의 필지 일부에 대하여 개발행위허가를 받은 경우 그 허가받은 부분의 토지
농지법	• 1 이상의 필지 일부에 대하여 농지전용허가를 받은 경우 그 허가받은 부분의 토지
산지관리법	• 1 이상의 필지 일부에 대하여 산지전용허가를 받은 경우 그 허가받은 부분의 토지
건축법	• 사용승인 신청 때 분필할 것을 조건으로 건축허가를 하는 경우 그 분필대상이 되는 부분의 토지

핵심 PLUS

02 건축법상 2 이상의 필지를 하나의 대지로 할 수 있는 토지가 아닌 것은? [08 기]
① 각 필지의 지번지역이 서로 다른 경우
② 토지의 소유자가 다르고 소유권 외의 권리관계는 같은 경우
③ 각 필지의 도면의 축적이 다른 경우
④ 상호 인접하고 있는 필지로서 각 필지의 지반이 연속되지 아니한 경우
답 : ②

03 건축법령상 1 이상의 필지의 일부를 하나의 대지로 할 수 있는 경우가 아닌 것은? [04 기]
① 하천점용허가를 받은 경우 그 허가받은 부분의 토지
② 사용승인을 신청하는 때에 분필할 것을 조건으로 하여 건축허가를 하는 경우 그 분필대상이 되는 부분의 토지
③ 도시계획시설이 결정·고시된 경우 그 결정·고시가 있는 부분의 토지
④ 산지전용허가를 받은 경우 그 허가받은 부분의 토지
답 : ①

V. 건축관계법규 | 총칙, 건축물의 건축, 건축물의 유지관리

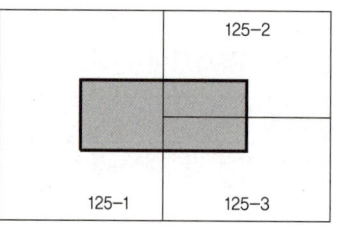

1필지 1건물을 원칙으로 하여 1필지로 합필할 수 있다.

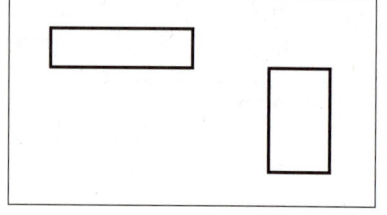

1필지에 여러 개의 건물이 건축될 수 있다.

[그림] 대 지

2) 건축물

① 정 의

㉮ 토지에 정착하는 공작물 중 지붕과 기둥 또는 벽이 있는 것

㉯ 건축물에 딸린 담장, 대문 등의 시설물

㉰ 지하 또는 고가의 공작물에 설치하는 사무소, 공연장, 점포, 차고, 창고 등

② 건축물로 취급하는 공작물

공작물의 종류	규 모
1. 옹벽 또는 담장	높이 2m를 넘는 것
2. 장식탑, 기념탑, 첨탑, 광고판, 광고탑	높이 4m를 넘는 것
3. 태양에너지 발전설비	높이 5m를 넘는 것
4. 굴뚝	높이 6m를 넘는 것
5. 골프연습장 등의 운동시설을 위한 철탑과 주거지역 및 상업지역 안에 설치하는 통신용 철탑 등	
6. 고가수조	높이 8m를 넘는 것
7. 기계식 주차장 및 철골조립식 주차장(바닥면이 조립식이 아닌 것을 포함)으로서 외벽이 없는 것	높이 8m 이하(단, 위험방지를 위한 난간높이 제외)
8. 지하대피호	바닥면적 30m²를 넘는 것
9. 건축조례가 정하는 제조시설, 저장시설(시멘트저장용 싸이로 포함), 유희시설 기타 이와 유사한 것	
10. 건축물의 구조에 심대한 영향을 줄 수 있는 중량물로서 건축조례로 정하는 것	

※ 건축물로 취급하는 공작물은 특별자치시장·특별자치도지사 또는 시장·군수·구청장에게 건축신고로 축조할 수 있다.

3) 건축물의 용도

건축물의 종류를 유사한 구조·이용목적 및 형태별로 묶어 분류한 것으로 그 용도는 다음과 같이 29종류의 시설로 구분하며 각 용도에 속하는 건축물의 종류는 대통령령으로 정한다.

---

04 공작물을 축조할 때 특별자치시장·특별자치도지사 또는 시장·군수·구청장에게 신고를 하여야 하는 대상 공작물에 속하지 않는 것은? (단, 건축물과 분리하여 축조하는 경우) [18, 23 기]
① 높이 3m인 담장
② 높이 5m인 굴뚝
③ 높이 5m인 광고탑
④ 높이 5m인 광고판

답 : ②

05 건축물과 분리하여 공작물을 축조할 때 특별자치시장·특별자치도지사 또는 시장·군수·구청장에게 신고를 해야 하는 대상 공작물 기준이 옳지 않은 것은? [22, 25 기]
① 높이 2m를 넘는 옹벽
② 높이 4m를 넘는 굴뚝
③ 높이 6m를 넘는 골프연습장 등의 운동시설을 위한 철탑
④ 높이 8m를 넘는 고가수조

답 : ②

① 건축물의 용도분류

1. 단독주택
2. 공동주택
3. 제1종 근린생활시설
4. 제2종 근린생활시설
5. 문화 및 집회시설
6. 종교시설
7. 판매시설
8. 운수시설
9. 의료시설
10. 교육연구시설
11. 노유자(老幼者 : 노인 및 어린이)시설
12. 수련시설
13. 운동시설
14. 업무시설
15. 숙박시설
16. 위락(慰樂)시설
17. 공장
18. 창고시설
19. 위험물저장 및 처리시설
20. 자동차관련시설
21. 동물 및 식물관련시설
22. 자원순환관련시설
23. 교정(矯正) 및 군사시설
24. 방송통신시설
25. 발전시설
26. 묘지관련시설
27. 관광휴게시설
28. 장례시설
29. 야영장시설

② 주요 건축물의 용도분류

대 분 류	소 분 류

① 단독주택
[단독주택의 형태를 갖춘 가정어린이집·공동생활가정·지역아동센터 및 노인복지시설(노인복지주택은 제외)을 포함]
	가. 단독주택
	나. 다중주택 : 다음의 요건을 모두 갖춘 주택
	  1) 학생 또는 직장인 등 여러 사람이 장기간 거주할 수 있는 구조로 되어 있는 것
	  2) 독립된 주거의 형태를 갖추지 않은 것(각 실별로 욕실은 설치할 수 있으나, 취사시설은 설치하지 않은 것을 말함)
	  3) 1개 동의 주택으로 쓰이는 바닥면적(부설 주차장 면적은 제외)의 합계가 660㎡ 이하이고 주택으로 쓰는 층수(지하층은 제외)가 3개 층 이하일 것. 단, 1층의 전부 또는 일부를 필로티 구조로 하여 주차장으로 사용하고 나머지 부분을 주택(주거 목적으로 한정) 외의 용도로 쓰는 경우에는 해당 층을 주택의 층수에서 제외한다.
	  4) 적정한 주거환경을 조성하기 위하여 건축조례로 정하는 실별 최소 면적, 창문의 설치 및 크기 등의 기준에 적합할 것
	다. 다가구주택 : 다음의 요건을 모두 갖춘 주택으로서 공동주택에 해당하지 아니하는 것
	  1) 주택으로 쓰는 층수(지하층은 제외)가 3개 층 이하일 것. 단, 1층의 전부 또는 일부를 필로티 구조로 하여 주차장으로 사용하고 나머지 부분을 주택(주거 목적으로 한정한다) 외의 용도로 쓰는 경우에는 해당 층을 주택의 층수에서 제외한다.
	  2) 1개 동의 주택으로 쓰이는 바닥면적의 합계가 660㎡ 이하일 것
	  3) 19세대(대지 내 동별 세대수를 합한 세대를 말함) 이하가 거주할 수 있을 것
	라. 공관(公館)

② 공동주택 [공동주택의 형태를 갖춘 가정어린이집·공동생활가정·지역아동센터 및 노인복지시설(노인복지주택은 제외)·주택법 시행령에 따른 원룸형 주택을 포함]	단, 가목이나 나목에서 층수를 산정할 때 1층 전부를 필로티 구조로 하여 주차장으로 사용하는 경우에는 필로티 부분을 층수에서 제외하고, 다목에서 층수를 산정할 때 1층의 전부 또는 일부를 필로티 구조로 하여 주차장으로 사용하고 나머지 부분을 주택(주거 목적으로 한정) 외의 용도로 쓰는 경우에는 해당 층을 주택의 층수에서 제외하며, 가목부터 라목까지의 규정에서 층수를 산정할 때 지하층을 주택의 층수에서 제외한다. 가. 아파트(주택으로 쓰는 층수가 5개 층 이상인 주택) 나. 연립주택[주택으로 쓰는 1개 동의 바닥면적(2개 이상의 동을 지하주차장으로 연결하는 경우에는 각각의 동으로 본다) 합계가 660㎡를 초과하고, 층수가 4개 층 이하인 주택)] 다. 다세대주택[주택으로 쓰는 1개 동의 바닥면적 합계가 660㎡ 이하이고, 층수가 4개 층 이하인 주택(2개 이상의 동을 지하주차장으로 연결하는 경우에는 각각의 동으로 본다)] 라. 기숙사[학교 또는 공장 등의 학생 또는 종업원 등을 위하여 쓰는 것으로서 1개 동의 공동취사시설 이용 세대수가 전체의 50% 이상인 것(학생복지주택을 포함)]

핵심 PLUS

대분류	소분류
③ 제1종 근린생활시설	가. 수퍼마켓과 일용품(식품·잡화·의류·완구·서적·건축자재·의약품·의료기기 등) 등의 소매점으로서 같은 건축물에 해당 용도로 쓰는 바닥면적의 합계가 1,000㎡ 미만인 것 나. 휴게음식점으로서 *300㎡ 미만인 것 다. 이용원, 미용원, 일반목욕장, 세탁소(공장이 부설된 것을 제외) 라. 의원, 치과의원, 한의원, 침술원, 접골원, 조산원, 안마원, 산후조리원 마. 탁구장, 체육도장으로서 *500㎡ 미만인 것 바. 지역자치센터, 파출소, 지구대, 소방서, 우체국, 방송국, 보건소, 공공도서관, 지역건강보험조합 등 *1,000㎡ 미만인 것 등 사. 마을회관, 마을공동작업소, 마을공동구판장, 공중화장실, 대피소, 지역아동센터 아. 변전소, 도시가스배관시설, 통신용 시설(1,000㎡ 미만), 정수장, 양수장 등 자. 금융업소, 사무소, 부동산중개사무소, 결혼상담소 등 소개업소, 출판사 등 일반업무시설로서 같은 건축물에 해당 용도로 쓰는 바닥면적의 합계가 30㎡ 미만인 것 차. 전기자동차 충전소(해당 용도로 쓰는 바닥면적의 합계가 1,000㎡ 미만인 것)
④ 제2종 근린생활시설	가. 공연장, 종교집회장으로서 500㎡ 미만인 것 나. 자동차영업소로서 1,000㎡ 미만인 것 다. 서점(제1종 근린생활시설에 해당하지 않는 것) 라. 총포판매소 마. 사진관, 표구점 바. 청소년게임제공업소, 인터넷컴퓨터게임시설제공업소 등으로서 500㎡ 미만인 것 사. 휴게음식점, 제과점 등으로서 300㎡ 이상인 것 아. 일반음식점 자. 장의사, 동물병원, 동물미용실, 그 밖에 이와 유사한 것 차. 학원(자동차학원 및 무도학원은 제외), 교습소(자동차 교습 및 무도 교습을 위한 시설은 제외), 직업훈련소(운전·정비 관련 직업훈련소는 제외)로서 500㎡ 미만인 것 카. 독서실, 기원 타. 테니스장, 체력단련장, 에어로빅장, 볼링장, 당구장, 실내낚시터, 골프연습장, 놀이형시설 등으로서 500㎡ 미만인 것 파. 금융업소, 사무소, 부동산중개사무소, 결혼상담소 등 소개업소, 출판사 등 일반업무시설로서 500㎡ 미만인 것 하. 다중생활시설로서 500㎡ 미만인 것 거. 제조업소, 수리점 등 물품의 제조·가공·수리 등을 위한 시설로서 500㎡ 미만인 것 너. 단란주점으로서 150㎡ 미만인 것 더. 안마시술소, 노래연습장
⑤ 운수시설	가. 여객자동차터미널 나. 철도시설 다. 공항시설 라. 항만시설
⑥ 의료시설	가. 병원 : 종합병원, 병원, 치과병원, 한방병원, 정신병원 및 요양병원 나. 격리병원 : 전염병원, 마약진료소 등
⑦ 교육연구시설 (제2종 근린생활시설에 해당하는 것은 제외)	가. 학교 : 유치원, 초등학교, 중학교, 고등학교, 전문대학, 대학, 대학교 등 나. 교육원(연수원 등을 포함) 다. 직업훈련소(운전 및 정비 관련 직업훈련소는 제외) 라. 학원(자동차학원 및 무도학원은 제외) 마. 연구소(연구소에 준하는 시험소와 계측계량소를 포함) 바. 도서관

핵심 PLUS

대 분 류	소 분 류
⑧ 노유자시설	가. 아동 관련 시설(어린이집, 아동복지시설 등으로서 단독주택, 공동주택 및 제1종 근린생활시설에 해당하지 아니하는 것) 나. 노인복지시설(단독주택과 공동주택에 해당하지 아니하는 것) 다. 그 밖에 다른 용도로 분류되지 아니한 사회복지시설 및 근로복지시설
⑨ 수련시설	가. 생활권 수련시설 : 청소년수련관, 청소년문화의집, 청소년특화시설, 그 밖에 이와 비슷한 것 나. 자연권 수련시설 : 청소년수련원, 청소년야영장, 그 밖에 이와 비슷한 것 다. 유스호스텔 라. 야영장 시설(300m² 이상)
⑩ 창고시설	가. 창고(일반창고와 냉장 및 냉동 창고를 포함) 나. 하역장 다. 물류터미널 라. 집배송 시설

학습포인트

건축물의 용도 분류

1. 주 택
   ㉠ 단독주택[단독주택의 형태를 갖춘 가정어린이집·공동생활가정·지역아동센터 및 노인복지시설(노인복지주택은 제외)을 포함]
   • 단독주택
   • 다중주택(연면적 660m² 이하, 3층 이하)
   • 다가구주택(바닥면적합계 660m² 이하, 3개층 이하, 19세대 이하)
   • 공관
   ㉡ 공동주택[공동주택의 형태를 갖춘 가정어린이집·공동생활가정·지역아동센터 및 노인복지시설(노인복지주택은 제외)·주택법시행령에 따른 원룸형 주택을 포함]
   • 다세대주택 : 4개층 이하, 동당 연면적 660m² 이하 ─┐ 구분 : 연면적
   • 연립주택 : 4개층 이하, 동당 연면적 660m² 초과 ─┘ 구분 : 층 수
   • 아파트 : 5개층 이상
   • 기숙사

2. 의료행위를 하는 시설
   ㉠ 제1종 근린생활시설 : 의원·치과의원·한의원·침술원·접골원·조산원·안마원·보건소
   ㉡ 제2종 근린생활시설 : 안마시술소·동물병원
   ㉢ 의료시설 : 종합병원·병원·치과병원·한방병원·정신병원·요양병원·마약진료소

06 다음 중 용도별 건축물의 종류가 잘못 연결된 것은? [10 기]
① 공관 – 단독주택
② 기숙사 – 공동주택
③ 바닥면적이 500m²인 보건소 – 제1종 근린생활시설
④ 바닥면적이 500m²인 교회 – 제2종 근린생활시설

[해설] 바닥면적이 500m² 미만인 교회–제2종 근린생활시설
※ 바닥면적이 1,000m² 미만인 보건소–제1종 근린생활시설
답 : ④

07 다음 중 제1종 근린생활시설의 건축물의 용도 분류에 포함되지 않는 것은?
① 변전소 ② 독서실
③ 침술원 ④ 지역자치센터
답 : ②

08 건축법령상 의료시설에 해당되지 않는 것은?
① 마약진료소 ② 요양병원
③ 한의원 ④ 치과병원
답 : ③

09 건축법령상 수련시설 중 생활권수련시설에 해당되지 않는 것은?
① 청소년수련관
② 청소년특화시설
③ 청소년수련원
④ 청소년문화의 집
답 : ③

V. 건축관계법규 | 총칙, 건축물의 건축, 건축물의 유지관리

핵심 PLUS

10 다음은 건축법령상 다세대주택의 정의이다. ( )안에 알맞은 것은? [14, 23, 24 기]

주택으로 쓰는 1개 동의 바닥면적 합계가 (㉠) 이하이고, (㉡) 이하인 주택(2개 이상의 동을 지하주차장으로 연결하는 경우에는 각각의 동으로 본다.)

① ㉠ 330m², ㉡ 3개층
② ㉠ 330m², ㉡ 4개층
③ ㉠ 660m², ㉡ 3개층
④ ㉠ 660m², ㉡ 4개층

답 : ④

11 각 용도별 건축물의 종류가 옳지 않은 것은? [08 기]
① 의료시설 : 마약진료소
② 제1종 근린생활시설 : 동물병원
③ 문화 및 집회시설 : 자동차경기장
④ 판매시설 : 상점

해설 제2종 근린생활시설 : 동물병원
답 : ②

12 용도별 건축물의 종류가 옳지 않은 것은? [17, 24 기]
① 판매시설 : 소매시장
② 의료시설 : 치과병원
③ 문화 및 집회시설 : 수족관
④ 제1종 근린생활시설 : 동물병원

답 : ④

13 건축물과 해당 건축물의 용도의 연결이 옳지 않은 것은? [09 기]
① 주유소 – 자동차관련시설
② 야외음악당 – 관광휴게시설
③ 촬영소 – 방송통신시설
④ 일반음식점 – 제2종 근린생활시설

해설 주유소-위험물 저장 및 처리시설
답 : ①

14 다음 중 건축법령상 용도에 따른 건축물의 종류가 옳지 않은 것은? [17 기]
① 교육연구시설 – 유치원
② 묘지관련시설 – 장례식장
③ 관광휴게시설 – 어린이회관
④ 문화 및 집회시설 – 수족관

답 : ②

3. 학원계 시설
   ㉠ 제2종 근린생활시설 : 바닥면적 500m² 미만의 학원
   ㉡ 교육연구시설 : 학원(제2종 근린생활시설·위락시설·자동차 관련시설은 제외)
   ㉢ 위락시설 : 무도학원
   ㉣ 자동차 관련시설 : 운전학원·정비학원

4. 기 타
   ㉠ 동물원·식물원 : 문화 및 집회시설(동물 및 식물 관련시설이 아님)
   ㉡ 극장·음악당 : 문화 및 집회시설(야외극장·야외음악당 : 관광휴게시설)
   ㉢ 유스호스텔 : 수련시설(숙박시설이 아님)
   ㉣ 물류터미널 : 창고시설(운수시설이 아님)
   ㉤ 집배송시설 : 창고시설(운수시설이 아님)
   ㉥ 어린이회관 : 관광휴게시설(문화 및 집회시설이 아님)

4) 건축설비

① 건축물에 설치하는 전기, 전화, 가스, 급수, 배수(配水), 배수(排水), 환기, 난방, 소화, 배연(排煙), 오물처리의 설비
② 건축물에 설치하는 굴뚝, 승강기, 피뢰침, 국기게양대, 공동시청안테나, 유선방송 수신시설, 우편물, 저수조, 방범시설, 초고속 정보통신설비, 지능형 홈네트워크 설비 등
③ 건축물의 설비기준 등에 관한 규칙에서 정하는 설비

5) 지하층

건축물의 바닥이 지표면 아래에 있는 층으로서 해당 층의 바닥으로부터 지표면까지의 높이가 층고의 1/2 이상인 것을 지하층이라 한다.

$$h \geq \frac{1}{2}H$$

h : 바닥으로부터 지표면까지의 높이
H : 해당 층고

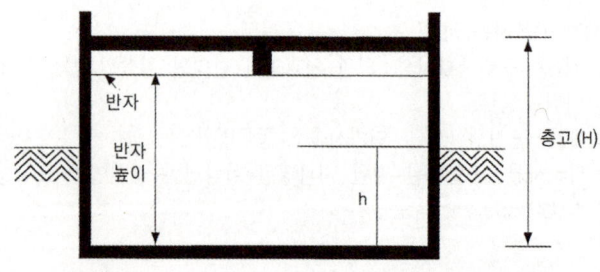

6) 거 실(居室)

건축물 안에서 거주(居住), 집무, 작업, 집회, 오락 등의 용도로 사용되는 방을 말한다. 거실은 장시간 지속적으로 머무는 곳으로서 위생, 방화 및 피난 등 관련법의 규제가 강화된다.

※ 장시간 사용하지 않는 복도, 계단, 현관, 변소, 욕실 등과 사람이 거주하지 않는 창고, 기계실 등은 거실이 아니다.

7) 주요구조부

주요구조부라 함은 내력벽, 기둥, 바닥, 보, 지붕틀 및 주계단을 말한다.

[예외] 사잇벽, 사잇기둥, 최하층바닥, 작은보, 차양, 옥외계단, 기타 이와 유사한 것으로서 건축물의 구조상 중요하지 아니한 부분 및 기초는 주요구조부에서 제외된다.

[주의] 구조부재(構造部材) : 건축물의 기초·벽·기둥·바닥판·지붕틀·토대(土臺)·사재(斜材 : 가새·버팀대·귀잡이 그 밖에 이와 유사한 것)·가로재(보·도리 그 밖에 이와 유사한 것) 등으로 건축물에 작용하는 설계하중에 대하여 그 건축물을 안전하게 지지하는 기능을 가지는 건축물의 구조내력상 주요한 부분을 말한다.

8) 건축

건축물의 신축(新築)·증축(增築)·개축(改築)·재축(再築)·이전(移轉)하는 행위를 말한다.

① 신축 : 건축물이 없는 대지(기존 건축물이 해체하거나 멸실된 대지 포함)에 새로이 건축물을 축조하는 행위(부속 건축물만 있는 대지에 새로이 주된 건축물을 축조하는 것을 포함하되, 개축 또는 재축의 경우는 제외)

② 증축 : 기존 건축물이 있는 대지 안에서 건축물의 건축면적·연면적, 층수 또는 높이를 증가시키는 행위

③ 개축 : 기존 건축물의 전부 또는 일부[내력벽·기둥·보·지붕틀(한옥의 경우에는 지붕틀의 범위에서 서까래는 제외) 중 3개 이상이 포함되는 경우를 말함]를 해체하고, 그 대지 안에 종전과 동일한 규모의 범위 안에서 건축물을 다시 축조하는 행위

④ 재축 : 건축물이 천재지변이나 그 밖의 재해(災害)로 멸실된 경우 그 대지에 다음의 요건을 모두 갖추어 다시 축조하는 행위

　가. 연면적 합계는 종전 규모 이하로 할 것

　나. 동(棟)수, 층수 및 높이는 다음의 어느 하나에 해당할 것

　　㉠ 동수, 층수 및 높이가 모두 종전 규모 이하일 것

　　㉡ 동수, 층수 또는 높이의 어느 하나가 종전 규모를 초과하는 경우에는 해당 동수, 층수 및 높이가 건축법, 영 또는 건축조례에 모두 적합할 것

⑤ 이전 : 건축물의 주요구조부를 해체하지 아니하고 동일한 대지 안의 다른 위치로 옮기는 행위

핵심 PLUS

15 다음은 건축법령상 지하층의 정의 내용이다. ( ) 안에 알맞은 것은? [11, 16 기]

"지하층"이란 건축물의 바닥이 지표면 아래에 있는 층으로서 바닥에서 지표면까지 평균 높이가 해당 층 높이의 ( ) 이상인 것을 말한다.

① 1/2
② 1/3
③ 2/3
④ 1/4

답 : ①

16 다음 중 건축법상 거실에 속하지 않는 것은? [08 산]
① 주택의 침실
② 사무소의 사무실
③ 주택의 화장실
④ 공장의 작업장

답 : ③

17 다음 중 주요구조부에 속하지 않는 것은? [09, 25 기]
① 기둥
② 지붕틀
③ 바닥
④ 옥외 계단

답 : ④

18 다음 중 건축에 속하지 않는 것은? [10, 19 기]
① 대수선
② 이전
③ 증축
④ 개축

답 : ①

19 기존 건축물의 내력벽, 기둥, 보를 해체하고 그 대지에 종전과 같은 규모의 범위에서 건축물을 다시 축조하는 건축 행위는? [15 기]
① 신축
② 증축
③ 재축
④ 개축

답 : ④

V. 건축관계법규 | 총칙, 건축물의 건축, 건축물의 유지관리

핵심 PLUS

20 다음 중 증축에 속하는 것은? [09 기]
① 부속건축물만 있는 대지에 새로 주된 건축물을 축조하는 것
② 기존 건축물이 있는 대지에서 높이를 증가시키는 것
③ 기존 건축물이 멸실된 대지 위에 건축물을 축조하는 것
④ 건축물의 주요구조부를 해체하지 아니하고 같은 대지의 다른 위치로 옮기는 것

[해설] ① : 신축, ③ : 신축(종전 규모의 범위 초과) 또는 재축(종전과 동일한 규모의 범위 안에서 다시 축조), ④ : 이전
답 : ②

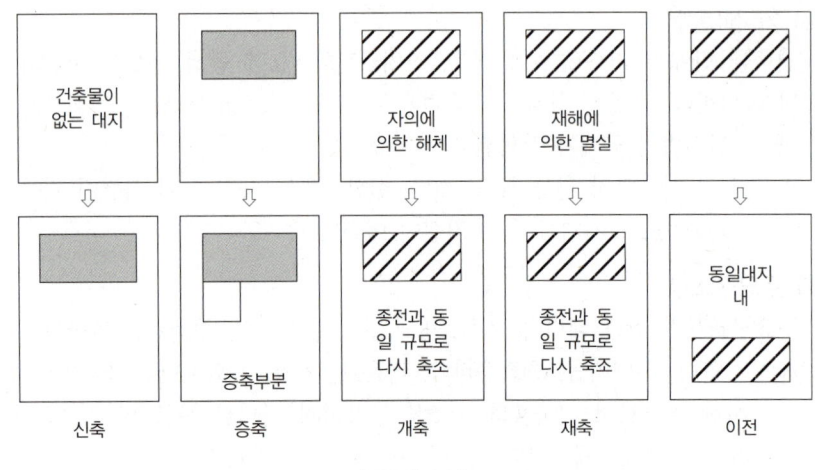

[그림] 건축

> **학습포인트**
>
> 건축행위
> ㉠ 건축행위(신축·증축·개축·재축·이전)는 허가대상이다.
> ㉡ 개축과 재축의 공통점과 차이점
> • 공통점 : 동일한 규모범위 안에서 다시 축조하는 행위
> • 차이점 : 개축은 인위적으로 해체하고 다시 축조하는 행위(自意)
>   재축은 천재지변 등의 재해로 인해 축조하는 행위(他意)
> ※ 단, 규모를 초과하면 신축행위로 본다.

9) 대수선

건축물의 기둥·보·내력벽·주계단 등의 구조 또는 외부형태를 수선·변경 또는 증설하는 것으로서 다음에 해당하는 것으로서 증축·개축 또는 재축에 해당하지 아니하는 것을 말한다.

21 다음 중 대수선에 속하지 않는 것은? [11 기]
① 내력벽을 증설하는 것
② 방화벽을 수선 또는 변경하는 것
③ 특별피난계단을 증설 또는 해체하는 것
④ 학교의 교실 간 경계벽을 수선 또는 변경하는 것
답 : ④

건축물의 부분(주요구조부)	대수선에 해당하는 내용
내력벽	증설·해체하거나 벽면적 30㎡ 이상 수선·변경
기둥, 보, 지붕틀(한옥의 경우 지붕틀의 범위에서 서까래는 제외)	증설·해체하거나 각각 3개 이상 수선·변경
방화벽, 방화구획을 위한 바닥 및 벽	증설·해체하거나 수선·변경
주계단, 피난계단, 특별피난계단	
다가구주택 및 다세대주택의 가구 및 세대간	경계벽의 증설·해체하거나 수선·변경
다음 해당 건축물의 외벽에 사용하는 마감재료 - 6층 이상 건축물 - 높이 22m 이상 건축물 - 상업지역(근린상업지역 제외) 안의 건축물 중 2000㎡ 이상 다중이용업·공장으로부터 6m 이내의 건축물	증설·해체하거나 벽면적 30㎡ 이상 수선, 변경

10) 리모델링

리모델링이란 건축물의 노후화를 억제하거나 기능 향상 등을 위하여 대수선하거나 일부 증축 또는 개축하는 행위를 말한다.

11) 도 로

① 정의 : 보행 및 자동차 통행이 가능한 너비 4m 이상의 도로로서 다음에 해당하는 도로 또는 그 예정도로를 말한다.
  ㉮ 국토의 계획 및 이용에 관한 법률, 도로법, 사도법(私道法) 등의 기타 관계법령에 의하여 신설 또는 변경 고시가 된 도로
  ㉯ 건축허가 또는 신고시 특별시장·광역시장·특별자치시장·도지사·특별자치도지사 또는 시장·군수·구청장(자치구의 구청장에 한함)이 그 위치를 지정한 도로

② 차량통행이 불가능한 경우의 도로
  지형적 조건으로 차량통행을 위한 도로의 설치가 곤란하다고 인정하여 특별자치시장·특별자치도지사 또는 시장·군수·구청장이 그 위치를 지정·공고하는 구간 안의 너비 3m 이상인 도로(단, 길이가 10m 미만인 막다른 도로인 경우에는 너비 2m 이상)

③ 막다른 도로의 폭
  상기 ②에 해당되지 않는 막다른 도로로서 다음 표에 정하는 기준 이상인 도로

막다른 도로의 길이	당해 도로의 소요 너비
10m 미만	2m 이상
10m 이상 35m 미만	3m 이상
35m 이상	6m 이상 (도시지역이 아닌 읍·면의 구역에서는 4m 이상)

12) 내화구조

화재에 견딜 수 있는 성능을 가진 구조로서 국토교통부령이 정하는 기준에 적합한 구조

구조 부분		내화구조의 기준		기준 두께
1. 벽	( ) 안은 외벽 중 비내력벽	철근콘크리트조·철골철근콘크리트조		10cm(7cm) 이상
		벽돌조		19cm 이상
		철골조의 골구 양면에	*철망모르타르로 덮을 때	4cm(3cm) 이상
			콘크리트블록·벽돌·석재로 덮을 때	5cm(4cm) 이상

핵심 PLUS

22 다음 중 건축법상의 도로로 볼 수 없는 것은? [06 기]
① 도로법에 의한 고속도로
② 사도법에 의하여 신설 또는 변경에 관한 고시가 된 도로
③ 국토의 계획 및 이용에 관한 법률에서 신설에 관한 고시가 된 도로
④ 건축허가시 시장이 그 위치를 지정·공고한 도로

답 : ①

23 막다른 도로의 길이가 15m일 때, 이 도로가 건축법령상 도로이기 위한 최소 폭은? [17, 22 기]
① 2m
② 3m
③ 4m
④ 6m

답 : ②

V. 건축관계법규 | 총칙, 건축물의 건축, 건축물의 유지관리

핵심 PLUS

■ 철근콘크리트조, 철골철근콘크리트조의 내화기준
- 벽 : 두께 10cm 이상
- 외벽 중 비내력벽 : 두께 7cm 이상
- 기둥 : 최소지름이 25cm 이상
- 바닥 : 두께 10cm 이상
- 보, 지붕, 계단 : 두께 기준이 없다.
※ 철골조의 계단은 내화구조로 본다.

24 다음 중 내화구조에 속하지 않는 것은? [08, 25 기]
① 철근콘크리트조 기둥의 경우 그 작은 지름이 20cm인 것
② 철근콘크리트조 바닥의 경우 두께가 10cm 인 것
③ 철근콘크리트조로 된 보
④ 철근콘크리트조로 된 지붕

[해설] 작은 지름이 25cm 이상인 철근콘크리트조, 철골철근콘크리트조의 기둥은 내화구조에 해당된다.

답 : ①

25 다음 중 내화구조로 볼 수 없는 것은? [09 산]
① 작은 지름이 25cm인 철근콘크리트조의 기둥
② 벽돌조로서 두께가 0.5B인 내력벽
③ 두께가 10cm인 철근콘크리트조의 바닥
④ 철골조의 계단

[해설] 벽돌조로서 두께가 19cm 이상인 내력벽이라야 내화구조로 본다.(1.0B=19cm, 0.5B=9cm)

답 : ②

26 철근콘크리트조인 경우 두께에 관계없이 내화구조로 인정되는 것은? [10, 14 기]
① 바닥
② 지붕
③ 내력벽
④ 외벽 및 비내력벽

답 : ②

구조 부분	내화구조의 기준		기준 두께
1. 벽 ( ) 안은 외벽 중 비내력벽	철재로 보강된 콘크리트블록조·벽돌조·석조로서 철재에 덮은 콘크리트블록의 두께		5cm(4cm) 이상
	고온·고압증기양생된 경량기포 콘크리트패널 또는 경량기포콘크리트블록조		10cm 이상
	무근콘크리트조·콘크리트블록조·벽돌조·석조		7cm 이상
2. 기둥 (작은 지름이 25cm 이상인 것) ※	철근콘크리트조·철골철근콘크리트조		
	철골에 ( )안은 경량골재를 사용한 경우	*철망모르타르로 덮을 것	6cm(5cm) 이상
		콘크리트블록·벽돌·석재로 덮은 것	7cm 이상
		콘크리트로 덮은 것	5cm 이상
3. 바 닥	철근콘크리트조·철골철근콘크리트조		10cm 이상
	철재로 보강된 콘크리트블록조·벽돌조 또는 석조로서 철재에 덮은 콘크리트블록 등의 두께		5cm 이상
	철재의 양면에 철망모르타르 또는 콘크리트로 덮은 것		5cm 이상
4. 보 (지붕틀을 포함) ※	철근콘크리트조·철골철근콘크리트조		두께 무관
	철골에 ( )안은 경량골재를 사용한 경우	*철망모르타르로 덮은 것	6cm(5cm) 이상
		콘크리트로 덮은 것	5cm 이상
	철골조의 지붕틀로서 바로 아래에 반자가 없거나 불연재료로 된 반자가 있는 것(단, 바닥으로부터 지붕틀 아랫부분까지의 높이가 4m 이상인 것에 한한다)		
5. 지 붕	· 철근콘크리트조·철골철근콘크리트조 · 철재로 보강된 콘크리트블록조·벽돌조·석조 · 유리블록·망입유리로 된 것		두께 무관
6. 계 단	· 철근콘크리트조·철골철근콘크리트조 · 무근콘크리트조·콘크리트블록조·벽돌조·석조 · 철재로 보강된 콘크리트블록조·벽돌조·석조 · 철골조		두께 무관
7. 기 타	한국건설기술연구원장이 국토교통부장관이 정하여 고시하는 방법에 따라 품질시험한 결과 성능기준에 적합할 것		

* 표시 : 그 바름 바탕을 불연재료로 한 것에 한한다.
※ 표시 : 고강도 콘크리트(설계기준강도가 50MPa 이상인 콘크리트를 말함)를 사용하는 경우에는 국토교통부장관이 정하여 고시하는 고강도 콘크리트 내화성능 관리기준에 적합하여야 한다.

13) 방화구조

화염의 확산을 막을 수 있는 성능을 가진 구조로서 국토교통부장관이 정하는 적합한 구조

구조부분	방화구조의 기준
• 철망모르타르 바르기	바름두께가 2cm 이상인 것
• 석고판 위에 시멘트모르타르 또는 회반죽을 바른 것 • 시멘트모르타르 위에 타일을 붙인 것	두께의 합계가 2.5cm 이상인 것
• 심벽에 흙으로 맞벽치기한 것	두께에 관계없이 인정
• 한국산업표준이 정하는 바에 의하여 시험한 결과 방화 2급 이상에 해당하는 것	

14) 불연재료·준불연재료·난연재료

구 분	기 준	설치규정
불연재료	불에 타지 아니하는 성능을 가진 재료	• 콘크리트·석재·벽돌·기와·철강·알루미늄·유리·시멘트모르타르 및 회. 이 경우 시멘트모르타르 또는 회 등 • 한국산업표준이 정하는 바에 의하여 시험한 결과 질량감소율 등이 국토교통부장관이 정하여 고시하는 불연재료의 성능기준을 충족하는 것 • 불연성의 재료로서 국토교통부장관이 인정하는 재료
준불연재료	불연재료에 준하는 성질을 가진 재료	한국산업표준이 정하는 바에 의하여 시험한 결과 가스 유해성, 열방출량 등이 국토교통부장관이 정하여 고시하는 준불연재료의 성능기준을 충족하는 것
난연재료	불에 잘 타지 아니하는 성능을 가진 재료	한국산업표준이 정하는 바에 의하여 시험한 결과 가스 유해성, 열방출량 등이 국토교통부장관이 정하여 고시하는 난연재료의 성능기준을 충족하는 것

V. 건축관계법규 | 총칙, 건축물의 건축, 건축물의 유지관리

핵심 PLUS

27 건축설비의 설치에 관한 공사를 발주하는 자를 의미하는 용어는? [07 산]
① 건축주
② 현장관리인
③ 공사시공자
④ 공사감리자
답 : ①

28 다음 중 설계도서에 포함되지 않는 것은? [07 산]
① 시방서
② 공정표
③ 구조계산서
④ 평면도
답 : ②

29 건축법령상 초고층 건축물의 정의로 옳은 것은? [13, 23 기]
① 층수가 30층 이상이거나 높이가 90m 이상인 건축물
② 층수가 30층 이상이거나 높이가 120m 이상인 건축물
③ 층수가 50층 이상이거나 높이가 150m 이상인 건축물
④ 층수가 50층 이상이거나 높이가 200m 이상인 건축물
답 : ④

30 건축법령상 고층건축물의 정의로 옳은 것은? [14, 15, 17 기]
① 층수가 30층 이상이거나 높이가 90m 이상인 건축물
② 층수가 30층 이상이거나 높이가 120m 이상인 건축물
③ 층수가 50층 이상이거나 높이가 150m 이상인 건축물
④ 층수가 50층 이상이거나 높이가 200m 이상인 건축물
답 : ②

31 다음 중 건축법이 적용되는 건축물은? [19 기]
① 역사(驛舍)
② 고속도로 통행료 징수시설
③ 철도의 선로 부지에 있는 플랫폼
④ 「문화재보호법」에 따른 임시지정 문화재
답 : ①

15) 기타

구 분	권한 및 의무
건축주	건축물의 건축·대수선·건축설비의 설치 또는 공작물의 축조에 관한 공사를 발주하거나 현장관리인을 두어 스스로 그 공사를 행하는 자
설계자	자기 책임하에(보조자의 조력을 받는 경우를 포함) 설계도서를 작성하고 그 설계도서에 의도한 바를 해설하며 지도·자문하는 자
공사감리자	자기 책임하에(보조자의 조력을 받는 경우를 포함) 건축법이 정하는 바에 의하여 건축물·건축설비 또는 공작물이 설계도서의 내용대로 시공되는지의 여부를 확인하고, 품질관리·공사관리 및 안전관리 등에 대하여 지도·감독하는 자
공사시공자	건설산업기본법(제2조 4) 규정에 의한 건축 등에 관한 공사를 행하는 자
관계전문 기술자	건축물의 구조·설비 등 건축물과 관련된 전문기술자격을 보유하고 설계 및 공사감리에 참여하여 설계자 및 공사감리자와 협력하는 자
설계도서	① 공사용 도면, 구조계산서, 시방서 ② 건축설비계산 관계서류 ③ 토질 및 지질 관계서류 ④ 기타 공사에 필요한 서류
초고층 건축물	층수가 50층 이상이거나 높이가 200m 이상인 건축물
준초고층 건축물	고층건축물 중 초고층 건축물이 아닌 것
고층 건축물	층수가 30층 이상이거나 높이가 120m 이상인 건축물
한 옥	주요 구조가 기둥·보 및 한식지붕틀로 된 목구조로서 우리나라 전통양식이 반영된 건축물 및 그 부속건축물
특별건축구역	조화롭고 창의적인 건축물의 건축을 통하여 도시경관의 창출, 건설기술 수준향상 및 건축 관련 제도개선을 도모하기 위하여 이 법 또는 관계 법령에 따라 일부 규정을 적용하지 아니하거나 완화 또는 통합하여 적용할 수 있도록 특별히 지정하는 구역

3. 건축법의 적용 제외 (법 제3조, 영 제4조)

1) 건축법의 적용에서 제외되는 건축물
   ① 문화재보호법에 의한 지정·임시지정 문화재
   ② 철도 또는 궤도의 선로부지 안에 있는 운전보안시설, 철도선로의 위나 아래를 가로지르는 보행시설, 플랫폼 당해 철도 또는 궤도사업용 급수·급탄·급유 시설
   ③ 고속도로 통행료 징수시설
   ④ 컨테이너를 이용한 간이창고(공장의 용도로만 사용되는 건축물의 대지 안에 설치하는 것으로서 이동이 쉬운 것만 해당된다.)
   ⑤ 하천구역 내의 수문조작실

2) 건축법의 전부를 적용하는 대상지역

국토의 계획 및 이용에 관한 법률에 의하여 지정된 다음의 지역은 건축법 전부를 적용한다.
① 도시지역
② 지구단위계획구역
③ 동 또는 읍의 지역(섬의 경우 인구 500인 이상인 경우에 한함)

3) 건축법의 일부 규정을 적용하지 않는 대상지역

① 국토의 계획 및 이용에 관한 법률에 의한 도시지역, 지구단위계획구역, 동·읍의 지역(섬의 경우 인구 500인 이상에 한함)을 제외한 다음의 지역은 건축법의 일부를 적용하지 않는다.
  ㉮ 농림지역
  ㉯ 관리지역(지구단위계획구역으로 지정된 지역 제외)
  ㉰ 자연환경보전지역
  ㉱ 동 또는 읍의 지역 이외의 지역
  ㉲ 인구 500인 미만인 동·읍 지역에 속하는 섬의 지역

② 건축법 중 적용받지 않는 조항
  ㉮ 대지와 도로와의 관계(법 제44조)
  ㉯ 도로의 지정·폐지 또는 변경(법 제45조)
  ㉰ 건축선의 지정(법 제46조)
  ㉱ 건축선에 따른 건축제한(법 제47조)
  ㉲ 방화지구 안의 건축물(법 제51조)
  ㉳ 대지의 분할제한(법 제57조)

핵심 PLUS

■ 국토의 계획 및 이용에 관한 법률에 의한 용도지역
· 도시지역(13)
· 관리지역(3)
· 농림지역
· 자연환경보전지역

💡 해설

국토의계획및이용에관한법률상의 용도 지역

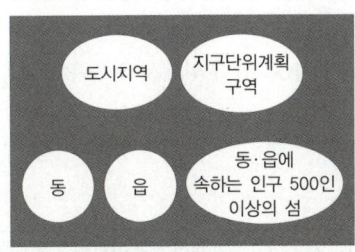

국토의 계획 및 이용에 관한 법률에 의한 용도 지역

□ 건축법의 전부를 적용하는 지역
■ 건축법의 일부 규정을 적용하지 않는 지역
· 농림지역
· 관리지역(지구단위계획구역으로 지정된 지역 제외)
· 자연환경보전지역
· 동 또는 읍의 지역 이외의 지역
· 인구 500인 미만인 동·읍 지역에 속하는 섬의 지역

V. 건축관계법규 | 총칙, 건축물의 건축, 건축물의 유지관리

핵심 PLUS

4) 건축법 적용의 완화

① 건축주, 설계자, 공사시공자, 공사감리자는 업무수행시 건축법 규정의 적용이 매우 불합리하다고 인정되는 대지 또는 건축물에 관하여 법 기준을 완화하여 적용할 것을 허가권자(특별시장, 광역시장, 특별자치시장·특별자치도지사 또는 시장·군수·구청장)에게 요청할 수 있다.

② 적용의 완화대상
  ㉮ 수면 위에 건축하는 건축물 등 대지의 범위를 설정하기 곤란한 경우
  ㉯ 거실이 없는 통신시설 및 기계·설비 시설인 경우
  ㉰ 31층 이상인 건축물(공동주택 제외) 및 발전소·제철소·운동시설 등 특수용도의 건축물인 경우
  ㉱ 전통문화의 보존을 위하여 특별시·광역시·도의 건축조례로 정하는 전통한옥 밀집지역 등의 건축물인 경우
  ㉲ 사용승인을 얻은 후 15년 이상 경과되어 리모델링이 필요한 건축물인 경우
  ㉳ 경사진 대지에 계단식 공동주택인 경우
  ㉴ 기존 건축물에 장애인 등의 편의시설을 설치한 경우
  ㉵ 도시지역 및 지구단위계획구역 외의 지역 중 동이나 읍에 해당하는 지역에 건축하는 건축물로서 건축조례로 정하는 건축물인 경우
  ㉶ 방재지구·붕괴위험지역의 대지에 건축하는 건축물로서 재해예방을 위한 조치가 필요한 경우
  ㉷ 조화롭고 창의적인 건축을 통하여 아름다운 도시경관을 창출한다고 허가권자가 인정하는 건축물과 도시형 생활주택(아파트는 제외)인 경우
  ㉸ 공공주택인 경우
  ㉹ 공동주택의 주민공동시설
  ㉺ 건축협정을 체결한 건축물의 건축, 대수선, 리모델링

4. 리모델링에 대비한 특례

리모델링이 쉬운 구조의 공동주택에 대하여 다음의 기준을 완화하여 적용할 수 있다.

1. 용적률	
2. 건축물의 높이제한	120/100 범위 안에서 완화하여 적용
3. 일조권	

5. 건축위원회

구 분	중앙건축위원회	지방건축위원회
설치	국토교통부	특별시·광역시·도·특별자치도·시·군 및 구(자치구)
위원	70인 이내(위원장·부위원장 포함)	25인 이상 150인 이하(건축조례에서 규정)

■ 리모델링 증축 범위
① 공동주택
  · 승강기·계단 및 복도
  · 각 세대내의 노대·화장실·창고 및 거실
  · 주택법에 의한 부대시설
  · 주택법에 의한 복리시설
  · 기존 공동주택의 높이·층수 또는 층별 세대수
  · 거실
② 공동주택 외의 건축물·거실
  · 승강기·계단 및 주차시설
  · 노인 및 장애인 등을 위한 편의시설
  · 외부벽체
  · 통신시설·기계설비·화장실·정화조 및 오수처리시설
  · 기존 건축물의 높이 및 층수

32 다음 중 공동주택의 리모델링을 위한 증축의 범위가 아닌 것은?
[05 기]
① 승강기
② 외부벽체
③ 각 세대내의 노대
④ 주택법에 의한 복리시설

답 : ②

구 분	중앙건축위원회	지방건축위원회
위원장	국토교통부장관이 임명·위촉	시·도지사 및 시장·군수·구청장이 임명·위촉
임기	2년(공무원이 아닌 위원 연임 가능)	3년 이내(건축조례에서 규정)
심의사항	① 표준설계도서의 인정에 관한 사항 ② 건축법 및 건축법시행령의 제정·개정 및 시행에 관한 사항 ③ 건축물의 건축·대수선·용도변경, 건축설비의 설치 또는 공작물의 축조와 관련된 분쟁의 조정 또는 재정에 관한 사항 ④ 국토교통부장관이 회의에 부치는 사항 ⑤ 다른 법령에 따라 건축위원회의 심의를 하는 경우 해당 법령에서 규정한 심의사항	① 건축조례의 제정·개정 및 시행에 관한 사항(당해 지방자치단체의 장이 발의하는 건축조례에 한함) ② 건축선(建築線)의 지정에 관한 사항 ③ 다중이용 건축물 및 특수구조 건축물의 구조안전에 관한 사항 ④ 다른 법령에 따라 건축위원회의 심의를 하는 경우 해당 법령에서 규정한 심의사항

※ **다중이용건축물의 정의**
- 문화 및 집회시설(동·식물원 제외), 종교시설, 판매시설, 운수시설(여객용 시설만 해당), 의료시설 중 종합병원, 숙박시설 중 관광숙박시설의 용도로 쓰이는 바닥면적의 합계가 5,000m² 이상인 건축물
- 16층 이상인 건축물

※ **특수구조 건축물**
- 한쪽 끝은 고정되고 다른 끝은 지지(支持)되지 아니한 구조로 된 보·차양 등이 외벽의 중심선으로부터 3m 이상 돌출된 건축물
- 기둥과 기둥 사이의 거리(기둥의 중심선 사이의 거리를 말하며, 기둥이 없는 경우에는 내력벽과 내력벽의 중심선 사이의 거리를 말함)가 20m 이상인 건축물
- 특수한 설계·시공·공법 등이 필요한 건축물로서 국토교통부장관이 정하여 고시하는 구조로 된 건축물

※ **특별시·광역시 또는 도에 설치된 지방건축위원회의 심의**

다중이용건축물 중 21층 이상 또는 연면적 100,000m² 이상인 다중이용건축물의 건축허가에 관한 사항인 경우에는 특별시·광역시 또는 도의 조례가 정하는 바에 의하여 이를 특별시·광역시 또는 도에 설치된 지방건축위원회의 심의사항으로 할 수 있다.

핵심 PLUS

33 지방건축위원회의 심의사항에 속하지 않는 것은? [15 기]
① 건축선의 지정에 관한 사항
② 다중이용 건축물의 구조안전에 관한 사항
③ 특수구조 건축물의 구조안전에 관한 사항
④ 경관지구 내의 건축물의 건축에 관한 사항

답 : ④

34 다중이용 건축물에 속하지 않는 것은? (단, 층수가 10층이며, 해당 용도로 쓰는 바닥면적의 합계가 5000m²인 건축물의 경우) [18, 23, 25 기]
① 업무시설
② 종교시설
③ 판매시설
④ 숙박시설 중 관광숙박시설

답 : ①

■ **준다중이용건축물의 정의**
다중이용 건축물 외의 건축물로서 다음 용도로 쓰는 바닥면적의 합계가 1,000m² 이상인 건축물
- 문화 및 집회시설(동물원 및 식물원은 제외)
- 종교시설
- 판매시설
- 운수시설 중 여객용 시설
- 의료시설 중 종합병원
- 교육연구시설
- 노유자시설
- 운동시설
- 숙박시설 중 관광숙박시설
- 위락시설
- 관광휴게시설
- 장례식장

V. 건축관계법규 | 총칙, 건축물의 건축, 건축물의 유지관리

핵심 PLUS

2 건축물의 건축

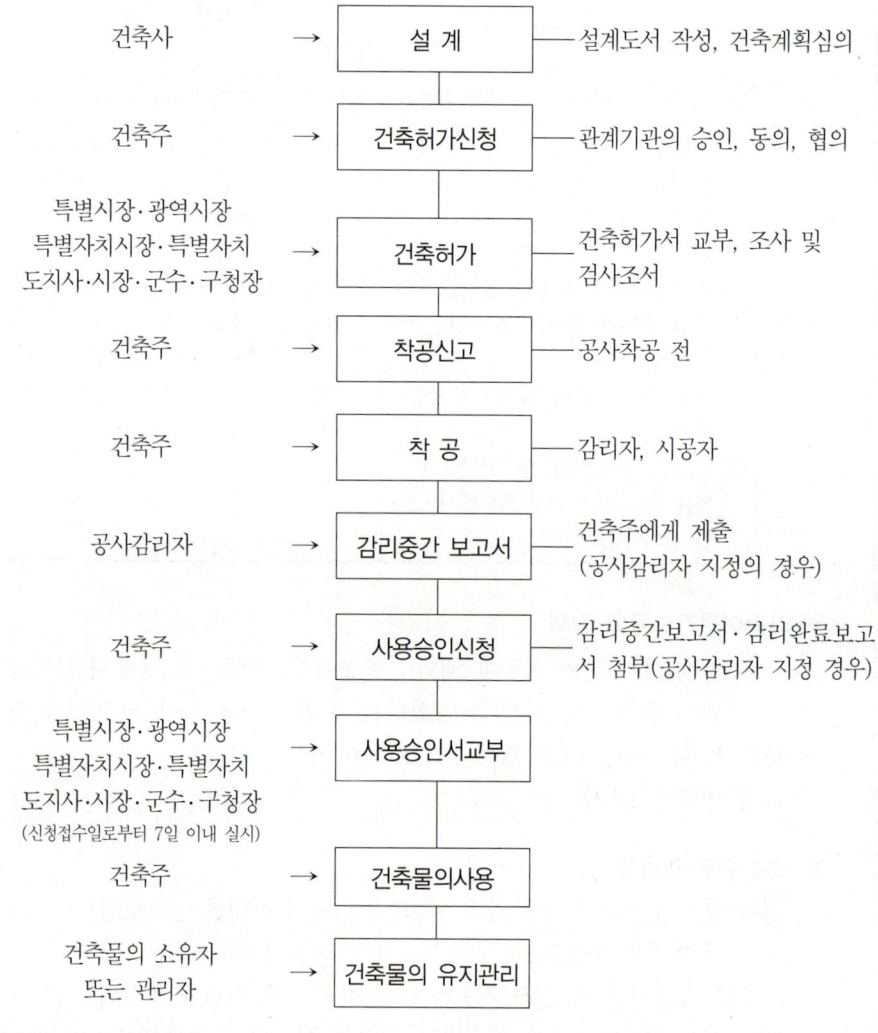

[그림] 건축허가에서 준공까지의 행정절차

35 건축물을 특별시나 광역시에 건축하는 경우 특별시장이나 광역시장의 허가를 받아야 하는 대상 건축물 기준으로 옳은 것은?
[10, 23, 25 기]
① 층수가 21층 이상이거나 연면적의 합계가 10만m² 이상인 건축물
② 층수가 21층 이상이거나 연면적의 합계가 5만m² 이상인 건축물
③ 층수가 15층 이상이거나 연면적의 합계가 10만m² 이상인 건축물
④ 층수가 15층 이상이거나 연면적의 합계가 5만m² 이상인 건축물

답 : ①

1. 건축허가 및 신청

1) 건축허가

건축물을 건축 또는 대수선 하고자 하는 자는 특별자치시장·특별자치도지사 또는 시장·군수·구청장의 허가를 받아야 한다.

[단서] 층수가 21층 이상이거나 연면적의 합계가 10만m² 이상인 건축물 [공장, 창고 및 지방건축위원회의 심의를 거친 건축물(초고층 건축물은 제외)은 제외]의 건축(연면적의 3/10 이상을 증축하여 층수가 21층 이상으로 되거나 연면적의 합계가 10만m² 이상으로 되는 경우를 포함)은 특별시장 또는 광역시장의 허가를 받아야 한다.

2) 건축허가 등의 신청

① 건축물(가설건축물 포함)의 허가를 받고자 하는 자는 다음 서류를 허가권자(특별시장·광역시장·특별자치시장·특별자치도지사 또는 시장·군수·구청장)에게 제출해야 한다.

  [예외] 방위산업시설은 설계자의 확인으로 관계서류에 갈음할 수 있다.

② 허가권자는 건축허가를 한 경우에는 건축허가서를 신청인에게 교부해야 한다.

③ 첨부해야 할 서류 및 도서

구 분	제출도서

건축허가신청시 제출 서류 및 설계도서	① 건축할 대지의 범위와 대지 소유 또는 사용에 관한 권리를 증명하는 서류
	② 기본설계도서(표준설계도서는 건축계획서·배치도에 한함)
	※ 모든 도면의 축척은 임의로 함
	  가. 건축계획서 나. 배치도 다. 평면도
	  라. 입면도 마. 단면도
	  바. 구조도(구조안전 확인 또는 내진설계 대상 건축물)
	  사. 구조계산서(구조안전 확인 또는 내진설계 대상 건축물)
	  아. 소방설비도
	③ 허가 등을 받거나 신고를 하기 위하여 당해 법령에서 제출하도록 의무화하고 있는 신청서 및 구비서류(해당 사항이 있는 것에 한함)

■ 건축허가신청에 필요한 기본설계도서의 주요내용

도서의 종류	표시하여야 할 사항
건축 계획서	1. 개요(위치·대지면적 등) 2. 지역·지구 및 도시계획사항 3. 건축물의 규모(건축면적·연면적·높이·층수 등) 4. 건축물의 용도별 면적 5. 주차장규모 6. 에너지절약계획서(해당건축물에 한함) 7. 노인 및 장애인 등을 위한 편의시설 설치계획서 (관계법령에 의하여 설치의무가 있는 경우에 한함)
배치도	1. 축척 및 방위 2. 대지에 접한 도로의 길이 및 너비 3. 대지의 종·횡단면도 4. 건축선 및 대지경계선으로부터 건축물까지의 거리 5. 주차동선 및 옥외주차계획 6. 공개공지 및 조경계획

핵심 PLUS

36 건축허가신청에 필요한 설계도서에 속하지 않는 것은? [16 기]
① 조감도
② 건축계획서
③ 구조도
④ 소방설비도

답 : ①

37 건축허가신청에 필요한 기본설계도서 중 건축계획서에 포함되어야 할 사항으로 옳지 않은 것은? [06, 21, 24 기]
① 토지형질변경계획
② 주차장규모
③ 건축물의 용도별 면적
④ 지역·지구 및 도시계획사항

답 : ①

V. 건축관계법규 | 총칙, 건축물의 건축, 건축물의 유지관리

핵심 PLUS

38 건축허가신청에 필요한 설계도서 중 평면도에 표시하여야 할 사항에 속하지 않는 것은?
[15 기]
① 주차장 규모
② 승강기의 위치
③ 기둥·벽·창문 등의 위치
④ 방화구획 및 방화문의 위치

답 : ①

도서의 종류	표시하여야 할 사항
평면도	1. 1층 및 기준층 평면도 2. 기둥·벽·창문 등의 위치 3. 방화구획 및 방화문의 위치 4. 복도 및 계단의 위치 5. 승강기의 위치
입면도	1. 2면 이상의 입면계획 2. 외부마감재료
단면도	1. 종·횡단면도 2. 건축물의 높이, 각층의 높이 및 반자높이

※ 도서의 축척 : 임의

3) 건축허가에 관한 사전승인

① 자연환경 또는 주거환경 등의 보호를 위하여 지정·공고하는 구역 안에 건축하는 건축물 시장·군수는 건축허가 사전승인 대상 건축물을 허가하고자 하는 경우 미리 건축계획서와 기본설계도서 [별표 3]를 첨부하여 도지사의 승인을 얻은 후 허가하여야 한다.(특별시, 광역시가 아닌 경우)

건축물	용 도
자연환경 또는 수질보호를 위하여 지정·공고하는 구역 안에 건축하는 3층 이상 또는 연면적 합계 1,000m² 이상의 건축물	• 공동주택 • 제2종 근린생활시설 (일반음식점에 한함) • 업무시설(일반업무시설에 한함) • 숙박시설 • 위락시설
주거환경 또는 교육환경 등 주변환경의 보호상 필요하다고 인정하여 도지사가 지정·공고하는 구역 안에 건축하는 건축물	• 숙박시설 • 위락시설

39 대형건축물의 건축허가 사전승인신청시 제출도서 중 설계설명서에 표시하여야 할 사항에 해당하지 않는 것은? [12,17,20,23 기]
① 시공방법
② 동선계획
③ 개략공정계획
④ 각부 구조계획

[해설] ※ 설계설명서에 표시하여야 할 사항 : 공사개요, 사전조사사항, 건축계획, 시공방법, 개략공정계획, 주요 설비계획, 주요 자재사용계획, 기타 필요한 사항
※ 각부 구조계획은 구조계획서에 표시하여야 할 사항이다.

답 : ④

■ 규칙 [별표 3] 사전승인신청시의 제출도서

구 분	분 야	도서의 종류	
건축계획서	건 축	• 설계설명서 • 지질조사서	• 구조계획서 • 시방서
기본설계도서	건 축	• 투시도 또는 투시도 사진 • 2면 이상의 입면도 • 내외마감표	• 평면도(주요층, 기준층) • 2면 이상의 단면도 • 주차장 평면도
	설 비	• 건축설비도 • 상하수도 계통도	• 소방설비도
	기 타	필요한 도면	

② 사전승인 대상 건축물의 규모 및 승인권자

사전승인 대상 건축물의 규모	승인권자	허가권자
① 21층 이상 건축물 ② 연면적 10만m² 이상 건축물(공장, 창고 및 지방건축위원회의 심의를 거친 건축물(초고층 건축물은 제외)은 제외) ③ 연면적 3/10 이상의 증축으로 인하여 ①, ②의 대상이 되는 경우	도지사	시장·군수

③ 사전승인 신청을 받은 도지사는 승인요청을 받은 날로부터 50일 이내에 승인 여부를 시장 등에게 통보해야 한다.

[예외] 건축물의 규모가 큰 경우 등 불가피한 경우에는 30일의 범위 내에서 그 기간을 연장할 수 있다.

4) 건축허가의 취소

허가권자는 건축허가를 받은 날로부터 2년 이내(공장의 경우 3년 이내)에 공사에 착공하지 아니한 경우와 공사를 착수하였으나 공사완료가 불가능하다고 인정되는 경우에는 그 허가를 취소해야 한다.

[예외] 허가권자는 정당한 사유가 있다고 인정하는 경우에는 1년의 범위 안에서 그 공사의 착수기간을 연장할 수 있다.

5) 건축공사현장 안전관리예치금 등

허가권자는 연면적이 1,000m² 이상으로서 지방자치단체의 조례로 정 하는 건축물에 대하여는 착공신고를 하는 건축주에게 장기간 건축물의 공사현장이 방치되는 것에 대비하여 미리 미관개선 및 안전관리에 필요한 비용을 건축공사비의 1%의 범위 안에서 예치하게 할 수 있다.

2. 건축신고

1) 신고대상 건축물

허가 대상 건축물이라 하더라도 다음에 해당하는 경우에는 미리 특별자치시장·특별자치도지사 또는 시장·군수·구청장에게 국토교통부령으로 정하는 바에 따라 신고를 하면 건축허가를 받은 것으로 본다.

① 바닥면적의 합계가 85m² 이내의 증축·개축 또는 재축
② 국토의 계획 및 이용에 관한 법률에 따른 관리지역, 농림지역 또는 자연환경보전지역에서 연면적이 200m² 미만이고 3층 미만인 건축물의 건축 (단, 지구단위계획구역에서의 건축과 방재지구와 붕괴위험지역의 건축 제외)
③ 연면적이 200m² 미만이고 3층 미만인 건축물의 대수선
④ 주요구조부의 해체가 없는 대수선

핵심 PLUS

■ 건축물 안전영향평가 대상
1. 초고층 건축물
2. 건축물 한동의 연면적 10만m² 이상으로서 16층 이상인 건축물

V. 건축관계법규 | 총칙, 건축물의 건축, 건축물의 유지관리

핵심 PLUS

40 다음 중 허가대상 건축물이라 하더라도 건축신고를 하면 건축허가를 받은 것으로 보는 건축물이 아닌 것은? [09 기]
① 연면적의 합계가 80m²인 건축물의 증축
② 바닥면적의 합계가 80m²를 증축하는 건축물
③ 건축물의 높이 4m를 증축하는 건축물
④ 연면적 150m²이고 2층인 건축물의 대수선

[해설] 건축물의 높이 4m를 증축하는 건축물은 건축허가 대상 건축물이다.

답: ③

41 허가대상 건축물이라 하더라도 미리 특별자치시장·특별자치도지사 또는 시장·군수·구청장에게 국토교통부령으로 정하는 바에 따라 신고를 하면 건축허가를 받은 것으로 보는 경우에 속하지 않는 것은? (단, 층수가 2층인 건축물의 경우) [14, 15 기]
① 바닥면적의 합계가 85m² 이내의 신축
② 바닥면적의 합계가 85m² 이내의 증축
③ 바닥면적의 합계가 85m² 이내의 개축
④ 연면적이 200m² 미만인 건축물의 대수선

답: ①

42 국토교통부장관이 시장 군수의 건축허가를 제한코자 할 경우 최장 얼마까지 할 수 있는가? (단, 제한기간의 연장 포함) [05 기]
① 1년 이내
② 2년 이내
③ 3년 이내
④ 4년 이내

답: ③

⑤ 기타 소규모 건축물(대통령령으로 정하는 건축물)
㉮ 연면적의 합계가 100m² 이하인 건축물
㉯ 건축물의 높이를 3m 이하의 범위에서 증축하는 건축물
㉰ 표준설계도서에 따라 건축하는 건축물로서 그 용도 및 규모가 주위환경이나 미관에 지장이 없다고 인정하여 건축조례로 정하는 건축물
㉱ 국토의 계획 및 이용에 관한 법률에 따른 공업지역, 지구단위계획구역(산업·유통형만 해당) 및 산업입지 및 개발에 관한 법률에 따른 산업단지에서 건축하는 2층 이하인 건축물로서 연면적 합계 500m² 이하인 공장
㉲ 농업이나 수산업을 경영하기 위하여 읍·면지역(특별자치도지사·시장·군수가 지역계획 또는 도시계획에 지장이 있다고 지정·공고한 구역은 제외)에서 건축하는 다음의 건축물

건축물	규 모
창고	연면적 200m² 이하
축사·작물재배사, 종묘배양시설, 화로 및 분재 등의 온실	연면적 400m² 이하

※ 건축신고를 한 자가 신고일부터 1년 이내에 공사에 착수하지 아니한 경우에는 그 신고의 효력은 상실된다. 단, 건축류의 요청에 따라 허가권자가 정당한 사유가 있다고 인정하면 1년의 범위에서 착수기한을 연장할 수 있다.

3. 건축허가의 제한 등

1) 건축허가나 허가를 받은 건축물의 착공 제한

제한권자	제한 사유
국토교통부장관	· 국토관리상 특히 필요하다고 인정한 경우 · 주무부장관이 국방·문화재보존·환경보전·국민경제상 특히 필요하다고 요청하는 경우
시·도지사	지역계획 또는 도시·군계획에 특히 필요하다고 인정하는 경우 (이 경우 시·도지사는 즉시 국토교통부장관에게 보고하여야 하며, 보고를 받은 국토교통부장관은 제한이 과도하다고 인정될 경우 그 해제를 명할 수 있다.)

2) 건축허가 제한의 조건

국토교통부장관 또는 시·도지사가 시장·군수·구청장의 건축허가 또는 건축물의 착공을 제한하고자 하는 경우에는 다음 조건에 적합해야 한다.
① 제한목적을 상세히 할 것
② 제한기간을 2년 이내로 하되 연장은 1회에 한하여 1년 이내의 범위로 할 것
③ 대상구역의 위치·면적·구역경계 등을 상세히 할 것
④ 대상건축물의 용도를 상세히 할 것

4. 용도변경

1) 용도변경 시설군의 분류

분류	시설군	절차
자동차관련 시설군	・자동차관련시설	① 허가대상 : 상위시설군(오름차순)에 해당하는 용도로 변경하는 행위 ② 신고대상 : 하위시설군(내림차순)에 해당하는 용도로 변경하는 행위 ③ 건축물대장 기재변경 신청 : 동일한 시설군내에서 용도변경하는 행위
산업등 시설군	・운수시설 ・창고시설 ・공장 ・위험물저장 및 처리시설 ・자원순환관련시설 ・묘지관련시설 ・장례식장	
전기통신시설군	・방송통신시설 ・발전시설	
문화집회시설군	・문화 및 집회시설 ・종교시설 ・위락시설 ・관광휴게시설	
영업시설군	・판매시설 ・운동시설 ・숙박시설 ・제2종 근린생활시설 중 다중생활시설	
교육 및 복지시설군	・의료시설 ・교육연구시설 ・노유자시설 ・수련시설 ・야영장 시설	
근린생활시설군	・제1종 근린생활시설 ・제2종 근린생활시설(다중생활시설은 제외)	
주거업무시설군	・단독주택 ・공동주택 ・업무시설 ・교정 및 군사시설	
기타 시설군	・동물 및 식물관련시설	

2) 용도변경시 법의 준용

① 사용승인 및 건축물의 설계 규정의 준용 : 허가 및 신고대상 용도변경으로서 다음의 경우 사용승인 및 건축물의 설계규정을 준용한다.

준용법령	용도변경 적용범위	준용조건
건축물의 사용승인 (법 제22조)	바닥면적 합계 100m² 이상인 용도변경	허가 및 신고대상의 용도변경인 경우 준용
건축물의 설계 (법 제23조)	바닥면적 합계 500m² 이상인 용도변경 예외 1층 축사를 공장으로 용도변경 하는 경우로서 증축·개축·대수선이 수반되지 않고 구조안전·피난 등에 지장이 없는 경우 건축물의 설계(용도변경의 설계)규정을 준용하지 않는다.	허가대상의 용도변경인 경우 준용

핵심 PLUS

43 다음 중 용도변경시 허가를 받아야 하는 경우에 해당하지 않는 것은? [12, 21, 24 기]
① 주거업무시설군에 속하는 건축물의 용도를 근린생활시설군에 해당하는 용도로 변경하는 경우
② 문화 및 집회시설군에 속하는 건축물의 용도를 영업시설군에 해당하는 용도로 변경하는 경우
③ 전기통신시설군에 속하는 건축물의 용도를 산업 등의 시설군에 해당하는 용도로 변경하는 경우
④ 교육 및 복지시설군에 속하는 건축물의 용도를 문화 및 집회시설군에 해당하는 용도로 변경하는 경우

해설 ② 하위시설군(내림차순)에 해당하는 용도로 변경하는 행위로 신고대상이다.
답 : ②

44 다음 중 허가대상에 속하는 용도변경은? [18, 23, 25 기]
① 영업시설군에서 근린생활시설군으로의 용도변경
② 교육 및 복지시설군에서 영업시설군으로의 용도변경
③ 근린생활시설군에서 주거업무시설군으로의 용도변경
④ 산업 등의 시설군에서 전기통신시설군으로의 용도변경
답 : ②

45 다음 중 건축물의 용도변경시 분류된 시설군이 아닌 것은? [08, 16 기]
① 영업시설군
② 문화집회시설군
③ 공업시설군
④ 주거업무시설군
답 : ③

5. 가설건축물

1) 건축허가대상 가설건축물

① 설치 대상 : 도시·군계획시설 또는 도시·군계획시설예정지에서 가설건축물을 건축하는 경우에는 국토의 계획 및 이용에 관한 법률(제64조)에 적합하여야 하고, 3층 이하로서 설치기준의 범위에서 조례로 정하는 바에 따라 특별자치시장·특별자치도지사 또는 시장·군수·구청장의 허가를 받아야 한다.

② 설치 기준(대통령령으로 정하는 기준의 범위)
㉮ 철근콘크리트조 또는 철골철근콘크리트조가 아닐 것
㉯ 존치기간은 3년 이내일 것(단, 도시계획사업이 시행될 때까지 그 기간을 연장 가능)
㉰ 전기·수도·가스 등 새로운 간선 공급설비의 설치를 필요로 하지 아니할 것
㉱ 공동주택·판매시설·운수시설 등으로서 분양을 목적으로 건축하는 건축물이 아닐 것

③ 건축법 적용의 제외

건축법 적용의 제외 대상		적용되지 않는 규정
도시계획시설 또는 도시계획시설 예정지에 건축하는 가설건축물	일반적인 경우	건축물대장(법 제38조)
	시장의 공지 또는 도로에 설치하는 차양시설	1. 건축선의 지정(법 제46조) 2. 건폐율(법 제55조)
	도시계획 예정 도로 안에 건축하는 경우	1. 도로의 지정·폐지 또는 변경(법 제45조) 2. 건축선의 지정(법 제46조) 3. 건축선에 의한 건축제한(법 제47조)

2) 신고대상 가설건축물

① 설치대상 및 신고
㉮ 재해복구, 흥행, 전람회, 공사용 가설건축물 등을 축조하려는 자는 존치기간, 설치 기준 및 절차에 따라 특별자치도지사 또는 시장·군수·구청장에게 신고한 후 착공하여야 한다.
㉯ 신고하여야 하는 가설건축물의 존치기간은 3년 이내로 한다.
㉰ 특별자치시장·특별자치도지사 또는 시장·군수·구청장은 존치기간 만료일 30일 전까지 해당 가설건축물의 건축주에게 존치기간 만료일을 알려야 하고, 존치기간을 연장하려는 건축주는 다음의 구분에 따라 특별자치도지사 또는 시장·군수·구청장에게 허가를 신청하거나 신고하여야 한다.
• 허가 대상 가설건축물 : 존치기간 만료일 14일 전까지 허가 신청
• 신고 대상 가설건축물 : 존치기간 만료일 7일 전까지 신고

핵심 PLUS

46 도시계획시설 또는 도시계획시설예정지에 건축을 허가할 수 있는 가설건축물의 기준 항목이 아닌 것은? [07 기]
① 층수
② 연면적
③ 존치기간
④ 구조

답 : ②

47 도시계획시설 또는 도시계획시설 예정지에 건축을 허가할 수 있는 가설건축물의 기준으로 옳은 것은? [06 기]
① 2층 이하일 것
② 조적식구조 이외의 구조일 것
③ 연면적이 1,000㎡ 이하일 것
④ 존치기간은 원칙적으로 3년 이내일 것

답 : ④

48 가설건축물을 축조하려고 할 때 특별자치시장·특별자치도지사 또는 시장·군수·구청장에게 신고하여야 할 대상 가설건축물에 해당하지 않는 것은? [11 기]
① 농업용 고정식 온실
② 전시를 위한 견본주택
③ 공장에 설치하는 창고용 천막
④ 조립식 구조로 된 경비용에 쓰는 가설건축물로서 연면적이 15㎡ 인 것

[해설] 조립식 구조로 된 경비용에 쓰는 가설건축물로서 연면적이 10㎡ 이하인 것은 신고대상 가설건축물이다.

답 : ④

6. 착공신고 등

다음에 해당하는 건축물의 공사를 착수하고자 하는 건축주는 허가권자에게 그 공사계획을 신고해야 한다.

[예외] 건축물의 철거를 신고하는 때에 착공예정일을 기재한 경우

구 분	내 용
대 상	• 건축허가 대상 • 건축신고 대상 • 허가대상 가설건축물 [제외] 공작물, 신고대상 가설건축물, 용도변경
의무자 및 시기	건축주가 공사 착수 전 허가권자에게 공사계획을 신고
절 차	• 공사계획을 신고하거나 변경하는 경우 해당 공사감리자(공사감리자를 지정한 경우에 한함) 및 공사시공자가 그 신고서에 함께 서명해야 한다. • 건축주는 공사착수시기를 연기하고자 하는 경우 착공연기신청서를 허가권자에게 제출해야 한다. • 허가권자는 토지굴착공사를 수반하는 건축물로서 지하매설물(가스·전기·통신·상하수도 등)에 영향을 줄 우려가 있는 착공신고는 당해 지하매설물 관리기관에 토지굴착에 관한 사항을 통보해야 한다.
첨부서류 및 도서	• 착공신고시 제출서류 ① 착공신고서 ② 건축관계자 상호간의 계약서 사본(해당사항이 있는 경우에 한함) ③ 설계도서(허가를 받아 건축하는 경우에 한함) ④ 흙막이 구조도(지하 2층 이상의 지하층을 설치하는 경우에 한함) ⑤ 구조안전 확인서

7. 사용승인

1) 건축물의 사용승인

구 분	내 용
대 상	• 건축허가 대상 • 건축신고 대상 • 허가대상 가설건축물 [제외] 공작물, 신고대상 가설건축물, 바닥면적 $100m^2$ 미만의 용도변경, 공용건축물
의무자 및 시기	건축주의 사용승인신청서 접수일로부터 7일 이내 현장검사실시 후 교부(교부권자 : 허가권자)

핵심 PLUS

49 건축법상 건축물의 공사를 착수하고자 하는 건축주가 착공신고를 해야 하는 대상은? [04 기]
① 건축물의 건축신고를 한 건축물에 한하여
② 건축물의 건축허가를 받은 건축물에 한하여
③ 건축물의 건축허가를 받거나 신고를 한 건축물
④ 건축사의 설계를 받은 건축물
답 : ③

50 건축신고 대상건축물로서 착공신고를 할 때 토지굴착 및 옹벽도 중 흙막이 구조도면을 첨부하여야 하는 건축물은? [14 기]
① 층수가 6층 이상인 건축물
② 지하 2층 이상의 지하층을 설치하는 건축물
③ 너비 12m 이상인 도로변에 지하층을 설치하는 건축물
④ 인접대지경계선으로부터 2m 이내에 지하층을 설치하는 건축물
답 : ②

핵심 PLUS

51 건축물의 사용승인에 대한 설명 중 옳지 않은 것은? [07 기]
① 건축주는 허가를 받았거나 신고를 한 건축물의 건축공사를 완료한 후 그 건축물을 사용하고자 하는 경우에 허가권자에게 사용승인을 신청하여야 한다.
② 특별시장·광역시장이 사용승인을 한 때에는 3일 이내에 시장, 군수, 구청장에게 통지하여 건축물 대장에 기재하게 하여야 한다.
③ 건축주는 사용승인을 신청할 때 공사감리자가 작성한 감리완료보고서(공사감리자가 지정된 경우) 및 국토교통부령이 정하는 공사완료도서를 첨부한다.
④ 허가권자는 사용승인신청서를 받은 날부터 7일 이내에 사용승인을 위한 검사를 하여야 한다.

[해설] 특별시장·광역시장이 사용승인을 한 때에는 지체없이 그 사실을 시장, 군수, 구청장에게 통지하여 건축물대장에 기재하게 하여야 한다.

답 : ②

구 분	내 용
절 차	① 건축주는 건축공사 완료(2 이상 건축물 건축시 동별공사 완료) 후 사용승인을 신청할 수 있다. ② 건축주는 공사감리자가 작성한 감리완료보고서(공사감리자를 지정한 경우에 한함) 및 공사완료도서를 첨부하여 허가권자에게 사용승인을 신청하여야 한다. • 첨부서류 및 도서 ㉠ 사용승인신청서 ㉡ 공사감리완료보고서(공사감리자를 지정한 경우) ㉢ 설계변경사항이 반영된 최종 공사완료도서(건축허가도서에 변경이 있는 경우) ㉣ 배치 및 평면이 표시된 현황도면(신고를 하여 건축한 건축물) ㉤ 액화석유가스 완성검사필증(완성검사를 받아야 할 건축물인 경우) ③ 현장검사를 실시하여야 하며, 현장검사에 합격된 건축물에 대하여는 사용승인서를 신청인에게 교부하여야 한다.
효 과	① 건축주는 사용승인을 얻은 후가 아니면 그 건축물을 사용하거나 사용하게 할 수 없다. ② 건축주가 사용승인을 받은 경우에는 사용승인·준공검사 또는 등록신청 등을 받은 것으로 본다. • 일괄처리 검사대상(타법의 의제) ㉠ 개인하수처리시설의 준공검사 ㉡ 지적공부(地籍公簿) 변동사항의 등록신청 ㉢ 배수설비의 준공검사 ㉣ 승강기 완성검사 ㉤ 보일러 설치검사 ㉥ 전기설비 사용전 검사 ㉦ 정보통신공사 사용전 검사 ㉧ 도로점용공사 완료확인 ㉨ 도시계획시설사업의 준공검사 ㉩ 수질오염물질 배출시설의 가동개시의 신고 ㉪ 대기오염물질 배출시설의 가동개시의 신고

2) 임시사용승인

52 건축물의 임시사용승인의 기간은 원칙적으로 얼마인가? [05 산]
① 6월
② 1년
③ 2년
④ 3년

답 : ③

구 분	내 용
대 상	• 사용승인서를 받기 전에 공사가 완료된 부분 • 식수 등 조경에 필요한 조치를 하기에 부적합한 시기에 건축공사가 완료된 건축물
신 청	건축주가 임시사용승인신청서를 허가권자에게 제출
기 간	2년 이내(단, 허가권자는 대형 건축물 또는 암반공사 등으로 인하여 공사기간이 긴 건축물에 대하여는 그 기간을 연장할 수 있다.)

8. 건축물의 설계

1) 건축사만이 설계할 수 있는 건축물

다음과 같은 건축물의 건축 등을 위한 설계는 건축사가 아니면 할 수 없다.

건축사 설계 대상	예 외
• 건축허가를 받아야 건축물 • 건축신고를 받아야 건축물 • 사용승인을 받은 후 20년 이상이 지난 건축물로서 주택법에 따른 리모델링을 하는 건축물 • 허가대상 가설건축물 • 용도변경 바닥면적 500m² 이상으로서 허가대상인 경우	1. 바닥면적의 합계가 85m² 미만의 증축·개축 또는 재축 2. 연면적이 200m² 미만이고 층수가 3층 미만인 건축물의 대수선 3. 기타 건축물의 특수성 및 용도 등을 고려한 다음 건축물의 건축 등 ㉠ 읍·면지역(시장 또는 군수가 지역계획 또는 도시계획에 지장이 있다고 인정하여 지정·공고한 구역은 제외)에서 건축하는 건축물 중 연면적이 200m² 이하인 창고 및 농막과 연면적 400m² 이하인 축사 및 작물 재배사, 종묘배양시설, 화초 및 분재 등의 온실 ㉡ 건축조례로 정하는 가설건축물 배양 4. 신고대상 가설건축물 5. 표준설계도서, 특수공법 적용 건축물

2) 설계도서의 작성

① 설계도서의 작성기준(국토교통부장관이 정하여 고시)에 따라 작성해야 한다.
  [예외] 특수공법으로서 건축위원회의 심의를 거친 것은 제외
② 설계자는 법령의 규정에 적합하게 작성되었는지 여부를 확인한 후 그 설계도서에 서명날인을 해야 한다.

9. 건축시공

1) 공사시공자의 의무

공사시공자는 계약에 따라 성실하게 공사를 수행해야 하며, 적법하게 건축하여 건축주에게 인도해야 한다.

2) 설계도서의 현장 비치

공사시공자는 공사현장에 설계도서를 비치하여야 한다.

3) 설계변경 요청

공사시공자는 설계도서가 적법하지 않거나 공사 여건상 불합리하다고 인정하는 경우 건축주 및 공사감리자의 동의를 얻어 서면으로 설계자에게 설계변경을 요청할 수 있다.

핵심 PLUS

53 건축허가를 받아야 하거나 건축신고를 하여야 하는 건축물의 건축 등을 위한 설계를 건축사가 하지 않아도 되는 경우에 해당하지 않는 것은? [10 기]
① 바닥면적의 합계가 85m² 미만인 신축
② 바닥면적의 합계가 85m² 미만인 증축
③ 바닥면적의 합계가 85m² 미만인 개축
④ 바닥면적의 합계가 85m² 미만인 재축

답 : ①

54 다음 중 공사시공자가 수행하여야 할 업무의 범위로 옳은 것은?
① 착공신고 제출
② 사용승인 신청
③ 상세시공도면 작성
④ 공사감리보고서 작성

답 : ③

V. 건축관계법규 | 총칙, 건축물의 건축, 건축물의 유지관리

핵심 PLUS

4) 상세 시공도면 작성

공사시공자는 공사에 필요하다고 인정되거나 공사감리자로부터 상세시공도면을 작성하도록 요청받은 경우에는 상세 시공도면을 작성하여 공사감리자의 확인을 받아야 하며 이에 따라 공사를 해야 한다.

5) 건축허가 표지판의 설치

공사시공자는 해당 건축공사의 현장에 건축물의 규모·용도·설계자·시공자 및 감리자 등을 표시한 건축허가표지판을 주민이 보기 쉽도록 해당건축공사 현장의 주요 출입구에 설치하여야 한다.

10. 공사감리

1) 공사감리자의 지정

감리자	해당 건축물의 용도·규모·구조	예외
건축사	1. 건축허가를 받아야 하는 건축물(건축신고 대상 건축물은 제외)을 건축하는 경우 2. 사용승인을 받은 후 15년 이상이 되어 리모델링이 필요한 건축물인 경우	· 용도변경 · 신고대상 건축물 · 신고대상 가설건축물 · 공작물
건축감리전문회사·종합감리전문회사(공사시공자 본인이거나 계열회사인 건축감리전문회사·종합감리전문회사는 제외) 또는 건축사(감리원을 배치하는 경우만 해당)	다중이용건축물을 건축하는 경우	건설기술진흥법 규정에 의하여 감리원을 배치하는 경우에는 건축사를 공사감리자로 지정할 수 있다.

2) 감리중간보고서의 제출

① 공사의 공정이 다음에 해당될 때에는 공사감리자가 감리중간보고서를 작성하여 건축주에게 제출해야 한다.
② 감리중간보고서의 제출시기

구 조	시 기
철근콘크리트조 철골철근콘크리트조 조적조 보강콘크리트블록조	기초공사 시 철근 배치완료한 경우
	지붕슬래브 배근완료한 경우
	지상 5개 층마다 상부 슬래브배근을 완료한 경우
철골조	기초공사 시 철근배치를 완료한 경우
	지붕철골 조립을 완료한 경우
	지상 3개 층마다 또는 높이 20m마다 주요구조부의 조립을 완료한 경우
기타 구조	기초공사에서 거푸집 또는 주춧돌의 설치를 완료한 단계

---

55 다음은 공사감리에 관한 기준 내용이다. 밑줄 친 "공사의 공정이 대통령령으로 정하는 진도에 다다른 경우"에 속하지 않는 것은? (단, 건축물의 구조가 철근콘크리트조인 경우) [18, 23 기]

공사감리자는 국토교통부령으로 정하는 바에 따라 감리일지를 기록·유지하여야 하고, 공사의 공정(工程)이 대통령령으로 정하는 진도에 다다른 경우에는 감리중간보고서를 작성하여 건축주에게 제출하여야 한다.

① 지붕슬래브배근을 완료한 경우
② 기초공사 시 철근배치를 완료한 경우
③ 기초공사에서 주춧돌의 설치를 완료한 경우
④ 지상 5개 층마다 상부 슬래브 배근을 완료한 경우

답 : ③

3) 공사감리자의 임무 등

① 시정·재시공 요청 및 공사중지 요청 : 공사감리자는 위법사항을 발견하거나 설계도서대로 공사를 하지 않는 경우 이를 건축주에게 통지한 후 공사시공자로 하여금 이의 시정 또는 재시공하도록 요청해야 한다. 시공자가 이에 따르지 않을 경우에는 서면으로 건축공사를 중지하도록 요청할 수 있다. 공사중지를 받은 경우 시공자는 정당한 사유가 없는 한 즉시 공사를 중단해야 한다.

② 위법사항 보고 : 공사감리자는 시정·재시공 또는 공사중지의 요청을 하였음에도 불구하고 공사시공자가 이에 따르지 아니하는 경우에는 시정 등을 요청할 때에 명시한 기간이 만료되는 날부터 7일 이내에 위법건축공사보고서를 허가권자에게 제출하여야 한다.

③ 상세 시공도면 작성 요청 : 연면적 합계 5,000㎡ 이상인 건축공사의 공사감리자는 필요하다고 인정하는 경우 공사시공자에게 상세시공도면을 작성하도록 요청할 수 있다.

④ 감리보고서 등 : 공사감리자는 감리일지를 기록 유지하여야 하며 공사 진척에 따라 감리중간보고서를, 공사완료시에는 감리완료보고서를 각각 작성하여 건축주에게 제출해야 하며 건축주는 건축물의 사용승인을 신청하는 때에는 중간감리보고서와 감리완료보고서를 첨부하여 허가권자에게 제출하여야 한다.

4) 공사감리자의 업무 등

① 일반공사감리 : 수시 또는 필요한 때 공사현장에서 감리업무를 수행해야 한다.

② 상주공사감리 : 다음에 해당하는 공사감리는 건축사보를 해당 공사기간 동안 각각 공사 현장에서 감리업무를 수행해야 한다.

상주공사감리대상 건축물	감리인원 및 감리기간
1. 바닥면적 5,000㎡ 이상인 건축 등의 공사(축사·작물재배사의 건축공사는 제외) 2. 연속된 5개층(지하층을 포함) 이상으로서 바닥면적 합계 3,000㎡ 이상인 건축 등의 공사 3. 아파트 건축 등의 공사 4. 준다중이용 건축물의 건축공사	가. 건축분야 건축사보 1인 이상 : 전체 공사 기간 동안 상주 나. 토목, 전기, 기계 분야 건축사보 1인 이상 : 각 분야별 해당 공사기간 동안 상주

[주] 건축사보 : 해당 분야의 건축공사의 설계·시공·시험·검사·공사감독 또는 감리업무 등에 2년 이상 종사한 경력이 있는 자

③ 공사감리자의 감리업무
  ㉮ 공사시공자가 설계도서에 따라 적합하게 시공하는지의 여부 확인
  ㉯ 공사시공자가 사용하는 건축자재가 적합한 자재인지의 여부 확인

핵심 PLUS

56 공사감리자가 공사시공자에게 상세시공도면을 작성하도록 요청할 수 있는 건축공사의 규모 기준은? [09, 25 기]
① 각 층 바닥면적의 합계가 5,000㎡ 이상인 건축공사
② 각 층 바닥면적의 합계가 10,000㎡ 이상인 건축공사
③ 연면적의 합계가 5,000㎡ 이상인 건축공사
④ 연면적의 합계가 10,000㎡ 이상인 건축공사

답 : ③

■ 건축주·공사시공자·공사감리자의 의무사항
① 건축주의 의무사항
 • 허가·신고 사항의 변경
 • 착공신고·착공연기 신청서 제출 (공사계획 신고)
 • 공사시공자의 제한 준수(건설산업기본법)
 • 건축물 사용승인 신청
 • 건축물의 임시사용승인 신청
 • 감리중간보고서·감리완료보고서 제출(건축물의 사용승인 신청시)
 • 공사시공자·감리자·현장관리인 변경신고(7일 이내)

② 공사시공자의 의무사항
 • 상세시공도면 작성(감리자 요청시)
 • 설계도서의 현장 비치
 • 설계도서의 변경 요청 (→ 설계자)
 • 건축허가 표지판 설치
 • 토지굴착부분에 대한 조치 : 게시

③ 공사감리자의 의무사항
 • 공사시정 또는 재시공 요청
 • 공사중지 요청(서면)
 • 위법사항 보고(위법건축공사보고서 제출 : 만료일 7일 이내)
 • 상세 시공도면 작성 요청(연면적 5,000㎡ 이상)
 • 감리일지 기록·유지
 • 감리보고서 작성(→ 건축주)

V. 건축관계법규 | 총칙, 건축물의 건축, 건축물의 유지관리

핵심 PLUS

57 건축법령상 공사감리자가 수행하여야 하는 감리업무에 속하지 않는 것은? [17 기]
① 공정표의 검토
② 상세시공도면의 작성 및 확인
③ 공사현장에서의 안전관리의 지도
④ 설계변경의 적정여부의 검토 및 확인

답 : ②

58 건축물관련 건축기준의 허용오차가 옳지 않은 것은? [10 기]
① 출구 너비 : 2% 이내
② 바닥판 두께 : 3% 이내
③ 건축물 높이 : 3% 이내
④ 벽체 두께 : 3% 이내

답 : ③

59 다음 중 건축물관련 건축기준의 허용되는 오차의 범위(%)가 가장 큰 것은? [13, 16 기]
① 평면길이
② 출구너비
③ 반자높이
④ 바닥판두께

답 : ④

60 건축물의 높이가 60m인 건축물을 건축함에 있어 건축법에서 허용하는 최대오차는 얼마인가? [07, 24, 25 기]
① 0.6m ② 0.8m
③ 1.0m ④ 1.2m

[해설] 건축물의 높이는 2% 이내로서 1m를 초과할 수 없다.
∴ 60m×0.02=1.2m>1.0m이므로 허용하는 최대오차는 1.0m이다.

답 : ③

61 연면적이 5,000m²일 때 용적률의 최대 허용오차는? [06 기]
① 20m² ② 30m²
③ 40m² ④ 50m²

[해설] 용적률의 허용오차범위 : 1% 이내 (단, 연면적 30m²를 초과할 수 없다.)

답 : ②

㉰ 건축물 및 대지가 적법하도록 공사시공자 및 건축주 지도
㉱ 시공계획 및 공사관리의 적정 여부 확인
㉲ 공사현장에서의 안전관리 지도
㉳ 공정표의 검토
㉴ 상세시공도면의 검토 확인
㉵ 구조물의 위치와 규격의 적정 여부의 검토 확인
㉶ 품질시험의 실시 여부 및 시험성과의 검토 확인
㉷ 설계변경의 적정 여부의 검토 확인
㉸ 기타 공사감리계약으로 정하는 사항

11. 허용오차

1) 대지 관련 건축기준의 허용오차

항 목	허용되는 오차의 범위
건폐율	0.5% 이내(단, 건축면적 5m²를 초과할 수 없다.)
용적률	1% 이내(단, 연면적 30m²를 초과할 수 없다.)
건축선의 후퇴거리	3% 이내
인접 건축물과의 거리	

2) 건축물관련 건축기준의 허용오차

항 목		허용되는 오차의 범위
건축물높이		1m를 초과할 수 없다.
출구너비	2% 이내	—
반자높이		—
평면길이		건축물 전체길이는 1m를 초과할 수 없고, 벽으로 구획된 각 실은 10cm를 초과할 수 없다.
벽체두께		3% 이내
바닥판두께		

💡 **암기사항**

허용오차범위(작은 것→큰 것 순서)

0.5% 이내	1% 이내	2% 이내	3% 이내
건폐율	**용**적률	**높** 이 **출** 구너비 **반** 자높이 **평** 면길이	**후** 퇴거리 **인** 동거리 **벽** 체두께 **바** 닥판두께

12. 현장조사·검사 및 확인 업무의 대행

1) 건축사의 업무대행

허가권자는 허가대상 건축물 중 건축조례가 정하는 건축물의 건축허가·사용승인 및 임시사용승인과 관련되는 현장조사·검사 및 확인업무(신고대상건축물에 대한 현장조사 검사 및 확인업무를 제외)를 건축사로 하여금 대행하게 할 수 있다.

대행 업무	업무 대행자
건축허가와 관련되는 현장조사·검사 및 확인업무	건축사
사용승인 및 임시사용승인과 관련되는 현장조사·검사 및 확인업무	· 해당 건축물의 설계자 또는 공사감리자가 아닐 것 · 건축주의 추천을 받지 아니하고 직접 선정할 것

2) 건축허가서 또는 사용승인서 교부

① 허가권자는 건축허가 또는 사용승인을 하는 것이 적합한 것으로 표시된 건축허가조사 및 검사조서 또는 사용승인조사 및 검사조서를 받은 때에는 지체 없이 건축허가서 또는 사용승인서를 교부하여야 한다.
   ※ 단, 건축허가를 할 때 도지사의 승인이 필요한 건축물인 경우에는 미리 도지사의 승인을 받아 건축허가서를 발급하여야 한다.
② 허가권자는 현장조사·검사 및 확인업무를 대행하는 자에게 건축조례로 정하는 수수료를 지급하여야 한다.

13. 공용건축물에 대한 특례

1) 허가관청과의 협의

① 국가 또는 지방자치단체 또는 그 위임을 받은 자가 건축물을 건축·대수선·용도변경하거나 가설건축물을 건축하거나 공작물을 축조하려는 경우 관할허가권자와 협의한 경우 건축법에 의한 건축허가를 받았거나 신고한 것으로 본다.
② 건축공사에 착수하기 전에 그 공사에 관한 설계도서와 관계 서류[관계 도서 및 서류를 허가권자에게 제출하여야 한다.
   예외 국가안보상 중요하거나 국가기밀에 속하는 건축물을 건축하는 경우에는 설계도서의 제출을 생략할 수 있다.

2) 사용승인검사의 생략

국가 또는 지방자치단체가 관할 허가권자와 협의한 건축물에 대해서는 사용승인의 규정을 적용받지 않는다.

핵심 PLUS

62 공용건축물을 건축하고자 할 때 허가권자와 협의한 경우 건축법상 특례가 적용되는 것은?
[05 기]
① 사용승인
② 설계도서 제출
③ 공사감리자 선정
④ 착공신고

답 : ①

V. 건축관계법규 | 총칙, 건축물의 건축, 건축물의 유지관리

핵심 PLUS

[단서] 국가 또는 지방자치단체는 건축물의 공사가 완료된 경우에는 지체없이 허가권자에게 이를 통보를 하는 경우에는 국토교통부령이 정하는 관계서류(전자문서를 포함)를 첨부하여야 한다.

3 건축물의 유지관리

1. 건축지도원

1) 건축지도원의 지정

구 분	내 용
목 적	• 건축법 규정에 의한 명령이나 처분에 위반하는 건축물의 발생을 예방 • 건축물의 적법한 유지·관리를 지도하기 위하여
지정자	특별자치시장·특별자치도지사 또는 시장·군수·구청장
자 격	• 특별자치시장·특별자치도지사 또는 시장·군수·구청장이 시·군·구에 근무하는 건축직렬의 공무원 • 건축에 관한 학식이 풍부한 자로서 건축조례가 정하는 자격을 갖춘 자
업무 범위	• 건축신고를 하고 건축 중에 있는 건축물의 시공지도와 위법시공여부의 확인·지도 및 단속 • 건축물의 대지, 높이 및 형태, 구조안전 및 화재안전, 건축설비 등이 법령 등에 적합하게 유지·관리되고 있는 지의 확인·지도 및 단속 • 허가를 받지 아니하거나 신고를 하지 아니하고 건축하거나 용도변경한 건축물의 단속

[주] ㉠ 건축지도원의 자격과 업무범위 등은 대통령령으로 정한다.
　　㉡ 건축지도원의 지정절차 보수기준 등에 관하여 필요한 사항은 건축조례로 정한다.

---

63 건축지도원의 업무가 아닌 것은? [05 기]
① 건축신고를 하고 건축 중에 있는 건축물의 시공계획 및 공사관리의 지도
② 건축설비 등이 법령에 적합하게 유지·관리되고 있는 지의 확인·지도 및 단속
③ 신고를 하지 아니하고 용도변경한 건축물의 단속
④ 허가를 받지 아니하고 건축하는 건축물의 단속

답 : ①

64 건축지도원에 관한 설명으로 틀린 것은? [21 기]
① 허가를 받지 아니하고 건축하거나 용도변경한 건축물의 단속 업무를 수행한다.
② 건축지도원은 시장, 군수, 구청장이 지정할 수 있다.
③ 건축지도원의 자격과 업무범위는 국토교통부령으로 정한다.
④ 건축신고를 하고 건축 중에 있는 건축물의 시공 지도와 위법 시공 여부의 확인·지도 및 단속 업무를 수행한다.

답 : ③

핵심기출문제

I. 총칙, 건축물의 건축, 건축물의 유지관리

■■■ 1. 총칙

1. 다음 중 건축법상 의료시설에 해당하는 것은? [10㉠]

① 동물병원 ② 마약진료소
③ 조산원   ④ 치과의원

2. 건축물의 용도분류상 문화 및 집회시설에 해당되는 것은? [10㉠]

① 박람회장 ② 종교집회장
③ 도서관   ④ 당구장

3. 건축법령상 제2종 근린생활시설에 속하지 않는 것은? [15, 23㉠]

① 독서실   ② 유치원
③ 동물병원 ④ 노래연습장

4. 건축법령상 제2종 근린생활시설에 속하는 것은? [16, 24㉠]

① 도서관   ② 미술관
③ 한의원   ④ 일반음식점

5. 건축법령상 건축물과 해당 건축물의 용도가 옳게 연결된 것은? [15, 20㉠]

① 의원 – 의료시설
② 도매시장 – 판매시설
③ 유스호스텔 – 숙박시설
④ 장례식장 – 묘지관련시설

6. 다음 중 건축법에서 정의된 건축설비의 내용에 포함되지 않는 것은? [06㉠]

① 건축물에 설치하는 국기게양대
② 건축물에 설치하는 유선방송수신시설
③ 건축물에 설치하는 오물처리의 설비
④ 건축물에 설치하는 전산정보처리 설비

해 설

해설 1
의료행위를 하는 시설
㉠ 제1종 근린생활시설 : 의원·치과의원·한의원·침술원·접골원·조산원·안마원·보건소
㉡ 제2종 근린생활시설 : 안마시술소·동물병원
㉢ 의료시설 : 종합병원·병원·치과병원·한방병원·정신병원·요양병원·마약진료소

해설 2
② 종교집회장 : 제2종근린생활시설(바닥면적의 합계 500m² 미만), 종교시설(바닥면적의 합계 500m² 이상)
③ 도서관 : 교육연구시설
④ 당구장 : 제2종근린생활시설(바닥면적의 합계 500m² 미만), 운동시설(바닥면적의 합계 500m² 이상)

해설 3
유치원은 교육연구시설에 해당된다.

해설 4
① 도서관 : 교육연구시설 (※공공도서관은 제1종 근린생활시설)
② 미술관 : 문화 및 집회시설
③ 한의원 : 제1종 근린생활시설
④ 일반음식점 : 제2종 근린생활시설

해설 5
① 의원 - 제1종 근린생활시설
③ 유스호스텔 – 수련시설
④ 장례식장 – 장례식장

해설 6
건축설비(건축법 제2조 3)
㉠ 건축물에 설치하는 전기, 전화, 초고속 정보통신, 지능형 홈네트워크, 가스, 급수, 배수(配水), 배수(排水), 환기, 난방, 소화, 배연(排煙), 오물처리의 설비
㉡ 건축물에 설치하는 굴뚝, 승강기, 피뢰침, 국기게양대, 공동시청안테나, 유선방송수신시설, 우편물, 저수조
㉢ 건축물의 설비기준등에관한 규칙에서 정하는 설비

정답
1. ② 2. ① 3. ② 4. ④
5. ② 6. ④

핵심기출문제

Ⅰ. 총칙, 건축물의 건축, 건축물의 유지관리

7. 다음 중 건축법령에 따른 용어의 정의가 옳지 않은 것은? [17⑦]
① 고층건축물이란 층수가 30층 이상이거나 높이가 120m 이상인 건축물을 말한다.
② 리빌딩이란 건축물의 노후화를 억제하거나 기능향상 등을 위하여 대수선하거나 일부 증축 또는 개축하는 행위를 말한다.
③ 지하층이란 건축물의 바닥이 지표면 아래에 있는 층으로서 바닥에서 지표면까지 평균높이가 해당 층 높이의 2분의 1 이상인 것을 말한다.
④ 발코니란 건축물의 내부와 외부를 연결하는 완충공간으로서 전망이나 휴식 등의 목적으로 건축물 외벽에 접하여 부가적으로 설치되는 공간을 말한다.

8. 2동의 기존건축물을 해체하고 그 연면적과 동일하게 1동으로 건축할 경우의 행위는? [07⑦]
① 개축   ② 증축
③ 이전   ④ 재축

9. 다음 중 건축법상의 도로로 볼 수 없는 것은? [06⑦]
① 도로법에 의한 고속도로
② 사도법에 의하여 신설 또는 변경에 관한 고시가 된 도로
③ 국토의 계획 및 이용에 관한 법률에서 신설에 관한 고시가 된 도로
④ 건축허가시 시장이 그 위치를 지정·공고한 도로

10. 다음 중 내화구조에 해당하지 않는 것은?(단, 외벽 중 비내력벽인 경우) [22, 25⑦]
① 철근콘크리트조로서 두께가 7cm인 것
② 무근콘크리트조로서 두께가 7cm인 것
③ 골구를 철골조로 하고 그 양면을 두께 3cm의 철망모르타르로 덮은 것
④ 철재로 보강된 콘크리트블록조로서 철재에 덮은 콘크리트블록의 두께가 3cm인 것

해설

해설 7
리모델링이란 건축물의 노후화를 억제하거나 기능 향상 등을 위하여 대수선하거나 일부 증축 또는 개축하는 행위를 말한다.

해설 8
개축과 재축의 공통점과 차이점
• 공통점 : 동일한 규모범위 안에서 다시 축조하는 행위
• 차이점 :
  개축 – 인위적으로 해체하고 다시 축조하는 행위(自意)
  재축 – 천재지변 등의 재해로 인해 축조하는 행위(他意)
※ 단, 규모를 초과하면 신축행위로 본다.

해설 9
도로 : 보행 및 자동차 통행이 가능한 너비 4m 이상의 도로로서 다음에 해당하는 도로 또는 그 예정도로를 말한다.
㉠ 국토의 계획 및 이용에 관한 법률, 도로법, 사도법(私道法) 등의 기타 관계법령에 의하여 신설 또는 변경 고시가 된 도로
㉡ 건축허가 또는 신고시 특별시장·광역시장·도지사·특별자치도지사 또는 시장·군수·구청장(자치구의 구청장에 한함)이 그 위치를 지정한 도로

해설 10
철재로 보강된 콘크리트블록조·벽돌조·석조로서 철재에 덮은 콘크리트블록의 두께 5cm(비내력벽 : 4cm) 이상은 내화구조에 해당된다.

정답 7. ② 8. ① 9. ①
       10. ④

11. 내화구조에 관한 기준 중 부적합한 것은? [03㉮]

① 기둥의 경우 그 작은 지름이 20cm 이상인 것으로서 철근콘크리트조
② 벽의 경우 벽돌조로서 두께가 19cm 이상인 것
③ 바닥의 경우 철재의 양면을 두께 5cm 이상의 철망 모르타르 또는 콘크리트로 덮은 것
④ 계단의 경우 무근콘크리트조·콘크리트블록조·벽돌조 또는 석조

해설 11
철근콘크리트조·철골철근콘크리트조의 기둥인 경우 작은 지름이 25cm 이상이어야 내화구조에 해당된다.

12. 다음 중 철골조로 하였을 경우, 피복과 관계없이 그 자체만으로 내화구조에 속하는 것은? [15㉮]

① 벽
② 기둥
③ 지붕
④ 계단

해설 12
철재로 보강된 콘크리트블록조로서 철재에 덮은 콘크리트블록의 두께가 4cm 이상

13. 건축법령에 따른 리모델링이 쉬운 구조에 속하지 않는 것은? [13, 17, 23㉮]

① 구조체가 철골구조로 구성되어 있을 것
② 구조체에서 건축설비, 내부 마감재료 및 외부 마감재료를 분리할 수 있을 것
③ 개별 세대 안에서 구획된 실의 크기, 개수 또는 위치 등을 변경할 수 있을 것
④ 각 세대는 인접한 세대와 수직 또는 수평방향으로 통합하거나 분할할 수 있을 것

해설 13
리모델링이 쉬운 공동주택의 구조
리모델링이 쉬운 구조의 공동주택의 건축을 촉진하기 위하여 공동주택을 다음의 구조로 하여 건축허가를 신청하는 경우
㉠ 각 세대는 인접한 세대와 수직 및 수평으로 통합하거나 분할할 수 있을 것
㉡ 구조체와 건축설비, 내부 마감재료와 외부 마감재료는 분리할 수 있을 것
㉢ 개별 세대 안에서 구획된 실(室)의 크기, 개수 또는 위치 등을 변경할 수 있을 것

14. 건축법령상 다중이용건축물에 속하지 않는 것은? [17, 24㉮]

① 층수가 16층인 판매시설
② 층수가 20층인 관광숙박시설
③ 종합병원으로 쓰는 바닥면적의 합계가 3000m²인 건축물
④ 종교시설로 쓰는 바닥면적의 합계가 5000m²인 건축물

해설 14
다중이용 건축물의 정의
㉠ 문화 및 집회시설(동·식물원은 제외), 종교시설, 판매시설, 운수시설(여객용 시설만 해당), 의료시설 중 종합병원 및 숙박시설 중 관광숙박시설의 용도로 쓰는 바닥면적의 합계가 5,000m² 이상인 건축물
㉡ 16층 이상인 건축물

정답 11. ① 12. ④ 13. ①
14. ③

핵심기출문제

I. 총칙, 건축물의 건축, 건축물의 유지관리

2. 건축물의 건축

15. 다음 중 특별시나 광역시에 건축할 경우, 특별시장이나 광역시장의 허가를 받아야 하는 대상 건축물은? [17⑦]

① 층수가 20층인 호텔
② 층수가 25층인 사무소
③ 연면적이 150000m²인 공장
④ 연면적이 50000m²인 공동주택

16. 다음 중 특별시나 광역시에 건축할 경우, 특별시장이나 광역시장의 허가를 받아야 하는 대상 건축물은? [09⑦]

① 20층의 호텔
② 25층의 사무소
③ 연면적 90,000m² 의 공동주택
④ 연면적 150,000m² 의 공장

[해설] 특별시장·광역시장의 허가 대상

사전승인 대상 건축물의 규모	승인권자	허가권자
① 21층 이상 건축물 ② 연면적 10만 m² 이상 건축물(공장, 창고 및 지방건축위원회의 심의를 거친 건축물은 제외) ③ 연면적 3/10 이상의 증축으로 인하여 ①, ②의 대상이 되는 경우	도지사	시장·군수

17. 건축허가신청에 필요한 설계도서의 종류 중 건축계획서에 표시하여야 할 사항이 아닌 것은? [17⑦]

① 주차장규모
② 대지의 종·횡 단면도
③ 건축물의 용도별 면적
④ 지역·지구 및 도시계획사항

18. 건축허가신청에 필요한 설계도서에 해당하지 않는 것은? [20⑦]

① 배치도
③ 건축계획서
② 투시도
④ 소방설비도

해 설

[해설] **15**
건축허가
건축물을 건축 또는 대수선 하고자 하는 자는 특별자치도지사 또는 시장·군수 구청장의 허가를 받아야 한다.
[단서]
층수가 21층 이상이거나 연면적의 합계가 10만 m² 이상인 건축물(공장, 창고 및 지방건축위원회의 심의를 거친 건축물은 제외)의 건축(연면적의 3/10 이상을 증축하여 층수가 21층 이상으로 되거나 연면적의 합계가 10만 m² 이상으로 되는 경우를 포함)은 특별시장 또는 광역시장의 허가를 받아야 한다.

[해설] **17**
건축허가신청에 필요한 기본설계도서 중 건축계획서의 범위
㉠ 개요(위치·대지면적 등)
㉡ 지역·지구 및 도시계획사항
㉢ 건축물의 규모(건축면적·연면적·높이·층수 등)
㉠ 건축물의 용도별 면적
㉤ 주차장규모
㉥ 에너지절약계획서(해당 건축물에 한함)
㉦ 노인 및 장애인 등을 위한 편의시설 설치계획서(관계법령에 의하여 설치의무가 있는 경우에 한함)
☞ 대지의 종·횡 단면도는 배치도의 범위에 해당된다.

[해설] **18**
건축허가신청에 필요한 기본설계도서의 종류
① 건축계획서 ② 배치도 ③ 평면도
④ 입면도 ⑤ 단면도
⑥ 구조도(구조안전 확인 또는 내진설계 대상 건축물)
⑦ 구조계산서(구조안전 확인 또는 내진설계 대상 건축물)
⑧ 소방설비도

정답 15. ② 16. ② 17. ②
18. ②

19. 허가 대상 건축물이라 하더라도 건축신고를 하면 건축허가를 받은 것으로 보는 경우에 속하지 않는 것은? [08㉮]

① 연면적의 합계가 100m² 이하인 건축물의 건축
② 층수가 3층 이상인 건축물의 1개층 증축
③ 연면적이 200m² 미만이고 3층 미만인 건축물의 대수선
④ 바닥면적의 합계가 85m² 이내의 증축

20. 건축허가 대상 건축물이라 하더라도 건축신고를 하면 건축허가를 받은 것으로 보는 경우에 속하지 않는 것은?(단, 층수가 2층인 건축물의 경우) [22㉮]

① 바닥면적의 합계가 75m²의 증축
② 바닥면적의 합계가 75m²의 재축
③ 바닥면적의 합계가 75m²의 개축
④ 연면적이 250m²인 건축물의 대수선

21. 다음 중 신고대상에 속하는 용도변경은? [16, 23, 24㉮]

① 영업시설군에서 문화 및 집회시설군으로의 용도변경
② 근린생활시설군에서 주거업무시설군으로의 용도변경
③ 산업 등의 시설군에서 자동차관련시설군으로의 용도변경
④ 교육 및 복지시설군에서 전기통신시설군으로의 용도변경

[해설] 21, 22 허가대상 및 신고대상의 용도변경

분류	시설군	절차
자동차관련 시설군	・자동차관련시설	1. 허가대상 : 상위시설군(오름차순)에 해당하는 용도로 변경하는 행위 2. 신고대상 : 하위시설군(내림차순)에 해당하는 용도로 변경하는 행위 3. 건축물대장 기재변경 신청 : 동일한 시설군 내에서 용도변경 하는 행위
산업등 시설군	・운수시설 ・창고시설 ・공장 ・위험물저장 및 처리시설 ・자원순환관련시설 ・묘지관련시설 ・장례식장	
전기통신시설군	・방송통신시설 ・발전시설	
문화집회시설군	・문화 및 집회시설 ・종교시설 ・위락시설 ・관광휴게시설	
영업시설군	・판매시설 ・운동시설 ・숙박시설 ・제2종 근린생활시설 중 다중생활시설	
교육 및 복지시설군	・의료시설 ・교육연구시설 ・노유자시설 ・수련시설 ・야영장 시설	
근린생활시설군	・제1종 근린생활시설 ・제2종 근린생활시설 (다중생활시설은 제외)	
주거업무시설군	・단독주택 ・공동주택 ・업무시설 ・교정 및 군사시설	
기타 시설군	・동물 및 식물관련시설	

※ 산업등 시설군에서 주거업무시설군으로 용도변경시는 하위군(내림차순)에 해당하는 용도로 변경하는 행위이므로 신고대상이다.

해 설

[해설] 19
국토의 계획 및 이용에 관한 법률에 따른 관리지역, 농림지역 또는 자연환경보전지역에서 연면적이 200m² 미만이고 3층 미만인 건축물의 건축(단, 지구단위계획구역에서의 건축은 제외) 경우 건축신고를 하면 건축허가를 받은 것으로 본다.

[해설] 20
건축신고 대상 행위
허가 대상 건축물이라 하더라도 다음에 해당하는 경우에는 미리 특별자치시장・특별자치도지사 또는 시장・군수・구청장에게 국토교통부령으로 정하는 바에 따라 신고를 하면 건축허가를 받은 것으로 본다.
㉠ 바닥면적의 합계가 85m² 이내의 증축・개축 또는 재축(3층 이상 건축물인 경우에는 증축・개축 또는 재축하려는 부분의 바닥면적의 합계가 건축물 연면적의 1/10 이내인 경우로 한정)
㉡ 국토의 계획 및 이용에 관한 법률에 따른 관리지역, 농림지역 또는 자연환경보전지역에서 연면적이 200m² 미만이고 3층 미만인 건축물의 건축(단, 지구단위계획구역의 건축과 방재지구와 붕괴위험지역의 건축은 제외)
㉢ 연면적이 200m² 미만이고 3층 미만인 건축물의 대수선
㉣ 주요구조부의 해체가 없는 대수선
㉤ 기타 소규모 건축물

정답 19. ② 20. ④ 21. ②

22. 다음 중 허가대상에 속하는 용도변경은? [18, 25㉑]
① 영업시설군에서 근린생활시설군으로의 용도변경
② 교육 및 복지시설군에서 영업시설군으로의 용도변경
③ 근린생활시설군에서 주거업무시설군으로의 용도변경
④ 산업 등의 시설군에서 전기통신시설군으로의 용도변경

23. 도시계획시설 또는 도시계획시설예정지에 건축을 허가할 수 있는 가설건축물의 구조가 아닌 것은? [07㉑]
① 철골철근콘크리트구조　② 벽돌구조
③ 철골구조　④ 블록구조

[해설] 23
도시계획시설 또는 도시계획시설예정지에서 허가 할 수 있는 가설건축물의 구조는 철근콘크리트조 또는 철골철근콘크리트조가 아니어야 한다.

24. 다음의 가설건축물과 관련된 기준 내용 중 밑줄 친 대통령령으로 정하는 용도의 가설건축물에 해당하지 않는 것은?

> 재해복구, 흥행, 전람회, 공사용 가설건축물 등 <u>대통령령으로 정하는 용도의</u> 가설건축물을 축조하려는 자는 존치기간, 설치기준 및 절차에 따라 특별자치시장·특별자치도지사 또는 시장·군수·구청장에게 신고한 후 착공하여야 한다.

① 전시를 위한 견본 주택
② 연면적 50m² 인 간이축사용 비닐하우스
③ 공사에 필요한 규모의 공사용 가설건축물
④ 조립식 경량구조로 된 외벽이 없는 임시 자동차 차고

[해설] 24
연면적이 100m² 이상인 간이 축사용, 가축운동용, 가축의 비가림용 비닐하우스 또는 천막구조 건축물

25. 가설건축물을 축조하려는 자가 대통령령으로 정하는 존치기간, 설치기준 및 절차에 따라 특별자치도지사 또는 시장·군수·구청장에게 신고한 후 착공하여야 하는 대상 가설건축물에 해당되지 않는 것은? [09㉑]
① 전시를 위한 견본주택
② 농업용 고정식 온실
③ 공장에 설치하는 창고용 천막
④ 조립식 구조로 된 경비용에 쓰이는 가설건축물로서 연면적이 15m² 인 것

[해설] 25
조립식 구조로 된 경비용에 쓰이는 가설건축물로서 연면적이 10m² 이하인 것

정답 22. ② 23. ① 24. ②　25. ④

26. 공사감리자가 수행하여야 하는 업무가 아닌 것은? [01㉮]
① 시공계획 및 공사관리의 적정여부의 확인
② 공사현장에서의 건설안전 교육의 실시여부 확인
③ 구조물의 위치와 규격의 적정여부의 검토·확인
④ 건축물 및 대지가 관계법령에 적합하도록 공사 시공자 및 건축주를 지도

27. 건축분야의 건축사보 1인 이상을 전체 공사기간 동안, 토목·전기 또는 기계분야의 건축사보 1인 이상을 각 분야별 해당 공사기간 동안 각각 공사현장에서 감리업무를 수행하게 하여야 하는 대상 건축공사의 기준에 속하지 않는 것은? [07㉮]
① 바닥면적의 합계가 5000m² 이상인 건축공사
② 건축물의 층수가 10층 이상인 건축공사
③ 연속된 5개층 이상으로서 바닥면적의 합계가 3000m² 이상인 건축공사
④ 아파트의 건축공사

[해설] 상주공사감리
다음에 해당하는 공사감리는 건축사보를 해당 공사기간 동안 각각 공사 현장에서 감리업무를 수행해야 한다.

상주공사감리대상 건축물	감리인원 및 감리기간
1. 바닥면적 5,000m² 이상인 건축 등의 공사 2. 연속된 5개층(지하층을 포함) 이상으로서 바닥면적 합계 3,000m² 이상인 건축 등의 공사 3. 아파트 건축 등의 공사 4. 준다중이용 건축물의 건축공사	가. 건축분야 건축사보 1인 이상 : 전체공사 기간 동안 상주 나. 토목, 전기, 기계 분야 건축사보 1인 이상 : 각 분야별 해당 공사기간 동안 상주

28. 공사의 공정이 다음에 정하는 진도에 다다른 때에는 감리중간보고서를 공사감리자가 작성하여야 한다. 시기가 옳지 않은 것은? [03㉮]
① 철골조 기초공사시 철근배치를 완료한 때
② 철근콘크리트조 10층 이상 건축물인 경우 지상 3개층 마다 상부슬래브 배근을 완료한 때
③ 목조기초공사시 거푸집의 설치를 완료한 때
④ 조적조 지붕공사시 지붕슬래브 배근을 완료한 때

해 설

[해설] **26**
공사감리자의 감리업무
① 공사시공자가 설계도서에 따라 적합하게 시공하는지의 여부 확인
② 공사시공자가 사용하는 건축자재가 적합한 자재인지의 여부 확인
③ 건축물 및 대지가 적법하도록 공사 시공자 및 건축주 지도
④ 시공계획 및 공사관리의 적정 여부 확인
⑤ 공사현장에서의 안전관리 지도
⑥ 공정표의 검토
⑦ 상세시공도면의 검토·확인
⑧ 구조물의 위치와 규격의 적정 여부의 검토·확인
⑨ 품질시험의 실시 여부 및 시험성과의 검토·확인
⑩ 설계변경의 적정 여부의 검토·확인
⑪ 기타 공사감리계약으로 정하는 사항

[해설] **28**
감리중간보고서의 제출시기

구조	시기
철근콘크리트조 철골철근 콘크리트조 조적조 보강콘크리트 블록조	기초공사 시 철근배치완료한 경우
	지붕슬래브 배근완료한 경우
	지상 5개 층마다 상부 슬래브배근을 완료한 경우
철골조	기초공사 시 철근배치를 완료한 경우
	지붕철골 조립을 완료한 경우
	지상 3개 층마다 또는 높이 20m마다 주요구조부의 조립을 완료한 경우
기타 구조	기초공사에서 거푸집 또는 주춧돌의 설치를 완료한 단계

정답 26. ② 27. ② 28. ②

핵심기출문제
I. 총칙, 건축물의 건축, 건축물의 유지관리

29. 건축법령상 공사감리자가 수행하여야 하는 감리업무에 속하지 않는 것은? [17, 18㉮]
① 공정표의 검토
② 상세시공도면의 작성 및 확인
③ 공사현장에서의 안전관리의 지도
④ 설계변경의 적정여부의 검토 및 확인

30. 대지 및 건축물관련 건축기준의 허용오차 범위에 대한 설명으로 옳지 않은 것은? [08㉮]
① 건축선의 후퇴거리는 3% 이내이다.
② 건축물의 벽체 두께는 3% 이내이다.
③ 건축물의 높이는 1m를 초과할 수 없다.
④ 건축물의 평면 길이는 0.5m를 초과할 수 없다.

[해설] 건축물관련 건축기준의 허용오차

항목	허용되는 오차의 범위	
건축물높이	2% 이내	1m를 초과할 수 없다.
출구너비		—
반자높이		—
평면길이		건축물 전체길이는 1m를 초과할 수 없고, 벽으로 구획된 각 실은 10cm를 초과할 수 없다.
벽체두께	3% 이내	
바닥판두께		

31. 다음 중 건축물 관련 건축기준의 허용되는 오차 범위(%)가 가장 큰 것은? [22㉮]
① 평면길이
② 출구너비
③ 반자높이
④ 바닥판두께

32. 공용건축물을 건축하고자 할 때 허가권자와 협의한 경우 건축법상 특례가 적용되는 것은? [03㉮]
① 건축허가 및 신고
② 설계도서 제출
③ 공사감리자 선정
④ 착공신고

해설

[해설] 29
공사감리자의 감리업무
① 공사시공자가 설계도서에 따라 적합하게 시공하는지의 여부 확인
② 공사시공자가 사용하는 건축자재가 적합한 자재인지의 여부 확인
③ 건축물 및 대지가 적법하도록 공사시공자 및 건축주 지도
④ 시공계획 및 공사관리의 적정 여부 확인
⑤ 공사현장에서의 안전관리 지도
⑥ 공정표의 검토
⑦ 상세시공도면의 검토·확인
⑧ 구조물의 위치와 규격의 적정 여부의 검토·확인
⑨ 품질시험의 실시 여부 및 시험성과의 검토·확인
⑩ 설계변경의 적정 여부의 검토·확인
⑪ 기타 공사감리계약으로 정하는 사항

[해설] 31
건축허용오차(작은 것 → 큰 것 순서)

0.5% 이내	1% 이내	2% 이내	3% 이내
건폐율	**용**적률	**높**이 **출**구너비 **반**자높이 **평**면길이	**후**퇴거리 **인**동거리 **벽**체두께 **바**닥판두께

[해설] 32
국가 또는 지방자치단체가 공용건축물을 건축하고자 할 때 관할 허가권자와 협의한 경우 건축법에 의한 건축허가를 받았거나 신고한 것으로 본다.

정답 29. ② 30. ④ 31. ④ 32. ①

3. 건축물의 유지관리

33. 건축지도원과 관련이 있는 사항은? [06④]

① 시, 군, 읍, 면에 근무하는 공무원
② 건축에 관한 학식이 있는 자로서 건축법에서 정한 자격이 있는 자
③ 건축허가 후 건축 중에 있는 건축물의 위법시공의 단속
④ 허가를 받지 않고 용도변경한 건축물의 단속

34. 건축지도원에 관한 내용으로 틀린 것은? [22, 24㉮]

① 건축지도원은 특별자치시·특별자치도 또는 시·군·구에 근무하는 건축직렬의 공무원과 건축에 관한 학식이 풍부한 자 중에서 지정한다.
② 건축지도원의 자격과 업무 범위는 건축조례로 정한다.
③ 건축설비가 법령 등에 적합하게 유지·관리 되고 있는지 확인·지도 및 단속한다.
④ 허가를 받지 아니하거나 신고를 하지 아니하고 건축하거나 용도 변경한 건축물을 단속한다.

해설

해설 33

① 특별자치시·특별자치도 또는 시·군·구에 근무하는 건축직렬의 공무원
② 건축에 관한 학식이 풍부한 자로서 건축조례가 정하는 자격을 갖춘 자
③ 건축신고를 하고 건축 중에 있는 건축물의 시공지도와 위법시공여부의 확인·지도 및 단속

해설 34

건축지도원의 자격과 업무범위 등은 대통령령으로 정한다.
※ 건축지도원의 지정절차 보수기준 등에 관하여 필요한 사항은 건축조례로 정한다.

정답 33. ④ 34. ②

02 건축물의 대지 및 도로, 건축물의 구조 및 재료

V. 건축관계법규 | 건축물의 대지 및 도로, 건축물의 구조 및 재료

핵심 PLUS

01 대지의 안전에 관한 기술 중 틀린 것은? [04 기]
① 습한 토지는 성토 또는 지반의 개량 등 필요한 조치를 하여야 한다.
② 성토하는 부분의 경사도가 1 : 1.5 이상으로서 높이가 1m 이상인 부분에는 옹벽을 설치하여야 한다.
③ 옹벽에는 3m²마다 하나 이상의 배수구멍을 설치하여야 한다.
④ 대지는 반드시 인접하는 도로면보다 높아야 한다.
답 : ④

02 손궤의 우려가 있는 토지에 대지를 조성하는 경우 설치하는 옹벽에 관한 기준 내용으로 옳지 않은 것은? [15 기]
① 옹벽에는 3m²마다 하나 이상의 배수구멍을 설치하여야 한다.
② 옹벽의 높이가 2m 이상인 경우에는 이를 콘크리트구조로 하는 것이 원칙이다.
③ 옹벽의 외벽면에 설치하는 배수를 위한 시설은 밖으로 튀어 나오지 않도록 하여야 한다.
④ 옹벽의 윗가장자리로부터 안쪽으로 2m 이내에 묻는 배수관은 주철관, 강관 또는 흄관으로 하고, 이음부분은 물이 새지 않도록 하여야 한다.
답 : ③

1 건축물의 대지 및 도로

1. 대지의 안전

① 저지대 : 대지는 이와 인접하는 도로면보다 낮아서는 안 된다.
  예외 대지 안의 배수에 지장이 없거나 용도상 방습의 필요가 없는 경우
② 습지·매립지 : 습한 토지, 출수의 우려가 많은 토지 또는 진애, 기타 이와 유사한 것으로 매립된 토지에 건축물을 건축할 때에는 성토 지반개량, 기타 필요한 조치를 하여야 한다.
③ 배수시설의 설치 : 토지에는 우수 및 오수를 배출하거나 처리하기 위하여 필요한 하수관·하수구 또는 유수 탱크, 기타 이와 유사한 시설을 하여야 한다.
④ 옹벽의 설치
  ㉮ 성토 또는 절토하는 부분의 경사도가 1 : 1.5 이상으로서 높이 1m 이상인 부분에 옹벽을 설치할 것
  ㉯ 옹벽의 높이가 2m 이상인 경우에는 이를 콘크리트구조로 할 것
  ㉰ 옹벽의 외벽면에는 이의 지지 또는 배수를 위한 시설 외의 구조물을 밖으로 튀어나오게 설치하지 아니할 것
  ㉱ 석축인 옹벽의 윗가장자리로부터 건축물의 외벽면까지 띄어야 할 거리는 다음에 정하는 기준 이상일 것

건축물 층수	1층	2층	3층 이상
띄우는 거리(D)	1.5m 이상	2m 이상	3m 이상

  ㉲ 옹벽의 윗가장자리로부터 안쪽으로 2m 이내에 묻는 배수관은 주철관, 강관, 흄관으로 하고 이음부분은 물이 새지 않도록 할 것
  ㉳ 옹벽에는 3m² 마다 하나 이상의 배수구멍을 설치하고, 옹벽의 윗가장자리로부터 2m 이내에서의 지표수는 지상이나 배수관으로 배수하여 옹벽의 구조에 지장이 없도록 할 것
  ㉴ 성토부분의 높이는 대지의 안전 등에 지장이 없는 한 인접대지의 지표면보다 0.5m 이상 높지 않게 할 것

> 💡 **참고**
>
> 토질에 따른 경사도
>
> | 토질 | 경사도 | 토질 | 경사도 |
> |---|---|---|---|
> | 경암 | 1 : 0.5 | 모래 | 1 : 1.8 |
> | 연암 | 1 : 1.0 | • 모래질흙
• 점토, 점성토
• 사력질흙, 암괴 또는 호박돌이 섞인 모래질흙 | 1 : 1.2 |
> | 암괴 또는 호박돌이 섞인 점성토 | 1 : 1.5 | | |

2. 대지의 안의 조경

1) 대지 안의 조경대상

조경대상	면적 200m² 이상의 대지에 건축을 하는 경우

조경
제외대상
	• 조경이 필요하지 아니한 대통령령이 정하는 건축물
	① 녹지지역에 건축하는 경우
	② 공장
	  ㉠ 5,000m² 미만의 대지에 건축하는 경우
	  ㉡ 연면적 합계 1,500m² 미만인 경우
	  ㉢ 산업단지 안에 건축하는 경우
	③ 대지에 염분이 함유되어 있는 경우
	④ 건축물의 용도 특성상 조경 조치가 곤란하거나 불합리한 경우로서 건축조례가 정하는 건축물
	⑤ 축사
	⑥ 가설건축물
	⑦ 연면적의 합계가 1,500m² 미만인 물류시설(주거지역 또는 상업지역에 건축하는 것은 제외)로서 국토교통부령으로 정하는 것
	⑧ 국토의 계획 및 이용에 관한 법률에 의한 자연환경보전지역, 농림지역, 관리지역(지구단위계획구역으로 지정된 지역 제외) 안의 건축물
	⑨ 다음에 해당하는 건축물 중 건축조례로 정하는 건축물
	  ㉠ 관광진흥법에 따른 관광단지에 설치하는 관광지 또는 관광시설
	  ㉡ 관광진흥법에 따른 전문휴양업의 또는 종합휴양업시설
	  ㉢ 국토의 계획 및 이용에 관한 법률에 따른 관광·휴양형 지구단위계획구역에 설치하는 관광시설
	  ㉣ 국토의 계획 및 이용에 관한 법률에 따른 골프장

핵심 PLUS

03 토질에 따른 경사도가 가장 큰 것은? [03 산]
① 연암
② 암괴 또는 호박돌이 섞인 점성토
③ 모래질흙
④ 점토

답 : ①

04 대지 안의 조경에 있어 조경 등의 조치를 아니할 수 있는 건축물이 아닌 것은? [04 기]
① 면적 5,000m² 미만인 대지에 건축하는 공장
② 연면적의 합계가 1,500m² 미만인 공장
③ 연면적의 합계가 2,000m² 미만인 물류시설로서 국토교통부령이 정하는 것
④ 읍·면의 자연녹지지역에 건축하는 건축물

답 : ③

05 건축법령상 건축을 하는 경우 조경 등의 조치를 하지 아니할 수 있는 건축물 기준으로 옳지 않은 것은? (단, 면적이 200m² 이상인 대지에 건축을 하는 경우) [16, 22 기]
① 축사
② 녹지지역에 건축하는 건축물
③ 연면적의 합계가 2000m² 미만인 공장
④ 면적 5000m² 미만인 대지에 건축하는 공장

답 : ③

2) 대지 안의 조경기준

대상 건축물	조경설치기준	
	연면적 합계	대지면적
① 공장 예외 · 면적 5,000m² 미만인 대지에 건축하는 공장 · 연면적의 합계가 1,500m² 미만인 공장 · 산업단지 안의 공장	2,000m² 이상	10% 이상
② 물류시설 예외 · 연면적의 합계가 1,500m² 미만인 물류시설(주거지역 또는 상업지역에 건축하는 것을 제외)	1,500m² 이상 ~2,000m² 미만	5% 이상
③ 공항시설		대지면적의 10% 이상 ※ 활주로, 유도로, 계류장, 착륙대 등 항공기의 이·착륙시설에 이용하는 면적은 대지면적에서 제외
④ 철도 중 역시설		대지면적의 10% 이상 ※ 선로승강장 등 철도운행에 이용되는 시설의 면적은 대지면적에서 제외
⑤ 대지면적 200m² 이상 300m² 미만인 대지에 건축하는 건축물		대지면적의 10% 이상

예외 건축조례에서 다음의 기준보다 더 완화된 기준을 정한 경우에는 그 기준에 의한다.

3) 옥상조경의 인정 범위

건축물의 옥상에 조경을 한 경우는	대지 안의 조경면적으로 산정하는 옥상조경면적은
옥상조경면적의 2/3를 대지안의 조경면적으로 산정할 수 있다.(국토교통부장관이 고시하는 기준에 따라 설치하는 경우임)	전체조경면적의 50/100를 초과할 수 없다.

핵심 PLUS

06 면적 2,000m²인 대지에 연면적 3,000m²의 물류시설을 건축할 경우 지상에 확보해야 할 조경면적은? (단, 건축물의 옥상에 180m²의 조경을 함)

[해설] 물류시설로서 연면적 2,000m² 이상의 건축물이므로 조경면적은 대지면적의 10% 이상으로 하여야 한다.
2,000×0.1=200m²
(전체조경면적)
또한 옥상조경면적의 2/3를 대지 안의 조경면적으로 산정하므로
$$\therefore 200 - \left(180 \times \frac{2}{3}\right) = 80m^2$$
그러나, 대지 안의 조경면적으로 산정하는 옥상조경면적은 전체조경면적의 50/100를 초과할 수 없으므로 지상 100m²의 조경면적이 필요하다.

07 대지면적이 1,500m²이고 조경면적을 대지면적의 10%로 정해진 지역에 건축물을 신축할 때 옥상에 조경을 150m² 시공했다. 이런 경우 지표면의 조경면적은 최소 얼마만큼 해야 하는가?
[04, 05, 07, 08, 25 기]
① 안해도 됨
② 50m²
③ 75m²
④ 100m²

[해설] 지상층의 조경면적
1,500m² × 0.1=150m²
(전체조경면적)
또한 옥상조경면적의 2/3를 대지 안의 조경면적으로 산정하지만 지상층 조경면적의 1/2를 초과할 수 없으므로 150×2/3=100m² 이지만 75m²만 인정 받을 수 있다.
∴지표면 조경면적
150m²-75m²=75m²

답 : ③

3. 공개공지 등의 확보

1) 공개공지 등의 확보 대상

규 모	건축물 용도	대상 지역
연면적의 합계 5,000m² 이상	· 문화 및 집회시설 · 종교시설 · 판매시설 (농수산물 유통시설 제외) · 운수시설(여객용시설만 해당) · 업무시설 · 숙박시설 · 다중이 이용하는 시설로서 건축조례가 정하는 건축물	· 일반주거지역 · 준주거지역 · 상업지역 · 준공업지역 · 특별자치시장·특별자치도지사 또는 시장·군수·구청장이 도시화의 가능성이 크다고 인정하여 지정, 공고하는 지역

2) 공개공지 등의 확보 면적

대지면적의 10% 이하의 범위 안에서 건축조례로 정한다. 이 경우 조경면적을 공개공지 또는 공개공간의 면적으로 할 수 있다.

3) 공개공지 등의 설치시 건축기준의 완화적용

공개공지 또는 공개공간을 설치하는 경우로서 법 규정의 일부를 완화하고자 하는 경우에는 다음의 범위 안에서 건축조례가 정하는 바에 의한다.

① 용적률 : 해당 지역에 적용하는 용적률의 1.2배 이하
② 건축물의 높이 제한 : 해당 건축물에 적용하는 높이기준의 1.2배 이하

4. 도로와의 관계 등

1) 대지와 도로와의 관계

■ 건축물의 대지가 도로에 접해야 하는 길이

구 분	연면적 합계	기 준	단 서
원 칙	2,000m² 미만 건축물	대지는 도로에 2m 이상 접해야 한다.	자동차만의 통행에 사용되는 도로는 제외
	2,000m²(공장은 3,000m²) 이상인 건축물(축사, 작물 재배사, 기타 이와 비슷한 건축물로서 건축조례로 정하는 규모의 건축물은 제외)	대지는 너비 6m 이상 도로에 4m 이상 접해야 한다. (공장 : 4m 이상)	
예외규정 (대지가 도로에 접하지 않아도 되는 경우)	· 당해 건축물의 출입에 지장이 없다고 인정되는 경우 · 건축물의 주변에 광장·공원·유원지 기타 관계법령에 의하여 건축이 금지되고 공중의 통행에 지장이 없는 공지로서 허가권자가 인정하는 경우 · 농지법에 따른 농막을 건축하는 경우		

핵심 PLUS

08 건축법령상 건축물의 대지에 공개 공지 또는 공개 공간을 확보하여야 하는 대상 건축물에 속하지 않는 것은? (단, 해당 용도로 쓰는 바닥면적의 합계가 5000m²인 건축물의 경우) [18, 23, 25 기]
① 종교시설
② 의료시설
③ 업무시설
④ 숙박시설

답 : ②

09 건축법상 일반이 사용할 수 있도록 대통령령으로 정하는 기준에 따라 소규모 휴식시설 등의 공개공지 또는 공개공간을 설치하여야 하는 대상지역에 속하지 않는 것은? (단, 특별자치시장·특별자치도지사 또는 시장·군수·구청장이 도시화의 가능성이 크다고 인정하여 지정·공고하는 지역 제외) [14 기]
① 준주거지역
② 준공업지역
③ 전용주거지역
④ 일반주거지역

답 : ③

10 공개공지 등을 확보하여야 하는 대상 건축물에 공개공지 등을 설치하는 경우, 해당 건축물에 완화하여 적용할 수 있는 기준 내용은? [11 기]
① 건폐율
② 용적률
③ 대지면적의 최소한도
④ 건축선에 따른 건축제한

답 : ②

핵심 PLUS

11 연면적의 합계가 2,000m² 이상인 건축물의 대지와 도로의 관계가 옳은 것은? [09, 24 기]
① 대지는 4m 이상인 도로에 2m 이상 접하여야 한다.
② 대지는 4m 이상인 도로에 4m 이상 접하여야 한다.
③ 대지는 6m 이상인 도로에 2m 이상 접하여야 한다.
④ 대지는 6m 이상인 도로에 4m 이상 접하여야 한다.

답 : ④

■ 대지와 도로와의 관계에 영향을 주는 요소
· 대지의 접도길이
· 도로의 폭
· 연면적

■ 면적 2,000m² 기준 정리
· 연면적 합계 2,000m² 이상인 건축물의 대지 : 너비 6m 이상의 도로에 4m 이상 접할 것
· 바닥면적 합계 2,000m² 이상의 공장 : 내화구조 대상 건축물
· 6층 이상으로서 연면적 2,000m² 이상인 승용승강기 설치대상
· 6층 이하로서 연면적 2,000m² 이하 건축물의 건축·대수선·용도 변경 : 시장이 자치구 아닌 구의 구청장에게 위임함
· 바닥면적 2,000m² 이상의 숙박시설, 기숙사, 유스호스텔, 병원 : 에너지절약계획서 제출대상

12 다음과 같이 도로의 폭이 3m일 경우, 도로 중심선으로부터 건축선까지의 거리로 옳은 것은? [09 산]

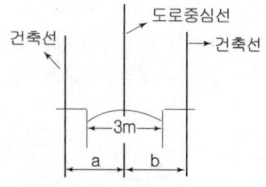

① a, b는 각각 1.2m
② a, b는 각각 1.5m
③ a, b는 각각 2m
④ a, b는 각각 3m

답 : ③

V. 건축관계법규 | 건축물의 대지 및 도로, 건축물의 구조 및 재료

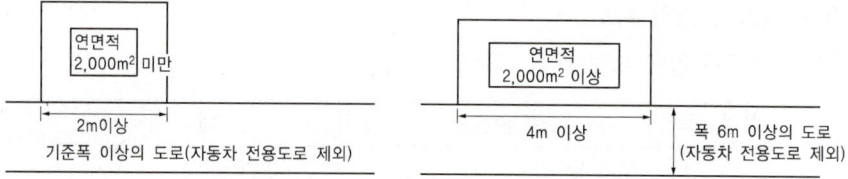

5. 건축선

1) 건축선의 지정

① 건축선의 정의 : 건축선이란 도로에 접한 부분에 있어서 건축물을 건축할 수 있는 선으로 대지와 도로경계선으로 한다.

※ 도로의 폭

㉮ 도로의 폭은 4m 이상이어야 한다.

㉯ 막다른 도로의 폭

막다른 도로의 길이	도로의 폭
10m 미만	2m 이상
10m 이상 35m 미만	3m 이상
35m 이상	6m 이상 (도시계획구역이 아닌 읍·면의 구역에서는 4m 이상)

② 소요너비에 미달되는 도로의 건축선 : 도로중심선으로부터 수평거리로 소요너비의 1/2만큼 후퇴한 선을 건축선으로 한다.

[예외] 도로의 반대쪽에 경사지, 하천, 철도, 선로부지 등이 있는 경우는 경사지 등이 있는 쪽, 도로경계선에서부터 수평거리로 소요너비만큼 후퇴한 선을 건축선으로 한다.

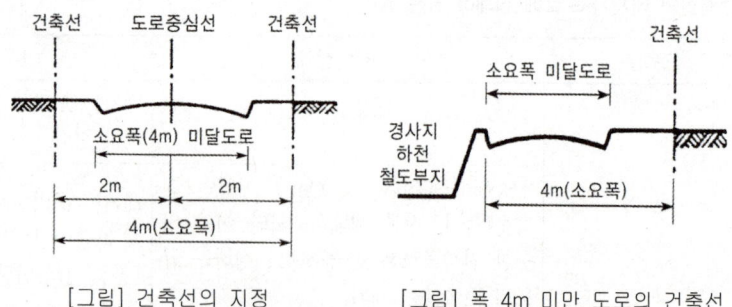

[그림] 건축선의 지정   [그림] 폭 4m 미만 도로의 건축선

③ 도로모퉁이에서의 건축선 : 교차되는 너비 8m 미만인 도로의 모퉁이에 위치한 대지의 도로모퉁이부분의 건축선은 도로경계선의 교차점으로부터 도로경계선에 따라 다음 표에 의한 거리를 각각 후퇴한 두 점을 연결한 선으로 한다.

㉮ 너비 8m 미만의 도로에 접한 대지 모퉁이부분에 적용된다.

㉯ 대지의 도로모퉁이부분의 건축선은 대지에 접한 도로경계선의 교차점으로부터 도로경계선을 따라 다음 표에 의한 거리를 각각 후퇴한 두 점을 연결한 선으로 한다.

도로의 교차각	당해 도로의 너비		교차되는 도로의 너비
	6m 이상, 8m 미만	4m 이상, 6m 미만	
90° 미만	4m	3m	6m 이상, 8m 미만
	3m	2m	4m 이상, 6m 미만
90° 이상, 120° 미만	3m	2m	6m 이상, 8m 미만
	2m	2m	4m 이상, 6m 미만

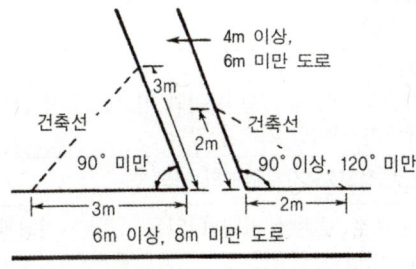

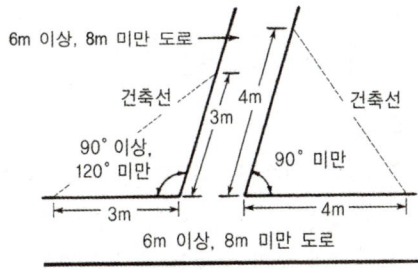

[그림] 도로모퉁이 대지의 건축선(일반 교차도로의 경우)

④ 별도의 건축선 지정 : 특별자치도지사 또는 시장·군수·구청장은 시가지 안에서 건축물의 위치를 정비하거나 환경을 정비하기 위하여 필요하다고 인정하는 경우 국토의 계획 및 이용에 관한 법률에 의한 도시지역에서는 4m의 범위 안에서 건축선을 따로 지정할 수 있다.

핵심 PLUS

■ 도로모퉁이에서의 건축선
• 너비 8m 이상 도로와 교차하는 경우(교차각 120° 이상인 경우)에는 적용되지 않는다.
• 건축선(가각전제의 선)과 도로경계선 사이의 대지부분은 대지면적에 제외된다.
• 일반도로와 막다른 도로가 교차하는 모퉁이에서도 적용된다.

13 교차되는 도로의 너비가 각각 6m이고, 그 교차각이 90° 이상 120° 미만인 도로모퉁이 부분의 건축선은 대지의 접한 도로경계선의 교차점으로부터 도로경계선을 따라 각각 얼마를 후퇴한 점을 연결한 선으로 하는가? [06 기]
① 후퇴하지 않는다.
② 2m
③ 3m
④ 4m

답 : ③

14 그림과 같은 대지의 도로 모퉁이 부분의 건축선으로서 도로경계선의 교차점에서의 거리 "A"로 옳은 것은?[12, 19 기]

① 1m
② 2m
③ 3m
④ 4m

답 : ④

15 도로 모퉁이에서의 건축선의 지정을 적용 받아야 하는 경우는? [06 산]
① 도로의 교차각이 120° 이상인 경우
② 도로의 교차각이 90° 미만인 경우
③ 교차되는 도로의 너비 중 하나가 8m 이상인 경우
④ 교차되는 도로의 너비 중 하나가 4m 미만인 경우

답 : ②

V. 건축관계법규 | 건축물의 대지 및 도로, 건축물의 구조 및 재료

핵심 PLUS

16 건축선에 관한 내용으로 옳은 것은? [06 기]
① 소요 너비에 미달되는 너비의 도로인 경우에는 그 중심선으로부터 당해 소요 너비에 상당하는 수평거리를 후퇴한 선으로 한다.
② 지상 및 지표하의 건축물은 건축선의 수직면을 넘어서는 아니된다.
③ 도로면으로부터 높이 5.0m 이하에 있는 창문을 개폐시 건축선의 수직면을 넘는 구조로 하여서는 아니된다.
④ 도로의 교차각이 90° 인 당해 도로의 너비와 교차되는 도로의 너비가 각각 6m인 도로모퉁이 부분의 건축선은 그 대지에 접한 도로경계선의 교차점으로부터 도로경계선에 따라 각각 3m씩 후퇴한 2점을 연결한 것으로 한다.
답 : ④

17 건축물의 건축주가 착공신고를 할 때, 해당 건축물의 설계자로부터 받은 구조안전의 확인 서류를 허가권자에게 제출하여야 하는 대상 건축물 기준으로 옳지 않은 것은? (단, 허가대상 건축물인 경우) [16, 25 기]
① 높이가 11m 이상인 건축물
② 처마높이가 9m 이상인 건축물
③ 국토교통부령으로 정하는 지진구역 안의 건축물
④ 기둥과 기둥 사이의 거리가 10m 이상인 건축물
답 : ①

18 사용승인을 받는 즉시 건축물의 내진능력을 공개하여야 하는 대상 건축물의 층수 기준은? (단, 목구조 건축물의 경우이며 기타의 경우는 고려하지 않는다.) [22 기]
① 2층 이상
② 3층 이상
③ 6층 이상
④ 16층 이상
답 : ②

2) 건축선에 의한 건축제한

① 건축물 및 담장은 건축선의 수직면을 넘어서는 안 된다.
  [예외] 지표하의 부분
② 도로면으로부터 높이 4.5m 이하에 있는 출입구 창문 등의 구조물은 개폐시 건축선의 수직면을 넘는 구조로 하여서는 안 된다.

2 건축물의 구조 및 재료

1 건축물의 구조 등

1. 구조계산에 의한 구조안전의 확인 대상 건축물

구 분	구조계산 대상 건축물
1. 층수	2층 이상(기둥과 보가 목재인 목구조 경우 : 3층 이상)
2. 연면적	$200m^2$(목구조 : $500m^2$) 이상인 건축물(창고, 축사, 작물 재배사는 제외)
3. 높이	13m 이상
4. 처마높이	9m 이상
5. 경간	10m 이상 *경간 : 기둥과 기둥 사이의 거리(기둥이 없는 경우에는 내력벽과 내력벽 사이의 거리를 말함)
6. 국토교통부령으로 정하는 지진구역의 건축물	
7. 국가적 문화유산으로 보존할 가치가 있는 박물관·기념관 등으로서 연면적의 합계가 $5,000m^2$ 이상인 건축물	
8. 특수구조 건축물 중 3m 이상 돌출된 건축물과 특수한 설계·시공·공법 등이 필요한 건축물	
9. 단독주택 및 공동주택	

[예외] 표준설계도서에 따라 건축하는 건축물

2. 건축물의 내진능력 공개

다음에 해당하는 건축물을 건축하고자 하는 자는 사용승인을 받는 즉시 건축물이 지진 발생 시에 견딜 수 있는 능력을 공개하여야 한다.
① 층수가 2층 이상(기둥과 보가 목재인 목구조 경우 : 3층 이상)인 건축물
② 연면적이 $200m^2$(목구조 : $500m^2$) 이상인 건축물(창고, 축사, 작물 재배사 및 표준설계도서에 따라 건축하는 건축물과 소규모건축구조기준을 적용한 건축물은 제외)
③ 그 밖에 건축물의 규모와 중요도를 고려하여 대통령령으로 정하는 건축물

3. 계단 및 복도의 설치

1) 계단의 설치기준

① 높이 3m를 넘는 계단에는 높이 3m 이내마다 너비 1.2m 이상의 계단참을 설치할 것

② 높이 1m를 넘는 계단 및 계단참의 양측에는 난간(벽 등 이에 대치되는 것을 포함)을 설치할 것

③ 계단폭이 3m를 넘는 경우에는 계단의 중간에 폭 3m 이내마다 난간을 설치할 것

  예외 단높이 15cm 이하이고, 단너비 30cm 이상인 계단

2) 계단의 구조

① 계단 및 계단참의 너비(옥내계단에 한함)·단높이·단너비

(단위 : cm)

계단의 종류	계단 및 계단참의 폭	단높이	단너비
· 초등학교의 계단	150 이상	16 이하	26 이상
· 중·고등학교의 계단	150 이상	18 이하	26 이상
· 문화 및 집회시설(공연장, 집회장, 관람장에 한함) · 판매시설 · 바로 위층부터 최상층까지 거실 바닥면적 합계가 200m² 이상인 계단 · 거실의 바닥면적 합계가 100m² 이상인 지하층의 계단 · 기타 이와 유사한 용도에 쓰이는 건축물의 계단	120 이상	–	–
· 기타의 계단	60 이상	–	–
· 작업장에 설치하는 계단(산업안전보건법에 의한)	산업안전기준에 관한 규칙에 의함.		

② 돌음계단의 단너비는 좁은 너비의 끝부분으로부터 30cm의 위치에서 측정한다.

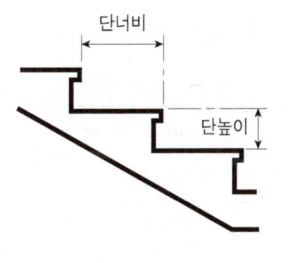
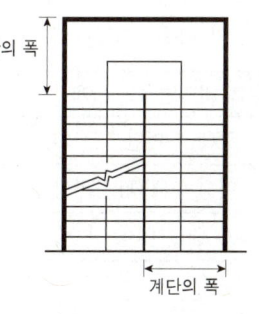
계단참의 폭 / 계단의 폭
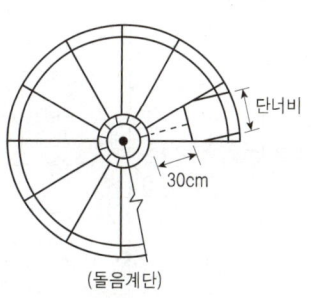
단너비 / 30cm / (돌음계단)

핵심 PLUS

19 연면적 200m²를 초과하는 건축물에 설치하는 계단의 설치기준으로 옳지 않은 것은? [06 기]
① 높이가 3m를 넘는 계단에는 높이 3m 이내마다 너비 1.2m 이상의 계단참을 설치할 것
② 높이가 1.2m를 넘는 계단 및 계단참의 양옆에는 난간을 설치할 것
③ 난간·벽 등의 손잡이는 최대 지름이 3.2cm 이상 3.8cm 이하인 원형 또는 타원형의 단면으로 할 것
④ 계단을 대체하여 설치하는 경사로의 경사도는 1 : 8을 넘지 아니할 것

해설 높이 1m를 넘는 계단 및 계단참의 양측에는 난간(벽 등 이에 대치되는 것을 포함)을 설치할 것
답 : ②

20 연면적 200m²를 초과하는 건축물에 설치하는 계단과 관련된 기준 내용으로 옳지 않은 것은? [10 기]
① 높이가 3m를 넘는 계단에는 높이 3m 이내마다 너비 1.2m 이상의 계단참을 설치할 것
② 높이가 1m를 넘는 계단 및 계단참의 양옆에는 난간을 설치할 것
③ 초등학교의 계단인 경우에는 계단 및 계단참의 너비는 120cm 이상으로 할 것
④ 고등학교의 계단인 경우에는 계단 및 계단참의 너비는 150cm 이상으로 할 것
답 : ③

V. 건축관계법규 | 건축물의 대지 및 도로, 건축물의 구조 및 재료

핵심 PLUS

21 계단의 양쪽에 벽 등이 있어 난간이 없는 경우에 손잡이를 설치하여야 하는 건축물의 용도가 아닌 것은? [04 산]
① 호텔
② 신문사
③ 장례식장
④ 도매시장

답 : ③

22 계단의 설치 기준으로 옳은 것은? [07, 24 기]
① 계단을 대체하여 설치하는 경사로는 그 경사로가 1 : 8을 넘어야 하며, 표면을 거친 면으로 미끄러지지 아니하는 재료로 마감하여야 한다.
② 모든 공동주택의 주계단, 피난계단 또는 특별피난계단에 설치하는 난간 및 바닥은 아동의 이용에 안전하고 노약자 및 신체장애인의 이용에 편리한 구조로 하여야 한다.
③ 업무시설의 주계단, 피난계단 또는 특별피난계단에 설치하는 난간 손잡이는 벽 등으로부터 5cm 이상 떨어지도록 하고, 계단으로부터의 높이는 85cm가 되도록 한다.
④ 돌음계단의 단너비는 그 넓은 너비의 끝부분으로부터 30cm의 위치에서 측정한다.

답 : ③

23 연면적 200m²를 초과하는 각종 건축물에 설치하는 복도의 최소유효너비가 옳지 않은 것은? (단, 양옆에 거실이 있는 복도) [13, 23 기]
① 유치원 : 2.4m
② 중학교 : 2.4m
③ 고등학교 : 2.4m
④ 오피스텔 : 2.4m

답 : ④

3) 노약자 및 신체장애인의 난간 및 바닥

① 설치 대상 건축물 : 공동주택(기숙사 제외), 제1종 근린생활시설, 제2종 근린생활시설, 문화 및 집회시설, 종교시설, 운수시설, 판매시설, 의료시설, 노유자시설, 업무시설, 숙박시설, 위락시설, 관광휴게시설의 용도에 쓰이는 건축물

② 난간 및 바닥의 설치기준
  ㉮ 아동의 이용에 안전하고 노약자 및 신체장애인의 이용에 편리한 구조로 하여야 하며, 양쪽에 벽 등이 있어 난간이 없는 경우에는 손잡이를 설치하여야 한다.
  ㉯ 손잡이는 최대 지름이 3.2cm 이상 3.8cm 이하인 원형 또는 타원형의 단면으로 할 것
  ㉰ 손잡이는 벽 등으로부터 5cm 이상 떨어지도록 하고, 계단으로부터의 높이는 85cm가 되도록 할 것
  ㉱ 계단이 끝나는 수평부분에서의 손잡이는 바깥쪽으로 30cm 이상 나오도록 설치할 것

4) 계단에 대체되는 경사로

① 경사도는 1 : 8 이하로 할 것
② 재료마감은 표면을 거친 면으로 하거나 미끄러지지 않는 재료로 마감할 것

5) 복도의 너비 및 설치기준

① 건축물에 설치하는 복도의 유효너비는 다음과 같이 하여야 한다.

구 분	양옆에 거실이 있는 복도	기타의 복도
유치원·초등학교·중학교·고등학교	2.4m 이상	1.8m 이상
공동주택·오피스텔	1.8m 이상	1.2m 이상
당해 층 거실의 바닥면적 합계가 200m² 이상인 경우	1.5m 이상(의료시설의 복도는 1.8m 이상)	1.2m 이상

② 문화 및 집회시설(종교집회장·공연장·집회장·관람장·전시장에 한함), 노유자시설(아동관련시설·노인복지시설에 한함)·수련시설(생활권수련시설에 한함), 위락시설 중 유흥주점 및 장례식장의 관람실 또는 집회실과 접하는 복도의 유효너비는 다음에서 정하는 너비로 하여야 한다.

당해 층의 바닥면적의 합계	복도의 유효너비
500m² 미만	1.5m 이상
500m² 이상 1,000m² 미만	1.8m 이상
1,000m² 이상	2.4m 이상

③ 문화 및 집회시설 중 공연장에 설치하는 복도는 다음의 기준에 적합하여야 한다.

설치대상		설치기준
문화 및 집회시설 중 공연장의 복도	바닥면적 300m² 이상	공연장의 개별 관람실의 바깥쪽에는 그 양쪽 및 뒤쪽에 각각 복도 설치
	바닥면적 300m² 미만	하나의 층에 개별 관람실을 2개소 이상 연속하여 설치하는 경우에는 관람실 바깥쪽의 앞쪽과 뒤쪽에 각각 복도 설치

핵심 PLUS

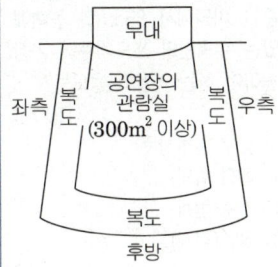

[그림] 공연장의 복도

4. 거실에 관한 기준

1) 거실의 반자높이

※ 단, 반자가 없는 경우에는 보 또는 바로 위층 바닥판의 밑면, 기타 이와 비슷한 것을 말한다.

거실의 종류	반자높이	예외 규정
① 일반용도의 거실	2.1m 이상	공장, 창고시설, 위험물 저장 및 처리시설, 동물 및 식물 관련시설, 분뇨 및 쓰레기처리시설, 묘지 관련시설
② 문화 및 집회시설(전시장 및 동·식물원 제외), 종교시설, 장례식장, 유흥주점의 용도에 쓰이는 건축물의 관람실 또는 집회실로서 바닥면적이 200m² 이상인 것	4m 이상	기계환기장치를 설치한 경우
③ '②'의 노대 아래 부분	2.7m 이상	

2) 거실의 채광 및 환기

① 거실의 채광 및 환기 등을 위한 창문 등의 면적은 다음 기준에 적합하도록 설치하여야 한다.

구 분	건축물의 용도	창문 등의 면적	예외 규정
채광	· 단독주택의 거실 · 공동주택의 거실	거실 바닥면적의 1/10 이상	거실의 용도에 따른 조도기준 [별표 1]의 조도 이상의 조명
환기	· 학교의 교실 · 의료시설의 병실 · 숙박시설의 객실	거실 바닥면적의 1/20 이상	기계장치 및 중앙관리방식의 공기조화설비를 설치한 경우

② 수시로 개방할 수 있는 미닫이로 구획된 2개의 거실은 거실의 채광 및 환기를 위한 규정을 적용함에 있어서 이를 1개의 거실로 본다.

핵심 PLUS

24 다음의 거실의 반자높이와 관련된 기준 내용 중 ( ) 안에 들어갈 수 없는 건축물의 용도는? [10, 25 기]

( )의 용도에 쓰이는 건축물의 관람실 또는 집회실로서 그 바닥면적의 200m² 이상인 것의 반자의 높이는 4m (노대의 아랫부분의 높이는 2.7m) 이상이어야 한다. 다만, 기계환기장치를 설치하는 경우에는 그러하지 아니하다.

① 종교시설
② 장례식장
③ 위락시설 중 유흥주점
④ 문화 및 집회시설 중 전시장
답 : ④

25 국토교통부령으로 정하는 기준에 따라 채광 및 환기를 위한 창문등이나 설비를 설치하여야 하는 대상에 속하지 않는 것은? [22, 24 기]

① 의료시설의 병실
② 숙박시설의 객실
③ 업무시설 중 사무소의 사무실
④ 교육연구시설 중 학교의 교실
답 : ③

V. 건축관계법규 | 건축물의 대지 및 도로, 건축물의 구조 및 재료

핵심 PLUS

26 거실의 용도에 따른 채광 기준상 바닥에서 85cm의 높이에 있는 수평면의 조도기준이 가장 높아야 하는 거실의 용도는?
[10 산]
① 집무(일반사무)
② 집회(회의)
③ 거주(독서)
④ 작업(검사)

답 : ④

27 다음 중 거실의 용도에 따른 조도기준이 가장 낮은 것은?
[12, 21 기]
① 독서
② 회의
③ 판매
④ 일반사무

해설 ① 독서 : 150lux
② 회의 : 300lux
③ 판매 : 300lux
④ 일반사무 : 300lux

답 : ①

28 건축물의 거실(피난층의 거실 제외)에 국토교통부령으로 정하는 기준에 따라 배연설비를 설치하여야 하는 대상 건축물 용도에 속하지 않는 것은? (단, 6층 이상인 건축물의 경우) [22 기]
① 종교시설
② 판매시설
③ 방송통신시설 중 방송국
④ 교육연구시설 중 연구소

답 : ③

29 바닥으로부터 높이 1m까지의 안벽의 마감을 내수재료로 하지 않아도 되는 것은? [18 기]
① 아파트의 욕실
② 숙박시설의 욕실
③ 제1종 근린생활시설 중 휴게음식점의 조리장
④ 제2종 근린생활시설 중 일반음식점의 조리장

답 : ①

■ 거실의 용도에 따른 조도기준(제17조 관련)

거실의 용도구분	조도구분	바닥 위 85cm의 수평면의 조도(럭스)
1. 거 주	· 독서 · 식사 · 조리 · 기타	150 70
2. 집 무	· 설계 · 제도 · 계산 · 일반사무 · 기타	700 300 150
3. 작 업	· 검사 · 시험 · 정밀검사 · 수술 · 일반작업 · 제조 · 판매 · 포장 · 세척 · 기타	700 300 150 70
4. 집 회	· 회의 · 집회 · 공연 · 관람	300 150 70
5. 오 락	· 오락 일반 · 기타	150 30
기타 명시되지 아니한 것		1란 내지 5란에 유사한 기준을 적용함

3) 배연설비

① 6층 이상의 건축물로서 제2종 근린생활시설 중 300m² 이상인 공연장·종교집회장·인터넷컴퓨터게임시설제공업소 및 다중생활시설, 문화 및 집회시설, 종교시설, 판매시설, 운수시설, 의료시설(요양병원 및 정신병원은 제외), 연구소, 아동관련시설·노인복지시설(노인요양시설은 제외), 유스호스텔, 운동시설, 업무시설, 숙박시설, 위락시설, 관광휴게시설, 장례시설의 용도에 해당되는 건축물의 거실

예외 피난층인 경우

② 요양병원 및 정신병원·산후조리원, 노인요양시설·장애인 거주시설 및 장애인 의료재활시설의 용도에 해당되는 건축물

예외 피난층인 경우

4) 거실의 바닥 등

① 방습조치 : 건축물의 최하층에 있는 거실의 바닥이 목조인 경우에는 그 바닥높이를 지표면으로부터 45cm 이상으로 하여야 한다.

예외 지표면을 콘크리트 바닥으로 설치하는 등의 방습조치를 한 경우

② 내수재료의 마감 : 다음에 해당하는 욕실 또는 조리장의 바닥과 그 바닥으로부터 높이 1m까지의 안벽의 마감은 이를 내수재료로 하여야 한다.

㉮ 제1종 근린생활시설 중 목욕장의 욕실과 휴게음식점의 조리장
㉯ 제2종 근린생활시설 중 일반음식점 및 휴게음식점의 조리장과 숙박시설의 욕실

③ 추락방지를 위한 안전시설 설치 : 오피스텔에 거실 바닥으로부터 높이 1.2m 이하 부분에 여닫을 수 있는 창문을 설치하는 경우에는 높이 1.2m 이상의 난간이나 그 밖에 이와 유사한 추락방지를 위한 안전시설을 설치하여야 한다.

5) 경계벽 등의 구조
① 경계벽 구조

대상 건축물의 용도	구획 부분	구조 제한 기준
• 다가구주택 • 공동주택(기숙사 제외)	각 가구간 또는 세대간의 경계벽(발코니 부분은 제외)	차음구조 및 내화구조로 하고 지붕밑 또는 바로 윗층 바닥판까지 닿게 하여야 한다.
• 학교의 교실 • 의료시설의 병실 • 숙박시설의 객실 • 기숙사의 침실 • 산후조리원	각 거실간의 경계벽	
• 제2종 근린생활시설 중 다중생활시설	호실 간 경계벽	
• 노유자시설 중 노인복지주택	세대 간 경계벽	
• 노유자시설 중 노인요양시설	호실 간 경계벽	

② 차음구조의 기준
경계벽의 차음구조는 다음과 같다.

벽체의 구조	두께 기준
철근콘크리트조, 철골철근콘크리트조	10cm 이상
무근콘크리트조, 석조	10cm 이상(시멘트모르타르, 회반죽 또는 석고 플라스터의 바름두께 포함)
콘코리트 블록조, 벽돌조	19cm 이상

[예외] 다가구주택 및 공동주택 세대간의 경계벽은 주택건설기준에 관한 규정에 따른다.

6) 창문 등의 차면시설
인접대지경계선으로부터 직선거리 2m 이내에 이웃주택의 내부가 보이는 창문 등을 설치하는 경우에는 차면시설을 설치하여야 한다.

핵심 PLUS

■ 층간바닥 구조제한대상
• 단독주택 중 다가구주택
• 공동주택(주택법 사업계획승인대상 제외)
• 오피스텔
• 제2종 근린생활시설 중 다중생활시설
• 숙박시설 중 다중생활시설

30 다음 중 국토교통부령이 정하는 기준에 따라 경계벽을 설치해야 하는 건축물이 아닌 것은? [05 기]
① 기숙사의 침실
② 단독주택의 거실
③ 의료시설의 병실
④ 학교의 교실
답 : ②

31 경계벽의 설치를 차음구조의 대상으로 하여야 하는 대상건축물은? [06, 07 산]
① 아파트 세대내 경계벽
② 병원의 진료실내 경계벽
③ 학교의 교실간의 경계벽
④ 사설학원의 교실 경계벽
답 : ③

32 다음의 창문 등의 차면시설에 관한 기준 내용 중 ( )안에 알맞은 것은? [08 산]

인접대지경계선으로부터 직선거리 ( ) 이내에 이웃 주택의 내부가 보이는 창문 등을 설치하는 경우에는 차면시설을 설치하여야 한다.

① 2m
② 3m
③ 4m
④ 5m
답 : ①

② 건축물의 피난시설

1. 직통계단의 설치 기준

1) 피난층이 아닌 층에서의 보행거리

피난층이 아닌 층에서 거실 각 부분으로부터 피난층(직접 지상으로 통하는 출입구가 있는 층) 또는 지상으로 통하는 직통계단(경사로 포함)에 이르는 보행거리는 다음과 같다.

구 분	보행거리
원칙	30m 이하
주요구조부가 내화구조 또는 불연재료로 된 건축물	50m 이하 (16층 이상 공동주택 : 40m 이하) [자동화 생산시설에 스프링클러 등 자동식 소화설비를 설치한 공장으로서 국토교통부령으로 정하는 공장인 경우에는 그 보행거리가 75m(무인화 공장 경우 100m) 이하]

[예외] 지하층에 설치하는 건축물로서 바닥면적의 합계가 300m² 이상인 공연장·집회장·관람장 및 전시장을 제외

2) 피난층에서의 보행거리

피난층의 계단 및 거실로부터 건축물 바깥쪽으로의 출구에 이르는 보행거리는 다음과 같다.

구 분	원 칙	주요구조부가 내화구조, 불연재료일 경우
계단으로부터 옥외로의 출구까지	30m 이하	50m 이하 (16층 이상 공동주택 : 40m)
거실로부터 옥외로의 출구까지(피난에 지장이 없는 출입구가 있는 것은 제외)	60m 이하	100m 이하 (16층 이상 공동주택 : 80m)

※피난층에 있는 비상용 승강장의 출입구로부터 도로·공지에 이르는 보행거리는 30m 이하이다.

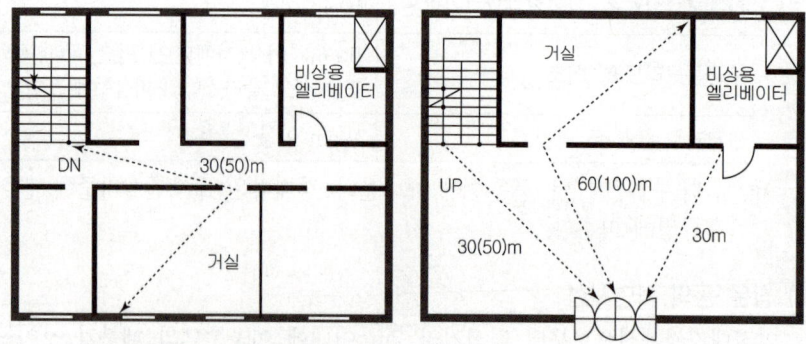

※ ( ) 안은 주요구조부가 내화구조 또는 불연재료일 경우
[그림] 피난층이 아닌 층에서 보행거리   [그림] 피난층에서 옥외로의 보행거리

핵심 PLUS

■ 직통계단
피난층 이외의 층에서 피난층 또는 지상으로 통하는 경로가 계단 및 계단참이 연속되어 연결되는 계단을 말한다.

• 피난계단
옥내피난계단 ┐ 방화 및
옥외피난계단 ┘ 배연시설

• 특별피난계단 : 방화 및 배연시설+노대 또는 부속실

■ 피난층의 정의
직접 지상으로 통하는 출입구가 있는 층 및 초고층·준초고층 건축물의 피난안전구역이 있는 층을 말한다.

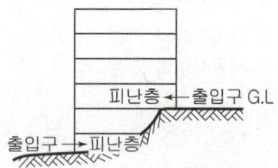

[그림] 피난층

[33] 주요구조부가 내화구조 또는 불연재료로 된 층수가 16층 이상인 공동주택의 경우, 피난층 외의 층에서 피난층 또는 지상으로 통하는 직통계단을 거실의 각 부분으로부터 보행거리 최대 얼마 이하가 되도록 설치하여야 하는가? (단, 계단은 거실로부터 가장 가까운 거리에 있는 계단을 말한다.) [15, 25 기]
① 30m
② 40m
③ 50m
④ 75m

답 : ②

3) 직통계단을 2개소 이상 설치하여야 하는 건축물

건축물의 피난층이 아닌 층에서 피난층 또는 지상으로 통하는 직통계단(경사로 포함)을 2개소 이상 설치하여야 하는 경우는 다음과 같다.

① 설치기준 : 2개소 이상 직통계단의 출입구는 피난에 지장이 없도록 일정한 간격을 두어 설치하고, 각 직통계단 상호간에는 각각 거실과 연결된 복도 등 통로를 설치하여야 한다.

② 설치대상

구 분	건축물의 용도	해당부분	면 적
①	· 문화 및 집회시설 (전시장 및 동·식물원 제외) · 300m² 이상인 공연장·종교집회장 · 종교시설 · 장례시설 · 위락시설 중 주점영업	그 층의 관람실 또는 집회실의 바닥면적 합계	200m² 이상
②	· 단독주택 중 다중주택·다가구주택 · 제2종 근린생활시설 중 학원, 독서실 · 300m² 이상인 인터넷게임시설제공업소 · 판매시설 · 운수시설(여객용시설만 해당) · 의료시설 (입원실이 없는 치과병원은 제외) · 교육연구시설 중 학원 · 노유자시설 중 아동관련시설, 노인복지시설, 장애인거주시설, 장애인의료재활시설 · 수련시설 중 유스호스텔 · 숙박시설	3층 이상의 층으로서 그 층의 당해 용도로 쓰이는 거실바닥 면적 합계	200m² 이상
③	· 지하층	그 층의 거실바닥면적 합계	
④	· 공동주택(층당 4세대 이하는 제외) · 업무시설 중 오피스텔	그 층의 당해 용도에 쓰이는 거실의 바닥면적 합계	300m² 이상
⑤	위의 ①, ②, ④에 해당하지 않는 용도	3층 이상의 층으로 그 층의 거실 바닥면적 합계	400m² 이상

4) 피난안전구역의 설치

① 설치대상

㉮ 초고층 건축물에는 피난층 또는 지상으로 통하는 직통계단과 직접 연결되는 피난안전구역(건축물의 피난·안전을 위하여 건축물 중간층에 설치하는 대피공간을 말함)을 지상층으로부터 최대 30개 층마다 1개소 이상 설치하여야 한다.

㉯ 준초고층 건축물에는 피난층 또는 지상으로 통하는 직통계단과 직접 연결되는 피난안전구역을 해당 건축물 전체 층수의 1/2에 해당하는

핵심 PLUS

34 다음의 직통계단의 설치에 관한 기준 내용 중 밑줄 친 "다음 각 호의 어느 하나에 해당하는 용도 및 규모의 건축물"의 기준 내용으로 옳지 않은 것은?
[17, 23 기]

법 제49조제1항에 따라 피난층 외의 층이 <u>다음 각 호의 어느 하나에 해당하는 용도 및 규모의 건축물</u>에는 국토교통부령으로 정하는 기준에 따라 피난층 또는 지상으로 통하는 직통계단을 2개소 이상 설치하여야 한다.

① 지하층으로서 그 층 거실의 바닥면적의 합계가 200m² 이상인 것
② 종교시설의 용도로 쓰는 층으로서 그 층에서 해당 용도로 쓰는 바닥면적의 합계가 200m² 이상인 것
③ 숙박시설의 용도로 쓰는 3층 이상의 층으로서 그 층의 해당 용도로 쓰는 거실의 바닥면적의 합계가 200m² 이상인 것
④ 업무시설 중 오피스텔의 용도로 쓰는 층으로서 그 층의 해당 용도로 쓰는 거실의 바닥면적의 합계가 200m² 이상인 것

답 : ④

35 다음은 건축법령상 직통계단의 설치에 관한 기준 내용이다. (　)안에 알맞은 것은?
[18, 22 기]

초고층 건축물에는 피난층 또는 지상으로 통하는 직통계단과 직접 연결되는 피난안전구역(건축물의 피난·안전을 위하여 건축물 중간층에 설치하는 대피 공간)을 지상층으로부터 (　) 층마다 1개소 이상 설치하여야 한다.

① 10개
② 20개
③ 30개
④ 40개

답 : ③

핵심 PLUS

■ 피난안전구역

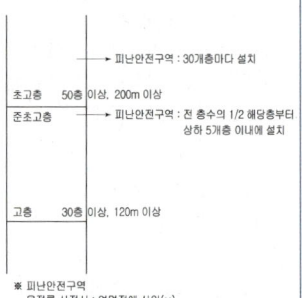

※ 피난안전구역
용적률 산정시 : 연면적에 산입(×)

36 피난안전구역의 구조 및 설비에 관한 기준 내용으로 옳지 않은 것은? [15 기]
① 피난안전구역의 높이는 2.1m 이상일 것
② 피난안전구역의 내부마감재료는 불연재료로 설치할 것
③ 비상용 승강기는 피난안전구역에서 승하차 할 수 있는 구조로 설치할 것
④ 건축물의 내부에서 피난안전구역으로 통하는 계단은 피난계단의 구조로 설치할 것

답 : ④

층으로부터 상하 5개층 이내에 1개소 이상 설치하여야 한다.
[예외] 국토교통부령으로 정하는 기준에 따라 피난층 또는 지상으로 통하는 직통계단을 설치하는 경우

② 피난안전구역의 규모와 설치기준
㉮ 피난안전구역은 해당 건축물의 1개층을 대피공간으로 하며, 대피에 장애가 되지 아니하는 범위에서 기계실, 보일러실, 전기실 등 건축설비를 설치하기 위한 공간과 같은 층에 설치할 수 있다. 이 경우 피난안전구역은 건축설비가 설치되는 공간과 내화구조로 구획하여야 한다.
㉯ 피난안전구역에 연결되는 특별피난계단은 피난안전구역을 거쳐서 상·하층으로 갈 수 있는 구조로 설치하여야 한다.
㉰ 피난안전구역의 바로 아래층 및 위층은 단열재를 설치할 것. 이 경우 아래층은 최상층에 있는 거실의 반자 또는 지붕 기준을 준용하고, 위층은 최하층에 있는 거실의 바닥 기준을 준용할 것
㉱ 피난안전구역의 내부마감재료는 불연재료로 설치할 것
㉲ 건축물의 내부에서 피난안전구역으로 통하는 계단은 특별피난계단의 구조로 설치할 것
㉳ 비상용 승강기는 피난안전구역에서 승하차 할 수 있는 구조로 설치할 것
㉴ 피난안전구역에는 식수공급을 위한 급수전을 1개소 이상 설치하고 예비전원에 의한 조명설비를 설치할 것
㉵ 관리사무소 또는 방재센터 등과 긴급연락이 가능한 경보 및 통신시설을 설치할 것
㉶ 피난안전구역의 높이는 2.1m 이상일 것

2. 피난계단의 설치기준

1) 피난계단, 특별피난계단의 설치대상
① 5층 이상의 층으로부터 피난층 또는 지상으로 통하는 직통계단
② 지하 2층 이하의 층으로부터 피난층 또는 지상으로 통하는 직통계단
③ 5층 이상의 층으로부터 피난층 또는 지상으로 통하는 직통계단과 직접 연결된 지하 1층의 계단
※ 판매시설(도매시장, 소매시장, 상점) 용도로 쓰이는 층으로부터의 직통계단은 1개소 이상 특별피난계단으로 설치하여야 한다.
[예외] 주요구조부가 내화구조, 불연재료로 된 건축물로서 5층 이상의 층의 바닥면적 합계가 $200m^2$ 이하이거나, 바닥면적 $200m^2$ 이내마다 방화구획이 된 경우

2) 특별피난계단의 설치대상
① 건축물(갓복도식 공동주택 제외)이 11층(공동주택은 16층) 이상으로부터 피난층 또는 지상으로 통하는 직통계단
[예외] 바닥면적 $400m^2$ 미만인 층

② 지하 3층 이하의 층으로부터 피난층 또는 지상으로 통하는 직통계단
[예외] 바닥면적 400m² 미만인 층

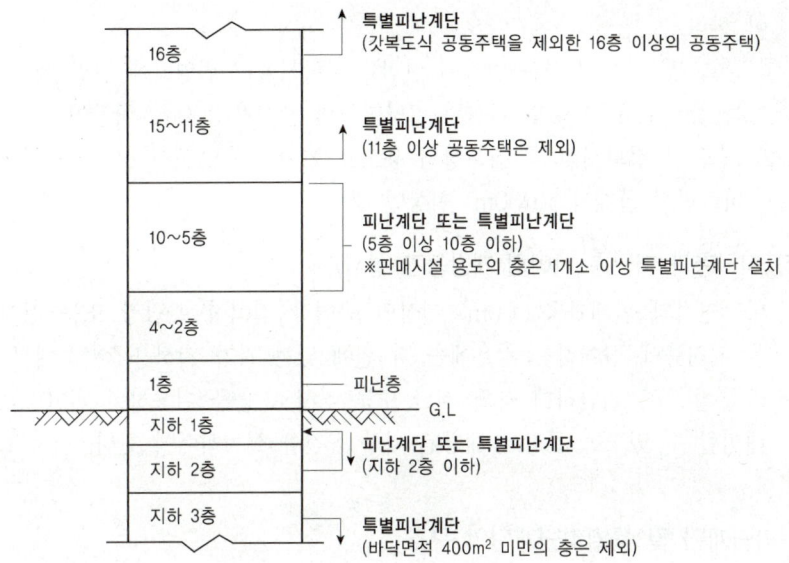

3) 직통계단 외에 별도의 피난계단, 특별피난계단의 설치대상
① 대상용도 : 문화 및 집회시설(전시장 및 동·식물원에 한함), 판매시설, 운수시설(여객용시설만 해당), 운동시설, 위락시설, 관광휴게시설(다중이 이용하는 시설에 한함), 수련시설(생활수련시설에 한함)
② 5층 이상의 층으로서 상기 ① 용도로 쓰이는 바닥면적 합계가 2,000m²를 넘는 층에는 피난계단 또는 특별피난계단 외에 2,000m²를 넘는 매 2,000m² 이내마다 1개소의 피난계단 또는 특별피난계단을 설치하여야 한다. 단, 설치되는 계단은 4층 이하의 층에는 쓰이지 않는 피난계단 또는 특별피난계단이라야 한다.

・계단수의 산출

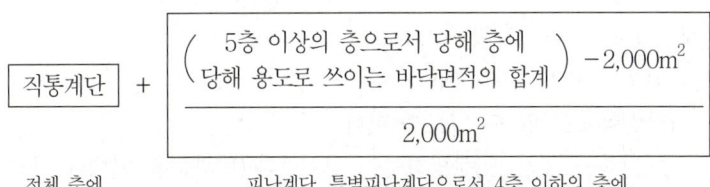

전체 층에 사용하는 계단 　　피난계단, 특별피난계단으로서 4층 이하의 층에 사용되지 않는 계단

핵심 PLUS

37 거실 바닥면적 10,000m² 인 판매시설을 5층에 설치할 경우 최소한 요구되는 피난계단 또는 특별피난계단의 수는?

[해설]
① 전체층에 사용되는 직통계단 : 3층 이상 거실 바닥면적의 합이 200m² 이상인 판매시설이므로 2개소 이상의 직통계단이 필요하다.
② 피난계단, 특별피난계단으로서 4층 이하의 층에 사용되지 않는 계단 : 5층 이상의 층으로서 2,000m²를 넘는 판매시설이므로 2,000m²을 넘는 매 2,000m² 이내마다 별도의 직통계단이 필요하다.
(10,000-2,000)÷2,000=4개소
∴계단의 수=①+②=2+4=6개소

핵심 PLUS

38 다음 중 옥외피난계단을 설치하여야 하는 대상 기준 내용과 가장 관계가 먼 것은? [09 기]
① 건축물 용도
② 층수
③ 거실의 바닥면적
④ 연면적

답 : ④

39 건축물의 내부에 설치하는 피난계단의 구조에 관한 기준 내용으로 옳지 않은 것은? [12 기]
① 건축물의 내부에서 계단실로 통하는 출입구의 유효너비는 0.9m 이상으로 할 것
② 계단실의 실내에 접하는 부분의 마감은 불연재료 또는 준불연재료로 할 것
③ 건축물의 내부에서 계단실로 통하는 출입구에는 피난의 방향으로 열 수 있는 60+방화문 또는 60분방화문을 설치할 것
④ 건축물의 내부와 접하는 계단실의 창문 등(출입구는 제외)은 망이 들어있는 유리의 붙박이창으로서 그 면적을 각각 1m² 이하로 할 것

[해설] 계단실의 실내에 접하는 부분의 마감은 불연재료로 할 것

답 : ②

4) 옥외피난계단의 설치기준

건축물의 3층 이상의 층(피난층 제외)으로서 다음 용도에 쓰이는 층에는 직통계단 외에 그 층으로부터 지상으로 통하는 옥외계단을 따로 설치하여야 한다.

① 문화 및 집회 시설(공연장에 한함), 위락시설(주점영업에 한함)에 쓰이는 층으로서 그 층의 거실의 바닥면적의 합계가 300m² 이상인 것
② 문화 및 집회시설 중 집회장의 용도로 쓰이는 층으로서 그 층의 거실의 바닥면적 합계가 1,000m² 이상인 것

5) 지하층과 피난층 사이의 개방공간 설치

바닥면적의 합계가 3,000m² 이상인 공연장·집회장·관람장 또는 전시장을 지하층에 설치하는 경우에는 각 실에 있는 자가 지하층 각 층에서 건축물 밖으로 피난하여 옥외 계단 또는 경사로 등을 이용하여 피난층으로 대피할 수 있도록 천장이 개방된 외부 공간을 설치하여야 한다.

3. 피난계단 및 특별피난계단의 구조

1) 피난계단의 구조

① 건축물 내부에 설치하는 피난계단의 구조(옥내피난계단)
㉮ 계단실의 구조 : 계단실은 창문, 출입구, 기타 개구부를 제외하고는 내화구조의 벽으로 구획할 것
㉯ 계단실의 마감 : 계단실의 실내에 접하는 부분(바닥 및 반자 등 실내에 면하는 모든 부분)의 마감(마감을 위한 바탕 포함)은 불연재료로 할 것
㉰ 계단실의 조명설비 : 계단실에는 예비전원에 의한 조명설비를 할 것
㉱ 계단실의 옥외에 접하는 창문 등 : 계단실 바깥쪽에 접하는 창문 등은 당해 건축물의 다른 부분에 설치하는 창문 등으로부터 2m 이상 띄울 것
[예외] 망이 들어있는 유리의 붙박이창으로서 그 면적이 각각 1m² 이하인 것
㉲ 계단실의 옥내에 접하는 창문(출입구 제외) 등 : 망이 들어있는 유리의 붙박이창으로서 그 면적이 각각 1m² 이하로 할 것
㉳ 계단실로 통하는 출입구의 구조
• 출입구의 유효너비는 0.9m 이상으로 한다.
• 피난방향으로 열 수 있도록 한다.
• 60+방화문 또는 60분방화문을 설치한다.(방화문은 언제나 닫힌 상태를 유지하거나 화재시 연기의 발생 또는 온도의 상승에 의하여 자동으로 닫히는 구조일 것)
㉴ 계단은 내화구조로 하고 피난층 또는 지상까지 직접 연결되도록 할 것
㉵ 돌음계단으로 해서는 안 된다.

② 건축물 바깥쪽에 설치하는 피난계단의 구조(옥외피난계단)
㉮ 계단은 그 계단으로 통하는 출입구 외의 창문 등으로부터 2m 이상 거리를 두고 설치할 것
[예외] 망이 들어있는 유리의 붙박이창으로서 그 면적이 각각 1m² 이하인 것
㉯ 옥내로부터 계단으로 통하는 출입구에는 60+방화문 또는 60분방화문을 설치할 것
㉰ 계단의 유효너비는 0.9m 이상으로 할 것
㉱ 계단은 내화구조로 하고 지상까지 직접 연결되도록 할 것
㉲ 돌음계단으로 해서는 안 된다.

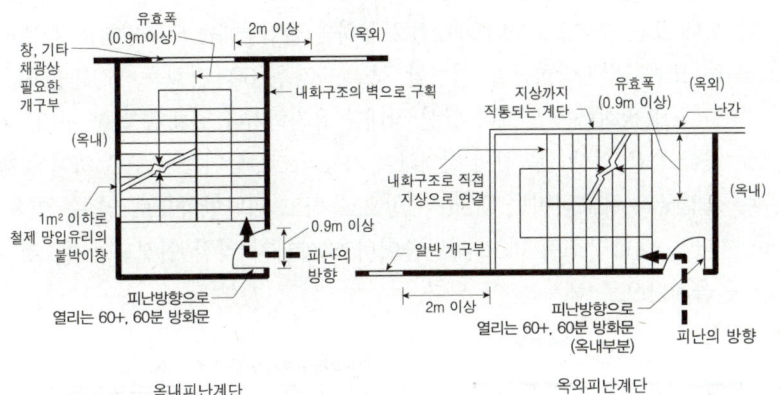

[그림] 피난계단의 구조

2) 특별피난계단의 구조
① 계단실로의 출입
㉮ 노대를 통하여 연결
㉯ 외부로 향하여 열 수 있는 면적 1m² 이상인 창문(바닥으로부터 1m 이상의 높이에 설치한 것에 한함) 또는 건축물의 설비기준 등에 관한 규칙(제14조)의 규정에 적합한 구조의 배연설비가 있는 면적 3m² 이상인 부속실을 통하여 연결할 것
② 계단실·노대 및 부속실(건축물의 설비기준 등에 관한 규칙에 의하여 비상용 승강기의 승강장을 겸용하는 부속실을 포함) : 창문 등을 제외하고는 내화구조의 벽으로 구획할 것
③ 계단실 및 부속실의 마감 : 계단실 및 부속실의 실내에 접하는 부분(바닥 및 반자 등 실내에 면한 모든 부분)의 마감(마감을 위한 바탕 포함)은 불연재료로 할 것
④ 계단실의 조명설비 : 계단실에는 예비전원에 의한 조명설비를 할 것
⑤ 계단실·부속실·노대의 옥외에 접하는 창문 등 : 계단실·노대·부속실에 설치하는 건축물의 바깥쪽에 접하는 창문·출입문은 당해 건축물의 다른 부분에 설치하는 창문 출입문으로부터 2m 이상 거리를 두고 설치할 것
[예외] 망이 들어있는 유리의 붙박이창으로서 각각 1m² 이하인 것

핵심 PLUS

40 건축물의 내부에 설치하는 피난계단의 구조에 관한 기준 내용으로 옳지 않은 것은? [16 기]
① 계단은 내화구조로 하고 피난층 또는 지상까지 직접 연결되도록 할 것
② 계단실의 실내에 접하는 부분의 마감은 불연재료 또는 준불연재료로 할 것
③ 건축물의 내부에서 계단실로 통하는 출입구의 유효너비는 0.9m 이상으로 할 것
④ 계단실은 창문·출입구 기타 개구부를 제외한 당해 건축물의 다른 부분과 내화구조의 벽으로 구획할 것
답 : ②

41 특별피난계단의 구조에 대한 설명 중 옳지 않은 것은?
[08, 24, 25 기]
① 계단실에는 노대 또는 부속실에 접하는 부분 외에는 건축물의 내부와 접하는 창문 등을 설치하지 않도록 한다.
② 계단은 내화구조로 하되, 피난층 또는 지상까지 직접 연결되도록 한다.
③ 건축물의 내부에서 노대 또는 부속실로 통하는 출입구에는 30분방화문을 설치하도록 한다.
④ 출입구의 유효너비는 0.9m 이상으로 하고 피난의 방향으로 열 수 있도록 한다.
답 : ③

■ 방화문의 성능

구분	연기·불꽃 차단시간	열 차단시간
60+ 방화문	60분 이상	30분 이상
60분 방화문	60분 이상	-
30분 방화문	30분 이상 60분 미만	

☞ 종전의 갑종방화문(60+ 방화문, 60분 방화문), 을종방화문(30분 방화문)에 해당된다.
※ 60+ 방화문(영 : 60분+ 방화문)

V. 건축관계법규 | 건축물의 대지 및 도로, 건축물의 구조 및 재료

> **핵심 PLUS**
>
> **42** 특별피난계단의 구조에 관한 기준 내용으로 틀린 것은?
> [22 기]
> ① 계단은 내화구조로 하되, 피난층 또는 지상까지 직접 연결되도록 한다.
> ② 계단실 및 부속실의 실내에 접하는 부분의 마감은 불연재료로 한다.
> ③ 출입구의 유효너비는 0.9m 이상으로 하고 피난의 방향으로 열 수 있도록 한다.
> ④ 건축물의 내부에서 노대 또는 부속실로 통하는 출입구에는 30분 방화문을 설치하고, 노대 또는 부속실로부터 계단실로 통하는 출입구에는 60분 방화문을 설치하도록 한다.
>
> 답 : ④
>
> ■ 피난계단·특별피난계단의 출입문
> 1. 문의 방향 : 피난의 방향(안여닫이로 해서는 안 된다 : 밖여닫이)
> 2. 문의 유효폭 : 90cm 이상
> 3. 문의 구조
>   가. 옥내피난계단의 옥내로부터 계단실로 통하는 출입구 : 60+방화문 또는 60분방화문 설치
>   나. 옥외피난계단의 옥외로부터 계단실로 통하는 출입구 : 60+방화문 또는 60분방화문 설치
>   다. 특별피난계단
>   ① 옥내에서 노대 또는 부속실로 통하는 출입구 : 60+방화문 또는 60분방화문 설치 (30분방화문은 안됨)
>   ② 노대, 부속실에서 계단실로 통하는 출입구 : 60+방화문, 60분방화문 또는 30분방화문 설치
>
> **43** 건축물의 관람실 또는 집회실로부터 바깥쪽으로의 출구로 쓰이는 문을 안여닫이로 하여서는 안되는 건축물은? [17 기]
> ① 위락시설
> ② 수련시설
> ③ 문화 및 집회시설 중 전시장
> ④ 문화 및 집회시설 중 동·식물원
>
> 답 : ①

⑥ 창문·출입구·개구부 설치금지 : 계단실에는 노대 또는 부속실에 접하는 부분 외에는 건축물 안쪽에 접하는 창문·출입구·개구부를 설치하지 말 것
⑦ 계단실과 접하는 노대, 부속실의 창문·개구부 : 망이 들어있는 유리의 붙박이창으로서 그 면적을 각각 $1m^2$ 이하로 할 것(단, 출입구는 제외)
⑧ 노대 및 부속실에는 계단실 외의 건축물 내부와 연결하는 창문 등을 설치하지 말 것(단, 출입구는 제외)
⑨ 출입구의 설치
  ㉠ 건축물의 내부에서 노대 또는 부속실로 통하는 출입구에는 60+방화문 또는 60분방화문을 설치할 것
  ㉡ 노대 또는 부속실로부터 계단실로 통하는 출입구에는 60+방화문, 60분방화문 또는 30분방화문을 설치할 것. 이 경우 60+방화문, 60분방화문 또는 30분방화문은 언제나 닫힌 상태를 유지하거나 화재로 인한 연기, 온도, 불꽃 등을 가장 신속하게 감지하여 자동적으로 닫히는 구조로 하여야 한다.
  ㉢ 출입구의 유효너비는 0.9m 이상으로 하고 피난방향으로 열 수 있을 것
⑩ 계단은 내화구조로 하고 피난층이나 지상까지 직접 연결되게 할 것
⑪ 돌음계단으로 해서는 안 된다.

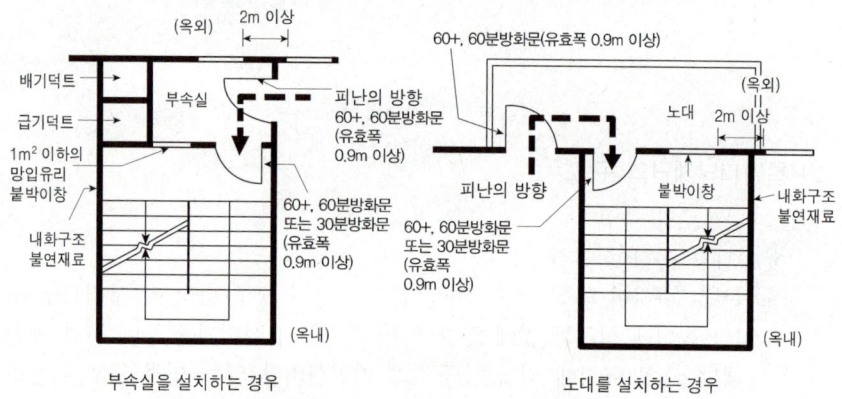

[그림] 특별피난계단의 구조

4. 관람실 등으로부터의 출구 설치기준

1) 문화 및 집회시설 등의 출구방향

문화 및 집회 시설(전시장 및 동·식물원 제외), 제2종 근린생활시설 중 $300m^2$ 이상인 공연장·종교집회장, 종교시설, 위락시설, 장례시설의 용도에 쓰이는 건축물의 관람실 또는 집회실로부터 밖으로의 출구에 쓰이는 문은 안여닫이로 해서는 안 된다.

2) 공연장의 개별 관람실의 출구기준

관람실의 바닥면적이 300m² 이상인 경우의 출구는 다음 조건에 적합하여야 한다.
① 관람실별로 2개소 이상 설치할 것
② 각 출구의 유효폭은 1.5m 이상일 것
③ 개별 관람실 출구의 유효폭의 합계는 개별 관람실의 바닥면적 100m²마다 0.6m 이상의 비율로 산정한 폭 이상일 것

5. 건축물 바깥쪽으로의 출구 (영 제39조, 피난·방화규칙 제11조)

구 분	기 준
대상 건축물	• 문화 및 집회시설(전시장 및 동·식물원을 제외) • 판매시설　　　　　　　　　　• 종교시설 • 국가 또는 지방자치단체의 청사　• 장례시설 • 연면적이 5,000m² 이상인 창고시설　• 위락시설 • 승강기를 설치하여야 하는 건축물　• 학교
출구 방향	용도 : 문화 및 집회시설(전시장, 동·식물원은 제외), 300m² 이상인 공연장·종교집회장, 종교시설, 장례시설, 위락시설 → 안여닫이로 하여서는 아니된다. (밖여닫이)
보조출구 또는 비상구 설치	관람실의 바닥면적의 합계가 300m² 이상인 집회장 또는 공연장은 바깥쪽으로 주된 출구 외에 보조출구 또는 비상구를 2개소 이상 설치하여야 한다.
판매시설의 피난층에 설치하는 출구 유효폭	출구유효폭 ≥ $\dfrac{\text{당해 용도 최대인 층의 바닥면적}(m^2)}{100m^2} \times 0.6m$
경사로 설치 대상	• 제1종 근린생활시설 중 * • 연면적이 5,000m² 이상인 판매시설, 운수시설　• 학교 • 국가·지방자치단체의 청사와 외국공관의 건축물(제1종 근린생활시설에 해당하지 아니한 것) • 승강기를 설치해야 하는 건축물
회전문	• 계단이나 에스컬레이터로부터 2m 이상 • 회전문과 문틀사이 및 바닥사이의 간격 확보 　– 회전문과 문틀 사이는 5cm 이상 　– 회전문과 바닥 사이는 3cm 이하 • 회전문의 중심축에서 회전문과 문틀 사이의 간격을 포함한 회전문날개 끝부분까지의 길이는 140cm 이상 • 회전문의 회전속도는 분당회전수가 8회를 넘지 아니하도록 할 것

* 제1종 근린생활시설 중
• 지역자치센터·파출소·지구대·소방서·우체국·전신전화국·방송국·보건소·공공도서관·지역건강보험조합 등 동일한 건축물 안에 당해 용도에 쓰이는 바닥면적의 합계가 1,000m² 미만인 것
• 마을회관·마을공동작업소·마을공동구판장·변전소·양수장·정수장·대피소·공중화장실

핵심 PLUS

44 문화 및 집회시설 중 공연장의 개별관람실 바닥면적이 2000m² 일 경우 개별관람실의 출구는 최소 몇 개소 이상 설치하여야 하는가? (단, 각 출구의 유효너비를 2m로 하는 경우) [17, 23, 25 기]
① 3개소
② 4개소
③ 5개소
④ 6개소

[해설]
개별 관람실 출구의 유효폭의 합계
$= \dfrac{2,000m^2}{100m^2} \times 0.6m = 12.0m$
∴ 12m ÷ 2m = 6개소
답 : ④

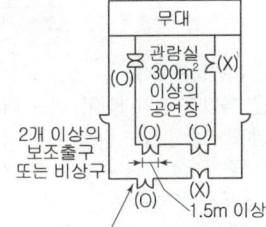
[그림] 문화 및 집회시설 등의 출구

45 건축물로부터 바깥쪽으로 나가는 출구를 국토교통부령으로 정하는 기준에 따라 설치하여야 하는 대상 건축물에 속하지 않는 것은? [16, 24 기]
① 종교시설
② 의료시설 중 종합병원
③ 교육연구시설 중 학교
④ 문화 및 집회시설 중 관람장
답 : ②

46 피난층 또는 피난층의 승강장으로부터 건축물의 바깥쪽에 이르는 통로에 경사로를 설치하여야 하는 대상 건축물에 속하지 않는 것은? [14 기]
① 교육연구시설 중 학교
② 연면적이 5,000m²인 의료시설
③ 연면적이 5,000m²인 판매시설
④ 제1종 근린생활시설 중 공중화장실
답 : ②

V. 건축관계법규 | 건축물의 대지 및 도로, 건축물의 구조 및 재료

핵심 PLUS

47 건축물의 출입구에 설치하는 회전문은 계단이나 에스컬레이터로부터 최소 얼마 이상의 거리를 두어야 하는가? [15, 18 기]
① 1m
② 1.5m
③ 2m
④ 3m

답 : ③

48 5층 이상의 층의 용도가 다음과 같을 때, 피난의 용도에 쓰이는 옥상광장을 설치하지 않아도 되는 것은?
① 소매시장 ② 수도원
③ 예식장   ④ 호텔

답 : ④

49 피난용도로 쓸 수 있는 광장을 옥상에 설치하여야 하는 대상에 속하지 않는 것은? [16 기]
① 5층 이상인 층이 종교시설의 용도로 쓰는 경우
② 5층 이상인 층이 판매시설의 용도로 쓰는 경우
③ 5층 이상인 층이 장례시설의 용도로 쓰는 경우
④ 5층 이상인 층이 문화 및 집회시설 중 전시장의 용도로 쓰는 경우

답 : ④

50 헬리포트 설치기준으로 옳지 않은 것은? [03 산]
① 헬리포트의 길이와 너비는 각각 22m 이상으로 한다.
② 헬리포트의 중심으로부터 반경 12m 이내에는 헬리콥터의 이·착륙에 장애가 되는 건축물을 설치해서는 안 된다.
③ 헬리포트 중앙부분에는 지름 9m의 "H" 표지를 백색으로 한다.
④ 헬리포트의 주위한계선은 백색으로 하되, 그 선의 너비는 38cm로 한다.

답 : ③

예제

평지로 된 대지에 상점의 용도로 사용되는 지상 6층인 건축물의 피난층에 설치하는 바깥쪽으로의 출구 유효너비의 합계는 최소 얼마 이상으로 하여야 하는가?(단, 각 층의 바닥면적은 1층과 2층은 각각 1,000m² 이고, 3층부터 6층까지는 각각 1,500m² 이다.)

① 6m   ② 9m
③ 12m   ④ 36m

▶ 판매시설의 피난층에 설치하는 출구 유효폭 : 판매시설의 피난층에 설치하는 건축물 바깥쪽으로의 출구는 당해 용도에 쓰이는 바닥면적이 최대인 층의 바닥면적 100m² 마다 0.6m 이상의 비율로 산정한 너비 이상으로 한다.

$$출구유효폭 \geq \frac{당해\ 용도\ 최대인\ 층의\ 바닥면적(m^2)}{100m^2} \times 0.6m$$

$$\therefore 출구유효폭 \geq \frac{1500m^2}{100m^2} \times 0.6m = 9m$$

6. 옥상광장 등의 설치

구 분	설치 대상 및 기준
난간 설치	옥상광장 또는 2층 이상의 층에 있는 노대의 주위에는 높이 1.2m 이상의 난간 설치
옥상광장의 설치	5층 이상의 층의 용도 : 문화 및 집회시설(전시장, 동·식물원 제외), 300m² 이상인 공연장·종교집회장·인터넷컴퓨터게임시설제공업소, 종교시설, 판매시설, 주점영업, 장례시설
헬리포트의 설치	층수가 11층 이상인 건축물로서 11층 이상인 층의 바닥면적의 합계가 10,000m² 이상인 건축물(평지붕만 해당)의 옥상 • 헬리포트의 설치기준 - 길이와 너비 : 각각 22m 이상(15m까지 감축 가능) - 반경 12m 이내에는 장애가 되는 장애물 금지 - 주위한계선 : 백색으로 너비 38cm - 지름 8m의 Ⓗ 표지를 백색, "H" 표지의 선너비 : 38cm, "○" 표지의 선너비 : 60cm

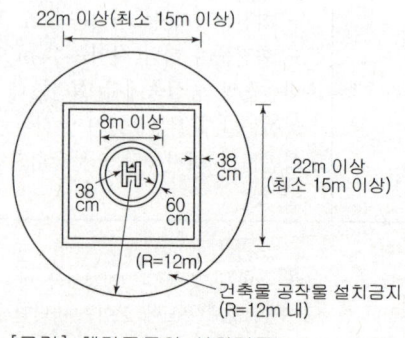

[그림] 헬리포트의 설치기준

7. 대지 안의 피난 및 소화에 필요한 통로의 설치

① 건축물의 대지 안에는 그 건축물 바깥쪽으로 통하는 주된 출구와 지상으로 통하는 피난계단 및 특별피난계단으로부터 도로 또는 공지(공원, 광장, 그 밖에 이와 비슷한 것으로서 피난 및 소화를 위하여 해당 대지의 출입에 지장이 없는 것을 말한다)로 통하는 통로를 기준에 따라 설치하여야 한다.

② 통로의 유효폭

용 도	유효너비
단독주택	0.9m 이상
바닥면적의 합계가 500m² 이상인 문화 및 집회시설, 종교시설, 의료시설, 위락시설, 장례시설	3m 이상
기타	1.5m 이상

핵심 PLUS

- 소방자동차 접근이 가능한 통로 설치대상
  - 다중이용건축물
  - 준다중이용건축물
  - 11층 이상인 건축물

3 건축물의 방화시설 및 제한

1. 방화구획

1) 방화구획의 기준

주요구조부가 내화구조 또는 불연재료로 된 건축물로 연면적이 1,000m²를 넘는 것은 다음의 기준에 의한 내화구조의 바닥, 벽·자동방화셔터 및 60+방화문 또는 60분방화문으로 구획하여야 한다.

예외 원자력법에 의한 원자로 및 관계시설은 원자력법령이 정하는 바에 의한다.

건축물의 규모	구 획 기 준		비 고
10층 이하의 층	바닥면적 1,000m² (3,000m²) 이내마다 구획		*( ) 안의 면적은 스프링클러 등의 자동식 소화설비를 설치한 경우임
지상층, 지하층	매층마다 구획(면적에 무관) [단, 지하 1층에서 지상으로 직접 연결하는 경사로 부위는 제외]		
11층 이상의 층	실내마감이 불연재료의 경우	바닥면적 500m² (1,500m²) 이내마다 구획	
	실내마감이 불연재료가 아닌 경우	바닥면적 200m² (600m²) 이내마다 구획	
필로티의 부분을 주차장으로 사용하는 경우 그 부분과 건축물의 다른 부분을 구획			

2) 방화구획 완화대상 건축물

다음에 해당하는 건축물의 부분에는 방화구획의 적용하지 아니하거나 그 사용에 지장이 없는 범위에서 완화하여 적용할 수 있다.

① 문화 및 집회시설(동·식물원은 제외), 종교시설, 운동시설 또는 장례식장의 용도로 쓰는 거실로서 시선 및 활동공간의 확보를 위하여 불가피한 부분

51 다음 중 방화구획의 설치기준 내용으로 옳지 않은 것은?
① 10층 이하의 층은 바닥면적 1,000m² 이내마다 구획할 것
② 11층 이상의 층은 바닥면적 500m² 이내마다 구획할 것
③ 지상층과 지하층은 매층마다 구획할 것
④ 10층 이하의 층은 스프링클러 기타 이와 유사한 자동식 소화설비를 설치한 경우에는 바닥면적 3,000m² 이내마다 구획할 것

답 : ②

V. 건축관계법규 | 건축물의 대지 및 도로, 건축물의 구조 및 재료

핵심 PLUS

52 건축법규에서 용도상 불가피하여 방화구획을 적용하지 아니하거나 완화하여 적용할 수 있는 건축물의 기준으로 틀린 것은? [07 기]
① 문화 및 집회시설(동·식물원을 제외한다), 종교시설, 의료시설 중 장례식장 또는 운동시설의 용도에 쓰이는 거실로서 시선 및 활동공간의 확보를 위하여 불가피한 부분
② 단독주택, 동물 및 식물관련시설 또는 교정 및 군사시설 중 군사시설(집회, 체육, 창고 등의 용도로 사용되는 시설에 한한다)에 쓰이는 건축물
③ 주요구조부가 내화구조 또는 불연재료로 된 건축물로서 스프링클러 또는 자동식 소화설비를 설치한 건축물
④ 복층형인 공동주택의 세대안의 층간 바닥부분

답 : ③

53 방화와 관련하여 같은 건축물에 함께 설치할 수 없는 것은? [12 기]
① 의료시설과 업무시설 중 오피스텔
② 위험물 저장 및 처리시설과 공장
③ 위락시설과 문화 및 집회시설 중 공연장
④ 공동주택과 제2종 근린생활시설 중 고시원

답 : ④

② 물품의 제조·가공·보관 및 운반 등에 필요한 고정식 대형기기 설비의 설치를 위하여 불가피한 부분
③ 계단실·복도 또는 승강기의 승강장 및 승강로로서 그 건축물의 다른 부분과 방화구획으로 구획된 부분
　[제외] 해당 부분에 위치하는 설비배관 등이 바닥을 관통하는 부분
④ 건축물의 최상층 또는 피난층으로서 대규모 회의장·강당·스카이라운지·로비 또는 피난안전구역 등의 용도로 쓰는 부분으로서 그 용도로 사용하기 위하여 불가피한 부분
⑤ 복층형 공동주택의 세대별 층간 바닥 부분
⑥ 주요구조부가 내화구조 또는 불연재료로 된 주차장
⑦ 단독주택, 동물 및 식물 관련 시설 또는 교정 및 군사시설 중 군사시설(집회, 체육, 창고 등의 용도로 사용되는 시설만 해당)로 쓰는 건축물

2. 방화에 장애가 되는 용도제한

1) 방화에 장애가 되는 용도제한

① 같은 건축물 안에는 ㉮ 용도와 ㉯ 용도의 건축물을 함께 설치할 수 없다.

대상 건축물
㉮ 의료시설, 노유자시설(아동관련시설 및 노인복지시설만 해당), 장례시설 또는 공동주택, 산후조리원
㉯ 위락시설, 위험물저장 및 처리시설, 공장, 자동차관련시설(정비공장만 해당)

② 다음에 해당하는 용도의 시설은 같은 건축물에 함께 설치할 수 없다.
　㉮ 노유자시설 중 아동관련시설 또는 노인복지시설과 판매시설 중 도매시장 또는 소매시장
　㉯ 단독주택(다중주택, 다가구주택에 한정), 공동주택, 제1종 근린생활시설 중 조산원·산후조리원과 제2종 근린생활시설 중 다중생활시설

2) 용도제한의 완화

다음의 완화 대상 건축물은 용도를 함께 설치할 수 있다.

• 완화 대상 건축물
① 공동주택(기숙사만 해당)과 공장이 같은 건축물에 있는 경우
② 중심상업지역·일반상업지역 또는 근린상업지역에서 도시 및 주거환경정비법에 따른 재개발사업을 시행하는 경우
③ 공동주택과 위락시설이 같은 초고층 건축물에 있는 경우(단, 주거 안전을 보장과 주거환경을 보호할 수 있도록 주택의 출입구·계단 및 승강기 등을 주택 외의 시설과 분리된 구조로 한 경우)
④ 지식 산업센터와 직장 어린이집

3. 건축물의 내화구조 및 방화벽

1) 건축물의 내화구조

다음에 해당하는 건축물(3층 이상의 건축물 및 지하층이 있는 건축물로서 2층 이하인 건축물의 경우에는 지하층 부분에 한함)의 주요구조부는 이를 내화구조로 하여야 한다.

> 예외 1. 연면적 50m² 이하인 단층 부속건축물로서 외벽 및 처마밑면을 방화구조로 한 것
>   2. 무대바닥

핵심 PLUS

54 바닥면적의 합계가 1,000m²인 건축물을 다음 용도로 하는 경우 주요구조부를 내화구조로 하지 않아도 되는 것은? [03 산]
① 체육관
② 창고
③ 여객자동차터미널
④ 공장

답 : ④

건축물의 용도	당해 용도의 바닥면적의 합계	비 고
① • 문화 및 집회시설(전시장 및 동·식물원 제외) • 300m² 이상인 공연장·종교집회장 • 종교시설 • 장례시설 • 위락시설 중 주점영업의 용도에 쓰이는 건축물로서 관람실·집회실	200m² 이상	옥외 관람석의 경우에는 1,000m² 이상
② • 문화 및 집회시설 중 전시장 및 동·식물원 • 판매시설 • 운수시설 • 교육연구시설에 설치하는 체육관·강당 • 수련시설 • 운동시설 중 체육관 및 운동장 • 위락시설(주점영업 제외) • 창고시설 • 위험물 저장 및 처리시설 • 자동차 관련시설 • 방송국·전신전화국 및 촬영소 • 묘지관련시설 중 화장장 • 관광휴게시설	500m² 이상	—
③ • 공장	2,000m² 이상	*화재로 위험이 적은 공장으로서 국토교통부령이 정하는 공장은 제외
④ 건축물의 2층이 • 단독주택 중 다중주택·다가구주택 • 공동주택 • 제1종 근린생활시설(의료의 용도에 쓰이는 시설) • 제2종 근린생활시설 중 다중생활시설 • 의료시설 • 노유자시설 중 아동관련시설, 노인복지시설 • 수련시설 및 유스호스텔 • 업무시설 중 오피스텔 • 숙박시설 • 장례시설	400m² 이상	
⑤ • 3층 이상 건축물 • 지하층이 있는 건축물 예외 2층 이하인 경우는 지하층 부분에 한함	모든 건축물	단독주택(다중주택·다가구주택 제외), 동물 및 식물관련시설, 발전시설, 교도소·소년원 또는 묘지관련시설(화장장 제외)와 철강 관련 업종의 공장 중 제어실로 사용하기 위하여 연면적 50m² 이하로 증축하는 부분은 제외

* 국토교통부령이 정하는 공장 : 주요구조부가 불연재료로 되어 있는 2층 이하의 공장(33개 업종)

V. 건축관계법규 | 건축물의 대지 및 도로, 건축물의 구조 및 재료

핵심 PLUS

55 주요구조부를 내화구조로 해야 하는 대상건축물 기준으로 옳지 않은 것은? [08, 09 기]
① 장례식장의 용도에 쓰이는 건축물로서 관람실 및 집회실의 바닥면적의 합계가 200m² 이상인 것
② 문화 및 집회시설 중 전시장의 용도에 쓰이는 건축물로서 그 용도에 쓰이는 바닥면적의 합계가 400m² 이상인 것
③ 공장의 용도에 쓰이는 건축물로서 그 용도에 사용하는 바닥면적의 합계가 2,000m² 이상인 것
④ 건축물의 2층이 단독주택 중 다중주택의 용도에 쓰이는 건축물로서 그 용도에 쓰이는 바닥면적의 합계가 400m² 이상인 것

[해설] 문화 및 집회시설 중 전시장, 동물원, 식물원의 용도에 쓰이는 건축물로서 그 용도에 쓰이는 바닥면적의 합계가 500m² 이상인 것

답 : ②

56 방화벽의 구조 기준에 대한 기술 중 옳지 않은 것은? [04 기]
① 내화구조로서 홀로 설 수 있는 구조일 것
② 방화벽에 설치하는 출입문의 너비 및 높이는 각각 2.3m 이하로 할 것
③ 방화벽의 양쪽 끝과 윗쪽 끝을 외벽면 및 지붕면으로 부터 0.5m 이상 튀어나오게 할 것
④ 방화벽에 설치하는 출입문에는 60+방화문 또는 60분방화문을 설치할 것

답 : ②

57 목조건축물에서 연면적이 얼마인 경우 국토교통부령이 정하는 바에 따라 그 구조를 방화구조로 하거나 불연재료로 하는가? [04 기]
① 500m² 이상
② 1,000m² 이상
③ 1,500m² 이상
④ 3,000m² 이상

답 : ②

2) 대규모 건축물의 방화벽 등

① 방화벽으로의 구획

연면적 1,000m² 이상인 건축물은 각 구획의 바닥면적이 1,000m² 미만이 되도록 다음 기준의 방화벽으로 구획하여야 한다.

[예외] · 주요구조부가 내화구조이거나 불연재료인 건축물
· 단독주택·동물 및 식물 관련시설·발전시설, 교도소·감화원 또는 묘지관련시설(화장시설 및 동물화장시설은 제외)
· 창고(내부설비구조상 방화벽으로 구획할 수 없는 경우)

② 방화벽의 구조

㉮ 내화구조로서 홀로 설 수 있는 구조일 것
㉯ 방화벽의 양쪽 끝과 위쪽 끝을 건축물의 외벽면 및 지붕면으로부터 0.5m 이상 튀어나오게 할 것
㉰ 방화벽에 설치하는 출입문의 폭 및 높이는 각각 2.5m 이하로 하고, 출입문의 구조는 60+방화문 또는 60분방화문으로 할 것
㉱ 방화벽에 설치하는 60+방화문 또는 60분방화문은 언제나 닫힌 상태를 유지하거나 화재시 연기발생, 온도상승에 의하여 자동적으로 닫히는 구조로 할 것
㉲ 급수관, 배전관 등의 관이 방화벽을 관통하는 경우 관과 방화벽과의 틈을 시멘트모르타르 등의 불연재료로 메워야 한다.
㉳ 환기·난방·냉방 시설의 풍도가 방화벽을 관통하는 경우에는 그 관통 부분 또는 근접한 부분에 다음 기준의 댐퍼를 설치할 것

· 화재로 인한 연기 또는 불꽃을 감지하여 자동적으로 닫히는 구조로 할 것. 다만, 주방 등 연기가 항상 발생하는 부분에는 온도를 감지하여 자동적으로 닫히는 구조로 할 수 있다.
· 국토교통부장관이 정하여 고시하는 비차열(非遮熱) 성능 및 방연성능 등의 기준에 적합할 것

③ 연면적 1,000m² 이상인 목조건축물

외벽 및 처마 밑의 연소 우려가 있는 부분은 방화구조로 하거나 지붕은 불연재료로 하여야 한다.

④ 연소할 우려가 있는 부분

인접대지경계선, 도로중심선, 동일 대지 내 2동 이상의 건축물이 있는 경우는 상호 외벽간의 중심선(단, 연면적의 합계가 500m² 이하인 건축물은 하나의 건축물로 본다)으로부터 1층에서는 3m 이내, 2층 이상에서는 5m 이내에 있는 건축물의 각 부분을 말한다.

[예외] 공원, 광장, 하천의 공지나 수면 또는 내화구조의 벽 등에 접하는 부분은 제외

4. 방화지구 안의 건축물

1) 방화지구 안의 건축물의 구조제한

국토의 계획 및 이용에 관한 법률에 의한 방화지구 안에서는 건축물의 주요구조부 및 외벽은 내화구조로 해야 한다.

[예외]
- 연면적이 30m² 미만인 단층 부속건축물로서 외벽 및 처마면이 내화구조 또는 불연재료로 된 것
- 주요구조부가 불연재료로 된 도매시장

2) 방화지구 내 공작물의 구조제한

방화지구 안의 공작물로서 다음에 해당하는 경우에는 그 주요구조부를 불연재료로 해야 한다.

① 간판·광고탑
② 대통령령이 정하는 공작물 중 지붕위에 설치하는 공작물
③ 높이 3m 이상의 공작물

3) 방화지구 안의 지붕·방화문·인접대지경계선에 접하는 외벽의 구조

① 방화지구 안 건축물의 지붕으로서 내화구조가 아닌 것은 불연재료로 해야 한다.
② 방화지구 안 건축물의 외벽에 설치하는 창문 등으로서 연소할 우려가 있는 부분에는 다음의 기준에 적합한 방화문 등의 방화설비를 설치하여야 한다.
  ㉮ 60+방화문 또는 60분방화문
  ㉯ 창문 등에 설치하는 드렌처(drencher)
  ㉰ 당해 창문 등과 연소할 우려가 있는 다른 건축물의 부분을 차단하는 내화구조나 불연재료로 된 벽, 담장 등의 방화설비
  ㉱ 환기구멍에 설치하는 불연재료로 된 방화커버 또는 그물눈 2mm 이하인 금속망

4) 방화문의 구분

구 분	성 능
60분+ 방화문	연기 및 불꽃을 차단할 수 있는 시간이 60분 이상이고, 열을 차단할 수 있는 시간이 30분 이상인 방화문
60분 방화문	연기 및 불꽃을 차단할 수 있는 시간이 60분 이상인 방화문
30분 방화문	연기 및 불꽃을 차단할 수 있는 시간이 30분 이상 60분 미만인 방화문

[주] 아파트 발코니에 설치하는 대피공간 : 60+방화문(비차열 60분 이상과 차열 30분 이상)
※ 60+ 방화문(영 : 60분+ 방화문)

5. 건축물의 내부마감재료

1) 건축물의 내장 제한(내부 마감재료의 제한)

구 분		마감재료
지상층	거실	불연재료, 준불연재료, 난연재료
	통로	불연재료, 준불연재료
지하층	거실, 통로	불연재료, 준불연재료

4 지하층의 설치 등

1. 지하층의 구조

바닥면적의 규모	설치기준
거실의 바닥면적 50m² 이상인 층	직통계단 외에 비상탈출구 및 환기통 설치 [예외] 직통계단이 2 이상이 된 경우 [주] 제2종 근린생활시설 중 공연장·단란주점·당구장·노래연습장, 문화 및 집회시설 중 예식장·공연장, 수련시설 중 생활권수련시설·자연권수련시설, 숙박시설 중 여관·여인숙, 위락시설 중 단란주점·유흥주점 또는 다중이용업소의 안전관리에 관한 특별법 시행령 규정에 의한 다중이용업의 용도에 쓰이는 층으로서 그 1층의 거실의 바닥면적의 합계가 50m² 이상인 건축물에는 직통계단을 2개소 이상 설치할 것
바닥면적 1,000m² 이상인 층	방화구획으로 구획하는 각 부분마다 1 이상의 피난계단 또는 특별피난계단 설치
거실의 바닥면적의 합계가 1,000m² 이상인 층	환기설비 설치
지하층의 바닥면적이 300m² 이상인 층	식수공급을 위한 급수전을 1개소 이상 설치

2. 지하층에 설치하는 비상탈출구의 구조

비상탈출구	설치기준
비상탈출구의 크기	유효너비 0.75m×유효높이 1.5m 이상
비상탈출구의 방향	피난방향으로 열리도록 하고, 실내에서 항상 열 수 있는 구조로 하며 내부 및 외부에는 비상탈출구의 표시설치
비상탈출구	출입구로부터 3m 이상 떨어진 곳에 설치
사다리의 설치	지하층의 바닥으로부터 비상 탈출구의 아랫부분까지의 높이가 1.2m 이상이 되는 경우에는 벽체의 발판의 너비가 20cm 이상인 사다리를 설치할 것

핵심 PLUS

58 관련 규정에 의하여 건축물에 설치하는 지하층의 구조 및 설비에 관한 기준 내용으로 옳지 않은 것은? [09 기]
① 거실의 바닥면적이 50m² 이상인 층에는 직통계단 외에 피난층 또는 지상으로 통하는 비상탈출구 및 환기통을 설치할 것
② 바닥면적이 1,000m² 이상인 층에는 피난층 또는 지상으로 통하는 직통계단을 방화구획으로 구획되는 각 부분마다 1개소 이상 설치하되, 이를 피난계단 및 특별피난계단의 구조로 할 것
③ 거실의 바닥면적의 합계가 1,000m² 이상인 층에는 환기설비를 설치할 것
④ 지하층의 바닥면적이 200m² 이상인 층에는 식수공급을 위한 급수전을 1개소 이상 설치할 것

답 : ④

59 건축물에 설치하는 지하층의 구조 및 설비에 관한 기준 내용으로 옳지 않은 것은? [15, 19, 23, 24 기]
① 거실의 바닥면적의 합계가 1,000m² 이상인 층에는 환기설비를 설치할 것
② 거실의 바닥면적이 30m² 이상인 층에는 피난층으로 통하는 비상탈출구를 설치할 것
③ 지하층의 바닥면적이 300m² 이상인 층에는 식수공급을 위한 급수전을 1개소 이상 설치할 것
④ 문화 및 집회시설 중 공연장의 바닥면적의 합계가 50m² 이상인 건축물에는 직통계단을 2개소 이상 설치할 것

답 : ②

피난통로의 유효너비	피난층 또는 지상으로 통하는 복도나 직통계단까지 이르는 피난통로의 유효너비는 0.75m 이상
비상탈출구의 통로마감	피난 통로의 실내에 접하는 부분의 마감과 그 바탕을 불연재료로 할 것
비상탈출구의 진입 부분의 피난통로	통행에 지장이 있는 물건을 방치하거나 시설물을 설치하지 아니할 것
비상탈출구의 유도등과 피난통로의 비상조명등의 설치	소방법령에서 정하는 바에 의한다.

※ 단, 주택의 경우에는 제외

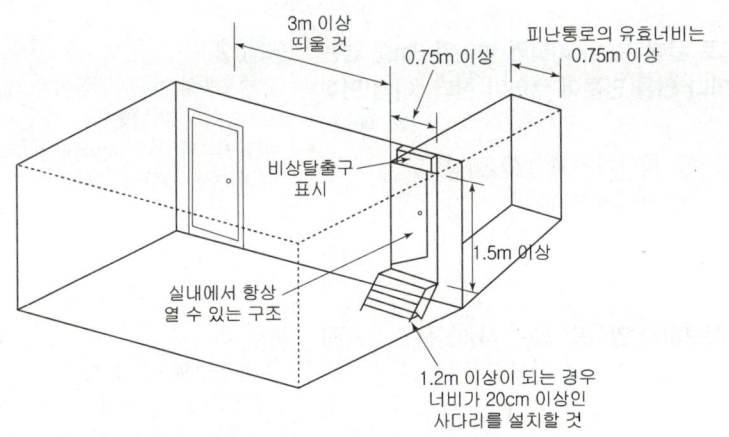

[그림] 비상탈출구

3. 건축물의 범죄예방

대상 건축물	구조 기준
• 아파트 • 다가구주택·연립주택 및 다세대주택 • 제1종 근린생활시설 중 일용품 판매 소매점 • 제2종 근린생활시설 중 다중생활시설 • 문화 및 집회시설(동·식물원은 제외) • 교육연구시설(연구소 및 도서관은 제외) • 노유자시설 • 수련시설 • 업무시설 중 오피스텔 • 숙박시설 중 다중생활시설	국토교통부장관은 범죄를 예방하고 안전한 생활환경을 조성하기 위하여 건축물, 건축설비 및 대지에 관한 범죄예방 기준을 정하여 고시할 수 있다.

핵심 PLUS

60 지하층에 설치하는 비상탈출구의 유효너비 및 유효높이 기준으로 옳은 것은?(단, 주택이 아닌 경우) [19, 22 기]
① 유효너비 0.5m 이상, 유효높이 1.0m 이상
② 유효너비 0.5m 이상, 유효높이 1.5m 이상
③ 유효너비 0.75m 이상, 유효높이 1.0m 이상
④ 유효너비 0.75m 이상, 유효높이 1.5m 이상

[해설] 지하층의 비상탈출구의 크기는 유효너비 0.75m 이상, 유효높이 1.5m 이상이다.
답 : ④

61 지하층에 설치하는 비상탈출구에 대한 기술 중 틀린 것은? [04, 06, 25 기]
① 비상탈출구에서 피난층 또는 지상으로 통하는 복도나 직통계단까지 이르는 피난통로의 유효너비는 0.75m 이상으로 할 것
② 비상탈출구는 출입구로부터 2m 이상 떨어진 곳에 설치할 것
③ 비상탈출구의 유효너비는 0.75m 이상으로 하고, 유효높이는 1.5m 이상으로 할 것
④ 지하층의 바닥으로부터 비상탈출구의 아랫부분까지의 높이가 1.2m 이상이 되는 경우에는 벽체에 발판의 너비가 20cm 이상인 사다리를 설치할 것
답 : ②

62 국토교통부장관이 정한 범죄예방 기준에 따라 건축하여야 하는 대상 건축물에 속하지 않는 것은? [16, 21, 24 기]
① 수련시설
② 교육연구시설 중 도서관
③ 업무시설 중 오피스텔
④ 숙박시설 중 다중생활시설
답 : ②

핵심기출문제

II. 건축물의 대지 및 도로, 건축물의 구조 및 재료

■■■ 1. 건축물의 대지 및 도로

1. 건축물의 층수가 4층일 때, 석축인 옹벽의 윗가장자리로부터 건축물의 외벽면까지 띄어야 하는 최소 거리는?

① 1m ② 1.5m
③ 2m ④ 3m

[해설] 석축인 옹벽의 윗가장자리로부터 건축물의 외벽면까지 띄어야 할 거리

건축물 층수	1층	2층	3층 이상
띄우는 거리(D)	1.5m 이상	2m 이상	3m 이상

2. 환경보전을 위한 필요 조치사항으로 굴착부분의 비탈면 높이가 3m를 넘는 높이의 비탈면에는 높이 3m이내마다 단을 만들어 주어야 한다. 이때 면적 기준으로 옳은 것은? [03, 06 ㉠]

① 비탈면적의 1/3 이상 ② 비탈면적의 1/4 이상
③ 비탈면적의 1/5 이상 ④ 비탈면적의 1/6 이상

[해설] 2
굴착부분의 비탈면 높이가 3m를 넘는 높이의 비탈면에는 3m 이내마다 비탈면적의 1/5 이상에 해당하는 면적의 단을 만들어 주어야 한다.

3. 다음 중 대지 안에 조경 면적을 확보하지 않아도 되는 시설물은? [06 ㉠]

① 대지면적 400m² 이상 건축물
② 산업단지안의 공장
③ 생산녹지지역 안의 건축물
④ 연면적 합계가 1,000m²인 상업지역내 물류시설

[해설] 3
조경 제외대상의 공장
㉠ 5,000m² 미만의 대지에 건축하는 경우
㉡ 연면적 합계 1,500m² 미만인 경우
㉢ 산업단지 안에 건축하는 경우

4. 대지면적이 1000m²인 건축물의 옥상에 조경 면적을 90m² 설치한 경우, 대지에 설치하여야 하는 최소 조경 면적은? (단, 조경설치기준은 대지면적의 10%) [18, 23 ㉠]

① 10m² ② 40m²
③ 50m² ④ 100m²

[해설]
지상층의 조경면적 = 1,000m² × 0.1 = 100m²(전체조경면적)
또한 옥상조경면적의 2/3를 대지안의 조경면적으로 산정하지만 지상층 조경면적의 1/2를 초과할 수 없으므로 90 × 2/3 = 60m²이지만 50m²만 인정받을 수 있다.
∴ 지표면 조경면적 = 100m² − 50m² = 50m²

[정답] 1. ④ 2. ③ 3. ② 4. ③

5. 건축물의 옥상에 60m²의 옥상조경을 설치하고 대지에 100m²의 조경을 설치한 경우 조경면적으로 산정 받을 수 있는 전체 조경면적은? (단, 이 건축물에 설치하여야 하는 조경면적은 100m²) [16, 24⑦]

① 130m² ② 140m²
③ 150m² ④ 160m²

6. 연면적의 합계가 5,000m² 이상인 건축물의 용도로서 공개공지를 법적으로 확보하지 않아도 되는 것은? [07, 25⑦]

① 위락시설 ② 운수시설
③ 숙박시설 ④ 문화 및 집회시설

[해설] **6, 7**

공개공지 등의 확보 대상 : 연면적의 합계가 5,000m² 이상

건축물 용도	대상 지역
· 문화 및 집회시설 · 종교시설 · 판매시설(농수산물 유통시설 제외) · 운수시설(여객용시설만 해당) · 업무시설 · 숙박시설 · 다중이 이용하는 시설로서 건축조례가 정하는 건축물	· 일반주거지역 · 준주거지역 · 상업지역 · 준공업지역 · 특별자치도지사·특별자치도지사 또는 시장·군수·구청장이 도시화의 가능성이 크다고 인정하여 지정, 공고하는 지역

7. 지역의 환경을 쾌적하게 조성하기 위하여 소규모 휴식시설 등의 공개 공지 또는 공개 공간을 설치하여야 하는 대상 지역에 속하지 않는 것은? [10⑦]

① 준공업지역 ② 준주거지역
③ 일반주거지역 ④ 전용주거지역

8. 다음의 대지와 도로의 관계에 관한 기준 내용 중 ( )안에 알맞은 것은? [14, 17, 23⑦]

연면적의 합계가 2,000m²(공장인 경우에는 3,000m²) 이상인 건축물(축사, 작물 재배사, 그 밖에 이와 비슷한 건축물로서 건축조례로 정하는 규모의 건축물은 제외한다)의 대지는 너비 (㉠) 이상의 도로에 (㉡) 이상 접하여야 한다.

① ㉠ 4m, ㉡ 2m ② ㉠ 6m, ㉡ 4m
③ ㉠ 8m, ㉡ 6m ④ ㉠ 8m, ㉡ 4m

해 설

[해설] **5**
㉠ 옥상조경면적의 2/3를 대지안의 조경면적으로 산정한다.(지상층 조경면적의 1/2를 초과할 수 없다.)
옥상조경면적 = 60 × 2/3 = 40m²
(대지안의 조경면적으로 산정)
㉡ 지상층의 조경면적 = 100m²
∴ 전체조경면적 = 100m² + 40m²
= 140m²

[해설] **8**
연면적의 합계가 2,000m²(공장인 경우에는 3,000m²) 이상인 건축물(축사, 작물 재배사, 그 밖에 이와 비슷한 건축물로서 건축조례로 정하는 규모의 건축물은 제외한다)의 대지는 너비 6m 이상의 도로에 4m 이상 접하여야 한다.

정답 5. ② 6. ① 7. ④
8. ②

핵심기출문제

Ⅱ. 건축물의 대지 및 도로, 건축물의 구조 및 재료

9. 두 도로의 교차각이 90° 미만이고, 교차되는 도로의 너비가 각각 4m와 6m인 도로모퉁이에 있는 대지의 건축선은 도로경계선의 교차점에서 도로 경계선을 따라 각각 얼마를 후퇴하여 2점을 연결한 선으로 하는가?

[13②]

① 1m ② 2m
③ 3m ④ 4m

10. 다음은 건축선에 따른 건축제한에 관한 기준 내용이다. ( )안에 알맞은 것은?

[21②]

> 도로면으로부터 높이 ( ) 이하에 있는 출입구, 창문, 그 밖에 이와 유사한 구조물은 열고 닫을 때 건축선의 수직면을 넘지 아니 하는 구조로 하여야 한다.

① 1.5 ② 2.5
③ 3.5 ④ 4.5

11. 건축선에 관한 내용으로 옳은 것은?

[04②]

① 소요너비에 미달되는 너비의 도로인 경우에는 그 중심선으로부터 당해 소요너비에 상당하는 수평거리를 후퇴한 선으로 한다.
② 지상 및 지표하의 건축물은 건축선의 수직면을 넘어서는 아니된다.
③ 도로면으로부터 높이 5.0m 이하에 있는 창문은 개폐시 건축선의 수직면을 넘어서는 아니된다.
④ 6m 도로가 직각으로 교차하는 도로모퉁이에서의 건축선은 3m씩 후퇴한 2점을 연결한 선으로 한다.

12. 건축선에 관한 내용으로 옳지 않은 것은?

[03②]

① 건축물 및 담장은 건축선의 수직면을 넘어서는 아니된다.
② 도로와 접한 부분에 있어서 건축물을 건축할 수 있는 선은 대지와 도로의 경계선으로 한다.
③ 소요너비에 미달되는 너비의 도로의 경우에는 그 경계선으로부터 당해 소요너비의 1/2에 상당하는 수평거리를 후퇴한 선을 건축선으로 한다.
④ 도로면으로부터 높이 4.5m 이하에 있는 출입구·창문 기타 이와 유사한 구조물은 개폐시에 건축선의 수직면을 넘는 구조로 하여서는 아니된다.

해 설

[해설] **9**
도로모퉁이에서의 건축선

도로의 교차각	당해 도로의 너비		교차되는 도로의 너비
	6m 이상, 8m 미만	4m 이상, 6m 미만	
90° 미만	4m	3m	6m 이상, 8m 미만
	3m	2m	4m 이상, 6m 미만
90° 이상, 120° 미만	3m	2m	6m 이상, 8m 미만
	2m	2m	4m 이상, 6m 미만

[해설] **10**
도로면으로부터 높이 4.5m 이하에 있는 출입구, 창문, 그 밖의 이와 유사한 구조물은 열고 닫을 때 건축선의 수직면을 넘지 아니하는 구조로 한다.

[해설] **11**
① 소요너비에 미달되는 너비의 도로의 건축선은 그 도로의 중심선으로부터 수평거리로 소요너비의 1/2만큼 후퇴한 선을 건축선으로 한다.
② 건축물과 담장은 건축선의 수직면을 넘을 수 없다. 지표하의 부분은 건축이 가능하다.
③ 도로면으로부터 높이 4.5m이하에 있는 창문은 개폐시 건축선의 수직면을 넘어서는 아니된다.

[해설] **12**
소요너비에 미달되는 도로의 건축선은 도로중심선으로부터 당해 소요너비의 1/2만큼 후퇴한 선을 건축선으로 한다.

정답 9. ③ 10. ④ 11. ④
12. ③

■■■ 2. 건축물의 구조 및 재료

13. 건축물을 건축하거나 대수선하는 경우 건축물의 설계자가 국토교통부령으로 정하는 구조기준 등에 따라 그 구조의 안전을 확인하여야 하는 대상 건축물에 속하지 않는 것은? [14㉮]

① 층수가 2층인 건축물
② 높이가 12m인 건축물
③ 처마높이가 9m인 건축물
④ 기둥과 기둥 사이의 거리가 10m인 건축물

14. 다음 중 옥내계단의 너비의 최소 설치기준으로 적합하지 않는 것은? [21, 24㉮]

① 관람장의 용도에 쓰이는 건축물의 계단의 너비 120cm 이상
② 중학교 용도에 쓰이는 건축물의 계단의 너비 150cm 이상
③ 거실의 바닥면적의 합계가 100cm 이상인 지하층의 계단의 너비 120cm 이상
④ 바로 윗층의 거실의 바닥면적의 합계가 200㎡ 이상인 층의 계단의 너비 150cm 이상

15. 국토교통부령으로 정하는 기준에 따라 채광 및 환기를 위한 창문 등이나 설비를 설치하여야 하는 대상에 속하지 않는 것은? [11, 25㉮]

① 의료시설의 병실
② 숙박시설의 객실
③ 사무소의 설계·제도실
④ 교육연구시설 중 학교의 교실

[해설] 거실의 채광 및 환기(영 제51조, 피난·방화규칙 제17조)

구분	건축물의 용도	창문 등의 면적	예외규정
채광	·단독주택의 거실 ·공동주택의 거실	거실 바닥면적의 1/10 이상	거실의 용도에 따른 조도기준 [별표 1]의 조도 이상의 조명
환기	·학교의 교실 ·의료시설의 병실 ·숙박시설의 객실	거실 바닥면적의 1/20 이상	기계장치 및 중앙관리방식의 공기조화설비를 설치한 경우

해 설

[해설] 13
높이 13m 이상인 건축물

[해설] 14
바로 윗층의 거실의 바닥면적의 합계가 200㎡ 이상인 층의 계단의 너비 120cm 이상

정답 13. ② 14. ④ 15. ③

핵심기출문제 — Ⅱ. 건축물의 대지 및 도로, 건축물의 구조 및 재료

16. 건축물의 내부에 설치하는 피난계단의 구조 기준으로 옳지 않은 것은? [06⑤]

① 계단실의 바깥쪽과 접하는 창문 등은 당해 건축물의 다른 부분에 설치하는 창문 등으로부터 1.5m 이상의 거리를 두고 설치할 것
② 계단실은 창문·출입구 기타 개구부를 제외한 당해 건축물의 다른 부분과 내화구조의 벽으로 구획할 것
③ 건축물의 내부에서 계단실로 통하는 출입구의 유효너비는 0.9m 이상으로 할 것
④ 건축물의 내부와 접하는 계단실의 창문 등은 망이 들어있는 유리의 붙박이창으로서, 그 면적을 각각 1m² 이하로 할 것

해설 16
계단실의 바깥쪽과 접하는 창문 등은 당해 건축물의 다른 부분에 설치하는 창문 등으로부터 2m 이상의 거리를 두고 설치할 것

17. 다음의 피난계단의 설치와 관련된 기준 내용 중 ( ) 안에 알맞은 것은? [09, 17, 20㉮]

> 5층 이상 또는 지하 2층 이하인 층에 설치하는 직통계단은 피난계단 또는 특별피난계단으로 설치하여야 하는데, ( )의 용도로 쓰는 층으로부터의 직통계단은 그 중 1개소 이상을 특별피난계단으로 설치하여야 한다.

① 의료시설 ② 교육연구시설
③ 숙박시설 ④ 판매시설

해설 17
5층 이상 또는 지하 2층 이하인 층에 설치하는 직통계단은 피난계단 또는 특별피난계단으로 설치하여야 하는데, 판매시설의 용도로 쓰는 층으로부터의 직통계단은 그 중 1개소 이상을 특별피난계단으로 설치하여야 한다.

18. 특별피난계단에 대한 설명 중 틀린 것은? [03㉮]

① 갓복도식 공동주택이 16층 이상의 층으로부터 피난층으로 통하는 직통계단은 특별피난계단으로 설치하여야 한다.
② 지하 3층 이하의 층으로부터 피난층 또는 지상으로 통하는 직통계단은 특별피난계단으로 설치하여야 한다.
③ 계단실에는 노대 또는 부속실에 접하는 부분외에는 건축물의 내부와 접하는 창문등을 설치하지 아니한다.
④ 노대 또는 부속실에는 계단실외의 건축물의 내부와 접하는 창문 등을 설치하지 아니한다.

해설 18
갓복도식이 아닌 공동주택이 16층 이상의 층으로부터 피난층으로 통하는 직통계단은 특별피난계단으로 설치하여야 한다.

정답 16. ① 17. ④ 18. ①

19. 개별관람실의 바닥면적이 1,000m²인 공연장을 다음과 같이 계획하였을 경우, 옳지 않은 것은? [10②]

① 각 출구의 유효너비는 1.5m 이상으로 하였다.
② 관람실으로부터 바깥쪽으로의 출구로 쓰이는 문을 안여닫이로 하였다.
③ 개별관람실의 바깥쪽에는 그 양쪽 및 뒤쪽에 각각 복도를 설치하였다.
④ 개별관람실의 출구는 3개소 설치하였으며 출구의 유효너비의 합계는 6m로 하였다.

20. 문화 및 집회시설 중 공연장의 개별관람실의 출구를 다음과 같이 설치하였을 경우, 옳지 않은 것은? (단, 개별관람실의 바닥면적이 800m²인 경우) [09, 16, 23, 24②]

① 출구는 모두 바깥여닫이로 하였다.
② 관람실별로 2개소 이상 설치하였다.
③ 각 출구의 유효너비를 1.6m로 하였다.
④ 각 출구의 유효너비의 합계를 4.5m로 하였다.

21. 다음과 같은 조건에서 피난층에 설치하는 건축물의 바깥쪽으로의 출구의 유효너비의 합계는 최소 얼마 이상으로 하여야 하는가? [08②]

- 판매시설 중 상점
- 상점의 용도에 쓰이는 바닥면적의 최대인 층에 있어서의 당해 용도의 바닥면적 500m²

① 1.5m   ② 2.0m
③ 2.5m   ④ 3.0m

22. 건축물의 출입구에 설치하는 회전문의 설치기준으로 옳지 않은 것은? [09, 20②]

① 계단이나 에스컬레이터로부터 2m 이상의 거리를 둘 것
② 회전문의 회전속도는 분당회전수가 15회를 넘지 아니하도록 할 것
③ 출입에 지장이 없도록 일정한 방향으로 회전하는 구조로 할 것
④ 회전문의 중심축에서 회전문과 문틀 사이의 간격을 포함한 회전문 날개 끝부분까지의 길이는 140cm 이상이 되도록 할 것

해 설

[해설] 19
문화 및 집회 시설(전시장 및 동·식물원 제외), 종교시설, 위락시설, 장례식장의 용도에 쓰이는 건축물의 관람실 또는 집회실로부터 밖으로의 출구에 쓰이는 문은 안여닫이로 해서는 안 된다.

[해설] 20
공연장의 개별 관람실의 출구기준
관람실의 바닥면적이 300m² 이상인 경우의 출구는 다음 조건에 적합하여야 한다.
㉠ 관람실별로 2개소 이상 설치할 것
㉡ 각 출구의 유효폭은 1.5m 이상일 것
㉢ 개별 관람실 출구의 유효폭의 합계는 개별 관람실의 바닥면적 100m²마다 0.6m 이상의 비율로 산정한 폭 이상일 것
※ 개별 관람실 출구의 유효너비의 합계는 최소 3.0m 이상으로 한다.
☞ 개별 관람실 출구의 유효폭의 합계
$= \dfrac{800m^2}{100m^2} \times 0.6m = 4.8m \times 0.6m$
$= 4.8m$

[해설] 21
판매시설의 피난층에 설치하는 출구 유효폭
판매시설(도매시장, 소매시장, 상점)의 피난층에 설치하는 건축물 바깥쪽으로의 출구는 당해 용도에 쓰이는 바닥면적이 최대인 층의 바닥면적 100m² 마다 0.6m 이상의 비율로 산정한 너비 이상으로 한다.

출구유효폭 ≥ $\dfrac{당해\ 용도\ 최대층의\ 바닥면적(m^2)}{100m^2} \times 0.6m$

∴ 출구유효폭 ≥ $\dfrac{500m^2}{100m^2} \times 0.6m$
$= 3.0m$

[해설] 22
회전문의 회전속도는 분당회전수가 8회를 넘지 아니하도록 할 것

정답 19. ② 20. ④ 21. ④
      22. ②

핵심기출문제
Ⅱ. 건축물의 대지 및 도로, 건축물의 구조 및 재료

23. 옥상광장 또는 2층 이상의 층에 있는 노대 기타 이와 유사한 것의 주위에는 높이 얼마 이상의 난간을 설치하여야 하는가? [05⑦]
① 1.0m ② 1.1m
③ 1.2m ④ 1.3m

24. 방화구획의 설치기준 내용으로 옳지 않은 것은? [13⑦]
① 지상층은 매층마다 구획할 것
② 10층 이하의 층은 바닥면적 1000m² 이내마다 구획할 것
③ 11층 이상의 층은 바닥면적 200m² 이내마다 구획할 것
④ 지하층은 지하 1층에서 지상으로 직접 연결하는 경사로 부위를 포함하여 층마다 구획할 것

25. 다음의 방화구획의 설치에 관한 기준을 적용하지 아니하거나 그 사용에 지장이 없는 범위에서 완화하여 적용할 수 있는 건축물의 부분에 해당되지 않는 것은? [10⑦]

> 주요구조부가 내화구조 또는 불연재료로 된 건축물로서 연면적이 1,000m²를 넘는 것은 내화구조로 된 바닥·벽 및 갑종 방화문으로 구획하여야 한다.

① 복층형 공동주택의 세대별 층간 바닥 부분
② 주요구조부가 내화구조 또는 불연재료로 된 주차장
③ 계단실 부분·복도 또는 승강기의 승강로 부분으로서 그 건축물의 다른 부분과 방화구획으로 구획된 부분
④ 문화 및 집회시설 중 식물원의 용도로 쓰는 거실로서 시선 및 활동공간의 확보를 위하여 불가피한 부분

26. 공동주택 중 아파트로서 대피공간을 설치하여야 하는 경우, 대피공간의 바닥면적은 최소 얼마 이상이어야 하는가? (단, 인접 세대와 공동을 설치하는 경우) [14⑦]
① 1m² ② 2m²
③ 3m² ④ 4m²

해 설

[해설] 23
옥상광장 또는 2층 이상의 층에 있는 노대 기타 이와 유사한 것의 주위에는 높이 1.2m 이상의 난간을 설치하여야한다.

[해설] 24
방화구획의 기준 : 주요구조부가 내화구조 또는 불연재료로 된 건축물로 연면적이 1,000m²를 넘는 것은 다음의 기준에 의한 내화구조의 바닥, 벽 및 갑종방화문(자동방화셔터 포함)으로 구획하여야 한다.

건축물의 규모	구 획 기 준	비 고
10층 이하의 층	바닥면적 1,000m² (3,000m²) 이내마다 구획	*( )안의 면적은 스프링클러 등의 자동식 소화설비를 설치한 경우임
지상층, 지하층	매층마다 구획(면적에 무관) [단, 지하 1층에서 지상으로 직접 연결하는 경사로 부위는 제외]	
11층 이상의 층	실내마감이 불연재료의 경우 : 바닥면적 500m² (1,500m²) 이내마다 구획	
	실내마감이 불연재료가 아닌 경우 : 바닥면적 200m² (600m²) 이내마다 구획	
필로티의 부분을 주차장으로 사용하는 경우 그 부분과 건축물의 다른 부분을 구획		

[해설] 25
문화 및 집회시설(동·식물원은 제외), 종교시설, 운동시설 또는 장례식장의 용도로 쓰는 거실로서 시선 및 활동공간의 확보를 위하여 불가피한 부분은 방화구획의 적용하지 아니하거나 그 사용에 지장이 없는 범위에서 완화하여 적용할 수 있다.

[해설] 26
공동주택 중 아파트(4층 이상의 층)에 설치하여야 하는 대피공간의 구조
㉠ 대피공간은 바깥의 공기와 접할 것
㉡ 대피공간은 실내의 다른 부분과 방화구획으로 구획될 것
㉢ 대피공간의 바닥면적은 인접세대와 공동으로 설치하는 경우에는 3m² 이상, 각 세대별로 설치하는 경우에는 2m² 이상일 것

정답 23. ③ 24. ④ 25. ④
26. ③

27. 건축법령에 따라 건축물의 경사지붕 아래에 설치하는 대피공간에 관한 기준 내용으로 옳지 않은 것은? [17, 24㉮]

① 특별피난계단 또는 피난계단과 연결되도록 할 것
② 관리사무소 등과 긴급 연락이 가능한 통신시설을 설치할 것
③ 대피공간의 면적은 지붕 수평투영면적의 20분의 1 이상일 것
④ 출입구는 유효너비 0.9m 이상으로 하고, 그 출입구에는 60+방화문 또는 60분방화문을 설치할 것

28. 공동주택과 위락시설이 같은 건축물 안에 있는 복합건축물의 피난시설에 관한 기준 내용으로 옳지 않은 것은? [12㉮]

① 건축물의 주요구조부를 내화구조로 하여야 한다.
② 공동주택과 위락시설은 서로 이웃하지 아니하도록 배치하여야 한다.
③ 공동주택의 출입구와 위락시설의 출입구는 서로 그 보행거리가 최소 50m 이상이 되도록 설치하여야 한다.
④ 공동주택(당해 공동주택에 출입하는 통로를 포함한다)과 위락시설(당해 위락시설에 출입하는 통로를 포함한다)은 내화구조로 된 바닥 및 벽으로 구획하여 서로 차단하여야 한다.

29. 주요구조부를 내화구조로 해야 하는 대상 건축물 기준으로 옳은 것은? [18, 25㉮]

① 장례시설의 용도로 쓰는 건축물로서 집회실의 바닥면적의 합계가 150m² 이상인 건축물
② 판매시설의 용도로 쓰는 건축물로서 그 용도로 쓰는 바닥면적의 합계가 300m² 이상인 건축물
③ 운수시설의 용도로 쓰는 건축물로서 그 용도로 쓰는 바닥면적의 합계가 400m² 이상인 건축물
④ 문화 및 집회시설 중 전시장의 용도로 쓰는 건축물로서 그 용도로 쓰는 바닥면적의 합계가 500m² 이상인 건축물

해설

[해설] 27
경사지붕 아래에 설치하는 대피공간의 기준
㉠ 대피공간의 면적은 지붕 수평투영면적의 1/10 이상 일 것
㉡ 특별피난계단 또는 피난계단과 연결되도록 할 것
㉢ 출입구·창문을 제외한 부분은 해당 건축물의 다른 부분과 내화구조의 바닥 및 벽으로 구획할 것
㉣ 출입구는 유효너비 0.9m 이상으로 하고, 그 출입구에는 60+방화문 또는 60분방화문을 설치할 것
㉤ 내부마감재료는 불연재료로 할 것
㉥ 예비전원으로 작동하는 조명설비를 설치할 것
㉦ 관리사무소 등과 긴급 연락이 가능한 통신시설을 설치할 것

[해설] 28
공동주택의 출입구와 위락시설의 출입구는 서로 그 보행거리가 30m 이상이 되도록 설치하여야 한다.

[해설] 29
문화 및 집회시설 중 전시장 및 동·식물원, 판매시설, 운수시설, 교육연구시설에 설치하는 체육관·강당, 수련시설, 운동시설 중 체육관 및 운동장, 위락시설(주점영업 제외), 창고시설, 위험물 저장 및 처리시설, 자동차 관련시설, 방송국·전신전화국 및 촬영소, 묘지관련시설 중 화장장, 관광휴게시설은 해당 용도의 바닥면적의 합계가 500m² 이상인 경우에는 주요구조부를 내화구조로 하여야 한다.
① 장례식장 : 바닥면적의 합계 200m² 이상
② 판매시설 : 바닥면적의 합계 500m² 이상
③ 운수시설 : 바닥면적의 합계 500m² 이상

정답 27. ③ 28. ③ 29. ④

핵심기출문제
Ⅱ. 건축물의 대지 및 도로, 건축물의 구조 및 재료

해 설

30. 건축물의 주요구조부를 내화구조로 하여야 하는 대상 건축물에 속하지 않는 것은? [16, 22㉮]
① 공장의 용도로 쓰는 건축물로서 그 용도로 쓰는 바닥면적의 합계가 500m² 인 건축물
② 판매시설의 용도로 쓰는 건축물로서 그 용도로 쓰는 바닥면적의 합계가 500m² 인 건축물
③ 창고시설의 용도로 쓰는 건축물로서 그 용도로 쓰는 바닥면적의 합계가 500m² 인 건축물
④ 문화 및 집회시설 중 전시장의 용도로 쓰는 건축물로서 그 용도로 쓰는 바닥면적의 합계가 500m² 인 건축물

[해설] 30
공장의 용도에 쓰이는 건축물로서 그 용도로 쓰이는 바닥면적의 합계가 2,000m² 이상인 건축물은 주요구조부를 내화구조로 하여야 한다.

31. 다음의 대규모 건축물의 방화벽에 관한 기준내용 중 ( ) 안에 공통으로 들어갈 내용은? [19㉮]

> 연면적 ( ) 이상인 건축물은 방화벽으로 구획하되, 각 구획된 바닥면적의 합계는 ( ) 미만이어야 한다.

① 500m²
② 1000m²
③ 1500m²
④ 3000m²

[해설] 31
대규모 건축물의 방화벽
연면적 1,000m² 이상인 건축물은 각 구획의 바닥면적이 1,000m² 미만이 되도록 구획하여야 한다.
[예외]
1. 주요구조부가 내화구조이거나 불연재료인 건축물
2. 단독주택·동물 및 식물 관련시설·공공용시설 중 교도소 및 감화원 또는 묘지관련시설(화장장은 제외)
3. 창고(내부설비구조상 방화벽으로 구획할 수 없는 경우)

32. 방화벽의 구조에 관한 설명 중 옳지 않은 것은? [07㉮]
① 내화구조로서 홀로 설 수 있는 구조일 것
② 방화벽에 설치하는 출입문의 너비 및 높이는 각각 2.7m 이하로 할 것
③ 방화벽의 양쪽 끝과 위쪽 끝을 건축물의 외벽면 및 지붕면으로부터 0.5m 이상 튀어나오게 할 것
④ 방화벽에 설치하는 출입문에는 갑종방화문을 설치할 것

[해설] 32
방화벽에 설치하는 출입문의 너비 및 높이는 각각 2.5m 이하로 할 것

33. 거실의 바닥면적의 합계가 5,000m²인 아파트에서 내부 마감재료로 적합치 않은 것은? [06㉮]
① 거실의 벽 – 난연재료
② 거실에서 지상으로 통하는 주된 복도 – 준불연재료
③ 거실에서 지상으로 통하는 주된 계단 – 준불연재료
④ 거실에서 지상으로 통하는 통로의 벽 – 난연재료

[해설] 33
내부 마감재료의 제한

구 분		마감재료
지상층	거실	불연재료, 준불연재료, 난연재료
	통로	불연재료, 준불연재료
지하층	거실, 통로	불연재료, 준불연재료

정답 30. ① 31. ② 32. ②
33. ④

34. 건축물의 지하층에 비상탈출구를 설치하여야 하는 경우, 설치되는 비상탈출구에 관한 기준 내용으로 옳지 않은 것은? (단, 주택이 아닌 경우)
[16㉮]

① 비상탈출구의 유효너비는 0.75m 이상으로 할 것
② 비상탈출구의 유효높이는 1.5m 이상으로 할 것
③ 비상탈출구는 출입구로부터 3m 이상 떨어진 곳에 설치할 것
④ 비상탈출구의 문은 피난방향으로 열리도록 하고, 실내에서 비상시에만 열 수 있는 구조로 할 것

35. 건축물에 설치하는 지하층의 구조 및 설비에 관한 기준 내용으로 옳지 않은 것은?
[14㉮]

① 거실의 바닥면적의 합계가 500m² 이상인 층에는 환기설비를 설치할 것
② 지하층 바닥면적이 300m² 이상인 층에는 식수공급을 위한 급수전을 1개소 이상 설치할 것
③ 바닥면적이 1000m² 이상인 층에는 피난층 또는 지상으로 통하는 직통계단을 방화구획으로 구획되는 각 부분마다 1개소 이상 설치할 것
④ 위락시설 중 유흥주점의 용도에 쓰이는 층으로서 그 층의 거실의 바닥면적의 합계가 50m² 이상인 건축물에는 직통 계단을 2개소 이상 설치할 것

36. 범죄예방 기준에 따라 건축하여야 하는 대상 건축물에 속하지 않는 것은?
[16㉮]

① 수련시설
② 업무시설 중 오피스텔
③ 숙박시설 중 일반숙박시설
④ 아파트

해 설

[해설] **34**
비상탈출구의 방향은 피난방향으로 열리도록 하고, 실내에서 항상 열 수 있는 구조로 하며 내부 및 외부에는 비상탈출구의 표시를 설치하여야 한다.

[해설] **35**
거실의 바닥면적의 합계가 1000m² 이상인 층에는 환기설비를 설치할 것

[해설] **36**
건축물의 범죄예방
① 국토교통부장관은 범죄를 예방하고 안전한 생활환경을 조성하기 위하여 건축물, 건축설비 및 대지에 관한 범죄예방 기준을 정하여 고시할 수 있다.
② 다음의 건축물은 범죄예방 기준에 따라 건축하여야 한다.
 1. 아파트
 2. 다가구주택·연립주택 및 다세대주택
 3. 제1종 근린생활시설 중 일용품을 판매하는 소매점
 4. 제2종 근린생활시설 중 다중생활시설
 5. 문화 및 집회시설(동·식물원은 제외)
 6. 교육연구시설(연구소 및 도서관은 제외)
 7. 노유자시설
 8. 수련시설
 9. 업무시설 중 오피스텔
 10. 숙박시설 중 다중생활시설

정답 34. ④ 35. ① 36. ③

03 지역 및 지구 안의 건축, 건축설비

V. 건축관계법규 | 지역 및 지구 안의 건축, 건축설비

핵심 PLUS

1 지역 및 지구 안의 건축

1. 대지가 지역, 지구, 구역에 걸칠 때의 조치

    1) 대지가 지역·지구 또는 구역에 걸치는 경우

    그 건축물 및 대지 전부에 대하여 그 대지의 과반이 속하는 지역·지구 또는 구역 안의 건축물 및 대지 등에 관한 규정을 적용한다.

    [예외] 1. 녹지지역   2. 방화지구

    2) 하나의 건축물이 방화지구와 그 밖의 구역에 걸치는 경우

    건축물 전부에 대하여 방화지구 안의 건축물에 관한 규정을 적용한다.

    [예외] 건축물이 방화지구와 그 밖의 구역의 경계가 방화벽으로 구획되는 경우 그 밖의 구역에 있는 부분

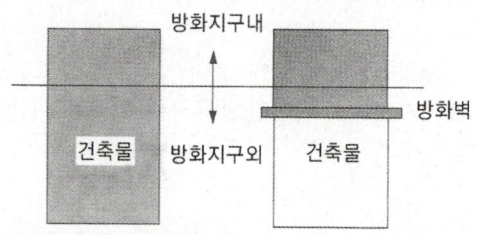

■ 방화지구 안의 건축물에 관한 규정을 적용받는 부분

3) 대지가 녹지지역과 그 밖의 지역 지구 또는 구역에 걸치는 경우

    과반 여부에 관계없이 각 지역·지구 또는 구역 안의 건축물 및 대지에 관한 규정을 적용한다.

    [예외] 녹지지역 안의 건축물이 방화지구에 걸치는 경우에는 상기 2)의 규정에 의한다.

---

01 대지가 녹지지역과 그 밖의 지역·지구 또는 구역에 걸치는 경우 관한 설명에서 옳은 것은? (단, 녹지지역 안의 건축물이 방화지구에 걸치지 않은 경우) [13 산]

① 건축물과 대지의 전부에 대하여 대지의 과반이 속하는 지역·지구 또는 구역 안의 건축물 및 대지 등에 관한 건축법의 규정을 적용한다.
② 각 지역·지구 또는 구역 안의 건축물과 대지에 관한 건축법의 규정을 적용하다.
③ 건축물과 대지의 전부에 대하여 녹지지역의 안의 건축물 및 대지 등에 관한 건축법의 규정을 적용한다.
④ 대지에 대하여는 녹지지역 안의 대지 등에 관한 건축법의 규정을 작용한다.

답 : ②

2. 건폐율

건폐율은 대지면적에 대한 건축면적(대지에 2 이상의 건축물이 있는 경우에는 건축면적의 합계)의 비율을 말한다.

$$건폐율 = \frac{건축면적(2이상 \ 건축물의 \ 경우는 \ 건축면적의 \ 합계)}{대지면적}$$

3. 용적률

대지면적에 대한 건축물의 연면적(대지에 2 이상의 건축물이 있는 경우에는 이들 연면적의 합계)의 비율을 말한다.

$$용적률 = \frac{건축물의 \ 지상층 \ 연면적}{대지면적} \times 100(\%)$$

※ 용적률 산정시 연면적에는 지하층 면적과 지상층에 있는 해당 건축물의 부속용으로서 주차용으로 사용되는 면적, 초고층 및 준초고층 건축물의 피난안전구역의 면적, 경사지붕아래에 설치하는 대피공간의 면적은 제외된다.

> **예제**
>
> 대지면적 1,000m²인 대지에 다음과 같은 용도로 사용할 경우 용적률은 얼마인가?
>
> - 1층 : 바닥면적 500m²(주차장으로 사용)
> - 2층 : 바닥면적 200m²(조경면적으로 확보), 바닥면적 200m²(사무실)
> - 3층 : 바닥면적 400m²(사무실)
> - 지하 1층 : 바닥면적 100m²(주차장으로 사용)
>
> ① 70%   ② 80%
> ③ 120% ④ 130%
>
> ▶ 용적률 산정시 연면적 산정방법
> ① 동일대지안의 2동 이상의 건축물이 있는 경우에는 그 연면적의 합계로 한다.
> ② 지하층 면적은 연면적에서 제외한다.
> ③ 지상층의 주차용으로 사용되는 면적은 연면적에서 제외한다.
> ④ 초고층 및 준초고층 건축물의 피난안전구역의 면적은 연면적에서 제외한다.
> ⑤ 경사지붕 아래에 설치하는 대피공간의 면적은 제외한다.
>
> $$용적률 = \frac{지상층 \ 연면적의 \ 합계}{대지면적} \times 100(\%)$$
> $$= \frac{200+200+400}{1,000} \times 100 = 80\%$$

핵심 PLUS

02 건폐율에 대한 설명으로 가장 알맞은 것은? [10 산]
① 대지면적에 대한 연면적의 비율
② 대지면적에 대한 바닥면적의 비율
③ 대지면적에 대한 건축면적의 비율
④ 대지면적에 대한 공지면적의 비율

답 : ③

03 건축법상 용적률의 정의로 가장 알맞은 것은? [09 산]
① 연면적에 대한 건축면적의 비율
② 대지면적에 대한 건축면적의 비율
③ 대지면적에 대한 연면적의 비율
④ 연면적에 대한 지상층 바닥면적의 비율

답 : ③

04 다음과 같은 조건에 있는 지하 1층, 지상 2층 건축물의 용적률은? [13 기]

① 대지면적: 200m²
② 바닥면적: 1층 – 70m², 2층 – 50m², 지하층 – 30m²

① 60%
② 75%
③ 133%
④ 167%

[해설]
용적률
$$= \frac{연면적(지하층면적 \ 제외)}{대지면적} \times 100(\%)$$
$$= \frac{70+50}{200} \times 100 = 60\%$$

V. 건축관계법규 | 지역 및 지구 안의 건축, 건축설비

핵심 PLUS

> 💡 **예제**
>
> 1. 대지면적 500m²이고 건폐율의 최고 한도가 60%인 지역에서 최대한도의 바닥면적으로 8층까지 건축할 수 있다면 이 지역의 용적률은 얼마인가? [02 산]
>   ① 360% ② 400%
>   ③ 480% ④ 500%
>
>   ▶ 최대건축면적=대지면적×건폐율
>   500m²×0.6=300m²
> $$용적율 = \frac{지상층연면적}{대지면적} = \frac{2,400}{500} \times 100 = 480\%$$
>
> 2. 건폐율 50% 이하, 용적률 70% 이하인 제1종 전용주거지역 내의 300m²의 대지에 건축할 수 있는 건축면적과 용적률 산정대상 연면적의 최대한도는? [07 기]
>   ① 건축면적 150m², 연면적 210m²
>   ② 건축면적 150m², 연면적 450m²
>   ③ 건축면적 210m², 연면적 450m²
>   ④ 건축면적 210m², 연면적 360m²
>
>   ▶ 건축면적=대지면적×건폐율=300×0.5=150m²
>   연면적=대지면적×용적률=300×0.7=210m²

4. 대지의 분할제한

1) 지역별 대지의 분할제한

건축물이 있는 대지는 다음의 범위 안에서 당해 지방자치단체 조례가 정하는 면적에 미달되게 분할 할 수 없다.

구 분	최소분할면적
① 주거지역	60m² 이상
② 상업지역	150m² 이상
③ 공업지역	150m² 이상
④ 녹지지역	200m² 이상
⑤ 상기 ①~④에 해당하지 않는 지역	60m² 이상

2) 대지분할의 제한

건축물이 있는 대지는 다음의 기준에 미달되게 분할할 수 없다.

① 대지와 도로의 관계(법 제44조)
② 건폐율(법 제55조)
③ 용적률(법 제56조)

---

05 대지를 분할할 때 최소한의 면적기준으로 부적합한 것은? [03, 06 기]
① 주거지역 : 60m²
② 상업지역 : 100m²
③ 공업지역 : 150m²
④ 녹지지역 : 200m²

답 : ②

06 건축물이 있는 대지의 분할제한 조건과 관련이 없는 규정은? [05, 07, 24, 25 기]
① 대지와 도로의 관계
② 건축물의 피난시설·용도제한 규정
③ 대지안의 공지
④ 일조 등의 확보를 위한 건축물의 높이제한

답 : ②

④ 대지 안의 공지(법 제58조)
⑤ 건축물의 높이제한(법 제60조)
⑥ 일조 등의 확보를 위한 건축물의 높이제한(법 제61조)

5. 맞벽건축 및 연결복도

1) 건축물의 피난시설·용도제한 규정 및 민법의 적용제외

다음 아래에 해당하는 경우 건축물의 피난시설·용도제한 규정(법 제58, 61조) 및 경계벽에서 띄는 거리(민법 제242조)규정을 적용하지 않는다.

적용제외 대상행위	적용제외 대상지역 또는 기준
도시미관 등을 위하여 2 이상의 건축물의 벽을 맞벽(대지경계선으로부터 50cm 이내인 경우)으로 하여 건축하는 경우	· 상업지역 · 주거지역(건축물 및 토지의 소유자 간 맞벽건축을 합의한 경우에 한정) · 건축협정구역 · 허가권자가 도시미관 또는 한옥 보전·진흥을 위하여 건축조례로 정하는 구역
인근 건축물과 연결복도 또는 연결통로를 설치하는 경우	· 주요구조부가 내화구조일 것 · 마감재료는 불연재료일 것 · 밀폐된 구조인 벽면적의 1/10 이상에 해당하는 면적의 창을 설치할 것 [예외] 지하층으로서 환기설비를 설치하는 경우에는 제외 · 너비와 높이가 각각 5m 이하일 것 단, 맞벽건축을 할 때 맞벽 대상 건축물의 용도, 맞벽 건축물의 수 및 층수 등 맞벽에 필요한 사항은 건축조례로 정한다. · 건축물과 복도 또는 통로의 연결부분에는 자동방화셔터 또는 방화문을 설치할 것 · 연결복도가 설치된 대지의 면적의 합계가 국토의 계획 및 이용에 관한 법률 시행령 규정에 의한 개발행위의 최대규모 이하일 것(단, 지구단위계획구역 안에서는 예외)

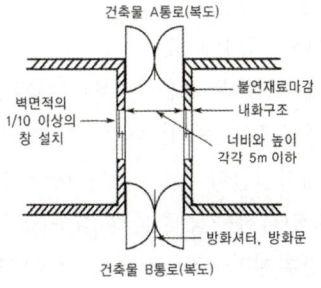

[그림] 연결복도·연결통로의 구조

핵심 PLUS

07 맞벽건축 및 연결복도에 관한 설명 중 가장 부적당한 것은?
　　　　　　　　　　[02 기]
① 상업지역에서는 건축조례로 정하는 구역에 한하여 맞벽건축을 할 수 있다.
② 연결복도는 건축사 또는 구조기술사의 안전확인이 필요하다.
③ 연결통로의 구조는 내화구조로 하여야 한다.
④ 건축물과 통로의 연결부분에는 방화셔터 또는 방화문을 설치하여야 한다.

[해설] 상업지역은 건축조례와 관계없이 맞벽건축을 할 수 있다.
　　　　　　　　답 : ①

V. 건축관계법규 | 지역 및 지구 안의 건축, 건축설비

6. 건축물의 높이제한

1) 높이제한

① 허가권자는 가로구역[(街路區域) : 도로로 둘러싸인 일단(一團)의 지역]을 단위로 다음 사항을 고려하여 건축물의 높이를 지정·공고할 수 있다.
  ㉠ 도시·군관리계획 등의 토지이용계획
  ㉡ 해당 가로구역이 접하는 도로의 너비
  ㉢ 해당 가로구역의 상·하수도 등 간선시설의 수용능력
  ㉣ 도시미관 및 경관계획
  ㉤ 해당 도시의 장래 발전계획
  ※ 특별자치시장·특별자치도지사 또는 시장·군수·구청장은 가로구역의 높이를 완화하여 적용할 필요가 있다고 판단되는 대지에 대하여는 건축위원회의 심의를 거쳐 높이를 완화하여 적용할 수 있다.

② 특별시장이나 광역시장은 도시의 관리를 위하여 필요하면 가로구역별 건축물의 높이를 특별시나 광역시의 조례로 정할 수 있다.

2) 절차

① 허가권자는 가로구역별 건축물의 높이를 지정하려면 지방건축위원회의 심의를 거쳐야 한다. 이 경우 주민의 의견청취 절차 등은 토지이용규제 기본법(제8조)에 따른다.

② 허가권자는 같은 가로구역에서 건축물의 용도 및 형태에 따라 건축물의 높이를 다르게 정할 수 있다.

7. 일조 등의 확보를 위한 건축물의 높이 제한

1) 전용주거지역·일반주거지역 안에서 건축물의 높이

① 인접대지경계선으로부터 정북방향으로 띄우는 거리
  ㉮ 높이 10m 이하인 부분 : 인접대지경계선으로부터 1.5m 이상
  ㉯ 높이 10m를 초과하는 건축물 : 인접대지경계선으로부터 당해 건축물의 각 부분 높이의 1/2 이상
    예외 1. 다음의 어느 하나에 해당하는 구역 안의 너비 20m 이상의 도로(자동차·보행자·자전거 전용도로를 포함하며, 도로와 대지 사이에 공공공지, 녹지, 광장, 그 밖에 건축미관에 지장이 없는 도시·군계획시설이 있는 경우 해당 시설을 포함)에 접한 대지 상호간에 건축하는 건축물의 경우
      ㉮ 지구단위계획구역, 경관지구(국토의 계획 및 이용에 관한 법률)

핵심 PLUS

08 허가권자가 가로구역별로 건축물의 최고높이를 지정·공고할 때 고려하여야 할 사항이 아닌 것은? [14, 21, 23 기]
① 도시미관 및 경관계획
② 해당 도시의 장래발전계획
③ 해당 가로구역이 접하는 도로의 길이
④ 도시·군관리계획 등의 토지이용계획

답 : ③

09 일반주거지역 내에서 그림과 같은 주택을 건축할 경우 인접대지경계선으로 띄어야 할 최소 거리 X는?(단, 11m 높이의 4층 상가주택임)

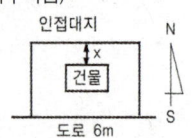

해설 일반주거지역에서 높이 10m를 초과하는 건축물은 각 부분을 정북방향으로서 인접대지경계선까지 거리는 높이의 1/2 이상을 띄운다.
∴ H×1/2≤X 11×1/2≤5.5m

㉯ 중점경관관리구역(경관법)
㉰ 특별가로구역(건축법)
㉱ 도시미관 향상을 위하여 허가권자가 지정·공고하는 구역
2. 건축협정구역 안에서 대지 상호간에 건축하는 건축물(건축협정에 일정 거리 이상을 띄어 건축하는 내용이 포함된 경우만 해당)의 경우
3. 건축물의 정북 방향의 인접 대지가 전용주거지역이나 일반주거지역이 아닌 용도지역에 해당하는 경우

핵심 PLUS

10 다음은 일조 등의 확보를 위한 건축물의 높이제한에 관한 기준 내용이다. ( )안에 알맞은 것은? [15, 17 기]

( )안에서 건축하는 건축물의 높이는 일조등의 확보를 위하여 정북방향의 인접 대지 경계선으로부터의 거리에 따라 대통령령으로 정하는 높이 이하로 하여야 한다.

① 일반주거지역과 준주거지역
② 전용주거지역과 일반주거지역
③ 중심상업지역과 일반상업지역
④ 일반상업지역과 근린상업지역

답 : ②

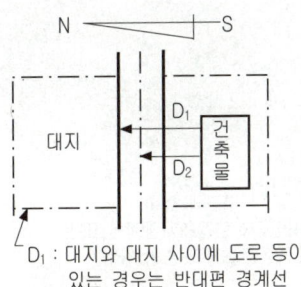 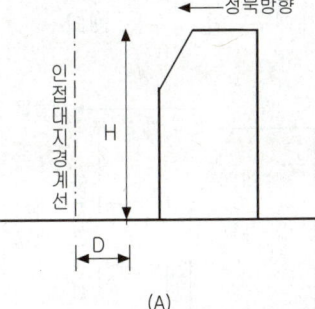 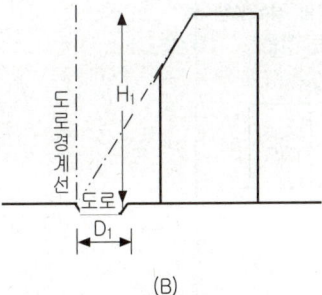

D_1 : 대지와 대지 사이에 도로 등이 있는 경우는 반대편 경계선
D_2 : 공동주택의 경우는 도로의 중심선

(A) 높이(H) 9m 이하 D≧1.5m
높이(H) 9m 초과부분 D≧$\frac{1}{2}$H

(B) D_1>20m 이상일 때는 (A)를 적용하지 않는다(건축 조례에 따른다.)

[그림] 정북방향으로의 인접대지경계선

② 인접대지경계선으로부터 정남방향으로 띄우는 거리
■ 대상지역
· 택지개발지구
· 대지조성사업지구
· 지역개발사업구역
· 국가산업단지, 일반산업단지, 도시첨단산업단지 및 농공단지
· 도시개발구역
· 정비구역
· 정북방향으로 도로·공원·하천 등 건축이 금지된 공지에 접하는 대지
· 정북방향으로 접하고 있는 대지의 소유자와 합의한 경우의 대지
· 기타 대통령령이 정하는 경우

11 일조 등의 확보를 위한 건축물의 높이제한에 있어서 관련이 없는 것은? [00 기]
① 건축물의 연면적
② 정북방향 및 인접대지경계선
③ 건축물의 높이
④ 연속일조시간

답 : ①

12 전용주거지역 또는 일반주거지역 안에서 높이 8m의 2층 건축물을 건축하는 경우, 건축물의 각 부분은 일조 등의 확보를 위하여 정북방향으로의 인접대지경계선으로부터 최소 얼마 이상 띄어 건축하여야 하는가? [19 기]
① 1m   ② 1.5m
③ 2m   ④ 3m

답 : ②

V. 건축관계법규 | 지역 및 지구 안의 건축, 건축설비

핵심 PLUS

13 정남방향의 인접 대지경계선으로부터의 거리에 따라 건축물의 높이를 제한할 수 있는 경우에 해당하지 않는 것은? [12 기]
① 주택법에 따른 대지조성사업지구인 경우
② 도시개발법에 따른 도시개발구역인 경우
③ 택지개발촉진법에 따른 택지개발지구인 경우
④ 국토의 계획 및 이용에 관한 법률에 따른 농림지역인 경우

답 : ④

14 준주거지역 안에서 그림과 같은 공동주택을 건축할 경우 A점의 높이 한도로 맞는 것은?

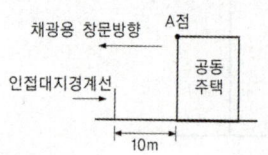

① 1.5m
② 15m
③ 30m
④ 40m

[해설] 공동주택의 일조권 제한에서 채광을 위한 창문 등이 향하는 방향은 인접대지경계선까지의 수평거리 2배(근린상업지역·준주거지역 안의 건축물은 4배) 이하로 한다.

$D \geq \dfrac{H}{4}$이므로 $10 \geq \dfrac{H}{4}$

$\therefore H \leq 40$

답 : ④

2) 공동주택의 일조 등의 확보를 위한 높이제한

공동주택의 경우에는 상기 1)의 규정에 적합하여야 하며, 다음의 규정에 적합하게 건축하여야 한다.

[예외] 일반상업지역과 중심상업지역에 건축하는 것

① 채광을 위한 창문 등이 향하는 방향의 높이제한 : 건축물(기숙사는 제외)의 각 부분의 높이는 그 부분으로부터 채광을 위한 창문 등이 있는 벽면에서 직각 방향으로 인접 대지경계선까지의 수평거리의 2배(근린상업지역 또는 준주거지역의 건축물은 4배) 이하의 범위 안에서 건축조례로 정하는 높이 이하로 할 것

[예외] 채광을 위한 창문 등이 있는 벽면에서 직각방향으로 인접대지경계선 까지의 수평거리가 1m 이상으로서 건축조례가 정하는 거리 이상인 다세대주택인 경우는 제외

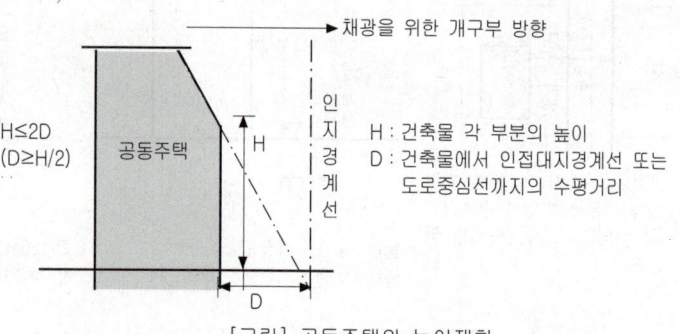

[그림] 공동주택의 높이제한

② 같은 대지 내에서 두 동(棟) 이상의 건축물이 서로 마주보고 있는 경우의 높이제한 : 동일 대지 안에서 두 동(棟) 이상의 건축물이 서로 마주보고 있는 경우(한 동의 건축물의 각 부분이 서로 마주보고 있는 경우 포함)의 건축물 각 부분 사이의 거리는 다음 거리 이상으로서 건축조례가 정하는 거리 이상을 띄어 건축할 것

※ 단, 당해 대지 안의 모든 세대가 동지(冬至)를 기준으로 9시에서 15시 사이에 2시간 이상을 계속하여 일조(日照)를 확보할 수 있는 거리 이상으로 할 수 있다.

㉮ 채광을 위한 창문 등이 있는 벽면으로부터 직각방향으로 건축물 각 부분 높이의 0.5배(도시형 생활주택의 경우에는 0.25배) 이상

  예외
  - 서로 마주보는 건축물 중 남쪽 방향(마주보는 두 동의 축이 남동에서 남서 방향인 경우만 해당)의 건축물 높이가 낮고, 주된 개구부(거실과 주된 침실이 있는 부분의 개구부를 말함)의 방향이 남쪽을 향하는 경우
    ⓐ 높은 건축물 각 부분의 높이의 0.4배(도시형 생활주택의 경우에는 0.2배) 이상
    ⓑ 낮은 건축물 각 부분의 높이의 0.5배(도시형 생활주택의 경우에는 0.25배) 이상
  - 건축물과 부대시설 또는 복리시설이 서로 마주보고 있는 경우 : 부대시설 또는 복리시설 각 부분 높이의 1배 이상

㉯ 채광창(창넓이 0.5m 이상의 창)이 없는 벽면과 측벽이 마주보는 경우 : 8m 이상

㉰ 측벽과 측벽이 마주보는 경우[마주보는 측벽 중 하나의 측벽에 한하여 채광을 위한 창문 등이 설치되어 있지 아니한 바닥면적 3m 이하의 발코니(출입을 위한 개구부를 포함)를 설치하는 경우를 포함] : 4m 이상

[그림] 공동주택의 인동거리

③ 적용제외 : 2층 이하로서 높이가 8m 이하인 건축물에 대하여는 당해 지방자치단체의 조례가 정하는 바에 의하여 상기 ①, ②의 규정을 적용하지 않을 수 있다.

핵심 PLUS

■ 공동주택의 일조권 제한

① 정북방향 : $D \geq \dfrac{H}{2}$

② 채광을 위한 창문 등이 있는 벽면으로부터 직각방향(정북방향이 아닌 경우) : $D \geq \dfrac{H}{2}$
(근린상업지역·준주거지역 안의 건축물 : $D \geq \dfrac{H}{4}$, 다세대주택 : 1m 이상)

③ 동일 대지 내 2동 이상 건물(동간 이격거리)-건축조례로 정함
- 동지일 기준 : 일정시간 연속 일조 확보
- D≥0.5H(도시형 생활주택 : D≥0.25H)
- 채광창이 없는 벽면과 측벽 : 8m 이상
- 측벽과 측벽 : 4m 이내

핵심 PLUS

■ 방송 공동수신설비 설치대상 건축물
㉠ 공동주택
㉡ 바닥면적의 합계가 5,000m² 이상으로서 업무시설이나 숙박시설의 용도로 쓰는 건축물

15 공동주택의 신축시 시간당 0.5회 이상의 환기가 이루어질 수 있도록 자연환기설비 또는 기계환기설비를 설치하여야 하는 공동주택의 규모 기준은? [09 산]
① 30세대 이상
② 50세대 이상
③ 80세대 이상
④ 100세대 이상

답 : ①

16 공동주택과 오피스텔의 난방설비를 개별난방 방식으로 하는 경우의 기준으로 틀린 것은?
[22, 24, 25 기]
① 보일러실의 윗부분에는 그 면적이 0.5m² 이상인 환기창을 설치할 것
② 보일러는 거실 외의 곳에 설치하되, 보일러를 설치하는 곳과 거실사이의 경계벽은 출입구를 제외하고는 내화구조의 벽으로 구획할 것
③ 보일러의 연도는 방화구조로서 개별연도로 설치할 것
④ 기름보일러를 설치하는 경우 기름 저장소를 보일러실외의 다른 곳에 설치할 것

해설 공동주택과 오피스텔의 난방설비를 개별난방방식으로 하는 경우 보일러실의 연도는 내화구조로서 공동연도로 설치할 것

답 : ③

17 다음 중 거실에 관련 기준에 적합하게 배연설비를 설치하여야 하는 대상 건축물에 속하지 않는 것은? (단, 6층 이상의 건축물) [10 기]
① 교육연구시설 중 도서관
② 수련시설 중 유스호스텔
③ 위락시설
④ 의료시설

답 : ①

2 건축설비

1. 건축설비의 기준 등

1) 공동주택 및 다중이용시설의 환기설비

신축 또는 리모델링하는 다음에 해당하는 주택 또는 건축물은 시간당 0.5회 이상의 환기가 이루어질 수 있도록 자연환기설비 또는 기계환기설비를 설치하여야 한다.
① 30세대 이상의 공동주택
② 주택을 주택 외의 시설과 동일건축물로 건축하는 경우로서 주택이 30세대 이상인 건축물

2) 개별난방설비 등

공동주택과 오피스텔의 난방설비를 개별난방방식으로 하는 경우에는 다음의 기준에 적합하여야 한다.

구 분	기 준
① 보일러 설치위치	• 거실 외의 곳에 설치 • 보일러실과 거실 사이의 경계벽은 내화구조의 벽으로 구획(출입구 제외)
② 보일러실의 환기	• 윗부분에 0.5m² 이상의 환기창 설치 • 지름 10cm 이상의 공기흡입구 및 배기구를 항상 열려진 상태로 외기와 접하도록 설치(단, 전기보일러 경우는 제외)
③ 기름저장소	• 기름보일러의 기름저장소는 보일러실 외에 설치할 것
④ 오피스텔의 난방구획	• 방화구획으로 구획할 것
⑤ 보일러실의 연도	• 내화구조로서 공동연도로 설치할 것
⑥ 가스보일러	• 보일러실과 거실 사이 출입구는 출입구가 닫힌 경우 가스가 거실에 들어갈 수 없는 구조일 것 • 중앙집중공급방식으로 공급하는 경우에는 ①의 규정에도 불구하고 관계법령이 정하는 기준에 의함

3) 배연설비

① 6층 이상의 건축물로서 제2종 근린생활시설 중 300m² 이상인 공연장·종교집회장·인터넷컴퓨터게임시설제공업소 및 다중생활시설, 문화 및 집회시설, 종교시설, 판매시설, 운수시설, 의료시설(요양병원 및 정신병원은 제외), 연구소, 아동관련시설·노인복지시설(노인요양시설은 제외), 유스호스텔, 운동시설, 업무시설, 숙박시설, 위락시설, 관광휴게시설, 장례시설의 용도에 해당되는 건축물의 거실
  예외 피난층인 경우
② 요양병원 및 정신병원·산후조리원, 노인요양시설·장애인 거주시설 및 장애인 의료재활시설의 용도에 해당되는 건축물
  예외 피난층인 경우

② 배연설비의 구조기준

구 분	기 준
① 배연창 개수	• 방화구획마다 1개소 이상의 배연창을 설치하되, 배연창의 상변과 천장 또는 반자로부터 수직거리가 0.9m 이내일 것(단, 반자높이가 바닥으로부터 3m 이상인 경우에는 배연창의 하변이 바닥으로부터 2.1m 이상의 위치에 놓이도록 설치하여야 한다)
② 배연창 유효면적	• 1m² 이상으로 바닥면적이 1/100 이상일 것 [주] ㉠ 방화구획이 된 경우는 구획된 각 부분의 바닥면적으로 산정 ㉡ 바닥면적 산정시 거실 바닥면적의 1/20 이상의 환기창을 설치한 거실면적은 산입하지 않음.
③ 배연구 구조	• 연기감지기, 열감지기에 의하여 자동으로 열 수 있는 구조(수동개폐장치) • 예비전원에 의하여 열 수 있도록 할 것
④ 기계식 배연설비	• 상기 ①, ②, ③의 규정에도 불구하고 소방관계법령의 규정에 따를 것

③ 특별피난계단 및 비상용·피난용 승강기의 승강장에 설치하는 배연설비의 기준(설비규칙 제14조 ②)

구 분	구조 기준
배연구 및 배연풍도	불연재료로 하고, 화재가 발생한 경우 원활하게 배연시킬 수 있는 규모로서 외기 또는 평상시에 사용하지 아니하는 굴뚝에 연결할 것
배연구의 구조	• 배연구에 설치하는 수동개방장치 또는 자동개방장치(열감지기 또는 연기감지기에 한 것을 말함)는 손으로도 열고 닫을 수 있도록 할 것 • 평상시에는 닫힌 상태를 유지하고, 연 경우에는 배연에 의한 기류로 인하여 닫지 아니하도록 할 것 • 배연구가 외기에 접하지 아니하는 경우에는 배연기를 설치 할 것
배연기	• 배연구의 열림에 따라 자동적으로 작동하고, 충분한 공기배출 또는 가압능력이 있을 것 • 배연기에는 예비전원을 설치할 것
공기유입방식	• 공기가압방식 또는 급·배기 방식으로 하는 경우에는 소방관계법령의 규정에 적합하게 할 것

4) 배관설비

■ 주거용 건축물 급수관의 지름 기준

가구 또는 세대수	1	2~3	4~5	6~8	9~16	17 이상
급수관 최소지름	15	20	25	32	40	50

핵심 PLUS

18 배연설비를 하여야 하는 건축물에 설치하여야 하는 배연창의 유효면적은? [06 산]
① 0.5m² 이상으로서 그 면적의 합계가 당해 건축물의 바닥면적의 1/200 이상일 것
② 1m² 이상으로서 그 면적의 합계가 당해 건축물의 바닥면적의 1/200 이상일 것
③ 0.5m² 이상으로서 그 면적의 합계가 당해 건축물의 바닥면적의 1/100 이상일 것
④ 1m² 이상으로서 그 면적의 합계가 당해 건축물의 바닥면적의 1/100 이상일 것
답 : ④

19 특별피난계단 및 비상용승강기의 승강장에 설치하는 배연설비에 관한 기준 내용으로 옳지 않은 것은? [00, 09 기]
① 배연구는 평상시에 열린 상태를 유지하고, 닫힌 경우에는 배연에 의한 기류로 인하여 열리지 아니 하도록 할 것
② 배연구가 외기에 접하지 아니하는 경우에는 배연기를 설치할 것
③ 배연기는 배연구의 열림에 따라 자동적으로 작동하고, 충분한 공기배출 또는 가압능력이 있을 것
④ 배연에는 예비전원을 설치할 것

[해설] 배연구는 평상시에는 닫힌 상태를 유지하고 연 경우에는 배연에 의한 기류로 인하여 닫히지 아니하도록 할 것
답 : ①

20 가구수가 16가구인 주거용 건축물에서 먹는물용 급수관 지름의 최소 기준은? [08 기]
① 50mm ② 40mm
③ 30mm ④ 20mm
답 : ②

V. 건축관계법규 | 지역 및 지구 안의 건축, 건축설비

핵심 PLUS

21 다음은 주거용 건축물의 급수관의 지름에 관한 것이다. 부적합한 것은? [02, 07 기]
① 가구 또는 세대수가 1일 때 급수관 지름의 최소기준은 15mm이다.
② 가구 또는 세대수가 7일 때 급수관 지름의 최소기준은 25mm이다.
③ 가구 또는 세대수가 18일 때 급수관 지름의 최소기준은 50mm이다.
④ 가구 또는 세대수의 구분이 불분명한 건축물에 있어서 주거에 쓰이는 바닥면적 85m² 초과 150m² 이하는 3가구로 산정한다.

답 : ②

■ 물막이설비
① 대상지구 : 방재지구, 자연재해위험지구
② 규모 : 연면적 10,000m² 이상

22 건축물에 설치하는 피뢰설비의 기준 내용으로 옳지 않은 것은? [07 기]
① 피뢰설비는 높이 20m 이상의 건축물에만 설치한다.
② 돌침은 건축물의 맨 윗부분으로부터 25cm 이상 돌출시켜 설치한다.
③ 돌침은 「건축물의 구조기준 등에 관한 규칙」의 규정에 의한 풍하중에 견딜 수 있는 구조이어야 한다.
④ 피뢰설비의 인하도선을 대신하여 철골조의 철골구조물과 철근콘크리트조의 철근구조체를 사용하는 경우에는 전기적 연속성이 보장되어야 한다.

[해설] 피뢰설비는 낙뢰의 우려가 있는 건축물 또는 높이 20m 이상의 건축물에 설치한다.

답 : ①

① 가구수나 세대수가 불분명한 경우에는 주거에 쓰이는 바닥면적의 합계에 따라 다음과 같이 가구수를 산정한다.
㉮ 바닥면적 85m² 이하 : 1가구
㉯ 바닥면적 85m² 초과, 150m² 이하 : 3가구
㉰ 바닥면적 150m² 초과, 300m² 이하 : 5가구
㉱ 바닥면적 300m² 초과, 500m² 이하 : 16가구
㉲ 바닥면적 500m² 초과 : 17가구
② 가압설비 등을 설치하여 급수시 각 기구에서 압력이 1cm²당 0.7kg 이상인 경우는 상기 1의 기준을 적용하지 않는다.

5) 피뢰설비

① 설치 대상 : 낙뢰의 우려가 있는 건축물 또는 높이 20m 이상의 건축물 또는 공작물로서 높이 20m 이상의 공작물(건축물에 공작물을 설치하여 그 전체 높이가 20m 이상인 것을 포함)
② 피뢰설비의 구조 기준

구 분	설치 기준
피뢰설비	한국산업표준이 정하는 보호레벨등급 (위험물저장 및 처리시설 : 피뢰시스템레벨 Ⅱ 이상)
돌침	• 건축물의 맨 윗부분으로부터 25cm 이상 돌출시켜 설치할 것 • 설계하중에 견딜 수 있는 구조일 것
피뢰설비의 최소 단면적 (피복 없는 동선 기준)	• 수뢰부, 인하도선, 접지극 : 50mm² 이상
철근(철골)구조체 사용시 인하도선	• 전기적 연속성이 보장될 것 • 구조체의 상단부와 하단부 사이의 전기저항이 0.2Ω 이하일 것
측면 낙뢰방지 (60m 초과 건축물)	• 지면에서 건축물 높이의 4/5가 되는 지점부터 최상단부분까지의 측면에 수뢰부를 설치하여야 하며, 지표레벨에서 최상단부의 높이가 150m를 초과하는 건축물은 120m 지점부터 최상단부분까지의 측면에 수뢰부를 설치할 것

2. 승강기

1) 승용승강기의 설치

① 설치 대상 : 층수가 6층 이상으로서 연면적 2,000m² 이상인 건축물
[예외] 층수가 6층인 건축물로서 각층 거실 바닥면적 300m² 이내마다 1개소 이상 직통계단을 설치한 경우

② 승용승강기의 설치 기준

건축물의 용도	6층 이상 거실면적의 합계(Am²)		
	3,000m² 이하	3,000m² 초과	공식
① 문화 및 집회시설 • 공연장 • 집회장 • 관람장 ② 판매시설 • 도매시장 • 소매시장 • 상점 ③ 의료시설 • 병원 • 격리병원	2대	2대에 3,000m² 초과하는 경우에는 그 초과하는 매 2,000m² 이내마다 1대의 비율로 가산한 대수	$2 + \dfrac{A - 3,000m^2}{2,000m^2}$
① 문화 및 집회시설 • 전시장 • 동·식물원 ② 업무시설 ③ 숙박시설 ④ 위락시설	1대	1대에 3,000m²를 초과하는 경우에는 그 초과하는 매 2,000m² 이내마다 1대의 비율로 가산한 대수	$1 + \dfrac{A - 3,000m^2}{2,000m^2}$
① 공동주택 ② 교육연구시설 ③ 노유자시설 ④ 기타시설	1대	1대에 3,000m²를 초과하는 경우에는 그 초과하는 매 3,000m² 이내마다 1대의 비율로 가산한 대수	$1 + \dfrac{A - 3,000m^2}{3,000m^2}$

※ 단, 승용승강기가 설치되어 있는 6층 이상의 건축물에 1개층을 증축하는 경우에는 승용승강기의 승강로를 연장하여 설치하지 않을 수 있다.

[주] 8인승 이상 15인승 이하를 기준으로 산정하며 16인승 이상의 승강기는 2대로 산정한다. 대수 산정시 소수점 이하는 1대로 본다.

예제

각층 바닥면적이 2,000m²인 아파트의 승용승강기의 최소대수는?(단, 20층짜리로 10층과 20층은 기계실임)

▶ 6층 이상의 거실 바닥면적 : 6층부터 20층까지 개층 가운데 10층과 20층 기계실은 바닥면적에서 제외되므로 13개층에 해당되는 26,000m²이 거실 바닥면적의 합계이다.

∴ $1 + \dfrac{26,000 - 3,000}{3,000} = 1 + 7.8 = 8.8$

∴ 9대 (소수점 이하는 1대로 본다.)

핵심 PLUS

23 건축물의 용도가 같을 때 승용승강기 설치기준이 다르게 적용되는 기준은 무엇인가?
[00 기]
① 건축면적
② 연면적의 합계
③ 6층 이상의 바닥면적의 합계
④ 6층 이상의 거실면적의 합계
답 : ④

24 승용승강기의 설치기준이 가장 강화된 것부터 완화되어 있는 것으로 나열된 건축물의 용도는?
[02, 25 기]
① 교육연구시설 – 숙박시설 – 병원
② 공연장 – 위락시설 – 교육연구시설
③ 집회장 – 교육연구시설 – 업무시설
④ 공동주택 – 관람장 – 위락시설
답 : ②

25 다음 중 승용승강기를 가장 적게 설치할 수 있는 건축물의 용도는? (단, 6층 이상의 거실면적의 합계가 10,000m²이며, 8인승 승강기를 설치하는 경우)
[11, 23, 24 기]
① 병원
② 위락시설
③ 숙박시설
④ 공동주택
답 : ④

26 6층 이상의 거실 면적의 합계가 20,000m²인 업무시설에 16인승 승용승강기를 설치할 경우 최소설치대수는 얼마인가?

[해설] 3,000m² 이하까지 1대, 3,000m² 초과하는 2,000m²당 1대를 가산한 대수

∴ $1 + \dfrac{20,000 - 3,000}{2,000} = 9.5$

∴ 10대 (소수점 이하는 1대로 본다.)

16인승 이상은 2대로 산정하므로

∴ 10÷2=5대

2) 비상용승강기

① 설치 대상 : 31m를 넘는 건축물
② 비상용승강기의 설치 기준

높이 31m를 넘는 각층의 바닥면적 중 최대바닥면적($A m^2$)	설치 대 수	공 식
1,500m² 이하	1대 이상	
1,500m² 초과	1대+1,500m²를 넘는 3,000m² 이내마다 1대씩 가산	$1+\dfrac{A-1,500m^2}{3,000m^2}$

[주] 2대 이상의 비상용승강기를 설치하는 경우에는 화재시 소화에 지장이 없도록 일정한 간격을 두고 설치한다. 대수 산정시 소수점 이하는 1대로 본다.

③ 비상용승강기를 설치하지 않아도 되는 건축물
  ㉮ 높이 31m를 넘는 각층을 거실 이외의 용도로 사용할 경우
  ㉯ 높이 31m를 넘는 각층의 바닥면적의 합계가 500m² 이하인 건축물
  ㉰ 높이 31m를 넘는 부분의 층수가 4개층 이하로서 당해 각층 바닥면적 200m²(500m²)* 이내마다 방화구획을 한 건축물
  *( ) 속의 수치는 실내의 벽 및 반자의 마감을 불연재료로 한 경우임

④ 비상용승강기 승강장의 구조
  ㉮ 승강장은 건축물의 다른 부분과 내화구조의 바닥·벽으로 구획(창문·출입구·개구부 제외)할 것
  ※ 단, 공동주택의 경우 승강장과 특별피난계단의 부속실과의 겸용부분을 특별피난계단의 계단실과 별도로 구획하는 때에는 승강장을 특별피난계단의 부속실과 겸용할 수 있다.
  ㉯ 승강장은 피난층을 제외한 각층의 내부와 연결될 수 있도록 하되, 그 출입구(승강로의 출입구 제외)에는 60+방화문 또는 60분방화문을 설치할 것
  ㉰ 노대 또는 외부를 향하여 열 수 있는 창문이나 배연설비(설비규칙 제14조 ②)를 설치할 것
  ㉱ 벽 및 반자가 실내에 접하는 부분의 마감재료(마감을 위한 바탕 포함)는 불연재료로 할 것
  ㉲ 채광이 되는 창문이 있거나 예비전원에 의한 조명설비를 할 것
  ㉳ 승강장의 바닥면적은 비상용승강기 1대에 대하여 6m² 이상으로 할 것
    [예외] 옥외에 승강장을 설치하는 경우
  ㉴ 피난층이 있는 승강장의 출입구(승강장이 없는 경우에는 승강로의 출입구)로부터 도로 또는 공지에 이르는 거리가 30m 이하일 것
  ㉵ 승강장 출입구 부근의 잘 보이는 곳에 당해 승강기가 비상용승강기임을 알 수 있는 표지를 할 것

핵심 PLUS

27 각층 바닥면적 2,000m² 인 15층 병원 건축물에 설치하여야 할 승강기의 최소대수는?(단, 각층 거실바닥면적은 1,500m², 각층 층고는 3m임)

[해설] ① 승용승강기 대수 : 6층 이상 거실 면적의 합계가(10개층 ×1,500)m² 이므로 3,000m²까지는 2대, 3,000m²를 초과하는 2,000m²당 1대를 가산한 대수

∴ $2+\dfrac{15,000-3,000}{2,000}=8$대

② 비상용승강기 대수 : 31m를 넘는 각층 바닥면적 중 최대바닥면적이 2,000m² 이므로

∴ $1+\dfrac{2,000-1,500}{3,000}=1.2$

∴2대(소수점 이하는 1대로 본다.)

28 높이 31m를 넘는 층의 바닥면적 중 최대바닥면적이 5,500m² 일 때 설치하여야 할 비상용승강기의 최소대수는?(단, 31m를 넘는 각층을 거실로 사용하고 거실의 바닥면적 1,000m²마다 방화구획으로 구획한 건축물임)

[해설] 높이 31m를 넘는 각층 바닥면적 중 최대바닥면적이 1,500m²에 1대이고 1,500m²를 초과하는 3,000m² 이내마다 1대씩 증가하므로

∴ $1+\dfrac{5,500-1,500}{3,000}=2.33$

∴3대(소수점 이하는 1대로 본다.)

29 비상용승강기의 승강장의 구조에 관한 기준 내용으로 옳지 않은 것은? [13 기]
① 채광이 되는 창문이 있거나 예비전원에 의한 조명설비를 할 것
② 벽 및 반자가 실내에 접하는 부분의 마감재료는 불연재료 또는 준불연재료로 할 것
③ 피난층이 있는 승강장의 출입구로부터 도로 또는 공지에 이르는 거리가 30m 이하일 것
④ 옥내에 승강장을 설치하는 경우 승강장의 바닥면적은 비상용승강기 1대에 대하여 6m² 이상으로 할 것

답 : ②

3. 지능형 건축물의 인증

1) 지능형 건축물 인증제도
① 국토교통부장관은 지능형 건축물[Intelligent Building]의 건축을 활성화하기 위하여 지능형건축물 인증제도를 실시한다.
② 국토교통부장관은 지능형 건축물의 인증을 위하여 인증기관을 지정할 수 있다.
③ 지능형 건축물의 인증을 받으려는 자는 인증기관에 인증을 신청하여야 한다.

2) 지능형 건축물 인증기준
① 국토교통부장관은 건축물을 구성하는 설비 및 각종 기술을 최적으로 통합하여 건축물의 생산성과 설비 운영의 효율성을 극대화할 수 있도록 다음 각 호의 사항을 포함하여 지능형건축물 인증기준을 고시한다.
  ㉠ 인증기준 및 절차
  ㉡ 인증표시 홍보기준
  ㉢ 유효기간
  ㉣ 수수료
  ㉤ 인증 등급 및 심사기준 등
② 인증기관의 지정 기준, 지정 절차 및 인증 신청 절차 등에 필요한 사항은 국토교통부령으로 정한다.
③ 허가권자는 지능형건축물로 인증을 받은 건축물에 대하여 다음과 같이 건축기준을 완화하여 적용할 수 있다.

완화 규정	완화 기준
대지 안의 조경(법 제42조)	$\dfrac{85}{100}$ 범위 안에서 완화적용
용적률(법 제56조) 건축물의 높이(법 제60조)	$\dfrac{115}{100}$ 범위 안에서 완화적용

핵심 PLUS

■ 피난용승강기
① 설치대상 : 고층 건축물
② 승강장 구조제한 : 내화구조, 불연재료, 60+방화문 또는 60분방화문
※ 전용예비전원 확보
· 초고층 건축물 : 2시간 이상
· 준초고층 건축물 : 1시간 이상

핵심 PLUS

4. 건축물의 냉방설비

① 에너지 합리적 이용을 위한 설계기준

다음에 해당하는 건축물 중 산업통상자원부장관이 국토교통부장관과 협의하여 고시하는 건축물에 중앙집중냉방설비를 설치하는 경우에는 산업통상자원부장관이 국토교통부장관과 협의하여 정하는 바에 따라 축냉식 또는 가스를 이용한 중앙집중냉방방식으로 하여야 한다.

규 모	건축물의 용도
① 바닥면적 합계 1,000m² 이상	• 목욕장(제1종 근린생활시설) • 실내수영장(운동시설) • 실내물놀이형 시설(운동시설)
② 바닥면적 합계 2,000m² 이상	• 기숙사 • 병원(의료시설) • 유스호스텔(수련시설) • 숙박시설
③ 바닥면적 합계 3,000m² 이상	• 연구소(교육연구시설) • 업무시설 • 판매시설
④ 바닥면적 합계 10,000m² 이상	• 문화 및 집회시설(동식물원 제외) • 종교시설 • 장례식장 • 교육연구시설(연구소 제외)

② 냉방시설 및 환기시설 설치기준

상업지역 및 주거지역에서 도로(막다른 도로로서 그 길이가 10m 미만인 경우를 제외)에 접한 대지의 건축물에 설치하는 냉방시설 및 환기시설의 배기구는 도로면으로부터 2m 이상의 높이에 설치하거나 배기장치의 열기가 보행자에게 직접 닿지 아니하도록 설치하여야 한다.

5. 관계전문기술자의 협력을 받아야 하는 건축물

관계전문기술자	건축물의 규모	용도 및 협력사항
건축구조기술사	• 6층 이상인 건축물 • 특수구조 건축물 • 다중이용 건축물 • 준다중이용 건축물 • 3층 이상의 필로티형식 건축물 • 지진구역 1의 중요도(특)에 해당하는 건축물	구조안전의 확인
건축기계설비기술사· 공조냉동기계기술사	• 연면적 10,000m² 이상(창고시설은 제외) • 에너지를 대량으로 소비하는 건축물(바닥면적 합계 기준)	급수·배수(配水)·배수(排水)·환기·난방·소화·배연·오물처리 설비 및 승강기(기계분야만 해당)
건축기계설비기술사· 공조냉동기계기술사· 가스기술사	㉠ 500m² 이상 : 냉동냉장시설, 항온항습시설, 특수청정시설 ㉡ 규모에 관계없이 : 아파트 및 연립주택	가스설비
건축전기설비기술사 또는 발송배전기술사	㉢ 500m² 이상 : 목욕장, 실내수영장, 실내물놀이형시설 ㉣ 2,000m² 이상 : 기숙사, 병원, 유스호스텔, 숙박시설 ㉤ 3,000m² 이상 : 연구소, 업무시설, 판매시설 ㉥ 10,000m² 이상 : 문화 및 집회시설(동·식물원 제외), 종교시설, 장례식장, 교육연구시설(연구소 제외)	전기, 승강기(전기 분야만 해당) 및 피뢰침
토목분야 기술사· 지질 및 기반기술사	• 깊이 10m 이상 토지굴착공사 • 높이 5m 이상의 옹벽 등 공사	• 지질조사 • 토공사의 설계 및 감리 • 흙막이벽·옹벽 설치 등에 관한 위해방지 및 기타 필요한 사항

6. 재료 등의 기준 관리

국토교통부장관은 기후 변화나 건축기술의 변화 등에 따라 건축물의 구조 및 재료 등에 관한 기준이 적정한지를 검토하는 건축모니터링을 3년마다 실시하여야 한다.

핵심 PLUS

30 건축물을 건축하는 경우 해당 건축물의 설계자가 국토교통부령으로 정하는 구조기준 등에 따라 그 구조의 안전을 확인할 때, 건축구조기술사의 협력을 받아야 하는 대상 건축물 기준으로 옳지 않은 것은? [10 기]
① 다중이용 건축물
② 6층 이상인 건축물
③ 기둥과 기둥 사이의 거리가 15m 이상인 건축물
④ 한쪽 끝은 고정되고 다른 끝은 지지되지 아니한 구조로 된 차양 등이 외벽의 중심선으로부터 3m 이상 돌출된 건축물

답 : ③

31 20m 간선도로변 일반주거지역의 건축물에 설치한 냉방시설의 배기구로서 보행자를 배려한 설비를 따로 하지 않았을 경우 설치높이 기준은? [09 기]
① 도로면으로부터 1.5m 이상
② 대지면으로부터 1.5m 이상
③ 도로면으로부터 2.0m 이상
④ 대지면으로부터 2.0m 이상

[해설] 상업지역 및 주거지역에서 도로(막다른 도로로서 그 길이가 10m 미만인 경우 제외)에 접한 대지의 건축물에 설치하는 냉방시설 및 환기시설의 배기구는 도로면으로부터 2m 이상의 위치에 설치하거나 배기장치의 열기가 보행자에게 직접 닿지 아니하도록 설치하여야 한다.

답 : ③

핵심기출문제

Ⅲ. 지역 및 지구 안의 건축, 건축설비

■■■ 1. 지역 및 지구 안의 건축

1. 하나의 대지에 일반주거지역 400m², 일반상업지역 300m², 준주거지역 350m²가 걸쳐 있을 경우, 이 대지는 어떠한 용도지역에 관한 규정이 적용되는가? [08⑦]

① 일반주거지역, 일반상업지역, 준주거지역
② 일반주거지역, 준주거지역
③ 준주거지역, 일반상업지역
④ 일반주거지역, 일반상업지역

2. 다음 그림과 같은 대지에 건축물을 건축하고자 한다. 층수는 지하는 1층(200m²), 지상은 5층으로 하고자 할 경우 최대한 건축할 수 있는 연면적은? (단, 건폐율은 50%, 용적률은 200% 이다.) [10⑦]

① 1196m²
② 1200m²
③ 1396m²
④ 1695m²

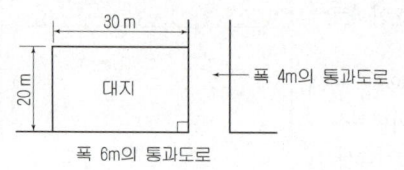

3. 건축물이 있는 대지의 최소분할 면적이 작은 것에서 큰 것 순으로 옳게 나열한 것은? [08⑦]

① 주거지역 – 상업지역 – 녹지지역
② 공업지역 – 주거지역 – 상업지역
③ 상업지역 – 녹지지역 – 주거지역
④ 상업지역 – 주거지역 – 공업지역

[해설] 지역별 대지의 분할제한

구 분	최소분할면적
① 주거지역	60m² 이상
② 상업지역	150m² 이상
③ 공업지역	150m² 이상
④ 녹지지역	200m² 이상
⑤ 상기 ①~④에 해당하지 않는 지역	60m² 이상

4. 건축물이 있는 대지를 기준에 미달되게 분할할 수 없도록 한 규정과 관계없는 것은? [03⑦]

① 건축물의 높이제한
② 대지와 도로의 관계
③ 건폐율
④ 대지안의 조경

해 설

[해설] **1**
대지가 지역·지구 또는 구역에 걸치는 경우
하나의 대지가 2 이상의 용도지역·지구 또는 용도구역에 걸치는 경우 걸쳐진 용도지역·지구 또는 용도구역에 있는 면적분이 330m² 이하인 부분에 대해서는 그 대지 중 가장 넓은 면적에 속하는 용도지역·지구 또는 구역에 관한 규정을 적용한다.
㉠ 400m²인 일반주거지역 : 일반주거지역 적용
㉡ 350m²인 준주거지역 : 준주거지역 적용
㉢ 300m²인 일반상업지역 : 일반주거지역 적용

[해설] **2**
㉠ 용적률 = $\frac{연면적}{대지면적} \times 100$
 (※ 연면적 : 지상층 바닥면적의 합계)
㉡ 대지면적 : 교착각이 90°, 교차폭이 4m, 6m 이므로 가각전제 면적은 2m²(2m×2m×1/2) 즉, 대지면적은 600m² – 2m² = 598m²
㉢ 연면적 = 대지면적 × 용적률
 = 598m² × 2(용적률 200%)
 = 1,196m²
∴ 연면적 = 지상층 면적합계 + 지하층 면적
 = 1,196m² + 200m² = 1,396m²

[해설] **4**
대지분할의 제한
건축물이 있는 대지는 다음의 기준에 미달되게 분할할 수 없다.
㉠ 대지와 도로의 관계(법 제44조)
㉡ 건폐율(법 제55조)
㉢ 용적률(법 제56조)
㉣ 대지 안의 공지(법 제58조)
㉤ 건축물의 높이제한(법 제60조)
㉥ 일조 등의 확보를 위한 건축물의 높이제한(법 제61조)

 1. ② 2. ③ 3. ① 4. ④

5. 다음 중 맞벽건축·연결복도 또는 연결통로의 구조·크기 등에 관한 기준으로 옳지 않은 것은?
   ① 건축물과 복도 또는 통로의 연결부분에 방화셔터 또는 방화문을 설치할 것
   ② 주요구조부가 방화구조일 것
   ③ 마감재료가 불연재료일 것
   ④ 너비 및 높이가 각각 5m 이하일 것

6. 허가권자가 가로구역별로 건축물의 높이를 지정하고자 할 때 고려하여야 할 사항이 아닌 것은?
   ① 도시·군관리계획 등의 토지이용계획
   ② 도시미관 및 경관계획
   ③ 장래도시인구 및 방재계획
   ④ 당해도시의 장래 발전계획

7. 다음 중 일반주거지역 안에서 일반업무시설을 건축할 경우 일조 등의 확보를 위한 건축물의 높이제한 사항에 맞지 않는 것은? [07]
   ① 너비 15m 이상의 도로에 접했을 경우는 제한을 받지 않는다.
   ② 높이 10m를 초과하는 부분은 정북방향으로의 인접대지 경계선으로부터 당해 건축물의 각 부분의 높이의 1/2 이상 떨어야 한다.
   ③ 높이 10m 이하인 부분은 정북방향으로의 인접대지경계선으로부터 1.5m 이상 떨어야 한다.
   ④ 높이 4m인 부분은 정북방향으로의 인접대지경계선으로부터 1.5m 이상 떨어야 한다.

8. 일반주거지역 내에서 그림과 같은 건물을 건축할 경우 인접대지경계선으로부터 떨어야 할 최소거리 x는? (단, 건물은 11m 높이의 4층 상가주택임) [09, 24]
   ① 5.5m
   ② 6.0m
   ③ 7.5m
   ④ 9.0m

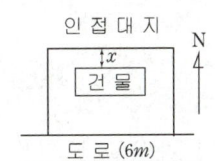

해 설

[해설] 5
주요구조부가 내화구조일 것

[해설] 6
허가권자가 가로구역별 건축물의 높이 지정할 경우 고려사항
㉠ 도시·군관리계획 등의 토지이용계획
㉡ 당해 가로구역이 접하는 도로의 너비
㉢ 당해 가로구역의 상·하수도 등 간선시설의 수용능력
㉣ 도시미관 및 경관계획
㉤ 당해 도시의 장래 발전계획

[해설] 7
전용주거지역·일반주거지역 안에서 지구단위계획구역, 경관지구 및 미관지구, 중점경관관리구역, 특별가로구역, 도시미관 향상을 위하여 허가권자가 지정·공고하는 구역 안의 너비 20m 이상의 도로(자동차·보행자·자전거 전용도로를 포함하며, 도로와 대지 사이에 공공공지, 녹지, 광장, 그 밖에 건축미관에 지장이 없는 도시·군계획시설이 있는 경우 해당 시설을 포함)에 접한 대지 상호간에 건축하는 건축물의 경우에는 일조 등의 확보를 위한 건축물의 높이제한을 받지 않는다.

[해설] 8
전용주거지역·일반주거지역 안에서 인접대지경계선으로부터 정북방향으로 띄우는 거리
건축물의 각 부분을 정북방향으로의 인접대지경계선으로부터 다음의 범위 안에서 건축조례가 정하는 거리 이상을 띄어 건축하여야 한다.
㉠ 높이 10m 이하인 부분 : 인접대지경계선으로부터 1.5m 이상
㉡ 높이 10m를 초과하는 건축물 : 인접대지경계선으로부터 당해 건축물의 각 부분 높이의 1/2 이상

정답 5. ② 6. ③ 7. ① 8. ①

핵심기출문제

Ⅲ. 지역 및 지구 안의 건축, 건축설비

9. 건축물의 높이를 정남방향의 인접대지경계선으로부터 일정 거리를 띄어야 하는 경우가 아닌 것은? [04⑦]

① 정남방향으로 공원·하천 등 건축이 금지된 공지에 접하는 대지인 경우
② 도시개발구역인 경우
③ 택지개발예정지구인 경우
④ 대지조성사업지구인 경우

10. 동일한 대지 안에서 2동의 공동주택이 채광창이 없는 벽면과 측벽이 마주 보고 있을 때 일조 등의 확보를 위해 건축조례에서 이들 사이를 서로 띄게 하는 최소 거리는? [02㉑]

① 4m   ② 6m
③ 8m   ④ 10m

■■■ 2. 건축설비

11. 다음 중 공동주택의 개별난방설비 설치기준으로 옳지 않은 것은? [08, 17⑦]

① 보일러의 연도는 내화구조로서 공동연도로 설치할 것
② 보일러실 윗부분에는 그 면적이 최소 1.0m² 이상인 환기창을 설치할 것
③ 보일러를 설치하는 곳과 거실사이의 경계벽은 출입구를 제외하고는 내화구조의 벽으로 구획할 것
④ 기름보일러를 설치하는 경우에는 기름저장소를 보일러실외의 다른 곳에 설치할 것

12. 방송 공동수신설비를 설치하여야 하는 대상 건축물에 속하지 않는 것은? [17⑦]

① 다가구주택
② 다세대주택
③ 바닥면적의 합계가 5000m²으로서 업무시설의 용도로 쓰는 건축물
④ 바닥면적의 합계가 5000m²으로서 숙박시설의 용도로 쓰는 건축물

13. 6층 이상인 건축물에 배연설비를 설치하도록 규정한 것이 아닌 것은? [07⑦]

① 가족호텔의 객실   ② 관광휴게시설의 관망탑
③ 학교의 교실   ④ 의료시설의 병실

해 설

해설 9
정북방향으로 도로·공원·하천 등 건축이 금지된 공지에 접하는 대지인 경우에 해당된다.

해설 10
㉠ 채광창(창넓이 0.5m 이상의 창)이 없는 벽면과 측벽이 마주보는 경우 : 8m 이상
㉡ 측벽과 측벽이 마주보는 경우 : 4m 이상

해설 11
보일러실의 윗부분에는 그 면적이 0.5m² 이상인 환기창을 설치하고, 보일러실의 윗부분과 아랫부분에는 각각 지름 10cm 이상의 공기 흡입구 및 배기구를 항상 열려있는 상태로 바깥 공기에 접하도록 설치하여야 한다.

해설 12
방송 공동수신설비 설치대상 건축물
㉠ 공동주택
㉡ 바닥면적의 합계가 5,000m² 이상으로서 업무시설이나 숙박시설의 용도로 쓰는 건축물

해설 13, 14
배연설비의 설치대상
㉠ 6층 이상의 건축물로서 제2종 근린생활시설 중 300m² 이상인 공연장·종교집회장·인터넷컴퓨터게임시설제공업소 및 다중생활시설, 문화 및 집회시설, 종교시설, 판매시설, 운수시설, 의료시설(요양병원 및 정신병원은 제외), 연구소, 아동관련시설·노인복지시설(노인요양시설은 제외), 유스호스텔, 운동시설, 업무시설, 숙박시설, 위락시설, 관광휴게시설, 장례시설의 용도에 해당되는 건축물의 거실
[예외] 피난층인 경우
㉡ 요양병원 및 정신병원·산후조리원, 노인요양시설·장애인 거주시설 및 장애인 의료재활시설의 용도에 해당되는 건축물
[예외] 피난층인 경우

정답
9. ①   10. ③   11. ②
12. ①   13. ③

14. 다음의 배연설비의 설치와 관련된 기준 내용 중 ( ) 안에 해당되는 건축물의 용도가 아닌 것은? [10㉠]

> 6층 이상의 건축물로서 ( )의 거실에는 국토교통부령으로 정하는 기준에 따라 배연설비를 하여야 한다. 다만, 피난층인 경우에는 그러하지 아니하다.

① 공동주택　　　　② 판매시설
③ 업무시설　　　　④ 숙박시설

15. 비상용승강기의 승강장에 설치하는 배연설비의 구조에 관한 기준 내용으로 틀린 것은? [22, 24㉠]
① 배연구 및 배연풍도는 불연재료로 할 것
② 배연구는 평상시에는 열린 상태를 유지할 것
③ 배연구가 외기에 접하지 아니하는 경우에는 배연기를 설치할 것
④ 배연기는 배연구의 열림에 따라 자동적으로 작동하고, 충분한 공기배출 또는 가압능력이 있을 것

16. 배관설비로서 배수용으로 쓰이는 배관설비의 기준으로 옳지 않은 것은? [03, 25㉠]
① 배출시키는 빗물 또는 오수의 양 및 수질에 따라 그에 적당한 용량 및 경사를 지게 하거나 그에 적합한 재질을 사용할 것
② 우수관과 오수관은 분리하여 배관할 것
③ 배관설비의 오수에 접하는 부분은 방수재료를 사용할 것
④ 지하실 등 공공하수도로 자연배수를 할 수 없는 곳에는 배수용량에 맞는 강제배수시설을 설치할 것

17. 배수용으로 쓰이는 배관설비에 관한 기준 내용으로 옳지 않은 것은? [10㉠]
① 우수관과 오수관을 하나로 하여 배관할 것
② 배관설비의 오수에 접하는 부분은 내수재료를 사용할 것
③ 배관설비에는 배수트랩·통기관을 설치하는 등 위생에 지장이 없도록 할 것
④ 배출시키는 빗물 또는 오수의 양 및 수질에 따라 그에 적당한 용량 및 경사를 지게 할 것

해　설

해설 15
배연구는 평상시에 닫힌 상태를 유지하고, 연 경우에는 배연에 의한 기류로 인하여 닫히지 아니하도록 할 것

해설 16
배관설비의 오수에 접하는 부분은 내수재료를 사용할 것

해설 17
우수관과 오수관은 분리하여 배관하고, 콘크리트구조체에 배관을 매설하거나 배관이 콘크리트구조체를 관통할 경우에는 구조체에 덧관을 미리 매설하는 등 배관 부식방지와 배관의 수선·교체가 용이하도록 할 것

정답　14. ①　15. ②　16. ③
　　　17. ①

핵심기출문제

Ⅲ. 지역 및 지구 안의 건축, 건축설비

18. 건축물에 설치하는 피뢰설비에 관한 기준으로 옳지 않은 것은? [06㉠]

① 측면 낙뢰를 방지하기 위하여 높이가 60m를 초과하는 건축물 등에는 지면까지 건축물 높이의 3/5이 되는 지점부터 상단부분까지의 측면에 수뢰부를 설치할 것
② 피뢰설비의 인하도선을 대신하여 철골조의 철골구조물과 철근콘크리트조의 철근구조체 등을 사용하는 경우에는 전기적 연속성이 보장될 것
③ 피뢰설비의 재료는 최소 단면적이 피복이 없는 동선을 기준으로 수뢰부, 인하도선, 접지극 50mm² 이상이거나 이와 동등 이상의 성능을 갖출 것
④ 돌침은 건축물의 맨 윗부분으로부터 25cm 이상 돌출시켜 설치할 것

19. 주거에 쓰이는 바닥면적의 합계가 200m²인 주거용 건축물에 설치하는 먹는물용 급수관의 최소지름은? [10㉠]

① 25mm ② 32mm
③ 40mm ④ 50mm

[해설] 주거용 건축물 급수관의 지름 기준(단위 : mm)

가구 또는 세대수	1	2~3	4~5	6~8	9~16	17 이상
급수관 최소지름	15	20	25	32	40	50

㉠ 가구수나 세대수가 불분명한 경우에는 주거에 쓰이는 바닥면적의 합계에 따라 다음과 같이 가구수를 산정한다.
　• 바닥면적 85m² 이하 : 1가구
　• 바닥면적 85m² 초과, 150m² 이하 : 3가구
　• 바닥면적 150m² 초과, 300m² 이하 : 5가구
　• 바닥면적 300m² 초과, 500m² 이하 : 16가구
　• 바닥면적 500m² 초과 : 17가구
㉡ 가압설비 등을 설치하여 급수시 각 기구에서 압력이 1cm²당 0.7kg 이상인 경우는 상기 1의 기준을 적용하지 않는다.

20. 각 층의 거실면적이 1000m²이며, 층수가 15층인 다음 건축물 중 설치하여야 하는 승용승강기의 최소 대수가 가장 많은 것은? (단, 8인승 승용 승강기인 경우) [10, 17, 23㉠]

① 위락시설 ② 업무시설
③ 교육연구시설 ④ 문화 및 집회시설 중 집회장

21. 6층 이상의 거실면적의 합계가 12000m²인 문화 및 집회시설 중 전시장에 설치하여야 하는 승용 승강기의 최소 대수는?(단, 8인승 승강기 기준) [19㉠]

① 4대 ② 5대
③ 6대 ④ 7대

해 설

[해설] **18**
측면 낙뢰를 방지하기 위하여 높이가 60m를 초과하는 건축물 등에는 지면까지 건축물 높이의 4/5이 되는 지점부터 상단부분까지의 측면에 수뢰부를 설치할 것

[해설] **20**
승용승강기 설치대수(강, 약 순서)
문화 및 집회시설(공연장·집회장·관람장), 판매시설(도매시장·소매시장·상점), 의료시설 > 문화 및 집회시설(전시장, 동·식물원), 업무시설, 숙박시설, 위락시설 > 공동주택, 교육연구시설, 노유자시설, 기타 시설
※ 승용승강기의 설치대상은 층수가 6층 이상으로서 연면적 2,000m² 이상인 건축물의 거실 바닥면적의 합계를 기준으로 적용한다.

[해설] **21**
문화 및 집회시설(전시장, 동·식물원), 업무시설, 숙박시설, 위락시설의 용도 경우 3,000m² 이하까지 1대, 3,000m² 초과하는 2,000m²당 1대를 가산한 대수로 하므로
$$1 + \frac{12{,}000 - 3{,}000}{2{,}000} = 5.5 \rightarrow 6대$$
(소수점 이하는 1대로 본다)
※ 8인승 이상 15인승 이하를 기준으로 산정하며 16인승 이상의 승강기는 2대로 산정한다.

정답 18. ① 19. ① 20. ④
　　　21. ③

22.
층수가 12층이고 6층 이상의 거실면적의 합계가 12000m²인 교육연구시설에 설치하여야 하는 8인승 승용승강기의 최소 대수는? [18, 24㉮]

① 2대   ② 3대
③ 4대   ④ 5대

23.
높이 31m를 넘는 각 층의 바닥면적 중 최대 바닥면적이 4,500m²인 건축물에 원칙적으로 설치하여야 하는 비상용 승강기의 최소 설치 대수는? [22, 23㉮]

① 1대   ② 2대
③ 3대   ④ 5대

24.
비상용승강기의 승강장 및 승강로의 구조에 관한 규정에 기술되어 있지 아니한 것은? [07㉮]

① 승강장의 구조
② 승강로의 구조
③ 승강장의 바닥면적
④ 승강로의 면적

25.
다음은 비상용승강기를 설치하지 아니할 수 있는 건축물에 관한 기준 내용이다. ( ) 안에 알맞은 것은? [08㉮]

> 높이 (㉠)m를 넘는 층수가(㉡) 개층 이하로서 당해 각층의 바닥면적의 합계 200m² 이내마다 방화구획으로 구획한 건축물

① ㉠ 31, ㉡ 4
② ㉠ 31, ㉡ 3
③ ㉠ 41, ㉡ 4
④ ㉠ 41, ㉡ 3

해 설

해설 22

공동주택, 교육연구시설, 기타시설 등의 설치기준
3,000m² 이하까지 1대, 3,000m²를 초과하는 경우에는 그 초과하는 매 3,000m² 이내마다 1대의 비율로 가산한 대수로 한다.

$$\therefore 1 + \frac{A - 3,000\text{m}^2}{3,000\text{m}^2}$$

$$= 1 + \frac{12,000 - 3,000}{3,000} = 4대$$

(소수점 이하는 1대로 본다)

※ 8인승 이상 15인승 이하를 기준으로 산정하며 16인승 이상의 승강기는 2대로 산정한다.

해설 23

비상용승강기의 설치
높이 31m를 넘는 각층 바닥면적 중 최대바닥면적이 1,500m²에 1대이고 1,500m²를 초과하는 3,000m² 이내마다 1대씩 증가하므로

$$\therefore 1 + \frac{4,500 - 1,500}{3,000} = 2대$$

(소숫점 이하는 1대로 본다)

해설 24

비상용승강기의 승강장 및 승강로의 구조에 관한 규정
㉮ 승강장의 구조 : 내화구조, 불연재료, 갑종방화문, 배연설비, 조명설비
㉯ 승강로의 구조
㉰ 승강장의 바닥면적 : 6m²/대 이상

해설 25

비상용승강기를 설치하지 않아도 되는 건축물
㉮ 높이 31m를 넘는 각층을 거실 이외의 용도로 사용할 경우
㉯ 높이 31m를 넘는 각층의 바닥면적의 합계가 500m² 이하인 건축물
㉰ 높이 31m를 넘는 부분의 층수가 4개층 이하로서 당해 각층 바닥면적 200m²(500m²)* 이내마다 방화구획을 한 건축물
*( ) 속의 수치는 실내의 벽 및 반자의 마감을 불연재료로 한 경우임

정답 22. ③ 23. ② 24. ④
25. ①

핵심기출문제
Ⅲ. 지역 및 지구 안의 건축, 건축설비

26. 비상용승강기 승강장의 구조에 관한 기준 내용으로 옳지 않은 것은? [14, 23㉮]
① 벽 및 반자가 실내에 접하는 부분의 마감재료는 불연재료로 할 것
② 옥내 승강장의 바닥면적은 비상용승강기 1대에 대하여 $6m^2$ 이상으로 할 것
③ 채광을 위한 창문 등을 설치하여서는 안되며 예비전원에 의한 조명설비를 할 것
④ 피난층이 있는 승강장의 출입구로부터 도로 또는 공지에 이르는 거리가 30m 이하일 것

[해설] 26
채광이 되는 창문이 있거나 예비전원에 의한 조명설비를 할 것

27. 피난용승강기의 설치에 관한 기준 내용으로 옳지 않은 것은? [21㉮]
① 예비전원으로 작동하는 조명설비를 설치할 것
② 승강장의 바닥면적은 승강기 1대당 $5m^2$ 이상으로 할 것
③ 각 층으로부터 피난층까지 이르는 승강로를 단일구조로 연결하여 설치할 것
④ 승강장의 출입구 부근의 잘 보이는 곳에 해당 승강기가 피난용승강기임을 알리는 표지를 설치할 것

[해설] 피난용승강기 승강장의 구조
㉠ 승강장의 출입구를 제외한 부분은 해당 건축물의 다른 부분과 내화구조의 바닥 및 벽으로 구획할 것
㉡ 승강장은 각 층의 내부와 연결될 수 있도록 하되, 그 출입구(승강로의 출입구 제외)에는 60+방화문 또는 60분방화문을 설치할 것.
이 경우 방화문은 언제나 닫힌 상태를 유지할 수 있는 구조이어야 한다.
㉢ 실내에 접하는 부분(바닥 및 반자 등 실내에 면한 모든 부분을 말함)의 마감(마감을 위한 바탕을 포함)은 불연재료로 할 것
㉣ 예비전원으로 작동하는 조명설비를 설치할 것
㉤ 승강장의 바닥면적은 피난용승강기 1대에 대하여 $6m^2$ 이상으로 할 것
㉥ 승강장의 출입구 부근에는 피난용승강기임을 알리는 표지를 설치할 것
㉦ 승강장의 바닥은 1/100 이상의 기울기로 설치하고 배수용 트렌처를 설치할 것
㉧ 건축물의 설비기준 등에 관한 규칙(제14조)에 따른 배연설비를 설치할 것
㉨ 소방시설 설치유지 및 안전관리에 관한 법률 시행령(제15조)에 따른 소화활동설비(제연설비만 해당)를 설치할 것

28. 다음 중 지능형건축물로 인증을 받은 건축물에 대하여 허가권자가 완화하여 적용할 수 있는 건축법의 내용이 아닌 것은? [03㉮]
① 건폐율   ② 건축물의 용적률
③ 대지안의 조경   ④ 건축물의 높이제한

[해설] 28
지능형건축물로 인증을 받은 건축물에 대하여 허가권자는 대지안의 조경, 용적률, 건축물의 높이 등을 완화하여 적용할 수 있다.

정답 26. ③ 27. ② 28. ①

29. 건축물에 가스, 급수, 배수, 환기설비를 설치하는 경우 건축기계설비기술사 또는 공조냉동기계기술사의 협력을 받아야 하는 대상 건축물에 속하지 않는 것은? [15, 24㉮]

① 기숙사로서 해당 용도에 사용되는 바닥면적의 합계가 2,000m²인 건축물
② 판매시설로서 해당 용도에 사용되는 바닥면적의 합계가 2,000m²인 건축물
③ 의료시설로서 해당 용도에 사용되는 바닥면적의 합계가 2,000m²인 건축물
④ 숙박시설로서 해당 용도에 사용되는 바닥면적의 합계가 2,000m²인 건축물

30. 급수, 배수, 환기, 난방 설비를 건축물에 설치하는 경우, 건축기계설비기술사 또는 공조냉동기계기술사의 협력을 받아야 하는 대상 건축물에 속하지 않는 것은? [17, 23, 25㉮]

① 아파트
② 연립주택
③ 기숙사로서 해당 용도에 사용되는 바닥면적의 합계가 2,000m²인 건축물
④ 업무시설로서 해당 용도에 사용되는 바닥면적의 합계가 2,000m²인 건축물

31. 다음은 건축법령상 관계전문기술자와의 협력에 관한 기준 내용이다. ( ) 안에 알맞은 내용은? [08㉮]

> ( )를 수반하는 건축물의 설계자 및 공사감리자는 토지굴착 등에 관하여 국토교통부령이 정하는 바에 의하여 국가기술자격법에 의한 토목분야 기술사의 협력을 받아야 한다.

① 깊이 8m 이상의 토지굴착공사 또는 높이 3m 이상의 옹벽 등의 공사
② 깊이 8m 이상의 토지굴착공사 또는 높이 5m 이상의 옹벽 등의 공사
③ 깊이 10m 이상의 토지굴착공사 또는 높이 3m 이상의 옹벽 등의 공사
④ 깊이 10m 이상의 토지굴착공사 또는 높이 5m 이상의 옹벽 등의 공사

32. 상업지역 및 주거지역에서 도로(막다른 도로로서 그 길이가 10m 미만인 경우 제외)에 접한 대지의 건축물에 설치하는 냉방시설의 배기구 설치 높이는? [06㉮]

① 도로면으로부터 1.5m 이상
② 도로면으로부터 2.0m 이상
③ 건축물 1층 바닥에서 1.5m 이상
④ 건축물 1층 바닥에서 2.0m 이상

해 설

[해설] 29, 30
건축설비기술사·공조냉동기계기술사의 협력을 받아야하는 에너지 대량소비 건축물 대상(바닥면적 합계 기준)
㉠ 바닥면적 합계 500m² 이상의 냉동냉장시설, 항온항습시설, 특수청정시설
㉡ 규모에 관계없이 : 아파트 및 연립주택
㉢ 500m² 이상 : 목욕장(제1종 근린생활시설), 실내수영장(운동시설)
㉣ 2,000m² 이상 : 기숙사, 병원(의료시설), 유스호스텔(수련시설), 숙박시설
㉤ 3,000m² 이상 : 연구소(교육연구시설), 업무시설, 판매시설
㉥ 10,000m² 이상 : 문화 및 집회시설(동·식물원 제외), 종교시설, 장례식장, 교육연구시설(연구소 제외)

[해설] 31
깊이 10m 이상의 토지굴착공사 또는 높이 5m 이상의 옹벽 등의 공사를 수반하는 건축물의 설계자 및 공사감리자는 토지굴착 등에 관하여 국토교통부령이 정하는 바에 의하여 국가기술자격법에 의한 토목분야 기술사의 협력을 받아야 한다.

[해설] 32
상업지역 및 주거지역에서 도로(막다른 도로로서 그 길이가 10m 미만인 경우 제외)에 접한 대지의 건축물에 설치하는 냉방시설 및 환기시설의 배기구는 도로면으로부터 2m 이상의 위치에 설치하거나 배기장치의 열기가 보행자에게 직접 닿지 아니하도록 설치하여야 한다.

정답 29. ② 30. ④ 31. ④ 32. ②

04 특별건축구역, 보칙 등

V. 건축관계법규 | 특별건축구역, 보칙 등

핵심 PLUS

1 특별건축구역

1. 특별건축구역의 대상

1) 특별건축구역의 대상 사업구역과 건축물(국토교통부장관이 지정하는 경우)

구 분	구역 또는 건축물
대상 사업구역	① 관계 법령에 따른 국가정책사업으로서 조화롭고 창의적인 건축을 위한 다음의 사업구역 　㉠ 행정중심복합도시의 사업구역 　㉡ 혁신도시의 사업구역 　㉢ 경제자유구역 　㉣ 택지개발사업구역 　㉤ 공공주택지구 　㉥ 도시개발구역 　㉦ 국립아시아문화전당 건설사업구역 　㉧ 지구단위계획구역 중 현상설계(懸賞設計) 등에 따른 창의적 개발을 위한 특별계획구역 ② 그 밖에 대통령령으로 정하는 도시 또는 지역의 사업구역 ※ 대상 구역의 제외 　㉠ 개발제한구역 　㉡ 자연공원 　㉢ 접도구역 　㉣ 보전산지
대상 건축물	① 국가 또는 지방자치단체가 건축하는 건축물 ② 공공기관의 운영에 관한 법률(법 제4조) 규정에 따른 공공기관 중 다음에서 정하는 공공기관이 건축하는 건축물 　㉠ 한국토지주택공사　　㉡ 한국수자원공사 　㉢ 한국도로공사　　　　㉣ 한국철도공사 　㉤ 국가철도공단　　　　㉥ 한국관광공사 　㉦ 한국농어촌공사 ③ 기타 도시경관의 창출, 건설기술 수준향상 및 건축 관련 제도개선을 위하여 특례 적용이 필요하다고 허가권자가 인정하는 건축물

01 다음 중 특별건축구역으로 지정할 수 있는 사업구역에 속하지 않는 것은? [16 기]
① 「도로법」에 따른 접도구역
② 「도시개발법」에 따른 도시개발구역
③ 「택지개발촉진법」에 따른 택지개발사업구역
④ 「공공기관 지방이전에 따른 혁신도시 건설 및 지원에 관한 특별법」에 따른 혁신도시의 사업구역

답 : ①

[별표 3] 특별건축구역 안의 특례사항 적용 대상 건축물(제106조제2항 관련)

용 도	규 모(연면적, 세대 또는 동)
문화 및 집회시설, 판매시설, 운수시설, 의료시설, 교육연구시설, 수련시설	연면적 2,000m² 이상
운동장, 업무시설, 숙박시설, 관광휴게시설, 방송통신시설	연면적 3,000m² 이상
종교시설	–
노유자시설	연면적 500m² 이상
공동주택(주거용 외의 용도와 복합된 건축물 포함)	100세대 이상
단독주택	30동 이상 (한옥, 한옥양식 단독주택 : 10동 이상)
그 밖의 용도	연면적 1,000m² 이상

[비고] 1. 위의 용도에 해당하는 건축물은 허가권자가 인정하는 유사한 용도의 건축물을 포함한다.
2. 위의 용도가 복합된 건축물의 경우에는 해당 용도의 연면적을 합한 값 이상이어야 한다. 다만, 공동주택과 주거용 외의 용도가 복합된 경우에는 각각 해당 용도의 연면적 또는 세대 기준에 적합하여야 한다.

핵심 PLUS

02 특별건축구역 안의 특례사항이 적용되는 건축물의 기준이 틀린 것은?
① 연면적 3,000m² 이상의 의료시설
② 연면적 3,000m² 이상의 숙박시설
③ 100세대 이상의 아파트
④ 연면적 2,000m² 이상의 유치원

답 : ①

2. 특별건축구역의 지정

① 지정신청기관 : 중앙행정기관의 장, 시·도지사 또는 시장·군수·구청장
② 지정권자 : 국토교통부장관, 시·도지사 → 건축위원회 심의, 30일 이내
③ 건축허가 : 허가권자(특별시장·광역시장·특별자치시장·특별자치도지사 또는 시장·군수·구청장) → 지방건축위원회 심의
※ 모니터링 대상 지정권자 : 국토교통부장관, 시·도지사
　모니터링 보고서 제출처 : 허가권자

3. 관계법령의 적용 특례

1) 적용의 배제

특별건축구역에 건축하는 건축물에 대하여는 다음의 규정을 적용하지 아니할 수 있다.

① 대지안의 조경(법 제42조)
② 건축물의 건폐율(법 제55조)
③ 건축물의 용적률(법 제56조)
④ 대지안의 공지(법 제58조)
⑤ 건축물의 높이제한(법 제60조)
⑥ 일조 등의 확보를 위한 건축물의 높이제한(법 제61조)
⑦ 주택건설기준 등(주택법 제21조) 중 대통령령으로 정하는 규정

핵심 PLUS

■ **건축협정의 체결**
토지 또는 건축물의 소유자, 지상권자 등 대통령령으로 정하는 자는 전원의 합의로 다음의 어느 하나에 해당하는 지역 또는 구역에서 건축물의 건축·대수선 또는 리모델링에 관한 협정을 체결할 수 있다.
㉠ 지구단위계획구역
㉡ 주거환경개선사업 정비구역
㉢ 존치지역
㉣ 도시재생활성화지역
㉤ 건축협정인가권자가 해당 지방자치단체의 조례로 정하는 구역

■ **결합건축**
① 다음에 해당하는 지역에서 대지간의 최단거리가 100m 이내의 범위에서 2개의 대지를 대상으로 통합적용하여 건축물을 건축할 수 있다.
㉠ 상업지역
㉡ 역세권개발구역
㉢ 주거환경관리사업 구역
㉣ 건축협정구역
㉤ 특별건축구역
㉥ 리모델링 활성화 구역
㉦ 도시재생활성화지역
㉧ 건축자산 진흥구역
② 허가권자는 건축허가를 하기 전에 건축위원회의 심의를 거쳐야 한다. 다만, 결합건축으로 조정되어 적용되는 대지별 용적률이 도시계획조례의 용적률의 20/100을 초과하는 경우에는 건축위원회 심의와 도시계획위원회 심의를 공동으로 하여 거쳐야 한다.
※ 결합건축협정서에 따른 협정 체결 유지기간 : 최소 30년

2) 적용의 완화

특별건축구역에 건축하는 건축물이 다음의 아래에 해당하는 때에는 해당 규정에서 요구하는 기준 또는 성능 등을 다른 방법으로 대신할 수 있는 것으로 지방건축위원회가 인정하는 경우에 한하여 해당 규정의 전부 또는 일부를 완화하여 적용할 수 있다.
① 건축물의 피난시설·용도제한 등(법 제49조)
② 건축물의 내화구조 및 방화벽(법 제50조)
③ 고층 건축물의 피난 및 안전관리(법 제50조의 2)
④ 방화지구 안의 건축물(법 제51조)
⑤ 건축물의 내부 마감재료(법 제52조)
⑥ 실내건축(법 제52조 2)
⑦ 지하층(법 제53조)
⑧ 건축설비기준 등(법 제62조)
⑨ 승강기(법 제64조)
⑩ 건축물에 대한 효율적인 에너지 관리와 녹색건축물 건축의 활성화(녹색건축물조성지원법 제15조)

4. 통합적용계획의 수립 및 시행

1) 통합적용계획의 대상

특별건축구역에서는 다음의 관계 법령의 규정에 대하여는 개별 건축물마다 적용하지 아니하고 특별건축구역 전부 또는 일부를 대상으로 통합하여 적용할 수 있다.
① 건축물에 대한 미술장식
② 부설주차장의 설치
③ 공원의 설치

2) 통합적용계획의 수립

지정신청기관은 상기 규정에 따라 관계 법령의 규정을 통합적용하고자 하는 경우에는 특별건축구역 전부 또는 일부에 대하여 미술장식, 부설주차장, 공원 등에 대한 수요를 개별법에서 정한 기준 이상으로 산정하여 파악하고 이용자의 편의성, 쾌적성 및 안전 등을 고려한 통합적용계획을 수립하여야 한다.

2 보칙 등

1. 권한의 위임

■ 시장·군수·구청장의 권한을 자치구가 아닌 구의 구청장에게 위임하는 사항
① 6층 이하로서 연면적 2,000m^2 이하인 건축물의 건축·대수선 및 용도변경에 관한 권한
② 기존 건축물 연면적의 3/10 미만의 범위에서 하는 증축에 관한 권한

2. 면적의 산정

1) 대지면적

① 대지면적의 산정 : 대지의 수평투영면적으로 산정한다.

② 대지면적 산정에서 제외되는 부분

㉮ 기준폭 미달도로(통과도로 4m 미만, 막다른 도로 너비 2m 이상 6m 미만)의 건축선과 도로경계선 사이의 부분

㉯ 도로모퉁이 부분에 가각전제(街角剪除)에 의한 건축선이 정해지는 부분

㉰ 대지 안에 도시계획시설인 도로·공원 등이 있는 경우 그 도시계획시설에 포함되는 대지면적

■ 도로모퉁이의 건축선이 정해지는 경우

도로의 교차각	교차되는 도로의 폭	8m 미만 6m 이상	6m 미만 4m 이상
90° 미만	6m 이상 8m 미만	4m	3m
	4m 이상 6m 미만	3m	2m
90° 이상 120° 미만	6m 이상 8m 미만	3m	2m
	4m 이상 6m 미만	2m	2m

※ 도로의 교차각이 120° 미만에서만 적용된다.
 단, 교차되는 도로폭이 각각 4m 이상 8m 미만 도로에서만 적용된다.
[주의] 대지의 전면도로폭이 4m 이상이 되나 시장·군수·구청장이 필요에 의해 별도의 건축선을 따로 지정한 경우에는 그 건축선과 도로 사이의 면적은 대지면적에 포함된다.

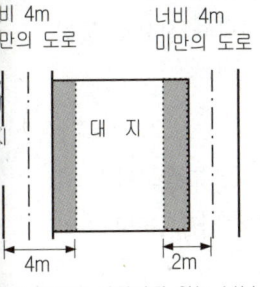

대지면적에 산입되지 않는 경우

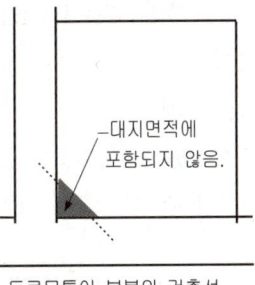

도로모퉁이 부분의 건축선
대지면적에 산입되지 않는 경우

별도의 건축선 지정
대지면적에 산입되는 경우

[그림] 대지면적의 산정방법

핵심 PLUS

03 그림과 같은 대지의 대지면적은?

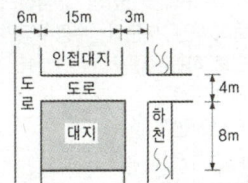

[해설] 하천에 면한 도로의 경우 그 폭이 기준폭 미만 도로이므로 대지쪽에서 1m 후퇴한 선이 건축선이 된다. 또한 도로모퉁이 부분에 가각전제에 의한 건축선이 정해지므로
∴대지면적
$= (15-1) \times 8 - \left(\dfrac{2 \times 2}{2}\right) \times 2$
$= 108 m^2$

04 그림과 같은 조건을 가진 대지의 대지면적으로서 옳은 것은?(단, 단위는 m로 한다.)

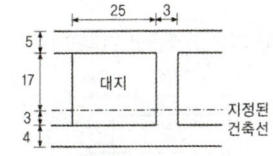

① 414.5m^2
② 486.0m^2
③ 490.0m^2
④ 496.0m^2

[해설]
㉠ 우측도로폭이 4m 미만이므로 도로의 중심선에서 2m 후퇴하고, 별도 지정된 건축선 외측 부분은 대지면적에 산입된다.
∴(25−0.5)×(17+3)=490m^2
㉡ 2개의 교차도로가 가각전제의 대상이므로 각각 2개 후퇴한다.
∴(2×2×1/2)×2=4m^2
대지면적=490−4=486m^2

답 : ②

V. 건축관계법규 | 특별건축구역, 보칙 등

핵심 PLUS

05 면적의 산정방법 중 건축물의 외벽(외벽이 없는 경우에는 외곽 부분의 기둥)의 중심선으로 둘러싸인 부분의 수평투영면적으로 하는 것은? [16 기]
① 연면적
② 대지면적
③ 건축면적
④ 거실면적

답 : ③

06 태양열을 주된 에너지원으로 이용하는 주택의 건축면적 산정의 기준이 되는 것은? [18, 20, 23 기]
① 외벽 중 내측 내력벽의 중심선
② 외벽 중 외측 비내력벽의 중심선
③ 외벽 중 내측 내력벽의 외측 외곽선
④ 외벽 중 외측 비내력벽의 외측 외곽선

답 : ①

07 다음 건축물의 건축면적은?

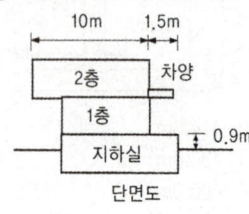
단면도

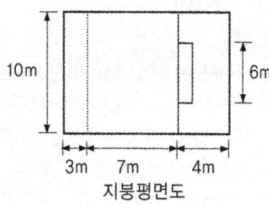
지붕평면도

[해설]
① 차양부분 : 외벽의 중심선으로부터 수평거리 1m 후퇴한 선
 (1.5-1)×6=3m²
② 건물부분 : 10×10=100m²
③ 지하실부분 : 지표면상 1m 이하의 부분이므로 건축면적에서는 제외
∴ 100+3=103m²

2) 건축면적

① 건축면적의 산정

㉮ 건축물의 외벽(외벽이 없는 경우에는 외곽부분의 기둥)의 중심선으로 둘러싸인 부분의 수평투영면적으로 산정한다.

㉯ 태양열을 주된 에너지원으로 이용하는 주택의 건축면적과 단열재를 구조체의 외기측에 설치하는 단열공법으로 건축된 건축물의 건축면적은 건축물의 외벽 중 내측 내력벽의 중심선을 기준으로 한다.

※ 태양열을 주된 에너지원으로 이용하는 주택의 범위는 국토교통부장관이 정하여 고시하는 바에 의한다.

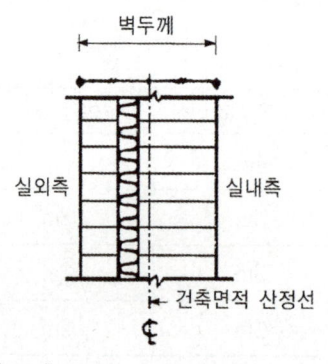

[그림] 태양열 주택이 아닌 건축면적 산정시 외벽의 중심선 위치

[그림] 태양열 주택의 건축면적 산정시 외벽의 중심선 위치

㉰ 창고 중 물품을 입출고하는 부위의 상부에 설치하는 한쪽 끝은 고정되고 다른 끝은 지지되지 아니한 구조로 된 돌출차양의 면적 중 건축면적에 산입하는 면적은 다음 각 호에 따라 산정한 면적 중 작은 값으로 한다.
• 해당 돌출차양을 제외한 창고의 건축면적의 10%를 초과하는 면적
• 해당 돌출차양의 끝부분으로부터 수평거리 6m를 후퇴한 선으로 둘러싸인 부분의 수평투영면적

② 건축면적 산정에서 제외되는 부분

㉮ 지표면으로부터 1m 이하에 있는 부분(창고 중 물품을 입출고하기 위하여 차량을 접안시키는 부분의 경우에는 지표면으로부터 1.5m 이하에 있는 부분)

㉯ 처마, 차양, 부연(附椽), 그 밖에 이와 비슷한 것으로서 그 외벽의 중심선으로부터 수평거리 1m(전통사찰은 4m, 축사는 3m, 한옥·공동주택의 자동차충전시설은 2m, 제로에너지건축물 인증 건축물은 2m, 기타 건축물은 1m) 이상 돌출된 부분이 있는 경우에는 그 돌출된 끝부분으로부터 1m(전통사찰은 4m, 축사는 3m, 한옥·공동주택의 자동차충전시설은 2m, 기타 건축물은 1m)를 후퇴한 선의 옥외 쪽 부분은 제외

㉓ 기존의 다중이용업소(2004년 5월 29일 이전의 것만 해당)의 비상구에 연결하여 설치하는 폭 2m 이하의 옥외 피난계단(기존 건축물에 옥외피난계단을 설치함으로써 건폐율의 기준에 적합하지 아니하게 된 경우만 해당)
㉔ 건축물 지상층에 일반인이나 차량이 통행할 수 있도록 설치한 보행통로나 차량통로
㉕ 지하주차장의 경사로
㉖ 건축물 지하층의 출입구 상부(출입구 너비에 상당하는 규모의 부분을 말함)
㉗ 생활폐기물 보관함(음식물쓰레기, 의류 등의 수거함을 말함)
㉘ 장애인용 승강기, 장애인용 에스컬레이터, 휠체어리프트, 경사로 또는 승강장
㉙ 매장 문화재 보호 및 전시에 전용되는 부분 등

3) 바닥면적
① 바닥면적의 산정 : 건축물의 각층 또는 그 일부로서 벽, 기둥 등의 구획의 중심선으로 둘러싸인 부분의 수평투영면적으로 한다.
② 바닥면적 산정에서 제외되는 부분
㉮ 벽, 기둥의 구획이 없는 건축물은 그 지붕 끝부분으로부터 수평거리 1m를 후퇴한 선으로 둘러싸인 수평투영면적을 바닥면적으로 한다.
㉯ 주택의 발코니 등 건축물의 노대, 기타 이와 유사한 부분의 바닥면적 산정 난간 등의 설치여부에 관계 없이 노대 등의 면적(외벽의 중심선으로부터 노대 등의 끝부분까지의 면적을 말함)에서 노대 등이 접한 가장 긴 외벽에 접한 길이에 1.5m를 곱한 값을 공제한 면적을 바닥면적에 산입한다.
※ 공동주택의 노대의 돌출길이가 1.5m 이내에서는 면적에 산입하지 않는다.

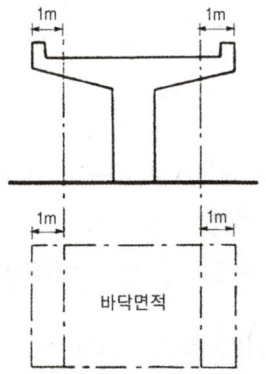

[그림] 벽, 기둥의 구획이 없는 건축물의 바닥면적 산정방법

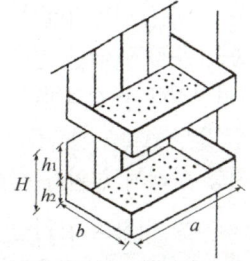

건축물의 노대 : 돌출길이가 1.5m 이내에서는 면적에 산입하지 않는다.($a \times b - a \times 1.5$)

[그림] 노대 등의 바닥면적 산정방법

핵심 PLUS

08 그림과 같은 캔틸레버 지붕구조의 바닥면적은?(단위 : m)

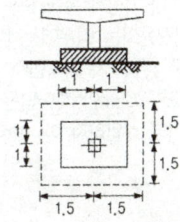

[해설] 벽, 기둥의 구획이 없는 건축물은 지붕 끝부분으로부터 수평거리 1m를 후퇴한 선으로 둘러싸인 수평투영면적을 바닥면적으로 하므로
∴바닥면적=(3-2)×(3-2)=1m²

09 다음은 바닥면적의 산정과 관련된 기준 내용이다. ( ) 안에 알맞은 것은? [15 기]

벽·기둥의 구획이 없는 건축물은 그 지붕 끝부분으로부터 수평거리 ( )를 후퇴한 선으로 둘러싸인 수평투영면적으로 한다.

① 0.5m
② 1m
③ 1.5m
④ 2m

답 : ②

10 다음 중 바닥면적에 산입되는 것은? [16 기]
① 층고가 1.5m인 다락방
② 다세대주택의 필로티
③ 공동주택의 필로티 부분
④ 공동주택의 지상층에 설치한 기계실

답 : ②

V. 건축관계법규 | 특별건축구역, 보칙 등

㉰ 필로티, 기타 이와 유사한 구조(벽면적의 1/2 이상이 당해 층의 바닥면에서 위층 바닥아랫면까지 공간으로 된 것에 한함)부분의 바닥면적 : 당해 피로티 등의 부분이 다음과 같은 용도에 전용되는 경우에는 이를 바닥면적에 산입하지 아니한다.
- 공중의 통행에 전용되는 경우
- 차량의 주차에 전용되는 경우
- 공동주택의 경우

㉱ 바닥면적에 산입되지 않는 부분
- 승강기탑·계단탑·장식탑·다락[층고 1.5m(경사진 형태의 지붕인 경우에는 1.8m) 이하인 것에 한함] 건축물의 외부 또는 내부에 설치하는 굴뚝·더스트 슈트·설비덕트 등의 바닥면적
- 옥상, 옥외 또는 지하에 설치하는 물탱크·기름탱크·냉각탑·정화조·도시가스 정압기 등의 설치를 위한 구조물의 바닥면적
- 공동주택으로서 지상층에 설치한 기계실·전기실·어린이놀이터·조경시설 및 생활폐기물 보관함의 바닥면적
- 기존의 다중이용업소(2004. 5. 29일 이전의 것에 한함)의 비상구에 연결하여 설치하는 폭 1.5m 이하의 옥외피난계단(기존 건축물에 옥외피난계단을 설치함에 따라 용적률 기준에 적합하지 아니하게 된 경우에 한함)
- 건축물을 리모델링하는 경우로서 미관 향상, 열의 손실방지 등을 위하여 외벽에 부가하여 마감재 등을 설치하는 부분
- 장애인용 승강기, 장애인용 에스컬레이터, 휠체어리프트, 경사로 또는 승강장
- 매장 문화재 보호 및 전시에 전용되는 부분 등

4) 연면적
① 하나의 건축물의 각층 바닥면적 합계로 한다.
② 용적률 산정시 연면적 산정방법
㉮ 동일 대지 안에 2동 이상의 건축물이 있는 경우에는 그 연면적의 합계로 한다.
㉯ 지하층 면적은 연면적에서 제외한다.
㉰ 지상층의 주차용(해당 건축물의 부속용도인 경우만 해당)으로 쓰는 면적은 연면적에서 제외한다.
㉱ 초고층 및 준초고층 건축물의 피난안전구역의 면적은 연면적에서 제외한다.
㉲ 경사지붕 아래에 설치하는 대피공간의 면적은 제외한다.
③ 공사감리자를 정하여야 하는 건축물 및 소방법에 의한 협의대상 건축물은 각 동 단위로 연면적을 산정한다.
④ 주차전용건축물의 연면적 산정은 건축법의 규정에 의한다.
　[예외] 기계식주차장의 연면적 산정은 기계식주차장에 의하여 자동차를 주차할 수 있는 면적과 관리사무소의 면적을 합산하여 계산한다.

핵심 PLUS

11 건축물의 바닥면적 산정에 대한 설명 중 옳지 않은 것은?
　　　　　[09, 23, 24, 25 기]
① 벽·기둥의 구획이 없는 건축물은 그 지붕 끝부분으로부터 수평거리 1.5m를 후퇴한 선으로 둘러싸인 부분의 수평투영면적으로 한다.
② 공동주택으로서 지상층에 설치한 어린이놀이터의 면적은 바닥면적에 산입하지 아니한다.
③ 필로티는 그 부분이 공중의 통행이나 차량의 통행 또는 주차에 전용되는 경우에는 바닥면적에 산입하지 아니한다.
④ 층고가 1.5m인 계단탑은 바닥면적에 산입하지 아니한다.
　　　　　　　　　답 : ①

12 공동주택으로서 지상층에 설치한 경우 바닥면적에 산입되는 것은? [07 기]
① 기계실
② 어린이놀이터
③ 조경시설
④ 탁아소
　　　　　　　　　답 : ④

13 다음 그림과 같은 건축물의 건축면적과 연면적은?

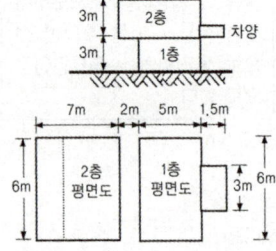

[해설]
① 건축면적
　건물부분 : 6×7=42m²
　차양부분 : (1.5−1)×3=1.5m²
　∴ 건축면적=42+1.5
　　　　　　=43.5m²
② 연면적
　1층 바닥면적 : 6×5=30m²
　2층 바닥면적 : 6×7=42m²
　∴ 연면적=30+42=72m²

■ 건축면적·바닥면적·연면적의 산정방법

구분			
건축물	1m 미만 ↔ 1m 미만 2층 1층	1m 이상 ↔ 1m 미만 2층 / 1m 이상 1층	1m 미만 ↔ 1m 이상 1층 / 1m 이하 지하층
건축면적		1m 산입제외	1m 산입제외
바닥면적	1층(A) 2층(B)	1m 산입제외 1층(A) 1.5m 산입제외 2층(B)	1층(A) 지하층(B)
연면적	A+B	A+B	A+B

※ 노대 등은 바닥면적 산정(단독주택 및 공동주택 : 1.5m 제외한 부분은 산입)을 참고하여야 한다.

3. 높이 및 층수의 산정

1) 건축물의 높이

① 일반적인 높이 산정 : 건축물의 높이는 원칙적으로 지표면으로부터 건축물 상단까지의 높이[건축물의 1층 전체에 피로티(건축물의 사용을 위한 경비실, 계단실, 승강기실 기타 이와 유사한 것을 포함)가 설치되어 있는 경우에는 건축물의 높이제한(영 제82조) 및 공동주택의 일조 등의 확보를 위한 높이제한(영 제86조 2)의 규정을 적용함에 있어서 피로티의 층고를 제외한 높이]를 말한다.

② 지표면에 고저차가 있는 경우의 높이 산정 : 고저차가 3m를 넘는 경우에는 해당 고저차 3m 이내의 부분마다 그 지표면을 정한다.

③ 건축물의 최고 높이제한에 의한 높이 산정

㉮ 원칙 : 전면도로중심선에서 건축물 상단까지의 높이로 한다.

㉯ 전면도로 노면에 고저차가 있는 경우 : 해당 건축물이 접하는 범위의 전면도로부분의 수평거리에 따라 가중평균한 높이의 수평면을 전면도로면으로 본다.

핵심 PLUS

14 다음과 같은 조건을 갖는 건축물의 연면적은?

- 지하층 바닥면적 : 150m²
- 1층 바닥면적 : 150m²
- 2층 바닥면적 : 100m²
- 3층 다락방 : 50m²
  (층고 1.5m)
- 옥상의 물탱크실 : 10m²

① 310m²
② 400m²
③ 450m²
④ 460m²

[해설] 연면적이란 하나의 건축물의 각층 바닥면적의 합계로 한다. 층고 1.5m(경사진 형태의 지붕인 경우에는 1.8m) 이하의 다락방과 옥상 또는 지하에 설치하는 물탱크실 등은 바닥면적에서 제외된다.
∴150+150+100=400m²

답 : ②

15 다음과 같은 조건에 있는 건축물의 연면적은? (단, 용적률을 산정하는 경우의 연면적) [11, 13 기]

- 지하층의 바닥면적 : 100m²
- 1층 바닥면적 : 100m²
- 2층 바닥면적 : 70m²
- 3층 바닥면적 : 50m²
- 4층 다락방
  (층고 1.5m) : 30m²
- 옥상 물탱크실 : 10m²
- 옥상 냉각탑 : 10m²

① 220m²
② 320m²
③ 350m²
④ 370m²

[해설] 용적률 산정시 연면적
= 100m²+70m²+50m²=220m²
※ 지하층의 바닥면적과 다락[층고 1.5m(경사진 형태의 지붕인 경우 : 1.8m) 이하인 것에 한함] 및 옥상, 옥외 또는 지하에 설치하는 물탱크·기름탱크·냉각탑 등의 설치를 위한 구조물은 바닥면적에 산입되지 않으므로 연면적 산정에서 제외된다.

답 : ①

V. 건축관계법규 | 특별건축구역, 보칙 등

핵심 PLUS

16 그림과 같은 건축물의 사선제한에 의한 건물높이 산정시 전면도로의 가상 높이 H로서 맞는 것은?

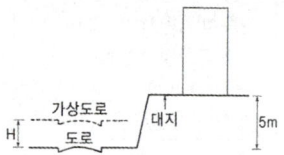

① 1m
② 2m
③ 2.5m
④ 3m

[해설] 대지가 전면도로면보다 높은 경우 그 고저차의 1/2만큼 올라온 전면도로면으로 본다.
∴ 5m×1/2=2.5m

답 : ③

17 주거지역 내에서 인접대지와 고저차가 있는 그림과 같은 건축물이 지표면에서 A점까지의 높이로서 맞는 것은?

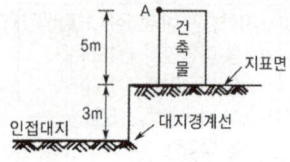

① 5m
② 6.5m
③ 7m
④ 8m

[해설] 건축물 높이 : 5m
고저차의 지표면 산정 : 고저차의 1/2만큼 올라온 위치를 지표면으로 본다.

답 : ②

㉰ 건축물의 대지에 지표면이 전면도로면보다 높은 경우 : 그 고저차의 1/2의 높이만큼 올라온 위치에 전면도로가 있는 것으로 본다.

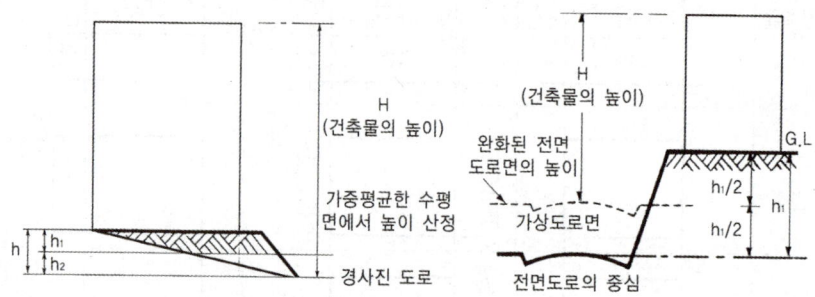

[그림] 대지에 접한 전면도로에 고저차가 있는 경우의 높이 산정(H)

[그림] 대지에 접한 전면도로보다 높은 경우의 건축물 높이 산정(H)

④ 일조확보를 위한 건축물의 높이제한 경우의 높이 산정

㉮ 인접대지 간의 고저차가 있는 경우 : 해당 건축물 대지의 지표면과 인접대지의 지표면간에 고저차가 있는 경우는 그 지표면의 평균수평면을 지표면으로 본다.

㉯ 공동주택을 다른 용도와 복합하여 건축하는 경우 : 전용주거지역, 일반주거지역이 아닌 지역에서 공동주택을 다른 용도와 복합하여 건축하는 경우 건축물의 지표면 산정에는 공동주택의 가장 낮은 부분을 지표면으로 본다. (일조권 규정의 적용에 한함)

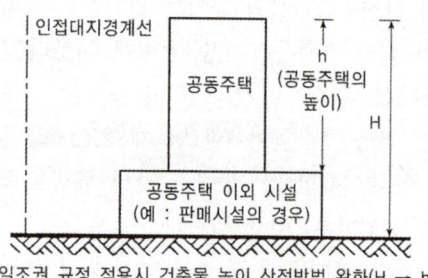

[그림] 복합용도인 공동주택 높이산정(전용주거, 일반주거지역이 아닌 지역)

⑤ 건축물 옥상부분의 높이 산정

㉮ 건축물의 옥상에 설치되는 승강기탑·계단탑·망루·장식탑·옥탑 등으로서 그 수평투영면적의 합계가 해당 건축물의 건축면적의 1/8(사업계획승인 대상인 공동주택 중 세대별 전용면적이 $85m^2$ 이하인 경우에는 1/6) 이하인 경우는 그 높이가 12m를 넘는 부분에 한하여 건축물의 높이에 산입한다.

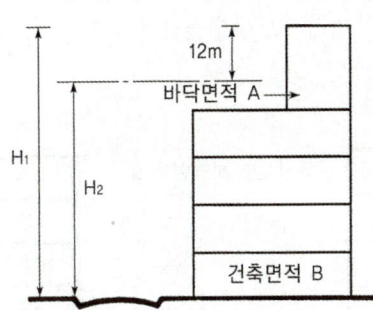

A > 1/8B 일 때 건축물의 높이 H₁
A ≤ 1/8B 일 때 건축물의 높이 H

[그림] 계단실 등의 면적에 따른 건축물의 높이산정

㉴ 지붕마루장식, 굴뚝, 방화벽의 옥상돌출부 등의 옥상돌출물과 난간벽(그 벽면적의 1/2 이상이 공간으로 되어 있는 것에 한함)은 건축물의 높이에 산입하지 않는다.

2) 처마높이
지표면으로부터 건축물의 지붕틀 또는 이와 유사한 수평재를 지지하는 벽·깔도리 또는 기둥의 상단까지의 높이로 한다.

3) 반자높이
방의 바닥면으로부터 반자까지의 높이로 한다. 다만, 동일한 방에서 반자높이가 다른 부분이 있는 경우에는 그 각 부분의 반자의 면적에 따라 가중평균한 높이로 한다.

4) 층고
방의 바닥구조체 윗면으로부터 위층 바닥구조체의 윗면까지의 높이로 한다. 다만, 동일한 방에서 층의 높이가 다른 부분이 있는 경우에는 그 각 부분의 높이에 따른 면적에 따라 가중평균한 높이로 한다.

5) 층수
① 승강기탑·계단탑·망루·장식탑·옥탑 등의 건축물의 옥상부분으로서 그 수평투영면적의 합계가 해당 건축물의 건축면적의 1/8(주택법 규정에 의한 사업계획승인 대상인 공동주택 중 세대별 전용면적이 85m² 이하인 경우에는 1/6)이하인 것은 층수에 산입하지 아니한다.
② 지하층은 건축물의 층수에 산입하지 아니한다.
③ 층의 구분이 명확하지 아니한 건축물은 해당 건축물의 높이 4m 마다 하나의 층으로 산정한다.

핵심 PLUS

18 그림과 같은 건축물의 높이는?(단, 건축면적 800m², 옥탑의 수평투영면적 90m², 난간벽 높이 1m 임)

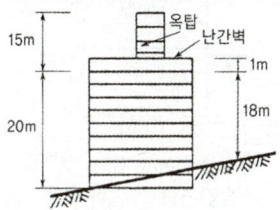

[해설]
① 지표면의 높이
$$\frac{20+18}{2} = 19m$$
② 옥탑부분의 높이 : 옥탑부분이 건축면적 800m²의 1/8 이하이므로 12m 넘는 부분만 높이에 산입된다.
∴ 15-12=3m
∴ ①, ②에 의해 건축물 높이는 19+3=22m

19 건축물에 대한 높이 규정 중 처마높이의 산정으로 맞는 것은? [07 기]
① 용마루 상단
② 깔도리 하단
③ 기둥의 상단
④ 처마도리 하단

답 : ③

20 건축법상 층의 구분이 명확하지 아니한 건축물의 층수 산정시 건축물의 높이 몇 m마다 하나의 층으로 산정하는가? [06 산]
① 2.4m
② 3.0m
③ 4.0m
④ 4.5m

답 : ③

V. 건축관계법규 | 특별건축구역, 보칙 등

핵심 PLUS

21 그림과 같은 건축물의 층수는 몇 층인가?

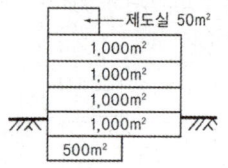

[해설]
① 층수 산정에서 제외
  - 승강기탑·계단탑·망루·장식탑·옥탑 등의 건축물의 옥상부분으로서 그 수평투영면적의 합계가 당해 건축물의 건축면적의 1/8 이하인 것
  - 지하층
② 제도실은 건축면적의 1/8 기준에 관계없이 층수에 산정된다.
∴4층 건축물이다.

④ 건축물의 부분에 따라 그 층수를 달리하는 경우에는 그 중 가장 많은 층수로 한다.

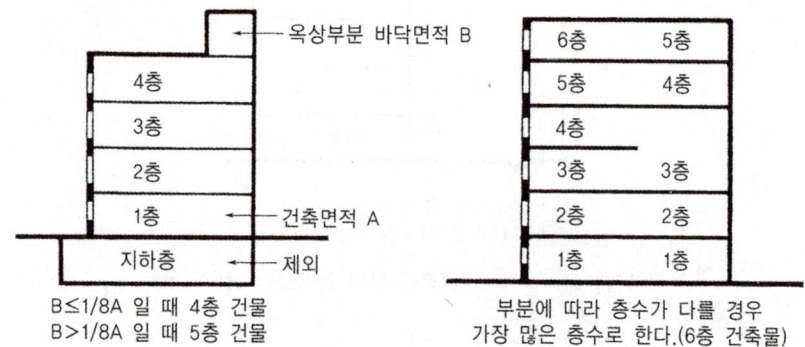

[그림] 건축물의 층수 산정방법

6) 지하층의 지표면 산정

건축물의 주위가 접하는 각 지표면부분의 높이를 해당 지표면부분의 수평거리에 따라 가중평균한 높이의 수평면을 지표면으로 본다.

5. 건축분쟁전문위원회

건축등과 관련된 분쟁(건설산업기본법의 규정에 따른 조정의 대상이 되는 분쟁은 제외)의 조정(調停) 및 재정(裁定)을 하기 위하여 국토교통부에 건축분쟁전문위원회를 둔다.

1) 건축분쟁전문위원회의 조직

구 분	설 치	분쟁조정업무의 범위	위원의 수	임 기
건축분쟁 전문위원회	국토 교통부	건축물의 건축 등과 관련한 분쟁의 조정	15인 이내 (위원장·부위원장 각 1명 포함)	3년 (공무원 제외)

22 건축분쟁전문위원회의 분쟁조정사항이 아닌 것은? [02기]
① 관계 전문기술자와 인근주민 간의 분쟁
② 건축관계자와 관계 전문기술자간의 분쟁
③ 관계 전문기술자 상호간의 분쟁
④ 기타 국토교통부령으로 정하는 사항

답 : ④

2) 분쟁조정 사항

① 건축관계자와 해당 건축물의 건축 등으로 인하여 피해를 입은 인근주민간의 분쟁
② 관계전문기술자와 인근주민간의 분쟁
③ 건축관계자와 관계전문기술자간의 분쟁
④ 건축관계자 상호간의 분쟁

⑤ 인근주민 상호간의 분쟁
⑥ 관계전문기술자 상호간의 분쟁
⑦ 기타 대통령령으로 정하는 사항

> 💡 **학습포인트**
>
> 조정위원회 및 재정위원회
> ㉠ 조정은 3인의 위원으로 구성되는 조정위원회에서 행하고,
> ㉡ 재정은 5인의 위원으로 구성되는 재정위원회에서 행한다.
>
> 조정 등의 신청
> ㉠ 당사자의 조정신청을 받은 때에는 60일 이내
> ㉡ 재정신청을 받은 때에는 120일 이내에 그 절차를 완료하여야 한다.
>
> 조정의 효력
> ㉠ 조정안을 제시받은 당사자는 그 제시를 받은 날부터 15일 이내에 그 수락 여부를 조정위원회에 통보하여야 한다.
> ㉡ 당사자가 조정안을 수락하고 조정서에 기명날인한 때에는 당사자간에 조정서와 동일한 내용의 합의가 성립된 것으로 본다. → 재판상의 합의와 동일한 효력[법적 효력]을 가짐

6. 과태료 및 이행강제금

① 과태료의 부과·징수권자 : 국토교통부장관, 시·도지사 또는 시장·군수·구청장 → 강제징수 : 국세 또는 지방세외 수입금의 징수 등에 관한 법률에 의한 징수

② 이행강제금의 부과·징수권자 : 특별시장·광역시장, 특별자치도지사 또는 시장·군수·구청장 → 강제징수 : 지방세외 수입금의 징수 등에 관한 법률에 의한 징수

23 과태료와 이행강제금을 모두 부과할 수 있는 사람은?
① 국토교통부장관
② 국토교통부장관, 특별시장·광역시장, 도지사
③ 특별시장, 광역시장, 도지사
④ 특별자치도지사 또는 시장·군수·구청장

답 : ④

핵심기출문제

Ⅳ. 특별건축구역, 보칙 등

■■■ 1. 특별건축구역

1. 다음 중 특별건축구역으로 지정할 수 있는 지역·구역은?

① 개발제한구역 ② 자연공원
③ 정비구역   ④ 접도구역

2. 특별건축구역에 건축하는 건축물에 대하여 적용하지 아니할 수 있는 건축법의 내용이 아닌 것은?

① 건축물의 높이제한 ② 대지와 도로와의 관계
③ 대지안의 조경   ④ 건축물의 건폐율

■■■ 2. 보칙 등

3. 시장이 자치구가 아닌 구의 구청장에게 권한을 위임할 수 있는 것은?

[08⑤]

① 특정가구 정비지구 안에서의 건축물 건축계획의 사전승인
② 6층 이하로서 연면적이 2,000m² 이하인 건축물의 건축
③ 특별개발 사업구역안에서 건축에 관한 기본계획의 사전승인
④ 공작물 및 가설건축물 축조신고의 수리

4. 그림과 같은 직사각형 대지의 대지면적은? [15㉮]

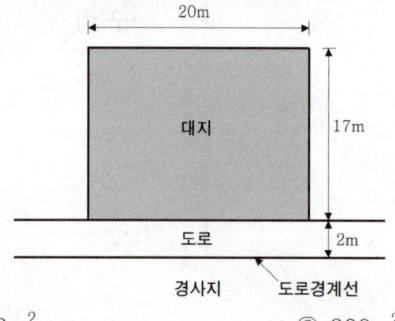

① 280m² ② 300m²
③ 320m² ④ 340m²

해 설

[해설] 1

특별건축구역으로 지정할 수 없는 지역·구역
㉠ 개발제한구역
㉡ 자연공원
㉢ 접도구역
㉣ 보전산지

[해설] 2

특별건축구역에 건축하는 건축물에 대하여는 다음의 규정을 적용하지 아니할 수 있다.
㉠ 대지안의 조경
㉡ 건축물의 건폐율
㉢ 건축물의 용적률
㉣ 대지안의 공지
㉤ 건축물의 높이제한
㉥ 일조 등의 확보를 위한 건축물의 높이제한
㉦ 주택건설기준 등(주택법 제21조) 중 대통령령으로 정하는 규정

[해설] 3

시장·군수·구청장의 권한을 자치구가 아닌 구의 구청장에게 위임하는 사항
㉠ 6층 이하로서 연면적 2,000m² 이하인 건축물의 건축·대수선 및 용도변경에 관한 권한
㉡ 기존 건축물 연면적의 3/10 미만의 범위에서 하는 증축에 관한 권한

[해설] 4

대지 전면도로의 반대쪽 경계선에 경사지, 하천, 철도부지 등이 있는 경우에는 도로 반대측 경계선에서 4m 후퇴한 선을 건축선으로 한다.
∴ 대지면적 = (17-2) × 20 = 300m²

정답 1. ③ 2. ② 3. ② 4. ②

5. 태양열을 주된 에너지원으로 이용하는 주택의 건축면적 산정시 기준이 되는 것은? [12, 23㉮]
   ① 외벽의 중심선
   ② 외벽의 내측 벽면선
   ③ 외벽 중 외측 내력벽의 중심선
   ④ 외벽 중 내측 내력벽의 중심선

6. 그림과 같은 일반 건축물의 건축면적은? [10, 12㉮]
   ① 80m²
   ② 100m²
   ③ 120m²
   ④ 168m²

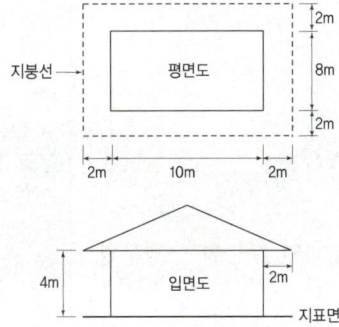

7. 다음 공동주택의 평면도에서 발코니 면적은 바닥면적에 얼마나 산입되는가?
   (단, 실내와 발코니 사이의 선은 외벽의 중심선이다.) [09㉮]
   ① 바닥면적에 산입되지 않는다.
   ② 1.35m²
   ③ 4.05m²
   ④ 8.1m²

8. 다음은 건축물의 바닥면적에 관한 기준 내용이다. ( ) 안에 알맞은 것은? [10㉮]

   벽·기둥의 구획이 없는 건축물은 그 지붕 끝부분으로부터 수평거리 ( )m를 후퇴한 선으로 둘러싸인 수평투영면적으로 한다.

   ① 1   ② 1.5
   ③ 1.8   ④ 2

해 설

[해설] 5
태양열을 주된 에너지원으로 이용하는 주택과 단열재를 구조체의 외기측에 설치하는 단열공법으로 건축된 건축물의 건축면적은 건축물의 외벽 중 내측 내력벽의 중심선을 기준으로 한다.

[해설] 6
처마, 차양, 부연(附椽), 그 밖에 이와 비슷한 것으로서 그 외벽의 중심선으로부터 수평거리 1m(전통사찰은 4m, 축사는 3m, 한옥은 2m, 기타 건축물은 1m) 이상 돌출된 부분이 있는 경우에는 그 돌출된 끝부분으로부터 1m(전통사찰은 4m, 축사는 3m, 한옥은 2m, 기타 건축물은 1m)를 후퇴한 선의 옥외 쪽 부분은 건축면적 산정에서 제외되는 부분이다.
∴ (14−1−1)×(12−1−1)=120m²

[해설] 7
주택의 발코니 등 건축물의 노대, 기타 이와 유사한 부분의 바닥면적 산정 난간 등의 설치여부에 관계 없이 노대 등의 면적(외벽의 중심선으로부터 노대 등의 끝부분까지의 면적을 말함)에서 노대 등이 접한 가장 긴 외벽에 접한 길이에 1.5m를 곱한 값을 공제한 면적을 바닥면적에 산입한다.
※ 공동주택의 노대의 돌출길이가 1.5m 이내에서는 면적에 산입하지 않는다.
∴ 발코니 바닥면적
  (4.5×1.8)−(4.5×1.5)=1.35m²

[해설] 8
바닥면적의 산정 : 건축물의 각층 또는 그 일부로서 벽, 기둥 등의 구획의 중심선으로 둘러싸인 부분의 수평투영면적으로 한다.
※ 벽, 기둥의 구획이 없는 건축물은 그 지붕 끝부분으로부터 수평거리 1m를 후퇴한 선으로 둘러싸인 수평투영면적을 바닥면적으로 한다.

정답 5. ④ 6. ③ 7. ② 8. ①

핵심기출문제

Ⅵ. 특별건축구역, 보칙 등

9. 건축물의 바닥면적 산정 기준에 대한 설명으로 옳지 않은 것은? [22, 25㉮]

① 공동주택으로서 지상층에 설치한 어린이놀이터의 면적은 바닥면적에 산입하지 않는다.
② 필로티는 그 부분이 공중의 통행이나 차량의 통행 또는 주차에 전용되는 경우에는 바닥면적에 산입하지 아니한다.
③ 벽·기둥의 구획이 없는 건축물은 그 지붕 끝부분으로부터 수평거리 1.5m를 후퇴한 선으로 둘러싸인 수평투영면적을 바닥면적으로 한다.
④ 단열재를 구조체의 외기측에 설치하는 단열공법으로 건축된 건축물의 경우에는 단열재가 설치된 외벽 중 내측 내력벽의 중심선을 기준으로 산정한 면적을 바닥면적으로 한다.

해설 9
벽, 기둥의 구획이 없는 건축물은 그 지붕 끝부분으로부터 수평거리 1m를 후퇴한 선으로 둘러싸인 수평투영면적을 바닥면적으로 한다.

10. 건축법에 관한 설명 중 옳지 않은 것은? [05㉮]

① 대지면적은 대지의 수평투영면적으로 한다.
② 건축면적은 건축물의 외벽의 중심선으로 둘러싸인 부분의 수평투영면적으로 한다.
③ 바닥면적은 건축물의 각층 또는 그 일부로서 벽·기둥 기타 이와 유사한 구획의 중심선으로 둘러싸인 부분의 수평투영면적으로 한다.
④ 연면적은 지하층의 면적을 제외한 하나의 건축물의 각층의 바닥면적의 합계로 한다.

해설 10
연면적은 지하층의 면적을 포함한 하나의 건축물의 각층 바닥면적의 합계로 한다.

11. 건축법령상 다음과 같은 건축물의 높이는? (단, 가로구역에서의 건축물의 높이 제한과 관련된 건축물의 높이) [09, 17㉮]

① 6m
② 9m
③ 9.5m
④ 13m

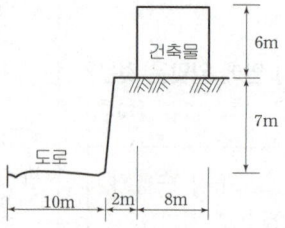

해설 11
건축물의 최고 높이제한에 의한 높이 산정
㉠ 원칙: 전면도로중심선에서 건축물 상단까지의 높이로 한다.
㉡ 전면도로 노면에 고저차가 있는 경우: 당해 건축물이 접하는 범위의 전면도로부분의 수평거리에 따라 가중평균한 높이의 수평면을 전면도로면으로 본다.
㉢ 건축물의 대지에 지표면이 전면도로면보다 높은 경우: 그 고저차의 1/2의 높이만큼 올라온 위치에 전면도로가 있는 것으로 본다.
$\therefore H = h + \dfrac{h'}{2} = 6 + \dfrac{7}{2} = 9.5\text{m}$

정답 9. ③ 10. ④ 11. ③

12. 건축면적 800m²인 건축물의 층수에 산입되지 아니하는 계단탑의 바닥면적으로서 최대로 할 수 있는 면적은?(단, 사업계획승인 대상인 공동주택 중 세대별 전용면적이 85cm² 이하인 경우는 제외) [06㉮]

① 80cm²
② 100cm²
③ 160cm²
④ 200cm²

13. 그림과 같은 거실의 평균 반자 높이는? (단, 단위는 m) [14, 16㉮]

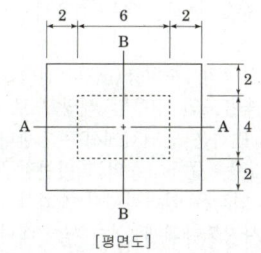
[평면도]

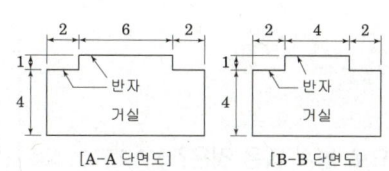
[A-A 단면도] [B-B 단면도]

① 4.3m
② 4.6m
③ 4.9m
④ 5.2m

14. 층수산정에 관한 내용 중 옳지 않은 것은? [03, 07, 18, 22, 24㉮]

① 지하층은 건축물의 층수에 산입하지 아니한다.
② 층의 구분이 명확하지 아니한 건축물은 당해 건축물의 높이 4m마다 하나의 층으로 산정한다.
③ 건축물의 부분에 따라 그 층수를 달리하는 경우에는 각 부분에 따라 평균한 층의 수를 층수로 한다.
④ 계단탑, 장식탑으로서 그 수평투영면적의 합계가 당해 건축물의 건축면적의 1/8 이하인 것은 건축물의 층수에 산입하지 아니한다.

15. 건축물의 높이·층수 등의 산정방법에 관한 기준 내용으로 옳지 않은 것은? [09, 24, 25㉮]

① 난간벽(그 벽면적의 1/2 이상이 공간으로 되어 있는 것만 해당한다)은 그 건축물의 높이에 산입되지 아니한다.
② 처마높이는 지표면으로부터 건축물의 지붕틀 또는 이와 유사한 수평재를 지지하는 벽·깔도리 또는 기둥의 상단까지의 높이로 한다.
③ 층고는 방의 바닥구조체 중간으로부터 위층 바닥 구조체의 중간까지의 높이로 한다.
④ 층의 구분이 명확하지 아니한 건축물은 그 건축물의 높이 4m 마다 하나의 층으로 산정한다.

해 설

해설 12

건축물의 옥상에 설치되는 승강기탑·계단탑·망루·장식탑옥탑 등으로서 그 수평투영면적의 합계가 당해 건축물의 건축면적의 1/8 이하인 경우는 그 높이가 12m를 넘는 부분에 한하여 건축물의 높이에 산입하므로

$\therefore 800m^2 \times \dfrac{1}{8} = 100cm^2$

해설 13

반자높이(h) = $\dfrac{방의부피(체적)}{방의바닥면적}$

$= \dfrac{(10 \times 8 \times 4) + (6 \times 4 \times 1)}{10 \times 8}$

$= \dfrac{320m^3 + 24m^3}{80m^2} = 4.3m$

해설 14

건축물의 부분에 따라 그 층수를 달리하는 경우에는 그 중 가장 많은 층수를 층수로 본다.

해설 15

층고
방의 바닥구조체 윗면으로부터 위층 바닥구조체의 윗면까지의 높이로 한다. 다만, 동일한 방에서 층의 높이가 다른 부분이 있는 경우에는 그 각 부분의 높이에 따른 면적에 따라 가중평균한 높이로 한다.

정답 12. ② 13. ① 14. ③ 15. ③

핵심기출문제

VI. 특별건축구역, 보칙 등

16. 건축물의 면적, 높이 및 층수 산정의 기본 원칙으로 옳지 않은 것은?
[15, 18, 24㉮]

① 대지면적은 대지의 수평투영면적으로 한다.
② 연면적은 하나의 건축물 각 층의 거실면적의 합계로 한다.
③ 건축면적은 건축물의 외벽(외벽이 없는 경우에는 외곽 부분의 기둥)의 중심선으로 둘러싸인 부분의 수평투영면적으로 한다.
④ 바닥면적은 건축물의 각 층 또는 그 일부로서 벽, 기둥, 그 밖에 이와 비슷한 구획의 중심선으로 둘러싸인 부분의 수평투영면적으로 한다.

17. 면적 등의 산정방법에 대한 기본 원칙으로 옳지 않은 것은? [17, 21, 23㉮]

① 대지면적은 대지의 수평투영면적으로 한다.
② 건축면적은 건축물의 외벽의 중심선으로 둘러싸인 부분의 수평투영면적으로 한다.
③ 바닥면적은 건축물의 각 층 또는 그 일부로서 벽, 기둥, 그 밖에 이와 비슷한 구획의 중심선으로 둘러싸인 부분의 수평투영면적으로 한다.
④ 용적률 산정 시 적용하는 연면적은 지하층을 포함하여 하나의 건축물 각 층의 바닥면적의 합계로 한다.

18. 건축물의 면적, 높이 및 층수 등의 산정 방법에 관한 설명으로 옳은 것은?
[20㉮]

① 건축물의 높이 산정 시 건축물의 대지에 접하는 전면도로의 노면에 고저차가 있는 경우에는 그 건축물이 접하는 범위의 전면 도로부분의 수평거리에 따라 가중평균한 높이의 수평면을 전면도로면으로 본다.
② 용적률 산정 시 연면적에는 지하층의 면적과 지상층의 주차용으로 쓰는 면적을 포함시킨다.
③ 건축면적은 건축물의 내벽의 중심선으로 둘러싸인 부분의 수평투영면적으로 한다.
④ 건축물의 층수는 지하층을 포함하여 산정하는 것이 원칙이다.

해설

해설 16, 17
연면적
㉠ 하나의 건축물의 각층 바닥면적 합계로 한다.
㉡ 용적률 산정시 연면적 산정방법
 • 동일 대지 안에 2동 이상의 건축물이 있는 경우에는 그 연면적의 합계로 한다.
 • 지하층 면적은 연면적에서 제외한다.
 • 지상층의 주차용(해당 건축물의 부속용도인 경우만 해당)으로 쓰는 면적은 연면적에서 제외한다.
 • 초고층·준초고층의 피난안전구역의 면적은 연면적에서 제외한다.
 • 경사지붕아래에 설치하는 대피공간의 면적은 제외된다.
㉢ 공사감리자를 정하여야 하는 건축물 및 소방법에 의한 협의대상 건축물은 각 동 단위로 연면적을 산정한다.
㉣ 주차전용건축물의 연면적 산정은 건축법의 규정에 의한다.
[예외] 기계식주차장의 연면적 산정은 기계식주차장에 의하여 자동차를 주차할 수 있는 면적과 관리사무소의 면적을 합산하여 계산한다.

해설 18
② 용적률 산정시 연면적 산정 시 지하층 면적은 연면적에서 제외한다.
③ 건축면적은 건축물의 외벽(외벽이 없는 경우에는 외곽부분의 기둥)의 중심선으로 둘러싸인 부분의 수평투영면적으로 산정한다.
④ 지하층은 건축물의 층수에 산입하지 아니한다.

정답 16. ② 17. ④ 18. ①

05 주차장법

V. 건축관계법규 | 주차장법

1 총칙

1. 주차장법의 목적 (법 제1조)

주차장법은 주차장의 설치, 정비 및 관리에 관하여 필요한 사항을 규정함으로써 자동차 교통을 원활하게 하여 공중의 편의를 도모함을 목적으로 한다.

2. 용어의 정의 (법 제2조, 영 제2조의 2)

용어	정의
노상주차장	도로의 노면(路面) 또는 교통광장(교차점 광장에 한함)의 일정한 구역에 설치된 주차장으로서 일반이 이용할 수 있는 것
노외주차장	도로의 노면 또는 교통광장 외의 장소에 설치된 주차장으로서 일반이 이용할 수 있는 것
부설주차장	건축물이나 골프연습장 등의 주차수요를 유발하는 시설에 부대하여 설치된 주차장으로서 당해 건축물, 시설의 이용자 또는 일반의 이용에 제공되는 것
기계식 주차장치	노외주차장 및 부설주차장에 설치하는 주차설비로서 기계장치에 의하여 자동차를 주차할 장소로 이동시키는 설비
기계식 주차장	기계식 주차장치를 설치한 노외주차장 및 부설주차장
도로	건축법(제2조 11) 규정에 의한 도로로서 자동차의 통행이 가능한 것
주차전용건축물	건축물의 연면적 중 일정비율 이상이 주차장으로 사용되는 건축물

핵심 PLUS

01 주차장법의 목적과 가장 관계가 적은 것은? [05 산]
① 주차장의 설치
② 주차장의 정비
③ 주차장의 개량
④ 주차장의 관리

답 : ③

02 주차장법령상 다음과 같이 정의되는 주차장의 종류는? [17, 23 기]

> 도로의 노면 또는 교통광장(교차점광장만 해당)의 일정한 구역에 설치된 주차장으로서 일반(一般)의 이용에 제공되는 것

① 노외주차장
② 노상주차장
③ 부설주차장
④ 공영주차장

답 : ②

3. 주차전용건축물

① 주차전용 건축물의 주차면적 비율(주차전용 건축물의 연면적 중 주차장으로 사용되는 비율)

주차전용 건축물		원 칙	주차장 면적비율
단서 규정	건축물의 연면적 중 주차장 외의 용도	단독주택, 공동주택, 제1종 및 제2종 근린생활시설, 문화 및 집회 시설, 종교시설, 판매시설, 운수 시설, 운동시설, 업무시설, 창고시설, 자동차 관련시설이 아닌 경우	95% 이상
		단독주택, 공동주택, 제1종 및 제2종 근린생활시설, 문화 및 집회 시설, 종교시설, 판매시설, 운수 시설, 운동시설, 업무시설, 창고시설, 자동차 관련시설인 경우	70% 이상
예 외 규 정		시장(특별·광역시장 포함)은 노외주차장 또는 부설주차장의 설치를 제한하는 지역의 주차전용 건축물의 경우에는 상기 단서 규정에도 불구하고 지방자치단체 조례에 의하여 주차장 외의 용도로 설치할 수 있는 시설의 종류를 당해 지역 안의 구역별로 제한할 수 있다.	

② 주차전용 건축물의 연면적 산정은 건축법의 규정에 의한다.

[예외] 기계식 주차장의 연면적 산정은 기계식 주차장치에 의하여 자동차를 주차할 수 있는 면적과 기계실, 관리사무소 등의 면적을 합산하여 계산한다.

 예제

1. 연면적 5,000㎡의 주차전용 건축물에서 주차 이외의 부분을 병원으로 사용할 때 주차면적은?

▶ 주차장의 용도가 단독주택, 공동주택, 제1종 및 제2종 근린생활시설, 문화 및 집회 시설, 종교시설, 판매시설, 운수 시설, 운동시설, 업무시설, 자동차관련시설이 아니므로 주차비율은 95%이다. 5,000×0.95(주차비율 95%)=4,750㎡ 즉, 연면적이 5,000㎡의 5%인 250㎡만 병원시설을 설치할 수 있다.

2. 연면적 5,000㎡의 주차전용 건축물에서 주차 이외의 부분을 판매시설로 사용할 때 주차면적은?

▶ 주차장의 용도가 단독주택, 공동주택, 제1종 및 제2종 근린생활시설, 문화 및 집회 시설, 종교시설, 판매시설, 운수 시설, 운동시설, 업무시설, 자동차관련시설이므로 주차비율은 70%이다. 5,000×0.7(주차비율 70%)=3,500㎡ 즉, 연면적 5,000㎡ 의 30%인 1,500㎡에 판매시설을 설치할 수 있다.

3. 판매시설과 기계식 주차장을 겸하는 연면적 10,000㎡의 건축물로서 주차장 전용 건축물이 되기 위해서 확보하여야 할 주차장부분의 최소면적은?(단, 주차장 기계실·관리사무소의 면적은 500㎡임)

▶ 주차장 외의 용도가 판매시설이므로 주차장 부분의 면적이 70% 이상이면 된다. 그런데 기계식 주차장 연면적의 산정은 기계식 주차장치에 의하여 자동차를 주차할 수 있는 면적과 기계실·관리사무소 등의 면적을 합산하여 계산하므로 ∴ 10,000×0.7=7,000㎡ 7,000-500=6,500㎡

핵심 PLUS

03 주차전용건축물이란 건축물의 연면적 중 주차장으로 사용되는 부분의 비율이 최소 얼마 이상인 건축물을 말하는가? (단, 주차장 외의 용도가 자동차관련시설인 경우) [17 기]
① 70% ② 80%
③ 90% ④ 95%
답 : ①

04 건축물의 연면적 중 주차장으로 사용되는 비율이 70%인 경우, 주차전용건축물로 볼 수 있는 주차장 외의 용도에 해당하지 않는 것은? [09 기]
① 제1종 근린생활시설
② 제2종 근린생활시설
③ 의료시설
④ 운동시설
답 : ③

05 주차장의 용도와 판매시설이 복합된 연면적 20000㎡인 건축물이 주차전용건축물로 인정받기 위해서는 주차장으로 사용되는 부분의 면적이 최소 얼마 이상이어야 하는가? [22 기]
① 6,000㎡ ② 10,000㎡
③ 14,000㎡ ④ 19,500㎡
답 : ③

06 주차장의 수급 실태를 조사하려는 경우, 조사 구역의 설정 기준으로 옳지 않은 것은? [17, 23 기]
① 원형 형태로 조사구역을 설정한다.
② 각 조사구역은 「건축법」에 따른 도로를 경계로 구분한다.
③ 조사구역 바깥 경계선의 최대거리가 300m를 넘지 아니하도록 한다.
④ 주거기능과 상업·업무기능이 섞여 있는 지역의 경우에는 주차시설 수급의 적정성, 지역적 특성 등을 고려하여 같은 특성을 가진 지역별로 조사구역을 설정한다.

[해설] 사각형 또는 삼각형 형태로 조사구역을 설정하되 조사구역 바깥 경계선의 최대거리가 300m를 넘지 아니하도록 한다.
답 : ①

4. 주차장설비기준 등

1) 주차장의 형태

구 분	형 식	종 류
자주식 주차장	운전자가 직접 운전하여 주차장으로 들어가는 형식	• 지하식 • 지평식 • 건축물식(공작물식 포함)
기계식 주차장	기계식 주차장치를 설치한 노외주차장 및 부설주차장	• 지하식 • 건축물식(공작물식 포함)

2) 주차장의 주차구획

① 주차단위구획은 주차 1대수 1대에 대하여 다음과 같이 한다.

주차장 종류	평행주차가 아닐 때	평행주차 일 때	비 고
일반주차장	2.5m×5m 이상 (확장형 : 2.6m×5.2m 이상) (경형자동차 전용 : 2m×3.6m 이상)	2m×6m 이상	※주거지역의 보도와 차도의 구분이 없는 도로의 평행주차 2m×5m 이상(경형자동차 전용 : 1.7m×4.5m 이상)
지체장애인 전용주차장	3.3m×5m 이상	—	

② 주차단위구획은 백색 실선(경형자동차전용구획의 주차단위구획은 청색 실선)으로 한다.

2 노상주차장

1. 노상주차장의 설비기준 (규칙 제4조)

① 노상주차장을 설치하고자 하는 지역 안에 있어서의 주차수요와 노외주차장, 기타 자동차의 주차에 사용되는 시설 또는 장소와의 연관성을 참작하여 유기적으로 대응할 수 있도록 적정하게 분포되어야 한다.

② 노상주차장의 설치금지 장소

설치금지 장소	예 외
주간선도로	분리대, 기타 도로의 부분으로서 도로교통에 지장을 초래하지 않는 부분
너비 6m 미만의 도로	보행자의 통행이나 연도의 이용에 지장이 없는 경우로서 당해 지방자치단체의 조례로 따로 정하는 경우

핵심 PLUS

07 다음 중 기계식 주차장의 세분에 속하지 않는 것은? [16 기]
① 지하식   ② 지평식
③ 건축물식 ④ 공작물식
답 : ②

08 주차장의 주차 구획에 대한 내용 중 틀린 것은? [07, 23 기]
① 평행주차형식인 경우 주차단위구획은 주차대수 1대에 대하여 너비 2m 이상, 길이 6m 이상으로 한다.
② 경형자동차전용주차구획의 주차단위구획은 백색실선으로 표시하여야 한다.
③ 평행주차형식이 아닌 경우 지체장애인의 전용주차장의 주차단위구획은 주차대수 1대에 대하여 너비 3.3m 이상길이 5m 이상으로 한다.
④ 평행주차형식이 아닌 경우 주차단위구획은 주차대수 1대에 대하여 너비 2.3m 이상, 길이 5m 이상으로 한다.
답 : ②

09 주차장 주차단위구획의 최소 크기로 옳지 않은 것은? (단, 평행주차형식 외의 경우) [18 기]
① 경형 : 너비 2.0m, 길이 3.6m
② 일반형 : 너비 2.0m, 길이 6.0m
③ 확장형 : 너비 2.6m, 길이 5.2m
④ 장애인전용 : 너비 3.3m, 길이 5.0m
답 : ②

10 주차장의 장애인전용 주차단위구획 기준으로 옳은 것은? (단, 평행주차형식 외의 경우) [16, 25 기]
① 너비 2.3m 이상, 길이 5m 이상
② 너비 2.3m 이상, 길이 6m 이상
③ 너비 3.3m 이상, 길이 5m 이상
④ 너비 3.3m 이상, 길이 6m 이상
답 : ③

핵심 PLUS

11 노상주차장의 구조·설비기준에 관한 내용 중 옳지 않은 것은? [12 기]
① 고가도로에 설치하여서는 아니된다.
② 너비 6m 미만의 도로에 설치하지 않는 것이 원칙이다.
③ 종단경사도가 4%를 초과하는 도로에 설치하지 않는 것이 원칙이다.
④ 주차대수 10대마다 장애인전용주차구획을 1면씩 확보하여야 한다.

답 : ④

12 다음 중 노상주차장을 설치할 수 있는 곳은? [10 산]
① 고속도로
② 자동차전용도로
③ 고가도로
④ 종단 경사도가 3%인 도로

답 : ④

13 주차전용건축물의 대지면적의 최소한도는? [08 기]
① 20m² 이상
② 30m² 이상
③ 45m² 이상
④ 60m² 이상

답 : ③

14 노외주차장인 주차전용건축물에 대한 내용으로 옳지 않은 것은? [06, 23 기]
① 대지가 너비 12m 미만의 도로에 접하는 경우 건축물의 각 부분의 높이는 그 부분으로부터 대지에 접한 도로의 반대쪽 경계선까지의 수평거리의 3배 이하로 한다.
② 대지면적의 최소한도는 45m² 이상으로 한다.
③ 대지가 2 이상의 도로에 접하는 경우에는 이들 도로 중 가장 좁은 도로를 기준으로 하여 건축물의 높이를 제한한다.
④ 건폐율은 90/100 이하로 한다.

답 : ③

설치금지 장소	예 외
종단경사도 4%를 초과하는 도로	종단경사도가 6% 이하로서 보도와 차도의 구별이 되어 있고, 차도의 너비가 13m 이상인 경우
	종단경사도가 6% 이하도로로서 시장·군수·구청장이 안전에 지장이 없다고 인정하는 도로의 주거지역에 설치된 노상주차장으로서 인근주민의 자동차를 위한 경우
고속도로·자동차전용도로·고가도로	–
주·정차 금지구역에 해당하는 도로의 부분(도로교통법)	

③ 장애인 전용주차구획
  ㉠ 주차대수 규모가 20대 이상 50대 미만인 경우: 한 면 이상
  ㉡ 주차대수 규모가 50대 이상인 경우: 주차대수의 2%부터 4%까지의 범위에서 장애인의 주차수요를 고려하여 해당 지방자치단체의 조례로 정하는 비율 이상
④ 노상주차장이 주차구획 설치에 관하여 필요한 사항을 당해 지방자치단체의 조례로 정할 수 있다.

3 노외주차장

1. 노외주차장인 주차전용 건축물에 대한 특례

노외주차장인 주차전용 건축물의 건폐율, 용적률, 대지면적의 최소한도 및 높이제한에 대하여는 건축법 규정에 불구하고 다음 범위 안에서 특별시, 광역시, 시 또는 군의 조례로 정한다.

제한규정	규제기준
건폐율	90/100 이하
용적률	1,500% 이하
대지면적의 최소한도	45m² 이상
전면도로에 의한 높이 제한(대지가 2 이상의 도로에 접한 경우에는 가장 넓은 도로를 기준으로 가, 나 기준을 적용한다.)	가. 대지가 폭 12m 미만의 도로에 접할 경우 : 건축물의 각 부분의 높이는 그 부분으로부터 대지에 접한 도로의 반대측 경계선까지의 수평거리의 3배 이하 나. 대지가 폭 12m 이상의 도로에 접할 경우 : 건축물의 각 부분의 높이는 그 부분으로부터 대지에 접한 도로의 반대측 경계선까지의 수평거리의 $\frac{36}{도로의 폭}$배. 단, 배율이 1.8배 미만인 경우는 1.8배로 한다.

💡 예제

1. 대지가 12m 미만인 도로에 접한 경우 주차전용 건축물의 높이는?

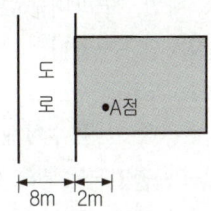

▶ 대지에 접한 도로의 반대측 경계선까지의 수평거리의 3배 이므로
∴ A점의 높이 : (8+2)×3배=30m

2. 대지가 12m 이상의 도로에 접한 경우 주차전용 건축물의 높이는?

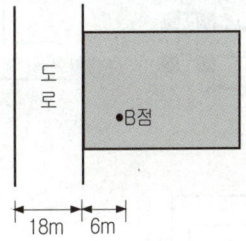

▶ 대지에 접한 도로의 반대측 경계선까지의 수평거리의 $\frac{36}{도로의 폭}$ 배 또는 배율이 1.8배 미만시 1.8배이다.
∴ B점의 높이 : (18+6)×2배=48m
$\left(배율=\frac{36}{18}=2배\right)$

핵심 PLUS

15 노외주차장인 주차전용건축물의 건폐율, 용적률, 대지면적의 최소한도 및 높이 제한에 관한 기준 내용으로 옳지 않은 것은? [16 기]
① 건폐율: 100분의 90 이하
② 용적률: 1천500퍼센트 이하
③ 대지면적의 최소한도: 45제곱미터 이상
④ 높이 제한(대지가 너비 12미터 미만의 도로에 접하는 경우): 건축물의 각 부분의 높이는 그 부분으로부터 대지에 접한 도로의 반대쪽 경계선까지의 수평거리 4배

답 : ④

16 자연녹지지역으로서 노외주차장을 설치할 수 있는 지역에 속하지 않는 것은? [10, 18 기]
① 토지의 형질변경 없이 주차장의 설치가 가능한 지역
② 주차장 설치를 목적으로 토지의 형질변경 허가를 받은 지역
③ 택지개발사업 등의 단지조성사업 등에 따라 주차 수요가 많은 지역
④ 하천구역 및 공유수면으로서 주차장이 설치되어도 해당 하천 및 공유수면의 관리에 지장을 주지 아니 하는 지역

답 : ③

2. 노외주차장의 설치계획기준 (규칙 제5조)

1) 설치계획에 대한 기준

노외주차장은 원칙적으로 녹지지역이 아닌 지역이어야 한다.
예외 자연녹지지역으로서 다음의 경우에는 설치가 가능하다.
① 하천구역 및 공유수면으로서 주차장이 설치됨으로 인하여 당해 하천 및 공유수면의 관리에 지장을 주지 아니하는 지역
② 토지의 형질변경 없이 주차장의 설치가 가능한 지역
③ 주차장의 설치를 목적으로 토지의 형질변경 허가를 받은 지역
④ 특별시장·광역시장, 시장·군수·구청장(자치구의 구청장)이 특히 주차장의 설치가 필요하다고 인정하는 지역

17 다음 중 노외주차장의 출구 및 입구를 설치할 수 있는 곳은? [11, 24, 25 기]
① 종단경사도가 10%를 초과하는 도로
② 횡단보도에서 5m 이내의 도로의 부분
③ 중학교의 출입구로부터 20m 이내의 도로의 부분
④ 장애인복지시설의 출입구로부터 20m 이내의 도로의 부분

답 : ③

V. 건축관계법규 | 주차장법

핵심 PLUS

18 노외주차장의 출구와 입구를 원칙상 각각 따로 설치하여야 하는 노외주차장의 주차대수 규모 기준은? [07, 10 산]
① 300대를 초과하는 규모
② 350대를 초과하는 규모
③ 400대를 초과하는 규모
④ 450대를 초과하는 규모
답 : ③

19 노외주차장의 설치에 대한 계획기준으로 옳지 않은 것은?
① 노외주차장의 출구 및 입구는 특수학교 출입구로부터 20m 이내의 도로의 부분에 설치하여서는 아니된다.
② 주차대수 400대를 초과하는 규모의 노외주차장의 경우에는 노외주차장의 출구와 입구는 각각 따로 설치하여야 한다.
③ 특별시장, 광역시장, 시장, 군수 또는 구청장이 설치하는 노외주차장에는 주차대수 20대마다 1면의 장애인 전용주차구획을 설치하여야 한다.
④ 노외주차장의 출구 및 입구는 횡단보도에서 5m 이내의 도로에 부분에 설치하여서는 아니된다.
답 : ③

20 특별시장·광역시장·시장·군수 또는 구청장이 설치하는 노외주차장의 주차대수 규모가 500대일 경우, 설치하여야 하는 장애인전용주차구획의 최소 규모는? [09 기]
① 50면 ② 25면
③ 20면 ④ 10면
답 : ④

21 노외주차장의 주차형식에 따른 차로의 최소 너비가 옳게 연결된 것은? (단, 출입구가 2개 이상인 경우) [08 기]
① 평행주차 - 5.0m
② 60° 대향주차 - 5.0m
③ 교차주차 - 3.5m
④ 직각주차 - 5.5m
[해설] ① 평행주차 - 3.3m
② 60도 대향주차 - 4.5m
④ 직각주차 - 6.0m
답 : ③

2) 노외주차장 출구 및 입구의 설치금지 장소

① 횡단보도(육교 및 지하 횡단보도를 포함)에서 5m 이내의 도로부분
② 너비 4m 미만의 도로. 다만, 주차대수 200대 이상인 경우에는 너비 10m 미만의 도로에는 설치할 수 없다.
③ 종단구배 10%를 초과하는 도로
④ 새마을유아원, 유치원, 초등학교, 특수학교, 노인복지시설, 장애인 복지시설 및 아동전용시설 등의 출입구로부터 20m 이내의 도로부분
⑤ 도로교통법(제28조 1호 내지 5호, 제29조 1호 내지 6호)에 해당하는 도로

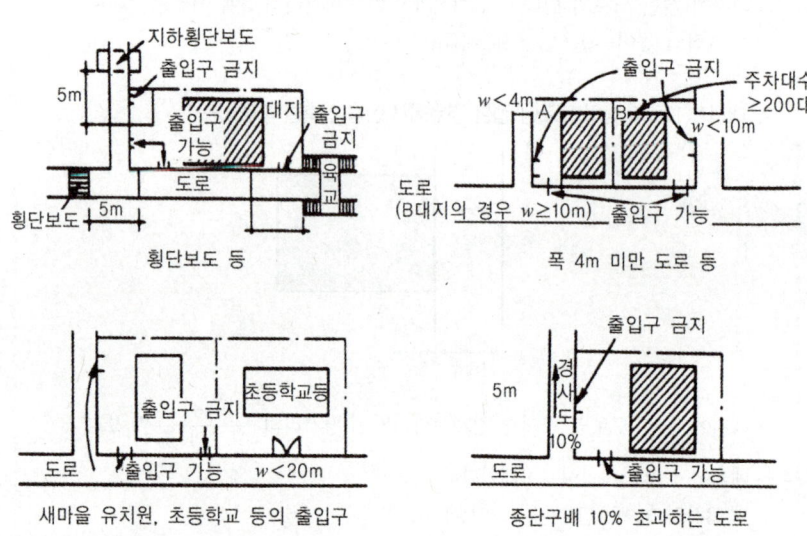

[그림] 노외주차장의 출·입구 설치금지 장소

3) 출구와 입구의 분리설치

주차대수 400대를 초과하는 규모의 노외주차장의 경우에는 노외주차장의 출구와 입구를 각각 따로 설치하여야 한다.

[예외] 출입구의 너비의 합이 5.5m 이상으로서 출구와 입구가 차선 등으로 분리되는 경우에는 함께 설치할 수 있다.

4) 장애인 전용주차구획 설치

특별시장·광역시장, 시장·군수 또는 구청장이 설치하는 노외주차장의 주차대수 규모가 50대 이상인 경우에는 주차대수의 2%부터 4%까지의 범위에서 장애인의 주차수요를 고려하여 지방자치단체의 조례로 정하는 비율 이상의 장애인 전용주차구획을 설치하여야 한다.

3. 노외주차장의 구조 및 설비기준 (규칙 제6조)

① 노외주차장의 출구와 입구에서 자동차의 회전을 쉽게 하기 위하여 필요한 경우에는 차로와 도로가 접하는 부분을 곡선형으로 하여야 한다.

② 노외주차장의 출구 부근의 구조 : 해당 출구로부터 2m(이륜자동차전용 출구의 경우에는 1.3m)를 후퇴한 노외주차장의 차로의 중심선상 1.4m의 높이에서 도로의 중심선에 직각으로 향한 왼쪽·오른쪽 각각 60°의 범위에서 해당 도로를 통행하는 자를 확인할 수 있도록 하여야 한다.

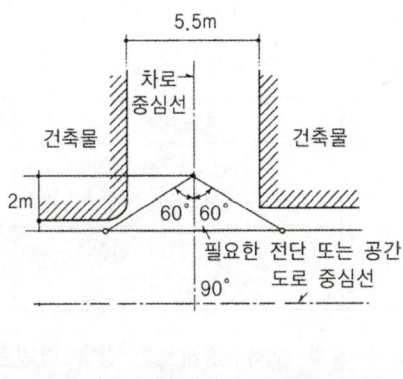

[그림] 자동차 출입구 전망도

③ 노외주차장 내 차로(車路)의 설치
㉮ 주차부분의 장·단변 중 1변 이상이 차로에 접하도록 한다.
㉯ 차로의 폭은 주차형식에 따라 다음 표의 기준 이상으로 한다.

주차형식	차로의 폭	
	출입구가 2개 이상인 경우	출입구가 1개인 경우
평 행 주 차	3.3m	5.0m
직 각 주 차	6.0m	6.0m
60° 대향주차	4.5m	5.5m
45° 대향주차	3.5m	5.0m
교 차 주 차	3.5m	5.0m

※ 평행주차방식은 주차면적이 가장 많이 소요되지만, 주차폭이 좁을 때 쓰이는 방식이다.
※ 출입구의 개수와 상관없이 차로의 너비가 일정한 주차방식 : 직각주차방식

④ 노외주차장의 출입구의 너비 : 3.5m 이상으로 해야 한다.
[예외] 주차대수 규모가 50대 이상인 경우에는 출구와 입구를 분리하거나 너비 5.5m 이상의 출입구를 설치할 것

⑤ 자주식 노외주차장(지하식·건축물식에 한함)에 설치하는 차로의 구조 : 자주식 주차장으로서 지하식 또는 건축물식에 의한 노외주차장과 기계식 주차장으로서 기계로 주차하고자 하는 층까지 운반된 자동차가 주차에

핵심 PLUS

22 노외주차장의 차로의 최소 너비를 가장 크게 하여야 하는 주차형식은? (단, 이륜자동차전용 외의 노외주차장인 경우)
[13, 24 기]
① 평행주차
② 직각주차
③ 교차주차
④ 60° 대향주차
답 : ②

23 노외주차장의 차로의 최소 너비가 가장 작은 것에서 큰 것 순으로 올바르게 나열한 것은? (출입구가 2개 이상 일 때)
[08 산]
① 평행주차-직각주차-교차주차
② 45° 대향주차-평행주차 -60° 대향주차
③ 45° 대향주차-60° 대향주차 -교차주차
④ 평행주차-교차주차-직각주차
답 : ④

24 노외주차장의 구조·설비에 관한 기준 내용으로 옳지 않은 것은? [15, 23, 25 기]
① 주차구획선의 긴 변과 짧은 변 중 한 변 이상이 차로에 접하여야 한다.
② 주차대수 규모가 50대 미만인 경우 노외주차장의 출입구 너비는 3.5m 이상으로 하여야 한다.
③ 노외주차장에서 주차에 사용되는 부분의 높이는 주차바닥면으로부터 2.1m 이상으로 하여야 한다.
④ 지하식 또는 건축물식 노외주차장의 차로의 높이는 주차바닥면으로부터 2.1m 이상으로 하여야 한다.
답 : ④

V. 건축관계법규 | 주차장법

> **핵심 PLUS**
>
> **25** 지하식 또는 건축물식 노외주차장의 차로에 관한 기준 내용으로 옳지 않은 것은? [15 기]
> ① 높이는 주차바닥면으로부터 2.3m 이상으로 하여야 한다.
> ② 경사로의 종단경사도는 직선 부분에서는 17%를 초과하여서는 아니된다.
> ③ 곡선 부분은 자동차가 4m 이상의 내변반경으로 회전할 수 있도록 하여야 한다.
> ④ 주차대수 규모가 50대 이상인 경우의 경사로는 너비 6m 이상인 2차로를 확보하거나 진입차로와 진출차로를 분리하여야 한다.
> 　　　　　　　답 : ③
>
> **26** 지하식 또는 건축물식 노외주차장에서 경사로가 직선형인 경우, 경사로의 차로 너비는 최소 얼마 이상으로 하여야 하는가? (단, 2차로인 경우) [13, 17 기]
> ① 5m
> ② 6m
> ③ 7m
> ④ 8m
> 　　　　　　　답 : ②
>
> **27** 다음 중 건축물식 노외주차장의 차로에 관한 기준 내용으로 옳지 않은 것은? [08 기]
> ① 경사로의 종단경사도는 직선 부분에서는 17%를 곡선부분에서는 14%를 초과하여서는 아니된다.
> ② 높이는 주차바닥면으로부터 2.3m 이상으로 하여야 한다.
> ③ 경사로의 노면은 이를 거친면으로 하여야 한다.
> ④ 경사로의 차로너비는 곡선형인 경우에 3.3m 이상으로 하여야 한다.
> [해설] 경사로의 차로너비는 곡선형인 경우에 1차선은 3.6m 이상, 2차선은 6.5m 이상으로 하여야 한다.
> 　　　　　　　답 : ④

사용되는 부분까지 자주식으로 들어가는 노외주차장의 차로는 상기 ③의 기준 외에 다음 기준에 적합할 것
㉮ 높이는 주차바닥면으로부터 2.3m 이상
㉯ 곡선 부분은 자동차가 6m(같은 경사로를 이용하는 주차장의 총주차대수가 50대 이하인 경우에는 5m) 이상의 내변반경으로 회전할 수 있도록 할 것
㉰ 경사로의 차로너비 및 종단구배

경사로 형태	차로너비	종단구배
직선형	1차선 : 3.3m 이상 2차선 : 6m 이상	17% 이하
곡선형	1차선 : 3.6m 이상 2차선 : 6.5m 이상	14% 이하

㉱ 경사로의 차로에 연석 설치 : 경사로의 양측 벽면으로부터 30cm의 거리에 높이 10~15cm의 연석을 설치할 것
㉲ 경사로의 노면은 거친면으로 할 것
㉳ 주차대수 규모가 50대 이상인 경우 경사로는 너비 6m 이상인 2차선의 차로를 확보하거나 진입차로와 진출차로를 분리하여야 한다.

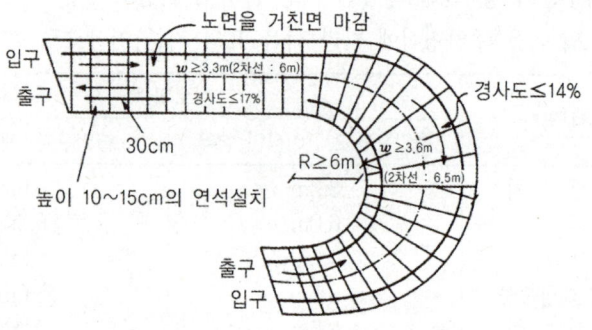

[그림] 경사로 차로의 구조

⑥ 자동차용 승강기의 설치 : 자동차용 승강기로 운반된 자동차가 주차구획까지 자주식으로 들어가는 노외주차장의 경우에는 주차대수 30대마다 1대의 자동차용 승강기를 설치하여야 하며, 다음 규정에 따라야 한다. (기계식 주차장 설치기준 참조)
㉮ 주차장 출입구 전면에는 자동차 회전을 위한 전면공지 또는 방향전환장치를 설치하여야 한다. 단, 자동차용 승강기의 출구와 입구가 따로 설치되어 있거나 주차장 내부에서 자동차가 방향전환을 할 수 있는 경우는 제외
㉯ 주차장에는 도로에서 주차장 출입구까지의 차로 또는 전면공지와 접하는 장소에 자동차가 대기 할 수 있는 정류장을 설치하여야 한다.

㉰ 정류장 설치기준
- 주차대수 20대를 초과하는 매 20대마다 1대분의 정류장 설치
- 다만, 주차장 입구와 출구가 따로 설치되어 있거나 진입로의 너비가 6m 이상인 경우에는 종단구배 6% 이하인 진입로의 길이 6m마다 1대분의 정류장을 확보한 것으로 본다.

⑦ 주차부분의 높이 : 바닥면으로부터 2.1m 이상으로 하여야 한다.
⑧ 내부공간의 환기 : 실내 일산화탄소(CO) 농도는 차량 이용이 빈번한 전후 8시간의 평균치가 50ppm 이하(다중이용시설 등의 실내공기질관리법 규정에 의한 실내주차장은 25ppm 이하)가 되도록 한다.
⑨ 노외주차장의 조도 : 자주식주차장으로서 지하식 또는 건축물식 노외주차장에는 벽면에서부터 50cm 이내를 제외한 바닥면의 최소 조도(照度)와 최대 조도를 다음과 같이 한다.
　㉮ 주차구획 및 차로 : 최소 조도는 10럭스 이상, 최대 조도는 최소 조도의 10배 이내
　㉯ 주차장 출구 및 입구 : 최소 조도는 300럭스 이상, 최대 조도는 없음
　㉰ 사람이 출입하는 통로 : 최소 조도는 50럭스 이상, 최대 조도는 없음
⑩ 경보장치 : 자동차 출입 또는 도로교통의 안전확보를 위한 필요 경보장치를 설치하여야 한다.
⑪ 감시설비 설치 : 주차대수 30대를 초과하는 규모의 자주식 주차장(지하식·건축물식에 한함)에는 관리사무소에서 주차장 내부 전체를 볼 수 있는 폐쇄회로 텔레비전 및 녹화장치를 포함하는 방범설비를 설치·관리하여야 한다.
⑫ 노외주차장에 설치할 수 있는 부대시설
　㉮ 부대시설은 다음과 같다. 단, 총면적이 주차장 총시설면적의 20% 이하이어야 한다.
- 관리사무소, 휴게소, 공중화장실
- 간이매점, 자동차의 장식품 판매점, 전기자동차 충전시설, 태양광발전시설, 집배송시설, 주유소
- 기타 노외주차장의 관리, 운영상 필요한 편의시설 등
- 시·군 또는 구(자치구를 말함)의 조례가 정하는 이용자 편의시설

　㉯ 도로·광장·공원 등의 지하에 설치하거나 공용의 청사·하천 등의 지상에 설치하는 노외주차장의 부대시설의 종류 및 면적비율은 조례로 따로 정할 수 있다.

핵심 PLUS

28 자동차용 승강기로 운반된 자동차가 주차구획까지 자주식으로 들어가는 노외주차장에 주차대수 200대를 설치한다면 자동차용 승강기는 몇 대를 설치하여야 하는가? [03 기]
① 10대　② 9대
③ 8대　④ 7대

해설 자동차용 승강기로 운반된 자동차가 주차구획까지 자주식으로 들어가는 노외주차장의 경우에는 주차대수 30대마다 1대의 자동차용 승강기를 설치하여야 한다. ∴ 200÷30=6.67≒7대
답 : ④

29 다음의 노외주차장의 구조 및 설비기준에 관한 설명 중 옳지 않은 것은? [09 산]
① 건축물식 노외주차장의 경사로의 종단경사도는 곡선 부분에서 14%를 초과하여서는 아니된다.
② 자동차의 출입 및 도로교통의 안전을 확보하기 위하여 필요한 경보장치를 설치하여야 한다.
③ 주차에 사용되는 부분의 높이는 주차바닥면으로부터 2.1m 이상으로 하여야 한다.
④ 자주식 주차장으로서 지하식 노외주차장에는 바닥으로부터 85cm 높이에 있는 지점이 평균 60럭스 이상의 조도를 유지할 수 있는 조명장치를 설치하여야 한다.
답 : ④

30 자주식 주차장으로서 지하식 또는 건축물식에 의한 노외주차장에서 주차장 내부전체를 볼 수 있는 폐쇄회로텔레비전 및 녹화장치를 설치해야 되는 주차대수 최소규모는? [06 산]
① 21대　② 31대
③ 41대　④ 51대
답 : ②

31 노외주차장에 설치하는 부대시설의 총면적은 주차장 총시설면적의 최대 얼마를 초과하여서는 아니되는가? [10 기]
① 10%　② 20%
③ 25%　④ 30%
답 : ②

V. 건축관계법규 | 주차장법

핵심 PLUS

32 부설주차장 설치 기준상 가장 주차기준이 강화되는 시설은? [06 기]
① 호텔
② 주점영업
③ 백화점
④ 교회(종교집회장)

[해설] 위락시설은 시설면적 100m² 당 1대의 부설주차장을 설치해야 하므로 가장 주차기준이 강화되는 시설에 해당된다.

답 : ②

33 부설주차장의 설치대상 시설물의 종류에 따른 설치기준이 옳지 않은 것은? [15, 20, 24 기]
① 골프장 - 1홀당 10대
② 위락시설 - 시설면적 150m² 당 1대
③ 판매시설 - 시설면적 150m² 당 1대
④ 숙박시설 - 시설면적 200m² 당 1대

[해설] 위락시설 - 시설면적 100m² 당 1대

답 : ②

34 부설주차장 설치대상 시설물이 문화 및 집회시설 중 예식장으로서 시설면적이 1,200m²인 경우, 설치하여야 하는 부설주차장의 최소 대수는? [18, 23 기]
① 8대   ② 10대
③ 15대   ④ 20대

[해설] 예식장 : 시설면적 150m²당 1대 → 1200m²÷150m²=8대

답 : ①

35 다음 시설물의 부설주차장 설치기준이 잘못된 것은? [06 기]
① 관람장-정원 100인당 1대
② 골프장-1홀당 10대
③ 골프연습장-1타석당 1대
④ 옥외수영장-정원 20인당 1대

[해설] 부설주차장의 설치기준(기타 기준)
㉠ 골프연습장 : 1타석당 1대
㉡ 골프장 : 1홀당 10대
㉢ 옥외수영장 : 정원 15인당 1대
㉣ 관람장 : 정원 100인당 1대

답 : ④

4 건축물 부설주차장

1. 부설주차장의 설치기준

[별표 1] 부설주차장 설치대상 종류 및 부설주차장 설치기준(제6조 제1항 관련)

용 도	설 치 기 준
① 위락시설	시설면적 100m²당 1대
② ・문화 및 집회시설(관람장을 제외) ・종교시설 ・판매시설 ・운수시설 ・의료시설(정신병원・요양소 및 격리병원을 제외) ・운동시설(골프장・골프연습장 및 옥외수영장을 제외) ・업무시설(외국공관 및 오피스텔을 제외) ・방송통신시설 중 방송국 ・장례식장	시설면적 150m²당 1대
③ ・제1종 근린생활시설 [예외] -동사무소, 경찰관파출소, 소방서, 우체국, 전신전화국, 방송국, 보건소, 공공도서관, 지역의료보험 조합 등으로서 *1,000m² 미만 -마을공회당, 마을공동작업소, 마을공동구판장 등 ・제2종 근린생활시설 ・숙박시설	시설면적 200m²당 1대
④ 단독주택(다가구주택 제외)	시설면적 50m² 초과 150m² 이하의 경우에는 1대, 시설면적 150m² 초과의 경우에는 1대에 150m²를 초과하는 100m²당 1대를 더한 대수
⑤ ・공동주택(기숙사를 제외) ・다가구주택 ・업무시설 중 오피스텔	주택법 규정을 준용
⑥ ・골프장	1홀당 10대
・골프연습장	1타석당 1대
・옥외수영장	정원 15인당 1대
・관람장	정원 100인당 1대
⑦ ・수련시설 ・공장(아파트형은 제외) ・발전시설	시설면적 350m²당 1대
⑧ ・창고시설 ・학생용 기숙사	시설면적 400m²당 1대
⑨ 기타 건축물	시설면적 300m²당 1대

[주] 부설주차장을 설치하지 아니할 수 있는 건축물 : 변전소・양수장・정수장・대피소・공중화장실, 수도원・수녀원・제실 및 사당, 동물 및 식물관련시설(도축장 및 도계장은 제외) 등

💡 예제

1. 연면적 5,000m²의 업무시설을 건축할 경우 설치해야 할 주차장의 최소주차대수는?
   ▶ 공동주택은 건축면적 120m²당 1대이므로
   ∴ 5,000m² ÷ 150m² = 33.3
   　　　　　　　　　= 33대(소숫점 이하 단수 0.5 이상을 1대로 본다.)

2. 도시지역 내의 상업지역 내 연면적 9,000m²의 종합병원을 설치해야 할 주차장의 최소 주차대수는?
   ▶ 종합병원은 시설면적 150m²당 1대의 부설주차장을 설치한다.
   시설면적 9,000m² ÷ 150m² = 60대

3. 다음의 운동시설 중 부설주차장의 최소주차대수가 가장 많이 요구되는 것은?
   ① 90개의 타석을 갖는 골프연습장　　② 8홀을 갖는 골프장
   ③ 정원 600명인 옥외수영장　　　　　④ 정원 3,000명인 관람장
   ▶ 골프연습장 : 1타석당 1대　　　　∴ 90대 이상
   　골프장 : 1홀당 10대　　　　　　　∴ 80대 이상
   　옥외수영장 : 정원 15인당 1대　　∴ 600 ÷ 15 = 40대 이상
   　관람장 : 정원 100인당 1대　　　　∴ 3,000 ÷ 100 = 30대 이상

2. 부설주차장의 인근설치 (법 제19조, 영 제7조)

1) 인근설치대상

부설주차장으로서 주차대수 300대 이하의 규모인 경우에는 시설물의 부지 인근에 단독 또는 공동으로 부설주차장을 설치할 수 있다.

  [예외] 다음에 해당하는 경우에는 [별표 1]의 부설주차장 설치기준에 의하여 산정한 주차대수에 상당하는 규모 이하로 시설물의 인근 대지에 설치할 수 있다.
  ① 차량통행이 금지된 장소의 시설물인 경우
  ② 시설물의 부지에 접한 대지나 시설물의 부지와 통로로 연결된 대지에 부설주차장을 설치하는 경우
  ③ 시설물의 부지가 너비 12m 이하인 도로에 접하여 있는 경우 도로의 맞은편 토지(시설물의 부지에 접한 도로의 건너편에 있는 시설물 정면의 필지와 그 좌우에 위치한 필지를 말한다)에 부설주차장을 당해 도로에 접하도록 설치하는 경우

2) 설치위치 및 방법

시설물의 부지 인근의 범위는 다음 범위 안에서 시·군 또는 구(자치구)의 조례로 정한다.

핵심 PLUS

36 부설주차장의 설치기준에서 설치대수의 신청기준을 수용 인원기준으로 하는 시설물은? [06 기]
① 종합병원
② 호텔
③ 방송국
④ 옥외수영장

[해설] 옥외수영장 : 정원 15인당 1대
답 : ④

37 주차장법령상 건축물 설치 시 부설주차장을 설치하지 않을 수 있는 시설물은? [16 기]
① 종교시설 중 교회
② 종교시설 중 성당
③ 종교시설 중 사찰
④ 종교시설 중 수녀원

[해설] 부설주차장을 설치하지 아니할 수 있는 건축물
변전소·양수장·정수장·대피소·공중화장실·수도원·수녀원·제실 및 사당, 동물 및 식물관련시설(도축장 및 도계장은 제외) 등
답 : ④

38 시설물의 내부 또는 그 부지 안에 부설주차장을 설치하여야 하는 대상 시설물임에도 불구하고 시설물의 부지 인근에 단독 또는 공동으로 부설주차장을 설치할 수 있는 부설주차장의 규모 기준은? [09, 25 기]
① 주차대수 200대 이하
② 주차대수 300대 이하
③ 주차대수 400대 이하
④ 주차대수 500대 이하
답 : ②

핵심 PLUS

39 시설물의 부지 인근에 부설주차장을 설치하는 경우, 해당 부지의 경계선으로부터 부설주차장의 경계선까지의 거리 기준으로 옳은 것은? [18 기]
① 직선거리 300m 이내
② 도보거리 800m 이내
③ 직선거리 500m 이내
④ 도보거리 1000m 이내

답 : ①

40 원칙적으로 부설주차장의 설치의무를 면제받을 수 있는 최대 주차대수는? [07 산]
① 100대
② 200대
③ 300대
④ 제한이 없다.

답 : ③

41 다음 중 사용승인 후 5년이 경과된 연면적 900m²의 건축물을 용도변경 할 경우 부설 주차장을 추가로 확보하지 아니하고 용도를 변경할 수 있는 경우는? [08 산]
① 문화 및 집회시설 중 예식장의 용도로 변경하는 경우
② 무도학원의 용도로 변경하는 경우
③ 문화 및 집회시설 중 극장의 용도로 변경하는 경우
④ 미술관의 용도로 변경하는 경우

[해설] 미술관은 전시장의 용도에 해당된다.

답 : ④

---

① 당해 부지의 경계선으로부터 부설주차장의 경계선까지의 직선거리 300m 이내 또는 도보거리 600m 이내
② 당해 시설물이 소재하는 동·리(행정 동·리를 말함)
③ 당해 시설물과의 통행여건이 편리하다고 인정되는 인접 동·리 (행정 동·리를 말함)

3. 부설주차장의 설치의무. 면제 (법 제19조, 영 제8조)

1) 주차장 설치의무와 면제대상 및 기준

구 분	기 준	
부설주차장의 규모	• 주차대수가 300대 이하의 규모 • 차량통행이 금지된 장소에서는 부설주차장 설치기준에 의하여 산정한 주차대수에 상당하는 규모	
시설물의 위치	• 차량통행의 금지 또는 주변의 토지이용상황으로 인하여 부설주차장의 설치가 곤란하다고 시장·군수 또는 구청장이 인정하는 장소	
	• 부설주차장의 출입구가 도심지 등의 간선도로변에 위치하게 되어 자동차 교통의 혼잡을 가중시킬 우려가 있는 경우	• 조례로 정한 화물하역 등 기능유지용 주차장은 설치하여야 한다.
시설물의 용도 및 규모	• 연면적 10,000m² 이상의 판매시설 및 운수시설에 해당하지 않는 시설물	• 차량통행이 금지된 장소의 시설물인 경우에는 건축법이 정하는 용도별 건축허용 연면적의 범위 안에서 설치하는 시설물을 말한다.
	• 연면적 15,000m² 이상의 문화 및 집회시설(공연장, 집회장, 관람장에 한함), 위락시설, 숙박시설, 업무시설에 해당하지 않는 시설물	

2) 시장·군수는 납부된 비용을 노외주차장의 설치 외의 목적으로 사용할 수 없다.

4. 부설주차장의 구조 및 설비기준 (규칙 제11조)

1) 노외주차장의 구조 및 설비기준 준용

단독주택 및 다세대주택으로서 시장·군수가 인정하는 주택의 부설주차장을 제외한 부설주차장은 아래와 같이 노외주차장의 구조 및 설비기준을 준용한다.

① 부설주차장과 연결되는 도로가 2 이상인 경우에는 자동차 교통이 적은 도로에 출구와 입구를 설치한다.

[예외] 보행자의 교통에 지장이 있는 경우

② 주차대수 400대를 초과하는 부설주차장은 출구와 입구를 따로 설치할 것
③ 노외주차장의 구조 및 설비기준을 준용한다.

2) 부설주차장의 조명 및 방범설비

건축물의 용도	방범설비	조명설비
① 30대를 초과하는 지하식 또는 건축물식에 의한 자주식 주차장으로서 그 용도가 판매시설, 숙박시설, 운동시설, 위락시설 또는 문화 및 집회시설과 앞의 용도와 다른 용도가 복합된 건축물의 주차장으로 각각 시설에 대한 부설주차장이 구분되지 않은 경우	폐쇄회로 텔레비전 및 녹화장치 설치	벽면에서부터 50cm 이내를 제외한 바닥면의 최소 조도와 최대 조도를 규칙 제6조 ⑨항과 같이 하여야 한다.
② 상기 1이 아닌 용도 (단독주택과 다세대주택 제외)	설치규정이 없음	

3) 자주식 부설주차장의 주차대수가 8대 이하인 경우 별도기준

총 주차대수 규모가 8대 이하인 경우에는 상기 1)의 규정에 불구하고 다음 규정에 의한다.

① 차로의 너비는 2.5m 이상으로 하되 주차단위 구획과 접한 차로의 너비는 다음과 같다.

주차형식	차로의 너비
평행주차	3.0m 이상
직각주차	6.0m 이상
60° 대향주차	4.0m 이상
45° 대향주차, 교차주차	3.5m 이상

② 너비 12m 미만인 도로(보도와 차로의 구분이 없는 경우)에 접한 부설주차장인 경우에는 그 도로를 차로로 하여 주차단위구획을 배치할 수 있다. 이 경우 차로의 너비는 도로를 포함하여 6m 이상(평행주차인 경우 4m 이상)으로 하며, 도로의 범위는 중앙선까지로 하되 중앙선이 없는 경우에는 도로 반대측 경계선까지로 한다.

③ 보도와 차도의 구분이 있는 12m 이상의 도로에 접하여 있고 주차대수가 5대 이하인 부설주차장은 당해 주차장의 이용에 지장이 없는 경우에 한하여 그 도로를 직각주차형식으로 하여 주차단위구획을 배치할 수 있다.

핵심 PLUS

42 총 주차대수 규모가 8대 이하인 부설주차장의 구조 및 설비기준을 완화할 수 있는 주차장의 형태는? [03 기]
① 기계식 주차장 지하식
② 기계식 주차장 공작물식
③ 자주식 주차장 지평식
④ 자주식 주차장 건축물식
답 : ③

43 부설주차장의 주차단위구획과 접하여 있는 차로의 너비를 4m 이상으로 하여야 하는 주차형식은? (단, 총주차대수 규모가 8대 이하인 자주식주차장(지평식에 한한다)인 경우) [09 기]
① 평행주차
② 교차주차
③ 45도 대향주차
④ 60도 대향주차
답 : ④

V. 건축관계법규 | 주차장법

④ 5대 이하의 주차단위구획은 차로를 기준으로 하여 세로로 2대까지 접하여 배치할 수 있다.
⑤ 출입구의 폭은 3m 이상으로 한다.
  [예외] 막다른 도로에 접하여 있는 부설주차장으로서 시장·군수·구청장이 차량소통에 지장이 없다고 인정하는 경우에는 2.5m 이상으로 할 수 있다.
⑥ 경사로의 종단구배는 직선, 곡선 모두 17%를 초과하지 말 것
⑦ 보행인의 통로가 필요한 경우에는 시설물과 주차단위구획 사이에 0.5m 이상의 거리를 두어야 한다.

5 기계식 주차장

1. 기계식 주차장치의 설치기준

① 기계식 주차장치 출입구의 전면공지 및 방향전환장치 : 기계식 주차장 출입구 전면에는 자동차 회전을 위하여 다음 기준에 따른 전면공지 또는 방향전환장치를 설치하여야 한다.

주차장 종류	길이×너비×높이	전면공지 (너비×길이)	방향전환장치
중형기계식 주차장	5.05m×1.85m×1.55m (무게 1,850kg 이하)	8.1m×9.5m 이상	직경 4m 이상 및 이에 접한 너비 1m 이상의 여유공지
대형기계식 주차장	5.75m×2.15m×1.55m (무게 2,200kg 이하)	10m×11m 이상	직경 4.5m 이상 및 이에 접한 너비 1m 이상의 여유공지

[예외] 기계식 주차장치의 내부에 방향전환장치를 설치한 경우 2층 이상으로 주차구획이 배치되어 있고 출입구가 있는 층의 모든 주차구획을 기계식 주차장치 출입구로 사용할 수 있는 경우는 제외

② 주차 대기를 위한 정류장의 설치 : 도로에서 기계식 주차장까지의 진입로 또는 전면공지에 접하는 장소에 자동차가 대기할 수 있는 정류장을 다음과 같이 설치하여야 한다.

정류장 확보	주차대수가 20대를 초과하는 매 20대마다 1대분의 정류장 확보
정류장 규모	중형기계식 주차장 : 5.05m(길이)×1.85m(너비)
	대형기계식 주차장 : 5.3m(길이)×2.15m(너비)
완화규정	• 주차장의 출구와 입구가 따로 설치되어 있거나 • 종단구배가 6% 이하인 진입로의 너비가 6m 이상인 경우 진입로 6m 마다 1대분의 정류장을 확보하는 것으로 본다.

핵심 PLUS

44 대형 기계식주차장에 있어서 출입구 전면에 확보하여야 할 전면공지의 크기 기준으로 옳은 것은? [10 산]
① 너비 8.1m 이상, 길이 9.5m 이상
② 너비 8.7m 이상, 길이 9.8m 이상
③ 너비 10m 이상, 길이 11m 이상
④ 너비 10.3m 이상, 길이 11m 이상

답 : ③

45 다음 중 중형 기계식주차장에 주차할 수 있는 자동차의 길이, 너비, 높이, 무게 기준으로 옳지 않은 것은? [07 기]
① 길이 : 5.05m 이하
② 너비 : 1.85m 이하
③ 높이 : 1.55m 이하
④ 무게 : 2,200kg 이하

답 : ④

46 다음의 기계식주차장의 설치기준에 관한 내용 중 ( ) 안에 알맞은 것은? [08 기]

기계식주차장에는 진입로 또는 전면공지와 접하는 장소에 정류장을 설치하여야 한다. 이 경우 주차대수가 ( )대를 초과하는 매 ( )대마다 1대분의 정류장을 확보하여야 한다.

① 10
② 20
③ 30
④ 40

답 : ②

2. 기계식 주차장치의 안전기준

구 분		크 기	
출입구의 크기	중형기계식 주차장	2.3m(너비)×1.6m(높이) 이상	사람이 통행하는 기계식 주차장 출입구의 높이는 1.8m 이상
	대형기계식 주차장	2.4m(너비)×1.9m(높이) 이상	
주차구획크기	중형기계식 주차장	2.1m(너비)×1.6m(높이)×5.15m(길이)	
	대형기계식 주차장	2.3m(너비)×1.9m(높이)×5.3m(길이)	
운반기의 크기 (자동차가 들어가는 바닥의 너비)	중형기계식 주차장	1.85m 이상	
	대형기계식 주차장	1.95m 이상	

자동차를 입·출고하는 사람의 출입통로 : 50cm(폭)×1.8m(높이) 이상

기계식주차장치 출입구에는 출입문을 설치하거나 기계식주차장치가 작동하고 있을 때 기계식주차장치 출입구 안으로 사람 또는 자동차가 접근할 경우 즉시 그 작동을 멈추게 할 수 있는 장치를 설치하여야 한다.

자동차가 주차구획 또는 운반기 안에서 제자리에 위치하지 아니한 경우에는 기계식 주차장치의 작동을 불가능하게 하는 장치를 설치하여야 한다.

기계식주차장치의 작동 중 위험한 상황이 발생하는 경우 즉시 그 작동을 멈추게 할 수 있는 안전장치를 설치하여야 한다.

기계식주차장치의 안전기준에 관하여 이 규칙에 규정된 사항 외의 사항은 시·도지사가 정하여 고시한다.

3. 기계식 주차장의 사용검사

① 기계식 주차장을 설치하고자 하는 때에는 안전도 인증을 받은 기계식 주차장치를 사용하여야 한다.
② 기계식 주차장의 검사

종 류	검사내용	유효기간
사용검사	기계식 주차장의 설치를 완료하고 이를 사용하기 전에 실시하는 검사	3년
정기검사	사용검사의 유효기간이 지난 후 계속하여 사용하고자 하는 경우에 주기적으로 실시하는 검사	2년

핵심 PLUS

47 중형기계식주차장의 기계식주차장치출입구의 크기는? (기계식주차장치의 안전기준) [05 기]
① 너비 2.3m 이상, 높이 1.6m 이상
② 너비 2.1m 이상, 높이 1.8m 이상
③ 너비 2.4m 이상, 높이 1.6m 이상
④ 너비 2.4m 이상, 높이 1.8m 이상

답 : ①

48 다음 중 기계식 주차장의 사용검사와 정기검사의 유효기간으로 옳은 것은? [07, 24 기]
① 사용검사 2년, 정기검사 3년
② 사용검사 3년, 정기검사 3년
③ 사용검사 3년, 정기검사 2년
④ 사용검사 2년, 정기검사 2년

답 : ③

핵심 PLUS

💡 학습포인트

주차대수별 기준정리 및 요약

㉠ 8대
- 8대 이하 : 소규모 자주식 부설주차장 설치(지평식)

㉡ 20대
- 주차대수 20대 이상(노상주차상) : 장애인 전용 주차구획 1면 이상 설치
- 주차대수 20대를 초과하는 매 20대마다 1대분의 정류장 설치

㉢ 30대
- 30대 초과 자주식의 지하식 또는 건축물의 주차장 : 감시설비 대상
- 자동차 승강기를 사용하는 자주식 노외주차장 : 주차대수 30대 마다 1대의 자동차용 승강기 설치

㉣ 50대
- 주차규모 50대 이상의 노외주차장 : 출입구 분리 또는 5.5m 이상의 출입구 설치
- 주차규모 50대 이상의 자주식주차장 경사로 : 너비 6m 이상의 2차선 경사차로 확보 또는 진입·진출차로를 분리
- 주차대수 50대 이상(노상주차상) : 주차대수의 2~4% 비율 이상의 장애인 전용 주차구획 1면 이상 설치
- 주차대수 50대 이상(노외주차장) : 장애인 전용주차구획 1면 이상 설치

㉤ 200대
- 주차대수 200대 이상인 경우 : 폭 10m 미만 도로에 노외주차장의 출입구를 설치할 수 없다.

㉥ 300대
- 부설주차장 300대 규모 : 시설물 부지 인근에 단독 또는 공용의 부설주차장 설치 가능
- 부설주차장의 설치 의무 면제 대상

㉦ 400대
- 주차대수 400대 초과 노외주차장 : 출구와 입구는 각각 따로 설치

핵심기출문제

V. 주차장법

■■■ 1. 총칙

1. 연면적이 12,000㎡인 제1종 근린생활시설과 주차장이 복합된 건축물의 경우, 주차전용건축물이 되려면 주차장으로 사용되는 부분의 연면적이 최소 얼마 이상이어야 하는가? [12②]

① 8,400㎡ ② 9,600㎡
③ 10,800㎡ ④ 11,400㎡

2. 주차전용건축물의 주차면적비율과 관련한 아래 내용에서 ( )에 들어갈 수 없는 것은? [22②]

> 주차전용건축물이란 건축물의 연면적 중 주차장으로 사용되는 부분의 비율이 95퍼센트 이상인 것을 말한다. 다만, 주차장 외의 용도로 사용되는 부분이 「건축법 시행령」 별표 1에 따른 ( )인 경우에는 주차장으로 사용되는 부분의 비율이 70퍼센트 이상인 것을 말한다.

① 종교시설 ② 운동시설
③ 업무시설 ④ 숙박시설

[해설] 주차전용 건축물의 주차면적 비율

주차전용 건축물		원 칙	주차장 면적비율
단서 규정	건축물의 연면적 중 주차장 외의 용도	단독주택, 공동주택, 제1종 및 제2종 근린생활시설, 문화 및 집회 시설, 종교시설, 판매시설, 운수 시설, 운동시설, 업무시설, 창고시설, 자동차관련시설이 아닌 경우	95% 이상
		단독주택, 공동주택, 제1종 및 제2종 근린생활시설, 문화 및 집회 시설, 종교시설, 판매시설, 운수 시설, 운동시설, 업무시설, 창고시설, 자동차관련시설인 경우	70% 이상

3. 주차장의 수급 실태조사에 관한 설명으로 옳지 않은 것은? [19②]

① 실태조사의 주기는 5년으로 한다.
② 조사구역은 사각형 또는 삼각형 형태로 설정한다.
③ 조사구역 바깥 경계선의 최대거리가 300m를 넘지 않도록 한다.
④ 각 조사구역은 「건축법」에 따른 도로를 경계로 구분한다.

해 설

[해설] 1
주차장의 용도가 단독주택, 공동주택, 제1종 및 제2종 근린생활시설, 문화 및 집회 시설, 종교시설, 판매시설, 운수 시설, 운동시설, 업무시설, 창고시설, 자동차관련시설이므로 주차비율은 70%이다.
12,000×0.7(주차비율 70%)
=84,000㎡
즉, 연면적 12,000㎡의 30%인 3,600㎡에는 제1종 근린생활시설을 설치할 수 있다.

[해설] 3
주차장 수급 실태 조사의 조사구역 설정에 관한 기준
㉠ 실태조사의 주기는 3년으로 한다.
㉡ 사각형 또는 삼각형 형태로 조사구역을 설정한다.
㉢ 각 조사 구역은 「건축법」에 따른 도로를 경계로 구분한다.
㉣ 조사구역 바깥 경계선의 최대거리가 300m를 넘지 않도록 한다.

정답 1. ① 2. ④ 3. ①

핵심기출문제

V. 주차장법

4. 주차장의 주차단위구획의 최소 면적은? (단, 평행주차형식 외의 경우이며, 일반형) [10㉠]

① 10m² ② 12.5m²
③ 2m²   ④ 16.5m²

[해설] 주차단위구획

주차장 종류	평행주차가 아닐 때	평행주차 일 때	비 고
일반주차장	2.5m×5m 이상 (확장형 : 2.6m×5.2m 이상) (경형자동차 전용 : 2m×3.6m 이상)	2m×6m 이상	※주거지역의 보도와 차도의 구분이 없는 도로의 평행주차 2m×5m 이상 (경형자동차 전용 : 1.7m×4.5m 이상)
지체장애인 전용주차장	3.3m×5m 이상	—	

※지체장애인 전용주차장은 주차대수 1대에 대한 주차장의 주차구획면석을 가장 넓게 하여야 한다.

■■■ 2. 노상주차장

5. 노상주차장의 구조 및 설비에 관한 기준 내용으로 옳은 것은? [17, 24㉠]

① 너비 6m 이상의 도로에 설치하여서는 아니된다.
② 종단경사도가 3퍼센트를 초과하는 도로에 설치하여서는 아니 된다.
③ 고속도로, 자동차전용도로 또는 고가도로에 설치하여서는 아니 된다.
④ 주차대수 규모가 20대인 경우, 장애인 전용주차 구획을 최소 2면 이상 설치하여야 한다.

6. 노상주차장의 구조, 설비기준에 관한 내용으로 옳은 것은? [07㉠]

① 종단구배가 4%를 초과하는 도로에 설치하여서는 아니된다. 다만, 종단구배가 6% 이하의 도로로서 보도와 차도의 구별이 되어 있고, 그 차도의 너비가 13m 이상인 경우에는 그러하지 아니한다.
② 종단구배가 4%를 초과하는 도로에 설치하여서는 아니된다. 다만, 종단구배가 4% 이하의 도로로서 보도와 차도의 구별이 되어 있고, 그 차도의 너비가 13m 이상인 경우에는 그러하지 아니한다.
③ 종단구배가 6%를 초과하는 도로에 설치하여서는 아니된다. 다만, 종단구배가 6% 이하의 도로로서 보도와 차도의 구별이 되어 있고, 그 차도의 너비가 13m 이상인 경우에는 그러하지 아니한다.
④ 종단구배가 6%를 초과하는 도로에 설치하여서는 아니된다. 다만, 종단구배가 4% 이하의 도로로서 보도와 차도의 구별이 되어 있고, 그 차도의 너비가 13m 이상인 경우에는 그러하지 아니한다.

해 설

[해설] 5, 6
노상주차장의 설치금지 장소

설치금지 장소	예 외
주간선도로	분리대, 기타 도로의 부분으로서 도로교통에 지장을 초래하지 않는 부분
너비 6m 미만의 도로	보행자의 통행이나 연도의 이용에 지장이 없는 경우로서 당해 지방자치단체의 조례로 따로 정하는 경우
종단구배 4%를 초과하는 도로	종단구배가 6% 이하로서 보도와 차도의 구별이 되어 있고, 차도의 너비가 13m 이상인 경우 종단경사도가 6% 이하 도로로서 시장·군수·구청장이 안전에 지장이 없다고 인정하는 도로의 주거지역에 설치된 노상주차장으로서 인근주민의 자동차를 위한 경우
고속도로·자동차전용도로·고가도로	—
주·정차 금지구역에 해당하는 도로의 부분 (도로교통법)	

※ 장애인 전용주차구획 : 주차대수 20대 이상인 경우에는 장애인 전용주차구획을 1면 이상 설치하여야 한다.

정답 4. ② 5. ③ 6. ①

3. 노외주차장

7. 주차장법상 주차전용건축물의 건폐율, 용적률 기준으로 맞는 것은? [07②]

① 건폐율 : 100분의 80 이하, 용적률 : 1,000% 이하
② 건폐율 : 100분의 80 이하, 용적률 : 1,500% 이하
③ 건폐율 : 100분의 90 이하, 용적률 : 1,200% 이하
④ 건폐율 : 100분의 90 이하, 용적률 : 1,500% 이하

8. 노외주차장의 설치에 대한 계획기준으로 옳지 않은 것은? [04, 05, 06②]

① 토지이용현황을 참작한다.
② 노외주차장 이용자의 보행거리 및 보행자를 위한 도로 상황 등을 참작한다.
③ 자연녹지지역이 아닌 지역이어야 한다.
④ 입구와 출구를 따로 설치해야 하는 경우도 있다.

9. 다음 중 노외주차장의 출구 및 입구를 설치할 수 있는 곳은? [04, 09, 25②]

① 횡단보도에서 5m 이내의 도로의 부분
② 장애인복지시설의 출입구로부터 20m 이내의 도로의 부분
③ 중학교의 출입구로부터 20m 이내의 도로의 부분
④ 종단구배가 10%를 초과하는 도로

10. 다음은 노외주차장의 설치에 관한 계획기준 내용이다. ( ) 안에 알맞은 것은? [15, 23②]

> 특별시장·광역시장, 시장·군수 또는 구청장이 설치하는 노외주차장의 주차대수 규모가 (㉠) 이상인 경우에는 주차대수의 (㉡)의 범위에서 장애인의 주차수요를 고려하여 지방자치단체의 조례로 정하는 비율 이상의 장애인 전용주차구획을 설치하여야 한다.

① ㉠ 50대, ㉡ 1%부터 3%까지
② ㉠ 50대, ㉡ 2%부터 4%까지
③ ㉠ 100대, ㉡ 1%부터 3%까지
④ ㉠ 100대, ㉡ 2%부터 4%까지

해 설

해설 7

노외주차장인 주차전용 건축물에 대한 특례
㉠ 건폐율 : 90/100 이하
㉡ 용적률 : 1,500% 이하
㉢ 대지면적의 최소한도 : 45m² 이상
㉣ 전면도로에 의한 높이제한
  • 폭 12m 미만 도로에 접한 경우 : H≤3D
  • 폭 12m 이상 도로에 접한 경우 : $H \leq \frac{36}{도로의\ 폭}D$ 또는 H≤1.8D 중 큰 값

해설 8

노외주차장은 녹지지역에는 설치할 수 없으나 자연녹지지역에서는 예외적 설치가 가능하다.

해설 9

노외주차장 출구 및 입구의 설치금지 장소
㉠ 횡단보도(육교 및 지하 횡단보도를 포함)에서 5m 이내의 도로부분
㉡ 너비 4m 미만의 도로. 다만, 주차대수 200대 이상인 경우에는 너비 10m 미만의 도로에는 설치할 수 없다.
㉢ 종단구배 10%를 초과하는 도로
㉣ 새마을유아원, 유치원, 초등학교, 특수학교, 노인복지시설, 장애인 복지시설 및 아동전용시설 등의 출입구로부터 20m 이내의 도로부분
㉤ 도로교통법(제28조 1호 내지 5호, 제29조 1호 내지 6호)에 해당하는 도로

해설 10

노외주차장의 장애인 전용주차구획 설치
특별시장·광역시장, 시장·군수 또는 구청장이 설치하는 노외주차장의 주차대수 규모가 50대 이상인 경우에는 주차대수의 2%부터 4%까지의 범위에서 장애인의 주차수요를 고려하여 지방자치단체의 조례로 정하는 비율 이상의 장애인 전용주차구획을 설치하여야 한다.

정답 7. ④ 8. ③ 9. ③
10. ②

핵심기출문제 — V. 주차장법

11. 다음은 노외주차장의 구조 및 설비기준이다. A, B, C에 맞는 것은? [06, 21㉮]

> "노외주차장의 출구부분의 구조는 당해 출구로부터 (A)m를 후퇴한 노외주차장의 차로의 (B)m의 높이에서 도로의 중심선에 직각으로 향한 좌·우측 각 (C)도의 범위 안에서 당해 도로를 통행하는 자를 확인할 수 있어야 한다."

① A - 1, B - 1.2, C - 70
② A - 2, B - 1.4, C - 60
③ A - 3, B - 1.6, C - 60
④ A - 4, B - 1.2, C - 70

[해설] 11
노외주차장의 출구 부근의 구조
해당 출구로부터 2m(이륜자동차전용 출구의 경우에는 1.3m)를 후퇴한 노외주차장의 차로의 중심선상 1.4m의 높이에서 도로의 중심선에 직각으로 향한 왼쪽·오른쪽 각각 60°의 범위에서 해당 도로를 통행하는 자를 확인할 수 있도록 하여야 한다.

12. 지하식 또는 건축물식 노외주차장의 차로에 관한 기준 내용으로 옳지 않은 것은?(단, 이륜자동차전용 노외주차장이 아닌 경우) [21, 23㉮]

① 높이는 주차바닥면으로부터 2.3m 이상으로 하여야 한다.
② 경사로의 종단경사도는 직선 부분에서는 17%를 초과하여서는 아니된다.
③ 곡선 부분은 자동차가 4m 이상의 내변반경으로 회전할 수 있도록 하여야 한다.
④ 주차대수 규모가 50대 이상인 경우의 경사로는 너비 6m 이상인 2차로를 확보하거나 진입차로와 진출차로를 분리하여야 한다.

[해설] 12
곡선 부분은 자동차가 6m(같은 경사로를 이용하는 주차장의 총주차대수가 50대 이하인 경우에는 5m) 이상의 내면반경으로 회전이 가능하도록 할 것

13. 다음의 노외주차장의 구조 및 설비에 관한 기준 내용 중 ( ) 안에 알맞은 것은? [10, 11㉯, 12, 22㉮]

> 자동차용 승강기로 운반된 자동차가 주차구획까지 자주식으로 들어가는 노외주차장의 경우에는 주차대수 ( )마다 1대의 자동차용승강기를 설치하여야 한다.

① 10대   ② 15대
③ 20대   ④ 30대

[해설] 13
자동차용 승강기의 설치
자동차용 승강기로 운반된 자동차가 주차구획까지 자주식으로 들어가는 노외주차장의 경우에는 주차대수 30대마다 1대의 자동차용 승강기를 설치하여야 한다.

정답 11. ② 12. ③ 13. ④

4. 부설주차장

14. 부설주차장 설치대상 시설물이 문화 및 집회시설(관람장 제외)인 경우, 부설주차장 설치기준으로 옳은 것은? (단, 지방자치단체의 조례로 따로 정하는 사항은 고려하지 않는다.) [22㉮]

① 시설면적 50m²당 1대
② 시설면적 100m²당 1대
③ 시설면적 150m²당 1대
④ 시설면적 200m²당 1대

15. 부설주차장 설치 대상 시설물로서 시설면적이 1400m²인 제2종 근린생활시설에 설치하여야 하는 부설주차장의 최소 대수는? [15, 17, 25㉮]

① 7대　　② 9대
③ 10대　　④ 14대

16. 설치하여야 하는 부설주차장의 최소 규모(설치 대수)의 크기 관계가 옳은 것은? [17, 24㉮]

> ㉠ 시설면적이 600m²인 위락시설
> ㉡ 시설면적이 800m²인 숙박시설
> ㉢ 타석수가 5타석인 골프연습장
> ㉣ 시설면적이 900m²인 판매시설

① ㉠=㉣>㉢>㉡
② ㉠>㉣=㉢>㉡
③ ㉢>㉣>㉠>㉡
④ ㉢>㉣=㉠>㉡

17. 다음 중 부설주차장을 설치하지 아니할 수 있는 건축물은? [07㉮]

① 교회　　② 수녀원
③ 교육원　　④ 기도원

18. 부설주차장의 추가 설치시 당해 부지의 경계선으로부터 부설주차장의 경계선까지는 직선거리 기준으로 얼마 이내이어야 하는가? [06㉮]

① 100m　　② 200m
③ 300m　　④ 600m

해 설

해설 14

시설면적 150m²당 1대의 부설주차장 설치 대상
문화 및 집회시설(관람장을 제외)·종교시설·판매시설·운수시설·의료시설(정신병원·요양소 및 격리병원을 제외)·운동시설(골프장·골프연습장 및 옥외수영장을 제외)·업무시설(외국공관 및 오피스텔을 제외)·방송통신시설 중 방송국

해설 15

제1종 및 제2종 근린생활시설·숙박시설은 시설면적 200m² 당 1대의 부설주차장을 설치한다.
1400m²÷200m²=7대

해설 16

㉠ 시설면적이 600m²인 위락시설
(100m²/대)=600m²÷100m²=6대
㉡ 시설면적이 800m²인 숙박시설
(200m²/대)=800m²÷200m²=4대
㉢ 타석수가 5타석인 골프연습장
(1타석당 1대)=5타석×1대=5대
㉣ 시설면적이 900m²인 판매시설
(150m²/대)=900m²÷150m²=6대
∴ ㉠=㉣>㉢>㉡

해설 17

부설주차장을 설치하지 아니할 수 있는 건축물
변전소·양수장·정수장·대피소·공중화장실, 수도원·수녀원·제실 및 사당, 동물 및 식물관련시설(도축장 및 도계장은 제외) 등

해설 18

부설주차장의 인근설치
부설주차장으로서 주차대수 300대 이하의 규모인 경우에는 시설물의 부지 인근에 단독 또는 공동으로 부설주차장을 설치할 수 있다. 당해 부지의 경계선으로부터 부설주차장의 경계선까지의 직선거리 300m 이내 또는 도보거리 600m 이내의 범위로 한다.

정답 14. ③　15. ①　16. ①
　　　17. ②　18. ③

핵심기출문제

V. 주차장법

19. 다음의 부설주차장의 설치와 관련된 기준 내용 중 밑줄 친 "대통령령이 정하는 규모"에 해당하는 것은? [10, 17㉮]

> 부설주차장이 <u>대통령령이 정하는 규모</u> 이하인 때에는 시설물의 부지인근에 단독 또는 공동으로 부설주차장을 설치할 수 있다.

① 주차대수 100대의 규모
② 주차대수 200대의 규모
③ 주차대수 300대의 규모
④ 주차대수 400대의 규모

20. 부설주차장의 총주차대수 규모가 8대 이하인 자주식주차장(지평식)의 구조 및 설비에 관한 기준 내용으로 옳지 않은 것은? [15㉮]

① 차로의 너비는 2.5m 이상으로 한다.
② 출입구의 너비는 3m 이상으로 하는 것이 원칙이다.
③ 주차대수 6대 이하의 주차단위구획은 차로를 기준으로 하여 세로로 2대까지 접하여 배치할 수 있다.
④ 보행인의 통행로가 필요한 경우에는 시설물과 주차단위구획 사이에 0.5m 이상의 거리를 두어야 한다.

■■■ 5. 기계식 주차장

21. 다음의 기계식주차장의 안전기준에 관한 내용 중 ( ) 안에 공통으로 들어갈 치수는?

> • 사람이 통행하는 기계식주차장치 출입구의 높이는 ( ) 이상으로 한다.
> • 기계식주차장치 안에서 자동차를 입출고하는 사람이 출입하는 통로의 너비는 50cm 이상, 높이는 ( ) 이상으로 하여야 한다.

① 1.5m   ② 1.8m
③ 2.1m   ④ 2.3m

해 설

해설 19
부설주차장의 인근설치
부설주차장으로서 주차대수 300대 이하의 규모인 경우에는 시설물의 부지 인근에 단독 또는 공동으로 부설주차장을 설치할 수 있다. 당해 부지의 경계선으로부터 부설주차장의 경계선까지의 직선거리 300m 이내 또는 도보거리 600m 이내의 범위로 한다.
※ 300대 기준
• 부설주차장 300대 규모 : 시설물 부지 인근에 단독 또는 공용의 부설주차장 설치 가능
• 부설주차장의 설치 의무 면제 대상

해설 20
자주식 부설주차장의 주차대수가 8대 이하인 경우 별도기준(지평식에 한함)에서 5대 이하의 주차단위구획은 차로를 기준으로 하여 세로로 2대까지 접하여 배치할 수 있다.

해설 21
기계식 주차장치의 안전기준
㉠ 사람이 통행하는 기계식주차장치 출입구의 높이는 1.8m 이상으로 한다.
㉡ 기계식주차장치안에서 자동차를 입출고하는 사람이 출입하는 통로의 너비는 50cm 이상, 높이는 1.8m 이상으로 하여야 한다.

정답 19. ③ 20. ③ 21. ②

22. 기계식 주차장치의 안전기준에 관한 내용 중 옳지 않은 것은? [08⑦]

① 중형 기계식 주차장의 경우 기계식주차장치 출입구의 크기는 너비 2.3m, 높이 1.6m 이상으로 하여야 한다.
② 대형 기계식 주차장의 경우 기계식주차장치 출입구의 크기는 너비 2.4m 이상, 높이 1.9m 이상으로 하여야 한다.
③ 중형 기계식 주차장의 경우 주차구획의 크기는 너비 2.1m 이상, 높이 1.6m 이상, 길이 5.15m 이상으로 하여야 한다.
④ 대형 기계식 주차장의 경우 주차구획의 크기는 너비 2.2m 이상, 높이 1.6m 이상, 길이 5.6m 이상으로 하여야 한다.

[해설] 기계식 주차장치의 안전기준

구 분		크 기	
① 출입구의 크기	중형기계식 주차장	2.3m(너비)×1.6m(높이) 이상	사람이 통행하는 기계식 주차장 출입구의 높이는 1.8m 이상
	대형기계식 주차장	2.4m(너비)×1.9m(높이) 이상	
② 주차구획크기	중형기계식 주차장	2.1m(너비)×1.6m(높이)×5.15m(길이)	
	대형기계식 주차장	2.3m(너비)×1.9m(높이)×5.3m(길이)	
③ 운반기의 크기 (자동차가 들어가는 바닥의 너비)	중형기계식 주차장	1.85m 이상	
	대형기계식 주차장	1.95m 이상	

23. 주차대수가 300대인 기계식 주차장의 진입로 또는 전면공지와 접하는 장소에 확보하여야 하는 정류장의 최소 규모는? [17⑦]

① 12대　　② 13대
③ 14대　　④ 15대

24. 기계식 주차장치의 안전기준에서 대형기계식주차장의 출입구의 너비와 높이 기준은? [04⑦]

① 2.3m(너비) 이상×1.6m(높이) 이상
② 2.4m(너비) 이상×1.9m(높이) 이상
③ 2.5m(너비) 이상×1.6m(높이) 이상
④ 2.4m(너비) 이상×1.8m(높이) 이상

[해설] 23
기계식주차장의 진입로 또는 정류장 확보 주차대수가 20대를 초과하는 매 20대마다 1대분의 정류장을 의무적으로 확보해야 한다.(※ 20대 까지는 설치 의무에서 제외한다.)

$$\frac{주차대수-20}{20} = \frac{300-20}{20} = 14대$$

[해설] 24
기계식 주차장치의 출입구의 크기
㉠ 중형기계식 주차장 : 2.3m(너비) 이상×1.6m(높이) 이상
㉡ 대형기계식 주차장 : 2.4m(너비) 이상×1.9m(높이) 이상

정답　22. ④　23. ③　24. ②

핵심기출문제

V. 주차장법

25. 기계식주차장의 기준에 관한 기술이 잘못된 것은? [06㉮]

① 중형기계식 주차장의 전면공지는 너비 8.1m 이상, 길이 9.5m 이상으로 하여야 한다.
② 기계식주차장 안에서 자동차를 입출고하는 사람이 출입하는 통로의 너비는 0.5m 이상, 높이는 1.8m 이상으로 하여야 한다.
③ 주차대수가 20대를 초과하는 매 20대마다 1대분의 정류장을 확보하여야 한다.
④ 대형기계식주차장은 직경 4m 이상의 방향전환장치와 그 방향전환장치에 접한 너비 1m 이상의 여유공지가 있어야 한다.

[해설] 기계식 주차장치 출입구의 전면공지 및 방향전환장치

주차장 종류	길이×너비×높이	전면공지 (너비×길이)	방향전환장치
중형기계식 주차장	5.05m×1.85m×1.55m (무게 1,850kg 이하)	8.1m×9.5m 이상	직경 4m 이상 및 이에 접한 너비 1m 이상의 여유공지
대형기계식 주차장	5.75m×2.15m×1.55m (무게 2,200kg 이하)	10m×11m 이상	직경 4.5m 이상 및 이에 접한 너비 1m 이상의 여유공지

26. 다음 중 기계식 주차장의 사용검사와 정기검사의 유효기간으로 옳은 것은? [03, 25㉮]

① 사용검사 2년, 정기검사 3년
② 사용검사 3년, 정기검사 3년
③ 사용검사 3년, 정기검사 2년
④ 사용검사 2년, 정기검사 2년

[해설] 26
기계식 주차장치의 사용검사의 유효기간은 3년, 정기검사의 유효기간은 2년으로 한다.

정답 25. ④ 26. ③

06 국토의 계획 및 이용에 관한 법률

V. 건축관계법규 | 국토의 계획 및 이용에 관한 법률

1 용어의 정의

구분	정의
① 광역도시계획	광역계획권의 지정(법 제10조)의 규정에 의하여 지정된 광역계획권의 장기발전방향을 제시하는 계획을 말한다.
② 도시·군계획	특별시·광역시·특별자치시·특별자치도·시 또는 군(광역시의 관할 구역에 있는 군은 제외)의 관할 구역에 대하여 수립하는 공간구조와 발전방향에 대한 계획으로서 도시·군기본계획과 도시·군관리계획으로 구분한다.
③ 도시·군기본계획	특별시·광역시·특별자치시·특별자치도·시 또는 군의 관할 구역에 대하여 기본적인 공간구조와 장기발전방향을 제시하는 종합계획으로서 도시·군관리계획 수립의 지침이 되는 계획을 말한다.
④ 도시·군관리계획	특별시·광역시·특별자치시·특별자치도·시 또는 군의 개발·정비 및 보전을 위하여 수립하는 토지 이용, 교통, 환경, 경관, 안전, 산업, 정보통신, 보건, 복지, 안보, 문화 등에 관한 다음의 계획을 말한다. ① 용도지역·용도지구의 지정 또는 변경에 관한 계획 ② 개발제한구역, 도시자연공원구역, 시가화조정구역(市街化調整區域), 수산자원보호구역의 지정 또는 변경에 관한 계획 ③ 기반시설의 설치·정비 또는 개량에 관한 계획 ④ 도시개발사업이나 정비사업에 관한 계획 ⑤ 지구단위계획구역의 지정 또는 변경에 관한 계획과 지구단위계획 ⑥ 입지규제최소구역의 지정과 입지규제최소구역계획
⑤ 지구단위계획	도시·군계획 수립대상 지역 안의 일부에 대하여 토지이용을 합리화하고 그 기능을 증진시키며 미관을 개선하고 양호한 환경을 확보하며, 해당 지역을 체계적·계획적으로 관리하기 위하여 수립하는 도시·군관리계획을 말한다.
⑥ 입지규제최소 구역계획	입지규제최소구역에서의 토지의 이용 및 건축물의 용도·건폐율·용적률·높이 등의 제한에 관한 사항 등 입지규제최소구역의 관리에 필요한 사항을 정하기 위하여 수립하는 도시·군관리계획을 말한다.

⑦ 기반시설 : 다음의 시설(해당 시설 그 자체의 기능발휘와 이용을 위하여 필요한 부대시설 및 편익시설 포함)로서 대통령령이 정하는 시설을 말한다.

핵심 PLUS

01 다음 중 국토의 계획 및 이용에 관한 법령에 의한 도시·군관리계획에 해당되지 않는 것은?
① 구역의 지정에 관한 계획
② 교통광장 설치에 관한 계획
③ 도로와 대지면적 최소한도에 관한 계획
④ 지역의 지정에 관한 계획
답 : ③

02 도시·군계획 수립 대상지역의 일부에 대하여 토지 이용을 합리화하고 그 기능을 증진시키며 미관을 개선하고 양호한 환경을 확보하며, 그 지역을 체계적·계획적으로 관리하기 위하여 수립하는 도시·군관리계획은?
[22, 24기]
① 지구단위계획
② 도시·군성장계획
③ 광역도시계획
④ 개발밀도관리계획
답 : ①

V. 건축관계법규 | 국토의 계획 및 이용에 관한 법률

핵심 PLUS

03 국토의 계획 및 이용에 관한 법령상 광장·공원·녹지·유원지·공공공지가 속하는 기반시설은? [16, 19 기]
① 교통시설
② 공간시설
③ 환경기초시설
④ 공공·문화체육시설

답 : ②

04 국토의 계획 및 이용에 관한 법령에 따른 기반시설 중 공간시설에 속하지 않는 것은? [14, 20 기]
① 녹지
② 유원지
③ 유수지
④ 공공공지

답 : ③

05 국토의 계획 및 이용에 관한 법령상 기반시설 중 도로의 세분에 속하지 않는 것은? [18, 25 기]
① 고가도로
② 보행자우선도로
③ 자전거우선도로
④ 자동차전용도로

답 : ③

06 국토의 계획 및 이용에 관한 법령상 광역시설이 아닌 것은?
① 방조설비
② 유통업무설비
③ 유원지
④ 운동장

[해설] 방조설비는 공공용시설에 해당된다.

답 : ①

구분	기반시설의 범위
㉮ 교통시설	도로·철도·항만·공항·주차장·자동차정류장·궤도·차량검사 및 면허시설
㉯ 공간시설	광장·공원·녹지·유원지·공공공지
㉰ 유통·공급시설	유통업무설비, 수도·전기·가스·열공급설비, 방송·통신시설, 공동구·시장, 유류저장 및 송유설비
㉱ 공공·문화 체육시설	학교·운동장·공공청사·문화시설·체육시설·도서관·연구시설·사회복지시설·공공직업훈련시설·청소년수련시설
㉲ 방재시설	하천·유수지(遊水池)·저수지·방화설비·방풍설비·방수설비·사방설비·방조설비
㉳ 보건위생시설	화장시설·공동묘지·봉안시설·자연장지·장례식장·도축장·종합의료시설
㉴ 환경기초시설	하수도·폐기물처리시설·수질오염방지시설·폐차장

※ 기반시설의 세분
1. 도로 : 일반도로, 자동차전용도로, 보행자전용도로, 보행자우선도로, 자전거전용도로, 고가도로, 지하도로
2. 자동차정류장 : 여객자동차터미널, 화물터미널, 공영차고지, 공동차고지(협회 또는 연합회가 설치하는 경우에만 해당), 복합환승센터, 화물자동휴게소
3. 광장 : 교통광장, 일반광장, 경관광장, 지하광장, 건축물부설광장

⑧ 광역시설 : 기반시설 중 광역적인 정비체계가 필요한 대통령령으로 정하는 시설

설치 조건	시 설		
둘 이상의 특별시·광역시·특별자치시·특별자치도·시 또는 군의 관할 구역에 걸쳐 있는 시설	•도로 •광장 •녹지 •가스공급설비 •유류저장 및 송유설비 •하천	•철도 •수도 •방송, 통신시설 •하수도(하수종말처리시설을 제외한다)	•운하 •전기공급설비 •공동구 •열공급설비
둘 이상의 특별시·광역시·특별자치시·특별자치도·시 또는 군이 공동으로 이용하는 시설	•항만 •공원 •유원지 •문화시설 •공공직업훈련시설 •화장장 •도축장 •폐기물처리시설	•공항 •유통업무설비 •체육시설 •청소년수련시설 •공동묘지 •하수도(하수종말처리시설에 한한다) •수질오염방지시설	•자동차정류장 •운동장 •사회복지시설 •유수지 •납골시설 •폐차장

⑨ 공공시설 : 도로·공원·철도·수도 그 밖에 대통령령이 정하는 공용시설을 말한다.

㉮ 공공용시설	항만·공항·운하·광장·녹지·공공공지·공동구·하천·유수지·방화설비·방풍설비·방수설비·사방설비·방조설비·하수도·구거
㉯ 행정청이 설치하는 것	주차장·운동장·저수지·화장장·공동묘지·봉안시설
㉰ 유비쿼터스도시의 건설 등에 관한 법률	유비쿼터스 도시통합운영센터

⑩ 공동구

지하매설물(전기·가스·수도 등의 공급설비, 통신시설, 하수도시설 등)을 공동수용함으로써 미관의 개선, 도로구조의 보전 및 교통의 원활한 소통을 기하기 위하여 지하에 설치하는 시설물을 말한다.

핵심 PLUS

07 국토의 계획 및 이용에 관한 법령에 의한 공공시설이 아닌 것은?
① 행정청이 설치한 주차장
② 도로
③ 철도
④ 폐차장

해설 폐차장은 광역시설에 해당된다.

답 : ④

08 다음 중 도시·군관리계획 결정에 의한 공동구의 설치목적이 아닌 것은? [09 기]
① 도시미관의 개선
② 도로구조의 보전
③ 교통의 원활한 소통
④ 유수지의 충분한 확보

답 : ④

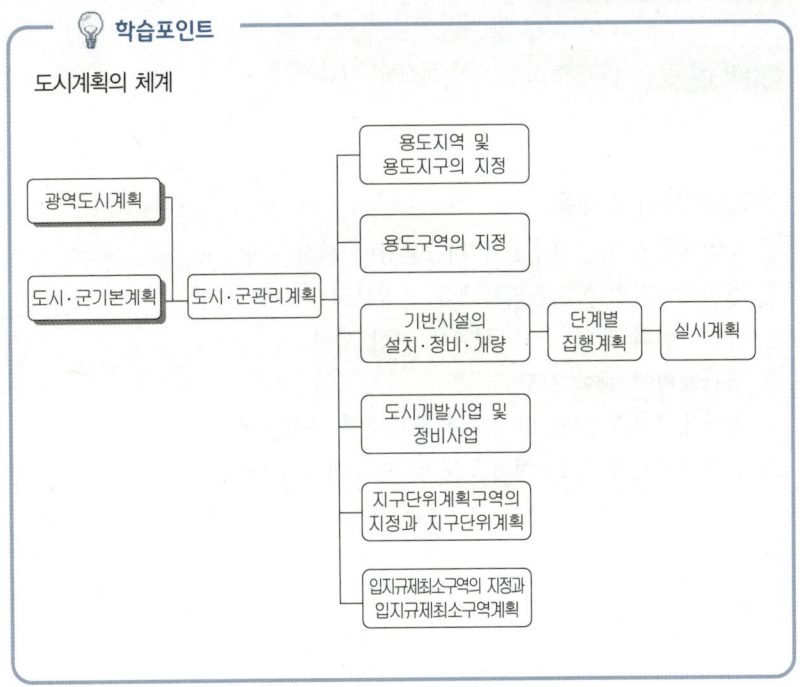

학습포인트 — 도시계획의 체계

V. 건축관계법규 | 국토의 계획 및 이용에 관한 법률

핵심 PLUS

09 다음 중 광역도시계획 내용에 포함되지 않는 것은?
　　　　　　　　　　[02, 04 기]
① 광역도시권의 공간구조와 기능 분담에 관한 사항
② 광역도시권의 녹지관리체계와 환경보전에 관한 사항
③ 광역도시권의 경제, 사회, 문화적 특성과 복지시설 등 제반환경에 관한 사항
④ 광역도시권의 여가 공간, 경관 및 방재에 관한 사항
　　　　　　　　　　답 : ③

2 광역도시계획

1. 광역도시계획의 수립절차

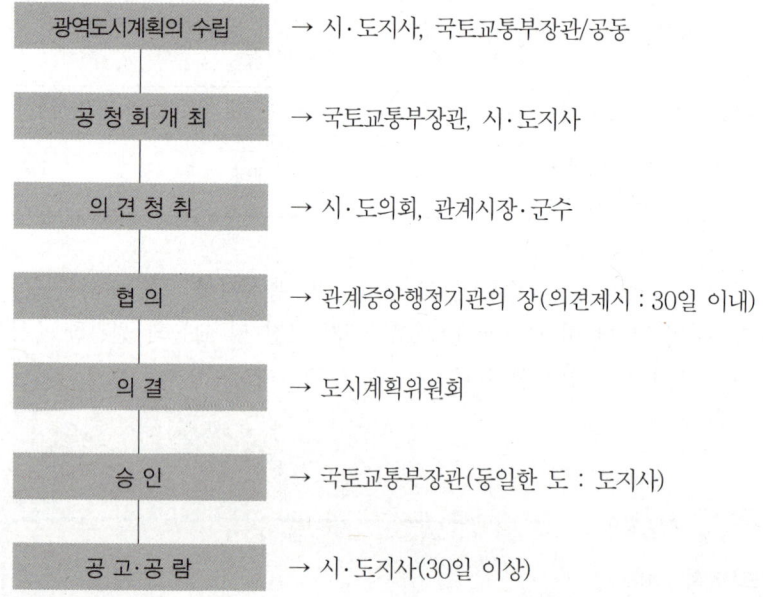

2. 광역도시계획의 내용

① 광역계획권의 공간구조와 기능분담에 관한 사항
② 광역계획권의 녹지관리체계와 환경보전에 관한 사항
③ 광역시설의 배치·규모·설치에 관한 사항
④ 경관계획에 관한 사항
⑤ 광역계획권의 교통 및 물류유통체계에 관한 사항
⑥ 광역계획권의 문화·여가공간 및 방재에 관한 사항

3 도시·군 기본계획

1. 도시·군 기본계획의 수립절차

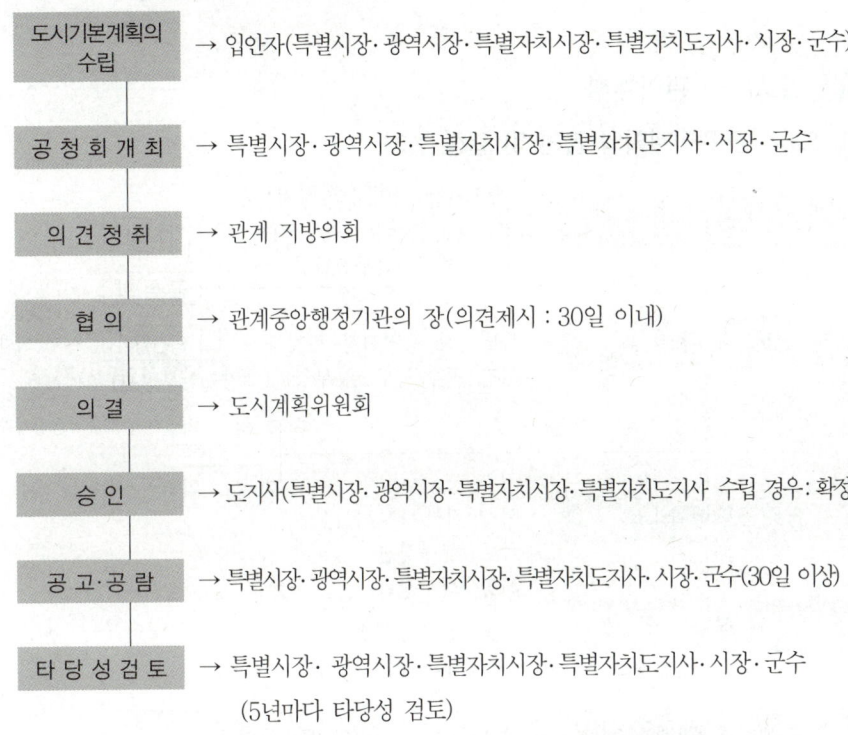

2. 도시·군 기본계획의 내용

① 지역적 특성 및 계획의 방향·목표에 관한 사항
② 공간구조, 생활권의 설정 및 인구의 배분에 관한 사항
③ 토지의 이용 및 개발에 관한 사항
④ 토지의 용도별 수요 및 공급에 관한 사항
⑤ 환경의 보전 및 관리에 관한 사항
⑥ 기반시설에 관한 사항
⑦ 공원·녹지에 관한 사항
⑧ 경관에 관한 사항
⑨ 상기 2 내지 8에 규정된 사항의 단계별 추진에 관한 사항
⑩ 도시·군기본계획의 방향 및 목표 달성과 관련된 다음의 사항
 ㉮ 도심 및 주거환경의 정비·보전에 관한 사항
 ㉯ 경제·산업·사회·문화의 개발 및 진흥에 관한 사항
 ㉰ 교통·물류체계의 개선과 정보통신의 발전에 관한 사항
 ㉱ 미관의 관리에 관한 사항
 ㉲ 방재 및 안전에 관한 사항

핵심 PLUS

10 국토의 계획 및 이용에 관한 법률상 도시·군기본계획은 누구의 승인을 받아야 하는가? [04, 07 기]
① 시장·군수
② 국토교통부장관
③ 도지사
④ 대통령

[해설] 도시·군기본계획의 승인 : 도지사(특별시장·광역시장·특별자치시장·특별자치도지사 수립 경우 : 확정)

답 : ③

11 국토의 계획 및 이용에 관한 법률상 도시·군기본계획에 포함되어야 하는 내용이 아닌 것은? [07, 10, 23, 25 기]
① 토지의 이용 및 개발에 관한 사항
② 토지의 용도별 수요 및 공급에 관한 사항
③ 공원·녹지에 관한 사항
④ 주차장의 설치·정비 및 관리에 관한 사항

답 : ④

12 도시·군기본계획에 포함되어야 할 정책방향이 아닌 것은? [03 기]
① 공원·녹지에 관한 사항
② 환경의 보전 및 관리에 관한 사항
③ 경관에 관한 사항
④ 공동구의 설치에 관한 사항

답 : ④

13 특별시장·광역시장·특별자치시장·특별자치도지사·시장 또는 군수가 관할 구역의 도시·군 기본계획에 대하여 타당성을 전반적으로 재검토하여 정비하여야 하는 기간의 기준은? [22, 24 기]
① 5년   ② 10년
③ 15년   ④ 20년

답 : ①

V. 건축관계법규 | 국토의 계획 및 이용에 관한 법률

㉺ 재정확충 및 도시·군기본계획의 시행을 위하여 필요한 재원조달에 관한 사항
㉻ 상기 ㉮ 내지 ㉺에 규정된 사항의 단계별 추진에 관한 사항

4 도시·군 관리계획

1. 도시·군 관리계획의 입안 및 결정 절차

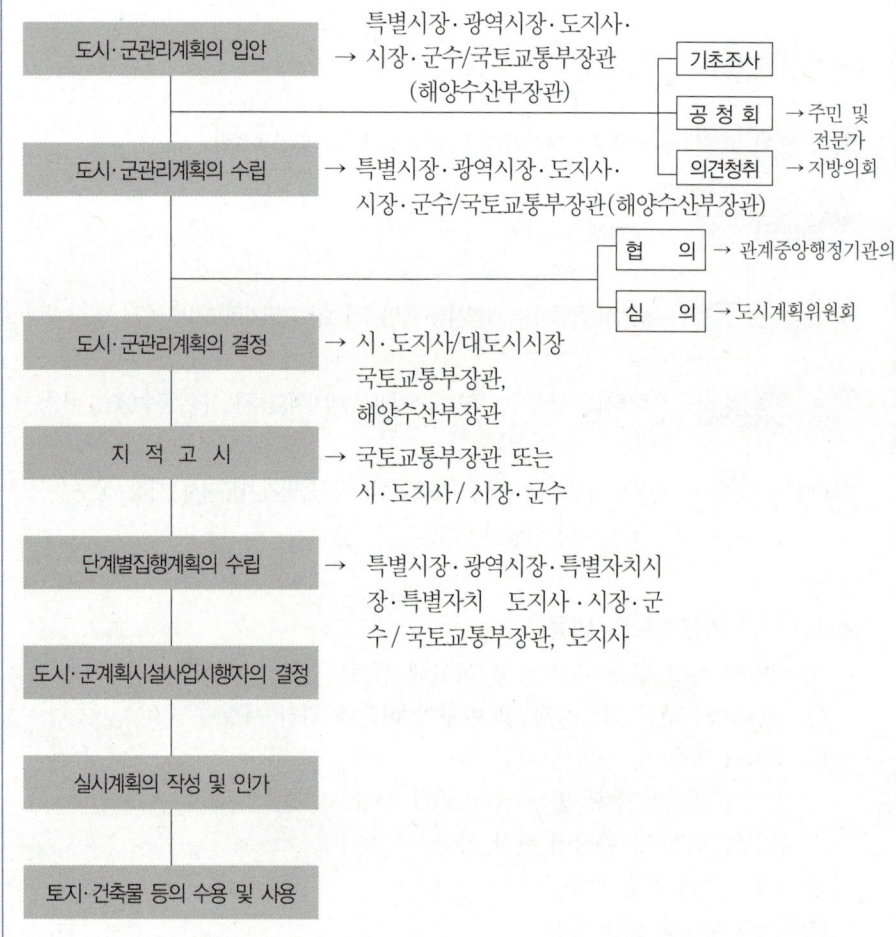

2. 도시·군 관리계획의 내용

① 용도지역·용도지구의 지정 또는 변경에 관한 계획
② 개발제한구역·도시자연공원구역·시가화조정구역·수산자원보호구역의 지정 또는 변경에 관한 계획
③ 기반시설의 설치·정비 또는 개량에 관한 계획
④ 도시개발사업 또는 정비사업에 관한 계획
⑤ 지구단위계획구역의 지정 또는 변경에 관한 계획과 지구단위계획
⑥ 입지규제최소구역의 지정과 입지규제최소구역계획

핵심 PLUS

14 도시의 개발·정비·관리 및 보전을 위하여 수립하는 토지이용·교통·환경·안전·산업·정보통신·보건·후생·안보·문화 등에 관한 계획을 무엇이라고 하는가? [02 기]
① 도시·군관리계획
② 광역계획
③ 도시·군계획시설
④ 재개발사업
　　　　　　　　답 : ①

15 다음 중 도시·군관리계획의 내용에 속하지 않는 것은? [14, 23 기]
① 투기과열지구의 지정 또는 변경에 관한 계획
② 개발제한구역의 지정 또는 변경에 관한 계획
③ 기반시설의 설치·정비 또는 개량에 관한 계획
④ 용도지역·용도지구의 지정 또는 변경에 관한 계획
　　　　　　　　답 : ①

16 국토교통부장관, 시·도지사, 시장 또는 군수가 도시·군관리계획을 입안하려면, 특정 기반시설의 설치·정비 또는 개량에 관한 도시·군관리계획의 결정시 해당 지방의회의 의견을 들어야 한다. 다음 중 특정 기반시설에 해당되지 않는 것은? [09 기]
① 학교 중 대학
② 운동장
③ 자동차정류장 중 화물터미널
④ 철도 중 도시철도
[해설] 자동차정류장 중 여객자동차터미널(시외버스운송사업용에 한함)이 해당된다.　답 : ③

17 도시·군관리계획의 결정절차에 관한 설명이 바르게 된 것은? [99 기]
① 도시·군관리계획의 수립 → 단계별 집행계획의 수립 → 도시·군관리계획의 결정 → 지적고시
② 도시·군관리계획의 수립 → 도시·군관리계획의 결정 → 단계별 집행계획의 수립 → 지적고시
③ 도시·군 관리계획의 수립 → 지적고시 → 도시·군관리계획의 결정 → 단계별 집행계획의 수립
④ 도시·군관리계획의 수립 → 도시·군관리계획의 결정 → 지적고시 → 단계별 집행계획의 수립
　　　　　　　　답 : ④

핵심 PLUS

도시계획의 종류별 성격 비교

구분	광역도시계획	도시·군기본계획	도시·군관리계획	지구단위계획
수립 지역	· 광역도시권 · 2개 이상의 연접한 특별시·광역시·시·군의 행정구역 중 국토교통부장관이 지정한 지역	· 시의 행정구역 * 군은 국토교통부장관과 협의하여 수립 가능 * 광역도시권 내의 시와 대통령령이 정하는 시는 수립 않을 수 있음	· 도시계획구역	· 지구단위계획구역 * 도시·군관리계획 중 필요한 구역(임의·의무 지정으로 구분)
계획 성격	· 20년 단위 장기정책 계획 · 광역도시권의 발전방향 제시 및 개별 도시기본계획 및 도시관리계획은 이에 부합	· 20년 단위 장기정책계획 · 종합계획 · 해당 도시의 발전방향 제시	· 10년 목표 중기계획 · 국민에 직접효력을 발생하는 계획	· 도시·군관리계획을 구체화 한 계획 · 도시의 기능 증진·미관 개선·양호한 환경 확보가 목적
계획 내용	· 공간구조와 기능분담 · 녹지관리체계와 환경보전 · 광역시설의 배치·규모·설치 · 경관계획 · 교통 및 물류유통체계 · 문화여가공간 및 방재	· 지역적 특성, 계획의 방향·목표 · 공간구조, 생활권의 설정 및 인구의 배분 · 토지의 이용 및 개발 · 토지의 용도별 수요 및 공급 · 환경의 보전 및 관리 · 기반시설 · 공원·녹지·경관 · 기후변화 대응 및 에너지 절약	· 지역·지구·구역의 지정 및 변경 · 기반시설의 설치·정비·개량 · 도시개발사업 또는 정비사업 · 지구단위계획의 지정 또는 변경과 지구단위계획 · 입지규제최소구역의 지정 또는 변경과 입지규제최소구역	· 지역·지구의 세분 · 기반시설의 배치와 규모 · 가구, 획지의 규모와 조성계획 · 건축물 용도·건폐율·용적률·높이 · 건축물 배치·형태 색채·건축선 · 환경관리·경관계획 · 교통처리계획 · 토지이용합리화, 도시, 농·산·어촌의 기능 증진
입안 권자	· 시장·군수 공동 · 시·도지사 공동 · 국토교통부장관, 시·도지사 등	· 특별시장·광역시장·특별자치시장·특별자치도지사·시장·군수	· 특별시장·광역시장·시장·군수 · 도지사(광역계획관련) · 국토교통부장관·해양수산부장관(국가계획관련)	· 시장·군수
승인 권자	· 국토교통부장관 (동일한 도 : 도지사)	· 도지사 (특별시장·광역시장·특별자치시장·특별자치도지사 수립 경우 : 확정)	· 국토교통부장관 (국가계획 입안·도시계획구역·개발제한구역·시가화조정구역 등) · 해양수산부장관 (수산자원보호구역) · 시·도지사 또는 대도시 시장	· 국토교통부장관 · 시·도지사 또는 대도시 시장

핵심 PLUS

18 국토의 계획 및 이용에 관한 법률상 용도지역의 구분이 모두 옳은 것은? [21 기]
① 도시지역, 관리지역, 농림지역, 자연환경보전지역
② 도시지역, 개발관리지역, 농림지역, 보전지역
③ 도시지역, 관리지역, 생산지역, 녹지지역
④ 도시지역, 개발제한지역, 생산지역, 보전지역

답 : ①

19 국토의 계획 및 이용에 관한 법률상 도심·부도심의 업무 및 상업기능의 확충을 위하여 필요한 지역은? [06 기]
① 유통상업지역
② 근린상업지역
③ 일반상업지역
④ 중심상업지역

답 : ④

20 국토의 계획 및 이용에 관한 법률상 주거지역의 세분에서 단독주택 중심의 양호한 주거환경을 보호하기 위하여 필요한 지역에 대해 지정하는 용도지역은? [21, 24 기]
① 제1종 전용주거지역
② 제1종 특별주거지역
③ 제1종 일반주거지역
④ 제3종 일반주거지역

답 : ①

21 주거지역의 세분 중 중층주택을 중심으로 편리한 주거환경을 조성하기 위하여 필요한 지역은? [16, 22, 23, 25 기]
① 제1종일반주거지역
② 제2종일반주거지역
③ 제1종전용주거지역
④ 제2종전용주거지역

답 : ②

5 용도지역·용도지구·용도구역

1. 용도지역·용도지구·용도구역의 특성

구분	용도지역	용도지구	용도구역
지정수	4(세분 지정)	9(세분 지정)	4
관련법	국토의계획및이용에 관한법률	국토의계획및이용에 관한법률	국토의계획및이용에 관한법률
지정자	국토교통부장관 또는 시·도지사·대도시시장	국토교통부장관 또는 시·도지사·대도시시장	국토교통부장관 해양수산부장관 시·도지사·대도시시장
목 적	토지의 경제적·효율적 이용과 공공의 복리증진	용도지역의 기능증진과 미관, 경관, 안전 등의 도모	도시의 기능을 분산시켜 균형있는 도시발전 도모
지 정	·전 도시지역 내에서 지정 ·중복지정 불가능	·도시지역 내에서 부분적으로 지정 ·중복지정 가능(지역의 보완)	·도시지역 내에서 부분적으로 지정 ·중복지정 불가능
특 징	·전국적으로 통일(일부 용도지역의 규제는 도시계획조례로 정함) ·용도규제가 주목적이며 부수적으로 형태규제	·각 지방마다 다름(도시계획조례로 정함) ·용도·형태·구조 규제	·도시 주변의 일정지역을 지정하여 개발행위 제한 ·건축행위 규제 및 과밀화의 원인이 되는 토지이용행위규제

2. 용도지역

(1) 도시지역			지정 목적
주거지역	전용주거지역	제1종	단독주택중심의 양호한 주거환경을 보호
		제2종	공동주택중심의 양호한 주거환경을 보호
	일반주거지역	제1종	저층주택을 중심으로 편리한 주거환경을 조성
		제2종	중층주택을 중심으로 편리한 주거환경을 조성
		제3종	중고층주택을 중심으로 편리한 주거환경을 조성
	준주거지역		주거기능을 위주로 이를 지원하는 일부 상업·업무기능을 보완
상업지역	중심상업지역		도심·부도심의 업무 및 상업기능의 확충
	일반상업지역		일반적인 상업 및 업무기능
	근린상업지역		근린지역에서의 일용품 및 서비스의 공급
	유통상업지역		도시내 및 지역간 유통기능의 증진

(1) 도시지역		지정 목적
공업지역	전용공업지역	주로 중화학공업·공해성 공업 등을 수용
	일반공업지역	환경을 저해하지 아니하는 공업의 배치
	준공업지역	경공업 기타 공업을 수용 및 주거·상업·업무기능의 보완
녹지지역	보전녹지지역	도시의 자연환경·경관·산림 및 녹지공간을 보전
	생산녹지지역	주로 농업적 생산을 위하여 개발을 유보
	자연녹지지역	도시의 녹지공간의 확보, 도시확산의 방지, 장래 도시용지의 공급 등을 위하여 보전할 필요가 있는 지역으로서 불가피한 경우에 한하여 제한적인 개발

(2) 관리지역	지정 목적
보전관리지역	자연환경보호, 산림보호, 수질오염방지, 녹지공간 확보 및 생태계 보전 등을 위하여 보전이 필요하나, 주변의 용도지역과의 관계 등을 고려할 때 자연환경보전지역으로 지정하여 관리하기가 곤란한 지역
생산관리지역	농업·임업·어업생산 등을 위하여 관리가 필요하나, 주변의 용도지역과의 관계 등을 고려할 때 농림지역으로 지정하여 관리하기가 곤란한 지역
계획관리지역	도시지역으로의 편입이 예상되는 지역 또는 자연환경을 고려하여 제한적인 이용·개발을 하려는 지역으로서 계획적·체계적인 관리가 필요한 지역

(3) 농림지역
도시지역에 속하지 아니하는 농지법에 의한 농업진흥지역 또는 산재관리법에 의한 보전산지 등으로서 농림업의 진흥과 산림의 보전을 위하여 필요한 지역

(4) 자연환경보전지역
자연환경·수자원·해안·생태계·상수원 및 문화재의 보전과 수산자원의 보호·육성 등을 위하여 필요한 지역

핵심 PLUS

22 주거기능을 위주로 이를 지원하는 일부 상업기능 및 업무기능을 보완하기 위하여 지정하는 주거지역의 세분은?
　　　　　　　　[15, 17, 20 기]
① 준주거지역
② 제1종 전용주거지역
③ 제1종 일반주거지역
④ 제2종 일반주거지역
답 : ①

23 다음의 각종 용도지역의 세분에 관한 설명 중 옳지 않은 것은?　　　　[18 기]
① 근린상업지역 : 근린지역에서의 일용품 및 서비스의 공급을 위하여 필요한 지역
② 중심상업지역 : 도심·부도심의 상업기능 및 업무기능의 확충을 위하여 필요한 지역
③ 제1종일반주거지역 : 단독주택을 중심으로 양호한 주거환경을 조성하기 위하여 필요한 지역
④ 준주거지역 : 주거기능을 위주로 이를 지원하는 일부 상업기능 및 업무기능을 보완하기 위하여 필요한 지역
답 : ③

3. 용도지구

(2018. 4. 19 시행)

용도지구명	지정 목적
*경관지구	경관을 보호·형성 • 자연경관지구 : 산지·구릉지 등 자연경관의 보호 • 시가지경관지구 : 주거지역의 양호한 환경조성과 시가지의 도시경관을 보호 • 특화경관지구 : 지역내 주요 수계의 수변 또는 문화적 보존가치가 큰 건축물 주변의 경관 등 특별한 경관을 보호
고도지구	쾌적한 환경조성 및 토지의 고도이용과 그 증진을 위하여 건축물의 높이의 최고한도를 규제
방화지구	화재의 위험을 예방
*방재지구	풍수해, 산사태, 지반의 붕괴 그 밖의 재해를 예방 • 시가지방재지구 : 건축물·인구가 밀집되어 있는 지역으로서 시설 개선 등을 통하여 재해 예방이 필요한 지구 • 자연방재지구 : 토지의 이용도가 낮은 해안변, 하천변, 급경사지 주변 등의 지역으로서 건축 제한 등을 통하여 재해 예방이 필요한 지구
*보호지구	문화재, 중요 시설물 및 문화적·생태적으로 보존가치가 큰 지역의 보호와 보존 • 역사문화환경보호지구 : 문화재·전통사찰 등 역사·문화적 보존가치가 큰 지역의 보호와 보존 • 중요시설물보호지구 : 국방상 또는 안보상 중요한 시설물의 보호와 보존 • 생태계보호지구 : 야생동식물서식처 등 생태적으로 보존가치가 큰 지역의 보호와 보존
*취락지구	녹지지역·관리지역·농림지역·자연환경보전지역 또는 개발제한구역 또는 도시자연공원구역 안의 취락을 정비 • 자연취락지구 : 녹지지역·관리지역·농림지역 또는 자연환경보전지역안의 취락을 정비 • 집단취락지구 : 개발제한구역안의 취락을 정비

핵심 PLUS

24 국토의 계획 및 이용에 관한 법률상 용도지구에 포함되지 않는 것은? [03, 09 기]
① 특정용도제한지구
② 보호지구
③ 취락지구
④ 시설용지지구

답 : ④

25 다음 설명에 알맞은 용도지구의 세분은? [19 기]

> 산지·구릉지 등 자연경관을 보호하거나 유지하기 위하여 필요한 지구

① 자연경관지구
② 자연방재지구
③ 특화경관지구
④ 생태계보호지구

답 : ①

26 다음 설명에 알맞은 용도지구의 세분은? [18, 24 기]

> 건축물·인구가 밀집되어 있는 지역으로서 시설 개선 등을 통하여 재해 예방이 필요한 지구

① 일반방재지구
② 시가지방재지구
③ 중요시설물보호지구
④ 역사문화환경보호지구

답 : ②

27 문화재·전통사찰 등 역사·문화적으로 보존가치가 큰 지역의 보호 및 보존을 위하여 필요한 지구는? [07 기]
① 역사문화환경보호지구
② 생태계 보호지구
③ 중요시설물 보호지구
④ 문화자원 보호지구

답 : ①

용도지구명	지정 목적
*개발진흥지구	주거기능·상업기능·공업기능·유통물류기능·관광기능·휴양기능 등을 집중적으로 개발·정비 • 주거개발진흥지구 : 주거기능을 중심으로 개발·정비 • 산업·유통개발진흥지구 : 공업기능 및 유통·물류기능을 중심으로 개발·정비 • 관광·휴양개발진흥지구 : 관광·휴양기능을 중심으로 개발·정비 • 복합개발진흥지구 : 주거기능, 공업기능, 유통·물류기능 및 관광·휴양기능 중 2 이상의 기능을 중심으로 개발·정비할 필요가 있는 지구 • 특정개발진흥지구 : 주거기능, 공업기능, 유통물류기능 및 관광·휴양기능 외의 기능을 중심으로 특정한 목적을 위하여 개발·정비할 필요가 있는 지구
특정용도 제한지구	주거기능 보호 또는 청소년 보호 등의 목적으로 청소년 유해시설 등 특정 시설의 입지를 제한
복합용도지구	지역의 토지이용상황, 개발수요 및 주변여건 등을 고려하여 효율적이고 복합적인 토지이용을 도모하기 위하여 특정시설의 입지를 완화할 필요가 있는 지구(일반주거지역, 일반공업지역, 계획관리지역 안에서 지정함)

* 도시·군관리계획결정으로 지정의 세분이 가능한 지구

※ 지구별 규제내용

지구	지구의 세분화	규제 내용					세부 규제사항
		용도	형태		색채	기타	
			밀도	높이			
경관지구	자연, 시가지, 특화	●	●	●	●	도시계획위원회 심의	도시계획조례
고도지구			●	●		도시계획위원회 심의	국토의 계획 및 이용에 관한법률 시행령 (도시계획으로 결정)
방화지구						구조, 재료 및 설비	건축법 및 시행령
방재지구	시가지, 자연						도시계획조례
보호지구	역사문화환경 중요시설물, 생태계	●				도시계획위원회 심의	국토의 계획 및 이용에 관한법률과 관련법규

핵심 PLUS

28 개발제한구역의 지정목적과 가장 거리가 먼 것은? [10 기]
① 도시의 무질서한 확산 방지
② 도시주변의 자연환경 보전
③ 도시민의 건전한 생활환경 확보
④ 도시주변지역의 계획적·단계적 개발을 위한 시가화 유보

해설 ④ : 시가화조정구역의 지정 목적에 해당된다.
답 : ④

29 시가화조정구역에 대한 설명으로 옳지 않은 것은? [03 기]
① 도시지역의 무질서한 시가화를 방지하기 위하여 지정
② 도시지역의 계획적·단계적인 개발을 도모하기 위하여 지정
③ 보안상 필요에 의하여 도시개발을 제한하기 위하여 지정
④ 5년 이상 20년 이내의 기간동안 시가화를 유보할 필요가 있다고 인정될 때 지정

해설 국토교통부장관은 국방부장관의 요청이 있어 보안상 도시의 개발을 제한할 필요가 있다고 인정되는 경우에는 개발제한구역의 지정 또는 변경을 도시·군관리계획으로 결정할 수 있다.
답 : ③

핵심 PLUS

30 시가화조정구역의 지정에 관한 설명으로 옳지 않은 것은? [03 기]
① 시가화조정구역의 지정에 관한 도시·군관리계획의 결정은 시가화유보기간이 만료된 날의 15일후부터 그 효력을 상실한다.
② 시가화 유보기간은 5년 이상 20년 이내의 범위 안에서 결정한다.
③ 도시지역과 그 주변지역의 무질서한 시가화를 방지하고 도시의 계획적·단계적인 개발을 도모하기 위하여 지정한다.
④ 국토교통부장관은 시가화조정구역의 지정을 도시관리계획으로 결정할 수 있다.

[해설] 시가화조정구역의 지정에 관한 도시·군관리계획의 결정은 시가화 유보기간이 만료된 날의 다음날부터 그 효력을 상실한다.
답 : ①

31 시가화조정구역의 지정 시 시가화유보기간으로 정할 수 있는 기간은? [09, 23 기]
① 3년 이상 5년 이내
② 3년 이상 10년 이내
③ 5년 이상 20년 이내
④ 5년 이상 30년 이내

[해설] 국토교통부장관은 시가화조정구역을 지정 또는 변경하고자 하는 때 5년 이상 20년 이내의 범위 안에서 도시·군관리계획으로 시가화유보기간을 정하여야 한다.
답 : ③

V. 건축관계법규 | 국토의 계획 및 이용에 관한 법률

지구	지구의 세분화	규제내용					세부 규제사항
		용도	형태		색채	기타	
			밀도	높이			
취락지구	자연, 집단						도시계획조례
개발진흥지구	주거, 산업·유통, 관광·휴양, 복합, 특정						도시계획조례
특정용도제한지구							도시계획조례
복합용도지구							도시계획조례

※ 밀도 : 대지면적, 건폐율, 용적률 등

4. 용도구역

구분	지정	지정 목적
개발제한구역	국토교통부장관	• 도시의 무질서한 확산을 방지 • 도시주변의 자연환경을 보전 • 도시민의 건전한 생활환경 확보 • 국방부장관의 보안상 요청
도시자연공원구역	시·도지사 또는 대도시 시장	• 도시지역 안에서 식생(植生)이 양호한 산지의 개발 제한
시가화조정구역	국토교통부장관 시·도지사	• 도시지역과 그 주변지역의 무질서한 시가화 방지 • 계획적·단계적인 개발 도모 ※ 시가화유보기간 : 5년 이상 20년 이하
수산자원보호구역	해양수산부장관	• 수산자원의 보호·육성

핵심 PLUS

 **학습포인트**

1. 용도지역 · 용도지구 · 용도구역

구분	용도지역	용도지구	용도구역
지정수	4(세분지정)	9(세분지정)	4
구분	• 도시지역(13) • 관리지역(3) • 농림지역 • 자연환경보전지역	• 경관지구(3) • 고도지구 • 방화지구 • 방재지구(2) • 보호지구(3) • 취락지구(2) • 개발진흥지구(5) • 특정용도제한지구 • 복합용도지구	• 개발제한구역 • 도시자연공원구역 • 시가화조정구역 • 수산자원보호구역

2. 지구의 세분
   ㉠ 경관지구(자연·시가지·특화)
   ㉡ 방재지구(시가지·자연)
   ㉢ 보호지구(역사문화환경·중요시설물·생태계)
   ㉣ 취락지구(자연·집단)
   ㉤ 개발진흥지구(주거·산업유통·관광휴양·복합·특정)

3. 도시계획위원회의 심의대상 지구
   ㉠ 경관지구
   ㉡ 방재지구
   ㉢ 보호지구

4. 지구별 규제법(표 참조)
   ㉠ 건축법에 의한 규제
      가. 방화지구
   ㉡ 국토의계획및이용에관한법률에 의한 규제
      가. 고도지구 : 높이제한
      나. 보호지구 : 행위제한
   ㉢ 도시계획조례에 의한 규제
      가. 경관지구
      나. 방재지구
      다. 취락지구
      라. 개발진흥지구
      마. 특정용도제한지구

6 지구단위계획

1. 지구단위계획구역 임의지정 대상

국토교통부장관, 시·도지사 또는 대도시 시장은 다음의 어느 하나에 해당하는 지역의 전부 또는 일부에 대하여 지구단위계획구역을 지정할 수 있다.

1. 용도지구
2. 도시개발구역
3. 정비구역
4. 택지개발지구
5. 대지조성사업지구
6. 산업단지 및 준산업단지
7. 관광단지 및 관광특구
8. 개발행위허가 제한구역
9. 주택재건축사업에 의하여 공동주택을 건축하는 지역
10. 개발제한구역·도시자연공원구역·시가화조정구역 또는 공원에서 해제되는 구역, 녹지지역에서 주거·상업·공업지역으로 변경되는 구역과 새로이 도시지역으로 편입되는 구역 중 계획적인 개발 또는 관리가 필요한 지역
11. 도시지역 내 주거·상업·업무 등의 기능을 결합하는 등 복합적인 토지 이용을 증진시킬 필요가 있는 지역
12. 도시지역 내 유휴토지를 효율적으로 개발하거나 교정시설, 군사시설, 그 밖에 대통령령으로 정하는 시설을 이전 또는 재배치하여 토지 이용을 합리화하고, 그 기능을 증진시키기 위하여 집중적으로 정비가 필요한 지역
13. 도시지역의 체계적·계획적인 관리 또는 개발이 필요한 지역
14. 그 밖에 양호한 환경의 확보 또는 기능 및 미관의 증진 등을 위하여 필요한 지역으로서 대통령령이 정하는 지역

2. 지구단위계획구역 의무지정 대상

국토교통부장관, 시·도지사 또는 대도시 시장은 다음에 해당하는 지역은 지구단위계획구역으로 지정하여야 한다.

[예외] 관계 법률에 따라 그 지역에 토지 이용과 건축에 관한 계획이 수립되어 있는 경우

1. 정비구역, 택지개발지구에서 시행되는 사업이 끝난 후 10년이 지난 지역
2. 임의지정구역 중 체계적, 계획적인 개발 또는 관리가 필요한 지역으로서 대통령령으로 정하는 지역

3. 도시지역 외의 지역에서 지구단위계획구역 지정시 조건

① 지정하려는 구역 면적의 50/100 이상이 계획관리지역으로서 대통령령으로 정하는 요건에 해당하는 지역
② 개발진흥지구로서 대통령령으로 정하는 요건에 해당하는 지역

핵심 PLUS

32 지구단위계획구역을 지정할 수 있는 지역이 아닌 것은?
① 도시 및 주거환경정비법의 규정에 의하여 지정된 정비구역
② 관광진흥법의 규정에 의하여 지정된 관광특구
③ 대지조성사업지구
④ 계획관리지역

답 : ④

33 다음 중 지구단위계획에 관한 설명으로 옳지 않은 것은? [10기]
① 지구단위계획구역 및 지구단위계획은 도시·군 관리계획으로 결정한다.
② 토지이용을 합리화·구체화하기 위하여 수립하는 계획이다.
③ 도시 또는 농·산·어촌의 기능의 증진, 미관의 개선 및 양호한 환경을 확보하기 위하여 수립하는 계획이다.
④ 시장·군수·구청장이 지정한다.

[해설] 국토교통부장관, 시도지사 또는 대도시시장이 지정한다.

답 : ④

③ 용도지구를 폐지하고 그 용도지구에서의 행위 제한 등을 지구단위계획으로 대체하려는 지역

[참고] 도시지역 외의 지역에서 지구단위계획구역 지정면적
- 아파트 또는 연립주택의 건설사업지 : 30만m² (수도권정비계획법 규정에 의한 자연보전권역인 경우 : 10만m²) 이상
- 기타 건설사업지 : 3만m² 이상

4. 지구단위계획의 내용

지구단위계획구역의 지정목적을 달성하기 위하여 지구단위계획에는 다음의 사항 중 하기 3, 5호의 사항이 반드시 포함되어야 하며, 이외의 사항은 필요에 따라 포함시킬 수 있다.

1. 용도지역 또는 용도지구를 세분하거나 변경하는 사항
2. 기존의 용도지구를 폐지하고 그 용도지구에서의 건축물이나 그 밖의 시설의 용도·종류 및 규모 등의 제한을 대체하는 사항
3. 기반시설의 배치와 규모
4. 도로로 둘러싸인 일단의 지역 또는 계획적인 개발·정비를 위하여 구획된 일단의 토지의 규모와 조성계획
5. 건축물의 용도제한·건축물의 건폐율 또는 용적률·건축물의 높이의 최고한도 또는 최저한도
6. 건축물의 배치·형태·색채 또는 건축선에 관한 계획
7. 환경관리계획 또는 경관계획
8. 교통처리계획
9. 토지이용의 합리화, 도시 또는 농·산·어촌의 기능증진 등에 필요한 사항

💡 학습포인트

결정의 효력 및 실효
- 도시·군관리계획 결정의 효력 : 지형도면고시일로부터 효력 발생
- 도시·군계획시설 결정의 실효 : 결정고시후 20년이 되는 날까지 사업시행 되지 아니하는 경우 – 결정고시후 20년이 되는 다음 날
- 지구단위계획구역의 지정에 관한 도시·군계획 결정의 실효 : 구역 결정고시후 3년 이내까지 지구단위계획이 결정고시하지 아니하는 경우 – 그 3년이 되는 다음날

핵심 PLUS

34 도시지역에 지정된 지구단위계획구역 내에서 건축물을 건축하려는 자가 그 대지의 일부를 공공시설 부지로 제공하는 경우 그 건축물에 대하여 완화하여 적용할 수 있는 항목이 아닌 것은? [18 기]
① 건축선
② 건폐율
③ 용적률
④ 건축물의 높이

[해설] 공공시설 부지 제공시 완화되는 규정
㉠ 건폐율 ㉡ 용적률 ㉢ 높이제한

답 : ①

35 지구단위계획의 내용에 포함되어야 하는 사항이 아닌 것은? [11 기]
① 교통처리계획
② 건축물의 용도제한
③ 건축물의 사선제한
④ 건축물의 건폐율 또는 용적률

답 : ③

36 지구단위계획 중 관계 행정기관의 장과의 협의, 국토교통부장관과의 협의 및 중앙도시계획위원회·지방도시계획위원회 또는 공동위원회의 심의를 거치지 아니하고 변경할 수 있는 사항에 관한 기준 내용으로 옳은 것은? [17, 24 기]
① 건축선의 2m 이내의 변경인 경우
② 획지면적의 30% 이내의 변경인 경우
③ 가구면적의 20% 이내의 변경인 경우
④ 건축물 높이의 30% 이내의 변경인 경우

[해설] 다음과 같은 경미한 지구단위계획의 변경에 관한 사항은 관계 행정기관의 장과의 협의 및 심의 절차를 거치지 아니하고 변경할 수 있다.
㉠ 가구면적 10% 이내의 변경
㉡ 건축물 높이 20% 이내의 변경
㉢ 획지면적 30% 이내의 변경
㉣ 건축선의 1m 이내의 변경

답 : ②

7 입지규제최소구역

1. 입지규제최소구역의 지정

국토교통부장관은 도시지역에서 복합적인 토지이용을 증진시켜 도시 정비를 촉진하고 지역 거점을 육성할 필요가 있다고 인정되면 다음에 해당하는 지역과 그 주변지역의 전부 또는 일부를 입지규제최소구역으로 지정할 수 있다.

① 도시·군기본계획에 따른 도심·부도심 또는 생활권의 중심지역
② 철도역사, 터미널, 항만, 공공청사, 문화시설 등의 기반시설 중 지역의 거점 역할을 수행하는 시설을 중심으로 주변지역을 집중적으로 정비할 필요가 있는 지역
③ 세 개 이상의 노선이 교차하는 대중교통 결절지로부터 1km 이내에 위치한 지역
④ 노후·불량건축물이 밀집한 주거지역 또는 공업지역으로 정비가 시급한 지역
⑤ 도시재생활성화지역 중 도시경제기반형 활성화계획을 수립하는 지역

2. 입지규제최소구역계획의 내용

입지규제최소구역계획에는 입지규제최소구역의 지정 목적을 이루기 위하여 다음에 관한 사항이 포함되어야 한다.

① 건축물의 용도·종류 및 규모 등에 관한 사항
② 건축물의 건폐율·용적률·높이에 관한 사항
③ 간선도로 등 주요 기반시설의 확보에 관한 사항
④ 용도지역·용도지구, 도시·군계획시설 및 지구단위계획의 결정에 관한 사항
⑤ 다른 법률 규정 적용의 완화 또는 배제에 관한 사항
⑥ 그 밖에 입지규제최소구역의 체계적 개발과 관리에 필요한 사항

핵심 PLUS

37 도시지역에서 복합적인 토지이용을 증진시켜 도시 정비를 촉진하고 지역 거점을 육성할 필요가 있다고 인정되는 지역을 대상으로 지정하는 용도구역은?
[17 기]

① 개발제한구역
② 시가화조정구역
③ 입지규제최소구역
④ 도시자연공원구역

답 : ③

8 용도지역·용도지구 및 용도구역 안에서의 행위제한

1. 건폐율

용도지역 구분		건폐율의 최대한도	지역의 세분		건폐율의 세분	비고
도시 지역	상업 지역	90%	중심상업지역		90/100	건폐율이 완화될 수 있는 지역으로 80/100 ~90/100 범위 안에서 조례로 정할 수 있다. (단, 준주거지역은 방화지구에 한함)
			유통상업지역		80/100	
			일반상업지역		80/100	
			근린상업지역		70/100	
	주거 지역	70%	준주거지역		70/100	
			일반주거지역	제1·2종	60/100	제1종, 2종, 3종으로 구분
				제3종	50/100	
			전용주거지역(제1·2종)		50/100	
	공업 지역	70%	전용공업지역 일반공업지역 준공업지역		70/100	
	녹지 지역	20%	보전녹지지역 생산녹지지역 자연녹지지역		20/100	
관리지역		40%	보전관리지역		20/100	건폐율의 강화 경우 60/100 이하
			생산관리지역		20/100	
			계획관리지역		40/100	
농림지역		20%	–		–	건폐율의 강화 경우 60/100 이하
자연환경 보전지역		20%	–		–	
기타지역		80%	취락지구		60/100	특별시·광역시· 시 또는 군의 조례로 따로 정한다.
			개발진흥지구		40/100	
			수산자원보호구역		40/100	
			자연공원 및 공원보호구역		60/100	
			농공단지		60/100	
			국가산업단지· 일반산업단지 및 도시첨단산업단지		80/100	

[주] 1. 일반주거지역 안의 건폐율은 제1종 일반주거지역, 제2종 일반주거지역 및 제3종 일반주거지역으로 구분하여 도시계획조례로 정할 수 있다.
2. 도시계획조례로 지역별 건폐율을 정하는 경우에는 해당 지역 안의 구역별로 건폐율을 세분하여 정할 수 있다.

핵심 PLUS

38 용도지역에 따른 건폐율의 최대한도로 옳지 않은 것은? (단, 도시지역의 경우)
　　　　　　　　　[15, 17, 19 기]
① 녹지지역 : 30% 이하
② 주거지역 : 70% 이하
③ 공업지역 : 70% 이하
④ 상업지역 : 90% 이하

[해설] 녹지지역 : 20% 이하
　　　　　　　　　답 : ①

39 용도지역 안에서 정할 수 있는 건폐율이 잘못된 것은?
　　　　　　　　　[06, 23, 24 기]
① 중심상업지역 – 90% 이하
② 제2종 전용주거지역 – 70% 이하
③ 제1종 일반주거지역 – 60% 이하
④ 농림지역 – 20% 이하

[해설] 전용주거지역
　　(제1종, 제2종)–50% 이하
　　　　　　　　　답 : ②

40 용도지역별 건폐율의 최대한도가 옳지 않은 것은? [11, 25 기]
① 준주거지역 : 70% 이하
② 자연녹지지역 : 20% 이하
③ 일반상업지역 : 90% 이하
④ 제2종 전용주거지역 : 50% 이하

[해설] 일반상업지역 : 80% 이하
　　　　　　　　　답 : ③

V. 건축관계법규 | 국토의 계획 및 이용에 관한 법률

2. 용적률 (20.12.10 시행)

> **핵심 PLUS**
>
> **41** 조례로 정할 수 있는 용적률의 범위가 가장 높게 국토의 계획 및 이용에 관한 법령상 규정된 지역은 다음 중 어느 것인가? [00 기]
> ① 제3종 일반주거지역
> ② 전용공업지역
> ③ 일반공업지역
> ④ 생산녹지지역
>
> 답 : ③
>
> **42** 국토의 계획 및 이용에 관한 법률상 용도지역에서의 용적률 기준이 옳지 않은 것은? (단, 도시지역의 경우) [16, 23, 25 기]
> ① 주거지역 : 500% 이하
> ② 상업지역 : 1,200% 이하
> ③ 공업지역 : 400% 이하
> ④ 녹지지역 : 100% 이하
>
> 답 : ②
>
> **43** 생산관리지역에서의 용적률의 범위로 옳은 것은? [03, 05 기]
> ① 15% 이상 30% 이하
> ② 100% 이상 200% 이하
> ③ 80% 이상 100% 이하
> ④ 50% 이상 80% 이하
>
> 답 : ④
>
> **44** 준주거지역에 대지면적 1,000m²에 건축면적 570m²의 건축물을 건축하고자 한다. 용적률을 최대한으로 하고자 할 때 몇 층까지 건축할 수 있는가?(단, 지상층만을 말함) [99 기]
> ① 7층
> ② 8층
> ③ 9층
> ④ 10층
>
> [해설] 용적률
> $\dfrac{건축물의\ 지상층면적}{대지면적} \times 100(\%)$
>
> 준주거지역의 용적률 한도는 500% 이므로
> 건축물의 지상층면적
> $= \dfrac{500(\%) \times 1,000\text{m}^2}{100(\%)} = 5,000\text{m}^2$
> ∴ 건축물의 층수(지상층)
> $= \dfrac{5,000\text{m}^2}{570\text{m}^2} ≒ 8.8 \rightarrow 9층$
>
> 답 : ③

용도지역 구분		용적율의 최대한도	지역의 세분	용적율의 세분	비고
도시 지역	상업 지역	1,500%	중심상업지역 일반상업지역 유통상업지역 근린상업지역	200~1,500% 200~1,300% 200~1,100% 200~900%	유통상업지역을 제외한 지역에서는 도시계획조례가 정하는 바에 의하여 해당 용적률의 120% 이하 범위 내에서 완화 할 수 있다.
	공업 지역	400%	준공업지역 일반공업지역 전용공업지역	150~400% 150~350% 150~300%	
	주거 지역	500%	준주거지역	200~500%	
			일반 주거 지역 제1종	100~200%	제1종, 2종, 3종으로 구분
			일반 주거 지역 제2종	100~250%	
			일반 주거 지역 제3종	100~300%	
			전용 주거 지역 제1종	50~100%	제1종, 2종으로 구분
			전용 주거 지역 제2종	50~150%	
	녹지 지역	100%	생산녹지지역 자연녹지지역 보전녹지지역	50~100% 50~100% 50~80%	
관리 지역	보전관리 지역	80%	보전관리지역	50~80%	
	생산관리 지역	80%	생산관리지역	50~80%	
	계획관리 지역	100%	계획관리지역	50~100%	
농림지역		80%	농림지역	50~80%	
자연환경보전 지역		80%	자연환경 보전지역	50~80%	
기타 지역	개발진흥 지구	-		100%	도시지역외의 지역에 지정
	수산자원 보호구역	-		80%	
	자연공원 및 공원 보호구역	200%		100%	단, 자연공원법에 의한 집단시설지구 및 밀집 취락지구의 경우에는 150% 이하
	농공단지	-		150%	도시지역외의 지역에 지정된 농공단지에 한한다.

[주] 1. 일반주거지역의 용적률은 제1종 일반주거지역, 제2종 일반주거지역, 제3종 일반주거지역으로, 전용주거지역의 용적률은 제1종 전용주거지역, 제2종 전용주거지역으로 구분하여 도시계획조례로 정할 수 있다.
2. 도시계획조례로 지역별 용적률을 정하는 경우에는 해당 지역 안의 구역별로 용적률을 세분하여 정할 수 있다.

> 💡 **학습포인트**
>
> 개발행위의 최대 규모
>
> | 도시지역 | | | 관리지역·
농림지역 | 자연환경
보전지역 |
> |---|---|---|---|---|
> | 공업지역 | 보전녹지지역 | 기타 | | |
> | 30,000m²
이하 | 5,000m²
이하 | 10,000m²
이하 | 30,000m²
이하 | 5,000m²
이하 |
>
> 도시·군관리계획 시행절차 ☞ [암기] 입수결지단시실수
>
> 도시·군관리계획 **입**안 → 도시·군관리계획 **수**립 → 도시·군관리계획 **결**정 → **지**적고시 → **단**계별 집행계획의 수립 → 도시·군계획시설사업**시**행자의 결정 → **실**시계획의 작성 및 인가 → 토지 건축물 등의 **수**용 및 사용

9 도시계획위원회

구분	중앙도시계획위원회	시·도 도시계획위원회	시·군·구 도시계획위원회
설치	국토교통부	특별시·광역시·도	시(특별시, 광역시 제외)·군·구(자치구)
위원장	위원 중 국토교통부장관이 임명·위촉	위원 중에서 해당 시·도지사가 임명·위촉	위원 중에서 해당 시장·군수·구청장이 임명·위촉
부위원장	위원 중 국토교통부장관이 임명·위촉	위원 중 호선	위원 중 호선
위원수	위원장, 부위원장을 포함한 25인 이상 30인 이내	위원장, 부위원장을 포함한 25인 이상 30인 이내	위원장, 부위원장을 포함한 15인 이상 25인 이내(2개의 시가 공동 설치하는 경우 30인 이내)
분과위원회	·위원장 : 위원 중 호선 ·위원수 : 5~17인	당해 지방자치단체의 도시계획조례로 정함	당해 지방자치단체의 도시계획조례로 정함
비고	공무원이 아닌 위원의 수는 10인 이상 (임기 2년)	도시계획관련분야에 학식·경험이 있는 자가 전체 위원수의 2/3 이상(임기 2년, 연임 가능)	도시계획관련분야에 학식·경험이 있는 자가 위원 총수의 2/3 이상(임기 2년, 연임 가능)

핵심 PLUS

45 다음의 중앙도시계획위원회에 관한 설명 중 옳지 않은 것은? [09 기]
① 위원장·부위원장 각 1명을 포함한 15명 이상 50명 이내의 위원으로 구성한다.
② 공무원이 아닌 위원의 수는 10명 이상으로 하고, 그 임기는 2년으로 한다.
③ 회의의 재적위원 과반수의 출석으로 개의하고, 출석위원 과반수의 찬성으로 의결한다.
④ 위원장 및 부위원장은 위원 중에서 국토교통부 장관이 임명하거나 위촉한다.
답 : ①

46 시·도 도시계획위원회의 구성 및 운영에 관한 설명 중 옳지 않은 것은? [07 기]
① 위원장은 위원 중에서 당해 시·도지사가 임명·위촉한다.
② 시·도 도시계획위원회는 최대 27명의 위원으로 구성한다.
③ 회의는 재적위원 과반수의 출석으로 개의하고, 출석위원 과반수의 찬성으로 의결한다.
④ 위원장은 위원회의 업무를 총괄하며, 위원회를 소집하고 그 의장이 된다.
답 : ②

핵심기출문제

VI. 국토의 계획 및 이용에 관한 법률

1. 다음 중 국토의 계획 및 이용에 관한 법률의 용어 정의에 맞지 않는 것은?

[02②]

① 도시·군계획구역-도시·군계획의 수립대상이 되는 지역으로 지정된 구역을 말한다.
② 도시·군계획시설-도시기반시설 중 규정에 의하여 결정된 시설을 말한다.
③ 재개발사업-도시재개발법에 의한 재개발 사업을 말한다.
④ 광역시설-도로, 공원 등 기타 대통령령이 정하는 공공시설을 말한다.

2. 국토의 계획 및 이용에 관한 법률상 다음과 같이 정의되는 것은?

[15, 24②]

> 도시·군계획 수립 대상지역의 일부에 대하여 토지 이용을 합리화하고 그 기능을 증진시키며 미관을 개선하고 양호한 환경을 확보하며, 그 지역을 체계적·계획적으로 관리하기 위하여 수립하는 도시·군관리계획

① 광역도시계획
② 지구단위계획
③ 도시·군기본계획
④ 입지규제최소구역계획

3. 국토의 계획 및 이용에 관한 법률상 기반시설로 볼 수 없는 것은? [03, 06②]

① 운동장
② 보건위생시설
③ 주차장
④ 주거시설

[해설] 기반시설

구분	기반시설의 범위
① 교통시설	도로·철도·항만·공항·주차장·자동차정류장·궤도·차량검사 및 면허시설
② 공간시설	광장·공원·녹지·유원지·공공공지
③ 유통·공급시설	유통업무설비, 수도·전기·가스·열공급설비, 방송·통신시설, 공동구·시장, 유류저장 및 송유설비
④ 공공·문화체육시설	학교·운동장·공공청사·문화시설·체육시설·도서관·연구시설·사회복지시설·공공직업훈련시설·청소년수련시설
⑤ 방재시설	하천·유수지·저수지·방화설비·방풍설비·방수설비·사방설비·방조설비
⑥ 보건위생시설	화장장·공동묘지·납골시설·장례식장·도축장·종합의료시설
⑦ 환경기초시설	하수도·폐기물처리시설·수질오염방지시설·폐차장

해 설

[해설] **1**
광역시설
기반시설 중 광역적인 정비체계가 필요한 대통령령으로 정하는 시설을 말한다.

[해설] **2**
① 광역도시계획 : 광역계획권의 지정의 규정에 의하여 지정된 광역계획권의 장기발전방향을 제시하는 계획을 말한다.
③ 도시·군기본계획 : 특별시·광역시·특별자치시·특별자치도·시 또는 군의 관할 구역에 대하여 기본적인 공간구조와 장기발전방향을 제시하는 종합계획으로서 도시·군관리계획 수립의 지침이 되는 계획을 말한다.
④ 입지규제최소구역계획 : 입지규제최소구역에서의 토지의 이용 및 건축물의 용도·건폐율·용적률·높이 등의 제한에 관한 사항 등 입지규제최소구역의 관리에 필요한 사항을 정하기 위하여 수립하는 도시·군관리계획을 말한다.

정답 1. ④ 2. ② 3. ④

4. 국토의 계획 및 이용에 관한 법률에서 정하는 기반시설이 아닌 것은? [06㉮]
① 교통시설
② 방재시설
③ 유통·공급시설
④ 종교시설

5. 국토의 계획 및 이용에 관한 법률에 의한 기반시설 중 광장의 종류에 속하지 않는 것은? [10, 13㉮]
① 교통광장
② 전시광장
③ 지하광장
④ 경관광장

6. 국토의 계획 및 이용에 관한 법령에 따른 기반시설 중 자동차 정류장의 세분에 속하지 않는 것은? [17㉮]
① 고속터미널
② 화물터미널
③ 공영차고지
④ 여객자동차터미널

7. 다음 중 국토의 계획 및 이용에 관한 법령에 따른 광역시설에 속하지 않는 것은? (단, 둘 이상의 특별시·광역시·특별자치시·특별자치도·시 또는 군이 공동으로 이용하는 시설) [13㉮]
① 운동장
② 봉안시설
③ 수질오염방지시설
④ 하수도(하수종말처리시설 제외)

8. 국토의 계획 및 이용에 관한 법령에 따른 도시·군관리계획의 내용에 속하지 않는 것은? [13, 15, 16, 19, 24 ㉮]
① 광역계획권의 장기발전방향에 관한 계획
② 도시개발사업이나 정비사업에 관한 계획
③ 기반시설의 설치·정비 또는 개량에 관한 계획
④ 용도지역·용도지구의 지정 또는 변경에 관한 계획

해설 4
기반시설
교통시설, 공간시설, 유통·공급시설, 공공·문화체육시설, 방재시설, 보건위생시설, 환경기초시설

해설 5, 6
기반시설의 세분
㉠ 도로 : 일반도로, 자동차전용도로, 보행자전용도로, 보행자우선도로, 자전거전용도로, 고가도로, 지하도로
㉡ 자동차정류장 : 여객자동차터미널, 화물터미널, 공영차고지, 공동차고지(협회 또는 연합회가 설치하는 경우에만 해당), 복합환승센터, 화물자동휴게소
㉢ 광장 : 교통광장, 일반광장, 경관광장, 지하광장, 건축물부설광장

해설 7
2 이상의 특별시·광역시·시 또는 군이 공동으로 이용하는 시설인 경우하수도(하수종말처리시설에 한함)이 광역시설에 해당된다.

해설 8
도시·군관리계획의 내용
㉠ 용도지역·용도지구의 지정 또는 변경에 관한 계획
㉡ 개발제한구역·도시자연공원·구역시가화조정구역·수산자원보호구역의 지정 또는 변경에 관한 계획
㉢ 기반시설의 설치·정비 또는 개량에 관한 계획
㉣ 도시개발사업 또는 정비사업에 관한 계획
㉤ 지구단위계획구역의 지정 또는 변경에 관한 계획과 지구단위계획
㉥ 입지규제최소구역의 지정 또는 변경에 관한 계획과 입지규제최소구역계획

정답
4. ④ 5. ② 6. ①
7. ④ 8. ①

핵심기출문제

VI. 국토의 계획 및 이용에 관한 법률

9. 국토의 계획 및 이용에 관한 법률상 도시·군기본계획의 내용에 포함되어야 하는 사항에 해당하지 않는 것은? (단, 그 밖에 대통령령으로 정하는 사항 제외) [13②]

① 토지의 용도별 수요 및 공급에 관한 사항
② 토지의 이용 및 개발에 관한 사항
③ 공원·녹지에 관한 사항
④ 광역시설의 배치·규모·설치에 관한 사항

10. 다음은 도시·군관리계획도서 중 계획도에 관한 기준 내용이다. ( )안에 알맞은 것은? (단, 모든 축척의 지형도가 간행되어 있는 경우) [17②]

> 도시·군관리계획도서 중 계획도는 ( )의 지형도에 도시·군관리계획사항을 명시한 도면으로 작성하여야 한다.

① 축척 100분의 1 또는 축척 500분의 1
② 축척 500분의 1 또는 축척 2천분의 1
③ 축척 1천분의 1 또는 축척 5천분의 1
④ 축척 3천분의 1 또는 축척 1만분의 1

11. 국토의 계획 및 이용에 관한 법령에 따른 주거지역의 세분 중 중고층주택을 중심으로 편리한 주거환경을 조성하기 위하여 필요한 지역은? [12②]

① 준주거지역
② 제1종 일반주거지역
③ 제2종 일반주거지역
④ 제3종 일반주거지역

[해설] **11, 12, 13**
주거지역

전용주거지역	제1종	단독주택중심의 양호한 주거환경을 보호
	제2종	공동주택중심의 양호한 주거환경을 보호
일반주거지역	제1종	저층주택을 중심으로 편리한 주거환경을 조성
	제2종	중층주택을 중심으로 편리한 주거환경을 조성
	제3종	중고층주택을 중심으로 편리한 주거환경을 조성
준주거지역		주거기능을 위주로 이를 지원하는 일부 상업·업무기능을 보완

해 설

[해설] **9**
도시·군기본계획의 내용
㉠ 지역적 특성 및 계획의 방향·목표에 관한 사항
㉡ 공간구조, 생활권의 설정 및 인구의 배분에 관한 사항
㉢ 토지의 이용 및 개발에 관한 사항
㉣ 토지의 용도별 수요 및 공급에 관한 사항
㉤ 환경의 보전 및 관리에 관한 사항
㉥ 기반시설에 관한 사항
㉦ 공원·녹지에 관한 사항
㉧ 경관에 관한 사항
㉨ 상기 2 내지 8에 규정된 사항의 단계별 추진에 관한 사항
㉩ 도시·군 기본계획의 방향 및 목표 달성과 관련된 사항

[해설] **10**
도시·군관리계획도서 중 계획도는 축척 1천분의 1 또는 축척 5천분의 1의 지형도에 도시·군관리계획사항을 명시한 도면으로 작성하여야 한다.

정답 9. ④ 10. ③ 11. ④

12. 공동주택 중심의 양호한 주거환경을 보호하기 위하여 주거지역을 세분하여 지정하는 지역은? [15, 23㉮]
① 제1종 전용주거지역　② 제2종 전용주거지역
③ 제1종 일반주거지역　④ 제2종 일반주거지역

13. 주거기능을 위주로 이를 지원하는 일부 상업기능 및 업무기능을 보완하기 위하여 필요한 지역에 지정하는 용도 지역은? [10, 25㉮]
① 준주거지역　② 일반상업지역
③ 근린상업지역　④ 제2종일반주거지역

14. 용도지역의 세분에서 도시내 및 지역간 유통기능의 증진을 위하여 필요한 지역은? [05㉮]
① 중심상업지역　② 근린상업지역
③ 일반상업지역　④ 유통상업지역

15. 국토의 계획 및 이용에 관한 법령상 용도지구에 속하지 않는 것은? [22㉮]
① 경관지구　② 미관지구
③ 방재지구　④ 취락지구

16. 시가화조정구역의 지정 및 변경에 관한 설명으로 옳지 않은 것은? [08, 23㉮]
① 시가화조정구역의 지정에 관한 도시·군관리계획의 결정은 시가화 유보기간이 만료된 날의 15일 후부터 그 효력을 상실한다.
② 도시지역과 그 주변지역의 무질서한 시가화를 방지하고 계획적·단계적인 개발을 도모하기 위하여 지정한다.
③ 국토교통부장관은 시가화조정구역의 변경을 도시·군관리계획으로 결정할 수 있다.
④ 국토교통부장관은 시가화조정구역의 지정을 도시·군관리계획으로 결정할 수 있다.

해설

해설 14
도시지역 중 상업지역의 종류

상업지역	지정목적
중심상업지역	도심·부도심의 업무 및 상업기능의 확충
일반상업지역	일반적인 상업 및 업무기능
근린상업지역	근린지역에서의 일용품 및 서비스의 공급
유통상업지역	도시 내 및 지역간 유통기능의 증진

해설 15
국토의 계획 및 이용에 관한 법률에 의한 지구(9)
경관지구, 고도지구, 방화지구, 방재지구, 보호지구, 취락지구, 개발진흥지구, 특정용도제한지구, 복합용도지구

해설 16
시가화조정구역의 지정에 관한 도시관리계획의 결정은 시가화 유보기간이 만료된 다음 날부터 그 효력을 상실한다.
※ 시가화유보기간 : 5년 이상 20년 이내

정답 12. ②　13. ①　14. ④
15. ②　16. ①

핵심기출문제
VI. 국토의 계획 및 이용에 관한 법률

17. 다음 중 시가화조정구역 안에서 허가를 거부할 수 없는 행위에 속하지 않는 것은? [07㉮]
① 1가구당 기존축사를 포함하여 300m² 이하의 축사의 설치
② 시가화조정구역 안의 토지 또는 그 토지와 일체가 되는 토지에서 생산되는 생산물의 저장에 필요한 것으로서 기존 창고 면적을 포함하여 그 토지면적의 0.5% 이하의 창고의 설치
③ 1가구당 기존 퇴비사의 면적을 포함하여 100m² 이하의 퇴비사의 설치
④ 과수원에서 기존 관리용 건축물의 면적을 포함하여 66m² 이하의 관리용 건축물의 설치

[해설] 17
시가화조정구역 안에서 기존 관리용 건축물의 면적을 포함하여 33m² 이하의 관리용 건축물의 설치는 허가를 받아 시행하는 행위에 해당된다.

18. 시가화조정구역에서 시가화유보기간으로 정하는 기간 기준은? [22㉮]
① 1년 이상 5년 이내
② 3년 이상 10년 이내
③ 5년 이상 20년 이내
④ 10년 이상 30년 이내

[해설] 18
국토교통부장관은 시가화조정구역을 지정 또는 변경하고자 하는 때 5년 이상 20년 이내의 범위 안에서 도시·군관리계획으로 시가화유보기간을 정하여야 한다.

19. 국토의 계획 및 이용에 관한 법률에서 도시·군관리계획결정의 효력발생 시기는? [05㉮]
① 지형도면고시일
② 도시·군관리계획 결정고시가 있은 날 다음날
③ 도시·군관리계획 결정고시가 있은 날부터 3일 후
④ 도시·군관리계획 결정고시가 있은 날부터 5일 후

20. 다음의 도시·군계획시설 결정의 실효와 관련된 기준 내용 중 ( ) 안에 알맞은 내용은? [09, 13, 24㉮]

> 도시·군계획시설 결정이 고시된 도시·군계획시설에 대하여 그 고시일부터 ( )년이 지날 때까지 그 시설의 설치에 관한 도시·군계획시설 사업이 시행되지 아니하는 경우 그 도시·군계획시설 결정은 그 고시일부터 ( )년이 되는 날의 다음 날에 그 효력을 잃는다.

① 5
② 10
③ 15
④ 20

[해설] 20
도시·군계획시설 결정이 고시된 도시·군계획시설에 대하여 그 고시일부터 20년이 지날 때까지 그 시설의 설치에 관한 도시·군계획시설 사업이 시행되지 아니하는 경우 그 도시·군계획시설 결정은 그 고시일부터 20년이 되는 날의 다음 날에 그 효력을 잃는다.

정답 17. ④ 18. ③ 19. ① 20. ④

21. 국토의 계획 및 이용에 관한 법령상 다음과 같이 정의되는 용어는? [16①]

> 개발로 인하여 기반시설이 부족할 것으로 예상되나 기반시설을 설치하기 곤란한 지역을 대상으로 건폐율이나 용적률을 강화하여 적용하기 위하여 지정하는 구역

① 시가화조정구역
② 개발밀도관리구역
③ 기반시설부담구역
④ 지구단위계획구역

[해설]
① 시가화조정구역 : 국토교통부장관은 직접 또는 관계 행정기관의 장의 요청을 받아 도시지역과 그 주변지역의 무질서한 시가화를 방지하고 계획적·단계적인 개발을 도모하기 위하여 5년 이상 20년 이내 동안 시가화를 유보할 필요가 있다고 인정되면 시가화조정구역의 지정 또는 변경을 도시·군관리계획으로 결정할 수 있다.
② 개발밀도관리구역 : 개발로 인하여 기반시설이 부족할 것으로 예상되나 기반시설을 설치하기 곤란한 지역을 대상으로 건폐율이나 용적률을 강화하여 적용하기 위하여 지정하는 구역을 말한다.
③ 기반시설부담구역 : 개발밀도관리구역 외의 지역으로서 개발로 인하여 도로, 공원, 녹지 등 대통령령으로 정하는 기반시설의 설치가 필요한 지역을 대상으로 기반시설을 설치하거나 그에 필요한 용지를 확보하게 하기 위하여 지정·고시하는 구역을 말한다.
④ 지구단위계획 : 도시·군계획 수립 대상지역의 일부에 대하여 토지 이용을 합리화하고 그 기능을 증진시키며 미관을 개선하고 양호한 환경을 확보하며, 그 지역을 체계적·계획적으로 관리하기 위하여 수립하는 도시·군관리계획을 말한다.

22. 지구단위계획구역의 지정대상에 속하지 않는 것은? [04, 06①]

① 대지조성사업지구
② 도시재건축사업구역
③ 관광특구
④ 택지개발예정지구

[해설] 지구단위계획구역 임의지정 대상
국토교통부장관, 시·도지사 또는 대도시 시장은 다음의 어느 하나에 해당하는 지역의 전부 또는 일부에 대하여 지구단위계획구역을 지정할 수 있다.
㉠ 용도지구
㉡ 도시개발구역
㉢ 정비구역
㉣ 택지개발지구
㉤ 대지조성사업지구
㉥ 산업단지 및 준산업단지
㉦ 관광단지 및 관광특구
㉧ 개발행위허가 제한구역
㉨ 주택재건축사업에 의하여 공동주택을 건축하는 지역
㉩ 개발제한구역·도시자연공원구역·시가화조정구역 또는 공원에서 해제되는 구역, 녹지지역에서 주거·상업·공업지역으로 변경되는 구역과 새로이 도시지역으로 편입되는 구역 중 계획적인 개발 또는 관리가 필요한 지역
㉮ 도시지역 내 주거·상업·업무 등의 기능을 결합하는 등 복합적인 토지 이용을 증진시킬 필요가 있는 지역
㉯ 도시지역 내 유휴토지를 효율적으로 개발하거나 교정시설, 군사시설, 그 밖에 대통령령으로 정하는 시설을 이전 또는 재배치하여 토지 이용을 합리화하고, 그 기능을 증진시키기 위하여 집중적으로 정비가 필요한 지역
㉰ 도시지역의 체계적·계획적인 관리 또는 개발이 필요한 지역
㉱ 그 밖에 양호한 환경의 확보 또는 기능 및 미관의 증진 등을 위하여 필요한 지역

정답 21. ② 22. ②

핵심기출문제

VI. 국토의 계획 및 이용에 관한 법률

23. 국토의 계획 및 이용에 관한 법령상 지구단위계획의 내용에 포함되지 않는 것은? [21②]

① 건축물의 배치·형태·색채에 관한 계획
② 건축물의 안전 및 방재에 대한 계획
③ 기반시설의 배치와 규모
④ 교통처리계획

[해설] 지구단위계획구역의 지정목적을 달성하기 위하여 지구단위계획에는 다음의 사항 중 하기 3, 5호의 사항이 반드시 포함되어야 하며, 이외의 사항은 필요에 따라 포함시킬 수 있다.
㉠ 용도지역 또는 용도지구를 세분하거나 변경하는 사항
㉡ 기존의 용도지구를 폐지하고 그 용도지구에서의 건축물이나 그 밖의 시설의 용도·종류 및 규모 등의 제한을 대체하는 사항
㉢ 기반시설의 배치와 규모
㉣ 도로로 둘러싸인 일단의 지역 또는 계획적인 개발·정비를 위하여 구획된 일단의 토지의 규모와 조성계획
㉤ 건축물의 용도제한·건축물의 건폐율 또는 용적률·건축물의 높이의 최고한도 또는 최저한도
㉥ 건축물의 배치·형태·색채 또는 건축선에 관한 계획
㉦ 환경관리계획 또는 경관계획
㉧ 교통처리계획
㉨ 토지이용의 합리화, 도시 또는 농·산·어촌의 기능증진 등에 필요한 사항

24. 관계행정기관장의 장과 협의를 거치지 아니하고도 지구단위계획을 변경할 수 있는 사항은? [05, 25②]

① 건축물높이 30% 변경
② 획지면적 20% 변경
③ 가구면적 20% 변경
④ 건축선 2m 변경

25. 면적이 1km² 이상인 토지의 형질변경은 어디서 심의를 거쳐야 하는가? [04, 06②]

① 시·군·구도시계획위원회
② 시·도도시계획위원회
③ 중앙도시계획위원회
④ 국토교통부장관

해 설

[해설] **24**
다음과 같은 경미한 지구단위계획의 변경에 관한 사항은 관계 행정기관의 장과의 협의 및 심의 절차를 거치지 아니하고 변경할 수 있다.
㉠ 가구면적 10% 이내의 변경
㉡ 건축물 높이 20% 이내의 변경
㉢ 획지면적 30% 이내의 변경
㉣ 건축선의 1m 이내의 변경

[해설] **25**
개발행위에 대한 도시계획위원회의 심의
㉠ 중앙도시계획위원회의 심의를 거쳐야 하는 사항
 · 면적이 1km² 이상인 토지의 형질 변경
 · 부피 100만m² 이상의 토석 채취
㉡ 시·도도시계획위원회의 심의를 거쳐야 하는 사항
 · 면적이 30만 m² 이상 1km² 미만인 토지의 형질변경
 · 부피 50만m² 이상 100만 m² 미만의 토석 채취

정답 23. ② 24. ② 25. ③

26. 다음 중 준주거지역 안에서 건축할 수 있는 건축물은? (단, 도시계획조례가 정하는 건축물은 제외) [12㉠]
① 발전시설
② 장례식장
③ 안마시술소
④ 교육연구시설

해설 26
① 발전시설 : 해당 조례로서 건축허용
② 장례식장 : 해당 조례로서 선택적 허용
③ 안마시술소 : 국토의 계획 및 이용에 관한 법률 시행령에서 건축허용

27. 국토의 계획 및 이용에 관한 법령상 제2종 전용주거지역안에서 건축할 수 있는 건축물에 속하지 않는 것은? [17, 23㉠]
① 공동주택
② 판매시설
③ 노유자시설
④ 교육연구시설 중·고등학교

해설 27
제2종 전용주거지역 안에서 단독주택, 공동주택은 시행령에서 건축허용, 노유자시설은 해당 조례로서 건축허용, 교육연구시설 중 학교는 해당 조례로서 선택적 허용이 가능하다. 판매시설은 제2종 전용주거지역 안에서 건축할 수 없다.

28. 다음 중 아파트를 건축할 수 없는 용도지역은? [15, 19㉠]
① 준주거지역
② 제1종 일반주거지역
③ 제2종 전용주거지역
④ 제3종 일반주거지역

해설 28
아파트는 제1종 일반주거지역에는 건축이 금지되나, 제2종·제3종 일반주거지역에는 건축이 허용된다.

29. 국토의 계획 및 이용에 관한 법령상 아파트를 건축할 수 있는 지역은? [14, 19, 24㉠]
① 자연녹지지역
② 제1종 전용주거지역
③ 제2종 전용주거지역
④ 제1종 일반주거지역

해설 29
아파트는 제1종 전용주거지역에는 건축이 금지되나, 제2종 전용주거지역에는 건축이 허용된다.

30. 국토의 계획 및 이용에 관한 법령상 제1종 일반주거지역 안에서 건축할 수 있는 건축물에 속하지 않는 것은? [21, 23㉠]
① 아파트
② 단독주택
③ 노유자시설
④ 교육연구시설 중 고등학교

해설 30
단독주택과 공동주택 중 연립주택·다세대주택·기숙사는 제1종 일반주거지역에서 건축할 수 있으나, 아파트는 건축할 수 없다.

정답 26. ④ 27. ② 28. ② 29. ③ 30. ①

핵심기출문제

VI. 국토의 계획 및 이용에 관한 법률

31. 국토의 계획 및 이용에 관한 법령상 일반상업지역에서 건축할 수 있는 건축물은? [16, 20②]
① 묘지 관련 시설
② 자원순환 관련 시설
③ 의료시설 중 요양병원
④ 자동차 관련 시설 중 폐차장

32. 일반적으로 제2종일반주거지역에서 건축할 수 있는 건축물의 최대 층수는? [07②]
① 4층　　　　② 8층
③ 15층　　　 ④ 18층

33. 경관지구 안에서 경관의 보호·형성에 장애가 되는 건축물을 건축할 수 없도록 제한하는 내용과 관련이 없는 것은? [06②]
① 건축물의 건폐율
② 건축물의 최대너비
③ 건축물의 색채
④ 대지면적의 최소한도

34. 용도지역 안에서 정할 수 있는 건폐율이 잘못된 것은? [04②]
① 유통상업지역 − 80% 이하
② 제2종 전용주거지역 − 60% 이하
③ 보전녹지지역 − 20% 이하
④ 계획관리지역 − 40% 이하

35. 중앙건축위원회에 관한 설명으로 옳은 것은? [07②]
① 위원회의 회의는 재적위원 2/3의 출석으로 개의하고, 출석위원 과반수의 찬성으로 의결한다.
② 공무원이 아닌 위원의 임기는 2년으로 하되 연임할 수 있다.
③ 위원회의 위원장은 위원 중에서 국무총리가 임명 또는 위촉한다.
④ 위원회의 위원은 관계 공무원과 건축에 관한 학식 또는 경험이 풍부한 사람 중 국토교통부 차관이 임명 또는 위촉하는 자가 된다.

해　설

[해설] 31
의료시설(병원, 격리병원)은 일반상업지역 안에서 국토의 계획 및 이용에 관한 법률 시행령에서 건축허용 된다.
① 묘지관련시설 : 건축금지
② 자원순환관련시설 : 건축금지
④ 자동차관련시설 중 폐차장 : 해당 조례로서 건축허용

[해설] 32
일반주거지역의 층수 제한(개정 09.7.16)
㉠ 제1종 : 저층주택 : 4층 이하
㉡ 제2종 : 중층주택 : 18층 이하
  • 건축할 수 있는 건축물 : 18층 이하
    − 2개 이상 건축물을 함께 건축하는 경우 : 평균 층수 18층 이하
    − 지구단위계획 등 별도의 계획수립이 필요한 경우 : 평균 층수 18층 이하
  • 도시계획조례가 정하는 바에 의하여 건축할 수 있는 건축물 : 18층 이하
㉢ 제3종 : 중고층주택 : 층수제한 없음

[해설] 33
경관지구 안에서의 건축제한(도시계획조례로 정하는 사항)
㉠ 건축물의 건폐율·용적률
㉡ 건축물의 높이·최대너비·색채
㉢ 대지 안의 조경

[해설] 34
제1·2종 전용주거지역 − 50% 이하

[해설] 35
㉠ 위원회의 회의는 재적위원 과반수의 출석으로 개의하고, 출석위원 과반수의 찬성으로 의결한다.
㉡ 위원회의 위원장과 부위원장은 위원 중에서 국토교통부장관이 임명 또는 위촉한다.
㉢ 위원회의 위원은 관계 공무원과 토지 이용, 건축, 주택, 교통, 환경, 방재, 문화, 농림 등 도시계획에 관한 학식 또는 경험이 풍부한 사람 중 국토교통부 장관이 임명 또는 위촉하는 자가 된다.

정답 31. ③　32. ④　33. ④
　　　 34. ②　35. ②

36. 중앙도시계획위원회에 관한 설명으로 옳지 않은 것은? [10, 22㉎]

① 위원장·부위원장 각 1명을 포함한 25명 이상 30명 이내의 위원으로 구성한다.
② 위원장은 국토교통부장관이 되고, 부위원장은 위원 중 국토교통부장관이 임명한다.
③ 공무원이 아닌 위원의 수는 10명 이상으로 하고, 그 임기는 2년으로 한다.
④ 도시·군계획에 관한 조사·연구 등의 업무를 수행한다.

[해설] 중앙도시계획위원회

설치	위원장 및 부위원장	위 원 수	분과위원회	비고
국토교통부	위원 중 국토교통부장관이 임명·위촉	위원장, 부위원장을 포함한 25인 이상 30인 이내	· 위원장 : 위원 중 호선 · 위원수 : 5~17인	공무원이 아닌 위원의 수는 10인 이상(임기 2년)

37. 중앙도시계획위원회에 대한 설명 중 옳지 않은 것은? [08㉎]

① 중앙도시계획위원회는 위원장·부위원장 각 1인을 포함한 25인 이상 30인 이내의 위원으로 구성한다.
② 지방자치단체의 장이 입안한 광역도시계획 등을 검토하기 위해 도시·군계획상임기획단을 설치한다.
③ 규정에 의한 용도지역 등의 변경계획에 관한 사항 등을 효율적으로 심의하기 위하여 분과위원회를 둘 수 있다.
④ 회의는 재적위원 과반수의 출석으로 개의하고, 출석위원 과반수의 찬성으로 의결한다.

38. 중앙도시계획위원회와 관계가 없는 것은? [03㉎]

① 분과위원회　　② 도시·군 계획상임기획단
③ 전문위원　　　④ 임기 2년

[해설] 37, 38
지방자치단체의 장이 입안한 광역도시계획·도시·군기본계획 또는 도시·군관리계획을 검토하거나 지방자치단체의 장이 의뢰하는 광역도시계획·도시·군기본계획 또는 도시·군관리계획에 관한 기획·지도 및 조사·연구를 위하여 당해 지방자치단체의 조례가 정하는 바에 따라 지방도시계획위원회에 도시·군계획상임기획단을 둘 수 있다.

정답 36. ② 37. ② 38. ②

07 건축관계법규 핵심요약정리

핵심 PLUS

1 계산문제 정리 및 요약

1) 가각전제(도로모퉁이에서 건축선)

4 3 3 2, 3 2 2 2

※ 유의사항
① 8m 이상 도로, 교차 120° 이상의 도로에는 적용되지 않는다.
② 건축선(가각전제의 선)과 도로경계선 사이의 대부분은 대지면적에서 제외된다.

2) 개별관람실 출구 너비 합계

$$\frac{개별\ 관람실의\ 바닥면적}{100m^2} \times 0.6m 과\ 3m\ 중\ 최대값을\ 선택한다.$$

3) 판매시설(도매시장, 소매시장, 상점)의 피난층에 설치하는 옥외로 출구 유효폭 합계

$$\frac{당해\ 용도\ 최대\ 층에\ 설치하는\ 바닥면적}{100m^2} \times 0.6m\ 이상$$

4) 대지면적 산정
① 예정도로의 부분은 대지면적에서 공제한다.
② 사도의 부분은 대지면적에서 공제한다.
③ 기준폭 미달 도로는 4m를 확보한 후 대지면적에서 공제한다.
④ 가각전제된 대지는 대지면적에서 공제한다.

5) 건축물 노대 등의 바닥면적

난간 등의 설치 여부에 관계없이 노대가 접한 가장 긴 외벽의 길이×1.5m를 노대 면적에서 공제한 나머지를 바닥면적에 산입한다.

6) 건폐율 산정

$$건폐율 = \frac{건축면적}{대지면적}$$

※ 유의사항
① 지표상 1m 높이 이하 부분은 건축면적에서 공제한다.
② 처마, 부연, 차양·단독주택 및 공동주택의 발코니 등에 당해 외벽의 중심선에서 수평거리 1m 초과시 초과된 부분을 건축면적에 산입한다.
(전통사찰 : 4m, 축사 : 3m, 한옥 : 2m, 기타 : 1m)

7) 용적률 산정

$$용적률 = \frac{지상층\ 연면적의\ 합계}{대지면적}$$

※ 유의사항
용적률 산정시 연면적에는 지하층 면적과 지상층에 있는 당해 건축물의 부속용도인 주차용으로 사용되는 면적, 초고층 건축물의 피난안전구역의 면적, 경사지붕 아래에 설치하는 대피공간의 면적은 제외된다.

8) 일조권 확보를 위한 정북방향 인지사선제한

① 9m 이하 : 1.5m, 9m 초과 : $D \geq \frac{H}{2}$

② 공동주택 : $D \geq \frac{H}{2}$ (동간 이격거리 : $D \geq H$)

9) 공동주택의 일조권 제한

① 정북방향 : $D \geq \frac{H}{2}$

② 채광을 위한 창문 등이 있는 벽면으로부터 직각방향(정북방향이 아닌 경우)

$$D \geq \frac{H}{2}$$

(근린상업지역·준주거지역 안의 건축물 : $D \geq \frac{H}{4}$,

다세대주택 : 1m 이상)

③ 동일 대지 내 2동 이상 건물(동간 이격거리)
㉠ 동지일 기준 : 일정 시간 연속 일조 확보
㉡ $D \geq 0.5H$ (도시형 생활주택 : $D \geq 0.25H$)
㉢ 채광창이 없는 벽면과 측벽 : 8m 이상
㉣ 측벽과 측벽 : 4m 이내

핵심 PLUS

10) 승강기의 설치대수

① 공, 관, 집, 상, 시, 병 : $2 + \dfrac{6층\ 이상\ 거실바닥면적 - 3,000}{2,000}$

② 전, 동, 식, 위, 숙, 업 : $1 + \dfrac{6층\ 이상\ 거실바닥면적 - 3,000}{2,000}$

③ 교연, 공, 노, 기타 : $1 + \dfrac{6층\ 이상\ 거실바닥면적 - 3,000}{3,000}$

11) 비상용 승강기의 설치대수

$1 + \dfrac{31m\ 를\ 넘는\ 각층\ 바닥면적\ 중\ 최대바닥면적 - 1,500}{3,000}$

12) 주차전용 건축물의 높이

① 폭 12m 미만의 도로에 접한 경우

　　$H \leq 3D$

② 폭 12m 이상의 도로에 접한 경우

　　$H \leq \dfrac{36}{도로폭}D$ 또는 $H \leq 1.8D$ 중 큰 값

2 면적별 기준정리 및 요약

1) $30m^2$

　연면적 $30m^2$ 미만 단층부속 건축물 : 방화지구 내 내화구조 대상제외 건축물

2) $50m^2$

　연면적 $50m^2$ 이하의 단층부속 건축물 : 내화구조 대상 제외 건축물(외벽 및 처마밑면을 방화구조로 한 건축물에 한함)

3) $85m^2$

　바닥면적 $85m^2$ 이내의 증축, 개축, 재축 : 신고대상

4) $100m^2$

① 도시지역 내외의 읍·면 지역의 연면적 합계 $100m^2$ 이하 주택 : 신고대상

② 지구단위계획구역 안의 연면적 $100m^2$(단독주택의 경우 $330m^2$) 이하 건축물 : 신고대상

③ 연면적 $100m^2$(단독주택의 경우 $330m^2$ 이하) 이하의 소규모 건축물 : 신고대상

④ 바닥면적의 합계 $100m^2$ 이상인 용도변경은 사용승인 및 건축물의 설계규정 준용

⑤ 위락시설 부설주차장 설치기준 : $100m^2$마다 1대

5) 150m²

① 상업, 공업지역의 대지의 최소 분할 규모
② 문화 및 집회시설, 종교시설·판매시설·운수시설·의료시설·운동시설·업무시설·방송국 : 시설면적 150m²마다 1대 주차구획

6) 200m²

① 도시지역 내의 읍·면 지역의 연면적 200m² 이하의 창고 : 신고대상
② 연면적 200m² 이상의 건축물 : 건축사가 설계해야 하는 건축물
③ 2층 이상 또는 연면적 200m² 이상 : 구조계산에 따른 구조안전확인 대상
④ 2층 이상 또는 연면적 200m² 이상 : 내진능력 공개 대상
⑤ 바닥면적 200m² 이상의 문화집회시설, 유흥주점, 종교시설, 장례식장 : 반자높이 4m 이상(노대 아래부분 2.7m 이상, 기계설비 환기를 한 경우 제외)
⑥ 문화집회시설, 종교시설, 주점영업, 장례식장 용도의 거실 바닥면적 합계 200m² 이상의 관람실, 집회실 : 내화구조 대상 건축물
⑦ 문화 및 집회시설, 종교시설, 판매시설, 운수시설, 위락시설 용도의 거실 바닥면적 합계 200m² 이상 : 내장제한 대상 건축물
⑧ 다중주택, 공동주택, 숙박시설, 의료시설 등 용도의 3층 이상 또는 거실 바닥 면적의 합계 200m² 이상 : 내장제한 대상 건축물
⑨ 녹지지역 : 대지의 최소 분할 규모
⑩ 제1종 및 제2종 근린생활시설·숙박시설 부설주차장 설치 : 200m²마다 1대

7) 300m²

관람실 바닥면적 300m² 이상의 공연장의 개별관람실의 출구 : 관람실 2개소 이상, 유효폭 1.5m 이상

8) 40m²

① 도시지역 외 읍·면 지역의 연면적 400m² 이하인 축사, 작물재배사 : 신고대상
② 다중주택, 공동주택, 의료시설, 오피스텔, 숙박시설, 장례식장 등 용도로서 바닥면적 합계 400m² 이상 : 내화구조 대상 건축물

9) 500m²

① 공업지역·지구단위계획구역(산업형에 한함)·산업단지 안에서 2층 이하로서 연면적 500m² 이하의 공장 : 신고대상
② 500m² 이상의 용도변경 설계는 건축사가 아니면 할 수 없다 : 건축사 감리대상

핵심 PLUS

③ 바닥면적 합계 500㎡ 이상의 전시장, 동·식물원, 판매시설, 운수시설, 위락시설 등 : 내화구조 대상 건축물
④ 거실 바닥면적 합계 500㎡ 이상의 5층 건축물 : 내장제한 대상
⑤ 바닥면적 합계 500㎡ 이상의 일반, 실내수영장 : 관계전문기술자의 협력대상
⑥ 당해 용도 바닥면적 합계 500㎡ 이상의 냉장·냉동시설, 항온항습시설, 특수청정시설 : 관계전문기술자의 협력대상
⑦ 바닥면적 500㎡ 이하 또는 500㎡ 이내마다 방화구획을 하면 31m를 넘는 경우라도 비상용 승강기를 설치하지 않아도 된다.
⑧ 연면적 500㎡ 이상인 건축물의 대지 : 전기설비를 설치할 수 있는 공간 확보

10) 1,000㎡

① 연면적 1,000㎡ 이상의 건축공사현장 안전관리금 예치
② 10층 이하 층 : 방화구획 설치기준
③ 연면적 1,000㎡ 이상 목조 건축물 : 외벽 및 처마 밑의 연소의 우려가 있는 부분은 방화구조 또는 불연재료
④ 사용승인 후 5년 경과한 1,000㎡ 미만 시설의 용도변경 : 부설주차장 추가 설치 불필요

11) 2,000㎡

① 연면적 합계 2,000㎡ 이상인 건축물의 대지 : 너비 6m 이상의 도로에 4m 이상 접할 것
② 바닥면적 합계 2,000㎡ 이상의 공장 : 내화구조 대상 건축물
③ 6층 이상으로서 연면적 2,000㎡ 이상인 승용승강기 설치대상
④ 6층 이하로서 연면적 2,000㎡ 이하 건축물의 건축·대수선·용도변경 : 시장이 자치구 아닌 구의 구청장에게 위임함.
⑤ 바닥면적 2,000㎡ 이상의 숙박시설, 기숙사, 유스호스텔, 병원 : 관계전문기술자의 협력대상

12) 3,000㎡

① 연속된 5개층으로서 3,000㎡ 이상 : 상주감리 대상 건축물
② 연면적의 합계 3,000㎡ 이상인 집합 건축물(관리주체 관리를 받는 공동주택 제외) : 건축물의 유지관리 점검대상
③ 바닥면적의 합계 3,000㎡ 이상인 공연장, 집회장, 관람장, 전시장 : 지하층과 피난층 사이 개방공간의 설치
④ 10층 이하 층으로서 자동식 소화설비를 한 방화구획 설치기준

⑤ 바닥면적 3,000m² 이상의 업무시설, 연구소, 판매시설 : 관계전문기술자의 협력대상

13) 5,000m²

① 바닥면적 5,000m² 이상의 문화 및 집회시설, 종교시설, 판매시설, 운수시설, 종합병원, 관광숙박시설의 용도 : 구조기술사에 의한 구조계산
② 연면적 5,000m² 이상의 건축공사 : 감리자는 시공자에게 상세시공도면 작성 요구 가능
③ 바닥면적 5,000m² 이상의 건축공사 : 상주 감리대상 건축물
④ 대지면적 5,000m² 미만의 공장 : 대지 안 조경대상에서 제외
⑤ 바닥면적 5,000m² 이상의 건축물 : 내진능력 공개 대상
⑥ 국가적 문화유산 보존가치 있는 연면적 합계 5,000m² 이상 박물관, 기념관 : 지진에 대한 안전 여부 확인대상
⑦ 연면적 5,000m² 이상의 중앙집중식 냉난방설비를 하는 건축물의 외기에 면하는 거실의 창 및 출입문 : 공기 차단 성능대상(공동주택은 제외)
⑧ 연면적의 합계 5,000m² 이상의 문화 및 집회, 종교, 판매, 운수, 업무, 숙박시설, 다중이 이용하는 시설 : 공개공지, 공개공간 설치대상
⑨ 연면적 5,000m² 이상의 공항청사, 철도역사, 자동차터미널, 종합병원, 판매시설, 관람집회시설 등 : 하자담보책임기간 내 구조상 주요부분 손궤시 건축사 면허 취소 사유대상
⑩ 바닥면적의 합계 5,000m² 이상으로서 업무시설이나 숙박시설의 용도의 건축물 : 방송 공동수신설비를 설치

14) 10,000m²

① 연면적 10,000m² 이상 방재지구, 자연재해위험지구 : 차수설비 설치
② 연면적 10,000m² 이상 건축물의 급수, 배수, 환기설비 : 기술사 협력 필요대상(창고시설 제외)
③ 바닥면적 10,000m² 이상인 문화 및 집회시설(동식물원 제외), 종교시설, 장례식장, 교육연구시설(연구소 제외) 기타 에너지소비특성 및 이용상황 등이 유사한 건축물 : 관계전문기술자의 협력대상
④ 연면적 10,000m² 이상의 종교, 판매, 운수시설에 해당하지 않는 시설물 : 부설 주차장 설치의무 면제대상
⑤ 대지면적 10,000m² 이상 : 사업계획승인대상 건축물, 사업주체는 등록업자

핵심 PLUS

3 층별 기준정리 및 요약

1) 지하층

① 바닥면적 1,000㎡ 이상인 층 : 방화구획마다 1개소 이상 피난계단, 특별피난계단 설치대상
② 바닥면적 50㎡ 이상인 층 : 비상탈출구 및 환기통 설치대상
③ 바닥면적 300㎡ 이상인 층 : 식수용 급수전 설치대상

2) 2층

① 2층 이상 또는 연면적 200㎡ 이상 : 구조계산에 따른 구조안전확인 대상
② 2층 이상 또는 연면적 200㎡ 이상 : 내진능력 공개 대상

3) 3층

① 3층 이하 : 가설 건축물 건축허가 대상
② 3층 이상, 지하층이 있는 건축물 : 내화구조 대상 건축물(단독주택, 동물 및 식물관련시설, 발전소, 교도소, 감화원, 묘지관련시설은 제외)
③ 3층 이상 : 층별 방화구획 대상

4) 6층

① 6층 이상 건축물 : 건축구조기술사에 의한 구조계산 대상
② 배연설비 설치대상 : 6층 이상의 거실
③ 6층 이상의 공동주택 승용승강기 설치 : 계단실마다 1대 이상, 복도식은 100세대에 1대씩 설치
④ 시장이 자치구 아닌 구의 구청장에게 위임사항 : 6층 이하로서 연면적이 2,000㎡ 이하인 건축물의 건축·대수선·용도변경

5) 11층

11층 이상의 층 : 바닥면적 200㎡마다 방화구획(불연재료 사용시 바닥면적 500㎡마다)
※ 스프링클러설치시 기준면적의 3배 이내 완화

6) 16층

건축물 한 동의 연면적 10만㎡ 이상으로서 16층 이상인 건축물 : 건축물 안전영향평가 대상

7) 21층

21층 이상 또는 연면적 합계 10만㎡ 이상 건축물 : 특별시장·광역시장의 허가 또는 도지사의 사전승인

8) 30층
층수가 30층 이상이거나 높이가 120m 이상인 건축물 : 고층 건축물

9) 50층
층수가 50층 이상이거나 높이가 200m 이상인 건축물 : 초고층 건축물

4 주차대수별 기준 정리 및 요약

1) 8대
8대 이하 : 소규모 자주식 부설주차장 설치(지평식)

2) 20대
① 주차대수 20대 이상 50대 미만(노상주차상) : 장애인 전용 주차구획 1면 이상 설치
② 주차대수 20대를 초과하는 매 20대마다 1대분의 정류장 설치

3) 30대
① 30대 초과 자주식의 지하식 또는 건축물의 주차장 : 감시설비 대상
② 자동차 승강기를 사용하는 자주식 노외주차장 : 주차대수 30대마다 1대의 자동차용 승강기 설치

4) 50대
① 주차규모 50대 이상의 노외주차장 : 출입구 분리 또는 5.5m 이상의 출입구 설치
② 주차규모 50대 이상의 자주식주차장 경사로 : 너비 6m 이상의 2차선 경사차로 확보 또는 진입·진출차로를 분리
③ 주차대수 50대 이상(노상주차상) : 주차대수의 2~4% 비율 이상의 장애인 전용 주차구획 1면 이상 설치
④ 주차대수 50대 이상(노외주차장) : 장애인 전용주차구획 1면 이상 설치

5) 200대
주차대수 200대 이상인 경우 : 폭 10m 미만 도로에 노외주차장의 출입구를 설치할 수 없다.

6) 300대
① 부설주차장 300대 규모 : 시설물 부지 인근에 단독 또는 공용의 부설주차장 설치 가능
② 부설주차장의 설치 의무 면제 대상

7) 400대
주차대수 400대 초과 노외주차장 : 출구와 입구는 각각 따로 설치

건축기사 4주완성 ❷권

저 자 남재호 · 송우용
발행인 이 종 권

2011年 3月   7日 초판발행
2012年 1月 12日 1차개정1쇄발행
2012年 2月   5日 1차개정2쇄발행
2013年 1月   7日 2차개정1쇄발행
2013年 2月   3日 2차개정2쇄발행
2013年 2月 18日 2차개정3쇄발행
2014年 1月 23日 3차개정1쇄발행
2014年 2月 26日 3차개정2쇄발행
2015年 1月 12日 4차개정1쇄발행
2015年 2月 17日 4차개정2쇄발행
2015年 5月 27日 4차개정3쇄발행
2016年 1月   6日 5차개정1쇄발행
2016年 2月   1日 5차개정2쇄발행
2017年 1月   3日 6차개정1쇄발행
2017年 1月 18日 6차개정2쇄발행
2018年 1月 10日 7차개정1쇄발행
2019年 1月 10日 8차개정1쇄발행
2020年 1月 19日 9차개정1쇄발행
2021年 1月 12日 10차개정1쇄발행
2022年 1月 10日 11차개정1쇄발행
2023年 1月 18日 12차개정1쇄발행
2023年 11月 15日 13차개정1쇄발행
2025年 1月 14日 14차개정1쇄발행
2026年 1月   2日 15차개정1쇄발행

發行處 (주) 한솔아카데미

(우)06775 서울시 서초구 마방로10길 25 트윈타워 A동 2002호
TEL : (02)575-6144/5   FAX : (02)529-1130
〈1998. 2. 19 登錄 第16-1608號〉

※ 본 교재의 내용 중에서 오타, 오류 등은 발견되는 대로 한솔아카데미 인터넷 홈페이지를 통해 공지하여 드리며 보다 완벽한 교재를 위해 끊임없이 최선의 노력을 다하겠습니다.

※ 파본은 구입하신 서점에서 교환해 드립니다.

www.inup.co.kr / www.bestbook.co.kr

ISBN 979-11-6654-740-9 13540

한솔아카데미가 답이다!
건축기사 4주완성 **인터넷 강좌**

한솔과 함께라면 빠르게 합격 할 수 있습니다.

강의수강 중 학습관련 문의사항, 성심성의껏 답변드리겠습니다.

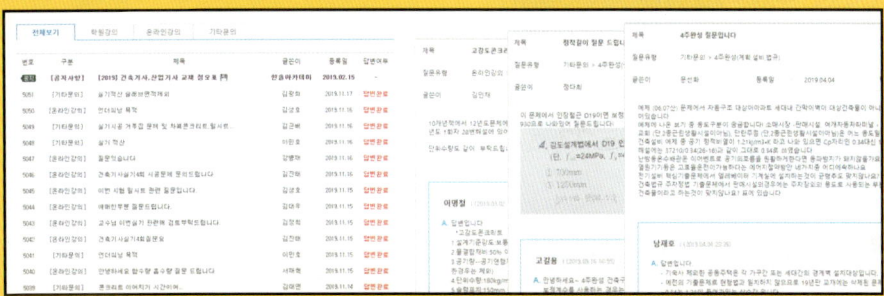

건축기사 4주완성 동영상 강의

구 분	과 목	담당강사	강의시간	동영상	교 재
필 기	건축계획	남재호	약 23시간		
	건축시공	이명철	약 19시간		
	건축구조	고길용	약 26시간		
	건축설비	남재호	약 34시간		
	건축관계법규	남재호	약 21시간		
	기사 과년도	과목별 교수님	약 43시간		

- 신청 후 필기강의 5개월 / 실기강의 4개월 동안 같은 강좌를 **5회씩 반복수강**
- 할인혜택 : 동일강좌 재수강시 **50%** 할인, 다른 강좌 수강시 **10%** 할인

건축기사 4주완성
본 도서를 구매하신 분께 드리는 혜택

※ [도서구매 후 인증절차] 건축기사 4주완성 ①권 뒷표지에서 인증번호 확인

1. 건축기사 출제경향 분석

최근 출제문제를 중심으로 분석한 출제빈도와 중요내용 특강

2. 기출문제 특강 (최근 3개년)

- 1강: 2025년 1회, 2회, 3회 기출문제
- 2강: 2024년 1회, 2회, 3회 기출문제
- 3강: 2023년 1회, 2회, 4회 기출문제

3. CBT 기출문제 및 실전모의고사

- 복원기출문제 CBT(컴퓨터 기반) 테스트
- CBT 실전 모의고사 응시

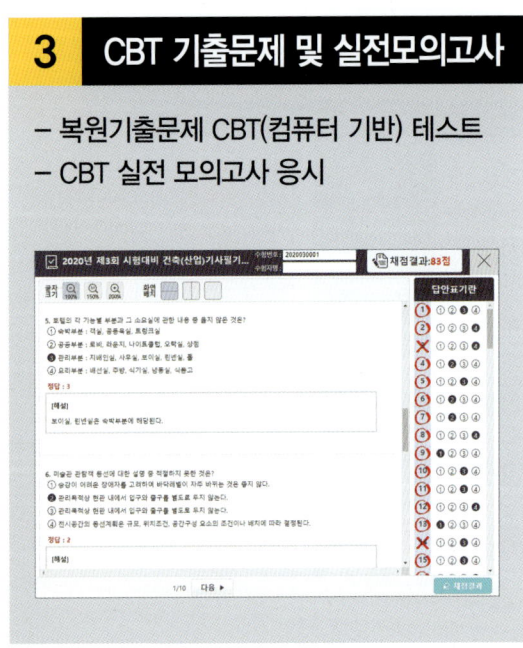

4. 동영상 할인혜택

정규 종합반 3만원 할인쿠폰

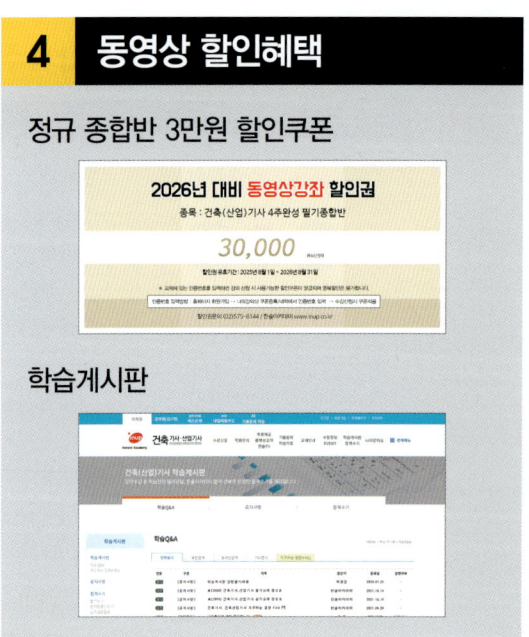

학습게시판

2026 대비 건축기사 4주완성
4주 스터디 · SELF 학습플랜

스터디 4주 완성 플랜

과목	중요 학습 내용	주차	일	부족	완료
1 건축계획	총론, 주거건축	1주	1일	☐	☐
	업무건축, 상업건축		2일	☐	☐
	교육시설, 산업건축, 병원건축		3일	☐	☐
	숙박시설, 문화시설, 건축사		4일	☐	☐
2 건축시공	총론, 공정 및 품질관리		5일	☐	☐
	가설공사 · 토공사 및 기초공사		6일	☐	☐
	철근콘크리트공사		7일	☐	☐
	철골공사, 조적공사		8일	☐	☐
	목공사, 기타공사		9일	☐	☐
3 건축구조	건축구조일반, 힘과 구조물[1]	2주	10일	☐	☐
	힘과 구조물[2]		11일	☐	☐
	탄성체와 구조물 설계		12일	☐	☐
	처짐과 부정정 구조물		13일	☐	☐
	철근콘크리트 일반사항		14일	☐	☐
	철근콘크리트 구조설계[1]		15일	☐	☐
	철근콘크리트 구조설계[2], 철근의 이음과 정착		16일	☐	☐
	강구조 개론		17일	☐	☐
4 건축설비	물 일반사항, 급수 · 급탕설비	3주	18일	☐	☐
	배수 · 통기설비, 소화설비, 가스설비		19일	☐	☐
	공기 일반사항, 환기설비, 공조부하계산		20일	☐	☐
	난방설비, 공조방식, 공조기, 냉동설비		21일	☐	☐
	강전 및 약전설비, 조명설비, 승강운송설비		22일	☐	☐
5 건축관계법규	총칙, 건축물의 건축, 건축물의 유지관리	4주	23일	☐	☐
	건축물의 대지 및 도로, 건축물의 구조 및 재료		24일	☐	☐
	지역 및 지구 안의 건축, 건축설비, 보칙 등		25일	☐	☐
	주차장법, 국토계획법		26일	☐	☐
6 기출문제	2020년 · 2021년 · 2022년 기출문제		27일	☐	☐
	2023년 · 2024년 · 2025년 기출문제		28일	☐	☐

SELF 4주 완성 플랜

과목	중요 학습 내용	주차	일	부족	완료
1 건축계획				☐	☐
				☐	☐
				☐	☐
				☐	☐
2 건축시공				☐	☐
				☐	☐
				☐	☐
				☐	☐
				☐	☐
3 건축구조				☐	☐
				☐	☐
				☐	☐
				☐	☐
				☐	☐
				☐	☐
				☐	☐
				☐	☐
4 건축설비				☐	☐
				☐	☐
				☐	☐
				☐	☐
				☐	☐
5 건축관계법규				☐	☐
				☐	☐
				☐	☐
				☐	☐
6 기출문제				☐	☐
				☐	☐

2026 대비 건축기사 4주완성
7주 스터디 · SELF 학습플랜

스터디 7주 완성 플랜

과목	장	주차	일	부족	완료
1 건축계획	총론, 주거건축	1주	1일	☐	☐
	업무건축		2일	☐	☐
	상업건축, 교육시설		3일	☐	☐
	산업건축, 병원건축, 숙박시설		4일	☐	☐
	문화시설, 건축사		5일	☐	☐
2 건축시공	총론, 공정 및 품질관리	2주	6일	☐	☐
	가설공사 · 토공사 및 기초공사		7일	☐	☐
	철근콘크리트공사[1]		8일	☐	☐
	철근콘크리트공사[2]		9일	☐	☐
	철골공사		10일	☐	☐
	조적공사		11일	☐	☐
	목공사, 기타공사[1]		12일	☐	☐
	기타공사[2]		13일	☐	☐
3 건축구조	건축구조일반	3주	14일	☐	☐
	힘과 구조물[1]		15일	☐	☐
	힘과 구조물[2]		16일	☐	☐
	힘과 구조물[3]		17일	☐	☐
	탄성체와 구조물 설계[1]		18일	☐	☐
	탄성체와 구조물 설계[2]		19일	☐	☐
	처짐과 부정정 구조물		20일	☐	☐
	철근콘크리트 일반사항		21일	☐	☐
	철근콘크리트 구조설계[1]	4주	22일	☐	☐
	철근콘크리트 구조설계[2]		23일	☐	☐
	철근의 이음과 정착		24일	☐	☐
	강구조 개론[1]		25일	☐	☐
	강구조 개론[2]		26일	☐	☐
4 건축설비	물에 관한 일반사항, 급수설비		27일	☐	☐
	급탕설비, 배수 · 통기설비		28일	☐	☐
	위생기구,오수처리,소화설비,가스설비		29일	☐	☐
	공기에 관한 일반사항, 환기설비		30일	☐	☐
	공조부하계산, 난방설비		31일	☐	☐
	공조방식, 공조기, 냉동설비	5주	32일	☐	☐
	전기일반, 강전설비		33일	☐	☐
	조명설비,약전설비,승강운송설비		34일	☐	☐
5 건축관계법규	총칙		35일	☐	☐
	건축물의 건축,건축물의 유지관리		36일	☐	☐
	건축물의 대지 및 도로		37일	☐	☐
	건축물의 구조 및 재료		38일	☐	☐
	지역 및 지구 안의 건축,건축설비	6주	39일	☐	☐
	특별건축구역, 보칙 등		40일	☐	☐
	주차장법		41일	☐	☐
	국토계획법		42일	☐	☐
6 기출문제	2020년 기출문제		43일	☐	☐
	2021년 기출문제		44일	☐	☐
	2022년 기출문제		45일	☐	☐
	2023년 기출문제	7주	46일	☐	☐
	2024년 · 2025년 기출문제		47일	☐	☐
총정리	핵심이론 전체 마무리 복습[1]		48일	☐	☐
	핵심이론 전체 마무리 복습[2]		49일	☐	☐

SELF 7주 완성 플랜

과목	장	주차	일	부족	완료
1 건축계획				☐	☐
				☐	☐
				☐	☐
				☐	☐
				☐	☐
2 건축시공				☐	☐
				☐	☐
				☐	☐
				☐	☐
				☐	☐
				☐	☐
				☐	☐
				☐	☐
3 건축구조				☐	☐
				☐	☐
				☐	☐
				☐	☐
				☐	☐
				☐	☐
				☐	☐
				☐	☐
				☐	☐
				☐	☐
				☐	☐
				☐	☐
				☐	☐
4 건축설비				☐	☐
				☐	☐
				☐	☐
				☐	☐
				☐	☐
				☐	☐
				☐	☐
				☐	☐
5 건축관계법규				☐	☐
				☐	☐
				☐	☐
				☐	☐
				☐	☐
				☐	☐
				☐	☐
				☐	☐
6 기출문제				☐	☐
				☐	☐
				☐	☐
				☐	☐
				☐	☐
총정리				☐	☐
				☐	☐

머리말

국제화·세계화의 시대적 흐름 속에서 우리 건축계에도 대외 개방 및 다양한 변화를 요구하고 있으며, 특히 건축기술자들에 대한 사회적 기대와 책무는 한층 더 크다고 할 수 있다.

이에 본서는 건축기사 시험과목인 건축계획, 건축시공, 건축구조, 건축설비, 건축관계법규 등의 광범위한 내용을 보다 체계적으로 정리하여 건축기사시험에 대비한 지침서로서 최대한 효과를 얻을 수 있도록 알차게 꾸미고자 노력하였다.

> **【이 책의 특징】**
> 1. 최근 개정된 출제기준에 따라 핵심이론을 체계적으로 정리하였으며, 기출문제의 정확한 분석과 해설을 수록하였다.
> 2. 각 과목별 방대한 이론을 쉽게 이해할 수 있도록 간단명료하게 체계적으로 핵심이론 내용을 정리하고, 또한 그림과 도표 및 예제·개념정리·학습포인트를 통하여 기본이론을 알기 쉽게 이해할 수 있도록 하였다.
> 3. 각 과목 핵심사항에 따른 상세한 기출문제 해설로 많은 학습분량을 단기간에 쉽게 공부할 수 있도록 하였다.
> 4. 최근 20년간의 핵심기출문제를 각 단원별로 수록하여 출제경향을 쉽게 파악할 수 있도록 하였으며, 상세한 해설로 다양한 문제의 유형에도 쉽게 적응능력을 향상시킬 수 있도록 하였다.
> 5. 시중의 건축기사 교재는 건축기사와 건축산업기사 혼용형으로 구성하고 있으나 본 교재에서는 순수 기사 문제만으로 구성하여 필요 이상의 학습량을 줄일 수 있도록 배려하였다.

교재에 오류가 있다면 신속히 보완하여 더욱 좋은 책으로 거듭날 수 있도록 최선을 다하겠으며, 항상 조언을 부탁드립니다.

끝으로 본서를 통해서 건축기사 및 관련시험의 지침서로서 수험생 여러분의 학습에 도움이 되기를 기대하며, 아울러 출판에 도움을 주신 한솔아카데미 한병천 사장님, 이종권 전무님과 편집부 직원 여러분께 감사를 드린다.

저자 드림

Contents

제 3 권

VI Subject | 건축기사 과년도 출제문제   6-1

01. 2020년 과년도출제문제 —————————————— 6-2
02. 2021년 과년도출제문제 —————————————— 6-86
03. 2022년 과년도출제문제 —————————————— 6-174
04. 2023년 과년도출제문제 —————————————— 6-258
05. 2024년 과년도출제문제 —————————————— 6-339
06. 2025년 과년도출제문제 —————————————— 6-420

CBT 필기시험문제 실전테스트

홈페이지(www.inup.co.kr)에서 필기시험 문제를 CBT 모의 TEST로 체험하실 수 있습니다.
- CBT 필기시험문제 제1회(2023년 제1회 과년도)
- CBT 필기시험문제 제2회(2023년 제4회 과년도)
- CBT 필기시험문제 제3회(2024년 제1회 과년도)
- CBT 필기시험문제 제4회(2024년 제3회 과년도)
- CBT 필기시험문제 제5회(2025년 제1회 과년도)
- CBT 필기시험문제 제6회(2025년 제3회 과년도)

과년도출제문제

06
Subject

01	2020년	제1·2회 과년도출제문제
		제3회 과년도출제문제
		제4회 과년도출제문제
02	2021년	제1회 과년도출제문제
		제2회 과년도출제문제
		제4회 과년도출제문제
03	2022년	제1회 과년도출제문제
		제2회 과년도출제문제
		제4회 과년도출제문제(CBT)
04	2023년	제1회 과년도출제문제(CBT)
		제2회 과년도출제문제(CBT)
		제4회 과년도출제문제(CBT)
05	2024년	제1회 과년도출제문제(CBT)
		제2회 과년도출제문제(CBT)
		제3회 과년도출제문제(CBT)
06	2025년	제1회 과년도출제문제(CBT)
		제2회 과년도출제문제(CBT)
		제3회 과년도출제문제(CBT)

과년도 출제문제

2020. 1·2회 건축기사

■■■ 제1과목 건축계획

1. 건축물의 에너지절약을 위한 계획 내용으로 옳지 않은 것은?

① 공동주택은 인동간격을 넓게 하여 저층부의 일사 수열량을 증대시킨다.
② 건축물의 체적에 대한 외피면적의 비 또는 연면적에 대한 외피면적의 비는 가능한 크게 한다.
③ 건축물은 대지의 향, 일조 및 주풍향 등을 고려하여 배치하며, 남향 또는 남동향 배치를 한다.
④ 거실의 층고 및 반자 높이는 실의 용도와 기능에 지장을 주지 않는 범위 내에서 가능한 낮게 한다.

해설 건축물의 에너지절약을 위한 계획

부 문	내 용
배치계획	• 건축물은 대지의 향, 일조 및 주풍향 등을 고려하여 배치하며, 남향 또는 남동향 배치를 한다. • 공동주택은 인동간격을 넓게 하여 저층부의 일사 수열량을 증대시킨다.
평면계획	• 거실의 층고 및 반자 높이는 실의 용도와 기능에 지장을 주지 않는 범위 내에서 가능한 낮게 한다. • 건축물의 체적에 대한 외피면적의 비 또는 연면적에 대한 외피면적의 비는 가능한 작게 한다. • 실의 용도 및 기능에 따라 수평, 수직으로 조닝계획을 한다.
단열계획	• 건축물 외벽, 천장 및 바닥으로의 열손실을 방지하기 위하여 기준에서 정하는 단열두께보다 두껍게 설치하여 단열부위의 열저항을 높이도록 한다. • 외벽 부위는 외단열로 시공한다.

2. 다음 설명에 알맞은 국지도로의 유형은?

> 불필요한 차량 진입이 배제되는 이점을 살리면서 우회도로가 없는 cul-de-sac형의 결점을 개량하여 만든 패턴으로서 보행자의 안전성 확보가 가능하다.

① loop형　　　　② 격자형
③ T자형　　　　④ 간선분리형

해설 주거단지의 도로형식

㉠ 격자형 : 가로망의 형태가 단순·명료하고, 가구 및 획지 구성상 택지의 이용효율이 높다.
㉡ T자형 : 격자형에 비해 교차점에서 통행이 안전하나, 차량의 주행속도가 낮다. 또한, T형 교차점이 많아 방향성이 불분명하다.
㉢ 루프(Loop)형 : 고리형이라고도 하며 통과교통은 없으나 사람과 차량의 동선이 교차된다는 문제점이 있는 주택단지의 접근도로 유형이다. 불필요한 차량 진입이 배제되는 이점을 살리면서 우회도로가 없는 쿨데삭(cul-de sac)형의 결점을 개량하여 만든 형식이다. 통과교통이 없기 때문에 주거환경의 쾌적성과 안전성은 확보되지만 도로율이 높아지는 단점이 있다.
㉣ 쿨데삭(Cul-de-sac)형 : 불필요한 통과 교통을 차단하여 보행로 배치가 자유로우며, 부정형의 지형에 적용이 용이하다. 적정길이는 120~300m이며, 300m 이상인 경우에는 회전구간을 설치한다. 각 가구와 관계없는 자동차의 진입을 방지할 수 있다는 장점이 있다.

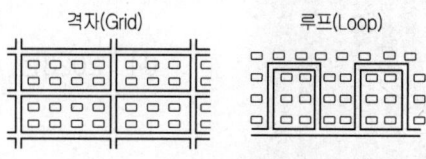

[그림] 도로망 형식

정답　1. ②　2. ①

3. 주거단지 내의 공동시설에 관한 설명으로 옳지 않은 것은?

① 중심을 형성할 수 있는 곳에 설치한다.
② 이용 빈도가 높은 건물은 이용거리를 길게 한다.
③ 확장 또는 증설을 위한 용지를 확보하는 것이 좋다.
④ 이용성, 기능상의 인접성, 토지이용의 효율성에 따라 인접하여 배치한다.

[해설] 이용 빈도가 높은 건물은 이용거리를 최단거리로 한다.

4. 다음 설명에 알맞은 도서관의 자료 출납시스템 유형은?

> 이용자가 직접 서고 내의 서가에서 도서자료의 제목 정도는 볼 수 있지만 내용을 열람하고자 할 경우 관원에게 대출을 요구해야 하는 형식

① 폐가식　　② 반개가식
③ 자유개가식　④ 안전개가식

[해설] 반개가식(semi open access)
㉠ 열람자는 직접 서가에 면하여 책의 체제나 표지 정도는 볼 수 있으나 내용을 보려면 관원에게 요구하여 대출 기록을 남긴 후 열람하는 형식이다.
㉡ 신간 서적 안내에 채용되며, 다량의 도서에는 부적당하다.
㉢ 특징
 • 출납 시설이 필요하다.
 • 서가의 열람이나 감시가 불필요하다.

5. 다음 중 연면적에 대한 숙박부분의 비율이 가장 높은 호텔은?

① 커머셜 호텔　　② 리조트 호텔
③ 클럽 하우스　　④ 아파트먼트 호텔

[해설] 호텔 경영의 주체
㉠ 숙박료에 비중 : 커머셜 호텔(commercial hotel)
㉡ 식사료에 비중 : 레지덴셜 호텔(residential hotel)
㉢ 숙박료와 식사료의 중간 : 리조트 호텔(resort hotel)
※ 커머셜 호텔(commercial hotel)은 주로 상업상, 사무상의 여행자용으로서, 비즈니스를 주체로 한 호텔로서 숙박료에 비중을 두며, 도심의 번화한 교통 중심지에 고층화된다.
※ 레지덴셜 호텔(residential hotel)은 상업상 여행자나 관광객 등이 단기 체재하는 호텔로서, 커머셜 호텔보다 규모가 작고 설비는 고급이며, 도심을 약간 피하여 조금 안정한 곳에 위치하며, 식사료에 비중을 둔 호텔이다.

6. 사무실 내의 책상배치의 유형 중 좌우대향형에 관한 설명으로 옳은 것은?

① 대향형과 동향형의 양쪽 특성을 절충한 형태로 커뮤니케이션의 형성에 불리하다.
② 4개의 책상이 맞물려 십자를 이루도록 배치하는 형식으로 그룹작업을 요하는 업무에 적합하다.
③ 책상이 서로 마주보도록 하는 배치로 면적효율은 좋으나 대면 시선에 의해 프라이버시가 침해당하기 쉽다.
④ 낮은 칸막이로 한사람의 작업활동을 위한 공간이 주어지는 형태로 독립성을 요하는 전문직에 적합한 배치이다.

[해설] 사무실의 책상 배치유형
㉠ 동향형 : 같은 방향으로 배치한다.
㉡ 대향형 : 면적효율이 좋고 커뮤니케이션(communication) 형성에 유리하여 공동작업의 형태로 업무가 이루어지는 사무실에 적합한 유형이다.
㉢ 좌우대향형 : 대향형과 동향형의 양쪽 특성을 절충한 형태로 조직관리자 면에서 조직의 융합을 꾀하기 쉽고 정보처리나 집무동작의 효율이 좋으나, 배치에 따른 면적 손실이 크며 커뮤니케이션의 형성에 불리하다.

정답　3. ②　4. ②　5. ①　6. ①

ⓔ 자유형 : 개개인의 작업을 위한 영역이 주어지는 형태로 전문 직종에 적합한 배치이다.

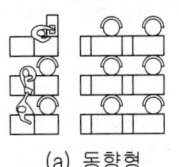
(a) 동향형   (b) 좌우 대향형

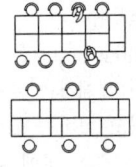
(c) 대향형   (d) 십자형

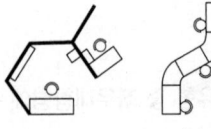 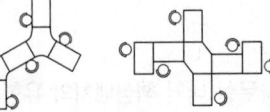
(e) 자유형

(f) 삼각형

[그림] 사무실의 책상 배치유형

☞ 경복궁은 전조후침 및 삼문삼조의 기본배치 원리에 따라 치조, 내조, 외조의 구역으로 크게 나뉘어지며 각기 제기능에 따른 전각이 배치되었다. 치조 구역에는 경복궁의 정전인 근정전이 있고, 그 뒤로 사정전, 만춘전, 천추전이 자리 잡고 있다. 사정전은 왕이 평상시 거처하며 정사를 보살피던 곳으로 근정전에서 뒤편으로 사정문을 지나면 정면에 위치하며, 양 측면에 만춘전, 천추전이 있다. 그 뒤로는 왕과 왕비의 침전인 강녕전과 교태전이 위치해 있다. 사정전은 만춘전, 천추전과 더불어 편전으로서 정사를 보았던 곳으로 사정전에는 온돌이 없고 만춘전과 천추전에는 온돌이 있어 겨울에는 만춘전과 천추전에서 정사를 보고 경연을 했을 것으로 추정된다.

[그림] 경복궁

7. 교학건축인 성균관의 구성에 속하지 않는 것은?

① 동재 ② 존경각
③ 천추전 ④ 명륜당

[해설] 천추전(千秋殿)은 경복궁 사정전에 부속된 전각이며 임금이 집무를 보는 곳이었다.

※ 경복궁의 궁궐 배치 : 전조공간과 후침공간으로 이루어져 있다.
㉠ 전조공간 : 근정전, 사정전, 만춘전, 천추전
㉡ 후침공간 : 강녕전, 교태전

8. 극장의 평면형식 중 애리너(arena)형에 관한 설명으로 옳지 않은 것은?

① 관객이 무대를 360°로 둘러싼 형식이다.
② 무대의 장치나 소품은 주로 낮은 기구들로 구성된다.
③ 픽쳐 프레임 스테이지(picture frame stage)형이라고도 한다.
④ 가까운 거리에서 관람하면서 많은 관객을 수용할 수 있다.

[해설] 애리너(arena)형
관객이 연기자를 360° 둘러싸고 관람하는 형식이다.
㉠ 가까운 거리에서 관람하면서 가장 많은 관객을 수용할 수 있다.
㉡ 객석과 무대가 하나의 공간에 있으므로 양자의 일체감을 높여 긴장감이 높은 연극 공간을 형성한다.

정답 7. ③ 8. ③

ⓒ 무대의 배경을 만들지 않으므로 경제성이 있다.
ⓔ 무대의 장치나 소품은 주로 낮은 기구들로 구성된다.
ⓜ 관객이 무대를 둘러앉기 때문에 시점(視點)이 현저하게 다르게 되고, 연기자가 전체적인 통일 효과를 얻기 위한 극을 구성하기가 곤란하다.
ⓗ 관객이 무대 주위를 둘러싸기 때문에 연기자를 가리게 되는 단점이 있다.
ⓢ 애리너 형은 central stage 형이라고도 한다.

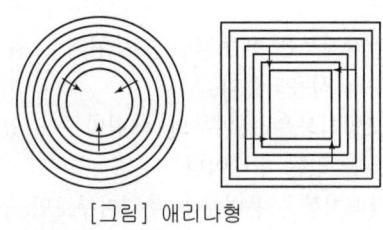

[그림] 애리나형

9. 각 사찰에 관한 설명으로 옳지 않은 것은?

① 부석사의 가람배치는 누하진입 형식을 취하고 있다.
② 화엄사는 경사된 지형을 수단(數段)으로 나누어서 정지(整地)하여 건물을 적절히 배치하였다.
③ 통도사는 산지에 위치하나 산지가람처럼 건물들을 불규칙하게 배치하지 않고 직교식으로 배치하였다.
④ 봉정사 가람배치는 대지가 3단으로 나누어져 있으며 상단부분에 대웅전과 극락전 등 중요한 건물들이 배치되어 있다.

해설 **통도사의 건물의 배치**
통도사는 평지가람(平地伽藍) 배치로 동서 주축으로 자유식이라 할 수 있다. 이때 자유식은 탑이 자유롭게 배치된 형식을 나타낸다. 그리고 동서 주축이지만 이 주축에 직교하는 남북부축(南北副軸)이 있는 것이 통도사의 특징이다.

※ **사찰의 배치**
일반적으로 평지에 있으면 평지가람(平地伽藍), 산지에 있으면 산지가람(山地伽藍), 산지도 평지도 아닌 곳에 있을 때는 구릉가람(丘陵伽藍)이라 한다. 이러한 구분은 사찰이 어느 곳에 있느냐에 따라 달리 부르는 경우이며 그 안에서 탑이나 금당 그리고 여러 건물들이 서로 어떤 관계를 갖고 자리 잡느냐에 따라 일탑일금당식(一塔一金堂式), 일탑삼금당식(一塔三金堂式), 쌍탑식(雙塔式), 무탑식(無塔式), 자유식(自由式) 등으로 구분한다. 또 다른 분류 방법은 건물들을 배치할 때 주축(主軸)이 동서방향인지 남북방향인지에 따라 동서 주축 배치, 남북 주축 배치(자오선축 배치)등으로 구분한다.
• 평지가람 배치 : 송광사, 통도사
• 산지가람 배치 : 해인사, 쌍계사, 범어사, 개심사

10. 극장 무대에서 그리드 아이언(grid iron)이란 무엇인가?

① 조명 조작 등을 위해 무대 주위 벽에 6~9m의 높이로 설치되는 좁은 통로
② 조명 기구, 연기자 또는 음향 반사판을 매달기 위해 무대 천정 밑에 설치되는 시설
③ 하늘이나 구름 등 자연 현상을 나타내기 위한 무대 배경용 벽
④ 무대와 객석의 경계를 이루는 곳으로 액자와 같은 시각적 효과를 갖게 하는 시설

해설 **극장 건축의 관련 제실**
ⓐ 사이클로라마 : 극장건축에서 무대의 제일 뒤에 설치되는 무대배경용의 벽을 말하며 사이클로라마의 높이는 프로시니엄 높이의 3배 정도로 한다.
ⓑ 프로시니엄 : 그림에 있어서 액자와 같이 관객의 시선을 무대에 쏠리게 하는 시각적 효과를 갖는다.
ⓒ 그리드 아이언(Grid iron) : 조명 기구, 배경 등을 매어다는 데 사용된다.
ⓓ 플라이 로프트(fly loft) : 극장 무대의 상부공간을 말한다.
ⓔ 플라이 갤러리(fly gallery) : 그리드 아이언에 올라가는 계단과 연결되게 무대 주위의 벽에 6~9m 높이로 설치되는 좁은 통로(폭은 1.2~2.0m 정도)

정답 9. ③ 10. ②

ⓑ 잔교(light bridge) : 프로세니엄 바로 뒤에 접하여 설치된 발판, 조명, 조작·비·눈 내리는 장면 위해 필요하다.

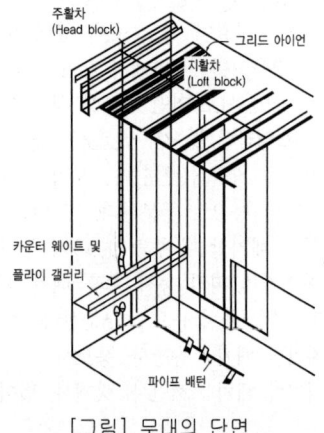

[그림] 무대의 단면

11. 공장 건축의 레이아웃 계획에 관한 설명으로 옳지 않은 것은?

① 플랜트 레이아웃은 공장건축의 기본설계와 병행하여 이루어진다.
② 고정식 레이아웃은 조선소와 같이 제품이 크고 수량이 적을 경우에 적용된다.
③ 다품종 소량생산이나 주문생산 위주의 공장에는 공정 중심의 레이아웃이 적합하다.
④ 레이아웃 계획은 작업장 내의 기계설비 배치에 관한 것으로 공장규모변화에 따른 융통성은 고려대상이 아니다.

|해설| 공장 건축의 레이아웃(layout)의 개념
  ㉠ 공장 생산에 있어서 그 공정의 합리화로 위해 중심이 되는 기계나 설비의 배치 방법을 결정하는 것으로 공장 사이의 여러 부분, 작업장 내의 기계 설비, 작업자의 작업 구역, 자재나 제품을 두는 곳 등 상호 관계의 검토가 필요하다.
  ㉡ 넓은 뜻으로는 생산 작업뿐만 아니라 사무 업무, 복리 후생, 보건 위생, 문화 관리 등 광장의 전반적 시설을 따른다. 현대는 작업 과정의 유동화, 자동화와 더불어 레이아웃도 한층 복잡해지고 있다.
  ㉢ 레이아웃은 공장 생산성에 미치는 영향이 크고, 공장의 배치계획, 평면계획은 레이아웃을 건축적으로 종합한 것이 되어야 한다.
  ㉣ 레이아웃은 장래 공장 규모의 변화에 대응한 융통성(flexibility)이 있어야 한다.

12. 한국 전통건축의 지붕양식에 관한 설명으로 옳은 것은?

① 팔작지붕은 원초적인 지붕형태로 원시움집에서부터 사용되었다.
② 모임지붕은 용마루와 내림마루가 있고 추녀마루만 없는 형태이다.
③ 맞배지붕은 용마루와 추녀마루로만 구성된 지붕으로 주로 다포식 건물에 사용되었다.
④ 우진각지붕은 네 면에 모두 지붕면이 있으며 전후 지붕면은 사다리꼴이고 양측 지붕면은 삼각형이다.

|해설| 한국 전통건축의 지붕양식
  ① 합각지붕(팔작지붕) : 한식 가옥의 지붕 구조의 하나로, 팔작지붕이라고도 한다. 지붕 위까지 박공이 달려 용마루 부분이 삼각형의 벽을 이루고 처마끝은 우진지붕과 같다. 맞배지붕과 함께 한식 가옥에 가장 많이 쓰는 지붕의 형태이다. 한국전통건축에서 가장 화려하고 완성된 지붕양식이다.
  ② 모임지붕 : 하나의 정점으로 만나는 지붕이다.
  ③ 맞배지붕 : 용마루와 내림마루로만 구성된 지붕이다. 한옥에서 추녀를 걸지 않는 지붕구조이다
  ④ 우진각지붕 : 네 면에 모두 지붕면이 있으며 전후 지붕면은 사다리꼴이고 양측 지붕면은 삼각형이다.

팔작지붕   맞배지붕   우진각지붕

13. 사무소 건축의 중심코어 형식에 관한 설명으로 옳은 것은?

① 구조코어로서 바람직한 형식이다.
② 유효율이 낮아 임대 사무소 건축에는 부적합하다.
③ 일반적으로 기준층 바닥면적이 작은 경우에 주로 사용된다.
④ 2방향 피난에는 이상적인 관계로 방재/피난상 가장 유리한 형식이다.

해설 중심코어형
  ㉠ 코어 프레임(core frame)이 내력벽 및 내진구조가 가능함으로서 구조적으로 바람직한 유형이다.
  ㉡ 유효율이 높으며, 임대 사무소로서 경제적인 계획이 가능하다.
  ㉢ 내부공간과 외관이 획일적으로 되기 쉽다.
  ㉣ 대규모 평면규모를 갖춘 중·고층인 사무소에 적합하다.

14. 백화점의 에스컬레이터 배치형식에 관한 설명으로 옳은 것은?

① 직렬식 배치는 승객의 시야도 좋고 점유면적도 작다.
② 병렬연속식 배치는 연속적으로 승강할 수 없다는 단점이 있다.
③ 교차식 배치는 점유면적이 작으며 연속 승강이 가능하다는 장점이 있다.
④ 병렬단속식 배치는 승객의 시야는 안 좋으나 점유면적이 작아 고층 백화점에 주로 사용된다.

해설 에스컬레이터의 배치 형식

배치 형식	특 징
직렬식	점유면적이 크나, 승객의 시야가 넓어져 좋으며 시선이 한 방향으로 고정된다.
병렬 단속식	백화점 내를 내려다보기가 좋다.
병렬 연속식	승강·하강이 연속적이고 독립적이며 승강장 찾기가 용이하다.
교차식	• 점유면적이 다른 유형에 비해 가장 작으며, 연속적으로 승강이 가능하다. • 매장의 전망이 나쁘다.

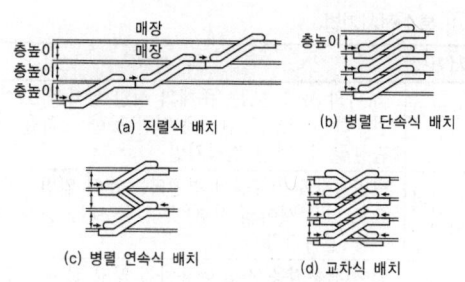

[그림] 에스컬레이터의 배치 형식

15. 다음 중 상점계획에서 파사드 구성에 요구되는 소비자 구매심리 5단계(AIDMA 법칙)에 속하지 않는 것은?

① 흥미(Interest)   ② 욕망(Desire)
③ 기억(Memory)   ④ 유인(Attraction)

해설 파사드(facade)
  쇼 윈도우, 출입구 및 홀의 입구 뿐만 아니라 간판, 광고판, 광고탑, 네온사인 등을 포함한 점포 전체의 얼굴로서 기업 및 상품에 대한 첫 인상을 주는 곳으로 강한 이미지를 줄 수 있도록 계획한다.

※ 파사드(facade) 구성에 요구되는 AIDMA법칙
  (구매심리 5단계를 고려한 디자인)
  ㉠ A(주의, attention) : 주목시킬 수 있는 배려
  ㉡ I(흥미, interest) : 공감을 주는 호소력
  ㉢ D(욕망, desire) : 욕구를 일으키는 연상
  ㉣ M(기억, memory) : 인상적인 변화
  ㉤ A(행동, action) : 들어가기 쉬운 구성

16. 전시공간의 특수전시기법에 관한 설명으로 옳지 않은 것은?

① 파노라마 전시는 전체의 맥락이 중요하다고 생각될 때 사용된다.
② 하모니카 전시는 동일 종류의 전시물을 반복하여 전시할 경우에 유리하다.
③ 디오라마 전시는 하나의 사실 또는 주제의 시간 상황을 고정시켜 연출하는 기법이다.
④ 아일랜드 전시는 벽면 전시 기법으로 전체 벽면의 일부만을 사용하며 그림과 같은 미술품 전시에 주로 사용된다.

과년도 출제문제

[해설] 특수전시기법

전시기법	특 징
디오라마 전시	'하나의 사실' 또는 '주제의 시간 상황을 고정'시켜 연출하는 것으로 현장에 임한 듯한 느낌을 가지고 관찰할 수 있는 전시기법
파노라마 전시	벽면전시와 입체물이 병행되는 것이 일반적인 유형으로 넓은 시야의 실경(實景)을 보는 듯한 감각을 주는 전시기법
아일랜드 전시	벽이나 천정을 직접 이용하지 않고 전시물 또는 장치를 배치함으로써 전시공간을 만들어내는 기법으로 대형전시물이나 소형전시물인 경우에 유리하다.
하모니카 전시	전시평면이 하모니카 흡입구처럼 동일한 공간으로 연속되어 배치되는 전시기법으로 동일 종류의 전시물을 반복 전시할 때 유리하다.
영상전시	영상매체는 현물을 직접 전시할 수 없는 경우나 오브제 전시만의 한계를 극복하기 위하여 사용한다.

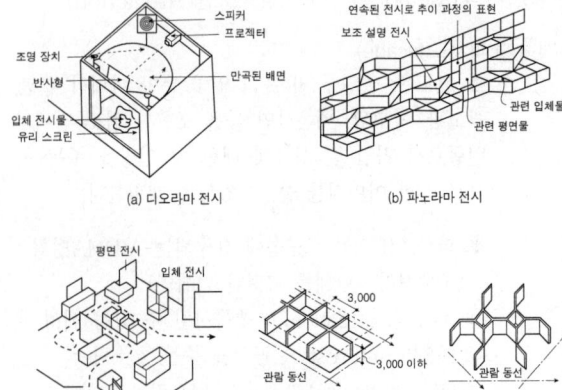

[그림] 특수전시기법

17. 바실리카식 교회당의 각부 명칭과 관계없는 것은?

① 아일(Aisle)
② 파일론(Pylon)
③ 나르텍스(Narthex)
④ 트란셉트(Transept)

[해설] 파일론(Pylon)
이집트 신전 건축의 구성요소로서 성벽과 같은 거대한 대문이다. 거대한 규모로서 신전으로 들어서려는 사람의 기를 한번 꺾어 놓는다.

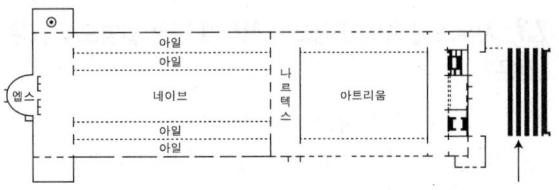

[그림] 바실리카식 교회당

18. 동일한 대지조건, 동일한 단위주호 면적을 가진 편복도형 아파트가 홀형 아파트에 비해 유리한 점은?

① 피난에 유리하다.
② 공용면적이 작다.
③ 엘리베이터 이용효율이 높다.
④ 채광, 통풍을 위한 개구부가 넓다.

[해설] 편복도형(side corridor system, balcony system)
계단 또는 엘리베이터로 각 층에 연결되고 연속된 긴 복도에 의해 각 주호로 출입하는 형식으로 일반적으로 동서를 축으로 하고 있다.
① 장점
  ㉠ 복도 개방시 각 주호의 거주성이 좋으며, 고층·초고층 아파트에 적합하다.
  ㉡ 통풍, 채광이 양호하다.
  ㉢ 엘리베이터 1대당 이용률을 높일 수 있다.
② 단점
  ㉠ 복도가 개방식으로 되어 통풍구, 채광구, 통로에 의해 각 주호의 프라이버시가 침해되기 쉽다.
  ㉡ 복도 개방시 외부에 대해 무방비 상태이므로 위험하다.
  ㉢ 복도 폐쇄시 통풍, 채광이 불리해진다.
  ㉣ 고층 아파트의 경우 난간을 높게 해야 한다.
  ㉤ 공용면적이 커진다.

19. 학교 건축에서 단층교사에 관한 설명으로 옳지 않은 것은?

① 재해 시 피난이 유리하다.
② 학습활동을 실외에 연장할 수 있다.
③ 부지의 이용률이 높으며 설비의 배선, 배관을 집약할 수 있다.
④ 개개의 교실에서 밖으로 직접 출입할 수 있으므로 복도가 혼잡하지 않다.

정답 17. ② 18. ③ 19. ③

[해설] 단층 교사와 다층 교사의 이점

구 분	특 징
단층 교사	• 학습 활동을 실외에 연장할 수 있다. • 계단을 오르내릴 필요가 없으므로 재해 시 피난상 유리하다. • 채광 및 환기에 유리하다. • 개개의 교실에서 밖으로 직접 출입할 수 있으므로 복도가 혼잡하지 않다. • 소음이 큰 작업, 화학약품의 악취 등을 격리시키기 좋다. • 내진, 내풍구조가 용이하다.
다층 교사	• 전기, 급배수, 난방 등의 배선, 배관을 집약할 수 있다. • 치밀한 평면 계획을 할 수 있다. • 대지의 이용률이 높다.

20. 종합병원의 건축형식 중 분관식(pavilion type)에 관한 설명으로 옳지 않은 것은?

① 평면 분산식이다.
② 채광 및 통풍 조건이 좋다.
③ 일반적으로 3층 이하의 저층 건물로 구성된다.
④ 재난 시 환자의 피난이 어려우며 공사비가 높다.

[해설] 분관식(pavilion type)
평면 분산식으로 각 건물은 3층 이하의 저층 건물이며 외래부, 부속 진료부, 병동을 각각 별동으로 하여 분산시키고 복도로 연결시키는 방법으로서 치료와 의사 본위의 병원 형식이다. 각 과별 전용 시설, 진료 시설, 사무실 등이 확보되어야 한다.
㉠ 각 병실을 남향으로 할 수 있어 일조, 통풍 조건이 좋아진다.
㉡ 넓은 대지가 필요하며 설비가 분산적이고 보행 거리가 멀어진다.
㉢ 내부 환자는 주로 경사로를 이용한 보행 또는 들것으로 운반한다.

제2과목 건축시공

21. 콘크리트의 크리프에 관한 설명으로 옳지 않은 것은?

① 습도가 높을수록 크리프는 크다.
② 물-시멘트 비가 클수록 크리프는 크다.
③ 콘크리트의 배합과 골재의 종류는 크리프에 영향을 끼친다.
④ 하중이 제거되면 크리프 변형은 일부 회복된다.

[해설] 콘크리트의 크리프
콘크리트에 하중이 작용하면 그것에 비례하는 순간적인 변형이 생긴다. 그 후에 하중의 증가는 없는데 하중이 지속하여 재하될 경우, 변형이 시간과 더불어 증대하는 현상
㉠ 단위수량이 많을수록 크다.
㉡ 온도가 높을수록 크다.
㉢ 시멘트페이스트가 많을수록 크다.
㉣ 물시멘트비가 클수록 크다.
㉤ 작용응력이 클수록 크다.
㉥ 재하재령이 빠를수록 크다.
㉦ 부재단면이 작을수록 크다.
㉧ 외부 습도가 낮을수록 크다.

※ 하중지속시간
• 처음 28일 동안 : 전체 creep의 50%
• 4개월 내 : 전체 creep의 80%
• 2년 내 : 전체 creep의 90%
• 4~5년 후 : creep 발생 완료

22. 웰포인트 공법에 관한 설명으로 옳지 않은 것은?

① 흙파기 밑면의 토질 약화를 예방한다.
② 진공펌프를 사용하여 토중의 지하수를 강제적으로 집수한다.
③ 지하수 저하에 따른 인접지반과 공동매설물 침하에 주의가 필요하다.
④ 사질지반보다 점토층 지반에서 효과적이다.

[해설] 웰포인트 공법(Well point method)
강제배수공법의 대표적 공법으로 Siemens Wall공법을 개량한 공법이다. 지중에 Pipe를 1~2m간격으로 박고 진공펌프를 사용해서 지하수를 진공흡입 탈수하는 것이며, 용수량이 비교적 많은 굵은 사질층에서 약간 투수층이 나쁜 사질 실트층 정도까지의 지하수를 강제 배수할 수가 있다.
㉠ 장점 : 터파기 공사가 쉽게 되고, 지반의 지내력이 강화되며, 흙막이 토압이 경감된다.
㉡ 단점 : 인접지의 침하를 일으키기 쉽다.

23. 목재의 무늬나 바탕의 재질을 잘 보이게 하는 도장 방법은?

① 유성 페인트 도장
② 에나멜 페인트 도장
③ 합성수지 페인트 도장
④ 클리어 래커 도장

[해설] 클리어 래커(투명락카)
㉠ 질산섬유소(초산섬유소)+수지+휘발성용제
㉡ 목재면의 투명도장, 담색의 우아한 광택이 있다
㉢ 내수성이 적어서 보통내부에 사용한다.

24. 콘크리트 블록(Block) 벽체의 크기가 3×5m일 때 쌓기 모르타르의 소요량으로 옳은 것은?
(단, 블록의 치수는 390×190×190mm, 재료량은 할증이 포함되었으며, 모르타르 배합비는 1:3)

① 0.10m³ ② 0.12m³
③ 0.15m³ ④ 0.18m³

[해설] 블록의 치수 390mm×190mm×190mm 경우 쌓기 모르타르의 소요량은 할증율을 포함하여 1m²당 0.01m³이므로 (3×5)×0.01 = 0.15m³

25. 건설공사현장에서 보통 콘크리트를 KS규격품인 레미콘으로 주문할 때의 요구항목이 아닌 것은?

① 잔골재의 조립율
② 굵은 골재의 최대 치수
③ 호칭강도
④ 슬럼프

[해설] 레디믹스트 콘크리트의 규격
remicon(25 - 30 - 180)
　　　　　①　　②　　③

① : 굵은 골재 최대 치수(25mm)
② : 압축강도(30MPa)
③ : slump값(180mm)

26. 공사 진행의 일반적인 순서로 가장 알맞은 것은?

① 가설공사 → 공사 착공 준비 → 토공사 → 구조체 공사 → 지정 및 기초공사
② 공사 착공 준비 → 가설공사 → 토공사 → 지정 및 기초공사 → 구조체 공사
③ 공사 착공 준비 → 토공사 → 가설공사 → 구조체 공사 → 지정 및 기초공사
④ 공사 착공 준비 → 지정 및 기초공사 → 토공사 → 가설공사 → 구조체 공사

[해설] 계약 체결 후 일반적인 건축공사의 진행순서
공사 착공준비 → 가설공사 → 토공사 → 지정 및 기초공사 → 구조체 공사 → 마감공사

27. 공사관리방법 중 CM계약방식에 관한 설명으로 옳지 않은 것은?

① 대리인형 CM(CM for fee)인 경우 공사품질에 책임을 지며, 품질 문제 발생 시 책임소재가 명확하다.
② 프로젝트의 전 과정에 걸쳐 공사비, 공기 및 시공성에 대한 종합적인 평가 및 설계변경에 대한 효율적인 평가가 가능하여 발주자의 의사결정에 도움이 된다.
③ 설계과정에서 설계가 시공에 미치는 영향을 예측할 수 있어 설계도서의 현실성을 향상시킬 수 있다.
④ 단계적 발주 및 시공의 적용이 가능하다.

해설 CM(건설사업관리, Construction Management)
발주자를 대신하여 설계 및 시공에 필요한 기술과 경험을 바탕으로, 발주자의 의도에 적합하게 완성물을 인도하기 위하여 발주자(건축주), 설계자, 시공자 조정을 목적으로 하는 방식이다.
㉠ 입찰 및 계약관리 업무
㉡ 제네콘(genecon)관리 업무
㉢ 현장조직 관리 업무

※ 공사관리방식(CM : Construction Management)의 단계별 주요 업무 순서
㉠ Pre-Design단계(기획단계) : 사업구상, 사업의 타당성 검토 및 사업수행의 구체적 계획 수립
㉡ Design단계(설계단계) : 비용의 분석 및 VE기법의 도입, 대안공법의 검토
㉢ Pre-Construction단계(입찰·발주단계)
㉣ Construction단계(시공단계) : 설계도면, 시방서에 따른 공사진행 검사 및 검토
㉤ Post-Construction단계(유지관리단계)

28. 건축재료별 수량 산출 시 적용하는 할증률로 옳지 않은 것은?

① 유리 : 1%
② 단열재 : 5%
③ 붉은벽돌 : 3%
④ 이형철근 : 3%

해설 재료의 할증률
- 1% : 유리
- 2% : 시멘트, 칠(도장)
- 3% : 이형철근, 붉은벽돌, 내화벽돌, 타일, 테라코타, 슬레이트, 고장력볼트
- 4% : 블록
- 5% : 원형철근, 시멘트벽돌, 리벳, 볼트, 아스팔트계 타일, 기와
- 7% : 대형형강
- 10% : 강판, 단열재
- 30% : 고온고압기기

29. ALC 패널의 설치공법이 아닌 것은?

① 수직철근 공법
② 슬라이드 공법
③ 커버플레이트 공법
④ 피치 공법

해설 ALC(Autoclaved Light-weight Concrete)는 오토클레이브(autoclave, 강철제 탱크)에 고온(180℃) 고압(0.98MPa) 증기양생한 다공질의 경량 기포 콘크리트이다.
※ ALC 패널의 설치 공법 : 수직철근 보강공법, 슬라이드 공법, 타이플레이트 공법, 커버플레이트 공법, 볼트 조임 공법

30. 다음에서 설명하고 있는 도장결함은?

> 도료를 겹칠 하였을 때 하도의 색이 상도막 표면에 떠올라 상도의 색이 변하는 현상

① 번짐
② 색 분리
③ 주름
④ 핀홀

해설 도료를 겹칠 하였을 때 하도의 색이 상도막 표면에 떠올라 상도의 색이 변하는 현상을 번짐이라고 한다.
※ 건조제 과다·용제의 너무 빠른 증발 : 거품, 핀홀, 균열

31. 유동화콘크리트에 관한 설명으로 옳지 않은 것은?

① 높은 유동성을 가지면서도 단위수량은 보통 콘크리트보다 적다.
② 일반적으로 유동성을 높이기 위하여 화학혼화제를 사용한다.
③ 동일한 단위시멘트량을 갖는 보통콘크리트에 비하여 압축강도가 매우 높다.
④ 일반적으로 건조수축은 묽은 비빔 콘크리트보다 작다.

해설 유동화 콘크리트의 압축강도와 유동화제를 첨가하기 전의 베이스 콘크리트(Base Concrete)의 압축강도는 거의 같다.

※ 유동화 콘크리트
미리 비벼낸 콘크리트에 유동화제를 첨가하고 이것을 교반시켜 유동성을 증대시킨 콘크리트이다.

정답 28. ② 29. ④ 30. ① 31. ③

일반적으로 유동성을 높이기 위하여 화학 혼화제를 사용하는데 유동화제는 고성능감수제의 일종으로 멜라민계, 나프탈렌계 및 변성리그닌계의 것 등이 있다.
㉠ 단위수량 및 시멘트를 저감시킴으로서 건조수축 및 블리딩의 감소한다.
㉡ 수밀성 및 내구성이 향상된다.
㉢ 수화열에 의한 균열이 감소된다.
☞ 건축공사표준시방서에 따른 유동화 콘크리트 공기량의 표준값은 보통 콘크리트의 경우 4.5%이다.

32. 계약 방식 중 단가계약 제도에 관한 설명으로 옳지 않은 것은?

① 실시수량의 확정에 따라서 차후 정산하는 방식이다.
② 긴급공사 시 또는 수량이 불명확할 때 간단히 계약할 수 있다.
③ 설계변경에 의한 수량의 증감이 용이하다.
④ 공사비를 절감할 수 있으며, 복잡한 공사에 적용하는 것이 좋다.

[해설] 단가 도급
단위 공사부분에 대한 단가만을 확정하고 공사가 완료되면 실시수량의 확정에 따라 정산하는 방식으로 긴급을 요하는 공사 또는 공사수량에 불명확 할 때 채택하며, 긴급 공사시 또는 수량 불명시 간단히 계약할 수 있다
㉠ 장점 : 공사의 신속한 착공, 설계변경에 의한 수량 증감의 계산이 용이
㉡ 단점 : 총공사비 예측 곤란, 자재·노무비 등의 절감노력이 결여, 공사비 상승

33. 콘크리트용 골재의 품질에 관한 설명으로 옳지 않은 것은?

① 골재는 청정, 견경하고 유해량의 먼지, 유기불순물이 포함되지 않아야 한다.
② 골재의 입형은 콘크리트의 유동성을 갖도록 한다.
③ 골재는 예각으로 된 것을 사용하도록 한다.
④ 골재의 강도는 콘크리트 내 경화한 시멘트 페이스트의 강도보다 커야 한다.

[해설] 콘크리트용 골재
콘크리트 골재의 모래·자갈은 청정, 강경하고, 내구성이 있고, 화학적, 물리적으로는 안정하고 알모양이 둥글거나 입방체에 가깝고 입도가 적당하고 유기불순물(유해량 이상의 염분, 석탄입자 등)이 포함되지 않아야 하며[유해량은 3% 이하, 잔골재의 염분허용한도는 0.04%(NaCl) 이하], 소요의 내화성 및 내구성을 가진 것이라야 한다.
☞ 골재의 모양 : 콘크리트에 유동성이 있게 하고 공극률이 적어 시멘트를 절약할 수 있는 둥근 것이 좋고 넓거나 길죽한 것, 예각으로 된 것은 좋지 않다.

34. 창호철물과 창호의 연결로 옳지 않은 것은?

① 도어체크(door check) – 미닫이문
② 플로어 힌지(floor hinge) – 자재 여닫이문
③ 크리센트(Crescent) – 오르내리창
④ 레일(rail) – 미서기창

[해설] 도어 체크(Door check)
문 윗틀과 문짝에 설치하여 문이 자동적으로 닫혀지게 하며, 기계장치가 있어 개폐 속도를 조절할 수 있는 장치

※ 창호에 사용되는 창호철물의 연결
㉠ 미닫이문 – 호차와 레일
㉡ 오르내리창 – 크레센트와 창도르래
㉢ 대형접이문 – 도어행거와 갈구리 걸쇠
㉣ 외여닫이문 – 도어클로저와 자유정첩

35. 목구조 재료로 사용되는 침엽수의 특징에 해당하지 않는 것은?

① 직선부재의 대량생산이 가능하다.
② 단단하고 가공이 어려우나 미관이 좋다.
③ 병·충해에 약하여 방부 및 방충처리를 하여야 한다.
④ 수고(樹高)가 높으며 통직하다.

[해설] 침엽수의 특징
  ㉠ 활엽수에 비해 수분함유량이 적으므로 수축이 적다.
  ㉡ 수고(樹高)가 높으며 통직하다.
  ㉢ 병·충해에 약하여 방부 및 방충처리를 하여야 한다.
  ㉣ 일반적으로 활엽수에 비하여 직통대재가 많고 가공이 용이하며, 직선부재의 대량생산이 가능하다.
  ※ ㉠ 침엽수 : 사계절이 있는 온대이북지방에 분포(소나무, 전나무, 삼나무, 측백나무, 낙엽송, 잣나무 등)
  　 ㉡ 활엽수 : 열대에서 온대에 걸쳐 폭 넓게 분포(참나무, 단풍나무, 느티나무, 밤나무, 오동나무 등)

36. 대안입찰제도의 특징에 관한 설명으로 옳지 않은 것은?

① 공사비를 절감할 수 있다.
② 설계상 문제점의 보완이 가능하다.
③ 신기술의 개발 및 축적을 기대할 수 있다.
④ 입찰기간이 단축된다.

[해설] 대안입찰제도
성능발주방식의 일종으로 종래적인 설계도서에 의한 발주에서 도급자가 당초 설계의 기본 방침의 변경 없이 예정가격에 비하여 유리하고 공기단축 등이 가능한 공법 또는 대안을 제시하여 입찰하는 방식이다.
  ① 장점
    ㉠ 공사비 절감
    ㉡ 설계상 문제점의 보완이 가능
    ㉢ 시공자의 기술능력 제고로 부실공사 방지
    ㉣ 신기술 신공법의 개발
  ② 단점
    ㉠ 시공자가 상당한 기술력을 보유하여야 가능
    ㉡ 설계변경에 따른 제반 문제점 조정이 어려우며 설계비 부담
    ㉢ 대안 심의에 기술적 평가문제
    ㉣ 입찰기간의 장기화 우려성

37. 잔류유(찌꺼기)를 저온으로 장시간 증류한 것으로 응집력이 크고 온도에 의한 변화가 적으며 연화점이 높고 안전하여 방수공사에 많이 사용되는 것은?

① 아스팔트 펠트　② 블로운 아스팔트
③ 아스팔타이트　④ 레이크 아스팔트

[해설] 블로운 아스팔트(Blown Aspalt)
  ㉠ 스트레이트 아스팔트에 공기를 혼입하여 가공한 것
  ㉡ 응집력이 크고 온도에 의한 변화가 적으며 연화점이 높고 안전하다.
  ㉢ 지붕방수에 많이 사용된다.(방수용 아스팔트)

38. 지표 재하 하중으로 흙막이 저면 흙이 붕괴되고 바깥에 있는 흙이 안으로 밀려 볼록하게 되어 파괴되는 현상은?

① 히빙(heaving)파괴
② 보일링(boiling)파괴
③ 수동토압(passive earth pressure)파괴
④ 전단(shearing)파괴

[해설] 히빙(heaving)파괴
연약 점토지반에서 굴착에 의한 흙막이 바깥에 있는 흙과 굴착저면 흙의 중량차이로 인해 굴착저면이 불룩하게 되는 현상

※ 보일링(boiling)파괴 : 모래지반에 지하수가 얕게 있든가 흙파기 저면에 피압수가 있을 때 모래입자가 부력을 받아 지반의 지지력이 없어지는 현상으로 주로 모래지반에서 일어난다.

39. 블록조 벽체에 와이어메시를 가로줄눈에 묻어 쌓기도 하는데 이에 관한 설명으로 옳지 않은 것은?

① 전단작용에 대한 보강이다.
② 수직하중을 분산시키는데 유리하다.
③ 블록과 모르타르의 부착성능의 증진을 위한 것이다.
④ 교차부의 균열을 방지하는데 유리하다.

정답　36. ④　37. ②　38. ①　39. ③

[해설] 와이어 메쉬(Wire Mesh)
연강 철선을 격자형으로 짜서 접점을 전기 용접한 것으로 블록을 쌓을 때나 보호 콘크리트를 타설할 때 균열 방지 및 교차 부분을 보강하기 위해 사용한다.

※ 블록조 벽체에 와이어 메시를 가로줄눈에 묻어 쌓는 목적
㉠ 전단작용에 대한 보강
㉡ 수직하중을 분산시키는데 유리
㉢ 교차부의 균열을 방지하는데 유리

40. 건축물 외부에 설치하는 커튼월에 관한 설명으로 옳지 않은 것은?

① 커튼월이란 외벽을 구성하는 비내력벽 구조이다.
② 커튼월의 조립은 대부분 외부에 대형발판이 필요하므로 비계공사가 필수적이다.
③ 공장에서 생산하여 반입하는 프리패브 제품이다.
④ 일반적으로 콘크리트나 벽돌 등의 외장재에 비하여 경량이어서 건물의 전체 무게를 줄이는 역할을 한다.

[해설] 커튼월(curtain wall) 구조
건물의 무게를 지지하는 것은 기둥과 보가 담당하고, 외벽은 단지 건물 내부와 외부라는 공간을 칸막이하는 커튼의 구실만 하도록 한 비내력벽 구조체로 공사시 주로 양중기를 이용하여 설치작업을 하므로 원칙적으로 비계작업을 하지 않는다.

※ 커튼월 공법의 특징
㉠ 외벽의 경량화
㉡ 공업화 제품에 따른 품질 제고
㉢ 가설공사의 절감(가설비계의 감소)
㉣ 공기단축

■■■ 제3과목 건축구조

41. 그림과 같은 정정구조의 CD 부재에서 C, D점의 휨모멘트 값 중 옳은 것은?

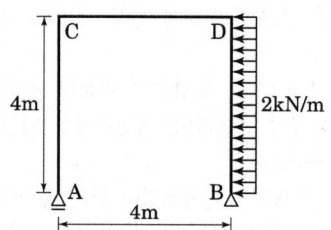

① C점 : 0,   D점 : 16kN·m
② C점 : 16kN·m, D점 : 16kN·m
③ C점 : 0,   D점 : 32kN·m
④ C점 : 32kN·m, D점 : 32kN·m

[해설] 라멘구조 절점 휨모멘트 산정
① 해석의 발상 : C와 D절점의 휨모멘트를 구하기 위해서는 A, B 두 지점 중 어느 지점을 기준으로 풀이할 것인가를 결정하여야 한다. 수평반력과 수직반력을 발생하는 B지점 보다 수직반력만 발생하는 A지점을 기준으로 해석하는 것이 바람직하다.
② A지점의 수직반력을 산정한다.(V_A는 ↑방향가정)
$\Sigma M_B = 0$
$V_A \times 4 - (2 \times 4)\left(4 \times \dfrac{1}{2}\right) = 0$
$\to V_A = \dfrac{1}{4}(2 \times 4 \times 2) = 4(\text{kN})$
③ 구해진 A지점의 수직반력을 활용하여 두 지점의 휨모멘트를 산정한다.
A지점에 수직 반력만 존재하여 반력의 작용선에 위치한 C절점에 휨모멘트는 존재하지 않는다.
AC구간에서
$M_C = 0$
ACD구간에서
$M_D = V_A \times 4 = 4 \times 4 = 16(\text{kN} \cdot \text{m})$

42. 그림과 같은 단면에 전단력 50kN이 가해진 경우 중립축에서 상방향으로 100mm 떨어진 지점의 전단응력은? (단, 전체 단면의 크기는 200×300mm임)

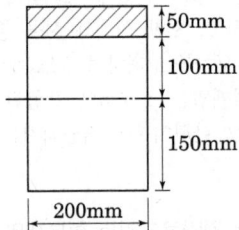

① 0.85MPa ② 0.79MPa
③ 0.73MPa ④ 0.69MPa

[해설] 최대 전단응력도(τ_{max})

해석의 발상 : 4각형 단면의 임의 위치에서 최대 전단응력도는 다음 식에 의하여 산정할 수 있다.

$$\tau_{max} = \frac{V \cdot Q}{I \cdot b} = \frac{(50 \times 10^3)\{(200 \times 50) \times 125\}}{\left(\frac{200 \times 300^3}{12}\right)(200)}$$

$$= 0.694(\text{N/mm}^2 = \text{MPa})$$

※ Q는 문제의 그림에서 중립축에 대한 해칭 부분 단면의 단면1차 모멘트이다.

43. 등가정적해석법에 의한 건축물의 내진설계시 고려해야 할 사항이 아닌 것은?

① 지역계수 ② 노풍도계수
③ 지반종류 ④ 반응수정계수

[해설] 등가정적 해석법

① 해석의 발상 : 밑면전단력(V)

$V = C_s \cdot W$

(단, C_s : 지진응답계수, W : 건물 유효 중량)

② 지진응답계수(C_s)

$$C_s = \frac{S_{D1}}{\left[\frac{R}{I_E}\right]T}$$

S_{D1} : 설계스펙트럼 가속도
R : 반응수정계수
I_E : 건물의 중요도 계수
T : 건물 고유주기

※ 노풍도계수는 풍하중 산정에 필요한 계수이다.

44. 다음 두 보의 최대 처짐량이 같기 위한 등분포하중의 비로 옳은 것은? (단, 부재의 재질과 단면은 동일하며 A부재의 길이는 B부재 길이의 2배임)

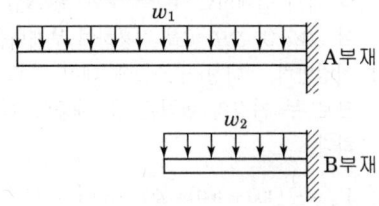

① $w_2 = 2w_1$ ② $w_2 = 4w_1$
③ $w_2 = 8w_1$ ④ $w_2 = 16w_1$

[해설] 캔틸레버의 최대 처짐(δ)

① 해석의 발상 : 등분포하중을 받는 캔틸레버의 최대처짐(δ_{max})은 $\frac{wl^4}{8EI}$ 이다.

② 두 보의 처짐을 구하고 처짐이 동일하다는 조건을 적용하여 등분포하중의 비를 구한다.

$$\delta_A = \frac{w_1(2l)^4}{8EI}$$

$$\delta_B = \frac{w_2 l^4}{8EI}$$

$\delta_A = \delta_B$를 적용하면

$$\frac{16w_1 l^4}{8EI} = \frac{w_2 l^4}{8EI} \rightarrow \therefore 16w_1 = w_2$$

45. 그림과 같은 트러스에서 '가' 및 '나' 부재의 부재력을 옳게 구한 것은? (단, -는 압축력, +는 인장력을 의미한다.)

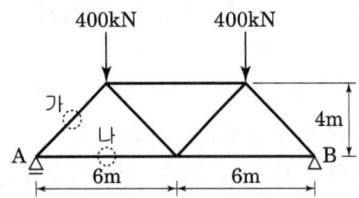

① 가 = -500kN, 나 = 300kN
② 가 = -500kN, 나 = 400kN
③ 가 = -400kN, 나 = 300kN
④ 가 = -400kN, 나 = 400kN

해설 트러스의 해석
① 해석의 발상 : 지점에서 가까운 부재의 부재력을 해석할 때는 절점법이 알맞다. 절점법으로 해석을 하기 위해서는 V_A를 구한 후 A점을 분리하여 $\Sigma V=0$, $\Sigma H=0$를 적용하여 부재력을 구한다.
② 지점반력 : 대칭 구조물에 대칭 하중이 작용하므로 두 지점의 반력은 총 하중의 1/2로 동일하다.

$$V_A = \frac{1}{2}(400+400) = 400(kN) \uparrow$$

③ 「가」부재력(C) : 아래 그림과 같이 지점 A를 분리하여 $\Sigma V=0$를 적용하면

$$\Sigma V = V_A + C\sin\theta = V_A + C \times \frac{4}{5} = 0$$

$$\rightarrow C = -V_A \times \frac{5}{4} = -400 \times \frac{5}{4} = -500(kN)(압축)$$

④ 「나」부재력(D) : $\Sigma H=0$를 적용하면

$$\Sigma H = D - C\cos\theta = D - C \times \frac{3}{5} = 0$$

$$\rightarrow D = C \times \frac{3}{5} = 500 \times \frac{3}{5} = 300(kN)(인장)$$

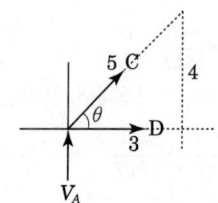

46. 철근콘크리트 구조설계 시 고려하는 강도설계법에 관한 설명으로 옳지 않은 것은?
① 보의 압축측의 응력분포는 사다리꼴, 포물선 등의 형태로 본다.
② 규정된 허용하중이 초과될지도 모를 가능성을 예측하여 하중계수를 사용한다.
③ 재료의 변화, 시공오차 등의 기술적인 면을 고려하여 강도감소계수를 사용한다.
④ 이 설계방법은 탄성이론하에서 이루어진 설계법이다.

해설 철근콘크리트 극한강도설계법
① 해석의 발상 : 극한강도 설계법은 철근과 콘크리트의 극한 강도를 인정하되 건축물 사용 중 하중이 증가될 가능성에 대비하여 하중증가 계수를 적용하고, 또한 설계와 시공 중 발생할 수 있는 각종 오차를 고려하여 강도감소계수를 적용한다.
② 이 설계법은 소성역에 포함된 극한강도를 인정하므로 탄성이론이 적용되지는 않는다.

47. 일반 또는 경량콘크리트 휨부재의 크리프와 건조수축에 의한 추가 장기처짐 산정과 관련하여 5년 이상일 때 지속하중에 대한 시간경과계수 ξ는 얼마인가?
① 2.4
② 2.2
③ 2.0
④ 1.4

해설 장기처짐
① 해석의 발상 : 장기처짐＝순간처짐×λ
(단, $\lambda = \frac{\xi}{1+50\rho'}$)
② 시간경과계수(ξ)
 • 3개월 : 1.0 • 6개월 : 1.2
 • 12개월 : 1.4 • 5년 이상 : 2.0

48. 그림과 같은 앵글(angle)의 유효 단면적으로 옳은 것은? (단, Ls−50×50×6 사용, $a=5.644cm^2$, $d=1.7cm$)

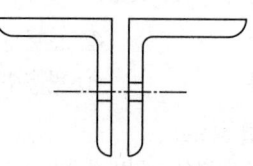

① $8.0cm^2$
② $8.5cm^2$
③ $9.0cm^2$
④ $9.25cm^2$

해설 L형강의 순단면적(유효단면적)
① 해석의 발상 : 순단면적은 총단면적에서 볼트 구멍에 의한 결손 단면적을 감한 단면적이다.
② 순단면적(유효단면적, A_n)
 A_n = 총단면적(A_g)−결손단면적
 $A_n = \{5.644-(0.6\times1.7)\}\times2 = 9.248(cm^2)$
※ 볼트구멍 직경(d_0)은 볼트 직경(d)에 가심 크기를 가산하여야 한다. 문제에 제시한 d는 볼트구멍의 직경으로 간주하여야 한다.(1.5+0.2=1.7cm)

정답 46. ④ 47. ③ 48. ④

49. 3회전단 포물선 아치에 그림과 같이 등분포 하중이 가해졌을 경우 단면상에 나타나는 부재력의 종류는?

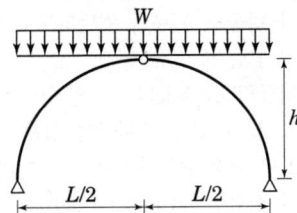

① 전단력, 휨모멘트
② 축방향력, 전단력, 휨모멘트
③ 축방향력, 전단력
④ 축방향력

[해설] 3 Hinge Arch 구조의 부재력
　① 해석의 발상 : Arch구조는 축방향력에 의하여 하중을 지지하는 구조물이다.
　② 3 Hinge Arch 구조의 부재력은 축방향력인 압축력에 의하여 하중을 지지하는 구조물로 전단력과 휨모멘트는 발생하지 않는다.

50. 강재의 응력-변형도 시험에서 인장력을 가해 소성상태에 들어선 강재를 다시 반대 방향으로 압축력을 작용하였을 때의 압축항복점이 소성상태에 들어서지 않은 강재의 압축항복점에 비해 낮은 것을 볼 수 있는데 이러한 현상을 무엇이라 하는가?

① 루더선(Luder's line)
② 소성흐름(Plastic flow)
③ 바우싱거효과(Baushinger's effect)
④ 응력집중(Stress concentration)

[해설] 바우싱거효과(Baushinger's effect)
　① 해석의 발상 : 강재가 소성상태에 이르게 되면 탄성으로 되돌아가지 못하고 영구변형이 발생하게 된다.
　② 재료에 탄성 한계 이상의 인장 하중을 가한 다음에 압축 하중을 가하여 측정된 비례 한계 또는 항복점은 이 재료의 원래 해당 값보다 현저하게 저하하는 현상을 바우싱거효과라 한다.

51. 그림과 같은 압축재에 V – V 축의 세장비 값으로 옳은 것은? (단, $A = 10\text{cm}^2$, $I_v = 36\text{cm}^4$)

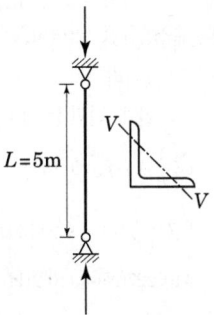

① 270.3　② 263.1
③ 254.8　④ 236.4

[해설] 압축재의 세장비(λ)
　① 해석의 발상 : 좌굴길이(l_k)를 단면2차반경(r)으로 나누면 세장비(λ)이며, 한편 단면2차반경(r)은 단면2차모멘트(I_v)를 단면적으로 나누어 제곱근을 구한 것이다.
　② 세장비(λ)

$$\lambda = \frac{l_k}{r} = \frac{l_k}{\sqrt{\frac{I_v}{A}}} = \frac{1 \times 500}{\sqrt{36/10}} = 263.1$$

52. 강도설계법에 의한 철근콘크리트 보에서 콘크리트만의 설계전단강도는 얼마인가? (단, $f_{ck} = 24\text{MPa}$, $\lambda = 1$)

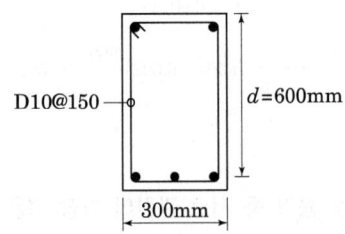

① 31.5kN　② 75.8kN
③ 110.2kN　④ 145.6kN

정답　49. ④　50. ③　51. ②　52. ③

[해설] 콘크리트의 설계전단강도(V_d)
① 해석의 발상 : 콘크리트가 부담 가능한 공칭 전단강도는 단위면적당(mm²) $\frac{1}{6}\lambda\sqrt{f_{ck}}$ 이며, 이 값에 강도감소계수(ϕ)와 단면적($b_w \cdot d$)을 곱하면 설계전단강도(V_d)이다.
② 콘크리트의 설계 전단강도(V_d)
$$\therefore V_d = \phi\left\{\frac{1}{6}\lambda\sqrt{f_{ck}}(b_w \cdot d)\right\}$$
$$= 0.75\left\{\frac{1}{6} \times 1 \times \sqrt{24}(300 \times 600)\right\}$$
$$= 110,227(N) = 110.2(kN)$$

53. 스터럽으로 보강된 휨 부재의 최외단 인장철근의 순인장 변형률 ϵ_t가 0.004일 경우 강도감소계수 ϕ로 옳은 것은? (단, $f_y = 400\text{MPa}$)

① 0.65   ② 0.717
③ 0.783   ④ 0.817

[해설] 변화구간의 강도감소계수
① 해석의 발상 : 인장철근의 순인장 변형률(ϵ_t)이 0.002 이하인 경우 압축지배단면이며, 0.005이상인 경우 인장지배 단면으로 구분된다. 하지만 0.002~0.005의 범위에 해당하는 경우 변화구간으로 정의된다.
② 압축지배단면의 강도감소계수는 0.65, 인장지배 단면의 강도감소계수는 0.85, 변화구간의 강도감소계수는 직선보간(아래 식 참조)하여 구한다.
$$\phi = 0.65 + (\epsilon_t - 0.002)\frac{200}{3}$$
$$= 0.65 + (0.004 - 0.002)\frac{200}{3} = 0.783$$

54. 다음 용어 중 서로 관련이 가장 적은 것은?

① 기둥 - 메탈터치(Metal Touch)
② 인장가새 - 턴버클(Turn buckle)
③ 주각부 - 거셋 플레이트(Gusset Plate)
④ 중도리 - 새그로드(Sag rod)

[해설] 강구조 용어
① 메탈터치(Metal Touch) : 기둥을 이음하는 방식으로 접합면을 직접 접촉시켜 연결하며 접촉면을 따라 하중의 50%가 전달되므로 덧판과 끼움판의 부담을 줄일 수 있다.
② 턴버클(Turn buckle) : 양쪽에 서로 반대 방향으로 달려 있는 수나사를 돌려 양쪽에 이어진 로프나 인장재를 당겨서 조이는 기구
③ 거셋 플레이트(Gusset Plate) : 철골구조의 절점(節點)에 모이는 부재(部材)들을 접합시키는 데 쓰이는 철판으로 계판(繫板)이라고도 하며, 주각부에는 사용하지 않는다.
④ 새그로드(Sag rod) : 철골조 지붕틀을 연결하는 중도리가 휘는 것을 방지하기 위하여 설치되는 부재로서 타이로드, 새그로드, 중도리 연결대 등으로 표현한다.

55. 건축물의 기초구조 설계 시 말뚝재료별 구조세칙으로 옳지 않은 것은?

① 나무말뚝을 타설할 때 그 중심간격은 말뚝머리 지름의 2.5배 이상 또한 600mm 이상으로 한다.
② 기성콘크리트말뚝을 타설할 때 그 중심간격은 말뚝머리지름의 2.5배 이상 또한 1100mm 이상으로 한다.
③ 강재말뚝을 타설할 때 그 중심간격은 말뚝머리의 지름 또는 폭의 2.0배 이상(다만, 폐단강관말뚝에 있어서 2.5배) 또한 750mm 이상으로 한다.
④ 현장타설콘크리트말뚝을 배치할 때 그 중심간격은 말뚝머리 지름의 2.0배 이상 또한 말뚝머리 지름에 1000mm를 더한 값 이상으로 한다.

[해설] 말뚝의 재료별 간격 제한

말뚝종류	간격 세칙	
	직경 기준	최소 간격
나무말뚝	2.5D 이상	600mm 이상
기성콘크리트 말뚝	2.5D 이상	750mm 이상
강재말뚝	2.0D 이상	750mm 이상
현장타설콘크리트 말뚝	2.0D 이상	D+1,000mm 이상

정답 53. ③   54. ③   55. ②

56. 다음 중 한계상태설계법에서 강도 한계상태를 구성하는 요소가 아닌 것은?

① 바닥재의 진동
② 기둥의 좌굴
③ 골조의 불안정성
④ 취성파괴

[해설] 강구조 용어
① 해석의 발상 : 한계상태설계법은 강도한계상태 설계와 사용한계상태 설계로 대별된다.
② 강도한계상태란 구조체가 제 기능을 발휘 못하는 상태로 압축, 인장, 좌굴, 휨, 전단 등의 하중에 대한 지지 능력을 상실한 상태이며, 사용한계상태란 구조기능 저하로 균열, 처짐, 진동 등에 의하여 사용상 부적합한 상태를 의미한다.

57. 볼트의 기계적 등급을 나타내기 위해 표시하는 F8T, F10T, F11T에서 가운데 숫자는 무엇을 의미하는가?

① 휨강도
② 인장강도
③ 압축강도
④ 전단강도

[해설] 고력볼트의 기호
① 해석의 발상 : 고력볼트의 기호는 볼트의 강도를 표현한다.
② 고력볼트 기호의 구성(F10T)

기호	내 용
F	friction grip joint
10	최저인장강도(F_u) =10tf/cm² =1kN/mm² =1,000MPa
T	Tensile strength

58. 그림에서 절점 D는 이동을 하지 않으며, A, B, C는 고정단일 때 C단의 모멘트는? (단, k는 부재의 강비임)

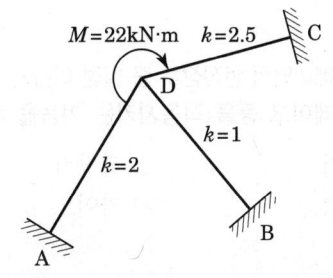

① 4.0kN·m
② 4.5kN·m
③ 5.0kN·m
④ 5.5kN·m

[해설] 모멘트 분배법
① 해석의 발상 : D점에 작용한 모멘트 하중(22kN·m) 중 DC부재로 분배된 모멘트의 1/2이 C단의 도달하게 된다. 이 모멘트의 크기를 C지점의 「도달모멘트」또는 「반력모멘트」라 한다.
② DC부재의 분배 모멘트(M_{DC})
= 모멘트 하중(M)×분배율(F_{DC})
$M_{DC} = 22 \times \dfrac{2.5}{2+1+2.5} = 10(kN \cdot m)$
③ C단의 모멘트(M_{CD})
: 도달모멘트 = 분배모멘트(M_{DC})×$\dfrac{1}{2}$
$M_{CD} = 10 \times \dfrac{1}{2} = 5(kN \cdot m)$

59. 콘크리트 구조 설계 시 철근간격제한에 관한 내용으로 옳지 않은 것은?

① 벽체 또는 슬래브에서 휨 주철근의 간격은 벽체나 슬래브 두께의 3배 이하로 하여야 하고, 또한 450mm 이하로 하여야 한다.
② 상단과 하단에 2단 이상으로 배치된 경우 상하 철근은 동일 연직면 내에 배치되어야 하고, 이 때 상하 철근의 순간격은 25mm 이상으로 하여야 한다.
③ 나선철근 또는 띠철근이 배근된 압축부재에서 축방향 철근의 순간격은 25mm 이상, 또한 철근 공칭 지름의 2.5배 이상으로 하여야 한다.
④ 2개 이상의 철근을 묶어서 사용하는 다발철근은 이형철근으로, 그 개수는 4개 이하이어야 하며, 이들은 스터럽이나 띠철근으로 둘러싸여져야 한다.

[해설] 각종 철근의 간격 제한
① 해석의 발상 : 벽체나 슬래브의 주철근 및 기둥과 보의 스터럽은 일정 간격 이하로 제한하고 기둥과 보의 주철근은 일정 간격 이상으로 제한한다.

정답 56. ① 57. ② 58. ③ 59. ③

② 각종 철근의 간격 제한

말뚝종류	간격 기준	
	주철근	전단보강근 또는 온도철근
벽체	3t, 450mm 이하	수평, 수직철근 동일 적용
슬래브	3t, 450mm 이하	5t, 450mm 이하(1방향 온도철근)
기둥 (압축부재)	1.5D, 40mm 이상	• 16D 이하(D=주철근직경) • 띠철근 지름의 48배 이하 • 기둥 단면의 최소 치수 이하
보(휨, 전단부재)	1.0D, 25mm 이상	• 보 유효춤(d)의 1/2 이하 • 600mm 이하

주) t는 슬래브 또는 벽체의 두께이며, D는 주철근의 직경

※ 문제에서 ②의 내용은 보의 철근 배근에 대한 설명임

60. 단면의 지름이 150mm, 재축방향 길이가 300mm인 원형 강봉의 윗면에 300kN의 힘이 작용하여 재축방향 길이가 0.16mm 줄어들었고, 단면의 지름이 0.02mm 늘어났다면 이 강봉의 탄성계수 E와 푸와송비는?

① 31,830MPa, 0.25
② 31,830MPa, 0.125
③ 39,630MPa, 0.25
④ 39,630MPa, 0.125

해설 탄성계수 및 푸와송비

① 해석의 발상 : hook의 법칙에 의하면 응력도는 변형도와 탄성계수의 곱에 비례한다.($\sigma = E \cdot \epsilon$)

② 응력($\sigma = \dfrac{P}{A}$), 변형율($\epsilon = \dfrac{\Delta l}{l}$)을 적용하면

$\sigma = E \cdot \epsilon \rightarrow \dfrac{P}{A} = E \cdot \dfrac{\Delta l}{l} \rightarrow E = \dfrac{\sigma}{\epsilon} = \dfrac{P \cdot l}{A \cdot \Delta l}$

$E = \dfrac{P \cdot l}{A \cdot \Delta l} = \dfrac{(300 \times 10^3) \times 300}{\left(\dfrac{\pi \times 150^2}{4}\right) \times 0.16}$

$= 31,830.99 (\text{N/mm}^2, \text{MPa})$

③ $v = \dfrac{\beta}{\epsilon} = \dfrac{\dfrac{\Delta d}{d}}{\dfrac{\Delta l}{l}} = \dfrac{l\Delta d}{d\Delta l} = \dfrac{300 \times 0.02}{150 \times 0.16} = 0.25$

제4과목 건축설비

61. 다음 중 변전실 면적 결정 시 영향을 주는 요소와 가장 거리가 먼 것은?

① 수전전압
② 수전방식
③ 발전기 용량
④ 큐비클의 종류

해설 변전실 면적 결정시 영향을 주는 요소에는 수전전압, 변압기용량, 수전방식, 기기의 배치 방법, 큐비클(폐쇄분전반)의 종류 등이 있다.

※ 큐비클(폐쇄분전반) : 차단기·단로기 등의 전력용 개폐기·계기용 변성기, 모선(母線)·접속도체 및 감시제어에 필요한 기기로 된 집합장치

62. 가스사용시설에서 가스계량기의 설치에 관한 설명으로 옳지 않은 것은?

① 전기접속기와의 거리가 최소 30cm 이상이 되도록 한다.
② 전기점멸기와의 거리가 최소 60cm 이상이 되도록 한다.
③ 전기개폐기와의 거리가 최소 60cm 이상이 되도록 한다.
④ 전기계량기와의 거리가 최소 60cm 이상이 되도록 한다.

해설 가스계량기와 전기계량기 및 전기개폐기와의 거리는 60cm 이상, 전기점멸기 및 전기접속기와의 거리는 30cm 이상, 단열조치를 하지 아니한 굴뚝과는 30cm 이상, 절연조치를 하지 아니한 전선과의 거리는 15cm 이상의 거리를 유지하여야 한다.

63. 엘리베이터의 안전장치 중 일정 이상의 속도가 되었을 때 브레이크 등을 작동시키는 기능을 하는 것은?

① 조속기
② 권상기
③ 완충기
④ 가이드 슈

정답 60. ① 61. ③ 62. ② 63. ①

[해설] 엘리베이터의 안전장치
- ㉠ 조속기 : 규정 속도의 120%가 되면 차단
- ㉡ 비상정지장치 : 정격속도의 130~140%에 도달하면 차단
- ㉢ 완충기 : 카와 균형추가 승강로 저부로 낙하할 때 그 충격을 완화시켜 주는 장치
- ㉣ 스토핑 스위치(슬로우다운 스위치, 종점스위치) : 최상, 최하층에서 카 정지 스위치를 잊은 경우 자동 정지
- ㉤ 리밋 스위치(제한스위치) : 스토핑 스위치가 작동하지 않을 때, 제2단위 작동으로 주회로를 차단

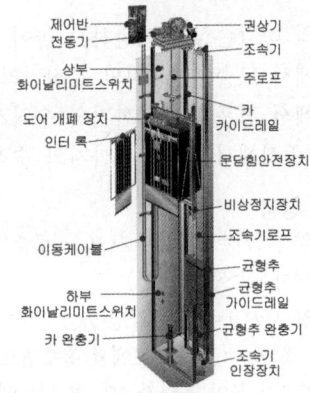

[그림] 엘리베이터

64. 흡음 및 차음에 관한 설명으로 옳지 않은 것은?

① 벽의 차음성능은 투과손실이 클수록 높다.
② 차음성능이 높은 재료는 흡음성능도 높다.
③ 벽의 차음성능은 사용재료의 면밀도에 크게 영향을 받는다.
④ 벽의 차음성능은 동일 재료에서도 두께와 시공법에 따라 다르다.

[해설] 흡음이란 음의 입사 에너지가 열에너지로 변화하는 현상으로 실내 표면에서 입사음의 반사를 감소시키는 것이다. 일반적으로 두께를 늘리면 흡음률이 커진다. 구조체를 이용한 차음은 먼저 소음원측에 대해 흡음처리 등을 통하여 음원의 레벨을 낮추고, 구조체의 차음성능을 높이는 것이 필요하다.

65. 다음 설명에 알맞은 화재의 종류는?

나무, 섬유, 종이, 고무, 플라스틱류와 같은 일반 가연물이 타고 나서 재가 남는 화재

① A급 화재 ② B급 화재
③ C급 화재 ④ K급 화재

[해설] 화재의 종류
- ㉠ 일반화재(A급화재) : 백색
- ㉡ 유류화재(B급화재) : 황색
- ㉢ 전기화재(C급화재) : 청색
- ㉣ 금속화재(D급화재)

※ 일반 화재(A급 화재) : 나무, 섬유, 종이, 고무, 플라스틱류와 같은 일반 가연물이 타고 나서 재가 남는 화재

※ 기름 화재(B급 화재) : 인화성 액체, 가연성 액체, 석유 그리스, 타르, 오일, 유성도료, 솔벤트, 래커, 알코올 및 인화성 가스와 같은 유류가 타고 나서 재가 남지 않는 화재

66. 전기설비에서 다음과 같이 정의되는 장치는?

지락전류를 영상변류기로 검출하는 전류 동작형으로 지락전류가 미리 정해 놓은 값을 초과할 경우, 설정된 시간 내에 회로나 회로의 일부의 전원을 자동으로 차단하는 장치

① 퓨즈 ② 누전차단기
③ 단로스위치 ④ 절환스위치

[해설] 전류차단기
전류차단기는 과전류차단기, 누전차단기, 전류제한기로 구분한다.
- ㉠ 과전류차단기(배선용차단기) : 전기회로가 단락되어 대전류가 흐르거나 접촉저항 등으로 전선로에 열이 발생하거나 2차측 부하측에 일정량 이상의 과부하가 걸려 과전류가 흐르면 차단하는 장치이다.

※ 저압간선에는 그 전선을 보호하기 위하여 전원측에 과전류차단기를 시설하여야 한다.

정답 64. ② 65. ① 66. ②

ⓒ 누전차단기 : 지락전류를 영상변류기로 검출하는 전류동작형으로 지락전류가 미리 정해 놓은 값을 초과할 경우, 설정된 시간 내에 회로나 회로의 일부의 전원을 자동으로 차단하는 장치이다.

67. 급수방식 중 고가수조방식에 관한 설명으로 옳은 것은?

① 급수압력이 일정하다.
② 2층 정도의 건물에만 적용이 가능하다.
③ 위생성 측면에서 가장 바람직한 방식이다.
④ 저수조가 없으므로 단수 시에 급수가 불가능하다.

[해설] 고가수조방식
우물물 또는 수돗물을 일단 지하 저수조에 받아 이것을 양수펌프에 의해 건물 옥상 또는 높은 곳에 가설한 탱크로 양수한 다음, 그 수위를 이용하여 탱크에서 밑으로 세운 급수관에 의해 급수하는 방식이다.
㉠ 급수공급 압력이 일정하고, 취급이 용이하여 대규모 급수에 적합하다.
㉡ 단수시에도 일정량의 급수가 가능하다.
㉢ 수질의 오염가능성이 가장 크다.
㉣ 구조체의 보강이 필요하다.
☞ 일반적으로 고가수조방식에서는 하향급수 배관 방식을 사용한다.

68. 실내 CO_2 발생량이 17L/h, 실내 CO_2 허용농도가 0.1%, 외기의 CO_2 농도가 0.04%일 경우 필요 환기량은?

① 약 28.3m³/h   ② 약 35.0m³/h
③ 약 40.3m³/h   ④ 약 42.5m³/h

[해설] 필요환기량
$$Q = \frac{K}{P_i - P_o}$$
Q : 필요환기량(m³/h)
K : 실내에서의 CO_2 발생량(m³/h)
P_i : CO_2 허용 농도(m³/m³)
P_o : 신선공기CO_2 농도(m³/m³)

※ P_i = 0.1% → 0.001(m³/m³)
P_o = 0.04% → 0.0004(m³/m³)
∴ 환기량 $Q = \frac{K}{P_i - P_o}$
$= \frac{0.017}{0.001 - 0.0004} ≒ 28.3$m³/h

※ 1ppm = 10^{-6}(m³/m³)

69. 급수설비에서 펌프의 실양정이 의미하는 것은? (단, 물을 높은 곳으로 보내는 경우)

① 배관계의 마찰손실에 해당하는 높이
② 흡수면에서 토출수면까지의 수직거리
③ 흡수면에서 펌프축 중심까지의 수직거리
④ 펌프축 중심에서 토출수면까지의 수직거리

[해설] 펌프의 양정
㉠ 전양정(H) = 흡입실양정(H_S) + 토출실양정(H_d) + 관내마찰손실수두(H_f)
㉡ 실양정(H_a) = 흡입실양정(H_S) + 토출실양정(H_d)
※ 전양정(H) : 양수펌프에서 흡수면으로부터 토출수면까지 물이 올라가는데 필요한 에너지
※ 실양정(H_a) : 흡수면에서 토출수면까지의 수직거리로 상하수면의 고저차가 된다.

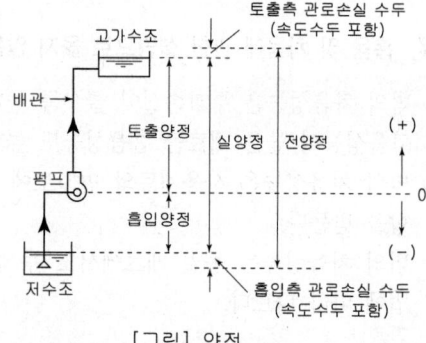

[그림] 양정

70. 다음과 같은 조건에 있는 양수펌프의 축동력은?

[조건]
- 양수량 : 490L/min
- 전양정 : 30m
- 펌프의 효율 : 60%

① 약 3kW ② 약 4kW
③ 약 5kW ④ 약 6kW

해설 펌프 축동력(L_s) = $\dfrac{WQH}{KE}$ [kW] 에서

Q : 양수량[m³/min] → 490L/min = 0.49m³/min
H : 전양정[m] → 30m
W : 액체 1m³의 중량[kg/m³]
　　　→ 물은 1,000kg/m³
E : 효율[%] → 60%
K : 정수[kW] → 6,120

∴ 펌프의 축동력(L_s) = $\dfrac{1,000 \times 0.49 \times 30}{6,120 \times 0.6}$ ≒ 4kW

71. 다음 중 실내를 부압으로 유지하며 실내의 냄새나 유해물질을 다른 실로 흘려 보내지 않으므로 욕실, 화장실 등에 사용되는 환기 방식은?

① 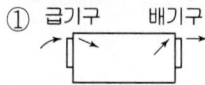　②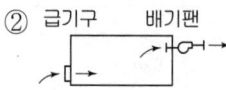

③ 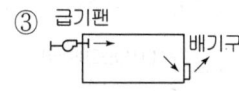　④

해설 제3종 환기(흡출식)
  ㉠ 자연송풍＋강제배풍
  ㉡ 실내의 압력이 부압(－), 실내의 냄새나 유해물질을 다른 실로 흘려보내지 않는다.
  ㉢ 주방, 화장실, 유해가스 발생장소에 사용한다.

72. 자연환기에 관한 설명으로 옳지 않은 것은?

① 외부 풍속이 커지면 환기량은 많아진다.
② 실내외의 온도차가 크면 환기량은 작아진다.
③ 중력환기는 실내외의 온도차에 의한 공기의 밀도차가 원동력이 된다.
④ 자연환기량은 중성대로부터 공기유입구 또는 유출구까지의 높이가 클수록 많아진다.

해설 자연환기
  ㉠ 실내에 쾌적한 공기환경을 조성하기 위해서는 자연환기를 먼저 고려하여야 하고, 건물의 용도 및 필요에 따라 기계환기(제1종, 제2종, 제3종)를 설치한다.
  ㉡ 실내공간에서 이루어지는 자연환기는 공기의 온도차, 압력차, 밀도차에 의한 환기로 이루어진다.
  ㉢ 자연환기량은 풍속이 높거나 실내외의 온도차가 클수록 증가한다.
  ㉣ 공기흡입구와 유출구의 높이의 차이가 클수록 많아진다.
  ㉤ 일반적으로 목조주택이 콘크리트조 주택보다 환기량이 많다.
  ☞ 실내외의 온도차가 클수록 환기량은 많아진다.

73. 고온수 난방방식에 관한 설명으로 옳지 않은 것은?

① 장치의 열용량이 크므로 예열시간이 길게 된다.
② 공급과 환수의 온도차를 크게 할 수 있으므로 열수송량이 크다.
③ 공업용과 같이 고압증기를 다량으로 필요로 할 경우에는 부적당하다.
④ 지역난방에는 이용할 수 없으며 높이가 높고 건축면적이 넓은 단일 건물에 주로 이용된다.

해설 온수 온도에 따른 분류
  ㉠ 저온수식(보통온수식) : 100℃ 미만(65~85℃), 주철제 보일러, 개방식 팽창탱크, 건축의 일반 난방용
  ㉡ 고온수식 : 100℃ 이상(보통100~150℃), 강판제 보일러, 밀폐식 팽창탱크, 지역난방에 적합, 여러 종류의 고압기기 필요, 취급관리가 곤란, 고압으로 인하여 생기는 결점(워터햄머현상), 별로 사용안함

☞ 지역난방은 중앙식 보일러실에서 어떤 지역 내의 여러 건물에 증기 또는 고온수를 보내서 난방하는 방식으로 초기 시설 투자비가 많아지고, 열원기기의 용량 제어가 힘들며, 배관에서의 열손실이 많고, 고도의 숙련된 기술자가 필요한 것이 단점이다.

74. 국소식 급탕방식에 관한 설명으로 옳지 않은 것은?

① 배관의 열손실이 적다.
② 급탕개소와 급탕량이 많은 경우에 유리하다.
③ 급탕개소마다 가열기의 설치 스페이스가 필요하다.
④ 건물 완공 후에도 급탕 개소의 증설이 비교적 쉽다.

해설 개별식(국소식) 급탕방식
㉠ 배관설비 거리가 짧고, 배관 중의 열손실이 적다.
㉡ 수시로 더운 물을 사용할 수 있으며, 고온의 물을 필요시 쉽게 얻을 수 있다.
㉢ 급탕 개소가 적을 경우 시설비가 싸게 든다.
㉣ 주택 등에서는 난방 겸용의 온수보일러를 이용할 수 있다.
㉤ 급탕 개소마다 가열기의 설치공간이 필요하다.
㉥ 주택, 중소 여관, 작은 사무실 등 급탕 개소가 적은 건축물에 적합하다.

75. 어떤 상태의 습공기를 절대습도의 변화없이 건구온도만 상승시킬 때, 습공기의 상태변화로 옳은 것은?

① 엔탈피는 증가한다.
② 비체적은 감소한다.
③ 노점온도는 낮아진다.
④ 상대습도는 증가한다.

해설 습공기를 절대습도의 변화 없이 건구온도만 상승한다는 의미는 습공기선도상의 현열 가열을 말한다. 이 때 상대습도는 감소하며, 엔탈피는 증가한다. 또한 절대습도의 변화가 없으므로 노점온도는 일정하고, 비체적은 증가한다.
※ 노점온도는 포화공기(상대습도 100%)선에 있으며 절대습도와 같은 평행선상에 있다.

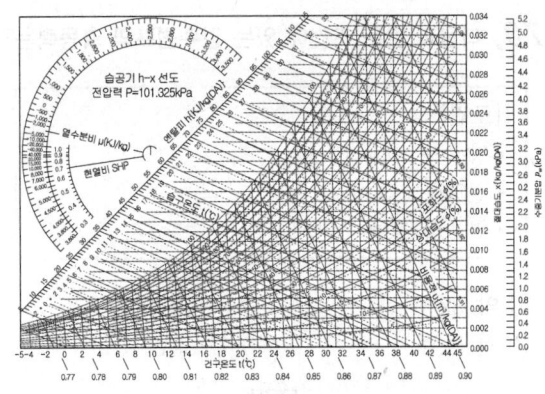

[그림] 습공기 선도

76. 다음 중 옥내의 노출된 건조한 장소에 시설할 수 없는 배선 방법은? (단, 사용전압이 400V 미만인 경우)

① 금속관 배선
② 버스덕트 배선
③ 가요전선관 배선
④ 플로어덕트 배선

해설 플로어 덕트 공사
㉠ 옥내의 건조한 콘크리트 바닥면에 매입 사용된다.
㉡ 콘크리트 바닥 속에 설치해서 「커튼 월(curtain wall)」 설치시나 선풍기, 전화기, 전열기 등의 이용에 편리하도록 한 옥내배선방법이다.
㉢ 사무용 빌딩에 채용되고 있으며 강·약전을 동시에 배선할 수 있는 2로, 3로 방식이 가능하다.

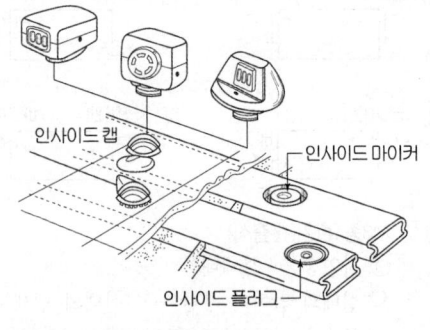

[그림] 플로어덕트 공사

정답 74. ② 75. ① 76. ④

77. 다음과 같은 조건에서 실내에 500W의 열을 발산하는 기기가 있을 때, 이 열을 제거하기 위한 필요환기량은?

[조건]
- 실내온도 : 20℃
- 환기온도 : 10℃
- 공기의 정압비열 : 1.01kJ/kg·K
- 공기의 밀도 : 1.2kg/m³

① 41.3m³/h ② 148.5m³/h
③ 413m³/h   ④ 1485m³/h

해설 발열량에 의한 환기량 계산

$$H_s = \rho Q C(t_i - t_o) \ [kJ/h]$$

H_s : 실의 현열부하[kJ/h]
ρ : 공기의 밀도[1.2kg/m³]
Q : 환기량[m³/h]
C : 공기의 정압비열[1.01kJ/kg·K]
t_i : 실내 공기온도[℃]
t_o : 송풍 공기온도[℃]

$$Q = \frac{H_s}{\rho C(t_i - t_o)} = \frac{500 \times 3.6}{1.2 \times 1.01 \times (20-10)} = 148.5 m^3/h$$

78. 전기샤프트(ES)에 관한 설명으로 옳지 않은 것은?

① 각 층마다 같은 위치에 설치한다.
② 전력용과 정보통신용은 공용으로 사용해서는 안 된다.
③ 전기샤프트의 면적은 보, 기둥 부분을 제외하고 산정한다.
④ 현재 장비 이외에 장래의 배선 등에 대한 여유성을 고려한 크기로 한다.

해설 전기 샤프트(ES)의 계획 시 고려사항
㉠ 각 층마다 같은 위치에 설치한다.
㉡ 전기샤프트의 면적은 보, 기둥 부분을 제외하고 산정한다.
㉢ 기기의 배치와 유지보수에 충분한 공간으로 하고, 건축적인 마감을 실시한다.
㉣ 현재 장비 이외에 장래의 배선 등에 대한 여유성을 고려한 크기로 한다.
㉤ 점검구는 유지·보수시 기기의 반출입이 가능하도록 하여야 하며, 폭은 90cm 이상으로 한다.
㉥ 공급대상 범위의 배선거리, 전압강하 등을 고려하여 전력부하설비 시설 위치의 중앙에 위치하도록 한다.
※ 전력용과 정보통신용과 같이 용도별로 구분하여 설치하되, 작은 규모일 경우는 공용으로 사용한다.

79. 조명설비의 광원 중 할로겐 램프에 관한 설명으로 옳지 않은 것은?

① 휘도가 낮다.
② 백열전구에 비해 수명이 길다.
③ 연색성이 좋고 설치가 용이하다.
④ 흑화가 거의 일어나지 않고 광속이나 색온도의 저하가 극히 적다.

해설 할로겐 램프
㉠ 백열전구보다 수명이 2~3배 정도 길다.
㉡ 유리구 내벽의 흑화현상(黑化現象)이 거의 일어나지 않는다.
㉢ 연색성이 좋고, 설치가 용이하다.
㉣ 광속이나 색온도의 저하가 적다.
㉤ 휘도가 높고, 색상은 주광색에 가깝다.
㉥ 높은 천정, 단관형은 영사기용, 자동차 헤드라이트용, 스포트라이트용 광원으로 사용된다.

80. 다음 중 냉방부하 계산 시 현열만을 고려하는 것은?

① 인체의 발생열량
② 벽체로부터의 취득열량
③ 극간풍에 의한 취득열량
④ 외기의 도입으로 인한 취득열량

해설 냉방부하를 계산할 때 현열과 잠열을 동시에 계산해 주어야 할 부하요소
㉠ 극간풍(틈새바람)에 의한 취득열량
㉡ 인체의 발생열량
㉢ 기구로부터의 발생열량
㉣ 외기의 도입으로 인한 취득열량

정답 77. ② 78. ② 79. ① 80. ②

과년도 출제문제

제5과목 건축관계법규

81. 다음의 피난계단의 설치에 관한 기준 내용 중 ( ) 안에 들어갈 내용으로 옳은 것은?

> 5층 이상 또는 지하 2층 이하인 층에 설치하는 직통계단은 피난계단 또는 특별피난계단으로 설치하여야 하는데, ( )의 용도로 쓰는 층으로부터의 직통계단은 그 중 1개소 이상을 특별피난계단으로 설치하여야 한다.

① 의료시설   ② 숙박시설
③ 판매시설   ④ 교육연구시설

[해설] 5층 이상 또는 지하 2층 이하인 층에 설치하는 직통계단은 피난계단 또는 특별피난계단으로 설치하여야 하는데, 판매시설의 용도로 쓰는 층으로부터의 직통계단은 그 중 1개소 이상을 특별피난계단으로 설치하여야 한다.

82. 200m²인 대지에 10m²의 조경을 설치하고 나머지는 건축물의 옥상에 설치하고자 할 때 옥상에 설치하여야 하는 최소 조경면적은?

① 10m²   ② 15m²
③ 20m²   ④ 30m²

[해설] 조경면적 = 200m² × 0.1 = 20m² (전체조경면적)
㉠ 지상층의 조경면적 = 10m²
㉡ 옥상조경면적 10m² = A × 2/3
  A = 15m² (10m²를 대지안의 조경면적으로 산정)
※ 옥상조경면적의 2/3를 대지안의 조경면적으로 산정한다.(지상층 조경면적의 1/2를 초과할 수 없다.)

83. 공동주택을 리모델링이 쉬운 구조로 하여 건축허가를 신청할 경우 100분의 120의 범위에서 완화하여 적용받을 수 없는 것은?

① 대지의 분할 제한
② 건축물의 용적률
③ 건축물의 높이제한
④ 일조 등의 확보를 위한 건축물의 높이 제한

[해설] 리모델링에 대비한 특례
리모델링이 쉬운 구조의 공동주택에 대하여 다음의 기준을 완화하여 적용할 수 있다.

1. 용적률	120/100 범위 안에서 완화하여 적용
2. 건축물의 높이제한	
3. 일조권	

☞ 리모델링 : 리모델링이란 건축물의 노후화를 억제하거나 기능 향상 등을 위하여 대수선하거나 일부 증축 또는 개축하는 행위를 말한다.

84. 방화와 관련하여 같은 건축물에 함께 설치할 수 없는 것은?

① 의료시설과 업무시설 중 오피스텔
② 위험물 저장 및 처리시설과 공장
③ 위락시설과 문화 및 집회시설 중 공연장
④ 공동주택과 제2종 근린생활시설 중 다중생활시설

[해설] 방화에 장애가 되는 용도제한
① 같은 건축물 안에는 ㉮ 용도와 ㉯ 용도의 건축물을 함께 설치할 수 없다.

대상 건축물
㉮ 의료시설, 노유자시설(아동관련시설 및 노인복지시설만 해당), 장례식장 또는 공동주택, 산후조리원
㉯ 위락시설, 위험물저장 및 처리시설, 공장, 자동차관련시설(정비공장만 해당)

② 다음에 해당하는 용도의 시설은 같은 건축물에 함께 설치할 수 없다.
㉠ 노유자시설 중 아동관련시설 또는 노인복지시설과 판매시설 중 도매시장 또는 소매시장
㉡ 단독주택(다중주택, 다가구주택에 한정), 공동주택, 제1종 근린생활시설 중 조산원·산후조리원과 제2종 근린생활시설 중 다중생활시설

85. 노외주차장 내부 공간의 일산화탄소 농도는 주차장을 이용하는 차량이 가장 빈번한 시각의 앞뒤 8시간의 평균치가 몇 ppm 이하로 유지되어야 하는가?

① 80ppm   ② 70ppm
③ 60ppm   ④ 50ppm

정답 81. ③ 82. ② 83. ① 84. ④ 85. ④

[해설] 노외주차장 내부공간의 환기 : 실내 일산화탄소(CO) 농도는 차량 이용이 빈번한 전후 8시간의 평균치가 50ppm 이하(다중이용시설 등의 실내공기질관리법 규정에 의한 실내주차장은 25ppm 이하)가 되도록 한다.

86. 두 도로의 너비가 각각 6m이고 교차각이 90°인 도로의 모퉁이에 위치한 대지의 도로 모퉁이 부분의 건축선은 그 대지에 접한 도로 경계선의 교차점으로부터 도로 경계선에 따라 각각 얼마를 후퇴한 두 점을 연결한 선으로 하는가?

① 후퇴하지 아니한다.
② 2m
③ 3m
④ 4m

[해설] 도로모퉁이에서의 건축선
교차되는 너비 8m 미만인 도로의 모퉁이에 위치한 대지의 도로모퉁이부분의 건축선은 도로경계선의 교차점으로부터 도로경계선에 따라 다음 표에 의한 거리를 각각 후퇴한 두 점을 연결한 선으로 한다.
① 너비 8m 미만의 도로에 접한 대지 모퉁이부분에 적용된다.
② 대지의 도로모퉁이부분의 건축선은 대지에 접한 도로경계선의 교차점으로부터 도로경계선을 따라 다음 표에 의한 거리를 각각 후퇴한 두 점을 연결한 선으로 한다.

도로의 교차각	해당 도로의 너비		교차되는 도로의 너비
	6m 이상 8m 미만	4m 이상 6m 미만	
90° 미만	4m	3m	6m 이상, 8m 미만
	3m	2m	4m 이상, 6m 미만
90° 이상, 120° 미만	3m	2m	6m 이상, 8m 미만
	2m	2m	4m 이상, 6m 미만

87. 문화재·전통사찰 등 역사·문화적으로 보존가치가 큰 시설 및 지역의 보호와 보존을 위하여 필요한 지구는?

① 생태계보존지구
② 역사문화미관지구
③ 중요시설물보존지구
④ 역사문화환경보호지구

[해설] 보호지구
문화재, 중요 시설물 및 문화적·생태적으로 보존가치가 큰 지역의 보호와 보존
㉠ 역사문화환경보호지구 : 문화재·전통사찰 등 역사·문화적으로 보존가치가 큰 시설 및 지역의 보호 및 보존
㉡ 중요시설물보호지구 : 국방상 또는 안보상 중요한 시설물의 보호와 보존
㉢ 생태계보호지구 : 야생동식물서식처 등 생태적으로 보존가치가 큰 지역의 보호와 보존

88. 건축물의 바깥쪽에 설치하는 피난계단의 구조에서 피난층으로 통하는 직통계단의 최소유효 너비 기준이 옳은 것은?

① 0.7m 이상
② 0.8m 이상
③ 0.9m 이상
④ 1.0m 이상

[해설] 건축물 바깥쪽에 설치하는 피난계단의 구조(옥외피난계단)
㉠ 계단은 그 계단으로 통하는 출입구 외의 창문 등으로부터 2m 이상 거리를 두고 설치할 것
[예외] 망입유리 붙박이창으로서 그 면적이 각각 1m² 이하인 것
㉡ 옥내로부터 계단으로 통하는 출입구에는 60+방화문 또는 60분방화문을 설치할 것
㉢ 계단의 유효너비는 0.9m 이상으로 할 것
㉣ 계단은 내화구조로 하고 지상까지 직접 연결되도록 할 것
㉤ 돌음계단으로 해서는 안 된다.

과년도출제문제

89. 상업지역 및 주거지역에서 건축물에 설치하는 냉방시설 및 환기시설의 배기구를 설치하는 높이 기준으로 옳은 것은?

① 도로면으로부터 1.5m 이상
② 도로면으로부터 2.0m 이상
③ 건축물 1층 바닥에서 1.5m 이상
④ 건축물 1층 바닥에서 2.0m 이상

[해설] 상업지역 및 주거지역에서 도로(막다른 도로로서 그 길이가 10m 미만인 경우 제외)에 접한 대지의 건축물에 설치하는 냉방시설 및 환기시설의 배기구는 도로면으로부터 2m 이상의 위치에 설치하거나 배기장치의 열기가 보행자에게 직접 닿지 아니하도록 설치하여야 한다.

90. 국토의 계획 및 이용에 관한 법령에 따른 기반시설 중 공간시설에 속하지 않는 것은?

① 녹지   ② 유원지
③ 유수지   ④ 공공공지

[해설] 기반시설
다음의 시설(해당 시설 그 자체의 기능발휘와 이용을 위하여 필요한 부대시설 및 편익시설 포함)로서 대통령령이 정하는 시설을 말한다.

구 분	기반시설의 범위
① 교통시설	도로·철도·항만·공항·주차장·자동차정류장·궤도·삭도·운하, 자동차 및 건설기계검사시설, 자동차 및 건설기계운전학원
② 공간시설	광장·공원·녹지·유원지·공공공지
③ 유통·공급시설	유통업무설비, 수도·전기·가스·열공급설비, 방송·통신시설, 공동구·시장, 유류저장 및 송유설비
④ 공공·문화체육시설	학교·운동장·공공청사·문화시설·체육시설·도서관·연구시설·사회복지시설·공공직업훈련시설·청소년수련시설
⑤ 방재시설	하천·유수지·저수지·방화설비·방풍설비·방수설비·사방설비·방조설비
⑥ 보건위생시설	화장장·공동묘지·봉안시설·자연장지·장례식장·도축장·종합의료시설
⑦ 환경기초시설	하수도·폐기물처리시설·수질오염방지시설·폐차장

91. 태양열을 주된 에너지원으로 이용하는 주택의 건축면적 산정의 기준이 되는 것은?

① 외벽 중 내측 내력벽의 중심선
② 외벽 중 외측 비내력벽의 중심선
③ 외벽 중 내측 내력벽의 외측 외곽선
④ 외벽 중 외측 비내력벽의 외측 외곽선

[해설] 태양열을 주된 에너지원으로 이용하는 주택과 단열재를 구조체의 외기측에 설치하는 단열공법으로 건축된 건축물의 건축면적은 건축물의 외벽 중 내측 내력벽의 중심선을 기준으로 한다.

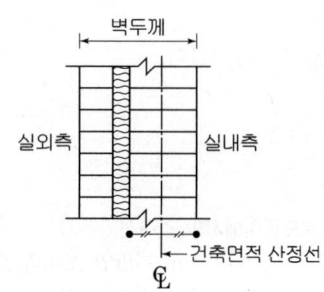

[그림] 태양열 주택의 건축면적 산정시 외벽의 중심선 위치

92. 건축법령상 건축물과 해당 건축물의 용도가 옳게 연결된 것은?

① 의원 - 의료시설
② 도매시장 - 판매시설
③ 유스호스텔 - 숙박시설
④ 장례식장 - 묘지관련시설

[해설] ① 의원 - 제1종 근린생활시설
③ 유스호스텔 - 수련시설
④ 장례식장 - 장례식장

93. 건축물의 면적·높이 및 층수 등의 산정 기준으로 틀린 것은?

① 대지면적은 대지의 수평투영면적으로 한다.
② 건축면적은 건축물의 외벽의 중심선으로 둘러싸인 부분의 수평투영면적으로 한다.

정답 89. ② 90. ③ 91. ① 92. ② 93. ④

③ 바닥면적은 건축물의 각 층 또는 그 일부로서 벽, 기둥, 그 밖에 이와 비슷한 구획의 중심선으로 둘러싸인 부분의 수평투영면적으로 한다.
④ 연면적은 하나의 건축물 각 층의 거실면적의 합계로 한다.

[해설] 연면적
① 하나의 건축물의 각층 바닥면적 합계로 한다.
② 용적률 산정시 연면적 산정방법
 ㉠ 동일 대지 안에 2동 이상의 건축물이 있는 경우에는 그 연면적의 합계로 한다.
 ㉡ 지하층 면적은 연면적에서 제외한다.
 ㉢ 지상층의 주차용(해당 건축물의 부속용도인 경우만 해당)으로 쓰는 면적은 연면적에서 제외한다.
 ㉣ 초고층·준초고층의 피난안전구역의 면적은 연면적에서 제외한다.
 ㉤ 경사지붕 아래에 설치하는 대피공간의 면적은 제외된다.

94. 건축물의 출입구에 설치하는 회전문의 설치 기준으로 틀린 것은?

① 계단이나 에스컬레이터로부터 2m 이상의 거리를 둘 것
② 회전문의 회전속도는 분당회전수가 15회를 넘지 아니하도록 할 것
③ 출입에 지장이 없도록 일정한 방향으로 회전하는 구조로 할 것
④ 회전문의 중심축에서 회전문과 문틀 사이의 간격을 포함한 회전문 날개 끝부분까지의 길이는 140cm 이상이 되도록 할 것

[해설] 회전문의 설치
 ㉠ 계단이나 에스컬레이터로부터 2m 이상의 거리를 둘 것
 ㉡ 회전문의 중심축에서 회전문과 문틀 사이의 간격을 포함한 회전문날개 끝부분까지의 길이는 140cm 이상이 되도록 할 것
 ㉢ 회전문의 회전속도는 분당회전수가 8회를 넘지 아니하도록 할 것

95. 국토의 계획 및 이용에 관한 법령상 개발행위 허가를 받지 아니하여도 되는 경미한 행위기준으로 틀린 것은?

① 지구단위계획구역에서 무게 100t 이하, 부피 50m³ 이하, 수평투영면적 25m² 이하인 공작물의 설치
② 조성이 완료된 기존 대지에 건축물이나 그 밖의 공작물을 설치하기 위한 토지의 형질변경 (절토 및 성토 제외)
③ 지구단위계획구역에서 채취면적이 25m² 이하인 토지에서의 부피 50m³ 이하의 토석 채취
④ 녹지지역에서 물건을 쌓아놓는 면적이 25m² 이하인 토지에 전체무게 50t 이하, 전체부피 50m³ 이하로 물건을 쌓아놓는 행위

[해설] 도시지역 또는 지구단위계획구역에서 무게 50t 이하, 부피 50m³ 이하, 수평투영면적 25m² 이하인 공작물의 설치는 개발행위 허가를 받지 아니하여도 되는 경미한 행위기준에 해당한다.

96. 특별건축구역의 지정과 관련한 아래의 내용에서 밑줄 친 부분에 해당하지 않는 것은?

> 국토교통부장관 또는 시·도지사는 다음 각 호의 구분에 따라 도시나 지역의 일부가 특별 건축구역으로 특례 적용이 필요하다고 인정하는 경우에는 특별건축구역을 지정할 수 있다.
> 1. 국토교통부장관이 지정하는 경우
> 가. 국가가 국제행사 등을 개최하는 도시 또는 지역의 사업구역
> 나. 관계법령에 따른 국가정책사업으로서 대통령령으로 정하는 사업구역

① 「도로법」에 따른 접도구역
② 「도시개발법」에 따른 도시개발구역
③ 「택지개발촉진법」에 따른 택지개발사업구역
④ 「혁신도시 조성 및 발전에 관한 특별법」에 따른 혁신도시의 사업구역

[해설] 특별건축구역의 대상 사업구역(국토교통부장관이 지정하는 경우)
1. 관계 법령에 따른 국가정책사업으로서 조화롭고 창의적인 건축을 위한 다음의 사업구역
   ㉠ 행정중심복합도시의 사업구역
   ㉡ 혁신도시의 사업구역
   ㉢ 경제자유구역
   ㉣ 택지개발사업구역
   ㉤ 공공주택지구
   ㉥ 도시개발구역
   ㉦ 국립아시아문화전당 건설사업구역
   ㉧ 지구단위계획구역 중 현상설계 등에 따른 창의적 개발을 위한 특별계획구역
2. 그 밖에 대통령령으로 정하는 도시 또는 지역의 사업구역

※ 대상 구역의 제외
   ㉠ 개발제한구역   ㉡ 자연공원
   ㉢ 접도구역   ㉣ 보전산지

97. 주거용 건축물 급수관의 지름 산정에 관한 기준 내용으로 틀린 것은?

① 가구 또는 세대수가 1일 때 급수관 지름의 최소기준은 15mm이다.
② 가구 또는 세대수가 7일 때 급수관 지름의 최소기준은 25mm이다.
③ 가구 또는 세대수가 18일 때 급수관 지름의 최소기준은 50mm이다.
④ 가구 또는 세대의 구분이 불분명한 건축물에 있어서는 주거에 쓰이는 바닥면적의 합계가 $85m^2$ 초과 $150m^2$ 이하인 경우는 3가구로 산정한다.

[해설] 주거용 건축물 급수관의 지름 기준

가구 또는 세대수	1	2~3	4~5	6~8	9~16	17 이상
급수관 최소지름	15	20	25	32	40	50

※ 가구수나 세대수가 불분명한 경우 주거에 쓰이는 바닥면적의 합계에 따라 가구수를 산정
① 바닥면적 $85m^2$ 이하 : 1가구
② 바닥면적 $85m^2$ 초과, $150m^2$ 이하 : 3가구
③ 바닥면적 $150m^2$ 초과, $300m^2$ 이하 : 5가구
④ 바닥면적 $300m^2$ 초과, $500m^2$ 이하 : 16가구
⑤ 바닥면적 $500m^2$ 초과 : 17가구

98. 국토의 계획 및 이용에 관한 법령상 일반상업지역 안에서 건축할 수 있는 건축물은?

① 묘지 관련 시설
② 자원순환 관련 시설
③ 의료시설 중 요양병원
④ 자동차 관련 시설 중 폐차장

[해설] 의료시설(병원, 격리병원)은 일반상업지역 안에서 국토의 계획 및 이용에 관한 법률 시행령에서 건축허용 된다.
① 묘지관련시설 : 건축금지
② 자원순환관련시설 : 건축금지
④ 자동차관련시설 중 폐차장 : 건축금지

※ 의료시설
   ㉠ 병원 : 종합병원, 병원, 치과병원, 한방병원, 정신병원, 요양병원
   ㉡ 격리병원 : 전염병원, 마약진료소 등

99. 비상용승강기 승강장의 구조 기준에 관한 내용으로 틀린 것은?

① 승강장은 각층의 내부와 연결될 수 있도록 한다.
② 벽 및 반자가 실내에 접하는 부분의 마감 재료는 불연재료로 하여야 한다.
③ 피난층에 있는 승강장의 경우 내부와 연결되는 출입구에는 60+방화문 또는 60분방화문을 반드시 설치하여야 한다.
④ 옥내에 설치하는 승강장의 바닥면적은 비상용 승강기 1대에 대하여 $6m^2$ 이상으로 하여야 한다.

[해설] 승강장은 피난층을 제외한 각층의 내부와 연결될 수 있도록 하되, 그 출입구(승강로의 출입구 제외)에는 60+방화문 또는 60분방화문을 설치할 것

정답 97. ② 98. ③ 99. ③

100. 부설주차장의 설치대상 시설물 종류에 따른 설치기준이 틀린 것은?

① 골프장 – 1홀당 10대
② 위락시설 – 시설면적 80m²당 1대
③ 판매시설 – 시설면적 150m²당 1대
④ 숙박시설 – 시설면적 200m²당 1대

[해설] 부설주차장의 설치기준(시설면적에 따른 기준)
  ㉠ 위락시설 : 시설면적 100m²당 1대
  ㉡ 문화 및 집회시설(관람장을 제외)·종교시설·판매시설·운수시설·의료시설(정신병원·요양소 및 격리병원을 제외)·운동시설(골프장·골프연습장 및 옥외수영장을 제외)·업무시설(외국공관 및 오피스텔을 제외)·방송통신시설 중 방송국·장례식장 : 시설면적 150m²당 1대
  ㉢ 제1종 및 제2종 근린생활시설·숙박시설 : 시설면적 200m²당 1대
  ㉣ 기타 건축물 : 시설면적 300m²당 1대
  ㉤ 수련시설·공장(아파트형은 제외)·발전시설 : 시설면적 350m²당 1대
  ㉥ 창고시설 : 시설면적 400m²당 1대
  ☞ 부설주차장의 설치기준(시설면적에 따른 기준)에서 최소 설치대수가 가장 많은 시설물은 위락시설이다.

정답 100. ②

과년도출제문제

2020. 3회 건축기사

■■■ 제1과목 건축계획

1. 극장의 평면형식에 관한 설명으로 옳지 않은 것은?

① 애너리형에서 무대 배경은 주로 낮은 가구로 구성된다.
② 프로시니엄형은 픽쳐 프레임 스테이지형이라고도 불리운다.
③ 오픈 스테이지형은 객관석이 무대의 대부분을 둘러싸고 있는 형식이다.
④ 프로시니엄형은 가까운 거리에서 관람하게 되며, 가장 많은 관객을 수용할 수 있다.

[해설] 프로세니움(proscenium)형
프로세니움(proscenia) 벽이 연기 공간과 관객 공간을 분리하여 프로세니움 아치의 개구부를 통해 무대를 보는 가장 일반적인 형식이다.
① 강연, 콘서트, 독주, 연극 등에 가장 좋다.
② 연기자가 일정한 방향으로만 관객을 대하게 된다.
③ 투시도법을 무대 공간에 응용함으로써 발생한 것으로, 연극의 내용을 한정된 고정액자 속에서 보는 듯한 하나의 구성화(構成畫)와 같은 느낌이 들게 한다.
④ 배경은 한 폭의 그림과 같은 느낌을 주게 되어 전체적인 통일의 효과를 얻는 데 가장 좋은 형태이다.
⑤ 연기자와 관객의 접촉면이 한정되어 있으므로 많은 관람석을 두려면 거리가 멀어져 객석 수용 능력에 있어서 제한을 받는다.
⑥ 이러한 프로세니움형은 picture frame stage라고도 불리운다.

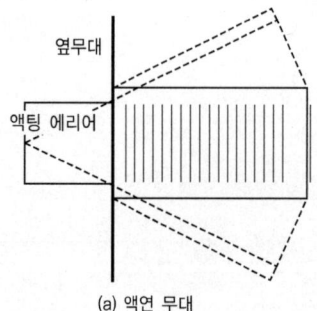
(a) 액연 무대

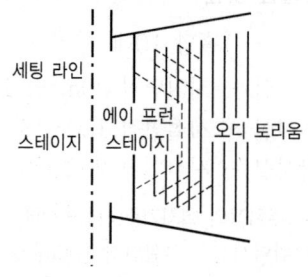
(b) 액연 무대에 에이프런 스테이지가 붙은 형
[그림] 픽쳐 프레임 스테이지

☞ 애리너(arena)형 : 가까운 거리에서 관람하면서 가장 많은 관객을 수용할 수 있다.

2. 주택의 평면과 각 부위의 치수 및 기준척도에 관한 설명으로 옳지 않은 것은?

① 치수 및 기준척도는 안목치수를 원칙으로 한다.
② 거실 및 침실의 평면 각 변의 길이는 10cm를 단위로 한 것을 기준척도로 한다.
③ 거실 및 침실의 층높이는 2.4m 이상으로 하되, 5cm를 단위로 한 것을 기준척도로 한다.
④ 계단 및 계단참의 평면 각 변의 길이 또는 너비는 5cm를 단위로 한 것을 기준척도로 한다.

[해설] 주택의 평면과 각 부위의 치수 및 기준척도
㉠ 치수 및 기준척도는 안목치수를 원칙으로 할 것
㉡ 거실 및 침실의 평면 각변의 길이는 5cm를 단위로 한 것을 기준척도로 할 것
㉢ 부엌·식당·욕실·화장실·복도·계단 및 계단참 등의 평면 각 변의 길이 또는 너비는 5cm를 단위로 한 것을 기준척도로 할 것
㉣ 거실 및 침실의 반자높이(반자를 설치하는 경우만 해당)는 2.2m 이상으로 하고 층높이는 2.4m 이상으로 하되, 각각 5cm를 단위로 한 것을 기준척도로 할 것
㉤ 창호설치용 개구부의 치수는 한국산업규격이 정하는 창호개구부 및 창호부품의 표준모듈호칭치수에 의할 것

정답 1. ④   2. ②

3. 종합병원의 외래진료부를 클로즈드 시스템(closed system)으로 계획할 경우 고려할 사항으로 가장 부적절한 것은?

① 1층에 두는 것이 좋다.
② 부속 진료시설을 인접하게 한다.
③ 약국, 회계 등은 정면출입구 근처에 설치한다.
④ 외과계통은 소진료실을 다수 설치하도록 한다.

[해설] 외래진료부의 운영 방식
 ㉠ 오픈 시스템(open system) : 종합병원 근처의 일반 개업의사는 종합병원에 등록되어 있어서, 종합병원에 등록되어 있어서 종합병원의 큰 시설을 이용할 수 있고, 자기 환자를 종합병원 진찰실에서 예약된 시간과 장소에서 행하며 입원시킬 수 있는 제도이다.
 ㉡ 클로즈드 시스템(closed system) : 대규모의 각종 과를 필요로 하며 대부분 우리나라의 종합병원의 외래진료 방식이다.
 ☞ 내과계통은 소진료실을 다수 설치하도록 한다.

4. 공장의 지붕형태에 관한 설명으로 옳은 것은?

① 솟음지붕은 채광 및 환기에 적합한 방법이다.
② 샤렌구조는 기둥이 많이 소요된다는 단점이 있다.
③ 뾰족지붕은 직사광선이 완전히 차단된다는 장점이 있다.
④ 톱날지붕은 남향으로 할 경우 하루 종일 변함없는 조도를 가진 약광선을 받아들일 수 있다.

[해설] ② 샤렌구조에 의한 지붕은 기둥이 적게 소요되는 장점이 있다.
 ③ 뾰족지붕은 어느 정도 직사광선을 허용하는 단점이 있다.
 ④ 톱날지붕은 북향으로 하루종일 변함없는 조도를 가진 약광선을 수용하며, 기둥이 많이 필요하므로 바닥면적이 많아진다. 기둥 때문에 기계 배치의 융통성 및 작업능력의 감소를 초래한다.

5. 레드번(Radburn) 주택단지계획에 관한 설명으로 옳지 않은 것은?

① 중앙에는 대공원 설치를 계획하였다.
② 주거구는 슈퍼블록 단위로 계획하였다.
③ 보행자의 보도와 차도를 분리하여 계획하였다.
④ 주거지 내의 통과교통으로 간선도로를 계획하였다.

[해설] 레드번(Radburn) 계획에서 제시한 5가지 기본원리
 ① 보도망(Pedestrian Network)의 형성 및 보도와 차도(고가차도)의 입체적 분리
 ② 기능에 따른 4가지 종류의 도로 구분
 ③ 자동차 통과교통의 배제를 위한 슈퍼블록(大街區, super block : 간선도로에 의해 분할되지 않는 주구로 10~20ha)의 구성
 ④ 주택단지 어디로나 통할 수 있는 공동의 오픈 스페이스(Open Space) 조성
 ⑤ 쿨데삭(cul-de-sac)형의 세가로망 구성에 의해 주택의 거실을 보도 혹은 정원을 향하도록 배치

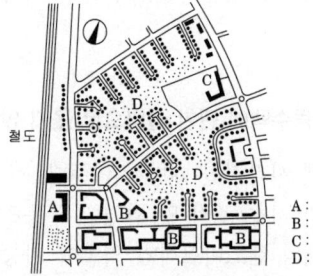

[그림] 레드번의 근린주구

6. 공포형식 중 다포형식에 관한 설명으로 옳지 않은 것은?

① 출목은 2출목 이상으로 전개된다.
② 수덕사 대웅전이 대표적인 건물이다.
③ 내부 천장구조는 대부분 우물천장이다.
④ 기둥 상부 이외에 기둥 사이에도 공포를 배열한 형식이다.

[해설] 다포식(多包式) 건축양식
 ㉠ 창방 위에 평방을 놓고 그 위에 주두와 첨차, 소로들로 구성되는 공포를 짜는 식
 ㉡ 고려 말에 나타나서 조선시대에 널리 사용되었으며, 화려한 형태이다.

정답 3. ④ 4. ① 5. ④ 6. ②

ⓒ 기둥 상부 이외에 기둥 사이에도 공포를 배열한 형식으로 주심포식에 비해서 지붕하중을 등분포로 전달할 수 있는 합리적인 구조법이다.
ⓓ 간포를 받치기 위해 창방 외에 평방이라는 부재가 추가되었으며 주로 팔작지붕이 많다.
ⓔ 주로 궁궐이나 사찰 등의 주요 정전에 사용되었다.
ⓕ 예 : 심원사 보광전(다포식으로 가장 오래된 것), 서울 숭례문(남대문)

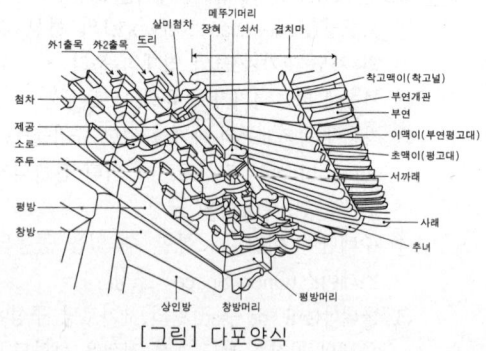
[그림] 다포양식

☞ 수덕사 대웅전은 주심포식 건축양식이다.

7. 탑상형 공동주택에 관한 설명으로 옳지 않은 것은?

① 각 세대에 시각적인 개방감을 준다.
② 각 세대의 거주 조건 및 환경이 균등하다.
③ 도심지 내의 랜드마크적인 역할이 가능하다.
④ 건축물 외면의 4개의 입면성을 강조한 유형이다.

해설 아파트의 주동형식에 따른 분류
1) 탑상형
 ① 장점
  ㉠ 대지의 조망, 경관 계획상 유리하다.
  ㉡ 각 세대에 시각적인 개방감을 준다.
  ㉢ 단지 설계상의 랜드 마크(land mark)적인 역할이 가능하다.
  ㉣ 외부공간의 음영이 적어 정원 등의 관리상 이점이 있다.
  ㉤ 외부인의 출입 통제, 방법 등의 관리상 유리하다.
 ② 단점
  ㉠ 엘리베이터의 이용 호수가 제한되어 관리비면에서 불리하다.
  ㉡ 주호가 중앙 홀을 중심으로 전면에 배치됨으로써 각 주호의 탑상 조건이 불균등해진다.

2) 판상형
 ① 특징
  ㉮ 장점
   ㉠ 각 주호의 환경 조건이 균등하다.
   ㉡ 동일 형식의 주호 배열이 가능하다.
  ㉯ 단점
   ㉠ 대지의 조망이 차단되기 쉽다
   ㉡ 인동간격으로 인해 배치계획상 제약이 많다
   ㉢ 외부공간에 긴 음영이 생겨 공용시설 계획이 어렵다.

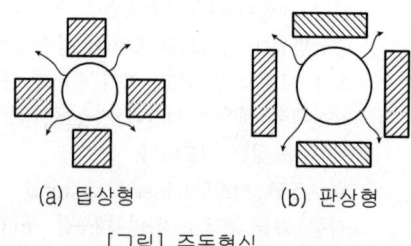
(a) 탑상형   (b) 판상형
[그림] 주동형식

8. 학교의 운영방식에 관한 설명으로 옳지 않은 것은?

① 플래툰형은 교과교실형보다 학생의 이동이 많다.
② 종합교실형은 초등학교 저학년에 가장 권장할 만한 형식이다.
③ 달톤형은 규모 및 시설이 다른 다양한 형태의 교실이 요구된다.
④ 일반 및 특별교실형은 우리나라 중학교에서 일반적으로 사용되는 방식이다.

해설 플래툰(platoon)형
전학급을 2분단으로 나누고, 한편이 일반교실을 사용할 때 다른 한편은 특별교실을 이용한다. 일반교실에 있는 동안은 이동하지 않는다. 분단 교체는 점심시간을 이용하도록 시간을 짜는 것이 좋다.
 ㉠ 장점 : E형 정도로 이용률을 높이면서도 이동을 정리할 수 있다. 교과 담임제와 학급 담임제를 병용할 수 있다.
 ㉡ 단점 : 교사의 수가 부족하거나 적당한 시설이 없으면 설치하지 못한다. 시간 배당을 하는 데 상당한 노력이 필요하다.

정답 7. ② 8. ①

※ 미국의 초등학교에서 과밀을 해결하기 위해 실시한 것이다. 발생적으로는 분단은 둘이지만 기타의 경우도 플래툰형이라고 부르는 경우도 있다.

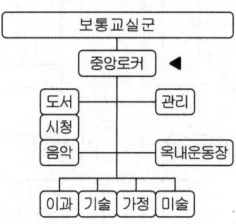

[그림] 플래툰형(P형)

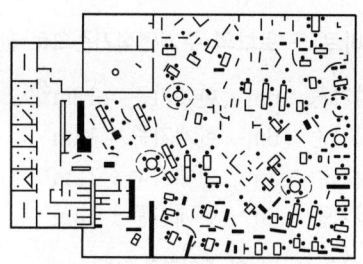

[그림] 오피스 랜드스케이핑

9. 사무소 건축에서 오피스 랜드스케이핑(office landscaping)에 관한 설명으로 옳지 않은 것은?

① 프라이버시 확보가 용이하여 업무의 효율성이 증대된다.
② 커뮤니케이션의 융통성이 있고 장애요인이 거의 없다.
③ 실내에 고정된 칸막이를 설치하지 않으며 공간을 절약할 수 있다.
④ 변화하는 작업의 패턴에 따라 조절이 가능하며 신속하고 경제적으로 대처할 수 있다.

[해설] 오피스 랜드스케이프(office landscape, 완전개방형)는 새로운 사무 공간 설계방법으로서 개방된 사무공간을 의미한다. 계급서열에 의한 획일적 배치에 대한 반성으로 사무의 흐름이나 작업내용의 성격을 중시하는 배치 방법이다.
① 장점
  ㉠ 개방식 배치의 변형된 방식이므로 공간이 절약된다.
  ㉡ 공사비(칸막이벽, 공조설비, 소화설비, 조명설비 등)가 절약되므로 경제적이다.
  ㉢ 작업 패턴의 변화에 따른 컨트롤이 가능하며 융통성이 있으므로 새로운 요구사항에 맞도록 신속한 변경이 가능하다.
  ㉣ 사무실 내에서 인간관계의 질적 향상과 모럴의 확립을 통해 작업의 능률이 향상된다.
② 단점
  ㉠ 소음이 발생하기 쉽다.
  ㉡ 독립성이 결여될 우려가 있다.

10. 엘리베이터의 설계 시 고려사항으로 옳지 않은 것은?

① 군 관리운전의 경우 동일 군내의 서비스 층은 같게 한다.
② 승객의 층별 대기시간은 평균 운전간격 이하가 되게 한다.
③ 건축물의 출입층이 2개 층이 되는 경우는 각각의 교통수요량 이상이 되도록 한다.
④ 백화점과 같은 대규모 매장에서는 일반적으로 승객수송의 70~80%를 분담하도록 계획한다.

[해설] 백화점에서 에스컬레이터는 수직동선의 수송수단으로 가장 적합하며 방재계획에 불리하여 비상계단으로 사용할 수는 없다. 고객의 70~80%가 이용하게 되며, 엘리베이터의 10배 수송능력을 가진다. 특히, 1층, 지하층 등 층 높이의 차가 1층뿐인 경우에는 엘리베이터 45대 분에 해당된다.

11. 극장 건축과 관련된 용어 설명으로 옳지 않은 것은?

① 플라이 갤러리(fly gallery) : 무대 주위의 벽에 설치되는 좁은 통로이다.
② 사이클로라마(cyclorama) : 무대의 제일 뒤에 설치되는 무대 배경용 벽이다.
③ 그린룸(green room) : 연기자가 분장 또는 화장을 하고 의상을 갈아입는 곳이다.
④ 그리드 아이언(grid iron) : 무대 천장 밑에 설치한 것으로 배경이나 조명 기구 등이 매달린다.

[해설] 그린룸(green room) : 극장 건축의 출연자대기실로 무대와 같은 층의 가까운 곳에 둔다. 크기는 30m² 이상으로 한다.
※ 앤티룸(anti room) : 극장 건축의 출연 직전 대기실

정답 9. ① 10. ④ 11. ③

12. 숑바르 드 로브의 주거면적기준으로 옳은 것은?

① 병리기준 : $6m^2$, 한계기준 : $12m^2$
② 병리기준 : $6m^2$, 한계기준 : $14m^2$
③ 병리기준 : $8m^2$, 한계기준 : $12m^2$
④ 병리기준 : $8m^2$, 한계기준 : $14m^2$

[해설] 숑바르 드 로브의 주거면적 기준
  ㉠ 병리 기준 : $8m^2$/인 이하이면 거주자의 신체적 및 정신적인 건강에 나쁜 영향을 준다.
  ㉡ 한계 기준 : $14m^2$/인 이하이면 개인 및 가족적인 거주의 융통성을 보장할 수 없다.
  ㉢ 표준 기준 : $16m^2$/인 정도이면 적당한 거주 면적이므로 이 기준을 적극 추천하고 있다.

13. 미술관 전시실의 순회형식에 관한 설명으로 옳지 않은 것은?

① 연속순회형식은 전시 벽면이 최대화되고 공간 절약 효과가 있다.
② 연속순회형식은 한 실을 폐쇄하면 다음 실로의 이동이 불가능하다.
③ 갤러리 및 복도형식은 관람자가 전시실을 자유롭게 선택하여 관람할 수 있다.
④ 중앙홀형식에서 중앙홀이 크면 장래의 확장에는 용이하나 동선의 혼잡이 심해진다.

[해설] 중앙홀 형식
  중심부에 하나의 큰 홀을 두고 그 주위에 각 전시실을 배치하여 자유로이 출입하는 형식이다.
  ㉠ 과거에 많이 사용한 평면으로 중앙 홀에 높은 천창을 설치하여 고창(高窓)으로부터 채광하는 방식이 많았다.
  ㉡ 대지의 이용률이 높은 지점에 건립할 수 있으며, 중앙 홀이 크면 동선의 혼란은 없으나 장래의 확장에 많은 무리가 따른다.
    예) 프랭크 로이드 라이트의 구겐하임 미술관 (1959, 뉴욕)

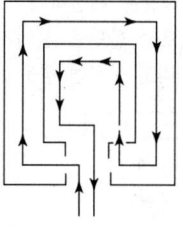 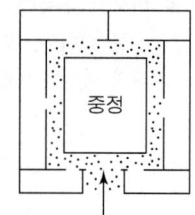

(a) 연속 순로 형식   (b) 갤러리 및 코리도 형식

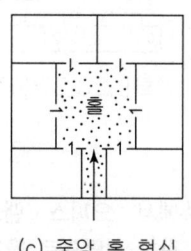

(c) 중앙 홀 형식

[그림] 전시실의 순회 형식

14. 경복궁의 궁궐 배치는 전조공간과 후침공간으로 이루어져 있다. 다음 중 전조공간의 구성에 속하지 않는 것은?

① 근정전   ② 만춘전
③ 천추전   ④ 강녕전

[해설] 경복궁의 궁궐 배치는 전조공간과 후침공간으로 이루어져 있다.
  ㉠ 전조공간 : 근정전, 사정전, 만춘전, 천추전
  ㉡ 후침공간 : 강녕전, 교태전
  ☞ 경복궁은 전조후침 및 삼문삼조의 기본배치 원리에 따라 치조, 내조, 외조의 구역으로 크게 나뉘어지며 각기 제기능에 따른 전각이 배치되었다. 치조 구역에는 경복궁의 정전인 근정전이 있고, 그 뒤로 사정전, 만춘전, 천추전이 자리 잡고 있다. 사정전은 왕이 평상시 거처하며 정사를 보살피던 곳으로 근정전에서 뒤편으로 사정문을 지나면 정면에 위치하며, 양 측면에 만춘전, 천추전이 있다. 그 뒤로는 왕과 왕비의 침전인 강녕전과 교태전이 위치해 있다. 사정전은 만춘전, 천추전과 더불어 편전으로서 정사를 보았던 곳으로 사정전에는 온돌이 없고 만춘전과 천추전에는 온돌이 있어 겨울에는 만춘전과 천추전에서 정사를 보고 경연을 했을 것으로 추정된다.

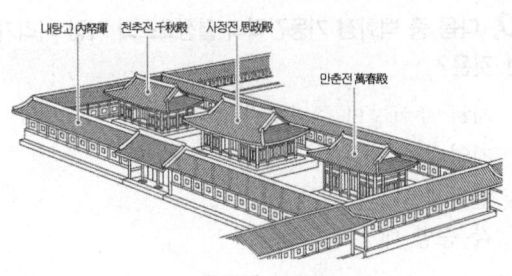

[그림] 경복궁

15. 도서관 건축에 관한 설명으로 옳지 않은 것은?

① 캐럴(carrel)은 서고 내에 설치된 소연구실이다.
② 서고의 내부는 자연채광을 하지 않고 인공조명을 사용한다.
③ 일반 열람실의 면적은 0.25~0.5m²/인 정도의 규모로 계획한다.
④ 서고면적 1m² 당 150~250권 정도의 수장능력을 갖도록 계획한다.

[해설] 열람실
① 일반 열람실
  ㉠ 일반인과 학생들의 이용률은 7 : 3 정도이고 일반인과 학생용열람실을 분리한다.
  ㉡ 성인 1인당 1.5~2.0m²의 면적이 필요하고, 통로를 포함했을 경우 2.5m²의 면적이 필요하다.
② 아동 열람실(어린이 열람실)
  ㉠ 성인과 구별하여 열람실을 설치하며 1층에 두고 별도의 출입구를 설치한다.
  ㉡ 열람실은 자유롭게 열람할 수 있는 자유개가식으로 하고, 면적은 1.2~1.5m²/1석 정도로 한다.

16. 호텔건축에 관한 설명으로 옳지 않은 것은?

① 커머셜 호텔은 가급적 저층으로 한다.
② 아파트먼트 호텔은 장기 체류용 호텔이다.
③ 리조트 호텔은 자연 경관이 좋은 곳을 선택한다.
④ 터미널 호텔은 교통기관의 발착지점에 위치한다.

[해설] 시티호텔(city hotel)

종류	특징
커머셜 호텔 (commercial hotel)	주로 상업상, 사무상의 여행자용으로서, 비즈니스를 주체로 한 호텔로서 도심의 번화한 교통 중심지에 고층화된다.
레지던셜 호텔 (residential hotel)	상업상 여행자나 관광객 등이 단기 체재하는 호텔로서, 커머셜 호텔보다 규모가 작고 설비는 고급이며, 도심을 약간 피하여 조금 안정한 곳에 위치한다.
아파트먼트 호텔 (apartment hotel)	장기간 체재하는데 적합한 호텔로서 부엌과 셀프 서비스시설을 갖추는 것이 일반적이다.
터미널 호텔 (terminal hotel)	교통기관의 발착 지점에 위치한 호텔로서, 스테이션 호텔(station hotel), 하버호텔(habor hotel), 에어포트 호텔(airport hotel) 등이 있다.

17. 공동주택 단위주거의 단면구성 형태에 관한 설명으로 옳지 않은 것은?

① 플랫형은 주거단위가 동일층에 한하여 구성되는 형식이다.
② 스킵 플로어형은 통로 및 공용면적이 적은 반면에 전체적으로 유효면적이 높다.
③ 복층형(메조네트형)은 플랫형에 비해 엘리베이터의 정지 층수를 적게 할 수 있다.
④ 트리플렉스형은 듀플렉스형보다 프라이버시의 확보율이 낮고 통로면적이 많이 필요하다.

[해설] 트리플렉스형(triplex type)
  ㉠ 하나의 주호가 3층으로 구성되어 있는 형식이다.
  ㉡ 프라이버시 확보와 통로 면적의 절약은 maisonette형보다 유리하나, 주호의 면적이 크지 않으면 계획상의 융통성이 없어진다.

정답 15. ③ 16. ① 17. ④

과년도 출제문제

2020. 3회 건축기사

18. 다음 중 건축요소와 해당 건축요소가 사용된 건축양식의 연결이 옳지 않은 것은?

① 장미창(Rose Window) - 고딕
② 러스티케이션(Rustication) - 르네상스
③ 첨두아치(Pointed Arch) - 로마네스크
④ 펜덴티브 돔(Pendentive Done) - 비잔틴

[해설] 고딕건축 구성 요소
 ㉠ 첨두형 아치(Pointed Arch)
 ㉡ 리브 볼트(Rib Vault)
 ㉢ 플라잉 버트레스(Flying Buttress)
 ㉣ 장미창(Rose window)
 ※ 주요 양식과 건축물과의 조합
  ㉠ 그리이스 양식 - entasis(엔타시스) - 파르테논 신전
  ㉡ 비잔틴 양식 - Pendentive Dome(펜덴티브 돔) - 성 소피아 성당
  ㉢ 로마네스크 양식 - Rib Arch(리브아치) - 피사의 사탑
  ㉣ 고딕 양식 - Pointed Arch(첨두아치) - 노틀담 성당, 샤르트르 성당

19. 은행건축계획에 관한 설명으로 옳지 않은 것은?

① 고객과 직원과의 동선이 중복되지 않도록 계획한다.
② 대규모 은행일 경우 고객의 출입구는 되도록 1개소로 계획한다.
③ 이중문을 설치할 경우 바깥문은 바깥 여닫이 또는 자재문으로 계획한다.
④ 어린이의 출입이 많은 경우에는 주출입구에 회전문을 설치하는 것이 좋다.

[해설] 은행의 주출입구 계획
 ㉠ 고객을 내부로 자연스럽게 유도하는 것이 계획상 중요하다.
 ㉡ 일반적으로 출입문은 도난 방지상 안여닫이로 한다.
 ㉢ 겨울철에 실내온도의 유지 및 바람막이를 위해 방풍실의 전실(前室)을 계획하는 것이 좋다.
 ㉣ 전실(방풍실)을 둘 경우 밖여닫이 또는 자재문으로 한다.
 ㉤ 특히 회전문 설치를 고려하는 것도 좋으나 어린이 출입이 많은 곳은 피한다.

20. 다음 중 백화점 기둥간격의 결정요소와 가장 거리가 먼 것은?

① 지하 주차장의 주차방법
② 진열대의 치수와 배열법
③ 엘리베이터의 배치 방법
④ 각 층별 매장의 상품구성

[해설] 백화점의 기둥간격 결정요소
 ㉠ 진열대 치수와 배치 방법(진열장 배치의 변경 고려시 : 장방형보다 정방형이 유리)
 ㉡ 엘리베이터, 에스컬레이터의 배치(엘리베이터, 에스컬레이터 등의 크기, 개수, 설치 유무)
 ㉢ 매장의 통로의 크기
 ㉣ 지하주차장의 수용 능력(지하주차장의 주차방식과 주차폭)
 ㉤ 건축물의 적용 구조체

▪▪▪ 제2과목 건축시공

21. 아래 그림의 형태를 가진 흙막이의 명칭은?

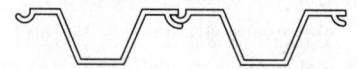

① H-말뚝 토류판   ② 슬러리월
③ 소일콘크리트 말뚝   ④ 시트파일

[해설] 시트 파일(sheet pile, 널말뚝) : 토공사시 파낸 주변부의 지반이 무너지는 것을 막으려고 사용하는 흙막이 재료로서 나무 널말뚝과 철제 널말뚝이 있다.

22. 다음 중 통계적 품질관리 기법의 종류에 해당되지 않는 것은?

① 히스토그램   ② 특성요인도
③ 브레인스토밍   ④ 파레토도

정답 18. ③ 19. ④ 20. ④ 21. ④ 22. ③

[해설] 브레인스토밍

브레인스토밍은 여러 사람이 둘러 앉아 자유로운 발상으로 아이디어를 생산하는 일종의 아이디어 창조기법 정상적인 사람으로는 생각해 내기 어려운 기발하고 독창적인 아이디어를 도출하는데 목적이 있다. 가치공학(Value Engineering) 기법에서 어떤 개선 활동이나 계획을 세울 때 적용한다.

※ 브레인스토밍 4원칙
 ㉠ 비판금지 : 다른 사람의 아이디어는 절대로 비판하지 않는다.
 ㉡ 자유분방 : 자유분방한 분위기에서 창의적인 아이디어를 환영하며, 시간제한을 둔다. 자유로운 발상으로 아이디어의 한계를 극복해 본다.
 ㉢ 질보다 양 : 아이디어의 수는 많을수록 좋다.
 ㉣ Idea에 편승 : 모든 아이디어를 참가자들이 볼 수 있도록 기록한다.

☞ 품질관리(T.Q.C)를 위한 활동의 7가지 도구
 ① 히스토그램 ② 특성요인도 ③ 파레토도
 ④ 체크시트 ⑤ 각종 그래프(관리도)
 ⑥ 산점도 ⑦ 층별

23. 도장공사에 필요한 가연성 도료를 보관하는 창고에 관한 설명으로 옳지 않은 것은?

① 독립한 단층건물로서 주위 건물에서 1.5m 이상 떨어져 있게 한다.
② 건물내의 일부를 도료의 저장장소로 이용할 때는 내화구조 또는 방화구조로 구획된 장소를 선택한다.
③ 바닥에는 침투성이 없는 재료를 깐다.
④ 지붕은 불연재로 하고, 적정한 높이의 천장을 설치한다.

[해설] 도료 보관 창고
 ㉠ 독립한 단층 건물로 주위 건물에 1.5m 이상 떨어짐
 ㉡ 지붕은 불연재로 하고, 천장은 설치하지 않는다.
 ㉢ 바닥은 침투성이 없는 재료를 설치
 ㉣ 실내는 환기를 충분히 하고 직사광선을 피함

24. 철근콘크리트 구조물에서 철근 조립순서로 옳은 것은?

① 기초철근 → 기둥철근 → 보철근 → 슬래브철근 → 계단철근 → 벽철근
② 기초철근 → 기둥철근 → 벽철근 → 보철근 → 슬래브철근 → 계단철근
③ 기초철근 → 벽철근 → 기둥철근 → 보철근 → 슬래브철근 → 계단철근
④ 기초철근 → 벽철근 → 보철근 → 기둥철근 → 슬래브철근 → 계단철근

[해설] 철근의 조립 순서
 ㉠ RC조 : 기초 → 기둥 → 벽 → 보 → slab → 계단
 ㉡ SRC조 : 기초 → 기둥 → 보 → 벽 → slab(리벳치기 완료된 부분부터 철근 조립) → 계단

25. 건설사업자원 통합 전산망으로 건설 생산활동 전과정에서 건설 관련 주체가 전산망을 통해 신속히 교환·공유 할 수 있도록 지원하는 통합 정보시스템을 지칭하는 용어는?

① 건설 CIC(Computer Integrated Construction)
② 건설 CALS(Continuous Acquisition & Life Cycle Support)
③ 건설 EC(Engineering Construction)
④ 건설 EVMS(Earned Value Management System)

[해설] 생산관리기법
 (1) EC(Engineering Construction)화 : 종합건설업화
  ㉠ 건설산업의 업무기능 확대 및 영역확대를 도모하는 종합건설업화
  ㉡ 신설사업의 일괄입찰 방식에 의한 건설생산 능력을 확보한다.
 (2) CIC(Computer Integrated Construction) : 컴퓨터를 통한 건설통합 생산시스템
  컴퓨터, 정보통신 및 자동화 조립기술을 토대로 건설생산에 기능, 인력들을 유기적으로 연계하여 각 건설업체의 업무를 각사의 특성에 맞게 최적화하는 개념

정답 23. ④ 24. ② 25. ②

(3) CALS(Continuous Acquisition and Life Cycle Support) : 건설분야 통합정보시스템
건설 생산 활동의 전 과정에서 건설관련 주체가 초고속정보통신망이나 전자상거래 등 정보의 실시간 공유를 통해 공기단축, 원가절감 등을 도모하려는 건설분야 통합정보시스템을 말한다.

26. 타일의 흡수율 크기의 대소관계로 옳은 것은?

① 석기질 > 도기질 > 자기질
② 도기질 > 석기질 > 자기질
③ 자기질 > 석기질 > 도기질
④ 석기질 > 자기질 > 도기질

[해설] 타일의 종류

종류	소성온도	소지 흡수율	소지 색	투명정도	건축재료
토기 (土器)	700~900℃	20% 이하	유색	불투명	기와, 벽돌, 토관
도기 (陶器)	1000~1300℃	10% 이하	백색, 유색	불투명	타일, 테라코타 타일
석기 (石器)	1300~1400℃	3~10%	유색	불투명	마루타일, 클링커타일
자기 (磁器)	1300~1450℃	0~1%	백색	반투명	모자이크 타일, 위생도기

[주] 흡수율과 소성온도 비교
① 흡수율 : 자기 < 석기 < 도기 < 토기
 ㉠ 흡수율이 가장 작은 점토제품 – 자기질 타일 (흡수율 : 자기 < 석기 < 도기 < 토기)
 ㉡ 흡수율이 가장 높은 점토제품 – 토기질 타일
② 소성온도 : 자기 > 석기 > 도기 > 토기

27. MCX(Minimum Cost Expediting)기법에 의한 공기단축에서 아무리 비용을 투자해도 그 이상 공기를 단축할 수 없는 한계점을 무엇이라 하는가?

① 표준점 ② 포화점
③ 경제 속도점 ④ 특급점

[해설] MCX(Minimum Cost Expediting, 최소비용 일정단축기법)
㉠ 주공정상의 소요 작업 중 비용구배(cost slope)가 가장 작은 요소작업부터 단위 시간씩 단축해 가며 이로 인해 변경되는 주공정이 발생되면 변경된 경로의 단축해야 할 요소작업을 결정해 가는 방법
㉡ 공기가 최소화 되도록 비용구배(cost slope)에 의해서 공기를 조절한다.
※ 특급점(crash point) : MCX(Minimumcost Expending)기법에 의한 공사기간 단축방법에서 아무리 비용을 투자해도 그 이상 공기를 단축할 수 없는 한계점

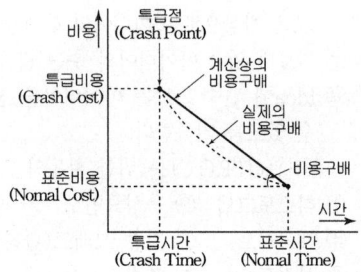

28. 콘크리트에 사용되는 혼화재 중 플라이애시의 사용에 따른 이점으로 볼 수 없는 것은?

① 유동성의 개선 ② 수화열의 감소
③ 수밀성의 향상 ④ 초기강도의 증진

[해설] 플라이애시(Fly-Ash)
화력발전소 등의 연소 보일러 내의 재의 미립분자를 집진기에 포집한 것으로 입자는 미끈한 알이다.
㉠ 콘크리트에 혼입하면 워커빌리티(workability)를 좋아진다.
㉡ 수밀성이 향상되고, 수화열과 건조수축이 적어 균열 억제 효과가 있다.
㉢ 초기 재령의 강도는 다소 작으나, 장기 재령의 강도는 증가한다.
㉣ 저장 중 고결에 주의가 필요하다.
㉤ 부산물, 폐기물이기 때문에 공장별, 시기에 따라 품질상 유의를 요한다.
㉥ 용도 : 댐 콘크리트, 프리팩트 콘크리트 등의 증량재

정답 26. ② 27. ④ 28. ④

29. 다음 중 공사시방서에 기재하지 않아도 되는 사항은?

① 건물 전체의 개요 ② 공사비 지급방법
③ 시공방법 ④ 사용재료

[해설] 건축공사표준시방서의 내용
㉠ 재료에 관한 사항 : 재료의 종류, 품질, 수량, 필요한 시험, 저장 방법 등
㉡ 시공 방법에 관한 사항 : 공법, 마무리 공사의 정도, 공정, 주의사항, 금지사항, 사용기계·기구
㉢ 필요한 사항
㉣ 특기사항

30. 방수공사용 아스팔트의 종류 중 표준 용융온도가 가장 낮은 것은?

① 1종 ② 2종
③ 3종 ④ 4종

[해설] 아스팔트 방수시공 응용 및 취급
㉠ 아스팔트의 용융온도는 시방서의 용융온도(1종 220~230℃)를 표준으로 하며, 용융 중에는 최소한 30분에 1회 정도 온도를 측정하고, 접착력 저하 방지를 위하여 200℃ 이하가 되지 않도록 한다.
㉡ 용융한 아스팔트가 인화되지 않도록 주의함은 물론 미리 용융 솥 가까운 곳에 소화기 등을 준비해 둔다.
㉢ 아스팔트 용융 솥은 가능한 한 시공 장소와 근접한 곳에 설치한다. 특히, 방수층 위에 용융 솥을 두지 않으며, 용융 솥의 열이 주변에 영향을 주지 않도록 적절한 조치를 취하여야 한다.

31. 외부 조적벽의 방습, 방열, 방한, 방서 등을 위해서 설치하는 쌓기법은?

① 내쌓기 ② 기초쌓기
③ 공간쌓기 ④ 엇모쌓기

[해설] 공간 쌓기 : 습기 방지, 방음, 단열 등을 목적으로 0.5B 정도 공간을 두고 쌓는 것으로 공간의 폭은 5~7cm 정도로 한다.
※ 내쌓기 : 벽체에 마루를 놓거나 방화벽으로 처마부분을 가리기 위하여 벽돌을 벽면에서 부분적으로 내쌓는 방식
※ 엇모쌓기 : 벽면에 음영 효과를 낼 수 있고 변화감을 줄 수 있는 45° 각도로 모서리면이 나오도록 쌓는 방식이다.

32. 칠공사에 사용되는 희석제의 분류가 잘못 연결된 것은?

① 송진건류품 - 테레빈유
② 석유건류품 - 휘발유, 석유
③ 콜타르 증류품 - 미네랄 스피리트
④ 송근건류품 - 송근유

[해설] 칠의 종류와 희석제의 관계
① 송진건류품 - 테레빈유
② 석유건류품 - 휘발유, 석유, 미네랄스피리트
③ 콜타르 증류품 - 벤졸, 솔벤트, 나프타
④ 송근건류품 - 송근유

33. 토공사에 쓰이는 굴착용 기계 중 기계가 서있는 지반면보다 위에 있는 흙의 굴착에 적합한 장비는?

① 파워 쇼벨(power shovel)
② 드래그 라인(drag line)
③ 드래그 쇼벨(drag shovel)
④ 클램셸(clamshell)

[해설] 파워쇼벨(Power Shovel)
㉠ 지반면보다 높은 곳의 흙파기에 적당하며, 굴착력이 좋다.
㉡ 굴착높이 1.5~3m, 버킷용량 0.6~1m³, 선회각 90°
※ 백호우, Back Hoe=드래그 셔블(Drag shovel) : 지반면보다 낮은 곳의 흙파기에 적당하며, 파는 힘이 강력하고 비교적 경질지반도 가능하다.

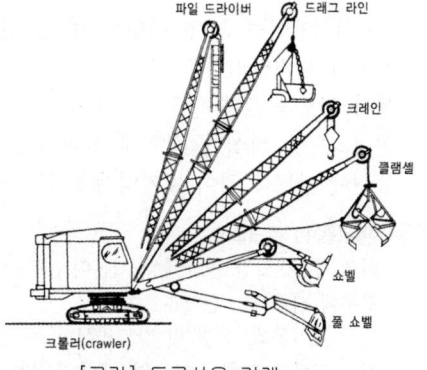

[그림] 토공사용 기계

정답 29. ② 30. ① 31. ③ 32. ③ 33. ①

34. 바깥방수와 비교한 안방수의 특징에 관한 설명으로 옳지 않은 것은?

① 공사가 간단하다.
② 공사비가 비교적 싸다.
③ 보호누름이 없어도 무방하다.
④ 수압이 작은 곳에 이용된다.

해설 안방수와 바깥방수의 비교

구분	안방수	바깥방수
적용대상	수압이 낮고 얕은 지하실	수압이 큰 곳에 사용 (수압과 무관)
시공난이도	간단하다.	정밀한 시공이 요구된다.
본공사 추진	방수공사에 관계없이 본공사를 추진할 수 있다.	방수공사 완료 전에는 본공사 추진이 힘들다.
경제성	비교적 싸다	비교적 고가이다.
내수압 처리	수압에 견디게 하기 곤란하다.	내수압적으로 된다.
공사순서	간단하다.	상당한 절차가 필요하다.
보호층	필요하다.	없어도 무관하다.

35. 한중콘크리트에 관한 설명으로 옳은 것은?

① 한중콘크리트는 공기연행콘크리트를 사용하는 것을 원칙으로 한다.
② 타설할 때의 콘크리트 온도는 구조물의 단면 치수, 기상 조건 등을 고려하여 최소 25℃이상으로 한다.
③ 물-결합재비는 50% 이하로 하고, 단위수량은 소요의 워커빌리티를 유지할 수 있는 범위 내에서 되도록 크게 정하여야 한다.
④ 콘크리트를 타설한 직후에 찬바람이 콘크리트 표면에 닿도록 하여 초기양생을 실시한다.

해설 한중(寒中) 콘크리트
타설 후 28일간 평균예상 기온이 3℃~4℃ 이하인 경우에 시공하는 콘크리트이다.
특히 초기동해, 응결 및 강도발현의 지연, 보온양생 시 온도차에 의해 온도균열 발생 우려가 있다.

㉠ 한중콘크리트에는 공기연행 콘크리트를 사용하는 것을 원칙으로 한다.
㉡ 단위수량은 초기동해를 적게 하기 위하여 소요의 워커빌리티를 유지할 수 있는 범위 내에서 되도록 적게 정하여야 한다.
㉢ 물-결합재비는 원칙적으로 60% 이하로 하여야 한다.
㉣ 배합강도 및 물-결합재비는 적산온도 방식에 의해 결정할 수 있다.
㉤ 양생방법
  • 단열보온·가열보온 양생
  • 압축강도 5MPa 이상 될 때까지 5℃ 이상 유지
  ※ 적산 온도 방식
    콘크리트의 강도 발현을 비빈 후의 경과 시간과 양생 온도의 곱의 적분 함수로 나타내고, 조합 강도에 따른 물결합재비, 양생 온도 및 시간을 정하는 방식을 말한다.

36. 네트워크(Network) 공정표의 장점으로 볼 수 없는 것은?

① 작업 상호간의 관련성을 알기 쉽다.
② 공정 계획의 초기 작성 시간이 단축된다.
③ 공사의 진척 관리를 정확히 할 수 있다.
④ 공기 단축 가능 요소의 발견이 용이하다.

해설 네트워크(Net work) 공정표
각 작업의 상호관계를 네트워크로 표현하는 수법으로 PERT기법과 CPM기법이 대표적으로 사용된다.
① 장점
  ㉠ 개개의 작업관련이 도시되어 있어 내용이 알기 쉽다.
  ㉡ 공정이 원활하게 추진되며, 여유시간 관리가 편리하다.
  ㉢ 작업순서관계가 명확하여 공사담당자간의 정보전달이 원활하다.
② 단점
  ㉠ 다른 공정표에 비해 작성시간이 많이 걸리며, 작성 및 검사에 특별한 기능이 요구된다.
  ㉡ 작업의 세분화 정도에는 한계가 있고, 공정표를 수정하기가 매우 어렵다.

정답 34. ③ 35. ① 36. ②

37. 일반 콘크리트의 내구성에 관한 설명으로 옳지 않은 것은?

① 콘크리트에 사용하는 재료는 콘크리트의 소요 내구성을 손상시키지 않는 것이어야 한다.
② 굳지 않은 콘크리트 중의 전 염소이온량은 원칙적으로 0.3kg/m³ 이하로 하여야 한다.
③ 콘크리트는 원칙적으로 공기연행콘크리트로 하여야 한다.
④ 콘크리트의 물-결합재비는 원칙적으로 50% 이하이어야 한다.

[해설] 수밀콘크리트 경우 물-결합재비는 50% 이하를 표준으로 한다.

38. 철근콘크리트 공사에서 철근조립에 관한 설명으로 옳지 않은 것은?

① 황갈색의 녹이 발생한 철근은 그 상태가 경미하다 하더라도 사용이 불가하다.
② 철근의 피복두께를 정확하게 확보하기 위해 적절한 간격으로 고임재 및 간격재를 배치하여야 한다.
③ 거푸집에 접하는 고임재 및 간격재는 콘크리트 제품 또는 모르타르 제품을 사용하여야 한다.
④ 철근을 조립한 다음 장기간 경과한 경우에는 콘크리트를 타설 전에 다시 조립검사를 하고 청소하여야 한다.

[해설] 철근은 조립하기 전에 잘 닦고, 들뜬 녹이나 그 밖의 철근과 콘크리트와의 부착을 해칠 위험이 있는 것은 제거하여야 한다. 경미한 황갈색의 녹이 발생한 철근은 일반적으로 콘크리트와의 부착을 저하시키지는 않으나 사용 시는 녹 발생의 정도와 사용부위에 따라 공사감독자의 승인을 득하여 사용하여야 한다.

39. 다음 중 유리의 주성분으로 옳은 것은?

① Na₂O
② CaO
③ SiO₂
④ K₂O

[해설] 유리의 주성분

기호\성분	SiO₂ (규산)	Na₂O (소다)	CaO (석회)	MgO	Al₂O₃
성분량(%)	71~73	14~16	8~15	1.5~3.5	0.5~1.5

※ 유리의 주성분은 규산(SiO_2)이다.
※ 보통 창유리의 강도는 휨강도를 말한다.

40. 8개월간 공사하는 현장에 필요한 시멘트량이 2397포이다. 이 공사 현장에 필요한 시멘트 창고 필요면적으로 적당한 것은? (단, 쌓기단수는 13단)

① 24.6m²
② 54.2m²
③ 73.8m²
④ 98.5m²

[해설] $A(시멘트\ 창고\ 면적) = 0.4 \times \dfrac{N}{n}$
$= 0.4 \times \dfrac{2,397 \times 1/3}{13} = 18.46m^2$

※ 쌓기 단수 13포대 이하(3개월 이상 장기 저장 시 7단 이하)
※ 시멘트 포대수(N)은 600포대 이상 1800포대 이하 경우 N=600포대를 적용하고, 1,800대 초과는 N=포대수×1/3을 적용한다.

■■■ 제3과목 건축구조

41. 다음 중 지진에 의하여 발생되는 현상이 아닌 것은?

① 동상현상
② 해일
③ 지반의 액상화
④ 단층의 이동

[해설] 지진 피해
지진은 지하 단층의 이동에 의해 지진동이 발생하여 해일·산사태·화재·수도 및 가스, 전기 등 공공 인프라 마비 및 인명피해·국가경제 타격 등 여러 가지 복합적 피해를 초래한다. 특히, 건축구조적인 피해로 지반의 액상화, 구조물 붕괴 등이 나타날 수 있다.
※ 지반의 액상화 : 모래지반은 순간충격, 지진, 진동 등에 의해 간극수압의 상승 때문에 유효응력이 감소되어 전단저항을 상실하고 지반이 액체와 같은 상태로 변화하는 현상이며 구조물 부등침하, 구조물 파괴, 지반 이동 등이 나타난다.

정답 37. ④ 38. ① 39. ③ 40. ① 41. ①

※ 동상현상 : 0℃ 이하 저온이 계속될 때 지표면 가까이에서 흙속의 간극수가 동결하여 동결된 흙이 지반을 융기하는 현상으로 지진활동과는 특별한 관계가 없다.

42. 철근콘크리트의 보의 사인장 균열에 관한 설명으로 옳지 않은 것은?

① 전단력 및 비틀림에 의하여 발생한다.
② 보의 축과 약 45°의 각도를 이룬다.
③ 주인장응력도의 방향과 사인장 균열의 방향은 일치한다.
④ 보의 단부에 주로 발생한다.

[해설] 사인장 균열
사인장 균열은 보의 단부에서 수평·수직 전단에 의해 주인장응력도의 직각방향으로 발생한다.

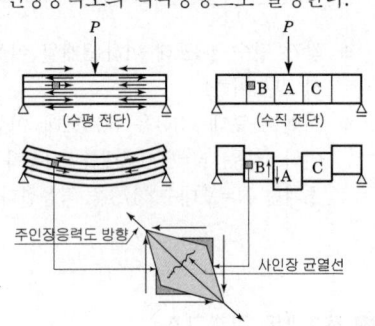

43. 다음 그림과 같은 띠철근 기둥의 설계 축하중(ϕP_n) 값으로 옳은 것은? (단, f_{ck}=24MPa, f_y=400MPa, 주근 단면적(A_{st}) : 3,000mm²)

① 2,740kN
② 2,952kN
③ 3,335kN
④ 3,359kN

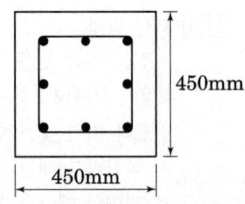

[해설] 기둥의 설계 축하중(ϕP_n)
해석의 발상 : 기둥의 단면을 구성하고 있는 콘크리트와 철근이 부담할 수 있는 축하중을 합산하여 강도감수계수(ϕ)를 곱한 것이다.
$\phi P_n = 0.65[0.8\{0.85f_{ck}(A_g - A_{st}) + f_y \cdot A_{st}\}]$
$= 0.65[0.8\{0.85 \times 24(450 \times 450 - 3,000) + 400 \times 3,000\}]$
$= 2,740,296(N) = 2,740kN$

44. 연약한 지반에 대한 대책 중 상부구조의 조치사항으로 옳지 않은 것은?

① 건물의 수평길이를 길게 한다.
② 건물을 경량화 한다.
③ 건물의 강성을 높여준다.
④ 건물의 인동간격을 멀리한다.

[해설] 연약지반 상부구조 조치
연약한 지반에 대한 대책 중 상부구조의 조치사항으로는 건물 경량화, 건물 길이 제한, 지중보 또는 지하 연속벽 설치(뼈대 강성 증가), 인접건물과 이격, 건물 중량 균등 분배 등이 있다.

45. 그림과 같은 단면에서 x축에 대한 단면2차모멘트는?

① 1,420cm⁴
② 1,520cm⁴
③ 1,620cm⁴
④ 1,720cm⁴

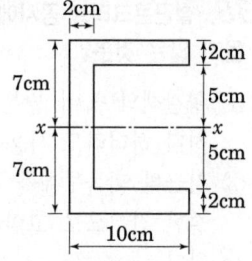

[해설] 단면2차모멘트
해석의 발상 : ㄷ자 단면에서 비어있지 않은 사각형(10cm×14cm)으로 계산한 단면2차모멘트에서 내부 빈 사각형(8cm×10cm)의 단면2차모멘트를 빼면 된다.
$I_X = \dfrac{BH^3 - bh^3}{12} = \dfrac{(10 \times 14^3) - (8 \times 10^3)}{12} = 1,620(\text{cm}^4)$

46. 철골조의 가새에 관한 설명으로 옳지 않은 것은?

① 트러스의 절점 또는 기둥의 절점을 각각 대각선 방향으로 연결하여 구조체의 변형을 방지하는 부재이다.
② 풍하중, 지진력 등의 수평하중에 저항하는 것으로 부재에는 인장응력만 발생한다.
③ 보통 단일형강재 또는 조립재를 쓰지만 응력이 작은 지붕가새에는 봉강을 사용한다.
④ 수평가새는 지붕트러스의 지붕면(경사면)에 설치한다.

정답 42. ③ 43. ① 44. ① 45. ③ 46. ②

[해설] 가새의 특징

철골구조 가새는 대부분 인장응력을 부담하지만 압축응력을 부담하는 가새도 있다. 인장가새는 아이바(eye bar)·루프바(loop bar)·턴버클(turn buckle) 등을 사용하고, 압축가새는 앵글(angle)을 사용한다. 가새는 횡부재에 대해서 30°~60° 범위 내에 있도록 배치해야 하고, 골조 전체로 보아 가새방향이 대칭이 되어야 한다.

47. 절점 B에 외력 $M=200$kN·m가 작용하고 각 부재의 강비가 그림과 같을 경우 M_{AB}는?

① 20kN·m
② 40kN·m
③ 60kN·m
④ 80kN·m

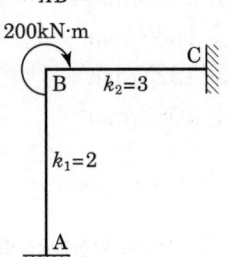

[해설] 지점 도달모멘트(M_{AB})

해석의 발상 : 지점 도달모멘트(M_{AB})는 분배모멘트(M_{BA})의 1/2이다.

$$M_{AB} = \frac{1}{2}M_{BA} = \frac{1}{2}\left(\frac{k_{AB}}{\Sigma k} \times M\right) = \frac{1}{2}\left(\frac{2}{2+3} \times 200\right)$$
$$= 40(\text{kN.m})$$

48. 그림과 같은 모살용접의 유효용접길이는? (단, 유효용접길이는 1면에 대해서만 산정)

① 10mm
② 94mm
③ 107mm
④ 114mm

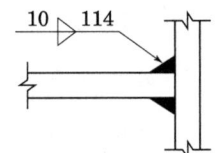

[해설] 용접 유효길이(l_e)

해석의 발상 : 용접 유효길이(l_e)는 용접 길이(l)에서 시작과 끝에서 각각 모살치수(S) 만큼 뺀 길이이다. 즉 $l_e = l - 2S$ 이다.

문제의 용접 기호에서 용접 길이는 114(mm), 모살치수는 10(mm)이다

∴ $l_e = l - 2S = 114 - (10 \times 2) = 94$(mm)

49. 강구조에서 하중점과 볼트, 접합된 부재의 반력사이에서 지렛대와 같은 거동에 의해 볼트에 작용하는 인장력이 증폭되는 현상을 무엇이라 하는가?

① Slip-critical action
② bearing action
③ prying action
④ buckling action

[해설] prying action

prying action는 메커니컬 파스너를 사용한 인장 접합부에서 외력의 작용선, 파스너 위치, 편심 등에 의해 접합 끝부분에 생기는 외력 방향의 2차 응력이다.

50. 다음 그림과 같은 보에서 고정단에 생기는 휨모멘트는?

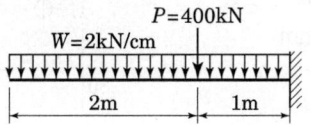

① 500kN·m
② 900kN·m
③ 1,300kN·m
④ 1,500kN·m

[해설] 캔틸레버보의 고정단 휨모멘트

해석의 발상 : 캔틸레버보의 휨모멘트 계산 시 반력을 구하지 않고 자유단에서부터 고정지점 방향으로 휨모멘트를 계산하면 된다. 등분포 하중과 집중하중을 분리하여 지점에서 발생하는 휨모멘트를 계산하여 합산한다.

$M_A = (-400 \times 1) - \{(200 \times 3) \times 1.5\} = -1,300$(kN.m)

※ 단, 문제의 하중은 다음과 같이 단위를 환산하여 적용한다.

$$2\text{kN/cm} = \frac{2(\text{kN})}{1(\text{cm})} = \frac{2 \times 100(\text{kN})}{100(\text{cm})}$$
$$= \frac{200(\text{kN})}{1(\text{m})} = 200(\text{kN/m})$$

51. 다음 그림과 같은 구조물의 부정정차수로 옳은 것은?

① 정정
② 1차 부정정
③ 2차 부정정
④ 3차 부정정

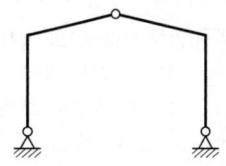

[정답] 47. ② 48. ② 49. ③ 50. ③ 51. ①

[해설] 3Hinge Rahmen 해석

해석의 발상 : 외적 판별값(N_e)과 내적 판별값(N_i)의 결과를 합산하여 구조물을 판별할 수 있다.

$N_e = R - 3 = (2 \times 2) - 3 = 1$
$N_i = -1$ (힌지 하나 추가)
$N = N_e + N_i = 1 - 1 = 0$

$N > 0 \rightarrow$ 부정정, $N = 0 \rightarrow$ 정정, $N < 0 \rightarrow$ 불안정

52. 다음과 같은 볼트군의 x_o부터의 도심위치 x를 구하면? (단, 그림의 단위는 mm)

① 80mm
② 89.5mm
③ 90mm
④ 97.5mm

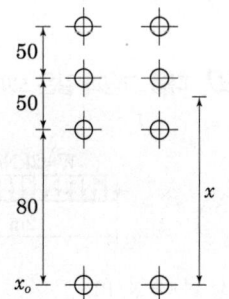

[해설] 볼트군의 도심위치

해석의 발상 : 기준축에서 각 볼트까지 거리의 합을 볼트 개수로 나눈 평균거리를 도심거리로 한다.

$x_o = \dfrac{(180 \times 2) + (130 \times 2) + (80 \times 2) + (0 \times 2)}{8}$

$\quad = 97.5 \text{(mm)}$

53. 압축이형철근의 정착길이에 관한 기준으로 옳지 않은 것은?

① 계산된 정착길이는 항상 200mm 이상이어야 한다.
② 기본정착길이는 최소 $0.043d_b f_y$ 이상이어야 한다.
③ 해석결과 요구되는 철근량을 초과하여 배치한 경우 $\left(\dfrac{\text{소요철근량}}{\text{배근철근량}}\right)$을 곱하여 보정한다.
④ 전경량콘크리트를 사용한 경우 기본정착길이에 0.85배하여 정착길이를 산정한다.

[해설] 압축 이형철근의 정착 길이

해석의 발상 : 압축 이형철근의 기본정착길이는 다음과 같이 산정할 수 있으며, 그 값은 $0.043d_b \cdot f_y$ 이상이 되어야 한다.

$l_d = \dfrac{0.25 d_b \cdot \beta \cdot f_y}{\lambda \cdot 0.85 f_{ck}} \leq 0.043 d_b \cdot f_y$

여기서, λ는 콘크리트 계수로 전**경량콘크리트는** 0.75, 모래경량콘크리트는 0.85로 규정되어 있다.

54. 다음 그림과 같은 압축재 H-200×200×8×12가 부재의 중앙지점에서 약축에 대해 휨변형이 구속되어 있다. 이 부재의 탄성좌굴응력도를 구하면? (단, 단면적 $A = 63.53 \times 10^2 \text{mm}^2$, $I_x = 4.72 \times 10^7 \text{mm}^4$, $I_y = 1.60 \times 10^7 \text{mm}^4$, $E = 205{,}000 \text{MPa}$)

① 252N/mm²
② 186N/mm²
③ 132N/mm²
④ 108N/mm²

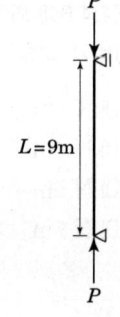

[해설] 장주의 탄성좌굴응력도(σ_k)

① 해석의 발상 : 장주의 탄성좌굴응력도는 오일러의 장주 공식에 따라 좌굴하중을 단면적(A)으로 나눈값이 된다.

$\sigma_k = \dfrac{P_k}{A} = \dfrac{1}{A} \dfrac{\pi^2 EI}{(l_k)^2}$

② 문제의 조건에서 장축과 단축의 길이가 다르다. 즉, 약축에 대하여 중간에 구속된 상태이므로 약축의 길이는 4.5m이며, 강축에는 구속된 것이 없으므로 길이가 9m이다. 따라서 강축과 약축에 대한 각각의 좌굴응력을 산정하여 그 중 작은 값이 좌굴응력이다.

③ 강축의 좌굴응력도

$\sigma_k = \dfrac{1}{63.53 \times 10^2} \cdot \dfrac{\pi^2 \times 205{,}000 \times 4.72 \times 10^7}{(1 \times 9{,}000)^2}$

$\quad = 185.58 (\text{N/mm}^2 = \text{MPa})$

④ 약축의 좌굴응력도

$\sigma_k = \dfrac{1}{63.53 \times 10^2} \cdot \dfrac{\pi^2 \times 205{,}000 \times 1.6 \times 10^7}{(1 \times 4{,}500)^2}$

$\quad = 251.63 (\text{N/mm}^2 = \text{MPa})$

정답 52. ④ 53. ④ 54. ②

55. 철근콘크리트 보에서 콘크리트를 이어붓기 할 때 그 이음의 위치로 가장 적당한 곳은?

① 전단력이 최소인 부분
② 휨모멘트가 최소인 부분
③ 큰보와 작은보가 접합되는 단면이 변화되는 부분
④ 보의 단부

[해설] 콘크리트 이어붓기 위치
해석의 발상 : 콘크리트를 이어 붓는 위치는 구조적으로 취약하므로 부재가 부담하는 응력이 최소인 곳에 두어야 한다. 콘크리트는 전단응력과 압축응력을 부담한다. 따라서 콘크리트를 이어 붓는 위치는 전단력과 압축력이 최소인 곳이 적당하다.

56. 그림과 같이 양단이 고정된 강재 부재에 온도가 $\Delta T = 30°C$ 증가될 때 이 부재에 발생되는 압축응력은 얼마인가? (단, 강재의 탄성계수 $E_s = 2.0 \times 10^5$ MPa, 부재 단면적은 5,000mm², 선팽창 계수 $\alpha = 1.2 \times 10^{-5}/°C$ 이다.)

① 25MPa
② 48MPa
③ 64MPa
④ 72MPa

[해설] 콘크리트의 온도응력
① 해석의 발상 : 콘크리트의 온도응력(σ_T)은 선팽창계수(α), 탄성계수(E_s), 변화온도(ΔT)의 곱으로 환산된다.
$\sigma_T = E(\alpha \cdot \Delta_T) = 2 \times 10^5 (1.2 \times 10^{-5} \times 30)$
$= 72(\text{N/mm}^2 = \text{MPa})$
② 온도응력과 부재의 단면적을 곱하면 고정부 벽면에 가하지는 압축력(P)이며, 이 압축력을 단면적으로 나누면 압축응력이 된다. 결국 온도응력이 압축응력이다.
즉, $P = \sigma_T \cdot A$이며, $\sigma_c = \dfrac{P}{A}$이다.
여기서 $P = \sigma_T \cdot A$를 치환하면 $\sigma_c = \dfrac{\sigma_T \cdot A}{A}$이므로 $\sigma_c = \sigma_T$이다.

57. 철근콘크리트 보의 장기처짐을 구할 때 적용되는 5년 이상 지속하중에 대한 시간경과계수(ξ)는?

① 2.4
② 2.0
③ 1.2
④ 1.0

[해설] 장기처짐의 시간경과계수
① 해석의 발상 : 장기처짐=순간처짐 $\times \dfrac{\xi}{1+50\rho'}$
② 시간경과계수(ξ)

기간	3개월	6개월	12개월	5년 이상
ξ(계수)	1.0	1.2	1.4	2.0

58. 강도설계법에서 휨 또는 휨과 축력을 동시에 받는 부재의 콘크리트 압축연단에서 극한변형률은 얼마로 가정하는가?

① 0.002
② 0.0033
③ 0.005
④ 0.007

[해설] 콘크리트의 극한변형률
① 해석의 발상 : 극한강도설계에서 표준 콘크리트의 극한변형률은 0.0033이며, 이 변형률에서 나타나는 강도를 극한강도라하며 그 크기는 $0.85 f_{ck}$로 정의한다.
② 극한강도 설계의 응력-변형률 곡선

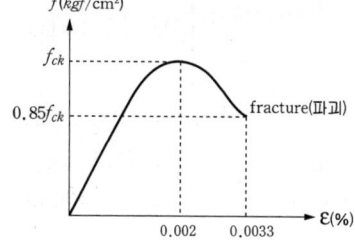

59. 그림과 같은 캔틸레버 보에서 B점의 처짐을 구하면?

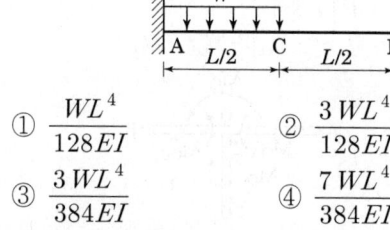

① $\dfrac{WL^4}{128EI}$
② $\dfrac{3WL^4}{128EI}$
③ $\dfrac{3WL^4}{384EI}$
④ $\dfrac{7WL^4}{384EI}$

정답 55. ① 56. ④ 57. ② 58. ② 59. ④

[해설] 보의 처짐
① 해석의 발상 : 등분포하중을 받는 캔틸레버의 처짐을 공액보법으로 구하면 휨모멘트도의 [면적]×[도심거리]×[1/EI]로 구할 수 있다.
② 등분포하중이 작용할 때 휨모멘트도는 다음과 같다.

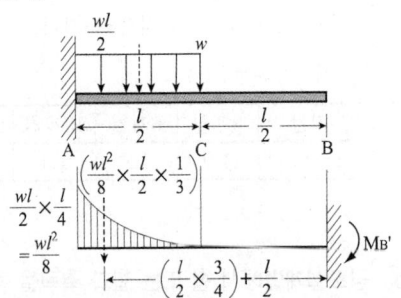

③ 처짐 : 휨모멘트도의 [면적]×[도심거리]×[1/EI]
$$\delta_B = \left(\frac{wl^2}{8} \times \frac{l}{2} \times \frac{1}{3}\right) \times \left\{\left(\frac{l}{2} \times \frac{3}{4}\right) + \frac{l}{2}\right\} \times \frac{1}{EI} = \frac{7wl^4}{384EI}$$

60. 그림과 같은 구조물에서 기둥에 발생하는 휨모멘트가 0이 되려면 등분포하중 w는?

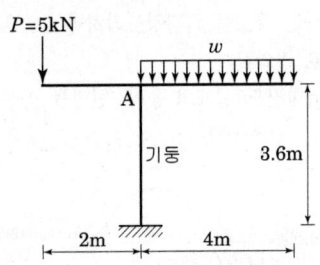

① 2.5kN/m ② 0.8kN/m
③ 1.25kN/m ④ 1.75kN/m

[해설] 절점방정식
① 해석의 발상 : 절점에 모멘트하중이 가해지는 경우 절점을 구성하고 있는 각 부재들이 부담하는 모멘트의 합은 모멘트 하중의 크기와 동일하다. (절점방정식)
$\Sigma M_O = M_O + (-M_{OA} - M_{OB} - M_{OC}) = 0$

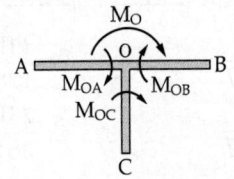

② D에 작용하는 집중하중에 의해 A절점에는 10kN·m의 모멘트하중이 작용하며 이것은 AB, AC부재가 부담하는 모멘트의 합과 동일하다. 단, C점이 고정지점이 아님을 유의해야 한다.

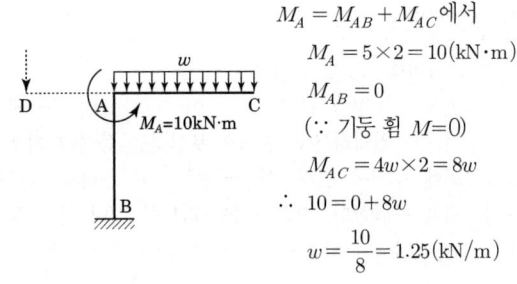

$M_A = M_{AB} + M_{AC}$에서
$M_A = 5 \times 2 = 10(\text{kN·m})$
$M_{AB} = 0$
(∵ 기둥 휨 $M=0$)
$M_{AC} = 4w \times 2 = 8w$
∴ $10 = 0 + 8w$
$w = \frac{10}{8} = 1.25(\text{kN/m})$

■■■ 제4과목 건축설비

61. 자동화재탐지설비의 감지기 중 감지기 주위의 온도가 일정한 온도 이상이 되었을 때 작동하는 것은?
① 차동식 감지기 ② 정온식 감지기
③ 광전식 감지기 ④ 이온화식 감지기

[해설] 감지기

감지기의 종류		작동원리
열식	차동식	그 주위 온도가 일정한 온도 상승률 이상으로 되었을 때 작동한다.
	정온식	그 주위 온도가 일정한 온도 이상이 되었을 때 작동한다.
	보상식	그 주위 온도의 변화에 따라 감도가 변화하는 것이며, 차동식 및 정온식의 성능을 가진다.
연기식	이온식	검지부에 연기가 들어감으로써 이온 전류가 변화하는 것을 이용하여 감지한다.
	광전식	검지부에 연기가 들어감으로써 광전 소자의 입사광량이 변화하는 것을 이용하여 감지한다.

정답 60. ③ 61. ②

62. 급탕설비에 관한 설명으로 옳은 것은?

① 팽창탱크는 반드시 개방식으로 해야 한다.
② 리버스 리턴(reverse-return) 방식은 전 계통의 탕의 순환을 촉진하는 방식이다.
③ 직접가열식 중앙급탕법은 보일러 안에 스케일 부착이 없어 내부에 방식처리가 불필요하다.
④ 간접가열식 중앙급탕법은 저탕조와 보일러를 직결하여 순환가열하는 것으로 고압용 보일러가 주로 사용된다.

[해설] 리버스리턴(Reverse Return) 배관[역환수방식]
급탕·반탕관의 순환거리를 각 계통에 있어서 거의 같게 하여 가열장치 가까이에 위치한 급탕계통의 단락현상이 생기지 않도록 하여 전 계통의 탕의 순환을 촉진하여 온수의 유량분배 균일화(온수의 순환을 평균화)하는 방식이다.

☞ 개방식 팽창탱크는 급탕 보급탱크와 겸용할 수 있으나, 별도로 설치하는 것이 바람직하다.
밀폐식 팽창탱크는 안전밸브를 설치할 필요가 있으며, 보급수 관에는 역류방지밸브를 설치한다.

※ 중앙식 급탕법의 직접가열식과 간접가열식의 비교

구분	직접가열식	간접가열식
보일러	급탕용보일러, 난방용보일러 각각 설치	난방용 보일러로 급탕까지 가능
보일러내의 스케일	많이 낀다.	거의 끼지 않는다.
보일러내의 압력	고압	저압
규모	소규모 건축물	대규모 건축물
저탕조내의 가열코일	불필요	필요

63. 난방방식에 관한 설명으로 옳지 않은 것은?

① 증기난방은 잠열을 이용한 난방이다.
② 온수난방은 온수의 현열을 이용한 난방이다.
③ 온풍난방은 온습도 조절이 가능한 난방이다.
④ 복사난방은 열용량이 작으므로 간헐난방에 적합하다.

[해설] 복사난방은 구조체를 가열하므로 열용량이 커서 방열량 조절이 어려우며, 간헐난방에는 부적합하다.

※ 간헐난방 : 일시적으로 하는 난방으로서 간헐적으로 열을 공급하는 증기, 온풍 등의 난방방식에 적당하다. 복사난방은 구조체를 덥히게 되므로 예열시간이 길어져 일시적으로 쓰는 방에는 부적당하다.

64. 알칼리 축전지에 관한 설명으로 옳지 않은 것은?

① 고율방전특성이 좋다.
② 공칭전압은 2[V/셀]이다.
③ 기대수명이 10년 이상이다.
④ 부식성의 가스가 발생하지 않는다.

[해설] 축전지의 성능 비교

구분	연축전지	알칼리 축전지
기전력	2.05~2.08[V]	1.32[V]
공칭전압	2.0[V/셀]	1.2[V/셀]
공칭용량	10시간율[Ah]	5시간율[Ah]
전기적강도	과충, 방전에 약하다	과충, 방전에 강하다
기계적강도	약하다	강하다
충전시간	길 다	짧다
온도특성	뒤떨어진다	우수하다
수명	10~20년	30년 이상
가격	싸다	비싸다
자가방전	보통	약간 적은 편이다

[주] 축전지 용량은 보통 암페어시[Ah] 용량이 사용되고 있다.

65. 덕트 설비에 관한 설명으로 옳은 것은?

① 고속덕트에는 소음상자를 사용하지 않는 것이 원칙이다.
② 고속덕트는 관마찰저항을 줄이기 위하여 일반적으로 장방형 덕트를 사용한다.
③ 등마찰손실법은 덕트 내의 풍속을 일정하게 유지할 수 있도록 덕트 치수를 결정하는 방법이다.
④ 같은 양의 공기가 덕트를 통해 송풍될 때 풍속을 높게 하면 덕트의 단면치수를 작게 할 수 있다.

정답 62. ② 63. ④ 64. ② 65. ④

[해설] ① 고속덕트에는 소음상자를 사용하는 것이 원칙이다.
② 고속덕트는 관마찰저항을 줄이기 위하여 일반적으로 원형 덕트를 사용한다.
③ 등속법은 덕트 내의 풍속을 일정하게 유지할 수 있도록 덕트 치수를 결정하는 방법이다.

66. 사무소 건물에서 다음과 같이 위생기구를 배치하였을 때 이들 위생기구 전체로부터 배수를 받아들이는 배수수평지관의 관경으로 가장 알맞은 것은?

기구종류	바닥배수	소변기	대변기
배수부하단위	2	4	8
기구수	2	8	2

관경(mm)	배수수평지관의 배수부하단위
75	14
100	96
125	216
150	372

① 75mm ② 100mm
③ 125mm ④ 150mm

[해설] 배수부하단위총합 = (2×2)+(4×8)+(8×2) = 52
표에서 배수부하단위총합 52fu 값을 충분히 배수할 수 있는 관경은 100mm가 적당하다.

※ 기구 부하단위법(Fixture Unit Value Method)
일반적으로 배수관의 관경을 결정하는 데는 관계통에 접속하는 위생기구류의 단위시간당 최대 배수량을 기준으로 하여 관경을 구하는 것이 합리적이다.
미국에서는 구경 32mm의 트랩을 갖는 세면기의 배수량을 28.5L/min으로 하고 여기에 기구의 동시사용률과 기구 종류에 따른 사용 빈도수 및 사용자 수를 감안한 기구배수 부하단위(fixture unit)를 결정하였으며, 세면기의 기구 배수부하단위를 1로 하고, 이것을 근거로 하여 각종 기구의 배수 부하 단위를 정하였다.

67. 다음 중 건물 실내에 표면결로 현상이 발생하는 원인과 가장 거리가 먼 것은?

① 실내의 온도차
② 구조재의 열적 특성
③ 실내 수증기 발생량 억제
④ 생활 습관에 의한 환기 부족

[해설] 표면결로
① 실내의 습기가 내벽, 최상층의 천장, 유리창과 같은 저온의 실내측 표면에 닿아 이슬이 맺히는 현상으로 공기의 포화절대습도가 노점온도보다 낮게 될 때 초과 수증기량이 벽체 표면에서 응축되어 발생한다.
② 표면결로 원인 : 실내 습기 발생, 실내 환기량 부족, 벽체의 단열성 부족
③ 표면결로 방지대책
㉠ 실내의 환기량을 늘인다.
㉡ 벽체 표면온도를 접촉하고 있는 공기의 노점온도보다 높게 한다.
㉢ 직접가열이나 기류 촉진에 의해 표면온도를 상승시킨다.
㉣ 수증기 발생이 많은 부엌이나 화장실에 배기구나 배기팬을 설치한다.
㉤ 실내의 벽이나 천장을 방습층으로 시공한다.
㉥ 구조재의 단열이 취약한 부분을 없도록 한다.

68. 양수량이 1m³/min, 전양정이 50m인 펌프에서 회전수를 1.2배 증가시켰을 때 양수량은?

① 1.2배 증가 ② 1.44배 증가
③ 1.73배 증가 ④ 2.4배 증가

[해설] 펌프의 양수량은 회전수에 비례, 양정은 회전수의 제곱에 비례, 축동력은 회전수의 세제곱에 비례한다.
∴ 양수량(Q) = 1m³/min × 1.2 = 1.2m³/min
※ 펌프의 상사법칙에서 펌프의 회전수($N_1 → N_2$)로 변할 때
㉠ 유량(Q) : $Q_2 = Q_1 \dfrac{N_2}{N_1}$
㉡ 양정(H) : $H_2 = H_1 \left(\dfrac{N_2}{N_1}\right)^2$
㉢ 동력(L) : $L_2 = L_1 \left(\dfrac{N_2}{N_1}\right)^3$
여기서, 회전수 : N(rpm)

정답 66. ② 67. ③ 68. ①

69. 높이 30m의 고가수조에 매분 1m³의 물을 보내려고 할 때 필요한 펌프의 축동력은? (단, 마찰손실수두 6m, 흡입양정 1.5m, 펌프효율 50%인 경우)

① 약 2.5kW ② 약 9.8kW
③ 약 12.3kW ④ 약 16.7kW

[해설] 펌프 축동력(L_s) = $\dfrac{WQH}{KE}$ [kW]

Q : 양수량(m³/min) → 1m³/min
H : 전양정(m) → 1.5+30+6=37.5m
W : 액체 1m³의 중량(kg/m³)
   → 물은 1,000kg/m³
E : 효율(%) → 50%
K : 정수(kW) → 6,120

∴ 펌프의 축동력(L_s) = $\dfrac{1,000 \times 1 \times 37.5}{6,120 \times 0.5}$
   = 12.25 ≒ 12.3kW

70. 전기설비가 어느 정도 유효하게 사용되는가를 나타내며, 최대수용전력에 대한 부하의 평균 전력의 비로 표현되는 것은?

① 부하율 ② 부등률
③ 수용율 ④ 유효율

[해설] 수변전설비 용량 결정은 수용률(수요율), 부등률, 부하율 등을 이용하여 산정한다.

㉠ 수용률(수요율) = $\dfrac{\text{최대수용전력}}{\text{부하설비용량}} \times 100(\%)$
  ⇒ 일반 건물 60~70%

㉡ 부등률 = $\dfrac{\text{각부하의최대수용전력의합계}}{\text{최대수용전력}} \times 100(\%)$
  ⇒ 1보다 크다(1.1~1.5)

㉢ 부하율 = $\dfrac{\text{평균수용전력}}{\text{최대수용전력}} \times 100(\%)$
  ⇒ 1보다 작다(0.25~0.6)

※ 부하율 : 전기설비가 얼마나 유효하게 사용되었는가를 나타내며 어떤 기간 중의 평균 수용 전력[kW]과 그 기간 중의 최대 수용전력[kW]과의 비로 표시

☞ 부하율이 크다 : 전력변동이 작고, 설비 이용률이 많다.

71. 각 층마다 옥내소화전이 3개씩 설치되어 있는 건물에서 옥내소화전설비의 수원의 저수량은 최소 얼마 이상이 되도록 하여야 하는가?

① 5.2m³ ② 7.2m³
③ 7.5m³ ④ 7.8m³

[해설] 수원의 용량

옥내소화전 1개의 방수량×20분×동시 개구수
= 130L/min×20min×N
= 2.6N[m³] (N은 최대 2개)

∴ 수원의 용량=130L/min×20min×2
      =5200L=5.2m³

☞ 21.4.1 소방청고시 기준(NFSC) 개정

72. 통기방식에 관한 설명으로 옳지 않은 것은?

① 신정통기방식에서는 통기수직관을 설치하지 않는다.
② 루프통기방식은 각 기구의 트랩마다 통기관을 설치하고 각각을 통기 수평지관에 연결하는 방식이다.
③ 신정통기방식은 배수수직관의 상부를 연장하여 신정통기관으로 사용하는 방식으로, 대기 중에 개구한다.
④ 각개통기방식은 트랩마다 통기되기 때문에 가장 안정도가 높은 방식으로, 자기사이폰 작용의 방지에도 효과가 있다.

[해설] 루프통기관 (loop vent pipe, 회로통기관, 환상통기관)
최상류에 있는 위생기구 기구배수관이 배수수평지관과 연결되는 바로 하류의 수평지관에 접속시켜 통기수직관 또는 신정통기관으로 연결한다.

㉠ 2개 이상의 트랩을 보호하기 위하여 최상류 기구의 하류 배수 수평지관에서 통기관을 취하며, 이 통기관을 신정통기관에 접속하는 것을 환상통기, 또 통기수직관에 접속하는 것을 회로통기라 한다. 이 양자를 합쳐서 루프 통기라 한다.
㉡ 루프통기로 통기할 수 있는 최대 기구의 수는 2개 이상 8개 이내이다.
㉢ 통기수직관과 최상류 기구까지의 루프통기관의 연장 길이는 7.5m 이내이다.

정답 69. ③ 70. ① 71. ① 72. ②

73. 습공기를 가열하였을 경우 상태량이 변하지 않는 것은?

① 엔탈피
② 비체적
③ 절대습도
④ 상대습도

[해설]
- 습공기를 가열하였을 경우 : 절대습도는 일정, 습구온도는 상승
- 습공기를 가습하였을 경우 : 상대습도는 증가, 습구온도는 상승, 노점온도와 엔탈피와 비체적은 높아진다.

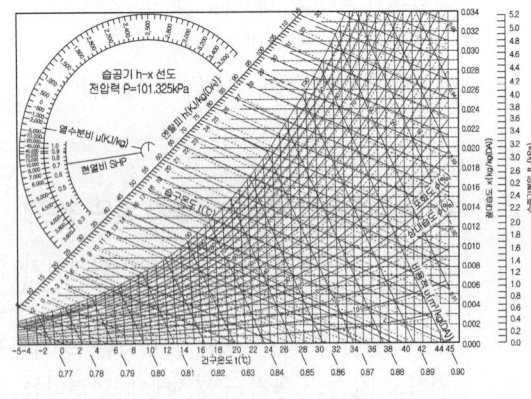

[그림] 습공기 선도

74. 어느 점광원에서 1[m] 떨어진 곳의 직각면 조도가 200[lx]일 때, 이 광원에서 2[m] 떨어진 곳의 직각면 조도는?

① 25[lx]
② 50[lx]
③ 100[lx]
④ 200[lx]

[해설] 조도(거리 역제곱의 법칙)
㉠ 표면에 도달하는 광의 밀도(1m² 당 1 lm의 광속이 들어 있는 경우 1lux)
㉡ 단위 : 룩스(lux, lx)
㉢ 조도=광도/(거리)²

$$\therefore E = \frac{I}{d^2} = \frac{200}{2^2} = 50 [lx]$$

75. 공기조화방식 중 전수방식에 관한 설명으로 옳지 않은 것은?

① 각 실의 제어가 용이하다.
② 실내 배관에 의한 누수의 우려가 있다.
③ 극장의 관객석과 같이 많은 풍량을 필요로 하는 곳에 주로 사용된다.
④ 열매체가 증기 또는 냉·온수이므로 열의 운송 동력이 공기에 비해 적게 소요된다.

[해설] 전수방식(all water system)
① 종류 : FCU(Fan Coil Unit) 방식, 복사냉난방 방식
② 장점
㉠ 덕트 스페이스가 필요 없다.
㉡ 열운반 동력이 작다.
㉢ 개별제어, 개별운전이 가능하다.
③ 단점
㉠ 실내공기의 오염 우려(실내 공기의 재순환)
㉡ 실내 배관에 의한 누수 염려
㉢ 유닛의 방음, 방진에 유의
㉣ 유닛의 실내설치로 인한 건축계획상 지장

76. 터보 냉동기에 관한 설명으로 옳지 않은 것은?

① 왕복동식에 비하여 진동이 적다.
② 흡수식에 비해 소음 및 진동이 심하다.
③ 임펠러 회전에 의한 원심력으로 냉매가스를 압축한다.
④ 일반적으로 대용량에는 부적합하며 비례제어가 불가능하다.

[해설] 터보식 냉동기
① 원리 : 임펠러의 원심력에 의해 냉매가스를 압축하는 것
② 특징
㉠ 수명이 길고, 유지 및 보수가 쉬우며, 가격도 싸다.
㉡ 대용량에서는 압축효율이 좋고 비례제어가 가능하다.
㉢ 냉매는 고압가스가 아니므로 취급이 용이하다.
㉣ 흡수식에 비해 소음 및 진동이 심하다.(왕복동식에 비하면 진동이 적다.)

정답 73. ③ 74. ② 75. ③ 76. ④

ⓜ 30% 이하의 출력에서는 서징(surging)현상이 일어나므로 운전이 곤란하다.
ⓑ 대규모 공조 및 냉동에 적합하며 일반적으로 많이 사용한다.

77. 가스배관 경로 선정 시 주의하여야 할 사항으로 옳지 않은 것은?

① 장래의 증설 및 이설 등을 고려한다.
② 주요구조부를 관통하지 않도록 한다.
③ 옥내배관은 매립하는 것을 원칙으로 한다.
④ 손상이나 부식 및 전식을 받지 않도록 한다.

[해설] 가스배관은 건물의 주요구조부를 관통하지 않도록 하고 노출배관으로 하며, 가스 누출시 환기를 위하여 매립해서는 안된다.

78. 다음과 같은 특징을 갖는 배선 방법은?

- 열적영향이나 기계적 외상을 받기 쉬운 곳이 아니면 금속관 배선과 같이 광범위하게 사용 가능하다.
- 관자체가 절연체이므로 감전의 우려가 없으며 시공이 용이하다.

① 금속덕트 배선   ② 버스덕트 배선
③ 플로어덕트 배선 ④ 합성수지관 배선

[해설] 합성수지관 배선공사(경질비닐관 배선공사)
㉠ 열적 영향이나 기계적 외상을 받기 쉽다.
㉡ 관 자체가 절연체이므로 감전의 우려가 없으며, 내식성이 강하고 시공이 용이하다.
㉢ 화학공장, 연구실의 배선 등에 적합하다.
㉣ 옥내의 점검할 수 없는 은폐 장소에도 사용이 가능하다.

79. 엘리베이터의 일주시간 구성 요소에 속하지 않는 것은?

① 주행시간   ② 도어개폐시간
③ 승객출입시간   ④ 승객대기시간

[해설] 엘리베이터의 평균 일주시간이란 승객 출입시간과 문의 개폐시간과 카의 주행시간 셋을 합쳐서 한번 왕복하는데 소요되는 시간을 말한다.

80. 다음과 같은 조건에 있는 실의 틈새바람에 의한 현열 부하량은?

[조건]
- 실의 체적 : 400m³
- 환기횟수 : 0.5회/h
- 실내공기 건구온도 : 20℃
- 외기 건구온도 : 0℃
- 공기의 밀도 : 1.2kg/m³
- 공기의 비열 : 1.01kJ/kg·K

① 986W   ② 1124W
③ 1347W   ④ 1542W

[해설] 틈새바람에 의한 현열부하
㉠ 먼저, 환기량을 구한다.
   $Q = n \cdot V = 0.5 \times 400 = 200 \text{m}^3/\text{h}$
   Q : 환기량(m³/h) n : 환기회수(회/h)
   V : 실용적(m³)
㉡ 현열부하(q_s) = $GC\Delta t$ [kJ/h] = $\rho QC\Delta t$ [kJ/h]
   = $1.2 \times 200 \times 1.01 \times (20-0)$
   = 4848 [kJ/h]
   = 1347W

※ $G(\text{kg/h}) = \rho(1.2\text{kg/m}^3) \cdot Q(\text{m}^3/\text{h}) = 1.2Q(\text{kg/h})$
※ 1W = 1J/s = 3,600J/h = 3.6kJ/h

정답 77. ③ 78. ④ 79. ④ 80. ③

제5과목 건축관계법규

81. 지구단위계획구역의 지정목적을 이루기 위하여 지구단위계획에 포함될 수 있는 내용이 아닌 것은?

① 용도지역이나 용도지구를 대통령령으로 정하는 범위에서 세분하거나 변경하는 사항
② 건축물 높이의 최고한도 또는 최저한도
③ 도시·군관리계획 중 정비사업에 관한 계획
④ 대통령령으로 정하는 기반시설의 배치와 규모

[해설] 지구단위계획의 내용
지구단위계획구역의 지정목적을 달성하기 위하여 제1종 지구단위계획에는 다음 사항 중 1 이상의 사항이 포함되어야 하며, 제2종 지구단위계획에는 다음의 사항 중 하기 2, 3, 4 및 7호의 사항을 포함한 4 이상의 사항이 포함되어야 한다.
1. 용도지역 또는 용도지구를 세분하거나 변경하는 사항
2. 기반시설의 배치와 규모
3. 도로로 둘러싸인 일단의 지역 또는 계획적인 개발·정비를 위하여 구획된 일단의 토지의 규모와 조성계획
4. 건축물의 용도제한·건축물의 건폐율 또는 용적률·건축물의 높이의 최고한도 또는 최저한도
5. 건축물의 배치·형태·색채 또는 건축선에 관한 계획
6. 환경관리계획 또는 경관계획
7. 교통처리계획
8. 토지이용의 합리화, 도시 또는 농·산·어촌의 기능증진 등에 필요한 사항

82. 시장·군수·구청장이 국토의 계획 및 이용에 관한 법률에 따른 도시지역에서 건축선을 따로 지정할 수 있는 최대 범위는?

① 2m ② 3m
③ 4m ④ 6m

[해설] 별도의 건축선 지정
특별자치도지사 또는 시장·군수·구청장은 시가지 안에서 건축물의 위치를 정비하거나 환경을 정비하기 위하여 필요하다고 인정하는 경우 국토의 계획 및 이용에 관한 법률에 의한 도시지역에서는 4m의 범위 안에서 건축선을 따로 지정할 수 있다.

83. 주차전용건축물이란 건축물의 연면적 중 주차장으로 사용되는 부분의 비율이 최소 얼마 이상인 건축물을 말하는가? (단, 주차장 외의 용도로 사용되는 부분이 자동차 관련 시설인 건축물의 경우)

① 70% ② 80%
③ 90% ④ 95%

[해설] 주차전용 건축물의 주차면적 비율

주차전용 건축물		원 칙	주차장 면적비율
단서 규정	건축물의 연면적 중 주차장 외의 용도	단독주택, 공동주택, 제1종 및 제2종 근린생활시설, 문화 및 집회 시설, 종교시설, 판매시설, 운수 시설, 운동시설, 업무시설, 창고시설, 자동차관련시설이 아닌 경우	95% 이상
		단독주택, 공동주택, 제1종 및 제2종 근린생활시설, 문화 및 집회 시설, 종교시설, 판매시설, 운수 시설, 운동시설, 업무시설, 창고시설, 자동차관련시설인 경우	70% 이상

84. 건축물의 면적, 높이 및 층수 등의 산정 방법에 관한 설명으로 옳은 것은?

① 건축물의 높이 산정 시 건축물의 대지에 접하는 전면도로의 노면에 고저차가 있는 경우에는 그 건축물이 접하는 범위의 전면 도로부분의 수평거리에 다라 가중평균한 높이의 수평면을 전면도로면으로 본다.
② 용적률 산정 시 연면적에는 지하층의 면적과 지상층의 주차용으로 쓰는 면적을 포함시킨다.
③ 건축면적은 건축물의 내벽의 중심선으로 둘러싸인 부분의 수평투영면적으로 한다.
④ 건축물의 층수는 지하층을 포함하여 산정하는 것이 원칙이다.

[해설] ② 용적률 산정시 연면적 산정 시 지하층 면적은 연면적에서 제외한다.
③ 건축면적은 건축물의 외벽(외벽이 없는 경우에는 외곽부분의 기둥)의 중심선으로 둘러싸인 부분의 수평투영면적으로 산정한다.
④ 지하층은 건축물의 층수에 산입하지 아니한다.

정답 81. ③ 82. ③ 83. ① 84. ①

85. 건축물을 건축하는 경우 해당 건축물의 설계자가 국토교통부령으로 정하는 구조기준 등에 따라 그 구조의 안전을 확인할 때, 건축구조기술사의 협력을 받아야 하는 대상 건축물 기준으로 틀린 것은?

① 다중이용 건축물
② 6층 이상인 건축물
③ 3층 이상의 필로티형식 건축물
④ 기둥과 기둥 사이의 거리가 20m 이상인 건축물

[해설] 건축구조기술사에 의한 구조계산
다음 건축물을 건축하거나 대수선할 경우의 구조계산은 구조기술사의 구조계산에 의해야 한다.
㉠ 6층 이상인 건축물
㉡ 특수구조 건축물
㉢ 다중이용건축물
㉣ 준다중이용 건축물
㉤ 3층 이상의 필로티형식 건축물
㉥ 지진구역 1의 중요도(특)에 해당하는 건축물
☞ 기둥과 기둥 사이의 거리가 20m 이상인 건축물은 특수구조 건축물에 해당한다.

86. 대형건축물의 건축허가 사전승인신청 시 제출도서 중 설계설명서에 표시하여야 할 사항에 속하지 않는 것은?

① 시공방법 ② 동선계획
③ 개략공정계획 ④ 각부 구조계획

[해설] 사전승인신청시의 제출도서(규칙 [별표3])

구분	분야	도서의 종류
건축계획서	건축	가. 설계설명서 나. 구조계획서 다. 지질조사서 라. 시방서
기본설계도서	건축	가. 투시도 또는 투시도 사진 나. 평면도(주요층, 기준층) 다. 2면 이상의 입면도 라. 2면 이상의 단면도 마. 내외마감표 바. 주차장 평면도
	설비	가. 건축설비도 나. 소방설비도 다. 상·하수도 계통도
	기타	필요한 도면

※ 설계설명서에 표시하여야 할 사항 : 공사개요, 사전조사사항, 건축계획, 시공방법, 개략 공정계획, 주요 설비계획, 주요 자재사용계획, 기타 필요한 사항

87. 비상용승강기의 승강장 및 승강로 구조에 관한 기준 내용으로 틀린 것은?

① 옥내 승강장의 바닥면적은 비상용승강기 1대에 대하여 6m² 이상으로 한다.
② 각 층으로부터 피난층까지 이르는 승강로를 단일구조로 연결하여 설치하여야 한다.
③ 피난층이 있는 승강장의 출입구로부터 도로 또는 공지에 이르는 거리는 30m 이하로 한다.
④ 승강장에는 배연설비를 설치하여야 하며, 외부를 향하여 열 수 있는 창문 등을 설치하여서는 안 된다.

[해설] 비상용승강기 승강장에는 노대 또는 외부를 향하여 열 수 있는 창문이나 배연설비를 설치할 것

88. 국토의 계획 및 이용에 관한 법령상 다음과 같이 정의되는 용어는?

> 개발로 인하여 기반시설이 부족할 것으로 예상되나 기반시설을 설치하기 곤란한 지역을 대상으로 건폐율이나 용적률을 강화하여 적용하기 위하여 지정하는 구역

① 시가화조정구역 ② 개발밀도관리구역
③ 기반시설부담구역 ④ 지구단위계획구역

[해설] 개발밀도관리구역 : 개발로 인하여 기반시설이 부족할 것으로 예상되나 기반시설을 설치하기 곤란한 지역을 대상으로 건폐율이나 용적률을 강화하여 적용하기 위하여 지정하는 구역을 말한다.
※ 기반시설부담구역 : 개발밀도관리구역 외의 지역으로서 개발로 인하여 도로, 공원, 녹지 등 대통령령으로 정하는 기반시설의 설치가 필요한 지역을 대상으로 기반시설을 설치하거나 그에 필요한 용지를 확보하게 하기 위하여 지정·고시하는 구역을 말한다.

과년도 출제문제

2020. 3회 건축기사

89. 다음 중 방화구조의 기준으로 틀린 것은?

① 시멘트모르타르 위에 타일을 붙인 것으로서 그 두께의 합계가 2.5cm 이상인 것
② 석고판 위에 회반죽을 바른 것으로서 그 두께의 합계가 2.5cm 이상인 것
③ 철망모르타르로서 그 바름두께가 1.5cm 이상인 것
④ 심벽에 흙으로 맞벽치기한 것

[해설] 방화구조
화염의 확산을 막을 수 있는 성능을 가진 구조로서 국토교통부장관이 정하는 적합한 구조를 말한다.

구 조 부 분	방화구조의 기준
• 철망모르타르 바르기	바름두께가 2cm 이상인 것
• 석고판 위에 시멘트모르타르 또는 회반죽을 바른 것 • 시멘트모르타르 위에 타일을 붙인 것	두께의 합계가 2.5cm 이상인 것
• 심벽에 흙으로 맞벽치기한 것	두께에 관계없이 인정
• 한국산업표준이 정하는 바에 의하여 시험한 결과 방화 2급 이상에 해당하는 것	

90. 부설주차장의 설치대상 시설물 종류와 설치기준의 연결이 옳은 것은?

① 판매시설 - 시설면적 100m²당 1대
② 위락시설 - 시설면적 150m²당 1대
③ 종교시설 - 시설면적 200m²당 1대
④ 숙박시설 - 시설면적 200m²당 1대

[해설] 부설주차장의 설치기준(시설면적에 따른 기준)
㉠ 위락시설 : 시설면적 100m²당 1대
㉡ 문화 및 집회시설(관람장을 제외)·종교시설·판매시설·운수시설·의료시설(정신병원·요양소 및 격리병원을 제외)·운동시설(골프장·골프연습장 및 옥외수영장을 제외)·업무시설(외국공관 및 오피스텔을 제외)·방송통신시설 중 방송국·장례식장 : 시설면적 150m²당 1대
㉢ 제1종 및 제2종 근린생활시설·숙박시설 : 시설면적 200m²당 1대

㉣ 기타 건축물 : 시설면적 300m²당 1대
㉤ 수련시설·공장(아파트형은 제외)·발전시설 : 시설면적 350m²당 1대
㉥ 창고시설 : 시설면적 400m²당 1대
※ 단독주택(다가구주택 제외)·다세대주택 : 시설면적 50m² 초과 150m² 이하의 경우에는 1대, 시설면적 150m² 초과의 경우에는 1대에 150m²를 초과하는 100m²당 1대를 더한 대수
☞ 부설주차장의 설치기준(시설면적에 따른 기준)에서 최소 설치대수가 가장 많은 시설물은 위락시설이다.

91. 다음은 건축법령상 지하층의 정의 내용이다. ( ) 안에 알맞은 것은?

"지하층"이란 건축물의 바닥이 지표면 아래에 있는 층으로서 바닥에서 지표면까지 평균 높이가 해당 층 높이의 ( )이상인 것을 말한다.

① 2분의 1   ② 3분의 1
③ 3분의 2   ④ 4분의 3

[해설] 지하층이란 건축물의 바닥이 지표면 아래에 있는 층으로서 바닥에서 지표면까지 평균높이가 해당 층높이의 1/2 이상인 것을 말한다.

92. 오피스텔에 설치하는 복도의 유효너비는 최소 얼마 이상이어야 하는가? (단, 건축물의 연면적은 300제곱미터이며, 양옆에 거실이 있는 복도의 경우이다.)

① 1.2m   ② 1.8m
③ 2.4m   ④ 2.7m

[해설] 복도의 너비

구 분	양옆에 거실이 있는 복도	기타의 복도
유치원·초등학교·중학교·고등학교	2.4m 이상	1.8m 이상
공동주택·오피스텔	1.8m 이상	1.2m 이상
해당 층 거실의 바닥면적 합계가 200m² 이상인 경우	1.5m 이상 (의료시설의 복도는 1.8m 이상)	1.2m 이상

[정답] 89. ③   90. ④   91. ①   92. ②

93. 광역도시계획에 관한 내용으로 틀린 것은?

① 인접한 둘 이상의 특별시·광역시·특별자치시·특별자치도·시 또는 군의 관할 구역 전부 또는 일부를 광역계획권으로 지정할 수 있다.
② 군수가 광역도시계획을 수립하는 경우 도지사의 승인을 생략한다.
③ 광역계획권의 공간 구조와 기능 분담에 관한 정책 방향이 포함되어야 한다.
④ 광역도시계획을 공동으로 수립하는 시·도지사는 그 내용에 관하여 서로 협의가 되지 아니하면 공동이나 단독으로 국토교통부장관에게 조정을 신청할 수 있다.

[해설] 시장, 군수가 요청하는 경우와 기타 필요하다고 인정되는 경우 관할 시장, 군수와 도지사가 공동으로 수립권자가 되며 도지사의 승인이 필요하다.

94. 다음 중 건축물의 용도 분류가 옳은 것은?

① 식물원 - 동물 및 식물관련시설
② 동물병원 - 의료시설
③ 유스호스텔 - 수련시설
④ 장례식장 - 묘지관련시설

[해설] ① 식물원 - 문화 및 집회시설
② 동물병원 - 제2종 근린생활시설
④ 장례식장 - 장례시설

95. 다음 중 국토의 계획 및 이용에 관한 법령상 공공(公共)시설에 속하지 않는 것은?

① 광장   ② 공동구
③ 유원지 ④ 사방설비

[해설] 공공시설 (영 제4조)
도로·공원·철도·수도 그 밖에 대통령령이 정하는 공용시설을 말한다.

㉮ 공공용시설	항만·공항·운하·광장·녹지·공공공지·공동구·하천·유수지·방화설비·방풍설비·방수설비·사방설비·방조설비·하수도·구거
㉯ 행정청이 설치하는 것	주차장·운동장·저수지·화장장·공동묘지·봉안시설
㉰ 유비쿼터스 도시의 건설 등에 관한 법률	유비쿼터스 도시통합운영센터

☞ 유원지는 광역시설에 속한다.

96. 태양열을 주된 에너지원으로 이용하는 주택의 건축면적 산정 시 이용하는 중심선의 기준으로 옳은 것은?

① 건축물의 외벽 경계선
② 건축물 기둥 사이의 중심선
③ 건축물의 외벽 중 내측 내력벽의 중심선
④ 건축물의 외벽 중 외측 내력벽의 중심선

[해설] 건축면적의 산정 시 태양열을 주된 에너지원으로 이용하는 주택과 단열재를 구조체의 외기측에 설치하는 단열공법으로 건축된 건축물의 건축면적은 건축물의 외벽 중 내측 내력벽의 중심선을 기준으로 한다.

97. 다음 중 대지와 도로의 관계에 관한 기준 내용 중 ( ) 안에 알맞은 것은?

연면적의 합계가 2천 제곱미터(공장인 경우에는 3천 제곱미터) 이상인 건축물(축사, 작물 재배사, 그 밖에 이와 비슷한 건축물로서 건축조례로 정하는 규모의 건축물은 제외한다)의 대지는 너비 (㉠) 이상의 도로에 (㉡) 이상 접하여야 한다.

① ㉠ : 4m, ㉡ : 2m   ② ㉠ : 6m, ㉡ : 4m
③ ㉠ : 8m, ㉡ : 6m   ④ ㉠ : 8m, ㉡ : 4m

정답 93. ② 94. ③ 95. ③ 96. ③ 97. ②

과년도 출제문제

2020. 3회 건축기사

[해설] 건축물의 대지가 도로에 접해야 하는 길이

연면적 합계	기 준
2,000m² 미만 건축물	대지는 도로에 2m 이상 접해야 한다.
2,000m²(공장은 3,000m²) 이상인 건축물(축사, 작물 재배사, 기타 이와 비슷한 건축물로서 건축조례로 정하는 규모의 건축물은 제외)	대지는 너비 6m 이상 도로에 4m 이상 접해야 한다. (공장 : 4m 이상)

※ 자동차만의 통행에 사용되는 도로는 제외

98. 다음 방화구획의 설치에 관한 기준을 적용하지 아니하거나 그 사용에 지장이 없는 범위에서 완화하여 적용할 수 있는 건축물의 부분에 해당되지 않는 것은?

> 주요구조부가 내화구조 또는 불연재료로 된 건축물로서 연면적이 1천 제곱미터를 넘는 것은 내화구조로 된 바닥·벽 및 60+방화문 또는 60분방화문으로 구획하여야 한다.

① 복층형 공동주택의 세대별 층간 바닥 부분
② 주요구조부가 내화구조 또는 불연재료로 된 주차장
③ 계단실 부분·복도 또는 승강기의 승강로 부분으로서 그 건축물의 다른 부분과 방화구획으로 구획된 부분
④ 문화 및 집회시설 중 동물원의 용도로 쓰는 거실로서 시선 및 활동공간의 확보를 위하여 불가피한 부분

[해설] 문화 및 집회시설(동·식물원은 제외), 종교시설, 운동시설 또는 장례식장의 용도로 쓰는 거실로서 시선 및 활동공간의 확보를 위하여 불가피한 부분에는 방화구획의 적용하지 아니하거나 그 사용에 지장이 없는 범위에서 완화하여 적용할 수 있다.

99. 오피스텔의 난방설비를 개별난방방식으로 하는 경우에 관한 기준 내용으로 틀린 것은?

① 보일러의 연도는 내화구조로서 공동연도로 설치할 것
② 보일러는 거실 외의 곳에 설치할 것
③ 보일러실의 윗부분에는 그 면적이 0.5m² 이상인 환기창을 설치할 것
④ 기름보일러를 설치하는 경우에는 기름저장소를 보일러실에 설치할 것

[해설] 개별난방설비 등
공동주택과 오피스텔의 난방설비를 개별난방방식으로 하는 경우에는 다음의 기준에 적합하여야 한다.

구 분	기 준
① 보일러 설치위치	• 거실 외의 곳에 설치 • 보일러실과 거실 사이의 경계벽은 내화구조의 벽으로 구획(출입구 제외)
② 보일러실의 환기	• 윗부분에 0.5m² 이상의 환기창 설치 • 지름 10cm 이상의 공기흡입구 및 배기구를 항상 열려진 상태로 외기와 접하도록 설치(단, 전기보일러 경우는 제외)
③ 기름저장소	• 기름보일러의 기름저장소는 보일러실 외에 설치할 것
④ 오피스텔의 난방구획	• 방화구획으로 구획할 것
⑤ 보일러실의 연도	• 내화구조로서 공동연도로 설치할 것
⑥ 가스보일러	• 보일러실과 거실 사이 출입구는 출입구가 닫힌 경우 가스가 거실에 들어갈 수 없는 구조일 것 • 중앙집중공급방식으로 공급하는 경우에는 ①의 규정에도 불구하고 관계법령이 정하는 기준에 의함

정답 98. ④ 99. ④

100. 주요구조부가 내화구조 또는 불연재료로 된 층수가 16층 이상인 공동주택의 경우, 피난층 외의 층에서는 피난층 또는 지상으로 통하는 직통 계단을 거실의 각 부분으로부터 계단에 이르는 보행 거리가 최대 얼마 이하가 되도록 설치하여야 하는가? (단, 계단은 거실로부터 가장 가까운 거리에 있는 1개소의 계단을 말한다.)

① 30m ② 40m
③ 50m ④ 75m

해설 피난층이 아닌 층에서의 피난층 또는 직통계단까지의 보행거리
피난층이 아닌 층에서 거실 각 부분으로부터 피난층(직접 지상으로 통하는 출입구가 있는 층) 또는 지상으로 통하는 직통계단(경사로 포함)에 이르는 보행거리는 다음과 같다.

구분	보행거리
원칙	30m 이하
주요구조부가 내화구조 또는 불연재료로 된 건축물	50m 이하 (16층 이상 공동주택 : 40m 이하) [자동화 생산시설에 스프링클러 등 자동식 소화설비를 설치한 공장으로서 국토교통부령으로 정하는 공장인 경우에는 그 보행거리가 75m(무인화 공장 경우 100m) 이하]

정답 100. ②

과년도출제문제

2020. 4회 건축기사

■■■ 제1과목 건축계획

1. 기업체가 자사제품의 홍보, 판매 촉진 등을 위해 제품 및 기업에 관한 자료를 소비자들에게 직접 호소하여 제품의 우위성을 인식시키는 전시공간은?

① 쇼룸
② 런드리
③ 프로시니엄
④ 인포메이션

[해설] 쇼룸(show room)
기업체가 자사제품의 홍보, 판매 촉진 등을 위해 제품 및 기업에 관한 자료를 소비자들에게 직접 호소하여 제품의 우위성을 인식시키고자 하는 전시공간
㉠ 쇼룸의 연출은 되도록 개념, 대상물, 효과라는 3단계가 종합적으로 디자인되어야 한다.
㉡ 일반 매장과는 다르게 공간적으로 여유가 있다.
㉢ 상업적 쇼룸에는 필요한 경우 사용이나 작동을 위한 테스팅 룸(testing room)을 배치한다.

2. 사무소 건축의 실단위 계획 중 개실 시스템에 관한 설명으로 옳지 않은 것은?

① 공사비가 저렴하다.
② 독립성과 쾌적감이 높다.
③ 방길이에 변화를 줄 수 있다.
④ 방깊이에 변화를 줄 수 없다.

[해설] 개실 시스템(individual room system)
복도에 의해 각 층의 여러 부분으로 들어가는 방법으로 유럽에서 널리 쓰인다.
㉠ 독립성과 쾌적성이 좋다.
㉡ 자연채광 조건이 좋다.
㉢ 공사비가 비교적 높다.
㉣ 방 길이에는 변화를 줄 수 있지만, 방 깊이에는 변화를 줄 수 없다.

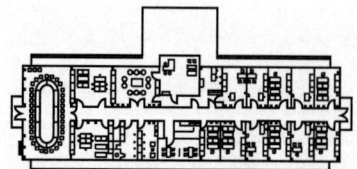
[그림] 개실 배치

3. 주택단지계획에서 보차분리의 형태 중 평면분리에 해당하지 않는 것은?

① T자형
② 루프(Loop)
③ 쿨데삭(Cul-de-Sac)
④ 오버브리지(Overbridge)

[해설] 주택단지계획의 보차(步車)분리 형태
㉠ 평면분리 : 쿨데삭(Cul-de-Sac), 루프(loop), T자형, 열쇠자형
㉡ 면적분리 : 보행자 안전참(pedestrian safecross), 보행자공간, 몰플라자(Mall Plaza)
㉢ 입체분리 : 오버브리지(overbridge), 언더패스(under path), 지상인공지반, 지하가, 다층구조지반
㉣ 시간분리 : 시간제 차량통행, 차 없는 날

4. 도서관의 출납 시스템 유형 중 이용자가 자유롭게 도서를 꺼낼 수 있으나 열람석으로 가기 전에 관원의 검열을 받는 형식은?

① 폐가식
② 반개가식
③ 자유개가식
④ 안전개가식

[해설] 안전개가식(Safe guarded open access)
㉠ 자유개가식과 반개가식의 장점을 취한 것으로서 열람자가 책을 직접 서가에서 꺼내지만 관원의 검열을 받고 기록을 남긴 후 열람하는 형식이다.
㉡ 보통 1실 규모는 15,000권 이하가 적합하며, 소규모 도서관에 적합하다.
㉢ 특징
- 출납 시스템이 필요치 않아 혼잡하지 않다.
- 도서 열람의 체크 시설이 필요하다.
- 서가 열람이 가능하며 책을 직접 뽑을 수 있다.
- 감시가 필요하지 않다.

정답 1. ① 2. ① 3. ④ 4. ④

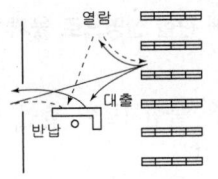
(a) 자유개가식의 경우

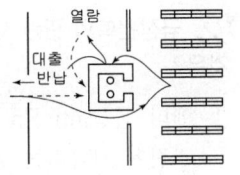
(b) 안전개가식의 경우

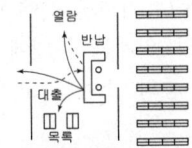
(c) 폐가식의 경우
실선 및 점선은 열람자의 동선

[그림] 서가와 카운터 주위

5. 단독주택에서 다음과 같은 실들을 각각 직상층 및 직하층에 배치할 경우 가장 바람직하지 않은 것은?

① 상층 : 침실, 하층 : 침실
② 상층 : 부엌, 하층 : 욕실
③ 상층 : 욕실, 하층 : 침실
④ 상층 : 욕실, 하층 : 부엌

[해설] 침실은 독립성(privacy) 확보에 있어서 상층에 두는 것이 바람직하며, 출입문과 창문의 위치는 매우 중요하다.
　① 상층 : 침실, 하층 : 침실 ← 침실은 정적공간으로 상하층에 동일하게 배치
　② 상층 : 부엌, 하층 : 욕실 ← 설비적코어 측면에서 설비관계 부분의 집약(욕실, 부엌, 식당) 배치
　③ 상층 : 욕실, 하층 : 침실 ← (×) 부적합한 배치
　④ 상층 : 욕실, 하층 : 부엌 ← 설비적코어 측면에서 설비관계 부분의 집약(욕실, 부엌, 식당) 배치

6. 다음 중 백화점 매장의 기둥간격 결정 요소와 가장 거리가 먼 것은?

① 엘리베이터의 배치방법
② 진열장의 치수와 배치방법
③ 지하주차장 주차방식과 주차 폭
④ 층별 매장 구성과 예상 이용 인원

[해설] 백화점의 기둥간격 결정요소
　㉠ 진열대 치수와 배치 방법(진열장 배치의 변경 고려시 : 장방형보다 정방형이 유리)
　㉡ 엘리베이터, 에스컬레이터의 배치(엘리베이터, 에스컬레이터 등의 크기, 개수, 설치 유무)
　㉢ 매장의 통로의 크기
　㉣ 지하주차장의 수용 능력(지하주차장의 주차방식과 주차폭)
　㉤ 건축물의 적용 구조체

7. 학교 운영방식에 관한 설명으로 옳지 않은 것은?

① 종합교실형은 초등학교 저학년에 권장되는 방식이다.
② 교과교실형은 교실의 이용률은 높으나 순수율은 낮다.
③ 달톤형은 학급과 학년을 없애고 각자의 능력에 따라 교과를 선택하는 방식이다.
④ 플라툰형은 전 학급을 2분단으로 나누어 한 쪽이 일반 교실을 사용할 때, 다른 쪽은 특별교실을 사용한다.

[해설] 교과교실형(V형)
모든 교실이 특정한 교과를 위해 만들어지고 일반 교실은 없다.
　㉠ 장점 : 각 교과에 순수율이 높은 교실이 주어져 시설의 활용도가 높게 된다.
　㉡ 단점 : 학생의 이동이 심하다. 순수율을 100%로 하는 한 이용률은 반드시 높다고 할 수 없다.
　※ 이동할 때에는 소지품을 두는 곳을 고려할 필요가 있다. 또 이동에 대한 동선에 주의하지 않으면 안 된다.

8. 종합병원에서 클로즈드 시스템(Closed System)의 외래진료부에 관한 설명으로 옳지 않은 것은?

① 내과는 소규모 진료실을 다수 설치하도록 한다.
② 환자의 이용이 편리하도록 1층 또는 2층 이하에 둔다.
③ 중앙주사실, 회계, 약국 등은 정면출입구 근처에 설치한다.
④ 전체병원에 대한 외래진료부의 면적비율은 40~45% 정도로 한다.

정답　5. ③　6. ④　7. ②　8. ④

[해설] 전체면적에 대한 외래진료부·사무관리부의 면적 비율은 30~40% 정도로 한다.
※ 외래진료부의 운영 방식
  ㉠ 오픈 시스템(open system) : 종합병원 근처의 일반 개업의사는 종합병원에 등록되어 있어서, 종합병원에 등록되어 있어서 종합병원의 큰 시설을 이용할 수 있고, 자기 환자를 종합병원 진찰실에서 예약된 시간과 장소에서 행하며 입원시킬 수 있는 제도이다.
  ㉡ 클로즈드 시스템(closed system) : 대규모의 각종 과를 필요로 하며 대부분 우리나라의 종합병원의 외래진료 방식이다.

9. 공장건축의 레이아웃(Layout)에 관한 설명으로 옳지 않은 것은?

① 제품중심의 레이아웃은 대량생산에 유리하며 생산성이 높다.
② 레이아웃은 장래 공장규모의 변화에 대응한 융통성이 있어야 한다.
③ 공정중심의 레이아웃은 다품종 소량생산이나 주문생산에 적합한 형식이다.
④ 고정식 레이아웃은 기능이 동일하거나 유사한 공정, 기계를 접합하여 배치하는 방식이다.

[해설] 고정식 레이아웃
  ㉠ 주가 되는 재료나 조립 부품이 고정되고, 사람이나 기계가 이동해 가며 작업을 하는 방식
  ㉡ 특징 : 선박, 건축 등과 같이 제품이 크고, 수량이 적은 경우에 적합하다.
  ☞ 동종의 공정, 동일한 기계, 기능이 유사한 것을 하나의 그룹으로 집합시키는 방식은 공정중심의 레이아웃(기계설비 중심)이다.

10. 극장건축의 관련 제실에 관한 설명으로 옳지 않은 것은?

① 앤티 룸(Anti Room)은 출연자들이 출연 바로 직전에 기다리는 공간이다.
② 그린 룸(Green Room)은 출연자 대기실을 말하며 주로 무대 가까운 곳에 배치한다.
③ 배경제작실의 위치는 무대에 가까울수록 편리하며, 제작 중의 소음을 고려하여 차음설비가 요구된다.
④ 의상실은 실의 크기가 1인당 최소 8m²이 필요하며, 그린 룸이 있는 경우 무대와 동일한 층에 배치하여야 한다.

[해설] 의상실은 실의 크기가 1인당 최소 4~5m²이 필요하며, 그린룸이 있는 경우 무대와 동일한 층에 배치할 필요는 없다.

11. 상점의 동선계획에 관한 설명으로 옳지 않은 것은?

① 고객동선은 가능한 길게 한다.
② 직원동선은 가능한 짧게 한다.
③ 상품동선과 직원동선은 동일하게 처리한다.
④ 고객 출입구와 상품 반입/출 출입구는 분리하는 것이 좋다.

[해설] 상점의 동선
상점의 동선은 평면계획의 기본요소로 기능적으로 역할이 서로 다른 동선은 교차되거나 혼용되어서는 안 된다. 상점 내의 매장 계획에 있어서 동선을 원활하게 하는 것이 가장 중요하다.
고객, 종업원, 상품의 동선이 서로 교차되지 않게 판매장의 진열케이스를 배치 계획한다.
※ 동선은 가능한 한 굵고 짧게 한다. 대체로 짧고 직선적이어야 능률적이라 볼 수 있는데 상점, 백화점 건축과 같은 경우는 예외적으로 고객의 동선을 길게 유도하여 매장의 진열효과를 높이고, 종업원의 동선은 되도록 짧게 하여 보행거리를 적게 하며 고객동선과 교차되지 않도록 한다.

정답 9. ④ 10. ④ 11. ③

12. 건축공간의 치수계획에서 "압박감을 느끼지 않을 만큼의 천장 높이 결정"은 다음 중 어디에 해당하는가?

① 물리적 스케일 ② 생리적 스케일
③ 심리적 스케일 ④ 입면적 스케일

해설 건축공간의 치수(scale)
  ㉠ 물리적 스케일 : 출입구의 크기가 인간이나 물체의 물리적 크기에 의해 결정되는 치수 → 인체측정학(anthropometry)
  ㉡ 심리적 스케일 : 압박감을 느끼지 않을 정도의 천장높이 등 → 프로세믹스(proxemics)
  ㉢ 생리적 스케일 : 실내의 창문 크기가 필요 환기량으로 결정되는 경우

13. 고대 로마 건축물 중 판테온(Pantheon)에 관한 설명으로 옳지 않은 것은?

① 로툰다 내부는 드럼과 돔 두 부분으로 구성된다.
② 직사각형의 입구 공간은 외부와 내부 사이의 전이공간으로 사용된다.
③ 드럼 하부는 깊은 니치와 독립된 도리아식 기둥들로 동적인 공간을 구현한다.
④ 거대한 돔을 얹은 로툰다와 대형 열주 현관이라는 2가지 주된 구성 요소로 이루어진다.

해설 드럼 하부는 깊은 니치와 독립한 코린트(Corinthian)식 기둥들로 정적인 공간을 구현한다.
  ※ 니치(Niche)는 서양 고전건축에서 장식을 목적으로 벽면을 오목하게 파서 그 안에 선반을 만든 것으로 돔 형태로 움푹 들어가 있는 니치는 높이가 4.6m에 아랫부분의 폭은 1.57m이고 움푹 들어간 깊이는 1m 이다.

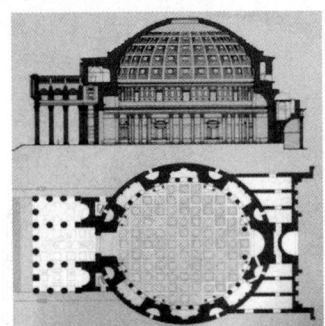

[그림] 판테온의 단면도와 평면도

14. 극장의 평면형식 중 오픈 스테이지(Open Stage)형의 관한 설명으로 옳은 것은?

① 연기자가 남측 방향으로만 관객을 대하게 된다.
② 강연, 음악회, 독주, 연극 공연에 가장 적합한 형식이다.
③ 가장 일반적인 극장의 형식으로 어떠한 배경이라도 창출이 가능하다.
④ 무대와 객석이 동일공간에 있는 것으로 관객석이 무대의 대부분을 둘러싸고 있다.

해설 오픈 스테이지(open stage)형
관객이 부분적으로 연기자를 둘러싸고 관람하는 형으로 210°~220°, 180°, 90° 위요형 등이 있다.
  ㉠ 관객이 연기자에게 좀 더 근접하여 관람할 수 있다.
  ㉡ 연기자는 혼란된 방향감 때문에 통일된 효과를 내는 것이 쉽지 않다.
  ㉢ 애리너 형식과 마찬가지로 무대 장치를 꾸미는 데 어려움이 있다.

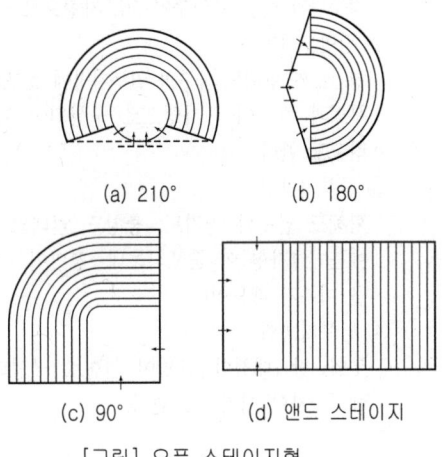

(a) 210°   (b) 180°
(c) 90°   (d) 앤드 스테이지
[그림] 오픈 스테이지형

15. 다음 설명에 알맞은 사무소 건축의 코어 유형은?

• 코어와 일체로 한 내진구조가 가능한 유형이다.
• 유효율이 높으며, 임대 사무소로서 경제적인 계획이 가능하다.

① 편심형 ② 독립형
③ 분리형 ④ 중심형

정답 12. ③ 13. ③ 14. ④ 15. ④

[해설] 중심 코어형
㉠ 코어 프레임(core frame)이 내력벽 및 내진구조가 가능함으로서 구조적으로 바람직한 유형이다.
㉡ 유효율이 높으며, 임대 사무소로서 경제적인 계획이 가능하다.
㉢ 내부공간과 외관이 획일적으로 되기 쉽다.
㉣ 대규모 평면규모를 갖춘 중·고층인 사무소에 적합하다.

16. 조선시대에 田자형 주택으로 대별되는 서민주택의 지방 유형은?

① 서울지방형 ② 남부지방형
③ 중부지방형 ④ 함경도지방형

[해설] 지역별 한옥의 특징
① 함경도지방형
  함경도와 강원도 일대에 분포된 이 형은 부엌-정주간과 방들의 일부가 "田"자형으로 구성된다.
② 평안도지방형
  평안도와 황해도 북부의 일부지방에 분포된 형으로 부엌과 방들이 一자형으로 구성되어 "一자형"이라고도 한다.
③ 중부지방형
  황해도 남부와 경기도, 충청도 일대의 중부지방에는 "ㄱ자형"이 분포되는데, 평면이 "ㄱ자"모양을 이루기 때문이다.
④ 남부지방형
  부엌, 방, 대청마루, 방이 일렬로 구성되기 때문에 "一자형"이라고도 한다.

17. 메조넷형(Maisonette Type) 아파트에 관한 설명으로 옳지 않은 것은?

① 설비, 구조적인 해결이 유리하며 경제적이다.
② 통로가 없는 층의 평면은 프라이버시 확보에 유리하다.
③ 통로가 없는 층의 평면은 화재 발생 시 대피상 문제점이 발생할 수 있다.
④ 엘리베이터 정지층 및 통로 면적의 감소로 전용면적의 극대화를 도모할 수 있다.

[해설] 메조넷형(복층형 : duplex type, maisonnette type)
작은 저택의 뜻을 지니고 있는 메조넷(maisonnette)은 하나의 주호가 2개 층 이상에 걸쳐 구성되는 형식으로 독립성이 좋고 전용 면적비가 크나 50m² 이하의 소규모 주거 형식에는 비경제적이다.
㉠ 주야간의 생활공간이 층별로 구분(독립성 확보)
㉡ 유효면적의 증가
㉢ 중직동선의 편리 도모(엘리베이터의 정지층수 반감)
㉣ 좋은 평면 구성 가능
㉤ 통풍·채광 유리

18. 고딕 성당에 관한 설명으로 옳지 않은 것은?

① 중앙집중식 배치를 지배적으로 사용하였다.
② 건축 형태에서 수직성을 강하게 강조하였다.
③ 고딕 성당으로는 랭스 성당, 아미앵 성당 등이 있다.
④ 수평 방향으로 통일되고 연속적인 공간을 만들었다.

[해설] 고딕 건축의 특징
㉠ 수직선을 의장의 주요소로 하여 하늘을 지향하는 종교적 신념과 그 사상을 합리적으로 반영시켜서 교회건축 양식을 완성하였다.
㉡ 수평 방향으로 통일되고 연속적인 공간을 만들었다.
㉢ 석재를 자유자재로 사용하였다.
㉣ 첨두형 아치(Pointed Arch)와 첨두형 볼트(Point Arch), 플라잉 버트레스(Flying Buttress)가 주로 사용되었다.
㉤ 대표작으로는 샤르트르 성당, 노트르담 성당, 아미앵 성당, 랭스 성당, 쾰른 성당, 밀라노 성당 등이 있다.

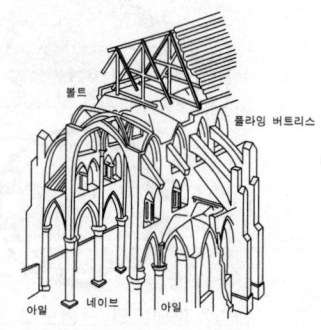

[그림] 고딕성당의 구조

정답 16. ④ 17. ① 18. ①

19. 단독주택의 평면계획에 관한 설명으로 옳지 않은 것은?

① 거실은 평면계획상 통로나 홀로 사용하지 않는 것이 좋다.
② 현관의 위치는 대지의 형태, 도로와의 관계 등에 의하여 결정된다.
③ 부엌은 주택의 서측이나 동측이 좋으며 남향은 피하는 것이 좋다.
④ 노인침실은 일조가 충분하고 전망이 좋은 조용한 곳에 면하게 하고 식당, 욕실 등에 근접시킨다.

[해설] 부엌의 배치시 일사가 긴 서쪽은 음식물이 부패하기 쉬우므로 반드시 피해야 하고, 남쪽 또는 남동쪽에 두는 것이 좋다.

20. 다음 중 호텔의 성격상 연면적에 대한 숙박면적의 비가 가장 큰 것은?

① 리조트 호텔 ② 커머셜 호텔
③ 클럽 하우스 ④ 레지덴셜 호텔

[해설] 시티호텔은 연면적에 대한 숙박면적의 비가 크다. (연면적의 49~73% 정도)
  ※ 시티호텔 중에서 숙박 체류 목적의 커머셜 호텔이 연면적에 대한 숙박면적의 비가 가장 크다.
  ※ 시티호텔 : 커머셜 호텔, 레지던셜 호텔, 아파트먼트 호텔, 터미널 호텔
  ☞ 리조트 호텔(resort hotel)은 연면적에 대한 숙박면적의 비가 작다.

■■■ 제2과목 건축시공

21. 벽두께 1.0B, 벽면적 30m² 쌓기에 소요되는 벽돌의 정미량은? (단, 벽돌은 표준형을 사용한다.)

① 3900매 ② 4095매
③ 4470매 ④ 4604매

[해설] 벽돌쌓기의 벽돌량(매/m²당)

쌓기 벽돌형	0.5B (매)	1.0B (매)	1.5B (매)	2.0B (매)	할증률
기존형 (재래형)	65	130	195	260	붉은벽돌 : 3% 시멘트벽돌 : 5%
표준형 (기본형)	75	149	224	298	

표준형벽돌 1m²당 1.0B쌓기 정미량 = 149매
∴ 1.0B 쌓기, 시멘트벽돌, 표준형=30m²×149매
=4470매

22. 석재의 일반적 성질에 관한 설명으로 옳지 않은 것은?

① 석재의 비중은 조암광물의 성질·비율·공극의 정도 등에 따라 달라진다.
② 석재의 강도에서 인장강도는 압축강도에 비해 매우 작다.
③ 석재의 공극률이 클수록 흡수율이 크고 동결융해저항성은 떨어진다.
④ 석재의 강도는 조성결정형이 클수록 크다.

[해설] 석재의 강도 중에서 압축강도가 가장 크고 인장, 휨 및 전단강도는 압축강도에 비하여 매우 작다. 휨, 인장강도가 약하므로 압축력을 받는 곳에만 사용하여야 한다.(인장강도는 압축강도의 1/10~1/40 정도로 매우 작다.)
  ※ 석재의 흡수율은 공극률에 따라 달라지며, 석재의 내구성에 큰 영향을 끼친다. 즉, 흡수율이 크다는 것은 석재가 다공질이라는 것을 의미하며, 동해나 풍화의 피해 가능성이 높다.
  ☞ 흡수율(%) 크기 : 응회암(19%) > 사암(18%) > 안산암(2.5%) > 점판암, 화강암(0.3%) > 대리석(0.14%)

과년도출제문제

2020. 4회 건축기사

23. Power shovel의 1시간당 추정 굴착 작업량을 다음 조건에 따라 구하면?

[조건]
$Q = 1.2\text{m}^3$, $f = 1.28$, $E = 0.9$, $K = 0.9$, $C_m = 60$초

① 67.2m³/h   ② 74.7m³/h
③ 82.2m³/h   ④ 89.6m³/h

[해설] 굴삭기계 시간당 시공량(V)

굴삭토량 $V = Q \times \dfrac{3{,}600}{\text{cm}} \times E \times K \times f \,(\text{m}^3/\text{h})$

Q : 버킷용량(m³) E : 작업효율(%)
cm : 싸이클 타임(sec)
K : 굴삭계수 f : 굴삭토의 용적변화계수

$V = Q \times \dfrac{3{,}600}{\text{cm}} \times E \times K \times f$
$= 1.2 \times \dfrac{3{,}600}{60} \times 0.9 \times 0.9 \times 1.28$
$= 74.7 \,(\text{m}^3/\text{h})$

24. 도장작업 시 주의사항으로 옳지 않은 것은?

① 도료의 적부를 검토하여 양질의 도료를 선택한다.
② 도료량을 표준량보다 두껍게 바르는 것이 좋다.
③ 저온 다습 시에는 작업을 피한다.
④ 피막은 각층마다 충분히 건조 경화한 후 다음 층을 바른다.

[해설] 도장공사 시 주의사항
㉠ 도장마감은 도막이 너무 두껍지 않도록 얇게 몇 회로 나누어 실시한다.
㉡ 페인트칠의 경우 초벌과 재벌 등은 도장할 때마다 다음 칠을 하였는지 안하였는지 구별하기 위하여 색을 약간씩 다르게 한다.
㉢ 칠하는 장소에서 저온, 다습하고 환기가 충분하지 못할 때는 도장작업을 금지해야 한다.
(온도 5℃ 이하, 35℃ 이상, 습도가 80%(시방서 : 85%) 이상시 작업을 중단한다.)
㉣ 도장 후 기름, 산, 수지, 알칼리 등의 유해물이 배어 나오거나 녹아 나올 때에는 재시공한다.
㉤ 솔칠은 위에서 밑으로, 왼편에서 오른편으로, 재의 길이 방향으로 한다.

25. 콘크리트의 내화, 내열성에 관한 설명으로 옳지 않은 것은?

① 콘크리트의 내화, 내열성은 사용한 골재의 품질에 크게 영향을 받는다.
② 콘크리트는 내화성이 우수해서 600℃ 정도의 화열을 장시간 받아도 압축강도는 거의 저하하지 않는다.
③ 철근콘크리트 부재의 내화성을 높이기 위해서는 철근의 피복두께를 충분히 하면 좋다.
④ 화재를 입은 콘크리트의 탄산화 속도는 그렇지 않은 것에 비하여 크다.

[해설] 가열된 콘크리트는 350℃ 이상에서 급격히 압축강도가 저하되기 시작한다.
※ 철근콘크리트 부재를 장시간 가열해도 콘크리트의 단열작용으로 말미암아 그 속에 묻힌 철근이 쉽게 적열되어 소성변형을 일으키는 상태에는 이르지 않는다. 화재를 만난 철근콘크리트 구조물 가운데는 덮개 콘크리트를 보수하는 정도로 보수하여 다시 사용하고 있는 예도 적지 않다.

26. 아스팔트 방수공사에서 아스팔트 프라이머를 사용하는 가장 중요한 이유는?

① 콘크리트 면의 습기 제거
② 방수층의 습기 침입 방지
③ 콘크리트면과 아스팔트 방수층의 접착
④ 콘크리트 밑바닥의 균열방지

[해설] 아스팔트 프라이머(Asphalt primer)
㉠ 아스팔트를 휘발성 용제로 녹인 흑갈색 액체이다.
㉡ 아스팔트 방수공법에서 제일 먼저 시공되는 방수제이다.
㉢ 콘크리트와 아스팔트 부착이 잘되게 하는 것이다.

27. 콘크리트 배합에 직접적으로 영향을 주는 요소가 아닌 것은?

① 단위수량   ② 물-결합재 비
③ 철근의 품질   ④ 골재의 입도

정답 23. ②   24. ②   25. ②   26. ③   27. ③

[해설] 콘크리트의 계획배합의 표시 항목에는 배합강도, 단위수량, 공기량 등이 있다.
※ 콘크리트 배합 설계순서는 다음과 같다.
설계기준강도(Fc) → 배합강도(F) → 시멘트강도(K) → 물·시멘트비(W/C) → Slump value → 굵은 골재 최대치수 → 잔골재율(S/A) → 단위수량결정 → 시험배합 → 현장배합
☞ 보통 콘크리트 공사에서 콘크리트에 포함된 염화물량 기준은 염소이온(Cl^-)량은 $0.30kg/m^3$ 이하이며, $0.30kg/m^3$ 초과시는 철근의 방청(防錆) 대책이 필요하다.

28. 철근, 볼트 등 건축용 강재의 재료시험 항목에서 일반적으로 제외되는 항목은?

① 압축강도시험   ② 인장강도시험
③ 굽힘시험   ④ 연신율시험

[해설] 철근, 볼트 등 건축용 강재의 재료시험 항목
㉠ 인장강도 시험
㉡ 굽힘 시험
㉢ 연신률 시험
☞ 압축강도시험은 일반적으로 콘크리트의 재료시험 항목에 해당된다.

29. 발주자에 의한 현장관리로 볼 수 없는 것은?

① 착공신고   ② 하도급계약
③ 현장회의 운영 ④ 클레임 관리

[해설] 하도급 : 도급공사를 부분적으로 분할하여 제3자에게 도급주어 시행하는 것
※ 재도급, 재하도급, 전면하도급은 건설산업기본법상으로 금지되어 있는 도급공사이다. 하도급만 허용된다.

30. 어스앵커 공법에 관한 설명으로 옳지 않은 것은?

① 버팀대가 없어 굴착공간을 넓게 활용할 수 있다.
② 인접한 구조물의 기초나 매설물이 있는 경우 효과가 크다.
③ 대형기계의 반입이 용이하다.
④ 시공 후 검사가 어렵다.

[해설] 어스앵커(Earth anchor)식 흙막이 공법
㉠ 흙막이벽 배면을 원통형으로 굴착한 후 고강도 강재와 모르타르를 주입하여 경화시킨 후 인장력에 의해 토압을 지지하게 하는 것
㉡ 적용 : 좌우 토압이 불균일하여 버팀대식의 적용이 불가하고, 굴착부지 내의 작업공간 확보가 필요한 경우
㉢ 특징 : 버팀대가 없어 굴착공간을 넓게 활용할 수 있다. 대형기기의 반입이 용이하다. 시공 후 검사가 어렵다.

31. 단순조적 블록쌓기에 관한 설명으로 옳지 않은 것은?

① 살두께가 큰 편을 아래로 하여 쌓는다.
② 특별한 지정이 없으면 줄눈은 10mm가 되게 한다.
③ 하루의 쌓기 높이는 1.5m 이내를 표준으로 한다.
④ 줄눈 모르타르는 쌓은 후 줄눈누르기 및 줄눈파기를 한다.

[해설] 블록은 살두께가 두꺼운 쪽이 위로 향하게 하여 쌓는다.

32. 다음 중 QC 활동의 도구가 아닌 것은?

① 특성요인도   ② 파레토그램
③ 층별   ④ 기능계통도

[해설] 품질관리(T.Q.C)의 7가지 도구(통계적 방법)

종류	특징
히스토그램	데이터가 어떻게 분포하고 있는지를 나타내기 위하여 작성하는 그림
특성요인도	결과에 원인이 어떻게 관계를 하는가를 알 수 있도록 작성한 그림
파레토도	불량 등의 발생건수를 분류 항목별로 나누어 크기 순서대로 나열한 그림
체크 시이트	계수치의 데이터가 분류 항목의 어디에 집중되었는가를 나타낸 그림이나 표

정답 28. ① 29. ② 30. ② 31. ① 32. ④

종류	특징
각종 그래프 및 관리도	한눈에 파악하도록 한 그래프로 공사 또는 제품의 품질관리 개선에 효과적인 방법
산점도	대응되는 2개의 짝으로 된 데이터를 그래프 용지에 점으로 나타낸 그림
층별(層別)	집단을 구성하는 데이터를 특징에 따라 몇 개의 부분 집단으로 나누는 것

33. 철근의 가스압접에 관한 설명으로 옳지 않은 것은?

① 이음공법 중 접합강도가 극히 크고 성분원소의 조직변화가 적다.
② 압접공은 작업 대상과 압접 장치에 관하여 충분한 경험과 지식을 가진 자로 책임기술자 승인을 받아야 한다.
③ 가스압접할 부분은 직각으로 자르고 절단면을 깨끗하게 한다.
④ 접합되는 철근의 항복점 또는 강도가 다른 경우에 주로 사용한다.

[해설] 가스압접
접합하는 두 부재에 1,200~1,300℃의 열을 30MPa의 압력으로 가압하여 접합하는 것(가스압접=가스용접+압력접합의 합성어)
㉠ 접합 소요 시간 : 1개소에 3~4분으로 비교적 간단
㉡ 압접작업은 철근을 완전히 조립하기 전에 행한다.
㉢ 철근 직경 차이가 6mm 넘는 것, 편심오차가 직경의 1/5 초과하는 경우에는 압접을 하지 않는다.
㉣ 장점 : 콘크리트 부어넣기가 용이하고 겹침이음이 불필요하며, 기구가 간편하고 공사비가 저렴하다. 강도가 비교적 신뢰성이 있다.
㉤ 단점 : 철근공, 용접공 동시작업으로 혼돈의 우려가 있으며, 숙련공이 필요하다. 화재의 우려가 있고, 용접부 검사가 어렵다. 풍우, 강설, 저온시는 작업을 중단해야 한다.
※ 가스압접 금지의 경우
㉠ 철근 직경 차이가 6mm 넘는 것, 편심오차가 직경의 1/5 초과하는 경우
㉡ 접합되는 철근의 재질이 서로 다른 경우, 항복점 또는 강도가 서로 다른 경우
㉢ 0℃ 이하에서의 작업은 중지

34. 용제형(Solvent)고무계 도막방수 공법에 관한 설명으로 옳지 않은 것은?

① 용제는 인화성이 강하므로 부근의 화기는 엄금한다.
② 한층의 시공이 완료되면 1.5~2시간 경과 후 다음층의 작업을 시작하여야 한다.
③ 완성된 도막은 외상(外傷)에 매우 강하다.
④ 합성고무를 휘발성 용제에 녹인 일종의 고무도료를 칠하여 두께 0.5~0.8mm의 방수피막을 형성하는 것이다.

[해설] 용제형 도막방수는 강풍이 불 경우 방수층 접착이 불량하다.
용제형의 시공시 바탕을 충분히 건조시키고, 작업 시 화기에 주의하고, 특히 실내 작업의 경우 환기장치를 사용하여 인화나 유기용제 중독을 미연에 예방하여야 한다.

35. 공사계약제도 중 공사관리방식(CM)의 단계별 업무내용 중 비용의 분석 및 VE기법의 도입 시 가장 효과적인 단계는?

① Pre-Design 단계
② Design 단계
③ Pre-Construction 단계
④ Construction 단계

[해설] 공사관리방식(CM : Construction Management)의 단계별 주요 업무 순서
㉠ Pre-Design단계(기획단계) : 사업구상, 사업의 타당성 검토 및 사업수행의 구체적 계획 수립
㉡ Design단계(설계단계) : 비용의 분석 및 VE기법의 도입, 대안공법의 검토
㉢ Pre-Construction단계(입찰·발주단계)
㉣ Construction단계(시공단계) : 설계도면, 시방서에 따른 공사진행 검사 및 검토
㉤ Post-Construction단계(유지관리단계)

36. 커튼월(Curtain Wall)의 외관 형태별 분류에 해당하지 않는 방식은?

① Unit 방식   ② Mullion 방식
③ Spandrel 방식   ④ Sheath 방식

[해설] 커튼월의 분류
※ 커튼월의 판넬 부착방식에 따른 분류 : 슬라이딩 방식, 로킹 방식, 고정 방식
※ 커튼월의 외관형태에 따른 분류 : 멀리온(mullion, 샛기둥) 방식, 스팬드럴(spandrel) 방식, 격자(grid) 방식, 피복(sheath) 방식
※ 커튼월의 구조방식에 따른 분류 : 멀리온(mullion) 방식, 패널(panel) 방식, 커버(cover) 방식

37. 고층건축물 공사의 반복작업에서 각 작업조의 생산성을 기울기로 하는 직선으로 각 반복작업의 진행을 표시하여 전체 공사를 도식화하는 기법은?

① CPM   ② PERT
③ PDM   ④ LOB

[해설] LOB(Line of Balance) 공정표
반복되는 작업을 수량적으로 도식화하는 공정관리 기법으로 아파트 및 오피스 건축에서 주로 활용되는 공정표이다.

38. 수밀콘크리트의 시공에 관한 설명으로 옳지 않은 것은?

① 수밀콘크리트는 누수 원인이 되는 건조수축 균열의 발생이 없도록 시공하여야 하며, 0.1mm 이상의 균열 발생이 예상되는 경우 누수를 방지하기 위한 방수를 검토하여야 한다.
② 거푸집의 긴결재로 사용한 볼트, 강봉, 세퍼레이터 등의 아래쪽에는 블리딩 수가 고여서 콘크리트가 경화한 후 물의 통로를 만들어 누수를 일으킬 수 있으므로 누수에 대하여 나쁜 영향이 없는 재질의 것을 사용하여야 한다.
③ 소요 품질을 갖는 수밀콘크리트를 얻기 위해서는 전체 구조부가 시공이음 없이 설계되어야 한다.
④ 수밀성의 향상을 위한 방수제를 사용하고자 할 때에는 방수제의 사용 방법에 따라 배처플랜트에서 충분히 혼합하여 현장으로 반입시키는 것을 원칙으로 한다.

[해설] 소요 품질을 갖는 수밀 콘크리트를 얻기 위해서는 적당한 간격으로 시공이음을 두어야 하며, 그 이음부의 수밀성에 대하여 주의하여야 한다.(콘크리트 표준시방서)

39. 철골공사 접합 중 용접에 관한 주의사항으로 옳지 않은 것은?

① 현장용접을 하는 부재는 그 용접부위에 얇은 에나멜 페인트를 칠하되, 이 밖에 다른 칠을 해서는 안 된다.
② 용접봉의 교환 또는 다층용접일 때에는 먼저 슬래그를 제거하고 청소한 후 용접한다.
③ 용접할 소재는 용접에 의한 수축변형이 생기고, 또 마무리 작업도 고려해야 하므로 치수에 여분을 두어야 한다.
④ 용접이 완료되면 슬래그 및 스패터를 제거하고 청소한다.

[해설] 철골 용접시 현장용접을 하는 부재는 해당 용접선에서 100mm 이내의 부분에는 보일드(boild)유 이외의 칠을 해서는 안된다. 현장용접을 하는 부위에 에나멜 페인트 칠을 할 경우 용착금속 내에 불순물(페인트)의 혼입으로 인해서 용접결함이 발생하므로 사용해서는 안된다.

40. 기성 말뚝 세우기 공사 시 말뚝의 연직도나 경사도는 얼마 이내로 하여야 하는가?

① 1/50   ② 1/75
③ 1/80   ④ 1/100

[해설] 기성 말뚝 세우기 공사 시 말뚝의 연직도나 경사도는 1/100 이내로 한다.

정답 36. ① 37. ④ 38. ③ 39. ① 40. ④

과년도 출제문제

2020. 4회 건축기사

■■■ 제3과목 건축구조

41. 강도설계법에 따른 철근콘크리트 단근보에서 $f_{ck}=$ 27MPa, $f_y=$ 400MPa, 균형철근비(ρ_b)= 0.0293일 때 최대철근비는?

① 0.0258 ② 0.0220
③ 0.0213 ④ 0.0188

[해설] 최대철근비(ρ_{max})

해석의 발상 : 최대철근비는 철근의 항복강도에 따라 균형철근비의 일정 비율로 배근한다.

f_y : 철근의 설계기준항복강도	휨부재 허용값	
	최소 허용변형률 (ϵ_t)	최대철근비(ρ_ϵ)
300MPa	0.004	0.658
400MPa	0.004	0.726
500MPa	0.005($2\epsilon_y$)	0.699

위 표에 의해 $f_y=400$MPa의 $\rho_{max}=0.726\rho_b$이다.

∴ $\rho_{max}=0.726\rho_b=0.726\times0.0293=0.0213$

42. 그림과 같은 구조물에서 C점에 발생되는 모멘트는?

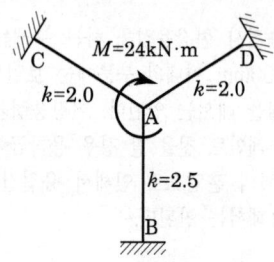

① 4.0kN·m ② 3.5kN·m
③ 3.0kN·m ④ 2.5kN·m

[해설] 재단모멘트(M_{CA})

① 해석의 발상 : 재단 고정모멘트는 분배모멘트의 1/2이며, 분배모멘트 하중을 부재 강도에 따른 분배율에 따라 모멘트의 하중을 분배하여 구한다. 단, D지점은 회전지점임을 유의해야 한다.

② $M_{CA}=\dfrac{1}{2}M_{AC}$

$M_{AC}=$AC부재 분배율(DF_{AC})×모멘트 하중(M)

AC부재 분배율(DF_{AC}) = $\dfrac{\text{AC부재 강도}(k_{AC})}{\text{부재강도의 합}(\Sigma k)}$

$M_{AC}=\dfrac{2}{2.5+2+\left(2\times\dfrac{3}{4}\right)}\times24=8(\text{kN·m})$

∴ $M_{CA}=\dfrac{1}{2}M_{AC}=\dfrac{1}{2}\times8=4(\text{kN·m})$

※ 참고사항 : 지점D는 회전지점이므로 AD부재의 강도는 3/4를 곱한 유효강도를 적용한다.

43. 온통기초에 관한 설명으로 옳지 않은 것은?

① 연약지반에 주로 사용된다.
② 독립기초에 비하여 구조해석 및 설계가 매우 단순하다.
③ 부동침하에 대하여 유리하다.
④ 지하수가 높은 지반에서도 유효한 기초방식이다.

[해설] 온통기초

해석의 발상 : 온통기초는 기둥과 벽체를 포함한 건물의 모든 하부면 전체에 슬래브와 같은 형태로 설치되는 기초이다. 이 기초는 연약지반에서 높은 강성으로 부동침하를 최소화할 수 있고 지하수위가 높은 지반에서도 유효하다.

44. 1방향 철근콘크리트 슬래브에서 철근의 설계기준항복강도가 500MPa인 경우 콘크리트 전체 단면적에 대한 수축·온도 철근비는 최소 얼마 이상이어야 하는가? (단, KDS기준, 이형철근 사용)

① 0.0015 ② 0.0016
③ 0.0018 ④ 0.0020

[해설] 수축·온도철근 철근비

해석의 발상 : 수축·온도철근비는 다음 표에 따라 결정한다.

온도철근 강도	최소철근비	비고
$f_y \leq 400$MPa	0.002	단, 어떠한 경우에도 0.0014 이상이어야 한다.
$f_y > 400$MPa	$0.002\times\dfrac{400}{f_y}$	

∴ 최소 수축·온도철근비 = $0.002\times\dfrac{400}{500}=0.0016$

정답 41. ③ 42. ① 43. ② 44. ②

45. 길이 8m의 단순보가 100kN/m의 등분포 활하중을 받을 때 위험단면에서 전단철근이 부담해야하는 공칭전단력(V_s)은 얼마인가? (단, 구조물 자중에 의한 $w_D=$ 6.72kN/m, $f_{ck}=$24MPa, $f_y=$300MPa, $\lambda=$1, $b_w=$ 400mm, $d=$600mm, $h=$700mm)

① 424.43kN ② 530.53kN
③ 565.91kN ④ 571.40kN

[해설] 전단보강근의 공칭전단력(V_s)

① 해석의 발상 : 전단보강근이 부담해야하는 설계전단력(ϕV_s)은 보의 소요전단력(V_U)에서 콘크리트가 부담하는 설계전단력(ϕV_C)을 뺀 나머지를 부담하여야 한다. 단, [공칭전단력=설계전단력×1/ϕ]이다.

$$V_U = \phi(V_C + V_S) \rightarrow V_S = \frac{V_U}{\phi} - V_C$$

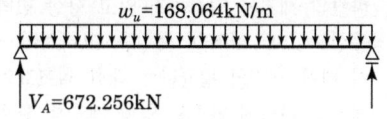

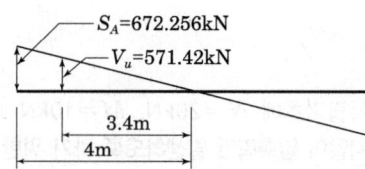

② V_U 산정
$w_U = 1.6w_L + 1.2w_D = 1.6\times100 + 1.2\times6.72$
$= 168.064(\text{kN/m})$

전단력이 가장 큰 위치는 양지점이며, 지점의 전단력은 수직반력과 동일하다. 즉, $S_A = V_A$이다.

$S_A = V_A = \frac{1}{2}wl = \frac{1}{2}(168.064\times8) = 672.256(\text{kN})$

소요전단력은 보의 단부로터 보의 유효춤 ($d=$600mm) 만큼 떨어진 곳인 위험단면의 전단력이므로 다음과 같이 환산한다.
4 : 672.256 = 3.4 : V_U
$\rightarrow V_U = \frac{672.256\times3.4}{4} = 571.42(\text{kN})$

③ V_C 산정
$V_C = \lambda \cdot \frac{1}{6} \cdot \sqrt{f_{ck}} \cdot b_w \cdot d = 1\times\frac{1}{6}\times\sqrt{24}\times400\times600$
$= 195.96(\text{kN})$

④ V_S 산정
$V_S = \frac{V_U}{\phi} - V_C = \frac{571.42}{0.75} - 195.36 = 565.93(\text{kN})$

46. 다음 그림과 같은 보에서 A점의 수직반력을 구하면?

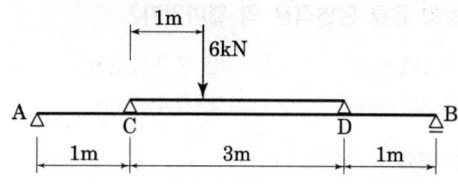

① 2.4kN ② 3.6kN
③ 4.8kN ④ 6.0kN

[해설] 중층보의 수직 반력

① 해석의 발상 : 중층보는 상층보만 분리하여 수직반력을 구하여 하층보의 하중으로 다시 가하여 하층보의 반력을 구한다.

② 상층보의 반력을 단순보 공식으로 풀이하면
$V_C = 6\times\frac{2}{3} = 4(\text{kN})$ $V_D = 6\times\frac{1}{3} = 2(\text{kN})$

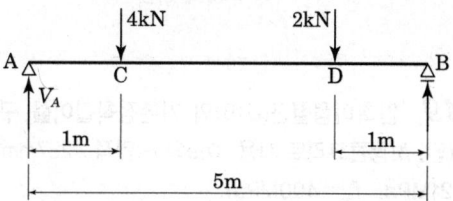

③ 상층보의 반력을 하중으로 가하여 하층보의 반력을 구한다.
V_A는 $\Sigma M_B = 0$로 풀이가 가능하므로
$\Sigma M_B = 5\times V_A - 4\times4 - 2\times1 = 0$
$\therefore V_A = \frac{1}{5}(16+2) = 3.6(\text{kN.m})$

47. 단일 압축재에서 세장비를 구할 때 필요하지 않은 것은?

① 유효좌굴길이 ② 단면적
③ 탄성계수   ④ 단면2차모멘트

[해설] 압축재의 세장비(λ)

해석의 발상 : 세장비는 부재의 단면2차 반경(r)에 대한 좌굴길이(l_k)의 비로 나타내며 좌굴 여부를 판단하는 기준이 된다.

$\lambda = \frac{l_k}{r}$ $r = \sqrt{\frac{I}{A}}$ $I = \frac{bh^3}{12}$

정답 45. ③ 46. ② 47. ③

48. 모살치수 8mm, 용접길이 500mm인 양면모살용접 전체의 유효 단면적은 약 얼마인가?

① 2,100mm² ② 3,221mm²
③ 4,300mm² ④ 5,421mm²

[해설] 용접 유효면적(A_e)

해석의 발상 : 용접의 유효면적(A_e)은 목두께(a)와 유효길이(l_e)의 곱으로 계산할 수 있다.

$A_e = a \cdot l_e = 0.7S(l-2S)$
$= [(0.7 \times 8)\{500-(2\times 8)\}]\times 2$
$= 5420.8(\text{mm}^2)$

※ 참고사항 : 모살용접의 목두께(a)는 모살치수(S)의 0.7배이며, 용접의 유효길이(l_e)는 용접길이(l)에서 모살치수(S)의 2배를 뺀 길이다. 또한 이 문제에서 '양면모살용접'이라고 제시한 것을 유의하여야 한다.

49. 압축이형철근(D19)의 기본정착길이를 구하면? (단, 보통콘크리트 사용, D19의 단면적 : 287mm², f_{ck} = 21MPa, f_y = 400MPa)

① 674mm ② 570mm
③ 482mm ④ 415mm

[해설] 압축근의 기본정착길이(l_{db})

해석의 발상 : 압축이형철근의 기본정착길이는 다음식으로 계산하고 최소 200mm 이상으로 한다.

$l_{db} = 0.25 \dfrac{d_b \cdot \beta \cdot f_y}{\lambda \sqrt{f_{ck}}} = 0.25 \times \dfrac{19 \times 1 \times 400}{1 \times \sqrt{21}} = 414.6(\text{mm})$

50. 기초 설계 시 인접대지를 고려하여 편심기초를 만들고자 한다. 이 때 편심기초의 지내력이 균등해지도록 하기 위한 가장 타당한 방법은?

① 지중보를 설치한다.
② 기초 면적을 넓힌다.
③ 기둥의 단면적을 크게 한다.
④ 기초 두께를 두껍게 한다.

[해설] 편심기초

해석의 발상 : 편심기초는 기초판의 중앙에 기둥을 두지 않고 어느 한쪽으로 치우치게 설치하는 기초로 인접지경계선 또는 도로경계선에 가깝게 기초를 설치할 때 기초가 인접지나 도로경계선을 침범하지 않게 하기 위해서 설치한다. 이 경우 기초의 지내력 분포가 불균등하므로 지중보를 배치하여야 한다.

51. 바람의 난류로 인해 발생되는 구조물의 동적 거동 성분을 나타내는 것으로 평균변위에 대한 최대변위의 비를 통계적인 값으로 나타낸 계수는?

① 활하중저감계수 ② 중요도계수
③ 가스트 영향계수 ④ 지역계수

[해설] 풍하중 가스트영향 계수

바람의 세기는 일정하지 않고 항상 변하는 동적 거동성분이다. 이러한 특성을 고려하여 풍하중 산정 시 바람 세기의 평균값에 대한 피크값의 비를 통계적으로 나타낸 가스트 영향 계수를 활용한다.

52. 독립기초에 $N=20$kN, $M=10$kN·m가 작용할 때 접지압이 압축력만 발생하도록 하기 위한 기초저면의 최소길이는?

① 2m ② 3m
③ 4m ④ 5m

[해설] 기초 저면 최소길이

① 해석의 발상 : 지반이 부담할 수 없는 인장력이 기초에 발생하지 않기 위해서는 기초에 작용하는 축하중의 위치가 단면의 핵(core)을 벗어나지 않아야 한다. 따라서 기초 저면의 최소길이는 축하중이 핵의 가장자리인 핵점(core point)에 작용할 때를 기준으로 산정할 수 있다.

② 사각형 단면에서 핵(core)의 크기는 다음과 같다.

도 형	단면의 핵
(직사각형 b×h, 중앙에 마름모)	$e_1 = \dfrac{h}{6}, e_2 = \dfrac{b}{6}$

정답 48. ④ 49. ④ 50. ① 51. ③ 52. ②

③ 문제에서 제시한 축하중의 편심거리(e)는
$M = N \cdot e$에서
$e = \dfrac{M}{N} = \dfrac{10}{20} = 0.5(\text{m})$

④ 0.5m가 핵점이 되기 위한 기초 최소길이(h)는
$e = \dfrac{h}{6}$에서
$h = 6 \cdot e = 6 \times 0.5 = 3(\text{m})$

53. 다음 그림과 같은 내민보에서 휨모멘트가 0이 되는 두개의 반곡점 위치를 구하면?
(단, 반곡점 위치는 A점으로부터의 거리임)

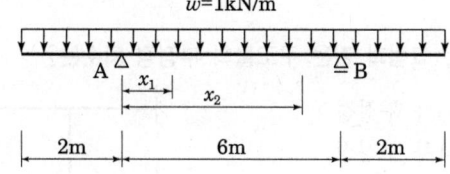

① $x_1 = 0.765\text{m}, \; x_2 = 5.235\text{m}$
② $x_1 = 0.785\text{m}, \; x_2 = 5.215\text{m}$
③ $x_1 = 0.805\text{m}, \; x_2 = 5.195\text{m}$
④ $x_1 = 0.825\text{m}, \; x_2 = 5.175\text{m}$

[해설] 양단 내민보의 BMD
① 해석의 발상 : 양단 내민보의 휨모멘트도에서 휨모멘트가 0인 위치는 구조물의 왼쪽으로부터 상부 등분포하중에 의한 휨모멘트와 A지점의 반력에 의한 휨모멘트가 동일할 곳이다.
(③의 그림 참조)

$$w(2+x)\left(\dfrac{2+x}{2}\right) = V_A \cdot x$$

② A지점의 반력 : 구조물과 하중이 대칭이므로 전체하중의 1/2을 부담
$V_A = \dfrac{wl}{2} = \dfrac{1 \times 10}{2} = 5(\text{kN})$

③ 관계식 : 아래 그림의 오른쪽 임의점(x)에서 휨모멘트(M_x)는
$M_x = w(2+x)\dfrac{2+x}{2} - V_A \cdot x$에서 $M_x = 0$를 만족하는 거리 x는 $w(2+x)\left(\dfrac{2+x}{2}\right) = V_A \cdot x$ 이다.

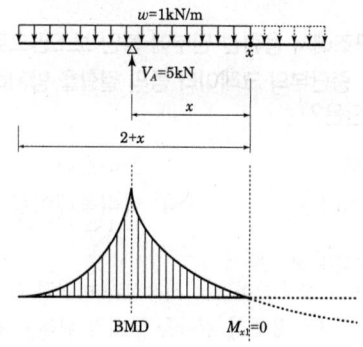

④ $M_x = 0$인 위치를 계산하면
$w(2+x)\left(\dfrac{2+x}{2}\right) = V_A \cdot x$
$1 \times (2+x)\left(\dfrac{2+x}{2}\right) = 5x$
$\left(2 + x + x + \dfrac{x^2}{2}\right) = 5x$
$2 - 3x + \dfrac{x^2}{2} = 0$
$x_1 = \dfrac{3 - \sqrt{3^2 - 4 \times 0.5 \times 2}}{2 \times 0.5} = 0.764(\text{m})$
$x_2 = \dfrac{3 + \sqrt{3^2 - 4 \times 0.5 \times 2}}{2 \times 0.5} = 5.236(\text{m})$

54. 그림과 같은 철근 콘크리트보의 균열모멘트(M_{cr}) 값은? (단, 보통중량 콘크리트 사용, $f_{ck} = 24\text{MPa}$, $f_y = 400\text{MPa}$)

① 21.5kN·m
② 33.6kN·m
③ 42.8kN·m
④ 55.6kN·m

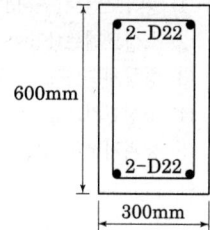

[해설] 균열모멘트(M_{cr})
해석의 발상 : 균열모멘트(M_{cr})는 보에 작용하는 최대휨응력($\sigma_{\max}$)이 콘크리트의 휨인장파괴 계수(f_r)에 도달하게 하는 휨모멘트이다.

$$\sigma_{\max} = \dfrac{M}{Z} \qquad f_r = 0.63\lambda\sqrt{f_{ck}}$$

$\dfrac{M_{cr}}{Z} = 0.63\lambda\sqrt{f_{ck}} \;\rightarrow\; M_{cr} = \dfrac{bh^2}{6}(0.63\lambda\sqrt{f_{ck}})$
$M_{cr} = \dfrac{bh^2}{6}(0.63\lambda\sqrt{f_{ck}}) = \dfrac{300 \times 600^2}{6}(0.63 \times 1 \times \sqrt{24})$
$= 55,554,427(\text{N} \cdot \text{m}) = 55.6(\text{kN} \cdot \text{m})$

정답 53. ① 54. ④

과년도 출제문제

2020. 4회 건축기사

55. 강구조에서 용접선 단부에 붙인 보조판으로 아크의 시작이나 종단부의 크레이터 등의 결함을 방지하기 위해 붙이는 판은?

① 엔드탭
② 스티프너
③ 윙플레이트
④ 커버플레이트

[해설] 엔드탭(End Tab)
해석의 발상 : 아크의 시작점과 마침점 부근에 발생하기 쉬운 용접의 결함을 없애기 위해서 용접의 시작점과 마침점에 임시로 덧붙이는 용접 보조판으로 작업이 끝나면 떼어내어야 한다.

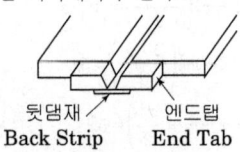
뒷댐재   엔드탭
Back Strip   End Tab

56. 강구조의 소성설계와 관계없는 항목은?

① 소성힌지
② 안전율
③ 붕괴기구
④ 하중계수

[해설] 소성설계
해석의 발상 : 강구조 소성설계에 관련된 용어는 다음과 같다.
① 항복모멘트(Yield Moment My)
② 소성모멘트(Plastic Moment Mp)
③ 형상계수(Shape Factor)
④ 소성힌지(Plastic Hinge)
⑤ 붕괴기구(Collapse Mechanism)

57. 다음 캔틸레버보의 자유단의 처짐각은?
(단, 탄성계수 E, 단면 2차모멘트 I)

① $\dfrac{PL^2}{2EI}$

② $\dfrac{PL^2}{3EI}$

③ $\dfrac{PL^2}{6EI}$

④ $\dfrac{PL^2}{8EI}$

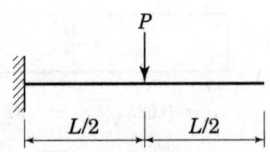

[해설] 부정정 구조물의 처짐각
해석의 발상 : 부정정 구조물의 처짐각은 휨모멘트도를 이용하여 공액보법으로 구할 수 있다.
자유단 B점에서의 처짐각은 고정지점에서 B지점까지 휨모멘트도의 면적에 1/EI를 곱하여 구할 수 있다.

$$처짐각 = BMD면적 \times \dfrac{1}{EI}$$

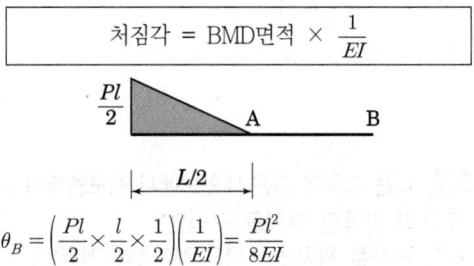

$$\theta_B = \left(\dfrac{Pl}{2} \times \dfrac{l}{2} \times \dfrac{1}{2}\right)\left(\dfrac{1}{EI}\right) = \dfrac{Pl^2}{8EI}$$

58. 그림과 같은 구조물의 부정정 차수는?

① 3차 부정정
② 4차 부정정
③ 5차 부정정
④ 6차 부정정

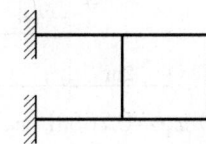

[해설] 구조물의 판별
① 해석의 발상 : 구조물의 판별은 외적 판별값(N_e)과 내적 판별값(N_i)의 합으로 구분할 수 있다.
② 판별
$N_e = R - 3 = (3 \times 2) - 3 = 3$
$N_i = 3$ (내부 양단고정 수직 부재 추가)
∴ $N = 3 + 3 = 6$ (6차 부정정 구조물)

59. 다음 그림은 각 구간에서 직선적으로 변화하는 단순보의 모멘트도이다. C점과 D점에 동일한 힘 P_1 이 작용하고 보의 중앙점 E에 P_2가 작용할 때 P_1과 P_2의 절대값은?

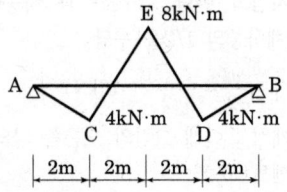

① $P_1 = 4\text{kN}, \ P_2 = 6\text{kN}$
② $P_1 = 4\text{kN}, \ P_2 = 8\text{kN}$
③ $P_1 = 8\text{kN}, \ P_2 = 10\text{kN}$
④ $P_1 = 8\text{kN}, \ P_2 = 12\text{kN}$

정답 55. ① 56. ② 57. ④ 58. ④ 59. ④

[해설] 하중-전단력-휨모멘트의 관계
① 해석의 발상 : 휨모멘트를 미분하면 전단력이며, 전단력을 미분하면 하중이 된다. 따라서 역으로 해석하려면 적분한다.
② C점의 휨모멘트 4kN·m로 A지점 반력(V_A) 구하기
$V_A \times 2 = 4(kN \cdot m) \rightarrow \therefore V_A = 2(kN) \uparrow$
③ E점의 휨모멘트 8kN·m로 하중(P_1) 구하기
$(V_A \times 4) + (P_1 \times 2) = -8(kN \cdot m)$
$\rightarrow \therefore P_1 = -8(kN) \downarrow$
③ D점의 휨모멘트 4kN·m로 하중(P_2) 구하기
$(V_A \times 6) - (P_1 \times 4) + (P_2 \times 2) = 4(kN \cdot m)$
$\rightarrow \therefore P_2 = 12(kN) \uparrow$

60. 한계상태설계법에 따라 강구조물을 설계할 때 고려되는 강도한계상태가 아닌 것은?

① 기둥의 좌굴　② 접합부 파괴
③ 바닥재의 진동　④ 피로 파괴

[해설] 한계상태 설계
해석의 발상 : 한계상태 설계의 종류는 진동, 처짐, 균열 등에 안전하도록 설계하는 사용성 한계상태 설계와 압축 및 인장, 전단, 휨, 비틀림 등에 안전하도록 설계하는 안전성 한계상태로 구분할 수 있다. 이 설계법은 재료의 비선형성이나 강도의 불균일, 하중의 불확실성 등 다양한 요소를 고려한 것이 특징이다.

■■■ 제4과목 건축설비

61. 다음 중 겨울철 실내 유리창 표면에 발생하기 쉬운 결로의 방지 방법과 가장 거리가 먼 것은?

① 실내공기의 움직임을 억제한다.
② 실내에서 발생하는 수증기를 억제한다.
③ 이중유리로 하여 유리창의 단열성능을 높인다.
④ 난방기기를 이용하여 유리창 표면온도를 높인다.

[해설] 표면결로
① 실내의 습기가 내벽, 최상층의 천장, 유리창과 같은 저온의 실내측 표면에 닿아 이슬이 맺히는 현상으로 공기의 포화절대습도가 노점온도보다 낮게 될 때 초과 수증기량이 벽체 표면에서 응축되어 발생한다.
② 표면결로 원인 : 실내 습기 발생, 실내 환기량 부족, 벽체의 단열성 부족
③ 표면결로 방지대책
  ㉠ 실내의 환기량을 늘인다.
  ㉡ 벽체 표면온도를 접촉하고 있는 공기의 노점온도보다 높게 한다.
  ㉢ 직접가열이나 기류 촉진에 의해 표면온도를 상승시킨다.
  ㉣ 수증기 발생이 많은 부엌이나 화장실에 배기구나 배기팬을 설치한다.
  ㉤ 실내의 벽이나 천장을 방습층으로 시공한다.
  ㉥ 구조재의 단열이 취약한 부분을 없도록 한다.

62. 엘리베이터의 안전장치 중에서 카가 최상층이나 최하층에서 정상 운행위치를 벗어나 그 이상으로 운행하는 것을 방지하는 것은?

① 완충기(Buffer)
② 조속기(Governor)
③ 리미트 스위치(Limit Switch)
④ 카운터 웨이트(Counter Weight)

[해설] 엘리베이터의 안전장치
  ㉠ 조속기 : 규정 속도의 120%가 되면 차단
  ㉡ 비상정지장치 : 정격속도의 130~140%에 도달하면 차단
  ㉢ 완충기 : 카와 균형추가 승강로 저부로 낙하할 때 그 충격을 완화시켜 주는 장치
  ㉣ 스토핑 스위치(슬로우다운 스위치, 종점스위치) : 최상, 최하층에서 카 정지 스위치를 잊은 경우 자동 정지
  ㉤ 리밋 스위치(제한스위치) : 스토핑 스위치가 작동하지 않을 때, 제2단위 작동으로 주회로를 차단

과년도 출제문제

63. 도시가스 설비에서 도시가스 압력을 사용처에 맞게 낮추는 감압 기능을 갖는 기기는?

① 기화기　　　② 정압기
③ 압송기　　　④ 가스홀더

[해설] 정압기(거버너, governor)는 가스공급회사로부터 공급받은 가스를 건물에서 사용하기에 적합한 압력으로 조정하는 장치이다.
※ 도시가스의 공급 계통은 원료, 제조, 압송, 저장, 압력조정, 공급의 순서로 설비되어 있다.

64. 다음의 공기조화방식 중 전수방식에 속하는 것은?

① 단일 덕트 방식　　② 2중 덕트 방식
③ 멀티존 유니트 방식　④ 팬 코일 유니트 방식

[해설] 전수방식 (all water system)
① 종류 : FCU(Fan Coil Unit) 방식, 복사냉난방 방식
② 장점
　㉠ 덕트 스페이스가 필요 없다.
　㉡ 열운반 동력이 작다.
　㉢ 개별제어, 개별운전이 가능하다.
③ 단점
　㉠ 실내공기의 오염 우려(실내 공기의 재순환)
　㉡ 실내 배관에 의한 누수 염려
　㉢ 유닛의 방음, 방진에 유의
　㉣ 유닛의 실내설치로 인한 건축계획상 지장

65. 몰드 변압기에 관한 설명으로 옳지 않은 것은?

① 내진성이 우수하다.
② 내습성이 우수하다.
③ 반입, 반출이 용이하다.
④ 옥외 설치 및 대용량 제작이 용이하다.

[해설] 몰드 변압기
코일 주위에 전기적 절연 특성이 우수한 에폭시 수지를 고진공 침투시키고, 다시 그 주위를 기계적 강도가 큰 에폭시 수지로 몰딩한 변압기이다.
　㉠ 내진성, 내습성, 난연성이 우수하다.
　㉡ 권선의 열발생이 적어 효율이 높다.
　㉢ 소형, 경량화 할 수 있어 반입, 반출이 용이하다.
　㉣ 전력손실이 적으며, 유지보수가 간단하다.
　㉤ 옥외 설치 및 대용량 제작이 곤란하다.
　㉥ 접촉시 감전의 우려가 있다.
　㉦ 가격이 비싸다.

66. 간선의 배선 방식 중 평행식에 관한 설명으로 옳은 것은?

① 설비비가 가장 저렴하다.
② 배선자재의 소요가 가장 적다.
③ 사고의 영향을 최소화할 수 있다.
④ 전압이 안정되나 부하의 증가에 적응할 수 없다.

[해설] 간선의 배선방식
① 나뭇가지식(수지상식)
　㉠ 한 개의 간선이 각각의 분전반을 거치며 부하가 감소되므로 굵기도 감소된다.
　㉡ 전압강하가 크다.(각 분전반 별로 동일 전압을 유지할 수 없다.)
　㉢ 경제적이나 1개소의 사고가 전체에 영향을 미치므로 신뢰도가 낮다.
　㉣ 주택 등의 소규모 건물의 배선방식으로 적합하다.
② 평행식(개별식)
　㉠ 각 분전반 마다 배전반으로부터 단독으로 배선되어 전압강하가 평균화된다.
　㉡ 사고 발생시 범위를 줄일 수 있다.(사고의 영향을 최소화)
　㉢ 배선혼잡의 우려는 있으나 대규모 건물에 적합하다.
③ 병용식
　㉠ 부하의 중심 부근에 분전반을 설치한다.
　㉡ 분전반에서 각 부하에 배선하는 방식으로 가장 많이 사용한다.

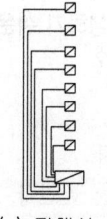 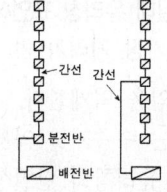 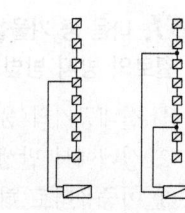

(a) 평행식　　(b) 나뭇가지식　　(c) 병용식

[그림] 간선의 배선방식

정답　63. ②　64. ④　65. ④　66. ③

67. 다음 설명에 알맞은 유체역학의 기본 원리는?

> 에너지 보존의 법칙을 유체의 흐름에 적용한 것으로서 유체가 갖고 있는 운동에너지, 중력에 의한 위치에너지 및 압력에너지의 총합은 흐름 내 어디에서나 일정하다.

① 사이펀 작용 ② 파스칼의 원리
③ 뉴턴의 점성법칙 ④ 베르누이의 정리

[해설] 베르누이 정리 [Bernoulli's theorem, 1738년]
점성과 압축성이 없는 이상적인 유체가 규칙적으로 흐르는 경우에 대해 유체가 흐르는 속도와 압력, 높이의 관계를 수량적으로 나타낸 법칙이다. 유체의 위치에너지와 압력에너지와 운동에너지의 합이 항상 일정하다는 성질을 이용한 것으로, 완전유체가 규칙적으로 흐르는 경우에 대해 정리한 것이다.

※ 베르누이 방정식
 압력수두, 속도수두, 위치수두의 합은 일정하다.
 압력에너지 + 속도에너지 + 위치에너지 = 0

$$\frac{P_1}{\gamma} + \frac{V_1^2}{2g} + Z_1 = \frac{P_2}{\gamma} + \frac{V_2^2}{2g} + Z_2 \,[m]$$

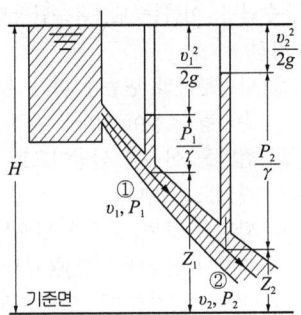

[그림] 베르누이 정리

68. 전기설비용 시설공간(실)의 계획에 관한 설명으로 옳지 않은 것은?

① 변전실은 부하의 중심에 설치한다.
② 변전실은 외부로부터 전력의 수전이 용이해야 한다.
③ 중앙감시실은 일반적으로 방재센터와 겸하도록 한다.
④ 발전기실은 변전실에서 최소 10m 이상 떨어진 위치에 배치한다.

[해설] 부하와 설비 위치
모든 설비장치는 가능한 한 부하의 중심에 가까운 곳에 두므로 축전실과 발전기실은 가까이 둔다.
예) 보일러실, 변전실, 예비전원설비(발전기실, 축전지실), 분전반, 파이프 샤프트, 전화교환실 등

69. 급수 및 급탕설비에 사용되는 슬리브(Sleeve)에 관한 설명으로 옳은 것은?

① 사이폰 작용에 의한 트랩의 봉수 파괴 방지를 위해 사용한다.
② 스케일 부착 및 이물질 투입에 의한 관 폐쇄를 방지하기 위해 사용한다.
③ 가열장치 내의 압력이 설정압력을 넘는 경우에 압력을 도피시키기 위해 사용한다.
④ 배관 시 차후의 교체, 수리를 편리하게 하고 관의 신축에 무리가 생기지 않도록 하기 위해 사용한다.

[해설] 슬리브(sleeve) 배관
콘크리트 벽체나 바닥을 관통하여 배관할 경우, 배관 교체를 용이하게 하고 배관의 신축에 대비하기 위해 콘크리트에 미리 묻어두는 배관

70. 아파트의 각 세대에 스프링클러헤드를 30개 설치한 경우, 스프링클러설비의 수원의 저수량은 최소 얼마 이상이 되도록 하여야 하는가? (단, 폐쇄형 스프링클러헤드를 사용한 경우)

① 12m³ ② 24m³
③ 36m³ ④ 48m³

[해설] 스프링클러(sprinkler) 설비
㉠ 헤드의 방수압력 : 0.1MPa
㉡ 표준 방수량 : 80L/min
㉢ 설치 간격 : 설치장소에 따라 1.7~3.2m
㉣ 수원의 수량=(스프링클러의 표준 방수량)
  ×20분×(동시 개구수)
 =80L/min×20min×N
 =1.6N[m³] (N은 10개, 20개, 30개)
∴ Q=80L/min×20min×30=48,000L=48m³

정답 67. ④ 68. ④ 69. ④ 70. ④

과년도 출제문제

71. 평균 BOD 150ppm인 가정오수 1,000m³/d가 유입되는 오수정화조의 1일 유입 BOD량은?

① 150kg/d
② 300kg/d
③ 45000kg/d
④ 150000kg/d

[해설] BOD 부하량 = BOD의 농도 × 오폐수의 량
= 150g/m³ × 1000m³/d
= 150000g/d = 150kg/d

※ 1mg = 0.001(g) = 0.000001(kg)
※ 1ppm = 1g/m³

72. 습공기를 가열할 경우 감소하는 상태값은?

① 엔탈피
② 비체적
③ 상대습도
④ 건구온도

[해설]
- 습공기를 가열 : 상대습도는 감소, 엔탈피와 비체적은 증가, 절대습도는 일정
- 습공기를 냉각 : 상대습도는 증가, 엔탈피와 비체적은 감소, 절대습도는 일정(과냉각시 절대습도는 감소)

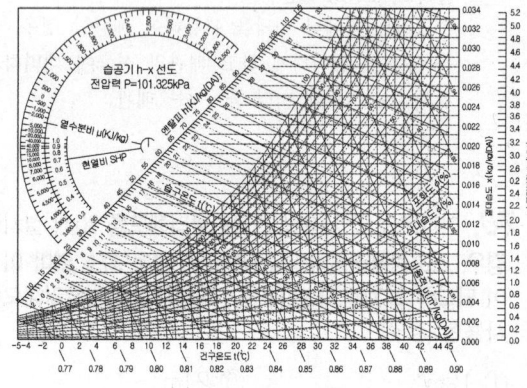

[그림] 습공기 선도

73. 냉각탑에 관한 설명으로 옳은 것은?

① 고압의 액체냉매를 증발시켜 냉동효과를 얻게 하는 설비이다.
② 증발기에서 나온 수증기를 냉각시켜 물이 되도록 하는 설비이다.
③ 대기 중에서 기체냉매를 냉각시켜 액체냉매로 응축하기 위한 설비이다.
④ 냉매를 응축시키는데 사용된 냉각수를 재사용하기 위하여 냉각시키는 설비이다.

[해설] 냉각탑은 응축기에서 냉각수가 빼앗은 열량을 냉각 순환시켜 대기 중으로 방출하기 위한 장치이다. 냉매를 응축시키는데 사용된 냉각수를 재사용하기 위하여 냉각시키는 설비이다.

74. 온수난방에서 일반적인 특징에 관한 설명으로 옳지 않은 것은?

① 한랭지에서는 운전정지 중에 동결의 위험이 있다.
② 난방을 정지하여도 난방 효과가 어느 정도 지속된다.
③ 증기난방에 비하여 난방부하 변동에 따른 온도 조절이 용이하다.
④ 증기난방에 비하여 소요방열면적과 배관경이 작게 되므로 설비비가 적게 든다.

[해설] 온수난방
- 현열을 이용한 난방방식으로, 100℃ 이상은 고온수난방, 이하는 보통온수난방으로 한다.
① 장점
  ㉠ 난방부하의 변동에 따라 온수온도와 온수의 순환량 조절이 쉽다.
  ㉡ 현열을 이용한 난방이므로 증기난방에 비해 쾌감도가 높다.
  ㉢ 방열기 표면 온도가 낮으므로 표면에 붙은 먼지의 연소에 의한 불쾌감이 없다.
  ㉣ 난방을 정지하여도 난방효과가 지속된다.
  ㉤ 보일러 취급이 용이하고 안전하다.
② 단점
  ㉠ 예열시간이 길다.
  ㉡ 증기난방에 비해 방열면적과 배관경이 커야 하므로 설비비가 많다.
  ㉢ 열용량이 크므로 온수 순환 시간이 길다.
  ㉣ 한랭시, 난방 정지시 동결이 우려된다.

정답 71. ① 72. ③ 73. ④ 74. ④

75. 다음 중 냉방부하 계산 시 현열과 잠열 모두 고려하여야 하는 요소는?

① 덕트로부터의 취득열량
② 유리로부터의 취득열량
③ 벽체로부터의 취득열량
④ 극간풍에 의한 취득열량

[해설] 냉방부하를 계산할 때 현열과 잠열을 동시에 계산해 주어야 할 부하요소
  ㉠ 극간풍(틈새바람)에 의한 취득열량
  ㉡ 인체의 발생열량
  ㉢ 기구로부터의 발생열량
  ㉣ 외기의 도입으로 인한 취득열량

76. 면적이 100m²인 어느 강당의 야간 소요 평균조도가 300lx이다. 1개당 광속이 2,000lm인 형광등을 사용할 경우 소요 형광등수는? (단, 조명률은 60%이고 감광보상률은 1.5이다.)

① 25개 ② 29개
③ 34개 ④ 38개

[해설] $F = \dfrac{E \cdot A \cdot D}{N \cdot U}$

  F : 광원 1개당 광속(2,000lm)
  N : 광원 개수
  U : 조명률 (0.6)
  A : 방의 면적(100m²)
  E : 평균조도(300lx)
  D : 감광보상율(1.5)

  따라서, $N \times 2,000 = \dfrac{300 \times 100 \times 1.5}{0.6}$
  $N = 37.5 ≒ 38$개

77. 다음 중 방송공동수신 설비의 구성 기기에 속하지 않는 것은?

① 혼합기   ② 모시계
③ 컨버터   ④ 증폭기

[해설] 모자식 시계 : 대규모의 경우 정밀한 모시계를 두고 모시계의 운침 충격 전류에 의해 자시계가 작동한다.

78. 급수방식 중 고가수조방식에 관한 설명으로 옳은 것은?

① 대규모의 급수 수요에 쉽게 대응할 수 있다.
② 저수조가 없으므로 단수 시에 급수할 수 없다.
③ 수도 본관의 영향을 그대로 받아 수압 변화가 심하다.
④ 위생 및 유지·관리 측면에서 가장 바람직한 방식이다.

[해설] 고가수조방식
  우물물 또는 수돗물을 일단 지하 저수조에 받아 이것을 양수펌프에 의해 건물 옥상 또는 높은 곳에 가설한 탱크로 양수한 다음, 그 수위를 이용하여 탱크에서 밑으로 세운 급수관에 의해 급수하는 방식이다.
  ㉠ 급수공급 압력이 일정하고, 취급이 용이하여 대규모 급수에 적합하다.
  ㉡ 단수시에도 일정량의 급수가 가능하다.
  ㉢ 수질의 오염가능성이 가장 크다.
  ㉣ 구조체의 보강이 필요하다.
  ☞ 일반적으로 고가수조방식에서는 하향급수 배관방식을 사용한다.

79. 습공기의 건구온도와 습구온도를 알 때 습공기선도에서 구할 수 있는 상태값이 아닌 것은?

① 엔탈피   ② 비체적
③ 기류속도   ④ 절대습도

[해설] 습공기선도
  ㉠ 습공기선도를 구성하는 요소 : 건구온도, 습구온도, 노점온도, 절대습도, 상대습도, 수증기분압, 비체적, 엔탈피, 현열비 등
  ㉡ 습공기선도를 구성하는 있는 요소들 중 2가지만 알면 나머지 모든 요소들을 알아낼 수 있다.
  ☞ 습공기선도상에서 절대습도와 수증기분압 2가지 요소를 알더라도 나머지 요소들의 상태값을 알 수 없다.

80. 변풍량 단일덕트방식에서 송풍량 조절의 기준이 되는 것은?

① 실내 청정도
② 실내 기류속도
③ 실내 현열부하
④ 실내 잠열부하

[해설] 변풍량(VAV) 방식
토출공기 온도는 일정하게 하며 송풍량을 실내 부하의 변동에 따라 변화시키는 것으로 운전비는 감소되고 개별제어가 용이한 에너지 절약형 공조방식이다. 부하변동이 심한 페리미터 존(perimeter zone)에 적합하다.
① 장점
  ㉠ 개별제어가 용이
  ㉡ 에너지 절약형 공조방식이다.
  ㉢ 공조기 및 덕트 스페이스가 작아도 된다.
② 단점
  ㉠ 실내부하가 극히 감소되면 실내공기의 오염이 심해져 청정도가 떨어진다.
  ㉡ 운전 및 유지관리가 어렵다.
  ㉢ 자동제어가 복잡하여 설비비가 많이 든다.
※ 에너지 절약형 공조방식 : 변풍량(VAV)방식, 외기냉방방식, 전열교환기 설치, 히트펌프 시스템

■■■■ 제5과목 건축관계법규

81. 건축물의 대지 및 도로에 관한 설명으로 틀린 것은?

① 손궤의 우려가 있는 토지에 대지를 조성하고자 할 때 옹벽의 높이가 2m 이상인 경우에는 이를 콘크리트구조로 하여야 한다.
② 면적이 100m² 이상인 대지에 건축을 하는 건축주는 대지에 조경이나 그 밖에 필요한 조치를 하여야 한다.
③ 연면적의 합계가 2천m²(공장인 경우 3천m²) 이상인 건축물(축사, 작물 재배사, 그 밖에 이와 비슷한 건축물로서 건축조례로 정하는 규모의 건축물은 제외)의 대지는 너비 6m 이상의 도로에 4m 이상 접하여야 한다.
④ 도로면으로부터 높이 4.5m 이하에 있는 창문은 열고 닫을 때 건축선의 수직면을 넘지 아니하는 구조로 하여야 한다.

[해설] 면적이 200m² 이상인 대지에 건축을 하는 건축주는 대지에 조경이나 그 밖에 필요한 조치를 하여야 한다.

82. 건축허가신청에 필요한 설계도서에 해당하지 않는 것은?

① 배치도
② 투시도
③ 건축계획서
④ 소방설비도

[해설] 건축허가신청에 필요한 기본설계도서의 종류
① 건축계획서 ② 배치도 ③ 평면도
④ 입면도 ⑤ 단면도
⑥ 구조도(구조안전 확인 또는 내진설계 대상 건축물)
⑦ 구조계산서(구조안전 확인 또는 내진설계 대상 건축물)
⑧ 소방설비도

83. 직통계단의 설치에 관한 기준 내용 중 밑줄 친 "다음 각 호의 어느 하나에 해당하는 용도 및 규모의 건축물"의 기준 내용으로 틀린 것은?

> 법 제49조제1항에 따라 피난층 외의 층이 다음 각 호의 어느 하나에 해당하는 용도 및 규모의 건축물에는 국토교통부령으로 정하는 기준에 따라 피난층 또는 지상으로 통하는 직통계단을 2개소 이상 설치하여야 한다.

① 지하층으로서 그 층 거실의 바닥면적의 합계가 200m² 이상인 것
② 종교시설의 용도로 쓰는 층으로서 그 층에서 해당 용도로 쓰는 바닥면적의 합계가 200m² 이상인 것
③ 숙박시설의 용도로 쓰는 3층 이상의 층으로서 그 층의 해당 용도로 쓰는 거실의 바닥면적의 합계가 200m² 이상인 것
④ 업무시설 중 오피스텔의 용도로 쓰는 층으로서 그 층의 해당 용도로 쓰는 거실의 바닥면적의 합계가 200m² 이상인 것

정답 80. ③ 81. ② 82. ② 83. ④

[해설] 공동주택(층당 4세대 이하는 제외), 업무시설 중 오피스텔의 용도로 쓰는 층으로서 그 층의 해당용도로 쓰는 거실의 바닥면적의 합계가 300m² 이상인 경우, 피난층 또는 지상으로 통하는 직통계단을 2개소 이상 설치하여야 한다.

84. 거실의 채광 및 환기에 관한 규정으로 옳은 것은?

① 교육연구시설 중 학교의 교실에는 채광 및 환기를 위한 창문 등이나 설비를 설치하여야 한다.
② 채광을 위하여 거실에 설치하는 창문 등의 면적은 그 거실의 바닥면적의 20분의 1 이상이어야 한다.
③ 환기를 위하여 거실에 설치하는 창문 등의 면적은 그 거실의 바닥면적의 10분의 1 이상이어야 한다.
④ 채광 및 환기를 위한 창문 등의 면적에 관한 규정을 적용함에 있어서 수시로 개방할 수 있는 미닫이로 구획된 2개의 거실은 이를 2개의 거실로 본다.

[해설] 거실의 채광 및 환기(영 제51조, 피난방화규칙 제17조)
① 거실의 채광 및 환기 등을 위한 창문 등의 면적은 다음 기준에 적합하도록 설치하여야 한다.

구분	건축물의 용도	창문 등의 면적	예외규정
채광	•단독주택의 거실 •공동주택의 거실 •학교의 교실	거실 바닥면적의 1/10 이상	거실의 용도에 따른 조도기준 [별표 1]의 조도 이상의 조명
환기	•의료시설의 병실 •숙박시설의 객실	거실 바닥면적의 1/20 이상	기계장치 및 중앙관리방식의 공기조화설비를 설치한 경우

② 수시로 개방할 수 있는 미닫이로 구획된 2개의 거실은 거실의 채광 및 환기를 위한 규정을 적용함에 있어서 이를 1개의 거실로 본다.

85. 다음 중 건축면적에 산입하지 않는 대상 기준으로 틀린 것은?

① 지하주차장의 경사로
② 지표면으로부터 1.8m 이하에 있는 부분
③ 건축물 지상층에 일반인이 통행할 수 있도록 설치한 보행통로
④ 건축물 지상층에 차량이 통행할 수 있도록 설치한 차량통로

[해설] 건축면적 산정에서 제외되는 부분
㉠ 지표면으로부터 1m 이하에 있는 부분(창고 중 물품을 입출고하기 위하여 차량을 접안시키는 부분의 경우에는 지표면으로부터 1.5m 이하에 있는 부분)
㉡ 처마, 차양, 부연(附椽), 그 밖에 이와 비슷한 것으로서 그 외벽의 중심선으로부터 수평거리 1m(전통사찰은 4m, 축사는 3m, 한옥은 2m, 기타 건축물은 1m) 이상 돌출된 부분이 있는 경우에는 그 돌출된 끝부분으로부터 1m(전통사찰은 4m, 축사는 3m, 한옥은 2m, 기타 건축물은 1m)를 후퇴한 선의 외곽 쪽 부분은 제외
㉢ 기존의 다중이용소(2004년 5월 29일 이전의 것만 해당)의 비상구에 연결하여 설치하는 폭 2m 이하의 옥외 피난계단(기존 건축물에 옥외 피난계단을 설치함으로써 건폐율의 기준에 적합하지 아니하게 된 경우만 해당)
㉣ 건축물 지상층에 일반인이나 차량이 통행할 수 있도록 설치한 보행통로나 차량통로
㉤ 지하주차장의 경사로
㉥ 건축물 지하층의 출입구 상부(출입구 너비에 상당하는 규모의 부분을 말함)
㉦ 생활폐기물 보관함(음식물쓰레기, 의류 등의 수거함을 말함)
㉧ 영유아보육시설(2005년 1월 29일 이전에 설치된 것만 해당)의 비상구에 연결하여 설치하는 폭 2m 이하의 영유아용 대피용 미끄럼대 또는 비상계단(기존 건축물에 영유아용 대피용 미끄럼대 또는 비상계단을 설치함으로써 건폐율 기준에 적합하지 아니하게 된 경우만 해당)
㉨ 장애인용 승강기, 장애인용 에스컬레이터, 휠체어리프트, 경사로 또는 승강장
㉩ 매장 문화재 보호 및 전시에 전용되는 부분 등

86. 시가화조정구역의 지정과 관련된 기준 내용 중 밑줄 친 "대통령령으로 정하는 기간"으로 옳은 것은?

> 시·도지사는 직접 또는 관계 행정기관의 장의 요청을 받아 도시지역과 그 주변 지역의 무질서한 시가화를 방지하고 계획적·단계적인 개발을 도모하기 위하여 <u>대통령령으로 정하는 기간</u> 동안 시가화를 유보할 필요가 있다고 인정되면 시가화 조정구역의 지정 또는 변경을 도시·군 관리계획으로 결정할 수 있다.

① 5년 이상 10년 이내의 기간
② 5년 이상 20년 이내의 기간
③ 7년 이상 10년 이내의 기간
④ 7년 이상 20년 이내의 기간

[해설] 시가화조정구역
국토교통부장관은 직접 또는 관계 행정기관의 장의 요청을 받아 도시지역과 그 주변지역의 무질서한 시가화를 방지하고 계획적·단계적인 개발을 도모하기 위하여 5년 이상 20년 이내 동안 시가화를 유보할 필요가 있다고 인정되면 시가화조정구역의 지정 또는 변경을 도시·군관리계획으로 결정할 수 있다.

87. 지방건축위원회의가 심의 등을 하는 사항에 속하지 않는 것은?

① 건축선의 지정에 관한 사항
② 다중이용 건축물의 구조안전에 관한 사항
③ 특수구조 건축물의 구조안전에 관한 사항
④ 경관지구 내의 건축물의 건축에 관한 사항

[해설] 지방건축위원회의 주요 심의사항
① 건축선(建築線)의 지정에 관한 사항
② 건축법 또는 건축법시행령에 따른 조례(해당 지방자치단체의 장이 발의하는 조례만 해당)의 제정·개정 및 시행에 관한 중요 사항
③ 다중이용 건축물 및 특수구조 건축물의 구조안전에 관한 사항
④ 다른 법령에 따라 건축위원회의 심의를 하는 경우 해당 법령에서 정한 심의사항

88. 위락시설의 시설면적이 1000m²일 때 주차장법령에 따라 설치해야 하는 부설주차장의 설치 기준은?

① 10대　　② 13대
③ 15대　　④ 20대

[해설] 위락시설은 시설면적 100m²당 1대의 부설주차장을 설치한다.
1000m² ÷ 100m² = 10대
※ 위락시설은 시설면적 100m²당 1대의 부설주차장을 설치해야 하므로 가장 주차기준이 강화되는 시설에 해당된다.

89. 공동주택과 오피스텔의 난방설비를 개별난방 방식으로 하는 경우에 관한 기준 내용으로 틀린 것은?

① 보일러는 거실 외의 곳에 설치할 것
② 보일러실의 윗부분에는 그 면적이 0.5m² 이상인 환기창을 설치할 것
③ 보일러실과 거실사이의 출입구는 그 출입구가 닫힌 경우에는 보일러가스가 거실에 들어갈 수 없는 구조로 할 것
④ 보일러의 연도는 내화구조로서 개별연도로 설치할 것

[해설] 개별난방설비 등
공동주택과 오피스텔의 난방설비를 개별난방방식으로 하는 경우에는 다음의 기준에 적합하여야 한다.

구 분	기 준
① 보일러 설치위치	• 거실 외의 곳에 설치 • 보일러실과 거실 사이의 경계벽은 내화구조의 벽으로 구획(출입구 제외)
② 보일러실의 환기	• 윗부분에 0.5m² 이상의 환기창 설치 • 지름 10cm 이상의 공기흡입구 및 배기구를 항상 열려진 상태로 외기와 접하도록 설치(단, 전기보일러 경우는 제외)
③ 기름저장소	• 기름보일러의 기름저장소는 보일러실 외에 설치할 것
④ 오피스텔의 난방구획	• 방화구획으로 구획할 것
⑤ 보일러실의 연도	• 내화구조로서 공동연도로 설치할 것
⑥ 가스보일러	• 보일러실과 거실 사이 출입구는 출입구가 닫힌 경우 가스가 거실에 들어갈 수 없는 구조일 것 • 중앙집중공급방식으로 공급하는 경우에는 ①의 규정에도 불구하고 관계법령이 정하는 기준에 의함

정답　86. ②　87. ④　88. ①　89. ④

90. 다음 중 국토의 계획 및 이용에 관한 법령상 공공시설에 속하지 않는 것은?

① 공동구 ② 방풍설비
③ 사방설비 ④ 쓰레기 처리장

[해설] 공공시설
도로·공원·철도·수도 그 밖에 대통령령이 정하는 공용시설을 말한다.

㉮ 공공용시설	항만·공항·운하·광장·녹지·공공공지·공동구·하천·유수지·방화설비·방풍설비·방수설비·사방설비·방조설비·하수도·구거	
㉯ 행정청이 설치하는 것	주차장·운동장·저수지·화장장·공동묘지·봉안시설	
㉰ 유비쿼터스도시의 건설 등에 관한 법률	유비쿼터스 도시통합운영센터	

91. 6층 이상의 거실면적의 합계가 5000m²인 경우, 다음 중 승용승강기를 가장 많이 설치해야 하는 것은? (단, 8인승 승용승강기를 설치하는 경우)

① 위락시설 ② 숙박시설
③ 판매시설 ④ 업무시설

[해설] 승용승강기 설치대수(강 〉 약 순서)
문화 및 집회시설(공연장·집회장·관람장), 판매시설(도매시장·소매시장·상점), 의료시설 〉 문화 및 집회시설(전시장, 동·식물원), 업무시설, 숙박시설, 위락시설 〉 공동주택, 교육연구시설, 노유자시설, 기타 시설
※ 승용승강기의 설치대수를 가장 많이 하여야 하는 용도(최소 2대 이상)
- 문화 및 집회시설(공연장·관람장·집회장)
- 판매시설(도매시장·소매시장·상점)
- 의료시설(병원·격리병원)

[대수 산정식] $N = 2 + \dfrac{A - 3{,}000\,\text{m}^2}{2{,}000\,\text{m}^2}$

92. 지하식 또는 건축물식 노외주차장의 차로에 관한 기준 내용으로 틀린 것은?

① 경사로의 노면은 거친 면으로 하여야 한다.
② 높이는 주차바닥면으로부터 2.3미터 이상으로 하여야 한다.
③ 경사로의 종단경사도는 직선 부분에서는 14퍼센트를 초과하여서는 아니 된다.
④ 주차대수 규모가 50대 이상인 경우의 경사로는 너비 6미터 이상인 2차로를 확보하거나 진입차로와 진출차로를 분리하여야 한다.

[해설] 경사로의 차로너비 및 종단구배

경사로 형태	차로너비	종단구배
직 선 형	1차선 : 3.3m 이상 2차선 : 6m 이상	17% 이하
곡 선 형	1차선 : 3.6m 이상 2차선 : 6.5m 이상	14% 이하

93. 다음은 건축물의 사용승인에 관한 기준 내용이다. (   ) 안에 알맞은 것은?

건축주가 허가를 받았거나 신고를 한 건축물의 건축공사를 완료한 후 그 건축물을 사용하려면 공사감리자가 작성한 (㉠)와 국토교통부령으로 정하는 (㉡)를 첨부하여 허가권자에게 사용승인을 신청하여야 한다.

① ㉠ 설계도서, ㉡ 시방서
② ㉠ 시방서, ㉡ 설계도서
③ ㉠ 감리완료보고서, ㉡ 공사완료도서
④ ㉠ 공사완료도서, ㉡ 감리완료보고서

[해설] 건축주가 허가를 받았거나 신고를 한 건축물의 건축공사를 완료한 후 그 건축물을 사용하려면 공사감리자가 작성한 감리완료보고서와 국토교통부령으로 정하는 공사완료도서를 첨부하여 허가권자에게 사용승인을 신청하여야 한다.

94. 공사감리자의 업무에 속하지 않는 것은?

① 시공계획 및 공사관리의 적정여부의 확인
② 상세 시공도면의 검토·확인
③ 설계변경의 적정여부의 검토·확인
④ 공정표 및 현장설계도면 작성

[해설] 공사감리자의 감리업무
① 공사시공자가 설계도서에 따라 적합하게 시공하는지의 여부 확인
② 공사시공자가 사용하는 건축자재가 적합한 자재인지의 여부 확인
③ 건축물 및 대지가 적법하도록 공사시공자 및 건축주 지도
④ 시공계획 및 공사관리의 적정 여부 확인
⑤ 공사현장에서의 안전관리 지도
⑥ 공정표의 검토
⑦ 상세시공도면의 검토·확인
⑧ 구조물의 위치와 규격의 적정 여부의 검토·확인
⑨ 품질시험의 실시 여부 및 시험성과의 검토·확인
⑩ 설계변경의 적정 여부의 검토·확인
⑪ 기타 공사감리계약으로 정하는 사항

95. 제2종 일반주거지역 안에서 건축할 수 있는 건축물에 속하지 않는 것은?

① 아파트
② 노유자시설
③ 종교시설
④ 문화 및 집회시설 중 관람장

[해설] 제2종 일반주거지역 안에서 아파트, 노유자시설, 종교시설, 문화 및 집회시설(관람장 제외)은 건축이 허용된다.

96. 주거기능을 위주로 이를 지원하는 일부 상업 기능 및 업무기능을 보완하기 위하여 지정하는 주거지역의 세분은?

① 준주거지역   ② 제1종 전용주거지역
③ 제1종 일반주거지역   ④ 제2종 일반주거지역

[해설] 주거지역

전용 주거 지역	제1종	단독주택중심의 양호한 주거환경을 보호
	제2종	공동주택중심의 양호한 주거환경을 보호
일반 주거 지역	제1종	저층주택을 중심으로 편리한 주거환경을 조성
	제2종	중층주택을 중심으로 편리한 주거환경을 조성
	제3종	중고층주택을 중심으로 편리한 주거환경을 조성
준주거지역		주거기능을 위주로 이를 지원하는 일부 상업·업무기능을 보완

97. 다음 중 피난층이 아닌 거실에 배연설비를 설치하여야 하는 대상 건축물에 속하지 않는 것은?
(단, 6층 이상인 건축물의 경우)

① 판매시설
② 종교시설
③ 교육연구시설 중 학교
④ 운수시설

[해설] 배연설비의 설치대상
① 6층 이상의 건축물로서 제2종 근린생활시설 중 300m² 이상인 공연장, 종교집회장, 인터넷컴퓨터게임시설제공업소 및 다중생활시설, 문화 및 집회시설, 종교시설, 판매시설, 운수시설, 의료시설(요양병원 및 정신병원은 제외), 연구소, 아동관련시설·노인복지시설(노인요양시설은 제외), 유스호스텔, 운동시설, 업무시설, 숙박시설, 위락시설, 관광휴게시설, 장례시설의 용도에 해당되는 건축물의 거실
[예외] 피난층인 경우
② 요양병원 및 정신병원, 노인요양시설·장애인 거주시설 및 장애인 의료재활시설의 용도에 해당되는 건축물
[예외] 피난층인 경우

정답 94. ④ 95. ④ 96. ① 97. ③

98. 다음 거실의 반자높이와 관련된 기준 내용 중 ( ) 안에 해당되지 않는 건축물의 용도는?

> ( )의 용도에 쓰이는 건축물의 관람실 또는 집회실로서 그 바닥면적이 200m² 이상인 것의 반자의 높이는 4m(노대의 아랫부분의 높이는 2.7m) 이상이어야 한다. 다만, 기계환기장치를 설치하는 경우에는 그렇지 않다.

① 문화 및 집회시설 중 동·식물원
② 장례식장
③ 위락시설 중 유흥주점
④ 종교시설

해설 거실의 반자높이

거실의 종류	반자높이	예외 규정
① 일반용도의 거실	2.1m 이상	공장, 창고시설, 위험물저장 및 처리시설, 동물 및 식물 관련시설, 자원순환관련시설, 묘지관련시설
② 문화 및 집회시설 (전시장 및 동·식물원 제외), 장례식장, 유흥주점의 용도에 쓰이는 건축물의 관람실 또는 집회실로서 바닥면적이 200m² 이상인 것	4m 이상	기계환기장치를 설치한 경우
③ '②'의 노대 아래부분	2.7m 이상	

99. 대통령령으로 정하는 용도와 규모의 건축물이 소규모 휴식시설 등의 공개 공지 또는 공개 공간을 설치하여야 하는 대상 지역에 해당되지 않는 곳은?

① 준공업지역
② 일반공업지역
③ 일반주거지역
④ 준주거지역

해설 공개 공지 등의 확보대상
① 대상건축물
  ㉠ 연면적의 합계가 5,000m² 이상인 문화 및 집회시설, 종교시설, 판매시설(농수산물 유통시설 제외), 운수시설(여객용시설만 해당), 업무시설, 숙박시설
  ㉡ 기타 다중이 이용하는 시설로서 건축조례가 정하는 건축물
② 대상지역
  ㉠ 일반주거지역, 준주거지역
  ㉡ 상업지역
  ㉢ 준공업지역
  ㉣ 특별자치시장·특별자치도지사 또는 시장·군수·구청장이 도시화의 가능성이 크다고 인정하여 지정, 공고하는 지역

100. 주요구조부가 내화구조 또는 불연재료로 된 건축물로서 국토교통부령으로 정하는 기준에 따라 내화구조로 된 바닥 벽·자동방화셔터 및 60+방화문 또는 60분방화문으로 구획하여야 하는 연면적 기준은?

① 400m² 초과
② 500m² 초과
③ 1000m² 초과
④ 1500m² 초과

해설 방화구획의 기준
주요구조부가 내화구조 또는 불연재료로 된 건축물로 연면적이 1,000m²를 넘는 것은 다음의 기준에 의한 내화구조의 벽·자동방화셔터 및 60+방화문 또는 60분방화문으로 구획하여야 한다.

건축물의 규모		구 획 기 준
10층 이하의 층		바닥면적 1,000m²(3,000m²) 이내마다 구획
지상층, 지하층		매층마다 구획(면적에 무관) [단, 지하 1층에서 지상으로 직접 연결하는 경사로 부위는 제외]
11층 이상의 층	실내마감이 불연재료의 경우	바닥면적 500m² (1,500m²) 이내마다 구획
	실내마감이 불연재료가 아닌 경우	바닥면적 200m² (600m²) 이내마다 구획
필로티의 부분을 주차장으로 사용하는 경우 그 부분과 건축물의 다른 부분을 구획		

* ( ) 안의 면적은 스프링클러 등의 자동식 소화설비를 설치한 경우임.

정답 98. ① 99. ② 100. ③

과년도출제문제

2021. 1회 건축기사

■■■ 제1과목 건축계획

1. 쇼핑센터의 몰(mall)의 계획에 관한 설명으로 옳지 않은 것은?

① 전문점들과 중심상점의 주출입구는 몰에 면하도록 한다.
② 몰에는 자연광을 끌어들여 외부공간과 같은 성격을 갖게 하는 것이 좋다.
③ 다층으로 계획할 경우, 시야의 개방감을 적극적으로 고려하는 것이 좋다.
④ 중심상점들 사이의 몰의 길이는 100m를 초과하지 않아야 하며, 길이 40~50m 마다 변화를 주는 것이 바람직하다.

[해설] 몰(mall)
㉠ 쇼핑센터 내의 주요 보행 동선으로 고객을 각 상점으로 고르게 유도하는 shopping street인 동시에 고객의 휴식처로서의 기능도 갖고 있다. 쇼핑센터의 가장 특징적인 요소이다.
㉡ 고객의 주보행 동선으로 핵상점과 각 전문점에의 출입이 이루어지는 곳이므로 확실한 방향성, 식별성이 요구되며, 고객에게 변화감, 다채로움, 자극과 흥미를 주며 쇼핑을 유쾌하게 할 수 있고 휴식 장소를 제공해 주어야 한다.
㉢ 전문점과 핵상점들은 몰에 면하도록 한다.
㉣ mall은 open mall, enclosed mall로 계획할 수 있으며, 일반적으로 공기 조화에 의해 쾌적한 실내 기후로 유지할 수 있는 enclosed mall이 선호된다.
㉤ 몰의 폭은 6~12m가 일반적이며, 몰의 길이는 240m가 한계이다. 길이 20~30m 마다 변화를 주어 단조로운 느낌이 들지 않도록 하는 것이 바람직하다.

2. 연속적인 주제를 선(線)적으로 관계성 깊게 표현하기 위하여 전경(全景)으로 펼쳐지도록 연출하는 것으로 맥락이 중요시될 때 사용되는 특수전시기법은?

① 아일랜드 전시
② 파노라마 전시
③ 하모니카 전시
④ 디오라마 전시

[해설] 특수전시기법

전시기법	특징
디오라마 전시	'하나의 사실' 또는 '주제의 시간 상황을 고정'시켜 연출하는 것으로 현장에 임한 듯한 느낌을 가지고 관찰할 수 있는 전시기법
파노라마 전시	벽면전시와 입체물이 병행되는 것이 일반적인 유형으로 넓은 시야의 실경(實景)을 보는 듯한 감각을 주는 전시기법
아일랜드 전시	벽이나 천정을 직접 이용하지 않고 전시물 또는 장치를 배치함으로써 전시공간을 만들어내는 기법으로 대형전시물이나 소형전시물인 경우에 유리하다.
하모니카 전시	전시평면이 하모니카 흡입구처럼 동일한 공간으로 연속되어 배치되는 전시기법으로 동일 종류의 전시물을 반복 전시할 때 유리하다.
영상 전시	영상매체는 현물을 직접 전시할 수 없는 경우나 오브제 전시만의 한계를 극복하기 위하여 사용한다.

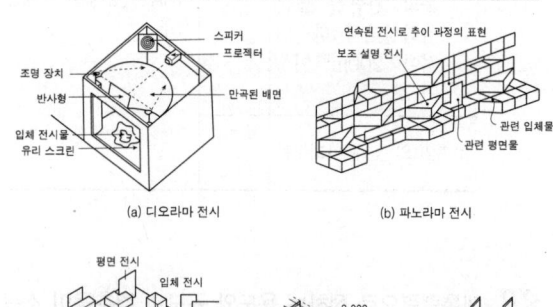

(a) 디오라마 전시   (b) 파노라마 전시

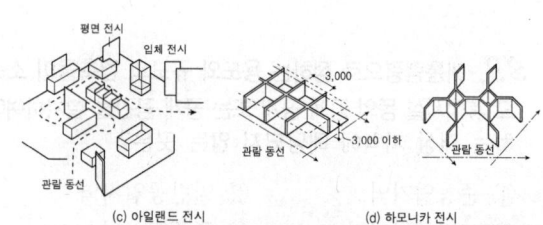

(c) 아일랜드 전시   (d) 하모니카 전시

[그림] 특수전시기법

정답 1. ④ 2. ②

3. 다음 설명에 알맞은 극장 건축의 평면형식은?

- 가까운 거리에서 관람하면서 가장 많은 관객을 수용할 수 있다.
- 객석과 무대가 하나의 공간에 있으므로 양자의 일체감이 높다.
- 무대의 배경을 만들지 않으므로 경제성이 있다.

① 애리너(arena)형
② 가변형(adaptable stage)
③ 프로시니엄(proscenium)형
④ 오픈 스테이지(open stage)형

해설 애리너(arena)형
관객이 연기자를 360° 둘러싸고 관람하는 형식이다.
㉠ 가까운 거리에서 관람하면서 가장 많은 관객을 수용할 수 있다.
㉡ 객석과 무대가 하나의 공간에 있으므로 양자의 일체감을 높여 긴장감이 높은 연극 공간을 형성한다.
㉢ 무대의 배경을 만들지 않으므로 경제성이 있다.
㉣ 무대의 장치나 소품은 주로 낮은 기구들로 구성된다.
㉤ 관객이 무대를 둘러앉기 때문에 시점(視點)이 현저하게 다르게 되고, 연기자가 전체적인 통일 효과를 얻기 위한 극을 구성하기가 곤란하다.
㉥ 관객이 무대 주위를 둘러싸기 때문에 연기자를 가리게 되는 단점이 있다.
㉦ 애리너 형은 central stage 형이라고도 한다.

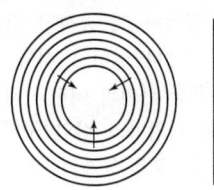 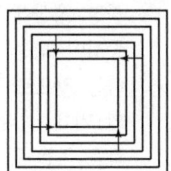

[그림] 애리나형

4. 아파트 형식에 관한 설명으로 옳지 않은 것은?

① 계단실형은 거주의 프라이버시가 높다.
② 편복도형은 복도에서 각 세대로 진입하는 형식이다.
③ 메조넷형은 평면구성의 제약이 적어 소규모 주택에 주로 이용된다.
④ 플랫형은 각 세대의 주거단위가 동일한 층에 배치 구성된 형식이다.

해설 복층형(duplex type, maisonnette type)
작은 저택의 뜻을 지니고 있는 메조넷(maisonnette)은 하나의 주호가 2개 층 이상에 걸쳐 구성되는 형식으로 독립성이 좋고 전용 면적비가 크나 50m² 이하의 소규모 주거 형식에는 비경제적이다.
㉠ 주야간의 생활공간이 층별로 구분(독립성 확보)
㉡ 유효면적의 증가
㉢ 중직동선의 편리 도모(엘리베이터의 정지층수 반감)
㉣ 좋은 평면 구성 가능
㉤ 통풍·채광 유리

5. 학교운영방식에 관한 설명으로 옳지 않은 것은?

① 종합교실형은 각 학급마다 가정적인 분위기를 만들 수 있다.
② 교과교실형은 초등학교 저학년에 대해 가장 권장되는 방식이다.
③ 플래툰형은 미국의 초등학교에서 과밀을 해소하기 위해 실시한 것이다.
④ 달톤형은 학급, 학년 구분을 없애고 학생들은 각자의 능력에 따라 교과를 선택하고 일정한 교과를 끝내면 졸업하는 방식이다.

해설 교과교실형(V형)
모든 교실이 특정한 교과를 위해 만들어지고 일반교실은 없다.
㉠ 장점 : 각 교과에 순수율이 높은 교실이 주어져 시설의 활용도가 높게 된다.
㉡ 단점 : 학생의 이동이 심하다. 순수율을 100%로 하는 한 이용률은 반드시 높다고 할 수 없다.
※ 이동할 때에는 소지품을 두는 곳을 고려할 필요가 있다. 또 이동에 대한 동선에 주의하지 않으면 안 된다.
☞ 초등학교 저학년에 대해서 가장 적당한 형은 종합교실형(U형)이다.

정답 3. ① 4. ③ 5. ②

6. 다음 중 단독주택의 현관 위치 결정에 가장 주된 영향을 끼치는 것은?

① 방위
② 주택의 층수
③ 거실의 위치
④ 도로와의 관계

[해설] 현관의 위치는 주택평면의 공간구성에 많은 영향을 준다. 일반적으로 대지의 형태와 도로와의 관계에 의해 정해지며 정원과도 연관되는 것이 좋다. 현관의 위치는 주택의 남측이나 중앙부분에 두는 것이 무난하다. 거실, 부엌, 기타 다른 실과의 동선을 고려하여 위치를 조정한다. 크기는 가족수와 방문객의 수에 따라 결정된다.

7. 도서관의 열람실 및 서고계획에 관한 설명으로 옳지 않은 것은?

① 서고 안에 캐럴(carrel)을 둘 수도 있다.
② 서고면적 1m²당 150~250권의 수장능력으로 계획한다.
③ 열람실은 성인 1인당 3.0~3.5m²의 면적으로 계획한다.
④ 서고실은 모듈러 플래닝(modular planning)이 가능하다.

[해설] 일반 열람실
㉠ 일반인과 학생들의 이용률은 7 : 3 정도이고 일반인과 학생용열람실을 분리한다.
㉡ 성인 1인당 1.5~2.0m²의 면적이 필요하고, 통로를 포함했을 경우 2.5m²의 면적이 필요하다.

8. 다음 중 건축계획에서 말하는 미의 특성 중 변화 또는 다양성을 얻는 방식과 가장 거리가 먼 것은?

① 억양(Accent)
② 대비(Contrast)
③ 균제(Proportion)
④ 대칭(Symmetry)

[해설] 미의 3요소 : 통일성, 변화성, 균형성
㉠ 통일성 : 구성체의 각 요소들간에 이질감이 느껴지지 않고 전체로서 하나의 이미지 형성하는 것으로, 변화와 함께 모든 조형에 대한 미의 근원이 되는 구성원리이다. → 대비성, 반복성, 균일성

㉡ 변화성 : 통일성이 지나치게 강조되면 단조로와지므로 적절한 변화를 추구한다. 색깔이 변화하거나 곡선에서 직선으로 변화하면서 계획의 통일성이 유지된다. → 균제성, 억양성, 대비성
㉢ 균형성 : 구성체의 부분들이 서로 평형을 유지하는 상태를 말하는 것으로 비대칭의 기법을 통하면 역동적인 구성이 이루어진다. 균형을 얻는 가장 손쉬운 방법은 대칭으로 예전에는 좌우대칭의 정적균형이나 현대건축은 동적균형을 추구한다. → 동적균형, 정적균형

9. 공장건축의 레이아웃(Lay out)에 관한 설명으로 옳지 않은 것은?

① 제품중심의 레이아웃은 대량생산에 유리하며 생산성이 높다.
② 레이아웃이란 생산품의 특성에 따른 공장의 건축면적 결정 방식을 말한다.
③ 공정중심의 레이아웃은 다종 소량생산으로 표준화가 행해지기 어려운 경우에 적합하다.
④ 고정식 레이아웃은 조선소와 같이 조립부품이 고정된 장소에 있고 사람과 기계를 이동시키며 작업을 행하는 방식이다.

[해설] 공장 건축의 레이아웃(layout)의 개념
㉠ 공장 생산에 있어서 그 공정의 합리화로 위해 중심이 되는 기계나 설비의 배치 방법을 결정하는 것으로 공장 사이의 여러 부분, 작업장 내의 기계 설비, 작업자의 작업 구역, 자재나 제품을 두는 곳 등 상호 관계의 검토가 필요하다.
㉡ 넓은 뜻으로는 생산 작업뿐만 아니라 사무 업무, 복리 후생, 보건 위생, 문화 관리 등 광장의 전반적 시설을 따른다. 현대는 작업 과정의 유동화, 자동화와 더불어 레이아웃도 한층 복잡해지고 있다.
㉢ 레이아웃은 공장 생산성에 미치는 영향이 크고, 공장의 배치계획, 평면계획은 레이아웃을 건축적으로 종합한 것이 되어야 한다.
㉣ 레이아웃은 장래 공장 규모의 변화에 대응한 융통성(flexibility)이 있어야 한다.

정답 6. ④ 7. ③ 8. ④ 9. ②

10. 주택단지 도로의 유형 중 쿨데삭(cul-de-sac)형에 관한 설명으로 옳은 것은?

① 단지 내 통과교통의 배제가 불가능하다.
② 교차로가 +자형이므로 자동차의 교통처리에 유리하다.
③ 우회도로가 없기 때문에 방재상 불리하다는 단점이 있다.
④ 주행속도 감소를 위해 도로의 교차방식을 주로 T자 교차로 한 형태이다.

해설 쿨데삭(cul-de-sac)형
㉠ 적정길이는 120~300m이며, 300m 이상인 경우에는 회전구간을 설치한다.
㉡ 보차분리가 이루어진다.
㉢ 불필요한 통과 교통을 차단하여 보행로 배치가 자유롭다.
㉣ 부정형의 지형에 적용이 용이하다.
㉤ 주거환경의 쾌적성 및 안전성 확보가 용이하다.
㉥ 각 가구와 관계없는 자동차의 진입을 방지할 수 있다.
㉦ 우회도로가 없기 때문에 방재·방범상으로는 불리하다.

[그림] 쿨데삭(cul-de-sac)

11. 사무소 건축의 실단위 계획에 관한 설명으로 옳지 않은 것은?

① 개실 시스템은 독립성과 쾌적감의 이점이 있다.
② 개방식 배치는 전면적을 유용하게 이용할 수 있다.
③ 개방식 배치는 개실 시스템보다 공사비가 저렴하다.
④ 개실 시스템은 연속된 긴 복도로 인해 방 깊이에 변화를 주기가 용이하다.

해설 개실 시스템(individual room system)
복도에 의해 각 층의 여러 부분으로 들어가는 방법으로 유럽에서 널리 쓰인다.

㉠ 독립성과 쾌적성이 좋다.
㉡ 자연채광 조건이 좋다.
㉢ 공사비가 비교적 높다.
㉣ 방 길이에는 변화를 줄 수 있지만, 방 깊이에는 변화를 줄 수 없다.

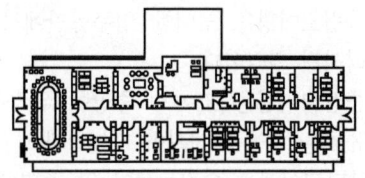

[그림] 개실 배치

12. 미술관 전시실의 순회형식 중 연속 순회형식에 관한 설명으로 옳은 것은?

① 각 전시실에 바로 들어갈 수 있다는 장점이 있다.
② 연속된 전시실의 한 쪽 복도에 의해서 각 실을 배치한 형태이다.
③ 중심부에 하나의 큰 홀을 두고 그 주위에 각 전시실을 배치한 형식이다.
④ 전시실을 순서별로 통해야 하고, 한 실을 폐쇄하면 전체 동선이 막히게 된다.

해설 연속순로(순회) 형식
구형(矩形) 또는 다각형의 각 전시실을 연속적으로 연결하는 형식이다.
㉠ 단순하고 공간이 절약된다.
㉡ 소규모의 전시실에 적합하다.
㉢ 전시 벽면을 많이 만들 수 있다.
㉣ 많은 실을 순서별로 통해야 하고 1실을 닫으면 전체 동선이 막히게 된다.

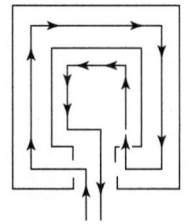

[그림] 연속 순로 형식

13. 사무소 건축의 코어 유형에 관한 설명으로 옳지 않은 것은?

① 편심코어형은 기준층 바닥면적이 작은 경우에 적합하다.
② 독립코어형은 코어를 업무공간에서 별도로 분리시킨 형식이다.
③ 중심코어형은 코어가 중앙에 위치한 유형으로 유효율이 높은 계획이 가능하다.
④ 양단코어형은 수직동선이 양 측면에 위치한 관계로 피난에 불리하다는 단점이 있다.

[해설] 사무소 건축의 코어(core) 종류
  ㉠ 편심 코어형(편단 코어형) : 기준층 바닥면적이 적은 경우에 적합하며 너무 고층인 경우는 구조상 좋지 않다. 바닥면적이 커지면 코어 이외에 피난시설, 설비 샤프트 등이 필요해진다.
  ㉡ 중심 코어형(중앙 코어형) : 코어와 일체로 한 내진구조가 가능한 유형으로 바닥면적이 클 경우 적합하며 특히 고층, 초고층에 적합하다. 유효율이 높아 임대사무실로서 가장 경제적인 계획을 할 수 있다. 내부공간과 외관이 획일적으로 되기 쉽다.
  ㉢ 독립 코어형(외 코어형) : 자유로운 사무실 공간을 코어와 관계없이 마련할 수 있다. 각종 설비 duct, 배관 등의 길이가 길어지며 제약이 많다. 방재상 불리하고 바닥면적이 커지면 피난시설을 포함한 서브 코어(sub core)가 필요하며, 내진구조에는 불리하다.
  ㉣ 양단 코어형(분리 코어형) : 한 개의 대공간을 필요로 하는 전용 사무실에 적합하다. 2방향 피난에 이상적이며 방재상 유리하다.

14. 비잔틴 건축에 관한 설명으로 옳지 않은 것은?

① 사라센 문화의 영향을 받았다.
② 도저렛(dosseret)이 사용되었다.
③ 펜덴티브 돔(pendentive dome)이 사용되었다.
④ 평면은 주로 장축형 평면(라틴 십자가)이 사용되었다.

[해설] 비잔틴 건축
  ㉠ 사라센 문화의 영향을 받았다.
  ㉡ 비잔틴 건축의 교회의 평면에는 중앙의 대형 돔을 중심으로 좌우 대칭이 되는 집중형 또는 그리스 십자형(Greek Cross) 형태가 특징이다.
  ㉢ 펜덴티브 돔(pendentive dome)은 정사각형의 평면에 돔을 올리는 구조법으로 비잔틴 건축에서 주로 사용되었으며 대표적인 예로는 성 소피아 성당이 있다.
  ☞ 장축형 평면(라틴 십자가, Latin Cross)은 로마네스크 건축에서 사용되었다.

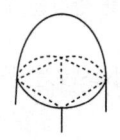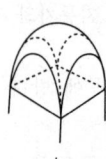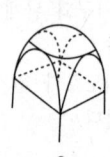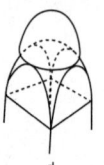
a b c d
[그림] 펜덴티브 돔의 구성 방법

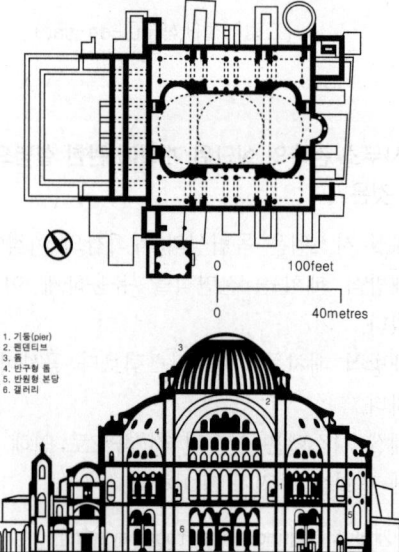
[그림] 성소피아 성당

정답 13. ④ 14. ④

15. 다음과 같은 특징을 갖는 에스컬레이터 배치 유형은?

- 점유면적이 다른 유형에 비해 작다.
- 연속적으로 승강이 가능하다.
- 승객의 시야가 좋지 않다.

① 교차식 배치
② 직렬식 배치
③ 병렬 단속식 배치
④ 병렬 연속식 배치

[해설] 에스컬레이터의 배치 형식

배치 형식	특징
직렬식	점유면적이 크나, 승객의 시야가 넓어져 좋으며 시선이 한 방향으로 고정된다.
병렬 단속식	백화점 내를 내려다보기가 좋다.
병렬 연속식	승강·하강이 연속적이고 독립적이며 승강 찾기가 용이하다.
교차식	점유면적이 다른 유형에 비해 가장 작으며, 연속적으로 승강이 가능하다. 매장의 전망이 나쁘다.

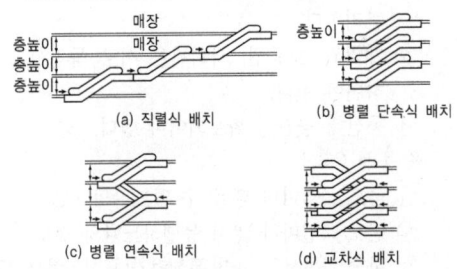

[그림] 에스컬레이터의 배치 형식

16. 클로즈드 시스템(closed system)의 종합병원에서 외래진료부 계획에 관한 설명으로 옳지 않은 것은?

① 환자의 이용이 편리하도록 2층 이하에 두도록 한다.
② 부속 진료시설을 인접하게 하여 이용이 편리하게 한다.
③ 중앙주사실, 약국은 정면 출입구에서 멀리 떨어진 곳에 둔다.
④ 외과 계통 각 과는 1실에서 여러 환자를 볼 수 있도록 대실로 한다.

[해설] 중앙주사실, 회계, 약국 등은 정면 출입구 근처에 설치한다.

※ 외래진료부의 운영 방식
㉠ 오픈 시스템(open system) : 종합병원 근처의 일반 개업의사는 종합병원에 등록되어 있어서, 종합병원에 등록되어 있어서 종합병원의 큰 시설을 이용할 수 있고, 자기 환자를 종합병원 진찰실에서 예약된 시간과 장소에서 행하며 입원시킬 수 있는 제도이다.
㉡ 클로즈드 시스템(closed system) : 대규모의 각종 과를 필요로 하며 대부분 우리나라의 종합병원의 외래진료 방식이다.

17. 다음 중 다포식(多包式) 건축으로 가장 오래된 것은?

① 창경궁 명정전
② 전등사 대웅전
③ 불국사 극락전
④ 심원사 보광전

[해설] 다포식(多包式) 건축양식
㉠ 창방 위에 평방을 놓고 그 위에 주두와 첨차, 소로들로 구성되는 공포를 짜는 식
㉡ 고려 말에 나타나서 조선시대에 널리 사용되었으며, 화려한 형태이다.
㉢ 기둥 상부 이외에 기둥 사이에도 공포를 배열한 형식으로 주심포식에 비해서 지붕하중을 등분포로 전달할 수 있는 합리적인 구조법이다.
㉣ 간포를 받치기 위해 창방 외에 평방이라는 부재가 추가되었으며 주로 팔작지붕이 많다.
㉤ 주로 궁궐이나 사찰 등의 주요 정전에 사용되었다.
㉥ 예 : 심원사 보광전(다포식으로 가장 오래된 것), 서울 숭례문(남대문)

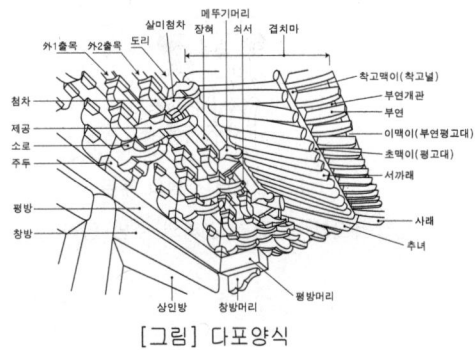

[그림] 다포양식

정답 15. ① 16. ③ 17. ④

과년도출제문제

18. 다음 중 시티 호텔에 속하지 않는 것은?

① 비치 호텔　② 터미널 호텔
③ 커머셜 호텔　④ 아파트먼트 호텔

[해설] 호텔의 분류
　㉠ 시티 호텔(city hotel) : 커머셜 호텔(commercial hotel), 레지던셜 호텔(residential hotel), 아파트먼트 호텔(apartment hotel), 터미널 호텔(terminal hotel)
　㉡ 리조트 호텔(resort hotel) : 해변 호텔(beach hotel), 산장 호텔(mountain hotel), 온천 호텔(hot spring hotel), 스키이 호텔(ski hotel), 스포츠 호텔(sports hotel), 클럽 하우스(club house)

19. 고대 그리스의 기둥 양식에 속하지 않는 것은?

① 도리아식　② 코린트식
③ 컴포지트식　④ 이오니아식

[해설] ※ 그리스 건축의 3가지 오더(order) : 도리아(Doric)식, 이오니아(Ionian)식, 코린트(Corinthian)식
　※ 로마 건축의 5가지 오더(order) : 도리아(Doric)식, 이오니아(Ionian)식, 코린트(Corinthian)식, 터스칸(Tuscan)식, 콤포지트(Composite)식

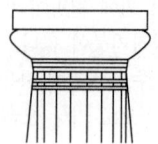　

(a) 도리아식 주범의 주두　(b) 이오니아식 주범의 주두

(c) 코린트식 주범의 주두
[그림] 그리스 건축의 주범 양식

20. 주택의 동선계획에 관한 설명으로 옳지 않은 것은?

① 동선은 가능한 굵고 짧게 계획하는 것이 바람직하다.
② 동선의 3요소 중 속도는 동선의 공간적 두께를 의미한다.
③ 개인, 사회, 가사노동권의 3개 동선은 상호간 분리하는 것이 좋다.
④ 화장실, 현관 등과 같이 사용빈도가 높은 공간은 동선을 짧게 처리하는 것이 중요하다.

[해설] 주택의 동선계획
　① 동선의 3요소는 속도, 빈도, 하중이다.
　② 동선의 원칙
　　㉠ 동선은 가능한 한 굵고 짧게 한다.
　　㉡ 동선의 형은 가능한 한 단순하며 명쾌하게 한다.
　　㉢ 서로 다른 종류의 동선은 가능한 한 분리하고 필요 이상의 교차는 피한다.
　　㉣ 낮의 공간의 동선과 밤의 공간의 동선은 서로 분리한다.
　　㉤ 개인권, 노동권, 사회권은 서로 독립성을 유지하여야 한다.
　　㉥ 동선내 공간이 확보되어야 한다.
　※ 동선 3요소
　　㉠ 속도 : 얼마나 빠를 수 있느냐의 정도
　　㉡ 빈도 : 얼마나 많이 통행하느냐의 정도
　　㉢ 하중 : 동선을 따라 통행하거나 이동하는 물질이 어느 정도의 무게감을 가지고 있느냐의 정도

■■■ 제2과목 건축시공

21. 수직굴삭, 수중굴삭 등에 사용되는 깊은 흙파기용 기계이며, 연약지반에 사용하기에 적당한 기계는?

① 드래그 쇼벨　② 크램셸
③ 모터 그레이더　④ 파워 쇼벨

정답　18. ①　19. ③　20. ②　21. ②

[해설] 토공사용 기계

종류	특징
파워 셔블 (Power shovel)	① 지반면보다 높은 곳의 흙파기에 적당하며, 굴착력이 좋다. ② 굴착높이 1.5~3m, 버킷용량 0.6~1m³, 선회각 90°
드래그 셔블 (Drag shovel) = 백 호우 (Back hoe)	① 지반면보다 낮은 곳의 흙파기에 적당하다. ② 파는 힘이 강력하고 비교적 경질지반도 가능하다. ③ 굴삭깊이 5~8m, 버킷용량 0.3~1.9m³, 붐의 길이 4.3~7.7m
드래그 라인 (Drag line)	① 지반면보다 낮은 곳의 연질지반 흙파기에 사용된다. ② 넓은 면적을 팔 수 있으나 파는 힘이 약하다. ③ 굴삭깊이 8m, 굴삭폭 14m, 선회각 110°
클램 셸 (Clam shell)	① 좁은 곳의 수직굴착에 알맞다. ② 사질지반의 굴삭에 적당하다. ③ 흙막이 버팀대가 있어 좁은 곳, 케이슨 내의 굴착, 토사 채취 등에 사용

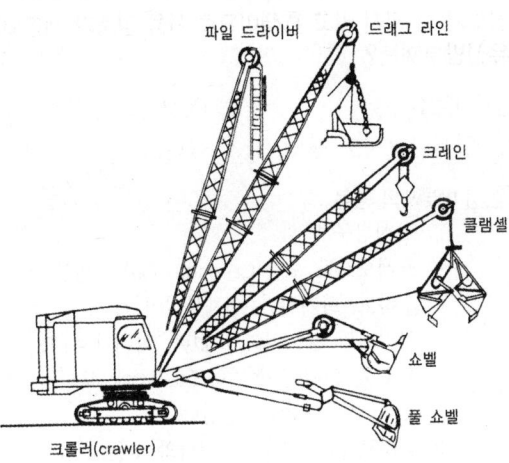

[그림] 토공사용 기계

22. 철근의 가공 및 조립에 관한 설명으로 옳지 않은 것은?

① 철근의 가공은 철근상세도에 표시된 형상과 치수가 일치하고 재질을 해치지 않은 방법으로 이루어져야 한다.
② 철근상세도에 철근의 구부리는 내면 반지름이 표시되어 있지 않은 때에는 KDS에 규정된 구부림의 최소 내면 반지름 이상으로 철근을 구부려야 한다.
③ 경미한 녹이 발생한 철근이라 하더라도 일반적으로 콘크리트와의 부착성능을 매우 저하시키므로 사용이 불가하다.
④ 철근은 상온에서 가공하는 것은 원칙으로 한다.

[해설] 철근의 가공 및 조립
㉠ 철근 배근도에 철근의 구부림은 구조기준의 내면 반지름 이상으로 한다.
㉡ 철근은 상온 가공을 원칙으로 한다.
㉢ 철근의 조립은 녹, 기름 등을 제거한 후 실시한다.
㉣ 철근 조립이 끝난 후 배근도에 맞는지 검사한다.

23. 건축주 자신이 특정의 단일 상대를 선정하여 발주하는 방식으로서, 특수공사나 기밀보장이 필요한 경우, 또 긴급을 요하는 공사에서 주로 채택되는 것은?

① 공개경쟁입찰
② 제한경쟁입찰
③ 지명경쟁입찰
④ 특명입찰

[해설] 특명입찰(수의계약)
건축주가 업자의 기술, 신용, 능력, 자산, 공사의 내용 등을 고려하여 가장 적격한 특정업자 1명을 선정하여 입찰시키는 방식

장 점	단 점
• 입찰 수속이 가장 간단 • 양질의 공사 가능 • 공사의 기밀 유지	• 공사비 증대의 우려 • 공사금액 결정이 불명확

정답 22. ③ 23. ④

과년도출제문제

24. 문 윗틀과 문짝에 설치하여 문이 자동적으로 닫혀지게 하며, 개폐압력을 조절할 수 있는 장치는?

① 도어 체크(Door check)
② 도어 홀더(Door holder)
③ 피봇 힌지(Pivot hinge)
④ 도어 체인(Door chain)

[해설] ① 도어 체크(door check) : 열려진 여닫이문이 저절로 닫아지게 하는 장치로 door closer라고도 한다.
② 도어 홀더 : 문열림 방지
③ 피봇 힌지(pivot hinge) : 용수철을 쓰지 않고 문장부식으로 된 Hinge. 가장 중량문에 사용

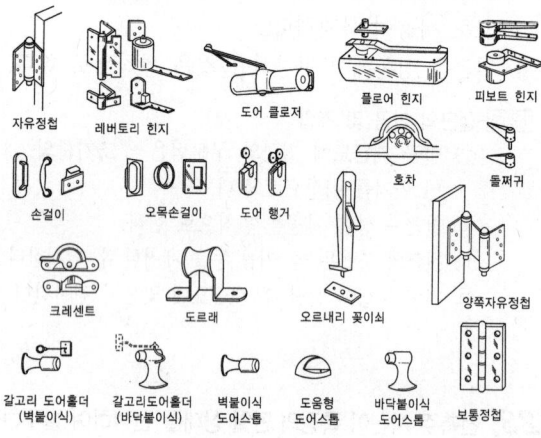

[그림] 각종 창호철물

25. 건축 석공사에 관한 설명으로 옳지 않은 것은?

① 건식쌓기 공법의 경우 시공이 불량하면 백화현상 등의 원인이 된다.
② 석재 물갈기 마감 공정의 종류는 거친갈기, 물갈기, 본갈기, 정갈기가 있다.
③ 시공 전에 설계도에 따라 돌나누기 상세도, 원척도를 만들고 석재의 치수, 형상, 마감방법 및 철물 등에 의한 고정방법을 정한다.
④ 마감면에 오염의 우려가 있는 경우에는 폴리에틸렌 시트 등으로 보양한다.

[해설] 석공사의 건식쌓기 공법
㉠ 고층건물에 유리하다.
㉡ 시공속도가 빠르고 노동비가 절감된다.
㉢ 동결, 백화 및 결로현상이 없다.

26. 벤치마크(Bench Mark)에 관한 설명으로 옳지 않은 것은?

① 적어도 2개소 이상 설치하도록 한다.
② 이동 또는 소멸 우려가 없는 곳에 설치한다.
③ 건축물 기초의 너비 또는 길이 등을 표시하기 위한 것이다.
④ 공사 완료시까지 존치시켜야 한다.

[해설] 기준점(벤치마크, Bench Mark)
㉠ 건축공사 중 높이의 기준이 되도록 건축물 인근에 설치하는 표식
㉡ 바라보기 좋고 공사의 지장이 없는 곳에 설치한다.
㉢ 건물 부근에 2개소 이상, 지반면(G.L)에서 0.5~1m 정도의 위치에 설치한다.
㉣ 공사착수 전에 설정하며, 공사완료까지 존치한다.
㉤ 현장일지에 위치 기록해 둔다.

27. 방부력이 약하고 도포용으로만 쓰이며, 상온에서 침투가 잘 되지 않고 흑색이므로 사용 장소가 제한되는 유성방부제는?

① 캐로신
② PCP
③ 염화아연 4% 용액
④ 콜타르

[해설] 방부제의 종류
(1) 유성방부제
① 크레오소트 오일(Creosoto Oil) : 방부성이 우수하고, 화기위험, 철재부식이 적다. 처리재의 강도저하가 없다. 악취가 나고, 흑갈색으로 외관이 불미하므로 눈에 보이지 않는 토대, 기둥 등에 이용된다.
② 콜타르(Coal Tar) : 석탄의 고온 건류시 부산물로 얻어지는 흑갈색의 유성액체로서 가열도포하면 방부성은 좋으나 목재를 흑갈색으로 착색하고 페인트칠도 불가능하게 하므로 보이지 않는 곳에 주로 이용된다.
③ 아스팔트(Asphalt) : 열을 가해 녹여서 목재에 도포하면 방부성이 우수하나 흑색으로 착색되어 페인트칠이 불가능하므로 보이지 않는 곳에서만 사용할 수 있다.
④ 페인트(Paint) : 피막형성, 방습, 방부효과가 좋으며 착색이 자유로워 미관이 좋다.

[정답] 24. ① 25. ① 26. ③ 27. ④

(2) 수성방부제
① 황산동 1% 용액 : 방부성은 좋으나 철재를 부식시키고 인체에 유해하다.
② 염화아연 4% 용액 : 목질부를 약화시키고 전기전도율이 증가하며 비내구적이다.
③ 염화 제2수은 1% 용액 : 철재를 부식시키고 인체에 유해하다.
④ 불화소오다 2% 용액 : 철재나 인체에 무해하며 페인트 도장이 가능하나 내구성이 부족하다. 고가(高價)이다.
(3) 유용성 방부제(P.C.P : Penta Chloro Phenol) 목재에 관한 방부력이 가장 우수하고 무색제품이 생산되며 침투성도 매우 양호한 수용성, 유용성 겸용 방부제이다.

28. 시멘트 600포대를 저장할 수 있는 시멘트창고의 최소 필요면적으로 옳은 것은? (단, 시멘트 600포대 전량을 저장할 수 있는 면적으로 산정)

① 18.46m²   ② 21.64m²
③ 23.25m²   ④ 25.84m²

[해설] A(시멘트 창고 면적)
$= 0.4 \times \dfrac{N}{n} = 0.4 \times \dfrac{600}{13} = 18.46m^2$

※ 쌓기 단수 13포대 이하(3개월 이상 장기 저장시 7단 이하)
※ 시멘트 포대수(N)은 600포대 이상 1,800포대 이하 경우 N=600포대를 적용한다.

29. 시멘트, 모래, 잔자갈, 안료 등을 섞어 이긴 것을 바탕바름이 마르기 전에 뿌려 붙이거나 또는 바르는 것으로 일종의 인조석바름으로 볼 수 있는 것은?

① 회반죽   ② 경석고 플라스터
③ 혼합석고 플라스터 ④ 라프 코트

[해설] 특수 미장바름
㉠ 리신 바름(lithin coat) : 돌로마이트에 화강석 부스러기, 색모래, 안료 등을 섞어 정벌 바름하고 충분히 굳지 않은 때에 표면을 거친 솔 등으로 긁어 거칠게 마무리 하는 미장바름

㉡ 라프 코트(rough coat) : 시멘트, 모래, 잔자갈, 안료 등을 반죽한 것을 바탕바름이 마르기 전에 뿌려 바르는 거친 벽마무리(일종의 인조석 바름)
㉢ 모조석(의석, Imitation Stone) : 백시멘트, 종석, 안료를 혼합하여 천연석과 유사한 외관으로 만든 인조석
㉣ 리그노이드 : 마그네시아 시멘트에 톱밥, 코르크 가루, 안료 등을 혼합한 모르타르 반죽한 것으로 탄성이 있어 건물, 차량, 선박 등의 마리 재료로 사용한다.

30. 용접작업 시 용착금속 단면에 생기는 작은 은색의 점을 무엇이라 하는가?

① 피시 아이(fish eye)
② 블로 홀(blow hole)
③ 슬래그 함입(slag inclusion)
④ 크레이터(crater)

[해설] 피시 아이(fish eye) : 용접 작업 시 용착금속 단면에 생기는 작은 은색의 점으로 수소의 영향에 의해서 발생하며 100℃로 가열하여 24시간 방치하면 수소가 방출되어 회복되는 불완전용접

31. 달성가치(Earned Value)를 기준으로 원가관리를 시행할 때, 실제투입원가와 계획된 일정에 근거한 진행성과의 차이를 의미하는 용어는?

① CV(Cost Variance)
② SV(Schedule Variance)
③ CPI(Cost Performance Index)
④ SPI(Schedule Performance Index)

[해설] 적절한 핵심성과지표의 설정
핵심성과지표(KPI, key performance indicators)의 설정 없이는 프로젝트 예산을 효율적으로 관리할 수 없다. KPI를 설정함으로써 프로젝트에 어느 정도의 예산이 지출되었는지, 실제 소요된 예산이 계획과 어느 정도 차이 나는지 등을 확인할 수 있다. 효율적인 예산 관리를 위해 필수적인 프로젝트 KPI는 다음과 같다.

정답 28. ①   29. ④   30. ①   31. ①

과년도 출제문제

2021. 1회 건축기사

㉠ 실비용(Actual cost, AC) : 실 투입 비용(ACWP, actual cost of work performed)이라고도 알려진 이 비용은 현재까지 프로젝트에 지출된 비용 규모를 지칭한다.

㉡ 원가 차이(Cost variance, CV) : 회사가 미리 계산한 예정 또는 표준제조 원가와 실제 원가의 차이를 의미한다.

㉢ 실적 가치(Earned value, EV) : 수행된 작업에 편성된 비용(BCWP, budgeted cost of work performed)이라고도 불리는 실적 가치는 특정 시점 이전까지 수행된 프로젝트 활동에 대해 승인된 예산을 나타낸다.

㉣ 계획 가치(Planned value, PV): 예정된 작업에 편성된 비용(BCWS, budgeted cost of work scheduled)이라고도 불리는 계획 가치는 제출일 당일 계획/예정된 프로젝트 활동에 대해 예정된 비용을 의미한다.

㉤ 투자수익률(Return on investment, ROI): 프로젝트의 수익성 및 편익이 비용을 능가하는가를 보여준다.

※ SV(Schedule Variance) : 스케줄 분산
※ CPI(Cost Performance Index) : 원가성과지수
※ SPI(Schedule Performance Index) : 일정성과지수

32. 시멘트 200포를 사용하여 배합비가 1:3:6의 콘크리트를 비벼 냈을 때의 전체 콘크리트량은? (단, 물-시멘트 비는 60%이고 시멘트 1포대는 40kg이다.)

① 25.25m³ ② 36.36m³
③ 39.39m³ ④ 44.44m³

[해설] 콘크리트 1m³에 소요되는 재료의 량

배합비	시멘트(kg)	모래(m³)	자갈(m³)
1:2:4	320	0.45	0.9
1:3:6	220	0.47	0.94

220kg : 1m³ = (200×40)kg : xm³
∴ x = 36.36m³

33. 타일공사에서 시공 후 타일접착력 시험에 관한 설명으로 옳지 않은 것은?

① 타일의 접착력 시험은 600m²당 한 장씩 시험한다.
② 시험할 타일은 먼저 줄눈 부분을 콘크리트면까지 절단하여 주위의 타일과 분리시킨다.
③ 시험은 타일 시공 후 4주 이상일 때 행한다.
④ 시험결과의 판정은 타일 인장 부착강도가 10MPa 이상이어야 한다.

[해설] 타일공사 시공 후 타일접착력 시험결과의 판정은 접착강도가 0.4MPa(4kg/cm²) 이상이어야 한다.

34. 창면적이 클 때에는 스틸바(steel bar)만으로는 부족하고, 또한 여닫을 때의 진동으로 유리가 파손될 우려가 있으므로 이것을 보강하고 외관을 꾸미기 위하여 강판을 중공형으로 접어 가로 또는 세로로 대는 것을 무엇이라 하는가?

① mullion   ② ventilator
③ gallery   ④ pivot

[해설] 멀리온(mullion) : 창면적이 클 때 기존 창 frame을 보강하는 중간선대로 커튼월 구조에서는 버팀대, 수직 지지대로 불린다.

35. 벽돌조 건물에서 벽량이란 해당 층의 바닥면적에 대한 무엇의 비를 말하는가?

① 벽면적의 총 합계   ② 내력벽길이의 총합계
③ 높이   ④ 벽두께

[해설] 벽량

㉠ 보강 블록조에서는 벽두께를 두껍게 하는 것보다 벽의 길이를 길게 하여 내력벽의 양을 증가시키는 것이 바람직하다.
㉡ 벽량 – 내력벽의 전체 길이(cm)를 합한 것을 그 층의 바닥면적(m²)으로 나누어 얻은 값

$$벽량(cm/m^2) = \frac{벽의 길이(cm)}{바닥면적(m^2)}$$

36. PMIS(프로젝트 관리 정보시스템)의 특징에 관한 설명으로 옳지 않은 것은?

① 합리적인 의사결정을 위한 프로젝트용 정보관리 시스템이다.
② 협업관리체계를 지원하며 정보의 공유와 축적을 지원한다.
③ 공정 진척도는 구체적으로 측정할 수 없으므로 별도 관리한다.
④ 조직 및 월간업무 현황 등을 등록하고 관리한다.

[해설] PMIS(Project Management Information System, 프로젝트 관리 정보시스템)
  ㉠ 프로젝트의 모든 기술 및 행정업무를 전자 문서화하여 조직별, 담당자별 책임과 권한을 사전에 규정하는 것으로 합리적인 의사결정을 위한 프로젝트용 정보관리시스템이다.
  ㉡ 가장 큰 효율성은 실시간 정확하게 공사정보를 공유하고 의사결정을 전자문서로 신속하게 진행할 수 있어, 협업관리체계를 지원하며 정보의 공유와 축적을 지원한다.
  ㉢ 구성하는 핵심 설계도안은 RAM(업무분장)이며 이를 통해 프로젝트에 참여하는 모든 조직 및 월간업무 현황 등을 등록하고 관리한다.
  ㉣ 최근에는 소규모 프로젝트에도 PMIS를 도입해서 관리하려는 건축주 또는 시공자가 늘어나는 추세이다.

37. 콘크리트 거푸집용 박리제 사용 시 주의사항으로 옳지 않은 것은?

① 거푸집종류에 상응하는 박리제를 선택·사용한다.
② 박리제 도포 전에 거푸집면의 청소를 철저히 한다.
③ 거푸집 뿐만 아니라 철근에도 도포하도록 한다.
④ 콘크리트 색조에 영향이 없는지를 시험한다.

[해설] 박리제
  ㉠ 콘크리트와 거푸집의 박리를 용이하게 하는 것
  ㉡ 중유, 석유, 동식물유, 아마인유, 파라핀, 합성수지 등을 사용한다.

38. 다음 중 도장공사를 위한 목부 바탕만들기 공정으로 옳지 않은 것은?

① 오염, 부착물의 제거
② 송진의 처리
③ 옹이땜
④ 바니쉬칠

[해설] 목부 바탕만들기 공정(목부 바탕처리법)
  ㉠ 오염, 부착물의 제거
  ㉡ 송진의 처리(긁어내기, 인두지짐, 휘발유 닦기)
  ㉢ 연마지 닦기(대패자국 제거 등)
  ㉣ 옹이땜(셀락니스칠)
  ㉤ 구멍땜(퍼티먹임) 및 눈메움
  ☞ 바니시(Varnish) : 고분자수지와 건성유를 가열 융합하고 건조제를 넣어 용제로 녹인 것으로 붓칠 시공이 가능하며 건조가 빠르고 광택이나 투명한 도막을 만드는 도료이다.

39. 건축용 목재의 일반적인 성질에 관한 설명으로 옳지 않은 것은?

① 섬유포화점 이하에서는 목재의 함수율이 증가함에 따라 강도는 감소한다.
② 기건상태의 목재의 함수율은 15% 정도이다.
③ 목재의 심재는 변재보다 건조에 의한 수축이 적다.
④ 섬유포화점 이상에서는 목재의 함수율이 증가함에 따라 강도는 증가한다.

[해설] 목재의 함수율

상태	함수율
섬유포화점	30%
기건재	15%
전건재	0%

※ 섬유포화점 : 목재내의 수분이 증발시 유리수가 증발한 후 세포수가 증발하는 경계점으로 섬유포화점(함수율 약 30%) 이하에서 목재의 수축·팽창 등 재질의 변화가 일어나고 섬유포화점 이상에서는 변화가 없다.

정답 36. ③ 37. ③ 38. ④ 39. ④

과년도출제문제

40. 건축공사에서 V.E(Value Engineering)의 사고방식으로 옳지 않은 것은?

① 기능분석 ② 제품위주의 사고
③ 비용절감 ④ 조직적 노력

[해설] VE(Value Engineering)의 사고방식
㉠ 고정관념 탈피
㉡ 기능 중심의 사고
㉢ 조직적 사고
㉣ 발주자, 사용자 중심의 사고
㉤ 비용절감

※ V.E(Value Engineering, 가치공학)
① 기능(Function)을 향상 또는 유지하면서 비용(Cost)을 최소화시켜 가치(Value)를 극대화시키는 것으로 최소의 비용으로 최대의 효과(기능)를 유도하는 공학
② 최저의 비용개념으로 설계, 시공, 유지관리비에 이르기까지 전 작업과정에서 원가절감을 위한 조직적인 노력이다. 즉, VE 는 원가와 기능의 상관관계를 조절하는 기술이다.

$$VE = \frac{F}{C}$$

단, F(Funtion, 기능) C(Cost, 비용)

■■■ 제3과목 건축구조

41. 다음 그림과 같이 D16철근이 90° 표준갈고리로 정착되었다면 이 갈고리의 소요정착길이(l_{hb})는 약 얼마인가?

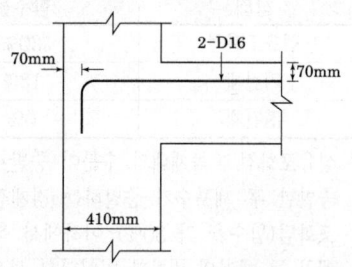

[조건]
- $l_{hb} = \dfrac{0.24\beta d_b f_y}{\lambda \sqrt{f_{ck}}}$
- 철근도막계수 : 1
- 경량콘크리트 계수 : 1
- D16의 공칭지름 : 15.9mm
- f_{ck} : 21MPa
- f_y : 400MPa

① 233mm ② 243mm
③ 253mm ④ 263mm

[해설] 철근의 정착길이(l_d)
① 해석의 발상 : 90° 갈고리가 있고 피복두께가 70mm 이상인 인장이형철근의 보정계수는 0.7 이다.
② 정착길이(l_d)=기본정착길이(l_{db})×보정계수

- 기본정착길이(l_{bd}) = $\dfrac{0.24 \cdot \beta \cdot d_b \cdot f_y}{\lambda \sqrt{f_{ck}}}$
  $= \dfrac{0.24 \times 1 \times 15.9 \times 400}{1 \times \sqrt{21}}$
  $= 333.09(\text{mm})$

- 정착길이(l_d) = l_{db} × 보정계수
  $= 333.09 \times 0.7 = 233.16(\text{mm})$

42. 연약한 지반에서 기초의 부동침하를 감소시키기 위한 상부구조에 대한 대책으로 옳지 않은 것은?

① 건물을 경량화할 것
② 강성을 크게 할 것
③ 이웃 건물과의 거리를 멀게 할 것
④ 폭이 일정한 경우 건물의 길이를 길게 할 것

[해설] 연약지반의 대책
연약지반의 상부구조는 경량화, 길이 축소, 강성 향상, 인접거리 이격, 중량분배가 필요하며 하부구조에 대해서는 경질지반까지 지지시키고 마찰말뚝을 사용하며 지하실을 설치하거나 지중보로 기초를 연결한다. 또한 지반계획에서는 강제배수, 고결, 치환 등의 조치가 필요하다.

정답 40. ② 41. ① 42. ④

43. 그림과 같은 라멘 구조물의 판별은?

① 불안정 구조물
② 안정이며, 정정구조물
③ 안정이며, 1차 부정정구조물
④ 안정이며, 2차 부정정구조물

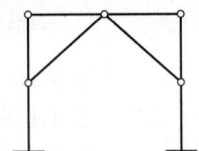

[해설] 구조물의 판별
① 해석의 발상 : 지점과 부재수에 의한 외적 판별값(N_e)과 절점과 부재의 추가에 따른 내적 판별값(N_i)을 합하여 판단
② 판별값(N)=외적 판별값(N_e)+내적 판별값(N_i)
$N=0$: 안정, 정정 $N>0$: 안정, 부정정
$N<0$: 불안정
$N_e = R-3 = 6-3 = 3$
$N_i = (1\times2)+(-1\times5) = -3$
∴ $N = 3-3 = 0$(안정, 정정)

44. 그림과 같이 양단이 회전단인 부재의 좌굴축에 대한 세장비는?

① 76.21
② 84.28
③ 94.64
④ 103.77

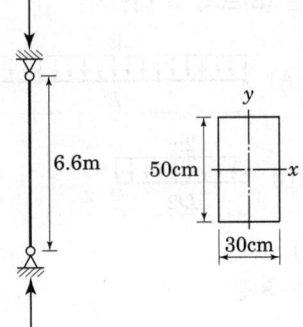

[해설] 세장비(λ)
① 해석의 발상 : 세장비(細長比)는 가늘고 긴 정도로 동일한 면적의 단면이라도 그 모양에 따라 휨모멘트에 저항할 수 있는 크기가 다르므로 좌굴길이(l_k)를 단면2차반경(i 또는 r)으로 나누어 계산한다.
② 좌굴길이 : 양단회전이므로 좌굴길이(l_k)는 실제 길이와 동일한 6.6m이다.
③ 단면2차모멘트(I) : 기둥의 세장비 계산에 사용되는 단면2차모멘트는 약축으로 계산한다. 따라서 $I = \dfrac{bh^3}{12} = \dfrac{50\times30^3}{12} = 112,500\text{cm}^4$이다.

④ 단면2차 반경(i 또는 r)
$i = \sqrt{\dfrac{I}{A}} = \sqrt{\dfrac{112,500}{50\times30}} = 8.66\text{cm}$
⑤ 세장비(λ)
$\lambda = \dfrac{l_k}{i} = \dfrac{660\text{cm}}{8.66\text{cm}} = 76.21$

45. 강구조 용접에서 용접 개시점과 종료점에 용착금속에 결함이 없도록 임시로 부착하는 것은?

① 엔드탭(End tap)
② 오버랩(Overlap)
③ 뒷댐재(Backing Strip)
④ 언더컷(Under cut)

[해설] End Tab
맞대기(맞댐) 용접 또는 필릿 용접 시 모재(용접될 부재)의 이동 방지 및 간격 유지를 위해 용접선 바깥 연장선에 임시로 부착하는 강판으로 용접의 시작부와 끝부분의 결함을 방지한다.

46. 다음 각 구조시스템에 관한 정의로 옳지 않은 것은?

① 모멘트골조방식 : 수직하중과 횡력을 보와 기둥으로 구성된 라멘골조가 저항하는 구조방식
② 연성모멘트골조방식 : 횡력에 대한 저항능력을 증가시키기 위하여 부재와 접합부의 연성을 증가시킨 모멘트골조방식
③ 이중골조방식 : 횡력의 25% 이상을 부담하는 전단벽이 연성모멘트골조와 조합되어 있는 구조방식
④ 건물골조방식 : 수직하중은 입체골조가 저항하고 지진하중은 전단벽이나 가새골조가 저항하는 구조방식

[해설] 이중골조 방식
철골구조의 이중골조 방식은 **횡력의 25% 이상을 부담하는 모멘트 연성골조**가 가새골조나 전단벽에 조합되는 방식으로서 중력하중에 대해서도 모멘트 연성골조가 모두 지지하는 구조

47. 그림과 같은 콘크리트 슬래브에서 합성보 A의 슬래브 유효폭 b_e를 구하면? (단, 그림의 단위는 mm임)

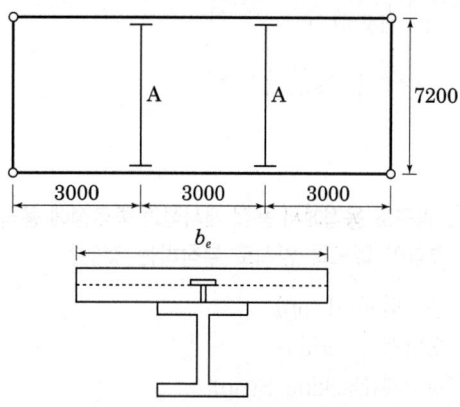

① 1,500mm ② 1,800mm
③ 2,000mm ④ 2,250mm

[해설] 철골 합성보의 유효폭
① 해석의 발상 : 철골조 합성보의 유효폭은 다음 중 작은 값으로 한다.
 • 양측슬래브 중심 거리
 • 보 경간의 1/4
② 유효폭 산정
 • 양측 슬래브 중심 거리
  $= \dfrac{3,000}{2} \times 2 = 3,000 \text{(mm)}$
 • 보 경간의 1/4 $= 7,200 \times \dfrac{1}{4} = 1,800 \text{(mm)}$

48. 그림과 같은 등변분포하중이 작용하는 단순보의 최대휨모멘트 $M_{\max}$는?

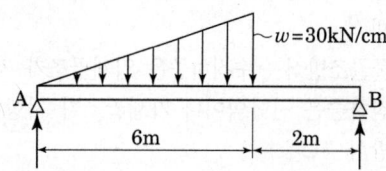

① $25\sqrt{3}$ kN·m ② $25\sqrt{2}$ kN·m
③ $90\sqrt{3}$ kN·m ④ $90\sqrt{2}$ kN·m

[해설] 최대 휨모멘트 산정
① 해석의 발상 : 최대 휨모멘트는 전단력이 (+)와 (−)의 변환점 즉, 전단력이 0인 점에서 발생한다.

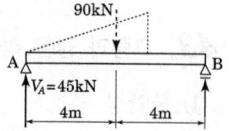

② $V_A = V_B$
 $= 90/2$
 $= 45 \text{(kN)}$

③ 전단력이 0인 위치 : A점에서 임의 거리(x)에 떨어진 곳으로 가정하여 전단력(S_x)을 구하면
 $S_x = 45 - (x \times 5x) \times 0.5 = 45 - 2.5x^2$
 전단력이 0인 곳,
 즉 $S_x = 0$를 만족하는 위치는
 $45 - 2.5x^2 = 0$
 $\therefore x = \sqrt{18} = 3\sqrt{2} \text{(m)}$

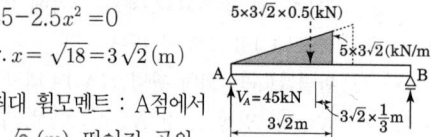

④ 최대 휨모멘트 : A점에서 $3\sqrt{2}$ (m) 떨어진 곳의 휨모멘트로
 $M_{\max} = (45 \times 3\sqrt{2}) - [\{3\sqrt{2} \times (5 \times 3\sqrt{2}) \times 0.5\} \times (3\sqrt{2} \times 1/3)] = 90\sqrt{2}$ (kN·m)

49. 보의 재질과 단면의 크기가 같을 때 (A)보의 최대처짐은 (B)보의 몇 배인가?

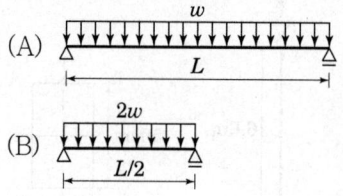

① 2배 ② 4배
③ 8배 ④ 16배

[해설] 단순보의 최대 처짐
① 해석의 발상 : 단순보가 등분포하중을 받는 경우 최대처짐$(\delta_{\max})$을 활용하여 풀이할 수 있다.
② 보의 간사이(span)와 하중의 변화에 따른 최대 처짐의 비
 $\delta_A = \dfrac{5wL^4}{384EI}$
 $\delta_B = \dfrac{5(2w)(L/2)^4}{384EI} = \dfrac{1}{384EI} \cdot \dfrac{10wL^4}{16} = \dfrac{5wL^4}{8 \times 384EI}$
 $\therefore \dfrac{\delta_A}{\delta_B} = \dfrac{\frac{5wL^4}{384EI}}{\frac{5wL^4}{8 \times 384EI}} = \dfrac{5wL^4}{384EI} \times \dfrac{8 \times 384EI}{5wL^4} = 8$ (배)

정답 47. ② 48. ④ 49. ③

50. 그림과 같은 원통단면의 핵반경은?

① $\dfrac{D+d}{6}$

② $\dfrac{D}{8}$

③ $\dfrac{D+d}{8}$

④ $\dfrac{D^2+d^2}{8D}$

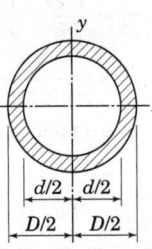

[해설] 원통 단면의 핵반경(e)

① 해석의 발상 : 핵반경은 단면계수(Z)를 단면적(A)으로 나눈 값이다.

$$A = \frac{\pi(D^2-d^2)}{4}$$

$$Z = \frac{I}{y} = \frac{\frac{\pi(D^4-d^4)}{64}}{\frac{D}{2}} = \frac{\pi(D^4-d^4)}{32D}$$

② 핵반경(e)

$$e = \frac{Z}{A} = \frac{\frac{\pi(D^4-d^4)}{32D}}{\frac{\pi(D^2-d^2)}{4}}$$

$$= \frac{4}{\pi(D^2-d^2)} \times \frac{\pi(D^4-d^4)}{32D} = \frac{D^2+d^2}{8D}$$

51. 다음 그림에서 파단선 A-B-F-C-D의 인장재 순단면적은? (단, 볼트구멍지름 d : 22mm, 인장재 두께는 6mm)

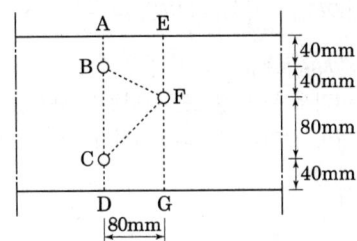

① 1,164mm² ② 1,364mm²
③ 1,564mm² ④ 1,764mm²

[해설] 인장재 순단면적(A_e)

① 해석의 발상 : 파단 예상 경로별 순단면적은 부재의 총단면적(A_g)에서 경로에 속한 모든 구멍의 단면적을 공제한 후 엇모 배치된 볼트에 대해서는 게이지와 피치를 고려하여 다시 가산하여 구한다.

② 인장재 순단면적(A_e)

$$A_e = \left\{(h - n \cdot d_0) + \Sigma\left(\frac{s^2}{4g}\right)\right\} \cdot t$$

$$= \left\{(200 - 3 \times 22) + \left(\frac{80^2}{4 \times 40} + \frac{80^2}{4 \times 80}\right)\right\} \times 6$$

$$= 1,164(\text{mm}^2)$$

52. 그림과 같은 독립기초에 N = 480kN, M = 96kN·m가 작용할 때 기초저면에 발생하는 최대 지반반력은?

① 15kN/m²
② 150kN/m²
③ 20kN/m²
④ 200kN/m²

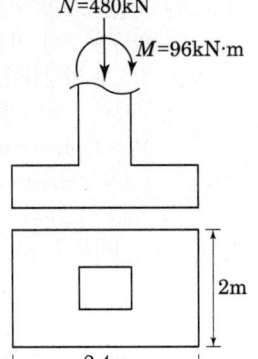

[해설] 기초의 최대지반 반력(Q_{max})

① 해석의 발상 : 지반 반력은 기초에서 전달되는 최대 접지압(최대 응력)에 해당하는 만큼의 반력이 필요하다.

② 기초의 최대 응력(δ_{max})

$$\delta_{max} = \frac{N}{A} + \frac{M}{Z} = \frac{480}{2 \times 2.4} + \frac{96}{\frac{2 \times 2.4^2}{6}}$$

$$= 150(\text{kN/m}^2)$$

$$Q_{max} = \delta_{max} = 150\text{kN/m}^2$$

53. 그림과 같은 트러스에서 a부재의 부재력은 얼마인가?

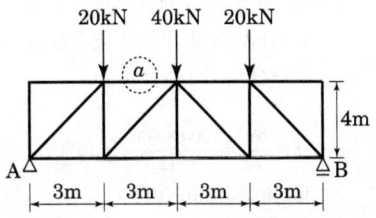

① 20kN(인장) ② 30kN(압축)
③ 40kN(인장) ④ 60kN(압축)

[해설] 트러스 부재력(N_a)
① 해석의 발상 : 상현재의 부재력을 구하는 문제이므로 절단법의 모멘트 평형 조건을 이용하는 것이 좋다.
② 절단법의 모멘트 평형조건
- 지점반력(V_A) : 대칭구조물에 대칭 하중이 작용되었으므로 양단 지점의 반력은 총하중 80kN의 1/2인 40kN이다.
- 부재 절단 : a부재를 포함하여 트러스를 수직으로 절단한 후 절단된 부재의 연장선을 긋고 인장력을 표시한다.(아래 그림 참조)
- 모멘트 평형 기준점 : 사재(b)와 하현재(c)가 만나는 점이 기준점이 되어야 한다. 이점을 O점으로 가정한다.
- 부재력 산정(모멘트 평형): $\Sigma M_O = 0$에서
$V_A \times 3 + a \times 4 = 0$
40kN×3m+a×4m=0
∴a=-120/4=-30(kN)이며 (-)는 압축재를 의미한다.

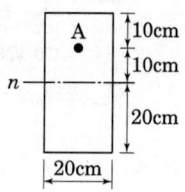

54. 그림과 같은 단면에 전단력 40kN이 작용할 때 A점에서의 전단응력은?

① 0.28MPa
② 0.56MPa
③ 0.84MPa
④ 1.12MPa

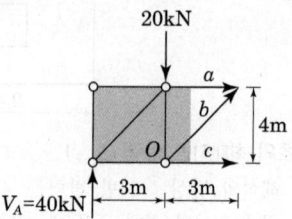

[해설] 부재의 전단응력(τ_A)
① 해석의 발상 : 부재의 임의 점에서 전단응력(τ_x)은 다음 식에 의하여 산정할 수 있다.
$$\tau_x = \frac{V \cdot Q}{I \cdot b}$$
$I = \frac{bh^3}{12} = \frac{200 \times 400^3}{12} (mm^4)$
$V = 40kN = 40 \times 10^3 (N)$
$b = 200 (mm)$
$Q = (200 \times 100) \times (100 + 50) = 3 \times 10^6 (mm^3)$

② A점의 전단응력(τ_A)
$$\tau_A = \frac{V \cdot Q}{I \cdot b} = \frac{1}{I} \cdot \frac{1}{b} \cdot V \cdot Q$$
$= \frac{12}{200 \times 400^3} \cdot \frac{1}{200} (40 \times 10^3)(3 \times 10^6)$
$= 0.56 (N/mm^2) = 0.56 MPa$

55. 그림과 같이 O점에 모멘트가 작용할 때 OB부재와 OC부재에 분배되는 모멘트가 같게 하려면 OC부재의 길이를 얼마로 해야 하는가?

① 2/3m
② 3/2m
③ 9/4m
④ 3m

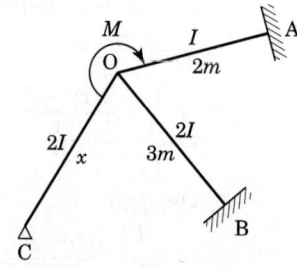

[해설] 분배모멘트(M_x)
① 해석의 발상 : 분배모멘트가 동일하기 위해서는 분배율(DF)이 동일하여야 한다.(단, 분배율은 부재의 유효강비를 전 부재의 유효강비의 합으로 나눈 값이다)
② 분배모멘트가 동일하기 위해서는 OB부재의 분배율(DF_{OB})과 OC부재의 분배율(DF_{OC})이 동일하여야 하므로
$\left(DF_{OB} = \frac{k_{OB}}{\Sigma_k}\right) = \left(DF_{OC} = \frac{k_{OC}}{\Sigma_k}\right) \rightarrow$
$\therefore k_{OB} = k_{OC}$
여기서 부재 강도는 단면2차모멘트를 길이로 나눈 값이다. 단 회전지점의 강도는 고정지점의 $\frac{3}{4}$이다.
$k_{OB} = \frac{2I}{3}$
$k_{OC} = \left(\frac{2I}{x}\right)\left(\frac{3}{4}\right) = \frac{6I}{4x}$
$\therefore k_{OB} = k_{OC} \rightarrow \frac{2I}{3} = \frac{6I}{4x} \rightarrow \therefore x = \frac{9}{4}(m)$

정답 54. ② 55. ③

56. 다음 그림과 같은 필릿용접부의 유효 면적은?

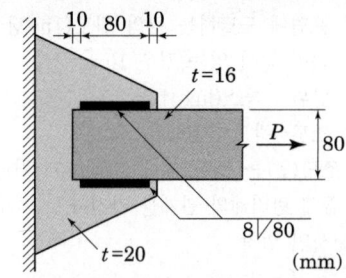

① 614.4mm²
② 691.2mm²
③ 716.8mm²
④ 806.4mm²

[해설] 필릿 용접의 유효 단면적(A_w)
① 해석의 발상 : 그림과 같은 용접부의 유효단면적은 용접의 유효 길이(l_e)와 목두께(a)의 곱이다.
($A_w = l_e \cdot a$)
$l_e = l - 2s = 80 - (2 \times 8) = 64 (mm)$
$a = 0.7s = 0.7 \times 8 = 5.6 (mm)$
② 용접의 유효단면적
$A_w = (64 \times 5.6) \times 2 = 716.8 (mm^2)$
(∵ 양면 모살용접)

57. 강도설계법에서 철근콘크리트 부재 중 콘크리트의 공칭전단강도(V_c)가 40kN, 전단철근에 의한 공칭전단강도(V_s)가 20kN일 때, 이 부재의 설계전단강도(ϕV_n)는? (단, 강도감소계수는 0.75 적용)

① 60kN
② 58kN
③ 52kN
④ 45kN

[해설] 설계전단강도(V_d)
① 해석의 발상 : 설계전단강도는 공칭전단강도(V_n)와 강도감소계수(ϕ)의 곱이다.
$V_n = V_c + V_s = 40 + 20 = 60 (kN)$
$\phi = 0.75$ (전단부재의 강도감소계수)
② 설계전단강도(V_d)
$V_d = \phi V_n = 0.75 \times 60 = 45 (kN)$

58. 지진계에 기록된 진폭을 진원의 깊이와 진앙까지의 거리 등을 고려하여 지수로 나타낸 것으로 장소에 관계없는 절대적 개념의 지진크기를 말하는 것은?

① 규모
② 진도
③ 진원시
④ 지진동

[해설] 지진의 규모
지진의 크기를 나타내는 척도는 절대적 개념의 '규모'와 상대적 개념의 '진도'가 사용되고 있다. 규모란 지진 자체의 크기를 측정하는 단위로 1935년 이 개념을 처음 도입한 미국의 지질학자 리히터(C. Richter)의 이름을 따서 '리히터 스케일(Richter scale)' 또는 '리히터 규모(Richter magnitude)' 라고도 한다.

59. 철근 콘크리트 단순보에서 순간탄성처짐이 0.9mm이었다면 1년 뒤 이 부재의 총 처짐량을 구하면? (단, 시간경과계수 $\xi = 1.4$, 압축철근비 $\rho' = 0.01071$)

① 1.52mm
② 1.72mm
③ 1.92mm
④ 2.12mm

[해설] 부재 총 처짐
① 해석의 발상 : 부재의 총 처짐은 하중에 의한 탄성처짐(δ)과 크리프와 같은 장기처짐을 합하여 구한다.
탄성처짐(δ) = 0.9mm
장기처짐=탄성처짐(δ)×장기처짐 증가율(λ_Δ)
(단, $\lambda_\Delta = \dfrac{\xi}{1 + 50\rho'}$)
② 총 처짐
총 처짐=탄성처짐+장기처짐
$= 0.9 + \left(0.9 \times \dfrac{1.4}{1 + 50 \times 0.01071}\right)$
$= 1.72 (mm)$

60. 철근콘크리트 압축부재의 철근량 제한 조건에 따라 사각형이나 원형 띠철근으로 둘러싸인 경우 압축부재의 축방향 주철근의 최소 개수는 얼마인가?

① 2개
② 3개
③ 4개
④ 6개

정답 56. ③ 57. ④ 58. ① 59. ② 60. ③

[해설] 기둥 최소 주근 개수
기둥의 최소 주근의 개수는 띠철근을 사용하는 직사각형 단면과 원형 단면에서는 4개 이상, 나선철근을 사용하는 원형단면 또는 기타 단면의 경우 6개 이상을 사용하여야 한다.

■■■ 제4과목 건축설비

61. 다음과 같은 조건에서 2000명을 수용하는 극장의 실온을 20℃로 유지하기 위한 필요 환기량은?

[조건]
- 외기온도 : 10℃
- 1인당 발열량(현열) : 60W
- 공기의 정압비열 : 1.01kJ/kg·K
- 공기의 밀도 : 1.2kg/m³
- 전등 및 기타 부하는 무시한다.

① 11,110m³/h ② 21,222m³/h
③ 30,444m³/h ④ 35,644m³/h

[해설] 발열량에 의한 환기량 계산

$Q = \dfrac{H_s}{Cp \times \rho \times (t_i - t_0)}$ 에서

먼저, 발열량(H_s) = 2,000 × 60W × 3.6kJ/h
= 432,000kJ/h

※ 1W = 1J/s = 3,600J/h = 3.6kJ/h

∴ $Q = \dfrac{H_s}{Cp \times \rho \times (t_i - t_0)}$

$= \dfrac{432,000 \text{kJ/h}}{1.01 \text{kJ/kg·K} \times 1.2 \text{kg/m}^3 \times (20-10)\text{K}}$

= 35,644m³/h

62. 광원으로부터 일정거리 떨어진 수조면의 조도에 관한 설명으로 옳지 않은 것은?

① 광원의 광도에 비례한다.
② cos θ (입사각)에 비례한다.
③ 거리의 제곱에 반비례한다.
④ 측정점의 반사율에 반비례한다.

[해설] 조도
① 거리 역제곱의 법칙
  ㉠ 표면에 도달하는 광의 밀도(1m²당 1lm의 광속이 들어 있는 경우 1lux)
  ㉡ 단위 : 룩스(lux, lx)
  ㉢ 조도=광도/(거리)²
    조도(E)는 광도(I)에 비례하고 거리(d)의 제곱에 반비례의 관계를 가진다.
② 코사인 법칙
  $E = \dfrac{I}{d^2} \cdot \cos\theta$
  조도(E)는 광도(I)에 비례하고 거리(d)의 제곱에 반비례하며 $\cos\theta$(입사각)에 비례한다.

63. 화재안전기준에 따라 소화기구를 설치하여야 하는 특정소방대상물의 연면적 기준은?

① 10m² 이상 ② 25m² 이상
③ 33m² 이상 ④ 50m² 이상

[해설] 소화기구를 설치하여야 할 특정소방대상물 [화재예방·소방시설 설치유지 및 안전관리에 관한 법률]
① 수동식소화기 또는 간이소화용구를 설치하여야 하는 것
  ㉠ 연면적 33m² 이상인 것
  ㉡ ㉠에 해당하지 아니하는 시설로서 지정문화재 및 가스시설
  ㉢ 터널
② 주거용 자동소화장치를 설치하여야 하는 것 : 아파트 및 30층 이상 오피스텔의 전층
[비고] 노유자시설의 경우에는 투척용소화용구 등을 법 화재안전기준에 따라 산정된 소화기 수량의 1/2 이상으로 설치할 수 있다.

64. 다음과 같은 공식을 통해 산출되는 값으로 전기설비가 어느 정도 유효하게 사용되는가를 나타내는 것은?

$$\dfrac{\text{부하의 평균전력}}{\text{최대수용전력}} \times 100 [\%]$$

① 부하율 ② 보상률
③ 부등률 ④ 수용률

정답 61. ④ 62. ④ 63. ③ 64. ①

[해설] 부하율 = $\frac{평균수용전력}{최대수용전력} \times 100(\%)$ ⇒ 1보다 작다.

※ 부하율: 전기설비가 얼마나 유효하게 사용되었는가를 나타내며 어떤 기간 중의 평균 수용 전력[kW]과 그 기간 중의 최대 수용전력[kW]과의 비로 표시

☞ 부하율이 크다: 전력변동이 작고, 설비 이용률이 많다.

65. 음의 세기가 10^{-9}W/m²일 때 음의 세기 레벨은? (단, 기준음의 세기 $I_o = 10^{-12}$W/m² 이다.)

① 3dB
② 30dB
③ 0.3dB
④ 0.03dB

[해설] $IL = 10\log\frac{I}{I_o} = 10\log\frac{10^{-9}}{10^{-12}} = 10\log 10^3 = 30$dB

※ $I_o = 10^{-12}$는 불변(음의 세기레벨에서 기준치는 10^{-12}[W/m²]이다.)

66. 급탕설비 중 개별식 급탕방식에 관한 설명으로 옳지 않은 것은?

① 배관길이가 길어 배관 중의 열손실이 크다.
② 건물 완공 후에도 급탕 개소의 증설이 비교적 쉽다.
③ 급탕개소마다 가열기의 설치 스페이스가 필요하다.
④ 용도에 따라 필요한 개소에서 필요한 온도의 탕을 비교적 간단하게 얻을 수 있다.

[해설] 개별식(국소식) 급탕방식
㉠ 배관설비 거리가 짧고, 배관 중의 열손실이 적다.
㉡ 수시로 더운 물을 사용할 수 있으며, 고온의 물을 필요시 쉽게 얻을 수 있다.
㉢ 급탕 개소가 적을 경우 시설비가 싸게 든다.
㉣ 주택 등에서는 난방 겸용의 온수보일러를 이용할 수 있다.
㉤ 급탕 개소마다 가열기의 설치공간이 필요하다.
㉥ 주택, 중소 여관, 작은 사무실 등 급탕 개소가 적은 건축물에 적합하다.
☞ 개별식 급탕법은 중앙식 급탕법에 비해 유지관리는 용이하며, 배관설비 거리가 짧아 배관 중의 열손실이 적다.

67. 플러시 밸브식 대변기에 관한 설명으로 옳은 것은?

① 대변기의 연속사용이 가능하다.
② 급수관경과 급수압력에 제한이 없다.
③ 우리나라에서는 일반 주택을 중심으로 널리 채용되고 있다.
④ 탱크에 저장된 물의 낙차에 의한 수압으로 대변기를 세척하는 방식이다.

[해설] 세정밸브식(플러시밸브식)은 대변기의 연속사용이 가능하나 소음이 크고, 단시간에 다량의 물이 필요하며, 최저 필요 수압 0.07MPa(70kPa) 이상 확보할 수 있는 경우에 사용 가능하다. 일반 가정용으로는 사용이 곤란하다.

※ 세정밸브형 대변기에는 급수오염(크로스 커넥션, cross connection)을 방지하기 위하여 진공방지기(vacuum breaker), 토수구 등을 설치하여 역사이펀 작용을 방지한다.

68. 공기조화방식 중 2중덕트방식에 관한 설명으로 옳지 않은 것은?

① 전공기방식에 속한다.
② 냉·온풍의 혼합으로 인한 혼합손실이 있어 에너지 소비량이 많다.
③ 단일덕트방식에 비해 덕트 샤프트 및 덕트 스페이스를 크게 차지한다.
④ 부하특성이 다른 여러 개의 실이나 존이 있는 건물에는 적용할 수 없다.

[해설] 2중덕트방식
전공기방식에 속하며, 냉풍과 온풍을 각각 별개의 덕트를 통해 각 실이나 존으로 송풍하고, 냉·난방 부하에 따라 냉풍과 온풍을 혼합상자에서 혼합하여 취출시키는 공기조화방식이다.
㉠ 혼합상자에서 소음과 진동이 생긴다.
㉡ 덕트가 2개의 계통이므로 설비비가 많이 든다.
㉢ 냉·온풍의 혼합손실이 있어서 에너지 다소비형이다.
㉣ 부하특성이 다른 다수의 실이나 존에도 적용할 수 있다.

정답 65. ② 66. ① 67. ① 68. ④

69. 다음과 같은 특징을 갖는 간선 배선 방식은?

- 사고 발생 때 타부하에 파급효과를 최소한으로 억제할 수 있어 다른 부하에 영향을 미치지 않는다.
- 경제적이지 못하다.

① 평행식 ② 나뭇가지식
③ 네트워크식 ④ 나뭇가지 평행 병용식

[해설] 간선의 배선방식
① 나뭇가지식 (수지상식)
  ㉠ 한 개의 간선이 각각의 분전반을 거치며 부하가 감소되므로 굵기도 감소된다.
  ㉡ 전압강하가 크다.(각 분전반 별로 동일 전압을 유지할 수 없다.)
  ㉢ 경제적이나 1개소의 사고가 전체에 영향을 미치므로 신뢰도가 낮다.
  ㉣ 주택 등의 소규모 건물의 배선방식으로 적합하다.
② 평행식(개별식)
  ㉠ 각 분전반 마다 배전반으로부터 단독으로 배선되어 전압강하가 평균화된다.
  ㉡ 사고 발생시 범위를 줄일 수 있다.(사고의 영향을 최소화)
  ㉢ 배선혼잡의 우려는 있으나 대규모 건물에 적합하다.(비경제적)
③ 병용식
  ㉠ 부하의 중심 부근에 분전반을 설치한다.
  ㉡ 분전반에서 각 부하에 배선하는 방식으로 가장 많이 사용한다.

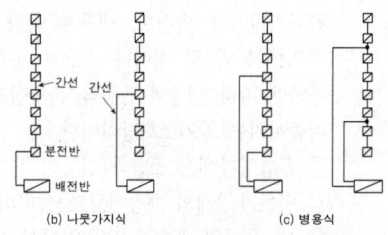

[그림] 간선의 배선방식

70. 압축식 냉동기의 냉동사이클로 옳은 것은?

① 압축 → 응축 → 팽창 → 증발
② 압축 → 팽창 → 응축 → 증발
③ 응축 → 증발 → 팽창 → 압축
④ 팽창 → 증발 → 응축 → 압축

[해설] 냉동기의 냉동사이클

구 분	구성 요소
압축식 냉동기	압축기 - 응축기 - 팽창밸브 - 증발기
흡수식 냉동기	증발기 - 흡수기 - 발생기(재생기) - 응축기

71. 온수난방과 비교한 증기난방의 설명으로 옳은 것은?

① 예열시간이 길다.
② 한랭지에서 동결의 우려가 있다.
③ 부하변동에 따른 방열량 제어가 용이하다.
④ 열매온도가 높으므로 방열기의 방열면적이 작아진다.

[해설] 증기난방(steam heating)
  증기의 잠열을 이용한 난방방식으로 사무소, 백화점, 학교, 극장, 일반공장 등에 이용한다.
① 장점
  ㉠ 증발 잠열을 이용하므로 열의 운반능력이 크다.
  ㉡ 예열시간이 온수난방에 비해 짧고 증기의 순환이 빠르다.
  ㉢ 방열면적은 온수난방보다 작게 할 수 있으며, 관경이 가늘어도 된다.
  ㉣ 설비비와 유지비가 싸다.
② 단점
  ㉠ 방열기의 표면온도가 높아 난방의 쾌감도가 낮다.
  ㉡ 난방부하의 변동에 따라 방열량 조절이 곤란하다.
  ㉢ 소음이 많이 난다.(steam hammering)
  ㉣ 보일러 취급에 기술을 요한다.

정답 69. ① 70. ① 71. ④

72. 바닥면적이 50[m²]인 사무실이 있다. 32[W] 형광등 20개를 균등하게 배치할 때 사무실의 평균 조도는? (단, 형광등 1개의 광속은 3,300[lm], 조명율은 0.5, 보수율은 0.76 이다.)

① 약 350[lx]   ② 약 400[lx]
③ 약 450[lx]   ④ 약 500[lx]

[해설] $F = \dfrac{A \cdot E \cdot D}{N \cdot U}$ 에서 $E = \dfrac{F \cdot N \cdot U}{A \cdot D}$

여기서, F : 광원 1개당 광속(3,300lm)
N : 광원 개수 U : 조명율(0.5)
A : 방의 면적(50m²)
E : 평균조도(lx) D : 감광보상율
M : 유지율(보수율)

따라서, $E = \dfrac{3,300 \times 20 \times 0.5}{50 \times \dfrac{1}{0.76}} = 500[\text{lx}]$

※ 감광보상율(D) = $\dfrac{1}{\text{보수율}} = \dfrac{1}{0.76} = 66$

73. 배수트랩에서 봉수깊이에 관한 설명으로 옳지 않은 것은?

① 봉수깊이는 50~100mm로 하는 것이 보통이다.
② 봉수깊이가 너무 낮으면 봉수를 손실하기 쉽다.
③ 봉수깊이를 너무 깊게 하면 통수능력이 감소된다.
④ 봉수깊이를 너무 깊게 하면 유수의 저항이 감소된다.

[해설] 트랩(trap)
㉠ 배수관 내에서 발생한 유해가스가 실내에 침입하는 것을 방지하는 것이 트랩이다.
㉡ 트랩의 봉수깊이는 5~10cm로 하는 것이 보통이다. 5cm 이하면 봉수를 완전하게 유지할 수 없으며, 따라서 트랩으로서의 역할을 다하지 못하게 된다. 또 봉수 깊이를 너무 깊게 하면 유수의 저항이 증대하여 통수 능력이 감소되므로 트랩 통수로의 세척력이 약해져 트랩 밑에 침전물이 쌓여 트랩이 막히는 원인이 된다.
㉢ 트랩의 봉수파괴 원인에는 자기사이편 작용, 유인사이편작용(흡출작용), 분출작용(역압에 의한 작용), 모세관 작용, 증발, 물의 운동량에 의한 관성 등이 있다.

74. 카(car)가 최상층이나 최하층에서 정상 운행 위치를 벗어나 그 이상으로 운행하는 것을 방지하는 엘리베이터 안전장치는?

① 완충기   ② 가이드 레일
③ 리미트 스위치   ④ 카운터 웨이트

[해설] 리미트 스위치(Limit Switch) : 카(Car)가 최상층이나 최하층에서 정상 운행 위치를 벗어나 그 이상으로 운행하는 것을 방지하는 엘리베이터 안전장치
※ 도어스위치, 과부하계전기, 파이널 리미트 스위치는 전기적 안전장치에 해당되고, 완충기는 물리적 안전장치에 해당된다.
※ 완충기(buffer)는 전기적 안전장치들이 작동할 수 없는 속도 이외의 경우에 낙하하는 엘리베이터의 속도를 감속시켜 주는 물리적 안전장치에 해당된다.

75. 전기설비에서 경질 비닐관 공사에 관한 설명으로 옳은 것은?

① 절연성과 내식성이 강하다.
② 자성체이며 금속관보다 시공이 어렵다.
③ 온도 변화에 따라 기계적 강도가 변하지 않는다.
④ 부식성 가스가 발생하는 곳에는 사용할 수 없다.

[해설] 합성수지관 배선공사(경질비닐관 배선공사)
㉠ 열적 영향이나 기계적 외상을 받기 쉽다.
㉡ 관 자체가 절연체이므로 감전의 우려가 없으며, 내식성이 강하고 시공이 용이하다.
㉢ 화학공장, 연구실의 배선 등에 적합하다.
㉣ 옥내의 점검할 수 없는 은폐 장소에도 사용이 가능하다.

76. 변전실에 관한 설명으로 옳지 않은 것은?

① 부하의 중심에 설치한다.
② 외부로부터 전력의 수전이 용이해야 한다.
③ 발전기실과 가능한 한 거리를 두고 설치한다.
④ 간선의 배선과 점검·유지보수가 용이한 장소에 설치한다.

정답 72. ④ 73. ④ 74. ③ 75. ① 76. ③

[해설] 변전실의 위치
 ㉠ 수전에 편리하고 배전하기 쉬운 장소일 것
 ㉡ 가능한 부하의 중심에 가깝고 배전에 편리한 장소일 것
 ㉢ 외부로부터의 전원인입이 쉬운 곳일 것
 ㉣ 기기의 반입·반출이 용이할 것
 ㉤ 고온·고습이 되지 않는 장소이고 환기가 잘되는 장소일 것
 ㉥ 천정 높이가 충분할 것
  • 고압 : 보 아래 3.6m 이상(천정에 배관, 덕트 통할시 : 3.0m 이상)
  • 특고압 : 보 아래 4.5m 이상(폐쇄형 : 3.6m 이상)
 ㉦ 기타 전기설비기기와 인접한 장소일 것
 ※ 부하와 설비 위치
  모든 설비장치는 가능한 한 부하의 중심에 가까운 곳에 두므로 축전실과 발전기실은 가까이 둔다.
  예) 보일러실, 변전실, 예비전원설비(발전기실, 축전지실), 분전반, 파이프 샤프트, 전화교환실 등

77. 환기에 관한 설명으로 옳지 않은 것은?

① 화장실은 송풍기(급기팬)와 배풍기(배기팬)를 설치하는 것이 일반적이다.
② 기밀성이 높은 주택의 경우 잦은 기계환기를 통해 실내공기의 오염을 낮추는 것이 바람직하다.
③ 병원의 수술실은 오염공기가 실내로 들어오는 것을 방지하기 위해 실내압력을 주변공간보다 높게 설정한다.
④ 공기의 오염농도가 높은 도로에 면해 있는 건물의 경우, 공기조화설비 계통의 외기도입구를 가급적 높은 위치에 설치한다.

[해설] 제3종 환기(흡출식)
 ㉠ 자연송풍+강제배풍
 ㉡ 실내의 압력이 부압(−), 실내의 냄새나 유해물질을 다른 실로 흘려보내지 않는다.
 ㉢ 주방, 화장실, 유해가스 발생장소에 사용한다.

78. 액화천연가스(LNG)에 관한 설명으로 옳지 않은 것은?

① 메탄이 주성분이다.
② 무공해, 무독성이다.
③ 비중이 공기보다 크다.
④ 일반적으로 배관을 통해 공급한다.

[해설] LN가스(액화천연가스 : Liquefied Natural Gas)
 ㉠ 메탄(CH_4)을 주성분으로 하는 천연가스를 냉각하여(1기압하에서 −162℃) 액화시킨 것이다.
 ㉡ 공기보다 가벼워 누설이 된다 해도 공기 중에 흡수되기 때문에 안전성이 높은 것이 장점이다.
 ㉢ 반드시 대규모 저장시설을 갖추어 배관을 통해서 공급해야 하는 단점이 있다.
 ㉣ LN가스는 현재 연료로 사용되고 있는 가스 중에서 발열량(45,000kJ/m^3)이 높고 무공해성이어서 연료용으로는 대단히 우수하다.

79. 다음 중 지역난방에 적용하기에 가장 적합한 보일러는?

① 수관보일러   ② 관류보일러
③ 입형보일러   ④ 주철제보일러

[해설] 수관식 보일러
 ㉠ 드럼과 드럼 간에 여러 개의 수관을 연결하고, 관내에 흐르는 물을 가열하므로 온수 및 증기를 발생시킨다.
 ㉡ 예열시간이 짧고, 열효율이 좋으며 보유수량이 적다.
 ㉢ 증기발생이 빠르고 대용량이다.
 ㉣ 고가이며 수처리가 복잡하다.
 ㉤ 사용압력(1.0MPa 이상)이 연관식보다 높고, 부하변동에 대한 추종성이 높다.
 ㉥ 용도 : 대형건물 또는 병원이나 호텔 등, 지역난방용

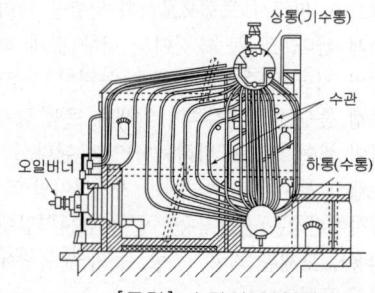

[그림] 수관식 보일러

정답 77. ① 78. ③ 79. ①

80. 다음 중 급탕설비에서 온수 순환 펌프로 주로 이용되는 것은?

① 사류 펌프 ② 원심식 펌프
③ 왕복식 펌프 ④ 회전식 펌프

[해설] 원심식 펌프
원심펌프는 회전차(impeller)를 고속 회전시킬 때 작용하는 원심력에 의해서 유체를 이송하는 펌프이다. 양정을 높이기 위해서는 다단펌프를 사용한다.
㉠ 터보형 펌프의 일종이다.
㉡ 유체가 회전차의 반경류 방향으로 흐른다.
㉢ 건축설비분야의 급수, 급탕, 배수 등에 주로 이용된다.
㉣ 원심식 펌프에는 볼류트 펌프, 터빈 펌프, 보어홀 펌프 등이 있다.
※ 건축설비 분야에서는 원심(와권)식 펌프(볼류트 펌프, 터빈 펌프, 보어홀 펌프 등)가 주로 사용된다. 터빈펌프는 날개의 바깥쪽에 가이드 베인(guide vane)을 설치하여 고양정에 사용한다.

[그림] 온수순환펌프

■■■■ 제5과목 건축관계법규

81. 건축물의 관람실 또는 집회실로부터 바깥쪽으로의 출구로 쓰이는 문을 안여닫이로 해서는 안 되는 건축물은?

① 위락시설
② 수련시설
③ 문화 및 집회시설 중 전시장
④ 문화 및 집회시설 중 동·식물원

[해설] 문화 및 집회 시설 등의 출구방향
문화 및 집회 시설(전시장 및 동·식물원 제외), 300m² 이상인 공연장·종교집회장, 종교시설, 위락시설, 장례식장의 용도에 쓰이는 건축물의 관람실 또는 집회실로부터 밖으로의 출구에 쓰이는 문은 안여닫이로 해서는 안 된다.(밖여닫이)

82. 다음은 대지의 조경에 관한 기준 내용이다. ( ) 안에 알맞은 것은?

> 면적이 ( ) 이상인 대지에 건축을 하는 건축주는 용도지역 및 건축물의 규모에 따라 해당 지방자치단체의 조례로 정하는 기준에 따라 대지에 조경이나 그 밖에 필요한 조치를 하여야 한다.

① 100m² ② 200m²
③ 300m² ④ 500m²

[해설] 대지 안의 조경대상
면적이 200m² 이상인 대지에 건축을 하는 건축주는 용도지역 및 건축물의 규모에 따라 해당 지방자치단체의 조례로 정하는 기준에 따라 대지에 조경이나 그 밖에 필요한 조치를 하여야 한다.

83. 노외주차장에 설치하는 부대시설의 총면적은 주차장 총시설면적의 최대 얼마를 초과 하여서는 아니 되는가?

① 5% ② 10%
③ 20% ④ 30%

[해설] 노외주차장에 설치할 수 있는 부대시설
㉠ 부대시설은 다음과 같다. 단, 총면적이 주차장 총시설면적의 20% 이하이어야 한다.
• 관리사무소, 휴게소, 공중화장실
• 간이매점, 자동차의 장식품 판매점, 전기자동차 충전시설, 주유소
• 기타 노외주차장의 관리, 운영상 필요한 편의시설 등
• 특별자치도·시·군 또는 구(자치구를 말함)의 조례가 정하는 이용자 편의시설

정답 80. ② 81. ① 82. ② 83. ③

ⓒ 도로·광장·공원 등의 지하에 설치하거나 공용의 청사·하천 등의 지상에 설치하는 노외주차장의 부대시설의 종류 및 면적비율은 조례로 따로 정할 수 있다.

84. 노외주차장에 설치하여야 하는 차로의 최소 너비가 가장 작은 주차형식은? (단, 출입구가 2개 이상이며, 이륜자동차전용 외의 노외주차장의 경우)

① 평행주차
② 교차주차
③ 직각주차
④ 45도 대향주차

[해설] 노외주차장 내 차로(車路)의 설치
ⓐ 주차부분의 장·단변 중 1변 이상이 차로에 접하도록 한다.
ⓑ 차로의 폭은 주차형식에 따라 다음 표의 기준 이상으로 한다.

주 차 형 식	차로의 폭	
	출입구가 2개 이상인 경우	출입구가 1개인 경우
평 행 주 차	3.3m	5.0m
직 각 주 차	6.0m	6.0m
60° 대향주차	4.5m	5.5m
45° 대향주차	3.5m	5.0m
교 차 주 차	3.5m	5.0m

※ 평행주차방식은 주차면적이 가장 많이 소요되지만, 주차폭이 좁을 때 쓰이는 방식이다.
※ 출입구의 개수와 상관없이 차로의 너비가 일정한 주차방식 직각주차방식

85. 국토교통부령으로 정하는 바에 따라 방화구조로 하거나 불연재료로 하여야 하는 목조 건축물의 최소 연면적 기준은?

① 500m² 이상
② 1,000m² 이상
③ 1,500m² 이상
④ 2,000m² 이상

[해설] 연면적 1,000m² 이상인 목조 건축물은 외벽 및 처마 밑의 연소 우려가 있는 부분은 방화구조로 하거나 지붕은 불연재료로 하여야 한다.

86. 거실의 반자 설치와 관련된 기준 내용 중, ( ) 안에 들어갈 수 있는 건축물의 용도는?

( )의 용도에 쓰이는 건축물의 관람실 또는 집회실로서 그 바닥면적이 200제곱미터 이상인 것의 반자의 높이는 4미터(노대의 아랫부분의 높이는 2.7미터)이상이어야 한다. 다만, 기계환기장치를 설치하는 경우에는 그렇지 않다.

① 장례식장
② 교육 및 연구시설
③ 문화 및 집회시설 중 동물원
④ 문화 및 집회시설 중 전시장

[해설] 거실의 반자높이

거실의 종류	반자높이	예외 규정
① 일반용도의 거실	2.1m 이상	공장, 창고시설, 위험물저장 및 처리시설, 동물 및 식물 관련시설, 자원순환관련시설, 묘지관련시설
② 문화 및 집회시설 (전시장 및 동·식물원 제외), 장례식장, 유흥주점의 용도에 쓰이는 건축물의 관람실 또는 집회실로서 바닥면적이 200m² 이상인 것	4m 이상	기계환기장치를 설치한 경우
③ '②'의 노대 아래 부분	2.7m 이상	

87. 건축물의 건축 시 허가 대상 건축물이라 하더라도 미리 특별자치시장·특별자치도지사 또는 시장·군수·구청장에게 국토교통부령으로 정하는 바에 따라 신고를 하면 건축허가를 받은 것으로 보는 소규모 건축물의 연면적 기준은?

① 연면적의 합계가 100m² 이하인 건축물
② 연면적의 합계가 150m² 이하인 건축물
③ 연면적의 합계가 200m² 이하인 건축물
④ 연면적의 합계가 300m² 이하인 건축물

정답 84. ① 85. ② 86. ① 87. ①

해설 신고대상 행위

허가 대상 건축물이라 하더라도 다음에 해당하는 경우에는 미리 특별자치시장·특별자치도지사 또는 시장·군수·구청장에게 국토교통부령으로 정하는 바에 따라 신고를 하면 건축허가를 받은 것으로 본다.

㉠ 바닥면적의 합계가 85m² 이내의 증축·개축 또는 재축(3층 이상 건축물인 경우에는 증축·개축 또는 재축하려는 부분의 바닥면적의 합계가 건축물 연면적의 1/10 이내인 경우로 한정)
㉡ 국토의 계획 및 이용에 관한 법률에 따른 관리지역, 농림지역 또는 자연환경보전지역에서 연면적이 200m² 미만이고 3층 미만인 건축물의 건축(단, 지구단위계획구역의 건축과 방재지구와 붕괴위험지역의 건축은 제외)
㉢ 연면적이 200m² 미만이고 3층 미만인 건축물의 대수선
㉣ 주요구조부의 해체가 없는 대수선
㉤ 기타 소규모 건축물
 • 연면적의 합계가 100m² 이하인 건축물
 • 건축물의 높이를 3m 이하의 범위에서 증축하는 건축물
 • 표준설계도서에 따라 건축하는 건축물로서 그 용도 및 규모가 주위환경이나 미관에 지장이 없다고 인정하여 건축조례로 정하는 건축물
 • 국토의 계획 및 이용에 관한 법률에 따른 공업지역, 지구단위계획구역(산업·유통형만 해당) 및 산업입지 및 개발에 관한 법률에 따른 산업단지에서 건축하는 2층 이하인 건축물로서 연면적 합계 500m² 이하인 공장
 • 농업이나 수산업을 경영하기 위하여 읍·면지역(특별자치시장·특별자치도지사·시장·군수가 지역계획 또는 도시계획에 지장이 있다고 지정·공고한 구역은 제외)에서 건축하는 다음의 건축물

건축물	규모
창고	연면적 200m² 이하
축사·작물재배사, 종묘배양시설, 화초 및 분재 등의 온실	연면적 400m² 이하

88. 광역도시계획의 수립권자 기준에 대한 내용으로 틀린 것은?

① 광역계획권이 같은 도의 관할 구역에 속하여 있는 경우, 관할 시장 또는 군수가 공동으로 수립한다.
② 국가계획과 관련된 광역도시계획의 수립이 필요한 경우 국토교통부장관이 수립한다.
③ 광역계획권을 지정한 날로부터 2년이 지날 때까지 관할 시장 또는 군수로부터 광역도시계획의 승인 신청이 없는 경우 국토교통부장관이 수립한다.
④ 광역계획권이 둘 이상의 시·도의 관할 구역에 걸쳐 있는 경우, 관할 시·도지사가 공동으로 수립한다.

해설 광역계획권을 지정한 날로부터 3년이 지날 때까지 관할 시장 또는 군수로부터 광역도시계획의 승인 신청이 없는 경우 관할 도지사가 수립한다.

89. 지구단위계획 중 관계 행정기관의 장과의 협의, 국토교통부장관과의 협의 및 중앙도시계획위원회·지방도시계획위원회 또는 공동위원회의 심의를 거치지 않고 변경할 수 있는 사항에 관한 기준 내용으로 옳은 것은?

① 건축선의 2m 이내의 변경인 경우
② 획지면적의 30% 이내의 변경인 경우
③ 가구면적의 20% 이내의 변경인 경우
④ 건축물 높이의 30% 이내의 변경인 경우

해설 지구단위계획 중 관계 행정기관의 장과의 협의, 국토교통부장관과의 협의 및 중앙도시계획위원회·지방도시계획위원회 또는 공동위원회의 심의를 거치지 아니하고 변경할 수 있다.
㉠ 가구면적 10% 이내의 변경
㉡ 건축물 높이 20% 이내의 변경
㉢ 획지면적 30% 이내의 변경
㉣ 건축선의 1m 이내의 변경

정답 88. ③ 89. ②

과년도 출제문제

2021. 1회 건축기사

90. 공동주택과 오피스텔의 난방설비를 개별난방방식으로 하는 경우에 관한 기준 내용으로 틀린 것은?

① 보일러의 연도는 내화구조로서 공동연도로 설치할 것
② 보일러실의 윗부분에는 그 면적이 0.5m² 이상인 환기창을 설치할 것
③ 오피스텔의 경우에는 난방구획을 방화구획으로 구획할 것
④ 보일러는 거실 외의 곳에 설치하되, 보일러를 설치하는 곳과 거실 사이의 경계벽은 출입구를 제외하고는 방화구조의 벽으로 구획할 것

[해설] 개별난방설비 등 (설비규칙 제13조)
공동주택과 오피스텔의 난방설비를 개별난방방식으로 하는 경우에는 다음의 기준에 적합하여야 한다.

구 분	기 준
① 보일러 설치위치	・거실 외의 곳에 설치 ・보일러실과 거실 사이의 경계벽은 내화구조의 벽으로 구획(출입구 제외)
② 보일러실의 환기	・윗부분에 0.5m² 이상의 환기창 설치 ・지름 10cm 이상의 공기흡입구 및 배기구를 항상 열려진 상태로 외기와 접하도록 설치(단, 전기보일러 경우는 제외)
③ 기름 저장소	・기름보일러의 기름저장소는 보일러실 외에 설치할 것
④ 오피스텔의 난방구획	・방화구획으로 구획할 것
⑤ 보일러실의 연도	・내화구조로서 공동연도로 설치할 것
⑥ 가스보일러	・보일러실과 거실 사이 출입구는 출입구가 닫힌 경우 가스가 거실에 들어갈 수 없는 구조일 것 ・중앙집중공급방식으로 공급하는 경우에는 ①의 규정에도 불구하고 관계법령이 정하는 기준에 의함

91. 대형건축물의 건축허가 사전승인신청 시 제출도서의 종류 중 설계설명서에 표시하여야 할 사항이 아닌 것은?

① 공사금액
② 개략공정계획
③ 교통처리계획
④ 각부 구조계획

[해설] 사전승인신청시의 제출도서(규칙 [별표3])

구분	분야	도서의 종류
건축계획서	건축	가. 설계설명서 나. 구조계획서 다. 지질조사서 라. 시방서
기본설계 도서	건축	가. 투시도 또는 투시도 사진 나. 평면도(주요층, 기준층) 다. 2면 이상의 입면도 라. 2면 이상의 단면도 마. 내외마감표 바. 주차장 평면도
	설비	가. 건축설비도 나. 소방설비도 다. 상·하수도 계통도
	기타	필요한 도면

※ 설계설명서에 표시하여야 할 사항
- 공사개요 : 위치·대지면적·공사기간·공사금액 등
- 사전조사사항 : 지반고·기후·동결심도·수용인원·상하수와 주변지역을 포함한 지질 및 지형, 인구, 교통, 지역, 지구, 토지이용현황, 시설물현황 등
- 건축계획 : 배치·평면·입면계획·동선계획·개략 조경계획·주차계획 및 교통처리계획 등
- 시공방법
- 개략 공정계획
- 주요 설비계획
- 주요 자재사용계획
- 기타 필요한 사항

92. 주거에 쓰이는 바닥면적의 합계가 200제곱미터인 주거용 건축물에 설치하는 음용수용 급수관의 최소 지름 기준은?

① 25mm
② 32mm
③ 40mm
④ 50mm

정답 90. ④ 91. ④ 92. ①

[해설] 주거용 건축물 급수관의 지름 기준

가구 또는 세대수	1	2~3	4~5	6~8	9~16	17 이상
급수관 최소지름	15	20	25	32	40	50

※ 가구수나 세대수가 불분명한 경우 주거에 쓰이는 바닥면적의 합계에 따라 가구수를 산정
① 바닥면적 85m² 이하 : 1가구
② 바닥면적 85m² 초과, 150m² 이하 : 3가구
③ 바닥면적 150m² 초과, 300m² 이하 : 5가구
④ 바닥면적 300m² 초과, 500m² 이하 : 16가구
⑤ 바닥면적 500m² 초과 : 17가구

93. 건축법령상 건축물의 대지에 공개 공지 또는 공개 공간을 확보하여야 하는 대상 건축물에 해당하지 않는 것은? (단, 해당 용도로 쓰는 바닥면적의 합계가 5,000m² 인 건축물의 경우로, 건축조례로 정하는 다중이 이용하는 시설의 경우는 고려하지 않는다.)

① 종교시설   ② 업무시설
③ 숙박시설   ④ 교육연구시설

[해설] 공개공지 등의 확보대상
① 대상건축물
  ㉠ 연면적의 합계가 5,000m² 이상인 문화 및 집회시설, 종교시설, 판매시설(농수산물 유통시설 제외), 운수시설(여객용시설만 해당), 업무시설, 숙박시설
  ㉡ 기타 다중이 이용하는 시설로서 건축조례가 정하는 건축물
② 대상지역
  ㉠ 일반주거지역, 준주거지역
  ㉡ 상업지역
  ㉢ 준공업지역
  ㉣ 특별자치시장·특별자치도지사 또는 시장·군수·구청장이 도시화의 가능성이 크다고 인정하여 지정, 공고하는 지역

94. 국토의 계획 및 이용에 관한 법령상 건폐율의 최대 한도가 가장 높은 용도지역은?

① 준주거지역   ② 생산관리지역
③ 중심상업지역   ④ 전용공업지역

[해설] 건폐율

용도지역 구분		건폐율의 최대한도	지역의 세분	건폐율의 세분
도시 지역	상업 지역	90%	• 중심상업지역	90/100
			• 유통상업지역	80/100
			• 일반상업지역	80/100
			• 근린상업지역	70/100
	주거 지역	70%	• 준주거지역	70/100
			• 일반주거지역 제1·2종	60/100
			• 일반주거지역 제3종	50/100
			• 전용주거지역 (제1·2종)	50/100
	공업 지역	70%	• 전용공업지역 • 일반공업지역 • 준공업지역	70/100
	녹지 지역	20%	• 보전녹지지역 • 생산녹지지역 • 자연녹지지역	

95. 중고층주택을 중심으로 편리한 주거환경을 조성하기 위하여 지정하는 용도지역은?

① 제1종 일반주거지역
② 제2종 일반주거지역
③ 제3종 일반주거지역
④ 제4종 일반주거지역

[해설] 주거지역

전용주거 지역	제1종	단독주택중심의 양호한 주거환경을 보호
	제2종	공동주택중심의 양호한 주거환경을 보호
일반주거 지역	제1종	저층주택을 중심으로 편리한 주거환경을 조성
	제2종	중층주택을 중심으로 편리한 주거환경을 조성
	제3종	중고층주택을 중심으로 편리한 주거환경을 조성
준주거지역		주거기능을 위주로 이를 지원하는 일부 상업·업무기능을 보완

정답 93. ④ 94. ③ 95. ③

과년도출제문제

96. 대지의 분할 제한과 관련한 아래 내용에서, 밑줄 친 부분에 해당하는 규모 기준이 틀린 것은?

> 건축물이 있는 대지는 <u>대통령령으로 정하는 범위</u>에서 해당 지방자치단체의 조례로 정하는 면적에 못 미치게 분할할 수 없다.

① 주거지역 : 60m² 이상
② 상업지역 : 100m² 이상
③ 공업지역 : 150m² 이상
④ 녹지지역 : 200m² 이상

[해설] 지역별 대지의 분할 제한
건축물이 있는 대지는 다음의 범위 안에서 해당 지방자치단체 조례가 정하는 면적에 미달되게 분할 할 수 없다.

구분	최소분할면적
① 주거지역	60m² 이상
② 상업지역	150m² 이상
③ 공업지역	
④ 녹지지역	200m² 이상
⑤ 상기 ①~④에 해당하지 않는 지역	60m² 이상

97. 일조 등의 확보를 위한 건축물의 높이 제한 기준 중, ㉠과 ㉡에 해당하는 내용이 옳은 것은?

> 전용주거지역이나 일반주거지역에서 건축물을 건축하는 경우에는 건축물의 각 부분을 정북(正北)방향으로의 인접 대지경계선으로부터 다음 각 호의 범위에서 건축조례로 정하는 거리 이상을 띄어 건축하여야 한다.
> 1. 높이 10미터 이하인 부분: 인접 대지경계선으로부터 (㉠) 이상
> 2. 높이 10미터를 초과하는 부분: 인접 대지경계선으로부터 해당 건축물 각 부분 높이의 (㉡) 이상

① ㉠ 1m
② ㉠ 1.5m
③ ㉡ 3분의 1
④ ㉡ 3분의 2

[해설] 전용주거지역·일반주거지역 안에서 인접대지경계선으로부터 정북방향으로 띄우는 거리
전용주거지역 또는 일반주거지역 안에서 건축물을 건축하는 경우에는 건축물의 각 부분을 정북방향으로의 인접대지경계선으로부터 다음의 범위 안에서 건축조례가 정하는 거리 이상을 띄어 건축하여야 한다.
㉠ 높이 10m 이하인 부분 : 인접대지경계선으로부터 1.5m 이상
㉡ 높이 10m를 초과하는 건축물 : 인접대지경계선으로부터 해당 건축물의 각 부분 높이의 1/2 이상

98. 건축물 관련 건축기준의 허용오차 범위 기준이 2% 이내가 아닌 것은?

① 출구너비
② 반자높이
③ 평면길이
④ 벽체두께

[해설] 건축허용오차

0.5% 이내	1% 이내	2% 이내	3% 이내
건폐율	용적률	높이 출구너비 반자높이 평면길이	후퇴거리 인동거리 벽체두께 바닥판두께

99. 다음 중 승용승강기를 가장 많이 설치해야 하는 건축물의 용도는? (단, 6층 이상의 거실면적의 합계가 10000m²이며, 8인승 승강기를 설치하는 경우)

① 의료시설
② 위락시설
③ 숙박시설
④ 공동주택

[해설] 승용승강기 설치대수(강〉약 순서)
문화 및 집회시설(공연장·집회장·관람장), 판매시설(도매시장·소매시장·상점), 의료시설 〉문화 및 집회시설(전시장, 동·식물원), 업무시설, 숙박시설, 위락시설 〉공동주택, 교육연구시설, 노유자시설, 기타 시설
※ 승용승강기의 설치대수를 가장 많이 하여야 하는 용도
• 문화 및 집회시설(공연장·관람장·집회장)
• 판매시설(도매시장·소매시장·상점)
• 의료시설(병원·격리병원)

정답 96. ② 97. ② 98. ④ 99. ①

100. 비상용승강기 승강장의 바닥면적은 비상용 승강기 1대에 대하여 최소 얼마 이상으로 하여야 하는가? (단, 옥내 승강장인 경우)

① $3m^2$
② $4m^2$
③ $5m^2$
④ $6m^2$

[해설] 비상용승강기 승강장의 바닥면적은 비상용승강기 1대에 대하여 $6m^2$ 이상으로 할 것
[예외] 옥외에 승강장을 설치하는 경우

정답 100. ④

과년도출제문제

2021. 2회 건축기사

■■■ 제1과목 건축계획

1. 주택의 부엌 작업대 배치유형 중 ㄷ자형에 관한 설명으로 옳은 것은?

① 두 벽면을 따라 작업이 전개되는 전통적인 형태이다.
② 평면계획상 외부로 통하는 출입구의 설치가 곤란하다.
③ 작업동선이 길고 조리면적은 좁지만 다수의 인원이 함께 작업할 수 있다.
④ 가장 간결하고 기본적인 설계형태로 길이가 4.5m 이상이 되면 동선이 비효율적이다.

[해설] ㄷ자형(U자형)
양측벽면을 이용하므로 수납공간을 넓게 잡을 수 있으며, 이용하기에도 아주 편리하다. 작업동선이 짧고 부엌의 면적을 줄일 수 있는 이점이 있으나 평면계획상 외부로 통하는 출입구의 설치가 곤란하다. 가장 동선 효율이 좋은 형태로 면적이 다소 넓은 부엌이나 음식점의 주방에 적합한 형태이다.

2. 호텔에 관한 설명으로 옳지 않은 것은?

① 커머셜 호텔은 일반적으로 고밀도의 고층형이다.
② 터미널 호텔에는 공항 호텔, 부두 호텔, 철도역 호텔 등이 있다.
③ 리조트 호텔의 건축 형식은 주변 조건에 따라 자유롭게 이루어진다.
④ 레지던셜 호텔은 여행자의 장기간 체재에 적합한 호텔로서, 각 객실에는 주방 설비를 갖추고 있다.

[해설] 레지덴셜 호텔(residential hotel)은 상업상 여행자나 관광객 등이 단기 체재하는 호텔로서, 커머셜 호텔보다 규모가 작고 설비는 고급이며, 도심을 약간 피하여 조금 안정된 곳에 위치하며, 식사료에 비중을 둔 호텔이다.

3. 다음 설명에 알맞은 공장건축의 레이아웃(layout) 형식은?

- 생산에 필요한 모든 공정, 기계기구를 제품의 흐름에 따라 배치한다.
- 대량생산에 유리하며 생산성이 높다.

① 혼성식 레이아웃
② 고정식 레이아웃
③ 제품중심의 레이아웃
④ 공정중심의 레이아웃

[해설] 제품중심의 레이아웃(연속작업식)
① 생산에 필요한모든 공정, 기계 기구를 제품의 흐름에 따라 배치하는 방식
② 장치공업(석유, 시멘트), 가전제품 조립 공장 등
③ 특징
  ㉠ 대량 생산에 유리하고, 생산성이 높다.
  ㉡ 공정간의 시간적, 수량적 균형을 이룰 수 있고, 상품의 연속성이 유지된다.

4. 주심포 형식에 관한 설명으로 옳지 않은 것은?

① 공포를 기둥 위에만 배열한 형식이다.
② 장혀는 긴 것을 사용하고 평방이 사용된다.
③ 봉정사 극락전, 수덕사 대웅전 등에서 볼 수 있다.
④ 맞배지붕이 대부분이며 천장을 특별히 가설하지 않아 서까래가 노출되어 보인다.

[해설] 주심포계 양식
  ㉠ 고려시대 건물이 주류를 이룬다.
  ㉡ 기둥 상부에만 공포(주두, 첨차, 소로)를 배치한 것으로 소로는 비교적 자유롭게 배치된다.
  ㉢ 출목은 2출목 이하이고 대부분 연등천장 구조로 되어 있다.
  ㉣ 우리나라 공포양식 중 가장 오래된 것이다.
  ㉤ 대표적인 건물로는 봉정사 극락전, 부석사 무량수전, 강릉 객사문, 수덕사 대웅전, 관음사 원통전이 있다.

정답 1. ② 2. ④ 3. ③ 4. ②

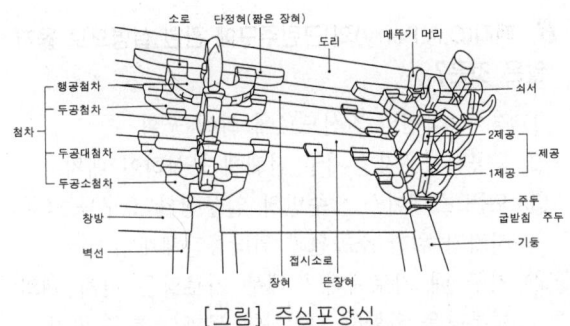

[그림] 주심포양식

※ 다포계 양식
㉠ 창방 위에 평방을 놓고 그 위에 주두와 첨차, 소로들로 구성되는 공포를 짜는 식
㉡ 고려 말에 나타나서 조선시대에 널리 사용되었으며, 화려한 형태이다.
- 창방 : 외부기둥의 기둥머리를 연결하는 부재로 사용되었다.
- 평방 : 창방 위의 가로부재로 다포식 양식의 건물에만 사용되었다.

5. 다음 설명에 알맞은 사무소 건축의 코어 유형은?

- 코어를 업무공간에서 분리시킨 관계로 업무공간의 융통성이 높은 유형이다.
- 설비 덕트나 배관을 코어로부터 업무공간으로 연결하는데 제약이 많다.

① 외코어형
② 편단코어형
③ 양단코어형
④ 중앙코어형

해설 사무소 건축의 코어(core) 종류
㉠ 편심 코어형(편단 코어형) : 기준층 바닥면적이 적은 경우에 적합하며 너무 고층인 경우는 구조상 좋지 않다. 바닥면적이 커지면 코어 이외에 피난시설, 설비 샤프트 등이 필요해진다.
㉡ 중심 코어형(중앙 코어형) : 코어와 일체로 한 내진구조가 가능한 유형으로 바닥면적이 클 경우 적합하며 특히 고층, 초고층에 적합하다. 유효율이 높아 임대사무실로서 가장 경제적인 계획을 할 수 있다. 내부공간과 외관이 획일적으로 되기 쉽다.
㉢ 독립 코어형(외 코어형) : 자유로운 사무실 공간을 코어와 관계없이 마련할 수 있다. 각종 설비 duct, 배관 등의 길이가 길어지며 제약이 많다. 방재상 불리하고 바닥면적이 커지면 피난시설을 포함한 서브 코어(sub core)가 필요하며, 내진구조에는 불리하다.
㉣ 양단 코어형(분리 코어형) : 한 개의 대공간을 필요로 하는 전용 사무실에 적합하다. 2방향 피난에 이상적이며 방재상 유리하다.

6. 건축계획단계에서의 조사방법에 관한 설명으로 옳지 않은 것은?

① 설문조사를 통하여 생활과 공간간의 대응관계를 규명하는 것은 생활행동 행위의 관찰에 해당된다.
② 이용 상황이 명확하게 기록되어 있는 시설의 자료 등을 활용하는 것은 기존자료를 통한 조사에 해당된다.
③ 건물의 이용자를 대상으로 설문을 작성하여 조사하는 방식은 생활과 공간의 대응관계 분석에 유효하다.
④ 주거단지에서 어린이들의 행동특성을 조사하기 위해서는 생활행동 행위 관찰 방식이 일반적으로 적절하다.

해설 인간의 행태나 행위에 대해서는 면담이나 설문조사 기법보다 관찰법을 사용하는 것이 더욱 정확한 정보를 얻을 수 있다. 구두 표현 능력이 없는 아동을 대상으로 하는 경우에는 관찰이 유일한 수단이 된다.

과년도출제문제

2021. 2회 건축기사

7. 학교운용방식에 관한 설명으로 옳지 않은 것은?

① 종합교실형은 교실의 이용률이 높지만 순수율은 낮다.
② 일반교실 및 특별교실형은 우리나라 중학교에서 주로 사용되는 방식이다.
③ 교과교실형에서는 모든 교실이 특정교과를 위해 만들어지고, 일반교실이 없다.
④ 플라톤형은 학년과 학급을 없애고 학생들은 각자의 능력에 따라 교과를 선택하고 일정한 교과가 끝나면 졸업을 한다.

[해설] **플라톤형(P형)**
전학급을 2분단으로 나누고, 한편이 일반교실을 사용할 때 다른 한편은 특별교실을 이용한다. 일반교실에 있는 동안은 이동하지 않는다. 분단 교체는 점심시간을 이용하도록 시간을 짜는 것이 좋다.
㉠ 장점 : E형 정도로 이용률을 높이면서도 이동을 정리할 수 있다. 교과 담임제와 학급 담임제를 병용할 수 있다.
㉡ 단점 : 교사의 수가 부족하거나 적당한 시설이 없으면 설치하지 못한다. 시간 배당을 하는 데 상당한 노력이 필요하다.
※ 미국의 초등학교에서 과밀을 해결하기 위해 실시한 것이다. 발생적으로는 분단은 둘이지만 기타의 경우도 플라톤형이라고 부르는 경우도 있다.

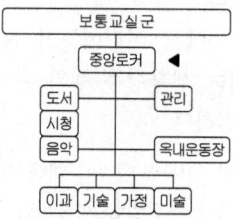

[그림] 플래툰형(P형)

8. 페리(C.A.Perry)의 근린주구에 관한 설명으로 옳지 않은 것은?

① 경계 : 4면의 간선도로에 의해 구획
② 공공시설용지 : 지구 전체에 분산하여 배치
③ 오픈 스페이스 : 주민의 일상생활 요구를 충족시키기 위한 소공원과 위락공간체계
④ 지구 내 가로체계 : 내부 가로망은 단지 내의 교통량을 원활히 처리하고 통과 교통을 방지

[해설] C. A. Perry의 근린단위 방식
㉠ 규모(size) : 초등학교 하나를 필요로 하는 인구에 대응하는 규모
㉡ 경계(boundary) : 통과 교통이 내부를 관통하지 않고 용이하게 우회할 수 있는 충분한 넓이와 간선 도로에 의해 구획되어야 한다.
㉢ 공지(open space) : 소공원 및 레크레이션 공간의 체계가 적절히 통합하여야 한다. 근린공원 등 녹지면적을 전체 주구면적의 10% 이상으로 한다.
㉣ 공동 건축 용지(institution) : 학교나 공공 건축용지는 중심 위치에 적절히 통합
㉤ 근린 점포(shopping district) : 주구 내 인구에 적합한 1~2개소 이상의 상업지구가 설치되고, 위치는 주구 주위 교통의 결절점이나 인접하는 지구의 점포에 인접해서 배치되어야 한다.
㉥ 지구 내 가로체계(interior streets) : 폭은 좁고 구불구불한 Cul-De-Sacs한 길로 처리하고, 통과 교통에 사용되지 않도록 계획되어야 한다.
☞ 페리(C. A. Perry)의 근린주구이론에서 근린주구의 중심이 되는 시설은 초등학교이다.

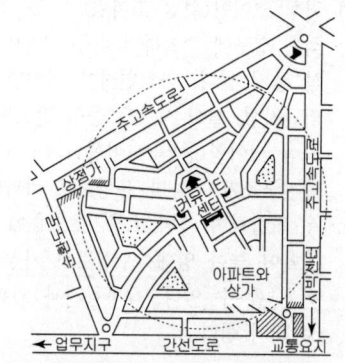

[그림] 페리에 의한 근린주구 모델

정답 7. ④ 8. ②

9. 다음 중 백화점의 기둥간격 결정 요소와 가장 거리가 먼 것은?

① 매장의 연면적
② 진열장의 배치방법
③ 지하주차장의 주차방식
④ 에스컬레이터의 배치방법

해설 백화점의 기둥간격 결정요소
㉠ 진열대 치수와 배치 방법(진열장 배치의 변경 고려시 : 장방형보다 정방형이 유리)
㉡ 엘리베이터, 에스컬레이터의 배치(엘리베이터, 에스컬레이터 등의 크기, 개수, 설치 유무)
㉢ 매장의 통로의 크기
㉣ 지하주차장의 수용 능력(지하주차장의 주차방식과 주차폭)
㉤ 건축물의 적용 구조체

10. 고딕양식의 건축물에 속하지 않는 것은?

① 아미앵 성당   ② 노트르담 성당
③ 샤르트르 성당   ④ 성 베드로 성당

해설 고딕 건축의 특징
㉠ 수직선을 의장의 주요소로 하여 하늘을 지향하는 종교적 신념과 그 사상을 합리적으로 반영시켜서 교회건축 양식을 완성하였다.
㉡ 수평 방향으로 통일되고 연속적인 공간을 만들었다.
㉢ 석재를 자유자재로 사용하였다.
㉣ 첨두형 아치(Pointed Arch)와 첨두형 볼트(Point Arch), 플라잉 버트레스(Flying Buttress)가 주로 사용되었다.
㉤ 대표작으로는 샤르트르 성당, 노트르담 성당, 아미앵 성당, 랭스 성당, 쾰른 성당, 밀라노 성당 등이 있다.

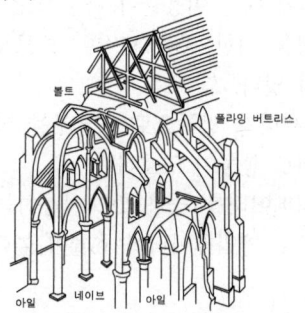

[그림] 고딕성당의 구조

※ 르네상스(Renaissance) 건축
대표적인 건축물 중에는 로마에 위치한 성 베드로 대성당(미켈란젤로), 이탈리아 피렌체 대성당이 있으며, 대표적인 궁(Palazzo)으로는 메디치 궁, 피티 궁, 파르네제 궁, 루첼라이 궁 등이 있다.

11. 도서관 건축 계획에서 장래에 증축을 반드시 고려해야 할 부분은?

① 서고   ② 대출실
③ 사무실   ④ 휴게실

해설 도서관 서고 계획시 고려사항
㉠ 서고는 도서의 수장, 보존에 적합하고 방화, 방습, 유해 가스 제거에 중점을 두며 공조설비를 갖춘다.
㉡ 적은 면적에 가급적 많은 수의 도서를 수장할 수 있도록 한다.
㉢ 도서 증가에 따른 장래의 확장을 고려한다.
㉣ 서고의 천장고는 2.3m 전후로 하며 열람실과 별도로 층고 계획을 세운다.
㉤ 서고실은 모듈러 플래닝(modular planning)에 의해서 위치를 고정하지 않도록 한다.
※ 도서 보존을 위해 어두운 편이 좋고 인공조명과 기계환기로 방진, 방온, 방습과 함께 세균의 침입을 막는다.

12. 병원건축형식 중 분관식(Pavillion type)에 관한 설명으로 옳은 것은?

① 대지가 협소할 경우 주로 적용된다.
② 보행길이가 짧아져 관리가 용이하다.
③ 각 병실의 일조, 통풍 환경을 균일하게 할 수 있다.
④ 급수, 난방 등의 배관 길이가 짧아져 설비비가 적게 된다.

과년도 출제문제

해설 병원의 건축형식
① 분관식(pavilion type)
평면 분산식으로 각 건물은 3층 이하의 저층 건물이며 외래부, 부속 진료부, 병동을 각각 별동으로 하여 분산시키고 복도로 연결시키는 방법으로서 치료와 의사 본위의 병원 형식이다. 각 과별 전용 시설, 진료 시설, 사무실 등이 확보되어야 한다.
㉠ 각 병실을 남향으로 할 수 있어 일조, 통풍 조건이 좋아진다.
㉡ 넓은 대지가 필요하며 설비가 분산적이고 보행 거리가 멀어진다.
㉢ 내부 환자는 주로 경사로를 이용한 보행 또는 들것으로 운반한다.
② 집중식(block type)
외래부, 부속 진료부, 병동을 합쳐서 한 건물로 하고, 특히 병동은 고층으로 하여 환자를 운송하는 방법이다. 현대 대병원 건축은 이 방식으로 건축된다.
㉠ 고층화가 가능해서 도시 지역에 적합하다.
㉡ 관리가 편리하고 설비 등의 시설비가 적게 든다.
㉢ 의료, 간호, 급식, 등의 서비스가 원활하다.
㉣ 일조, 통풍 등의 조건이 불리해지며, 각 병실의 환경이 균일하지 못하다.

13. 단독주택의 리빙 다이닝 키친에 관한 설명으로 옳지 않은 것은?

① 공간의 이용율이 높다.
② 소규모 주택에 주로 사용된다.
③ 주부의 동선이 짧아 노동력이 절감된다.
④ 거실과 식당이 분리되어 각 실의 분위기 조성이 용이하다.

해설 리빙키친(living kitchen, LDK형)의 특징
거실, 식사실, 부엌을 겸용한 것
㉠ 주부의 가사 노동의 경감(주부의 동선단축)
㉡ 통로가 절약되어 바닥 면적의 이용률이 높다. (소주택에 적당)
㉢ 부엌의 통풍·채광이 우수하다.(위생적이다.)

14. 사무소 건축의 실단위 계획에 있어서 개방식 배치에 관한 설명으로 옳지 않은 것은?

① 독립성과 쾌적감 확보에 유리하다.
② 공사비가 개실시스템보다 저렴하다.
③ 방의 길이나 깊이에 변화를 줄 수 있다.
④ 전면적을 유효하게 이용할 수 있어 공간 절약상 유리하다.

해설 개방식 배치(open system)
개방된 큰 방으로 설계하고 중역들을 위해 작은 분리된 방을 두는 방법
㉠ 전면적을 유용하게 이용할 수 있어 공간이 절약된다.
㉡ 칸막이벽이 없어서 개실 배치방법보다 공사비가 싸다.
㉢ 방의 길이나 깊이에 변화를 줄 수 있다.
㉣ 소음이 들리고 독립성이 떨어진다.
㉤ 자연 채광에 인공조명이 필요하다.
※ 개방식 배치의 사무공간은 업무의 성격이나 직급별로 책상을 배치하는 형태로서 이동형의 칸막이나 가구로 공간을 구획한다.

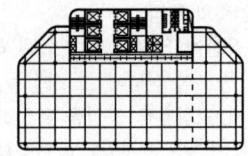

[그림] 개방식 배치

15. 아파트의 평면형식 중 계단실형에 관한 설명으로 옳은 것은?

① 대지에 대한 이용률이 가장 높은 유형이다.
② 통행을 위한 공용 면적이 크므로 건물의 이용도가 낮다.
③ 각 세대가 양쪽으로 개구부를 계획할 수 있는 관계로 통풍이 양호하다.
④ 엘리베이터를 공용으로 사용하는 세대수가 많으므로 엘리베이터의 효율이 높다.

정답 13. ④ 14. ① 15. ③

[해설] 계단실형(홀형, hall system)
계단실이나 엘리베이터 홀로부터 직접 단위 주호로 들어가는 형식
① 장점
  ㉠ 주호내의 주거성과 독립성(privacy)이 좋다.
  ㉡ 동선이 짧으므로 출입이 편하다.
  ㉢ 통행부의 면적이 적으므로 건물의 이용도가 높고, 전용면적비가 높아 경제적으로 유리하다.
  ㉣ 각 단위 주거가 자연 조건 등에 균등한 방향으로 배치되어 일조, 통풍 등이 유리하다.
② 단점
  고층 아파트일 경우 각 계단실마다 엘리베이터를 설치해야 하므로 시설비가 많이 들며, 엘리베이터의 이용률이 낮아 비경제적이다.

16. 르네상스 건축에 관한 설명으로 옳은 것은?

① 건축 비례와 미적 대칭 등을 중시하였다.
② 첨탑과 플라잉 버트레스가 처음 도입되었다.
③ 펜덴티브 돔이 창안되어 실내 공간의 자유도가 높아졌다.
④ 강렬한 극적효과를 추구하며 관찰자의 주관적 감흥을 중시하였다.

[해설] 르네상스(Renaissance) 건축의 특징
㉠ 르네상스란 다시 태어난다는 의미로 건축분야에서는 로마 건축을 기본으로 한 건축으로 15세기 초 이탈리아에서 발생되어 15, 16세기에 걸쳐 이탈리아를 중심으로 유럽에서 전개된 고전주의적 경향의 건축양식이다.
㉡ 로마양식의 영향을 많이 받았으며, 인본주의적 사조에 입각하였고, 근대건축의 근원이 되었다.
㉢ 고딕건축의 수직적인 요소를 탈피하고 수평적인 요소를 강조하였다.
㉣ 비례와 미적 대칭 등을 중시하였다.
㉤ 르네상스(Renaissance) 건축은 주로 석재, 벽돌, 콘크리트 등을 주재료로 이용하였고, 돔(dome)을 사용하여 골조 구조를 내외로 마감하는 이중 구조로 시공 하였다.
㉥ 대표적인 건축물 중에는 로마에 위치한 성 베드로대성당(미켈란젤로)이다.
㉦ 대표적인 궁(Palazzo)으로는 메디치 궁, 피티 궁, 파르네제 궁, 루첼라이 궁 등이 있다.

17. 미술관 전시실의 전시기법에 관한 설명으로 옳지 않은 것은?

① 하모니카 전시는 동일 종류의 전시물을 반복하여 전시할 경우에 유리하다.
② 아일랜드 전시는 실물을 직접 전시할 수 없는 경우 영상매체를 사용하여 전시하는 방법이다.
③ 파노라마 전시는 연속적인 주제를 연관성 있게 표현하기 위해 선형의 파노라마로 연출하는 전시기법이다.
④ 디오라마 전시는 하나의 사실 또는 주제의 시간 상황을 고정시켜 연출하는 것으로 현장에 임한 느낌을 주는 기법이다.

[해설] 특수전시기법

전시기법	특징
디오라마 전시	'하나의 사실' 또는 '주제의 시간 상황을 고정'시켜 연출하는 것으로 현장에 임한 듯한 느낌을 가지고 관찰할 수 있는 전시기법
파노라마 전시	벽면전시와 입체물이 병행되는 것이 일반적인 유형으로 넓은 시야의 실경(實景)을 보는 듯한 감각을 주는 전시기법
아일랜드 전시	벽이나 천정을 직접 이용하지 않고 전시물 또는 장치를 배치함으로써 전시공간을 만들어내는 기법으로 대형전시물이나 소형전시물인 경우에 유리하다.
하모니카 전시	전시평면이 하모니카 흡입구처럼 동일한 공간으로 연속되어 배치되는 전시기법으로 동일 종류의 전시물을 반복 전시할 때 유리하다.
영상 전시	영상매체는 현물을 직접 전시할 수 없는 경우나 오브제 전시만의 한계를 극복하기 위하여 사용한다.

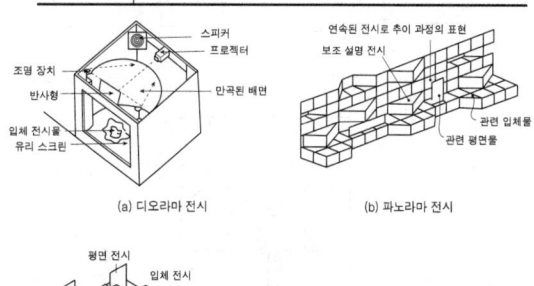
(a) 디오라마 전시   (b) 파노라마 전시

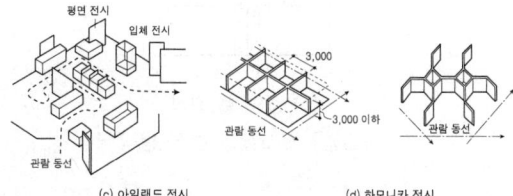
(c) 아일랜드 전시   (d) 하모니카 전시

[그림] 특수전시기법

18. 미술관의 전시실 순회형식에 관한 설명으로 옳지 않은 것은?

① 갤러리 및 코리더 형식에서는 복도 자체도 전시공간으로 이용이 가능하다.
② 중앙홀 형식에서 중앙홀이 크면 동선의 혼란은 많으나 장래의 확장에는 유리하다.
③ 연속순회 형식은 전시 중에 하나의 실을 폐쇄하면 동선이 단절된다는 단점이 있다.
④ 갤러리 및 코리더 형식은 복도에서 각 전시실에 직접 출입할 수 있으며 필요시에 자유로이 독립적으로 폐쇄할 수가 있다.

[해설] 중앙홀 형식
중심부에 하나의 큰 홀을 두고 그 주위에 각 전시실을 배치하여 자유로이 출입하는 형식이다.
㉠ 과거에 많이 사용한 평면으로 중앙 홀에 높은 천장을 설치하여 고창(高窓)으로부터 채광하는 방식이 많았다.
㉡ 대지의 이용률이 높은 지점에 건립할 수 있으며, 중앙 홀이 크면 동선의 혼란은 없으나 장래의 확장에 많은 무리가 따른다.
  예) 프랭크 로이드 라이트의 구겐하임 미술관 (1959, 뉴욕)

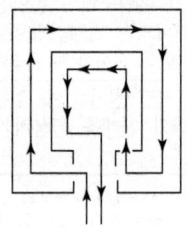
(a) 연속 순로 형식

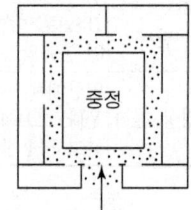
(b) 갤러리 및 코리도 형식

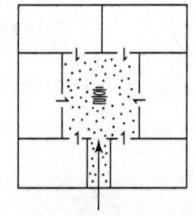
(c) 중앙 홀 형식
[그림] 전시실의 순회 형식

19. 쇼핑센터의 몰(mall)에 관한 설명으로 옳은 것은?

① 전문점과 핵상점의 주출입구는 몰에 면하도록 한다.
② 쇼핑체류시간을 늘릴 수 있도록 방향성이 복잡하게 계획한다.
③ 몰은 고객의 통과동선으로서 부속시설과 서비스기능의 출입이 이루어지는 곳이다.
④ 일반적으로 공기조화에 의해 쾌적한 실내 기후를 유지할 수 있는 오픈 몰(open mall)이 선호한다.

[해설] 몰(mall)
㉠ 쇼핑센터 내의 주요 보행 동선으로 고객을 각 상점으로 고르게 유도하는 shopping street인 동시에 고객의 휴식처로서의 기능도 갖고 있다. 쇼핑센터의 가장 특징적인 요소이다.
㉡ 고객의 주보행 동선으로 핵상점과 각 전문점에의 출입이 이루어지는 곳이므로 확실한 방향성, 식별성이 요구되며, 고객에게 변화감, 다채로움, 자극과 흥미를 주며 쇼핑을 유쾌하게 할 수 있고 휴식 장소를 제공해 주어야 한다.
㉢ 전문점과 핵상점들은 몰에 면하도록 한다.
㉣ mall은 open mall, enclosed mall로 계획할 수 있으며, 일반적으로 공기 조화에 의해 쾌적한 실내 기후로 유지할 수 있는 enclosed mall이 선호된다.
㉤ 몰의 폭은 6~12m가 일반적이며, 몰의 길이는 240m가 한계이다. 길이 20~30m마다 변화를 주어 단조로운 느낌이 들지 않도록 하는 것이 바람직하다.

20. 극장건축에서 무대의 제일 뒤에 설치되는 무대 배경용의 벽을 나타내는 용어는?

① 프로시니엄   ② 사이클로라마
③ 플라이 로프트   ④ 그리드 아이언

[해설] 극장 건축의 관련 제실
• 프로시니엄 : 그림에 있어서 액자와 같이 관객의 시선을 무대에 쏠리게 하는 시각적 효과를 갖는다.
• 사이클로라마 : 극장건축에서 무대의 제일 뒤에 설치되는 무대배경용의 벽을 말하며 사이클로라마의 높이는 프로시니엄 높이의 3배 정도로 한다.

- 플라이 로프트(fly loft) : 극장 무대의 상부공간을 말한다.
- 그리드 아이언(Grid iron) : 조명 기구, 배경 등을 매어다는 데 사용된다.

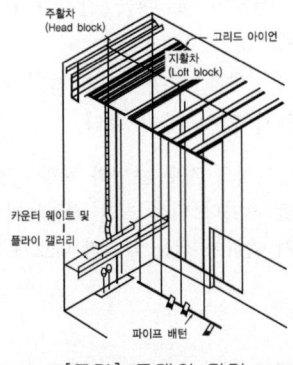

[그림] 무대의 단면

■■■ 제2과목 건축시공

21. 백화 현상에 관한 설명으로 옳지 않은 것은?

① 시멘트는 수산화칼슘의 주성분인 생석회(CaO)의 다량 공급원으로서 백화의 주된 요인이다.
② 백화 현상은 미장 표면뿐만 아니라 벽돌벽체, 타일 및 착색 시멘트 제품 등의 표면에도 발생한다.
③ 겨울철보다 여름철의 높은 온도에서 백화 발생 빈도가 높다.
④ 배합수 중에 용해되는 가용 성분이 시멘트 경화체의 표면건조 후 나타나는 현상이다.

해설 백화 발생의 빈도는 저온인 경우, 습기가 많은 경우, 그늘진 북측면에서 높다.

22. 계측관리 항목 및 기기에 관한 설명으로 옳지 않은 것은?

① 흙막이벽의 응력은 변형계(Strain Gauge)를 이용한다.
② 주변 건물의 경사는 건물경사계(Tiltmeter)를 이용한다.
③ 지하수의 간극수압은 지하수위계(Water Level Meter)를 이용한다.
④ 버팀보, 앵커 등의 축하중 변화 상태의 측정은 하중계(Load Cell)를 이용한다.

해설 Water level meter - 지하수위 변화를 실측
※ 터파기 공사시에 실시하는 계측의 항목과 계측기
㉠ 지하수의 수압 측정 : 피에조미터(piezometer)
㉡ 흙막이벽의 측압, 수동토압 - 토압계
㉢ 흙막이벽의 중간부 변형 - 경사계(Tiltmeter)
㉣ 흙막이벽의 응력 - 변형계(strain gauge)
㉤ 인접구조물의 이동 측정 : 트랜싯(transit)

23. 녹막이 칠에 사용하는 도료와 가장 거리가 먼 것은?

① 광명단   ② 크레오소트유
③ 아연분말 도료   ④ 역청질 도료

해설 방청(녹막이)도료 : 광명단, 징크로메이트, 알루미늄 도료, 방청 산화철 도료, 역청질 도료, 아연분말 도료
☞ 크레오소트유 : 목재 방부제로 도장이 불가능하며, 독성이 적고 자극적인 냄새가 난다.

24. 사질토의 상대밀도를 측정하는 방법으로 가장 적합한 것은?

① 표준관입시험(Standard Penetration Test)
② 베인 테스트(Vane Test)
③ 깊은 우물(Deep well) 공법
④ 아일랜드 공법

해설 표준관입시험(SPT : Standard Penetration Test)
㉠ 지내력측정을 위한 간이시험
㉡ 보링 로드 선단에 스플릿 스푼 샘플러를 장치하여 63.5kg의 추를 높이 76cm에서 자유 낙하시켜 30cm 관입하는 사이의 타격 횟수 N을 구하고, 샘플러로 시료를 채취하는 것
㉢ 모래 지반의 전단력 시험에 주로 쓰이는 시험
㉣ 타격 횟수 N값에 따른 지반상태의 판정

N값	모래의 상태밀도
0~4	몹시 느슨하다
4~10	느슨하다
10~30	보통
50 이상	다진 상태

정답 21. ③ 22. ③ 23. ② 24. ①

25. 철골부재의 용접 시 이음 및 접합부위의 용접선의 교차로 재 용접된 부위가 열 영향을 받아 취약해짐을 방지하기 위하여 모재에 부채꼴 모양으로 모따기를 한 것은?

① Blow Hole ② Scallop
③ End Tap   ④ Crater

해설 ① Blow Hole : 금속이 녹아들 때 생기는 기포나 작은 틈
③ End Tap : 강 접합시 용접비드의 시점과 종점에 붙인 보조판
④ Crater : 철골부재의 용접 마지막에 아크를 급히 절단함으로 생기는 우묵히 패인 부분으로 온도저하로 생긴 용접금속의 수축으로 균열이 발생하는 경우가 있다.

26. 공동도급방식(Joint Venture)에 관한 설명으로 옳은 것은?

① 2명 이상의 수급자가 어느 특정공사에 대하여 협동으로 공사계약을 체결하는 방식이다.
② 발주자, 설계자, 공사관리자의 세 전문집단에 의하여 공사를 수행하는 방식이다.
③ 발주자와 수급자가 상호신뢰를 바탕으로 팀을 구성하여 공동으로 공사를 수행하는 방식이다.
④ 공사수행방식에 따라 설계/시공(D/B)방식과 설계/관리(D/M)방식으로 구분한다.

해설 공동 도급(Joint Venture)
2명 이상의 도급업자가 어느 특정공사에 관하여 협정을 체결하고 공동 기업체를 만들어 협동으로 공사를 도급하는 방식

장 점	단 점
• 융자력과 신용도의 증대 • 위험성의 분산 • 시공의 확실성 • 상호기술의 확충 • 공사 도급 경쟁완화	• 도급자간 이해 충돌 • 경영방식의 차이에서 오는 능률 저하 • 한 회사의 도급공사보다 공사비 증대 • 현장 및 사무관리의 혼란 우려 • 책임소재가 불분명

27. 칠공사에 관한 설명으로 옳지 않은 것은?

① 한랭시나 습기를 가진 면은 작업을 하지 않는다.
② 초벌부터 정벌까지 같은 색으로 도장해야 한다.
③ 강한 바람이 불 때는 먼지가 묻게 되므로 외부 공사를 하지 않는다.
④ 야간은 색을 잘못 칠할 염려가 있으므로 작업을 하지 않는 것이 좋다.

해설 페인트칠의 경우 초벌과 재벌 등으로 구분하고, 도장할 때마다 다음 칠을 하였는지 안하였는지 구별하기 위하여 색을 약간씩 다르게 한다.

28. 석재에 관한 설명으로 옳은 것은?

① 인장강도는 압축강도에 비하여 10배 정도 크다.
② 석재는 불연성이긴 하나 화열에 닿으면 화강암과 같이 균열이 생기거나 파괴되는 경우도 있다.
③ 장대재를 얻기에 용이하다.
④ 조직이 치밀하여 가공성이 매우 뛰어나다.

해설 석재의 특성
① 장점
  ㉠ 불연성이고 압축강도가 크다.
  ㉡ 내수성, 내구성, 내화학성이 풍부하고 내마모성이 크다.
  ㉢ 종류가 다양하고 색도와 광택이 있어 외관이 장중 미려하다.
② 단점
  ㉠ 장대재(長大材)를 얻기가 어려워 가구재(架構材)로는 부적당하다.
  ㉡ 비중이 크고 가공성이 좋지 않다.
  ※ 석재의 강도 중에서 압축강도가 가장 크고 인장, 휨 및 전단강도는 압축강도에 비하여 매우 작다. 휨, 인장강도가 약하므로 압축력을 받는 곳에만 사용하여야 한다.

29. 목재의 접착제로 활용되는 수지와 가장 거리가 먼 것은?

① 요소 수지
② 멜라민 수지
③ 폴리스티렌 수지
④ 페놀 수지

[해설] 목재의 접착제 접착력 크기 : 에폭시 수지 > 요소 수지 > 멜라민 수지 > 페놀 수지 > 아교
☞ 폴리스티렌 수지(스티롤 수지) : 열가소성 수지로 무색투명, 전기절연성, 내수성, 내약품성이 크다. 주용도로 창유리, 파이프, 발포보온판, 벽용타일, 채광용으로 사용된다.

30. 보강 블록공사에 관한 설명으로 옳지 않은 것은?

① 벽의 세로근은 구부리지 않고 설치한다.
② 벽의 세로근은 밑창 콘크리트 윗면에 철근을 배근하기 위한 먹매김을 하여 기초판 철근 위의 정확한 위치에 고정시켜 배근한다.
③ 벽 가로근 배근 시 창 및 출입구 등의 모서리 부분에 가로근의 단부를 수평방향으로 정착할 여유가 없을 때에는 갈구리로 하여 단부 세로근에 걸고 결속선으로 결속한다.
④ 보강 블록조와 라멘구조가 접하는 부분은 라멘구조를 먼저 시공하고 보강 블록조를 나중에 쌓는 것이 원칙이다.

[해설] 보강 블록조와 라멘구조가 접하는 부분은 원칙적으로 블록조를 먼저 쌓고 콘크리트체를 나중에 시공한다.

31. 다음 설명에서 의미하는 공법은?

> 구조물 하중보다 더 큰 하중을 연약지반(점성토) 표면에 프리로딩하여 압밀침하를 촉진시킨 뒤 하중을 제거하여 지반의 전단강도를 증대하는 공법

① 고결안정공법
② 치환공법
③ 재하공법
④ 탈수공법

[해설] 지반개량공법

분류	공법의 종류
다짐공법	바이브로 플로테이션 공법, 콤포우져 공법(모래다짐 말뚝공법), 동압밀 공법(동다짐법), 폭파다짐 공법
탈수공법 및 배수공법	샌드드레인(Sand drain) 공법, 페이퍼드레인(Paper drain) 공법, 생석회 말뚝공법, MAIS(침투수) 공법
고결공법	시멘트주입 공법, 약액주입 공법, 전기고결법, 동결공법
치환공법	굴착 치환공법, 미끄럼 치환공법, 폭파 치환공법
재하공법	프리로딩(Pre-loading) 공법, 여성토(Sur charge) 공법, 사면선단 재하공법
혼합공법	입도조정 공법, Soil cement 공법, 화학약제혼합 공법

※ 고결안정공법 : 주로 시멘트 등의 고화재를 슬러리 상태로 연약지반에 혼합하거나 시멘트, 약액을 가는 관을 통하는 지반 속에 압력으로 주입, 흙입자 사이의 결합력을 증대시키고 지수성 및 강도를 증대시키는 공법

32. 재료별 할증률을 표기한 것으로 옳은 것은?

① 시멘트벽돌 : 3%
② 강관 : 7%
③ 단열재 : 7%
④ 봉강 : 5%

[해설] 재료별 할증률
1% : 유리
2% : 시멘트, 칠(도장)
3% : 이형철근, 붉은벽돌, 내화벽돌, 타일, 테라코타, 슬레이트, 고장력볼트
4% : 블록
5% : 원형철근, 시멘트벽돌, 봉강, 리벳, 볼트, 아스팔트계 타일, 기와
7% : 대형형강
10% : 강판, 단열재
30% : 고온고압기기

33. 철근의 정착 위치에 관한 설명으로 옳지 않은 것은?

① 지중보의 주근은 기초 또는 기둥에 정착한다.
② 기둥 철근은 큰 보 혹은 작은 보에 정착한다.
③ 큰 보의 주근은 기둥에 정착한다.
④ 작은 보의 주근은 큰 보에 정착한다.

[해설] 철근의 정착 위치
  ㉠ 기둥의 주근 : 기초에 정착
  ㉡ 보의 주근 : 기둥에 정착(기둥 중심선을 지나 외측에 정착시킨다.)
  ㉢ 작은 보의 주근 : 큰 보에 정착
  ㉣ 직교하는 단부 보 밑 기둥이 없을 때 : 보 상호 간에 정착
  ㉤ 벽 철근 : 기둥, 보 또는 바닥판에 정착
  ㉥ 바닥 철근 : 보 또는 벽체에 정착(보 중심선을 지나 외측에 정착시킨다.)
  ㉦ 지중보 주근 : 기초 또는 기둥에 정착

34. 돌로마이트 플라스터 바름에 관한 설명으로 옳지 않은 것은?

① 정벌바름용 반죽은 물과 혼합한 후 12시간 정도 지난 다음 사용하는 것이 바람직하다.
② 바름두께가 균일하지 못하면 균열이 발생하기 쉽다.
③ 돌로마이트 플라스터는 수경성이므로 해초풀을 적당한 비율로 배합해서 사용해야 한다.
④ 시멘트가 혼합하여 2시간 이상 경과한 것은 사용할 수 없다.

[해설] 돌로마이트 플라스터(Dolomite plaster)는 대기 중의 이산화탄소(CO_2)와 화합해서 경화하는 기경성 미장재료로 습기 및 물에 약해 지하실에는 사용하지 않는다.

35. 석고플라스터 바름에 관한 설명으로 옳지 않은 것은?

① 보드용 플라스터는 초벌바름, 재벌바름의 경우 물을 가한 후 2시간 이상 경과한 것은 사용할 수 없다.
② 실내온도가 10℃ 이하일 때는 공사를 중단하거나 난방하여 10℃ 이상으로 유지한다.
③ 바름 작업 중에는 될 수 있는 한 통풍을 방지한다.
④ 바름 작업이 끝난 후 실내를 밀폐하지 않고 가열과 동시에 환기하여 바름면이 서서히 건조되도록 한다.

[해설] 석고 플라스터(gypsum plaster)
  조립식 및 건식공법의 가장 획기적인 마감재료로서 프리캐스트나 ALC 등에 적합하며 주로 건물 내외부 벽면에 사용하는 미장재료로서 종류에는 순석고 플라스터, 혼합석고 플라스터, 경석고 플라스터(Keen's Cement)가 있다.
  ㉠ 순백색이며, 미려하고 석회보다 변색이 적다.
  ㉡ 수경성 재료로 경화강도가 빠르며(速乾性,속건성), 내화성을 갖는다.
  ㉢ 경화, 건조시 치수 안정성을 갖는다.
  ㉣ 수축이 없으므로 정벌바름에 여물을 넣을 필요가 없다.
  ㉤ 물에 용해되는 성질이 있어 물을 사용하는 장소에는 부적합하다. (습기에 의해 변질이 쉽다.)
  ※ 실내온도가 2℃ 이하일 때는 공사를 중단하거나 난방하여 5℃ 이상으로 유지한다.

36. 기술제안입찰제도의 특징에 관한 설명으로 옳지 않은 것은?

① 공사비 절감방안의 제안은 불가하다.
② 기술제안서 작성에 추가비용이 발생된다.
③ 제안된 기술의 지적재산권 인정이 미흡하다.
④ 원안 설계에 대한 공법, 품질 확보 등이 핵심 제안 요소이다.

정답 33. ② 34. ③ 35. ② 36. ①

[해설] 기술제안입찰제도(기술형입찰제도)
국가를 당사자로 하는 계약에 관한 법률에 근거를 두고 공사입찰시 낙찰자를 선정함에 있어 가격 뿐만 아니라 건설기술, 공사기간, 가격 등 여러 가지를 고려하여 선정하는 입찰제도이다.
주로 상징성이 있거나 기념성, 예술성이 요구되는 시설물의 공사에 적용한다. 기존 입찰제도가 가장 저렴한 공사비로 입찰한 업체가 선정되는 최저가격입찰제도나 적격심사제도가 주를 이루었지만 2013년 국토교통부의 기술제안입찰제도 활성화 방안 마련으로 중소기업도 참여할 수 있는 기회가 다소 넓어지게 되었다.

37. 토공사에 적용되는 체적환산계수 L의 정의로 옳은 것은?

① $\dfrac{\text{흐트러진 상태의 체적}(m^3)}{\text{자연상태의 체적}(m^3)}$

② $\dfrac{\text{자연상태의 체적}(m^3)}{\text{흐트러진 상태의 체적}(m^3)}$

③ $\dfrac{\text{다져진 상태의 체적}(m^3)}{\text{자연상태의 체적}(m^3)}$

④ $\dfrac{\text{자연상태의 체적}(m^3)}{\text{다져진 상태의 체적}(m^3)}$

[해설] 토공사에 적용되는 체적환산계수(L)의 정의

체적환산계수(L) = $\dfrac{\text{흐트러진 상태의 체적}(m^3)}{\text{자연상태의 체적}(m^3)}$

38. 멤브레인 방수에 속하지 않는 방수공법은?

① 시멘트 액체방수
② 합성고분자 시트방수
③ 도막방수
④ 아스팔트 방수

[해설] 멤브레인(membrane, 膜) 방수 : 아스팔트 루핑, 시트 등의 각종 루핑류를 방수 바탕에 접착시켜 막모양의 방수층을 형성시키는 공법

※ 멤브레인(피막) 방수공법의 종류
㉠ 아스팔트 방수
㉡ 개량 아스팔트 방수
㉢ 시트 방수(합성수지 고분자 방수)
㉣ 도막 방수
☞ 시멘트 액체방수법 : 방수성이 높은 모르타르로 방수층을 만들어 지하실의 안방수나 소규모인 지붕방수 등과 같은 비교적 경미한 방수공사에 활용되는 공법

39. 아파트 온돌바닥미장용 콘크리트로서 고층적용 실적이 많고 배합을 조닝별로 다르게 하며 타설 바탕면에 따라 배합비 조정이 필요한 것은?

① 경량기포 콘크리트
② 중량 콘크리트
③ 수밀 콘크리트
④ 유동화 콘크리트

[해설] ALC(Autoclaved Light-weight Concrete : 경량기포 콘크리트)
오토클레이브(autoclave, 강철제 탱크)에 고온(180℃) 고압(0.98MPa) 증기양생한 다공질의 경량 기포 콘크리트이다.
① 원료 : 생석회, 규사, 규석, 시멘트, 플라이 애시, 알루미늄 분말 등
② 장점
㉠ 경량성 : 중량은 보통콘크리트의 약 1/4 정도 (0.5~0.6)
㉡ 단열성 : 열전도율은 보통콘크리트의 약 1/10 정도(0.15W/m·K)
㉢ 불연·내화성 : 불연재인 동시에 내화구조 재료이다.
㉣ 흡음·차음성 : 흡음률은 10~20% 정도이며, 차음성이 우수하다(투과손실 40dB)
㉤ 시공성 : 경량으로 인력에 의한 취급은 가능하고, 현장에서 절단 및 가공이 용이하다.
㉥ 건조수축률이 매우 작고, 균열발생이 어렵다.
③ 단점
㉠ 강도가 비교적 적은 편이다.(압축강도 4MPa)
㉡ 기공(氣孔)구조이기 때문에 흡수성이 크며, 동해에 대한 방수·방습처리가 필요하다.

[정답] 37. ① 38. ① 39. ①

과년도출제문제

40. 공급망관리(Supply Chain Management)의 필요성이 상대적으로 가장 적은 공종은?

① PC(Precast Concrete) 공사
② 콘크리트공사
③ 커튼월공사
④ 방수공사

[해설] 공급망관리(Supply Chain Management)
제품생산을 위한 프로세스를, 공급자에서부터 소비자에게 이동하는 진행과정을 감독하는 것으로, 부품조달에서 생산계획·납품·재고관리까지 효율적으로 처리할 수 있는 관리 솔루션이다.
물자, 정보, 재정 등이 공급자로부터 생산자, 도매업자, 소매상인, 그리고 소비자에게 이동함에 따라 그 진행과정을 감독하는 것이다.
☞ PC(Precast Concrete) 공사, 콘크리트공사, 커튼월공사에 비해 방수공사는 공급망관리(Supply Chain Management)의 필요성이 상대적으로 낮다.

■■■■ 제3과목 건축구조

41. 합성보에서 강재보와 철근콘크리트 또는 합성슬래브 사이의 미끄러짐을 방지하기 위하여 설치하는 것은?

① 스터드 볼트   ② 퍼린
③ 윈드칼럼   ④ 턴버클

[해설] 스터드 볼트
강재보의 플랜지 윗면에 적당한 간격으로 설치된 볼트로 콘크리트 슬래브와 강재보를 구조적으로 일체화 시키며 시어커넥트, 전단연 결재, 매입볼트라고도 한다.

42. 다음 중 내진 I등급 구조물의 허용층간변위로 옳은 것은? (단, KDS기준, h_{sx} : x층 층고)

① $0.005h_{Sx}$ ② $0.010h_{Sx}$
③ $0.015h_{Sx}$ ④ $0.020h_{Sx}$

[해설] 내진구조 허용층간변위

구분	내진등급		
	특	I	II
허용층간변위	$0.010h_{sx}$	$0.015h_{sx}$	$0.020h_{sx}$

43. 그림과 같은 단순보에서 반력 R_A의 값은?

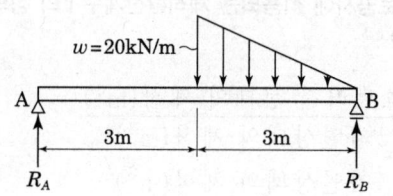

① 5kN   ② 10kN
③ 20kN   ④ 25kN

[해설] 단순보의 반력
① 해석의 발상 : 등변분포하중을 집중하중으로 변환하여 반력을 구한다.
② 반력을 구하려는 지점의 반대쪽 지점에서 $\Sigma M = 0$ 조건을 활용하여 풀이한다.

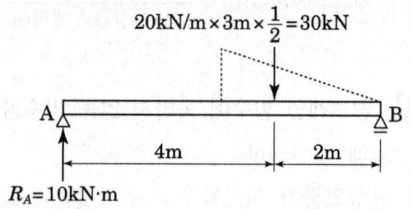

$R_A = 10\text{kN·m}$

$\Sigma M_B = 0$
$R_A \times 6 - 30 \times 2 = 0$
$\therefore R_A = \dfrac{60}{6} = 10(\text{kN})$

정답 40. ④ 41. ① 42. ③ 43. ②

44. 등분포하중을 받는 4변 고정 2방향 슬래브에서 모멘트량이 일반적으로 가장 크게 나타나는 곳은?

① 가
② 나
③ 다
④ 라

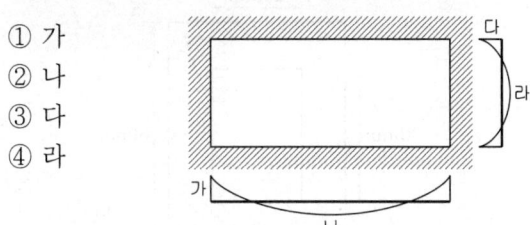

[해설] 슬래브 하중 분포
일반적으로 슬래브의 하중은 단변 방향으로 대부분이 전달된다. 따라서 하중의 크기에 영향을 받는 휨모멘트는 단변방향에서 크게 발생하며 또한 양단 고정 슬래브에서 단부 휨모멘트와 중앙부 휨모멘트의 비율은 대략 65:35로 단부에서 최대 휨모멘트가 발생한다.

45. 강도설계법에서 양단 연속 1방향 슬래브의 스팬이 3,000mm일 때 처짐을 계산하지 않는 경우 슬래브의 최소 두께를 계산한 값으로 옳은 것은? (단, 단위중량 $w_c = 2,300 \text{kg/m}^3$의 보통콘크리트 및 $f_y = 400\text{MPa}$ 철근 사용)

① 107.1mm
② 124.3mm
③ 132.1mm
④ 145.5mm

[해설] 처짐 검토 생략 조건

조건	단순지지	1단 연속	양단연속	캔틸레버
1방향 슬래브	$l/20$	$l/24$	$l/28$	$l/10$
보, 리브 슬래브	$l/16$	$l/18.5$	$l/21$	$l/8$
부재	큰 처짐에 의해 손상되기 쉬운 칸막이벽이나 기타 구조물을 지지 또는 부착하지 않은 부재			

$\therefore t_{min} = \dfrac{3,000}{28} = 107.1(\text{mm})$

46. 다음 구조용 강재의 명칭에 관한 내용으로 옳지 않은 것은?

① SM-용접구조용 압연강재(KS D 3515)
② SS-일반구조용 압연강재(KS D 3503)
③ SN-건축구조용 각형 탄소강관(KS D 3864)
④ SGT-일반구조용 탄소강관(KS D 3566)

[해설] 강재의 명칭
- SS : 일반구조용 압연강재
- SM : 용접구조용 압연강재
- SN : 건축구조용 압연강재
- FR : 건축구조용 내화강재
- SPS : 일반구조용 탄소강
- SPSR : 일반구조용 각형강관
- STKN : 건축구조용 탄소강관
- SPA : 내후성 강재
- SHN : 건축구조용 H형강
- SGT-일반구조용 탄소강관
- SMA : 용접구조용 내후성 열간 압연강재

47. 다음 그림과 같은 단순 인장접합부의 강도한계상태에 따른 고력볼트의 설계전단강도를 구하면? (단, 강재의 재질은 SS275이며 고력볼트는 M22(F10T), 공칭전단강도 $F_{nv} = 500\text{MPa}$, $\phi = 0.75$)

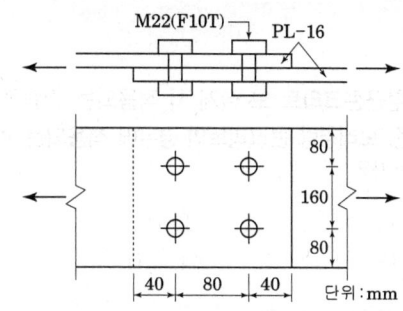

① 500kN
② 530kN
③ 550kN
④ 570kN

[해설] 고력볼트의 설계전단강도
① 해석의 발상 : 설계전단강도는 볼트의 단면적에 공칭전단강도와 강도감소계수를 곱하여 구할 수 있다.
② 설계전단강도
$F_{dv} = \phi \cdot A_v \cdot F_{nv} \cdot n = 0.75 \times \dfrac{\pi \times 22^2}{4} \times 500 \times 4$
$= 570.199(\text{kN})$

48. 그림과 같이 스팬이 8,000mm이며, 보 중심 간격이 3,000mm인 합성보 H-588×300×12×20의 강재에 콘크리트 두께 150mm로 합성보를 설계하고자 한다. 합성보 B의 슬래브 유효폭을 구하면? (단, 스터드 전단연결재가 설치됨)

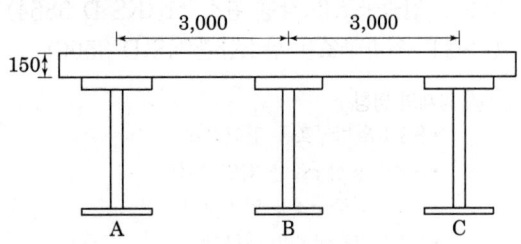

① 1,500mm ② 2,000mm
③ 3,000mm ④ 4,000mm

[해설] 합성보의 유효폭
① 해석의 발상 : 합성보의 유효폭은 다음 값 중 최소값으로 한다.
  • 양측 슬래브 중심사이의 거리
  • 보 경간의 1/4
② 유효폭
  • 양측 슬래브 중심사이의 거리
   $= \dfrac{3,000}{2} + \dfrac{3,000}{2} = 3,000 (\text{mm})$
  • 보 경간의 1/4 $= \dfrac{8,000}{4} = 2,000 (\text{mm})$

49. 철근콘크리트 보 설계 시 적용되는 경량콘크리트 계수 중 모래경량 콘크리트의 경우에 적용되는 계수값은 얼마인가?

① 0.65 ② 0.75
③ 0.85 ④ 1.0

[해설] 경량콘크리트 계수
• 전경량콘크리트의 계수(λ)=0.75
• 모래경량콘크리트의 계수(λ)=0.85
다만, 0.75에서 0.85사이의 값은 모래경량콘크리트의 잔골재를 경량잔골재로 치환하는 체적비에 따라 직선보간한다. 0.85에서 1.0 사이의 값은 보통중량콘크리트의 굵은골재를 경량골재로 치환하는 체적비에 따라 직선보간한다.

50. 도심축에 대한 빗줄(사선)친 부분의 단면계수 값은?

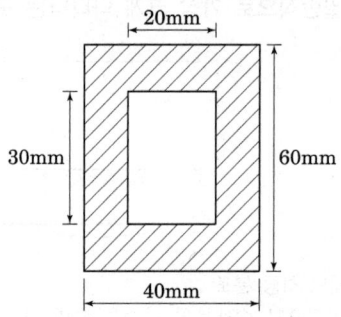

① 19,000mm³ ② 20,500mm³
③ 21,000mm³ ④ 22,500mm³

[해설] 중공단면의 단면계수
① 해석의 발상 : 단면계수는 단면2차모멘트를 연단 거리로 나눈 값이다. 다만 중공단면의 경우 중공단면의 단면2차 모멘트를 연단 거리로 나눈다.
② 단면계수
$Z = \dfrac{I}{y} = \dfrac{\dfrac{40 \times 60^3}{12} - \dfrac{20 \times 30^3}{12}}{30} = 22,500 (\text{mm}^3)$

51. 다음 그림과 같은 단순보에서 부재 길이가 2배로 증가할 때 보의 중앙점 최대 처짐은 몇 배로 증가되는가?

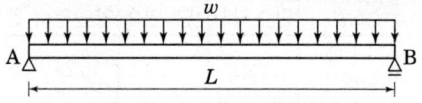

① 2배 ② 4배
③ 8배 ④ 16배

[해설] 단순보의 처짐
단순보에 등분포하중이 작용하는 경우 중앙부 최대 처짐은 $\delta_{\max} = \dfrac{5wl^4}{384EI}$이다. 따라서 보의 길이($l$)가 2배가 되면 $l^4 : (2l)^4$이 되어 16배가 증가한다.

52. 다음과 같은 구조물의 판별로 옳은 것은?(단, 그림의 하부지점은 고정단임)

① 불안정
② 정정
③ 1차부정정
④ 2차부정정

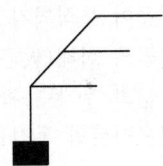

[해설] 구조물의 판별
① 해석의 발상 : 지점과 부재수에 의한 외적 판별값(N_e)과 절점과 부재의 추가에 따른 내적 판별값(N_i)을 합하여 판단
② 판별값(N)=외적 판별값(N_e)+내적 판별값(N_i)

$N=0$: 안정, 정정
$N>0$: 안정, 부정정
$N<0$: 불안정

$N_e = R - 3 = 3 - 3 = 0$
$N_i = 0$(추가된 부재들이 고정-자유단 부재로 이는 내적 판별값이 없다)
∴ $N = 0 + 0 = 0$(안정, 정정)

53. 활하중의 영향면적 산정기준으로 옳은 것은? (단, KDS 기준)

① 부하면적 중 캔틸레버 부분은 영향면적에 단순 합산
② 기둥 및 기초에서는 부하면적의 6배
③ 보에서는 부하면적의 5배
④ 슬래브에서는 부하면적의 2배

[해설] 활하중의 영향면적
영향면적은 연직하중을 전달하는 부재에 미치는 하중의 영향을 바닥면적으로 나타낸 것으로서, 기둥 또는 기초의 경우에는 부하면적의 4배, 큰보 또는 작은보의 경우에는 부하면적의 2배, 슬래브는 부하면적(1배)을 적용한다. 단, 단, 부하면적 중 캔틸레버 부분은 4배 또는 2배를 적용하지 않고 영향면적에 단순 합산한다.

54. 인장력을 받는 원형단면 강봉의 지름을 4배로 하면 수직응력도(Normal stress)는 기존 응력도의 얼마로 줄어드는가?

① 1/2
② 1/4
③ 1/8
④ 1/16

[해설] 수직응력도(인장응력도)
인장응력은 물체에 가해지는 인장력을 단면적으로 나누어 계산한다.

$$\sigma_t = \frac{N}{A} = \frac{N}{\frac{\pi d^2}{4}} = \frac{4N}{\pi d^2}$$

따라서 인장응력도는 강봉 지름의 제곱에 반비례하므로 지름이 4배로 증가하면

$$\frac{1}{d^2} : \frac{1}{(4d)^2} = 1 : \frac{1}{16}$$

55. 보통중량콘크리트를 사용한 그림과 같은 보의 단면에서 외력에 의해 휨 균열을 일으키는 균열모멘트(M_{cr}) 값으로 옳은 것은? (단, $f_{ck}=27$MPa, $f_y=400$MPa, 철근은 개략적으로 도시되었음)

① 29.5kN·m
② 34.7kN·m
③ 40.9kN·m
④ 52.4kN·m

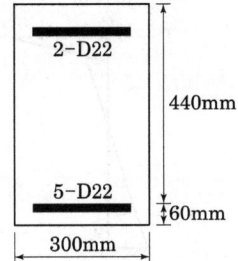

[해설] 균열모멘트(M_{cr})
콘크리트의 균열모멘트는 다음 식에 의하여 구할 수 있다.

$$f_r = \frac{M_{cr}}{Z} \text{에서 } M_{cr} = f_r \cdot Z = 0.63\lambda\sqrt{f_{ck}} \cdot \frac{bh^2}{6}$$

$$\therefore M_{cr} = 0.63 \times 1 \times \sqrt{27} \times \frac{300 \times 500^2}{6}$$
$$= 40,919,700(\text{N·mm}) = 40.92(\text{kN·m})$$

정답 52. ② 53. ① 54. ④ 55. ③

과년도 출제문제

56. 그림과 같은 부정정 라멘에서 A점의 M_{AB}는?

① 0
② 20kN·m
③ 40kN·m
④ 60kN·m

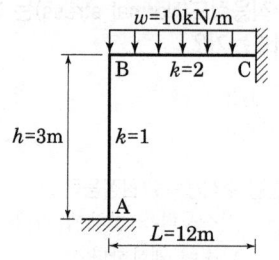

[해설] 도달모멘트(M_{AB})

① 해석의 발상 : 주어진 등분포 하중에 의한 B절점의 모멘트를 구하여 모멘트분배법으로 AB부재의 분배모멘트와 도달모멘트를 구할 수 있다.

$$M_B = \frac{wL^2}{12} = 120\text{kN·m}$$

② 도달모멘트(M_{AB}) = 분배모멘트(M_{BA}) × $\frac{1}{2}$

$$M_{AB} = \left(\frac{k_A}{\Sigma k} M_B\right) \times \frac{1}{2} = \left(\frac{1}{1+2} \times 120\right) \times \frac{1}{2}$$
$$= 20(\text{kN·m})$$

57. 그림과 같은 부정정 라멘의 B.M.D에서 P값을 구하면?

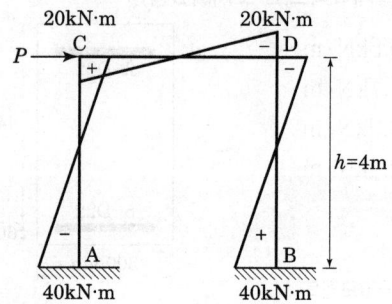

① 20kN
② 30kN
③ 50kN
④ 60kN

[해설] 층방정식

① 해석의 발상 : 구조물의 층방정식에 의하면 휨모멘트의 합을 기둥의 높이로 나누면 전단력(=하중)이다.

② 수평하중(전단력)
$$P = \frac{\Sigma M}{h} = \frac{(20 \times 2) + (40 \times 2)}{4} = 30(\text{kN})$$

58. KDS에서 철근콘크리트 구조의 최소 피복두께를 규정하는 이유로 보기 어려운 것은?

① 철근이 부식되지 않도록 보호
② 철근의 화해(火害) 방지
③ 철근의 부착력 확보
④ 콘크리트의 동결융해 방지

[해설] 철근의 피복두께
철근의 피복두께를 일정 기준 이상으로 규정하는 목적은 내구성, 부착강도, 내화성, 방청성, 유동성 등의 효과를 얻기 위해 필요하다.

59. 인장이형철근 및 압축이형철근의 정착길이(l_d)에 관한 기준으로 옳지 않은 것은? (단, KDS기준)

① 계산에 의하여 산정한 인장이형철근의 정착길이는 항상 200mm 이상이어야 한다.
② 계산에 의하여 산정한 압축이형철근의 정착길이는 항상 200mm 이상이어야 한다.
③ 인장 또는 압축을 받는 하나의 다발철근 내에 있는 개개 철근의 정착길이 l_d는 다발철근이 아닌 경우의 각 철근의 정착길이보다 3개의 철근으로 구성된 다발철근에 대해서는 20%를 증가시켜야 한다.
④ 단부에 표준갈고리가 있는 인장이형철근의 정착길이는 항상 $8d_b$ 이상, 또한 150mm 이상이어야 한다.

[해설] 인장이형철근의 정착길이
철근의 정착길이(l_d)는 기본정착길이(l_{db})에 각종 보정계수를 곱하여 구하되 그 최소길이는 인장이형철근 300mm 이상, 압축이형철근 200mm 이상, 표준갈고리가 있는 인장 이형철근 150mm 이상이다.

정답 56. ② 57. ② 58. ④ 59. ①

60. 그림과 같은 구조물에 힘 P가 작용할 때 휨모멘트가 0이 되는 곳은 모두 몇 개인가?

① 2개
② 3개
③ 4개
④ 5개

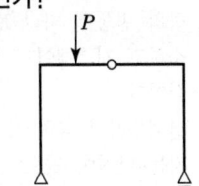

[해설] 3-hinge rahmen의 BMD

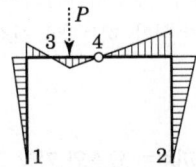

■■■ 제4과목 건축설비

61. 다음 설명에 알맞은 통기방식은?

- 회로통기방식이라고도 한다.
- 2개 이상의 기구트랩에 공통으로 하나의 통기관을 설치하는 방식이다.

① 공용통기방식
② 루프통기방식
③ 신정통기방식
④ 결합통기방식

[해설] 루프통기관 (loop vent pipe, 회로통기관, 환상통기관) 최상류에 있는 위생기구 기구배수관이 배수수평지관과 연결되는 바로 하류의 수평지관에 접속시켜 통기수직관 또는 신정통기관으로 연결한다.
㉠ 2개 이상의 트랩을 보호하기 위하여 최상류 기구의 하류 배수 수평지관에서 통기관을 취하며, 이 통기관을 신정통기관에 접속하는 것을 환상통기, 또 통기수직관에 접속하는 것을 회로통기라 한다. 이 양자를 합쳐서 루프 통기라 한다.
㉡ 루프통기로 통기할 수 있는 최대 기구의 수는 2개 이상 8개 이내이다.
㉢ 통기수직관과 최상류 기구까지의 루프통기관의 연장 길이는 7.5m 이내이다.

62. 어떤 실의 취득열량이 현열 35,000W, 잠열 15,000W 이었을 때, 현열비는?

① 0.3
② 0.4
③ 0.7
④ 2.3

[해설] 현열비(SHF) : 전열 변화량에 대한 현열 변화량의 비

$$\therefore 현열비(SHF) = \frac{현열부하}{현열부하 + 잠열부하}$$
$$= \frac{35,000}{35,000 + 15,000} = 0.7$$

63. 다음과 같은 조건에 있는 실의 틈새바람에 의한 현열부하는?

[조건]
- 실의 체적 : 400m³
- 환기 횟수 : 0.5회/h
- 실내온도 : 20℃, 외기온도 : 0℃
- 공기의 밀도 : 1.2kg/m³
- 공기의 정압비열 : 1.01kJ/kg·K

① 약 654W
② 약 972W
③ 약 1,347W
④ 약 1,654W

[해설] ㉠ 먼저, 환기량을 구한다.
$Q = nV = 0.5 \times 400 = 200 \text{m}^3/\text{h}$
Q : 환기량(m³/h)
n : 환기회수(회/h)
V : 실용적(m³)

㉡ 현열부하(q_s) = $GC\Delta t$ [kJ/h] = $\rho QC\Delta t$ [kJ/h]
$= 1.2 \times 200 \times 1.01 \times (20-0)$
$= 4,848$ [kJ/h]
$= 1,347$W

※ $G(\text{kg/h}) = \rho(1.2\text{kg/m}^3) \cdot Q(\text{m}^3/\text{h}) = 1.2Q(\text{kg/h})$
※ 1W = 1J/s = 3,600J/h = 3.6kJ/h

과년도출제문제

2021. 2회 건축기사

64. 다음 중 건축물 실내공간의 잔향시간에 가장 큰 영향을 주는 것은?

① 실의 용적 ② 음원의 위치
③ 벽체의 두께 ④ 음원의 음압

[해설] 잔향시간(Sabin의 잔향이론)
㉠ $RT = K\dfrac{V}{A}$ 의 식에서
RT : 잔향시간(sec)
K : 비례상수(0.162)
V : 실의 용적(m^3)
A : 흡음력=$\bar{\alpha}$(평균흡음률)×S(실내표면적)(m^2)
잔향시간은 실용적에 비례하고 실의 흡음력에 반비례한다.
㉡ 요소 : 실용적, 실내 표면적, 실의 평균 흡음률
㉢ 잔향시간은 음원의 위치, 측정의 위치, 흡음재료의 위치와 무관하다.
☞ 잔향시간은 실의 용적에 비례하고 흡음력에 반비례한다.

65. 자연환기에 관한 설명으로 옳지 않은 것은?

① 풍력환기량은 풍속이 높을수록 증가한다.
② 중력환기량은 개구부 면적이 클수록 증가한다.
③ 중력환기량은 실내외 온도차가 클수록 감소한다.
④ 중력환기는 실내외의 온도차에 의한 공기의 밀도차가 원동력이 된다.

[해설] 중력환기량은 실내외의 온도차가 클수록 많아진다.

66. 단일덕트 변풍량 방식에 관한 설명으로 옳지 않은 것은?

① 전공기방식의 특성이 있다.
② 각 실이나 존의 온도를 개별제어 할 수 있다.
③ 일사량 변화가 심한 페리미터 존에 적합하다.
④ 정풍량 방식에 비해 설비비는 낮아지나 운전비가 증가한다.

[해설] 변풍량(VAV)방식
토출공기 온도는 일정하게 하며 송풍량을 실내 부하의 변동에 따라 변화시키는 것으로 운전비는 감소하고 개별제어가 용이하며 에너지 절약형 공조방식이다.
실내부하가 극히 감소되면 실내공기의 오염이 심해지는 단점이 있으며, 부하변동이 심한 페리미터 존(perimeter zone)에 적합하다.
※ 에너지 절약형 공조방식 : 변풍량(VAV)방식, 외기냉방방식, 전열교환기 설치, 히트펌프 시스템

67. 다음 중 조명률에 영향을 끼치는 요소와 가장 거리가 먼 것은?

① 광원의 높이
② 마감재의 반사율
③ 조명기구의 배광방식
④ 글레어(glare)의 크기

[해설] 조명률(U)
㉠ 광원에서 발하여진 빛 가운데 작업면에 도달하는 빛이 몇 %인가를 나타내는 비율, 즉 광원에서 방사되는 전 광속과 작업면에 대한 유효 광속과의 비를 말한다.
㉡ 조명률표를 이용하여 실내반사율이 높을수록, 실지수가 높을수록 조명률은 크다.
㉢ 조명률에 영향을 미치는 요소 : 방의 크기, 등기구의 배광, 천장의 반사율

68. 간접가열식 급탕방식에 관한 설명으로 옳지 않은 것은?

① 저압보일러를 써도 되는 경우가 많다.
② 직접가열식에 비해 소규모 급탕설비에 적합하다.
③ 급탕용 보일러는 난방용 보일러와 겸용할 수 있다.
④ 직접가열식에 비해 보일러 내면에 스케일이 발생할 염려가 적다.

정답 64. ① 65. ③ 66. ④ 67. ④ 68. ②

[해설] 중앙식 급탕법의 직접가열식과 간접가열식의 비교

구분	직접가열식	간접가열식
보일러	급탕용보일러, 난방용보일러 각각 설치	난방용 보일러로 급탕까지 가능
보일러내의 스케일	많이 낀다.	거의 끼지 않는다.
보일러내의 압력	고압	저압
규모	소규모 건축물	대규모 건축물
저탕조내의 가열코일	불필요	필요

69. 자동화재탐지설비의 열감지기 중 주위온도가 일정 온도 이상일 때 작동하는 것은?

① 차동식 ② 정온식
③ 광전식 ④ 이온화식

[해설] 감지기

감지기의 종류		작동원리
열식	차동식	그 주위 온도가 일정한 온도 상승률 이상으로 되었을 때 작동한다.
	정온식	그 주위 온도가 일정한 온도 이상이 되었을 때 작동한다.
	보상식	그 주위 온도의 변화에 따라 감도가 변화하는 것이며, 차동식 및 정온식의 성능을 가진다.
연기식	이온식	검지부에 연기가 들어감으로써 이온 전류가 변화하는 것을 이용하여 감지한다.
	광전식	검지부에 연기가 들어감으로써 광전 소자의 입사광량이 변화하는 것을 이용하여 감지한다.

70. 온열 감각에 영향을 미치는 물리적 온열 4요소에 속하지 않는 것은?

① 기온 ② 습도
③ 일사량 ④ 복사열

[해설] 인체의 온열 감각에 영향을 주는 물리적 4대 요소(물리적 온열 4요소)
 ㉠ 기온 ㉡ 습도
 ㉢ 기류 ㉣ 복사열
※ 공기조화의 4요소
 ㉠ 기온 ㉡ 습도
 ㉢ 기류 ㉣ 청정도

71. 옥내소화전설비에 관한 설명으로 옳지 않은 것은?

① 옥내소화전방수구는 바닥으로부터의 높이가 1.5m 이하가 되도록 설치한다.
② 옥내소화전설비의 송수구는 구경 65mm의 쌍구형 또는 단구형으로 한다.
③ 전동기에 따른 펌프를 이용하는 가압송수장치를 설치하는 경우, 펌프는 전용으로 하는 것이 원칙이다.
④ 어느 한 층의 옥내소화전을 동시에 사용할 경우 각 소화전의 노즐선단에서의 방수압력은 최소 0.7MPa 이상이 되어야 한다.

[해설] 옥내소화전설비 가압송수장치는 특정소방대상물의 어느 층에 있어서도 해당 층의 옥내소화전을 동시에 사용할 경우 각 소화전의 노즐선단에서의 방수압력이 0.17MPa 이상으로 하고, 하나의 옥내소화전을 사용하는 노즐선단에서의 방수압력이 0.7MPa을 초과할 경우에는 호스접결구의 인입측에 감압장치를 설치하여야 한다.

72. 다음 설명에 알맞은 접지의 종류는?

> 기능상 목적이 서로 다르거나 동일한 목적의 개별접지들을 전기적으로 서로 연결하여 구현한 접지

① 단독접지 ② 공통접지
③ 통합접지 ④ 종별접지

정답 69. ② 70. ③ 71. ④ 72. ③

[해설] **통합접지**
빌딩이나 공장 기타 건물에는 보안용 접지, 정보통신 기기들을 위한 기능용 접지 또는 낙뢰로부터 보호하기 위한 접지 등 목적이 다른 접지가 이루어지는데 하나의 공용 접지시스템으로 신뢰와 편리 그리고 경제적인 시공을 하는 것을 목적으로 한 접지를 통합접지 시스템이라 한다.
(계통접지 + 피뢰접지 + 통신접지 = 통합접지)
※ 공통접지
　(특)고압계통과 저압접지계통을 등전위 형성을 위해 공통으로 접지하는 방식

73. 온수난방방식에 관한 설명으로 옳지 않은 것은?

① 예열시간이 짧아 간헐운전에 주로 이용된다.
② 한랭지에서 운전 정지 중에 동결의 위험이 있다.
③ 증기난방방식에 비해 난방부하 변동에 따른 온도조절이 용이하다.
④ 보일러 정지 후에도 여열이 남아 있어 실내 난방이 어느 정도 지속된다.

[해설] 증기난방은 예열시간이 온수난방에 비해 짧고 증기의 순환이 빠르므로 온수난방에 비하여 간헐운전에 더 유리하다.
※ 간헐난방 : 일시적으로 하는 난방으로서 간헐적으로 열을 공급하는 증기, 온풍 등의 난방방식에 적당하다. 복사난방은 구조체를 덥히게 되므로 예열시간이 길어져 일시적으로 쓰는 방에는 부적당하다.

74. 흡수식 냉동기의 주요 구성부분에 속하지 않는 것은?

① 응축기　　　　② 압축기
③ 증발기　　　　④ 재생기

[해설] 냉동기의 냉동사이클

구분	구성 요소
압축식 냉동기	압축기 - 응축기 - 팽창밸브 - 증발기
흡수식 냉동기	증발기 - 흡수기 - 발생기(재생기) - 응축기

75. 다음 설명에 알맞은 급수 방식은?

• 위생성 측면에서 가장 바람직한 방식이다.
• 정전으로 인한 단수의 염려가 없다.

① 수도직결방식　　② 고가수조방식
③ 압력수조방식　　④ 펌프직송방식

[해설] **수도직결방식**
㉠ 소규모 건물이나 낮은 건물에 쓰인다.
㉡ 물의 오염가능성이 가장 적다.(위생적 측면에서 가장 바람직하다)
㉢ 정전시일 때도 급수를 계속 할 수 있다.
㉣ 수도 압력 변화에 따라 급수압이 변하고 단수시는 급수가 안된다.
㉤ 설비비 및 유지관리비용이 저렴한 방식이다.
☞ 수도직결방식은 일반적으로 상향급수 배관방식을 사용한다.

76. 가스설비에 사용되는 거버너(governor)에 관한 설명으로 옳은 것은?

① 실내에서 발생되는 배기가스를 외부로 배출시키는 장치
② 연소가 원활히 이루어지도록 외부로부터 공기를 받아들이는 장치
③ 가스에 누설되거나 지진이 발생했을 때 가스공급을 긴급히 차단하는 장치
④ 가스공급회사로부터 공급받은 가스를 건물에서 사용하기에 적합한 압력으로 조정하는 장치

[해설] 거버너(governor)는 가스공급회사로부터 공급받은 가스를 건물에서 사용하기에 적합한 압력으로 조정하는 장치이다.
※ 도시가스의 공급 계통은 원료, 제조, 압송, 저장, 압력조정, 공급의 순서로 설비되어 있다.

정답　73. ①　74. ②　75. ①　76. ④

77. 엘리베이터의 안전장치에 속하지 않는 것은?

① 균형추 ② 완충기
③ 조속기 ④ 전자브레이크

[해설] 균형추(counter weight)
㉠ 권상기의 부하를 줄이기 위하여 카의 반대쪽 로프에 장치하는 것
㉡ 균형추(counter weight)의 중량 = 카 중량 + 최대적재량 × 1/2
※ 엘리베이터의 안전장치
㉠ 조속기 : 규정 속도의 120%가 되면 차단
㉡ 비상정지장치 : 정격속도의 130~140%에 도달하면 차단
㉢ 완충기 : 카와 균형추가 승강로 저부로 낙하할 때 그 충격을 완화시켜 주는 장치
㉣ 스토핑 스위치(슬로우다운 스위치, 종점스위치) : 최상, 최하층에서 카 정지 스위치를 잊은 경우 자동 정지
㉤ 리밋 스위치(제한스위치) : 스토핑 스위치가 작동하지 않을 때, 제2단위 작동으로 주회로를 차단

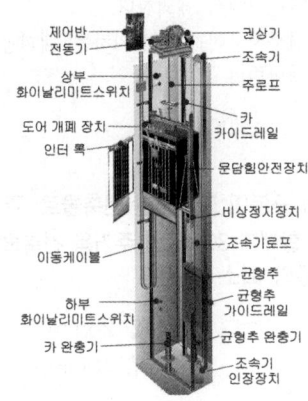

[그림] 엘리베이터

78. 어느 점광원에서 1m 떨어진 곳의 직각면 조도가 200lx일 때, 이 광원에서 2m 떨어진 곳의 직각면 조도는?

① 25lx ② 50lx
③ 100lx ④ 200lx

[해설] 조도(거리 역제곱의 법칙)
㉠ 표면에 도달하는 광의 밀도(1m² 당 1 lm의 광속이 들어 있는 경우 1lux)
㉡ 단위 : 룩스(lux, lx)
㉢ 조도=광도/(거리)²

$$\therefore E = \frac{I}{d^2} = \frac{200}{2^2} = 50\,[lx]$$

79. 전기설비의 배선공사에 관한 설명으로 옳지 않은 것은?

① 금속관 공사는 외부적 응력에 대해 전선보호의 신뢰성이 높다.
② 합성수지관 공사는 열적 영향이나 기계적 외상을 받기 쉬운 곳에서는 사용이 곤란하다.
③ 금속 덕트 공사는 다수회선의 절연전선이 동일 경로에 부설되는 간선 부분에 사용된다.
④ 플로어 덕트 공사는 옥내의 건조한 콘크리트 바닥면에 매입 사용되나 강·약전을 동시에 배선할 수 없다.

[해설] 플로어 덕트 공사
㉠ 옥내의 건조한 콘크리트 바닥면에 매입 사용된다.
㉡ 콘크리트 바닥 속에 설치해서 「커튼 월(curtain wall)」설치나 선풍기, 전화기, 전열기 등의 이용에 편리하도록 한 옥내배선방법이다.
㉢ 사무용 빌딩에 채용되고 있으며 강·약전을 동시에 배선할 수 있는 2로, 3로 방식이 가능하다.

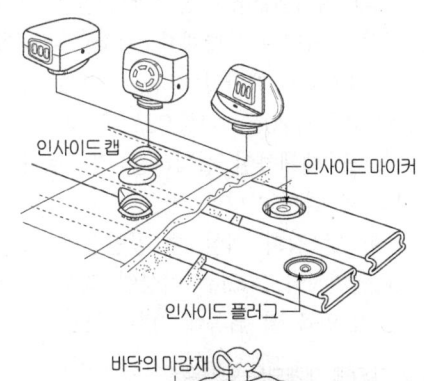

[그림] 플로어덕트 공사

과년도출제문제

80. 급수설비에서 역류를 방지하여 오염으로부터 상수계통을 보호하기 위한 방법으로 옳지 않은 것은?

① 토수구 공간을 둔다.
② 각개통기관을 설치한다.
③ 역류방지밸브를 설치한다.
④ 가압식 진공브레이커를 설치한다.

[해설] 급수의 오염방지를 위한 대책
  ㉠ 내식성 자재의 사용
  ㉡ 저수조 등으로 유해물질의 침입방지
  ㉢ 타 계통 배관과의 크로스 커넥션의 방지
  ㉣ 역사이펀 작용방지를 위한 일정 이상(25mm 이상)의 토수구 공간 확보
  ☞ 각개통기관 : 1개의 트랩을 위해 트랩 하류에서 취출하여, 그 기구보다 윗부분에서 통기계통에 접속하거나 또는 대기 중에 개구하도록 설치한 통기관

■■■ 제5과목 건축관계법규

81. 계단 및 복도의 설치기준에 관한 설명으로 틀린 것은?

① 높이가 3m를 넘는 계단에는 높이 3m 이내마다 유효너비 120cm 이상의 계단참을 설치할 것
② 거실 바닥면적의 합계가 100m² 이상인 지하층에 설치하는 계단인 경우 계단 및 계단참의 유효너비는 120cm 이상으로 할 것
③ 계단을 대체하여 설치하는 경사로의 경사도는 1:6을 넘지 아니할 것
④ 문화 및 집회 시설 중 공연장의 개별 관람실(바닥면적이 300m² 이상인 경우)의 바깥쪽에는 그 양쪽 및 뒤쪽에 각각 복도를 설치할 것

[해설] 계단에 대체되는 경사로
  ㉠ 경사도는 1:8 이하로 할 것
  ㉡ 재료마감은 표면을 거친 면으로 하거나 미끄러지지 않는 재료로 마감할 것

82. 면적 등의 산정방법과 관련한 용어의 설명 중 틀린 것은?

① 대지면적은 대지의 수평 투영면적으로 한다.
② 건축면적은 건축물의 외벽의 중심선으로 둘러싸인 부분의 수평 투영면적으로 한다.
③ 용적률을 산정할 때에는 지하층의 면적을 포함하여 연면적으로 계산한다.
④ 건축물의 높이는 지표면으로부터 그 건축물의 상단까지의 높이로 한다.

[해설] 연면적
  ① 하나의 건축물의 각층 바닥면적 합계로 한다.
  ② 용적률 산정시 연면적 산정방법
   ㉠ 동일 대지 안에 2동 이상의 건축물이 있는 경우에는 그 연면적의 합계로 한다.
   ㉡ 지하층 면적은 연면적에서 제외한다.
   ㉢ 지상층의 주차용(해당 건축물의 부속용도인 경우만 해당)으로 쓰는 면적은 연면적에서 제외한다.
   ㉣ 초고층·준초고층의 피난안전구역의 면적은 연면적에서 제외한다.
   ㉤ 경사지붕아래에 설치하는 대피공간의 면적은 제외된다.

83. 세대의 구분이 불분명한 건축물로, 주거에 쓰이는 바닥면적의 합계가 300m²인 주거용 건축물의 먹는물용 급수관 지름의 최소기준은?

① 20mm ② 25mm
③ 32mm ④ 40mm

[해설] 주거용 건축물 급수관의 지름 기준

가구 또는 세대수	1	2~3	4~5	6~8	9~16	17 이상
급수관 최소지름	15	20	25	32	40	50

※ 가구수나 세대수가 불분명한 경우 주거에 쓰이는 바닥면적의 합계에 따라 가구수를 산정
  ① 바닥면적 85m² 이하 : 1가구
  ② 바닥면적 85m² 초과, 150m² 이하 : 3가구
  ③ 바닥면적 150m² 초과, 300m² 이하 : 5가구
  ④ 바닥면적 300m² 초과, 500m² 이하 : 16가구
  ⑤ 바닥면적 500m² 초과 : 17가구

정답 80. ② 81. ③ 82. ③ 83. ②

84. 다음 중 내화구조에 해당하지 않는 것은?

① 벽의 경우 철재로 보강된 콘크리트블록조·벽돌조 또는 석조로서 철재에 덮은 콘크리트 블록 등의 두께가 3cm 이상인 것
② 기둥의 경우 철근콘크리트구조로서 그 작은 지름이 25cm 이상인 것
③ 바닥의 경우 철근콘크리트조로서 두께가 10cm 이상인 것
④ 철근콘크리트조로 된 보

해설 벽에 대한 내화구조의 기준

구조 부분	내화구조의 기준		기준 두께
벽 ( ) 안은 외벽 중 비내력벽	•철근콘크리트조·철골 철근콘크리트조		10cm(7cm) 이상
	•벽돌조		19cm 이상
	•철골조의 골구 양면 에	*철망모르타르로 덮을 때	4cm(3cm) 이상
		콘크리트블록 ·벽돌·석재 로 덮을 때	5cm(4cm) 이상
	•철재로 보강된 콘크리트블록조·벽돌조·석조로서 철재에 덮은 콘크리트블록의 두께		5cm(4cm) 이상
	•고온·고압증기양생된 경량기포 콘크리트패널 또는 경량기포콘크리트블록조		10cm 이상
	•무근콘크리트조·콘크리트블록조·벽돌조·석조		7cm 이상

85. 국토의 계획 및 이용에 관한 법령상 아래와 같이 정의되는 것은?

> 도시·군계획 수립 대상지역의 일부에 대하여 토지 이용을 합리화하고 그 기능을 증진시키며 미관을 개선하고 양호한 환경을 확보하며, 그 지역을 체계적·계획적으로 관리하기 위하여 수립하는 도시·군관리계획

① 광역도시계획 ② 지구단위계획
③ 도시·군기본계획 ④ 입지규제최소구역계획

해설 ① 광역도시계획 : 광역계획권의 지정의 규정에 의하여 지정된 광역계획권의 장기발전방향을 제시하는 계획을 말한다.
③ 도시·군기본계획 : 특별시·광역시·특별자치시·특별자치도·시 또는 군의 관할 구역에 대하여 기본적인 공간구조와 장기발전방향을 제시하는 종합계획으로서 도시·군관리계획 수립의 지침이 되는 계획을 말한다.
④ 입지규제최소구역계획 : 입지규제최소구역에서의 토지의 이용 및 건축물의 용도·건폐율·용적률·높이 등의 제한에 관한 사항 등 입지규제최소구역의 관리에 필요한 사항을 정하기 위하여 수립하는 도시·군관리계획을 말한다.

86. 다음 중 건축법상 건축물의 용도 구분에 속하지 않는 것은?(단, 대통령령으로 정하는 세부 용도는 제외)

① 공장 ② 교육시설
③ 묘지 관련 시설 ④ 자원순환 관련 시설

해설 교육연구시설(제2종 근린생활시설에 해당하는 것은 제외)
가. 학교(유치원, 초등학교, 중학교, 고등학교, 전문대학, 대학, 대학교, 그 밖에 이에 준하는 각종 학교를 말함)
나. 교육원(연수원, 그 밖에 이와 비슷한 것을 포함)
다. 직업훈련소(운전 및 정비 관련 직업훈련소는 제외)
라. 학원(자동차학원·무도학원 및 정보통신기술을 활용하여 원격으로 교습하는 것은 제외)
마. 연구소(연구소에 준하는 시험소와 계측계량소를 포함)
바. 도서관

정답 84. ① 85. ② 86. ②

87. 주차장법령의 기계식주차장치의 안전기준과 관련하여, 중형 기계식주차장의 주차장치 출입구 크기 기준으로 옳은 것은? (단, 사람이 통행하지 않는 기계식주차장치인 경우)

① 너비 2.3m 이상, 높이 1.6m 이상
② 너비 2.3m 이상, 높이 1.8m 이상
③ 너비 2.4m 이상, 높이 1.6m 이상
④ 너비 2.4m 이상, 높이 1.9m 이상

[해설] 기계식 주차장치의 안전기준

구분		크기	
출입구의 크기	중형기계식 주차장	2.3m(너비)×1.6m(높이) 이상	사람이 통행하는 기계식 주차장 출입구의 높이는 1.8m 이상
	대형기계식 주차장	2.4m(너비)×1.9m(높이) 이상	
주차구획크기	중형기계식 주차장	2.1m(너비)×1.6m(높이)×5.15m(길이)	
	대형기계식 주차장	2.3m(너비)×1.9m(높이)×5.3m(길이)	
운반기의 크기 (자동차가 들어가는 바닥의 너비)	중형기계식 주차장	1.8m 이상	
	대형기계식 주차장	1.85m 이상	

88. 주차장법령상 노외주차장의 구조 및 설비기준에 관한 아래 설명에서, ⓐ~ⓒ에 들어갈 내용이 모두 옳은 것은?

> 노외주차장의 출구 부근의 구조는 해당 출구로부터 (ⓐ)미터(이륜자동차전용 출구의 경우에는 1.3미터)를 후퇴한 노외주차장의 차로의 중심선상 (ⓑ)미터의 높이에서 도로의 중심선에 직각으로 향한 왼쪽·오른쪽 각각 (ⓒ)도의 범위에서 해당 도로를 통행하는 자를 확인할 수 있도록 하여야 한다.

① ⓐ 1, ⓑ 1.2, ⓒ 45
② ⓐ 2, ⓑ 1.4, ⓒ 60
③ ⓐ 3, ⓑ 1.6, ⓒ 60
④ ⓐ 2, ⓑ 1.2, ⓒ 45

[해설] 노외주차장의 구조 및 설비기준 (규칙 제6조)
① 노외주차장의 출구와 입구에 있어서 자동차의 회전을 용이하게 하기 위하여 필요한 경우에는 차로와 도로가 접하는 부분의 각지를 전제하여야 한다.
② 노외주차장의 출구 부근의 구조 : 해당 출구로부터 2m(이륜자동차전용 출구의 경우에는 1.3m)를 후퇴한 노외주차장의 차로의 중심선상 1.4m의 높이에서 도로의 중심선에 직각으로 향한 왼쪽·오른쪽 각 60°의 범위 안에서 해당 도로를 통행하는 자를 확인할 수 있도록 하여야 한다.

89. 건축물의 거실에 국토교통부령으로 정하는 기준에 따라 배연설비를 하여야 하는 대상 건축물에 속하지 않는 것은?(단, 피난층의 거실은 제외하며, 6층 이상인 건축물의 경우)

① 종교시설
② 판매시설
③ 위락시설
④ 방송통신시설

[해설] 배연설비의 설치대상
① 6층 이상의 건축물로서 제2종 근린생활시설 중 300m² 이상인 공연장, 종교집회장, 인터넷컴퓨터게임시설제공업소 및 다중생활시설, 문화 및 집회시설, 종교시설, 판매시설, 운수시설, 의료시설(요양병원 및 정신병원은 제외), 연구소, 아동관련시설·노인복지시설(노인요양시설은 제외), 유스호스텔, 운동시설, 업무시설, 숙박시설, 위락시설, 관광휴게시설, 장례시설의 용도에 해당되는 건축물의 거실
[예외] 피난층인 경우
② 요양병원 및 정신병원, 노인요양시설·장애인 거주시설 및 장애인 의료재활시설의 용도에 해당되는 건축물
[예외] 피난층인 경우

정답 87. ① 88. ② 89. ④

90. 피난 용도로 쓸 수 있는 광장을 옥상에 설치하여야 하는 대상 기준으로 옳지 않은 것은?

① 5층 이상인 층이 종교시설의 용도로 쓰는 경우
② 5층 이상인 층이 업무시설의 용도로 쓰는 경우
③ 5층 이상인 층이 판매시설의 용도로 쓰는 경우
④ 5층 이상인 층이 장례식장의 용도로 쓰는 경우

해설 피난의 용도로 쓰이는 옥상광장의 설치
5층 이상의 층을 문화 및 집회시설(전시장, 동·식물원 제외), 300m² 이상인 공연장·종교집회장·인터넷컴퓨터게임시설제공업소, 종교시설, 판매시설, 주점영업, 장례식장의 용도에 쓰는 경우에는 피난의 용도로 쓸 수 있는 옥상광장을 설치하여야 한다.

91. 건축물의 대지는 원칙적으로 최소 얼마 이상이 도로에 접하여야 하는가? (단, 자동차만의 통행에 사용되는 도로는 제외)

① 1.5m   ② 2m
③ 3m   ④ 4m

해설 건축물의 대지가 도로에 접해야 하는 길이

연면적 합계	기 준
2,000m² 미만 건축물	대지는 도로에 2m 이상 접해야 한다.
2,000m²(공장은 3,000m²) 이상인 건축물(축사, 작물재배사, 기타 이와 비슷한 건축물로서 건축조례로 정하는 규모의 건축물은 제외)	대지는 너비 6m 이상 도로에 4m 이상 접해야 한다. (공장 : 4m 이상)

※ 자동차만의 통행에 사용되는 도로는 제외

92. 다음 설명에 알맞은 용도지구의 세분은?

건축물·인구가 밀집되어 있는 지역으로서 시설 개선 등을 통하여 재해 예방이 필요한 지구

① 일반방재지구   ② 시가지방재지구
③ 중요시설물보호지구   ④ 역사문화환경보호지구

해설 방재지구
풍수해, 산사태, 지반의 붕괴 그 밖의 재해를 예방
㉠ 시가지방재지구 : 건축물·인구가 밀집되어 있는 지역으로서 시설 개선 등을 통하여 재해 예방이 필요한 지구
㉡ 자연방재지구 : 토지의 이용도가 낮은 해안변, 하천변, 급경사지 주변 등의 지역으로서 건축 제한 등을 통하여 재해 예방이 필요한 지구

93. 건축지도원에 관한 설명으로 틀린 것은?

① 허가를 받지 아니하고 건축하거나 용도변경한 건축물의 단속 업무를 수행한다.
② 건축지도원은 시장, 군수, 구청장이 지정할 수 있다.
③ 건축지도원의 자격과 업무범위는 국토교통부령으로 정한다.
④ 건축신고를 하고 건축 중에 있는 건축물의 시공지도와 위법 시공 여부의 확인·지도 및 단속 업무를 수행한다.

해설 건축지도원의 지정

구분	내용
목적	• 건축법 규정에 의한 명령이나 처분에 위반하는 건축물의 발생을 예방 • 건축물의 적법한 유지·관리를 지도하기 위하여
지정자	• 특별자치시장·특별자치도지사 또는 시장·군수·구청장
자격	• 특별자치시장·특별자치도지사 또는 시장·군수·구청장이 시·군·구에 근무하는 건축직렬의 공무원 • 건축에 관한 학식이 풍부한 자로서 건축조례가 정하는 자격을 갖춘 자
업무 범위	• 건축신고를 하고 건축 중에 있는 건축물의 시공지도와 위법시공여부의 확인·지도 및 단속 • 건축물의 대지, 높이 및 형태, 구조안전 및 화재안전, 건축설비 등이 법령 등에 적합하게 유지·관리되고 있는 지의 확인·지도 및 단속 • 허가를 받지 아니하거나 신고를 하지 아니하고 건축하거나 용도변경한 건축물의 단속

정답 90. ② 91. ② 92. ② 93. ③

94. 하나 이상의 필지의 일부를 하나의 대지로 할 수 있는 토지 기준에 해당하지 않는 것은?

① 도시·군계획시설이 결정·고시된 경우 그 결정·고시된 부분의 토지
② 농지법에 따른 농지전용허가를 받은 경우 그 허가받은 부분의 토지
③ 국토의 계획 및 이용에 관한 법률에 따른 지목변경허가를 받은 경우 그 허가받은 부분의 토지
④ 산지관리법에 따른 산지전용허가를 받은 경우 그 허가받은 부분의 토지

[해설] 하나 이상의 필지 일부를 하나의 대지로 할 수 있는 토지

관계법	인정 범위
국토의계획 및 이용에관한 법률	• 1 이상의 필지 일부에 대하여 도시·군계획시설이 결정·고시된 경우 그 결정·고시가 있은 부분의 토지 • 1 이상의 필지 일부에 대하여 개발행위허가를 받은 경우 그 허가받은 부분의 토지
농지법	• 1 이상의 필지 일부에 대하여 농지전용허가를 받은 경우 그 허가받은 부분의 토지
산지관리법	• 1 이상의 필지 일부에 대하여 산지전용허가를 받은 경우 그 허가받은 부분의 토지
건축법	• 사용승인 신청때 분필할 것을 조건으로 건축허가를 하는 경우 그 분필대상이 되는 부분의 토지

95. 다음은 지하층과 피난층 사이의 개방공간 설치와 관련된 기준 내용이다. ( ) 안에 알맞은 것은?

> 바닥면적의 합계가 ( ) 이상인 공연장·집회장·관람장 또는 전시장을 지하층에 설치하는 경우에는 각 실에 있는 자가 지하층 각 층에서 건축물 밖으로 피난하여 옥외 계단 또는 경사로 등을 이용하여 피난층으로 대피할 수 있도록 천장이 개방된 외부 공간을 설치하여야 한다.

① 5백 제곱미터   ② 1천 제곱미터
③ 2천 제곱미터   ④ 3천 제곱미터

[해설] 지하층과 피난층 사이의 개방공간 설치(영 제37조)
바닥면적의 합계가 3,000m² 이상인 공연장·집회장·관람장 또는 전시장을 지하층에 설치하는 경우에는 각 실에 있는 자가 지하층 각 층에서 건축물 밖으로 피난하여 옥외 계단 또는 경사로 등을 이용하여 피난층으로 대피할 수 있도록 천장이 개방된 외부 공간을 설치하여야 한다.

96. 다음 중 국토의 계획 및 이용에 관한 법령에 따른 용도지역안에서의 건폐율 최대 한도가 가장 높은 것은?

① 준주거지역   ② 중심상업지역
③ 일반상업지역   ④ 유통상업지역

[해설] 건폐율(도시지역)

용도지역 구분		건폐율의 최대한도	지역의 세분	건폐율의 세분
도시 지역	상업 지역	90%	• 중심상업지역	90/100
			• 유통상업지역	80/100
			• 일반상업지역	80/100
			• 근린상업지역	70/100
	주거 지역	70%	• 준주거지역	70/100
			• 일반 주거 지역 제1·2종	60/100
			제3종	50/100
			• 전용주거지역 (제1·2종)	50/100
	공업 지역	70%	• 전용공업지역 • 일반공업지역 • 준공업지역	70/100
	녹지 지역	20%	• 보전녹지지역 • 생산녹지지역 • 자연녹지지역	20/100

정답 94. ③ 95. ④ 96. ②

97. 건축물의 피난층 외의 층에서 피난층 또는 지상으로 통하는 직통계단을 거실의 각 부분으로부터 계단에 이르는 보행거리가 최대 얼마 이내가 되도록 설치하여야 하는가? (단, 건축물의 주요구조부는 내화구조이고 층수는 15층으로 공동주택이 아닌 경우)

① 30m   ② 40m
③ 50m   ④ 60m

[해설] 피난층이 아닌 층에서의 피난층 또는 직통계단까지의 보행거리

피난층이 아닌 층에서 거실 각 부분으로부터 피난층(직접 지상으로 통하는 출입구가 있는 층) 또는 지상으로 통하는 직통계단(경사로 포함)에 이르는 보행거리는 다음과 같다.

구분	보행거리
원칙	30m 이하
주요구조부가 내화구조 또는 불연재료로 된 건축물	50m 이하 (16층 이상 공동주택 : 40m 이하) [자동화 생산시설에 스프링클러 등 자동식 소화설비를 설치한 공장으로서 국토교통부령으로 정하는 공장인 경우에는 그 보행거리가 75m (무인화 공장 경우 100m) 이하]

98. 공동주택과 오피스텔의 난방설비를 개별난방방식으로 하는 경우 설치기준과 거리가 먼 것은?

① 보일러실의 윗부분에는 그 면적이 0.5m² 이상인 환기창을 설치할 것
② 보일러를 설치하는 곳과 거실 사이의 경계벽은 출입구를 포함하여 방화구조의 벽으로 구획할 것
③ 보일러의 연도는 내화구조로서 공동연도로 설치할 것
④ 기름보일러를 설치하는 경우에는 기름저장소를 보일러실 외의 다른 곳에 설치할 것

[해설] 개별난방설비 등(설비규칙 제13조)

공동주택과 오피스텔의 난방설비를 개별난방방식으로 하는 경우에는 다음의 기준에 적합하여야 한다.

구분	기준
① 보일러 설치 위치	• 거실 외의 곳에 설치 • 보일러실과 거실 사이의 경계벽은 내화구조의 벽으로 구획(출입구 제외)
② 보일러실의 환기	• 윗부분에 0.5m² 이상의 환기창 설치 • 지름 10cm 이상의 공기흡입구 및 배기구를 항상 열려진 상태로 외기와 접하도록 설치(단, 전기보일러 경우는 제외)
③ 기름저장소	• 기름보일러의 기름저장소는 보일러실 외에 설치할 것
④ 오피스텔의 난방구획	• 방화구획으로 구획할 것
⑤ 보일러실의 연도	• 내화구조로서 공동연도로 설치할 것
⑥ 가스보일러	• 보일러실과 거실 사이 출입구는 출입구가 닫힌 경우 가스가 거실에 들어갈 수 없는 구조일 것 • 중앙집중공급방식으로 공급하는 경우에는 ①의 규정에도 불구하고 관계법령이 정하는 기준에 의함

99. 국토의 계획 및 이용에 관한 법령상 지구단위계획의 내용에 포함되지 않는 것은?

① 건축물의 배치·형태·색채에 관한 계획
② 건축물의 안전 및 방재에 대한 계획
③ 기반시설의 배치와 규모
④ 교통처리계획

[해설] 지구단위계획의 내용

지구단위계획구역의 지정목적을 달성하기 위하여 지구단위계획에는 다음의 사항 중 하기 3, 5호의 사항이 반드시 포함되어야 하며, 이외의 사항은 필요에 따라 포함시킬 수 있다.

1. 용도지역 또는 용도지구를 세분하거나 변경하는 사항
2. 기존의 용도지구를 폐지하고 그 용도지구에서의 건축물이나 그 밖의 시설의 용도·종류 및 규모 등의 제한을 대체하는 사항
3. 기반시설의 배치와 규모
4. 도로로 둘러싸인 일단의 지역 또는 계획적인 개발·정비를 위하여 구획된 일단의 토지의 규모와 조성계획
5. 건축물의 용도제한·건축물의 건폐율 또는 용적률·건축물의 높이의 최고한도 또는 최저한도
6. 건축물의 배치·형태·색채 또는 건축선에 관한 계획
7. 환경관리계획 또는 경관계획
8. 교통처리계획
9. 토지이용의 합리화, 도시 또는 농·산·어촌의 기능증진 등에 필요한 사항

100. 다음 중 건축물의 용도변경 시 허가를 받아야 하는 경우에 해당하지 않는 것은?

① 주거업무시설군에 속하는 건축물의 용도를 근린생활시설군에 해당하는 용도로 변경하는 경우
② 문화 및 집회시설군에 속하는 건축물의 용도를 영업시설군에 해당하는 용도로 변경하는 경우
③ 전기통신시설군에 속하는 건축물의 용도를 산업 등 시설군에 해당하는 용도로 변경하는 경우
④ 교육 및 복지시설군에 속하는 건축물의 용도를 문화 및 집회시설군에 해당하는 용도로 변경하는 경우

[해설] 허가대상 및 신고대상의 용도변경

분류	시설군
㉠ 자동차관련 시설군	• 자동차관련시설
㉡ 산업등 시설군	• 운수시설 • 창고시설 • 공장 • 위험물저장 및 처리시설 • 자원순환관련시설 • 묘지관련시설 • 장례식장
㉢ 전기통신 시설군	• 방송통신시설 • 발전시설
㉣ 문화집회 시설군	• 문화 및 집회시설 • 종교시설 • 위락시설 • 관광휴게시설
㉤ 영업시설군	• 판매시설 • 운동시설 • 숙박시설 • 제2종 근린생활시설 중 다중생활시설
㉥ 교육 및 복지시설군	• 의료시설 • 교육연구시설 • 노유자시설 • 수련시설 • 야영장시설
㉦ 근린생활 시설군	• 제1종 근린생활시설 • 제2종 근린생활시설 (다중생활시설은 제외)
㉧ 주거업무 시설군	• 단독주택 • 공동주택 • 업무시설 • 교정 및 군사시설
㉨ 기타 시설군	• 동물 및 식물관련시설

※ 절차 :
① 허가대상 : 상위시설군(오름차순)에 해당하는 용도로 변경하는 행위
[㉨에서 ㉠의 시설군으로 용도변경하는 경우]
② 신고대상 : 하위시설군(내림차순)에 해당하는 용도로 변경하는 행위
[㉠에서 ㉨의 시설군으로 용도변경하는 경우]

과년도출제문제

2021. 4회 건축기사

■■■ 제1과목 건축계획

1. 상점 건축의 진열장 배치에 관한 설명으로 옳은 것은?

① 손님 쪽에서 상품이 효과적으로 보이도록 계획한다.
② 들어오는 손님과 종업원의 시선이 정면으로 마주치도록 계획한다.
③ 도난을 방지하기 위하여 손님에게 감시한다는 인상을 주도록 계획한다.
④ 동선이 원활하여 다수의 손님을 수용하고 가능한 다수의 종업원으로 관리하게 한다.

[해설] 진열장(Show case) 배치시 고려사항
   ㉠ 고객 쪽에서 상품이 효과적으로 보이게 한다.
   ㉡ 감시하기 쉽고 또한 고객에게는 감시한다는 인상을 주지 않도록 한다.
   ㉢ 고객과 종업원의 동선을 원활하게 하여 다수의 고객을 수용하고 소수의 종업원으로 관리하기에 편리하도록 하여야 한다.
   ㉣ 들어오는 고객과 종업원의 시선이 직접 마주치지 않게 한다. 이를 위해 종업원의 위치는 상점 전면에서 직접 보이지 않게 하고, 슬며시 보이는 장소를 정한다.
   ㉤ 판매와 지불의 관계에 있어서 종업원의 동선은 짧게 한다. 또한 금전자동계산기를 종업원 가까이에 둔다.
   ☞ 상점 내의 진열케이스 배치계획에 있어 가장 중요하게 고려하여야 할 사항은 동선이다.
   ☞ 상점 내의 진열장(Show case) 배치계획에 있어 가장 중요하게 고려하여야 할 사항은 동선의 흐름이다.

2. 다음 중 도서관에 있어 모듈 계획(Module Plan)을 고려한 서고 계획 시 결정 및 선행되어야 할 요소와 가장 거리가 먼 것은?

① 엘리베이터의 위치
② 서가 선반의 배열 깊이
③ 서고 내의 주요 통로 및 교차 통로의 폭
④ 기둥의 크기와 방향에 따른 서가의 규모 및 배열의 길이

[해설] 도서관의 모듈 계획(modular planning)
모듈은 도서관 건축계획의 기본이 되기 때문에 서고와 관련하여 연구되어야 하며, 이를 위해서는 건축적인 제약을 최소화 하면서 공간의 가변성(flexibility)을 최대한 살려야 한다. 도서관 건축의 모듈은 건물의 치수를 기둥 간격의 배수가 되도록 계획하는 방법이다.
  ① 바닥면은 가변벽과 독립 서가에 의해 구획하고 필요조건의 변화에 따른 공간의 구획 변경이 가능하며, 특히 독서실과 서고의 적절한 융합이 가능하다.
  ② 기둥 간격에 의해 설정된 그리드(grid)마다 균질한 구조 계획과 설비 계획이 되도록 한다.
  ※ 도서관에 있어 모듈 계획(Module Plan)을 고려한 서고 계획 시 결정 및 선행되어야 할 요소
   ㉠ 기둥의 크기와 방향에 따른 서가의 규모 및 배열 길이
   ㉡ 서가 선반의 배열 깊이
   ㉢ 서고 내의 주요 통로 및 교차통로의 폭

3. 호텔의 퍼블릭 스페이스(public space) 계획에 관한 설명으로 옳지 않은 것은?

① 로비는 개방성과 다른 공간과의 연계성이 중요하다.
② 프론트 데스크 후방에 프론트 오피스를 연속시킨다.
③ 주식당은 외래객이 편리하게 이용할 수 있도록 출입구를 별도로 설치한다.
④ 프론트 오피스는 기계화된 설비보다는 많은 사람을 고용함으로써 고객의 편의와 능률을 높여야 한다.

정답 1. ① 2. ① 3. ④

[해설] 프런트 오피스(front office)는 호텔 운영의 중심부로 사무의 기계화, 각종 통신설비의 도입으로 각종 업무의 연결을 신속화하며 고객의 편의와 작업능률을 올려서 인건비를 절약하여야 한다.

4. 아파트에서 친교공간 형성을 위한 계획 방법으로 옳지 않은 것은?

① 아파트에서의 통행을 공동 출입구로 집중시킨다.
② 별도의 계단실과 입구 주위에 집합단위를 만든다.
③ 큰 건물로 설계하고, 작은 단지는 통합하여 큰 단지로 만든다.
④ 공동으로 이용되는 서비스 시설을 현관에 인접하여 통행의 주된 흐름에 약간 벗어난 곳에 위치시킨다.

[해설] 단위주거가 적당한 수의 단위로 단지화(grouping) 하게 되면, 거기에서 형성되는 공간을 자기의 것으로 더욱 강하게 느끼게 되고 서로가 가깝게 친교할 수 있는 계기가 되어 영역 형성에 많은 도움이 된다. 또한 입주민간의 정보교류가 가능한 다목적 공간과 실내골프장, 피트니스센터, 사우나 등의 시설을 둠으로써 입주민의 건강한 라이프 생활이 가능하도록 계획한다.

5. 다음과 같은 특징을 갖는 건축양식은?

- 사라센 문화의 영향을 받았다.
- 도서렛(dosseret)과 펜던티브 돔(pendentive dome)이 사용되었다.

① 로마 건축 ② 이집트 건축
③ 비잔틴 건축 ④ 로마네스크 건축

[해설] 비잔틴 건축
㉠ 사라센 문화의 영향을 받았다.
㉡ 비잔틴 건축의 교회의 평면에는 중앙의 대형 돔을 중심으로 좌우 대칭이 되는 집중형 또는 그리스 십자형(Greek Cross) 형태가 특징이다.
㉢ 펜덴티브 돔(pendentive dome)은 정사각형의 평면에 돔을 올리는 구조법으로 비잔틴 건축에서 주로 사용되었으며 대표적인 예로는 성 소피아 성당이 있다.

6. 오토 바그너(Otto Wagner)가 주장한 근대건축의 설계지침 내용으로 옳지 않은 것은?

① 경제적인 구조
② 그리스 건축양식의 복원
③ 시공재료의 적당한 선택
④ 목적을 정확히 파악하고 완전히 충족시킬 것

[해설] 오토 바그너(Otto Wagner)의 근대건축의 설계지침
㉠ 목적을 정확히 파악하고 완전히 충족시킬 것
㉡ 시공재료의 적당한 선택
㉢ 간편하고 경제적인 구조
㉣ ㉠, ㉡, ㉢에 의해 자연스럽게 형성되는 건축형태가 필요 양식이라고 주장
※ 쎄제시온 : 1897년 오스트리아 비인에서 오토 바그너의 영향 하에 조셉 호프만이 시작한 운동으로 과거양식에서 분리와 해방을 지향하는 건축운동

7. 공동주택의 단면형식에 관한 설명으로 옳지 않은 것은?

① 트리플렉스형은 듀플렉스형보다 공용면적이 크게 된다.
② 메조넷형에서 통로가 없는 층은 채광 및 통풍 확보가 양호하다.
③ 플랫형은 평면구성의 제약이 적으며, 소규모의 평면계획도 가능하다.
④ 스킵 플로어형은 동일한 주거동에서 각기 다른 모양의 세대 배치가 가능하다.

[해설] 트리플렉스형(triplex type)
㉠ 하나의 주호가 3층으로 구성되어 있는 형식이다.
㉡ 프라이버시 확보 및 통로 면적의 절약은 maisonette형보다 유리하나, 주호의 면적이 크지 않으면 계획상의 융통성이 없어진다.
㉢ 화재 발생시 피난에 대한 고려가 필요하다.
㉣ 엘리베이터의 정지층 및 통로 면적의 감소로 전용면적의 극대화를 도모할 수 있다.

정답 4. ③ 5. ③ 6. ② 7. ①

8. 공연장의 객석 계획에서 잘 보이는 동시에 실제적으로 관객을 수용해야 하는 공연장에서 큰 무리가 없는 거리인 제1차 허용거리의 한도는?

① 15m ② 22m
③ 38m ④ 52m

[해설] 가시거리
- ㉠ A 구역 : 배우의 표정이나 동작을 상세히 감상할 수 있는 사선 거리의 생리적 한도는 15m이다. 따라서 인형극이나 아동극은 이 한계 내에 있어야 한다.
- ㉡ B 구역 : 실제의 극장 건축에서는 될 수 있는 한 수용을 많이 하려는 생각에서 22m까지를 1차 허용한도로 정하며, 국악이나 신극, 실내악 등은 이 범위 내에 객석을 둘 수 있다.
- ㉢ C 구역 : 현대 연극, 그랜드 오페라, 발레, 뮤지컬은 배우의 일반적인 동작만 보이면 감상하는 데는 별 지장이 없으므로 이를 제2차 허용한도라 하고, 35m까지 둘 수 있다. 따라서 심포니오케스트라(symphony orchestra)와 같은 것은 이 이상의 시선 거리에서는 감상이 곤란해진다.
- ※ 무대 예술의 감상에 있어서, 배우 상호간, 배우와 배경과의 관계 때문에 수평 편각의 허용도는 중심선에서 60°의 범위로 한다.

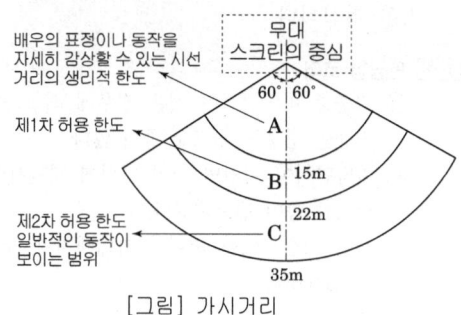

[그림] 가시거리

9. 우리나라의 현존하는 목조건축물 중 가장 오래된 것은?

① 부석사 무량수전 ② 부석사 조사당
③ 봉정사 극락전   ④ 수덕사 대웅전

[해설] 봉정사 극락전
- ㉠ 고려시대 초기의 건축물로, 신라시대의 일반 목조건물 양식에 북송요의 주심포 형식을 가미한 공법으로 건축한 것이다.
- ㉡ 현존하는 목조 건축 중 가장 오래된 건축물이다.
- ㉢ 정면 3칸에 측면 4칸의 규모이며 서남향으로 배치되어 있다.
- ㉣ 건물의 전면에만 다듬질된 석기단(石基壇)을 쌓고 그 위에 자연석 초석을 배열하여 주좌(柱座)만을 조각하였고, 초석 위에는 배흘림기둥을 세웠다.
- ㉤ 지붕은 맞배지붕의 형태를 띠고 있다.

[그림] 봉정사 극락전

10. 열람자가 서가에서 책을 자유롭게 선택하나 관원의 검열을 받고 열람하는 도서관 출납 시스템은?

① 폐가식   ② 반개가식
③ 안전개가식 ④ 자유개가식

[해설] 안전개가식(Safe guarded open access)
- ㉠ 자유개가식과 반개가식의 장점을 취한 것으로서 열람자가 책을 직접 서가에서 꺼내지만 관원의 검열을 받고 기록을 남긴 후 열람하는 형식이다.
- ㉡ 보통 1실 규모는 15,000권 이하가 적합하며, 소규모 도서관에 적합하다.
- ㉢ 특징
  - 출납 시스템이 필요치 않아 혼잡하지 않다.
  - 도서 열람의 체크 시설이 필요하다.
  - 서가 열람이 가능하며 책을 직접 뽑을 수 있다.
  - 감시가 필요하지 않다.

정답 8. ② 9. ③ 10. ③

11. 테라스 하우스에 관한 설명으로 옳지 않은 것은?

① 각 호마다 전용의 뜰(정원)을 갖는다.
② 각 세대의 깊이는 7.5m 이상으로 하여야 한다.
③ 진입방식에 따라 하향식과 상향식으로 나눌 수 있다.
④ 시각적인 인공테라스형은 위층으로 갈수록 건물의 내부면적이 작아지는 형태이다.

[해설] 테라스 하우스(terrace house : 연속주택)
경사지에서 적절한 절토에 의하여 자연 지형에 따라 건물을 테라스형으로 축조하는 것으로 각호마다 전용의 뜰(정원)을 갖는다.
- 일반적으로 경사지를 이용하여 지형에 따라 건물을 축조한다.
- 각 세대마다 개별적인 옥외 공간의 확보가 가능하다.
- 도로를 중심으로 상향식과 하향식으로 구분할 수 있다.
- 일반적으로 후면에 창이 없으므로 각 세대의 깊이는 7.5m 이상으로 하여서는 안된다.
- 경사가 심할수록 밀도가 높아진다.
- 평지보다 더 많은 인구를 수용할 수 있어 경제적이다.

12. 학교 교사의 배치 형식에 관한 설명으로 옳지 않은 것은?

① 분산병렬형은 넓은 부지를 필요로 한다.
② 폐쇄형은 일조, 통풍 등 환경조건이 불균등하다.
③ 집합형은 이동 동선이 길어지고 물리적 환경이 나쁘다.
④ 분산병렬형은 구조계획이 간단하고 생활환경이 좋아진다.

[해설] 집합형(compact형)
인구 증가에 따른 교육 시설의 지역 계획이 차츰 가능하게 되어, 교지의 한쪽에서 교사를 짓기 시작할 때부터 최대 규모를 전제로 하여 유기적인 구성으로 계획한다.
- 교육 구조에 따른 유기적 구성이 가능하다.
- 동선이 짧아 학생 이동에 유리하다.
- 물리적 환경이 좋다.
- 시설물을 지역 사회에서 이용할 수 있는 다목적 계획이 가능하다.

13. 사무소 건물의 엘리베이터 배치 시 고려사항으로 옳지 않은 것은?

① 교통동선의 중심에 설치하여 보행거리가 짧도록 배치한다.
② 대면배치에서 대면거리는 동일 군 관리의 경우 3.5~4.5m로 한다.
③ 여러 대의 엘리베이터를 설치하는 경우, 그룹별 배치와 군 관리 운전방식으로 한다.
④ 일렬 배치는 6대를 한도로 하고, 엘리베이터 중심 간 거리는 10m 이하가 되도록 한다.

[해설] 일렬 배치는 4대를 한도로 하고, 엘리베이터 중심 간 거리는 8m 이하가 되도록 한다.

14. 사무소 건축의 코어 형식 중 편심형 코어에 관한 설명으로 옳지 않은 것은?

① 고층인 경우 구조상 불리할 수 있다.
② 각 층 바닥면적이 소규모인 경우에 사용된다.
③ 바닥면적이 커지면 코어 이외에 피난시설 등이 필요해 진다.
④ 내진구조상 유리하며 구조코어로서 가장 바람직한 형식이다.

[해설] 편심형 코어
㉠ 기준층 바닥면적이 적은 경우에 적합하며 너무 고층인 경우는 구조상 좋지 않다.
㉡ 바닥면적이 커지면 코어 이외에 피난시설, 설비 샤프트 등이 필요해진다.
㉢ 코어 접합부에서 변형이 과대해지지 않는 계획이 필요하다.

정답 11. ② 12. ③ 13. ④ 14. ④

15. 공장건축의 레이아웃에 관한 설명으로 옳지 않은 것은?

① 장래 공장 규모의 변화에 대응한 융통성이 있어야 한다.
② 제품중심의 레이아웃은 생산에 필요한 모든 공정, 기계기구를 제품의 흐름에 따라 배치한다.
③ 이동식 레이아웃은 사람이나 기계가 이동하여 작업하는 방식으로 제품이 크고, 수량이 적을 때 사용된다.
④ 레이아웃은 공장 생산성에 미치는 영향이 크므로 공장의 배치계획, 평면계획은 이것에 부합되는 건축계획이 되어야 한다.

[해설] 고정식 레이아웃
㉠ 주(主)가 되는 재료나 조립 부분품이 고정되고, 사람이나 기계가 이동해 가며 작업을 하는 방식
㉡ 특징 : 선박, 건축 등과 같이 제품이 크고, 수량이 적은 경우에 적합하다.

16. 병원건축에 있어서 파빌리온 타입(pavilion type)에 관한 설명으로 옳은 것은?

① 대지 이용의 효율성이 높다.
② 고층 집약식 배치형식을 갖는다.
③ 각 실의 채광을 균등히 할 수 있다.
④ 도심지에서 주로 적용되는 형식이다.

[해설] 병원의 건축형식
① 분관식(pavilion type)
  평면 분산식으로 각 건물은 3층 이하의 저층 건물이며 외래부, 부속 진료부, 병동을 각각 별동으로 하여 분산시키고 복도로 연결시키는 방법으로서 치료와 의사 본위의 병원 형식이다. 각 과별 전용 시설, 진료 시설, 사무실 등이 확보되어야 한다.
  ㉠ 각 병실을 남향으로 할 수 있어 일조, 통풍 조건이 좋아진다.
  ㉡ 넓은 대지가 필요하며 설비가 분산적이고 보행 거리가 멀어진다.
  ㉢ 내부 환자는 주로 경사로를 이용한 보행 또는 들것으로 운반한다.

② 집중식(block type)
  외래부, 부속 진료부, 병동을 합쳐서 한 건물로 하고, 특히 병동은 고층으로 하여 환자를 운송하는 방법이다. 현대 대병원 건축은 이 방식으로 건축된다.
  ㉠ 고층화가 가능해서 도시 지역에 적합하다.
  ㉡ 관리가 편리하고 설비 등의 시설비가 적게 든다.
  ㉢ 의료, 간호, 급식, 등의 서비스가 원활하다.
  ㉣ 일조, 통풍 등의 조건이 불리해지며, 각 병실의 환경이 균일하지 못하다.

17. 전시공간의 특수전시기법 중 하나의 사실이나 주제의 시간상황을 고정시켜 연출함으로써 현장에 임한 듯한 느낌을 가지고 관찰할 수 있는 기법은?

① 알코브 전시 ② 아일랜드 전시
③ 디오라마 전시 ④ 하모니카 전시

[해설] 특수전시기법

전시기법	특징
디오라마 전시	'하나의 사실' 또는 '주제의 시간 상황을 고정'시켜 연출하는 것으로 현장에 임한 듯한 느낌을 가지고 관찰할 수 있는 전시기법
파노라마 전시	벽면전시와 입체물이 병행되는 것이 일반적인 유형으로 넓은 시야의 실경(實景)을 보는 듯한 감각을 주는 전시기법
아일랜드 전시	벽이나 천정을 직접 이용하지 않고 전시물 또는 장치를 배치함으로써 전시공간을 만들어내는 기법으로 대형전시물이나 소형전시물인 경우에 유리하다.
하모니카 전시	전시평면이 하모니카 흡입구처럼 동일한 공간으로 연속되어 배치되는 전시기법으로 동일 종류의 전시물을 반복 전시할 때 유리하다.

정답 15. ③ 16. ③ 17. ③

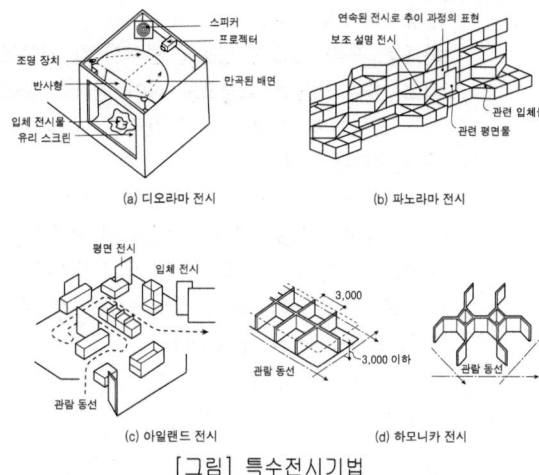

[그림] 특수전시기법

18. 백화점 매장의 배치 유형에 관한 설명으로 옳지 않은 것은?

① 직각배치는 매장 면적의 이용률을 최대로 확보할 수 있다.
② 직각배치는 고객의 통행량에 따라 통로폭을 조절하기 용이하다.
③ 사행배치는 많은 고객이 매장공간의 코너까지 접근하기 용이한 유형이다.
④ 사행배치는 Main 통로를 직각 배치하며, Sub 통로를 45° 정도 경사지게 배치하는 유형이다.

해설 직각배치
  ㉠ 가장 일반적인 배치 방법으로 판매대의 설치가 간단하다.
  ㉡ 경제적이고 판매대의 매장면적을 최대한도로 확보할 수 있다.
  ㉢ 고객의 통행량에 따라 부분적으로 통로 폭을 조절하기 어렵다.
  ㉣ 단조로운 배치이고, 국부적인 혼란을 일으키기 쉽다.

19. 지속가능한(Sustainable) 공동주택의 설계개념으로 적절하지 않은 것은?

① 환경친화적 설계
② 지형순응형 배치
③ 가변적 구조체의 확대 적용
④ 규격화, 동일화된 단위평면

해설 Sustainable-Design Issues (지속가능한 디자인)
  ① 건물부문은 지구의 환경보존 및 에너지 사용량에 있어서 중요한 책임을 가진다.
  ② 건물의 유효수명으로 인해 그 책임성은 더욱 커짐 : 자동차 10여년, 건물은 최소한 50년의 유효수명을 가진다.
  ③ 지구환경 오염가능성과 에너지의 필요성을 최소로 하는 환경친화형, 에너지절약형 건물설계로의 전환이 요구된다.
  ⇒ 지속가능한(Sustainable) 디자인은 선택이 아니라 필수이다.
※ 친환경건축물인증제
  ㉠ 쾌적한 주거환경 조성을 유도하기 위해 2002년 1월부터 국토교통부와 환경부 주관으로 시행
  ㉡ 건물 소유자로부터 신청을 받아 친환경성 평가
  ㉢ 인증대상 건축물 : 완공된 공동주택
  ㉣ 인증 유효기간 : 5년 (한차례 연장 가능)
※ 환경친화적인 건축의 요건
  ① 환경부하의 절감
  ② 자연과의 빈번한 접촉
  ③ 건강과 쾌적

20. 래드번(Radburn) 계획의 5가지 기본원리로 옳지 않은 것은?

① 기능에 따른 4가지 종류의 도로 구분
② 보도망 형성 및 보도와 차도의 평면적 분리
③ 자동차 통과도로 배제를 위한 슈퍼블록 구성
④ 주택단지 어디로나 통할 수 있는 공동 오픈 스페이스 조성

[해설] 래드번(Radburn) 계획에서 제시한 5가지 기본원리
① 보도망(Pedestrian Network)의 형성 및 보도와 차도(고가차도)의 입체적 분리
② 기능에 따른 4가지 종류의 도로 구분
③ 자동차 통과교통의 배제를 위한 슈퍼블록(大街區, super block : 간선도로에 의해 분할되지 않는 주구로 10~20ha)의 구성
④ 주택단지 어디로나 통할 수 있는 공동의 오픈 스페이스(Open Space) 조성
⑤ 쿨데삭(cul-de-sac)형의 세가로망 구성에 의해 주택의 거실을 보도 혹은 정원을 향하도록 배치

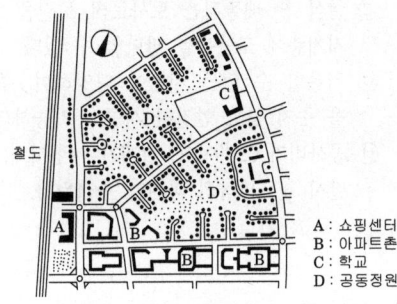

[그림] 레드번의 근린주구

■■■■ 제2과목 건축시공

21. 표준시방서에 따른 시스템비계에 관한 기준으로 옳지 않은 것은?

① 수직재와 수직재의 연결은 전용의 연결조인트를 사용하여 견고하게 연결하고, 연결 부위가 탈락 또는 꺾어지지 않도록 하여야 한다.
② 수평재는 수직재에 연결핀 등의 결합 방법에 의해 견고하게 결합되어 흔들리거나 이탈되지 않도록 하여야 한다.
③ 대각으로 설치하는 가새는 비계의 외면으로 수평면에 대해 40°~60° 방향으로 설치하며 수평재 및 수직재에 결속한다.
④ 시스템 비계 최하부에 설치하는 수직재는 받침 철물의 조절너트와 밀착되도록 설치하여야 하며, 수직과 수평을 유지하여야 한다. 이 때, 수직재와 받침 철물의 겹침길이는 받침 철물 전체길이의 5분의 1 이상이 되도록 하여야 한다.

[해설] 시스템 비계 최하부에 설치하는 수직재는 받침 철물의 조절너트와 밀착되도록 설치하여야 하며, 수직과 수평을 유지하여야 한다. 이때, 수직재와 받침 철물의 겹침길이는 받침 철물 전체길이 3분의 1 이상이 되도록 하여야 한다.
※ 시스템비계라 함은 수직재, 수평재, 가새재 등 각각의 부재를 공장에서 제작하고 현장에서 조립하여 사용하는 조립식 비계로 고소작업에서 작업자가 작업장소에 접근하여 작업할 수 있도록 설치하는 작업대를 지지하는 가설 구조물을 말한다.
시스템비계(일체형 작업발판)는 수직재와 수평재, 계단과 연결철물이 규격화·일체화되어 보다 견고하고 안전한 비계이다.

22. 공정관리에서 공기단축을 시행할 경우에 관한 설명으로 옳지 않은 것은?

① 특별한 경우가 아니면 공기단축 시행 시 간접비는 상승한다.
② 비용구배가 최소인 작업을 우선 단축한다.
③ 주공정선상의 작업을 먼저 대상으로 단축한다.
④ MCX(minimum cost expediting)법은 대표적인 공기단축방법이다.

[해설] 간접비는 관리비, 공통가설비, 감가상각비, 금리 등으로 공기가 단축되면 간접비는 감소한다.
※ MCX(Minimum Cost Expediting, 최소비용 일정단축기법)
㉠ 주공정상의 소요 작업 중 비용구배(cost slope)가 가장 작은 요소작업부터 단위 시간씩 단축해 가며 이로 인해 변경되는 주공정이 발생되면 변경된 경로의 단축해야 할 요소작업을 결정해 가는 방법
㉡ 공기가 최소화 되도록 비용구배(cost slope)에 의해서 공기를 조절한다.

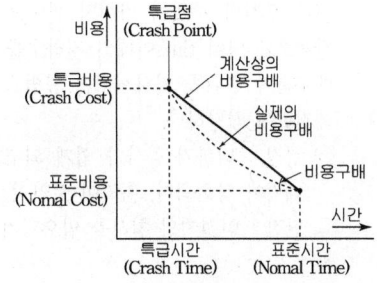

23. 콘크리트 건조수축 영향인자에 관한 설명으로 옳지 않은 것은?

① 시멘트의 화학성분이나 분말도에 따라 건조수축량이 변화한다.
② 골재 중에 포함된 미립분이나 점토, 실트는 일반적으로 건조수축을 증대시킨다.
③ 바다모래에 포함된 염분은 그 양이 많으면 건조수축을 증대시킨다.
④ 단위수량이 증가할수록 건조수축량은 작아진다.

해설 콘크리트의 건조수축
습윤상태에 있는 콘크리트가 건조하여 수축하는 현상으로 하중과는 관계없는 콘크리트의 인장응력에 의한 균열이다.
㉠ 단위시멘트량 및 단위수량이 클수록 크다.
㉡ 골재 중의 점토분이 많을수록 크다.
㉢ 공기량이 많으면 공극이 많아지므로 크다.
㉣ 골재가 경질이고 탄성계수가 클수록 적다.
㉤ 충분한 습윤양생을 할수록 적다.
※ 크리프와 건조수축은 모두 콘크리트 재료의 소성변형이지만, 건조수축은 하중과는 관계없는 콘크리트의 인장응력에 의한 균열이다

24. 지내력을 갖춘 지반으로 만들기 위한 배수공법 또는 탈수공법이 아닌 것은?

① 샌드 드레인 공법
② 웰 포인트 공법
③ 페이퍼 드레인 공법
④ 베노토 공법

해설 배수 공법
1) 웰포인트 공법(Well point method)
건물 부지의 주위에 라이저 파이프를 1~2m의 간격으로 박아 6m 이내의 지하수를 진공펌프로 배수하여 수위를 저하시키는 공법으로 자갈, 모래지반에 적당하다.
㉠ 장점 : 터파기 공사가 쉽게 되고, 지반의 지내력이 강화되며, 흙막이 토압이 경감된다.
㉡ 단점 : 인접지의 침하를 일으키기 쉽다.

2) 샌드드레인 공법(Sand drain method)
적당한 간격으로 모래 말뚝을 형성하고 그 지반 위에 하중을 가하여 지반 중의 물을 유출시키는 공법으로 점토지반에 적당하다.
3) 페이퍼드레인(Paper drain) 공법
모래 대신 흡수지를 사용하여 물을 빼내는 공법으로 시공속도가 빠르며, 공사비가 싸다.
※ 베노토 공법(All Casing공법, 전관공법)
㉠ 대구경의 깊은 말뚝에 적합하다.
㉡ 주변에 영향을 주지 않고 안전한 시공이 가능하다.
㉢ 길이 50~60m의 긴 말뚝의 시공도 가능하다.
㉣ 굴삭 후 배출되는 토사로써 토질을 알 수 있어 지지층에 도달됨을 판단할 수 있다.
㉤ 적용할 수 있는 지반이 다양하며, 주변에 영향을 주지 않고 안전한 시공이 가능하다.
㉥ 공사비가 고가이고, 기계가 대형이며, 케이싱 인발시 철근피복의 파괴가 우려된다.

25. 페인트칠의 경우 초벌과 재벌 등을 도장할 때마다 색을 약간씩 다르게 하는 주된 이유는?

① 희망하는 색을 얻기 위하여
② 색이 진하게 되는 것을 방지하기 위하여
③ 착색안료를 낭비하지 않고 경제적으로 사용하기 위하여
④ 초벌, 재벌 등 페인트칠 횟수를 구별하기 위하여

해설 페인트칠의 경우 초벌과 재벌 등으로 구분하고, 도장할 때마다 다음 칠을 하였는지 안하였는지 구별하기 위하여 색을 약간씩 다르게 한다.

26. 개념설계에서 유지관리 단계에 까지 건물의 전 수명주기 동안 다양한 분야에서 적용되는 모든 정보를 생산하고 관리하는 기술을 의미하는 용어는?

① ERP(Enterprise Resource Planning)
② SOA(Service Oriented Architecture)
③ BIM(Building Information Modeling)
④ CIC(Computer Integrated Construction)

정답 23. ④ 24. ④ 25. ④ 26. ③

[해설] BIM(Building Information Modeling, 건축정보모델, 빌딩정보모델)
3차원 정보모델을 기반으로 시설물의 생애주기에 걸쳐 발생하는 모든 정보를 통합하여 활용이 가능하도록 시설물의 형상, 속성 등을 정보로 표현한 디지털 모형을 뜻한다. BIM 기술의 활용으로 기존의 2차원 도면 환경에서는 달성이 어려웠던 기획, 설계, 시공, 유지관리 단계의 사업정보 통합관리를 통해, 설계 품질 및 생산성 향상, 시공오차 최소화, 체계적 유지관리 등이 이루어질 수 있다.
① 건물을 표현하는 하나의 정보 집합이다.
② 건물 생애 주기 동안의 정보처리 및 관리과정(process)이다.
③ 소프트웨어적인 관점에서 빌딩관리를 위한 도구로서 Building Information Modeler로 본다.
- BIM의 근본적인 목적 :
  ㉠ 디자인 정보를 명확하게 하여 설계의도와 프로그램을 빠른 시간 내에 이해하고 평가함으로써 신속한 의사결정을 유도하도록 하는 것이다.
  ㉡ 현재 건축계획, 설계, 엔지니어링, 시공, 유지·관리, 에너지 등 건설 산업의 전 분야에 걸쳐 광범위하게 적용되어 가고 있다.
  ㉢ 기존의 2차원 기반의 도면정보 체계를 건물의 실제 형상과 정보를 가지는 3차원 파라메트릭 솔리드 모델링 기반의 정보체계로 건설산업의 패러다임을 변화시키고 있다.
※ CIC(Computer Integrated Construction) :
컴퓨터를 통한 건설통합 생산시스템
컴퓨터, 정보통신 및 자동화 조립기술을 토대로 건설생산에 기능, 인력들을 유기적으로 연계하여 각 건설업체의 업무를 각사의 특성에 맞게 최적화하는 개념

27. 벽돌벽의 균열원인과 가장 거리가 먼 것은?

① 문꼴의 불균형배치
② 벽돌벽의 공간쌓기
③ 기초의 부동침하
④ 하중의 불균등분포

[해설] 벽돌벽의 균열

계획설계상의 미비
㉠ 기초의 부동 침하
㉡ 문꼴 크기의 불합리
㉢ 불균형 또는 큰 집중하중, 횡력 및 충격
㉣ 건물의 평면, 입면의 불균형 및 벽의 불합리한 배치
㉤ 벽돌벽의 길이, 높이, 두께와 벽돌 벽체의 강도

28. 쇄석 콘크리트에 관한 설명으로 옳지 않은 것은?

① 모래의 사용량은 보통 콘크리트에 비해서 많아진다.
② 쇄석은 각이 둔각인 것을 사용한다.
③ 보통콘크리트에 비해 시멘트 페이스트의 부착력이 떨어진다.
④ 깬자갈 콘크리트라고도 한다.

[해설] 쇄석콘크리트는 하천골재 대신에 쇄석을 사용한 콘크리트를 말하며, 강자갈 콘크리트에 비해 단위수량이 약간 증가하지만, 시멘트 페이스트와의 접착성이 높아서 동일 물·시멘트일 경우 강도가 커지는 장점이 있다.
※ 쇄석(깬 자갈)의 원료로는 화성암의 일종인 현무암, 안산암을 가장 많이 사용되며, 쇄석은 각이 둔각인 것을 사용한다.

29. 실비정산보수가산계약 제도의 특징이 아닌 것은?

① 설계와 시공의 중첩이 가능한 단계별 시공이 가능하다.
② 복잡한 변경이 예상되거나 긴급을 요하는 공사에 적합하다.
③ 계약체결 시 공사비용의 최대값을 정하는 최대보증한도 실비정산보수가산계약이 일반적으로 사용된다.
④ 공사금액을 구성하는 물량 또는 단위공사 부분에 대한 단가만을 확정하고 공사 완료 시 실시수량의 확정에 따라 정산하는 방식이다.

[해설] 실비정산보수가산도급
  공사의 실비를 건축주와 도급자가 확인 정산하고 건축주는 미리 정한 보수율에 따라 도급자에게 그 보수액을 지불하는 방법
  ㉠ 장점 : 가장 정확하고 양심적인 공사 가능, 양질의 공사 기대
  ㉡ 단점 : 공사비 절감노력이 없어지고, 공사기간의 연장 우려

30. 합성수지 중 건축물의 천장재, 블라인드 등을 만드는 열가소성수지는?

① 알키드수지
② 요소수지
③ 폴리스티렌수지
④ 실리콘수지

[해설] 폴리스티렌수지(스티롤수지)
  ㉠ 열가소성 수지
  ㉡ 무색 투명, 전기절연성, 내수성, 내약품성이 크다
  ㉢ 주용도 : 벽용 타일, 발포보온판(저온 단열재), 냉장고 내부상자, 채광용, 창유리, 파이프

31. 프리패브 콘크리트(prefab concrete)에 관한 설명으로 옳지 않은 것은?

① 제품의 품질을 균일화 및 고품질화 할 수 있다.
② 작업의 기계화로 노무 절약을 기대할 수 있다.
③ 공장생산으로 부재의 규격을 다양하고 쉽게 변경할 수 있다.
④ 자재를 규격화하여 표준화 및 대량생산을 할 수 있다.

[해설] 프리패브 콘크리트는 기계화에 의한 공장생산이므로 부재의 규격을 변경할 수가 없다.

32. 철근콘크리트 공사에 사용되는 거푸집 중 갱폼(Gang Form)의 특징으로 옳지 않은 것은?

① 기능공의 기능도에 따라 시공 정밀도가 크게 좌우된다.
② 대형장비가 필요하다.
③ 초기 투자비가 높은 편이다.
④ 거푸집의 대형화로 이음부위가 감소한다.

[해설] 갱폼(gang form)
  ㉠ 대형 패널에 작업발판과 버팀대를 부착·일체화시켜 주로 타워크레인 등의 시공장비에 의해 한번에 설치하고 해체하는 거푸집이다.
  ㉡ 벽식구조인 아파트 건축물에 적용효과가 큰 대형 벽체 거푸집이다.
  ㉢ 대형장비가 필요하며, 초기투자비가 과다하다.
  ㉣ 거푸집의 대형화로 이음부위가 감소한다.
  ㉤ 제치장 콘크리트의 경우 가설 비계공사를 하지 않아도 된다.
  ㉥ 전용횟수는 30~40회 정도이다.

33. 건축물 외벽공사 중 커튼월 공사의 특징으로 옳지 않은 것은?

① 외벽의 경량화
② 공업화 제품에 따른 품질 제고
③ 가설비계의 증가
④ 공기단축

[해설] 커튼월(curtain wall) 구조는 건물의 무게를 지지하는 것은 기둥과 보가 담당하고, 외벽은 단지 건물 내부와 외부라는 공간을 칸막이하는 커튼의 구실만 하도록 한 비내력벽 구조체로 공사시 주로 양중기를 이용하여 설치작업을 하므로 원칙적으로 비계작업을 하지 않는다.
  ※ 커튼월 공사의 특징
   ㉠ 외벽의 경량화
   ㉡ 공업화 제품에 따른 품질 제고
   ㉢ 가설공사의 절감(가설비계의 감소)
   ㉣ 공기단축

34. 철근 콘크리트 PC 기둥을 8ton 트럭으로 운반하고자 한다. 차량 1대에 최대 적재가능한 PC 기둥의 수는? (단, PC 기둥의 단면크기는 30cm×60cm, 길이는 3m 임)

① 1개 ② 2개
③ 4개 ④ 6개

[해설] PC기둥 1개의 중량 : $0.3 \times 0.6 \times 3 \times 2.4 t/m^2$
= 1.296t
8t 차량의 적재량은 8t ÷ 1.296 = 6.17개

35. 콘크리트를 타설하면서 거푸집을 수직방향으로 이동시켜 연속작업을 할 수 있게 한 것으로 사일로 등의 건설공사에 적합한 것은?

① Euro form ② Sliding form
③ Air tube form ④ Traveling form

[해설] 슬라이딩 폼(sliding form)
㉠ 수직 활동 거푸집으로, 연속 타설로 일체성을 확보할 수 있다.
㉡ 공기가 약 1/3 정도 단축되며, 요오크(yoke)로 끌어올린다.
㉢ 거푸집 높이 1m 정도, 비계발판이 필요 없다. (내·외부 비계발판이 일체형)
㉣ 돌출부가 없는 굴뚝, 사일로(Silo) 등에 사용

36. 신축할 건축물의 높이의 기준이 되는 주요 가설물로 이동의 위험이 없는 인근 건물의 벽 또는 담장에 설치하는 것은?

① 줄띄우기 ② 벤치마크
③ 규준틀 ④ 수평보기

[해설] 기준점(벤치마크, Bench Mark)
㉠ 건축공사 중 높이의 기준이 되도록 건축물 인근에 설치하는 표식
㉡ 바라보기 좋고 공사의 지장이 없는 곳에 설치한다.
㉢ 건물 부근에 2개소 이상, 지반면(G.L)에서 0.5~1m 정도의 위치에 설치한다.
㉣ 공사착수 전에 설정하며, 공사완료까지 존치한다.
㉤ 현장일지에 위치 기록해 둔다.

37. 수경성 마무리재료로 가장 적합하지 않은 것은?

① 돌로마이트 플라스터
② 혼합 석고 플라스터
③ 시멘트 모르타르
④ 경석고 플라스터

[해설] 미장재료의 분류
㉠ 기경성 미장재료 :
공기 중에서 경화하는 것으로 공기가 없는 수중에서는 경화되지 않는 성질(기화 건조에 의해 경화)
→ 진흙질, 회반죽, 돌로마이트 플라스터(마그네시아 석회)
㉡ 수경성 미장재료 :
물과 작용하여 경화하고 차차 강도가 크게 되는 성질(물과 화학반응하여 경화)
→ 석고 플라스터, 무수석고(경석고) 플라스터, 시멘트모르타르, 인조석 바름, 마그네시아시멘트

38. 보통 창유리의 특성 중 투과에 관한 설명으로 옳지 않은 것은?

① 투사각 0도일 때 투명하고 청결한 창유리는 약 90%의 광선을 투과한다.
② 보통의 창유리는 많은 양의 자외선을 투과시키는 편이다.
③ 보통 창유리도 먼지가 부착되거나 오염되면 투과율이 현저하게 감소한다.
④ 광선의 파장이 길고 짧음에 따라 투과율이 다르게 된다.

[해설] 보통 창유리
유리면에 직각일 때 투명하고, 청결한 창유리 및 판형 유리는 약 90%의 광선을 투과시킨다.(파장이 작은 자외선은 투광율이 적다)
☞ 자외선 투과유리 : 병원이나 요양소이나 온실 등에 적당하다.

39. 가치공학(Value Engineering) 수행계획 4단계로 옳은 것은?

① 정보(Informative) – 제안(Proposal) – 고안(Speculative) – 분석(Analytical)
② 정보(Informative) – 고안(Speculative) – 분석(Analytical) – 제안(Proposal)
③ 분석(Analytical) – 정보(Informative) – 제안(Proposal) – 고안(Speculative)
④ 제안(Proposal) – 정보(Informative) – 고안(Speculative) – 분석(Analytical)

[해설] V.E(Value Engineering, 가치공학)
① 기능(Function)을 향상 또는 유지하면서 비용(Cost)을 최소화시켜 가치(Value)를 극대화시키는 것으로 최소의 비용으로 최대의 효과(기능)를 유도하는 공학
② 최저의 비용개념으로 설계, 시공, 유지관리비에 이르기까지 전 작업과정에서 원가절감을 위한 조직적인 노력이다. 즉, VE는 원가와 기능의 상관관계를 조절하는 기술이다.

$$VE = \frac{F}{C}$$

단, F(Funtion, 기능) C(Cost, 비용)
③ 적용대상선정
  ㉠ 원가절감효과가 큰 것
  ㉡ 수량은 많고, 반복효과가 큰 것
  ㉢ 장기간 사용으로 공사의 개선 효과가 큰 것
  ㉣ 하자가 빈번 한 것
※ 가치공학 수행계획 4단계 : 정보(Informative) – 고안(Speculative) – 분석(Analytical) – 제안(Proposal)

40. 시멘트 광물질의 조성 중에서 발열량이 높고 응결시간이 가장 빠른 것은?

① 알루민산 삼석회
② 규산 삼석회
③ 규산 이석회
④ 알루민산철 사석회

[해설] 알루민산삼석회(화학식 : $3CaO \cdot Al_2O_3$, 약호 : C_3A)
  ㉠ 수화작용이 대단히 빠르므로 재령 1주 이내에 초기강도를 발현한다.
  ㉡ 화학저항성이 약하고, 건조수축이 크다.
※ 응결 시간이 빠른 순서(큰 것에서 작은 것)
C_3A(알루민산삼석회) > C_3S(규산삼석회) > C_4AF(알루민산철사석회) > C_2S(규산이석회)

■■■■ 제3과목 건축구조

41. 강도설계법에서 처짐을 계산하지 않는 경우 스팬이 8.0m인 단순지지된 보의 최소 두께로 옳은 것은? (단, 보통중량콘크리트와 $f_y = 400MPa$ 철근을 사용한 경우)

① 380mm ② 430mm
③ 500mm ④ 600mm

[해설] 처짐 검토 생략 조건

조건	단순지지	1단 연속	양단연속	캔틸레버
1방향 슬래브	$l/20$	$l/24$	$l/28$	$l/10$
보, 리브 슬래브	$l/16$	$l/18.5$	$l/21$	$l/8$
부재	큰 처짐에 의해 손상되기 쉬운 칸막이벽이나 기타 구조물을 지지 또는 부착하지 않은 부재			

$$\therefore t_{min} = \frac{8,000}{16} = 500(mm)$$

42. 그림과 같이 캔틸레버 보가 상수 k를 가지는 스프링에 의해 지지되어 있으며 집중 하중 P가 작용하고 있다. 스프링에 걸리는 힘은?

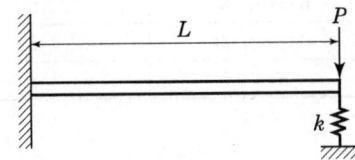

① $PL^3k/(2EI+kL^3)$
② $PL^3k/(3EI+kL^3)$
③ $PL^3k/(6EI+kL^3)$
④ $PL^3k/(8EI+kL^3)$

[해설] 스프링 부담
해석의 발상 : 스프링에 작용하는 힘(R_s)은 스프링 상수(k)와 처짐(δ_s)의 곱으로 구할 수 있다.

$$\delta_s = \frac{(P-R_s)\cdot L^3}{3EI}$$

$$R_s(=k\cdot\delta_s)=k\cdot\frac{(P-R_s)L^3}{3EI}$$

$R_s\cdot 3EI = kL^3(P-R_s)$
$R_s\cdot 3EI + kL^3\cdot R_s = kL^3 P$
$R_s(3EI+kL^3) = kL^3 P$

$$\therefore R_s = \frac{kPL^3}{3EI+kL^3}$$

43. 전단과 휨만을 받는 철근콘크리트 보에서 콘크리트 만으로 지지할 수 있는 전단강도 V_c는?
(단, 보통중량콘크리트 사용, $f_{ck}=28\text{MPa}$, $b_w=100\text{mm}$, $d=300\text{mm}$)

① 26.5kN   ② 53.0kN
③ 79.3kN   ④ 158.7kN

[해설] 콘크리트의 전단강도(V_c)
콘크리트의 전단강도(V_c) = $\frac{1}{6}\lambda\sqrt{f_{ck}}\cdot b_w\cdot d$

$V_c = \frac{1}{6}\times 1\times\sqrt{28}\times 100\times 300$
$= 26,457.5(\text{N}) = 26.5(\text{kN})$

※ 보통콘크리트의 콘크리트계수(λ)=1

44. 보의 유효깊이 $d=550\text{mm}$, 보의 폭 $b_w=300\text{mm}$인 보에서 스터럽이 부담할 전단력 $V_s=200\text{kN}$일 경우, 적용 가능한 수직 스터럽의 간격으로 옳은 것은? (단, $A_v=142\text{mm}^2$, $f_{ty}=400\text{MPa}$, $f_{ck}=24\text{MPa}$)

① 150mm   ② 180mm
③ 200mm   ④ 250mm

[해설] 수직 스터럽의 간격(S)
$$S = \frac{A_v\cdot f_{ty}\cdot d}{V_s} = \frac{142\times 400\times 550}{200\times 10^3} = 156.2(\text{mm})$$

45. 고력볼트 F10T-M24의 현장시공을 위한 본조임의 조임력(T)은 얼마인가?
(단, 토크계수는 0.13, F10T-M24볼트의 설계볼트장력은 200kN이며 표준볼트장력은 설계볼트장력에 10%를 할증한다.)

① 568,573 N·mm   ② 686,400 N·mm
③ 799,656 N·mm   ④ 892,638 N·mm

[해설] 고력볼트 조임력(T)
$T = k\cdot d\cdot N = 0.13\times 24\times\{1.1\times(200\times 10^3)\}$
$= 686,400(\text{N}\cdot\text{mm})$

46. 강구조 고장력볼트 마찰접합의 특징에 관한 설명으로 옳지 않은 것은?

① 시공이 용이하여 공기가 절약된다.
② 접합부의 강성과 강도가 크다.
③ 품질관리가 용이하다.
④ 국부적인 응력집중이 발생한다.

[해설] 고력볼트 마찰접합의 특징
• 강한 조임력으로 너트의 풀림이 생기지 않는다.
• 응력방향이 바뀌더라도 혼란이 일어나지 않는다.
• 응력집중이 적으므로 반복응력에 대해서 강하다.
• 고력볼트의 전단응력과 판의 지압응력이 생기지 않는다.
• 유효단면적당 응력이 작으며, 피로강도가 높다.

정답 42. ② 43. ① 44. ① 45. ② 46. ④

47. 그림과 같은 단면의 단순보에서 보의 중앙점 C단면에 생기는 휨응력 σ_b와 전단응력 v의 값은?

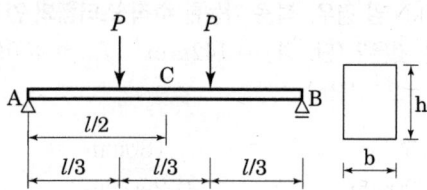

① $\sigma_b = \dfrac{Pl}{bh^2}$, $v = \dfrac{3Pl}{2bh}$

② $\sigma_b = \dfrac{2Pl}{bh^2}$, $v = 0$

③ $\sigma_b = \dfrac{2Pl}{bh^2}$, $v = \dfrac{3Pl}{2bh}$

④ $\sigma_b = \dfrac{Pl}{bh^2}$, $v = 0$

[해설] 휨응력과 전단응력

해석의 발상 : 휨응력과 전단응력을 구하기 위하여 C점의 전단력과 휨모멘트를 산정하여야 한다.
문제에서 제시된 하중의 상태는 대칭이므로 양 지점의 반력은 P이다.

• 지점반력 $V_A = V_B = \dfrac{P+P}{2} = P$

• C점의 전단력 $V_C = V_A - P = P - P = 0$

• C점의 휨모멘트 $M_C = P \times \dfrac{l}{2} - P \times \left(\dfrac{l}{3} \times \dfrac{1}{2}\right) = \dfrac{P \cdot l}{3}$

• 휨응력(σ_b) = $\dfrac{M}{Z} = \dfrac{\dfrac{P \cdot l}{3}}{\dfrac{bh^2}{6}} = \dfrac{6}{bh^2} \cdot \dfrac{P \cdot l}{3} = \dfrac{2P \cdot l}{bh^2}$

전단응력(v) = 0
(∵ 전단력이 0 이므로 전단응력도 0)

48. 다음과 같은 조건에서 필릿용접의 최소 치수(mm)는 얼마인가?(단, 하중저항계수설계법 기준)

접합부의 두꺼운 쪽 소재 두께(t mm)
$6 \leq t < 13$

① 5mm   ② 6mm
③ 7mm   ④ 8mm

[해설] 필릿용접의 최소 치수

얇은쪽 모재 두께	필릿 최소 치수
$t \leq 6$	3
$6 < t \leq 13$	5
$13 < t \leq 19$	6
$19 < t$	8

49. 그림과 같은 보에서 C점의 처짐은?
(단, EI는 전 경간에 걸쳐 일정하다.)

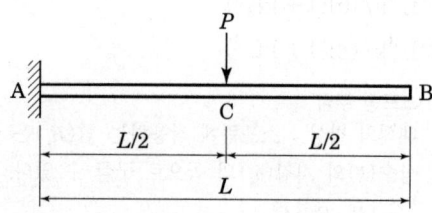

① $\dfrac{PL^3}{12EI}$ ② $\dfrac{PL^3}{24EI}$

③ $\dfrac{PL^3}{48EI}$ ④ $\dfrac{PL^3}{96EI}$

[해설] 캔틸레버의 처짐

해석의 발상 : 공액보에 의한 풀이에서 휨모멘트도의 면적과 도심거리의 곱이 처짐이다. 단, 휨모멘트의 크기에 1/EI을 곱하여 휨모멘트도의 면적을 구하여야 한다.

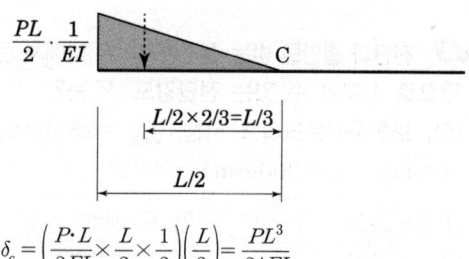

$\delta_c = \left(\dfrac{P \cdot L}{2EI} \times \dfrac{L}{2} \times \dfrac{1}{2}\right)\left(\dfrac{L}{3}\right) = \dfrac{PL^3}{24EI}$

정답 47. ②   48. ①   49. ②

50. 다음 그림과 같이 단면적이 같은 4개의 단면을 보의 부재로 각각 사용할 경우 X축에 대한 처짐에 가장 유리한 단면은?

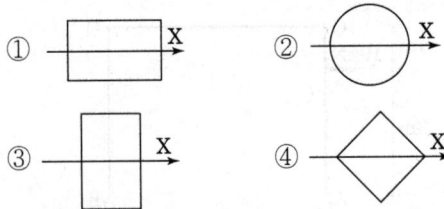

해설 단면의 유형별 처짐
해석의 발상 : 처짐은 일반적으로 휨강성(EI)에 반비례한다. 따라서 처짐을 최소화(유리)하기 위해서는 단면2차 모멘트를 최대한 크게 할 필요가 있다. 또한 단면2차모멘트의 특징은 기준축에 직각인 높이(h)의 세제곱(h^3) 또는 원형단면에서 지름(D)의 네제곱(D^4)에 비례하므로 높이가 큰 단면이 단면2차모멘트가 크다. 따라서 ③의 단면이 단면2차모멘트가 가장 큰 값이 되므로 처짐에 가장 유리하다.

51. 그림과 같은 단면을 가진 압축재에서 유효좌굴길이 $KL = 250\text{mm}$일 때 Euler의 좌굴하중 값은?
(단, $E = 210,000\text{MPa}$이다.)

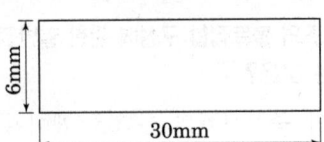

① 17.9kN ② 43.0kN
③ 52.9kN ④ 64.7kN

해설 Euler 좌굴하중(P_k)
$$P_k = \frac{\pi^2 EI}{(KL)^2} = \frac{\pi^2 \times 210,000}{250^2} \cdot \frac{30 \times 6^3}{12}$$
$= 17,907.4(\text{N}) = 17.9\text{kN}$
※ 좌굴하중 산정 시 단면2차모멘트(I)는 약축을 기준으로 한다.

52. 철골구조와 비교한 철근콘크리트구조의 특징으로 옳지 않은 것은?
① 진동이 적고 소음이 덜 난다.
② 시공 시 동절기 기후의 영향을 받을 수 있다.
③ 내화성이 크다.
④ 구조의 개조나 보강이 쉽다.

해설 철근콘크리트 구조의 특성
• 강성이 우수하고 시공 시 저소음 저진동
• 내구성, 내화성, 차음성능이 우수
• 구조 개조 또는 보강이 곤란
• 재료의 재사용이 불가능
• 습식구조이므로 동절기 공사 곤란

53. 주철근으로 사용된 D22 철근 180° 표준갈고리의 구부림 최소 내면 반지름으로 옳은 것은?
① d_b ② $2d_b$
③ $2.5d_b$ ④ $3d_b$

해설 주철근의 표준 갈고리

철근 직경	최소 내면반경	최소 외면반경
D10~D25	$3d_b$	$4d_b$
D29~D35	$4d_b$	$5d_b$
D38 dltkd	$5d_b$	$6d_b$

54. 그림과 같은 구조물의 부정정 차수는?

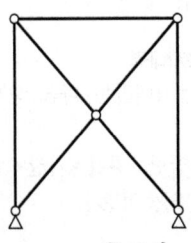

① 1차 ② 2차
③ 3차 ④ 4차

[해설] 구조물의 해석

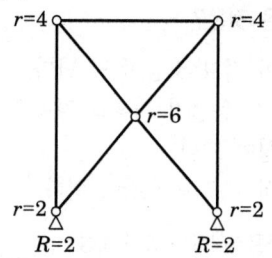

일반적인 판별식($N=N_e+N_i$)으로 구조물 해석이 어려운 경우 다음과 같은 간편해석에 따라 풀이할 수 있다.

$$N = R + r - 3M$$

N=판별값　　　$N<0$: 불안정
R=지점반력의 수　$N=0$: 안정, 정정
r=절점반력의 수　$N>0$: 안정, N차 부정정
M=부재의 수

$N = (2+2)+(4+4+6+2+2)-(3\times 7) = 1$
(∴ 안정, 1차 부정정)

55. 각 지반의 허용지내력의 크기가 큰 것부터 순서대로 올바르게 나열된 것은?

| A. 자갈 | B. 모래 | C. 연암반 | D. 경암반 |

① B > A > C > D
② A > B > C > D
③ D > C > A > B
④ D > C > B > A

[해설] 지반의 허용지내력
지반의 허용지내력은 다음 순서와 같이 규정하고 있다.
경암반>연암반>자갈>자갈+모래>모래+점토(롬토)>모래 또는 점토

56. 그림과 같은 정정라멘에서 BD부재의 축방향력으로 옳은 것은?
(단, + : 인장력, - : 압축력)

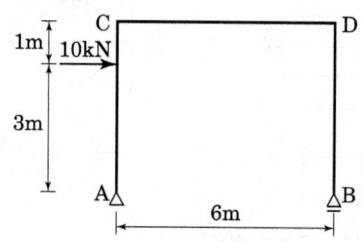

① 5kN　　　　② -5kN
③ 10kN　　　④ -10kN

[해설] Rahmen의 부재력(축방향력)
해석의 발상 : 축방향력은 부재의 축방향으로 힘이 작용하는 경우에 발생하고 압축력(-)과 인장력(+)이 있다. BD부재의 축방향으로 작용하는 하중은 없으나 B지점의 반력(V_B)이 축방향으로 작용하여 압축력이 발생된다.

$\Sigma M_A = 0$

$10 \times 3 - 6 \times V_B = 0$

$V_B = 5(\text{kN}) \uparrow$

∴ BD부재는 5kN의 압축력(-)이 발생된다.

57. 강구조의 볼트접합 구성에 관한 일반적인 설명으로 옳지 않은 것은?

① 볼트의 중심사이의 간격을 게이지라인이라고 한다.
② 볼트는 가공정밀도에 따라 상볼트, 중볼트, 흑볼트로 나뉜다.
③ 게이지라인과 게이지라인과의 거리를 게이지라고 한다.
④ 배치방식은 정렬배치와 엇모배치가 있다.

[해설] 게이지 라인(Gauge line)
게이지 라인은 연속된 볼트의 각 중심을 통과하는 축선 방향의 연결선이다.
①의 설명에서 볼트 중심사이의 간격은 피치(Pitch)이다.

정답　55. ③　56. ②　57. ①

58. 압축철근 $A_s' = 2400\text{mm}^2$로 배근된 복철근보의 탄성처짐이 15mm라 할 때 지속하중에 의해 발생되는 5년 후 장기처짐은?
(단, b = 300mm, d = 400mm, 5년 후 지속하중 재하에 따른 계수 $\xi = 2.0$)

① 9mm ② 12mm
③ 15mm ④ 30mm

해설 부재 총 처짐
① 해석의 발상 : 부재의 5년 후 장기처짐은 하중에 의한 탄성처짐(δ)과 크리프와 같은 장기처짐을 구한다.
② 탄성처짐(δ) = 15mm
장기처짐 = 탄성처짐(δ) × 장기처짐 증가율(λ_Δ)
($\lambda_\Delta = \dfrac{\xi}{1+50\rho'}$)
압축철근비(ρ') = $\dfrac{A_s'}{bd} = \dfrac{2400}{300 \times 400} = 0.002$
∴ 5년 후 장기처짐
= 탄성처짐 × 장기처짐 증가율(λ_Δ)
= $15 \times \dfrac{2}{1+50 \times 0.02} = 15(\text{mm})$

59. 연약지반에 대한 안전확보 대책으로 옳지 않은 것은?

① 지반개량공법을 실시한다.
② 말뚝기초를 적용한다.
③ 독립기초를 적용한다.
④ 건물을 경량화한다.

해설 연약지반의 대책
연약지반의 상부구조는 경량화, 길이 축소, 강성 향상, 인접거리 이격, 중량분배가 필요하며 하부구조에 대해서는 경지지반까지 지지시키고 마찰말뚝을 사용하며 지하실을 설치하거나 지중보로 기초를 연결한다. 또한 강제배수, 고결, 치환 등의 지반개량이 필요하다.

60. 다음 그림과 같이 수평하중 30kN이 작용하는 라멘 구조에서 E점에서의 휨모멘트 값(절대값)은?

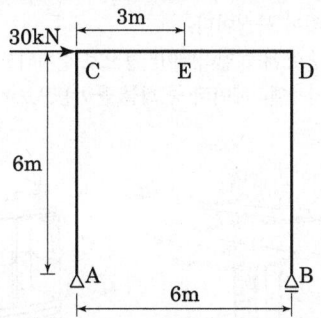

① 40kN·m ② 45kN·m
③ 60kN·m ④ 90kN·m

해설 Rahmen의 부재력(휨모멘트)
해석의 발상 : E점의 휨모멘트는 B-D-E구간에서 산정하는 것이 편리하다. 따라서 B지점의 반력을 구한 후 E점의 오른쪽을 기준으로 휨모멘트를 산정한다.
$\Sigma M_A = 0$
$30 \times 6 - 6 \times V_B = 0$
$V_B = 30(\text{kN}) \uparrow$
∴ $M_{Eright} = V_B \times 3 = 30 \times 3 = 90(\text{kN·m})$

■■■■ 제4과목 건축설비

61. 유압식 엘리베이터에 관한 설명으로 옳지 않은 것은?

① 오버헤드가 작다.
② 기계실의 위치가 자유롭다.
③ 큰 적재량으로 승강행정이 짧은 경우에는 적용할 수 없다.
④ 지하주차장 엘리베이터와 같이 지하층에만 운전하는 경우 적용할 수 있다.

해설 유압식 엘리베이터
㉠ 유압식 엘리베이터는 상향으로는 압력에 의해 케이지를 상승시키고, 큰 적재량의 자중에 의해 하강시키는 방식으로 승강 행정이 짧은 경우에는 적용할 수 있다.

ⓒ 유압식의 장점은 로프식과 달리 건물 옥상에 기계실 설치장소의 제약을 받지 않으며, 일반적으로 로프식에 비해 소음이 적고, 승차감이 좋은 것이 특징이다.
ⓒ 주로 저속 엘리베이터용으로 설치되고 있으며, 자동차용엘리베이터 등 화물 운반용으로 사용되고 있다.

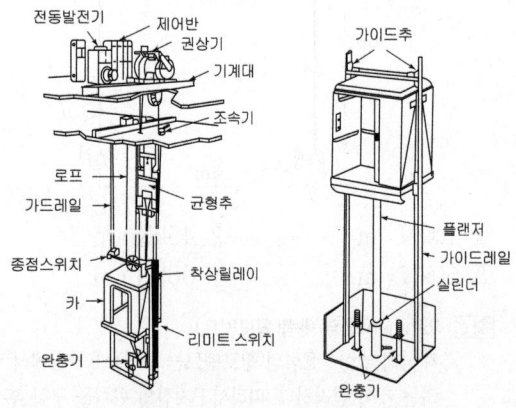

(a) 로프식 엘리베이터   (b) 유압식 엘리베이터

[그림] 엘리베이터의 구조

62. 온수난방에 관한 설명으로 옳지 않은 것은?

① 증기난방에 비해 예열시간이 길다.
② 온수의 잠열을 이용하여 난방하는 방식이다.
③ 한랭지에서 운전정지 중에 동결의 우려가 있다.
④ 증기난방에 비해 난방부하 변동에 따른 온도조절이 비교적 용이하다.

해설 온수난방
현열을 이용한 난방방식으로, 100℃ 이상은 고온수난방, 이하는 보통온수난방으로 한다.
① 장점
　ⓐ 난방부하의 변동에 따라 온수온도와 온수의 순환량 조절이 쉽다.
　ⓑ 현열을 이용한 난방이므로 증기난방에 비해 쾌감도가 높다.
　ⓒ 방열기 표면 온도가 낮으므로 표면에 붙은 먼지의 연소에 의한 불쾌감이 없다.
　ⓓ 난방을 정지하여도 난방효과가 지속된다.
　ⓔ 보일러 취급이 용이하고 안전하다.

② 단점
　ⓐ 예열시간이 길다.
　ⓑ 증기난방에 비해 방열면적과 배관경이 커야 하므로 설비비가 많다.
　ⓒ 열용량이 크므로 온수 순환 시간이 길다.
　ⓓ 한랭시, 난방 정지시 동결이 우려된다.

63. 중앙식 급탕방식에 관한 설명으로 옳지 않은 것은?

① 온수를 사용하는 개소마다 가열장치가 설치된다.
② 상향 또는 하향 순환식 배관에 의해 필요개소에 온수를 공급한다.
③ 국소식에 비해 기기가 집중되어 있으므로 설비의 유지관리가 용이하다.
④ 호텔이나 병원 등과 같이 급탕개소가 많고 사용량이 많은 건물 등에 채용된다.

해설 중앙식 급탕방식
ⓐ 열원으로 값싼 중유, 석탄 등이 사용되므로 연료비가 싸다.
ⓑ 급탕설비가 대규모이므로 열효율이 좋다.
ⓒ 급탕설비의 기계류가 동일 장소에 설치되어 관리상 유리하다.
ⓓ 기구의 동시사용률을 고려하기 때문에 가열장치의 전체용량을 적게 할 수 있다.
ⓔ 최초의 설비비와 건설비는 비싸지만 경상비가 적게 들므로 대규모 급탕설비에는 중앙식이 경제적이다.
ⓕ 배관 및 기기로부터의 열손실이 많다.
ⓖ 순환이 느리기 때문에 순환펌프를 사용해야 한다.
ⓗ 시공 후 기구 증설에 따른 배관변경공사를 하기가 어렵다.
☞ 개별식 급탕방식은 급탕 개소마다 가열기의 설치공간이 필요하다.

64. 건구온도 30°C, 상대습도 60%인 공기를 냉수코일에 통과시켰을 때 공기의 상태변화로 옳은 것은? (단, 코일 입구수온 5°C, 코일 출구수온 10°C)

① 건구온도는 낮아지고 절대습도는 높아진다.
② 건구온도는 높아지고 절대습도는 낮아진다.
③ 건구온도는 높아지고 상대습도는 높아진다.
④ 건구온도는 낮아지고 상대습도는 높아진다.

[해설] • 습공기를 가열 : 상대습도는 감소, 엔탈피와 비체적은 증가, 절대습도는 일정
• 습공기를 냉각 : 상대습도는 증가, 엔탈피와 비체적은 감소, 절대습도는 일정(과냉각시 절대습도는 감소)

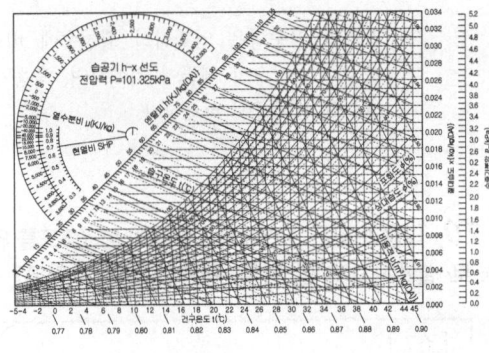

[그림] 습공기 선도

65. 터보식 냉동기에 관한 설명으로 옳지 않은 것은?

① 임펠러의 원심력에 의해 냉매가스를 압축한다.
② 대용량에서는 압축효율이 좋고 비례 제어가 가능하다.
③ 대·중형 규모의 중앙식 공조에서 냉방용으로 사용된다.
④ 기계적 에너지가 아닌 열에너지에 의해 냉동 효과를 얻는다.

[해설] 터보식 냉동기
① 원리 : 임펠러의 원심력에 의해 냉매가스를 압축하는 것

② 특징
㉠ 수명이 길고, 유지 및 보수가 쉬우며, 가격도 싸다.
㉡ 대용량에서는 압축효율이 좋고 비례제어가 가능하다.
㉢ 냉매는 고압가스가 아니므로 취급이 용이하다.
㉣ 흡수식에 비해 소음 및 진동이 심하다.(왕복동 식에 비하면 진동이 적다.)
㉤ 30% 이하의 출력에서는 서징(surging)현상이 일어나므로 운전이 곤란하다.
㉥ 대규모 공조 및 냉동에 적합하며 일반적으로 많이 사용한다.
☞ 냉매 압축 방식은 압축식에서는 기계적 에너지, 흡수식은 열 에너지에 의해 냉동효과를 얻는다.

66. 연결송수관설비의 방수구에 관한 설명으로 옳지 않은 것은?

① 방수구의 위치표시는 표시등 또는 축광식 표지로 한다.
② 호스접결구는 바닥으로부터 0.5m 이상 1m 이하의 위치에 설치한다.
③ 개폐기능을 가진 것으로 설치하여야 하며, 평상시 닫힌 상태를 유지하도록 한다.
④ 연결송수관설비의 전용방수구 또는 옥내소화전 방수구로서 구경 50mm의 것으로 설치한다.

[해설] 연결송수관설비
① 송수구는 구경 65mm의 쌍구형으로 할 것
② 방수구는 연결송수관설비의 전용방수구 또는 옥내소화전방수구로서 구경 65mm의 것으로 할 것
③ 수원의 수위가 펌프보다 낮은 위치에 있는 가압송수장치에는 다음 기준에 따른 물올림장치를 설치한다.
㉠ 물올림장치에는 전용의 탱크를 설치할 것
㉡ 탱크의 유효수량은 100L 이상으로 하되, 구경 15mm 이상의 급수배관에 따라 당해 탱크에 물이 계속 보급되도록 할 것
④ 가압송수장치는 방수구가 개방될 때 자동으로 기동되거나 또는 수동스위치의 조작에 따라 기동되도록 한다.

67. 엔탈피 변화량에 대한 현열 변화량의 비를 의미하는 것은?

① 현열비   ② 잠열비
③ 유인비   ④ 열수분비

[해설] 현열비(SHF)
㉠ 전열 변화량에 대한 현열 변화량의 비
$$현열비(SHF) = \frac{현열부하}{현열부하 + 잠열부하}$$
㉡ 공조부하에 대한 SHF를 알면 공급공기의 성질을 판단할 수 있다.
※ 엔탈피(전열량)
☞ 열수분비(U) : 엔탈피 변화량과 절대습도의 변화량에 대한 비

68. 의복의 단열성을 나타내는 단위로서, 그 값이 클수록 인체에서 발생되는 열이 주위 공기로 적게 발산되는 것을 의미하는 것은?

① clo   ② dB
③ NC   ④ MRT

[해설] 1 clo의 조건
㉠ 기온 21.2℃, 상대습도 50%, 기류 0.1m/s의 실내에서 착석, 휴식 상태의 쾌적 유지를 위한 의복의 열저항을 1 clo로 하고 있다.
※ 1 clo = 6.5W/m²·K(5.6Kcal/m²h℃)의 열관류율 값(또는 0.155m²·K/W의 열관류저항 값)에 해당하는 단열성능을 나타낸다.
㉡ 실온이 약 6.8℃ 내려갈 때마다 1 clo의 의복을 겹쳐 입는다.
㉢ 착의량의 총 clo값은 각각의 clo값을 합산한 후 0.82를 곱한 값이 된다.
착의량의 총 clo = 0.82×∑(각 의복의 clo)
☞ 착의 상태(의복의 단열값, clo)

69. 양수 펌프의 회전수를 원래보다 20% 증가시켰을 경우 양수량의 변화로 옳은 것은?

① 20% 증가   ② 44% 증가
③ 73% 증가   ④ 100% 증가

[해설] 펌프의 법칙(상사의 법칙)
펌프의 회전수($N_1 \rightarrow N_2$)로 변할 때 또는 임펠러의 직경($D_1 \rightarrow D_2$)로 변할 때

㉠ 유량(Q) : $Q_2 = Q_1 \dfrac{N_2}{N_1}$

㉡ 양정(H) : $H_2 = H_1 \left(\dfrac{N_2}{N_1}\right)^2$

㉢ 동력(L) : $L_2 = L_1 \left(\dfrac{N_2}{N_1}\right)^3$

여기서, 회전수 : N(rpm), 임펠러 직경 : D

∴ 유량(Q) : $Q_2 = Q_1 \dfrac{N_2}{N_1} = Q_1 \left(\dfrac{1.2}{1}\right) = 1.2 Q_1$

※ 펌프의 양수량은 임펠러의 회전수에 비례하고, 양정은 회전수의 제곱에 비례하며, 축동력은 회전수의 세제곱에 비례한다.

70. 다음과 같은 조건에서 사무실의 평균조도를 800[lx]로 설계하고자 할 경우, 광원의 필요 수량은?

[조건]
- 광원 1개의 광속 : 2000[lm]
- 실의 면적 : 10[m²]
- 감광 보상률 : 1.5
- 조명률 : 0.6

① 3개   ② 5개
③ 8개   ④ 10개

[해설] $F = \dfrac{E \cdot A \cdot D}{N \cdot U}$

F : 광원 1개당 광속(2,000lm)
N : 광원 개수
U : 조명률(0.6)
A : 방의 면적(10m²)
E : 평균조도(800lx)
D : 감광보상율(1.5)

따라서, $N \times 2,000 = \dfrac{800 \times 10 \times 1.5}{0.6}$

∴ $N = 10$개

정답 67. ① 68. ① 69. ① 70. ④

71. 공조부하 중 현열과 잠열이 동시에 발생하는 것은?

① 인체의 발생열량
② 벽체로부터의 취득열량
③ 유리로부터의 취득열량
④ 덕트로부터의 취득열량

[해설] 냉방부하 계산
① 현열 부하만 계산 : 벽체로부터의 취득열량, 유리로부터의 취득열량, 조명 및 기기로부터의 취득열량, 재열부하, 송풍기와 덕트로부터의 취득열량
② 현열과 잠열을 동시에 계산해 주어야 할 부하요소
  ㉠ 극간풍(틈새바람)에 의한 취득열량
  ㉡ 인체의 발생열량
  ㉢ 기구로부터의 발생열량
  ㉣ 외기의 도입으로 인한 취득열량

72. 다음과 같이 정의되는 통기관의 종류는?

> 오배수 수직관 내의 압력변동을 방지하기 위하여 오배수 수직관 상향으로 통기수직관에 연결하는 통기관

① 결합통기관　② 공용통기관
③ 각개통기관　④ 반송통기관

[해설] 결합통기관
㉠ 배수수직관 내의 압력변화를 방지 또는 완화하기 위해, 배수수직관으로부터 분기·입상하여 통기수직관에 접속하는 통기관
㉡ 통기 수직관에 접속하는 통기관으로 층수가 많을 경우에는 5개 층마다에 통기관을 취하는 방법이다.

73. 공조방식 중 팬코일 유닛방식에 관한 설명으로 옳지 않은 것은?

① 유닛의 개별제어가 용이하다.
② 수배관이 없어 누수의 우려가 없다.
③ 덕트 샤프트나 스페이스가 필요없다.
④ 덕트방식에 비해 유닛의 위치변경이 용이하다.

[해설] 팬코일 유니트방식은 냉각과 가열코일 그리고 송풍용 팬이 내장된 유닛으로 중앙기계실에서 보낸 냉·온수를 이용하여 실내의 공기를 조화하는 방식으로 개별제어가 가능하며, 부하특성이 다른 여러 개의 실이나 존이 있는 건물에 적용한다. 전수방식이므로 수배관으로 인한 누수의 우려가 있다.

74. 다음 설명에 알맞은 전기설비 관련 용어는?

> 최대수요전력을 구하기 위한 것으로 최대수요전력의 총부하 설비용량에 대한 비율이다.

① 역률　② 부등률
③ 부하율　④ 수용률

[해설] 수변전설비 용량 결정
수변전설비 용량 결정은 수용률(수요율), 부등률, 부하율 등을 이용하여 산정한다.

① 수용률(수요율) = $\frac{최대수용전력}{부하설비용량} \times 100(\%)$
　⇒ 일반 건물 60~70%

② 부등률 = $\frac{각부하의최대수용전력의합계}{최대수용전력} \times 100(\%)$
　⇒ 1보다 크다(1.1~1.5)

③ 부하율 = $\frac{평균수용전력}{최대수용전력} \times 100(\%)$
　⇒ 1보다 작다(0.25~0.6)

④ 수용률, 부등률, 부하율의 관계
  ㉠ 수용률 : 0.4~1.0(보통 0.6~0.7)
  ㉡ 부등률 : 1.1~1.5(1보다 크다)
  ㉢ 부하율 : 0.25~0.6(1보다 작다)

75. 다음 중 급수 계통의 오염 원인과 가장 거리가 먼 것은?

① 급수로의 배수 역류
② 저수탱크에 유해물질 침입
③ 수격작용(water hammering)
④ 크로스 커넥션(cross connection)

[정답] 71. ① 72. ① 73. ② 74. ④ 75. ③

[해설] 급수 계통의 오염 원인
　㉠ 저수탱크에 의한 유해물질 침입에 의한 발생
　㉡ 배수설비의 급수설비로의 역류
　㉢ 크로스 커넥션(cross connection)
　㉣ 배관의 부식
　※ 크로스 커넥션(cross connection) : 수돗물과 수돗물 이외의 물질이 혼입되어 오염시키는 현상(음료수 오염 현상)이다. 크로스 커넥션(cross connection)은 배관 사이의 잘못된 연결에 의하여 생기므로 각 계통마다 배관을 색깔로 구분할 수 있도록 한다.
　☞ 급수설비에서 급수압력이 과대하게 설계된 경우 물의 사용량이 증대하고, 유속이 증가하므로써 유수음과 수격현상(water hammering)이 발생한다.

76. 220[V], 200[W] 전열기를 110[V]에서 사용하였을 경우 소비전력은?

① 50[W]　　② 100[W]
③ 200[W]　　④ 400[W]

[해설] 먼저, 220[V], 200[W]의 전열기의 저항은

전열기에서 $P = \dfrac{V^2}{R}$ 의 공식에 의해

$\therefore R = \dfrac{V^2}{P} = \dfrac{220^2}{200} = 242\Omega$ 이 된다.

그러므로, 정격 220V, 200W 전열기에 110V를 공급하면

$\therefore P = \dfrac{V^2}{R} = \dfrac{110^2}{242} = 50W$

77. 덕트의 분기부에 설치하여 풍량조절용으로 사용되는 댐퍼는?

① 스플릿 댐퍼
② 평행익형 댐퍼
③ 대향익형 댐퍼
④ 버터플라이 댐퍼

[해설] 풍량 조절 댐퍼(volume damper) : 덕트 내의 풍량조절 부속품
　㉠ 단익 댐퍼(버터플라이 댐퍼) : 소형 덕트용
　㉡ 다익 댐퍼(루버 댐퍼) : 2개 이상의 날개로서 대형 덕트용 - 대향익형, 평형익형
　㉢ 스플릿 댐퍼(split damper) : 덕트 분기점에서의 풍량 조절용
　㉣ 슬라이드 댐퍼(slide damper) : 전체의 개폐를 목적으로 사용
　㉤ 클로스 댐퍼(cloths damper) : 기류의 발생음을 줄이고 기류의 방향을 조절하는 데 사용

78. 다음 중 변전실 면적에 영향을 주는 요소와 가장 거리가 먼 것은?

① 출입문의 높이
② 건축물의 구조적 여건
③ 수전전압 및 수전방식
④ 설치 기기와 큐비클의 종류 및 시방

[해설] 변전실 면적 결정 시 영향을 주는 요소에는 건축물의 구조적 여건, 변압기용량, 수전전압, 수전방식, 기기의 배치 방법, 큐비클(폐쇄분전반)의 종류와 시방 등이 있다.
　※ 큐비클(폐쇄분전반) : 차단기·단로기 등의 전력용 개폐기·계기용 변성기, 모선(母線)·접속도체 및 감시제어에 필요한 기기로 된 집합장치

79. 3상 동력과 단상 전등 부하를 동시에 사용할 수 있는 방식으로 대형빌딩이나 공장 등에서 사용되는 것은?

① 단상 3선식 220/110[V]
② 3상 2선식 220[V]
③ 3상 3선식 220[V]
④ 3상 4선식 380/220[V]

[해설] 3상 4선식 (120/208V, 220/380V, 460/265V)
　㉠ 대규모 건물에서 여러 종류의 전압이 필요할 때 선택
　㉡ 우리나라는 주로 220/380V를 사용(전등부하는 220V, 동력부하는 380V를 사용)
　㉢ 승압 계획에 따라 현재 빌딩이나 공장의 간선회로 등에 주로 사용

정답　76. ①　77. ①　78. ①　79. ④

80. 개방형헤드를 사용하는 연결살수설비에 있어서 하나의 송수구역에 설치하는 살수헤드의 수는 최대 얼마 이하가 되도록 하여야 하는가?

① 10개　　② 20개
③ 30개　　④ 40개

[해설] 개방형헤드를 사용하는 연결살수설비에 있어서 하나의 송수구역에 설치하는 살수헤드의 수는 최대 10개 이하가 되도록 하여야 한다.

■■■ 제5과목 건축관계법규

81. 건축법령에 따른 리모델링이 쉬운 구조에 속하지 않는 것은?

① 구조체가 철골구조로 구성되어 있을 것
② 구조체에서 건축설비, 내부 마감재료 및 외부 마감재료를 분리할 수 있을 것
③ 개별 세대 안에서 구획된 실의 크기, 개수 또는 위치 등을 변경할 수 있을 것
④ 각 세대는 인접한 세대와 수직 또는 수평 방향으로 통합하거나 분할할 수 있을 것

[해설] 리모델링에 대비한 특례 등
1) 리모델링이 쉬운 공동주택의 구조
리모델링이 쉬운 구조의 공동주택의 건축을 촉진하기 위하여 공동주택을 다음의 구조로 하여 건축허가를 신청하는 경우
① 각 세대는 인접한 세대와 수직 및 수평으로 통합하거나 분할할 수 있을 것
② 구조체와 건축설비, 내부 마감재료와 외부 마감재료는 분리할 수 있을 것
③ 개별 세대 안에서 구획된 실(室)의 크기, 개수 또는 위치 등을 변경할 수 있을 것
2) 특례적용과 완화 범위
다음 규정에 의한 기준을 120/100의 범위 안에서 완화하여 적용할 수 있다.
[예외] 건축조례에서 지역별 특성 등을 고려하여 그 비율을 강화한 경우에는 건축조례가 정하는 기준에 따른다.
① 건축물의 용적률
② 건축물의 높이제한
③ 일조 등의 확보를 위한 건축물의 높이제한

82. 국토교통부장관이 정한 범죄예방 기준에 따라 건축하여야 하는 대상 건축물에 속하지 않는 것은?

① 수련시설
② 교육연구시설 중 도서관
③ 업무시설 중 오피스텔
④ 숙박시설 중 다중생활시설

[해설] 건축물의 범죄예방
① 국토교통부장관은 범죄를 예방하고 안전한 생활환경을 조성하기 위하여 건축물, 건축설비 및 대지에 관한 범죄예방 기준을 정하여 고시할 수 있다.
② 대통령령으로 정하는 다음의 건축물은 상기 ①의 범죄예방 기준에 따라 건축하여야 한다.
1. 아파트
2. 다가구주택·연립주택 및 다세대주택
3. 제1종 근린생활시설 중 일용품을 판매하는 소매점
4. 제2종 근린생활시설 중 다중생활시설
5. 문화 및 집회시설(동·식물원은 제외)
6. 교육연구시설(연구소 및 도서관은 제외)
7. 노유자시설
8. 수련시설
9. 업무시설 중 오피스텔
10. 숙박시설 중 다중생활시설

83. 지하식 또는 건축물식 노외주차장의 차로에 관한 기준 내용으로 옳지 않은 것은?
(단, 이륜자동차전용 노외주차장이 아닌 경우)

① 높이는 주차바닥면으로부터 2.3m 이상으로 하여야 한다.
② 경사로의 종단경사도는 직선 부분에서는 17%를 초과하여서는 아니 된다.
③ 곡선 부분은 자동차가 4m 이상의 내변반경으로 회전할 수 있도록 하여야 한다.
④ 주차대수 규모가 50대 이상인 경우의 경사로는 너비 6m 이상인 2차로를 확보하거나 진입차로와 진출차로를 분리하여야 한다.

정답　80. ①　81. ①　82. ②　83. ③

[해설] 자주식 노외주차장(지하식·건축물식에 한함)에 설치하는 차로의 구조

자주식 주차장으로서 지하식 또는 건축물식에 의한 노외주차장과 기계식 주차장으로서 기계로 주차하고자 하는 층까지 운반된 자동차가 주차에 사용되는 부분까지 자주식으로 들어가는 노외주차장의 차로는 다음 기준에 적합할 것

㉠ 높이는 주차바닥면으로부터 2.3m 이상
㉡ 곡선 부분은 자동차가 6m(같은 경사로를 이용하는 주차장의 총주차대수가 50대 이하인 경우에는 5m) 이상의 내면반경으로 회전이 가능하도록 할 것
㉢ 경사로의 차로너비 및 종단구배

경사로 형태	차로너비	종단구배
직 선 형	1차선 : 3.3m 이상 2차선 : 6m 이상	17% 이하
곡 선 형	1차선 : 3.6m 이상 2차선 : 6.5m 이상	14% 이하

84. 피난용승강기의 설치에 관한 기준 내용으로 옳지 않은 것은?

① 예비전원으로 작동하는 조명설비를 설치할 것
② 승강장의 바닥면적은 승강기 1대당 5m² 이상으로 할 것
③ 각 층으로부터 피난층까지 이르는 승강로를 단일구조로 연결하여 설치할 것
④ 승강장의 출입구 부근의 잘 보이는 곳에 해당 승강기가 피난용승강기임을 알리는 표지를 설치할 것

[해설] 피난용승강기 승강장의 구조

㉠ 승강장의 출입구를 제외한 부분은 해당 건축물의 다른 부분과 내화구조의 바닥 및 벽으로 구획할 것
㉡ 승강장은 각 층의 내부와 연결될 수 있도록 하되, 그 출입구에는 갑종방화문을 설치할 것. 이경우 방화문은 언제나 닫힌 상태를 유지할 수 있는 구조이어야 한다.
㉢ 실내에 접하는 부분(바닥 및 반자 등 실내에 면한 모든 부분을 말함)의 마감(마감을 위한 바탕을 포함)은 불연재료로 할 것
㉣ 예비전원으로 작동하는 조명설비를 설치할 것
㉤ 승강장의 바닥면적은 피난용승강기 1대에 대하여 6m² 이상으로 할 것
㉥ 승강장의 출입구 부근에는 피난용승강기임을 알리는 표지를 설치할 것
㉦ 승강장의 바닥은 1/100 이상의 기울기로 설치하고 배수용 트렌처를 설치할 것
㉧ 건축물의 설비기준 등에 관한 규칙(제14조)에 따른 배연설비를 설치할 것
㉨ 소방시설 설치유지 및 안전관리에 관한 법률 시행령(제15조)에 따른 소화활동설비(제연설비만 해당)를 설치할 것

85. 대지의 조경에 있어 조경 등의 조치를 하지 아니할 수 있는 건축물 기준으로 옳지 않은 것은?

① 면적 5천 제곱미터 미만인 대지에 건축하는 공장
② 연면적의 합계가 1천500제곱미터 미만인 공장
③ 연면적의 합계가 2천제곱미터 미만인 물류시설
④ 녹지지역에 건축하는 건축물

[해설] 조경제외 대상 건축물의 범위
1. 녹지지역에 건축하는 건축물
2. 공장
   ㉠ 5,000m² 미만의 대지에 건축하는 공장
   ㉡ 연면적 합계 1,500m² 미만인 공장
   ㉢ 산업집적활성화 및 공장 설립에 관한 법률 규정에 의한 산업단지 안의 공장
3. 대지에 염분이 함유되어 있는 경우
4. 건축물의 용도 특성상 조경 조치가 곤란하거나 불합리한 경우로서 건축조례가 정하는 건축물
5. 축사
6. 가설건축물
7. 연면적의 합계가 1,500m² 미만인 물류시설(주거지역 또는 상업지역에 건축하는 것은 제외)로서 국토교통부령으로 정하는 것
8. 국토의 계획 및 이용에 관한 법률에 의한 자연환경보전지역, 농림지역, 관리지역(지구단위계획구역으로 지정된 지역 제외) 안의 건축물

정답 84. ② 85. ③

9. 다음에 해당하는 건축물 중 건축조례로 정하는 건축물
   ㉠ 관광진흥법에 따른 관광단지에 설치하는 관광시설
   ㉡ 관광진흥법에 따른 전문휴양업의 시설
   ㉢ 국토의 계획 및 이용에 관한 법률에 따른 관광·휴양형 지구단위계획구역에 설치하는 관광시설
   ㉣ 국토의 계획 및 이용에 관한 법률에 따른 골프장

86. 건축허가신청에 필요한 설계도서 중 건축계획서에 표시하여야 할 사항으로 옳지 않은 것은?

① 주차장규모
② 토지형질변경계획
③ 건축물의 용도별 면적
④ 지역·지구 및 도시계획사항

[해설] 건축허가신청에 필요한 기본설계도서 중 건축계획서의 범위
1. 개요(위치·대지면적 등)
2. 지역·지구 및 도시계획사항
3. 건축물의 규모(건축면적·연면적·높이·층수 등)
4. 건축물의 용도별 면적
5. 주차장 규모
6. 에너지절약계획서(해당 건축물에 한함)
7. 노인 및 장애인 등을 위한 편의시설 설치계획 (관계법령에 의하여 설치의무가 있는 경우에 한함)

87. 국토의 계획 및 이용에 관한 법률상 용도지역에서의 용적률 최대 한도 기준이 옳지 않은 것은? (단, 도시지역의 경우)

① 주거지역 : 500퍼센트 이하
② 녹지지역 : 100퍼센트 이하
③ 공업지역 : 400퍼센트 이하
④ 상업지역 : 1000퍼센트 이하

[해설] 용적률

용도지역 구분		용적률의 최대한도	지역의 세분		용적률의 세분
도시지역	상업지역	1,500%	·중심상업지역		200~1,500%
			·일반상업지역		200~1,300%
			·유통상업지역		200~1,100%
			·근린상업지역		200~900%
	공업지역	400%	·준공업지역		150~400%
			·일반공업지역		150~350%
			·전용공업지역		150~300%
	주거지역	500%	·준주거지역		200~500%
			·일반주거지역	제1종	100~200%
				제2종	100~250%
				제3종	100~300%
			·전용주거지역	제1종	50~100%
				제2종	100~150%
	녹지지역	100%	·생산녹지지역		50~100%
			·자연녹지지역		50~100%
			·보전녹지지역		50~80%

88. 건축물이 있는 대지의 분할 제한 최소 기준이 옳은 것은?(단, 상업지역의 경우)

① 100 제곱미터 ② 150 제곱미터
③ 200 제곱미터 ④ 250 제곱미터

[해설] 지역별 대지의 분할 제한
건축물이 있는 대지는 다음의 범위 안에서 해당 지방자치단체 조례가 정하는 면적에 미달되게 분할 할 수 없다.

구분	최소분할면적
① 주거지역	60m² 이상
② 상업지역	150m² 이상
③ 공업지역	
④ 녹지지역	200m² 이상
⑤ 상기 ①~④에 해당하지 않는 지역	60m² 이상

89. 허가권자가 가로구역별로 건축물의 높이를 지정·공고할 때 고려하지 않아도 되는 사항은?

① 도시·군관리계획의 토지이용계획
② 해당 가로구역에 접하는 대지의 너비
③ 도시미관 및 경관계획
④ 해당 가로구역의 상수도 수용능력

[해설] 허가권자가 가로구역별 건축물의 최고높이 지정할 경우 고려사항
허가권자는 가로구역(도로로 둘러쌓인 일단의 지역)을 단위로 다음 사항을 고려하여 건축물의 최고 높이를 지정·공고할 수 있다.
㉠ 도시·군관리계획 등의 토지이용계획
㉡ 해당 가로구역이 접하는 도로의 너비
㉢ 해당 가로구역의 상·하수도 등 간선시설의 수용 능력
㉣ 도시미관 및 경관계획
㉤ 해당 도시의 장래 발전계획

90. 다음 중 거실의 용도에 따른 조도기준이 가장 낮은 것은? (단, 바닥에서 85센티미터 높이에 있는 수평면의 조도 기준)

① 독서   ② 회의
③ 판매   ④ 일반사무

[해설] 거실의 용도에 따른 조도기준 (제17조 관련)

거실의 용도구분	조도구분	바닥 위 85cm의 수평면의 조도(럭스)
1. 거주	•독서·식사·조리 •기타	150 70
2. 집무	•설계·제도·계산 •일반사무 •기타	700 300 150
3. 작업	•검사·시험·정밀검사·수술 •일반작업·제조·판매 •포장·세척 •기타	700 300 150 70
4. 집회	•회의 •집회 •공연·관람	300 150 70
5. 오락	•오락 일반 •기타	150 30
기타 명시되지 아니한 것		1란 내지 5란에 유사한 기준을 적용함.

• 300룩스 : 일반사무, 일반작업·제조·판매, 회의
• 150룩스 : 독서·식사·조리, 포장·세척, 집회, 오락 일반

91. 다음의 옥상광장 등의 설치에 관한 기준 내용 중 (   )안에 알맞은 것은?

> 옥상광장 또는 2층 이상인 층에 있는 노대나 그 밖에 이와 비슷한 것의 주위에는 높이 (   ) 이상의 난간을 설치하여야 한다. 다만, 그 노대 등에 출입할 수 없는 구조인 경우에는 그러하지 아니하다.

① 1.0m   ② 1.2m
③ 1.5m   ④ 1.8m

[해설] 옥상광장 또는 2층 이상의 층에 있는 노대 기타 이와 유사한 것의 주위에는 높이 1.2m 이상의 난간을 설치하여야 한다. 다만, 그 노대등에 출입할 수 없는 구조인 경우에는 그러하지 아니하다.

92. 국토의 계획 및 이용에 관한 법령상 제1종 일반주거지역 안에서 건축할 수 있는 건축물에 속하지 않는 것은?

① 아파트
② 단독주택
③ 노유자시설
④ 교육연구시설 중 고등학교

[해설] 단독주택과 공동주택 중 연립주택·다세대주택·기숙사는 제1종 일반주거지역에서 건축할 수 있으나, 아파트는 건축할 수 없다.

정답 89. ② 90. ① 91. ② 92. ①

93. 노외주차장의 설치에 관한 계획기준 내용 중 ( )안에 알맞은 것은?

> 주차대수 400대를 초과하는 규모의 노외주차장의 경우에는 노외주차장의 출구와 입구를 각각 따로 설치하여야 한다. 다만, 출입구의 너비의 합이 ( )미터 이상으로서 출구와 입구가 차선 등으로 분리되는 경우에는 함께 설치할 수 있다.

① 4.5 ② 5.0
③ 5.5 ④ 6.0

해설 주차대수 400대를 초과하는 규모의 노외주차장의 경우에는 노외주차장의 출구와 입구는 각각 따로 설치하여야 한다.
다만, 출입구의 너비의 합이 5.5m 이상으로서 출구와 입구가 차선 등으로 분리되는 경우에는 함께 설치할 수 있다.

94. 건축법령상 공동주택에 해당하지 않는 것은?

① 기숙사 ② 연립주택
③ 다가구주택 ④ 다세대주택

해설 주택의 분류
① 단독주택
  ㉠ 단독주택
  ㉡ 다중주택(연면적 660m² 이하, 3층 이하)
  ㉢ 다가구주택(바닥면적합계 660m² 이하, 3개층 이하, 19세대 이하)
  ㉣ 공관
② 공동주택
  ㉠ 다세대주택 : 4개층 이하, 동당 연면적 660m² 이하
  ㉡ 연립주택 : 4개층 이하, 동당 연면적 660m² 초과
  ㉢ 아파트 : 5개층 이상
  ㉣ 기숙사

95. 다음은 건축선에 따른 건축제한에 관한 기준 내용이다. ( )안에 알맞은 것은?

> 도로면으로부터 높이 ( ) 이하에 있는 출입구, 창문, 그 밖에 이와 유사한 구조물은 열고 닫을 때 건축선의 수직면을 넘지 아니하는 구조로 하여야 한다.

① 1.5m ② 2.5m
③ 3.5m ④ 4.5m

해설 건축선에 의한 건축제한
  ㉠ 건축물 및 담장은 건축선의 수직면을 넘어서는 안 된다.
  [예외] 지표하의 부분
  ㉡ 도로면으로부터 높이 4.5m 이하에 있는 출입구 창문 등의 구조물은 개폐시 건축선의 수직면을 넘는 구조로 하여서는 안 된다.

96. 다음 중 옥내계단의 너비의 최소 설치기준으로 적합하지 않은 것은?

① 관람장의 용도에 쓰이는 건축물의 계단의 너비 120센티미터 이상
② 중학교 용도에 쓰이는 건축물의 계단의 너비 150센티미터 이상
③ 거실의 바닥면적의 합계가 100제곱미터 이상인 지하층의 계단의 너비 120센티미터 이상
④ 바로 윗층의 거실의 바닥면적의 합계가 200제곱미터 이상인 층의 계단의 너비 150센티미터 이상

[해설] 계단 및 계단참의 너비(옥내계단에 한함) · 단높이 · 단너비(단위 : cm)

계단의 종류	계단 및 계단참의 폭	단높이	단너비
• 초등학교의 계단	150 이상	16 이하	26 이상
• 중 · 고등학교의 계단	150 이상	18 이하	26 이상
• 문화 및 집회시설(공연장, 집회장, 관람장에 한함) • 판매시설(도매시장·소매시장 · 상점에 한함) • 바로 위층 거실 바닥면적 합계가 200m² 이상인 계단 • 거실의 바닥면적 합계가 100m² 이상인 지하층의 계단 • 기타 이와 유사한 용도에 쓰이는 건축물의 계단	120 이상	—	—
• 기타의 계단	60 이상	—	—

97. 국토의 계획 및 이용에 관한 법률상 주거지역의 세분에서 단독주택 중심의 양호한 주거환경을 보호하기 위하여 필요한 지역에 대해 지정하는 용도지역은?

① 제1종 전용주거지역
② 제1종 특별주거지역
③ 제1종 일반주거지역
④ 제3종 일반주거지역

[해설] 주거지역

전용주거지역	제1종	단독주택중심의 양호한 주거환경을 보호
	제2종	공동주택중심의 양호한 주거환경을 보호
일반주거지역	제1종	저층주택을 중심으로 편리한 주거환경을 조성
	제2종	중층주택을 중심으로 편리한 주거환경을 조성
	제3종	중고층주택을 중심으로 편리한 주거환경을 조성
준주거지역		주거기능을 위주로 이를 지원하는 일부 상업·업무기능을 보완

98. 건축물의 출입구에 설치하는 회전문의 구조에 대한 설명으로 옳지 않은 것은?

① 계단이나 에스컬레이터로부터 2미터 이상의 거리를 둘 것
② 틈 사이를 고무와 고무펠트의 조합체 등을 사용하여 신체나 물건 등에 손상이 없도록 할 것
③ 출입에 지장이 없도록 일정한 방향으로 회전하는 구조로 할 것
④ 회전문의 회전속도는 분당회전수가 10회를 넘지 아니하도록 할 것

[해설] 회전문의 설치
㉠ 계단이나 에스컬레이터로부터 2m 이상의 거리를 둘 것
㉡ 출입에 지장이 없도록 일정한 방향으로 회전하는 구조로 할 것
㉢ 회전문의 중심축에서 회전문과 문틀 사이의 간격을 포함한 회전문날개 끝부분까지의 길이는 140cm 이상이 되도록 할 것
㉣ 회전문의 회전속도는 분당회전수가 8회를 넘지 아니하도록 할 것

99. 높이 31m를 넘는 각 층의 바닥면적 중 최대 바닥면적이 5000m²인 건축물에 원칙적으로 설치하여야 하는 비상용 승강기의 최소 대수는?

① 1대
② 2대
③ 3대
④ 4대

[해설] 비상용승강기의 설치기준

높이 31m를 넘는 각층의 바닥면적 중 최대바닥면적(A_m^2)	설치대수	공식
1,500m² 이하	1대 이상	
1,500m² 초과	1대+1,500m²를 넘는 3,000m² 이내마다 1대씩 가산	$1+\dfrac{A-1,500m^2}{3,000m^2}$

$$\therefore 1+\frac{5,000-1,500}{3,000}=2.16=3대$$

(소수점 이하는 1대로 본다)

정답 97. ① 98. ④ 99. ③

100. 국토의 계획 및 이용에 관한 법률상 용도지역의 구분이 모두 옳은 것은?

① 도시지역, 관리지역, 농림지역, 자연환경보전지역
② 도시지역, 개발관리지역, 농림지역, 보전지역
③ 도시지역, 관리지역, 생산지역, 녹지지역
④ 도시지역, 개발제한지역, 생산지역, 보전지역

[해설] 국토의 계획 및 이용에 관한 법률에 의한 용도지역·용도지구·용도구역

	용도지역	용도지구	용도구역
지정수	4(세분지정)	10(세분지정)	4
구분	•도시지역(13) •관리지역(3) •농림지역 •자연환경보전지역	•경관지구(3) •고도지구 •방화지구 •방재지구(2) •보호지구(3) •취락지구(2) •개발진흥지구(5) •특정용도제한지구 •복합용도지구	•개발제한구역 •도시자연공원구역 •시가화조정구역 •수산자원보호구역

정답 100. ①

과년도출제문제

2022. 1회 건축기사

■■■ 제1과목 건축계획

1. 특수전시기법에 관한 설명으로 옳지 않은 것은?

① 하모니카 전시는 동일 종류의 전시물을 반복 전시하는 경우에 사용된다.
② 파노라마 전시는 연속적인 주제를 연관성 있게 표현하기 위해 선형의 파노라마로 연출하는 기법이다.
③ 디오라마 전시는 하나의 사실 또는 주제의 시간 상황을 고정시켜 연출하는 것으로 현장에 임한 느낌을 준다.
④ 아일랜드 전시는 실물을 직접 전시할 수 없거나 오브제 전시만의 한계를 극복하기 위해 영상매체를 사용하여 전시하는 기법이다.

[해설] 특수전시기법

전시기법	특 징
디오라마 전시	'하나의 사실' 또는 '주제의 시간 상황을 고정'시켜 연출하는 것으로 현장에 임한 듯한 느낌을 가지고 관찰할 수 있는 전시기법
파노라마 전시	벽면전시와 입체물이 병행되는 것이 일반적인 유형으로 넓은 시야의 실경(實景)을 보는 듯한 감각을 주는 전시기법
아일랜드 전시	벽이나 천정을 직접 이용하지 않고 전시물 또는 장치를 배치함으로써 전시공간을 만들어내는 기법으로 대형전시물이나 소형전시물인 경우에 유리하다.
하모니카 전시	전시평면이 하모니카 흡입구처럼 동일한 공간으로 연속되어 배치되는 전시기법으로 동일 종류의 전시물을 반복 전시할 때 유리하다.

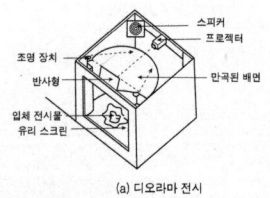
(a) 디오라마 전시

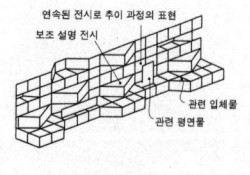
(b) 파노라마 전시

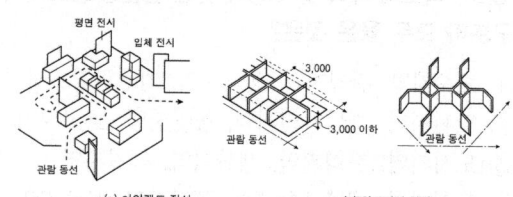
(c) 아일랜드 전시   (d) 하모니카 전시

[그림] 특수전시기법

2. 병원건축의 병동배치방법 중 분관식(pavilion type)에 관한 설명으로 옳은 것은?

① 각종 설비 시설의 배관길이가 짧아진다.
② 대지의 크기와 관계없이 적용이 용이하다.
③ 각 병실을 남향으로 할 수 있어 일조와 통풍 조건이 좋다.
④ 병동부는 5층 이상의 고층으로 하며 환자는 엘리베이터로 운송된다.

[해설] 병원의 건축형식
(1) 분관식(pavilion type) : 평면 분산식으로 각 건물은 3층 이하의 저층 건물이며 외래부, 부속 진료부, 병동을 각각 별동으로 하여 분산시키고 복도로 연결시키는 방법으로서 치료와 의사 본위의 병원 형식이다. 각 과별 전용 시설, 진료 시설, 사무실 등이 확보되어야 한다.
㉠ 각 병실을 남향으로 할 수 있어 일조, 통풍 조건이 좋아진다.
㉡ 넓은 대지가 필요하며 설비가 분산적이고 보행 거리가 멀어진다.
㉢ 내부 환자는 주로 경사로를 이용한 보행 또는 들것으로 운반한다.
(2) 집중식(block type) : 외래부, 부속 진료부, 병동을 합쳐서 한 건물로 하고, 특히 병동은 고층으로 하여 환자를 운송하는 방법이다. 현대 대병원 건축은 이 방식으로 건축된다.
㉠ 고층화가 가능해서 도시 지역에 적합하다.
㉡ 관리가 편리하고 설비 등의 시설비가 적게 든다.
㉢ 의료, 간호, 급식, 등의 서비스가 원활하다.
㉣ 일조, 통풍 등의 조건이 불리해지며, 각 병실의 환경이 균일하지 못하다.

정답 1. ④   2. ③

3. 전시실의 순회형식에 관한 설명으로 옳지 않은 것은?

① 중앙홀 형식은 각 실에 직접 들어갈 수 없다는 단점이 있다.
② 연속순회 형식은 많은 실을 순서별로 통하여야 하는 불편이 있다.
③ 갤러리 및 코리도 형식에서는 복도 자체도 전시공간으로 이용할 수 있다.
④ 갤러리 및 코리도 형식은 각 실에 직접 들어갈 수 있으며, 필요 시 독립적으로 폐쇄할 수 있다.

[해설] 중앙홀 형식
중심부에 하나의 큰 홀을 두고 그 주위에 각 전시실을 배치하여 자유로이 출입하는 형식이다.
㉠ 과거에 많이 사용한 평면으로 중앙 홀에 높은 천창을 설치하여 고창(高窓)으로부터 채광하는 방식이 많았다.
㉡ 대지의 이용률이 높은 지점에 건립할 수 있으며, 중앙 홀이 크면 동선의 혼란은 없으나 장래의 확장에 많은 무리가 따른다.
예) 프랭크 로이드 라이트의 구겐하임 미술관 (1959, 뉴욕)

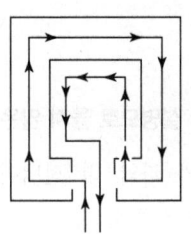
(a) 연속 순로 형식

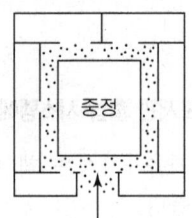
(b) 갤러리 및 코리도 형식

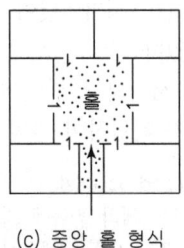
(c) 중앙 홀 형식

[그림] 전시실의 순회 형식

4. 공동주택의 단지계획에서 보차분리를 위한 방식 중 평면분리에 해당하는 방식은?

① 시간제 차량 통행
② 쿨데삭(cul-de-sac)
③ 오버브리지(overbridge)
④ 보행자 안전참(pedestrian safecross)

[해설] 쿨데삭(cul-de-sac)형
㉠ 적정 길이는 120~300m이며, 300m 이상인 경우에는 회전구간을 설치한다.
㉡ 보차분리가 이루어진다.
㉢ 불필요한 통과 교통을 차단하여 보행로 배치가 자유롭다.
㉣ 부정형의 지형에 적용이 용이하다.
㉤ 주거환경의 쾌적성 및 안전성 확보가 용이하다.
㉥ 각 가구와 관계없는 자동차의 진입을 방지할 수 있다.
㉦ 우회도로가 없기 때문에 방재·방범상으로는 불리하다.

[그림] 쿨데삭(cul-de-sac)

5. 다음 중 터미널 호텔의 종류에 속하지 않는 것은?

① 해변 호텔
② 부두 호텔
③ 공항 호텔
④ 철도역 호텔

[해설] 호텔의 분류
㉠ 시티 호텔(city hotel) : 커머셜 호텔(commercial hotel), 레지던셜 호텔(residential hotel), 아파트먼트 호텔(apartment hotel), 터미널 호텔(terminal hotel)
㉡ 리조트 호텔(resort hotel) : 해변 호텔(beach hotel), 산장 호텔(mountain hotel), 온천 호텔(hot spring hotel), 스키 호텔(ski hotel), 스포츠 호텔(sports hotel), 클럽 하우스(club house)
※ 터미널 호텔(terminal hotel)은 교통기관의 발착 지점에 위치한 호텔로서, 스테이션 호텔(station hotel), 하버호텔(habor hotel), 에어포트 호텔(airport hotel) 등이 있다.

과년도출제문제

6. 레이트 모던(Late Modern) 건축양식에 관한 설명으로 옳지 않은 것은?

① 기호학적 분절을 추구하였다.
② 퐁피두 센터는 이 양식에 부합되는 건축물이다.
③ 공업기술을 바탕으로 기술적 이미지를 강조하였다.
④ 대표적 건축가로는 시저 펠리, 노만 포스터 등이 있다.

[해설] 레이트 모던(Late Modern : 후기 현대주의)
㉠ 현대 건축의 구조, 기능, 기술 등의 합리적 해결 방식을 받아들여 현대 건축의 이념과 원리를 지속적으로 계승하고 발전시킴으로써 새로운 미학을 창조하려는 건축사조
㉡ 레이트 모던(Late Modern) 디자인의 특성
  • 공업기술을 바탕으로 기술적 이미지를 과장
  • 반사유리, 금속판으로 피복
  • 현대건축의 이념 원리 계승
  • 기계미학 : 퐁피두센터
㉢ 대표적 건축가 : 시저 펠리, 노만 포스터

7. 다음 중 백화점 건물의 기둥 간격 결정 요소와 가장 거리가 먼 것은?

① 진열장의 치수
② 고객 동선의 길이
③ 에스컬레이터의 배치
④ 지하주차장의 주차방식

[해설] 백화점의 기둥간격 결정요소
㉠ 진열대 치수와 배치 방법(진열장 배치의 변경 고려시 : 장방형보다 정방형이 유리)
㉡ 엘리베이터, 에스컬레이터의 배치(엘리베이터, 에스컬레이터 등의 크기, 개수, 설치 유무)
㉢ 매장의 통로의 크기
㉣ 지하주차장의 수용 능력(지하주차장의 주차방식과 주차폭)
㉤ 건축물의 적용 구조체

8. 주택의 부엌에서 작업 순서에 따른 작업대 배열로 가장 알맞은 것은?

① 냉장고-싱크대-조리대-가열대-배선대
② 싱크대-조리대-가열대-냉장고-배선대
③ 냉장고-조리대-가열대-배선대-싱크대
④ 싱크대-냉장고-조리대-배선대-가열대

[해설] 주택의 부엌과 식당 계획시 가장 중요하게 고려해야 할 사항은 작업동선이다. 가사 작업은 인체의 활동 범위를 고려하여야 한다. 주부의 동선을 단축하기 위하여 부엌의 작업순서는 작업삼각형(worktriangle)이 되도록 하는 것이 유리하다.
※ 부엌의 작업삼각대(worktriangle)를 이루는 가구의 배치 순서 : 준비대 - 개수대(싱크대) - 조리대 - 가열대 - 배선대

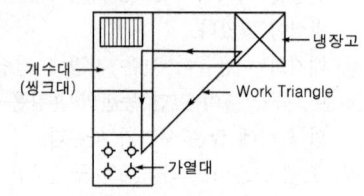

[그림] 부엌의 작업 삼각형

9. 도서관 출납 시스템에 관한 설명으로 옳지 않은 것은?

① 자유개가식은 책 내용의 파악 및 선택이 자유롭다.
② 자유개가식은 서가의 정리가 잘 안되면 혼란스럽게 된다.
③ 안전개가식은 서가열람이 가능하여 책을 직접 뽑을 수 있다.
④ 폐가식은 서가와 열람실에서 감시가 필요하나 대출절차가 간단하여 관원의 작업량이 적다.

[해설] 폐가식(closed access)
① 열람자는 책의 목록에 의해 책을 선택하여 관원에게 대출 기록을 제출한 후 대출받는 형식으로 서고와 열람실이 분리되어 있다.
② 대규모 도서관의 독립된 서고의 경우에 채택되는 방식이다.

정답 6. ① 7. ② 8. ① 9. ④

③ 특징
　㉠ 장점
　　• 도서의 유지관리가 양호하다.
　　• 감시할 필요가 없다.
　㉡ 단점
　　• 희망한 내용이 아닐 수 있다.
　　• 대출 절차가 복잡하고 관원이 작업량이 많다.

10. 르 꼬르뷔제가 주장한 근대건축 5원칙에 속하지 않는 것은?

① 필로티　　　② 옥상정원
③ 유기적 공간　④ 자유로운 평면

해설 르 꼬르뷔제(Le Corbusier)의 근대건축 5원칙
　㉠ 필로티(pilotis)
　㉡ 자유스러운 평면구성
　㉢ 옥상 정원(roof garden)
　㉣ 자유스러운 입면(free facade)
　㉤ 연속된 창 – 수평띠창(골조와 벽의 독립적 기능)
　※ 르 꼬르뷔제 : 롱샹 교회당, 국제 연맹본부 계획안, 사보이 저택, 알지에의 도시계획, 마르세이유Apt, 브뤼셀 필립관

11. 다음 중 사무소 건축에서 기준층 평면형태의 결정요소와 가장 거리가 먼 것은?

① 동선상의 거리
② 구조상 스팬의 한도
③ 사무실 내의 책상 배치 방법
④ 덕트, 배선, 배관 등 설비시스템상의 한계

해설 사무소 건축의 기준층 규모 산정시 고려사항
　㉠ 구조상 스팬(span)의 한계
　㉡ 중직거리의 한계(동선상의 거리)
　㉢ 임대면적 비율
　㉣ 피난시 최대 보행거리
　㉤ 각종 설비시스템의 한계(duct, 배관, 배선)
　㉥ 방화구획상 면적(법규상 방화구획, 배연계획 등)
　㉦ 자연광에 의한 조명 한계(실내상시보조인공조명을 고려)

12. 다음 설명에 알맞은 학교운영방식은?

> 각 학급을 2분단으로 나누어 한 쪽이 일반교실을 사용할 때, 다른 한 쪽은 특별교실을 사용한다.

① 달톤형　　　② 플래툰형
③ 개방 학교　④ 교과교실형

해설 플래툰(platoon)형
　전학급을 2분단으로 나누고, 한편이 일반교실을 사용할 때 다른 한편은 특별교실을 이용한다. 일반교실에 있는 동안은 이동하지 않는다. 분단 교체는 점심시간을 이용하도록 시간을 짜는 것이 좋다.
　㉠ 장점 : E형 정도로 이용률을 높이면서도 이동을 정리할 수 있다. 교과 담임제와 학급 담임제를 병용할 수 있다.
　㉡ 단점 : 교사의 수가 부족하거나 적당한 시설이 없으면 설치하지 못한다. 시간 배당을 하는 데 상당한 노력이 필요하다.
　※ 미국의 초등학교에서 과밀을 해결하기 위해 실시한 것이다. 발생적으로는 분단은 둘이지만 기타의 경우도 플래툰형이라고 부르는 경우도 있다.

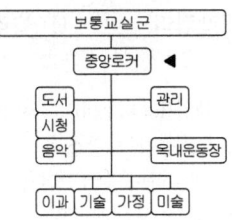

[그림] 플래툰형(P형)

정답　10. ③　11. ③　12. ②

13. 주택 부엌의 가구 배치 유형 중 병렬형에 관한 설명으로 옳은 것은?

① 연속된 두 벽면을 이용하여 작업대를 배치한 형식이다.
② 폭이 길이에 비해 넓은 부엌의 형태에 적당한 유형이다.
③ 작업면이 가장 넓은 배치 유형으로 작업효율이 좋다.
④ 좁은 면적 이용에 효과적이므로 소규모 부엌에 주로 이용된다.

해설 병렬형
㉠ 폭의 길이에 비해 넓은 부엌의 형태에 적당한 유형이다.
㉡ 작업시 몸을 앞뒤로 바꾸어야 하는 불편이 있다.
㉢ 식당과 부엌이 개방되지 않고 외부로 통하는 출입구가 필요한 경우에 많이 쓰인다.

14. 극장 무대 주위의 벽에 6~9m 높이로 설치되는 좁은 통로로, 그리드 아이언에 올라가는 계단과 연결되는 것은?

① 록 레일   ② 사이클로라마
③ 플라이 갤러리   ④ 슬라이딩 스테이지

해설
㉠ 록 레일(lock rail) : 와이어로프를 한 곳에 모아서 조정하는 장소
㉡ 사이클로라마 : 극장건축에서 무대의 제일 뒤에 설치되는 무대배경용의 벽을 말하며 사이클로라마의 높이는 프로시니엄 높이의 3배 정도로 한다.
㉢ 플라이 갤러리(fly gallery) : 그리드 아이언에 올라가는 계단과 연결되게 무대 주위의 벽에 6~9m 높이로 설치되는 좁은 통로(폭은 1.2~2.0m 정도)
㉣ 그리드 아이언(Grid iron) : 조명 기구, 연기자 또는 음향 반사판을 매달기 위해 무대 천정 밑에 설치되는 시설

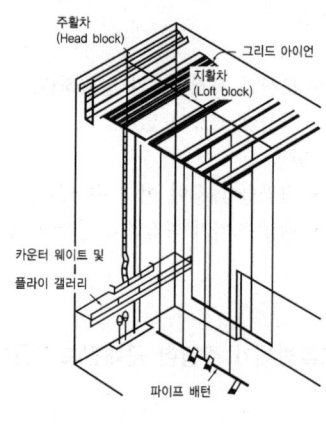

[그림] 무대의 단면

15. 다음 중 다포식(多包式) 건물에 속하지 않는 것은?

① 서울 동대문   ② 창덕궁 돈화문
③ 전등사 대웅전 ④ 봉정사 극락전

해설 주심포계 양식의 대표적인 건물로는 봉정사 극락전, 부석사 무량수전, 강릉 객사문, 수덕사 대웅전, 관음사 원통전이 있다.

※ 봉정사 극락전
㉠ 고려시대 초기의 건축물로, 신라시대의 일반 목조건물 양식에 북송요의 주심포 형식을 가미한 공법으로 건축한 것이다.
㉡ 현존하는 목조 건축 중 가장 오래된 건축물이다.
㉢ 정면 3칸에 측면 4칸의 규모이며 서남향으로 배치되어 있다.
㉣ 건물의 전면에만 다듬질된 석기단(石基壇)을 쌓고 그 위에 자연석 초석을 배열하여 주좌(柱座)만을 조각하였고, 초석 위에는 배흘림기둥을 세웠다.
㉤ 지붕은 맞배지붕의 형태를 띠고 있다.

[그림] 봉정사 극락전

16. 이슬람(사라센) 건축 양식에서 미나렛(Minaret)이 의미하는 것은?

① 이슬람교의 신학원 시설
② 모스크의 상징인 높은 탑
③ 메카 방향으로 설치된 실내 제단
④ 열주나 아케이드로 둘러싸인 중정

[해설] 이슬람(사라센) 건축
㉠ 사라센 제국에서 회교를 배경으로 하여 7세기경부터 17세기경까지 회교사원인 모스크에 집중되어 전개된 건축양식
㉡ 이 민족의 기성양식보다도 지방성, 민족성이 강렬한 건축양식
㉢ 인간, 동물 등의 구상적인 주제에 의한 장식은 엄금하였으나 식물문양, 문자문양, 기하학적 문양 등의 추상적인 주제에 의한 장식 기법이 발달하였다.
※ 미나렛(minaret) : 사라센 건축에서 모스크의 상징인 높은 탑(첨탑)

17. 아파트의 단면형식 중 메조넷 형식(maisonnette type)에 관한 설명으로 옳지 않은 것은?

① 하나의 주거단위가 복층 형식을 취한다.
② 양면 개구부에 의한 통풍 및 채광이 좋다.
③ 주택 내의 공간의 변화가 없으며 통로에 의해 유효면적이 감소한다.
④ 거주성, 특히 프라이버시는 높으나 소규모 주택에는 비경제적이다.

[해설] 메조넷형(복층형, duplex type, maisonnette type)
작은 저택의 뜻을 지니고 있는 메조넷(maisonnette)은 하나의 주호가 2개 층 이상에 걸쳐 구성되는 형식으로 독립성이 좋고 전용 면적비가 크나 50m² 이하의 소규모 주거 형식에는 비경제적이다.
㉠ 주야간의 생활공간이 층별로 구분(독립성 확보)
㉡ 유효면적의 증가
㉢ 중직동선의 편리 도모(엘리베이터의 정지층수 반감)
㉣ 좋은 평면 구성 가능
㉤ 통풍·채광 유리

18. 기계 공장에서 지붕의 형식을 톱날지붕으로 하는 가장 주된 이유는?

① 소음을 작게 하기 위하여
② 빗물의 배수를 충분히 하기 위하여
③ 실내 온도를 일정하게 유지하기 위하여
④ 실내의 주광조도를 일정하게 하기 위하여

[해설] 톱날지붕
북향으로 하루종일 변함없는 조도를 가진 약광선을 수용하며, 기둥이 많이 필요하므로 바닥면적이 많아진다. 기둥 때문에 기계 배치의 융통성 및 작업 능력의 감소를 초래한다.

19. 상점 정면(facade) 구성에 요구되는 5가지 광고 요소(AIDMA 법칙)에 속하지 않는 것은?

① Attention(주의)   ② Identity(개성)
③ Desire(욕구)   ④ Memory(기억)

[해설] 파사드 구성에 요구되는 AIDMA 법칙(구매심리 5단계를 고려한 디자인)
㉠ A(주의, attention) : 주목시킬 수 있는 배려
㉡ I(흥미, interest) : 공감을 주는 호소력
㉢ D(욕망, desire) : 욕구를 일으키는 연상
㉣ M(기억, memory) : 인상적인 변화
㉤ A(행동, action) : 들어가기 쉬운 구성

20. 사무소 건축의 오피스 랜드스케이핑(office landscaping)에 관한 설명으로 옳지 않은 것은?

① 의사전달, 작업흐름의 연결이 용이하다.
② 일정한 기하학적 패턴에서 탈피한 형식이다.
③ 작업단위에 의한 그룹(group) 배치가 가능하다.
④ 개인적 공간으로의 분할로 독립성 확보가 용이하다.

[해설] 오피스 랜드스케이프(office landscape, 완전개방형)는 새로운 사무 공간 설계방법으로서 개방된 사무공간을 의미한다. 계급서열에 의한 획일적 배치에 대한 반성으로 사무의 흐름이나 작업내용의 성격을 중시하는 배치 방법이다.

① 장점
  ⊙ 개방식 배치의 변형된 방식이므로 공간이 절약된다.
  ⓒ 공사비(칸막이벽, 공조설비, 소화설비, 조명설비 등)가 절약되므로 경제적이다.
  ⓒ 작업 패턴의 변화에 따른 컨트롤이 가능하며 융통성이 있으므로 새로운 요구사항에 맞도록 신속한 변경이 가능하다.
  ⓔ 사무실 내에서 인간관계의 질적 향상과 모럴의 확립을 통해 작업의 능률이 향상된다.
② 단점
  ⊙ 소음이 발생하기 쉽다.
  ⓒ 독립성이 결여될 우려가 있다.

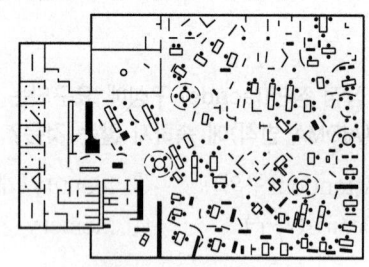

[그림] 오피스 랜드스케이핑

■■■ 제2과목 건축시공

21. 건축물에 사용되는 금속자재와 그 용도가 바르게 연결되지 않은 것은?
① 경량철골 M-BAR : 경량벽체 시공을 위한 구조용 지지틀
② 코너비드 : 벽, 기둥 등의 모서리에 대는 보호용 철물
③ 논슬립 : 계단에 사용하는 미끄럼 방지 철물
④ 조이너 : 천장, 벽 등의 이음새 감추기용 철물

[해설] 경량철골 M-BAR
천장 시공을 위한 구조용 지지틀

22. 네트워크 공정표에서 작업의 상호관계만을 도시하기 위하여 사용하는 화살선을 무엇이라 하는가?
① event   ② dummy
③ activity   ④ critical path

[해설] 네트워크 공정표에 사용되는 용어
  ⊙ 크리티컬 패스(Critical Path) : 처음작업부터 마지막작업에 이르는 모든 경로 중에서 가장 긴 시간이 걸리는 경로
  ⓒ 작업(Activity) : 프로젝트를 구성하는 작업단위
  ⓒ 플로우트(Float) : 각 작업에 허용되는 시간적인 여유
  ⓔ 이벤트(Event) : 작업과 작업을 결합하는 점 및 프로젝트의 개시점 혹은 종료점
  ⓜ 소요시간(Duration) : 작업을 수행하는데 필요한 시간
  ⓗ 더미(dummy) : 정상표현으로 할 수 없는 작업 상호관계를 표시하는 화살표로서, 작업 및 시간의 요소는 포함하지 않는다.

23. 건축용 석재 사용 시 주의사항으로 옳지 않은 것은?
① 석재를 구조재로 사용 시 압축강도가 큰 것을 선택하여 사용할 것
② 석재를 다듬어 쓸 때는 석질이 균일한 것을 사용할 것
③ 동일 건축물에는 다양한 종류 및 다양한 산지의 석재를 사용할 것
④ 석재를 마감재로 사용 시 석리와 색채가 우아한 것을 선택하여 사용할 것

[해설] 동일 건축물에는 다양한 종류 및 다양한 산지의 석재를 사용하는 것은 피하는 것이 바람직하다.
※ 동종의 석재라도 산지나 조직에 따라 다른 외관과 색조를 나타낸다.

정답 21. ① 22. ② 23. ③

24. 린건설(Lean Construction)에서의 관리 방법으로 옳지 않은 것은?

① 변이관리   ② 당김생산
③ 대량생산   ④ 흐름생산

[해설] 린건설(Lean Construction)
㉠ 린 건설은 린(Lean)과 건설(Construction)의 합성어로서 낭비를 최소화하는 가장 효율적인 건설 생산 시스템을 의미하고자 만들어진 용어이다.
㉡ 낭비를 최소화 하는 가장 효율적인 건설 생산 체계를 말하며, 작업단계(운반, 대기, 처리, 검사) 중 가치창출 과정인 처리작업 이외에 비가치 창출 과정들을 최소화 하여 작업간 대기시간, 재고 등 낭비를 최소화하고, 생산의 효율성을 증진시키는 건설 생산 방식이다.
㉢ 린 건설의 관리목표
  • 낭비의 최소화 및 생산의 효용성 증대
  • 최소비용, 최소기간, 무결점, 무사고 추구
  • 변이관리능력 향상
  • 비용절감효과
  • 공기 단축
㉣ 생산방식
  • 밀어내기식(push-type) 생산방식 : 각 작업에서의 생산량이 전체생산 시스템의 작업량을 최대로 할 수 있는 양으로 결정되고 최대량 생산이 목적
  • 당김식(pull-type) 생산방식 : 후속 작업의 상황을 고려하여 후속 작업에 필요한 품질수준에 맞추어 필요로 하는 양 만큼만 선작업 시행

25. 건축공사 시 직접공사비 구성 항목으로 옳게 짝지어진 것은?

① 재료비, 노무비, 장비비, 간접공사비
② 재료비, 노무비, 외주비, 간접공사비
③ 재료비, 노무비, 일반관리비, 경비
④ 재료비, 노무비, 외주비, 경비

[해설] 공사비(견적가격)의 구성

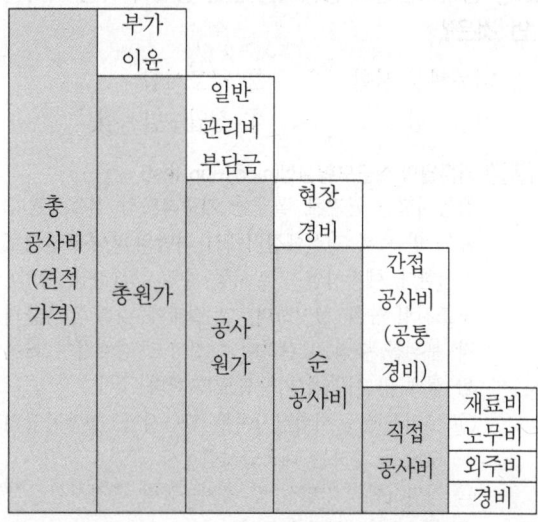

26. 벽돌쌓기 시 벽면적 1m²당 소요되는 벽돌(190×90×57mm)의 정미량(매)과 모르타르량(m³)으로 옳은 것은? (단, 벽두께 1.0B, 모르타르의 재료량은 할증이 포함된 것이며, 배합비는 1:3이다.)

① 벽돌매수 : 224 매, 모르타르량 : 0.078 m³
② 벽돌매수 : 224 매, 모르타르량 : 0.049 m³
③ 벽돌매수 : 149 매, 모르타르량 : 0.078 m³
④ 벽돌매수 : 149 매, 모르타르량 : 0.049 m³

[해설] ① 벽돌쌓기의 벽돌량(매/m²당)

1m² 당 소요 벽돌량 (정미량, 1.0B 쌓기)	표준형(190×90×57)	149매
	기존형(210×100×60)	130매

※ 벽돌의 할증률 :
㉠ 붉은 벽돌·내화 벽돌 : 3%
㉡ 시멘트 벽돌 : 5%

② 쌓기 모르타르량(m³) (정미량 1,000매당)

구분 \ 벽두께	0.5B	1.0B	1.5B	2.0B	2.5B
기존형(재래형)	0.30	0.37	0.40	0.42	0.44
표준형(기본형)	0.25	0.33	0.35	0.36	0.37

※ 모르타르량은 소요량이 아닌 정미량으로 산출함
㉠ 표준형벽돌 1m²당 1.0B쌓기 정미량 : 149매
㉡ 1.0B 쌓기 모르타르량 : 0.33m³
∴ (149÷1000)×0.33m³=0.049m³

[정답] 24. ③   25. ④   26. ④

27. 금속커튼월의 성능시험 관련 항목과 가장 거리가 먼 것은?

① 내동해성 시험 ② 구조시험
③ 기밀시험 ④ 정압수밀시험

[해설] 커튼월의 실물모형실험(mock-up test)
풍동시험을 근거로 설계한 기준척도의 실물모형 3개를 만든 뒤 건설예정지에서 최악의 기후조건으로 시험한다. 예비시험, 기밀시험, 수밀시험(정압, 동압), 구조시험 등을 실시하며, 그 결과에 따라 건축물의 각 부위를 수정·보완하여 안전하고 경제적인 커튼월 설계 및 시공이 가능하도록 한다.
㉠ 예비시험 : 시험실시여부 판단시험, 설계풍압의 50%를 가하는 내풍압시험실시
㉡ 기밀시험 : 기밀성 및 공기누출량 측정시험
㉢ 정압수밀시험 : 누수시험
㉣ 동압수밀시험 : 맥동압에 의한 누수시험
㉤ 구조시험 : 내풍압시험 및 층간변위측정

28. 석재 설치 공법 중 오픈조인트공법의 특징으로 옳지 않은 것은?

① 등압이론 방식을 적용한 수밀방식이다.
② 압력차에 의해서 빗물을 차단할 수 있다.
③ 실링재가 많이 소요된다.
④ 층간변위에도 유동적으로 변위를 흡수할 수 있으므로 파손 확률이 적어진다.

[해설] 석재의 오픈조인트(open joint) 공법
석재의 외벽 건식공법에서 석재와 석재 사이의 줄눈을 sealant로 처리하지 않고 틈을 통해 물을 이동시키는 압력차를 없애는 등압이론을 적용하여 open joint시키는 공법
㉠ 장점
- sealant로 인한 석재의 오염방지
- sealant 미설치로 인한 유지보수공사 불필요
- 미적효과 우수
- 시공 속도 및 시공성 양호
- 단열성능 향상
- 연결철물의 내식성 향상
- 층간변위에 대한 추종성 우수(파손 확률 감소)
- 공장생산으로 품질 우수

㉡ 단점
- 기밀막 설치가 곤란
- 용접시 화재발생 위험이 존재
- 시공비가 다소 고가
- 구조체에 매립 anchor 설치시 시공의 정밀성 요함
- 실내의 환기 곤란

29. 웰 포인트 공법에 관한 설명으로 옳지 않은 것은?

① 중력배수가 유효하지 않은 경우에 주로 쓰인다.
② 지하수위를 저하시키는 공법이다.
③ 인접지반과 공동매설물 침하에 주의가 필요한 공법이다.
④ 점토질의 투수성이 나쁜 지질에 적합하다.

[해설] 웰 포인트 공법(Well point method)
강제배수공법의 대표적 공법으로 Siemens Wall공법을 개량한 공법이다. 지중에 Pipe를 1~2m 간격으로 박고 진공펌프를 사용해서 지하수를 진공흡입 탈수하는 것이며, 용수량이 비교적 많은 굵은 사질층에서 약간 투수층이 나쁜 사질 실트층 정도까지의 지하수를 강제 배수할 수가 있다.
㉠ 장점 : 터파기 공사가 쉽게 되고, 지반의 지내력이 강화되며, 흙막이 토압이 경감된다.
㉡ 단점 : 인접지의 침하를 일으키기 쉽다.

30. 타일크기가 10cm×10cm이고 가로세로 줄눈을 6mm로 할 때 면적 1m²에 필요한 타일의 정미수량은?

① 94매 ② 92매
③ 89매 ④ 85매

[해설] $\dfrac{100\text{cm}}{(10+0.6)\text{cm}} \times \dfrac{100\text{cm}}{(10+0.6)\text{cm}}$
= 88.9매 ≒ 89매

정답 27. ① 28. ③ 29. ④ 30. ③

31. 콘크리트의 압축강도를 시험하지 않을 경우 다음과 같은 조건에서의 거푸집널 해체시기로 옳은 것은?

- 기초, 보, 기둥 및 벽의 측면의 경우
- 평균기온 20℃ 이상
- 조강 포틀랜드 시멘트 사용

① 1일　　② 2일
③ 3일　　④ 4일

[해설] 콘크리트의 압축강도를 시험하지 않을 경우 거푸집널의 해체시기(기초, 보 옆, 기둥, 벽 등의 측벽)

종류 \ 시멘트의 평균기온	20℃ 이상	20℃ 미만 10℃ 이상	압축강도
조강 포틀랜드 시멘트	2일	3일	
보통 포틀랜드시멘트 고로슬래그시멘트(1종) 포틀랜드포졸란시멘트(1종) 플라이애쉬 시멘트(1종)	4일	6일	5MPa 이상
고로슬래그 시멘트(2종) 포틀랜드포졸란시멘트(2종) 플라이애쉬 시멘트(2종)	5일	8일	

32. 건축공사의 도급계약서 내용에 기재하지 않아도 되는 항목은?

① 공사의 착수시기
② 재료의 시험에 관한 내용
③ 계약에 관한 분쟁 해결방법
④ 천재 및 그 외의 불가항력에 의한 손해 부담

[해설] 건설공사의 도급계약에 명시하여야 할 사항
① 공사내용
② 공사 대금액
③ 공사의 착공 시기와 완공시기
④ 도급액의 지불방법과 지불시기
⑤ 설계변경, 공사중지의 경우 도급액의 변경 또는 손해부담의 사항
⑥ 하자담보책임기간 및 담보방법
⑦ 천재지변, 기타 불가항력에 의한 손해부담에 관한 사항

33. 지질조사를 통한 주상도에서 나타나는 정보가 아닌 것은?

① N치　　② 투수계수
③ 토층별 두께　　④ 토층의 구성

[해설] 투수계수(permeability coefficient)
유체가 토양이나 암석 등의 다공성 매체를 통과하는데 있어서 그 용이도를 나타내는 척도

34. 레디믹스트 콘크리트 발주 시 호칭 규격인 25 – 24 – 150 에서 알 수 없는 것은?

① 염화물 함유량　　② 슬럼프(Slump)
③ 호칭강도　　④ 굵은골재의 최대치수

[해설] 레미콘의 규격 [25 – 24 – 150]의 의미
굵은 골재 최대치수 25mm — 콘크리트 압축강도 24MPa — 슬럼프값 150mm

35. Top-Down 공법(역타공법)에 관한 설명으로 옳지 않은 것은?

① 지하와 지상작업을 동시에 한다.
② 주변지반에 대한 영향이 적다.
③ 수직부재 이음부 처리에 유리한 공법이다.
④ 1층 슬래브의 형성으로 작업공간이 확보된다.

[해설] 탑다운공법(Top Down Method ; 역타공법=역구축공법)
지하굴착과 병행해 기둥과 기초를 완성한 후 1층 슬래브 등의 콘크리트를 타설하고, 이것을 흙막이 방축널로 하면서 지하로 계속 굴착해 구조물을 완료하는 공법이다. 도심지 공사에 적합한 공법으로 깊은 지하 구조물 시공시 주변지반에 악영향을 미치지 않고 시공할 수 있도록 개발된 방법 중 가장 안전한 공법이다.

정답　31. ②　32. ②　33. ②　34. ①　35. ③

36. 도장공사 시 유의사항으로 옳지 않은 것은?

① 도장마감은 도막이 너무 두껍지 않도록 얇게 몇 회로 나누어 실시한다.
② 도장을 수회 반복할 때에는 칠의 색을 동일하게 하여 혼동을 방지해야 한다.
③ 칠하는 장소에서 저온, 다습하고 환기가 충분하지 못할 때는 도장작업을 금지해야 한다.
④ 도장 후 기름, 산, 수지, 알칼리 등의 유해물이 배어 나오거나 녹아 나올 때에는 재시공한다.

[해설] 도장공사 시 유의사항
㉠ 도장마감은 도막이 너무 두껍지 않도록 얇게 몇 회로 나누어 실시한다.
㉡ 페인트칠의 경우 초벌과 재벌 등은 도장할 때마다 다음 칠을 하였는지 안하였는지 구별하기 위하여 색을 약간씩 다르게 한다.
㉢ 칠하는 장소에서 저온, 다습하고 환기가 충분하지 못할 때는 도장작업을 금지해야 한다.(온도 5℃ 이하, 35℃ 이상, 습도가 80%(시방서 : 85%) 이상시 작업을 중단한다.)
㉣ 도장 후 기름, 산, 수지, 알칼리 등의 유해물이 배어 나오거나 녹아 나올 때에는 재시공한다.
㉤ 솔칠은 위에서 밑으로, 왼편에서 오른편으로, 재의 길이 방향으로 한다.

37. 철골부재용접 시 겹침이음, T자이음 등에 사용되는 용접으로 목두께의 방향이 모재의 면과 45° 또는 거의 45°의 각을 이루는 것은?

① 필릿 용접
② 완전용입 맞댐용접
③ 부분용입 맞댐용접
④ 다층용접

[해설] 필릿 용접(fillet weld)
철골부재용접 시 겹침이음, T자이음 등에 사용되는 용접으로 목두께의 방향이 모재면(母材面)과 약 45° 각도를 이루는 이음 방식

38. 타일 붙임 공법에 쓰이는 용어 중 거푸집에 전용 시트를 붙이고, 콘크리트 표면에 요철을 부여하여 모르타르가 파고 들어가는 것에 의해 박리를 방지하는 공법은?

① 개량압착 붙임 공법
② MCR 공법
③ 마스크 붙임 공법
④ 밀착 붙임 공법

[해설] 타일붙임공법
㉠ 벽 타일붙임 공법 : 압착붙임 공법, 떠붙임 공법, 접착 공법, 밀착 공법(동시줄눈 공법), PC 먼저붙임 공법
㉡ 바닥 타일붙임 공법 : 바닥용 타일붙임 공법, 바닥 모자이크 타일붙임 공법, 클링커 타일붙임 공법
※ MCR 공법 : 거푸집에 전용 시트를 붙이고, 콘크리트 표면에 요철을 부여하여 모르타르가 파고 들어가는 것에 의해 박리를 방지하는 타일붙임공법

39. 아래 설명은 어느 방식에 해당되는가?

> 도급자가 대상 계획의 기업, 금융, 토지조달, 설계, 시공, 기계·기구설치, 시운전 및 조업지도까지 주문자가 필요로 하는 모든 것을 조달하여 주문자에게 인도하는 방식으로, 산업기술의 고도화, 전문화와 건축물의 고층화, 대형화에 따라 계속 증가 추세인 것

① 프로젝트관리방식 (PM)
② 공사관리방식(CM)
③ 파트너링방식
④ 턴키방식

[해설] 턴키(Turn - Key)도급
건설업자가 대상 계획의 기업, 금융, 토지조달, 설계, 시공, 기계기구 설치, 시운전까지 주문자가 필요로 하는 모든 것을 조달하여 주문자에게 인도하는 도급계약 방식
㉠ 장점 : 신공법의 연구 및 개발, 공사비 절감, 공기단축·전문화 촉진, 책임시공에 의한 신기술개발의 축적 가능, 사업수행의 효율성 향상
㉡ 단점 : 설계의 우수성 및 건축주의 의도 반영 불가, 사업 내용의 불확실성, 발주절차의 복잡성, 과다경쟁 우려, 중소기업의 참여기회 제한

정답 36. ② 37. ① 38. ② 39. ④

40. 아스팔트 방수재료에 관한 설명으로 옳지 않은 것은?

① 아스팔트 컴파운드는 블로운 아스팔트에 동식물성 섬유를 혼합한 것이다.
② 아스팔트 프라이머는 아스팔트 싱글을 용제로 녹인 것이다.
③ 아스팔트 펠트는 섬유원지에 스트레이트 아스팔트를 가열용해하여 흡수시킨 것이다.
④ 아스팔트 루핑은 원지에 스트레이트 아스팔트를 침투 시키고 양면에 컴파운드를 피복한 후 광물질 분말을 살포시킨 것이다.

해설 아스팔트 프라이머(Asphalt primer)
묽은 휘발성 아스팔트 용액으로 콘크리트 모체에 침투성을 높여서 부착력을 강화시킨 것으로 부수적으로 방수 성능이 향상된다.
㉠ 아스팔트를 휘발성 용제로 녹인 흑갈색 액체이다.
㉡ 아스팔트 방수공법에서 제일 먼저 시공되는 방수제이다.
㉢ 콘크리트와 아스팔트 부착이 잘되게 하는 것이다.

■■■ 제3과목 건축구조

41. 그림과 같은 단순보의 양단 수직반력을 구하면?

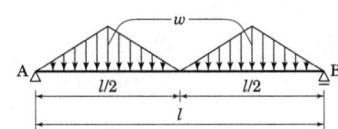

① $R_A = R_B = \dfrac{wl}{2}$
② $R_A = R_B = \dfrac{wl}{4}$
③ $R_A = R_B = \dfrac{wl}{6}$
④ $R_A = R_B = \dfrac{wl}{8}$

해설 단순보의 반력
단순보에서 하중이 대칭인 경우 반력의 크기는 총 하중의 1/2씩 부담하게 된다. 따라서 두 삼각형의 면적이 총 하중이며 한 지점의 반력은 삼각형 하나의 면적으로 산정할 수 있다.
$$V_A = \left(\dfrac{l}{4} \times w\right) \times \dfrac{1}{2} \times 2 = \dfrac{wl}{4}$$

42. 강도설계법으로 설계된 보에서 스터럽이 부담하는 전단력이 $V_s = 265$kN일 경우 수직 스터럽의 적절한 간격은? (단, $A_v = 2 \times 127$mm²(U형 2-D13), $f_{yt} = 350$MPa, $b_w \times d = 300 \times 450$mm)

① 120mm ② 150mm
③ 180mm ④ 210mm

해설 스터럽 간격(s)
$$s = \dfrac{A_v \cdot f_{yt} \cdot d}{V_s} = \dfrac{2 \times 127 \times 350 \times 450}{265 \times 1,000} = 150.96 \text{(mm)}$$

43. 부동침하의 원인과 가장 거리가 먼 것은?

① 건물이 경사지반에 근접되어 있을 경우
② 건물이 이질지반에 걸쳐 있을 경우
③ 이질의 기초구조를 적용했을 경우
④ 건물의 강도가 불균등할 경우

해설 부동침하의 원인
연약층, 이질지층, 경사지반, 낭떠러지, 일부증축, 지하수위변경, 지하구멍(터널), 이질지층, 일부지정, 동일건물 다른 기초

44. 바람의 난류로 인해서 발생되는 구조물의 동적 거동 성분을 나타내는 것으로 평균변위에 대한 최대변위의 비를 통계적인 값으로 나타낸 계수는?

① 지형계수   ② 가스트영향계수
③ 풍속고도분포계수 ④ 풍력계수

해설 풍하중 가스트영향 계수
바람의 세기는 일정하지 않고 항상 변하는 동적 거동성분이다. 이러한 특성을 고려하여 풍하중 산정 시 바람 세기의 평균값에 대한 피크값의 비를 통계적으로 나타낸 계수를 활용한다.

45. 다음 용접기호에 대한 옳은 설명은?

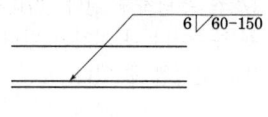

① 맞댐 용접이다.
② 용접되는 부위는 화살의 반대쪽이다.
③ 유효목두께는 6mm이다.
④ 용접길이는 60mm이다.

[해설] 용접기호
  ㉠ 공장 용접
  ㉡ 용접(모살)치수 6mm 모살 용접
  ㉢ 용접길이 60mm
  ㉣ 화살 위치에 용접

46. 그림과 같은 강접골조에 수평력 $P = 10kN$이 작용하고 기둥의 강비 $k = \infty$ 인 경우, 기둥의 모멘트가 최대가 되는 위치 h_0는? (단, 괄호안의 기호는 강비이다.)

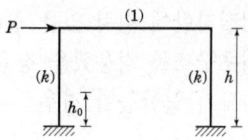

① 0
② $0.5h$
③ $\frac{4}{7}h$
④ h

[해설] Rahmen의 기둥 최대 휨모멘트

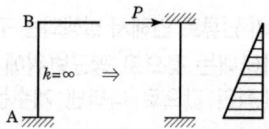

기둥 부재의 강비가 무한대이면 보와 기둥의 접합점은 고정절점이다. 따라서 양 지점에서 최대 휨모멘트가 발생하므로 $h_0 = 0$이다.

47. 강구조에서 기초콘크리트에 매입되어 주각부의 이동을 방지하는 역할을 하는 것은?

① 앵커 볼트
② 턴 버클
③ 클립 앵글
④ 사이드 앵글

[해설] 철골구조 주각부
  기둥 플랜지 보강을 위해 Wing Plate와 Side Angle, 웨브플레이트 보강을 위해 Clip Angle과 Filler Plate(래티스 기둥에서만 사용), 바닥 보강을 위해 Base Plate, 주각과 콘크리트 연결을 위해 Anchor Bolt 등이 필요하다.

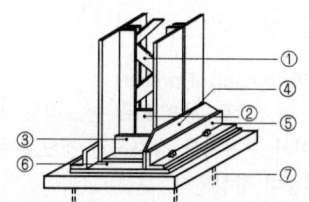

① Lattice bar
② Web plate
③ Clip Angle
④ Wing plate
⑤ Side Angle
⑥ Base plate
⑦ Anchor Bolt

48. 그림에서 파단선 $a-1-2-3-d$의 인장재의 순단면적은? (단, 판두께는 10mm, 볼트 구멍지름은 22mm)

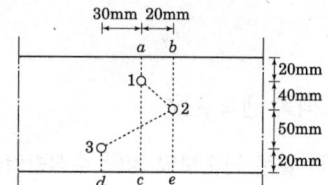

① 690mm²
② 790mm²
③ 890mm²
④ 990mm²

[해설] 인장재 순단면적

$A_n = \left(h - nd_0 + \Sigma \frac{s^2}{4g}\right)t$ 에서

$h = 20 + 40 + 50 + 20 = 130 \,(mm)$
$n = 3, \; d_o = 22mm$
$g_1 = 40mm, \; g_2 = 50mm$
$s_1 = 20mm, \; s_2 = 50mm$
$A_n = \left\{130 - (3 \times 22) + \left(\frac{20^2}{4 \times 40} + \frac{50^2}{4 \times 50}\right)\right\} \times 10$
$= 787.5mm^2 ≒ 790mm^2$

49. 다음과 같은 조건의 단면을 가진 부재의 균열모멘트 M_{cr}을 구하면?

- 단면의 중립축에서 인장연단까지의 거리
  $y_t = 420mm$
- 총 단면 2차모멘트 $I_g = 1.0 \times 10^{10} mm^4$
- 보통중량 콘크리트 설계기준압축강도
  $f_{ck} = 21MPa$

① 50.6 kN·m ② 53.3 kN·m
③ 62.5 kN·m ④ 68.8 kN·m

[해설] 균열모멘트(Mcr)
균열모멘트란 콘크리트의 휨응력이 휨인장강도 $f_{cr} (=0.63\lambda\sqrt{f_{ck}})$에 도달하게 하는 휨모멘트이다.

$f_{cr} = \dfrac{M_{cr}}{I} \cdot y_t$

$M_{cr} = \dfrac{I}{y_t} \cdot f_{cr} = \dfrac{1 \times 10^{10}}{420}(0.63 \times 1 \times \sqrt{21})$

$= 68,738,635 (N \cdot mm) = 68.74 (kN \cdot m)$

50. 강도설계법에서 직접 설계법을 이용한 콘크리트 슬래브 설계 시 적용조건으로 옳지 않은 것은?

① 각 방향으로 3경간 이상 연속되어야 한다.
② 슬래브 판들은 단변 경간에 대한 장변 경간의 비가 2 이하인 직사각형이어야 한다.
③ 각 방향으로 연속한 받침부 중심간 경간 차이는 긴 경간의 1/3 이하이어야 한다.
④ 모든 하중은 슬래브판의 특정지점에 작용하는 집중하중이어야 하며 활하중은 고정하중의 3배 이하이어야 한다.

[해설] 직접설계법의 적용조건
① 각 방향의 Slab는 3span 이상 연속
② 각 방향으로 연속한 span 길이의 차이가 긴 span의 1/3 이내
③ 등분포 연직하중으로 활하중은 고정하중의 2배 이하
④ 기둥 중심축의 오차는 연속되는 기둥 중심축에서 span의 1/10 이내

51. 인장을 받는 이형철근의 정착길이(l_d)는 기본정착길이(l_{db})에 보정계수를 곱하여 산정한다. 다음 중 이러한 보정계수에 영향을 미치는 사항이 아닌 것은?

① 하중계수 ② 경량콘크리트 계수
③ 에폭시 도막 계수 ④ 철근배치 위치계수

[해설] 인장이형철근의 정착길이의 보정계수
- α : 배근위치 계수(1~1.3)
- β : 철근 도막계수(1~1.5)
- λ : 경량콘크리트 계수(0.75~1.0)

52. 직경(D) 30mm, 길이(L) 4m인 강봉에 90kN의 인장력이 작용할 때 인장응력(σ_t)과 늘어난 길이(ΔL)는 약 얼마인가? (단, 강봉의 탄성계수 E = 200000MPa)

① σ_t = 127.3MPa, ΔL = 1.43mm
② σ_t = 127.3MPa, ΔL = 2.55mm
③ σ_t = 132.5MPa, ΔL = 1.43mm
④ σ_t = 132.5MPa, ΔL = 2.55mm

[해설] 탄성계수(E)
hook's law에 의해 $\sigma = E \cdot \epsilon$ 이므로
$\sigma = E \cdot \epsilon$
$\sigma = \dfrac{P}{A}$
$\epsilon = \dfrac{\Delta l}{l}$
$E = \dfrac{\sigma}{\epsilon} = \dfrac{l}{\Delta l} \times \dfrac{P}{A}$

$\Delta l = \dfrac{Pl}{EA} = \dfrac{90 \times 10^3 \times 4000}{200 \times 10^3 \times \dfrac{\pi \times 30^2}{4}} = 2.55(mm)$

$\sigma_t = \dfrac{P}{A} = \dfrac{90 \times 10^3}{\dfrac{\pi \times 30^2}{4}}$

$= \dfrac{4}{\pi \times 30^2} \times 90 \times 10^3 = 127.3(MPa)$

정답 49. ④ 50. ④ 51. ① 52. ②

53. 동일재료를 사용한 캔틸레버 보에서 작용하는 집중하중의 크기가 $P_1 = P_2$일 때, 보의 단면이 그림과 같다면 최대처짐 $y_1 : y_2$의 비는?

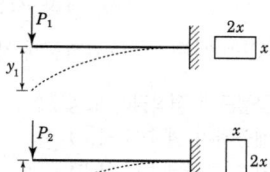

① 2 : 1
② 4 : 1
③ 8 : 1
④ 16 : 1

[해설] 캔틸레버 보 집중하중 시 최대 처짐

$\delta_{max} = \dfrac{P\ell^3}{3EI}$ 이므로

$y_1 : y_2 = \dfrac{1}{\dfrac{2x \cdot x^3}{12}} : \dfrac{1}{\dfrac{x \cdot (2x)^3}{12}}$

$= \dfrac{1}{2} : \dfrac{1}{8} = 4 : 1$

54. 인장시험을 통하여 얻어진 탄소강의 응력-변형도 곡선에서 변형도 경화영역의 최대응력을 의미하는 것은?

① 인장강도
② 항복강도
③ 탄성한도
④ 비례한도

[해설] 강재의 특성
- 인장강도 : 응력-변형도 곡선에서 변형도 경화영역의 최대응력
- 비례한도 : 응력과 변형도가 비례한 선형관계가 유지되는 한도
- 항복강도 : 비례한도의 기울기와 평행하게 응력이 '영'인 상태로 내렸을 때 0.2%의 영구변형을 가지게 되는 지점의 응력
- 항복비 : 하항복점 강도에 대한 인장강도의 비

55. 고층건물의 구조형식 중에서 건물의 중간층에 대형 수평부재를 설치하여 횡력을 외곽기둥이 분담할 수 있도록 한 형식은?

① 트러스 구조
② 골조 아웃리거 구조
③ 튜브 구조
④ 스페이스 프레임 구조

[해설] 아웃리거 골조 구조
벨트트러스(Belt truss)라고도 불리며, 가새골조로 된 내부골조(코어)를 외곽기둥과 연결시키는 수평 캔틸레버로 구성된다.

56. 그림과 같은 기둥 단면이 300mm×300mm인 사각형 단주에서 기둥에 발생하는 최대 압축응력은? (단, 부재의 재질은 균등한 것으로 본다.)

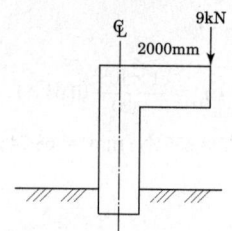

① -2.0 MPa
② -2.6 MPa
③ -3.1 MPa
④ -4.1 MPa

[해설] 최대압축응력도(σ_{max})

300mm×300mm 기둥 단면에 중심 축하중 9kN과 모멘트 하중 18kN·m(9kN×2m)가 동시에 작용하는 상태의 최대압축응력도를 구하면

$\sigma_{max} = -\left(\dfrac{P}{A} + \dfrac{M}{Z}\right)$ 에서

$\sigma_{max} = -\left(\dfrac{9 \times 10^3}{300 \times 300} + \dfrac{9 \times 10^3 \times 2,000}{\dfrac{300 \times 300^2}{6}}\right)$

$= -4.1 \text{ (MPa)}$

57. 다음 그림과 같은 트러스의 반력 R_A와 R_B는?

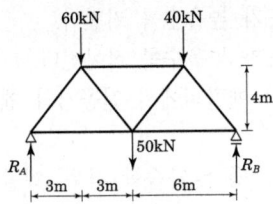

① R_A = 60kN, R_B = 90kN
② R_A = 70kN, R_B = 80kN
③ R_A = 80kN, R_B = 70kN
④ R_A = 100kN, R_B = 50kN

[해설] 트러스의 지점 반력
① A지점의 반력 : $\Sigma M_B = 0$
→ $R_A \times 12 - (60 \times 9 + 50 \times 6 + 40 \times 3) = 0$
  $R_A = 80$ (kN)
② B지점의 반력 : $\Sigma V = 0$
→ $80 + R_B - (60 + 50 + 40) = 0$
  $R_B = 70$ (kN)

58. 표준갈고리를 갖는 인장 이형철근(D13)의 기본정착길이는? (단, D13의 공칭지름 : 12.7mm, f_{ck} = 27MPa, f_y = 400MPa, β = 1.0, m_c = 2300kg/m³)

① 190 mm ② 205 mm
③ 220 mm ④ 235 mm

[해설] 표준 갈고리가 있는 인장근의 기본 정착길이

No hook	hook
$\dfrac{0.6 d_b f_y}{\lambda \sqrt{f_{ck}}}$	$\dfrac{0.24 \cdot \beta \cdot d_b \cdot f_y}{\lambda \sqrt{f_{ck}}}$

$\therefore l_{ab} = \dfrac{0.24 \cdot \beta \cdot d_b \cdot f_y}{\lambda \sqrt{f_{ck}}}$
$= \dfrac{0.24 \times 1 \times 12.7 \times 400}{1 \times \sqrt{27}} = 234.64$ mm

59. 점 A에 작용하는 두 개의 힘 P_1과 P_2의 합력을 구하면?

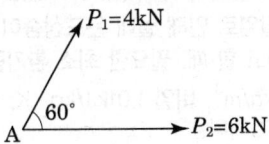

① $\sqrt{72}$ kN ② $\sqrt{74}$ kN
③ $\sqrt{76}$ kN ④ $\sqrt{78}$ kN

[해설] 두 힘의 합력(P)
해석의 발상 : 평행사변형을 이용한 두 힘의 합력은 $P = \sqrt{P_1^2 + P_2^2 + 2 \cdot P_1 \times P_2 \cdot \cos\alpha}$ 이다.
$\therefore P = \sqrt{4^2 + 6^2 + 2 \times 4 \times 6 \times \cos 60°} = \sqrt{76}$ (kN)

60. H형강이 사용된 압축재의 양단이 핀으로 지지되고 부재 중간에서 x축 방향으로만 이동할 수 없도록 지지되어 있다. 부재의 전 길이가 4m일 때 세장비는? (단, r_x = 8.62cm, r_y = 5.02cm임)

① 26.4 ② 36.4
③ 46.4 ④ 56.4

[해설] H 형강의 세장비
① 해석의 발상 : 세장비는 좌굴길이를 통상 약축의 단면2차 반경으로 나눈 것이지만 이 문제에서는 강축과 약축의 길이가 다르므로 두 세장비를 구하여 큰 값을 답하여야 한다.
② 세장비 : 강축(x)의 길이는 4m, 단면2차반경(γ_x)은 8.62cm이며, 약축(y)의 길이는 2m 단면2차반경(γ_y)은 5.02cm이므로 다음과 같이 구할 수 있다.

강축(x)의 세장비 $\dfrac{\ell_k}{\gamma_x} = \dfrac{1 \times 400\text{cm}}{8.62\text{cm}} = 46.4$

약축(y)의 세장비 $\dfrac{\ell_k}{\gamma_y} = \dfrac{1 \times 200\text{cm}}{5.02\text{cm}} = 39.84$

제4과목 건축설비

61. 실내에 4500W를 발열하고 있는 기기가 있다. 이 기기의 발열로 인해 실내 온도상승이 생기지 않도록 환기를 하려고 할 때, 필요한 최소 환기량은? (단, 공기의 밀도 1.2kg/m³, 비열 1.01kJ/kg · K, 실내온도 20℃, 외기온도 0℃이다.)

① 약 452m³/h
② 약 668m³/h
③ 약 856m³/h
④ 약 928m³/h

[해설] 발열량에 의한 환기량 계산

$Q = \dfrac{H_s}{C_p \times \rho \times (t_i - t_0)}$ 에서

먼저, 발열량(H_s) = 4,500 × 3.6kJ/h = 16,200kJ/h

※ 1W = 1J/s = 3,600J/h = 3.6kJ/h

∴ $Q = \dfrac{H_s}{C_p \times \rho \times (t_i - t_0)}$

$= \dfrac{16,200 \text{kJ/h}}{1.01 \text{kJ/kg} \cdot \text{K} \times 1.2 \text{kg/m}^3 \times (20-1)\text{K}}$

$= 668.3 [\text{m}^3/\text{h}]$

62. 주위 온도가 일정 온도 이상으로 되면 동작하는 자동화재탐지설비의 감지기는?

① 이온화식 감지기
② 차동식 스폿형 감지기
③ 정온식 스폿형 감지기
④ 광전식 스폿형 감지기

[해설] 감지기

감지기의 종류		작동원리
열식	차동식	그 주위 온도가 일정한 온도 상승률 이상으로 되었을 때 작동한다.
	정온식	그 주위 온도가 일정한 온도 이상이 되었을 때 작동한다.
	보상식	그 주위 온도의 변화에 따라 감도가 변화하는 것이며, 차동식 및 정온식의 성능을 가진다.
연기식	이온식	검지부에 연기가 들어감으로써 이온 전류가 변화하는 것을 이용하여 감지한다.
	광전식	검지부에 연기가 들어감으로써 광전 소자의 입사광량이 변화하는 것을 이용하여 감지한다.

63. 습공기의 엔탈피에 관한 설명으로 옳은 것은?

① 건구온도가 높을수록 커진다.
② 절대습도가 높을수록 작아진다.
③ 수증기의 엔탈피에서 건공기의 엔탈피를 뺀 값이다.
④ 습공기를 냉각·가습할 경우, 엔탈피는 항상 감소한다.

[해설] 습공기선도에서 건구온도가 높아지면 엔탈피는 커지고, 건구온도가 낮아지면 엔탈피는 작아진다. 이때 절대습도의 변화량은 없다.

※ 엔탈피 : 0℃일 때 건공기의 엔탈피를 0으로 하여 습공기 1kg이 지니고 있는 열량으로 나타낸다.

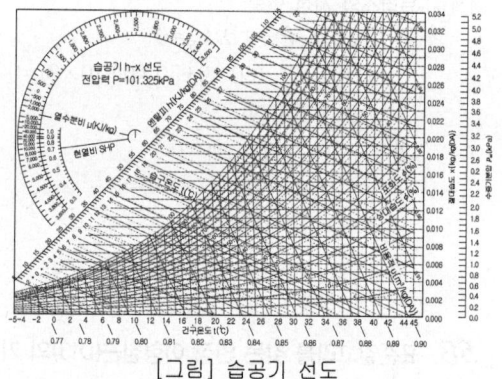

[그림] 습공기 선도

64. 조명기구의 배광에 따른 분류 중 직접조명형에 관한 설명으로 옳은 것은?

① 상향광속과 하향광속이 거의 동일하다.
② 천장을 주광원으로 이용하므로 천장의 색에 대한 고려가 필요하다.
③ 매우 넓은 면적이 광원으로서의 역할을 하기 때문에 직사 눈부심이 없다.
④ 작업면에 고조도를 얻을 수 있으나 심한 휘도차 및 짙은 그림자가 생긴다.

[해설] 직접조명
작업면에 비추는 빛의 대부분이 광원에서 직접조명이 된다. 경제적이지만 눈부심에 대한 대책이 요구된다.

정답 61. ② 62. ③ 63. ① 64. ④

㉠ 조명률이 크므로 소비전력은 간접조명의 1/2~1/3 정도이다.
㉡ 설비비가 저렴하여 설계가 단순하다.
㉢ 그늘이 생기므로 물체의 식별이 입체적이다.
㉣ 조명기구의 점검, 보수가 용이하다.
※ 직접조명은 공장의 일반 조명 방식에 사용된다. 작업면에 고조도를 얻을 수 있으나 심한 휘도의 차 및 짙은 그림자와 눈부심이 발생한다.

65. 다음 중 건축물 실내공간의 잔향시간에 가장 큰 영향을 주는 것은?

① 실의 용적
② 음원의 위치
③ 벽체의 두께
④ 음원의 음압

[해설] 잔향시간(sabine의 잔향이론)
㉠ $RT = K\dfrac{V}{A}$ 의 식에서
 RT : 잔향시간(sec) K : 비례상수(0.162)
 V : 실의 용적(m²) A :
 흡음력 $= \bar{a}$(평균흡음률)$\times S$(실내표면적) (m²)
 잔향시간은 실용적에 비례하고 실의 흡음력에 반비례한다.
㉡ 요소 : 실용적, 실내 표면적, 실의 평균 흡음률
㉢ 잔향시간은 음원의 위치, 측정의 위치, 흡음재료의 위치와 무관하다.
※ 잔향시간은 실의 용적에 비례하고 흡음력에 반비례한다. 사용목적에 따라 적당한 실의 용적을 가져야만 일반적으로 양호한 잔향시간을 가질 수 있으나, 하나의 공간을 여러 용도로 사용하기 위해서는 각 용도에 적당하도록 잔향시간을 조절해야 한다.

66. 다음 설명에 알맞은 통기관의 종류는?

기구가 반대방향(좌우분기) 또는 병렬로 설치된 기구배수관의 교점에 접속하여 입상 하며, 그 양 기구의 트랩 봉수를 보호하기 위한 1개의 통기관을 말한다.

① 공용통기관
② 결합통기관
③ 각개통기관
④ 신정통기관

[해설] 공용통기관은 통기관과 배수관의 역할을 겸용하고 있는 관으로, 기구가 반대방향(좌우분기) 또는 병렬로 설치된 기구 배수관의 교점에 접속하여 입상 하며, 그 양 기구의 트랩 봉수를 보호하기 위한 1개의 통기관을 말한다.

67. 습공기가 냉각되어 포함되어 있던 수증기가 응축되기 시작하는 온도를 의미하는 것은?

① 노점온도
② 습구온도
③ 건구온도
④ 절대온도

[해설] 노점온도
온도가 높은 공기일수록 많은 수증기를 함유할 수가 있기 때문에 습공기의 온도를 낮추면 어떤 온도에서 포화상태가 되며 또다시 냉각시키면 수증기의 일부가 응축하여 이슬이 맺힌다. 이 온도를 노점온도(dew point temperature)라고 한다.

68. 변전실에 관한 설명으로 옳지 않은 것은?

① 건축물의 최하층에 설치하는 것이 원칙이다.
② 용량의 증설에 대비한 면적을 확보할 수 있는 장소로 한다.
③ 사용부하의 중심에 가깝고, 간선의 배선이 용이한 곳으로 한다.
④ 변전실의 높이는 바닥의 케이블트렌치 및 무근 콘크리트 설치 여부 등을 고려한 유효 높이로 한다.

[해설] 변전실의 위치
㉠ 수전에 편리하고 배전하기 쉬운 장소일 것
㉡ 가능한 부하의 중심에 가깝고 배전에 편리한 장소일 것
㉢ 외부로부터의 전원인입이 쉬운 곳일 것
㉣ 기기의 반입·반출이 용이할 것
㉤ 고온·고습이 되지 않는 장소이고 환기가 잘 되는 장소일 것
㉥ 천정 높이가 충분할 것
- 고압 : 보 아래 3.6m 이상(천정에 배관, 덕트 통할시 : 3.0m 이상)
- 특고압 : 보 아래 4.5m 이상(폐쇄형 : 3.6m 이상)
㉦ 기타 전기설비기기와 인접한 장소일 것

69. 10Ω의 저항 10개를 직렬로 접속할 때의 합성저항은 병렬로 접속할 때의 합성저항의 몇 배가 되는가?

① 5배
② 10배
③ 50배
④ 100배

[해설] 전압(V)=전류(I)×저항(R)
$V = I \cdot R$
※ 저항의 계산
① 직렬합성저항 : $R = R_1 + R_2 + R_3 \cdots$ 이므로
$R = 10 + 10 + 10 + \cdots + 10 = 100$
② 병렬합성저항 : $\frac{1}{R} = \frac{1}{R_1} + \frac{1}{R_2} + \frac{1}{R_3} + \cdots$ 이므로
병렬합성저항 : $\frac{1}{R} = \frac{1}{R_1} + \frac{1}{R_2} + \frac{1}{R_3} + \cdots = \frac{10}{10} = 1$
$\frac{1}{R} = 1$ 이므로 $R = 1$
∴ 직렬로 접속할 때의 합성저항은 병렬로 접속할 때의 합성저항의 100배가 된다.

70. 증기난방에 관한 설명으로 옳지 않은 것은?

① 응축수 환수관 내에 부식이 발생하기 쉽다.
② 동일 방열량인 경우 온수난방에 비해 방열기의 방열면적이 작아도 된다.
③ 방열기를 바닥에 설치하므로 복사난방에 비해 실내바닥의 유효면적이 줄어든다.
④ 온수난방에 비해 예열시간이 길어서 충분한 난방감을 느끼는데 시간이 걸린다.

[해설] 증기난방(steam heating)
증기의 잠열을 이용한 난방방식으로 사무소, 백화점, 학교, 극장, 일반공장 등에 이용한다.
① 장점
 ㉠ 증발 잠열을 이용하므로 열의 운반능력이 크다.
 ㉡ 예열시간이 온수난방에 비해 짧고 증기의 순환이 빠르다.
 ㉢ 방열면적은 온수난방보다 작게 할 수 있으며, 관경이 가늘어도 된다.
 ㉣ 설비비와 유지비가 싸다.
② 단점
 ㉠ 방열기의 표면온도가 높아 난방의 쾌감도가 낮다.
 ㉡ 난방부하의 변동에 따라 방열량 조절이 곤란하다.
 ㉢ 소음이 많이 난다.(steam hammering)
 ㉣ 보일러 취급에 기술을 요한다.

71. 건구온도 26℃인 실내공기 8000m³/h와 건구온도 32℃인 외부공기 2000m³/h를 단열혼합하였을 때 혼합공기의 건구온도는?

① 27.2℃
② 27.6℃
③ 28.0℃
④ 29.0℃

[해설] 혼합공기 온도
$t_m = \frac{m_1 t_1 + m_2 t_2}{m_1 + m_2} = \frac{8000 \times 26 + 2000 \times 32}{8000 + 2000} = 27.2℃$

정답 69. ④ 70. ④ 71. ①

72. 다음의 스프링클러설비의 화재안전기준 내용 중 ( ) 안에 알맞은 것은?

> 전동기에 따른 펌프를 이용하는 가압송수 장치의 송수량은 0.1MPa의 방수압력 기준으로 ( ) 이상의 방수성능을 가진 기준 개수의 모든 헤드로부터의 방수량을 충족시킬 수 있는 양 이상으로 할 것

① 80 ℓ/min ② 90 ℓ/min
③ 110 ℓ/min ④ 130 ℓ/min

[해설] 스프링클러설비의 화재안전기준
전동기에 따른 펌프를 이용하는 가압송수장치의 송수량은 0.1MPa의 방수압력 기준으로 80L/min 이상의 방수성능을 가진 기준 개수의 모든 헤드로부터의 방수량을 충족시킬 수 있는 양 이상으로 할 것

73. 다음 설명에 알맞은 요운전원 엘리베이터 조작 방식은?

> 기동은 운전원의 버튼 조작으로 하며, 정지는 목적층 단추를 누르는 것과 승강장의 호출 신호로 층의 순서대로 자동 정지한다.

① 카 스위치 방식
② 전자동군관리 방식
③ 레코드 컨트롤 방식
④ 시그널 컨트롤 방식

[해설] ① 카 스위치 방식 : 시동은 운전원이 조작반의 시동 핸들을 조작함으로써 이루어지며, 정지에는 수동 착상 방식과 자동 착상 방식이 있다.
② 전자동군관리 방식 : 3~8대의 엘리베이터가 서로 연락하며 빌딩내 교통수요 변동에 대응하는 효율적인 수송을 하는 엘리베이터 조작방식으로 대규모 건축물에서 많이 채용한다.
③ 기억 제어(record control) 방식 : 운전원이 승객이 목적층과 승강장으로부터의 호출 신호를 보고 조작반의 목적층 단추를 누르면 목적층 순서로 자동적으로 정지하는 방식이다.

74. 가스설비에서 LPG에 관한 설명으로 옳지 않은 것은?

① 공기보다 무겁다.
② LNG에 비해 발열량이 작다.
③ 순수한 LPG는 무색, 무취이다.
④ 액화하면 체적이 1/250 정도가 된다.

[해설] LPG(액화석유가스=프로판가스)
㉠ 공기보다 무겁다.(비중 1.5~2)
㉡ 샐 경우 바닥에 깔린다. → 위험(환기에 유의)
㉢ 경보기 : 바닥에서 30cm 높이
㉣ 무색, 무미, 무취
㉤ 상압(常壓)에서는 기체이지만, 압력을 가하면 액화한다.(체적 1/250로 줄어든다)
㉥ 발열량이 높다.(92,000kJ/m^3)

75. 각종 급수방식에 관한 설명으로 옳지 않은 것은?

① 수도직결방식은 정전으로 인한 단수의 염려가 없다.
② 압력수조방식은 단수 시에 일정량의 급수가 가능하다.
③ 수도직결방식은 위생 및 유지·관리 측면에서 가장 바람직한 방식이다.
④ 고가수조방식은 수도 본관의 영향에 따라 급수 압력의 변화가 심하다.

[해설] 고가수조방식은 급수공급 압력이 일정하고, 취급이 용이하며 단수 시에도 일정량의 급수가 가능하여 대규모 급수에 적합하다.

76. 길이 20m, 지름 400mm의 덕트에 평균속도 12m/s로 공기가 흐를 때 발생하는 마찰저항은? (단, 덕트의 마찰저항계수는 0.02, 공기의 밀도는 1.2kg/m^{3}이다.)

① 7.3Pa ② 8.6Pa
③ 73.2Pa ④ 86.4Pa

[정답] 72. ① 73. ④ 74. ② 75. ④ 76. ④

[해설] 관의 직관부 마찰저항(ΔP_f)

$\Delta P_f = \lambda \cdot \dfrac{\ell}{d} \cdot \dfrac{v^2}{2} \cdot \rho$ [Pa]

ΔP_f : 길이 1m의 직관에 있어서의 마찰손실수두 (Pa)
λ : 관마찰계수
d : 관의 내경(m)
ℓ : 직관의 길이(m)
v : 관내 평균 유속(m/s)
ρ : 공기의 밀도(1.2kg/m³)

∴ $\Delta P_f = \lambda \cdot \dfrac{\ell}{d} \cdot \dfrac{v^2}{2} \cdot \rho$ [Pa]

$= 0.02 \times \dfrac{20}{0.4} \times \dfrac{12^2}{2} \times 1.2 = 86.4$ [Pa]

77. 압축식 냉동기의 냉동사이클을 옳게 나타낸 것은?

① 압축 → 응축 → 팽창 → 증발
② 압축 → 팽창 → 응축 → 증발
③ 응축 → 증발 → 팽창 → 압축
④ 팽창 → 증발 → 응축 → 압축

[해설] 냉동기의 냉동사이클

구분	종류	구성 요소
압축식	왕복동식, 터보식, 회전식	압축기 - 응축기 - 팽창밸브 - 증발기
흡수식	흡수식	증발기 - 흡수기 - 발생기(재생기) - 응축기

78. 다음 중 급수배관 계통에서 공기빼기밸브를 설치하는 가장 주된 이유는?

① 수격작용을 방지하기 위하여
② 배관 내면의 부식을 방지하기 위하여
③ 배관 내 유체의 흐름을 원활하게 하기 위하여
④ 배관 표면에 생기는 결로를 방지하기 위하여

[해설] 에어벤트(air vent valve, 공기빼기밸브) : 배관 내의 공기의 정체를 막아 물의 흐름을 원활하게 한다.

79. 배수트랩의 봉수파괴 원인 중 통기관을 설치함으로써 봉수파괴를 방지할 수 있는 것이 아닌 것은?

① 분출작용
② 모세관작용
③ 자기사이펀작용
④ 유도사이펀작용

[해설] 트랩의 봉수파괴 원인과 방지책
㉠ 자기 사이펀 작용 : 배수가 관속을 꽉차서 흐를 때(만수 상태), 주로 S트랩에서 발생
㉡ 유인 사이펀작용(흡출 작용, 감압에 의한 흡인 작용) : 상층의 배수입관에서 다량의 물이 일시에 낙하할 때
㉢ 분출 작용(역압에 의한 작용) : 대규모 배수설비에서 배수관의 하저곡부 가까이에 설치되어 있는 경우(피스톤작용)
㉣ 모세관 작용 : 트랩 내에 실이나 머리카락이 들어갈 때
㉤ 증발 : 위생기구의 사용빈도가 적을 때, 기름을 한 방울 떨어뜨리면 방지된다.
㉥ 물의 운동량에 의한 관성 : 배수구에 격자(석쇠)를 설치
☞ 봉수파괴 방지 : 통기관을 설치
☞ 봉수파괴 방지 : ㉠, ㉡, ㉢의 경우 통기관을 설치한다.

80. 저압옥내 배선공사 중 직접 콘크리트에 매설할 수 있는 공사는?

① 금속관공사
② 금속덕트공사
③ 버스덕트공사
④ 금속몰드공사

[해설] 배선공사
① 금속관(conduit pipe)공사 : 주로 철근콘크리트의 건물 매입 배선, 가장 완전한 시공법
② 금속덕트공사 : 전선을 금속 덕트 속에 넣고 가설하는 공사로서, 큰 공장·빌딩이나 수전용 배전실 부근의 간선 등에 사용되며, 천장·벽면에 노출시켜 설치한다.
③ 버스덕트공사 : 공장·빌딩 등의 동력배선 전용, 대용량 전력 공급
④ 금속몰드공사 : 전선을 금속 몰드 속에 넣고 가설하는 공사로서, 주로 철근콘크리트 건물 등의 기존 금속관 공사로부터 증설 배관하는 경우에 사용

정답 77. ① 78. ③ 79. ② 80. ①

제5과목 건축관계법규

81. 판매시설 용도이며 지상 각 층의 거실 면적이 2000m² 인 15층의 건축물에 설치하여야 하는 승용승강기의 최소 대수는? (단, 16인승 승강기이다.)

① 2대 ② 4대
③ 6대 ④ 8대

[해설] 문화 및 집회시설(공연장·관람장·집회장), 판매시설(도매시장·소매시장·상점), 의료시설(병원·격리병원)의 용도 경우 3,000m² 이하까지 2대, 3,000m² 초과하는 2,000m² 당 1대를 가산한 대수로 하므로

$2 + \frac{(2000 \times 10) - 3,000}{2,000} = 10.5 = 11$ 대

∴ 11÷2=5.5 → 6대 (소수점 이하는 1대로 본다)
※ 8인승 이상 15인승 이하를 기준으로 산정하며 16인승 이상의 승강기는 2대로 산정한다.

82. 다음 중 건축물 관련 건축기준의 허용되는 오차 범위(%)가 가장 큰 것은?

① 평면길이 ② 출구너비
③ 반자높이 ④ 바닥판두께

[해설] 건축허용오차

0.5% 이내	1% 이내	2% 이내	3% 이내
건폐율	용적률	높이 출구너비 반자높이 평면길이	후퇴거리 인동거리 벽체 두께 바닥판 두께

83. 다음 중 내화구조에 해당하지 않는 것은? (단, 외벽 중 비내력벽인 경우)

① 철근콘크리트조로서 두께가 7cm인 것
② 무근콘크리트조로서 두께가 7cm인 것
③ 골구를 철골조로 하고 그 양면을 두께 3cm의 철망모르타르로 덮은 것
④ 철재로 보강된 콘크리트블록조로서 철재에 덮은 콘크리트블록의 두께가 3cm인 것

[해설] 벽에 대한 내화구조의 기준

구조 부분		내화구조의 기준	기준 두께
벽	( ) 안은 외벽 중 비내력 벽	• 철근콘크리트조·철골철근콘크리트조	10cm (7cm) 이상
		• 벽돌조	19cm 이상
		• 철골조의 골구 양면에	*철망모르타르로 덮을 때	4cm (3cm) 이상
			콘크리트블록·벽돌·석재로 덮을 때	5cm (4cm) 이상
		• 철재로 보강된 콘크리트블록조·벽돌조·석조로서 철재에 덮은 콘크리트블록의 두께	5cm (4cm) 이상
		• 고온·고압증기 양생된 경량기포 콘크리트패널 또는 경량기포콘크리트블록조	10cm 이상
		• 무근콘크리트조·콘크리트블록조·벽돌조·석조	7cm 이상

84. 중앙도시계획위원회에 관한 설명으로 틀린 것은?

① 위원장·부위원장 각 1명을 포함한 25명 이상 30명 이하의 위원으로 구성한다.
② 위원장은 국토교통부장관이 되고, 부위원장은 위원 중 국토교통부장관이 임명한다.
③ 공무원이 아닌 위원의 수는 10명 이상으로 하고, 그 임기는 2년으로 한다.
④ 도시·군계획에 관한 조사·연구 업무를 수행한다.

[해설] 중앙도시계획위원회

설치	국토교통부
위원장 및 부위원장	위원 중 국토교통부장관이 임명·위촉
위원 수	위원장, 부위원장을 포함한 25인 이상 30인 이내
분과위원회	위원장 : 위원 중 호선 위원수 : 5~17인
비고	공무원이 아닌 위원의 수는 10인 이상(임기 2년)

정답 81. ③ 82. ④ 83. ④ 84. ②

85. 다음은 건축법령상 직통계단의 설치에 관한 기준 내용이다. ( ) 안에 알맞은 것은?

> 초고층 건축물에는 피난층 또는 지상으로 통하는 직통계단과 직접 연결되는 피난안전구역(건축물의 피난·안전을 위하여 건축물 중간층에 설치하는 대피공간)을 지상층으로 부터 최대 ( ) 층마다 1개소 이상 설치하여야 한다.

① 10개 ② 20개
③ 30개 ④ 40개

[해설] 피난안전구역의 설치 대상
① 초고층 건축물 : 피난층 또는 지상으로 통하는 직통계단과 직접 연결되는 피난안전구역(건축물의 피난·안전을 위하여 건축물 중간층에 설치하는 대피공간을 말함)을 지상층으로부터 최대 30개 층마다 1개소 이상 설치하여야 한다.
② 준초고층 건축물 : 피난층 또는 지상으로 통하는 직통계단과 직접 연결되는 피난안전구역을 해당 건축물 전체 층수의 1/2에 해당하는 층으로부터 상하 5개층 이내에 1개소 이상 설치하여야 한다.
[예외] 국토교통부령으로 정하는 기준에 따라 피난층 또는 지상으로 통하는 직통계단을 설치하는 경우

86. 다음은 승용 승강기의 설치에 관한 기준 내용이다. 밑줄 친 "대통령령으로 정하는 건축물"에 대한 기준 내용으로 옳은 것은?

> 건축주는 6층 이상으로서 연면적이 2천m² 이상인 건축물(대통령령으로 정하는 건축물은 제외한다)을 건축하려면 승강기를 설치하여야 한다.

① 층수가 6층인 건축물로서 각 층 거실의 바닥면적 300m² 이내마다 1개소 이상의 직통계단을 설치한 건축물
② 층수가 6층인 건축물로서 각 층 거실의 바닥면적 500m² 이내마다 1개소 이상의 직통계단을 설치한 건축물
③ 층수가 10층인 건축물로서 각 층 거실의 바닥면적 300m² 이내마다 1개소 이상의 직통계단을 설치한 건축물
④ 층수가 10층인 건축물로서 각 층 거실의 바닥면적 500m² 이내마다 1개소 이상의 직통계단을 설치한 건축물

[해설] 승용승강기의 설치대상
층수가 6층 이상으로서 연면적 2,000m² 이상인 건축물
[예외] 층수가 6층인 건축물로서 각층 거실 바닥면적 300m² 이내마다 1개소 이상 직통계단을 설치한 경우

87. 주차장의 용도와 판매시설이 복합된 연면적 20000m²인 건축물이 주차전용건축물로 인정받기 위해서는 주차장으로 사용되는 부분의 면적이 최소 얼마 이상이어야 하는가?

① 6000m² ② 10000m²
③ 14000m² ④ 19500m²

[해설] 주차장의 용도가 단독주택, 공동주택, 제1종 및 제2종 근린생활시설, 문화 및 집회 시설, 종교시설, 판매시설, 운수 시설, 운동시설, 업무시설, 자동차 관련시설이므로 주차비율은 70%이다.
20,000×0.7(주차비율 70%)=14,000m²

정답 85. ③ 86. ① 87. ③

88. 건축법령상 건축을 하는 경우 조경 등의 조치를 하지 아니할 수 있는 건축물 기준으로 틀린 것은? (단, 옥상 조경 등 대통령령으로 따로 기준을 정하는 경우는 고려하지 않는다.)

① 축사
② 녹지지역에 건축하는 건축물
③ 연면적의 합계가 2000m² 미만인 공장
④ 면적 5000m² 미만인 대지에 건축하는 공장

[해설] 조경 제외대상
1. 녹지지역에 건축하는 건축물
2. 공장
   ㉠ 5,000m² 미만의 대지에 건축하는 경우
   ㉡ 연면적 합계 1,500m² 미만인 경우
   ㉢ 산업단지 안에 건축하는 경우
3. 대지에 염분이 함유되어 있는 경우
4. 건축물의 용도 특성상 조경 조치가 곤란하거나 불합리한 경우(건축조례)
5. 축사
6. 가설건축물
7. 연면적의 합계가 1,500m² 미만인 물류시설(주거지역 또는 상업지역에 건축하는 것은 제외)
8. 자연환경보전지역, 농림지역, 관리지역(지구단위계획구역으로 지정된 지역 제외) 안의 건축물
9. 관광시설, 전문휴양업의 시설, 관광·휴양형 지구단위계획구역에 설치하는 관광시설, 골프장(건축조례)

89. 시가화조정구역에서 시가화유보기간으로 정하는 기간 기준은?

① 1년 이상 5년 이내
② 3년 이상 10년 이내
③ 5년 이상 20년 이내
④ 10년 이상 30년 이내

[해설] 국토교통부장관은 시가화조정구역을 지정 또는 변경하고자 하는 때 5년 이상 20년 이내의 범위 안에서 도시·군관리계획으로 시가화유보기간을 정하여야 한다.

90. 공동주택과 오피스텔의 난방설비를 개별난방 방식으로 하는 경우의 기준으로 틀린 것은?

① 보일러실의 윗부분에는 그 면적이 0.5m² 이상인 환기창을 설치할 것
② 보일러는 거실 외의 곳에 설치하되, 보일러를 설치하는 곳과 거실사이의 경계벽은 출입구를 제외하고는 내화구조의 벽으로 구획할 것
③ 보일러의 연도는 방화구조로서 개별연도로 설치할 것
④ 기름보일러를 설치하는 경우 기름 저장소를 보일러실외의 다른 곳에 설치할 것

[해설] 공동주택과 오피스텔의 난방설비를 개별난방방식으로 하는 경우 보일러실의 연도는 내화구조로서 공동연도로 설치할 것

91. 건축물의 층수 산정에 관한 기준이 틀린 것은?

① 지하층은 건축물의 층수에 산입하지 아니한다.
② 층의 구분이 명확하지 아니한 건축물은 그 건축물의 높이 4m마다 하나의 층으로 보고 그 층수를 산정한다.
③ 건축물이 부분에 따라 그 층수가 다른 경우에는 바닥면적에 따라 가중 평균한 층수를 그 건축물의 층수로 본다.
④ 계단탑으로서 그 수평투영면적의 합계가 해당 건축물 건축면적의 8분의 1 이하인 것은 건축물의 층수에 산입하지 아니한다.

[해설] 건축물 층수 산정 시 층의 구분이 명확하지 아니한 건축물은 그 건축물의 높이 4m마다 하나의 층으로 보고 그 층수를 산정하며, 건축물이 부분에 따라 그 층수가 다른 경우에는 그 중 가장 많은 층수를 그 건축물의 층수로 본다.

92. 특별시장·광역시장·특별자치시장·특별자치도지사·시장 또는 군수가 관할 구역의 도시·군 기본계획에 대하여 타당성을 전반적으로 재검토하여 정비하여야 하는 기간의 기준은?

① 5년 ② 10년
③ 15년 ④ 20년

[해설] 특별시장·광역시장·특별자치시장·특별자치도지사·시장 또는 군수가 관할 구역의 도시·군 기본계획에 대하여 5년마다 타당성을 전반적으로 재검토하여 정비하여야 한다.

93. 국토의 계획 및 이용에 관한 법령상 주거지역의 세분 중 중층주택을 중심으로 편리한 주거환경을 조성하기 위하여 지정하는 용도지역은?

① 제1종일반주거지역 ② 제2종일반주거지역
③ 제1종전용주거지역 ④ 제2종전용주거지역

[해설] 주거지역

전용주거지역	제1종	단독주택중심의 양호한 주거환경을 보호
	제2종	공동주택중심의 양호한 주거환경을 보호
일반주거지역	제1종	저층주택을 중심으로 편리한 주거환경을 조성
	제2종	중층주택을 중심으로 편리한 주거환경을 조성
	제3종	중고층주택을 중심으로 편리한 주거환경을 조성
준주거지역		주거기능을 위주로 이를 지원하는 일부 상업·업무기능을 보완

94. 사용승인을 받는 즉시 건축물의 내진능력을 공개하여야 하는 대상 건축물의 층수 기준은? (단, 목구조 건축물의 경우이며 기타의 경우는 고려하지 않는다.)

① 2층 이상 ② 3층 이상
③ 6층 이상 ④ 16층 이상

[해설] 건축물의 내진능력 공개
다음에 해당하는 건축물을 건축하고자 하는 자는 사용승인을 받는 즉시 건축물이 지진 발생 시에 견딜 수 있는 능력을 공개하여야 한다.
㉠ 층수가 2층 이상(기둥과 보가 목재인 목구조 경우 : 3층 이상)인 건축물
㉡ 연면적이 200m² (목구조 : 500m²) 이상인 건축물(창고, 축사, 작물 재배사 및 표준설계도서에 따라 건축하는 건축물과 소규모건축구조기준을 적용한 건축물은 제외)
㉢ 그 밖에 건축물의 규모와 중요도를 고려하여 대통령령으로 정하는 건축물

95. 특별피난계단의 구조에 관한 기준 내용으로 틀린 것은?

① 계단은 내화구조로 하되, 피난층 또는 지상까지 직접 연결되도록 한다.
② 계단실 및 부속실의 실내에 접하는 부분의 마감은 불연재료로 한다.
③ 출입구의 유효너비는 0.9m 이상으로 하고 피난의 방향으로 열 수 있도록 한다.
④ 건축물의 내부에서 노대 또는 부속실로 통하는 출입구에는 30분 방화문을 설치하고, 노대 또는 부속실로부터 계단실로 통하는 출입구에는 60분 방화문을 설치하도록 한다.

[해설] 특별피난계단의 출입구 설치
㉠ 건축물의 안쪽으로부터 노대, 부속실로 통하는 출입구에는 60+ 방화문, 60분 방화문을 설치할 것
㉡ 노대, 부속실로부터 계단실로 통하는 출입구에는 60+ 방화문, 60분 방화문 또는 30분 방화문을 설치할 것
㉢ 출입구의 유효너비는 0.9m 이상으로 하고 피난방향으로 열 수 있을 것

정답 92. ① 93. ② 94. ② 95. ④

96. 건축허가 대상 건축물이라 하더라도 건축신고를 하면 건축허가를 받은 것으로 보는 경우에 속하지 않는 것은? (단, 층수가 2층인 건축물의 경우)

① 바닥면적의 합계가 75m²의 증축
② 바닥면적의 합계가 75m²의 재축
③ 바닥면적의 합계가 75m²의 개축
④ 연면적이 250m²인 건축물의 대수선

[해설] 건축신고 대상 행위
허가 대상 건축물이라 하더라도 다음에 해당하는 경우에는 미리 특별자치시장·특별자치도지사 또는 시장·군수·구청장에게 국토교통부령으로 정하는 바에 따라 신고를 하면 건축허가를 받은 것으로 본다.
㉠ 바닥면적의 합계가 85m² 이내의 증축·개축 또는 재축(3층 이상 건축물인 경우에는 증축·개축 또는 재축하려는 부분의 바닥면적의 합계가 건축물 연면적의 1/10 이내인 경우로 한정)
㉡ 국토의 계획 및 이용에 관한 법률에 따른 관리지역, 농림지역 또는 자연환경보전지역에서 연면적이 200m² 미만이고 3층 미만인 건축물의 건축(단, 지구단위계획구역의 건축과 방재지구와 붕괴위험지역의 건축은 제외)
㉢ 연면적이 200m² 미만이고 3층 미만인 건축물의 대수선
㉣ 주요구조부의 해체가 없는 대수선
㉤ 기타 소규모 건축물

97. 건축지도원에 관한 내용으로 틀린 것은?

① 건축지도원은 특별자치시·특별자치도 또는 시·군·구에 근무하는 건축직렬의 공무원과 건축에 관한 학식이 풍부한 자 중에서 지정한다.
② 건축지도원의 자격과 업무 범위는 건축조례로 정한다.
③ 건축설비가 법령 등에 적합하게 유지·관리되고 있는지 확인·지도 및 단속한다.
④ 허가를 받지 아니하거나 신고를 하지 아니하고 건축하거나 용도 변경한 건축물을 단속한다.

[해설] 건축지도원의 자격과 업무범위 등은 대통령령으로 정한다.
※ 건축지도원의 지정절차 보수기준 등에 관하여 필요한 사항은 건축조례로 정한다.

98. 다음 노외주차장의 구조 및 설비기준에 관한 내용 중 ( ) 안에 알맞은 것은?

> 자동차용 승강기로 운반된 자동차가 주차 구획까지 자주식으로 들어가는 노외주차장의 경우에는 주차대수 ( )마다 1대의 자동차용 승강기를 설치하여야 한다.

① 10대
② 20대
③ 30대
④ 40대

[해설] 자동차용 승강기로 운반된 자동차가 주차구획까지 자주식으로 들어가는 노외주차장의 경우에는 주차대수 30대마다 1대의 자동차용 승강기를 설치하여야 한다.

99. 비상용승강기의 승강장에 설치하는 배연설비의 구조에 관한 기준 내용으로 틀린 것은?

① 배연구 및 배연풍도는 불연재료로 할 것
② 배연구는 평상시에는 열린 상태를 유지할 것
③ 배연구가 외기에 접하지 아니하는 경우에는 배연기를 설치할 것
④ 배연기는 배연구의 열림에 따라 자동적으로 작동하고, 충분한 공기배출 또는 가압능력이 있을 것

[해설] 배연설비의 배연구의 구조
㉠ 배연구에 설치하는 수동개방장치 또는 자동개방장치(열감지기 또는 연기감지기에 한 것을 말함)는 손으로도 열고 닫을 수 있도록 할 것
㉡ 평상시에는 닫힌 상태를 유지하고, 연 경우에는 배연에 따른 기류로 인하여 닫히지 아니하도록 할 것
㉢ 배연구가 외기에 접하지 아니하는 경우에는 배연기를 설치할 것

100. 막다른 도로의 길이가 15m일 때, 이 도로가 건축법령상 도로이기 위한 최소 폭은?

① 2m
② 3m
③ 4m
④ 6m

[해설] 도로의 폭
 ㉠ 도로의 폭은 4m 이상이어야 한다.
 ㉡ 막다른 도로의 폭

막다른 도로의 길이	도로의 폭
10m 미만	2m 이상
10m 이상 35m 미만	3m 이상
35m 이상	6m 이상 (도시·군계획구역이 아닌 읍·면의 구역에서는 4m 이상)

정답 100. ②

과년도 출제문제

2022. 2회 건축기사

■■■ 제1과목 건축계획

1. 장애인·노인·임산부 등의 편의증진 보장에 관한 법령에 따른 편의시설 중 매개시설에 속하지 않는 것은?

① 주출입구 접근로
② 유도 및 안내설비
③ 장애인전용 주차구역
④ 주출입구 높이차이 제거

[해설] 장애인·노인·임산부 등을 위한 편의시설의 종류
  ㉠ 매개시설 : 주출입구 접근로, 주출입구 높이차이 제거, 장애인전용주차구역
  ㉡ 내부시설 : 출입구(문), 복도, 계단 또는 승강기
  ㉢ 위생시설 : 대변기, 소변기, 세면대, 욕실, 샤워실·탈의실
  ㉣ 안내시설 : 점자블록, 유도 및 안내설비, 경보 및 피난설비
  ㉤ 기타시설 : 임산부 등을 위한 휴게시설, 객실·침실, 관람석·열람석·접수대·작업대, 매표소·판매기·음료대

2. 다음 중 사무소 건축의 기둥간격 결정 요소와 가장 거리가 먼 것은?

① 책상배치의 단위
② 주차배치의 단위
③ 엘리베이터의 설치 대수
④ 채광상 층높이에 의한 깊이

[해설] 고층 사무소 건축의 기둥간격(span)의 결정요소
  ㉠ 구조상의 스팬의 한도
  ㉡ 책상의 배치단위(1.2m, 1.5m, 1.8m 모듈)
  ㉢ 지하주차장의 주차배치단위
  ㉣ 채광상 층고에 의한 안깊이

3. 우리나라 전통 한식주택에서 문꼴부분(개구부)의 면적이 큰 이유로 가장 적합한 것은?

① 겨울의 방한을 위해서
② 하절기 고온다습을 견디기 위해서
③ 출입하는데 편리하게 하기 위해서
④ 상부의 하중을 효과적으로 지지하기 위해서

[해설] 전통 한식주택에서 문꼴부분의 면적을 크게 하는 이유는 하기의 고온 다습을 견디고 통풍을 위해서이다.

4. 공장건축의 레이아웃(Lay out)에 관한 설명으로 옳지 않은 것은?

① 제품중심의 레이아웃은 대량생산에 유리하며 생산성이 높다.
② 레이아웃이란 공장건축의 평면요소간의 위치 관계를 결정하는 것을 말한다.
③ 고정식 레이아웃은 조선소와 같이 제품이 크고 수량이 적은 경우에 행해진다.
④ 중화학 공업, 시멘트 공업 등 장치공업 등은 시설의 융통성이 크기 때문에 신설시 장래성에 대한 고려가 필요 없다.

[해설] 중화학공업, 시멘트공업 등 장치공업 등은 시설 규모가 크고, 작업 공정의 고정성으로 인해 배치, 변경 등의 융통성이 작다.

정답 1. ② 2. ③ 3. ② 4. ④

과년도 출제문제

2022. 2회 건축기사

5. 메조넷형 아파트에 관한 설명으로 옳지 않은 것은?

① 다양한 평면구성이 가능하다.
② 소규모 주택에서는 비경제적이다.
③ 통로면적이 감소되며 유효면적이 증대된다.
④ 복도와 엘리베이터홀은 각 층마다 계획된다.

[해설] 메조넷형(복층형, duplex type, maisonnette type)
작은 저택의 뜻을 지니고 있는 메조넷(maisonnette)은 하나의 주호가 2개 층 이상에 걸쳐 구성되는 형식으로 독립성이 좋고 전용 면적비가 크나 $50m^2$ 이하의 소규모 주거 형식에는 비경제적이다.
① 장점
  ㉠ 주야간의 생활공간이 층별로 구분되므로 프라이버시가 가장 좋다. 공용복도가 없는 층은 야간의 생활공간(침실 등)을 배치하고, 복도층에는 주간의 생활공간을 배치한다.
  ㉡ 엘리베이터의 정지층수를 적게 할 수 있어 중직동선의 편리를 도모한다.
  ㉢ 복도가 없는 층은 남북면이 트여 있으므로 좋은 평면 구성이 가능하다.
  ㉣ 통로 면적이 감소하고 유효면적이 증가한다.
② 단점
  ㉠ 주호 내에 계단을 두어야 하므로 소규모 주택에서는 비경제적이다.
  ㉡ 공용 복도가 없는 층은 화재 및 위험시 대피상 불리하다.
  ㉢ 서로 다른 평면형이 상하층을 포개게 되므로 구조 및 설비 등이 복잡하고 설계가 어렵다.
  ㉣ 공용 복도가 중복도형인 경우 복도의 소음 처리에 특별히 신경을 써야 한다.

6. 고층밀집형 병원에 관한 설명으로 옳지 않은 것은?

① 병동에서 조망을 확보할 수 있다.
② 대지를 효과적으로 이용할 수 있다.
③ 각종 방재대책에 대한 비용이 높다.
④ 병원의 확장 등 성장변화에 대한 대응이 용이하다.

[해설] 고층밀집형 병원은 병원의 확장 등 성장변화에 대한 대응이 용이하지 않다.

7. 주당 평균 40시간을 수업하는 어느 학교에서 음악실에서의 수업이 총 20시간이며 이 중 15시간은 음악시간으로 나머지 5시간은 학급 토론시간으로 사용되었다면, 이 음악실의 이용률과 순수율은?

① 이용률 37.5%, 순수율 75%
② 이용률 50%, 순수율 75%
③ 이용률 75%, 순수율 37.5%
④ 이용률 75%, 순수율 50%

[해설] ① 이용률 = $\dfrac{\text{교실이 사용되고 있는 시간}}{\text{1주간의 평균 수업시간}} \times 100\%$

= $\dfrac{20\text{시간}}{40\text{시간}} \times 100 = 50\%$

② 순수율 = $\dfrac{\text{일정한 교과를 위해 사용되는 시간}}{\text{그 교실이 사용되는 시간}} \times 100\%$

= $\dfrac{20\text{시간} - 5\text{시간}}{20\text{시간}} \times 100 = 75\%$

8. 극장건축에서 무대의 제일 뒤에 설치되는 무대 배경용의 벽을 의미하는 것은?

① 사이클로라마   ② 플라이 로프트
③ 플라이 갤러리   ④ 그리드 아이언

[해설]
- 사이클로라마 : 극장건축에서 무대의 제일 뒤에 설치되는 무대배경용의 벽을 말하며 사이클로라마의 높이는 프로시니엄 높이의 3배 정도로 한다.
- 플라이 로프트(fly loft)는 극장 무대의 상부공간을 말한다.
- 플라이 갤러리(fly gallery) : 그리드 아이언에 올라가는 계단과 연결되게 무대 주위의 벽에 6~9m 높이로 설치되는 좁은 통로(폭은 1.2~2.0m 정도)
- 그리드 아이언(Grid iron) : 조명 기구, 연기자 또는 음향 반사판을 매달기 위해 무대 천정 밑에 설치되는 시설

[정답] 5. ④ 6. ④ 7. ② 8. ①

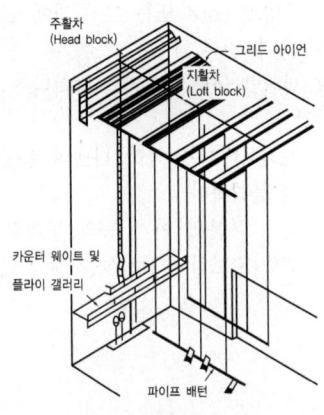

[그림] 무대의 단면

9. 도서관의 출납시스템 중 자유개가식에 관한 설명으로 옳은 것은?

① 도서의 유지 관리가 용이하다.
② 책의 내용 파악 및 선택이 자유롭다.
③ 대출절차가 복잡하고 관원의 작업량이 많다.
④ 열람자는 직접 서가에 면하여 책의 표지 정도는 볼 수 있으나 내용은 볼 수 없다.

해설 자유개가식은 열람자 자신이 서가에서 책을 꺼내어 책을 고르고 그대로 검열을 받지 않고 열람하는 형식으로 보통 1실형이고 10,000권 이하의 서적 보관과 열람에 적당하다.
책의 내용 파악 및 선택이 자유롭고 용이하고, 책의 목록이 없이 간편하며, 책 선택시 대출 기록의 제출이 없어 분위기가 좋다. 그러나, 서가의 정리가 잘 안되면 혼란스럽게 되고, 책의 마모, 망실이 된다. 참고실, 아동도서관, 소규모 도서관에서 채용하는 방식이다.

10. 미술관 전시실의 순회형식 중 연속순로 형식에 관한 설명으로 옳은 것은?

① 각 실을 필요시에는 자유로이 독립적으로 폐쇄할 수 있다.
② 평면적인 형식으로 2, 3개 층의 입체적인 방법은 불가능하다.
③ 많은 실을 순서별로 통하여야 하는 불편이 있으나 공간절약의 이점이 있다.
④ 중심부에 하나의 큰 홀을 두고 그 주위에 각 전시실을 배치하여 자유로이 출입하는 형식이다.

해설 연속순로(순회) 형식
구형(矩形) 또는 다각형의 각 전시실을 연속적으로 연결하는 형식이다.
㉠ 단순하고 공간이 절약된다.
㉡ 소규모의 전시실에 적합하다.
㉢ 전시 벽면을 많이 만들 수 있다.
㉣ 많은 실을 순서별로 통해야 하고 1실을 닫으면 전체 동선이 막히게 된다.

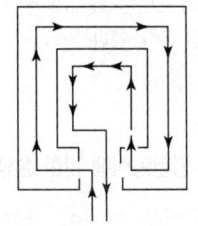

[그림] 연속 순로 형식

11. 서양 건축양식의 역사적인 순서가 옳게 배열된 것은?

① 로마 → 로마네스크 → 고딕 → 르네상스 → 바로크
② 로마 → 고딕 → 로마네스크 → 르네상스 → 바로크
③ 로마 → 로마네스크 → 고딕 → 바로크 → 르네상스
④ 로마 → 고딕 → 로마네스크 → 바로크 → 르네상스

해설 서양건축양식의 순서[※이서그로초비로고르바로]
이집트 - 서아시아 - 그리스 - 로마 - 초기 기독교 - 비잔틴 - 로마네스크 - 고딕 - 르네상스 - 바로크 - 로코코

과년도출제문제

12. 르네상스 교회 건축양식의 일반적 특징으로 옳은 것은?

① 타원형 등 곡선평면을 사용하여 동적이고 극적인 공간연출을 하였다.
② 수평을 강조하며 정사각형, 원 등을 사용하여 유심적 공간구성을 하였다.
③ 직사각형의 평면구성으로 볼트구조의 지붕을 구성하며 종탑을 설치하였다.
④ 로마네스크 건축의 반원아치를 발전시킨 첨두형 아치를 주로 사용하였다.

해설 르네상스란 다시 태어난다는 의미로 건축분야에서는 로마 건축을 기본으로 한 건축사조로서 고딕건축의 수직적인 요소를 탈피하고 수평적인 요소를 강조하며 정사각형, 원, 정탑을 둔 돔을 사용하여 유심적 공간구성을 하였다. 르네상스(Renaissance) 건축은 주로 석재, 벽돌, 콘크리트 등을 주 재료로 이용하였고, 돔(dome)을 사용하여 골조 구조를 내외로 마감하는 이중구조로 시공하였다. 대표적인 궁 (Palazzo)으로는 메디치 궁, 피티궁, 파르네제궁, 루첼라이궁 등이 있다.

13. 아파트의 평면형식에 관한 설명으로 옳지 않은 것은?

① 홀형은 통행부 면적이 작아서 건물의 이용도가 높다.
② 중복도형은 대지 이용률이 높으나, 프라이버시가 좋지 않다.
③ 집중형은 채광·통풍 조건이 좋아 기계적 환경조절이 필요하지 않다.
④ 홀형은 계단실 또는 엘리베이터 홀로부터 직접 주거 단위로 들어가는 형식이다.

해설 집중형
엘리베이터, 계단 등을 중앙에 배치하고 그 주위에 각 주호를 집중시키는 형식
① 장점
  ㉠ 대지의 이용률이 가장 높고, 많은 주호를 집중시킬 수 있다.
  ㉡ 가장 compact한 평면형으로 하기 쉬우므로 고층으로 할 때 구조, 공사비 면에서 유리하다.
  ㉢ 중앙에 core 또는 그 주위에 설비를 집중시킬 수 있다.
  ㉣ 세대별 규모 변화가 가능하다.
② 단점
  ㉠ 프라이버시가 극히 나쁘며 통풍·채광상 극히 불리하다.
  ㉡ 복도 부분의 환기 등의 문제점을 해결하기 위해 고도의 설비시설을 해야 한다.

14. 페리의 근린주구이론의 내용으로 옳지 않은 것은?

① 주민에게 적절한 서비스를 제공하는 1~2개소 이상의 상점가를 주요도로의 결절점에 배치하여야 한다.
② 내부 가로망은 단지 내의 교통량을 원활히 처리하고 통과교통에 사용되지 않도록 계획되어야 한다.
③ 근린주구의 단위는 통과교통이 내부를 관통하지 않고 용이하게 우회할 수 있는 충분한 넓이의 간선도로에 의해 구획되어야 한다.
④ 근린주구는 하나의 중학교가 필요하게 되는 인구에 대응하는 규모를 가져야 하고, 그 물리적 크기는 인구밀도에 의해 결정되어야 한다.

해설 근린주구는 하나의 초등학교가 필요하게 되는 인구에 대응하는 규모를 가져야 하고, 그 물리적 크기는 인구밀도에 의해 결정된다.
※ 규모(size) : 초등학교 하나를 필요로 하는 인구에 대응하는 규모

정답 12. ② 13. ③ 14. ④

15. 다음 설명에 알맞은 백화점 진열장 배치방법은?

> • Main 통로를 직각 배치하며, Sub 통로를 45° 정도 경사지게 배치하는 유형이다.
> • 많은 고객이 매장공간의 코너까지 접근하기 용이하지만, 이형의 진열장이 많이 필요하다.

① 직각배치　　② 방사배치
③ 사행배치　　④ 자유유선배치

[해설] 사행 배치
　㉠ 주통로(Main 통로)를 직각 배치하고, 부통로(Sub 통로)를 주통로에 45° 정도 경사지게 배치하는 방법이다.
　㉡ 수직 동선에의 접근이 쉽고, 매장의 구석까지 가기 쉽다.
　㉢ 이형의 매대가 많이 필요하다.

16. 다음 중 주심포식 건물이 아닌 것은?

① 강릉 객사문　　② 서울 남대문
③ 수덕사 대웅전　　④ 무위사 극락전

[해설] 주심포계 양식
　㉠ 고려시대 건물이 주류를 이룬다.
　㉡ 기둥 상부에만 공포(주두, 첨차, 소로)를 배치한 것으로 소로는 비교적 자유롭게 배치된다.
　㉢ 출목은 2출목 이하이고 대부분 연등천장 구조로 되어 있다.
　㉣ 우리나라 공포양식 중 가장 오래된 것이다.
　㉤ 대표적인 건물로는 봉정사 극락전, 부석사 무량수전, 강릉 객사문, 수덕사 대웅전, 관음사 원통전이 있다.

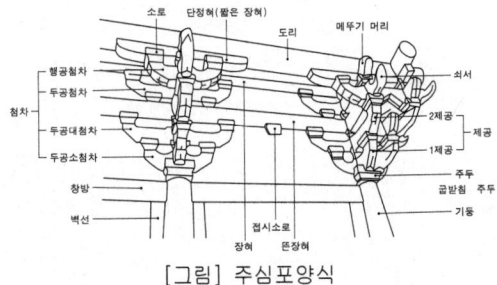
[그림] 주심포양식

☞ 서울 숭례문(남대문)은 조선시대 초기의 다포식이다.

17. 극장건축의 음향계획에 관한 설명으로 옳지 않은 것은?

① 음향계획에 있어서 발코니의 계획은 될 수 있는 한 피하는 것이 좋다.
② 음의 반복 반사 현상을 피하기 위해 가급적 원형에 가까운 평면형으로 계획한다.
③ 무대에 가까운 벽은 반사체로 하고 멀어짐에 따라서 흡음재의 벽을 배치하는 것이 원칙이다.
④ 오디토리움 양쪽의 벽은 무대의 음을 반사에 의해 객석 뒷부분까지 이르도록 보강해 주는 역할을 한다.

[해설] 객석의 평면이 원형이나 타원형일 경우 잔향을 일으킬 우려가 있다.

18. 쇼핑센터의 특징적인 요소인 페데스트리언 지대(pedestrian area)에 관한 설명으로 옳지 않은 것은?

① 고객에게 변화감과 다채로움, 자극과 흥미를 제공한다.
② 바닥면의 고저차를 많이 두어 지루함을 주지 않도록 한다.
③ 바닥면에 사용하는 재료는 주위 상황과 조화시켜 계획한다.
④ 사람들의 유동적 동선이 방해되지 않는 범위에서 나무나 관엽식물을 둔다.

[해설] pedestrian 지대에는 고객에게 변화감과 다채로움, 자극과 흥미를 제공하고, 바닥면에 사용하는 재료는 주위 상황과 조화시켜 계획하며, 몰·코트·분수·연못·조경이 있다.
　※ mall은 pedestrian area의 일부이다.

정답　15. ③　16. ②　17. ②　18. ②

19. 그리스 건축의 오더 중 도릭 오더의 구성에 속하지 않는 것은?

① 볼류트(volute) ② 프리즈(frieze)
③ 아바쿠스(abacus) ④ 에키누스(echinus)

[해설] 도릭(Doric)식
- 가장 단순하고 장중한 느낌을 주며, 다른 오더와 달리 주초가 없다.
- 주두는 에키누스와 아바쿠스로 구성된다.
- 육중하고 엄정한 모습을 지니는 남성적인 오더이다.

(a) 도릭식 주범의 주두

(b) 이오니아식 주범의 주두

(c) 코린트식 주범의 주두

[그림] 그리스 건축의 주범 양식

☞ 이오니아 양식의 기둥은 도릭 양식과 달리 베이스가 있고 캐피탈에 소용돌이 모양의 장식이 있다. 이 소용돌이 모양을 볼류트(volute)라고 한다.

20. 오피스 랜드스케이프(office landscape)에 관한 설명으로 옳지 않은 것은?

① 외부조경면적이 확대된다.
② 작업의 폐쇄성이 저하된다.
③ 사무능률의 향상을 도모한다.
④ 공간의 효율적 이용이 가능하다.

[해설] 오피스 랜드스케이프(office landscape, 완전개방형)는 새로운 사무 공간 설계방법으로서 개방된 사무공간을 의미한다. 계급서열에 의한 획일적 배치에 대한 반성으로 사무의 흐름이나 작업내용의 성격을 중시하는 배치 방법으로서 사무원 각자의 업무를 분석하여, 서류의 흐름을 조사하고 사람과 물건(책상, 작업대, 서류장 등)의 긴밀도를 측정하여 가장 능률적으로 배치한다.
개방식 배치의 변형된 방식이므로 공간이 절약되고, 공사비가 절약되므로 경제적이며, 사무능률의 향상된다. 개방된 사무 공간 구성으로 시각적인 프라이버시 확보가 어렵고, 소음상의 문제가 발생할 수 있으며, 칸막이는 쉽게 움직일 수 있는 음향스크린을 사용한다.

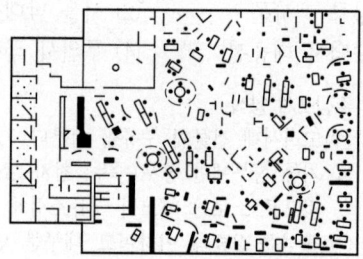
[그림] 오피스 랜드스케이핑

제2과목 건축시공

21. 목공사에 사용되는 철물에 관한 설명으로 옳지 않은 것은?

① 감잡이쇠는 큰 보에 걸쳐 작은 보를 받게 하고, 안장쇠는 평보를 대공에 달아매는 경우 또는 평보와 ㅅ자보의 밑에 쓰인다.
② 못의 길이는 박아대는 재두께의 2.5배 이상이며, 마구리 등에 박는 것은 3.0배 이상으로 한다.
③ 볼트 구멍은 볼트지름보다 3mm 이상 커서는 안 된다.
④ 듀벨은 볼트와 같이 사용하여 듀벨에는 전단력, 볼트에는 인장력을 분담시킨다.

[해설] 목구조의 맞춤에 사용되는 보강철물
 ㉠ 띠쇠 : 기둥과 층도리, ㅅ자보와 왕대공 맞춤부에 사용
 ㉡ 감잡이쇠 : 평보를 대공에 달아맬 때, 평보와 왕대공의 밑에 사용
 ㉢ ㄱ자쇠 : 모서리 기둥과 층도리의 맞춤에 사용
 ㉣ 안장쇠 : 큰 보와 작은 보의 연결부에 사용
 ㉤ 볼트 : 평보와 ㅅ자보의 접합부에 사용
 ㉥ 주걱볼트 : 처마도리와 깔도리 및 평보의 접합부에 사용

22. 지명 경쟁 입찰을 택하는 이유 중 가장 중요한 것은?

① 공사비의 절감
② 양질의 시공 결과 기대
③ 준공기일의 단축
④ 공사 감리의 편리

[해설] 지명경쟁입찰
공개경쟁입찰과 특명입찰의 중간 형태로서 공사에 가장 적격하다고 인정되는 3~7개 정도의 시공회사를 선정하여 입찰시키는 방법

장점	단점
• 원활한 공사 가능 • 부적격한 업자의 제외 • 적정공사 기대	• 담합의 우려 • 일반시공업체 기회 박탈

23. 실의 크기 조절이 필요한 경우 칸막이 기능을 하기 위해 만든 병풍 모양의 문은?

① 여닫이문
② 자재문
③ 미서기문
④ 홀딩 도어

[해설] ① 여닫이문 : 가장 많이 사용하는 문으로 문틀에 경첩 또는 힌지를 이용하여 실내 또는 실외로 개폐하는 문이다. 극장, 영화관, 백화점, 학교의 교실 등은 비상시 피난하기 쉽도록 밖여닫이로 계획하고, 프라이버시와 방어적 목적과 보호가 필요한 개인이 사용하는 실은 일반적으로 안여닫이로 계획한다.
② 자재문 : 자유경첩의 스프링에 의해 내외 어느 쪽으로도 열 수 있을 뿐만 아니라 자력으로 닫혀지는 문이다.
③ 미서기문 : 문틀의 홈을 통해 미끄러져 닫히는 문으로 슬라이딩 도어라고도 하며, 미끄럼을 원활히 하기 위해 호차나 행거 레일을 설치하며 필요에 따라 개폐의 정도를 조정할 수 있다. 거실의 문에 설치한다.
④ 홀딩 도어 : 실의 크기 조절이 필요한 경우 칸막이 기능을 하기 위해 만든 병풍 모양의 문

24. 강제 배수 공법의 대표적인 공법으로 인접 건축물과 토류판 사이에 케이싱 파이프를 삽입하여 지하수를 펌프 배수하는 공법은?

① 집수정 공법
② 웰 포인트 공법
③ 리버스 서큘레이션 공법
④ 전기 삼투 공법

[해설] 웰포인트 공법(Well point method)
강제배수공법의 대표적 공법으로 Siemens Wall공법을 개량한 공법이다. 지중에 Pipe를 1~2m간격으로 박고 진공펌프를 사용해서 지하수를 진공흡입 탈수하는 것이며, 용수량이 비교적 많은 굵은 사질층에서 약간 투수층이 나쁜 사질 실트층 정도까지의 지하수를 강제 배수할 수가 있다.
 ㉠ 장점 : 터파기 공사가 쉽게 되고, 지반의 지내력이 강화되며, 흙막이 토압이 경감된다.
 ㉡ 단점 : 인접지의 침하를 일으키기 쉽다.

과년도출제문제

25. 기계가 위치한 곳보다 높은 곳의 굴착에 가장 적당한 건설기계는?

① Dragline ② Back hoe
③ Power Shovel ④ Scraper

해설 굴착용 토공 기계

종류	특징
파워 셔블 (Power shovel)	① 지반면보다 높은 곳의 흙파기에 적당하며, 굴착력이 좋다. ② 굴착높이 1.5~3m, 버킷용량 0.6~1m³, 선회각 90°
드래그 셔블 (Drag shovel) = 백 호우 (Back hoe)	① 지반면보다 낮은 곳의 흙파기에 적당하다. ② 파는 힘이 강력하고 비교적 경질 지반도 가능하다. ③ 굴삭 깊이 5~8m, 버킷용량 0.3~1.9m³, 붐의 길이 4.3~7.7m
드래그 라인 (Drag line)	① 지반면보다 낮은 곳의 연질지반 흙파기에 사용된다. ② 넓은 면적을 팔 수 있으나 파는 힘이 약하다. ③ 굴삭깊이 8m, 굴삭폭 14m, 선회각 110°
클램 쉘 (Clam shell)	① 좁은 곳의 수직굴착에 알맞다. ② 사질지반의 굴삭에 적당하다. ③ 흙막이 버팀대가 있어 좁은 곳, 케이슨 내의 굴착, 토사 채취 등에 사용

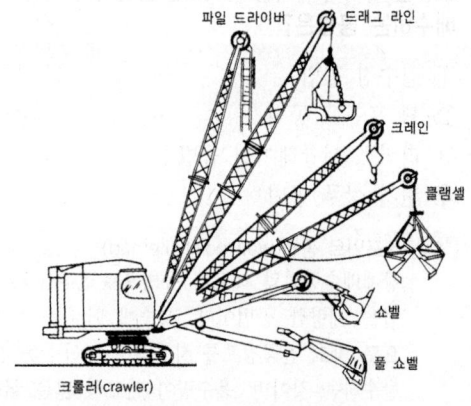

[그림] 토공사용 기계

26. 건축공사 스프레이 도장방법에 관한 설명으로 옳지 않은 것은?

① 도장거리는 스프레이 도장면에서 300mm를 표준으로 한다.
② 매 회의 에어스프레이는 붓도장과 동등한 정도의 두께로 하고, 2회분의 도막 두께를 한 번에 도장하지 않는다.
③ 각 회의 스프레이 방향은 전회의 방향에 평행으로 진행한다.
④ 스프레이할 때는 항상 평행이동하면서 운행의 한 줄마다 스프레이 너비의 1/3 정도를 겹쳐 뿜는다.

해설 각 회의 스프레이 방향은 전회의 방향에 직각으로 한다.

27. 철근콘크리트공사 시 벽체 거푸집 또는 보 거푸집에서 거푸집판을 일정한 간격으로 유지시켜 주는 동시에 콘크리트의 측압을 최종적으로 지지하는 역할을 하는 부재는?

① 인서트 ② 컬럼밴드
③ 폼타이 ④ 턴버클

해설 ① 인서트 : 콘크리트 구조 바닥판 밑에 반자틀, 기타구조물을 달아맬 때 사용된다.
② 컬럼밴드 : 기둥거푸집의 고정 및 측압 버팀용도로 사용된다.
③ 폼타이 : 거푸집 패널을 일정한 간격으로 양면을 유지시키고 콘크리트 측압을 지지하기 위한 것이다.
④ 턴버클(turn buckle) : 철골구조에서 가새를 조일 때 사용하는 보강재(인장재의 접합)이다.

정답 25. ③ 26. ③ 27. ③

28. 커튼월(curtain wall)에 관한 설명으로 옳지 않은 것은?

① 주로 내력벽에 사용된다.
② 공장생산이 가능하다.
③ 고층건물에 많이 사용된다.
④ 용접이나 볼트조임으로 구조물에 고정시킨다.

[해설] 커튼월(curtain wall) 구조는 건물의 무게를 지지하는 것은 기둥과 보가 담당하고, 외벽은 단지 건물 내부와 외부라는 공간을 칸막이하는 커튼의 구실만 하도록 한 비내력벽 구조체로 공사시 주로 양중기를 이용하여 설치작업을 하므로 원칙적으로 비계작업을 하지 않는다.

※ 커튼월 공법의 특징
  ㉠ 외벽의 경량화
  ㉡ 공업화 제품에 따른 품질 제고
  ㉢ 가설공사의 절감(가설비계의 감소)
  ㉣ 공기단축

29. TQC를 위한 7가지 도구 중 다음 설명에 해당하는 것은?

> 모집단에 대한 품질특성을 알기 위하여 모집단의 분포상태, 분포의 중심위치, 분포의 산포 등을 쉽게 파악할 수 있도록 막대 그래프 형식으로 작성한 도수분포도를 말한다.

① 히스토그램 ② 특성요인도
③ 파레토도   ④ 체크시트

[해설] 히스토그램
  ㉠ 공사 또는 품질 상태가 만족한 상태에 있는 가의 여부를 판단하는데 사용되는 것
  ㉡ 가로축에 특성값을, 세로축에 도수를 잡고 구간의 폭으로 주상의 그림을 그린 도수도
  ※ QC 활동의 도구 : 히스토그램, 특성요인도, 파레토도, 체크 시이트, 각종 그래프 및 관리도, 산점도, 층별(層別)

30. 건설현장에서 근무하는 공사감리자의 업무에 해당되지 않는 것은?

① 공사시공자가 사용하는 건축자재가 관계법령에 의한 기준에 적합한 건축자재인지 여부의 확인
② 상세시공도면의 작성
③ 공사현장에서의 안전관리지도
④ 품질시험의 실시여부 및 시험성과의 검토·확인

[해설] 상세 시공도면 작성
  공사시공자는 공사에 필요하다고 인정되거나 공사감리자로부터 상세시공도면을 작성하도록 요청받은 경우에는 상세 시공도면을 작성하여 공사감리자의 확인을 받아야 하며 이에 따라 공사를 해야 한다.
  ※ 상세시공도면의 작성은 시공자, 검토 확인은 공사감리자의 업무사항이다.

31. 석고 플라스터에 관한 설명으로 옳지 않은 것은?

① 석고 플라스터는 경화지연제를 넣어서 경화시간을 너무 빠르지 않게 한다.
② 경화·건조 시 치수 안정성과 내화성이 뛰어나다.
③ 석고 플라스터는 공기 중의 탄산가스를 흡수하여 표면부터 서서히 경화한다.
④ 시공 중에는 될 수 있는 한 통풍을 피하고 경화 후에는 적당한 통풍을 시켜야 한다.

[해설] 석고 플라스터(gypsum plaster)
  조립식 및 건식공법의 가장 획기적인 마감재료로서 프리캐스트나 ALC 등에 적합하며 주로 건물 내외부 벽면에 사용하는 미장재료로서 종류에는 순석고 플라스터, 혼합석고 플라스터, 경석고 플라스터(Keen's Cement)가 있다. 경화와 건조가 빠르고, 균열에 대한 강도가 상당히 양호하다.
  ※ 석고 플라스터(gypsum plaster)는 건조시 무수축성의 성질을 가진 재료이다.
  ☞ 돌로마이터 플라스터 바름은 대기 중의 탄산가스(CO_2)와 화합해서 경화하는 기경성 미장재료로 습기 및 물에 약해 지하실에는 사용하지 않는다.

정답 28. ① 29. ① 30. ② 31. ③

32. 미장 공사에서 균열을 방지하기 위하여 고려해야 할 사항 중 옳지 않은 것은?

① 바름면은 바람 또는 직사광선 등에 의한 급속한 건조를 피한다.
② 1회의 바름 두께는 가급적 얇게 한다.
③ 쇠 흙손질을 충분히 한다.
④ 모르타르 바름의 정벌바름은 초벌바름보다 부배합으로 한다.

[해설] 미장 공사에서 균열을 방지하기 위한 조치사항
㉠ 모르타르 바름의 재료배합은 바탕에 가까울수록 부배합, 정벌에 가까울수록 빈배합이 원칙이다.
㉡ 1회의 바름 두께는 가급적 얇게 한다.
㉢ 시공 중 또는 경화 중에 진동 등 외부의 충격을 방지한다.
㉣ 초벌 바름은 완전히 건조하여 균열을 발생시킨 후 재벌 및 정벌바름한다.

33. 고강도 콘크리트에 관한 내용으로 옳지 않은 것은?

① 설계기준압축강도는 보통 또는 중량골재콘크리트에서 40MPa 이상인 것으로 한다.
② 고성능 감수제의 단위량은 소요 강도 및 작업에 적합한 워커빌리티를 얻도록 시험에 의해서 결정하여야 한다.
③ 단위수량은 소요의 워커빌리티를 얻을 수 있는 범위 내에서 가능한 한 작게 하여야 한다.
④ 기상의 변화나 동결융해 발생 여부에 관계없이 공기연행제를 사용하는 것을 원칙으로 한다.

[해설] 고강도 콘크리트의 배합설계시 동결융해에 대한 대책이 필요한 경우나 기상의 변화가 심한 경우에는 공기연행제를 사용한다.
※ 고강도 콘크리트의 설계기준강도는 보통콘크리트는 최소 40MPa(40N/mm²) 이상, 경량골재 콘크리트는 최소 27MPa(27N/mm²) 이상을 말한다.

34. 건축공사에서 활용되는 견적방법 중 가장 상세한 공사비의 산출이 가능한 견적방법은?

① 개산견적 ② 명세견적
③ 입찰견적 ④ 실행견적

[해설] 견적
㉠ 개산견적
과거의 유사한 건물의 실적 통계 등을 참고하여 산출하며, 정밀 산출시간이 없을 경우나 설계도서가 불완전할 때 적용한다. 개념견적, 기본견적이라고 한다.
㉡ 명세견적
완성된 설계도서·현장설명·질의응답 또는 계약조건 등에 의거하여 면밀히 적산·견적을 하여 공사비를 산출하는 것으로 상세견적, 최종견적, 입찰견적이라고 한다.

35. 벽돌에 생기는 백화를 방지하기 위한 방법으로 옳지 않은 것은?

① 10% 이하의 흡수율을 가진 양질의 벽돌을 사용한다.
② 벽돌면 상부에 빗물막이를 설치한다.
③ 파라핀 도료를 발라 염류가 나오는 것을 방지한다.
④ 줄눈 모르타르에 석회를 넣어 바른다.

[해설] 백화현상 방지대책
㉠ 질이 좋은 벽돌, 잘 소성된 벽돌을 사용한다.
㉡ 흡수율이 적은(10% 이하) 양질의 벽돌을 사용한다.
㉢ 채양, 돌림띠 등으로 벽돌면에 빗물이 흘러내리지 않도록 한다.
㉣ 줄눈사춤을 빈틈없이 다져 넣고, 줄눈 모르타르에 방수제를 섞어 사용한다.
㉤ 벽면에 실리콘 방수를 한다.
㉥ 벽 표면에 파라핀 도료, 명반용액을 발라 염류의 유출을 막는다.

정답 32. ④ 33. ④ 34. ② 35. ④

36. 주문받은 건설업자가 대상계획의 기업, 금융, 토지 조달, 설계, 시공 기타 모든 요소를 포괄하여 발주하는 도급계약 방식은?

① 실비청산 보수가산 도급
② 정액도급
③ 공동도급
④ 턴키도급

해설 턴키(Turn-Key)도급
건설업자가 대상 계획의 기업, 금융, 토지조달, 설계, 시공, 기계기구 설치, 시운전까지 주문자가 필요로 하는 모든 것을 조달하여 주문자에게 인도하는 도급계약 방식
㉠ 장점 : 신공법의 연구 및 개발, 공사비 절감, 공기단축·전문화 촉진, 책임시공에 의한 신기술 개발의 축적 가능, 사업수행의 효율성 향상
㉡ 단점 : 설계의 우수성 및 건축주의 의도 반영 불가, 사업 내용의 불확실성, 발주절차의 복잡성, 과다경쟁 우려, 중소기업의 참여기회 제한

37. 서로 다른 종류의 금속재가 접촉하는 경우 부식이 일어나는 경우가 있는데 부식성이 큰 금속 순으로 옳게 나열된 것은?

① 알루미늄 > 철 > 주석 > 구리
② 주석 > 철 > 알루미늄 > 구리
③ 철 > 주석 > 구리 > 알루미늄
④ 구리 > 철 > 알루미늄 > 주석

해설 금속의 부식
① 금속의 부식작용
㉠ 대기에 의한 부식
㉡ 물에 의한 부식
㉢ 흙 속에서의 부식
㉣ 전기작용에 의한 부식
② 전기작용에 의한 부식 : 서로 다른 금속이 접촉하여 그 부분에 수분이 있을 경우에는 전기분해가 일어나 이온화 경향이 큰 금속이 음극으로 되어 전기적 부식현상을 일으키게 된다.
※ 금속의 이온화 경향(큰 것 - 작은 것 순서) :
K > Ca > Na > Mg > Al > Cr > Mn > Zn > Fe > Ni > Sn > H > Cu > Hg > Ag > Pt > Au

38. 프리스트레스트 콘크리트에 관한 설명으로 옳은 것은?

① 진공매트 또는 진공펌프 등을 이용하여 콘크리트로부터 수화에 필요한 수분과 공기를 제거한 것이다.
② 고정시설을 갖춘 공장에서 부재를 철재거푸집에 의하여 제작한 기성제품 콘크리트(PC)이다.
③ 포스트텐션 공법은 미리 강선을 압축하여 콘크리트에 인장력으로 작용시키는 방법이다.
④ 장스팬 구조물에 적용할 수 있으며, 단위부재를 작게 할 수 있어 자중이 경감되는 특징이 있다.

해설 프리스트레스트 콘크리트(Prestressed concrete, PS concrete)
PC 강재에 미리 인장력을 가한 상태로 콘크리트는 넣고 완전 경화 후 강현재 단부에서 인장력을 푸는 방법으로 만든 콘크리트이다.
㉠ 프리스트레스를 도입하는 공법에는 프리텐션 공법(Pretension Method)과 포스트텐션 공법(Posttension Method) 등이 있다.
㉡ 장 스팬구조가 가능하고 균열 발생이 없으며, 구조물의 자중 경감과 부재단면을 줄일 수 있다.
㉢ 내구성, 복원성이 크고 공기단축이 가능하다.
㉣ 항복점 이상에서 진동, 충격에 약하다.
㉤ 화재에 약하여 5cm 이상의 내화피복이 필요하다.
㉥ 고강도이면서 수축 또는 크리프 등의 변형이 적은 균일한 품질의 콘크리트가 요구된다.

정답 36. ④ 37. ① 38. ④

39. 다음 그림과 같은 건물에서 G_1과 같은 보가 8개 있다고 할 때 보의 총 콘크리트량을 구하면? (단, 보의 단면상 슬래브와 겹치는 부분은 제외하며, 철근량은 고려하지 않는다.)

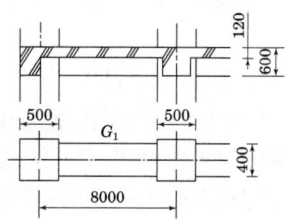

① 11.52m³ ② 12.23m³
③ 13.44m³ ④ 15.36m³

[해설] 보의 콘크리트량 산정
보의 콘크리트량(V)
= 보의 너비×(춤-바닥판의 두께)
　×기둥 안목거리×개소
= 0.4×(0.6-0.12)×(8-0.5)×8개=11.52m³

40. 포틀랜드시멘트 화학성분 중 1일 이내 수화를 지배하며 응결이 가장 빠른 것은?

① 알루민산3석회 ② 알루민산철4석회
③ 규산3석회 ④ 규산2석회

[해설] 알루민산삼석회(화학식 : $3CaO \cdot Al_2O_3$, 약호 : C_3A)
　㉠ 포틀랜드시멘트 화학성분 중 1일 이내 수화를 지배하며 응결이 가장 빠르다.
　㉡ 화학저항성이 약하고, 건조수축이 크다.
　※ 응결 시간이 빠른 순서(큰 것에서 작은 것)
　C_3A(알루민산삼석회) > C_3S(규산삼석회) >
　C_4AF(알루민산철사석회) > C_2S(규산이석회)

제3과목 건축구조

41. 고장력볼트접합에 관한 설명으로 옳지 않은 것은?

① 유효단면적당 응력이 크며, 피로강도가 작다.
② 강한 조임력으로 너트의 풀림이 생기지 않는다.
③ 응력방향이 바뀌더라도 혼란이 일어나지 않는다.
④ 접합방식에는 마찰접합, 지압접합, 인장접합이 있다.

[해설] 고장력볼트 접합의 특징
풀리지 않는 너트, 응력방향에 무관한 접합강도, 볼트의 전단과 판재의 지압 무발생, 높은 반복응력 저항성과 피로강도, 응력의 최소화 등의 장점이 있다.

42. 지진에 대응하는 기술 중 하나인 제진(制震)에 관한 설명으로 옳지 않은 것은?

① 기존 건물의 구조형식에 좌우되지 않는다.
② 지반종류에 의한 제약을 받지 않는다.
③ 소형 건물에 일반적으로 많이 적용된다.
④ 댐퍼 등을 사용하여 흔들림을 효과적으로 제어한다.

[해설] 제진 기술
지진력을 흡수하여 건축물의 부담을 감소시키는 기술로 다음과 같은 특징이 있다.
① 건축물의 흔들림을 효과적으로 제어하여 안정성을 높이는 방식
② 건축물 내 대형 컴퓨터 및 계측기 설치가 필요하여 비경제적
③ 기존건축물의 구조 형식에 좌우되지 않고 지반계수에 의한 제약을 받지 않음

[정답] 39. ① 40. ① 41. ① 42. ③

43. 콘크리트구조의 내구성설계기준에 따른 보수·보강 설계에 관한 설명으로 옳지 않은 것은?

① 손상된 콘크리트 구조물에서 안전성, 사용성, 내구성, 미관 등의 기능을 회복시키기 위한 보수는 타당한 보수설계에 근거하여야 한다.
② 보수·보강 설계를 할 때는 구조체를 조사하여 손상 원인, 손상 정도, 저항내력 정도를 파악한다.
③ 책임구조기술자는 보수·보강 공사에서 품질을 확보하기 위하여 공정별로 품질관리 검사를 시행하여야 한다.
④ 보강설계를 할 때에는 사용성과 내구성 등의 성능은 고려하지 않고, 보강 후의 구조내하력 증가만을 반영한다.

[해설] 보수·보강 설계
보강설계 시 사용성과 내구성 등의 성능은 고려하여 보강 후의 구조 내하력 증가 및 감소를 종합적으로 반영하여야 한다.
※ 내하력(load carrying capacity, 耐荷力) : 구조물 또는 구조부재가 견딜 수 있는 하중 또는 힘의 한도

44. 그림과 같은 직사각형 단면을 가지는 보에 최대 휨모멘트 $M=20\text{kN}\cdot\text{m}$가 작용할 때 최대 휨응력은?

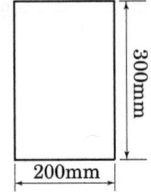

① 3.33MPa ② 4.44MPa
③ 5.56MPa ④ 6.67MPa

[해설] 최대 휨응력도
최대 휨응력도 $f_b = \dfrac{M}{Z}$

$f_b = \dfrac{M}{Z} = \dfrac{20\times 10^6}{\dfrac{200\times 300^2}{6}} = 6.666\,(\text{N/mm}^2,\ \text{MPa})$

45. 그림과 같은 복근보에서 전단보강철근이 부담하는 전단력 V_s를 구하면? (단, $f_{ck}=24\text{MPa}$, $f_y=400\text{MPa}$, $f_{yt}=300\text{MPa}$, $A_v=71\text{mm}^2$)

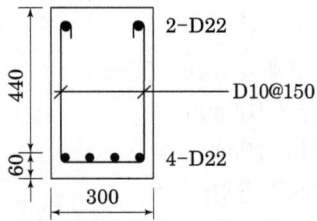

① 약 110kN ② 약 115kN
③ 약 120kN ④ 약 125kN

[해설] 전단보강근의 부담 전단력(V_s)

$V_s = \dfrac{\varnothing A_v\cdot f_{yt}\cdot d}{S} = \dfrac{2\times 71\times 300\times 440}{150}$
$= 124,960\,(\text{N}) \fallingdotseq 125\,(\text{kN})$

46. 강도설계법에서 단근직사각형 보의 c(압축연단에서 중립축까지 거리)값으로 옳은 것은? (단, $f_{ck}=24\text{MPa}$, $f_y=400\text{MPa}$, $b=300\text{mm}$, $A_s=1,161\text{mm}^2$, 포물선-직선 형상의 응력-변형률 관계 이용)

① 92.65mm ② 94.85mm
③ 96.65mm ④ 98.85mm

[해설] 중립축 거리

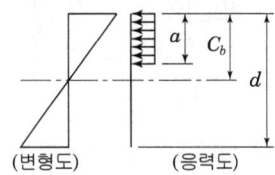

$a = \beta_1\cdot c_b$에서
$a = \dfrac{A_s\cdot f_y}{\eta(0.85 f_{ck})b}$
$= \dfrac{1,161\times 400}{1\times 0.85\times 24\times 300} = 75.88$

$f_{ck} \leq 40\,[\text{MPa}]$이므로 $\beta_1 = 0.8$

$\therefore\ c_b = \dfrac{a}{\beta_1} = \dfrac{75.88}{0.8} = 94.85\,(\text{mm})$

정답 43. ④ 44. ④ 45. ④ 46. ②

47. 그림의 용접기호와 관련된 내용으로 옳은 것은?

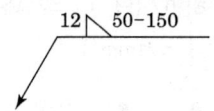

① 양면용접에 용접길이 50mm
② 용접 간격 100mm
③ 용접 치수 12mm
④ 맞댐(개선) 용접

[해설] 용접기초

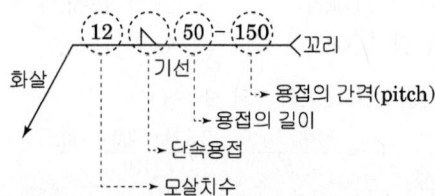

※ 기선의 위 기초 표시는 화살의 반대 쪽 용접을 의미함

48. 그림과 같은 3회전단 구조물의 반력은?

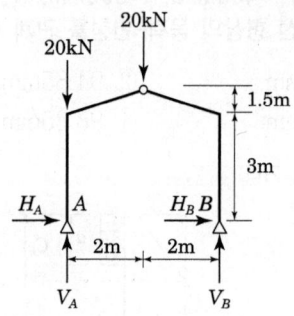

① $H_A = 4.44$kN, $V_A = 30$kN
   $H_B = -4.44$kN, $V_B = 10$kN
② $H_A = 0$, $V_A = 30$kN
   $H_B = 0$, $V_B = 10$kN
③ $H_A = -4.44$kN, $V_A = 30$kN
   $H_B = 4.44$kN, $V_B = 10$kN
④ $H_A = 4.44$kN, $V_A = 50$kN
   $H_B = -4.44$kN, $V_B = -10$kN

[해설] 3힌지 라멘의 반력
① 수직반력 : $\Sigma M_B = 0$에서
   $V_A \times 4m - 20kN \times 4m - 20kN$
   $\times 2m = 0$ 이므로 $V_A = 30$kN
   $\Sigma V = 0$에서
   $30 + V_B - 20 - 20 = 0$ 이므로
   $V_B = 10$kN
② 수평반력 : 활절의 명칭을 G라 하고 그 오른쪽 구조물을 분리하여 $\Sigma M_G = 0$ 적용하면
   $-V_B \times 2m - H_B \times 4.5m = 0$에서 $V_B = 10$kN
   이므로 $H_B = -4.44$kN(←)
   전체 구조물에 대하여 $\Sigma H = 0$를 적용하면
   $H_A - 4.44$kN$= 0$에서 $H_A = 4.44$kN(→)

49. 그림과 같은 양단 고정보에서 B단의 휨모멘트 값은?

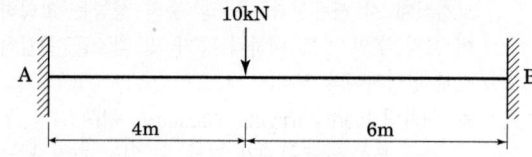

① 2.4kN·m
② 9.6kN·m
③ 14.4kN·m
④ 24.8kN·m

[해설] 양단고정보의 고정단 휨모멘트
$$M_A = \frac{P \cdot a \cdot b^2}{l^2}, \quad M_B = \frac{P \cdot a^2 \cdot b}{l^2}$$
$$M_B = \frac{P \cdot a^2 \cdot b}{l^2} = \frac{10 \times 4^2 \times 6}{10^2} = 9.6 \text{(kN·m)}$$

50. 1방향 철근콘크리트 슬래브에 배치하는 수축·온도철근에 관한 기준으로 옳지 않은 것은?

① 수축·온도철근으로 배치되는 이형철근 및 용접철망의 철근비는 어떤 경우에도 0.0014 이상이어야 한다.
② 수축·온도철근으로 배치되는 설계기준항복강도가 400MPa을 초과하는 이형철근 또는 용접철망을 사용한 슬래브의 철근비는 $0.0020 \times \dfrac{400}{f_y}$ 로 산정한다.
③ 수축·온도철근의 간격은 슬래브 두께의 6배 이하, 또한 600mm 이하로 하여야 한다.
④ 수축·온도철근은 설계기준항복강도 f_y를 발휘할 수 있도록 정착되어야 한다.

해설 수축온도철근
① 온도철근의 최소 철근비

온도철근 강도	최소철근비	최소철근량 ($A_{s(\min)}$)
$f_y \leq 400\text{MPa}$	0.002	$0.002 \times d \times l$
$f_y > 400\text{MPa}$	$0.002 \times \dfrac{400}{f_y}$	$0.002 \times \dfrac{400}{f_y} \times d \times l$

② 온도철근의 간격
수축·온도철근의 간격은 슬래브 두께의 5배 이하, 또한 450mm 이하로 하여야 한다.

51. 다음 그림과 같은 인장재의 순단면적을 구하면? (단, F10T-M20볼트 사용(표준구멍), 판의 두께는 6mm임)

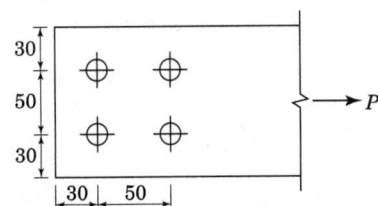

① 296mm²
② 396mm²
③ 426mm²
④ 536mm²

해설 인장재의 순단면적(A_n)
$A_n = A_g - n \cdot d_o \cdot t = h \cdot t - n \cdot d_o \cdot t$
$= (h - n d_o) \cdot t$
$A_n = \{110 - 2 \times (20+2)\} \times 6$
$= 396 \, (\text{mm}^2)$

52. 그림과 같은 내민보에 집중하중이 작용할 때 A점의 처짐각 θ_A를 구하면?

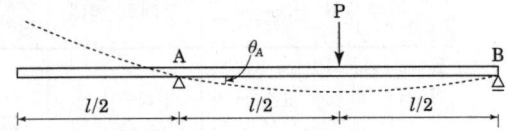

① $\dfrac{Pl^2}{4EI}$
② $\dfrac{Pl^2}{16EI}$
③ $\dfrac{Pl^2}{128EI}$
④ $\dfrac{Pl^2}{256EI}$

해설 내민보의 처짐각
① 해석의 발상 : 내민보는 캔틸레버와 단순보의 조합이다. 문제의 경우 내민부에 하중이 작용하지 않으므로 단순보로 해석하여도 무방하다.
② 처짐각(θ_A) : 단순보 중앙에 집중하중이 작용할 때 지점 처짐각(θ_A)은 $\dfrac{Pl^2}{16EI}$이다. 직접 계산하는 경우 공액보에서 해당지점의 전단력을 휨강성(EI)로 나누면 처짐각이다.

53. 양단 힌지인 길이 6m의 H-300×300×10×15의 기둥이 부재중앙에서 약축방향으로 가새를 통해 지지되어 있을 때 설계용 세장비는? (단, r_x =131mm, r_y = 75.1mm)

① 39.9
② 45.8
③ 58.2
④ 66.3

해설 세장비(λ) = $\dfrac{\ell_k}{r}$
r = 단면2차반경, ℓ_k = 좌굴길이
$\lambda = \dfrac{6000}{131} = 45.8$

정답 50. ③ 51. ② 52. ② 53. ②

54. 과도한 처짐에 의해 손상되기 쉬운 비구조 요소를 지지 또는 부착하지 않은 바닥구조의 활하중 L에 의한 순간처짐의 한계는?

① $\dfrac{l}{180}$ ② $\dfrac{l}{240}$
③ $\dfrac{l}{360}$ ④ $\dfrac{l}{480}$

[해설] 최대 허용처짐

부재의 형태	부재의 형태	처짐 한계
과도한 처짐에 의해 손상되기 쉬운 비구조 요소를 지지 또는 부착하지 않은 평지붕 구조	활하중 L에 의한 순간처짐	$\dfrac{l}{180}$
과도한 처짐에 의해 손상되기 쉬운 비구조 요소를 지지 또는 부착하지 않은 바닥 구조	활하중 L에 의한 순간처짐	$\dfrac{l}{360}$

55. 다음과 같은 사다리꼴 단면의 도심 y_o 값은?

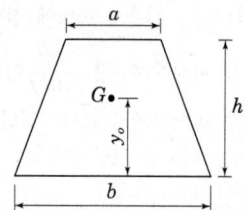

① $\dfrac{h(2a+b)}{3(a+b)}$ ② $\dfrac{h(a+b)}{3(2a+b)}$
③ $\dfrac{3h(2a+b)}{(a+b)}$ ④ $\dfrac{h(a+2b)}{3(a+b)}$

[해설] 사다리꼴 단면의 도심
① 해석의 발상 : 도심의 위치는 단면1차모멘트에 의해서 구할 수 있다. 즉, 단면1차모멘트를 면적으로 나누면 도심의 위치이다.
② 단면1차모멘트 : 사다리꼴을 그림과 같이 두 개의 삼각형으로 나누어 단면1차모멘트를 계산한다.

$G_x = A_1 \cdot y_1 + A_2 \cdot y_2$
$= \left(\dfrac{1}{2}ah \times \dfrac{2h}{3}\right) + \left(\dfrac{1}{2}bh \times \dfrac{h}{3}\right) = \dfrac{h^2}{6}(2a+b)$

③ 도형의 면적(A) : $\dfrac{(a+b)}{2}h$
④ 도심 거리(y_0)

$\dfrac{G_x}{A} = \dfrac{2}{(a+b)h} \times \dfrac{h^2}{6}(2a+b) = \dfrac{h(2a+b)}{3(a+b)}$

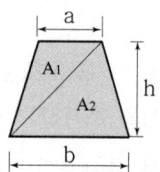

56. 그림과 같은 라멘에 있어서 A점의 모멘트는 얼마인가? (단, k는 강비이다.)

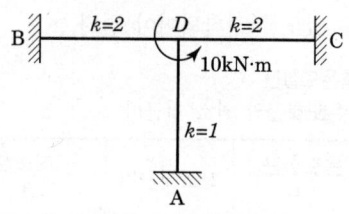

① $1\,\text{kN}\cdot\text{m}$ ② $2\,\text{kN}\cdot\text{m}$
③ $3\,\text{kN}\cdot\text{m}$ ④ $4\,\text{kN}\cdot\text{m}$

[해설] 부정정구조물의 모멘트 분배법
① 해석의 발상 : 모멘트분배법으로 해석이 가능하다. 즉, 하중이 작용한 AD부재에서 D단의 휨모멘트를 구하여 이것이 A지점에 도달하는 모멘트의 크기를 구한다.
② D점의 휨모멘트(M_D)

$M_{AD} = \dfrac{k_{AD}}{\Sigma_k} \cdot M = \dfrac{1}{1+2+2} \times 10 = 2\,(\text{kN}\cdot\text{m})\,\text{AD}$

③ A지점 도달모멘트(M_{AB}) : 도달모멘트는 분배모멘트의 1/2이며, 분배모멘트는

$M_{AD} = \dfrac{1}{2}M_{DA} = \dfrac{1}{2} \times 2 = 1\,(\text{kN}\cdot\text{m})$

정답 54. ③ 55. ① 56. ①

57. 연약한 지반에 대한 대책 중 하부구조의 조치사항으로 옳지 않은 것은?

① 동일 건물의 기초에 이질 지정을 둔다.
② 경질지반에 기초판을 지지한다.
③ 지하실을 설치한다.
④ 경질지반이 깊을 때는 마찰말뚝을 사용한다.

[해설] 연약지반의 대책
　　연약지반의 상부구조는 경량화, 길이 축소, 강성 향상, 인접거리 이격, 중량분배가 필요하며 하부구조에 대해서는 경질지반까지 지지시키고 마찰말뚝을 사용하며 지하실을 설치하거나 지중보로 기초를 연결한다. 또한 자반계획에서는 강제배수, 고결, 치환 등의 조치가 필요하다.

58. 프리스트레스하지 않는 부재의 현장치기 콘크리트 중 흙에 접하여 콘크리트를 친 후 영구히 흙에 묻혀 있는 콘크리트의 최소 피복두께 기준으로 옳은 것은?

① 100mm　　② 75mm
③ 50mm　　④ 40mm

[해설] 피복두께

종류		피복 두께
수중에서 타설하는 콘크리트		100mm
영구히 흙에 묻혀 있는 콘크리트		75mm
흙에 접하거나 옥외의 공기에 직접 노출되는 콘크리트	D19 이상 철근	50mm
	D16 이하 철근 지름 16mm 이하 철선 사용	40mm
옥외의 공기나 흙에 직접 접하지 않는 콘크리트	슬래브, 벽체, 장선 D35 초과 철근	40mm
	슬래브, 벽체, 장선 D35 이하 철근	20mm
	보, 기둥*	40mm
	쉘, 절판부재	20mm

59. 그림과 같은 구조물의 부정정 차수는?

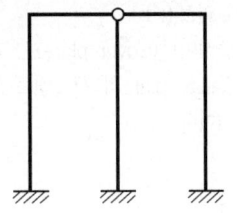

① 1차 부정정　　② 2차 부정정
③ 3차 부정정　　④ 4차 부정정

[해설] 구조물의 판별
• 정적적 풀이
$Ne = R - 3 = 9 - 3 = 6$
$Ni = -1 \times 2 = -2$
$N = Ne + Ni = 6 - 2 = 4$
∴ 4차 부정정구조물
• 판별식 활용 풀이
$N = R + r - 3M = (3 \times 3) + (3 \times 2 + 4) - 3 \times 5$
$= 9 + 10 - 15 = 4$
※ 다수 부재 접합부 절점수 = 부재수 - 1
따라서 문제의 회전절점이 위치한 곳의 회전절점은 2개가 된다.
※ 부재수(M) = 5개

60. 철골구조 주각부의 구성요소가 아닌 것은?

① 커버 플레이트　　② 앵커볼트
③ 리브 플레이트　　④ 베이스 플레이트

[해설] 철골구조의 주각부

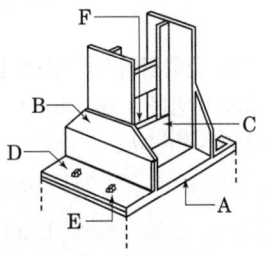

A. 베이스 플레이트(base plate)
B. 윙 플레이트(wing plate)
C. 접합 앵글(clip angle)
D. 사이드 앵글(side angle)

정답　57. ①　58. ②　59. ④　60. ①

E. 앵커볼트(Anchor bolt)
F. 필러플레이트(filler Plate)
G. 기타 : 리브(rib)
※ 커버 플레이트(Cover plate)는 판보(plate girder)에서 flange plate의 휨모멘트 보강용으로 사용되는 부재이다.

급탕부하
= 급탕량 m(kg/h)×비열 c(kJ/kg·K)×온도차 Δt (K)

$$= \frac{급탕량\ m(\text{kg/h}) \times 비열\ c(\text{kJ/kg·K}) \times 온도차\ \Delta t(\text{K})}{3,600(\text{s/h})} [\text{kW}]$$

$$= \frac{5,000(\text{kg/h}) \times 4.2(\text{kJ/kg·K}) \times (70-10)(\text{K})}{3,600(\text{s/h})}$$

= 350[kW]

■■■ 제4과목 건축설비

61. 배수관의 관경과 구배에 관한 설명으로 옳지 않은 것은?

① 배관구배를 완만하게 하면 세정력이 저하된다.
② 배수관경을 크게 하면 할수록 배수능력은 향상된다.
③ 배관구배를 너무 급하게 하면 흐름이 빨라 고형물이 남는다.
④ 배관구배를 너무 급하게 하면 관로의 수류에 의한 파손 우려가 높아진다.

[해설] 배수계통은 원칙적으로 중력에 의해 옥외로 배출하도록 한다. 배수관경을 필요 이상으로 크게 하면 할수록 배수능력은 저하된다. 배수관의 관경은 관경의 10배의 역수를 표준물매로 하며, 일반적으로 옥내배수관의 구배는 유속이 0.6~1.5m/s 정도가 되도록 잡는다.

62. 한 시간당 급탕량이 5m³일 때 급탕부하는 얼마인가? (단, 물의 비열은 4.2kJ/kg·K, 급탕온도는 70℃, 급수온도는 10℃이다.)

① 35kW
② 126kW
③ 350kW
④ 1,260kW

[해설] 급탕부하는 시간당 필요한 온수를 얻기 위해 소요되는 열량을 말한다. 급탕온도의 온도차(Δt)는 보통 60℃를 기준으로 하며, kJ/h 또는 kW(kJ/s)로 나타낸다.

63. 엘리베이터의 조작 방식 중 무운전원 방식으로 다음과 같은 특징을 갖는 것은?

> 승객 스스로 운전하는 전자동 엘리베이터로, 승강장으로부터의 호출 신호로 기동, 정지를 이루는 조작 방식이며, 누른 순서에 상관없이 각 호출에 응하여 자동적으로 정지한다.

① 단식자동방식
② 카 스위치방식
③ 승합전자동방식
④ 시그널 콘트롤 방식

[해설] ① 단식 자동 방식 : 승객 자신이 운전하며 목적층 단추가 승강장으로부터의 호출 신호에 의하여 자동적으로 시동, 정지를 이루는 조작 방식이며, 운전 종료까지 다른 호출에 응하지 않는다.
② 카 스위치 방식 : 시동은 운전원이 조작반의 시동 핸들을 조작함으로써 이루어지며, 정지에는 수동 착상 방식과 자동 착상 방식이 있다.
④ 시그널 컨트롤 방식 : 기동은 운전원의 버튼 조작으로 하며, 정지는 목적층 단추를 누르는 것과 승강장의 호출 신호로 층의 순서대로 자동 정지한다.

정답 61. ② 62. ③ 63. ③

64. 전기샤프트(ES)의 계획 시 고려사항으로 옳지 않은 것은?

① 각 층마다 같은 위치에 설치한다.
② 기기의 배치와 유지보수에 충분한 공간으로 하고, 건축적인 마감을 실시한다.
③ 점검구는 유지보수 시 기기의 반출입이 가능하도록 하여야 하며, 점검구 문의 폭은 최소 300mm 이상으로 한다.
④ 공급대상 범위의 배선거리, 전압강하 등을 고려하여 가능한 한 공급 대상설비 시설 위치의 중심부에 위치하도록 한다.

[해설] 전기샤프트(ES)의 계획 시 고려사항
  ㉠ 각 층마다 같은 위치에 설치한다.
  ㉡ 전기샤프트의 면적은 보, 기둥 부분을 제외하고 산정한다.
  ㉢ 기기의 배치와 유지보수에 충분한 공간으로 하고, 건축적인 마감을 실시한다.
  ㉣ 현재 장비 이외에 장래의 배선 등에 대한 여유성을 고려한 크기로 한다
  ㉤ 점검구는 유지·보수시 기기의 반출입이 가능하도록 하여야 하며, 폭은 90cm 이상으로 한다.
  ㉥ 공급대상 범위의 배선거리, 전압강하 등을 고려하여 전력부하설비 시설 위치의 중앙에 위치하도록 한다.

65. 다음 중 변전실 면적에 영향을 주는 요소와 가장 거리가 먼 것은?

① 발전기실의 면적
② 변전설비 변압방식
③ 수전전압 및 수전방식
④ 실치 기기와 큐비클의 종류

[해설] 변전실 면적 결정 시 영향을 주는 요소에는 건축물의 구조적 여건, 변압기용량, 수전전압, 수전방식, 기기의 배치 방법, 큐비클(폐쇄분전반)의 종류와 시방 등이 있다.
  ※ 큐비클(폐쇄분전반): 차단기·단로기 등의 전력용 개폐기·계기용 변성기, 모선(母線)·접속도체 및 감시제어에 필요한 기기로 된 집합장치

66. 배수트랩의 봉수가 파손되는 것을 방지하기 위한 방법으로 옳지 않은 것은?

① 자기사이펀 작용에 의한 봉수파괴를 방지하기 위하여 S트랩을 설치한다.
② 유도사이펀 작용에 의한 봉수파괴를 방지하기 위하여 도피통기관을 설치한다.
③ 증발현상에 의한 봉수파괴를 방지하기 위하여 트랩 봉수 보급수 장치를 설치한다.
④ 역압에 의한 분출작용을 방지하기 위하여 배수 수직관의 하단부에 통기관을 설치한다.

[해설] 자기 사이펀 작용은 배수시에 트랩 및 배수관은 사이펀관을 형성하여 기구에 만수된 물이 일시에 흐르게 되면 트랩 내의 물이 자기 사이펀 작용에 의해 모두 배수관 쪽으로 흡입되어 배출하게 된다. 이 현상은 S 트랩의 경우에 특히 심하다. 방지책으로 기구배수관 관경을 트랩 구경보다 크게 하여 만류(滿流)가 되지 않도록 트랩의 유출부분 단면적이 유입부분 단면적 보다 큰 것을 설치한다.

67. 다음의 간선 배전방식 중 분전반에서 사고가 발생했을 때 그 파급 범위가 가장 좁은 것은?

① 평행식
② 방사선식
③ 나뭇가지식
④ 나뭇가지 평행식

[해설] 간선의 배선방식
  ① 나뭇가지식 (수지상식)
    ㉠ 한 개의 간선이 각각의 분전반을 거치며 부하가 감소되므로 굵기도 감소된다.
    ㉡ 전압강하가 크다.(각 분전반 별로 동일 전압을 유지할 수 없다.)
    ㉢ 경제적이나 1개소의 사고가 전체에 영향을 미치므로 신뢰도가 낮다.
    ㉣ 주택 등의 소규모 건물의 배선방식으로 적합하다.

정답 64. ③ 65. ① 66. ① 67. ①

② 평행식(개별식)
　㉠ 각 분전반마다 배전반으로부터 단독으로 배선되어 전압강하가 평균화된다.
　㉡ 사고 발생시 범위를 줄일 수 있다.(사고의 영향을 최소화)
　㉢ 배선혼잡의 우려는 있으나 대규모 건물에 적합하다.
③ 병용식
　㉠ 부하의 중심 부근에 분전반을 설치한다.
　㉡ 분전반에서 각 부하에 배선하는 방식으로 가장 많이 사용한다.

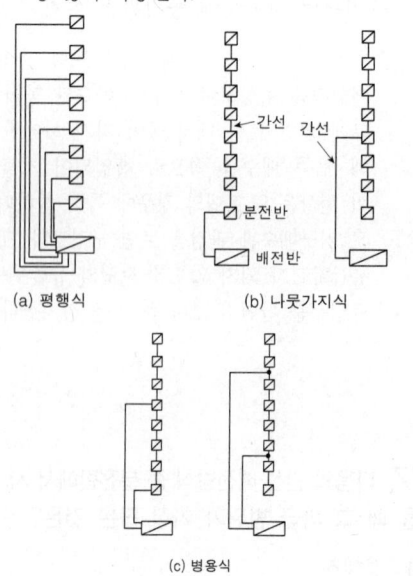

[그림] 간선의 배선방식

68. 스프링클러설비를 설치하여야 하는 특정소방 대상물의 최대 방수구역에 설치된 개방형스프링 클러헤드의 개수가 30개일 경우, 스프링클러 설비의 수원의 저수량은 최소 얼마 이상으로 하여야 하는가?

① $16m^3$ ② $32m^3$
③ $48m^3$ ④ $56m^3$

[해설] 스프링클러(sprinkler) 설비
㉠ 헤드의 방수압력 : 0.1MPa
㉡ 표준 방수량 : 80L/min
㉢ 설치 간격 : 설치장소에 따라 1.7~3.2m

㉣ 수원의 수량
　= (스프링클러의 표준 방수량) × 20분 × (동시 개구수)
　= 80L/min × 20 min × N
　= 1.6 N [m^3] (N은 10개, 20개, 30개)
∴ Q = 80L/min × 20min × 30
　= 48,000L = $48m^3$

69. 열관류율 K = 2.5W/m^2·K인 벽체의 양쪽 공기 온도가 각각 20℃와 0℃일 때, 이 벽체 $1m^2$당 이동열량은?

① 25W   ② 50W
③ 100W   ④ 200W

[해설] 관류에 의한 열손실 계산[구조체를 통한 열관류열량(Q)]
$Q = K \cdot A \cdot (t_1 - t_0)$
여기서
K : 열관류율(W/m^2·℃)
A : 표면적(m^2)
$t_1 - t_0$: 실내외 온도차(℃)
∴ $Q = K \cdot A \cdot (t_1 - t_0) = 2.5 × 1 × (20 - 0) = 50W$

70. 어느 점광원과 1m 떨어진 곳의 직각면 조도가 800[lx]일 때, 이 광원과 4m 떨어진 곳의 직각면 조도는?

① 50[lx]   ② 100[lx]
③ 150[lx]   ④ 200[lx]

[해설] 조도(거리 역제곱의 법칙)
㉠ 표면에 도달하는 광의 밀도($1m^2$ 당 1 lm의 광속이 들어 있는 경우 1lux)
㉡ 단위 : 룩스(lux, lx)
㉢ 조도 = 광도/(거리)^2
∴ $E = \dfrac{I}{d^2} = \dfrac{800}{4^2} = 50$ [lx]

71. 습공기를 가열했을 때 상태값이 변화하지 않는 것은?

① 엔탈피
② 습구온도
③ 절대습도
④ 상대습도

[해설]
• 습공기를 가열 : 상대습도는 감소, 엔탈피와 비체적은 증가, 절대습도는 일정
• 습공기를 냉각 : 상대습도는 증가, 엔탈피와 비체적은 감소, 절대습도는 일정(과냉각시 절대습도는 감소)
※ 습공기를 냉각하여 노점온도 이하가 되면(과냉각) 절대습도는 감소한다.

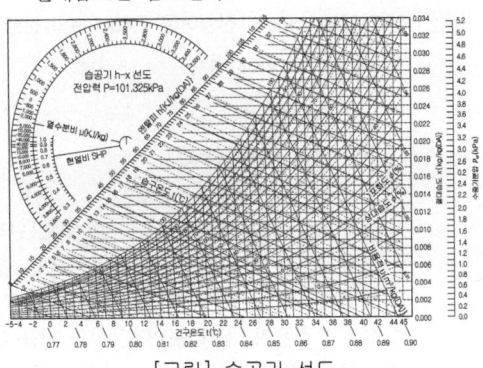

[그림] 습공기 선도

72. 증기난방에 관한 설명으로 옳지 않은 것은?

① 온수난방에 비해 예열시간이 짧다.
② 온수난방에 비해 한랭지에서 동결의 우려가 작다.
③ 운전 시 증기해머로 인한 소음을 일으키기 쉽다.
④ 온수난방에 비해 부하변동에 따른 실내방열량의 제어가 용이하다.

[해설] 증기난방(steam heating)
증기의 잠열을 이용한 난방방식으로 사무소, 백화점, 학교, 극장, 일반공장 등에 이용한다.
① 장점
  ㉠ 증발 잠열을 이용하므로 열의 운반능력이 크다.
  ㉡ 예열시간이 온수난방에 비해 짧고 증기의 순환이 빠르다.
  ㉢ 방열면적은 온수난방보다 작게 할 수 있으며, 관경이 가늘어도 된다.
  ㉣ 설비비와 유지비가 싸다.

② 단점
  ㉠ 방열기의 표면온도가 높아 난방의 쾌감도가 낮다.
  ㉡ 난방부하의 변동에 따라 방열량 조절이 곤란하다.
  ㉢ 소음이 많이 난다.(steam hammering)
  ㉣ 보일러 취급에 기술을 요한다.

73. 공기조화방식 중 2중덕트방식에 관한 설명으로 옳지 않은 것은?

① 전공기 방식에 속한다.
② 덕트가 2개의 계통이므로 설비비가 많이 든다.
③ 부하특성이 다른 다수의 실이나 존에도 적용할 수 있다.
④ 냉풍과 온풍을 혼합하는 혼합상자가 필요 없으므로 소음과 진동도 적다.

[해설] 이중덕트방식(double duct system)
전공기방식에 속하며, 냉풍과 온풍을 각각 별개의 덕트를 통해 각 실이나 존으로 송풍하고, 냉·난방부하에 따라 냉풍과 온풍을 혼합상자에서 혼합하여 취출시키는 공기조화 방식이다.
열매가 공기이므로 실온변화에 대한 응답이 빠르다. 냉·온풍의 혼합으로 인한 혼합손실이 있어서 에너지 다소비형 방식이다.

74. 다음과 가장 관계가 깊은 것은?

> 에너지보존의 법칙을 유체의 흐름에 적용한 것으로서 유체가 갖고 있는 운동에너지, 중력에 의한 위치에너지 및 압력에너지의 총합은 흐름내 어디에서나 일정하다.

① 뉴턴의 점성법칙
② 베르누이의 정리
③ 보일-샤를의 법칙
④ 오일러의 상태방정식

정답 71. ③ 72. ④ 73. ④ 74. ②

[해설] 베르누이 정리 [Bernoulli's theorem, 1738년]
점성과 압축성이 없는 이상적인 유체가 규칙적으로 흐르는 경우에 대해 유체가 흐르는 속도와 압력, 높이의 관계를 수량적으로 나타낸 법칙이다. 유체의 위치에너지와 압력에너지와 운동에너지의 합이 항상 일정하다는 성질을 이용한 것으로, 완전유체가 규칙적으로 흐르는 경우에 대해 정리한 것이다.

※ 베르누이 방정식
 압력수두, 속도수두, 위치수두의 합은 일정하다.
 압력에너지 + 속도에너지 + 위치에너지 = 0

$$\frac{P_1}{\gamma} + \frac{V_1}{2g} + Z_1 = \frac{P_2}{\gamma} + \frac{V_2}{2g} + Z_2 \, [m]$$

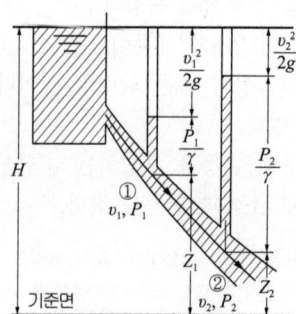

[그림] 베르누이 정리

75. 자연환기에 관한 설명으로 옳은 것은?
① 풍력환기에 의한 환기량은 풍속에 반비례한다.
② 풍력환기에 의한 환기량은 유량계수에 비례한다.
③ 중력환기에 의한 환기량은 공기의 입구와 출구가 되는 두 개구부의 수직거리에 반비례한다.
④ 중력환기에서 실내온도가 외기온도보다 높을 경우 공기는 건물 상부의 개구부에서 실내로 들어와서 하부의 개구부로 나간다.

[해설] ① 풍력환기에 의한 환기량은 풍속에 비례한다.
③ 중력환기에 의한 환기량은 개구부 면적에 비례하여 증가하며, 실내외의 온도차에 의한 공기의 밀도차가 원동력이 된다.
④ 중력환기에서 실내온도가 외기온도보다 높을 경우 공기는 건물 하부의 개구부에서 실내로 들어와서 상부의 개구부로 나간다.

76. 실내 음환경의 잔향시간에 관한 설명으로 옳은 것은?
① 실의 흡음력이 높을수록 잔향시간은 길어진다.
② 잔향시간을 길게 하기 위해서는 실내공간의 용적을 작게 하여야 한다.
③ 잔향시간은 음향청취를 목적으로 하는 공간이 음성전달을 목적으로 하는 공간보다 짧아야 한다.
④ 잔향시간은 실내가 확장음장이라고 가정하여 구해진 개념으로 원리적으로는 음원이나 수음점의 위치에 상관없이 일정하다.

[해설] 잔향시간(sabine의 잔향이론)= sabine의 잔향식
㉠ $RT = K \frac{V}{A}$ 의 식에서
 RT : 잔향시간(sec)
 K : 비례상수(0.162)
 V : 실의 용적(m^3)
 A : 흡음력=$\bar{\alpha}$(평균흡음률)×S(실내표면적)(m^2)
 잔향시간은 실용적에 비례하고 실의 흡음력에 반비례한다.
㉡ 요소: 실용적, 실내 표면적, 실의 평균 흡음률
㉢ 잔향시간은 음원의 위치, 측정의 위치, 흡음재료의 위치와 무관하다.
※ 최적잔향시간은 강연이나 연극 등 언어를 주사용 목적으로 할 경우 잔향시간은 비교적 짧게 하여 음성의 명료도를 제일 조건으로 하며, 음악(종교음악)은 좋은 음질과 적당한 여운, 풍부한 음량이 요구되므로 다소 긴 잔향시간이 필요하다.
짧은 것에서 긴 것 순서: 강연, 연극 – 실내악 – 종교음악

정답 75. ② 76. ④

77. 발전기에 적용되는 법칙으로 유도기전력의 방향을 알기 위하여 사용되는 법칙은?

① 오옴의 법칙
② 키르히호프의 법칙
③ 플레밍의 왼손의 법칙
④ 플레밍의 오른손의 법칙

[해설] 플레밍의 오른손 법칙
오른손 엄지를 도선의 운동방향, 검지를 자기장의 방향으로 했을 때, 중지가 가리키는 방향이 유도기전력 또는 유도전류의 방향이 된다. 발전기에 적용되는 법칙이다.
※ 플레밍의 왼손법칙 : 전류가 흐르고 있는 도선에 대해 자기장이 미치는 힘의 작용방향을 정하는 법칙으로 전동기에 적용되는 법칙

78. 압력에 따른 도시가스의 분류에서 고압의 기준으로 옳은 것은? (단, 게이지압력 기준)

① 0.1MPa 이상   ② 1MPa 이상
③ 10MPa 이상   ④ 100MPa 이상

[해설] 가스 공급 방식은 압력에 따라 분류되며 고압, 중압, 저압 등을 각 수송 방식에 따라 병용하는 것이 보통인데, 수요가로의 공급은 중압 또는 저압으로 공급되고, 고압은 먼 곳의 수송용으로 이용되고 있다.
㉠ 저압 : 0.1MPa 이하
㉡ 중압 : 0.1MPa 이상 1.0MPa 미만
㉢ 고압 : 1.0MPa 이상

79. 냉방부하 계산 결과 현열부하가 620W, 잠열 부하가 155W일 경우 현열비는?

① 0.2   ② 0.25
③ 0.4   ④ 0.8

[해설] 현열비(SHF) : 전열 변화량에 대한 현열 변화량의 비

$$현열비(SHF) = \frac{현열부하}{현열부하 + 잠열부하}$$

$$\therefore 현열비(SHF) = \frac{620W}{620W + 155W} = 0.8$$

80. 다음의 냉동기 중 기계적 에너지가 아닌 열에너지에 의해 냉동효과를 얻는 것은?

① 원심식 냉동기
② 흡수식 냉동기
③ 스크류식 냉동기
④ 왕복동식 냉동기

[해설] 흡수식 냉동기
① 원리 : 냉매를 흡수하는 형식으로 압축냉동기의 압축기가 하는 압축을 흡수제를 이용하여 화학적으로 치환해서 냉동사이클을 형성하는 냉동기이다.(열에너지에 의해 냉동효과를 얻는 냉동기)
② 냉동 사이클 : 증발기 - 흡수기 - 발생기(재생기) - 응축기
③ 발생기의 형식에 따라 단효용식과 2중효용식이 있다.
④ 특징
㉠ 증기나 고온수를 구동력으로 한다.
㉡ 냉매는 물(H_2O), 흡수액은 브롬화리튬(LiBr) 사용한다.
㉢ 전력소비가 적다.(압축식의 1/3) → 특별고압수전 불필요
㉣ 기기 내부가 진공에 가까워 파열의 위험이 없다.
㉤ 진동, 소음이 적다.
㉥ 증기 보일러가 필요하다.
㉦ 압축식에 비해 설치면적, 높이, 중량이 크다.

정답 77. ④ 78. ② 79. ④ 80. ②

과년도출제문제

■■■ 제5과목 건축관계법규

81. 막다른 도로의 길이가 30m인 경우, 이 도로가 건축법상 도로이기 위한 최소 너비는?

① 2m ② 3m
③ 4m ④ 6m

[해설] 도로의 폭
  ㉠ 도로의 폭은 4m 이상이어야 한다.
  ㉡ 막다른 도로의 폭

막다른 도로의 길이	도로의 폭
10m 미만	2m 이상
10m 이상 35m 미만	3m 이상
35m 이상	6m 이상(도시·군계획구역이 아닌 읍·면의 구역에서는 4m 이상)

82. 신축공동주택 등의 기계환기설비의 설치 기준이 옳지 않은 것은?

① 세대의 환기량 조절을 위하여 환기설비의 정격풍량을 3단계 또는 그 이상으로 조절할 수 있는 체계를 갖추어야 한다.
② 적정 단계의 필요 환기량은 신축공동주택 등의 세대를 시간당 0.3회로 환기할 수 있는 풍량을 확보하여야 한다.
③ 기계환기설비에서 발생하는 소음의 측정은 한국산업규격(KS B 6361)에 따르는 것을 원칙으로 한다.
④ 기계환기설비는 주방 가스대 위의 공기배출장치, 화장실의 공기배출 송풍기 등 급속 환기설비와 함께 설치할 수 있다.

[해설] 세대의 환기량 조절을 위하여 환기설비의 정격풍량을 최소·적정·최대의 3단계로 조절할 수 있는 체계를 갖추어야 하고, 적정 단계의 필요 환기량은 신축공동주택 등의 세대를 시간당 0.5회로 환기할 수 있는 풍량을 확보하여야 한다.

83. 주차전용건축물의 주차면적비율과 관련한 아래 내용에서 ( )에 들어갈 수 없는 것은?

> 주차전용건축물이란 건축물의 연면적 중 주차장으로 사용되는 부분의 비율이 95퍼센트 이상인 것을 말한다. 다만, 주차장 외의 용도로 사용되는 부분이 「건축법 시행령」 별표 1에 따른 ( )인 경우에는 주차장으로 사용되는 부분의 비율이 70퍼센트 이상인 것을 말한다.

① 종교시설 ② 운동시설
③ 업무시설 ④ 숙박시설

[해설] 주차전용 건축물의 주차면적 비율

주차전용 건축물		원칙	주차장 면적비율
단서 규정	건축물의 연면적 중 주차장 외의 용도	단독주택, 공동주택, 제1종 및 제2종 근린생활시설, 문화 및 집회시설, 종교시설, 판매시설, 운수 시설, 운동시설, 업무시설, 창고시설, 자동차관련시설이 아닌 경우	95% 이상
		단독주택, 공동주택, 제1종 및 제2종 근린생활시설, 문화 및 집회시설, 종교시설, 판매시설, 운수 시설, 운동시설, 업무시설, 창고시설, 자동차관련시설인 경우	70% 이상
예외 규정		시장(특별·광역시장 포함)은 노외주차장 또는 부설주차장의 설치를 제한하는 지역의 주차전용건축물의 경우에는 상기 단서 규정에도 불구하고 지방자치단체 조례에 의하여 주차장 외의 용도로 설치할 수 있는 시설의 종류를 해당 지역 안의 구역별로 제한할 수 있다.	

정답 81. ② 82. ② 83. ④

84. 건축물과 분리하여 공작물을 축조할 때 특별자치시장·특별자치도지사 또는 시장·군수·구청장에게 신고를 해야 하는 대상 공작물 기준이 옳지 않은 것은?

① 높이 2m를 넘는 옹벽
② 높이 4m를 넘는 굴뚝
③ 높이 6m를 넘는 골프연습장 등의 운동시설을 위한 철탑
④ 높이 8m를 넘는 고가수조

해설 건축물로 취급하는 공작물

공작물의 종류	규모
1. 옹벽 또는 담장	높이 2m를 넘는 것
2. 장식탑, 기념탑, 첨탑, 광고판, 광고탑	높이 4m를 넘는 것
3. 태양에너지 발전설비	높이 5m를 넘는 것
4. 굴뚝	
5. 골프연습장 등의 운동시설을 위한 철탑과 주거지역 및 상업지역 안에 설치하는 통신용 철탑 등	높이 6m를 넘는 것
6. 고가수조	높이 8m를 넘는 것
7. 기계식 주차장 및 철골조립식 주차장(바닥면이 조립식이 아닌 것을 포함)으로서 외벽이 없는 것	높이 8m 이하(단, 위험방지를 위한 난간높이 제외)
8. 지하대피호	바닥면적 30m²를 넘는 것
9. 건축조례가 정하는 제조시설, 저장시설(시멘트저장용 싸이로 포함), 유희시설 기타 이와 유사한 것	
10. 건축물의 구조에 심대한 영향을 줄 수 있는 중량물로서 건축조례로 정하는 것	

※ 건축물로 취급하는 공작물은 특별자치시장·특별자치도지사 또는 시장·군수·구청장에게 건축신고로 축조할 수 있다.

85. 다음 중 제2종 일반주거지역 안에서 건축할 수 없는 건축물은? (단, 도시·군계획 조례가 정하는 바에 따라 건축할 수 있는 경우는 고려하지 않는다.)

① 종교시설
② 운수시설
③ 노유자시설
④ 제1종 근린생활시설

해설 제2종 일반주거지역 안에서 운수시설은 해당 건축조례로서 선택적 허용이 가능하다.

86. 높이가 31m를 넘는 각 층의 바닥면적 중 최대 바닥면적이 4,500m²인 건축물에 원칙적으로 설치하여야 하는 비상용 승강기의 최소 대수는?

① 1대 ② 2대
③ 3대 ④ 5대

해설 비상용승강기의 설치기준

높이 31m를 넘는 각층의 바닥면적 중 최대바닥면적 (Am²)	설치 대수	공식
1,500m² 이하	1대 이상	
1,500m² 초과	1대+1,500m²를 넘는 3,000m² 이내마다 1대씩 가산	$1 + \dfrac{A - 1,500 m^2}{3,000 m^2}$

∴ $1 + \dfrac{4,500 - 1,500}{3,000} = 2$대

(소수점 이하는 1대로 본다)

87. 다음 중 대지에 조경 등의 조치를 아니할 수 있는 대상 건축물에 속하지 않는 것은?

① 축사
② 녹지지역에 건축하는 건축물
③ 연면적의 합계가 1,000m²인 공장
④ 면적이 5,000m²인 대지에 건축하는 공장

[해설] 조경 제외대상
1. 녹지지역에 건축하는 건축물
2. 공장
   ㉠ 5,000m² 미만의 대지에 건축하는 경우
   ㉡ 연면적 합계 1,500m² 미만인 경우
   ㉢ 산업단지 안에 건축하는 경우
3. 대지에 염분이 함유되어 있는 경우
4. 건축물의 용도 특성상 조경 조치가 곤란하거나 불합리한 경우(건축조례)
5. 축사
6. 가설건축물
7. 연면적의 합계가 1,500m² 미만인 물류시설(주거지역 또는 상업지역에 건축하는 것은 제외)
8. 자연환경보전지역, 농림지역, 관리지역(지구단위계획구역으로 지정된 지역 제외) 안의 건축물
9. 관광시설, 전문휴양업의 시설, 관광·휴양형 지구단위계획구역에 설치하는 관광시설, 골프장(건축조례)

88. 건축물의 바닥면적 산정 기준에 대한 설명으로 옳지 않은 것은?

① 공동주택으로서 지상층에 설치한 어린이놀이터의 면적은 바닥면적에 산입하지 않는다.
② 필로티는 그 부분이 공중의 통행이나 차량의 통행 또는 주차에 전용되는 경우에는 바닥면적에 산입하지 아니한다.
③ 벽·기둥의 구획이 없는 건축물은 그 지붕 끝부분으로부터 수평거리 1.5m를 후퇴한 선으로 둘러싸인 수평투영면적을 바닥면적으로 한다.
④ 단열재를 구조체의 외기측에 설치하는 단열공법으로 건축된 건축물의 경우에는 단열재가 설치된 외벽 중 내측 내력벽의 중심선을 기준으로 산정한 면적을 바닥면적으로 한다.

[해설] 벽, 기둥의 구획이 없는 건축물은 그 지붕 끝부분으로부터 수평거리 1m를 후퇴한 선으로 둘러싸인 수평투영면적을 바닥면적으로 한다.

89. 특별피난계단의 구조에 관한 기준 내용으로 옳지 않은 것은?

① 계단실에는 예비전원에 의한 조명설비를 할 것
② 계단은 내화구조로 하되, 피난층 또는 지상까지 직접 연결되도록 할 것
③ 출입구의 유효너비는 0.9m 이상으로 하고 피난의 방향으로 열 수 있을 것
④ 계단실의 노대 또는 부속실에 접하는 창문은 그 면적을 각각 3m² 이하로 할 것

[해설] 계단실과 접하는 노대, 부속실의 창문·개구부 : 망입유리 붙박이창으로서 그 면적을 각각 1m² 이하로 할 것(단, 출입구는 제외)
※ 노대 및 부속실에는 계단실 외의 건축물 내부와 연결하는 창문 등을 설치하지 말 것(단, 출입구는 제외)

90. 국토의 계획 및 이용에 관한 법령상 용도지구에 속하지 않는 것은?

① 경관지구   ② 미관지구
③ 방재지구   ④ 취락지구

[해설] 국토의 계획 및 이용에 관한 법률에 따른 용도지역·용도지구·용도구역

구분	용도지역	용도지구	용도구역
지정수	4(세분지정)	10(세분지정)	4
구분	• 도시지역(13) • 관리지역(3) • 농림지역 • 자연환경보전지역	• 경관지구(3) • 고도지구 • 방화지구 • 방재지구(2) • 보호지구(3) • 취락지구(2) • 개발진흥지구(5) • 특정용도제한지구 • 복합용도지구	• 개발제한구역 • 도시자연공원구역 • 시가화조정구역 • 수산자원보호구역

☞ 미관지구는 폐지됨

정답 87. ④ 88. ③ 89. ④ 90. ②

91. 도시·군계획 수립 대상지역의 일부에 대하여 토지이용을 합리화하고 그 기능을 증진시키며 미관을 개선하고 양호한 환경을 확보하며, 그 지역을 체계적·계획적으로 관리하기 위하여 수립하는 도시·군관리계획은?

① 지구단위계획
② 도시·군성장계획
③ 광역도시계획
④ 개발밀도관리계획

[해설] ③ 광역도시계획 : 광역계획권의 지정의 규정에 의하여 지정된 광역계획권의 장기발전방향을 제시하는 계획을 말한다.
④ 개발밀도관리구역 : 개발로 인하여 기반시설이 부족할 것으로 예상되나 기반시설을 설치하기 곤란한 지역을 대상으로 건폐율이나 용적률을 강화하여 적용하기 위하여 지정하는 구역을 말한다.

92. 지하층에 설치하는 비상탈출구의 유효너비 및 유효높이 기준으로 옳은 것은? (단, 주택이 아닌 경우)

① 유효너비 0.5m 이상, 유효높이 1.0m 이상
② 유효너비 0.5m 이상, 유효높이 1.5m 이상
③ 유효너비 0.75m 이상, 유효높이 1.0m 이상
④ 유효너비 0.75m 이상, 유효높이 1.5m 이상

[해설] 지하층의 비상탈출구의 크기는 유효너비 0.75m 이상, 유효높이 1.5m 이상이다.

93. 지역의 환경을 쾌적하게 조성하기 위하여 대통령령으로 정하는 용도와 규모의 건축물에 대해 일반이 사용할 수 있도록 대통령령으로 정하는 기준에 따라 공개공지 등을 설치하여야 하는 대상 지역에 속하지 않는 것은? (단, 특별자치시장·특별자치도지사 또는 시장·군수·구청장이 따로 지정·공고하는 지역의 경우는 고려하지 않는다.)

① 준공업지역
② 준주거지역
③ 일반주거지역
④ 전용주거지역

[해설] 공개공지 등의 확보대상
① 대상건축물
  ㉠ 연면적의 합계가 5,000m² 이상인 문화 및 집회시설, 종교시설, 판매시설(농수산물 유통시설 제외), 운수시설(여객용시설만 해당), 업무시설, 숙박시설
  ㉡ 기타 다중이 이용하는 시설로서 건축조례가 정하는 건축물
② 대상지역
  ㉠ 일반주거지역, 준주거지역
  ㉡ 상업지역
  ㉢ 준공업지역
  ㉣ 특별자치시장·특별자치도지사 또는 시장·군수·구청장이 도시화의 가능성이 크다고 인정하여 지정, 공고하는 지역

94. 건축물의 거실(피난층의 거실 제외)에 국토교통부령으로 정하는 기준에 따라 배연설비를 설치하여야 하는 대상 건축물 용도에 속하지 않는 것은? (단, 6층 이상인 건축물의 경우)

① 종교시설
② 판매시설
③ 방송통신시설 중 방송국
④ 교육연구시설 중 연구소

[해설] 배연설비의 설치대상
① 6층 이상의 건축물로서 제2종 근린생활시설 중 300m² 이상인 공연장, 종교집회장, 인터넷컴퓨터게임시설제공업소 및 다중생활시설, 문화 및 집회시설, 종교시설, 판매시설, 운수시설, 의료시설(요양병원 및 정신병원은 제외), 교육연구시설 중 연구소, 노유자시설 중 아동관련시설·노인복지시설(노인요양시설은 제외), 수련시설 중 유스호스텔, 운동시설, 업무시설, 숙박시설, 위락시설, 관광휴게시설, 장례식장의 용도에 해당되는 건축물의 거실
[예외] 피난층인 경우
② 의료시설 중 요양병원 및 정신병원, 노유자시설 중 노인요양시설·장애인 거주시설 및 장애인 의료재활시설의 용도에 해당되는 건축물
[예외] 피난층인 경우

정답 91. ① 92. ④ 93. ④ 94. ③

과년도 출제문제

95. 건축물과 해당 건축물의 용도의 연결이 옳지 않은 것은?

① 주유소 : 자동차 관련시설
② 야외음악당 : 관광 휴게시설
③ 치과의원 : 제1종 근린생활시설
④ 일반음식점 : 제2종 근린생활시설

[해설] 주유소 : 위험물저장 및 처리시설

96. 건축법령상 용어의 정의가 옳지 않은 것은?

① 초고층 건축물이란 층수가 50층 이상이거나 높이가 200미터 이상인 건축물을 말한다.
② 증축이란 기존 건축물이 있는 대지에서 건축물의 건축면적, 연면적, 층수 또는 높이를 늘리는 것을 말한다.
③ 개축이란 건축물이 천재지변이나 그 밖의 재해로 멸실된 경우 그 대지에 종전과 같은 규모의 범위에서 다시 축조하는 것을 말한다.
④ 부속건축물이란 같은 대지에서 주된 건축물과 분리된 부속용도의 건축물로서 주된 건축물을 이용 또는 관리하는 데에 필요한 건축물을 말한다.

[해설] 재축이란 건축물이 천재지변이나 그 밖의 재해로 멸실된 경우 그 대지에 종전과 같은 규모의 범위에서 다시 축조하는 것을 말한다.

97. 건축물의 주요구조부를 내화구조로 하여야 하는 대상 건축물에 속하지 않는 것은?

① 공장의 용도로 쓰는 건축물로서 그 용도로 쓰는 바닥면적의 합계가 500m²인 건축물
② 판매시설의 용도로 쓰는 건축물로서 그 용도로 쓰는 바닥면적의 합계가 500m²인 건축물
③ 창고시설의 용도로 쓰는 건축물로서 그 용도로 쓰는 바닥면적의 합계가 500m²인 건축물
④ 문화 및 집회시설 중 전시장의 용도로 쓰는 건축물로서 그 용도로 쓰는 바닥면적의 합계가 500m²인 건축물

[해설] 공장의 용도에 쓰이는 건축물로서 그 용도로 쓰이는 바닥면적의 합계가 2,000m² 이상인 건축물은 주요구조부를 내화구조로 하여야 한다.

98. 기반시설부담구역에서 기반시설설치비용의 부과 대상인 건축행위의 기준으로 옳은 것은?

① 100제곱미터(기존 건축물의 연면적 포함)를 초과하는 건축물의 신축·증축
② 100제곱미터(기존 건축물의 연면적 제외)를 초과하는 건축물의 신축·증축
③ 200제곱미터(기존 건축물의 연면적 포함)를 초과하는 건축물의 신축·증축
④ 200제곱미터(기존 건축물의 연면적 제외)를 초과하는 건축물의 신축·증축

[해설] 기반시설부담구역에서 200제곱미터(기존 건축물의 연면적 포함)를 초과하는 건축물의 신축·증축은 기반시설설치비용의 부과대상인 건축행위의 기준이 된다.

☞ 기반시설부담구역 : 개발밀도관리구역 외의 지역으로서 개발로 인하여 도로, 공원, 녹지 등 대통령령으로 정하는 기반시설의 설치가 필요한 지역을 대상으로 기반시설을 설치하거나 그에 필요한 용지를 확보하게 하기 위하여 지정·고시하는 구역을 말한다.

정답 95. ① 96. ③ 97. ① 98. ③

99. 국토교통부령으로 정하는 기준에 따라 채광 및 환기를 위한 창문등이나 설비를 설치하여야 하는 대상에 속하지 않는 것은?

① 의료시설의 병실
② 숙박시설의 객실
③ 업무시설 중 사무소의 사무실
④ 교육연구시설 중 학교의 교실

[해설] 거실의 채광 및 환기

구분	건축물의 용도	창문 등의 면적	예외 규정
채광	• 단독주택의 거실 • 공동주택의 거실 • 학교의 교실 • 의료시설의 병실 • 숙박시설의 객실	거실 바닥 면적의 1/10 이상	거실의 용도에 따른 조도기준 [별표 1]의 조도 이상의 조명
환기		거실 바닥 면적의 1/20 이상	기계장치 및 중앙관리방식의 공기조화설비를 설치한 경우

100. 부설주차장 설치대상 시설물이 문화 및 집회시설(관람장 제외)인 경우, 부설주차장 설치기준으로 옳은 것은? (단, 지방자치단체의 조례로 따로 정하는 사항은 고려하지 않는다.)

① 시설면적 50m²당 1대
② 시설면적 100m²당 1대
③ 시설면적 150m²당 1대
④ 시설면적 200m²당 1대

[해설] 부설주차장의 설치기준(시설면적에 따른 기준)
㉠ 위락시설 : 시설면적 100m² 당 1대
㉡ 문화 및 집회시설(관람장을 제외)·종교시설·판매시설·운수시설·의료시설(정신병원·요양소 및 격리병원을 제외)·운동시설(골프장·골프연습장 및 옥외수영장을 제외)·업무시설(외국공관 및 오피스텔을 제외)·방송통신시설 중 방송국·장례식장 : 시설면적 150m² 당 1대
㉢ 제1종 및 제2종 근린생활시설·숙박시설 : 시설면적 200m² 당 1대
㉣ 기타 건축물 : 시설면적 300m² 당 1대
㉤ 수련시설·공장(아파트형은 제외)·발전시설 : 시설면적 350m² 당 1대
㉥ 창고시설 : 시설면적 400m² 당 1대

과년도출제문제

2022. 4회 건축기사

■■■■ 제1과목 건축계획

1. 「주택건축기준 등에 관한 규칙」에 따른 주택의 평면과 각 부위의 치수 및 기준척도에 관한 설명으로 옳지 않은 것은?

① 치수 및 기준척도는 안목치수를 원칙으로 한다.
② 거실 및 침실의 평면 각 변의 길이는 10cm를 단위로 한 것을 기준척도로 한다.
③ 거실 및 침실의 층높이는 2.4m 이상으로 하되, 5cm를 단위로 한 것을 기준척도로 한다.
④ 계단 및 계단참의 평면 각 변의 길이 또는 너비는 5cm를 단위로 한 것을 기준척도로 한다.

해설 주택의 평면과 각 부위의 치수 및 기준척도
 ㉠ 치수 및 기준척도는 안목치수를 원칙으로 할 것
 ㉡ 거실 및 침실의 평면 각변의 길이는 5cm를 단위로 한 것을 기준척도로 할 것
 ㉢ 부엌·식당·욕실·화장실·복도·계단 및 계단참 등의 평면 각 변의 길이 또는 너비는 5cm를 단위로 한 것을 기준척도로 할 것
 ㉣ 거실 및 침실의 반자높이(반자를 설치하는 경우만 해당)는 2.2m 이상으로 하고 층높이는 2.4m 이상으로 하되, 각각 5cm를 단위로 한 것을 기준척도로 할 것
 ㉤ 창호설치용 개구부의 치수는 한국산업규격이 정하는 창호개구부 및 창호부품의 표준모듈호칭치수에 의할 것

2. 메조넷형(maisonette type) 공동주택에 관한 설명으로 옳지 않은 것은?

① 주택내의 공간의 변화가 있다.
② 거주성, 특히 프라이버시가 높다.
③ 소규모 단위평면에 적합한 유형이다.
④ 양면 개구에 의한 통풍 및 채광 확보가 양호하다.

해설 복층형(maisonnette type)
작은 저택의 뜻을 지니고 있는 메조넷(maisonnette)은 하나의 주호가 2개 층 이상에 걸쳐 구성되는 형식으로 독립성이 좋고 전용 면적비가 크나 50m² 이하의 소규모 주거 형식에는 비경제적이다.
① 장점
 ㉠ 주야간의 생활공간이 층별로 구분되므로 프라이버시가 가장 좋다. 공용복도가 없는 층은 야간의 생활공간(침실 등)을 배치하고, 복도층에는 주간의 생활공간을 배치한다.
 ㉡ 엘리베이터의 정지층수를 적게 할 수 있어 중직동선의 편리를 도모한다.
 ㉢ 복도가 없는 층은 남북면이 트여 있으므로 좋은 평면 구성이 가능하다.
 ㉣ 통로 면적이 감소하고 유효면적이 증가한다.
② 단점
 ㉠ 주호 내에 계단을 두어야 하므로 소규모 주택에서는 비경제적이다.
 ㉡ 공용 복도가 없는 층은 화재 및 위험시 대피상 불리하다.
 ㉢ 서로 다른 평면형이 상하층을 포개게 되므로 구조 및 설비 등이 복잡하고 설계가 어렵다.
 ㉣ 공용 복도가 중복도형인 경우 복도의 소음처리에 특별히 신경을 써야 한다.

3. 다음의 은행계획에 대한 설명 중 옳지 않은 것은?

① 고객이 지나는 동선은 되도록 짧게 한다.
② 업무 내부의 일의 효율은 되도록 고객이 알기 어렵게 한다.
③ 주출입구에 전실을 둘 경우에는 바깥문으로 밖여닫이 또는 자재문으로 할 수 있다.
④ 고객의 공간과 업무공간과의 사이에는 원칙적으로 구분이 있어야 한다.

해설 고객의 동선과 업무공간과의 사이에는 원칙적으로 구분이 없어야 한다. 또한 고객이 지나는 동선은 되도록 짧아야 한다.

정답 1. ② 2. ③ 3. ④

4. 부엌공간에서 배선실은 어떤 용도로 쓰이는가?

① 세탁, 걸레빨기 및 잡품창고를 위한 공간
② 세탁, 다림질 및 재봉 등의 작업을 하는 공간
③ 연료 저장창고, 오물 처리시설 및 건조장 등의 옥외 작업공간
④ 식품, 식기 등을 저장하는 공간

[해설] 배선실(pantry, 팬트리)는 주방의 식품, 식기 등을 저장하는 공간이다.

5. 사무소 건축의 실단위 계획에 관한 설명으로 옳지 않은 것은?

① 개실 시스템은 독립성과 쾌적감의 이점이 있다.
② 개방식 배치는 전면적을 유용하게 이용할 수 있다.
③ 개방식 배치는 개실 시스템보다 공사비가 저렴하다.
④ 개실 시스템은 연속된 긴 복도로 인해 방깊이에 변화를 주기가 용이하다.

[해설] 개실 시스템(individual room system)
복도에 의해 각 층의 여러 부분으로 들어가는 방법으로 유럽에서 널리 쓰인다.
㉠ 독립성과 쾌적성이 좋다.
㉡ 자연채광 조건이 좋다.
㉢ 공사비가 비교적 높다.
㉣ 방 길이에는 변화를 줄 수 있지만, 방 깊이에는 변화를 줄 수 없다.

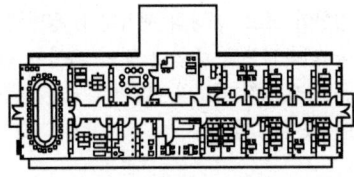

[그림] 개실 배치

6. 미술관의 전시장 계획에 관한 설명 중 옳은 것은?

① 조명의 광원은 감추고 눈부심이 생기지 않는 방법으로 투사한다.
② 인공조명을 주로 하고 자연채광은 고려하지 않는다.
③ 광원의 위치는 수직벽면에 대해 10~25°의 범위 내에서 상향조정이 좋다.
④ 회화를 감상하는 시점의 위치는 화면 대각선의 2배 거리가 가장 이상적이다.

[해설] ② 전시실의 조명과 채광은 합리적 조명으로서 인공조명이나 색 및 관람자의 기분을 고려한 자연광, 양자를 mixed light한 최적 효과를 고려한 조명 및 채광계획으로 하는 것이 좋다.
③ 광원의 위치는 수직벽면에 대해 15°~45°의 이내에 광원의 위치를 결정한다.
④ 회화를 감상하는 시점의 위치는 화면 대각선의 1~1.5배 거리가 가장 이상적이다.

7. 학교 운영방식에 관한 설명으로 옳지 않은 것은?

① 달톤형은 다양한 크기의 교실이 요구된다.
② 교과교실형은 각 교과교실의 순수율이 낮다는 단점이 있다.
③ 플래툰형은 교사수 및 시설이 부족하면 운영이 곤란하다는 단점이 있다.
④ 종합교실형은 학생의 이동이 없으며, 초등학교 저학년에 적합한 형식이다.

[해설] 교과교실형(V형)
모든 교실이 특정한 교과를 위해 만들어지고 일반교실은 없다.
㉠ 장점 : 각 교과에 순수율이 높은 교실이 주어져 시설의 활용도가 높게 된다.
㉡ 단점 : 학생의 이동이 심하다. 순수율을 100%로 하는 한 이용률 반드시 높다고 할 수 없다.
※ 이동할 때에는 소지품을 두는 곳을 고려할 필요가 있다. 또 이동에 대한 동선에 주의하지 않으면 안 된다.

[정답] 4. ④ 5. ④ 6. ① 7. ②

과년도 출제문제

2022. 4회 건축기사

8. 쇼핑센터에서 고객의 주 보행동선으로서 중심상점과 각 전문점에서의 출입이 이루어지는 곳은?

① 몰(mall)
② 코트(court)
③ 터미널(terminal)
④ 페데스트리언 지대(pedestrian area)

해설 몰(mall)
 ㉠ 쇼핑센터 내의 주요 보행 동선으로 고객을 각 상점으로 고르게 유도하는 shopping street인 동시에 고객의 휴식처로서의 기능도 갖고 있다. 쇼핑센터의 가장 특징적인 요소이다.
 ㉡ 고객의 주보행 동선으로 핵상점과 각 전문점에의 출입이 이루어지는 곳이므로 확실한 방향성, 식별성이 요구되며, 고객에게 변화감, 다채로움, 자극과 흥미를 주며 쇼핑을 유쾌하게 할 수 있고 휴식 장소를 제공해 주어야 한다.
 ㉢ 전문점과 핵상점들은 몰에 면하도록 한다.
 ㉣ mall은 open mall, enclosed mall로 계획할 수 있으며, 일반적으로 공기 조화에 의해 쾌적한 실내 기후로 유지할 수 있는 enclosed mall이 선호된다.
 ㉤ 몰의 폭은 6~12m가 일반적이며, 몰의 길이는 240m가 한계이다. 길이 20~30m마다 변화를 주어 단조로운 느낌이 들지 않도록 하는 것이 바람직하다.
 ※ 코트(Court) : 고객이 머무를 수 있는 비교적 넓은 공간으로서 몰의 군데군데에 위치하여 고객의 휴식처가 되는 동시에 각종 행사의 장이 되기도 한다.

9. 다음 중 주심포식 건물이 아닌 것은?

① 강릉 객사문
② 수덕사 대웅전
③ 서울 남대문
④ 무위사 극락전

해설 주심포계 양식
 ㉠ 고려시대 건물이 주류를 이룬다.
 ㉡ 기둥 상부에만 공포(주두, 첨차, 소로)를 배치한 것으로 소로는 비교적 자유스럽게 배치된다.
 ㉢ 출목은 2출목 이하이고 대부분 연등천장 구조로 되어 있다.
 ㉣ 우리나라 공포양식 중 가장 오래된 것이다.
 ㉤ 대표적인 건물로는 봉정사 극락전, 부석사 무량수전, 강릉 객사문, 수덕사 대웅전, 관음사 원통전이 있다.

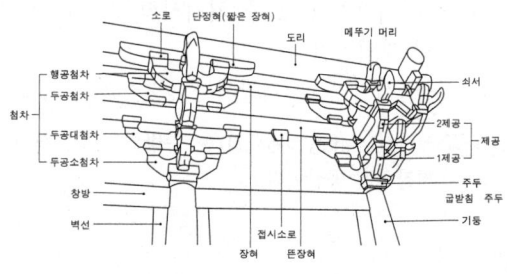

[그림] 주심포양식

☞ 서울 숭례문(남대문)은 조선시대 초기의 다포식이다.

10. 공장 건축의 레이아웃 계획에 관한 설명 중 옳지 않은 것은?

① 다품종 소량생산이나 주문생산 위주의 공장에는 공정중심의 레이아웃이 적합하다.
② 레이아웃 계획은 작업장 내의 기계설비 배치에 관한 것으로 공장규모 변화에 따른 융통성은 고려대상이 아니다.
③ 고정식 레이아웃은 조선소와 같이 제품이 크고 수량이 적을 경우에 적용된다.
④ 플랜트 레이아웃은 공장건축의 기본설계와 병행하여 이루어진다.

해설 공장건축의 평면계획에서 가장 중요한 사항은 생산공정에 따른 레이아웃이다. 공장 생산성에 미치는 영향이 크고, 공장의 배치계획, 평면계획은 레이아웃을 건축적으로 종합한 것이 되어야 한다. 레이아웃은 장래 공장 규모의 변화에 대응한 융통성(flexibility)이 있어야 한다.

정답 8. ① 9. ③ 10. ②

11. 병원의 간호사 대기소에 관한 설명 중 ( ) 안에 가장 알맞은 내용은?

> 1개의 간호사 대기소에서 관리할 수 있는 병상수는 (㉮)개 이하로 하며, 간호사의 보행거리는 (㉯)m 이내가 되도록 한다.

① ㉮ 10~20 ㉯ 40
② ㉮ 20~30 ㉯ 40
③ ㉮ 30~40 ㉯ 24
④ ㉮ 40~50 ㉯ 24

해설 1개의 간호사 대기소에서 관리할 수 있는 병상수는 30~40개 이하로 하며 간호사의 보행거리는 24m 이내가 되도록 한다.

12. 고대 그리스에서 사용된 오더로 가장 단순하고 심중한 느낌을 주며, 다른 오더와 달리 주초가 없는 것은?

① 도릭 오더
② 이오닉 오더
③ 코린티안 오더
④ 터스칸 오더

해설 그리스 건축의 3가지 오더(order)
건축 오더(order)란 기단, 기둥과 엔타블레이춰(entablature)의 조합을 말한다.
① 도릭(Doric)식 : 가장 단순하고 간단한 양식으로 직선적이고 장중하여 남성적인 느낌
② 이오니아(Ionian)식 : 소용돌이 형상의 주두가 특징. 우아, 경쾌, 곡선적이며 여성적인 느낌
③ 코린트(Corinthian)식 : 주두를 아칸더스 나뭇잎 형상으로 장식. 가장 장식적이고 화려한 느낌

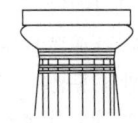
(a) 도릭식 주범의 주두

(b) 이오니아식 주범의 주두

(c) 코린트식 주범의 주두

[그림] 그리스 건축의 주범 양식

13. 사무소 건축의 엘리베이터 계획에 관한 설명으로 옳지 않은 것은?

① 대면배치에서 대면거리는 동일 군 관리의 경우는 3.5~4.5m로 한다.
② 여러 대의 엘리베이터를 설치하는 경우, 그룹별 배치와 군 관리 운전방식으로 한다.
③ 일렬 배치는 8대를 한도로 하고, 엘리베이터 중심 간 거리는 8m 이하가 되도록 한다.
④ 엘리베이터 홀은 엘리베이터 정원 합계의 50% 정도를 수용할 수 있어야 하며, 1인당 점유 면적은 $0.5~0.8m^2$로 계산한다.

해설 사무소 건축의 엘리베이터는 가급적 건축물의 중앙에 집중시킨다. 엘리베이터의 직선배치는 4대 이하로 하고, 병렬로 배치하는 엘리베이터의 전면 거리는 4m 내외로 한다.

14. 조선시대 다포식 목조건축의 특성으로 옳지 않은 것은?

① 주두와 소로의 형상은 굽의 하반부가 곡면
② 주심포식보다 덜 현저한 배흘림
③ 평방
④ 주간포작

해설 다포식(多包式) 건축양식
㉠ 창방 위에 평방을 놓고 그 위에 주두와 첨차, 소로들로 구성되는 공포를 짜는 식
㉡ 고려 말에 나타나서 조선시대에 널리 사용되었으며, 화려한 형태이다.
㉢ 기둥 상부 이외에 기둥 사이에도 공포를 배열한 형식으로 주심포식에 비해서 지붕하중을 등분포로 전달할 수 있는 합리적인 구조법이다.

㉣ 간포를 받치기 위해 창방 외에 평방이라는 부재가 추가되었으며 주로 팔작지붕이 많다.
㉤ 주로 궁궐이나 사찰 등의 주요 정전에 사용되었다.
㉥ 예 : 심원사 보광전(다포식으로 가장 오래된 것), 서울 숭례문(남대문)

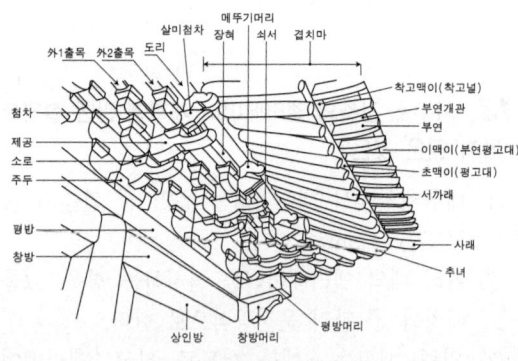

[그림] 다포양식

※ 주심포식 : 주두와 첨차, 소로들로 구성되는 공포를 짜는 식
  ㉠ 특징 : 쌍S자각, 배흘림 기둥, 굽면이 곡면인 주두
  ㉡ 예 : 봉정사 화엄강당, 부석사 무량수전, 강릉 객사문

15. 아파트의 평면형에 대한 설명 중 옳지 않은 것은?

① 홀형은 통행부의 면적이 많이 소요되나 동선이 길어 출입하는데 불편하다.
② 집중형은 기후조건에 따라 기계적 환경조절이 필요한 형이다.
③ 중복도형은 프라이버시가 좋지 않다.
④ 편복도형은 복도가 개방형이므로 각 호의 통풍 및 채광상 양호하다.

[해설] 계단실형(홀형, hall system)은 계단실이나 엘리베이터 홀로부터 직접 단위 주호로 들어가는 형식으로 주호내의 주거성과 독립성(privacy)이 좋다. 또한 동선이 짧으므로 출입이 편하고, 통행부의 면적이 적으므로 건물의 이용도가 높고, 전용면적비가 높아 경제적으로 유리하다.

16. 주당 평균 40시간을 수업하는 어느 학교에서 음악실에서의 수업이 총 20시간이며 이 중 15시간은 음악 시간으로 나머지 5시간은 학급토론 시간으로 사용되었다면, 이 교실의 이용률과 순수율은?

① 이용률 37.5%, 순수율 75%
② 이용률 50%, 순수율 75%
③ 이용률 75%, 순수율 37.5%
④ 이용률 75%, 순수율 50%

[해설] ① 이용률 = $\frac{\text{교실이 사용되고 있는 시간}}{\text{1주간의 평균 수업시간}} \times 100\%$
  $= \frac{20\text{시간}}{40\text{시간}} \times 100 = 50\%$

② 순수율 = $\frac{\text{일정한 교과를 위해 사용되는 시간}}{\text{그 교실이 사용되는 시간}} \times 100\%$
  $= \frac{20\text{시간} - 5\text{시간}}{20\text{시간}} \times 100 = 75\%$

17. 상점계획에 대한 설명 중 옳지 않은 것은?

① 고객의 동선은 일반적으로 짧을수록 좋다.
② 점원의 동선과 고객의 동선은 서로 교차되지 않는 것이 바람직하다.
③ 대면판매 형식은 일반적으로 시계, 귀금속, 의약품, 상점 등에서 사용된다.
④ 진열케이스, 진열대, 진열장 등이 입구에서 안을 향하여 직선적으로 구성된 평면배치는 주로 침재 코너, 식기코너, 서점 등에서 사용된다.

[해설] 고객 동선은 길게 유도하여 매장의 진열효과를 높이고, 종업원의 동선은 되도록 짧게 하여 보행거리를 적게 하여 작업의 효율성과 피로의 감소를 고려한다.
※ 상업건축의 동선계획 계획시 가장 우선순위는 고객의 동선을 원활히 처리하는 것이다.

정답 15. ① 16. ② 17. ①

18. 호텔 계획에 관해 기술한 것 중 옳지 않은 것은?

① 호텔에서 가장 중요한 부분은 숙박부분으로 이에 따라 호텔형이 결정된다.
② 시티 호텔(city hotel)의 공용부분 또는 사교부분은 전체 연면적의 30%를 넘지 않는 것이 좋다.
③ 아파트먼트 호텔(apartment hotel)의 유니트에 주방이 부속되어 있어도 자체 식당과 주방은 둔다.
④ 호텔의 공용부분의 면적비가 가장 큰 것은 커머셜 호텔(commercial hotel)이다.

[해설] 커머셜 호텔(commercial hotel)은 주로 상업상, 사무상의 여행자용으로서, 비즈니스를 주체로 한 호텔로서 숙박료에 비중을 두며, 도심의 번화한 교통 중심지에 고층화된다.
　☞ 시티호텔은 연면적에 대한 숙박면적의 비가 크다.(연면적의 49~73% 정도)
　시티호텔 중에서 숙박 체류 목적의 커머셜 호텔이 연면적에 대한 숙박면적의 비가 가장 크다.
　※ 호텔 경영의 주체
　　㉠ 숙박료에 비중 : 커머셜 호텔(commercial hotel)
　　㉡ 식사료에 비중 : 레지덴셜 호텔(residential hotel)
　　㉢ 숙박료와 식사료의 중간 : 리조트 호텔(resort hotel)

19. 극장의 평면 형식 중 애리나형에 관한 설명으로 옳지 않은 것은?

① 무대의 배경을 만들지 않으므로 경제성이 있다.
② 무대의 장치나 소품은 주로 낮은 기구들로 구성된다.
③ 연기는 한정된 액자 속에서 나타나는 구상화의 느낌을 준다.
④ 가까운 거리에서 관람하면서 가장 많은 관객을 수용할 수 있다.

[해설] 애리너(arena)형
관객이 연기자를 360° 둘러싸고 관람하는 형식이다.
㉠ 가까운 거리에서 관람하면서 가장 많은 관객을 수용할 수 있다.
㉡ 객석과 무대가 하나의 공간에 있으므로 양자의 일체감을 높여 긴장감이 높은 연극 공간을 형성한다.
㉢ 무대의 배경을 만들지 않으므로 경제성이 있다.
㉣ 무대의 장치나 소품은 주로 낮은 기구들로 구성된다.
㉤ 관객이 무대를 둘러앉기 때문에 시점(視點)이 현저하게 다르게 되고, 연기자가 전체적인 통일 효과를 얻기 위한 극을 구성하기가 곤란하다.
㉥ 관객이 무대 주위를 둘러싸기 때문에 연기자를 가리게 되는 단점이 있다.
㉦ 애리너 형은 central stage형 이라고도 한다.

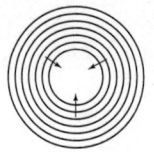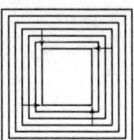

[그림] 애리나형

20. 거주후평가(Post Occupancy Evaluation)에 대한 설명 중 옳지 않은 것은?

① 건축가의 직관과 경험에 의한 평가방법이다.
② 건물의 완공 후 거주자가 사용 중인 건물이 본래 계획된 기능을 제대로 수행하고 있는지 여부를 평가하는 것을 말한다.
③ 주요 평가요소로서 환경장치, 사용자, 주변환경, 디자인 활동 등이 고려되어야 한다.
④ 인터뷰, 답사, 관찰 등의 방법들을 이용하여 사용자의 반응을 조사한다.

[해설] 거주 후 평가(P.O.E : Post Occupancy Evaluation)
① 개념 : 거주 후 평가란 건축물이 완공된 후 사용 중인 건축물이 본래의 기능을 제대로 수행하고 있는지의 여부를 인터뷰, 현지답사, 관찰 및 기타 방법들을 이용하여 거주 후 사용자들의 반응을 진단·연구하는 과정을 말한다.

② 목적
  ㉠ 유사 건물의 건축계획에 직접적인 지침이 된다.
  ㉡ 앞으로의 건축계획 및 평가에 필요한 정보를 제공한다.
  ㉢ 후에 건물을 개조할 때 좋은 지침이 된다.
③ 평가요소
  ㉠ 환경장치
  ㉡ 사용자
  ㉢ 주변 환경
  ㉣ 디자인 활동

■■■ 제2과목 건축시공

21. 목재를 천연건조 시킬 때의 장점에 해당되지 않는 것은?

① 비교적 균일한 건조가 가능하다.
② 시설투자 비용 및 작업 비용이 적다.
③ 건조 소요시간이 짧은 편이다.
④ 타 건조방식에 비해 건조에 의한 결함이 비교적 적은 편이다.

[해설] 천연건조법(대기건조법, 자연건조법)
직사광선, 비를 막고 통풍만으로 건조하여 20cm 이상 굄목을 받치며, 정기적으로 바꾸어 놓는다. 마구리 부분은 급격히 건조되면 갈라짐이 생기기 때문에 이를 방지하기 위해 마구리에 페인트 등으로 도장한다. 우수한 건조법이다.
  ㉠ 비교적 균일한 건조가 가능하다.
  ㉡ 시설투자 비용 및 작업 비용이 적다.
  ㉢ 건조 소요시간이 긴 편이다.
  ㉣ 타 건조방식에 비해 건조에 의한 결함이 비교적 적은 편이다.

22. 다음 중 공사감리업무와 가장 거리가 먼 항목은?

① 설계도서의 적정성 검토
② 공사 실행예산의 편성
③ 시공상의 안전관리지도
④ 사용자재와 설계도서와의 일치여부 검토

[해설] 공사감리자의 감리업무
  ㉠ 공사시공자가 설계도서에 따라 적합하게 시공하는지의 여부 확인
  ㉡ 공사시공자가 사용하는 건축자재가 적합한 자재인지의 여부 확인
  ㉢ 건축물 및 대지가 적법하도록 공사시공자 및 건축주 지도
  ㉣ 시공계획 및 공사관리의 적정 여부 확인
  ㉤ 공사현장에서의 안전관리 지도
  ㉥ 공정표의 검토
  ㉦ 상세시공도면의 검토·확인
  ㉧ 구조물의 위치와 규격의 적정 여부의 검토·확인
  ㉨ 품질시험의 실시 여부 및 시험성과의 검토·확인
  ㉩ 설계변경의 적정 여부의 검토·확인
  ㉪ 기타 공사감리계약으로 정하는 사항

23. 수밀콘크리트에 관한 설명으로 옳지 않은 것은?

① 콘크리트의 소요 슬럼프는 되도록 작게 하여 180mm를 넘지 않도록 한다.
② 콘크리트의 워커빌리티를 개선시키기 위해 공기연행제, 공기연행감수제 또는 고성능 공기연행감수제를 사용하는 경우라도 공기량은 2% 이하가 되게 한다.
③ 물결합재비는 50% 이하를 표준으로 한다.
④ 콘크리트 타설시 다짐을 충분히 하여, 가급적 이어붓기를 하지 않아야 한다.

[해설] 콘크리트의 워커빌리티를 개선시키기 위해 공기연행제, 공기연행감수제 또는 고성능 공기연행감수제를 사용하는 경우라도 공기량은 4% 이하가 되게 한다.
※ 수밀콘크리트의 배합은 콘크리트의 소요품질이 얻어지는 범위 내에서 단위 굵은 골재량은 가급적 많게 하고, 물-시멘트비를 가급적 적게 한다.

정답 21. ③ 22. ② 23. ②

24. 대안입찰제도의 특징에 관한 설명으로 옳지 않은 것은?

① 공사비를 절감할 수 있다.
② 설계상 문제점의 보완이 가능하다.
③ 신기술의 개발 및 축적을 기대할 수 있다.
④ 입찰기간이 단축된다.

해설 대안입찰제도
성능발주방식의 일종으로 종래적인 설계도서에 의한 발주에서 도급자가 당초 설계의 기본 방침의 변경 없이 예정가격에 비하여 유리하고 공기단축 등이 가능한 공법 또는 대안을 제시하여 입찰하는 방식이다.
① 장점
  ㉠ 공사비 절감
  ㉡ 설계상 문제점의 보완이 가능
  ㉢ 시공자의 기술능력 제고로 부실공사 방지
  ㉣ 신기술 신공법의 개발
② 단점
  ㉠ 시공자가 상당한 기술력을 보유하여야 가능
  ㉡ 설계변경에 따른 제반 문제점 조정이 어려우며 설계비 부담
  ㉢ 대안 심의에 기술적 평가문제
  ㉣ 입찰기간의 장기화 우려성

25. 건설원가의 구성 체계에서 직접 공사비를 구성하는 주요요소와 가장 거리가 먼 것은?

① 일반관리비   ② 노무비
③ 경비   ④ 자재비

해설 공사비(견적가격)의 구성

26. 다음 재료의 할증률로서 옳지 않은 것은?

① 붉은벽돌 - 3% 이내
② 자기타일 - 3% 이내
③ 시멘트기와 - 4% 이내
④ 단열재 - 10% 이내

해설 재료의 할증률

재료	할증률
유리	1%
시멘트, 도료(칠), 위생기구	2%
이형철근, 붉은벽돌, 내화벽돌, 타일, 테라코타, 일반합판, 슬레이트, 고장력볼트	3%
시멘트 블록	4%
원형철근, 시멘트벽돌, 강관, 봉강, 파이프, 리벳, 일반볼트, 목재(각재), 수장합판, 텍스, 석고보드, 아스팔트계 타일, 기와	5%
대형 형강	7%
강관(plate), 단열재, 목재(판재), 석재(정형)	10%
졸대	20%
석재(원석, 부정형), 고온고압기기	30%

27. 다음 중 발주자가 시공업자를 선정하여 발주하는 계약제도가 아닌 것은?

① 실비청산식 도급
② 정액도급
③ 단가도급
④ 직영제도

해설 직영제도
공사내용 및 시공과정이 단순할 때 많이 채용되는 방식

장 점	단 점
• 입찰 및 계약의 번잡한 수속 절감	• 공사비 증대, 공사기일 연장
• 영리를 도외시한 확실성 있는 공사	• 재료의 낭비 또는 잉여
• 임기응변 처리가 가능	• 예산차질, 시공관리 능력부족

28. 사질토의 경우 표준관입 시험의 타격횟수 N이 50이면 이 지반의 상태(모래의 상대밀도)는?

① 몹시 느슨하다.
② 느슨하다.
③ 보통이다.
④ 다진 상태이다.

[해설] 타격 횟수 N값에 따른 지반상태의 판정

N값	모래의 상태 밀도
0~4	몹시 느슨하다
4~10	느슨하다
10~30	보통
50 이상	다진 상태

29. 다음 중 도장공사를 위한 목부 바탕만들기 공정으로 옳지 않은 것은?

① 오염, 부착물의 제거
② 바니쉬칠
③ 옹이땜
④ 송진의 처리

[해설] 목부 바탕만들기 공정(목부 바탕처리법)
  ㉠ 오염, 부착물의 제거
  ㉡ 송진의 처리(긁어내기, 인두지짐, 휘발유 닦기)
  ㉢ 연마지 닦기(대패자국 제거 등)
  ㉣ 옹이땜(셸락니스칠)
  ㉤ 구멍땜(퍼티먹임) 및 눈메움
  ☞ 바니시(Varnish) : 고분자수지와 건성유를 가열 융합하고 건조제를 넣어 용제로 녹인 것으로 붓칠 시공이 가능하며 건조가 빠르고 광택이나 투명한 도막을 만드는 도료이다.

30. 파워 셔블의 1시간당 추정 굴착 작업량으로 다음 조건일 때 가장 옳은 것은? 버킷용량은 1.5m³이며, 작업효율은 100%이며, 굴삭토의 용적변환계수는 1.2이고, 싸이클 타임은 1분이다. (단, 굴삭계수는 0.6)

① 108m³
② 81m³
③ 64.8m³
④ 54m³

[해설] 굴삭기계 시간당 시공량(V)

굴삭토량 $V = Q \times \dfrac{3,600}{C_m} \times E \times K \times f \, (\text{m}^3/\text{h})$

Q : 버킷용량(m³)
E : 작업효율(%)
C_m : 싸이클 타임(sec)
K : 굴삭계수
f : 굴삭토의 용적변화계수

$V = Q \times \dfrac{3,600}{C_m} \times E \times K \times f$

$= 1.5 \dfrac{3,600}{1 \times 60} \times 1 \times 0.6 \times 1.2 = 64.8 \, (\text{m}^3/\text{h})$

31. 다음 중 기초지반조사와 가장 관계가 적은 것은?

① 짚어보기(Sounding rod)
② 말뚝박기 시험(Piling test)
③ 보링(Boring)
④ 물리적 지하탐사

[해설] 말뚝박기시험
  ㉠ 땅 속에 말뚝을 박아서 그 침하량과 공이의 무게에 따라서 지내력을 산정하고, 지층의 구조를 추정하는 시험이다.
  ㉡ 시험말뚝을 박을 때 침하량을 측정하여 공식으로부터 허용지지력을 측정한 시험
  ㉢ 간접지내력시험으로 근래에는 사용하지 않고 있다.

정답 28. ④ 29. ② 30. ③ 31. ②

32. 단순조적 블록쌓기에 관한 설명으로 옳지 않은 것은?

① 살두께가 큰 편을 아래로 하여 쌓는다.
② 특별한 지정이 없으면 줄눈은 10mm가 되게 한다.
③ 하루의 쌓기 높이는 1.5m 이내를 표준으로 한다.
④ 줄눈 모르타르는 쌓은 후 줄눈누르기 및 줄눈파기를 한다.

[해설] 블록은 살두께가 두꺼운 쪽이 위로 향하게 하여 쌓는다.

33. 콘크리트 공사에서 콘크리트의 압축강도를 시험하지 않을 경우 거푸집널의 해체시기로 옳은 것은? (단, 조강포틀랜드시멘트를 사용한 기둥으로서 평균기온이 20℃ 이상인 경우)

① 1일 이상   ② 2일 이상
③ 3일 이상   ④ 4일 이상

[해설] 콘크리트의 압축강도를 시험하지 않을 경우 거푸집널의 해체 시기(기초, 보 옆, 기둥, 벽 등의 측벽)

종류 \ 시멘트의 평균기온	20℃ 이상	20℃ 미만 10℃ 이상	압축강도
조강 포틀랜드 시멘트	2일	3일	
보통 포틀랜드시멘트 고로슬래그시멘트(1종) 포틀랜드포졸란시멘트(1종) 플라이애쉬 시멘트(1종)	4일	6일	5MPa 이상
고로슬래그 시멘트(2종) 포틀랜드포졸란시멘트(2종) 플라이애쉬 시멘트(2종)	5일	8일	

34. 문 윗틀과 문짝에 설치하여 문이 자동적으로 닫혀지게 하는 장치로서 도어클로저(Door closer)라고도 명명되는 것은?

① 도어 체크(Door check)
② 함자물쇠
③ 피봇 힌지(Pivot hing)
④ 체인 록(Chain lock)

[해설] 도어 체크(Door check)
문 윗틀과 문짝에 설치하여 문이 자동적으로 닫혀지게 하며, 기계장치가 있어 개폐속도를 조절할 수 있는 장치
※ 피봇 힌지(pivot hinge) : 용수철을 쓰지 않고 문장부식으로 된 Hinge. 가장 중량문에 사용

35. 타일 공사에 관한 설명 중 옳은 것은?

① 모자이크 타일의 줄눈너비의 표준은 5mm이다.
② 벽체 타일이 시공되는 경우 바닥타일은 벽체타일을 붙이기 전에 시공한다.
③ 타일을 붙이는 모르타르에 시멘트 가루를 뿌리면 백화가 방지된다.
④ 치장줄눈은 24시간이 경과한 뒤 붙임모르타르의 경화정도를 보아 시공한다.

[해설] 치장줄눈
㉠ 치장줄눈 배합비 = 1 : 1
㉡ 붙인 후 3시간 후 줄눈파기 하여 24시간 경과 후 치장줄눈을 한다.
㉢ 치장줄눈 나비가 5mm 이상일 때는 고무흙손을 사용하여 빈틈없이 누른다.
㉣ 순서 : 세로줄눈 → 가로줄눈, 위 → 아래
☞ 치장줄눈을 하기 위한 줄눈 파기는 타일(tile)붙임이 끝나고 3시간이 경과했을 때 하는 것이 가장 적당하다.

36. 프리캐스트(Pre-cast) 콘크리트에 관련된 다음 ( ) 안에 들어갈 알맞은 내용으로 옳바른 것은?

슬럼프가 ( )mm 이상인 콘크리트의 배합은 슬럼프 시험을 원칙으로 하며, 슬럼프 ( )mm 미만인 콘크리트의 배합은 제조 방법에 적합한 시험 방법에 의한다.

① 20   ② 30
③ 10   ④ 40

[해설] 슬럼프가 20mm 이상인 콘크리트의 배합은 슬럼프 시험을 원칙으로 하며, 슬럼프 20mm 미만인 콘크리트의 배합은 제조 방법에 적합한 시험 방법에 의한다.
[PC(Pre-Cast) Concrete 시방서 규정]

정답 32. ① 33. ② 34. ① 35. ④ 36. ①

과년도출제문제

2022. 4회 건축기사

37. ALC(Autoclaved Lightweight Concrete)의 물리적 성질 중 틀린 것은?

① 기건비중은 보통콘크리트의 약 1/10 정도이다.
② 열전도율은 보통콘크리트의 약 1/10 정도로서 단열성이 우수하다.
③ 불연재인 동시에 내화재료이다.
④ 흡음성이 우수하며, 흡수율이 크다.

[해설] ALC(Autoclaved Light-weight Concrete : 경량기포 콘크리트)
오토클레이브(autoclave, 강철제 탱크)에 고온(180℃) 고압(0.98MPa) 증기양생한 다공질의 경량 기포 콘크리트이다.
① 원료 : 생석회, 규사, 규석, 시멘트, 플라이 애시, 알루미늄 분말 등
② 장점
  ㉠ 경량성 : 중량은 보통콘크리트의 약 1/4 정도 (0.5~0.6)
  ㉡ 단열성 : 열전도율은 보통콘크리트의 약 1/10 정도(0.15W/m·K)
  ㉢ 불연·내화성 : 불연재인 동시에 내화구조 재료이다.
  ㉣ 흡음·차음성 : 흡음률은 10~20% 정도이며, 차음성이 우수하다(투과손실 40dB)
  ㉤ 시공성 : 경량으로 인력에 의한 취급은 가능하고, 현장에서 절단 및 가공이 용이하다.
  ㉥ 건조수축률이 매우 작고, 균열발생이 어렵다.
③ 단점
  ㉠ 강도가 비교적 적은 편이다.(압축강도 4MPa)
  ㉡ 기공(氣孔) 구조이기 때문에 흡수성이 크며, 동해에 대한 방수방습처리가 필요하다.

38. 커튼월(curtain wall)에 관한 설명으로 옳지 않은 것은?

① 주로 내력벽에 사용된다.
② 공장생산이 가능하다.
③ 고층건물에 많이 사용된다.
④ 용접이나 볼트조임으로 구조물에 고정시킨다.

[해설] 커튼월(curtain wall) 구조는 건물의 무게를 지지하는 것은 기둥과 보가 담당하고, 외벽은 단지 건물 내부와 외부라는 공간을 칸막이하는 커튼의 구실만 하도록 한 비내력벽 구조체로 공사시 주로 양중기를 이용하여 설치작업을 하므로 원칙적으로 비계작업을 하지 않는다.
※ 커튼월 공법의 특징
  ㉠ 외벽의 경량화
  ㉡ 공업화 제품에 따른 품질 제고
  ㉢ 가설공사의 절감(가설비계의 감소)
  ㉣ 공기단축

39. 다음에서 설명하는 미장 결합재에 대한 내용 중 틀린 것은?

① 돌로마이트 플라스터는 미분쇄한 돌로마이트 석회, 모래, 여물 등을 사용하며, 해초풀을 사용하지 않는다.
② 석고플라스터는 소석고에 경화시간을 조정하기 위한 혼화제를 미리 혼합하거나 또는 사용시 혼합하여 사용한다.
③ 보드용 플라스터는 상도용(정벌용)과 같이 모래를 혼합하여 사용하는 것이고, 바탕이 보오드를 대상으로 한 것으로 부착력이 강하다.
④ 혼합석고 플라스터는 하도용(초벌용)은 물만 가하여 비빔하나, 상도용(정벌용)은 사용시 모래를 가하고 물로 혼합하여 사용한다.

[해설] 혼합석고 플라스터 : 소석고(25%) + 회반죽(공정에서 미리 혼합제품)
· 초벌용 : 물과 모래 혼합
· 정벌용 : 물만 혼합(여물×)
· 약알카리성이며 경화속도는 보통이다.

정답 37. ① 38. ① 39. ④

40. 서로 다른 종류의 금속재가 접촉하는 경우 부식이 일어나는 경우가 있는데 부식성이 큰 금속 순으로 옳게 나열된 것은?

① 알루미늄 > 철 > 주석 > 구리
② 주석 > 철 > 알루미늄 > 구리
③ 철 > 주석 > 구리 > 알루미늄
④ 구리 > 철 > 알루미늄 > 주석

해설 금속의 부식
① 금속의 부식작용
  ㉠ 대기에 의한 부식
  ㉡ 물에 의한 부식
  ㉢ 흙 속에서의 부식
  ㉣ 전기 작용에 의한 부식
② 전기 작용에 의한 부식 : 서로 다른 금속이 접촉하여 그 부분에 수분이 있을 경우에는 전기분해가 일어나 이온화 경향이 큰 금속이 음극으로 되어 전기적 부식현상을 일으키게 된다.
※ 금속의 이온화 경향(큰 것 – 작은 것 순서) :
K > Ca > Na > Mg > Al > Cr > Mn > Zn > Fe > Ni > Sn > H > Cu > Hg > Ag > Pt > Au

제3과목 건축구조

41. 철근콘크리트 구조설계 시 고려하는 강도설계법에 관한 설명으로 옳지 않은 것은?

① 하중의 변경, 구조해석시 가정 및 계산 단순화로 인해 야기될 수 있는 초과하중의 영향에 대비하여 하중계수를 사용한다.
② 콘크리트 압축응력의 분포는 직사각형, 사다리꼴, 포물선형 등으로 가정할 수 있다.
③ 철근과 콘크리트의 변형률은 중립축으로부터의 거리에 반비례한다.
④ 재료의 변화, 시공오차 등의 기술적인 면을 고려하여 강도감소계수를 사용한다.

해설 강도설계법
그림의 철근콘크리트 보의 변형도와 같이 철근과 콘크리트의 변형률은 중립축으로부터 거리에 비례한다.

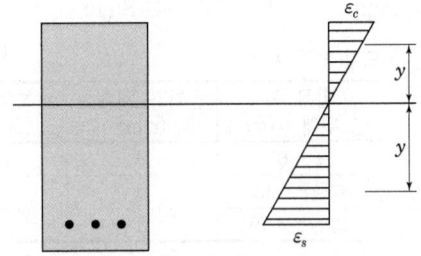

42. 강도설계법에 따른 띠철근을 가진 철근콘크리트의 기둥설계에서 단주의 최대 설계축하중은 약 얼마인가? (단, 기둥의 크기는 400mm×400mm, f_{ck}=24MPa, f_y=400MPa, 12-D22(A_{st}=4,600mm^2), ϕ=0.65)

① 2,452kN   ② 2,525kN
③ 2,614kN   ④ 3,234kN

해설 단주의 설계 축하중
$P_d = \phi P_n = \phi \times 0.8 \times \{0.85 f_{ck}(A_g - A_{st}) + A_s \cdot f_y\}$
$= 0.65 \times 0.8 \times \{0.85 \times 24(400 \times 400 - 4,644)$
$+ 4,644 \times 400)\}$
$= 2,613,968.5 \text{(N)} = 2,614 \text{(kN)}$

43. 풍하중 산정시 중요도분류에 따른 중요도계수를 옳게 나타낸 것은?

① 중요도(1) – 중요도계수 0.95
② 중요도(특) – 중요도계수 1.00
③ 중요도(2) – 중요도계수 0.90
④ 중요도(3) – 중요도계수 0.85

해설 풍하중의 중요도계수

중요도 분류	초고층 건축물	특	1	2	3
중요도 계수 (I_w)	1.05	1.00		0.95	0.90

※ 초고층건축물은 50층 이상인 건축물 또는 200m 이상인 건축물

정답 40. ① 41. ③ 42. ③ 43. ②

44. 강구조 필릿용접에서 접합부의 얇은 쪽 모재 두께(t)가 7mm일 경우 필릿용접의 최소 사이즈는 얼마인가?

① 3mm ② 5mm
③ 6mm ④ 8mm

해설 모살(필릿) 치수

얇은 쪽 판 두께, t(mm)	최소 치수 (mm)	최대 치수 (mm)
$t < 6$	3	$s = t$
$6 \leq t < 13$	5	$s = t - 2$
$13 \leq t < 19$	6	

얇은쪽 판 두께 7mm는 $6 \leq t < 13$에 해당하므로 최소 치수는 5mm의 모살치수가 필요하다.

45. 그림과 같은 라멘 구조물의 판별은?

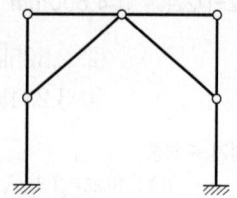

① 불안정 구조물
② 안정이며, 정정구조물
③ 안정이며, 1차 부정정구조물
④ 안정이며, 2차 부정정구조물

해설 구조물의 판별
① 해석의 발상 : 지점과 부재수에 의한 외적 판별값(N_e)과 절점과 부재의 추가에 따른 내적 판별값(N_i)을 합하여 판단
② 판별값(N)=외적 판별값(N_e)+내적 판별값(N_i)
 $N = 0$: 안정, 정정 $N > 0$: 안정, 부정정
 $N < 0$: 불안정
 $N_e = R - 3 = 6 - 3 = 3$
 $N_i = m + h = (1 \times 2) + (-1 \times 5) = -3$
 ∴ $N = 3 - 3 = 0$(안정, 정정)

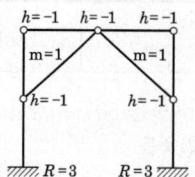

46. 강도설계법에서 처짐을 계산하지 않는 경우, 철근 콘크리트 보의 최소두께 규정으로 옳지 않은 것은? (단, 보통콘크리트와 설계기준항복강도 400MPa 철근을 사용한 부재임)

① 단순지지 : $\dfrac{l}{16}$ ② 1단연속 : $\dfrac{l}{18.5}$
③ 양단연속 : $\dfrac{l}{12}$ ④ 캔틸레버 : $\dfrac{l}{8}$

해설 처짐의 검토 생략기준(보)

지지 상태	단순 지지	1단 연속	양단 연속	캔틸레버
최소 두께(b)	$\dfrac{l}{16}$	$\dfrac{l}{18.5}$	$\dfrac{l}{21}$	$\dfrac{l}{8}$

47. 다음 각 구조시스템에 관한 정의로 옳지 않은 것은?

① 모멘트골조방식 : 수직하중과 횡력을 보와 기둥으로 구성된 라멘골조가 저항하는 구조방식
② 연성모멘트골조방식 : 횡력에 대한 저항능력을 증가시키기 위하여 부재와 접합부의 연성을 증가시킨 모멘트골조방식
③ 이중골조방식 : 횡력의 25% 이상을 부담하는 전단벽이 연성모멘트골조와 조합되어 있는 구조방식
④ 건물골조방식 : 수직하중은 입체골조가 저항하고 지진 하중은 전단벽이나 가새골조가 저항하는 조방식

해설 이중골조형식
㉠ 수평하중의 25% 이상을 부담하는 모멘트(연성)골조가 전단벽이나 가새골조와 조합되어 있는 골조 방식
㉡ 중력하중은 거의 완전한 입체골조가 지지
㉢ 전체 횡력은 각 부재의 상대강성에 따라 비례 배분

정답 44. ② 45. ② 46. ③ 47. ③

48. 강구조에서 용접선 단부에 붙인 보조판으로 아크의 시작이나 종단부의 크레이터 등의 결함을 방지하기 위해 붙이는 판은?

① 스티프너 ② 엔드탭
③ 윙플레이트 ④ 커버플레이트

[해설] 엔드탭(End Tab)
해석의 발상 : 아크의 시작점과 마침점 부근에 발생하기 쉬운 용접의 결함을 없애기 위해서 용접의 시작점과 마침점에 임시로 덧붙이는 용접 보조판으로 작업이 끝나면 떼어내어야 한다.

뒷댐재 엔드탭
Back Strip End Tab

49. 다음 캔틸레버보의 자유단의 처짐각은? (단, 탄성계수 E, 단면2차모멘트 I)

① $\dfrac{PL^2}{2EI}$

② $\dfrac{PL^2}{3EI}$

③ $\dfrac{PL^2}{6EI}$

④ $\dfrac{PL^2}{8EI}$

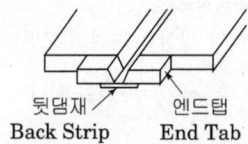

[해설] 부정정 구조물의 처짐각
해석의 발상 : 부정정 구조물의 처짐각은 휨모멘트도를 이용하여 공백보법으로 구할 수 있다.
자유단 B점에서의 처짐각은 고정지점에서 B지점까지 휨모멘트도의 면적에 $\dfrac{1}{EI}$를 곱하여 구할 수 있다.

처짐각 = BMD면적 × $\dfrac{1}{EI}$

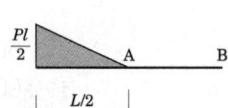

$\theta_B = \left(\dfrac{Pl}{2} \times \dfrac{l}{2} \times \dfrac{1}{2}\right)\left(\dfrac{1}{EI}\right) = \dfrac{Pl^2}{8EI}$

50. 철골구조에 관한 설명으로 옳지 않은 것은?

① 정밀한 시공을 요한다.
② 장스팬 구조물에 적합하다.
③ 수평하중에 따른 접합부의 연성능력이 낮다.
④ 철근콘크리트조에 비하여 내화성이 부족하므로 내화피복이 반드시 필요하다.

[해설] 철골구조의 특징

장점	단점
• 고강도 재료 사용(자중 경감)	• 내화성 부족 (내화피복 필요)
• 연성, 인성 풍부(소성변형능력 우수)	• 좌굴 발생의 우려
• 세장한 재료 사용 가능	• 반복 응력에 대한 내성 부족(낮은 피로강도)
• 재료균질성, 시공편이성, 해체용이, 친환경 하이테크 재료	• 정기적 내화피복 (관리비 증대)

51. 그림과 같은 교차보(Cross Beam) A, B부재의 최대 휨모멘트의 비로서 옳은 것은? (단, 각 부재의 EI는 일정함)

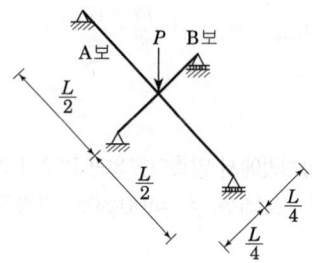

① 1 : 2 ② 1 : 3
③ 1 : 4 ④ 1 : 8

[해설] 교차보의 최대 휨모멘트
㉠ 두 보의 교차점에서 처짐(변위)에 해당하는 두 보의 분담하중을 산정하여 각 보의 최대 휨모멘트를 산정
㉡ 교차점에서 두 보의 처짐
$\delta_A = \dfrac{P_A \cdot l^3}{48EI}$, $\delta_B = \dfrac{P_B \cdot \left(\dfrac{l}{2}\right)^3}{48EI}$
㉢ 분담하중 산정
교차점에서 두 보의 처짐은 동일하므로 $\delta_A = \delta_B$이다.

$$\frac{P_A \cdot l^3}{48EI} = \frac{P_B \cdot \left(\frac{l}{2}\right)^3}{48EI} \text{에서 } 8P_A = P_B$$

$$P_A + P_B = P_A + 8P_A = 9P_A$$

$$P = 9P_A$$

$$P_A = \frac{1}{9}P$$

$$P_B = 8P_A = 8 \times \frac{1}{9}P = \frac{8}{9}P$$

ㄹ 교차보 두 부재의 최대 휨모멘트

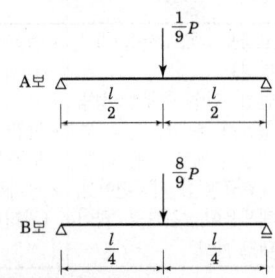

$$M_{A\max} = \frac{Pl}{4} = \frac{1}{4} \times \frac{1}{9}P \times l = \frac{Pl}{36}$$

$$M_{B\max} = \frac{Pl}{4} = \frac{1}{4} \times \frac{8}{9}P \times \frac{l}{2} = \frac{4Pl}{36}$$

ㅁ 휨모멘트비

$$M_{A\max} : M_{B\max} = \frac{Pl}{36} : \frac{4Pl}{36} = 1:4$$

52. 강도설계법에서 압축이형철근 D22의 기본정착길이는? (단, f_{ck} 24MPa, f_y =400MPa, 경량콘크리트계수 λ=1)

① 400mm ② 450mm
③ 500mm ④ 550mm

[해설] 압축 이형 철근의 기본 정착길이(l_{db})

① 해석의 발상 : 압축 이형 철근의 기본 정착길이 (l_{db})는 $\frac{0.25 d_b f_y}{\lambda\sqrt{f_{ck}}} \geq 0.043 d_b f_y$ 에 의하여 산정된다.

② $l_{db} = \frac{0.25 \times 22 \times 400}{1\sqrt{24}} = 449.07 ≒ 450(\text{mm})$

$\geq 0.043 \times 22 \times 400 = 378.4(\text{mm})$

∴ 산출한 기본정착길이가 최소 정착길이 378.4 (mm)보다 크므로 정답은 450(mm)이다.

53. 그림과 같은 하중을 받는 단순보의 최대 휨응력은?

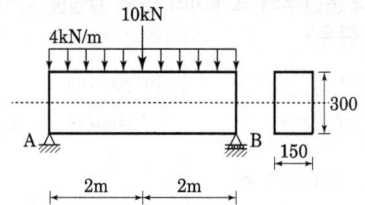

① 8MPa ② 12MPa
③ 15MPa ④ 18MPa

[해설] 최대 휨응력도($\sigma_{\max}$)

① 해석의 발상 : 최대 휨모멘트를 단면계수로 나눈 값, 즉, $\sigma_{\max} = \frac{M_{\max}}{Z}$ 이다.

② 휨응력도($\sigma_{\max}$)

최대 휨응력도는 최대 휨모멘트를 단면계수로 나눈 값

$$\sigma_{\max} = \frac{M_{\max}}{Z}$$

$$M_{\max} = \frac{pl}{4} + \frac{wl^2}{8} = \frac{10 \times 4}{4} + \frac{4 \times 4^2}{8}$$

$$= 18\,(\text{N} \cdot \text{mm}) = 18 \times 10^6\,(\text{N} \cdot \text{mm})$$

$$Z = \frac{bh^2}{6} = \frac{150 \times 300^2}{6}$$

$$= 2,250,000\,(\text{mm}^3)$$

$$\sigma_{\max} = \frac{18 \times 10^6}{2,250,000} = 8\,(\text{N/mm} = \text{MPa})$$

54. 그림과 같이 스팬 7.2m, 간격 3m인 합성보 A의 슬래브 유효폭 b_e는?

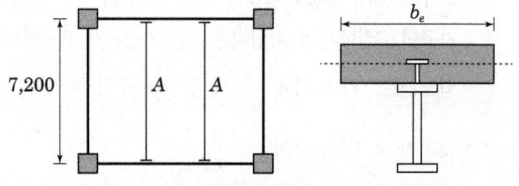

① 1,400mm ② 1,600mm
③ 1,800mm ④ 2,000mm

정답 52. ② 53. ① 54. ③

[해설] 철골 합성보의 유효폭
① 해석의 발상 : 철골조 합성보의 유효폭은 다음 중 작은 값으로 한다.
  • 양측슬래브 중심 거리
  • 보 경간의 1/4
② 유효폭 산정
  • 양측 슬래브 중심 거리
    $= \dfrac{3,000}{2} \times 2 = 3,000 \, (\text{mm})$
  • 보 경간의 $1/4 = 7,200 \times \dfrac{1}{4} = 1,800 \, (\text{mm})$

[해설] 지진의 규모
지진의 크기를 나타내는 척도는 절대적 개념의 '규모'와 상대적 개념의 '진도'가 사용되고 있다. 규모란 지진 자체의 크기를 측정하는 단위로 1935년 이 개념을 처음 도입한 미국의 지질학자 리히터(C. Richter)의 이름을 따서 '리히터 스케일(Richter scale)' 또는 '리히터 규모(Richter magnitude)'라고도 한다.

55. 그림과 같은 강재가 전단력을 받아 점선과 같이 변형되었을 때 이 강재의 전단변형률은?

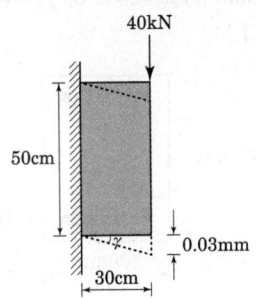

① 0.00006rad ② 0.0001rad
③ 0.00125rad ④ 0.00075rad

[해설] 전단변형률
전단 변형도$(\gamma) = \dfrac{\Delta}{d} = \dfrac{0.03}{300} = 0.0001 \, (\text{rad})$
단, d는 부재의 폭이며 Δ는 전단변형의 크기이다.

56. 지진의 진도(Intensity)와 규모(Magnitude)에 대한 설명으로 옳지 않은 것은?

① 진도는 상대적 개념의 지진크기이다.
② 규모는 장소에 관계없는 절대적 개념의 크기이다.
③ 진도는 사람이 느끼는 감각, 물체이동 등을 계급별로 구분한다.
④ 규모는 지반의 운동정도를 평가하나 정밀하지는 않다.

57. 그림과 같은 구조에서 C단에 발생하는 휨모멘트는?

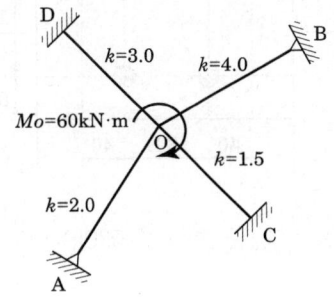

① 2.4 kN·m ② 5 kN·m
③ 6.5 kN·m ④ 10 kN·m

[해설] 모멘트 분배법
① 해석의 발상 : C지점의 휨모멘트(M_{CO})은 O점에 작용된 60KN·m의 모멘트 하중이 OC부재로 분배되는 분배모멘트(M_{OC})의 1/2이며 도달 모멘트라 한다.
② 분배모멘트 : OC부재의 분배모멘트는 모멘트하중에 OC부재의 분배율을 곱하여 구할 수 있다. OC 부재의 분배율(f_{OC})
$= \dfrac{\text{OC부재의 강비}(k_{OC})}{\text{모든 강비의 합}(\Sigma k)}$
$= \dfrac{1.5}{2\left(\dfrac{3}{4}\right) + 1.5 + 4\left(\dfrac{3}{4}\right) + 3} = \dfrac{1.5}{9} = \dfrac{1}{6}$
$\therefore M_{oc} = \dfrac{1}{6} \times 60 = 10 \, (\text{kN} \cdot \text{m})$

③ 도달 모멘트 : C지점의 휨모멘트
도달모멘트 = 분배모멘트 $\times \dfrac{1}{2}$
$\therefore M_{CO} = \dfrac{1}{2} M_{OC} = \dfrac{1}{2} \times 10$
$= 5 \, (\text{kN} \cdot \text{m})$

정답 55. ② 56. ④ 57. ②

58. 그림과 같은 단순 인장접합부의 강도한계상태에 따른 고장력볼트의 설계전단강도는? (단, 강재의 재질은 SS275, 고장력볼트 M22(F10T), 공칭전단강도 F_{nv} =500MPa, ϕ=0.75)

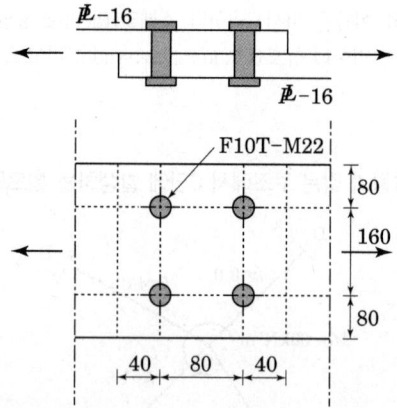

① 500kN ② 530kN
③ 550kN ④ 570kN

[해설] 고장력 Bolt의 설계전단강도(ϕR_n)

$\phi R_n = \phi \cdot nb \cdot F_{nv} \cdot A_b$

$= 0.75 \times 4(개) \times 500 \times \dfrac{\pi \times 22^2}{4} = 570.2 \,(\text{kN})$

59. 그림과 같은 라멘에서 B점에 모멘트하중 M이 작용할 때 C점에서의 휨모멘트는?

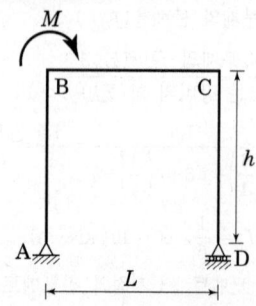

① 0 ② M
③ $2M$ ④ $\dfrac{M}{L} \cdot h$

[해설] 라멘구조의 휨모멘트
① 해석의 발상 : 휨모멘트를 구하려는 C점의 왼쪽(AC구간)과 오른쪽(CD구간)을 분리하여 어느 한쪽을 기준으로 문제를 풀이한다.
② 부재 수가 적은 오른쪽을 기준하여 풀이하면 D 지점의 수평 반력에 의하여 C점의 휨모멘트가 나타난다. 하지만 D지점은 이동 지점으로 수평 반력이 없다. 따라서 C점의 휨모멘트는 존재하지 않는다.(수직 반력은 C점을 지나는 힘이므로 휨모멘트가 될 수 없다.)

60. 강도설계법에 의한 철근콘크리트 보의 압축연단에서 중립축까지의 거리(c) 값은? (단, D22 철근 1개의 단면적은 387mm², f_{ck}=24MPa, f_y=400MPa, 압축철근은 무시한다.)

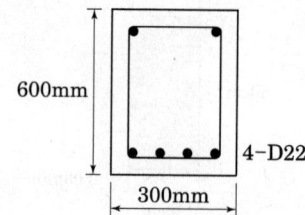

① 100.5mm ② 106.5mm
③ 116.5mm ④ 126.5mm

[해설] 중립축 거리(c)
① 해석의 발상 : 중립축 거리(c)에 대한 등가블록 깊이(a)의 비는 β_1이며, $f_{ck} < 40$MPa인 경우 그 값은 0.8이다.
② 중립축 거리(c)

$\beta_1 = \dfrac{a}{c} \rightarrow c = \dfrac{a}{\beta_1}$

$a = \dfrac{A_{sb} \cdot f_y}{\eta(0.85f_{ck})b} = \dfrac{4 \times 387 \times 400}{1(0.85 \times 24) \times 300}$

$= 101.1765 \,(\text{mm})$

$\therefore c = \dfrac{a}{\beta_1} = \dfrac{101.1765}{0.8} = 126.47 \,(\text{mm})$

정답 58. ④ 59. ① 60. ④

제4과목 건축설비

61. 사무소 건물에서 다음과 같이 위생기구를 배치하였을 때 이들 위생기구 전체로부터 배수를 받아들이는 배수수평지관의 관경으로 가장 알맞은 것은?

기구종류	바닥배수	소변기	대변기
배수부하단위	2	4	8
기구수	2	8	2

관경(mm)	배수수평지관의 배수부하단위
75	14
100	96
125	216
150	372

① 75mm ② 100mm
③ 125mm ④ 150mm

[해설] 배수부하단위의 합계
(2×2)+(4×8)+(8×2)=52이므로
배수가 가능한 충분한 관경은 100mm가 적당하다.

62. 실내 열환경 평가지표에 관한 설명 중 옳지 않은 것은?

① 평균복사온도는 편의상 주벽 각부의 효과를 평균화한 값을 사용한다.
② 수정유효온도는 유효온도에 기류의 영향을 고려한 것으로 건구온도 대신 습구온도를 이용한다.
③ 카타한계는 기온, 기류, 주벽면온도(복사열)의 조합이 체감에 미치는 효과를 측정하는 계기이다.
④ 작용온도는 기온, 기류 및 주벽면온도(복사열)의 3요소의 조합과 체감과의 관계를 나타내는 것이다.

[해설] 수정유효온도(CET)는 글로브 온도를 건구온도 대신에 사용하고, 상당 습구온도를 습구온도 대신에 사용하여 유효온도(ET)를 구하는 쾌적지표로 온도, 습도, 기류, 복사열의 영향을 동시에 고려한 지표이다.

※ 유효온도 (ET : effective temperature)
 ㉠ 기온, 습도, 기류(풍속)의 3요소가 체감에 미치는 총합효과를 단일지표로 나타낸 것
 ㉡ 복사열에 대한 영향은 고려 안 됨
※ 작용온도 (OT : Operative Temperature)
 ㉠ 체감에 대한 기온과 주벽의 복사열 및 기류의 영향을 조합시킨 지표
 ㉡ 습도에 대하여 고려하지 않음

63. 다음 중 약전설비(소세력 전기설비)에 속하지 않는 것은?

① 조명설비 ② 전기음향설비
③ 감시제어설비 ④ 주차관제설비

[해설] 약전설비란 전화 설비, 확성 설비, 인터폰 설비, 표시 설비, 전기시계 설비, 텔레비전 공동시청 설비, 방범 설비, 화재경보 설비 등의 약전류 신호를 취급하는 설비이다.
※ 강전설비 : 전등, 전열, 동력 등 대부분의 전기 설비
☞ 조명설비는 강전설비에 속한다.

64. 다음 중 고가수조의 설치 높이를 정하는데 필요한 요소와 가장 관계가 먼 것은?

① 수수조의 저수량
② 급수기구의 소요압력
③ 최고높이에 있는 급수기구의 높이
④ 배관의 손실압력

[해설] 고가수조의 높이
$H \geq 100(P+P_f)+h$
H : 고가수조의 높이[m]
P : 수전 또는 기구의 필요압력[MPa]
P_f : 본관에서 기구에 이르는 사이의 저항[MPa]
h : 최고 높이에 있는 기구의 높이[m]

정답 61. ② 62. ② 63. ① 64. ①

65. 다음의 직류 엘리베이터에 대한 설명 중 옳지 않은 것은?

① 속도조정이 자유롭다.
② 부하에 의한 속도변동이 없다.
③ 교류 엘리베이터에 비해 착상오차가 적다.
④ 속도 60m/min, 하중 1,000kg 이하에 적당하다.

[해설] 직류 엘리베이터
㉠ 기동 토크가 크다.
㉡ 속도를 임의적으로 선택, 제어가 가능하다.
㉢ 승강 기분이 좋다.(원활하게 가속과 감속이 이루어진다.)
㉣ 가격이 고가이다.
㉤ 효율 : 60~80%, 속도 : 90, 105, 120, 150, 180, 210, 240m/min

66. 실내공기 중에 부유하는 직경 10μm 이하의 미세먼지를 의미하는 것은?

① VOC10
② PMV10
③ PM10
④ SS10

[해설] PM 10(Particulate Matter Less than 10μm)
입자의 크기가 10μm 이하인 먼지를 말한다. 국가에서 환경기준으로 연평균 50μg/m³, 24시간 평균 100μg/m³를 기준으로 하고 있다. 인체의 폐포까지 침투하여 각종 호흡기 질환의 직접적인 원인이 되며, 인체의 면역기능을 악화시킨다. 미세먼지(Particulate Matter, PM) 또는 분진이란 아황산가스, 질소 산화물, 납, 오존, 일산화탄소 등과 함께 수많은 대기오염물질을 포함하는 대기오염물질을 말한다.

67. 간접가열식 급탕방식에 관한 설명으로 옳지 않은 것은?

① 저압보일러를 써도 되는 경우가 많다.
② 직접가열식에 비해 소규모 급탕설비에 적합하다.
③ 급탕용 보일러는 난방용 보일러와 겸용할 수 있다.
④ 직접가열식에 비해 보일러 내면에 스케일이 발생할 염려가 적다.

[해설] 중앙식 급탕법의 직접가열식과 간접가열식의 비교

구분	직접가열식	간접가열식
보일러	급탕용보일러, 난방용보일러 각각 설치	난방용 보일러로 급탕까지 가능
보일러 내의 스케일	많이 낀다.	거의 끼지 않는다.
보일러 내의 압력	고압	저압
규모	소규모 건축물	대규모 건축물
저탕조 내의 가열코일	불필요	필요

68. 수량 20m³/h를 양수하는 데 필요한 펌프의 구경은? (단, 양수펌프 내 유속은 2m/s로 한다.)

① 30mm
② 40mm
③ 50mm
④ 60mm

[해설] 펌프의 양수량(Q)

$$Q = \frac{\pi}{4} v d^2$$

Q : 양수량[m³/sec]
v : 펌프의 관 속을 흐르는 유체의 속도[m/sec]
d : 펌프의 구경 $d = \sqrt{\frac{4Q}{v\pi}}$

$$\therefore d = \sqrt{\frac{4Q}{V\pi}} = \sqrt{\frac{4 \times \frac{20}{3600}}{2 \times 3.14}} = 0.06\text{m} = 60\text{mm}$$

69. 건구온도 t_1=30℃, 상대습도 20%의 습공기 3000m³/h를 공기냉각기에서 냉각시켜 건구온도 t_2=14℃의 공기를 만들 때 제거되는 현열량은? (단, 공기의 비열은 1.01kJ/kg·K, 밀도는 1.2kg/m³이다.)

① 16.16W
② 24.12W
③ 16.16kW
④ 24.12kW

[해설] $q_s = \rho Q C(t_i - t_o)$ [kJ/h]
  q_s : 실의 현열부하[W]
  ρ : 공기의 밀도[1.2kg/m³]
  Q : 송풍량[m³/h]
  C : 공기의 정압비열[1.01kJ/kg·K]
  t_i : 실내 공기온도[℃]
  t_o : 송풍 공기온도[℃]
  ∴ 현열량(q_s)
   $= \rho Q C(t_i - t_o)$
   $= 1.2 \times 3,000 \times 1.01 \times (30-14)$
   $= 58176$ kJ/h $≒ 16.16$ kW
  ※ 1W=1J/s=3,600J/h=3.6kJ/h
  ※ 1kW=3600kJ/h
  ※ 1W=1J/s=3,600J/h=3.6kJ/h

70. 금속관 공사에 대한 설명 중 옳지 않은 것은?

① 외부적 응력에 대한 전선보호에 신뢰성이 높다.
② 콘크리트 슬래브 속의 금속관은 철근콘크리트조의 철근 역할을 하여 콘크리트를 구조적으로 안정화시킨다.
③ 옥내의 점검 불가능한 은폐장소로서 습기가 많은 장소에 사용이 가능하다.
④ 금속관 배선은 절연전선을 사용하여야 한다.

[해설] 금속관 공사
  철근콘크리트 건물의 매입 배선으로 사용하는 공사
  ㉠ 전선의 과열로 인한 화재의 위험성이 적다.(절연전선 사용)
  ㉡ 기계적인 외력에 대하여 전선이 안전하게 보호된다.
  ㉢ 전선이 인입이 용이하다.
  ㉣ 고압, 저압, 통신설비 등에 널리 사용된다.
  ㉤ 고조파의 영향이 없다.
  ㉥ 사용 장소는 은폐장소, 노출장소, 옥내, 옥외 등 광범위하게 사용할 수 있다.
  ※ 고조파(Harmonics) : 기본파에 대해 정수배가 되는 주파수

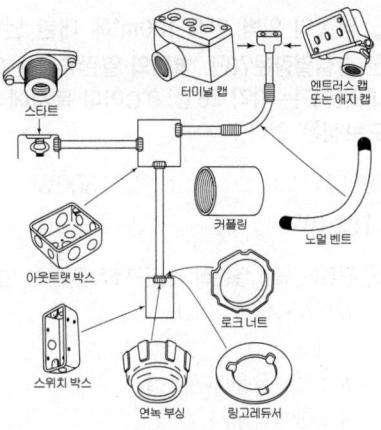

[그림] 금속관공사

71. 복사난방방식에 관한 설명으로 옳지 않은 것은?

① 다른 난방방식에 비하여 쾌적감이 높다.
② 실내 상하의 온도차가 크다는 단점이 있다.
③ 외기침입이 있는 곳에서도 난방감을 얻을 수 있다.
④ 열용량이 크기 때문에 간헐난방에는 그다지 적합하지 않다.

[해설] 복사난방
• 주로 건축 일부의 천장 높이가 높은 경우
• 주택, 학교, 은행 영업실
• MRT(Mean Radiant Temperature : 평균복사온도) : 인체에 대한 쾌감상태를 나타내는 기준이 되는 온도
① 장점
  ㉠ 방을 개방하여도 난방효과가 있다.
  ㉡ 천장이 높아도 난방 가능하다.
  ㉢ 실온이 낮아도 난방 효과가 있다.
  ㉣ 평균온도가 낮기 때문에 동일 방열량에 대해 손실 열량이 작다.
  ㉤ 바닥의 이용도가 높다.
  ㉥ 실내의 온도분포가 균등하여 쾌감도가 높다.
② 단점
  ㉠ 외기 급변에 따른 방열량 조절이 어렵다.
  ㉡ 구조체를 덥히게 되므로 예열시간이 길어져 일시적으로 쓰는 방에는 부적당하다.
  ㉢ 시공이 어렵고 수리비, 설비비가 비싸다.
  ㉣ 매입 배관이므로 고장요소 발견이 어렵다.

과년도 출제문제

72. 남향의 외벽 면적 100m²에 대한 난방시 관류에 의한 손실열량은?(단, 벽체의 열관류율은 0.5W/m²·K, 실내외온도는 각각 26℃, 0℃이며 복사에 대한 외기의 온도보정은 없다.)

① 960W   ② 1300W
③ 1820W ④ 2380W

[해설] 관류에 의한 열손실 계산[구조체를 통한 열관류열량(Q)]

$Q = K \cdot A \cdot (t_i - t_0)$

여기서
K : 열관류율(W/m²·℃)
A : 표면적(m²)
$t_i - t_0$: 실내외 온도차(℃)

$\therefore Q = K \cdot A \cdot (t_i - t_0)$
$= 0.5 \times 100 \times (26 - 0) = 1300\,W$

73. 공기조화방식 중 팬코일 유닛방식에 관한 설명으로 옳지 않은 것은?

① 각 실에 수배관으로 인한 누수의 우려가 있다.
② 덕트 샤프트나 스페이스가 필요 없거나 작아도 된다.
③ 각 실의 유닛은 수동으로도 제어할 수 있고, 개별제어가 쉽다.
④ 유닛을 창문 밑에 설치하면 콜드 드래프트(cold draft)가 발생할 우려가 높다.

[해설] 팬코일 유닛 방식(fan-coil unit system)
냉각과 가열코일 그리고 송풍용 팬이 내장된 유닛에 중앙기계실에서 보낸 냉·온수를 이용하여 실내의 공기를 조화하는 방식이다. (전수방식)
① 장점
  ㉠ 공기공급을 할 수 없어 덕트가 불필요하다.
  ㉡ 실내 각 유닛마다 개별조절이 용이하다.
  ㉢ 장래의 부하변동에 대응하기 쉽다.
  ㉣ 동력비가 적게 든다.
② 단점
  ㉠ 외기 공급의 장치를 별도로 설비한다.
  ㉡ 유닛은 개구부 아래에 설치해야 하므로 실이용률이 적다.
  ㉢ 설비비와 보수관리비가 고가이다.
  ㉣ 전수방식으로 각 실에 수배관으로 인한 누수의 염려가 있다.
  ㉤ 송풍능력이 적으므로 고도의 공기처리는 불가능하다.(고성능 필터(HEPA)를 사용하기 어렵다)
③ 용도
  극장·방송국의 스튜디오는 부적당하고 호텔의 객실, 아파트, 주택, 사무실에 적당하다.

74. 다음의 간선 배전방식 중 분전반에서 사고가 발생했을 때 그 파급 범위가 가장 좁은 것은?

① 평행식
② 방사선식
③ 나뭇가지식
④ 나뭇가지 평행식

[해설] 간선의 배선방식
① 나뭇가지식 (수지상식)
  ㉠ 한 개의 간선이 각각의 분전반을 거치며 부하가 감소되므로 굵기도 감소된다.
  ㉡ 전압강하가 크다.(각 분전반 별로 동일 전압을 유지할 수 없다.)
  ㉢ 경제적이나 1개소의 사고가 전체에 영향을 미치므로 신뢰도가 낮다.
  ㉣ 주택 등의 소규모 건물의 배선방식으로 적합하다.
② 평행식
  ㉠ 각 분전반마다 배전반으로부터 단독으로 배선되어 전압강하가 평균화된다.
  ㉡ 사고 발생시 범위를 줄일 수 있다.(사고의 영향을 최소화)
  ㉢ 배선혼잡의 우려는 있으나 대규모 건물에 적합하다.
③ 병용식
  ㉠ 부하의 중심 부근에 분전반을 설치한다.
  ㉡ 분전반에서 각 부하에 배선하는 방식으로 가장 많이 사용한다.

정답 72. ② 73. ④ 74. ①

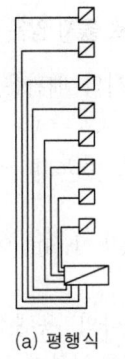
(a) 평행식

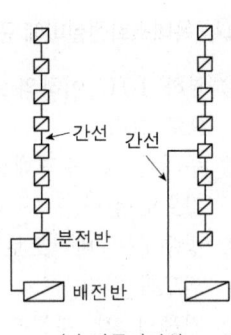
(b) 나뭇가지식

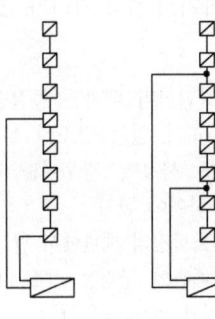
(c) 병용식

[그림] 간선의 배선방식

75. 도시가스사용시설의 시설기준에 관한 설명으로 옳지 않은 것은?

① 건축물 안의 배관은 매설하여 시공하는 것을 원칙으로 한다.
② 가스계량기와 전기계량기의 거리는 60cm 이상 유지하여야 한다.
③ 지상배관은 부식방지도장 후 표면색상을 황색으로 도색하는 것이 원칙이다.
④ 가스계량기는 보호상자 안에 설치할 경우 직사광선이나 빗물을 받을 우려가 있는 곳에 설치할 수 있다.

[해설] 가스배관은 건물의 주요구조부를 관통하지 않도록 하고 노출배관으로 하며, 가스 누출시 환기를 위하여 매립해서는 안된다.

76. 합성최대수요전력을 구하는 계수로서 각 부하의 최대수요전력 합계와 합성최대수요전력과의 비율로 나타내는 것은?

① 수용률
② 유효율
③ 부하율
④ 부등률

[해설] 수변전설비 용량 결정은 수용률(수요율), 부등률, 부하율 등을 이용하여 산정한다.

㉠ 수용률(수요율) = $\dfrac{\text{최대수용전력}}{\text{부하설비용량}} \times 100(\%)$

⇒ 일반 건물 60~70%

㉡ 부등률 = $\dfrac{\text{각 부하의 최대수용전력의 합계}}{\text{최대수용전력}}$

$\times 100(\%)$

⇒ 1보다 크다(1.1~1.5)

㉢ 부하율 = $\dfrac{\text{평균수용전력}}{\text{최대수용전력}} \times 100(\%)$

⇒ 1보다 작다(0.25~0.6)

77. 500명을 수용하는 극장에서 1인당 이산화탄소 배출량이 20L/h일 때, 이산화탄소 농도가 0.05%인 외기를 도입하여 실내의 이산화탄소 농도를 0.1%로 유지하는데 필요한 환기량은?

① 15000m³/h
② 20000m³/h
③ 25000m³/h
④ 30000m³/h

[해설] 필요환기량

$Q = \dfrac{K}{P_i - P_o}$

Q : 필요환기량(m³/h)
K : 실내에서의 CO_2 발생량(m³/h)
P_i : CO_2 허용 농도(m³/m³)
P_0 : 신선공기 CO_2 농도(m³/m³)
※ $K = 500$명 $\times 0.02$m³/h $= 10$m³/h
 $P_i = 0.1\% \to 0.001$(m³/m³)
 $P_0 = 0.05\% \to 0.0005$(m³/m³)
∴ 환기량

$Q = \dfrac{K}{P_i - P_o} = \dfrac{500 \times 0.02}{0.001 - 0.0005}$

$= 20000$m³/h

정답 75. ① 76. ④ 77. ②

과년도 출제문제

78. 다음 중 현열만을 취득하게 되는 냉방부하는?

① 인체의 발생열량
② 벽체로부터의 취득열량
③ 외기로부터의 취득열량
④ 틈새바람에 의한 취득열량

[해설] 냉방부하를 계산할 때 현열과 잠열을 동시에 계산해 주어야 할 부하요소
㉠ 극간풍(틈새바람)에 의한 취득열량
㉡ 인체의 발생열량
㉢ 기구로부터의 발생열량
㉣ 외기의 도입으로 인한 취득열량

79. 사무실의 평균조도를 300[lx]로 설계하고자 한다. 다음과 같은 조건에서의 조명률을 0.6에서 0.7로 개선할 경우 광원의 개수는 얼마만큼 줄일 수 있는가?

- 광원의 광속 : 3000 [lm]
- 개실의 면적 : 600 [m²]
- 보수율(유지율) : 0.5

① 15개 ② 18개
③ 25개 ④ 28개

[해설] 광속계산

$F = \dfrac{E \cdot A \cdot D}{N \cdot U}$ 또는 $F = \dfrac{A \cdot E}{N \cdot U \cdot M}$ 에서

$N = \dfrac{E \cdot A}{F \cdot U \cdot M}$ 이다.

$N = \dfrac{E \cdot A}{F \cdot U \cdot M} = \dfrac{300 \times 600}{3,000 \times 0.5 \times (0.6 \sim 0.7)}$

$= 200 \sim 171.4$

∴ $200 - 171.4 \fallingdotseq 28$개

※ 보수율(M)
㉠ 조명시설을 어느 기간 사용한 후 작업면상의 평균 조도와 초기 조도와의 비
㉡ 조명시설의 조도는 설비의 사용 시간 경과와 함께 램프 자체의 광속 감쇠, 램프·조명기구의 더러움, 천장, 벽, 바닥 등 실내면의 반사율 저하 등에 의해 내려간다.
㉢ 감광보상률(D) 값의 역수

80. 옥내소화전설비에 관한 설명으로 옳지 않은 것은?

① 영하 10℃ 이하의 추운 곳에서의 배관은 습식으로 한다.
② 주배관 중 수직배관의 구경은 50mm 이상의 것으로 한다.
③ 방수구는 바닥으로부터 높이가 1.5m 이하가 되도록 한다.
④ 건물의 각 부분으로부터 하나의 옥내소화전 방수구까지의 수평거리가 25m 이하가 되도록 한다.

[해설] 옥내소화전설비 배관은 동결방지조치를 하거나 동결의 우려가 없는 장소에 설치하여야 한다. 다만, 보온재를 사용할 경우에는 난연재료 성능이상의 것으로 하여야 한다.

※ 옥내소화전의 배관에서 펌프의 토출측 주배관 중 수직배관의 구경은 최소 50mm 이상, 횡인배관(가지관)의 구경은 최소 40mm 이상으로 한다.

제5과목 건축관계법규

81. 건축물의 대지에 소규모 휴식시설 등의 공개 공지 또는 공개 공간을 설치하여야 하는 대상 지역에 속하지 않는 것은?

① 상업지역 ② 준주거지역
③ 전용주거지역 ④ 일반주거지역

[해설] 공개공지 등의 확보 대상 : 연면적의 합계가 5,000m² 이상

건축물 용도	대상 지역
• 문화 및 집회시설 • 종교시설 • 판매시설(농수산물 유통시설 제외) • 운수시설(여객용시설만 해당) • 업무시설 • 숙박시설 • 다중이 이용하는 시설로서 건축조례가 정하는 건축물	• 일반주거지역 • 준주거지역 • 상업지역 • 준공업지역 • 특별자치시장·특별자치도지사 또는 시장·군수·구청장이 도시화의 가능성이 크다고 인정하여 지정, 공고하는 지역

정답 78. ② 79. ④ 80. ① 81. ③

82. 부설주차장의 설치대상 시설물 종류와 설치기준의 연결이 옳은 것은?

① 판매시설 - 시설면적 100m² 당 1대
② 위락시설 - 시설면적 150m² 당 1대
③ 종교시설 - 시설면적 200m² 당 1대
④ 숙박시설 - 시설면적 200m² 당 1대

[해설] 부설주차장의 설치기준(시설면적에 따른 기준)
㉠ 위락시설 : 시설면적 100m² 당 1대
㉡ 문화 및 집회시설(관람장을 제외)·종교시설·판매시설·운수시설·의료시설(정신병원·요양소 및 격리병원을 제외)·운동시설(골프장·골프연습장 및 옥외수영장을 제외)·업무시설(외국공관 및 오피스텔을 제외)·방송통신시설 중 방송국·장례식장 : 시설면적 150m² 당 1대
㉢ 제1종 및 제2종 근린생활시설·숙박시설 : 시설면적 200m² 당 1대
㉣ 기타 건축물 : 시설면적 300m² 당 1대
㉤ 수련시설·공장(아파트형은 제외)·발전시설 : 시설면적 350m² 당 1대
㉥ 창고시설 : 시설면적 400m² 당 1대
☞ 부설주차장의 설치기준(시설면적에 따른 기준)에서 최소 설치대수가 가장 많은 시설물은 위락시설이다.

83. 다음과 같은 조건에 있는 지하 1층, 지상 2층 건축물의 용적률은 얼마인가?

- 대지면적: 200m²
- 바닥면적: 1층 - 70m², 2층 - 50m², 지하층 - 30m²

① 60% ② 75%
③ 133% ④ 150%

[해설] 용적률의 정의
대지면적에 대한 건축물의 연면적(대지에 2 이상의 건축물이 있는 경우에는 이들 연면적의 합계)의 비율을 말한다.

$$용적률 = \frac{건축물의\ 지상층\ 연면적}{대지면적} \times 100(\%)$$

$$\therefore 용적률 = \frac{연면적}{대지면적} \times 100(\%)$$

$$= \frac{70+50}{200} \times 100 = 60\%$$

[주의] 용적률 산정시 연면적에는 지하층 면적과 지상층에 있는 해당 건축물의 부속용으로서 주차용으로 사용되는 면적, 초고층 건축물 및 준초고층 건축물의 피난안전구역, 경사지붕아래에 설치하는 대피공간의 면적은 제외된다.

84. 다음 설명에 알맞은 용도지구의 세분은?

산지·구릉지 등 자연경관을 보호하거나 유지하기 위하여 필요한 지구

① 자연경관지구
② 자연방재지구
③ 특화경관지구
④ 생태계보호지구

[해설] 경관지구
경관의 보전, 관리 및 형성
㉠ 자연경관지구 : 산지·구릉지 등 자연경관의 보호
㉡ 시가지경관지구 : 지역내 주거지, 중심지 등 시가지의 경관을 보호
㉢ 특화경관지구 : 지역내 주요 수계의 수변 또는 문화적 보존가치가 큰 건축물 주변의 경관 등 특별한 경관을 보호

정답 82. ④ 83. ① 84. ①

과년도 출제문제

85. 건축허가를 하기 전에 건축물의 구조안전과 인접 대지의 안전에 미치는 영향 등을 평가하는 건축물 안전영향평가를 실시하여야 하는 대상 건축물 기준으로 옳은 것은?

① 층수가 6층 이상으로 연면적 1만 제곱미터 이상인 건축물
② 층수가 6층 이상으로 연면적 10만 제곱미터 이상인 건축물
③ 층수가 16층 이상으로 연면적 1만 제곱미터 이상인 건축물
④ 층수가 16층 이상으로 연면적 10만 제곱미터 이상인 건축물

[해설] 건축물 안전영향평가를 실시하여야 하는 대상 건축물
 ㉠ 초고층 건축물
 ㉡ 건축물 한 동의 연면적 10만m² 이상으로서 층수가 16층 이상인 건축물

86. 주요구조부를 내화구조로 하여야 하는 대상건축물에 속하지 않는 것은?

① 종교시설의 용도로 쓰는 건축물로서 집회실의 바닥면적의 합계가 200m²인 건축물
② 판매시설의 용도로 쓰는 건축물로서 그 용도로 쓰는 바닥면적의 합계가 500m²인 건축물
③ 운수시설의 용도로 쓰는 건축물로서 그 용도로 쓰는 바닥면적의 합계가 500m²인 건축물
④ 문화 및 집회시설 중 전시장의 용도로 쓰는 건축물로서 그 용도로 쓰는 바닥면적의 합계가 200m²인 건축물

[해설] 문화 및 집회시설 중 전시장 및 동·식물원, 판매시설, 운수시설, 교육연구시설에 설치하는 체육관·강당, 수련시설, 운동시설 중 체육관 및 운동장, 위락시설(주점영업 제외), 창고시설, 위험물 저장 및 처리시설, 자동차 관련시설, 방송국·전신전화국 및 촬영소, 묘지관련시설 중 화장장, 관광휴게시설은 해당 용도의 바닥면적의 합계가 500m² 이상인 경우에는 주요구조부를 내화구조로 하여야 한다.

87. 건축법령상 리모델링이 쉬운 구조의 내용으로 옳지 않은 것은?

① 구조체에서 건축설비를 분리할 수 있을 것
② 구조체에서 구조재료를 분리할 수 있을 것
③ 구조체에서 내부 마감재료를 분리할 수 있을 것
④ 구조체에서 외부 마감재료를 분리할 수 있을 것

[해설] 리모델링이 쉬운 공동주택의 구조
리모델링이 쉬운 구조의 공동주택의 건축을 촉진하기 위하여 공동주택을 다음의 구조로 하여 건축허가를 신청하는 경우
 ㉠ 각 세대는 인접한 세대와 수직 및 수평으로 통합하거나 분할할 수 있을 것
 ㉡ 구조체와 건축설비, 내부 마감재료와 외부 마감재료는 분리할 수 있을 것
 ㉢ 개별 세대 안에서 구획된 실(室)의 크기, 개수 또는 위치 등을 변경할 수 있을 것

88. 다음 중 국토의 계획 및 이용에 관한 법령에 따른 용도지역 안에서의 건폐율 최대 한도가 가장 높은 것은?

① 준주거지역
② 중심상업지역
③ 일반상업지역
④ 유통상업지역

[해설] 건폐율(도시지역)

용도지역 구분		건폐율의 최대한도	지역의 세분		건폐율의 세분
도시지역	상업지역	90%	중심상업지역		90/100
			유통상업지역		80/100
			일반상업지역		80/100
			근린상업지역		70/100
	주거지역	70%	준주거지역		70/100
			일반주거지역	제1·2종	60/100
				제3종	50/100
			전용주거지역 (제1·2종)		50/100
	공업지역	70%	• 전용공업지역 • 일반공업지역 • 준공업지역		70/100
	녹지지역	20%	• 보전녹지지역 • 생산녹지지역 • 자연녹지지역		20/100

정답 85. ④ 86. ④ 87. ② 88. ②

89. 국토의 계획 및 이용에 관한 법령에 따른 기반시설 중 공간시설에 속하지 않는 것은?

① 녹지
② 유원지
③ 유수지
④ 공공공지

[해설] 기반시설

구분	기반시설의 범위
① 교통시설	도로·철도·항만·공항·주차장·자동차 정류장·궤도·차량검사 및 면허시설
② 공간시설	광장·공원·녹지·유원지·공공공지
③ 유통·공급 시설	유통업무설비, 수도·전기·가스·열공급설비, 방송통신시설, 공동구·시장, 유류저장 및 송유설비
④ 공공·문화 체육시설	학교·운동장·공공청사·문화시설·체육시설·도서관·연구시설·사회복지시설·공공직업훈련시설·청소년수련시설
⑤ 방재시설	하천·유수지·저수지·방화설비·방풍설비·방수설비·사방설비·방조설비
⑥ 보건위생 시설	화장장·공동묘지·봉안시설·자연장지·장례식장·도축장·종합의료시설
⑦ 환경기초 시설	하수도·폐기물처리시설·수질오염방지시설·폐차장

90. 다음 중 특별건축구역으로 지정할 수 있는 사업구역에 속하지 않는 것은?

① 「도로법」에 따른 접도구역
② 「도시개발법」에 따른 도시개발구역
③ 「택지개발촉진법」에 따른 택지개발사업구역
④ 「공공기관 지방이전에 따른 혁신도시 건설 및 지원에 관한 특별법」에 따른 혁신도시의 사업구역

[해설] 특별건축구역으로 지정할 수 없는 지역·구역
1. 개발제한구역(개발제한구역의 지정 및 관리에 관한 특별조치법)
2. 자연공원(자연공원법)
3. 접도구역(도로법)
4. 보전산지(산지관리법)

91. 지하층의 비상탈출구에 관한 기준 중 비상탈출구의 유효너비와 유효높이 기준으로 옳은 것은? (단, 주택의 경우 제외)

① 유효너비 0.5m 이상, 유효높이 1.75m 이상
② 유효너비 0.75m 이상, 유효높이 1.5m 이상
③ 유효너비 1.5m 이상, 유효높이 1.75m 이상
④ 유효너비 1.75m 이상, 유효높이 1.5m 이상

[해설] 지하층의 비상탈출구의 크기는 유효너비 0.75m 이상, 유효높이 1.5m 이상이다.
※ 지하층의 비상탈출구 피난통로의 유효너비는 피난층 또는 지상으로 통하는 복도나 직통계단까지 이르는 피난통로의 유효너비는 0.75m 이상으로 할 것

92. 주차장의 주차단위구획 기준으로 옳은 것은? (단, 평행주차형식으로 일반형인 경우)

① 너비 1.0m 이상, 길이 2.3m 이상
② 너비 1.7m 이상, 길이 4.5m 이상
③ 너비 2.0m 이상, 길이 6.0m 이상
④ 너비 2.3m 이상, 길이 5.0m 이상

[해설] 주차단위구획

주차장 종류	일반주차장	지체장애인 전용주차장
평행주차가 아닐 때	2.5m×5m 이상 (확장형: 2.6m×5.2m 이상) (경형자동차 전용: 2m×3.6m 이상)	3.3m×5m 이상
평행주차일 때	2m×6m 이상	—
비고	※주거지역의 보도와 차도의 구분이 없는 도로의 평행주차 2m×5m 이상(경형자동차 전용: 1.7m×4.5m 이상)	

※ 지체장애인 전용주차장은 주차대수 1대에 대한 주차장의 주차구획면적을 가장 넓게 하여야 한다.

과년도출제문제

2022. 4회 건축기사

93. 다음 중 노외주차장의 출구 및 입구를 설치할 수 있는 장소는?

① 너비가 3m인 도로
② 종단 기울기가 12%인 도로
③ 횡단보도로부터 8m 거리에 있는 도로의 부분
④ 초등학교 출입구로부터 15m 거리에 있는 도로의 부분

[해설] 노외주차장 출구 및 입구의 설치금지 장소
㉠ 횡단보도(육교 및 지하 횡단보도를 포함)에서 5m 이내의 도로부분
㉡ 너비 4m 미만의 도로. 단, 주차대수 200대 이상인 경우에는 너비 10m 미만의 도로에는 설치할 수 없다.
㉢ 종단구배 10%를 초과하는 도로
㉣ 새마을유아원, 유치원, 초등학교, 특수학교, 노인복지시설, 장애인 복지시설 및 아동전용시설 등의 출입구로부터 20m 이내의 도로부분
㉤ 도로교통법(제28조 1호 내지 5호, 제29조 1호 내지 6호)에 해당하는 도로

94. 피난층 또는 피난층의 승강장으로부터 건축물의 바깥쪽에 이르는 통로에 경사로를 설치하여야 하는 대상 건축물에 속하지 않는 것은?

① 교육연구시설 중 학교
② 연면적이 5,000m²인 의료시설
③ 연면적이 5,000m²인 판매시설
④ 제1종 근린생활시설 중 공중화장실

[해설] 경사로 설치대상
① 제1종 근린생활시설 중
  ㉠ 지역자치센터·파출소·지구대·소방서·우체국·전신전화국·방송국·보건소·공공도서관·지역건강보험조합 등 동일한 건축물 안에 해당 용도에 쓰이는 바닥면적의 합계가 1,000m² 미만인 것
  ㉡ 마을회관·마을공동작업소·마을공동구판장·변전소·양수장·정수장·대피소·공중화장실
② 연면적이 5,000m² 이상인 판매시설, 운수시설
③ 교육연구시설 중 학교

④ 업무시설 중 국가 또는 지방자치단체의 청사와 외국공관의 건축물로서 제1종 근린생활시설에 해당하지 아니한 것
⑤ 승강기를 설치해야 하는 건축물

95. 대지 면적이 1000m²인 건축물의 옥상에 조경 면적을 90m² 설치한 경우, 대지에 설치하여야 하는 최소 조경 면적은? (단, 조경설치기준은 대지면적의 10%)

① 10m² ② 40m²
③ 50m² ④ 100m²

[해설] 지상층의 조경면적
= 1,000m² × 0.1 = 100m² (전체조경면적)
또한 옥상조경면적의 $\frac{2}{3}$를 대지안의 조경면적으로 산정하지만 지상층 조경면적의 $\frac{1}{2}$를 초과할 수 없으므로 90 × 2/3 = 60m²이지만 50m²만 인정받을 수 있다.
∴ 지표면 조경면적 = 100m² − 50m² = 50m²

96. 피난안전구역(건축물의 피난·안전을 위하여 건축물 중간에 설치하는 대피공간)의 구조 및 설비에 관한 기준 내용으로 옳지 않은 것은?

① 피난안전구역의 높이는 2.1m 이상일 것
② 비상용승강기는 피난안전구역에서 승하차 할 수 있는 구조로 설치할 것
③ 건축물의 내부에서 피난안전구역으로 통하는 계단은 피난계단의 구조로 설치할 것
④ 피난안전구역에는 식수공급을 위한 급수전을 1개소 이상 설치하고 예비전원에 의한 조명설비를 설치할 것

[해설] 피난안전구역의 규모와 설치기준(주요내용)
㉠ 피난안전구역은 해당 건축물의 1개층을 대피공간으로 하며, 대피에 장애가 되지 아니하는 범위에서 기계실, 보일러실, 전기실 등 건축설비를 설치하기 위한 공간과 같은 층에 설치할 수 있다. 이 경우 피난안전구역은 건축설비가 설치되는 공간과 내화구조로 구획하여야 한다.

정답 93. ③ 94. ② 95. ③ 96. ③

ⓒ 피난안전구역에 연결되는 특별피난계단은 피난안전구역을 거쳐서 상·하층으로 갈 수 있는 구조로 설치하여야 한다.
ⓒ 피난안전구역의 내부마감재료는 불연재료로 설치할 것
ⓔ 건축물의 내부에서 피난안전구역으로 통하는 계단은 특별피난계단의 구조로 설치할 것
ⓕ 비상용 승강기는 피난안전구역에서 승하차 할 수 있는 구조로 설치할 것
ⓗ 피난안전구역의 높이는 2.1m 이상일 것
ⓘ 피난안전구역의 면적은 (피난안전구역 위층의 재실자 수×0.5)×0.28m² 이상일 것

97. 다음 중 건축법령에 따른 용도별 건축물의 종류가 옳지 않은 것은?

① 단독주택 - 다중주택
② 묘지관련시설 - 장례식장
③ 문화 및 집회시설 - 수족관
④ 자원순환 관련시설 - 고물상

[해설] 묘지관련시설
ⓐ 화장시설
ⓑ 봉안당(종교시설에 해당하는 것은 제외한다)
ⓒ 묘지와 자연장지에 부수되는 건축물
ⓓ 동물화장시설, 동물건조장(乾燥葬)시설 및 동물전용의 납골시설

98. 6층 이상의 거실면적의 합계가 11000m²인 교육연구시설에 설치하여야 하는 승용승강기의 최소 대수는? (단, 8인승 승용승강기인 경우)

① 3대   ② 4대
③ 5대   ④ 6대

[해설] 공동주택, 교육연구시설, 기타시설 등의 설치기준 3,000m² 이하까지 1대, 3,000m²를 초과하는 경우에는 그 초과하는 매 3,000m² 이내마다 1대의 비율로 가산한 대수로 한다.

∴ $1 + \dfrac{A - 3,000\text{m}^2}{3,000\text{m}^2} = 1 + \dfrac{11,000 - 3,000}{3,000} = 3.6 ≒ 4$대

(소수점 이하는 1대로 본다)

※ 8인승 이상 15인승 이하를 기준으로 산정하며 16인승 이상의 승강기는 2대로 산정한다.

99. 비상용승강기의 승강장 및 승강로의 구조에 관한 기준 내용으로 옳지 않은 것은?

① 승강로는 당해 건축물의 다른 부분과 방화구조로 구획할 것
② 각 층으로부터 피난층까지 이르는 승강로를 단일구조로 연결하여 설치할 것
③ 승강장에는 노대 또는 외부를 향하여 열 수 있는 창문이나 배연설비를 설치할 것
④ 옥내에 있는 승강장의 바닥면적은 비상용 승강기 1대에 대하여 6m² 이상으로 설치할 것

[해설] 승강장은 건축물의 다른 부분과 내화구조의 바닥·벽으로 구획(창문·출입구·개구부 제외)할 것
※ 단, 공동주택의 경우 승강장과 특별피난계단의 부속실과의 겸용부분을 특별피난계단의 계단실과 별도로 구획하는 때에는 승강장을 특별피난계단의 부속실과 겸용할 수 있다.

100. 제1종 일반주거지역 안에서 건축할 수 있는 건축물에 속하지 않는 것은?

① 노유자시설
② 공동주택 중 아파트
③ 제1종 근린생활시설
④ 교육연구시설 중 고등학교

[해설] 아파트는 제1종 일반주거지역에는 건축이 금지되나, 제2종·제3종 일반주거지역에는 건축이 허용된다.

과년도출제문제

2023. 1회 건축기사

■■■ 제1과목 건축계획

1. 공동주택을 건설하는 주택단지는 기간도로와 접하거나 기간도로로부터 당해 단지에 이르는 진입도로가 있어야 한다. 주택단지의 총세대수가 400세대인 경우 기간도로와 접하는 폭 또는 진입도로의 폭은 최소 얼마 이상이어야 하는가? (단, 진입도로가 1개이며, 원룸형 주택이 아닌 경우)

① 4
② 6m
③ 8m
④ 12m

[해설] 공동주택을 건설하는 주택단지는 기간도로와 접하거나 기간도로로부터 당해 단지에 이르는 진입도로가 있어야 한다. 이 경우 기간도로와 접하는 폭 및 진입도로의 폭은 다음과 같다.

주택단지의 총세대수	기간도로와 접하는 폭 또는 진입도로의 폭
300세대 미만	6m 이상
300세대 이상 500세대 미만	8m 이상
500세대 이상 1000세대 미만	12m 이상
1000세대 이상 2000세대 미만	15m 이상
2000세대 이상	20m 이상

2. 메조넷형(maisonette type) 공동주택에 관한 설명으로 옳지 않은 것은?

① 주택내의 공간의 변화가 있다.
② 거주성, 특히 프라이버시가 높다.
③ 소규모 단위평면에 적합한 유형이다.
④ 양면 개구에 의한 통풍 및 채광 확보가 양호하다.

[해설] 복층형(maisonnette type)
작은 저택의 뜻을 지니고 있는 메조넷(maisonnette)은 하나의 주호가 2개 층 이상에 걸쳐 구성되는 형식으로 독립성이 좋고 전용 면적비가 크나 50m² 이하의 소규모 주거 형식에는 비경제적이다.

㉮ 장점
㉠ 주야간의 생활공간이 층별로 구분되므로 프라이버시가 가장 좋다. 공용복도가 없는 층은 야간의 생활공간(침실 등)을 배치하고, 복도층에는 주간의 생활공간을 배치한다.
㉡ 엘리베이터의 정지층수를 적게 할 수 있어 중직동선의 편리를 도모한다.
㉢ 복도가 없는 층은 남북면이 트여 있으므로 좋은 평면 구성이 가능하다.
㉣ 통로 면적이 감소하고 유효면적이 증가한다.

㉯ 단점
㉠ 주호 내에 계단을 두어야 하므로 소규모 주택에서는 비경제적이다.
㉡ 공용 복도가 없는 층은 화재 및 위험시 대피상 불리하다.
㉢ 서로 다른 평면형이 상하층을 포개게 되므로 구조 및 설비 등이 복잡하고 설계가 어렵다.
㉣ 공용 복도가 중복도형인 경우 복도의 소음 처리에 특별히 신경을 써야 한다.

3. 다음의 은행계획에 대한 설명 중 옳지 않은 것은?

① 고객이 지나는 동선은 되도록 짧게 한다.
② 업무 내부의 일의 효율은 되도록 고객이 알기 어렵게 한다.
③ 주출입구에 전실을 둘 경우에는 바깥문으로 밖여닫이 또는 자재문으로 할 수 있다.
④ 고객의 공간과 업무공간과의 사이에는 원칙적으로 구분이 있어야 한다.

[해설] 고객의 동선과 업무공간과의 사이에는 원칙적으로 구분이 없어야 한다. 또한 고객이 지나는 동선은 되도록 짧아야 한다.

정답 1. ③ 2. ③ 3. ④

4. 주택의 거실계획에 관한 설명으로 옳지 않은 것은?

① 거실에서 문이 열린 침실의 내부가 보이지 않게 한다.
② 거실이 다른 공간들을 연결하는 단순한 통로의 역할이 되지 않도록 한다.
③ 거실의 출입구에서 의자나 소파에 앉을 경우 동선이 차단되지 않도록 한다.
④ 일반적으로 전체 연면적의 10~15% 정도의 규모로 계획하는 것이 바람직하다.

[해설] 주택의 거실(living room)
① 거실은 가족의 단란, 휴식, 접객 등이 이루어지는 곳이며, 취침 이외의 전 가족 생활의 중심이 되는 다목적 공간으로 공용적 성격을 지니고 있는 공간이다.
② 거실의 위치
남향으로, 햇빛과 통풍이 좋고, 주거 중 다른 방의 중심적 위치이며, 침실과는 대칭된 위치가 좋다. 현관, 식사실, 부엌과 가깝고 햇빛이 잘 들며 전망이 좋은 곳이 좋다.
③ 거실의 크기
거실의 면적은 가족수와 가족의 구성 형태 및 거주자의 사회적 지위나 손님의 방문 빈도와 수 등을 고려하여 계획한다.
㉠ 면적 구성비 : 건축 연면적의 30% 정도
㉡ 그 실내 인원의 소요 면적으로 결정될 수만은 없다. 그 가족의 규모, 접객의 필요성, 가구의 크기와 사용상의 조건(TV, 스테레오, 슬라이드, 음악 감상 등)에 의해서 결정되어야 한다.

5. 사무소 건축의 실단위 계획에 관한 설명으로 옳지 않은 것은?

① 개실 시스템은 독립성과 쾌적감의 이점이 있다.
② 개방식 배치는 전면적을 유용하게 이용할 수 있다.
③ 개방식 배치는 개실 시스템보다 공사비가 저렴하다.
④ 개실 시스템은 연속된 긴 복도로 인해 방깊이에 변화를 주기가 용이하다.

[해설] 개실 시스템(individual room system)
복도에 의해 각 층의 여러 부분으로 들어가는 방법으로 유럽에서 널리 쓰인다.
㉠ 독립성과 쾌적성이 좋다.
㉡ 자연채광 조건이 좋다.
㉢ 공사비가 비교적 높다.
㉣ 방 길이에는 변화를 줄 수 있지만, 방 깊이에는 변화를 줄 수 없다.

6. 미술관의 전시장 계획에 관한 설명 중 옳은 것은?

① 조명의 광원은 감추고 눈부심이 생기지 않는 방법으로 투사한다.
② 인공조명을 주로 하고 자연채광은 고려하지 않는다.
③ 광원의 위치는 수직벽면에 대해 10~25°의 범위 내에서 상향조정이 좋다.
④ 회화를 감상하는 시점의 위치는 화면 대각선의 2배 거리가 가장 이상적이다.

[해설] ② 전시실의 조명과 채광은 합리적 조명으로서 인공조명이나 색 및 관람자의 기분을 고려한 자연광, 양자를 mixed light한 최적 효과를 고려한 조명 및 채광계획으로 하는 것이 좋다.
③ 광원의 위치는 수직벽면에 대해 15°~45°의 이내에 광원의 위치를 결정한다.
④ 회화를 감상하는 시점의 위치는 화면 대각선의 1~1.5배 거리가 가장 이상적이다.

7. 학교 운영방식에 관한 설명으로 옳지 않은 것은?

① 달톤형은 다양한 크기의 교실이 요구된다.
② 교과교실형은 각 교과교실의 순수율이 낮다는 단점이 있다.
③ 플래툰형은 교사수 및 시설이 부족하면 운영이 곤란하다는 단점이 있다.
④ 종합교실형은 학생의 이동이 없으며, 초등학교 저학년에 적합한 형식이다.

정답 4. ④ 5. ④ 6. ① 7. ②

[해설] 교과교실형(V형)
　모든 교실이 특정한 교과를 위해 만들어지고 일반 교실은 없다.
　㉠ 장점 : 각 교과에 순수율이 높은 교실이 주어져 시설의 활용도가 높게 된다.
　㉡ 단점 : 학생의 이동이 심하다. 순수율을 100%로 한 이용률 반드시 높다고 할 수 없다.
　※ 이동할 때에는 소지품을 두는 곳을 고려할 필요가 있다. 또 이동에 대한 동선에 주의하지 않으면 안 된다.

8. 쇼핑센터의 특징적인 요소인 페데스트리언 지대(pedestrian area)에 관한 설명으로 옳지 않은 것은?

① 고객에게 변화감과 다채로움, 자극과 흥미를 제공한다.
② 바닥면의 고저차를 많이 두어 지루함을 주지 않도록 한다.
③ 바닥면에 사용하는 재료는 주위 상황과 조화시켜 계획한다.
④ 사람들의 유동적 동선이 방해되지 않는 범위에서 나무나 관엽식물을 둔다.

[해설] pedestrian 지대에는 고객에게 변화감과 다채로움, 자극과 흥미를 제공하고, 바닥면에 사용하는 재료는 주위 상황과 조화시켜 계획하며, 몰·코트·분수·연못·조경이 있다.
　※ mall은 pedestrian area의 일부이다.

9. 한국 전통건축물의 공포 양식이 옳게 연결된 것은?

① 남대문 – 다포 양식
② 동대문 – 주심포 양식
③ 강릉 오죽헌 – 주심포 양식
④ 부석사 무량수전 – 익공 양식

[해설] 서울 남대문은 조선시대 초기의 다포식이다.
② 동대문 – 다포식
③ 부석사 무량수전 – 주심포식
④ 강릉 오죽헌 – 익공식

10. 공장 건축의 레이아웃 계획에 관한 설명 중 옳지 않은 것은?

① 다품종 소량생산이나 주문생산 위주의 공장에는 공정중심의 레이아웃이 적합하다.
② 레이아웃 계획은 작업장 내의 기계설비 배치에 관한 것으로 공장규모 변화에 따른 융통성은 고려대상이 아니다.
③ 고정식 레이아웃은 조선소와 같이 제품이 크고 수량이 적을 경우에 적용된다.
④ 플랜트 레이아웃은 공장건축의 기본설계와 병행하여 이루어진다.

[해설] 공장건축의 평면계획에서 가장 중요한 사항은 생산공정에 따른 레이아웃이다. 공장 생산성에 미치는 영향이 크고, 공장의 배치계획, 평면계획은 레이아웃을 건축적으로 종합한 것이 되어야 한다. 레이아웃은 장래 공장 규모의 변화에 대응한 융통성(flexibility)이 있어야 한다.

11. 병원의 간호사 대기소에 관한 설명 중 ( ) 안에 가장 알맞은 내용은?

> 1개의 간호사 대기소에서 관리할 수 있는 병상수는 (㉮)개 이하로 하며, 간호사의 보행거리는 (㉯)m 이내가 되도록 한다.

① ㉮ 10~20　㉯ 40
② ㉮ 20~30　㉯ 40
③ ㉮ 30~40　㉯ 24
④ ㉮ 40~50　㉯ 24

[해설] 1개의 간호사 대기소에서 관리할 수 있는 병상수는 30~40개 이하로 하며 간호사의 보행거리는 24m 이내가 되도록 한다.

정답　8. ②　9. ①　10. ②　11. ③

12. 고대 이집트의 분묘 건축 형태에 속하지 않는 것은?

① 인술라
② 피라미드
③ 암굴분묘
④ 마스타바

[해설] 인술라(insula)

라틴어로 '섬'이라는 뜻으로 고대 로마와 오스티아에 세워졌던 일종의 공동주택 내 세대별 주거공간 또는 단일 구조물이다.
복수형인 인술라이(insulae)는 땅값이 비싸고 인구가 밀집한 곳에 세워져 경제적으로 유용한 주거인 아파트 같은 것을 뜻하였다. 상류 계급의 독립주택인 도무스와는 달리 인술라는 주로 노동자들의 주거였다. 벽돌을 쌓은 뒤 콘크리트를 덮어 만든 인술라는 아우구스투스 황제 때 21m로, 다시 트라야누스 황제 때 17.7m로 높이를 제한하는 법이 제정되었음에도 보통 5층 또는 그 이상 높게 지어졌다. 도로와 나란한 저층부에는 장인들의 공방이나 상업 시설이 들어선 것이 특색이었으며, 상부층의 주거는 내부 공동계단을 지나 올라가며, 한길이나 내부 중정을 통해 채광과 통풍이 이루어지도록 했다. 보통 인술라에는 나무와 콘크리트로 만든 발코니가 둘러져 있었다. 펌프 시설로는 저층에만 물을 공급할 수 있었으므로 고층 거주자들은 공공 수도와 공공 위생시설을 사용해야 했으며 값싼 건설비와 제한된 수도 공급 때문에 종종 붕괴 사고나 큰 화재가 일어났다.

13. 사무소 건축의 엘리베이터 계획에 관한 설명으로 옳지 않은 것은?

① 대면배치에서 대면거리는 동일 군 관리의 경우는 3.5~4.5m로 한다.
② 여러 대의 엘리베이터를 설치하는 경우, 그룹별 배치와 군 관리 운전방식으로 한다.
③ 일렬 배치는 8대를 한도로 하고, 엘리베이터 중심 간 거리는 8m 이하가 되도록 한다.
④ 엘리베이터 홀은 엘리베이터 정원 합계의 50% 정도를 수용할 수 있어야 하며, 1인당 점유 면적은 0.5~0.8m² 로 계산한다.

[해설] 사무소 건축의 엘리베이터는 가급적 건축물의 중앙에 집중시킨다. 엘리베이터의 직선배치는 4대 이하로 하고, 병렬로 배치하는 엘리베이터의 전면 거리는 4m 내외로 한다.

14. 공포형식 중 다포식에 관한 설명으로 옳지 않은 것은?

① 다포식 건축물로는 서울 숭례문(남대문) 등이 있다.
② 기둥 상부 이외에 기둥 사이에도 공포를 배열한 형식이다.
③ 규모가 커지면서 내부출목보다는 외부출목이 점차 많아졌다.
④ 주심포식에 비해서 지붕하중을 등분포로 전달할 수 있는 합리적인 구조법이다.

[해설] 다포식(多包式) 건축양식
  ㉠ 창방 위에 평방을 놓고 그 위에 주두와 첨차, 소로들로 구성되는 공포를 짜는 식
  ㉡ 고려 말에 나타나서 조선시대에 널리 사용되었으며, 화려한 형태이다.
  ㉢ 기둥 상부 이외에 기둥 사이에도 공포를 배열한 형식으로 주심포식에 비해서 지붕하중을 등분포로 전달할 수 있는 합리적인 구조법이다.
  ㉣ 간포를 받치기 위해 창방 외에 평방이라는 부재가 추가되었으며 주로 팔작지붕이 많다.
  ㉤ 주로 궁궐이나 사찰 등의 주요 정전에 사용되었다.
  ㉥ 예 : 심원사 보광전(다포식으로 가장 오래된 것), 서울 숭례문(남대문)

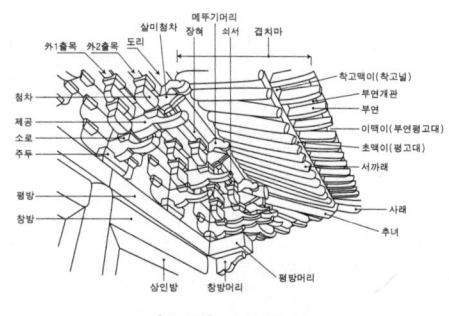

[그림] 다포양식

15. 아파트의 평면형에 대한 설명 중 옳지 않은 것은?

① 홀형은 통행부의 면적이 많이 소요되나 동선이 길어 출입하는데 불편하다.
② 집중형은 기후조건에 따라 기계적 환경조절이 필요한 형이다.
③ 중복도형은 프라이버시가 좋지 않다.
④ 편복도형은 복도가 개방형이므로 각 호의 통풍 및 채광상 양호하다.

[해설] 계단실형(홀형, hall system)은 계단실이나 엘리베이터 홀로부터 직접 단위 주호로 들어가는 형식으로 주호내의 주거성과 독립성(privacy)이 좋다. 또한 동선이 짧으므로 출입이 편하고, 통행부의 면적이 적으므로 건물의 이용도가 높고, 전용면적비가 높아 경제적으로 유리하다.

16. 어느 학교의 1주간의 평균수업시간이 40시간인데 제도교실이 사용되는 시간은 20시간이다. 그 중 4시간은 다른 과목을 위해 사용된다. 제도교실의 이용률과 순수율은 각각 얼마인가?

① 이용률 20%, 순수율 50%
② 이용률 50%, 순수율 20%
③ 이용률 50%, 순수율 80%
④ 이용률 80%, 순수율 50%

[해설] ㉠ 이용률 = $\dfrac{\text{교실이 사용되고 있는 시간}}{\text{1주간의 평균수업시간}} \times 100\%$
= $\dfrac{20\text{시간}}{40\text{시간}} \times 100 = 50\%$

㉡ 순수율 = $\dfrac{\text{일정한 교과를 위해 사용되는 시간}}{\text{그 교실이 사용되는 시간}} \times 100\%$
= $\dfrac{20\text{시간} - 4\text{시간}}{20\text{시간}} \times 100 = 80\%$

17. 상점계획에 대한 설명 중 옳지 않은 것은?

① 고객의 동선은 일반적으로 짧을수록 좋다.
② 점원의 동선과 고객의 동선은 서로 교차되지 않는 것이 바람직하다.
③ 대면판매 형식은 일반적으로 시계, 귀금속, 의약품, 상점 등에서 사용된다.
④ 진열케이스, 진열대, 진열장 등이 입구에서 안을 향하여 직선적으로 구성된 평면배치는 주로 침재 코너, 식기코너, 서점 등에서 사용된다.

[해설] 고객 동선은 길게 유도하여 매장의 진열효과를 높이고, 종업원의 동선은 되도록 짧게 하여 보행거리를 적게 하여 작업의 효율성과 피로의 감소를 고려한다.
※ 상업건축의 동선계획 계획시 가장 우선순위는 고객의 동선을 원활히 처리하는 것이다.

18. 호텔 계획에 관해 기술한 것 중 옳지 않은 것은?

① 호텔에서 가장 중요한 부분은 숙박부분으로 이에 따라 호텔형이 결정된다.
② 시티 호텔(city hotel)의 공용부분 또는 사교부분은 전체 연면적의 30%를 넘지 않는 것이 좋다.
③ 아파트먼트 호텔(apartment hotel)의 유니트에 주방이 부속되어 있어도 자체 식당과 주방은 둔다.
④ 호텔의 공용부분의 면적비가 가장 큰 것은 커머셜 호텔(commercial hotel)이다.

[해설] 커머셜 호텔(commercial hotel)은 주로 상업상, 사무상의 여행자용으로서, 비즈니스를 주체로 한 호텔로서 숙박료에 비중을 두며, 도심의 번화한 교통 중심지에 고층화된다.
☞ 시티호텔은 연면적에 대한 숙박면적의 비가 크다.(연면적의 49~73% 정도)
시티호텔 중에서 숙박 체류 목적의 커머셜 호텔이 연면적에 대한 숙박면적의 비가 가장 크다.

정답 15. ① 16. ③ 17. ① 18. ④

19. 극장의 평면 형식 중 애리나형에 관한 설명으로 옳지 않은 것은?

① 무대의 배경을 만들지 않으므로 경제성이 있다.
② 무대의 장치나 소품은 주로 낮은 기구들로 구성된다.
③ 연기는 한정된 액자 속에서 나타나는 구상화의 느낌을 준다.
④ 가까운 거리에서 관람하면서 가장 많은 관객을 수용할 수 있다.

해설 애리너(arena)형
관객이 연기자를 360° 둘러싸고 관람하는 형식이다.
㉠ 가까운 거리에서 관람하면서 가장 많은 관객을 수용할 수 있다.
㉡ 객석과 무대가 하나의 공간에 있으므로 양자의 일체감을 높여 긴장감이 높은 연극 공간을 형성한다.
㉢ 무대의 배경을 만들지 않으므로 경제성이 있다.
㉣ 무대의 장치나 소품은 주로 낮은 기구들로 구성된다.
㉤ 관객이 무대를 둘러앉기 때문에 시점(視點)이 현저하게 다르게 되고, 연기자가 전체적인 통일 효과를 얻기 위한 극을 구성하기가 곤란하다.
㉥ 관객이 무대 주위를 둘러싸기 때문에 연기자를 가리게 되는 단점이 있다.
㉦ 애리너 형은 central stage 형이라고도 한다.

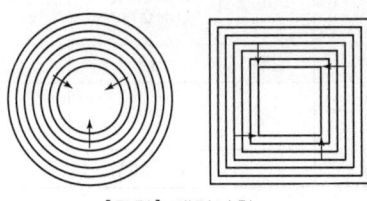
[그림] 애리나형

20. 도서관의 출납시스템 중 자유개가식에 관한 설명으로 옳은 것은?

① 도서의 유지 관리가 용이하다.
② 책의 내용 파악 및 선택이 자유롭다.
③ 대출절차가 복잡하고 관원의 작업량이 많다.
④ 열람자는 직접 서가에 면하여 책의 표지 정도는 볼 수 있으나 내용은 볼 수 없다.

해설 자유개가식은 열람자 자신이 서가에서 책을 꺼내어 책을 고르고 그대로 검열을 받지 않고 열람하는 형식으로 보통 1실형이고 10,000권 이하의 서적 보관과 열람에 적당하다.
책의 내용 파악 및 선택이 자유롭고 용이하고, 책의 목록이 없이 간편하며, 책 선택시 대출 기록의 제출이 없어 분위기가 좋다. 그러나, 서가의 정리가 잘 안되면 혼란스럽게 되고, 책의 마모, 망실이 된다. 참고실, 아동도서관, 소규모 도서관에서 채용하는 방식이다.

■■■ 제2과목 건축시공

21. 다음 중 공사감리업무와 가장 거리가 먼 항목은?

① 설계도서의 적정성 검토
② 공사 실행예산의 편성
③ 시공상의 안전관리지도
④ 사용자재와 설계도서와의 일치여부 검토

해설 공사감리자의 감리업무
㉠ 공사시공자가 설계도서에 따라 적합하게 시공하는지의 여부 확인
㉡ 공사시공자가 사용하는 건축자재가 적합한 자재인지의 여부 확인
㉢ 건축물 및 대지가 적법하도록 공사시공자 및 건축주 지도
㉣ 시공계획 및 공사관리의 적정 여부 확인
㉤ 공사현장에서의 안전관리 지도
㉥ 공정표의 검토
㉦ 상세시공도면의 검토·확인
㉧ 구조물의 위치와 규격의 적정 여부의 검토·확인
㉨ 품질시험의 실시 여부 및 시험성과의 검토·확인
㉩ 설계변경의 적정 여부의 검토·확인
㉪ 기타 공사감리계약으로 정하는 사항

정답 19. ③ 20. ② 21. ②

22. 한중콘크리트에 관한 설명으로 옳은 것은?

① 한중콘크리트는 공기연행콘크리트를 사용하는 것을 원칙으로 한다.
② 타설할 때의 콘크리트 온도는 구조물의 단면 치수, 기상 조건 등을 고려하여 최소 25℃ 이상으로 한다.
③ 물-결합재비는 50% 이하로 하고, 단위수량은 소요의 워커빌리티를 유지할 수 있는 범위내에서 되도록 크게 정하여야 한다.
④ 콘크리트를 타설한 직후에 찬바람이 콘크리트 표면에 닿도록 하여 초기양생을 실시한다.

[해설] 한중(寒中) 콘크리트
타설 후 28일간 평균예상 기온이 3℃~4℃ 이하인 경우에 시공하는 콘크리트이다.
특히 초기동해, 응결 및 강도발현의 지연, 보온양생 시 온도차에 의해 온도균열 발생 우려가 있다.
㉠ 한중콘크리트에는 공기연행 콘크리트를 사용하는 것을 원칙으로 한다.
㉡ 단위수량은 초기동해를 적게 하기 위하여 소요의 워커빌리티를 유지할 수 있는 범위 내에서 되도록 적게 정하여야 한다.
㉢ 물-결합재비는 원칙적으로 60% 이하로 하여야 한다.
㉣ 배합강도 및 물-결합재비는 적산온도 방식에 의해 결정할 수 있다.
㉤ 양생방법
 • 단열보온·가열보온 양생
 • 압축강도 5MPa 이상 될 때까지 5℃ 이상 유지
※ 적산 온도 방식
콘크리트의 강도 발현을 비빈 후의 경과 시간과 양생 온도의 곱의 적분 함수로 나타내고, 조합강도에 따른 물결합재비, 양생 온도 및 시간을 정하는 방식을 말한다.

23. 발주자에 의한 현장관리로 볼 수 없는 것은?

① 착공신고
② 하도급계약
③ 현장회의 운영
④ 클레임 관리

[해설] 하도급 : 도급공사를 부분적으로 분할하여 제3자에게 도급주어 시행하는 것
※ 재도급, 재하도급, 전면하도급은 건설산업기본법 상으로 금지되어 있는 도급공사이다.
하도급만 허용된다.

24. 콘크리트의 압축강도를 시험하지 않을 경우 다음과 같은 조건에서의 거푸집널 해체 시기로 옳은 것은?

• 기초, 보, 기둥 및 벽의 측면의 경우
• 평균기온 20℃ 이상
• 조강 포틀랜드 시멘트 사용

① 1일
② 2일
③ 3일
④ 4일

[해설] 콘크리트의 압축강도를 시험하지 않을 경우 거푸집널의 해체 시기(기초, 보옆, 기둥, 벽 등의 측벽)

시멘트의 평균기온 종류	조강 포틀랜드 시멘트	보통 포틀랜드시멘트 고로슬래그 시멘트(1종) 포틀랜드포졸란 시멘트(1종) 플라이애쉬 시멘트(1종)	고로슬래그 시멘트(2종) 포틀랜드포졸란 시멘트(2종) 플라이에쉬 시멘트(2종)
20℃ 이상	2일	4일	5일
20℃ 미만 10℃ 이상	3일	6일	8일
압축강도	5MPa 이상		

25. 사질토의 상대밀도를 측정하는 방법으로 가장 적합한 것은?

① 표준관입시험(Standard Penetration Test)
② 베인 테스트(Vane Test)
③ 깊은 우물(Deep well) 공법
④ 아일랜드 공법

정답 22. ① 23. ② 24. ② 25. ①

해설 표준관입시험(SPT : Standard Penetration Test)
㉠ 지내력측정을 위한 간이시험
㉡ 보링 로드 선단에 스플릿 스푼 샘플러를 장치하여 63.5kg의 추를 높이 76cm에서 자유 낙하시켜 30cm 관입하는 사이의 타격 횟수 N을 구하고, 샘플러로 시료를 채취하는 것
㉢ 모래 지반의 전단력 시험에 주로 쓰이는 시험
㉣ 타격 횟수 N값에 따른 지반상태의 판정

N값	모래의 상태밀도
0~4	몹시 느슨하다
4~10	느슨하다
10~30	보통
50 이상	다진 상태

26. 용접작업 시 용착금속 단면에 생기는 작은 은색의 점을 무엇이라 하는가?

① 피시 아이(fish eye)
② 블로 홀(blow hole)
③ 슬래그 함입(slag inclusion)
④ 크레이터(crater)

해설 피시 아이(fish eye)
용접 작업 시 용착금속 단면에 생기는 작은 은색의 점으로 수소의 영향에 의해서 발생하며 100℃로 가열하여 24시간 방치하면 수소가 방출되어 회복되는 불완전용접

27. 타일 공사에 관한 설명 중 옳은 것은?

① 모자이크 타일의 줄눈너비의 표준은 5mm이다.
② 벽체타일이 시공되는 경우 바닥타일은 벽체타일을 붙이기 전에 시공한다.
③ 타일을 붙이는 모르타르에 시멘트 가루를 뿌리면 백화가 방지된다.
④ 타일붙임 후 3시간 경과시 줄눈파기를 하고, 24시간 경과 후 치장줄눈을 시공한다.

해설 ① 모자이크 타일의 줄눈너비의 표준은 2mm이다.
② 벽체타일이 시공 후 바닥타일을 시공한다.
③ 타일을 붙이는 모르타르에 시멘트 가루를 뿌리면 백화현상은 증가한다.

※ 치장줄눈
㉠ 치장줄눈 배합비 = 1 : 1
㉡ 붙인 후 3시간 후 줄눈파기 하여 24시간 경과 후 치장줄눈을 한다.
㉢ 치장줄눈 나비가 5mm 이상일 때는 고무흙손을 사용하여 빈틈없이 누른다.
㉣ 순서 : 세로줄눈 → 가로줄눈, 위 → 아래

28. 도장작업 시 주의사항으로 옳지 않은 것은?

① 도료의 적부를 검토하여 양질의 도료를 선택한다.
② 도료량을 표준량보다 두껍게 바르는 것이 좋다.
③ 저온 다습 시에는 작업을 피한다.
④ 피막은 각층마다 충분히 건조 경화한 후 다음 층을 바른다.

해설 도장공사 시 주의사항
㉠ 도장마감은 도막이 너무 두껍지 않도록 얇게 몇 회로 나누어 실시한다.
㉡ 페인트칠의 경우 초벌과 재벌 등은 도장할 때마다 다음 칠을 하였는지 안하였는지 구별하기 위하여 색을 약간씩 다르게 한다.
㉢ 칠하는 장소에서 저온, 다습하고 환기가 충분하지 못할 때는 도장작업을 금지해야 한다.
(온도 5℃ 이하, 35℃ 이상, 습도가 80%(시방서 : 85%) 이상시 작업을 중단한다.)
㉣ 도장 후 기름, 산, 수지, 알칼리 등의 유해물이 배어 나오거나 녹아 나올 때에는 재시공한다.
㉤ 솔칠은 위에서 밑으로, 왼편에서 오른편으로, 재의 길이 방향으로 한다.

정답 26. ① 27. ④ 28. ②

과년도 출제문제

29. 벽두께 1.0B, 벽면적 30m² 쌓기에 소요되는 벽돌의 정미량은? (단, 벽돌은 표준형을 사용한다.)
① 3,900매
② 4,095매
③ 4,470매
④ 4,604매

[해설] 벽돌쌓기의 벽돌량(매/m²당)

쌓기 벽돌형	0.5B(매)	1.0B(매)	1.5B(매)	2.0B(매)	할증률
기존형 (재래형)	65	130	195	260	붉은벽돌 : 3%
표준형 (기본형)	75	149	224	298	시멘트벽돌 : 5%

표준형벽돌 1m²당 1.0B쌓기 정미량 = 149매
∴ 벽돌의 정미량(1.0B쌓기) = 30m² × 149매
= 4,470매

30. 건설원가의 구성 체계에서 직접 공사비를 구성하는 주요요소와 가장 거리가 먼 것은?
① 일반관리비
② 노무비
③ 경비
④ 자재비

[해설] 공사비(견적가격)의 구성

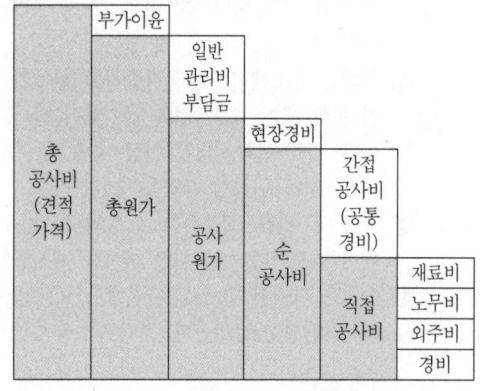

31. 공동도급방식(Joint Venture)에 관한 설명으로 옳은 것은?
① 2명 이상의 수급자가 어느 특정공사에 대하여 협동으로 공사계약을 체결하는 방식이다.
② 발주자, 설계자, 공사관리자의 세 전문집단에 의하여 공사를 수행하는 방식이다.
③ 발주자와 수급자가 상호신뢰를 바탕으로 팀을 구성하여 공동으로 공사를 수행하는 방식이다.
④ 공사수행방식에 따라 설계/시공(D/B)방식과 설계/관리(D/M)방식으로 구분한다.

[해설] 공동 도급(Joint Venture)
2명 이상의 도급업자가 어느 특정공사에 관하여 협정을 체결하고 공동 기업체를 만들어 협동으로 공사를 도급하는 방식

장 점	단 점
• 융자력과 신용도의 증대 • 위험성의 분산 • 시공의 확실성 • 상호기술의 확충 • 공사 도급 경쟁완화	• 도급자간 이해 충돌 • 경영방식의 차이에서 오는 능률 저하 • 한 회사의 도급공사보다 공사비 증대 • 현장 및 사무관리의 혼란 우려 • 책임소재가 불분명

32. 건축 석공사에 관한 설명으로 옳지 않은 것은?
① 건식쌓기 공법의 경우 시공이 불량하면 백화현상 등의 원인이 된다.
② 석재 물갈기 마감 공정의 종류는 거친갈기, 물갈기, 본갈기, 정갈기가 있다.
③ 시공 전에 설계도에 따라 돌나누기 상세도, 원척도를 만들고 석재의 치수, 형상, 마감방법 및 철물 등에 의한 고정방법을 정한다.
④ 마감면에 오염의 우려가 있는 경우에는 폴리에틸렌 시트 등으로 보양한다.

[해설] 석공사의 건식쌓기 공법
㉠ 고층건물에 유리하다.
㉡ 시공속도가 빠르고 노동비가 절감된다.
㉢ 동결, 백화 및 결로현상이 없다.

정답 29. ③ 30. ① 31. ① 32. ①

33. 지내력을 갖춘 지반으로 만들기 위한 배수공법 또는 탈수공법이 아닌 것은?

① 샌드 드레인 공법
② 웰 포인트 공법
③ 페이퍼 드레인 공법
④ 베노토 공법

해설 배수 공법
1) 웰포인트 공법(Well point method)
   건물 부지의 주위에 라이저 파이프를 1~2m의 간격으로 박아 6m 이내의 지하수를 진공펌프로 배수하여 수위를 저하시키는 공법으로 자갈, 모래 지반에 적당하다.
   ㉠ 장점 : 터파기 공사가 쉽게 되고, 지반의 지내력이 강화되며, 흙막이 토압이 경감된다.
   ㉡ 단점 : 인접지의 침하를 일으키기 쉽다.
2) 샌드드레인 공법(Sand drain method)
   적당한 간격으로 모래 말뚝을 형성하고 그 지반 위에 하중을 가하여 지반 중의 물을 유출시키는 공법으로 점토지반에 적당하다.
3) 페이퍼드레인(Paper drain) 공법
   모래 대신 흡수지를 사용하여 물을 빼내는 공법으로 시공속도가 빠르며, 공사비가 싸다.

※ 베노토 공법(All Casing공법, 전관공법)
   ㉠ 대구경의 깊은 말뚝에 적합하다.
   ㉡ 주변에 영향을 주지 않고 안전한 시공이 가능하다.
   ㉢ 길이 50~60m의 긴 말뚝의 시공도 가능하다.
   ㉣ 굴삭 후 배출되는 토사로써 토질을 알 수 있어 지지층에 도달됨을 판단할 수 있다.
   ㉤ 적용할 수 있는 지반이 다양하며, 주변에 영향을 주지 않고 안전한 시공이 가능하다.
   ㉥ 공사비가 고가이고, 기계가 대형이며, 케이싱 인발시 철근피복의 파괴가 우려된다.

34. 다음에서 설명하는 미장 결합재에 대한 내용 중 틀린 것은?

① 돌로마이트 플라스터는 미분쇄한 돌로마이트 석회, 모래, 여물 등을 사용하며, 해초풀을 사용하지 않는다.
② 석고플라스터는 소석고에 경화시간을 조정하기 위한 혼화제를 미리 혼합하거나 또는 사용시 혼합하여 사용한다.
③ 보드용 플라스터는 상도용(정벌용)과 같이 모래를 혼합하여 사용하는 것이고, 바탕이 보오드를 대상으로 한 것으로 부착력이 강하다.
④ 혼합석고 플라스터는 하도용(초벌용)은 물만 가하여 비빔하나, 상도용(정벌용)은 사용시 모래를 가하고 물로 혼합하여 사용한다.

해설 혼합석고 플라스터
소석고(25%) + 회반죽(공정에서 미리 혼합제품)
• 초벌용 : 물과 모래 혼합
• 정벌용 : 물만 혼합(여물×)
• 약알카리성이며 경화속도는 보통이다.

35. 건축재료별 수량 산출 시 적용하는 할증률로 옳지 않은 것은?

① 유리 : 1%
② 단열재 : 5%
③ 붉은벽돌 : 3%
④ 이형철근 : 3%

해설 재료의 할증률
• 1% : 유리
• 2% : 시멘트, 칠(도장)
• 3% : 이형철근, 붉은벽돌, 내화벽돌, 타일, 테라코타, 슬레이트, 고장력보울트
• 4% : 블록
• 5% : 원형철근, 시멘트벽돌, 리벳, 볼트, 아스팔트계 타일, 기와
• 7% : 대형형강
• 10% : 강판, 단열재
• 30% : 고온고압기기

정답 33. ④ 34. ④ 35. ②

36. 목구조 재료로 사용되는 침엽수의 특징에 해당하지 않는 것은?

① 직선부재의 대량생산이 가능하다.
② 단단하고 가공이 어려우나 미관이 좋다.
③ 병·충해에 약하여 방부 및 방충처리를 하여야 한다.
④ 수고(樹高)가 높으며 통직하다.

해설 침엽수의 특징
  ㉠ 활엽수에 비해 수분함유량이 적으므로 수축이 적다.
  ㉡ 수고(樹高)가 높으며 통직하다.
  ㉢ 병·충해에 약하여 방부 및 방충처리를 하여야 한다.
  ㉣ 일반적으로 활엽수에 비하여 직통대재가 많고 가공이 용이하며, 직선부재의 대량생산이 가능하다.
  ※ ㉠ 침엽수 : 사계절이 있는 온대이북지방에 분포
      소나무, 전나무, 삼나무, 측백나무, 낙엽송, 잣나무 등
    ㉡ 활엽수 : 열대에서 온대에 걸쳐 폭 넓게 분포
      참나무, 단풍나무, 느티나무, 밤나무, 오동나무 등

37. 건축물 외부에 설치하는 커튼월에 관한 설명으로 옳지 않은 것은?

① 커튼월이란 외벽을 구성하는 비내력벽 구조이다.
② 커튼월의 조립은 대부분 외부에 대형발판이 필요하므로 비계공사가 필수적이다.
③ 공장에서 생산하여 반입하는 프리패브 제품이다.
④ 일반적으로 콘크리트나 벽돌 등의 외장재에 비하여 경량이어서 건물의 전체 무게를 줄이는 역할을 한다.

해설 커튼월(curtain wall) 구조
  건물의 무게를 지지하는 것은 기둥과 보가 담당하고, 외벽은 단지 건물 내부와 외부라는 공간을 칸막이 하는 커튼의 구실만 하도록 한 비내력벽 구조체로 공사 시 주로 양중기를 이용하여 설치작업을 하므로 원칙적으로 비계작업을 하지 않는다.
  ※ 커튼월 공법의 특징
    ㉠ 외벽의 경량화
    ㉡ 공업화 제품에 따른 품질 제고
    ㉢ 가설공사의 절감(가설비계의 감소)
    ㉣ 공기단축

38. 서로 다른 종류의 금속재가 접촉하는 경우 부식이 일어나는 경우가 있는데 부식성이 큰 금속 순으로 옳게 나열된 것은?

① 알루미늄 > 철 > 주석 > 구리
② 주석 > 철 > 알루미늄 > 구리
③ 철 > 주석 > 구리 > 알루미늄
④ 구리 > 철 > 알루미늄 > 주석

해설 금속의 부식
  ① 금속의 부식작용
    ㉠ 대기에 의한 부식
    ㉡ 물에 의한 부식
    ㉢ 흙 속에서의 부식
    ㉣ 전기작용에 의한 부식
  ② 전기작용에 의한 부식 : 서로 다른 금속이 접촉하여 그 부분에 수분이 있을 경우에는 전기분해가 일어나 이온화 경향이 큰 금속이 음극으로 되어 전기적 부식현상을 일으키게 된다.
  ※ 금속의 이온화 경향(큰 것 - 작은 것 순서) :
    K > Ca > Na > Mg > Al > Cr > Mn > Zn > Fe > Ni > Sn > H > Cu > Hg > Ag > Pt > Au

39. 창호철물과 창호의 연결로 옳지 않은 것은?

① 도어체크(door check) - 미닫이문
② 플로어 힌지(floor hinge) - 자재 여닫이문
③ 크리센트(Crescent) - 오르내리창
④ 레일(rail) - 미서기창

해설 도어 체크(Door check) : 문 윗틀과 문짝에 설치하여 문이 자동적으로 닫혀지게 하며, 기계장치가 있어 개폐 속도를 조절할 수 있는 장치
  ※ 창호에 사용되는 창호철물의 연결
    ㉠ 미닫이문 - 호차와 레일
    ㉡ 오르내리창 - 크레센트와 창도르래
    ㉢ 대형접이문 - 도어행거와 갈구리 걸쇠
    ㉣ 외여닫이문 - 도어클로저와 자유정첩

정답 36. ② 37. ② 38. ① 39. ①

40. 철근의 가공 및 조립에 관한 설명으로 옳지 않은 것은?

① 철근의 가공은 철근상세도에 표시된 형상과 치수가 일치하고 재질을 해치지 않은 방법으로 이루어져야 한다.
② 철근상세도에 철근의 구부리는 내면 반지름이 표시되어 있지 않은 때에는 KDS에 규정된 구부림의 최소 내면 반지름 이상으로 철근을 구부려야 한다.
③ 경미한 녹이 발생한 철근이라 하더라도 일반적으로 콘크리트와의 부착성능을 매우 저하시키므로 사용이 불가하다.
④ 철근은 상온에서 가공하는 것은 원칙으로 한다.

[해설] 경미하게 녹이 발생된 철근은 부착력이 커지므로 감리, 감독자와 협의하여 사용 가능하다.

■■■ 제3과목 건축구조

41. 두 개의 단순보에 크기가 같은($P=wL$) 하중이 작용할 때, A점에서 발생하는 처짐각의 비율(가 : 나)은? (단, 부재의 EI는 일정하다.)

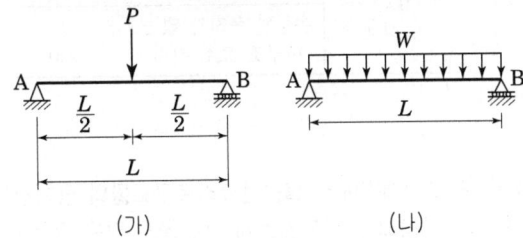

① 1.5 : 1 ② 0.67 : 1
③ 1 : 1.5 ④ 1 : 0.5

[해설] 처짐각(θ)
공액보법에 의하면 처짐각은 휨모멘트도의 면적으로 산정이 가능하다. 단, 휨모멘트의 면적으로 처짐각을 산정하는 경우 휨모멘트도의 높이는 휨강성(EI)으로 나눈 크기로 한다.

(휨모멘트도의 높이 × $\frac{1}{EI}$)

(가)의 BMD

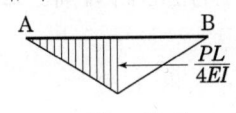

$\theta_{A1} = \frac{PL}{4EI} \times \frac{L}{2} \times \frac{1}{2} = \frac{PL^2}{16EI}$

(나)의 BMD

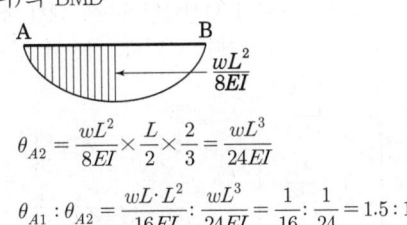

$\theta_{A2} = \frac{wL^2}{8EI} \times \frac{L}{2} \times \frac{2}{3} = \frac{wL^3}{24EI}$

$\theta_{A1} : \theta_{A2} = \frac{wL \cdot L^2}{16EI} : \frac{wL^3}{24EI} = \frac{1}{16} : \frac{1}{24} = 1.5 : 1$

42. 강구조에서 용접선 단부에 붙인 보조판으로 아크의 시작이나 종단부의 크레이터 등의 결함을 방지하기 위해 붙이는 판은?

① 스티프너   ② 윙플레이트
③ 커버플레이트 ④ 엔드탭

[해설] 엔드 플레이트(End Plate)
강구조에서 용접선 단부에 붙인 보조판으로 아크의 시작이나 종단부의 크레이터 등의 결함을 방지하기 위해 붙이는 판이다.

43. 철근콘크리트 단철근 직사각형보를 강도설계법으로 설계 시 콘크리트의 전압축력으로 옳은 것은? (단, $f_{ck}=24$MPa, 보 폭 300mm, 중립축거리 110mm)

① 538.56kN ② 673.2kN
③ 724.4kN   ④ 750.6kN

[해설] 콘크리트의 저항 전압축력(C)
전압축력(C)은 다음 식으로 구할 수 있다

$$C = \eta(0.85f_{ck})a \cdot b = \eta(0.85f_{ck})\beta_1 \cdot c \cdot b$$

※ $f_{ck} \leq 400$MPa이므로 $\eta=1.0$, $\beta_1=0.8$이다.
$C = \eta(0.85f_{ck})\beta_1 \cdot c \cdot b$
$= 1(0.85 \times 24)0.8 \times 110 \times 300$
$= 538,560(\text{N}) = 538.56$kN

정답 40. ③ 41. ① 42. ④ 43. ①

44. 직사각형 단면의 탄성단면계수에 대한 소성단면계수의 비(比)는?

① 0.67 ② 1.20
③ 1.50 ④ 3.00

[해설] 단면계수비(형상계수, λ)
직사각형 단면의 탄성단면계수에 대한 소성단면계수의 비는 형상계수(λ)이며, 다음과 같은 식으로 구할 수 있다.

$$\lambda = \frac{Z_p}{Z}$$

- 탄성단면계수(Z) = $\frac{bh^2}{6}$
- 소성단면계수(Z_p) = $\frac{bh^2}{4}$

$$\therefore \lambda = \frac{Z_p}{Z} = \frac{1}{Z} \cdot Z_p = \frac{6}{bh^2} \times \frac{bh^2}{4} = 1.5$$

45. 다음과 같은 조건에서의 필릿용접의 최소 사이즈는 얼마인가?

접합부의 얇은 쪽 모재의 두께 = t mm
$6 < t \leq 13$

① 3mm ② 5mm
③ 6mm ④ 8mm

[해설] 모살용접의 최소 모살 치수

접합 얇은판 두께(mm)	최소모살 치수(mm)
$t \leq 6$	3
$6 < t \leq 13$	5
$13 < t \leq 19$	6
$19 < t$	8

46. 철근콘크리트 구조물의 처짐에 관한 설명으로 옳지 않은 것은?

① 휨부재의 크리프와 건조수축에 의한 추가 장기 처짐 산정 시 5년 이상의 지속하중에 대한 시간경과계수는 2.0이다.
② 과도한 처짐에 의해 손상될 우려가 없는 비구조요소를 지지한 지붕이나 바닥구조의 처짐한계는 $\frac{l}{210}$이다.
③ 내부에 보가 없는 2방향 슬래브 중 철근의 항복강도가 400MPa이고 지판이 없는 경우 내부 슬래브의 최소두께는 $\frac{l_n}{33}$이다.
④ 처짐을 계산하지 않는 경우 양단연속된 리브가 있는 1방향 슬래브의 최소두께는 $\frac{l}{21}$이다.

[해설] 순간처짐의 한계

부재의 종류	지지물의 종류	처짐 한계
평지붕	없음	$\frac{l}{180}$
슬래브		$\frac{l}{360}$
평지붕 또는 슬래브	손상될 우려가 있는 비구조 요소 지지	$\frac{l}{480}$
	손상될 우려가 없는 비구조 요소 지지	$\frac{l}{240}$

47. 강도설계법에서 철근콘크리트구조물의 공칭강도 산정시 사용되는 강도감소계수로 옳지 않은 것은?

① 인장지배단면 : 0.85
② 전단력과 비틀림모멘트 : 0.75
③ 포스트텐션 정착구역 : 0.85
④ 압축지배단면 중 나선철근으로 보강된 철근콘크리트 부재 : 0.65

정답 44. ③ 45. ② 46. ② 47. ④

[해설] 부재별 강도감소계수(ϕ)

적용 부재		강도감소계수
인장지배 단면		0.85
압축지배 단면	띠철근 기둥	0.65
	나선철근 기둥	0.70
변화구간 단면(전이구역)		0.65(0.70)~0.85
전단력과 비틀림 모멘트		0.75

48. 그림에서 A점의 반력(V_A) 값은?

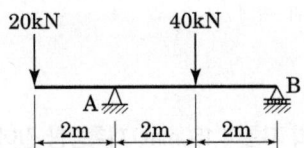

① 20 kN ② 30 kN
③ 40 kN ④ 50 kN

[해설] 내민보의 지점 반력
반력을 구하려는 지점의 반대지점(B)에서 모멘트의 합이 0가 되는 조건을 이용
$\Sigma M_B = 0$
$-20 \times 6 + V_A \times 4 - 40 \times 2 = 0$
$V_A = \frac{1}{4}(120 + 80) = 50 \text{kN}(\uparrow)$

49. 피복두께 30mm, 직경 16mm 주근이 배근된 두께 150mm 철근콘크리트 일방향 슬래브에서 전단철근 없이 지지할 수 있는 단위길이 1m당 최대 계수전단력은? (단, $f_{ck} = 25\text{MPa}$, $\phi = 0.75$, $\lambda = 1$)

① 70.0 kN ② 78.5 kN
③ 80.0 kN ④ 82.6 kN

[해설] 콘크리트의 전단강도
① 해석의 발상
전단보강되지 않은 보의 계수전단력은 다음 식으로 구할 수 있다.

$$V_d = \phi \frac{1}{6} \lambda \sqrt{f_{ck}} \cdot b_w \cdot d$$

단, 콘크리트의 단면적($b_w d$) 계산에서 b_w는 단위 폭인 1,000mm이며 d는 유효 두께이므로 150mm에서 피복두께(30mm)와 철근 직경의 1/2(8mm)을 감한 112mm 이다.
② 계수 전단력(ϕV_c)
$V_d = \phi \frac{1}{6} \lambda \sqrt{f_{ck}} \cdot b_w \cdot d$
$= 0.75 \times (1/6) \times 1 \times \sqrt{25} \times 1,000 \times 112$
$= 70,000(\text{N}) = 70(\text{kN})$

50. 강구조 고장력볼트 접합의 종류에 해당되지 않는 것은?

① 메탈터치 접합 ② 마찰접합
③ 인장접합 ④ 지압접합

[해설] 고장력볼트 접합의 종류
고장력볼트의 접합은 마찰접합, 인장접합, 지압접합이 있으며 통상 마찰접합이 가장 많이 사용된다. 메탈터치(Metal Touch)는 기둥을 이음하는 방식으로 고장력볼트 접합의 종류와 무관하며 접합면을 직접 접촉시켜 연결하여 접촉면을 따라 하중의 50%가 전달되므로 덧판과 끼움판의 부담을 줄일 수 있다.

51. 그림과 같은 정정라멘에서 BD부재의 축방향력은? (단, +: 인장력, -: 압축력)

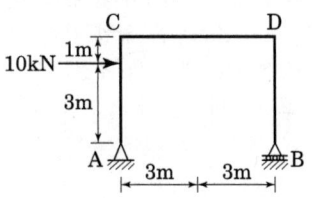

① 5kN ② -5kN
③ 10kN ④ -10kN

[해설] Rahmen의 부재력(축방향력)
① 해석의 발상 : 축방향력은 부재의 축방향으로 힘이 작용하는 경우에 발생하고 압축력(-)과 인장력(+)이 있다.
② BD부재의 축방향으로 작용하는 하중은 없으나 B지점의 수직 반력(V_B)이 축방향으로 작용하여 압축력이 발생된다.
$\Sigma M_A = 0$
$10 \times 3 - 6 \times V_B = 0$
$V_B = 5(kN) \uparrow$
∴ BD부재는 5kN의 압축력(-)이 발생된다.

52. 콘크리트 구조 설계 시 철근간격제한에 관한 내용으로 옳지 않은 것은?

① 상단과 하단에 2단 이상으로 배치된 경우 상하 철근은 동일 연직면 내에 배치되어야 하고, 이때 상하 철근의 순간격은 25mm 이상으로 하여야 한다.
② 나선철근 또는 띠철근이 배근된 압축부재에서 축방향철근의 순간격은 25mm 이상, 또한 철근 공칭지름의 2.5배 이상으로 하여야 한다.
③ 2개 이상의 철근을 묶어서 사용하는 다발철근은 이형철근으로, 그 개수는 4개 이하이어야 하며, 이들은 스터럽이나 띠철근으로 둘러싸여져야 한다.
④ 벽체 또는 슬래브에서 휨 주철근의 간격은 벽체나 슬래브 두께의 3배 이하로 하여야 하고, 또한 450mm 이하로 하여야 한다.

[해설] 각종 철근의 간격 제한
① 해석의 발상 : 벽체와 슬래브의 주철근이나 기둥과 보의 스트럽은 일정 간격 이하로 규정하고 있으며, 기둥과 보의 주철근은 일정 간격 이상으로 규정하고 있다.

② 각종 철근의 간격 제한

말뚝종류	간격 기준	
	주철근 (축방향)	전단보강근 또는 온도철근
벽체	3t, 450mm 이하	수평, 수직철근 동일 적용
슬래브	3t, 450mm 이하	5t, 450mm 이하(1방향 온도철근)
기둥 (압축부재)	1.5D, 40mm 이상	• 16D 이하 • 띠철근 지름의 48배 이하 • 기둥 단면의 최소 치수 이하
보(휨, 전단부재)	1.0D, 25mm 이상	• 보 유효춤(d)의 1/2 이하 • 600mm 이하

주) t는 슬래브 또는 벽체의 두께이며, D는 주철근의 직경

53. 단면의 지름이 150mm, 재축방향 길이가 300mm인 원형 강봉의 윗면에 300kN의 힘이 작용하여 재축방향 길이가 0.16mm 줄어들었고, 지름이 0.01mm 늘어났다면 이 강봉의 탄성계수 E와 푸아송비는?

① 31,830MPa, 0.25
② 31,830MPa, 0.125
③ 39,630MPa, 0.25
④ 39,630MPa, 0.125

[해설] 탄성계수(E) 및 푸와송비(v)
① 해석의 발상 : hook의 법칙에 의하면 응력도는 변형도와 탄성계수의 곱에 비례한다. ($\sigma = E \cdot \epsilon$)
② 응력($\sigma = \dfrac{P}{A}$), 변형율($\epsilon = \dfrac{\Delta l}{l}$)을 적용하면

$\sigma = E \cdot \epsilon \rightarrow E = \dfrac{\sigma}{\epsilon} = \dfrac{1}{\epsilon} \cdot \sigma = \dfrac{l}{\Delta l} \cdot \dfrac{P}{A} = \dfrac{P \cdot l}{A \cdot \Delta l}$

$E = \dfrac{P \cdot l}{A \cdot \Delta l} = \dfrac{(300 \times 10^3) \times 300}{\left(\dfrac{\pi \times 150^2}{4}\right) \times 0.16}$

$= 31,830.99 (N/mm^2, MPa)$

③ $v = \dfrac{\beta}{\epsilon} = \dfrac{\dfrac{\Delta d}{d}}{\dfrac{\Delta l}{l}} = \dfrac{l \Delta d}{d \Delta l} = \dfrac{300 \times 0.01}{150 \times 0.16} = 0.125$

정답 52. ② 53. ②

54. 등가정적해석법에 의한 건축물 내진설계 시 고려해야 할 사항이 아닌 것은?

① 지역계수   ② 지반종류
③ 반응수정계수   ④ 지표면조도

해설 지진하중 밑면 전단력(V)

$$V = C_s \cdot W$$

- C_s : 지진응답 계수
- W : 건물유효중량

$$C_s = \frac{S_{D1}}{\left(\dfrac{R}{I_E}\right) \cdot T}$$

- T : 건물고유주기($= G h_m^{\frac{3}{4}}$)
- h_m : 건물 최상층 높이
- S_{D1} : 설계 스펙트럼 가속도
- R : 반응수정 계수
- I_E : 건물 중요도 계수

55. 그림과 같은 1차 부정정 보에서 지점 B의 고정단모멘트의 크기는?

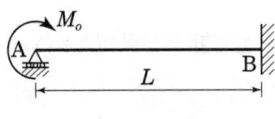

① M_o ② $\dfrac{M_o}{2}$
③ $\dfrac{M_o}{3}$ ④ $\dfrac{M_o}{4}$

해설 전달률(carry-over factor, C.O.F)
지지조건이 부정정구조인 부재의 한 쪽에 모멘트 하중이 작용하는 경우 반대쪽 지점으로 전달되는 데 전달되는 비율은 지점의 종류에 따라 다르다. 도달되는 쪽의 지점이 고정단인 경우 $\dfrac{1}{2}$, 활절인 경우 0이다.

56. 강도설계법에서 처짐을 계산하지 않는 경우 스팬 8.0m인 단순 지지된 보의 최소 두께에 대한 규정을 적용 시 옳은 것은? (단, 일반콘크리트와 $f_y = 400\text{MPa}$인 철근을 사용할 때임)

① 400mm   ② 450mm
③ 500mm   ④ 550mm

해설 처짐 검토의 생략조건
처짐의 검토를 생략할 수 있는 보의 최소 춤은 다음 표와 같다.

부재	최소 두께			
	단순 지지	1단 연속	양단 연속	켄틸레버
보	$\dfrac{l}{16}$	$\dfrac{l}{18.5}$	$\dfrac{l}{21}$	$\dfrac{l}{8}$

단순지지된 보의 최소 춤은 $\dfrac{l}{16}$ 이므로

$$h_{min} = \frac{l}{16} = \frac{8,000}{16} = 500(\text{mm})$$

57. 강구조 접합부에 관한 설명으로 틀린 것은?

① 기둥-보 접합부는 접합부의 성능과 회전에 대한 구속정도에 따라 전단접합, 부분강접합, 완전강접합으로 구분된다.
② 접합부의 설계강도는 45kN 이상이어야 한다. 다만, 연결재, 새그로드 또는 띠장은 제외한다.
③ 강접합은 이론적으로 보 단부에서 회전을 허용하지 않고 100%에 가까운 단부모멘트를 기둥 또는 이음부에 전달시키는 접합부이다.
④ 단순접합은 부재 단부의 회전저항에 따른 단부모멘트를 발생시킬 수 있는 접합부이다.

해설 단순접합(전단접합)
① 회전은 가능하지만 이동은 불가
② 강구조에서 큰 보와 작은 보의 접합에 많이 이용
③ 수직과 수평 전단력에 대한 저항은 가능하지만 모멘트(회전)에 대한 저항은 불가능하여 모멘트를 발생시키지 않음

58. 그림과 같은 구조물의 부정정 차수는?

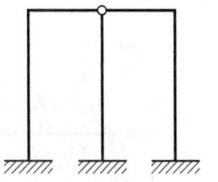

① 정정   ② 1차 부정정
③ 3차 부정정   ④ 4차 부정정

[해설] 구조물의 판별
① 정적적 풀이
$N = Ne + Ni = 6 - 2 = 4$ (∴ 4차 부정정구조물)
$Ne = R - 3 = 9 - 3 = 6$
$Ni = -1 \times 2 = -2$
② 판별식 활용 풀이
$N = R + r - 3M = (3 \times 3) + (3 + 3 + 4) - (3 \times 5)$
$= 9 + 10 - 15 = 4$ (∴ 4차 부정정구조물)
※ M(부재수)=5개, R(반력수)=9개, 절점 반력수(r)=10개

59. 단순보의 중앙점에 하중 P가 작용할 때 C점의 처짐은?

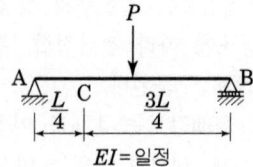

① $\dfrac{PL^3}{384EI}$ ② $\dfrac{15PL^3}{192EI}$

③ $\dfrac{17PL^3}{384EI}$ ④ $\dfrac{11PL^3}{768EI}$

[해설] 임의점의 처짐
① 해석의 발상 : BMD를 구하고 공액보 위에 하중으로 작용시켜 C점의 처짐을 구한다.(공액보법)
② C점 휨모멘트
$M_C' = \left(V_A \times \dfrac{L}{4}\right) - \left\{\left(\dfrac{PL}{8} \times \dfrac{L}{4} \times \dfrac{1}{2}\right) \times \left(\dfrac{L}{4} \times \dfrac{1}{3}\right)\right\}$
$= \left(\dfrac{PL^2}{16} \times \dfrac{L}{4}\right) - \left\{\left(\dfrac{PL^2}{64}\right) \times \left(\dfrac{L}{12}\right)\right\}$
$= \dfrac{PL^3}{64} - \dfrac{PL^3}{768} = \dfrac{12PL^3 - PL^3}{768} = \dfrac{11PL^3}{768}$

C점의 처짐(δ_C) = $\dfrac{1}{EI}M_C' = \dfrac{11PL^3}{768EI}$

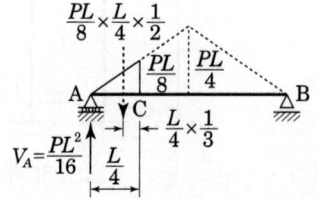

60. 연약지반에서 부동침하를 방지하기 위한 대책과 가장 관계가 먼 것은?

① 구조물의 하중을 기초에 균등하게 분포시킨다.
② 인접 건물과의 거리를 짧게 한다.
③ 기초상호간을 지중보로 연결한다.
④ 기초를 말뚝으로 보강한다.

[해설] 연약지반의 대책
연약지반의 상부구조는 경량화, 길이 축소, 강성 향상, 인접거리 확대, 중량분배가 필요하며 하부구조는 마찰말뚝을 사용하여 경질지반까지 지지시키고 지하실을 설치하거나 지중보로 기초를 연결한다. 또한 지반은 강제배수, 고결, 치환 등의 조치가 필요하다.

■■■ 제4과목 건축설비

61. 대변기에 설치한 세정밸브(flush valve)의 최저 필요압력은?

① 10kPa 이상   ② 30kPa 이상
③ 50kPa 이상   ④ 70kPa 이상

[해설] 세정밸브(F.V)식 대변기
㉠ 세정밸브(F.V)식의 접속 급수관경 : 최소 25mm
㉡ 세정밸브(F.V)식의 최소 필요압력 : 0.07MPa (70kPa)
㉢ 세정소음이 크나, 대변기의 연속사용이 가능하다.
㉣ 일반 가정용으로는 거의 사용하지 않는다.

62. 건물 내의 배수계통에 통기관을 설치하는 목적으로 옳지 않은 것은?

① 배수관 내의 환기를 위하여
② 배수관이 막혔을 때 예비로 사용하기 위하여
③ 트랩의 봉수를 보호하기 위하여
④ 배수관 내의 물의 흐름을 원활하게 하기 위하여

[해설] 통기관의 설치 목적
① 트랩의 봉수 보호
② 배수관 내의 배수 흐름 원활
③ 배수관 내의 환기 역할
④ 배수관 내의 기압을 일정하게 유지

63. 수도직결방식의 급수에서 수압이 0.24MPa일 때 급수압에 의한 물의 상승높이는?

① 2.4m ② 4.8m
③ 12m   ④ 24m

[해설] 수압(P)과 수두(H)와의 관계식 : P=0.01H[MPa]
H=100P[m]이므로 H=100×0.24=24m

64. 압축식 냉동기의 냉동사이클로 옳은 것은?

① 압축 → 응축 → 팽창 → 증발
② 압축 → 팽창 → 응축 → 증발
③ 응축 → 증발 → 팽창 → 압축
④ 팽창 → 증발 → 응축 → 압축

[해설] 냉동기의 냉동사이클

구 분	구성 요소
압축식 냉동기	압축기 - 응축기 - 팽창밸브 - 증발기
흡수식 냉동기	증발기 - 흡수기 - 발생기(재생기) - 응축기

65. 다음 중 증기난방에 대한 설명으로 옳지 않은 것은?

① 응축수 환수관 내에 부식이 발생하기 쉽다.
② 온수난방에 비해 방열기 크기나 배관의 크기가 작아도 된다.
③ 방열기를 바닥에 설치하므로 복사난방에 비해 실내 바닥의 유효면적이 줄어든다.
④ 온수난방에 비해 예열시간이 길어서 충분히 난방감을 느끼는데 시간이 걸린다.

[해설] 증기난방은 예열시간이 짧고 증기의 순환이 빠르다. 난방의 쾌감도가 나쁘고, 소음(steam hammering)이 많이 난다.

66. 급수방식 중 고가수조 방식에 대한 설명으로 옳지 않은 것은?

① 저수 시간이 길어지면 수질이 나빠지기 쉽다.
② 대규모의 급수 수요에 쉽게 대응할 수 있다.
③ 단수시에도 일정량의 급수를 계속할 수 있다.
④ 급수 공급압력의 변화가 심하고 취급이 까다롭다.

[해설] 고가수조방식
우물물 또는 수돗물을 일단 지하 저수조에 받아 이것을 양수펌프에 의해 건물 옥상 또는 높은 곳에 가설한 탱크로 양수한 다음, 그 수위를 이용하여 탱크에서 밑으로 세운 급수관에 의해 급수하는 방식이다.
㉠ 급수공급 압력이 일정하고, 취급이 용이하여 대규모 급수에 적합하다.
㉡ 단수 시에도 일정량의 급수가 가능하다.
㉢ 수질의 오염가능성이 가장 크다.
㉣ 구조체의 보강이 필요하다.
☞ 일반적으로 고가수조방식에서는 하향급수 배관방식을 사용한다.

67. 다음 중 약전설비에 속하는 것은?

① 변전설비   ② 전화설비
③ 축전지설비   ④ 자가발전설비

[해설] 약전설비란 전화 설비, 확성 설비, 인터폰 설비, 표시 설비, 전기시계 설비, 텔레비전 공동시청 설비, 방범 설비, 화재경보 설비 등의 약전류 신호를 취급하는 설비이다.

정답 63. ④ 64. ① 65. ④ 66. ④ 67. ②

68. 급탕설비 중 개별식 급탕법의 설명으로 옳지 않은 것은?

① 용도에 따라 필요한 개소에서 필요한 온도의 탕을 비교적 간단하게 얻을 수 있다.
② 건물 완공 후에도 급탕 개소의 증설이 비교적 쉽다.
③ 급탕개소마다 가열기의 설치 스페이스가 필요하다.
④ 배관길이가 짧으나 배관 중의 열손실이 크다.

[해설] 개별식 급탕법은 중앙식 급탕법에 비해 유지관리는 용이하며, 배관설비 거리가 짧아 배관 중의 열손실이 적다.

69. 작업면의 필요 조도가 400[lx], 면적이 10[m²], 전등 1개의 광속이 2,000[lm], 감광 보상률이 1.5, 조명률이 0.6일 때 전등의 소요 수량은?

① 3등 ② 5등
③ 8등 ④ 10등

[해설] $F = \dfrac{E \cdot A \cdot D}{N \cdot U}$

F : 광원 1개당 광속(2,000lm)
N : 광원 개수
U : 조명율(0.6)
A : 방의 면적(10m²)
E : 평균조도(400lx)
D : 감광보상율(1.5)

따라서, $N \times 2,000 = \dfrac{400 \times 10 \times 1.5}{0.6}$

$N = 5$개

70. 청소구(Clean Out)의 설치 위치로 적당하지 않은 곳은?

① 배수 수평주관 및 배수 수평지관의 기점
② 배수 수평주관과 옥외배수관의 접속장소와 가까운 곳
③ 배수 수직관의 최하부
④ 배수관이 30° 이상의 각도로 방향을 바꾸는 곳

[해설] 청소구(Clean Out) 설치 위치
 - 찌꺼기가 쌓일 수 있는 곳
 ㉠ 가옥 배수관과 부지 하수관이 접속하는 곳
 ㉡ 배수수직관의 최하단부
 ㉢ 배수수평주관, 배수수평지관의 기점
 ㉣ 배관이 45° 이상의 각도로 구부러진 곳
 ㉤ 각종 트랩 및 기타 배관상 특히 필요한 곳
 ㉥ 수평관의 관경이 100mm 이하인 경우에는 직선거리 15m 이내마다, 관경 100mm 이상인 경우에는 직선거리 30m 이내마다 설치
 ㉦ 각종 트랩 및 기타 배관상 특히 필요한 곳
 ☞ 배수의 흐름과 반대 또는 직각방향으로 열 수 있도록 설치한다.

71. 변전실의 위치에 대한 설명 중 옳지 않은 것은?

① 가능한 한 부하의 중심에서 먼 장소일 것
② 외부로부터 전선의 인입이 쉬운 곳일 것
③ 습기와 먼지가 적은 곳일 것
④ 전기 기기의 반출입이 용이할 것

[해설] 모든 설비장치는 가능한 한 부하의 중심에 가까운 곳에 두므로 축전실과 발전기실의 가까이 둔다.
 예) 보일러실, 변전실, 예비전원설비, 분전반, 파이프 샤프트, 전화교환실 등

72. 덕트의 치수 결정 방법에 속하지 않는 것은?

① 균등법 ② 등속법
③ 등마찰법 ④ 정압재취득법

[해설] 덕트 설계 방법
 ㉠ 등속법(정속법) : 덕트 내의 공기 속도를 가정하고 공기량을 이용하여 마찰저항과 덕트 크기를 결정하는 방법이다. 주로 분진이나 산업용 분말 등을 배출시키기 위한 배기 덕트의 설계법으로 적당하다.
 ㉡ 등마찰법(등압법, 마찰저항법) : 덕트의 단위길이당의 마찰저항의 값을 일정하게 하여 덕트의 단면을 결정하는 방법으로, 가장 많이 사용되는 설계법이다.
 ㉢ 정압 재취득법(전압법, 압력보상) : 덕트 각부의 국부저항은 전압 기준에 의해 손실계수를 이용하여 구하고, 각 취출구까지의 전압력 손실이 같아지도록 덕트 단면을 결정하는 방법이다.

정답 68. ④ 69. ② 70. ④ 71. ① 72. ①

73. 보일러 하부의 물드럼과 상부의 기수드럼을 연결하는 다수의 관을 연소실 주위에 배치한 구조로 상부 기수드럼 내의 증기를 사용하는 보일러는?

① 주철제 보일러 ② 관류 보일러
③ 수관 보일러 ④ 노통연관 보일러

[해설] 수관식 보일러
  ㉠ 드럼과 드럼 간에 여러 개의 수관을 연결하고, 관내에 흐르는 물을 가열하므로 온수 및 증기를 방생시킨다.
  ㉡ 예열시간이 짧고, 열효율이 좋으며 보유수량이 적다.
  ㉢ 증기발생이 빠르고 대용량이다.
  ㉣ 고가이며 수처리가 복잡하다.
  ㉤ 사용압력(1.0MPa 이상)이 연관식보다 높고, 부하변동에 대한 추종성이 높다.
  ㉥ 용도 : 대형건물 또는 병원이나 호텔 등, 지역난방용

74. 다음 중 온수난방에서 복관식 배관에 역환수 방식(Reverse Return)을 채택하는 가장 주된 이유는?

① 공사비를 절약할 목적으로
② 순환펌프를 설치하기 위하여
③ 온수의 순환을 평균화시킬 목적으로
④ 중력식으로 온수를 순환하기 위하여

[해설] 리버스리턴(Reverse Return)배관(역환수방식)
  ㉠ 설치 : 급탕설비의 하향식 배관, 난방설비의 온수난방
  ㉡ 방법 : 각 방열기마다의 배관회로 길이를 같게 한 배관방식
    보일러에서 방열기까지(온수관)의 길이= 방열기에서 보일러까지(환수관)의 길이
  ㉢ 목적 : 온수의 유량분배 균일화(온수의 순환을 평균화)하기 위해
  ㉣ 단점 : 배관수가 많아져서 설비비가 높다.

75. 양수량 10m³/min, 전양정 10m, 펌프의 효율은 80%일 때 펌프의 소요 동력은 얼마인가? (단, 물의 밀도는 1,000kg/m³, 여유율은 10%로 한다.)

① 22.5kW ② 26.5kW
③ 30.6kW ④ 32.4kW

[해설] 펌프 축동력(L_s) = $\dfrac{WQH}{KE}$ (kW)

Q : 양수량(m³/min) → 10m³/min
H : 전양정(m) → 10m
W : 액체 1m³의 중량(kg/m³) → 물은 1,000kg/m³
E : 효율(%) → 80%
K : 정수(kW) → 6,120

∴ 펌프의 축동력 = $\dfrac{1{,}000 \times 10 \times 10}{6{,}120 \times 0.8} \times 1.1$
= 22.46 ≒ 22.5kW

76. 자동화재탐지설비의 열감지기 중 주위 온도가 일정한 온도 이상이 되면 작동하도록 된 열감지기는?

① 차동식 ② 정온식
③ 광전식 ④ 이온화식

[해설] 감지기

감지기의 종류		작동원리
열식	차동식	그 주위 온도가 일정한 온도 상승률 이상으로 되었을 때 작동한다.
	정온식	그 주위 온도가 일정한 온도 이상이 되었을 때 작동한다.
	보상식	그 주위 온도의 변화에 따라 감도가 변화하는 것이며, 차동식 및 정온식의 성능을 가진다.
연기식	이온식	검지부에 연기가 들어감으로써 이온 전류가 변화하는 것을 이용하여 감지한다.
	광전식	검지부에 연기가 들어감으로써 광전 소자의 입사광량이 변화하는 것을 이용하여 감지한다.

과년도 출제문제

2023. 1회 건축기사

77. 공기조화 방식 중 단일덕트 방식에 대한 설명으로 옳지 않은 것은?

① 냉·온풍의 혼합손실이 없다.
② 2중덕트 방식에 비해 덕트 스페이스가 적게 든다.
③ 각 실이나 존의 부하변동에 즉시 대응할 수 있다.
④ 부하특성이 다른 여러 개의 실이나 존이 있는 건물에 적용하기가 곤란하다.

[해설] 단일덕트방식은 각 실이나 존의 부하변동에 즉시 대응하기가 곤란하므로 부하특성이 다른 여러 개의 실이나 존이 있는 건물에는 부적당하다.
※ 단일덕트방식 : 정풍량(CAV)방식, 변풍량(VAV)방식, 터미널 리히트 방식

78. 습공기가 냉각되어 포함되어 있던 수증기가 응축되기 시작하는 온도를 의미하는 것은?

① 노점온도　② 습구온도
③ 건구온도　④ 절대온도

[해설] 노점온도
온도가 높은 공기일수록 많은 수증기를 함유할 수가 있기 때문에 습공기의 온도를 낮추면 어떤 온도에서 포화상태가 되며 또다시 냉각시키면 수증기의 일부가 응축하여 이슬이 맺힌다. 이 온도를 노점온도(dew point temperature)라고 한다.

79. LPG에 관한 설명으로 옳지 않은 것은?

① 비중이 공기보다 작다.
② 액화석유가스를 말한다.
③ 액화하면 그 체적은 약 1/250로 된다.
④ 상압에서는 기체이지만 압력을 가하면 액화된다.

[해설] LPG(액화석유가스=프로판가스)
㉠ 공기보다 무겁다.(비중 1.5~2)
㉡ 샐 경우 바닥에 깔린다. → 위험(환기에 유의)
㉢ 경보기 : 바닥에서 30cm 높이
㉣ 무색, 무미, 무취
㉤ 상압(常壓)에서는 기체이지만, 압력을 가하면 액화한다.(체적 1/250로 줄어든다)
㉥ 발열량이 높다.(92,000kJ/m³)

80. 급기온도를 일정하게 하고 송풍량을 변화시켜서 실내온도를 조절하는 공기조화방식은?

① FCU 방식
② 이중덕트방식
③ 정풍량 단일덕트방식
④ 변풍량 단일덕트방식

[해설] 변풍량(VAV) 단일덕트방식
토출공기 온도는 일정하게 하며 송풍량을 실내 부하의 변동에 따라 변화시키는 것으로 운전비는 감소되고 개별제어가 용이한 에너지 절약형 공조방식이다. 부하변동이 심한 페리미터 존(perimeter zone)에 적합하다.
① 장점
　㉠ 개별제어가 용이
　㉡ 에너지 절약형 공조방식이다.
　㉢ 공조기 및 덕트 스페이스가 작아도 된다.
② 단점
　㉠ 실내부하가 극히 감소되면 실내공기의 오염이 심해져 청정도가 떨어진다.
　㉡ 운전 및 유지관리가 어렵다.
　㉢ 자동제어가 복잡하여 설비비가 많이 든다.
※ 에너지 절약형 공조방식 : 변풍량(VAV)방식, 외기냉방방식, 전열교환기 설치, 히트펌프 시스템

제5과목 건축관계법규

81. 건축법령에 따른 고층건축물의 정의로 옳은 것은?

① 층수가 30층 이상이거나 높이가 90m 이상인 건축물
② 층수가 30층 이상이거나 높이가 120m 이상인 건축물
③ 층수가 50층 이상이거나 높이가 150m 이상인 건축물
④ 층수가 50층 이상이거나 높이가 200m 이상인 건축물

정답 77. ③　78. ①　79. ①　80. ④　81. ②

해설	초고층 건축물	층수가 50층 이상이거나 높이가 200m 이상인 건축물
	준초고층 건축물	고층건축물 중 초고층 건축물이 아닌 것
	고층 건축물	층수가 30층 이상이거나 높이가 120m 이상인 건축물

82. 건축법령에 따라 건축물의 경사지붕 아래에 설치하는 대피공간에 관한 기준 내용으로 옳지 않은 것은?

① 특별피난계단 또는 피난계단과 연결되도록 할 것
② 관리사무소 등과 긴급 연락이 가능한 통신시설을 설치할 것
③ 대피공간의 면적은 지붕 수평투영면적의 20분의 1 이상일 것
④ 출입구는 유효너비 0.9m 이상으로 하고, 그 출입구에는 60+방화문 또는 60분방화문을 설치할 것

[해설] 경사지붕 아래에 설치하는 대피공간의 기준
㉠ 대피공간의 면적은 지붕 수평투영면적의 1/10 이상일 것
㉡ 특별피난계단 또는 피난계단과 연결되도록 할 것
㉢ 출입구·창문을 제외한 부분은 해당 건축물의 다른 부분과 내화구조의 바닥 및 벽으로 구획할 것
㉣ 출입구는 유효너비 0.9m 이상으로 하고, 그 출입구에는 60+방화문 또는 60분방화문을 설치할 것
㉤ 내부마감재료는 불연재료로 할 것
㉥ 예비전원으로 작동하는 조명설비를 설치할 것
㉦ 관리사무소 등과 긴급 연락이 가능한 통신시설을 설치할 것

83. 다음 중 주요구조부에 속하지 않는 것은?

① 기둥　　② 지붕틀
③ 바닥　　④ 옥외 계단

[해설] 주요구조부란 내력벽, 기둥, 바닥, 보, 지붕틀 및 주계단을 말한다.
[예외] 사잇벽, 사잇기둥, 최하층바닥, 작은보, 차양, 옥외계단, 기타 이와 유사한 것으로서 건축물의 구조상 중요하지 아니한 부분 및 기초는 주요구조부에서 제외된다.

84. 전용주거지역이나 일반주거지역에서 건축물을 건축하는 경우, 건축물의 높이 10m 이하의 부분은 정북(正北) 방향으로의 인접 대지경계선으로부터 원칙적으로 최소 얼마 이상의 거리를 띄어야 하는가?

① 1m　　② 1.5m
③ 2m　　④ 3m

[해설] 전용주거지역·일반주거지역 안에서 인접대지경계선으로부터 정북방향으로 띄우는 거리
전용주거지역 또는 일반주거지역 안에서 건축물을 건축하는 경우에는 건축물의 각 부분을 정북방향으로의 인접대지경계선으로부터 다음의 범위 안에서 건축조례가 정하는 거리 이상을 띄어 건축하여야 한다.
㉠ 높이 10m 이하인 부분 : 인접대지경계선으로부터 1.5m 이상
㉡ 높이 10m를 초과하는 건축물 : 인접대지경계선으로부터 해당 건축물의 각 부분 높이의 1/2 이상

85. 다음은 대지의 조경에 관한 기준 내용이다. ( ) 안에 알맞은 것은?

> 면적이 ( ) 이상인 대지에 건축을 하는 건축주는 용도지역 및 건축물의 규모에 따라 해당 지방자치단체의 조례로 정하는 기준에 따라 대지에 조경이나 그 밖에 필요한 조치를 하여야 한다.

① 100m²　　② 200m²
③ 300m²　　④ 500m²

[해설] 대지 안의 조경대상
면적이 200m² 이상인 대지에 건축을 하는 건축주는 용도지역 및 건축물의 규모에 따라 해당 지방자치단체의 조례로 정하는 기준에 따라 대지에 조경이나 그밖에 필요한 조치를 하여야 한다.

정답　82. ③　83. ④　84. ②　85. ②

86. 다음 중 증축에 속하는 것은?

① 부속건축물만 있는 대지에 새로 주된 건축물을 축조하는 것
② 기존 건축물이 있는 대지에서 높이를 증가시키는 것
③ 기존 건축물이 멸실된 대지 위에 건축물을 축조하는 것
④ 건축물의 주요구조부를 해체하지 아니하고 같은 대지의 다른 위치로 옮기는 것

[해설] 증축
기존 건축물이 있는 대지 안에서 건축물의 건축면적·연면적·층수 또는 높이를 증가시키는 행위

87. 주차장법령상 다음과 같이 정의되는 주차장의 종류는?

> 도로의 노면 또는 교통광장(교차점광장만 해당)의 일정한 구역에 설치된 주차장으로서 일반(一般)의 이용에 제공되는 것

① 노외주차장 ② 노상주차장
③ 부설주차장 ④ 공영주차장

[해설] 용어의 정의

용 어	정 의
1. 노상주차장	도로의 노면(路面) 또는 교통광장(교차점 광장에 한함)의 일정한 구역에 설치된 주차장으로서 일반이 이용할 수 있는 것
2. 노외주차장	도로의 노면 또는 교통광장 외의 장소에 설치된 주차장으로서 일반(一般)이 이용할 수 있는 것
3. 부설주차장	건축물이나 골프연습장 등의 주차수요를 유발하는 시설에 부대하여 설치된 주차장으로서 해당 건축물, 시설의 이용자 또는 일반의 이용에 제공되는 것
4. 기계식 주차장치	노외주차장 및 부설주차장에 설치하는 주차설비로서 기계장치에 의하여 자동차를 주차할 장소로 이동시키는 설비

88. 방송 공동수신설비를 설치하여야 하는 대상 건축물에 속하지 않는 것은?

① 다가구주택
② 다세대주택
③ 바닥면적의 합계가 5,000m² 으로서 업무시설의 용도로 쓰는 건축물
④ 바닥면적의 합계가 5,000m² 으로서 숙박시설의 용도로 쓰는 건축물

[해설] 건축물에는 방송수신에 지장이 없도록 공동시청 안테나, 유선방송 수신시설, 위성방송 수신설비, 에프엠(FM)라디오방송 수신설비 또는 방송 공동수신설비를 설치할 수 있다.
다만, 다음 건축물에는 방송 공동수신설비를 설치하여야 한다.
㉠ 공동주택
㉡ 바닥면적의 합계가 5,000m² 이상으로서 업무시설이나 숙박시설의 용도로 쓰는 건축물

89. 토지이용을 합리화·구체화하고, 도시 또는 농·산·어촌의 기능의 증진, 미관의 개선 및 양호한 환경을 확보하기 위하여 수립하는 계획으로 정의되는 것은?

① 지구단위계획   ② 도시·군관리계획
③ 광역도시계획   ④ 도시·군기본계획

[해설] ② 도시·군관리계획 : 특별시·광역시·특별자치시·특별자치도·시 또는 군의 개발·정비 및 보전을 위하여 수립하는 토지 이용, 교통, 환경, 경관, 안전, 산업, 정보통신, 보건, 복지, 안보, 문화 등에 관한 다음의 계획을 말한다.
③ 광역도시계획 : 광역계획권의 지정의 규정에 의하여 지정된 광역계획권의 장기발전방향을 제시하는 계획을 말한다.
④ 도시·군기본계획 : 특별시·광역시·특별자치시·특별자치도·시 또는 군의 관할 구역에 대하여 기본적인 공간구조와 장기발전방향을 제시하는 종합계획으로서 도시·군관리계획 수립의 지침이 되는 계획을 말한다.

정답 86. ② 87. ② 88. ① 89. ①

90. 용도지역에 따른 건폐율의 최대한도로 옳지 않은 것은? (단, 도시지역의 경우)

① 녹지지역 : 30% 이하
② 주거지역 : 70% 이하
③ 공업지역 : 70% 이하
④ 상업지역 : 90% 이하

[해설] 건폐율(도시지역)

용도지역 구분		건폐율의 최대한도	지역의 세분		건폐율의 세분
도시지역	상업지역	90%	중심상업지역		90/100
			유통상업지역		80/100
			일반상업지역		80/100
			근린상업지역		70/100
	주거지역	70%	준주거지역		70/100
			일반주거지역	제1·2종	60/100
				제3종	50/100
			전용주거지역 (제1·2종)		50/100
	공업지역	70%	• 전용공업지역 • 일반공업지역 • 준공업지역		70/100
	녹지지역	20%	• 보전녹지지역 • 생산녹지지역 • 자연녹지지역		20/100

91. 막다른 도로의 길이가 15m일 때, 이 도로가 건축법령상 도로이기 위한 최소 폭은?

① 2m   ② 3m
③ 4m   ④ 6m

[해설] 도로의 폭
㉠ 도로의 폭은 4m 이상이어야 한다.
㉡ 막다른 도로의 폭

막다른 도로의 길이	도로의 폭
10m 미만	2m 이상
10m 이상 35m 미만	3m 이상
35m 이상	6m 이상 (도시·군계획구역이 아닌 읍·면의 구역에서는 4m 이상)

92. 다음 중 상업지역의 세분에 속하지 않는 것은?

① 중심상업지역   ② 근린상업지역
③ 유통상업지역   ④ 전용산업지역

[해설] 상업지역은 중심상업지역, 일반상업지역, 근린상업지역, 유통상업지역으로 세분한다.

상업지역	중심상업지역	도심·부도심의 업무 및 상업기능의 확충
	일반상업지역	일반적인 상업 및 업무기능
	근린상업지역	근린지역에서의 일용품 및 서비스의 공급
	유통상업지역	도시내 및 지역간 유통기능의 증진

93. 비상용승강기를 설치하지 아니할 수 있는 건축물에 관한 기준 내용이다. ( ) 안에 알맞은 것은?

> 높이 (㉮)m를 넘는 층수가 (㉯)개층 이하로서 해당 각층의 바닥면적의 합계 200m² 이내마다 방화구획으로 구획한 건축물

① ㉮ 31, ㉯ 4   ② ㉮ 31, ㉯ 3
③ ㉮ 41, ㉯ 4   ④ ㉮ 41, ㉯ 3

[해설] 비상용승강기의 설치기준
① 설치 대상 : 31m를 넘는 건축물
② 비상용승강기를 설치하지 않아도 되는 건축물
  ㉠ 높이 31m를 넘는 각층을 거실 이외의 용도로 사용할 경우
  ㉡ 높이 31m를 넘는 각층의 바닥면적의 합계가 500m² 이하인 건축물
  ㉢ 높이 31m를 넘는 부분의 층수가 4개층 이하로서 해당 각층 바닥면적 200m²(500m²)* 이내마다 방화구획을 한 건축물
  *( ) 속의 수치는 실내의 벽 및 반자의 마감을 불연재료로 한 경우임.

정답   90. ①   91. ②   92. ④   93. ①

과년도 출제문제

94. 부설주차장 설치 대상 시설물로서 시설면적이 1,400m²인 제2종 근린생활시설에 설치하여야 하는 부설 주차장의 최소 대수는?

① 7대　　　　② 9대
③ 10대　　　④ 14대

[해설] 제1종 및 제2종 근린생활시설·숙박시설은 시설면적 200m²당 1대의 부설주차장을 설치한다.
1,400m² ÷ 200m² = 7대

95. 노외주차장의 주차형식에 따른 차로의 최소 너비가 옳게 연결된 것은? (단, 출입구가 2개 이상인 경우)

① 평행주차 – 5.0m
② 60도 대향주차 – 5.0m
③ 교차주차 – 3.5m
④ 직각주차 – 5.5m

[해설] 차로의 폭

주차 형식	차로의 폭	
	출입구가 2개 이상인 경우	출입구가 1개인 경우
평행주차	3.3m	5.0m
직각주차	6.0m	6.0m
60° 대향주차	4.5m	5.5m
45° 대향주차	3.5m	5.0m
교차주차	3.5m	5.0m

※ 평행주차방식은 주차면적이 가장 많이 소요되지만, 주차폭이 좁을 때 쓰이는 방식이다.
※ 출입구의 개수와 상관없이 차로의 너비가 일정한 주차방식 : 직각주차방식

96. 다음 중 공동주택의 개별난방설비 설치기준으로 옳지 않은 것은?

① 보일러의 연도는 내화구조로서 공동연도로 설치할 것
② 보일러실 윗부분에는 그 면적이 최소 1.0m² 이상인 환기창을 설치할 것
③ 보일러를 설치하는 곳과 거실 사이의 경계벽은 출입구를 제외하고는 내화구조의 벽으로 구획할 것
④ 기름보일러를 설치하는 경우에는 기름저장소를 보일러실 외의 다른 곳에 설치할 것

[해설] 공동주택과 오피스텔의 난방설비를 개별난방 방식으로 하는 경우 보일러실의 환기
　㉠ 윗부분에 0.5m² 이상의 환기창 설치
　㉡ 지름 10cm 이상의 공기흡입구 및 배기구를 항상 열려진 상태로 외기와 접하도록 설치(단, 전기보일러 경우는 제외)

97. 대지 및 건축물관련 건축기준의 허용오차 범위에 대한 설명으로 옳지 않은 것은?

① 건축선의 후퇴거리는 3% 이내이다.
② 건축물의 벽체 두께는 3% 이내이다.
③ 건축물의 높이는 1m를 초과할 수 없다.
④ 건축물의 평면 길이는 0.5m를 초과할 수 없다.

[해설] 건축허용오차

0.5% 이내	1% 이내	2% 이내	3% 이내
건폐율	용적률	높이 출구너비 반자높이 평면길이	후퇴거리 인동거리 벽체 두께 바닥판 두께

☞ 평면길이는 건축물 전체길이는 1m를 초과할 수 없고, 벽으로 구획된 각 실은 10cm를 초과할 수 없다.

[정답] 94. ①　95. ③　96. ②　97. ④

98. 다음 중 건축물식 노외주차장의 차로에 관한 기준 내용으로 옳지 않은 것은?

① 경사로의 종단경사도는 직선부분에서는 17%를, 곡선부분에서는 14%를 초과하여서는 아니된다.
② 높이는 주차바닥면으로부터 2.3m 이상으로 하여야 한다.
③ 경사로의 노면은 이를 거친 면으로 하여야 한다.
④ 경사로의 차로 너비는 곡선형인 경우에 3.3m 이상으로 하여야 한다.

[해설] 경사로의 차로너비 및 종단경사도

경사로 형태	차로너비	종단경사도
직 선 형	1차선 : 3.3m 이상 2차선 : 6m 이상	17% 이하
곡 선 형	1차선 : 3.6m 이상 2차선 : 6.5m 이상	14% 이하

99. 다음 중 주요구조부를 내화구조로 하여야 하는 대상 건축물에 속하지 않는 것은?

① 문화 및 집회시설(전시장 및 동·식물원 제외)의 용도에 쓰이는 건축물로서 옥내 관람석 또는 집회실의 바닥면적의 합계가 300m²인 건축물
② 관광휴게시설의 용도에 쓰이는 건축물로서 그 용도에 쓰이는 바닥면적의 합계가 600m²인 건축물
③ 공장의 용도에 쓰이는 건축물로서 그 용도에 사용하는 바닥면적의 합계가 1,000m²인 건축물
④ 건축물의 2층이 숙박시설의 용도에 쓰이는 건축물로서 그 용도에 쓰이는 바닥면적의 합계가 400m²인 건축물

[해설] 공장의 용도에 쓰이는 건축물로서 그 용도로 쓰이는 바닥면적의 합계가 2,000m² 이상인 건축물은 주요구조부를 내화구조로 하여야 한다.

100. 면적 등의 산정방법에 대한 기본 원칙으로 옳지 않은 것은?

① 대지면적은 대지의 수평투영면적으로 한다.
② 건축면적은 건축물의 외벽의 중심선으로 둘러싸인 부분의 수평투영면적으로 한다.
③ 바닥면적은 건축물의 각 층 또는 그 일부로서 벽, 기둥, 그밖에 이와 비슷한 구획의 중심선으로 둘러싸인 부분의 수평투영면적으로 한다.
④ 용적률 산정 시 적용하는 연면적은 지하층을 포함하여 하나의 건축물 각 층의 바닥면적의 합계로 한다.

[해설] 연면적
① 하나의 건축물의 각층 바닥면적 합계로 한다.
② 용적률 산정시 연면적 산정방법
  ㉠ 동일 대지 안에 2동 이상의 건축물이 있는 경우에는 그 연면적의 합계로 한다.
  ㉡ 지하층 면적은 연면적에서 제외한다.
  ㉢ 지상층의 주차용(해당 건축물의 부속용도인 경우만 해당)으로 쓰는 면적은 연면적에서 제외한다.
  ㉣ 초고층·준초고층의 피난안전구역의 면적은 연면적에서 제외한다.
  ㉤ 경사지붕 아래에 설치하는 대피공간의 면적은 제외된다.

정답 98. ④ 99. ③ 100. ④

과년도출제문제

2023. 2회 건축기사

■■■■ 제1과목 건축계획

1. 주택의 동선계획에 관한 설명으로 옳지 않은 것은?

① 동선은 가능한 굵고 짧게 계획하는 것이 바람직하다.
② 동선의 3요소 중 속도는 동선의 공간적 두께를 의미한다.
③ 개인, 사회, 가사노동권의 3개 동선은 상호간 분리하는 것이 좋다.
④ 화장실, 현관 등과 같이 사용빈도가 높은 공간은 동선을 짧게 처리하는 것이 중요하다.

[해설] 주택의 동선계획
① 동선의 3요소는 속도, 빈도, 하중이다.
② 동선의 원칙
  ㉠ 동선은 가능한 한 굵고 짧게 한다.
  ㉡ 동선의 형은 가능한 한 단순하며 명쾌하게 한다.
  ㉢ 서로 다른 종류의 동선은 가능한 한 분리하고 필요 이상의 교차는 피한다.
  ㉣ 낮의 공간의 동선과 밤의 공간의 동선은 서로 분리한다.
  ㉤ 개인권, 노동권, 사회권은 서로 독립성을 유지하여야 한다.
  ㉥ 동선내 공간이 확보되어야 한다.
※ 동선 3요소
  ㉠ 속도 : 얼마나 빠를 수 있느냐의 정도
  ㉡ 빈도 : 얼마나 많이 통행하느냐의 정도
  ㉢ 하중 : 동선을 따라 통행하거나 이동하는 물질이 어느 정도의 무게감을 가지고 있느냐의 정도

2. 한국건축에 관한 설명으로 옳지 않은 것은?

① 대부분의 한국건축은 인간적 척도 개념을 나타내는 특징이 있다.
② 기둥의 안쏠림으로 건축의 외관에 시지각적인 안정감을 느끼게 하였다.
③ 한국건축은 서양건축과 달리 박공면이 정면이 되고 지붕면이 측면이 된다.
④ 한국건축은 공간의 위계성이 있어 각 공간의 관계가 주(主)와 종(從)의 관계를 갖는다.

[해설] 한국건축은 서양건축과 달리 박공면이 측면이 되고 지붕면이 정면이 된다.

※ 한국건축의 조형 의장상의 특징
① 기둥의 배흘림(entasis) - 착시현상 교정
② 기둥의 안쏠림(오금법) - 시각적으로 건물 전체에 안정감
③ 우주의 솟음 - 처마 곡선과 조화 - 자연과의 조화
④ 후림과 조로 - 지붕의 처마 곡선미
⑤ 비대칭직 평면구성
⑥ 인간적 척도 - 친근감을 주는 척도

3. 다음의 서양건축에 대한 설명 중 옳지 않은 것은?

① 로마 건축의 기둥에는 그리스 건축의 오더 이외에 터스칸 오더, 콤포지트 오더가 사용되었다.
② 고딕 건축은 수직적인 요소가 특히 강조되었다.
③ 비잔틴 건축은 사라센 문화의 영향을 받았으며 동양적 요소가 가미되었다.
④ 로마네스크 건축은 내부보다는 외부의 장식에 치중하였으며, 바실리카에 비하면 단순하고 간소하다.

[해설] 로마네스크 건축은 8세기 말부터 고딕양식이 발생된 13세기 초까지 이탈리아를 중심으로 프랑스, 독일, 영국 등의 유럽에서 성당, 수도원 등의 종교건축에 집중되어 전개된 건축양식이다. 장축형 평면(라틴 십자가, Latin Cross)과 종탑이 첨가되었으며, 아치구조법의 발달로 교차볼트(intersection valut)가 사용되었다. 로마네스크 건축은 외부보다는 내부의 장식에 치중하였다. 대표 건축물에는 피사 대성당 등이 있다.

정답 1. ② 2. ③ 3. ④

4. 다음 설명에 알맞은 백화점 진열장 배치방법은?

- Main 통로를 직각 배치하며, Sub 통로를 45° 정도 경사지게 배치하는 유형이다.
- 많은 고객이 매장공간의 코너까지 접근하기 용이하지만, 이형의 진열장이 많이 필요하다.

① 직각배치 ② 방사배치
③ 사행배치 ④ 자유유선배치

[해설] 사행 배치
  ㉠ 주통로를 직각 배치하고, 부통로를 주통로에 45° 경사지게 배치하는 방법이다.
  ㉡ 수직 동선에의 접근이 쉽고, 매장의 구석까지 가기 쉽다.
  ㉢ 이형의 매대가 많이 필요하다.

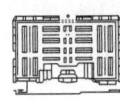 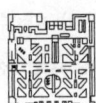  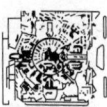

(a) 직각배치 (b) 사행배치 (c) 자유유선형배치 (d) 방사형배치

[그림] 매장 진열대 배치 방법

5. 다음 중 도서관에서 장서가 60만권일 경우 능률적인 작업용량으로서 가장 적정한 서고의 면적은?

① 3,000m² ② 4,500m²
③ 5,000m² ④ 6,000m²

[해설] 서고 : 150~250권/m²(평균 200권/m²)
  ∴ 600,000권÷(150~250) ≒ 2,400~4,000m²
  ※ 서고의 크기(수장능력)
    ㉠ 책 선반 1단 길이 : 1m당 20~30권(평균 25권)
    ㉡ 서고 면적 : 1m²당 150~250권(평균 200권)
      - 밀집서가의 경우 : 280~350권
    ㉢ 서고 공간 : 1m³당 약 66권

6. 극장의 프로시니엄에 관한 설명으로 옳은 것은?

① 무대배경용 벽을 말하며 쿠펠 호리존트라고도 한다.
② 조명기구나 사이클로라마를 설치한 연기부분 무대의 후면 부분을 일컫는다.
③ 무대의 천장 밑에 설치되는 것으로 배경이나 조명기구 등을 매다는데 사용된다.
④ 그림에 있어서 액자와 같이 관객의 시선을 무대에 쏠리게 하는 시각적 효과를 갖는다.

[해설] 극장건축의 관련 제실
- 사이클로라마 : 극장건축에서 무대의 제일 뒤에 설치되는 무대배경용의 벽을 말하며 사이클로라마의 높이는 프로시니엄 높이의 3배 정도로 한다.
- 프로시니엄 : 그림에 있어서 액자와 같이 관객의 시선을 무대에 쏠리게 하는 시각적 효과를 갖는다.
- 그리드 아이언(Grid iron) : 조명기구, 배경 등을 매어다는 데 사용된다.
- 플라이 로프트(fly loft) : 극장 무대의 상부공간을 말한다.
- 플라이 갤러리(fly gallery) : 그리드 아이언에 올라가는 계단과 연결되게 무대 주위의 벽에 6~9m 높이로 설치되는 좁은 통로(폭은 1.2~2.0m 정도)
- 잔교(light bridge) : 프로세니움 바로 뒤에 접하여 설치된 발판, 조명, 조작·비·눈 내리는 장면 위해 필요하다.
- 로크 레일(lock rail) : 와이어로프를 한 곳에 모아서 조정하는 장소
- 그린룸(green room) : 극장 건축의 출연자대기실로 무대와 같은 층의 가까운 곳에 둔다. 크기는 30m² 이상으로 한다.
- 앤티룸(Anti room) : 출연자들이 출연 바로 직전에 기다리는 공간이다.

정답 4. ③ 5. ① 6. ④

과년도출제문제

7. 주택단지 내 도로의 형태 중 쿨데삭(cul-de-sac) 형에 관한 설명으로 옳지 않은 것은?

① 보차분리가 이루어진다.
② 보행로의 배치가 자유롭다.
③ 주거환경의 쾌적성 및 안전성 확보가 용이하다.
④ 대규모 주택단지에 주로 사용되며, 최대 길이는 1km 이하로 한다.

[해설] 주거단지의 도로형식
　㉠ 격자형 : 가로망의 형태가 단순명료하고, 가구 및 획지 구성상 택지의 이용효율이 높다.
　㉡ T자형 : 격자형에 비해 교차점에서 통행이 안전하나, 차량의 주행속도가 낮다. 또한, T형 교차점이 많아 방향성이 불분명하다.
　㉢ 루프(Loop)형 : 우회도로가 없는 쿨데삭형의 결점을 개량하여 만든 패턴으로 도로율이 높아지는 단점이 있다.
　㉣ 쿨데삭(Cul-de-sac)형 : 불필요한 통과 교통을 차단하여 보행로 배치가 자유로우며, 부정형의 지형에 적용이 용이하다. 적정길이는 120~300m이며, 300m 이상인 경우에는 회전구간을 설치한다. 각 가구와 관계없는 자동차의 진입을 방지할 수 있다는 장점이 있다.

8. 호텔 건축에 관한 설명으로 옳은 것은?

① 호텔의 동선에서 물품동선과 고객동선은 교차시키는 것이 좋다.
② 프론트 오피스는 수평동선이 수직동선으로 전이되는 공간이다.
③ 현관은 퍼블릭 스페이스의 중심으로 로비, 라운지와 분리하지 않고 통합시킨다.
④ 주식당은 숙박객 및 외래객을 대상으로 하며, 외래객이 편리하게 이용할 수 있도록 출입구를 별도로 설치하는 것이 좋다.

[해설] ① 호텔의 동선에서 물품동선과 고객동선은 교차시키지 않는 것이 좋다.
　② 프론트 오피스(front office)는 호텔 운영의 중심부이므로 외래객이 알기 쉬운 장소로 자유롭게 출입할 수 있고 고객의 실내 동향을 쉽게 관찰할 수 있어야 한다.

프론트 데스크를 중심으로 하여 현관과 엘리베이터의 삼각관계에서 고객의 동선이 원활하여야 하며, 프론트 데스크의 높이는 1.0m 정도로 한다.
　③ 현관은 호텔의 외부 접객장소로서 프론트 데스크와의 접속이 원활하여야 하며 로비, 라운지와 분리한다. 로비(lobby)는 고객이 현관에 도착하여 퍼블릭 스페이스(public space)의 중심으로서 지나가는 장소이며, 다목적으로 사용되는 만큼 그 개방성과 다른 공간과의 연계성의 중요하게 된다. 라운지(lounge)는 머무는 장소로서 휴식, 담화, 응접 등으로 사용하는 공간이다.

9. 병원건축에 있어서 파빌리온 타입(pavilion type)에 관한 설명으로 옳은 것은?

① 대지 이용의 효율성이 높다.
② 고층 집약식 배치형식을 갖는다.
③ 각 실의 채광을 균등히 할 수 있다.
④ 도심지에서 주로 적용되는 형식이다.

[해설] 병원의 건축형식
　① 분관식(pavilion type)
　　평면 분산식으로 각 건물은 3층 이하의 저층 건물이며 외래부, 부속 진료부, 병동을 각각 별동으로 하여 분산시키고 복도로 연결시키는 방법으로서 치료와 의사 본위의 병원 형식이다. 각 과별 전용 시설, 진료 시설, 사무실 등이 확보되어야 한다.
　　㉠ 각 병실을 남향으로 할 수 있어 일조, 통풍 조건이 좋아진다.
　　㉡ 넓은 대지가 필요하며 설비가 분산적이고 보행 거리가 멀어진다.
　　㉢ 내부 환자는 주로 경사로를 이용한 보행 또는 들것으로 운반한다.
　② 집중식(block type)
　　외래부, 부속 진료부, 병동을 합쳐서 한 건물로 하고, 특히 병동은 고층으로 하여 환자를 운송하는 방법이다. 현대 대병원 건축은 이 방식으로 건축된다.
　　㉠ 고층화가 가능해서 도시 지역에 적합하다.
　　㉡ 관리가 편리하고 설비 등의 시설비가 적게 든다.
　　㉢ 의료, 간호, 급식, 등의 서비스가 원활하다.
　　㉣ 일조, 통풍 등의 조건이 불리해지며, 각 병실의 환경이 균일하지 못하다.

정답 7. ④ 8. ④ 9. ③

10. 아파트의 평면형식에 관한 설명으로 옳지 않은 것은?

① 홀형은 통행부 면적이 작아서 건물의 이용도가 높다.
② 중복도형은 대지 이용률이 높으나, 프라이버시가 좋지 않다.
③ 집중형은 채광·통풍 조건이 좋아 기계적 환경조절이 필요하지 않다.
④ 홀형은 계단실 또는 엘리베이터 홀로부터 직접 주거 단위로 들어가는 형식이다.

[해설] 집중형
엘리베이터, 계단 등을 중앙에 배치하고 그 주위에 각 주호를 집중시키는 형식
① 장점
  ㉠ 대지의 이용률이 가장 높고, 많은 주호를 집중시킬 수 있다.
  ㉡ 가장 compact한 평면형으로 하기 쉬우므로 고층으로 할 때 구조, 공사비 면에서 유리하다.
  ㉢ 중앙에 core 또는 그 주위에 설비를 집중시킬 수 있다.
  ㉣ 세대별 규모 변화가 가능하다.
② 단점
  ㉠ 프라이버시가 극히 나쁘며 통풍·채광상 극히 불리하다.
  ㉡ 복도 부분의 환기 등의 문제점을 해결하기 위해 고도의 설비시설을 해야 한다.

11. 다음 중 사무소 건축에서 기준층 평면형태의 결정요소와 가장 거리가 먼 것은?

① 동선상의 거리
② 구조상 스팬의 한도
③ 사무실 내의 책상 배치 방법
④ 덕트, 배선, 배관 등 설비시스템상의 한계

[해설] 사무소 건축의 기준층 규모 산정시 고려사항
㉠ 구조상 스팬(span)의 한계
㉡ 중직거리의 한계(동선상의 거리)
㉢ 임대면적 비율
㉣ 피난시 최대 보행거리
㉤ 각종 설비시스템의 한계(duct, 배관, 배선)
㉥ 방화구획상 면적(법규상 방화구획, 배연계획 등)
㉦ 자연광에 의한 조명 한계(실내상시보조인공조명을 고려)

12. 공장건축의 레이아웃(Lay out)에 관한 설명으로 옳지 않은 것은?

① 제품중심의 레이아웃은 대량생산에 유리하며 생산성이 높다.
② 레이아웃이란 공장건축의 평면요소간의 위치관계를 결정하는 것을 말한다.
③ 고정식 레이아웃은 조선소와 같이 제품이 크고 수량이 적은 경우에 행해진다.
④ 중화학 공업, 시멘트 공업 등 장치공업 등은 시설의 융통성이 크기 때문에 신설시 장래성에 대한 고려가 필요 없다.

[해설] 중화학공업, 시멘트공업 등 장치공업 등은 시설 규모가 크고, 작업 공정의 고정성으로 인해 배치, 변경 등의 융통성이 작다.

13. 쇼핑센터의 공간구성에서 페디스트리언 지대(Pedestrian area)의 일부로서 고객을 각 상점에 유도하는 주요 보행자 동선인 동시에 고객의 휴식처로서 기능을 갖고 있는 것은?

① 몰(Mall)
② 코트(Court)
③ 핵상점(Magnet store)
④ 허브(Hub)

[해설] ② 코트(Court) : 고객이 머무를 수 있는 비교적 넓은 공간으로서 몰의 군데군데에 위치하여 고객의 휴식처가 되는 동시에 각종 행사의장이 되기도 한다.
③ 핵상점(Magnet store) : 쇼핑센터의 핵으로서 고객을 끌어들이는 기능을 갖고 있으며, 일반적으로 백화점이나 종합 슈퍼마켓이 이에 해당된다.

정답 10. ③ 11. ③ 12. ④ 13. ①

과년도 출제문제

2023. 2회 건축기사

14. 은행건축계획에 관한 설명으로 옳지 않은 것은?
① 고객과 직원과의 동선이 중복되지 않도록 계획한다.
② 대규모 은행일 경우 고객의 출입구는 되도록 1개소로 계획한다.
③ 이중문을 설치할 경우 바깥문은 바깥 여닫이 또는 자재문으로 계획한다.
④ 어린이의 출입이 많은 경우에는 주출입구에 회전문을 설치하는 것이 좋다.

해설 은행의 주출입구 계획
  ㉠ 고객을 내부로 자연스럽게 유도하는 것이 계획상 중요하다.
  ㉡ 일반적으로 출입문은 도난 방지상 안여닫이로 한다.
  ㉢ 겨울철에 실내온도의 유지 및 바람막이를 위해 방풍실의 전실(前室)을 계획하는 것이 좋다.
  ㉣ 전실(방풍실)을 둘 경우 밖여닫이 또는 자재문으로 한다.
  ㉤ 특히 회전문 설치를 고려하는 것도 좋으나 어린이 출입이 많은 곳은 피한다.

15. 다음 설명에 알맞은 학교운영방식은?

> 각 학급을 2분단으로 나누어 한 쪽이 일반교실을 사용할 때, 다른 한 쪽은 특별교실을 사용한다.

① 달톤형　　② 플래툰형
③ 개방 학교　④ 교과교실형

해설 플래툰(platoon)형
  전학급을 2분단으로 나누고, 한편이 일반교실을 사용할 때 다른 한편은 특별교실을 이용한다. 일반교실에 있는 동안은 이동하지 않는다. 분단 교체는 점심시간을 이용하도록 시간을 짜는 것이 좋다.
  ㉠ 장점 : E형 정도로 이용률을 높이면서도 이동을 정리할 수 있다. 교과 담임제와 학급 담임제를 병용할 수 있다.
  ㉡ 단점 : 교사의 수가 부족하거나 적당한 시설이 없으면 설치하지 못한다. 시간 배당을 하는 데 상당한 노력이 필요하다.

※ 미국의 초등학교에서 과밀을 해결하기 위해 실시한 것이다. 발생적으로는 분단은 둘이지만 기타의 경우도 플라툰형이라고 부르는 경우도 있다.

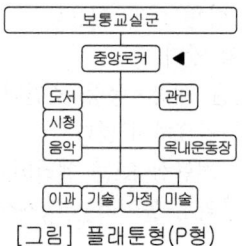
[그림] 플래툰형(P형)

16. 다음은 객석의 가시거리에 관한 설명이다. ( ) 안에 알맞은 것은?

> 연극 등을 감상하는 경우 연기자의 표정을 읽을 수 있는 가시한계는 (㉠) 정도이다. 그러나 실제적으로 극장에서는 잘 보여야 하는 동시에 많은 관객을 수용해야 하므로 (㉡)까지를 제1차 허용한도로 한다.

① ㉠ 10m, ㉡ 22m
② ㉠ 15m, ㉡ 22m
③ ㉠ 10m, ㉡ 25m
④ ㉠ 15m, ㉡ 25m

해설 연극 등을 감상하는 경우 연기자의 표정을 읽을 수 있는 가시한계는 15m 정도이다. 그러나 실제적으로 극장에서는 잘 보여야 하는 동시에 많은 관객을 수용해야 하므로 22m까지를 제1차 허용한도로 한다.

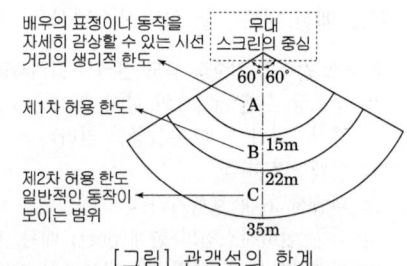
[그림] 관객석의 한계

정답　14. ④　15. ②　16. ②

17. 다음 중 건축요소와 해당 건축요소가 사용된 건축양식의 연결이 옳지 않은 것은?

① 장미창(Rose Window) – 고딕
② 러스티케이션(Rustication) – 르네상스
③ 첨두아치(Pointed Arch) – 로마네스크
④ 펜덴티브 돔(Pendentive Done) – 비잔틴

해설 고딕건축 구성 요소
  ㉠ 첨두형 아치(Pointed Arch)
  ㉡ 리브 볼트(Rib Vault)
  ㉢ 플라잉 버트레스(Flying Buttress)
  ㉣ 장미창(Rose window)
  ※ 주요 양식과 건축물과의 조합
    ㉠ 그리이스 양식 – entasis(엔타시스) – 파르테논 신전
    ㉡ 비잔틴 양식 – Pendentive Dome(펜덴티브 돔) – 성 소피아 성당
    ㉢ 로마네스크 양식 – Rib Arch(리브아치) – 피사의 사탑
    ㉣ 고딕 양식 – Pointed Arch(첨두아치) – 노틀담 성당, 샤르트르 성당

18. 사무소 건축에서 엘리베이터 계획 시 고려사항으로 옳지 않은 것은?

① 수량 계산 시 대상 건축물의 교통수요량에 적합해야 한다.
② 승객의 층별 대기시간은 평균 운전간격 이상이 되게 한다.
③ 군관리운전의 경우 동일 군내의 서비스 층은 같게 한다.
④ 초고층, 대규모 빌딩인 경우는 서비스 그룹을 분할(조닝)하는 것을 검토한다.

해설 승객의 층별 대기시간은 평균 운전간격 이하가 되게 한다.

19. 미술관의 전시실 순회형식 중 많은 실을 순서별로 통해야 하고, 1실을 폐쇄할 경우 전체 동선이 막히게 되는 것은?

① 중앙홀 형식
② 연속순회형식
③ 갤러리(gallery) 형식
④ 코리더(corridor) 형식

해설 연속순로(순회) 형식
구형(矩形) 또는 다각형의 각 전시실을 연속적으로 연결하는 형식이다.
㉠ 단순하고 공간이 절약된다.
㉡ 소규모의 전시실에 적합하다.
㉢ 전시 벽면을 많이 만들 수 있다.
㉣ 많은 실을 순서별로 통해야 하고 1실을 닫으면 전체 동선이 막히게 된다.

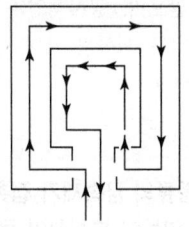

[그림] 연속 순로 형식

20. 다음 중 상점 정면(Facade) 구성에 요구되는 상점과 관련되는 5가지 광고요소(AIDMA 법칙)에 속하지 않는 것은?

① Attention(주의)   ② Interest(흥미)
③ Design(디자인)   ④ Memory(기억)

해설 파사드 구성에 요구되는 AIDMA법칙(구매심리 5단계를 고려한 디자인)
  ① A(주의, attention) : 주목시킬 수 있는 배려
  ② I(흥미, interest) : 공감을 주는 호소력
  ③ D(욕망, desire) : 욕구를 일으키는 연상
  ④ M(기억, memory) : 인상적인 변화
  ⑤ A(행동, action) : 들어가기 쉬운 구성

정답 17. ③ 18. ② 19. ② 20. ③

제2과목 건축시공

21. 계약제도의 하나로써 독립된 회사의 연합으로 법인을 설립하지 않으며 공사의 책임과 공사 클레임 등을 각각 독립된 회사의 계약 당사자가 책임을 지는 방식은?

① 공동도급(Joint Venture)
② 파트너링(Partnering)
③ 컨소시엄(Consortium)
④ 분할도급(Partial Contract)

[해설] 공동도급(Joint Venture)와 컨소시엄(Consortium)
　㉠ 공동도급 : 1개의 회사가 단독으로 도급을 맡기에는 공사 규모가 큰 경우, 2개 이상의 건설회사가 임시로 결합, 조직, 공동출자하여 연대책임하여 공사를 수급하여 공사 완성 후 해산하는 방식이다.
　㉡ 컨소시엄 : 독립된 회사의 연합으로 법인을 설립하지 않으며, 공사책임과 공사 클래임 등을 각각 독립된 회사의 계약 당사자가 책임을 지는 방식이다.

22. 서로 다른 종류의 금속재가 접촉하는 경우 부식이 일어나는 경우가 있는데 부식성이 큰 금속 순으로 옳게 나열된 것은?

① 알루미늄 > 철 > 주석 > 구리
② 주석 > 철 > 알루미늄 > 구리
③ 철 > 주석 > 구리 > 알루미늄
④ 구리 > 철 > 알루미늄 > 주석

[해설] 금속의 부식
　① 금속의 부식작용
　　㉠ 대기에 의한 부식
　　㉡ 물에 의한 부식
　　㉢ 흙 속에서의 부식
　　㉣ 전기작용에 의한 부식
　② 전기작용에 의한 부식 : 서로 다른 금속이 접촉하여 그 부분에 수분이 있을 경우에는 전기분해가 일어나 이온화 경향이 큰 금속이 음극으로 되어 전기적 부식현상을 일으키게 된다.
　※ 금속의 이온화 경향(큰 것 - 작은 것 순서) :
　　K > Ca > Na > Mg > Al > Cr > Mn > Zn > Fe > Ni > Sn > H > Cu > Hg > Ag > Pt > Au

23. 건설사업지원 통합 전산망으로 건설 생산활동 전 과정에서 건설 관련 주체가 전산망을 통해 신속히 교환·공유할 수 있도록 지원하는 통합 정보시스템을 지칭하는 용어는?

① 건설 CIC(Computer Integrated Construction)
② 건설 CALS(Continuous Acquisition & Life Cycle Support)
③ 건설 EC(Engineering Construction)
④ 건설 EVMS(Earned Value Management System)

[해설] 생산관리기법
　(1) EC(Engineering Construction)화 : 종합건설업화
　　㉠ 건설산업의 업무기능 확대 및 영역확대를 도모하는 종합건설업화
　　㉡ 신설사업의 일괄입찰 방식에 의한 건설생산능력을 확보한다.
　(2) CIC(Computer Integrated Construction) : 컴퓨터를 통한 건설통합 생산시스템
　　컴퓨터, 정보통신 및 자동화 조립기술을 토대로 건설생산에 기능, 인력들을 유기적으로 연계하여 각 건설업체의 업무를 각사의 특성에 맞게 최적화하는 개념
　(3) CALS(Continuous Acquisition and Life Cycle Support) : 건설분야 통합정보시스템
　　건설 생산 활동의 전 과정에서 건설관련 주체가 초고속정보통신망이나 전자상거래 등 정보의 실시간 공유를 통해 공기단축, 원가절감 등을 도모하려는 건설분야 통합정보시스템을 말한다.

24. 테라죠(Terrazzo) 현장 바름공사에서 부적합한 사항은?

① 마감은 수산으로 때를 벗겨내고, 버프(Buff)로 문질러 손질한 후 왁스 등을 바른다
② 줄눈나누기는 최대 줄눈간격 2m 이하로 한다.
③ 갈기는 테라죠를 바른 후 손갈기일 때 1일 이상, 기계갈기일 때 3일 이상 경과한 후 경화정도를 보아 시작한다.
④ 바닥 바름두께의 표준은 접착공법일 때 25mm 정도이다.

정답 21. ③　22. ①　23. ②　24. ③

[해설] 테라조 현장갈기
① 백시멘트·안료·대리석 부순 돌을 섞어서 정벌바름을 하고, 굳은 후에 여러 번 갈아주고 수산으로 청소한 후 왁스로 광내기 마무리한 것으로 주로 바닥에 쓰이고 벽에는 공장제품 테라조판을 붙인다.
② 시공·특징
  ㉠ 초벌바름은 접착공법(밀착공법)과 절연공법(유리공법)이 있다.
  ㉡ 시공순서 : 바탕처리 → 줄눈대 대기 → 초벌 모르타르바름 → 정벌바름 → 양생 → 초벌갈기 → 시멘트풀 먹임 → 중갈기 → 정벌갈기 → 왁스칠
  ※ 현장갈기 : 초벌갈기는 돌알이 균등하게 나타나게 하고 잔구멍을 시멘트풀로 메운 후 굳은 다음 중갈기 하고 중갈기 완료 후 시멘트풀을 2~3회 먹인 후 정벌한다.
  ㉢ 갈기는 정벌바름 후 손갈기는 1일 이상, 기계갈기는 5~7일 이상 경과 후에 한다.
  ㉣ 줄눈대는 황동제로 사용하며, 보통 간격 90cm, 최대 2m 이내로 하며, 설치 목적은 균열방지, 보수용이, 바름 구획구분(레벨 조절용이) 등이 있다.

25. 공정표 작성시 공정계산에 관한 설명 중 옳은 것은?

① 종속여유(DF)는 후속작업의 EST에 영향을 주지 않는 범위 내에서 한 작업이 가질 수 있는 여유시간이다.
② 복수의 작업에 후속되는 작업의 EST는 복수의 선행작업 중 EFT의 최소값으로 한다.
③ 복수의 작업에 선행되는 작업의 LFT는 후속작업의 LST 중 최대값으로 한다.
④ 전체여유(TF)는 작업을 EST로 시작하고 LFT로 완료할 때 생기는 여유시간이다.

[해설] ① 종속여유(DF)는 후속작업의 전체 여유에 영향을 미치는 여유시간이다.
② 복수의 작업에 후속되는 작업의 EST는 복수의 선행작업 중 EFT의 최대값으로 한다.
③ 복수의 작업에 선행되는 작업의 LFT는 후속작업의 LST 중 최소값으로 한다.

26. 지하연속벽 공법 중 슬러리 월(Slurry Wall)에 대한 특징으로 옳지 않은 것은?

① 시공시 소음·진동이 크다.
② 인접건물의 경계선까지 시공이 가능하다.
③ 주변 지반에 대한 영향이 적고 차수효과가 확실하다.
④ 지반 굴착시 안정액을 사용한다.

[해설] 슬러리 월(Slurry wall, 지하연속벽식) 공법
안정액(Bentonite 용액)을 사용하여 지반의 붕괴를 방지하면서 굴착하여 그 속에 철근망과 콘크리트를 넣어 연속으로 콘크리트 흙막이벽을 설치하는 공법으로 흙막이 자체가 지하 본구조물의 옹벽을 형성한다.
  ㉠ 진동, 소음이 적다.
  ㉡ 차수성이 높으며, 인접 건물에 근접 시공이 가능하다.
  ㉢ 벽체의 강성이 높아 본 구조체로 사용 가능하다.
  ㉣ 통상적인 흙막이 공사와 비교하면 대체로 공사비가 높다.

27. 다음은 공법에 관한 내용이다. 맞는 내용은?

"미리 공장 생산한 기둥이나 보, 바닥판, 외벽, 내벽 등을 한층씩 쌓아 올라가는 조립식으로 구체를 구축하고 이어서 마감 및 설비공사까지 포함하여 차례로 한층씩 완성해 가는 공법"

① 하프 PC합성바닥판공법
② 역타공법
③ 적층공법
④ 지하연속벽공법

[해설] 적층공법은 공장에서 제작한 PC 부재를 현장으로 운송, 양중, 조립하여 일체화시키는 복합화 첨단 공법으로 철근콘크리트 라멘구조의 건물에 적용된다.

정답 25. ④ 26. ① 27. ③

28. 콘크리트를 타설하면서 거푸집을 수직 방향으로 이동시켜 연속작업을 할 수 있게 한 것으로 사일로 등의 건설공사에 적합한 것은?

① Euro form
② Sliding form
③ Air tube form
④ Traveling form

해설 슬라이딩 폼(sliding form)
㉠ 수직 활동 거푸집으로, 연속 타설로 일체성을 확보할 수 있다.
㉡ 공기가 약 1/3 정도 단축되며, 요오크(yoke)로 끌어올린다.
㉢ 거푸집 높이 1m 정도, 비계발판이 필요 없다. (내·외부 비계발판이 일체형)
㉣ 돌출부가 없는 굴뚝, 사일로(Silo) 등에 사용

29. 커튼월 Mock-up Test에 있어 기본성능시험의 항목에 해당되지 않는 것은?

① 정압수밀시험
② 구조시험
③ 기밀시험
④ 압축강도시험

해설 커튼월의 실물모형실험(mock-up test)
풍동시험을 근거로 설계한 기준척도의 실물모형 3개를 만든 뒤 건설예정지에서 최악의 기후조건으로 시험한다. 예비시험, 기밀시험, 수밀시험(정압, 동압), 구조시험 등을 실시하며, 그 결과에 따라 건축물의 각 부위를 수정·보완하여 안전하고 경제적인 커튼월 설계 및 시공이 가능하도록 한다.
㉠ 예비시험 : 시험실시여부 판단시험, 설계풍압의 50%를 가하는 내풍압시험실시
㉡ 기밀시험 : 기밀성 및 공기누출량 측정시험
㉢ 정압수밀시험 : 누수시험
㉣ 동압수밀시험 : 맥동압에 의한 누수시험
㉤ 구조시험 : 내풍압시험 및 층간변위측정

30. 재료의 할증률을 나타낸 것이다. 옳지 않은 것은?

① 이형철근 : 3%
② 붉은벽돌 : 3%
③ 시멘트벽돌 : 5%
④ 단열재 : 5%

해설 재료의 할증률
• 1% : 유리
• 2% : 시멘트, 칠(도장)
• 3% : 이형철근, 붉은벽돌, 내화벽돌, 타일, 테라코타, 슬레이트, 고장력보울트
• 4% : 블록
• 5% : 원형철근, 시멘트벽돌, 봉강, 리벳, 볼트, 아스팔트계 타일, 기와
• 7% : 대형형강
• 10% : 강판, 단열재
• 30% : 고온고압기기

31. 철근콘크리트공사에서 콘크리트 이어치기에 대한 설명으로 옳지 않은 것은?

① 콘크리트의 이어치기는 원칙적으로 응력이 집중되는 곳에서 한다.
② 보의 이어붓기는 전단력이 가장 적은 스팬의 중앙부에서 수직으로 한다.
③ 기둥·기초는 슬래브의 상단에서 이어친다.
④ 캔틸레버 보는 이어치기를 하지 않고 한번에 타설한다.

해설 콘크리트의 이어치기는 원칙적으로 응력이 적은 곳 한다.

32. 사운딩(Sounding)이란 저항체를 땅속에 삽입하여서 관입, 회전, 인발 등의 저항으로 토층의 성상을 탐사하는 방법이다. 다음 중 사운딩(Sounding)시험에 속하지 않는 시험법은?

① 표준관입시험
② 콘 관입시험
③ 베인전단시험
④ 말뚝의 재하시험

[해설] 사운딩
로드 선단에 붙인 저항체를 지중에 넣고 관입, 회전, 인발 등에 의해 토층의 성상을 탐사하는 시험법
☞ 사운딩(Sounding) 시험의 종류 : 표준관입시험, 콘 관입시험, 베인전단시험
※ 지내력 시험(평판재하시험) : 기초 저면까지 판 자리에서 직접 재하하여 허용 지내력도를 구하는 시험

33. 다음에서 설명하는 미장재료는?

> 시멘트와 건조모래 및 특성 개선재를 배합한 공장제품을 현장에서 물만 가하여 사용하는 모르타르로써, 현장배합 모르타르보다는 다소 고가이지만 현장관리가 용이하다.

① 바라이트 모르타르 ② 셀프레벨링재
③ 초속경 모르타르   ④ 드라이 모르타르

[해설] 셀프 레벨링재(self leveling : SL재) 바름
자체 유동성을 가지고 있기 때문에 평탄하게 되는 성질이 있는 석고계 및 시멘트계 등의 셀프 레벨링재(self leveling : SL재)에 의한 바닥 바름공사에 적용한다.

34. 연압강재가 냉각될 때 표면에 생기는 산화철 표피를 무엇이라 하는가?

① 스패터   ② 밀스케일
③ 슬래그   ④ 비드

[해설] 밀 스케일(mill scale)
철강재를 가열, 압연, 가공 등을 할 때 표면에 붙은 산화철로 된 찌꺼기
※ 스패터(spatter) : 아크용접과 가스용접에서 용접 중 튀어나오는 슬래그(slag) 또는 금속입자가 경화된 것
☞ 용접이 완료되면 슬래그 및 스패터를 제거하고 청소한다.

35. 콘크리트용 재료 중 시멘트에 관한 설명으로 옳지 않은 것은?

① 중용열포틀랜드시멘트는 수화작용에 따르는 발열이 적기 때문에 매스콘크리트에 적당하다.
② 조강포틀랜드시멘트는 조기강도가 크기 때문에 한중콘크리트공사에 주로 쓰인다.
③ 알칼리 골재반응을 억제하기 위한 방법으로써 내황산염포틀랜드시멘트를 사용한다.
④ 조강포틀랜드시멘트를 사용한 뒤 콘크리트의 7일 강도를 보통포틀랜드시멘트를 사용한 콘크리트의 28일 강도와 거의 비슷하다.

[해설] 플라이애쉬를 혼입한 콘크리트는 알칼리 골재반응에 의한 팽창을 억제하고, 해수 중의 황산염에 대한 화학저항성이 증대된다.

36. 지반조사의 시험에 관계되는 것을 연결한 것 중 옳은 것은?

① 진흙의 점착력 - 베인시험(Vene Test)
② 지내력 - 정량분석시험
③ 연한점토 - 표준관입시험
④ 염분 - 씬 월 샘플링(Thin Wall Sampling)

[해설] ① 베인 테스트(Vane test) : 보링의 구멍을 이용하여 +자 날개형의 테스터를 지반에 때려 박고 회전시켜 그 회전력에 의하여 진흙의 점착력을 판별하는 시험
② 정량분석시험 : 골재의 품질시험
③ 표준관입시험(SPT : Standard Penetration Test) : 보링 로드 선단에 스플릿 스푼 샘플러를 장치하여 63.5kg의 추를 높이 76cm에서 자유 낙하시켜 30cm 관입하는 사이의 타격 횟수 N을 구하고, 샘플러로 시료를 채취하는 것으로 모래지반의 전단력 시험에 주로 쓰이는 시험이다.
④ 씬 월 샘플링(Thin Wall Sampling) : 샘플링 튜브가 얇은 살로 된 것으로 시료를 채취한다. 연약 점토의 채취에 적합하다.

[정답] 33. ④ 34. ② 35. ③ 36. ①

37. 지름 150mm, 높이 300mm인 원주 공시체로 콘크리트의 압축강도를 시험하였더니 400kN에서 파괴되었다면 이 콘크리트의 압축강도는?

① 14.15MPa   ② 25.84MPa
③ 22.64MPa   ④ 26.24MPa

[해설] 콘크리트의 압축강도(σ_c) = $\dfrac{P}{A}$

단, P(압축력), A(단면적) = $\dfrac{\pi d^2}{4}$

∴ 압축강도 = $\dfrac{P}{A} = \dfrac{P}{\dfrac{\pi d^2}{4}} = \dfrac{400 \times 10^3 N}{\dfrac{3.14 \times 150^2}{4}}$

= 22.64N/mm² = 22.64MPa

※ 1kN = 1,000N = 10^3N
1MPa = 1N/mm²

38. 타일의 크기가 200mm×200mm이고, 가로 세로 줄눈의 크기는 10mm인 타일로 벽면적 100m²가 되는 벽체를 시공하는 경우의 타일 매수로 적당한 것은 어느 것인가?(단, 정미량이며 깨짐에 의한 손실은 없는 것으로 한다.)

① 2,368매   ② 2,268매
③ 2,468매   ④ 2,678매

[해설] $\dfrac{1,000\text{cm}}{(20+1)\text{cm}} \times \dfrac{1,000\text{cm}}{(20+1)\text{cm}} = 2267.7$매 ≒ 2268매

39. 콘크리트의 측압에 대한 설명이 바르지 않은 것은?

① 철근량이 작을수록 측압은 크다.
② 슬럼프가 작을수록 측압은 크다.
③ 타설속도가 빠를수록 측압은 크다.
④ 온도가 높을수록 측압은 작다.

[해설] 생콘크리트가 측압에 영향을 주는 요소
타설 속도, 컨시스턴시, 콘크리트의 비중, 배합(시멘트량), 콘크리트의 온도, 시멘트의 종류, 거푸집 표면의 평활도, 거푸집의 투수성 및 누수성, 거푸집의 수평단면, 진동기의 사용, 붓기(타설) 방법·위치, 거푸집의 강성, 철골 또는 철근량

※ [① 온도가 높을수록, ② 응결시간이 빠를수록, ③ 투수성 및 누수성이 클수록, ④ 철골 또는 철근량이 많을수록] : 측압은 작다.

40. 다음 중 탄성계수를 구할 때 변형 측정에 이용하는 것으로 가장 정밀도가 높은 것은?

① 다이얼 게이지
② 콤퍼레이터
③ 마이크로미터
④ 와이어 스트레인 게이지

[해설] 와이어 스트레인 게이지(wire strain gauge)
가느다란 저항선에 가해지는 변형에 의해 전기저항이 변화하는 것을 이용한 측정용 소자(素子)이다. 탄성계수를 구할 때 변형 측정에 이용하는 것으로 가장 정밀도가 높다.

■■■ 제3과목 건축구조

41. 강도설계법에 따른 철근콘크리트 부재의 휨에 관한 일반사항으로 옳지 않은 것은? (단, $f_{ck} \leq 40$MPa)

① 콘크리트의 인장강도는 철근콘크리트 부재 단면의 축강도와 휨강도 계산에서 무시할 수 있다.
② 휨모멘트 또는 휨모멘트와 축력을 동시에 받는 부재의 콘크리트 압축연단의 극한변형률은 0.0033으로 가정한다.
③ 철근의 변형률은 같은 위치에 있는 콘크리트의 변형률과 같다.
④ 강도설계법에서는 연성파괴 보다는 취성파괴를 유도하도록 설계의 초점을 맞추고 있다.

[해설] 강도설계법의 휨설계
철근 콘크리트보가 항복상태에 도달될 때 취성인 콘크리트는 급격한 파괴를 일으켜 위험하다. 그러나 연성인 철근은 파괴에 이르는 과정이 길어 위험에 대비가 가능하다. 따라서 철근 콘크리트보 설계시 항복상태에서 연성파괴를 유도하기 위하여 철근이 먼저 파괴되도록 설계하는 것이 바람직하다. ($\rho < \rho_b$)

정답   37. ③   38. ②   39. ②   40. ④   41. ④

42. 구조설계기준(KDS 41 17 00)의 지반의 분류 중 지반종류와 호칭이 옳게 연결된 것은?

① S_1 : 깊고 단단한 지반
② S_2 : 얕고 단단한 지반
③ S_3 : 깊고 연약한 지반
④ S_4 : 얕고 연약한 지반

[해설] 구조설계기준(KDS 41 17 00)에 따른 지반 호칭

지반 종류	지반종류의 호칭	분류기준	
		기반암 깊이, H(m)	토층평균전단 파속도, $V_{s,soil}$(m/s)
S_1	암반 지반	1 미만	–
S_2	얕고 단단한 지반	1~20 이하	260 이상
S_3	얕고 연약한 지반		260 미만
S_4	깊고 단단한 지반	20 초과	180 이상
S_5	깊고 연약한 지반		180 미만
S_6	부지 고유의 특성평가 및 지반응답해석이 필요한 지반		

43. 다음 라멘 구조물의 부정정 차수는?

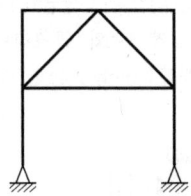

① 9차 부정정
② 10차 부정정
③ 11차 부정정
④ 12차 부정정

[해설] 구조물의 판별
• 정석 해석
$N = N_e + N_i$
$N_e = R - 3$
$\quad = (2 \times 2) - 3 = 1$
$N_i = 3 \times 3 = 9$
∴ $N = 1 + 9 = 10$ (10차 부정정)

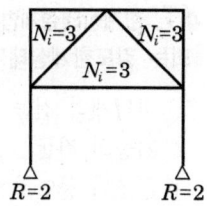

※ 참고사항
• 회전지점 반력(R)=2
• 양단고정 추가부재 3개
  → 내적해석(N_i)=3×3=9

• 간편 해석

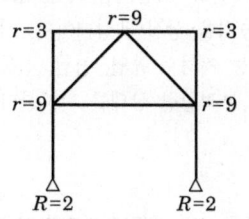

$N = R + r - 3M$
$= (2 \times 2) + (3 \times 2 + 9 \times 3) - (3 \times 9)$
$= 10$ ($N > 0$이므로 10차 부정정)

44. 고정하중 10kN, 활하중 9kN, 풍하중 0.8kN이 강구조 기둥에 축력으로 작용하고 있다. 기둥의 소요강도는 얼마인가?

① 20kN
② 22kN
③ 24kN
④ 26kN

[해설] 계수하중

하중의 조합	소요강도
고정하중(D)+활하중(L)	U=1.2D+1.6L
고정하중(D)+풍하중(W)+ 활하중(L)+적설하중(S)	U=1.2D+1.3W+1.0L +0.5S
고정하중(D)+지진하중(E)+ 활하중(L)+적설하중(S)	U=1.2D+1.0E+1.0L +0.2S
고정하중(D)+유체압(F) +자중의 연직하중(Hv)	U=1.4(D+F+Hv)

∴ 계수하중(U) = 1.2D+1.3W+1.0L
$= (1.2 \times 10) + (1.3 \times 0.8) + (1.0 \times 9)$
$= 22.04$(kN)

정답 42. ② 43. ② 44. ②

45. 한계상태설계법에 따라 강구조물을 설계할 때 고려되는 강도한계상태가 아닌 것은?

① 바닥재의 진동
② 기둥의 좌굴
③ 골조의 불안정성
④ 취성파괴

[해설] 강구조 용어
① 해석의 발상 : 한계상태설계법은 강도한계상태 설계와 사용한계상태 설계로 대별된다.
② 강도한계상태란 구조체가 제 기능을 발휘 못하는 상태로 압축, 인장, 좌굴, 휨, 전단 등의 하중에 대한 지지 능력을 상실한 상태이며, 사용한계상태란 구조기능 저하로 균열, 처짐, 진동 등에 의하여 사용상 부적합한 상태를 의미한다.

46. 그림은 연직하중을 받는 철근콘크리트의 보의 균열 상태를 표시한 것이다. 전단력에 의해서 생기는 대표적인 균열의 형태로 옳은 것은?

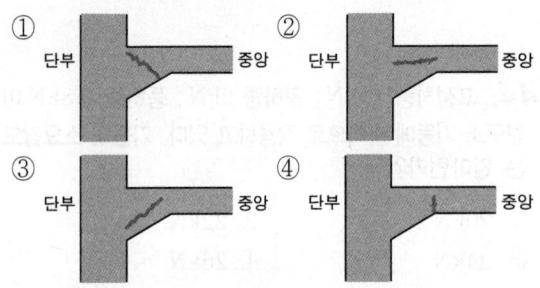

[해설] 보의 전단균열
보의 단부는 최대 전단력이 발생하는 위치로 사인장 균열이 나타난다. 즉, 보의 왼쪽 단부에서 아래 그림과 같이 수직전단과 수평전단에서 미소단면 주변에는 화살표 방향으로 응력이 발생한다. 따라서 정사각형의 미소단면은 마름모꼴로 변형되어 45° 방향으로 사인장 균열이 발생하게 된다.

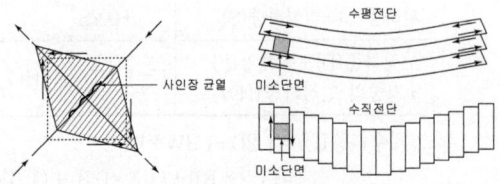

47. 연약지반에서 부등침하를 방지하는 대책으로 옳지 않은 것은?

① 건물을 경량화 한다.
② 지하실을 강성체로 설치한다.
③ 줄기초와 마찰말뚝 기초를 병용한다.
④ 건물의 구조강성을 높인다.

[해설] 연약지반의 대책
연약지반의 상부구조는 경량화, 길이 축소, 강성 향상, 인접거리 확대, 중량분배가 필요하며 하부구조는 마찰말뚝을 사용하여 경질지반까지 지지시키고 지하실을 설치하거나 지중보로 기초를 연결한다. 또한 지반은 강제배수, 고결, 치환 등의 조치가 필요하다.

48. 철골조 주각부분에 사용하는 보강재에 해당되지 않는 것은?

① 윙플레이트
② 데크플레이트
③ 사이드앵글
④ 클립앵글

[해설] 강구조 주각부 구성
강구조 주각부 기둥의 하부와 기초를 연결하는 부분으로 기둥의 하중을 넓게 분산시키기 위해 리브 플레이트(Rib plate), 윙 플레이트(Wing plate), 베이스 플레이트(Base plate)를 설치하고 기둥 하부와 베이스 플레이트를 긴결하기 위해 사이드 앵글(Side Angle), 클립 앵글(Clip Angle)을 설치하며 베이스 플레이트와 콘크리트 기초를 연결하기 위해 앵커 볼트(Anchor Bolt)를 설치한다.

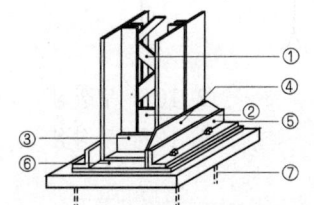

① Lattice bar
② Web plate
③ Clip Angle
④ Wing plate
⑤ Side Angle
⑥ Base plate
⑦ Anchor Bolt

정답 45. ① 46. ③ 47. ③ 48. ②

49. 강구조에서 용접선 단부에 붙인 보조판으로 아크의 시작이나 종단부의 크레이터 등의 결함을 방지하기 위해 붙이는 판은?

① 스티프너 ② 엔드탭
③ 윙플레이트 ④ 커버플레이트

[해설] 엔드탭(End Tab)

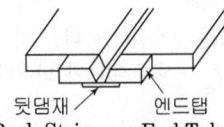

뒷댐재 / 엔드탭
Back Strip / End Tab

아크의 시작점과 마침점 부근에 발생하기 쉬운 용접의 결함을 없애기 위해서 용접의 시작점과 마침점에 임시로 덧붙이는 용접 보조판으로 작업이 끝나면 떼어내어야 한다.

50. 그림과 같은 단순보의 최대 전단응력은?

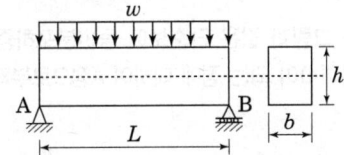

① $\dfrac{4}{3} \cdot \dfrac{wL}{bh}$ ② $\dfrac{3}{4} \cdot \dfrac{wL}{bh}$

③ $\dfrac{2}{3} \cdot \dfrac{wL}{bh}$ ④ $\dfrac{3}{2} \cdot \dfrac{wL}{bh}$

[해설] 장방형 단면의 최대 전단응력(τ_{max})
① 해석의 발상 : 장방형 단면의 최대 전단응력은 중립축에서 최대, 상하부 연단에서 0이 되며 연결은 포물선 형태이다.
② 사각형 단면의 최대 전단응력(τ_{max}) : 최대 전단력(S_{max})을 단면적으로 나눈 평균전단응력(v)의 1.5배이며, 최대 전단력은 양지점에서 지점반력(V_A)의 크기 만큼 발생한다.

• 최대전단력(S_{max}) = $S_A = V_A = \dfrac{wL}{2}$

• 최대전단응력(τ_{max}) = $1.5v = \dfrac{3}{2} \cdot \dfrac{S_{max}}{A}$

$= \dfrac{3}{2} \cdot \dfrac{V_A}{A} = \dfrac{3}{2A} \cdot V_A$

$= \dfrac{3}{2bh} \cdot \dfrac{wL}{2} = \dfrac{3wL}{4bh}$

51. 단일 압축재에서 세장비를 구할 때 필요 없는 것은?

① 좌굴길이 ② 단면적
③ 단면2차모멘트 ④ 탄성계수

[해설] 압축재의 세장비(λ)
세장비(λ)는 부재의 단면2차 반경(r)에 대한 좌굴길이(l_k)의 비로 나타내며 좌굴 여부를 판단하는 기준이 된다.

$\lambda = \dfrac{l_k}{r} \quad r = \sqrt{\dfrac{I}{A}} \quad I = \dfrac{bh^3}{12}$

52. 강구조에서 기초콘크리트에 매입되어 주각부의 이동을 방지하는 역할을 하는 것은?

① 앵커 볼트 ② 턴 버클
③ 클립 앵글 ④ 사이드 앵글

[해설] 철골구조 주각부(48번 해설 참조)
강구조에서 주각부의 이동을 방지하기 위하여 Anchor Bolt로 베이스 플레이트(Base plate)와 콘크리트 기초를 연결하여 일체화한다.

53. 다음 그림에서 부정정보의 부재력 M_{AB}의 크기는?

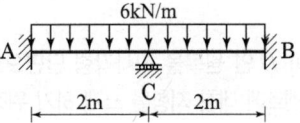

① 2kN·m ② 3kN·m
③ 4kN·m ④ 5kN·m

[해설] 고정단 휨모멘트

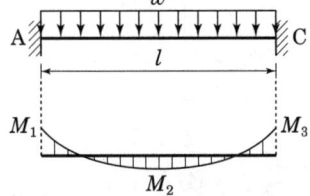

C의 지점은 이동지점이며 AC와 BC 부재의 접합점(절점)은 고정절점이다. 따라서 AC구간을 양단고정보로 분리하여 M_{AB}를 구할 수 있다.

$M_1 = M_3 = \dfrac{wl^2}{12} \quad M_2 = \dfrac{wl^2}{24}$

$\therefore M_{AB} = M_1 = \dfrac{wl^2}{12} = \dfrac{6 \times 2^2}{12} = 2(\text{kN} \cdot \text{m})$

[정답] 49. ② 50. ② 51. ④ 52. ① 53. ①

54. 다음 두 보의 최대 처짐량이 같기 위한 등분포하중의 비로 알맞은 것은? (단, 부재의 재질과 단면은 동일하며 A부재의 길이는 B부의 길이의 2배임)

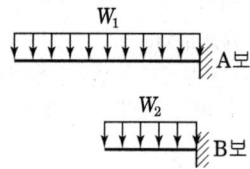

① $w_2 = 2w_1$ ② $w_2 = 4w_1$
③ $w_2 = 8w_1$ ④ $w_2 = 16w_1$

[해설] 캔틸레버의 최대 처짐(δ)
① 해석의 발상
   등분포하중을 받는 캔틸레버보의 최대처짐(δ_{max})은 $\dfrac{wl^4}{8EI}$로 산정한다.
② '두 보의 처짐이 동일하다($\delta_A = \delta_B$)'는 조건을 적용하여 등분포하중의 비를 구한다.

$$\delta_A = \dfrac{w_1(2l)^4}{8EI} \quad \delta_B = \dfrac{w_2 l^4}{8EI}$$

$\delta_A = \delta_B$를 적용하면

$$\dfrac{16w_1 l^4}{8EI} = \dfrac{w_2 l^4}{8EI} \rightarrow \therefore 16w_1 = w_2$$

55. 지름이 D인 원목을 직사각형 단면으로 제재하고자 한다. 휨모멘트에 대한 저항을 크게 하기 위해 최대 단면계수를 갖는 직사각형 단면을 얻기 위한 $\dfrac{b}{h}$는?

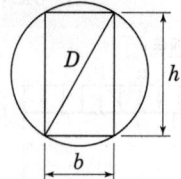

① 1   ② 1/2
③ $1/\sqrt{2}$ ④ $1/\sqrt{3}$

[해설] 최대 단면계수
최대 단면계수를 갖기 위한 조건
$b : h = 1 : \sqrt{2}$
$b : d = 1 : \sqrt{3}$

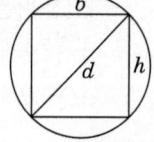

56. 강도설계법에서 압축이형철근 D22의 기본정착길이는? (단, $f_{ck} = 24\text{MPa}$, $f_y = 400\text{MPa}$, 경량콘크리트계수 $\lambda = 1$)

① 400mm   ② 450mm
③ 500mm   ④ 550mm

[해설] 압축 이형철근의 정착길이(l_{db})
압축 이형철근의 기본 정착길이는 다음 식으로 구하되 최소한 $0.043d_b \cdot f_y$ 이상의 길이가 되어야 한다.

$$l_{db} = \dfrac{0.25 d_b f_y}{\lambda \sqrt{f_{ck}}} \geq 0.043 d_b f_y$$

$$l_{db} = \dfrac{0.25 \times 22 \times 400}{1\sqrt{24}} = 449.1(\text{mm})$$

$0.043 d_b f_y = 0.043 \times 22 \times 400 = 378.4(\text{mm})$

∴ 산출한 기본정착길이 449.1mm는 최소 정착길이 378.4mm보다 크므로 기본정착길이로 적당하다.

57. 다음 그림과 같은 단순보에 등변분포하중이 작용할 때 전단력이 0이 되는 점에 대하여 A점으로부터의 거리를 구하면?

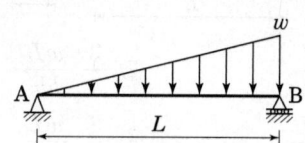

① $\dfrac{L}{\sqrt{2}}$ ② $\dfrac{L}{\sqrt{3}}$
③ $\dfrac{L}{\sqrt{4}}$ ④ $\dfrac{L}{\sqrt{5}}$

[해설] 전단력 최소 위치

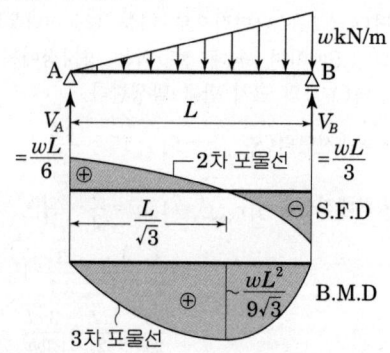

정답 54. ④   55. ③   56. ②   57. ②

58. 다음 그림과 같은 내민보의 지점반력을 각각 구하면? (단, 반력의 + : 상방향, - : 하방향)

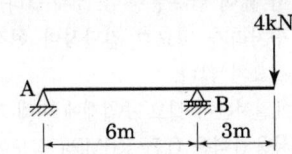

① $R_A = -2kN$, $R_B = +6kN$
② $R_A = +2kN$, $R_B = -6kN$
③ $R_A = +2kN$, $R_B = +2kN$
④ $R_A = -4kN$, $R_B = +8kN$

해설 내민보의 반력
① 해석의 발상 : A지점에 상향(↑) 반력(V_A)을 가정한 뒤 B지점을 기준하여 모멘트 평형조건식($\Sigma M_B = 0$)을 만족하는 V_A를 구할 수 있다.
$\Sigma M_B = 0$
$V_A \times 6 + 4 \times 3 = 0$
∴ $V_A = -2$[kN] (↓)

② 평형조건식 $\Sigma V = 0$를 만족하는 V_B를 구하면
$\Sigma V = 0$
$V_A + V_B - 4 = 0$
∴ $V_B = 4 - V_A = 4 - (-2) = 6$[kN]

59. 필릿치수 8mm, 용접길이 500mm인 양면필릿용접의 유효단면적은 약 얼마인가?

① 2,100mm² ② 3,221mm²
③ 4,300mm² ④ 5,421mm²

해설 용접 유효면적(A_e)
해석의 발상 : 용접의 유효면적(A_e)은 목두께(a)와 유효길이(l_e)의 곱으로 계산할 수 있다.
$A_e = a \cdot l_e = 0.7S(l - 2S)$
  $= [(0.7 \times 8)\{500 - (2 \times 8)\}] \times 2$
  $= 5420.8 (mm^2)$

※ 참고사항 : 모살용접의 목두께(a)는 모살치수(S)의 0.7배이며, 용접의 유효길이(l_e)는 용접길이(l)에서 모살치수(S)의 2배를 뺀 길이다. 또한 이 문제에서 '양면모살용접'이라고 제시한 것을 유의하여야 한다.

60. 강도설계법에 의해서 전단보강철근을 사용하지 않고 계수하중에 따른 전단력 $V_u = 50kN$을 지지하기 위한 직사각형 단면 보의 최소 유효깊이 d는? (단, 보통중량콘크리트 사용, $f_{ck} = 28MPa$, $b_w = 300mm$)

① 405mm ② 444mm
③ 504mm ④ 605mm

해설 전단보강되지 않은 보의 최소춤
① 해석의 발상 : 전단보강된 보의 소요전단강도는 다음 식으로 구한다.

$$V_u \leq \phi(V_c + V_s)$$

단, 전단보강이 없으므로 $V_s = 0$이다.
② 전단보강되지 않는 콘크리트보의 설계기준

$V_u \leq \dfrac{\phi V_c}{2}$

③ 유효깊이(d)
$\phi V_c \geq 2V_u$
$0.75 \times \dfrac{1}{6}\sqrt{f_{ck}} \times bw \times d \geq 2 \times 50,000$

$d \geq \dfrac{2 \times 50,000}{0.75 \times \dfrac{1}{6}\sqrt{28} \times 300} = 503.85 (mm)$

■■■ 제4과목 건축설비

61. 흡수식 냉동기의 주요 구성부분에 속하지 않는 것은?

① 응축기 ② 압축기
③ 증발기 ④ 재생기

해설 냉동기의 냉동사이클

구분	구성 요소
압축식	압축기 - 응축기 - 팽창밸브 - 증발기
흡수식	증발기 - 흡수기 - 발생기(재생기) - 응축기

정답 58. ① 59. ④ 60. ③ 61. ②

과년도 출제문제

2023. 2회 건축기사

62. 급수방식 중 펌프직송방식에 관한 설명으로 옳지 않은 것은?

① 상향공급방식이 일반적이다.
② 전력공급이 중단되면 급수가 불가능하다.
③ 자동제어에 필요한 설비비가 적고, 유지관리가 간단하다.
④ 적절한 대수분할, 압력제어 등에 의해 에너지절약을 꾀할 수 있다.

[해설] 펌프직송방식(Tankless booster system)
물을 지하실 등의 저수탱크에 물을 받은 후 배관 내 압력변동 등을 감지하여 자동급수펌프에 의하여 수전까지 직송하는 방식
㉠ 옥상탱크나 압력탱크가 필요 없다.
㉡ 정전이나 단수시 압력탱크와 동일하다.
㉢ 설비비가 고가이고, 펌프의 단락이 잦다.
→ 최근에는 압력탱크가 있는 부스터방식을 채용
㉣ 자동제어 시스템[병렬제어(펌프의 대수 제어운전), 회전수 제어]이어서 고장시 수리가 어렵다.
㉤ 전력소비가 많다.
㉥ 20m 이상의 건물에는 전력소모가 커서 비효율적이다.

63. 각종 보일러에 대한 설명으로 옳은 것은?

① 관류 보일러는 보유수량이 많아 예열시간이 길다.
② 주철제 보일러는 사용 내압이 높아 고압용으로 주로 사용되며 용량도 크다.
③ 수관 보일러는 소용량으로 소규모 건물에 적합하며 지역난방으로는 사용이 불가능하다.
④ 노통연관 보일러는 부하변동에 잘 적응되며, 보유수면이 넓어서 급수용량 제어가 쉽다.

[해설] ① 관류 보일러는 보유수량이 작아 예열시간이 짧다.
② 주철제 보일러는 저압용(증기압 0.1MPa 이하)으로 주로 사용된다.
③ 수관 보일러는 대용량으로 대규모 건물(병원, 호텔 등)에 적합하며 지역난방으로는 사용이 가능하다.

※ 노통연관식 보일러
㉠ 부하의 변동에 대해 안정성이 있으며, 수면이 넓어 급수용량 조절이 쉽다.
㉡ 수처리가 비교적 간단하며 현장공사가 거의 필요치 않다.
㉢ 예열시간이 길고 주철제에 비해 가격이 비싸다.
㉣ 사용압력은 0.7~1.0MPa 정도이다.
㉤ 공조 및 급탕을 겸하며 비교적 규모가 큰 건물에 사용된다.

64. 덕트의 치수 결정방법에 속하지 않는 것은?

① 균등법 ② 등속법
③ 등마찰법 ④ 정압재취득법

[해설] 덕트 설계 방법
㉠ 등속법(정속법) : 덕트 내의 공기 속도를 가정하고 공기량을 이용하여 마찰저항과 덕트 크기를 결정하는 방법이다. 주로 분진이나 산업용 분말 등을 배출시키기 위한 배기 덕트의 설계법으로 적당하다.
㉡ 등마찰법(등압법, 마찰저항법) : 덕트의 단위길이당의 마찰저항의 값을 일정하게 하여 덕트의 단면을 결정하는 방법으로, 가장 많이 사용되는 설계법이다.
㉢ 정압 재취득법(전압법, 압력보상법) : 덕트 각 부의 국부저항은 전압 기준에 의해 손실계수를 이용하여 구하고, 각 취출구까지의 전압력 손실이 같아지도록 덕트 단면을 결정하는 방법이다.

65. 증기난방에 관한 설명으로 옳지 않은 것은?

① 응축수 환수관 내에 부식이 발생하기 쉽다.
② 동일 방열량인 경우 온수난방에 비해 방열기의 방열면적이 작아도 된다.
③ 방열기를 바닥에 설치하므로 복사난방에 비해 실내바닥의 유효면적이 줄어든다.
④ 온수난방에 비해 예열시간이 길어서 충분한 난방감을 느끼는데 시간이 걸린다.

정답 62. ③ 63. ④ 64. ① 65. ④

[해설] 증기난방(steam heating)
증기의 잠열을 이용한 난방방식으로 사무소, 백화점, 학교, 극장, 일반공장 등에 이용한다.
① 장점
  ㉠ 증발 잠열을 이용하므로 열의 운반능력이 크다.
  ㉡ 예열시간이 온수난방에 비해 짧고 증기의 순환이 빠르다.
  ㉢ 방열면적은 온수난방보다 작게 할 수 있으며, 관경이 가늘어도 된다.
  ㉣ 설비비와 유지비가 싸다.
② 단점
  ㉠ 방열기의 표면온도가 높아 난방의 쾌감도가 낮다.
  ㉡ 난방부하의 변동에 따라 방열량 조절이 곤란하다.
  ㉢ 소음이 많이 난다.(steam hammering)
  ㉣ 보일러 취급에 기술을 요한다.

66. 정보통신설비는 정보설비와 통신설비로 구분할 수 있다. 다음 중에서 통신설비에 속하지 않는 것은?

① 인터폰설비 ② 전화설비
③ TV공청설비 ④ 전기시계설비

[해설] 정보통신설비
① 정보설비 : 모자식 전기시계설비, 건축물 내 근거리통신망(LAN), 구내정보설비
② 통신설비
  ㉠ 음성통신설비 : 전화설비, 인터폰설비, 구내방송설비, 무선통신설비
  ㉡ 영상통신설비 : TV공청설비(케이블TV설비 포함), 영상회의설비

67. 플러시 밸브식 대변기에 관한 설명으로 옳은 것은?

① 대변기의 연속사용이 가능하다.
② 급수관경과 급수압력에 제한이 없다.
③ 우리나라에서는 일반 주택을 중심으로 널리 채용되고 있다.
④ 탱크에 저장된 물의 낙차에 의한 수압으로 대변기를 세척하는 방식이다.

[해설] 세정밸브식(플러시밸브식)은 대변기의 연속사용이 가능하나 소음이 크고, 단시간에 다량의 물이 필요하며, 최저 필요 수압 0.07MPa(70kPa) 이상 확보할 수 있는 경우에 사용 가능하다. 일반 가정용으로는 사용이 곤란하다.
※ 세정밸브형 대변기에는 급수오염(크로스 커넥션, cross connection)을 방지하기 위하여 진공방지기(vacuum breaker), 토수구 등을 설치하여 역사이펀 작용을 방지한다.

68. 배수트랩에 관한 설명으로 옳지 않은 것은?

① 트랩은 이중으로 설치하면 효과적이다.
② 트랩의 봉수깊이가 너무 깊으면 통수능력이 감소된다.
③ 트랩은 하수가스의 실내 침입을 방지하는 역할을 한다.
④ 트랩은 위생기구에 가능한 한 접근시켜 설치하는 것이 좋다.

[해설] 배수용 트랩의 구비조건
  ㉠ 봉수가 확실하고 유효하게 유지되는 구조일 것 (50mm 이상 100mm 이하)
  ㉡ 구조가 간단하며 자기세정 작용을 할 것
  ㉢ 유수면이 평활하여 오수가 정체하지 않을 것
  ㉣ 재질은 내식성, 내구성이 우수할 것
  ㉤ 기구내장 트랩의 내벽 및 배수로의 단면형상에 급격한 변화가 없을 것
  ㉥ 봉수 파괴의 원인인 이물질 제거 등을 위하여 금속제 이음(나사이음)을 사용할 것
  ㉦ 봉수부의 소제구는 나사식 플러그 및 적절한 가스켓을 이용한 구조일 것
  ㉧ 2중 트랩이 되지 않도록 배관하고 가동부분이 없을 것

69. 자연환기에 관한 설명으로 옳은 것은?

① 풍력환기에 의한 환기량은 풍속에 반비례한다.
② 풍력환기에 의한 환기량은 유량계수에 비례한다.
③ 중력환기에 의한 환기량은 공기의 입구와 출구가 되는 두 개구부의 수직거리에 반비례한다.
④ 중력환기에서는 실내온도가 외기온도보다 높을 경우, 공기는 건물 상부의 개구부에서 들어와서 하부의 개구부로 나간다.

[해설] 중력환기(온도차에 의한 환기)는 건물의 실내외부에 온도차에 있으면 공기밀도의 차이로 압력차가 발생하고 이에 따라 자연배기가 발생한다.
풍력환기는 건물의 외벽면에 가해지는 풍압이 원동력이 되며, 일반적으로 공기 유입구와 유출구 높이의 차가 클수록 중력환기량은 많아진다.
① 풍력환기에 의한 환기량은 풍속에 비례한다.
③ 중력환기에 의한 환기량은 개구부 면적에 비례하여 증가하며, 실내외의 온도차가 클수록 많아진다.
④ 중력환기에서는 개구부의 전후에 압력차가 있으면 고압측에서 저압측으로 공기가 흐른다.

70. 어떤 상태의 습공기를 절대습도의 변화없이 건구온도만 상승시킬 때, 습공기의 상태변화로 옳은 것은?

① 엔탈피는 증가한다.
② 비체적은 감소한다.
③ 노점온도는 낮아진다.
④ 상대습도는 증가한다.

[해설] 습공기를 절대습도의 변화 없이 건구온도만 상승한다는 의미는 습공기선도상의 현열 가열을 말한다. 이 때 상대습도는 감소하며, 엔탈피는 증가한다. 또한 절대습도의 변화가 없으므로 노점온도는 일정하고, 비체적은 증가한다.
※ 노점온도는 포화공기(상대습도 100%)선에 있으며 절대습도와 같은 평행선상에 있다.

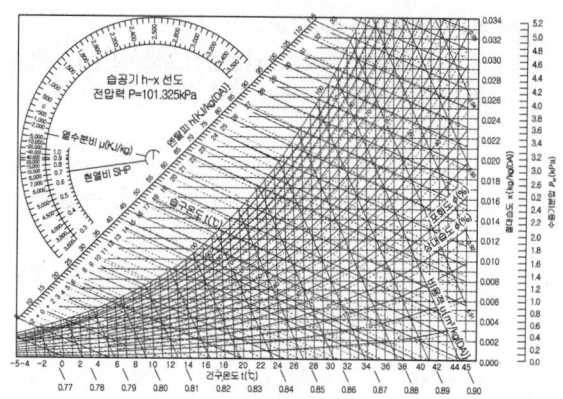

[그림] 습공기 선도

71. 변풍량 단일덕트방식에서 송풍량 조절의 기준이 되는 것은?

① 실내 청정도
② 실내 기류속도
③ 실내 현열부하
④ 실내 잠열부하

[해설] 변풍량(VAV) 단일덕트 방식
토출공기 온도는 일정하게 하며 송풍량을 실내 부하의 변동에 따라 변화시키는 것으로 운전비는 감소되고 개별제어가 용이한 에너지 절약형 공조방식이다. 부하변동이 심한 페리미터 존(perimeter zone)에 적합하다.
① 장점
 ㉠ 개별제어가 용이
 ㉡ 에너지 절약형 공조방식이다.
 ㉢ 공조기 및 덕트 스페이스가 작아도 된다.
② 단점
 ㉠ 실내부하가 극히 감소되면 실내공기의 오염이 심해져 청정도가 떨어진다.
 ㉡ 운전 및 유지관리가 어렵다.
 ㉢ 자동제어가 복잡하여 설비비가 많이 든다.
※ 에너지 절약형 공조방식 : 변풍량(VAV)방식, 외기냉방방식, 전열교환기 설치, 히트펌프 시스템

정답 69. ② 70. ① 71. ③

72. 주위 온도가 일정온도 상승률 이상이 되었을 때 작동하는 것으로 국소적 열효과에 의하여 작동하는 감지기는?

① 차동식 스포트형 감지기
② 정온식 스포트형 감지기
③ 정온식 감지선형 감지기
④ 광전식 연기 감지기

[해설] 감지기

감지기의 종류		작동원리
열식	차동식	그 주위 온도가 일정한 온도 상승률 이상으로 되었을 때 작동한다.
	정온식	그 주위 온도가 일정한 온도 이상이 되었을 때 작동한다.
	보상식	그 주위 온도의 변화에 따라 감도가 변화하는 것이며, 차동식 및 정온식의 성능을 가진다.
연기식	이온식	검지부에 연기가 들어감으로써 이온 전류가 변화하는 것을 이용하여 감지한다.
	광전식	검지부에 연기가 들어감으로써 광전소자의 입사광량이 변화하는 것을 이용하여 감지한다.

73. 압력에 따른 도시가스의 분류에서 고압의 기준으로 옳은 것은?

① 0.1MPa 이상   ② 1MPa 이상
③ 10MPa 이상   ④ 100MPa 이상

[해설] 가스 공급 방식은 압력에 따라 분류되며 고압, 중압, 저압 등을 각 수송 방식에 따라 병용하는 것이 보통인데, 수요가로의 공급은 중압 또는 저압으로 공급되고, 고압은 먼 곳의 수송용으로 이용되고 있다.
㉠ 저압 : 0.1MPa 이하
㉡ 중압 : 0.1MPa 이상 1.0MPa 미만
㉢ 고압 : 1.0MPa 이상

74. 엘리베이터의 주요 기기의 설치 위치는 기계실, 승강로, 승장 등으로 나눌 수 있다. 다음 중 기계실에 설치하는 것은?

① 가이드 레일   ② 균형추
③ 완충기   ④ 권상기

[해설] 권상기(traction machine)
카(car)를 전동기로써 오르내리게 하는 기계인데, 이는 전동기, 제동기(brake), 감속기(reduction gear), 견인구차(sheave : 로프를 감는 도르레), 로프, 평행추로 구성된다.

75. 급탕배관에 관한 설명으로 옳은 것은?

① 배관은 하향 구배로 하는 것이 원칙이다.
② 탕비기 주위의 급탕배관은 가능한 짧게 하고 공기가 체류하지 않도록 한다.
③ 배관은 신축에 견디도록 가능하며 요철부가 많도록 배관하는 것이 원칙이다.
④ 물이 뜨거워지면 수중에 포함된 공기가 분리되기 쉽고, 이 공기는 배관의 상부에 모여서 급탕의 순환을 원활하게 한다.

[해설] ① 고온의 유체를 수송하는 급탕배관은 상향 구배로 하는 것이 원칙이다.
② 급탕배관, 반탕관의 열손실과 배관의 마찰손실을 줄이기 위해서 관의 길이를 되도록 짧게 하는 것이 유리하다.
③ 배관에 생기는 팽창량을 흡수하여, 응력에 의한 배관 이음쇠의 파손 부분에서 발생하는 누수를 방지하기 위하여 배관 중에 신축이음쇠(expansion joint)를 설치한다.
④ 중앙식 급탕법은 순환이 느리기 때문에 순환펌프를 사용해야 한다.
대규모 건물의 중앙식 급탕법은 급탕관 내의 탕의 온도가 내려가는 것을 방지하기 위하여 온수순환펌프를 이용하여 급탕관 및 반탕관 내의 탕을 강제적으로 순환시킨다.

정답 72. ① 73. ② 74. ④ 75. ②

76. 다음 설명에 알맞은 접지의 종류는?

> 기능상 목적이 서로 다르거나 동일한 목적의 개별 접지들을 전기적으로 서로 연결하여 구현한 접지시스템

① 단독접지 ② 공통접지
③ 통합접지 ④ 종별접지

[해설] 통합접지
빌딩이나 공장 기타 건물에는 보안용 접지, 정보통신 기기들을 위한 기능용 접지 또는 낙뢰로부터 보호하기 위한 접지 등 목적이 다른 접지가 이루어지는데 하나의 공용 접지시스템으로 신뢰와 편리 그리고 경제적인 시공을 하는 것을 목적으로 한 접지를 통합접지 시스템이라 한다.
※ 통합접지 : 계통접지·통신접지·피뢰접지의 접지극을 통합하여 접지
☞ 공통접지 : (특)고압 계통과 저압 접지계통을 등전위 형성을 위해 공통으로 접지

77. 옥내소화전설비에 관한 설명으로 옳지 않은 것은?

① 옥내소화전방수구는 바닥으로부터의 높이가 1.5m 이하가 되도록 설치한다.
② 옥내소화전설비의 송수구는 구경 65mm의 쌍구형 또는 단구형으로 한다.
③ 전동기에 따른 펌프를 이용하는 가압송수 장치를 설치하는 경우, 펌프는 전용으로 하는 것이 원칙이다.
④ 어느 한 층의 옥내소화전을 동시에 사용할 경우 각 소화전의 노즐선단에서의 방수압력은 최소 0.7MPa 이상이 되어야 한다.

[해설] 옥내소화전설비 가압송수장치는 특정소방대상물의 어느 층에 있어서도 해당 층의 옥내소화전을 동시에 사용할 경우 각 소화전의 노즐선단에서의 방수압력이 0.17MPa 이상으로 하고, 하나의 옥내소화전을 사용하는 노즐선단에서의 방수압력이 0.7MPa을 초과할 경우에는 호스접결구의 인입측에 감압장치를 설치하여야 한다.

78. 어떤 실의 취득열량이 현열 35,000W, 잠열 15,000W이었을 때, 현열비는?

① 0.3 ② 0.4
③ 0.7 ④ 2.3

[해설] 현열비(SHF) : 전열 변화량에 대한 현열 변화량의 비

$$\therefore 현열비(SHF) = \frac{현열부하}{현열부하 + 잠열부하}$$

$$= \frac{35,000}{35,000 + 15,000} = 0.7$$

79. 통기관에 관한 설명으로 옳지 않은 것은?

① 2개 이상의 횡지관이 있는 배수입상관에는 통기입상관을 설치하여야 한다.
② 위생배관의 통기관은 위생배관의 통기 이외의 다른 목적으로 사용하지 않는다.
③ 통기관은 위생기구의 물 넘침선보다 150mm 이상 높게 배관하여 연결하는 것이 원칙이다.
④ 여러 개의 통기관을 입상관 상부 끝에서 공통 헤더로 연결하여 한 곳에서 대기에 개방할 수 있다.

[해설] 2개 이상의 횡지관이 있는 배수입상관에는 루프통기관을 설치하여야 한다.

80. 변전실에 관한 설명으로 옳지 않은 것은?

① 건축물의 최하층에 설치하는 것이 원칙이다.
② 용량의 증설에 대비한 면적을 확보할 수 있는 장소로 한다.
③ 사용부하의 중심에 가깝고, 간선의 배선이 용이한 곳으로 한다.
④ 변전실의 높이는 바닥의 케이블트렌치 및 무근 콘크리트 설치 여부 등을 고려한 유효 높이로 한다.

[해설] 변전실의 위치
  ㉠ 수전에 편리하고 배전하기 쉬운 장소일 것
  ㉡ 가능한 부하의 중심에 가깝고 배전에 편리한 장소일 것
  ㉢ 외부로부터의 전원인입이 쉬운 곳일 것
  ㉣ 기기의 반입·반출이 용이할 것
  ㉤ 고온·고습이 되지 않는 장소이고 환기가 잘 되는 장소일 것
  ㉥ 천정 높이가 충분할 것
   • 고압 : 보 아래 3.6m 이상(천정에 배관, 덕트 통할시 : 3.0m 이상)
   • 특고압 : 보 아래 4.5m 이상(폐쇄형 : 3.6m 이상)
  ㉦ 기타 전기설비기기와 인접한 장소일 것
  ※ 부하와 설비 위치
   모든 설비장치는 가능한 한 부하의 중심에 가까운 곳에 두므로 축전실과 발전기실은 가까이 둔다.
   [예] 보일러실, 변전실, 예비전원설비(발전기실, 축전지실), 분전반, 파이프 샤프트, 전화교환실 등

■■■■ 제5과목 건축관계법규

81. 건축물의 용도를 변경하는 경우 변경 후 용도의 주차대수와 변경 전 용도의 주차대수의 차이에 해당하는 부설주차장을 추가로 확보하지 아니하고 용도를 변경할 수 있는 경우에 속하지 않는 것은? (단, 사용승인 후 5년이 지난 연면적 1,000m² 미만의 건축물의 용도를 변경하는 경우)

① 종교시설의 용도로 변경하는 경우
② 판매시설의 용도로 변경하는 경우
③ 다세대주택의 용도로 변경하는 경우
④ 문화 및 집회시설 중 전시장의 용도로 변경하는 경우

[해설] 부설주차장을 추가로 확보하지 않고 건축물을 용도변경 할 수 있는 경우
  ㉠ 사용승인 후 5년이 경과한 연면적 1,000m² 미만 시설물의 용도변경
   [예외] 문화 및 집회시설 중 공연장·집회장·관람장과 위락시설 및 주택 중 다세대주택, 다가구주택 용도로 변경하는 경우
  ㉡ 해당 시설물 안에서 용도 상호간의 변경을 하는 경우
   [예외] 부설주차장 설치기준이 높은 용도의 면적이 증가하는 경우

82. 노외주차장인 주차전용건축물의 건폐율, 용적률, 대지면적의 최소한도 및 높이 제한에 관한 기준 내용으로 옳지 않은 것은?

① 건폐율 : 100분의 90 이하
② 용적률 : 1,500% 이하
③ 대지면적의 최소한도 : 45m² 이상
④ 높이 제한(대지가 너비 12m 미만의 도로에 접하는 경우) : 건축물의 각 부분의 높이는 그 부분으로부터 대지에 접한 도로의 반대쪽 경계선까지의 수평거리의 4배

[해설] 노외주차장인 주차전용 건축물에 대한 특례
① 건폐율 : 90/100 이하
② 용적률 : 1,500% 이하
③ 대지면적의 최소한도 : 45m² 이상
④ 전면도로에 따른 높이제한 :
  ㉠ 폭 12m 미만의 도로에 접할 경우 : 대지에 접한 도로의 반대측 경계선까지의 수평거리의 3배 이하
  ㉡ 폭 12m 이상의 도로에 접할 경우 : 대지에 접한 도로의 반대측 경계선까지의 수평거리의 $\frac{36}{도로의 폭}$ 배(단, 배율이 1.8배 미만 : 1.8배)

83. 다음 중 바닥면적에 산입되는 것은?

① 층고가 1.5m인 다락방
② 다세대주택의 편복도
③ 공동주택의 필로티 부분
④ 공동주택의 지상층에 설치한 기계실

[해설] 바닥면적에 산입되지 않는 부분
① 승강기탑·계단탑·장식탑·다락[층고 1.5m(경사진 형태의 지붕인 경우에는 1.8m) 이하인 것] 건축물의 외부 또는 내부에 설치하는 굴뚝·더스트 슈트·설비덕트 등의 바닥면적
③ 피로티, 기타 이와 유사한 구조 부분이 다음과 같은 용도에 전용되는 경우
 • 공중의 통행에 전용되는 경우
 • 차량의 주차에 전용되는 경우
 • 공동주택의 경우
④ 옥상, 옥외 또는 지하에 설치하는 물탱크·기름탱크·냉각탑·정화조·도시가스 정압기 등의 설치를 위한 구조물의 바닥면적

84. 건축물의 건축주가 착공신고를 할 때, 해당 건축물의 설계자로부터 받은 구조안전의 확인서류를 허가권자에게 제출하여야 하는 대상 건축물 기준으로 옳지 않은 것은? (단, 허가대상 건축물인 경우)

① 높이가 11m 이상인 건축물
② 처마높이가 9m 이상인 건축물
③ 국토교통부령으로 정하는 지진구역 안의 건축물
④ 기둥과 기둥 사이의 거리가 10m 이상인 건축물

[해설] 구조계산에 따른 구조안전의 확인 대상 건축물

구 분	구조계산 대상 건축물
1. 층수	2층 이상(주요구조부인 기둥과 보를 설치하는 건축물로서 그 기둥과 보가 목재인 목구조 건축물의 경우에는 3층 이상)
2. 연면적	200m² 이상인 건축물(창고, 축사, 작물 재배사은 제외)
3. 높이	13m 이상
4. 처마높이	9m 이상
5. 경간	10m 이상 *경간 : 기둥과 기둥 사이의 거리(기둥이 없는 경우에는 내력벽과 내력벽 사이의 거리를 말함)
6. 국토교통부령으로 정하는 지진구역의 건축물	
7. 국가적 문화유산으로 보존할 가치가 있는 박물관·기념관 등으로서 연면적의 합계가 5,000m² 이상인 건축물	
8. 특수구조 건축물 중 3m 이상 돌출된 건축물과 특수한 설계·시공·공법 등이 필요한 건축물	
9. 단독주택 및 공동주택	

※ 표준설계도서에 따라 건축하는 건축물은 제외

85. 상업지역에서 건축물에 설치하는 냉방시설 및 환기시설의 배기구는 도로면으로부터 최소 얼마 이상의 높이에 설치하여야 하는가?

① 1m   ② 1.5m
③ 2m   ④ 2.5m

[해설] 상업지역 및 주거지역에서 도로(막다른 도로로서 그 길이가 10m 미만인 경우 제외)에 접한 대지의 건축물에 설치하는 냉방시설 및 환기시설의 배기구는 도로면으로부터 2m 이상의 위치에 설치하거나 배기장치의 열기가 보행자에게 직접 닿지 아니하도록 설치하여야 한다.

86. 건축물의 주요구조부를 내화구조로 하여야 하는 대상 건축물에 속하지 않는 것은?

① 공장의 용도로 쓰는 건축물로서 그 용도로 쓰는 바닥면적 합계가 500m²인 건축물
② 판매시설의 용도로 쓰는 건축물로서 그 용도로 쓰는 바닥면적 합계가 500m²인 건축물
③ 창고시설의 용도로 쓰는 건축물로서 그 용도로 쓰는 바닥면적 합계가 500m²인 건축물
④ 문화 및 집회시설 중 전시장의 용도로 쓰는 건축물로서 그 용도로 쓰는 바닥면적 합계가 500m²인 건축물

[해설] 공장의 용도에 쓰이는 건축물로서 그 용도로 쓰이는 바닥면적의 합계가 2,000m² 이상인 건축물은 주요구조부를 내화구조로 하여야 한다.

정답 83. ② 84. ① 85. ③ 86. ①

87. 출입구의 개소에 관계없이 노외주차장의 차로의 너비를 최소 6m 이상으로 하여야 하는 주차형식은? (단, 이륜자동차전용 외의 노외주차장의 경우)

① 평행주차 ② 직각주차
③ 교차주차 ④ 45도 대향주차

[해설] 노외주차장 내 차로(車路)의 설치
㉠ 주차부분의 장·단변 중 1변 이상이 차로에 접하도록 한다.
㉡ 차로의 폭은 주차형식에 따라 다음 표의 기준 이상으로 한다.

주 차 형 식	차로의 폭	
	출입구가 2개 이상인 경우	출입구가 1개인 경우
평 행 주 차		3.3m
직 각 주 차		6.0m
60° 대향주차		4.5m
45° 대향주차		3.5m
교 차 주 차		3.5m

※ 평행주차방식은 주차면적이 가장 많이 소요되지만, 주차폭이 좁을 때 쓰이는 방식이다.
※ 출입구의 개수와 상관없이 차로의 너비가 일정한 주차방식 : 직각주차방식

88. 6층 이상의 거실면적 합계가 9,000m²인 층수가 10층인 업무시설에 설치하여야 하는 승용승강기의 최소 대수는? (단, 8인승 승강기의 경우)

① 2대 ② 3대
③ 4대 ④ 5대

[해설] 문화 및 집회시설(전시장, 동·식물원), 업무시설, 숙박시설, 위락시설의 용도 경우
3,000m² 이하까지 1대, 3,000m² 초과하는 2,000m²당 1대를 가산한 대수로 하므로
$1 + \frac{9,000 - 3,000}{2,000} = 4$대
※ 8인승 이상 15인승 이하를 기준으로 산정하며 16인승 이상의 승강기는 2대로 산정한다.

89. 국토의 계획 및 이용에 관한 법령상 광장·공원·녹지·유원지·공공공지가 속하는 기반시설은?

① 교통시설 ② 공간시설
③ 환경기초시설 ④ 보건위생시설

[해설] 기반시설

구분	기반시설의 범위
① 교통시설	도로·철도·항만·공항·주차장·자동차정류장·궤도·차량검사 및 면허시설
② 공간시설	광장·공원·녹지·유원지·공공공지
③ 유통·공급 시설	유통업무설비, 수도·전기·가스·열공급설비, 방송통신시설, 공동구·시장, 유류저장 및 송유설비
④ 공공·문화 체육시설	학교·운동장·공공청사·문화시설·체육시설·도서관·연구시설·사회복지시설·공공직업훈련시설·청소년수련시설
⑤ 방재시설	하천·유수지·저수지·방화설비·방풍설비·방수설비·사방설비·방조설비
⑥ 보건위생 시설	화장장·공동묘지·봉안시설·자연장지·장례식장·도축장·종합의료시설
⑦ 환경기초 시설	하수도·폐기물처리시설·수질오염방지시설·폐차장

90. 건축법령상 공동주택에 속하지 않는 것은?

① 기숙사 ② 연립주택
③ 다가구주택 ④ 다세대주택

[해설] 공동주택
㉠ 다세대주택 : 4개층 이하, 동당 연면적 660m² 이하
㉡ 연립주택 : 4개층 이하, 동당 연면적 660m² 초과
㉢ 아파트 : 5개층 이상
㉣ 기숙사
※ 단독주택 : 단독주택, 다중주택, 다가구주택, 공관

91. 다음 중 건축물관련 건축기준의 허용되는 오차의 범위(%)가 가장 큰 것은?

① 평면길이 ② 출구너비
③ 반자높이 ④ 바닥판두께

[해설] 건축허용오차

0.5% 이내	1% 이내	2% 이내	3% 이내
건폐율	용적률	높이 출구너비 반자높이 평면길이	후퇴거리 인동거리 벽체 두께 바닥판 두께

92. 다음은 건축법상 리모델링에 대비한 특례 등에 관한 내용이다. ( ) 안에 알맞은 것은?

> 리모델링이 쉬운 구조의 공동주택의 건축을 촉진하기 위하여 공동주택을 대통령령으로 정하는 구조로 하여 건축허가를 신청하면 제56조, 제60조 및 제61조에 따른 기준을 ( )의 범위에서 대통령령으로 정하는 비율로 완화하여 적용할 수 있다.

① 100분의 110
② 100분의 120
③ 100분의 140
④ 100분의 150

[해설] 리모델링에 대비한 특례
리모델링이 쉬운 구조의 공동주택에 대하여 다음의 기준을 완화하여 적용할 수 있다.

1. 용적률	
2. 건축물의 높이제한	120/100 범위 안에서 완화하여 적용
3. 일조권	

93. 다음 중 신고대상에 속하는 용도변경은?

① 영업시설군에서 문화 및 집회시설군으로 용도변경
② 근린생활시설군에서 주거업무시설군으로 용도변경
③ 산업 등의 시설군에서 자동차관련시설군으로 용도변경
④ 교육 및 복지시설군에서 전기통신시설군으로 용도변경

[해설] 허가대상 및 신고대상의 용도변경

분류	시 설 군
㉠ 자동차관련 시설군	• 자동차관련시설
㉡ 산업등 시설군	• 운수시설·창고시설·공장·위험물 저장 및 처리시설 • 자원순환관련시설·묘지관련시설·장례식장
㉢ 전기통신 시설군	• 방송통신시설·발전시설
㉣ 문화집회 시설군	• 문화 및 집회시설·종교시설·위락시설·관광휴게시설
㉤ 영업시설군	• 판매시설·운동시설·숙박시설 • 제2종 근린생활시설 중 다중생활시설
㉥ 교육 및 복지시설군	• 의료시설·교육연구시설·노유자시설 • 수련시설·야영장시설
㉦ 근린생활 시설군	• 제1종 근린생활시설 • 제2종 근린생활시설(다중생활시설은 제외)
㉧ 주거업무 시설군	• 단독주택·공동주택·업무시설·교정 및 군사시설
㉨ 기타 시설군	• 동물 및 식물관련시설

※ 절차 :
1. 허가대상 : 상위시설군(오름차순)에 해당하는 용도로 변경하는 행위
2. 신고대상 : 하위시설군(내림차순)에 해당하는 용도로 변경하는 행위
3. 건축물대장 기재변경 신청 : 동일한 시설군내에서 용도변경 하는 행위

정답 91. ④ 92. ② 93. ②

94. 면적의 산정방법 중 건축물의 외벽(외벽이 없는 경우에는 외곽 부분의 기둥)의 중심선으로 둘러싸인 부분의 수평투영면적으로 하는 것은?

① 연면적 ② 대지면적
③ 건축면적 ④ 거실면적

[해설] 건축면적의 산정
㉠ 건축물의 외벽(외벽이 없는 경우에는 외곽부분의 기둥)의 중심선으로 둘러싸인 부분의 수평투영면적으로 산정한다.
㉡ 태양열을 주된 에너지원으로 이용하는 주택과 단열재를 구조체의 외기측에 설치하는 단열공법으로 건축된 건축물의 건축면적은 건축물의 외벽 중 내측 내력벽의 중심선을 기준으로 한다.

95. 주거지역 중 단독주택 중심의 양호한 주거환경을 보호하기 위하여 지정하는 지역은?

① 제1종 전용주거지역
② 제2종 전용주거지역
③ 제1종 일반주거지역
④ 제2종 일반주거지역

[해설] 주거지역

전용주거지역	제1종	단독주택중심의 양호한 주거환경을 보호
	제2종	공동주택중심의 양호한 주거환경을 보호
일반주거지역	제1종	저층주택을 중심으로 편리한 주거환경을 조성
	제2종	중층주택을 중심으로 편리한 주거환경을 조성
	제3종	중고층주택을 중심으로 편리한 주거환경을 조성
준주거지역		주거기능을 위주로 이를 지원하는 일부 상업·업무기능을 보완

96. 국토교통부장관이 정한 범죄예방 기준에 따라 건축하여야 하는 대상 건축물에 속하지 않는 것은?

① 수련시설
② 교육연구시설 중 도서관
③ 업무시설 중 오피스텔
④ 숙박시설 중 다중생활시설

[해설] 건축물의 범죄예방
① 국토교통부장관은 범죄를 예방하고 안전한 생활환경을 조성하기 위하여 건축물, 건축설비 및 대지에 관한 범죄예방 기준을 정하여 고시할 수 있다.
② 대통령령으로 정하는 다음의 건축물은 상기 ①의 범죄예방 기준에 따라 건축하여야 한다.
  1. 아파트
  2. 다가구주택·연립주택 및 다세대주택
  3. 제1종 근린생활시설 중 일용품을 판매하는 소매점
  4. 제2종 근린생활시설 중 다중생활시설
  5. 문화 및 집회시설(동·식물원은 제외)
  6. 교육연구시설(연구소 및 도서관은 제외)
  7. 노유자시설
  8. 수련시설
  9. 업무시설 중 오피스텔
  10. 숙박시설 중 다중생활시설

97. 건축물의 출입구에 설치하는 회전문의 구조에 대한 설명으로 옳지 않은 것은?

① 계단이나 에스컬레이터로부터 2m 이상의 거리를 둘 것
② 틈 사이를 고무와 고무펠트의 조합체 등을 사용하여 신체나 물건 등에 손상이 없도록 할 것
③ 출입에 지장이 없도록 일정한 방향으로 회전하는 구조로 할 것
④ 회전문의 회전속도는 분당회전수가 10회를 넘지 아니하도록 할 것

정답 94. ③ 95. ① 96. ② 97. ④

[해설] 회전문의 설치
　㉠ 계단이나 에스컬레이터로부터 2m 이상의 거리를 둘 것
　㉡ 출입에 지장이 없도록 일정한 방향으로 회전하는 구조로 할 것
　㉢ 회전문의 중심축에서 회전문과 문틀 사이의 간격을 포함한 회전문날개 끝부분까지의 길이는 140cm 이상이 되도록 할 것
　㉣ 회전문의 회전속도는 분당회전수가 8회를 넘지 아니하도록 할 것

구분	최소분할면적
① 주거지역	60m² 이상
② 상업지역	150m² 이상
③ 공업지역	
④ 녹지지역	200m² 이상
⑤ 상기 ①~④에 해당하지 않는 지역	60m² 이상

98. 허가권자가 가로구역별로 건축물의 높이를 지정·공고할 때 고려하지 않아도 되는 사항은?
① 도시·군관리계획의 토지이용계획
② 해당 가로구역에 접하는 대지의 너비
③ 도시미관 및 경관계획
④ 해당 가로구역의 상수도 수용능력

[해설] 허가권자가 가로구역별 건축물의 최고높이 지정할 경우 고려사항
　허가권자는 가로구역(도로로 둘러쌓인 일단의 지역)을 단위로 다음 사항을 고려하여 건축물의 최고높이를 지정·공고할 수 있다.
　㉠ 도시·군관리계획 등의 토지이용계획
　㉡ 해당 가로구역이 접하는 도로의 너비
　㉢ 해당 가로구역의 상·하수도 등 간선시설의 수용능력
　㉣ 도시미관 및 경관계획
　㉤ 해당 도시의 장래 발전계획

99. 건축물이 있는 대지의 분할 제한 최소 기준이 옳은 것은? (단, 상업지역의 경우)
① 100m²　② 150m²
③ 200m²　④ 250m²

[해설] 지역별 대지의 분할 제한
　건축물이 있는 대지는 다음의 범위 안에서 해당 지방자치단체 조례가 정하는 면적에 미달되게 분할 할 수 없다.

100. 지하식 또는 건축물식 노외주차장의 차로에 관한 기준내용으로 옳지 않은 것은? (단, 이륜자동차전용 노외주차장이 아닌 경우)
① 높이는 주차 바닥면으로부터 2.3m 이상으로 하여야 한다.
② 경사로의 종단경사도는 직선부분에서는 17%를 초과하여서는 아니 된다.
③ 곡선 부분은 자동차가 4m 이상의 내변반경으로 회전할 수 있도록 하여야 한다.
④ 주차대수 규모가 50대 이상인 경우의 경사로는 너비 6m 이상인 2차로를 확보하거나 진입차로와 진출차로를 분리하여야 한다.

[해설] 곡선 부분은 자동차가 6m(같은 경사로를 이용하는 주차장의 총주차대수가 50대 이하인 경우에는 5m) 이상의 내변반경으로 회전이 가능하도록 할 것

정답　98. ②　99. ②　100. ③

과년도출제문제

2023. 4회 건축기사

■■■ 제1과목 건축계획

1. 호텔계획에 관한 설명으로 옳지 않은 것은?

① 시티 호텔은 대부분 고밀도의 고층형이다.
② 호텔의 적정규모는 일반적으로 시장성을 따른다.
③ 리조트 호텔의 건축형식은 주변 조건에 따라 자유롭게 이루어진다.
④ 커머셜 호텔은 일반적으로 리조트 호텔에 비해 넓은 공공공간(public space)을 갖는다.

[해설] 리조트 호텔은 일반적으로 커머셜 호텔에 비해 넓은 공공공간(public space)을 갖는다.
※ 호텔 기능의 3요소
㉠ 관리공간 : 복잡한 경영과 서비스의 중추적 핵이 되며, 각 부분의 상황을 즉시 파악하고 조절할 수 있어야 한다.
㉡ 공공공간(사교부분, public space) : 호텔 전체의 매개 공간 역할을 하며, 크게 수익성 부분과 비수익성 부분으로 나누어지며, 일반적으로 저층에 배치하는 것이 이용성이 좋다.
㉢ 숙박공간 : 호텔의 가장 중요한 부분으로서 이 부분에 의해서 호텔의 형태가 거의 결정된다.

2. 공장건축의 레이아웃(Lay out)에 관한 설명으로 옳지 않은 것은?

① 제품중심의 레이아웃은 대량생산에 유리하며 생산성이 높다.
② 레이아웃이란 공장건축의 평면요소간의 위치 관계를 결정하는 것을 말한다.
③ 고정식 레이아웃은 조선소와 같이 제품이 크고 수량이 적은 경우에 행해진다.
④ 중화학 공업, 시멘트 공업 등 장치공업 등은 시설의 융통성이 크기 때문에 신설시 장래성에 대한 고려가 필요 없다.

[해설] 중화학공업, 시멘트공업 등 장치공업 등은 시설 규모가 크고, 작업 공정의 고정성으로 인해 배치, 변경 등의 융통성이 작다.

3. 백화점의 진열장 배치에 관한 설명으로 옳지 않은 것은?

① 직각배치는 매장 면적의 이용률을 최대로 확보할 수 있다.
② 사행배치는 주통로 이외의 제2통로를 상하교통계를 향해서 45° 사선으로 배치한 것이다.
③ 사행배치는 많은 고객이 매장 구석까지 가기 쉬운 이점이 있으나 이형의 진열장이 필요하다.
④ 자유유선배치는 획일성을 탈피할 수 있으며, 변화와 개성을 추구할 수 있고 시설비가 적게 든다.

[해설] 자유유선배치(free flow system)
㉠ 고객의 유동 방향에 따라 자유로운 곡선을 통로를 배치하는 방법이다.
㉡ 전시에 변화를 주고 판매장의 특수성을 살릴 수 있다.
㉢ 판매대나 유리 케이스에 특수형을 필요하기 때문에 고가가 된다.
㉣ 매장의 변경 및 이동이 곤란하다.

4. 다음의 건축양식과 해당 건축양식의 특징적 요소의 연결이 옳지 않은 것은?

① 로마네스크 건축 – 펜덴티브 돔(pendentive dome)
② 고딕 건축 – 플라잉 버트레스(flying buttress)
③ 고대 로마건축 – 컴포지트 오더(composite order)
④ 비잔틴 건축 – 도저렛(dosseret)

[해설] 펜덴티브 돔(pendentive dome)은 정사각형의 평면에 돔을 올리는 구조법으로 비잔틴 건축에서 주로 사용되었으며 대표적인 예로는 성 소피아 성당이 있다.
※ 플라잉 버트레스(flying buttress) : 고딕건축에서 부축벽 상부에 소첨탑(小尖塔)을 첨가하여 부축벽의 자중을 증가시켜 횡압력에 대한 저항을 증가시키는 건축기법이다.

정답 1. ④ 2. ④ 3. ④ 4. ①

5. 병원건축의 형식 중 분관식에 관한 설명으로 옳지 않은 것은?

① 동선이 길어진다.
② 채광 및 통풍이 좋다.
③ 대지면적에 제약이 있는 경우에 주로 적용된다.
④ 환자는 주로 경사로를 이용한 보행 또는 들것으로 운반된다.

[해설] 분관식(pavilion type)
평면 분산식으로 각 건물은 3층 이하의 저층 건물이며 외래부, 부속 진료부, 병동을 각각 별동으로 하여 분산시키고 복도로 연결시키는 방법으로서 치료와 의사 본위의 병원 형식이다. 각 과별 전용 시설, 진료 시설, 사무실 등이 확보되어야 한다.
㉠ 각 병실을 남향으로 할 수 있어 일조, 통풍 조건이 좋아진다.
㉡ 넓은 대지가 필요하며 설비가 분산적이고 보행거리가 멀어진다.
㉢ 내부 환자는 주로 경사로를 이용한 보행 또는 들것으로 운반한다.

6. 백화점 건축계획에 대한 설명 중 옳지 않은 것은?

① 일반적으로 기둥 간격이 클수록 매장배치가 용이하고 매장이 개방되어 보인다.
② 매장의 고객 동선은 너무 단순하거나 혼잡하지 않게 하여 고객을 분산시킨다.
③ 백화점의 색채계획은 중채도의 색을 위주로 한 배색으로 시각적인 혼란감을 억제하는 것이 좋다.
④ 엘리베이터, 에스컬레이터 등 수직동선 설비는 고객 출입구 부근에 집중시켜 동선의 원활한 연결이 가능하게 한다.

[해설] 엘리베이터는 주출입구의 반대편에 설치하여 고객 동선을 길게 유도하고, 에스컬레이터는 매장의 중간에 설치하여 매장의 진열효과를 고려한다.

7. 주거단지의 도로형식에 관한 설명으로 옳지 않은 것은?

① 격자형은 가로망의 형태가 단순·명료하고, 가구 및 획지 구성상 택지의 이용효율이 높다.
② 쿨데삭(Cul-de-sac)형은 각 가구와 관계없는 자동차의 진입을 방지할 수 있다는 장점이 있다.
③ 루프(Loop)형은 우회도로가 없는 쿨데삭형의 결점을 개량하여 만든 패턴으로 도로율이 높아지는 단점이 있다.
④ T자형은 도로의 교차방식을 주로 T자 교차로 한 형태로 통행거리가 짧아 보행자전용도로와의 병용이 불필요하다.

[해설] T자형은 격자형에 비해 교차점에서 통행이 안전하나, 차량의 주행속도가 낮다. 또한, T형 교차점이 많아 방향성이 불분명하다.

8. 미술관 및 박물관 전시기법에 관한 설명으로 옳지 않은 것은?

① 하모니카 전시는 동선계획이 용이한 전시기법이다.
② 아일랜드 전시는 일정한 형태의 평면을 반복시켜 전시공간을 구획하는 방식으로 전시효율이 높다.
③ 파노라마 전시는 연속적인 주제를 연관성 있게 표현하기 위해 선형의 파노라마로 연출하는 전시기법이다.
④ 디오라마 전시는 하나의 사실 또는 주제의 시간 상황을 고정시켜 연출하는 것으로 현장에 임한 느낌을 주는 기법이다.

[해설] 아일랜드 전시
벽이나 천정을 직접 이용하지 않고 전시물 또는 장치를 배치함으로써 전시공간을 만들어내는 기법으로 대형전시물이나 소형전시물인 경우에 유리하다.

정답 5. ③ 6. ④ 7. ④ 8. ②

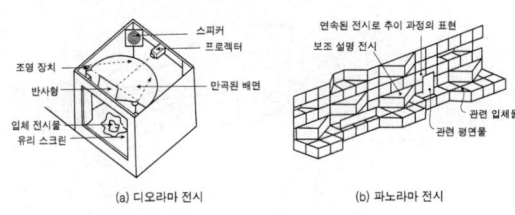
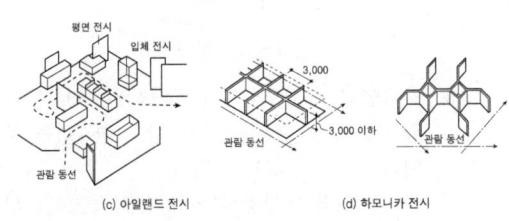

[그림] 특수전시기법

ⓔ 피난시 최대 보행거리
ⓕ 각종 설비시스템의 한계(duct, 배관, 배선)
ⓖ 방화구획상 면적(법규상 방화구획, 배연계획 등)
ⓗ 자연광에 의한 조명 한계(실내상시보조인공조명을 고려)

9. 사무소 건축의 엘리베이터 설치 계획에 관한 설명으로 옳지 않은 것은?

① 군 관리운전의 경우 동일 군내의 서비스 층은 같게 한다.
② 승객의 층별 대기시간은 평균 운전간격 이상이 되게 한다.
③ 서비스를 균일하게 할 수 있도록 건축물 중심부에 설치하는 것이 좋다.
④ 건축물의 출입층이 2개 층이 되는 경우는 각각의 교통수요량 이상이 되도록 한다.

[해설] 승객의 층별 대기시간은 평균 운전간격 이하가 되게 한다.

10. 다음 중 사무소 건축에서 기준층 평면형태의 결정요소와 가장 거리가 먼 것은?

① 동선상의 거리
② 구조상 스팬의 한도
③ 사무실 내의 책상 배치 방법
④ 덕트, 배선, 배관 등 설비시스템상의 한계

[해설] 사무소 건축의 기준층 규모 산정시 고려사항
　ⓐ 구조상 스팬(span)의 한계
　ⓑ 중직거리의 한계(동선상의 거리)
　ⓒ 임대면적 비율

11. 극장건축의 관련 제실에 관한 설명으로 옳지 않은 것은?

① 앤티 룸(Anti Room)은 출연자들이 출연 바로 직전에 기다리는 공간이다.
② 그린 룸(Green Room)은 출연자 대기실을 말하며 주로 무대 가까운 곳에 배치한다.
③ 배경제작실의 위치는 무대에 가까울수록 편리하며, 제작 중의 소음을 고려하여 차음설비가 요구된다.
④ 의상실은 실의 크기가 1인당 최소 $8m^2$이 필요하며, 그린 룸이 있는 경우 무대와 동일한 층에 배치하여야 한다.

[해설] 의상실은 실의 크기가 1인당 최소 $4~5m^2$이 필요하며, 그린 룸(Green Room)이 있는 경우 무대와 동일한 층에 배치할 필요는 없다.

12. 도서관의 열람실 및 서고계획에 관한 설명으로 옳지 않은 것은?

① 서고 안에 캐럴(carrel)을 둘 수도 있다.
② 서고면적 $1m^2$당 150~250권의 수장능력으로 계획한다.
③ 열람실은 성인 1인당 $3.0~3.5m^2$의 면적으로 계획한다.
④ 서고실은 모듈러 플래닝(modular planning)이 가능하다.

[해설] 일반 열람실
　ⓐ 일반인과 학생들의 이용률은 7 : 3 정도이고 일반인과 학생용열람실을 분리한다.
　ⓑ 성인 1인당 $1.5~2.0m^2$의 면적이 필요하고, 통로를 포함했을 경우 $2.5m^2$의 면적이 필요하다.

[정답] 9. ② 10. ③ 11. ④ 12. ③

13. 단독주택에서 다음과 같은 실을 각각 직상층 및 직하층에 배치할 경우 가장 바람직하지 않은 것은?

① 상층: 침실, 하층: 침실
② 상층: 부엌, 하층: 욕실
③ 상층: 욕실, 하층: 침실
④ 상층: 욕실, 하층: 부엌

[해설] 침실은 독립성(privacy) 확보에 있어서 상층에 두는 것이 바람직하며, 출입문과 창문의 위치는 매우 중요하다.
① 상층: 침실, 하층: 침실 ← 침실은 정적공간으로 상하층에 동일하게 배치
② 상층: 부엌, 하층: 욕실 ← 설비적코어 측면에서 설비관계 부분의 집약(욕실, 부엌, 식당) 배치
③ 상층: 욕실, 하층: 침실 ← (×) 부적합한 배치
④ 상층: 욕실, 하층: 부엌 ← 설비적코어 측면에서 설비관계 부분의 집약(욕실, 부엌, 식당) 배치

14. 고려시대 주심포 양식의 특징이 아닌 것은?

① 기둥 위에 창방과 평방을 놓고 그 위에 공포를 배치한다.
② 소로는 비교적 자유스럽게 배치된다.
③ 연등천장 구조로 되어 있다.
④ 우미량을 사용한다.

[해설] 주심포계 양식
㉠ 고려시대 건물이 주류를 이룬다.
㉡ 기둥 상부에만 공포(주두, 첨차, 소로)를 배치한 것으로 소로는 비교적 자유스럽게 배치된다.
㉢ 출목은 2출목 이하이고 대부분 연등천장 구조로 되어 있다.
㉣ 우리나라 공포양식 중 가장 오래된 것이다.
㉤ 대표적인 건물로는 봉정사 극락전, 부석사 무량수전, 강릉 객사문, 수덕사 대웅전, 관음사 원통전이 있다.

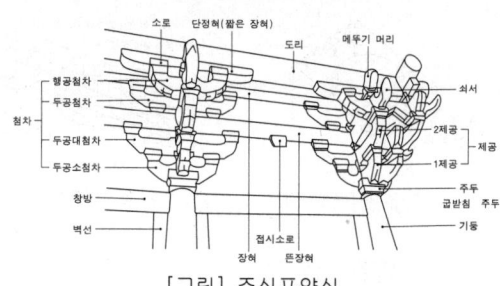

[그림] 주심포양식

※ 우미량: 주심포식에서 사용되었으며, 단차가 있는 도리를 계단형식으로 상호 연결하는 부재이다.
☞ 다포계 양식: 창방 위에 평방을 놓고 그 위에 주두와 첨차, 소로들로 구성되는 공포를 짜는 식

15. 건축공간의 치수계획에서 "압박감을 느끼지 않을 만큼의 천장 높이 결정"은 다음 중 어디에 해당하는가?

① 물리적 스케일
② 생리적 스케일
③ 심리적 스케일
④ 입면적 스케일

[해설] 건축공간의 치수(scale)
㉠ 물리적 스케일: 출입구의 크기가 인간이나 물체의 물리적 크기에 의해 결정되는 치수 → 인체측정학(anthropometry)
㉡ 심리적 스케일: 압박감을 느끼지 않을 정도의 천장높이 등 → 프로세믹스(proxemics)
㉢ 생리적 스케일: 실내의 창문 크기가 필요환기량으로 결정되는 경우

16. 학교운영방식에 관한 설명으로 옳지 않은 것은?

① 종합교실형은 각 학급마다 가정적인 분위기를 만들 수 있다.
② 교과교실형은 초등학교 저학년에 대해 가장 권장되는 방식이다.
③ 플래툰형은 미국의 초등학교에서 과밀을 해소하기 위해 실시한 것이다.
④ 달톤형은 학급, 학년 구분을 없애고 학생들은 각자의 능력에 따라 교과를 선택하고 일정한 교과를 끝내면 졸업하는 방식이다.

정답 13. ③ 14. ① 15. ③ 16. ②

[해설] 교과교실형(V형)
모든 교실이 특정한 교과를 위해 만들어지고 일반 교실은 없다.
- ㉠ 장점 : 각 교과에 순수율이 높은 교실이 주어져 시설의 활용도가 높게 된다.
- ㉡ 단점 : 학생의 이동이 심하다. 순수율을 100%로 하는 한 이용률은 반드시 높다고 할 수 없다.
- ※ 이동할 때에는 소지품을 두는 곳을 고려할 필요가 있다. 또 이동에 대한 동선에 주의하지 않으면 안 된다.
- ☞ 초등학교 저학년에 대해서 가장 적당한 형은 종합교실형(U형)이다.

17. 일반주택의 동선계획에 관한 설명 중 옳지 않은 것은?

① 동선이 가지는 요소는 속도, 빈도, 하중의 3가지가 있다.
② 동선에는 공간이 필요하고 가구를 둘 수 없다.
③ 하중이 큰 가사노동의 동선은 길게 나타난다.
④ 개인, 사회, 가사노동권의 3개 동선이 서로 분리되어야 바람직하다.

[해설] 하중이 큰 주부의 가사노동의 동선은 피로 경감을 위해 동선이 단축되도록 하며, 남쪽 또는 남동쪽에 오도록 배치한다.

18. 고대 로마 건축에 대한 설명 중 옳지 않은 것은?

① 인술라(Insula)는 다층의 집합주거 건물이다.
② 콜로세움의 1층에는 도릭 오더가 사용되었다.
③ 바실리카 울피아는 황제를 위한 신전으로 배럴 볼트가 사용되었다.
④ 판테온은 거대한 돔을 얹은 로툰다와 대형 열주 현관이라는 두 주된 구성 요소로 이루어진다.

[해설] 고대 로마의 바실리카
- ㉠ 로마시대에 다양한 업무를 보는 많은 사람들을 수용하기 위해 설계된 건축물로서 법정과 상업 교역소의 역할의 행정관청 등으로 사용되었다
- ㉡ 평면형태는 장방형으로 길이는 너비의 2~2.5배 정도로 건축하였고 천장은 고측창(clearstory)을 설치하였다.
- ㉢ 바실리카 울피아는 트리야누스 황제 광장의 일부로 로마인이 발전시킨 가장 특징적인 건물 유형이다. 바실리카 울피아의 출입구는 커다란 중정에 면한 장변 쪽에 났다.
- ㉣ 로마시대 이후에는 교회건축(초기 그리스도교 교회당 건축)의 기준이 되었다.

[그림] 바실리카 울피아

※ 바실리카 울피아는 트리야누스 황제 광장의 일부이다. 이 광장은 로마 제국에서 가장 큰 것으로, 실제적인 필요보다는 제국의 권력을 예찬하는 과시적 수단으로 건설했다. 로마인이 발전시킨 가장 특징적인 건물 유형인 이 바실리카는 다양한 업무를 보는 많은 사람들을 수용하기 위해 계획한 건물로서, 일종의 증권거래소, 법정, 사무실, 행정관청 등으로 이용되었다.

19. 다음은 객석의 가시거리에 관한 설명이다. ( ) 안에 알맞은 것은?

| 연극 등을 감상하는 경우 연기자의 표정을 읽을 수 있는 가시한계는 (㉠) 정도이다. 그러나 실제적으로 극장에서는 잘 보여야 하는 동시에 많은 관객을 수용해야 하므로 (㉡)까지를 제1차 허용한도로 한다. |

① ㉠ 10m, ㉡ 22m
② ㉠ 15m, ㉡ 22m
③ ㉠ 10m, ㉡ 25m
④ ㉠ 15m, ㉡ 25m

[해설] 연극 등을 감상하는 경우 연기자의 표정을 읽을 수 있는 가시한계는 15m 정도이다. 그러나 실제적으로 극장에서는 잘 보여야 하는 동시에 많은 관객을 수용해야 하므로 22m까지를 제1차 허용한도로 한다.

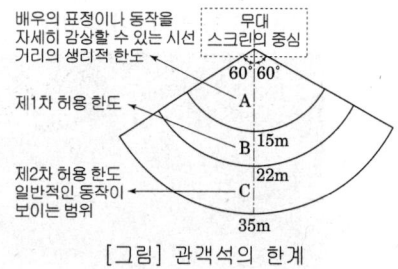

[그림] 관객석의 한계

20. 공동주택의 단위주거 단면구성 형태에 대한 설명 중 틀린 것은?

① 복층형(메조네트형)은 엘리베이터의 정지 층수를 적게 할 수 있다.
② 스킵 플로어형은 주거단위의 단면을 단층형과 복층형에서 동일 층으로 하지 않고 반 층씩 엇나게 하는 형식을 말한다.
③ 트리플렉스형은 듀플렉스형보다 프라이버시 확보율은 낮고 통로면적도 불리하다.
④ 플랫형은 주거단위가 동일 층에 한하여 구성되는 형식이다.

[해설] 트리플렉스형(triplex type)
  ㉠ 하나의 주호가 3층으로 구성되어 있는 형식이다.
  ㉡ 프라이버시 확보와 통로 면적의 절약은 maisonette형보다 유리하나 주호의 면적이 크지 않으면 계획상의 융통성이 없어진다.

■■■ 제2과목 건축시공

21. 철골공사에 관한 설명으로 옳지 않은 것은?

① 볼트접합부는 부식하기 쉬우므로 방청도장을 하여야 한다.
② 볼트조임에는 임팩트렌치, 토크렌치 등을 사용한다.
③ 철골조는 화재에 의한 강성저하가 심하므로 내화피복을 하여야 한다.
④ 용접부 비파괴 검사에는 침투탐상법, 초음파탐상법 등이 있다.

[해설] 철골공사에서 녹막이칠을 하지 않는 부분
  ㉠ 현장 용접하는 부분(용접부에서 100mm 이내)
  ㉡ 고장력볼트 마찰접합부의 마찰면
  ㉢ 콘크리트에 밀착 또는 매립되는 부분
  ㉣ 기계깎기 마무리한 부분(핀, 로울러 등 밀착하는 부분과 회전면 등 절삭가공한 부분)
  ㉤ 조립에 의하여 면맞춤되는 부분
  ㉥ 폐쇄형 단면을 한 부재의 밀폐된 내면
  ㉦ 초음파탐상검사에 영향을 주는 범위

22. 아스팔트 방수층, 개량아스팔트 시트방수층, 합성고분자계 시트방수층 및 도막방수층 등 불투수성 피막을 형성하여 방수하는 공사를 총칭하는 용어로 옳은 것은?

① 실링방수
② 멤브레인방수
③ 구체침투방수
④ 벤토나이트방수

[해설] 멤브레인(membrane, 膜) 방수
아스팔트 루핑, 시트 등의 각종 루핑류를 방수 바탕에 접착시켜 막모양의 방수층을 형성시키는 공법

※ 멤브레인(피막) 방수공법의 종류
  ㉠ 아스팔트 방수
  ㉡ 개량 아스팔트 방수
  ㉢ 시트 방수(합성수지 고분자 방수)
  ㉣ 도막 방수

23. 미장공사에서 나타나는 결함의 유형과 가장 거리가 먼 것은?

① 균열
② 부식
③ 탈락
④ 백화

[해설] 미장공사에서 나타나는 결함의 유형에는 균열, 박리현상, 탈락, 백화, 부풀어오름, 색얼룩, 동해, 곰팡이 등이 있다.

24. 지반조사 중 보링에 관한 설명으로 옳지 않은 것은?

① 보링의 깊이는 일반적인 건물의 경우 대략지지 지층 이상으로 한다.
② 채취시료는 충분히 햇빛에 건조시키는 것이 좋다.
③ 부지 내에서 3개소 이상 행하는 것이 바람직하다.
④ 보링 구멍은 수직으로 파는 것이 중요하다.

[해설] 보링(Boring)
굴착용 기계를 사용하여 지반에 구멍을 뚫어 지층 각 부분의 흙을 채취하여 지층 및 흙의 성질을 알아보는 방법
① 비교적 정확하게 조사할 수 있고, 또 구멍 속에서 원위치 시험도 할 수 있다.
② 간단한 경우 기초폭의 1.5~2배, 보통깊이 20m 이상, 지지 지층 이상 30m 간격으로 부지 내에서 3개소 이상 행한다.
③ 보링 구멍은 수직으로 파는 것이 중요하다.
④ 보링의 종류
   ㉠ 수세식 : 30m 정도까지의 연질층에 사용
   ㉡ 충격식 : 비교적 굳은 지층에 사용
   ㉢ 회전식 : 불교란시료 채취 가능, 가장 정확하게 측정(가장 많이 사용)

25. 콘크리트용 재료 중 시멘트에 관한 설명으로 옳지 않은 것은?

① 중용열포틀랜드시멘트는 수화작용에 따르는 발열이 적기 때문에 매스콘크리트에 적당하다.
② 조강포틀랜드시멘트는 조기강도가 크기 때문에 한중콘크리트공사에 주로 쓰인다.
③ 알칼리 골재반응을 억제하기 위한 방법으로써 내황산염포틀랜드시멘트를 사용한다.
④ 조강포틀랜드시멘트를 사용한 콘크리트의 7일 강도는 보통포틀랜드시멘트를 사용한 콘크리트의 28일 강도와 거의 비슷하다.

[해설] 플라이애쉬를 혼입한 콘크리트는 알칼리 골재반응에 의한 팽창을 억제하고, 해수 중의 황산염에 대한 화학저항성이 증대된다.
※ 알칼리 골재반응의 대책
㉠ 반응성 골재를 사용을 피할 것(양질의 골재 사용)
㉡ 콘크리트 중의 알칼리양을 감소시킨다.(Na_2O 당량 3kg 이하)
㉢ 포졸란 반응을 일으킬 수 있는 혼화재를 사용한다.
㉣ 단위시멘트량을 최소화한다.
㉤ 외부로부터 습기나 물의 침입을 막을 것

26. CM(Construction Management)의 주요업무가 아닌 것은?

① 부동산 관리업무 및 설계부터 공사관리까지 전반적인 지도, 조언, 관리업무
② 입찰 및 계약 관리업무와 원가관리업무
③ 현장 조직관리업무와 공정관리업무
④ 자재조달업무와 시공도 작성업무

[해설] 공사관리방식(CM : Construction Management)의 단계별 주요 업무 순서
㉠ Pre-Design단계(기획단계) : 사업구상, 사업의 타당성 검토 및 사업수행의 구체적 계획 수립
㉡ Design단계(설계단계) : 비용의 분석 및 VE기법의 도입, 대안공법의 검토
㉢ Pre-Construction단계(입찰·발주단계)
㉣ Construction단계(시공단계) : 설계도면, 시방서에 따른 공사진행 검사 및 검토

㉤ Post-Construction단계(유지관리단계)
☞ 건설사업관리방식(CM : Construction Management)
CM(건설사업관리)이라 함은 건설공사에 관한 기획, 타당성 조사, 분석, 설계, 조달, 계약, 시공관리, 감리, 평가, 사후관리 등에 관한 관리업무의 전부 또는 일부를 수행하는 행위

27. 다음 그림과 같은 건물에서 G_1과 같은 보가 8개 있다고 할 때 보의 총 콘크리트량을 구하면? (단, 보의 단면상 슬래브와 겹치는 부분은 제외하며, 철근량은 고려하지 않는다.)

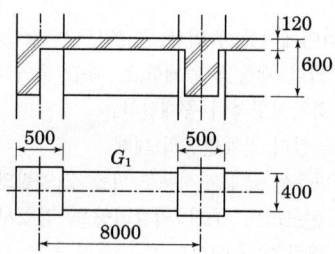

① 11.52m³
② 12.23m³
③ 13.44m³
④ 15.36m³

[해설] 보의 콘크리트량 산정
보의 콘크리트량(V) = 보의 너비×(춤-바닥판의 두께)×기둥 안목거리×개소
= 0.4×(0.6-0.12)×(8-0.5)×8개 = 11.52m³

28. PERT-CPM 공정표 작성시에 EST와 EFT의 계산방법 중 옳지 않은 것은?

① 작업의 흐름에 따라 전진 계산한다.
② 선행작업이 없는 첫 작업의 EST는 프로젝트의 개시시간과 동일하다.
③ 어느 작업의 EFT는 그 작업의 EST에는 소요일수를 더하여 구한다.
④ 복수의 작업에 종속되는 작업의 EST는 선행작업 중 EFT의 최소값으로 한다.

[해설] 복수의 작업에 종속되는 작업의 EST는 선행작업 중 EFT의 최대값으로 한다.

29. 웰포인트(Well point)공법에 관한 설명으로 옳지 않은 것은?

① 인접 대진에서 지하수위 저하로 우물 고갈의 우려가 있다.
② 투수성이 비교적 낮은 사질실트층까지도 강제배수가 가능하다.
③ 압밀침하가 발생하지 않아 주변 대지, 도로 등의 균열발생 위험이 없다.
④ 지반의 안전성을 대폭 향상시킨다.

[해설] 웰포인트 공법(Well point method)
강제배수공법의 대표적 공법으로 Siemens Wall공법을 개량한 공법이다. 지중에 Pipe를 1~2m간격으로 박고 진공펌프를 사용해서 지하수를 진공흡입 탈수하는 것이며, 용수량이 비교적 많은 굵은 사질층에서 약간 투수층이 나쁜 사질 실트층 정도까지의 지하수를 강제 배수할 수가 있다.
㉠ 장점 : 터파기 공사가 쉽게 되고, 지반의 지내력이 강화되며, 흙막이 토압이 경감된다.
㉡ 단점 : 인접지의 침하를 일으키기 쉽다.

30. 콘크리트 이어치기에 관한 설명으로 옳지 않은 것은?

① 보의 이어치기는 전단력이 가장 적은 스팬의 중앙부에서 수직으로 한다.
② 슬래브(Slab)의 이어치기는 가장자리에서 한다.
③ 아치의 이어치기는 아치축에 직각으로 한다.
④ 기둥의 이어치기는 바닥판 윗면에서 수평으로 한다.

[해설] 콘크리트 이어붓기 위치

개소	이어붓기 위치
기둥	보, 바닥판 또는 기초 윗면에서 수평으로
보, 슬래브	스팬 중앙부에서 수직으로(작은 보 있는 바닥판 : 작은보 나비의 2배 떨어진 위치에서)
벽	개구부 주위(문틀, 끊기 좋고 이음자리 막이를 떼어내기 쉬운 곳에서 수직, 수평)
아치	아치축에 직각으로
캔틸레버	이어붓기 안하는 것을 원칙

정답 27. ① 28. ④ 29. ③ 30. ②

31. 사질 지반 굴착 시 벽체 배면의 토사가 흙막이 틈새 또는 구멍으로 누수가 되어 흙막이벽 배면에 공극이 발생하여 물의 흐름이 점차로 커져 결국에는 주변 지반을 함몰시키는 현상은?

① 보일링 현상　② 히빙 현상
③ 액상화 현상　④ 파이핑 현상

[해설] 흙막이벽의 안전

종류	특징
히이빙 파괴 (Heaving)	하부지반이 연약할 때 흙파기 저면선에 대하여 흙막이 바깥에 있는 흙의 중량과 적재하중의 중량에 못견디어지면 흙이 붕괴되고 흙막이 바깥에 있는 흙이 안으로 밀려 볼록하게 되는 현상(연약 점토지반)
보일링, 분사현상 (Boiling)	흙파기 저면이 투수성이 좋은 모래지반에서 지하수가 얕게 있든가 흙파기 저면 부근에 피압수가 있을 때에는 흙파기 저면을 통하여 상승하는 유수로 말미암아 모래 입자는 부력을 받아 지반의 지지력이 없어지는 현상 (모래지반)
파이핑 (Piping)	흙막이벽의 부실공사로써 흙막이벽의 뚫린 구멍이나 이음새를 통하여 물이 공사장 내부바닥으로 파이프 작용을 하여 보일링 현상이 생기는 것

32. 지름 100mm, 높이 200mm인 원주 공시체로 콘크리트의 압축강도를 시험하였더니 200kN에서 파괴되었다면 이 콘크리트의 압축강도는?

① 12.7MPa　② 17MPa
③ 25.5MPa　④ 50.9MPa

[해설] 콘크리트의 압축강도 $(\sigma_c) = \dfrac{P}{A}$

단, P(압축력), A(단면적) $= \dfrac{\pi d^2}{4}$

∴ 압축강도 $= \dfrac{P}{A} = \dfrac{P}{\dfrac{\pi d^2}{4}} = \dfrac{200,000N}{\dfrac{3.14 \times 100^2}{4}}$

$= 25.5 MPa$

※ $1kN = 1,000N = 10^3 N$　$1MPa = 1N/mm^2$

33. 돌로마이트 플라스터 바름에 관한 설명으로 옳지 않은 것은?

① 실내온도가 5℃ 이하일 때는 공사를 중단하거나 난방하여 5℃ 이상으로 유지한다.
② 정벌바름용 반죽은 물과 혼합한 후 4시간 정도 지난 다음 사용하는 것이 바람직하다.
③ 초벌바름에 균열이 없을 때에는 고름질한 후 7일 이상 두어 고름질면의 건조를 기다린 후 균열이 발생하지 아니함을 확인한 다음 재벌바름을 실시한다.
④ 재벌바름이 지나치게 건조한 때는 적당히 물을 뿌리고 정벌바름한다.

[해설] 돌로마이터 플라스터 바름
① 재료 : 돌로마이트(마그네샤질 석회) + 모래 + 여물
② 특성
　㉠ 가소성(점성)이 높기 때문에 풀을 혼합할 필요가 없으며, 응결시간이 비교적 길기 때문에 시공이 용이하다.
　㉡ 건조수축이 커서 균열이 생기므로 여물을 혼합하여 잔금을 방지한다.
　㉢ 대기 중의 이산화탄소(CO_2)와 화합해서 경화하는 기경성 미장재료로 습기 및 물에 약해 지하실에는 사용하지 않는다.
③ 배합·시공
　㉠ 정벌용은 가수 후 12시간 정도 지난 후 사용한다.
　㉡ 시멘트를 혼합한 것은 2시간 이상 경과한 것은 사용하지 않는다.
　㉢ 초벌 바름 후 10일 이상 두어 고름질하고 7일 이상(갈래금 없을 때), 14일 이상(갈래금 있을 때) 지난 후 재벌 바름한다. 그리고 어느 정도 건조 후 정벌 바름한다.
　㉣ 균열이 크고, 경화가 느리나 점도가 커서 시공이 용이하다.

정답　31. ④　32. ③　33. ②

34. 금속 커튼월의 Mock Up Test에 있어 기본성능 시험의 항목에 해당되지 않는 것은?

① 정압수밀시험
② 방재시험
③ 구조시험
④ 기밀시험

[해설] 커튼월의 실물모형실험(mock-up test)
풍동시험을 근거로 설계한 기준척도의 실물모형 3개를 만든 뒤 건설예정지에서 최악의 기후조건으로 시험한다. 예비시험, 기밀시험, 수밀시험(정압, 동압), 구조시험 등을 실시하며, 그 결과에 따라 건축물의 각 부위를 수정·보완하여 안전하고 경제적인 커튼월 설계 및 시공이 가능하도록 한다.
㉠ 예비시험 : 시험실시여부 판단시험, 설계풍압의 50%를 가하는 내풍압시험실시
㉡ 기밀시험 : 기밀성 및 공기누출량 측정시험
㉢ 정압수밀시험 : 누수시험
㉣ 동압수밀시험 : 맥동압에 의한 누수시험
㉤ 구조시험 : 내풍압시험 및 층간변위측정

35. 타일 108mm 각으로, 줄눈을 5mm로 벽면 6m²를 붙일 때 필요한 타일의 장수는? (단, 정미량으로 계산)

① 350장   ② 400장
③ 470장   ④ 520장

[해설] 면적 1m²에 필요한 타일의 수량은
$\frac{100cm}{(10+0.6)cm} \times \frac{100cm}{(10+0.6)cm} = 78.3$장
∴ 78.3×6=469.8 ≒ 470장

36. 거푸집에 작용하는 콘크리트의 측압에 끼치는 영향 요인과 가장 거리가 먼 것은?

① 거푸집의 강성
② 콘크리트 타설 속도
③ 기온
④ 콘크리트의 강도

[해설] 생콘크리트가 측압에 영향을 주는 요소
타설 속도, 컨시스턴시, 콘크리트의 비중, 배합(시멘트량), 콘크리트의 온도, 시멘트의 종류, 거푸집 표면의 평활도, 거푸집의 투수성 및 누수성, 거푸집의 수평단면, 진동기의 사용, 붓기(타설) 방법·위치, 거푸집의 강성, 철골 또는 철근량
※ [① 온도가 높을수록, ② 응결시간이 빠를수록, ③ 투수성 및 누수성이 클수록, ④ 철골 또는 철근량이 많을수록] : 측압은 작다.

37. 건설 프로세스의 효율적인 운영을 위해 형성된 개념으로 건설생산에 초점을 맞추고 이에 관련된 계획, 관리, 엔지니어링. 설계, 구매, 계약, 시공, 유지 및 보수 등의 요소들을 주요 대상으로 하는 것은?

① CIC(Computer Integrated Construction)
② MIS(Management Information System)
③ CIM(Computer Integrated Manufacturing)
④ CAM(Computer Aided Manufacturing)

[해설] CIC(Computer Integrated Construction) : 컴퓨터를 통한 건설통합 생산시스템
컴퓨터, 정보통신 및 자동화 생산, 조립기술 등을 토대로 건설행위를 수행하는데 필요한 기능들과 인력들을 유기적으로 연계하여 각 건설업체의 업무를 각사의 특성에 맞게 최적화 하는 것

38. 계측관리 항목 및 기기에 관한 설명으로 옳지 않은 것은?

① 흙막이벽의 응력은 변형계(Strain Gauge)를 이용한다.
② 주변 건물의 경사는 건물경사계(Tiltmeter)를 이용한다.
③ 지하수의 간극수압은 지하수위계(Water Level Meter)를 이용한다.
④ 버팀보, 앵커 등의 축하중 변화 상태의 측정은 하중계(Load Cell)를 이용한다.

정답 34. ② 35. ③ 36. ④ 37. ① 38. ③

해설 Water level meter - 지하수위 변화를 실측
 ※ 터파기 공사시에 실시하는 계측의 항목과 계측기
  ㉠ 지하수의 수압 측정 : 피에조미터(piezometer)
  ㉡ 흙막이벽의 측압, 수동토압 - 토압계
  ㉢ 흙막이벽의 중간부 변형 - 경사계(Tiltmeter)
  ㉣ 흙막이벽의 응력 - 변형계(strain gauge)
  ㉤ 인접구조물의 이동 측정 : 트랜싯(transit)

39. 콘크리트를 타설하면서 거푸집을 수직 방향으로 이동시켜 연속작업을 할 수 있게 한 것으로 사일로 등의 건설공사에 적합한 것은?

① Euro form
② Sliding form
③ Air tube form
④ Traveling form

해설 슬라이딩 폼(sliding form)
 ㉠ 수직 활동 거푸집으로, 연속 타설로 일체성을 확보할 수 있다.
 ㉡ 공기가 약 1/3 정도 단축되며, 요오크(yoke)로 끌어올린다.
 ㉢ 거푸집 높이 1m 정도, 비계발판이 필요 없다. (내·외부 비계발판이 일체형)
 ㉣ 돌출부가 없는 굴뚝, 사일로(Silo) 등에 사용

40. 건축재료별 수량 산출 시 적용하는 할증률로 옳지 않은 것은?

① 유리 : 1%
② 단열재 : 5%
③ 붉은벽돌 : 3%
④ 이형철근 : 3%

해설 재료별 할증률
 • 1% : 유리
 • 2% : 시멘트, 칠(도장)
 • 3% : 이형철근, 붉은벽돌, 내화벽돌, 타일, 테라코타, 슬레이트, 고장력보울트
 • 4% : 블록
 • 5% : 원형철근, 시멘트벽돌, 봉강, 리벳, 볼트, 아스팔트계 타일, 기와
 • 7% : 대형형강
 • 10% : 강판, 단열재
 • 30% : 고온고압기기

■■■ 제3과목 건축구조

41. 구조시스템의 분류에 있어 복합구조로 보기 어려운 것은?

① 철골철근콘크리트 기둥에 철골 보를 이용한 구조
② 철골철근콘크리트 기둥에 철근콘크리트 보를 이용한 구조
③ 철근콘크리트 기둥에 철근콘크리트 보를 이용한 구조
④ 철근콘크리트 기둥에 철골 보를 이용한 구조

해설 복합구조
 복합구조는 서로 다른 재료의 부재나 판을 조합시켜 하나의 구조로 외력(하중)에 저항하는 형태이다. 따라서 철근콘크리트의 기둥과 보로 구성된 구조는 두 부재의 재료가 동일하므로 복합구조가 될 수 없다.

42. 다음 트러스 구조물에서 C부재의 부재력을 구하면? (단, +는 인장, -는 압축)

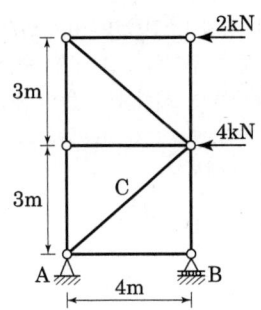

① +4.5kN
② -4.5kN
③ +7.5kN
④ -7.5kN

해설 트러스 해석
 ① 해석의 발상 : C부재는 복재(Web재)이므로 절단-전단법으로 해석하거나 지점에 연결된 부재이므로 절점법으로 구할 수 있다. 다만 절점법으로 해석하려는 경우는 A지점의 반력을 먼저 구하여야 한다.

정답 39. ② 40. ② 41. ③ 42. ④

② 절단 : C부재를 포함하여 트러스를 절단하되 절단되는 부재수가 최소가 되도록 수평방향으로 절단한다.

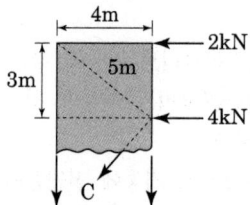

③ 분할 된 구조물 선택
절단선의 하부를 해석하려면 반력 계산이 필요하지만 상부는 반력 계산이 불필요하므로 상부를 선택하여 C부재력을 구한다.

④ 부재력 표시
절단된 부재의 연장선에 내부 절점 기준 인장(+, 절점을 당김)이 되도록 부재력을 표시하고 C부재력은 수직과 수평으로 분력을 표시한다.

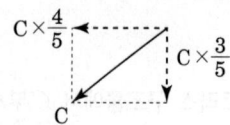

⑤ 부재력 산정
힘의 평형 조건($\Sigma V=0$, $\Sigma H=0$, $\Sigma M=0$)을 활용하여 부재력 C를 구할 수 있다. 수평 외력을 활용하여 해석하는 것이 쉬우므로 $\Sigma H=0$를 활용한다.

$\Sigma H=0$에서

$-(2+4)-\left(C \times \dfrac{4}{5}\right)=0$

$C=-\dfrac{5}{4} \times 6=-7.5(\mathrm{kN})$ 압축

43. 구조용 강재 SHN355에 대한 설명 중 옳은 것은?

① 건축구조용 열간압연 H형강, 항복강도 355MPa
② 건축구조용 압연 H형강, 압축강도 355MPa
③ 용접구조용 압연 H형강, 인장강도는 355MPa
④ 용접구조용 내후성 열간압연강재, 압축강도 355MPa

[해설] 주요 구조용 강재의 재료강도(MPa)

강도	기호 두께 (mm)	SS275 SM275 SMA275	SN275 SHN275	SM355 SMA355	SN355 SHN355	SM420	SM460
F_y	16 이하	275	275	355	355	420	460
	16 초과~40 이하	265		345		410	450
F_u	100 이하	410	410	490	490	520	570

※ 단, SHN은 건축구조용 열간압연 H형강이고, F_y는 항복강도이며 F_u는 인장강도이다.

44. 보통중량콘크리트를 사용한 그림과 같은 보의 단면에서 외력에 의해 휨균열을 일으키는 균열모멘트(M_{cr}) 값은? (단, $f_{ck}=27$MPa, $f_y=400$MPa)

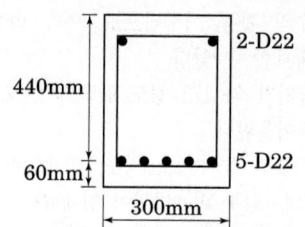

① 29.5kN·m
② 34.7kN·m
③ 40.9kN·m
④ 52.4kN·m

[해설] 균열모멘트(M_{cr})

① 해석의 발상 : 균열모멘트(M_{cr})는 콘크리트의 휨응력이 휨인장강도 $f_{cr}(=0.63\sqrt{f_{ck}})$에 도달하게 하는 휨모멘트이다.

$$\sigma = \dfrac{M}{Z} \text{에서 } \sigma = f_{cr} \text{일 때}$$
$$M = M_{cr} \text{이므로 } f_{cr} = \dfrac{M_{cr}}{Z} \text{이다.}$$

② $M_{cr} = f_{cr} \cdot Z = 0.63\lambda\sqrt{f_{ck}} \cdot \dfrac{bh^2}{6}$

$= 0.63 \times 1 \times \sqrt{27} \times \dfrac{300 \times 500^2}{6}$

$= 40,919,700(\mathrm{N \cdot mm}) = 40.9(\mathrm{kN \cdot m})$

45. 직경(D) 30mm, 길이(L) 4m인 강봉에 90kN의 인장력이 작용할 때 인장응력(σ_t)과 늘어난 길이(ΔL)는 얼마인가? (단, 강봉의 탄성계수 $E=200,000$MPa)

① $\sigma_t = 127.3$MPa, $\Delta L = 1.43$mm
② $\sigma_t = 127.3$MPa, $\Delta L = 2.55$mm
③ $\sigma_t = 132.5$MPa, $\Delta L = 1.43$mm
④ $\sigma_t = 132.5$MPa, $\Delta L = 2.55$mm

[해설] hook's Law
① hook의 법칙($\sigma = E \cdot \epsilon$)에 의하면 응력은 변형률과 탄성계수의 곱에 비례한다.

$$E = \frac{\sigma}{\epsilon} \quad \sigma = \frac{P}{A} \quad \epsilon = \frac{\Delta l}{l}$$
$$E = \frac{Pl}{A\Delta l} \quad \Delta l = \frac{Pl}{EA}$$

② 인장응력
$$\sigma_t = \frac{P}{A} = \frac{90 \times 10^3}{\frac{\pi \times 30^2}{4}} = 127.3(\text{N/mm}^2, \text{MPa})$$

③ 늘어난 길이
$$\Delta l = \frac{Pl}{EA} = \frac{(90 \times 10^3) \times 4,000}{200,000 \times \left(\frac{\pi \times 30^2}{4}\right)} = 2.55(\text{mm})$$

46. 지반침하의 원인에 해당하지 않는 것은?

① 지하수의 지나친 양수
② 매립지반의 압축
③ 지반의 수평지지력 과대
④ 지반굴착에 따른 지반변위

[해설] 지반침하 원인
• 연약 지반 및 지질 수축
• 매립지의 지나친 압축
• 지하수의 지나친 양수
• 지하동공 발생
• 주변 지반 굴착

47. 그림과 같은 구조물에 있어 AB부재의 재단모멘트 M_{AB}는?

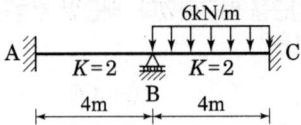

① 0.5kN·m ② 1kN·m
③ 1.5kN·m ④ 2kN·m

[해설] 재단모멘트
① 해석의 발상 : BC부재에 가해진 등분포 하중에 의해 B지점에는 휨모멘트(M_B)가 발생한다. M_B는 B점의 좌우에 연결된 AB부재와 BC부재로 분배되게 되며 이것을 분배모멘트(M_{BA}, M_{BC})라 한다. AB부재로 분배되는 분배모멘트(M_{BA})가 B점에서 A지점으로 50%가 전달되는데 이것을 전달모멘트 또는 도달모멘트라고 A지점의 재단모멘트(M_{AB})가 된다.

② B지점의 모멘트 반력(M_B)
AB부재와 BC부재는 B지점에서 고정으로 연결된 상태이므로 B지점을 고정지점으로 가정하여 BC구간을 양단 고정보로 해석한다. 양단고정보에 등분포하중에 가지는 경우 단부 휨모멘트는 $wl^2/12$이다.
$$M_B = \frac{wl^2}{12} = \frac{6 \times 4^2}{12} = 8(\text{kN·m})$$

③ B지점을 중심으로 AB부재의 분배율(DF_{BA})
$$DF_{BA} = \frac{K_{BA}}{\Sigma K} = \frac{2}{2+2} = \frac{1}{2}$$
※ 강도(K) : $K_{BA} = 2$, $K_{BC} = 2$

④ AB부재의 분배모멘트(M_{BA})
$$M_{BA} = M_B \times DF_{BA} = 8 \times \frac{1}{2} = 4(\text{kN·m})$$

⑤ 재단모멘트(M_{AB})
$$M_{AB} = \frac{1}{2}M_{BA} = \frac{1}{2} \times 4 = 2(\text{kN·m})$$

48. 단면이 400mm×400mm인 콘크리트 기둥에 D22 (a_1 = 387mm²) 철근을 사용하여 최소철근비를 만족하도록 주철근을 배근하였다. 배근할 주철근의 최소개수로 옳은 것은?

① 3개 ② 4개
③ 5개 ④ 6개

[해설] 주철근 산정
① 해석의 발상 : 주철근의 최소 단면적은 기둥의 단면적에 최소철근비를 곱하여 산정한다. 또한 주철근의 최소단면적을 철근 한 개의 단면적으로 나누면 주철근의 최소 개수가 된다.
② 주철근의 최소단면적

$$\rho_{\min} = \frac{A_{s,\min}}{A_g} \to A_{s,\min} = \rho_{\min} \times A_g$$
$$= 0.01 \times (400 \times 400)$$
$$= 1{,}600 (\text{mm}^2)$$

③ 주철근의 최소개수
$$n = \frac{A_{s\min}}{a_1} = \frac{1{,}600}{387} = 4.13\text{개} = 5\text{개}$$

49. 현장타설콘크리트말뚝의 구조세칙으로 틀린 것은?

① 현장타설콘크리트말뚝은 특별한 경우를 제외하고 주근은 6개 이상으로 한다.
② 현장타설콘크리트말뚝을 배치할 때 그 중심간격은 말뚝머리지름의 1.5배 이상 또한 말뚝머리지름에 500mm를 더한 값 이상으로 한다.
③ 현장타설콘크리트말뚝의 선단부는 지지층에 확실히 도달시켜야 한다.
④ 저부의 단면을 확대한 현장타설콘크리트말뚝의 측면경사가 수직면과 이루는 각은 30° 이하로 한다.

[해설] 현장타설콘크리트말뚝
현장타설콘크리트말뚝을 배치할 때 그 중심간격은 말뚝머리 지름의 2.0배 이상 또한 말뚝머리 지름에 1,000mm를 더한 값 이상으로 한다.

50. 다음 그림은 단순보의 전단력도이다. 각 구간에 대한 역학적 설명으로 틀린 것은?

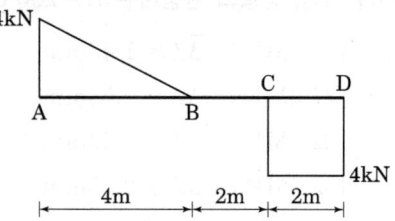

① A-B 구간에는 등분포하중 1kN/m가 작용한다.
② B-C 구간에는 하중이 작용하지 않는다.
③ C점에는 집중하중 2kN이 작용한다.
④ 양단부(지점)의 반력의 크기는 4kN이다.

[해설] 하중-전단력-휨모멘트의 관계
① 해석의 발상 : 하중의 적분은 전단력, 전단력의 적분은 휨모멘트이다. 역으로는 휨모멘트를 미분하여 전단력을 구하고 전단력을 미분하여 하중을 구할 수 있다.
② 양단 지점 A, D지점의 반력은 각 지점의 전단력과 일치한다. 따라서 $V_A = V_D = 4(\text{kN})$이다.
③ AB구간의 전단력도가 사선이므로 등분포 하중이 작용한다.
④ AB구간에서 전단력 산정식은 $S_x = V_A - w \cdot x$이다.(단, x는 A지점으로부터 임의의 거리) A지점에서 4m 떨어진 B지점에서 전단력이 0이므로 $4 - 4w = 0$가 된다. 따라서 $w = 1(\text{kN/m})$이다.
⑤ BC구간에 전단력이 없으므로 하중은 작용하지 않는다.
⑥ CD구간의 전단력도가 축에 평행하므로 집중하중이 작용한다. 또한 B지점의 반력인 4kN이 C지점까지 일정하게 유지되므로 해당 구간에는 지점반력 이외의 하중이 작용하지 않는다.
⑦ D지점에서 C점을 지나는 CB구간의 전단력(S_x)은 $S_{C.left} = -S_{C.rigt} + P$이고 $S_{C.left} = 0$, $S_{C.rigt} = 4$이므로 C점에 작용하는 집중하중(P)은 4(kN)이다.

정답 48. ③   49. ②   50. ③

51. 철근콘크리트 구조물 설계를 위해 선형탄성 구조해석을 수행한 결과, 보 단면에 다음과 같은 단면력이 계산되었다. 이 값을 사용해서 계수휨모멘트를 구하면?

- 고정하중에 따른 모멘트: $M_D = 150 \text{kN} \cdot \text{m}$
- 활하중에 따른 모멘트: $M_L = 120 \text{kN} \cdot \text{m}$
- 풍하중에 따른 모멘트: $M_W = 60 \text{kN} \cdot \text{m}$

① 288kN·m ② 318kN·m
③ 358kN·m ④ 378kN·m

[해설] 계수휨모멘트(M_u)
① 해석의 발상 : 건축물의 설계 시 지지하중의 종류에 따라 계수를 적용하여 계수휨모멘트를 산정할 수 있다.

$$U = 1.2D + L + 1.3W$$

② 계수휨모멘트(M_u)
$M_U = (1.2 \times 150) + 120 + (1.3 \times 60) = 378 (\text{kN} \cdot \text{m})$

52. 그림과 같은 캔틸레버보에서 집중하중 P가 작용할 때 C점의 처짐의 크기는? (단, 보의 EI는 일정한 값)

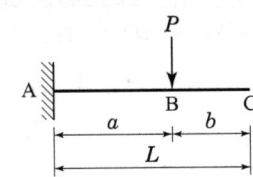

① $\dfrac{Pa^2\left(b + \dfrac{2a}{3}\right)}{2EI}$ ② $\dfrac{Pa}{2EI}$

③ $\dfrac{Pa}{EI}$ ④ $\dfrac{Pa\left(b + \dfrac{2a}{3}\right)}{2EI}$

[해설] 처짐(δ_C)

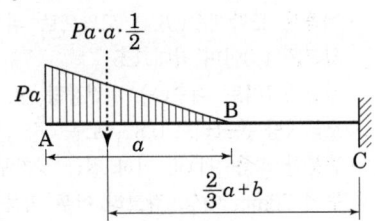

① 해석의 발상 : 휨모멘트도(BMD)를 공액보에 하중으로 가해 C점의 휨모멘트($M_C{'}$)를 구하여 휨강성(EI)로 나누면 C점의 처짐이 된다.
② BMD 구하기 : B점의 하중 P가 a구간에 작용하므로 임의의 거리에서 휨모멘트 $M_x = -Px$이므로 $M_A = Pa$이고 $M_B = 0$이다. (단, x는 B점에서 A점까지 임의 거리)
③ 위 그림과 같이 BMD를 공액보에 하중으로 가하여 C점의 휨모멘트를 구하면
$M_C{'} = \left(Pa \cdot a \cdot \dfrac{1}{2}\right)\left(\dfrac{2}{3}a + b\right) = \dfrac{Pa^2}{2}\left(\dfrac{2}{3}a + b\right)$
④ C점의 처짐(δ_C)
$\delta_C = \dfrac{M_C{'}}{EI} = \dfrac{Pa^2}{2EI}\left(\dfrac{2}{3}a + b\right)$

53. 인장을 받는 이형철근의 정착길이(l_d)는 기본정착길이(l_{db})에 보정계수를 곱하여 구한다. 이 보정계수에 대한 설명 중 옳지 않은 것은?

① 철근배치 위치계수 α는 상부철근일 경우 1.5이고, 그 밖의 철근일 경우 1.0이다.
② 철근크기계수 γ는 철근직경이 D22 이상인 경우 1.0이고, D19 이하일 경우 0.8이다.
③ 철근 도막계수 β는 도막되지 않은 철근일 경우 1.0이다.
④ 경량콘크리트계수 λ는 일반콘크리트인 경우 1.0이다.

정답 51. ④ 52. ① 53. ①

[해설] 정착길이와 보정계수
- 에폭시 도막계수(β) : 도막으로 피복되지 않은 철근은 1.0이며 최대 1.5
- 경량콘크리트 계수(λ) : 전경량 콘크리트 0.75, 모래경량 콘크리트 0.85, 보통중량 콘크리트 1.0
- 충분한 피복 : D35 이하 철근 정착부 수직 피복두께 70mm 이상, 갈고리 이후 피복두께 50mm 이상인 경우 0.7
- 정착부 보강 : D35 이하 90° 또는 180° 갈고리 철근에서 정착길이 구간을 $3d_b$ 이하 간격으로 띠철근을 보강한 경우 0.8
- 위치계수 : 상부근은 1.3, 그 밖의 철근 1.0

54. 그림과 같은 단면의 x축에 대한 단면계수 값으로서 옳은 것은?

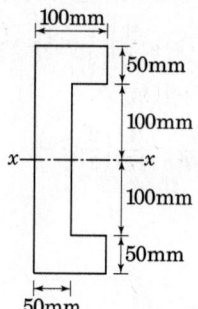

① $1.278 \times 10^6 \text{mm}^3$ ② $1.298 \times 10^6 \text{mm}^3$
③ $1.378 \times 10^6 \text{mm}^3$ ④ $1.398 \times 10^6 \text{mm}^3$

[해설] 단면계수(Z)
① 해석의 발상 : 단면계수와 중공단면의 단면2차 모멘트는 다음과 같다.

$$Z = \frac{I}{y} \qquad I = \frac{BH^3 - bh^3}{12}$$

② 단면계수(Z)
$$Z = \frac{I}{y} = \frac{1}{y} \cdot I = \frac{1}{150} \times \frac{100 \times 300^3 - 50 \times 200^2}{12}$$
$$= 1.278 \times 10^6 (\text{mm}^3)$$

55. 반T형보의 유효폭으로 옳은 것은? (단, 보 경간은 6m)

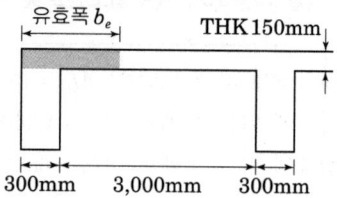

① 800mm   ② 1,200mm
③ 1,800mm   ④ 2,300mm

[해설] 반T형보의 유효폭(B_e)
해석의 발상 : 반T형보의 유효폭은 다음 중 최소값으로 한다
① $B_e = 6t + b_w = 6 \times 150 + 300 = 1,200(\text{mm})$
② $B_e = \text{slab 순간} \times \frac{1}{2} + b_w$
$= 3,000 \times \frac{1}{2} + 300 = 1,800(\text{mm})$
③ $B_e = \text{보경간} \times \frac{1}{12} + b_w$
$= 6,000 \times \frac{1}{12} + 300 = 800(\text{mm})$

56. 강도설계법에서 흙에 접하는 기둥의 최소 피복두께 기준으로 옳은 것은? (단, 프리스트레스하지 않는 부재의 현장치기 콘크리트로서 D25인 철근임)

① 20mm   ② 30mm
③ 40mm   ④ 50mm

[해설] 주요구조부재의 철근 피복두께 규정

종류		피복 두께
수중에서 타설하는 콘크리트		100mm
영구히 흙에 묻혀 있는 콘크리트		75mm
흙에 접하거나 옥외의 공기에 직접 노출되는 콘크리트	D19 이상 철근	50mm
	D16 이하 철근	40mm
	16mm 이하 철선	40mm

정답 54. ① 55. ① 56. 답없음

57. 용접 H형강 $H-450 \times 450 \times 20 \times 28$의 플랜지 및 웨브에 대한 판폭두께비를 구하면?

① 플랜지 : 16.07,   웨브 : 14.07
② 플랜지 : 16.07,   웨브 : 19.7
③ 플랜지 : 8.04,   웨브 : 14.07
④ 플랜지 : 8.04,   웨브 : 19.7

[해설] H형강의 판폭 두께비

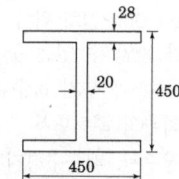

① 해석의 발상 : 판폭두께비는 판 두께(t)에 대한 판 폭(b)의 비를 의미한다.

② Web의 판폭 두께비 : $\dfrac{b}{t} = \dfrac{450-28\times 2}{20} = 19.7$

③ Flange의 판폭 두께비 : $\dfrac{b}{t} = \dfrac{450 \times \frac{1}{2}}{28} = 8.04$

58. 등가정적해석법에 따른 지진응답계수의 산정식과 가장 거리가 먼 것은?

① 가스트영향계수
② 반응수정계수
③ 주기 1초에서의 설계스펙트럼 가속도
④ 건축물의 고유주기

[해설] 지진하중 밑면 전단력(V)

해석의 발상 : 지진하중인 밑면전력은 다음 식으로 산정한다.

$$V = C_s \cdot W$$

- W : 건물유효중량
- C_s : 지진응답 계수 = $\dfrac{S_{D1}}{\left(\dfrac{R}{I_E}\right) \cdot T}$
  - S_{D1} : 설계 스펙트럼 가속도
  - R : 반응수정 계수
  - I_E : 건물 중요도 계수
  - T : 건물고유주기 = $G h_m^{\frac{3}{4}}$
  - h_m : 건물 최상층 높이

59. 다음 부정정 구조물에서 A단에 도달하는 모멘트의 크기는 얼마인가?

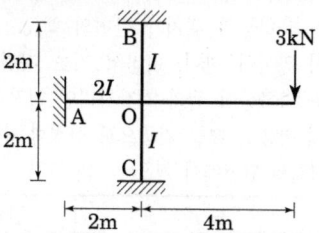

① 1.5kN·m   ② 2.0kN·m
③ 2.5kN·m   ④ 3.0kN·m

[해설] 모멘트 분배법

① 해석의 발상 : 하중 3kN이 작용하여 O점에 모멘트가 발생한다. 이 모멘트는 OA, OB, OC부재로 분배되며 분배모멘트라 한다. 분배모멘트는 각각 A, B, C지점으로 전달되는데 이것을 도달모멘트라하고 각 지점의 모멘트 반력이 된다.

② O점에 작용하는 모멘트 하중(M)
$M = 3\text{kN} \times 4\text{m} = 12\text{kN} \cdot \text{m}$

③ OA부재의 분배모멘트(M_{OA})
$M_{OA} = M \times$ 분배율(DF_{OA})

$DF_{OA} = \dfrac{K_{OA}}{\sum K} = \dfrac{2}{2+1+1} = \dfrac{1}{2}$

부재강도(K) = $\dfrac{M}{l}$

$K_{OA} : K_{OB} : K_{OC} = \dfrac{2I}{2} : \dfrac{I}{2} : \dfrac{I}{2} = 2 : 1 : 1$

$M_{OA} = M \times DF_{OA}$
$= 12 \times \dfrac{1}{2} = 6(\text{kN} \cdot \text{m})$

④ O점의 도달모멘트(M_{AO})
$M_{AO} = \dfrac{1}{2} M_{OA} = \dfrac{1}{2} \times 6 = 3(\text{kN} \cdot \text{m})$

60. 독립기초에 $N = 20\text{kN}$, $M = 10\text{kN} \cdot \text{m}$가 작용할 때 접지압이 압축력만 발생하도록 하기 위한 기초저면의 최소길이는?

① 2m   ② 3m
③ 4m   ④ 5m

정답 57. ④ 58. ① 59. ④ 60. ②

[해설] 단면의 핵(Core)
① 해석의 발상 : 지반이 부담할 수 없는 인장력이 기초에 발생하지 않기 위해서는 기초에 작용하는 축하중의 위치가 단면의 핵(core)을 벗어나지 않아야 한다. 따라서 기초 저면의 최소길이는 축하중이 핵의 가장자리인 핵점(core point)에 작용할 때를 기준으로 산정할 수 있다.
② 사각형 단면에서 핵(core)의 크기는 다음과 같다.

도 형	단면의 핵
(b, h 직사각형 단면, e₁, e₂ 표시)	$e_1 = \dfrac{h}{6}, e_2 = \dfrac{b}{6}$

③ 문제에서 축하중 편심거리(e)는 $M = N \cdot e$에서
$e = \dfrac{M}{N} = \dfrac{10}{20} = 0.5\text{(m)}$
④ 0.5m가 핵점이 되기 위한 기초 최소길이(h)는
$e = \dfrac{h}{6}$ 에서
$h = 6 \cdot e = 6 \times 0.5 = 3\text{(m)}$

■■■ 제4과목 건축설비

61. 평균조도의 계산과 관련하여, 면적을 A, 사용램프의 전광속을 F, 조명율을 U, 보수율을 M, 평균조도를 E라고 할 때 성립하는 식은?

① $E = \dfrac{F \times U \times A}{M}$ ② $E = \dfrac{F \times U \times M}{A}$

③ $E = \dfrac{F \times U}{A \times M}$ ④ $E = \dfrac{A \times M}{F \times U}$

[해설] $F = \dfrac{A \cdot E \cdot D}{U}$ 에서 $E = \dfrac{F \cdot U}{A \cdot D} = \dfrac{F \cdot U \cdot M}{A}$

여기서, F : 광원 1개당 광속
U : 조명율
A : 방의 면적
E : 평균조도(lx)
D : 감광보상율
M : 유지율(보수율)

※ 감광보상율(D) $= \dfrac{1}{M} = \dfrac{1}{\text{보수율}}$

62. 배수관에 있어서 청소구(clean out)를 원칙적으로 설치해야 하는 곳이 아닌 것은?
① 배수수직관의 최상부
② 배수 수평주관과 옥외배수관의 접속장소와 가까운 곳
③ 배수관이 45° 이상의 각도로 방향을 바꾸는 곳
④ 배수 수평주관의 기점

[해설] 청소구(Clean Out) 설치 위치
- 찌꺼기가 쌓일 수 있는 곳
㉠ 가옥 배수관과 부지 하수관이 접속하는 곳
㉡ 배수수직관의 최하단부
㉢ 배수수평주관, 배수수평지관의 기점
㉣ 배관이 45° 이상의 각도로 구부러진 곳
㉤ 각종 트랩 및 기타 배관상 특히 필요한 곳
㉥ 수평관의 관경이 100mm 이하인 경우에는 직선거리 15m 이내마다, 관경 100mm 이상인 경우에는 직선거리 30m 이내마다 설치
㉦ 각종 트랩 및 기타 배관상 특히 필요한 곳
☞ 배수의 흐름과 반대 또는 직각방향으로 열 수 있도록 설치한다.

63. 에스컬레이터에 관한 설명으로 옳지 않은 것은?
① 엘리베이터에 비해 수송능력이 크다.
② 대기시간이 없고 연속적인 수송설비이다.
③ 건축적으로 점유면적이 크고, 건물에 걸리는 하중이 집중된다는 단점이 있다.
④ 에스컬레이터의 수량은 공칭수송능력의 80% 정도를 설계 수송능력으로 하여 계산한다.

[해설] 에스컬레이터는 수송량에 비해 점유면적이 적으며, 건물에 걸리는 하중이 분산된다. 연속 운전되므로 전원설비에 부담이 적다.

정답 61. ② 62. ① 63. ③

64. 급수설비에서 수격작용(워터 해머)에 관한 설명으로 옳지 않은 것은?

① 관경이 클수록 발생하기 쉽다.
② 굴곡개소로 인해 발생하기 쉽다.
③ 유속이 빠를수록 발생하기 쉽다.
④ 플래시 밸브나 수전류를 급격히 열고 닫을 때 발생하기 쉽다.

[해설] 수격작용(water hammering)
관내 유속이 빠르거나 혹은 밸브, 수전 등의 관내 흐름을 순간적으로 폐쇄하면, 관내에 압력이 상승하면서 생기는 배관 내의 마찰음 현상이다.
① 원인
  ㉠ 유속이 빠를 때
  ㉡ 관경이 적을 때
  ㉢ 밸브 수전을 급히 잠글 때
  ㉣ 굴곡 개소가 많을 때
  ㉤ 감압밸브를 사용하지 않을 때
② 방지책
  ㉠ 관내 유속을 될 수 있는 대로 느리게 하고 관경을 크게 한다.
  ㉡ 폐수전을 폐쇄하는 시간을 느리게 한다.
  ㉢ 기구류 가까이에 air chamber를 설치하여 chamber 내의 공기를 압축시킨다.
  ㉣ water hammer 방지기를 water hammer의 발생 원인이 되는 밸브 근처에 부착시킨다.
  ㉤ 굴곡 배관을 억제하고 될 수 있는 대로 직선 배관으로 한다.
  ㉥ 펌프의 토출측에 릴리프밸브나 스모렌스키 체크밸브를 설치한다.(압력상승 방지)
  ㉦ 자동수압 조절밸브를 설치한다.

65. 최대수용전력이 500kW, 수용률이 80%일 때 부하설비용량은?

① 400kW   ② 625kW
③ 800kW   ④ 1,250kW

[해설] 수용률 = $\dfrac{\text{최대사용전력(kW)}}{\text{부하설비용량(kW)}} \times 100(\%)$

$80(\%) = \dfrac{500\text{kW}}{\text{부하설비용량}} \times 100(\%)$

∴ 부하설비용량 = 625kW

66. 도시가스에서 중압의 가스압력은? (단, 액화가스가 기화되고 다른 물질과 혼합되지 아니한 경우 제외)

① 0.05MPa 이상, 0.1MPa 미만
② 0.01MPa 이상, 0.1MPa 미만
③ 0.1MPa 이상, 1MPa 미만
④ 1MPa 이상, 10MPa 미만

[해설] 가스 공급 방식은 압력에 따라 분류되며 고압, 중압, 저압 등을 각 수송 방식에 따라 병용하는 것이 보통인데, 수요가로의 공급은 중압 또는 저압으로 공급되고, 고압은 먼 곳의 수송용으로 이용되고 있다.
㉠ 저압 : 0.1MPa 이하
㉡ 중압 : 0.1MPa 이상 1.0MPa 미만
㉢ 고압 : 1.0MPa 이상

67. 급기온도를 일정하게 하고 송풍량을 변화시켜서 실내온도를 조절하는 공기조화방식은?

① FCU 방식
② 이중덕트방식
③ 정풍량 단일덕트방식
④ 변풍량 단일덕트방식

[해설] 변풍량(VAV) 단일덕트방식
토출공기 온도는 일정하게 하며 송풍량을 실내 부하의 변동에 따라 변화시키는 것으로 운전비는 감소되고 개별제어가 용이한 에너지 절약형 공조방식이다. 부하변동이 심한 페리미터 존(perimeter zone)에 적합하다.
① 장점
  ㉠ 개별제어가 용이
  ㉡ 에너지 절약형 공조방식이다.
  ㉢ 공조기 및 덕트 스페이스가 작아도 된다.
② 단점
  ㉠ 실내부하가 극히 감소되면 실내공기의 오염이 심해져 청정도가 떨어진다.
  ㉡ 운전 및 유지관리가 어렵다.
  ㉢ 자동제어가 복잡하여 설비비가 많이 든다.
※ 에너지 절약형 공조방식 : 변풍량(VAV)방식, 외기냉방방식, 전열교환기 설치, 히트펌프 시스템

정답 64. ① 65. ② 66. ③ 67. ④

68. 다음의 열펌프(heat pump)에 대한 설명 중 ( ) 안에 알맞은 용어는?

> 냉동기의 압축기에서 토출된 고온고압의 냉매 증기는 ( )에서 방열하고 액화된다. 이때 방열되는 응축열로 물이나 공기를 가열하여 난방에 이용하는 장치를 열펌프라 한다.

① 응축기　　② 팽창밸브
③ 압축기　　④ 증발기

[해설] 열펌프는 냉동기의 압축기에서 토출된 고온고압의 냉매증기는 응축기에서 방열하고 액화된다. 이때 방열되는 응축열로 물이나 공기를 가열하여 난방에 이용하는 장치이다.

69. 다음의 스프링클러에 대한 설명 중 틀린 것은?

① 가압송수장치의 정격토출압력은 하나의 헤드 선단에 0.1MPa 이상 1.2MPa 이하의 방수압력이 될 수 있는 크기일 것
② 스프링클러설비의 수원을 수조로 설치하는 경우에는 다른 설비와 겸용하여 설치할 것
③ 가압송수장치의 송수량은 0.1MPa 의 방수압력 기준으로 80L/min 이상의 방수성능을 가진 기준개수의 모든 헤드로부터의 방수량을 충족시킬 수 있는 양 이상의 것으로 할 것
④ 개방형스프링클러헤드를 사용하는 스프링클러설비의 수원은 최대 방수구역에 설치된 스프링클러헤드의 개수가 30개 이하일 경우에는 설치 헤드수에 1.6m³를 곱한 양 이상으로 할 것

[해설] 스프링클러설비의 수원을 수조로 설치하는 경우에는 다른 설비와 겸용하지 말 것

70. 온수난방에서 일반적인 특징에 관한 설명으로 옳지 않은 것은?

① 한랭지에서는 운전정지 중에 동결의 위험이 있다.
② 난방을 정지하여도 난방 효과가 어느 정도 지속된다.
③ 증기난방에 비하여 난방부하 변동에 따른 온도 조절이 용이하다.
④ 증기난방에 비하여 소요방열면적과 배관경이 작게 되므로 설비비가 적게 든다.

[해설] 온수난방
현열을 이용한 난방방식으로, 100℃ 이상은 고온수난방, 이하는 보통온수난방으로 한다.
① 장점
　㉠ 난방부하의 변동에 따라 온수온도와 온수의 순환량 조절이 쉽다.
　㉡ 현열을 이용한 난방이므로 증기난방에 비해 쾌감도가 높다.
　㉢ 방열기 표면 온도가 낮으므로 표면에 붙은 먼지의 연소에 의한 불쾌감이 없다.
　㉣ 난방을 정지하여도 난방효과가 지속된다.
　㉤ 보일러 취급이 용이하고 안전하다.
② 단점
　㉠ 예열시간이 길다.
　㉡ 증기난방에 비해 방열면적과 배관경이 커야 하므로 설비비가 많다.
　㉢ 열용량이 크므로 온수 순환 시간이 길다.
　㉣ 한랭시, 난방 정지시 동결이 우려된다.

71. 다음과 같은 조건에 있는 실의 틈새바람에 의한 현열 부하량은?

> [조건]
> • 실의 체적 : 400m³
> • 환기횟수 : 0.5회/h
> • 실내공기 건구온도 : 20℃
> • 외기 건구온도 : 0℃
> • 공기의 밀도 : 1.2kg/m³
> • 공기의 비열 : 1.01kJ/kg·K

① 986W　　② 1,124W
③ 1,347W　　④ 1,542W

[해설] ㉠ 먼저, 환기량을 구한다.
  Q = n V = 0.5×400 = 200m³/h
  Q : 환기량(m³/h)
  n : 환기회수(회/h)
  V : 실용적(m³)
㉡ 현열부하(q_s) = $GC\Delta t$ [kJ/h] = $pQC\Delta t$ [kJ/h]
     = 1.2×200×1.01×(20-0)
     = 4,848[kJ/h] = 1,347W
※ G(kg/h)=ρ(1.2kg/m³)·Q(m³/h)=1.2Q(kg/h)
※ 1W=1J/s=3,600J/h=3.6kJ/h

72. 구조가 간단하고 자기 사이폰 작용을 일으키면 자정 작용을 갖는 트랩으로 사이폰 작용을 일으키기 쉽기 때문에 사이폰 트랩이라고도 불리우는 것은?

① 드럼트랩 ② 관트랩
③ 기구트랩 ④ 바닥배수트랩

[해설] 관트랩
구조가 간단하고 자기사이폰 작용을 일으키면 자정 작용을 갖는 트랩
※ 사이폰계 트랩(관트랩) : P-trap, S-trap, U-trap
※ 비사이폰계 트랩 : 드럼 트랩, 벨 트랩, 그리스 트랩, 보틀 트랩

73. 다음과 같은 특징을 갖는 전동기는?

• 구조와 취급이 간단하고 기계적으로 견고하다.
• 가격이 비교적 싸고 운전이 대체로 쉽다.
• 건축설비에서 가장 널리 사용되고 있다.

① 정류자전동기 ② 유도전동기
③ 동기전동기   ④ 직류전동기

[해설] 전동기
㉠ 교류용 전동기 : 권선형 유도 전동기, 동기 전동기, 정류자 전동기
 - 가격이 저렴하고 구조가 간단, 3상 교류 유도 전동기가 가장 많이 쓰인다.
㉡ 직류용 전동기 : 복권 전동기, 분권 전동기, 직권 전동기
 - 속도 조절이 간단, 고도의 속도제어가 요구되는 장소(엘리베이터, 전차), 가격이 비싼 것이 단점

74. 공기조화방식 중 전공기방식에 속하는 것은?

① 패키지 방식   ② 이중덕트 방식
③ 유인유닛 방식 ④ 팬코일유닛 방식

[해설] 열매의 종류에 의한 공기조화 방식의 분류
① 중앙식
 ㉠ 전공기식(공기) : 단일덕트방식(정풍량방식, 변풍량방식), 이중덕트방식, 멀티존유닛방식, 각층유닛방식
 ㉡ 공기·수식(공기+물) : 유인유닛방식, 팬코일유닛방식(외기덕트병용), 복사냉난방방식 (외기덕트병용)
 ㉢ 전수식(물) : 팬코일유닛방식, 복사냉난방방식
② 개별식
 ㉠ 냉매식 : 패키지형방식, 룸쿨러방식(룸에어컨형), 멀티유니트 방식

75. 축전지의 충전 방식 중 필요할 때마다 표준시간율로 소정의 충전을 하는 방식은?

① 급속충전 ② 보통충전
③ 부동충전 ④ 세류충전

[해설] 축전지의 충전방식
㉠ 보통충전 : 필요할 때마다 표준시간율로 소정의 충전을 하는 방식
㉡ 급속충전 : 보통 충전 전류의 2~3배의 전류로 충전하는 방식
㉢ 부동충전 : 축전지의 자기방전을 보충함과 동시에 상용부하에 대한 전력공급은 충전기가 부담하되 충전기가 부담하기 어려운 일시적인 대전류부하는 축전지로 하여금 부담하게 하는 방식으로 가장 많이 사용된다.
㉣ 균등충전 : 각 축전지의 전위차를 보정하기 위하여 1~3개월마다 10~12시간 1회 충전하는 방식
㉤ 세류충전(트리클 충전) : 자기 방전량만을 항상 충진시키는 부동충전 방식의 일종

76. 다음과 같은 특징을 갖는 배선공사는?

- 열적영향이나 기계적 외상을 받기 쉽다.
- 관자체가 절연체이므로 감전의 우려가 없다.
- 옥내의 점검할 수 없는 은폐 장소에도 사용이 가능하다.

① 금속관 공사　　② 버스덕트 공사
③ 경질비닐관 공사　④ 라이팅덕트 공사

[해설] 합성수지관 배선공사(경질비닐관 배선공사)는 습기나 물기가 있는 곳, 옥내의 점검 가능한 은폐 장소, 점검 불가능한 은폐 장소에서 모두 사용할 수 있다. 특수 화학 공장, 연구실 등의 전기 공사에 사용된다.

77. 다음과 같은 조건에서 실의 현열부하가 7,000W인 경우 실내 취출풍량은?

[조건]
- 실내온도 : 22℃
- 취출공기온도 : 12℃
- 공기의 비열 : 1.01kJ/kg·K
- 공기의 밀도 : 1.2kg/m³

① 1,042m³/h　　② 2,079m³/h
③ 3,472m³/h　　④ 6,944m³/h

[해설] $q_s = \rho Q C (t_i - t_o)$ [kJ/h]

q_s : 실의 현열부하[W]
ρ : 공기의 밀도[1.2kg/m³]
Q : 송풍량[m³/h]
C : 공기의 정압비열[1.01kJ/kg·K]
t_i : 실내 공기온도[℃]
t_o : 송풍 공기온도[℃]

$Q = \dfrac{q_s}{\rho C (t_i - t_o)}$ [m³/h]

$Q = \dfrac{q_s}{\rho C (t_i - t_o)}$

$= \dfrac{7,000 \times 3.6}{1.2 \times 1.01 \times (22-12)} = 2,079.2$ [m³/h]

※ 1W=1J/s=3,600J/h=3.6kJ/h

78. 가압급수방식(부스터펌프방식)의 특징으로서 틀린 것은?

① 부하설계와 기기의 선정이 적절하지 못하면 에너지 낭비가 크다.
② 급수량에 따라 펌프의 대수제어 운전, 회전수 제어운전이 가능하며 최상층의 수압도 크게 할 수 있다.
③ 정전시에도 옥상탱크에 있는 물을 공급할 수 있어 안정적이다.
④ 부스터펌프방식에 압력탱크를 병용하여 사용하면 펌프의 잦은 단락을 보완할 수 있다.

[해설] ③ : 고가수조식의 특징

79. 실내공기 중에 부유하는 직경 10μm 이하의 미세먼지를 의미하는 것은?

① VOC10　　② PMV10
③ PM10　　　④ SS10

[해설] PM 10(Particulate Matter Less than 10μg)
입자의 크기가 10μg 이하인 먼지를 말한다. 국가에서 환경기준으로 연평균 50μg/m³, 24시간 평균 100μg/m³를 기준으로 하고 있다. 인체의 폐포까지 침투하여 각종 호흡기 질환의 직접적인 원인이 되며, 인체의 면역기능을 악화시킨다. 미세먼지(Particulate Matter, PM) 또는 분진이란 아황산가스, 질소 산화물, 납, 오존, 일산화탄소 등과 함께 수많은 대기오염물질을 포함하는 대기오염물질을 말한다.

80. 음의 세기가 10^{-9}W/m²일 때 음의 세기 레벨은? (단, 기준음의 세기 $I_o = 10^{-12}$W/m²이다.)

① 3dB　　　② 30dB
③ 0.3dB　　④ 0.03dB

[해설] $IL = 10\log \dfrac{I}{I_0} = 10\log \dfrac{10^{-9}}{10^{-12}} = 10\log 10^3 = 30$dB

※ $I_0 = 10^{-12}$는 불변(음의 세기레벨에서 기준치는 10^{-12}[W/m²]이다.)

정답　76. ③　77. ②　78. ③　79. ③　80. ②

제5과목 건축관계법규

81. 국토의 계획 및 이용에 관한 법률상 도시·군관리계획의 내용에 속하지 않는 것은?

① 투기과열지구의 지정 또는 변경에 관한 계획
② 개발제한구역의 지정 또는 변경에 관한 계획
③ 기반시설의 설치·정비 또는 개량에 관한 계획
④ 용도지역·용도지구의 지정 또는 변경에 관한 계획

해설 도시·군관리계획의 내용
㉠ 용도지역·용도지구의 지정 또는 변경에 관한 계획
㉡ 개발제한구역·도시자연공원·구역시가화조정구역·수산자원보호구역의 지정 또는 변경에 관한 계획
㉢ 기반시설의 설치·정비 또는 개량에 관한 계획
㉣ 도시개발사업 또는 정비사업에 관한 계획
㉤ 지구단위계획구역의 지정 또는 변경에 관한 계획과 지구단위계획
㉥ 입지규제최소구역의 지정 또는 변경에 관한 계획과 입지규제최소구역계획

82. 대형건축물의 건축허가 사전승인신청서 제출도서 중 설계설명서에 표시하여야 할 사항에 속하지 않는 것은?

① 시공방법   ② 동선계획
③ 개략공정계획   ④ 각부 구조계획

해설 사전승인신청시의 제출도서(규칙 [별표3])

구분	분야	도서의 종류
건축계획서	건축	가. 설계설명서 나. 구조계획서 다. 지질조사서 라. 시방서
기본설계도서	건축	가. 투시도 또는 투시도 사진 나. 평면도(주요층, 기준층) 다. 2면 이상의 입면도 라. 2면 이상의 단면도 마. 내외마감표 바. 주차장 평면도
	설비	가. 건축설비도 나. 소방설비도 다. 상하수도 계통도
	기타	필요한 도면

※ 설계설명서에 표시하여야 할 사항
• 공사개요 : 위치·대지면적·공사기간·공사금액 등
• 사전조사사항 : 지반고·기후·동결심도·수용인원·상하수와 주변지역을 포함한 지질 및 지형, 인구, 교통, 지역, 지구, 토지이용현황, 시설물현황 등
• 건축계획 : 배치·평면·입면계획·동선계획·개략조경계획·주차계획 및 교통처리계획 등
• 시공방법
• 개략 공정계획
• 주요 설비계획
• 주요 자재사용계획
• 기타 필요한 사항

83. 부설주차장 설치대상 시설물이 문화 및 집회시설 중 예식장으로서 시설면적이 1,200m²인 경우, 설치하여야 하는 부설주차장의 최소 대수는?

① 8대   ② 10대
③ 15대   ④ 20대

해설 문화 및 집회시설(관람장을 제외)·종교시설·판매시설·운수시설·의료시설(정신병원·요양소 및 격리병원을 제외)·운동시설(골프장·골프연습장 및 옥외수영장을 제외)·업무시설(외국공관 및 오피스텔을 제외)·방송통신시설 중 방송국·장례식장 : 시설면적 150m²당 1대
∴ 시설면적 150m²당 1대 → 1200÷150=8대

84. 건축물에 설치하는 지하층의 구조 및 설비에 관한 기준 내용으로 옳지 않은 것은?

① 거실의 바닥면적의 합계가 1,000m² 이상인 층에는 환기설비를 설치할 것
② 거실의 바닥면적이 30m² 이상인 층에는 피난층으로 통하는 비상탈출구를 설치할 것
③ 지하층의 바닥면적이 300m² 이상인 층에는 식수 공급을 위한 급수전을 1개소 이상 설치할 것
④ 문화 및 집회시설 중 공연장의 용도에 쓰이는 층으로서 그 층의 거실의 바닥면적의 합계가 50m² 이상인 건축물에는 직통계단을 2개소 이상 설치할 것

정답 81. ① 82. ④ 83. ① 84. ②

[해설] 거실의 바닥면적 50m² 이상인 층에는 직통계단 외에 비상탈출구 및 환기통 설치하여야 한다.
[예외] 직통계단이 2 이상이 된 경우

85. 비상용승강기 승강장의 구조에 관한 기준 내용으로 옳지 않은 것은?

① 벽 및 반자가 실내에 접하는 부분의 마감재료는 불연재료로 할 것
② 옥내 승강장의 바닥면적은 비상용승강기 1대에 대하여 6m² 이상으로 할 것
③ 채광을 위한 창문 등을 설치하여서는 안되며 예비전원에 의한 조명설비를 할 것
④ 피난층이 있는 승강장의 출입구로부터 도로 또는 공지에 이르는 거리가 30m 이하일 것

[해설] 채광이 되는 창문이 있거나 예비전원에 의한 조명설비를 할 것

86. 다음은 공사감리에 관한 기준 내용이다. 밑줄 친 "공사의 공정이 대통령령으로 정하는 진도에 다다른 경우"에 속하지 않는 것은? (단, 건축물의 구조가 철근콘크리트조인 경우)

> 공사감리자는 국토교통부령으로 정하는 바에 따라 감리일지를 기록·유지하여야 하고, <u>공사의 공정(工程)이 대통령령으로 정하는 진도에 다다른 경우</u>에는 감리중간보고서를 작성하여 건축주에게 제출하여야 한다.

① 지붕슬래브배근을 완료한 경우
② 기초공사 시 철근배치를 완료한 경우
③ 기초공사에서 주춧돌의 설치를 완료한 경우
④ 지상 5개 층마다 상부 슬래브배근을 완료한 경우

[해설] 감리중간보고서의 제출
① 공사의 공정이 다음에 해당될 때에는 공사감리자가 감리중간보고서를 작성하여 건축주에게 제출해야 한다.

② 감리중간보고서의 제출시기

구조	시기
철근콘크리트조 철골철근콘크리트조 조적조 보강콘크리트블록조	기초공사 시 철근 배치완료한 경우
	지붕슬래브 배근완료한 경우
	지상 5개 층마다 상부 슬래브 배근을 완료한 경우
철골조	기초공사 시 철근배치를 완료한 경우
	지붕철골 조립을 완료한 경우
	지상 3개 층마다 또는 높이 20m마다 주요구조부의 조립을 완료한 경우
기타 구조	기초공사에서 거푸집 또는 주춧돌의 설치를 완료한 단계

87. 다음은 대지와 도로의 관계에 관한 기준 내용이다. ( ) 안에 알맞은 것은? (단, 축사, 작물 재배사, 그 밖에 이와 비슷한 건축물로서 건축조례로 정하는 규모의 건축물은 제외)

> 연면적의 합계가 2,000m²(공장인 경우에는 3,000m² 이상인 건축물의 대지는 너비 (㉠) 이상의 도로에 (㉡) 이상 접하여야 한다.

① ㉠ 2m, ㉡ 4m
② ㉠ 4m, ㉡ 2m
③ ㉠ 4m, ㉡ 6m
④ ㉠ 6m, ㉡ 4m

[해설] 건축물의 대지가 도로에 접해야 하는 길이

연면적 합계	기준
2,000m² 미만 건축물	대지는 도로에 2m 이상 접해야 한다.
2,000m²(공장은 3,000m²) 이상인 건축물(축사, 작물 재배사, 기타 이와 비슷한 건축물로서 건축조례로 정하는 규모의 건축물은 제외)	대지는 너비 6m 이상 도로에 4m 이상 접해야 한다.(공장 : 4m 이상)

※ 자동차만의 통행에 사용되는 도로는 제외

정답 85. ③ 86. ③ 87. ④

88. 국토의 계획 및 이용에 관한 법령상 제1종 일반주거지역 안에서 건축할 수 있는 건축물에 속하지 않는 것은?

① 아파트
② 단독주택
③ 노유자시설
④ 교육연구시설 중 고등학교

[해설] 단독주택과 공동주택 중 연립주택·다세대주택·기숙사는 제1종 일반주거지역에서 건축할 수 있으나, 아파트는 건축할 수 없다.

89. 다음의 직통계단의 설치에 관한 기준 내용 중 밑줄 친 "다음 각 호의 어느 하나에 해당하는 용도 및 규모의 건축물"의 기준 내용으로 옳지 않은 것은?

> 법 제49조제1항에 따라 피난층 외의 층이 <u>다음 각 호의 어느 하나에 해당하는 용도 및 규모의 건축물</u>에는 국토교통부령으로 정하는 기준에 따라 피난층 또는 지상으로 통하는 직통계단을 2개소 이상 설치하여야 한다.

① 지하층으로서 그 층 거실의 바닥면적의 합계가 200m² 이상인 것
② 종교시설의 용도로 쓰는 층으로서 그 층에서 해당 용도로 쓰는 바닥면적의 합계가 200m² 이상인 것
③ 숙박시설의 용도로 쓰는 3층 이상의 층으로서 그 층의 해당 용도로 쓰는 거실의 바닥면적의 합계가 200m² 이상인 것
④ 업무시설 중 오피스텔의 용도로 쓰는 층으로서 그 층의 해당 용도로 쓰는 거실의 바닥면적의 합계가 200m² 이상인 것

[해설] 공동주택(층당 4세대 이하는 제외), 업무시설 중 오피스텔의 용도로 쓰는 층으로서 그 층의 해당용도로 쓰는 거실의 바닥면적의 합계가 300m² 이상인 경우, 피난층 또는 지상으로 통하는 직통계단을 2개소 이상 설치하여야 한다.

90. 국토의 계획 및 이용에 관한 법률상 용도지역에서의 용적률 기준이 옳지 않은 것은? (단, 도시지역의 경우)

① 주거지역 : 500% 이하
② 상업지역 : 1,200% 이하
③ 공업지역 : 400% 이하
④ 녹지지역 : 100% 이하

[해설] 용적률

용도지역 구분		용적률의 최대한도	지역의 세분		용적률의 세분
도시 지역	상업 지역	1,500%	•중심상업지역		200~1,500%
			•일반상업지역		200~1,300%
			•유통상업지역		200~1,100%
			•근린상업지역		200~900%
	공업 지역	400%	•준공업지역		150~400%
			•일반공업지역		150~350%
			•전용공업지역		150~300%
	주거 지역	500%	•준주거지역		200~500%
			•일반 주거지역	제1종	100~200%
				제2종	100~250%
				제3종	100~300%
			•전용 주거지역	제1종	50~100%
				제2종	100~150%
	녹지 지역	100%	•생산녹지지역		50~100%
			•자연녹지지역		50~100%
			•보전녹지지역		50~80%

91. 허가권자가 가로구역별로 건축물의 최고높이를 지정·공고할 때 고려하여야 할 사항이 아닌 것은?

① 도시미관 및 경관계획
② 해당 도시의 장래발전계획
③ 해당 가로구역이 접하는 도로의 길이
④ 도시·군관리계획 등의 토지이용계획

정답 88. ① 89. ④ 90. ② 91. ③

[해설] 허가권자가 가로구역별 건축물의 최고높이 지정할 경우 고려사항
허가권자는 가로구역(도로로 둘러쌓인 일단의 지역)을 단위로 다음 사항을 고려하여 건축물의 최고 높이를 지정·공고할 수 있다.
㉠ 도시·군관리계획 등의 토지이용계획
㉡ 해당 가로구역이 접하는 도로의 너비
㉢ 해당 가로구역의 상·하수도 등 간선시설의 수용능력
㉣ 도시미관 및 경관계획
㉤ 해당 도시의 장래 발전계획

92. 지하식 또는 건축물식 노외주차장의 차로에 관한 기준 내용으로 옳지 않은 것은? (단, 이륜자동차전용 노외주차장이 아닌 경우)

① 높이는 주차바닥면으로부터 2.3m 이상으로 하여야 한다.
② 경사로의 종단경사도는 직선 부분에서는 17%를 초과하여서는 아니된다.
③ 곡선 부분은 자동차가 4m 이상의 내변반경으로 회전할 수 있도록 하여야 한다.
④ 주차대수 규모가 50대 이상인 경우의 경사로는 너비 6m 이상인 2차로를 확보하거나 진입차로와 진출차로를 분리하여야 한다.

[해설] 곡선 부분은 자동차가 6m(같은 경사로를 이용하는 주차장의 총주차대수가 50대 이하인 경우에는 5m) 이상의 내면반경으로 회전이 가능하도록 할 것

93. 공동주택 중심의 양호한 주거환경을 보호하기 위하여 주거지역을 세분하여 지정하는 지역은?

① 제1종 전용주거지역
② 제2종 전용주거지역
③ 제1종 일반주거지역
④ 제2종 일반주거지역

[해설] 주거지역

전용주거지역	제1종	단독주택중심의 양호한 주거환경을 보호
	제2종	공동주택중심의 양호한 주거환경을 보호
일반주거지역	제1종	저층주택을 중심으로 편리한 주거환경을 조성
	제2종	중층주택을 중심으로 편리한 주거환경을 조성
	제3종	중고층주택을 중심으로 편리한 주거환경을 조성
준주거지역		주거기능을 위주로 이를 지원하는 일부 상업·업무기능을 보완

94. 주차장의 수급 실태를 조사하려는 경우, 조사 구역의 설정 기준으로 옳지 않은 것은?

① 원형 형태로 조사구역을 설정한다.
② 각 조사구역은「건축법」에 따른 도로를 경계로 구분한다.
③ 조사구역 바깥 경계선의 최대거리가 300m를 넘지 아니하도록 한다.
④ 주거기능과 상업·업무기능이 섞여 있는 지역의 경우에는 주차시설 수급의 적정성, 지역적 특성 등을 고려하여 같은 특성을 가진 지역별로 조사구역을 설정한다.

[해설] 사각형 또는 삼각형 형태로 조사구역을 설정하되 조사구역 바깥 경계선의 최대거리가 300m를 넘지 아니하도록 한다.

95. 면적 등의 산정방법에 대한 기본 원칙으로 옳지 않은 것은?

① 대지면적은 대지의 수평투영면적으로 한다.
② 건축면적은 건축물의 외벽의 중심선으로 둘러싸인 부분의 수평투영면적으로 한다.
③ 바닥면적은 건축물의 각 층 또는 그 일부로서 벽, 기둥, 그 밖에 이와 비슷한 구획의 중심선으로 둘러싸인 부분의 수평투영면적으로 한다.
④ 용적률 산정 시 적용하는 연면적은 지하층을 포함하여 하나의 건축물 각 층의 바닥면적의 합계로 한다.

정답 92. ③ 93. ② 94. ① 95. ④

[해설] 연면적
① 하나의 건축물의 각층 바닥면적 합계로 한다.
② 용적률 산정시 연면적 산정방법
  ㉠ 동일 대지 안에 2동 이상의 건축물이 있는 경우에는 그 연면적의 합계로 한다.
  ㉡ 지하층 면적은 연면적에서 제외한다.
  ㉢ 지상층의 주차용(해당 건축물의 부속용도인 경우만 해당)으로 쓰는 면적은 연면적에서 제외한다.
  ㉣ 초고층·준초고층의 피난안전구역의 면적은 연면적에서 제외한다.
  ㉤ 경사지붕 아래에 설치하는 대피공간의 면적은 제외된다.

96. 다음은 건축법령상 다세대주택의 정의이다. ( ) 안에 알맞은 것은?

> 주택으로 쓰는 1개 동의 바닥면적 합계가 (㉠) 이하이고, 층수가 (㉡) 이하인 주택(2개 이상의 동을 지하주차장으로 연결하는 경우에는 각각의 동으로 본다.)

① ㉠ 330m², ㉡ 3개층
② ㉠ 330m², ㉡ 4개층
③ ㉠ 660m², ㉡ 3개층
④ ㉠ 660m², ㉡ 4개층

[해설] 다세대주택
주택으로 쓰는 1개 동의 바닥면적 합계가 660m² 이하이고, 층수가 4개 층 이하인 주택(2개 이상의 동을 지하주차장으로 연결하는 경우에는 각각의 동으로 보며, 지하주차장 면적은 바닥면적에서 제외한다)

97. 공작물을 축조할 때 특별자치시장·특별자치도지사 또는 시장·군수·구청장에게 신고를 하여야 하는 대상 공작물에 속하지 않는 것은? (단, 건축물과 분리하여 축조하는 경우)

① 높이 3m인 담장
② 높이 5m인 굴뚝
③ 높이 5m인 광고탑
④ 높이 5m인 광고판

[해설] 건축물로 취급하는 공작물

공작물의 종류	규모
1. 옹벽 또는 담장	높이 2m를 넘는 것
2. 장식탑, 기념탑, 첨탑, 광고판, 광고탑	높이 4m를 넘는 것
3. 태양에너지 발전설비	높이 5m를 넘는 것
4. 굴뚝	
5. 골프연습장 등의 운동시설을 위한 철탑과 주거지역 및 상업지역 안에 설치하는 통신용 철탑 등	높이 6m를 넘는 것
6. 고가수조	높이 8m를 넘는 것
7. 기계식 주차장 및 철골조립식 주차장(바닥면이 조립식이 아닌 것을 포함)으로서 외벽이 없는 것	높이 8m 이하(단, 위험방지를 위한 난간높이 제외)
8. 지하대피호	바닥면적 30m²를 넘는 것
9. 건축조례가 정하는 제조시설, 저장시설(시멘트저장용 싸이로 포함), 유희시설 기타 이와 유사한 것	
10. 건축물의 구조에 심대한 영향을 줄 수 있는 중량물로서 건축조례로 정하는 것	

※ 건축물로 취급하는 공작물은 특별자치시장·특별자치도지사 또는 시장·군수·구청장에게 건축신고로 축조할 수 있다.

98. 대지 면적이 1,000m²인 건축물의 옥상에 조경 면적을 90m² 설치한 경우, 대지에 설치하여야 하는 최소 조경 면적은? (단, 조경설치기준은 대지면적의 10%)

① 10m² ② 40m²
③ 50m² ④ 100m²

[해설] 지상층의 조경면적
= 1,000 × 0.1 = 100m²(전체조경면적)
또한 옥상조경면적의 2/3를 대지안의 조경면적으로 산정하지만 지상층 조경면적의 1/2를 초과할 수 없으므로 90 × 2/3 = 60m²이지만 50m²만 인정받을 수 있다.
∴ 지표면 조경면적 = 100m² − 50m² = 50m²

99. 높이가 31m를 넘는 각 층의 바닥면적 중 최대 바닥면적이 4,500m²인 건축물에 원칙적으로 설치하여야 하는 비상용 승강기의 최소 대수는?

① 1대 ② 2대
③ 3대 ④ 5대

[해설] 비상용승강기의 설치기준

높이 31m를 넘는 각층의 바닥면적 중 최대바닥면적 (Am²)	설치 대수	공식
1,500m² 이하	1대 이상	
1,500m² 초과	1대+1,500m²를 넘는 3,000m² 이내마다 1대씩 가산	$1 + \dfrac{A - 1,500m^2}{3,000m^2}$

∴ $1 + \dfrac{4,500 - 1,500}{3,000} = 2$대
(소수점 이하는 1대로 본다)

100. 건축물의 거실에 국토교통부령으로 정하는 기준에 따라 배연설비를 하여야 하는 대상 건축물에 속하지 않는 것은? (단, 피난층의 거실은 제외하며, 6층 이상인 건축물의 경우)

① 종교시설 ② 판매시설
③ 위락시설 ④ 방송통신시설

[해설] 배연설비의 설치대상
① 6층 이상의 건축물로서 다음의 용도에 해당되는 건축물의 거실
제2종 근린생활시설 중 공연장, 종교집회장, 인터넷컴퓨터게임시설제공업소 및 다중생활시설(공연장, 종교집회장 및 인터넷컴퓨터게임시설제공업소는 해당 용도로 쓰는 바닥면적의 합계가 각각 300m² 이상인 경우), 문화 및 집회시설, 종교시설, 판매시설, 운수시설, 의료시설(요양병원 및 정신병원은 제외), 교육연구시설 중 연구소, 노유자시설 중 아동관련시설·노인복지시설(노인요양시설은 제외), 수련시설 중 유스호스텔, 운동시설, 업무시설, 숙박시설, 위락시설, 관광휴게시설, 장례시설
[예외] 피난층인 경우
② 다음에 해당하는 용도로 쓰는 건축물
㉠ 의료시설 중 요양병원 및 정신병원·산후조리원
㉡ 노유자시설 중 노인요양시설·장애인 거주시설 및 장애인 의료재활시설
[예외] 피난층인 경우

정답 98. ③ 99. ② 100. ④

과년도출제문제

2024. 1회 건축기사

■■■ 제1과목 건축계획

1. 주택단지 안의 건축물에 설치하는 계단의 유효폭은 최소 얼마 이상이어야 하는가? (단, 공동으로 사용하는 계단의 경우)

① 45cm ② 60cm
③ 120cm ④ 150cm

[해설] 주택단지안의 건축물 또는 옥외에 설치하는 계단의 각 부위의 치수   (단위 : cm)

계단의 종류	유효폭	단높이	단너비
공동으로 사용하는 계단	120 이상	18 이하	26 이상
세대내 계단 또는 건축물의 옥외계단	90 이상 (세대내 계단의 경우는 75 이상)	20 이하	24 이상

2. 메조넷형(maisonette type) 공동주택에 관한 설명으로 옳지 않은 것은?

① 주택내의 공간의 변화가 있다.
② 거주성, 특히 프라이버시가 높다.
③ 소규모 단위평면에 적합한 유형이다.
④ 양면 개구에 의한 통풍 및 채광 확보가 양호하다.

[해설] 복층형(maisonnette type)
작은 저택의 뜻을 지니고 있는 메조넷(maisonnette)은 하나의 주호가 2개 층 이상에 걸쳐 구성되는 형식으로 독립성이 좋고 전용 면적비가 크나 50m² 이하의 소규모 주거 형식에는 비경제적이다.
㉮ 장점
 ㉠ 주야간의 생활공간이 층별로 구분되므로 프라이버시가 가장 좋다. 공용복도가 없는 층은 야간의 생활공간(침실 등)을 배치하고, 복도 층에는 주간의 생활공간을 배치한다.
 ㉡ 엘리베이터의 정지층수를 적게 할 수 있어 중직동선의 편리를 도모한다.
 ㉢ 복도가 없는 층은 남북면이 트여 있으므로 좋은 평면 구성이 가능하다.
 ㉣ 통로 면적이 감소하고 유효면적이 증가한다.

㉯ 단점
 ㉠ 주호 내에 계단을 두어야 하므로 소규모 주택에서는 비경제적이다.
 ㉡ 공용 복도가 없는 층은 화재 및 위험시 대피상 불리하다.
 ㉢ 서로 다른 평면형이 상하층을 포개게 되므로 구조 및 설비 등이 복잡하고 설계가 어렵다.
 ㉣ 공용 복도가 중복도형인 경우 복도의 소음 처리에 특별히 신경을 써야 한다.

3. 다음의 은행계획에 대한 설명 중 옳지 않은 것은?

① 고객이 지나는 동선은 되도록 짧게 한다.
② 업무 내부의 일의 효율은 되도록 고객이 알기 어렵게 한다.
③ 주출입구에 전실을 둘 경우에는 바깥문으로 밖 여닫이 또는 자재문으로 할 수 있다.
④ 고객의 공간과 업무공간과의 사이에는 원칙적으로 구분이 있어야 한다.

[해설] 고객의 동선과 업무공간과의 사이에는 원칙적으로 구분이 없어야 한다. 또한 고객이 지나는 동선은 되도록 짧아야 한다.

4. 백화점 진열장 배치에 대한 설명 중 옳지 않은 것은?

① 직각배치 방식은 판매장 면적이 최대한으로 이용되고 간단하다.
② 사행배치는 주통로 이외의 제2통로를 상하교통계를 향해서 45° 사선으로 배치한 것이다.
③ 사행배치는 많은 고객이 판매장 구석까지 가기 쉬운 이점이 있으나 이형의 진열장이 필요하다.
④ 자유유선 배치방식은 획일성을 탈피할 수 있으며, 변화와 개성을 추구할 수 있고 시설비가 적게 든다.

정답 1. ③ 2. ③ 3. ④ 4. ④

[해설] 자유유선배치
　㉠ 고객의 유동 방향에 따라 자유로운 곡선을 통로를 배치하는 방법이다.
　㉡ 전시에 변화를 주고 판매장의 특수성을 살릴 수 있다.
　㉢ 판매대나 유리 케이스에 특수형을 필요하기 때문에 고가가 된다.
　㉣ 매장의 변경 및 이동이 곤란하다.

5. 사무소 건축의 실단위 계획에 관한 설명으로 옳지 않은 것은?
① 개실 시스템은 독립성과 쾌적감의 이점이 있다.
② 개방식 배치는 전면적을 유용하게 이용할 수 있다.
③ 개방식 배치는 개실 시스템보다 공사비가 저렴하다.
④ 개실 시스템은 연속된 긴 복도로 인해 방 깊이에 변화를 주기가 용이하다.

[해설] 개실 시스템(individual room system)
복도에 의해 각 층의 여러 부분으로 들어가는 방법으로 유럽에서 널리 쓰인다.
　㉠ 독립성과 쾌적성이 좋다.
　㉡ 자연채광 조건이 좋다.
　㉢ 공사비가 비교적 높다.
　㉣ 방 길이에는 변화를 줄 수 있지만, 방 깊이에는 변화를 줄 수 없다.

6. 주택의 식당계획에서 LDK형의 의미로 가장 알맞은 것은?
① 별도의 거실을 두고 부엌의 일부에 식당을 설치한 형태
② 별도의 부엌을 두고 거실과 식당을 겸용하는 형태
③ 거실, 식당, 부엌을 개방된 하나의 공간에 배치한 형태
④ 식당, 부엌, 다용도실을 개방된 하나의 공간에 배치한 형태

[해설] 리빙키친(living kitchen, LDK형)의 특징
거실, 식사실, 부엌을 겸용한 것
　㉠ 주부의 가사 노동의 경감(주부의 동선단축)
　㉡ 통로가 절약되어 바닥 면적의 이용률이 높다. (소주택에 적당)
　㉢ 부엌의 통풍·채광이 우수하다.(위생적이다.)

7. 초등학교의 운영방식에 관한 기술 중 부적당한 것은?
① 교과교실형(V형)은 학생의 이동률이 심한 것이 단점이다.
② 플래툰형(P형)은 교사의 수와 적당한 시설이 없으면 실시가 곤란하다.
③ 달톤형(D형)은 우리나라에서는 입시학원이나 사설 외국어학원에서 사용하고 있다.
④ 종합교실형(A형)은 특히 초등학교 고학년에 가장 적합하다.

[해설] 종합교실형(A형)은 초등학교 저학년에 가장 적합하다.

8. 건축모듈(Module)에 대한 설명으로 옳지 않은 것은?
① 양산의 목적과 공업화를 위해 사용된다.
② 모든 치수의 수직과 수평이 황금비를 이루도록 하는 것이다.
③ 복합모듈은 기본모듈의 배수로서 정한다.
④ 모듈설정시 설계작업이 단순화된다.

[해설] 모듈(Module)이란 구성재의 크기를 정하기 위한 치수의 조직으로서 건축의 계획상, 생산상, 사용상에 편리한 치수의 측정단위이다. 모듈(Module)은 모든 치수의 수직과 수평이 정수비를 이루도록 하는 것이다.

정답　5. ④　6. ③　7. ④　8. ②

9. 다음 중 건축양식의 발달순서가 옳은 것은?

① 초기 그리스도교 - 비잔틴 - 로마네스크 - 로코코 - 르네상스
② 로마 - 비잔틴 - 고딕 - 로마네스크 - 르네상스 - 바로크
③ 그리스 - 로마네스크 - 르네상스 - 로코코
④ 이집트 - 비잔틴 - 로마네스크 - 르네상스 - 고딕

[해설] 서양건축양식의 순서
　이집트 - 서아시아 - 그리스 - 로마 - 초기기독교 - 비잔틴 - 로마네스크 - 고딕 - 르네상스 - 바로크 - 로코코 - 고전주의 - 낭만주의 - 절충주의

10. 공장건축의 지붕형에 관한 설명 중에서 옳지 않은 것은?

① 뾰족지붕은 직사광선을 어느 정도 허용하는 결점이 있다.
② 샤렌지붕은 기둥이 많이 소요되는 단점이 있다.
③ 솟을지붕은 채광, 환기에 적합한 방법이다.
④ 톱날지붕은 북향의 채광창으로 하루 종일 변함 없는 조도를 유지할 수 있다.

[해설] 샤렌지붕은 기둥이 적게 소요되므로 상당한 이용 가치가 있다.

11. 병원의 간호사 대기소에 관한 설명 중 (　) 안에 가장 알맞은 내용은?

> 1개의 간호사 대기소에서 관리할 수 있는 병상수는 (㉮)개 이하로 하며, 간호사의 보행거리는 (㉯)m 이내가 되도록 한다.

① ㉮ 10~20, ㉯ 40　② ㉮ 20~30, ㉯ 40
③ ㉮ 30~40, ㉯ 24　④ ㉮ 40~50, ㉯ 24

[해설] 간호단위(nursing unit)
㉠ 1간호단위 : 1조(8~10명)의 간호사가 간호하기에 적절한 병상수로 25베드가 이상적이며 보통 30~40 베드이다.
㉡ 간호사 대기실 : 각 간호단위 또는 층별, 동별로 설치하며 간호 작업에 편리한 계단, 엘리베이터에 근접시키며 외인의 출입도 감시할 수 있게 한다.
㉢ 간호사의 보행거리는 24m 이내로 환자를 돌보기 쉽도록 병실군의 중앙에 위치하게 한다.

12. 고대 그리스에서 사용된 오더로 가장 단순하고 심중한 느낌을 주며, 다른 오더와 달리 주초가 없는 것은?

① 도릭 오더　　② 이오닉 오더
③ 코린티안 오더　④ 터스칸 오더

[해설] 그리스 건축의 3가지 오더(order)
건축 오더(order)란 기단, 기둥과 엔타블레이춰(entablature)의 조합을 말한다.
㉠ 도릭(Doric)식 : 가장 단순하고 간단한 양식으로 직선적이고 장중하여 남성적인 느낌
㉡ 이오니아(Ionian)식 : 소용돌이 형상의 주두가 특징. 우아, 경쾌, 곡선적이며 여성적인 느낌
㉢ 코린트(Corinthian)식 : 주두를 아칸더스 나뭇잎 형상으로 장식. 가장 장식적이고 화려한 느낌

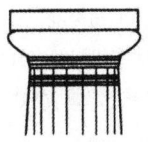 

(a) 도릭식 주범의 주두　(b) 이오니아식 주범의 주두

(c) 코린트식 주범의 주두

[정답] 9. ③　10. ②　11. ③　12. ①

13. 사무소 건축의 엘리베이터 계획에 관한 설명으로 옳지 않은 것은?

① 대면배치에서 대면거리는 동일 군 관리의 경우는 3.5~4.5m로 한다.
② 여러 대의 엘리베이터를 설치하는 경우, 그룹별 배치와 군 관리 운전방식으로 한다.
③ 일렬 배치는 8대를 한도로 하고, 엘리베이터 중심 간 거리는 8m 이하가 되도록 한다.
④ 엘리베이터 홀은 엘리베이터 정원 합계의 50% 정도를 수용할 수 있어야 하며, 1인당 점유 면적은 0.5~0.8m²로 계산한다.

해설 사무소 건축의 엘리베이터는 가급적 건축물의 중앙에 집중시킨다. 엘리베이터의 직선배치는 4대 이하로 하고, 병렬로 배치하는 엘리베이터의 전면 거리는 4m 내외로 한다.

14. 조선시대 다포식 목조건축의 특성으로 옳지 않은 것은?

① 주두와 소로의 형상은 굽의 하반부가 곡면
② 주심포식보다 덜 현저한 배흘림
③ 평방
④ 주간포작

해설 다포계 양식
  ㉠ 창방 위에 평방을 놓고 그 위에 주두와 첨차, 소로들로 구성되는 공포를 짜는 식
  ㉡ 고려 말에 나타나서 조선시대에 널리 사용되었으며, 화려한 형태이다.
  ㉢ 주로 궁궐이나 사찰 등의 정전에 사용되었다.
  ㉣ 특징 : 평방, 우물천장, 굽받침이 없다.
  ㉤ 예 : 심원사 보광전(다포식으로 가장 오래된 것)

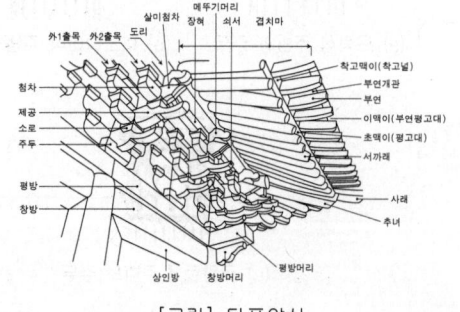

[그림] 다포양식

15. 아파트의 각 형식에 관한 설명 중 옳지 않은 것은?

① 홀형은 승강기를 설치할 경우 1대당 이용률이 복도형에 비해 적다.
② 편복도형은 단위면적당 가장 많은 주호를 집결시킬 수 있는 형식이다.
③ 집중형은 기후조건에 따라 기계적 환경조절이 필요하다.
④ 편복도형은 공용복도에 있어서 프라이버시가 침해되기 쉽다.

해설 편복도형은 계단 또는 엘리베이터로 각 층에 연결되고 연속된 긴 복도에 의해 각 주호로 출입하는 형식으로 일반적으로 동서를 축으로 하고 있는 형식으로 복도 개방시 각 주호의 거주성이 좋으며, 고층초고층 아파트에 적합하다. 통풍, 채광이 양호하고 엘리베이터 1대당 이용률을 높일 수 있다. 단점으로는 각 주호의 프라이버시가 침해되기 쉽고, 복도 폐쇄시 통풍, 채광이 불리해지며, 고층 아파트의 경우 난간을 높게 해야 한다.

16. 어느 학교의 1주간의 평균 수업시간은 50시간이며, 설계제도실이 사용되는 시간은 25시간이다. 설계제도실이 사용되는 시간 중 5시간은 구조강의를 위해 사용된다면, 이 설계제도실의 이용률과 순수율은?

① 이용률 : 50%, 순수율: 80%
② 이용률 : 50%, 순수율: 10%
③ 이용률 : 80%, 순수율: 10%
④ 이용률 : 80%, 순수율: 50%

해설 ㉠ 이용률 = $\dfrac{교실이 사용되고 있는 시간}{1주간의 평균수업시간} \times 100\%$

$= \dfrac{25시간}{50시간} \times 100 = 50\%$

㉡ 순수율 = $\dfrac{일정한 교과를 위해 사용되는 시간}{그 교실이 사용되는 시간} \times 100\%$

$= \dfrac{25시간 - 5시간}{25시간} \times 100 = 80\%$

정답 13. ③ 14. ① 15. ② 16. ①

17. 극장 무대 주위의 벽에 6~9m 높이로 설치되는 좁은 통로를 의미하는 것은?

① 그린룸
② 록 레일
③ 플라이 갤러리
④ 슬라이딩 스테이지

[해설] 플라이 갤러리(fly gallery) : 그리드 아이언에 올라가는 계단과 연결되게 무대 주위의 벽에 6~9m 높이로 설치되는 좁은 통로(폭은 1.2~2.0m 정도)
 ※ 그린룸(green room) : 극장 건축의 출연자대기실로 무대와 같은 층의 가까운 곳에 둔다. 크기는 30m² 이상으로 한다.
 ※ 로크 레일(lock rail) : 와이어로프를 한 곳에 모아서 조정하는 장소

18. 호텔의 퍼블릭 스페이스(public space)계획에 대한 설명 중 가장 부적절한 것은?

① 프론트 오피스는 기계화된 설비보다는 많은 사람을 고용함으로서 고객의 편의와 능률을 높여야 한다.
② 프론트 데스크 후방에 프론트 오피스를 연속시킨다.
③ 로비는 개방성과 다른 공간과의 연계성이 중요하다.
④ 주식당은 외래객이 편리하게 이용할 수 있도록 출입구를 별도로 설치한다.

[해설] 프런트 오피스(front office)는 호텔 운영의 중심부로 사무의 기계화, 각종 통신설비의 도입으로 각종 업무의 연결을 신속화하며 고객의 편의와 작업능률을 올려서 인건비를 절약하여야 한다.

19. 페리(C.A. Perry)의 근린주구(Neighborhood Unit) 이론의 내용으로 옳지 않은 것은?

① 초등학교 학구를 기본단위로 한다.
② 중학교와 의료시설을 반드시 갖추어야 한다.
③ 지구 내 가로망은 통과교통에 사용되지 않도록 한다.
④ 주민에게 적절한 서비스를 제공하는 1~2개소 이상의 상점가를 주요도로의 결절점에 배치한다.

[해설] C. A. Perry의 근린단위 방식
 ㉠ 규모(size) : 초등학교 하나를 필요로 하는 인구에 대응하는 규모
 ㉡ 경계(boundary) : 통과 교통이 내부를 관통하지 않고 용이하게 우회할 수 있는 충분한 넓이와 간선 도로에 의해 구획되어야 한다.
 ㉢ 공지(open space) : 소공원 및 레크레이션 공간의 체계가 적절히 통합하여야 한다. 근린공원 등 녹지면적을 전체 주구면적의 10% 이상으로 한다.
 ㉣ 공동 건축 용지(institution) : 학교나 공공 건축용지는 중심 위치에 적절히 통합
 ㉤ 근린 점포(shopping district) : 주구 내 인구에 적합한 1~2개소 이상의 상업지구가 설치되고, 위치는 주구 주위 교통의 결절점이나 인접하는 지구의 점포에 인접해서 배치되어야 한다.
 ㉥ 지구 내 가로체계(interior streets) : 폭은 좁고 구불구불한 Cul-De-Sacs한 길로 처리하고, 통과 교통에 사용되지 않도록 계획되어야 한다.
 ☞ 페리(C. A. Perry)의 근린주구이론에서 근린주구의 중심이 되는 시설은 초등학교이다.

[그림] 페리에 의한 근린주구 모델

20. 다음 중 병원건축에 있어서 단일 고층건물 형식의 유리한 점이 아닌 것은?

① 각 병실을 남향으로 할 수 있어 일조, 통풍조건이 좋아진다.
② 업무의 효율화가 가능하다.
③ 낮은 건폐율로 주변 공지 확보에 유리하다.
④ 병동의 관리가 용이하다.

[해설] 일조, 통풍 등의 조건이 불리해지며, 각 병실의 환경이 균일하지 못하다.

■■■ 제2과목 건축시공

21. 타일 공사에 관한 설명 중 옳은 것은?

① 모자이크 타일의 줄눈너비의 표준은 5mm이다.
② 벽체타일이 시공되는 경우 바닥타일은 벽체타일을 붙이기 전에 시공한다.
③ 타일을 붙이는 모르타르에 시멘트 가루를 뿌리면 백화가 방지된다.
④ 치장줄눈은 24시간이 경과한 뒤 붙임모르타르의 경화정도를 보아 시공한다.

해설 치장줄눈
㉠ 치장줄눈 배합비 = 1 : 1로 한다.
㉡ 붙인 후 3시간 후 줄눈파기 하여 24시간 경과 후 치장줄눈을 한다.
㉢ 치장줄눈 나비가 5mm 이상일 때는 2회 나누어 시공하고 고무흙손을 사용하여 빈틈없이 누른다.
㉣ 순서 : 세로줄눈 → 가로줄눈, 위 → 아래

22. 계약제도의 하나로써 독립된 회사의 연합으로 법인을 설립하지 않으며 공사의 책임과 공사 클레임 등을 각각 독립된 회사의 계약 당사자가 책임을 지는 방식은?

① 공동도급(Joint Venture)
② 파트너링(Partnering)
③ 컨소시엄(Consortium)
④ 분할도급(Partial Contract)

해설 공동도급(Joint Venture)와 컨소시엄(Consortium)
㉠ 공동도급 : 1개의 회사가 단독으로 도급을 맡기에는 공사 규모가 큰 경우, 2개 이상의 건설회사가 임시로 결합, 조직, 공동출자하여 연대책임하여 공사를 수급하여 공사 완성 후 해산하는 방식이다.
㉡ 컨소시엄 : 독립된 회사의 연합으로 법인을 설립하지 않으며, 공사책임과 공사 클레임 등을 각각 독립된 회사의 계약 당사자가 책임을 지는 방식이다.

23. 문 윗틀과 문짝에 설치하여 문이 자동적으로 닫혀지게 하며, 개폐압력을 조절할 수 있는 장치는?

① 도어 체크(Door check)
② 도어 홀더(Door holder)
③ 피봇 힌지(Pivot hinge)
④ 도어 체인(Door chain)

해설 ① 도어 체크(door check) : 열려진 여닫이문이 저절로 닫아지게 하는 장치로 door closer라고도 한다.
② 도어 홀더 : 문열림 방지
③ 피봇 힌지(pivot hinge) : 용수철을 쓰지 않고 문장부식으로 된 Hinge. 가장 중량문에 사용

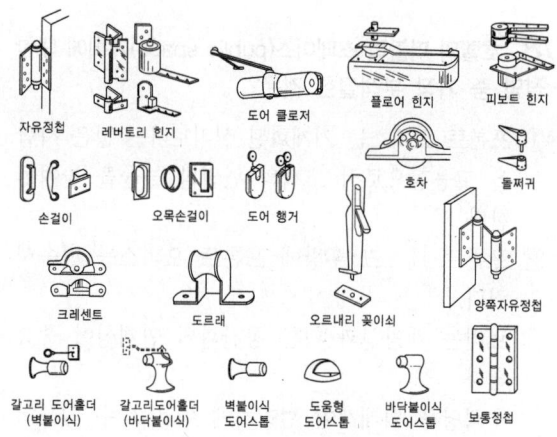

[그림] 각종 창호철물

24. 콘크리트의 압축강도를 시험하지 않을 경우 다음과 같은 조건에서의 거푸집널 해체 시기로 옳은 것은?

• 기초, 보, 기둥 및 벽의 측면의 경우
• 평균기온 20℃ 이상
• 조강 포틀랜드 시멘트 사용

① 1일   ② 2일
③ 3일   ④ 4일

정답 21. ④ 22. ③ 23. ① 24. ②

[해설] 콘크리트의 압축강도를 시험하지 않을 경우 거푸집널의 해체 시기(기초, 보옆, 기둥, 벽 등의 측벽)

시멘트의 평균기온 종류	조강 포틀랜드 시멘트	보통 포틀랜드시멘트 고로슬래그 시멘트(1종) 포틀랜드포졸란 시멘트(1종) 플라이애쉬 시멘트(1종)	고로슬래그 시멘트(2종) 포틀랜드포졸란 시멘트(2종) 플라이에쉬 시멘트(2종)
20℃ 이상	2일	4일	5일
20℃ 미만 10℃ 이상	3일	6일	8일
압축강도	5MPa 이상		

25. 서로 다른 종류의 금속재가 접촉하는 경우 부식이 일어나는 경우가 있는데 부식성이 큰 금속 순으로 옳게 나열된 것은?

① 알루미늄 > 철 > 주석 > 구리
② 주석 > 철 > 알루미늄 > 구리
③ 철 > 주석 > 구리 > 알루미늄
④ 구리 > 철 > 알루미늄 > 주석

[해설] 금속의 부식
① 금속의 부식작용
  ㉠ 대기에 의한 부식 ㉡ 물에 의한 부식
  ㉢ 흙 속에서의 부식 ㉣ 전기작용에 의한 부식
② 전기작용에 의한 부식 : 서로 다른 금속이 접촉하여 그 부분에 수분이 있을 경우에는 전기분해가 일어나 이온화 경향이 큰 금속이 음극으로 되어 전기적 부식현상을 일으키게 된다.
  ※ 금속의 이온화 경향(큰 것 – 작은 것 순서) :
  K > Ca > Na > Mg > Al > Cr > Mn > Zn > Fe > Ni > Sn > H > Cu > Hg > Ag > Pt > Au

26. 다음 중 공사감리업무와 가장 거리가 먼 항목은?

① 설계도서의 적정성 검토
② 시공상의 안전관리지도
③ 공사 실행예산의 편성
④ 사용자재와 설계도서와의 일치여부 검토

[해설] 공사감리자의 감리업무
㉠ 공사시공자가 설계도서에 따라 적합하게 시공하는지의 여부 확인
㉡ 공사시공자가 사용하는 건축자재가 적합한 자재인지의 여부 확인
㉢ 건축물 및 대지가 적법하도록 공사시공자 및 건축주 지도
㉣ 시공계획 및 공사관리의 적정 여부 확인
㉤ 공사현장에서의 안전관리 지도
㉥ 공정표의 검토
㉦ 상세시공도면의 검토·확인
㉧ 구조물의 위치와 규격의 적정 여부의 검토·확인
㉨ 품질시험의 실시 여부 및 시험성과의 검토·확인
㉩ 설계변경의 적정 여부의 검토·확인
㉪ 기타 공사감리계약으로 정하는 사항

27. 다음 중 건축공사의 직접공사비 원가로 바르게 구성된 것은?

① 자재비, 노무비, 장비비, 간접비
② 자재비, 노무비, 장비비, 경비
③ 자재비, 노무비, 외주비, 경비
④ 자재비, 노무비, 외주비, 간접비

[해설] 공사비(견적가격)의 구성

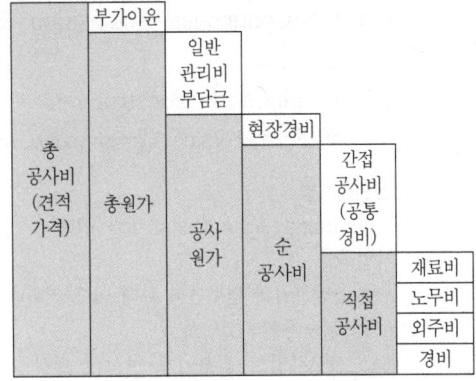

※ 직접공사비 항목
  ㉠ 재료비   ㉡ 노무비   ㉢ 외주비   ㉣ 경비
  ☞ 재료비 : 직접재료비, 간접재료비, 운임·보험료·보관비, 작업설(作業屑)부산물
  ☞ 경비 : 가설비, 업무추진비, 현장관리비, 교통비, 운반비, 안전관리비, 산재보험료

정답 25. ① 26. ③ 27. ③

과년도 출제문제

28. 커튼월 Mock-up Test에 있어 기본성능시험의 항목에 해당되지 않는 것은?

① 정압수밀시험　② 구조시험
③ 기밀시험　　　④ 방재시험

[해설] 커튼월의 실물모형실험(mock-up test)
풍동시험을 근거로 설계한 기준척도의 실물모형 3개를 만든 뒤 건설예정지에서 최악의 기후조건으로 시험한다. 예비시험, 기밀시험, 수밀시험(정압, 동압), 구조시험 등을 실시하며, 그 결과에 따라 건축물의 각 부위를 수정·보완하여 안전하고 경제적인 커튼월 설계 및 시공이 가능하도록 한다.
㉠ 예비시험 : 시험실시여부 판단시험, 설계풍압의 50%를 가하는 내풍압시험실시
㉡ 기밀시험 : 기밀성 및 공기누출량 측정시험
㉢ 정압수밀시험 : 누수시험
㉣ 동압수밀시험 : 맥동압에 의한 누수시험
㉤ 구조시험 : 내풍압시험 및 층간변위측정

29. 건설사업지원 통합 전산망으로 건설 생산활동 전 과정에서 건설 관련 주체가 전산망을 통해 신속히 교환·공유할 수 있도록 지원하는 통합 정보시스템을 지칭하는 용어는?

① 건설 CIC(Computer Intergrated Construction)
② 건설 CALS(Continuous Acquisition & Life Cycle Support)
③ 건설 EC(Engineering Construction)
④ 건설 EVMS(Earned Value Management System)

[해설] 생산관리기법
(1) EC(Engineering Construction)화 : 종합건설업화
　㉠ 건설산업의 업무기능 확대 및 영역확대를 도모하는 종합건설업화
　㉡ 신설사업의 일괄입찰 방식에 의한 건설생산 능력을 확보한다.
(2) CIC(Computer Integrated Construction) : 컴퓨터를 통한 건설통합 생산시스템
컴퓨터, 정보통신 및 자동화 조립기술을 토대로 건설생산에 기능, 인력들을 유기적으로 연계하여 각 건설업체의 업무를 각사의 특성에 맞게 최적화하는 개념

(3) CALS(Continuous Acquisition and Life Cycle Support) : 건설분야 통합정보시스템
건설 생산 활동의 전 과정에서 건설관련 주체가 초고속정보통신망이나 전자상거래 등 정보의 실시간 공유를 통해 공기단축, 원가절감 등을 도모하려는 건설분야 통합정보시스템을 말한다.

30. 보통 콘크리트 공사에서 콘크리트에 포함된 염화물량의 기준은 염소이온량으로서 얼마 이하가 되어야 하는가? (단, 콘크리트 표준시방서 기준)

① $0.10kg/m^3$　② $0.20kg/m^3$
③ $0.30kg/m^3$　④ $0.40kg/m^3$

[해설] 일반콘크리트에서 굳지 않은 콘크리트 중의 전염소 이온량은 $0.30kg/m^3$ 이하로 하여야 한다.(단, 콘크리트표준시방서 기준)

31. 돌로마이트 플라스터 바름에 관한 설명으로 옳지 않은 것은?

① 실내온도가 5℃ 이하일 때는 공사를 중단하거나 난방하여 5℃ 이상으로 유지한다.
② 정벌바름용 반죽은 물과 혼합한 후 4시간 정도 지난 다음 사용하는 것이 바람직하다.
③ 초벌바름에 균열이 없을 때에는 고름질한 후 7일 이상 두어 고름질면의 건조를 기다린 후 균열이 발생하지 아니함을 확인한 다음 재벌바름을 실시한다.
④ 재벌바름이 지나치게 건조한 때는 적당히 물을 뿌리고 정벌바름한다.

[해설] 돌로마이터 플라스터 바름
① 재료 : 돌로마이트(마그네샤질 석회) + 모래 + 여물
② 특성
　㉠ 가소성(점성)이 높기 때문에 풀을 혼합할 필요가 없으며, 응결시간이 비교적 길기 때문에 시공이 용이하다.
　㉡ 건조수축이 커서 균열이 생기므로 여물을 혼합하여 잔금을 방지한다.

정답　28. ④　29. ②　30. ③　31. ②

ⓒ 대기 중의 이산화탄소(CO_2)와 화합해서 경화하는 기경성 미장재료로 습기 및 물에 약해 지하실에는 사용하지 않는다.

③ 배합·시공
 ㉠ 정벌용은 가수 후 12시간 정도 지난 후 사용한다.
 ㉡ 시멘트를 혼합한 것은 2시간 이상 경과한 것은 사용하지 않는다.
 ㉢ 초벌 바름 후 10일 이상 두어 고름질하고 7일 이상(갈래금 없을 때), 14일 이상(갈래금 있을 때) 지난 후 재벌 바름한다. 그리고 어느 정도 건조 후 정벌 바름한다.
 ㉣ 균열이 크고, 경화가 느리나 점도가 커서 시공이 용이하다.

32. 수밀콘크리트에 관한 설명으로 옳지 않은 것은?

① 콘크리트 소요 슬럼프는 되도록 작게 하여 180mm를 넘지 않도록 한다.
② 콘크리트의 워커빌리티를 개선시키기 위해 공기연행제, 공기연행감수제, 또는 고성능 공기연행감수제를 사용하는 경우라도 공기량은 2% 이하가 되게 한다.
③ 물결합재비는 50% 이하를 표준으로 한다.
④ 콘크리트 타설시 다짐을 충분히 하여, 가급적 이어붓기를 하지 않아야 한다.

[해설] 콘크리트의 워커빌리티를 개선시키기 위해 공기연행제, 공기연행감수제 또는 고성능 공기연행감수제를 사용하는 경우라도 공기량은 4% 이하가 되게 한다.
※ 수밀콘크리트의 배합은 콘크리트의 소요품질이 얻어지는 범위 내에서 단위 굵은 골재량은 가급적 많게 하고, 물-시멘트비를 가급적 적게 한다.

33. 파워 셔블의 1시간당 추정 굴착 작업량으로 다음 조건일 때 가장 옳은 것은? 버킷용량은 1.5m³이며, 작업효율은 100%이며, 굴삭토의 용적변환계수는 1.2이고, 싸이클 타임은 1분이다. (단, 굴삭계수는 0.6)

① 108m³   ② 81m³
③ 64.8m³ ④ 54m³

[해설] 굴삭기계 시간당 시공량(V)

굴삭토량 $V = Q \times \dfrac{3,600}{cm} \times E \times K \times f \,(m^3/h)$

Q : 버킷용량(m^3)
E : 작업효율(%)
cm : 싸이클 타임(sec)
K : 굴삭계수
f : 굴삭토의 용적변환계수

$V = Q \times \dfrac{3,600}{cm} \times E \times K \times f$

$= 1.5 \times \dfrac{3,600}{60} \times 1 \times 0.6 \times 1.2 = 64.8 m^3$

34. 목공사에 사용되는 철물에 관한 설명으로 옳지 않은 것은?

① 감잡이쇠는 큰 보에 걸쳐 작은 보를 받게 하고, 안장쇠는 평보를 대공에 달아매는 경우 또는 평보와 ㅅ자보의 밑에 쓰인다.
② 못의 길이는 박아대는 재두께의 2.5배 이상이며, 마구리 등에 박는 것은 3.0배 이상으로 한다.
③ 볼트 구멍은 볼트지름보다 3mm 이상 커서는 안된다.
④ 듀벨은 볼트와 같이 사용하여 듀벨에는 전단력, 볼트에는 인장력을 분담시킨다.

[해설] • 감잡이쇠 : 평보를 대공에 달아맬 때, 평보와 왕대공의 밑에 사용
 • 안장쇠 : 큰 보와 작은 보의 연결부에 사용

정답 32. ② 33. ③ 34. ①

과년도 출제문제

35. 기계가 위치한 곳보다 높은 곳의 굴착에 가장 적당한 건설기계는?

① Dragline
② Back hoe
③ Power Shovel
④ Scraper

[해설] 굴착용 토공 기계

종류	특징
파워 셔블 (Power shovel)	① 지반면보다 높은 곳의 흙파기에 적당하며, 굴착력이 좋다. ② 굴착높이 1.5~3m, 버킷용량 0.6~1m³, 선회각 90°
드래그 셔블 (Drag shovel) = 백 호우 (Back hoe)	① 지반면보다 낮은 곳의 흙파기에 적당하다. ② 파는 힘이 강력하고 비교적 경질 지반도 가능하다. ③ 굴삭 깊이 5~8m, 버킷용량 0.3~1.9m³, 붐의 길이 4.3~7.7m
드래그 라인 (Drag line)	① 지반면보다 낮은 곳의 연질지반 흙파기에 사용된다. ② 넓은 면적을 팔 수 있으나 파는 힘이 약하다. ③ 굴삭깊이 8m, 굴삭폭 14m, 선회각 110°
클램 쉘 (Clam shell)	① 좁은 곳의 수직굴착에 알맞다. ② 사질지반의 굴삭에 적당하다. ③ 흙막이 버팀대가 있어 좁은 곳, 케이슨 내의 굴착, 토사 채취 등에 사용

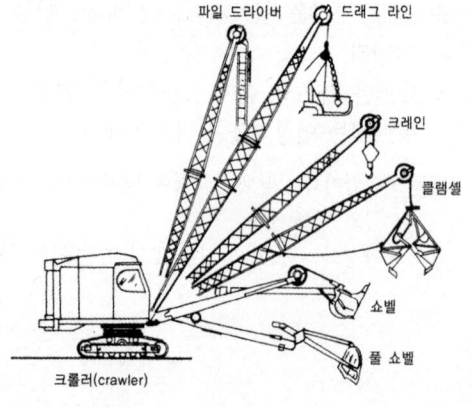

[그림] 토공사용 기계

36. 콘크리트의 내화, 내열성에 대한 기술 중 옳지 않은 것은?

① 콘크리트의 내화, 내열성은 사용한 골재의 품질에 크게 영향을 받는다.
② 콘크리트는 내화성이 우수해서 600℃ 정도의 화열을 받아도 압축강도는 거의 저하하지 않는다.
③ 철근콘크리트 부재의 내화성을 높이기 위해서는 철근의 피복두께를 충분히 하면 좋다.
④ 화재를 당한 콘크리트의 중성화 속도는 화재를 당하지 않은 것에 비하여 크다.

[해설] 가열된 콘크리트는 350℃ 이상에서 급격히 압축강도가 저하되기 시작한다.
 ※ 철근콘크리트 부재를 장시간 가열해도 콘크리트의 단열작용으로 말미암아 그 속에 묻힌 철근이 쉽게 적열되어 소성변형을 일으키는 상태에는 이르지 않는다. 화재를 만난 철근 콘크리트 구조물 가운데는 덮개 콘크리트를 보수하는 정도로 보수하여 다시 사용하고 있는 예도 적지 않다.

37. 벽돌쌓기 시공에 관련된 설명으로 옳지 않은 것은?

① 연속되는 벽면의 일부를 나중쌓기 할 때에는 그 부분을 층단 들여쌓기로 한다.
② 내력벽 쌓기에서는 세워 쌓기나 옆쌓기나 주로 쓰인다.
③ 벽돌 쌓기 시 줄눈모르타가 부족하면 하중분담이 일정하지 않아 벽면에 균열이 발생할 수 있다.
④ 창대쌓기는 물흘림을 위해 벽돌을 15° 정도 기울여 벽면으로 3~5cm 정도 내밀어 쌓는다.

[해설] 조적조에서는 응력을 분산시키기 위하여 막힌줄눈 쌓기를 원칙으로 한다. 벽돌조에서 내력벽을 쌓을 때 막힌줄눈으로 하면 상부의 하중이 골고루 분산되고 클랙 발생이 적으며 방습상도 유리하다.

38. 다음 중 QC(Quality Control) 활동의 도구가 아닌 것은?

① 기능계통도(Function Diagram)
② 산점도
③ 히스토그램(Histogram)
④ 특성요인도

[해설] QC(Quality Control) 활동의 도구
히스토그램, 특성요인도, 파레토도, 체크 시이트, 각종 그래프 및 관리도, 산점도, 층별(層別)

39. 모래의 전단력을 측정하는 가장 유효한 지반조사 방법은?

① 보링
② 베인테스트
③ 표준관입시험
④ 재하시험

[해설] 표준관입시험(SPT : Standard Penetration Test)
㉠ 지내력측정을 위한 간이시험
㉡ 보링 로드 선단에 스플릿 스푼 샘플러를 장치하여 63.5kg의 추를 높이 76cm에서 자유 낙하시켜 30cm 관입하는 사이의 타격 횟수 N을 구하고, 샘플러로 시료를 채취하는 것
㉢ 모래 지반의 전단력 시험에 주로 쓰이는 시험
㉣ 타격 횟수 N값에 따른 지반상태의 판정

N값	모래의 상태밀도
0~4	몹시 느슨하다
4~10	느슨하다
10~30	보통
50 이상	다진 상태

※ 베인 테스트(Vane test) : 보링의 구멍을 이용하여 +자 날개형의 테스터를 지반에 때려 박고 회전시켜 그 회전력에 의하여 진흙의 점착력을 판별하는 시험

40. 칠공사에 관한 주의사항으로 적당치 않은 것은?

① 바탕의 건조가 불충분하거나 공기의 습도가 높을 때에는 시공하지 않는다.
② 초벌부터 정벌까지 같은 색으로 시공해야 한다.
③ 야간은 색을 잘못 칠할 염려가 있으므로 시공하지 않는다.
④ 직사광선은 가급적 피하고 도막이 손상될 우려가 있을 때에는 칠하지 않는다.

[해설] 페인트칠의 경우 초벌과 재벌 등으로 구분하고, 도장할 때마다 다음 칠을 하였는지 안하였는지 구별하기 위하여 색을 약간씩 다르게 한다.

제3과목 건축구조

41. 그림과 같은 부정정 라멘에서 A점의 M_{AB}는?

① 0
② 20kN·m
③ 40kN·m
④ 60kN·m

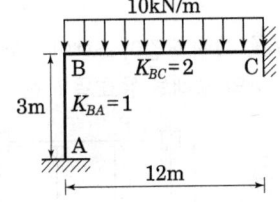

[해설] 부정정구조물의 해석
① 해석의 발상 : 모멘트분배법으로 해석이 가능하다. 즉, 하중이 작용한 BC부재에서 B단의 휨모멘트를 구하여 이것이 A지점에 도달하는 모멘트의 크기를 구한다.
② B점의 휨모멘트(M_B) : BC부재는 양단 고정보이고 등분포하중이 작용하므로 단부 휨모멘트는 $\frac{wl^2}{12}$ 이다.

따라서, $M_B = \frac{10 \times 12^2}{12} = 120$kN·m

③ A지점 도달모멘트(M_{AB}) : 도달모멘트는 분배모멘트의 1/2이며, 분배모멘트는 B점 휨모멘트×분배율이므로

$M_{AB} = M_B \times \frac{1}{\Sigma k} \times \frac{1}{2}$
$= 120 \times \frac{1}{1+2} \times \frac{1}{2} = 20$kN·m

정답 38. ① 39. ③ 40. ② 41. ②

과년도 출제문제

42. 강구조 고장력볼트 접합의 종류에 해당되지 않는 것은?

① 메탈터치 접합 ② 마찰접합
③ 인장접합 ④ 지압접합

[해설] 고력볼트 접합 형식
① 마찰접합 : 강력한 조임력에 의해 부재간에 발생하는 마찰력에 의해 응력을 전달하는 접합형식
② 지압접합 : 마찰력과 고력볼트 축의 전단력 및 부재의 지압력을 동시에 발생시켜 응력을 부담하는 접합
③ 인장접합 : 연결 부재를 강력한 압축력으로 긴결하여 응력을 전달시키는 접합

43. 그림과 같이 스팬이 7.2m이며 간격이 3m인 합성보 A의 슬래브 유효폭 b_e 는?

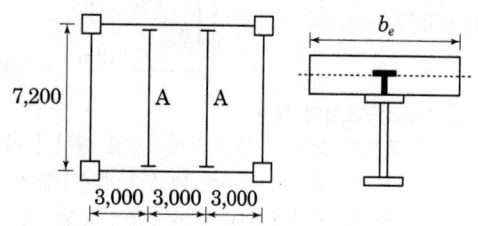

① 1,400mm ② 1,600mm
③ 1,800mm ④ 2,000mm

[해설] 합성보의 유효폭
합성보의 유효폭은 다음 중 작은 값으로 한다.
① 양측 슬래브 중심간 거리
- $\frac{3,000}{2} \times 2 = 3,000$mm
② 보 경간의 1/4
- $7,200 \times \frac{1}{4} = 1,800$mm

44. 다음 그림과 같은 보 단면에서 정착되는 철근의 수평 순간격을 구하면?

[조건]
- D22(인장, 압축철근), 지름 : 22mm로 계산
- D13@150(스터럽), 지름 : 13mm로 계산
- 최소피복두께 : 40mm
- 구부림 최소내면반지름은 무시

① 60.7mm
② 63.7mm
③ 66.7mm
④ 68.7mm

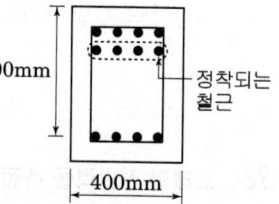

[해설] 보 주근의 순간격
보폭=(피복두께×2)+(스터럽 직경×2)
+(주근 직경×개수)+{순간격(주근개수−1)}
$400 = (40 \times 2) + (13 \times 2) + (22 \times 4) + \{순간격(4-1)\}$
∴ 순간격 $= \frac{1}{3}(400 - 80 - 26 - 88)$
$= 68.7(\text{mm})$

45. 그림과 같은 구조물의 부정정 차수는?

① 3차 부정정
② 4차 부정정
③ 5차 부정정
④ 6차 부정정

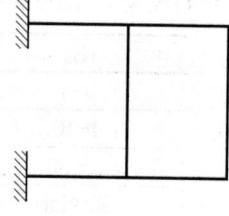

[해설] 구조물 해석
$N = N_e + N_i = (\Sigma R - 3) + \Sigma N_i$
$= \{(3+3) - 3\} + 3 = 6$ (6차 부정정)

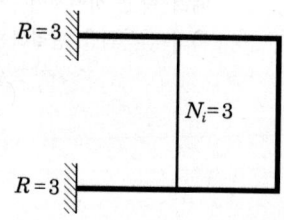

정답 42. ① 43. ③ 44. ④ 45. ④

46. 강구조 필릿용접에 관한 설명으로 옳지 않은 것은?

① 필릿용접의 유효면적은 유효길이에 유효목두께를 곱한 것으로 한다.
② 필릿용접의 유효길이는 필릿용접의 총길이에서 2배의 필릿사이즈를 공제한 값으로 하여야 한다.
③ 필릿용접의 유효목두께는 용접루트로부터 용접 표면까지의 최단거리로 한다. 단, 이음면이 직각인 경우에는 필릿사이즈의 $\sqrt{2}$ 배로 한다.
④ 구멍필릿과 슬롯필릿용접의 유효길이는 목두께의 중심을 잇는 용접중심선의 길이로 한다.

[해설] 모살(필릿)용접의 목두께
필릿용접의 유효 목두께는 용접루트로부터 용접표면까지의 최단거리로 하되 이음면이 직각인 경우에는 필릿 사이즈의 0.7배로 한다.

47. 다음 그림은 각 구간에서 직선적으로 변화하는 단순보의 휨모멘트이다. C점과 D점에 동일한 힘 P_1이 작용하고 보의 중앙점 E에 P_2가 작용할 때 P_1과 P_2의 절대값은?

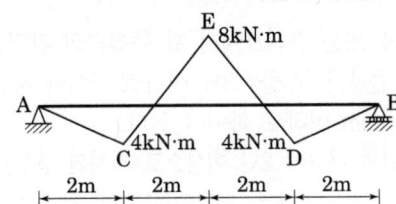

① $P_1 = 4\text{kN}$, $P_2 = 6\text{kN}$
② $P_1 = 4\text{kN}$, $P_2 = 8\text{kN}$
③ $P_1 = 8\text{kN}$, $P_2 = 10\text{kN}$
④ $P_1 = 8\text{kN}$, $P_2 = 12\text{kN}$

[해설] 하중-전단력-휨모멘트의 관계
휨모멘트를 미분하면 전단력이 되며 전단력을 미분하면 하중이 되므로 문제의 휨모멘트도를 기준하여 전단력도와 하중을 표시하면 그림과 같다.

(1) BMD의 M_C로 V_A 산정
BMD에서 $M_C = 4(\text{kN·m})$
V_A에 의한 $M_C = V_A \times 2 = 4(\text{kN·m})$
$\therefore V_A = 2(\text{kN})$

(2) BMD의 M_E로 P_1 산정
BMD에서 $M_E = -8(\text{kN·m})$
V_A에 의한 $M_E = V_A \times 4 - P_1 \times 2$
$\rightarrow 2 \times 4 - P_1 \times 2 = -8$
$\therefore P_1 = -\dfrac{16}{2} = -8(\text{kN·m}) \downarrow$

(3) BMD의 M_D로 P_2 산정
BMD에서 $M_D = 4(\text{kN·m})$
V_A에 의한 $M_D = V_A \times 6 - P_1 \times 4 + P_2 \times 2$
$\rightarrow 2 \times 6 - 8 \times 4 + P_2 \times 2 = 4$
$\therefore P_2 = \dfrac{4 - 12 + 32}{2} = 12(\text{kN}) \uparrow$

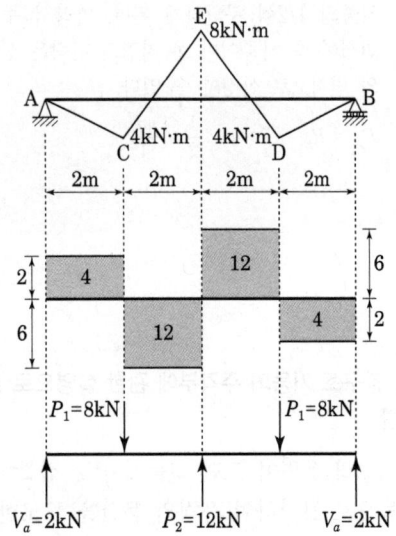

48. 철근콘크리트 구조물 설계를 위해 선형탄성 구조해석을 수행한 결과, 보 단면에 다음과 같은 단면력이 계산되었다. 이 값을 사용해서 계수휨모멘트를 구하면?

- 고정하중에 따른 모멘트 : $M_D = 150\text{kN·m}$
- 활하중에 따른 모멘트 : $M_L = 120\text{kN·m}$
- 풍하중에 따른 모멘트 : $M_W = 60\text{kN·m}$

① 288kN·m ② 318kN·m
③ 358kN·m ④ 378kN·m

[해설] 풍하중에 의한 계수휨모멘트(M_u)
$M_u = 1.2M_D + 1.0M_L + 1.3M_w$
$= 1.2 \times 150 + 1.0 \times 120 + 1.3 \times 60 = 378(\text{kN·m})$

정답   46. ③   47. ④   48. ④

49. 그림과 같은 단순보의 양단 수직반력을 구하면?

① $R_A = R_B = \dfrac{wL}{2}$

② $R_A = R_B = \dfrac{wL}{4}$

③ $R_A = R_B = \dfrac{wL}{6}$

④ $R_A = R_B = \dfrac{wL}{8}$

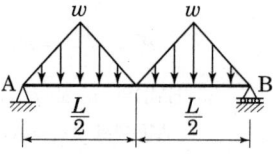

[해설] 단순보 수직반력

단순보에서 하중이 대칭인 경우 반력의 크기는 총 하중의 1/2씩 부담하게 된다. 따라서 두 삼각형의 면적이 총 하중이며 한 지점의 반력은 삼각형 하나의 면적으로 산정할 수 있다.

$R_A = R_B = \dfrac{L}{2} \times w \times \dfrac{1}{2} = \dfrac{wL}{4}$

50. 강구조 기둥의 주각부에 관한 설명으로 옳지 않은 것은?

① 기둥의 응력이 크면 윙플레이트, 접합앵글, 리브 등으로 보강하여 응력의 분산을 도모한다.
② 앵커볼트는 기초콘크리트에 매입되어 주각부의 이동을 방지하는 역할을 한다.
③ 주각은 조건에 관계없이 고정으로만 가정하여 응력을 산정한다.
④ 축방향력이난 휨모멘트는 베이스플레이트 저면의 압축력이나 앵커볼트의 인장력에 의해 전달된다.

[해설] 강구조 주각

지반 위 놓인 기초에 접속된 강구조 주각은 기둥과 기초의 연결구조에 따라 고정 또는 회전으로 가정하여 응력을 산정한다.

51. 그림과 같은 강접골조에 수평력 $P=10\text{kN}$이 작용하고 기둥의 강비 $K=\infty$인 경우, 기둥의 모멘트가 최대가 되는 변곡점의 위치 h_o는? (단, 괄호 안의 기호는 강비이다.)

① 0
② $0.5h$
③ $\dfrac{4}{7}h$
④ h

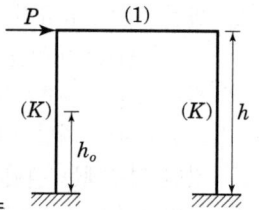

[해설] Rahmen의 기둥 휨모멘트

AB부재의 강비가 무한대이면 B절점은 고정절점이다. 따라서 지점 A에서 최대 휨모멘트가 발생한다.

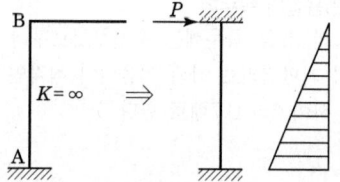

52. 콘크리트 구조설계 시 철근간격 제한에 관한 내용으로 옳지 않은 것은?

① 벽체 또는 슬래브에서 휨 주철근의 간격은 벽체나 슬래브 두께의 3배 이하로 하여야 하고, 또한 450mm 이하로 하여야 한다.
② 상단과 하단에 2단 이상으로 배치된 경우 상하 철근은 동일 연직면 내에 배치되어야 하고, 이때 상하 철근의 순간격은 25mm 이상으로 하여야 한다.
③ 나선철근 또는 띠철근이 배근된 압축부재에서 축방향철근의 순간격은 25mm 이상, 또한 철근 공칭지름의 2.5배 이상으로 하여야 한다.
④ 2개 이상의 철근을 묶어서 사용하는 다발철근은 이형철근으로, 그 개수는 4개 이하이어야 하며, 이들은 스터럽이나 띠철근으로 둘러싸여져야 한다.

[해설] 압축부재(기둥)의 축방향 철근
① 철근비 : 최소철근비 ≥ 기둥 단면적의 1%, 최대 철근비 ≤ 기둥 단면적의 8%
② 최소 주철근수 : 띠철근 기둥 4개 이상, 나선철근 기둥 6개 이상
③ 순간격 : 40mm, 주근 직경의 1.5배, 굵은 골재 직경의 4/3 중 최대값 이상

정답 49. ② 50. ③ 51. ① 52. ③

53. 강도설계법에서 D22 압축이형철근의 기본정착길이 l_{db}는? (단, 경량콘크리트계수 $\lambda = 1.0$, $f_{ck} = 27\text{MPa}$, $f_y = 400\text{MPa}$)

① 200.5mm ② 378.4mm
③ 423.4mm ④ 604.6mm

[해설] 압축이형철근의 기본정착길이(l_{db})
$$l_{db} = \frac{0.25 d f_y}{\lambda \sqrt{f_{ck}}} = \frac{0.25 \times 22 \times 400}{1 \times \sqrt{27}} = 423.4 \text{(mm)}$$

54. 부동침하의 원인과 거리가 먼 것은?

① 건물과 경사지반에 근접되어 있을 경우
② 건물이 이질지반에 걸쳐 있을 경우
③ 이질의 기초구조를 적용했을 경우
④ 건물의 강도가 불균등할 경우

[해설] 부동침하의 원인과 대책
① 원인 : 연약한 지반, 연약층의 두께가 다른 지반, 이질지층에 걸쳐진 건물, 이질 기초, 경사지반, 일부 증축, 지하수위의 변경, 지하 매설물 또는 구멍, 낭떠러지 등에서 많이 발생한다.
② 대책 : 건물의 길이 제한, 지중보(기초보) 설치, 온통기초 설치 등

55. 지진력저항시스템 중 다음 각 구조시스템에 관한 설명으로 옳지 않은 것은?

① 모멘트골조방식 : 수직하중과 횡력을 보와 기둥으로 구성된 라멘골조가 저항하는 구조방식
② 연성모멘트골조방식 : 횡력에 대한 저항능력을 증가시키기 위하여 부재와 접합부의 연성을 증가시킨 모멘트골조
③ 이중골조방식 : 횡력의 25% 이상을 부담하는 전단벽이 연성모멘트골조와 조화되어 있는 구조방식
④ 건물골조방식 : 수직하중은 입체골조가 저항하고, 지진하중은 전단벽이나 가새골조가 저항하는 구조방식

[해설] 이중골조방식
• 횡력의 25% 이상을 부담하는 연성모멘트 골조가 가새벽이나 전단벽에 조합되는 방식
• 모멘트골조와 전단벽 또는 가새골조로 이루어져 있다.
• 전체 지진력은 각 골조의 횡강성비에 비례하여 분배한다.
• 일정 이상의 변형능력을 갖도록 연성상세설계가 되어야 한다.

56. 그림과 같은 정정구조의 CD부재에서 C, D점의 휨모멘트값 중 옳은 것은?

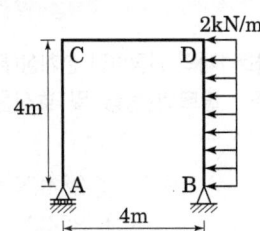

① C점 : 0,   D점 : 16kN·m
② C점 : 16kN·m, D점 : 16kN·m
③ C점 : 0,   D점 : 32kN·m
④ C점 : 32kN·m, D점 : 32kN·m

[해설] Rahmen의 휨모멘트
$\Sigma M_B = 0$
$4 V_A - (2 \times 4) \times 2 = 0$
$V_A = \frac{16}{4} = 4(\text{kN}) \uparrow$

C점의 아래쪽을 기준으로 AC구간에 재축에 직각한 힘이 없으므로 $M_C = 0$
D점의 왼쪽을 기준으로 CD구간에 재축에 직각한 힘은 V_A이므로
$M_D = V_A \times 4 = 4 \times 4 = 16(\text{kN·m})$

57. 강도설계법에서 처짐을 계산하지 않는 경우, 철근콘크리트 보의 최소두께 규정으로 옳지 않은 것은? (단, 보통콘크리트와 설계기준항복강도 400MPa 철근을 사용한 부재임)

① 단순지지 : $\dfrac{l}{16}$ ② 1단연속 : $\dfrac{l}{18.5}$

③ 양단연속 : $\dfrac{l}{12}$ ④ 캔틸레버 : $\dfrac{l}{8}$

[해설] 처짐 검토의 생략 조건

극한강도 설계는 안전도 중심의 설계이므로 단면 설계 후 처짐과 균열 등 사용성 검토를 반드시 하여야 한다. 다만, 보의 최소두께(춤)가 아래 표의 값 이상인 경우 검토를 생략할 수 있다.

구분	단순지지	1단 연속	양단연속	캔틸레버
보	$\dfrac{l}{16}$	$\dfrac{l}{18.5}$	$\dfrac{l}{21}$	$\dfrac{l}{8}$

58. 고장력볼트 1개의 인장파단 한계상태에 대한 설계인장강도는? (단, 볼트의 등급 및 호칭은 F10T, M24, $\phi = 0.75$)

① 254kN ② 284kN
③ 304kN ④ 324kN

[해설] 고력 Bolt의 설계인장강도

※ $F_{nt} = 0.75 F_u$
$F_u = 10\,\text{tf/cm}^2$
$= 1{,}000\,\text{N/mm}^2 (= \text{MPa})$

$\phi R_n = 0.75 F_{nt} \cdot A_b$
$= 0.75 \times (0.75 \times F_u) \times A_b$
$= 0.75 \times (0.75 \times 1{,}000) \times \dfrac{\pi \times 24^2}{4}$
$= 254{,}469\,\text{N} = 254(\text{kN})$

59. 등가정적해석법에 따른 건축물의 내진설계 시 고려해야 할 사항이 아닌 것은?

① 지역계수   ② 지반종류
③ 지표면조도 ④ 반응수정계수

[해설] 등가정적해석법

① 지진지역 및 지역계수

지진지역	행정구역	지역계수(S)
1	지진지역2를 제외한 전지역	0.22g
2	강원북부, 제주도	0.14g

② 밑면전단력(V)

$V = C_S \cdot W$
C_s : 지진응답계수
W : 건물 유효 중량

$C_S = \dfrac{S_{D1}}{\left[\dfrac{R}{I_E}\right] \cdot T}$

S_{D1} : 설계스펙트럼 가속도
R : 반응수정계수
I_E : 건물의 중요도 계수
T : 건물 고유주기

60. 그림과 같은 하중을 지지하는 단주의 단면에서 인장력을 발생시키지 않는 거리 x의 한계는?

① 40mm
② 60mm
③ 80mm
④ 100mm

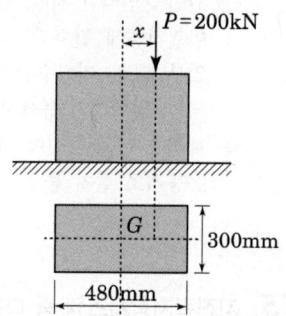

[해설] 단면의 핵(core)

편심 압축력을 받는 부재의 단면에 인장응력이 발생하지 않는 편심거리의 범위를 핵(core, 빗금 부분)이라 하고, 그 한계에 해당하는 4축방향의 꼭지점을 핵점(core point)이라 한다.

$e_1 = \dfrac{h}{6}$

$e_2 = \dfrac{b}{6}$

$x = \dfrac{h}{6} = \dfrac{480}{6} = 80(\text{mm})$

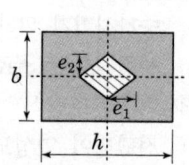

정답 57. ③ 58. ① 59. ③ 60. ③

제4과목 건축설비

61. 다음 중 증기 압축식 냉동기에 속하지 않는 것은?

① 터보식 냉동기   ② 왕복동식 냉동기
③ 스크류식 냉동기 ④ 흡수식 냉동기

해설 냉동기의 종류

구분	종류	구성요소
압축식	왕복동식, 원심식(터보식), 회전식	압축기 - 응축기 - 팽창밸브 - 증발기
흡수식	흡수식	증발기 - 흡수기 - 발생기 - 응축기

62. 실내 냉방부하 중 현열부하가 620W, 잠열 부하가 155W일 때 현열비는?

① 0.2   ② 0.25
③ 0.4   ④ 0.8

해설 현열비(SHF) : 전열 변화량에 대한 현열 변화량의 비

현열비(SHF) = $\dfrac{\text{현열부하}}{\text{현열부하}+\text{잠열부하}}$

∴ 현열비(SHF) = $\dfrac{620W}{620W+155W}$ = 0.8

63. 다음 그림과 같은 형태를 갖는 간선의 배선방식은?

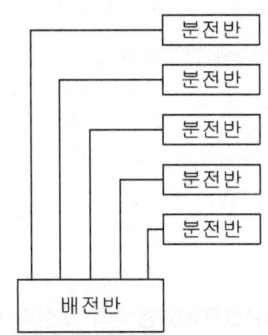

① 개별방식   ② 루프방식
③ 병용방식   ④ 나뭇가지방식

해설 간선의 배선 방식

구분	개요
수지상식 (나뭇가지식)	• 배전반에서 한 개의 간선이 각 분전반을 거치며 공급되는 방식 • 전압강하가 크다.
평행식 (개별식)	• 배전반에서 각 분전반으로 단독으로 배선 • 전압강하가 적다. • 배선혼잡의 우려가 있으며, 설비비가 많이 소요된다.
병용식	• 평행식과 나무가지식의 병용 방식 • 일반적으로 가장 많이 사용

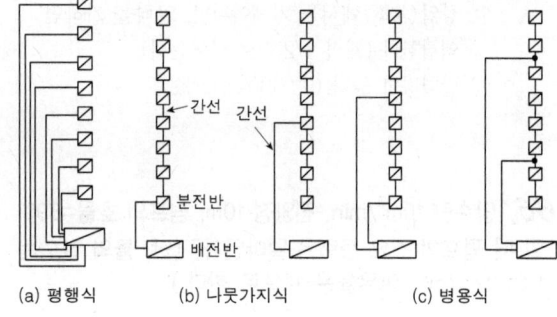

[그림] 간선의 배선방식

64. 다음 설명에 알맞은 요운전원 엘리베이터 조작방식은?

> 기동은 운전원의 버튼 조작으로 하며, 정지는 목적층 단추를 누르는 것과 승강장의 호출 신호로 층의 순서대로 자동 정지한다.

① 카 스위치 방식   ② 레코드 컨트롤 방식
③ 전자동 군관리 방식 ④ 시그널 컨트롤 방식

해설 ① 카 스위치 방식 : 시동은 운전원이 조작반의 시동 핸들을 조작함으로써 이루어지며, 정지에는 수동 착상 방식과 자동 착상 방식이 있다.
② 전자동군관리 방식 : 3~8대의 엘리베이터가 서로 연락하며 빌딩내 교통수요 변동에 대응하는 효율적인 수송을 하는 엘리베이터 조작방식으로 대규모 건축물에서 많이 채용한다.
③ 기억 제어(record control) 방식 : 운전원이 승객이 목적층과 승강장으로부터의 호출 신호를 보고 조작반의 목적층 단추를 누르면 목적층 순서로 자동적으로 정지하는 방식이다.

과년도 출제문제

65. LPG에 관한 설명으로 옳지 않은 것은?

① 비중이 공기보다 작다.
② 액화석유가스를 말한다.
③ 액화하면 그 체적이 약 1/250로 된다.
④ 상압에서는 기체이지만 압력을 가하면 액화된다.

[해설] LPG(액화석유가스=프로판가스)
㉠ 공기보다 무겁다.(비중 1.5~2)
㉡ 샐 경우 바닥에 깔린다. → 위험(환기에 유의)
㉢ 경보기 : 바닥에서 30cm 높이
㉣ 무색, 무미, 무취
㉤ 상압(常壓)에서는 기체이지만, 압력을 가하면 액화한다.(체적 1/250로 줄어든다)
㉥ 발열량이 높다.(92,000kJ/m³)

66. 양수량 10m³/min, 전양정 10m, 펌프의 효율=80% 일 때 펌프의 소요 동력은 얼마인가? (단, 물의 밀도는 1,000kg/m³, 여유율은 10%로 한다.)

① 22.5kW ② 26.5kW
③ 30.6kW ④ 32.4kW

[해설] 펌프 축동력(L_s) = $\frac{WQH}{KE}$ (kW)에서
Q : 양수량(m³/min) → 10m³/min
H : 전양정(m) → 10m
W : 액체 1m³의 중량(kg/m³) → 물은 1,000kg/m³
E : 효율(%) → 80%
K : 정수(kW) → 6,120
∴ 펌프의 축동력 = $\frac{1,000 \times 10 \times 10}{6,120 \times 0.8} \times 1.1$
= 22.46 ≒ 22.5kW

67. 오수의 BOD 제거율이 95%인 정화조에서 정화조로 유입되는 오수의 BOD농도가 300ppm일 경우, 방류수의 BOD 농도는?

① 15ppm ② 85ppm
③ 150ppm ④ 285ppm

[해설] BOD 제거율 = $\frac{유입수BOD - 유출수BOD}{유입수BOD} \times 100(\%)$

BOD 제거율 = $\frac{300-x}{300} \times 100(\%) = 95\%$

∴ $x = 15$

68. 흡음 및 차음에 관한 설명으로 옳지 않은 것은?

① 벽의 차음성능은 투과손실이 클수록 높다.
② 차음성능이 높은 재료는 흡음성능도 높다.
③ 벽의 차음성능은 사용재료의 면밀도에 크게 영향을 받는다.
④ 벽의 차음성능은 동일 재료에서도 두께와 시공법에 따라 다르다.

[해설] 흡음이란 음의 입사 에너지가 열에너지로 변화하는 현상으로 실내 표면에서 입사음의 반사를 감소시키는 것이다. 일반적으로 두께를 늘리면 흡음률이 커진다. 구조체를 이용한 차음은 먼저 소음원측에 대해 흡음처리 등을 통하여 음원의 레벨을 낮추고, 구조체의 차음성능을 높이는 것이 필요하다.

69. 변압기의 1차측 코일의 권수가 6,000, 2차측 코일의 권수가 200일 때 1차측 코일에 교류전압 3,000[V] 인가 시 2차측 코일에 발생하는 교류전압[V]은?

① 50 ② 100
③ 200 ④ 500

[해설] 코일의 권수와 전압의 관계
$\frac{N_1}{N_2} = \frac{V_1}{V_2}$ 이므로 $\frac{6,000}{200} = \frac{3,000}{V_2}$
6,000 : 3,000 = 200 : X
∴ X = 100[V]

70. 팬코일유닛(FCU) 방식의 특징이 아닌 것은?

① 각 유닛의 개별제어가 가능하다.
② 부하 증가에 대한 대처가 용이하다.
③ 외기의 도입, 습도의 조절에 어려움이 있다.
④ 각 실의 공기 정화능력이 뛰어나다.

정답 65. ① 66. ① 67. ① 68. ② 69. ② 70. ④

[해설] 팬코일 유닛방식(fan-coil unit system)
열부하의 증감에 따라서 송풍량을 조절하여 온, 습도를 유지하는 전수방식으로 실내형 소형 공조기라고 불린다.
㉠ 외주부(perimeter zone)에 설치하여 콜드 드래프트(cold draft)를 방지하며, 개별제어가 가능하다.
㉡ 덕트방식에 비해 유닛의 위치 변경이 쉽다.
㉢ 외기공급 및 가습, 제습장치가 별도로 필요로 하며 누수의 염려가 있다.
㉣ 외기량이 부족하여 실내공기의 오염 가능성이 높다.
㉤ 보수 및 점검 개소가 증가한다.
㉥ 용도 : 주택, 아파트, 사무실, 호텔의 객실(극장, 스튜디오에는 부적당)
☞ 팬코일 유닛방식은 재실인원이 적은 실에서 운전비가 가장 적게 드는 방식이다.

71. 주위 온도가 일정온도 이상으로 되면 동작하는 자동 화재탐지 설비의 감지기는?

① 이온화식 감지기
② 차동식 스폿 감지기
③ 정온식 스폿 감지기
④ 광전식 스폿 감지기

[해설] 감지기

감지기의 종류		작동원리
열식	차동식	그 주위 온도가 일정한 온도 상승률 이상으로 되었을 때 작동한다.
	정온식	그 주위 온도가 일정한 온도 이상이 되었을 때 작동한다.
	보상식	그 주위 온도의 변화에 따라 감도가 변화하는 것이며, 차동식 및 정온식의 성능을 가진다.
연기식	이온식	검지부에 연기가 들어감으로써 이온 전류가 변화하는 것을 이용하여 감지한다.
	광전식	검지부에 연기가 들어감으로써 광전소자의 입사광량이 변화하는 것을 이용하여 감지한다.

72. 증기난방에 관한 설명으로 옳지 않은 것은?

① 온수난방에 비해 예열시간이 짧다.
② 온수난방에 비해 한랭지에서 동결의 우려가 적다.
③ 운전 시 증기해머로 인한 소음을 일으키기 쉽다.
④ 온수난방에 비해 부하변동에 따른 실내방열량의 제어가 용이하다.

[해설] 증기난방(steam heating)
증기의 잠열을 이용한 난방방식으로 사무소, 백화점, 학교, 극장, 일반공장 등에 이용한다.
① 장점
㉠ 증발 잠열을 이용하므로 열의 운반능력이 크다.
㉡ 예열시간이 온수난방에 비해 짧고 증기의 순환이 빠르다.
㉢ 방열면적은 온수난방보다 작게 할 수 있으며, 관경이 가늘어도 된다.
㉣ 설비비와 유지비가 싸다.
② 단점
㉠ 방열기의 표면온도가 높아 난방의 쾌감도가 낮다.
㉡ 난방부하의 변동에 따라 방열량 조절이 곤란하다.
㉢ 소음이 많이 난다.(steam hammering)
㉣ 보일러 취급에 기술을 요한다.

73. 압축식 냉동기의 냉동사이클을 올바르게 표현한 것은?

① 압축 → 응축 → 팽창 → 증발
② 압축 → 팽창 → 응축 → 증발
③ 응축 → 증발 → 팽창 → 압축
④ 팽창 → 증발 → 응축 → 압축

[해설] 냉동기의 냉동사이클

구분	종류	구성 요소
압축식	왕복동식, 터보식, 회전식	압축기 - 응축기 - 팽창밸브 - 증발기
흡수식	흡수식	증발기 - 흡수기 - 발생기(재생기) - 응축기

정답 71. ③ 72. ④ 73. ①

74. 트랩의 봉수파괴 원인 중 통기관을 설치함으로써 봉수파괴를 방지할 수 있는 것이 아닌 것은?

① 분출작용
② 모세관현상
③ 자기사이펀작용
④ 유도사이펀작용

[해설] 트랩의 봉수파괴 원인과 방지책
㉠ 자기 사이펀 작용 : 배수가 관속을 꽉차서 흐를 때(만수 상태), 주로 S트랩에서 발생
㉡ 유인 사이펀작용(흡출 작용, 감압에 의한 흡인 작용) : 상층의 배수입관에서 다량의 물이 일시에 낙하할 때
㉢ 분출 작용(역압에 의한 작용) : 대규모 배수설비에서 배수관의 하저곡부 가까이에 설치되어 있는 경우(피스톤작용)
㉣ 모세관 작용 : 트랩 내에 실이나 머리카락이 들어갈 때
㉤ 증발 : 위생기구의 사용빈도가 적을 때, 기름을 한 방울 떨어뜨리면 방지된다.
㉥ 물의 운동량에 의한 관성 : 배수구에 격자(석쇠)를 설치
☞ 봉수파괴 방지 : 통기관을 설치
☞ 봉수파괴 방지 : ㉠, ㉡, ㉢의 경우 통기관을 설치한다.

75. 배수트랩에서 봉수깊이와 관련된 설명 중 틀린 것은?

① 봉수깊이는 50~100mm로 하는 것이 보통이다.
② 봉수깊이를 너무 깊게 하면 유수의 저항이 감소된다.
③ 봉수깊이를 너무 깊게 하면 통수능력이 감소된다.
④ 봉수깊이가 너무 낮으면 봉수를 손실하기 쉽다.

[해설] 배수관 내에서 발생한 유해가스가 실내에 침입하는 것을 방지하는 것이 트랩이다. 트랩의 봉수깊이는 5~10cm로 하는 것이 보통이다. 5cm 이하이면 봉수를 완전하게 유지할 수 없으며, 따라서 트랩으로서의 역할을 다하지 못하게 된다. 또 봉수 깊이를 너무 깊게 하면 유수의 저항이 증대하여 통수 능력이 감소되므로 트랩 통수로의 세척력이 약해져 트랩 밑에 침전물이 쌓여 트랩이 막히는 원인이 된다.

76. 전기샤프트(ES)의 계획 시 고려사항으로 옳지 않은 것은?

① 각 층마다 같은 위치에 설치한다.
② 기기의 배치와 유지보수에 충분한 공간으로 하고, 건축적인 마감을 실시한다.
③ 점검구는 유지보수 시 기기의 반출입이 가능하도록 하여야 하며, 점검구 문의 폭은 최소 300mm 이상으로 한다.
④ 공급대상 범위의 배선거리, 전압강하 등을 고려하여 가능한 한 공급 대상설비 시설 위치의 중심부에 위치하도록 한다.

[해설] 전기샤프트(ES)의 계획 시 고려사항
㉠ 각 층마다 같은 위치에 설치한다.
㉡ 전기샤프트의 면적은 보, 기둥 부분을 제외하고 산정한다.
㉢ 기기의 배치와 유지보수에 충분한 공간으로 하고, 건축적인 마감을 실시한다.
㉣ 현재 장비 이외에 장래의 배선 등에 대한 여유성을 고려한 크기로 한다.
㉤ 점검구는 유지·보수시 기기의 반출입이 가능하도록 하여야 하며, 폭은 90cm 이상으로 한다.
㉥ 공급대상 범위의 배선거리, 전압강하 등을 고려하여 전력부하설비 시설 위치의 중앙에 위치하도록 한다.

77. 다음 설명에 알맞은 화재의 종류는?

> 나무, 섬유, 종이, 고무, 플라스틱류와 같은 일반 가연물이 타고 나서 재가 남는 화재

① A급 화재
② B급 화재
③ C급 화재
④ K급 화재

[해설] 화재의 종류
㉠ 일반화재(A급화재) : 백색
㉡ 유류화재(B급화재) : 황색
㉢ 전기화재(C급화재) : 청색
㉣ 금속화재(D급화재)

정답 74. ② 75. ② 76. ③ 77. ①

※ 일반 화재(A급 화재)
　나무, 섬유, 종이, 고무, 플라스틱류와 같은 일반 가연물이 타고 나서 재가 남는 화재
※ 기름 화재(B급 화재)
　인화성 액체, 가연성 액체, 석유 그리스, 타르, 오일, 유성도료, 솔벤트, 래커, 알코올 및 인화성 가스와 같은 유류가 타고 나서 재가 남지 않는 화재

78. 다음과 같은 조건에 있는 실의 틈새바람에 의한 현열 부하량은?

[조건]
- 실의 체적 : 400m²
- 환기횟수 : 0.5회/h
- 실내공기 건구온도 : 20℃
- 외기 건구온도 : 0℃
- 공기의 밀도 : 1.2kg/m³
- 공기의 비열 : 1.01kJ/kg·K

① 986W　　② 1,124W
③ 1,347W　　④ 1,542W

[해설] 틈새바람에 의한 현열부하
㉠ 먼저, 환기량을 구한다.
　$Q = nV = 0.5 \times 400 = 200 m^3/h$
　Q : 환기량(m³/h)
　n : 환기회수(회/h)
　V : 실용적(m³)
㉡ 현열부하(qs) = $GC\Delta t$ [kJ/h] = $\rho QC\Delta t$ [kJ/h]
　　= $1.2 \times 200 \times 1.01 \times (20-0)$
　　= 4,848 [kJ/h]
　　= 1,347W
※ $G(kg/h) = \rho(1.2kg/m^3) \cdot Q(m^3/h)$
　　= $1.2Q$(kg/h)
※ 1W = 1J/s = 3,600J/h = 3.6kJ/h

79. 사무실의 평균조도를 800[lx]로 설계하고자 한다. 다음과 같은 조건에서 소요램프수로 가장 적당한 것은?

[조건]
- 광원 1개의 광속 : 2,000[lm]
- 실의 면적 : 10[m²]
- 감광 보상률 : 1.5
- 조명률 : 0.6

① 3개　　② 5개
③ 8개　　④ 10개

[해설] $F = \dfrac{E \cdot A \cdot D}{N \cdot U}$
　F : 광원 1개당 광속(2,000lm)
　N : 광원 개수
　U : 조명률(0.6)
　A : 방의 면적(10m²)
　E : 평균조도(800lx)
　D : 감광보상율(1.5)

따라서, $N \times 2,000 = \dfrac{800 \times 10 \times 1.5}{0.6}$
　∴ $N = 10$개

80. 공기선도에서 어떤 공기를 가열했을 때 다음 중에서 변화하지 않는 것은?

① 건구온도　　② 습구온도
③ 절대습도　　④ 상대습도

[해설]
- 습공기를 가열 : 상대습도는 감소, 엔탈피와 비체적은 증가, 절대습도는 일정
- 습공기를 냉각 : 상대습도는 증가, 엔탈피와 비체적은 감소, 절대습도는 일정(과냉각시 절대습도는 감소)
※ 습공기를 냉각하여 노점온도 이하가 되면(과냉각) 절대습도는 감소한다.

정답　78. ③　79. ④　80. ③

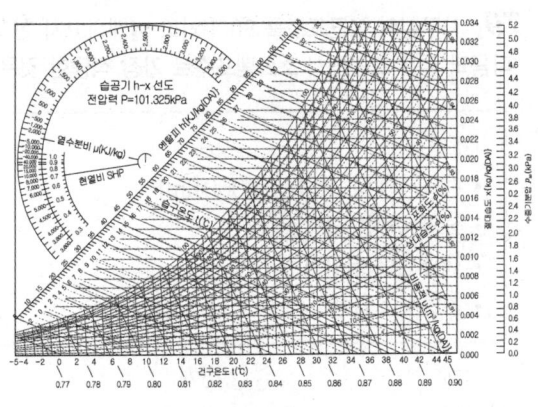

[그림] 습공기 선도

■■■ 제5과목 건축관계법규

81. 다음 중 건축법이 적용되는 건축물은?

① 역사(驛舍)
② 고속도로 통행료 징수시설
③ 철도의 선로 부지에 있는 플랫폼
④ 「문화재보호법」에 따른 가지정(假指定) 문화재

[해설] 건축법의 적용에서 제외되는 건축물
  ㉠ 문화재보호법에 의한 지정·가지정(假指定) 문화재
  ㉡ 철도 또는 궤도의 선로부지 안에 있는 운전보안시설, 철도선로의 상하를 횡단하는 보행시설, 플랫폼 해당 철도 또는 궤도사업용 급수·급탄·급유시설
  ㉢ 고속도로 통행료 징수시설
  ㉣ 컨테이너를 이용한 간이창고(공장의 용도로만 사용되는 건축물의 대지 안에 설치하는 것으로서 이동이 용이한 것에 한함)
  ㉤ 하천구역 내의 수문조작실

82. 건축법령상 다중이용건축물에 해당하지 않는 것은? (단, 해당하는 용도로 쓰이는 바닥면적의 합계가 $5,000m^2$인 건축물인 경우)?

① 종교시설　　② 판매시설
③ 업무시설　　④ 의료시설 중 종합병원

[해설] 다중이용건축물의 정의
불특정한 다수의 사람들이 이용하는 건축물로서 다음에 해당하는 건축물을 말한다.
• 다음 용도로 쓰는 바닥면적의 합계가 $5,000m^2$ 이상인 건축물
  1) 문화 및 집회시설(전시장 및 동물원·식물원은 제외)
  2) 종교시설
  3) 판매시설
  4) 운수시설 중 여객용 시설
  5) 의료시설 중 종합병원
  6) 숙박시설 중 관광숙박시설
• 16층 이상인 건축물

83. 급수, 배수, 환기, 난방설비를 설치하는 경우 건축기계설비기술사 또는 공조냉동기계기술사의 협력을 받아야 하는 대상 건축물에 속하지 않는 것은?

① 아파트
② 연립주택
③ 기숙사로서 해당 용도에 사용되는 바닥면적의 합계가 $2,000m^2$인 건축물
④ 업무시설로서 해당 용도에 사용되는 바닥면적의 합계가 $2,000m^2$인 건축물

[해설] 건축설비기술사·공조냉동기계기술사의 협력을 받아야하는 에너지 대량소비 건축물 대상(바닥면적 합계 기준)
  ㉠ 바닥면적 합계 $500m^2$ 이상의 냉동냉장시설, 항온항습시설, 특수청정시설
  ㉡ 규모에 관계없이 : 아파트 및 연립주택
  ㉢ $500m^2$ 이상 : 목욕장(제1종 근린생활시설), 실내수영장(운동시설)
  ㉣ $2,000m^2$ 이상 : 기숙사, 병원(의료시설), 유스호스텔(수련시설), 숙박시설
  ㉤ $3,000m^2$ 이상 : 연구소(교육연구시설), 업무시설, 판매시설
  ㉥ $10,000m^2$ 이상 : 문화 및 집회시설(동·식물원 제외), 종교시설, 장례식장, 교육연구시설(연구소 제외)

정답　81. ①　82. ③　83. ④

84. 주거에 쓰이는 바닥면적의 합계가 200m²인 주거용 건축물에 배관하여야 할 급수관의 최소지름은?

① 15mm ② 20mm
③ 25mm ④ 32mm

[해설] 주거용 건축물 급수관의 지름 기준

가구 또는 세대수	1	2~3	4~5	6~8	9~16	17 이상
급수관 최소지름	15	20	25	32	40	50

※ 가구수나 세대수가 불분명한 경우 주거에 쓰이는 바닥면적의 합계에 따라 가구수를 산정
① 바닥면적 85m² 이하 : 1가구
② 바닥면적 85m² 초과, 150m² 이하 : 3가구
③ 바닥면적 150m² 초과, 300m² 이하 : 5가구
④ 바닥면적 300m² 초과, 500m² 이하 : 16가구
⑤ 바닥면적 500m² 초과 : 17가구

85. 부설주차장 설치대상 시설물이 문화 및 집회시설 중 예식장으로서 시설면적이 1,200m² 인 경우, 설치하여야 하는 부설주차장의 최소 대수는?

① 8대 ② 10대
③ 15대 ④ 20대

[해설] 문화 및 집회시설(관람장을 제외)·종교시설·판매시설·운수시설·의료시설(정신병원·요양소 및 격리병원을 제외)·운동시설(골프장·골프연습장 및 옥외수영장을 제외)·업무시설(외국공관 및 오피스텔을 제외)·방송통신시설 중 방송국·장례식장 : 시설면적 150m²당 1대
∴ 시설면적 150m²당 1대 → 1200÷150=8대

86. 주차장에서 장애인용 주차단위구획의 최소 크기는? (단, 평행주차형식 외의 경우)

① 2.3×5.0m ② 2.5×5.1m
③ 3.3×5.0m ④ 2.0×6.0m

[해설] 주차단위구획

주차장 종류	평행주차가 아닐 때	평행주차 일 때	비고
일반주차장	2.5m×5m 이상(확장형 : 2.6m×5.2m 이상) (경형자동차 전용 : 2m×3.6m 이상)	2m×6m 이상	※ 주거지역의 보도와 차도의 구분이 없는 도로의 평행주차 2m×5m 이상(경형자동차 전용 : 1.7m×4.5m 이상)
지체장애인 전용주차장	3.3m×5m 이상	—	

※ 지체장애인 전용주차장은 주차대수 1대에 대한 주차장의 주차구획면적을 가장 넓게 하여야 한다.

87. 특별피난계단의 구조에 관한 기준 내용으로 옳지 않은 것은?

① 계단은 내화구조로 하되, 피난층 또는 지상까지 직접 연결되도록 한다.
② 계단실 및 부속실의 실내에 접하는 부분의 마감은 불연재료로 한다.
③ 출입구의 유효너비는 0.9m 이상으로 하고 피난의 방향으로 열 수 있도록 한다.
④ 건축물의 내부에서 노대 또는 부속실로 통하는 출입구에는 60+방화문, 60분방화문 또는 30분방화문을 설치하고, 노대 또는 부속실로부터 계단실로 통하는 출입구에는 60+방화문, 60분방화문을 설치하도록 한다.

[해설] 특별피난계단의 출입구 설치
㉠ 건축물의 내부에서 노대 또는 부속실로 통하는 출입구에는 60+방화문 또는 60분방화문을 설치할 것
㉡ 노대, 부속실로부터 계단실로 통하는 출입구에는 60+방화문, 60분방화문 또는 30분방화문을 설치할 것
㉢ 출입구의 유효너비는 0.9m 이상으로 하고 피난 방향으로 열 수 있을 것

정답 84. ③ 85. ① 86. ③ 87. ④

과년도 출제문제

2024. 1회 건축기사

88. 다음의 대지와 도로의 관계에 관한 기준 내용 중 ( ) 안에 알맞은 것은?

> 연면적의 합계가 2천제곱미터(공장인 경우에는 3천제곱미터) 이상인 건축물 (축사, 작물재배사, 그 밖에 이와 비슷한 건축물로서 건축조례로 정하는 규모의 건축물은 제외한다.)의 대지는 너비 (㉠) 이상의 도로에 (㉡) 이상 접하여야 한다.

① ㉠ 4m, ㉡ 2m   ② ㉠ 6m, ㉡ 4m
③ ㉠ 8m, ㉡ 6m   ④ ㉠ 8m, ㉡ 4m

해설 건축물의 대지가 도로에 접해야 하는 길이

연면적 합계	기 준
2,000m² 미만 건축물	대지는 도로에 2m 이상 접해야 한다.
2,000m²(공장은 3,000m²) 이상인 건축물(축사, 작물재배사, 기타 이와 비슷한 건축물로서 건축조례로 정하는 규모의 건축물은 제외)	대지는 너비 6m 이상 도로에 4m 이상 접해야 한다. (공장 : 4m 이상)

89. 특별시나 광역시에 건축물을 건축하려는 경우, 특별시장 또는 광역시장의 허가를 받아야 하는 대상 건축물의 층수기준은?

① 6층 이상   ② 16층 이상
③ 21층 이상   ④ 30층 이상

해설 특별시장·광역시장의 허가 대상

사전승인 대상 건축물의 규모	허가권자
① 21층 이상 건축물 ② 연면적 10만m² 이상 건축물 (공장, 창고 및 지방건축위원회의 심의를 거친 건축물은 제외) ③ 연면적 3/10 이상의 증축으로 인하여 ①, ②의 대상이 되는 경우	특별시장·광역시장

90. 토지이용을 합리화하고 그 기능을 증진시키며 미관을 개선하고 양호한 환경을 확보하며, 그 지역을 체계적·계획적으로 관리하기 위하여 수립하는 계획으로 정의되는 것은?

① 지구단위계획   ② 도시·군관리계획
③ 광역도시계획   ④ 도시·군 기본계획

해설 지구단위계획
> 도시·군 수립대상 지역 안의 일부에 대하여 토지이용을 합리화하고 그 기능을 증진시키며 미관을 개선하고 양호한 환경을 확보하며, 해당 지역을 체계적·계획적으로 관리하기 위하여 수립하는 도시·군관리계획을 말한다.
> ※ 광역도시계획 : 광역계획권의 지정의 규정에 의하여 지정된 광역계획권의 장기발전방향을 제시하는 계획을 말한다.

91. 다음의 시가화조정구역의 지정과 관련된 기준 내용 중 밑줄 친 대통령령으로 정하는 기간으로 옳은 것은?

> 시·도지사는 직접 또는 관계 행정기관의 장의 요청을 받아 도시지역과 그 주변지역의 무질서한 시가화를 방지하고 계획적·단계적인 개발을 도모하기 위하여 <u>대통령령으로 정하는 기간</u> 동안 시가화를 유보할 필요가 있다고 인정되면 시가화조정구역의 지정 또는 변경을 도시·군 관리계획으로 결정할 수 있다.

① 5년 이상 10년 이내의 기간
② 5년 이상 20년 이내의 기간
③ 7년 이상 10년 이내의 기간
④ 7년 이상 10년이내의 기간

해설 국토해양부장관은 시가화조정구역을 지정 또는 변경하고자 하는 때 5년 이상 20년 이내의 범위 안에서 도시·군관리계획으로 시가화유보기간을 정하여야 한다.

정답 88. ② 89. ③ 90. ① 91. ②

92. 국토교통부령으로 정하는 기준에 따라 채광 및 환기를 위한 창문등이나 설비를 설치하여야 하는 대상에 속하지 않는 것은?

① 의료시설의 병실
② 숙박시설의 객실
③ 업무시설 중 사무소의 사무실
④ 교육연구시설 중 학교의 교실

[해설] 거실의 채광 및 환기

구분	건축물의 용도	창문 등의 면적	예외 규정
채광	• 단독주택의 거실 • 공동주택의 거실 • 학교의 교실	거실 바닥면적의 1/10 이상	거실의 용도에 따른 조도기준 [별표 1]의 조도 이상의 조명
환기	• 의료시설의 병실 • 숙박시설의 객실	거실 바닥면적의 1/20 이상	기계장치 및 중앙관리방식의 공기조화설비를 설치한 경우

93. 건축법상 공사감리자의 업무내용으로 가장 부적합한 것은?

① 시공계획 및 공사관리의 적정여부의 확인
② 상세시공도면의 작성·검토
③ 공정표의 검토
④ 설계변경여부의 검토·확인

[해설] 공사감리자의 감리업무
① 공사시공자가 설계도서에 따라 적합하게 시공하는지의 여부 확인
② 공사시공자가 사용하는 건축자재가 적합한 자재인지의 여부 확인
③ 건축물 및 대지가 적법하도록 공사시공자 및 건축주 지도
④ 시공계획 및 공사관리의 적정 여부 확인
⑤ 공사현장에서의 안전관리 지도
⑥ 공정표의 검토
⑦ 상세시공도면의 검토·확인
⑧ 구조물의 위치와 규격의 적정 여부의 검토·확인
⑨ 품질시험의 실시 여부 및 시험성과의 검토·확인
⑩ 설계변경의 적정 여부의 검토·확인

⑪ 기타 공사감리계약으로 정하는 사항
☞ 상세시공도면 작성(감리자 요청시)은 공사시공자의 의무사항이다.

94. 그림과 같은 일반 건축물의 건축면적은? (단, 평면도 건물 치수는 두께 300mm인 외벽의 중심치수이고, 지붕선 치수는 지붕외곽선 치수임)

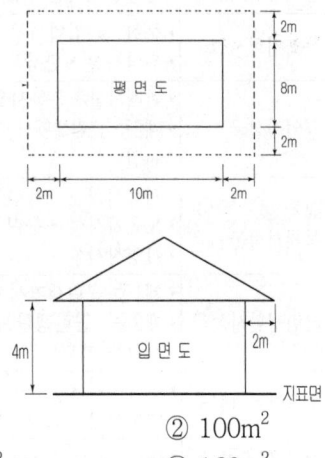

① 80m²
② 100m²
③ 120m²
④ 168m²

[해설] 처마, 차양, 부연(附椽), 그 밖에 이와 비슷한 것으로서 그 외벽의 중심선으로부터 수평거리 1m(전통사찰은 4m, 축사는 3m, 한옥은 2m, 기타 건축물은 1m) 이상 돌출된 부분이 있는 경우에는 그 돌출된 끝부분으로부터 1m(전통사찰은 4m, 축사는 3m, 한옥은 2m, 기타 건축물은 1m)를 후퇴한 선의 옥외 쪽 부분은 건축면적 산정에서 제외되는 부분이다.
∴ (14-1-1)×(12-1-1)=120m²

95. 다음의 용도변경 중 허가대상에 속하지 않는 것은?

① 영업시설군에서 주거업무시설군으로 용도변경
② 교육 및 복지시설군에서 영업시설군으로 용도변경
③ 주거업무시설군에서 문화 및 집회시설군으로 용도변경
④ 교육 및 복지시설군에서 문화 및 집회시설군으로 용도변경위락시설

정답 92. ③ 93. ② 94. ③ 95. ①

[해설] 허가대상 및 신고대상의 용도변경

분류	시설군
㉠ 자동차관련 시설군	• 자동차관련시설
㉡ 산업등 시설군	• 운수시설 • 창고시설 • 공장 • 위험물저장 및 처리시설 • 자원순환관련시설 • 묘지관련시설 • 장례식장
㉢ 전기통신시설군	• 방송통신시설 • 발전시설
㉣ 문화집회시설군	• 문화 및 집회시설 • 종교시설 • 위락시설 • 관광휴게시설
㉤ 영업시설군	• 판매시설 • 운동시설 • 숙박시설 • 제2종 근린생활시설 중 다중생활시설
㉥ 교육 및 복지시설군	• 의료시설 • 교육연구시설 • 노유자시설 • 수련시설 • 야영장시설
㉦ 근린생활시설군	• 제1종 근린생활시설 • 제2종 근린생활시설(다중생활시설은 제외)
㉧ 주거업무시설군	• 단독주택 • 공동주택 • 업무시설 • 교정 및 군사시설
㉨ 기타 시설군	• 동물 및 식물관련시설

※ 절차 :
1. 허가대상 : 상위시설군(오름차순)에 해당하는 용도로 변경하는 행위
2. 신고대상 : 하위시설군(내림차순)에 해당하는 용도로 변경하는 행위
3. 건축물대장 기재변경 신청 : 동일한 시설군 내에서 용도변경 하는 행위

96. 비상용승강기의 승강장 구조에 관한 기준 내용으로 옳지 않은 것은?

① 승강장은 각 층의 내부와 연결될 수 있도록 할 것
② 벽 및 반자가 실내에 접하는 부분의 마감재료는 불연재료로 할 것
③ 옥내 승강장의 바닥면적은 비상용승강기 1대에 대하여 5m² 이상으로 할 것
④ 피난층에 있는 승강장의 출입구로부터 도로 또는 공지에 이르는 거리가 30m 이하 일 것

[해설] 옥내 승강장의 바닥면적은 비상용승강기 1대에 대하여 6m² 이상으로 할 것

97. 주거지역의 세분 중 공동주택 중심의 양호한 주거환경을 보호하기 위하여 필요한 지역은?

① 제1종 전용주거지역
② 제2종 전용주거지역
③ 제1종 일반주거지역
④ 제2종 일반주거지역

[해설] 주거지역

전용주거지역	제1종	단독주택중심의 양호한 주거환경을 보호
	제2종	공동주택중심의 양호한 주거환경을 보호
일반주거지역	제1종	저층주택을 중심으로 편리한 주거환경을 조성
	제2종	중층주택을 중심으로 편리한 주거환경을 조성
	제3종	중고층주택을 중심으로 편리한 주거환경을 조성
준주거지역		주거기능을 위주로 이를 지원하는 일부 상업·업무기능을 보완

98. 다음 중 주요구조부에 속하지 않는 것은?

① 기둥
② 지붕틀
③ 바닥
④ 옥외계단

[해설] 주요구조부란 내력벽, 기둥, 바닥, 보, 지붕틀 및 주계단을 말한다.
[예외] 사잇벽, 사잇기둥, 최하층바닥, 작은보, 차양, 옥외계단, 기타 이와 유사한 것으로서 건축물의 구조상 중요하지 아니한 부분 및 기초는 주요구조부에서 제외된다.

정답 96. ③ 97. ② 98. ④

99. 다음은 지하층과 피난층 사이의 개방공간 설치에 관한 기준 내용이다. ( ) 안에 알맞은 것은?

> 바닥면적의 합계가 (   ) 이상인 공연장·집회장·관람장 또는 전시장을 지하층에 설치하는 경우 각 실에 있는 자가 지하층 각 층에서 건축물 밖으로 피난하여 옥외계단 또는 경사로 등을 이용하여 피난층으로 대피 할 수 있도록 천장이 개방된 외부공간을 설치하여야 한다.

① 1,000m²   ② 2,000m²
③ 3,000m²   ④ 4,000m²

[해설] 지하층과 피난층 사이의 개방공간 설치(영 제37조)
바닥면적의 합계가 3,000m² 이상인 공연장·집회장·관람장 또는 전시장을 지하층에 설치하는 경우에는 각 실에 있는 자가 지하층 각 층에서 건축물 밖으로 피난하여 옥외 계단 또는 경사로 등을 이용하여 피난층으로 대피할 수 있도록 천장이 개방된 외부 공간을 설치하여야 한다.

100. 전용주거지역 또는 일반주거지역안에서 건축물을 건축하는 경우 건축물의 높이 10m 이하인 부분은 정북방향으로의 인접대지경계선으로부터 최소 얼마이상 띄어 건축하여야 하는가?

① 1m   ② 1.5m
③ 3m   ④ 5m

[해설] 전용주거지역·일반주거지역 안에서 인접대지경계선으로부터 정북방향으로 띄우는 거리
전용주거지역 또는 일반주거지역 안에서 건축물을 건축하는 경우에는 건축물의 각 부분을 정북방향으로의 인접대지경계선으로부터 다음의 범위 안에서 건축조례가 정하는 거리 이상을 띄어 건축하여야 한다.
  ㉠ 높이 10m 이하인 부분 : 인접대지경계선으로부터 1.5m 이상
  ㉡ 높이 10m를 초과하는 건축물 : 인접대지경계선으로부터 해당 건축물의 각 부분 높이의 1/2 이상

정답 99. ③   100. ②

과년도출제문제

2024. 2회 건축기사

■■■ 제1과목 건축계획

1. 쇼핑센터에서 고객의 주 보행동선으로서 중심 상점과 각 전문점에서의 출입이 이루어지는 곳은?

① 몰(mall)
② 코트(court)
③ 터미널(terminal)
④ 페데스트리언 지대(pedestrian area)

해설 몰(mall)
㉠ 쇼핑센터 내의 주요 보행 동선으로 고객을 각 상점으로 고르게 유도하는 shopping street인 동시에 고객의 휴식처로서의 기능도 갖고 있다. 쇼핑센터의 가장 특징적인 요소이다.
㉡ 고객의 주보행 동선으로 핵상점과 각 전문점에의 출입이 이루어지는 곳이므로 확실한 방향성, 식별성이 요구되며, 고객에게 변화감, 다채로움, 자극과 흥미를 주며 쇼핑을 유쾌하게 할 수 있고 휴식 장소를 제공해 주어야 한다.
㉢ 전문점과 핵상점들은 몰에 면하도록 한다.
㉣ mall은 open mall, enclosed mall로 계획할 수 있으며, 일반적으로 공기 조화에 의해 쾌적한 실내 기후로 유지할 수 있는 enclosed mall이 선호된다.
㉤ 몰의 폭은 6~12m가 일반적이며, 몰의 길이는 240m가 한계이다. 길이 20~30m 마다 변화를 주어 단조로운 느낌이 들지 않도록 하는 것이 바람직하다.
※ 코트(Court) : 고객이 머무를 수 있는 비교적 넓은 공간으로서 몰의 군데군데에 위치하여 고객의 휴식처가 되는 동시에 각종 행사의장이 되기도 한다.

2. 메조넷형(maisonette type) 공동주택에 관한 설명으로 옳지 않은 것은?

① 주택내의 공간의 변화가 있다.
② 거주성, 특히 프라이버시가 높다.
③ 소규모 단위평면에 적합한 유형이다.
④ 양면 개구에 의한 통풍 및 채광 확보가 양호하다.

해설 복층형(maisonnette type)
작은 저택의 뜻을 지니고 있는 메조넷(maisonnette)은 하나의 주호가 2개 층 이상에 걸쳐 구성되는 형식으로 독립성이 좋고 전용 면적비가 크나 50m² 이하의 소규모 주거 형식에는 비경제적이다.
㉮ 장점
 ㉠ 주야간의 생활공간이 층별로 구분되므로 프라이버시가 가장 좋다. 공용복도가 없는 층은 야간의 생활공간(침실 등)을 배치하고, 복도 층에는 주간의 생활공간을 배치한다.
 ㉡ 엘리베이터의 정지층수를 적게 할 수 있어 중직동선의 편리를 도모한다.
 ㉢ 복도가 없는 층은 남북면이 트여 있으므로 좋은 평면 구성이 가능하다.
 ㉣ 통로 면적이 감소하고 유효면적이 증가한다.
㉯ 단점
 ㉠ 주호 내에 계단을 두어야 하므로 소규모 주택에서는 비경제적이다.
 ㉡ 공용 복도가 없는 층은 화재 및 위험시 대피상 불리하다.
 ㉢ 서로 다른 평면형이 상하층을 포개게 되므로 구조 및 설비 등이 복잡하고 설계가 어렵다.
 ㉣ 공용 복도가 중복도형인 경우 복도의 소음 처리에 특별히 신경을 써야 한다.

3. 전시실 순회방식에 관한 설명으로 옳지 않은 것은?

① 연속 순회 형식은 비교적 소규모 전시실에 적합하다.
② 중앙홀 형식은 홀의 크기가 크면 중앙부 동선의 혼란이 있다.
③ 갤러리 및 코리도 형식은 복도 자체도 전시공간으로 이용이 가능하다.
④ 갤러리 및 코리도 형식은 각 실에 직접 들어갈 수 있는 점이 유리하다.

해설 중앙홀 형식
중심부에 하나의 큰 홀을 두고 그 주위에 각 전시실을 배치하여 자유로이 출입하는 형식이다.

정답 1. ① 2. ③ 3. ②

㉠ 과거에 많이 사용한 평면으로 중앙 홀에 높은 천창을 설치하여 고창(高窓)으로부터 채광하는 방식이 많았다.
㉡ 대지의 이용률이 높은 지점에 건립할 수 있으며, 중앙 홀이 크면 동선의 혼란은 없으나 장래의 확장에 많은 무리가 따른다.
[예] 프랭크 로이드 라이트의 구겐하임 미술관 (1959, 뉴욕)

4. 건축물과 양식의 연결이 옳지 않은 것은?

① 노트르담 성당-고딕 양식
② 샤르트르 성당-고딕 양식
③ 피사의 사탑-바로크 양식
④ 성 소피아 성당-비잔틴 양식

[해설] 주요 양식과 건축물과의 조합
㉠ 그리스 양식 - entasis(엔타시스) - 파르테논 신전
㉡ 비잔틴 양식 - Pendentive Dome(펜덴티브 돔) - 성 소피아 성당
㉢ 로마네스크 양식 - Rib Arch(리브아치) - 피사의 사탑
㉣ 고딕 양식 - Pointed Arch(첨두아치) - 노틀담 성당, 샤르트르 성당

5. 래드번(Radburn) 계획에서 슈퍼블록을 구성함으로써 얻을 수 있는 효과로 옳지 않은 것은?

① 충분한 공동의 오픈스페이스 확보 가능
② 건축을 집약화함으로써 고층화·효율화 가능
③ 도로교통의 개선, 즉 보도와 차도의 완전한 분리 가능
④ 커뮤니티 시설의 중심배치로 간선도로변의 활성화 가능

[해설] 뉴저지(New Jersey)의 래드번(Radburn) 주택단지계획
라이트(Henry Wright)와 스타인(Clarence S. Stein) (1928)에 의해 계획되었다.
㉠ 주된 특징은 보행자와 자동차 교통의 분리이다.
㉡ 슈퍼블록(大街區, super block : 간선도로에 의해 분할되지 않는 주구로 10~20ha로 구성)단위로 계획하여 주택들과 가구 안의 학교, 공원들 까지도 보도에 의하여 연결된다.
㉢ 래드번의 형식은 전형적인 쿨데삭(cul-de-sac)으로 도로시설 역할을 하며 차량이 집과의 접근 배달, 기타 서비스 활동을 가능케 한다.
이 쿨데삭은 영국의 막다른 골목(dead-end-street)과는 구별되는 것으로 주거들은 막다른 골목의 끝에 자유로이 배치되어 차고와 짝짓고 있으며 질서를 부여한다.
㉣ 건축물 양쪽 측면에 충분한 공지를 확보하며, 주호계획에서는 부엌 등 서비스 관계의 방을 쿨데삭 쪽에 배치하고 거실, 침실 등은 중앙의 뜰, 공원에 면하도록 배치하여 주택의 공간을 변경한다.

6. 장애인·노인·임산부 등의 편의증진 보장에 관한 법령에 따른 편의시설 중 매개시설에 속하지 않는 것은?

① 주출입구 접근로
② 유도 및 안내설비
③ 장애인전용 주차구역
④ 주출입구 높이차이 제거

[해설] 장애인 등의 편의시설
㉠ 장애인전용주차구역
주차장 관계 법령과 편의시설의 설치기준에 따라 대상시설에 장애인전용주차구역을 설치하여야 한다.
㉡ 장애인 등의 통행이 가능한 접근로
접근로의 유효폭은 휠체어 사용시 통행 1.2m 이상으로 하여야 한다.
㉢ 높이 차이가 제거된 건축물 출입구
사무소건축에서 장애인 등의 편의를 위해 건축물의 주출입구에 턱낮추기를 하는 경우, 주출입구와 통로의 높이 차이가 2cm 이하가 되도록 하여야 한다.
㉣ 장애인 등의 이용이 가능한 화장실
• 대변기 : 출입문 통과폭은 0.8m 이상
• 소변기 : 바닥부착형으로 할 수 있으며, 소변기 양옆에 수평 및 수직손잡이 설치

7. 주당 평균 40시간을 수업하는 어느 학교에서 음악실에서의 수업이 총 20시간이며 이 중 15시간은 음악시간으로 나머지 5시간은 학급 토론시간으로 사용되었다면, 이 음악실의 이용률과 순수율은?

① 이용률 37.5%, 순수율 75%
② 이용률 50%, 순수율 75%
③ 이용률 75%, 순수율 37.5%
④ 이용률 75%, 순수율 50%

[해설] ㉠ 이용률 = $\frac{교실이 사용되고 있는 시간}{1주간의 평균수업시간} \times 100\%$
= $\frac{20시간}{40시간} \times 100 = 50\%$

㉡ 순수율 = $\frac{일정한 교과를 위해 사용되는 시간}{그 교실이 사용되는 시간} \times 100\%$
= $\frac{20시간 - 5시간}{20시간} \times 100 = 75\%$

8. 다음 중 사무소 건축의 기둥간격 결정 요소와 가장 거리가 먼 것은?

① 책상배치의 단위
② 주차배치의 단위
③ 엘리베이터의 설치 대수
④ 채광상 층높이에 의한 깊이

[해설] 고층 사무소 건축의 기둥간격(span)의 결정요소
㉠ 구조상의 스팬의 한도
㉡ 책상의 배치단위(1.2m, 1.5m, 1.8m 모듈)
㉢ 지하주차장의 주차배치단위
㉣ 채광상 층고에 의한 안깊이

9. 공포를 기둥 위에만 배열한 것을 주심포 형식이라고 한다. 다음 중 주심포 형식의 건축물에 해당하는 것은?

① 봉정사 극락전   ② 화암사 극락전
③ 봉정사 대웅전   ④ 창경궁 명정전

[해설] 주심포계 양식
㉠ 고려시대 건물이 주류를 이룬다.
㉡ 기둥 상부에만 공포(주두, 첨차, 소로)를 배치한 것으로 소로는 비교적 자유스럽게 배치된다.
㉢ 출목은 2출목 이하이고 대부분 연등천장 구조로 되어 있다.
㉣ 우리나라 공포양식 중 가장 오래된 것이다.
㉤ 대표적인 건물로는 봉정사 극락전, 부석사 무량수전, 강릉 객사문, 수덕사 대웅전, 관음사 원통전이 있다.
※ 봉정사 극락전은 고려시대의 건축으로, 신라시대의 일반 목조건물 양식에 북송요의 주심포 형식을 가미한 공법으로 건축한 것으로 현존하는 목조 건축 중 가장 오래된 건축물이다.

10. 건축공간의 치수는 인간을 기준으로 볼 때 3가지로 나누어서 생각할 수 있다. 다음 중 이 3가지 분류에 포함되지 않는 것은?

① 환경적 스케일   ② 심리적 스케일
③ 생리적 스케일   ④ 물리적 스케일

[해설] 건축공간의 치수(scale)
㉠ 물리적 스케일 : 출입구의 크기가 인간이나 물체의 물리적 크기에 의해 결정되는 치수 → 인체측정학(anthropometry)
㉡ 심리적 스케일 : 압박감을 느끼지 않을 정도의 천장높이 등 → 프로세믹스(proxemics)
㉢ 생리적 스케일 : 실내의 창문 크기가 필요 환기량으로 결정되는 경우

11. 고딕양식의 건축물에 속하지 않는 것은?

① 아미앵 성당
② 노트르담 성당
③ 샤르트르 성당
④ 성 베드로 성당

[해설] 고딕 건축의 특징
㉠ 수직선을 의장의 주요소로 하여 하늘을 지향하는 종교적 신념과 그 사상을 합리적으로 반영시켜서 교회건축 양식을 완성하였다.
㉡ 수평 방향으로 통일되고 연속적인 공간을 만들었다.
㉢ 석재를 자유자재로 사용하였다.

정답   7. ②   8. ③   9. ①   10. ①   11. ④

㉣ 첨두형 아치(Pointed Arch)와 첨두형 볼트(Point Arch), 플라잉 버트레스(Flying Buttress)가 주로 사용되었다.
  ㉤ 대표작으로는 샤르트르 성당, 노트르담 성당, 아미앵 성당, 랭스 성당, 쾰른 성당, 밀라노 성당 등이 있다.

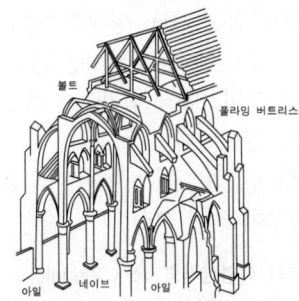

[그림] 고딕성당의 구조

※ 르네상스(Renaissance) 건축
대표적인 건축물 중에는 로마에 위치한 성 베드로 대성당(미켈란젤로), 이탈리아 피렌체 대성당이 있으며, 대표적인 궁(Palazzo)으로는 메디치 궁, 피티 궁, 파르네제 궁, 루첼라이 궁 등이 있다.

12. 다음 설명에 알맞은 공장건축의 레이아웃(layout) 형식은?

- 생산에 필요한 모든 공정, 기계기구를 제품의 흐름에 따라 배치한다.
- 대량생산에 유리하며 생산성이 높다.

① 혼성식 레이아웃
② 고정식 레이아웃
③ 제품중심의 레이아웃
④ 공정중심의 레이아웃

[해설] 제품 중심의 레이아웃(연속 작업식)
① 생산에 필요한모든 공정, 기계 기구를 제품의 흐름에 따라 배치하는 방식
② 장치 공업(석유, 시멘트), 가전제품 조립 공장 등
③ 특징
  ㉠ 대량 생산에 유리하고, 생산성이 높다.
  ㉡ 공정간의 시간적, 수량적 균형을 이룰 수 있고, 상품의 연속성이 유지된다.

13. 주택법상 주택단지의 복리시설에 속하지 않는 것은?
① 경로당
② 관리사무소
③ 어린이놀이터
④ 주민운동시설

[해설] 주택법상의 부대시설과 복리시설
  ㉠ 부대시설 : 주차장, 관리사무소, 담장 및 건축물에 설치한 각종 설비를 말한다.
  ㉡ 복리시설 : 어린이 놀이터, 구매시설, 의료시설, 주민운동시설, 일반목욕장, 입주자 집회소 및 건설기준에 관한 규정에 의거된 거주자의 생활복리를 위하여 필요한 공동시설을 말한다.

14. 다음의 호텔 중 연면적에 대한 숙박면적의 비가 일반적으로 가장 큰 것은?
① 커머셜 호텔
② 클럽 하우스
③ 리조트 호텔
④ 아파트먼트 호텔

[해설] 숙박관계부분의 연면적에 대한 비율은 커머셜 호텔이 리조트 호텔보다 높다.
시티호텔 중에서 숙박 체류 목적의 커머셜 호텔이 연면적에 대한 숙박면적의 비가 가장 크다.
※ 시티호텔 : 커머셜 호텔, 레지던셜 호텔, 아파트먼트 호텔, 터미널 호텔
☞ 리조트 호텔(resort hotel)은 연면적에 대한 숙박면적의 비가 작다.

15. 다음 설명에 알맞은 도서관의 자료 출납시스템 유형은?

이용자가 직접 서고 내의 서가에서 도서자료의 제목 정도는 볼 수 있지만 내용을 열람하고자 할 경우 관원에게 대출을 요구해야 하는 형식

① 폐가식
② 반개가식
③ 자유개가식
④ 안전개가식

[해설] 반개가식(semi open access)
  ㉠ 열람자는 직접 서가에 면하여 책의 체제나 표지 정도는 볼 수 있으나 내용을 보려면 관원에게 요구하여 대출 기록을 남긴 후 열람하는 형식이다.

정답 12. ③ 13. ② 14. ① 15. ②

ⓒ 신간 서적 안내에 채용되며, 다량의 도서에는 부적당하다.
ⓒ 특징
• 출납 시설이 필요하다.
• 서가의 열람이나 감시가 불필요하다.

16. 상점의 판매방식에 관한 설명으로 옳지 않은 것은?
① 측면판매방식 직원 동선의 이동성이 많다.
② 대면판매방식 측면판매방식에 비해 상품 진열 면적이 넓어진다.
③ 측면판매방식 고객이 직접 진열된 상품을 접촉할 수 있는 관계로 선택이 용이하다.
④ 대면판매방식 쇼케이스를 중심으로 판매원이 고정된 자리나 위치를 확보하는 것이 용이하다.

해설 상점의 판매 방식
(1) 대면판매
고객과 종업원이 진열장을 사이에 두고 상담하며 판매하는 형식
ⓒ 대상 : 시계, 귀금속, 카메라, 의약품, 화장품, 제과, 수예품
ⓒ 장점 : 설명하기 편하고, 판매원이 정위치를 잡기 용이하며 포장이 편리하다.
ⓒ 단점 : 진열면적이 감소되고 show-case가 많아지면 상점 분위기가 부드럽지 않다.
(2) 측면판매 : 진열 상품을 같은 방향으로 보며 판매하는 형식
ⓒ 대상 : 양장, 양복, 침구, 전기기구, 서적, 운동용품
ⓒ 장점 : 충동적 구매와 선택이 용이하며, 진열면적이 커지고 상품에 친근감이 있다.
ⓒ 단점 : 판매원은 위치를 잡기 어렵고 불안정하며, 상품 설명이나 포장 등이 불편하다.

17. 주택의 부엌계획에 관한 설명 중 옳지 않은 것은?
① 일사가 긴 서쪽은 음식물이 부패하기 쉬우므로 피하도록 한다.
② 부엌은 가사노동의 경감을 위해 작업삼각형의 각 변의 합은 10m 이내로 한다.
③ 부엌의 평면형 중 일렬형은 동선과 배치가 간단한 평면형이지만 설비기구가 많은 경우에는 작업동선이 길어진다.
④ 부엌의 평면형 중 ㄱ자형은 식사실과 함께 이용할 경우에 적합하다.

해설 부엌의 작업삼각형(work triangle)
ⓒ 작업 삼각형(work triangle)의 길이는 주부의 피로도를 좌우하는 것으로 세변의 합이 짧을수록 유리하다.
ⓒ 냉장고와 개수대 그리고 가열대를 잇는 작업 삼각형(work triangle)의 길이는 3.6~6.6m 범위로 하는 것이 능률적이다. 개수대는 창에 면하는 것이 좋다.
ⓒ 냉장고와 개수대(싱크대), 개수대(싱크대)와 가열대(조리대) 사이는 동선이 짧아야 한다.
ⓒ 개수대와 조리대 사이는 1.2~1.8m가 적당하다.

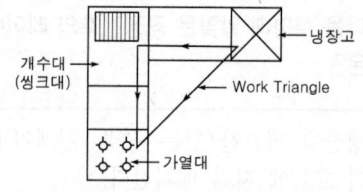

[그림] 부엌의 작업 삼각형

18. 다음 중 구조코어로서 가장 바람직한 코어형식으로 바닥면적이 큰 고층, 초고층사무소에 적합한 것은?
① 중심코어형   ② 편심코어형
③ 독립코어형   ④ 양단코어형

해설 사무소 건축의 core 종류
① 편심 코어형(편단 코어형) : 기준층 바닥면적이 적은 경우에 적합하며 너무 고층인 경우는 구조상 좋지 않다. 바닥면적이 커지면 코어 이외에 피난 시설, 설비 샤프트 등이 필요해진다.

② 중심 코어형(중앙 코어형) : 바닥면적이 클 경우 적합하며 특히 고층, 초고층에 적합하다. 임대 사무실로서 가장 경제적인 계획을 할 수 있다.
③ 독립 코어형(외 코어형) : 자유로운 사무실 공간을 코어와 관계없이 마련할 수 있다. 각종 설비 duct, 배관 등의 길이가 길어지며 제약이 많다. 방재상 불리하고 바닥면적이 커지면 피난시설을 포함한 서브 코어(sub core)가 필요하며, 내진구조에는 불리하다.
④ 양단 코어형(분리 코어형) : 한 개의 대공간을 필요로 하는 전용 사무실에 적합하다. 2방향 피난에 이상적이며 방재상 유리하다.

19. 다음은 객석의 가시거리에 관한 설명이다. ( )안에 알맞은 것은?

> 연극 등을 감상하는 경우 연기자의 표정을 읽을 수 있는 가시한계는 (㉠) 정도이다. 그러나 실제적으로 극장에서는 잘 보여야 하는 동시에 많은 관객을 수용해야 하므로 (㉡)까지를 제1차 허용한도로 한다.

① ㉠ 10m, ㉡ 22m ② ㉠ 15m, ㉡ 22m
③ ㉠ 10m, ㉡ 25m ④ ㉠ 15m, ㉡ 25m

해설 연극 등을 감상하는 경우 연기자의 표정을 읽을 수 있는 가시한계는 15m 정도이다. 그러나 실제적으로 극장에서는 잘 보여야 하는 동시에 많은 관객을 수용해야 하므로 22m까지를 제1차 허용한도로 한다.

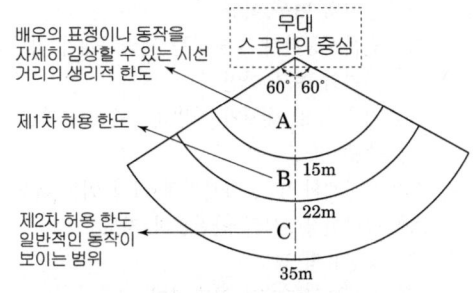

[그림] 관객석의 한계

20. 병원건축의 병동배치에서 분관식(pavilion type)이 집중식(block type)보다 좋은 점은?
① 각종 설비시설의 배관길이가 짧아진다.
② 각 병실의 일조와 통풍이 유리하다.
③ 비교적 작은 대지에도 건축할 수 있다.
④ 이용자들의 동선이 짧아진다.

해설 병원의 건축형식
 (1) 분관식(pavilion type)
  평면 분산식으로 각 건물은 3층 이하의 저층 건물이며 외래부, 부속 진료부, 병동을 각각 별동으로 하여 분산시키고 복도로 연결시키는 방법으로서 치료와 의사 본위의 병원 형식이다. 각 과별 전용 시설, 진료 시설, 사무실 등이 확보되어야 한다.
  ㉠ 각 병실을 남향으로 할 수 있어 일조, 통풍 조건이 좋아진다.
  ㉡ 넓은 대지가 필요하며 설비가 분산적이고 보행 거리가 멀어진다.
  ㉢ 내부 환자는 주로 경사로를 이용한 보행 또는 들것으로 운반한다.
 (2) 집중식(block type)
  외래부, 부속 진료부, 병동을 합쳐서 한 건물로 하고, 특히 병동은 고층으로 하여 환자를 운송하는 방법이다. 현대 대병원 건축은 이 방식으로 건축된다.
  ㉠ 고층화가 가능해서 도시 지역에 적합하다.
  ㉡ 관리가 편리하고 설비 등의 시설비가 적게 든다.
  ㉢ 의료, 간호, 급식, 등의 서비스가 원활하다.
  ㉣ 일조, 통풍 등의 조건이 불리해지며, 각 병실의 환경이 균일하지 못하다.

제2과목 건축시공

21. 콘크리트의 크리프에 관한 설명으로 옳지 않은 것은?

① 습도가 높을수록 크리프는 크다.
② 물-시멘트비가 클수록 크리프는 크다.
③ 콘크리트의 배합과 골재의 종류는 크리프에 영향을 끼친다.
④ 하중이 제거되면 크리프 변형은 일부 회복된다.

[해설] 콘크리트의 크리프

콘크리트에 하중이 작용하면 그것에 비례하는 순간적인 변형이 생긴다. 그 후에 하중의 증가는 없는데 하중이 지속하여 재하될 경우, 변형이 시간과 더불어 증대하는 현상

㉠ 단위수량이 많을수록 크다.
㉡ 온도가 높을수록 크다.
㉢ 시멘트페이스트가 많을수록 크다.
㉣ 물시멘트비가 클수록 크다.
㉤ 작용응력이 클수록 크다.
㉥ 재하재령이 빠를수록 크다.
㉦ 부재단면이 작을수록 크다.
㉧ 외부 습도가 낮을수록 크다.
※ 하중지속시간
 • 처음 28일 동안 : 전체 creep의 50%
 • 4개월 내 : 전체 creep의 80%
 • 2년 내 : 전체 creep의 90%
 • 4~5년 후 : creep 발생 완료

22. 건설사업지원 통합 전산망으로 건설 생산활동 전 과정에서 건설 관련 주체가 전산망을 통해 신속히 교환·공유할 수 있도록 자원하는 통합 정보시스템을 지칭하는 용어는?

① 건설 CIC(Computer Intergrated Construction)
② 건설 CALS(Continuous Acquisition&Life Cycle Support)
③ 건설 EC(Engineering Construction)
④ 건설 EVMS(Earned Value Meanagement System)

[해설] 생산관리기법

(1) EC(Engineering Construction)화 : 종합건설업화
 ㉠ 건설산업의 업무기능 확대 및 영역확대를 도모하는 종합건설업화
 ㉡ 신설사업의 일괄입찰 방식에 의한 건설생산능력을 확보한다.
(2) CIC(Computer Integrated Construction) : 컴퓨터를 통한 건설통합 생산시스템
컴퓨터, 정보통신 및 자동화 조립기술을 토대로 건설생산에 기능, 인력들을 유기적으로 연계하여 각 건설업체의 업무를 각사의 특성에 맞게 최적화하는 개념
(3) CALS(Continuous Acquisition and Life Cycle Support) : 건설분야 통합정보시스템
건설 생산 활동의 전 과정에서 건설관련 주체가 초고속정보통신망이나 전자상거래 등 정보의 실시간 공유를 통해 공기단축, 원가절감 등을 도모하려는 건설분야 통합정보시스템을 말한다.

23. 다음 중 공사감리업무와 가장 거리가 먼 항목은?

① 설계도서의 적정성 검토
② 공사 실행예산의 편성
③ 시공상의 안전관리지도
④ 사용자재와 설계도서와의 일치여부 검토

[해설] 공사감리자의 감리업무

㉠ 공사시공자가 설계도서에 따라 적합하게 시공하는지의 여부 확인
㉡ 공사시공자가 사용하는 건축자재가 적합한 자재인지의 여부 확인
㉢ 건축물 및 대지가 적법하도록 공사시공자 및 건축주 지도
㉣ 시공계획 및 공사관리의 적정 여부 확인
㉤ 공사현장에서의 안전관리 지도
㉥ 공정표의 검토
㉦ 상세시공도면의 검토·확인
㉧ 구조물의 위치와 규격의 적정 여부의 검토·확인
㉨ 품질시험의 실시 여부 및 시험성과의 검토·확인
㉩ 설계변경의 적정 여부의 검토·확인
㉪ 기타 공사감리계약으로 정하는 사항

정답 21. ① 22. ② 23. ②

24. 주문받은 건설업자가 대상계획의 기업, 금융, 토지조달, 설계, 시공 기타 모든 요소를 포괄하여 발주하는 도급계약 방식은?

① 실비청산 보수가산 도급
② 정액도급
③ 공동도급
④ 턴키도급

[해설] 턴키(Turn-Key)도급
건설업자가 대상 계획의 기업, 금융, 토지조달, 설계, 시공, 기계기구 설치, 시운전까지 주문자가 필요로 하는 모든 것을 조달하여 주문자에게 인도하는 도급계약 방식
㉠ 장점 : 신공법의 연구 및 개발, 공사비 절감, 공기 단축·전문화 촉진, 책임시공에 의한 신기술개발의 축적 가능, 사업수행의 효율성 향상
㉡ 단점 : 설계의 우수성 및 건축주의 의도 반영 불가, 사업 내용의 불확실성, 발주절차의 복잡성, 과다경쟁 우려, 중소기업의 참여기회 제한

25. 건축공사 시 직접공사비 구성 항목으로 옳게 짝지어진 것은?

① 재료비, 노무비, 장비비, 간접공사비
② 재료비, 노무비, 외주비, 간접공사비
③ 재료비, 노무비, 일반관리비, 경비
④ 재료비, 노무비, 외주비, 경비

[해설] 공사비(견적가격)의 구성

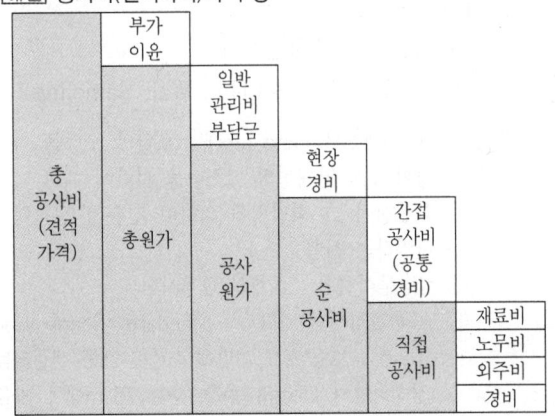

26. 철근의 정착 위치에 관한 설명 중 옳지 않은 것은?

① 지중보 철근은 기초 또는 기둥에 정착한다.
② 기둥 철근은 큰 보 혹은 작은 보에 정착한다.
③ 직교하는 단부 보 밑에 기둥이 없을 때에는 벽체에 정착한다.
④ 벽철근은 기둥, 보, 기초 또는 바닥판에 정착한다.

[해설] 철근의 정착 위치
㉠ 기둥의 주근 : 기초 또는 바닥판에 정착
㉡ 보의 주근 : 기둥 또는 큰보에 정착(기둥 중심선을 지나 외측에 정착시킨다.)
㉢ 작은 보의 주근 : 큰 보에 정착
㉣ 직교하는 단부 보 밑 기둥이 없을 때 : 보 상호 간에 정착
㉤ 벽 철근 : 기둥, 보 또는 바닥판에 정착
㉥ 바닥 철근 : 보 또는 벽체에 정착(보 중심선을 지나 외측에 정착시킨다.)
㉦ 지중보 주근 : 기초 또는 기둥에 정착

27. 문 윗틀과 문짝에 설치하여 문이 자동적으로 닫혀지게 하며, 개폐압력을 조절할 수 있는 장치는?

① 도어 체크(Door check)
② 도어 홀더(Door holder)
③ 피봇 힌지(Pivot hinge)
④ 도어 체인(Door chain)

[해설] ① 도어 체크(door check) : 열려진 여닫이문이 저절로 닫아지게 하는 장치로 door closer라고도 한다.
② 도어 홀더 : 문열림 방지
③ 피봇 힌지(pivot hinge) : 용수철을 쓰지 않고 문장부식으로 된 Hinge. 가장 중량문에 사용

28. 지하연속벽(Slury wall)에 관한 설명으로 옳지 않은 것은?

① 차수성이 우수하다.
② 비교적 지반조건에 좌우되지 않는다.
③ 소음·진동이 적고, 벽체의 강성이 높다.
④ 공사비가 타공법에 비하여 저렴하고 공기가 단축된다.

해설 지하연속벽 공법(Diaphragm Wall, Slurry Wall 공법)
안정액을 사용하여 지반의 붕괴를 방지하면서 굴착하여 그 속에 철근망과 콘크리트를 넣어 연속으로 콘크리트 흙막이벽을 설치하는 공법이다.
㉠ 인접 건축물에 접근한 작업이 가능하고 진동, 소음이 적다.
㉡ 연약지반에 토압지지가 크고, 주변 침하가 없다.
㉢ 깊은 심도까지 벽체 시공이 가능하다.
㉣ 차수성이 크며, 주위지반에 지장이 없어 안전성이 높다.
㉤ 벽체의 강성이 높아 본 구조체로 사용 가능하다.
㉥ 통상적인 흙막이 공사와 비교하면 대체로 공사비가 높다.
※ 벽식 공법 : ICOS 공법, EW 공법, OWS 공법

29. 건설현장에서 굳지 않은 콘크리트에 대해 실시하는 시험으로 옳지 않은 것은?

① 슬럼프(Slump) 시험
② 코어(Core) 시험
③ 염화물 시험
④ 공기량 시험

해설 굳지 않은 콘크리트가 현장에 도착했을 때 실시하는 품질관리시험 항목
㉠ 염화물 시험
㉡ 슬럼프(slump) 시험
㉢ 공기량 시험

30. 타일의 크기가 200mm×200mm이고, 가로 세로 줄눈의 크기는 10mm인 타일로 벽면적 100m²가 되는 벽체를 시공하는 경우의 타일 매수로 적당한 것은 어느 것인가?(단, 정미량이며 깨짐에 의한 손실은 없는 것으로 한다.)

① 2,368매 ② 2,268매
③ 2,468매 ④ 2,678매

해설 $\frac{1,000cm}{(20+1)cm} \times \frac{1,000cm}{(20+1)cm} = 2,267.7$매 ≒ 2,268매

31. 사운딩(Sounding)이란 저항체를 땅속에 삽입하여서 관입, 회전, 인발 등의 저항으로 토층의 성상을 탐사하는 방법이다. 다음 중 사운딩(Sounging) 시험에 속하지 않는 시험법은?

① 표준관입시험 ② 콘 관입시험
③ 베인전단시험 ④ 말뚝의 재하시험

해설 말뚝재하시험
말뚝의 설계를 하거나 안정성을 확인하기 위해 재하시험을 하는 경우가 많다. 재하 방법에 따라 연직·수평·인발로 분류되며 말뚝의 개수, 하중이 걸리는 법 등에 따라 여러가지 방법이 있다. 재하시험은 실제의 말뚝에 하중을 가해 지지력을 확인하기 때문에 지지력의 결정법으로서 신뢰성이 높다.

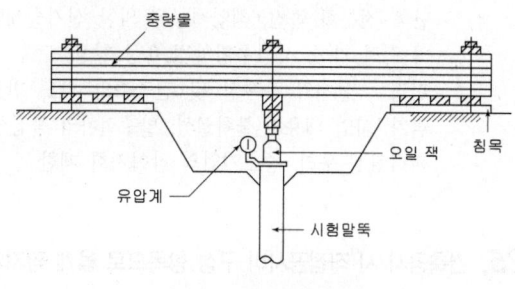

[그림] 말뚝재하시험

32. 지반조사의 시험에 관계되는 것을 연결한 것 중 옳은 것은?

① 진흙의 점착력 － 베인시험(Vene Test)
② 지내력 － 정량분석시험
③ 연한점토 － 표준관입시험
④ 염분 － 씬 월 샘플링(Thin Wall Sampling)

해설 ① 베인 테스트(Vane test) : 보링의 구멍을 이용하여 +자 날개형의 테스터를 지반에 때려 박고 회전시켜 그 회전력에 의하여 진흙의 점착력을 판별하는 시험
② 정량분석시험 : 골재의 품질시험
③ 표준관입시험(SPT : Standard Penetration Test) : 보링 로드 선단에 스플릿 스푼 샘플러를 장치하여 63.5kg의 추를 높이 76cm에서 자유낙하시켜 30cm 관입하는 사이의 타격 횟수 N을 구하고, 샘플러로 시료를 채취하는 것으로 모래지반의 전단력 시험에 주로 쓰이는 시험이다.

정답 29. ② 30. ② 31. ④ 32. ①

④ 씬 월 샘플링(Thin wall sampling) : 샘플링 튜브가 얇은 살로 된 것으로 시료를 채취한다. 연약 점토의 채취에 적합하다.

33. 압연강재가 냉각될 때 표면에 생기는 산화철 표피를 무엇이라 하는가?

① 스패터
② 밀스케일
③ 슬래그
④ 비드

[해설] 밀 스케일(mill scale)
800℃ 이상으로 가열 가공하였을 때, 강의 표면에 생성되는 산화물 피막이다. 색조는 흑색 또는 흑갈색이고, 피막은 다공성, 균열 등이 있고 또 밀착성이 약하기 때문에 방식 효과는 없다. roll scale 이라고도 한다.

34. 콘크리트를 타설하면서 거푸집을 수직 방향으로 이동시켜 연속작업을 할 수 있게 한 것으로 사일로 등의 건설공사에 적합한 것은?

① Euro form
② Sliding form
③ Air tube form
④ Traveling form

[해설] 슬라이딩 폼(sliding form)
㉠ 수직 활동 거푸집으로, 연속 타설로 일체성을 확보할 수 있다.
㉡ 공기가 약 1/3 정도 단축되며, 요오크(yoke)로 끌어올린다.
㉢ 거푸집 높이 1m 정도, 비계발판이 필요 없다. (내·외부 비계발판이 일체형)
㉣ 돌출부가 없는 굴뚝, 사일로(Silo) 등에 사용

35. 다음은 공법에 관한 내용이다. 맞는 내용은?

"미리 공장 생산한 기둥이나 보, 바닥판, 외벽, 내벽 등을 한층씩 쌓아 올라가는 조립식으로 구체를 구축하고 이어서 마감 및 설비공사까지 포함하여 차례로 한층씩 완성해 가는 공법"

① 하프 PC합성바닥판공법
② 역타공법
③ 적층공법
④ 지하연속벽공법

[해설] 적층공법은 공장에서 제작한 PC 부재를 현장으로 운송, 양중, 조립하여 일체화시키는 복합화 첨단 공법으로 철근콘크리트 라멘구조의 건물에 적용된다.

36. 연강철선을 전기용접하여 정방형 또는 장방형으로 만든 것으로 콘크리트 다짐바닥, 지면 콘크리트 포장 등에 사용하는 금속재는?

① 와이어 라스(Wire lath)
② 와이어 메쉬(Wire mesh)
③ 메탈 라스(Metal lath)
④ 익스팬디드 메탈(Expended Metal)

[해설] ① 와이어 라스(wire lath) : 지름 0.9~1.2mm의 철선 또는 아연 도금 철선을 가공하여 만든 것으로 모르타르 바름 바탕에 쓰인다.
② 와이어 메쉬(wire mesh) : 연강 철선을 격자형으로 짜서 접점을 전기 용접한 것으로 블록을 쌓을 때나 보호 콘크리트를 타설할 때 균열 방지 및 교차 부분을 보강하기 위해 사용한다.
③ 메탈 라스(Metal lath) : 박강판에 일정한 간격으로 자르는 자국을 많이 내어 이것을 옆으로 잡아당겨 그물코 모양으로 만든 것으로 벽, 천장의 모르타르 바름 바탕용에 쓰인다.
④ 익스팬디드 메탈(Expended Metal) : 금속판에 구멍을 내어서 형성된 메시로 된 메탈 라스의 일종이다.

37. 석고 플라스터 바름에 대한 설명으로 옳지 않은 것은?

① 보드용 플라스터는 초벌바름, 재벌바름의 경우 물을 가한 후 2시간 이상 경화한 것은 사용할 수 없다.
② 실내온도가 10℃ 이하일 때는 공사를 중단한다.
③ 바름작업 중에는 될 수 있는 한 통풍을 방지한다.
④ 바름 작업이 끝난 후 실내를 밀폐하지 않고 가열과 동시에 환기하여 바름면이 서서히 건조되도록 한다.

[해설] 석고 플라스터(gypsum plaster)
조립식 및 건식공법의 가장 획기적인 마감재료로서 프리캐스트나 ALC 등에 적합하며 주로 건물 내외부 벽면에 사용하는 미장재료로서 종류에는 순석고 플라스터, 혼합석고 플라스터, 경석고 플라스터(Keen's Cement)가 있다.
㉠ 순백색이며, 미려하고 석회보다 변색이 적다.
㉡ 수경성 재료로 경화강도가 빠르며(速乾性, 속건성), 내화성을 갖는다.
㉢ 경화, 건조시 치수 안정성을 갖는다.
㉣ 수축이 없으므로 정벌바름에 여물을 넣을 필요가 없다.
㉤ 물에 용해되는 성질이 있어 물을 사용하는 장소에는 부적합하다. (습기에 의해 변질이 쉽다.)
※ 실내온도가 2℃ 이하일 때는 공사를 중단하거나 난방하여 5℃ 이상으로 유지한다.

38. PERT-CPM 공정표 작성시에 EST와 EFT의 계산방법 중 옳지 않은 것은?

① 작업의 흐름에 따라 전진 계산한다.
② 개시결합점에서 나간 작업의 EST=0으로 한다.
③ 어느 작업의 EFT는 그 작업의 EST에 소요일수를 가하여 구한다.
④ 복수의 작업에 종속되는 작업의 EST는 선행작업 중 EFT의 최소값으로 한다.

[해설] 복수의 작업에 종속되는 작업의 EST는 선행작업 중 EFT의 최대값으로 한다.

39. 시멘트 분말도 시험방법이 아닌 것은?

① 플로우시험법
② 체분석법
③ 피크노메타법
④ 브레인법

[해설] 시멘트의 품질시험 방법
㉠ 비중 : 루사델리 비중병
㉡ 분말도 : 체분석법, 블레인(Blaine)법, 피크노메타법
㉢ 응결 : 길모아(Gillmore)시험, 비이카(Vicat)시험
㉣ 안정성 : 오토 클레이브(Auto clave) 팽창도시험
㉤ 강도 : 휨시험과 압축시험

40. 다음 중 언더피닝(Under Pinning) 공법의 종류가 아닌 것은?

① 갱·피어 공법
② 잭파일(Jacked pile) 공법
③ 그라우트 주입공법
④ 콘크리트 VH 타설법

[해설] 언더피닝(Under pinning) 공법
㉠ 인접한 건물 또는 구조물의 침하 방지를 목적으로 하는 지반보강 방법을 총칭
㉡ 기존 건축물 가까이에 신축공사를 하고자 할 때 기존 건물의 지반과 기초를 보강하는 공법이다.
㉢ 공법의 종류 : 갱·피어 공법, 이중널말뚝 공법, 차단벽 공법, 현장콘크리트말뚝 공법, pit 공법, 강재파일 공법[잭 파일(jacked pile) 공법], 약액주입 공법(그라우트 주입공법)
※ 콘크리트 VH 타설공법 : 침하균열을 방지하기 위하여 수직부분(기둥, 벽)에 먼저 콘크리트를 타설하고 수평부분(보, 슬라브)을 나중에 타설하는 공법이다. 주로 Half P.C. slab 공법에 적용한다.

정답 37. ② 38. ④ 39. ① 40. ④

■■■ 제3과목 건축구조

41. 지름이 20mm, 길이 200mm인 철근에 인장력을 가했을 때, 지름이 0.0052mm 감소하였고, 길이는 0.17mm 늘어났다. 이 재료의 푸아송비는?

① 3.26923   ② 0.00085
③ 0.00026   ④ 0.30588

[해설] 푸아송비(ν)

① 해석의 발상: 푸아송비(ν)는 길이변형률($\epsilon = \frac{\Delta l}{l}$)에 대한 폭변형률($\beta = \frac{\Delta d}{d}$)의 비로 $\nu = \frac{\beta}{\epsilon}$이다.

② 푸아송비(ν)

$$\nu = \frac{\beta}{\epsilon} = \frac{1}{\epsilon} \cdot \beta = \frac{l}{\Delta l} \cdot \frac{\Delta d}{d} = \frac{l}{d} \frac{\Delta d}{\Delta l}$$

$$= \frac{200 \times 0.0052}{20 \times 0.17} = 0.30588$$

42. 다음의 토질 및 지반에 관한 설명 중 틀린 것은?

① 자갈층·모래층은 투수성이 큰 편이지만 젖은 점토층은 투수성이 작다.
② 점토와 모래의 중간인 크기를 갖는 흙을 실트라 한다.
③ 지진 시 액상화 현상은 모래질 지반보다 점토질 지반에서 일어나기 쉽다.
④ 점토질 지반에서 흙의 내부마찰각이 같은 경우 점착력이 클수록 옹벽에 가해지는 토압은 작아진다.

[해설] 액상화 현상

모래질 지반이 진동하중 또는 지진 등의 급속하중에 의해 전단 저항력을 상실하고 마치 유체와 같이 거동하는 현상

43. 그림과 같은 정정구조의 CD부재에서 C, D점의 휨모멘트는?

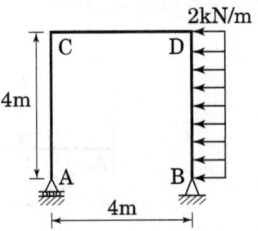

① (C) 0kN·m, (D) 16kN·m
② (C) 16kN·m, (D) 16kN·m
③ (C) 0kN·m, (D) 32kN·m
④ (C) 32kN·m, (D) 32kN·m

[해설] Rahmen의 휨모멘트

$\Sigma M_B = 0$

$4V_A - (2 \times 4) \times 2 = 0$

$V_A = \frac{16}{4} = 4(\text{kN}) \uparrow$

C점의 왼쪽을 기준으로 AC구간에 재축에 직각한 힘이 없으므로 $M_C = 0$

D점의 왼쪽을 기준으로 CD구간에 재축에 직각한 힘은 V_A이므로 $M_D = V_A \times 4 = 4 \times 4 = 16(\text{kN·m})$

44. 철근콘크리트 T형보의 유효폭 산정식에 관련된 사항과 거리가 먼 것은?

① 보의 폭   ② 슬래브 중심간 거리
③ 슬래브의 두께   ④ 보의 춤

[해설] T형 보의 유효 폭

T형 보의 플랜지 유효 폭(b)은 다음 표의 값 중 작은 값으로 한다.

① $16t_f + b_w$
  t_f: 플랜지의 두께,
  b_w: 플랜지가 있는 부재에서 복부폭
② 양쪽 슬래브의 중심간 거리
③ 보의 경간의 1/4

정답 41. ④ 42. ③ 43. ① 44. ④

과년도 출제문제

45. 다음 캔틸레버보의 자유단의 처짐각은? (단, 탄성계수 E, 단면2차모멘트 I)

① $\dfrac{PL^2}{2EI}$
② $\dfrac{PL^2}{3EI}$
③ $\dfrac{PL^2}{6EI}$
④ $\dfrac{PL^2}{8EI}$

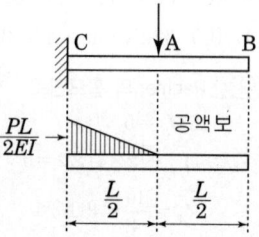

[해설] 캔틸레버보의 처짐각
공액보법에 의하면 주어진 보의 BMD에서 M_C를 휨강성(EI)로 나누어 표시한 공액보(아래 그림 참조)에서 면적을 구하면 처짐각이며, 면적과 도심거리의 곱은 처짐이다. 따라서 자유단 B의 처짐각(θ_B)는 C에서 B까지의 면적으로 구할 수 있다.

$$\therefore \theta_B = \dfrac{PL}{2EI} \times \dfrac{L}{2} \times \dfrac{1}{2} = \dfrac{PL^2}{8EI}$$

46. 철골구조 주각부의 구성요소가 아닌 것은?

① 커버 플레이트
② 앵커볼트
③ 베이스 모르타르
④ 베이스 플레이트

[해설] 철골구조의 주각부 구조
기둥 플랜지 보강을 위해 Wing Plate와 Side Angle, 웨브플레이트 보강을 위해 Clip Angle과 Filler Plate(래티스 기둥에서만 사용), 바닥 보강을 위해 Base Plate, 주각과 콘크리트 연결을 위해 Anchor Bolt 등이 필요하다.

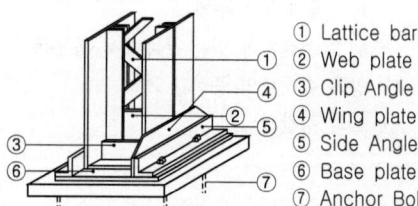

[그림] 기초 주각부의 구성

47. 다음 조건을 가진 압축재의 좌굴하중 P_{cr} 값으로 옳은 것은?

단면 400×400 mm,
$EI = 1.39 \times 10^{13}$ N·mm², $K=1$, $L=490$cm

① 3,123.8kN
② 4,517.8kN
③ 5,012.8kN
④ 5,713.8kN

[해설] 오일러(Euler) 장주공식의 좌굴하중(P_{cr})
① 풀이의 발상: 좌굴하중은 휨강성(EI, 탄성계수×단면2차모멘트)에 비례하고 원주율(π)의 제곱에 비례하며 좌굴길이(l_k)의 제곱에 반비례한다.
② 오일러 장주 공식의 좌굴하중(P_{cr})

$$P_{cr} = \dfrac{\pi^2 EI}{(l_k)^2} = \dfrac{n\pi^2 EI}{l^2} = \dfrac{\pi^2 EA}{\lambda^2}$$

단, P_{cr}: 좌굴하중(kN)
E: 탄성계수(MPa)
I: 단면2차모멘트(mm⁴)
l_k: 좌굴길이(mm)
A: 단면적(mm²)
λ: 세장비

좌굴하중: $P_{cr} = \dfrac{\pi^2 EI}{(l_k)^2} = \dfrac{\pi^2 \times 1.39 \times 10^{13}}{(1 \times 4,900)^2}$
$= 5,713,765(\text{N}) = 5,713.8\text{kN}$

48. 강도설계법에서 철근콘크리트 부재 중 콘크리트의 공칭전단강도(V_c)가 40kN, 전단철근에 의한 공칭전단강도(V_s)가 20kN일 때, 이 부재의 설계전단강도(ϕV_n)는? (단, 강도감소계수는 0.75 적용)

① 60kN
② 58kN
③ 52kN
④ 45kN

[해설] 철근콘크리트 보의 계수전단력
① 해석의 발상: 콘크리트와 철근이 저항할 수 있는 전단력의 합을 공칭전단강도(V_n)라 하며 이 값에 강도감소계수(ϕ)를 곱하면 설계전단강도(V_d)가 된다.
② 참고사항: 건축구조설계기준에 의하면 설계전단강도(V_d)와 소요전단강도(V_u)의 관계는 $V_d \geq V_u$ 이다.
③ 설계전단강도(소요전단강도)
$V_u = \phi V_n = 0.75 \times (40+20) = 45(\text{kN})$

정답 45. ④ 46. ① 47. ④ 48. ④

49. 강구조에서 용접선 단부에 붙인 보조판으로 아크의 시작이나 종단부의 크레이터 등의 결함을 방지하기 위해 붙이는 판은?

① 스티프너 ② 엔드탭
③ 윙플레이트 ④ 커버플레이트

[해설] 엔드탭(End Tab)
엔드 탭(End Tab)이란 강구조에서 용접선 단부에 붙인 보조판으로 아크의 시작이나 종단부의 크레이터 등의 결함을 방지하기 위해 붙이는 판이다.

50. 그림과 같은 H형강 단면의 핵면적을 구하면?

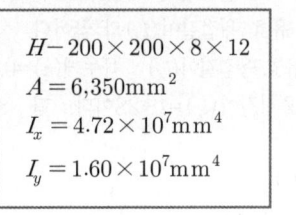
$H - 200 \times 200 \times 8 \times 12$
$A = 6,350 \text{mm}^2$
$I_x = 4.72 \times 10^7 \text{mm}^4$
$I_y = 1.60 \times 10^7 \text{mm}^4$

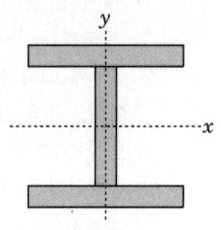

① 932.47mm^2 ② $1,864.93\text{mm}^2$
③ $2,797.40\text{mm}^2$ ④ $3,745.81\text{mm}^2$

[해설] H형강 단면의 핵(Core)
H형강의 핵 단면적(A_e)은 핵점(Core point)을 연결하는 마름모꼴의 면적으로 산정할 수 있다. 부재의 중심으로부터 x축과 y축선 상의 핵점을 e_x, e_y라고 한다면

$$e_x = \frac{Z_x}{A} = \frac{\frac{I_x}{y}}{A} = \frac{\frac{4.72 \times 10^7}{100}}{6,350} = 74.331 \text{(mm)}$$

$$e_y = \frac{Z_y}{A} = \frac{\frac{I_y}{x}}{A} = \frac{\frac{1.6 \times 10^7}{100}}{6,350} = 25.197 \text{(mm)}$$

$A_e = \{(74.331 \times 2) \times 25.197\} \times 0.5 \times 2$
$\quad = 3,745.83 \text{(mm}^2\text{)}$

51. 한계상태설계법에 따라 구조물을 설계할 때 고려되는 강도한계상태가 아닌 것은?

① 기둥의 좌굴 ② 골조의 불안정성
③ 취성 파괴 ④ 바닥재의 진동

[해설] 강구조 설계법
• 강도한계상태 : 구조체에 작용하는 하중이 구조체나 구조체를 구성하는 부재의 강도 보다 높아 하중지지능력을 상실하고 파괴되는 상태
• 사용성한계상태 : 구조체의 붕괴와 관계 없이 심각한 균열이나 처짐(진동) 등으로 불안을 호소하는 상태

52. 강도설계법에서 처짐을 계산하지 않는 경우 철근콘크리트 보의 최소두께 규정으로 옳은 것은? (단, 보통중량콘크리트 m_c=2,300kg/m³와 설계기준항복강도 400MPa 철근을 사용한 부재)

① 단순지지 : $\frac{l}{20}$

② 1단연속 : $\frac{l}{18.5}$

③ 양단연속 : $\frac{l}{24}$

④ 캔틸레버 : $\frac{l}{10}$

[해설] 처짐 검토의 생략 조건
① 해석의 발상 : 극한강도 설계는 안전도 중심의 설계이므로 단면 설계 후 처짐과 균열 등 사용성 검토를 반드시 하여야 한다. 다만, 보의 최소두께(춤)가 아래 표의 값 이상인 경우 검토를 생략할 수 있다.

구분	단순지지	1단 연속	양단 연속	캔틸레버
보	$\frac{l}{16}$	$\frac{l}{18.5}$	$\frac{l}{21}$	$\frac{l}{8}$

② 적용 : 보통콘크리트(m_c=2,300kg/m³)와 항복강도(f_y) 400MPa 철근 사용시
③ $f_y \neq$ 400MPa인 경우 : 위 기준값에 $(0.43 + f_y/700)$을 곱하여 산정

정답 49. ② 50. ④ 51. ④ 52. ②

53. 그림과 같은 단순보의 C점의 휨모멘트는?

① $\dfrac{1}{8}wL^2$

② $\dfrac{3}{8}wL^2$

③ $\dfrac{5}{8}wL^2$

④ $\dfrac{5}{16}wL^2$

[해설] 단순보의 휨모멘트
① 해석의 발상 : A지점의 반력(V_A)을 산정한 후 이를 이용하여 C점의 휨모멘트(M_C)를 구할 수 있다.
② A지점의 반력(V_A)
$\Sigma M_B = 0$
$V_A L - wL\left(\dfrac{L}{2}\right) + wL^2 = 0$
$V_A = \dfrac{1}{L}\left(\dfrac{wL^2}{2} - wL^2\right) = -\dfrac{wL}{2}(\downarrow)$
③ C점의 휨모멘트(M_C)
$M_{C \cdot left} = -\left(\dfrac{wL}{2} \times \dfrac{L}{2}\right) - \left\{\left(w \times \dfrac{L}{2}\right) \times \dfrac{L}{4}\right\}$
$= -\left(\dfrac{wL^2}{4} + \dfrac{wL^2}{8}\right) = -\dfrac{3wL^2}{8}$
단, (−)는 위로 볼록한 휨모멘트를 의미한다.
문제에서는 휨모멘트의 절대값을 구하면 된다.

54. 지진의 진도(Intensity)와 규모(Magnitude)에 대한 설명으로 옳지 않은 것은?
① 진도는 상대적 개념의 지진크기이다.
② 규모는 장소에 관계없는 절대적 개념의 크기이다.
③ 진도는 사람이 느끼는 감각, 물체이동 등을 계급별로 구분한다.
④ 규모는 지반의 운동정도를 평가하나 정밀하지는 않다.

[해설] 지진의 규모
지진의 규모는 진원에서 방출된 지진에너지(운동)의 양을 나타내며, 지진계에 기록된 지진파의 진폭을 이용하여 계산한 정밀한 절대적인 척도이다. 반면 진도는 진원에서 일정거리가 떨어진 곳의 관측자가 느끼는 인체 감각, 구조물에 미친 피해 정도에 의하여 지진동의 세기를 표시한 것으로 관측자의 위치에 따라 달라지는 상대적인 척도이다. 따라서 규모와 진도는 1:1 대응이 성립하지 않으며, 하나의 지진에 대하여 여러 지역에서 측정되는 규모는 동일하나 진도는 지역마다 다르다.

55. 필릿치수 8mm, 용접길이 500mm인 양면필릿용접의 유효단면적은 약 얼마인가?
① 2,100mm² ② 3,221mm²
③ 4,300mm² ④ 5,421mm²

[해설] 용접 유효단면적
① 해석의 발상 : 모살용접의 유효단면적(A_e)은 목두께(a)와 유효 용접길이(l_e)의 곱이다.
② 목두께(a)와 유효 용접길이(l_e) : 목두께(a)=0.7S이며, 유효 용접길이(l_e)=$l-2S$이다. 단, S는 모살치수이다.
③ 유효단면적(A_e)
$A_e = a \cdot l_e = 0.7S(l-2S)$
$= [(0.7 \times 8) \times \{500 - (2 \times 8)\}] \times 2$
$= 5,420.8 (\text{mm}^2)$
※ 양면모살용접이므로 단면모살용접의 두 배이다.

56. 인장을 받는 이형철근의 직경이 D16(직경 15.9mm)이고, 콘크리트 강도가 30MPa인 표준갈고리의 기본정착길이는? (단, f_y=400MPa, β=1.0, m_c=2,300kg/m³)
① 238mm ② 258mm
③ 279mm ④ 312mm

[해설] hook이 있는 인장근의 기본정착길이
D22 인장근의 기본정착길이(l_{db})
① 해석의 발상 : $l_{db} = \dfrac{0.24 \cdot \beta \cdot d_b \cdot f_y}{\lambda \sqrt{f_{ck}}}$
② D16 인장 이형철근의 기본정착길이
$l_{db} = \dfrac{0.24 \cdot \beta \cdot d_b \cdot f_y}{\lambda \sqrt{f_{ck}}}$
$= \dfrac{0.24 \times 1 \times 15.9 \times 400}{1 \times \sqrt{30}} = 278.68(\text{mm})$

정답 53. ② 54. ④ 55. ④ 56. ③

57. 다음 H형강(SM355) 단면의 전소성모멘트(M_P)는 얼마인가?

① 1,036kN·m
② 919.8kN·m
③ 700.8kN·m
④ 575kN·m

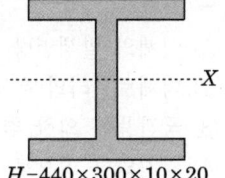

$H-440\times300\times10\times20$

[해설] H형강의 전소성모멘트(M_P)
① 해석의 발상 : 전소성모멘트는 휨재의 단면 전체가 소성상태가 되어 항복상태에 이르게 하는 휨모멘트로서 항복응력(F_y)과 소성단면계수(Z_P)의 곱으로 구할 수 있다.
② 전소성모멘트(M_P)

$M_P = F_y \cdot Z_P$

$F_y = 355\text{MPa}$

Z_P(소성단면계수) : 단면의 도심축에 대한 단면1차모멘트

$Z_P = A_c \cdot y_c + A_t \cdot y_t = 2A_c \cdot y_c$
$= 2\{(300\times20)(210)+(10\times200)(100)\}$
$= 2.92\times10^6 (\text{mm}^3)$

$M_P = F_y \cdot Z_P = (355)(2.92\times10^6)$
$= 1,036,600,000(\text{N}\cdot\text{mm})$
$= 1,036(\text{kN}\cdot\text{m})$

58. 강도설계법에서 균형보의 개념을 옳게 설명한 것은?

① 콘크리트와 철근의 응력이 각각 허용응력에 도달한 보를 말한다.
② 사용하중 상태에서 파괴형태를 고려하지 않은 보를 말한다.
③ 경제적인 단면설계를 위주로 한 보를 말한다.
④ 철근이 항복함과 동시에 콘크리트의 압축변형률이 0.0033에 도달한 보를 말한다.

[해설] 균형철근보
① 해석의 발상 : 균형철근보($\rho=\rho_b$)는 인장철근비(ρ)를 균형철근비(ρ_b)로 설계한 보이다.
② 균형철근보는 일정한 단면에서 압축측 콘크리트가 극한 변형률($\epsilon_{cu}=0.0033$)에 도달함과 동시에 인장측 철근도 항복 변형률$\left(\epsilon_y=\dfrac{f_y}{E_s}\right)$에 도달할 수 있도록 설계한 보

59. 그림과 같은 구조물의 부정정 차수는?

① 불안정
② 1차 부정정
③ 2차 부정정
④ 3차 부정정

[해설] 구조물의 해석
① 해석의 발상 : 지점반력의 수에 의한 외적 판별값(N_e)과 추가 부재에 의한 내적 판별값(N_i)을 합하여 구할 수 있다. 본 문제는 추가 부재가 없으므로 외적 판별값으로 구할 수 있다.
② 판별값(N)

$N = N_e + N_i = (\Sigma R - 3) + \Sigma N_i$
$= \{(3+2+1)-3\}+0 = 3(3\text{차 부정정})$

60. 그림과 같은 양단고정보에서 A단의 휨모멘트는? (단, 등분포하중 $w=3\text{kN/m}$, $L=3\text{m}$)

① 2.8kN·m
② 1kN·m
③ 1.4kN·m
④ 2kN·m

[해설] ① 해석의 발상 : A단의 휨모멘트(M_A)는 AB구간의 등분포 하중에 의한 A단의 고정단모멘트(FEM_{AB})와 B지점의 해제모멘트($\overline{M_B}$)로부터 A단에 전달되는 모멘트(도달모멘트, M_{AB})의 합이다.
② A단의 고정단모멘트(FEM_{AB})
AB부재와 BC부재는 단일부재이므로 B지점에서 두 부재는 고정절점으로 간주된다. 따라서 AB부재는 양단고정보가 되고 여기에 등분포하중이 작용하므로 양단부의 휨모멘트는 $\dfrac{wl^2}{12}$이다.

$FEM_{AB} = -\dfrac{wl^2}{12} = -\dfrac{3\times3^2}{12} = -2.25(\text{kN}\cdot\text{m})$

$FEM_{BA} = \dfrac{wl^2}{12} = \dfrac{3\times3^2}{12} = 2.25(\text{kN}\cdot\text{m})$

정답 57. ① 58. ④ 59. ④ 60. ①

③ A단의 도달모멘트(M_{AB})
- B지점 해제모멘트($\overline{M_B}$)

$$\overline{M_B} = FEM_{AB} = -2.25(\text{kN} \cdot \text{m})$$

- AB부재로 분배모멘트(M_{BA})

AB부재 분배율(DF_{AB}) $= \dfrac{k_{AB}}{\Sigma k} = \dfrac{1}{1+1} = \dfrac{1}{2}$

$$M_{BA} = \overline{M_B} \times DF_{AB} = -2.25 \times \dfrac{1}{2}$$
$$= -1.125(\text{kN} \cdot \text{m})$$

- A단의 도달모멘트(M_{BA})

$$M_{AB} = M_{BA} \times \dfrac{1}{2} = -1.125 \times \dfrac{1}{2}$$
$$= -0.5625(\text{kN} \cdot \text{m})$$

④ A단의 휨모멘트(M_A)

$$M_A = FEM_{AB} + M_{AB} = -(2.25 + 0.5625)$$
$$= -2.8125(\text{kN} \cdot \text{m})$$

■■■ 제4과목 건축설비

61. 조명기구를 사용하는 도중에 광원의 능률저하나 기구의 오염, 손상 등으로 조도가 점차 저하되는데, 인공조명 설계 시 이를 고려하여 반영하는 계수는?

① 광도
② 조명률
③ 실지수
④ 감광 보상률

[해설] 감광보상률(D)
조명기구는 사용함에 따라 작업면의 조도가 점차 감소한다. 이러한 감소를 예상하여 소요광속에 여유를 두는데 그 정도를 감광보상률이라 한다. 감광보상률의 역수를 유지율 또는 보수율이라 한다. 보통 직접조명에서는 D를 1.3~2.0 정도로 계산한다.
※ 조명률(U)이란 광원에서 방사되는 전 광속과 작업면에 대한 유효 광속과의 비를 말한다.

62. 실내공기오염의 종합적 지표로서 사용되는 오염물질은?

① 부유분진
② 이산화탄소
③ 일산화탄소
④ 이산화질소

[해설] 이산화탄소(CO_2)의 함유량에 비례해서 다른 오염원의 정도가 변화되므로 실내 공기의 오염정도를 판단하는 척도로 이산화탄소[탄산가스(CO_2)] 농도를 사용한다.

63. 다음의 냉방부하 발생요인 중 현열부하만 발생시키는 것은?

① 인체의 발생열량
② 벽체로부터의 취득열량
③ 극간풍에 의한 취득열량
④ 외기의 도입으로 인한 취득열량

[해설] 냉방부하를 계산할 때 현열과 잠열을 동시에 계산해 주어야 할 부하요소
㉠ 극간풍(틈새바람)에 의한 취득열량
㉡ 인체의 발생열량
㉢ 기구로부터의 발생열량
㉣ 외기의 도입으로 인한 취득열량

64. 통기관의 설치 목적으로 옳지 않은 것은?

① 트랩의 봉수를 보호한다.
② 오수와 잡배수가 서로 혼합되지 않게 한다.
③ 배수계통 내의 배수 및 공기의 흐름을 원활히 한다.
④ 배수관 내에 환기를 도모하여 관 내를 청결하게 유지한다.

[해설] 통기관의 설치 목적
㉠ 트랩의 봉수 보호
㉡ 배수관 내의 배수 흐름 원활
㉢ 배수관 내의 환기 역할
㉣ 배수관 내의 기압을 일정하게 유지

65. 전압이 1[V]일 때 1[A]의 전류가 1[s] 동안 하는 일을 나타내는 것은?

① 1[Ω]
② 1[J]
③ 1[dB]
④ 1[W]

[해설] 1[W]란 전압이 1[V]일 때 1[A]의 전류가 1[s]동안 하는 일을 나타낸다.
→ 전력[W] = 전압[V] × 전류[A]

정답 61. ④ 62. ② 63. ② 64. ② 65. ④

66. 다음과 같은 특징을 갖는 배선 방법은?

- 열적영향이나 기계적 외상을 받기 쉬운 곳이 아니면 금속관 배선과 같이 광범위하게 사용 가능하다.
- 관자체가 절연체이므로 감전의 우려가 없으며 시공이 용이하다.

① 금속덕트 배선　② 버스덕트 배선
③ 플로어덕트 배선　④ 합성수지관 배선

[해설] 합성수지관 배선공사(경질비닐관 배선공사)
　㉠ 열적 영향이나 기계적 외상을 받기 쉽다.
　㉡ 관 자체가 절연체이므로 감전의 우려가 없으며, 내식성이 강하고 시공이 용이하다.
　㉢ 화학공장, 연구실의 배선 등에 적합하다.
　㉣ 옥내의 점검할 수 없는 은폐 장소에도 사용이 가능하다.

67. 압력탱크 급수방식에 관한 설명으로 옳지 않은 것은?

① 정전시 급수가 곤란하다.
② 급수 압력을 일정하게 유지할 수 있다.
③ 단수 시 저수조의 물을 사용할 수 있다.
④ 탱크를 높은 곳에 설치하지 않아도 된다.

[해설] 압력탱크방식의 특징
　㉠ 급수압이 일정하지 않다.
　㉡ 부분적으로 고압이 필요한 곳에 적합하다.
　㉢ 높은 압력에 견딜 수 있는 기밀수조의 설치 등으로 설비비가 많이 든다.
　㉣ 공기압축기를 설치하여 수시로 공기를 보급하여야 한다.
　㉤ 구조물 보강이 불필요하다.
　㉥ 건물의 미관이 양호하다.
　㉦ 단수시에는 어느 정도 급수가 가능하나 고장률이 높다.
　㉧ 압력수조의 설치위치에 제한을 받지 않는다.

68. 어떤 상태의 습공기를 절대습도의 변화 없이 건구온도만 상승시킬 때, 습공기의 상태변화로 옳은 것은?

① 엔탈피는 증가한다.
② 비체적은 감소한다.
③ 노점온도는 낮아진다.
④ 상대습도는 증가한다.

[해설] 습공기를 절대습도의 변화 없이 건구온도만 상승한다는 의미는 습공기선도상의 현열 가열을 말한다. 이 때 상대습도는 감소하며, 엔탈피는 증가한다. 또한 절대습도의 변화가 없으므로 노점온도는 일정하고, 비체적은 증가한다.
※ 노점온도는 포화공기(상대습도 100%)선에 있으며 절대습도와 같은 평행선상에 있다.

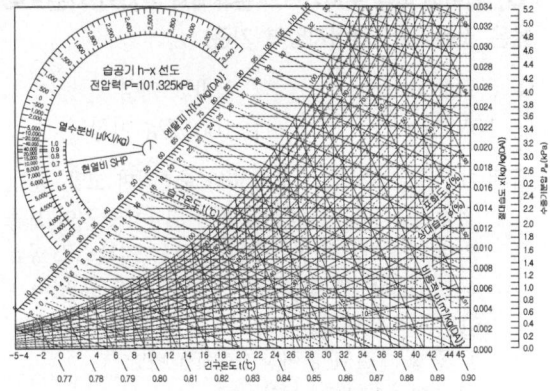

[그림] 습공기 선도

69. 간접가열식 급탕방식에 관한 설명으로 옳지 않은 것은?

① 저압보일러를 써도 되는 경우가 많다.
② 직접가열식에 비해 소규모 급탕설비에 적합하다.
③ 급탕용 보일러는 난방용 보일러와 겸용할 수 있다.
④ 직접가열식에 비해 보일러 내면의 스케일이 발생할 염려가 적다.

[해설] 중앙식 급탕법의 직접가열식과 간접가열식의 비교

구분	직접가열식	간접가열식
보일러	급탕용보일러, 난방용보일러 각각 설치	난방용 보일러로 급탕까지 가능
보일러내의 스케일	많이 낀다.	거의 끼지 않는다.
보일러내의 압력	고압	저압
규모	소규모 건축물	대규모 건축물
저탕조내의 가열코일	불필요	필요

70. 압력에 따른 도시가스의 분류에서 고압의 기준으로 옳은 것은?(단, 게이지압력 기준)

① 0.1MPa 이상　② 1MPa 이상
③ 10MPa 이상　④ 100MPa 이상

[해설] 가스 공급 방식은 압력에 따라 분류되며 고압, 중압, 저압 등을 각 수송 방식에 따라 병용하는 것이 보통인데, 수요가로의 공급은 중압 또는 저압으로 공급되고, 고압은 먼 곳의 수송용으로 이용되고 있다.
　㉠ 저압 : 0.1MPa 이하
　㉡ 중압 : 0.1MPa 이상 1.0MPa 미만
　㉢ 고압 : 1.0MPa 이상

71. 다음과 같은 조건에서 실의 현열부하가 7,000W인 경우 실내 취출풍량은?

[조건]
- 실내온도 : 22℃
- 취출공기온도 : 12℃
- 공기의 비열 : 1.01kJ/kg·K
- 공기의 밀도 : 1.2kg/m³

① 1,042m³/h
② 2,079m³/h
③ 3,472m³/h
④ 6,944m³/h

[해설] $q_s = \rho QC(t_i - t_o)$ [kJ/h]

q_s : 실의 현열부하[W]
ρ : 공기의 밀도[1.2kg/m³]
Q : 송풍량[m³/h]
C : 공기의 정압비열[1.01kJ/kg·K]
t_i : 실내 공기온도[℃]
t_o : 송풍 공기온도[℃]

$$Q = \frac{q_s}{\rho C(t_i - t_o)} \text{ [m}^3\text{/h]}$$

$$Q = \frac{q_s}{\rho C(t_i - t_o)} = \frac{7,000 \times 3.6}{1.2 \times 1.01 \times (22-12)}$$

$= 2,079.2$ [m³/h]

※ 1W = 1J/s = 3,600J/h = 3.6kJ/h

72. 엘리베이터의 조작 방식 중 무운전원 방식으로 다음과 같은 특징을 갖는 것은?

승객 스스로 운전하는 전자동 엘리베이터로, 승강장으로부터의 호출 신호로 기동, 정지를 이루는 조작 방식이며, 누른 순서에 상관없이 각 호출에 응하여 자동적으로 정지한다.

① 단식자동방식　② 카 스위치방식
③ 승합전자동방식　④ 시그널 콘트롤 방식

[해설] 무운전원 방식
　㉠ 단식 자동 방식
　　 승객 자신이 운전하며 목적층 단추가 승강장으로부터의 호출 신호에 의하여 자동적으로 시동, 정지를 이루는 조작 방식이며, 운전 종료까지 다른 호출에 응하지 않는다.
　㉡ 승합 전자동 방식
　　 단식 자동 방식과 같으나 누른 순서에 관계없이 각 호출에 응하여 자동적으로 정지한다.
　㉢ 하강 승합 자동 방식
　　 아파트와 같이 도중 층으로부터 상승하는 승객이 적은 건물에 적용되며, 상승중에는 호출 신호가 있어도 정지하지 않고, 최고 호출에 응한 후 반전하여 호출 신호에 응한다.

정답　70. ②　71. ②　72. ③

73. 다음 중 트랩의 봉수 파괴 원인이 아닌 것은?

① 자기 사이펀 작용　② 유도 사이펀 작용
③ 증발현상　　　　　④ 자정작용

[해설] 트랩의 봉수파괴 원인과 방지책
　㉠ 자기 사이펀 작용 : 배수가 관속을 꽉차서 흐를 때(만수 상태), 주로 S트랩에서 발생
　㉡ 유인 사이펀작용(흡출 작용, 감압에 의한 흡인 작용) : 상층의 배수입관에서 다량의 물이 일시에 낙하할 때
　㉢ 분출 작용(역압에 의한 작용) : 대규모 배수설비에서 배수관의 하저곡부 가까이에 설치되어 있는 경우(피스톤작용)
　㉣ 모세관 작용 : 트랩 내에 실이나 머리카락이 들어갈 때
　㉤ 증발 : 위생기구의 사용빈도가 적을 때, 기름을 한 방울 떨어뜨리면 방지된다.
　㉥ 물의 운동량에 의한 관성 : 배수구에 격자(석쇠)를 설치
　☞ 봉수파괴 방지 : 통기관을 설치
　☞ 봉수파괴 방지 : ㉠, ㉡, ㉢의 경우 통기관을 설치한다.

74. 다음 중 건축물 실내공간의 잔향시간에 가장 큰 영향을 주는 것은?

① 실의 용적　　　② 음원의 위치
③ 벽체의 두께　　④ 음원의 음압

[해설] 잔향시간(Sabin의 잔향이론)
　㉠ $RT = K\dfrac{V}{A}$ 의 식에서
　　RT : 잔향시간(sec)
　　K : 비례상수(0.162)
　　V : 실의 용적(m^3)
　　A : 흡음력=$\bar{\alpha}$(평균흡음률)
　　　　　×S(실내표면적)(m^2)
　　잔향시간은 실용적에 비례하고 실의 흡음력에 반비례한다.
　㉡ 요소 : 실용적, 실내 표면적, 실의 평균 흡음률
　㉢ 잔향시간은 음원의 위치, 측정의 위치, 흡음재료의 위치와 무관하다.

75. 양수 펌프의 회전수를 원래보다 20% 증가시켰을 경우 양수량의 변화로 옳은 것은?

① 20% 증가　　② 44% 증가
③ 73% 증가　　④ 100% 증가

[해설] 펌프의 법칙(상사의 법칙)
　펌프의 회전수($N_1 \to N_2$)로 변할 때 또는 임펠러의 직경($D_1 \to D_2$)로 변할 때
　㉠ 유량(Q) : $Q_2 = Q_1 \dfrac{N_2}{N_1}$
　㉡ 양정(H) : $H_2 = H_1 \left(\dfrac{N_2}{N_1}\right)^2$
　㉢ 동력(L) : $L_2 = L_1 \left(\dfrac{N_2}{N_1}\right)^3$
　여기서, 회전수 : N(rpm), 임펠러 직경 : D
　∴ 유량(Q) : $Q_2 = Q_1 \dfrac{N_2}{N_1} = Q_1 \left(\dfrac{1.2}{1}\right) = 1.2 Q_1$

※ 펌프의 양수량은 임펠러의 회전수에 비례하고, 양정은 회전수의 제곱에 비례하며, 축동력은 회전수의 세제곱에 비례한다.

76. 다음과 같은 공식을 통해 산출되는 값으로 전기설비가 어느 정도 유효하게 사용되는가를 나타내는 것은?

$$\dfrac{\text{부하의 평균전력}}{\text{최대 수용전력}} \times 100[\%]$$

① 부하율　　② 보상률
③ 부등률　　④ 수용률

[해설] 수변전설비 용량 결정은 수용률(수요율), 부등률, 부하율 등을 이용하여 산정한다.
　㉠ 수용률(수요율) = $\dfrac{\text{최대수용전력}}{\text{부하설비용량}} \times 100(\%)$
　　⇒ 일반 건물 60~70%
　㉡ 부등률 = $\dfrac{\text{각부하의최대수용전력의합계}}{\text{최대수용전력}} \times 100(\%)$
　　⇒ 1보다 크다(1.1~1.5)
　㉢ 부하율 = $\dfrac{\text{평균수용전력}}{\text{최대수용전력}} \times 100(\%)$
　　⇒ 1보다 작다(0.25~0.6)

정답　73. ④　74. ①　75. ①　76. ①

※ 부하율 : 전기설비가 얼마나 유효하게 사용되었는가를 나타내며 어떤 기간 중의 평균 수용 전력[kW]과 그 기간 중의 최대 수용전력[kW]과의 비로 표시
☞ 부하율이 크다 : 전력변동이 작고, 설비 이용률이 많다.

77. 다음의 간선 배전방식 중 분전반에서 사고가 발생했을 때 그 파급 범위가 가장 좁은 것은?

① 평행식 ② 방사선식
③ 나뭇가지식 ④ 나뭇가지 평행식

[해설] 간선의 배선방식
① 나뭇가지식(수지상식)
  ㉠ 한 개의 간선이 각각의 분전반을 거치며 부하가 감소되므로 굵기도 감소된다.
  ㉡ 전압강하가 크다.(각 분전반 별로 동일 전압을 유지할 수 없다.)
  ㉢ 경제적이나 1개소의 사고가 전체에 영향을 미치므로 신뢰도가 낮다.
  ㉣ 주택 등의 소규모 건물의 배선방식으로 적합하다.
② 평행식(개별식)
  ㉠ 각 분전반 마다 배전반으로부터 단독으로 배선되어 전압강하가 평균화된다.
  ㉡ 사고 발생시 범위를 줄일 수 있다.(사고의 영향을 최소화)
  ㉢ 배선혼잡의 우려는 있으나 대규모 건물에 적합하다.(비경제적)
③ 병용식
  ㉠ 부하의 중심 부근에 분전반을 설치한다.
  ㉡ 분전반에서 각 부하에 배선하는 방식으로 가장 많이 사용한다.

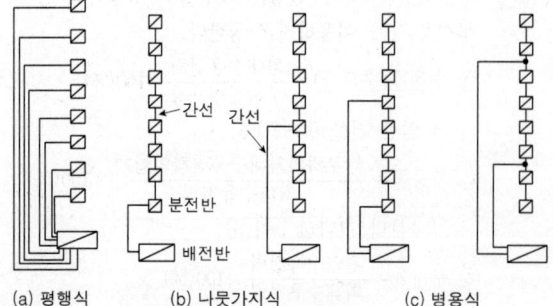

[그림] 간선의 배선방식

78. 연결송수관설비의 방수구에 관한 설명으로 옳지 않은 것은?

① 방수구의 위치표시는 표시등 또는 축광식 표지로 한다.
② 호스접결구는 바닥으로부터 0.5m 이상 1m 이하의 위치에 설치한다.
③ 개폐기능을 가진 것으로 설치하여야 하며, 평상시 닫힌 상태를 유지하도록 한다.
④ 연결송수관설비의 전용방수구 또는 옥내소화전방수구로서 구경 50mm의 것으로 설치한다.

[해설] 연결송수관설비
① 송수구는 구경 65mm의 쌍구형으로 할 것
② 방수구는 연결송수관설비의 전용방수구 또는 옥내소화전방수구로서 구경 65mm의 것으로 할 것
③ 수원의 수위가 펌프보다 낮은 위치에 있는 가압송수장치에는 다음 기준에 따른 물올림장치를 설치한다.
  ㉠ 물올림장치에는 전용의 탱크를 설치할 것
  ㉡ 탱크의 유효수량은 100L 이상으로 하되, 구경 15mm 이상의 급수배관에 따라 당해 탱크에 물이 계속 보급되도록 할 것
④ 가압송수장치는 방수구가 개방될 때 자동으로 기동되거나 또는 수동스위치의 조작에 따라 기동되도록 한다.

79. 900명을 수용하는 극장에서 실내 CO_2량을 0.1%로 유지하기 위해 필요한 환기량은? (단, 외기 CO_2량은 0.04%, 1인당 CO_2 토출량은 18L/h이다.)

① 27,000m³/h ② 30,000m³/h
③ 60,000m³/h ④ 66,000m³/h

[해설] 필요환기량

$$Q = \frac{K}{P_i - P_o}$$

Q : 필요환기량(m³/h)
K : 실내에서의 CO_2 발생량(m³/h)
P_i : CO_2 허용 농도(m³/m³)
P_o : 신선공기 CO_2 농도(m³/m³)

정답 77. ① 78. ④ 79. ①

※ $K = 900명 \times 0.018 \text{m}^3/\text{h} = 8.5 \text{m}^3/\text{h}$

$P_i = 0.1\% \rightarrow 0.001 (\text{m}^3/\text{m}^3)$

$P_o = 0.04\% \rightarrow 0.0004 (\text{m}^3/\text{m}^3)$

∴ 환기량 $Q = \dfrac{K}{P_i - P_o} = \dfrac{900 \times 0.018}{0.001 - 0.0004}$

$= 27,000 \text{m}^3/\text{h}$

80. 덕트의 분기부에 설치하여 풍량조절용으로 사용되는 댐퍼는?

① 스플릿 댐퍼 ② 평행익형 댐퍼
③ 대향익형 댐퍼 ④ 버터플라이 댐퍼

[해설] 풍량 조절 댐퍼(volume damper) : 덕트 내의 풍량조절 부속품
  ㉠ 단익 댐퍼(버터플라이 댐퍼) : 소형 덕트용
  ㉡ 다익 댐퍼(루버 댐퍼) : 2개 이상의 날개로서 대형 덕트용 - 대향익형, 평형익형
  ㉢ 스플릿 댐퍼(split damper) : 덕트 분기점에서의 풍량 조절용
  ㉣ 슬라이드 댐퍼(slide damper) : 전체의 개폐를 목적으로 사용
  ㉤ 클로스 댐퍼(cloths damper) : 기류의 발생음을 줄이고 기류의 방향을 조절하는 데 사용

■■■■ 제5과목 건축관계법규

81. 건축법령상 건축물의 대지에 공개공지 또는 공개공간을 확보하여야 하는 대상 건축물에 속하지 않는 것은? (단, 해당 용도로 쓰는 바닥면적의 합계가 5,000m²인 건축물의 경우)

① 종교시설 ② 의료시설
③ 업무시설 ④ 숙박시설

[해설] 공개공지 등의 확보대상
  ① 대상건축물
   ㉠ 연면적의 합계가 5,000m² 이상인 문화 및 집회시설, 종교시설, 판매시설(농수산물 유통시설 제외), 운수시설(여객용시설만 해당), 업무시설, 숙박시설
   ㉡ 기타 다중이 이용하는 시설로서 건축조례가 정하는 건축물

  ② 대상지역
   ㉠ 일반주거지역, 준주거지역
   ㉡ 상업지역
   ㉢ 준공업지역
   ㉣ 특별자치시장·특별자치도지사 또는 시장·군수·구청장이 도시화의 가능성이 크다고 인정하여 지정, 공고하는 지역

82. 지구단위계획 중 관계 행정기관의 장과의 협의, 국토교통부장관과의 협의 및 중앙도시계획위원회·지방도시계획위원회 또는 공동위원회의 심의를 거치지 않고 변경할 수 있는 사항에 관한 기준 내용으로 옳은 것은?

① 건축선의 2m 이내의 변경인 경우
② 획지면적의 30% 이내의 변경인 경우
③ 가구면적의 20% 이내의 변경인 경우
④ 건축물 높이의 30% 이내의 변경인 경우

[해설] 다음과 같은 경미한 지구단위계획의 변경에 관한 사항은 관계 행정기관의 장과의 협의 및 심의 절차를 거치지 아니하고 변경할 수 있다.
  ㉠ 가구면적 10% 이내의 변경
  ㉡ 건축물 높이 20% 이내의 변경
  ㉢ 획지면적 30% 이내의 변경
  ㉣ 건축선의 1m 이내의 변경

83. 다음은 건축선에 따른 건축제한에 관한 기준 내용이다. ( ) 안에 알맞은 것은?

도로면으로부터 높이 ( ) 이하에 있는 출입구, 창문, 그 밖에 이와 유사한 구조물은 열고 닫을 때 건축선의 수직면을 넘지 아니하는 구조로 하여야 한다.

① 1.5m ② 2.5m
③ 3.5m ④ 4.5m

[해설] 도로면으로부터 높이 4.5m 이하에 있는 출입구, 창문, 그 밖의 이와 유사한 구조물은 열고 닫을 때 건축선의 수직면을 넘지 아니하는 구조로 한다.

84. 건축물로부터 바깥쪽으로 나가는 출구를 국토교통부령으로 정하는 기준에 따라 설치하여야 하는 대상 건축물에 속하지 않는 것은?

① 종교시설
② 의료시설 중 종합병원
③ 교육연구시설 중 학교
④ 문화 및 집회시설 중 관람장

[해설] 건축물 바깥쪽으로의 출구 설치 대상
㉠ 문화 및 집회시설(전시장 및 동·식물원을 제외)
㉡ 판매시설(도매시장·소매시장 및 상점)
㉢ 장례식장
㉣ 업무시설 중 국가 또는 지방자치단체의 청사
㉤ 위락시설
㉥ 연면적이 5,000m² 이상인 창고시설
㉦ 교육연구시설 중 학교
㉧ 승강기를 설치하여야 하는 건축물

[예외] 관람석의 바닥면적의 합계가 300m² 이상인 집회장 또는 공연장은 바깥쪽으로 주된 출구 외에 보조출구 또는 비상구를 2개소 이상 설치하여야 한다.

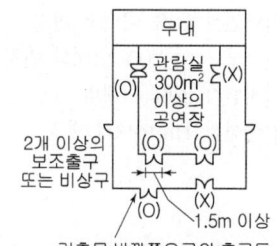

[그림] 문화 및 집회시설 등의 출구

85. 건축물의 거실에 국토교통부령으로 정하는 기준에 따라 배연설비를 하여야 하는 대상 건축물에 속하지 않는 것은?(단, 피난층의 거실은 제외하며, 6층 이상인 건축물의 경우)

① 종교시설   ② 판매시설
③ 위락시설   ④ 방송통신시설

[해설] 건축선에 의한 건축제한
㉠ 건축물 및 담장은 건축선의 수직면을 넘어서는 안 된다.
   [예외] 지표하의 부분
㉡ 도로면으로부터 높이 4.5m 이하에 있는 출입구·창문 등의 구조물은 개폐시 건축선의 수직면을 넘는 구조로 하여서는 안 된다.

86. 건축물 관련 건축기준의 허용오차 범위 기준이 2% 이내가 아닌 것은?

① 출구너비   ② 반자높이
③ 평면길이   ④ 벽체두께

[해설] 건축허용오차

0.5% 이내	1% 이내	2% 이내	3% 이내
건폐율	용적률	높 이 출구너비 반자높이 평면길이	후퇴거리 인동거리 벽체두께 바닥판두께

87. 다음 중 제2종 일반주거지역 안에서 건축할 수 없는 건축물은?(단, 도시·군계획 조례가 정하는 바에 따라 건축할 수 있는 경우는 고려하지 않는다.)

① 종교시설   ② 운수시설
③ 노유자시설   ④ 제1종 근린생활시설

[해설] 제2종 일반주거지역 안에서 운수시설은 해당 건축조례로서 선택적 허용이 가능하다.

88. 공동주택과 오피스텔의 난방설비를 개별난방 방식으로 하는 경우의 기준으로 틀린 것은?

① 보일러실의 윗부분에는 그 면적이 0.5m² 이상인 환기창을 설치할 것
② 보일러는 거실 외의 곳에 설치하되, 보일러를 설치하는 곳과 거실사이의 경계벽은 출입구를 제외하고는 내화구조의 벽으로 구획할 것
③ 보일러의 연도는 방화구조로서 개별연도로 설치할 것
④ 기름보일러를 설치하는 경우 기름 저장소를 보일러실외의 다른 곳에 설치할 것

[해설] 공동주택과 오피스텔의 난방설비를 개별난방방식으로 하는 경우 보일러실의 연도는 내화구조로서 공동연도로 설치할 것

정답 84. ② 85. ④ 86. ④ 87. ② 88. ③

89. 건축물의 층수 산정에 관한 기준이 틀린 것은?

① 지하층은 건축물의 층수에 산입하지 아니한다.
② 층의 구분이 명확하지 아니한 건축물은 그 건축물의 높이 4m 마다 하나의 층으로 보고 그 층수를 산정한다.
③ 건축물이 부분에 따라 그 층수가 다른 경우에는 바닥면적에 따라 가중평균한 층수를 그 건축물의 층수로 본다.
④ 계단탑으로서 그 수평투영면적의 합계가 해당 건축물 건축면적의 8분의 1 이하인 것은 건축물의 층수에 산입하지 아니한다.

[해설] 건축물 층수 산정시 층의 구분이 명확하지 아니한 건축물은 그 건축물의 높이 4m 마다 하나의 층으로 보고 그 층수를 산정하며, 건축물이 부분에 따라 그 층수가 다른 경우에는 그 중 가장 많은 층수를 그 건축물의 층수로 본다.

90. 다음 중 내화구조에 속하지 않는 것은?

① 철근콘크리트조 기둥의 경우 그 작은 지름이 20cm인 것
② 철근콘크리트조 바닥의 경우 두께가 10cm 인 것
③ 철근콘크리트조로 된 보
④ 철근콘크리토조로 된 지붕

[해설] 작은 지름이 25cm 이상인 철근콘크리트조, 철골철근콘크리트조의 기둥은 내화구조에 해당된다.

91. 계단의 설치 기준으로 옳은 것은?

① 계단을 대체하여 설치하는 경사로는 그 경사로가 1 : 8을 넘어야 하며, 표면을 거친 면으로 미끄러지지 아니하는 재료로 마감하여야 한다.
② 모든 공동주택의 주계단, 피난계단 또는 특별피난계단에 설치하는 난간 및 바닥은 아동의 이용에 안전하고 노약자 및 신체장애인의 이용에 편리한 구조로 하여야 한다.
③ 업무시설의 주계단, 피난계단 또는 특별피난계단에 설치하는 난간 손잡이는 벽 등으로부터 5cm 이상 떨어지도록 하고, 계단으로부터의 높이는 85cm가 되도록 한다.
④ 돌음계단의 단너비는 그 넓은 너비의 끝부분으로부터 30cm의 위치에서 측정한다.

[해설] ① 계단을 대체하여 설치하는 경사로는 그 경사로가 1 : 8 이하로 하며, 재료마감은 표면을 거친 면으로 하거나 미끄러지지 않는 재료로 마감하여야 한다.
② 공동주택(기숙사 제외)의 주계단, 피난계단 또는 특별피난계단에 설치하는 난간 및 바닥은 아동의 이용에 안전하고 노약자 및 신체장애인의 이용에 편리한 구조로 하여야 한다.
④ 돌음계단의 단너비는 좁은 너비의 끝부분으로부터 30cm의 위치에서 측정한다.

92. 출입구의 개소에 관계없이 노외주차장의 차로의 너비를 최소 6m 이상으로 하여야 하는 주차형식은? (단, 이륜자동차전용 외의 노외주차장의 경우)

① 평행주차   ② 직각주차
③ 교차주차   ④ 45도 대향주차

[해설] 노외주차장 내 차로(車路)의 설치
㉠ 주차부분의 장·단변 중 1변 이상이 차로에 접하도록 한다.
㉡ 차로의 폭은 주차형식에 따라 다음 표의 기준 이상으로 한다.

주차형식	차로의 폭	
	출입구가 2개 이상인 경우	출입구가 1개인 경우
평행주차	3.3m	5.0m
직각주차	6.0m	6.0m
60° 대향주차	4.5m	5.5m
45° 대향주차	3.5m	5.0m
교차주차	3.5m	5.0m

※ 평행주차방식은 주차면적이 가장 많이 소요되지만, 주차폭이 좁을 때 쓰이는 방식이다.
※ 출입구의 개수와 상관없이 차로의 너비가 일정한 주차방식 : 직각주차방식

정답 89. ③   90. ①   91. ③   92. ②

과년도출제문제

93. 건축허가신청에 필요한 설계도서 중 건축계획서에 표시하여야 할 사항으로 옳지 않은 것은?

① 주차장규모
② 토지형질변경계획
③ 건축물의 용도별 면적
④ 지역·지구 및 도시계획사항

해설 건축허가신청에 필요한 기본설계도서 중 건축계획서의 범위
1. 개요(위치·대지면적 등)
2. 지역·지구 및 도시계획사항
3. 건축물의 규모(건축면적·연면적·높이·층수 등)
4. 건축물의 용도별 면적
5. 주차장 규모
6. 에너지절약계획서(해당 건축물에 한함)
7. 노인 및 장애인 등을 위한 편의시설 설치계획서 (관계법령에 의하여 설치의무가 있는 경우에 한함)

94. 국토의 계획 및 이용에 관한 법령에 따른 기반시설 중 공간시설에 속하지 않는 것은?

① 녹지
② 유원지
③ 유수지
④ 공공공지

해설 기반시설
다음의 시설(해당 시설 그 자체의 기능발휘와 이용을 위하여 필요한 부대시설 및 편익시설 포함)로서 대통령령이 정하는 시설을 말한다.

구분	기반시설의 범위
① 교통시설	도로·철도·항만·공항·주차장·자동차정류장·궤도·차량검사 및 면허시설
② 공간시설	광장·공원·녹지·유원지·공공공지
③ 유통·공급시설	유통업무설비, 수도·전기·가스·열공급설비, 방송·통신시설, 공동구·시장, 유류저장 및 송유설비
④ 공공·문화체육시설	학교·운동장·공공청사·문화시설·체육시설·도서관·연구시설·사회복지시설·공공직업훈련시설·청소년수련시설
⑤ 방재시설	하천·유수지·저수지·방화설비·방풍설비·방수설비·사방설비·방조설비
⑥ 보건위생시설	화장시설·공동묘지·봉안시설·자연장지·장례식장·도축장·종합의료시설
⑦ 환경기초시설	하수도·폐기물처리시설·수질오염방지시설·폐차장

95. 관련 규정에 의하여 건축물에 설치하는 지하층의 구조 및 설비에 관한 기준 내용으로 옳지 않은 것은?

① 거실의 바닥면적이 50m² 이상인 층에는 직통계단 외에 피난층 또는 지상으로 통하는 비상탈출구 및 환기통을 설치할 것
② 바닥면적이 1,000m² 이상인 층에는 피난층 또는 지상으로 통하는 직통계단을 방화구획으로 구획되는 각 부분마다 1개소 이상 설치하되, 이를 피난계단 및 특별피난계단의 구조로 할 것
③ 거실의 바닥면적의 합계가 1,000m² 이상인 층에는 환기설비를 설치할 것
④ 지하층의 바닥면적이 200m² 이상인 층에는 식수공급을 위한 급수전을 1개소 이상 설치할 것

해설 지하층의 바닥면적이 300m² 이상인 층에는 식수공급을 위한 급수전을 1개소 이상 설치할 것

96. 높이 31m를 넘는 각 층의 바닥면적 중 최대 바닥면적이 4,500m²인 종합병원에 설치하여야 할 비상용승강기 최소대수는?

① 1대
② 2대
③ 3대
④ 4대

해설 비상용승강기의 설치기준

높이 31m를 넘는 각층의 바닥면적 중 최대바닥면적 (Am^2)	설치대수	공식
1,500m² 이하	1대 이상	
1,500m² 초과	1대+1,500m²를 넘는 3,000m² 이내마다 1대씩 가산	$1 + \dfrac{A - 1,500m^2}{3,000m^2}$

$$\therefore 1 + \frac{4,500 - 1,500}{3,000} = 2대$$

(소수점 이하는 1대로 본다)

97. 건축법령상 용어의 정의가 옳지 않은 것은?

① 초고층 건축물이란 층수가 50층 이상이거나 높이가 200미터 이상인 건축물을 말한다.
② 증축이란 기존 건축물이 있는 대지에서 건축물의 건축면적, 연면적, 층수 또는 높이를 늘리는 것을 말한다.
③ 개축이란 건축물이 천재지변이나 그 밖의 재해로 멸실된 경우 그 대지에 종전과 같은 규모의 범위에서 다시 축조하는 것을 말한다.
④ 부속건축물이란 같은 대지에서 주된 건축물과 분리된 부속용도의 건축물로서 주된 건축물을 이용 또는 관리하는 데에 필요한 건축물을 말한다.

[해설] 재축이란 건축물이 천재지변이나 그 밖의 재해로 멸실된 경우 그 대지에 종전과 같은 규모의 범위에서 다시 축조하는 것을 말한다.

98. 건축지도원에 관한 내용으로 틀린 것은?

① 건축지도원은 특별자치시·특별자치도 또는 시·군·구에 근무하는 건축직렬의 공무원과 건축에 관한 학식이 풍부한 자 중에서 지정한다.
② 건축지도원의 자격과 업무 범위는 건축조례로 정한다.
③ 건축설비가 법령 등에 적합하게 유지·관리 되고 있는지 확인·지도 및 단속한다.
④ 허가를 받지 아니하거나 신고를 하지 아니 하고 건축하거나 용도 변경한 건축물을 단속한다.

[해설] 건축지도원의 자격과 업무범위 등은 대통령령으로 정한다.
※ 건축지도원의 지정절차 보수기준 등에 관하여 필요한 사항은 건축조례로 정한다.

99. 건축물이 있는 대지의 분할 제한 조건과 관련이 없는 규정은?

① 대지와 도로의 관계
② 건축물의 피난시설·용도제한규정
③ 대지안의 공지
④ 일조 등의 확보를 위한 건축물의 높이제한

[해설] 대지분할의 제한
건축물이 있는 대지는 다음의 기준에 미달되게 분할할 수 없다.
㉠ 대지와 도로의 관계(법 제44조)
㉡ 건폐율(법 제55조)
㉢ 용적률(법 제56조)
㉣ 대지 안의 공지(법 제58조)
㉤ 건축물의 높이제한(법 제60조)
㉥ 일조 등의 확보를 위한 건축물의 높이제한(법 제61조)

100. 지하식 또는 건축물식 노외주차장의 차로에 관한 기준 내용으로 옳지 않은 것은? (단, 이륜자동차 전용 노외주차장이 아닌 경우)

① 높이는 주차바닥면으로부터 2.3m 이상으로 하여야 한다.
② 경사로의 종단경사도는 직선부분에서는 17%를 초과하여서는 아니된다.
③ 곡선부분은 자동차가 4m 이상의 내변반경으로 회전할 수 있도록 하여야 한다.
④ 주차대수 규모가 50대 이상인 경우의 경사로는 너비 6m 이상인 2차로를 확보하거나 진입차로와 진출차로를 분리하여야 한다.

[해설] 자주식 노외주차장(지하식·건축물식에 한함)에 설치하는 차로의 구조 : 자주식 주차장으로서 지하식 또는 건축물식에 따른 노외주차장과 기계식 주차장으로서 기계로 주차하고자 하는 층까지 운반된 자동차가 주차에 사용되는 부분까지 자주식으로 들어가는 노외주차장의 차로는 다음 기준에 적합 할 것

정답 97. ③   98. ②   99. ②   100. ③

㉠ 높이는 주차바닥면으로부터 2.3m 이상
㉡ 곡선 부분은 자동차가 6m(같은 경사로를 이용하는 주차장의 총주차대수가 50대 이하인 경우에는 5m) 이상의 내면반경으로 회전이 가능하도록 할 것
㉢ 경사로의 차로너비 및 종단경사도

경사로 형태	차로너비	종단경사도
직 선 형	1차선 : 3.3m 이상 2차선 : 6m 이상	17% 이하
곡 선 형	1차선 : 3.6m 이상 2차선 : 6.5m 이상	14% 이하

㉣ 경사로의 차로에 연석 설치 : 경사로의 양측 벽면으로부터 30cm의 거리에 높이 10~15cm의 연석을 설치할 것
㉤ 경사로의 노면은 거친면으로 할 것
㉥ 주차대수 규모가 50대 이상인 경우 경사로는 너비 6m 이상인 2차선의 차로를 확보하거나 진입차로와 진출차로를 분리하여야 한다.

과년도출제문제

2024. 3회 건축기사

■■■ 제1과목 건축계획

1. 공장 건축의 레이아웃 계획에 관한 설명으로 옳지 않은 것은?

① 플랜트 레이아웃은 공장건축의 기본설계와 병행하여 이루어진다.
② 고정식 레이아웃은 조선소와 같이 제품이 크고 수량이 적을 경우에 적용된다.
③ 다품종 소량생산이나 주문생산 위주의 공장에는 공정 중심의 레이아웃이 적합하다.
④ 레이아웃 계획은 작업장 내의 기계설비 배치에 관한 것으로 공장 규모 변화에 따른 융통성은 고려대상이 아니다.

[해설] 공장건축의 평면계획에서 가장 중요한 사항은 생산 공정에 따른 레이아웃이다. 공장 생산성에 미치는 영향이 크고, 공장의 배치계획, 평면계획은 레이아웃을 건축적으로 종합한 것이 되어야 한다. 레이아웃은 장래 공장 규모의 변화에 대응한 융통성(flexibility)이 있어야 한다.

2. 미술관 건축계획에 관한 설명으로 옳은 것은?

① 하모니카 전시기법은 동일 종류의 전시물을 반복 전시할 경우 유리하다.
② 연속 순회형식이 가장 이상적으로 반영되어 있는 건축물로는 뉴욕의 구겐하임 미술관이 있다.
③ 미술관의 채광 방식을 편측창 방식으로 할 경우 실 전체의 조도분포가 균일하여 별도의 조명 설비가 필요 없다.
④ 아일랜드 전시기법은 벽이나 천장을 직접 이용하여 전시물을 배치하는 기법으로 관람자의 시거리를 짧게 할 수 없다는 단점이 있다.

[해설] ② 연속 순로(순회) 형식은 구형(矩形)또는 다각형의 각 전시실을 연속적으로 연결하는 형식으로 단순하고 공간이 절약되나, 많은 실을 순서별로 통해야 하고 1실을 닫으면 전체 동선이 막히게 된다. 소규모의 전시실에 적합하다.

③ 편측채광 방식(측창형식)은 조도분포가 불균일하며 실 안쪽의 조도가 부족한 경우가 많으며, 근린의 상황에 의해 채광이 영향을 받는다. 투명부분을 설치하면 해방감이 있다.
④ 아일랜드 전시 : 벽이나 천정을 직접 이용하지 않고 전시물 또는 장치를 배치함으로써 전시공간을 만들어내는 기법으로 대형전시물이나 소형 전시물인 경우에 유리하다.

3. 각 사찰에 관한 설명으로 옳지 않은 것은?

① 부석사의 가람배치는 누하진입 형식을 취하고 있다.
② 화엄사는 경사된 지형을 수단(數段)으로 나누어서 정지(整地)하여 건물을 적절히 배치하였다.
③ 통도사는 산지에 위치하나 산지가람처럼 건물들을 불규칙하게 배치하지 않고 직교식으로 배치하였다.
④ 봉정사 가람배치는 대지가 3단으로 나누어져 있으며 상단부분에 대응전과 극락전 등 중요한 건물들이 배치되어 있다.

[해설] 통도사의 건물의 배치
통도사는 평지가람(平地伽藍) 배치로 동서 주축으로 자유식이라 할 수 있다. 이때 자유식은 탑이 자유롭게 배치된 형식을 나타낸다. 그리고 동서 주축이지만 이 주축에 직교하는 남북부축(南北副軸)이 있는 것이 통도사의 특징이다.

※ 사찰의 배치
일반적으로 평지에 있으면 평지가람(平地伽藍), 산지에 있으면 산지가람(山地伽藍), 산지도 평지도 아닌 곳에 있을 때는 구릉가람(丘陵伽藍)이라 한다. 이러한 구분은 사찰이 어느 곳에 있느냐에 따라 달리 부르는 경우이며 그 안에서 탑이나 금당 그리고 여러 건물들이 서로 어떤 관계를 갖고 자리 잡느냐에 따라 일탑일금당식(一塔一金堂式), 일탑삼금당식(一塔三金堂式), 쌍탑식(雙塔式), 무탑식(無塔式), 자유식(自由式) 등으로 구분한다. 또 다른 분류 방법은 건물들을 배치할 때 주축(主軸)이 동서방향인지 남북

정답 1. ④ 2. ① 3. ③

과년도 출제문제

방향인지에 따라 동서 주축 배치, 남북 주축 배치(자오선축 배치)등으로 구분한다.
- 평지가람 배치 : 송광사, 통도사
- 산지가람 배치 : 해인사, 쌍계사, 범어사, 개심사

4. 극장의 음향계획에 관한 설명으로 옳지 않은 것은?

① 반사음의 집중이 없도록 한다.
② 무대 근처에는 음의 반사재를 취한다.
③ 불필요한 음은 적당히 감쇠시키고 필요한 음의 청취에 방해가 되지 않게 한다.
④ 천장계획에 있어서 돔(dome)형은 음원의 위치 여하를 막론하고 음을 확산시키므로 바람직하다.

[해설] 돔형, 원형, 타원형의 천장은 음의 집중 현상이 생기거나 불균등분포를 보여서 에코현상이 생기므로 음향적으로 불리하다.

5. 종합병원의 건축계획에 대한 설명 중 옳지 않은 것은?

① 부속진료부는 외래환자 및 입원환자 모두가 이용하는 곳이다.
② 간호사 대기소는 각 간호단위 또는 각층 및 동별로 설치한다.
③ 집중식 병원건축에서 부속진료부와 외래부는 주로 건물의 저층부에 구성된다.
④ 외래진료부의 운영방식에 있어서 미국의 경우는 대개 클로즈드 시스템인데 비하여, 우리나라는 오픈 시스템이다.

[해설] 외래진료부의 운영 방식
㉠ 오픈 시스템(open system) : 종합병원 근처의 일반 개업의사는 종합병원에 등록되어 있어서, 종합병원에 등록되어 있어서 종합병원의 큰 시설을 이용할 수 있고, 자기 환자를 종합병원 진찰실에서 예약된 시간과 장소에서 행하며 입원시킬 수 있는 제도이다.
㉡ 클로즈드 시스템(closed system) : 대규모의 각종 과를 필요로 하며 대부분 우리나라의 종합병원의 외래진료 방식이다.

6. 다음 중 주심포식 건물이 아닌 것은?

① 강릉 객사문 ② 서울 남대문
③ 수덕사 대웅전 ④ 무위사 극락전

[해설] 주심포계 양식
㉠ 고려시대 건물이 주류를 이룬다.
㉡ 기둥 상부에만 공포(주두, 첨차, 소로)를 배치한 것으로 소로는 비교적 자유스럽게 배치된다.
㉢ 출목은 2출목 이하이고 대부분 연등천장 구조로 되어 있다.
㉣ 우리나라 공포양식 중 가장 오래된 것이다.
㉤ 대표적인 건물로는 봉정사 극락전, 부석사 무량수전, 강릉 객사문, 수덕사 대웅전, 관음사 원통전이 있다.

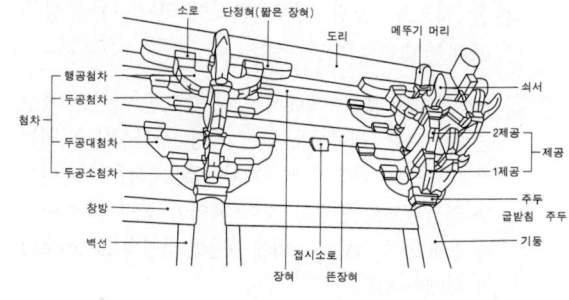

[그림] 주심포양식

☞ 서울 숭례문(남대문)은 조선시대 초기의 다포식이다.

7. 백화점 매장에 에스컬레이터를 설치할 경우, 설치 위치로 가장 알맞은 곳은?

① 매장의 한 쪽 측면
② 매장의 가장 깊은 곳
③ 백화점의 계단실 근처
④ 백화점의 주출입구와 엘리베이터 존의 중간

[해설] 엘리베이터는 주출입구의 반대편에 설치하여 고객 동선을 길게 유도하고, 에스컬레이터는 매장의 중간에 설치하여 매장의 진열효과를 고려한다.

정답 4. ④ 5. ④ 6. ② 7. ④

8. 상점의 판매방식에 관한 설명으로 옳지 않은 것은?

① 측면판매방식 직원 동선의 이동성이 많다.
② 대면판매방식 측면판매방식에 비해 상품 진열 면적이 넓어진다.
③ 측면판매방식 고객이 직접 진열된 상품을 접촉할 수 있는 관계로 선택이 용이하다.
④ 대면판매방식 쇼케이스를 중심으로 판매원이 고정된 자리나 위치를 확보하는 것이 용이하다.

[해설] 상점의 판매 방식
(1) 대면판매
고객과 종업원이 진열장을 사이에 두고 상담하며 판매하는 형식
㉠ 대상 : 시계, 귀금속, 카메라, 의약품, 화장품, 제과, 수예품
㉡ 장점 : 설명하기 편하고, 판매원이 정위치를 잡기 용이하며 포장이 편리하다.
㉢ 단점 : 진열면적이 감소되고 show-case가 많아지면 상점 분위기가 부드럽지 않다.
(2) 측면판매 : 진열 상품을 같은 방향으로 보며 판매하는 형식
㉠ 대상 : 양장, 양복, 침구, 전기기구, 서적, 운동용품
㉡ 장점 : 충동적 구매와 선택이 용이하며, 진열면적이 커지고 상품에 친근감이 있다.
㉢ 단점 : 판매원은 위치를 잡기 어렵고 불안정하며, 상품 설명이나 포장 등이 불편하다.

9. 호텔의 건축계획에 관한 설명 중 옳지 않은 것은?

① 객실의 크기는 대지나 건물의 형태에 영향을 받지 않는다.
② 기준층의 객실수는 기준층의 면적이나 기둥간격의 구조적인 문제에 영향을 받는다.
③ 로비는 퍼블릭 스페이스의 중심으로 휴식, 면회, 담화, 독서 등 다목적으로 사용되는 공간이다.
④ 주식당(Main Dining Room)은 숙박객 및 외래객을 대상으로 하며 외래객이 편리하게 이용할 수 있도록 출입구를 별도로 설치한다.

[해설] 객실의 크기는 대지나 건물의 형태에 영향을 받는다.
객실의 크기

(단위 : m²)

실 종류	싱글 (single)	더블 (double)	트윈 (twin)	스위트 (suite)
1실의 평균 면적	18.55	22.41	30.43	45.89

※ 호텔의 기준층은 객실이 있는 대표적인 층으로 그 층의 합리적인 규모 및 구조계획에 따라 호텔의 형태가 좌우되며, 기준 평면의 규격과 구조적인 해결로써 호텔 전체의 통일을 고려한다.

10. 건축물과 양식의 연결이 옳지 않은 것은?

① 노트르담 성당 – 고딕 양식
② 샤르트르 성당 – 고딕 양식
③ 피사의 사탑 – 바로크 양식
④ 성 소피아 성당 – 비잔틴 양식

[해설] 주요 양식과 건축물과의 조합
㉠ 그리이스 양식 – entasis(엔타시스) – 파르테논 신전
㉡ 비잔틴 양식 – Pendentive Dome(펜덴티브 돔) – 성 소피아 성당
㉢ 로마네스크 양식 – Rib Arch(리브아치) – 피사의 사탑
㉣ 고딕 양식 – Pointed Arch(첨두아치) – 노틀담 성당, 샤르트르 성당

11. 사무소 건축의 엘리베이터 계획에 관한 설명으로 옳지 않은 것은?

① 군 관리운전의 경우 동일 군내의 서비스 층은 같게 한다.
② 승객의 층별 대기시간은 평균운전간격 이하가 되게 한다.
③ 실내 공간의 확장을 용이하게 할 수 있도록 건축물의 한 쪽 끝에 설치한다.
④ 초고층, 대규모 빌딩인 경우는 서비스그룹을 분할(죠닝) 하는 것을 검토한다.

[해설] 사무소 건축의 엘리베이터는 가급적 건축물의 중앙에 집중시킨다. 엘리베이터의 직선배치는 4대 이하로 하고, 병렬로 배치하는 엘리베이터의 전면 거리는 4m 내외로 한다.

과년도 출제문제

12. 건축계획단계에서의 조사방법에 관한 설명으로 옳지 않은 것은?

① 설문조사를 통하여 생활과 공간간의 대응관계를 규명하는 것은 생활행동 행위의 관찰에 해당된다.
② 주거단지에서 어린이들의 행동특성을 조사하기 위해서는 생활행동 행위 관찰 방식이 일반적으로 적절하다.
③ 이용 상황이 명확하게 기록되어 있는 시설의 자료 등을 활용하는 것은 기존자료를 통한 조사에 해당된다.
④ 건물의 이용자를 대상으로 설문을 작성하여 조사하는 방식은 생활과 공간의 대응관계 분석에 유효하다.

[해설] 인간의 행태나 행위에 대해서는 면담이나 설문조사 기법보다 관찰법을 사용하는 것이 더욱 정확한 정보를 얻을 수 있다. 구두 표현 능력이 없는 아동을 대상으로 하는 경우에는 관찰이 유일한 수단이 된다.

13. 은행의 주출입구에 관한 설명으로 옳지 않은 것은?

① 겨울철의 방풍을 위해 방풍실을 설치하는 것이 좋다.
② 내부와 면한 출입문은 도난방지상 바깥여닫이로 하는 것이 좋다.
③ 이중문을 설치하는 경우, 바깥문은 바깥여닫이 또는 자재문으로 계획할 수 있다.
④ 어린이들의 출입이 많은 곳에서는 안전을 고려하여 회전문 설치를 배제하는 것이 좋다.

[해설] 은행의 주출입구에 전실(방풍실)을 둘 경우에는 도난방지상 안여닫이로 하고 바깥쪽은 밖여닫이 또는 자재문으로 한다.

14. 사무소 건축에서 오피스 랜드스케이핑에 관한 설명으로 옳지 않은 것은?

① 대형가구 등 소리를 반향시키는 기재의 사용이 어렵다.
② 작업장의 집단을 자유롭게 그루핑하여 불규칙한 평면을 유도한다.
③ 변화하는 작업의 패턴에 따라 조절이 가능하며 신속하고 경제적으로 대처할 수 있다.
④ 개실시스템의 한 형식으로 배치를 의사전달과 작업흐름의 실제적 패턴에 기초를 둔다.

[해설] 오피스 랜드스케이프(office landscape)는 개방식 배치의 한 형식으로 업무와 환경을 경영관리 및 환경적 측면에서 개선한 것으로 오피스 작업을 사람의 흐름과 정보의 흐름을 매체로 효율적인 네트워크가 되도록 배치하는 방법이다.

15. 학교 운영방식에 관한 설명으로 옳지 않은 것은?

① 달톤형은 다양한 크기의 교실이 요구된다.
② 교과교실형은 각 교과교실의 순수율이 낮다는 단점이 있다.
③ 플래툰형은 교사수 및 시설이 부족하면 운영이 곤란하다는 단점이 있다.
④ 종합교실형은 학생의 이동이 없으며, 초등학교 저학년에 적합한 형식이다.

[해설] 교과교실형(V형)
모든 교실이 특정한 교과를 위해 만들어지고 일반교실은 없다.
  ㉠ 장점 : 각 교과에 순수율이 높은 교실이 주어져 시설의 활용도가 높게 된다.
  ㉡ 단점 : 학생의 이동이 심하다. 순수율을 100%로 하는 한 이용률 반드시 높다고 할 수 없다.
  ※ 이동할 때에는 소지품을 두는 곳을 고려할 필요가 있다. 또 이동에 대한 동선에 주의하지 않으면 안 된다.

정답 12. ① 13. ② 14. ④ 15. ②

16. 타운 하우스에 관한 설명으로 옳지 않은 것은?

① 각 세대마다 주차가 용이하다.
② 프라이버시 확보를 위한 경계벽 설치가 가능하다.
③ 단독주택의 장점을 고려한 형식으로 토지이용의 효율성이 높다.
④ 일반적으로 1층은 침실 등 개인공간, 2층은 거실 등 생활공간으로 구성한다.

[해설] 타운 하우스(town house)
테라스 하우스와 같이 각 호마다 전용의 뜰을 갖고 있으며 공용의 뜰, 어린이 놀이터, 보도, 차도, 주차장 등의 오픈 스페이스를 갖고 있는 형식의 연립주택이다.
㉠ 배치상의 다양성을 줄 수 있다.
㉡ 토지 이용 및 건설비, 유지관리비의 효율성을 고려한 형식이다.
㉢ 프라이버시 확보는 조경을 통하여서도 가능하다.
㉣ 각 주호마다 자동차의 주차가 용이하다.

17. 공동주택 단지 안의 도로의 설계속도는 최대 얼마 이하가 되도록 하여야 하는가?

① 10km/h ② 15km/h
③ 20km/h ④ 30km/h

[해설] 공동주택 단지 안의 도로(주택건설기준 등에 관한 규정 제26조)
① 공동주택을 건설하는 주택단지에는 폭 1.5m 이상의 보도를 포함한 폭 7m 이상의 도로(보행자전용도로, 자전거도로는 제외)를 설치하여야 한다.
② 주택단지 안의 도로는 유선형(流線型) 도로로 설계하거나 도로 노면의 요철(凹凸) 포장 또는 과속방지턱의 설치 등을 통하여 도로의 설계속도(도로설계의 기초가 되는 속도를 말함)가 시속 20킬로미터 이하가 되도록 하여야 한다.
③ 500세대 이상의 공동주택을 건설하는 주택단지 안의 도로에는 어린이 통학버스의 정차가 가능하도록 국토교통부령으로 정하는 기준에 적합한 어린이 안전보호구역을 1개소 이상 설치하여야 한다.

18. 아파트에 의무적으로 설치하여야 하는 장애인·노인·임산부 등의 편의시설에 속하지 않는 것은?

① 점자블록
② 장애인전용주차구역
③ 높이 차이가 제거된 건축물 출입구
④ 장애인 등의 통행이 가능한 접근로

[해설] 장애인 등의 편의시설
㉠ 장애인전용주차구역
주차장 관계 법령과 편의시설의 설치기준에 따라 대상시설에 장애인전용주차구역을 설치하여야 한다.
㉡ 장애인 등의 통행이 가능한 접근로
접근로의 유효폭은 휠체어 사용시 통행 1.2m 이상으로 하여야 한다.
㉢ 높이 차이가 제거된 건축물 출입구
사무소건축에서 장애인 등의 편의를 위해 건축물의 주출입구에 턱낮추기를 하는 경우, 주출입구와 통로의 높이 차이가 2cm 이하가 되도록 하여야 한다.
㉣ 장애인 등의 이용이 가능한 화장실
• 대변기 : 출입문 통과폭은 0.8m 이상
• 소변기 : 바닥부착형으로 할 수 있으며, 소변기 양옆에 수평 및 수직손잡이 설치

19. 도서관의 출납시스템 중 열람자는 직접 서가에 면하여 책의 체제나 표지 정도는 볼 수 있으나 내용을 보려면 관원에게 요구하여 대출 기록을 남긴 후 열람하는 형식은?

① 폐가식 ② 반개가식
③ 안전개가식 ④ 자유개가식

[해설] 반개가식(semi open access)
① 열람자는 직접 서가에 면하여 책의 체제나 표지 정도는 볼 수 있으나 내용을 보려면 관원에게 요구하여 대출 기록을 남긴 후 열람하는 형식이다.
② 신간 서적 안내에 채용되며, 다량의 도서에는 부적당하다.
③ 특징
㉠ 출납 시설이 필요하다.
㉡ 서가의 열람이나 감시가 불필요하다.

20. 다음과 같은 특징을 갖는 부엌의 평면형은?

- 작업 시 몸을 앞뒤로 바꾸어야 하는 불편이 있다.
- 식당과 부엌이 개방되지 않고 외부로 통하는 출입구가 필요한 경우에 많이 쓰인다.

① 일렬형 ② ㄱ자형
③ 병렬형 ④ ㄷ자형

해설 병렬형
㉠ 폭의 길이에 비해 넓은 부엌의 형태에 적당한 유형이다.
㉡ 작업시 몸을 앞뒤로 바꾸어야 하는 불편이 있다.
㉢ 식당과 부엌이 개방되지 않고 외부로 통하는 출입구가 필요한 경우에 많이 쓰인다.

■■■ 제2과목 건축시공

21. 시험말뚝을 박을 때에 허용지지력 산출에 별로 영향을 주지 않는 것은?

① 추의 낙하높이   ② 말뚝의 최종관입량
③ 말뚝의 길이   ④ 추의 무게

해설 말뚝박기 시험(Piling test)
㉠ 땅 속에 말뚝을 박아서 그 침하량과 공이의 무게에 따라서 지내력을 산정하고, 지층의 구조를 추정하는 시험이다.
㉡ 시험말뚝을 박을 때 침하량을 측정하여 공식으로부터 허용지지력을 측정한 시험
㉢ 간접지내력시험으로 근래에는 사용하지 않고 있다.

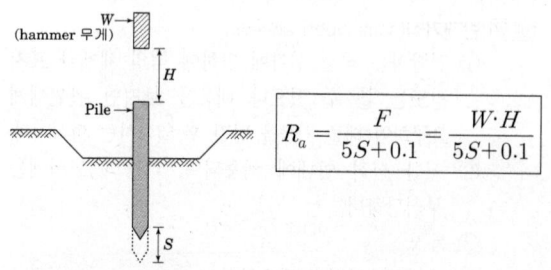

$R_a = \dfrac{F}{5S+0.1} = \dfrac{W \cdot H}{5S+0.1}$

R_a : 말뚝지지력(tf) F : $W \cdot H$(tf · m)
W : hammer 무게(tf) H : 낙하고(m)
S : 말뚝 최종 관입(m)

22. 린건설(Lean Construction)에서의 관리방법으로 옳지 않은 것은?

① 변이관리   ② 당김생산
③ 흐름생산   ④ 대량생산

해설 린건설(Lean Construction)
㉠ 린 건설은 린(Lean)과 건설(Construction)의 합성어로서 낭비를 최소화하는 가장 효율적인 건설 생산 시스템을 의미하고자 만들어진 용어이다.
㉡ 낭비를 최소화 하는 가장 효율적인 건설 생산 체계를 말하며, 작업단계(운반, 대기, 처리, 검사) 중 가치창출 과정인 처리작업 이외에 비가치 창출 과정들을 최소화 하여 작업간 대기시간, 재고 등 낭비를 최소화하고, 생산의 효율성을 증진시키는 건설 생산 방식이다.
㉢ 린 건설의 관리목표
- 낭비의 최소화 및 생산의 효용성 증대
- 최소비용, 최소기간, 무결점, 무사고 추구
- 변이관리능력 향상
- 비용절감효과
- 공기 단축
㉣ 생산방식
- 밀어내기식(push-type) 생산방식 : 각 작업에서의 생산량이 전체생산 시스템의 작업량을 최대로 할 수 있는 양으로 결정되고 최대량 생산이 목적
- 당김식(pull-type) 생산방식 : 후속 작업의 상황을 고려하여 후속 작업에 필요한 품질수준에 맞추어 필요로 하는 양 만큼만 선작업 시행

23. 다음 중 사용할 때 마다 부재의 조립, 분해를 반복하지 않아 벽식구조인 아파트 건축물에 적용효과 큰 대형 벽체 거푸집은?

① Gang form   ② Sliding form
③ Air tube form ④ Traveling form

정답 20. ③ 21. ③ 22. ④ 23. ①

[해설] 갱폼(gang form)
   ㉠ 대형 패널에 작업발판과 버팀대를 부착·일체화 시켜 주로 타워크레인 등의 시공장비에 의해 한 번에 설치하고 해체하는 거푸집이다.
   ㉡ 벽식구조인 아파트 건축물에 적용효과가 큰 대형 벽체 거푸집이다.
   ㉢ 대형장비가 필요하며, 초기투자비가 과다하다.
   ㉣ 거푸집의 대형화로 이음부위가 감소한다.
   ㉤ 제치장 콘크리트의 경우 가설 비계공사를 하지 않아도 된다.
   ㉥ 전용횟수는 30~40회 정도이다.

24. 압연강재가 냉각될 때 표면에 생기는 산화철 표피를 무엇이라 하는가?
① 스패터   ② 밀스케일
③ 슬래그   ④ 비드

[해설] 밀 스케일(mill scale)
   800℃ 이상으로 가열 가공하였을 때, 강의 표면에 생성되는 산화물 피막이다. 색조는 흑색 또는 흑갈색이고, 피막은 다공성, 균열 등이 있고 또 밀착성이 약하기 때문에 방식 효과는 없다. roll scale 이라고도 한다.

25. 다음에서 설명하는 미장재료는?

시멘트와 건조모래 및 특성 개선재를 배합한 공장제품을 현장에서 물만 가하여 사용하는 모르타르로써, 현장배합 모르타르보다는 다소 고가이지만 현장관리가 용이하다.

① 바라이트 모르타르   ② 셀프레벨링재
③ 초속경 모르타르   ④ 드라이 모르타르

[해설] 드라이 모르타르
   ㉠ 시멘트와 건조모래 및 특성 개선재를 배합한 공장제품을 현장에서 물만 가하여 사용하는 모르타르
   ㉡ 현장배합 모르타르보다는 다소 고가이지만 현장관리가 용이하다.

26. 다음 보기는 콘크리트 구조물의 동해에 의한 피해현상을 나타낸 것이다. 어느 현상을 설명한 것인가?

① 콘크리트가 흡수
② 흡수율이 큰 쇄석이 흡수, 포화상태가 됨
③ 빙결하여 체적 팽창압력
④ 표면부분 박리

① 레이턴스
② Pop Out
③ 폭열현상
④ 알칼리골재반응

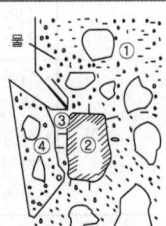

[해설] Pop Out 현상
   ㉠ 콘크리트 속에 존재하는 수분이 결빙점 이상과 이하를 반복하며, 동결팽창에 의해 수분이 동결하면 물이 약 9% 팽창하여, 이 팽창압으로 콘크리트 표면의 골재 및 모르타르가 박리·박락을 일으키는 현상이다.
   ㉡ Pop Out 현상의 방지대책으로 AE제가 개발되어 콘크리트 속에 공기층을 두어 수분이 얼면서 팽창하는 힘을 흡수하도록 하였다.

27. 바차트와 비교한 Net work 공정표의 장점이라고 볼 수 없는 것은?
① 공정계획의 작성시간이 단축된다.
② 작업 상호간의 관련성을 알기 쉽다.
③ 공기단축 가능요소의 발견이 용이하다.
④ 공사의 진척 관리를 정확히 실시할 수 있다.

[해설] 네트워크(Net work) 공정표
   ① 각 작업의 상호관계를 네트워크로 표현하는 수법으로 PERT기법과 CPM기법이 대표적으로 사용된다.

정답 24. ② 25. ④ 26. ② 27. ①

② 장·단점

구분	내용
장점	• 개개의 관련작업이 도시되어 있어 내용을 알기 쉽다. • 공정계획, 관리면에서 신뢰도가 높다. • 개개 공사의 상호관계가 명확하여 주 공정선에는 작업인원의 중점배치가 가능하다. • 작성자 이외의 사람도 이해하기 쉬워 건축주, 공사관계자의 공정회의에 대단히 편리
단점	• 다른 공정표에 비해 작성하는데 시간이 많이 걸린다. • 작성과 검사에 특별한 기능이 필요하다. • 작업을 세분화하기에는 한계가 있다. • 공정표를 수정하기가 어렵다.

28. 5t의 시멘트로 용적 배합비 1 : 2 : 4의 콘크리트를 비벼낼 때 전체 콘크리트량으로 적당한 것은?
(단, W/C=60%)

① 12m³　② 15m³
③ 18m³　④ 28m³

해설 5000kg÷320kg/m³=15.63m³

29. 철골공사에서 크롬산 아연을 안료로 하고, 알키드 수지를 전색료로 한 것으로서 알루미늄 녹막이 초벌칠에 적당한 것은?

① 광명단
② 징크로 메이트 도료
③ 그래파이트 도료
④ 알루미늄 도료

해설 징크로메이트(Zincromate) 도료 : 알루미늄이나 아연철판 초벌 녹막이칠에 쓰이는 것으로, 철골공사에서 크롬산 아연을 안료로 하고 알키드 수지를 전색 도료한 것
※ 방청(녹막이)도료 ; 광명단, 징크로메이트, 알루미늄 도료, 방청 산화철 도료, 역청질 도료, 아연분말 도료

30. 거푸집 조립순서 중 맞는 것은?

① 외벽-내벽-기둥-큰보-작은보-바닥
② 기둥-내벽-큰보-외벽-작은보-바닥
③ 외벽-기둥-내벽-큰보-작은보-바닥
④ 기둥-보받이 내력벽-큰보-작은보-바닥-외벽

해설 거푸집 조립순서
기초 → 기둥 → 내벽 → 큰보 → 작은보 → 바닥 → 외벽

31. 목재의 방부제처리법 중 가장 효과가 좋은 것은?

① 도포법　② 침지법
③ 생리적 주입법　④ 가압주입법

해설 목재 방부처리법
① 침지법 : 방부액이나 물에 담가 산소의 공급을 차단한다. [예] 나무말뚝
② 주입법 : 방부제(Creosoto Oil, PCP)를 주입한다. 종류에는 상압주입법, 가압주입법, 생리적 주입법 등이 있다.
③ 표면탄화법 : 목재표면을 3~4mm 태워서 수분을 제거, 탄화부분의 흡수성은 증가한다.
④ 도포법 : 방부제 칠, 유성 페인트, 니스, 아스팔트, 콜타르 칠을 한다. 가장 간단한 방법

32. 시멘트 액체방수에 대한 기술 중 옳지 않은 것은?

① 방수액을 모체에 침투시키거나 방수제를 혼합한 모르타르를 바르는 방수공법이다.
② 방수 모르타르 바름은 단순히 방수제를 혼합한 모르타르를 2~3회 발라 10~20mm 두께로 한다.
③ 방수층이 넓을 때에는 적당한 위치에 신축줄눈을 시공한다.
④ 하절기에는 낮시간을 이용하여 작업을 실시하여 능률을 높인다.

해설 하절기에는 강한 열풍, 직사광선, 서열 등을 피할 수 있는 새벽이나 저녁에 시공하는 것이 좋다.

정답 28. ② 29. ② 30. ④ 31. ④ 32. ④

33. 매스콘크리트(Mass concrete)에 대한 설명으로 옳은 것은?

① 단위시멘트량을 늘려 콘크리트의 발열량을 줄이도록 하여야 한다.
② 굵은 골재의 최대치수를 작게 하고, 입자의 크기가 균등한 골재를 사용하는 것이 좋다.
③ 매스 콘크리트의 타설온도는 온도균열을 제어하기 위한 관점에서 될 수 있는 대로 낮게 하여야 한다.
④ 매스 콘크리트는 베이스 콘크리트에 유동화제를 첨가하여 유동성을 증가시킨 콘크리트이다.

[해설] 매스 콘크리트(mass concrete)
㉠ 부재의 단면이 커서 시멘트의 수화열로 인해 온도균열이 생길 가능성이 큰 구조물에 타설하는 콘크리트로 온도균열을 제어하는 것이 중요하다.
㉡ 부재단면의 치수가 80cm 이상, 하부가 구속된 50cm 이상의 벽체 등과 내부 최고온도와 외기온도의 차이가 25℃ 이상으로 예상되는 콘크리트를 매스 콘크리트(mass concrete)라고 정의한다.(건축공사표준시방서)
㉢ 매스 콘크리트 구조물의 시공, 시멘트의 수화열에 의한 온도응력 및 온도균열에 관련한 방지대책으로 저발열성시멘트를 사용하고, 파이프쿨링을 이용한 수화열 제어를 하며, 물시멘트비를 낮추는 대책이 필요하다.

34. 다음 중 탄성계수를 구할 때 변형 측정에 이용하는 것으로 가장 정밀도가 높은 것은?

① 다이얼 게이지
② 콤퍼레이터
③ 마이크로미터
④ 와이어 스트레인 게이지

[해설] 와이어 스트레인 게이지(wire strain gauge)
가느다란 저항선에 가해지는 변형에 의해 전기저항이 변화하는 것을 이용한 측정용 소자(素子)이다. 탄성계수를 구할 때 변형 측정에 이용하는 것으로 가장 정밀도가 높다.

35. 다음 중 비철금속에 해당되지 않는 것은?

① 알루미늄　　② 탄소강
③ 동　　　　　④ 아연

[해설] 비철금속
철 이외의 공업용 금속의 총칭으로 예전부터 쓰이던 구리·납·주석·아연·금·백금·수은과 같은 것과, 비교적 새롭게 공업재료가 된 니켈·알루미늄·마그네슘·카드뮴과 같은 것을 말한다.

36. 콘크리트 블록(Block) 벽체의 크기가 3×5m일 때 쌓기 모르타르의 소요량으로 옳은 것은? (단, 블록의 치수는 390×190×190mm, 재료량은 할증이 포함되었으며, 모르타르 배합비는 1 : 3)

① $0.10m^3$　　② $0.12m^3$
③ $0.15m^3$　　④ $0.18m^3$

[해설] 블록의 치수 390mm×190mm×190mm 경우 쌓기 모르타르의 소요량은 할증율을 포함하여 $1m^2$당 $0.01m^3$이므로 $(3×5)×0.01= 0.15m^3$

37. 금속 커튼월 시공 시 부착철물 설치위치의 연직방향 및 수평방향의 치수 허용차의 표준치로 옳은 것은?

① 연직방향 : ±5mm, 수평방향 : ±10mm
② 연직방향 : ±10mm, 수평방향 : ±25mm
③ 연직방향 : ±15mm, 수평방향 : ±25mm
④ 연직방향 : ±25mm, 수평방향 : ±25mm

[해설] 금속 커튼월 시공 시 구체 부착철물 설치위치는 연직방향 ±10mm, 수평방향 ±25mm의 치수 허용차의 표준치로 한다.

정답　33. ③　34. ④　35. ②　36. ③　37. ②

38. 다음 중 유리섬유(glass fiber)에 대한 설명으로 옳지 않은 것은?

① 경량이면서 굴곡에 강하다.
② 단위면적에 따른 인장강도는 다르고, 가는 섬유 일수록 인장강도는 크다.
③ 탄성이 적고 전기절연성이 크다.
④ 내화성, 단열성, 내수성이 좋다.

[해설] 유리섬유(glass fiber)
㉠ 고온 용융시킨 유리를 노즐에서 직경 1~30μm 정도의 가느다란 섬유모양으로 뽑아낸 것으로 단섬유와 장섬유가 있다.
㉡ 인장강도는 크고, 특히 가격이 매우 싼 편이나 내알칼리성에 약간의 어려움이 있다.
㉢ 암면과 같은 단열, 흡음재로 사용되며 불연성 직물(극장 무대막이나 커튼)로도 사용된다. 흡음률은 광물섬유 중 최고인 85%이다.
㉣ 내화성, 불연성, 내수성이 좋다.
㉤ 탄성이 적고 전기절연성이 크다.
㉥ 내벽·외벽의 내부·천장재 등으로 사용된다.

39. 다음의 창호와 철물과의 조합 중 맞지 않은 것은 어느 것인가?

① 외여닫이문 : 도어 체크와 정첩
② 오르내리창 : 크레센트와 추
③ 미서기문 : 레일과 바퀴
④ 쌍 미서기문 : 도어 힌지와 정첩

[해설] 미서기, 미닫이창문용 철물 : 레일 및 문바퀴, 오목손걸이 및 꽂이쇠 등
☞ 도어 힌지와 정첩은 여닫이문에 사용한다.
※ 창호에 사용되는 창호철물의 연결
㉠ 미닫이문 - 호차와 레일
㉡ 오르내리창 - 크레센트와 창도르래
㉢ 대형접이문 - 도어행거와 갈구리 걸쇠
㉣ 외여닫이문 - 도어클로저와 자유정첩

40. 대규모 공사에서 지역별로 공사 발주시에 사용되며 업자 상호간 경쟁으로 공기단축과 시공기술 향상을 기대할 수 있는 도급방식은?

① 전문공종별 분할도급
② 공정별 분할도급
③ 공구별 분할도급
④ 직종별 공종별 분할도급

[해설] 분할 도급
① 공사를 유형별로 구분하여 각 전문업자에게 분할 도급 주는 것
② 종류
㉠ 전문공종별 : 설비공사를 주체공사와 분리시켜 도급 주는 것
㉡ 공정별 : 정지, 구조체, 마무리공사 등 과정별로 나누어 도급 주는 방식
㉢ 공구별 : 대규모 공사에서 지역별로 공사를 분리하여 발주하는 방식

■■■ 제3과목 건축구조

41. 단면의 지름이 150mm, 재축방향 길이가 300mm인 원형 강봉의 윗면에 300kN의 힘이 작용하여 재축방향 길이가 0.16mm 줄어들었고, 단면의 지름이 0.01mm 늘어났다면 이 강봉의 탄성계수 E와 푸아송비는?

① 31,830MPa, 0.25
② 31,830MPa, 0.125
③ 39,630MPa, 0.25
④ 39,630MPa, 0.125

[해설] 탄성계수 및 푸와송비
① 해석의 발상 : hook의 법칙에 의하면 응력도는 변형도와 탄성계수의 곱에 비례한다.($\sigma = E \cdot \epsilon$)
② 응력($\sigma = \dfrac{P}{A}$), 변형율($\epsilon = \dfrac{\Delta l}{l}$)을 적용하면

$$\sigma = E \cdot \epsilon \rightarrow \dfrac{P}{A} = E \cdot \dfrac{\Delta l}{l} \rightarrow E = \dfrac{\sigma}{\epsilon} = \dfrac{P \cdot l}{A \cdot \Delta l}$$

$$E = \dfrac{P \cdot l}{A \cdot \Delta l} = \dfrac{(300 \times 10^3) \times 300}{\left(\dfrac{\pi \times 150^2}{4}\right) \times 0.16}$$

$$= 31,830.99(\text{N/mm}^2, \text{MPa})$$

③ $v = \dfrac{\beta}{\epsilon} = \dfrac{\dfrac{\Delta d}{d}}{\dfrac{\Delta l}{l}} = \dfrac{l \Delta d}{d \Delta l} = \dfrac{300 \times 0.01}{150 \times 0.16} = 0.125$

정답 38. ① 39. ④ 40. ③ 41. ②

42. 강구조 접합부에 관한 설명으로 틀린 것은?

① 기둥-보 접합부는 접합부의 성능과 회전에 대한 구속정도에 따라 전단접합, 부분강접합, 완전강접합으로 구분된다.
② 접합부의 설계강도는 45kN 이상이어야 한다. 다만, 연결재, 새그로드 또는 띠장은 제외한다.
③ 강접합은 이론적으로 보 단부에서 회전을 허용하지 않고 100%에 가까운 단부모멘트를 기둥 또는 이음부에 전달시키는 접합부이다.
④ 단순접합은 부재 단부의 회전저항에 따른 단부모멘트를 발생시킬 수 있는 접합부이다.

[해설] 강구조 접합

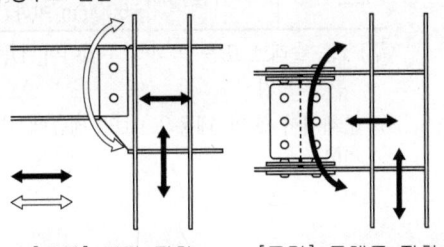

[그림] 전단 접합   [그림] 모멘트 접합

구분	단순 접합 (전단 접합)	강접합 (모멘트 접합)
하중 전달 (발생, 저항)	전단력 (모멘트 미발생)	전단력, 휨모멘트
기둥과 보의 부재 체결	Web 체결 접합, Flange 미체결	Web 체결, Flange 체결
단부고정도	0~20%	90~100%
시공비용	간단한 시공, 저가	복잡한 시공, 고가
보의 단면	부담이 많아 단면이 증가	부담이 작아 단면이 감소
기둥의 단면	부담이 작아 단면이 감소	부담이 많아 단면이 증가
용도	경미한 구조물	고층 강구조물

43. 강구조에서 용접선 단부에 붙인 보조판으로 아크의 시작이나 종단부의 크레이터 등의 결함을 방지하기 위해 붙이는 판은?

① 스티프너   ② 엔드탭
③ 윙플레이트   ④ 커버플레이트

[해설] 엔드 탭(End Tab), 엔드 플레이트(End Plate)
엔드 탭(End Tab)이란 강구조에서 용접선 단부에 붙인 보조판으로 아크의 시작이나 종단부의 크레이터 등의 결함을 방지하기 위해 붙이는 판으로 엔드 플레이트(End Plate)라고도 한다.

44. 그림과 같은 정정라멘에서 BD 부재의 축방향력으로 옳은 것은? (단, + : 인장력, − : 압축력)

① 5kN
② −5kN
③ 10kN
④ −10kN

[해설] 라멘의 축방향력
① 해석의 발상 : 축방향력은 재축과 나란한 방향으로 작용하는 인장력과 압축력을 일컫는다.
② 축방향력 : BD부재의 축방향력은 B지점의 수직반력의 크기가 되므로 V_B를 구하면 된다.
③ B지점의 수직 반력 : $\Sigma M_A = 0$에서
10kN×3m − V_B×6m = 0에서
V_B = 30/6 = 5kN(↑)
④ BD부재의 축방향력 : V_B가 상향 5kN으로 작용하므로 BD 부재는 압축력(−) 5kN이다.

45. 등가정적해석법에 따른 건축물의 내진설계 시 고려해야 할 사항이 아닌 것은?

① 지역계수   ② 지반종류
③ 지표면조도   ④ 반응수정계수

정답 42. ④ 43. ② 44. ② 45. ③

[해설] 등가정적 해석법
① 지진지역 및 지역계수

지진지역	행정구역	지역계수(S)
1	지진지역2를 제외한 전지역	0.22g
2	강원북부, 제주도	0.14g

② 밑면전단력(V)

$$V = C_s \cdot W$$

C_s : 지진응답계수
W : 건물 유효 중량

③ 지진응답계수(C_s)

$$C_s = \frac{S_{D1}}{\left[\frac{R}{I_E}\right] \cdot T}$$

S_{D1} : 설계스펙트럼 가속도
R : 반응수정계수
I_E : 건물의 중요도 계수
T : 건물 고유주기

46. 콘크리트 구조설계 시 철근간격 제한에 관한 내용으로 옳지 않은 것은?

① 벽체 또는 슬래브에서 휨 주철근의 간격은 벽체나 슬래브 두께의 3배 이하로 하여야 하고, 또한 450mm 이하로 하여야 한다.
② 상단과 하단에 2단 이상으로 배치된 경우 상하 철근은 동일 연직면 내에 배치되어야 하고, 이때 상하 철근의 순간격은 25mm 이상으로 하여야 한다.
③ 나선철근 또는 띠철근이 배근된 압축부재에서 축방향철근의 순간격은 25mm 이상, 또한 철근 공칭지름의 2.5배 이상으로 하여야 한다.
④ 2개 이상의 철근을 묶어서 사용하는 다발철근은 이형철근으로, 그 개수는 4개 이하이어야 하며, 이들은 스터럽이나 띠철근으로 둘러싸여져야 한다.

[해설] 각종 철근의 간격 제한
① 해석의 발상 : 벽체나 슬래브의 주철근 및 기둥과 보의 스트럽은 일정 간격 이하로 제한하고 기둥과 보의 주철근은 일정 간격 이상으로 제한한다.

② 각종 철근의 간격 제한

말뚝종류	간격 기준 축방향의 주철근	전단보강근 띠철근, 스트럽
벽체	3t, 450mm 이하	수평, 수직철근 동일 적용
슬래브	3t, 450mm 이하	5t, 450mm 이하(1방향 온도철근)
기둥 (압축부재)	1.5D, 40mm 이상	• 16D 이하 • 띠철근 지름의 48배 이하 • 기둥 단면의 최소 치수 이하
보(휨, 전단부재)	1.0D, 25mm 이상	• 보 유효춤(d)의 1/2 이하 • 600mm 이하

주) t는 슬래브 또는 벽체의 두께이며, D는 주철근의 직경
※ 문제에서 ②의 내용은 보의 배근에 대한 설명임

47. 그림과 같은 1차 부정정 보에서 지점 B의 고정단 모멘트의 크기는?

① M_o
② $\dfrac{M_o}{2}$
③ $\dfrac{M_o}{3}$
④ $\dfrac{M_o}{4}$

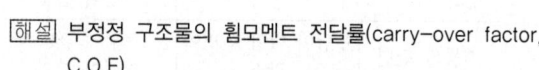

[해설] 부정정 구조물의 휨모멘트 전달률(carry-over factor, C.O.F)
부정정 구조물의 단위 부재에서 한 쪽 재단에 작용하거나 발생하는 모멘트는 반대쪽 재단으로 전달되는데 이를 전달(도달) 모멘트라 한다. 전달되는 비율은 재단의 절점 또는 지점이 고정단인 경우 $\dfrac{1}{2}$이며, 활절인 경우는 0이다. 따라서 $M_B = \dfrac{1}{2} \times M_o$이다.

정답 46. ③ 47. ②

48. 다음과 같은 조건에서의 필릿용접의 최소 사이즈는 얼마인가?

[조건]
접합부의 얇은 쪽 모재두께(t), mm
6 < t ≤ 13

① 3mm ② 5mm
③ 6mm ④ 8mm

해설 필릿용접의 최소 치수

얇은쪽 모재 두께	필릿 최소 치수(mm)
$t \leq 6$	3
$6 < t \leq 13$	5
$13 < t \leq 19$	6
$19 < t$	8

해설 순간 처짐의 한계

부재의 종류	지지물의 종류	처짐 한계
평지붕	없음	$\dfrac{l}{180}$
슬래브		$\dfrac{l}{360}$
평지붕 또는 슬래브	손상될 우려가 있는 비구조요소 지지	$\dfrac{l}{480}$
	손상될 우려가 없는 비구조요소 지지	$\dfrac{l}{240}$

49. 철근콘크리트 구조물의 처짐에 관한 설명으로 옳지 않은 것은?

① 휨부재의 크리프와 건조수축에 의한 추가 장기 처짐 산정 시 5년 이상의 지속하중에 대한 시간 경과계수는 2.0이다.
② 과도한 처짐에 의해 손상될 우려가 없는 비구조요소를 지지한 지붕이나 바닥구조의 처짐한계는 $\dfrac{l}{210}$ 이다.
③ 내부에 보가 없는 2방향 슬래브 중 철근의 항복강도가 400MPa이고 지판이 없는 경우 내부슬래브의 최소두께는 $\dfrac{l_n}{33}$ 이다.
④ 처짐을 계산하지 않는 경우 양단연속된 리브가 있는 1방향 슬래브의 최소두께는 $\dfrac{l}{21}$ 이다.

50. 그림과 같이 단순보의 중앙점에 하중 P가 작용할 때 C점의 처짐은?

① $\dfrac{PL^3}{384EI}$

② $\dfrac{15PL^3}{192EI}$

③ $\dfrac{11PL^3}{768EI}$

④ $\dfrac{17PL^3}{384EI}$

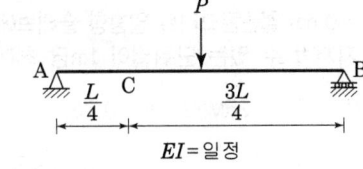

해설 임의의 위치에서 처짐
① 해석의 발상 : 임의의 위치에서 나타나는 처짐과 처짐각을 공액보법에 의하여 구할 수 있다. 즉, 주어진 보의 휨모멘트도(BMD)를 하중으로 하는 공액보에서 다음과 같이 구할 수 있다.

처짐각(θ) = 임의 점의 전단력 $\times \dfrac{1}{EI}$

처짐(δ) = 임의 점의 휨모멘트 $\times \dfrac{1}{EI}$

② 공액보로부터 처짐의 계산

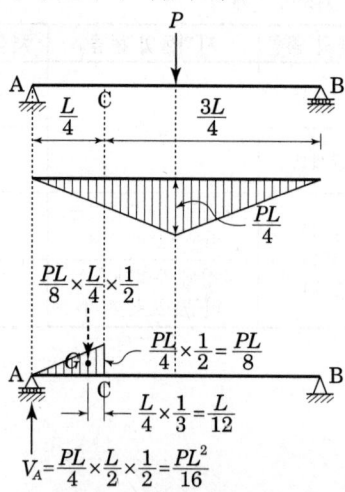

- C점의 휨모멘트(M_C')

$$M_C' = V_A' \times \frac{L}{4} - \left(\frac{PL}{8} \times \frac{L}{4} \times \frac{1}{2}\right) \times \frac{L}{12}$$

$$= \left\{\left(\frac{PL}{4} \times \frac{L}{2} \times \frac{1}{2}\right) \times \frac{L}{4}\right\} - \frac{PL^3}{768}$$

$$= \frac{PL^3}{64} - \frac{PL^3}{768} = \frac{11PL^3}{768}$$

- C점의 처짐(δ_B)

$$\delta_B = M_C' \times \frac{1}{EI} = \frac{11PL^3}{768} \times \frac{1}{EI} = \frac{11PL^3}{768EI}$$

51. 피복두께 30mm, 직경 16mm 주근이 배근된 두께 150mm 철근콘크리트 일방향 슬래브에서 전단철근 없이 지지할 수 있는 단위길이 1m당 최대 계수전단력은?
(단, f_{ck} = 25MPa, ϕ = 0.75, λ = 1)

① 70.0 kN ② 78.5 kN
③ 80.0 kN ④ 82.6 kN

[해설] 콘크리트의 전단강도
① 해석의 발상 : 문제에서 콘크리트의 전단강도 산정식을 제시하고 있으므로 산정식에 강도 감소계수를 곱하여 계수전단력을 구할 수 있다. 단, 콘크리트의 단면적($b_w d$) 계산에서 b_w는 단위 폭인 1,000mm이며 d는 유효 두께이므로 150mm에서 피복두께(30mm)와 철근 직경의 1/2 (8mm)을 감한 112mm 이다.

② 계수 전단력(ϕV_c)

$$\phi V_c = \phi \frac{1}{6} \lambda \sqrt{f_{ck}} \, b_w \, d$$

$$= 0.75 \times \frac{1}{6} \times 1 \times \sqrt{25} \times 1,000 \times 112$$

$$= 70,000(\text{N}) = 70.0\text{kN}$$

52. 그림과 같은 구조물의 부정정 차수는?

① 1차 부정정
② 2차 부정정
③ 3차 부정정
④ 4차 부정정

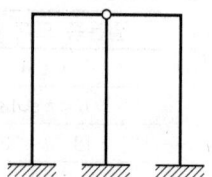

[해설] 구조물의 판별
- 정적적 풀이
  $Ne = R - 3 = 9 - 3 = 6$
  $Ni = -1 \times 2 = -2$
  $N = Ne + Ni = 6 - 2 = 4$
  ∴ 4차 부정정구조물
- 판별식 활용 풀이
  $N = R + r - 3M = (3 \times 3) + (3 \times 2 + 4) - 3 \times 5$
  $= 9 + 10 - 15 = 4$

※ 다수 부재가 접합된 절점에서 절점의 수는 [부재수 - 1]이므로 문제의 회전절점이 위치한 곳의 회전절점의 수는 2개로 해석하여야 하며, 총 부재수(M)은 5개이다.

53. 강도설계법에서 처짐을 계산하지 않는 경우 스팬이 8.0m인 단순지지된 보의 최소두께로 옳은 것은?
(단, 보통중량콘크리트와 f_y = 400MPa 철근을 사용한 경우)

① 380mm   ② 430mm
③ 500mm   ④ 600mm

[해설] 처짐검토의 생략조건
처짐의 검토를 생략할 수 있는 보의 최소 춤은 다음 표와 같다.

정답 51. ① 52. ④ 53. ③

부재	최소 두께			
	단순지지	1단 연속	양단 연속	켄틸레버
보	$\dfrac{l}{16}$	$\dfrac{l}{18.5}$	$\dfrac{l}{21}$	$\dfrac{l}{8}$

단순지지된 보의 최소 춤은 $\dfrac{l}{16}$ 이므로

$h_{\min} = \dfrac{l}{16} = \dfrac{8,000}{16} = 500\,(\text{mm})$

54. 그림과 같은 내민보에서 A지점의 반력값은?

① 20kN
② 30kN
③ 40kN
④ 50kN

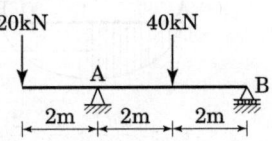

[해설] 내민보의 지점 반력
반력을 구하려는 지점의 반대지점에서 모멘트의 합이 0가 되는 조건을 이용

$\Sigma M_B = 0$
$-20 \times 6 + V_A \times 4 - 40 \times 2 = 0$

$V_A = \dfrac{1}{4}(120 + 80) = 50\text{kN}(\uparrow)$

55. 강구조 고장력볼트 접합의 종류에 해당되지 않는 것은?

① 메탈터치 접합   ② 마찰접합
③ 인장접합   ④ 지압접합

[해설] 고력볼트 접합 형식
① 마찰접합 : 강력한 조임력에 의해 부재간에 발생하는 마찰력에 의해응력을 전달하는 접합형식
② 지압접합 : 마찰력과 고력볼트 축의 전단력 및 부재의 지압력을 동시에 발생시켜 응력을 부담하는 접합
③ 인장접합 : 연결 부재간 강력한 압축력으로 긴결하여 응력을 전달시키는 접합
※ 메탈터치(Metal Touch)는 기둥의 연결에 사용되는 접합방식으로 단면에 인장응력이 발생할 염려가 없는 상태에서 강재와 강재를 빈틈없이 밀착시키는 방법으로 밀피니시(Mill Finish)의 일종이다.

56. 강도설계법에서 철근콘크리트 구조물의 공칭강도 산정 시 사용되는 강도감소계수로 옳지 않은 것은?

① 인장지배단면 : 0.85
② 전단력과 비틀림모멘트 : 0.75
③ 포스트텐션 정착구역 : 0.85
④ 압축지배단면 중 나선철근으로 보강된 철근콘크리트 부재 : 0.65

[해설] 부재별 강도감소계수(ϕ)

적용 부재		강도감소계수
인장지배 단면		0.85
압축지배 단면	띠철근 기둥	0.65
	나선철근 기둥	0.70
전단력과 비틀림 모멘트		0.75
포스트텐션 정착구역		0.85

57. 연약지반에서 부동침하를 방지하기 위한 대책과 가장 관계가 먼 것은?

① 구조물의 하중을 기초에 균등하게 분포시킨다.
② 인접 건물과의 거리를 짧게 한다.
③ 기초상호간을 지중보로 연결한다.
④ 기초를 말뚝으로 보강한다.

[해설] 연약지반의 부동침하 방지 대책
연약지반의 상부구조는 경량화, 길이 축소, 강성 향상, 건물 간격 이격, 중량분배가 필요하며 하부구조에 대해서는 경질지반까지 지지시키고 마찰말뚝을 사용하며 지하실을 설치하거나 지중보로 기초를 연결한다. 또한 지반계획에서는 강제배수, 고결, 치환 등의 조치가 필요하다.

58. 직사각형 단면의 탄성단면계수에 대한 소성단면계수의 비(比)는?

① 0.67   ② 1.20
③ 1.50   ④ 3.00

정답 54. ④ 55. ① 56. ④ 57. ② 58. ③

[해설] 소성설계의 형상계수(λ)

$\lambda = \dfrac{Z_p}{Z}$ 에서

- 탄성단면계수(Z) = $\dfrac{bh^2}{6}$
- 소성단면계수(Z_p) = $\dfrac{bh^2}{4}$

$\therefore \lambda = \dfrac{Z_P}{Z} = \dfrac{1}{Z} \cdot Z_P = \dfrac{6}{bh^2} \times \dfrac{bh^2}{4} = 1.5$

59. 그림과 같은 ㄷ형강(Channel)에서 전단중심(剪斷中心)의 대략적인 위치는?

① A점
② B점
③ C점
④ D점

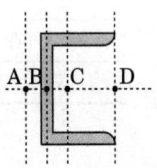

[해설] 부재의 절단중심(Sc, Shear Center)

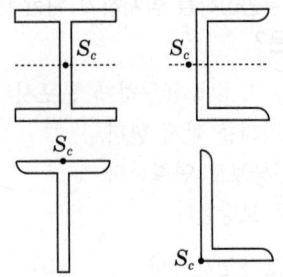

60. 다음 그림과 같은 두 개의 단순보에 크기가 같은 ($P = wL$) 하중이 작용할 때, A점에서 발생하는 처짐각의 비율(가 : 나)은? (단, 부재의 EI는 일정하다.)

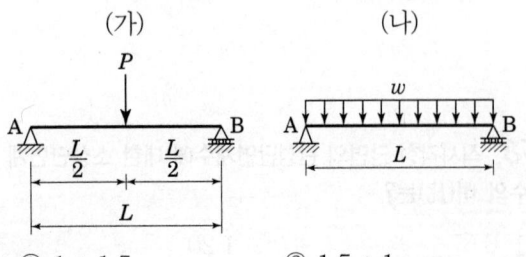

① 1 : 1.5
② 1.5 : 1
③ 1 : 0.75
④ 0.75 : 1

[해설] 처짐각(θ)
공액보법에 의하면 처짐각은 휨모멘트도의 면적으로 산정이 가능하다.

(가)의 BMD

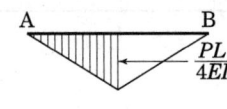

$\theta_{A1} = \dfrac{PL}{4EI} \times \dfrac{L}{2} \times \dfrac{1}{2} = \dfrac{PL^2}{16EI}$

(나)의 BMD

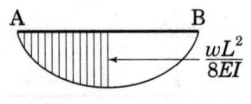

$\theta_{A2} = \dfrac{wL^2}{8EI} \times \dfrac{L}{2} \times \dfrac{2}{3} = \dfrac{wL^3}{24EI}$

$\theta_{A1} : \theta_{A2} = \dfrac{wL \cdot L^2}{16EI} : \dfrac{wL^3}{24EI} = \dfrac{1}{16} : \dfrac{1}{24} = 1.5 : 1$

■■■ 제4과목 건축설비

61. 자연환기에 관한 설명으로 옳은 것은?

① 풍력환기에 의한 환기량은 풍속에 반비례한다.
② 풍력환기에 의한 환기량은 유량계수에 비례한다.
③ 중력환기에 의한 환기량은 공기의 입구와 출구가 되는 두 개구부의 수직거리에 반비례한다.
④ 중력환기에서 실내온도가 외기온도보다 높을 경우 공기는 건물 상부의 개구부에서 실내로 들어와서 하부의 개구부로 나간다.

[해설] ① 풍력환기에 의한 환기량은 풍속에 비례한다.
③ 중력환기에 의한 환기량은 개구부 면적에 비례하여 증가하며, 실내외의 온도차에 의한 공기의 밀도차가 원동력이 된다.
④ 중력환기에서 실내온도가 외기온도보다 높을 경우 공기는 건물 하부의 개구부에서 실내로 들어와서 상부의 개구부로 나간다.

정답 59. ① 60. ② 61. ②

62. 다음 중 수변전실 계획에 관한 설명으로 옳지 않은 것은?

① 발전기실, 축전지실과 가능한 한 인접장소에 설치한다.
② 사용부하의 중심에 가깝고 간선의 배선이 용이한 곳으로 한다.
③ 외부로부터 전원을 공급하기 위한 전선로 등의 인입이 편리한 위치로 한다.
④ 빌딩의 변전실은 지하 최저층에 위치시키고 천장 높이는 2.7m 이상으로 한다.

해설 변전실의 위치
① 가능한 부하의 중심에 가깝고 배전에 편리한 장소일 것
② 외부로부터의 전원인입이 쉬운 곳일 것
③ 기기의 반출입이 용이할 것
④ 습기와 먼지가 적은 곳일 것
⑤ 천정 높이가 충분할 것
  ㉠ 고압 : 보 아래 3.6m 이상(천정에 배관, 덕트 통할시 : 3.0m 이상)
  ㉡ 특고압 : 보 아래 4.5m 이상(폐쇄형 : 3.6m 이상)
⑥ 기타 전기설비기기와 인접한 장소일 것

63. 다음과 같은 특징을 갖는 전동기는?

- 구조와 취급이 간단하고 기계적으로 견고하다.
- 가격이 비교적 싸고 운전이 대체로 쉽다.
- 건축설비에서 가장 널리 사용되고 있다.

① 정류자전동기 ② 동기전동기
③ 유도전동기   ④ 직류전동기

해설 유도전동기
㉠ 구조와 취급이 간단하고 기계적으로 견고하다.
㉡ 가격이 비교적 싸고 운전이 대체로 쉽다.
㉢ 역률이 나쁜 단점이 있다.
㉣ 건축설비에서 가장 널리 사용되고 있다.

64. 음의 세기가 10^{-9} W/m² 일 때 음의 세기 레벨은? (단, 기준음의 세기 $I_o = 10^{-12}$ W/m²이다.)

① 30dB   ② 3dB
③ 0.3dB ④ 0.03dB

해설 IL = $10\log\dfrac{I}{I_o}$ = $10\log\dfrac{10^{-9}}{10^{-12}}$ = $10\log 10^3$ = 0dB

※ $I0 = 10^{-12}$는 불변(음의 세기레벨에서 기준치는 10^{-12} [W/m²]이다.)

65. 한 시간당 급탕량이 5m³일 때 급탕부하는 얼마인가? (단, 물의 비열은 4.2kJ/kg·K, 급탕온도 70℃, 급수온도 10℃)

① 35kW   ② 126kW
③ 350kW   ④ 1,260kW

해설 급탕부하는 시간당 필요한 온수를 얻기 위해 소요되는 열량을 말한다. 급탕온도의 온도차(Δt)는 보통 60℃를 기준으로 하며, kJ/h 또는 kW(kJ/s)로 나타낸다.

급탕부하
= 급탕량 m(kg/h) × 비열 c(kJ/kg·K) × 온도차 Δt(K) [kJ/h]
= $\dfrac{급탕량 m(kg/h) \times 비열 c(kJ/kg·K) \times 온도차 \Delta t(K)}{3,600(s/h)}$ [kW]
= $\dfrac{5,000(kg/h) \times 4.2(kJ/kg·K) \times (70-10)(K)}{3,600(s/h)}$
= 350[kW]

66. 어느 점광원에서 1[m] 떨어진 곳의 직각면 조도가 200[lx]일 때 이 광원에서 2[m] 떨어진 곳의 직각면 조도는?

① 25[lx]   ② 50[lx]
③ 100[lx] ④ 200[lx]

해설 조도(거리 역제곱의 법칙)
㉠ 표면에 도달하는 광의 밀도(1m²당 1lm의 광속이 들어 있는 경우 1lux)
㉡ 단위 : 룩스(lux, lx)

정답 62. ④ 63. ③ 64. ① 65. ③ 66. ②

ⓒ 조도=광도/(거리)^2
조도(E)는 광도(I)에 비례하고 거리(d)의 제곱에 반비례의 관계를 가진다.
∴ $E = \dfrac{I}{d^2} = \dfrac{200}{2^2} = 50$ [lx]

67. 터보식 냉동기에 관한 설명으로 옳지 않은 것은?

① 대·중형 규모의 중앙식 공조에서 냉방용으로 사용된다.
② 기계적 에너지가 아닌 열에너지에 의해 냉동효과를 얻는다.
③ 임펠러의 원심력에 따라 냉매가스를 압축한다.
④ 대용량에서는 압축효율이 좋고 비례 제어가 가능하다.

[해설] 터보식 냉동기
① 원리 : 임펠러의 원심력에 의해 냉매가스를 압축하는 것
② 특징
  ㉠ 수명이 길고, 유지 및 보수가 쉬우며, 가격도 싸다.
  ㉡ 대용량에서는 압축효율이 좋고 비례제어가 가능하다.
  ㉢ 냉매는 고압가스가 아니므로 취급이 용이하다.
  ㉣ 흡수식에 비해 소음 및 진동이 심하다.(왕복동식에 비하면 진동이 적다.)
  ㉤ 30% 이하의 출력에서는 서징(surging)현상이 일어나므로 운전이 곤란하다.
  ㉥ 대규모 공조 및 냉동에 적합하며 일반적으로 많이 사용한다.
☞ 냉매 압축 방식은 압축식에서는 기계적 에너지, 흡수식은 열 에너지에 의해 냉동효과를 얻는다.

68. 다음과 같이 정의되는 통기관의 종류는?

> 오배수 수직관 내의 압력변동을 방지하기 위하여 오배수 수직관 상향으로 통기수직관에 연결하는 통기관

① 각개통기관   ② 공용통기관
③ 결합통기관   ④ 반송통기관

[해설] 결합통기관
㉠ 배수수직관 내의 압력변화를 방지 또는 완화하기 위해, 배수수직관으로부터 분기·입상하여 통기수직관에 접속하는 통기관
㉡ 통기 수직관에 접속하는 통기관으로 층수가 많을 경우에는 5개 층마다에 통기관을 취하는 방법이다.
㉢ 관경 : 통기수직관과 같은 관경으로 하되 최소 관경 50mm 이상

69. 다음 중 급수 계통의 오염 원인과 가장 거리가 먼 것은?

① 급수로의 배수역류
② 수격작용(Water Hammering)
③ 저수탱크에 유해물질 침입
④ 크로스 커넥션(Cross Connection)

[해설] 급수 계통의 오염 원인
㉠ 저수탱크에 의한 유해물질 침입에 의한 발생
㉡ 배수설비의 급수설비로의 역류
㉢ 크로스 커넥션(cross connection)
㉣ 배관의 부식
※ 크로스 커넥션(cross connection) : 수돗물과 수돗물 이외의 물질이 혼입되어 오염시키는 현상(음료수 오염 현상)이다. 크로스 커넥션(cross connection)은 배관 사이의 잘못된 연결에 의하여 생기므로 각 계통마다 배관을 색깔로 구분할 수 있도록 한다.
☞ 급수설비에서 급수압력이 과대하게 설계된 경우 물의 사용량이 증대하고, 유속이 증가하므로써 유수음과 수격현상(water hammering)이 발생한다.

70. 220[V], 200[W] 전열기를 110[V]에서 사용하였을 경우 소비전력은?

① 50[W]   ② 100[W]
③ 200[W]   ④ 400[W]

정답 67. ② 68. ③ 69. ② 70. ①

[해설] 먼저, 220[V], 200[W]의 전열기의 저항은
전열기에서 $P=\dfrac{V^2}{R}$의 공식에 의해
$R=\dfrac{V^2}{P}=\dfrac{220^2}{200}=242\Omega$이 된다.
그러므로, 정격 220V, 200W 전열기에 110V를 공급하면
∴ $P=\dfrac{V^2}{R}=\dfrac{110^2}{242}=50W$

71. 급수설비에서 펌프의 실양정이 의미하는 것은?
(단, 물을 높은 곳으로 보내는 경우)
① 흡수면에서 펌프축 중심까지의 수직거리
② 흡수면에서 토출수면까지의 수직거리
③ 배관계의 마찰손실에 해당하는 높이
④ 펌프축 중심에서 토출수면까지의 수직거리

[해설] 펌프의 양정
㉠ 전양정(H)=흡입실양정(H_S)+토출실양정(H_d)
　　+관내마찰손실수두(H_f)
㉡ 실양정(H_a)=흡입실양정(H_S)+토출실양정(H_d)
※ 전양정(H) : 양수펌프에서 흡수면으로부터 토출수면까지 물이 올라가는데 필요한 에너지
※ 실양정(H_a) : 흡수면에서 토출수면까지의 수직거리로 상하수면의 고저차가 된다.

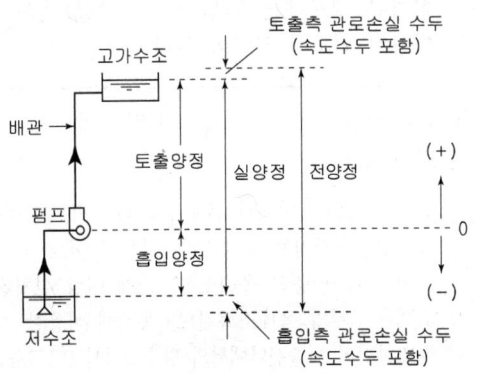

[그림] 양정

72. 다음 중 냉방부하 계산 시 현열만을 고려하는 것은?
① 인체의 발생열량
② 벽체로부터의 취득열량
③ 극간풍에 따른 취득열량
④ 외기의 도입으로 인한 취득열량

[해설] 냉방부하 계산
① 현열부하만 계산 : 벽체로부터의 취득열량, 유리로부터의 취득열량, 조명 및 기기로부터의 취득열량, 재열부하, 송풍기와 덕트로부터의 취득열량
② 현열과 잠열을 동시에 계산해 주어야 할 부하요소
　㉠ 극간풍(틈새바람)에 의한 취득열량
　㉡ 인체의 발생열량
　㉢ 기구로부터의 발생열량
　㉣ 외기의 도입으로 인한 취득열량

73. 도시가스 설비에서 도시가스 압력을 사용처에 맞게 낮추는 감압 기능을 갖는 것은?
① 기화기　　　② 정압기
③ 압송기　　　④ 가스홀더

[해설] 정압기(거버너, governor)는 가스공급회사로부터 공급받은 가스를 건물에서 사용하기에 적합한 압력으로 조정하는 장치이다.
※ 도시가스의 공급 계통은 원료, 제조, 압송, 저장, 압력조정, 공급의 순서로 설비되어 있다.

74. 다음 중 방송수신 안테나 시설에 사용하는 설비에 속하지 않는 것은?
① 신호처리기　　② 모시계
③ 증폭기　　　　④ 레벨조정기

[해설] 모자식 시계
대규모의 경우 정밀한 모시계를 두고 모시계의 운침 충격 전류에 의해 자시계가 작동한다.

정답　71. ②　72. ②　73. ②　74. ②

75.
가로, 세로, 높이가 각각 4.5×4.5×3m인 실의 각 벽면 표면온도가 18℃, 천장면 20℃, 바닥면 30℃일 때, 평균복사온도(MRT)는?

① 15.2℃ ② 18℃
③ 21.0℃ ④ 27.2℃

[해설] MRT(Mean Radiant Temperature : 평균복사온도) : 인체가 주위 환경과 복사 열교환을 행하는 것과 똑같은 양의 복사 열교환을 행하는 균일한 주위 온도를 의미하며, 인체가 실내의 어느 위치에 있느냐에 따라 달라진다. 인체에 대한 쾌감상태를 나타내는 기준이 되는 온도이다.

$$MRT = \frac{(4.5 \times 4.5 \times 1) \times 30℃ + (4.5 \times 4.5 \times 1) \times 20℃ + (4.5 \times 3 \times 4) \times 18℃}{(4.5 \times 4.5 \times 2) + (4.5 \times 3 \times 4)}$$

$$= \frac{1984.5℃}{94.5} = 21.0℃$$

76.
다음의 에스컬레이터의 경사도에 관한 설명 중 ( )안에 알맞은 것은?

> 에스컬레이터의 경사도는 (㉠)를 초과하지 않아야 한다. 다만, 높이가 6m 이하이고 공칭속도가 0.5m/s 이하인 경우에는 경사도를 (㉡)까지 증가시킬 수 있다.

① ㉠ 25°, ㉡ 30° ② ㉠ 25°, ㉡ 35°
③ ㉠ 30°, ㉡ 35° ④ ㉠ 30°, ㉡ 40°

[해설] 에스컬레이터의 경사는 일반적으로 30° 이하로 한다. 다만, 에스컬레이터의 층고가 6m 이하이고 공칭속도가 0.5m/s 이하인 경우에는 35° 이하로 할 수 있다.

77.
구조체를 가열하는 복사난방에 관한 설명으로 옳지 않은 것은?

① 복사열에 의하므로 쾌적성이 좋다.
② 바닥, 벽체, 천장 등을 방열면으로 할 수 있다.
③ 예열시간이 길고 일시적인 난방에는 바람직하지 않다.
④ 방열기의 설치로 인해 실의 바닥면적의 이용도가 낮다.

[해설] 복사난방
- 주로 건축 일부의 천장 높이가 높은 경우
- 주택, 학교, 은행 영업실
- MRT(Mean Radiant Temperature : 평균복사온도) : 인체에 대한 쾌감상태를 나타내는 기준이 되는 온도
① 장점
  ㉠ 방을 개방하여도 난방효과가 있다.
  ㉡ 천장이 높아도 난방 가능하다.
  ㉢ 실온이 낮아도 난방 효과가 있다.
  ㉣ 평균온도가 낮기 때문에 동일 방열량에 대해 손실 열량이 작다.
  ㉤ 바닥의 이용도가 높다.
  ㉥ 실내의 온도분포가 균등하여 쾌감도가 높다.
② 단점
  ㉠ 외기 급변에 따른 방열량 조절이 어렵다.
  ㉡ 구조체를 덥히게 되므로 예열시간이 길어져 일시적으로 쓰는 방에는 부적당하다.
  ㉢ 시공이 어렵고 수리비, 설비비가 비싸다.
  ㉣ 매입 배관이므로 고장요소 발견이 어렵다.

78.
다음은 옥내소화전설비에서 전동기에 따른 펌프를 이용하는 가압송수장치에 관한 설명이다. ( )안에 알맞은 것은?

> 펌프의 토출량은 옥내소화전이 가장 많이 설치된 층의 설치개수(옥내소화전이 2개 이상 설치된 경우에는 2개)에 ( )를 곱한 양 이상이 되도록 하여야 한다.

① 70L/min ② 130L/min
③ 260L/min ④ 350L/min

[해설] 옥내소화전설비에서 전동기에 따른 펌프를 이용하는 가압송수장치는 특정소방대상물의 어느 층에 있어서도 해당 층의 옥내소화전(2개 이상 설치된 경우에는 2개의 옥내소화전)을 동시에 사용할 경우 각 소화전의 노즐선단에서의 방수압력이 0.17MPa 이상이고, 130L/min 이상이 되는 성능의 것으로 할 것

79. 공기조화방식 중 단일덕트 변풍량방식에 관한 설명으로 옳지 않은 것은?

① 전공기방식의 특성이 있다.
② 각 실이나 존의 온도를 개별제어할 수 있다.
③ 단일덕트 정풍량방식보다 설비비가 적게 든다.
④ 실내부하가 적어지면 송풍량을 줄일 수 있으므로 에너지 절감효과가 크다.

[해설] 변풍량(VAV) 방식
토출공기 온도는 일정하게 하며 송풍량을 실내 부하의 변동에 따라 변화시키는 것으로 운전비는 감소되고 개별제어가 용이한 에너지 절약형 공조방식이다. 부하변동이 심한 페리미터 존(perimeter zone)에 적합하다.
① 장점
  ㉠ 개별제어가 용이
  ㉡ 에너지 절약형 공조방식이다.
  ㉢ 공조기 및 덕트 스페이스가 작아도 된다.
② 단점
  ㉠ 실내부하가 극히 감소되면 실내공기의 오염이 심해져 청정도가 떨어진다.
  ㉡ 운전 및 유지관리가 어렵다.
  ㉢ 자동제어가 복잡하여 설비비가 많이 든다.
※ 에너지 절약형 공조방식 : 변풍량(VAV)방식, 외기냉방식, 전열교환기 설치, 히트펌프 시스템

80. 건구온도 25℃인 실내공기 8,000m³/h와 건구온도 31℃인 외부공기 2,000m³/h를 단열혼합하였을 때 혼합공기의 건구온도는?

① 24.8℃ ② 26.2℃
③ 27.5℃ ④ 29.8℃

[해설] 단열혼합

혼합공기 온도 $t_m = \dfrac{G_1 t_1 + G_2 t_2}{G_1 + G_2}$

$= \dfrac{8,000 \times 25 + 2,000 \times 31}{8,000 + 2,000}$

$= 26.2℃$

제5과목 건축관계법규

81. 범죄예방 기준에 따라 건축하여야 하는 대상 건축물에 속하지 않는 것은?

① 수련시설
② 업무시설 중 오피스텔
③ 숙박시설 중 일반숙박시설
④ 아파트

[해설] 건축물의 범죄예방
① 국토교통부장관은 범죄를 예방하고 안전한 생활환경을 조성하기 위하여 건축물, 건축설비 및 대지에 관한 범죄예방 기준을 정하여 고시할 수 있다.
② 다음의 건축물은 범죄예방 기준에 따라 건축하여야 한다.
  1. 아파트
  2. 다가구주택·연립주택 및 다세대주택
  3. 제1종 근린생활시설 중 일용품을 판매하는 소매점
  4. 제2종 근린생활시설 중 다중생활시설
  5. 문화 및 집회시설(동·식물원은 제외)
  6. 교육연구시설(연구소 및 도서관은 제외)
  7. 노유자시설
  8. 수련시설
  9. 업무시설 중 오피스텔
  10. 숙박시설 중 다중생활시설

82. 면적 등의 산정방법에 대한 기본 원칙으로 옳지 않은 것은?

① 대지면적은 대지의 수평투영면적으로 한다.
② 건축면적은 건축물의 외벽의 중심선으로 둘러싸인 부분의 수평투영면적으로 한다.
③ 바닥면적은 건축물의 각 층 또는 그 일부로서 벽, 기둥, 그 밖에 이와 비슷한 구획의 중심선으로 둘러싸인 부분의 수평투영면적으로 한다.
④ 용적률 산정 시 적용하는 연면적은 지하층을 포함하여 하나의 건축물 각 층의 바닥면적의 합계로 한다.

정답 79. ③ 80. ② 81. ③ 82. ④

[해설] 연면적
① 하나의 건축물의 각층 바닥면적 합계로 한다.
② 용적률 산정시 연면적 산정방법
  ㉠ 동일 대지 안에 2동 이상의 건축물이 있는 경우에는 그 연면적의 합계로 한다.
  ㉡ 지하층 면적은 연면적에서 제외한다.
  ㉢ 지상층의 주차용(해당 건축물의 부속용도인 경우만 해당)으로 쓰는 면적은 연면적에서 제외한다.
  ㉣ 초고층·준초고층의 피난안전구역의 면적은 연면적에서 제외한다.
  ㉤ 경사지붕 아래에 설치하는 대피공간의 면적은 제외된다.

83. 다음과 같은 경우 연면적 1,000m²인 건축물의 대지에 확보하여야 하는 전기설비 설치공간의 면적기준은?

㉠ 수전전압 : 저압
㉡ 전력수전 용량 : 200kW

① 가로 2.5m, 세로 2.8m
② 가로 2.5m, 세로 4.6m
③ 가로 2.8m, 세로 2.8m
④ 가로 2.8m, 세로 4.6m

[해설] 전기설비 설치공간 확보기준(설비규칙 별표 3의3)

수전전압	전력수전 용량	확보면적
특고압 또는 고압	100kW 이상	가로 2.8m, 세로 2.8m
저압	75kW 이상 ~ 150kW 미만	가로 2.5m, 세로 2.8m
	150kW 이상 ~ 200kW 미만	가로 2.8m, 세로 2.8m
	200kW 이상 ~ 300kW 미만	가로 2.8m, 세로 4.6m
	300kW 이상	가로 2.8m 이상, 세로 4.6m 이상

84. 다음 중 건축법상 건축물의 용도 구분에 속하지 않는 것은?(단, 대통령령으로 정하는 세부 용도는 제외)

① 공장
② 교육시설
③ 묘지 관련 시설
④ 자원순환 관련 시설

[해설] 교육연구시설(제2종 근린생활시설에 해당하는 것은 제외)
가. 학교(유치원, 초등학교, 중학교, 고등학교, 전문대학, 대학, 대학교, 그 밖에 이에 준하는 각종 학교를 말함)
나. 교육원(연수원, 그 밖에 이와 비슷한 것을 포함)
다. 직업훈련소(운전 및 정비 관련 직업훈련소는 제외)
라. 학원(자동차학원·무도학원 및 정보통신기술을 활용하여 원격으로 교습하는 것은 제외)
마. 연구소(연구소에 준하는 시험소와 계측계량소를 포함)
바. 도서관

85. 다음 중 내화구조에 해당하지 않는 것은?

① 벽의 경우 철재로 보강된 콘크리트블록조·벽돌조 또는 석조로서 철재에 덮은 콘크리트 블록 등의 두께가 3cm 이상인 것
② 기둥의 경우 철근콘크리트구조로서 그 작은 지름이 25cm 이상인 것
③ 바닥의 경우 철근콘크리트조로서 두께가 10cm 이상인 것
④ 철근콘크리트조로 된 보

[해설] 벽에 대한 내화구조의 기준

구조 부분	내화구조의 기준		기준 두께
벽 ( )안은 외벽 중 비내력벽	철근콘크리트조·철골철근콘크리트조		10cm(7cm) 이상
	벽돌조		19cm 이상
	철골조의 골구 양면에	*철망모르타르로 덮을 때	4cm(3cm) 이상
		콘크리트블록·벽돌·석재로 덮을 때	5cm(4cm) 이상
	철재로 보강된 콘크리트블록조·벽돌조·석조로서 철재에 덮은 콘크리트블록의 두께		5cm(4cm) 이상
	고온·고압증기양생된 경량기포 콘크리트패널 또는 경량기포콘크리트블록조		10cm 이상
	무근콘크리트조·콘크리트블록조·벽돌조·석조		7cm 이상

정답 83. ④ 84. ② 85. ①

86. 시가화조정구역의 지정과 관련된 기준 내용 중 밑줄 친 "대통령령으로 정하는 기간"으로 옳은 것은?

> 시·도지사는 직접 또는 관계 행정기관의 장의 요청을 받아 도시지역과 그 주변 지역의 무질서한 시가화를 방지하고 계획적·단계적인 개발을 도모하기 위하여 <u>대통령령으로 정하는 기간</u> 동안 시가화를 유보할 필요가 있다고 인정되면 시가화 조정구역의 지정 또는 변경을 도시·군 관리계획으로 결정할 수 있다.

① 5년 이상 10년 이내의 기간
② 5년 이상 20년 이내의 기간
③ 7년 이상 10년 이내의 기간
④ 7년 이상 20년 이내의 기간

[해설] 시가화조정구역
국토교통부장관은 직접 또는 관계 행정기관의 장의 요청을 받아 도시지역과 그 주변지역의 무질서한 시가화를 방지하고 계획적·단계적인 개발을 도모하기 위하여 5년 이상 20년 이내 동안 시가화를 유보할 필요가 있다고 인정되면 시가화조정구역의 지정 또는 변경을 도시·군관리계획으로 결정할 수 있다.

87. 설치하여야 하는 부설주차장의 최소 규모(설치 대수)의 크기 관계가 옳은 것은?

> ㉠ 시설면적이 600m²인 위락시설
> ㉡ 시설면적이 800m²인 숙박시설
> ㉢ 타석수가 5타석인 골프연습장
> ㉣ 시설면적이 900m²인 판매시설

① ㉠ = ㉣ > ㉢ > ㉡
② ㉠ > ㉣ = ㉢ > ㉡
③ ㉢ > ㉣ > ㉠ > ㉡
④ ㉢ > ㉣ = ㉠ > ㉡

[해설] ㉠ 시설면적이 600m²인 위락시설(100m²/대)
= 600m² ÷ 100m² = 6대
㉡ 시설면적이 800m²인 숙박시설(200m²/대)
= 800m² ÷ 200m² = 4대
㉢ 타석수가 5타석인 골프연습장(1타석당 1대)
= 5타석 × 1대 = 5대
㉣ 시설면적이 900m²인 판매시설(150m²/대)
= 900m² ÷ 150m² = 6대
∴ ㉠ = ㉣ > ㉢ > ㉡

88. 지하식 또는 건축물식 노외주차장에서 경사로가 직선형인 경우, 경사로의 차로 너비는 최소 얼마 이상으로 하여야 하는가? (단, 2차로인 경우)

① 5m
② 6m
③ 7m
④ 8m

[해설] 경사로의 차로너비 및 종단구배

경사로 형태	차로너비	종단구배
직선형	1차선 : 3.3m 이상 2차선 : 6m 이상	17% 이하
곡선형	1차선 : 3.6m 이상 2차선 : 6.5m 이상	14% 이하

89. 급수, 배수, 환기, 난방 설비를 건축물에 설치하는 경우, 건축기계설비기술사 또는 공조냉동기계기술사의 협력을 받아야 하는 대상 건축물에 속하지 않는 것은?

① 아파트
② 연립주택
③ 기숙사로서 해당 용도에 사용되는 바닥면적의 합계가 2,000m²인 건축물
④ 업무시설로서 해당 용도에 사용되는 바닥면적의 합계가 2,000m²인 건축물

[해설] 건축설비기술사·공조냉동기계기술사의 협력을 받아야 하는 에너지 대량소비 건축물 대상(바닥면적 합계 기준)
㉠ 바닥면적 합계 500m² 이상의 냉동냉장시설, 항온항습시설, 특수청정시설
㉡ 규모에 관계없이 : 아파트 및 연립주택
㉢ 500m² 이상 : 목욕장(제1종 근린생활시설), 실내수영장(운동시설)
㉣ 2,000m² 이상 : 기숙사, 병원(의료시설), 유스호스텔(수련시설), 숙박시설
㉤ 3,000m² 이상 : 연구소(교육연구시설), 업무시설, 판매시설
㉥ 10,000m² 이상 : 문화 및 집회시설(동·식물원 제외), 종교시설, 장례식장, 교육연구시설(연구소 제외)

정답 86. ② 87. ① 88. ② 89. ④

90. 다음의 피난계단의 설치에 관한 기준 내용 중 ( )안에 알맞은 것은?

> 5층 이상 또는 지하 2층 이하인 층에 설치하는 직통계단은 피난계단 또는 특별피난계단으로 설치하여야 하는데, ( )의 용도로 쓰는 층으로부터의 직통계단은 그 중 1개소 이상을 특별피난계단으로 설치하여야 한다.

① 의료시설　　② 숙박시설
③ 판매시설　　④ 교육연구시설

[해설] 5층 이상 또는 지하 2층 이하인 층에 설치하는 직통계단은 피난계단 또는 특별피난계단으로 설치하여야 하는데, 판매시설의 용도로 쓰는 층으로부터의 직통계단은 그 중 1개소 이상을 특별피난계단으로 설치하여야 한다.

91. 대지 면적이 1,000m²인 건축물의 옥상에 조경 면적을 90m² 설치한 경우, 대지에 설치하여야 하는 최소 조경 면적은? (단, 조경설치기준은 대지면적의 10%)

① 10m²　　② 40m²
③ 50m²　　④ 100m²

[해설] 지상층의 조경면적=1,000m²×0.1
=100m²(전체조경면적)
또한 옥상조경면적의 2/3를 대지안의 조경면적으로 산정하지만 지상층 조경면적의 1/2를 초과할 수 없으므로 90×2/3=60m²이지만 50m²만 인정받을 수 있다.
∴ 지표면 조경면적=100m²-50m²=50m²

92. 지구단위계획 중 관계 행정기관의 장과의 협의, 국토교통부장관과의 협의 및 중앙도시계획위원회·지방도시계획위원회 또는 공동위원회의 심의를 거치지 아니하고 변경할 수 있는 사항에 관한 기준 내용으로 옳은 것은?

① 건축선의 2m 이내의 변경인 경우
② 획지면적의 30% 이내의 변경인 경우
③ 가구면적의 20% 이내의 변경인 경우
④ 건축물 높이의 30% 이내의 변경인 경우

[해설] 다음과 같은 경미한 지구단위계획의 변경에 관한 사항은 관계 행정기관의 장과의 협의 및 심의 절차를 거치지 아니하고 변경할 수 있다.
㉠ 가구면적 10% 이내의 변경
㉡ 건축물 높이 20% 이내의 변경
㉢ 획지면적 30% 이내의 변경
㉣ 건축선의 1m 이내의 변경

93. 건축법령에 따른 리모델링이 쉬운 구조에 속하지 않는 것은?

① 구조체가 철골구조로 구성되어 있을 것
② 구조체에서 건축설비, 내부 마감재료 및 외부 마감재료를 분리할 수 있을 것
③ 개별 세대 안에서 구획된 실의 크기, 개수 또는 위치 등을 변경할 수 있을 것
④ 각 세대는 인접한 세대와 수직 또는 수평방향으로 통합하거나 분할할 수 있을 것

[해설] 리모델링이 쉬운 공동주택의 구조
리모델링이 쉬운 구조의 공동주택의 건축을 촉진하기 위하여 공동주택을 다음의 구조로 하여 건축허가를 신청하는 경우
㉠ 각 세대는 인접한 세대와 수직 및 수평으로 통합하거나 분할할 수 있을 것
㉡ 구조체와 건축설비, 내부 마감재료와 외부 마감재료는 분리할 수 있을 것
㉢ 개별 세대 안에서 구획된 실(室)의 크기, 개수 또는 위치 등을 변경할 수 있을 것

94. 국토의 계획 및 이용에 관한 법령상 제2종 전용주거지역안에서 건축할 수 있는 건축물에 속하지 않는 것은?

① 공동주택
② 판매시설
③ 노유자시설
④ 교육연구시설 중·고등학교

정답 90. ③　91. ③　92. ②　93. ①　94. ②

[해설] 제2종 전용주거지역 안에서 단독주택, 공동주택은 시행령에서 건축허용, 노유자시설은 해당 조례로서 건축허용, 교육연구시설 중 학교는 해당 조례로서 선택적 허용이 가능하다. 판매시설은 제2종 전용주거지역 안에서 건축할 수 없다.

95. 건축지도원에 관한 설명으로 틀린 것은?

① 허가를 받지 아니하고 건축하거나 용도변경한 건축물의 단속 업무를 수행한다.
② 건축지도원은 시장, 군수, 구청장이 지정할 수 있다.
③ 건축지도원의 자격과 업무범위는 국토교통부령으로 정한다.
④ 건축신고를 하고 건축 중에 있는 건축물의 시공지도와 위법 시공 여부의 확인·지도 및 단속 업무를 수행한다.

[해설] 건축지도원의 지정

구분	내용
목적	• 건축법 규정에 의한 명령이나 처분에 위반하는 건축물의 발생을 예방 • 건축물의 적법한 유지·관리를 지도하기 위하여
지정자	• 특별자치시장·특별자치도지사 또는 시장·군수·구청장
자격	• 특별자치시장·특별자치도지사 또는 시장·군수·구청장이 시·군·구에 근무하는 건축직렬의 공무원 • 건축에 관한 학식이 풍부한 자로서 건축조례가 정하는 자격을 갖춘 자
업무 범위	• 건축신고를 하고 건축 중에 있는 건축물의 시공지도와 위법시공여부의 확인·지도 및 단속 • 건축물의 대지, 높이 및 형태, 구조안전 및 화재안전, 건축설비 등이 법령 등에 적합하게 유지·관리되고 있는 지의 확인·지도 및 단속 • 허가를 받지 아니하거나 신고를 하지 아니하고 건축하거나 용도변경한 건축물의 단속

96. 건축물로부터 바깥쪽으로 나가는 출구를 국토교통부령으로 정하는 기준에 따라 설치하여야 하는 대상 건축물에 속하지 않는 것은?

① 종교시설
② 의료시설 중 종합병원
③ 교육연구시설 중 학교
④ 문화 및 집회시설 중 관람장

[해설] 건축물 바깥쪽으로의 출구 설치 대상
㉠ 문화 및 집회시설(전시장 및 동·식물원을 제외)
㉡ 판매시설(도매시장·소매시장 및 상점)
㉢ 장례식장
㉣ 업무시설 중 국가 또는 지방자치단체의 청사
㉤ 위락시설
㉥ 연면적이 5,000m² 이상인 창고시설
㉦ 교육연구시설 중 학교
㉧ 승강기를 설치하여야 하는 건축물
[예외] 관람석의 바닥면적의 합계가 300m² 이상인 집회장 또는 공연장은 바깥쪽으로 주된 출구 외에 보조출구 또는 비상구를 2개소 이상 설치하여야 한다.

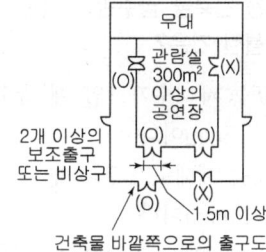

[그림] 문화 및 집회시설 등의 출구

97. 피난층 이외 층으로서 피난층 또는 지상으로 통하는 직통계단을 2개소 이상 설치하여야 하는 대상기준으로 옳지 않은 것은?

① 지하층으로서 그 층 거실의 바닥면적의 합계가 200m² 이상인 것
② 종교시설의 용도로 쓰는 층으로서 그 층에서 해당 용도로 쓰는 바닥면적의 합계가 200m² 이상인 것
③ 판매시설의 용도로 쓰는 3층 이상의 층으로서 그 층의 해당 용도로 쓰는 거실의 바닥면적의 합계가 200m² 이상인 것
④ 업무시설 중 오피스텔의 용도로 쓰는 층으로서 그 층의 해당 용도로 쓰는 거실의 바닥면적의 합계가 200m² 이상인 것

[해설] 공동주택(층당 4세대 이하는 제외), 업무시설 중 오피스텔의 용도로 쓰는 층으로서 그 층의 해당용도로 쓰는 거실의 바닥면적의 합계가 300m² 이상인 경우, 피난층 또는 지상으로 통하는 직통계단을 2개소 이상 설치하여야 한다.

98. 주거용 건축물 급수관의 지름 산정에 관한 기준 내용으로 틀린 것은?

① 가구 또는 세대수가 1일 때 급수관 지름의 최소기준은 15mm이다.
② 가구 또는 세대수가 7일 때 급수관 지름의 최소기준은 25mm이다.
③ 가구 또는 세대수가 18일 때 급수관 지름의 최소기준은 50mm이다.
④ 가구 또는 세대의 구분이 불분명한 건축물에 있어서는 주거에 쓰이는 바닥면적의 합계가 85m² 초과 150m² 이하인 경우는 3가구로 산정한다.

[해설] 주거용 건축물 급수관의 지름 기준

가구 또는 세대수	1	2~3	4~5	6~8	9~16	17 이상
급수관 최소지름	15	20	25	32	40	50

※ 가구수나 세대수가 불분명한 경우 주거에 쓰이는 바닥면적의 합계에 따라 가구수를 산정
① 바닥면적 85m² 이하 : 1가구
② 바닥면적 85m² 초과, 150m² 이하 : 3가구
③ 바닥면적 150m² 초과, 300m² 이하 : 5가구
④ 바닥면적 300m² 초과, 500m² 이하 : 16가구
⑤ 바닥면적 500m² 초과 : 17가구

99. 다음 중 도시·군관리계획에 포함되지 않는 것은?

① 도시개발사업이나 정비사업에 관한 계획
② 광역계획권의 장기발전방향을 제시하는 계획
③ 기반시설의 설치·정비 또는 개량에 관한 계획
④ 용도지역·용도지구의 지정 또는 변경에 관한 계획

[해설] 도시·군관리계획의 내용
 ㉠ 용도지역·용도지구의 지정 또는 변경에 관한 계획
 ㉡ 개발제한구역·도시자연공원·구역시가화조정구역·수산자원보호구역의 지정 또는 변경에 관한 계획
 ㉢ 기반시설의 설치·정비 또는 개량에 관한 계획
 ㉣ 도시개발사업 또는 정비사업에 관한 계획
 ㉤ 지구단위계획구역의 지정 또는 변경에 관한 계획과 지구단위계획
 ㉥ 입지규제최소구역의 지정 또는 변경에 관한 계획과 입지규제최소구역계획
 ☞ 광역계획권의 지정의 규정에 의하여 지정된 광역계획권의 장기발전방향을 제시하는 계획은 광역도시계획이다.

100. 건축허가신청에 필요한 설계도서의 종류 중 건축계획서에 표시하여야 할 사항이 아닌 것은?

① 주차장규모
② 대지의 종·횡 단면도
③ 건축물의 용도별 면적
④ 지역·지구 및 도시계획사항

정답 97. ④ 98. ② 99. ② 100. ②

[해설] 건축허가신청에 필요한 기본설계도서 중 건축계획서의 범위
1. 개요(위치·대지면적 등)
2. 지역·지구 및 도시계획사항
3. 건축물의 규모(건축면적·연면적·높이·층수 등)
4. 건축물의 용도별 면적
5. 주차장 규모
6. 에너지절약계획서(해당 건축물에 한함)
7. 노인 및 장애인 등을 위한 편의시설 설치계획서 (관계법령에 의하여 설치의무가 있는 경우에 한함)
 ☞ 대지의 종·횡 단면도는 배치도의 범위에 해당된다.

과년도출제문제

2025. 1회 건축기사

■■■ 제1과목 건축계획

1. 주택의 부엌가구 배치 유형에 관한 설명으로 옳지 않은 것은?

① L자형은 부엌과 식당을 겸할 경우 많이 활용된다.
② ㄷ자형은 작업공간이 좁기 때문에 작업효율이 나쁘다.
③ 일(-)자형은 좁은 면적 이용에 효과적이므로 소규모 부엌에 주로 사용된다.
④ 병렬형은 작업 동선은 줄일 수 있지만 직업 시 몸을 앞뒤로 바꿔야 하므로 불편하다.

[해설] ㄷ자형
양측벽면을 이용하므로 수납공간을 넓게 잡을 수 있으며, 이용하기에도 아주 편리하다. 작업동선이 짧고 부엌의 면적을 줄일 수 있는 이점이 있으나 평면계획상 외부로 통하는 출입구의 설치가 곤란하다.
가장 동선 효율이 좋은 형태로 면적이 다소 넓은 부엌이나 음식점의 주방에 적합한 형태이다.

2. 건축모듈(Module)에 대한 설명으로 옳지 않은 것은?

① 대량생산이 용이하다.
② 설계작업이 간편하고 단순화된다.
③ 현장작업이 단순해지고 공기가 단축된다.
④ 건축물 형태의 자유로운 구성이 용이하다.

[해설] 모듈계획(MC : Modular Coordination, 척도조정)
모듈을 사용하여 건축 전반에 사용되는 재료를 규격화하는 것을 말한다.
㉮ 장점
  ㉠ 설계 작업이 단순화되므로 용이하다.
  ㉡ 건축 구성재의 대량 생산이 용이해지고, 생산 비용이 낮아질 수 있다.
  ㉢ 건축 구성재의 수송이나 취급이 편리해진다.
  ㉣ 현장 작업이 단순하므로 공사 기간이 단축될 수 있다.
  ㉤ 국제적인 M.C.를 사용하면 건축 구성재의 국제 교역이 용이해진다.

㉯ 단점
  ㉠ 건축물 형태에 있어서 창조성 및 인간성을 상실할 우려가 있다.
  ㉡ 동일한 형태가 집단을 이루는 경향이 있으므로 건물의 배치와 외관이 단순해지므로 배색에 신중을 기해야 한다.

3. 학교 운영방식에 관한 설명으로 옳지 않은 것은?

① 달톤형은 다양한 크기의 교실이 요구된다.
② 교과교실형은 각 교과교실의 순수율이 낮다는 단점이 있다.
③ 플래툰형은 교사수 및 시설이 부족하면 운영이 곤란하다는 단점이 있다.
④ 종합교실형은 학생의 이동이 없으며, 초등학교 저학년에 적합한 형식이다.

[해설] 교과교실형(V형)
모든 교실이 특정한 교과를 위해 만들어지고 일반 교실은 없다. 각 교과에 순수율이 높은 교실이 주어져 시설의 활용도가 높게 되며, 학생의 이동이 심하고 순수율을 100%로 하는 한 이용률은 반드시 높다고 할 수 없다.
※ 이동할 때에는 소지품을 두는 곳을 고려할 필요가 있다. 또 이동에 대한 동선에 주의하지 않으면 안 된다.

4. 아파트의 단면형식 중 메조넷 형식(maisonnette type)에 관한 설명으로 옳지 않은 것은?

① 하나의 주거단위가 복층 형식을 취한다.
② 양면 개구부에 의한 통풍 및 채광이 좋다.
③ 주택 내의 공간의 변화가 없으며 통로에 의해 유효면적이 감소한다.
④ 거주성, 특히 프라이버시는 높으나 소규모 주택에는 비경제적이다.

정답 1. ② 2. ④ 3. ② 4. ③

[해설] 메조넷형(복층형, duplex type, maisonnette type)
작은 저택의 뜻을 지니고 있는 메조넷(maisonnette)은 하나의 주호가 2개 층 이상에 걸쳐 구성되는 형식으로 독립성이 좋고 전용 면적비가 크나 $50m^2$ 이하의 소규모 주거 형식에는 비경제적이다.
㉠ 주야간의 생활공간이 층별로 구분(독립성 확보)
㉡ 유효면적의 증가
㉢ 중직동선의 편리 도모(엘리베이터의 정지층수 반감)
㉣ 좋은 평면 구성 가능
㉤ 통풍·채광 유리

5. 다음의 객석의 가시거리에 대한 설명 중 ( ) 안에 알맞은 내용은?

> 연극 등을 감상하는 경우 연기자의 표정을 읽을 수 있는 가시한계는 (㉮) 정도이다. 그러나 실제적으로 극장에서는 잘 보여야 하는 동시에 많은 관객을 수용해야 하므로 (㉯) 까지를 제1차 허용한도로 한다.

① ㉮ 10m, ㉯ 22m   ② ㉮ 15m, ㉯ 22m
③ ㉮ 10m, ㉯ 25m   ④ ㉮ 15m, ㉯ 25m

[해설] 연극 등을 감상하는 경우 연기자의 표정을 읽을 수 있는 가시한계는 15m 정도이다. 그러나 실제적으로 극장에서는 잘 보여야 하는 동시에 많은 관객을 수용해야 하므로 22m까지를 제1차 허용한도로 한다.

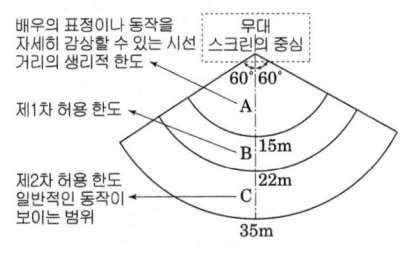

[그림] 관객석의 한계

6. 미술관 건축계획에 대한 설명 중 옳은 것은?
① 하모니카 전시기법은 동일 종류의 전시물을 반복 전시할 경우 유리하다.
② 대규모의 미술관은 각 전시실을 자유롭게 출입할 수 있는 연속순로형식을 주로 채용한다.
③ 미술관의 채광방식을 편측창방식으로 할 경우 실 전체의 조도분포가 균일하여 별도의 조명설비가 필요없다.
④ 아일랜드 전시기법은 벽이나 천장을 직접 이용하여 전시물을 배치하는 기법으로 관람자의 시거리를 짧게 할 수 없다는 단점이 있다.

[해설] 특수전시기법

전시기법	특 징
디오라마 전시	'하나의 사실' 또는 '주제의 시간 상황'을 고정'시켜 연출하는 것으로 현장에 임한 듯한 느낌을 가지고 관찰할 수 있는 전시기법
파노라마 전시	벽면전시와 입체물이 병행되는 것이 일반적인 유형으로 넓은 시야의 실경(實景)을 보는 듯한 감각을 주는 전시기법
아일랜드 전시	벽이나 천정을 직접 이용하지 않고 전시물 또는 장치를 배치함으로써 전시공간을 만들어내는 기법으로 대형전시물이나 소형전시물인 경우에 유리하다.
하모니카 전시	전시평면이 하모니카 흡입구처럼 동일한 공간으로 연속되어 배치되는 전시기법으로 동일 종류의 전시물을 반복 전시할 때 유리하다.

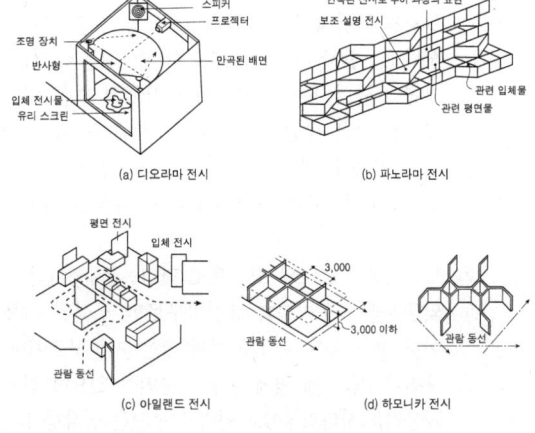

[그림] 특수전시기법

정답 5. ②   6. ①

과년도출제문제

7. 도서관건축 계획에서 장래에 증축을 반드시 고려해야 할 부분은 다음 중 어느 것인가?

① 서고 ② 대출실
③ 사무실 ④ 휴게실

[해설] 도서관의 장서는 20년에 약 2배가 되므로 30~40년 장래에 대해 충분한 여지를 가질 수 있는 곳으로 장래의 증축을 반드시 고려하여야 한다. 건축 초기부터 장래의 확장 계획을 고려하며, 특히 계획상 적어도 50% 이상의 확장, 변화에 순응할 수 있는 융통성 있는 평면계획이 되어야 한다. 대지의 여유는 물론 서고와 열람실에 있어서도 여유를 가져야 한다. 일반적으로 서고의 60~70%가 찰 경우에는 기존 시설의 확충을 고려해야 한다.

8. 한국 전통건축의 지붕양식에 대한 설명으로 옳은 것은?

① 모임지붕은 용마루와 내림마루가 있고 추녀마루만 없는 형태이다.
② 우진각지붕은 네 면에 모두 지붕면이 있으며 전후 지붕면은 사다리꼴이고 양측 지붕면은 삼각형이다.
③ 팔작지붕은 원초적인 지붕형태로 원시움집에서부터 사용되었다.
④ 맞배지붕은 용마루와 추녀마루로만 구성된 지붕으로 주로 주심포 건물에 많이 사용되었다.

[해설] 한국 전통건축의 지붕양식
 ㉠ 합각지붕(팔작지붕) : 한식 가옥의 지붕 구조의 하나로, 팔작지붕이라고도 한다. 지붕 위까지 박공이 달려 용마루 부분이 삼각형의 벽을 이루고 처마끝은 우진지붕과 같다. 맞배지붕과 함께 한식 가옥에 가장 많이 쓰는 지붕의 형태이다. 한국전통건축에서 가장 화려하고 완성된 지붕양식이다.
 ㉡ 모임지붕 : 하나의 정점으로 만나는 지붕이다.
 ㉢ 맞배지붕 : 용마루와 내림마루로만 구성된 지붕이다. 한옥에서 추녀를 걸지 않는 지붕구조이다.
 ㉣ 우진각지붕 : 네 면에 모두 지붕면이 있으며 전후 지붕면은 사다리꼴이고 양측 지붕면은 삼각형이다.

 팔작지붕  맞배지붕  우진각지붕

9. 다음 중 건축가와 작품의 연결이 옳지 않은 것은?

① 르 꼬르뷔제 – 사보이 주택
② 오스카 니마이어 – 브라질 국회의사당
③ 프랑크 로이드 라이트 – 뉴욕 구겐하임 미술관
④ 미스 반 데어 로에 – 레버 하우스

[해설] 미스 반 데어 로에 – 바르셀로나 박람회 독일관(1929), I.I.T공대 크라운 홀(1956), 시그램 빌딩(1958)
 ※ 레버 하우스는 고든 번샤프트(Gordon Bunshaft)의 작품이다.

10. 병원의 간호사대기소에 관한 설명 중 ( ) 안에 가장 알맞은 내용은?

> 1개의 간호사 대기소에서 관리할 수 있는 병상수는 (㉮)개 이하로 하며, 간호사의 보행거리는 (㉯)m 이내가 되도록 한다.

① ㉮ 10~20 ㉯ 40   ② ㉮ 20~30 ㉯ 40
③ ㉮ 30~40 ㉯ 24   ④ ㉮ 40~50 ㉯ 24

[해설] 1개의 간호사 대기소에서 관리할 수 있는 병상수는 30~40개 이하로 하며 간호사의 보행거리는 24m 이내가 되도록 한다.

정답 7. ① 8. ② 9. ④ 10. ③

11. 다품종 소량생산으로 예상생산이 불가능한 경우, 표준화가 곤란한 경우에 적용되는 공장건축의 레이아웃 방식은?

① 고정식 레이아웃
② 혼성식 레이아웃
③ 공정중심 레이아웃
④ 제품중심 레이아웃

[해설] 공정중심의 레이아웃(기계 설비 중심)
㉠ 동종의 공정, 동일한 기계, 기능이 유사한 것을 하나의 그룹으로 집합시키는 방식
㉡ 다종소량생산(多種小量生産)으로 예상 생산이 불가능한 경우나 표준화가 행해지기 어려운 경우에 채용된다.
㉢ 특징 : 생산성이 낮으나 주문 생산 공장에 적합하다.

12. 다음 중 호텔의 성격상 연면적에 대한 숙박면적의 비가 가장 큰 것은?

① 리조트 호텔   ② 커머셜 호텔
③ 레지덴셜 호텔   ④ 클럽 하우스

[해설] 시티호텔은 연면적에 대한 숙박면적의 비가 크다. (연면적의 49~73% 정도)
※ 시티호텔 중에서 숙박 체류 목적의 커머셜 호텔이 연면적에 대한 숙박면적의 비가 가장 크다.
※ 시티호텔 : 커머셜 호텔, 레지던셜 호텔, 아파트먼트 호텔, 터미널 호텔
☞ 리조트 호텔(resort hotel)은 연면적에 대한 숙박면적의 비가 작다.

13. 사무소건축계획 중 오피스 랜드스케이핑에 관한 설명으로 옳지 않은 것은?

① 작업장의 집단을 자유롭게 그루핑하여 불규칙한 평면을 유도한다.
② 개실시스템의 한 형식으로 배치를 의사전달과 작업흐름의 실제적 패턴에 기초를 둔다.
③ 변화하는 작업의 패턴에 따라 조절이 가능하며 신속하고 경제적으로 대처할 수 있다.
④ 대형가구 등 소리를 반향시키는 기재의 사용이 어렵다.

[해설] 오피스 랜드스케이프(office landscape, 완전개방형)는 새로운 사무 공간 설계방법으로서 개방된 사무공간을 의미한다. 계급서열에 의한 획일적 배치에 대한 반성으로 사무의 흐름이나 작업내용의 성격을 중시하는 배치 방법이다.
㉮ 장점
㉠ 개방식 배치의 변형된 방식이므로 공간이 절약된다.
㉡ 공사비(칸막이벽, 공조설비, 소화설비, 조명설비 등)가 절약되므로 경제적이다.
㉢ 작업 패턴의 변화에 따른 컨트롤이 가능하며 융통성이 있으므로 새로운 요구사항에 맞도록 신속한 변경이 가능하다.
㉣ 사무실 내에서 인간관계의 질적 향상과 모럴의 확립을 통해 작업의 능률이 향상된다.
㉯ 단점
㉠ 소음이 발생하기 쉽다.
㉡ 독립성이 결여될 우려가 있다.

14. 다음의 은행계획에 대한 설명 중 옳지 않은 것은?

① 고객이 지나는 동선은 되도록 짧게 한다.
② 업무 내부의 일의 효율은 되도록 고객이 알기 어렵게 한다.
③ 주출입구에 전실을 둘 경우에는 바깥문으로 밖여닫이 또는 자재문으로 할 수 있다.
④ 고객의 공간과 업무공간과의 사이에는 원칙적으로 구분이 있어야 한다.

[해설] 고객의 동선과 업무공간과의 사이에는 원칙적으로 구분이 없어야 한다. 또한 고객이 지나는 동선은 되도록 짧아야 한다.

15. 사무소건축의 기준층 평면형태 결정요소에 대한 설명 중 가장 부적절한 것은?

① 구조상 스팬의 한도
② 방화구획상의 한도
③ 덕트, 배선, 배관 등 설비시스템의 한계
④ 대피상 최소 피난거리

정답 11. ③ 12. ② 13. ② 14. ④ 15. ④

[해설] 사무소 건축의 기준층 규모 산정시 고려사항
  ㉠ 구조상 스팬(span)의 한계
  ㉡ 중직거리의 한계(동선상의 거리)
  ㉢ 임대면적 비율
  ㉣ 피난시 최대 보행거리
  ㉤ 각종 설비시스템의 한계(duct, 배관, 배선)
  ㉥ 방화구획상 면적(법규상 방화구획, 배연계획 등)
  ㉦ 자연광에 의한 조명 한계(실내상시보조인공조명을 고려)

16. 건축의 양식 발달순서 중 옳은 것은?

① 로마 – 비잔틴 – 고딕 – 로마네스크 – 르네상스 – 바로크
② 그리스 – 로마네스크 – 르네상스 – 바로크 – 로코코
③ 초기 기독교 – 비잔틴 – 로마네스크 – 로코코 – 르네상스
④ 이집트 – 로마 – 비잔틴 – 로마네스크 – 르네상스 – 고딕

[해설] 서양건축양식의 순서[※이서그로초비로고르바로]
  이집트 – 서아시아 – 그리이스 – 로마 – 초기기독교 – **비잔틴** – 로마네스크 – 고딕 – 르네상스 – **바로크** – 로코코

17. 쇼핑센터의 몰(mall)에 관한 설명으로 옳은 것은?

① 전문점과 핵상점의 주출입구는 몰에 면하도록 한다.
② 쇼핑체류시간을 늘릴 수 있도록 방향성이 복잡하게 계획한다.
③ 몰은 고객의 통과동선으로서 부속시설과 서비스기능의 출입이 이루어지는 곳이다.
④ 일반적으로 공기조화에 의해 쾌적한 실내 기후를 유지할 수 있는 오픈 몰(open mall)이 선호된다.

[해설] 몰(mall)
  ㉠ 쇼핑센터 내의 주요 보행 동선으로 고객을 각 상점으로 고르게 유도하는 shopping street인 동시에 고객의 휴식처로서의 기능도 갖고 있다. 쇼핑센터의 가장 특징적인 요소이다.
  ㉡ 고객의 주보행 동선으로 핵상점과 각 전문점에의 출입이 이루어지는 곳이므로 확실한 방향성, 식별성이 요구되며, 고객에게 변화감, 다채로움, 자극과 흥미를 주며 쇼핑을 유쾌하게 할 수 있고 휴식 장소를 제공해 주어야 한다.
  ㉢ 전문점과 핵상점들은 몰에 면하도록 한다.
  ㉣ mall은 open mall, enclosed mall로 계획할 수 있으며, 일반적으로 공기 조화에 의해 쾌적한 실내 기후로 유지할 수 있는 enclosed mall이 선호된다.
  ㉤ 몰의 폭은 6~12m가 일반적이며, 몰의 길이는 240m가 한계이다. 길이 20~30m마다 변화를 주어 단조로운 느낌이 들지 않도록 하는 것이 바람직하다.

18. 주당 평균 40시간을 수업하는 어느 학교에서 음악실에서의 수업이 총 20시간이며, 이 중 15시간은 음악시간으로 나머지 5시간은 학급토론시간으로 사용되었다면, 이 교실의 이용률과 순수율은?

① 이용률 37.5%, 순수율 75%
② 이용률 50%, 순수율 75%
③ 이용률 75%, 순수율 37.5%
④ 이용률 75%, 순수율 50%

[해설] ㉠ 이용률 = $\dfrac{\text{교실이 사용되고 있는 시간}}{\text{1주간의 평균수업시간}} \times 100\%$
  $= \dfrac{20\text{시간}}{40\text{시간}} \times 100 = 50\%$

㉡ 순수율 = $\dfrac{\text{일정한 교과를 위해 사용되는 시간}}{\text{그 교실이 사용되는 시간}} \times 100\%$
  $= \dfrac{20\text{시간} - 5\text{시간}}{20\text{시간}} \times 100 = 75\%$

정답 16. ② 17. ① 18. ②

19. 극장건축의 음향계획에 관한 설명으로 옳지 않은 것은?

① 무대에 가까운 벽은 반사재로 하고 멀어짐에 따라서 흡음재의 벽을 배치하는 것이 원칙이다.
② 음향계획에 있어서 발코니의 계획은 될 수 있는 한 피하는 것이 좋다.
③ 오디토리움 양쪽의 벽은 무대의 음을 반사에 의해 객석 뒷부분까지 이르도록 보강해 주는 역할을 한다.
④ 음의 반복 반사현상을 피하기 위해 가급적 원형에 가까운 평면형으로 계획한다.

[해설] 객석의 평면이 원형이나 타원형일 경우 잔향을 일으킬 우려가 있다.

20. 상점계획에 대한 설명 중 옳지 않은 것은?

① 고객의 동선은 일반적으로 짧을수록 좋다.
② 점원의 동선과 고객의 동선은 서로 교차되지 않는 것이 바람직하다.
③ 대면판매형식은 일반적으로 시계, 귀금속, 의약품 상점 등에서 쓰여진다.
④ 진열케이스, 진열대, 진열장 등이 입구에서 안을 향하여 직선적으로 구성된 평면배치는 주로 침구코너, 식기코너, 서점 등에서 사용된다.

[해설] 고객 동선은 길게 유도하여 매장의 진열효과를 높이고, 종업원의 동선은 되도록 짧게 하여 보행거리를 적게 하여 작업의 효율성과 피로의 감소를 고려한다.
※ 상업건축의 동선계획 계획시 가장 우선순위는 고객의 동선을 원활히 처리하는 것이다.

제2과목 건축시공

21. 다음 중 사용할 때 마다 부재의 조립, 분해를 반복하지 않아 벽식구조인 아파트 건축물에 적용효과 큰 대형 벽체 거푸집은?

① Gang form
② Sliding form
③ Air tube form
④ Traveling form

[해설] 갱폼(gang form)
㉠ 대형 패널에 작업발판과 버팀대를 부착·일체화 시켜 주로 타워크레인 등의 시공장비에 의해 한번에 설치하고 해체하는 거푸집이다.
㉡ 벽식구조인 아파트 건축물에 적용효과가 큰 대형 벽체 거푸집이다.
㉢ 대형장비가 필요하며, 초기투자비가 과다하다.
㉣ 거푸집의 대형화로 이음부위가 감소한다.
㉤ 제치장 콘크리트의 경우 가설 비계공사를 하지 않아도 된다.
㉥ 전용횟수는 30~40회 정도이다.

22. 지질조사를 통한 주상도에서 나타나는 정보가 아닌 것은?

① N치　　　　　② 투수계수
③ 토층별 두께　　④ 토층의 구성

[해설] 투수계수(permeability coefficient)
유체가 토양이나 암석 등의 다공성 매체를 통과하는데 있어서 그 용이도를 나타내는 척도

23. 타일의 크기가 200mm×200mm이고, 가로 세로 줄눈의 크기는 10mm인 타일로 벽면적 100m²가 되는 벽체를 시공하는 경우의 타일 매수로 적당한 것은 어느 것인가? (단, 정미량이며 깨짐에 의한 손실은 없는 것으로 한다.)

① 2,368매　　② 2,268매
③ 2,468매　　④ 2,678매

[해설] $\dfrac{1,000\text{cm}}{(20+1)\text{cm}} \times \dfrac{1,000\text{cm}}{(20+1)\text{cm}} = 2267.7$매
≒ 2268매

정답　19. ④　20. ①　21. ①　22. ②　23. ②

24. 창호철물과 창호의 연결로 옳지 않은 것은?

① 도어체크(door check) - 미닫이문
② 플로어 힌지(floor hinge) - 자재 여닫이문
③ 크리센트(Crescent) - 오르내리창
④ 레일(rail) - 미서기창

[해설] 도어 체크(Door check)
문 윗틀과 문짝에 설치하여 문이 자동적으로 닫혀지게 하며, 기계장치가 있어 개폐속도를 조절할 수 있는 장치

25. 포틀랜드시멘트 화학성분 중 1일 이내 수화를 지배하며 응결이 가장 빠른 것은?

① 알루민산3석회
② 알루민산철4석회
③ 규산3석회
④ 규산2석회

[해설] 알루민산3석회(화학식 : $3CaO \cdot Al_2O_3$, 약호 : C_3A)
㉠ 수화작용이 대단히 빠르므로 재령 1주 이내에 초기강도를 발현한다.
㉡ 화학저항성이 약하고, 건조수축이 크다.
※ 응결 시간이 빠른 순서(큰 것에서 작은 것)
C_3A(알루민산 3석회) > C_3S(규산 3석회) > C_4AF(알루민산철 4석회) > C_2S(규산 2석회)

26. 다음 중 QC(Quality Control) 활동의 도구가 아닌 것은?

① 특성요인도(Cause & Effect Diagram)
② 산점도(Scatter Diagram)
③ 히스토그램(Histogram)
④ 기능계통도(Function Diagram)

[해설] QC(Quality Control) 활동의 도구
히스토그램, 특성요인도, 파레토도, 체크 시이트, 각종 그래프 및 관리도, 산점도, 층별(層別)

27. 건설사업지원 통합 전산망으로 건설 생산활동 전 과정에서 건설 관련 주체가 전산망을 통해 신속히 교환·공유할 수 있도록 지원하는 통합 정보시스템을 지칭하는 용어는?

① 건설 CIC(Computer Intergrated Construction)
② 건설 EC(Engineering Construction)
③ 건설 CALS(Continuous Acquisition&Life Cycle Support)
④ 건설 EVMS(Earned Value Meanagement System)

[해설] 건설 CALS(Continuous Acquisition Life cycle Support)
건설사업자원 통합전산망으로 건설 생산활동 전 과정에서 건설 관련 주체가 전산망을 통해 신속히 교환·공유할 수 있도록 지원하는 통합정보시스템의 용어이다.
건설공사 기획부터 설계, 입찰 및 구매, 시공, 유지관리의 전 단계에 있어 업무절차의 전자화를 추구하는 종합건설정보망체계를 말한다.

28. 철골공사에서 크롬산 아연을 안료로 하고, 알키드 수지를 전색료로 한 것으로서 알루미늄 녹막이 초벌칠에 적당한 것은?

① 광명단
② 그래파이트 도료
③ 징크로 메이트 도료
④ 알루미늄 도료

[해설] 징크로메이트(Zincromate) 도료
철골공사에서 크롬산 아연을 안료로 하고, 알키드 수지를 전색료로 한 것으로서 알루미늄 녹말이 초벌칠에 적당하다.

29. 건축재료별 수량 산출 시 적용하는 할증률로 옳지 않은 것은?

① 유리 : 1%
② 이형철근 : 3%
③ 붉은벽돌 : 3%
④ 단열재 : 5%

정답 24. ① 25. ① 26. ④ 27. ③ 28. ③ 29. ④

[해설] 재료의 할증률
- 1% : 유리
- 2% : 시멘트, 칠(도장)
- 3% : 이형철근, 붉은벽돌, 내화벽돌, 타일, 테라코타, 슬레이트, 고장력볼트
- 4% : 블록
- 5% : 원형철근, 시멘트벽돌, 봉강, 리벳, 볼트, 아스팔트계 타일, 기와
- 7% : 대형형강
- 10% : 강판, 단열재
- 30% : 고온고압기기

30. 콘크리트용 골재의 품질에 관한 설명으로 옳지 않은 것은?

① 골재는 청정, 강경하고 유해량의 먼지, 유기불순물이 포함되지 않아야 한다.
② 골재의 입형은 콘크리트의 유동성을 갖도록 한다.
③ 골재는 예각으로 된 것을 사용하도록 한다.
④ 골재의 강도는 콘크리트 내 경화한 시멘트페이스트의 강도보다 커야 한다.

[해설] 콘크리트 골재에 요구되는 특성
㉠ 골재의 입형은 편평, 세장하거나 예각으로 된 것은 좋지 않다.
㉡ 충분한 수분의 흡수를 위하여 굵은 골재의 공극률은 작은 것이 좋다.
㉢ 골재의 강도는 경화 시멘트페이스트의 강도 이상이어야 한다.
㉣ 입도는 조립에서 세립까지 균등히 혼합되게 한다.

31. 강제 배수 공법의 대표적인 공법으로 인접 건축물과 토류판 사이에 케이싱 파이프를 삽입하여 지하수를 펌프 배수하는 공법은?

① 집수정 공법
② 웰 포인트 공법
③ 리버스 서큘레이션 공법
④ 전기 삼투 공법

[해설] 웰 포인트 공법(Well point method)
강제배수공법의 대표적 공법으로 Siemens Wall공법을 개량한 공법이다. 지중에 Pipe를 1~2m 간격으로 박고 진공펌프를 사용해서 지하수를 진공흡입 탈수하는 것이며, 용수량이 비교적 많은 굵은 사질층에서 약간 투수층이 나쁜 사질 실트층 정도까지의 지하수를 강제 배수할 수가 있다.
㉠ 장점 : 터파기 공사가 쉽게 되고, 지반의 지내력이 강화되며, 흙막이 토압이 경감된다.
㉡ 단점 : 인접지의 침하를 일으키기 쉽다.

32. 건설현장에서 근무하는 공사감리자의 업무에 해당되지 않는 것은?

① 공사시공자가 사용하는 건축자재가 관계법령에 의한 기준에 적합한 건축자재인지 여부의 확인
② 상세시공도면의 작성
③ 공사현장에서의 안전관리지도
④ 품질시험의 실시여부 및 시험성과의 검토·확인

[해설] 공사감리자의 감리업무
㉠ 공사시공자가 설계도서에 따라 적합하게 시공하는지의 여부 확인
㉡ 공사시공자가 사용하는 건축자재가 적합한 자재인지의 여부 확인
㉢ 건축물 및 대지가 적법하도록 공사시공자 및 건축주 지도
㉣ 시공계획 및 공사관리의 적정 여부 확인
㉤ 공사현장에서의 안전관리 지도
㉥ 공정표의 검토
㉦ 상세시공도면의 검토·확인
㉧ 구조물의 위치와 규격의 적정 여부의 검토·확인
㉨ 품질시험의 실시 여부 및 시험성과의 검토·확인
㉩ 설계변경의 적정 여부의 검토·확인
㉪ 기타 공사감리계약으로 정하는 사항
※ 상세시공도면의 작성은 시공자, 검토 확인은 공사감리자의 업무사항이다.

정답 30. ③ 31. ② 32. ②

33. 다음 중 도장공사를 위한 목부 바탕만들기 공정으로 옳지 않은 것은?

① 오염, 부착물의 제거
② 바니쉬칠
③ 옹이땜
④ 송진의 처리

[해설] 목부 바탕만들기 공정(목부 바탕처리법)
㉠ 오염, 부착물의 제거
㉡ 송진의 처리(긁어내기, 인두지짐, 휘발유 닦기)
㉢ 연마지 닦기(대패자국 제거 등)
㉣ 옹이땜(셀락니스칠)
㉤ 구멍땜(퍼티먹임) 및 눈메움

34. 다음 보기는 콘크리트 구조물의 동해에 의한 피해현 상을 나타낸 것이다. 어느 현상을 설명한 것인가?

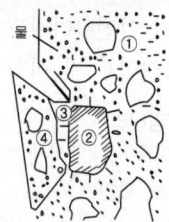

① 콘크리트가 흡수
② 흡수율이 큰 쇄석이 흡수, 포화상태가 됨
③ 빙결하여 체적 팽창압력
④ 표면부분 박리

① 레이턴스   ② 알칼리골재반응
③ 폭열현상   ④ Pop Out

[해설] Pop Out 현상
㉠ 콘크리트 속에 존재하는 수분이 결빙점 이상과 이하를 반복하며, 동결팽창에 의해 수분이 동결 하면 물이 약 9% 팽창하여, 이 팽창압으로 콘 크리트 표면의 골재 및 모르타르가 박리·박락 을 일으키는 현상이다.
㉡ Pop Out 현상의 방지대책으로 AE제가 개발되 어 콘크리트 속에 공기층을 두어 수분이 얼면서 팽창하는 힘을 흡수하도록 하였다.

35. 계측관리 항목 및 기기에 관한 설명으로 옳지 않은 것은?

① 흙막이벽의 응력은 변형계(Strain Gauge)를 이용한다.
② 주변 건물의 경사는 건물경사계(Tiltmeter)를 이용한다.
③ 지하수의 간극수압은 지하수위계(Water Level Meter)를 이용한다.
④ 버팀보, 앵커 등의 축하중 변화 상태의 측정은 하중계(Load Cell)를 이용한다.

[해설] Water level meter - 지하수위 변화를 실측

36. 칠공사에 관한 주의사항으로 적당치 않은 것은?

① 바탕의 건조가 불충분하거나 공기의 습도가 높 을 때에는 시공하지 않는다.
② 초벌부터 정벌까지 같은 색으로 시공해야 한다.
③ 야간은 색을 잘못 칠할 염려가 있으므로 시공 하지 않는다.
④ 직사광선은 가급적 피하고 도막이 손상될 우려 가 있을 때에는 칠하지 않는다.

[해설] 도장공사 시 주의사항
㉠ 도장마감은 도막이 너무 두껍지 않도록 얇게 몇 회로 나누어 실시한다.
㉡ 페인트칠의 경우 초벌과 재벌 등은 도장할 때마 다 다음 칠을 하였는지 안하였는지 구별하기 위 하여 색을 약간씩 다르게 한다.
㉢ 칠하는 장소에서 저온, 다습하고 환기가 충분하 지 못할 때는 도장작업을 금지해야 한다.(온도 5℃ 이하, 35℃ 이상, 습도가 80%(시방서 : 85%) 이상시 작업을 중단한다.)
㉣ 도장 후 기름, 산, 수지, 알칼리 등의 유해물이 배어 나오거나 녹아 나올 때에는 재시공한다.
㉤ 솔칠은 위에서 밑으로, 왼편에서 오른편으로, 재 의 길이 방향으로 한다.

정답 33. ② 34. ④ 35. ③ 36. ②

37. 건축물에 사용되는 금속자재와 그 용도가 바르게 연결되지 않은 것은?

① 경량철골 M-BAR : 경량벽체 시공을 위한 구조용 지지틀
② 코너비드 : 벽, 기둥 등의 모서리에 대는 보호용 철물
③ 논슬립 : 계단에 사용하는 미끄럼 방지 철물
④ 조이너 : 천장, 벽 등의 이음새 감추기용 철물

[해설] 경량철골 M-BAR : 천장 시공을 위한 구조용 지지틀

38. 수밀콘크리트에 관한 설명으로 옳지 않은 것은?

① 콘크리트 소요 슬럼프는 되도록 작게 하여 180mm를 넘지 않도록 한다.
② 콘크리트의 워커빌리티를 개선시키기 위해 공기연행제, 공기연행감수제, 또는 고성능 공기연행감수제를 사용하는 경우라도 공기량은 2% 이하가 되게 한다.
③ 물결합재비는 50% 이하를 표준으로 한다.
④ 콘크리트 타설시 다짐을 충분히 하여, 가급적 이어붓기를 하지 않아야 한다.

[해설] 콘크리트의 워커빌리티를 개선시키기 위해 공기연행제, 공기연행감수제 또는 고성능 공기연행감수제를 사용하는 경우라도 공기량은 4% 이하가 되게 한다.

39. 바차트와 비교한 Net work 공정표의 장점이라고 볼 수 없는 것은?

① 공정계획의 작성시간이 단축된다.
② 작업 상호간의 관련성을 알기 쉽다.
③ 공기단축 가능요소의 발견이 용이하다.
④ 공사의 진척 관리를 정확히 실시할 수 있다.

[해설] 네트워크(Net work) 공정표
㉠ 각 작업의 상호관계를 네트워크로 표현하는 수법으로 PERT기법과 CPM기법이 대표적으로 사용된다.
㉡ 장·단점

구분	내용
장점	• 개개의 관련작업이 도시되어 있어 내용을 알기 쉽다. • 공정계획, 관리면에서 신뢰도가 높다. • 개개 공사의 상호관계가 명확하여 주 공정선에는 작업인원의 중점배치가 가능하다. • 작성자 이외의 사람도 이해하기 쉬워 건축주, 공사관계자의 공정회의에 대단히 편리
단점	• 다른 공정표에 비해 작성하는데 시간이 많이 걸린다. • 작성과 검사에 특별한 기능이 필요하다. • 작업을 세분화하기에는 한계가 있다. • 공정표를 수정하기가 어렵다.

40. 아스팔트 방수층, 개량아스팔트 시트방수층, 합성고분자계 시트방수층 및 도막방수층 등 불투수성 피막을 형성하여 방수하는 공사를 총칭하는 용어로 옳은 것은?

① 실링방수
② 멤브레인방수
③ 구체침투방수
④ 벤토나이트방수

[해설] 멤브레인(membrane, 膜) 방수
아스팔트 루핑, 시트 등의 각종 루핑류를 방수 바탕에 접착시켜 막모양의 방수층을 형성시키는 공법
※ 멤브레인(피막) 방수공법의 종류
㉠ 아스팔트 방수
㉡ 개량 아스팔트 방수
㉢ 시트 방수(합성수지 고분자 방수)
㉣ 도막 방수

37. ① 38. ② 39. ① 40. ②

제3과목 건축구조

41. 경간 4m인 1방향 슬래브에서 양단 연속일 경우 처짐을 계산하지 않는 슬래브의 최소두께는?

① 112mm ② 125mm
③ 143mm ④ 156mm

[해설] 처짐의 검토 생략 조건

부 재	최소 두께			
	단순 지지	1단 연속	양단 연속	켄틸 레버
1방향 슬래브	$\frac{l}{20}$	$\frac{l}{24}$	$\frac{l}{28}$	$\frac{l}{10}$

양단연속 1방향 Slab의 설계에서 슬래브 두께가 지간의 $\frac{1}{28}$ 이상일 경우 처짐의 검토를 생략할 수 있다.

$\therefore t = \frac{4,000}{28} = 143\,(\mathrm{mm})$

42. 정방형 단면을 표시한 다음 그림의 x축에 대한 단면계수의 비로 옳은 것은?

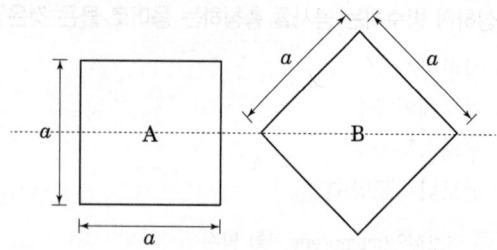

① $A : B = 1 : \sqrt{2}$
② $A : B = \sqrt{2} : 1$
③ $A : B = 1 : 2\sqrt{2}$
④ $A : B = 2\sqrt{2} : 1$

[해설] 단면계수 비
㉠ 해설의 발상 : 대칭단면의 도심을 지나는 축에 대한 단면2차 모멘트는 동일하다
㉡ 단면계수
$Z_A = \frac{I}{y_A} = \frac{I}{\frac{h}{2}}$ $Z_B = \frac{I}{y_B} = \frac{I}{\frac{\sqrt{2}}{2}h}$

㉢ 단면계수 비
$Z_A : Z_B = \frac{2I}{h} : \frac{2I}{\sqrt{2}h} = \frac{2I}{h} : \frac{\sqrt{2}h}{2I} : \frac{2I}{\sqrt{2}h} \frac{\sqrt{2}h}{2I} = \sqrt{2} : 1$

43. 그림과 같은 구조물은 몇 차 부정정 구조물인가?

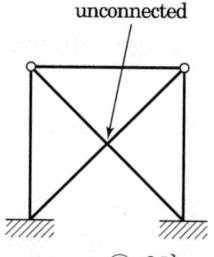

① 5차 ② 6차
③ 9차 ④ 10차

[해설] 구조물의 판별
㉠ 판별식 $N = R + r - 3M$
R = 지점 반력수 r = 절점 반력수 M = 부재수
㉡ 판별
$N = R + r - 3M$
$= (3+3) + (3 \times 2 + 4 \times 2) - 3 \times 5 = 5\,(차\ 부정정)$

44. 내진설계의 기본적인 개념으로 옳지 않은 것은?

① 접합부는 부재 중간의 파괴를 유도한다.
② 보의 파괴보다는 기둥의 파괴를 유도한다.
③ 특정 층에 파괴가 집중되지 않도록 유도한다.
④ 설계지진하중에 대한 구조물의 부분 파손을 가정한다.

[해설] 내진설계의 기본 개념
㉠ 강건성 : 지진에 대해 견디는 강건한 설계
㉡ 흡수성 : 유연성과 탄력성으로 변형 흡수 설계
㉢ 분산성 : 지지력 또는 파괴의 분산 설계
㉣ 최소성 : 파괴시 피해 최소화 설계(보<기둥)

45. 강도설계법에서 철근콘크리트 구조물 설계 시 고려해야 하는 하중조합으로 옳지 않은 것은? (단, D는 고정하중, F는 유체압 및 유기내용물하중, L은 활하중, W는 풍하중, E는 지진하중, S는 적설하중)

① $U = 1.4(D + F)$
② $U = 1.2D + 1.3W + 1.0L + 0.5S$
③ $U = 1.2D + 1.0E + 1.0L + 0.2S$
④ $U = 1.4D + 1.3L + 1.6S$

정답 41. ③ 42. ② 43. ① 44. ② 45. ④

[해설] 하중조합에 따른 소요강도

하중의 조합	소요강도
고정하중(D)+활하중(L)	U=1.2D+1.6L
고정하중(D)+유체압(F)	U=1.4(D+F)
고정하중(D)+풍하중(W) +활하중(L)+적설하중(S)	U=1.2D+1.3W+1.0L +0.5S
고정하중(D)+지진하중(E) +활하중(L)+적설하중(S)	U=1.2D+1.0E+1.0L +0.2S

46. 다음과 같은 트러스에서 a부재의 부재력은 얼마인가?

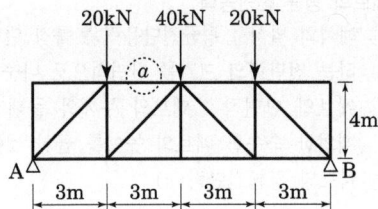

① 20kN(인장) ② 30kN(압축)
③ 40kN(인장) ④ 60kN(압축)

[해설] 트러스 부재력

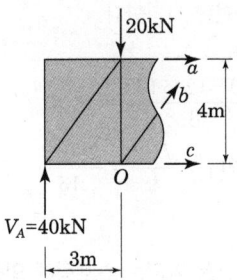

㉠ 지점반력 산정
  $\Sigma V=0$에서
  $V_A = V_B = 40(\text{kN})$
㉡ 부재력 산정
  구하는 부재는 상현재이므로 절단-모멘트법을 적용하되 부재력을 구하지 않는 b, c 부재의 교차점 O에서 모멘트의 합은 0
  $\Sigma M_o = 0 \quad 40 \times 3 + a \times 4 = 0$
  $\therefore a = -30\,[\text{kN}]\,(압축)$

47. 그림과 같은 플랫플레이트 슬래브가 450×450mm 정사각형 기둥에 의해 지지되고 있으며 테두리보는 배치되어 있지 않다. 모서리 패널의 경우 현행기준에서 요구하는 슬래브의 최소두께로 옳은 것은? (단, $f_{ck}=21\text{MPa}$, $f_y=400\text{MPa}$)

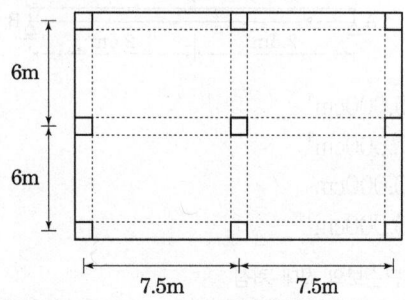

① 195mm ② 215mm
③ 235mm ④ 255mm

[해설] 슬래브의 최소 두께
㉠ 주어진 슬래브는 지판과 테두리보가 없는 순경간 $l_x=5{,}550\text{mm}$, $l_y=7{,}050\text{mm}$인 외부 2방향 Flat Plate Slab이다.
㉡ 지판과 테두리보가 없는 2방향 Flat Plate Slab의 최소두께는 장변 순경간의 1/30이다.
$$\therefore h = \frac{(7{,}500-450)\text{mm}}{30} = 235\text{mm}$$

48. 건축구조기준의 지반의 분류 중 지반 종류와 호칭이 옳게 연결된 것은?

① S_1 : 얕고 단단한 지반
② S_2 : 얕고 연약한 지반
③ S_3 : 암반 지반
④ S_4 : 깊고 단단한 지반

[해설] 지반의 종류와 호칭

지반의 종류	호칭
S_1	암반
S_2	얕고 단단한 지반
S_3	얕고 연약한 지반
S_4	깊고 단단한 지반
S_5	깊고 연약한 지반

49. 단순보의 최대 처짐량(δ_{max})이 2.0cm 이하가 되기 위해 보의 단면2차모멘트는 최소 얼마 이상이 되어야 하는가? (단, 보의 탄성계수 $E=1.25\times10^4\text{N/mm}^2$)

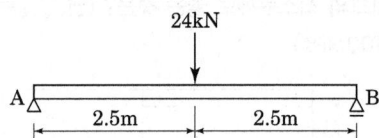

① 15,000cm⁴
② 17,500cm⁴
③ 20,000cm⁴
④ 25,000cm⁴

[해설] 단순보의 최대 처짐
㉠ 중앙 집중하중에 대한 단순보의 최대 처짐
$$\delta_{max} = \frac{Pl^3}{48EI}$$
㉡ 단면2차 모멘트
$$I = \frac{Pl^3}{48E\delta_{max}} = \frac{24,000\times 5,000^3}{48\times(1.25\times 10^4)\times 20}$$
$$= 250,000,000(\text{mm}^4) = 25,000(\text{cm}^4)$$

50. 건축구조의 구조별 특징을 기술한 것 중 옳지 않은 것은?

① 조적식 구조는 압축력에는 강하지만 횡력에 취약하다.
② 가구식 구조는 삼각형보다 사각형으로 조립하면 더욱 안정한 구조체를 이룰 수 있다.
③ 조립식 구조는 부재를 공장에서 생산·가공하여 현장에서 조립하므로 공기가 짧다.
④ 일체식 구조는 비교적 균일한 강도를 가진다.

[해설] 건축 구조 형식
가구식 구조는 사각형으로 조립하면 수평력에 대한 저항성이 부족하여 변형되기 쉬우므로 안정된 삼각형 구조체를 이룰 수 있도록 하여야 한다.

51. 그림과 같은 부재에 관한 기술로 옳지 않은 것은? (단, 작용하는 전단력은 72kN이다)

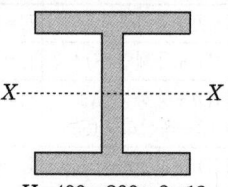

H-400×200×8×13

① 최대 휨응력은 플랜지의 바깥면에 생긴다.
② 플랜지의 폭두께비는 7.69이다.
③ 웨브의 폭두께비는 46.75이다.
④ 평균전단응력은 12.5MPa이다.

[해설] 웨브의 평균 전단응력
㉠ 해석의 발상 : 평균전단응력은 특정 단면에 작용하는 전단력의 크기를 단면적으로 나눈 것이다.
㉡ 웨브의 단면적 : 웨브의 두께와 플랜지 부분을 제외한 순수한 웨브의 높이를 곱한 것이다.
㉢ 웨브의 평균전단력(v)
$$v = \frac{V}{A} = \frac{72\times 10^3(\text{N})}{[8\times\{400-(13\times 2)\}](\text{mm}^2)}$$
$$= 24.04\text{N/mm}^2 = 24.04\text{MPa}$$
㉣ 최대휨응력 : 부재의 상하단 즉 인장은 하단면에 압축은 상단면에 나타난다.
㉤ 웨브 판폭두께비
$$: \frac{H-t_b}{t_w} = \frac{400-(2\times 13)}{8} = 46.75$$
㉥ 플랜지 판폭두께비 : $\frac{B/2}{t_b} = \frac{200/2}{13} = 7.69$

52. 캔틸레버보가 상수 k를 가지는 스프링에 의해 지지되어 있으며 집중하중 P가 작용하고 있다. 스프링에 걸리는 힘은?

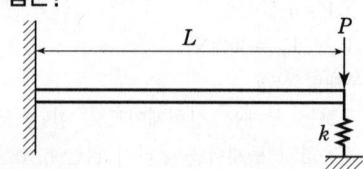

① $\dfrac{PL^3k}{3EI+kL^3}$
② $\dfrac{2PL^3k}{3EI+kL^3}$
③ $\dfrac{PL^3k}{2EI+kL^3}$
④ $\dfrac{2PL^3k}{2EI+kL^3}$

[해설] 스프링 부담

해석의 발상 : 스프링에 작용하는 힘(R_s)은 스프링 상수(k)와 처짐(δ_s)의 곱으로 구할 수 있다.

$$\delta_s = \frac{(P-R_s)\cdot L^3}{3EI}$$

$$R_s = k\cdot \delta_s = k\cdot \frac{(P-R_s)L^3}{3EI}$$

$$R_s \cdot 3EI = kL^3(P-R_s)$$

$$R_s \cdot 3EI + kL^3 \cdot R_s = kL^3 P$$

$$R_s(3EI + kL^3) = kL^3 P$$

$$\therefore R_s = \frac{kPL^3}{3EI + kL^3}$$

53. 단면 500mm×500mm인 띠철근 기둥이 저항할 수 있는 최대설계축하중 ϕP_n은? (단, f_{ck} = 27MPa, f_y = 400MPa)

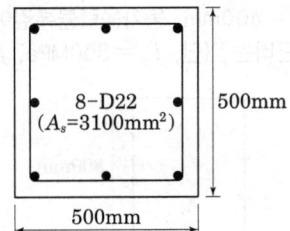

① 3,591kN ② 3,972kN
③ 4,170kN ④ 4,275kN

[해설] 설계축하중(P_d)

띠철근 기둥의 설계축하중은 공칭 압축강도(P_n)와 강도감소계수(ϕ)의 곱으로 산정된다.

$P_d = \phi P_n = \phi(0.8 P_o)$
$\quad P_o = \{0.85 f_{ck}(A_g - A_{st}) + A_{st}\cdot f_y\}$
$P_d = 0.65 \times [0.8\{0.85 \times 27(500 \times 500 - 3,100)$
$\quad\quad + 3,100 \times 400\}]$
$\quad = 3,591,304.6(\text{N}) = 3,591(\text{kN})$

54. 강구조물의 보 단부에서 회전을 허용하지 않고 100%에 가까운 단부 모멘트를 기둥 또는 이음부에 전달하는 개념의 접합부 형태는?

① 강접합 ② 반강접합
③ 전단접합 ④ 단순접합

[해설] 강접합(모멘트 접합)
㉠ 수직, 수평, 회전에 저항(회전 불가)
㉡ 철골구조에서 기둥과 보의 접합에 사용
㉢ 전단력과 모멘트를 연결부재로 전달

55. 바람의 난류로 인해서 발생되는 구조물의 동적 거동 성분을 나타내는 것으로 평균변위에 대한 최대변위의 비를 통계적인 값으로 나타낸 계수는?

① 지형계수 ② 가스트영향계수
③ 풍속고도분포계수 ④ 풍력계수

[해설] 가스트영향계수
㉠ 바람의 난류로 인해서 발생되는 구조물의 동적 거동 성분을 나타내는 것으로 평균변위에 대한 최대변위의 비를 통계적인 값으로 나타낸 계수
㉡ 변동풍속에 의한 풍압력의 증가를 등가정적풍하중으로 취급하기 위하여 기본풍압력에 곱하는 계수

56. 그림과 같은 지상 4층 건물에 기둥 C_1의 1층에 발생 하는 계수하중에 따른 축력을 면적법으로 구하면? (단, 보 및 기둥 자중은 무시하며, 바닥하중(지붕하중 동일)은 고정하중은 5kN/m², 활하중은 3kN/m²이며 활하중 저감은 무시한다.)

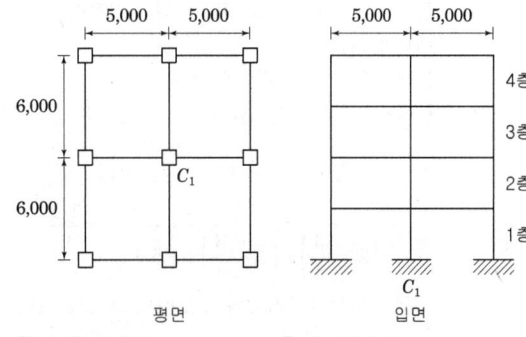

① 1,296kN ② 1,364kN
③ 1,412kN ④ 1,498kN

[해설] 기둥의 축력(면적법)

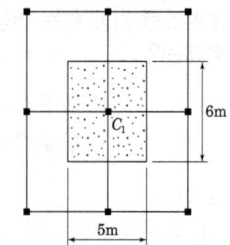

㉠ 단위층의 C_1 부담면적 $= 5m \times 6m = 30m^2$
㉡ 1층 기둥의 부담층수 = 4층
㉢ 계수하중 $= 1.2D + 1.6L = 1.2 \times 5 + 1.6 \times 3$
$= 10.8(kN/mm^2)$
∴ 축력 $= 30 \times 4 \times 10.8 = 1,296(kN)$

57. 그림과 같은 구조에서 C단에 발생하는 휨모멘트는?

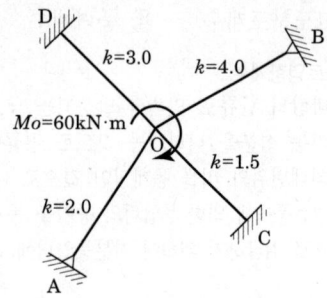

① 2.4kN·m ② 5kN·m
③ 6.5kN·m ④ 10kN·m

[해설] 고정단 휨모멘트
㉠ 해석의 발상 : C지점의 휨모멘트(M_{CO})는 O점에 작용된 60kN·m의 모멘트 하중이 OC부재로 분배되는 분배모멘트(M_{OC})의 1/2이며 도달모멘트라 한다.
㉡ 분배모멘트 : OC부재의 분배모멘트는 모멘트하중에 OC부재의 분배율을 곱하여 구할 수 있다.

OC 부재의 분배율(f_{OC}) $= \dfrac{OC부재의 강비}{모든 강비의 합}$

$= \dfrac{1.5}{\left(2 \times \dfrac{3}{4}\right) + \left(4 \times \dfrac{3}{4}\right) + 1.5 + 3} = \dfrac{1.5}{9}$

㉢ 도달 모멘트 : C지점의 휨모멘트 = 도달모멘트
= (모멘트 하중 × OC 부재의 분배율) × 1/2
∴ $M_{CO} = M_O \cdot f_{OC} \cdot \dfrac{1}{2} = 60 \times \dfrac{1.5}{9} \times \dfrac{1}{2} = 5(kN \cdot m)$

58. 표준갈고리를 갖는 인장이형철근(D13)의 기본정착길이는? (단, D13의 공칭지름: 12.7mm, $f_{ck}=27MPa$, $f_y=400MPa$, $\beta=1.0$, $m_c=2,300kg/m^3$)

① 190mm ② 205mm
③ 220mm ④ 235mm

[해설] 표준 갈고리가 있는 인장근의 기본 정착길이

철근의 종류	인장이형철근		압축이형철근
	No hook	hook	
기본정착 길이(l_d)	$\dfrac{0.6 d_b \cdot f_y}{\lambda \sqrt{f_{ck}}}$	$\dfrac{0.24 \cdot \beta \cdot d_b \cdot f_y}{\lambda \sqrt{f_{ck}}}$	$\dfrac{0.25 d_b \cdot f_y}{\lambda \sqrt{f_{ck}}}$ 또는 $0.043 d_b f_y$

∴ $l_{db} = \dfrac{0.24 \cdot \beta \cdot d_b \cdot f_y}{\lambda \sqrt{f_{ck}}} = \dfrac{0.24 \times 1 \times 12.7 \times 400}{1 \times \sqrt{27}}$
$= 234.64mm$

59. 강도설계법에서 단철근 직사각형 보의 단면 $b=400mm$, $d=400mm$, 등가응력블록깊이 $a=100mm$일 경우 철근비는? (단, $f_y=300MPa$, $f_{ck}=24MPa$)

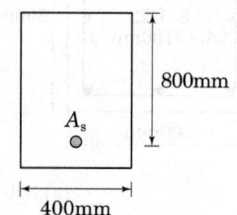

① 0.0035 ② 0.0057
③ 0.0085 ④ 0.0103

[해설] 철근비(δ)
㉠ 인장철근의 단면적(A_s)
$A_s = \dfrac{\eta(0.85 f_{ck}) a \cdot b}{f_y}$
$= \dfrac{1 \times 0.85 \times 24 \times 100 \times 400}{300}$
$= 2,720(mm^2)$
㉡ 인장철근비(ρ)
$\rho = \dfrac{A_s}{b \cdot d} = \dfrac{2,720}{800 \times 400} = 0.0085$

정답 57. ② 58. ④ 59. ③

60. 그림과 같은 철근콘크리트 보의 균열모멘트(M_{cr})값은? (단, 보통중량콘크리트 f_{ck}=24MPa, f_y=400MPa)

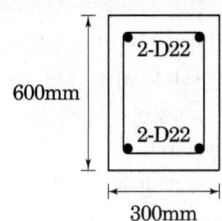

① 21.5kN·m ② 33.6kN·m
③ 42.8kN·m ④ 55.6kN·m

[해설] 균열모멘트(M_{cr})

$$M_{cr} = f_r \cdot Z = 0.63\sqrt{f_{ck}} \cdot \frac{bh^2}{6}$$
$$= 0.63\sqrt{24} \times \frac{300 \times 600^2}{6}$$
$$= 55,554,427(\text{N·mm}) = 55.6\text{kN·m}$$

제4과목 건축설비

61. 다음 그림과 같이 A지점과 B지점의 관경이 각각 d_A=100mm, d_B=200mm이고, 유량이 3.0m³/min 이라면 A, B 지점에서의 유속(m/s)은 각각 얼마인가?

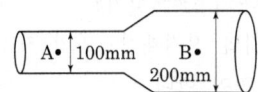

① A : 1.59m/s, B : 0.80m/s
② A : 1.59m/s, B : 6.37m/s
③ A : 6.37m/s, B : 3.19m/s
④ A : 6.37m/s, B : 1.59m/s

[해설] 유량과 유속
단면적을 $A[\text{m}^2]$, 유속을 v [m/s], 유량을 Q [m³/s] 라면 $Q=Av$에서 $v=\dfrac{Q}{A}$

또 관경을 d[m]라 하면 단면적 $A=\dfrac{\pi d^2}{4}$이다.

㉠ $v_A = \dfrac{Q}{\dfrac{\pi d^2}{4}} = \dfrac{\dfrac{3}{60}}{\dfrac{3.14 \times 0.1^2}{4}} = 6.37\text{m/s}$

㉡ $v_B = \dfrac{Q}{\dfrac{\pi d^2}{4}} = \dfrac{\dfrac{3}{60}}{\dfrac{3.14 \times 0.2^2}{4}} = 1.59\text{m/s}$

62. 조명설비에서 연색성에 관한 설명으로 옳지 않은 것은?

① 평균 연색평가수(Ra)가 0에 가까울수록 연색성이 좋다.
② 일반적으로 할로겐전구가 고압수은램프보다 연색성이 좋다.
③ 연색성이란 물체가 광원에 의하여 조명될 때 그 물체의 색의 보임을 정하는 광원의 성질을 말한다.
④ 평균 연색평가수(Ra)란 많은 물체의 대표색으로서 7종류의 시험색을 사용하여 그 평균값으로부터 구한 것이다.

[해설] 연색성(演色性)
㉠ 빛의 분광특성이 색의 보임에 미치는 효과
㉡ 일반적으로 인공조명은 태양광선 밑에서 본 것보다 색의 보임이 떨어진다.
㉢ 인공광원 중에서 연색성이 가장 좋은 것은 제논등이며, 가장 나쁜 것은 나트륨등이다.
제논등 〉 주광색형광등 〉 메탈할라이드등 〉 백열전구 〉 형광등 〉 수은등 〉 나트륨등
※ 연색평가수(color rendering index)
광원에 의해 조명되는 물체색의 지각이 규정된 조건하에서 기준 광원으로 조명했을 때의 지각과 맞는 정도를 나타내는 수치
☞ 평균 연색평가수(Ra)가 0에 가까울수록 연색성이 나쁘다.

정답 60. ④ 61. ④ 62. ①

63. 전기설비가 어느 정도 유효하게 사용되는가를 나타내며, 다음과 같이 표현되는 것은?

$$\frac{\text{부하의 평균전력}}{\text{최대수용전력}} \times 100(\%)$$

① 역률 ② 부등률
③ 부하율 ④ 수용률

[해설] 수변전설비 용량 결정은 수용률(수요율), 부등률, 부하율 등을 이용하여 산정한다.

$$\text{부하율} = \frac{\text{평균수용전력}}{\text{최대수용전력}} \times 100(\%)$$

⇒ 1보다 작다(0.25~0.6)
※ 부하율이 크다 : 전력변동이 작고, 설비이용률이 많다.

64. 다음의 에스컬레이터의 경사도에 관한 설명 중 ( ) 안에 알맞은 것은?

> 에스컬레이터의 경사도는 (㉠)를 초과하지 않아야 한다. 다만, 높이가 6m 이하이고 공칭속도가 0.5m/s 이하인 경우에는 경사도를 (㉡)까지 증가시킬 수 있다.

① ㉠ 25°, ㉡ 30° ② ㉠ 25°, ㉡ 35°
③ ㉠ 30°, ㉡ 35° ④ ㉠ 30°, ㉡ 40°

[해설] 에스컬레이터의 경사는 일반적으로 30° 이하로 한다. 다만, 에스컬레이터의 층고가 6m 이하이고 공칭속도가 0.5m/s 이하인 경우에는 35° 이하로 할 수 있다.

65. 펌프에서 발생하는 공동현상(Cavitation)의 방지대책으로 가장 알맞은 것은?

① 펌프의 설치위치를 높인다.
② 펌프의 흡입양정을 낮춘다.
③ 펌프의 토출양정을 높인다.
④ 펌프의 토출구경을 확대한다.

[해설] 캐비테이션(cavitation)
펌프의 흡입구로 들어온 물 중에 함유되었던 증기의 기포는 임펠러(펌프의 날개)를 거쳐 토출구로 넘어가면 갑자기 압력이 상승되므로 기포는 물속으로 다시 소멸된다. 이때 소멸 순간에 격심한 소음과 진동을 수반하면서 일어나는 현상으로서, 흡입양정에서 발생한다.
㉮ 캐비테이션의 발생조건
  ㉠ 흡입양정이 클 경우
  ㉡ 유체의 온도가 높을 경우
  ㉢ 날개차의 원주속도가 클 경우
  ㉣ 날개차의 모양이 적당하지 않는 경우
㉯ 캐비테이션 방지책
  ㉠ 흡입양정을 줄이고 흡입관 손실을 줄인다.
  ㉡ 유체의 온도를 낮춘다.
  ㉢ 필요 이상의 양정을 두지 않는다.
  ㉣ 규정회전수 내에서 운전한다.
  ㉤ 2대 이상의 펌프를 사용한다.
  ㉥ 스트레이너 통수면적을 여유있게 잡고 청소를 한다.

66. 가스사용시설의 가스계량기에 관한 설명으로 옳지 않은 것은?

① 공동주택의 경우 가스계량기는 일반적으로 대피공간이나 주방에 설치된다.
② 가스계량기와 전기계량기와의 거리는 60cm 이상 유지하여야 한다.
③ 가스계량기와 전기개폐기와의 거리는 60cm 이상 유지하여야 한다.
④ 가스계량기와 화기(그 시설 안에서 사용하는 자체화기는 제외) 사이에 유지하여야 하는 거리는 2m 이상이어야 한다.

[해설] 공동주택의 경우 가스계량기는 방, 거실, 주방 등으로서 사람이 거처하는 곳 및 가스계량기에 나쁜 영향을 미칠 우려가 있는 장소에는 설치를 금지한다. 단, 공동주택의 대피공간에는 가스계량기 설치가 가능하다.

정답 63. ③ 64. ③ 65. ② 66. ①

67. 2중효용 흡수식 냉동기에 관한 설명으로 옳은 것은?

① 냉매로서 LiBr 수용액을 사용한다.
② LiBr 수용액의 농축을 위하여 증발을 사용한다.
③ 발생기, 압축기, 흡수기, 증발기로 구성되어 있다.
④ 발생기는 저온발생기와 고온발생기로 구성되어 있다.

[해설] 2중 효용 흡수식 냉동기
㉠ 흡수식 냉동기는 발생기의 형식에 따라 단효용식과 2중효용식이 있다.
㉡ 냉매증기는 수증기이고 증기보일러와 연동하여 구동한다.
㉢ 고온발생기와 저온발생기가 있어 단효용 흡수식에 비해 효율이 높다.
㉣ 저온발생기는 고온발생기보다 압력이 낮다.
㉤ 단효용 흡수식 냉동기보다 에너지 절약적이고 냉각탑 용량을 줄일 수 있다.
※ 냉동 사이클 : 증발기 – 흡수기 – 발생기(재생기) – 응축기

68. 자동화재탐지설비의 감지기에 관한 설명으로 옳지 않은 것은?

① 스포트형 감지기는 45° 이상 경사되지 않도록 부착한다.
② 감지기는 천장 또는 반자의 옥내에 면하는 부분에 설치한다.
③ 정온식 감지기는 주방·보일러실 등으로서 다량의 화기를 취급하는 장소에 설치한다.
④ 보상식 스포트형 감지기는 정온점이 감지기 주위의 평상시 최고온도보다 10℃ 이상 높은 것으로 설치한다.

[해설] 감지기 설치 기준
㉠ 환기구 등으로부터 1.5m 이상 떨어진 위치에 설치한다. (차동식 분포형 제외)
㉡ 스포트형 감지기는 45° 이상 경사되지 않도록 부착한다.
㉢ 보상식 또는 정온식 감지기는 주위의 평상시 최고 온도가 공칭 작동 온도 또는 정온점보다 20℃ 이상 낮은 장소에 설치한다.
㉣ 차동식 분포형 감지기의 검출부는 5° 이상 경사되지 않도록 하고, 공기관은 감지 구역의 부착면의 각면에서 1.5m 이내의 부분에 미치도록 설치한다.
㉤ 지하층, 무창층 또는 실내 용적이 작은 장소로서 오동작의 우려가 있는 장소에는 복합형 또는 축적형 감지기 설치한다.

69. 변풍량 단일덕트방식에서 송풍량 조절의 기준이 되는 것은?

① 실내 청정도
② 실내 기류속도
③ 실내 현열부하
④ 실내 잠열부하

[해설] 변풍량(VAV) 단일덕트방식
토출공기 온도는 일정하게 하며 송풍량을 실내부하의 변동에 따라 변화시키는 것으로 운전비는 감소하고 개별제어가 용이하며 에너지 절약형 공조방식이다. 변풍량 단일덕트방식에서 송풍량 조절의 기준이 되는 것은 실내 현열부하이다.

70. 고온수 난방방식에 관한 설명으로 옳지 않은 것은?

① 장치의 열용량이 크므로 예열시간이 길게 된다.
② 공급과 환수의 온도차를 크게 할 수 있으므로 열수송량이 크다.
③ 공업용과 같이 고압증기를 다량으로 필요로 할 경우에는 부적당하다.
④ 지역난방에는 이용할 수 없으며 높이가 높고 건축면적이 넓은 단일 건물에 주로 이용된다.

[해설] 온수 온도에 따른 분류
㉠ 저온수식(보통온수식) : 100℃ 미만(65~85℃), 주철제 보일러, 개방식 팽창탱크, 건축의 일반 난방용
㉡ 고온수식 : 100℃ 이상(보통 100~150℃), 강판제 보일러, 밀폐식 팽창탱크, 지역난방에 적합, 여러 종류의 고압기기 필요, 취급관리가 곤란, 고압으로 인하여 생기는 결점(워터햄머현상), 별로 사용안함

정답 67. ④ 68. ④ 69. ③ 70. ④

☞ 지역난방은 중앙식 보일러실에서 어떤 지역 내의 여러 건물에 증기 또는 고온수를 보내서 난방하는 방식으로 초기 시설 투자비가 많이지고, 열원기기의 용량 제어가 힘들며, 배관에서의 열손실이 많고, 고도의 숙련된 기술자가 필요한 것이 단점이다.

71. 축전지의 충전방식 중 필요할 때마다 표준 시간율로 소정의 충전을 하는 방식은?

① 보통 충전
② 급속 충전
③ 세류 충전
④ 균등 충전

[해설] 축전지의 충전방식
㉠ 보통충전 : 필요할 때마다 표준시간율로 소정의 충전을 하는 방식
㉡ 급속충전 : 보통 충전 전류의 2~3배의 전류로 충전하는 방식
㉢ 부동충전 : 축전지의 자기방전을 보충함과 동시에 상용부하에 대한 전력공급은 충전기가 부담하되 충전기가 부담하기 어려운 일시적인 대전류부하는 축전지로 하여금 부담하게 하는 방식으로 가장 많이 사용된다.
㉣ 균등충전 : 각 축전지의 전위차를 보정하기 위하여 1~3개월마다 10~12시간 1회 충전하는 방식
㉤ 세류충전(트리클 충전) : 자기 방전량만을 항상 충진시키는 부동충전 방식의 일종

72. 다음 중 사이폰식 트랩에 속하지 않는 것은?

① P트랩
② S트랩
③ U트랩
④ 드럼트랩

[해설] 관트랩 : 구조가 간단하고 자기 사이폰 작용을 일으키면 자정작용을 갖는 트랩으로 사이폰 작용을 일으키기 쉽기 때문에 사이폰 트랩이라고도 불리운다.
※ 사이폰계 트랩(관트랩) : P-trap, S-trap, U-trap
※ 비사이폰계 트랩 : 드럼 트랩, 벨 트랩, 그리스 트랩, 보틀 트랩

73. 급기온도를 일정하게 하고 송풍량을 변화시켜서 실내온도를 조절하는 공기조화방식은?

① FCU 방식
② 이중덕트방식
③ 정풍량 단일덕트방식
④ 변풍량 단일덕트방식

[해설] 변풍량(VAV) 단일덕트방식
토출공기 온도는 일정하게 하며 송풍량을 실내 부하의 변동에 따라 변화시키는 것으로 운전비는 감소되고 개별제어가 용이한 에너지 절약형 공조방식이다. 부하변동이 심한 페리미터 존(perimeter zone)에 적합하다.
㉮ 장점
 ㉠ 개별제어가 용이
 ㉡ 에너지 절약형 공조방식이다.
 ㉢ 공조기 및 덕트 스페이스가 작아도 된다.
㉯ 단점
 ㉠ 실내부하가 극히 감소되면 실내공기의 오염이 심해져 청정도가 떨어진다.
 ㉡ 운전 및 유지관리가 어렵다.
 ㉢ 자동제어가 복잡하여 설비비가 많이 든다.
※ 에너지 절약형 공조방식 : 변풍량(VAV)방식, 외기냉방방식, 전열교환기 설치, 히트펌프 시스템

74. 다음과 같은 조건에 있는 실의 틈새바람에 의한 현열 부하량은?

[조건]
• 실의 체적 : $400m^3$
• 환기횟수 : 0.5회/h
• 실내공기 건구온도 : 20℃
• 외기 건구온도 : 0℃
• 공기의 밀도 : $1.2kg/m^3$
• 공기의 비열 : $1.01kJ/kg \cdot K$

① 986W
② 1,124W
③ 1,347W
④ 1,542W

[해설] ㉠ 먼저, 환기량을 구한다.
$Q = nV = 0.5 \times 400 = 200 \text{m}^3/\text{h}$
Q : 환기량(m^3/h), n : 환기회수(회/h)
V : 실용적(m^3)
㉡ 현열부하(q_s) $= GC\Delta t [\text{kJ/h}]$
$= \rho QC\Delta t [\text{kJ/h}]$
$= 1.2 \times 200 \times 1.01 \times (20-0)$
$= 4,848 [\text{kJ/h}]$
$= 1,347 \text{W}$

※ $G(\text{kg/h}) = \rho (1.2\text{kg/m}^3) \cdot Q(\text{m}^3/\text{h})$
$= 1.2Q(\text{kg/h})$

※ $1\text{W} = 1\text{J/s} = 3,600\text{J/h} = 3.6\text{kJ/h}$

75. 습공기의 상태변화에 관한 설명으로 옳지 않은 것은?

① 가열하면 엔탈피는 증가한다.
② 냉각하면 비체적은 감소한다.
③ 가열하면 절대습도는 증가한다.
④ 냉각하면 습구온도는 감소한다.

[해설] • 습공기를 가열 : 상대습도는 감소, 엔탈피와 비체적은 증가, 절대습도는 일정
• 습공기를 냉각 : 상대습도는 증가, 엔탈피와 비체적은 감소, 절대습도는 일정(과냉각시 절대습도는 감소)
※ 습공기를 냉각하여 노점온도 이하가 되면(과냉각) 절대습도는 감소한다.

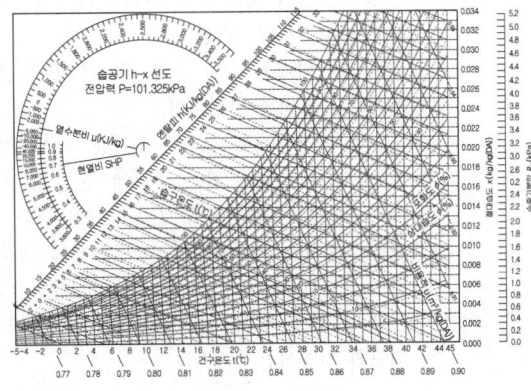

습공기 선도

76. 급수방식에 관한 설명으로 옳지 않은 것은?

① 상수도 직결방식은 위생성 측면에서 바람직한 방식이다.
② 고가탱크방식은 중력으로 필요한 곳에 급수하는 방식이다.
③ 펌프직송방식 중 변속방식은 토출압력을 감지하여 펌프의 회전수를 제어하는 방식이다.
④ 압력탱크방식은 대규모의 급수 수요에 쉽게 대응할 수 있어 고층 건물에 주로 사용된다.

[해설] 압력탱크방식은 단수 시에 일정량의 급수가 가능하나 급수 공급압력의 변화가 심하고 취급이 까다로운 급수방식이다.
※ 압력탱크방식의 특징
㉠ 급수압이 일정하지 않다.
㉡ 부분적으로 고압이 필요한 곳에 적합하다.
㉢ 높은 압력에 견딜 수 있는 기밀수조의 설치 등으로 설비비가 많이 든다.
㉣ 공기압축기를 설치하여 수시로 공기를 보급하여야 한다.
㉤ 구조물 보강이 불필요하다.
㉥ 건물의 미관이 양호하다.
㉦ 단수시에는 어느 정도 급수가 가능하나 고장률이 높다.
㉧ 압력수조의 설치위치에 제한을 받지 않는다.

77. 급탕설비에 관한 설명으로 옳지 않은 것은?

① 냉수, 온수를 혼합 사용해도 압력차에 의한 온도변화가 없도록 한다.
② 배관은 적정한 압력손실 상태에서 피크시를 충족시킬 수 있어야 한다.
③ 도피관에는 압력을 도피시킬 수 있도록 밸브를 설치하고 배수는 직접배수로 한다.
④ 밀폐형 급탕시스템에는 온도상승에 의한 압력을 도피시킬 수 있는 팽창탱크 등의 장치를 설치한다.

[해설] 급탕관의 팽창관의 도중에는 절대로 밸브류를 달아서는 안되며, 배수는 간접배수로 한다.

정답 75. ③ 76. ④ 77. ③

78. 실내공기 중에 부유하는 직경 10μm 이하의 미세먼지를 의미하는 것은?

① VOC10   ② PMV10
③ PM10   ④ SS10

[해설] PM 10(Particulate Matter Less than 10μm) 입자의 크기가 10μm 이하인 먼지를 말한다. 국가에서 환경기준으로 연평균 $50\mu g/m^3$, 24시간 평균 $100\mu g/m^3$를 기준으로 하고 있다. 인체의 폐포까지 침투하여 각종 호흡기 질환의 직접적인 원인이 되며, 인체의 면역기능을 악화시킨다. 미세먼지(Particulate Matter, PM) 또는 분진이란 아황산가스, 질소 산화물, 납, 오존, 일산화탄소 등과 함께 수많은 대기오염물질을 포함하는 대기오염물질을 말한다.

79. 다음과 같은 특징을 갖는 배선공사 방식은?

- 열적 영향이나 기계적 외상을 받기 쉬운 곳이 아니면 금속배관과 같이 광범위하게 사용 가능하다.
- 관자체가 절연체이므로 감전의 우려가 없으며 시공이 쉬운게 장점이다.

① 버스덕트 공사   ② 애자사용 공사
③ 합성수지관 공사 ④ 플로어덕트 공사

[해설] 합성수지관 배선공사(경질비닐관 배선공사)
 ㉠ 열적 영향이나 기계적 외상을 받기 쉽다.
 ㉡ 관 자체가 절연체이므로 감전의 우려가 없으며, 시공이 용이하다.
 ㉢ 화학공장, 연구실의 배선 등에 적합하다.
 ㉣ 옥내의 점검할 수 없는 은폐 장소에도 사용이 가능하다.

80. 건축물의 단열계획에 관한 설명으로 옳지 않은 것은?

① 외벽 부위는 내단열로 시공한다.
② 열손실이 많은 북측 거실의 창 및 문의 면적을 최소화한다.
③ 외피의 모서리 부분은 열교가 발생하지 않도록 단열재를 연속적으로 설치한다.
④ 발코니 확장을 하는 공동주택에는 단열성이 우수한 로이(Low-E) 복층창이나 삼중창 이상의 단열성능을 갖는 창을 설치한다.

[해설] 내단열과 외단열
 ㉮ 내단열
  ㉠ 내단열은 열용량이 작기 때문에 빠른 시간이 더워지므로 간헐난방을 필요로 하는 강당이나 집회장과 같은 곳에 유리하나 실온변동의 폭은 외단열에 비해 크며 타임-랙도 짧다.
  ㉡ 표면결로는 발생하지 않으나, 한쪽의 벽돌벽이 차가운 상태로 있기 때문에 내부결로가 발생하기 쉽다.
  ㉢ 모든 내단열 방법은 고온측에 방습막을 설치하는 것이 좋다.
  ㉣ 내단열에서는 칸막이나 바닥에서의 열교현상에 의한 국부열손실을 방지하기가 어렵다.
 ㉯ 외단열
  ㉠ 내부측의 열용량이 커서 연속난방에 유리하며, 실온변동의 폭은 작아지며, 타임-랙도 길다.
  ㉡ 전체 구조물의 보온에 유리하며, 내부결로의 위험도 감소시킬 수 있다.
  ㉢ 외단열은 벽체의 습기 뿐만 아니라 열적 문제에서도 유리한 방법이다.
  ㉣ 외단열은 단열재로 건조한 상태로 유지시켜야 하고, 내구성과 외부 충격에 견딜 뿐 아니라 외관의 표면처리도 보기 좋아야 한다.
 ※ 타임 랙(Time-lag, 열적 지연효과) : 열용량이 0인 벽체 내에서 발생하는 열류의 피크에 대하여 주어진 구조체에서 일어나는 피크의 지연시간

제5과목 건축관계법규

81. 6층 이상의 거실면적 합계가 9,000m²인 층수가 10층인 업무시설에 설치하여야 하는 승용승강기의 최소 대수는? (단, 8인승 승강기의 경우)

① 2대　② 3대
③ 4대　④ 5대

[해설] 문화 및 집회시설(전시장, 동·식물원), 업무시설, 숙박시설, 위락시설의 용도 경우 3,000m² 이하까지 1대, 3,000m² 초과하는 2,000m²당 1대를 가산한 대수로 하므로
$1 + \dfrac{9,000 - 3,000}{2,000} = 4대$
※ 8인승 이상 15인승 이하를 기준으로 산정하며 16인승 이상의 승강기는 2대로 산정한다.

82. 지하식 또는 건축물식 노외주차장의 차로에 관한 기준 내용으로 옳지 않은 것은? (단, 이륜자동차전용 노외주차장이 아닌 경우)

① 높이는 주차바닥면으로부터 2.3m 이상으로 하여야 한다.
② 경사로의 종단경사도는 직선 부분에서는 17%를 초과하여서는 아니 된다.
③ 곡선 부분은 자동차가 4m 이상의 내변반경으로 회전할 수 있도록 하여야 한다.
④ 주차대수 규모가 50대 이상인 경우의 경사로는 너비 6m 이상인 2차로를 확보하거나 진입차로와 진출차로를 분리하여야 한다.

[해설] 자주식 노외주차장(지하식·건축물식에 한함)에 설치하는 차로의 구조: 자주식 주차장으로서 지하식 또는 건축물식에 의한 노외주차장과 기계식 주차장으로서 기계로 주차하고자 하는 층까지 운반된 자동차가 주차에 사용되는 부분까지 자주식으로 들어가는 노외주차장의 차로는 다음 기준에 적합할 것
㉠ 높이는 주차바닥면으로부터 2.3m 이상
㉡ 곡선 부분은 자동차가 6m(같은 경사로를 이용하는 주차장의 총주차대수가 50대 이하인 경우에는 5m) 이상의 내면반경으로 회전이 가능하도록 할 것
㉢ 경사로의 차로너비 및 종단구배

경사로 형태	차로너비	종단구배
직선형	1차선: 3.3m 이상 2차선: 6m 이상	17% 이하
곡선형	1차선: 3.6m 이상 2차선: 6.5m 이상	14% 이하

83. 건축물의 지하층에 비상탈출구를 설치하여야 하는 경우, 설치되는 비상탈출구에 관한 기준 내용으로 옳지 않은 것은? (단, 주택이 아닌 경우)

① 비상탈출구의 유효너비는 0.75m 이상으로 할 것
② 비상탈출구의 유효높이는 1.5m 이상으로 할 것
③ 비상탈출구는 출입구로부터 3m 이상 떨어진 곳에 설치할 것
④ 비상탈출구의 문은 피난방향으로 열리도록 하고, 실내에서 비상시에만 열 수 있는 구조로 할 것

[해설] 비상탈출구의 방향은 피난방향으로 열리도록 하고, 실내에서 항상 열 수 있는 구조로 하며 내부 및 외부에는 비상탈출구의 표시를 설치하여야 한다.

84. 건축법 제61조 제2항에 따른 높이를 산정할 때, 공동주택을 다른 용도와 복합하여 건축하는 경우 건축물의 높이 산정을 위한 지표면 기준은?

> 건축법 제61조(일조 등의 확보를 위한 건축물의 높이 제한)
> ② 다음 각 호의 어느 하나에 해당하는 공동주택(일반상업지역과 중심상업지역에 건축하는 것은 제외한다)은 채광(採光) 등의 확보를 위하여 대통령령으로 정하는 높이 이하로 하여야 한다.
> 1. 인접 대지경계선 등의 방향으로 채광을 위한 창문 등을 두는 경우
> 2. 하나의 대지에 두 동(棟) 이상을 건축하는 경우

① 전면도로의 중심선
② 인접 대지의 지표면
③ 공동주택의 가장 낮은 부분
④ 다른 용도의 가장 낮은 부분

정답 81. ③　82. ③　83. ④　84. ③

[해설] 일조확보를 위한 건축물의 높이제한 경우의 높이 산정
  ㉠ 인접대지 간의 고저차가 있는 경우
     해당 건축물 대지의 지표면과 인접대지의 지표면간에 고저차가 있는 경우는 그 지표면의 평균수평면을 지표면으로 본다.
  ㉡ 공동주택을 다른 용도와 복합하여 건축하는 경우
     전용주거지역, 일반주거지역이 아닌 지역에서 공동주택을 다른 용도와 복합하여 건축하는 경우 건축물의 지표면 산정에는 공동주택의 가장 낮은 부분을 지표면으로 본다. (일조권 규정의 적용에 한함)

85. 국토의 계획 및 이용에 관한 법령에 따른 도시·군관리계획의 내용에 속하지 않는 것은?

① 광역계획권의 장기발전방향에 관한 계획
② 도시개발사업이나 정비사업에 관한 계획
③ 기반시설의 설치·정비 또는 개량에 관한 계획
④ 용도지역·용도지구의 지정 또는 변경에 관한 계획

[해설] 도시·군관리계획의 내용
  ㉠ 용도지역·용도지구의 지정 또는 변경에 관한 계획
  ㉡ 개발제한구역·도시자연공원·구역시가화조정구역·수산자원보호구역의 지정 또는 변경에 관한 계획
  ㉢ 기반시설의 설치·정비 또는 개량에 관한 계획
  ㉣ 도시개발사업 또는 정비사업에 관한 계획
  ㉤ 지구단위계획구역의 지정 또는 변경에 관한 계획과 지구단위계획
  ㉥ 입지규제최소구역의 지정 또는 변경에 관한 계획과 입지규제최소구역계획

86. 다음은 주차장 수급실태 조사의 조사구역에 관한 설명이다. ( ) 안에 알맞은 것은?

> 사각형 또는 삼각형 형태로 조사구역을 설정하되 조사구역 바깥 경계선의 최대거리가 ( )를 넘지 아니하도록 한다.

① 100m ② 200m
③ 300m ④ 400m

[해설] 주차장 수급 실태 조사의 조사구역 설정에 관한 기준
  ㉠ 실태조사의 주기는 3년으로 한다.
  ㉡ 사각형 또는 삼각형 형태로 조사구역을 설정한다.
  ㉢ 각 조사 구역은 「건축법」에 따른 도로를 경계로 구분한다.
  ㉣ 조사구역 바깥 경계선의 최대거리가 300m를 넘지 않도록 한다.

87. 건축허가신청에 필요한 기본설계도서 중 건축계획서에 표시하여야 할 사항으로 옳지 않은 것은?

① 주차장 규모
② 공개공지 및 조경계획
③ 건축물의 용도별 면적
④ 지역·지구 및 도시계획사항

[해설] 건축허가신청에 필요한 기본설계도서 중 건축계획서의 범위
1. 개요(위치·대지면적 등)
2. 지역·지구 및 도시계획사항
3. 건축물의 규모(건축면적·연면적·높이·층수 등)
4. 건축물의 용도별 면적
5. 주차장 규모
6. 에너지절약계획서(해당 건축물에 한함)
7. 노인 및 장애인 등을 위한 편의시설 설치계획서(관계법령에 의하여 설치의무가 있는 경우에 한함)
☞ 공개공지 및 조경계획은 기본설계도서 중 배치도의 범위에 해당된다.

정답 85. ① 86. ③ 87. ②

88. 제1종 일반주거지역 안에서 건축할 수 있는 건축물에 속하지 않는 것은?

① 노유자시설
② 제1종 근린생활시설
③ 공동주택 중 아파트
④ 교육연구시설 중 고등학교

[해설] 아파트는 제1종 일반주거지역에는 건축이 금지되나, 제2종·제3종 일반주거지역에는 건축이 허용된다.

89. 특별건축구역의 지정과 관련한 아래의 내용에서 밑줄 친 부분에 해당하지 않는 것은?

> 국토교통부장관 또는 시·도지사는 다음 각 호의 구분에 따라 도시나 지역의 일부가 특별 건축구역으로 특례 적용이 필요하다고 인정하는 경우에는 특별건축구역을 지정할 수 있다.
> 1. 국토교통부장관이 지정하는 경우
>   가. 국가가 국제행사 등을 개최하는 도시 또는 지역의 사업구역
>   나. <u>관계법령에 따른 국가정책사업으로서 대통령령으로 정하는 사업구역</u>

① 「도로법」에 따른 접도구역
② 「도시개발법」에 따른 도시개발구역
③ 「택지개발촉진법」에 따른 택지개발사업구역
④ 「혁신도시 조성 및 발전에 관한 특별법」에 따른 혁신도시의 사업구역

[해설] 특별건축구역의 대상 사업구역(국토교통부장관이 지정하는 경우)
1. 관계 법령에 따른 국가정책사업으로서 조화롭고 창의적인 건축을 위한 다음의 사업구역
   ㉠ 행정중심복합도시의 사업구역
   ㉡ 혁신도시의 사업구역
   ㉢ 경제자유구역
   ㉣ 택지개발사업구역
   ㉤ 공공주택지구
   ㉥ 도시개발구역
   ㉦ 국립아시아문화전당 건설사업구역
   ㉧ 지구단위계획구역 중 현상설계 등에 따른 창의적 개발을 위한 특별계획구역
2. 그 밖에 대통령령으로 정하는 도시 또는 지역의 사업구역
※ 대상 구역의 제외
   ㉠ 개발제한구역 ㉡ 자연공원 ㉢ 접도구역
   ㉣ 보전산지

90. 부설주차장의 설치대상 시설물 종류와 설치기준의 연결이 옳은 것은?

① 판매시설 – 시설면적 100m²당 1대
② 위락시설 – 시설면적 150m²당 1대
③ 종교시설 – 시설면적 200m²당 1대
④ 숙박시설 – 시설면적 200m²당 1대

[해설] 부설주차장의 설치기준(시설면적에 따른 기준)
㉠ 위락시설 : 시설면적 100m²당 1대
㉡ 문화 및 집회시설(관람장을 제외)·종교시설·판매시설·운수시설·의료시설(정신병원·요양소 및 격리병원을 제외)·운동시설(골프장·골프연습장 및 옥외수영장을 제외)·업무시설(외국공관 및 오피스텔을 제외)·방송통신시설 중 방송국·장례식장 : 시설면적 150m²당 1대
㉢ 제1종 및 제2종 근린생활시설·숙박시설 : 시설면적 200m²당 1대
㉣ 기타 건축물 : 시설면적 300m²당 1대
㉤ 수련시설·공장(아파트형은 제외)·발전시설 : 시설면적 350m²당 1대
㉥ 창고시설 : 시설면적 400m²당 1대
※ 부설주차장의 설치기준(기타 기준)
㉠ 골프연습장 : 1타석당 1대
㉡ 골프장 : 1홀당 10대
㉢ 옥외수영장 : 정원 15인당 1대
㉣ 관람장 : 정원 100인당 1대

정답 88. ③ 89. ① 90. ④

91. 국토의 계획 및 이용에 관한 법률상 다음과 같이 정의되는 것은?

> 도시·군계획 수립 대상지역의 일부에 대하여 토지 이용을 합리화하고 그 기능을 증진시키며 미관을 개선하고 양호한 환경을 확보하며, 그 지역을 체계적·계획적으로 관리하기 위하여 수립하는 도시·군관리계획

① 광역도시계획
② 지구단위계획
③ 도시·군기본계획
④ 입지규제최소구역계획

[해설] 정의
① 광역도시계획 : 광역계획권의 지정의 규정에 의하여 지정된 광역계획권의 장기발전방향을 제시하는 계획을 말한다.
③ 도시·군기본계획 : 특별시·광역시·특별자치시·특별자치도·시 또는 군의 관할 구역에 대하여 기본적인 공간구조와 장기발전방향을 제시하는 종합계획으로서 도시·군관리계획 수립의 지침이 되는 계획을 말한다.
④ 입지규제최소구역계획 : 입지규제최소구역에서의 토지의 이용 및 건축물의 용도·건폐율·용적률·높이 등의 제한에 관한 사항 등 입지규제최소구역의 관리에 필요한 사항을 정하기 위하여 수립하는 도시·군관리계획을 말한다.

92. 다음 중 철골조로 하였을 경우, 피복과 관계없이 그 자체만으로 내화구조에 속하는 것은?

① 벽
② 기둥
③ 지붕
④ 계단

[해설] 철골조의 계단은 피복두께와 상관없이 내화구조로 본다.

93. 범죄예방 기준에 따라 건축하여야 하는 대상 건축물에 속하지 않는 것은?

① 수련시설
② 업무시설 중 오피스텔
③ 숙박시설 중 일반숙박시설
④ 아파트

[해설] 건축물의 범죄예방
① 국토교통부장관은 범죄를 예방하고 안전한 생활환경을 조성하기 위하여 건축물, 건축설비 및 대지에 관한 범죄예방 기준을 정하여 고시할 수 있다.
② 다음의 건축물은 범죄예방 기준에 따라 건축하여야 한다.
  1. 아파트
  2. 다가구주택·연립주택 및 다세대주택
  3. 제1종 근린생활시설 중 일용품을 판매하는 소매점
  4. 제2종 근린생활시설 중 다중생활시설
  5. 문화 및 집회시설(동·식물원은 제외)
  6. 교육연구시설(연구소 및 도서관은 제외)
  7. 노유자시설
  8. 수련시설
  9. 업무시설 중 오피스텔
  10. 숙박시설 중 다중생활시설

94. 너비 8m 미만인 도로의 모퉁이에 위치한 대지의 도로모퉁이 부분의 건축선은 그 대지에 접한 도로경계선의 교차점으로부터 도로경계선에 따라 다음의 표에 따른 거리를 각각 후퇴한 두 점을 연결한 선으로 한다. ( ) 안의 숫자로 옳은 것은? (단, 도로의 교차각이 90° 미만인 경우)

해당 도로의 너비	교차되는 도로의 너비
6m 이상 8m 미만	
(㉠)m	6m 이상 8m 미만
(㉡)m	4m 이상 6m 미만

① ㉠ 2, ㉡ 2
② ㉠ 3, ㉡ 2
③ ㉠ 3, ㉡ 3
④ ㉠ 4, ㉡ 3

정답 91. ② 92. ④ 93. ③ 94. ④

[해설] 도로모퉁이에서의 건축선
교차되는 너비 8m 미만인 도로의 모퉁이에 위치한 대지의 도로모퉁이부분의 건축선은 도로경계선의 교차점으로부터 도로경계선에 따라 다음 표에 의한 거리를 각각 후퇴한 두 점을 연결한 선으로 한다.
㉠ 너비 8m 미만의 도로에 접한 대지 모퉁이부분에 적용된다.
㉡ 대지의 도로모퉁이부분의 건축선은 대지에 접한 도로경계선의 교차점으로부터 도로경계선을 따라 다음 표에 의한 거리를 각각 후퇴한 두 점을 연결한 선으로 한다.

도로의 교차각	해당 도로의 너비		교차되는 도로의 너비
	6m 이상, 8m 미만	4m 이상, 6m 미만	
90° 미만	4m	3m	6m 이상, 8m 미만
	3m	2m	4m 이상, 6m 미만
90° 이상, 120° 미만	3m	2m	6m 이상, 8m 미만
	2m	2m	4m 이상, 6m 미만

95. 다음의 용도변경 중 허가대상에 속하지 않는 것은?

① 영업시설군에서 주거업무시설군으로 용도변경
② 교육 및 복지시설군에서 영업시설군으로 용도변경
③ 주거업무시설군에서 문화 및 집회시설군으로 용도변경
④ 교육 및 복지시설군에서 문화 및 집회시설군으로 용도변경

[해설] 허가대상 및 신고대상의 용도변경

분류	시설군
㉠ 자동차관련시설군	• 자동차관련시설
㉡ 산업등 시설군	• 운수시설 • 창고시설 • 공장 • 위험물저장 및 처리시설 • 자원순환관련시설 • 묘지관련시설 • 장례식장
㉢ 전기통신시설군	• 방송통신시설 • 발전시설
㉣ 문화집회시설군	• 문화 및 집회시설 • 종교시설 • 위락시설 • 관광휴게시설
㉤ 영업시설군	• 판매시설 • 운동시설 • 숙박시설 • 제2종 근린생활시설 중 다중생활시설
㉥ 교육 및 복지시설군	• 의료시설 • 교육연구시설 • 노유자시설 • 수련시설 • 야영장시설
㉦ 근린생활시설군	• 제1종 근린생활시설 • 제2종 근린생활시설(다중생활시설은 제외)
㉧ 주거업무시설군	• 단독주택 • 공동주택 • 업무시설 • 교정 및 군사시설
㉨ 기타 시설군	• 동물 및 식물관련시설

※ 절차 :
1. 허가대상 : 상위시설군(오름차순)에 해당하는 용도로 변경하는 행위
2. 신고대상 : 하위시설군(내림차순)에 해당하는 용도로 변경하는 행위
3. 건축물대장 기재변경 신청 : 동일한 시설군내에서 용도변경 하는 행위

96. 전용주거지역이나 일반주거지역에서 건축물을 건축하는 경우에는 건축물의 각 부분을 정북 방향으로의 인접대지경계선으로부터 일정 거리 이상을 띄어 건축하여야 하는데, 높이 10m 이하인 부분은 원칙적으로 인접대지경계선으로부터 최소 얼마 이상 띄어야 하는가?

① 0.5m   ② 1.0m
③ 1.5m   ④ 2.0m

정답 95. ①   96. ③

[해설] 전용주거지역·일반주거지역 안에서 인접대지경계선으로부터 정북방향으로 띄우는 거리
건축물의 각 부분을 정북방향으로의 인접대지경계선으로부터 다음의 범위 안에서 건축조례가 정하는 거리 이상을 띄어 건축하여야 한다.
㉠ 높이 10m 이하인 부분 : 인접대지경계선으로부터 1.5m 이상
㉡ 높이 10m를 초과하는 건축물 : 인접대지경계선으로부터 해당 건축물의 각 부분 높이의 1/2 이상

97. 대지면적이 600m²인 건축물의 옥상에 조경면적을 60m² 설치한 경우, 대지에 설치하여야 하는 최소 조경면적은? (단, 조경설치기준은 대지면적의 10%)

① 10m²
② 20m²
③ 30m²
④ 40m²

[해설] 지상층의 조경면적 = 600m² × 0.1 = 60m²
(전체조경면적)
옥상조경면적의 2/3를 대지안의 조경면적으로 산정한다.
옥상조경면적 = 60 × 2/3 = 40m²
그러나, 대지 안의 조경면적으로 산정하는 옥상조경면적은 전체조경면적의 50/100를 초과할 수 없으므로 60 × 1/2 = 30m²만 인정받을 수 있다.

98. 주거기능을 위주로 이를 지원하는 일부 상업지역 및 업무기능을 보완하기 위하여 지정하는 주거지역의 세분은?

① 준주거지역
② 제1종 전용주거지역
③ 제1종 일반주거지역
④ 제2종 일반주거지역

[해설] 주거지역

전용주거지역	제1종	단독주택중심의 양호한 주거환경을 보호
	제2종	공동주택중심의 양호한 주거환경을 보호
일반주거지역	제1종	저층주택을 중심으로 편리한 주거환경을 조성
	제2종	중층주택을 중심으로 편리한 주거환경을 조성
	제3종	중고층주택을 중심으로 편리한 주거환경을 조성
준주거지역		주거기능을 위주로 이를 지원하는 일부 상업·업무기능을 보완

99. 건축물의 면적, 높이 및 층수 산정의 기본 원칙으로 옳지 않은 것은?

① 대지면적은 대지의 수평투영면적으로 한다.
② 연면적은 하나의 건축물 각 층의 거실면적의 합계로 한다.
③ 건축면적은 건축물의 외벽(외벽이 없는 경우에는 외곽 부분의 기둥)의 중심선으로 둘러싸인 부분의 수평투영면적으로 한다.
④ 바닥면적은 건축물의 각 층 또는 그 일부로서 벽, 기둥, 그 밖에 이와 비슷한 구획의 중심선으로 둘러싸인 부분의 수평투영면적으로 한다.

[해설] 연면적
㉮ 하나의 건축물의 각층 바닥면적 합계로 한다.
㉯ 용적률 산정시 연면적 산정방법
  ㉠ 동일 대지 안에 2동 이상의 건축물이 있는 경우에는 그 연면적의 합계로 한다.
  ㉡ 지하층 면적은 연면적에서 제외한다.
  ㉢ 지상층의 주차용(해당 건축물의 부속용도인 경우만 해당)으로 쓰는 면적은 연면적에서 제외한다.
  ㉣ 초고층·준초고층의 피난안전구역의 면적은 연면적에서 제외한다.
  ㉤ 경사지붕아래에 설치하는 대피공간의 면적은 제외된다.

정답 97. ③ 98. ① 99. ②

100. 건축물로부터 바깥쪽으로 나가는 출구를 국토교통부령으로 정하는 기준에 따라 설치하여야 하는 대상 건축물에 속하지 않는 것은?

① 종교시설
② 의료시설 중 종합병원
③ 교육연구시설 중 학교
④ 문화 및 집회시설 중 관람장

해설 건축물 바깥쪽으로의 출구 설치 대상
　㉠ 문화 및 집회시설(전시장 및 동·식물원을 제외)
　㉡ 판매시설(도매시장·소매시장 및 상점)
　㉢ 장례식장
　㉣ 업무시설 중 국가 또는 지방자치단체의 청사
　㉤ 위락시설
　㉥ 연면적이 5,000m² 이상인 창고시설
　㉦ 교육연구시설 중 학교
　㉧ 승강기를 설치하여야 하는 건축물
　[예외] 관람석의 바닥면적의 합계가 300m² 이상인 집회장 또는 공연장은 바깥쪽으로 주된 출구 외에 보조출구 또는 비상구를 2개소 이상 설치하여야 한다.

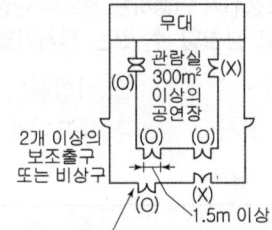

[그림] 문화 및 집회시설 등의 출구

정답 100. ②

과년도출제문제

2025. 2회 건축기사

■■■ 제1과목 건축계획

1. 주택의 평면계획에 관한 사항 중 틀린 것은?

① 거실은 평면계획상 통로나 홀로서 사용하는 것이 좋다.
② 노인침실은 일조가 충분하고 전망이 좋은 조용한 곳에 면하게 하고, 식당, 욕실 등에 근접시킨다.
③ 부엌은 사용시간이 길므로 동남 또는 남쪽에 배치해도 좋다.
④ 현관의 위치는 대치의 형태, 도로와의 관계에 의하여 결정된다.

[해설] 주택의 거실(living room)
㉠ 가족의 단란, 휴식, 접객 등이 이루어지는 곳이며, 취침 이외의 전 가족 생활의 중심이 되는 다목적 기능을 가진 공간이다.
㉡ 가족들의 단란의 장소로서 공동사용공간이다.
㉢ 가능한 남측이나 동측에 배치하여 일조 및 채광을 충분히 확보할 수 있도록 한다.
㉣ 주거 중 다른 방의 중심적 위치에 두며, 침실과는 항상 대칭되게 하고, 통로에 의한 실이 분할되지 않는 곳에 위치한다.
㉤ 거실의 면적은 전체 주택의 규모, 가족수와 가족의 구성 형태 및 거주자의 사회적 지위나 손님의 방문 빈도와 수 등을 고려하여 계획한다.
㉥ 거실의 1인당 소요 바닥면적은 최소한 4~6m² 정도가 적당하다.
※ 거실의 한쪽 벽면만 다른 실과 접속시키고 나머지 3면을 확보하면 우수한 거실이 될 수 있다.

2. 아파트에 의무적으로 설치하여야 하는 장애인·노인·임산부 등의 편의시설에 속하지 않는 것은?

① 점자블록
② 장애인전용주차구역
③ 높이 차이가 제거된 건축물 출입구
④ 장애인 등의 통행이 가능한 접근로

[해설] 장애인 등의 편의시설
㉮ 장애인전용주차구역
주차장 관계 법령과 편의시설의 설치기준에 따라 대상시설에 장애인전용주차구역을 설치하여야 한다.
㉯ 장애인 등의 통행이 가능한 접근로
접근로의 유효폭은 휠체어 사용시 통행 1.2m 이상으로 하여야 한다.
㉰ 높이 차이가 제거된 건축물 출입구
사무소건축에서 장애인 등의 편의를 위해 건축물의 주출입구에 턱낮추기를 하는 경우, 주출입구와 통로의 높이 차이가 2cm 이하가 되도록 하여야 한다.
㉱ 장애인 등의 이용이 가능한 화장실
㉠ 대변기 : 출입문 통과폭은 0.8m 이상
㉡ 소변기 : 바닥부착형으로 할 수 있으며, 소변기 양옆에 수평 및 수직손잡이 설치

3. 전시공간의 특수전시기법 중 하나의 사실 또는 주제의 시간상황을 고정시켜 연출하는 것으로 현장에 임한 듯한 느낌을 가지고 관찰할 수 있는 전시기법은?

① 알코브 전시
② 아일랜드 전시
③ 디오라마 전시
④ 하모니카 전시

[해설] 특수전시기법

전시기법	특 징
디오라마 전시	'하나의 사실' 또는 '주제의 시간 상황을 고정'시켜 연출하는 것으로 현장에 임한 듯한 느낌을 가지고 관찰할 수 있는 전시기법
파노라마 전시	벽면전시와 입체물이 병행되는 것이 일반적인 유형으로 넓은 시야의 실경(實景)을 보는 듯한 감각을 주는 전시기법
아일랜드 전시	벽이나 천정을 직접 이용하지 않고 전시물 또는 장치를 배치함으로써 전시공간을 만들어내는 기법으로 대형전시물이나 소형전시물인 경우에 유리하다.
하모니카 전시	전시평면이 하모니카 흡입구처럼 동일한 공간으로 연속되어 배치되는 전시기법으로 동일 종류의 전시물을 반복 전시할 때 유리하다.

정답 1. ① 2. ① 3. ③

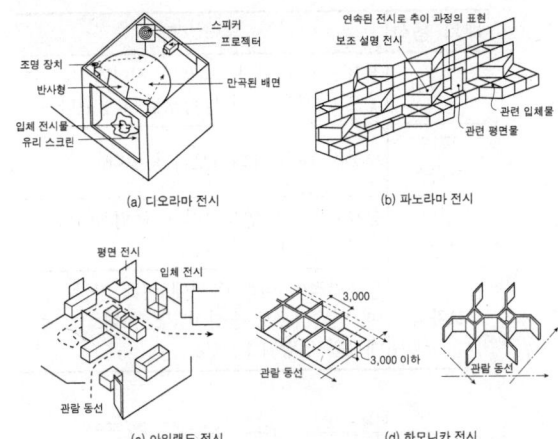

그림. 특수전시기법

4. 다음 설명에 알맞은 공장건축의 레이아웃(Lay Out) 형식은?

> • 생산에 필요한 모든 공정, 기계기구를 제품의 흐름에 따라 배치한다.
> • 대량생산에 유리하며 생산성이 높다.

① 공정중심 레이아웃
② 기계설비중심 레이아웃
③ 고정식 레이아웃
④ 제품중심 레이아웃

해설 제품 중심의 레이아웃(연속 작업식)
㉮ 생산에 필요한모든 공정, 기계 기구를 제품의 흐름에 따라 배치하는 방식
㉯ 장치 공업(석유, 시멘트), 가전제품 조립 공장 등
㉰ 특징
  ㉠ 대량 생산에 유리하고, 생산성이 높다.
  ㉡ 공정간의 시간적, 수량적 균형을 이룰 수 있고, 상품의 연속성이 유지된다.

5. 로마의 판테온에 관한 설명으로 옳지 않은 것은?

① 로툰다 내부는 드럼(Drum)과 돔(Dome)의 두 부분으로 구성된다.
② 직사각형의 입구 공간은 외부와 내부 사이의 전이공간으로 사용된다.
③ 드럼 하부는 깊은 니치와 독립한 컴포지트 기둥들로 정적인 공간을 구현한다.
④ 거대한 돔을 얹은 로툰다와 대형 열주 현관이라는 두 주된 구성요소로 이루어진다.

해설 판테온은 거대한 돔을 얹은 로툰다와 대형 열주 현관이라는 두 주된 구성 요소로 이루어지며, 사각형 평면과 원형 평면으로 이루어진 건물로 채광은 돔 정상에 천창채광(top light)으로 이루어져 있다. 본당 내부에는 7개의 벽감(壁龕 : 신상을 안치한 작은 방)이 설치되어 지상신을 모시고 있다. 현관에는 8개의 코린티안 주범의 기둥이 있다.
※ 니치(Niche) : 벽면을 부분적으로 오목하게 파서 만든 감상의 장치이다. 서양 고전건축에서 실내 벽의 후퇴부로서 주로 조각상의 배치와 장식을 위해 구성된 요소이다.

6. 서양 건축양식의 역사적인 순서가 옳게 배열된 것은?

① 로마 → 로마네스크 → 고딕 → 르네상스 → 바로크
② 로마 → 고딕 → 로마네스크 → 르네상스 → 바로크
③ 로마 → 로마네스크 → 고딕 → 바로크 → 르네상스
④ 로마 → 고딕 → 로마네스크 → 바로크 → 르네상스

해설 서양건축양식의 순서[※이서그로초비로고르바로]
이집트 - 서아시아 - 그리이스 - 로마 - 초기 기독교 - 비잔틴 - 로마네스크 - 고딕 - 르네상스 - 바로크 - 로코코

7. 다음 중 호텔의 성격상 연면적에 대한 숙박면적의 비가 가장 큰 것은?

① 리조트 호텔
② 커머셜 호텔
③ 레지던셜 호텔
④ 클럽 하우스

정답 4. ④ 5. ③ 6. ① 7. ②

[해설] 시티호텔은 연면적에 대한 숙박면적의 비가 크다.
(연면적의 49~73% 정도)
※ 시티호텔 중에서 숙박 체류 목적의 커머셜 호텔이 연면적에 대한 숙박면적의 비가 가장 크다.
※ 시티호텔 : 커머셜 호텔, 레지던셜 호텔, 아파트먼트 호텔, 터미널 호텔
☞ 리조트 호텔(resort hotel)은 연면적에 대한 숙박면적의 비가 작다.

8. 다음 중 모듈 시스템의 적용이 가장 부적절한 것은?

① 극장 ② 학교
③ 도서관 ④ 사무소

[해설] 모듈(module) 시스템
㉠ 모듈(module) 시스템을 적용하면 설계 작업이 단순화되고, 건축 구성재의 대량생산이 용이해지고 생산단가가 저렴해지고, 현장작업이 단순하므로 공사기간을 단축할 수 있다.
㉡ 실내구성재의 위치, 설정이 용이하고 시공단계에서 조립 등의 현장작업이 단순해진다.
㉢ 기본 모듈이란 기본척도를 10cm로 하고 이것을 1M으로 표시한 것을 말한다.
㉣ 공간구획시 평면상의 길이는 3M(30cm)의 배수가 되도록 하는 것이 일반적이다.
※ module이 필요한 건축
 • 집단주택 : 공동주택의 평면 및 각 부위의 치수 (주택법의 주택건설기준)
 • 사무소 : 기둥 간격, 작업책상 단위
 • 백화점 : 기둥 간격
 • 학교
 • 도서관 : 서고 계획
 • 병원 : 환자 침대 규격

9. 백화점의 에스컬레이터 배치형식에 대한 설명 중 옳은 것은?

① 직렬식 배치 – 점유면적이 작고 승객시야가 좋다.
② 병렬식 배치 – 백화점 점내를 내려다보기가 어렵다.
③ 교차식 배치 – 점유면적이 작다.
④ 병렬연속식 배치 – 점유면적이 가장 작다.

[해설] 에스컬레이터의 배치 형식

배치 형식	특 징
직렬식	점유면적이 크나, 승객의 시야가 넓어져 좋으며 시선이 한 방향으로 고정된다.
병렬 단속식	백화점 내를 내려다보기가 좋다.
병렬 연속식	승강·하강이 연속적이고 독립적이며 승강장 찾기가 용이하다.
교차식	점유면적이 다른 유형에 비해 가장 작으며, 연속적으로 승강이 가능하다. 매장의 전망이 나쁘다.

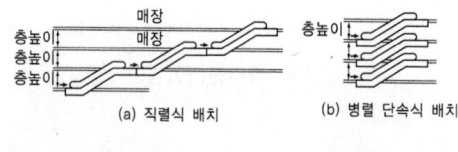
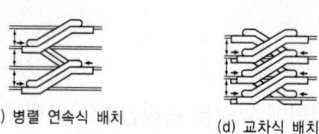

[그림] 에스컬레이터의 배치 형식

10. 학교 운영방식 중 교과교실형에 대한 설명으로 옳지 않은 것은?

① 학생들의 이동이 심하다.
② 일반교실이 없다.
③ 초등학교 저학년에 대해 가장 권장되는 형식이다.
④ 교실의 순수율이 높다.

[해설] 교과교실형(V형)
모든 교실이 특정한 교과를 위해 만들어지고 일반교실은 없다.
㉠ 장점 : 각 교과에 순수율이 높은 교실이 주어져 시설의 활용도가 높게 된다.
㉡ 단점 : 학생의 이동이 심하다. 순수율을 100%로 하는 한 이용률은 반드시 높다고 할 수 없다.
※ 이동할 때에는 소지품을 두는 곳을 고려할 필요가 있다. 또 이동에 대한 동선에 주의하지 않으면 안 된다.
☞ 초등학교 저학년에 대해 가장 권장되는 형식은 종합교실형이다.

[정답] 8. ① 9. ③ 10. ③

11. 주방에서의 조리과정을 고려할 때 기구의 배치순서가 가장 합리적인 것은?

① 가열대 → 개수대 → 조리대 → 냉장고
② 조리대 → 개수대 → 가열대 → 냉장고
③ 개수대 → 조리대 → 냉장고 → 가열대
④ 냉장고 → 개수대 → 조리대 → 가열대

[해설] 주택의 부엌과 식당 계획시 가장 중요하게 고려해야 할 사항은 작업동선이다. 가사 작업은 인체의 활동범위를 고려하여야 한다. 주부의 동선을 단축하기 위하여 부엌의 작업순서는 작업삼각형(worktriangle)이 되도록 하는 것이 유리하다.
  ※ 부엌의 작업삼각대(worktriangle)를 이루는 가구의 배치 순서 :
  준비대 - 개수대(싱크대) - 조리대 - 가열대 - 배선대

12. 극장건축의 그리드 아이언(Grid Iron)에 관한 설명으로 옳은 것은?

① 무대 뒤편의 좁은 통로이다.
② 무대의 배경이 되는 벽면 시설이다.
③ 관객의 시선을 차단하는데 사용된다.
④ 조명기구, 배경 등을 매어다는데 사용된다.

[해설] 그리드 아이언(Grid iron)
조명기구, 배경 등을 매어다는 데 사용된다.
  ※ 극장건축의 관련 제실
  ㉠ 그린룸(green room) : 극장 건축의 출연자대기실로 무대와 같은 층의 가까운 곳에 둔다. 크기는 30m² 이상으로 한다.
  ㉡ 로크 레일(lock rail) : 와이어로프를 한 곳에 모아서 조정하는 장소
  ㉢ 플라이 갤러리(fly gallery) : 그리드 아이언에 올라가는 계단과 연결되게 무대 주위의 벽에 6~9m 높이로 설치되는 좁은 통로 (폭은 1.2~2.0m 정도)
  ㉣ 잔교(light bridge) : 프로세니움 바로 뒤에 접하여 설치된 발판, 조명, 조작·비·눈 내리는 장면 위해 필요하다.

13. 주심포 형식에 관한 설명으로 틀린 것은?

① 공포를 기둥 위에만 배열한 형식이다.
② 장혀는 긴 것을 사용하고 평방이 사용된다.
③ 맞배지붕이 대부분이며 천장을 특별히 가설하지 않아 서까래가 노출되어 보인다.
④ 부재가 전체적으로 정연하게 가공되고 조각이 많고 인공성이 강하다.

[해설] 주심포계 양식
  ㉠ 고려시대 건물이 주류를 이룬다.
  ㉡ 기둥 상부에만 공포(주두, 첨차, 소로)를 배치한 것으로 소로는 비교적 자유스럽게 배치된다.
  ㉢ 출목은 2출목 이하이고 대부분 연등천장 구조로 되어 있다.
  ㉣ 우리나라 공포양식 중 가장 오래된 것이다.
  ㉤ 대표적인 건물로는 봉정사 극락전, 부석사 무량수전, 강릉 객사문, 수덕사 대웅전, 관음사 원통전이 있다.

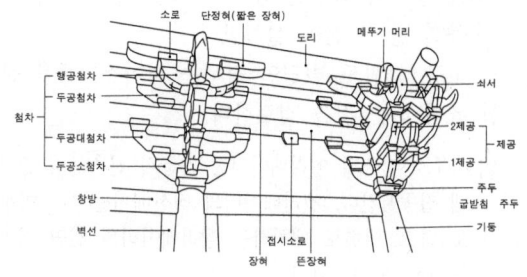

[그림] 주심포양식

14. 병원건축의 병동배치형식 중 집중식(Block type)에 대한 설명으로 옳지 않은 것은?

① 재난시 환자의 피난이 용이하다.
② 공조설비가 필요하게 되어 설비비가 높다.
③ 대지를 효과적으로 이용할 수 있다.
④ 병동에서의 조망을 확보할 수 있다.

정답 11. ④ 12. ④ 13. ② 14. ①

[해설] 집중식(block type)
외래부, 부속 진료부, 병동을 합쳐서 한 건물로 하고, 특히 병동은 고층으로 하여 환자를 운송하는 방법이다. 현대 대병원 건축은 이 방식으로 건축된다.
㉠ 고층화가 가능해서 도시 지역에 적합하다.
㉡ 관리가 편리하고 설비 등의 시설비가 적게 든다.
㉢ 의료, 간호, 급식, 등의 서비스가 원활하다.
㉣ 일조, 통풍 등의 조건이 불리해지며, 각 병실의 환경이 균일하지 못하다.

15. 사무소 건축의 엘리베이터 계획에 관한 설명으로 옳지 않은 것은?

① 군관리운전의 경우 동일 군 내의 서비스층은 같게 한다.
② 승객의 층별 대기시간은 평균운전간격 이하가 되게 한다.
③ 실내 공간의 확장을 용이하게 할 수 있도록 건축물의 한 쪽 끝에 설치한다.
④ 초고층, 대규모 빌딩인 경우는 서비스그룹을 분할(죠닝)하는 것을 검토한다.

[해설] 사무소 건축의 엘리베이터는 가급적 건축물의 중앙에 집중시킨다. 엘리베이터의 직선배치는 4대 이하로 하고, 병렬로 배치하는 엘리베이터의 전면 거리는 4m 내외로 한다.

16. 사무소 건축의 실단위 계획 중 개방식 배치에 관한 설명으로 옳은 것은?

① 독립성과 쾌적감의 이점이 있다.
② 조명은 자연채광만으로 이루어지며 별도의 인공조명은 필요없다.
③ 방길이에는 변화를 줄 수 있으나 방깊이에는 변화를 줄 수 없다.
④ 개방식 배치에 있어 불리한 점은 소음으로, 소음경감에 대한 고려가 필요하다.

[해설] 개방식 배치(open system)
개방된 큰 방으로 설계하고 중역들을 위해 작은 분리된 방을 두는 방법
㉠ 전면적을 유용하게 이용할 수 있어 공간이 절약된다.
㉡ 칸막이벽이 없어서 개실 배치방법보다 공사비가 싸다.
㉢ 방의 길이나 깊이에 변화를 줄 수 있다.
㉣ 소음이 들리고 독립성이 떨어진다.
㉤ 자연 채광에 인공조명이 필요하다.
※ 개방식 배치의 사무공간은 업무의 성격이나 직급별로 책상을 배치하는 형태로서 이동형의 칸막이나 가구로 공간을 구획한다.

17. 아파트의 평면형에 대한 설명 중 옳지 않은 것은?

① 홀형은 통행부의 면적이 많이 소요되나 동선이 길어 출입하는데 불편하다.
② 집중형은 기후조건에 따라 기계적 환경조절이 필요한 형이다.
③ 중복도형은 프라이버시가 좋지 않다.
④ 편복도형은 복도가 개방형이므로 각호의 통풍 및 채광상 양호하다.

[해설] 계단실형(홀형, hall system)은 계단실이나 엘리베이터 홀로부터 직접 단위 주호로 들어가는 형식으로 주호내의 주거성과 독립성(privacy)이 좋다. 또한 동선이 짧으므로 출입이 편하고, 통행부의 면적이 적으므로 건물의 이용도가 높고, 전용면적비가 높아 경제적으로 유리하다.

정답 15. ③ 16. ④ 17. ①

18. 주거단지의 교통계획 시 각 도로에 대한 설명 중 틀린 것은?

① 격자형 도로는 교통을 균등 분산시키고 넓은 지역을 서비스할 수 있다.
② 선형도로는 폭이 넓은 단지에 유리하고 한쪽 측면의 단지만을 서비스할 수 있다.
③ 쿨드삭(Cul-de-Sac)은 차량의 흐름을 주변으로 한정하여 서로 연결하며 차량과 보행자를 분리할 수 있다.
④ 단지 순환로가 단지 주변에 분포하는 경우 최소한 4~5m 정도 완충지를 두고 식재하는 것이 좋다.

[해설] 선형도로는 폭이 좁은 단지에 유리하고 양측면 또는 한측면의 단지를 서비스할 수 있으며 보행자를 위한 공간의 확보가 가능하다.

19. 상점의 판매방식에 관한 설명으로 옳지 않은 것은?

① 측면판매방식은 직원 동선의 이동성이 많다.
② 대면판매방식은 측면판매방식에 비해 상품 진열면적이 넓어진다.
③ 측면판매방식은 고객이 직접 진열된 상품을 접촉할 수 있는 관계로 선택이 용이하다.
④ 대면판매방식은 쇼케이스를 중심으로 판매원이 고정된 자리나 위치를 확보하는 것이 용이하다.

[해설] 상점의 판매 방식
㉮ 대면판매
고객과 종업원이 진열장을 사이에 두고 상담하며 판매하는 형식
㉠ 대상 : 시계, 귀금속, 카메라, 의약품, 화장품, 제과, 수예품
㉡ 장점 : 설명하기 편하고, 판매원이 정위치를 잡기 용이하며 포장이 편리하다.
㉢ 단점 : 진열면적이 감소되고 show-case가 많아지면 상점 분위기가 부드럽지 않다.
㉯ 측면판매
진열 상품을 같은 방향으로 보며 판매하는 형식
㉠ 대상 : 양장, 양복, 침구, 전기기구, 서적, 운동용품
㉡ 장점 : 충동적 구매와 선택이 용이하며, 진열면적이 커지고 상품에 친근감이 있다.
㉢ 단점 : 판매원은 위치를 잡기 어렵고 불안정하며, 상품 설명이나 포장 등이 불편하다.

20. 다음 중 10만 권을 수용하는 도서관의 서고면적으로 가장 적절한 것은?

① 500m²   ② 750m²
③ 900m²   ④ 1,000m²

[해설] 서고 : 150~250권/m²(평균 200권/m²)
∴ 100,000권÷(150~250)≒500m²

제2과목 건축시공

21. 건설 프로세스의 효율적인 운영을 위해 형성된 개념으로 건설생산에 초점을 맞추고 이에 관련된 계획, 관리, 엔지니어링, 설계, 구매, 계약, 시공, 유지 및 보수 등의 요소들을 주요 대상으로 하는 것은?

① CIC(Computer Intergrated Construction)
② MIS(Management Information System)
③ CIM(Computer Intergrated Manufacturing)
④ CAM(Computer Aided Manufacturing)

[해설] CIC(Computer Intergrated Construction) : 컴퓨터를 통한 건설통합 생산시스템
컴퓨터, 정보통신 및 자동화 생산, 조립기술 등을 토대로 건설행위를 수행하는데 필요한 기능들과 인력들을 유기적으로 연계하여 각 건설업체의 업무를 각사의 특성에 맞게 최적화 하는 것

22. 공사착공 전에 건축물의 형태에 맞춰 줄을 띄우거나 석회 등으로 선을 그어 건축물의 건설위치를 표시하는 것으로 도로 및 인접건축물과의 관계, 건축물의 건축으로 인한 재해 및 안전대책 점검과 관련 있는 것은?

① 줄쳐보기   ② 벤치마크
③ 먹매김   ④ 수평보기

정답 18.② 19.② 20.① 21.① 22.①

[해설] 줄쳐보기
공사착공 전에 건축물의 형태에 맞춰 줄을 띄우거나 석회 등으로 선을 그어 건축물의 건설 위치를 표시하는 것으로 도로 및 인접건축물과의 관계, 건축물의 건축으로 인한 재해 및 안전대책 점검과 관련 있다.
※ 벤치마크(Bench Mark, 기준점) : 건축공사 중 높이의 기준이 되도록 건축물 인근에 설치하는 표식

23. 건축공사 뿜도장 도장공법에 대한 설명으로 틀린 것은?

① 뿜도장 거리는 뿜도장면에서 300mm를 표준으로 하고 압력에 따라 가감한다.
② 매 회의 에어 스프레이는 붓도장과 동등한 정도의 두께로 하고, 2회분의 도막 두께를 한 번에 도장하지 않는다.
③ 각 회의 뿜도장 방향은 제1회 때와 제2회 때를 서로 평행하게 진행시켜서 뿜칠을 해야 한다.
④ 뿜도장을 할 때에는 항상 평행이동하면서 운행의 한 줄마다 뿜도장 너비의 1/3 정도를 겹쳐 뿜는다.

[해설] 뿜칠 요령(Spray gun)
㉠ 도료가 되면 칠오름이 거칠어지고, 묽으면 칠오름이 나빠진다.
㉡ 칠면과의 뿜칠거리는 30cm 정도로 1/3~1/2행이 겹치게 칠한다.
㉢ 운행 방향은 1회, 2회는 제각기 직각이 되도록 하고 폭은 30cm를 유지한다.
㉣ Gun은 연속적으로 운행, 평행으로 운행한다. (뿜칠 압력은 0.35MPa 이상 유지)
㉤ Gun의 속도가 느리면 칠이 흐르게 되고, 빠르면 드물어진다.
㉥ 뿜칠 압력이 낮으면 거칠고, 높으면 칠 손실이 많다.

24. 다음 중 공사감리업무와 가장 거리가 먼 항목은?

① 설계도서의 적정성 검토
② 공사 실행예산의 편성
③ 시공상의 안전관리지도
④ 사용자재와 설계도서와의 일치여부 검토

[해설] 공사감리자의 감리업무
㉠ 공사시공자가 설계도서에 따라 적합하게 시공하는지의 여부 확인
㉡ 공사시공자가 사용하는 건축자재가 적합한 자재인지의 여부 확인
㉢ 건축물 및 대지가 적법하도록 공사시공자 및 건축주 지도
㉣ 시공계획 및 공사관리의 적정 여부 확인
㉤ 공사현장에서의 안전관리 지도
㉥ 공정표의 검토
㉦ 상세시공도면의 검토·확인
㉧ 구조물의 위치와 규격의 적정 여부의 검토·확인
㉨ 품질시험의 실시 여부 및 시험성과의 검토·확인
㉩ 설계변경의 적정 여부의 검토·확인
㉪ 기타 공사감리계약으로 정하는 사항

25. 공정표 작성시 공정계산에 관한 설명 중 옳은 것은?

① 종속여유(DF)는 후속작업의 EST에 영향을 주지 않는 범위 내에서 한 작업이 가질 수 있는 여유시간이다.
② 복수의 작업에 후속되는 작업의 EST는 복수의 선행작업 중 EFT의 최소값으로 한다.
③ 복수의 작업에 선행되는 작업의 LFT는 후속작업의 LST 중 최대값으로 한다.
④ 전체여유(TF)는 작업을 EST로 시작하고 LFT로 완료할 때 생기는 여유시간이다.

[해설] ① 종속여유(DF)는 후속작업의 전체 여유에 영향을 미치는 여유시간이다.
② 복수의 작업에 후속되는 작업의 EST는 복수의 선행작업 중 EFT의 최대값으로 한다.
③ 복수의 작업에 선행되는 작업의 LFT는 후속작업의 LST 중 최소값으로 한다.

26. 지하연속벽 공법 중 슬러리 월(Slurry Wall)에 대한 특징으로 옳지 않은 것은?

① 시공시 소음·진동이 크다.
② 인접건물의 경계선까지 시공이 가능하다.
③ 주변 지반에 대한 영향이 적고 차수효과가 확실하다.
④ 지반 굴착시 안정액을 사용한다.

[해설] 슬러리 월(Slurry wall, 지하연속벽식) 공법
안정액(Bentonite 용액)을 사용하여 지반의 붕괴를 방지하면서 굴착하여 그 속에 철근망과 콘크리트를 넣어 연속으로 콘크리트 흙막이벽을 설치하는 공법으로 흙막이 자체가 지하 본구조물의 옹벽을 형성한다.
㉠ 진동, 소음이 적다.
㉡ 차수성이 높으며, 인접 건물에 근접 시공이 가능하다.
㉢ 벽체의 강성이 높아 본 구조체로 사용 가능하다.
㉣ 통상적인 흙막이 공사와 비교하면 대체로 공사비가 높다.

27. 지름 100mm, 높이 200mm인 원주 공시체로 콘크리트의 압축강도를 시험하였더니 200kN에서 파괴되었다면 이 콘크리트의 압축강도는?

① 12.7MPa ② 17.8MPa
③ 25.5MPa ④ 50.9MPa

[해설] 콘크리트의 압축강도 $(\sigma_c) = \dfrac{P}{A}$

단, P(압축력), A(단면적) $= \dfrac{\pi d^2}{4}$

∴ 압축강도 $= \dfrac{P}{A} = \dfrac{P}{\dfrac{\pi d^2}{4}} = \dfrac{200,000\text{N}}{\dfrac{3.14 \times 100^2}{4}}$

$= 25.5 \text{N/mm}^2 = 25.5 \text{MPa}$

※ $1\text{kN} = 1,000\text{N} = 10^3\text{N}$ $1\text{MPa} = 1\text{N/mm}^2$

28. 금속 커튼월의 Mock Up Test에 있어 기본성능시험의 항목에 해당되지 않는 것은?

① 정압수밀시험
② 방재시험
③ 구조시험
④ 기밀시험

[해설] 커튼월의 실물모형실험(mock-up test)
풍동시험을 근거로 설계한 기준척도의 실물모형 3개를 만든 뒤 건설예정지에서 최악의 기후조건으로 시험한다. 예비시험, 기밀시험, 수밀시험(정압, 동압), 구조시험 등을 실시하며, 그 결과에 따라 건축물의 각 부위를 수정·보완하여 안전하고 경제적인 커튼월 설계 및 시공이 가능하도록 한다.
㉠ 예비시험 : 시험실시여부 판단시험, 설계풍압의 50%를 가하는 내풍압시험실시
㉡ 기밀시험 : 기밀성 및 공기누출량 측정시험
㉢ 정압수밀시험 : 누수시험
㉣ 동압수밀시험 : 맥동압에 의한 누수시험
㉤ 구조시험 : 내풍압시험 및 층간변위측정

29. 타일 108mm 각으로, 줄눈을 5mm로 벽면 6m²를 붙일 때 필요한 타일의 장수는? (단, 정미량으로 계산)

① 350장 ② 400장
③ 470장 ④ 520장

[해설] 면적 1m²에 필요한 타일의 수량은
$\dfrac{100\text{cm}}{(10+0.6)\text{cm}} \times \dfrac{100\text{cm}}{(10+0.6)\text{cm}} = 78.3$장
∴ $78.3 \times 6 = 469.8 ≒ 470$장

30. 서로 다른 종류의 금속재가 접촉하는 경우 부식이 일어나는 경우가 있는데 부식성이 큰 금속 순으로 옳게 나열된 것은?

① 알루미늄 > 철 > 주석 > 구리
② 주석 > 철 > 알루미늄 > 구리
③ 철 > 주석 > 구리 > 알루미늄
④ 구리 > 철 > 알루미늄 > 주석

정답 26. ① 27. ③ 28. ② 29. ③ 30. ①

[해설] 금속의 부식
㉮ 금속의 부식작용
  ㉠ 대기에 의한 부식
  ㉡ 물에 의한 부식
  ㉢ 흙 속에서의 부식
  ㉣ 전기작용에 의한 부식
㉯ 전기작용에 의한 부식 : 서로 다른 금속이 접촉하여 그 부분에 수분이 있을 경우에는 전기분해가 일어나 이온화 경향이 큰 금속이 음극으로 되어 전기적 부식현상을 일으키게 된다.
※ 금속의 이온화 경향(큰 것 – 작은 것 순서) :
K > Ca > Na > Mg > Al > Cr > Mn > Zn > Fe > Ni > Sn > H > Cu > Hg > Ag > Pt > Au

31. 고강도 콘크리트에 관한 내용으로 옳지 않은 것은?

① 설계기준압축강도는 보통 또는 중량골재콘크리트에서 40MPa 이상인 것으로 한다.
② 고성능 감수제의 단위량은 소요 강도 및 작업에 적합한 워커빌리티를 얻도록 시험에 의해서 결정하여야 한다.
③ 단위수량은 소요의 워커빌리티를 얻을 수 있는 범위 내에서 가능한 한 작게 하여야 한다.
④ 기상의 변화나 동결융해 발생 여부에 관계없이 공기연행제를 사용하는 것을 원칙으로 한다.

[해설] 고강도 콘크리트의 배합설계시 동결융해에 대한 대책이 필요한 경우나 기상의 변화가 심한 경우에는 공기연행제를 사용한다.
※ 고강도 콘크리트의 설계기준강도는 보통콘크리트는 최소 40MPa(40N/mm²) 이상, 경량골재 콘크리트는 최소 27MPa(27N/mm²) 이상을 말한다.

32. 주문받은 건설업자가 대상계획의 기업, 금융, 토지조달, 설계, 시공 기타 모든 요소를 포괄하여 발주하는 도급계약 방식은?

① 실비청산 보수가산 도급
② 정액도급
③ 공동도급
④ 턴키도급

[해설] 턴키(Turn-Key)도급
건설업자가 대상 계획의 기업, 금융, 토지조달, 설계, 시공, 기계기구 설치, 시운전까지 주문자가 필요로 하는 모든 것을 조달하여 주문자에게 인도하는 도급계약 방식
㉠ 장점 : 신공법의 연구 및 개발, 공사비 절감, 공기단축·전문화 촉진, 책임시공에 의한 신기술개발의 축적 가능, 사업수행의 효율성 향상
㉡ 단점 : 설계의 우수성 및 건축주의 의도 반영 불가, 사업 내용의 불확실성, 발주절차의 복잡성, 과다경쟁 우려, 중소기업의 참여기회 제한

33. 콘크리트를 타설하면서 거푸집을 수직 방향으로 이동시켜 연속작업을 할 수 있게 한 것으로 사일로 등의 건설공사에 적합한 것은?

① Euro form
② Sliding form
③ Air tube form
④ Traveling form

[해설] 슬라이딩 폼(sliding form)
㉠ 수직 활동 거푸집으로, 연속 타설로 일체성을 확보할 수 있다.
㉡ 공기가 약 1/3 정도 단축되며, 요오크(yoke)로 끌어올린다.
㉢ 거푸집 높이 1m 정도, 비계발판이 필요 없다.
  (내·외부 비계발판이 일체형)
㉣ 돌출부가 없는 굴뚝, 사일로(Silo) 등에 사용

34. 연강철선을 전기용접하여 정방형 또는 장방형으로 만든 것으로 콘크리트 다짐바닥, 지면 콘크리트 포장 등에 사용하는 금속재는?

① 와이어 라스(Wire lath)
② 와이어 메쉬(Wire mesh)
③ 메탈 라스(Metal lath)
④ 익스팬디드 메탈(Expended Metal)

정답 31. ④ 32. ④ 33. ② 34. ②

[해설] 와이어 메쉬(Wire Mesh)
연강 철선을 격자형으로 짜서 접점을 전기 용접한 것으로 블록을 쌓을 때나 보호 콘크리트를 타설할 때 균열 방지 및 교차 부분을 보강하기 위해 사용한다.
※ 블록조 벽체에 와이어 메시를 가로줄눈에 묻어 쌓는 목적
㉠ 전단작용에 대한 보강
㉡ 수직하중을 분산시키는데 유리
㉢ 교차부의 균열을 방지하는데 유리

35. 건설현장에서 굳지 않은 콘크리트에 대해 실시하는 시험으로 옳지 않은 것은?

① 슬럼프(Slump) 시험
② 코어(Core) 시험
③ 염화물 시험
④ 공기량 시험

[해설] 굳지 않은 콘크리트가 현장에 도착했을 때 실시하는 품질관리시험 항목
㉠ 염화물 시험
㉡ 슬럼프(slump) 시험
㉢ 공기량 시험

36. 매스콘크리트(Mass concrete)에 대한 설명으로 옳은 것은?

① 단위시멘트량을 늘려 콘크리트의 발열량을 줄이도록 하여야 한다.
② 굵은 골재의 최대치수를 작게 하고, 입자의 크기가 균등한 골재를 사용하는 것이 좋다.
③ 매스 콘크리트의 타설온도는 온도균열을 제어하기 위한 관점에서 될 수 있는 대로 낮게 하여야 한다.
④ 매스 콘크리트는 베이스 콘크리트에 유동화제를 첨가하여 유동성을 증가시킨 콘크리트이다.

[해설] 매스 콘크리트(mass concrete)
부재의 단면이 커서 시멘트의 수화열로 인해 온도균열이 생길 가능성이 큰 구조물에 타설하는 콘크리트로 온도균열을 제어하는 것이 중요하다.

㉠ 재료를 적정온도 이하가 되도록 하여 사용한다.
㉡ 수화열이 작은 중용열 포틀랜드시멘트를 사용하고, 골재는 중정석·자철광을 사용한다.
㉢ 플라이 애쉬, 고로슬래그, 실리카 흄 등 혼화재를 사용하고, 단위 시멘트량을 적게 한다.
※ 부재단면의 치수가 80cm 이상, 하부가 구속된 50cm 이상의 벽체 등이 내부 최고온도와 외기온도의 차이가 25℃ 이상으로 예상되는 콘크리트를 매스 콘크리트(mass concrete)라고 정의한다.(건축공사표준시방서)
※ 매스 콘크리트 구조물의 시공, 시멘트의 수화열에 의한 온도응력 및 온도균열에 관련한 방지대책으로 저발열성시멘트를 사용하고, 파이프쿨링을 이용한 수화열 제어를 하며, 물시멘트비를 낮추는 대책이 필요하다.

37. 건축용 석재 사용 시 주의사항으로 옳지 않은 것은?

① 석재를 구조재로 사용 시 압축강도가 큰 것을 선택하여 사용할 것
② 석재를 다듬어 쓸 때는 석질이 균일한 것을 사용할 것
③ 동일 건축물에는 다양한 종류 및 다양한 산지의 석재를 사용할 것
④ 석재를 마감재로 사용 시 석리와 색채가 우아한 것을 선택하여 사용할 것

[해설] 동일 건축물에는 다양한 종류 및 다양한 산지의 석재를 사용하는 것은 피하는 것이 바람직하다.
※ 동종의 석재라도 산지나 조직에 따라 다른 외관과 색조를 나타낸다.

38. 시멘트 분말도 시험방법이 아닌 것은?

① 플로우시험법 ② 체분석법
③ 피크노메타법 ④ 브레인법

[해설] 시멘트의 품질시험 방법
㉠ 비중 : 루사뗄리 비중병
㉡ 분말도 : 체분석법, 블레인(Blaine)법, 피크노메타법
㉢ 응결 : 길모아(Gillmore)시험, 비이카(Vicat)시험
㉣ 안정성 : 오토 클레이브(Auto clave) 팽창도시험
㉤ 강도 : 휨시험과 압축시험

과년도 출제문제

2025. 2회 건축기사

39. 다음 중 언더피닝(Under Pinning) 공법의 종류가 아닌 것은?

① 갱·피어 공법
② 잭파일(Jacked pile) 공법
③ 그라우트 주입공법
④ 콘크리트 VH 타설법

[해설] 언더피닝(Under pinning) 공법
㉠ 인접한 건물 또는 구조물의 침하 방지를 목적으로 하는 지반보강 방법을 총칭
㉡ 기존 건축물 가까이에 신축공사를 하고자 할 때 기존 건물의 지반과 기초를 보강하는 공법이다.
㉢ 공법의 종류 : 갱·피어 공법, 이중널말뚝 공법, 차단벽 공법, 현장콘크리트말뚝 공법, pit 공법, 강재파일 공법[잭 파일(jacked pile) 공법], 약액주입 공법(그라우트 주입공법)

40. 다음의 할증률로 옳은 것은?

① 시멘트 벽돌 3%
② 강관 7%
③ 단열재 7%
④ 봉강 5%

[해설] 재료의 할증률
• 1% : 유리
• 2% : 시멘트, 칠(도장)
• 3% : 이형철근, 붉은벽돌, 내화벽돌, 타일, 테라코타, 슬레이트, 고장력보울트
• 4% : 블록
• 5% : 원형철근, 시멘트벽돌, 봉강, 리벳, 볼트, 아스팔트계 타일, 기와
• 7% : 대형형강
• 10% : 강관, 단열재
• 30% : 고온고압기기

제3과목 건축구조

41. 강구조에서 기초콘크리트에 매입되어 주각부의 이동을 방지하는 역할을 하는 것은?

① 앵커 볼트
② 턴 버클
③ 클립 앵글
④ 사이드 앵글

[해설] 철골구조 주각부 구조
㉠ 윙(wing) 및 리브(rib) 플레이트(plate) : 기둥 하중을 베이스플레이트로 분산 전달
㉡ 클립(clip) 및 사이드 앵글(side angle) : 기둥과 베이스플레이트의 연결
㉢ 베이스 플레이트(base plate) : 하중을 기초(페데스탈)로 전달
㉣ 앵커볼트(anchor bolt) : 주각부를 기초(페데스탈)에 결속하여 이동 방지

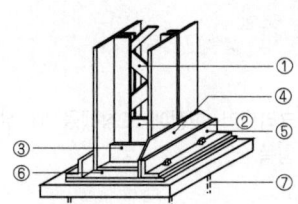

① Lattice bar
② Web plate
③ Clip Angle
④ Wing plate
⑤ Side Angle
⑥ Base plate
⑦ Anchor Bolt

42. 지름 20mm, 길이 200mm인 철근에 인장력을 가했을 때, 지름이 0.0052mm 감소하였고, 길이는 0.17mm 늘어났다. 이 재료의 푸아송비는?

① 3.26923
② 0.00085
③ 0.00026
④ 0.30588

[해설] 푸아송비(ν)
㉠ 해석의 발상 : 푸아송비(ν)는 길이변형률($\epsilon = \frac{\Delta l}{l}$)에 대한 폭변형률($\beta = \frac{\Delta d}{d}$)의 비로 $\nu = \frac{\beta}{\epsilon}$이다.
㉡ 푸아송비(ν)

$$\nu = \frac{l}{d} \frac{\Delta d}{\Delta l} = \frac{200 \times 0.0052}{20 \times 0.17} = 0.30588$$

정답 39. ④ 40. ④ 41. ① 42. ④

43. 트러스 해법의 기본가정으로 틀린 것은?

① 절점을 연결하는 직선은 재축과 일치한다.
② 부재를 연결하는 절점은 강절점으로 간주한다.
③ 외력은 모두 절점에 작용하는 것으로 한다.
④ 외력은 모두 트러스를 포함한 평면안에 있는 것으로 한다.

[해설] 트러스 해석의 기본 가정
㉠ 모든 절점은 힌지
㉡ 모든 부재는 직선재이며, 절점을 잇는 직선은 부재축과 일치
㉢ 모든 외력은 절점에만 작용
㉣ 외력의 작용선은 트러스와 동일 평면내 존재
㉤ 축방향력만 발생, 전단력과 휨모멘트는 발생하지 않음

44. 강도설계법에서 단근직사각형 보의 c(압축연단에서 중립축까지 거리)값으로 옳은 것은? (단, $f_{ck}=24$ MPa, $f_y=400$MPa, $b=300$mm, $A_s=1,161$mm², 포물선-직선 형상의 응력-변형률 관계 이용)

① 92.65mm ② 94.85mm
③ 96.65mm ④ 98.85mm

[해설] 중립축 거리(c)
㉠ 해석의 발상 : 중립축 거리(c_b)에 대한 등가응력 블록 깊이(a)의 비(β_1, 중립축 거리비)로 중립축 거리를 구할 수 있다.

$$\beta_1 = \frac{a}{c_b}$$

f_{ck}(MPa)	≤40	50	60	70
η	1.00	0.97	0.95	0.91
β_1	0.80	0.80	0.76	0.74

㉡ 등가응력블록깊이(a)
$$a = \frac{A_s f_y}{\eta(0.85f_{ck})b} = \frac{1,161 \times 400}{1 \times 0.85 \times 24 \times 300}$$
$$= 75.882 \text{(mm)}$$

㉢ 중립축 거리
$$a = \beta_1 \cdot c_b \rightarrow \beta_1 = \frac{a}{c_b}$$
$$c_b = \frac{a}{\beta_1} = \frac{75.882}{0.8} = 94.853 \text{(mm)}$$

45. H형강이 사용된 압축재의 양단이 핀으로 지지되고 부재 중간에서 x축 방향으로만 이동할 수 없도록 지지되어 있다. 부재의 전 길이가 4m일 때 세장비는? (단, $r_x=8.62$cm, $r_y=5.02$cm)

① 26.4 ② 36.4
③ 46.4 ④ 56.4

[해설] 설계용 세장비(λ)
㉠ 해석의 발상 : 기둥의 중간에 x축 방향으로만 이동할 수 없도록 지지된 상태이므로 세장비는 강축(x)의 회전반경으로 설계한다.
㉡ 세장비(λ)
$$\lambda = \frac{\ell_k}{r}$$
$\ell_k = \ell = 4,000$mm
($\because$ 양단 핀 좌굴계수(k)=1)
$r = r_x = 8.62$cm $= 86.2$mm
$$\lambda = \frac{4,000}{86.2} = 46.4$$

46. 그림과 같은 구조물의 부정정 차수는?

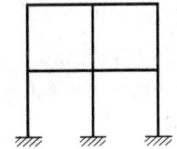

① 9차 부정정 ② 12차 부정정
③ 15차 부정정 ④ 18차 부정정

[해설] 구조물의 판별
기본 판별식($N=N_e+N_i$) 활용
$N_e = R-3 = (3\times3)-3 = 6$
$N_i = 3\times2 = 6$
$\therefore N = 6+6 = 12$(차 부정정)

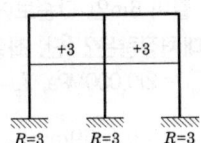

정답 43. ② 44. ② 45. ③ 46. ②

47. 그림과 같은 등변분포하중이 작용하는 단순보의 최대휨모멘트 $M_{\max}$는?

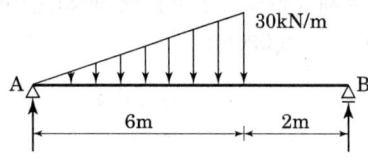

① $25\sqrt{3}$ kN·m ② $25\sqrt{2}$ kN·m
③ $90\sqrt{3}$ kN·m ④ $90\sqrt{2}$ kN·m

[해설] 최대 휨모멘트 산정
① 해석의 발상 : 최대 휨모멘트는 전단력이 (+)와 (−)의 경계점 즉, 0인 점에서 발생한다.
② $V_A = V_B = 90/2 = 45$ (kN)

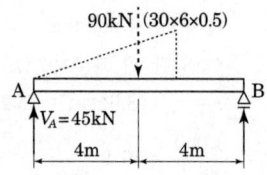

③ 전단력이 0인 위치 : A점에서 임의 거리(x)에 대한 전단력(S_x)을 구하면
$S_x = 45 - (x \times 5x) \times 0.5 = 45 - 2.5x^2$
전단력이 0인 곳, 즉 $S_x = 0$를 만족하는 위치는 $45 - 2.5x^2 = 0$
$\therefore x = \sqrt{18} = 3\sqrt{2}$ (m)

④ 최대 휨모멘트 : A점에서 $3\sqrt{2}$ (m) 떨어진 곳의 휨모멘트
$M_{\max} = (45 \times 3\sqrt{2}) - [\{3\sqrt{2} \times (5 \times 3\sqrt{2}) \times 0.5\}$
$\times (3\sqrt{2} \times 1/3)] = 90\sqrt{2}$ (kN·m)

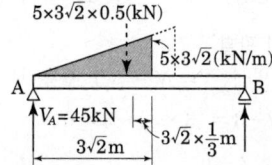

48. H형강을 사용한 길이 6m인 단순보에 5kN/m의 등분포하중재하 시 최대처짐량은? (단, 좌굴의 영향은 없는 것으로 가정하며, $E_s = 210,000$MPa, $I_x = 4,720$cm⁴)

① 1.70mm ② 5.69mm
③ 8.51mm ④ 12.49mm

[해설] 단순보 등분포하중에 대한 처짐
$\delta_{\max} = \dfrac{5wl^4}{384EI}$
$w = 5$kN/m $= 5$N/mm
$l = 6$m $= 6,000$mm
$E = 2.1 \times 10^5$MPa
$\quad = 2.1 \times 10^5$N/mm²
$I_x = 4,720$cm⁴ $= 472 \times 10^5$mm⁴
$\delta_{\max} = \dfrac{5 \times 5 \times 6,000^4}{384(2.1 \times 10^5)(472 \times 10^5)}$
$\quad = 8.512$ (mm)

49. 다음 ( )안에 들어갈 숫자를 고르시오.

용접이음은 용접용 철근을 사용하며 철근 항복강도의 ( )% 이상을 발휘할 수 있어야 한다. 기계적이음은 철근 항복강도의 ( )%를 발휘할 수 있는 기계적이음이어야 한다.

① 105 ② 115
③ 120 ④ 125

[해설] 철근의 용접 이음부 강도
용접 이음의 용접부 강도(f_w)와 기계적 이음의 이음부 강도는 철근의 설계강도(f_y)의 125% 이상을 발휘할 수 있는 완전 용입 용접 및 기계적 이음이어야 한다.

50. 등가정적해석법을 사용하여 밑면전단력을 산정하는 경우, 밑면전단력의 크기가 가장 큰 구조물은?

① 건물의 중량이 크고 주기가 짧은 구조물
② 건물의 중량이 크고 주기가 긴 구조물
③ 건물의 중량이 작고 주기가 짧은 구조물
④ 건물의 중량이 작고 주기가 긴 구조물

정답 47. ④ 48. ③ 49. ④ 50. ①

[해설] 밑면전단력(지진력)

밑면전단력(V)은 건물유효중량(W)에 비례하고 고유주기(T)에 반비례한다.

$$V = C_S \cdot W = \frac{S_{D1}}{(R/I_E) \cdot T}$$

- S_{D1} : 설계스펙트럼가속도
- R : 반응수정계수
- I_E : 건물중요도계수
- T : 건물고유주기

51. 그림에서 절점 D는 이동을 하지 않으며, A, B, C는 고정단일 때 C단의 모멘트는? (단, k는 강비)

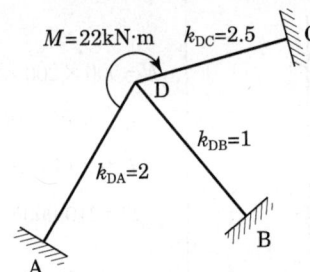

① 4.0kN·m
② 4.5kN·m
③ 5.0kN·m
④ 5.5kN·m

[해설] 모멘트 분배법

① 해석의 발상 : D점에 작용한 모멘트 하중(22kN·m) 중 DC부재로 분배된 모멘트의 1/2이 C단의 도달하게 된다. 이 모멘트의 크기를 C지점의 「도달모멘트」 또는 「반력모멘트」라 한다.

② DC부재의 분배 모멘트(M_{DC})

M_{DC} = 모멘트 하중(M) × 분배율(f_{DC})

$$M_{DC} = M_D \times f_{DC} = 22\left(\frac{2.5}{2+1+2.5}\right)$$
$$= 10(\text{kN} \cdot \text{m})$$

③ C단의 모멘트(M_{CD}, 도달모멘트)

M_{CD} = 분배모멘트(M_{DC}) × $\frac{1}{2}$

$$M_{CD} = 10 \times \frac{1}{2} = 5(\text{kN} \cdot \text{m})$$

52. 강도설계법에서 고정하중 40kN, 활하중 30kN이 작용할 때 계수하중은 얼마인가?

① 135kN
② 124kN
③ 116kN
④ 96kN

[해설] 계수하중

하중의 조합	소요강도
고정하중(D)+활하중(L)	U=1.2D+1.6L

계수하중(U) = 1.2D + 1.6L = (1.2×40) + (1.6×30)
= 96(kN)

53. 강구조 접합부 계획 시 고려사항이 아닌 것은?

① 부재의 이음개소는 가급적 적게 한다.
② 단면의 급격한 변화는 가급적 피한다.
③ 응력집중이나 국부변형이 일어나지 않도록 한다.
④ 공장용접보다 현장용접이 많도록 하며 용접부위의 검사가 용이하도록 한다.

[해설] 강구조 접합부 설계

㉠ 특정부위에 응력이 집중되지 않도록 한다.
㉡ 가급적이면 단일부재로 설계하되 부득이한 경우 이음을 최소화한다.
㉢ 동일 구간의 부재는 가급적이면 동일 단면으로 하되 줄이거나 늘이는 경우 완만하게 설계한다.
㉣ 강도와 정밀도가 높고 검사도 용이한 공장용접을 늘이고 현장용접을 줄인다.

54. 강도설계법에서 철근콘크리트 구조물의 공칭강도 산정 시 사용되는 강도감소계수로 옳지 않은 것은?

① 인장지배단면 : 0.85
② 전단력과 비틀림모멘트 : 0.75
③ 포스트텐션 정착구역 : 0.85
④ 압축지배단면 중 나선철근으로 보강된 철근콘크리트 부재 : 0.65

정답 51. ③ 52. ④ 53. ④ 54. ④

[해설] 공칭강도 산정용 강도감소계수

적용 부재		강도감소계수
인장지배 단면		0.85
압축지배 단면	띠철근 기둥	0.65
	나선철근 기둥	0.70
전단력과 비틀림 모멘트		0.75
포스트텐션 정착구역		0.85

55. 철근콘크리트 보의 사인장균열에 관한 설명으로 옳지 않은 것은?

① 보의 단부에 주로 발생한다.
② 보의 축과 약 45°의 각도를 이룬다.
③ 전단력 및 비틀림에 의하여 발생한다.
④ 주인장응력도의 방향과 사인장균열의 방향은 일치한다.

[해설] 사인장 균열

사인장 균열은 보의 단부에서 수평·수직 전단에 의해 주인장응력도의 직각방향으로 발생한다.

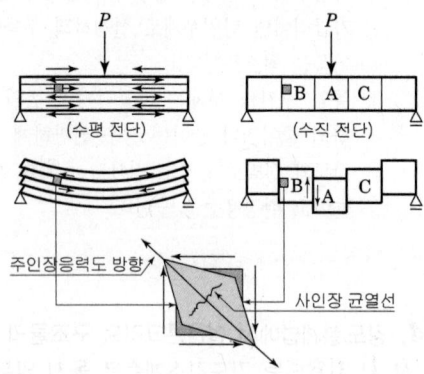

56. 인장시험을 통하여 얻어진 탄소강의 응력변형도 곡선에서 변형도경화영역의 최대응력을 의미하는 것은?

① 인장강도 ② 항복강도
③ 탄성한도 ④ 비례한도

[해설] 탄소강 응력변형도 곡선

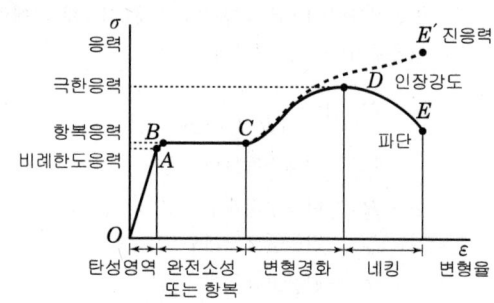

57. 그림과 같은 6m 길이의 기둥에 압축하중이 작용할 때 횡구속에 가장 유리한 조건은? (단, SS275 강재 사용)

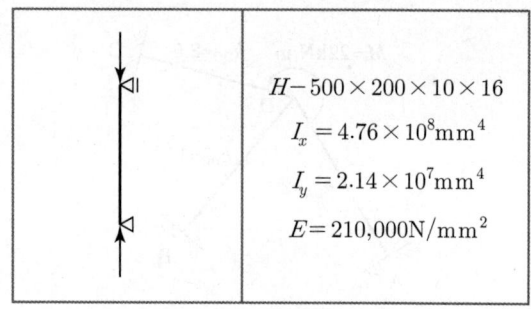

$H-500 \times 200 \times 10 \times 16$
$I_x = 4.76 \times 10^8 \text{mm}^4$
$I_y = 2.14 \times 10^7 \text{mm}^4$
$E = 210,000 \text{N/mm}^2$

① 5m 높이에 강축에만 휨변형 구속이 있다.
② 3m 높이에 약축에만 휨변형 구속이 있다.
③ 5m 높이에 약축에만 휨변형 구속이 있다.
④ 3m 높이에 강축에만 휨변형 구속이 있다.

[해설] 압축하중의 횡구속

압축재는 단면2차반경이 최소인 축을 좌굴축(약축)으로 좌굴이 발생한다. 좌굴을 최소화하려면 가급적 약축의 지간을 짧게 횡구속을 하여야 한다. 따라서 약축에 짧은 구속(3m)이 가장 유리하다.

58. 인장력을 받는 원형 단면 강봉의 직경을 4배로 하면 수직응력도(Normal Stress)는 기존 응력도의 얼마로 줄어드는가?

① 1/2 ② 1/4
③ 1/8 ④ 1/16

정답 55. ④ 56. ① 57. ② 58. ④

[해설] 수직응력도(인장응력도)
① 해석의 발상 : 원형 단면의 강봉에서 인장응력도는 직경의 제곱에 반비례한다.

$$\sigma_t = \frac{N}{A} = \frac{N}{\frac{\pi d^2}{4}} = \frac{4N}{\pi d^2}$$

② 지름이 4배인 강봉의 인장응력비

$$\frac{1}{d^2} : \frac{1}{(4d)^2} = 1 : \frac{1}{16}$$

59. 강도설계법에서 깊은보는 순경간 L_n이 부재깊이의 몇 배 이하인 부재인가?

① 2배　　② 3배
③ 4배　　④ 5배

[해설] 깊은보 설계 기본 가정
㉠ 순경간(L_n)이 부재 춤(h, 깊이)의 4배 이하인 보($\frac{L_n}{h} \leq 4$)
㉡ 중립축이 보의 중간에서 인장측에 가깝게 발생
㉢ 응력과 변형률은 비선형 분포
㉣ 휨변형 전 축에 직각인 단면은 변형 후에도 축에 직각(평면유지의 가정)
㉤ 공칭전단강도는 콘크리트 전단강도의 5배 이하

60. 연약지반에서 부등침하를 방지하는 대책으로 틀린 것은?

① 건물을 경량화 한다.
② 지하실을 강성체로 설치한다.
③ 줄기초와 마찰말뚝 기초를 병용한다.
④ 건물의 구조강성을 높인다.

[해설] 연약지반의 대책
연약지반의 상부구조는 경량화, 길이 축소, 강성 향상, 인접거리 이격, 중량분배가 필요하며 하부구조에 대해서는 경질지반까지 지지시키고 기초는 가급적 동일 종류의 기초로 하되 마찰말뚝을 사용하며 지하실을 설치하거나 지중보로 기초를 연결한다. 또한 지반계획에서는 강제배수, 고결, 치환 등의 조치가 필요하다.

■■■ 제4과목 건축설비

61. 다음과 같은 조건에서 실내에 500W의 열을 발산하는 기기가 있을 때, 이 열을 제거하기 위한 필요환기량은?

[조건]
• 실내온도 : 20℃, 환기온도 : 10℃
• 공기의 정압비열 : 1.01kJ/kg·K
• 공기의 밀도 : 1.2kg/m³

① 41.3m³/h　　② 148.5m³/h
③ 413m³/h　　④ 1485m³/h

[해설] 발열량에 의한 환기량 계산

$H_s = \rho QC(t_i - t_o)$ [kJ/h]

H_s : 실의 현열부하[kJ/h]
ρ : 공기의 밀도[1.2kg/m³]
Q : 환기량[m³/h]
C : 공기의 정압비열[1.01kJ/kg·K]
t_i : 실내 공기온도[℃]
t_o : 송풍 공기온도[℃]

$$Q = \frac{H_s}{\rho C(t_i - t_o)} = \frac{500 \times 3.6}{1.2 \times 1.01 \times (20-10)}$$

$= 148.5 \text{m}^3/\text{h}$

62. 배수배관에 관한 설명으로 옳지 않은 것은?

① 배수배관은 원칙적으로 중력에 의해 옥외로 배출하도록 한다.
② 엘리베이터 샤프트, 수변전실에는 배수배관을 설치하지 않는다.
③ 배관 내를 쉽게 청소할 수 있는 위치에 청소구를 설치한다.
④ 건물 내에서 피트 내 가공배관은 피하고 지중배관을 한다.

[해설] 건축물의 지하실 등 공공 하수관보다 낮은 곳의 배수는 최하층 바닥에 설치된 배수 피트에 모아 오수 펌프를 이용하여 공공하수관으로 배출한다.

정답　59. ③　60. ③　61. ②　62. ④

63. 중앙식 급탕 방식 중 보일러에서 만들어진 증기 또는 고온수를 열원으로 하고, 저탕조 내에 설치된 코일을 통해 저탕조 내의 물을 가열하는 방식은?

① 간접 가열식 ② 기수 혼합식
③ 직접 가열식 ④ 순간 가열식

[해설] 간접가열식은 고온수나 증기를 이용하며 저탕탱크 내에 가열코일을 설치하고, 이 코일에 증기 또는 열탕을 통해서 저장탱크의 물을 간접적으로 가열하는 방식으로 고압보일러가 불필요하며, 가열코일의 출구에는 증기트랩을 달아 응축수만을 보일러에 환수한다.

64. 가스의 연소성을 나타내는 것은?

① 비열비 ② 웨버지수
③ 가버너 ④ 단열지수

[해설] 웨버지수 $WI = \dfrac{H_g}{\sqrt{S}}$

H_g : 가스발열량(kJ/Nm³) S : 가스 비중

※ 웨버지수(WI)
㉠ 가스의 연소성을 판단하는데 중요한 수치이다.
㉡ 가스 비중에 대한 발열량으로 웨버지수가 클수록 단위중량당 발열량이 큰 것을 의미한다.

65. 다음 중 상대습도(R.H) 100%에서 그 값이 같지 않은 온도는?

① 효과온도 ② 건구온도
③ 습구온도 ④ 노점온도

[해설] 건구온도, 습구온도, 건구온도의 값이 같다는 것은 상대습도(R.H)가 100%인 포화공기를 뜻한다.
※ 포화상태 공기가 아닌 일반상태 공기의 건구온도(t_1), 습구온도(t_2), 노점온도(t_3)의 관계식
= 건구온도(t_1) > 습구온도(t_2) > 노점온도(t_3)
☞ 작용온도(OT : Operative Temperature, 효과온도)
㉠ 체감에 대한 기온과 주벽의 복사열 및 기류의 영향을 조합시킨 지표
㉡ 습도에 대하여 고려하지 않음

66. 각종 보일러에 관한 설명으로 옳은 것은?

① 수관 보일러는 소용량으로 소규모 건물에 적합하며 지역난방으로는 사용이 불가능하다.
② 주철제 보일러는 사용 내압이 높아 고압용으로 주로 사용되며 용량도 크다.
③ 관류 보일러는 보유수량이 많아 예열시간이 길다.
④ 노통연관 보일러는 부하변동에 잘 적응되며, 보유수면이 넓어서 급수용량 제어가 쉽다.

[해설] ① 수관 보일러는 대용량으로 대규모 건물에 적합하며 지역난방으로는 사용이 가능하다.
② 주철제 보일러는 사용 내압이 낮아 저압용으로 주로 사용되며 용량도 작다.
③ 관류 보일러는 보유수량이 적으므로 예열시간이 짧고, 부하변동에 대해 추종성이 좋다.

67. 면적이 100m²인 어느 강당의 소요 평균조도가 300lx이다. 1개당 광속이 2,000lm인 형광등을 사용할 경우 소요형광등수는?(단, 조명률은 60%, 감광보상률은 1.5이다.)

① 25개 ② 29개
③ 34개 ④ 38개

[해설] $F = \dfrac{E \cdot A \cdot D}{N \cdot U}$

F : 광원 1개당 광속(2,000lm)
N : 광원 개수
U : 조명률(0.6)
A : 방의 면적(100m²)
E : 평균조도(300lx)
D : 감광보상율(1.5)

따라서, $N \times 2,000 = \dfrac{300 \times 100 \times 1.5}{0.6}$

$N = 37.5 ≒ 38$개

정답 63. ① 64. ② 65. ① 66. ④ 67. ④

68. 일사에 관한 설명으로 옳지 않은 것은?

① 일사에 의한 건물의 수열은 방위에 따라 차이가 있다.
② 추녀와 차양은 창면에서의 일사조절 방법으로 사용된다.
③ 블라인드, 루버, 롤스크린은 계절이나 시간, 실내의 사용상황에 따라 일사를 조절할 수 있다.
④ 일사조절의 목적은 일사에 의한 건물의 수열이나 흡열을 작게하여 동계의 실내기후의 악화를 방지하는데 있다.

[해설] 일사조절의 목적은 일사에 의한 건물의 실내쾌적환경을 조성할 수 있도록 하는 것이며, 이는 계절이나 시간, 방위, 일사조절방법을 통하여 주어진 조건에 맞게 계획한다.

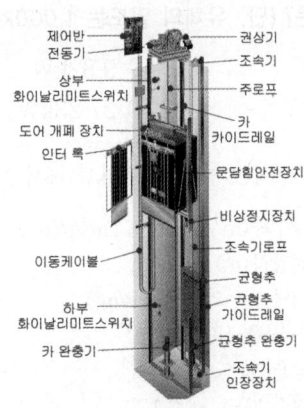

[그림] 엘리베이터

69. 엘리베이터 안전장치 중에서 카(Car)가 최상층이나 최하층에서 정상 운행위치를 벗어나 그 이상으로 운행하는 것을 방지하는 것은?

① 완충기(Buffer)
② 조속기(Governor)
③ 리미트 스위치(Limit Switch)
④ 카운터 웨이트(Counter Weight)

[해설] 엘리베이터의 안전장치
㉠ 조속기 : 규정 속도의 120%가 되면 차단
㉡ 비상정지장치 : 정격속도의 130~140%에 도달하면 차단
㉢ 완충기 : 카와 균형추가 승강로 저부로 낙하할 때 그 충격을 완화시켜 주는 장치
㉣ 스토핑 스위치(슬로우다운 스위치, 종점스위치) : 최상, 최하층에서 카 정지 스위치를 잊은 경우 자동 정지
㉤ 리밋 스위치(제한스위치) : 스토핑 스위치가 작동하지 않을 때, 제2단위 작동으로 주회로를 차단

70. 다음 설명에 알맞은 화재의 종류는?

나무, 섬유, 종이, 고무, 플라스틱류와 같은 일반 가연물이 타고 나서 재가 남는 화재

① A급 화재
② B급 화재
③ C급 화재
④ K급 화재

[해설] 화재의 종류
㉠ 일반 화재(A급 화재) : 나무, 섬유, 종이, 고무, 플라스틱류와 같은 일반 가연물이 타고 나서 재가 남는 화재
㉡ 기름 화재(B급 화재) : 인화성 액체, 가연성 액체, 석유 그리스, 타르, 오일, 유성도료, 솔벤트, 래커, 알코올 및 인화성 가스와 같은 유류가 타고 나서 재가 남지 않는 화재
㉢ 전기 화재(C급 화재) : 전류가 흐르고 있는 전기기기, 배선과 관련한 화재
㉣ 주방 화재(K급 화재) : 주방에서 동식물유를 취급하는 조리기구에서 일어나는 화재

정답 68. ④ 69. ③ 70. ①

71. 양수량 2m³/min, 전양정 50m, 효율이 60%인 펌프의 축동력은? (단, 유체의 밀도는 1,000kg/m³이다.)

① 2.77kW ② 9.82kW
③ 16.33kW ④ 27.23kW

[해설] 펌프 축동력 $(L_s) = \dfrac{WQH}{KE}$ (kW)에서

- Q : 양수량(m³/min) → 2m³/min
- H : 전양정(m) → 50m
- W : 액체 1m³의 중량(kg/m³)
  → 물은 1,000kg/m³
- E : 효율(%) → 60%
- K : 정수(kW) → 6,120

∴ 펌프의 축동력 $(L_s) = \dfrac{1,000 \times 2 \times 50}{6,120 \times 0.6}$
$= 27.23$ kW

72. 환기에 관한 설명으로 옳지 않은 것은?

① 기밀성이 높은 주택의 경우 잦은 기계환기를 통해 실내공기의 오염을 낮추는 것이 바람직하다.
② 병원의 수술실은 오염공기가 실내로 들어오는 것을 방지하기 위해 실내압력을 주변공간보다 높게 설정한다.
③ 공기의 오염도가 높은 도로에 면해 있는 건물의 경우, 공기조화설비 계통의 외기도입구를 가급적 높은 위치에 설치한다.
④ 화장실은 송풍기(급기팬)와 배풍기(배기팬)를 설치하는 것이 일반적이다.

[해설] 제3종 환기(흡출식)
- ㉠ 자연송풍+강제배풍
- ㉡ 실내의 압력이 부압(-), 실내의 냄새나 유해물질을 다른 실로 흘려보내지 않는다.
- ㉢ 주방, 화장실, 유해가스 발생장소에 사용한다.

73. 다음 중 냉방부하 계산 시 현열만을 고려하는 것은?

① 인체의 발생열량
② 실내기기 부하
③ 틈새바람으로부터의 취득열량
④ 외기의 도입으로 인한 취득열량

[해설] 냉방부하 계산
- ㉮ 현열 부하만 계산 : 벽체로부터의 취득열량, 유리로부터의 취득열량, 조명 및 기기로부터의 취득열량, 재열부하, 송풍기와 덕트로부터의 취득열량
- ㉯ 현열과 잠열을 동시에 계산해 주어야 할 부하요소
  - ㉠ 극간풍(틈새바람)에 의한 취득열량
  - ㉡ 인체의 발생열량
  - ㉢ 기구로부터의 발생열량
  - ㉣ 외기의 도입으로 인한 취득열량

74. 자동화재탐지설비의 감지기 중 감지기 주위의 온도 상승률이 일정한 값을 초과하는 경우 작동하는 것은?

① 정온식 ② 차동식
③ 광전식 ④ 이온화식

[해설] 감지기

감지기의 종류		작동원리
열식	차동식	그 주위 온도가 일정한 온도 상승률 이상으로 되었을 때 작동한다.
	정온식	그 주위 온도가 일정한 온도 이상이 되었을 때 작동한다.
	보상식	그 주위 온도의 변화에 따라 감도가 변화하는 것이며, 차동식 및 정온식의 성능을 가진다.
연기식	이온식	검지부에 연기가 들어감으로써 이온 전류가 변화하는 것을 이용하여 감지한다.
	광전식	검지부에 연기가 들어감으로써 광전소자의 입사광량이 변화하는 것을 이용하여 감지한다.

정답 71. ④ 72. ④ 73. ② 74. ②

75. 증기난방에 관한 설명으로 옳지 않은 것은?

① 온수난방에 비해 예열시간이 짧다.
② 온수난방에 비해 한랭지에서의 동결의 우려가 작다.
③ 운전 시 증기해머로 인한 소음을 일으키기 쉽다.
④ 온수난방에 비해 부하변동에 따른 실내발열량의 제어가 용이하다.

[해설] 증기난방(steam heating)
증기의 잠열을 이용한 난방방식으로 사무소, 백화점, 학교, 극장, 일반공장 등에 이용한다.
㉮ 장점
　㉠ 증발 잠열을 이용하므로 열의 운반능력이 크다.
　㉡ 예열시간이 온수 난방에 비해 짧고 증기의 순환이 빠르다.
　㉢ 방열면적은 온수난방보다 작게 할 수 있으며, 관경이 가늘어도 된다.
　㉣ 설비비와 유지비가 싸다.
㉯ 단점
　㉠ 방열기의 표면온도가 높아 난방의 쾌감도가 낮다.
　㉡ 난방부하의 변동에 따라 방열량 조절이 곤란하다.
　㉢ 소음이 많이 난다.(steam hammering)
　㉣ 보일러 취급에 기술을 요한다.

76. 다음 설명에 알맞은 전동기의 종류는?

> 회전자계를 만드는 여자전류가 전원측으로부터 흐르는 관계로 역률이 나쁘다는 결점이 있다. 구조와 취급이 간단하여 건축설비에서 가장 널리 사용된다.

① 직권전동기　　② 분권전동기
③ 유도전동기　　④ 동기전동기

[해설] 유도전동기
　㉠ 구조와 취급이 간단하고 기계적으로 견고하다.
　㉡ 가격이 비교적 싸고 운전이 대체로 쉽다.
　㉢ 역률이 나쁜 단점이 있다.
　㉣ 건축설비에서 가장 널리 사용되고 있다.

77. 다음과 같은 공식을 통해 산출되는 값으로 전기설비가 어느 정도 유효하게 사용되는가를 나타내는 것은?

$$\frac{\text{부하의 평균전력}}{\text{최대 수용전력}} \times 100\%$$

① 부하율　　② 보상률
③ 부등률　　④ 수용률

[해설] 수변전설비 용량 결정은 수용률(수요율), 부등률, 부하율 등을 이용하여 산정한다.

㉠ 수용률(수요율) = $\frac{\text{최대수용전력}}{\text{부하설비용량}} \times 100(\%)$
　⇒ 일반 건물 60~70%

㉡ 부등률 = $\frac{\text{각부하의최대수용전력의합계}}{\text{최대수용전력}} \times 100(\%)$
　⇒ 1보다 크다(1.1~1.5)

㉢ 부하율 = $\frac{\text{평균수용전력}}{\text{최대수용전력}} \times 100(\%)$
　⇒ 1보다 작다(0.25~0.6)

78. 게이트 밸브(gate valve)라고도 하며 유체흐름에 의한 마찰손실이 적어서 물과 증기배관에 주로 사용되는 밸브는?

① 체크 밸브(Check valve)
② 앵글 밸브(Angle valve)
③ 글로브 밸브(Glove valve)
④ 슬루스 밸브(Sluice valve)

[해설] ㉠ 슬루스 밸브(sluice valve) : 밸브의 통로에 변화가 없어 유체의 저항손실이 가장 적다. 일명 게이트 밸브(gate valve)라고도 한다.
　㉡ 글로브 밸브(globe valve) : 유체의 저항손실이 가장 크다. 일명 스톱 밸브(stop valve)라고도 한다.

과년도출제문제

79. 다음 통기관의 관경에 대한 설명으로 옳지 않은 것은?

① 각개통기관의 관경은 그것이 접속되는 배수관 관경의 1/2 이상으로 한다.
② 회로통기관의 관경은 배수수평지관과 통기수직관 중 큰 쪽 관경의 1/2 이상으로 한다.
③ 결합통기관의 관경은 통기수직관과 배수수직관 중 작은 쪽 관경 이상으로 한다.
④ 신정통기관의 관경은 배수수직관의 관경보다 작게해서는 안된다.

[해설] 통기관의 최소 관경
  ㉠ 각개통기관 : 최소 32mm 이상이거나 접속하는 배수관경의 1/2 이상
  ㉡ 루프통기관 : 최소 40mm 이상이거나 배수수평지관과 통기수직관 중 작은 쪽 관경의 1/2 이상
  ㉢ 도피통기관 : 최소 40mm 이상이거나 접속하는 배수관경의 1/2 이상
  ㉣ 결합통기관 : 최소 50mm 이상이거나 통기수직관과 배수수직관 중 작은 쪽의 관경 이상
  ㉤ 신정통기관 : 최소 75mm 이상(일반적으로 100mm 기준)이거나 배수수직관과 동일 관경 이상
  ※ 통기관의 관경 : 최소 32mm 이상
  ☞ 기구통기관의 최소 관경 : DN32

80. 다음 중 최근 저압선로의 배선보호용 차단기로 가장 많이 사용되는 것은?

① ACB
② GCB
③ MCCB
④ ABCD

[해설] 배선용 차단기(Molded Case Circuit Breaker, MCCB) 요즘 가정 및 빌딩에서는 커버 나이프 스위치 대신 배선용 차단기를 사용하는데, 이 차단기는 전자석이나 바이메탈을 이용해 전기회로에 규정 이상의 전류가 흐를 때는 차단기가 자동적으로 개방되도록 KS C 8321에서 규정하고 있다.
  ☞ 자동차단기는 과부하 및 단락사고 차단 후 다시 원상태로 복귀하여 재사용할 수 있다.
  ※ 고압 차단기 : 공기차단기(ABB), 자기차단기(MBB, MBCB), 진공차단기(VCB), 유입차단기(OCB), 가스차단기(GCB), 기중차단기(ACB)

■■■■ 제5과목 건축관계법규

81. 특별피난계단의 구조에 관한 기준 내용으로 옳지 않은 것은?

① 계단은 내화구조로 하되, 피난층 또는 지상까지 직접 연결되도록 한다.
② 계단실 및 부속실의 실내에 접하는 부분의 마감은 불연재료로 한다.
③ 출입구의 유효너비는 0.9m 이상으로 하고 피난의 방향으로 열 수 있도록 한다.
④ 건축물의 내부에서 노대 또는 부속실로 통하는 출입구에는 60+방화문, 60분 방화문 또는 30분 방화문을 설치하고, 노대 또는 부속실로부터 계단실로 통하는 출입구에는 60+방화문, 60분 방화문을 설치하도록 한다.

[해설] 특별피난계단의 출입구 설치
  ㉠ 건축물의 안쪽으로부터 노대, 부속실로 통하는 출입구에는 60+방화문, 60분 방화문을 설치할 것
  ㉡ 노대, 부속실로부터 계단실로 통하는 출입구에는 60+방화문, 60분 방화문 또는 30분 방화문을 설치할 것
  ㉢ 출입구의 유효너비는 0.9m 이상으로 하고 피난 방향으로 열 수 있을 것

82. 건축물의 필로티 부분을 건축법령상의 바닥면적에 산입하는 경우에 속하는 것은?

① 공중의 통행에 전용되는 경우
② 차량의 주차에 전용되는 경우
③ 업무시설의 휴식공간으로 전용되는 경우
④ 공동주택의 놀이공간으로 전용되는 경우

[해설] 필로티, 기타 이와 유사한 구조(벽면적의 1/2 이상이 해당 층의 바닥면에서 위층 바닥아랫면까지 공간으로 된 것에 한함)부분의 바닥면적 : 해당 필로티 등의 부분이 다음과 같은 용도에 전용되는 경우에는 이를 바닥면적에 산입하지 아니한다.
  ㉠ 공중의 통행에 전용되는 경우
  ㉡ 차량의 주차에 전용되는 경우
  ㉢ 공동주택의 경우

정답 79. ② 80. ③ 81. ④ 82. ③

83. 건축법령상 일반주거지역, 준주거지역, 상업지역 또는 준공업지역의 환경을 쾌적하게 조성하기 위하여 대지에 공개 공지 또는 공개 공간을 확보하여야 하는 대상 건축물에 속하지 않는 것은? (단, 건축조례로 정하는 건축물 제외)

① 숙박시설로서 해당 용도로 쓰는 바닥면적의 합계가 5,000m² 이상인 건축물
② 의료시설로서 해당 용도로 쓰는 바닥면적의 합계가 5,000m² 이상인 건축물
③ 업무시설로서 해당 용도로 쓰는 바닥면적의 합계가 5,000m² 이상인 건축물
④ 종교시설로서 해당 용도로 쓰는 바닥면적의 합계가 5,000m² 이상인 건축물

[해설] 공개공지 등의 확보 대상 : 연면적의 합계가 5,000m² 이상

건축물 용도	대상 지역
• 문화 및 집회시설 • 종교시설 • 판매시설(농수산물 유통시설 제외) • 운수시설(여객용시설만 해당) • 업무시설 • 숙박시설 • 다중이 이용하는 시설로서 건축조례가 정하는 건축물	• 일반주거지역 • 준주거지역 • 상업지역 • 준공업지역 • 특별자치시장·특별자치도지사 또는 시장·군수·구청장이 도시화의 가능성이 크다고 인정하여 지정, 공고하는 지역

84. 건축법령상 다중이용건축물에 속하지 않는 것은?

① 층수가 16층인 판매시설
② 층수가 20층인 관광숙박시설
③ 종합병원으로 쓰는 바닥면적의 합계가 3,000m²인 건축물
④ 종교시설로 쓰는 바닥면적의 합계가 5,000m²인 건축물

[해설] 다중이용건축물의 정의
불특정한 다수의 사람들이 이용하는 건축물로서 다음에 해당하는 건축물을 말한다.
㉮ 다음 용도로 쓰는 바닥면적의 합계가 5,000m² 이상인 건축물
  ㉠ 문화 및 집회시설(전시장 및 동물원·식물원은 제외)
  ㉡ 종교시설
  ㉢ 판매시설
  ㉣ 운수시설 중 여객용 시설
  ㉤ 의료시설 중 종합병원
  ㉥ 숙박시설 중 관광숙박시설
㉯ 16층 이상인 건축물

85. 국토교통부령으로 정하는 기준에 따라 거실에 배연설비를 설치하여야 하는 대상 건축물에 속하지 않는 것은? (단, 6층 이상의 건축물)

① 의료시설
② 위락시설
③ 수련시설 중 유스호스텔
④ 교육연구시설 중 대학교

[해설] 배연설비의 설치대상
㉮ 6층 이상의 건축물로서 다음의 용도에 해당되는 건축물의 거실
제2종 근린생활시설 중 공연장, 종교집회장, 인터넷컴퓨터게임시설제공업소 및 다중생활시설(공연장, 종교집회장 및 인터넷컴퓨터게임시설제공업소는 해당 용도로 쓰는 바닥면적의 합계가 각각 300m² 이상인 경우), 문화 및 집회시설, 종교시설, 판매시설, 운수시설, 의료시설(요양병원 및 정신병원은 제외), 교육연구시설 중 연구소, 노유자시설 중 아동관련시설·노인복지시설(노인요양시설은 제외), 수련시설 중 유스호스텔, 운동시설, 업무시설, 숙박시설, 위락시설, 관광휴게시설, 장례식장
[예외] 피난층인 경우
㉯ 다음에 해당하는 용도로 쓰는 건축물
  ㉠ 의료시설 중 요양병원 및 정신병원
  ㉡ 노유자시설 중 노인요양시설·장애인 거주시설 및 장애인 의료재활시설
[예외] 피난층인 경우

정답 83. ② 84. ③ 85. ④

86. 비상용승강기의 승강장 및 승강로의 구조에 관한 기준 내용으로 옳지 않은 것은?

① 승강장은 각층의 내부와 연결될 수 있도록 할 것
② 각층으로부터 피난층까지 이르는 승강로는 단일 구조로 연결하여 설치할 것
③ 옥내 승강장의 바닥면적은 비상용승강기 1대에 대하여 6m² 이상으로 할 것
④ 피난층이 있는 승강장의 출입구로부터 도로 또는 공지에 이르는 거리가 50m 이하일 것

[해설] 비상용승강기 승강장은 피난층이 있는 승강장의 출입구(승강장이 없는 경우에는 승강로의 출입구)로부터 도로 또는 공지에 이르는 거리가 30m 이하일 것

87. 도시지역에서 복합적인 토지이용을 증진시켜 도시정비를 촉진하고 지역 거점을 육성할 필요가 있다고 인정되는 지역을 대상으로 지정하는 구역은?

① 개발제한구역
② 시가화조정구역
③ 입지규제최소구역
④ 도시자연공원구역

[해설] 입지규제최소구역
　　도시지역에서 복합적인 토지이용을 증진시켜 도시정비를 촉진하고 지역 거점을 육성할 필요가 있다고 인정되는 지역을 대상으로 지정하는 용도구역을 말한다.
　　※ 입지규제최소구역계획
　　입지규제최소구역에서의 토지의 이용 및 건축물의 용도·건폐율·용적률·높이 등의 제한에 관한 사항 등 입지규제최소구역의 관리에 필요한 사항을 정하기 위하여 수립하는 도시·군관리계획을 말한다.

88. 건축허가신청에 필요한 기본설계도서 중 건축계획서에 표시하여야 할 사항으로 옳지 않은 것은?

① 주차장 규모
② 공개공지 및 조경계획
③ 건축물의 용도별 면적
④ 지역·지구 및 도시계획사항

[해설] 건축허가신청에 필요한 기본설계도서 중 건축계획서의 범위
　㉠ 개요(위치·대지면적 등)
　㉡ 지역·지구 및 도시계획사항
　㉢ 건축물의 규모(건축면적·연면적·높이·층수 등)
　㉣ 건축물의 용도별 면적
　㉤ 주차장 규모
　㉥ 에너지절약계획서(해당 건축물에 한함)
　㉦ 노인 및 장애인 등을 위한 편의시설 설치계획서 (관계법령에 의하여 설치의무가 있는 경우에 한함)
　☞ 공개공지 및 조경계획은 기본설계도서 중 배치도의 범위에 해당된다.

89. 건축물의 주요구조부를 내화구조로 하여야 하는 대상 건축물에 속하지 않는 것은?

① 공장의 용도로 쓰는 건축물로서 그 용도로 쓰는 바닥면적의 합계가 500m²인 건축물
② 판매시설의 용도로 쓰는 건축물로서 그 용도로 쓰는 바닥면적의 합계가 500m²인 건축물
③ 창고시설의 용도로 쓰는 건축물로서 그 용도로 쓰는 바닥면적의 합계가 500m²인 건축물
④ 문화 및 집회시설 중 전시장의 용도로 쓰는 건축물로서 그 용도로 쓰는 바닥면적의 합계가 500m²인 건축물

[해설] 공장의 용도에 쓰이는 건축물로서 그 용도로 쓰이는 바닥면적의 합계가 2,000m² 이상인 건축물은 주요구조부를 내화구조로 하여야 한다.

정답 86. ④　87. ③　88. ②　89. ①

90. 노외주차장의 출입구가 2개인 경우 주차형식에 따른 차로의 최소 너비가 옳지 않은 것은? (단, 이륜자동차전용 외의 노외주차장의 경우)

① 직각주차 : 6.0m
② 평행주차 : 3.3m
③ 45도 대향주차 : 3.5m
④ 60도 대향주차 : 5.0m

해설 노외주차장 내 차로(車路)의 설치
㉠ 주차부분의 장·단변 중 1변 이상이 차로에 접하도록 한다.
㉡ 차로의 폭은 주차형식에 따라 다음 표의 기준 이상으로 한다.

주 차 형 식	차로의 폭	
	출입구가 2개 이상인 경우	출입구가 1개인 경우
평 행 주 차	3.3m	5.0m
직 각 주 차	6.0m	6.0m
60° 대향주차	4.5m	5.5m
45° 대향주차	3.5m	5.0m
교 차 주 차	3.5m	5.0m

※ 평행주차방식은 주차면적이 가장 많이 소요되지만, 주차폭이 좁을 때 쓰이는 방식이다.
※ 출입구의 개수와 상관없이 차로의 너비가 일정한 주차방식 : 직각주차방식

91. 다음의 대지와 도로의 관계에 관한 기준 내용 중 ( ) 안에 알맞은 것은?

> 연면적의 합계가 2천 제곱미터(공장인 경우에는 3천 제곱미터) 이상인 건축물(축사, 작물재배사, 그 밖에 이와 비슷한 건축물로서 건축조례로 정하는 규모의 건축물은 제외한다)의 대지는 너비 (㉠) 이상의 도로에 (㉡) 이상 접하여야 한다.

① ㉠ 4m, ㉡ 2m
② ㉠ 6m, ㉡ 4m
③ ㉠ 8m, ㉡ 6m
④ ㉠ 8m, ㉡ 4m

해설 건축물의 대지가 도로에 접해야 하는 길이

연면적 합계	기 준
2,000m² 미만 건축물	대지는 도로에 2m 이상 접해야 한다.
2,000m²(공장은 3,000m²) 이상인 건축물(축사, 작물재배사, 기타 이와 비슷한 건축물로서 건축조례로 정하는 규모의 건축물은 제외)	대지는 너비 6m 이상 도로에 4m 이상 접해야 한다. (공장 : 4m 이상)

92. 건축물의 연면적 중 주차장으로 사용되는 비율이 70퍼센트인 경우, 주차전용건축물로 볼 수 있는 주차장 외의 용도에 속하지 않는 것은?

① 의료시설
② 운동시설
③ 제1종 근린생활시설
④ 제2종 근린생활시설

해설 주차전용 건축물의 주차면적 비율

주차전용 건축물		원칙	주차장 면적비율
단서 규정	건축물의 연면적 중 주차장 외의 용도	단독주택, 공동주택, 제1종 및 제2종 근린생활시설, 문화 및 집회시설, 종교시설, 판매시설, 운수시설, 운동시설, 업무시설, 창고시설, 자동차관련시설이 아닌 경우	95% 이상
		단독주택, 공동주택, 제1종 및 제2종 근린생활시설, 문화 및 집회시설, 종교시설, 판매시설, 운수시설, 운동시설, 업무시설, 창고시설, 자동차관련시설인 경우	70% 이상

정답 90. ④ 91. ② 92. ①

과년도 출제문제

93. 급수, 배수, 환기, 난방 설비를 건축물에 설치하는 경우, 건축기계설비기술사 또는 공조냉동기계기술사의 협력을 받아야 하는 대상 건축물에 속하지 않는 것은?

① 아파트
② 연립주택
③ 기숙사로서 해당 용도에 사용되는 바닥면적의 합계가 2,000m²인 건축물
④ 업무시설로서 해당 용도에 사용되는 바닥면적의 합계가 2,000m²인 건축물

[해설] 건축설비기술사·공조냉동기계기술사의 협력을 받아야 하는 에너지 대량소비 건축물 대상(바닥면적 합계 기준)
㉠ 바닥면적 합계 500m² 이상의 냉동냉장시설, 항온항습시설, 특수청정시설
㉡ 규모에 관계없이 : 아파트 및 연립주택
㉢ 500m² 이상 : 목욕장(제1종 근린생활시설), 실내수영장(운동시설)
㉣ 2,000m² 이상 : 기숙사, 병원(의료시설), 유스호스텔(수련시설), 숙박시설
㉤ 3,000m² 이상 : 연구소(교육연구시설), 업무시설, 판매시설
㉥ 10,000m² 이상 : 문화 및 집회시설(동·식물원 제외), 종교시설, 장례식장, 교육연구시설(연구소 제외)

94. 다음 중 해당 용도로 사용되는 바닥면적의 합계에 의해 건축물의 용도 분류가 다르게 되지 않는 것은?

① 오피스텔   ② 종교집회장
③ 골프연습장   ④ 휴게음식점

[해설] ② 종교집회장 : 제2종 근린생활시설(바닥면적 합계 500m² 미만), 종교시설(바닥면적 합계 500m² 이상)
③ 골프연습장 : 제2종 근린생활시설(바닥면적 합계 500m² 미만), 운동시설(바닥면적 합계 500m² 이상)
④ 휴게음식점 : 제1종 근린생활시설(바닥면적 합계 300m² 미만), 제2종 근린생활시설(바닥면적 합계 300m² 이상)

95. 설치하여야 하는 부설주차장의 최소 규모(설치 대수)의 크기 관계가 옳은 것은?

㉠ 시설면적이 600m²인 위락시설
㉡ 시설면적이 800m²인 숙박시설
㉢ 타석수가 5타석인 골프연습장
㉣ 시설면적이 900m²인 판매시설

① ㉠ = ㉣ > ㉢ > ㉡
② ㉠ > ㉣ = ㉢ > ㉡
③ ㉢ > ㉣ > ㉠ > ㉡
④ ㉢ > ㉣ = ㉠ > ㉡

[해설] ㉠ 시설면적이 600m²인 위락시설(100m²/대)
=600m²÷100m²=6대
㉡ 시설면적이 800m²인 숙박시설(200m²/대)
=800m²÷200m²=4대
㉢ 타석수가 5타석인 골프연습장(1타석당 1대)
=5타석×1대=5대
㉣ 시설면적이 900m²인 판매시설(150m²/대)
=900m²÷150m²=6대
∴ ㉠ = ㉣ > ㉢ > ㉡

96. 건축법령에 따라 건축물의 경사지붕 아래에 설치하는 대피공간에 관한 기준 내용으로 옳지 않은 것은?

① 특별피난계단 또는 피난계단과 연결되도록 할 것
② 관리사무소 등과 긴급 연락이 가능한 통신시설을 설치할 것
③ 대피공간의 면적은 지붕 수평투영면적의 20분의 1 이상일 것
④ 출입구는 유효너비 0.9m 이상으로 하고, 그 출입구에는 60+방화문, 60분방화문을 설치할 것

[해설] 경사지붕 아래에 설치하는 대피공간의 기준
㉠ 대피공간의 면적은 지붕 수평투영면적의 1/10 이상일 것
㉡ 특별피난계단 또는 피난계단과 연결되도록 할 것
㉢ 출입구·창문을 제외한 부분은 해당 건축물의 다른 부분과 내화구조의 바닥 및 벽으로 구획할 것
㉣ 출입구는 유효너비 0.9m 이상으로 하고, 그 출입구에는 60+방화문, 60분방화문을 설치할 것
㉤ 내부마감재료는 불연재료로 할 것
㉥ 예비전원으로 작동하는 조명설비를 설치할 것
㉦ 관리사무소 등과 긴급 연락이 가능한 통신시설을 설치할 것

정답 93. ④ 94. ① 95. ① 96. ③

97. 주거기능을 위주로 이를 지원하는 일부 상업기능 및 업무기능을 보완하기 위하여 지정하는 주거지역의 세분은?

① 준주거지역
② 제1종 전용주거지역
③ 제1종 일반주거지역
④ 제2종 일반주거지역

[해설] 주거지역

전용주거지역	제1종	단독주택중심의 양호한 주거환경을 보호
	제2종	공동주택중심의 양호한 주거환경을 보호
일반주거지역	제1종	저층주택을 중심으로 편리한 주거환경을 조성
	제2종	중층주택을 중심으로 편리한 주거환경을 조성
	제3종	중고층주택을 중심으로 편리한 주거환경을 조성
준주거지역		주거기능을 위주로 이를 지원하는 일부 상업·업무기능을 보완

98. 6층 이상의 거실면적 합계가 9,000m²인 층수가 10층인 업무시설에 설치하여야 하는 승용승강기의 최소 대수는? (단, 8인승 승강기의 경우)

① 2대 ② 3대
③ 4대 ④ 5대

[해설] 문화 및 집회시설(전시장, 동·식물원), 업무시설, 숙박시설, 위락시설의 용도 경우
3,000m² 이하까지 1대, 3,000m² 초과하는 2,000m² 당 1대를 가산한 대수로 하므로
$1 + \dfrac{9,000 - 3,000}{2,000} = 4$대

※ 8인승 이상 15인승 이하를 기준으로 산정하며 16인승 이상의 승강기는 2대로 산정한다.

99. 다음 중 도시·군관리계획에 포함되지 않는 것은?

① 도시개발사업이나 정비사업에 관한 계획
② 광역계획권의 장기발전방향에 관한 계획
③ 기반시설의 설치·정비 또는 개량에 관한 계획
④ 용도지역·용도지구의 지정 또는 변경에 관한 계획

[해설] 도시·군관리계획의 내용
㉠ 용도지역·용도지구의 지정 또는 변경에 관한 계획
㉡ 개발제한구역·도시자연공원·구역시가화조정구역·수산자원보호구역의 지정 또는 변경에 관한 계획
㉢ 기반시설의 설치·정비 또는 개량에 관한 계획
㉣ 도시개발사업 또는 정비사업에 관한 계획
㉤ 지구단위계획구역의 지정 또는 변경에 관한 계획과 지구단위계획
㉥ 입지규제최소구역의 지정 또는 변경에 관한 계획과 입지규제최소구역계획

100. 제2종 일반주거지역 안에서 건축할 수 있는 건축물에 속하지 않는 것은?

① 아파트
② 노유자시설
③ 문화 및 집회시설 중 전시장
④ 문화 및 집회시설 중 관람장

[해설] 제2종 일반주거지역 안에서 아파트, 노유자시설, 문화 및 집회시설(관람장 제외)은 건축이 허용된다.

정답 97. ① 98. ③ 99. ② 100. ④

과년도출제문제

2025. 3회 건축기사

■■■ 제1과목 건축계획

1. 공장건축의 레이아웃(Lay Out)에 관한 설명으로 옳지 않은 것은?

① 제품중심의 레이아웃은 대량생산에 유리하며 생산성이 높다.
② 레이아웃이란 생산품의 특성에 따른 공장의 건축면적 결정 방식을 말한다.
③ 공정중심의 레이아웃은 다종 소량생산으로 표준화가 행해지기 어려운 주문생산에 적합하다.
④ 고정식 레이아웃은 조선소와 같이 조립부품이 고정된 장소에 있고 사람과 기계를 이동시키며 작업을 행하는 방식이다.

[해설] 공장 건축의 레이아웃(layout)의 개념
㉠ 공장 생산에 있어서 그 공정의 합리화로 위해 중심이 되는 기계나 설비의 배치 방법을 결정하는 것으로 공장 사이의 여러 부분, 작업장 내의 기계 설비, 작업자의 작업 구역, 자재나 제품을 두는 곳 등 상호 관계의 검토가 필요하다.
㉡ 넓은 뜻으로는 생산 작업뿐만 아니라 사무 업무, 복리 후생, 보건 위생, 문화 관리 등 광장의 전반적 시설을 따른다. 현대는 작업 과정의 유동화, 자동화와 더불어 레이아웃도 한층 복잡해지고 있다.
㉢ 레이아웃은 공장 생산성에 미치는 영향이 크고, 공장의 배치계획, 평면계획은 레이아웃을 건축적으로 종합한 것이 되어야 한다.
㉣ 레이아웃은 장래 공장 규모의 변화에 대응한 융통성(flexibility)이 있어야 한다.

2. 다음 설명에 알맞은 사무소 건축의 코어 유형은?

- 설비 덕트나 배관을 코어로부터 업무공간으로 연결하는데 제약이 많다.
- 코어를 업무공간에서 분리시킨 관계로 업무공간의 융통성이 높은 유형이다.

① 외코어형
② 양단코어형
③ 편단코어형
④ 중앙코어형

[해설] 사무소 건축의 core 종류
㉠ 편심 코어형(편단 코어형) : 기준층 바닥면적이 적은 경우에 적합하며 너무 고층인 경우는 구조상 좋지 않다. 바닥면적이 커지면 코어 이외에 피난 시설, 설비 샤프트 등이 필요해진다.
㉡ 중심 코어형(중앙 코어형) : 바닥면적이 클 경우 적합하며 특히 고층, 초고층에 적합하다. 임대사무실로서 가장 경제적인 계획을 할 수 있다.
㉢ 독립 코어형(외 코어형) : 자유로운 사무실 공간을 코어와 관계없이 마련할 수 있다. 각종 설비 duct, 배관 등의 길이가 길어지며 제약이 많다. 방재상 불리하고 바닥면적이 커지면 피난시설을 포함한 서브 코어(sub core)가 필요하며, 내진구조에는 불리하다.
㉣ 양단 코어형(분리 코어형) : 한 개의 대공간을 필요로 하는 전용 사무실에 적합하다. 2방향 피난에 이상적이며 방재상 유리하다.

3. 미술관 건축계획에 관한 설명으로 옳은 것은?

① 하모니카 전시기법은 동일 종류의 전시물을 반복 전시할 경우 유리하다.
② 연속 순회형식이 가장 이상적으로 반영되어 있는 건축물로는 뉴욕의 구겐하임 미술관이 있다.
③ 미술관의 채광 방식을 편측창 방식으로 할 경우 실 전체의 조도분포가 균일하여 별도의 조명 설비가 필요 없다.
④ 아일랜드 전시기법은 벽이나 천장을 직접 이용하여 전시물을 배치하는 기법으로 관람자의 시거리를 짧게 할 수 없다는 단점이 있다.

정답 1. ② 2. ① 3. ①

[해설] ② 연속 순로(순회) 형식은 구형(矩形) 또는 다각형의 각 전시실을 연속적으로 연결하는 형식으로 단순하고 공간이 절약되나, 많은 실을 순서별로 통해야 하고 1실을 닫으면 전체 동선이 막히게 된다. 소규모의 전시실에 적합하다.
③ 편측채광 방식(측창형식)은 조도분포가 불균일하며 실 안쪽의 조도가 부족한 경우가 많으며, 근린의 상황에 의해 채광이 영향을 받는다. 투명 부분을 설치하면 해방감이 있다.
④ 아일랜드 전시 : 벽이나 천정을 직접 이용하지 않고 전시물 또는 장치를 배치함으로써 전시공간을 만들어내는 기법으로 대형전시물이나 소형전시물인 경우에 유리하다.

4. 상점의 판매방식에 관한 설명으로 옳지 않은 것은?

① 측면판매방식 직원 동선의 이동성이 많다.
② 대면판매방식 측면판매방식에 비해 상품 진열 면적이 넓어진다.
③ 측면판매방식 고객이 직접 진열된 상품을 접촉할 수 있는 관계로 선택이 용이하다.
④ 대면판매방식 쇼케이스를 중심으로 판매원이 고정된 자리나 위치를 확보하는 것이 용이하다.

[해설] 상점의 판매 방식
㉮ 대면판매
고객과 종업원이 진열장을 사이에 두고 상담하며 판매하는 형식
㉠ 대상 : 시계, 귀금속, 카메라, 의약품, 화장품, 제과, 수예품
㉡ 장점 : 설명하기 편하고, 판매원이 정위치를 잡기 용이하며 포장이 편리하다.
㉢ 단점 : 진열면적이 감소되고 show-case가 많아지면 상점 분위기가 부드럽지 않다.
㉯ 측면판매
진열 상품을 같은 방향으로 보며 판매하는 형식
㉠ 대상 : 양장, 양복, 침구, 전기기구, 서적, 운동용품
㉡ 장점 : 충동적 구매와 선택이 용이하며, 진열 면적이 커지고 상품에 친근감이 있다.
㉢ 단점 : 판매원은 위치를 잡기 어렵고 불안정하며, 상품 설명이나 포장 등이 불편하다.

5. 공동주택의 평면형식에 관한 설명으로 옳지 않은 것은?

① 집중형은 각 세대별 조망이 다르다.
② 중복도형은 독신자 아파트에 많이 이용된다.
③ 편복도형은 각호의 통풍 및 채광이 양호하다.
④ 계단실형은 통행부 면적이 커서 대지의 이용률이 높다.

[해설] 계단실형(홀형, hall system)은 계단실이나 엘리베이터 홀로부터 직접 단위 주호로 들어가는 형식으로 주호내의 주거성과 독립성(privacy)이 좋다. 또한 동선이 짧으므로 출입이 편하고, 통행부의 면적이 적으므로 건물의 이용도가 높고, 전용면적비가 높아 경제적으로 유리하다.
※ 프라이버시 비교 : 계단실형(홀형) 〉 편복도형 〉 중복도형 〉 집중형

6. 극장의 무대계획에 관한 설명으로 옳지 않은 것은?

① 에이프런 스테이지는 막을 경계로 하여 객석쪽으로 나온 부분의 무대이다.
② 사이클로라마의 높이는 프로시니엄 높이의 3배 정도로 한다.
③ 무대 상부공간(fly loft)의 높이는 프로시니엄 높이의 4배 이상으로 한다.
④ 무대의 깊이는 프로시니엄 아치 폭보다 작게 한다.

[해설] ㉠ 무대 폭 : 프로세니움 아치 폭의 2배 이상
㉡ 무대 깊이 : 프로세니움 아치 폭 정도 이상

7. 사무소 건축의 기준층 평면형태의 결정 요소와 가장 거리가 먼 것은?

① 엘리베이터 대수
② 방화구획상 면적
③ 구조상 스팬의 한도
④ 자연광에 의한 조명한계

정답 4. ② 5. ④ 6. ④ 7. ①

[해설] 사무소 건축의 기준층 규모 산정시 고려사항
  ㉠ 구조상 스팬(span)의 한계
  ㉡ 중직거리의 한계(동선상의 거리)
  ㉢ 임대면적 비율
  ㉣ 피난시 최대 보행거리
  ㉤ 각종 설비시스템의 한계(duct, 배관, 배선)
  ㉥ 방화구획상 면적(법규상 방화구획, 배연계획 등)
  ㉦ 자연광에 의한 조명 한계(실내상시보조인공조명을 고려)

8. 다음 설명에 알맞은 도서관의 자료 출납시스템 유형은?

> 이용자가 직접 서고 내의 서가에서 도서자료의 제목 정도는 볼 수 있지만 내용을 열람하고자 할 경우 관원에게 대출을 요구해야 하는 형식

① 폐가식 ② 반개가식
③ 자유개가식 ④ 안전개가식

[해설] 반개가식(semi open access)
  ㉠ 열람자는 직접 서가에 면하여 책의 체제나 표지 정도는 볼 수 있으나 내용을 보려면 관원에게 요구하여 대출 기록을 남긴 후 열람하는 형식이다.
  ㉡ 신간 서적 안내에 채용되며, 다량의 도서에는 부적당하다.
  ㉢ 특징
    • 출납 시설이 필요하다.
    • 서가의 열람이나 감시가 불필요하다.

9. 어느 학교의 1주간의 평균수업시간이 40시간인데 제도교실이 사용되는 시간은 20시간이다. 그 중 4시간은 다른 과목을 위해 사용된다. 제도교실의 이용률과 순수율은 각각 얼마인가?

① 이용률 20%, 순수율 50%
② 이용률 50%, 순수율 20%
③ 이용률 50%, 순수율 80%
④ 이용률 80%, 순수율 50%

[해설] ㉠ 이용률 = $\dfrac{\text{교실이 사용되고 있는 시간}}{\text{1주간의 평균수업시간}} \times 100\%$

$= \dfrac{20\text{시간}}{40\text{시간}} \times 100 = 50\%$

㉡ 순수율 = $\dfrac{\text{일정한 교과를 위해 사용되는 시간}}{\text{그 교실이 사용되는 시간}} \times 100\%$

$= \dfrac{20\text{시간} - 4\text{시간}}{20\text{시간}} \times 100 = 80\%$

10. 복층형(Maisonette) 아파트에 관한 설명으로 옳지 않은 것은?

① 주택 내의 공간의 변화가 있다.
② 거주성, 특히 프라이버시가 높다.
③ 통로면적이 늘어나므로 유효면적이 줄어든다.
④ 엘리베이터 정지 층수가 적어지므로 운행면에서 경제적이고 효율적이다.

[해설] 복층형(duplex type, maisonnette type)
작은 저택의 뜻을 지니고 있는 메조넷(maisonnette)은 하나의 주호가 2개 층 이상에 걸쳐 구성되는 형식으로 독립성이 좋고 전용 면적비가 크나 50m² 이하의 소규모 주거 형식에는 비경제적이다.
  ㉠ 주야간의 생활공간이 층별로 구분(독립성 확보)
  ㉡ 유효면적의 증가
  ㉢ 중직동선의 편리 도모(엘리베이터의 정지층수 반감)
  ㉣ 좋은 평면 구성 가능
  ㉤ 통풍·채광 유리

11. 극장의 평면형식에 관한 설명으로 옳지 않은 것은?

① 오픈스테이지형은 무대장치를 꾸미는데 어려움이 있다.
② 프로시니엄형은 객석 수용 능력에 있어서 제한을 받는다.
③ 가변형 무대는 필요에 따라서 무대와 객석을 변화시킬 수 있다.
④ 애리나형은 무대 배경설치 비용이 많이 소요된다는 단점이 있다.

정답 8. ② 9. ③ 10. ③ 11. ④

[해설] 애리나(arena)형[central stage형]은 관객이 연기자를 360° 둘러싸고 관람하는 형식으로 가까운 거리에서 관람하면서 가장 많은 관객을 수용할 수 있으며, 객석과 무대가 하나의 공간에 있으므로 양자의 일체감을 높여 긴장감이 높은 연극 공간을 형성한다. 무대의 배경을 만들지 않으므로 경제성이 있고, 무대의 장치나 소품은 주로 낮은 기구들로 구성된다.

[그림] 애리너형

12. 호텔건축에 관한 설명으로 옳은 것은?

① 일반적으로 호텔건축의 형태는 공공(public) 부분에 의하여 결정된다.
② 숙박관계부분의 연면적에 대한 비율은 리조트 호텔이 커머셜 호텔보다 높다.
③ 연회장의 출입은 명확한 동선을 위해 호텔 주출입구 및 로비를 통하도록 하는 것이 좋다.
④ 시티 호텔은 부지의 제약으로 복도면적을 작게 하고 고층화에 적합한 평면형이 요구된다.

[해설] ① 일반적으로 호텔건축의 형태는 숙박부분에 의하여 결정된다.
② 숙박관계부분의 연면적에 대한 비율은 커머셜 호텔이 리조트 호텔보다 높다.
시티호텔 중에서 숙박 체류 목적의 커머셜 호텔이 연면적에 대한 숙박면적의 비가 가장 크다.
③ 연회장(ball room)은 대·소규모의 연회 및 각종 쇼 또는 회의실로서도 활용되는 다목적 홀이다. 숙박부분과는 명확하게 구별하여 객실에 방해가 되지 않도록 출입구를 별도로 설치하는 것이 바람직하다

13. 주택의 부엌가구 배치 유형에 관한 설명으로 옳지 않은 것은?

① L자형은 부엌과 식당을 겸할 경우 많이 활용된다.
② ㄷ자형은 작업공간이 좁기 때문에 작업효율이 나쁘다.
③ 일(-)자형은 좁은 면적 이용에 효과적이므로 소규모 부엌에 주로 사용된다.
④ 병렬형은 작업 동선은 줄일 수 있지만 작업 시 몸을 앞뒤로 바꿔야 하므로 불편하다.

[해설] ㄷ자형
양측벽면을 이용하므로 수납공간을 넓게 잡을 수 있으며, 이용하기에도 아주 편리하다. 작업동선이 짧고 부엌의 면적을 줄일 수 있는 이점이 있으나 평면계획상 외부로 통하는 출입구의 설치가 곤란하다.
가장 동선 효율이 좋은 형태로 면적이 다소 넓은 부엌이나 음식점의 주방에 적합한 형태이다.

14. 장애인·노인·임산부 등의 편의증진 보장에 관한 법령에 따른 편의시설 중 매개시설에 속하지 않는 것은?

① 주출입구접근로
② 유도 및 안내설비
③ 장애인전용주차구역
④ 주출입구높이차이제거

[해설] 장애인·노인·임산부 등을 위한 편의시설의 종류
㉠ 매개시설 : 주출입구 접근로, 주출입구 높이차이 제거, 장애인전용주차구역
㉡ 내부시설 : 출입구(문), 복도, 계단 또는 승강기
㉢ 위생시설 : 대변기, 소변기, 세면대, 욕실, 샤워실·탈의실
㉣ 안내시설 : 점자블록, 유도 및 안내설비, 경보 및 피난설비
㉤ 기타시설 : 임산부 등을 위한 휴게시설, 객실·침실, 관람석·열람석·접수대·작업대, 매표소·판매기·음료대

정답 12. ④ 13. ② 14. ②

15. 다음의 건축물 중 주심포식 건축양식에 속하지 않는 것은?

① 강릉 객사문
② 석왕사 응진전
③ 봉정사 극락전
④ 부석사 무량수전

[해설] 주심포식과 다포식
㉮ 주심포식 : 주두와 첨차, 소로들로 구성되는 공포를 짜는 식
 ㉠ 특징 : 쌍S자각, 배흘림 기둥, 굽면이 곡면인 주두
 ㉡ 예 : 봉정사 화엄강당, 부석사 무량수전, 강릉 객사문
㉯ 다포식 : 평방을 놓고 그 위에 주두와 첨차, 소로들로 구성되는 공포를 짜는 식, 화려한 형태
 ㉠ 특징 : 평방, 우물천장, 굽받침이 없다.
 ㉡ 예 : 심원사 보광전(다포식으로 가장 오래된 것)
※ 석왕사 응진전, 성불사 응진전, 심원사 보광전은 원의 영향을 받은 다포식으로 중후하고 장엄한 건축물이다.

16. 백화점 매장의 배치 유형에 관한 설명으로 옳지 않은 것은?

① 직각형 배치는 매장 면적의 이용률을 최대로 확보할 수 있다.
② 직각형 배치는 고객의 통행량에 따라 통로폭을 조절하기 용이하다.
③ 경사형 배치는 많은 고객이 매장공간의 코너까지 접근하기 용이한 유형이다.
④ 경사형 배치는 Main 통로를 직각 배치하며, Sub 통로를 45°정도 경사지게 배치하는 유형이다.

[해설] 직각배치
 ㉠ 가장 일반적인 배치 방법으로 판매대의 설치가 간단하다.
 ㉡ 경제적이고 판매대의 매장면적을 최대 한도로 확보할 수 있다.
 ㉢ 고객의 통행량에 따라 부분적으로 통로 폭을 조절하기 어렵다.
 ㉣ 단조로운 배치이고, 국부적인 혼란을 일으키기 쉽다.

※ 사행 배치
 ㉠ 주통로를 직각 배치하고, 부통로를 주통로에 45° 경사지게 배치하는 방법이다.
 ㉡ 수직 동선에의 접근이 쉽고, 매장의 구석까지 가기 쉽다.
 ㉢ 이형의 매대가 많이 필요하다.

17. 그리스 아테네의 아크로폴리스에 관한 설명으로 옳지 않은 것은?

① 프로필리어는 아크로폴리스로 들어가는 입구 건물이다.
② 에렉테이온 신전은 이오닉 양식의 대표적인 신전으로 부정형 평면으로 구성되어 있다.
③ 니케 신전은 순수한 코린트식 양식으로서 페르시아와의 전쟁의 승리기념으로 세워졌다.
④ 파르테논 신전은 도릭 양식의 대표적인 신전으로서 그리스 고전건축을 대표하는 건물이다.

[해설] 그리스 아테네의 아크로폴리스
전성기 때 프로필리어, 파르테논 신전, 니케 신전, 에렉테이온 신전이 세워진다.
 ㉠ 프로필리어 : 아크로폴리스로 들어가는 입구 건물이다.
 ㉡ 파르테논 신전 : 도릭 양식의 대표적인 신전으로서 그리스 고전건축을 대표하는 건물이다.
 ㉢ 니케 신전 : 아크로폴리스 건축물 중 최초의 이오닉 양식으로서 페르시아와의 전쟁의 승리기념으로 세워졌다.
 ㉣ 에렉테이온 신전 : 이오닉 양식의 대표적인 신전으로 부정형 평면으로 구성되어 있다.

[그림] 니케 신전

※ 니케 신전
그리스 아테네의 아크로폴리스에 위치하여 아테나 여신을 모시던 신전이다. 니케는 그리스어로 "승리"를 의미하고, 지혜의 여신 아테나는 "아테나 니케"(Athena Nike)라는 이름으로 숭배되었다. 아크로폴리스 초기의 이오니아 양식이며, 프로필리어(아크로폴리스의 정문) 오른쪽의 가파른 용마루 성보의 남서쪽에 위치하고 있다.

18. 오토 바그너(Otto Wagner)가 주창한 근대건축의 설계지침 내용으로 옳지 않은 것은?

① 경제적인 구조
② 그리스 건축양식의 복원
③ 시공재료의 적당한 선택
④ 목적을 정확히 파악하고 완전히 충족시킬 것

[해설] 오토 바그너(Otto Wagner)의 근대건축의 설계지침
㉠ 목적을 정확히 파악하고 완전히 충족시킬 것
㉡ 시공재료의 적당한 선택
㉢ 간편하고 경제적인 구조
㉣ ㉠, ㉡, ㉢에 의해 자연스럽게 형성되는 건축형태가 필요 양식이라고 주장
※ 쎄제션 : 1897년 오스트리아 비인에서 오토 바그너의 영향 하에 조셉 호프만이 시작한 운동으로 과거양식에서 분리와 해방을 지향하는 건축운동

19. 국지도로의 유형 중 쿨데삭(cul-de-sac)형에 관한 설명으로 옳은 것은?

① 통과교통이 다수 발생한다.
② 우회도로가 있어 방재, 방범상 유리하다.
③ 도로의 최대 길이는 30m 이하이어야 한다.
④ 주택 배면에 보행자전용도로가 설치되어야 효과적이다.

[해설] 쿨데삭(cul-de-sac)형
㉠ 적정길이는 120~300m이며, 300m 이상인 경우에는 회전구간을 설치한다.
㉡ 보차분리가 이루어진다.
㉢ 불필요한 통과 교통을 차단하여 보행로 배치가 자유롭다.
㉣ 부정형의 지형에 적용이 용이하다.
㉤ 주거환경의 쾌적성 및 안전성 확보가 용이하다.
㉥ 주택 배면에 보행자전용도로가 설치되어야 효과적이다.(자동차의 진입 방지)

20. 주택의 평면과 각 부위의 치수 및 기준척도에 관한 설명으로 옳지 않은 것은?

① 치수 및 기준척도는 안목치수를 원칙으로 한다.
② 거실 및 침실의 평면 각 변의 길이는 10cm를 단위로 한 것을 기준척도로 한다.
③ 거실 및 침실의 층높이는 2.4m 이상으로 하되, 5cm를 단위로 한 것을 기준척도로 한다.
④ 계단 및 계단참의 평면 각 변의 길이 또는 너비는 5cm를 단위로 한 것을 기준척도로 한다.

[해설] 주택의 평면과 각 부위의 치수 및 기준척도
㉠ 치수 및 기준척도는 안목치수를 원칙으로 할 것.
㉡ 거실 및 침실의 평면 각변의 길이는 5cm를 단위로 한 것을 기준척도로 할 것
㉢ 부엌·식당·욕실·화장실·복도·계단 및 계단참 등의 평면 각 변의 길이 또는 너비는 5cm를 단위로 한 것을 기준척도로 할 것
㉣ 거실 및 침실의 반자높이(반자를 설치하는 경우만 해당)는 2.2m 이상으로 하고 층높이는 2.4m 이상으로 하되, 각각 5cm를 단위로 한 것을 기준척도로 할 것
㉤ 창호설치용 개구부의 치수는 한국산업규격이 정하는 창호개구부 및 창호부품의 표준모듈호칭치수에 의할 것

정답 18. ② 19. ④ 20. ②

과년도출제문제

■■■ 제2과목 건축시공

21. 네트워크 공정표에서 작업의 상호관계만을 도시하기 위하여 사용하는 화살선을 무엇이라 하는가?

① event
② dummy
③ activity
④ critical path

[해설] 네트워크 공정표에 사용되는 용어
㉠ 크리티칼 패스(Critical Path) : 처음작업부터 마지막작업에 이르는 모든 경로 중에서 가장 긴 시간이 걸리는 경로
㉡ 작업(Activity) : 프로젝트를 구성하는 작업단위
㉢ 플로우트(Float) : 각 작업에 허용되는 시간적인 여유
㉣ 이벤트(Event) : 작업과 작업을 결합하는 점 및 프로젝트의 개시점 혹은 종료점
㉤ 소요시간(Duration) : 작업을 수행하는데 필요한 시간
㉥ 더미(dummy) : 정상표현으로 할 수 없는 작업 상호관계를 표시하는 화살표로서, 작업 및 시간의 요소는 포함하지 않는다.

22. 건축공사의 도급계약서 내용에 기재하지 않아도 되는 항목은?

① 공사의 착수시기
② 재료의 시험에 관한 내용
③ 계약에 관한 분쟁 해결방법
④ 천재 및 그 외의 불가항력에 의한 손해 부담

[해설] 도급 계약시 계약 사항
㉠ 공사내용
㉡ 공사 대금액
㉢ 공사착공 시기와 완공시기
㉣ 도급액의 지불방법과 지불시기
㉤ 설계변경, 공사중지의 경우 도급액의 변경 또는 손해부담의 사항
㉥ 하자담보책임기간 및 담보방법
㉦ 천재지변, 기타 불가항력에 의한 손해부담에 관한 사항

23. 석재 설치 공법 중 오픈조인트공법의 특징으로 옳지 않은 것은?

① 등압이론 방식을 적용한 수밀방식이다.
② 압력차에 의해서 빗물을 차단할 수 있다.
③ 실링재가 많이 소요된다.
④ 층간변위에도 유동적으로 변위를 흡수할 수 있으므로 파손 확률이 적어진다.

[해설] 석재의 오픈조인트(open joint) 공법
석재의 외벽 건식공법에서 석재와 석재사이의 줄눈을 sealant로 처리하지 않고 틈을 통해 물을 이동시키는 압력차를 없애는 등압이론을 적용하여 open joint시키는 공법
㉮ 장점
  ㉠ sealant로 인한 석재의 오염방지
  ㉡ sealant미설치로 인한 유지보수공사 불필요
  ㉢ 미적효과 우수
  ㉣ 시공 속도 및 시공성 양호
  ㉤ 단열성능 향상
  ㉥ 연결철물의 내식성 향상
  ㉦ 층간변위에 대한 추종성 우수(파손 확률 감소)
  ㉧ 공장생산으로 품질 우수
㉯ 단점
  ㉠ 기밀막 설치가 곤란
  ㉡ 용접시 화재발생 위험이 존재
  ㉢ 시공비가 다소 고가
  ㉣ 구조체에 매립 anchor 설치시 시공의 정밀성 요함
  ㉤ 실내의 환기 곤란

24. 타일 공사에 관한 설명 중 옳은 것은?

① 모자이크 타일의 줄눈너비의 표준은 5mm이다.
② 벽체타일이 시공되는 경우 바닥타일은 벽체타일을 붙이기 전에 시공한다.
③ 타일을 붙이는 모르타르에 시멘트 가루를 뿌리면 백화가 방지된다.
④ 타일붙임 후 3시간 경과시 줄눈파기를 하고, 24시간 경과 후 치장줄눈을 시공한다.

정답 21. ② 22. ② 23. ③ 24. ④

해설 타일공사
  ㉮ 모자이크 타일의 줄눈너비의 표준은 2mm이다.
  ㉯ 벽체타일이 시공 후 바닥타일을 시공한다.
  ㉰ 타일을 붙이는 모르타르에 시멘트 가루를 뿌리면 백화현상은 증가한다.
  ㉱ 바탕 모르타르 붙임 후 타일붙임시간
    ㉠ 여름철(외기온도 25℃ 이상) : 3~4일 이상
    ㉡ 봄, 가을(외기온도 10~20℃ 이하) : 1주일 이상
  ☞ 타일 붙임이 끝난 후 치장줄눈을 하기 위해 3시간이 경과한 때 줄눈파기를 하는 것이 가장 좋다.

25. 건축공사 시 직접공사비 구성 항목으로 옳게 짝지어진 것은?

① 재료비, 노무비, 장비비, 간접공사비
② 재료비, 노무비, 외주비, 간접공사비
③ 재료비, 노무비, 일반관리비, 경비
④ 재료비, 노무비, 외주비, 경비

해설 공사비(견적가격)의 구성

총공사비 (견적가격)	총원가	공사원가	순공사비	직접공사비	재료비 노무비 외주비 경비
				간접공사비 (공통경비)	
			현장경비		
		일반관리비 부담금			
	부가이윤				

26. 철근콘크리트공사에서 콘크리트 이어치기에 대한 설명으로 옳지 않은 것은?

① 콘크리트의 이어치기는 원칙적으로 응력이 집중되는 곳에서 한다.
② 보의 이어붓기는 전단력이 가장 적은 스팬의 중앙부에서 수직으로 한다.
③ 기둥·기초는 슬래브의 상단에서 이어친다.
④ 캔틸레버 보는 이어치기를 하지 않고 한 번에 타설한다.

해설 콘크리트의 이어치기는 원칙적으로 응력이 적은 곳한다.

27. 레디믹스트 콘크리트 발주 시 호칭 규격인 25 - 24 - 150 에서 알 수 없는 것은?

① 염화물 함유량
② 슬럼프(Slump)
③ 호칭강도
④ 굵은골재의 최대치수

해설 레미콘의 규격 [25-24-150]의 의미
  굵은 골재 최대치수 25mm - 콘크리트 압축강도 24MPa - 슬럼프값 150mm

28. 지명 경쟁 입찰을 택하는 이유 중 가장 중요한 것은?

① 공사비의 절감
② 양질의 시공 결과 기대
③ 준공기일의 단축
④ 공사 감리의 편리

해설 지명경쟁입찰
  공개경쟁입찰과 특명입찰의 중간형태로서 공사에 가장 격적하다고 인정되는 3~7개 정도의 시공회사를 선정하여 입찰시키는 방법
  ㉠ 장점 : 공개경쟁입찰에서의 위험성 방지, 부당한 업자를 사전에 제외, 양질의 시공결과 기대
  ㉡ 단점 : 입찰자가 한정되어 담합의 우려성, 참가 희망자에게 균등한 기회부여 박탈

29. 미장 공사에서 균열을 방지하기 위하여 고려해야 할 사항 중 옳지 않은 것은?

① 바름면은 바람 또는 직사광선 등에 의한 급속한 건조를 피한다.
② 1회의 바름 두께는 가급적 얇게 한다.
③ 쇠 흙손질을 충분히 한다.
④ 모르타르 바름의 정벌바름은 초벌바름보다 부배합으로 한다.

정답 25. ④ 26. ① 27. ① 28. ② 29. ④

[해설] 미장 공사에서 균열을 방지하기 위한 조치사항
㉠ 모르타르 바름의 재료배합은 바탕에 가까울수록 부배합, 정벌에 가까울수록 빈배합이 원칙이다.
㉡ 1회의 바름 두께는 가급적 얇게 한다.
㉢ 시공 중 또는 경화 중에 진동 등 외부의 충격을 방지한다.
㉣ 초벌 바름은 완전히 건조하여 균열을 발생시킨 후 재벌 및 정벌바름한다.

30. 다음은 공법에 관한 내용이다. 맞는 내용은?

> "미리 공장 생산한 기둥이나 보, 바닥판, 외벽, 내벽 등을 한층씩 쌓아 올라가는 조립식으로 구체를 구축하고 이어서 마감 및 설비 공사까지 포함하여 차례로 한층씩 완성해 가는 공법"

① 하프 PC합성바닥판공법
② 역타공법
③ 적층공법
④ 지하연속벽공법

[해설] 적층공법은 공장에서 제작한 PC 부재를 현장으로 운송, 양중, 조립하여 일체화시키는 복합화 첨단 공법으로 철근콘크리트 라멘구조의 건물에 적용된다.

31. 건축 석공사에 관한 설명으로 옳지 않은 것은?
① 건식쌓기 공법의 경우 시공이 불량하면 백화현상 등의 원인이 된다.
② 석재 물갈기 마감 공정의 종류는 거친갈기, 물갈기, 본갈기, 정갈기가 있다.
③ 시공 전에 설계도에 따라 돌나누기 상세도, 원척도를 만들고 석재의 치수, 형상, 마감방법 및 철물 등에 의한 고정방법을 정한다.
④ 마감면에 오염의 우려가 있는 경우에는 폴리에틸렌 시트 등으로 보양한다.

[해설] 석공사의 건식쌓기 공법
㉠ 고층건물에 유리하다.
㉡ 시공속도가 빠르고 노동비가 절감된다.
㉢ 동결, 백화 및 결로현상이 없다.

32. 아스팔트 방수재료에 관한 설명으로 옳지 않은 것은?
① 아스팔트 컴파운드는 블로운 아스팔트에 동식물성 섬유를 혼합한 것이다.
② 아스팔트 프라이머는 아스팔트 싱글을 용제로 녹인 것이다.
③ 아스팔트 펠트는 섬유원지에 스트레이트 아스팔트를 가열용해하여 흡수시킨 것이다.
④ 아스팔트 루핑은 원지에 스트레이트 아스팔트를 침투시키고 양면에 컴파운드를 피복한 후 광물질 분말을 살포시킨 것이다.

[해설] 아스팔트 프라이머
블로운 아스팔트를 용제에 녹인 것으로 아스팔트 방수의 바탕처리재로 이용된다. 콘크리트 등의 모체에 침투가 용이하여 콘크리트와 아스팔트 부착이 잘 되게 가장 먼저 도포한다.

33. 지름 150mm, 높이 300mm인 원 공시체로 콘크리트의 압축강도를 시험하였더니 400kN에서 파괴되었다면 이 콘크리트의 압축강도는?
① 14.15MPa ② 25.84MPa
③ 22.64MPa ④ 26.24MPa

[해설] 콘크리트의 압축강도 $(\sigma_c) = \dfrac{P}{A}$

단, P (압축력), A (단면적) $= \dfrac{\pi d^2}{4}$

∴ 압축강도 $= \dfrac{P}{A} = \dfrac{P}{\dfrac{\pi d^2}{4}} = \dfrac{400 \times 10^3 N}{\dfrac{3.14 \times 150^2}{4}}$

$= 22.64 N/mm^2 = 22.64 MPa$

※ $1kN = 1,000N = 10^3 N$ $1MPa = 1N/mm^2$

정답 30. ③ 31. ① 32. ② 33. ③

34. 다음 그림과 같은 건물에서 G_1과 같은 보가 8개 있다고 할 때 보의 총 콘크리트량을 구하면? (단, 보의 단면상 슬래브와 겹치는 부분은 제외하며, 철근량은 고려하지 않는다.)

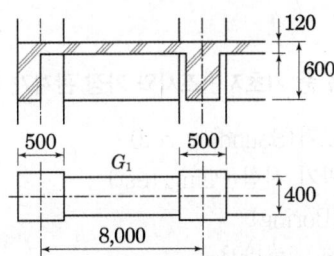

① 11.52m³
② 12.23m³
③ 13.44m³
④ 15.36m³

[해설] 보의 콘크리트량 산정
보의 콘크리트량(V)
= 보의 너비×(춤-바닥판의 두께)×기둥 안목거리 ×개소
= 0.4×(0.6-0.12)×(8-0.5)×8개 = 11.52m³

35. 압연강재가 냉각될 때 표면에 생기는 산화철 표피를 무엇이라 하는가?

① 스패터
② 밀스케일
③ 슬래그
④ 비드

[해설] 밀 스케일(mill scale)
800℃ 이상으로 가열 가공하였을 때, 강의 표면에 생성되는 산화물 피막이다. 색조는 흑색 또는 흑갈색이고, 피막은 다공성, 균열 등이 있고 또 밀착성이 약하기 때문에 방식 효과는 없다. roll scale 이라고도 한다.

36. 목구조 재료로 사용되는 침엽수의 특징에 해당하지 않는 것은?

① 직선부재의 대량생산이 가능하다.
② 단단하고 가공이 어려우나 미관이 좋다.
③ 병·충해에 약하여 방부 및 방충처리를 하여야 한다.
④ 수고(樹高)가 높으며 통직하다.

[해설] 침엽수의 특징
㉠ 활엽수에 비해 수분함유량이 적으므로 수축이 적다.
㉡ 수고(樹高)가 높으며 통직하다.
㉢ 병·충해에 약하여 방부 및 방충처리를 하여야 한다.
㉣ 일반적으로 활엽수에 비하여 직통대재가 많고 가공이 용이하며, 직선부재의 대량생산이 가능하다.
※ ㉠ 침엽수 : 사계절이 있는 온대이북지방에 분포 소나무, 전나무, 삼나무, 측백나무, 낙엽송, 잣나무 등
㉡ 활엽수 : 열대에서 온대에 걸쳐 폭 넓게 분포 참나무, 단풍나무, 느티나무, 밤나무, 오동나무 등

37. 콘크리트의 측압에 대한 설명이 바르지 않은 것은?

① 철근량이 작을수록 측압은 크다.
② 슬럼프가 작을수록 측압은 크다.
③ 타설속도가 빠를수록 측압은 크다.
④ 온도가 높을수록 측압은 작다.

[해설] 생콘크리트가 측압에 영향을 주는 요소
타설 속도, 컨시스턴시, 콘크리트의 비중, 배합(시멘트량), 콘크리트의 온도, 시멘트의 종류, 거푸집 표면의 평활도, 거푸집의 투수성 및 누수성, 거푸집의 수평단면, 진동기의 사용, 붓기(타설) 방법·위치, 거푸집의 강성, 철골 또는 철근량
※ [① 온도가 높을수록, ② 응결시간이 빠를수록, ③ 투수성 및 누수성이 클수록, ④ 철골 또는 철근량이 많을수록] : 측압은 작다.
☞ 슬럼프값이 클수록(W/C비가 클수록) 크다.

정답 34. ① 35. ② 36. ② 37. ②

38. 타일 붙임 공법에 쓰이는 용어 중 거푸집에 전용 시트를 붙이고, 콘크리트 표면에 요철을 부여하여 모르타르가 파고 들어가는 것에 의해 박리를 방지하는 공법은?

① 개량압착 붙임 공법
② MCR 공법
③ 마스크 붙임 공법
④ 밀착 붙임 공법

[해설] MCR 공법
콘크리트 표면의 접착력을 극대화하여, 타일 시공 및 보수 작업에서 내구성을 향상시키는 혁신적인 시공 방법이다. 이 공법을 활용하면 박리 문제를 예방하고, 후속 공정을 간소화하며, 유지보수 비용을 절감할 수 있다.
☞ 건설 현장에서 접착력 강화가 중요한 작업이 있다면, MCR 공법을 적극 고려해보는 것이 좋다.

39. 지내력을 갖춘 지반으로 만들기 위한 배수공법 또는 탈수공법이 아닌 것은?

① 샌드 드레인 공법
② 웰 포인트 공법
③ 페이퍼 드레인 공법
④ 베노토 공법

[해설] 배수공법의 종류와 특징

배수방법	공법	원리	적용 지반
중력배수	• 집수정 공법 • 깊은 우물 공법	지하수를 중력에 의해 집수하고 펌프를 사용하여 지상으로 배수한다.	입자가 거칠고 투수계수가 큰 지반(자갈, 왕모래 등)
강제배수	• 웰포인트 공법 • 진공압밀 공법 • 전기삼투 공법	지반을 진공상태로 만들거나 전기에너지를 가함으로써 강제적으로 지하수를 집수하여 배수한다.	토립자가 작고 투수계수가 작아 중력만으로는 지하수의 이동이 느린 지반

※ 강제배수 시 나타나는 현상 : 점성토의 압밀, 주변침하, 주변우물의 고갈

☞ 베노토 공법(All Casing공법, 전관공법)
해머글래브를 케이싱 내에 낙하시켜 굴착을 완료한 후 철근망을 삽입하고 케이싱을 뽑아 올리면서 콘크리트를 타설하는 현장타설 콘크리트말뚝 공법이다.

40. 다음 중 기초지반조사와 가장 관계가 적은 것은?

① 짚어보기(Sounding rod)
② 말뚝박기 시험(Piling test)
③ 보링(Boring)
④ 물리적 지하탐사

[해설] 지반조사법
㉠ 지하탐사법 – 터파보기(구멍파보기), 탐사간(쇠꽂이 찔러보기), 물리적 탐사법
㉡ 보링(Boring) – 철관 박아넣기, 시료 채취, 관입시험, 베인테스트
㉢ 토질시험 – 불교란 시료(Sampling)
㉣ 지내력시험 – 하중시험
☞ 말뚝박기 시험(Piling test) : 땅 속에 말뚝을 박아서 그 침하량과 공이의 무게에 따라서 지내력을 산정하고, 지층의 구조를 추정하는 시험이다.

정답 38. ② 39. ④ 40. ②

제3과목 건축구조

41. 도심축에 대한 단면계수 값은?

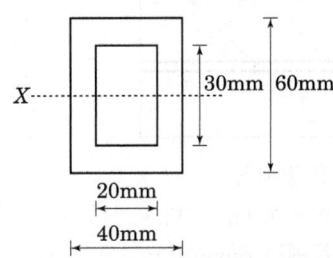

① 19,000mm³
② 20,500mm³
③ 21,000mm³
④ 22,500mm³

[해설] 중공단면의 단면계수
㉠ 해석의 발상 : 단면계수는 단면2차모멘트를 연단거리로 나눈 값이다. 다만 중공단면의 경우 중공단면의 단면2차 모멘트를 연단 거리로 나눈다.
㉡ 단면계수

$$Z = \frac{I}{y} = \frac{\frac{(40 \times 60^3) - (20 \times 30^3)}{12}}{30}$$

$$= 22{,}500\,\text{mm}^3$$

42. 다음 그림과 같은 필릿용접부의 유효목두께는?

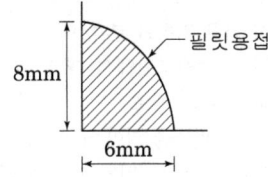

① 4.0mm
② 4.2mm
③ 4.8mm
④ 5.6mm

[해설] 모살용접 유효목두께(a)
㉠ 용접 이음을 통하여 연결되는 모재 간 응력이 유효하게 전달되는 용착 금속 단면의 두께로 부등변 필릿 용접에서는 작은 필릿 사이즈 기준 직각 이등변 삼각형의 루트에서 측정한 높이가 된다.

㉡ 유효 목두께(a) : $a = 0.7S$

$2a = \sqrt{2}S$

$a = \frac{\sqrt{2}}{2}S = 0.7S$

$a = 0.7 \cdot S_{min} = 0.7 \times 6$

$= 4.2\,(\text{mm})$

43. 기초설계 시 장기 100kN(자중포함)의 하중을 받는 경우 장기허용지내력도 20kN/m²의 지반에서 필요한 기초판의 크기는?

① 1.5m×1.5m
② 1.8m×1.8m
③ 2.1m×2.1m
④ 2.4m×2.4m

[해설] 기초판 저면 면적 산정
㉠ 기초판의 크기는 허용지내력이 상부하중을 지반으로 충분히 부담할 수 있는 크기가 되어야 한다. 기초 저면 지압력(σ_c) ≤ 허용지내력(q_a)
㉡ 기초판의 면적(A)

$\sigma_c \left(= \dfrac{P}{A} \right) \leq q_a$ 에서

$A \geq \dfrac{P}{q_a} = \dfrac{100}{20} = 5\,(\text{m}^2)$

㉢ 기초판의 크기($l \times l$)
$l^2 = 5$에서 $l = \sqrt{5} = 2.236$이므로 큰 근사값인 2.4m × 2.4m 가 정답이다.

44. 보의 재질과 단면의 크기가 같을 때 (A)보의 최대처짐은 (B)보의 몇 배인가?

① 2배
② 4배
③ 8배
④ 16배

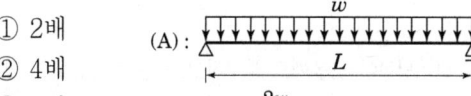

[해설] 단순보의 최대 처짐
㉠ 해석의 발상 : 단순보가 등분포하중을 받는 경우 최대처짐(δ_{max})을 활용하여 풀이할 수 있다.
㉡ 보의 간사이(span)와 하중의 변화에 따른 최대 처짐의 비

$$\delta_A = \frac{5wL^4}{384EI}$$

$$\delta_B = \frac{5(2w)(L/2)^4}{384EI} = \frac{1}{384EI} \cdot \frac{10wL^4}{16}$$

$$= \frac{5wL^4}{8 \times 384EL}$$

$$\therefore \frac{\delta_A}{\delta_B} = \frac{\frac{5wL^4}{384EI}}{\frac{5wL^4}{8 \times 384EI}} = \frac{5wL^4}{384EI} \times \frac{8 \times 384EI}{5wL^4}$$

$$= 8(배)$$

45. 강구조에 사용하는 강재에 대한 설명으로 틀린 것은?

① SN재는 건축물의 내진성능을 확보하기 위하여 항복점의 상한치를 제한하는 강재이다.
② TMCP 강재는 판두께 증가에 따른 항복강도의 저감이 크게 나타난다.
③ SMA는 내후성을 높인 강재이다.
④ SM355B 강재의 기호 B는 충격흡수에너지를 제한하는 값에 대한 기호이다.

[해설] TMCP 강재
탄소당량이 낮음에도 불구하고 높은 인장강도를 발휘하는데 이는 낮은 탄소당량으로 용접성을 개선하여 용접이 용이하며 또한 두꺼운 강재에서도 전(全)단면에 항복강도가 일정하고 저감현상이 없도록 개발된 강재이다.

46. 다음 용접기호에 대한 설명으로 옳은 설명은?

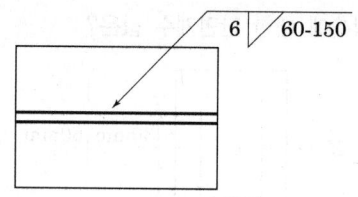

① 그루브용접이다.
② 용접길이는 60mm이다.
③ 유효목두께는 6mm이다.
④ 용접되는 부위는 화살의 반대쪽이다.

[해설] 모살용접의 기호
㉠ 용접의 유형은 모살용접(Fillet welding)
㉡ 모살치수(S, 목길이) 6mm
㉢ 일정한 간격으로 용접하는 단속용접
㉣ 반복 단속 용접부 길이 60mm
㉤ 단속 용접부 간격(피치) 150mm
㉥ 화살표가 지시하는 쪽에 용접

47. 기초의 지정형식에 따른 분류에서 얕은 기초에 속하는 것은?

① 잠함기초   ② 직접기초
③ 말뚝기초   ④ 피어기초

[해설] 지정형식에 따른 기초의 분류
㉠ 직접기초 : 기초판에서 하중을 직접 지반으로 전달하는 얕은 기초
㉡ 말뚝기초 : 말뚝을 박아 구조물을 지지하는 기초
㉢ 피어기초 : 피어로 지지하는 우물통 기초
㉣ 잠함기초 : 상자형 단면을 만들어 굴착하며 내려 앉게 하는 기초

정답 45. ② 46. ② 47. ②

48. 강도설계법으로 설계된 그림과 같은 보에서 이음이 없는 경우 요구되는 보의 최소폭 b를 구하면? (단, 굵은골재의 최대치수는 25mm, 피복두께 40mm, 주철근의 직경은 22mm, 스터럽의 직경은 10mm로 계산)

① 287.9mm
② 305.9mm
③ 310.3mm
④ 317.5mm

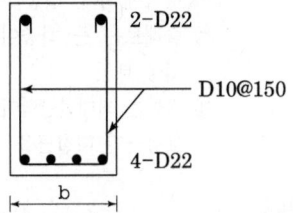

[해설] 보의 최소폭

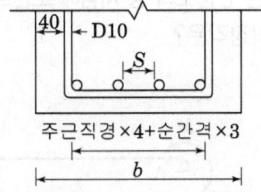

㉮ 보의 폭은 주근 직경, 주근 순간격, 띠철근 직경, 피복두께로 구할 수 있다.
(주근 직경×4)+(순간격×3)+(띠철근 직경×2)+(피복두께×2)

㉯ 순간격(S) : 다음 중 최대값(33.3mm)
 ㉠ 최소 간격 25mm
 ㉡ 주근 직경 22mm
 ㉢ 굵은골재 직경의 4/3 → 25×4/3=33.3mm

㉰ 보의 최소폭(b)
 ∴ $b = (22×4)+(33.3×3)+(40×2)+(10×2)$
   $= 287.9$(mm)

49. 그림과 같은 철근콘크리트 단순보에서 지지점으로부터 유효깊이 d만큼 떨어진 위험단면에서의 계수전단력은? (단, $w_D = 21$kN/m, $w_L = 24$kN/m)

① 63.6kN
② 187.8kN
③ 254.4kN
④ 367.5kN

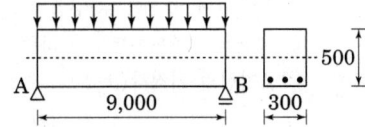

[해설] 계수전단력
 ㉠ 해석의 발상 : 계수전단력은 위험단면의 전단력이며, 위험단면의 위치는 단부에서 d의 거리에 있다.
 ㉡ 계수하중
  $w_u = 1.2D + 1.6L$
     $= 1.2 \times 21 + 1.6 \times 24 = 63.6$ (kN/m)
 ㉢ 최대전단력 : 지점반력에서 최대가 되며 그 크기는 지점반력과 동일하다.
  $V_{max} = S_A = V_A = \dfrac{63.6 \times 9}{2} = 286.2$ kN
 ㉣ 계수전단력 : 전단력도는 A지점에서 +286.2kN, B지점에서 -286.2kN으로 최대이며 두 점 사이는 사선으로 연결된다. 따라서 지점(단부)에서 d의 거리에서 발생되는 전단력은 다음 식으로 구할 수 있다.
  $4.5 : 286.2 = 4 : V_u$ → $V_u = 254.4$ kN

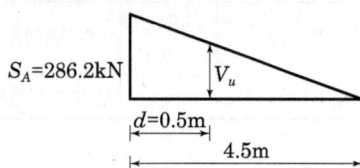

50. 그림과 같이 힘 P가 작용할 때 휨모멘트가 0이 되는 곳은 모두 몇 개인가?

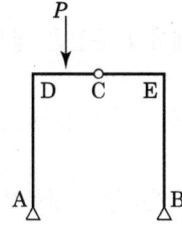

① 2
② 3
③ 4
④ 5

[해설] 3-hinge rahmen에 집중하중 작용 시 BMD

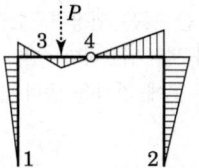

정답 48. ① 49. ③ 50. ③

51. 다음 보기의 ㉮~㉺의 단위에 대해 옳게 나타낸 것은?

> ㉮ 단면1차모멘트　㉯ 단면2차모멘트
> ㉰ 휨모멘트　　　㉱ 등분포하중
> ㉲ 탄성계수　　　㉳ 수직응력도
> ㉴ 단면계수

① ㉯ = ㉴이고, ㉰ ≒ ㉲이다.
② ㉰ = ㉳이고, ㉱ ≒ ㉳이다.
③ ㉰ = ㉱이고, ㉮ = ㉲이다.
④ ㉮ = ㉴이고, ㉲ = ㉳이다.

[해설] 단면의 성질 단위

구분	단위	구분	단위
등분포하중	kN/m	전단력	kN
단면계수	m³	휨모멘트	kN·m
탄성계수	MPa, N/mm²	수직응력도	MPa, N/mm²
단면1차모멘트	m³	단면2차모멘트	m⁴

52. 철근콘크리트구조의 철근 배근에 있어서 잘못된 것은?

① 단순보의 늑근은 중앙부보다 단부에 더 많이 넣는다.
② 연속보 단부에서의 주근은 상부에 더 많이 넣는다.
③ 슬래브의 철근은 장변방향보다 단변방향에 더 많이 넣는다.
④ 기둥의 띠철근은 상·하단부보다 중앙부에 더 많이 넣는다.

[해설] 철근콘크리트 구조 배근
㉮ 해석의 발상 : 철근은 인장을 부담하여야 하므로 항상 인장측에 많은 배근이 필요하다. 휨모멘트가 큰 곳은 인장력도 크게 발생하므로 더 많은 배근이 필요하다. 단, 전단보강근은 전단력이 큰 곳에 간격을 좁혀 많은 배근을 하여야 한다.
㉯ 문제 해석
　㉠ 늑근은 전단 보강근이므로 단순보에서 전단력이 큰 양단부에 집중 배근
　㉡ 연속보 단부는 (−)휨모멘트 이므로 상부 인장측에 주근 집중 배근
　㉢ 슬래브는 큰 하중이 전달되는 단변방향으로 집중 배근
　㉣ 기둥은 최대전단력이 발생하는 상하단에 전단보강근인 띠철근을 집중 배근

53. 그림과 같은 단순보의 양 지점에 모멘트 M이 작용할 때 A지점의 처짐각은?

① $\dfrac{ML}{2EI}$
② $\dfrac{ML}{3EI}$
③ $\dfrac{ML}{4EI}$
④ $\dfrac{ML}{6EI}$

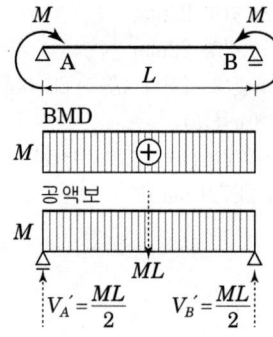

[해설] 단순보의 처짐각

㉠ 해석의 발상 : A지점의 처짐각(θ_A)은 공액보에서 A지점의 전단력(S_A')에 $1/EI$을 곱한 값이다. 또한 A지점의 전단력(S_A')은 A지점의 반력(V_A')과 동일한 값이다.
㉡ 공액보 : 휨모멘트도를 하중으로 하는 보
㉢ A지점의 처짐각(θ_A)
$$\therefore \theta_A = S_A' \times \frac{1}{EI} = \frac{ML}{2} \times \frac{1}{EI} = \frac{ML}{2EI}$$

정답　51. ④　52. ④　53. ①

54. 아래 단면을 가진 철근콘크리트 기둥의 설계축강도 ϕP_n을 구하면? (단, $\phi P_{n(\max)} = \phi 0.8 P_o$, $\phi = 0.65$, $f_{ck} = 30\text{MPa}$, $f_y = 400\text{MPa}$, $d = 66\text{mm}$)

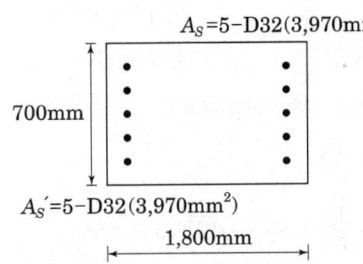

① 18,254kN ② 28,254kN
③ 38,254kN ④ 48,254kN

[해설] 띠철근 기둥의 설계축강도(P_d)
㉠ 해석의 발상 : 설계축강도(P_d) = ϕP_n
  • ϕ(강도감소 계수)
    띠철근 기둥 0.65, 나선철근기둥 0.7
  • 하중의 편심을 고려한 P_n (공칭축강도)
    띠철근 기둥 = $0.8 P_o$, 나선철근기둥 = $0.85 P_o$
㉡ 공칭축강도($P_n = 0.8 P_o$)
  $P_o = 0.85 f_{ck}(A_g - A_{st}) + A_{st} \cdot f_y$
  $P_o = 0.85 \times 30(700 \times 1,800 - 3,970 \times 2)$
    $+ 3,970 \times 2 \times 400 = 35,103,530$ (N)
  $P_n = 0.8 \times 35,103,530 = 28,082,824$ (N)
㉢ 설계축강도(P_d)
  $P_d = \phi P_n = 0.65 \times 28,082,824$
    $= 18,253,835$ (N)
    $= 18,254$ (kN)

55. 강구조에 관한 설명으로 옳지 않은 것은?
① 대규모 건축물이 가능하다.
② 수평력에 대해 강한 구조이다.
③ 철근콘크리트 구조에 비하여 경량이다.
④ 철근콘크리트 구조물에 비해 처짐 및 진동 등의 사용성이 우수하다.

[해설] 강구조의 특성
㉠ 콘크리트 구조에 비해 처짐이나 진동이 크므로 사용성이 불리하다.
㉡ 강도가 높아 구조물의 단면을 줄일 수 있어 철근콘크리트 구조 대비 경량화가 가능하다.
㉢ 가구식 구조로 수평력에 대한 저항성이 크다.
㉣ 고층·대규모 건축에 적합하다.

56. 그림과 같은 단면의 x, y축으로부터 도심까지의 거리 ($\overline{x}$, $\overline{y}$)는?

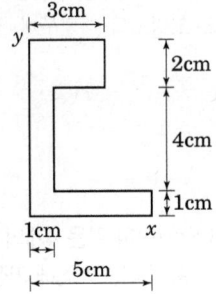

① (1.32, 3.14) ② (2.04, 4.26)
③ (1.25, 2.87) ④ (1.57, 3.37)

[해설] 도심거리($\overline{x}$, $\overline{y}$)
㉠ 해석의 발상 : 도심거리는 다음 식으로 구할 수 있다.
  $\overline{x} = \dfrac{G_y}{A}$ $\overline{y} = \dfrac{G_y}{A}$
㉡ 단면1차모멘트, 단면적
  $G = G_{A1} + G_{A2} + G_{A3}$
  (단, $A_1 \sim A_3$는 분할된 단면적)
  $G_x = (3 \times 2 \times 6) + (4 \times 1 \times 3) + (5 \times 1 \times 0.5)$
    $= 50.5 \, (\text{m}^3)$
  $G_y = (3 \times 2 \times 1.5) + (4 \times 1 \times 0.5)$
    $+ (5 \times 1 \times 2.5) = 23.5 \, (\text{m}^3)$
  $A = (3 \times 2) + (4 \times 1) + (5 \times 1) = 15 \, (\text{m}^2)$
㉢ 도심거리($\overline{x}$, $\overline{y}$)
  $\overline{x} = \dfrac{G_y}{A} = \dfrac{23.5}{15} = 1.57 \, (\text{m})$
  $\overline{y} = \dfrac{G_x}{A} = \dfrac{50.5}{15} = 3.37 \, (\text{m})$

57. 다음 중 조립식구조의 특성으로 옳지 않은 것은?

① 공장생산이 가능하며 대량생산이 가능하다.
② 각 부품과의 접합부가 일체가 되어 절점을 강접합으로 하기가 용이하다.
③ 기계화 시공으로 단기완성이 가능하다.
④ 현장 거푸집공사가 절약되며 정밀도가 높고 강도가 큰 콘크리트 부재를 사용할 수 있다.

[해설] 조립식 구조의 특성
㉠ 대량생산이 가능하고 공기 단축
㉡ 거푸집, 가설공사 등 공사비 절감
㉢ 현장 조립에서 부재간 강접합 곤란
㉣ 고정밀도·고강도의 대형부재 공장 생산 가능

59. 단면 $b \times d = 300\text{mm} \times 550\text{mm}$, 모래경량콘크리트를 사용한 철근콘크리트 보에서 콘크리트가 부담할 수 있는 공칭전단강도(V_c)는? (단, $f_{ck} = 21\text{MPa}$)

① 95kN   ② 107kN
③ 126kN   ④ 132kN

[해설] 콘크리트 공칭전단강도(V_c)
$$V_c = \frac{1}{6}\lambda\sqrt{f_{ck}} \cdot b_w \cdot d$$
$$= \frac{1}{6} \times 0.85 \times \sqrt{21} \times 300 \times 550$$
$$= 107,117.7\text{(N)} = 107\text{(kN)}$$
※ 경량콘크리트 계수(λ)
㉠ 전경량콘크리트 $\lambda = 0.75$
㉡ 모래경량콘크리트 $\lambda = 0.85$
㉢ 보통중량콘크리트 $\lambda = 1.0$

58. 그림과 같이 단면적이 같은 4개의 단면을 보부재로 각각 사용할 경우 x축에 대한 처짐에 가장 유리한 단면은?

① 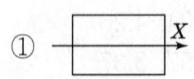   ②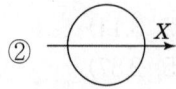
③ 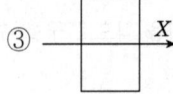   ④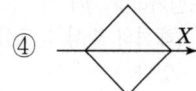

[해설] 단면의 유형별 처짐
㉮ 해석의 발상
 ㉠ 처짐은 휨강성(EI)에 반비례한다. 따라서 처짐을 최소화(유리)하기 위해서는 단면2차모멘트를 최대한 크게 할 필요가 있다.
 ㉡ 단면2차모멘트의 특징은 기준축에 직각인 높이(h)의 세제곱(h^3) 또는 원형단면에서 지름(D)의 네제곱(D^4)에 비례하므로 높이가 큰 단면이 단면2차모멘트가 크다.
㉯ 처짐이 적게 발생하는 단면은 첫째 높이(h)가 큰 것, 둘째 재단까지 단면의 폭이 일정하게 큰 것이다.

60. 강도설계법에 의한 철근콘크리트 플랫슬래브 설계 시 지판의 슬래브 아래로 돌출한 두께는 슬래브 두께의 얼마 이상으로 하여야 하는가? (단, t는 슬래브의 두께)

① $\dfrac{t}{2}$ ② $\dfrac{t}{3}$
③ $\dfrac{t}{4}$ ④ $\dfrac{t}{6}$

[해설] 플랫슬래브의 구조 제한

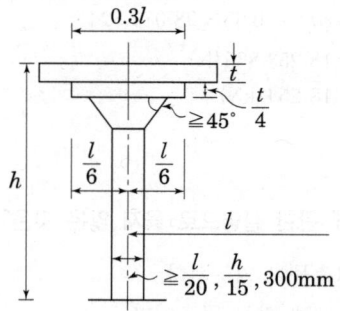

※ l은 기둥 중심간격

제4과목 건축설비

61. 엘리베이터의 조작 방식 중 무운전원 방식으로 다음과 같은 특징을 갖는 것은?

> 승객 스스로 운전하는 전자동 엘리베이터로, 승강장으로부터의 호출 신호로 기동, 정지를 이루는 조작 방식이며, 누른 순서에 상관없이 각 호출에 응하여 자동적으로 정지한다.

① 단식자동방식 ② 카 스위치방식
③ 승합전자동방식 ④ 시그널 콘트롤 방식

[해설] 무운전원 방식
㉠ 단식 자동 방식
　승객 자신이 운전하며 목적층 단추가 승강장으로부터의 호출 신호에 의하여 자동적으로 시동, 정지를 이루는 조작 방식이며, 운전 종료까지 다른 호출에 응하지 않는다.
㉡ 승합 전자동 방식
　단식 자동 방식과 같으나 누른 순서에 관계없이 각 호출에 응하여 자동적으로 정지한다.
㉢ 하강 승합 자동 방식
　아파트와 같이 도중 층으로부터 상승하는 승객이 적은 건물에 적용되며, 상승중에는 호출 신호가 있어도 정지하지 않고, 최고 호출에 응한 후 반전하여 호출 신호에 응한다.

62. 합성 최대 수용 전력이 1,000[kW], 부하율이 0.6일 때 평균 전력[kW]은?

① 600 ② 800
③ 1,000 ④ 1,667

[해설] 부하율 = $\frac{평균수용전력}{최대수용전력} \times 100(\%)$ ⇒ 1보다 작다.

$60 = \frac{평균수용전력}{1000} \times 100(\%)$

∴ 평균수용전력 = 600[kW]

※ 부하율 : 전기설비가 얼마나 유효하게 사용되었는가를 나타내며 어떤 기간 중의 평균 수용 전력[kW]과 그 기간 중의 최대 수용전력[kW]과의 비로 표시

☞ 부하율이 크다 : 전력변동이 작고, 설비 이용률이 많다.

63. 다음과 같은 조건에 있는 실의 틈새바람에 의한 현열부하는?

> • 실의 체적 : 400m³
> • 환기횟수 : 0.5회/h
> • 실내온도 : 20℃, 외기온도: 0℃
> • 공기의 밀도 : 1.2kg/m³
> • 공기의 정압비열 : 1.01KJ/kg·K

① 약 654W ② 약 972W
③ 약 1,347W ④ 약 1,654W

[해설] ㉠ 먼저, 환기량을 구한다.
$Q = nV = 0.5 \times 400 = 200 \, \text{m}^3/\text{h}$
Q : 환기량(m³/h)　n : 환기회수(회/h)
V : 실용적(m³)

㉡ 현열부하(q_s) = $GC\Delta t$ [kJ/h] = $\rho QC\Delta t$ [kJ/h]
$= 1.2 \times 200 \times 1.01 \times (20-0)$
$= 4,848$ [kJ/h] = 1,347W

※ $G(\text{kg/h}) = \rho \, (1.2\text{kg/m}^3) \cdot Q(\text{m}^3/\text{h}) = 1.2Q(\text{kg/h})$
※ 1W = 1J/s = 3,600J/h = 3.6kJ/h

64. 급수방식에 관한 설명으로 옳지 않은 것은?

① 상수도 직결방식은 위생성 측면에서 바람직한 방식이다.
② 고가탱크방식은 중력으로 필요한 곳에 급수하는 방식이다.
③ 펌프직송방식 중 변속방식은 토출압력을 감지하여 펌프의 회전수를 제어하는 방식이다.
④ 압력탱크방식은 대규모의 급수 수요에 쉽게 대응할 수 있어 고층 건물에 주로 사용된다.

[해설] 압력탱크방식은 단수 시에 일정량의 급수가 가능하나 급수 공급압력의 변화가 심하고 취급이 까다로운 급수방식이다.
※ 압력탱크방식의 특징
㉠ 급수압이 일정하지 않다.
㉡ 부분적으로 고압이 필요한 곳에 적합하다.
㉢ 높은 압력에 견딜 수 있는 기밀수조의 설치 등으로 설비비가 많이 든다.

㉣ 공기압축기를 설치하여 수시로 공기를 보급하여야 한다.
㉤ 구조물 보강이 불필요하다.
㉥ 건물의 미관이 양호하다.
㉦ 단수시에는 어느 정도 급수가 가능하나 고장률이 높다.
㉧ 압력수조의 설치위치에 제한을 받지 않는다.

65. 다음 중 건축물 실내공간의 잔향시간에 가장 큰 영향을 주는 것은?

① 실의 용적
② 음원의 위치
③ 벽체의 두께
④ 음원의 음압

[해설] 잔향시간(Sabin의 잔향이론)

㉠ $RT = K\dfrac{V}{A}$ 의 식에서
  RT : 잔향시간(sec)
  K : 비례상수(0.162)
  V : 실의 용적(m³)
  A : 흡음력 = $\bar{a}$(평균흡음률) × S(실내표면적)(m²)

잔향시간은 실용적에 비례하고 실의 흡음력에 반비례한다.

㉡ 요소 : 실용적, 실내 표면적, 실의 평균 흡음률
㉢ 잔향시간은 음원의 위치, 측정의 위치, 흡음재료의 위치와 무관하다.

66. 자동화재탐지설비의 감지기에 관한 설명으로 옳지 않은 것은?

① 스포트형 감지기는 45° 이상 경사되지 않도록 부착한다.
② 감지기는 천장 또는 반자의 옥내에 면하는 부분에 설치한다.
③ 정온식 감지기는 주방·보일러실 등으로서 다량의 화기를 취급하는 장소에 설치한다.
④ 보상식 스포트형 감지기는 정온점이 감지기 주위의 평상시 최고온도보다 10℃ 이상 높은 것으로 설치한다.

[해설] 감지기 설치 기준

㉠ 환기구 등으로부터 1.5m 이상 떨어진 위치에 설치한다.(차동식 분포형 제외)
㉡ 스포트형 감지기는 45° 이상 경사되지 않도록 부착한다.
㉢ 보상식 또는 정온식 감지기는 주위의 평상시 최고 온도가 공칭 작동 온도 또는 정온점보다 20℃ 이상 낮은 장소에 설치한다.
㉣ 차동식 분포형 감지기의 검출부는 5° 이상 경사되지 않도록 하고, 공기관은 감지 구역의 부착면의 각면에서 1.5m 이내의 부분에 미치도록 설치한다.
㉤ 지하층, 무창층 또는 실내 용적이 작은 장소로서 오동작의 우려가 있는 장소에는 복합형 또는 축적형 감지기 설치한다.

67. 건구온도 30℃, 상대습도 60%인 공기를 냉수코일에 통과시켰을 때 공기의 상태변화로 옳은 것은? (단, 코일 입구수온 5℃, 코일 출구수온 10℃)

① 건구온도는 낮아지고 절대습도는 높아진다.
② 건구온도는 높아지고 절대습도는 낮아진다.
③ 건구온도는 높아지고 상대습도는 높아진다.
④ 건구온도는 낮아지고 상대습도는 높아진다.

[해설] ㉠ 습공기를 가열 : 상대습도는 감소, 엔탈피와 비체적은 증가, 절대습도는 일정
㉡ 습공기를 냉각 : 상대습도는 증가, 엔탈피와 비체적은 감소, 절대습도는 일정(과냉각시 절대습도는 감소)

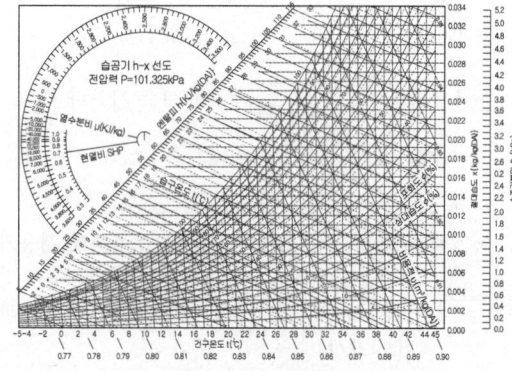

[그림] 습공기 선도

정답 65. ① 66. ④ 67. ④

68. 베르누이(Berroulli)의 정리를 가장 올바르게 표현한 것은?

① 유체가 갖고 있는 운동에너지는 흐름 내 어디에서나 일정하다.
② 유체가 갖고 있는 운동에너지와 중력에 의한 위치에너지의 총합은 흐름 내 어디에서나 일정하다.
③ 유체가 갖고 있는 운동에너지, 중력에 의한 위치에너지의 총합은 흐름 내 어디에서나 압력에너지와 같다.
④ 유체가 갖고 있는 운동에너지, 중력에 의한 위치에너지 및 압력에너지의 총합은 흐름 내 어디에서나 일정하다.

해설 베르누이 정리 [Bernoulli's theorem, 1738년]
점성과 압축성이 없는 이상적인 유체가 규칙적으로 흐르는 경우에 대해 유체가 흐르는 속도와 압력, 높이의 관계를 수량적으로 나타낸 법칙이다. 유체의 위치에너지와 압력에너지와 운동에너지의 합이 항상 일정하다는 성질을 이용한 것으로, 완전유체가 규칙적으로 흐르는 경우에 대해 정리한 것이다.

※ 베르누이 방정식
압력수두, 속도수두, 위치수두의 합은 일정하다.
압력에너지 + 속도에너지 + 위치에너지 = 0

$$\frac{P_1}{\gamma} + \frac{V_1^2}{2g} + Z_1 = \frac{P_2}{\gamma} + \frac{V_2^2}{2g} + Z_2 \, [m]$$

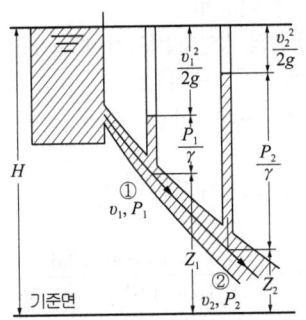

[그림] 베르누이 정리

69. 다음 중 역류를 방지하여 오염으로부터 상수계통을 보호하기 위한 방법과 가장 거리가 먼 것은?

① 토수구 공간을 둔다.
② 역류방지밸브를 설치한다.
③ 대기압식 또는 가압식 진공브레이커를 설치한다.
④ 플렉시블 조인트를 설치하거나 스위블 이음으로 배관한다.

해설 스위블형 신축이음
2개 이상의 엘보우를 사용하여 나사회전을 이용해서 신축을 흡수하는 것으로 방열기 주위 배관용으로 사용된다.

※ 급수의 오염방지를 위한 대책
㉠ 내식성 자재의 사용
㉡ 저수조 등으로 유해물질의 침입방지
㉢ 타 계통 배관과의 크로스 커넥션의 방지
㉣ 역사이펀 작용방지를 위한 일정 이상(25mm 이상)의 토수구 공간 확보

70. 급기온도를 일정하게 하고 송풍량을 변화시켜서 실내온도를 조절하는 공기조화방식은?

① FCU 방식
② 이중덕트방식
③ 정풍량 단일덕트방식
④ 변풍량 단일덕트방식

해설 변풍량(VAV) 단일덕트방식
토출공기 온도는 일정하게 하며 송풍량을 실내 부하의 변동에 따라 변화시키는 것으로 운전비는 감소되고 개별제어가 용이한 에너지 절약형 공조방식이다. 부하변동이 심한 페리미터 존(perimeter zone)에 적합하다.

㉮ 장점
㉠ 개별제어가 용이
㉡ 에너지 절약형 공조방식이다.
㉢ 공조기 및 덕트 스페이스가 작아도 된다.

㉯ 단점
㉠ 실내부하가 극히 감소되면 실내공기의 오염이 심해져 청정도가 떨어진다.
㉡ 운전 및 유지관리가 어렵다.
㉢ 자동제어가 복잡하여 설비비가 많이 든다.

※ 에너지 절약형 공조방식 : 변풍량(VAV)방식, 외기 냉방방식, 전열교환기 설치, 히트펌프 시스템

정답 68. ④ 69. ④ 70. ④

과년도 출제문제

71. 다음과 같은 조건에서 난방부하가 3,500W인 실을 온수난방으로 할 때 방열기의 온수 순환수량은?

[조건]
- 방열기의 입구 수온 : 90℃
- 방열기의 출구 수온 : 85℃
- 물의 비열 : 4.2kJ/kg·K

① 300kg/h ② 600kg/h
③ 900kg/h ④ 1,200kg/h

[해설] 온수순환펌프의 수량

$$W = \frac{Q}{60c\Delta t} \text{ [}\ell\text{/min]}$$

Q : 배관과 펌프 및 기타 손실 열량[kJ/h]
W : 순환수량[ℓ/min]
C : 탕의 비열[4.19kJ/kg·K]
ρ : 탕의 밀도(kg/m³)
Δt : 급탕·반탕의 온도차[℃] (Δt는 강제순환식일 때 5~10℃ 정도임.)

$$\therefore W = \frac{Q}{60c\Delta t} = \frac{3500 \times 3.6}{60 \times 4.2 \times (90-85)}$$

$= 10\text{L/min} = 600\text{L/h}$

※ 1W = 1J/s = 3,600J/h = 3.6kJ/h
   1kW = 1,000W = 1kJ/s = 3,600kJ/h
※ 1L = 1kg

72. 알칼리 축전지에 관한 설명으로 옳지 않은 것은?

① 고율방전특성이 좋다.
② 공칭전압은 2[V/셀]이다.
③ 기대수명이 10년 이상이다.
④ 부식성의 가스가 발생하지 않는다.

[해설] 축전지의 성능 비교

구 분	연 축전지	알칼리 축전지
기전력	2.05~2.08[V]	1.32[V]
공칭전압	2.0[V/셀]	1.2[V/셀]
공칭용량	10시간율[Ah]	5시간율[Ah]
전기적강도	과충, 방전에 약하다	과충, 방전에 강하다
기계적강도	약하다	강하다
충전시간	길 다	짧 다
온도특성	뒤떨어진다	우수하다
수명	10~20년	30년 이상
가격	싸 다	비싸다
자가방전	보 통	약간 적은 편이다

[주] 축전지 용량은 보통 암페어시[Ah] 용량이 사용되고 있다.

73. 어떤 사무실의 취득 현열량이 15,000W일 때 실내온도를 26℃로 유지하기 위하여 16℃의 외기를 도입할 경우, 실내에 공급하는 송풍량은 얼마로 해야 하는가? (단, 공기의 정압비열은 1.01kJ/kg·K, 밀도는 1.2kg/m³이다.)

① 2,455m³/h ② 4,455m³/h
③ 6,455m³/h ④ 8,455m³/h

[해설] $q_s = \rho Q C(t_i - t_o)$ [kJ/h]

q_s : 실의 현열부하[W]
ρ : 공기의 밀도[1.2kg/m³]
Q : 송풍량[m³/h]
C : 공기의 정압비열[1.01kJ/kg·K]
t_i : 실내 공기온도[℃]
t_o : 송풍 공기온도[℃]

$$Q = \frac{q_s}{\rho C(t_i - t_o)} \text{ [m}^3\text{/h]}$$

송풍량(Q) $= \dfrac{15,000 \times 3.6}{1.2 \times 1.01 \times (26-16)}$

$\fallingdotseq 4,455\text{m}^3/\text{h}$

※ 1W = 3.6kJ/h

정답 71. ② 72. ② 73. ②

74. 지역난방 방식에 관한 설명으로 옳지 않은 것은?

① 열원설비의 집중화로 관리가 용이하다.
② 설비의 고도화로 대기오염 등 공해를 방지할 수 있다.
③ 각 건물의 이용시간차를 이용하면 보일러의 용량을 줄일 수 있다.
④ 고온수난방을 채용할 경우 감압장치가 필요하며 응축수 트랩이나 환수관이 복잡해진다.

[해설] 지역난방
중앙식 보일러실에서 어떤 지역 내의 여러 건물에 증기 또는 고온수를 보내서 난방하는 방식이다.
그 규모는 일정한 주택 단지에서 시가지 전역으로 공급하는 것도 있다. 지역난방의 배관은 사용하는 열매에 따라, 증기의 경우에는 보통 0.1~1.5MPa이며, 온수인 경우에는 100℃ 이상의 고온수를 열매로 사용한다.

75. 흡수식 냉동기에 관한 설명으로 옳지 않은 것은?

① 열에너지가 아닌 기계적 에너지에 의해 냉동효과를 얻는다.
② 증발기, 흡수기, 재생기(발생기), 응축기 등으로 구성되어 있다.
③ 냉방용의 흡수식 냉동기는 물과 브롬화리튬의 혼합용액을 사용한다.
④ 2중효용 흡수식 냉동기는 단효용 흡수식 냉동기보다 에너지 절약적이다.

[해설] 흡수식 냉동기
㉮ 원리 : 냉매를 흡수하는 형식으로 압축냉동기의 압축기가 하는 압축을 흡수제를 이용하여 화학적으로 치환해서 냉동사이클을 형성하는 냉동기이다. (열에너지에 의해 냉동효과를 얻는 냉동기)
㉯ 냉동 사이클 : 증발기 - 흡수기 - 발생기(재생기) - 응축기
㉰ 발생기의 형식에 따라 단효용식과 2중효용식이 있다.
㉱ 특징
  ㉠ 증기나 고온수를 구동력으로 한다.
  ㉡ 냉매는 물(H_2O), 흡수액은 브롬화리튬(LiBr) 사용한다.
  ㉢ 전력소비가 적다.(압축식의 1/3) → 특별고압수전 불필요
  ㉣ 기기 내부가 진공에 가까워 파열의 위험이 없다.
  ㉤ 진동, 소음이 적다.
  ㉥ 증기 보일러가 필요하다.
  ㉦ 압축식에 비해 설치면적, 높이, 중량이 크다.
  ☞ 압축식 냉동기는 열 에너지가 아닌 기계적 에너지에 의해 냉동효과를 얻는다.

76. 소방시설은 소화설비, 경보설비, 피난구조설비, 소화용수설비, 소화활동설비로 구분할 수 있다. 다음 중 소화활동설비에 속하는 것은?

① 제연설비   ② 비상방송설비
③ 스프링클러설비   ④ 자동화재탐지설비

[해설] 소방시설이란 소화설비·경보설비·피난구조설비·소화용수설비 그 밖에 소화활동설비를 말한다.
※ 소화활동설비 : 화재를 진압하거나 인명구조활동을 위하여 사용하는 설비
① 제연설비   ② 연결송수관설비
③ 연결살수설비   ④ 비상콘센트설비
⑤ 무선통신보조설비   ⑥ 연소방지설비

77. 통기관에 관한 설명으로 옳지 않은 것은?

① 2개 이상의 횡지관이 있는 배수입상관에는 통기입상관을 설치하여야 한다.
② 위생배관의 통기관은 위생배관의 통기 이외의 다른 목적으로 사용하지 않는다.
③ 통기관은 위생기구의 물 넘침선보다 150mm 이상 높게 배관하여 연결하는 것이 원칙이다.
④ 여러 개의 통기관을 입상관 상부 끝에서 공통 헤더로 연결하여 한 곳에서 대기에 개방할 수 있다.

[해설] 2개 이상의 횡지관이 있는 배수입상관에는 루프통기관을 설치하여야 한다.

정답 74. ④   75. ①   76. ①   77. ①

78. 다음의 간선 배전방식 중 분전반에서 사고가 발생했을 때 그 파급 범위가 가장 좁은 것은?

① 평행식
② 방사선식
③ 나뭇가지식
④ 나뭇가지 평행식

[해설] 간선의 배선방식
㉮ 나뭇가지식(수지상식)
  ㉠ 한 개의 간선이 각각의 분전반을 거치며 부하가 감소되므로 굵기도 감소된다.
  ㉡ 전압강하가 크다.(각 분전반 별로 동일 전압을 유지할 수 없다.)
  ㉢ 경제적이나 1개소의 사고가 전체에 영향을 미치므로 신뢰도가 낮다.
  ㉣ 주택 등의 소규모 건물의 배선방식으로 적합하다.
㉯ 평행식(개별식)
  ㉠ 각 분전반 마다 배전반으로부터 단독으로 배선되어 전압강하가 평균화된다.
  ㉡ 사고 발생시 범위를 줄일 수 있다.(사고의 영향을 최소화)
  ㉢ 배선혼잡의 우려는 있으나 대규모 건물에 적합하다.
㉰ 병용식
  ㉠ 부하의 중심 부근에 분전반을 설치한다.
  ㉡ 분전반에서 각 부하에 배선하는 방식으로 가장 많이 사용한다.

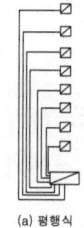 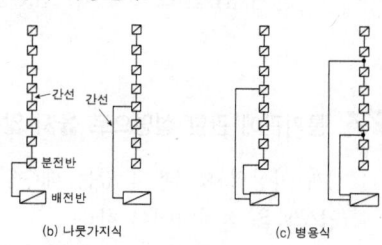

[그림] 간선의 배선방식

79. 조명을 요하는 면적을 A, 사용램프의 전광속을 F, 조명률을 U, 보수율을 M, 평균조도를 E라고 할 때 평균조도의 산정식으로 옳은 것은?

① $E = \dfrac{F \times U \times A}{M}$
② $E = \dfrac{F \times U \times M}{A}$
③ $E = \dfrac{F \times U}{A \times M}$
④ $E = \dfrac{A \times M}{F \times U}$

[해설] 광속계산
$F = \dfrac{E \cdot A \cdot D}{N \cdot U}$ 또는 $F = \dfrac{E \cdot A}{N \cdot U \cdot M}$ 에서
F : 광원 1개당 광속(lm)
N : 광원 개수
U : 조명율
M : 보수율
A : 방의 면적(m²)
E : 평균조도
D : 감광보상율
$N = \dfrac{E \cdot A}{F \cdot U \cdot M}$
$E = \dfrac{F \times U \times M}{A}$
※ 감광보상율$(D) = \dfrac{1}{\text{보수율}(M)}$

80. 급탕배관에 관한 설명으로 옳지 않은 것은?

① 관의 신축을 고려하여 굽힘 부분에는 스위블이음 등으로 접합한다.
② 관의 신축을 고려하여 건물의 벽관통 부분의 배관에는 슬리브를 사용한다.
③ 역구배나 공기 정체가 일어나기 쉬운 배관 등 온수의 순환을 방해하는 것은 피한다.
④ 배관재로 동관을 사용하는 경우 관내 유속을 느리게 하면 부식되기 쉬우므로 2.5m/s 이상으로 하는 것이 바람직하다.

[해설] 급탕관의 관재료
급탕관은 일반적으로 온도상승에 따라 관의 부식속도가 빨라지기 때문에 급탕온도는 50~60℃ 정도가 바람직하다. 따라서 급탕관 재료로서 고려할 수 있는 것은 동관, 일반 배관용 스테인리스 강관, 내열염화비닐 라이닝 강관, 내열염화비닐관 등을 들 수 있다.
※ 배관의 유속
  ㉠ 급수관(수도본관) : 1~2m/s (마찰저항을 고려 : 1.5m/s)
  ㉡ 건물내 급수관 : 0.5~0.7m/s
  ㉢ 급탕관 : 0.7~1.0 m/s
  ㉣ 배수관 : 0.6~1.2m/s

정답 78. ① 79. ② 80. ④

제5과목 건축관계법규

81. 급수, 배수, 환기, 난방 설비를 건축물에 설치하는 경우, 건축기계설비기술사 또는 공조냉동기계기술사의 협력을 받아야 하는 대상 건축물에 속하지 않는 것은?

① 아파트
② 연립주택
③ 기숙사로서 해당 용도에 사용되는 바닥면적의 합계가 2000m²인 건축물
④ 업무시설로서 해당 용도에 사용되는 바닥면적의 합계가 2000m²인 건축물

[해설] 건축설비기술사·공조냉동기계기술사의 협력을 받아야하는 에너지 대량소비 건축물 대상(바닥면적 합계 기준)
- ㉠ 바닥면적 합계 500m² 이상의 냉동냉장시설, 항온항습시설, 특수청정시설
- ㉡ 규모에 관계없이 : 아파트 및 연립주택
- ㉢ 500m² 이상 : 목욕장(제1종 근린생활시설), 실내수영장(운동시설)
- ㉣ 2,000m² 이상 : 기숙사, 병원(의료시설), 유스호스텔(수련시설), 숙박시설
- ㉤ 3,000m² 이상 : 연구소(교육연구시설), 업무시설, 판매시설
- ㉥ 10,000m² 이상 : 문화 및 집회시설(동·식물원 제외), 종교시설, 장례식장, 교육연구시설(연구소 제외)

82. 건축법 제61조 제2항에 따른 높이를 산정할 때, 공동주택을 다른 용도와 복합하여 건축하는 경우 건축물의 높이 산정을 위한 지표면 기준은?

> 건축법 제61조(일조 등의 확보를 위한 건축물의 높이 제한)
> ② 다음 각 호의 어느 하나에 해당하는 공동주택(일반상업지역과 중심상업지역에 건축하는 것은 제외한다)은 채광(採光) 등의 확보를 위하여 대통령령으로 정하는 높이 이하로 하여야 한다.
> 1. 인접 대지경계선 등의 방향으로 채광을 위한 창문 등을 두는 경우
> 2. 하나의 대지에 두 동(棟) 이상을 건축하는 경우

① 전면도로의 중심선
② 인접 대지의 지표면
③ 공동주택의 가장 낮은 부분
④ 다른 용도의 가장 낮은 부분

[해설] 일조확보를 위한 건축물의 높이제한 경우의 높이 산정
- ㉠ 인접대지 간의 고저차가 있는 경우
  해당 건축물 대지의 지표면과 인접대지의 지표면간에 고저차가 있는 경우는 그 지표면의 평균 수평면을 지표면으로 본다.
- ㉡ 공동주택을 다른 용도와 복합하여 건축하는 경우 전용주거지역, 일반주거지역이 아닌 지역에서 공동주택을 다른 용도와 복합하여 건축하는 경우 건축물의 지표면 산정에는 공동주택의 가장 낮은 부분을 지표면으로 본다. (일조권 규정의 적용에 한함)

정답 81. ④ 82. ③

83. 도시·군계획 수립 대상지역의 일부에 대하여 토지이용을 합리화하고 그 기능을 증진시키며 미관을 개선하고 양호한 환경을 확보하며, 그 지역을 체계적·계획적으로 관리하기 위하여 수립하는 도시·군관리계획은?

① 광역도시계획　② 지구단위계획
③ 지구경관계획　④ 택지개발계획

[해설] 지구단위계획

　도시·군 수립대상 지역 안의 일부에 대하여 토지이용을 합리화하고 그 기능을 증진시키며 미관을 개선하고 양호한 환경을 확보하며, 해당 지역을 체계적·계획적으로 관리하기 위하여 수립하는 도시·군관리계획을 말한다.

　※ 광역도시계획 : 광역계획권의 지정의 규정에 의하여 지정된 광역계획권의 장기발전방향을 제시하는 계획을 말한다.

84. 지하식 또는 건축물식 노외주차장의 차로에 관한 기준 내용으로 옳지 않은 것은? (단, 이륜자동차전용 노외주차장이 아닌 경우)

① 높이는 주차바닥면으로부터 2.3m 이상으로 하여야 한다.
② 경사로의 종단경사도는 직선 부분에서는 17%를 초과하여서는 아니된다.
③ 곡선 부분은 자동차가 4m 이상의 내변반경으로 회전할 수 있도록 하여야 한다.
④ 주차대수 규모가 50대 이상인 경우의 경사로는 너비 6m 이상인 2차로를 확보하거나 진입차로와 진출차로를 분리하여야 한다.

[해설] 곡선 부분은 자동차가 6m(같은 경사로를 이용하는 주차장의 총주차대수가 50대 이하인 경우에는 5m) 이상의 내면반경으로 회전이 가능하도록 할 것

85. 건축물의 지하층에 비상탈출구를 설치하여야 하는 경우, 설치되는 비상탈출구에 관한 기준 내용으로 옳지 않은 것은? (단, 주택이 아닌 경우)

① 비상탈출구의 유효너비는 0.75m 이상으로 할 것
② 비상탈출구의 유효높이는 1.5m 이상으로 할 것
③ 비상탈출구는 출입구로부터 3m 이상 떨어진 곳에 설치할 것
④ 비상탈출구의 문은 피난방향으로 열리도록 하고, 실내에서 비상시에만 열 수 있는 구조로 할 것

[해설] 비상탈출구의 방향은 피난방향으로 열리도록 하고, 실내에서 항상 열 수 있는 구조로 하며 내부 및 외부에는 비상탈출구의 표시를 설치하여야 한다.

86. 다음은 주차장 수급 실태 조사의 조사구역에 관한 설명이다. ( ) 안에 알맞은 것은?

> 사각형 또는 삼각형 형태로 조사구역을 설정하되 조사구역 바깥 경계선의 최대거리가 (　) 를 넘지 아니하도록 한다.

① 100m　② 200m
③ 300m　④ 400m

[해설] 주차장 수급 실태조사

　사각형 또는 삼각형 형태로 조사구역을 설정하되 조사구역 바깥 경계선의 최대거리가 300m를 넘지 아니하도록 한다.

87. 건축법령상 건축허가신청에 필요한 설계도서에 속하지 않는 것은?

① 조감도 ② 배치도
③ 건축계획서 ④ 소방설비도

[해설] 건축허가신청에 필요한 기본설계도서의 종류(제6조제1항 관련)
① 건축계획서 ② 배치도
③ 평면도 ④ 입면도
⑤ 단면도
⑥ 구조도(구조안전 확인 또는 내진설계 대상 건축물)
⑦ 구조계산서(구조안전 확인 또는 내진설계 대상 건축물)
⑧ 소방설비도

88. 일반상업지역에 건축할 수 없는 건축물에 속하지 않는 것은?

① 묘지 관련 시설
② 자원순환 관련 시설
③ 운수시설 중 철도시설
④ 자동차 관련 시설 중 폐차장

[해설] 운수시설 중 철도시설은 일반상업지역 안에서 건축 허용 된다.
① 묘지관련시설 : 건축금지
② 자원순환관련시설 : 건축금지
④ 자동차관련시설 중 폐차장 : 건축금지

89. 6층 이상의 거실면적의 합계가 3,000m²인 경우, 건축물의 용도별 설치하여야 하는 승용승강기의 최소 대수가 옳은 것은? (단, 15인승 승강기의 경우)

① 업무시설 – 2대 ② 의료시설 – 2대
③ 숙박시설 – 2대 ④ 위락시설 – 2대

[해설] 6층 이상의 거실면적의 합계가 3,000m²인 경우
① 문화 및 집회시설(전시장, 동·식물원), 업무시설, 숙박시설, 위락시설의 용도 경우 3,000m² 이하까지 1대, 3,000m² 초과하는 2,000m²당 1대를 가산한 대수로 한다.

∴ $1 + \dfrac{A - 3{,}000\text{m}^2}{2{,}000\text{m}^2} = 1 + \dfrac{3{,}000 - 3{,}000}{2{,}000} = 1$대

② 문화 및 집회시설(공연장·관람장·집회장), 판매시설(도매시장·소매시장·상점), 의료시설(병원·격리병원)의 용도 경우 3,000m² 이하까지 2대, 3,000m² 초과하는 2,000m²당 1대를 가산한 대수로 한다.

∴ $2 + \dfrac{A - 3{,}000\text{m}^2}{2{,}000\text{m}^2} = 2 + \dfrac{3{,}000 - 3{,}000}{2{,}000} = 2$대

90. 부설주차장의 설치대상 시설물 종류에 따른 설치기준이 틀린 것은?

① 골프장 – 1홀당 10대
② 위락시설 – 시설면적 80m²당 1대
③ 판매시설 – 시설면적 150m²당 1대
④ 숙박시설 – 시설면적 200m²당 1대

[해설] 부설주차장의 설치기준(시설면적에 따른 기준)
㉠ 위락시설 : 시설면적 100m²당 1대
㉡ 문화 및 집회시설(관람장을 제외)·종교시설·판매시설·운수시설·의료시설(정신병원·요양소 및 격리병원을 제외)·운동시설(골프장·골프연습장 및 옥외수영장을 제외)·업무시설(외국공관 및 오피스텔을 제외)·방송통신시설 중 방송국·장례식장 : 시설면적 150m²당 1대
㉢ 제1종 및 제2종 근린생활시설·숙박시설 : 시설면적 200m²당 1대
㉣ 기타 건축물 : 시설면적 300m²당 1대
㉤ 수련시설·공장(아파트형은 제외)·발전시설 : 시설면적 350m²당 1대
㉥ 창고시설 : 시설면적 400m²당 1대
☞ 부설주차장의 설치기준(시설면적에 따른 기준)에서 최소 설치대수가 가장 많은 시설물은 위락시설이다.

과년도출제문제

91. 국토의 계획 및 이용에 관한 법률에 따른 용도 지역에서의 용적률 최대 한도 기준이 옳지 않은 것은? (단, 도시지역의 경우)

① 주거지역 : 500퍼센트 이하
② 녹지지역 : 100퍼센트 이하
③ 공업지역 : 400퍼센트 이하
④ 상업지역 : 1000퍼센트 이하

해설 용적률

용도지역 구분		용적률의 최대한도	지역의 세분		용적률의 세분
도시 지역	상업 지역	1,500%	•중심상업지역 •일반상업지역 •유통상업지역 •근린상업지역		200~1,500% 200~1,300% 200~1,100% 200~900%
	공업 지역	400%	•준공업지역 •일반공업지역 •전용공업지역		150~400% 150~350% 150~300%
	주거 지역	500%	•준주거지역		200~500%
			•일반 주거지역	제1종	100~200%
				제2종	100~250%
				제3종	100~300%
			•전용 주거지역	제1종	50~100%
				제2종	50~150%
	녹지 지역	100%	•생산녹지지역 •자연녹지지역 •보전녹지지역		50~100% 50~100% 50~80%

92. 그림과 같은 대지의 도로 모퉁이 부분의 건축선으로서 도로 경계선의 교차점에서의 거리 "A"로 옳은 것은?

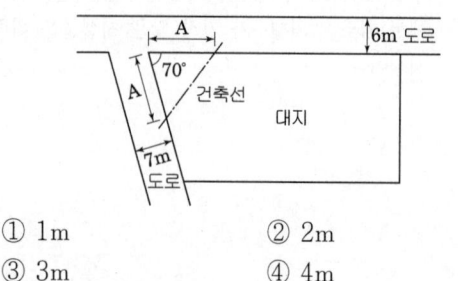

① 1m ② 2m
③ 3m ④ 4m

해설 도로모퉁이에서의 건축선

교차되는 너비 8m 미만인 도로의 모퉁이에 위치한 대지의 도로모퉁이부분의 건축선은 도로경계선의 교차점으로부터 도로경계선에 따라 다음 표에 의한 거리를 각각 후퇴한 두 점을 연결한 선으로 한다.
㉠ 너비 8m 미만의 도로에 접한 대지 모퉁이부분에 적용된다.
㉡ 대지의 도로모퉁이부분의 건축선은 대지에 접한 도로경계선의 교차점으로부터 도로경계선을 따라 다음 표에 의한 거리를 각각 후퇴한 두 점을 연결한 선으로 한다.

도로의 교차각	해당 도로의 너비		교차되는 도로의 너비
	6m 이상, 8m 미만	4m 이상, 6m 미만	
90° 미만	4m	3m	6m 이상, 8m 미만
	3m	2m	4m 이상, 6m 미만
90° 이상, 120° 미만	3m	2m	6m 이상, 8m 미만
	2m	2m	4m 이상, 6m 미만

93. 다음 중 건축물의 용도 분류가 옳은 것은?

① 식물원 - 동물 및 식물관련시설
② 동물병원 - 의료시설
③ 유스호스텔 - 수련시설
④ 장례식장 - 묘지관련시설

해설 ① 식물원 - 문화 및 집회시설
② 동물병원 - 제2종 근린생활시설
④ 장례식장 - 장례시장

정답 91. ④ 92. ④ 93. ③

94. 다음의 직통계단의 설치에 관한 기준 내용 중 밑줄 친 "다음 각 호의 어느 하나에 해당하는 용도 및 규모의 건축물"의 기준 내용으로 옳지 않은 것은?

> 법 제49조제1항에 따라 피난층 외의 층이 다음 각 호의 어느 하나에 해당하는 용도 및 규모의 건축물에는 국토교통부령으로 정하는 기준에 따라 피난층 또는 지상으로 통하는 직통계단을 2개소 이상 설치하여야 한다.

① 지하층으로서 그 층 거실의 바닥면적의 합계가 200m² 이상인 것
② 종교시설의 용도로 쓰는 층으로서 그 층에서 해당 용도로 쓰는 바닥면적의 합계가 200m² 이상인 것
③ 숙박시설의 용도로 쓰는 3층 이상의 층으로서 그 층의 해당 용도로 쓰는 거실의 바닥면적의 합계가 200m² 이상인 것
④ 업무시설 중 오피스텔의 용도로 쓰는 층으로서 그 층의 해당 용도로 쓰는 거실의 바닥면적의 합계가 200m² 이상인 것

해설 공동주택(층당 4세대 이하는 제외), 업무시설 중 오피스텔의 용도로 쓰는 층으로서 그 층의 해당용도로 쓰는 거실의 바닥면적의 합계가 300m² 이상인 경우, 피난층 또는 지상으로 통하는 직통계단을 2개소 이상 설치하여야 한다.

95. 다음은 일조 등의 확보를 위한 건축물의 높이제한에 관한 기준 내용이다. ( ) 안에 알맞은 것은?

> ( ) 안에서 건축하는 건축물의 높이는 일조 등의 확보를 위하여 정북방향의 인접 대지 경계선으로부터의 거리에 따라 대통령령으로 정하는 높이 이하로 하여야 한다.

① 일반주거지역과 준주거지역
② 전용주거지역과 일반주거지역
③ 중심상업지역과 일반상업지역
④ 일반상업지역과 근린상업지역

해설 전용주거지역·일반주거지역 안에서 인접대지경계선으로부터 정북방향으로 띄우는 거리
건축물의 각 부분을 정북방향으로의 인접대지경계선으로부터 다음의 범위 안에서 건축조례가 정하는 거리 이상을 띄어 건축하여야 한다.
㉠ 높이 10m 이하인 부분 : 인접대지경계선으로부터 1.5m 이상
㉡ 높이 10m를 초과하는 건축물 : 인접대지경계선으로부터 해당 건축물의 각 부분 높이의 1/2 이상

96. 다음 중 허가대상에 속하는 용도변경은?
① 숙박시설에서 의료시설로의 용도변경
② 판매시설에서 문화 및 집회시설로의 용도변경
③ 제1종 근린생활시설에서 업무시설로의 용도변경
④ 제1종 근린생활시설에서 공동주택으로의 용도변경

해설 허가대상 및 신고대상의 용도변경

분류	시설군
㉠ 자동차관련 시설군	• 자동차관련시설
㉡ 산업등 시설군	• 운수시설 • 창고시설 • 공장 • 위험물저장 및 처리시설 • 자원순환관련시설 • 묘지관련시설 • 장례식장
㉢ 전기통신시설군	• 방송통신시설 • 발전시설
㉣ 문화집회시설군	• 문화 및 집회시설 • 종교시설 • 위락시설 • 관광휴게시설
㉤ 영업시설군	• 판매시설 • 운동시설 • 숙박시설 • 제2종 근린생활시설 중 다중생활시설
㉥ 교육 및 복지시설군	• 의료시설 • 교육연구시설 • 노유자시설 • 수련시설 • 야영장시설
㉦ 근린생활시설군	• 제1종 근린생활시설 • 제2종 근린생활시설(다중생활시설은 제외)
㉧ 주거업무시설군	• 단독주택 • 공동주택 • 업무시설 • 교정 및 군사시설
㉨ 기타 시설군	• 동물 및 식물관련시설

정답 94. ④ 95. ② 96. ②

과년도 출제문제

2025. 3회 건축기사

※ 절차 :
1. 허가대상 : 상위시설군(오름차순)에 해당하는 용도로 변경하는 행위
2. 신고대상 : 하위시설군(내림차순)에 해당하는 용도로 변경하는 행위
3. 건축물대장 기재변경 신청 : 동일한 시설군내에서 용도변경 하는 행위

97. 대통령령으로 정하는 용도와 규모의 건축물에 대해 일반이 사용할 수 있도록 소규모 휴식시설 등의 공개공지 또는 공개공간을 설치하여야 하는 대상지역에 속하지 않는 것은?

① 준주거지역
② 준공업지역
③ 일반주거지역
④ 전용주거지역

[해설] 공개공지 등의 확보 대상 : 연면적의 합계가 5,000m² 이상

건축물 용도	대상 지역
• 문화 및 집회시설 • 종교시설 • 판매시설(농수산물 유통시설 제외) • 운수시설(여객용시설만 해당) • 업무시설 • 숙박시설 • 다중이 이용하는 시설로서 건축조례가 정하는 건축물	• 일반주거지역 • 준주거지역 • 상업지역 • 준공업지역 • 특별자치시장·특별자치도지사 또는 시장·군수·구청장이 도시화의 가능성이 크다고 인정하여 지정, 공고하는 지역

98. 다음의 각종 용도지역의 세분에 관한 설명 중 옳지 않은 것은?

① 근린상업지역 : 근린지역에서의 일용품 및 서비스의 공급을 위하여 필요한 지역
② 중심상업지역 : 도심·부도심의 상업기능 및 업무기능의 확충을 위하여 필요한 지역
③ 제1종일반주거지역 : 단독주택을 중심으로 양호한 주거환경을 조성하기 위하여 필요한 지역
④ 준주거지역 : 주거기능을 위주로 이를 지원하는 일부 상업기능 및 업무기능을 보완하기 위하여 필요한 지역

[해설] 주거지역

전용주거지역	제1종	단독주택중심의 양호한 주거환경을 보호
	제2종	공동주택중심의 양호한 주거환경을 보호
일반주거지역	제1종	저층주택을 중심으로 편리한 주거환경을 조성
	제2종	중층주택을 중심으로 편리한 주거환경을 조성
	제3종	중고층주택을 중심으로 편리한 주거환경을 조성
준주거지역		주거기능을 위주로 이를 지원하는 일부 상업·업무기능을 보완

99. 건축물의 면적, 높이 및 층수 등의 산정 방법에 관한 설명으로 옳은 것은?

① 건축물의 높이 산정 시 건축물의 대지에 접하는 전면도로의 노면에 고저차가 있는 경우에는 그 건축물이 접하는 범위의 전면 도로부분의 수평거리에 다라 가중평균한 높이의 수평면을 전면도로면으로 본다.
② 용적률 산정 시 연면적에는 지하층의 면적과 지상층의 주차용으로 쓰는 면적을 포함시킨다.
③ 건축면적은 건축물의 내벽의 중심선으로 둘러싸인 부분의 수평투영면적으로 한다.
④ 건축물의 층수는 지하층을 포함하여 산정하는 것이 원칙이다.

[해설] ② 용적률 산정시 연면적 산정 시 지하층 면적은 연면적에서 제외한다.
③ 건축면적은 건축물의 외벽(외벽이 없는 경우에는 외곽부분의 기둥)의 중심선으로 둘러싸인 부분의 수평투영면적으로 산정한다.
④ 지하층은 건축물의 층수에 산입하지 아니한다.

정답 97. ④ 98. ③ 99. ①

100. 주요구조부를 내화구조로 해야 하는 대상 건축물 기준으로 옳은 것은?

① 장례시설의 용도로 쓰는 건축물로서 집회실의 바닥면적의 합계가 150m² 이상인 건축물
② 판매시설의 용도로 쓰는 건축물로서 그 용도로 쓰는 바닥면적의 합계가 300m² 이상인 건축물
③ 운수시설의 용도로 쓰는 건축물로서 그 용도로 쓰는 바닥면적의 합계가 400m² 이상인 건축물
④ 문화 및 집회시설 중 전시장의 용도로 쓰는 건축물로서 그 용도로 쓰는 바닥면적의 합계가 500m² 이상인 건축물

해설 문화 및 집회시설 중 전시장 및 동·식물원, 판매시설, 운수시설, 교육연구시설에 설치하는 체육관·강당, 수련시설, 운동시설 중 체육관 및 운동장, 위락시설(주점영업 제외), 창고시설, 위험물 저장 및 처리시설, 자동차 관련시설, 방송국·전신전화국 및 촬영소, 묘지관련시설 중 화장장, 관광휴게시설은 해당 용도의 바닥면적의 합계가 500m² 이상인 경우에는 주요구조부를 내화구조로 하여야 한다.
① 장례식장 : 바닥면적의 합계 200m² 이상
② 판매시설 : 바닥면적의 합계 500m² 이상
③ 운수시설 : 바닥면적의 합계 500m² 이상

100. ④

건축기사 4주완성 ❸권

定價 47,000원

저 자	남재호 · 송우용
발행인	이 종 권

2011年 3月   7日 초판발행
2012年 1月 12日 1차개정1쇄발행
2012年 2月   5日 1차개정2쇄발행
2013年 1月   7日 2차개정1쇄발행
2013年 2月   3日 2차개정2쇄발행
2013年 2月 18日 2차개정3쇄발행
2014年 1月 23日 3차개정1쇄발행
2014年 2月 26日 3차개정2쇄발행
2015年 1月 12日 4차개정1쇄발행
2015年 2月 17日 4차개정2쇄발행
2015年 5月 27日 4차개정3쇄발행
2016年 1月   6日 5차개정1쇄발행
2016年 2月   1日 5차개정2쇄발행
2017年 1月   3日 6차개정1쇄발행
2017年 1月 18日 6차개정2쇄발행
2018年 1月 10日 7차개정1쇄발행
2019年 1月 10日 8차개정1쇄발행
2020年 1月 19日 9차개정1쇄발행
2021年 1月 12日 10차개정1쇄발행
2022年 1月 10日 11차개정1쇄발행
2023年 1月 18日 12차개정1쇄발행
2023年 11月 15日 13차개정1쇄발행
2025年 1月 14日 14차개정1쇄발행
2026年 1月   2日 15차개정1쇄발행

發行處 **(주) 한솔아카데미**

(우)06775 서울시 서초구 마방로10길 25 트윈타워 A동 2002호
TEL : (02)575-6144/5   FAX : (02)529-1130
〈1998. 2. 19 登錄 第16-1608號〉

※ 본 교재의 내용 중에서 오타, 오류 등은 발견되는 대로 한솔아카데미 인터넷 홈페이지를 통해 공지하여 드리며 보다 완벽한 교재를 위해 끊임없이 최선의 노력을 다하겠습니다.

※ 파본은 구입하신 서점에서 교환해 드립니다.

www.inup.co.kr / www.bestbook.co.kr

ISBN 979-11-6654-740-9 13540

한솔아카데미 발행도서

건축기사시리즈
①건축계획
이종석, 이병억 공저
432쪽 | 27,000원

건축기사시리즈
②건축시공
김형중, 한규대, 이명철 공저
570쪽 | 27,000원

건축기사시리즈
③건축구조
안광호, 홍태화, 고길용 공저
796쪽 | 27,000원

건축기사시리즈
④건축설비
오병칠, 권영철, 오호영 공저
564쪽 | 27,000원

건축기사시리즈
⑤건축법규
현정기, 조영호, 한웅규, 김주석 공저
622쪽 | 27,000원

건축기사 필기 10개년 핵심 과년도문제해설
안광호, 백종엽, 이병억 공저
1,028쪽 | 45,000원

건축기사 4주완성
남재호, 송우용 공저
1,412쪽 | 47,000원

건축산업기사 4주완성
남재호, 송우용 공저
1,136쪽 | 44,000원

7개년 기출문제 건축산업기사 필기
한솔아카데미 수험연구회
868쪽 | 38,000원

건축설비기사 4주완성
남재호 저
1,088쪽 | 46,000원

건축설비산업기사 4주완성
남재호 저
824쪽 | 40,000원

10개년 핵심 건축설비기사 과년도
남재호 저
1,148쪽 | 40,000원

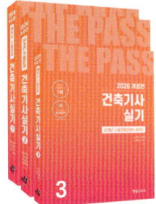
건축기사 실기
한규대, 김형중, 안광호, 이병억 공저
1,708쪽 | 53,000원

건축기사 실기 (The Bible)
안광호, 백종엽, 이병억 공저
1,000쪽 | 41,000원

건축기사 실기 14개년 과년도
안광호, 백종엽, 이병억 공저
688쪽 | 34,000원

건축산업기사 실기
한규대, 김형중, 안광호, 이병억 공저
696쪽 | 33,000원

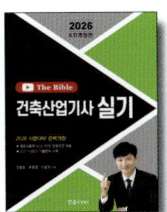
건축산업기사 실기 (The Bible)
안광호, 백종엽, 이병억 공저
300쪽 | 30,000원

실내건축기사 4주완성
남재호 저
1,320쪽 | 39,000원

실내건축산업기사 4주완성
남재호 저
1,096쪽 | 32,000원

시공실무 실내건축(산업)기사 실기
안동훈, 이병억 공저
422쪽 | 30,000원

Hansol Academy

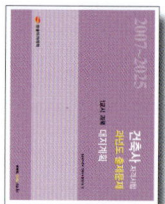
**건축사 과년도출제문제
1교시 대지계획**
한솔아카데미 건축사수험연구회
346쪽 | 33,000원

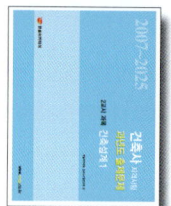
**건축사 과년도출제문제
2교시 건축설계1**
한솔아카데미 건축사수험연구회
192쪽 | 33,000원

**건축사 과년도출제문제
3교시 건축설계2**
한솔아카데미 건축사수험연구회
436쪽 | 33,000원

**건축물에너지평가사
①건물 에너지 관계법규**
건축물에너지평가사 수험연구회
852쪽 | 32,000원

**건축물에너지평가사
②건축환경계획**
건축물에너지평가사 수험연구회
516쪽 | 30,000원

**건축물에너지평가사
③건축설비시스템**
건축물에너지평가사 수험연구회
708쪽 | 32,000원

**건축물에너지평가사
④건물 에너지효율설계·평가**
건축물에너지평가사 수험연구회
648쪽 | 32,000원

**건축물에너지평가사
2차실기(상)**
건축물에너지평가사 수험연구회
940쪽 | 45,000원

**건축물에너지평가사
2차실기(하)**
건축물에너지평가사 수험연구회
905쪽 | 50,000원

**토목기사시리즈
①응용역학**
안광호, 김창원, 염창열, 정용욱 공저
540쪽 | 28,000원

**토목기사시리즈
②측량학**
남수영, 정경동, 고길용 공저
392쪽 | 28,000원

**토목기사시리즈
③수리학 및 수문학**
심기오, 노재식, 한웅규 공저
396쪽 | 28,000원

**토목기사시리즈
④철근콘크리트 및 강구조**
정경동, 정용욱, 고길용, 김지우 공저
464쪽 | 28,000원

**토목기사시리즈
⑤토질 및 기초**
안진수, 박광진, 김창원, 홍성협 공저
588쪽 | 28,000원

**토목기사시리즈
⑥상하수도공학**
노재식, 이상도, 한웅규, 정용욱 공저
544쪽 | 28,000원

**10개년 핵심 토목기사
과년도문제해설**
김창원 외 5인 공저
1,076쪽 | 46,000원

**토목기사 4주완성
핵심 및 과년도문제해설**
이상도, 고길용, 안광호, 한웅규, 홍성협, 김지우 공저
1,054쪽 | 45,000원

**토목산업기사 4주완성
과년도문제해설**
이상도, 정경동, 고길용, 안광호, 한웅규, 홍성협 공저
752쪽 | 42,000원

토목기사 실기
김태선, 박광진, 홍성협, 김창원, 김상욱, 이상도, 한웅규 공저
1,540쪽 | 52,000원

**토목기사 실기
과년도문제해설**
김태선, 이상도, 한웅규, 홍성협, 김상욱, 김지우 공저
892쪽 | 38,000원

www.bestbook.co.kr

콘크리트기사·산업기사 4주완성(필기)
정용욱, 고길용, 전지현, 김지우 공저
856쪽 | 39,000원

콘크리트기사 과년도(필기)
정용욱, 고길용, 김지우 공저
684쪽 | 30,000원

콘크리트기사·산업기사 3주완성(실기)
정용욱, 한웅규, 홍성협, 전지현 공저
784쪽 | 33,000원

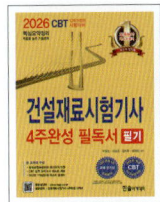
건설재료시험기사 4주완성(필기)
박광진, 이상도, 김지우, 전지현 공저
742쪽 | 39,000원

건설재료시험기사 과년도(필기)
고길용, 정용욱, 홍성협, 전지현 공저
692쪽 | 32,000원

건설재료시험기사 3주완성(실기)
고길용, 홍성협, 전지현, 김지우 공저
728쪽 | 33,000원

콘크리트기능사 3주완성(필기+실기)
정용욱, 고길용, 염창열, 전지현 공저
538쪽 | 27,000원

지적기능사(필기+실기) 3주완성
염창열, 정병노 공저
640쪽 | 30,000원

측량기능사 3주완성
염창열, 정병노, 고길용 공저
580쪽 | 29,000원

전산응용토목제도기능사 필기 3주완성
김지우, 최진호, 전지현 공저
632쪽 | 28,000원

건설안전기사 4주완성 필기
지준석, 조태연 공저
1,388쪽 | 38,000원

산업안전기사 4주완성 필기
지준석, 조태연 공저
1,560쪽 | 38,000원

공조냉동기계기사 필기
조성안, 이승원, 강희중 공저
1,358쪽 | 41,000원

공조냉동기계산업기사 필기
조성안, 이승원, 강희중 공저
1,236쪽 | 36,000원

공조냉동기계기사 실기
조성안, 강희중 공저
1,040쪽 | 38,000원

조경기사·산업기사 필기
이윤진 저
1,464쪽 | 49,000원

조경기사·산업기사 실기
이윤진 저
784쪽 | 45,000원

조경기능사 필기
이윤진 저
682쪽 | 29,000원

조경기능사 실기
이윤진 저
360쪽 | 29,000원

조경기능사 필기
한상엽 저
712쪽 | 28,000원

Hansol Academy

조경기능사 실기
한상엽 저
823쪽 | 30,000원

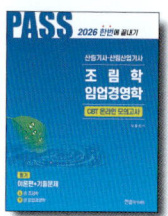
산림기사·산업기사 1권
이윤진 저
888쪽 | 27,000원

산림기사·산업기사 2권
이윤진 저
974쪽 | 27,000원

전기기사시리즈(전6권)
대산전기수험연구회
2,240쪽 | 131,000원

전기기사 5주완성
전기기사수험연구회
2,140쪽 | 43,000원

전기산업기사 5주완성
전기산업기사수험연구회
1,964쪽 | 43,000원

전기공사기사 5주완성
전기공사기사수험연구회
2,096쪽 | 43,000원

전기공사산업기사 5주완성
전기공사산업기사수험연구회
1,606쪽 | 43,000원

전기(산업)기사 실기
대산전기수험연구회
766쪽 | 43,000원

전기기사 실기 20개년 과년도문제해설
대산전기수험연구회
992쪽 | 38,000원

전기기사시리즈(전6권)
김대호 저
3,230쪽 | 136,000원

전기기사 실기 기본서
김대호 저
964쪽 | 39,000원

전기기사 실기 기출문제
김대호 저
1,340쪽 | 43,000원

전기산업기사 실기 기본서
김대호 저
920쪽 | 39,000원

전기산업기사 실기 기출문제
김대호 저
1,076쪽 | 41,000원

전기기사/전기산업기사 실기 마인드 맵
김대호 저
232 | 15,000원

CBT 전기기사 단기완성
이승원, 김승철, 윤종식 공저
1,244쪽 | 42,000원

전기기능사 3단계 핵심 및 과년도
김승철, 신면순, 오용환, 이승원 공저
876쪽 | 28,000원

전기기능사 3주완성
이승원, 김승철, 윤종식 공저
532쪽 | 27,000원

소방설비기사 기계분야 필기
김흥준, 윤중오 공저
1,212쪽 | 40,000원

www.bestbook.co.kr

소방설비기사 전기분야 필기
김흥준, 신면순 공저
1,148쪽 | 40,000원

공무원 건축계획
이병억 저
800쪽 | 37,000원

7·9급 토목직 응용역학
정경동 저
1,192쪽 | 42,000원

응용역학개론 기출문제
정경동 저
686쪽 | 40,000원

측량학(9급 기술직/ 서울시·지방직)
정병노, 염창열, 정경동 공저
756쪽 | 29,000원

응용역학(9급 기술직/ 서울시·지방직)
이국형 저
628쪽 | 23,000원

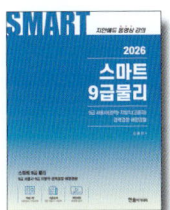
스마트 9급 물리 (서울시·지방직)
신용찬 저
422쪽 | 23,000원

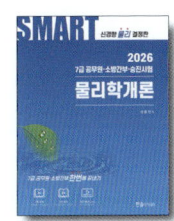
7급 공무원 스마트 물리학개론
신용찬 저
996쪽 | 45,000원

1종 운전면허
도로교통공단 저
110쪽 | 13,000원

2종 운전면허
도로교통공단 저
110쪽 | 13,000원

지게차 운전기능사
건설기계수험연구회 편
216쪽 | 15,000원

굴삭기 운전기능사
건설기계수험연구회 편
224쪽 | 15,000원

지게차 운전기능사 3주완성
건설기계수험연구회 편
338쪽 | 12,000원

굴삭기 운전기능사 3주완성
건설기계수험연구회 편
356쪽 | 12,000원

초경량 비행장치 무인멀티콥터
권희춘, 김병구 공저
258쪽 | 22,000원

시각디자인 산업기사 4주완성
김영애, 서정술, 이원범 공저
1,102쪽 | 36,000원

시각디자인 기사·산업기사 실기
김영애, 이원범 공저
508쪽 | 35,000원

토목 BIM 설계활용서
김영휘, 박형순, 송윤상, 신현준, 안서현, 박진훈, 노기태 공저
388쪽 | 30,000원

BIM 전문가 토목 2급자격(필기+실기)
BIM전문가 토목연구회 공저
324쪽 | 32,000원

BIM 구조편
(주)알피종합건축사사무소 (주)동양구조안전기술 공저
536쪽 | 32,000원

Hansol Academy

BIM 기본편
(주)알피종합건축사사무소
402쪽 | 32,000원

BIM 기본편 2탄
(주)알피종합건축사사무소
380쪽 | 28,000원

BIM 건축계획설계 Revit 실무지침서
BIMFACTORY
607쪽 | 35,000원

전통가옥에서 BIM을 보며
김요한, 함남혁, 유기찬 공저
548쪽 | 32,000원

BIM 주택설계편
(주)알피종합건축사사무소
박기백, 서창석, 함남혁, 유기찬 공저
514쪽 | 32,000원

BIM 활용편 2탄
(주)알피종합건축사사무소
380쪽 | 30,000원

BIM 건축전기설비설계
모델링스토어, 함남혁
572쪽 | 32,000원

BIM 토목편
송현혜, 김동욱, 임성순, 유자영, 심창수 공저
278쪽 | 25,000원

디지털모델링 방법론
이나래, 박기백, 함남혁, 유기찬 공저
380쪽 | 28,000원

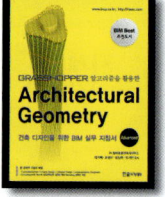
건축디자인을 위한 BIM 실무 지침서
(주)알피종합건축사사무소
박기백, 오정우, 함남혁, 유기찬 공저
516쪽 | 30,000원

BIM 전문가 건축 2급자격(필기+실기)
모델링스토어
760쪽 | 36,000원

BIM 전문가 토목 2급 실무활용서
채재현, 김영휘, 박준오, 소광영, 김소희, 이기수, 조수연
614쪽 | 35,000원

BE Architect
유기찬, 김재준, 차성민, 신수진, 홍유찬 공저
282쪽 | 20,000원

BE Architect 라이노&그래스호퍼
유기찬, 김재준, 조준상, 오주연 공저
288쪽 | 22,000원

BE Architect AUTO CAD
유기찬, 김재준 공저
400쪽 | 25,000원

건축관계법규(전3권)
최한석, 김수영 공저
3,544쪽 | 110,000원

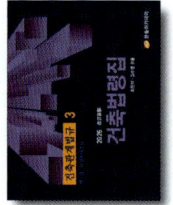
건축법령집
최한석, 김수영 공저
1,490쪽 | 60,000원

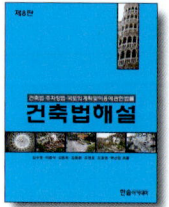
건축법해설
김수영, 이종석, 김동화, 김용환, 조영호, 오호영 공저
918쪽 | 32,000원

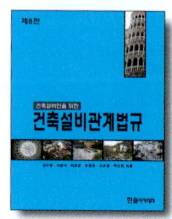
건축설비관계법규
김수영, 이종석, 박호준, 조영호, 오호영 공저
790쪽 | 34,000원

건축계획
이순희, 오호영 공저
422쪽 | 23,000원

www.bestbook.co.kr

건축시공학
이찬식, 김선국, 김예상, 고성석,
손보식, 유정호, 김태완 공저
776쪽 | 30,000원

**현장실무를 위한
토목시공학**
남기천,김상환,유광호,강보순,
김종민,최준성 공저
1,212쪽 | 45,000원

알기쉬운 토목시공
남기천, 유광호, 류명찬, 윤영철,
최준성, 고준영, 김연덕 공저
818쪽 | 28,000원

Auto CAD 오토캐드
김수영, 정기범 공저
364쪽 | 25,000원

친환경 업무매뉴얼
정보현, 장동원 공저
352쪽 | 30,000원

**건축시공기술사
기출문제**
배용환, 서갑성 공저
1,146쪽 | 69,000원

**합격의 정석
건축시공기술사**
조민수 저
904쪽 | 67,000원

**건축시공기술사
용어해설**
조민수 저
1,438쪽 | 70,000원

**건축전기설비기술사
(상,하)**
서학범 저
1,532쪽 | 65,000원(각권)

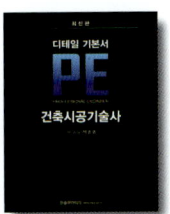

**디테일 기본서 PE
건축시공기술사**
백종엽 저
730쪽 | 62,000원

**디테일 마법지 PE
건축시공기술사**
백종엽 저
504쪽 | 50,000원

**용어설명1000 PE
건축시공기술사(상,하)**
백종엽 저
2,148쪽 | 70,000원(각권)

역학의 정석
김성민, 김성범 공저
788쪽 | 52,000원

**합격의 정석
토목시공기술사**
김무섭, 조민수 공저
874쪽 | 60,000원

건설안전기술사
이태엽 저
776쪽 | 60,000원

소방기술사 上
윤정득, 박건용 공저
656쪽 | 55,000원

소방기술사 下
윤정득, 박건용 공저
730쪽 | 55,000원

**소방시설관리사 1차
(상,하)**
김흥준 저
1,630쪽 | 63,000원

건축에너지관계법해설
조영호 저
614쪽 | 27,000원

ENERGYPULS
이광호 저
236쪽 | 25,000원

Hansol Academy

수학의 마술(2권)
아서 벤저민 저, 이경희, 윤미선, 김은현, 성지현 옮김
206쪽 | 24,000원

스트레스, 과학으로 풀다
그리고리 L. 프리키온, 애너이브 코비치, 앨버트 S.융 저
176쪽 | 20,000원

행복충전 50Lists
에드워드 호프만 저
272쪽 | 16,000원

지치지 않는 뇌 휴식법
이시카와 요시키 저
188쪽 | 12,800원

지능형홈관리사
김일진, 이의신, 송한춘, 황준호, 장우성 공저
500쪽 | 35,000원

스마트 건설, 스마트 시티, 스마트 홈
김선근 저
436쪽 | 19,500원

e-Test 엑셀 ver.2016
임창인, 조은경, 성대근, 강현권 공저
268쪽 | 17,000원

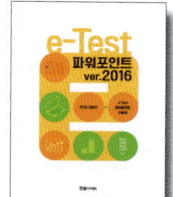
e-Test 파워포인트 ver.2016
임창인, 권영희, 성대근, 강현권 공저
206쪽 | 15,000원

e-Test 한글 ver.2016
임창인, 이권일, 성대근, 강현권 공저
198쪽 | 13,000원

e-Test 엑셀 2010(영문판)
Daegeun-Seong
188쪽 | 25,000원

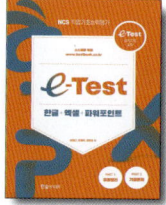
e-Test 한글+엑셀+파워포인트
성대근, 유재휘, 강현권 공저
412쪽 | 28,000원

재미있고 쉽게 배우는 포토샵 CC2020
이영주 저
320쪽 | 23,000원

건축기사 실기 (전3권)

한규대, 김형중, 안광호, 이병억
1,708쪽 | 53,000원

건축기사 실기(The Bible) (전2권)

안광호, 백종엽, 이병억
1,000쪽 | 41,000원

※ 구입처는 **전국대형서점**에서 구매하실 수 있습니다.